注册环保工程师
专业考试复习教材

（第四版）

固体废物处理处置工程技术与实践

（上册）

全国勘察设计注册工程师环保专业管理委员会
中　国　环　境　保　护　产　业　协　会　编

中国环境出版社 · 北京

图书在版编目（CIP）数据

注册环保工程师专业考试复习教材. 固体废物处理处置工程技术与实践/全国勘察设计注册工程师环保专业管理委员会，中国环境保护产业协会编. —北京：中国环境出版社，2017.3

ISBN 978-7-5111-2732-7

Ⅰ. ①注… Ⅱ. ①全… ②中… Ⅲ. ①固体废物处理－资格考试－教材 Ⅳ. ①X

中国版本图书馆 CIP 数据核字（2016）第 047451 号

出 版 人　王新程
策划编辑　沈　建　葛　莉
责任编辑　葛　莉　董蓓蓓
责任校对　尹　芳
封面设计　彭　杉

出版发行　中国环境出版社
（100062　北京市东城区广渠门内大街 16 号）
网　　址：http://www.cesp.com.cn
电子邮箱：bjgl@cesp.com.cn
联系电话：010-67112765（编辑管理部）
010-67113412（教材图书出版中心）
发行热线：010-67125803，010-67113405（传真）

印　　刷　北京市联华印刷厂
经　　销　各地新华书店
版　　次　2017 年 3 月第 1 版
印　　次　2017 年 3 月第 1 次印刷
开　　本　787×1092　1/16
印　　张　48.75
字　　数　1160 千字
定　　价　310.00 元（全两册）

注册环保工程师专业考试复习教材

编委会

《固体废物处理处置工程技术与实践》分册

编 写 组

主　编　　蒋建国

主　审　　李国鼎

编　写　　（按姓氏笔画排列）

王玉珏　王敬民　刘海威　陈德喜　孟宝峰　尚光旭

郭祥信　彭孝容　翟力新

前言

环境工程作为一门以环境科学为基础、以工程技术为主导的解决复杂环境问题的工程学科，具有起步晚、发展较快、多学科相互渗透、技术工艺复杂等特点，主要包括水污染防治、大气污染防治、固体废物处理处置、物理污染控制、污染修复等工程技术领域。环保工程师的主要职责就是要在从事环境工程设计、咨询等活动中，通过环境工程措施来削减污染物排放，使其稳定达到国家或地方环境法规、标准规定的污染物排放限值，其从业范围包括环境工程设计、技术咨询、设备招标和采购咨询、项目管理、施工指导及污染治理设施运行管理等各类环境工程服务活动。环保工程师作为环境工程设计、工程咨询服务的主要力量，应具有一定的理论知识、扎实的专业技能、丰富的实际工程经验和良好的职业道德，并能准确理解、正确应用各类环境法规、标准和政策，综合解决各类复杂环境问题。

为加强对环境工程设计相关专业技术人员的管理，提高环境工程设计技术人员综合素质和业务水平，保证环境工程质量，维护社会公共利益和人民生命财产安全，2005 年 9 月 1 日起国家实施了注册环保工程师执业资格制度，并开始实行注册环保工程师资格考试。注册环保工程师资格考试实行全国统一大纲、统一考试制度，分为基础考试和专业考试，2007 年至今，已成功组织了 9 次考试。

根据新修订的《勘察设计注册环保工程师执业资格专业考试大纲》（2014 年版）要求，全国勘察设计注册工程师环保专业管理委员会秘书处和中国环境保护产业协会组织环境工程领域的资深专家重新编写了“注册环保工程师专业考试复习教材”系列丛书，供环境工程专业技术人员参加注册环保工程师资格专业考试复习使用。同时，也供从事环境工程设计、咨询、项目管理等方面的环境工程专业技术人员，以及高等院校环境工程专业的师生在实际工作、教学、学习中参考使用。

本复习教材以《勘察设计注册环保工程师执业资格专业考试大纲》（2014 年版）为依据，内容力求体现专业考试大纲对以下三个层次知识和技能的要求：

（1）了解：是指注册环保工程师应知的与环境工程设计密切相关的知识和技能。

（2）熟悉：是指注册环保工程师开展执业活动必须熟悉的知识和技能。

（3）掌握：是指注册环保工程师必须掌握，并能够熟练地运用于工程实践的知识和必备技能。

根据注册环保工程师执业资格专业考试和环境工程专业的特点，本复习教材内容以注册环保工程师应熟悉和掌握的具有共性的专业理论知识、环境工程实际技能为重点，既不同于普通教科书，也不同于一般理论专著，力求达到科学性、系统性与实用性的统一。为保证知识的系统性，本复习教材部分章节的编排并非与大纲一一对应，但其基本涵盖了大纲要求的全部内容。

本复习教材丛书共分五个分册：《水污染防治工程技术与实践》《大气污染防治工程技术与实践》《固体废物处理处置工程技术与实践》《物理污染控制工程技术与实践》《综合类法规和标准》。

参加本复习教材编写的单位近20个。其中，《水污染防治工程技术与实践》分册由清华大学环境学院编写；《大气污染防治工程技术与实践》分册由北京航空航天大学环境科学与工程系、福建龙净环保股份有限公司、中国恩菲工程技术有限公司、北京纬纶华业环保科技股份有限公司、广东佳德环保科技有限公司、北京国能中电节能环保技术股份有限公司、北京师范大学、北京科技大学、北京工业大学编写；《固体废物处理处置工程技术与实践》分册由清华大学环境学院、中国城市建设研究院、中国恩菲工程技术有限公司编写；《物理污染控制工程技术与实践》分册由合肥工业大学机械与汽车工程学院、清华大学电机工程与应用电子技术系、首都经济贸易大学安全与环境工程学院、深圳中雅机电实业有限公司、广东启源建筑工程设计院有限公司编写。

本复习教材的编写在全国勘察设计注册工程师环保专业管理委员会专家组的指导下完成，编写过程中得到了编写人员所在单位的大力支持，并参考了我国现行的环境工程高等教育的推荐教材和环境工程手册、专著等，在此表示诚挚的谢意。

本复习教材编写历时两年，不少内容几易其稿，凝聚了全体编写人员的心血。但由于环境工程技术涉及面广，本复习教材又是新考试大纲颁布实施后的重新编写，难免有差错之处，敬请广大读者批评指正，以期在本教材再版时补充和修正。

编　者

2016年8月

目 录

附 件

一、环境质量标准

二、污染物排放（控制）标准

三、环境工程相关技术（设计）规范

第 1 章　固体废物污染特性

1.1　固体废物的定义、来源及分类

1.1.1　固体废物的定义

1995 年我国颁布了《中华人民共和国固体废物污染环境防治法》（以下简称《固废法》），2004 年 12 月 29 日《固废法》进行了第一次修订，并于 2005 年 4 月 1 日实施。明确提出固体废物的法律定义：是指在生产、生活和其他活动中产生的丧失原有利用价值或者虽未丧失利用价值但被抛弃或者放弃的固态、半固态和置于容器中的气态的物品、物质以及法律、行政法规规定纳入固体废物管理的物品、物质。《固废法》除了针对半固态废弃物的污染防治外，对具有危险特性的液态废物和置于容器中的气态废物的污染防治同样适用。同时规定，液态废物的污染防治适用《固废法》，但是排入水体的废水的污染防治不适用《固废法》。

固体废物具有鲜明的时间和空间特征。从时间方面讲，它仅仅相对于目前的科学技术和经济条件，随着科学技术的飞速发展、矿物资源的日趋枯竭，生物资源滞后于人类需求，昨天的废物势必又将成为明天的资源。从空间角度看，废物仅仅相对于某一过程或某一方面没有使用价值，而并非在一切过程或一切方面都没有使用价值，某一过程的废物，往往是另一过程的原料。例如，高炉渣可作为水泥生产的原料、电镀污泥可回收高附加值的重金属产品、城市垃圾中的可燃性部分可焚烧发电、废旧塑料可热解制油等。

1.1.2　固体废物的来源和分类

固体废物有多种分类方法，既可根据其来源、组分、形态进行分类，也可根据其危险特性、燃烧特性等进行分类。

①按其来源分为：工业固体废物、农业废物、生活垃圾等。

②按其化学组成分为：有机废物和无机废物。

③按其形态分为：固态废物（如玻璃瓶、报纸、塑料袋、木屑等）、半固态废物（如污泥、油泥、粪便等）和液态（气态）废物（如废酸、废油与废有机溶剂等）。

④按其污染特性可分为：危险废物和一般废物。

⑤按其燃烧特性可分为：可燃废物（通常指 1 000℃以下可燃烧者，如废纸、废塑料、废机油等）和不可燃废物（通常在 1 000℃焚烧炉内仍无法燃烧者，例如金属、玻璃、砖石等）。

依照《固废法》的规定，将固体废物分为生活垃圾、工业固体废物、危险废物和农业

废物四类。

1. 生活垃圾

生活垃圾是指在日常生活中或者为日常生活提供服务的活动中产生的固体废物以及法律、行政法规规定视为生活垃圾的固体废物。在该定义中，生活垃圾包括城市生活垃圾和农村生活垃圾。《固废法》中规定："城市生活垃圾应当按照环境卫生行政主管部门的规定，在指定的地点放置，不得随意倾倒、抛撒或者堆放。""农村生活垃圾污染环境防治的具体办法，由地方性法规规定。"

根据目前我国环卫部门的工作范围，城市生活垃圾包括居民生活垃圾、园林废物、机关单位排放的办公垃圾、餐厨垃圾等。不过，在实际收集到的城市生活垃圾中，可能还包括部分中、小型企业产生的工业固体废物和少量危险废物（如废打火机、废油漆、废电池、废日光灯管等），由于后者具有潜在危害，需要在相应的法规特别是管理工作中，逐步制定和采取有效措施对其进行分类收集和适当的处理处置。食堂、饭店等产生的餐厨垃圾一般会单独收集并处理。

2. 工业固体废物

工业固体废物是指各种工业、企业、交通等部门在生产过程中产生的固体废物。工业固体废物按行业分主要包括以下几类：冶金工业固体废物、能源工业固体废物、石油化学工业固体废物、矿业固体废物、轻工业固体废物、其他工业固体废物（如废弃电器产品和废弃机动车船等）。

有些国家将废矿石和尾矿单独列为矿山废物，而《固废法》中规定："矿山企业应当采取科学的开采方法和选矿工艺，减少尾矿、矸石、废石等矿业固体废物的产生量和贮存量。"可见，我国已明确将废矿石和尾矿等纳入工业固体废物加以管理。

3. 危险废物

危险废物是指列入《国家危险废物名录》或者根据国家规定的危险废物鉴别标准和鉴别方法认定的具有危险特性的废物。

危险废物的特性通常包括急性毒性、浸出毒性、易燃性、反应性、腐蚀性和疾病传染性等。根据这些性质，各国均制定有各自的鉴别标准和危险废物名录。联合国环境规划署《关于控制危险废物越境转移及其处置的巴塞尔公约》列出了"应加控制的废物类别"共45类，"须加特别考虑的废物类别"共2类。

1998年1月4日国家环境保护局、国家经济贸易委员会、对外贸易经济合作部和公安部联合颁布了《国家危险废物名录》（环发［1998］89号，以下简称《名录》），并于1998年7月1日实施，《名录》中规定的危险废物共分为47类。2008年8月1日环境保护部与国家发展和改革委员会第1号令颁布了修订后的《国家危险废物名录》，规定的危险废物类别增加到49大类，增加了HW48"有色金属冶炼废物"和HW49"其他废物"。名录大类见表1-1。

根据《名录》的规定，凡列入《名录》的废物类别都属于危险废物（表1-2以"HW31含铅废物"为例，将其危险废物种类及其废物代码列出），列入国家危险废物管理范围；未列入《名录》的废物类别需进行鉴别，高于鉴别标准的属危险废物，列入国家危险废物管理范围；低于鉴别标准的，不列入国家危险废物管理范围。具体的鉴别标准参见本章第1.4节"危险废物的特性和鉴别试验方法"。

表 1-1　《国家危险废物名录》废物类别及行业来源

废物类别	行业来源	废物类别	行业来源
HW01 医疗废物	卫生，非特定行业	HW26 含镉废物	电池制造
HW02 医药废物	化学药品原药制造，化学药品制剂制造，兽用药品制造，生物、生化制品制造	HW27 含锑废物	基础化学原料制造
HW03 废药物、药品	非特定行业	HW28 含碲废物	基础化学原料制造
HW04 农药废物	农药制造，非特定行业	HW29 含汞废物	天然原油和天然气开采，贵金属矿采选，印刷，基础化学原料制造，合成材料制造，电池制造，照明器具制造，通用仪器仪表制造，基础化学原料制造，多种来源
HW05 木材防腐剂废物	锯材、木片加工，专用化学产品制造，非特定行业	HW30 含铊废物	基础化学原料制造
HW06 有机溶剂废物	基础化学原料制造	HW31 含铅废物	玻璃及玻璃制品制造，印刷，炼钢，电池制造，工艺美术品制造，废弃资源和废旧材料回收加工业，非特定行业
HW07 热处理含氰废物	金属表面处理及热处理加工	HW32 无机氟化物废物	非特定行业
HW08 废矿物油	天然原油和天然气开采，精炼石油产品制造，涂料、油墨、颜料及相关产品制造，专用化学产品制造，船舶及浮动装置制造，非特定行业	HW33 无机氰化物废物	贵金属矿采选，金属表面处理及热处理加工，非特定行业
HW09 油/水、烃/水混合物或乳化液	非特定行业	HW34 废酸	精炼石油产品制造，基础化学原料制造，钢压延加工，金属表面处理及热处理加工，电子元件制造，非特定行业
HW10 多氯（溴）联苯类废物	非特定行业	HW35 废碱	精炼石油产品制造，基础化学原料制造，毛皮鞣制及制品加工，纸浆制造，非特定行业
HW11 精（蒸）馏残渣	精炼石油产品制造，炼焦制造，基础化学原料制造，常用有色金属冶炼，环境管理业，非特定行业	HW36 石棉废物	石棉采选，基础化学原料制造，水泥及石膏制品制造，耐火材料制品制造，汽车制造，船舶及浮动装置制造，非特定行业
HW12 染料、涂料废物	涂料、油墨、颜料及相关产品制造，纸浆制造，非特定行业	HW37 有机磷化合物废物	基础化学原料制造，非特定行业
HW13 有机树脂类废物	基础化学原料制造，非特定行业	HW38 有机氰化物废物	基础化学原料制造
HW14 新化学药品废物	非特定行业	HW39 含酚废物	炼焦，基础化学原料制造

废物类别	行业来源	废物类别	行业来源
HW15 爆炸性废物	炸药及火工产品制造，非特定行业	HW40 含醚废物	基础化学原料制造
HW16 感光材料废物	专用化学产品制造，印刷，电子元件制造，电影，摄影扩印服务，非特定行业	HW41 废卤化有机溶剂	印刷，基础化学原料制造，电子元件制造，非特定行业
HW17 表面处理废物	金属表面处理及热处理加工	HW42 废有机溶剂	印刷，基础化学原料制造，电子元件制造，皮革鞣制加工，毛纺织和染整精加工，非特定行业
HW18 焚烧处置残渣	环境治理	HW43 含多氯苯并呋喃类废物	非特定行业
HW19 含金属羰基化合物废物	非特定行业	HW44 含多氯苯并二噁英类废物	非特定行业
HW20 含铍废物	基础化学原料制造	HW45 含有机卤化物废物	基础化学原料制造，非特定行业
HW21 含铬废物	毛皮鞣制及制品加工，印刷，基础化学原料制造，铁合金冶炼，金属表面处理及热处理加工，电子元件制造	HW46 含镍废物	基础化学原料制造，电池制造，非特定行业
HW22 含铜废物	常用有色金属矿采选，印刷，玻璃及玻璃制品制造，电子元件制造	HW47 含钡废物	基础化学原料制造，金属表面处理及热处理加工
HW23 含锌废物	金属表面处理及热处理加工，电池制造，非特定行业	HW48 有色金属冶炼废物	常用有色金属冶炼，贵金属冶炼
HW24 含砷废物	常用有色金属矿采选	HW49 其他废物	环境治理，非特定行业
HW25 含硒废物	基础化学原料制造		

表 1-2 “HW31 含铅废物”名录

废物类别	行业来源	废物代码	危险废物	危险特性
HW31 含铅废物	玻璃及玻璃制品制造	314-002-31	使用铅盐和铅氧化物进行显像管玻璃熔炼产生的废渣	T
	印刷	231-008-31	印刷线路板制造过程中镀铅锡合金产生的废液	T
	炼钢	322-001-31	电炉粗炼钢过程中尾气控制设施产生的飞灰与污泥	T
	电池制造	394-004-31	铅酸蓄电池生产过程中产生的废渣和废水处理污泥	T
	工艺美术品制造	421-001-31	使用铅箔进行烤钵试金法工艺产生的废烤钵	T
	废弃资源和废旧材料回收加工业	431-001-31	铅酸蓄电池回收工业产生的废渣、铅酸污泥	T
	非特定行业	900-025-31	使用硬脂酸铅进行抗黏涂层产生的废物	T

4. 农业废物

《固废法》规定，“从事种植、畜禽养殖、水产养殖等农业生产活动的单位和个人，应当对生产过程中产生的秸秆、畜禽粪便、淤泥以及其他农业固体废物进行综合利用；不能利用的，按照国家有关环境保护规定收集、贮存、处置，防止污染环境”，同时，将“城市生活垃圾污染环境的防治”一节修改为“生活垃圾污染环境的防治”，使该节的管理覆盖面扩大到农村。并明确“农村生活垃圾污染环境防治的具体办法，由地方性法规规定”。从而表明我国已将农业废物和农村生活垃圾纳入了固体废物污染防治体系进行管理。

除此之外，由于放射性废物在管理方法和处置技术等方面与其他废物有明显的差异性，大多数国家都不将其包含在危险废物范围内。我国《固废法》中也未涉及放射性废物。但由于核能和核技术在各个领域得到广泛利用，其安全与污染防治问题日益突出，我国于2003年颁布实施了《中华人民共和国放射性污染防治法》，该法对放射性固体废物的管理和处置均有明确的规定。

1.2 固体废物环境污染特性

1.2.1 固体废物对环境潜在污染的特点

固体废物的固有特性及其对环境的潜在污染危害决定了对其进行管理和污染控制的方法和体制。概括地讲，固体废物对环境的潜在污染特点包括以下几个方面。

（1）数量巨大、种类繁多、成分复杂

如前所述，我国的固体废物污染控制已成为环境保护领域的突出问题之一。随着工业生产规模的扩大、人口的增加和居民生活水平的提高，各类固体废物的产生量也逐年增加。据统计，随着我国城市化进程和居民生活水平的逐步提高，城市生活垃圾产生量增加迅速，2013年全国城市垃圾清运量达到1.6亿t，到2014年全国城市垃圾清运量已经超过1.72亿t，而城市垃圾有效处理处置率还不足70%，城市人均日产垃圾量超过1.0 kg，接近工业发达国家的水平。2014年我国工业固体废物的产生量已接近30亿t，工业固体废物的产生量增速和工业产值的增速接近。由此可见，我国已处在超前污染的状态。

固体废物的来源十分广泛，例如，工业固体废物包括了工业生产、加工，燃料燃烧，矿石采、选，交通运输等行业，以及环境治理过程所产生和丢弃的固体和半固体的物质。另外，从固体废物的分类，我们可以大致了解固体废物组成的复杂状态。除在城市垃圾中包含了几乎所有日常生活中接触到的物质以外，危险废物的种类将随着科学技术的发展而日益增多。

（2）滞留期长、危害性强

固体废物除直接占用土地和空间外，其对环境的危害影响需要通过水、大气或土壤等介质方能进行。以固态形式存在的有害物质向环境中的扩散速率相对比较缓慢，例如渗滤液中的有机物和重金属在黏土层中的迁移速率，大约在每年数厘米的数量级上，其对地下水和土壤的污染需要经过数年，甚至数十年才能显现出来。与废水、废气污染环境的特点相比，固体废物污染环境的滞后性非常强，但一旦显现了对环境的污染，其后果将非常严重，因此，固体废物对环境的影响具有长期性、潜在性和不可恢复性等复杂后果。

（3）处理过程的“终态”，污染环境的“源头”

在废气的治理过程中，利用洗气、吸附或除尘等技术可以有效地将存在于气相中的粉尘或可溶性污染物（如酸性气体）转移到或转化为固体物质。同样，在水处理工艺中，无论是采用物化处理技术（如混凝、沉淀、超滤等）还是生物处理技术（如好氧生物处理、厌氧生物处理等），在水得到净化的同时，总是将水体中的无机和有机污染物质以固相的形态分离出来，因而产生大量的污泥或残渣。从这个意义上讲，可以认为废气治理或废水处理的过程，实际上都是将环境中的污染物转化为比较难以扩散的形式，将液态或气态的污染物转变为固态的污染物，降低污染物质向环境迁移的速率。由于固体废物对环境的危害影响需通过水、大气或土壤等介质方能进行，因此，固体废物既是污染水、大气、土壤等的“源头”，又是废水和废气处理过程的“终态”，也正是由于这一特点，管理固体废物管理，既要尽量避免和减少其产生，又要力求避免和减少其向水体、大气以及土壤环境的排放。最终处置需要解决的就是废物中有害组分的最终归宿问题，也是控制环境污染的最后步骤。最终处置对于具有永久危险性的物质，即使在人工设置的隔离功能到达预定工作年限以后，处置场地的天然屏障也应该保证有害物质向生态圈中的迁移速率不致对环境和人类健康造成威胁。

由此可见，固体废物对环境的污染和危害是不应低估更是不容忽视的。

1.2.2 固体废物对环境的影响

正是由于固体废物具有如上诸多特点，一旦对环境的潜在污染变为现实，要消除这些污染往往需要付出较大的代价。具体来说，固体废物对环境介质可能造成的污染危害表现在以下几个方面。

（1）对土地的影响

固体废物的堆放需要占用土地，据估计，每堆积 1 万 t 废渣约需占用土地 0.067 hm^2。据统计，我国 2014 年产生的尾矿接近 12 亿 t、煤矸石接近 6 亿 t、粉煤灰在 4 亿 t 以上、建筑垃圾 8 亿 t 左右，可想而知若不合理利用这些废物，其堆放需要占用大量土地，而历年堆存的废物占用的土地面积更是十分巨大。我国许多城市的近郊也常常是城市垃圾的堆放场所，形成垃圾围城的状况。固体废物的任意露天堆放，不但占用一定土地，而且其累积的存放量越多，所需的面积也越大，导致可耕地面积短缺的势头加剧。

随着我国经济发展和国民生活水平的提高，固体废物的产生量会越来越大，如不加以妥善管理，固体废物侵占土地的问题会变得更加严重。即使是固体废物的填埋处置，若不着眼于场地的选择评定以及场基的工程处理和封场后的科学管理，废物中的有害物质还会通过不同途径而排入环境中，乃至对生物包括人类产生危害。

（2）对水体的影响

固体废物对水体的污染途径有直接污染和间接污染两种：前者是把水体作为固体废物的接纳体，向水体直接倾倒废物，从而导致水体的直接污染；而后者是固体废物在堆积过程中，经过自身分解和雨水淋溶产生的渗滤液流入江河、湖泊和渗入地下而导致地表水和地下水的污染。

在世界历史范围内有不少国家直接将固体废物倾倒于河流、湖泊或海洋，甚至将其作为处置固体废物的场所之一。例如，美国仅在 1968 年就向太平洋、大西洋和墨西哥湾倾倒固体废物 4 800 多万 t。到 2002 年，我国每年仍有超过 2 000 万 t 的工业固体废物排入环境，其中约有 1/3 直接排入天然水体，成为地表水和地下水的重要污染源之一。固体废物弃置于水体，将使水体直接受到污染，严重危害水生生物的生存条件，并影响水资源的充分利用。此外，堆积的固体废物经过雨水的浸渍和废物本身的分解，其渗滤液和有害化学物质的转化和迁移势必会对附近地区的河流及地下水系和资源造成污染。

（3）对大气的影响

固体废物在堆存和处理、处置过程中会产生有害气体，若不加以妥善处理将对大气环境造成不同程度的影响。例如，露天堆放和填埋的固体废物会由于有机组分的分解而产生沼气，一方面沼气中的氨气、硫化氢、甲硫醇等的扩散会造成恶臭的影响；另一方面沼气的主要成分甲烷是一种温室气体，其温室效应是二氧化碳的 21 倍，而甲烷在空气中含量达到 5%～15%时很容易发生爆炸，对生命安全造成很大威胁。固体废物在焚烧过程中会产生粉尘、酸性气体、二噁英等，也会对大气环境造成污染。

另外，堆放的固体废物中的细微颗粒、粉尘等可随风飞扬，从而对大气环境造成污染。据研究表明：当生成 4 级以上的大风时，在粉煤灰或尾矿堆表层的粒径为 1.5 mm 以上的粉末将出现剥离，其飘扬的高度可达 20～50 m。在季风期间可使平均能见度降低 30%～70%。

（4）对土壤和生物群落的影响

固体废物及其渗滤液中所含有害物质会改变土壤的性质和土壤结构，并将对土壤中微生物的活动产生影响。这些有害成分的存在，不仅有碍植物根系的发育和生长，而且还会在植物有机体内积蓄，通过食物链危及人体健康。

此外，生物群落特别是一些水生动物的休克死亡，可以认为是固体废物处置场释出污染物质的前兆。例如在雨季，填埋场产生的渗滤液会通过地表径流或地下水进入江河湖泊引起大量鱼群死亡。这类危害效应可从个体发展到种群，直到生物链，并将导致受影响地区营养物循环的改变或产量降低。

1.2.3 固体废物对人体健康的影响

固体废物，特别是在露天存放、处理或处置过程中，其中的有害成分在物理、化学和生物的作用下会生成浸出，含有害成分的浸出液可通过地表水、地下水、大气和土壤等环境介质直接或间接被人体吸收，从而对人体健康造成危害。

根据物质的化学特性，当某些不相容物相混时，可能生成不良反应，包括热反应（燃烧或爆炸）、产生有毒气体（砷化氢、氰化氢、氯气等）和产生可燃性气体（氢气、乙炔等）。若人体皮肤与废强酸或废强碱接触，将生成烧灼性腐蚀作用。若误吸收一定量农药，会引起急性中毒，出现呕吐、头晕等症状。贮存化学物品的空容器，若未经适当处理或管理不善，会引起严重中毒事件。化学废物的长期暴露会产生对人类健康有不良影响的恶性物质。这类潜存的负面效应，理应予以高度重视。

1.3 固体废物的物理化学特性

固体废物的性质主要包括物理特性、化学特性、生物化学特性及感观性能。其中，感观性能是指废物的颜色、嗅味、新鲜或者腐败程度等，往往可根据经验直接判断，而生物化学特性与固体废物的生物降解性能有关，将在固体废物的生物处理技术章节介绍。以下主要介绍固体废物的物理特性和化学特性。

1.3.1 固体废物的物理特性

固体废物的物理特性一般指下列四种性质：物理组成、粒径、含水率、容积密度。

1. 物理组成

固体废物的物理组成由于废物类型不同差异很大。其中，城市生活垃圾的物理组成最为复杂，其物理组成受到多种因素的影响，如自然环境、气候条件、城市发展规模、居民生活习性（食品结构）、家用燃料（能源结构）以及经济发展水平等。故各国、各城市甚至各地区产生的城市垃圾组成都有所不同。一般来说工业发达国家生活垃圾成分是有机物多、无机物少，不发达国家无机物多、有机物少；我国南方城市较北方城市有机物多、无机物少。表 1-3 列出了不同国家和地区较典型的生活垃圾组成，供比较参考。

表 1-3 不同国家和地区城市生活垃圾的平均组成（质量分数） 单位：%

组成 \ 国家和地区	美国	英国	日本	法国	荷兰	意大利	比利时	中国香港	中国深圳
食品垃圾	19	38	43.8	30	24	50	47	38	58
纸类	50	38	38.2	34	25	20	30.1	25	10
金属	9	9	4.1	8	3	3	2	3	1
玻璃	9	9	7.1	8	10	7	4	3	3
塑料	5	2.5	7.3	4	4	5	9	19	12
其他	8	3.5	0.5	4	17	15	10	5	5
平均含水量	25	25.0	23	3.5	25	30	28	28	54.9
含热量/（kJ/kg）	11 630	9 766	10 237	9 304	8 372	7 348	7 061	8 000	5 289

2. 粒径

粒径表征的是固体废物的颗粒大小，不同的废物粒径差异很大。工业固体废物的粒径相对比较均匀，而生活垃圾的粒径变化范围会很宽。对于固体废物的前处理（如筛选或磁分离等）而言，废物粒径大小往往是重要参数，它决定了使用设备的规格或容量，尤其对于可供资源回收再利用的废物，其粒径特性更显得重要。通常粒径是以粒径分布表示，因废物组成复杂且大小不等，很难以单一大小来表示，况且几何形状也不一样。一般地，对于颗粒细小的粒径可通过筛网的网“目”代表其大小，而对于颗粒较为粗大的废物，一般以“米（m）”或“毫米（mm）”等来表示其大小。

3. 含水率

含水率的测定方法如下：将一定量的固体废物在 105℃±5℃下烘干一定时间（如 2 h，依水分含量而定），至恒重或最后两次称重之误差小于规定值，否则须再烘干，含水率常以单位重量样品所含水重量百分比表示，即：

$$\text{含水率（\%）}=\frac{\text{最初重量}-\text{烘干后重量}}{\text{最初重量}}\times 100\% \tag{1-1}$$

固体废物含水率受气候、季节与区域状况的影响而有很大差异，一般城市生活垃圾的平均含水量为20%～60%。

4. 容积密度

容积密度也称容重。废物密度为决定运输或储存容积的重要参数，由于废物组成成分复杂，其求法按各组分的平均值来考虑。表1-4列出了各类废物在堆放时的典型容积密度。

表1-4 典型固体废物的容积密度

成分	容积密度/（kg/m³）	
	范围	典型
食品废弃物	130～480	300
纸张	30～130	80
纸板	30～80	50
塑料	30～130	60
纺织品	30～100	60
橡皮	100～200	120
庭院修剪物	60～220	100
木材	130～320	240
玻璃	160～480	200
金属罐头	50～160	90
非铁金属	60～240	160
铁金属	130～1 120	320
泥土、灰烬、石砖	320～1 000	480
城市生活垃圾（未压缩）	90～180	130
城市生活垃圾（压缩）	180～450	300
污泥	1 000～1 200	1 050

1.3.2 固体废物的化学特性

固体废物的化学性质主要包括以下项目：挥发分、灰分、固定碳、闪火点与燃点、热值（或燃烧热值）、热灼减率、元素成分、毒性溶出性质。

主要分析项目包括：工业分析（水分、挥发分、固定碳、灰分、发热值）；元素组成（C、H、O、N、S、Cl）等。

下面分别说明：

1. 挥发分

挥发分指物体在标准温度试验时，呈气体或蒸气而散失的量。标准测定法为：将定量样品（已去除水分）置于已知重量的白金坩埚内，于无氧燃烧室内加热（600℃±20℃）所散失的量。

2. 灰分

一般废物的灰分可分为下列三种形态：非熔融性、熔融性、含有金属成分。

测定灰分可预估可能产生的熔渣量及排气中粒状物含量，并可依灰分的形态类别选择废物适用的焚烧炉，若含过多的金属则不宜焚烧。若废物含Na、K、Mg、P、S、Fe、Al、

Ca、Si 等，因焚烧过程中的高温氧化环境极易生成化学反应，而产生复杂的熔渣，如 Na_2CO_3、Na_2SO_4、NaCl 等，其熔点（melting point，M.P.）分别为：M.P.（Na_2SO_4）＝884℃、M.P.（Na_2CO_3）＝851℃、M.P.（NaCl）＝800℃。

但当以上三种化合物，任两种或三种在某些比例结合下，则可形成熔点较低的混合物，如：

M.P. （47%Na_2SO_4+53%Na_2CO_3）＝845℃

M.P. （62%Na_2CO_3+38%NaCl）＝633℃

M.P. （65%Na_2SO_4+35%NaCl）＝633℃

M.P. （NaCl+Na_2CO_3+Na_2SO_4）＝612℃

不同化合物的形成导致熔渣熔点降低，使其在焚烧时在炉排上熔融，从而阻碍排灰。若熔渣中含 Na_2SO_4，在流化床焚烧炉内处理时，由于炉内采用石英砂作为载体，则两者在高温下反应会形成黏稠状硅酸钠玻璃，更会降低流化现象而影响焚烧效果。

其测定方法是：对垃圾进行分类，再将各组分破碎至粒径为 2 mm 以下，取一定量在 105℃±5℃下干燥 2 h，冷却后称重（P_0），再将干燥后的样品放入电炉中，在 800℃下灼烧 2 h，冷却后再在 105℃±5℃下干燥 2 h，冷却后称重（P_1）。

各组分的灰分

$$I_i(\%)=\frac{P_1}{P_0}\times 100 \tag{1-2}$$

干燥垃圾灰分

$$I(\%)=\sum_{i=1}^{n}\eta_i\cdot I_i \tag{1-3}$$

其中 η_i 为各组分的含量。

典型废物的灰分值如表 1-5 所示。

表 1-5 典型废物的灰分

成 分	灰分/%		成 分	灰分/%	
	范围	平均		范围	平均
食品废弃物	2～8	5	玻璃	96～99	98
纸张	4～8	6	金属罐头	96～99	98
纸板	3～6	5	非铁金属	90～99	96
塑料	6～20	10	铁金属	94～99	98
纺织品	2～4	2.5	泥土、灰烬、砖	60～80	70
橡皮	8～20	10	城市生活垃圾	10～20	17
皮革	8～20	10	污泥（干）	20～35	23
庭院修剪物	2～6	4.5	废油	0～0.8	0.2
木材	0.6～2	1.5	稻壳	5～15	13

3. 固定碳

固定碳是除去水分、挥发性物质及灰分后的可燃烧物。

$$固定碳（\%）=100-（水分+灰分+挥发分） \tag{1-4}$$

4. 闪火点与燃点

缓慢加热废弃物至某一温度，如出现火苗，即闪火而燃烧，但瞬间熄灭，此温度称为闪火点（flash point）。但如果温度继续升高，其所产生的挥发组分足以继续维持燃烧，而火焰不再熄灭，此时的最低温度称为着火点（ignition point）或燃点。表 1-6 所列为常见可燃物的闪火点与燃点。

表 1-6　一般常见可燃物质的闪火点与燃点

可燃物质	闪火点/℃	燃点/℃
碳	85～103	345
硫黄	68～79	245
纸类	40～65	420～500
木材	55～90	320～380
塑料类	75～115	530～820
橡胶类	89～102	730～950
煤油	37.8	460～590
汽油	38.2	425～480
酒精	17.6	422±5
天然气	—	682～748
液化石油气	—	475～550
氢气	—	575～590
甲烷	—	630～750
一氧化碳	—	610～660

5. 热值

热值（或发热值）表示废物燃烧时所放出的热量，用于计算焚烧炉的能量平衡及估算辅助燃料所需量。垃圾的热值与含水率及有机物含量、成分等关系密切，通常有机物含量越高，热值越高；含水率越高，热值越低。垃圾的热值又分为高位热值（Higher Heating Value，HHV）和低位热值（Lower Heating Value，LHV）。高位热值是单位干重垃圾的发热量；低位热值是单位新鲜垃圾燃烧时的发热量，又称有效发热量，或净发热值。

$$低位热值=高位热值-水分凝结热 \tag{1-5}$$

固体废物热值的单位用 kcal/kg①或 kJ/kg 表示，气体物质的热值单位用 kcal/m^3 或 kJ/m^3 等表示。典型固体废物的热值如表 1-7 所示。废物的热值可用量热计直接测量，也可根据废物的组分或元素组成计算，具体方法如下：

表 1-7　典型废物的热值

成分	单位热值/（kJ/kg）	成分	单位热值/（kJ/kg）
食品废物	4 600	庭院修剪物	6 700
纸张	16 700	木材	18 800

① 1 kcal/kg=4.186 8 kJ/kg。

成分	单位热值/（kJ/kg）	成分	单位热值/（kJ/kg）
纸板	16 300	玻璃	170
塑胶	32 700	金属罐头	840
纺织品	17 600	非铁金属	—
橡皮	23 400	铁金属	—
皮革	17 600	泥土、灰烬、砖	—

注：若为混合废物，则取平均值。

（1）测量法

利用氧弹式热值测定仪进行测量。当废物在有氧条件下燃烧加热至氧弹周遭的水温不再上升，此时固定体积水所增加的热量即为定量废物燃烧所放出的热量。

（2）利用元素组成计算法

利用废物元素组成计算废物热值的方法很多。其中以 Dulong 公式最普遍与简单[式（1-6）]，但由于这种方法估算废物热值的误差过大，故工业界常改以 Wilson 公式[式（1-7）]、[式（1-8）]估算高热值（HHV）或低热值（LHV）（kcal/kg）：

$$\text{LHV} = 81w_{\text{C}} + 342.5\left(w_{\text{H}} - \frac{w_{\text{O}}}{8}\right) + 22.5w_{\text{S}} - 5.85(9w_{\text{H}} + W) \qquad (1\text{-}6)$$

式中：w_{C}、w_{H}、w_{O}、w_{S}——废物的 C、H、O、S 元素组成百分比，%；

W——废物的含水量百分比，%。

$$\text{HHV} = 7\,831m_{\text{C}_1} + 35\,932\left(m_{\text{H}} - \frac{m_{\text{O}}}{8}\right) + 2\,212m_{\text{S}} - 3\,546m_{\text{C}_2} + 1187m_{\text{O}} - 578m_{\text{N}} \qquad (1\text{-}7\text{a})$$

式中：m_{H}、m_{O}、m_{S}、m_{N}——分别为 H、O、S、N 各元素的质量分数，kg/kg；

m_{C_1}及m_{C_2}——分别为有机碳及无机碳的质量分数，kg/kg。

此式误差约在 5%。

部分有害废物中氯的含量很高，也必须考虑氯的影响，式（1-7a）则变成：

$$\text{HHV} = 7\,831m_{\text{C}_1} + 35\,932\left(m_{\text{H}} - \frac{m_{\text{O}}}{8} - \frac{m_{\text{Cl}}}{35.5}\right) + 2\,212m_{\text{S}} - 3\,546m_{\text{C}_2} + 1187m_{\text{O}} - 578m_{\text{N}} - 620m_{\text{Cl}} \qquad (1\text{-}7\text{b})$$

式中：m_{Cl}——氯的质量分数，kg/kg；其他同式（1-7a）。

净（低）热值可由下列公式求得：

$$\text{LHV} = \text{HHV} - 583 \times \left[m_{\text{H}_2\text{O}} + 9\left(m_{\text{H}} - \frac{m_{\text{Cl}}}{35.5}\right)\right] \qquad (1\text{-}8)$$

式中：LHV——净（低）热值，kcal/kg；

$m_{\text{H}_2\text{O}}$、m_{H}、m_{Cl}——分别为水分、氢和氯的质量分数，kg/kg。

6. *热灼减率*

热灼减率通常用于检测废物焚烧后灰渣（也是一种废物）的品质，此值与灰分性质有某种程度的关系，特别是与焚烧炉的燃烧性能有关。测定方法是将干燥后灰渣样品置于600℃±25℃高温下灼热 3 h 后冷却至室温，称其前后重量，并根据下式计算：

$$P = (A - B)/A \times 100\% \qquad (1\text{-}9)$$

式中：P——热灼减率，%；

A——焚烧炉渣经110℃干燥2 h后冷却至室温的质量，g；

B——焚烧炉渣经600℃±25℃灼烧3 h后冷却至室温的质量，g。

我国对于生活垃圾焚烧炉的灰渣热灼减率的标准[《生活垃圾焚烧污染控制标准》（GB 18485—2014）]为小于或等于5%，对于危险废物焚烧炉的灰渣热灼减率的标准为小于5%。

7. 元素成分

废物所含元素成分对废物本身起多方面的作用，如判断其化学性质；判断其危害影响；确定废物的处理工艺；预测废物经焚烧后的二次污染物等。因此，对环境工程而言，废物的元素成分分析极为重要。一般固体废物的元素成分包括碳、氢、氧、氮、硫、氯与重金属（如铅、镉、汞等）。表1-8列举了不同来源的典型废物元素组成。

表1-8　不同来源的典型废物元素组成及热值

来源项目	城市生活垃圾		医疗垃圾		工业区固体废物		
	A	B	A	B	A	B	C
水分/%	54.0	39.9	29.3	42.2	39.0	35.0	59.7
灰分/%	16.9	8.5	33.6	5.22	17.8	8.8	11.9
可燃分/%	29.1	29.8	37.1	52.6	48.2	56.3	28.2
碳/%	14.9	12.3	20.9	23.9	26.6	26.9	13.9
氢/%	2.0	2.0	2.77	4.45	5.67	4.8	2.3
氧/%	11.5	14.7	13.1	23.2	15.5	23.1	11.4
氮/%	0.4	0.4	0.36	0.66	0.34	0.78	0.5
硫/%	0.2	0.2	0.04	0.37	0.06	0.52	0.1
有机氯/%	0.1	0.2	0	0.08	0	0.10	0.1
碳氮比（C/N）	57	42	58	40	78	35	47
高位热值/（kJ/kg）	8 520	7 470	9 600	16 170	11 280	16 600	7 790
低位热值/（kJ/kg）	7 250	6 370	8 240	14 110	9 020	14 620	6 710

1.4　危险废物的特性和鉴别试验方法

1.4.1　危险废物的特性

危险废物是指具有腐蚀性、毒性、易燃性、反应性和感染性等危险特性的一类废物。它不仅存在于工业固体废物中，同时也存在于城市生活垃圾（如废电池、废日光灯管等）中。对危险废物进行鉴别和分类，有利于固体废物的管理和处理处置方案的确定，此外，对于保证处理处置设施的安全，降低处置费用，防止环境污染也有重要作用。

危险废物的特性主要包括物理特性、化学特性及生物特性，反映这些特性的特征指标包括：与有毒有害物质释放到环境中的速率有关的特性；有毒有害物质在环境中迁移转化及富集的环境特征；有毒有害物质的生物毒性特征。所依据的主要参数包括：有毒有害物质的溶解度、挥发度、相对分子质量、饱和蒸气压、在土壤中的滞留因子、空气扩散系数、土壤/水分配系数、降解系数、生物富集因子、致癌性反应系数及非致癌性参考剂量等。这些参数值可从有关化学手册、联合国环境规划署管理的国际潜在有毒化学品登记数据库（IPRTC）、美国国家环保局综合信息资源库（IRIS）、我国颁布的相关标准等中查到。对于新出现的化学品和危险废物，其参数可用估值方法确定。

1.4.2 危险特性的鉴别试验方法

1. 腐蚀性

腐蚀性是指采用指定的标准方法，或根据规定程序批准的等效方法测定其溶液、固体或半固体浸出液的 pH，若 pH 小于或等于 2.0、大于或等于 12.5，则该废物具有腐蚀性。

根据《危险废物鉴别标准 腐蚀性鉴别》（GB 5085.1—2007）的规定，腐蚀性的测定方法按照 GB/T 1555.12—1995 固体废物腐蚀性测定的方法，采用玻璃电极法（pH 的测定范围 0～14）进行测定。本试验方法适用于固态、半固态的固体废物的浸出液和高浓度液体的 pH 测定。

2. 急性毒性

急性毒性是指一次性投给试验动物的毒性物质、其半致死量（以 LD_{50} 表示）小于规定值的毒性。如口服毒性 LD_{50}≤50 mg/kg 体重，皮肤吸收毒性 LD_{50}≤100 mg/kg 体重。急性毒性的鉴别方法是用 1∶1 浸出液灌胃后的试验鼠进行中毒症状观察，记录在 48 h 内的死亡率，当死亡率高于 50%时即判定为有急性毒性的固体废物。

我国《危险废物鉴别标准 急性毒性初筛》（GB 5085.2—2007）中，具体规定了急性毒性初筛的鉴别方法，符合下列情形之一的固体废物属于具有急性毒性的废物：

①口服毒性半致死量 LD_{50}：使青年白鼠口服后，14 d 内死亡一半的物质计量。经口摄入标准：固体 LD_{50}≤200 mg/kg 体重，液体 LD_{50}≤500 mg/kg 体重。

②皮肤接触毒性半致死量 LD_{50}：白兔的裸露皮肤持续接触 24 h，最可能引起这些试验动物在 14 d 内死亡一半的物质计量。经皮肤接触标准：LD_{50}≤1 000 mg/kg 体重。

③吸入毒性半数致死浓度 LC_{50}：使雌雄青年白鼠连续吸入 1 h，最可能引起这些试验动物在 14 d 内死亡一半的蒸气、烟雾和粉尘的浓度。标准规定蒸气、烟雾或粉尘吸入 LC_{50}≤10 mg/L。

3. 浸出毒性

浸出毒性（leaching toxicity）是指固体废物遇水浸沥，其中有害物质生成迁移转化，污染环境，浸出的有害物质的毒性称为浸出毒性。《危险废物鉴别标准 浸出毒性鉴别》（GB 5085.3—2007）规定的鉴别项目共有 50 个，相应的鉴别项目及浸出液中危害成分浓度限值见表 1-9。

表 1-9 浸出毒性鉴别标准值（GB 5085.3—2007）

序号	危害成分项目	浸出液中危害成分质量浓度限值/（mg/L）	分析方法
无机元素及化合物			
1	铜（以总铜计）	100	附录 A、B、C、D
2	锌（以总锌计）	100	附录 A、B、C、D

序号	危害成分项目	浸出液中危害成分质量浓度限值/（mg/L）	分析方法
3	镉（以总镉计）	1	附录A、B、C、D
4	铅（以总铅计）	5	附录A、B、C、D
5	总铬	15	附录A、B、C、D
6	铬（六价）	5	GB/T 15555.4—1995
7	烷基汞	不得检出*	GB/T 14204—93
8	汞（以总汞计）	0.1	附录B
9	铍（以总铍计）	0.02	附录A、B、C、D
10	钡（以总钡计）	100	附录A、B、C、D
11	镍（以总镍计）	5	附录A、B、C、D
12	总银	5	附录A、B、C、D
13	砷（以总砷计）	5	附录C、E
14	硒（以总硒计）	1	附录B、C、E
15	无机氟化物（不包括氟化钙）	100	附录F
16	氰化物（以CN^-计）	5	附录G
有机农药类			
17	滴滴涕	0.1	附录H
18	六六六	0.5	附录H
19	乐果	8	附录I
20	对硫磷	0.3	附录I
21	甲基对硫磷	0.2	附录I
22	马拉硫磷	5	附录I
23	氯丹	2	附录H
24	六氯苯	5	附录H
25	毒杀芬	3	附录H
26	灭蚁灵	0.05	附录H
非挥发性有机化合物			
27	硝基苯	20	附录J
28	二硝基苯	20	附录K
29	对硝基氯苯	5	附录L
30	2,4-二硝基氯苯	5	附录L
31	五氯酚及五氯酚钠（以五氯酚计）	50	附录L
32	苯酚	3	附录K
33	2,4-二氯苯酚	6	附录K
34	2,4,6-三氯苯酚	6	附录K
35	苯并[*a*]芘	0.000 3	附录K、M
36	邻苯二甲酸二丁酯	2	附录K
37	邻苯二甲酸二辛酯	3	附录L
38	多氯联苯	0.002	附录N
挥发性有机化合物			
39	苯	1	附录O、P、Q
40	甲苯	1	附录O、P、Q

序号	危害成分项目	浸出液中危害成分质量浓度限值/（mg/L）	分析方法
41	乙苯	4	附录 P
42	二甲苯	4	附录 O、P
43	氯苯	2	附录 O、P
44	1,2-二氯苯	4	附录 K、O、P、R
45	1,4-二氯苯	4	附录 K、O、P、R
46	丙烯腈	20	附录 Q
47	三氯甲烷	3	附录 Q
48	四氯化碳	0.3	附录 Q
49	三氯乙烯	3	附录 Q
50	四氯乙烯	1	附录 Q

注：*“不得检出”指甲基汞＜10 ng/L，乙基汞＜20 ng/L。

按照 GB 5085.3—2007 的规定，浸出毒性鉴别标准采用的浸出液制备方法，根据不同的废物处置情形采用不同的标准方法，如下：

《固体废物　浸出毒性浸出方法　硫酸硝酸法》（HJ/T 299—2007），该标准以硝酸/硫酸混合溶液（pH=3.20±0.05）为浸取剂，液固比 10∶1 下萃取 18 h。模拟废物在不规范填埋处置、堆存或经无害化处理后废物的土地利用时，其中的有害组分在酸性降水的影响下，从废物中浸出而进入环境的过程。

《固体废物　浸出毒性浸出方法　醋酸缓冲溶液法》（HJ/T 300—2007），该标准以醋酸缓冲溶液为浸取剂（I 号浸取剂 pH=4.93±0.05，II 号浸取剂 pH=2.64±0.05），液固比 20∶1 下萃取 18 h。模拟工业废物（如固化稳定化处理后的焚烧飞灰）在进入卫生填埋场后，有害组分在填埋场渗滤液的影响下，从废物浸出的过程。

《固体废物　浸出毒性浸出方法　水平振荡法》（HJ 557—2010），该标准以水[《分析实验室用水规格和试验方法》（GB/T 6682），二级]作为浸取剂，液固比 10∶1 的情况下萃取 8 h。适用于评估在受到地表水或地下水浸沥时，固体废物及其他固态物质中无机污染物（氰化物、硫化物等不稳定污染物除外）的浸出风险。本标准不适用于含有非水溶性液体的样品。

国际上，不同的国家的固体废物浸出毒性浸出方法都有差异，在应用时要注意比较。

4. 易燃性

闪点低于定值的废物由于摩擦、吸湿、点燃或由于自发的化学变化会产生发热或着火，或点燃后的燃烧会持续进行，这种性质称为易燃性。易燃性可以采用闭口闪点测定仪进行测定，测定方法参见 GB/T 261—2008。《危险废物鉴别标准　易燃性鉴别》（GB 5085.4—2007）中具体规定了液态易燃性危险废物、固态易燃性危险废物和气态易燃性危险废物的鉴别标准，如下。

①液态易燃性危险废物：闪点温度低于 60℃（闭杯试验）的液体、液体混合物或含有固体物质的液体。

②固态易燃性危险废物：在标准温度和压力下因摩擦或自发性燃烧而起火，经点燃后能剧烈而持续地燃烧并产生危害的固态废物。

③气态易燃性危险废物：在 20℃、101.325 kPa 状态下，在与空气的混合物中体积百分比≤13%时可点燃的气体，或者在该状态下，不论易燃下限如何，与空气混合，易燃范围的易燃上限与易燃下限之差大于或等于 12 个百分点的气体。

5. 反应性

反应性是指在常温、常压下不稳定，极易发生激烈的化学反应，遇火或水反应猛烈，在受到摩擦、撞击或加热后可能发生爆炸或产生有毒气体的性质。属于此类的危险废物具有化学不稳定性，或者极端反应性，能与空气或水或其他化学剂（如酸、碱）起强烈的反应。含有氰化物或硫化物，可产生有毒气体、蒸气或烟雾。在常温常压下或加热时可生成爆炸。

《危险废物鉴别标准　反应性鉴别》（GB 5085.5—2007）中，具体规定了具有爆炸性质、与水或酸接触产生易燃气体或有毒气体、废弃氧化剂或有机过氧化物等的鉴别标准，如下。

①具有爆炸性质：常温常压下不稳定，在无引爆条件下，易生成剧烈变化；标准状态下，易生成爆轰或爆炸性分解反应；受强起爆剂作用或在封闭条件下加热，能生成爆轰或爆炸反应。

②与水或酸接触产生易燃气体或有毒气体：与水混合生成剧烈化学反应，并放出大量易燃气体和热量；与水混合能产生足以危害人体健康或环境的有毒气体、蒸气或烟雾；在酸性条件下，每千克氰化物废物分解产生≥250 mg 氰化氢气体，或者每千克含硫化物废物分解产生≥500 mg 硫化氢气体。

③废弃氧化剂或有机过氧化物：极易引起燃烧或爆炸的废弃氧化物；对热、震动或摩擦极为敏感的含过氧基的废弃有机过氧化物。

6. 感染性

感染性一般是指带有微生物或寄生虫、能致人体或动物疾病的废物。典型具有感染性的危险废物为医疗废物，《国家危险废物名录》也将其列为 HW01 危险废物。2003 年我国颁布实施的《医疗废物管理条例》明确规定，医疗废物是指医疗卫生机构在医疗、预防、保健以及其他相关活动中产生的具有直接或者间接感染性、毒性以及其他危害性的废物。《医疗废物管理条例》将医疗废物分为下列种类：

①感染性废物：是指携带病原微生物，具有引发感染性疾病传播危险的医疗废物。

②病理学废物：是指诊疗过程产生的人体废物和医学实验动物尸体等。

③损伤性废物：是指能够刺伤或者割伤人体的废弃的医用锐器。

④药物性废物：是指过期、淘汰、变质或者被污染的废弃的药品。

⑤化学性废物：是指具有毒性、腐蚀性、易燃易爆性的废弃的化学物品。

⑥其他废物：包括与感染性物质接触的废弃医疗器材及其他经主管机关认定对人体或环境具有危害的废物。但是，其他根据食品卫生管理相关法规规定应予以销毁的，以及根据传染病防治条例、家畜传染防治条例的规定须予以烧毁、掩埋、消毒的废物不在此范围内。

7. 毒性物质及含量鉴别

除了以上危险废物的鉴别特性外，《危险废物鉴别标准　毒性物质含量鉴别》（GB 5085.6—2007）还明确规定了剧毒物质、有毒物质、致癌性物质、致突变性物质、生殖毒性物质、持久性污染物危险废物的种类和含量鉴别。

列入该标准中的毒性物质（除持久性污染物）在废物中的含量达到以下值时即为危险废物：一种或一种以上剧毒物质的总含量≥0.1%；一种或一种以上有毒物质的总含量≥3%；一种或一种以上致癌性物质的总含量≥0.1%；一种或一种以上致突变性物质的总含量≥0.1%；一种或一种以上生殖毒性物质的总含量≥0.1%。当废物中含有两种及以上的毒性物质时，根据加权平均值来确定。

对于持久性污染物，当废物中含有任何一种 POPs（除二噁英和呋喃）的含量≥50 mg/kg，或者含有二噁英和呋喃的含量≥15 μgTEQ/kg，该废物即为危险废物。

1.5 固体废物的管理原则

1.5.1 固体废物“三化”管理基本原则

《固废法》第三条规定：“国家对固体废物污染环境的防治，实行减少固体废物的产生量和危害量、充分合理利用固体废物和无害化处置固体废物的原则，促进清洁生产和循环经济发展。”这样，就从法律上确立了固体废物污染防治的“三化”基本原则，即固体废物污染防治的“减量化、资源化、无害化”，并以此作为我国固体废物管理的基本技术政策。

1. *减量化原则*

“减量化”是指通过采用合适的管理和技术手段减少固体废物的产生量和排放量。实现固体废物减量化实际上包括两方面内容，首先要从源头上解决问题，这也就通常所指的“源削减”；其次，要对产生的废物进行有效的处理和最大限度地回收利用，以减少固体废物的最终处置量。

目前固体废物的排放量十分巨大（2014 年，我国工业固体废物年产生量为 30 亿 t 左右，城市垃圾年产生量为 1.7 亿 t 以上），如果能够采取措施，最小限度地产生和排放固体废物，就可以从“源头”上直接减少或减轻固体废物对环境和人体健康的危害，可以最大限度地合理开发利用资源和能源。减量化的要求，不只是减少固体废物的数量和减少其体积，还包括尽可能地减少其种类、降低危险废物的有害成分的浓度、减轻或清除其危险特性等。减量化是对固体废物的数量、体积、种类、有害性质的全面管理，积极开展清洁生产工艺。因此，减量化是防止固体废物污染环境的优先措施。就国家而言，应当改变粗放经营的发展模式，鼓励和支持开展清洁生产，开发和推广先进的生产技术和设备，充分合理地利用原材料、能源和其他资源。

2. *资源化原则*

“资源化”是指采取管理和工艺措施从固体废物中回收物质和能源，加速物质和能源的循环，创造经济价值的广泛的技术方法。

从便于固体废物管理的观点来说，“资源化”的定义包括以下三个范畴：

①物质回收：即从处理的废弃物中回收一定的二次物质如纸张、玻璃、金属等。

②物质转换：即利用废弃物制取新形态的物质，如利用废玻璃和废橡胶生产铺路材料；利用炉渣生产水泥和其他建筑材料；利用有机垃圾生产堆肥等。

③能量转换：即从废物处理过程中回收能量，以生产热能或电能，例如，通过有机废

物的焚烧处理回收热量，进一步发电；利用有机垃圾厌氧消化产生沼气，作为能源向居民和企业供热或发电。

3. 无害化原则

“无害化”是指对已产生又无法或暂时尚不能利用的固体废物，尽可能采用物理、化学或生物手段，加以无害或低危害的安全处理、处置，达到消毒、解毒或稳定化，以防止并减少固体废物对环境的污染影响。

1.5.2 固体废物全过程管理原则

固体废物的污染控制，经历了从简单处理到全面管理的发展过程。在初期，世界各国都把注意力放在就事论事的简单末端治理上，在经历了许多事故与教训之后，人们越来越意识到对固体废物实行首端控制的重要性，于是出现了“从摇篮到坟墓”（Cradle-to-Grave）的固体废物全过程管理的新概念。目前，在世界范围内取得共识的解决固体废物污染控制问题的基本对策是：避免产生（Clean）、综合利用（Cycle）和妥善处置（Control）的“3C”原则。

《固废法》确立了对固体废物进行全过程管理的原则，即对固体废物的产生、收集、运输、利用、贮存、处理和处置的全过程及各个环节都实行控制管理和开展污染防治。

以危险废物的全过程管理为例，其管理体系如图1-1所示。危险废物从产生到处置可分为五个连续或不连续的环节进行控制。其中，采取有效的清洁化生产工艺是第一个阶段，在这一阶段，通过改变原材料、改进生产工艺和更换产品等，来控制、减少或避免固体废物的产生。在此基础上，对生产过程中产生的固体废物，尽量进行系统内的回收利用，这是管理体系的第二个阶段。对于已产生的固体废物，则通过第三阶段——系统外的回收利用（如废物交换等）、第四阶段——无害化/稳定化处理、第五阶段——处置/管理，以实现其安全处理处置。在最终处置/管理阶段之前还包括浓缩、压实等减容减量处理。

在“3C”原则中，对源头的生产，尤其是工业生产的生产工艺（包括原材料和产品结构等）进行改革与更新，尽量采用清洁生产工艺显得更为重要。我国《清洁生产促进法》规定：清洁生产是指不断采取改进设计、使用清洁的能源和原料、采用先进的工艺技术与设备、改善管理、综合利用等措施，从源头削减污染，提高资源利用效率，减少或者避免生产、服务和产品使用过程中污染物的产生和排放，以减轻或者消除对人类健康和环境的危害。

1.5.3 循环经济理念下的固体废物管理原则

2005年修订的《固废法》提出了将循环经济理念融入相关政府对固体废物的管理中。实施循环经济战略，乃是实现固体废物减量化、资源化、无害化的根本出路。因此，在固体废物管理和污染控制方面，需要体现循环经济的理念，主要是赋予政府责任，为推进固体废物循环利用创造条件、提供激励。为此，《固废法》鼓励国家促进循环经济发展，鼓励、支持开展清洁生产，减少固体废物的产生量。在政府责任方面，《固废法》还规定：“国务院有关部门、县级以上地方人民政府及其有关部门编制城乡建设、土地利用、区域开发、产业发展等规划，应当统筹考虑减少固体废物的产生量和危害性、促进固体废物的综合利用和无害化处置。”以及“国家鼓励单位和个人购买、使用再生产品和可重复利用产品。”此外，还针对报废产品、包装的回收，规定了生产者责任。

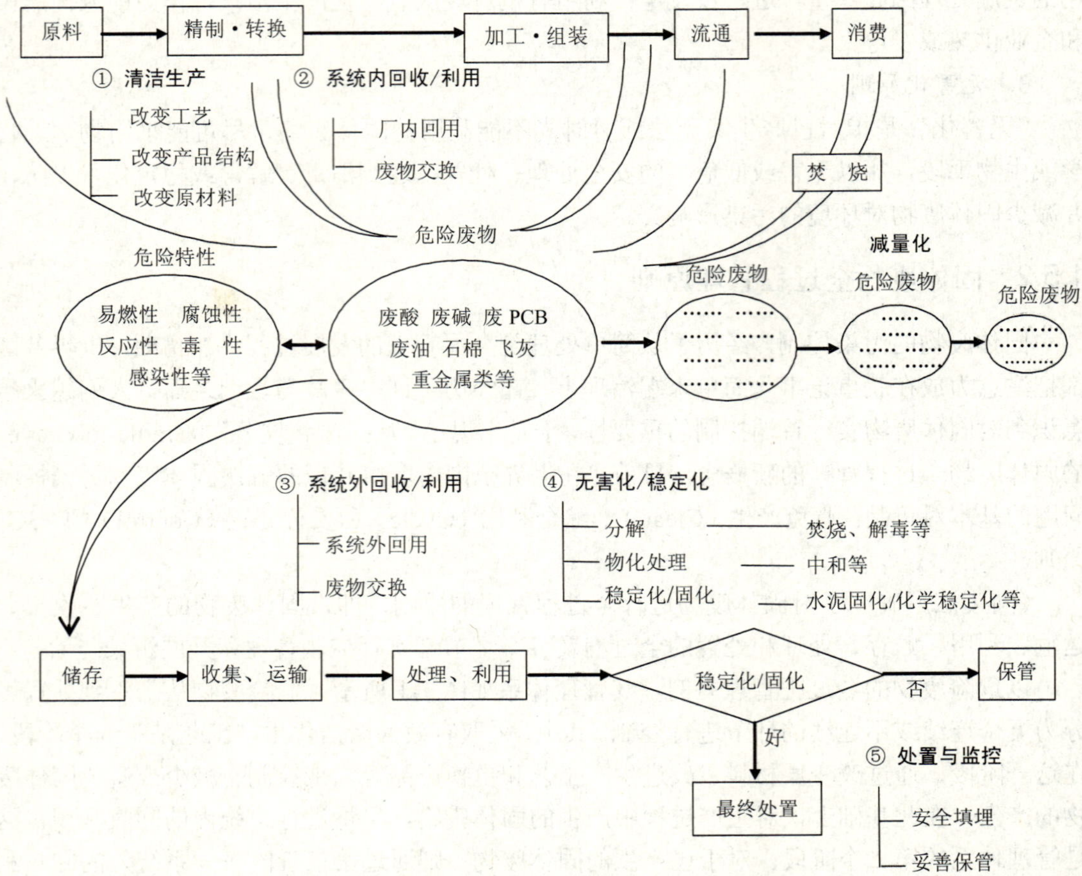

图 1-1 危险废物从产生到处置的全过程管理体系

《循环经济促进法》规定：“循环经济是指在生产、流通和消费等过程中进行的减量化、再利用、资源化活动的总称。”其中：减量化是指“在生产、流通和消费等过程中减少资源消耗和废物产生。”再利用是指“将废物直接作为产品或者经修复、翻新、再制造后继续作为产品使用，或者将废物的全部或者部分作为其他产品的部件予以使用。”资源化是指“将废物直接作为原料进行利用或者对废物进行再生利用。”

因此，循环经济是一种运用生态学规律指导人类社会经济活动的发展理念，该体系中要求所有物质和能源能够通过不断的经济循环体系得到合理和持久的利用，从而将人类经济活动对自然的影响尽可能降低到最低限度。循环经济倡导建立与自然和谐的经济发展模式，以“低开采、高利用、低排放”为特征，要求人类经济活动形成“资源—产品—再生资源”的正反馈。针对固体废物管理，需要综合运用生态学、环境学、经济学的理论作为管理规划的基础，强调循环再生原则和废物最小量化原则。

第 2 章　固体废物的收集与转运系统

固体废物的收集与转运系统，简称收运系统，其操作过程复杂且系统。本章以城市生活垃圾为主要对象论述固体废物的收集、运输和转运。通常构建城市垃圾的收运系统包括三个阶段：第一阶段是搬运与贮存，对于生活垃圾是指由垃圾产生者（住户或单位）或环卫系统从垃圾产生源头将垃圾送至贮存容器或集装点的运输过程；第二阶段是收集与清除（简称清运），通常指废物的近距离运输，对于生活垃圾一般用清运车辆沿一定路线收集清除容器或其他贮存设施中的垃圾，并运至垃圾转运站，有时也可就近直接送至垃圾处理厂或处置场；第三阶段为转运，特指废物的远途运输，对于生活垃圾是在垃圾转运站将垃圾转载至大容量运输工具上，运往距离产生源较远的处理厂或处置场。

2.1　固体废物的收集方式及分类收集的原则

2.1.1　固体废物的收集方式

固体废物的收集主要有混合收集和分类收集两种方式：

（1）混合收集

混合收集是指不经任何处理的原生废物的统一收集方式。这种收集方式历史悠久，应用也最广泛。混合收集的主要优点是收集费用低，简便易行；缺点是各种废物相互混杂，降低了废物中有用物质的纯度和再生利用的价值，同时也增加了各类废物的处理难度，造成处理费用的增加。

（2）分类收集

分类收集是指根据废物的种类和组成分别进行收集的方式。分类收集的主要优点是可以提高废物中有用物质的纯度，有利于废物的综合利用；同时，通过分类收集，还可以减少需要后续处理处置的废物量，从而降低管理费用和处理处置成本。

另外，根据收集的时间，固定废物的收集又可分为定期收集和随时收集两种方式：

（1）定期收集

定期收集是指按固定的时间或周期对特定废物进行收集的方式。定期收集是常规收集的补充手段，其优点主要表现为：可以将暂存废物的危险性减小到最低限度；可以有计划地使用运输车辆；有利于处理处置规划的制定。定期收集方式适用于危险废物和大型垃圾（如废旧家具、废旧家用电器等耐久消费品）的收集。

（2）随时收集

对于产生量无规律的固体废物，如采用非连续生产工艺或季节性生产的工商业单位产生的工业固体废物，或居民社区产生的生活垃圾，通常采用随时收集的方式。

2.1.2 固体废物分类收集的原则

对固体废物进行分类收集时，一般应遵循如下原则：

1. 工业废物与城市垃圾分开

由于工业废物和城市垃圾的产生量、性质以及生成源都有较大的差异，其管理和处理处置方式也不尽相同。一般来说，工业废物的生成源集中、产生量大、可回收利用率高，而且危险废物也大都源自工业废物；而城市垃圾的生成源分散、产生量相对较小、污染成分也以有机物为主。因此，对工业废物和城市垃圾实行分类，有利于大批量废物的集中管理和综合利用，可以提高废物管理、综合利用和处理处置的效率。

2. 危险废物与一般废物分开

由于危险废物具有可能对环境和人类造成危害的特性，一般需要对其进行特殊管理，其对处理处置设施的要求和设施建设费用、运行费用都要比一般废物高得多。对危险废物和一般废物实行分类，可以大大减少需要特殊处理的危险废物量，从而降低废物管理的成本，并能减少和避免由于废物中混入有害物质而在处置过程中对环境产生潜在的危害。

3. 可回收利用物质与不可回收利用物质分开

固体废物作为人类对自然资源利用的产物，其中包含有大量的资源，这些资源的可利用价值的大小，取决于它们的存在形态，即废物中资源的纯度。废物中资源的纯度越高，利用价值就越大。对废物中的可回收利用物质和不可回收利用物质实行分类收集，有利于固体废物资源化的实现。

4. 可燃性物质与不可燃性物质分开

固体废物是一种成分复杂的非均质体系，很难将其完全分离为若干单一的物质。在多数情况下，将其分离为若干具有相同性质的混合物较为容易。对于大批量产生的固体废物，如城市垃圾，常用的处理处置方法有焚烧、堆肥和填埋等。将废物分为可燃性物质与不可燃性物质，有利于处理处置方法的选择和处理效率的提高。不可燃性物质可以直接填埋处置或再利用，可燃性物质可以采取焚烧处理，或再将其中的可堆腐物质进行堆肥处理。

2.2 固体废物收运系统及系统分析

2.2.1 城市垃圾的收运、贮存及清运

在城市垃圾收集运输前，城市垃圾的产生者必须将各自所产生的城市垃圾进行短距离搬运和暂时贮存，这是整个垃圾收运管理系统的第一步。从改善垃圾收运管理系统的整个效益考虑，有必要对垃圾搬运和贮存进行科学的管理，以利于居民的健康，并能改善城市环境卫生及城市容貌，也为后续阶段操作打下良好基础。

1. 垃圾在产生源的收运方式

（1）居民住宅区垃圾搬运

居民住宅区垃圾搬运主要由居民自行负责将产生的垃圾搬运至公共贮存容器、垃圾集装点或垃圾收集车内，然后由收集工人（环卫工人）负责从家门口或垃圾投放点搬运至集装点或收集车。

近年来，在国外正逐步推广使用小型家用垃圾磨碎机（国内少数大城市也已试点应用），专门适合处理厨房食品垃圾，可将其在符合卫生条件下迅速磨碎后随水排入下水道系统，从而减少厨余垃圾的搬运量，减少垃圾中的有机物含量和水分，有助于减少垃圾的清运量，也有助于减少垃圾收运与处置过程的二次污染。但这需要对我国的市政污水管道进行改造或调整设计标准。

（2）商业区与企业单位垃圾搬运

商业区与企业单位垃圾一般由产生者自行负责，环境卫生管理部门进行监督管理。当委托环卫部门收运时，各垃圾产生者使用的搬运容器应与环卫部门的收运车辆相配套，搬运地点也应与环卫部门协商议定。

2. 贮存管理

由于城市垃圾产生量的不均匀性及随意性，以及对环卫部门收集清除的适应性，需要配备城市垃圾贮存容器。城市垃圾贮存应考虑的主要因素如下：

（1）贮存设备与清运次数

城市垃圾的贮存与清运，除受城市垃圾本身的性质与产量的影响外，还与贮存设备的容量及清运次数密切相关，其关系式如下：

$$n=V/c \tag{2-1}$$

式中：n——单位时间内的清运次数；

V——单位时间内的城市垃圾排放量，m^3/d；

c——可使用的贮存设备最小容量，m^3/个。

当然，也可以根据经验确定清运次数，例如，对于含水量较高的有机垃圾（厨余类等），易产生恶臭需及时处理，清运频率高；而可回收垃圾（塑料、纸张、金属类等）、电器垃圾（废旧冰箱、电视、洗衣机等）、有毒有害垃圾（日光灯管、汞电池等），其排出量不多，不易腐败散发恶臭，可选择每周或每两周清运一次。

（2）贮存容器的类型

城市垃圾贮存容器类型繁多，可按使用和操作方式、容量大小、容器形状及材质不同进行分类。

国外许多城市都制订有当地容器类型的标准化和使用要求。用于各家各户生活垃圾的贮存容器多为塑料和金属制垃圾桶、塑料袋和纸袋等。

国内目前各城市使用的容器规格不一。对于家庭贮存，除少数城市规定使用一次性塑料袋外，通常由家庭自备提桶、簸箕等随意性容器；对于公共贮存，常见的有固定式砖砌垃圾箱、活动式带车轮的垃圾桶、铁制活底卫生箱、移动式集装箱等；对于街道贮存，除公用贮存容器外，还配置大量供行人丢弃废纸、果壳、烟蒂等杂物的各种类型废物箱；对于单位贮存，则由产生者根据垃圾量及收集者的要求选择适用的容器类型。

（3）贮存方式

城市垃圾贮存容器的贮存方式可分为分类贮存和混合贮存两种：分类贮存是将特性不同的垃圾，按照其物化特性的不同及处理需要分别予以分类，然后将其分别置入不同类型的贮存容器，再配合不同的收集时间，分别进行收运处理；混合贮存是将所有的垃圾，不分其特性与处理需要，集中存放在同一个贮存容器内。

一般来说，垃圾贮存因方式不同而影响其收运效率。家庭垃圾分类贮存目的之一就是将垃圾进行源头减量，降低清运成本，从而提高清运效率。

（4）贮存容器的放置地点

贮存容器的放置地点应综合考虑如下因素：免阳光直射，以防垃圾分解而产生恶臭；避免放置在潮湿、阴暗处，以防蚊蝇、蟑螂及老鼠等孳生；注意考虑清运操作的便捷性；不妨碍交通，不影响市容观瞻；尽量靠近产生源，力求使用方便。

（5）容器设置数量

容器设置数量对费用影响巨大，应事先进行规划和估算。某区域需配置多少容器，主要应考虑的因素为服务范围内居民人数、垃圾人均产生量、垃圾容重、容器大小和收集次数等。

$$N_{平均} = nV_{平均}/cf \qquad (2\text{-}2)$$

式中：$N_{平均}$——平均所需设置的垃圾容器数量，个；

$V_{平均}$——垃圾平均日产生体积或高峰时最大日产生体积，m^3/d；

n——垃圾收集周期，d；

c——单个垃圾容器的容积，m^3/个；

f——垃圾容器填充系数，取 0.75～0.9。

3. 收运车辆

（1）收集车类型

不同地域各城市可根据当地的经济、交通、垃圾组成特点、垃圾收运系统的构成等实际情况，开发使用与其相适应的垃圾收集车。国外垃圾收集车、清运车类型很多，许多国家和地区都有自己的收集车分类方法和型号规格。尽管各类收集车构造形式有所不同（主要是装车装置），但它们的工作原理有共同点，即规定一律配置专用设备，以实现不同情况下城市垃圾卸车的机械化和自动化。一般应根据整个收集区内不同建筑密度、交通便利程度和经济实力选择最佳车辆规格。按装车形式大致可分为前装式、侧装式、后装式、顶装式、集装箱直接装车等形式。车身大小按载重量分，额定量 10～30 t，装载垃圾有效容积为 6～25 m^3（有效荷载 4～15 t）。

（2）收集车数量配备

收集车数量配备是否得当关系到费用及收集效率。其收集服务区需配备的各类收集车辆数量可参照下列公式计算：

$$n_s = QN_d\eta/M_r \qquad (2\text{-}3)$$

式中：n_s——收集车辆数，台；

Q——垃圾日平均产生量，t/d；

N_d——日单班收集次数定额（按各省、自治区、直辖市），台·d；

η——完好率，按 85%计取；

M_r——收集车额定吨位，t。

（3）收集车劳动力配置

每辆收集车配备的工人数，需按车辆型号、大小、机械化作业程度、垃圾容器放置地点与容器类型等情形而定，最终须从工作经验的逐渐改善而确定劳力。一般情况下，除司机外，人力装车的3 t简易自卸车配2人；人力装车的5 t简易自卸车配3～4人；多功能车配1人；侧装及后装式密封车配2人。

4. 收集作业时间

在我国各城市住宅区、商业区基本上要求垃圾及时收集，即日产日清。大城市地区可依交通量、道路状况及起居作息时间等基本资料确定清晨或夜间收集时间。收集时间大致可分为如下三种：

①日间收集：上午9：00至下午15：00，垃圾可在早上8：00以后、收集前依规定要求放至指定收集点。

②清晨收集：上午6：00至中午12：00以前完成作业。一般垃圾需在前一晚放至收集点，收集点有可能比较散乱。

③夜间收集：早上0：00开始至上午6：00结束工作，适用于餐饮业较多的繁华地区。因夜间交通流量少，收集率高，但存在作业安全及噪声问题。

5. 收集频率

一般来说，垃圾收集频率增加，则成本也会相对提高，例如，每周收集6次较每周收集3次成本为高。因此，要决定收集频率，以达到最佳收运效益，必须考虑以下因素：城市垃圾的组成成分及物化特性，可依垃圾含水率、有机物含量等因素而定；气候条件，气温的高低直接影响垃圾中有机物的降解速率；年节、假日、庆典等活动期间，垃圾量相对增加。

2.2.2　废物收运系统分类

根据垃圾收运系统的操作模式，废物收运系统可分为两种类型：①拖曳容器收运系统（Hauled Container System，HCS）（又称可移动容器收集系统）；②固定容器收运系统（Stationary Container System，SCS）。前者的废物存放容器被拖曳至处理地点，倒空，然后回拖到原来的地方或者其他地方。而后者的废物存放容器除非要转移到路边或者其他地方进行倾倒，否则固定在垃圾产生处。

对固体废物的收集过程进行系统分析与优化，可以节省大量的人力、物力和运行费用。对收运系统的分析是通过研究不同收集方式所需要的车辆、工作人员数量和所需工作日数，建立一套数学模型，在大量积累经验数据的基础上，据此推测在系统状况生成变化时，及时调整对于设备、人力和运转方式的需求程度，从而提高工效、节约资金。与固体废物收集有关的行为一般可分解为四个操作单元：①收集（pickup）；②运输（haul）；③卸载（at-site）；④非生产（off-route）。下面分别按照拖曳容器收运系统和固定容器收运系统进行说明。

1. 拖曳容器收运系统

拖曳容器收运系统的操作程序示意见图2-1。比较传统的收集方式如图2-1（a）所示，用牵引车从收集点将已经装满废物的容器运输至转运站或处置场，清空后再将空容器送回至原收集点。然后，牵引车开向第二个收集点重复这一操作。显然，采用这种运转方式的牵引车的行程较长。经过改进的运转方式如图2-1（b）所示，牵引车在每个收集点都用空容器交换该点已经装满废物的容器。与前面的运转方式相比，还消除了牵引车在两个收集点之间的空载运行。

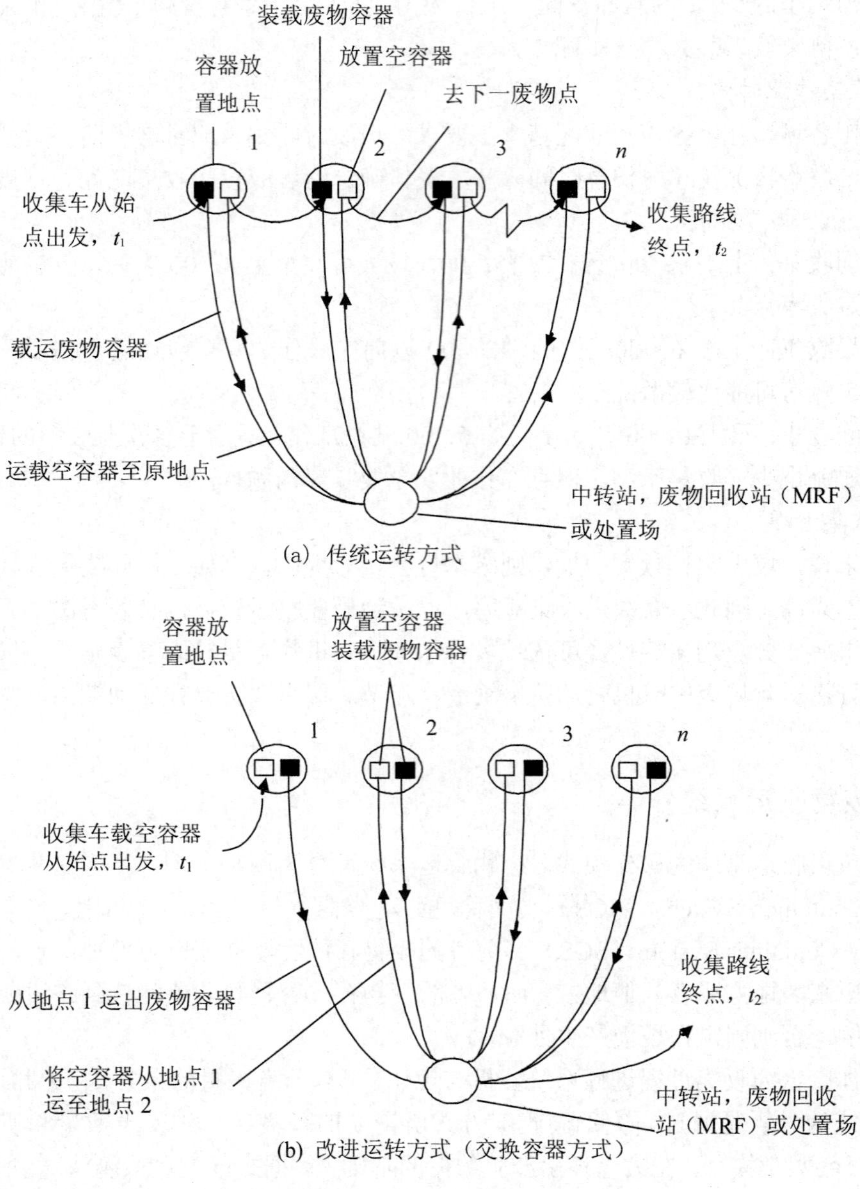

图 2-1　拖曳容器收运系统操作程序示意

2. 固定容器收运系统

固定容器收运系统的操作程序示意见图 2-2。这种运转方式是用大容积的运输车到各个收集点收集垃圾，最后一次卸到转运站或处置场。由于运输车在各站间只需要单程行车，所以与拖曳容器收运系统相比，收集效率更高。但该方式对设备的要求较高。例如，由于在现场需要装卸废物，容易起尘，所以要求设备要有较好的机械结构和密闭性。此外，为尽量保证一次收集尽量多的点，收集车的容积要足够大，并应配备废物压缩装置。

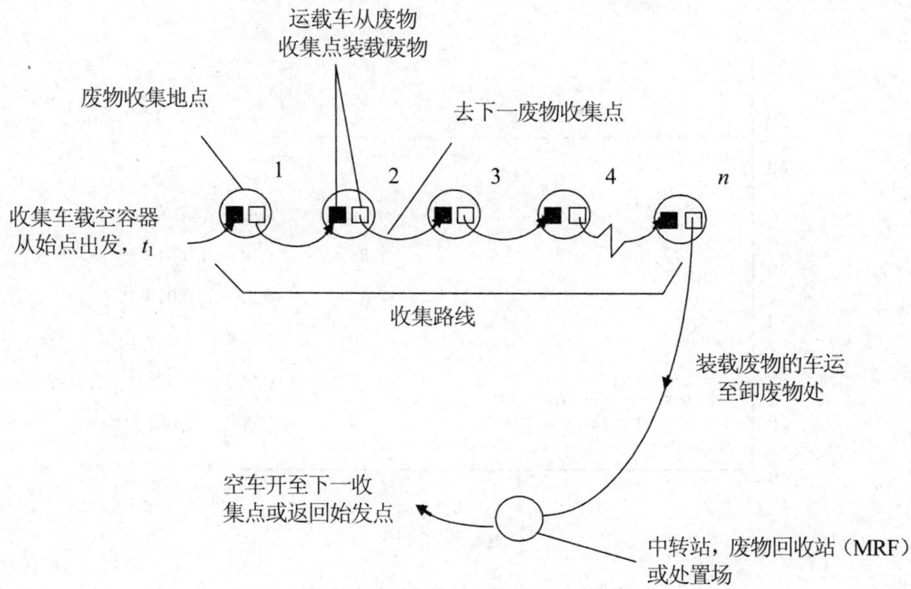

图 2-2 固定容器收运系统操作程序示意

2.2.3 拖曳容器收运系统分析

拖曳容器收运系统（可移动容器收运系统）运输一次废物所需总时间等于容器收集、运输、卸载和非生产时间的总和，可以由下式表示：

$$T_{hcs}=P_{hcs}+s+h \tag{2-4}$$

式中：T_{hcs}——拖曳容器收运系统运输一次废物所需总时间，h/次；

P_{hcs}——装载时间（收集时间），h/次；

s——处置场停留时间，h/次；

h——运输时间，h/次。

拖曳容器收运系统的收集时间即现场作业时间是相对固定的，运输时间取决于运输速度和路程的大小，一项对各种类型的收集车的大量数据资料的分析（图 2-3）表明运输时间 h 可近似由下式表示：

$$h=a+bx \tag{2-5}$$

式中：h——运输时间，h；

a——经验速度常数，h；

b——经验速度常数，h/km；

x——平均往返行驶距离，km。

因为一些收集所在地处在指定的服务区内，所以从服务区中心到处置场所的平均往返运输路程可以用在式（2-5）中。拖曳常数的确定将在本节的举例中说明。将式（2-5）中 h 的表达式代入式（2-4）中，则每次的总时间可以表示如下：

$$T_{hcs}=P_{hcs}+s+a+bx \tag{2-6}$$

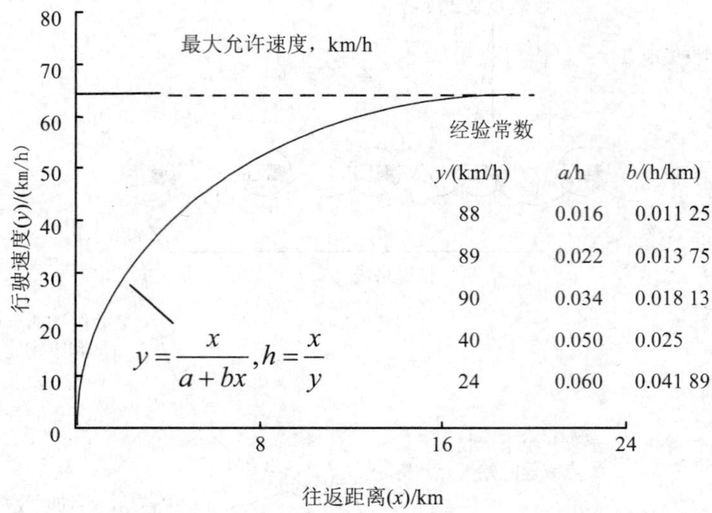

图 2-3　收集车辆的行驶速度与往返距离间的关系

拖曳容器收运系统每次的收集时间 P_{hcs} 为：

$$P_{hcs}=p_c+u_c+d_{bc} \tag{2-7}$$

式中：P_{hcs}——每次的装载时间（收集时间），h；

p_c——装载废物容器所需时间，h；

u_c——卸空容器所需时间，h；

d_{bc}——两个容器收集点之间的行驶时间，h。

如果在两容器之间的平均行驶时间未知，那么这个时间可以由式（2-5）计算。容器与容器之间的路程为单程，运输速度常数可用 24 km/h 时的经验值（图 2-3）。

拖曳容器收运系统中考虑非生产时间因数 W 在内的以每天每辆车计的往返次数可以由下式确定：

$$N_d=[H(1-W)-(t_1+t_2)]/T_{hcs} \tag{2-8}$$

式中：N_d——每天往返次数，次/d；

H——每天工作时间，h/d；

W——非生产因子，%；

t_1——每天从分派车站驾驶到第一个容器服务区所用的时间，h/d；

t_2——每天从最后一个容器服务区到分派车站所用的时间，h/d；

T_{hcs}——每次拖曳理论总时间，h/次。

由式（2-8）计算得到的每天往返次数，可以与每天（或每周）要求的往返次数相比较，后者可以用下式计算：

$$N_d=V_d/(cf) \tag{2-9}$$

式中：N_d——每天的往返次数，次/d；

V_d——平均每天收集的垃圾量，m^3/d；

c——容器平均尺寸，m^3/次；

f——加权平均的容器利用率。

【例题 2-1】　拖曳容器收运系统分析

从某新建工业园区收集垃圾，根据经验从车库到第一个容器放置点的时间（t_1）以及从最后一个容器放置点到车库的时间（t_2）分别为 15 min 和 20 min。假设容器放置点之间的平均行驶时间为 6 min，工业园到垃圾处置场的单程距离为 25 km（垃圾收集车平均行驶速度为 40 km/h），试计算每天能清运的垃圾容器的数量及实际工作时间（每天工作时间 8 h，非工作因子为 0.15）。

解：

① 计算装载时间　$P_{hcs}=p_c+u_c+d_{bc}$

$p_c+u_c=0.40$ h，$d_{bc}=0.1$ h　$P_{hcs}=0.4+0.1=0.5$ h

② 每趟收运总时间　$T_{hcs}=P_{hcs}+s+a+bx$

处置场停留时间 $s=0.133$ h

$a=0.05$ h，$b=0.025$ h/km

$T_{hcs}=0.5+0.133+0.05+0.025\times25\times2=1.933$ h

③ 每天能够清运垃圾容器的数量

$N_d=[H(1-W)-(t_1+t_2)]/T_{hcs}$

$=[8\times(1-0.15)-(0.25+0.33)]/1.933=(6.8-0.58)/1.933\approx3.22$ 次/d

在实际中，设 $N_d=3$ 次/d

④ 每天实际工作时间

$3=[H(1-0.15)-0.58]/1.933$

$H\approx7.50$ h

注：在部分要求设备和人力的地方，大容器的用处和减少了的收集频率应该予以调查。如果在 t_1 和 t_2 的时间内没有离线行为发生，那么理论上 3.22 次/d 这个值便可以应用。而且，3 次/d 只能用在实际操作中。但是，如果每天可以完成的次数是 3.2 次，那么多付给司机工资以延长工作时间来完成 4 次/d，这样的做法在经济上是可行的。

2.2.4　固定容器收运系统分析

由于装载方式不同，下面将固定容器收运系统按照机械装载和人工装载的不同方式分开讨论。

1. 机械装载收集车

对于机械装载的收集车而言，固定容器收运系统往返一次的总时间表示为：

$$T_{scs}=P_{scs}+s+a+bx \tag{2-10}$$

式中：T_{scs}——固定容器收运系统往返一次总时间，h；

P_{scs}——固定容器收运系统装载时间，h；

s——处置场停留时间，h；

a——经验速度常数，h；

b——经验速度常数，h/km；

x——平均往返行驶路程，km。

在固定容器收运系统中，如果没有其他有用的信息，那么从服务区中心到垃圾处置场的平均往返路程可以用在式（2-10）中。

拖曳容器收运系统中的式（2-6）和固定容器收运系统中的式（2-10）的唯一区别是“收集时间”。对固定容器收运系统，收集时间由下式给出：

$$P_{scs}=C_t \cdot u_c+(n_p-1)\cdot d_{bc} \tag{2-11}$$

式中：P_{scs}——固定容器收运系统装载时间，h；

C_t——每趟清运的垃圾容器数，个；

u_c——收集一个容器中的废物所需时间，h/个；

n_p——每趟清运所能清运的废物收集点数；

d_{bc}——两个废物收集点之间的平均行驶时间，h。

n_p-1 表示垃圾收集车在容器所在地之间行驶的次数比容器所在地的数目少 1 个。在固定容器收运系统中，如果容器所在地之间的行驶时间未知，那么它也可以通过式（2-5）算出。

每次收集所能够收集的容器的数目与收集车容积和垃圾压实系数有关。该值可由下式计算：

$$C_t=vr/(cf) \tag{2-12}$$

式中：v——垃圾车容积，m^3；

r——垃圾车压缩系数；

c——废物容器容积，m^3；

f——废物容器容积利用系数。

对于一定区域的垃圾收集，每天要求的清运次数可以用下式求出：

$$N_d=V_d/(vr) \tag{2-13}$$

式中：N_d——每天要求的收集次数，次/d；

V_d——平均每天需收集的废物总量，m^3/d。

考虑到非生产因子 W，每天要求的作业时间可以表示如下：

$$H=[(t_1+t_2)+N_d \cdot T_{scs}]/(1-W) \tag{2-14}$$

式中：t_1——从始点到第一个废物收集点的行驶时间，h；

t_2——从最后一个废物收集点的大约位置到终点的行驶时间，h。

在定义 t_2 时，用到了“大约位置”这个名词，那是因为在固定容器收运系统中收集车一般都会在最后一次收运废物并在处置场（或转运站）卸载后直接开回到分派车站。如果从垃圾处置场（或转运站）到分派车站的交通时间少于平均往返运输时间的一半，t_2 可以假设为零。如果从处置场（或转运点）到分派车站的时间比从最后一个收集地点到处置场（或转运站）的时间长，时间 t_2 可假设等于从垃圾处置场（或转运站）到分派车站所用时间与平均往返运输时间的一半的差值。

【例题 2-2】　拖曳容器收运系统和固定容器收运系统的比较

在某商业区拟建一废物回收站（MRF）。环卫部门想用拖曳容器收运系统，但担心收集运行费用。试确定 MRF 距离商业区的最大距离，使得拖曳容器收运系统每周的收集费用不高于固定容器收运系统。假定每一系统只使用一名工人，以下数据供参考，为简化起见，行驶时间 t_1 和 t_2 包括在非工作因子中（1yd^3＝0.764 6 m^3；1 mi＝1.61 km）。

（1）拖曳容器收运系统

a．废物量：300 yd^3/周；

b．容器大小：8 yd^3；

c．容器容积利用系数：0.67；

d．容器装载时间：0.033 h；

e．容器卸载时间：0.033 h；

f．速度常数：a=0.022 h，b=0.022 h/mi；

g．处置场停留时间：0.053 h；

h．间接费用：400 美元/周；

i．运行费用：15 美元/h。

（2）固定容器收运系统

a．废物量：300 yd^3/周；

b．容器大小：8 yd^3；

c．容器容积利用系数：0.67；

d．废物收集车容积：30 yd^3；

e．废物收集车压缩系数：2；

f．废物容器卸载时间：0.05 h；

g．速度常数：a=0.022 h，b=0.022 h/mi；

h．处置场停留时间：0.10 h；

i．间接费用：750 美元/周；

j．运行费用：20 美元/h。

（3）废物收集点特征

a．容器收集点之间的平均距离：0.1 mi；

b．两种系统在收集点间的速度常数均为：a'=0.06 h，b'=0.067 h/mi。

解：

（1）拖曳容器收运系统

① 确定每周需要运输废物的次数

$$N_w=V_w/(cf)=300/(8\times0.67)\approx 56\text{ 次/周}$$

② 拖曳容器收运系统的平均装载时间

$$P_{hcs}=p_c+u_c+d_{bc}=p_c+u_c+a'+b'x=0.033+0.033+0.060+0.067\times0.1\approx0.133\text{ h}$$

③ 每周需要的工作天数 T_w

$$T_w=N_w(P_{hcs}+s+a+bx)/[H(1-W)]$$
$$=56\times(0.133+0.053+0.022+0.022x)/[8\times(1-0.15)]$$
$$=(1.71+0.018x)\text{ d/周}$$

④ 每周运行费用

$$Q=15\times8\times(1.71+0.0181x)=(205.20+21.7x)\text{ 美元/周}$$

（2）固定容器收运系统

① 每次清运的容器数

$$C_t=vr/(cf)=30\times2/(8\times0.67)\approx 11.19\text{ 个/次}\approx11\text{ 个/次}$$

② 装载时间

$$P_{scs}=C_t\cdot u_c+(n_p-1)\cdot d_{bc}=C\cdot u_c+(n_p-1)(a'+b'x)$$
$$=11\times0.05+(11-1)\times(0.06+0.067\times0.1)\approx 1.22\text{ h}$$

③ 每周需要的运输次数

$$N_w=V_w/(vr)=300/(30\times2)=5$$

④ 确定每周需要的时间 T_w（d）

$$T_w(\text{scs})=\{N_w[P_{scs}+(s+a+bx)]\}/[H(1-W)]$$
$$=[5\times1.22+5\times(0.10+0.022+0.022x)]/[8\times(1-0.15)]$$
$$=(0.99+0.016x)\ \text{d/周}$$

⑤ 每周运行费用

$$Q=20\times8\times(0.99+0.016x)=(158.40+2.56x)\ \text{美元/周}$$

（3）系统之间的比较

① 确定费用相等时的最大往返距离

$$400+(205.20+21.7x)=750+(158.40+2.56x)$$
$$19.1x=303.2$$
$$x\approx15.9\ \text{mi（单程距离约 8 mi）}$$

② 每周总费用对往返距离作图 2-4

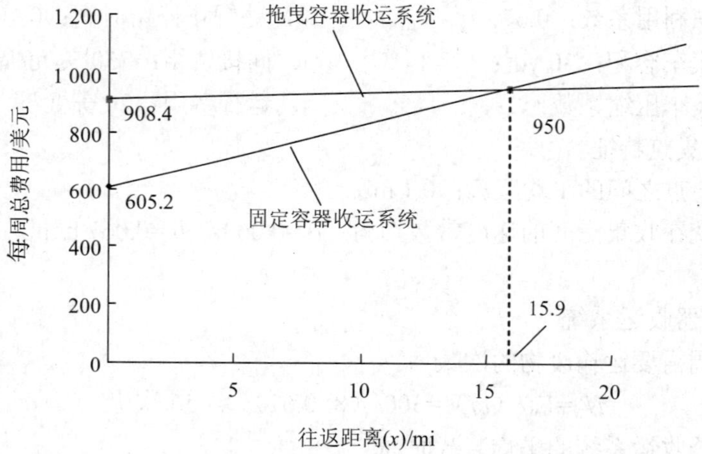

图 2-4 不同收运系统总费用与往返距离之间的关系

注：图中曲线显示了由拖曳容器收运系统和固定容器收运系统比较而得到的特性。在大多数情况下，拖曳容器收运系统费用和固定容器收运系统费用相等的往返运输距离要远小于本例中的值。

2. 人工装载收集车

如果 H 表示每天的工作时间而且每天完成的往返次数已知，那么收集操作的有效时间可以用式（2-14）算出。一旦每次的收集时间已知，那么每次可被收集的垃圾收集点的数量可根据下式算出：

$$N_p=60P_{scs}n/t_p \tag{2-15}$$

式中：N_p——每次清运的废物收集点数；

P_{scs}——装载时间，h；

n——工人数量；

t_p——每个废物收集点装载时间（收集时间），人次·min；

60——从小时到分钟的换算系数，60 min/h。

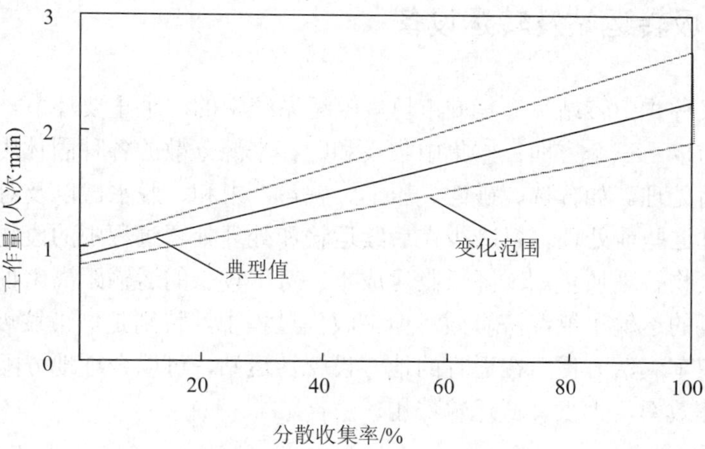

图 2-5　废物收集工作量与分散收集点之间的关系（2 人作业组）

每个收集点的收集时间 t_p 取决于在放置容器收集点之间的行驶时间、每个收集点的容器数以及分散收集点占总收集点的百分数。以下式表示：

$$t_p=d_{bc}+k_1C_n+k_2P_{RH} \tag{2-16}$$

式中：t_p——每个收集点的平均收集时间，min；

d_{bc}——放置容器收集点间的平均交通时间，min；

k_1——与每容器收集时间有关的常数，min；

C_n——每个收集点处的容器平均数；

k_2——与从住户分散点收集废物所需要时间有关的常数，min；

P_{RH}——分散收集点的百分比例，%。

式（2-16）和表 2-1 的数据可用来计算每个收集点的时间，考虑到住宅区收集变化较大，仍建议在有条件的情况下采用现场实测的方法来确定。

表 2-1　一个工人工作时装载时间与收集点容器数量的关系

每个收集点服务容器数（或箱数）	每个收集点装载时间 t_p/（人次·min）
1～2	0.50～0.60
3 个以上	0.92

若每次收集点数目已知，则可根据下式计算收集车的尺寸：

$$V=V_pN_p/r \tag{2-17}$$

式中：V_p——每个收集点收集废物的量，m^3；

N_p——往返一次清运的废物收集点数；

r——垃圾车压缩系数；

V——收集车的容积，m^3。

2.3 生活垃圾转运站及转运设备

转运站（又称“中转站”）是城市垃圾收运系统中的一个重要环节，转运站的作用和功能可以归纳为以下三个方面：①集中收集和贮存来源分散的各种固体废物。②对各种废物进行适当的前处理。如分选、破碎、压缩、解毒、中和、脱水，以及对有用物质的回收和再利用。通过这些前处理可以减少在后续运输和处理处置过程中的废物量和危险性，有利于提高整个废物管理质量。③降低收运成本。对于较长的运输距离来说，大容量的运输车辆要比小容量的运输车辆经济有效，但在收集过程中，特别是城市垃圾的收集过程中，小型车又比大型车灵活方便。在适宜的地方设置转运站，可以合理地分配使用车辆，提高收运系统的总体效率，大大降低运输费用。

2.3.1 转运站分类及配置要求

1. 转运站分类

转运站是一种将垃圾从小型收集车装载（转载）到大型专用运输车，以形成单车运输经济规模、提高运输效率的设施。国内外城市垃圾转运站的形式多种多样，主要区别包括工艺流程、主要转运设备及其工作原理和对垃圾的压实效果（减容压实程度）、环保性等因素的不同。根据转运处理规模、转运作业工艺流程和转运设备对垃圾压实程度等不同情况，转运站可分为多种类型。

（1）按转运能力分类

按转运站的设计日转运垃圾能力进行分类，可分为大型I类、大型II类、中型III类、小型IV类和小型V类。

①大型I类转运站：转运规模1 000～3 000 t/d。

②大型II类转运站：转运规模450～1 000 t/d。

③中型III类转运站：转运规模150～450 t/d。

④小型IV类转运站：转运规模50～150 t/d。

⑤小型V类转运站：转运规模<50 t/d。

（2）按有无压缩设备及压实程度分类

根据国内垃圾转运技术现状及发展趋势，转运技术及配套机械设备可按转运容器内的垃圾是否被压实及其压实程度，分为无压缩直接转运与压缩式间接转运两种方式。

① 无压缩直接转运：采用垃圾收集车将垃圾从垃圾收集点或垃圾收集站直接运送至垃圾处理厂（场）的运输方式。

② 压缩式间接转运：采用往复式推板将物料压入装载容器。与刮板式填装作业相比，往复式推压技术对容器内的垃圾施加更大的挤压力，容器内垃圾密实度最大可达800 kg/m^3以上。大型垃圾转运站多采用压缩式。

（3）按压缩设备作业方式分类

目前，国内外采用的压入装箱工艺按压缩设备作业方式可分为“水平压缩转运”和“竖直压缩转运”两种。

① 水平压缩是利用推料装置将垃圾推入水平放置的容器内，容器一般为长方体集装箱，然后开启压缩机，将垃圾往集装箱内压缩。

② 竖直压缩即是将垃圾倒入垂直放置的圆筒形容器内，压缩装置由上至下垂直将垃圾压缩，垃圾在压缩装置重力和机械力同时作用下得到压缩，压缩比较大，压缩装置与容器不接触，无摩擦。

（4）按大型运输工具不同分类

① 公路运输：公路转运车辆是最主要的运输工具，使用较多的公路转运车辆有半拖挂转运车、车箱一体式转运车和车箱可卸式转运车等。车箱可卸式转运车是目前国内外广泛采用的垃圾转运车，无论在山区还是在填埋场，它都表现出了优良和稳定的性能。该种转运车的垃圾集装箱轻巧灵活、有效容积大，净载率高，垃圾密封性好。该种车型由于汽车底盘与垃圾集装箱可自由分离、组合，在压缩机向垃圾集装箱内压装垃圾时，司机和车辆不需要在站内停留等候，提高了转运车和司机的工作效率，因而设备投资和运行成本均较低，维修保养也更方便。

② 铁路运输：当需要远距离大量输送城市垃圾时，铁路运输是最有效的解决方法。特别是在比较偏远的地区，公路运输困难，但有铁路线且铁路附近有可供填埋场地时，铁路运输方式就比较实用。

③ 水路转运：通过水路可廉价运输大量垃圾，因此也受到人们的重视。水路垃圾转运站需要设在河流或者运河边，垃圾收集车可将垃圾直接卸入停靠在码头的驳船里。不过此种转运需要设计良好的装载和卸船的专用码头。

④ 真空管道输送：真空管道输送是一种新型的生活垃圾收集输送系统，即采用管道气力输送转运系统，具有全封闭、卫生等特点。该系统主要由中心转运站、管道和各种控制阀等组成。中心转运站内装有若干台真空抽引风机、消声器、手动及自动控制阀、空气过滤阀、垃圾压缩机、集装箱以及其他辅助设施等。管道线路上装有进气口、截流阀、垃圾卸料阀、管道清理口等。

（5）按有无分拣功能分类

按转运站是否设置分拣回收单元，可将转运站分为带分拣处理压缩转运站和无分拣处理压缩转运站两类。

2. 转运站总体设计配置要求

在大中城市通常设置多个垃圾转运站。每个转运站必须根据需要配备必要的主体工程设施及相关辅助设施，如称重计量系统、受料及供料系统、压缩转运系统、除尘脱臭系统、污水处理系统、自控及监控系统以及道路、给排水、电气、控制系统等。

根据《城市环境卫生设施规划规范》（GB 50337—2003），转运站的设置要求与垃圾的运输方式（公路、铁路、水路）有关，分述如下：

（1）公路转运站配置要求

城市垃圾转运站的设置数量和规模取决于收集车的类型、收集范围和垃圾转运量，一般对于中小型转运站每 0.7～1 km^2 设置一座，一般在靠近服务区域中心或生活垃圾产量多且交通运输方便的地方设置，其用地面积根据日转运规模确定，如表 2-2 所示。

表 2-2 城市垃圾转运站设置标准

转运规模/（t/d）	用地面积/m^2	与相邻建筑间距/m	绿化隔离带宽度/m
1 000～3 000	15 000～30 000	＞30	≥10
450～1 000	10 000～15 000	≥20	≥10
150～450	4 000～10 000	≥15	≥5
50～150	1 000～4 000	≥10	≥5
＜50	500～1 000	≥8	≥3

注：a. 表内用地不含区域性专用停车场、专用加油站和垃圾分类、资源回收等其他功能用地。

b. 用地面积含转运站周边专门设置的绿化隔离带，但不含兼起绿化隔离作用的市政绿地和园林用地。

c. 与相邻建筑间距指转运站围墙或转运站外墙面到相邻建筑物外墙的直线距离。

d. 对于临近江河、湖泊、海洋和大型水面的城市生活垃圾转运码头，其陆上转运站用地指标可适当上浮。

e. 以上规模类型 II 类、III 类、IV 类含下限值不含上限值，I 类含上下限值；II 类、III 类、IV 类用地面积含下限值不含上限值，I 类、V 类含上下限值。

f. 乡镇建设的小型（IV 类、V 类）转运站，用地面积可上浮 10%～20%。

g. 规模超过 3 000 t/d 的超大型转运站，其超出规模部分用地面积按 6～10 m^2/t 计。

（2）铁路转运站配置要求

当垃圾处理场距离市内收集点路程大于 50 km 时，可设置铁路运输转运站。转运站必须设置装卸垃圾的专用站台以及与铁路系统衔接的调度、通信、信号等系统。

（3）水路转运站配置要求

水路转运站配置要有供卸料、停泊、调档等使用的岸线，还应有陆上空地作为作业区。陆上面积用于安排车道、大型装卸机械、仓储、管理等项目的用地。岸线长度应根据装卸量、装卸生产率、船只吨位、河道允许船只停泊档次等因素确定。码头岸线由停泊岸线和附加岸线组成。当日装卸量在 300 t 以内时，按表 2-3 选取。

表 2-3 水路运输转运站岸线计算表

船只吨位/t	停泊档次	停泊岸线/m	附加岸线/m	岸线折算系数/（m/t）
30	二	110	15～18	0.37
30	三	90	15～18	0.30
30	四	70	15～18	0.24
50	二	70	18～20	0.24
50	三	50	18～20	0.17
50	四	50	18～20	0.17

注：作业制度按每日一班制；附加岸线系拖船的停泊岸线。

当日装卸量超过 300 t 时，水路转运站岸线长度采用下式计算，并与表 2-3 结合使用：

$$L=Qq+I \tag{2-18}$$

式中：L——水路转运站岸线计算长度，m；

Q——转运站垃圾日装卸量，t；

q——岸线折算系数，m/t，见表 2-3；

I——附加岸线长度，m，见表 2-3。

水路转运站综合用地按每米岸线配备不少于 15～20 m^{2}的陆上作业场地，周边还应设置宽度不小于 5 m 的绿化隔离带。

水路转运站还应有陆上空地作为作业区。陆上面积用于安排车道、大型装卸机械、仓储、管理等项目的用地。所需陆上面积按岸线规定长度配置，一般规定每米岸线配备不少于 40 m^{2}的陆上面积。

3. 转运站机械设备配置要求

①应依据转运站规模类型配置相应的机械设备。中小型以下规模的转运站，宜配置刮板式压缩设备；中型及大型以上的转运站，宜采用活塞式压缩设备。

②多个同一工艺类型的转运车间或工位的配套机械设备，应选用同一类型、规格，以提高站内机械设备的通用性和互换性，并便于转运站的建造和运行维护。

③转运站机械设备的工作能力应按日有效运行时间不大于 4 h 考虑，使其与转运站车间（工位）的设计规模（t/d）相匹配，以保持转运站可靠的转运能力并留有调整余地。

4. 转运站环境保护与劳动安全卫生

城市垃圾转运站操作管理不善，常给环境带来不利影响，引起附近居民的不满。故大多数现代化及大型垃圾转运站都采用封闭形式，注意规范作业，并采取一系列环保措施：

①转运站应通过合理布局建构筑物、设置绿化隔离带、配备污染防治设施和设备等多种措施，对转运过程产生的二次污染进行有效防治。

②要结合垃圾转运车间（工位）的工艺设计，强化在卸装垃圾等关键位置的通风、降尘、除臭措施；大型以上转运站必须设置独立的抽排风/除臭系统。

③配套的运输车辆必须具有良好的整体密封性能，以避免渗滤液滴漏、尘屑撒落、臭气散逸。

④通过减振、隔声等措施，将转运作业过程产生的噪声控制在《声环境质量标准》（GB 3096）允许的范围内。

⑤根据转运站所在地区水环境质量要求和污水收集、处理系统等具体条件，选择恰当的污水排放、处理形式，使其达到国家有关现行标准及当地环境保护部门的要求。

a. 转运站生活污水经化粪池排入邻近市政排水管网集中处理。

b. 转运作业过程产生的垃圾渗滤液及清洗车辆、设备的生产废水，应先预处理达到国家现行标准的要求后再排入邻近市政排水管网；或用车辆、管道等将渗滤液等输送到污水处理厂（场）。

⑥在转运站的相应位置设置交通管制指示、烟火管制提示等安全标志。

a. 机械设备的旋转件、启闭装置等零部件应设置防护罩或警示标志。

b. 填装、起吊、倒车等工序的相关设施、设备上应设置警示、警报装置。

⑦转运站一般均设有防火措施。

⑧在转运站内必须设置杀虫灭害设施及装置。

2.3.2 转运站压实设备及配置

压实是转运站的主要功能，是通过外力加压于松散的固体物上，以缩小其体积，增大其密度的一种操作方法。通过压实处理可以减小固体废物的运输和处理体积，从而减少运输和处置费用。以城市垃圾为例，在压实之前其容重通常为 0.1～0.4 t/m^3，当通过压实器或一般压实机械作用以后，其容重可提高到 0.6～0.8 t/m^3，若是通过高压压缩，其容重还可达到 1.125～1.38 t/m^3，而体积则可缩小至原体积的 1/10～1/3。

1. 固体废物压实程度的度量

固体废物压实的效果可以通过密度、孔隙率和孔隙比、体积减小百分比以及压缩比和压缩倍数等不同的参数来表示。

多数固体废物可以设想为是由各种颗粒和颗粒之间充满空气的空隙所构成的集合体。由于空隙较大，同时颗粒多有吸附能力，所以可以认为几乎所有水分都是吸附在固体颗粒中，而不存在于空隙中，这样固体废物的总体积就等于颗粒体积加上空隙体积，而固体废物的总重量等于颗粒重量加上水分重量，即：

固体废物总体积：

$$V_m = V_s + V_v \tag{2-19}$$

固体废物总重量：

$$W_m = W_s + W_w \tag{2-20}$$

式中：V_m、V_s、V_v——固体废物总体积、固体颗粒体积、空隙体积；

W_m、W_s、W_w——固体废物总重量、固体颗粒重量、水分重量。

固体废物的湿密度ρ_w和干密度ρ_d，可分别由式（2-21）和式（2-22）表示，即：

$$\rho_w = W_m / V_m \tag{2-21}$$

$$\rho_d = W_s / V_m \tag{2-22}$$

实际上，废物收运及处理过程中测定的物料重量常包括水分，故一般所称的固体废物容重都指的是其湿密度。压实前后固体废物密度值及其变化率大小，是度量压实效果的重要参数。

固体废物的空隙比 e 和孔隙率ε可分别由式（2-23）和式（2-24）表示：

$$e = V_v / V_s \tag{2-23}$$

$$\varepsilon = V_v / V_m \tag{2-24}$$

固体废物压实后压缩比 r 和压缩倍数 n 可分别由式（2-25）和式（2-26）表示：

$$r = V_f / V_m \quad (r \leqslant 1) \tag{2-25}$$

$$n = V_m / V_f \quad (n \geqslant 1) \tag{2-26}$$

式中：V_m——压实前废物的体积，m^3；

V_f——压实后废物的体积，m^3。

显然，压缩比和压缩倍数互为倒数。n 值越大，说明废物的压实倍数越高，其压实效果也越好，工程上以使用压实倍数 n 值更为普遍。

2. 转运站压实器配置

为了最大限度地减容，获得较高的压缩比，应尽可能选择适宜的压实器。影响压实器选择的因素很多，除废物的性质外，主要应从压实器性能参数上进行考虑。

（1）装载面尺寸

装载面的尺寸应足够大，以便容纳用户所产生的最大件的废物。如果压实器的容器用垃圾车装填，为了操作方便，就要选择至少能够处理一满载垃圾车垃圾量的压实器。压实器的装载面的尺寸一般为 0.765～9.18 m^2。

（2）循环时间

所谓循环时间是指压头的压面从装料箱把废物压入容器，然后再回到原来完全缩回的位置，准备接收下一次装载废物所需要的时间。循环时间变化范围很大，通常为 20～60 s。如果希望压实器接收废物的能力快，则要选择短循环时间的压实器。这种压实器是按每个循环操作压实较少数量的废物设计的，重量较轻，其成本可能比长时间压实器低，但牢固性差，其压实比也不一定高。

（3）压面压力

压实器压面压力通常根据某一具体压实器的额定作用力这一参数来确定。额定作用力作用在压头的全部高度和宽度上。固定式压实器的压面压力一般为 1.05～35 kg/cm^2。

（4）压面行程

压面行程是指压面压入容器的深度。压头进入压实容器中越深，装填得越有效，也越干净。为防止压实废物填满时返弹回装载区，要选择行程长的压实器，现行的各种压实器的实际进入深度为 10.2～66.2 cm。

（5）体积排率

体积排率也即处理率，它等于压头每次压入容器的可压缩废物体积与每小时机器的循环次数之积。通常要根据废物产生率来确定。

（6）压实器与容器匹配

压实器应与容器匹配，最好由同一厂家制造，这样才能使压实器的压力行程、循环时间、体积排率以及其他参数相互协调。如果二者不相匹配，如选择不可能承受高压的轻型容器，在压实操作的较高压力下，容器很容易生成膨胀变形。

此外，在选择压实器时，还应考虑与预计使用场所相适应，要保证轻型车辆容易进入装料区和容器装卸提升位置。

3. 转运站主体设备配置

生活垃圾转运站配置一般主要包括以下设备：称重计量系统；转运作业系统，包括容器、集装箱移位系统、卸料槽、压缩机及附属辅助设施；运输系统，包括转运车底盘和相关辅助设施；监视、控制系统。以下分别介绍：

（1）称重计量系统

称重计量系统一般由承重秤台、传感器、称重仪表、交通指挥、卸料位指示显示屏、重量显示屏、车号自动识别装置组成。

秤台：秤台为钢结构件，用型钢和钢板焊接而成，要求重量轻，刚度高，材料抗腐蚀性能、抗冲击性能好。

传感器：采用高精度应变式传感器，安装方便，工作可靠，并配以带有补偿电阻的接线盒，构成传感器系统。

交通指挥：车辆称重上下秤台由交通信号灯来指挥，设置在车辆上磅前约 1m，交通信号灯为红绿两色。绿灯可上秤，红灯不允许上秤。

计算机管理：计算机管理系统不受交流电断电的影响，软件可及时准确地接受来自汽车衡称重传感器、读卡器的信息及数据，经处理后按要求进行排序、分类、统计、汇总等。根据需要进行打印；可通过互联网传输将数据上传至转运车间中央控制室；原始数据进行加密或加锁，使操作人员无法进行数据修改。

称重计量系统软件一般具有记录数据、汇总、统计、查询、制作报表、打印报表的功能。称重计量系统采用动（静）态电子汽车衡，系统工作时，收集车不停车即可进行称重。同时配备车辆自动识别系统，自动识别进站收集车。称重计量系统还可以与垃圾转运站控制网络连接起来，通过该网络可将每次垃圾收集车称重数据传输到中控室电脑上，称重数据共享，便于对垃圾收集车进行合理调度，合理控制集装箱装载量。

图 2-6　称重计量系统示意

（2）转运作业系统

根据压缩转运方式不同，主要转运作业设备选择也会有差异。

1）容器

①垂直压缩转运站容器。

垂直压缩转运站容器（图 2-7）为圆柱形结构，保证容器各个方向受力均匀。在垃圾装箱时，容器竖直放置（卸料口位于容器底部），容器的受料口与卸料溜槽的底部结合，在容器的进料口处形成一个喇叭口（形同漏斗）。收集车卸料时很容易将垃圾倒入卸料的喇叭口中。垃圾靠自重即可自行下落或沿喇叭口的斜面滑进容器中。当垃圾装满容器时，压实器进行垂直压缩，使得垃圾进一步减容；再装料，再压缩，非常方便、快捷。垂直转运站内一般不需另设渗沥水处理装置，容器卸料口为圆形结构，卸料门为方形结构，这种结构有利于容器卸料口的密封。

②水平压缩转运站容器。

水平压缩转运站垃圾专用容器（集装箱，图 2-8）根据整体工艺方案的要求，采用不同容积尺寸集装箱，集装箱底一般板厚 5 mm、侧板厚 4 mm，侧板及整箱结构根据其实际受力情况局部加强，以保证集装箱耐腐蚀、抗磨损，并抗变形、抗损坏。

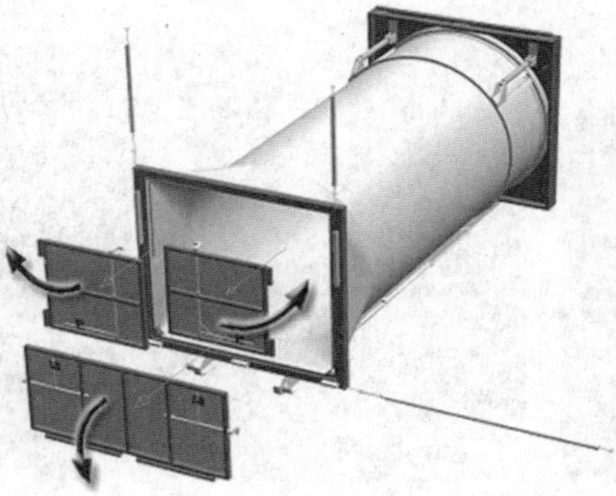

图 2-7　垂直压缩转运站容器示意

图 2-8　水平压缩转运站容器（集装箱）示意

整个箱体采用整体全焊接组装形式，箱体与箱门结合处亦设有密封装置，整体密封效果好，能有效避免在运输途中由于垃圾溢出及渗沥液外流造成的二次污染。集装箱设计在运输车规范的前提下倾箱，物料能在无动力作用下完全排出；集装箱进料口和后门无杂物拖挂。

2）集装箱移位系统

集装箱移位系统（图 2-9）只应用于水平压缩转运站。垃圾集装箱移位系统用于箱体之间的转换调位，由垃圾箱托架、电机、拖链装置、限位及信号装置和道轨等组成。

移位装置上一般至少设置两个垃圾集装箱箱位，支承两垃圾箱的托架及构架由转动销软连接。系统由动力装置驱动水平横移，实现与压缩机自动对接。

图 2-9　集装箱移位系统示意

3）卸料槽

垂直压缩转运站不需设置卸料槽设施，竖直放置的容器自身既是卸料储槽又是转运容器。水平压缩转运站卸料槽按其工艺操作形式可分为如下几类：

①单向推板式。

单向推板系统（图 2-10）推板的往复运动由多级伸缩油缸来控制。这种方案早期曾广泛地应用于各国的垃圾转运站中，该种地坑输送料形式对垃圾成分的适应性强，推料干净、彻底，实用可靠，易维护，可控性好。

图 2-10　单向推板式卸料槽系统示意

图 2-11　半潜式推板卸料槽系统示意

②半潜式推板式。

半潜式地坑推板系统（图 2-11）的推送料由一个半潜于地坑中的带罩推头组成。推头由单级双作用油缸驱动，可来回将地坑中的垃圾推入位于地坑两端的压缩机进料口中。

半潜式地坑推板系统推料时可不受收集车卸料的影响，收集车可以随时倾倒垃圾，不必受推板工作位置的干扰，自动化程度高。

4）压缩系统

①垂直压缩转运站压缩系统。

垂直压缩转运站的压缩设备（图 2-12）为压实器。每套压实器可供 4～5 只容器泊位工作。压实器采用液压驱动方式，整个液压系统由驱动电机、液压油泵、液压马达、液压油缸、液压管件及控制阀件、控制和液压油冷却等系统组成。

图 2-12　垂直压缩转运站压缩系统示意

依靠安装在顶部的液压马达驱动，压实器可以进行水平移动，依靠液压油缸的伸缩，可以对容器内垃圾进行垂直压缩。

②水平压缩转运站压缩系统。

水平压缩转运站压缩系统（图 2-13）一般由油缸支承框体、压缩室、垃圾水收集排放系统、闸门、抱钩装置、支腿、进料口、双作用压缩液压缸、压缩头、重量检测系统、液压动力站组成。

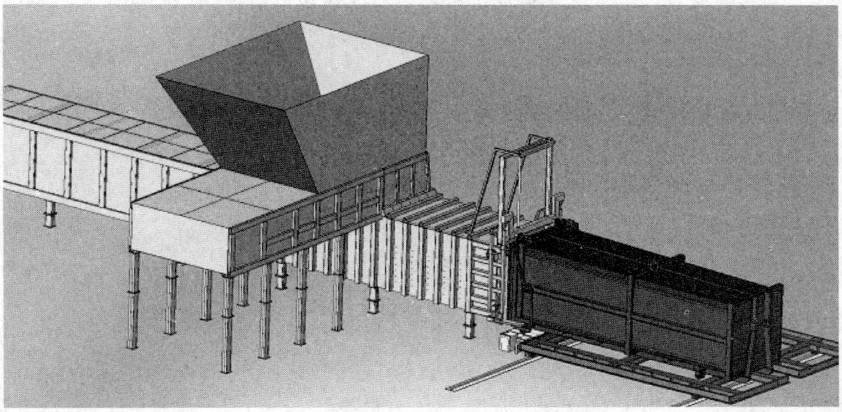

图 2-13　水平压缩转运站压缩系统示意

压缩室为长形的箱式结构，能承受巨大的压力，闸门位于压缩室的尾部，当闸门处于下位时，可与压缩室一起构成封闭的压缩箱体，在油缸的巨大压力下，松散垃圾被压缩成块，然后被推入集装箱内。

压缩机的动力来自于液压动力站，该动力站由液压泵组和集成阀块及油箱、滤油器、冷却器等组成。全套液压系统元件具有可靠的运行稳定性和优良的质量保证，更不会发生泄漏现象。

（3）运输系统

目前国内采用的垃圾转运车辆主要有集装箱半挂式转运车、车箱可卸式转运车（即钩臂车）及箱车一体式转运车三种。

1）集装箱半挂式转运车

集装箱半挂式转运车（图 2-14）有效容积大，净载率高，垃圾密封性好。由于具有卸料推出装置，因而无论在转运站内装箱还是在垃圾处置场内卸垃圾操作均平稳、方便可靠。由于拖头、半挂车、集装箱三者均可分离并自由组合，使得转运车运转灵活机动，维修保养更加方便。可根据环境（转运站和垃圾处置场及路况）选择站内拖头、公路拖头和垃圾处置场拖头的不同组合方式。该种垃圾转运车较适宜远距离运输。

2）车箱可卸式转运车

车箱可卸式转运车（图 2-15）是目前普遍采用的垃圾转运车，无论在山区还是在填埋场，它都表现出了优良和稳定的性能，该种转运车的垃圾集装箱轻巧灵活、有效容积大，净载率高，垃圾密封性好。该种车型由于汽车底盘与垃圾集装箱可自由分离、组合，在压缩机向垃圾集装箱内压装垃圾时，司机和车辆不需要在站内停留等候，提高了转运车和司机的效率，因而设备投资和运行成本均较低，维修保养也方便。

图 2-14 集装箱半挂式转运车实景

图 2-15 车箱可卸式转运车实景

3）箱车一体式转运车

箱车一体式转运车（图 2-16）是将垃圾箱固定于汽车底盘上，在垃圾箱内部装有推板和多级油缸，以便垃圾卸料时将垃圾平行推出。内带的推料装置占据了垃圾箱中一定空间，而且该种车型由于箱车不分离，较适用于小型垃圾转运站。

图 2-16 箱车一体式转运车实景

（4）监视、控制系统

监控系统在转运站的运营中起到保障站内各种设备作业有序、安全生产、调度合理等作用。

转运站内设多处摄像头与控制室内的监视器相连，可对各泊位、卸料大厅、转运场地、坡道进出口及转弯处、转运站大门等关键部位进行实时监视，控制室内的操作人员可及时掌握各监视点的情况。控制室为转运站的指挥中心，负责转运站日常作业的统一调度，联络方式包括电话、指示灯、喇叭等。

一般监控系统主要由一套计算机系统和一套摄像/监视系统组成。依靠控制室来运行，信息输入来自称重计量系统。监控系统如图 2-17 所示。

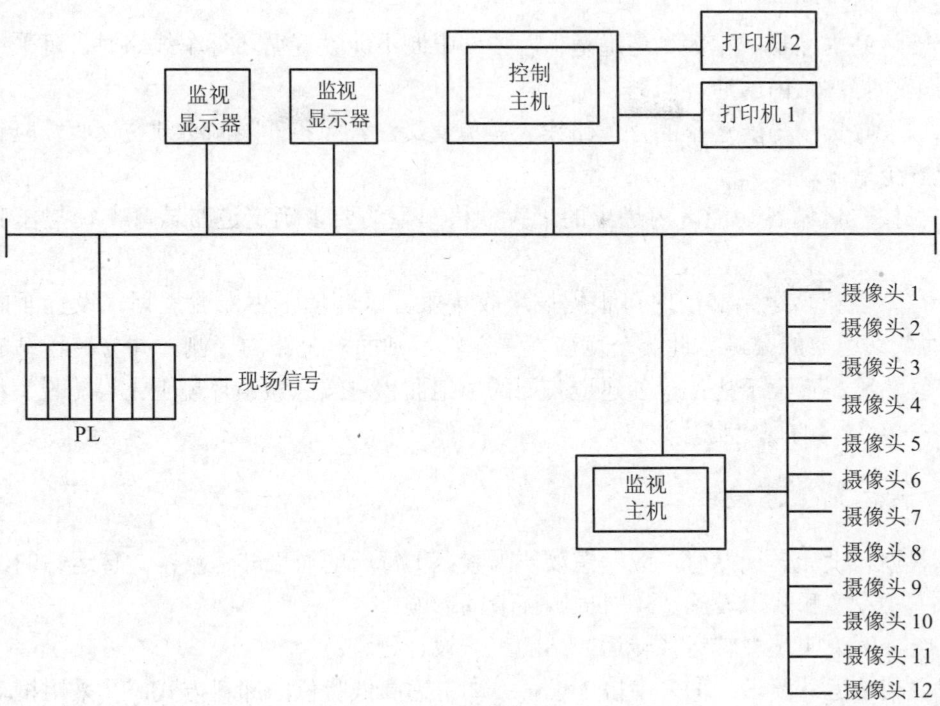

图 2-17 某转运站监控系统示意

2.4 生活垃圾转运站工程设计

2.4.1 转运站选址与总图布置

1. 转运站选址

选择垃圾转运站位置需遵循以下原则：

①转运站选址应符合城镇总体规划和环境卫生专业规划的基本要求。

②转运站应在生活垃圾收集服务区内人口密度大、垃圾产生量大、易形成经济规模的地方。

③转运站选址不宜邻近广场、餐饮店等群众日常生活聚集场合。

④在具备铁路运输或水路运输条件，且运距较远时，宜设置铁路或水路运输垃圾转运站。

2. 转运站总图布置

垃圾转运站的总图布置需充分满足以下条件：

①应依据转运站所采用的转运工艺及技术路线确定其总体布局，以充分利用场地空间，保证转运作业的进行，有效抑制二次污染。

②转运站总体布局应通过多方案比较、优化后再行确定。

③对于分期建设的大、中型垃圾转运站，总体布局及平面设计时应为后续建设内容留

有足够的发展空间。

④转运站内应形成车辆循环通道；若条件限制不能设置循环行车线路时，可采用双车道及回车场解决站内的通行问题。

⑤垃圾收集车与转运车的行车路线应避免交叉。若因条件限制必须交叉时，应有相应的交管安全措施。

⑥应按转运站各功能区内进出的最大规格车型的要求确定道路转弯半径与作业场地面积。

⑦在中小型转运站必要时可根据垃圾收集服务区环境卫生专业规划，设置面向社会（或内外部共用）的公厕。此类公厕应设置在转运站面对公路的一侧，并与转运站的其余设施有效隔离、互不干扰；单独建造公厕的用地面积可按《城镇环境卫生设施设置标准》（CJJ 27—2005）的规定另行计算。

2.4.2 转运站工艺设计

在规划和设计转运站时，应考虑以下因素：①每天的垃圾转运量；②转运站的结构类型；③主要设备和附属设施；④对周围环境的影响。

现以下例说明垃圾转运（转运）站的工艺设计过程：

假定某转运站要求：①采用挤压设备；②考虑高低货位的卸料方式；③采用机动车辆运输。

假定其工艺过程：垃圾车在货位上的卸料平台卸料，将垃圾倾入低货位上的压缩机漏斗内，然后将其压入半拖挂车内，满载后由牵引车拖走，再由另一辆半拖挂车装料。

根据该工艺与服务区的垃圾量，试计算应配置多少高低货位卸料平台、压缩设备、牵引车和半拖挂车？

设计步骤如下：

1. 卸料平台数量（A）

该垃圾转运站每天的工作量可按下式计算

$$E = MW_y k_1 / 365 \tag{2-27}$$

式中：E——转运站每天的工作量，t/d；

M——服务区的居民人口数，人；

W_y——垃圾年产量，t/（人·a）；

k_1——垃圾产量变化系数，参考值 1.15。

一个卸料台工作量的计算公式为

$$F = t_1 /(t_2 k_t) \tag{2-28}$$

式中：F——卸料台每天接受清运车数，辆/d；

t_1——转运站每天的工作时间，min/d；

t_2——每辆清运车的卸料时间，min/辆；

k_t——清运车到达的时间误差系数。

则所需卸料平台数量为

$$A = E/(WF) \tag{2-29}$$

式中：W——清运车的载重量，t/辆。

2. 压缩设备数量（B）

$$B=A \tag{2-30}$$

3. 牵引车数量（C）

一个卸料平台工作的牵引车数量按下式计算

$$C_1 = t_3 / t_4 \tag{2-31}$$

式中：C_1——牵引车数量；

t_3——大载重量运输车往返的时间；

t_4——半拖挂车的装料时间。

其中，半拖挂车装料时间的计算公式为：

$$t_4 = t_2 n k_t \tag{2-32}$$

式中：n——每辆半拖挂车装料的垃圾车数量。

因此，该转运站所需的牵引车总数为：

$$C = C_1 A \tag{2-33}$$

4. 半拖挂车数量（D）

半拖挂车是轮流作业，一辆车满载后，另一辆装料，故半拖挂车的总数为：

$$D = (C_1 + 1)A \tag{2-34}$$

2.4.3　转运站工程实例

以某生活垃圾转运站为例进行垃圾转运站工程设计：

1. 转运站主体工程设计

（1）工艺设计基本条件

① 大型转运站工程设计规模为 600 t/d。

② 转运站需全天候作业，主要工作温度为 0～40℃。

③ 转运站作业制度为单班制，作业时间为 8 h。

④ 垃圾转运站进站高峰期为 3 h，高峰期垃圾运输量为 360 t/d。

⑤ 压缩前垃圾容重一般为 0.3 t/m^3。

⑥ 进站卸载的垃圾收集车的实吨位一般为 5.0 t，最大为 8.0 t。

⑦ 垃圾转运车辆按设计转运规模配置，转运车平均行驶速度为 40 km/h，转运站距离处理场 15 km。

⑧ 垃圾转运车卸料方式：后部自卸式。

（2）转运站转运工艺流程设计

生活垃圾转运站采用“一种车型”的多功能压缩转运工艺。图 2-18 所示为压缩转运站的垃圾转运工艺流程。

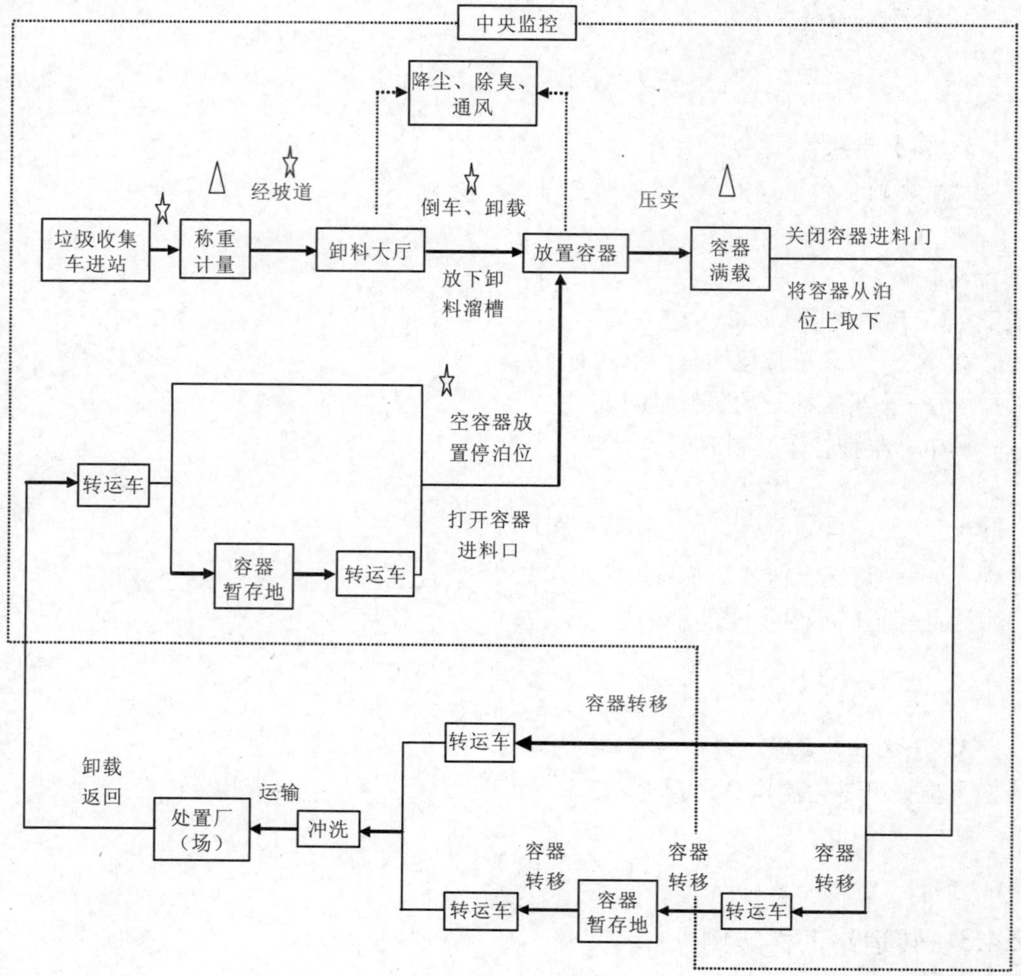

图 2-18　某压缩转运站作业工艺流程示意

压缩转运站的作业主要包括以下工艺流程：①垃圾收集车进站称重计量；②收集车卸料；③垃圾压缩装箱；④容器的装车、运输、卸料和复位；⑤容器在站内的移动。

（3）转运站监控系统设计（图 2-19）

1）监控系统功能

① 上位检测控制功能。

② PLC 检测控制功能。

③ 摄像监视功能。

2）计算机系统

称重计量系统：数据库。

控制室计算机：显示图表及控制（运行）压缩系统。

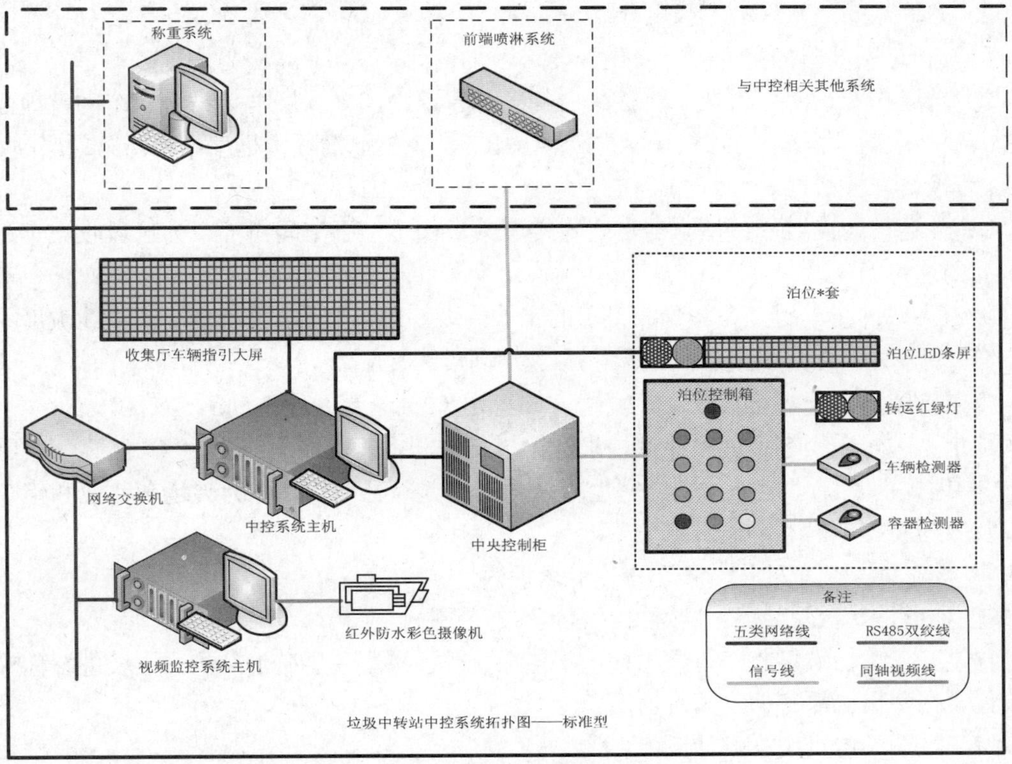

图 2-19　某转运站监控系统示意

3）摄像/监控系统（光学控制监视）

（4）转运站主体设备配置

生活垃圾大型转运站主要配置以下设备：

① 称重计量系统；

② 转运作业系统，包括容器箱体、压缩机、卸料槽及附属辅助设施；

③ 运输系统，包括转运车底盘和相关辅助设施；

④ 监视、控制系统。

转运站主体设备配置如表 2-4 所示。

表 2-4　某垃圾转运站主体设备配置

序号	设备名称	规格、型号	单位	数量	备注
1	称重计量系统		套	1	
2	压缩设备		套	2	
3	压缩监控系统		套	1	
4	卸料槽		套	2	
5	卸料辅助设施	电动或手动	套	2	
6	转运车底盘		辆	6	
7	转运容器		只	13	
8	监控系统	PL	套	1	

2. 转运站基建及辅助工程设计

（1）转运站基建的工程项目及设计要求

① 转运作业车间：作业车间是站内的主体建筑物，为二层框架结构。车间占地面积约 3 060 m^2，建筑面积 5 296 m^2。底层高为 6.0 m，为钢筋混凝土框架结构；第二层高 5～8 m，为轻钢彩板结构。

② 转运车间坡道：该站为全封闭式转运站，坡道位于车间内部，为垃圾收集车进、出车间的通道。

坡道为双向二车道，考虑到收集车的爬坡能力，曲线坡度不大于 4%，直线坡度不大于 7.8%，进卸料大厅处坡度不大于 4%。坡道高度为 8 m。

为了方便出入，坡道设计成变宽式，最宽处 8.2 m、直线段 7.5 m。

坡道主体可采用钢筋混凝土双柱现浇梁板结构、钢筋混凝土路面。

③ 地坪：除绿化地外，站内空地均采用钢筋混凝土地坪，作为转运车作业和停车场地以及容器暂存地。

④ 洗车处：洗车处位于转运车作业场地内。

⑤ 称重计量房及门卫：转运站共设两个车辆进出大门。

称重计量房与垃圾收集车进出门门卫连成一体，采用单层砖混结构。垃圾进站称重计量装置设在称重计量房外，其占地面积约 66 m^2。

（2）转运站电气工程设计

电气设计内容包括：转运站箱式变电站供配电及控制、各车间及生活设施配电及控制、各构筑物室内外照明及全厂防雷与接地系统。

（3）转运站辅助公用工程设计

① 给水：用水从市政管网接入。用水量包括场地冲洗水、车辆及容器冲洗用水、绿化用水、生活用水等，共计用水量约 37 m^3/d。

② 排水：污水主要有生产废水、生活污水两部分。生活污水主要为生活排放污水，经化粪池后，排至市政污水管网。生产废水包括地面冲洗水和垃圾压缩出水，厂区内建污水池，由吸污车定期送至附近污水处理厂处理。

③ 消防、卫生防疫与安全措施：建筑物的室外消火栓用水量为 25 L/s，直接由城市给水管网供给。消防泵两台，一用一备，型号 100DL-2，流量 126 m^3/h，扬程 34 m，功率 18.5 kW。

建筑物内设有消火栓、自动喷水灭火设备，用水量为 10 L/s。室内灭火器按《建筑灭火器配置设计规范》（GB 50140—2005）要求配置。

职工进入站区穿戴专用工作服及工作帽；转运作业现场工作人员严格遵守卫生防疫的有关要求。

对进站的作业车辆运行情况进行监控，限制各种车辆在站的运行速度（不超过 10 km/h），加强对职工的安全知识、安全技术、安全事故防范的教育。

3. 转运站主要技术经济指标

转运站的主要建筑物占地面积见表 2-5。

表 2-5　某垃圾转运站主要建筑物占地面积

序号	分项名称	单位	数值
1	建筑物占地面积	m^2	
1.1	转运车间	m^2	3 060.0
1.2	称重计量和门卫室	m^2	66.0
1.3	综合楼	m^2	165.0
1.4	箱体、车辆停放场所	m^2	495.0
2	场区内道路面积	m^2	3 040.0
3	含绿化用地面积	m^2	2 113.0
4	绿化率	%	24.2
5	总用地面积	m^2	8 744.0

图 2-20　某垃圾转运站总布置鸟瞰效果图

第 3 章　固体废物破碎、分选和固化/稳定化技术

3.1　固体废物的破碎

3.1.1　破碎原理

固体废物的破碎方法很多，根据不同的破碎原理来分，主要有冲击破碎、剪切破碎、挤压破碎和摩擦破碎等，此外，还有专用的低温破碎和湿式破碎等。

固体废物破碎机械多为常规设备，专用的固体废物破碎设备还较少研究，为满足不同固体废物破碎的要求，专业废物破碎设备的需求将越来越大。

对于生活垃圾的破碎处理，由于生活垃圾里软硬厚薄的物料都有，一般的颚式破碎机或锤式破碎机难以对其进行有效破碎，国际上比较通用的是剪切式破碎机，这种破碎机有单轴、双轴和四轴之分，特点是转速低、软硬料通吃。这种破碎机国际上应用广泛的是瑞士 SID、美国 SSI 和丹麦 M&J，我国市场近几年也开始使用该类破碎机。目前，在垃圾焚烧厂普遍使用是单轴或双轴破碎机，该类破碎机集挤压、剪切和撕裂等破碎机理于一体，破碎效率和效果都很好，应用也比较多。

在进行废物破碎设备的设计时，应考虑两方面的因素：一是处理废物的量；二是设备的动力消耗。

一般情况下，废物破碎设备的动力消耗可根据经验数据来确定，在经验数据不足的情况下，可以根据 Kick 定律来计算：

$$E = c\ln\frac{l_1}{l_2} \tag{3-1}$$

式中：E——动力消耗，kW·h/t；

c——动力消耗常数，kW·h/t；

l_1——废物原始尺寸；

l_2——废物最终尺寸。

3.1.2　破碎机械种类

1．锤式破碎机

锤式破碎机是最普遍的一种工业破碎设备，也称冲击式破碎机，图 3-1 是此机械的工作原理示意。锤式破碎机是利用冲击摩擦和剪切作用对固体废物进行破碎的，主要由供料漏斗、主机架、轴承、转子装置、破碎板和筛板组成。它有一个电动机带动的大转子，转

子上铰接着一些重锤，重锤以铰链为轴转动，并随转子一起旋转。破碎机有一个坚硬的外壳，其一端有一块硬板，通常称为破碎板。进入供料口的固体废物借助高转速的重锤冲击作用被打碎，并被抛射到破碎板上，通过颗粒和破碎板之间的冲击作用、颗粒与颗粒之间的摩擦作用以及锤头引起的剪切作用，将废物磨成更小的尺寸。

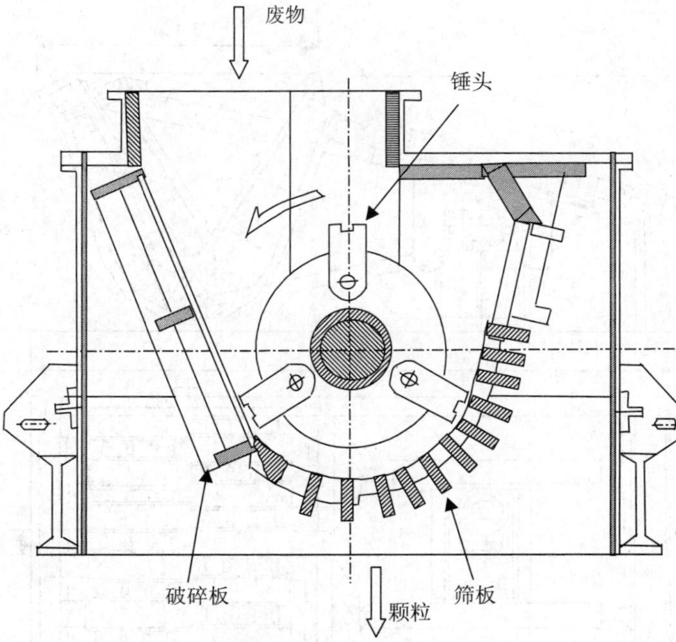

图 3-1 锤式破碎机的工作原理示意

供料漏斗的尺寸通常根据处理废物的尺寸来确定，以允许大颗粒的物料通过而又不致堵塞和卡住为宜。转子通常装在一根中部直径较大的合金钢轴上。锤头分固定式和活动式两种。活动锤用销钉销在转子上，当一端锤头磨损时，可调换位置使锤头各部位均匀磨损，锤头一般用耐磨材料制成。根据破碎要求选择锤头的重量。重锤转速低，适于粗破碎；轻锤转速高，适于细破碎。破碎板一般由耐磨蚀钢材或衬有特种耐磨蚀衬层的普通钢材制成，可以更换，主要用来吸收废物被锤头抛射到它上面产生的冲击作用力。筛板将破碎的废物围在破碎室内，直到废物可通过筛孔为止。

锤式破碎机适于处理矿业废物、硬质塑料、干燥木制废物以及废弃的金属家用器物。在用于处理木制废物时，要使用像刀子一样的可以摆动的锤头，锤头工作时，对着一块多孔板或由多孔棒组成的篦子，通过板孔或篦子使破碎的木渣排出。

2. 剪切式破碎机

剪切式破碎机是以剪切破碎作用为主的破碎机械。剪切式破碎机具有固定刀刃和可动刀刃或全为可动刀刃，工作时借固定刀刃与可动刀刃或可动刀刃与可动刀刃之间的剪切力作用，将废物破碎。按运动方式，剪切式破碎机分为往复剪切破碎机和回转式剪切破碎机两类。

（1）Von Roll 式往复剪切破碎机

图 3-2 是 Von Roll 式往复剪切破碎机示意，它由两个复式钢架构成，两钢架之间活动

联结，打开时呈 V 字形。固定机架上有 7 个平行的钢制部件，间隔 0.3 m，上面均有螺栓固定的刀刃，看上去像一排大剪刀。活动机架有两段 3 尺（1 m）耙形构件，其上端用十字形构件刚性连接，下端装在一根转轴上，齿的宽度和间隙与固定机架上的相对应，齿的边缘也装有剪刀，共 6 个刀刃。

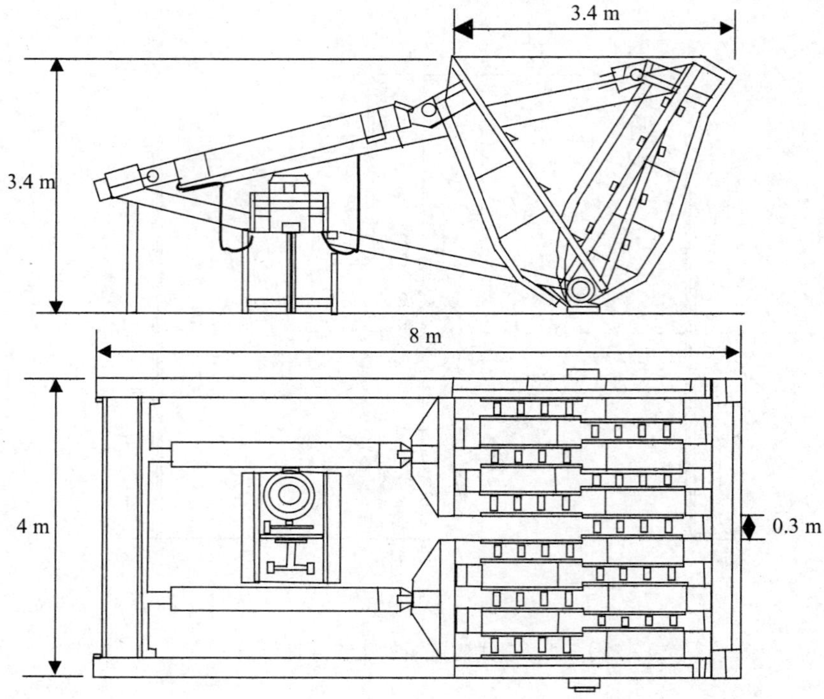

图 3-2 Von Roll 式往复剪切破碎机示意

装在转轴上的耙形构件靠两个液压缸前后驱动，合拢时，活动机架上的齿插入固定机架上的间隙内，此时，松散的固体废物被压在两机架之间，一边被挤轧，一边被剪断。液压缸的作用力为 130 kg/cm^2，驱动力很大，驱动速度缓慢。剪断排出的废物尺寸为 30 cm。当破碎阻力大于机器的最大功率时，活动机架可以自动返回。

该机的处理能力因废物种类而异，一般为 80～150 m^3/h。这种机械适于破碎松散状的废物，如废弃的大段木材、塑料以及电冰箱、车身框架等金属制品，连 200 mm 厚的普通钢材也可以剪断。

这种机械的噪声比前述的冲击式破碎机小，粉尘逸出量也不大。国内外垃圾焚烧厂大都采用此式破碎机械处理大件垃圾。

（2）回转式剪切破碎机

回转式剪切破碎机工作原理见图 3-3。这种破碎机一般具有 3～5 个回转刃和 1～2 个固定刃。送入的废物受机内高速旋转的回转刃和机架上固定刃之间的挟持作用而被剪断破碎。

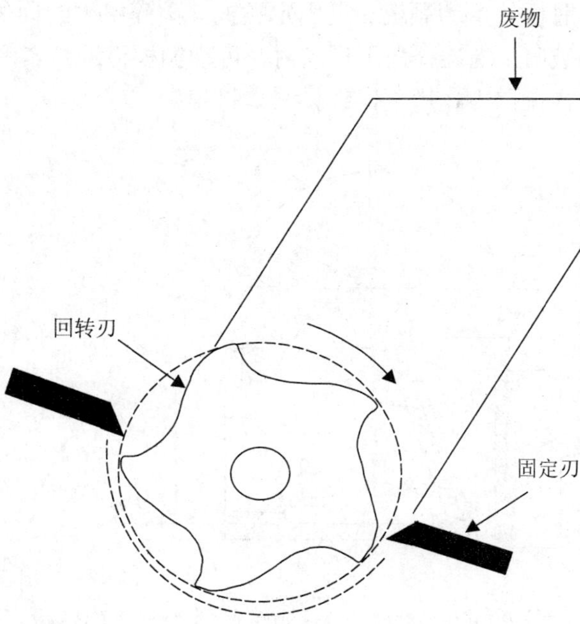

图 3-3　回转式剪切破碎机工作原理

该机适于家用食物和餐厨杂物的破碎，其缺点是当废物中混入异物时容易生成故障而停机。对于特殊材料制成的强度高的此型破碎机，可以用于电子线路板等的破碎而使其塑料和金属分离，其缺点是磨损较大。

3. 压碎式破碎机（压碎机）

压碎机是通过挤压作用破碎固体废物的，适于金属废物的破碎处理。金属机加工过程的车削物经过压碎机挤压破碎，废物的尺寸会更小、更均匀，使铲运机装卸更加经济方便，压碎的切屑或边角料的体积仅为原体积的 1/5～1/3，既降低了运输费用，又减少了废物的贮存空间。此外，还可将压碎物装入离心机，借助离心作用将其他的油分甩出回收。

压碎机分环式和锤式两种。环式压碎机的剪切面大，适于金属切屑的破碎处理；锤式破碎机适于金属边角料的破碎处理，可将废物破碎成很小的体积。

压碎机一般要用轧制厚钢板焊接而成，机架结构强度高，上面装配有可更换的锰钢覆面板，锤头由锰钢制成，并有耐磨金属覆面；锤头有多个棱角，以提高破碎效率。废物破碎后，合格的颗粒从出料筛上排出。出料筛一般为矩形，由高碳钢制成。压碎机的功能可以调节，以适应处理不同类型的废物、获得各种规格的碎块。

现有破碎机的功率为 25～500 hp（1 hp=745 W），电机的转速约为 800 r/min，处理能力为 1～50 t/h，大容量的破碎机重达 20～30 t。

4. 颚式破碎机

颚式破碎机分为简单摆动式和复杂摆动式两种。简单摆动式颚式破碎机的可动颚板悬挂轴与偏心轴分开，可动颚板仅做简单摆动，破碎物料以压碎为主；复杂摆动式颚式破碎机悬挂轴与偏心轴合一，可动颚板既做摆动，又做旋转运动，因此除有压碎、折断作用外还有磨削作用。图 3-4 为复杂摆动式颚式破碎机工作原理示意。颚式破碎机工作时，传动机构带动偏心轴转动，使连杆上下垂直运动。借助肘板，使可动颚板绕悬挂心轴作周期摆动。当连杆向上运动时，肘板使可动颚板靠近固定颚板，破碎室中的固体废物受到挤压、劈裂和弯曲的联合作用而破碎。当连杆向下运动时，可动颚板借助拉紧弹簧的恢复力离开固定颚板，已被破碎的废物在重力作用下，经排料口排出。

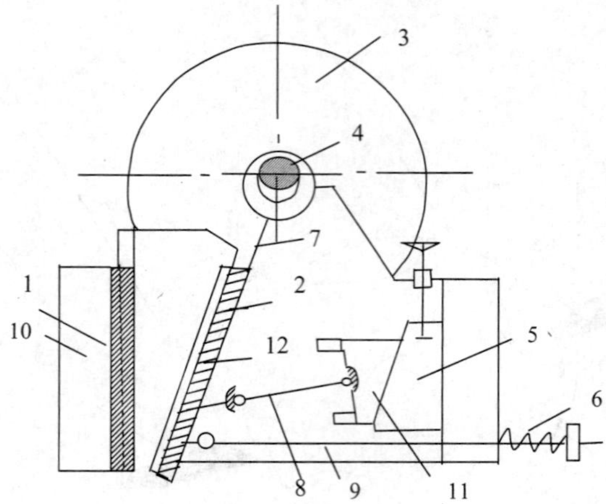

1—固定颚板；2—可动颚板；3—飞轮；4—偏心轴；5—滑块调整装置；6—弹簧；7—连杆；8—肘板；9—拉杆；10—机体；11—楔铁；12—衬板

图 3-4 复杂摆动式颚式破碎机工作原理示意

颚式破碎机是一种间歇式工作的破碎机械。此种破碎机结构简单，不易堵塞，工作可靠，制造容易，维修方便。破碎比为 3～10，主要用于中硬以上废物的粗碎和中碎；缺点是生产率低，破碎比小，产品粒度不均匀。

3.1.3 低温破碎

1. 低温破碎的原理和流程

（1）原理

有些固体废物在常温下难以破碎或难以分离。如废电器中往往含有金属、塑料、木质、合成纤维、石棉等材质。这些材质有的较软，有的较硬，有的脆性好，有的韧性强，要达到破碎与分选的双重目的，困难较大。低温破碎（或称冷冻破碎）技术，是利用固体废物所含有的各种材质在低温时的脆性温差，控制适宜温度以使不同材质变脆，然后进行破碎，最后进行分选。

例如，聚氯乙烯（PVC）的脆化点为－20～－5℃、聚乙烯（PE）的脆化点为－135～－95℃、聚丙烯（PP）的脆化点为－35℃，对含有这三种材料的混合物进行分选和回收，只需控制适宜温度，就可以完成工作。

（2）流程

低温破碎分选的工艺流程如图 3-5 所示。固体废物（如钢丝胶管、包覆电线、塑料薄膜、家用电器等）先通过预冷装置，再送进装满液氮的浸没冷却装置，这时的橡胶塑料等冷脆物质迅速脆化，经由高速冲击有效破碎后，再经皮带运输机送往不同的分选设备。此类间歇式低温破碎与常温干式破碎相比，其动力消耗可减至 1/4 以下，噪声约降低 7 dB，振动减轻 1/5～1/4。

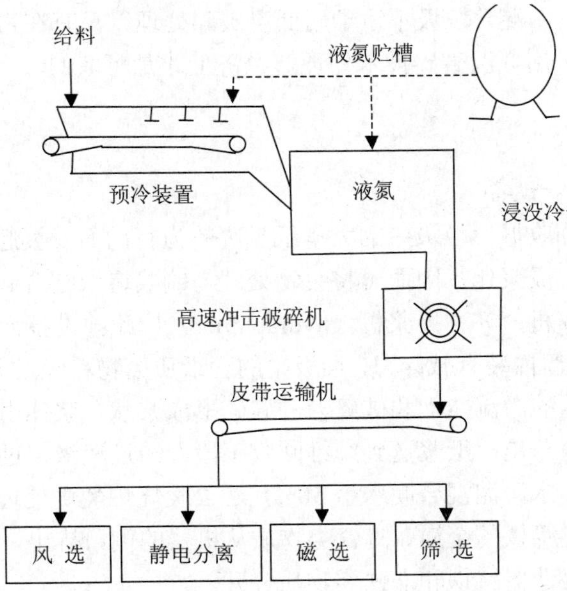

图 3-5　低温破碎分选工艺流程

2. 低温破碎的优点

低温破碎具有许多在常温下破碎所不具备的优点，包括：破碎后的同一种物料尺寸大体一致，形状好，便于分离；复合材料经过低温破碎，分离性能好，资源的回收率和回收的材质的纯度都比较高；冷媒一般采用无毒和无爆炸性液氮，并且原料易得。

低温破碎技术应用范围广。实际上，这一技术可以用来破碎所有合成材料，破碎后的物料用浮选法分离出再生合成材料，可用于生产日用品。

聚氯乙烯合成材料再生利用的各种机械粉碎法中，以在－60℃的液氮中进行低温破碎效果最佳。在该温度下聚氯乙烯变脆，易于破碎到所需的粒度，此时，被处理塑料中的金属仍保有塑性，不致破坏，可以将其分离出去。

对于极难破碎的并且塑性极高的氟塑料废物，采用液氮低温破碎能够获得碎块和高分散度的粉末。

3. 低温破碎面临的问题

当前低温破碎技术发展的关键是液氮的制备问题。这一技术需要耗用大量能源使空气液化，然后从液态空气中分离液氮。发展这一技术，必须考虑在经济效益上能与能源方面的消耗费用持平。表 3-1 是几种城市垃圾低温破碎液氮耗量比较。

表 3-1　不同垃圾低温（－120～－60℃）破碎的液氮耗量比较

分类	破碎废物	每吨垃圾所需液氮量/kg	三种垃圾所需液氮比
A	全部垃圾（包括厨房垃圾）	2 190	7.3
B	全部垃圾中除去厨房垃圾后剩余废物	1 170	3.9
C	常温下难破碎的塑料、橡胶类废物	300	1

引自：福本勤.《废弃物处理工学》.（日）朝仓书店，1980.

从表 3-1 中可以看出，混合垃圾不适于用低温破碎处理，只有在常温下难以破碎的合成材料如塑料和橡胶等采用低温破碎技术处理，经济上才是可取的。

3.1.4 湿式破碎

1. 湿式破碎的原理和设备

湿式破碎技术是以回收城市垃圾中的大量纸类废料为目的而发展起来的。此种技术是基于纸类在水力作用下生成浆化，因而可将废物处理与制浆造纸结合起来。图 3-6 是用于垃圾制浆的一种湿式破碎机，亦称碎浆机（hydrapulper）。此种设备为一圆形立式转筒装置，底部有许多筛眼，转筒内装有破碎刀，垃圾中的含纸质废物料经过分选作为处理原料，投入转筒内，因受大水量的激流搅动和破碎刀的破碎形成浆状，浆体由底部筛孔流出，经固液分离器把其中的残渣分出，纸浆送到纤维回收工段，经过洗涤、过筛，将分离出纤维素后的有机残渣与城市下水污泥混合脱水至 50%，送去焚烧炉焚烧处理，回收废热。在破碎机内未能粉碎和未通过筛板的金属、陶瓷类物质从机器的侧口排出，通过提斗送到传送带上，在传送过程中用磁选器将铁和非铁类物质分开。

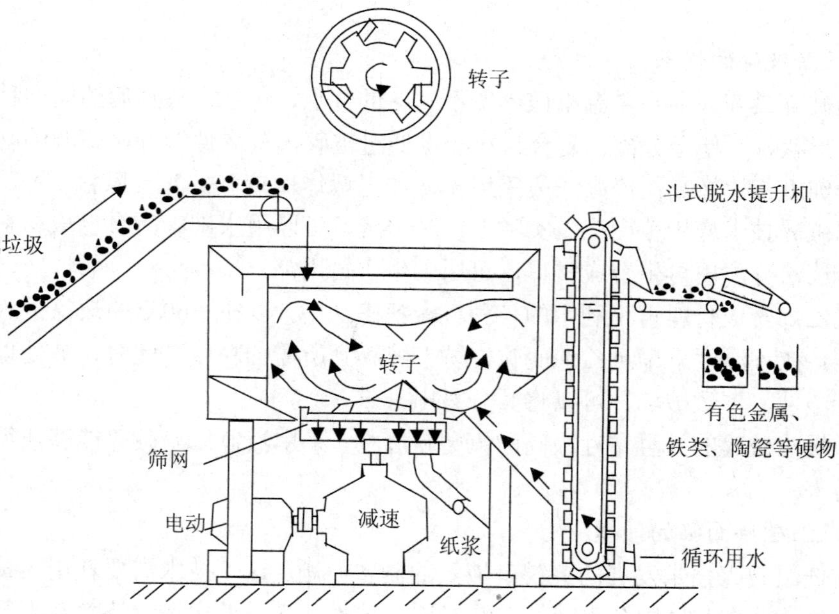

图 3-6 湿式破碎机

2. 湿式破碎技术的优点和发展现状

湿式破碎技术能使垃圾变成泥浆状，物料均匀，呈流态化操作，具有以下优点：①废物在液相中处理，不会孳生蚊蝇，不会挥散出臭味，比较卫生；②操作过程噪声小，无爆炸危险；③垃圾中的纸类、纤维素、矿物质、有机残渣等均被广泛利用，特别适于废纸、纤维、玻璃以及金属材料的回收。

只有纸类含量较高的垃圾或经过风力分选而回收的纸类废料，才更适于采用垃圾湿式破碎技术。

3.2 固体废物的分选

3.2.1 分选原理

分选的基本原理是利用物料的某些性质作为识别标志，然后用物理、机械或电磁的分选装置加以选别，达到分离的目的。例如磁性和非磁性的识别、粒径大小的识别、浮选性能的识别等。根据这一原理形成了多种多样的分选机械，包括手工拣选、筛选、风力分选、跳汰机、浮选、溜槽、摇床、色泽分选、磁选、涡流分选、静电分选、磁液分选等。

目前新型的垃圾分选技术也得到应用，例如，光电分选技术是利用物质表面光反射特性（对 X 射线的吸收率）的不同而分离物料，该技术最初主要用于 PET 和 PVC 塑料瓶的分离，目前已应用于从生活垃圾中分离回收橡胶、塑料和金属等物质；与光电分选技术类似，图像识别技术也在垃圾鉴别和分选系统中得以应用，该方法通过工业相机对目标区域不断进行拍摄，图像经计算机处理，识别特定形状及颜色的物体并发出信号，从而达到分选的目的。

本节着重介绍筛选、重力分选、磁选和半湿式选择破碎分选四类。

分选效果可根据回收率来确定。所谓回收率指的是单位时间内自某一排料口中排出的某一组分的量与进入分选机的此组分量之比。但用回收率的概念不能完全说明分选效果，还应该考虑某一组分物料在同一排出口排出物所占的分数，即纯度。如果以 x、y 代表两种物料，x 在两个排出口被分为 x_1、x_2，y 在两个排出口被分为 y_1、y_2，则在第一排出口 x 及 y 的回收率为

$$R_{x_1}=\frac{x_1}{x_1+x_2}\times 100\% \tag{3-2}$$

$$R_{y_1}=\frac{y_1}{y_1+y_2}\times 100\% \tag{3-3}$$

而纯度

$$P_{x_1}=\frac{x_1}{x_1+y_1}\times 100\% \tag{3-4}$$

$$P_{y_1}=\frac{y_1}{x_1+y_1}\times 100\% \tag{3-5}$$

式中：R_{x1}——在第一排出口物料 x 的回收率，%；

R_{y1}——在第一排出口物料 y 的回收率，%；

P_{x1}——在第一排出口物料 x 的纯度，%；

P_{y1}——在第一排出口物料 y 的纯度，%。

回收率又因分选方法的不同而有不同的含义。如对筛分来说，回收率又称为筛分效率。理想的分选设备既要有高的回收率，也要有高的纯度，在计算时，一般采用综合效率 E 来表示：

$$E(x,y)=\left|\frac{x_1}{x_0}-\frac{y_1}{y_0}\right|\times 100\%=\left|\frac{x_2}{x_0}-\frac{y_2}{y_0}\right|\times 100\% \tag{3-6}$$

式中：x_0、y_0——分别指进入分选机械的物料中 x、y 的量；

x_1、y_1——分别指在第一排出口排出的物料中 x、y 的量；

x_2、y_2——分别指在第二排出口排出的物料中 x、y 的量。

3.2.2 筛分

1. 概述

筛分也称筛选，是利用筛子将松散的固体废物分为两种或多种粒度级别的分选方法。根据操作条件，筛分可分为干法筛分和湿法筛分两种；根据使用目的，筛选可分为以下五种不同情况：

（1）准备筛分

将固体废物按物料粒度分为若干级别，然后送到下一步工序分别进行处理。

（2）预先筛分和检查筛分

预先筛分是物料送入破碎机之前，将小于破碎机排料口宽度的细粒级筛分出去。检查筛分是对经过破碎机破碎后的废物进行筛分，将粒度大于排料口尺寸的“超粒”筛出，送回破碎机再度破碎。

（3）最终筛分

将废物分为后续工序所需的各种粒级的物料。

（4）脱水或脱泥筛分

用筛分方法脱去废物中所含的部分水分或泥质。

（5）选择筛分

将有用成分富集的粒级同含有用成分较少的粒级分开。

通常，筛选的程序可按筛出粗粒级、中等粒级及细粒级的顺序，分为由粗到细、由细到粗和混合筛分三种。

2. 筛分效果评价及影响因素

筛分效果利用筛分效率来评价。所谓筛分效率是指筛下的产品重量与固体废物中所含小于筛孔尺寸颗粒的重量之比。

$$\eta = \frac{Q_1}{Q} \times 100\% \tag{3-7}$$

式中：η——筛分效率，%；

Q_1——筛下的产品重量，t；

Q——固体废物原料所含小于筛孔尺寸的颗粒重量，t。

与其他分选装置一样，筛子不可能达到100%的筛分效率。换句话说，有些小于筛孔尺寸的物料颗粒可能未透过筛孔而作为排出物排出，因此筛出物的重量 Q_1 总是小于 Q。若要达到较高的筛分效率，往往要使运行成本增加很多，因此大部分筛分装置的效率为85%～95%。

3. 筛分机械

常用的筛分机械有振动筛、共振筛、圆筒筛、平面摇动筛、弧形筛和棒条筛等多种，以其中的两种为例说明如下：

（1）棒条筛

棒条筛亦称格筛或固定筛。这种筛子是由许多平行排列的钢棒条（格条）组成的。棒条筛的一般位置固定不动，倾斜一定的角度，角度应大于物料与筛面的摩擦角。筛面倾角与物料的温度有关，一般为30～55℃。

棒条筛结构简单，不需动力，适用于粗筛作业；棒条筛的筛分效率较低，只有60%～70%，容易被块状物堵塞，需要经常清扫。

（2）振动筛

振动筛是利用筛网的振动频率对比重不同的颗粒进行分级的设备。振动筛具有长方形的筛面，安装于筛箱上。筛箱及筛面在激振装置作用下，产生圆形、椭圆形或直线轨迹的振动。振动的作用可使筛面上的物料松散。细粒级有机会透过料层下落并通过筛孔排出，使物料沿筛面向前运动，使颗粒不致卡住筛孔。

振动筛在选矿、煤炭等工业部门应用相当广泛，尤其是自定中心振动筛应用最多。在固体废物处理方面，主要用于有一定硬度和弹性的颗粒物的分选，如城市垃圾的一次分选和二次分选。

3.2.3 重力分选

1. 概述

不同粒度和密度的固体颗粒组成的物料在流动介质中运动时，由于它们性质的差异和介质流动方式的不同，其沉降速度也不同。重力分选就是根据固体颗粒间密度的差异，以及其在运动介质中所受的重力、流体动力和其他机械力不同而按密度分选的过程。

重力分选的方法很多，它们共同的特点是：①固体颗粒间必须存在密度（或粒度）的差异；②分选过程在运动介质中进行；③在重力、流体动力、颗粒间摩擦力的综合作用下，固体颗粒群松散并按密度（或粒度）分层；④分好层的物料在运动介质的托运下达到分离。

常用的分选介质有空气、水、重液（密度比水大的液体）、悬浮液等。

根据分选介质和作用原理上的差异，重力分选可分为风力分选（风选）、重介质分选、跳汰分选、溜槽分选、摇床分选等。

2. 风选

风选又称气流分选，其作用是将轻物料从重物料中分离出来。风选的基本原理是气流能将较轻的物料向上带走或水平带向较远的地方，而重物料则由于上升气流不能支持它而沉降或由于足够的惯性在水平方向抛至较近的距离。两种情况如图3-7所示。后一种情况，气流由水平方向吹入，故又称为“水平气流风选”，前者则叫“竖向气流风选”。

被气流带走的轻物料还必须从气流中分离出来，一般可用旋流器达到分离的目的。

无论是竖向气流风选，还是水平气流风选，分离效果都与物料的密度有关。固体废物各组分的比重差别大，则各组分颗粒的沉降速度差别也大，分离效果也好。反之，则很难进行风选分离。影响固体颗粒沉降速度的因素很多，除颗粒的密度之外，颗粒的大小和形状也起重要的作用，因此，风选的分离效果有时不够理想。为提高分离效果，还必须采取其他辅助措施。如城市垃圾风选，多采用破碎、筛分、风选的联合流程，即便如此，也很难将各类废物按比重分开。目前，许多国家都把风选作为城市垃圾处理的一种粗分手段，将比重相差较大的有机组分和无机组分分开。

3. 重介质分选

重介质分选亦称沉浮分选。这种方法是利用密度适宜的重液体做分选介质，当把破碎的固体废物放入重液中时，密度比液体大的颗粒下沉，而密度较液体轻的颗粒上浮，从而达到分离的目的。适于重介质分选的重介质的密度一般为 1.25～3.4 g/cm^3。

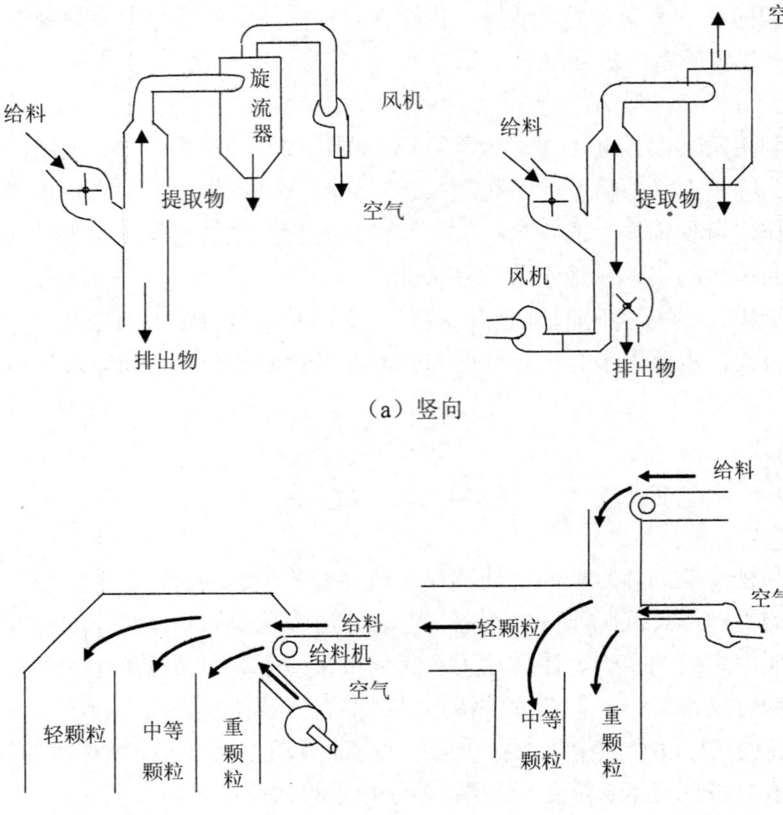

图 3-7 竖向和水平气流风选工作示意

重介质分选适于分离密度相差较大的固体颗粒，如果待分离的固体颗粒的密度相差不大，则分离比较困难。图 3-8 为重介质分离器分选的工艺流程。国外已用此法从混合废物中回收金属铝，已达到实用的程度。

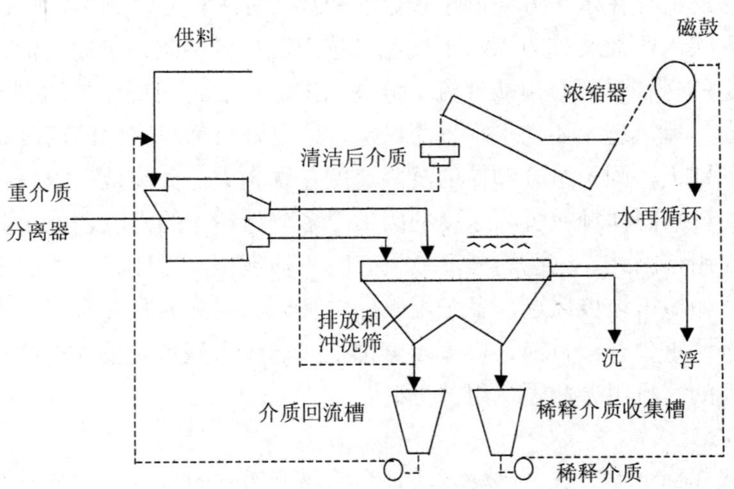

图 3-8 重介质分离器分选的工艺流程

4. 摇床分选

摇床分选是由给水槽给入冲洗水，铺满横向倾斜的床面，形成均匀的斜面薄层水流。当密度、粒度、形状不同的废物供入往复振动的具有格条（来复条）的床面时，废物颗粒在重力、水流冲力、床面摇动产生的惯性力以及摩擦力的综合作用下，按密度松散分层；同时，不同密度的颗粒以不同的速度，沿床面纵向和横向运动。由于它们的合速度偏离摇动方向的角度不同，最终不同密度的颗粒在床面上呈扇形分布，从而达到分离目的。密度小的轻料在水的作用下上浮，流过格条从摇床的下端排出。

此种方法适于金属混合废物中回收比重差别较大的各种金属及合金。

5. 跳汰分选

跳汰分选是处理密度差较大的粗粒固体废物较有效的重力分选方法之一。根据分选介质，跳汰分选分为三种：分选介质是水，称为水力跳汰；若为空气，称为风力跳汰；个别情况有用重介质的，则称为重介质跳汰。固体废物分选多用水力跳汰。

水力跳汰是一种湿式分选方法，跳汰机分选原理见图 3-9。该法是将磨碎的固体物料输入跳汰机，颗粒群体在筛网上形成床层。由于传动机构的强迫振动，在跳汰动机箱内形成周期性的垂直交变水流。在上升水流作用下，床层松散，固体颗粒按密度、粒度和形状

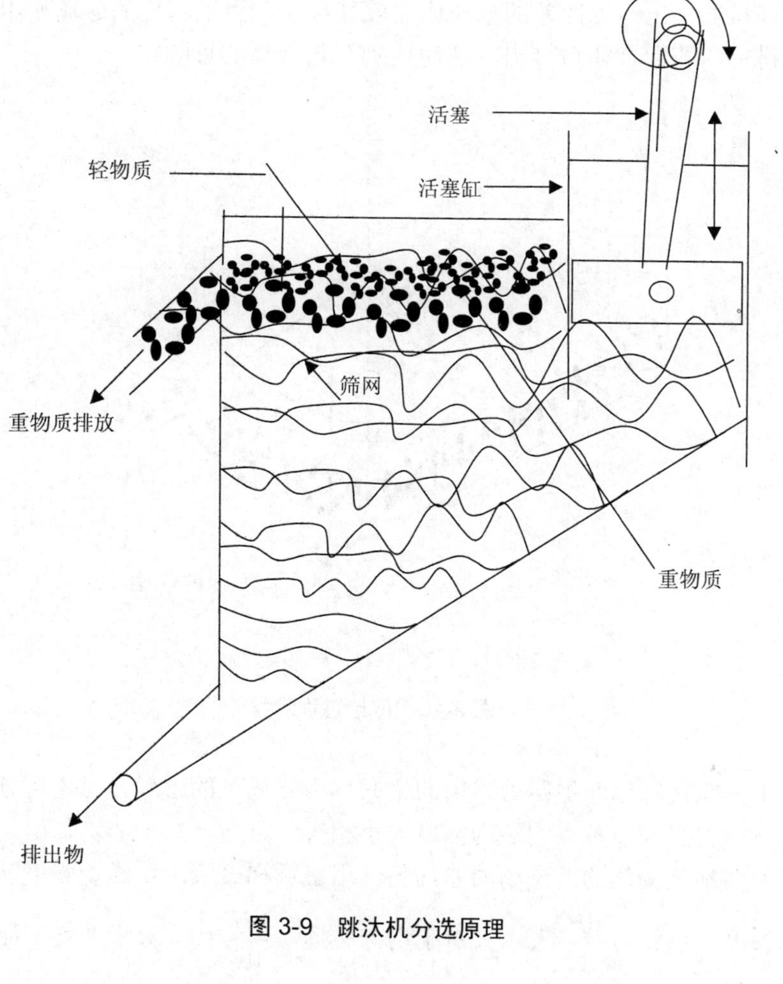

图 3-9　跳汰机分选原理

不同而逐渐分层。在下降水流作用阶段，床层逐渐紧密，固体颗粒继续运动并分层，直至大部分颗粒沉到筛网上，停止运动；下降流结束，分层终止，此时完成一个循环，叫做一个跳汰周期。如此反复多次，按密度分层逐渐完善，结果密度小的颗粒集中于上层、密度大的颗粒集中于底层。密度大的颗粒通过跳汰机的侧面出口排出，密度小的颗粒从跳汰机的端部溢流排出，如果颗粒尺寸过大，可重新磨碎，再进行跳汰分选。

在固体废物处理过程，对于混合金属的分离、回收，往往跳汰分选同其他分选方法共同使用。跳汰分选作为整个工艺流程的一个分选工序，对于在筛分和分级操作中没有得到回收的细粒金属产品来说，是一种较好的分选方法。

3.2.4 磁选

1. *磁选原理*

磁选是利用固体废物中各种组成的磁性差别，在不均匀磁场中进行分选的一种分选方法。磁选是在磁选机中进行的，固体废物的磁选原理见图 3-10。固体废物中的各组分，按磁性可分为强磁性组分、中磁性组分、弱磁性组分和非磁性组分。当固体废物通过磁选机时，由于各组分的磁性不同，它们所受到的磁力作用也就不相等。磁性较强的颗粒在不均匀磁场作用下被磁化，在磁场吸引力的作用下被吸在磁选机的圆筒上，并随之被转筒带至非磁性区的排料端排出。磁性差的颗粒或非磁性颗粒，由于所受的磁场作用力很小，仍残留在混合物料中，随混合物料排出，从而达到有效分离的目的。

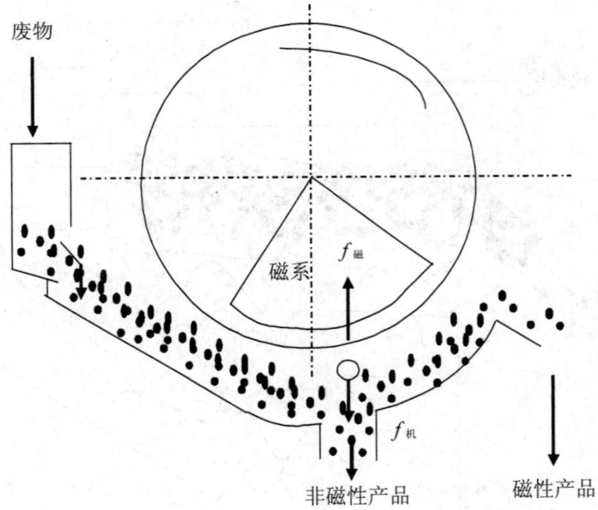

$f_{磁}$——固体颗粒所受磁力；$f_{机}$——固体颗粒所受重力

图 3-10 磁选过程示意

磁选机中，能使磁体产生磁力作用的空间称为磁选机的磁场。磁场可分为均匀磁场和非均匀磁场。均匀磁场中各点的磁场强度大小相等、方向一致。非均匀磁场中各点的磁场强度大小和方向都是变化的。磁场的非均匀性用磁场梯度表示，磁场强度随空间位移的变化率叫磁场梯度，用符号 $\frac{dH}{dx}$ 表示。对于均匀磁场，$\frac{dH}{dx}=0$，对于非均匀磁场，$\frac{dH}{dx}\neq 0$。

固体颗粒在均匀磁场中只受转矩的作用，使它的长轴平行于磁场方向。在非均匀磁场中，颗粒不仅受转矩的作用，还受磁力的作用，结果使它既生成转动，又向磁场梯度增大的方向移动，最后被吸在磁极外表面上。这样，磁性不同的颗粒才得以分离，因此，磁选只能在非均匀磁场中实现。

磁选是固体废物预处理的一种方法，在固体废物的处理、处置和利用的工艺中，往往作为一种辅助手段。磁选的作用是：①回收利用黑色金属；②保护后续设备免遭损坏；③提供净化无铁非磁性物料；④减少焚烧处理和填埋处置的废物数量。磁选已在国内许多工业部门和城市垃圾处理系统被采用。

2. *磁选设备*

磁选设备包括磁选机、磁力脱水槽、磁分析器、预磁器及脱磁器等。在固体废物处理中，磁选机是主要的磁选设备。

磁选机的种类很多，分类方法也很多，通常根据磁场强度把磁选机分为弱磁场磁选机和强磁场磁选机。前者的最大磁场强度为 127 324 A/m（1 600 Gb/cm），适于强磁性废物的分选；后者的最大磁场强度为 318 310 A/m（4 000 Gb/cm），适于弱磁性废物的分选。

磁选机也可按给料方式进行分类，从下方供料的称上浮型磁选机，从上方供料的称磁轮型磁选机。图 3-11 所示是上浮型磁选机工作原理。经破碎的固体废物由带式输送机送入，经过磁选机的下部磁场时，在磁力作用下磁性废物颗粒被吸附在磁选机的传送带上，随滚筒转动到非磁性区域卸下，非磁性颗粒不受磁场力的作用，随带式输送机输出至集料单元，而同磁性颗粒分离。图 3-12 是上方供料的磁轮型磁选机，分选作用原理与上浮型磁选机大体相同。

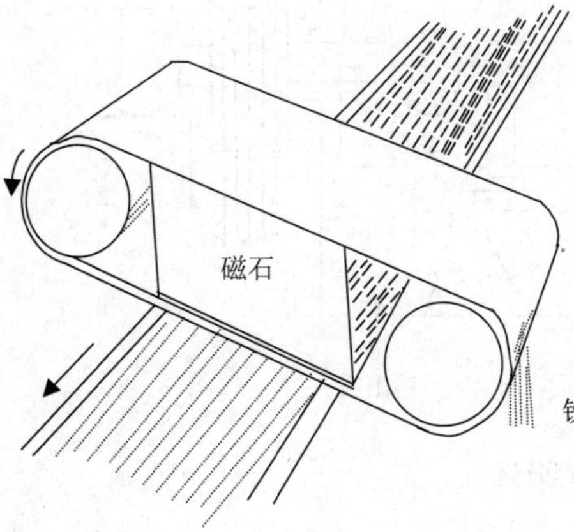

图 3-11　上浮型磁选机工作原理

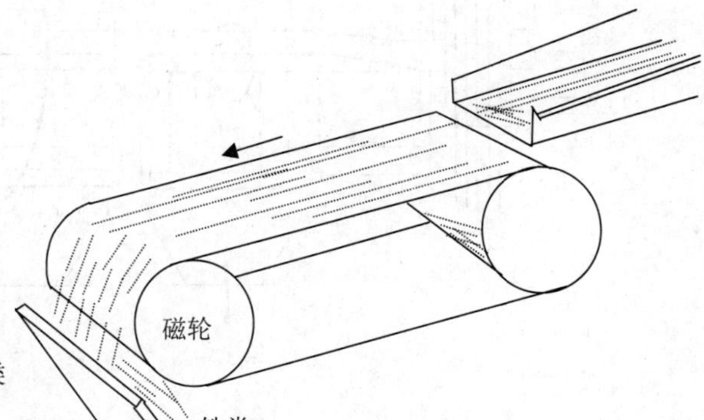

图 3-12　上方供料的磁轮型磁选机

磁选适于处理含有铁磁性物质的固体废物。在废物处理过程，可根据处理废物的性质和后续处理工艺的要求，选择合适的磁选机，以及确定磁选机所在的位置。如城市垃圾处理过程，为防止铁磁类废物损坏焚烧炉，同时回收废钢铁，一般要把磁选机安装在焚烧的送料槽上。

3.2.5 半湿式选择破碎分选

1. 原理

半湿式选择破碎分选的目的是将垃圾中有利用价值的各种物质充分回收。它是由日本通商产业省工业技术院开发的一种专用于垃圾处理的新技术。城市垃圾中各种组分的耐剪切、耐压缩、耐冲击性能差异很大，例如纸类在有适量水分存在时强度降低，玻璃类受冲击时容易破碎成小块，蔬菜类废物耐冲击、耐剪切性能均差，很容易破碎。根据这些差异，采用半湿法（加少量水）在特制的具有冲击、剪切作用的装置里，对废物作选择性破碎，使其变成不同粒径的碎块，然后通过网眼大小不同的筛网加以分选。此种技术不但有物料的选择性破碎过程，而且还有物质的分选过程，故称为半湿式选择破碎分选。

2. 分选机械

（1）结构

图 3-13 所示是半湿式选择破碎分选机的结构和工作原理。半湿式选择破碎分选机是将破碎机械和筛分机械合为一体同时进行破碎、分选的一种机械装置。它由两种具有不同孔眼筛网的回转滚筒组成，滚筒内与第一筛网和第二筛网分别对应安装有不同转速的刮板。分选装置分为三段，第一、二两段装设筛网，第三段不设筛网。各段筛网的孔径、滚筒和刮板的相对运动速度、刮板的构造与配置的情况等都可根据需要确定。

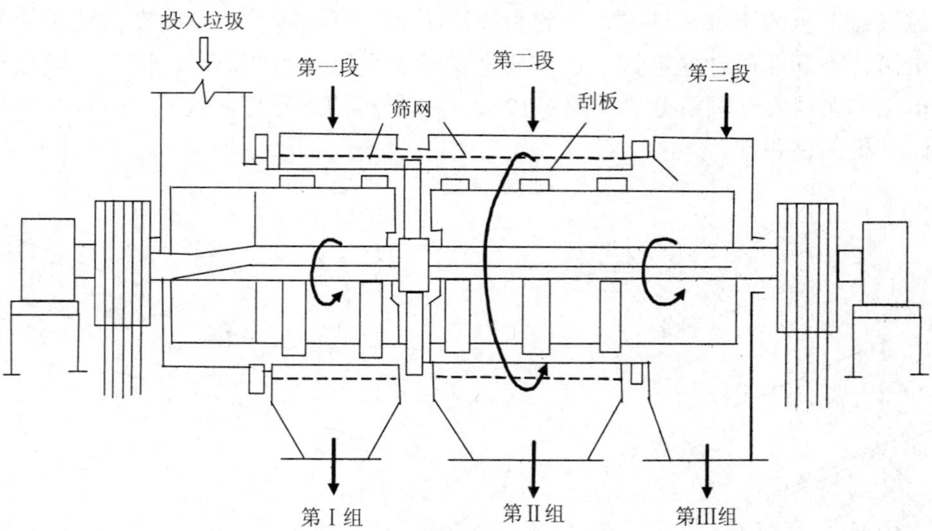

图 3-13 半湿式选择破碎分选机

（2）工作原理

从滚筒的轴向起端投入垃圾使其在滚筒内沿轴的方向前进，根据垃圾中各组分耐冲击、耐压缩和耐剪切性能的不同，将其分别破碎并依次通过筛网排到滚筒外部。物料的选择破碎和分选分三个阶段进行。物料投入后，刮板首先将垃圾组分中的玻璃、陶瓷、厨余等脆而易碎的物质破碎成细碎片，通过第一阶段的筛网分离出去。分出的第 I 组物质采用磁力分选设备、风力分选设备分别去除废铁、玻璃、塑料等得到堆肥原料。剩余垃圾进入滚筒第二阶段，继续受到刮板的冲击和剪切作用，具有中等强度的纸类物质被破碎，从第二阶段筛网排出。

分出的第Ⅱ组物质采用分选设备先去除长形物，然后用风力分选器将密度大一些的厨余类和密度小的纸类分开。残余的垃圾，在滚筒内继续受到刮板的冲击和剪切作用而破碎，从滚筒的末端排出，其主要成分为延性大的金属以及塑料、纤维、木材、橡胶、皮革等物质。第Ⅲ组物质的分选设备由磁选机和剪切式破碎机组成，剪切式破碎机将原料剪切到合乎热分解气化要求的粒度，然后利用其密度差，进一步将金属类和非金属类分开。

处理过程中，可以使用含水率50%的垃圾，也可以在第二阶段以喷雾方式加入少量水，使纸类强度下降，扩大纸类与其他残余物质的强度差别，因而能容易地把纯度比较高的纸类物质在第二阶段分选出来。

3. 特点

半湿式选择破碎分选具有以下特点：

①用一台机械，在一个工序中，同时进行破碎、分选作业，同时分选出三组成分不同的物料。

②能尽量对有用物质进行回收。从选出的第Ⅰ组物料中可以分别去除废铁、玻璃、塑料，得到纯度为80%的堆肥原料——厨余垃圾；从第Ⅱ组物料中可回收纯度为85%～95%的纸类废物；从第Ⅲ组物料中可将难分选的塑料类废物选出，其纯度达95%以上，回收的废铁纯度也可达到98%。

③对进料的适应性好，易破碎的废物首先破碎并及时排出，不会出现过度破碎现象。

④分选过程中，金属、塑料、橡胶、布类基本保持原形，有利于回收利用，而且对刮板的磨损小。

⑤不易发生长条形废物对回转轴的缠卷现象。

⑥能以小动力运行，因而动力消耗少，处理费用低。

3.3 固体废物的固化/稳定化

3.3.1 固化/稳定化技术特点及应用范围

3.3.1.1 固化/稳定化的定义和技术

1. 固化/稳定化定义

危险废物固化/稳定化的主要途径有：①将污染物通过化学转变，引入到某种稳定固体物质的晶格中去；②通过物理过程把污染物直接掺入到惰性基材中去。所涉及的主要技术和技术术语有：

（1）固化（solidification）技术

在危险废物中添加固化剂，使其转变为非流动型的固态物或形成紧密的固体物。由于产物是结构完整的块状密实固体，可以方便地进行运输。

（2）稳定化（stabilization）技术

将危险废物有毒有害污染物转变为低溶解性、低迁移性及低毒性的物质。稳定化一般可分为化学稳定化和物理稳定化。化学稳定化是通过化学反应使有毒物质变成不溶性化合物，使之在稳定的晶格内固定不动；物理稳定化是将污泥或半固体物质与疏松物料（如粉煤灰）混合生成一种粗颗粒、有土壤状坚实度的固体，这种固体可以用运输机械送至处置场。实际操作中，这两种过程是同时生成的。

2. 固化/稳定化技术及其特点

已研究和应用多种固化/稳定化技术处理不同种类的危险废物，但是迄今尚未研究出一种适于处理任何类型废物的最佳固化/稳定化方法。目前所采用的各种固化/稳定化技术往往只能适用于处理一种或几种类型的废物。根据固化基材及固化过程，目前常用的固化/稳定化技术主要有：①水泥固化；②石灰固化；③塑性材料固化；④有机聚合物固化；⑤自胶结固化；⑥熔融固化（玻璃固化）；⑦化学稳定化。

上述方法已用于处理多种固体废物，包括金属表面加工废物、电镀及铅冶炼酸性废物、尾矿、废水处理污泥、焚烧飞灰、食品生产污泥和烟道气处理污泥、重金属污染土壤、有机物污染土壤等。

固化/稳定化技术在污染土壤的治理中也得到了广泛应用，上述技术在不同类型的污染土壤原位或异位处理中都有很好的应用案例。

表 3-2 和表 3-3 分别列出了无机废物固化法和有机废物包容法的优缺点。

表 3-2 无机废物固化法优缺点

优 点	缺 点
① 设备投资费用及日常运行费用低 ② 所需材料比较便宜而丰富 ③ 处理技术比较成熟 ④ 材料的天然碱性有助于所含酸度的中和 ⑤ 由于材料含水并能在很大的含水量范围内使用，而不需要彻底的脱水过程 ⑥ 借助于有选择地改变处理剂的比例，处理后产物的物理性质可以从软性黏土一直变化到整块石料 ⑦ 用石灰为基质的方法可在一个单一的过程中处置两种废物 ⑧ 用黏土为基质的方法可用于处理某些有机废物	① 需要原料量大 ② 原料（特别是水泥）是高能耗产品 ③ 某些废物，如含有机物的废物，在固化时会有一些困难 ④ 处理后产物的重量和体积均有较多增加 ⑤ 处理后的产物容易被浸出，尤其容易被稀酸浸出，因此可能需要额外的密封材料 ⑥ 稳定化机理有待深化研讨

表 3-3 有机废物包容法优缺点

优 点	缺 点
① 污染物迁移率一般要比无机固化法低 ② 与无机固化法相比，需要的固定程度低 ③ 处理后材料的密度较低，从而可降低运输成本 ④ 有机材料可在废物与浸出液之间形成一层不透水的边界层 ⑤ 此法可包容较大范围的废物 ⑥ 对大型包容法而言，可直接应用现代化的设备喷涂树脂，无须其他能量开支	① 所用的材料较昂贵 ② 用热塑性及热固性包容法时，干燥、熔化及聚合化过程中能源消耗大 ③ 某些有机聚合物是易燃的 ④ 除大型包容法外，各种方法均需要熟练的技术工人及昂贵的设备 ⑤ 材料是可降解的，易于被有机溶剂腐蚀 ⑥ 某些这类材料在聚合不完全时自身会造成污染

3.3.1.2 固化/稳定化技术对不同危险废物的适用性

危险废物种类繁多，并非所有的危险废物都适于用固化处理。固化技术最早是用来处理放射性污泥和蒸发浓缩液的，最近 10 年来此技术得到迅速发展，被用来处理电镀污泥、铬渣等危险废物。日本法规规定应用固化/稳定化技术固化处理的危险废物包括：含汞燃烧残渣，含汞飞灰，含汞污泥，特定下水污泥，含 Cd、Pb、Cr^{6+}、As、PCBs 的污泥，含氰化物的污泥，其中特别适于固化含重金属的废物。表 3-4 为某些废物对不同固化/稳定化技术的适用性，可供参考。

表 3-4 不同类型废物的固化/稳定化技术适用范围

废物成分		处理技术			
		水泥固化	石灰等材料固化	热塑性微包容法	大型包容法
有机物	有机溶剂和油	影响凝固，有机气体挥发	影响凝固，有机气体挥发	加热时有机气体会逸出	先用固体基料吸附
	固态有机物（如塑料、树脂、沥青等）	可适用 能提高固化体的耐久性	可适用 能提高固化体的耐久性	有可能作为凝结剂使用	可适用 可作为包容材料使用
无机物	酸性废物	水泥可中和酸	可适用 能中和酸	应先进行中和处理	应先进行中和处理
	氧化剂	可适用	可适用	会引起基料的破坏甚至燃烧	会破坏包容材料
无机物	硫酸盐	影响凝固，除非使用特殊材料，否则引起表面剥落	可适用	会发生脱水反应和再水合反应而引起泄漏	可适用
	卤化物	很容易从水泥中浸出，妨碍凝固	妨碍凝固，会从水泥中浸出	会发生脱水反应和再水合反应	可适用
	重金属盐	可适用	可适用	可适用	可适用
	放射性废物	可适用	可适用	可适用	可适用

3.3.1.3 固化/稳定化技术比较和应用范围

表 3-5 列举了不同种类稳定化/固化技术的适用对象和评估，可以看出，为经济有效地处理危险废物，以水泥和石灰固化/稳定化技术较为适用，因其在处理程序的操作上，无需特殊的设备和专业技术，一般的土木技术人员和施工设备即可进行，其固化/稳定化的效果，不仅结构强度可满足不同处置方式的要求，也可满足固化体浸出试验的要求。需要指明的是：在评定不同的固化/稳定化技术时，尚需综合考虑处理程序、添加剂的种类、废物性质、施工操作的所在位置等条件。

表 3-5 不同固化/稳定化技术的适用对象和优缺点

分类技术	适用对象	优点	缺点
水泥固化法	重金属、废酸、氧化物	① 水泥搅拌，处理技术已相当成熟 ② 对废物中化学性质的变动具有相应的承受力 ③ 可由水泥与废物的比例来控制固化体的结构强度与不透水性 ④ 无须特殊设备，处理成本低	① 废物中若含有特殊的盐类，会造成固化体破裂 ② 有机物的分解造成裂隙，增加渗透性降低结构强度 ③ 大量水泥的使用导致固化体的体积和重量增加

分类技术	适用对象	优点	缺点
		⑤ 废物可直接处理，无须前处理	
石灰固化法	重金属、废酸、氧化物	① 所用物料价格便宜，容易购得 ② 操作不需特殊设备及技术 ③ 在适当的处置环境，可维持波索来反应*持续进行	① 固化体的强度较低，且需较长的养护时间 ② 有较大的体积膨胀，增加清运和处置难度
塑性固化法	部分非极性有机物、废酸、重金属	① 固化体的渗透性较其他固化法低 ② 对水溶液有良好的阻隔性	① 需要特殊设备和专业操作人员 ② 废污水中若含氧化剂或挥发性物质，加热时可能会着火或逸散 ③ 废物需先干燥，破碎后才能进行操作
熔融固化法	不挥发的高危害性废物、核能废料	① 玻璃体的高稳定性，可确保固化体长期稳定 ② 可利用废玻璃屑作为固化材料 ③ 对核能废料的处理已有相当成功的技术	① 对可燃或具挥发性的废物不适用 ② 高温热融需消耗大量能源 ③ 需要特殊设备及专业人员
自胶结法	含有大量硫酸钙和亚硫酸钙的废物	① 烧结体的性质稳定，结构强度高 ② 烧结体不具有生物反应性及着火性	① 应用面较为狭窄 ② 需要特殊的设备及专业人员
化学稳定化	重金属废物	① 稳定化产物具有较高的稳定性 ② 工艺简单，稳定化产物增容率低	① 对于含水分较高的废物需添加水泥或石灰减少产物含水率 ② 对于络合态的重金属稳定化效果欠佳

注：* 波索来反应（Pozzolanic Reaction）指对石灰固化体硬化过程有利，且可使其强度得到提高的添加剂所生成的反应。

3.3.2 固化/稳定化技术分类

3.3.2.1 水泥固化技术

1. 水泥固化基本理论

水泥是最常用的危险废物稳定剂，作为一种无机胶结材料，水泥经过水化反应后可以生成坚硬的水泥固化体，所以在废物处理时最常用的是水泥固化技术。水泥的品种繁多，包括普通硅酸盐水泥、矿渣硅酸盐水泥、矾土水泥、沸石水泥等都可以用作废物固化处理的基材。其中最常用的普通硅酸盐水泥（也称波特兰水泥）是用石灰石、黏土以及其他硅酸盐物质混合在水泥窑中高温下煅烧，然后研磨成粉末状制成的。它是钙、硅、铝及铁的氧化物的混合物，其主要成分是硅酸二钙和硅酸三钙。在用水泥稳定化时，可将废物与水泥混合，如果在废物中没有足够的水分，还要加水使之水化。水化以后的水泥形成与岩石性能相近的、整体的钙铝硅酸盐的坚硬晶体结构。这种水化以后的产物，称为混凝土。废物被掺入水泥的基质中，在一定条件下，经过物理的、化学的作用更进一步减少了其在废物——水泥基质中的迁移率。典型的例子，如形成溶解性比金属离子小得多的金属氧化物。人们还经常把少量的飞灰、硅酸钠、膨润土等活性剂加入水泥中以增进反应过程。最终依靠所加药剂使粒状的像土壤的物料变成了黏合的块状产物，从而使大量的废物稳定化/固化。

以水泥为基础的稳定化/固化技术已经用来处置电镀污泥，这种污泥中含有各种金属，如 Cd、Cr、Cu、Pb、Ni、Zn。水泥也可用来处理：复杂的污泥，如多氯联苯、油和油泥；含有氯乙烯和二氯乙烷的废物；多种树脂；被稳定化/固化的塑料；石棉；硫化物以及其他物料。通过对被污染土壤进行试验表明，用水泥进行的稳定化/固化处置对 As、Pb、Zn、Cu、Cd、Ni 都是有效的。这种处置对有机物的效果还有待进一步研究。

在普通硅酸盐水泥水化过程中所进行的主要反应如图 3-14 所示：

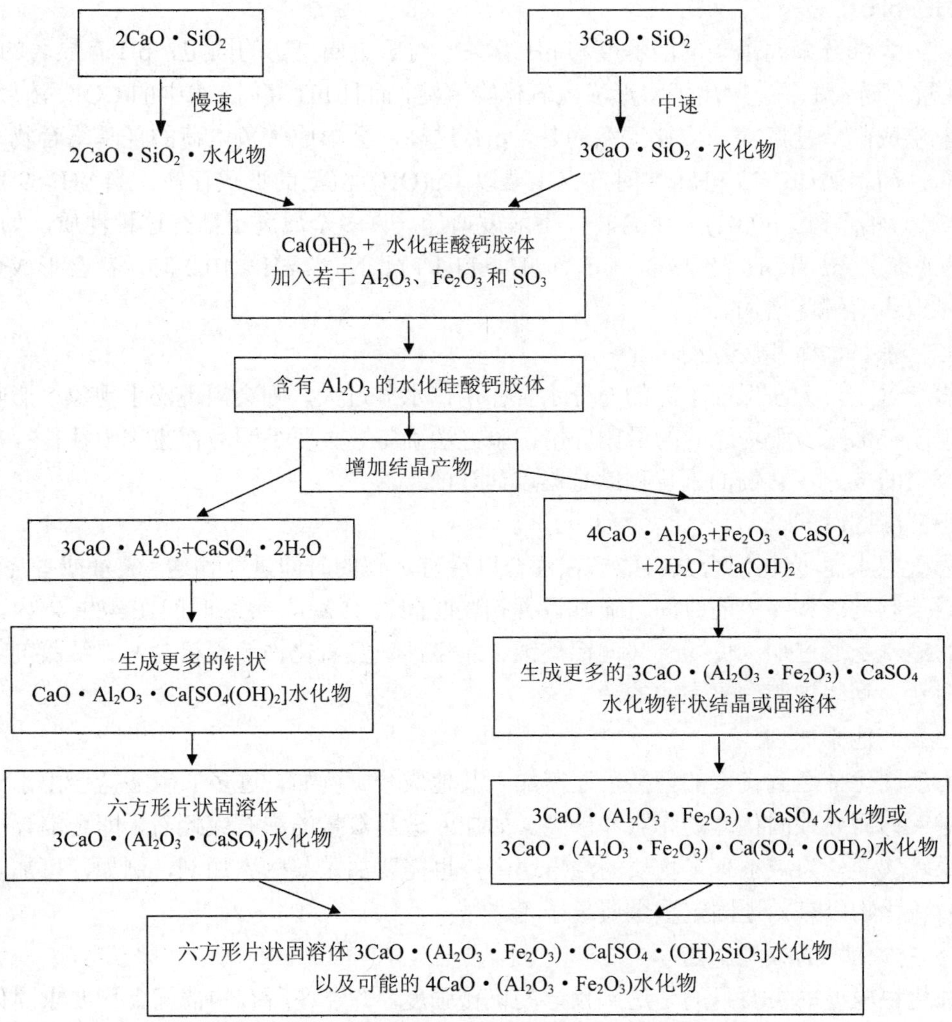

图 3-14　普通硅酸盐水泥水化的反应过程

最终生成硅铝酸盐胶体的这一连串反应是一个速率很慢的过程，所以为保证固化体得到足够的强度，需要在有足够水分的条件下养护较长一段时间（一般为 7～28 d）。

对于普通硅酸盐水泥，进行得最为迅速的反应是：

$$3CaO\cdot Al_2O_3+6H_2O\rightarrow 3CaO\cdot Al_2O_3\cdot 6H_2O+\text{热量}$$

该反应确定了普通硅酸盐水泥的初始状态。

2. 水泥固化的影响因素

水泥固化工艺较为简单，通常是把有害固体废物、水泥和其他添加剂一起与水混合，经过一定的养护时间而形成坚硬的固化体。固化工艺的配方是根据水泥的种类处理要求以及废物的处理要求制定的，大多数情况下需要进行专门的试验。对于废物稳定化的最基本要求是对关键有害物质的稳定效果，它基本上是通过低浸出速率体现的。除此之外，还需要达到一些特定的要求。影响水泥固化的因素很多，为在各种组分之间得到良好的匹配性能，在固化操作中需要严格控制以下条件：

（1）pH

因为大部分金属离子的溶解度与 pH 有关，对于金属离子的固定，pH 有显著的影响。当 pH 较高时，许多金属离子将形成氢氧化物沉淀，而且 pH 高时，水中的 CO_3^{2-}浓度也高，有利于生成碳酸盐沉淀。应该注意的是，pH 过高，会形成带负电荷的羟基络合物，溶解度反而升高。例如：当 pH＜9 时，铜主要以 $Cu(OH)_2$ 沉淀的形式存在，当 pH＞9 时，则形成 $Cu(OH)_3^-$和 $Cu(OH)_4^{2-}$络合物，溶解度增加。许多金属离子都有这种性质，如 Pb 当 pH＞9.3 时、Zn 当 pH＞9.2 时、Cd 当 pH＞11.1 时、Ni 当 pH＞10.2 时，都会形成金属络合物，造成溶解度增加。

（2）水、水泥和废物的量比

水分过小，无法保证水泥的充分水合作用；水分过大，则会出现泌水现象，影响固化块的强度。水泥与废物之间的量比应用试验方法确定，主要是因为在废物中往往存在妨碍水合作用的成分，它们的干扰程度是难以估计的。

（3）凝固时间

为确保水泥-废物混合浆料能够在混合以后有足够的时间进行输送、装桶或者浇注，必须适当控制初凝和终凝的时间。通常设置初凝时间大于 2 h，终凝时间在 48 h 以内。凝结时间的控制是通过加入促凝剂（偏铝酸钠、氯化钙、氢氧化铁等无机盐）、缓凝剂（有机物、泥沙、硼酸钠等）来完成的。

（4）其他添加剂

为使固化体达到良好的性能，还需加入其他成分。例如，过多的硫酸盐会由于生成水化硫酸铝钙而导致固化体的膨胀和破裂。如加入适当数量的沸石或蛭石，即可消耗一定的硫酸或硫酸盐。为减小有害物质的浸出速率，也需要加入某些添加剂，例如，可加入少量非单质硫化物以有效地固定重金属离子等。

（5）固化块的成型工艺

固化块成型的主要目的是达到预定的机械强度。并非在所有的情况下均要求固化块达到一定的强度，例如，对最终的稳定化产物进行填埋或贮存时，就无须提出强度要求。但当准备利用废物处理后的固化块作为建筑材料时，达到预定强度的要求就变得十分重要，通常需要达到 100 kg/cm^2 以上的指标。

3. 水泥固化工艺

水泥固化混合方法的经验大部分来自核废物的处理，近年来逐渐应用于危险废物。不同混合方法的确定需要考虑废物的具体特性。

（1）外部混合法

将废物、水泥、添加剂和水在单独的混合器中进行混合，经过充分搅拌后再注入处置容器中（图 3-15）。该法所需设备较少，可以充分利用处置容器的容积，但搅拌混合后的混合器需要洗涤。不但耗费人力，还会产生一定数量的洗涤废水。

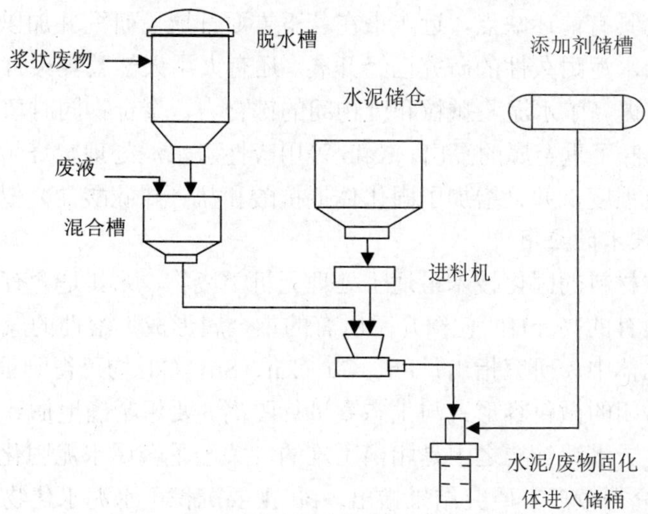

图 3-15　外部加入水泥的方法

（2）容器内混合法

直接在最终处置使用的容器内进行混合，然后用可移动的搅拌装置混合（图 3-16）。其优点是不产生二次污染。但由于处置所用的容器体积有限（通常用 200 L 的桶），不但充分搅拌困难，而且势必会留下一定的无效空间。大规模应用时，操作的控制也较为困难。故该法适于处置危害性大，但数量不太多的废物，例如放射性废物。

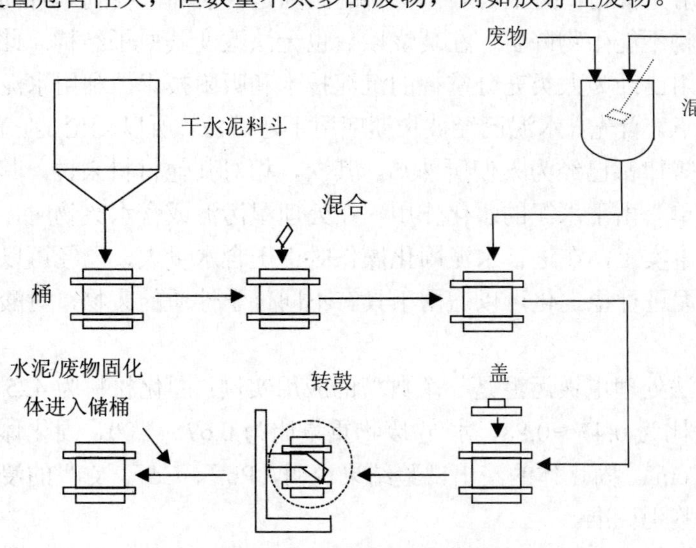

图 3-16　在桶中加水泥的方法

（3）注入法

对于原来的粒度较大，或粒度十分不均，不便进行搅拌的固体废物，可以先把废物放入桶内，然后再将制备好的水泥浆料注入，如果需要处理液态废物，也可以同时将废液注入。为了混合均匀，可以将容器密闭以后放置在以滚动或摆动的方式运动的台架上。但应该注意的是，有时在物料的拌和过程中会产生气体或放热，从而提高容器的压力。此外，为了达到混匀的效果，容器不能完全充满。

由于水泥固化具有前述缺点，近年来在若干方面开展了研究并加以改进。例如，用纤维和聚合物等增加水泥耐久性的研究已经开展。还有人用天然胶乳聚合物改性普通水泥以处理重金属废物，提高了水泥浆颗粒和废物间的键合力，聚合物同时填充了固化块中小的孔隙和毛细管，降低了重金属的浸出。Kalb 等用改性硫水泥处理焚烧炉灰，提高了固化体的抗压强度和抗拉强度，并且增加了固化体抵抗酸和盐（如硫酸盐）侵蚀的能力。

4. 水泥固化技术的应用

以水泥为基本材料的固化技术最适于处理无机类废物，尤其是含有重金属污染物的废物。由于水泥所具有的高 pH，使得几乎所有的重金属形成不溶性的氢氧化物或碳酸盐形式而被固定在固化体中。研究指出，Pb、Cu、Zn、Sn、Cd 均可得到很好的固定。但 Hg 仍然主要以物理封闭的微包容形式与生态圈进行隔离。要想精确地估计某种特定废物是否能够被有效地固定于水泥结构之中是相当困难的。关于重金属水泥固化过程的化学机理，对于 Pb 与 Cr 研究得较多。研究结果指出，Pb 主要沉积于水泥水化物颗粒的外表面，而 Cr 则较为均匀地分布于整个水化物的颗粒之中。

另一方面，有机物对于水化过程有干扰作用，降低最终产物的强度，并使稳定化过程变得困难。它可能导致生成较多的无定型物质而干扰最终的晶体结构形式。在固化过程中加入黏土、蛭石以及可溶性的硅酸钠等物质，可以缓解有机物的干扰作用，提高水泥固化效果。

水泥作为固化包容的主要材料大多用于固定电镀工业产生的污泥和其他类型的金属氢氧化物废物。应用无机物作为主要固化材料的原因是目前尚未找到具有同等效用的代替品。例如金属污染物不能生物降解，在焚烧以后也无法改变其原子结构。此外，在这种情况下，可以同时利用已经为人类充分掌握的沉淀技术和吸附技术。利用水泥包容技术进行稳定化具有若干优点。首先，水泥已经被长期应用于建筑业，所以无论是它的操作、混合、凝固和硬化过程的规律都已经为人们所熟知。其次，相对其他材料来说，其价格低、所需的机械设备比较简单。由于水泥的水化作用，在处理湿污泥或含水废物时，无须对废物做进一步脱水处理。事实上，在进行水泥固化操作时由于含水量大，已经可以使用泵输送的方式。最后，用水泥进行稳定化可以适用于具有不同化学性质的废物，对酸性废物也能起到一定的中和效果。

用水泥固化方法处理电镀污泥是一个典型的应用实例：固化材料为 425 号普通硅酸盐水泥，水/水泥重量比为 0.47～0.88，水泥/废物重量比为 0.67～4.00，固化体的抗压强度可以达到 60～300 kg/cm^2。固化体的浸出试验结果说明，Pb^{2+}、Cd^{2+}、Cr^{6+}的浸出浓度都远低于相应的浸出毒性鉴别标准。

水泥稳定化的主要缺点是对于一定的污染物较为灵敏，会由于某些污染物的存在而推迟固化时间，甚至影响最终的硬结效果。

国外还使用一种名为“火山灰”（Pozzolan）的类似于水泥的材料。这是一种以硅-铝酸盐为主要成分的固化材料。当存在水时，可以与石灰反应而生成类似于混凝土的、通常被称为火山灰水泥的产物。火山灰材料包括烟道灰、平炉渣、水泥窑灰等，其结构大体上可认为是非晶型的硅铝酸盐。烟道灰是最常用的火山灰材料，其典型成分是大约 45%的 SiO_2、25%的 Al_2O_3、15%的 Fe_2O_3、10%的 CaO 以及各 1%的 MgO、K_2O、NaO 和 SO_3。此外，取决于不同的来源，还含有一定量的未燃尽的炭。这种材料也具有高 pH，所以同样适用于无机污染物，尤其是被重金属污染的废物和土壤的稳定化处理。有文献报道，用烟道灰和石灰混合处理含有高水平 Cd、Cr、Cu、Fe、Pb、Mn 等的污泥，虽然处理后的产物仍然呈现类似土壤的外形，但浸出试验证实，稳定过程明显降低了上述重金属组分的浸出率。此外，在烟道灰中未燃烧的炭粒可以吸附部分有机废物，所以用火山灰材料处理无机和有机污染物，通常都具有一定的稳定效果。

3.3.2.2　石灰固化技术

石灰固化/稳定化是指以石灰、垃圾焚烧飞灰、水泥窑灰以及熔矿炉炉渣等具有波索来反应的物质为固化基材而进行的危险废物固化/稳定化的操作。在适当的催化环境下进行波索来反应，将污泥中的重金属成分吸附于所产生的胶体结晶中。但因波索来反应不似水泥水合作用，石灰固化处理所能提供的结构强度不如水泥固化，因而较少单独使用。

常用的技术是加入氢氧化钙（熟石灰）使污泥得到稳定。与废物中物质进行反应的结果，是石灰中的钙与废物中的硅铝酸根会产生硅酸钙、铝酸钙的水化物，或者硅铝酸钙。与在其他稳定化过程中一样，与石灰同时向废物中加入少量添加剂，可以获得更好的稳定效果（如存在可溶性钡时加入硫酸根）。使用石灰作为稳定剂也和使用烟道灰一样具有提高 pH 的作用。此种方法也基本上应用于处理重金属污泥等无机污染物。

石灰与凝硬性物料结合会产生能在化学及物理上将废物包裹起来的黏结性物质。天然和人造材料都可以用，包括火山灰和人造凝硬性物料。人造材料如烧过的黏土、页岩和废油页岩、烧过的纱网、烧结过的砂浆和粉煤灰等。化学固定法中最常用的凝硬性物料是粉煤灰和水泥窑灰，这两种物料本身就是废料，因此这种方法具有共同处置的明显优点。对石灰-凝硬性物料反应机理的推测认为：凝硬性物料经历着与沸石类化合物相似的反应，即它们的碱离子成分相互交换。另一种解释认为主要的凝硬性反应是由于像水泥的水合作用那样，生成了称之为硅酸三钙的新的水合物。

表 3-6 是石灰添加量对燃煤电厂气体脱硫（FGD）石膏进行物理稳定的影响。石灰浓度较高时，最后的固体物强度也较高。在这个实例中，粉煤灰既用作疏松材料又作为凝硬性材料。正如以水泥为基质的方法一样，不需要加入过量的水。石灰加入量应依据废物的种类及火山灰水泥的化学成分而定，为了得到机械强度高的固体，石灰加入量可能要高达 30%。

表 3-6　石灰固化法对产品强度的影响

添加剂	添加量（重量比）/%	（粉煤灰重量比/水泥重量比）/%	无侧限抗压强度/（kg/m^2）
石灰	0	1/1	414
石灰	1	1/1	1 220
石灰	3	1/1	2 930
石灰	5	1/1	4 630
石灰	5	1/2	1 755

3.3.2.3　塑性材料包容技术

塑性材料包容技术属于有机性固化/稳定化处理技术，根据使用材料性能的不同分为热固性塑料包容和热塑性材料包容两种方法。

1. 热固性塑料包容法

热固性塑料是指在加热时能使液态物变成固体并硬化的材料。它与一般物质的不同之处在于，这种材料即使以后再次加热也不会重新液化或软化。因此实际上是一种由小分子变成大分子的交链聚合过程。危险废物也常常使用热固性有机聚合物达到稳定化。它是用热固性有机单体例如脲醛和已经过粉碎处理的废物充分地混合，在助凝剂和催化剂的作用下产生聚合以形成海绵状的聚合物质，从而在每个废物颗粒的周围形成一层不透水的保护膜。但在用此方法处理时，经常有一部分液体废物遗留下来。因此在进行最终处置之前还需要进行一次干化。目前使用较多的材料是脲甲醛、聚酯和聚丁二烯等。有时也可使用酚醛树脂或环氧树脂。由于在绝大多数的这种过程中废物与包容材料之间不进行化学反应，所以包容的效果仅分别取决于废物自身的形态（颗粒度、含水量等）以及进行聚合的条件。

该法的主要优点是，与其他方法相比，大部分引入的是较低密度的物质，所需要的添加剂数量也较小。热固性塑料包容法在过去曾是固化低水平有机放射性废物（如放射性离子交换树脂）的重要方法之一，同时也可用于稳定非蒸发性的、液体状态的有机危险废物。由于需要对所有废物颗粒进行包封，在适当选择包容物质的条件下，可以达到十分理想的包容效果。

此方法的缺点是操作过程复杂，热固性材料自身价格高昂。由于操作中有机物的挥发，容易引起燃烧起火，所以通常不能在现场大规模应用。可以认为该法只能处理小量、高危害性废物，例如剧毒废物、医院或研究单位产生的小量放射性废物等。

不过，仍然有人认为，在未来此法可能在有机物污染土壤的稳定化处理方面有大规模应用。

2. 热塑性材料包容法

（1）技术特点

用热塑性材料包容时可以用熔融的热塑性物质在高温下与危险废物混合，以达到对其稳定化的目的。可以使用的热塑性物质有沥青、石蜡、聚乙烯、聚丙烯等。在冷却以后，废物可被固化的热塑性物质所包容，包容后的废物在通过一定的包装后加以处置。20 世纪 60 年代末期所出现的沥青固化，因为处理价格较为低廉，即被大规模应用于处理放射性废物。由于沥青具有化学惰性，不溶于水，具有一定的可塑性和弹性，对于废物具有典型的包容效果，在有些国家，该法被用来处理危险废物和放射性废物的混合废物，但处理后的废物按照放射性废物的标准处置。

该法的主要缺点是在高温下进行操作会有很多不便之处，而且耗能较高；操作时会产生大量的挥发性物质，其中有些是有害的物质。另外，在废物中含有影响稳定剂的热塑性物质或者某些溶剂时，都会影响最终的稳定效果。

在操作时，通常是先将废物干燥脱水，然后将聚合物与废物在适当的高温下混合，并在升温的条件下将水分蒸发掉。该法可以使用间歇式工艺，也可以使用连续操作的设备。与水泥等无机材料的固化工艺相比，除了污染物的浸出率低得多外，由于所需的包容材料少，又在高温下蒸发了大量的水分，其增容率较低。

作为代表性的方法，此处对沥青固化技术作简要的介绍。

（2）沥青固化技术原理及特点

沥青固化是以沥青类材料作为固化剂，与危险废物在一定的温度下均匀混合，产生皂化反应，使有害物质包容在沥青中形成固化体，从而得到稳定。由于沥青属于憎水性物质，完整的沥青固化体具有优良的防水性能。沥青还具有良好的黏结性和化学稳定性，而且对于大多数酸和碱有较高的耐腐蚀性，所以长期以来被用作低水平放射性废物的主要固化材料之一。它一般被用来处理放射性蒸发残液、废水化学处理产生的污泥、焚烧炉产生的灰分，以及毒性较高的电镀污泥和砷渣等危险废物。

沥青的主要来源是天然的沥青矿和原油炼制。我国目前所使用的大部分沥青是来自于石油蒸馏的残渣。石油沥青是脂肪烃和芳香烃的混合物，其化学成分很复杂，包括沥青质、油分、游离碳、胶质、沥青酸和石蜡等。从固化的要求出发，较理想的沥青组分是含有较高的沥青质和胶质以及较低的石蜡性物质。如果石蜡质过高，则容易在环境应力下产生开裂。可用于危险废物固化的沥青种类包括：直馏沥青、氧化沥青、乳化沥青等。我国曾用于放射性废物固化的沥青是来自于石油提炼的 60 号沥青，其基本成分是约含胶质和油分各 40%、沥青质 10%～12%以及石蜡 8%～10%。将沥青固化与水泥固化技术相比较，二者可以处理的废物类型基本相同，例如可以处理浓缩废液或污泥、焚烧炉的残渣、废离子交换树脂等。当废物中含有大量水分时，由于沥青固化不具有水泥的水化过程和吸水性，所以有时需要对废物预先脱水或浓缩。另外，废物与沥青固化基材之间的重量比通常为 1∶1～2∶1，所以固化产物的增容较小。由于物料需要在高温下操作，因此除了安全性较差外，设备的投资费用与运行费用也较水泥固化法为高。

（3）沥青固化技术介绍

图 3-17 为高温混合蒸发沥青固化流程。该工艺主要包括三个部分：固体废物的预处理、废物与沥青的热混合以及二次蒸汽的净化处理。其中关键部分是热混合环节。对于干燥的废物，可以将加热的沥青与废物直接搅拌混合；而对于含有较多水分的废物，则通常还需要在混合的同时脱去水分。混合的温度应该控制在沥青的熔点和闪点之间（150～230℃），温度过高时容易产生火灾。在不加搅拌的情况下加热，极易引起局部过热并生成燃烧事故。热混合通常是在专用的、带有搅拌装置并同时具有蒸发功能的容器中进行的。在早期，大部分固化过程使用的是间歇式操作的锅式蒸发器。它实际上是一种带有搅拌器的反应釜。虽然锅式蒸发器具有结构简单的优点，但由于是间歇操作，不但生产能力低，而且由于物料需要在蒸发器中停留较长时间易导致沥青老化。操作过程产生的尾气在收集和净化方面也需要多加考虑。

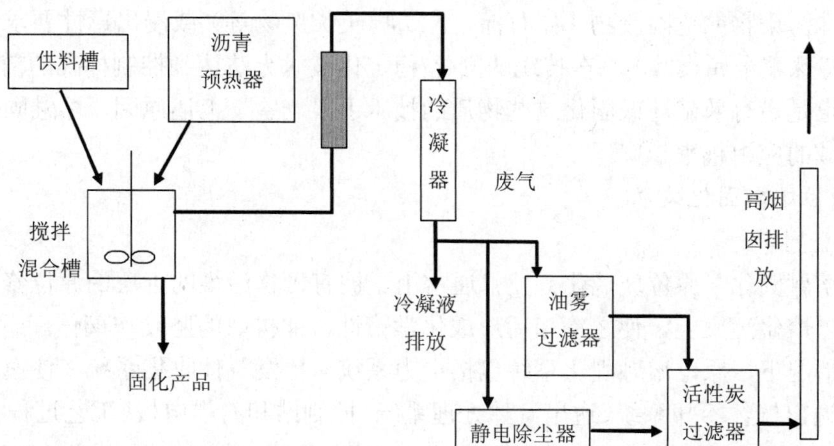

图 3-17　高温混合蒸发沥青固化流程示意

20 世纪 70 年代以后，逐渐采用连续式操作设备。对于水分含量很小或完全干燥的固体废物，可以采用螺杆挤压机与沥青混合。这种机械是在一个圆筒形结构中安装一条长螺杆。通过螺杆的螺旋状旋转同时达到搅拌物料和推送物料前进的双重作用。由于物料在装置中的停留时间仅为数分钟，所以整个装置中的滞留物料量很少，装置的体积也很小。据报道，以此种设备生产的固化体，其有害物质的浸出率比用间歇式蒸发器的要低得多。

当固体废物中含有大量水分时，大多采用带有搅拌装置的薄膜混合蒸发设备。它是一种立式的、带有搅拌装置的圆柱形结构。其外壁同时起到加热物料的热交换器作用。搅拌器是设在柱中心的一组紧贴着圆柱体外壁旋转的刮板。当刮板运动时，沥青与废物的混合物将会在搅拌下形成液体膜，使水分和挥发分不断蒸发。与此同时，物料不断沿螺旋形的路径下落，直到从蒸发器的下部流出进入专门的容器并冷却下来，并随后进行处置。

3.3.2.4 熔融固化技术

1. 熔融固化基本原理

熔融固化（Melting）技术，也称玻璃化（Vitrification）技术，是利用热在高温下把固态污染物（如污染土壤、城市垃圾、尾矿渣、放射性废料等）熔化为玻璃状或玻璃-陶瓷状物质，借助玻璃体的致密结晶结构，确保固化体的永久稳定。污染物经过玻璃化作用后，其中有机污染物将因热解而被摧毁，或转化为气体逸出。而其中的放射性物质和重金属元素则被牢固地束缚于已熔化的玻璃体内。

根据熔融温度与添加材料的不同，可将熔融固化技术分为玻璃化技术、陶瓷化技术与铸石技术等。根据玻璃化技术处理场所的不同，又可分为原位熔融固化（In-Situ Vitrification，ISV）技术和异地熔融固化（Ex-Situ Vitrification，ESV）技术，根据使用热源的不同，可将熔融固化技术分为电热源熔融固化技术与燃料热源熔融固化技术。

熔融固化需要将大量物料加温到熔点以上，无论是采用电力或是其他燃料，需要的能源和费用都是相当高的。但是相对于其他处理技术，熔融固化的最大优点是可以得到高质量的建筑材料。因此，在进行废物的熔融固化处理时，除了必须达到环境指标外，还应充分注意熔融体的强度、耐腐蚀性甚至外观等，以满足用于建筑材料的各项指标要求。同时，对于含特殊污染物的危险废物（如石棉、含二噁英类废物等）或浸出毒性要求高的危险废物（如含特殊重金属类等），在传统的固化/稳定化技术无法达到控制标准的前提下，熔融固化技术也是最有效破坏或固化这些物质的技术手段。鉴于上述原因，熔融固化技术在固体废物领域的应用越来越广泛。

2. 原位熔融固化技术

（1）工艺

原位熔融固化（原位玻璃化）技术通常用于被有机物污染的土壤的原位修复，采用电能来加热以熔化污染土，使之冷却后形成化学惰性、非扩散的坚硬玻璃体。

通常情况下，原位熔融固化系统包括电力系统、挥发气体收集系统（使逸出气体不进入大气）、逸出气体冷却系统、逸出气体处理系统、控制站和石墨电极（工艺过程见图 3-18）。把 4 个排列成方形的石墨电极（直径 4～5 cm）插入污染土壤中，让电流（25 kW，12.5～13.8 kV）流经两极间的土体，在高温作用下（通常 1 600～2 000℃），两极间的土被熔化。电极间距一般为 10 m（最大间距 12 m），插入土深最大 6.6 m，电极下端 30 cm 裸露。处理土壤速度一般为 4～6 t/h，耗电量为吨土 800～1 000 kW·h。

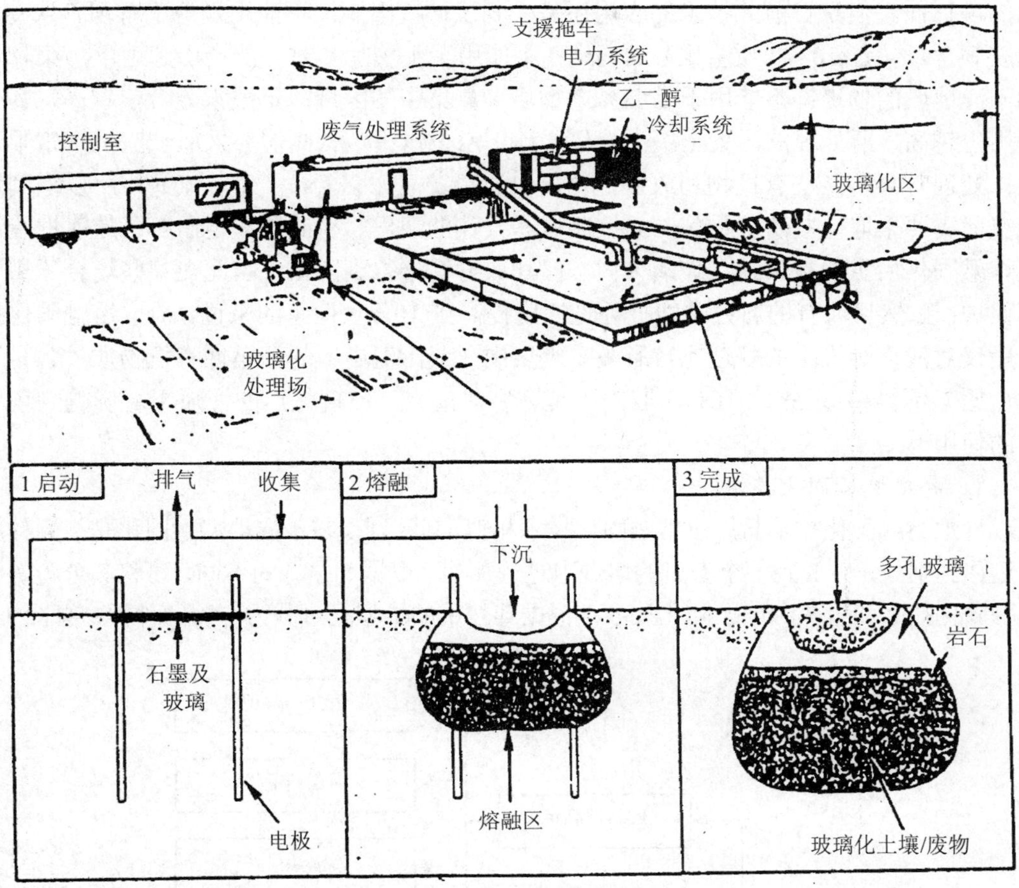

图 3-18 受污染土壤的原位熔融固化处理示意

当电流通过土壤时，温度会逐渐达到土壤的熔点。在熔融状态下，土壤的导电性和热传导性提高，从而使得熔融过程加速进行。可以在地表设置一层玻璃和石墨的混合物以启动土壤的加热过程。熔融体的颗粒外形酷似在自然界的玻璃化过程中产生的黑曜岩玻璃。在玻璃化过程中，有机污染物首先被蒸发，然后裂解成为简单组分，所产生的气体逐渐通过黏稠的熔融体而移动到表面。在此过程中，气体一部分溶解于熔融体中，另一部分则散失于大气。为防止大气受到污染，应收集所有释放的气体，并处理到排放标准。1 600～2 000℃的高温将保证分解所有的有机污染物。无机物的行为与此相似，它们一部分与熔融体发生反应，另一部分被分解，例如硝酸根将被分解为氮气（N_2）和氧气（O_2）。

土壤的孔隙率可能在一个很大的范围内变化，通常为 20%～40%。在熔融过程中，原有的固体物质转变为液相，而原有的全部液相和气相物质均挥发出去。所以在逐步冷却以后的总体积有一定的减小，引起处理场地的地面比原来稍微下陷。处理结束时可用干净土回填凹陷处。

（2）应用

原位熔融固化技术的发展源于 20 世纪五六十年代的核废料的熔融固化处理技术，近年来该技术被推广应用于土壤的各种污染的治理。1991 年美国爱达荷州工程实验室把各种重金属废物及挥发性有机组分填埋于 0.66 m 地下后，使用原位熔融固化技术，证明了该技术的可行性。但是目前此技术的应用还是受到了一些限制：不能用于地下有埋管或卷筒、橡胶等含量超过 20%（质量比）的场地；不能用于土壤加热时可能会引起地下污染物转移到干净地段的场地；不能用于易燃易爆物质大量集中的区域；土壤水分含量越高，其处理费用也越高，所处理的污染土壤不得位于地下水位以下，否则需要采取一些措施来限制电流；处理时会将某些有机物和放射性物质快速蒸发（如 ^{137}Cs、^{90}Sr、氚），所以遇到这种情况就需要采取一些防范措施，如控制这些气体的逸出、控制操作电压等；放射性废物经过熔融固化后虽然被束缚在玻璃体内，但其放射性未得到降低，因此在某些场合还需要隔离保护；虽然目前有的新办法能把处理深度提高到 10 m，但总的来说，原位熔融固化技术一般仅对浅部污染土的处理比较有效；土壤中（或污泥中）的可燃性有机物质的含量（按质量比）不得超过 5%～10%（取决于其燃烧热值）；玻璃化后的介质不能影响到场地今后的使用。

3. 异地熔融固化技术

异地熔融固化技术与原位熔融固化技术相似，其区别仅在于异地熔融固化是把固体废弃物运移到别处，并放到一个密封的熔炉中进行加热。根据其热源的不同，可将其分为燃料源熔融固化技术和电热源熔融固化技术；根据其使用的炉型又可分为不同的种类，见图 3-19。

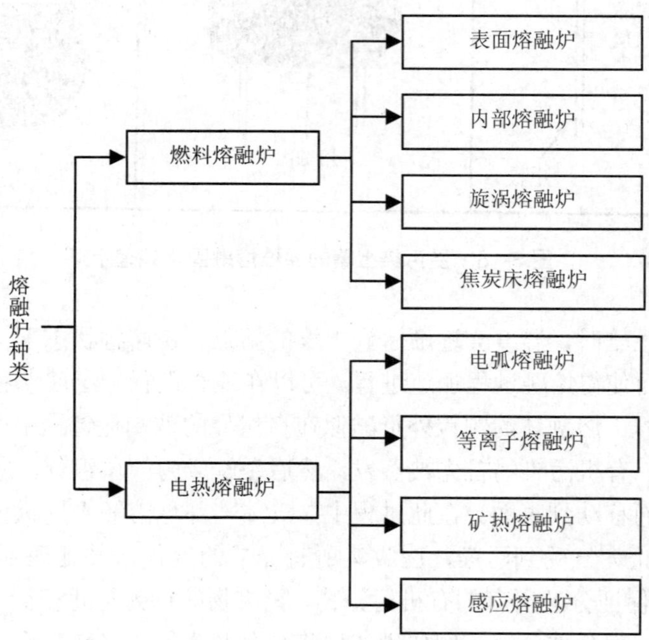

图 3-19 熔融炉主要炉型分类

（1）燃料源熔融固化技术

以燃料作为热源，将固体废物投入燃烧器中，表面被加热至 1 300～1 400℃，有机物热分解、燃烧、汽化，熔融的无机物转化为无害的玻璃质熔渣，其中低沸点重金属类物质转移到气体中，残余物质则被固定在玻璃质的基体中。熔融开始时，表面上部的熔渣以皮膜状流动，因此称表面熔融或薄膜熔融。其处理流程如图 3-20 所示。由于炉内温度要求高，燃料消耗量大，故应考虑设置热能回收设施，以获得较高的经济效益。低沸点重金属类以及碱式盐类，由于在炉内可挥发成气体，所以要将其返送到焚烧炉设备的废气处理系统或设置独立的收集系统。

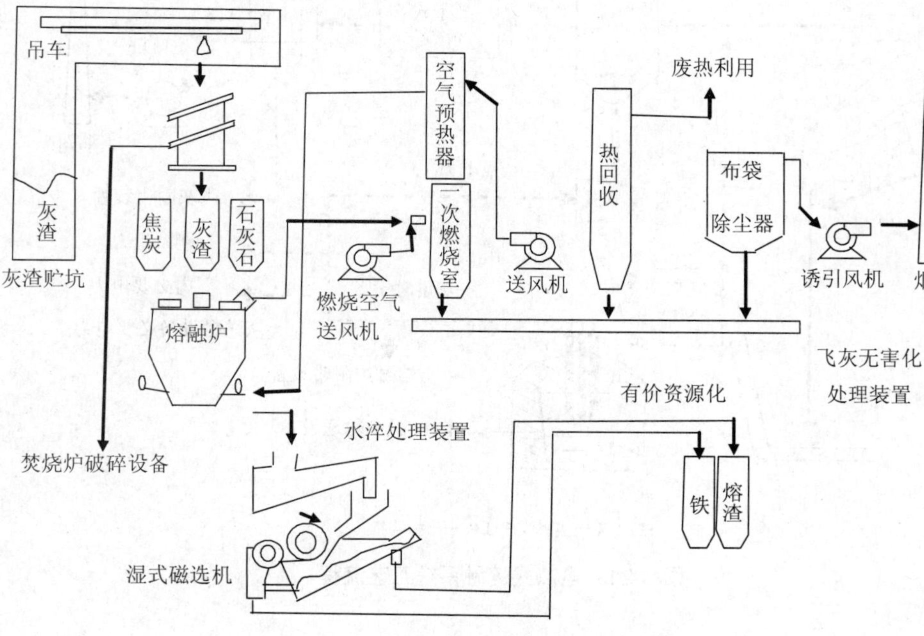

图 3-20　燃料式熔融系统工艺流程

（2）电热源熔融固化技术

在玻璃熔炉中利用电极加热熔融玻璃（1 000～1 300℃）作供热介质，将废物及空气导入熔融玻璃表面或内部，使废物在高温下分解并反应，废气流到后处理体系，残渣被玻璃包裹并移出体系。

玻璃熔炉是一个有耐火材料衬里的反应器，装有熔融玻璃池；首先通过辅助加热熔化玻璃，然后根据玻璃的化学性质用焦耳加热方式使其保持熔融状态（927～1 538℃）。用焦耳加热方式，电流穿过浸入式电极间的熔融物料，由于存在电流和物料的阻力，能量传给这些物料。根据温度不同，电极可选用铬镍合金或钼铁合金。

图 3-21 是电热式熔融系统工艺流程。从熔融玻璃上面熔炉的一侧与燃烧气体一同加入废物。可用喷射器加入液态或气态废物；用螺旋输送机输入细碎固体物质和污泥；用冲压式加料器输送集装箱废物。熔融玻璃的辐射热和接触热提供了玻璃池上面燃烧有机废物所需的热量。设在熔炉壁相对方向的不同高度处的空气进口，在玻璃池上面形成了有利于混合的涡流，并提供了用于燃烧的氧气。

废气从熔炉的另一侧排放。在有些熔炉设计上，废气穿过可处理的过滤器后排放，过滤器充满颗粒后便推入玻璃熔融物中，用新的过滤器替代。这便将吸入到过滤器中的颗粒回收到熔融物中并消除了废过滤器的产生。通常，对于废气，除了要求除去其中的颗粒外，还要洗去其中的酸性气体。

根据玻璃的化学性质和废物组分，燃烧产生的固体以及惰性废料将被熔化并熔解到玻璃基体中，难熔的或者通过化学作用不能与玻璃基体黏合的废料被密封在玻璃体中。玻璃与废物的混合物被连续或分批排出，固化成坚硬的、能够抗浸出的玻璃状废物体。

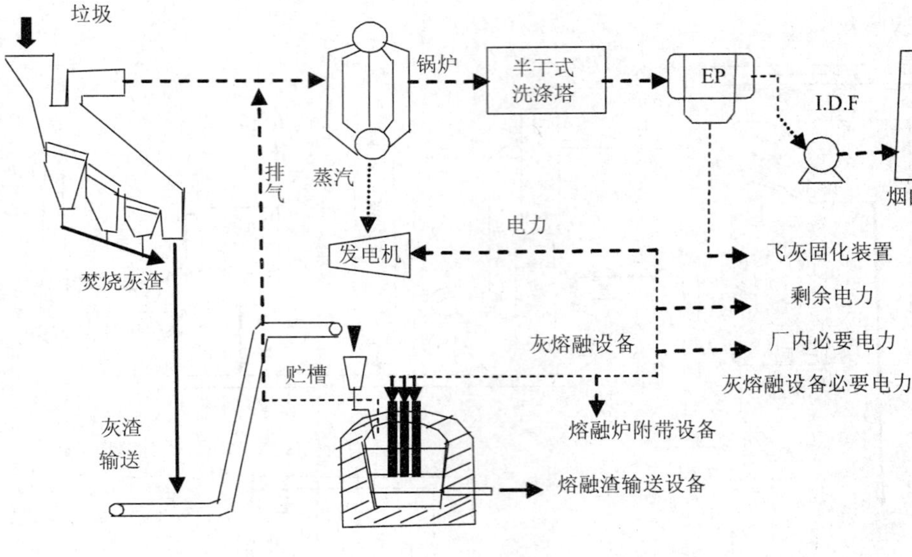

注：EP—电除尘；I.D.F—引风机。

图 3-21　电热式熔融系统工艺流程

（3）高温等离子熔融固化技术

等离子熔融技术近年来受到了广泛关注与研究。当电极之间加以高电压，使得两个电极间的气体在电场的作用下生成电离，形成大量正负带电粒子和中性粒子，也就是等离子体时，可产生很高的温度，使得固体废弃物熔融。

如图 3-22 所示，整个过程在处理室中进行，通过 3 根石墨起弧电极施加直流电势产生等离子弧，电极都是穿过顶盖进入处理室的，3 根直流电极按 120° 夹角均匀布置，其中 1 根电极在一极而另两根在相反的极，它们从顶盖通过气室进入熔池。在 3 根石墨等离子弧电极的外围，还设有 3 根交流石墨焦耳热电极，从顶盖插入熔池内。阴极发射电子，在电场作用下加速射向阳极，在熔池中阳极和阴极之间产生等离子电弧，在电子碰撞中电子动能转化为热能，在高温下迅速将被处理物料分解熔化。熔炉中的交流电极焦耳热用于熔池中保持更均匀的温度分配，并能保证完全处理掉可能残存在熔池中的被处理物料。

进入处理室的废弃物在还原气氛中有机物被分解汽化，无机物则被熔化成玻璃体硅酸盐及金属产物，消除了 NO_x、SO_x 等酸性气体的排放。汽化产物主要是合成气（主要是 CO、H_2、CH_4）和少量的 HCl、HF 等酸性气体。

等离子强化熔炉的等离子弧是低电压（20～80 V）、高电流（200～3 600 A），同时伴随发出强光和高热。在中心部位可达 10 000℃高温。整个等离子区的温度在 2 000～10 000℃之间，将废物加入到等离子区，在超过 2 000℃的高温下，任何有机物都会在瞬间被打碎为原子状态，而且 3 根交流电极产生的焦耳热，维持了高温熔池，并且可以保证被处理物料的高温分解是非常彻底的，这是等离子强化熔炉的主要特点。

等离子熔融工艺主要由进料系统、等离子处理室、熔化产物处理系统、合成气处理系统和公用设备 5 个系统组成。

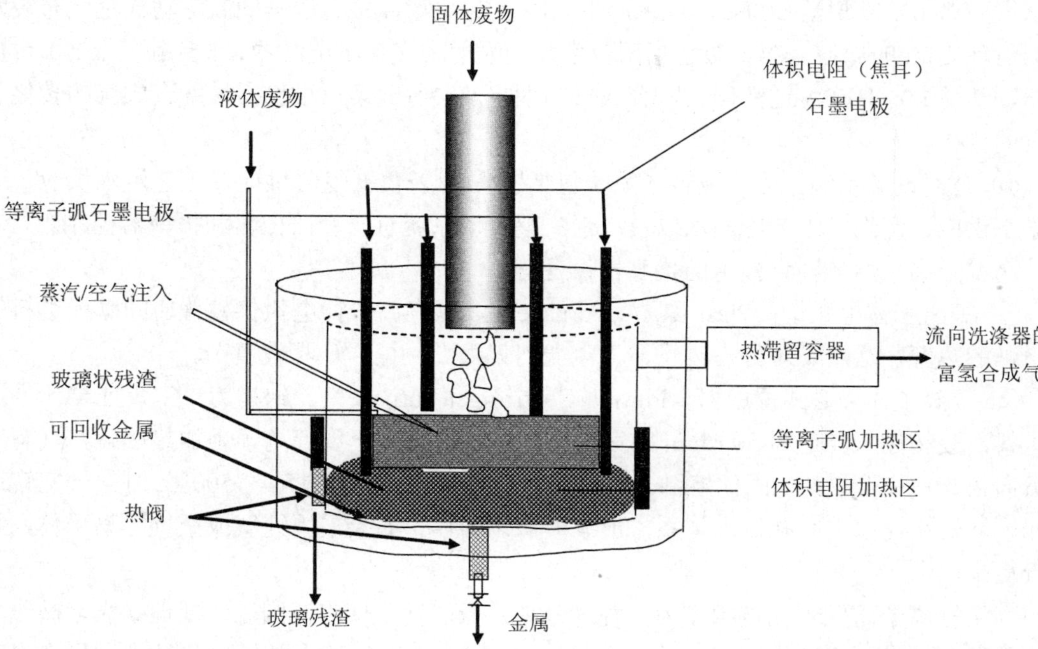

图 3-22　高温等离子熔融炉构造示意

① 进料系统：等离子强化炉对处理废弃物适应性广，根据处理物料的不同，可以把不同种类和形状的物料加入处理室，一般把物料分成 4 类分别设计进料系统：进料槽/泵组合的液体或污水废物进料系统；配有气塞料斗连续螺旋送料机组合的疏松散装固体废物进料系统；一套分批给料机装置可投加预先包装好的废物或其他包装废物；通过重力固体连续给料机进料。

② 等离子处理室：等离子处理室是一个有水套、衬有耐火材料的不锈钢容器。容器的侧面使用空气冷却。处理室包含两个区域：熔化炉渣和熔化金属的熔化柜；在熔体上方的气室或蒸汽空间。

处理室的内衬由几种不同的耐火材料和绝缘材料组成，这些材料用来减少能量在水套内的损失，以及用来容纳熔化玻璃和金属。处理容器的气室区域衬有绝缘材料和保护钢壳使之不受腐蚀性进料和分解气体及蒸汽影响的材料。

③ 熔化产物处理系统：等离子处理室设计两个熔化产物清除系统：清渣用的真空辅助溢流堰；清除熔化金属的电感加热底部排放口。熔化产物被收集到处理容器中并可被冷却为固态，金属可回收利用，熔化的玻璃被用来生产陶瓷化抗渗耐用的玻璃制品。

④ 合成气处理系统：合成气通过排风管排至一个绝缘的热滞留容器（TRC）进行蒸汽转化反应。合成气在等离子处理室和 TRC 的气室各自提供滞留 2 s 的时间，处理室以及热滞留容器中合成气的温度与压力由指示器监控，处理室通过工艺通气系统保持低度真空，以保证未经处理的工艺气体或烟尘不从处理室中逸出。处理室也配备了一个应急废气出口，以防止在处理室的合成气系统下游生成堵塞时引起的处理室超高压。

合成气处理系统的设计包括三级工序，用来清除在合成气中的颗粒物质和酸气杂质，并把合成气转化为完全氧化的产品（主要为水和二氧化碳）。该净化工艺的第一级把合成气从大约 800℃冷却至 200℃，避免产生二噁英和呋喃，接着送进低温脉动式空气布袋除尘器清除 1μm 的微粒。第二级包括两台串联的喷射式文丘里洗涤器、1 台除雾器、1 台加热器，以及 1 台 HEPA 过滤器去除合成气的烟尘及酸气。第三级包括最终合成气的转化和大气的排放。

⑤ 公用设备系统：公用设备子系统包括服务/仪表器、氮气供应、工艺用水供应、去离子水供应、蒸汽、工艺冷却水以及冷水。整个子系统有一套监控器和报警器控制。

高温等离子熔融固化技术的代表性设备有：

① 等离子体电弧炉（Plasma Arc Furnace）。以等离子体电弧代替普通间歇式进料的焚烧炉的热源，适用于难处理废物，但电能消耗很高，操作步骤较复杂。

② 等离子体离心式反应器（Plasma Centrifugal Furnace）。结构为二室反应器，半连续进料，废物进入转速为 50 r/min 的第一室，在贫氧条件下以等离子炬加热热解，气态产物流向第二室完全燃烧，固体熔融并因离心而紧靠室壁。当加料至约 500 kg 时第一室转速减慢，熔液流向室中心孔排出体系，形成玻璃化固体。如果采用纯氧或空气等离子体，则尾气很少。

高温等离子熔融固化技术作为一种高效率、低能耗，使用范围广、处理量大、操作简单的环保新技术而成为处理有毒及难降解物质的热点。它能够有效解决热处理过程产生的二噁英问题。但是目前该项技术的实际工程经验还比较少，装置复杂，操作要求高。

3.3.2.5 自胶结固化技术

自胶结固化技术是利用废物自身的胶结特性来达到固化目的的方法。该技术主要用来处理含有大量硫酸钙和亚硫酸钙的废物，如磷石膏、烟道气脱硫废渣等。废物中二水合石膏的含量最好高于 80%。

废物中所含有的 $CaSO_4$ 与 $CaSO_3$ 均以二水化物的形式存在，其形式为 $CaSO_4 \cdot 2H_2O$ 与 $CaSO_3 \cdot 2H_2O$。将它们加热到 107～170℃，即达到脱水温度。此时将逐渐生成 $CaSO_4 \cdot 0.5H_2O$ 和 $CaSO_3 \cdot 0.5H_2O$，这两种物质遇水以后会重新恢复为二水化物，并迅速凝固和硬化。将含有大量硫酸钙和亚硫酸钙的废物在控制的温度下煅烧，然后与特制的添加剂和填料混合成为稀浆，经过凝结硬化过程即可形成自胶结固化体。这种固化体具有抗渗透性高、抗微生物降解和污染物浸出率低的特点。

自胶结固化技术的主要优点是工艺简单，不需要加入大量添加剂。该法已经在美国大规模应用。美国泥渣固化技术公司（SFT）利用自胶结固化原理开发了一种名为 Terra-Crete 的技术，用以处理烟道气脱硫的泥渣。其工艺流程为：首先将泥渣送入沉降槽，进行沉淀后再将其送入真空过滤器脱水。得到的滤饼分两路处理：一路送到混合器，另一路送到煅烧器进行煅烧，经过干燥脱水后转化为胶结剂，并被送到贮槽储存。最后将煅烧产品、添加剂、粉煤灰一并送到混合器中混合，形成黏土状物质。添加剂与煅烧产品在物料总重中的比例应大于 10%。固化产物可以送到填埋场处置。

这种技术只限于含有大量硫酸钙的废物，应用面较为狭窄。此外还要求熟练地操作比较复杂的设备，煅烧泥渣也需要消耗一定的热量。

3.3.2.6 化学稳定化技术

化学稳定化技术种类很多，主要包括 pH 控制技术、氧化/还原电势控制技术、沉淀技术、吸附技术和离子交换技术。

1. pH 控制技术

pH 控制技术是一种最普遍、最简单的方法，其原理为：加入碱性药剂，将废物的 pH 调节至使重金属离子具有最小溶解度的范围，从而实现其稳定化。常用的 pH 调节剂有石灰（CaO 或 $Ca(OH)_2$）、苏打（Na_2CO_3）、氢氧化钠（NaOH）等。另外，除了这些常用的强碱外，大部分固化基材，如普通水泥、石灰窑灰渣、硅酸钠等也都是碱性物质，它们在固化废物的同时，也有调节 pH 的作用。另外，石灰及某些类型的黏土也可用作 pH 缓冲材料。

2. 氧化/还原电势控制技术

为了使某些重金属离子更易沉淀，常要将其氧化/还原为最有利的价态。最典型的是把 6 价铬（Cr^6+）还原为 3 价铬（Cr^3+）、3 价砷（As^3+）氧化为 5 价砷（As^5+）。常用的还原剂有硫酸亚铁、硫代硫酸钠、亚硫酸氢钠、二氧化硫等；常用的氧化剂有臭氧、过氧化氢、二氧化锰等。

3. 沉淀技术

常用的沉淀技术包括氢氧化物沉淀、硫化物沉淀、硅酸盐沉淀、磷酸盐沉淀、碳酸盐沉淀、共沉淀、无机络合物沉淀和有机络合物沉淀等。

（1）硫化物沉淀

在重金属稳定化技术中，有三类常用的硫化物沉淀剂，即可溶性无机硫沉淀剂、不溶性无机硫沉淀剂和有机硫沉淀剂（表 3-7）。

表 3-7　常用的硫化物沉淀剂

种 类	名 称	分子式
可溶性无机硫沉淀剂	硫化钠	Na_2S
	硫氢化钠	NaHS
	硫化钙（低溶解度）	CaS
不溶性无机硫沉淀剂	硫化亚铁	FeS
	单质硫	S
有机硫沉淀剂	二硫代胺基甲酸盐	$[-R-NH-CS-S]^-$
	硫脲	$H_2N-CS-NH_2$
	硫代酰胺	$R-CS-NH_2$
	黄原酸盐	$[RO-CS-S]^-$

① 无机硫化物沉淀：除了氢氧化物沉淀外，无机硫化物沉淀可能是应用最广泛的一种重金属化学稳定方法。与前者相比，其优势在于大多数重金属硫化物在所有 pH 下的溶解度都大大低于其氢氧化物。这里需要强调的是，为了防止 H_2S 的逸出和沉淀物的再溶解，仍需要将 pH 保持在 8 以上。另外，由于易与硫离子反应的金属种类很多，硫化剂的添加量应根据所需达到的要求由实验确定，而且硫化剂的加入要在固化基材添加之前。这是因为废物中的钙、铁、镁等会与重金属竞争硫离子。

② 有机硫化物沉淀：理论上讲，有机硫沉淀剂有很多无机硫沉淀剂所不具备的优点。由于有机含硫化合物普遍具有较高的分子量，因而与重金属形成的不溶性沉淀具有相当好

的工艺性能，易于沉降、脱水和过滤等操作。在实际应用中，它们也显示了其独特的优越性，例如，可以将废水或固体废物中的重金属浓度降至很低，而且适应的 pH 范围也较大等。在美国，这种稳定剂主要用于处理含汞废物；在日本，主要用于处理含重金属的粉尘（焚烧灰及飞灰）。

（2）硅酸盐沉淀

溶液中的重金属离子与硅酸根之间的反应并不是按单一的比例形成晶态的硅酸盐，而是生成一种可看做由水合金属离子与二氧化硅或硅胶按不同比例结合而成的混合物。这种硅酸盐沉淀在较宽的 pH 范围（2～11）有较低的溶解度。这种方法在实际处理中应用并不广泛。

（3）磷酸盐沉淀

用磷酸盐对重金属危险废物进行稳定化处理的机理主要有两种：吸附作用和化学沉淀作用。可溶性磷酸盐（如磷酸钠）的处理机理主要是化学沉淀作用，即通过加入磷酸盐药剂及溶剂水，使可溶的重金属离子转化为难溶或溶解度很小的稳定的磷酸盐，从而达到稳定重金属的目的。而一些磷矿石（如磷灰石）的处理机理则是吸附反应和化学沉淀反应同时进行。研究表明，磷灰石与铅离子的相互作用属于广义的吸附作用，包括两种主要的机理，即矿物水界面的二维加积—表面吸附作用与固相的三维生长—沉淀作用，而通常所说的吸附作用往往指的是表面吸附作用。目前对于羟基磷灰石除去水溶液中铅离子的机理的研究较为深入，已有直接的微观证据证明其机理是以溶解—沉淀作用为主。

（4）碳酸盐沉淀

一些重金属，如 Ba、Cd、Pd 的碳酸盐的溶解度低于其氢氧化物，但碳酸盐沉淀法并没有得到广泛应用。原因在于，当 pH 低时，二氧化碳会逸出，即使最终的 pH 很高，最终产物也只能是氢氧化物而不是碳酸盐沉淀。

（5）共沉淀

在非铁二价重金属离子与 Fe^{2}+共存的溶液中，投加等当量的碱调 pH，则由以下反应生成暗绿色的混合氢氧化物

$$xM^{2}++（3-x）Fe^{2}++6OH^{-}\rightarrow M_xFe_{(3-x)}(OH)_6$$

再用空气氧化使之再溶解并络合，生成以下反应

$$M_xFe_{(3-x)}(OH)_6+\frac{1}{2}O_2\rightarrow M_xFe_{(3-x)}O_4+3H_2O$$

由此而生成黑色的尖晶石型化合物（铁氧体）$M_xFe_{(3-x)}O_4$。在铁氧体中，三价铁离子和二价金属离子（也包括二价铁离子）之比是 2∶1，故可试以铁氧体的形式投加 Mn^{2}+、Zn^{2}+、Ni^{2}+、Mg^{2}+、Cu^{2}+。

例如，对于含 Cd^{2}+的废水，可投加硫酸亚铁和氢氧化钠，并以空气氧化之，这时 Cd^{2}+就与 Fe^{2}+、Fe^{3}+生成共沉淀而包含于铁氧体中，因而可被永久磁铁吸住，不用担心氢氧化物胶体粒子不好过滤的问题。把 Cd^{2}+集聚于铁氧体中，使之有可能被永久磁铁吸住，这就是共沉淀法捕集废水中 Cd^{2}+的原理。

实际上，要去除可参与形成铁氧体的重金属离子，Fe^{2}+的浓度不必那么高。但要去除 Sn^{2}+、Pb^{2}+等较难去除的金属离子，Fe^{2}+的浓度必须足够高。Fe^{3}+会生成 $Fe(OH)_3$，同时

Fe^{2+}也易被氧化为 $Fe(OH)_3$。在此过程中，重金属离子可被捕捉于 $Fe(OH)_3$ 沉淀的点阵中或被吸附于其表面，因此，可得到比单纯的氢氧化物沉淀法更好的效果。据报道 Fe^{2+}与 Fe^{3+}的比例在 1∶1～1∶2 时共沉淀的效果最好。另外，除了氢氧化铁，其他沉淀物如碳酸钙，也可以产生共沉淀。

（6）无机及有机螯合物沉淀

这是一个尚需探索发展的领域，但若溶液中的重金属与若干络合剂可以生成稳定可溶的络合物的形态，这将给稳定化带来困难。若废水中含有络合剂，如膦酸酯、柠檬酸盐、葡萄糖酸、氨基乙酸、EDTA 及许多天然有机酸，它们将与重金属离子配位形成非常稳定的可溶性螯合物。由于这些螯合物不易生成化学反应，很难通过一般的方法去除。这个问题的解决方法有三种：①加入强氧化剂，在较高温度下破坏螯合物，使金属离子释放出来。②由于一些螯合物在高 pH 条件下易被破坏，还可以用碱性的 Na_2S 去除重金属。③使用含有高分子有机硫稳定剂，由于它们与重金属形成更稳定的螯合物，因而可以从络合物中夺取重金属并进行沉淀。

有机螯合物沉淀对 Pb^{2+}、Cd^{2+}、Ag^{+}、Ni^{2+}和 Cu^{2+} 等 5 种重金属离子都有非常好的捕集效果，去除率均达到 98%以上。对 Co^{2+}和 Cr^{3+}的捕集效果较差，但去除率也在 85%以上。其稳定化处理效果优于无机硫沉淀剂 Na_2S 的处理效果，得到的产物比用 Na_2S 所得到的能在更宽的 pH 范围内保持稳定，且从有效溶出量试验的结果来看，具有更高的长期稳定性。

4. 吸附技术

处理重金属废物的常用吸附剂有活性炭、黏土、金属氧化物（氧化铁、氧化镁、氧化铝等）、天然材料（锯末、沙、泥炭等）、人工材料（飞灰、活性氧化铝、有机聚合物等）。研究发现，一种吸附剂往往只对某一种或某几种污染物具有优良的吸附性能，而对其他污染成分则效果不佳。例如，活性炭对吸附有机物最有效，活性氧化铝对镍离子的吸附能力较强，而其他吸附剂对这种金属离子却无吸附作用。

5. 离子交换技术

最常见的离子交换剂是有机离子交换树脂、天然或人工合成的沸石、硅胶等。用有机树脂和其他的人工合成材料去除水中的重金属离子通常是非常昂贵的，而且和吸附一样，这种方法一般只适用于给水和废水处理。另外，还需注意的是，离子交换与吸附都是可逆的过程，如果逆反应生成的条件得到满足，污染物将会重新逸出。该技术适用于重金属废物淋洗液的处理。

以上可以大规模应用的重金属稳定化的方法是比较有限的，但由于重金属在危险废物中存在形态千差万别，具体到某一种废物，根据所需达到的处理效果，处理方法和实施工艺的选择是很值得研究的。

3.3.3 固化体的浸出特性和浸出率计算方法

3.3.3.1 固化/稳定化处理的基本要求

固化/稳定化处理的基本要求：

①固化过程所得到的产品应该是一种密实的、具有一定几何形状和较好的物理性质、化学性质稳定的固态物。

②处理过程必须简单，应有有效措施减少有毒有害物质的逸出，避免对工作场所和环

境的污染。

③最终产品的体积应尽可能小于掺入的固体废物的体积。

④产品中有毒有害物质的量或其他指定浸提剂所浸析出的量不能超过允许水平（或浸出毒性标准）。

⑤处理费用低廉。

⑥对于固化放射性废物的固化产品，还应有较好的导热性和热稳定性，以便用适当的冷却方法防止放射性衰变热使固化体温度升高，避免产生自熔化现象，同时还要求产品具有较好的耐辐照稳定性。

以上要求大多是原则性的，实际上没有一种固化/稳定化方法和产品可以完全满足这些要求，但如其综合比较效果尚优，在实践中就可应用。

3.3.3.2 固化体的质量鉴别指标

通常采用下述物理、化学指标鉴定固化/稳定化产品的优劣程度：

1. 浸出率

将有毒危险废物转变为固体形式的基本目的，是减少其在贮存或填埋处置过程中污染环境的潜在危险性。污染扩散的主要途径是有毒有害物质溶解进入地表或地下水环境中。因此，固化体在浸泡时的溶解性能，即浸出率，是鉴别固化体产品性能最重要的一项指标。

测量和评价固化体浸出率的目的：① 在实验室或不同的研究单位之间，通过固化体难溶性程度的比较，可以对固化方法及工艺条件进行比较、改进或选择；② 有助于预计各种类型固化体暴露在不同环境时的性能，可用于估计有毒危险废物的固化体在贮存或运输条件下与水接触所引起的危险大小。

2. 体积变化因数

体积变化因数定义为固化/稳定化处理前后危险废物的体积比，即

$$C_R = \frac{V_1}{V_2} \tag{3-8}$$

式中：C_R——体积变化因数；

V_1——固化前危险废物体积；

V_2——固化后产品的体积。

体积变化因数在文献中有多种名称，如减容比、体积缩小因数、体积扩大因数，这是针对不同的物料而言。体积变化因数，是鉴别固化方法好坏和衡量最终处置成本的一项重要指标。它的大小实际上取决于能掺入固化体中的固化剂量和可接受的有毒有害物质的水平。因此，也常用掺入固化剂量的百分数来鉴别固化效果。对于放射性废物，C_R还受辐照稳定性和热稳定性的限制。

3. 抗压强度

为使固化体能安全贮存，它们必须具有一定的抗压强度，否则会出现破碎和散裂，从而增加暴露的表面积和污染环境的可能性。

对于一般的危险废物，经固化处理后得到的固化体，如进行处置或装桶贮存，对其抗压强度的要求较低，一般控制在 10～50 kg/cm^2；如用作建筑材料，则对其抗压强度的要求较高，应大于 100 kg/cm^2。对于放射性废物，其固化产品的抗压强度，苏联要求＞50 kg/cm^2，英国要求达到 200 kg/cm^2。表 3-8 和表 3-9 列出了一种以水泥为固化基材的专利产品的不

同养护期的典型抗压强度变化及不同水泥制品的典型抗压强度变化。

表 3-8　以水泥为固化基材的固化产物的典型抗压强度变化　　单位：kg/cm^2

	3 d 后	7 d 后	28 d 后
一种含砷废物		6.3	52.5
一种废液的固化产物	13.5	23.1	42.7
一种含铬废物		7.6	15.4
一种含铬废物		10.9	217

表 3-9　不同水泥制品的典型抗压强度变化　　单位：N/cm^2

由普通水泥、砂及石子按标准拌和的混凝土（B.S.12），28 d 后	4 500±1 000
由普通水泥及砂按标准拌和的砂浆（B.S.12），3 d 后	2 100
用作填空隙、土壤稳定化、容器底部水泥涂盖物以及现场作业的工业水泥砂浆，28 d 后	77～616
以水泥为固化基材的固化产物，28 d 后	200～800

3.3.3.3　固化体浸出率计算及浸出实验方法

1. 固化体浸出率计算方法

为了评价固化体的浸出性能，提出了“浸出率”的概念，以下介绍国际原子能机构和国际标准化组织关于浸出率的计算方法。

（1）国际原子能机构（IAEA）关于浸出率的计算方法

国际原子能机构把标准比表面积的样品每日浸出的放射性物质量（即污染物质量）定义为浸出率，即

$$R_n = \frac{a_n / A_0}{(F/V)t_n} \tag{3-9}$$

式中：R_n——浸出率，cm/d；

a_n——第 n 个浸提剂更换期内浸出的污染物质量，g；

A_0——样品中原有的污染物质量，g；

F——样品暴露出来的表面积，cm^2；

V——样品的体积，cm^3；

t_n——第 n 个浸提剂更换期历时，d。

IAEA 定义的浸出率实际上是“递增浸出率”，它能反映出浸出率的实际变化趋势：即固化体中污染物质的浸出率通常不是恒定的，它取决于固化体与水接触的持续时间。固化体开始与水接触时浸出率最大，然后逐渐降低，最后几乎趋于恒定。浸出率降低量及其达到恒定值所需要的时间，不同的固化体是不一样的。由于浸出率通常随时间变化，因而表示为浸泡数据与时间的关系，常以增值浸出率对时间绘图。

（2）国际标准化组织（ISO）关于浸出率的定义及表示

国际标准化组织（ISO）关于浸出率的定义及表示方法与国际原子能机构的较为类似，要求固化体中各组分 i 的浸出实验结果应以增量浸出率与累计浸出时间 t 的关系来表示，即：

$$R_n^i = \frac{a_n^i / A_0^i}{F t_n} \tag{3-10}$$

式中：R_n^i——第 i 组分的增量浸出率，kg/（$m^2 \cdot s$）；

a_n^i——第 n 次浸出周期浸出的 i 组分的质量，kg；

A_0^i——原始样品中 i 组分的质量分数，kg/kg；

F——样品被浸泡的表面积，m^2；

t_n——第 n 个浸出周期延续时间，s；

n——浸出周期序号。

由于浸出率是随时间（浸出周期）变化的，所以对它的表示不能用一个定值，只能采用列表或图解的方法，根据浸出曲线评价固化体的浸出特性。

2. *几种不同的浸出试验方法*

大量的浸出试验已经被应用于对固体废物的测试，其中包括那些专门用来对稳定化/固化废物进行测试的试验。以下介绍几种常用的浸出试验：

（1）提取（或间歇提取）试验

提取（或间歇提取）试验一般要在浸取溶液中对粉状的废物（固化废物需要破碎）进行搅拌。浸取溶液是酸性或中性的，而且在整个提取试验过程中可以变化。提取试验包括一次提取和多次提取。对每一种情况，都假定在提取结束时浸出达到了平衡；因此，浸出试验一般被用来确定在给定的试验条件下的最大或饱和浸出液浓度。

（2）浸泡试验

浸泡试验过程中没有搅拌，是评价整块（而非破碎的）废物的浸出性质。浸出可以在静态或动态条件下进行，这取决于浸取溶液更新的速率。在静态浸出试验中，不更换浸取溶液，因此，浸出是在静水条件下进行的（低浸取液流速，浸出液浓度达到最大）。在动态浸出试验中，浸取溶液定期以新溶液更换，因此这个试验模拟了在不平衡条件下对整块废物进行的浸出。在这个试验中，浸出速率很高，而浸出液没有达到最大饱和。因此，静态和动态指的是浸取溶液的流速，而不是其化学组分。

（3）动态浸出试验

动态浸出试验是典型的动态浸泡试验，其结果通常以流量或质量迁移参数（即浸出速率）来表达，而提取试验的数据是用浸出液浓度或总浸出质量占总含量的份额来表达。这两种浸出试验之间的另一个重要区别在于：提取试验是短期试验，时间为几个小时到几天；而浸泡试验一般需要几周或者几年的时间。由于在提取试验中（即使是短期的）废物需被破碎，可以得到较大的浸出表面面积，因而它被用来模拟最不利情况下的浸出条件。对整块废物进行的浸泡试验（即使是长期的）经常被用来模拟在妥善管理的情况下短期或长期的浸出行为，在这种情况下废物块是完整无损的。

（4）浸出柱试验

浸出柱试验中，将粉末状的废物装入柱中，并使之与特定流速的浸取溶液连续接触。一般用泵使浸泡溶液穿过柱中废物向上流动。由于浸泡溶液通过废物连续流动，因此浸出柱试验比间歇提取试验更能体现现场浸出条件。然而由于试验过程中出现沟流效应、废物的不均匀放置、生物生长以及柱的堵塞等问题，使得试验结果的可重复性不是很好。

第 4 章　固体废物生物处理技术

4.1　固体废物生物处理的主要方法

4.1.1　固体废物生物处理的工艺选择

固体废物中含有多种有害污染物，有机物是其中主要的一种。对于城市生活垃圾来说尤其如此。生物处理就是以固体废物中的可降解有机物为对象，通过生物的好氧或厌氧作用，使之转化为稳定产物、能源和其他有用物质的一种处理技术。

固体废物的生物处理方法有多种，例如堆肥化、厌氧消化、纤维素水解等。其中，堆肥化作为大规模处理固体废物的常用方法得到了广泛的应用，并已取得较成熟的经验。厌氧消化也属古老的生物处理技术，早期主要用于粪便和污泥的稳定化处理，近年来随着对固体废物资源化的重视，在城市生活垃圾和污水处理厂剩余污泥的处理中的应用日益增加。其他的生物处理技术尽管尚不能满足大规模固体废物减量化的需求，但是作为从废物中回收高附加值生物制品的重要手段，也有多方面的研究。

好氧处理工艺或厌氧处理工艺都能有效地处理有机固体废物，不过各有其特点和应用条件。一般来说，厌氧处理工艺的运行要比好氧过程复杂得多，然而，厌氧消化可以将潜存于废弃有机物中的低品位生物能转化为可以直接利用的高品位能源——沼气。好氧处理工艺由于需要对废物进行强制通风而需要消耗能量，但是其运行比厌氧消化要相对简单，而且如果操作合理，能对废物中的有机组分起到明显的减量化效果。好氧处理工艺和厌氧处理工艺各自不同的特点概括于表 4-1。

表 4-1　好氧处理工艺和厌氧处理工艺的相互比较

	好氧处理工艺	厌氧处理工艺
是否能回收能源	否	是
最终产物	腐殖质、H_2O、CO_2	污泥、CH_4、CO_2
减量化效果	约 50%	约 50%
处理时间	20～30 d	20～40 d
主要目标	减量化	能源回收
次要目标	生产堆肥	减量化、废物的稳定化

4.1.2　固体废物生物处理的基本条件

1. 微生物生长所需的营养条件

微生物必须自外界获取能源、碳源以及无机盐，如含 N、P、S、K、Ca、Mg 等元素的氧化物，有时还需有多种生长因子[①]，方能维持正常的新陈代谢和生长繁殖功能。微生物所需的这类物质随微生物种类的不同而有所差异。

（1）能源和碳源

最常见的碳源是有机碳和 CO_2 两种。从 CO_2 到细胞物质的转化属还原反应，需要吸收能量。自养微生物[②]在合成时要比异养微生物[③]消耗更多的能量，因而前者的生长速率往往较低。

合成细胞的能源可以是太阳光也可以是某个化学反应所产生的能量。能利用太阳光作为能源的生物叫做光能营养微生物。光能营养微生物可以是异养微生物（通常是硫细菌）也可以是自养微生物（藻类和光合细菌）。利用化学反应来获得能量的叫做化能营养微生物。与光能营养微生物一样，化能营养微生物既有异养微生物（原生动物、真菌和大部分的细菌），又有自养微生物（硝化细菌）。化能自养微生物能氧化一定的无机物（如氨、亚硝酸盐、硫离子等），利用所产生的化学能，可使 CO_2 还原，并合成有机物。化能异养微生物则利用有机物作为生长所需的能源和碳源。根据能源和碳源的不同可对微生物进行分类，见表 4-2。

表 4-2　微生物分类（根据能源和碳源的不同）

类别		能源	碳源
自养微生物	光能自养微生物	光能	CO_2
	化能自养微生物	无机物的氧化反应	CO_2
异养微生物	化能异养微生物	有机物的氧化反应	有机碳
	光能异养微生物	光能	有机碳

（2）无机盐和生长因子

除能源和碳源以外，无机盐往往也是微生物生长的限制因素。微生物所需的主要无机盐元素包括 N、S、P、K、Mg、Ca、Fe、Na 和 Cl，以及一些微量元素，如 Zn、Mn、Mo、Se、Co、Cu、Ni 和 W 等。

除了上述无机盐以外，一些微生物在生长过程中还需要某些不能自身合成的，同时又是生长所必需的由外界供给的营养物质，把这类物质叫做生长因子。生长因子可分为 3 类：氨基酸类、嘌呤和嘧啶类、维生素类。

2. 微生物的代谢类型

根据代谢类型和对分子氧的需求可将化能异养微生物作进一步分类。好氧呼吸的作用过程是：首先在脱氢酶的作用下，基质中的氢被脱下，同时氧化酶则活化分子氧，而从基质中脱下的电子通过电子呼吸链的传递可与外部电子受体分子氧结合成水，并放出能量。在厌氧呼吸作用过程中，由于没有分子氧的参与，厌氧呼吸作用所产生的能量少于好氧呼吸作用。这也是异养厌氧微生物的生长速率低于异养好氧微生物生长速率的缘故。

在好氧呼吸作用中，电子受体是分子氧。只能在分子氧存在的条件下依靠好氧呼吸方

① 生长因子（growth factor）：微生物在生长过程中非自身合成但又为生长所必需的由外界供给的营养物质。

② 自养微生物（autotrophic microorganism）：利用 CO_2 来获得碳的微生物。

③ 异养微生物（heterotrophic microorganism）：利用有机碳来合成细胞物质的微生物。

能生存的微生物叫绝对好氧微生物。有些好氧微生物在缺氧时可以利用一些氧化物（如硝酸根离子、硫酸根离子等）作为电子受体来维持呼吸作用（表 4-3），其反应过程称为厌氧过程。

表 4-3 在细菌的呼吸过程中典型的电子受体

环境条件	电子受体	反应类型
有分子氧	分子氧，O_2	好氧呼吸
	硝酸根离子，NO_3^-	脱硝反应
无分子氧	硫酸根离子，SO_4^{2-}	脱硫反应
	二氧化碳，CO_2	产甲烷过程

只能在无分子氧的条件下通过厌氧代谢来生存的微生物叫做绝对厌氧微生物。还有另外一种微生物既可以在有氧环境中生存也可以在无氧环境中生存，这种微生物叫做兼性微生物。根据代谢过程的不同，兼性微生物又可分为两种：真正的兼性微生物能在有氧环境下进行好氧呼吸，而在无氧环境下则进行厌氧发酵；另外有一种兼性微生物实际上是厌氧微生物，这类微生物始终进行严格的厌氧代谢，只是对分子氧的存在具有较强的忍耐能力。

3. 微生物的种类

根据细胞结构和功能的不同，微生物可分为原核细胞类和真核细胞类，如表 4-4 所示。原核细胞微生物主要包括细菌和蓝绿藻，真核细胞微生物主要包括真菌（霉菌、酵母菌）、藻类和原生动物。在有机垃圾的生物反应过程中，起主要作用的是细菌和真菌（霉菌、酵母菌）。

表 4-4 微生物的分类

类 别	细胞结构	举 例
原核细胞类	没有真正的细胞核	细菌、蓝绿藻
真核细胞类	具有真正的细胞核	真菌（霉菌、酵母菌）、藻类、原生动物

（1）细菌

细菌是微小的、单细胞体、没有真正细胞核的原核生物。根据外形，细菌可分为三类：球菌、杆菌和螺旋菌。球菌的直径一般为 0.5～4 μm；杆菌长 0.5～20 μm，宽 0.5～4 μm。螺旋菌的长度一般大于 10 μm，宽约 0.5 μm。细菌在自然界中广泛存在，不管是在有氧环境中还是在无氧环境中。由于细菌所能利用的无机物和有机物的种类非常多，因此在工业生产中细菌得到了广泛的应用，以获得细菌代谢过程中特定的中间产物和最终产物。细菌细胞中最重要的组分是水，约占细胞总重量的 80%，干物质约占 20%。干物质中有机物约占 90%，另外约 10%为无机盐。细菌有机质化学组成的近似分子式为 $C_5H_7O_2$。根据这个分子式，可知细菌有机质中约有 53%为碳。无机盐按化学组成包括 P_2O_5（50%）、CaO（9%）、Na_2O（11%）、MgO（8%）、K_2O（6%）、Fe_2O_3（1%）等。由于所有这些元素和化合物都来源于外部环境，因此若基质中缺乏这些物质，就会限制甚至在一定条件下改变细菌的生长性能。

（2）霉菌

霉菌是多细胞的真菌，属于异养微生物，不能进行光合作用。与细菌不同，绝大多数霉菌在水分很少时也能生存。绝大部分霉菌的最佳 pH 约为 5.6，但在 pH 为 2～9 时也能存在。这种微生物的代谢类型是好氧呼吸。霉菌具有丝状的菌丝，宽为 4～20 μm。由于霉菌能够在恶劣的环境条件下降解多种有机化合物，在工业生产中，霉菌被广泛地应用于高附加值的化合物的合成，如有机酸（柠檬酸、葡萄糖酸等）、各种抗生素（青霉素、灰黄霉素等）以及酶（纤维素酶、蛋白酶、淀粉酶等）。

（3）酵母菌

酵母菌是单细胞的真菌。其菌体呈圆形，直径 8～12 μm，或呈椭圆形，长 8～15 μm、宽 3～5 μm。在工业生产中，一般将酵母菌分为“野生的”和“驯化的”两类。前者几乎没有实用价值，但经过驯化的酵母菌广泛地应用于使碳水化合物发酵为酒精和二氧化碳。

（4）放线菌

放线菌的性质介于细菌和霉菌之间，有时将其归于细菌或真菌。放线菌的形状和生长特性与霉菌相似，不过宽度为 0.5～1.4 μm。由于放线菌对极难溶解的高分子有机物如蛋白质、纤维素等有降解能力，所以在堆肥过程中有重要作用，不过习惯上仍将其视为细菌。

4. 环境条件

环境条件（包括温度和 pH）对微生物的生长具有重要作用。尽管微生物往往能够在某个特定温度和 pH 范围内生存，但是最适宜于微生物生长的温度和 pH 范围却很窄。在最适宜温度之下，其对细菌生长速率的影响要大于过高时的温度。研究发现当温度低于最适宜温度时，温度每升高 10℃，生长速率大约可增加到原来的 2 倍。根据最适宜生长温度的不同，细菌可分为嗜冷性细菌、嗜温性细菌和嗜热性细菌三类。上述每类细菌所能生存的典型温度范围如表 4-5 所示。

表 4-5　嗜冷性细菌、嗜温性细菌、嗜热性细菌的生长温度

种类	温度范围/℃	最适温度/℃
嗜冷性细菌	−10～30	15
嗜温性细菌	20～50	35
嗜热性细菌	45～75	55

在中性 pH（6～9）条件下，微生物生长较好，且这时 pH 不是微生物生长的重要影响因素。一般来说，细菌生长的最适 pH 为 6.5～7.5。当 pH 大于 9.0 或小于 4.5 时，未降解的弱酸或弱碱分子比氢离子或氢氧根离子更易进入细菌细胞内部，从而改变细胞内部的 pH，导致细胞质的破坏。

对于微生物的生长而言，水分是另外一个非常重要的环境因素。在对有机废物进行生物处理之前，必须知道它的含水率。在很多堆肥工艺中，为了保证细菌的正常活动，常需要向废物中添加水分。在厌氧消化过程中水分的添加取决于有机废物的特征和所采用的厌氧工艺的类型。

为了保证细菌的正常生长，环境中还不能含有细菌生长的抑制剂，如重金属、氨、硫离子以及其他有毒物质。

4.2 固体废物堆肥

4.2.1 有机废物好氧堆肥原理及堆肥过程

好氧堆肥是在通风条件好、氧气充足的条件下借助好氧微生物的生命活动以降解有机物，通常好氧堆肥的堆温较高，达 55～66 ℃，极限温度可达 80～90 ℃，所以好氧堆肥也称为高温堆肥。好氧堆肥化是应用最广的固体废物生物处理工艺，可使废物中的有机组分转化为稳定的腐殖质，得到的产品称为堆肥。能采用好氧堆肥化进行处理的废物包括庭院废物、有机生活垃圾和有机剩余污泥等。

4.2.1.1 好氧堆肥原理

在好氧堆肥过程中，有机废物中的可溶性小分子有机物质透过微生物的细胞壁和细胞膜而为微生物所吸收和利用。其中的不溶性大分子有机物则先附着在微生物的体外，由微生物所分泌的胞外酶分解为可溶性小分子物质，再输送入其细胞内为微生物利用。通过微生物的生命活动（合成及分解过程），把一部分被吸收的有机物氧化成简单的无机物，并提供活动中所需的能量，而把另一部分有机物转化为新的细胞物质，供微生物增殖所需。

固体废物的好氧转化过程一般可用下述反应方程式描述：

$$\text{有机物} + O_2 \xrightarrow{\text{细菌}} \text{新细胞物质} + \text{残留有机物} + CO_2 + H_2O + NH_3 + SO_4^{2-} + \cdots + \text{能量} \quad (4\text{-}1)$$

若有机物的化学组成式为 $C_aH_bO_cN_d$，合成的新细胞物质和产生的硫酸根离子忽略不计，$C_wH_xO_yN_z$ 为残留有机物的化学组成式，那么有机物的好氧分解化学反应方程式可表达为：

$$C_aH_bO_cN_d + 0.5(ny + 2s + r - c)O_2 \longrightarrow nC_wH_xO_yN_z + sCO_2 + rH_2O + (d - nz)NH_3 \quad (4\text{-}2)$$

式中：$r=0.5[b - nx - 3(d-nz)]$；

$s=a - nw$。

如果有机物被完全好氧分解，没有任何残留物，则化学反应方程式为：

$$C_aH_bO_cN_d + (a + 0.25b - 0.5c - 0.75d)O_2 \longrightarrow aCO_2 + (0.5b - 1.5d)H_2O + dNH_3 \quad (4\text{-}3)$$

大部分情况下，在含碳有机物的氧化过程中产生的氨会被进一步氧化为硝酸根离子（这一过程称为硝化反应）。硝化反应的需氧量可通过下述化学反应方程式得到。

$$NH_3 + 1.5O_2 \longrightarrow HNO_2 + H_2O \quad (4\text{-}4)$$

$$HNO_2 + 0.5O_2 \longrightarrow HNO_3 \quad (4\text{-}5)$$

简化式（4-4）和式（4-5）可得：

$$NH_3 + 2O_2 \longrightarrow HNO_3 + H_2O \quad (4\text{-}6)$$

对于给定的固体废物的好氧稳定所需氧量的具体计算可参见例题 4-1。

【例题 4-1】 固体废物好氧反应需氧量的计算

试计算氧化 1 000 kg 有机固体废物的需氧量。已知：有机废物的化学组成式为$[C_6H_7O_2(OH)_3]_5$，反应后的残留物为 400 kg，残留有机物的化学组成式为$[C_6H_7O_2(OH)_3]_2$。

解：

（1）求出反应前后有机物的物质的量

反应前：

$$\frac{1\,000}{30\times12+50\times1+25\times16}=1.23\text{ kmol}$$

反应后：

$$\frac{400}{12\times12+20\times1+10\times16}=1.23\text{ kmol}$$

（2）确定好氧反应前后有机物的质量比

$$n=1.23/1.23=1.0$$

（3）确定 a、b、c、d、w、x、y 和 z，并根据化学方程式（4-2）计算出 r 和 s

有机废物（$C_{30}H_{50}O_{25}$）：$a=30$ $b=50$ $c=25$ $d=0$

残留有机物（$C_{12}H_{20}O_{10}$）：$w=12$ $x=20$ $y=10$ $z=0$

$r=0.5\,[b-nx-3(d-nx)]=15$

$s=a-nw=18$

（4）求出需氧量

化学方程式中 O_2 的系数$=0.5(ny+2s+r-c)=18$

需氧量=18×1.23×32=708 kg

（5）进行物料衡算

物质		重量/kg
输　入	有机物	1 000
	氧气	708
合计		1 708
产　出	有机物	400
	二氧化碳	（1.23×18×44）=974
	水	（1.23×15×18）=332
合计		1 706

4.2.1.2 好氧堆肥过程

在好氧堆肥化过程中，起主导作用的微生物是绝对好氧菌和兼性菌。在反应开始阶段，嗜温性微生物最为活跃。5～10 d 以后，随着温度的不断升高，嗜热性微生物（包括各类嗜热性细菌和嗜热性真菌）大量繁殖。在熟化阶段，即好氧堆肥化的最后阶段，则出现了放线菌和霉菌。好氧堆肥过程可大致分成如下三个阶段：

1. 中温阶段

中温阶段也称升温阶段，指堆肥过程的初期，堆层基本呈 15～45 ℃的中温，嗜温性微生物较为活跃，主要以糖类和淀粉类等可溶性有机物为基质，进行自身的新陈代谢过程。这些嗜温性微生物包括真菌、细菌和放线菌。真菌菌丝体能够延伸到堆肥原料的所有部分，并会出现中温真菌的子实体，同时螨、千足虫等也参与摄取有机废物。腐烂植物的纤维素则维持线虫和线蚁的生长，而更高一级的消费者中弹尾目昆虫以真菌为食、缨甲科昆虫以真菌孢子为食、线虫及原生动物则以细菌为食。

总之，本阶段所经历的时间较短，糖、淀粉等基质不可能全部降解，所产生的后生动物为数不多，主发酵将在下一阶段进行。

2. 高温阶段

堆温升至 45 ℃以上时即进入高温阶段。在这一阶段，嗜温性微生物受到抑制甚至死亡，嗜热性微生物成为主体。堆肥中残留的和新生的可溶性有机物质继续被氧化分解，堆肥中复杂的有机物如半纤维素、纤维素和蛋白质也开始被快速分解。在此阶段，各种嗜热性微生物的最适宜温度也各不相同，在温度上升的过程中，嗜热性微生物的类群和种群相互交替成为优势菌群。通常在 50 ℃左右最活跃的是嗜热性真菌和放线菌；当温度上升到 60 ℃时，真菌则几乎完全停止活动，仅有嗜热性放线菌和细菌的活动；温度升到 70 ℃以上时，大多数嗜热性微生物已不再适应，从而大批死亡或进入休眠状态。现代化堆肥生产的最佳温度一般为 55 ℃，这是因为大多数微生物在 45～80 ℃范围内最活跃，最易分解有机物，其中的病原菌和寄生虫大多数可被杀死。

微生物在高温阶段的整个生长过程与细菌的生长繁殖规律一样，可分为 3 个时期，即对数生长期、减速生长期和内源呼吸期。在高温阶段微生物活性经历了 3 个时期的变化后，堆积层内开始生成与有机物分解相对应的另一过程，即腐殖质的形成过程，堆肥物质逐步进入稳定化状态。

3. 降温阶段

在堆肥化的后期，堆肥原料中的残余部分为较难分解的有机物质和新形成的腐殖质。此时微生物活性下降，发热量减少，温度下降。嗜温性微生物重新占优势，对残余较难分解的部分有机物做进一步分解，随后腐殖质不断增多且趋于稳定。待堆肥进入腐熟阶段，需氧量大为减少，含水率也有所降低，堆肥化过程宣告完成。

4.2.2 有机废物好氧堆肥工程运行及控制

4.2.2.1 好氧堆肥工艺介绍

常见的堆肥化工艺有三种，即：露天条垛型堆肥法（图 4-1（a））、静态强制通风型堆肥法（图 4-1（b））和动态密闭型堆肥法（图 4-1（c））。

1. 露天条垛型堆肥法

露天条垛型堆肥法即将堆肥物料露天堆积，使其在开放的场地上将堆肥物料以条垛状堆置，断面可以是梯形、不规则四边形或三角形，并通过自然通风、翻堆方式供给有机物降解所需的氧气。这种堆肥所需设备简单、投资较低。其缺点是：发酵周期长，占地面积大，受气候影响大，有恶臭，易招致蚊蝇、老鼠的孳生等。这种堆肥法特别适宜在农村使用。

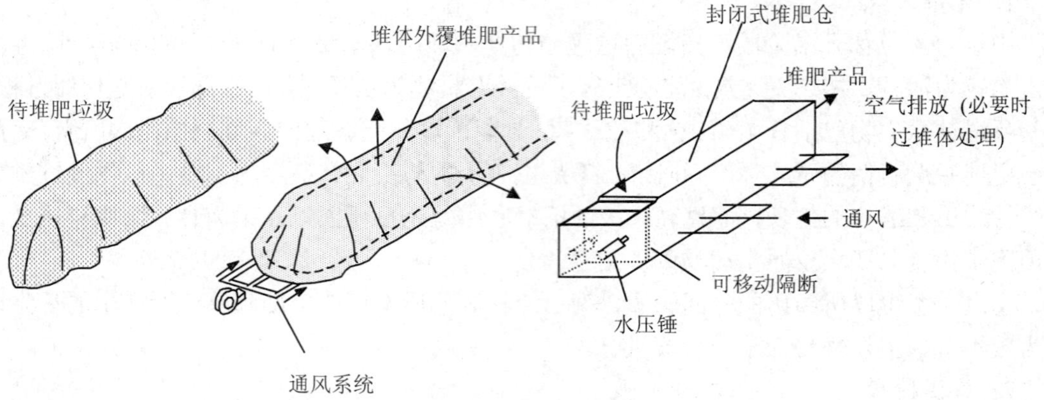

（a）露天条垛型 （b）静态强制通风型 （c）动态密闭型

图 4-1 常见的三种堆肥化工艺

2. 静态强制通风型堆肥法

静态强制通风型堆肥法，其特征在于物料堆肥化过程中不进行翻堆，供氧是通过机械抽风使空气渗透到料堆内部来实现的。当一批物料堆积成垛之后，不再添加新料和翻堆，直至物料腐熟后运出。此堆肥法由于堆肥物料始终处于静止状态，势必导致物料中有机物和微生物生长不均匀，特别在有机物含量高于物料的 50%（并非绝对）时，静态强制通风难以在堆肥中进行，将迫使发酵周期延长，此缺陷是此种堆肥工艺的局限性所在。这种堆肥法适合于中、小城市厨余垃圾或污水污泥的处理。

3. 动态密闭型堆肥法

动态密闭型堆肥法采用连续或间歇进、出料的动态机械堆肥装置，具有“一次发酵”或“前稳定化”的周期短（3～7 d）、物料混合均匀、供氧均匀充足、机械化程度高等特点。因此，这种堆肥方式适用于大中城市生活垃圾的处理。但是，此种堆肥法要求高度机械化，并需要复杂的设计、施工技术和高度熟练的操作人员，其一次性投资和运转成本较高。目前，动态密闭型堆肥法在发达国家已得到普遍应用。

4.2.2.2 堆肥的基本工艺程序

堆肥化作为一种传统的好氧生物处理技术，有着悠久的历史，发展至今，已经形成一套完善的体系，从物料的预处理到产生堆肥成品，每一步骤都有相应的技术和设备与之对应，而以更快的发酵时间和更高的产品质量为目标的新技术还在不断发展当中。

现代化堆肥生产，通常其基本程序均由前处理、主发酵（一次发酵）、后发酵（二次发酵）、后处理、脱臭及贮存等工序组成。

1. 前处理

以城市生活垃圾为堆肥原料时，由于垃圾中往往含有粗大垃圾和不能堆肥的物质，这些物质的存在会影响垃圾处理机械的正常运行，且大量非堆肥物质的存在会增加堆肥发酵仓的容积和影响其处理的效果，从而使堆肥产品的质量不能得到应有的保证。因此，在有机废物堆肥之前，必须对其进行一定程度的预处理。

前处理往往包括破碎、分选、筛分等工序。通过破碎、筛分使原料的表面积增大，便于微生物繁殖，从而提高发酵速度。从理论上讲，粒径越小越容易分解。但是，考虑到在增加物料表面积的同时，还必须保持其一定程度的孔隙率，以便于通风而使物料能够获得充足的氧量供应。一般来说，适宜的粒径范围是 10～60 mm，最佳粒径需视物料物理性质而定。

当以人畜粪便、污水污泥等为主要原料时，由于其含水率太高等原因，前处理的主要任务是调节水分和 C/N，有时需添加菌种和酶制剂，以促进发酵过程的正常运行。

2. 主发酵（一次发酵）

通常，在严格控制通风量的情况下，将堆温升高至开始降低为止的阶段称为主发酵阶段。主发酵可在露天或发酵装置内进行，通过翻堆或强制通风向堆层或发酵装置内的物料供给氧气。此时在微生物的作用下，物料开始发酵。首先是易分解物质被分解，产生 CO_2 和 H_2O，放出热量，使堆温上升。同时微生物吸取有机物的营养成分合成新细胞进行自身繁殖。

发酵初期物质的分解作用是靠嗜温性细菌（30～40℃为最适宜生长温度）进行的，随着堆温上升，最适宜温度为 45～65℃的嗜热性细菌取代了嗜温性细菌。堆肥从中温阶段进入高温阶段。此时应采取温度控制手段，以免温度过高，同时应确保供氧充足。经过一段时间后，大部分有机物被降解，各种病原菌被杀灭，堆温开始下降。对于以生活垃圾为主体的垃圾和家畜粪尿为原料进行的好氧堆肥，其主发酵期为 4～12 d。

3. 后发酵（二次发酵）

主发酵产生的堆肥半成品被送至后发酵工序，将主发酵工序尚未分解的易分解和较难分解的有机物进一步分解，使之转化为比较稳定的有机物（如腐殖质等），得到完全腐熟的堆肥制品。通常，把物料堆积到高 1～2 m，通过自然通风和间歇性翻堆，进行敞开式后发酵，但需防止雨水流入。

在这一阶段的分解过程中。反应速度降低，耗氧量下降，所需时间较长。后发酵时间的长短取决于堆肥的使用情况，通常为 20～30 d。例如堆肥用于温床（利用堆肥的分解热）时，可在主发酵后直接使用；对几个月不种作物的土地，大部分可以不进行后发酵而直接施用堆肥；对长期耕作的土地，则需使其发酵直至进行到本身已有微生物的代谢活动不致夺取土壤中的氧含量，并过度消耗土壤空隙中的氧的程度。

4. 后处理

经过二次发酵后的物料，其中几乎所有的有机物都已细碎和变形，数量也有所减少。但生活垃圾堆肥时，仍然存在预分选工序没有去除的塑料、玻璃、陶瓷、金属和小石块等，因此，还需经过一道分选工序以去除这类杂质。此外，若生产精致堆肥等，则尚应进行再破碎过程。除分选、破碎外，后处理工序还包括压实造粒、打包装袋等设备，可根据实际情况进行必要的选择。

5. 脱臭

在堆肥过程中，由于堆肥物料的局部或某段时间内的厌氧发酵会有臭味产生，必然在一定程度上污染周围空气和工作环境。为此必须采取堆肥排气的脱臭处理。除臭的方法主要有化学除臭剂除臭、碱水和水溶液过滤、采用熟堆肥或是熟化后的堆肥进行吸附，进而被其中好氧微生物分解而脱臭。也可用特种土壤代替熟堆肥使用，后者则称作土壤脱臭过滤器。若条件许可，也可施行热力学法，即将堆肥排气（含氧量约为 18%）作为焚烧炉或工业锅炉的助燃空气，利用炉内高温，以热力降解臭味分子达到除臭的目的。

6. 贮存

堆肥施用于农田有一定的季节性，一般为春秋两季，因此需要适当的库存容量以便将夏冬两季生产的堆肥产品贮存起来。若是建造库房存放，其容量以能容纳 6 个月的堆肥生产量为宜。可直接堆存在二次发酵仓内或袋装存放，要求具备干燥而通风的室内环境。若是置于密闭或潮湿的条件下，则会影响堆肥产品的质量。

4.2.2.3 好氧堆肥工艺参数控制

考察堆肥过程是否运行正常，主要根据堆肥物料中有机物的变化情况和堆肥工艺控制参数的获取和分析。通过堆肥的过程控制，可保证堆肥过程的顺利进行，主要包括颗粒度、C/N、混合和接种、含水率、搅拌和翻动、温度、病原微生物的控制和通风量、pH 的控制等。

1. 颗粒度的控制

在固体废物中大部分物料的尺寸是不规则的。在堆肥之前对废物进行破碎就能显著地减小这种不规则性。废物的粒度能影响其体密度、内部摩擦力和流动性。最主要的是足够小的粒度可以提高废物与微生物及空气的接触面积，加快生物化学反应速率。理想的粒度应小于 50 mm，但更大一些的颗粒也能得到降解。具体的粒度还取决于产品和工艺的要求，并要考虑是否经济。

2. C/N 的控制

虽然 C/N 的控制目标为 20～25，但这个比例对不同的堆肥原料要进行相应调整。大部分堆肥原料中的 N 是容易利用的，然而在某些有机物中的 C 是由木质素内的纤维素所组成的，这类存在于木材中的物质很难降解，正是由于它们所含的 C 并非全部都易被微生物所利用，所以在使用这些原料进行堆肥时就要考虑具有较高的 C/N。如表 4-6 所示，污泥的 C/N 较低，而庭院废物（如树叶和报纸）的 C/N 就相对较高。需要注意的是，表 4-6 中所列数据所对应的乃是废物的 C/N 干重比，并不是废物中可降解有机物的 C/N。一般来说，大部分有机物中的有机氮全部都是可生物降解的，而有机碳却只有部分是可生物降解的。对某些特定的物质而言，C/N 的数据会让人产生误解，特别是在该物质的氮全部可生物降解，而碳只有一小部分是可生物降解的情况下（如废纸中的木质素）。例如，假定氮全部是可生物降解的，则生活垃圾中有机组分的 C/N 的变化范围为 34～60，具体数值取决于碳的可降解程度。在实际操作中，经常将一种高 C/N 的废物（如报纸）和另一种低 C/N 的废物（如庭院废物）混合在一起，以获得最佳 C/N。

表 4-6 一些物质的含氮量和 C/N（干重）

物质名称		含氮量/%	C/N
食物废物	水果	1.52	34.8
	屠宰废物	7.0～10.0	2.0
	土豆	1.5	25.0
粪便	牛粪	1.7	18.0
	马粪	2.3	25.0
	猪粪	3.75	20.0
	家禽粪便	6.3	15.0
	羊粪	3.75	22.0
污泥	熟污泥	1.88	15.7
	生污泥	5.6	6.3

物质名称		含氮量/%	C/N
木材	废木料	0.13	170.0
	燕麦秸	1.05	48.0
	木屑	0.10	200.0～500.0
	麦秆	0.3	128.0
	松木	0.07	723.0
纸类	混合纸	0.25	173
	新闻纸	0.05	983
	牛皮纸	0.01	4 490
	杂志	0.07	470
	邮寄宣传品	0.17	223
庭院废物	杂草	2.15	20.1
	落叶	0.5～1.0	40.0～80.0
生物质	凤眼蓝	1.96	20.9
	绊根草	1.96	24

3. 含水率的控制

好氧堆肥化的最佳含水率范围为50%～60%。可以通过向物料中加入高含水率的其他废物或直接添加水分以调节其含水率。当物料的含水率低于40%时，将使堆肥的反应速率降低。

4. 混合和接种

为了达到较合适的C/N和含水率，常常需要将两种或两种以上的废物混合在一起。在实际应用中，在不同废物相互混合之前，要先进行必要的实验和分析，以确定不同废物的数量之比。如果所要处理的固体废物中含有大量的纸张或其他一些高C/N的物质，则可向其中添加庭院废物、粪便或废水污泥等低C/N的废物，以获得最佳C/N，具体计算可见例题 4-2。与此类似，也可以将高含水率的废物和低含水率的废物混合在一起，以获得较适宜的含水率。接种是向废物中添加适当的微生物以加快好氧堆肥的反应速率。

将庭院废物和污泥混合进行堆肥时，可将C/N和含水率调整到较合适的水平，以利于堆肥反应的进行。但由于污泥中常含有病原微生物和重金属，故须对堆肥产品的质量进行仔细监测和严格控制。

【例题 4-2】 确定混合废物的比例以使C/N达到最佳值

为了使好氧堆肥化的物料的C/N达到最佳值25，现将C/N为50的树叶和C/N为6.3的废水污泥进行混合，试确定树叶和污泥的混合比例。已知：污泥的含水率为75%，树叶的含水率为50%，污泥的含氮量为5.6%，树叶的含氮量为0.7%。

解：

（1）确定树叶和污泥的组成

1 kg 树叶：

水=1 × 50%=0.50 kg

干物质=1 − 0.50=0.50 kg

N=0.50 × 0.7%=0.003 5 kg

C=0.003 5 × 50=0.175 kg

1 kg 污泥：

水=1 × 75%=0.75 kg

干物质=1 − 0.75=0.25 kg

N=0.25 × 5.6%=0.014 kg

C=0.014 × 6.3=0.088 2 kg

（2）求出 1 kg 树叶中污泥的添加量 *x*

C/N =（1 kg 树叶中的 C+*x* kg 污泥中的 C）/（1 kg 树叶中的 N+*x* kg 污泥中的 N）

=（0.175+0.088 2*x*）/（0.003 5+0.014*x*）

=25

解得：*x*=0.33 kg

（3）验算混合废物的 C/N 和含水率

① 0.33 kg 污泥：

水=0.33 × 0.75=0.25 kg

干物质=0.33 × 0.25=0.08 kg

N=0.33 × 0.014=0.005 kg

C=0.33 × 0.088 2=0.03 kg

② 0.33 kg 污泥+1 kg 树叶：

水=0.25+0.50=0.75 kg

干物质=0.08+0.50=0.58 kg

N=0.005+0.003 5=0.008 5 kg

C=0.03+0.175=0.205 kg

③ 验算 C/N：

C/N=0.205/0.008 5=25　　满足最佳 C/N 的要求

④ 验算含水率：

含水率=0.75/（0.33 +1）=56%　　满足含水率的要求

5. 搅拌和翻动

物料最初的翻动和搅拌对于调节含水率至关重要。搅拌还能使物料内部营养物质和微生物的分布更为均匀。在好氧堆肥化工艺中，为了保持物料内部的好氧环境，搅拌和通风乃是重要的操作环节。由于搅拌频率取决于含水率、废物特性和通风量等多个因素，因而很难以通用公式来计算，一般根据不同的堆肥情况确定，例如：对于物料含水率为 55%～60%、堆肥时间为 15 d 这样一个堆肥系统，建议在第三天进行第一次翻动，此后每隔一天翻动一次，总共翻动 4～5 次。

6. 温度的控制

好氧堆肥化既可以在中温阶段（30～38℃）（85−100°F）进行，也可以在高温阶段（55～60℃）进行。由于微生物的好氧呼吸是放热反应（见有机物好氧降解方程式（4-1）），所以堆肥过程中物料温度会升高。在静态强制通风型堆肥法和动态密闭型堆肥法系统中，可以对温度进行监测，并能通过控制通风来调节物料的温度。对于露天条垛式堆肥法而言，只能通过调整翻堆频率来间接地调节温度。典型的露天条垛式堆肥法的温度变化情况见图

4-2。一般来说，物料的温度在堆肥刚刚开始以后会降低 5～10℃，但在几个小时内就会得到恢复。可降解有机物稳定以后，物料的温度会在 10～15 d 以后开始下降。

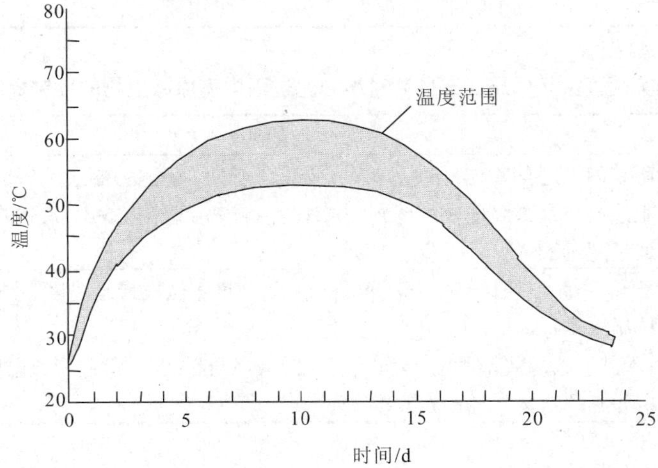

图 4-2　露天条垛式堆肥过程的温度变化情况

7. 病原微生物的控制

由于堆肥温度和通风情况有关，病原微生物的控制也是在堆肥工艺的设计中须考虑的因素。表 4-7 列出了一些常见的病原微生物灭活所需的温度和持续时间要求，可以看出，病原微生物的灭活是温度和时间共同作用的结果。例如，伤寒杆菌在 60℃下 15～20 min 或者在 55℃下 1 h 后都可以被杀灭。从表 4-7 中还可以看出只要温度超过 55℃，绝大多数的病原微生物都能被迅速灭活，只有极少数要温度升高到 67℃时才能杀灭。因此，堆肥化的最高温度必须达到 55℃以上，并将该温度维持足够长的时间，就可以杀灭所有的病原微生物。美国国家环保局（EPA）对堆肥化过程中病原微生物的控制标准见表 4-8。只要正确操作，一般的堆肥化过程均可达到表 4-8 中的控制标准。

表 4-7　一些常见的病原微生物和寄生虫灭活所需的温度和持续时间

微生物名称	实验观测结果
伤寒沙门氏菌	46℃以上停止生长；55～60℃下 30 min 内死亡；60℃下 20 min 内死亡；在好氧堆肥过程中迅速死亡
伤寒杆菌	55℃下 1 h 内死亡；60℃下 15～20 min 内死亡
痢疾杆菌	55℃下 1 h 内死亡
大肠杆菌	55℃下 1 h 内死亡；60℃下 15～20 min 内绝大多数死亡
痢疾内变形虫	45℃下几分钟内死亡；55℃下几秒钟内死亡
牛肉绦虫	55℃下几分钟内死亡
旋毛虫	55℃下较快死亡；60℃下瞬间死亡
布氏杆菌	55℃下 1 h 内死亡；62～63℃下 3 min 内死亡
金黄色酿脓葡萄球菌	50℃下 10 min 内死亡
链球菌	54℃下 10 min 内死亡
结核杆菌	66℃下 15～20 min 内死亡；67℃下迅速死亡

微生物名称	实验观测结果
白喉杆菌	55℃下 45 min 内死亡
美洲钩虫	45℃下 50 min 内死亡
蛔虫卵	50℃以上时 1 h 内死亡

表 4-8 美国国家环保局（EPA）对堆肥化过程中病原微生物的控制标准

标准名称	说明
病原微生物快速灭活标准	对于所有的堆肥化工艺（包括露天条垛式堆肥法、静态强制通风型堆肥法和动态密闭型堆肥法），最高温度必须达到 40℃，并将该温度维持 5 d。在这期间必须有 4 h 的温度连续超过 55℃
病原微生物深度灭活标准	① 对于静态强制通风型堆肥法和动态密闭型堆肥法，最高温度必须达到 55℃以上，并将该温度维持 3 d ② 对于露天条垛式堆肥法，最高温度必须达到 55℃以上，并将该温度至少维持 15 d，在这期间必须对物料翻动 5 次以上

8. 通风量的控制

对于静态强制通风型堆肥法和动态密闭型堆肥法，通风量和空气流速是主要的设计参数。动态密闭型堆肥法的通风量和供气能力的计算见例题 4-3。

【例题 4-3】 动态密闭型堆肥法的通风量和供气能力的计算

试计算用动态密闭型堆肥法对 1 t 生活垃圾进行好氧堆肥化所需的通风量和供气能力。

已知：该生活垃圾中有机组分的化学组成式为 $C_{60.0}H_{94.3}O_{37.8}N$；

该生活垃圾中有机组分的含水率为 25%；

挥发性固体占总固体的比例 VS/TS 为 0.93；

可降解挥发性固体占挥发性固体的比例 BVS/VS 为 0.60；

可降解挥发性固体的降解率为 95%；

堆肥时间为 5 d；

这 5 d 中每天需氧量占总需氧量的比例分别为 20%、35%、25%、15%、5%；

在堆肥过程中产生的氨气全部进入大气；

空气中氧气的质量百分比为 23%，空气的密度为 1.2 kg/m^3；

通风装置的安全系数为 2。

解：

（1）求出 1 t 生活垃圾中可降解挥发性固体的质量

$$可降解挥发性固体的质量=1\times（1-25\%）\times 0.93\times 0.60$$
$$=0.418\ 5\ t = 418.5\ kg$$

（2）求出得到降解的可降解挥发性固体的质量

$$得到降解的可降解挥发性固体的质量 = 418.5 \times 95\% = 397.6\ kg$$

（3）根据化学反应方程式（4-3）求出降解 1 kg 可降解挥发性固体的需氧量

$$\underset{1\ 433.1}{C_{60.0}H_{94.3}O_{37.8}N} + \underset{2\ 045.8}{63.93O_2} \longrightarrow \underset{2\ 640.0}{60.0\ CO_2} + \underset{821.9}{45.66H_2O} + \underset{17.0}{NH_3}$$

需氧量=2 045.8/1 433.1=1.43 kg

（4）求出 1 t 生活垃圾所需的通风量（空气）

通风量=（397.6×1.43）/（0.23×1.2）=2 060 m^3

（5）求出通风装置的供气能力

供气能力=2 060× 35% ×2/1 440=1 m^3/min

说明：通风装置的供气能力按需氧量最大的一天计算。在实际堆肥化过程中，一部分可降解挥发性固体被微生物用于合成细胞物质，但是由于细胞物质的合成也需要消耗氧气，因此，在本例题中，假定所有可降解挥发性固体都得到了好氧分解是合理的。

9. pH 的控制

pH 是影响微生物活动的另一重要环境因素。和温度一样，在堆肥化过程中 pH 随时间而改变，图 4-3 是生活垃圾露天条垛式堆肥过程的 pH 变化情况。生活垃圾中有机组分的初始 pH 为 5～7。在刚开始的几天，pH 会降低到 5 甚至更低。在这个阶段，物料处在环境温度之下，然后随着嗜温性微生物的生长繁殖，温度迅速升高。这个阶段的反应产物主要是简单的有机酸，因而导致 pH 降低。大约 3 d 以后，随着温度的不断升高和嗜热性微生物大量繁殖，pH 可升高到 8～8.5。在最后的熟化阶段，pH 开始缓慢下降，最终堆肥产品的 pH 为 7～8。如果通风情况欠佳，局部出现厌氧消化反应，那么 pH 就会降低到约 4.5，并会阻碍好氧堆肥化的正常进行。

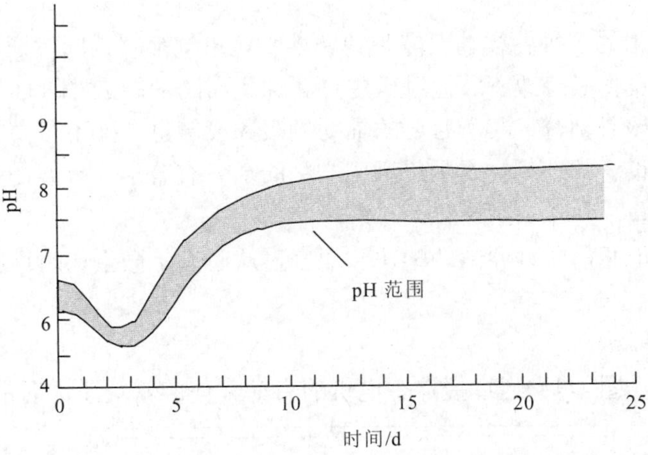

图 4-3 露天条垛式堆肥过程的 pH 变化情况

10. 腐熟度的控制

目前还没有一种比较完善且标准的堆肥产品腐熟度的测定方法。但是，可通过下列指标或方法对堆肥产品的腐熟度进行估计，包括堆肥产品温度的降低、可降解有机物的含量、残余有机物的含量、氧化还原电位的升高、毛壳菌属的生长、含氧量的增加以及淀粉-碘测试等。在实验室中对 COD 和木质素的测定提供了一种确定降解程度的快速方法。低 COD 和较高的木质素含量（大于 30%）一般能说明堆肥产品已得到稳定。

11. 恶臭的控制

好氧堆肥化过程中的气味问题主要是由堆体局部出现的厌氧消化反应所产生的。在很多大型好氧堆肥化系统中，经常能发现一些杂志、塑料（特别是胶卷）等在好氧堆肥反应中短时间内不能被降解的物质却得到了降解。这主要是因为在物料的局部地方供氧不足而出现了厌氧消化反应。在厌氧消化反应中，会产生带恶臭的有机酸。为了解决气味问题，应加强通风、减小物料的粒度、去除塑料和其他一些难降解物质，特别需在堆肥前对物料进行必要的预处理。

12. 场地面积的控制

场地占用面积是好氧堆肥化工艺设计中必须认真考虑的实际问题。一般来说，一座处理规模为 50 t/d 的堆肥厂占地 6 000～10 000 m^2，而处理规模越大，单位处理规模的占地面积就越小。所需占地面积还随采用的堆肥化工艺而有所不同。例如，对于露天条垛式堆肥法，处理规模为 50 t/d 的堆肥厂须占地约 10 000 m^2，其中：建造生产车间、办公室、附属建筑和修建厂内道路约需 6 000 m^2，处理规模每增加 50 t/d，生产用地估计要增加 4 000 m^2，而其他建筑和道路用地要增加 1 000 m^2。

13. 处理堆肥的销售

如果堆肥成品能够售出，堆肥系统的经济性会有很大提高。为了适于销售，堆肥必须粒径均一；没有玻璃、塑料和金属等污染物；没有臭味。用来产生堆肥并销售的工艺类型取决于堆肥的规格。通常原材料的前处理用破碎和分选工艺使之产生更为符合农肥质量要求的产品。一般情况下，可以加入添加剂来提高最终产品的价值。

4.2.3 好氧堆肥系统设施构造和关键设备

现代化堆肥厂采用的各种各样的发酵装置和堆肥化系统都有共同特征，就是以工艺要求为出发点，使发酵设备具有改善、促进微生物新陈代谢的功能。好氧堆肥发酵设备和装置是堆肥处理工艺的核心部分，其所必要的辅助机械和设施也是必不可少的。工艺流程的确定以及发酵装置和设备的选型会对最终堆肥产品的质量有着至关重要的影响。

4.2.3.1 配料混合设备

该设备主要用于堆肥前各种原料的配比和混合，从而满足微生物对堆肥原料 C/N、含水率等的要求。

1. 卧式配料混合机

卧式配料混合机（图 4-4）通过搅拌主电机的启动，使链轮减速传动带动搅拌部件工

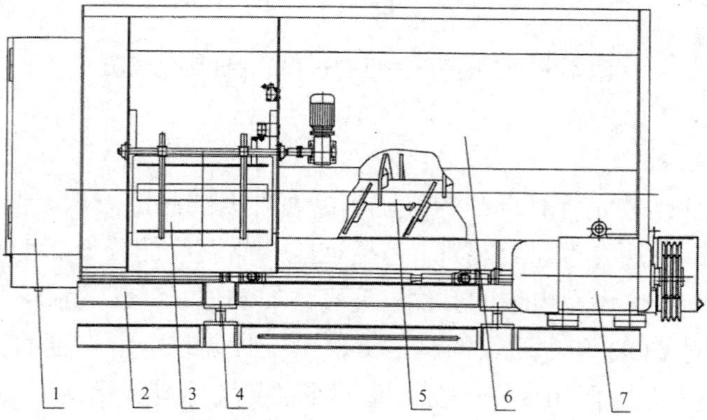

图 4-4 卧式配料混合机

1-传动装置；2-机座；3-出料系统；4-称重系统；5-搅拌系统；6-箱体；7-动力系统

作，按照设定好的配方，将各种原料分别通过装载机或人工投入到配料混合机内，通过称量系统计量好的各种物料在混合机内进行混合、翻转、剪切、揉搓，达到将各种原料及菌种充分混合的目的，最后由出料电机带动料门启闭，实现出料作业。搅拌室容量大，单次处理能力大，特别适合低密度的有机物料。

2. 立式配料混合机

立式配料混合机（图 4-5）是将电动机作为动力单元，通过 PTO 传动轴将动力传递给减速系统，减速器驱动立式螺旋搅拌系统工作，完成物料在混合箱体内的切割、揉搓和搅拌过程，达到将主料和辅料混合均匀的目的。卸料时，开启卸料液压系统，由油缸实现出料门启闭控制，实现卸料作业。该混合机具有投料点集中，占地面积小，集配料和混合于一身的特点，适于低密度有机物料混合。

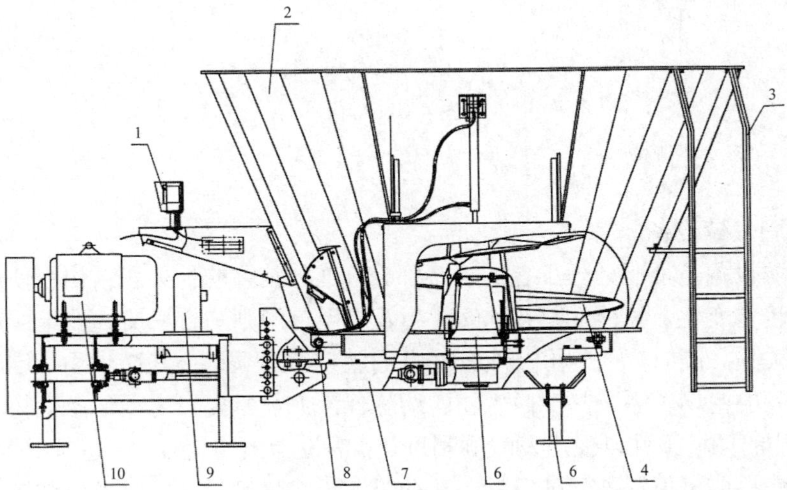

图 4-5　立式配料混合机

1-称重仪表；2-混合箱体；3-爬梯；4-搅拌系统；5-支腿；6-出料系统；

7-独立底盘；8-称重系统；9-卸料泵站；10-动力系统

4.2.3.2　布料机

布料机（图 4-6）是物料转运散布的设备，可将散装物散布到堆肥槽不方便使用其他运输工具的位置。布料机装满物料后，开动布料机在轨道上行走，到达指定位置后，发出正翻启动指令，液压动力系统驱动油缸动作，油缸推动料斗绕旋转轴翻转。当料斗翻转到一定角度时，开始倾倒出物料，发出翻转停止指令，油缸停止动作控制料斗停止翻转。可根据现场实际工作情况，使布料机边行走边卸料，或者使布料机停下卸料。当油缸推到终点时，料斗翻转到最大限度位置，卸料工作完成。然后发出反翻启动指令，使油缸带动物料斗返回原始装料位置。最后，开动布料机返回接料位置。至此，完成一个工作循环。布料机可实现远距离定点倒料和均匀布料，还可实现多种物料分层铺撒和搬运，而且铺料料层厚度可调节。

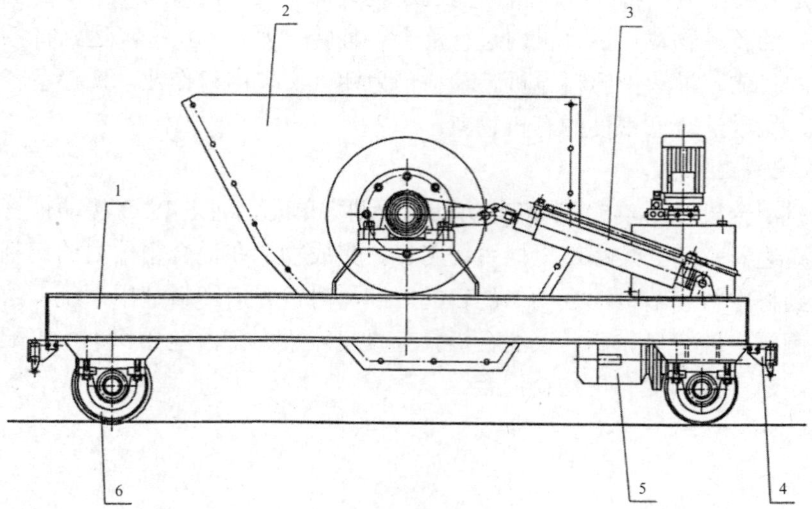

图 4-6 布料机

1-机架；2-料斗；3-液压升降系统；4-限位控制；5-行走系统；6-行走轮

4.2.3.3 堆肥发酵设备

堆肥发酵设备是堆肥处理工艺的核心部分，这种装置的种类和结构因使用的堆肥方法的不同而有较多变化。各种不同装置的选型及应用范围则与有机废物的组成和地方的投资能力有重要关系。同时，要想堆制成分优良的肥料，必须把握好微生物、堆肥物质和发酵设备三者之间的密切关系，其中微生物的新陈代谢尤显重要。为了使微生物的新陈代谢旺盛，保持最佳的环境条件以促进发酵顺利进行，需设计出结构合理、造价低廉的发酵装置。

堆肥发酵设备可根据不同的发酵工艺分为条垛式堆肥设备、槽式堆肥设备以及反应器式堆肥设备。

1. 条垛式堆肥设备

条垛式堆肥设备主要是螺旋式条垛翻抛机（图 4-7），主要用于在条垛式发酵条件下

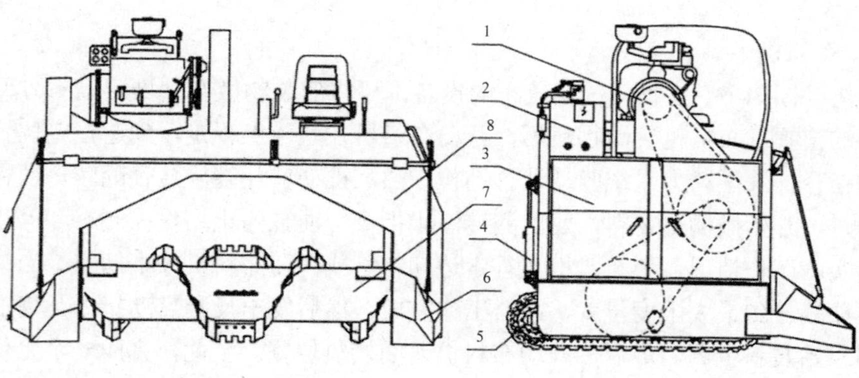

（a）正面　　（b）侧面

图 4-7 螺旋式条垛翻抛机

1-柴油机；2-液压系统；3-传动系统；4-滚筒升降油缸系统；5-行走履带系统；6-拾铲机构；7-翻抛系统；8-门式壳体

对料堆进行翻抛供氧。该设备为卧式螺旋翻抛结构，液压升降，履带行走，由驾驶员通过操控液压阀组驱动，当操作“行走电机”阀杆时，可使机器前进、后退及左右拐弯；当操作“滚筒升降油缸”阀杆时，可使滚筒置于堆体内距地面合适角度，并且可以将滚筒提升一定高度，方便机器快速行走转移工作地点。翻抛滚筒由左右两端反向螺旋和中间直段抛齿组成，旋转的螺旋滚筒将三角形条垛物料向中间收拢，同时随着滚筒旋转使物料向后翻抛，从而实现顶层物料和内部物料充分混合，物料和氧气充分接触，堆垛内热气曝出，从而实现物料混合、通风、曝气、翻抛，实现堆肥发酵的目的。该设备配套土建投资少，适合较干燥地区堆肥，但建堆和收料不方便，工作环境差。

2. 槽式堆肥设备

槽式堆肥设备主要用于在槽式发酵条件下对料堆进行翻抛供氧。

（1）链板式槽式翻抛机

链板式槽式翻抛机（图 4-8）的工作架置于发酵槽上，可沿槽上轨道前后行走。小车置于工作架上，翻抛部件和液压系统安装在小车上。进行翻抛作业时，工作架从发酵槽初始端以一定速度前进，小车相对工作架静止，翻抛部件深入槽中，随设备整体前进，链板连续转动，以此不断攫取槽内物料并输送到后方重新置堆。沿槽完成一个行程的作业后，液压系统抬升翻抛部件到不与物料接触的高度，小车横向移动一个宽幅的距离，工作架后退至发酵槽初始端，然后使翻抛部件归位，深入槽中，开始下一幅的作业。

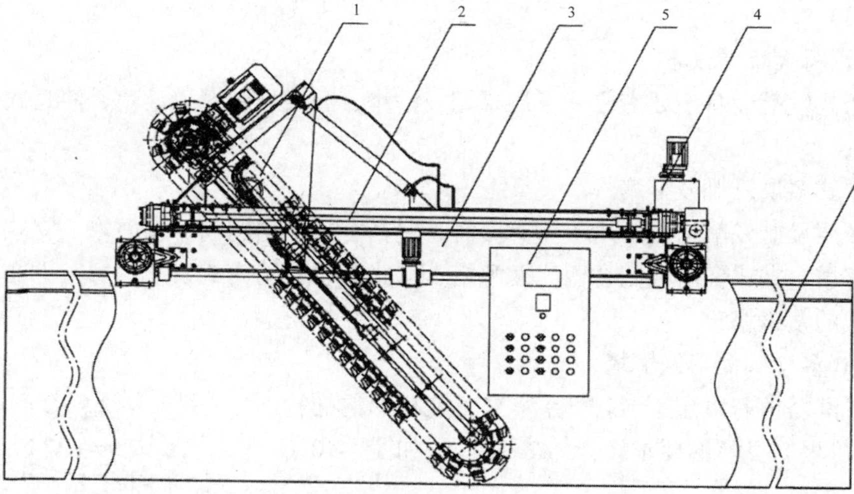

图 4-8　链板式槽式翻抛机

1-翻抛部件；2-横向移动装置；3-纵向移动装置；

4-液压系统；5-电控系统；6-发酵槽

该机沿发酵槽轨道行走作业，翻抛机在翻抛过程中将发酵物料连续地抛起、散落并产生一定的位移，使物料在池内有规律、等距离地渐进式后移，从而形成一种连续的好氧发酵过程。这种高效率的翻抛作业有利于加快发酵槽内物料发酵腐熟、降低水分和提高发酵后物料的稳定性。该设备由于翻抛深度深，翻抛过程物料与空气接触充分，翻抛移料距离远，故发酵槽占地面积小，适合处理量大、气候潮湿、连续发酵的场合。

（2）桨叶式槽式翻抛机

桨叶式槽式翻抛机（图 4-9）的行走机构通过行走减速电机实现沿发酵槽轨道上的行走，减速电机通过链条将动力传送到翻抛主轴，翻抛主轴带动桨叶拨齿对料堆进行全幅翻抛作业，实现物料与空气充分接触；当需要不翻抛前进或后退时，液压升降机构可将翻抛桨叶及上罩抬起。该设备由于翻抛部件为可拆换耐磨桨叶式结构，料层较浅，故适合中等产量、气候潮湿、连续或批量发酵场合，特别适合含石块、铁器、绳头较多的物料。

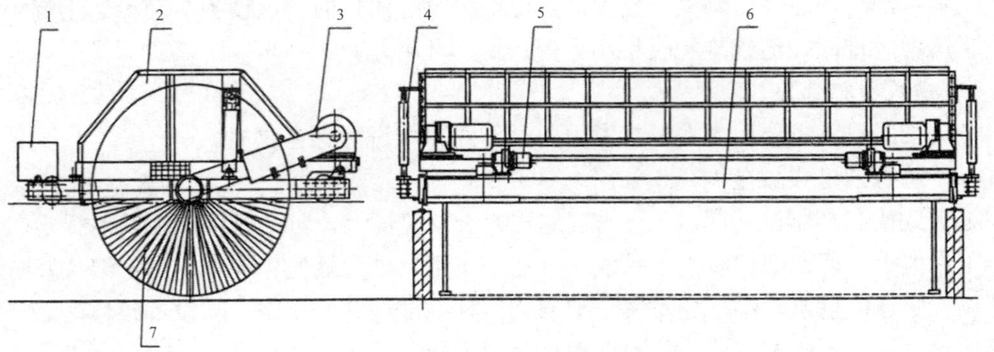

（a）正面　　（b）侧面

图 4-9　桨叶式槽式翻抛机

1-电控系统；2-上罩；3-搅拌驱动系统；4-液压驱动系统；5-行走驱动系统；6-底架系统；7-搅拌系统

3. 反应器式堆肥设备

反应器式发酵设备主要有立式多层堆肥发酵塔、卧式堆肥发酵滚筒、筒仓式堆肥发酵装置等多种。

（1）立式多层堆肥发酵塔

立式多层堆肥发酵塔的常用类型有多种，包括立式多层圆筒形发酵塔、立式多层桨叶刮板式发酵塔、立式多层板闭合门式发酵塔、立式多层移动床式发酵塔等，下面主要介绍前两种形式的发酵塔。

1）立式多层圆筒形发酵塔

这种发酵塔内有多层平台，平台为 V 形或梯形的翻转槽。平台可根据发酵的要求设计为 2～10 段，如图 4-10 所示。

经预处理后的物料由发酵塔顶部送入，在翻转槽作用下不断地从上一层平台跌落至下一层平台，最终从底部出料口排出。由底部或两侧送入的空气逆向地与物料接触，保证了发酵所需的氧气供应。物料在仓内的停留时间为 1～6 d。

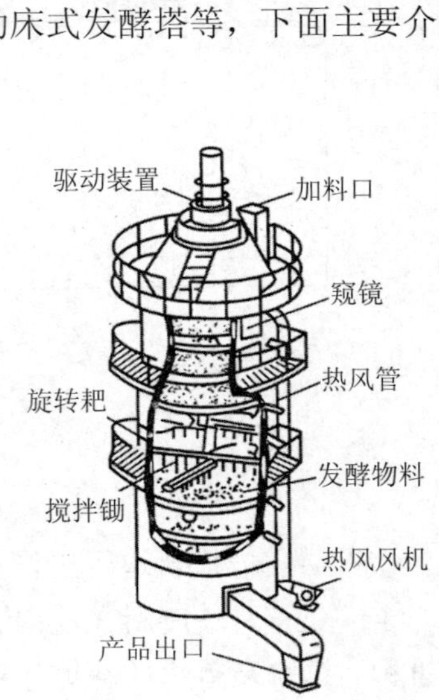

图 4-10　立式多层圆筒形发酵塔

2）立式多层桨叶刮板式发酵塔

在塔中心有一垂直的圆柱形空心主轴作为支承，各层在主轴上各装一组旋转桨叶刮板，主轴以低速转动（图 4-11）。在各层的底板面上，各开一个孔口，并使其逐次错开一个相位。全部桨叶刮板通过由设在主轴中心的垂直轴和齿轮等所组成的简单传动装置形成一个以较快速度一起驱动的结构。利用这个特殊的二重选择搅拌桨的运动，可以使堆肥物料的搅拌与移动同时进行。堆肥物料由搅拌桨搅起，甩到与主轴旋转方向相反的方位而松软地堆积起来。通过这样的反复运转，从最上层投入的堆肥物料在槽内一面受到搅拌并与来自各层下面的热空气接触，一面从底面开口处逐次向下层移动，最终由底部堆肥出料口排出。

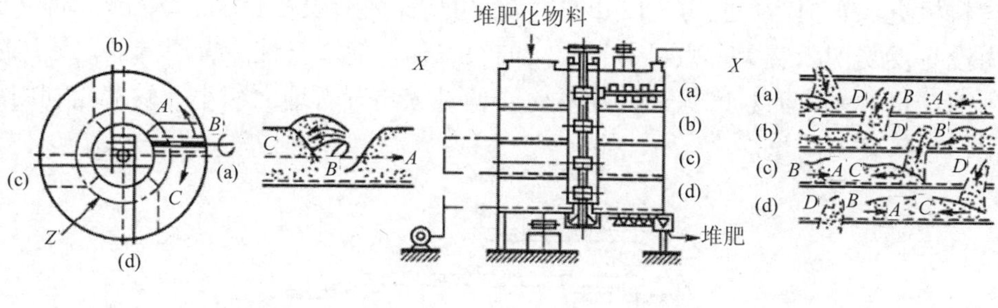

（1）平面图（*X-X* 断面） （2）旋转搅拌作用说明图 （3）纵断面图 （4）搅拌与移送的原料说明图

（a）搅拌桨移动方向；（b）搅拌桨旋转方向；（c）堆肥物料移动方向；（d）堆肥物料移动轨迹

图 4-11 立式多层桨叶刮板式发酵塔

这种设备的主要特点是便于选定最适当的运行条件。当装置的各层孔口面积固定时，主轴每旋转一次，进入下层的堆肥物料的体积也是固定的。因此，可以按照预先确定的主轴每次旋转间隔时间内的搅拌频率来选定主轴的转数，便于选定最适当的运行条件。

这种设备的优点是：由于堆肥物料一直处于松散状态，故物料不会结块；占地面积小；可有效防止恶臭等二次污染。

（2）卧式堆肥发酵滚筒

卧式堆肥发酵滚筒也称达诺（Dano）发酵器，是达诺法堆肥系统的关键设备，其外形类似回转窑，见图 4-12。该设备是比较老式而应用较广的设备，在日本被广泛采用，在美国、德国等也占一定比例。

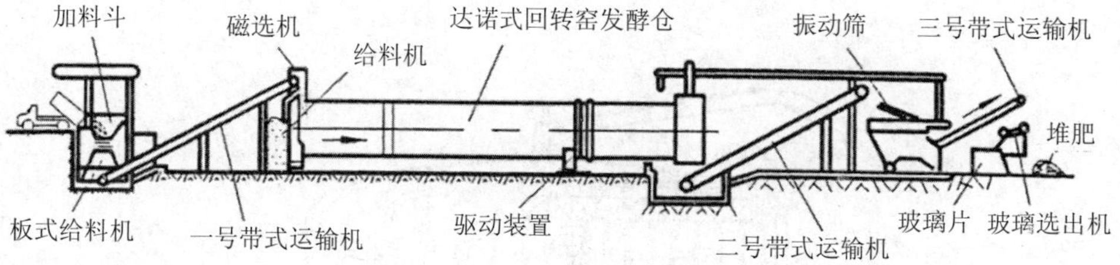

图 4-12 达诺卧式滚筒堆肥发酵装置

达诺发酵器（即滚筒）长 25 m，直径 3.5 m，安装倾斜角度为 3°～5°，转数一般为 1.5～5.0 r/min。经过磁选预处理的垃圾由滚筒上端送入，并随着滚筒的连续旋转而不断翻滚、搅混，同时与供入的空气接触，好氧菌作用发酵，并逐渐向滚筒下端移动，最后排出。滚筒由电机驱动。常温空气由沿滚筒轴向的两排喷管喷入，产生的废气由滚筒上端的出口向外排放，通风量一般为 0.1 m^3/min。这样，滚筒可自动稳定地供应、传送和排出堆肥物。如发酵全过程都在此装置中完成，物料停留时间为 2～5 d。

（3）筒仓式堆肥发酵装置

筒仓式发酵仓可分为静态和动态两种。

1）筒仓式静态发酵仓

图 4-13 为筒仓式静态发酵仓。该装置呈单层圆筒形，堆积高度 4～5 m。堆肥物料由仓顶经布料机进入仓内，经过 10～12 d 的好氧发酵后，由布设在仓底的螺杆式出料机出料。由于仓内没有反复切断装置，原料易呈压实的块状体，使通气性能有所降低，通风阻力过大、动力消耗量过多，而且产品难以均质化。但是该装置占地面积小，发酵仓利用率高，结构简单，使用较为广泛。

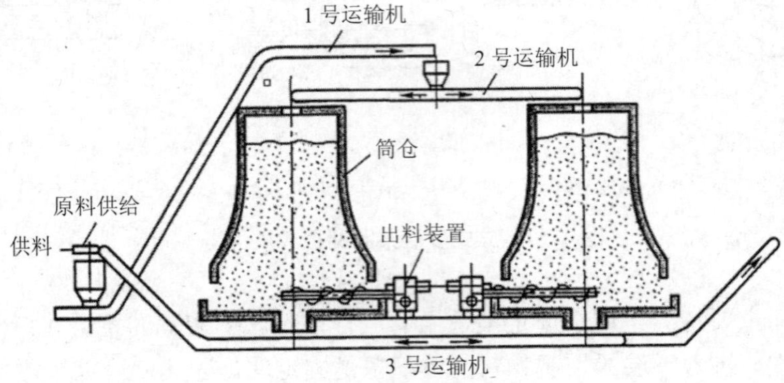

图 4-13 筒仓式静态发酵仓

2）筒仓式动态发酵仓

图 4-14 为筒仓式动态发酵仓的示意。经预处理工序分选，破碎的垃圾被运输机送到发酵仓中心的上方，靠设在发酵仓上部与天桥一起旋转的输入传送带向仓壁内侧均匀地加料，用吊装在天桥下部之多个螺丝钻头来旋转搅拌，使原料边混合边掺入正在发酵的物料层内。由于这种混合、掺入，使原料迅速升温到 45℃而快速发酵，即使原料的水分高到 70%左右，其水分也能向正在发酵物料中传递而使发酵正常进行。

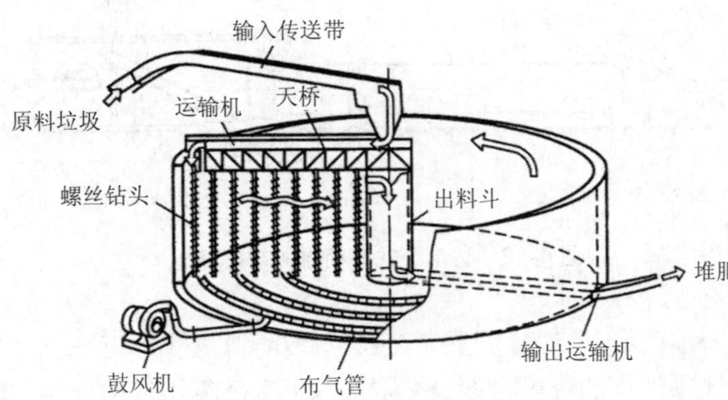

图 4-14 筒仓式动态发酵仓

螺丝钻头在进行自下而上提升物料的自转的同时，还随天桥一起在仓内公转，使物料在被翻搅的同时，由仓壁内侧缓慢地向仓中央的出料斗移动。由于翻堆是在发酵物料层中进行的，可减少发酵热的损失。物料的移动速度及在仓内的停留时间可用公转速度大小来调节。空气由设在仓底的几圈环状布气管供给。

4.2.3.4 除臭设备

堆肥系统的除臭是改善堆肥系统环境的重要措施。堆肥系统常用的除臭措施包括调查可能的臭味来源、堆肥过程控制、臭味收集系统、臭味处理系统、残留臭味的有效扩散。常用的臭味处理系统包括化学除臭器和生物过滤器等。化学除臭器的作用是去除硫化氢、氧化有机硫化物和其他臭味物质。生物过滤器可以有效去除各种臭味，其除臭材料为熟化的堆肥、树皮、木片和粒状泥炭等，负荷为 80～120 m^3/（h·m^3），出气温度维持在 20～40℃，含水率 40%～60%。

常用的综合除臭措施是密闭堆肥系统和采用生物过滤器。下面主要介绍两种生物过滤器。

1. 土壤过滤除臭器

在土壤过滤除臭过程中（图 4-15），将臭气送入土壤内，恶臭成分被土壤颗粒吸收，并被自然生长的土壤微生物吸收和降解。对于低浓度的臭气，这是一种简单、稳定、经济的处理方法。

土壤过滤器通常采用床式滤器。臭气由风机送入。先通过底部分布管，再进入扩散层。扩散层由粗细砾石组成。经过扩散层的均匀分布，臭气进入上部土壤层。土壤以选用腐殖土为好，有效厚度不应小于 50 cm，一般风量为 0.1～1 m^3/（m^2·min），操作温度调控在 5～30℃，土壤含水量调控在 40%～70%，pH 调控在 7～8。土壤处理系统运行一年后会生成酸化，应及时加石灰调整。

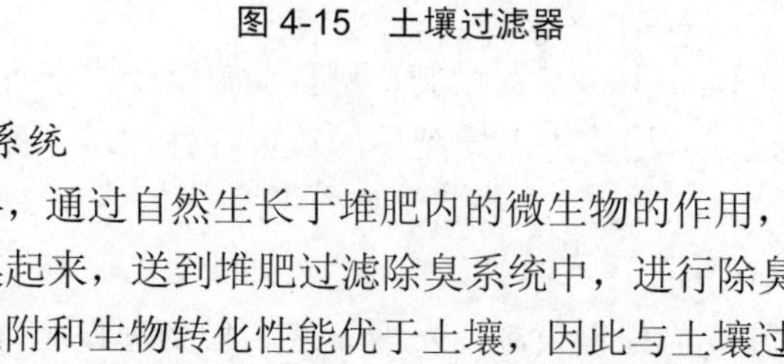

图 4-15 土壤过滤器

2. 堆肥过滤除臭系统

以腐熟堆肥为原料，通过自然生长于堆肥内的微生物的作用，将恶臭物质转化为无臭物质。通过把臭气收集起来，送到堆肥过滤除臭系统中，进行除臭。由于有机物含量大，微生物丰富，堆肥的吸附和生物转化性能优于土壤，因此与土壤过滤除臭器相比，堆肥过滤除臭系统结构更紧凑，效率也更高。堆肥过滤除臭系统使用 1 年后也会生成酸化，应及时调整 pH；同时还需要补充微生物生长所需的养分，一般两年补给一次。

4.2.4 好氧堆肥工程总体设计和平面布置

4.2.4.1 好氧堆肥厂选址与总图布置

1. 堆肥厂的选址要求

①应符合城市总体规划、环境卫生专业规划以及国家现行有关标准的要求。

②应具备满足工程建设的工程地质条件和水文地质条件。

③统筹考虑服务区域，结合已建或拟建的垃圾处理设施，合理布局，并利于实现综合处理。

④综合考虑运距对周围环境的影响、交通运输等的合理性，充分利用已有基础设施，以减少工程建设投资。

2. 堆肥厂的总图布置要求

①应符合生产工艺技术要求。

②按功能分区设置，做到分区合理，人流、物流顺畅，并尽量减少中间运输环节。

③主要生产部分与辅助生产部分应综合考虑地形、风向、使用功能及安全等因素，宜采取相对集中布置。

4.2.4.2 好氧堆肥厂总体设计

堆肥厂的建设应根据城市的规模与特点，结合城市总体规划和环境卫生专业规划，合理确定建设规模和项目构成。

堆肥厂建设用地应符合科学、合理、节约的原则，堆肥厂建设规模宜符合表 4-9 的规定。堆肥厂用地由卸料区、存料区、预处理（中间处理）区、主发酵区、次级发酵区、后处理区、成品堆肥储存区、生产生活管理服务区、绿化隔离区及厂内道路地坪等构成。

表 4-9 堆肥厂建设用地指标

类型	额定日处理能力/（t/d）	用地指标/m^2
Ⅰ类	300～600	35 000～50 000
Ⅱ类	150～300	25 000～35 000
Ⅲ类	50～150	15 000～25 000
Ⅳ类	≤50	≤15 000

注：建设规模Ⅰ类、Ⅱ类、Ⅲ类额定日处理能力含上限值，不含下限值；表中用地指标不包含堆肥产品深加工处理、堆肥残余物处理用地；动态堆肥取下限，静态堆肥取上限；Ⅰ类堆肥厂可根据实际处理规模酌情增加。

堆肥厂建设项目由堆肥厂主体工程设施、配套设施以及生产管理和生活服务设施等构成。各部分具体设施的设置应根据进入堆肥厂的垃圾特性和堆肥处理工艺需要确定。具体包括下列内容：

1. 堆肥厂主体工程设施

主要包括：计量设施、前处理设施、发酵设施、后处理设施等。

①计量设施主要包括：地衡、控制与记录等设备及相关建（构）筑物。

②前处理设施主要包括：受料、给料、破袋、分选、破碎、输送等机械设备及相关建（构）筑物。

③发酵设施主要包括：与高温好氧发酵工艺相匹配的机械设备及相关建（构）筑物。

④后处理设施主要包括：对发酵稳定后的堆肥物料进行进一步处理所需的破碎、分选、输送等机械设备及相关建（构）筑物。

2. 配套设施

主要包括：厂内道路、维修、供配电、给排水、消防、通信、监测化验、消杀和绿化等设施。

3. 生产管理设施

主要包括：行政办公用房、机修车间、计量间、化验室、变配电室等设施。

4. 生活服务设施

主要包括：食堂、浴室、值班宿舍等设施。

4.2.4.3　好氧堆肥厂实例分析

某生活垃圾综合处理工程以城市垃圾为主要原料，年生产复混肥 3 万 t。其生产工艺、主要参数、场地布置、设备配置和工程费用概况如下：

1. 工艺简介及主要参数

（1）工艺特点

① 工艺设计采用快速高温堆肥和后熟两次发酵工艺，具有周期短、占地少、工程投资省等优点。

② 设计流程中增加人工预处理工艺，其目的是除去粗大物和大量的塑料、纤维类等废品，使垃圾中有机物相对比例增加，以提高发酵效率。

③ 设置排水装置收集堆肥渗滤液和降水，最后排入污水处理厂。

④ 整个场区设计考虑环境和景观的需求。

（2）工艺流程（图 4-16）

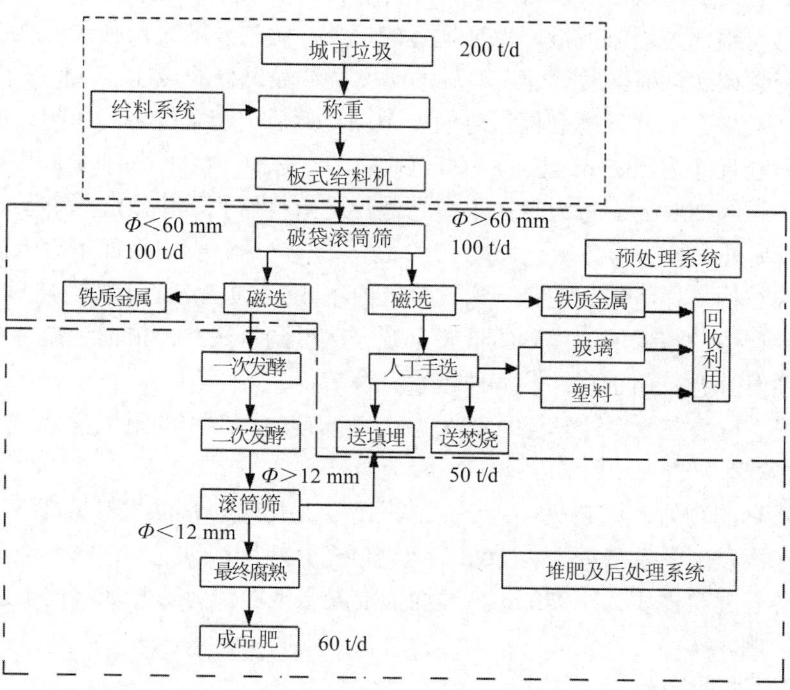

图 4-16　某生活垃圾综合处理工程工艺流程

1）混合垃圾给料系统

垃圾运输车在运至垃圾处理厂后经地磅房称重，倒入板式给料机的受料漏斗里，由板式给料机和带式输送机均匀地送往预处理系统。

2）垃圾预处理系统

① 滚筒筛筛分处理。

垃圾预处理系统主要设备为破袋滚筒筛。该滚筒筛具有破袋和筛分双重功能，筛孔尺寸为 60 mm，经过滚筒筛进行筛分处理后，垃圾按粒径大小分为Φ ＜60 mm 和Φ ＞60 mm 两级。Φ ＜60 mm 的垃圾，经磁选后送发酵仓进行堆肥发酵。Φ ＞60 mm 的垃圾经人工手选、磁选后，每天分出 50 t 作焚烧处理，其余进行填埋处理。

② 人工拣选。

预处理系统设计采用一次人工手选，设两个岗位。手选平台设在破袋滚筒筛筛上物的输送带上，主要是拣选出可回收物品，如塑料、玻璃等。人工手选平台旁边设有分类漏斗，与底部相应的功能性垃圾桶相通。被拣选的物料通过漏斗落入垃圾箱内，在规定时间内由专用运输车将其运往指定地点，集中进行处理或利用。

③ 磁选。

破袋滚筒筛的筛下物和筛上物均要经过磁选后再进行堆肥、焚烧和卫生填埋。通过磁选选出的铁质类金属，可回收利用。

3）发酵和堆肥

① 一次发酵。

原生垃圾经过预处理后，首先送一次发酵仓发酵。一次发酵仓为密闭厂房式构筑物，下设通风排水道。发酵仓由装载机进出料。

卸入发酵仓内的垃圾由装载机堆高，保持仓内垃圾平均高度达到 2.5 m，若垃圾含水率低于 35%，可喷入垃圾渗滤液，保证适宜的湿度。一次发酵采用鼓风机强制通风供氧。鼓风机采用变频调速，根据发酵仓内料堆的温度调节鼓风机的转速，以保证料堆内氧浓度不低于 10%。垃圾在一次发酵仓停留时间为 10 d，然后用装载机将其送到二次发酵仓。

每个发酵仓尺寸为 13.5 m（长）×6.0 m（宽），顶高 5.0 m，平均有效堆积高度为 2.5 m。每个仓有效容积约 200 m^3。每天使用 1 个仓进行进出料作业，并预留两个仓，其中 1 个仓作为周转仓，另外 1 个仓为备用仓，共 12 个仓，一排布置。仓内地面下设渗滤液-通风沟。通风沟为砖混结构，作防渗处理。一次发酵仓的渗滤液-通风沟上铺放沟盖板。

各发酵仓产生的渗滤液汇集到集液管，统一输送到集液井，根据运转时的实际情况，用潜污泵送往发酵仓，用于一次发酵垃圾水分调节。

一般情况下垃圾在一次发酵仓中停留 10 d，可实现高温堆肥的卫生指标，并已初步腐熟。

② 二次发酵。

经一次发酵的物料，由装载机运至二次发酵仓并均匀布料，物料堆高 2.5 m，采用自然通风进行二次发酵。发酵周期为 20 d，使物料充分熟化、稳定。

二次发酵仓建筑面积为 1 920 m^2，地面为混凝土地面，为防降水和便于雨季及冬季作业，设钢架顶棚。

③ 堆肥后处理系统。

垃圾经二次发酵腐熟后，通过滚筒筛进行筛分处理，筛孔尺寸为 12 mm，筛下物Φ ＜

12 mm 的物料即为堆肥产品。筛上物Φ ＞12 mm 的物料送填埋场作填埋处理。

（3）主要设计参数

1）设计规模

预处理原生垃圾 200 t/d，堆肥处理规模 100 t/d，粗堆肥生产规模 60 t/d。

2）垃圾成分

垃圾成分分析见表 4-10：

表 4-10　实例 4-4 垃圾成分分析

组成成分	有机垃圾/%			无机垃圾/%			废品/%							容重/（t/m³）
	植物	厨余	合计	砖瓦	煤灰	合计	废布	废纸	塑料	金属	玻璃	骨头	合计	
均值	29.72	28.5	58.2	8.01	20.6	28.6	0.9	2.7	1.95	1.55	1.48	1.73	10.3	0.25

3）一次发酵主要控制参数

① 垃圾含水率：35%～50%。

② 碳氮比：25∶1。

③ 堆高：2.5～3 m。

④ 通风量：0.1～0.20 m^3/（m^3 垃圾·min）。

⑤ 风压：45 kPa（1 mm H_2O=9.8 Pa）。

⑥ 控制温度：55℃以上维持 5～7 d（最高温度不大于 75℃，最佳温度 60℃左右）。

⑦ 一次发酵周期：10 d。

⑧ 一次发酵终止指标：

容积减量：30%～40%；

水分去除率：20%左右；

碳氮比下降到：20∶1 左右。

⑨ 发酵物达到无害化标准：无恶臭，不招引蚊蝇，蛔虫卵死亡率 95%以上。

4）二次发酵主要控制参数

① 堆高：2.5～3 m；

② 周期：不少于 20 d，其中第 10 天翻堆一次；

③ 温度回升：低于 40℃；

④ 二次发酵终止指标：堆肥充分腐熟，呈深褐色，松散，基本无味；

⑤ 含水率：低于 25%；

⑥ 碳氮比：低于 20∶1。

5）成熟堆肥质量指标

达到无害化标准，堆肥产品为黑褐色腐殖质，充分腐熟，松散，无恶臭，不招引蚊蝇；蛔虫卵死亡率 95%～100%，大肠杆菌值 10^{-2}～10^{-1}；堆肥产品粒度小于 12 mm。

2. 厂房布置和设备配置

（1）厂房组成

该生活垃圾综合处理工程的堆肥厂由以下构筑物组成：预处理厂房、一次发酵仓、二次发酵厂房、后处理厂房和综合库房。

（2）设备配置特点

① 预处理车间采用一台具有破袋功能的单层滚筒筛，设备少，节省基建投资和运行成本。

② 堆肥车间采用仓式静态堆肥工艺，配置简单，占地面积较少，运行成本较低。

③ 堆肥采用下部强制通风，提高堆肥效率，缩短堆肥时间。

（3）主要设备

① 主要设备选型原则：垃圾堆肥处理厂能否正常运转，很大程度上取决于各类机械设备的正确选型，由于垃圾成分因地区不同差异很大，因此本工程机械设备选型原则为：设备运转可靠，维修、维护简单；设备大型化，减少系列数；节能；尽量选用标准定型设备。

② 主要设备清单见表 4-11。

表 4-11 堆肥设备明细表

序号	设备名称	型号	单位	数量	总装机容量/kW	备注
Ⅰ 预处理设备						
1.1	板式给料机	BL-1 200	条	1	7.5	
1.2	No.1 带式输送机	10063 型，L=17.3 m，α=21.5°	条	1	3	
1.3	破袋滚筒筛	Φ 2 000 m×6 000 m，筛孔 Φ 60 mm	台	1	18.5	
1.4	No.2 带式输送机	6550 型，L=7 m	条	1	3	
1.5	No.3 带式输送机	10063 型，L=6.8 m，α=25.7°	条	1	3	
1.6	No.4 带式输送机	10063 型，L=7.5 m	条	1	3	
1.7	No.5 带式输送机	6550 型，L=9 m	条	1	3	
1.8	磁选机	RCDD-10	台	1	3.0+1.1	
1.9	磁选机	RCDD-6	台	1	1.5+0.37	
Ⅱ 堆肥设备						
2.1	离心鼓风机	Q=5 367 m^3/h，2 900 r/min	台	12	11×12	
2.2	装载机	ZL40，斗容 2.5 m^3	台	2		
Ⅲ 后处理设备						
3.1	滚筒筛	Φ 1 500 m×6 000 m 筛孔 Φ 12 mm	台	1	15	
3.2	No.6 带式输送机	10063 型，L=4.8 m	条	1	3	
3.3	No.7 带式输送机	10063 型，L=10 m	条	1	3	
3.4	No.8 带式输送机	6550 型，L=14 m	条	1	3	
3.5	No.9 带式输送机	6550 型，L=10 m	条	1	3	

3. 工程建设费用估算

（1）投资估算编制范围

包括：垃圾给料系统、DANO 滚筒预发酵系统、垃圾筛分系统、机械翻堆发酵及后处理系统、相关配套设施。

（2）投资估算编制依据

①《全国统一市政工程预算定额单位工料汇总表》，见表 4-12。

表 4-12　工程可行性研究投资估算总表

序号	工程或费用名称	估算金额/万元				
		建筑工程	安装工程	设备及工器具购置	其他费用	合计
一	第一部分：工程费用					
1	堆肥处理工程	532.5	68.95	354.8		956.25
2	管理区及其他	141.75	0	58	0	199.75
二	第二部分：其他费用					173.52
三	基本预备费（8%）					106.36
四	工程静态投资					1 435.88
五	投资方向调节税					0
六	建设期贷款利息					16.10
七	铺底流动资金					11.56
八	项目总投资					1 463.54

②《全国统一市政工程预算定额单位估价表》。

③《建筑安装工程费用定额》。

④《市政工程可行性研究投资估算编制办法》。

4.3　固体废物厌氧消化原理

4.3.1　有机废物厌氧消化原理及影响因素

4.3.1.1　厌氧消化原理

厌氧消化是在缺氧条件下，将垃圾中的可降解有机物通过厌氧微生物的代谢，使其达到腐熟，其最终产物除 CO_2 和水外，还有氨、硫化氢、甲烷和其他有机酸等还原性物质，其中氨、硫化氢等还原性终产物有令人生厌的恶臭。以下按与其有关的反应机理、反应途径、环境因素和产气量四者分述之。

1. *反应机理*

由于厌氧消化的原料来源复杂，参加反应的微生物种类繁多，使得厌氧消化过程中物质的代谢、转化和各种菌群的作用等非常复杂。目前，对厌氧消化的生化过程有三种见解，即两阶段理论、三阶段理论和四阶段理论。

依据三阶段理论厌氧消化反应分三阶段进行（图 4-17）：第一组微生物负责将碳水化合物、蛋白质与脂肪等大分子化合物水解与发酵转化成单糖、氨基酸、脂肪酸、甘油等小分子有机物。第二组厌氧微生物将第一组微生物的分解产物转化成更简单的有机酸，在厌氧消化反应中最常见的就是乙酸。这种兼性厌氧菌和绝对厌氧菌组成的第二组微生物称作产酸菌。第三组微生物把氢和乙酸进一步转化为甲烷和二氧化碳。这些细菌就是产甲烷菌，是绝对厌氧菌。在垃圾填埋场和厌氧消化器中许多产甲烷菌与反刍动物胃里和水体沉积物中的产甲烷菌相类似。对于厌氧消化反应而言，能利用氢和乙酸合成甲烷的产甲烷菌是产甲烷菌中最重要的一种。由于产甲烷菌的生长速率很低，所以产甲烷阶段是厌氧消化反应速率的控制因素。甲烷和二氧化碳的产生代表着废物稳定化的开始。当填埋场中的甲烷产生完毕，表示其中的废物已得到稳定。

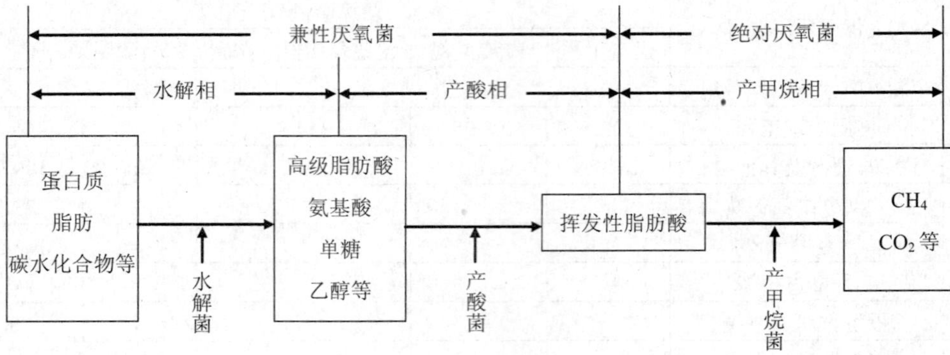

图 4-17 厌氧消化过程三阶段理论示意

四阶段理论则将产酸阶段细化，分为酸化阶段和产乙酸阶段。在酸化阶段，水解阶段产生的小分子溶解性化合物通过细胞膜进入酸化菌的细胞内部，转化成更简单的如挥发性脂肪酸（VFA）、醇类、乳糖等末端产物并分泌到细胞外。同时，酸化菌也利用部分物质合成了新的细胞物质。酸化（发酵）阶段的末端产物在厌氧微生物（产氧产乙酸菌）的作用下，转化为乙酸、CO_2、H_2以及新的细胞物质。

2. *反应途径*

首先必须明确产甲烷菌只能利用少数的几种物质生成甲烷。现在已经知道的能被产甲烷菌利用来生成甲烷的物质有 CO_2+H_2、甲酸、乙酸、甲醇、甲胺和一氧化碳。化学反应方程式如下：

$$4H_2+CO_2 \longrightarrow CH_4+2H_2O \tag{4-7}$$

$$4HCOOH \longrightarrow CH_4+3CO_2+2H_2O \tag{4-8}$$

$$CH_3COOH \longrightarrow CH_4+CO_2 \tag{4-9}$$

$$4CH_3OH \longrightarrow 3CH_4+CO_2+2H_2O \tag{4-10}$$

$$4(CH_3)_3N+6H_2O \longrightarrow 9CH_4+3CO_2+4NH_3 \tag{4-11}$$

$$4CO+2H_2O \longrightarrow CH_4+3CO_2 \tag{4-12}$$

在厌氧消化反应过程中，形成甲烷的两条主要反应途径是：

① 二氧化碳和氢气生成甲烷和水，如化学方程式（4-7）所示；

② 甲酸生成甲烷、二氧化碳和水以及乙酸生成甲烷和二氧化碳这两个反应，如化学方程式（4-8）、式（4-9）所示。产甲烷菌和产酸菌能形成共生关系，即产甲烷菌能消耗产酸菌的产物甲酸和乙酸，生成厌氧消化反应的最终产物甲烷和二氧化碳。

由于产甲烷菌具有高效的氢化酶，所以产甲烷菌能够利用产酸菌所产生的氢。因为产甲烷菌能维持一个非常低的氢的分压，所以使消化反应的化学平衡朝着有利于生成更多的氧化性物质（如甲酸和乙酸）的方向移动。由产酸菌和其他厌氧微生物所产生的氢被产甲烷菌利用的过程，称为种间氢传递链。实际上，产甲烷菌还驱除了会抑制产酸菌生长的化合物。

3. 环境因素

为了保持有机废物厌氧消化处理系统的正常运行，必须保证使产甲烷菌和其他微生物处于动态的平衡状态中。要建立并维持这样的平衡状态，反应系统中必须不含分子氧且控制微生物抑制剂（如重金属、氨和硫离子等）的浓度。同时，pH 应为 6.5～7.5，由于产甲烷菌在 pH 低于 6.2 时就不能发挥作用，所以系统中还必须有足够的碱度以确保 pH 不低于 6.2。当消化反应正常进行时，碱度一般为 1 000～5 000 mg/L 且挥发性脂肪酸小于 250 mg/L。在高固体浓度消化反应中的碱度和挥发性脂肪酸的浓度则分别高达 12 000 mg/L 和 700 mg/L。在反应系统中还必须有足够的氮、磷等无机盐以保证微生物的正常生长。随着所处理的污泥或废物性质的不同，可能还需要添加适当的生长因子。温度是另外一个重要的环境条件。中温消化和高温消化的最适宜温度范围分别为 30～38℃和 55～60℃。

4. 产气量

固体废物的厌氧消化过程一般可用下述反应方程式描述：

有机物+H_2O ⟶ 新细胞物质+残留有机物+CH_4+CO_2+NH_3+H_2S+能量（4-13）

若有机物的化学组成式为 $C_aH_bO_cN_d$，合成的新细胞物质和产生的 H_2S 忽略不计，$C_wH_xO_yN_z$ 为残留有机物的化学组成式，则有机物的厌氧消化化学反应方程式可表达为：

$$C_aH_bO_cN_d + rH_2O \longrightarrow nC_wH_xO_yN_z + mCH_4 + sCO_2 + (d - nz)NH_3 \tag{4-14}$$

其中：$r = ny + 2s - c$

$s = a - nw - m$

如果有机物被完全分解，没有任何残留物，则化学反应方程式为：

$$\begin{aligned} &C_aH_bO_cN_d + (a - 0.25b - 0.5c + 0.75d)H_2O \longrightarrow \\ &(0.5a + 0.125b - 0.25c - 0.375d)CH_4 + (0.5a - 0.125b + 0.25c + 0.375d)CO_2 + dNH_3 \end{aligned} \tag{4-15}$$

根据一般测定结果，有机废物厌氧消化所产生的气体中甲烷含量为 50%～60%，1 kg 可降解有机物可产生 0.63～1.0 m^3 的沼气。

【例题 4-4】　生活垃圾厌氧消化的产气量计算

试计算在厌氧消化处理系统中，单位重量生活垃圾的理论产气量。假定：生活垃圾中有机组分的化学组成式为 $C_{60.0}H_{94.3}O_{37.8}N$，有机物的含量为 79.5%（包括水分）。

解：

（1）以 100 kg 生活垃圾为基准，其中有机物为 79.5 kg（包括水分）。

（2）求出可降解有机物的干重，假定有机废物中 95%为可降解有机物。

可降解有机物的干重=58.1×95%=56.0 kg

（3）根据式（4-15）确定化学反应方程式

$a = 60.0 \quad b = 94.3 \quad c = 37.8 \quad d = 1$

则相对于该有机废物的化学反应方程式为：

$$C_{60.0}H_{94.3}O_{37.8}N + 18.28H_2O \rightarrow 31.96\,CH_4 + 28.04\,CO_2 + NH_3$$

1 433.1　　329.0　　511.4　　1 233.8　　17

（4）计算所产生的甲烷和二氧化碳的质量

CH_4=56.0 × 511.4/1 433.1=20.0 kg

CO_2=56.0 × 1 233.8/1 433.1=48.2 kg

（5）求出所产生的甲烷和二氧化碳的体积产量

甲烷密度=0.715 5 kg/m^3；二氧化碳密度=1.972 5 kg/m^3

CH_4=20.0/0.715 5=27.95 m^3

CO_2=48.2/1.972 5=24.44 m^3

（6）求出甲烷和二氧化碳各自所占的体积百分比

CH_4（%）=27.95/（27.95 +24.44）=53.3%

CO_2（%）=100% − 53.3%=46.7%

（7）求出单位重量生活垃圾厌氧消化的理论产气量

以生活垃圾中可降解有机物干重为基准：（27.95+24.44）/56.0=0.93 m^3/kg

以生活垃圾为基准：（27.95+24.44）/100.0=0.52 m^3/kg

说明：本例中所计算的结果是以可降解有机物干重为基准，此值一般会高于厌氧消化的实际产气量。

4.3.1.2 厌氧消化的影响因素

如前所述，产甲烷反应是厌氧消化过程的控制阶段，因此，在讨论厌氧生物处理的影响因素时主要讨论影响产甲烷菌生长的各项因素，主要影响因素有温度、pH、氧化还原电位、营养物质、F/M、有毒物质等。

1. 温度

厌氧细菌可分为嗜温性细菌、嗜热性细菌，相应地，厌氧消化分为中温消化（30～35℃）和高温消化（50～55℃）。高温消化的反应速率为中温消化的 1.5～1.9 倍，产气率也较高，但气体中甲烷含量较低。厌氧消化也可以在常温条件下进行，即为常温发酵（15～20℃）。

由于甲烷菌对温度的急剧变化非常敏感，即使温度只降低 2℃，也能立即产生不良影响，产气下降，温度再次上升又开始慢慢恢复活性。

2. pH 和酸碱度

pH 是厌氧消化过程中的最重要影响因素，产甲烷菌对 pH 的变化非常敏感，一般认为，其最适 pH 范围为 6.8～7.5，在小于 6.5 或大于 8.2 时，产甲烷菌会受到严重抑制而进一步导致整个厌氧消化过程的恶化。

厌氧体系是一个 pH 的缓冲体系，主要由碳酸盐体系所控制，一般来说，系统中的脂肪酸含量的增加（累计），将消耗 HCO_3^-，使 pH 下降；但产甲烷菌的作用不但可以消耗脂肪酸，而且还会产生 HCO_3^-，使系统的 pH 回升。酸碱度保证厌氧体系具有一定的缓冲能力，厌氧体系一旦生成酸化，则需要很长的时间才能恢复。

3. 氧化还原电位

严格的厌氧环境是产甲烷菌进行正常生理活动的基本条件。非产甲烷菌可以在氧化还原电位-100～+100 mV 的环境正常生长和活动；产甲烷菌的最适氧化还原电位为-400～

−150 mV，在培养产甲烷菌的初期，氧化还原电位不能高于−330 mV。

4. 营养要求

厌氧微生物对 N、P 等营养物质的要求略低于好氧微生物，其要求碳氮比为（20～30）∶1 为宜，碳磷比为 100∶1 为佳。多数厌氧菌不具有合成某些必要的维生素或氨基酸的功能，所以有时需要投加 K、Na、Ca 等金属盐类，微量元素 Ni、Co、Mo、Fe 等，以及有机微量物质酵母浸出膏、生物素、维生素等。

5. *F*/*M*

F/*M* 表示底物量 *F*（food）与微生物量 *M*（microbe）的比值，即有机负荷率。厌氧微生物处理的有机负荷较好氧微生物更高，一般可达 5～10 kgCOD/（$m^3 \cdot d$），无传氧的限制，可以积聚更高的生物量。

6. 有毒物质

常见的抑制性有毒物质有硫化物、氨氮、重金属、氰化物及某些有机物。

①硫酸盐很容易在厌氧消化过程中被还原成硫化物，可溶的硫化物达到一定浓度时，会对厌氧消化过程主要是产甲烷过程产生抑制作用。投加某些金属如 Fe 可以去除 S^{2-}，从系统中吹脱 H_2S 则可以减轻硫化物的抑制作用。

②氨氮是厌氧消化的缓冲剂，但浓度过高则会对厌氧消化过程产生毒害作用。菌种驯化后，适应能力会得到加强。

③重金属使厌氧细菌的酶系统受到破坏。

4.3.2　有机废物厌氧消化工程运行及控制

厌氧消化工艺是指从消化原料到产生沼气的整个过程所采用的技术和方法，包括原料的收集和预处理、接种物的选择和富集、厌氧消化装置的发酵启动和日常操作管理及其他相应的技术措施。由于厌氧消化是由多种微生物共同完成的，各种有机物质的降解及发酵过程的生物化学反应极为复杂，因而厌氧消化工艺也比其他消化工艺复杂。

4.3.2.1　厌氧消化工艺介绍

厌氧消化工艺的分类方法众多，根据不同的分类方法，厌氧消化方法被分为不同的发酵工艺。

按消化温度划分，可以分为高温发酵（50～55℃）、中温发酵（30～35℃）和常温发酵（15～20℃）三类；

按进料方式划分，可以分为连续发酵、半连续发酵和批量发酵；

按发酵阶段划分，可以分为单相发酵和两相发酵；

按发酵级差划分，可以分为单级厌氧消化、两级厌氧消化和多级厌氧消化；

按发酵浓度划分，可以分为低固体厌氧消化（干物质含量在 10%以下）和高固体厌氧消化（干物质含量在 20%左右）；

按料液流动方式划分，可以分为无搅拌发酵、全混合式发酵和塞流式发酵等。

上述各种厌氧消化工艺，各适用于一定原料和一定发酵条件及管理水平。同时还要考虑操作人员素质和投资、运行费用等，最后确定所要选择的工艺类型。

4.3.2.2　低固体厌氧消化工艺

低固体厌氧消化（Low Solid Anaerobic Digestion，LSAD）是一种生物反应，此项技

术可使固体浓度等于或者低于4%～8%情况下的有机废物发酵。世界上很多地方使用低固体厌氧发酵工艺，从人畜粪便、农业废弃物和城市生活垃圾（MSW）的有机成分中产生甲烷。应用此项工艺的缺点是废弃物中必须加水，以使固体浓度达到所需要的4%～8%。而加水将导致消化污泥稀释，从而在处置之前必须脱水。对于脱水所产生的上清液的处理则是选择此工艺应加考虑的重要问题。

1. 工艺描述

无论何时使用低固体厌氧消化工艺从生活垃圾的有机成分中产生甲烷，都包括三个基本的步骤。如图4-18所示，第一步为生活垃圾的有机成分的准备工作。对于混合生活垃圾，典型的第一步包括接收、分选和减小粒径等工序。

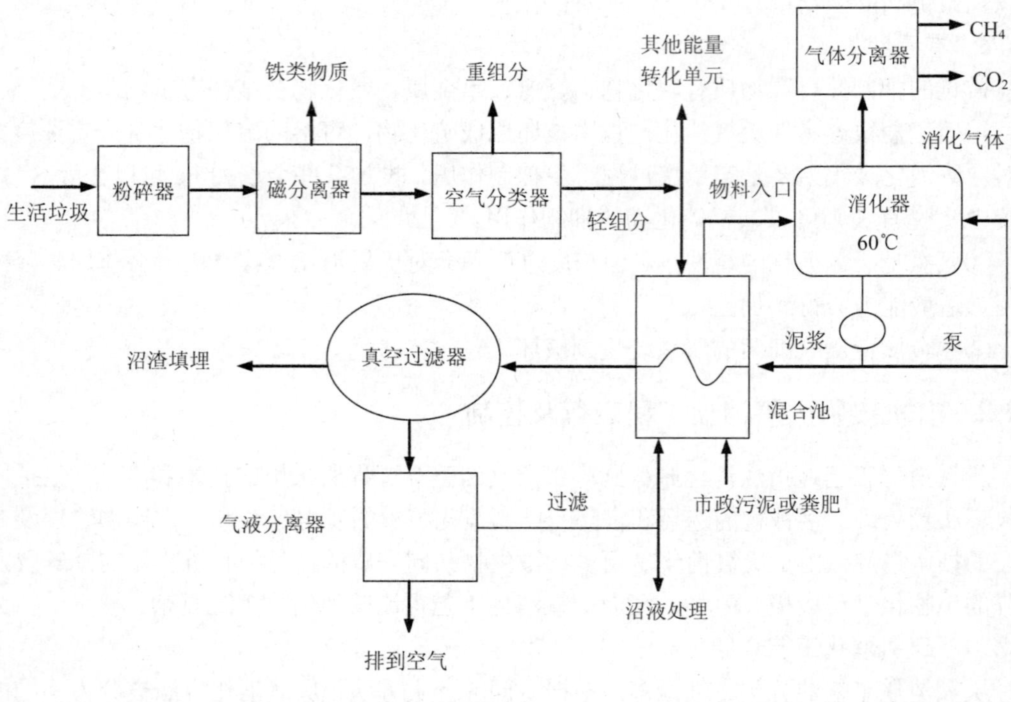

图4-18 生活垃圾低固体厌氧消化工艺流程

第二步包括增加水分和养分、混合、调节pH到6.8左右、加热泥浆到55～60℃等过程，在浓度完全混合的连续流反应器内完成并进行厌氧消化。在有些工程中，已使用一系列的间歇式处理反应器（Batch reactor）以代替一个或几个连续流完全混合反应器。

对于大多数低固体消化系统，所需要的水分和养分可以污水处理厂剩余污泥或者粪肥的形式加入。有时也需额外加入养分，这取决于污泥和粪肥的化学特性。在实际运行中，起泡和表面硬壳的形成对固体废物的消化造成很多问题，因此，在设计和运行这类系统时，应考虑充分混合。

第三步包括沼气收集、存储；如果需要，还有沼气的分离。消化污泥的脱水和处置，也是一项必须进行的工作。一般来说，低固体厌氧消化技术产生的消化污泥的处理费用很高，因此限制了此类型工艺的推广应用。

2. 工艺微生物学

如前所述，在厌氧情况下进行的有机物的转化和稳定化过程一般分成三个阶段。第一阶段主要是以酶为中介的转化（水解），高分子量的化合物转化成适宜于用作能量和细胞组织来源的化合物。第二阶段主要是化合物的细菌转化，来源于第一阶段的化合物变成可识别的低分子量的中间过渡化合物。第三阶段主要是中间过渡化合物的细菌转化，转化为更简单的最终产物，主要是甲烷和二氧化碳。

3. 工艺设计考虑事项

表 4-13 列出采用低固体厌氧消化技术处理城市生活垃圾，在工艺设计和工程运行中可供选取的重要参数。固体废物和废水污泥混合运行系统的经验表明，从消化器收集的沼气，其甲烷含量为 50%～60%，同时，每千克可生物降解的挥发性固体废物消化后可产生大约 0.63 m^3 的沼气。由于文献报道的研究结果复杂多样，采用该消化工艺处理城市生活垃圾和其他有机废物时需进行中试研究，以获得最佳工艺设计参数。

表 4-13　城市生活垃圾低固体厌氧消化工艺设计的重要考虑事项

项目	说明
物料尺寸	固体废物应先破碎，达到不影响泵输送和混合运行的效果
混合设备	推荐使用机械混合，以实现最佳效果，避免浮渣集结
固体废物和污泥的配比	固体废物和污泥的配比为 50%～90%，实际运行表明最佳配比在 60%左右
平均水力停留时间	设计水力停留时间 10～20 d，或者根据中试研究的结果确定
可生物降解挥发性固体的负荷率（BVS）	0.6～1.6 kg/（m^3·d）
固体浓度	等于或者小于 8%～10%（典型 4%～8%）
温度	对于嗜温性细菌，30～38℃；对于嗜热性细菌，55～60℃
BVS 降解率	取决于废弃物的特性，一般为 60%～80%；平均水平为 70%
总固体降解率	一般为 40%～60%
产气量	0.5～0.75 m^3/kgBVS
气体组分	CH_4 占 55%，CO_2 占 45%

4. 设备选择

低固体厌氧消化工艺的主要设备和设施：混合设备的类型通常包括内部混合、内部气体混合、外部泵混合；消化器的一般形式包括圆形、卵形；控制系统；废弃物混合以及消化污泥脱水设施等。

4.3.2.3　高固体厌氧消化工艺

高固体厌氧消化（High Solid Anaerobic Digestion，HSAD）工艺的总固体浓度在 22%以上。高固体厌氧消化是一种相对较新的技术，它在有机垃圾的能量回收方面的应用还没有得到充分的发展。此工艺的主要优点是反应器单位体积的需水量低、产气量高。其主要缺点在于目前大规模运行的经验十分有限。

1. 工艺描述

低固体厌氧消化工艺的三步骤也适用于高固体厌氧消化工艺。主要区别是，后者污泥脱水、沼液处理、消化污泥处置等需要的工作量较少。

2. 工艺微生物学

高固体厌氧消化工艺微生物学与前述低固体厌氧消化工艺一样。然而，由于较高的固体浓度，许多关于微生物数量的环境参数的作用更为重要。例如，氨的毒性可以影响产甲烷细菌，这对系统的稳定和甲烷产量有副作用。大多数情况下，可以通过适当调整进料的C/N加以防止。

3. 工艺设计考虑事项

目前高固体厌氧消化工艺尚在发展之中，表4-14总结了一些重要的设计参考参数。一般来说，和前面所考虑的低固体厌氧消化工艺相比，高固体厌氧消化工艺单位体积反应器能够处理更多的有机废物，也能产生更多的沼气。

表4-14 城市生活垃圾高固体厌氧消化工艺设计的重要考虑事项

项目	说明
物料尺寸	废物需预先破碎，达到不影响进料装置的有效作用范围
混合设备	混合设备取决于使用的反应器的类型
固体废物和污泥的配比	取决于污泥特性
水力停留时间	设计水力停留时间为20～30 d，或者根据中试研究的结果确定
可生物降解挥发性固体的负荷率（BVS）	6～7 kg/（m^3·d）
固体浓度	20%～35%（典型22%～28%）
温度	对于嗜温性细菌，30～38℃；对于嗜热性细菌，55～60℃
BVS降解率	取决于水力停留时间和BVS负荷率，一般为90%～98%
总固体降解率	变化范围取决于进料木质素的含量
产气量	0.625～1.0 m^3/kgBVS
气体组分	CH_4占50%，CO_2占50%

4. 工艺选择

目前，高固体厌氧消化工艺在国际上还没有大规模商业化运行。然而，美国和欧洲已经有不同规模的高固体厌氧消化工程在运行。随着这些工程越来越充分地发展，可以预见大批高固体厌氧消化工艺必将可以商业化运作。

低固体厌氧消化工艺和高固体厌氧消化工艺运行特征的比较列于表4-15。

表4-15 城市生活垃圾低固体厌氧消化工艺和高固体厌氧消化工艺的比较分析

设计/运行参数	说明	
	低固体厌氧消化工艺	高固体厌氧消化工艺
反应器设计	处理生活垃圾的大规模系统已经使用了完全混合反应器；塞流反应器广泛用在其他有机废物处理上	完全混合、塞流、批反应器已经进行了试验研究，这些类型的反应器尚无一个用于商业化处理生活垃圾
固体含量	4%～8%	22%～32%
反应器体积	单位体积有机废物需要很大的反应器体积	与低固体厌氧消化工艺相比，处理相同体积的有机废物，需要较小的反应器体积

设计/运行参数	说明	
	低固体厌氧消化工艺	高固体厌氧消化工艺
加水	为了提高有机废物的水分，需要加入大量的水	由于较高的固体浓度，需水量较少
有机负荷率	单位体积反应器的有机负荷率相对较低	单位体积反应器的有机负荷率相对较高
产气率	已经报道的最大产气率为实际参加反应的反应器体积的 2 倍	已经实现最大产气率为实际参加反应的反应器体积的 6 倍
质量去除率	由于较高的水分，质量去除率很低	与低固体厌氧消化工艺比较，相同的停留时间可以实现更高的质量去除率
污水进出装置	使用了所有类型的泵	因为这是相对较新的技术，还没有很合适的厌氧反应器污水进出装置，已经使用高固体泵和螺旋传送装置
毒性问题	由于有机废物的稀释特性，低固体厌氧消化器的毒性问题并不严重	在高固体厌氧消化方面，由于盐和重金属类物质的浓度高，这类毒性比较常见。C/N 较低时（低于 10～15）氨毒性是一个主要问题
沼液问题	由于水分很高，稳定的出流可能产生沼液问题	高固体消化器的沼液一般包含 25%～30%的固体，这减少了沼液的产生
消化污泥脱水	需大型昂贵的设施来分离固体；对于最终处置，分离后的沼液也应该处理	可以采用不太昂贵的脱水设备
技术地位	生活垃圾的能量回收还没有商业化，利用农业废物产生能量的低固体厌氧消化器的商业用途前景十分广阔	对于生活垃圾的能量回收还没有商业化

4.3.2.4　典型厌氧消化处理技术和工艺

1. 厌氧消化技术和工艺

近年来，由于生活垃圾有机组分厌氧消化后可以产生甲烷，并且消化后污泥与好氧堆肥的产物很相似，开发和应用厌氧消化工艺处理生活垃圾等有机废物引起了人们广泛的重视。表 4-16 中列出各国部分典型的正在运行的厌氧消化技术和工艺。

表 4-16　厌氧消化工艺和技术

厌氧消化工艺	国别	地位	描述
序批式厌氧堆肥（SEBAC）	美国	试验阶段	SEBAC 是一种序批式厌氧处理工艺，共分为三级：第一级，用来自第三级反应器（消化工艺的最后一级）的浸出液接种经过破碎的物料；启动时产生的挥发性有机酸和其他发酵产物，进入第二级反应器转化成甲烷
高固体厌氧消化/好氧堆肥组合工艺	美国	开发中	该工艺是一种两级工艺：一级包括高固体厌氧消化（固体含量 25%～32%），将生活垃圾中的有机成分转化成甲烷，二级包括厌氧消化污泥的好氧堆肥，以产生良好的腐殖质类物质作为肥料和土壤改良剂
半固体厌氧消化/好氧堆肥组工艺	意大利	开发中	该工艺是一种两级工艺：一级包括半干法消化（固体含量 15%～22%），将有机垃圾转化成能量；二级包括混合的厌氧消化污泥和可生物降解的有机垃圾的好氧堆肥，以产生腐殖质类物质

厌氧消化工艺	国别	地位	描述
KAMPOGAS 工艺	瑞士	开发中	KAMPOGAS 是一种新的厌氧消化工艺，处理水果、庭院废物和蔬菜废物等。消化器呈圆柱状，水平放置。配有水力驱动搅拌器的消化器在高温阶段、高固体浓度下运行
DRANCO 工艺	比利时	发达	DRANCO 工艺用来转化有机废物，产生能量和腐殖质类物质。消化工艺在垂直柱塞流反应器内进行，没有机械搅拌，但是反应器底部的浸出液要回灌。DRANCO 消化器在高固体浓度、中温条件下运行
BTA 工艺	德国	发达	BTA 工艺的开发尤其面向有机垃圾的处理。BTA 处理工艺包括：①通过机械、加热、化学等方法对废弃物进行预处理；②溶解与不溶解固体的分离；③可生物降解固体的厌氧水解；④溶解性固体消化后产生甲烷。消化反应器在低固体浓度、中温条件下运行。消化污泥脱水后的总固体浓度在 35%左右，可以作为有机肥料使用
VALORGA 工艺	法国	发达	VALORGA 工艺由分选单元、产甲烷单元、精炼单元组成。厌氧消化反应器在高固体浓度、中温条件下运行，反应器内物料的搅拌和混合通过消化器底部回流的加压沼气实现
BIOCELL 工艺	荷兰	开发中	BIOCELL 工艺是一种序批式处理系统，用来处理分散的生活垃圾（水果、庭院废物和蔬菜废物等）和农业废物。正在使用的消化器呈圆形，直径 11.25 m、高 4.5 m，总固体浓度 30%

2. 高固体厌氧消化/好氧堆肥组合工艺

高固体厌氧消化/好氧堆肥组合工艺把高固体厌氧消化和好氧堆肥工艺结合起来，该工艺的主要优点是有机废物得到了完全的稳定化，并伴有净能量回收，不需要脱水设备。此外还有病原菌控制和减少体积等优点。

（1）工艺描述

高固体厌氧消化/好氧堆肥组合工艺是两级处理过程（图 4-19）。第一级包括有机垃圾的高固体（25%～30%）厌氧消化，产生甲烷和二氧化碳。厌氧反应器在嗜热条件（54～56℃）下运行，水力停留时间 30 d。

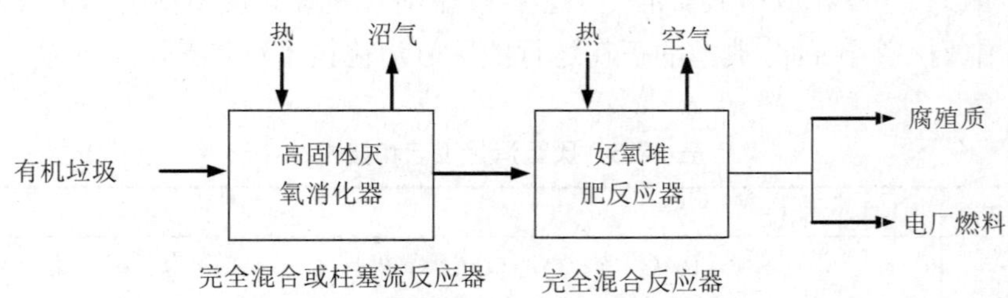

图 4-19 高固体厌氧消化/好氧堆肥工艺流程

第二级包括厌氧消化污泥的好氧堆肥，把固体含量从 25%提高到 65%或更高，根据最终的使用要求而定。第二级的产物是高质量的腐殖质类物质，热值 14 000～15 000 kJ/kg（HHV），密度大约 560 kg/m^3（图 4-20）。因为产生的最终腐殖质具有可燃性，可与其他燃料混合在锅炉里直接燃烧，或是制成颗粒用作燃料来源。另一种用途是，腐殖质类物质可当做土壤改良剂在农业中使用。

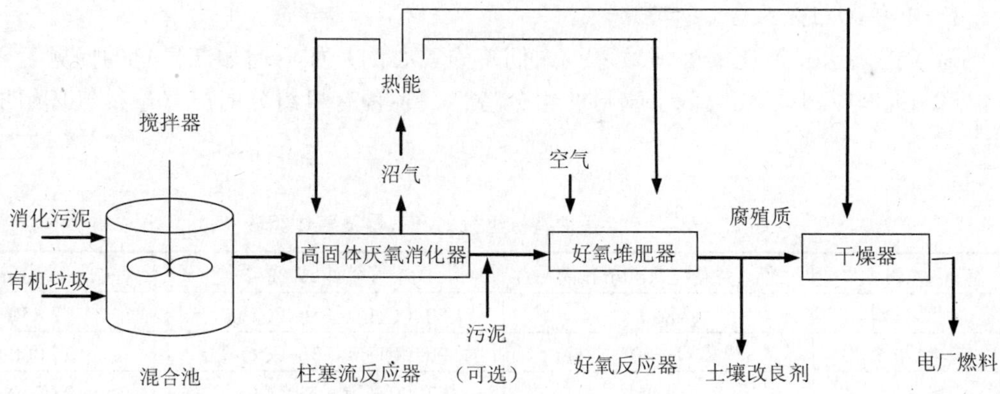

（a）污水处理厂污泥共处置

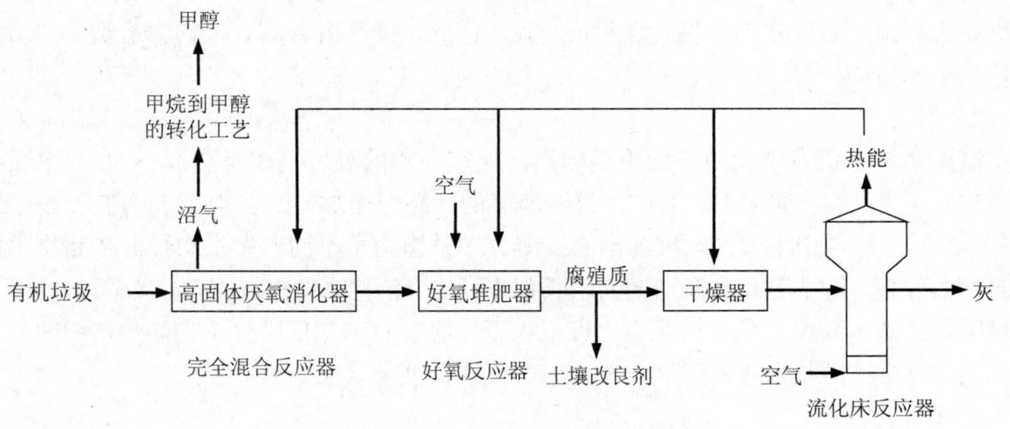

（b）沼气生产甲醇

图 4-20　高固体厌氧消化/好氧堆肥组合工艺流程

（2）工艺应用

高固体厌氧消化/好氧堆肥组合工艺正处于前期开发阶段。该工艺第一级设计要考虑的因素和高固体厌氧消化工艺相同。第二级的两个主要设计参数是杀灭病原微生物所需的供氧量和热量。

如图 4-20（a）所示，该工艺可以用来混合处理有机垃圾和污水处理厂污泥，可以避免使用昂贵的污泥脱水设备，也不需要处理污泥脱水后的沼液。该工艺产生的沼气可以用来生产甲醇，见图 4-20（b）。厌氧和好氧反应器需要的热量可以利用从流化床燃烧产生的余热。

4.3.2.5　厌氧消化工艺参数控制

在有机物的厌氧消化过程中，不同反应阶段是相互衔接的，产甲烷菌、产酸菌和水解细菌的活动处于动态平衡状态。当其中的一个环节受到阻碍时，会使另一环节甚至整个消化过程受到影响。因此，为了维持厌氧消化的最佳运行状态，除了应保持反应系统的厌氧状态外，还需控制的因素如下：

1. 有机物组分及含量

为了提高厌氧消化的处理效率，人们首先关心的是如何增加产气量的问题。一般来说，产气量的大小主要取决于物料的组分特性，各种有机组分的产气量及气体组成见表4-17。

表 4-17 各种有机组分的产气量及气体组成

有机物种类	产气量/（L/kg 分解物）	气体组成/%	热值/（kJ/m^3）
碳水化合物	800	50（CH_4）+50（CO_2）	17 850
脂肪	1 200	70（CH_4）+30（CO_2）	25 000
蛋白质	700	67（CH_4）+33（CO_2）	23 730

另外，沼气产生量与有机物去除率成正比，而在合适的温度和有机物负荷的条件下，有机物去除率又与废物的有机物含量成正比。因此，提高废物的有机物含量是增加沼气产生量的重要措施。

2. 温度

温度是影响厌氧消化效果的重要因素，比较理想的温度范围是 30～39℃（中温）和50～55℃（高温）。通常甲烷的产生量随温度的升高而增加，但在45℃左右有一个间断点（图 4-21），这是由于中温发酵和高温发酵分别是由两个不同的微生物种群在起作用，在该温度条件下，对中温和高温细菌的生长都不利。当消化系统的温度低于 10℃时，产气量明显下降。如果温度上升过快，当出现很大温差时会对产气量产生不良影响，因此，不管哪种温度发酵工艺均要求温度相对稳定，一天内的变化在±2℃内为宜。

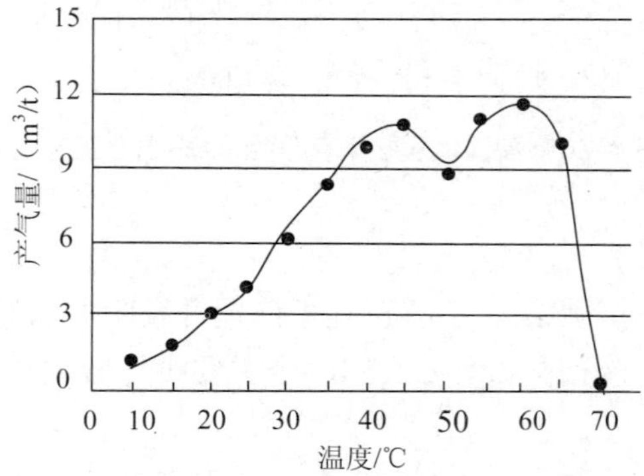

图 4-21 反应温度对厌氧消化产气量的影响

一般情况下，中温发酵过程需要 25～30 d 的停留时间，高温发酵则只需要中温发酵一半的时间。高温发酵的另一个优点是对病原微生物有较高的杀灭率。但由于高温发酵过程需要较高的加热能耗，并且管理复杂，其应用不如中温发酵普遍。

3. pH 和碱度

产酸菌适于在酸性条件下生长，其最佳 pH 是 5.8，所以产酸阶段也称为酸性发酵。而产甲烷菌则需要较为严格的碱性条件（碱性发酵），当 pH 低于 6.2 时，它就会失去活性。因此，在产酸菌和产甲烷菌共存的厌氧消化过程中，系统的 pH 应控制在 6.8～7.5，最佳范围是 7.0～7.2。

当有机物负荷过高或系统中存在某些抑制物质时，对环境要求苛刻的产甲烷菌会首先受到影响，从而造成系统中挥发性脂肪酸的积累，致使 pH 下降（图 4-22）。pH 的降低反过来又会影响产甲烷菌的生长，如此恶性循环，最终导致消化过程的停止。为了提高系统对 pH 的缓冲能力，需要维持一定的碱度，通常情况下，碱度控制在 2 500～5 000 mg $CaCO_3$/L 时，可获得较好的缓冲能力。碱度可以通过投加石灰或含氮物料的方法进行调节。

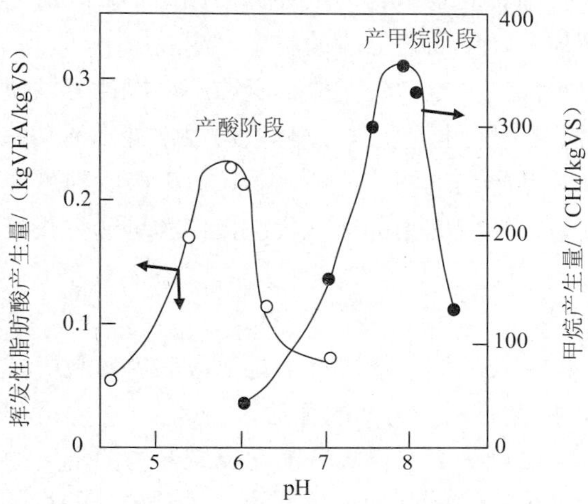

图 4-22　pH 的影响

4. 营养物质

与好氧微生物相同，衡量厌氧微生物营养水平的基本指标也是碳氮比。由于厌氧微生物摄取碳的速率为氮的 25～30 倍，故最佳碳氮比应控制在 25～30。当碳氮比大于 35 时，产气量会明显下降。各种物质中；碳与氮的含量有很大差异（表 4-6），为了满足厌氧微生物对营养物质的需求，可以通过富氮物质（如粪便、剩余污泥等）与贫氮物质（如木屑、农作物秸秆等）的合理调配，改善物料的碳氮比。同时也应对其他微量营养元素（如 P、Na、K、Ca 等）加以适当的调整和控制。

5. 抑制物

厌氧消化过程中挥发性脂肪酸和氢气的积累，往往是由于甲烷菌的生长受到了抑制。例如，系统中氧的存在就会制约产甲烷菌的形成。此外，还有一些抑制物质（表 4-18），当其浓度超过限制值时，也会对厌氧微生物产生不同程度的抑制作用。

表 4-18　对厌氧消化具有抑制作用的物质

抑制物质	抑制质量浓度/（mg/L）	抑制物质	抑制质量浓度/（mg/L）
挥发性脂肪酸	＞2 000	Cu	5
氨氮	1 500～3 000	Cd	150
溶解性硫化物	＞200	Fe	1 710
Ca	2 500～4 500	Cr^6+	3

抑制物质	抑制质量浓度/（mg/L）	抑制物质	抑制质量浓度/（mg/L）
Mg	1 000～1 500	Cr^{3}+	500
K	2 500～4 500	Ni	2
Na	3 500～5 500		

6. 搅拌

在不搅拌的情况下厌氧消化反应器内明显分为四层；最底层为污泥层，上表层为一层很厚的浮壳（称为浮渣层），中间为上清液层，上清液层下部为原料。中间的上清液层和表面浮渣层产气很少，有效的产气部位是原料沉积层。搅拌可以使消化原料均匀分布，增加微生物与原料的接触，加快发酵速度。发酵液面经常处于活动状态，可防止液面结壳。经常搅拌回流厌氧消化反应器内的消化原料，不仅可以破除池内浮壳，而且能使原料与产沼气细菌充分接触，促进产沼气细菌的新陈代谢，使其迅速生长繁殖，加快消化速度，提高产气量。

搅拌方式有以下几种：

① 机械搅拌（图 4-23（a））：在厌氧消化反应器内安装机械搅拌装置，1～2 d 搅拌 1 次，每次 5～10 min，搅拌有利于沼气的释放。

② 气体搅拌（图 4-23（b））：将厌氧消化反应器内的沼气抽出来，通过输送管道从沼气池下部送进去，使池内产生较强的气体回流，达到搅拌的目的。

③ 液体回流搅拌（图 4-23（c））：用抽渣机从厌氧消化反应器的出料间将消化液抽出，再通过进料管注入沼气池内，产生较强的料液回流以达到搅拌和菌种回流的目的。

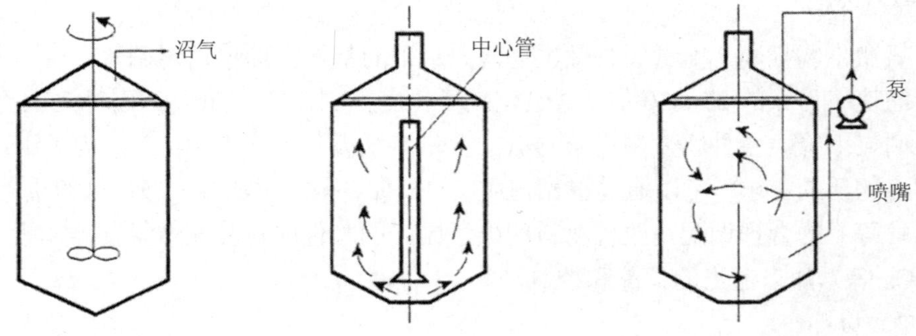

图 4-23　厌氧消化反应器常用的搅拌方法

4.3.3　厌氧消化系统设施构造和关键设备

4.3.3.1　普通消化池

普通消化池是最早开发的单独处理污水污泥的构筑物，至今广泛应用于世界各地。使剩余污泥中的有机成分得以降解，污泥得以稳定化，生污泥变熟污泥。基本池型有圆柱形、蛋形。

圆柱形消化池（图 4-24（a，b，c））在结构上主要分三部分，中间是一个直径与高度比为 1 的圆筒，上下两头分别有一个圆锥体。底部椎体的倾斜度为 1.0～1.7，顶部为 0.6～

1.0。这种结构有助于发酵污泥处于均匀的、完全循环的状态。

蛋形消化池（图 4-24（d））是在圆柱形消化池的基础上加以改进而形成的。由于混凝土施工技术的进步，使得这种类型的消化池的建造得以实现并迅速发展起来。蛋形消化池有两个特点：一是消化池两端的锥体与中部池体结合时，不像圆柱形消化池那样形成一个角度，而是光滑的，逐步过渡的、这样有利于发酵污泥完成彻底的循环，不会形成循环死角；二是底部锥体比较陡峭，反应污泥与池壁的接触面积比较小。这两者为消化池内污泥形成循环及均一的反应工况提供了最佳条件。目前在德国所有大型或中型的消化池都采用蛋形消化池。

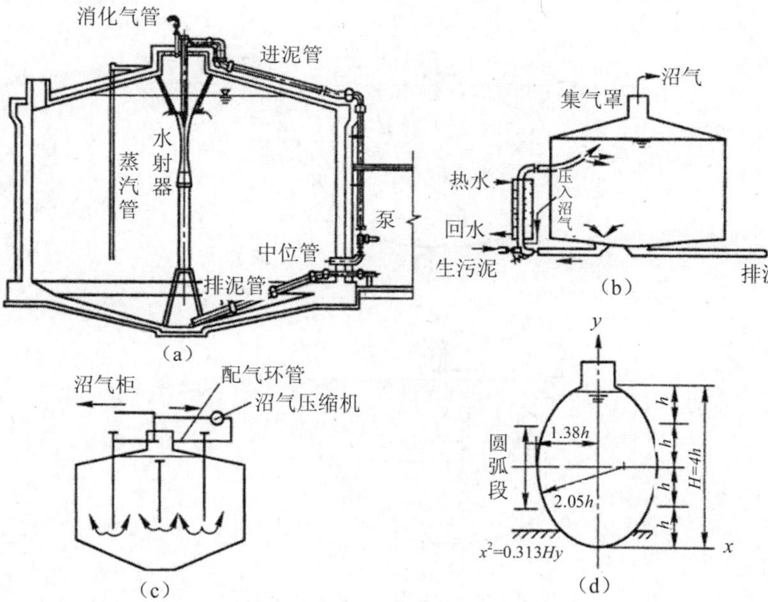

图 4-24　普通消化池

（a）、（b）、（c）-圆柱形；（d）-蛋形

4.3.3.2　立式圆形水压式消化池

立式圆形水压式消化池是在农村推广的主要池型，已有几十年历史和运行经验。该消化池是通过进料管和出料管的连接，使发酵—储气间和水压间形成一个异形连通管的工作机构，并由排气管将沼气输送给沼气灶进行工作。进料之后，消化池封闭了发酵—储气间；产气后，发酵—储气间储存了沼气，并排出与储气量同体积的料液进入水压间，使发酵—储气间内的料液面下降，同时水压间内的料液面上升，结果出现了液位差。

液位差所产生的水压力和发酵—储气间内的沼气压力降低时处于动态平衡状态，所以用户开始用气时，由于耗气引起了与耗气量同体积的料液要从水压间内回流入发酵—储气间。这样，在产气与耗气的无限循环过程，使得原料液往返运动，则发酵—储气间内的原料液进行着忽上忽下的沉浮运动。由于料液面上的浮渣结层受到发酵—储气间的池盖内壁的约束作用，又引起了浮渣结层进行中忽聚忽散的水平运动，其结果是对浮渣结层进行了搅拌，使沼气容易从浮渣结层的缝隙中溢出料液面。

这种立式圆形水压式消化池优点是结构较简单、造价低、施工方便，但是沼气压力不稳定、池温低、原料利用率低（仅 10%～20%）、产气率低（平均 0.1～0.15 m^3/（m^3·d））；大换料和密封不方便，对防渗措施的要求较高给燃烧器的设计带来一定困难。

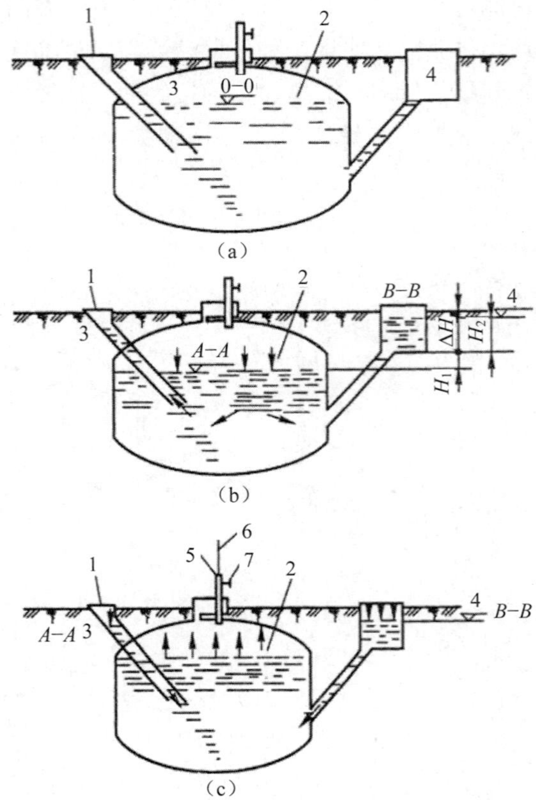

图 4-25　立式圆形水压式消化池

（a）：1-加料管；2-发酵间（储气部分）；3-池内液面 *0-0*；4-出料间液面

（b）：1-加料管；2-发酵间（储气部分）；3-池内液面 *A-A*；4-出料间液面 *B-B*

（c）：1-加料管；2-发酵间（储气部分）；3-池内液面 *A-A*；4-出料间液面 *B-B*；5-导气管；6-沼气输气管；7-控制阀

4.3.3.3　立式圆形浮罩式消化池

这种消化池多采用地下埋设方式，它把发酵间和贮气间分开，因而具有压力低、发酵好、产气多等优点。产生的沼气由浮沉式气罩贮存起来，气罩可直接安装在消化池顶（活动浮罩式），也可安装在消化池侧（分离浮罩式）。浮沉式气罩由水封池和气罩两部分组成。当沼气压力大于气罩重量时，气罩便沿水池内壁的导向轨道上升，直至平衡为止。当用气时，罩内气压下降，气罩也随之下沉。

活动浮罩式沼气贮气池造价比较低，但气压不够稳定。分离浮罩式沼气贮气池气压稳定，比较适合沼气发酵工艺的要求，但对材料要求比较高，造价昂贵。侧浮罩式沼气贮气池也可采用气袋式。浮罩一般用钢丝网水泥制成，根据浮罩大小选用不同直径的钢丝网。

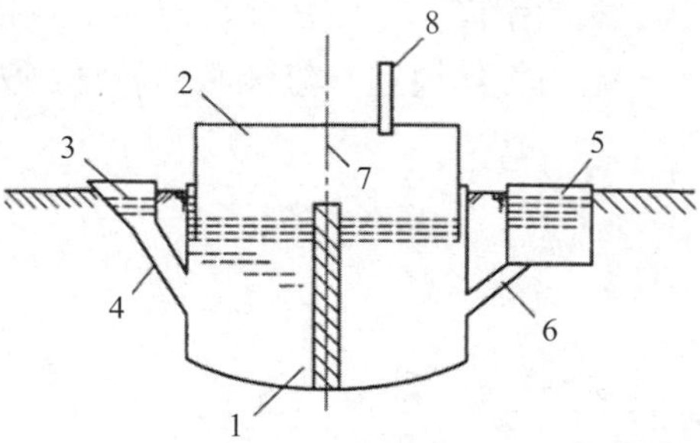

图 4-26　活动浮罩式消化池

1-发酵间；2-贮气罩；3-进料斗；4-进料管；
5-水压间（出料间）；6-出料管；
7-中心导轨；8-导气管

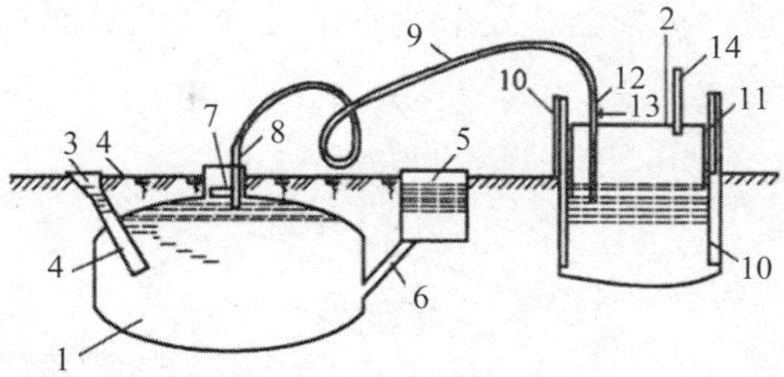

图 4-27　分离浮罩式消化池

1-发酵间；2-贮气罩；3-进料斗；4-进料管；
5-水压间；6-出料管；7-活动盖；8-导气管；
9-导气软管；10-贮气罩导轨；11-贮气罩导轮；
12-进气管；13-开关；14-输出气管

4.3.3.4　立式圆形半埋式消化池组

我国城市粪便厌氧消化多采用消化池组，立式圆形半埋式消化池组是采用浮罩式贮气，单池深度 4 m，直径 5 m，为少筋混凝土构筑物，埋入土内 1.3 m，消化池上安装薄钢浮罩，内面用玻璃纤维和环氧树脂作防腐处理，外涂防锈漆。消化池内密封性好，总储粪容积为 340 m^3，进粪量控制在 290 m^3，贮气空间为 156 m^3。运转过程中，池内气压为 2.35～3.14 kPa，温度维持在 32～38℃。消化池工艺操作简单、造价低廉，当气源不足时，可从投料孔添进一些发酵辅助物，如树叶、稻草、生活垃圾、工业废水等，以帮助提高产气量。

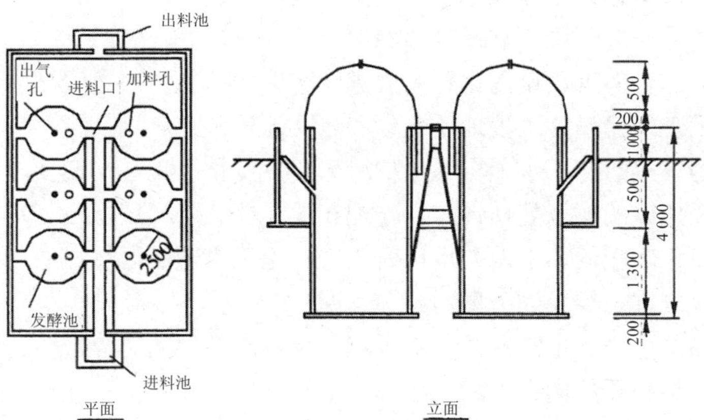

图 4-28　立式圆形半埋式消化池组平面图

4.3.3.5　长方形（或方形）消化池

长方形（或方形）消化池由发酵室、气体贮藏室、贮水库、进料口和出料口、搅拌器、导气喇叭口等部分组成。发酵室主要是贮藏供发酵的废料。气体贮藏室与发酵室相通，位于发酵室的上部空间，用于贮藏产生的气体。物料分别从进料口和出料口进入和排出。贮水库的主要作用是调节气体贮藏室的压力。若室内气压很高，就可将发酵室内经发酵的废液通过进料间的通水穴，压入贮水库内。相反，气体贮藏室内压力不足时，贮水库中的水由于自重便流入发酵室，就这样通过水量调节气体贮藏的空间，使气压相对稳定，保证供气。通过搅拌器使发酵物不至沉到底部加速发酵。产生的气体通过导气喇叭口输送到外面导气管。

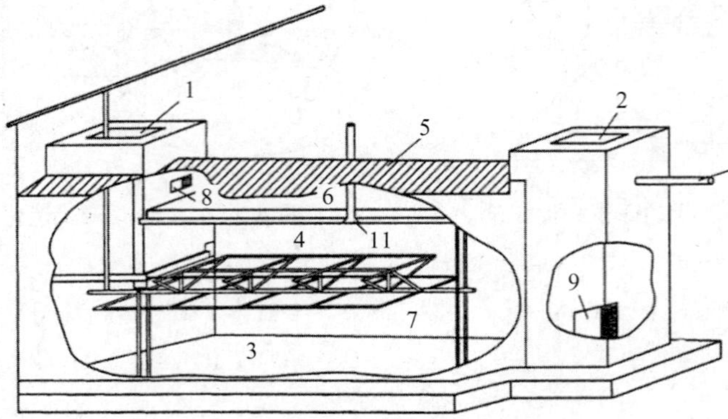

图 4-29　长方形消化池

1-进料口；2-出料口；3-发酵室；4-气体储藏室；5-木板盖；6-储水库；7-搅拌器；8-通水穴；9-出料门洞；10-粪水溢水管；11-导气喇叭口

4.3.4　厌氧消化工程总体设计和平面布置

4.3.4.1　厌氧消化厂选址与总图布置

1. 厌氧消化厂的选址要求

①应符合当地城市建设总体规划、当地城市区域环境总体规划、当地城市环境卫生专业发展规划要求，并通过环境影响报告书的认定。

②厂址选择应综合考虑厌氧消化厂的服务区域、转运能力、运输距离等因素。

③应具备满足工程建设的工程地质条件和水文地质条件。

④应与当地的大气防护、水土资源保护、大自然保护及生态平衡要求相一致。

⑤结合已建或拟建的垃圾处理设施，合理布局，并利于实现综合处理。

⑥应位于人口密度较低、土地利用价值较低、施工方便的区域。

⑦应位于城区夏季主导风的下风向。

⑧厂址应有满足生产、生活的供水水源和污水排放条件。

⑨厂址附近应有必要的电力供应。

2. 厌氧消化厂总图布置原则

①有机生活垃圾厌氧消化处理工程的总体布局应依据其工艺及技术路线确定，充分利用场地空间，在有效控制二次污染的前提下节约土地。

②对于分期建设的有机生活垃圾厌氧消化处理工程，其总体布局及平面设计应充分考虑后续建设内容的发展空间，在相对集中的前提下预留分期建设场地，并满足工艺布局的要求。应充分利用地形、地貌、风向等自然条件进行有机垃圾厌氧消化处理工程的工艺布置。

③应符合生产工艺技术要求。

④应按照功能分区布置，满足生产、办公、生活的需求。做到分区合理，人流、物流畅通，减少中间运输环节。

⑤主要生产部分与辅助生产部分应综合考虑地形、风向、使用功能及安全等因素，在满足使用功能和安全的条件下，宜相对集中布置。生产区、管理区应形成相对集中的两个独立区域，其间应设隔离带，管理区应在夏季主导风向的上风向位置。

4.3.4.2 厌氧消化总体设计

厌氧消化工艺设计应根据厌氧工程规划年限、工程规模和建设目标，选择投资省、占地少、工期短、运行稳定、操作简便的工艺路线，做到技术先进、经济合理、安全适用。所设计的工艺流程、建（构）筑物、主要设备和设施等应能最大限度地满足生产需要，保证工程功能的实现。应在不断总结生产经验和吸收科研成果的基础上，积极采用经过实践证明行之有效的新技术、新工艺、新材料和新设备。并应以近期工程规模为主，兼顾远期规划，并为今后发展预留改、扩建余地。为防止因某些突发事故而造成设施停运，其被处理的原料应有安全溢流和超越的措施。

在经济合理的原则下，对经常操作且稳定性要求较高的设备、管道及监控部位，应尽可能采用机械化、自动化控制，以方便运行管理，降低劳动强度。与邻近区域的给水、排水和雨水的排除系统以及供电、供气系统相协调。应尽可能降低工程造价和运行成本。

1. 厌氧消化工艺设计依据

①厌氧消化原料：种类、总量以及收集方式、排放量的稳定性及可持续年限，同时还应当收集企业扩大生产以后的原料的相关资料。

②气象资料：当地的气温、风力、风向、降水量、日照及霜冻期等。

③水文地质资料：工程所在地的水文地质、地震烈度、冻土层厚度以及地下水位等。

④区域规划资料：区域现状图和区域总体规划平面图及说明书。如果沼气用于区域居民集中供气，还应有区域地下管网布置图。

⑤处理后的出水排放的允许水质标准。

⑥处理后的废水和沼渣利用的可能性与途径等。

⑦沼气的用途及使用要求。

⑧当地或企业能提供的给排水、供电、供热量等情况。

⑨拟建厌氧消化工程附近及其周围有无可以利用的池塘、山谷、洼地、沼泽地域和旧河道等废弃不用土地的资料及其他自然资源等。

2. 厌氧消化工艺设计内容

工艺设计应包括厌氧消化原料的收集，前（预）处理，沼气的净化、存储、输配与利用，沼渣、沼液的综合利用（或进一步深度处理达标）等全系统工艺。主要设计内容有：

①工艺技术流程的选择、确定及设计。

②各个处理单元工艺技术参数的选择与确定。

③全系统的物料及能量的变化及平衡计算。

④各处理构筑物、建筑物、设施及设备的单元工艺设计。

设计文件应包括工艺设计总说明、工艺平面布置图、工艺纵向流程图、各处理构筑物、建筑物、设备的工艺条件图等。

3. 厌氧消化厂用地面积的构成

厌氧消化厂建设用地应符合科学、合理、节约的原则，厌氧消化厂建设用地指标按表4-19控制。厌氧消化厂用地由卸料区、存料区、预处理（中间处理）区、厌氧消化区、后处理区、成品堆肥储存区、沼气储存和利用区、消化残液储存处理区、生产生活管理服务区、绿化隔离区及厂内道路地坪等构成。

表 4-19 厌氧消化厂建设用地指标

类型	额定日处理能力/（t/d）	用地指标/m^2
Ⅰ类	300～600	35 000～50 000
Ⅱ类	150～300	25 000～35 000
Ⅲ类	50～150	15 000～25 000
Ⅳ类	≤50	≤15 000

注：Ⅰ类厌氧消化厂可根据实际处理规模酌情增加。

4.3.4.3 厌氧消化处理厂实例分析

以某饭店泔水厌氧消化处理工程项目为例，有机垃圾厌氧消化工程的工程设计条件如下：①处理规模：200 t/d；②有机垃圾特性分析如表 4-20 所示。

表 4-20 饭店泔水性质

含水率/%	平均水分/%	干物质/%	粗蛋白/%	粗纤维/%	粗脂肪/%	含油量/（mg/L）	饲料氨基酸/%	钙/%	钠/%
81～93	87	13	16.73	2.52	7～30	150～6 000	23	0.73	0.76

③ 有机负荷：2.0 kg/（m^3·d）；水力停留时间：21 d。

本实例按工艺流程设计、工艺设计说明及工程应用的经济性分析等分别说明如下：

1. 工艺流程设计

工艺流程设计如图 4-30 所示，设定厌氧消化工艺进料固含量 6%，有关处理过程工艺设计参数如下：

（1）受料及卸料区域：500 m^2

（2）受料罐：100 m^3

（3）混合及储存罐：2 000 m^3

（4）卫生消毒罐：100 m^3

（5）厌氧消化罐：7 000 m^3

（6）气体储存罐：2 500 m^3

（7）热电联产系统：发电 600 kW；产热 920 kW

（8）厂房（锅炉、换热器、小型实验室等）：320 m^2

（9）消化液储存罐：2 500 m^3

（10）残渣脱水：螺杆挤压式脱水机

（11）脱水残渣堆肥区：1 800 m^2

（12）火炬燃烧系统

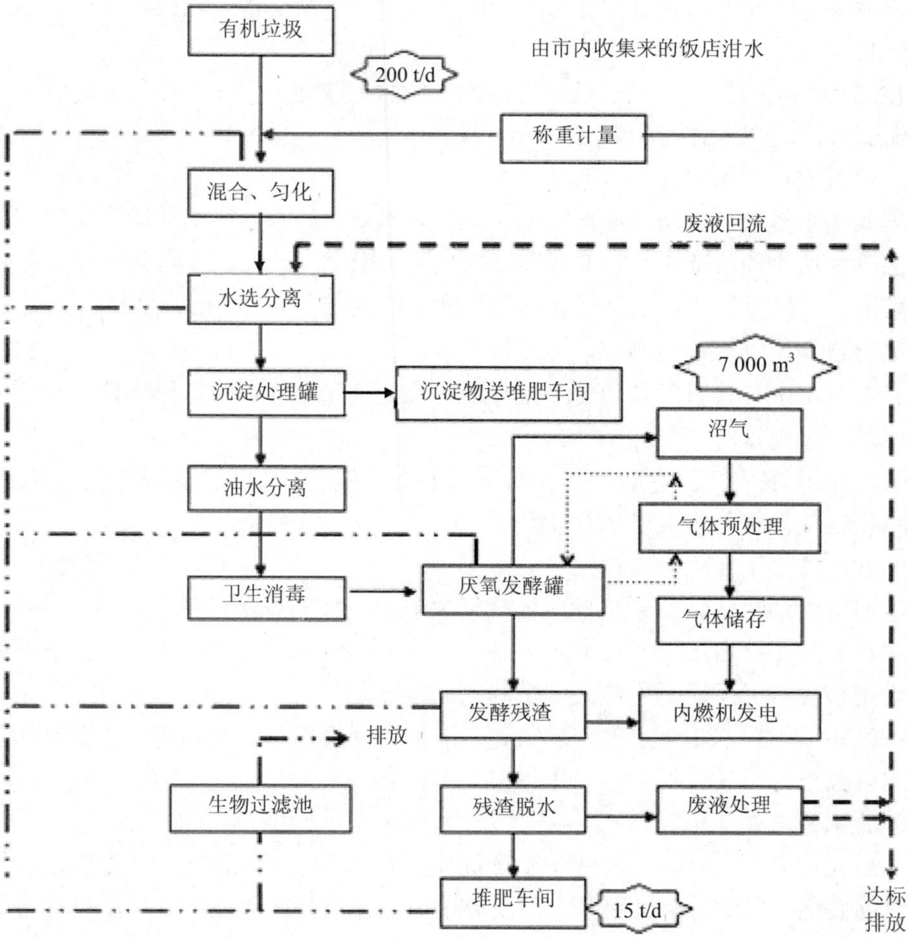

图 4-30　有机垃圾厌氧消化处理工艺流程

2. 工艺设计说明

（1）有机垃圾进料接收单元

由市区收集来的饭店泔水厨余等液状或浆状垃圾由罐式收集车经称重后直接运至位于室外的泔水接收区域，在这里泔水等液状垃圾直接由收集车通过与建在地下的接收缓冲罐的软管相连接。

（2）混合及储存单元

该单元的主要目的是将生活垃圾与饭店泔水在处理回水的稀释、溶解作用下进行充分的混合、匀化，将垃圾中的有机成分溶解为能够适于用泵进行输送的发酵浆液。

（3）卫生消毒单元

为了消除进料垃圾中的病原体，工艺中设计两个容积均为 50 m^3 的卫生消毒罐。该阶段需在 70℃下保持 1 h，也就是说，消毒罐内的温度将在恒温条件下保持 1 h。

（4）厌氧消化单元

厌氧消化单元是厌氧消化工艺中最重要的环节之一。本方案中设计了两个容积均为

3 500 m^3 的厌氧消化罐，采用中温消化[（36 ± 1）℃]。消化罐要求具有持续混合搅拌功能，使得消化底物能够与厌氧菌进行充分的接触反应。为了最大限度地降解有机质与实现污泥稳定化，水力停留时间至少应为 21 d。

消化罐中产生的生物气通过反应器顶部导气管被收集，并进行净化处理装置去除悬浮物质和游离水后进入气体利用单元。

（5）沼气收集利用单元

沼气利用系统装备有所有必要的安全系统，例如火炬系统。消化罐产生的沼气通过过滤装置去除残留物和冷凝水。一部分气流由鼓风机返吹入消化罐气流管内以产生涡流效应混合发酵液；大部分沼气被返送至容积为 2 500 m^3 的储气罐中（图 4-30）。该罐的压力和充气水平由自动控制系统监测。

在紧急情况下，过量气体由一个处理能力为 1 000 m^3/h 的沼气燃烧器处理。

（6）沼气发电系统

厌氧消化厂每天产生 7 000～8 000 m^3 的生物气体（沼气），需要建设一座 CHP 发电站，以将生物气体转化为电能和热能。

（7）残渣脱水单元

发酵残渣由消化罐卸料泵从反应器底部抽出并被抽到脱水机中。

脱水机安装在平台上，使脱水污泥靠重力排出。脱水污泥排至位于平台下方的传送带上，传送带将脱水污泥运至堆肥处理车间。

渗滤液由位于脱水机下方的水坑收集，一部分回流至预处理系统作为处理用水，另一部分由水泵抽至建筑物外消毒罐，进行卫生消毒。

（8）脱水残渣处理单元

这一单元用来从发酵后的物料中生产优质的有机肥，每天约可产生 25 t。包括主发酵单元、最终熟化（二次发酵）单元、杂质分选单元和后处理单元等。堆肥产品可以用在农田、果园以及园林、绿化当中作为优质的有机营养土或有机肥使用。

主发酵（高温发酵）单元的主要控制参数：垃圾含水率 45%～55%；堆高 2.5～3 m；通风量 0.1～0.20 m^3/（m^3 垃圾·min）；风压 4.5 kPa；控制温度：55℃以上维持 5～7 d（最高温度不大于 75℃，最佳温度 60℃左右），剩余时间维持在 35～38℃；主发酵周期 20 d。

最终熟化指标：容积减量 30%～40%；水分控制在 30%左右；碳氮比低于 20∶1；发酵物达到无害化标准；无恶臭，不招引蚊蝇等。

（9）消化液处理单元

厌氧消化过程中产生的渗滤液或者可以作为液肥出售，或者可经过附加处理流程以满足污水排放标准或送往当地城市污水处理厂处理。

（10）工艺主体设备：厌氧消化工艺主体设备清单详见表 4-21。

表 4-21 厌氧消化工艺主体设备清单

位置编号	名称	单位	数量	类型	备注
01	进料储存罐	台	1		
02	螺旋传送机	台	1		
03	螺旋传送机	台	1		

位置编号	名称	单位	数量	类型	备注
04	锤式破碎机	台	5		
05	储存罐	台	2		
06	泵	台	2	螺旋泵	
07	水解槽	台	1		
08	水解循环泵	台	1	离心泵	
09	反应器送料泵	台	3	螺旋泵	
10	湿式消化罐	台	2		
11	沼气压缩机	台	2		
12	气体计量单元	套	2		
13	底部循环泵	台	2	离心泵	
14	供热电路泵	台	2	离心泵	
15	换热器	台	2	套管	
16	除沫器	台	1		
17	浮渣缓冲器	台	1		
18	泵	台	2	螺旋泵	
19	沉降分离器	台	2		
20	皮带机		1	皮带	
21	絮凝剂投加器	台	1		
22	絮凝剂分配器	台	1	螺旋泵	
23	机械翻堆系统	套	1		
24	除雾器	台	1		
25	火炬	台	1		
26	储气罐	台	1		
27	沼气通风机	台	2		
28	沼气发电机	组	1		

第 5 章　固体废物焚烧处理技术

5.1　固体废物热处理及焚烧技术发展

5.1.1　固体废物热处理

各类固体废物包括城市垃圾中的有机物均可采用不同类型的热处理技术使其无害化。所谓热处理技术是在某种装有固体废物的设备中以高温使有机物分解并深度氧化而改变其化学、物理或生物特性和组成的处理技术。

常用的热处理技术分为以下几类：

①焚烧：是一种最常用的热处理工程技术。它用加热氧化作用使有机废物转换成无机废物，同时减少废物体积。一般来说，只有有机废物或含有有机物的废物适合于焚烧。焚烧缩减了废物的体积，可完全灭绝有害细菌和病毒，破坏有毒的有机化合物，焚烧后的余热可作为热源再利用。

②热解：是在缺氧的气氛中进行的热处理过程。经过热解的有机化合物生成降解，产生多种次级产物，形成可燃物，包括可燃气体、有机液体和固体残渣等。

③熔融：是利用热在高温下把固态污染物熔化为玻璃状或玻璃-陶瓷状物质的过程。

④湿式氧化：湿式氧化是处理含可氧化物浓度较低的废液的技术。其过程基于下述原理：有机化合物的氧化速率在高压下大大增加，因此加压有机废液，并使其升高至一定温度，然后引入氧气以产生完全液相的氧化反应，这样，可使大多数的有机化合物得以破坏。

⑤烧结：是将固体废物和一定的添加剂混合，在高温炉中形成致密高强度固体材料的过程。

⑥其他方法：包括蒸馏、蒸发、融盐反应炉、等离子体电弧分解、微波分解等。

本章将重点介绍固体废物焚烧处理技术，下一章简单介绍固体废物热解处理技术。

5.1.2　固体废物焚烧处理

固体废物焚烧（incineration）是一种高温热处理技术，即以一定量的过剩空气与被处理的有机废物在焚烧炉内进行氧化燃烧反应，废物中的有毒有害物质在高温下氧化、热解而被破坏，是一种可同时实现废物减量化、资源化、无害化的处理技术。焚烧法不但可以处理固体废物，还可以处理液体废物和气体废物，如采用焚烧技术处理城市生活垃圾时，常常将垃圾焚烧处理前暂时贮存过程中产生的渗滤液和臭气引入焚烧炉内进行焚烧处理；焚烧技术不但可以处理城市垃圾和一般工业废物，而且可以处理危险废物，如危险废物中的有机固态、液态和气态废物，常常采用焚烧处理。

焚烧适用处理有机成分多、热值高的废物。当处理可燃有机物组分很少的废物时，需要补充大量的燃料，这会使运行成本增高。

焚烧技术的优点在于大大减少了需要最终处置的废物量，减量、消毒作用效果明显，同时可回收部分热量，另外，处理生活垃圾时，其炉渣可以作为建筑材料的原料，可回收部分有价物质等。

焚烧技术相对于其他处理技术而言，其主要缺点是投资费用高，操作复杂、严格，产生二次污染物如 SO_2、NO_x、HCl、二噁英和飞灰等，需要进一步处理。

随着技术的发展和系统设计的优化及运行管理的规范和严格要求，这些不足之处已大大减少，近年来焚烧技术受到了人们的重视，国内固体废物焚烧进入了一个新的发展时期。

5.1.3 焚烧技术的发展

现代固体废物焚烧技术的历史可追溯到 19 世纪的英国和美国，最早的固体废物焚烧装置是 1874 年和 1885 年分别建于英国和美国的间歇式固定床垃圾焚烧炉。随后，德国（1896）、法国（1898）、瑞士（1904）也相继建成。20 世纪初，欧美一些工业发达国家开始建造较大规模的连续式垃圾焚烧炉。

固体废物焚烧技术也和其他处理技术一样，经历了从简单到复杂、从小到大、从间歇式炉型到半连续炉型直至 24 h 连续运行的高效炉型的发展过程。间歇式焚烧炉距今已有近 140 年的历史，最早的半连续式机械炉从出现至今也已有 70 年。进入 20 世纪 60 年代，随着计算机技术和自动控制技术的进步，垃圾焚烧炉逐步发展成为集高新技术于一体的现代化工业装置。到目前为止，世界上最大的垃圾焚烧厂的处理能力为 4 300 t/d，国内单炉的最大处理能力已达 800 t/d。

随着社会经济的发展和人们生活水平的提高，城市垃圾中有机物含量越来越高，热值也逐年升高。在能源短缺的现代社会，城市垃圾作为一种新的能源，也日益受到重视。在一些欧美工业发达国家，已经将垃圾焚烧提到“废物能源工厂”（waste-to-energy facility）的高度进行评价。据日本国内的统计，日本全国的垃圾产生量约为 4 997 万 t/a，按垃圾的平均热值 6 300 kJ/kg 计，总潜在能量约为 314×10^{12} kJ，相当于日本一次能源供给量的 1.6%，实际的垃圾发电总量相当于全国总发电量的 0.2%。

长期以来，我国对城市垃圾主要采用简易填埋或卫生填埋的方法进行消纳。近几十年来，随着城市人口的增加、城市规模的迅速扩大和人们生活水平的提高，几乎所有大中城市的填埋场实际使用年限都比设计使用年限短，而且新建、扩建填埋场的选址越来越困难，填埋场对周边环境、地下水的影响也日益显现，各地政府部门开始把目光转向减量化程度较大的焚烧+填埋方式上来。1988 年深圳市首家引进了两台处理能力为 150 t/d 的三菱马丁式焚烧炉，随后北京、上海、广州等一线城市和长三角、珠三角等经济发达地区相继建设投产了一批大中型生活垃圾焚烧发电厂。

近十年来，我国城市生活垃圾焚烧技术得到了迅猛推广。据《中国统计年鉴》，截至 2011 年，全国已建成 109 座城市生活垃圾焚烧厂，处理能力达 9.4 万 t/d，实际处理生活垃圾 2 600 万 t/a，占全国 657 个设市城市生活垃圾清运量 16 400 万 t/a 的 15.85%。而到 2013 年 9 月，国内建成并投入运行的生活垃圾焚烧发电厂上升到了 159 座，总处理规模高达 14.5 万 t/d，总装机约 3 000 MW。

5.1.4 固体废物焚烧特性

判断固体废物能否采用焚烧技术进行处理，主要取决于固体废物的燃烧特性。固体废物最主要的燃烧特性包括其三组分和热值，并可根据焚烧垃圾量核算并绘制焚烧炉燃烧图，指导焚烧炉的安全运行。

1. 固体废物的三组分

固体废物的三组分是指废物中的水分、可燃分和灰分，是焚烧炉设计的关键因素。测试方法参见 1.3 节相关内容。

（1）水分

水分含量是指干燥某固体废物样品时所失去的质量，它与当地气候等密切相关。水分含量是一个重要的燃烧特性，含水率太高就无法点燃。与一般燃料相比，城市居民生活垃圾的含水率为 40%～60%，且同一地区的生活垃圾随着季节不同有很大波动，不同地区的城市生活垃圾含水率也不同。含水率越高，废物低位热值越低，燃烧效果就越差。

（2）可燃分

通常，固体废物的可燃分包括挥发分和固定碳。固定碳是除去水分、挥发性物质及灰分后的可燃烧物。生活垃圾的可燃分一般为 30%～40%。

（3）灰分

测定灰分可预估可能产生的熔渣量及排气中粒状物含量，并可依灰分的形态类别选择废物适用的焚烧炉。生活垃圾的灰分一般为 10%～20%。

2. 热值

热值是指单位质量（指固体或液体）或单位体积（指气体）的燃料完全燃烧，燃烧产物冷却到燃烧前的温度（一般为环境温度）时所释放出来的热量。

燃料热值有高位热值与低位热值两种。高位热值（HHV）与低位热值（LHV）的区别，在于燃料燃烧产物中水呈液态还是气态，水呈液态是高位热值，水呈气态是低位热值。低位热值等于从高位热值中扣除水蒸气的凝结热。废物热值的测定和计算方法可参见 1.3.2 节的内容。

《城市生活垃圾处理及污染防治技术政策》（建城[2000]120 号）中明确指出，垃圾焚烧发电适用于进炉垃圾平均低位热值高于 5 000 kJ/kg、卫生填埋场地缺乏和经济发达的地区。

3. 燃烧图

燃烧图是反映焚烧炉正常工作区域、短期超负荷区域以及助燃工作区域，并标明各工作区域参数的指导图，对焚烧厂设计、建造和运行有重要的指导作用。燃烧图横坐标为垃圾处理量，单位为 t/h；纵坐标表示垃圾热功率，单位为 MW；焚烧图上斜线分别对应不同的垃圾热值。通过焚烧图可以清晰地表示出焚烧炉焚烧不同热值垃圾时的处理量、热负荷、超负荷能力以及辅助燃料添加区域的工作范围。

图 5-1 表示该焚烧炉垃圾设计低位热值为 6 700 kJ/kg（1 600 kcal/kg），焚烧炉额定处理垃圾量为 500 t/d。图中连续运行区域是由 MCR-*A*-*B*-*C*-*D*-*E*-*F*-*G*-MCR 点包围的区域（MCR 是设计的最优点）。超负荷运行的区域是由 *H*-*I*-*A*-MCR-*G*-*F*-*J*-*H* 点包围的区域，一般为每天 2 次，每次连续运行 2 h 以内。需要助燃的区域是由 *C*-*D*-*E*-*F*-*G*-*C* 点包围的区域。

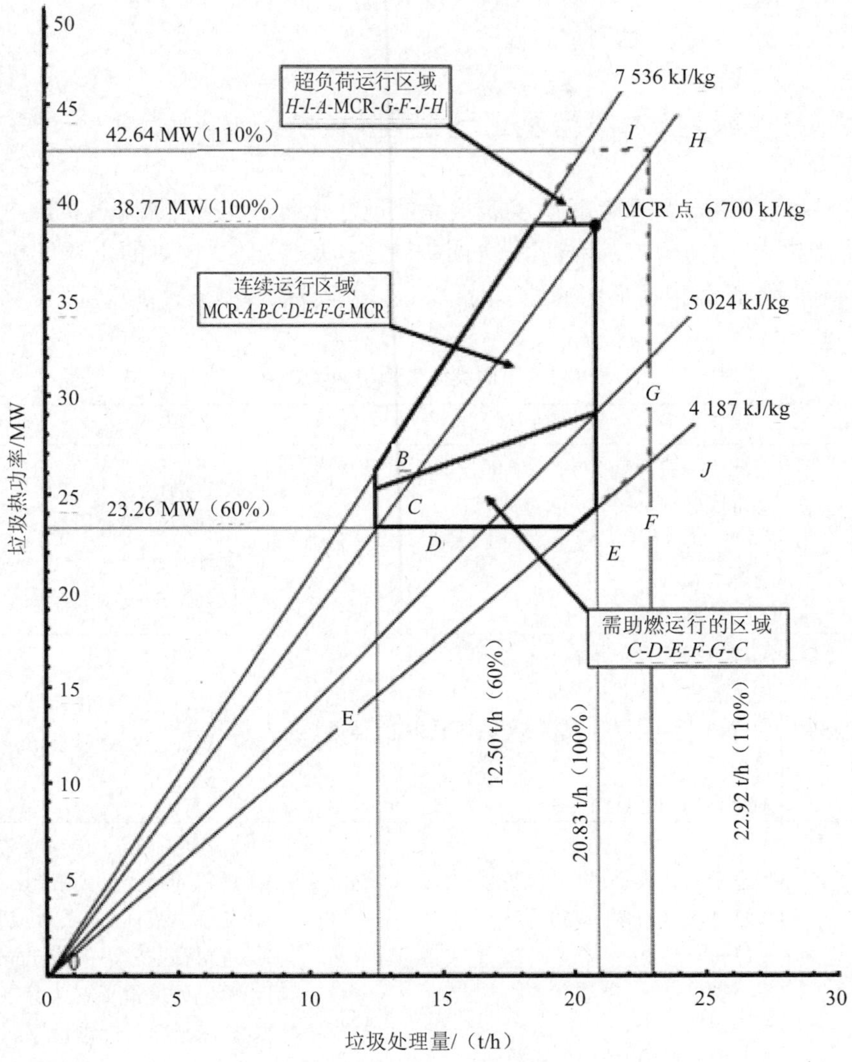

图 5-1 焚烧炉垃圾燃烧图

4. 固体废物的燃烧过程

固体废物的焚烧是一个完全燃烧过程，现代生活垃圾焚烧炉和危险废物焚烧炉是以良好的燃烧为基础的，可使可燃废物与氧生成燃烧反应，将废物中有机物质有效地转换成气态物质、少量残渣和飞灰并放出热量。虽然固体废物的物理、化学特性十分复杂，但其燃烧机理与一般固体燃料燃烧机理是一致的，有蒸发燃烧、分解燃烧（裂解燃烧）、扩散燃烧与表面燃烧。其中蒸发燃烧、分解燃烧与扩散燃烧又称为火焰燃烧。液体燃烧反应主要以蒸发燃烧与分解燃烧为主；气体燃烧以扩散燃烧为主；固体燃料燃烧包括分解燃烧、蒸发燃烧、扩散燃烧与表面燃烧。

固体废物的焚烧与固体燃料燃烧的目的不同，燃料燃烧是以获取能量为目的；固体废物焚烧则以解毒或降低毒性使废物安全稳定化（即无害化）和减容减量（即减量化）为主要目的，在焚烧过程中应充分利用其能量，尽量做到资源化。

采用焚烧方法处理含有一定水分的固体废物时，一般要经过干燥、热解和燃烧三个阶段，最终生成气相产物和惰性固体残渣。

5.2 焚烧处理典型技术类型及工艺过程

本章将对目前国际上常用的四大类焚烧系统进行介绍，包括机械炉排焚烧炉、旋转窑式焚烧炉、流化床式焚烧炉以及模组式固定床焚烧炉，各式焚烧炉的主要优缺点列于表5-1。在实际应用中，可根据不同的处理对象和运行等所需要的条件加以选用。

表 5-1 不同类型焚烧炉的优缺点

焚烧炉种类	优点	缺点
机械炉排焚烧炉（混烧式焚烧炉）	①适用大容量(单座容量 100～800 t/d 或更大)； ②未燃分少，二次污染易控制； ③燃烧稳定，正常生产时基本上不需要添加辅助燃料； ④余热利用高	①造价高； ②操作及维修费用高； ③须连续运转； ④操作运转技术高
旋转窑式焚烧炉	①垃圾搅拌及干燥性佳； ②可适用中容量； ③残渣颗粒小，正常生产时，添加的辅助燃料较少； ④对废物的适应性很强	①连接转动装置复杂； ②炉内的耐火材料易损坏
流化床式焚烧炉	①适用中、大容量（单座容量 50～600 t/d）； ②燃烧温度较低（750～850℃）； ③热传导性好； ④公害低； ⑤燃烧效率佳	①操作运行技术高； ②燃料的种类受到限制； ③需添加载体(石英砂或石灰石)； ④进料颗粒较小（约 5 cm 以下）； ⑤单位处理量所需动力高； ⑥炉床材料易冲蚀损坏； ⑦飞灰量较大，飞灰处理成本高
模组式固定床焚烧炉	①适用小容量（单座容量 50 t/d）； ②构造简单； ③装置可移动、机动性大	①燃烧不安全，燃烧效率低； ②使用年限短； ③平均建造成本较高

5.2.1 机械炉排焚烧炉

1. 运行系统功能设计

完整的固体废物焚烧系统通常由许多装置和辅助系统组成，典型的此类型垃圾焚烧系统如图 5-2 所示。在这个系统中包括核心设备的机械炉床焚烧炉主体以及其他作为辅助系统的原料储存系统、加料系统、送风系统、灰渣处理系统、废水处理系统、尾气处理系统、余热回收系统、发电系统、控制系统和除臭系统等。大型机械炉床焚烧炉多使用于大中城市的集中式废物处理系统中，全部装置均在现场建造和安装，工期较长，建造成本高，使用寿命较长，且操作复杂，整体系统类似于一座火力发电厂的构造。

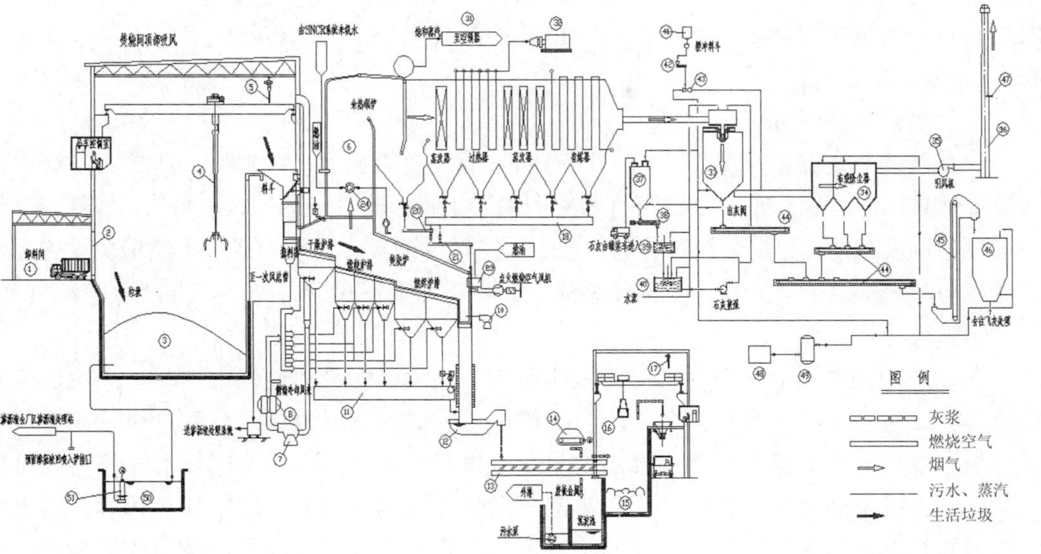

1-卸料平台；2-垃圾卸料门；3-垃圾池；4-垃圾吊车；5-垃圾吊检修葫芦；6-焚烧余热锅炉；7-一次风机；8-一次风蒸汽空气预热器；9-二次风机；10-侧增冷却风机；11-炉排漏灰输送机；12-除渣机；13-扳动运渣机；14-除铁器；15-渣池；16-炉渣抓斗起重机；17-渣吊手动检修葫芦；18-锅炉水平烟道下刮板输送机；19-第二三烟道底灰输送机；20-输送机；21-输送机；22-锅炉检修电动葫芦；23-点火燃烧器；24-辅助燃烧器；25-尿素喷射泵；26-溶解搅拌泵；27-尿素储存罐；28-尿素稀释罐；29-水箱；30-水泵；31-空气蒸汽预热器；32-蒸汽发电机组；33-脱酸反应塔；34-布袋除尘器；35-引风机；36-烟囱；37-石灰仓；38-定量给料机；39-石灰浆槽；40-储浆槽；41-活性炭仓；42-定量给料机；43-喷射器；44-飞灰输送机；45-斗式提升机；46-灰仓；47-烟气在线监测装置；48-空压机；49-储气罐；50-渗滤液收集池；51-渗滤液输送泵

图 5-2　大型机械炉排垃圾焚烧炉系统示意

2. 子系统介绍

（1）贮存及进料子系统

本系统由垃圾贮坑、抓斗、破碎机（有时可无）、进料斗及故障排除/监视设备组成，现代垃圾焚烧发电厂通常将该系统设计成一个微负压密闭系统，防止有害气体和臭气外逸。垃圾贮坑应具有防渗防腐功能，其作用是垃圾暂时贮存、垃圾发酵和渗滤液导出以提高入炉热值，少部分焚烧厂还设置有大型破碎设备。一座大型机械炉床式焚烧厂通常设有一座垃圾贮坑，负责多座焚烧炉的供料，每一座焚烧炉均有一进料斗，贮坑上方通常由一台或多台垃圾抓斗吊车负责倒料和供料，操作人员由监视荧幕或目视垃圾由进料斗滑入炉体内的速度决定进料频率。若有大件废物卡住进料口，进料斗内的故障排除装置亦可将大件废物顶出，落回贮坑。操作人员亦可指挥抓斗抓取大件废物，吊送至贮坑上方的破碎机破碎，以利于进料。垃圾贮坑内设有渗滤液收集系统，将收集的渗滤液用泵送至渗滤液处理系统进一步处理。

（2）焚烧子系统

储存在废物贮槽的废物经加料斗进入炉膛，在炉排上连续、缓慢地向下移动，这期间通过与热风的对流传热和火焰及炉壁的辐射传热，完成干燥、着火、预燃烧和后燃烧的过程，达到炉排底端时，废物中的有机成分基本燃尽，通过排渣装置进入灰渣处理系统。废物的燃烧过程主要是在炉排上完成的，它也是构成焚烧炉燃烧室的最关键部件。炉排的作用主要有：通过炉膛输送废物及灰渣；搅拌和混合物料；使从炉排下方进入的一次空气顺利通过燃烧层。

（3）余热回收子系统

该系统的目的是降低烟气温度，同时回收烟气中的热量。大中型生活垃圾焚烧厂一般均设置余热锅炉，包括布置在燃烧室四周的锅炉炉管（即蒸发器）、过热器、省煤器、炉管吹灰设备、蒸汽导管、安全阀等装置，由于蒸发器排列像水管墙，此型焚烧炉也被称为水墙式焚烧炉。锅炉水循环系统为一封闭系统，炉水不断在锅炉管中循环，并产生饱和蒸汽。

（4）发电子系统

锅炉产生的高温高压蒸汽被导入发电机后，在急速膨胀的过程中推动了汽轮机的涡轮叶片旋转，从而带动发电机发电，汽轮机排汽进入凝汽器通过循环冷却水进行冷凝，冷凝后的凝结水贮存在凝结水贮槽，经由给水系统再打入锅炉汽包中，进行下一循环的发电工作。在汽轮机中的蒸汽，亦可抽出一小部分做次级用途，例如助燃空气预热等。给水处理厂送来的补充水，注入给水系统前的除氧器中，除氧器则以特殊的机械构造将溶于水中的氧去除，以防炉管受到腐蚀。

（5）给水处理子系统

给水处理（化学水处理）子系统主要用于处理外界送入的自来水、地表水或地下水，将其进行除盐处理后满足工业锅炉补给水要求，再送入锅炉水循环系统，其处理方法为高级用水处理程序，一般包括活性炭吸附、离子交换及反渗透或 EDI 等水处理单元。

（6）烟气处理子系统

废物焚烧产生的烟气由二燃室出口进入余热利用装置或冷却装置冷却至一定温度后，再经脱酸、脱硝、吸附、除尘等工序后，由烟囱排入大气。其详细工艺见 5.7 节烟气净化系统。

（7）废（污）水处理子系统

由锅炉排放的废水、员工生活污水、实验室废水或洗车废水所收集来的废（污）水，可以综合在废（污）水处理厂一起处理，达到排放标准后再排放或回收再利用。废（污）水处理系统一般由不同功能的物理、化学及生物处理单元所组成。

垃圾贮坑内设有渗滤液收集系统，将收集的渗滤液用泵送至渗滤液处理系统进一步处理。在渗滤液产生量较少的情况下，可采用渗滤液回喷系统喷入焚烧炉焚烧处理。

（8）灰渣收集及处理子系统

垃圾经焚烧后有机物已绝大部分被氧化、分解，剩余不可燃物质和残渣被推至燃尽炉排从焚烧炉内排出进入出渣机。炉渣由水冷式出渣机冷却，而后经振动输送机运至渣仓，进行综合利用或进一步处理。由焚烧炉体产生的炉渣及烟气净化处理单元产生的飞灰，由于含有不同种类的重金属或有机毒性物质，必须根据相应的法规标准分别进行处理。炉渣的利用和飞灰的稳定化处理详见 5.8 节焚烧残渣和飞灰的处理处置技术。

（9）控制子系统

现代垃圾焚烧发电厂均设置了一套全厂的分散控制系统（DCS）对全厂各子系统进行自动控制和监控，包括焚烧系统控制、余热锅炉系统控制、汽轮发电系统控制和烟气净化系统控制等。控制的参数有锅炉汽包水位三冲量、锅炉过热蒸汽温度、焚烧炉自动燃烧控制系统（ACC 系统）、点火及辅燃系统、供油流量、汽轮机组自动主汽门前蒸汽温度和压力、自动主汽门后蒸汽温度和压力、安全油压力等。

（10）通风除臭子系统

生活垃圾产生的臭气主要污染因子为 H_2S、NH_3、甲硫醇等，目前主要有焚烧分解、活性炭吸附和生物降解等方法，前两种方法在大中型生活垃圾焚烧厂得到了广泛应用，生物降解在生活垃圾填埋场使用较多，在焚烧厂亦有小范围内的使用实例。下面主要介绍前两种方法在生活垃圾焚烧厂的使用情况。

首先是臭气源的密闭和收集，将垃圾池设计成全封闭微负压，防止臭气外溢；同时在卸料大厅进入口设置自动开关及空气幕，并将通往其他区域的通行门设气密室，加强卸料门的使用管理等措施。焚烧炉正常生产时，将渗滤液收集、输送区域所产生的臭气通过臭气引风机引入垃圾池内，连同垃圾池内产生的含有臭气和甲烷等有害物质的空气从垃圾池上部吸出，作为一次风送入焚烧炉内燃烧、氧化。在焚烧炉检修期间，将上述空气用活性炭吸附后排空，臭气风机和活性炭吸附装置的能力应保证垃圾池的换气为 1.5～3 次/ h。

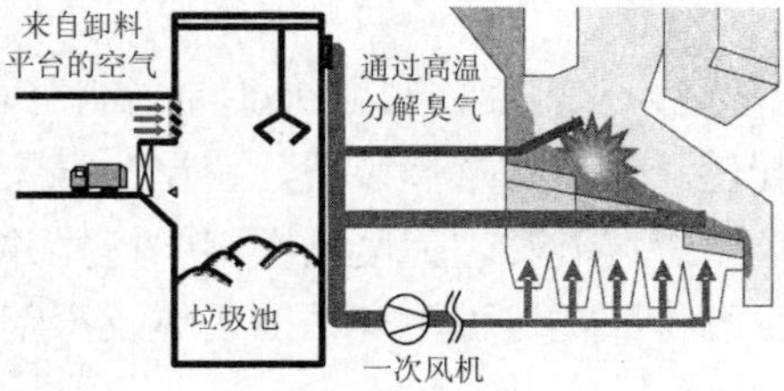

（a）运行时

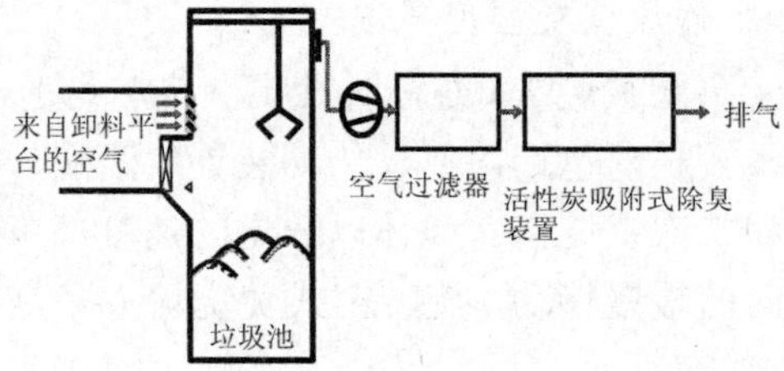

（b）检修时

图 5-3　臭气控制方案流程

（11）其他子系统

其他子系统包括循环冷却水子系统、变配电子系统等。

3. 评价指标

作为衡量焚烧炉处理能力的重要指标——燃烧室热负荷和炉排燃烧率——在设计中要求必须给出。

燃烧室热负荷 Q_v 决定燃烧室的大小，其定义为：燃烧室单位容积、单位时间燃烧的废物所产生的热量（低热值），单位是 kJ/（m^3·h）。燃烧室的容积是指保温材料所包围的空间，以空炉时炉排上方的容积计，但对于二燃室设置水冷壁的焚烧炉型，则只考虑水冷壁以下第一燃烧室的容积。当燃烧室热负荷设计过大时，燃烧室体积变小，炉膛温度升高，容易加速炉壁的损伤以及在炉排和炉壁上的结焦，同时，烟气在燃烧室的停留时间缩短，烟气中可燃组分燃烧不完全，甚至在后续烟道中再次燃烧造成事故；相反，当燃烧室热负荷设计过小时，燃烧室容积增大，炉壁的散热损失造成炉膛温度降低，特别是当废物热值较低时，会使得燃烧不稳定，造成灰渣中热灼减量的增加。作为设计的参考值，对于间歇式焚烧炉通常取为（17～40）$\times 10^4$ kJ/（m^3·h），对于连续式焚烧炉通常取为（35～60）$\times 10^4$ kJ/（m^3·h）。

炉排燃烧率 G（kg/（m^2·h））是指炉排单位面积、单位时间可以焚烧的废物量，即：

$$G=\frac{W}{HA} \tag{5-1}$$

式中：A——炉排面积，m^2；

H——每天的运行时间，h/d；

W——废物焚烧量，kg/d。

根据上述定义，炉排燃烧率越大，焚烧炉的处理能力越强，焚烧炉的性能越好。而对于特定的焚烧炉（规格、大小一定），则废物热值越高、灰渣的热灼减量越大、助燃空气温度越高，炉排燃烧率应取值越大。作为设计的参考值，对于间歇式焚烧炉通常取为 120～160 kg/（m^2·h），对于连续式焚烧炉通常取为 200 kg/（m^2·h）。燃烧室热负荷的计算见 5.4.1 节。

5.2.2 旋转窑式焚烧炉

1. 工作原理及应用范围

旋转窑式焚烧炉（亦称回转窑焚烧炉）是一个略为倾斜而内衬耐火砖的钢制空心圆筒，窑体通常较长，包括筒体、传动装置、滚圈、托轮、窑头及燃烧装置、窑尾、窑头窑尾密封装置和二次燃烧室。筒体以一定的速度（可调）缓慢旋转，使废物在窑中搅拌并沿筒体中心线向前缓慢移动。旋转窑式焚烧炉大多是由废物燃烧过程中产生的气体及窑壁传输的热量加热的。

旋转窑式焚烧炉对废物的适应能力很强，能焚烧各种物态（固体、液体和气体）、各种形状（颗粒、粉状、块状、桶状及黏稠状）的可燃废物，可连续生产，机械化程度高，维护及操作简单，特别适合处理危险废物和含水率高的一般固体废物，也可用于污水处理厂的污泥干燥。《危险废物和医疗废物处置设施建设项目复核大纲》中明确规定：在炉型选择上，危险废物焚烧炉型应优先采用对废物种类适应性强的旋转窑式焚烧炉。医疗废物焚烧炉型选择时，单台处理能力在 10 t/d 以上的焚烧炉应优先采用旋转窑式焚烧炉，鼓励采用连续热解焚烧炉；小于 10 t/d，优先采用连续热解焚烧炉、高温蒸煮等工艺，严禁采用单燃烧室焚烧炉和炉排炉。

旋转窑式焚烧炉的生产能力比炉排炉小。目前，亦有在大型水泥窑中掺烧生活垃圾和危险废物的实例，但为保证水泥的品质，其掺烧的量一般都不大于该窑生产能力的 10%。

每一座旋转窑常配有一到两个燃烧器作为点火燃烧器和辅助燃烧器，其使用的燃料包括燃料油、瓦斯或高热值的废液，可装在旋转窑的前端（亦称窑头）或后端（亦称窑尾）。在启炉时，启动燃烧器将窑温升高到要求温度后才开始进料。正常生产时，燃烧器可根据窑内温度自动启停，当窑内温度低于设定温度时，燃烧器作为辅助燃烧装置自动启动，以提高炉温；当窑内温度高于设定温度时，自动停止，以节省辅助燃料消耗。

旋转窑多采用批式进料，以螺旋推进器（或其他进料装置）配合锁气装置（air lock）实现窑的密封。废物在窑内各段经过干燥、点火燃烧、燃烬，炉渣落入水封落渣口排出。二燃室通常也装有一到数个燃烧器作为点火燃烧器和辅助燃烧器，二燃室的设计必须符合下列要求：危险废物焚烧时，烟气在二燃室内温度 1 100℃以上停留时间应大于 2 s；焚烧含多氯联苯废物时，二燃室温度不低于 1 200℃，烟气停留时间不小于 2 s；医疗废物焚烧时，烟气在 850℃以上停留时间大于等于 2 s；生活垃圾焚烧时，烟气在炉膛内 850℃以上停留时间大于等于 2 s。

废液有时与固体废物混合后一起送入窑内，或借助压缩空气或蒸汽进行雾化后直接喷入。焚烧炉渣与飞灰应分别收集处理。

2. 生产能力和操作参数的确定

旋转窑式焚烧炉生产能力计算方法有多种，有按窑内废物流通能力计算、正常排烟能力计算、传热能力计算等，废物焚烧大多数按窑内废物流通能力计算再复核热负荷。式(5-2)和式（5-3）是按废物在窑内流通能力计算公式：

$$G = 0.785D^2\varphi\omega\gamma \tag{5-2}$$

或

$$G = 0.785D^2\varphi L\frac{\gamma}{t} \tag{5-3}$$

式中：G——处理能力，t/h；

φ——废物在窑内的平均填充系数；

ω——废物轴向移动速度，m/h；

γ——废物堆密度，t/m^3；

t——废物在窑内停留时间，h；

D——窑内平均直径，m，对于异径窑 $D=\dfrac{D_1L_1+D_2L_2+D_3L_3}{L}$；

L_1、L_2、L_3——异径窑各段带的长度，m；

D_1、D_2、D_3——对应于 L_1、L_2、L_3 的窑体内径，m；

L——窑体长度，m。

影响旋转窑式焚烧炉焚烧效率的主要因素有温度、废物在窑内的停留时间、烟气含氧量、固体与气体的混合程度。这些因素相互影响和制约，在设计时应综合考虑。

（1）温度

根据第一燃烧室的操作温度，可以将旋转窑式焚烧炉分为灰渣式旋转窑焚烧炉（ashing rotary kiln incinerator）和熔渣式旋转窑焚烧炉（slagging rotary kiln incinerator）。前者通常温度控制在 650～980℃，如果温度过高，窑内固体易于熔融，产生熔融物质黏结在窑内耐火材料上。如果温度太低，反应速度慢，燃烧不易完全，炉渣热灼减率升高。后者的温度一般控制在 1 200～1 430℃，二燃室气体温度控制在 1 100℃，但不宜超过 1 400℃，以免产生过量的氮氧化物。但无论是灰渣式旋转窑焚烧炉还是熔渣式旋转窑焚烧炉，二燃室烟气温度和烟气停留时间均应符合所对应的焚烧废物的要求。

（2）含氧量

过剩空气量高，可加强燃烧速率及混合强度，但过量的空气会降低燃烧温度和气体停留时间。大多数旋转窑中总的空气过剩量控制在 100%～150%，以促进固体可燃物与氧气的充分接触；也有少数旋转窑在焚烧高热值固体废物时采用热解技术，即实际供气量低于理论空气量，以便二燃室获得更多的可燃气体，以控制旋转窑的焚烧温度和减少二燃室辅助燃料的消耗。二燃室则应鼓入二次风，以便进一步燃烧烟气中可燃气体和其他有害物质。根据有关规定，二燃室出口烟气中氧含量应控制在 6%～11%（干基）。

（3）固体废物在窑内的停留时间

足够的停留时间是废物完全燃烧的必要条件之一，在其他条件相同的情况下，废物在窑内停留时间越长，燃烧越彻底，但处理能力越低。在设计时，应根据所焚烧的废物种类和其他条件，综合考虑。物料在窑内移动的基本规律是：随着旋转窑的旋转，废物被带到一定高度，随后滑落下来，由于窑的倾斜角度，废物在滑落的同时，沿轴向前进了一段距离，形成了移动速度。移动速度与多种因素有关，如废物的水分、粒度、黏度、安息角及是否有熔融渣等，下式是废物在窑内停留时间的经验公式：

$$t = 0.19 \times \frac{L}{D} \times \frac{K}{nS} \tag{5-4}$$

式中：t——废物在窑内停留时间，min；

n——窑的转速，r/min；

s——窑的倾斜度，%；

K——系数，未设置阻挡设施或抄板的焚烧炉为 1，否则大于 1；

其他符号同式（5-3）。

从式（5-4）可以看出，废物在窑内的停留时间与窑的长径比成正比，与窑的转速和倾斜度成反比。在设计时，可以通过选择多种长度与窑内径比的组合和窑的倾斜度实现设计的停留时间；但为了满足不同种类废物焚烧时对停留时间的要求，大部分旋转窑式焚烧炉采用变频调速器调整转速，转速为 0.5～4.0 r/min。

（4）烟气停留时间

根据相关规范要求，二燃室设计时，其容积和温度，应能满足前款关于烟气温度和烟气停留时间的要求。

3. *旋转窑式焚烧炉分类*

旋转窑式焚烧炉根据窑内废物流动方向和烟气流动方向的不同分为顺流式旋转窑焚烧炉和逆流式旋转窑焚烧炉。

窑内废物流动方向与烟气流向相同的称为顺流式旋转窑焚烧炉，其特点是进料端温度较低，对进料设备要求不高；但低温烟气在窑内停留时间长，传热效率不高，运营成本增大，同样条件下窑体长度长。

窑内废物流动方向与烟气流向相反的称为逆流式旋转窑焚烧炉，其特点是废物刚加入到窑内就接触到高温烟气，传热效率高，有利于焚烧；运营成本低；同样条件下窑体较短；容易实现强化焚烧。但对加料设备要求较高，故障率比顺流式旋转窑高。图 5-4 为顺流式旋转窑焚烧炉配置示意。

顺流式旋转窑焚烧炉采用二段式燃烧，第一段类似水泥的水平圆筒式燃烧室，以一定转速旋转达到垃圾的搅拌，垃圾从前端送入窑中，经过干燥、点火燃烧、燃尽后，炉渣从旋转窑窑尾下端排出，烟气中未完全燃烧的可燃物在二燃室内继续燃烧后进入余热利用系统。

图 5-5 为逆流式旋转窑焚烧炉配置示意，该系统包括旋转窑、二燃室、除渣机、辅助燃烧器；由加料机从窑头推入的废物在窑头高温烟气和窑的旋转运动作用下，在窑内向窑尾部方向缓慢翻转移动，在高温带之前经干燥、热解、燃烧，通过高温带之后继续燃烧并完成燃尽的全过程，燃尽后炉渣从窑尾下端出渣口排出。窑内烟气流向与废物流向相反，

特别适用于不同种类和不同存在形态的废物混合处理，如废液、废气可以从窑头雾化后喷入窑内，能在很短的时间内完全燃烧，废油可以从窑尾方向雾化后喷入窑内，减少辅助燃料的消耗。因进料端温度较高，尤其适合于含水率较高的废物，防止耐火材料低温腐蚀。从旋转窑窑头排出的高温烟气，导入二燃室中将烟气中有害物质与二次风充分混合进一步完全燃烧。

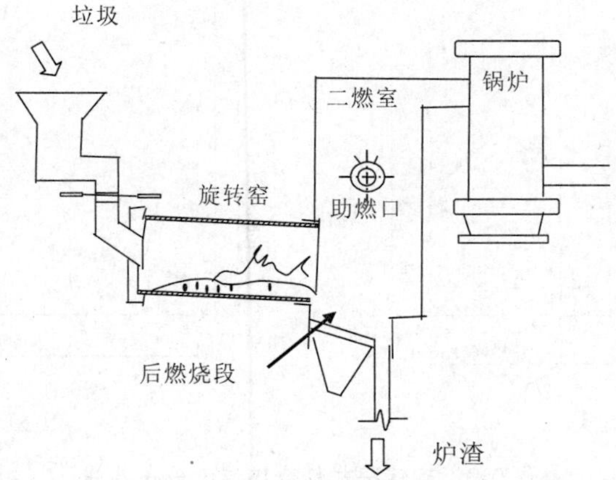

图 5-4　顺流式旋转窑焚烧炉配置示意

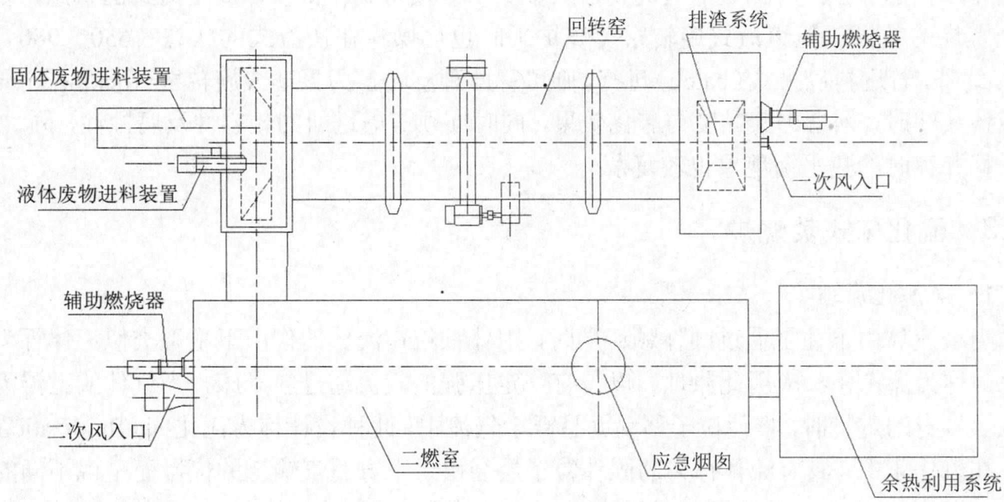

图 5-5　逆流式旋转窑焚烧炉配置示意

顺流式旋转窑焚烧炉和逆流式旋转窑焚烧炉温度分布曲线见图 5-6（a）和（b）。由于逆流式旋转窑焚烧炉加料端烟气温度较高，废物干燥段很短，燃烧段前移，燃烧段基本上处在窑的前半部分，进一步导致进料端烟气温度升高，窑前半部分温度处于最高区域，因此，逆流式旋转窑焚烧炉焚烧效率高，辅助能源消耗较少（辅助燃烧器主要是启炉和热灼减率超标时使用），窑的长度通常比顺流式旋转窑焚烧炉短。顺流式旋转窑焚烧炉内的废物干燥主要靠辅助燃烧器提供的热量，干燥、挥发、燃烧、燃尽的阶段性现象非常明显，燃烧段处于窑的中后部，比逆流式旋转窑焚烧炉明显后移，窑内废物和废气温度在燃烧段（火焰区）亦达到最高值，随着窑内有机废物的燃尽和可燃物质的减少，窑后部废物残渣和废气温度也逐步降低。

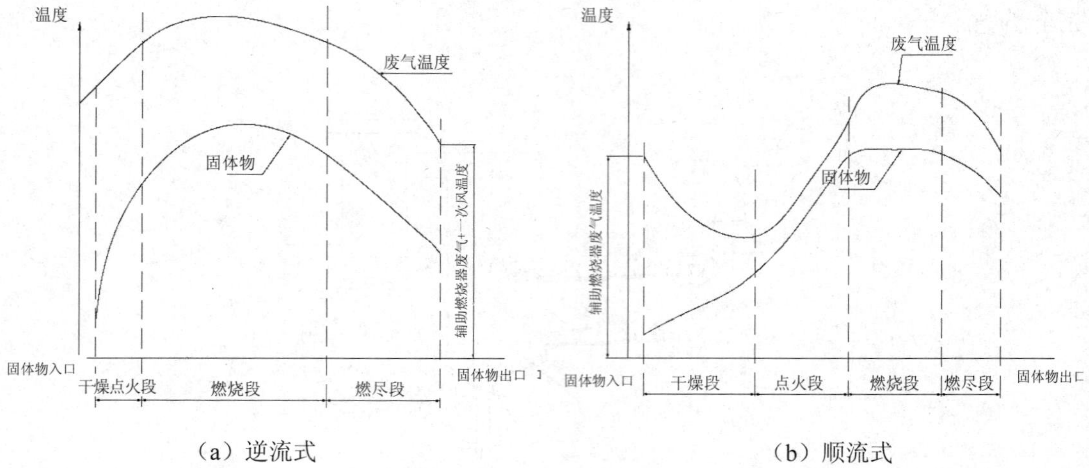

图 5-6 旋转窑式焚烧炉温度分布曲线

由于熔渣式旋转窑式焚烧炉的温度一般在 1 200℃以上，其耐火砖及燃烧室之间的接缝设计须特别加强。若桶装危险废物占大多数，则须将旋转窑设计成熔渣式的状态，以达完全燃烧的效果，但熔渣式旋转窑焚烧炉平时也可操作在灰渣式的状态（650～980℃操作）。此外，若进料以批式（batch）进行，则可称此种旋转窑为振动式旋转窑（rocking kilns）。在液体喷注时，须考虑其黏度与雾化效果，同时亦须考虑进料的相容性及腐蚀性，固、液、气三相并存时的热平衡现象也较复杂。

5.2.3 流化床式焚烧炉

1. 流态化原理

当一流体由下往上通过固体颗粒层时，固体颗粒在流体的作用下呈现类似流体行为的现象，称为流态化。应用此原理，以带有一定压强的气流通过粒子床，当气体的上浮力超过粒子本身的重量时，将使粒子移动并悬浮于气流中，此种设计称为流化床（fluidization）。

在流化床中，具有流体行为的固体粒子层会由于下方空气输送的快慢而呈现不同的形态，当气体流速极低时，粒子层呈静止状态，气体从粒子的间隙通过，此操作区域称为固定层，或称为静止床或固定床（fixed bed），如图 5-7（a）所示。当气速逐渐增加，直到克服固体粒子本身的重量，粒子便开始移动并悬浮于气流中或随气体流动，使固体粒子变得具有流体行为，此时称为初期流态床，亦称为移动层，如图 5-7（b）所示。当气速超过流态化开始速度时，密度较床密度小的物体会浮于床表面，并使床壁开孔，但床表面仍保持水平，此时床内粒子会像水一般喷出，造成炉床搅动增大，粒子间生成气泡，粒子层呈沸腾状态，称之为流动层，又称为气泡式流态床，如图 5-7（c）所示。当气速持续增加至高于粒子之终端速度，粒子会被气体带离床面，随着气体飞散，床内粒子呈现气相输送状态，称之为夹带层，或称为快速流态床，如图 5-7（d）及图 5-7（e）所示。

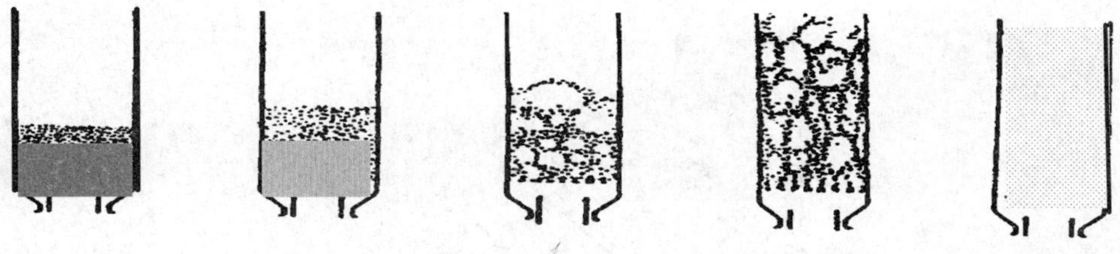

图 5-7　空气量与砂床流动状态示意

固定层、流动层及夹带层的形成与底部吹入的空气量有关，流态化速度与压力损失的关系可参见图 5-8。一般流化床焚烧炉鼓风机的送风量是依燃烧所需的空气量决定的，向上的气流流速控制着颗粒流态化程度，通常输送量控制在不生成气相输送状态的范围内。在一般的操作情况下，砂层保持固定的高度，但有时随垃圾性质的变动，必须做适当的调整，此时可利用空气量的调节，达到维持砂床理想状态的目的。

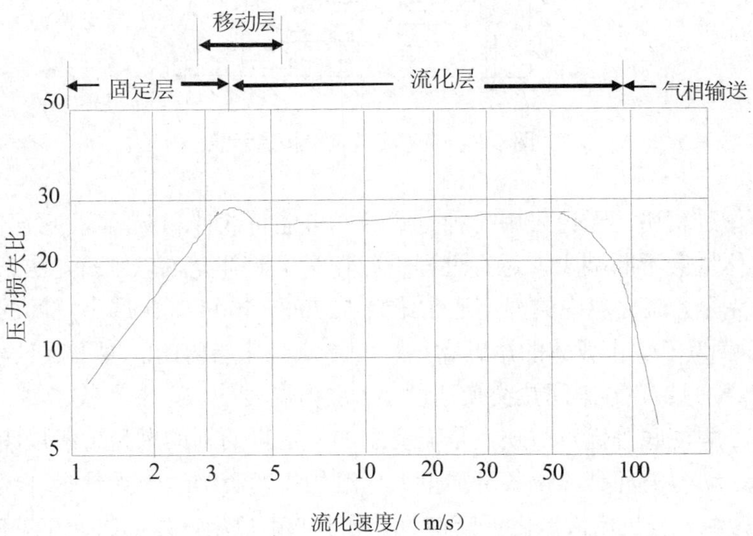

图 5-8　流态化速度与压力损失关系曲线

2. 流化床焚烧炉的应用

流化床的燃烧原理是借助石英砂介质的均匀传热与蓄热效果以达到物料的完全燃烧，由于介质之间所能提供的空隙狭小，故无法接纳较大的颗粒，因此若是处理固体废物，则必须先将其破碎成小颗粒，以利于燃烧反应。此类型焚烧的助燃空气多由底部送入，如图 5-9 所示。

目前流化床焚烧炉可分为 4 类，包括气泡式、循环式、压力式及涡流式，其中气泡式流化床与循环式流化床的发展已臻成熟，这两种流化床焚烧炉的主要差异在于后者的流化床空气流速较高，会将固体粒子吹出燃烧室，但可利用热旋风分离器使粒子与气体分离，再让固体粒子回流至燃烧室。压力式流化床焚烧炉是气泡式流化床焚烧炉的改良式，在炉体结构及燃烧控制上没有多大的差异，其主要特点是能够提高总发电效率。涡流式流化床焚烧炉则为近期开发的技术，也是气泡式流化床焚烧炉改良后的产品，已经证明有提高燃烧效率、降低载体流失等多项优点。

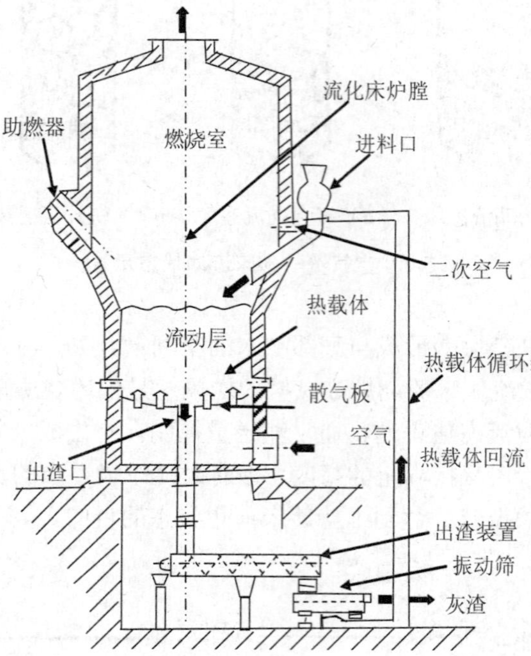

图 5-9 流化床焚烧炉构造示意

在实际操作过程中，无论采用哪种方式都不可能将载体和灰渣完全分开，加上摩擦损耗，炉内的载体量会不断减少，运行过程中应注意不断补充，以维持足够的流化层厚度。为了保证燃烧完全，流化层内的温度通常维持在 700～800℃，床层上空间的烟气温度通常为 750～850℃。为了防止载体的熔融黏结，应注意流化层内的温度不宜过高。

流化床焚烧炉具有气-固间热交换速度快、层内温度均匀、生产效率高、废物焚烧效率高、有害物质分解彻底等优点。缺点是需要添加一定量的辅助燃料、入炉废物尺寸要求均匀、烟尘率高、动力消耗高、设备磨损量大。流化床焚烧炉适于处理多种废物，如城市生活垃圾、有机污泥、有机废液、化工废物等。对于城市垃圾，为了保证在炉内的流化效果，焚烧前应将其破碎至一定尺寸。因此，与前述机械炉相比，预处理费用将占一定的比例。但由于物料混合均匀，传热、传质和燃烧速度快，单位面积的处理能力大于机械式焚烧炉，灰渣的热灼减量几乎为零。

流化床焚烧炉设计的重要参数：燃烧室热负荷（34～62）$\times 10^4$ kJ/（$m^3 \cdot h$）；炉排燃烧率（取流化床单位截面积）400～600 kg/（$m^2 \cdot h$）；流化风速通常取流化初始速度 u_{mf} 的 2～8 倍，以空塔风速计在 0.5～1.5 m/s 的范围。

5.2.4 模组式固定床焚烧炉（控气式焚烧炉）

模组式固定床焚烧炉亦称控气式焚烧炉（controlled air incinerator），或简称为模组式焚烧炉（modular incinerator），该炉型先在工厂内铸造好，再运到现场组装后即可使用，因此，施工工期短，但单位造价高，且使用寿命较短。一般模组式焚烧炉单炉的处理容量均不大，由每日处理数百公斤到每日处理数十吨不等，其构造如图 5-10 所示。

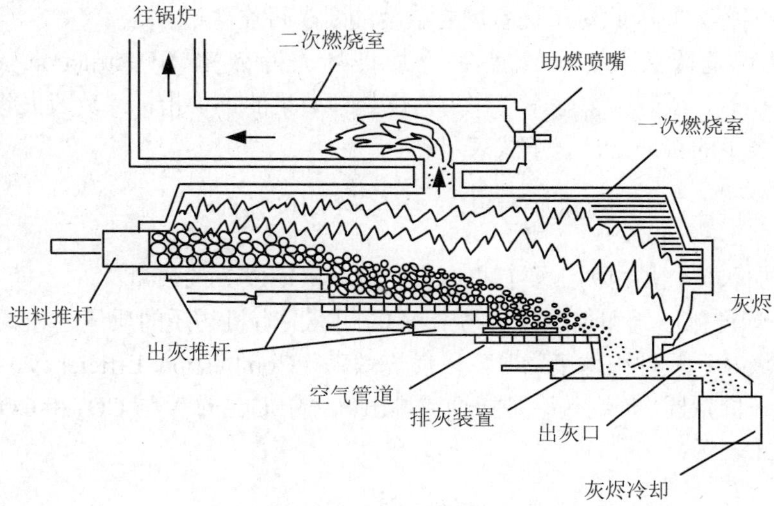

图 5-10　模组式焚烧炉的构造

模组式焚烧炉可采用堆高机推送进料或槽车举升翻转方式配合进料斗入料。其燃烧过程一般可在两个燃烧室内进行，第一燃烧室常设计为缺氧焚烧，而第二燃烧室则设计为过氧焚烧。所谓缺氧焚烧即鼓入炉内实际空气的含氧量少于理论需氧量，于是燃烧过程变成热解过程；而所谓过氧焚烧即鼓入炉内空气的含氧量超过理论需氧量，使进入二次燃烧室的废气能完全燃烧。模组式焚烧炉之所以要如此设计，主要是早期空气污染控制系统比较不发达，且小型炉也不易设置昂贵而复杂的烟气污染控制系统，故在第一燃烧室先供以小风量，在 700℃左右使垃圾热解，避免风量过大将大量不完全燃烧的悬浮颗料带入第二燃烧室中，在第二燃烧室再以辅助燃油及过量助燃空气将燃烧温度提升到 1 000℃以上，以完全氧化未完全燃烧的碳氢化合物。此外，在第一燃烧室的炉床设计上，模组式焚烧炉采用可水平移动的半固定床，定时往前推移，由于搅拌能力不大，故残灰中的含碳量较高，其烟气污染控制系统以粒状污染物控制为主。

此类型焚烧炉的两个燃烧室均须用耐火砖砌筑，外围以碳钢覆面，废气由一次燃烧室进入二次燃烧室也有两种状况，一为传统的直线式进入，二为改良的切线式进入，后一种形式进入时，可以增加废气的停留时间。

后期所发展的模组式焚烧炉也有两个燃烧室，均采用过量空气系统来设计。在进料方式上，有以螺旋推进器连续进料，也有以推进臂配合进料斗进行批次进料。出灰时可采用连续式出灰系统，以水封阻隔燃烧室与集灰坑。

5.3　焚烧效果的评价指标及影响因素

5.3.1　焚烧效果的评价指标

固体废物焚烧的目的有：使废弃物减量；使废热释出而再利用；使废弃物中的毒性物质得以摧毁。在一般垃圾中，有时会混入少许来自家庭或商业区的有害废弃物，而在燃烧过程中，人们顾虑含有氯的多环芳香烃族化合物的产生，使得烟道气中最终含有微量毒性物质（如二噁英等），因此对燃烧室燃烧温度的要求日益严格。

在焚烧处理危险废物时，以有害物质破坏去除效率（Destruction and Removal Efficiency，DRE），或焚毁去除率，作为焚烧处理效果的评价指标。焚毁去除率是指某有机物经焚烧后减少的百分比，以下式表示：

$$\mathrm{DRE}=\frac{W_i-W_o}{W_i}\times 100\% \tag{5-5}$$

式中：W_i——加入焚烧炉内的主要有机有害组分（POHCs）的质量；

W_o——烟道排放气和焚烧残余物中与 W_i 相应的有机物质的质量之和。

在焚烧垃圾及一般性固体废物时，以燃烧效率（Combustion Efficiency，CE）作为焚烧处理效果的评价指标。焚烧效率是指烟道排出气体中 CO_2 浓度与 CO_2 和 CO 浓度之和的百分比，以下式表示：

$$\mathrm{CE}=\frac{[CO_2]}{[CO_2]+[CO]}\times 100\% \tag{5-6}$$

式中：［CO］及［CO_2］——分别为燃烧后排气中 CO 和 CO_2 的浓度。

一般法律都对危险废物焚烧的破坏去除率要求非常严格，例如，美国《资源保护及回收法》（Resource Conservation & Recovery Act，RCRA）有关危险废物陆上焚烧的规定要求 POHCs 的破坏去除效率达到 99.99%；二噁英和呋喃的破坏去除效率达到 99.999 9%。

在我国的焚烧污染控制标准中，采用热灼减率反映灰渣中残留可焚烧物质的量。热灼减率是指焚烧残渣经灼热减少的质量占原焚烧残渣质量的百分数，以下式表示：

$$P=\frac{A-B}{A}\times 100\% \tag{5-7}$$

式中：P——热灼减率，%；

A——干燥后原始焚烧残渣在室温下的质量，g；

B——焚烧残渣经（600±25）℃下 3 h 灼热后冷却至室温的质量，g。

表 5-2 是我国《危险废物焚烧污染控制标准》（GB 18484—2001）对焚烧炉焚烧效果的技术性能指标要求。

表 5-2 焚烧炉的技术性能指标

指标 / 废物类型	焚烧炉温度/℃	烟气停留时间/s	燃烧效率/%	焚毁去除率/%	焚烧残渣的热灼减率/%
危险废物	≥1 100	≥2.0	≥99.9	≥99.99	<5
多氯联苯	≥1 200	≥2.0	≥99.9	≥99.999 9	<5
医院临床废物	≥850	≥1.0	≥99.9	≥99.99	<5

5.3.2 焚烧效果的影响因素

根据固体物质的燃烧动力学，影响上述废物焚烧处理效果评价指标的因素可以归纳为以下几种：

（1）物料尺寸（Size）

物料尺寸越小，则所需加热和燃烧时间越短。另外，尺寸越小，比表面积则越大，与空气的接触越充分，有利于提高焚烧效率。一般来说，固体物质的燃烧时间与物料粒度的 1～2 次方成正比。

（2）停留时间（Time）

停留时间是指焚烧废气在燃烧室与空气接触的时间，即燃烧所产生的烟气从最后的空气喷射口或燃烧器出口到换热面（如余热锅炉换热器）或烟道冷风引射口之间的停留时间。该指标用来衡量废气中有害物质是否完全分燃烧、分解。

（3）湍流程度（Turbulence）

湍流程度是指物料与空气及气化产物与空气之间的混合情况，湍流程度越大，混合越充分，空气的利用率越高，燃烧越有效。

（4）焚烧温度（Temperature）

焚烧温度取决于废物的燃烧特性（如热值、燃点、含水率）以及焚烧炉结构、空气量等。一般来说，焚烧温度越高，废物燃烧所需的停留时间越短，焚烧效率也越高。但是，如果温度过高，会对炉体材料产生影响，还可能生成炉排结焦等问题。炉膛温度最低应保持在物料的燃点以上。表 5-3 列出了部分物质的燃点温度。

表 5-3 部分可燃性物质的燃点

物 质	碳	氢	硫	甲烷	乙烯	一氧化碳	城市垃圾
燃点/℃	410	575～590	240	630～750	480～550	610～660	260～370
物 质	软质纸	硬质纸	皮革	纤维	木炭	混合厨余	
燃点/℃	180～200	200～250	250～300	350～400	300～700	230～250	

在进行危险废物焚烧处理时，一般需要根据所含有害物质的特性提出特殊要求，以达到规定的破坏去除率。我国相关标准和规范规定，危险废物焚烧时，烟气在二燃室内温度 1 100℃以上停留时间应大于 2 s；焚烧含多氯联苯废物时，二燃室温度不低于 1 200℃，烟气停留时间不小于 2 s；生活垃圾焚烧时，烟气在炉膛内 850℃以上停留时间大于等于 2 s。

（5）过剩空气（Excess air）

为了保证氧化反应进行得完全，从化学反应的角度应提供足够的空气。但是，过剩空气的供给会导致燃烧温度的降低。因此，空气量与温度是两个相互矛盾的影响因素，在实际操作过程中，应根据废物特性、处理要求等加以适当调整。一般情况下，实际空气量应控制在理论空气量的 1.7～2.5 倍。过剩空气一般用过剩空气系数（m）和过剩空气率表示。

总之，在焚烧炉的操作运行过程中，停留时间、湍流程度、焚烧温度和过剩空气量是四个最重要的影响因素，而且各因素间相互依赖和影响，通常称为“3T+E”原则。过剩空气率由进料速度及助燃空气供应速率决定。烟气停留时间由燃烧室几何形状、供应助燃空气速率及废气产率决定。而助燃空气供应量亦直接影响到燃烧室中的温度和湍流程度，燃烧温度则影响废物的焚烧效率。

5.4 焚烧过程物料和热量平衡及计算方法

5.4.1 主要焚烧参数计算

本节气体体积单位均指标准状态下气体体积。

1. 焚烧烟气量

设 1 kg 燃料中含有 C（kg）、H（kg）、O（kg）、S（kg）、N（kg）和 H_2O（kg），则该燃料完全燃烧可由下列主要反应进行描述：

碳燃烧 $C + O_2 \longrightarrow CO_2$ $C/12 \times 22.4\ m^3$ （5-8）

氢燃烧 $H_2 + 1/2O_2 \longrightarrow H_2O$ $H/2 \times (22.4/2)\ m^3$ （5-9）

硫燃烧 $S + O_2 \longrightarrow SO_2$ $S/32 \times 22.4\ m^3$ （5-10）

燃料中的氧 $O \longrightarrow 1/2O_2$ $O/16 \times (22.4/2)\ m^3$ （5-11）

（1）理论需氧量

燃烧时理论需氧量可表达如下：

以体积表示：

$$V_O = 22.4\left(\frac{C}{12} + \frac{H}{4} + \frac{S}{32} - \frac{O}{32}\right) = \frac{22.4}{12}C + \frac{22.4}{4}\left(H - \frac{O}{8}\right) + \frac{22.4}{32}S \quad m^3/kg \tag{5-12a}$$

以质量表示：

$$M_O = 32\left(\frac{C}{12} + \frac{H}{4} + \frac{S}{32} - \frac{O}{32}\right) = \frac{32}{12}C + 8H + S - O \quad kg/kg \tag{5-12b}$$

（2）理论需空气量

空气中的氧含量若以体积计算为 21%，若以质量计算为 23%，所以燃烧的理论需空气量为：

以体积表示：

$$V_a = \frac{1}{0.21}\left[1.867C + 5.6\left(H - \frac{O}{8}\right) + 0.7S\right] \quad m^3/kg \tag{5-13a}$$

以质量表示：

$$M_a = \frac{1}{0.23}\left(2.67C + 8H - O + S\right) \quad m^3/kg \tag{5-13b}$$

如果在垃圾焚烧时使用了辅助燃料（如天然气等），则可将其视为 CO、H_2、CH_4、C_2H_4 等的混合气体，可补充分析如下：

$$CO + \frac{1}{2}O_2 \longrightarrow CO_2 \tag{5-14a}$$

$$H_2 + \frac{1}{2}O_2 \longrightarrow H_2O \tag{5-14b}$$

$$CH_4 + 2O_2 \longrightarrow CO_2 + 2H_2O \tag{5-14c}$$

$$C_2H_4 + 3O_2 \longrightarrow 2CO_2 + 2H_2O \tag{5-14d}$$

理论需氧量为：

$$V_O = \frac{1}{2}(CO) + \frac{1}{2}(H_2) + 2(CH_4) + 3(C_2H_4) - (O_2) \quad m^3/m^3 \tag{5-15}$$

理论需空气量为：

$$V_a = \frac{1}{0.21}V_O \quad m^3/m^3 \tag{5-16}$$

（3）实际空气量

实际燃烧使用的空气量 V_a' 通常用理论空气量 V_a 的倍数 m 表示，称为空气比或过剩空气系数。

$$V_a' = mV_a \tag{5-17}$$

废物完全燃烧的假设在仅供应理论需空气量的条件下是无法被满足的，因为氧化反应仅发生在垃圾的表面，需要充分的反应时间，因此需要超量供应助燃空气并加强搅拌。

过剩空气量通常占理论需氧量的 50%～90%，因此真正的助燃空气量 V_a' 为 1.5～1.9 V_a。

（4）烟气量

若不考虑辅助燃料的影响，废气中各生成组分的体积可以根据上述化学反应加以推求如下：

$$V_{CO_2} = 22.4\frac{C}{12} \quad m^3/kg$$

$$V_{H_2O} = 22.4\left(\frac{H}{2} + \frac{H_2O}{18}\right) \quad m^3/kg$$

$$V_{SO_2} = 22.4(\frac{S}{32}) \quad m^3/kg$$

$$V_{O_2} = 0.21(m-1)V_a = 0.21V_a - V_O \quad m^3/kg$$

$$V_{N_2} = 0.79mV_a + 22.4(\frac{N}{28}) = 0.79V_a' + 22.4(\frac{N}{28}) \quad m^3/kg$$

在上述方程式中，有几点假设，即物料中所有的 C 均氧化成 CO_2，所有的 S 均氧化成 SO_2，所有的 N 均以 N_2 存在于废气中，但实际的情况并非如此，不完全燃烧将产生 CO，而少部分的 N 会变成 NO_x，以及 Cl 有一部分会变成 HCl，在本估算中其影响均予忽略。

根据上述方程，总烟气量为：

$$V = V_{CO_2} + V_{SO_2} + V_{H_2O} + V_{N_2} + V_{O_2}$$

$$= (m-0.21)V_a + \frac{22.4}{12}(C + 6H + \frac{2}{3}H_2O + \frac{3}{8}S + \frac{3}{7}N) \quad m^3/kg \tag{5-18}$$

若不考虑烟气含水量，则总干烟气量为：

$$V_{\mathrm{d}} = V_{\mathrm{CO_2}} + V_{\mathrm{SO_2}} + V_{\mathrm{N_2}} + V_{\mathrm{O_2}} \tag{5-19a}$$

若使用辅助燃料，则 1 m^3 的气态燃料（标态下）在 $V_{\mathrm{a}}' = mV_{\mathrm{a}}$ 的助燃空气供应下，会产生废气组成如下：

$$V_{\mathrm{O_2}} = 0.21(m-1)V_{\mathrm{a}} \quad \mathrm{m^3/m^3}$$

$$V_{\mathrm{N_2}} = 0.79mV_{\mathrm{a}} + (\mathrm{N_2}) \quad \mathrm{m^3/m^3}$$

$$V_{\mathrm{CO_2}} = (\mathrm{CO_2}) + (\mathrm{CO}) + (\mathrm{CH_4}) + 2(\mathrm{C_2H_4}) \quad \mathrm{m^3/m^3}$$

$$V_{\mathrm{H_2O}} = (\mathrm{H_2}) + 2(\mathrm{CH_4}) + 2(\mathrm{C_2H_4}) \quad \mathrm{m^3/m^3}$$

则辅助燃料的总废气产量为：

$$\begin{aligned} V &= V_{\mathrm{O_2}} + V_{\mathrm{N_2}} + V_{\mathrm{CO_2}} + V_{\mathrm{H_2O}} \\ &= [(\mathrm{CO_2}) + (\mathrm{CO}) + (\mathrm{CH_4}) + 2(\mathrm{C_2H_4})] + [(\mathrm{H_2}) + 2(\mathrm{CH_4}) + \\ &\quad 2(\mathrm{C_2H_4})] + (m-0.21)V_{\mathrm{a}} + (\mathrm{N_2}) \quad \mathrm{m^3/m^3} \end{aligned} \tag{5-19b}$$

通常空气污染防治法规对排放浓度标准均是以标准状态作为基准，因此要根据所求的废气中污染物浓度，并与有关法规比较，须进一步将实际量测的值作如下校正：

$$V(t,p) = V \times \frac{273+t}{273} \times \frac{101\,325}{P} \tag{5-20}$$

式中：t——废气的温度，℃；

P——废气的压力，Pa；

V——废气的体积，m^3。

（5）过剩空气系数 m

在实际操作中，为了掌握燃烧状况，通常测定烟气组分求算过剩空气系数 m。烟气中各种组分的分量用（CO_2）、（CO）、（N_2）、（O_2）、（SO_2）表示，则实际供氧量 V_{O}' 和理论供氧量 V_{O} 可以用不参与燃烧反应的 N_2 为基准由下式给出：

$$V_{\mathrm{O}}' = \frac{0.21}{0.79}\left[(\mathrm{N_2}) - \frac{n}{14} \times \frac{22.4}{2V}\right]V$$

$$V_{\mathrm{O}} = V_{\mathrm{O}}' - [(\mathrm{O_2}) - (\mathrm{O_2}')]V$$

式中：V——1 kg 燃料产生的烟气量；

$\frac{n}{14} \times \frac{22.4}{2}$——燃料中的氮燃烧产生的氮气量；

（O_2'）——烟气中未燃尽组分燃烧所需氧的分量，通常取（O_2'）=1/2（CO）。

因此，

$$m=\frac{V_{a}'}{V_{a}}=\frac{V_{O}'}{V_{O}}=\frac{\frac{0.21}{0.79}[(N_2)-\frac{0.8n}{V_d}]}{\frac{0.21}{0.79}[(N_2)-\frac{0.8n}{V_d}]-[(O_2)-(O_2')]}$$

$$=\frac{(N_2)-0.8n/V_d}{(N_2)-3.77[(O_2)-\frac{1}{2}(CO)]-0.8n/V_d}$$

燃料中氮含量较少时，$0.8\,n/V_d$ 可以忽略不计，

$$m=\frac{1}{1-\frac{3.77[(O_2)-1/2(CO)]}{(N_2)}}$$

正常燃烧情况下，可以假设（CO）≈ 0，（N_2）≈ 0.79，则：

$$m\approx\frac{0.21}{0.21-(O_2)} \tag{5-21}$$

2. 烟气温度

燃料燃烧产生的热量绝大部分储存在烟气中，因此掌握烟气的温度无论对于了解燃烧效率或是进行余热利用都是十分重要的。燃料与空气混合燃烧后，在没有任何热量损失的情况下，燃烧烟气所能达到的最高温度称为“绝热火焰温度”，决定火焰温度的关键因素是燃料的热值。由于燃烧过程中必然伴随部分热量损失，实际烟气温度总是低于绝热火焰温度。但它可以给出理论上可以达到的最高烟气温度（即炉膛温度）。

理论燃烧温度（绝热火焰温度）可以通过下列近似方法求得：

$$H_L=VC_{pg}(T-T_0) \tag{5-22a}$$

式中：H_L——燃料的低位热值，kJ/kg；

C_{pg}——废气在 T 及 T_0 间的平均比热容，在 0～1 000℃，$C_{pg}\approx 1.254$ kJ/（m^3·℃）；

T_0——大气或助燃空气温度，℃；

T——最终废气温度，℃；

V——1 kg 燃料产生的烟气量，m^3/kg。

此时 T 可当成是近似的理论燃烧温度（绝热火焰温度），上式可变换为：

$$T=\frac{H_L}{VC_{pg}}+T_0 \tag{5-22b}$$

若系统总热损失为 ΔH，则实际燃烧温度可由下式估算：

$$T=\frac{H_L-\Delta H}{VC_{pg}}+T_0 \tag{5-22c}$$

【例题 5-1】　若采用以下假设：①空气比 m=2；②废气平均比热容 C_{pg}=1.394 kJ/（m^3·℃）；③大气温度=20℃；④H_1=6 230 kJ/kg；⑤化学元素分析资料为：C=0.194 kg/kg，H=0.027 kg/kg，S=0.000 4 kg/kg，O=0.131 kg/kg，H_2O=0.5 kg/kg，N=0.004 kg/kg。试求烟

气量及燃烧温度。

解：

理论需空气量按式（5-13a）为：

$$V_a=\frac{1}{0.21}\left\{1.867C+5.6\left(H-\frac{O}{8}\right)+0.7S\right\}$$

$$=\frac{1}{0.21}\left\{(1.867)(0.194)+5.6\left(0.027-\frac{0.131}{8}\right)+(0.7)(0.000\,4)\right\}$$

$$=2.01\ m^3/kg$$

烟气量可按式（5-18）计算如下：

$$V=(m-0.21)V_a+\frac{22.4}{12}\left(C+6H+\frac{2}{3}H_2O+\frac{3}{8}S+\frac{3}{7}N\right)$$

$$=(2-0.21)(2.02)+\frac{22.4}{12}\left(0.194+6(0.027)+\left(\frac{2}{3}\right)(0.5)+\left(\frac{3}{8}\right)(0.000\,4)+\left(\frac{3}{7}\right)(0.004)\right)$$

$$=3.60+1.29=4.89\ m^3/kg$$

已知：H_1=6 230 kJ/kg；V=4.89 m^3/kg；C_{pg}=1.394 kJ/（m^3·℃）；T_1=20℃

则理论燃烧温度按式（5-22b）计算为：

$$T_2=\frac{H_1}{VC_{pg}}+T_1=\frac{6\,230}{4.89\times1.394}+20=934\ ℃$$

3. 燃烧室容积热负荷

在正常运转下，燃烧室单位容积在单位时间内由废物及辅助燃料所产生的低位发热量，称为燃烧室热负荷（Q_v），是燃烧室单位时间、单位容积所承受的热量负荷，单位为kJ/（m^3·h）。

$$Q_v=\frac{F_f\times H_{f1}+F_w\times[H_{w1}+A\times C_{pa}(t_a-t_0)\ ]}{V} \tag{5-23}$$

式中：F_f——辅助燃料消耗量，kg/h；

H_{f1}——辅助燃料低位热值，kJ/kg；

F_w——单位时间内废物的焚烧量，kg/h；

H_{w1}——废物的低位热值，kJ/kg；

A——实际供给平均助燃空气量（包括废物和辅助燃料空气量），m^3/kg；

C_{pa}——空气的平均定压热容，kJ/（m^3·℃）；

t_a——空气的预热温度，℃；

t_0——大气温度，℃；

V——燃烧室容积，m^3。

【例题 5-2】　生活垃圾采用机械炉排炉焚烧处理，单炉处理能力 F_w=500 t/d，垃圾低位热值 H_{wl}=6 000 kJ/kg，垃圾燃烧助燃空气量 A=2.85 m^3/kg，助燃空气预热温度 t_a=250℃，空气平均定压热容 C_{pa}=1.297 kJ/（m^3·℃），大气温度 t_0=20℃；辅助燃料轻柴油消耗量 F_f=0.0 kg/h，辅助燃料低位热值 H_{fl}= 40 000 kJ/kg，炉膛烟气温度控制在大于等于 850℃，炉排炉燃烧室有效容积 V=234 m^3，求燃烧室容积热负荷 Q_v。

解：根据计算公式：

$$\begin{aligned}Q_v &= \frac{F_f \times H_{fl} + F_w \times \left[H_{wl} + AC_{pa}\left(t_a - t_0\right)\right]}{V} \\ &= \frac{0.0 \times 40\,000 + 500 \times 1\,000/24 \times \left[6\,000 + 2.85 \times 1.297 \times \left(250 - 20\right)\right]}{234.0} \\ &= 61 \times 10^4 \text{kJ}/\left(\text{m}^3 \cdot \text{h}\right)\end{aligned}$$

5.4.2　热量平衡计算

固体废物焚烧系统中，输入系统的热量总和应等于输出系统的热量总和，即热量平衡。对于连续作业焚烧炉，一般按单位时间计算；对于周期性作业炉，一般按一个周期计算（如间隙性操作的热解炉），也可以单位重量物料为基础计算。进行热平衡计算时，首先应根据焚烧炉热工作的具体情况，确定炉子的热输入和热输出项目。

在进行热平衡计算时，需要确定基准温度，这个基准温度可以取为 0℃，也可以取为环境大气温度。

（1）热量输入组成

① 燃料（包括固体废物和辅助燃料）发热量 H_{i1}：

采用高位热值时，H_{i1}=H_h（kJ/kg）

采用低位热值时，H_{i1}=H_l（kJ/kg）

② 燃料（包括固体废物和辅助燃料）显热 H_{i2}：

$$H_{i2} = C_f（\theta_f - \theta_0） \tag{5-24}$$

式中：C_f——燃料比热容，kJ/（kg·℃），垃圾的 $C_f \approx 2.51 \sim 2.93$ kJ/（kg·℃）；

θ_f ——燃料温度，℃；

θ_0 ——基准温度，℃。

③ 助燃空气显热 H_{i3}：

$$H_{i3} = A \cdot C_a（\theta_a - \theta_0） \tag{5-25}$$

式中：A——助燃空气量，kg/kg 或 m^3/kg；

C_a——空气的等压比热容，kJ/（kg·℃）；

θ_a——空气入口温度，℃；

θ_0——基准温度，℃。

（2）热量输出组成

① 烟气带走的热量 H_{o1}：

a．以低热值计算：

$$H_{o1}=V_dC_g（\theta_g-\theta_0）+（V-V_d）C_S（\theta_g-\theta_0） \tag{5-26a}$$

式中：C_g——烟气平均等压比热容；

C_S——水蒸气平均等压比热容；

V——总烟气量；

V_d——干烟气量；

θ_g——烟气温度；

θ_0——基准温度，℃。

b．以高热值计算：

$$H_{o1}=V_dC_g（\theta_g-\theta_0）+（V-V_d）［C_S（\theta_g-\theta_0）+r］ \tag{5-26b}$$

式中：r——水的蒸发潜热。

其余各符号同上式。

② 不完全燃烧造成的热损失 Q_{o2}，该部分热损失主要包括炉渣不完全燃烧造成的热损失和飞灰不完全燃烧造成的热损失。

a．炉渣：

$$H'_{o2}=25\ 120\times I_g a（kJ/kg） \tag{5-27a}$$

式中：a——灰分，kg/kg；

I_g——底灰中残留可燃物分量，约等于热灼减量；

25 120——底灰中残留可燃物的经验热值，kJ/kg。

b．飞灰：

$$H''_{o2}=33\ 495\times d\times C_d（kJ/kg） \tag{5-27b}$$

式中：d——飞灰量，kg/kg；

C_d——飞灰中可燃物分量；

33 495——飞灰中残留可燃物的经验热值，kJ/kg。

$$H_{o2}=H'_{o2}+H''_{o2} \tag{5-27c}$$

H_{o2} 约占总输出热的 0.5%～2.0%

③ 焚烧灰带走的显热 H_{o3}：

$$H_{o3}=a\cdot C_{as}（\theta_{as}-\theta_0）（kJ/kg） \tag{5-28}$$

式中：C_{as}——焚烧灰的比热容，kJ/（kg·℃），约等于 1.256 kJ/（kg·℃）；

θ_{as}——焚烧灰出口温度。

④ 炉壁散热损失 H_{o4}：

通常由输入热和输出热的差值计算，需要单独计算时，单位时间炉壁的散热量可以表示为：

$$H'_{o4}=\sum h_e\left(\theta_s-\theta_a\right)\cdot F+4.88\varepsilon[(\frac{T_s}{100})^4-(\frac{T_a}{100})^4]\cdot F \tag{5-29}$$

式中：h_e——对流传热系数；

θ_s——炉外壁表面温度，℃；

T_s——炉外壁表面温度，K；

θ_a——环境大气温度，℃；

T_a——环境大气温度，K；

F——炉外壁面积，m^2；

ε——炉外壁表面辐射率。

H'_{o4}也可由下式求得：

$$H'_{o4}=\frac{\lambda\cdot(\theta_i-\theta_s)}{L}\cdot F \tag{5-30a}$$

式中：λ——炉壁的导热系数；

θ_i——炉内壁温度；

L——壁厚，m。

换算成 1 kg 燃料：

$$H_{o4}=H'_{o4}/M \tag{5-30b}$$

式中：M——单位时间的投料量，kg/h。

⑤ 空气或水冷部件的热损失 H_{o5}

如在焚烧炉壁设有空冷墙或水冷壁或过热器，应根据实际情况计算该部分热损失。

空冷墙时，

$$H_{o5}=F\cdot C_a（\theta_2-\theta_1） \tag{5-31a}$$

式中：F——空气流量，kg/kg 或 m^3/kg；

C_a——空气的等压比热容，kJ/（kg·℃）；

θ_2——空气出口温度，℃；

θ_1——空气入口温度，℃。

当设有水冷壁或过热器时，

$$H_{o5}=q_2-q_1 \tag{5-31b}$$

式中：q_2——冷却介质出口热焓；

q_1——当潜热冷却介质入口热焓。

【例题 5-3】　已知垃圾样品的元素分析及工业分析数据如表 5-4 所示。焚烧系统中重要参数亦已列于表 5-4 和表 5-5 中，假定焚烧厂内没有废热回收及冷却设备，试求各种热源及热损失的大小。

表 5-4　垃圾成分分析

元素分析/%					热值 H_1/（kJ/kg）	可燃分/%	水分/%
C	H	O	N	S			
16.89	2.57	12.11	0.55	0.04	5 862	34.54	49.97

表 5-5 焚烧系统的重要设计、操作参数

项目	符号	单位	数值	项目	符号	单位	数值
进料速率	F	t/h	8	废气产率	V	m^3/kg	4.74
空气预热温度	θ_a	℃	190	废气中平均定压比热容	C_{pg}	kJ/（m^3·℃）	1.465
燃烧温度	t_2	℃	850	灰烬温度	θ_{as}	℃	300
空气比	m	—	2.2	灰烬产率	a	%	10
灰烬中残碳量	n	%	1.00	灰烬比热容	C_{as}	kJ/（m^3·℃）	0.837 4
理论空气量	V_a	m^3/kg	1.74	空气在 190℃时的定压比热容	C_a	kJ/（m^3·℃）	1.036 2

解：

（1）热输入

取基准温度 θ_0 为 0℃

a. 由垃圾的焚烧发出的热量（按低位热值计算）

H_1=5 862×8 000=4.689 6×10^7 kJ/h

b. 由预热空气输入的热量，按式（5-25）

H_2= $A·C_a$（θ_a－θ_0）=mV_aFC_a（θ_a－θ_0）=2.2×1.74×8 000×1.036 2×190=6.029 2×10^6 kJ/h

c. 总的热输入

H_i=H_1+H_2=5.292 5×10^7 kJ/h

（2）热输出

a. 废气所带出的热量

H_3=$Vt_2C_{pg}F$ =4.74×850×1.465×8 000=4.722×10^7 kJ/h

b. 灰烬余热带出的热量

H_4 =$a·C_{as}$（θ_{as}−θ_0）F =0.1×0.837 4×（300−0）× 8 000 =0.20×10^6 kJ/h

c. 灰烬中未完全燃烧的碳带出的热量

已知碳的热值为 33 920 kJ/kg，则：

H_5=33 920×8 000×0.01=2.713×10^6 kJ/h

d. 炉外表面散热

假定炉外表面散热为输入总热量的 5%

H_6 =5.292 5×10^7×0.05=2.64×10^6 kJ/h

总的热输出=H_3+H_4+H_5+H_6=5.277 3×10^7 kJ/h

输入的总热量 5.292 5×10^7 kJ/h 与输出的总热量 5.277 3×10^7 kJ/h 之差为 0.3%，视为热量平衡。

5.4.3 物料平衡计算

固体废物焚烧系统中，输入系统的质量总和应等于输出系统的质量总和，即物料平衡。

（1）物料输入组成

废物量（kg/h）、废物燃烧空气量（kg/h）、辅助燃料用量（kg/h）、辅助燃料燃烧用

空气量（kg/h）。

（2）物料输出组成

炉灰渣量（kg/h）、废物燃烧产生的烟气量（kg/h）、辅助燃料燃烧产生的烟气量（kg/h）、烟气中含尘量（kg/h）。

【例题 5-4】某危险废物焚烧车间，采用逆流式旋转窑焚烧工艺，工艺流程见图 5-11，设计焚烧能力为 15 t/d，年处理废物 4 950 t，危险废物种类和形态见表 5-6 和表 5-7，通过试验测得废物低位热值为 16 570 kJ/kg，辅助燃料为 0#轻柴油，一、二次风用烟气余热加热至 200℃，轻柴油燃烧过剩空气系数 α_2=1.3，当地大气压 P=101.3 kPa，当地夏季平均空气温度 t_g=27℃。旋转窑采用逆流热解焚烧，旋转窑焚烧温度 t_{lu}=800～850℃，正常生产尽量不添加或少添加辅助燃料，炉渣温度 550℃。二燃室采用过氧燃烧，二燃室温度（排烟温度）t_{py}=1 100℃，空气比为 2.3。试进行物料平衡计算。

表 5-6 待焚烧危险废物的特性及处理量

废物种类	存在形态	主要成分	处理量（t/a）
医疗废物	固态	HW01 医院临床废物	942
废弃及过期农药和危险化学品	固态、液态	HW02、HW03 废药物	12
污泥	固态	HW13 有机树脂废物	690
废矿物油、废漆、废焦油渣等	固态、液态	HW08 废矿物油、HW11 精馏残渣等	2 950
资源回收车间残渣	固态	HW11 精馏残渣等	93

表 5-7 废物及燃油成分分析 单位：%

	C	H	O	N	S	Cl	灰分	含水率	合计
废物成分	46.29	5.29	5.38	7.91	0.47	1.16	9.50	24.00	100.00
燃油成分	86.2	12.770	0.270 0	0.520	0.210 0		0.010		100.00

解：

根据已知条件进行危险废物焚烧计算，计算结果见表 5-8 至表 5-13。

表 5-8 废物实际燃烧湿、干烟气量及百分组成计算结果

组成	体积百分组成				质量百分组成			
	湿烟气		干烟气		湿烟气		干烟气	
	m^3/kg	%	m^3/h	%	kg/kg	%	kg/kg	%
CO_2	0.86	6.59	0.86	7.18	1.70	9.82	1.70	10.34
SO_2	0.00	0.03	0.00	0.03	0.01	0.05	0.01	0.06
N_2	9.67	73.67	9.67	80.29	12.55	72.61	12.55	76.48
O_2	1.50	11.42	1.50	12.44	2.14	12.38	2.14	13.04
HCl	0.01	0.06	0.01	0.06	0.01	0.07	0.01	0.07
H_2O	1.08	8.25			0.88	5.06		
合计	13.12	100.00	12.04	100.00	17.28	100.00	16.41	100.00

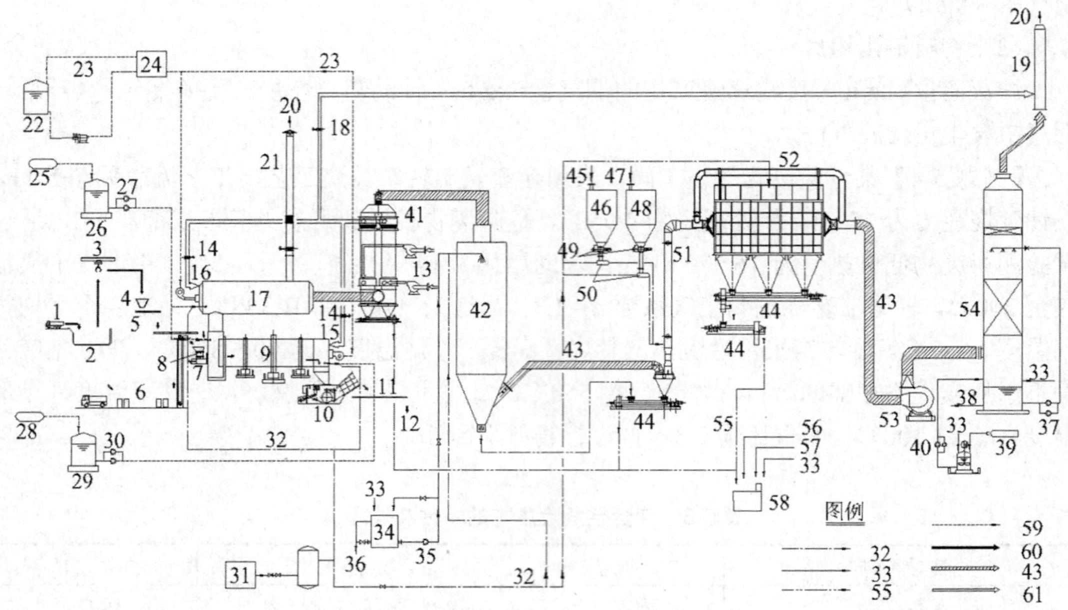

图 5-11 某危险废物焚烧系统工艺流程

1—危险废物；2—危险废物储坑；3—抓斗吊车；4—料斗；5—埋刮板运输机；6—医疗废物；7—加料机；8—双闸板闸阀；9—回转窑；10—马丁抛渣机；11—皮带输送机；12—送填埋场；13—风机；14—调节阀门；15—一次风机；16—二次风机；17—二燃室；18—电动蝶阀；19—烟囱；20—放空；21—应急烟囱；22—油罐；23—柴油；24—高位油箱；25—废液；26—废液罐；27—泵；28—废油；29—废油罐；30—油泵；31—空气压缩机；32—压缩空气；33—水；34—水槽；35—水泵；36—排水；37—循环泵；38—去污水处理；39—NaOH 固体；40—碱液泵；41—高温烟气换热器；42—骤冷塔；43—烟气；44—输送机；45—活性炭；46—活性炭储仓；47—石灰；48—石灰粉储仓；49—给料机；50—喷射器；51—脱酸塔；52—布袋除尘器；53—离心引风机；54—洗涤塔；55—飞灰；56—水泥；57—螯合剂；58—搅拌后送养护场；59—燃油；60—固态废物；61—空气

表 5-9 燃料实际燃烧湿、干烟气量及百分组成计算结果

组成	体积百分组成				质量百分组成			
	湿烟气		干烟气		湿烟气		干烟气	
	m^3/kg	%	m^3/kg	%	kg/kg	%	kg/kg	%
CO_2	1.61	10.88	1.61	14.56	3.16	15.84	3.16	16.98
SO_2	0.00	0.01	0.00	0.01	0.00	0.02	0.00	0.02
N_2	8.75	59.16	8.75	79.12	14.45	72.44	14.45	77.64
O_2	0.70	4.72	0.70	6.31	1.00	4.99	1.00	5.35
HCl	0.00	0.00	0.00	0.00	0.00	0.00	0.00	0.00
H_2O	3.73	25.23			1.34	6.70		
合计	14.79	100.00	11.06	100.00	19.95	100.00	18.62	100.00

表 5-10　其他参数计算结果

项目	单位	数据	项目	单位	数据
旋转窑燃烧温度	℃	829	二次风用量（标态）	m^3/h	6 931.0
一次风用量（标态）	m^3/h	873	辅助燃料用风量（标态）	m^3/h	491.7
离窑烟气量（标态）	m^3/h	1 210	二燃室出口烟气温度	℃	1 100
窑（内径×长度）	m	1.34×8.0	烟气在二燃室停留时间(1 100℃)	s	2.1
窑容积	m^3	11.28	二燃室出口烟气量（标态）	m^3/h	8 705.6
处理量	kg/h	625	二燃室（内径×长度）	m	2.00×9.0
窑表面积	m^2	62.89	二燃室容积	m^3	28.3
辅助燃料用风量（标态）	m^3/h	70.55	二燃室表面积	m^2	99
旋转窑容积热强度	10^4kJ/（m^3·h）	33.5	二燃室容积热强度	10^4kJ/（m^3·h）	48.3
废物在窑内停留时间	min	65.8			

表 5-11　旋转窑、二燃室热量平衡计算结果

项目	热量/（kJ/h）	占比/%	项目	热量/（kJ/h）	占比/%
旋转窑热输入			旋转窑热输出		
1. 废物燃烧热 Q_r	2 703 225.9	71.4	1. 过程需要热 Q_1	1 888 820.3	49.9
2. 辅助燃料燃烧热 Q_r	269 756.5	7.1	2. 排烟热损失 Q_2	1 411 172.6	37.3
3. 一次风和辅助燃烧空气热量 Q_r，	812 082.7	21.4	3. 化学不完全燃烧损失 Q_3	60 965.5	1.6
			4. 机械不完全燃烧损失 Q_4	102 187.5	2.7
			5. 散热损失 Q_5	281 761.0	7.4
			6. 渣物理热损失 Q_6	26 874.8	0.7
			7. 尘物理热损失 Q_7	13 283.5	0.35
小　计	3 785 065.2	100	小　计	3 785 065.2	100.0
二燃室热输入			二燃室热输出		
1. 热解气体燃烧热	6 511 890.7	47.7	1. 废物燃烧烟气热焓	12 076 251.1	88.56
2. 进入烟气热焓	3 299 992.9	24.2	2. 燃料产生烟气热焓	837 908.9	6.1
3. 烟气含尘热焓	13 283.5	0.10	3. 烟气含尘热焓	16 743.8	0.1
4. 二次风带入热量	2 373 227.1	17.4	4. 二燃室热损失	713 665.1	5.2
5. 辅助燃料燃烧热	1 446 174.6	10.6			
合　计	13 644 568.8	100.0	合　计	13 644 568.8	100.0

表 5-12　旋转窑物料平衡计算结果

物料输入				物料输出			
项目	单位			项目	单位		
	kg/h	t/d	%		kg/h	t/d	%
1. 废物	625.0	15.0	32.9	1. 废物烟气	1 403.9	33.7	74.0
2. 空气（干）	1 134.1	27.2	59.8	2. 燃料烟气	127.2	3.1	6.7
3. 燃料	6.4	0.2	0.34	3. 灰、渣量	59.4	1.4	3.1
4. 燃料用空气	119.6	2.9	6.3	4. 热解气体	307.1	7.37	16.2
5. 空气湿度	12.5	0.3	0.66				
小计	1 897.6	45.5	100.0	小计	1 897.6	45.5	100.0

表 5-13　二燃室物料平衡计算结果

物料输入				物料输出			
项目	单位			项目	单位		
	kg/h	t/d	%		kg/h	t/d	%
1. 进入烟气	1 403.9	33.7	12.2	1. 废物燃烧烟气	10 802.4	259.3	93.9
2. 进入烟尘	14.8	0.36	0.1	2. 烟气含尘	14.8	0.36	0.1
3. 热解气体	307.1	7.4	2.7	3. 燃料燃烧烟气	681.8	16.4	5.9
4. 二次空气	9 001.3	216.0	78.3				
5. 空气含湿量	90.0	2.16	0.8				
6. 燃料燃烧量	34.2	0.82	0.3				
7. 燃料用空气	641.3	15.39	5.6				
8. 空气含湿量	6.4	0.15	0.1				
合　计	11 499.1	276.0	100.0	合　计	11 499.1	276.0	100.0

5.5　焚烧系统典型结构单元

5.5.1　垃圾卸料及储存系统

垃圾卸料及储存系统包括垃圾卸料平台、垃圾卸料门、垃圾池、垃圾抓斗起重机、除臭设施和渗滤液导排收集等设备和设施。大件可燃垃圾较多时，可考虑设置大件垃圾破碎设施。

（1）垃圾卸料平台

垃圾卸料平台是保证垃圾运输车安全迅速地到达卸料门或卸料口、完成卸料并安全驶离的场地，一般可分为地面式与高架式、敞开式与封闭式等基本形式。为避免垃圾池深度过深和降低土方工程量及施工难度，我国的垃圾焚烧厂多采用高架式卸料平台设计，同时，考虑到防止卸料过程中恶臭扩散污染周边环境，宜采用封闭式卸料平台。

（2）垃圾卸料门

垃圾卸料门是将垃圾卸料平台与垃圾池连通与隔离的设施，当垃圾运输车倒车至卸料门前卸料位置时，卸料门开启；垃圾运输车完成卸料驶离后，卸料门关闭，防止垃圾池内的粉尘与臭气逸出扩散。

垃圾卸料门按布置方式可分为两种：一种为布置在垃圾池壁上的竖向垂直布置方式，一种为布置在卸料平台地面上的水平布置方式。竖向垂直布置方式较为常见，其主要形式有两扇对开式卸料门、卷帘式卸料门、滑动提升式卸料门等；水平布置方式卸料门主要有提拉式卸料门、液压驱动卸料盖式卸料门等。

（3）垃圾池

垃圾池是将垃圾堆存、混合的设施，由于我国现阶段生活垃圾含水率高、厨余垃圾含量高的特点，为保证焚烧效果，原生垃圾需在垃圾池中进行发酵脱水，故垃圾池也是垃圾入炉焚烧前进行生化反应、沥出水分、提高热值的重要设施。垃圾池有效容量一般按 5～7 d 额定垃圾焚烧量确定，有效容积按卸料平台标高以下的容积计算。

垃圾池是垃圾焚烧厂主要的恶臭污染源和火灾危险点，应有可靠的封闭、除臭措施与消防设施。

（4）垃圾抓斗起重机

垃圾抓斗起重机是保证垃圾焚烧系统正常运行的关键设备之一，具有避免垃圾卸料门处发生拥堵的倒料功能；搅拌垃圾池内垃圾以改善垃圾不均匀性的混料功能；保证焚烧炉正常运行的投料功能以及统计实际入炉焚烧量的计量功能。

垃圾抓斗起重机工作条件差，其工作环境湿度大、粉尘大、有腐蚀性气体及恶臭气体。且其工作时间长、频繁，负载率高，一旦垃圾抓斗起重机故障无法修复将造成焚烧厂停运，故垃圾抓斗起重机应选用可靠性高的产品，且不宜少于两台。

（5）垃圾池渗滤液导排收集系统

我国垃圾含水率高，垃圾在焚烧厂垃圾池中储存的过程中，会发生一系列物理、化学以及生化反应，并渗沥出垃圾渗滤液。焚烧厂垃圾渗滤液成分复杂，含有多种污染物，为黑褐色、高黏度和强恶臭的液体，并有一定的酸腐蚀性。

为提高入炉垃圾热值，保障焚烧，垃圾池应设置可靠的垃圾渗滤液导排收集设施。一般垃圾池底设有不低于 1%的渗滤液导排坡度，池壁底部设计若干孔洞并装设滤网，滤网孔径不宜过小。在垃圾池外侧设有一条渗滤液沟，渗滤液通过滤网从渗滤液沟自流到渗滤液收集池，再由泵送至渗滤液处理设施进一步处理。

垃圾渗滤液导排收集设施应采取防堵塞、防渗、防腐蚀以及防爆措施，在垃圾仓及垃圾渗滤液收集沟道间设可燃气体在线监测报警装置，渗滤液沟道间和收集池采取强制送排风措施，并配置检修任务防毒装备。

5.5.2 垃圾焚烧系统

垃圾焚烧系统包括垃圾进料装置、焚烧装置、燃烧空气装置、出渣装置、点火辅助燃烧装置及其他辅助装置。

储存在垃圾池中的垃圾经进料斗、垃圾溜槽及推料器均匀地进入炉内，在炉排上连续、缓慢地沿炉排长度方向向下移动，这期间通过与热风的对流传热和火焰及炉壁的辐射传热，完成干燥、着火、燃烧和燃烬的过程，达到炉排末端时，垃圾中的有机成分基本燃尽，通过排渣装置进入灰渣处理系统。垃圾的燃烧过程主要是在炉排上完成的，它也是构成焚烧炉燃烧室的最关键部件。炉排的作用主要有：输送垃圾及灰渣，调节燃烧速率；疏松及搅动垃圾；使燃烧空气（一次风）从炉排下方均匀地通过垃圾层。

根据垃圾移送方式的不同，炉排可以分为多种形式，目前常用的主要有以下四种：①往复式炉排。如图 5-12（a）所示，在垃圾移动方向上，可动炉排和固定炉排交互呈阶梯状排列，通过可动炉排的往复运动向前推送垃圾，并进行搅动。炉排片沿横向排列成“组”，若干炉排组根据功能要求形成一“段”，一般分为干燥着火段、燃烧段、燃尽段等，每段炉排的高度、可动炉排的往复距离、炉排的运动方向以及炉排整体的倾斜度等可根据处理垃圾的特性确定。②转动滚筒式炉排。如图 5-12（b）所示，由多个滚筒式炉排沿垃圾移动方向依次呈阶梯状排列，垃圾通过滚筒的转动向前推进，同时得到搅动和混合。该方式由于伴随滚筒的缓慢转动，炉排的冷却效果较好，垃圾的移送速度容易控制。③摇动式炉排。如图 5-12（c）所示，炉排向垃圾移送方向倾斜、表面呈阶梯状的可动和固定炉排沿炉膛宽度方向交替排列，通过可动炉排的纵向往复运动搅动和移送废物，助燃空气通过炉排上的开孔和炉排间隙进入燃烧层。这种炉排对垃圾的搅动效果较好，作为干燥段和燃烧段应用广泛。④逆动式炉排。如图 5-12（d）所示，它是往复式炉排的一种变形产品，可动和固定炉排沿垃圾移动方向向下倾斜，可动炉排沿与垃圾移动方向相反的方向做逆向往复运动，垃圾在移动方向及其反方向上同时得到搅动，搅动效果比其他方式更佳。

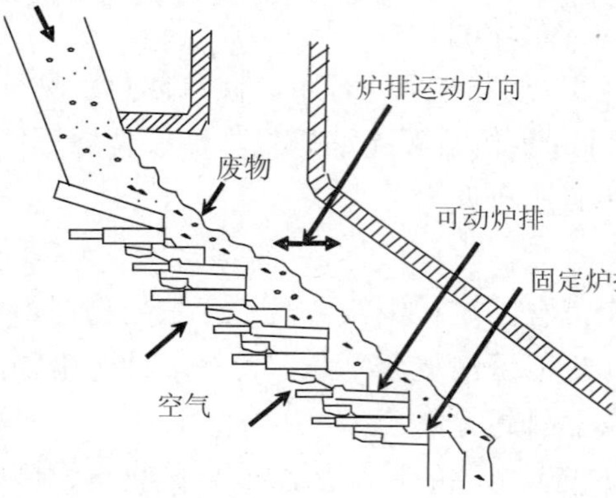

（a）往复式炉排

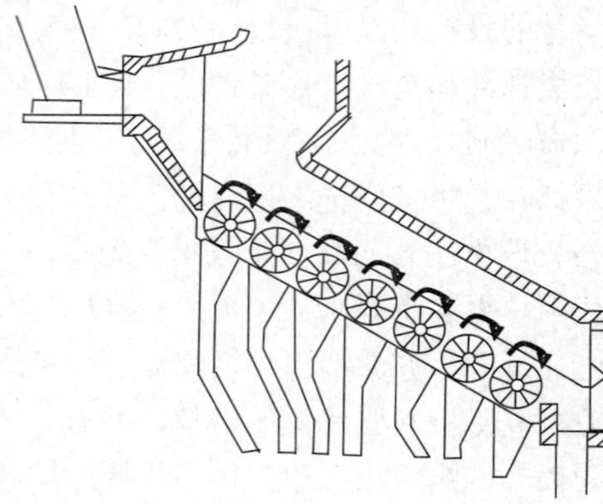

（b）转动滚筒式炉排

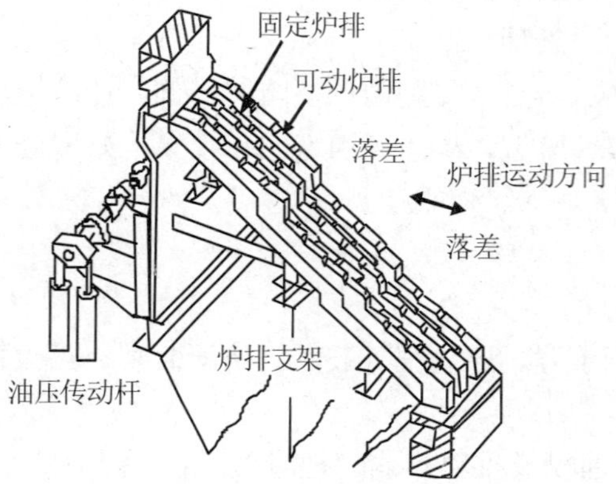

（c）摇动式炉排

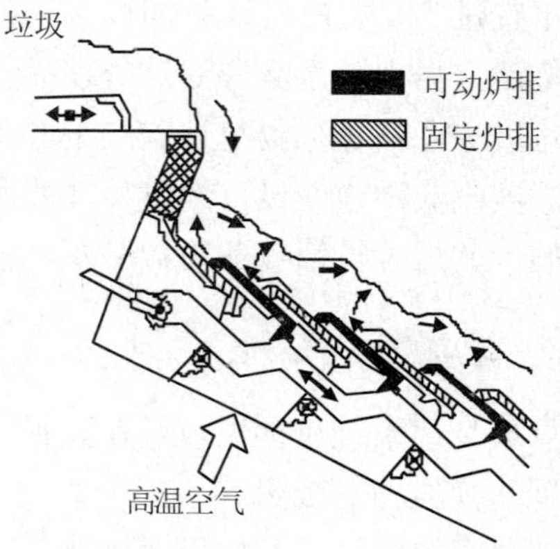

（d）逆动式炉排

图 5-12　主要的机械炉排形式

燃烧空气分为一次风（primary air）和二次风（secondary air）两个系统。一次风从垃圾池上方抽取，这样可以同时消除垃圾池产生的恶臭气体，使垃圾池形成微负压，避免臭气外逸。一次空气由炉排下方鼓入，其作用主要是提供垃圾燃烧所需的氧气。由于我国垃圾含水率高、热值偏低，城市原生垃圾含水率通常在 40%～60%，一次风需加热提高温度，一般一次风加热至 200℃，促进垃圾干燥及挥发分析出。一次风的另一个作用是防止炉排过热，一次风从炉排下方鼓入的同时，也使炉排片得到冷却，当垃圾热值偏高时，需考虑采用水冷炉排。二次风从炉排上方炉膛喉部吹入，其主要作用是使炉膛内气体产生扰动，同时为烟气中未燃尽可燃组分的氧化分解提供所需的氧气，是调控炉膛温度、确保垃圾完全燃烧的重要措施。通常情况下，一次风的供给量占总燃烧空气量的 60%～70%，二次风量占总燃烧空气量的 30%左右。

炉膛内的燃烧温度一般应为 850～1 050℃。若炉膛烟气温度过高，烟气中的颗粒物被软化或熔化而粘结在受热面上（焚烧灰的熔融温度为 1 100～1 200℃），降低传热效果，腐蚀受热面。若炉膛烟气温度过低，挥发分燃烧不彻底，恶臭不能有效分解，烟气中一氧化碳含量可能增加，且有可能影响炉渣的热灼减率。

焚烧炉的炉膛通常应设置成两个燃烧室（图 5-13）。第一燃烧室主要完成固体物料的燃烧和挥发分的火焰燃烧，第二燃烧室主要对烟气中的未燃尽组分和悬浮颗粒进行燃烧。第一燃烧室通常内衬耐火材料，以尽量减少散热损失，当垃圾热值较低或低负荷运行时，也可以保证炉膛内实现稳定和良好的燃烧环境。第二燃烧室的设计必须考虑完成烟气中未燃尽组分燃烧所需要的空间，以及保证二次空气与烟气充分混合的形状。

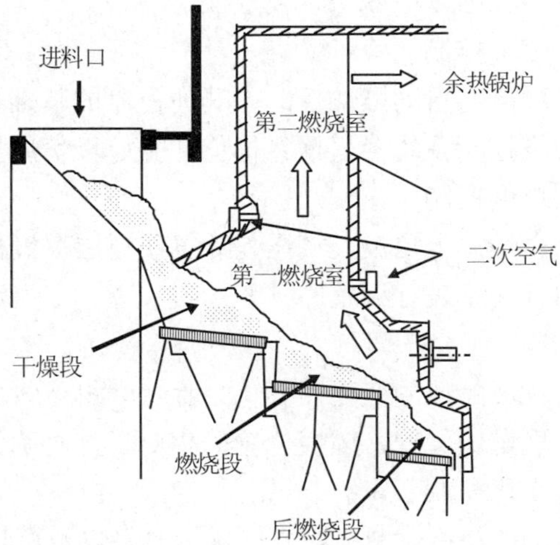

图 5-13　焚烧炉炉膛构造示意

焚烧炉在二次风喷入口至炉膛出口的燃烧室内，必须确保烟气在此区间在不低于 850℃的条件下停留时间不小于 2 s，以使二噁英类物质得到完全分解。

为有效利用垃圾焚烧产生的热量，通常在第二燃烧室出口后设置余热锅炉系统，余热锅炉蒸汽参数一般为 4.1 MPa（绝压）、400～420℃的中温中压参数，采用自然循环并应有防止烟气中 HCl 和 SO_2 的酸性气体对受热面高温腐蚀和低温腐蚀的措施。

垃圾焚烧炉燃烧室根据炉拱的布置形式与烟气流动方向的不同分为逆流式（对流式）、顺流式（并流式）、混流式（交流式）、二次回流式（复流式）四种（图 5-14），其目的都是使垃圾顺利地干燥、气化、着火、燃烧和燃尽。当焚烧高水分、低热值垃圾（如 5 000 kJ/kg）时，宜采用逆流式燃烧室；当焚烧低水分、高热值垃圾（如 12 600 kJ/kg）时，宜采用顺流式燃烧室；当焚烧垃圾的热值介于上述二者之间时可采用混流式燃烧室。

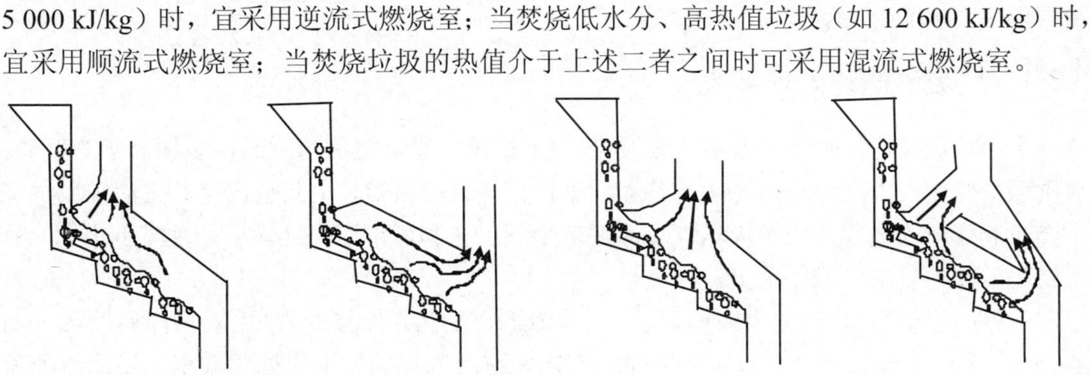

（a）逆流式　（b）顺流式　（c）混流式　（d）二次回流式

图 5-14　焚烧炉燃烧室形式

5.5.3 焚烧炉自动燃烧控制系统

焚烧炉自动燃烧控制（Auto Combustion Control，ACC）是垃圾焚烧的核心技术，是针对垃圾成分多变、热值不稳定的特点，在保证垃圾完全燃烧、保证炉膛温度、炉渣热灼减量最小化以及降低污染物排放的同时，为维持稳定的垃圾处理量和余热锅炉稳定的蒸汽量而对焚烧炉运行工况进行自动燃烧控制的方法。

自动燃烧控制系统主要包括以下 6 个主要控制：

（1）余热锅炉主蒸汽流量控制

余热锅炉主蒸汽流量控制是自动燃烧控制中其他控制的基础和目标，其目标值由焚烧炉操作人员设定，自动燃烧控制系统会根据目标值计算垃圾焚烧量和燃烧空气量。

（2）焚烧炉垃圾料层厚度控制

垃圾料层厚度可根据主炉排上垃圾空气压差计算，料层厚度由给料炉排、干燥炉排、燃烧炉排和燃烬炉排的运行速度进行调整。

（3）垃圾燃烧位置控制

垃圾燃烧位置会随着垃圾品质的变化而变化，通过检测燃烬炉排上部的温度和调整主炉排运行速度可以调整垃圾燃烧位置，燃烧位置的相对稳定对确保焚烧效果非常重要。

（4）炉渣热灼减率最小化控制

通过监测燃烬炉排上部的温度、调整燃烬炉排送风量以及燃烬炉排运行速度使垃圾得到完全燃烧，确保炉渣热灼减率最小化。

（5）炉膛温度控制

稳定的炉膛温度是保证锅炉蒸发量和减少烟气污染物排放的重要措施，通过调整二次风喷入量、使用辅助燃烧器等措施来确保焚烧烟气在 850℃及以上的温度条件下停留不少于 2 s，使二噁英类物质彻底分解。

（6）烟气氧气浓度控制

烟气中的氧气浓度与烟气中的一氧化碳浓度有密切的关系，而一氧化碳与二噁英类物质的排放浓度具有统计相关性，控制烟气中氧气浓度可以确保烟气中的一氧化碳值达到设定的指标，从而保证二噁英类物质满足排放要求。

一般均由焚烧炉供货商提供自动燃烧控制装置，也可由焚烧炉供货商提供自动燃烧控制逻辑图，由 DCS 系统进行组态完成。

5.5.4 垃圾渗滤液处理系统

生活垃圾焚烧厂渗滤液具有水质复杂、COD 浓度高、氨氮浓度高、金属离子浓度高、水质水量变化大以及渗滤液微生物营养元素比例失调等特点，由此也决定了生活垃圾焚烧厂渗滤液处理工艺与一般垃圾填埋场渗滤液处理工艺和城市污水处理厂处理工艺不同，且其处理工艺更复杂、难度更大。

常见的生活垃圾焚烧厂渗滤液处理工艺为组合工艺，如预处理+厌氧+好氧+膜法（超滤+反渗透）组合工艺，主要污染物处理工艺采用厌氧和好氧生化处理系统，渗滤液处理产生的污泥经脱水后进入垃圾池送焚烧炉焚烧处理。渗滤液调节池等臭气产生场所需设置臭气收集管道，收集后需考虑合理可靠的处理措施。厌氧产生的沼气可以送焚烧炉回收利用。

渗滤液处置装置是包括从垃圾池渗滤液收集导排系统到处理水达标排放的各个工艺处理处置单元的总称，包括收集导排、调节池、预处理、生物处理、深度处理和污泥及浓缩液处理等部分。

我国城市生活垃圾成分复杂，且具有厨余物类有机质成分多、含水率高、热值较低等特点，其在垃圾池中经 3～5 d 的熟化发酵沥出的垃圾渗滤液中的各种污染物浓度高，污染危害大，因此渗滤液处置装置及设施应特别加强其安全性的设计和保障。

在渗滤液处理处置的过程中，会产生硫化氢、甲烷、氨等有毒、易爆和恶臭气体，会带来非常大的安全隐患和人身危害。渗滤液收集导排、调节池、厌氧反应设施、曝气设施、污泥脱水设施等宜采取负压抽吸、局部隔离及密闭等措施将有毒有害气体及时排出，经集中处理后排放或送入焚烧炉焚烧处理，其中厌氧反应设施产生的沼气宜回收利用或安全燃烧后排放。渗滤液收集导排、调节池、厌氧反应设施应设置硫化氢、甲烷浓度监测和报警装置，曝气设施应设置氨浓度监测和报警装置，电器应采用防爆措施。

渗滤液处理处置装置的运营管理可参照《城市污水处理厂运行、维护及其安全技术规程》（CJJ 60）的有关规定建立运行维护安全操作规程，运行人员作业时应遵守安全作业和劳动保护规定并应经过专业培训、持证上岗。

5.6 典型焚烧设备的基本构造和设备选型

5.6.1 炉排型焚烧设备的基本构造

炉排型垃圾焚烧设备主要由进料装置、炉排、炉膛、除渣机以及点火及辅助燃烧器等组成。

1. 进料装置

进料装置是将垃圾料斗中的垃圾连续、稳定、均匀地输送到炉排上的装置，主要由料斗、挡板门、溜管、料位探测器、推料器及冷却系统等构成。

料斗应有 0.5～1 h 的垃圾储存量，并设有料位检测装置。料斗和溜管中的垃圾可以起到焚烧炉膛与外界的密封作用，当焚烧炉点火时，关闭挡板门形成密封。为避免垃圾在溜管内搭桥堵塞，溜管下口截面积应大于上口截面积，使供料保持顺畅。推料器由液压装置驱动，将垃圾连续稳定地向炉排供料，我国垃圾含水率普遍偏高，一般推料器下方应设有渗滤液收集装置。

2. 炉排

炉排完成将推料器送来的垃圾在其上干燥、着火、燃烧、燃尽并送往除渣机。为了使垃圾充分燃烧，炉排速度由自动燃烧控制系统（ACC）控制。炉排沿长度方向可分为干燥炉排段、燃烧炉排段和燃烬炉排段，各段之间无明显分界；炉排应有使垃圾疏松、搅动的功能，对垃圾组分、热值、含水率等特性的季节波动和瞬时波动应有良好的适应性。炉排也由液压装置驱动完成往复运动。

炉排的重要设计参数有炉排机械负荷、炉排面积热负荷等。

3. 炉膛

焚烧炉膛一般分为燃烧室和二次燃烧室两部分。燃烧室位于炉排上方，是保证垃圾顺利干燥、气化、着火及挥发气体燃烧的重要装置。二次燃烧室是保证焚烧烟气充分燃烧以及二噁英等有害物质彻底分解的装置，二次燃烧室的设计应保证焚烧烟气在不低于850℃的条件下滞留时间不应小于 2 s，并且在二次风喷入口断面、二次燃烧室中部断面以及出口断面选择至少两个断面布置热电偶温度监测点。

4. 除渣机

除渣机是将垃圾燃尽后的高温炉渣浸水冷却后排出焚烧系统的装置，除渣机内部的水封使焚烧炉内外形成隔离，保证炉膛负压。除渣机是焚烧系统重要的设备，应有可靠的机械性能。

5. 点火及辅助燃烧器

点火及辅助燃烧器主要在焚烧炉冷热态启动点火、正常停炉及炉温二燃室烟气温度不能满足标准的情况下使用。

焚烧炉启动时应利用点火及辅助燃烧器将炉膛二次燃烧室温度升至 850℃以上，才可投入垃圾；焚烧炉停炉时利用辅助燃烧器将炉排上的剩余垃圾在满足焚烧烟气（在不低于850℃的条件下滞留时间不应小于 2 s）燃烧的条件下完成焚烧。

自动燃烧控制系统根据炉膛温度自动启动辅助燃烧器，确保焚烧烟气温度满足设计要求。

燃烧器应有良好的负荷调节性能和较高的燃烧效率，点火及辅助燃烧器的总功率一般应大于等于焚烧炉设计热负荷的 50%。

5.6.2 流化床焚烧设备的基本构造

流化床垃圾焚烧装置主要包括垃圾给料给煤装置、点火装置、炉膛、冷渣机等。

1. 垃圾给料给煤装置

垃圾给料装置是流化床焚烧炉一个非常关键的设备，是流化床焚烧炉能否稳定运行的至关重要的一个环节。流化床焚烧炉给料装置须保证垃圾连续、均匀、密封地进行给料，避免堵塞和炉膛压力波动时烟气反喷。由于流化床垃圾焚烧炉垃圾燃烧迅速，当物料不均匀时炉膛易喷正压，因此给料装置与炉膛接口一般选择在炉膛负压区域。我国早期开发的流化床焚烧炉给料装置故障率高、密封性差，近年来随着流化床焚烧技术的不断发展，已逐步解决了给料均匀性和密封性的问题，形成了以两级给料方式、双螺旋垃圾给料输送机为主流工艺和设备的给料系统。

给煤机宜采用无轴螺旋给煤机，须配置给煤计量装置用于掺烧燃煤计量。1 台焚烧炉通常配置两台给煤机。

2. 点火装置

流化床焚烧炉通常采用轻柴油床下点火方式，点火装置应有良好的负荷调节性能和较高的燃烧效率，以保证热烟气连续稳定地对床料进行加热。

点火装置的选型应能满足焚烧炉在冷态下 2 h 之内实现床内温度达到 700℃。

3. 炉膛

流化床垃圾焚烧炉炉膛与常规燃料流化床锅炉炉膛有显著不同，其设计除了要考虑受热面布置、燃料送入点位置等因素外，还必须要考虑垃圾焚烧炉所要求的“3T”技术要求，即焚烧烟气温度高（850～950℃）、烟气停留时间长（在不低于 850℃的条件下停留时间不低于 2 s）、湍流度好（合理布置二次风位置，使烟气中的可燃成分与氧气进行充分混合，以使其充分燃烧）。

流化床垃圾焚烧炉给料口上部区域主要为比重较小的高热值垃圾燃烧区域，炉温较高；而大部分的低热值垃圾及无机成分由于比重稍大则在炉膛的中下部燃烧，温度稍低。为了维持炉膛中下部温度以及炉床层温度的稳定，流化床垃圾焚烧炉通常须掺烧燃煤来提高中下部垃圾热值。为节约成本和促进焚烧，工程上常采用循环流化床焚烧技术，即利用高温飞灰返回炉膛来提高床层温度从而满足整个炉膛垃圾焚烧所要求的温度，另外尽可能提高炉内内循环的比例，使高热值垃圾释放出的热量通过内循环灰的传递来补充低热值垃圾热量的不足，使整个炉膛的轴向温度趋于均匀。

对于中温中压垃圾焚烧炉，一般炉内流化风速设计在 5 m/s 左右，炉膛的高度在 20 m 左右。

4. 炉渣冷却及床料补充装置

水冷滚筒式冷渣机常用来使炉渣冷却和使炉膛正压密相区与外界隔离。高温炉渣通过排渣口经冷渣机连续排出，排渣可以带出大块不可燃物料，使床内保持良好的流态化；此外，冷渣机可以将炉渣进行分选，细渣可返回炉内调节床内物料粗细比例，保证床内良好的流态化运行。

5.6.3 案例分析

1. 炉排炉焚烧案例分析

（1）工程简介

某市垃圾焚烧发电厂建设规模为焚烧处理生活垃圾 1 800 t/d，采用 3 条焚烧处理线，选用国际一流、工艺成熟的炉排炉作为本工程的建设炉型，每条线处理垃圾能力 600 t/d，焚烧炉排、液压站、燃烧器、机械旋转喷雾器及 DCS 控制系统等关键设备由国外进口，余热锅炉国内配置制造；烟气净化采用“机械旋转喷雾+活性炭喷射+袋式除尘器”工艺的半干法烟气净化系统，烟气净化系统与焚烧炉对应配套，室内单元制布置，全厂另设一套 SNCR 脱氮系统，烟气排放指标按《生活垃圾焚烧污染控制标准》（GB 18485—2014）设计；垃圾焚烧余热锅炉产生的过热蒸汽参数为 4.0 MPa、400℃，配置两台额定功率 18 MW（最大功率 20 MW）的凝汽式汽轮发电机组。渗滤液处理系统达到《污水综合排放标准》（GB 8978）一级排放标准，处理后的浓液和污泥回到炉内焚烧，实现污染物零排放。渗滤液处理工艺产生的沼气装设两台 400 kW 压缩式发电机组，实现资源的全利用。焚烧飞灰采用“飞灰+水泥+螯合剂”工艺进行稳定化处理。

该厂采用 BOT 模式建设，运营期限 25 年（含建设期 2 年），建设总投资 8.6 亿元，占地面积（按红线计算）7.76 hm^2，全厂建筑面积 36 619 m^2，其中综合楼（食堂、宿舍等）建筑面积 2 200 m^2，生产办公用房布置在主厂房内，全厂绿地率 25%。

该厂 2010 年年底开工建设，2012 年 11 月竣工投产，建设期 24 个月。项目每年可焚烧生活垃圾 65 万 t，外供电力 1.9 亿 kW·h，节约标煤 8.1 万 t，减排二氧化碳 18.94 万 t。

（2）垃圾状况

该市生活垃圾主要来自居民区、企事业单位、商业网点、集贸市场等场所，根据环卫部门统计资料，目前焚烧发电厂服务区原生垃圾的平均热值为 4 186 kJ/kg（1 000 kcal/kg）～4 814 kJ/kg（1 150 kcal/kg），垃圾含水率平均为 55%～60%，水分含量较高。考虑到垃圾在垃圾池内储存 3～5 d 会析出渗滤液，沥去部分水分后入炉垃圾热值可提高，再考虑生活水平提高垃圾热值自然增长，焚烧炉设计热值按 7 000 kJ/kg（1 672 kcal/kg）计、含水率按 51%计，该数据为焚烧工艺的设计依据。该项目生活垃圾组成及热值分析见表 5-14 至表 5-16。

表 5-14　某市城区生活垃圾物理成分　　单位：%

年份	有机物		无机物		可回收物						其他
	动物	植物	灰土	瓦砾	纸类	塑料	纺织物	玻璃	金属	木竹	
2001	4.17	56.71	6.81	1.68	6.88	14.23	2.84	1.11	1.85	1.63	2.09
2002	3.49	57.52	5.14	1.11	7.5	14.03	2.21	1.65	0.9	1.25	5.2
2003	1.74	47.13	10.4	1.6	13.3	13.72	2.16	1.55	0.53	2.206	5.66
2004	2.89	50.3	6.7	3.65	12.2	13.6	1.98	2.01	0.45	1.83	4.39
2005	2.11	44.9	8.5	4.79	13.4	16.1	1.6	2.5	0.4	0.5	5.2

表 5-15　2005 年某市生活垃圾物质组成月变化　　单位：%（湿基）

月份	1	2	3	4	5	6	7	8	9	10	11	12	平均
动物	2.33	1.52	2.21	2.55	1.93	1.34	1.05	3.41	2.43	1	2.72	2.9	2.11
植物	52.47	50.49	46.04	51.8	46.8	49.3	32.57	40.2	40.13	35	47.8	45.75	44.9
灰土	9.52	15.27	14	4.55	5.32	7.63	14.13	3.41	1.86	6.8	12.3	6.72	8.5
渣石	4.49	4.9	6.55	8.87	9.74	6.62	1.68	1.11	3.6	4.65	4.97	5.62	5.2
纸类	10.58	11.45	17.5	14.7	12.5	14.2	12.07	14.9	9.42	16.9	14.3	12.23	13.4
塑料	9.52	10.82	14.4	12.6	21.1	15.9	15.61	16.8	19.15	21.1	18.2	18.16	16.1
纤维	1.27	1.06	0.74	1.64	1.3	0.85	2.4	1.8	4.22	1.3	1.82	0.25	1.6
竹木	0.85	0.23	0.37	1.52	0.54	0.23	0.22	0.78	0.25	0.5	0.23	0.25	0.5
玻璃	7.41	3.48	1.84	1.59	3.6	1.61	0.71	3.45	1.71	4.1	0.41	0.3	2.5
金属	0.42	0.82	0.74	0.13	0.72	0.41	0.85	0	0.37	0.2	0	0.25	0.4
其他	5.63	3.86	2.16	5.92	3.19	8.53	2.39	7.25	7.86	5.1	2.22	3.39	4.79

表 5-16　焚烧炉入炉生活垃圾元素成分及热值设计值

项目	C/%	H/%	O/%	N/%	S/%	Cl/%	灰分/%	含水率%	合计/%	热值/（kJ/kg）	热值/（kcal/kg）
数值	20.4	2.66	13.9	0.96	0.16	0.32	15.8	45.8	100	7 000	1 672

从表 5-14 及表 5-15 可以看出，该市生活垃圾中植物类垃圾较多，可燃物中也包含一定数量的塑料、纸张等高热值垃圾；垃圾物理成分中各组分全年基本稳定，总体上表现出高水分、低热值的特点，代表了我国南方城市生活垃圾的特点，这与我国人民的生活习惯、生活垃圾收集方式及经济发展水平是密切联系的。

（3）烟气排放标准

该项目烟气污染物排放放标准见表 5-17：

表 5-17　烟气污染物排放限值

序号	污染物名称	单位	设备厂家保证值	设计排放浓度	GB 18485—2014（日均值）
1	颗粒物（标态）	mg/m^3	5	≤10	20
2	烟气黑度	林格曼级	—	1	—
3	CO（标态）	mg/m^3	50	≤50	80
4	NO_x（标态）	mg/m^3	200	≤200	250
5	SO_2（标态）	mg/m^3	30	≤50	80
6	HCl（标态）	mg/m^3	10	≤10	50
7	HF（标态）	mg/m^3	1	≤1	—
8	Cd、Tl 及其化合物（标态）	mg/m^3	0.05	≤0.05	0.1
9	Hg 及其化合物（标态）	mg/m^3	0.01	≤0.05	0.05
10	Pb、Sb、As、Cr、Co、Cu、Mn、Ni 及其化合物（标态）	mg/m^3	0.5	≤0.5	1.0
11	二噁英（TEQ）	hg/m^3	0.01	≤0.1	0.1

注：①本表规定的各项烟气污染物排放限值均以标准状态下含 11% O_2 的干烟气为参考值换算；

②烟气最高黑度时间，在任何 1 h 内累计不得超过 5 min。

（4）工艺方案

1）基本设计参数

焚烧厂处理规模根据当地城市环境卫生专项规划及市政基础设施发展需求确定为 1 800 t/d，处理量为 65× 10^4 t/a。焚烧炉入炉垃圾设计热值 7 000 kJ/kg（1 672 kcal/kg）。

2）处理线配置

根据焚烧厂各设备及附属设施在使用期限内正常运转并能达到各项设计参数的要求，每炉每年平均需要 1 个月左右的时间进行维修保养，因此，通常配置两条以上的垃圾焚烧处理线。该厂处理线配置为：垃圾焚烧处理线（包括烟气净化）3 条，选用处理能力为 600 t/d 的焚烧炉 3 台，焚烧炉排选用某进口品牌工艺成熟的炉排炉，烟气净化采用“机械旋转喷雾+活性炭喷射+袋式除尘器”工艺的半干法烟气净化系统，烟气净化系统与焚烧炉对应配套，室内单元制布置，共 3 个系列。全厂另设一套 SNCR 脱氮系统。

烟囱造型为三管组合钢制烟囱，外包钢筋混凝土套筒，烟囱高度 80 m，每根钢制烟囱内径 2.0 m，烟囱出口适当收缩，以满足低负荷情况下的出口流速。汽轮发电机组两组。

3）主要工艺参数

单台焚烧炉处理能力 25 t/h（最大 27.5 t/h）；炉排为某品牌多级往复炉排，每条线年运行时间不小于 8 000 h；余热锅炉为自然循环锅炉，单台蒸发量 57.83 t/h，蒸汽参数为 400℃、4.0 MPa；单线烟气量 119 606 m^3/h，汽轮发电机组铭牌功率 18 MW/套。

4）工艺特点

① 采用某品牌多级往复炉排炉，该炉型适应低热值、高水分垃圾的焚烧，适合我国

当前大多数城市垃圾特性，在设计热值及处理规模范围内不用添加辅助燃料便可保证焚烧炉内温度高于850℃、燃烧烟气在高温区停留2 s，彻底分解去除二噁英、呋喃类有机有害物质。同时，为确保夏季处理过低热值垃圾时也能达到上述处理要求，焚烧炉配有辅助燃油系统。

② 为使整个工艺获得较高的热效率，锅炉给水温度提高到130℃，焚烧炉一次风进炉温度为200℃。渗滤液厌氧处理产生的沼气采用沼气发电机发电，提高运行经济效益。

③ 生活垃圾（不包括大件垃圾）不用经过任何预处理（如破碎、分类），可直接进炉焚烧。

④ 采用DCS集散控制系统，使生产控制达到现代化水平。

5）主要运行情况

该项目实际投入运行后各项设计指标均达到设计要求，平均每天可接纳生活垃圾约2 000 t，垃圾经过焚烧处理，每天可转化产生电量约60万kW·h。另外，焚烧炉渣残余的废渣变身为砖块，在城市街道发挥作用。垃圾渗滤液等废水经过净化处理达到污水综合排放一级标准后排入城市管网，焚烧烟气经过烟气净化系统处理达到标准后排入大气。该项目实现了将废物"变废为宝"，在取得社会效益、环境效益的同时，也取得了明显的经济效益。

2. 流化床焚烧炉焚烧案例分析

（1）工程简介

Q市生活垃圾处理在本工程建设前采用原始填埋及露天堆放，严重污染环境。为解决日益严重的垃圾污染环境问题，Q市规划建设了垃圾焚烧发电厂。

该市在本项目建设前日垃圾收运量为650 t，考虑到随着国民经济和社会的不断发展以及城镇化建设进程的加快，城镇人口会不断增加，人均垃圾产生量也会提高，另外，垃圾收集系统也会不断完善，因此，预计本项目建成时进入本垃圾焚烧发电厂的垃圾将达到800 t/d，同时根据城市发展规划，考虑适当的发展空间，故本工程规划设计规模为日处理1 200 t生活垃圾，分两期建设。一期工程先按800 t/d建设，拟选用以煤作辅助燃料的循环流化床垃圾焚烧炉两台，单台焚烧炉日处理生活垃圾400 t（最大500 t/d），单台余热锅炉额定产汽量为36 t/h，年处理生活垃圾29.2万t。

（2）垃圾及辅助燃煤状况

垃圾由当地环卫部门分类后用垃圾运输车运到本厂垃圾坑内，服务对象为Q市主城区收集的生活垃圾、商业垃圾和街道清扫垃圾。垃圾量为800 t/d，全年为29.2万t/a，处理线全年运行时间为8 000 h，垃圾设计热值为5 300 kJ/kg（1 266 kcal/kg），垃圾和辅助燃煤元素分析分别见表5-18和表5-19。

表5-18 垃圾元素分析（实测值）

成分	C	H	O	N	S	Cl	灰分	含水率	合计
占比/%	19.19	1.72	12.71	0.56	0.26	0.34	27.1	38.17	100

表5-19 辅助燃煤元素分析

成分	C	H	O	N	S	灰分	含水率	合计
占比/%	61.52	3.426	3.474	1.076	0.138	26.279	4.087	100

（3）工艺方案

1）基本设计参数

该垃圾焚烧发电厂设计规模为处理生活垃圾 1 200 t/d，一期工程安装两台 400 t/d 的循环流化床垃圾焚烧锅炉，预留安装 3 号炉的发展余地，垃圾设计热值为 5 300 kJ/kg（1 266 kcal/kg）。

2）处理线配置

根据焚烧厂各设备及附属设施在使用期限内正常运转并能达到各项设计参数的要求，每炉每年平均需要 1 个月左右的时间进行维修保养，因此，通常配置两条以上的垃圾焚烧处理线。该厂处理线配置为：垃圾焚烧处理线（包括烟气净化）3 条，选用处理能力为 400 t/d 的循环流化床垃圾焚烧炉 3 台，一期工程安装两台，配置汽轮发电机组两组，焚烧炉为循环流化床垃圾焚烧炉，烟气净化系统采用循环悬浮式半干法烟气净化系统。垃圾焚烧尾气污染物排放浓度需满足并优于《生活垃圾焚烧污染控制标准》（GB 18485—2001）中的允许排放值，其中二噁英排放执行欧盟 2000 烟气排放标准。净化后烟气排入高 80 m 的钢筋混凝土烟囱。工艺布置见图 5-15。

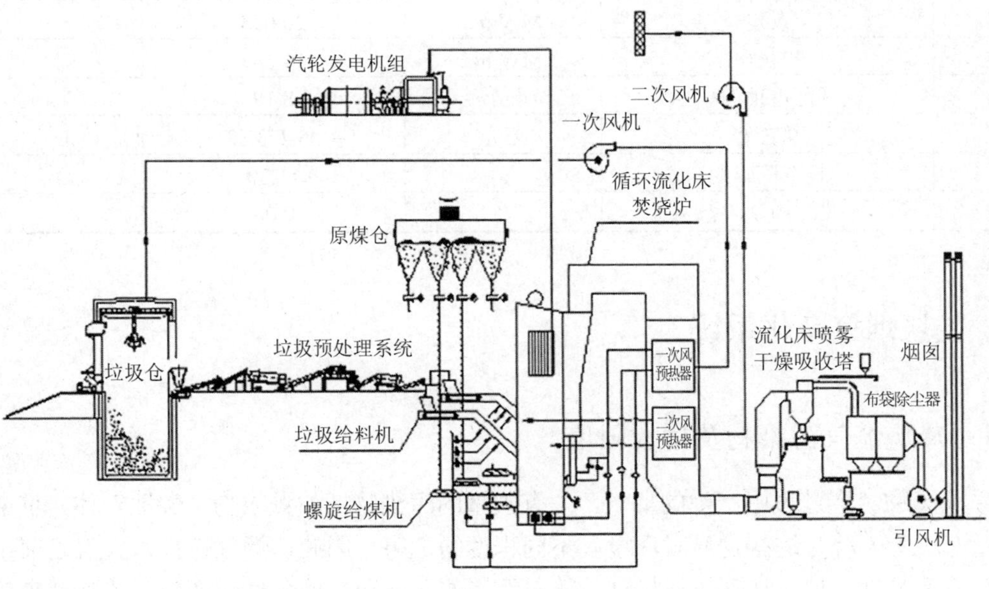

图 5-15　Q 市垃圾焚烧发电厂工艺布置流水线

3）主要工艺参数

单台焚烧炉处理能力 16.67 t/h（最大 20.83 t/h）；炉型为循环流化床垃圾焚烧炉，每条线设计运行时间 8 000 h/a，余热锅炉为自然循环锅炉，单台蒸发量 36 t/h，过热蒸汽参数为 3.82 MPa、450°C，单线烟气量 106 982 m^3/h，汽轮发电机组铭牌功率为 9 MW/套。

4）工艺特点

① 全部采用国产设备，节省了大量的建设投资。

② 采用循环流化床垃圾焚烧技术，可以焚烧高水分垃圾，同时渗滤液回喷至焚烧炉内处理，实现了渗滤液的零排放。

③ 掺烧部分煤作为辅助燃料，保证焚烧炉内温度高于 850℃、焚烧烟气在高温区停留 2 s，彻底分解去除二噁英、呋喃类有机有害物质。

④ 锅炉采用独特的炉膛及余热锅炉设计，可使主蒸汽出口温度在垃圾热值和负荷波动较大的情况下保持稳定，同时采用较高的蒸汽参数，提高垃圾发电厂热效率。

⑤ 针对生活垃圾中含有砖头、碎石和金属等不可燃物及焚烧过程产生的 HCl 气体会对高温金属受热面产生强烈腐蚀等特性，在流化床布风系统、排渣系统和锅炉受热面布置等方面都采用了不同于常规燃煤循环流化床锅炉的结构设计，能将大块不可燃物顺利排出，并防止 HCl 气体对高温过热器的腐蚀。

5）主要技术经济指标

主要技术经济指标见表 5-20。

表 5-20 垃圾焚烧厂主要技术经济指标

序号	名称	单位	数量	备注
1	设计规模	t/d	800	规划 1 200
2	垃圾处理量	t/a	292 000	
3	年发电量	MW·h/a	20 023	
4	年供电	MW·h/a	14 887	
5	厂区占地面积	hm^2	8.19	
6	总投资	万元	35 273.33	
7	投资回收期	a	11.30	
8	全投资内部收益率	%	7.06	

5.7 焚烧烟气净化系统

5.7.1 焚烧烟气污染物及排放限值

固体废物焚烧过程中产生的烟气，含有大量的污染物（如颗粒物、酸性气体、重金属和微量有机物）等，这些物质对环境有不同程度的危害。因此，烟气在排入大气之前，必须进行净化处理，使之达到排放标准。随着经济的发展和环境条件的变化，各国越来越重视焚烧烟气的污染控制，排放标准越来越严格，用于烟气净化的一次性工程投资和运行费用也越来越高。高效的焚烧烟气净化系统的设计和运行管理是防止固体废物焚烧厂二次污染的关键。

焚烧烟气中污染物的种类和浓度受垃圾成分和燃烧条件等多种因素的影响，每种污染物的产生机理也各不相同。充分掌握焚烧烟气中污染物的种类、产生机理和原始浓度波动范围是烟气净化工艺的基础。

（1）焚烧烟气中污染物的种类

由于生活垃圾成分的复杂性、性质的多样性和不均匀性，焚烧过程产生的烟气除包括过量的空气和二氧化碳外，还含有对人体和环境有直接或间接危害的成分，即焚烧烟气污染物。这些物质的化学性质、物理性质及对人体和环境的危害程度各不相同。根据污染物性质的不同，可将其分为颗粒物（粉尘）、酸性气体及其化合物（HCl、HF、SO_x、NO_x等）、重金属及其化合物（Hg、Pb、Cr 等）和微量有机物等四大类不同类别，见表 5-21。

表 5-21 生活垃圾焚烧烟气中污染物的种类

序号	类别	污染物名称	表示符号
1	粉尘	颗粒物	
2	酸性气体及其化合物	氯化氢	HCl
		硫氧化物	SO_x
		氮氧化物	NO_x
		氟化氢	HF
		一氧化碳	CO
3	重金属及其化合物	汞及其化合物	Hg 和 Hg^{2+}
		铅及其化合物	Pb 和 Pb^{2+}
		镉及其化合物	Cd 和 Cd^{2+}
		其他重金属及其化合物	Cu、Mn、Cr、Co、Ni、Sn 和 As
4	微量有机物类	二噁英	PCDDs
		呋喃	PCDFs
		其他有机物（包括多环芳香烃、氯苯和氯酚等）	PAHs，CB，CP

（2）焚烧烟气污染物排放控制标准

表 5-22、表 5-23 分别为《生活垃圾焚烧污染物控制标准》（GB 18485—2014）和《危险废物焚烧污染控制标准》（GB 18484—2001）规定的排放限值。

表 5-22 生活垃圾焚烧炉烟气污染物排放限值

序号	污染物	单位	限值	取值时间
1	颗粒物	mg/m^3	30	1 h 均值
			20	24 h 均值
2	氮氧化物（NO_x）	mg/m^3	300	1 h 均值
			250	24 h 均值
3	氯化氢（HCl）	mg/m^3	60	1 h 均值
			50	24 h 均值
4	二氧化硫（SO_2）	mg/m^3	100	1 h 均值
			80	24 h 均值
5	汞及其化合物（以 Hg 计）	mg/m^3	0.05	测定均值
6	镉、铊及其化合物（以 Cd+Tl 计）	mg/m^3	0.1	测定均值
7	锑、砷、铅、铬、钴、铜、锰、镍及其化合物（以 Sb+As+Pb+Cr+Co+Cu+Mn+Ni 计）	mg/m^3	1.0	测定均值
8	二噁英类	$ngTEQ/m^3$	0.1	测定均值
9	一氧化碳（CO）	mg/m^3	100	1 h 均值
			80	24 h 均值

表 5-23 危险废物焚烧炉大气污染物排放限值[①]

序号	污染物项目	不同焚烧容量时的最高允许排放浓度限值/（mg/m^3）		
		≤300 kg/h	300～2 500 kg/h	≥2 500 kg/h
1	烟气黑度	林格曼Ⅰ级		
2	烟尘	100	80	65
3	一氧化碳（CO）	100	80	80
4	二氧化硫（SO_2）	400	300	200
5	氟化氢（HF）	9.0	7.0	5.0
6	氯化氢（HCl）	100	70	60
7	氮氧化物（以 NO_2 计）	500		
8	汞及其化合物（以 Hg 计）	0.1		
9	镉及其化合物（以 Cd 计）	0.1		
10	砷、镍及其化合物（As+Ni 计）[②]	1.0		
11	铅及其化合物（以 Pb 计）	1.0		
12	铬、锡、锑、铜、锰及其化合物（以 Cr+Sn+Sb+Cu+Mn 计）[③]	4.0		
13	二噁英类	0.5（$ngTEQ/m^3$）		

注：①在测试计算过程中，以 11% O_2（干气）作为换算基准；②指砷和镍的总量；③指铬、锡、锑、铜和锰的总量。

5.7.2 烟气净化工艺流程

为了防止固体废物焚烧烟气污染物对环境产生二次污染，采取严格的净化措施，使烟气净化达到排放标准是非常必要的。实践表明，“低温控制”和“高效颗粒物捕集”是烟气净化系统成功运行的关键所在。烟气净化工艺形式较多，根据脱酸工艺，按其系统中是否有废水排出，可分为湿法净化、半干法净化和干法净化三种，每种工艺都有多种组合形式，也各有优缺点。必须指出，所谓湿法净化、半干法净化、干法净化实际上是指脱酸、除尘和去除其他污染物的组合工艺。

（1）湿法烟气净化工艺

该工艺对烟气中酸性物质、有机污染物及重金属去除效率最高，可以满足严格的排放标准，故在经济发达国家应用较多，其工艺组合形式也多种多样，是今后垃圾焚烧烟气净化的发展趋势。其缺点是：产生高浓度无机氯盐及重金属的废水，需处理达标后方可排放；处理后烟气温度降低到露点以下，系统和设备需要防腐措施，烟气需再加热后排放，以防止烟囱出口形成白烟现象；设备投资、运行费用较高。

湿法净化所用的吸收剂为 $Ca(OH)_2$ 或 NaOH。因 $CaSO_3$ 难溶于水，为避免设备内结垢和管道堵塞，采用 NaOH 为好。

湿式净化设备种类很多，故湿式净化工艺流程有多种组合形式，每种形式都有其优缺点。图 5-16 为典型的湿法净化工艺流程，主要由减温塔、活性炭喷射系统、袋式除尘器系统、湿式洗涤塔、烟气再加热器及脱硝系统等组成。来自余热锅炉出口温度约为 190℃的烟气进入减温塔降温至约 155℃，再进入袋式除尘器进行粉尘捕集。在减温塔与袋式除尘器之间的烟气管道中喷入活性炭以吸收重金属及有机物。袋式除尘器出口 140～150℃烟气从湿式洗涤塔底部进入向上运行。洗涤塔分为冷却吸收部和除湿部，冷却吸收部位于洗涤塔下部，除湿部位于洗涤塔上部。烧碱溶液由洗涤塔上部的喷嘴向下喷入与逆流的烟气充分接触，将烟气温度逐渐降低至其饱和温度，同时，在此过程中烧碱溶液与烟气中部分酸性气体 HCl、HF、SO_2、SO_3 进行反应，生成 NaCl、NaF、Na_2SO_3、Na_2SO_4 等盐类。

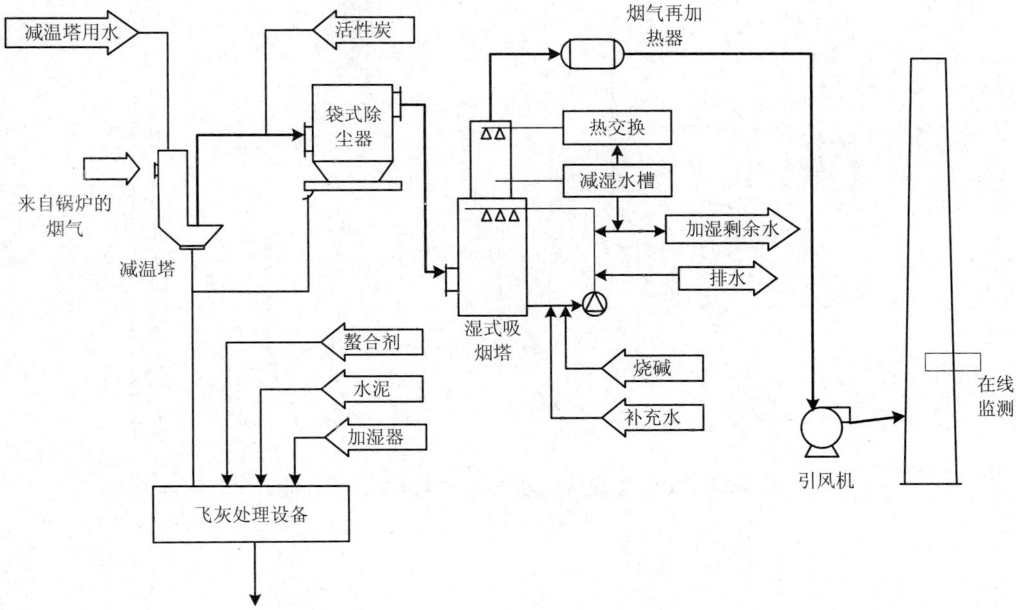

图 5-16 生活垃圾焚烧烟气湿法净化流程

烟气经冷却和吸收后进入洗涤塔上部的除湿部。从除湿水槽来的减湿水与部分烧碱溶液经热交换器后，输送至除湿部上方喷嘴，向下喷入均匀地经过填料床与烟气充分接触，烟气中剩余的有害酸性气体被进一步吸收，同时，烟气温度亦进一步降低，烟气中水分亦被析出，再经塔顶部除雾装置除去烟气中的水雾后进入烟气再加热系统。为防止烟囱出口冒“白烟”，一般需要将烟气加热到 150～160℃再排放。

随着烟气排放标准的进一步严格，氮氧化物的去除也有增加 SCR（选择性催化还原）的趋势，有些垃圾焚烧厂在设置 SNCR（选择性非催化还原）的基础上，预留 SCR 位置，便于后期增设。

（2）半干法烟气净化工艺

半干法烟气净化工艺不但可以达到较高的污染物净化效率，而且具有投资和运行费用较低、流程简单、不产生废水等优点，是一种应用较为广泛的工艺，目前在生活垃圾焚烧厂烟气净化系统中应用较多。我国生活垃圾焚烧处理工程技术规范中规定烟气净化系统应优先采用半干法烟气净化方式。其缺点是对操作水平（如烟气在喷雾干燥吸收塔中的停留时间、吸收浆液中吸收剂的粒度及浓度等）和雾化效果的要求高。

半干法净化工艺的组合形式一般为“喷雾干燥吸收塔+布袋除尘器”，如图 5-17 和图 5-18 所示。石灰经磨碎后形成粉末状（具体的粒度在工程中有严格的要求）吸收剂，加入一定量的水形成石灰浆液，以喷雾的形式在半干法净化反应器内完成对气态污染物的净化过程。浆液中的水分在高温作用下蒸发，残余物则以干态的形式从反应器底部排出。携带有大量颗粒物的烟气从反应器排出后进入袋式除尘器，净化后的烟气通过烟囱排入大气。布袋除尘器捕获的颗粒物作为最终的固态废物排出。

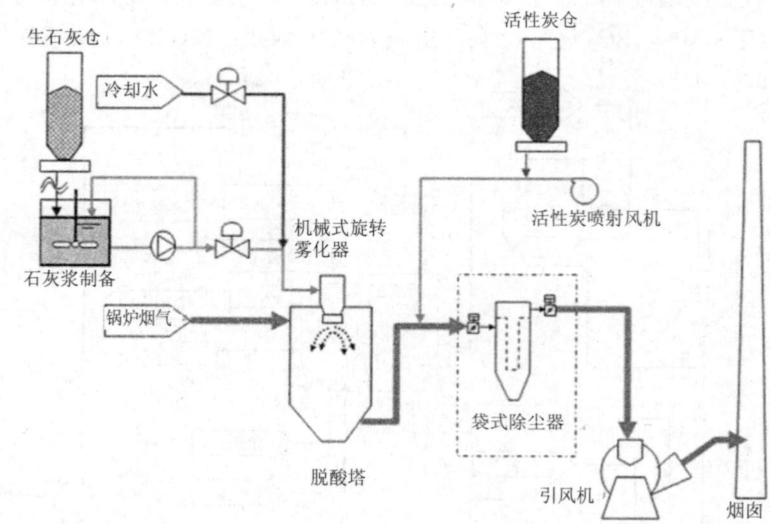

图 5-17 生活垃圾焚烧烟气半干法净化工艺流程之一

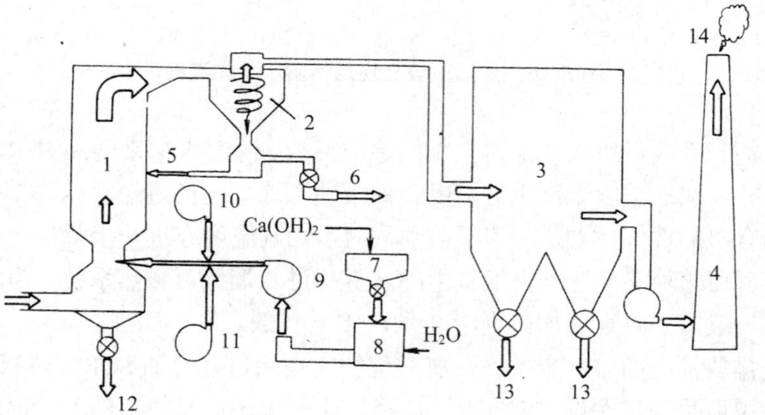

图 5-18 生活垃圾焚烧烟气半干法净化工艺流程之二

1—半干法净化反应塔；2—旋风收尘器；3—高效除尘器；4—烟囱；5—吸收剂循环使用；6—固体废物；7—石灰仓；8—石灰熟化仓；9—石灰浆液泵；10—空压机；11—稀释水泵；12—反应塔底固体废物；13—除尘器底部飞灰；14—烟气净化后排入大气

由于袋式除尘器是采用过滤的方法实现颗粒物净化的，当烟气通过由颗粒物形成的滤层时，气态污染物仍能与滤层中未反应的$Ca(OH)_2$固体颗粒物生成反应而得到进一步净化。因此，在同等条件下，半干法净化工艺中的除尘器应优先选用袋式除尘器。

（3）干法烟气净化工艺

该工艺污染物净化效率相对于湿法和半干法而言较低，但其工艺简单，投资和运行费用明显低于湿法，操作水平要求较低，且无废水产生。近几年来，干法净化设备得到了不断改进，污染物的净化效率有了一定的提高，工艺仍有一定的实用性，尤其适合于经济相对落后且排放标准较宽松的国家和地区。

干法净化工艺组合形式一般为“干法管道喷射+除尘器”和“干法吸收反应器+除尘器”。在图 5-19 所示工艺中，垃圾焚烧烟气（220℃左右）经降温后，与烟气管道内的吸收剂（$Ca(OH)_2$ 或 CaO 等）粉末充分混合，生成化学反应。反应产物与未反应的吸收剂随后进入后续的除尘器被捕获，以干态的形式排出。净化后的烟气经烟囱排入大气。图 5-20 所示工艺中，从锅炉排出的烟气直接进入干法反应吸收器，与该单元内的 $Ca(OH)_2$ 粉末生成化学反应（同时，干法吸收反应器还有降温的作用）。从反应器排出的“气-固”二相混合物经预除尘后，进入最后的高效除尘器，使未去除的颗粒物得以高效净化。净化后的烟气从烟囱排入大气。在干法净化工艺中，由除尘器捕获的颗粒物中含有大量未反应的吸收剂，为节约运行费用，可使其中一部分作为吸收剂循环使用，同时加入新鲜的吸收剂粉末，进入下一轮净化过程。

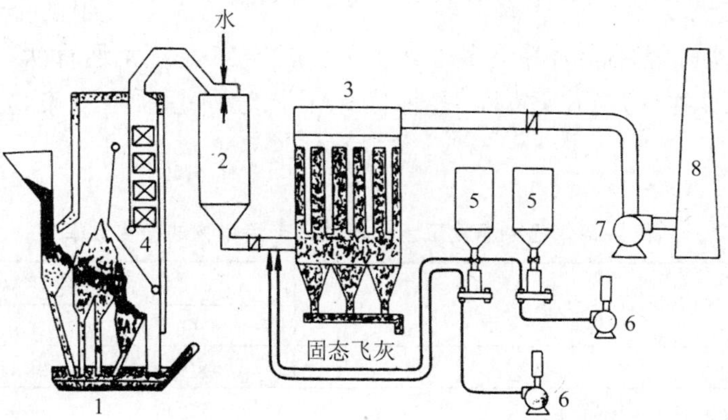

图 5-19　生活垃圾焚烧烟气干法净化工艺流程之一

1—垃圾焚烧炉；2—蒸发型降温塔；3—袋式除尘器；4—空气预热器；5—石灰贮存仓；6—鼓风机；7—引风机；8—烟囱

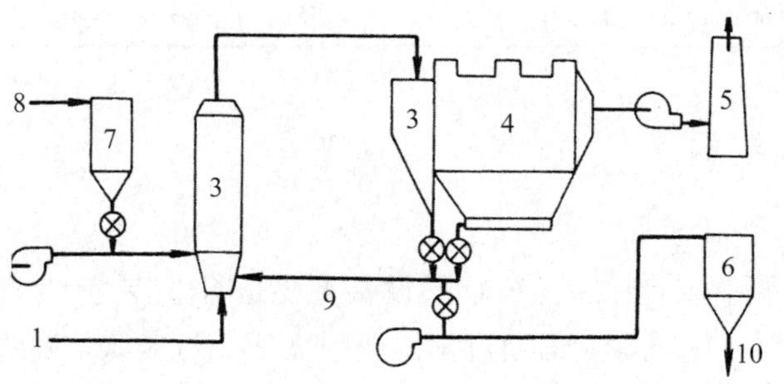

图 5-20　生活垃圾焚烧烟气干法净化工艺流程之二

1—烟气；2—反应器；3—旋风除尘器；4—袋式除尘器；5—烟囱；6—飞灰贮存仓；7—石灰贮存仓；8—石灰；9—吸收剂循环使用；10—固体废物排出

就干法净化而言，为了提高系统的污染物净化效率，必须使烟气和吸收剂在净化设备内的停留时间足够长。因此，仅“干法管道喷射”去除污染物是不够的，而应设置专门的

“干法吸收反应器”（图 5-20）。干法吸收反应器的形式有多种，如移动床、固定床等，其目的是增加吸收剂和污染物的接触时间，提高污染物的净化效率，需要特别指出的是，干法净化工艺中应选用袋式除尘器，使干法吸收反应器中未去除的气态污染物进一步得到净化，这一点与半干法净化工艺是一致的。

上述三种工艺主要对颗粒、易去除酸性气体具有较高的净化效率，同时对于重金属、二噁英（PCDDs）、呋喃（PCDFs）等也有一定的去除效率，但对于 NO_x 的净化却微乎其微。因此，在经济发达的国家和地区，对于垃圾焚烧烟气中的 NO_x 排放有限制时，垃圾焚烧烟气净化系统中常设有单独的 NO_x 净化系统。另外，为了满足重金属和二噁英类的排放限值，采用活性炭喷射吸附进一步净化。应当说明的是，NO_x 的去除或活性炭喷射吸附都不能单独构成完整的烟气净化系统，这两种净化措施是对烟气净化主体工艺（湿法、半干法或干法）的完善和补充。目前，在我国生活垃圾焚烧烟气净化实践中，也采用活性炭喷射吸附+袋式除尘器的方法进一步净化污染物。

以上三种工艺在实际生产中有很多的组合，其净化效率与设计组合、设备运行状态、生产管理水平、实际操作能力等诸多因素有关。表 5-16 是正常运行状态下，各种净化工艺对酸性气态污染物的净化效率，各种净化工艺对固态颗粒污染物的净化效率均在 99.5%以上。

表 5-24　各种净化工艺对酸性气态污染物的净化效率

净化工艺类别	净化效率/%		
	HCl	HF	SO_2
干法喷射+袋式除尘器	80	98	50
干法喷射+流化床反应器+静电除尘器	90	99	60
半干法净化+静电除尘器（吸收剂循环使用）	>95	99	50～70
半干法净化+袋式除尘器（吸收剂循环使用）	>95	99	70～90
半干法净化+干法喷射+静电除尘器或袋式除尘器	>95	99	>90
静电除尘器+湿法净化	>95	99	>90
半干法净化+静电除尘器或袋式除尘器+湿法净化	>95	99	>90

5.7.3 污染物控制技术

1. 粒状污染物控制技术

固体废物焚烧系统中控制粒状污染物的设备主要是除尘装置，常使用的除尘装置有静电除尘器、布袋除尘器、旋风除尘器及湿法除尘设备等。近年来，随着人们对二噁英污染问题的重视，有以布袋除尘器代替静电除尘器的趋势。

2. 氮氧化物控制技术

氮氧化物（NO_x）的形成主要与炉内温度的控制及废物化学成分有关。燃烧过程中生成的 NO_x 有 3 种方式，即：热力型 NO_x，是空气中的氮气在高温下氧化而生成的 NO_x，通常火焰温度在 1 000℃以上时会大量生成，燃烧温度低时，热力型 NO_x 生成量很少；燃料型 NO_x，是燃料中含有的氮化合物在燃烧过程中热分解、氧化而生成的 NO_x，其生成主要取决于过剩空气系数，较少依赖燃烧温度；快速型 NO_x，是燃烧时空气中氮和燃料中的碳氢化合物反应生成的NO_x，与热力型NO_x和燃料型NO_x相比，它的生成量要少得多，可以忽略不计。垃圾焚烧炉中NO_x一般以燃料型为主，体积分数约占总NO_x的90%。

一般而言，降低废气中NO_x的方法可分成燃烧控制法、湿法及干法，其中，干法有选择性非催化还原法和选择性催化还原法，以下分别介绍。

（1）燃烧控制法

燃烧控制法是通过调整焚烧炉内垃圾的燃烧条件，降低NO_x生成量。采用燃烧控制法来降低NO_x生成量，主要是考虑发生自身的脱硝作用，也即经燃烧垃圾生成的NO_x，在炉内可被还原为氮气（N_2）。此反应中的还原性物质，一般认为是由炉内干燥区产生的氨气（NH_3）、一氧化碳（CO）及氰化氢（HCN）等热分解物质。要使这种反应能有效进行，除必须促进热分解气体的生成外，还必须维持热分解气体与NO_x的接触，并使炉内处于低氧状况，以避免热分解气体生成急剧燃烧。在现代垃圾焚烧厂中，采用控制燃烧温度、空气分级燃烧、优化二次风管喷嘴布置设计、合理设计焚烧炉型就是基于此原理。

（2）湿法

湿法去除NO_x与去除HCl、SO_x类似，但因NO_x中大部分成分一氧化氮（NO）不易被碱性溶液吸收，故需以臭氧（O_3）、次氯酸钠（NaClO）、高锰酸钾（$KMnO_4$）等氧化剂将NO氧化成二氧化氮（NO_2）后，再以碱性液体中和、吸收；此外，欧洲各国亦有利用EDTA-Fe（II）水溶液形成络合盐的方式吸收NO_x。

（3）选择性非催化还原法

选择性非催化还原法（Selective Non-Catalytic Reduction，SNCR）是将尿素或氨注入高温（900～1 000℃）烟气中，将氮氧化物还原成氮气和水的方法，由于该法不需要催化作用，可避免催化剂堵塞或中毒问题的生成。反应如下：

$$2NO+2NH_3+2O_2+3H_2 \longrightarrow 2N_2+6H_2O$$

该方法NO_x的去除效率因还原剂和氮氧化物接触条件（如温度和反应时间的影响）不同而有很大的变化，因此喷嘴的位置必须根据炉体型式、构造及烟道形状而定，该方法对NO_x的去除效率约在60%以下（实际运行一般在50%以下），若为了提高NO_x的去除率而增加药剂喷入量，未反应的氨会残留在烟气中，形成新的污染源并使烟囱排气形成白烟。尽管如此，因该方法一次投资和设备运行维护成本较催化还原法及湿式吸收法低得多，且无废水处理问题，故在工程上应用较多。

（4）选择性催化还原法

选择性催化还原法（Selective Catalytic Reduction，SCR）是借助选择性催化剂的催化作用，使烟气中的氮氧化物与注入的氨气生成还原反应而生成无害的氮气与水。由于烟气中硫氧化物可能造成催化剂活性降低及粒状物堆积于催化床造成堵塞，因此催化反应塔一般多设置于除尘和脱酸设备之后，催化剂使用年限为3～5年，设计时应谨慎选用催化剂材质及催化剂形状。在垃圾焚烧厂中使用尾端脱硝流程，一般在较低温度状态下操作（200～450℃，一般以300～400℃为宜），催化反应塔可使用Pt/Al_2O_3、V_2O_5/TiO_2、$V_2O_5/WO_3/TiO_2$、Fe_2O_3/TiO_2、CrO_3/Al_2O_3及CuO/TiO_2等金属氧化物作为催化剂，并以氨作为还原剂。因烟气在经过脱酸及除尘后温度多在200℃以下，因此，在使用前，要将烟气加热到350℃左右，由于催化剂的存在，氮氧化物无须高温即可有效进行还原反应，其反应式如下：

$$4NO + 4NH_3 + O_2 \xrightarrow{催化剂} 4N_2 + 6H_2O$$

$$NO + NO_2 + 2NH_3 \xrightarrow{催化剂} 2N_2 + 3H_2O$$

SCR 法对氮氧化物的去除效率最高可达 80%，且药品（如氨）消耗量较少，也无锅炉管线结垢的缺点。但催化剂再生及更换成本较高，运行期间维持适宜的反应温度的烟气再加热成本也较高。

3. 酸性气体控制技术

烟气脱酸是一种发展成熟的技术，其主要目的是将烟气中 SO_x、HCl 及 HF 等酸性气体去除，在固体废物焚烧烟气中成功应用的技术有干法、半干法及湿法工艺，见 5.7.2 节。

4. 重金属控制技术

城市生活垃圾中多含有重金属物质，如防腐剂、杀虫剂及印刷油墨等的废容器、温度计、灯管、颜料、金属板等，此种垃圾在焚烧过程中，随着温度的升高，垃圾中的部分重金属以气态形式随烟气排出。一般而言，垃圾焚烧厂烟气中所含重金属量的多少，与废物性质、重金属存在形态、焚烧炉的操作及空气污染控制方式有密切关系。

（1）重金属物质焚烧后的特性

含重金属物质经高温焚烧后，一部分会因燃烧而挥发，其余部分则仍残留于灰渣中，而挥发与残留的比例则与各种重金属物质的饱和温度有关，饱和温度愈高愈易凝结，残留在灰渣内的比例亦随之增高。由于废弃物经焚烧后形成多种氧化物及氯化物，因挥发、热解、还原、氧化等作用，而可能进一步生成化学反应，其产物包括元素态重金属、重金属氧化物及重金属氯化物等。元素态重金属、重金属氧化物及重金属氯化物在烟气中将以特定的平衡状态存在，且因其浓度各不相同，各自的饱和温度亦不相同，从而构成了复杂的连锁关系。

经挥发而存在于烟气中的重金属物质（如镉及汞等），当烟气通过热能回收设备及其他冷却设备后，部分重金属因凝结或吸附作用而易附着于细尘表面，可被后续的除尘设备去除，此种情况当烟气通过除尘设备时的温度越低时，其去除效率越佳。此种去除作用主要依据以下 3 种反应机理：

① 因温度降低而达到饱和，经凝结成粒状物后被除尘设备收集去除。

② 饱和温度较低的重金属元素虽无法充分凝结，但会因飞灰表面的催化作用而形成饱和温度较高且较易凝结的氧化物或氯化物，易于被除尘设备收集去除。

③ 仍以气态存在的重金属物质，因吸附于飞灰上或喷入的活性炭粉末上而被除尘设备一并收集去除。

此外，因部分重金属的氯化物为水溶性，即使无法由于上述的凝结及吸附作用而去除，却可利用其溶于水的特性，经由湿式洗涤塔的洗涤液从烟气中吸收下来。早期的垃圾焚烧厂采用湿式洗涤塔的主要原因即是为了去除此类重金属。

（2）烟气中重金属物质的控制技术

垃圾中含有的重金属物质经高温焚烧后，部分因挥发作用而以元素态及其氧化状态存在于烟气中，构成烟气中重金属污染物的主要来源；由于每种重金属及其化合物均有其特定的饱和温度（与其含量有关），当烟气通过余热回收设备及空气污染控制设备而被降温时，大部分呈挥发状态的重金属，可自行凝结成颗粒或凝结于飞灰表面而被除尘设备收集去除，但挥发性较高的铅、镉及汞等少数重金属则不易凝结。

（3）提高烟气中重金属物质去除效率的措施

为满足日趋严格的重金属排放标准，传统的尾气污染控制设备已无法符合需要。此外，由于重金属物质固有的不可破坏性，燃烧作用只不过改变其相的状态或形成其他化合物。因此，要降低重金属的排放浓度，必须从改善尾气污染控制装置着手。目前已成熟的改善方式，是以增进干法净化流程的“吸附作用”或湿法净化流程的“吸收作用”为出发点。在干法净化流程中，于布袋除尘器前喷入活性炭或于尾气处理流程尾端使用活性炭滤床，除可加强对汞金属的吸附作用外，亦对烟气中微量有机物如 PCDDs/PCDFs 具有吸附去除的效果；在干法净化流程中亦可喷入化学药剂与汞金属反应，如喷入雾化的抗高温液体螯合剂可达到 50%～70%的去除效果，或在布袋除尘器前喷入 Na_2S 药剂，使其与汞作用生成 HgS 颗粒而被除尘系统去除。在湿法处理流程中，于洗涤塔的洗涤液内添加催化剂（如 $CuCl_2$），促使更多水溶性 $HgCl_2$ 生成，再以螯合剂固定已吸收汞的循环液，可确保吸收效果。

5. 二噁英和呋喃控制技术

（1）二噁英及呋喃的定义及其浓度表示方式

二噁英是一族多氯二苯二噁英化合物（polychlorinated dibenzodioxins，PCDDs）。它是含有两个氧键连接两个苯环的有机氯化合物，具有三环结构，其结构式如图 5-21（a）所示。呋喃是一族多氯二苯呋喃化合物（polychlorinated dibenzofurans，PCDFs），其结构与 PCDDs 不同的是只有一个氧原子连接苯环，其结构式见图 5-21（b）。

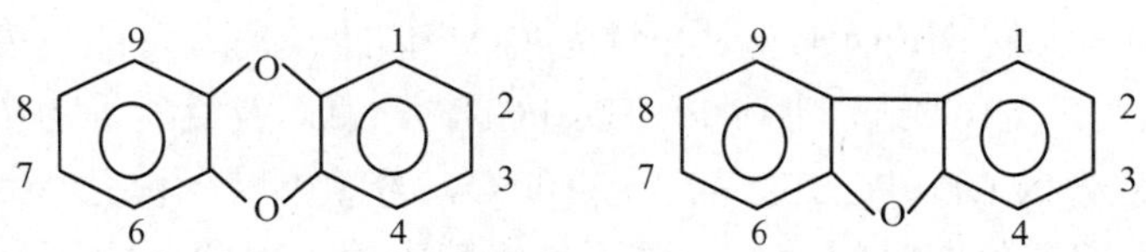

（a）PCDDs　　（b）PCDFs

图 5-21　二噁英和呋喃分子结构示意

二噁英及呋喃按氯原子数目的不同（1～8 个），分别有 75 种及 135 种衍生物，其中具有 1～3 个氯者不具有毒性，故一般述及 PCDDs/PCDFs 时均是指 4～8 个氯的 136 种衍生物，如果 2、3、7、8 位置上与 Cl 结合，则称为 2,3,7,8-TCDD。它被认为是现有合成化合物中最毒的物质，其毒性比氰化物还要大 1 000 倍。

PCDDs/PCDFs 浓度的表示方式主要有“总量”及“毒性当量”（Toxic Equivalent Quantity，TEQ）两种。在分析含 PCDDs/PCDFs 的物质时，若将前述具毒性的 136 种衍生物的浓度分别求出再相加即为“总量浓度”（以 ng/m^3、ng/kg 或 ng/L 表示），若先将具毒性的各种衍生物按其个别的毒性当量系数（Toxic Equivalent Factor，TEF）转换后再加总则为“毒性当量浓度”。其中毒性当量系数的确定主要以毒性最强的 2,3,7,8-TCDD 为基准（系数为 1.0），其他衍生物则按其相对毒性强度以小数表示。不同有机氯化物的国际毒性当量因子列入表 5-25 中。

表 5-25 不同有机氯化物的国际毒性当量因子

同类化合物	TCDD	异构物	TCDF	异构物
2,3,7,8-四氯化	1.0	1	0.10	1
2,3,7,8-五氯化-（1,2,3,7,8）	0.50	1	0.05	1
2,3,7,8-五氯化-（2,3,4,7,8）	—	—	0.50	1
2,3,7,8-六氯化	0.10	3	0.10	4
2,3,7,8-七氯化	0.01	1	0.01	2
八氯化	0.001	1	0.001	1

（2）焚烧过程中二噁英及呋喃的生成机制

废物焚烧过程中，PCDDs/PCDFs 的生成主要来自废物成分、炉内形成及炉外低温再合成三方面，分别说明如下：

① 废物成分：以家庭垃圾为例，其成分本已相当复杂，再加上多有使用杀虫剂、除草剂、防腐剂甚至农药及喷漆等有机溶剂，垃圾中即可能含有 PCDDs/PCDFs 等物质。国外数据显示，每公斤家庭垃圾中，PCDDs/PCDFs 的含量为 11～255 ng（I-TEQ），其中以塑胶类的含量较高，达 370 ng（I-TEQ）。至于其他废物中的 PCDDs/PCDFs 含量则更为复杂。由于 PCDDs/PCDFs 的破坏分解温度并不高（750～800℃），若能保持良好的燃烧状况，由废物本身所夹带的 PCDDs/PCDFs 物质，经焚烧后大部分应已破坏分解。

② 炉内形成：废物化学成分中的 C、H、O、N、S、Cl 等元素，在焚烧过程中可能先形成部分不完全燃烧的碳氢化合物（C_xH_y），当 C_xH_y 因炉内燃烧状况不良（如氧气不足、缺乏充分混合及炉温太低等）而未及时分解为 CO_2 和 H_2O 时，可能与废物或烟气中的氯化物（如 NaCl、HCl、Cl_2）结合形成 PCDDs/PCDFs、氯苯及氯酚等物质。其中氯苯及氯酚的破坏分解温度较 PCDDs/PCDFs 高出约 100℃，若炉内燃烧状况不良，尤其在二次燃烧段内混合程度不够或停留时间太短，更不易将其去除，因此可能成为炉外低温再合成 PCDDs/PCDFs 的前驱物质（precursor）。

③ 炉外低温再合成：由于完全燃烧不容易达成，当氯苯及氯酚等前驱物质随烟气自燃烧室排出后，可能被烟气中飞灰的碳元素所吸附，并在特定的温度范围（250～400℃，300℃时最显著），在飞灰颗粒所构成的活性接触面上，被金属氯化物（$CuCl_2$ 及 $FeCl_2$）催化反应生成 PCDDs/PCDFs。此种再合成反应（De Novo Synthesis）的发生，除了须具备前述特定温度范围内由飞灰所提供的碳元素、催化物质、活性接触面及前驱物质外，烟气中充分的氧含量、重金属含量与水分含量也扮演着重要角色。在典型的混烧式垃圾焚烧厂中，因多是采用过氧燃烧，且由于垃圾中的水分含量较其他燃料高，再加上重金属物质经燃烧挥发多凝结于飞灰上，烟气中亦含有较多的 HCl 气体，因此提供了符合 PCDDs/PCDFs 再合成的环境，而此种再合成反应也成为焚烧烟气中产生 PCDDs/PCDFs 的主要原因。

（3）二噁英及呋喃的控制

控制由废物焚烧所产生的 PCDDs/PCDFs，可从控制来源、减少炉内形成及避免炉外低温区再合成三方面着手。

① 控制来源：避免含 PCDDs/PCDFs 物质及含氯成分高的物质（如 PVC 塑胶等）进

入垃圾中，可降低 PCDDs/PCDFs 的生成，因此，加强和改进垃圾分类及资源回收技术甚为重要。

② 减少炉内形成：为达到完全燃烧的目标，不仅要分解破坏垃圾内含有的 PCDDs/PCDFs，也要避免氯苯及氯酚等前驱物质的生成。为此，应在以下几个方面进行控制：

在燃烧室设计时采取适当的炉体热负荷，以保持足够的燃烧温度及气体停留时间、燃烧段与后燃烧段的不同燃烧空气量及预热温度等的要求；炉床上的二次空气量要充足（约为全部空气量的 40%），且应配合炉体形状于混合度最高处喷入，即湍流度最大，喷入的压力亦需能足够穿透及涵盖炉体的横断面，以增加混合效果；燃烧的气流模式宜采用顺流式，以避免在干燥阶段已挥发的物质未经完全燃烧即短流排出；高温阶段炉室体积应足以确保废气有足够的停留时间等；在操作上，应确保废气中具有适当的过氧浓度（最好为 6%～12%），因为过氧浓度太高会造成炉温不足，太低则燃烧需氧量不足，同时亦须避免大幅变动负荷（最好为 80%～110%）；在启炉、停炉与炉温不足时，应确保启动助燃器以达到既定的炉温等；对于 CO 浓度（代表燃烧情况）、O_2 浓度、废气温度及蒸汽量（代表负荷状况）等均应连续监测，并借助自动燃烧控制系统或模糊控制系统（Fuzzy Control System）反馈控制垃圾的进料量、炉床移动速度、空气量及一次空气温度等操作参数以达到完全燃烧。

③ 避免炉外低温再合成：由于目前多数大型焚烧厂均设有锅炉回收热能系统，焚烧烟气在锅炉出口的温度为 220～250℃，因此前述的 PCDDs/PCDFs 炉外再合成现象，多发生在锅炉内或在粒状污染物控制设备前。有些研究指出，主要的生成机制为铜或铁的化合物在悬浮微粒的表面催生了二噁英的前驱物质。

在干法处理流程中，最简单的方法是喷入活性炭粉或焦炭粉通过吸附作用去除烟气中的 PCDDs/PCDFs，喷入的位置根据除尘设备的不同而异：当使用布袋除尘器时，因布袋能提供吸附物较长的停留时间，故将活性炭粉或焦炭粉直接喷入除尘器前的烟道内即可，吸附作用主要发生在滤袋表面；若使用静电除尘器，因没有类似于布袋的停滞吸附效果，故活性炭喷入点应提前至半干式或干式脱酸塔内（或其前烟管内），以争取延长吸附作用的时间；虽然活性炭粉单价较高，但因其活性大，用量较省，同时对汞金属亦具较优的吸附功能，故应作为较佳的选择。借助吸附作用去除 PCDDs/PCDFs 的方法，除活性炭粉喷入法外，也可在干式或半干式系统中直接于布袋除尘器后端加设含有焦炭或活性炭的固定床吸附过滤器，但由于其过滤速度慢（0.1～0.2 m/s）、体积大，使用焦炭或活性炭滤层时有自燃或尘爆的危险，实际应用时应特别小心。

在湿式处理流程中，因湿式洗涤塔一般仅能吸收酸性气体，且因 PCDDs/PCDFs 的水溶性甚低，故其去除效果不大；但在不断循环的洗涤液中，氯离子浓度持续累积，造成毒性较低的 PCDDs/PCDFs（毒性仅为 2,3,7,8-TCDD 的 1/1 000）占有率较高，对总浓度影响不大，也为一种控制 PCDDs/PCDFs 毒性当量浓度的方法；若欲进一步将 PCDDs/PCDFs 去除，可在洗涤塔的低温段加入二噁英驱除剂（dioxin-scavenging additives），但此种方法仍需进一步研究。

5.7.4 余热利用与烟气冷却

烟气冷却是使高温烟气调节到某一较低温度范围内，满足烟气净化工艺对温度的要求，在此过程中，可回收部分热量。

烟气冷却分为直接冷却与间接冷却两大类。

间接冷却：烟气不与冷却介质直接接触，一般不改变烟气的性质。主要热交换方式是对流和辐射，如余热回收利用、换热器等。

直接冷却：往热烟气中加入冷却介质，冷却介质与热烟气直接接触，进行热交换，烟气量及其烟气成分生成改变。热交换方式是蒸发和稀释。常用的烟气直接冷却方法有喷雾冷却和吸风冷却两种。以下介绍喷雾冷却和换热器。

（1）喷雾冷却

1）喷雾冷却的方式

喷雾冷却是将水以雾状喷入热烟气，利用烟气的热量蒸发水分而迅速降低烟气温度的方法。常用的装置有喷雾烟道、喷雾塔、喷雾冷却器等。

喷雾冷却的操作形式分为干式运行和湿式运行两种：前者要求喷入的水完全蒸发，没有泥浆及其引起的腐蚀；但要求雾化效果好，冷却后的烟气温度可用调节喷入的水量进行控制，但应高于露点 20～30℃；后者喷入的水蒸发不完全，产出部分泥浆。

干式运行的喷雾冷却器（塔）的工作原理是将液态的水和压缩空气两相流在特定的喷嘴内雾化成雾状液体微粒后，直接喷入冷却器内，与高温烟气接触，利用雾状液体微粒的巨大表面积，在极短时间内快速蒸发成水蒸气进入气相，利用水的汽化潜热吸收烟气的大量热焓，使烟气温度急速下降到设定温度。在危险废物焚烧厂中，基本上设计成立式塔（即骤冷塔），使烟气温度由 500～450℃在 1 s 以内降低至 200℃以下，避免二噁英的逆向生成。

2）喷雾冷却装置设计注意事项

喷嘴的布置：对干式运行的喷雾冷却塔，一般只布置一层喷嘴，而且应尽量避免两股或两股以上的水雾交叉或水雾喷至塔壁上，以避免雾化后的水滴重新长大，延长汽化时间，造成塔底部淌水。如处理的烟气量较为稳定，宜采用恒压操作模式；对烟气量波动范围较大的，宜采用恒流操作模式。

设备的防腐：由于烟气温度高，且含有 HCl、SO_2 等酸性气体，即使是干式运行，也应考虑防腐问题，除壳体选用合适的材质外，还应内衬防腐材料或外敷保温材料。

设清扫孔、人孔门，以便清扫内部积灰或泥浆。

喷嘴的安装应便于拆卸检查。

（2）换热器

换热器的冷却介质为水、空气，因此，换热器分为烟气-空气换热器和烟气-水换热器。

传热系数与多种因素有关，计算也不易准确，通常根据换热器的材质、使用条件及工况、同类生产经验数据取值。

5.8　焚烧残渣和飞灰的处理处置技术

5.8.1　焚烧灰渣的种类

焚烧系统所产生的固体灰渣，一般可分为以下4类：

（1）漏渣（fall slag）

漏渣是从焚烧炉给料机和炉排间隙漏下的细小颗粒物，可并入炉渣一并收集处置，一般经漏渣灰斗收集后由刮板输送机送至除渣机。

（2）炉渣（slag）

炉渣是焚烧后由排渣口排出的残渣，主要含有燃烧后的灰分及未燃尽的残余有机物及无机物（例如铁丝、玻璃、水泥块等），一般经过水冷却后由除渣机排出。

炉渣中未燃尽有机物的量是衡量焚烧设备性能的一个重要指标。它可以用炉渣热灼减率（loss of ignition）来表示。《生活垃圾焚烧污染控制标准》（GB 18485—2014）规定焚烧炉渣的热灼减率需小于等于 5%，目前国内许多垃圾焚烧厂的热灼减率可达到小于等于3%，与国际水平相当。

生活垃圾焚烧炉渣属于一般固体废物，主要由熔渣、玻璃、陶瓷、金属和少量未燃尽的有机物等不均匀混合物组成，主要元素为 Si、Al、Ca，可进行综合利用。炉渣中含有废铁等金属物质，可以采用磁选方式回收利用，其余物质一般以制砖或铺路等方式进行综合利用，不综合利用的炉渣可进填埋场进行填埋处置。

（3）锅炉灰（boiler ash）

锅炉灰是余热锅炉下部排出的固体物质，是焚烧烟气中悬浮颗粒被余热锅炉管束阻挡而掉落于集灰斗或黏附于锅炉管上再被清灰装置除去的灰渣。锅炉灰应并入焚烧飞灰一起收集处理。

（4）焚烧飞灰（incineration fly ash）

焚烧飞灰是烟气净化系统捕集物和烟道及烟囱底部沉降的底灰。由于焚烧飞灰含有高浸出浓度的铅、镉等重金属，我国《国家危险废物名录》已明确将焚烧飞灰划入危险废物的范畴，其类别为 HW18，代码为 802-002-18，危险特征为 T。此外，焚烧飞灰中还含有二噁英类物质。

5.8.2　焚烧灰渣的收集及输送

焚烧产生的炉渣和飞灰，一般经灰渣漏斗或滑槽收集，在设计时除须避免形成架桥等阻塞问题外，还需严防空气漏入。焚烧灰渣由炉排尾端排出时温度可高达 400～500℃，一般炉渣必须经除渣机浸水冷却后排出，除渣机冷却水槽除能冷却炉渣外，还具有阻断炉内烟气及火焰外泄的功能。

（1）炉渣输送系统

对于机械炉排焚烧炉，其炉排末端可连续排出焚烧炉渣，由于炉渣温度很高（约400℃），必须首先通过冷却设备使其浸水以完全灭火。通常采用的除渣设备是有钢制水槽的液压驱动式往复运动刮板型装置，炉渣先在水槽内灭火冷却，再由刮板装置将冷却后的炉渣沿滑槽向上推出，以充分沥干水分。炉渣被除渣机推出后由振动输送机或皮带输送机送入渣坑，也可由除渣机直接推入渣坑。

炉渣在振动输送机上被输送的过程中，由磁选机将湿炉渣中的废金属分离出来。被分离的废金属经过废金属溜管进入磁选机下方的废金属罐。

储存在渣坑中的炉渣，通过设置在渣坑上面的炉渣起重机装车运出焚烧厂或进行综合利用。

（2）飞灰输送系统

飞灰输送方式主要有机械输送与气力输送等，一般不适宜用湿法除灰方式。

采用机械刮板式输送机时要注意滚轮旋转时由飞灰造成的磨损，当飞灰含水率较高时，应防止空气进入而导致温度下降使得飞灰固结在输送设备上；当采用气力除灰系统时，应注意采取防止飞灰结块的措施。

由于焚烧厂引风机会形成负压，飞灰排出装置的出口常有空气泄入的问题，因此，应加强飞灰排出口与输送机连接部位的密封性。此外，为防止储灰仓排灰时飞灰飞散，应在排灰口附近设置增湿设施，所选用混合设备的材质须具有防止被飞灰腐蚀的功能。

5.8.3 焚烧炉渣的处理处置及再利用

焚烧炉渣约占垃圾量的20%，属于一般固体废物，世界各国均积极采取措施加以综合利用，从而减少填埋量，延长填埋场使用年限，节约土地。通常首先将金属分离出来进行回收，然后再进行资源化利用，焚烧炉渣可用于筑路的原料或作为水泥生产的原料，也可制成混凝土砌块用于建筑。无法进行综合利用的炉渣可直接送垃圾填埋场进行填埋处置。

目前国内垃圾焚烧厂产生的炉渣大多进行了综合利用，处置方向已从防止二次污染逐渐演变为再资源化，针对焚烧炉渣所开发的各种资源化技术也快速发展，如图 5-22 所示。

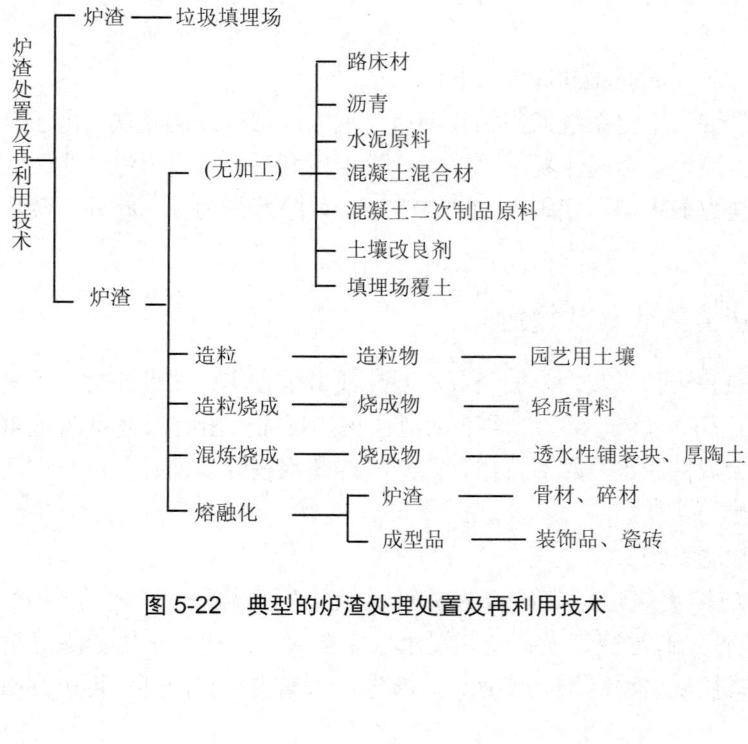

图 5-22 典型的炉渣处理处置及再利用技术

5.8.4　焚烧飞灰的处理处置技术

飞灰由烟尘、烟气净化系统喷入的中和剂颗粒物和活性炭颗粒等组成，一般情况下，炉排型垃圾焚烧炉的飞灰量占垃圾量的 2%～5%，飞灰属于危险废物，必须进行妥善的处理处置。

常用的飞灰处理处置方法主要有高温处理的熔融法、烧结法，低温处理的水泥固化法和药剂稳定法。熔融法设备投资及运行费用高；烧结法处理成本也较大；水泥固化法工艺设备简单，处理处置费用低，但处理后飞灰的物理和化学稳定性较弱；药剂稳定法又可分为有机药剂稳定法和无机药剂稳定法，其中有机药剂稳定法操作较复杂，运行费用高；无机药剂稳定法投资和运行费用适中，但对有些重金属效果稍差。目前水泥固化法、有机药剂稳定法和无机药剂稳定法在国内都有应用。

经固化或稳定化处理的飞灰需满足《生活垃圾填埋场污染控制标准》（GB 16889）中的相关要求后方可进入生活垃圾填埋场进行最终填埋处置。

飞灰也可以进入水泥窑进行处置，如进入水泥窑处置应满足《水泥窑协同处置固体废物污染控制标准》（GB 30485）的相关要求。

典型的焚烧飞灰处理处置技术如图 5-23 所示。

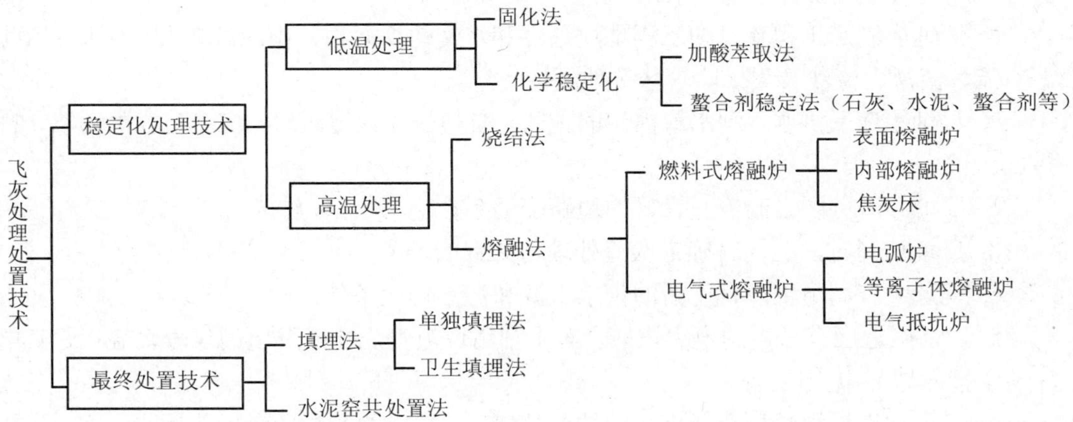

图 5-23　典型的焚烧飞灰处理处置技术

5.9　固体废物焚烧厂的总体设计

5.9.1　生活垃圾焚烧厂总体设计和总平面布置

1. 生活垃圾焚烧厂工程内容及处理规模

①生活垃圾焚烧厂工程设计内容应包括：接收、储存与进料系统；焚烧系统；烟气净化系统；垃圾热能利用系统；灰渣处理系统；渗滤液收集处理系统；仪表及自动化控制系统；电气系统；消防、给排水和污水处理系统；采暖通风及空调系统；物流输送及计量系统；点火及辅助燃烧系统；压缩空气系统；化验、维修等其他辅助系统。

②生活垃圾焚烧厂的处理规模应根据当地城市总体规划、环境卫生专业规划或垃圾处理设施规划、服务区范围的垃圾产生量现状及预测，并综合考虑经济性、技术可行性和可靠性等因素确定。

③焚烧线数量和单条焚烧线处理规模应根据焚烧厂总处理规模、所选炉型的技术特点等因素确定，一般宜设置 2～4 条垃圾焚烧线。

④生活垃圾焚烧厂处理规模分类：

a. 特大类垃圾焚烧厂：全厂总焚烧能力 2 000 t/d 及以上；

b. Ⅰ类垃圾焚烧厂：全厂总焚烧能力 1 200～2 000 t/d（含 1 200 t/d）；

c. Ⅱ类垃圾焚烧厂：全厂总焚烧能力 600～1 200 t/d（含 600 t/d）；

d. Ⅲ类垃圾焚烧厂：全厂总焚烧能力 150～600 t/d（含 150 t/d）。

2. 厂址选择

①厂址选择应符合城乡总体规划和环境卫生专业规划要求，并应通过环境影响评价的认定。

②厂址选择应综合考虑垃圾焚烧厂的服务区域、服务区的垃圾转运能力、运输距离、预留发展等因素。

③厂址应选择在生态资源、地面水系、机场、文化遗址、风景区等敏感目标少的区域。

④厂址条件应符合下列要求：

a. 厂址应满足工程建设的工程地质条件和水文地质条件，不应选在发震断层、滑坡、泥石流、沼泽、流沙及采矿陷落区等地区；

b. 厂址不应受洪水、潮水或内涝的威胁，必须建在该地区时，应有可靠的防洪、排涝措施；

c. 厂址与服务区之间应有良好的道路交通条件；

d. 厂址选择时，应同时确定灰渣处理与处置的场所；

e. 厂址应有满足生产、生活的供水水源和污水排放条件；

f. 厂址附近应有必需的电力供应。对于利用垃圾焚烧热能发电的垃圾焚烧厂，其电能应易于接入地区电力网；

g. 对于利用垃圾焚烧热能供热的垃圾焚烧厂，厂址的选择应考虑热用户分布、供热管网的技术可行性和经济性等因素。

3. 焚烧工艺选择

①焚烧炉应采用成熟可靠的技术，并在经过技术经济比较的基础上确定。

②混合收集的原生垃圾的焚烧宜选择往复式炉排焚烧炉。

③经过筛分、破碎等预处理后的垃圾，可选择流化床焚烧炉或热解焚烧炉。

4. 全厂总图设计

①垃圾焚烧厂的全厂总图设计，应根据厂址所在地区的自然条件，结合生产、运输、环境保护、职业卫生与劳动安全、职工生活，以及电力、通信、燃气、热力、给水、排水、污水处理、防洪、排涝等设施，特别是垃圾热能利用条件，经多方案综合比较后确定。

②垃圾焚烧厂的各项用地指标应符合国家有关规定和当地土地、规划等行政主管部门的要求。

③垃圾焚烧厂的人流和物流的出入口设置，应符合城市交通的有关要求，并应方便车

辆进出。人流、物流应分开且通畅。

④垃圾焚烧厂宜设置必要的生活服务设施，具备社会化条件的生活服务设施应实行社会化服务。

5. 总平面布置

①垃圾焚烧厂应以垃圾焚烧厂房为主体进行布置，其他各项设施应按垃圾处理流程、功能分区进行合理布置，并应做到整体效果协调、美观。

②使用燃料油点火或助燃的垃圾焚烧厂，油库、油泵房的设置应符合现行国家标准《石油库设计规范》（GB 50074）的有关规定。

③使用燃气点火或助燃的垃圾焚烧厂，燃气系统应符合现行国家标准《城镇燃气设计规范》（GB 50028）的有关规定。

④地磅房应设在垃圾焚烧厂内物流出入口处，并应有良好的通视条件，与出入口围墙的距离应大于一辆最长车的长度，且宜为直通式。

⑤总平面布置应有利于减少垃圾运输和处理过程中的恶臭、粉尘、噪声、污水等对周围环境的影响，防止各设施间的交叉污染。

⑥厂区各种管线应合理布置、统筹安排。

6. 厂区道路

①垃圾焚烧厂区道路的设置，应满足交通运输和消防的需求，并应与厂区竖向设计、绿化及管线敷设相协调。

②垃圾焚烧厂区主要道路的行车路面宽度不宜小于 6 m。垃圾焚烧厂房周围应设宽度不小于 4 m 的环形消防车道，厂区主干道路面宜采用水泥混凝土或沥青混凝土，道路的荷载等级应符合现行国家标准《厂矿道路设计规范》（GBJ 22）的有关规定。

③通向垃圾卸料平台的坡道应按现行国家标准《公路工程技术标准》（JTG B01）的有关规定执行。为双向通行时，宽度不宜小于 7 m；为单向通行时，宽度不宜小于 4 m。坡道中心圆曲线半径不宜小于 15 m，纵坡不宜小于 8%。圆曲线处道路的加宽应根据通行车型确定。

④垃圾焚烧厂宜设置应急停车场，应急停车场可设在厂区物流出入口附近。

7. 绿化

①垃圾焚烧厂的绿化布置，应符合全厂总图设计要求，合理安排绿化用地。

②厂区的绿地率不宜大于 30%。

③厂区绿化应结合当地的自然条件，厂区美化应选择适宜的植物。

5.9.2 危险废物焚烧厂总体设计

危险废物焚烧厂的总体设计内容包含上述生活垃圾焚烧厂总体设计的各项要求，并补充以下内容：

1. 危险废物焚烧厂建设规模

①危险废物焚烧厂建设规模应根据焚烧厂服务范围内的危险废物可焚烧量、分布情况、发展规划以及变化趋势等因素综合考虑确定。

②危险废物焚烧处理工程建设内容应包括：进厂危险废物接收系统、分析鉴别系统、贮存与输送系统、焚烧系统、热能利用系统、烟气净化系统、炉灰残渣处理系统、自动化

控制系统、在线监测系统、电气系统以及燃料供应、压缩空气供应、供配电、给排水、污水处理、消防、通信、暖通空调、机械维修、车辆冲洗等设施。

2. 危险废物焚烧厂厂址选择

①厂址条件应符合下列要求：不允许建设在《地表水环境质量标准》（GB 3838—2002）规定的地表水环境质量Ⅰ类、Ⅱ类功能区，《环境空气质量标准》（GB 3095—2012）规定的环境空气质量一类功能区，即自然保护区，风景名胜区，人口密集的居住区、商业区、文化区和其他需要特殊保护的地区。

②焚烧厂内危险废物处置设施距离主要居民区以及学校、医院等公共设施应不小于800 m。

③应具备满足工程建设要求的工程地质条件和水文地质条件。不应建在受洪水、潮水或内涝威胁的地区；若因受条件限制，必须建在上述地区时，则应具备抵御百年一遇的洪水防洪、排涝措施。

④厂址选择时，应充分考虑焚烧产生的残渣及飞灰的处理与处置，并宜靠近危险废物安全填埋场。

⑤应有可靠的电力、水源供应和污水处理及排放系统。

3. 总图设计

①焚烧厂人流和物流出入口的设置应符合城市交通有关规定，实现人流、物流分离，方便危险废物运输车辆的进出。

②焚烧厂周围应设置围墙或其他防护栅栏，防止家畜和无关人员进入。

③焚烧厂内作业区周围应设置集水池，并且能够收集25年一遇暴雨的降水量。

4. 总平面布置

①以焚烧厂房为主体进行布置，其他各项设施应按危险废物处理流程合理安排。

②危险废物物流的出入口以及接收、贮存、转运、处置场所等主要设施应与焚烧厂的办公和生活服务设施相隔离。

5.9.3 医疗废物焚烧厂总体设计

医疗废物焚烧厂的总体设计内容包含上述生活垃圾焚烧厂总体设计的各项要求，并补充下列内容：

1. 医疗废物焚烧厂建设规模

①焚烧厂的建设规模，应根据焚烧厂服务区域医疗废物产生量、成分特点以及变化趋势等因素综合考虑确定，并应根据处理规模合理确定生产线数量和单台处理能力。医疗废物集中焚烧厂的建设，应考虑焚烧处置能力的冗余和建造冷藏贮存设施。

②焚烧厂建设项目构成、建设规模应尽可能满足全年接收并妥善处理服务区域产生的医疗废物。

2. 医疗废物焚烧厂项目构成

①焚烧厂建设项目由焚烧厂主体工程与设备、配套工程、生产管理与生活服务设施构成。

②焚烧厂主体工程与设备主要包括：

a. 受料及供料系统：包括医疗废物计量、卸料、暂时贮存、输送等设施。

b. 焚烧系统：包括医疗废物进料、焚烧、助燃空气、辅助燃烧等设施。

c. 余热利用系统：包括空气预热器、技术允许条件下可考虑余热锅炉、供热等设施。

d. 烟气净化系统：包括有害气体去除、除尘及排放等设施。

e. 灰渣处理系统：包括炉渣处理系统、飞灰处理系统。

f. 仪表与自动化控制系统。

g. 应急处理、安全防爆系统。

③配套工程主要包括总图运输、供配电、给排水、废（污）水处理、消防、通信、暖通空调、机械维修、监测化验、计量、清洗、消毒等设施。

④生产管理与生活服务设施主要包括办公用房、食堂、浴室、值班宿舍等设施。

3. 厂址选择

①厂址选择应符合《全国危险废物和医疗废物处置设施建设规划》及当地城乡总体发展规划，符合当地大气污染防治、水资源保护、自然保护的要求，并应通过环境影响评价和环境风险评价的认定。

②厂址选择应符合《危险废物焚烧污染控制标准》（GB 18484—2001）和《医疗废物集中处置技术规范》中的选址要求。

不允许建设在《地表水环境质量标准》（GB 3838—2002）中规定的地表水环境质量Ⅰ类、Ⅱ类功能区，《环境空气质量标准》（GB 3095—2012）中规定的环境空气质量一类功能区，即自然保护区，风景名胜区，人口密集的居住区、商业区、文化区和其他需要特殊保护的地区。

焚烧厂内危险废物处置设施距离主要居民区以及学校、医院等公共设施应不小于800 m。

③厂址应满足工程建设的地质条件和水文地质条件，不应选在发震断层、滑坡、泥石流、沼泽、流砂及采矿隐落区等地区。

④厂址应不受洪水、潮水或内涝的威胁，必须建在该地区时，应有可靠的防洪、排涝措施。

⑤厂址选择应同时考虑炉渣、飞灰处理与处置的场所；应有可靠的电力、水源供应，污水处理及排放系统。

4. 总图设计

①焚烧厂人流、物流的出入口应分开设置，方便医疗废物运输车辆的进出。

②焚烧厂应设置高度不低于2.5 m的围墙，防止家畜和无关人员进入。

5. 总平面布置

①医疗废物物流出入口、接收、贮存和转运设施、清洗消毒设施、处置场所等主要设施应与办公、生活服务设施隔离，分开建设。隔离措施包括墙体隔离或空间隔离方式。

②医疗废物焚烧厂的洗车设施，宜位于焚烧厂出口附近，医疗废物运输车车厢内部清洗消毒的设施应与医疗废物转运工具、生产工具的清洗消毒设施合并建设。

第 6 章　固体废物热解处理技术

6.1　热解技术及其发展概况

1. 热解技术定义

热解（pyrolysis）是指物料在氧气不足的气氛中燃烧，并通过由此产生的热作用而引起的化学分解过程。因此，也可将其定义为破坏性蒸馏、干馏或炭化过程。热解技术也称为热分解技术或裂解技术。

关于热解的最经典的定义是斯坦福研究所（Stanford Research Institute，SRI）的 J. Jones 提出的："在不同反应器内通入氧、水蒸气或加热的一氧化碳，通过间接加热使含碳有机物生成热化学分解生成燃料（气体、液体和炭黑）的过程。"根据这一定义，严格来讲，凡通过部分燃烧热解产物以直接提供热解所需热量者，不称为热解而应称作部分燃烧或缺氧燃烧。关于这方面的问题，目前尚无统一的解释。

2. 热解技术发展概况

热解技术作为一种传统的工业化作业方式，已大量应用于木材、煤炭、重油、油母页岩等燃料的加工处理。例如，木材通过热解干馏可得到木炭；以焦煤为主要成分通过煤的热解炭化可得到焦炭；以气煤、半焦等为原料通过热解气化可得到煤气；还有重油，也可通过热解进行气化处理；而油母页岩的低温热解干馏则可得到液体燃料产品。以上诸多工艺中，以焦炉热解炭化制造焦炭技术的应用最为广泛而且成熟。

但是，针对固体废物进行的热解技术研究，直到 20 世纪 60 年代才开始引起关注和重视，到了 20 世纪 70 年代初期，固体废物的热解处理才达到实际应用。固体废物经过此种热解处理除可得到便于贮存和运输的燃料及化学产品外，在高温条件下所得到的炭渣还会与物料中某些无机物与金属成分构成硬而脆的惰性固态产物，使其后续的填埋处置作业可以更为安全和便利地进行。

实践证明，热解处理是一种有发展前景的固体废物处理方法。其工艺适宜于处理城市垃圾、污泥、废塑料、废树脂、废橡胶、农林废弃物、人畜粪便等具有一定能量的有机固体废物。

美国是最早进行固体废物热解技术开发的国家。早在 1927 年美国矿业局就进行过固体废物的热解研究。1970 年以后，随着美国将《固体废物法》改为《资源再生法》，原来由多个部门分别管理的固体废物处理处置技术的开发统一划归于美国国家环境保护局管理，各种固体废物资源化前期处理和后期处理的系统得到广泛开发。其中，热解技术作为从城市垃圾中回收燃料气和燃料油等具有贮存性能的可再生能源新技术，其研究开发也得到迅速发展。1975 年美国建成处理能力为 1 000 t/d 的城市垃圾热解系统；1977 年建成处理能力为 200 t/d 的有机废物热解液化系统，后因技术问题而停产；20 世纪 80 年代，先后开展了城市垃圾热解-合成生产氢气、甲醇等工艺技术；代表性工艺有 Purox process、Torrax process、Occidental process 等。

欧洲继美国之后，先后在丹麦、德国、法国等国家也对固体废物热解技术进行了实质性研究和应用。各国建立的热解实验装置，其主要目的是将热解处理作为焚烧处理的辅助手段，借以减少垃圾焚烧造成的二次污染。技术应用以生物质废弃物、废塑料、废橡胶为主；固体废弃物热解系统处理规模一般在 10 t/d 以下，规模较小；Thermal Select. Process 具有很高的代表性，并得到推广应用。

日本对城市垃圾热解技术的大规模研究是从 1973 年实施的 Star Dust'80 计划开始的，该计划的中心内容是利用双塔式循环流化床对城市垃圾中的有机物进行气化。随后，又开展了利用单塔式流化床对城市垃圾中的有机物液化回收燃料油的技术研究。在此项国家行动计划的推动下，一些民间公司也相继开发了许多固体废物热解技术和设备。这些技术大都是作为焚烧的替代技术得到开发的，并部分实现了工业化应用。

加拿大的热解技术研究主要是围绕农业废物等生物质开展的，特别是木材的气化。据有关研究测算，加拿大丰富的生物质资源可以满足全国运输部门全年的能源需求。基于这种观点，加拿大政府于 20 世纪 70 年代末开始了以利用大量存在的废弃生物质资源为目的的研究计划，相继开发了利用旋转窑、流化床对生物质进行气化和利用镍催化剂在高温高压下对木材进行液化的研究。

随着各国经济生活水平的不断改善，城市垃圾中的有机物含量越来越多，其中废塑料等高热值废物的增加尤为明显。城市垃圾中的废塑料成分不仅会在焚烧过程中产生炉膛局部过热问题，从而造成炉排及耐火衬里的烧损，同时也是二噁英等的主要生成源。由于各国对焚烧过程中二噁英排放限制的严格化，废塑料的焚烧处理越来越成为关注的焦点，在此背景下，废塑料的热解处理技术已成为各国研究开发的热点。

6.2 热解的工艺条件及技术特点

6.2.1 热解过程影响因素

影响热解过程的主要因素包括：废物组成、物料的预处理、物料含水率、反应温度、加热速率、固体废物停留时间和反应器的类型等，分述如下：

（1）固体废物组分

由于废物的组分不同而致热解的起始温度各有差异，因此，对热解的产物组成及产率也有较大影响。通常城市固体废物比大多数工业固体废物更适合于用热解方法生产燃气、焦油及各种有机液体，但产生的固体残渣较多。

热解有机质的总转化率是指挥发性产品与原料中的有机质的重量比，一般以产品中灰分的重量为示踪剂，按下式计算总转化率：

$$Y = 1 - \frac{A_{料}(100 - A_{渣})}{A_{渣}(100 - A_{料})} \tag{6-1}$$

式中：Y——有机质总转化率；

$A_{料}$——原料中的灰分干基百分比；

$A_{渣}$——残渣中的灰分干基百分比。

（2）物料的预处理

物料的一些性质，如有机物成分和颗粒大小等，会对热解过程产生重要影响。不同物料由于成分不同，其可热解性也不一样。若物料中有机物成分比例大、热值高，则其可热解性好、产品热值高、可回收性好、残渣也少。若物料颗粒大，则传热速度及传质速度较慢，热解二次反应增多，对产物成分有不利影响。较小的颗粒尺寸有利于促进热量传递，使高温热解反应更容易进行。因此，有必要对热解原料进行适当破碎预处理，使其粒度既细小又均匀。

（3）物料含水率

热解过程中物料含水率的影响是多方面的，主要表现为影响产气量、气体成分、热解内部的化学过程以及整个系统的能量平衡。通常，湿度越低，加热到工作温度所需时间越短，干燥和热解过程的能耗就越少，物料加热速度越快，越有利于得到较高产率的可燃性气体。热解过程中水分来自两方面，物料自身含的水和外加的高温水蒸气。反应过程中生成的水分其作用更接近于外加的高温水蒸气。

对不同物料来讲，物料含水率（W）变化非常大，对单一物料而言含水率就比较稳定。如制革污泥的含水率高达95%，而废轮胎几乎不含有水分。城市生活垃圾的含水率变化较大，我国城市生活垃圾的含水率一般可达40%左右，有的超过60%。这部分水在热解过程前期的干燥阶段（105℃以前）失去，最后凝结在冷却系统中或随热解气一同排出。如果它以水蒸气的形式与可燃的热解气共存，则会严重降低热解气的热值和可用性。因此，在热解系统中要求将水分凝结下来，以提高热解气的可用性。物料中含水率的含量增高，其可热解的干基比例就减少，以应用基为基础的有用热解产物量就少，同时要求的干燥热量增加。这就会带来两种结果：一是系统的外部热量增多，二是净产出能源减少。所以，不是任何物质进行热解处理在技术经济上都具有可行性的。

水分对热解的影响还与热解方式甚至与具体的反应器结构相关。如直接热解方式，在800℃以上供以水蒸气，则会发生水与炭的接触反应和“水煤气反应”。从实际反应效果来看，一般应在反应器内温度达900℃以上喷入水蒸气才好。进一步分析不难看出，直接热解方式中，其热解气产生情况与物料和产气导出的流向有关，是逆向还是同向流动是有区别的。如果导出气与物料流动方向相同，则含水分的导出气将经过高温区，此时的产气成分与逆向流动产气的成分也是不同的。

（4）反应温度

温度是热解过程最重要的控制参数。热解过程中，热解温度与气体产量成正比，而各种酸、焦油、固体残渣却随分解温度的增加呈相应减少趋势。固体废物热解产物收率（重量百分比）可参见表6-1。分解温度不仅影响气体产量，也影响气体质量，如表6-2所示。所以，应根据预期的回收目标确定适宜的热解温度。

（5）加热速率

通过综合调节加热温度和加热速率，可控制热解产物中各组分的比例。其作用主要表现为：在低温、低速加热条件下，有机物分子有足够的时间在其最薄弱的节点处分解，并重新结合为热稳定性固体，而难以进一步分解，因而产物中固体物含量增加；而在高温-高速加热条件下，有机物分子结构生成全面裂解，产生大范围的低分子有机物，此时，热解产物中气体量随着加热速率的增加而增加，水分、有机液体含量及固体残渣相应减少。气体产量随加热速度的增加而增加，水分、有机液体含量及固体残渣则相应减少。加热速度对气体成分亦有影响。以高温热解破碎后旧报纸进行试验所得数据列于表 6-3。

表 6-1 固体废物热解产物收率

产物成分	生活垃圾		工业垃圾	
	热解温度 750℃	热解温度 900℃	热解温度 750℃	热解温度 900℃
残留物/%	11.5	7.7	37.5	37.8
气体/%	23.7	39.5	22.8	29.5
焦油与油/%	2.1	0.2	1.6	0.8
氨/%	0.3	0.3	0.3	0.4
水溶液/%	55	47.8	30.6	21.8

表 6-2 温度对热解气体成分的影响 单位：%

气体成分 \ 温度	480℃	650℃	815℃	925℃
H_2	5.56	16.58	27.55	32.48
CH_4	12.43	15.91	13.73	10.45
CO	33.5	30.49	34.12	35.25
CO_2	44.77	31.78	20.59	17.31
C_2H_4	0.45	2.18	2.24	2.43
C_2H_6	3.03	3.06	0.77	1.07
总计	99.74	100.00	100.00	99.99

表 6-3 旧报纸热解气体成分与加热速率关系 单位：%

气体成分	加热到 815℃时所需时间							
	1 min	6 min	10 min	21 min	30 min	40 min	60 min	70 min
CO_2	15.01	19.16	23.11	25.1	24.7	25.7	22.9	21.2
CO	42.6	39.59	35.20	36.3	31.3	30.4	30.1	29.5
O_2	0.92	1.61	1.80	2.5	2.3	2.1	1.3	1.1
H_2	19.93	9.85	12.15	10.0	15.0	13.7	15.9	22.0
CH_4	17.54	21.70	19.95	20.1	20.1	19.9	21.5	20.8
N_2	6.00	7.09	7.79	6.0	6.6	7.2	7.3	5.4
热值/（kJ/m^3）	13 870	14 170	13 230	13 200	13 200	12 820	13 680	14 090

（6）固体废物停留时间

物料停留时间是指反应物料完成反应在炉内停留的时间。停留时间主要对固体废物热解的充分程度和装置的处理能力产生影响。固体废物由初温上升到热解温度，以及在此温度下固体废物生成热解均需一定的时间。若停留时间不足，则热解不完全；而停留时间过长，则装置处理能力下降。

（7）反应器的类型

反应器是热解反应进行的核心设备，不同的反应器有不同的热解床条件和物流方式。一般来说，固定热解床处理量大，而流态化热解床温度可控性能好。气体与物料逆流进行有利于延长物料在反应器内的滞留时间，从而提高有机物的转化率。

（8）供气供氧量

空气或氧气作为热解反应中的氧化剂，使物料生成部分燃烧，提供热量以保证热解反应的进行。因此，供给适量的空气或氧气是非常重要的，也是需要严格控制的。供给的可以是空气，也可以是纯氧气。由于空气中含有较多的氮气，供给空气时产生的可燃气体的热值较低。供给纯氧气可提高可燃气体的热值，但生产成本也会相应增加。

6.2.2 热解技术特点

热解是指有机物在无氧或缺氧条件下加热，分解生成气态、液态和固态可燃物质的化学分解过程，热解过程示意见图 6-1。

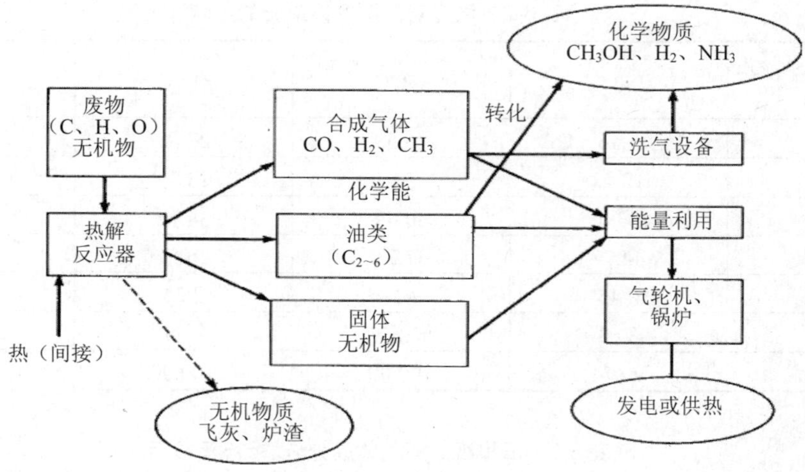

图 6-1 热解过程示意

热解法和焚烧法的区别在于：焚烧是需氧氧化反应过程，热解则是无氧或缺氧反应过程；焚烧产物主要是 CO_2 和 H_2O，热解产物则包括可燃气态低分子物质（如氢气、甲烷、一氧化碳）、液态产物（如甲醇、丙酮、乙酸、乙醛等有机物及焦油、溶剂油等）以及焦炭或炭黑等固态残渣；焚烧是一个放热过程，热解则是吸热过程；焚烧产生的热能量大时可用于发电，热能量小时可作热源或产生蒸汽，适于就近利用，而热解产生的贮存性能源产物诸如可燃气、油等可以贮存或远距离输送。

与焚烧相比，废物热解具有如下一些优点：热解将垃圾中的有机物转化为以燃料气、燃料油和炭黑为主的贮存性能源，是吸热过程；由于缺氧分解，排气量少，有利于减轻对大气环境的二次污染；废物中的硫、重金属等有害成分大部分被固定在炭黑中，挥发量少；由于保持还原性条件，Cr^{3+}不会转化为 Cr^{6+}；NO_x 产生量少；热解设备相对简单。研究报道表明，热解烟气量是焚烧的 1/2、NO 是焚烧的 1/2、HCl 是焚烧的 1/25、灰尘是焚烧的 1/2。

热解技术与焚烧技术相比也有不足之处。例如，由于热解的温度低，并且是还原性反应，对于废物的彻底减容与无害化较之焚烧技术有一定差距；热解技术的应用范围也有一定限制，几乎所有的有机物质都可以进行焚烧处理，而并非所有的物质都可以进行热解处理。纸类、木材、纤维素等很多物质利用焚烧处理更加有效，也更加具有经济适用性。

城市固体废物用热解法处理的难度比焚烧法更大。首先，城市固体废物是混合物，不同物质的热分解温度不同，热分解行为也不同，所以热分解操作条件的控制十分困难，有时甚至无法进行。其次，废物成分、水分经常变化，操作条件很不稳定，因此，往往实验室阶段很有成效，而一到工业阶段就变得很复杂，处理费用也大幅度增加。再次，如果混合物含水率过大，特别是我国现阶段的废物主要是厨余、纸张等，高热值可分解物的含量与国外相比含量较低。厨余水分很高，热分解的热量平衡就比较困难，热分解所能回收的燃料油、燃料气不仅少，且热值也低，因此，热解技术的经济性必须考虑。最后，废物中有些塑料或橡胶热解将会产生 HCl 或 HCN，这给热解在技术上带来了更大困难。因此城市固体废物热解技术的发展并实现工业化仍需进一步研究。

6.3　热解技术工艺分类及工艺过程

6.3.1　热解技术工艺分类

适合城市垃圾热解处理的工艺较多，无论何种工艺，其热解产物的组成和数量基本上都与物料构成特性、预处理程度、热解反应温度和物料停留时间等因素有关。热解工艺大体上可按热解温度、加热方式、产品种类等进行分类。

（1）按加热方式分类

热解反应一般是吸热反应，需要提供热源对物料进行加热。所谓热源是指提供给废物热解所需的热量，是被热解物（即所处理的废物）直接燃烧或者向热解反应器提供补充燃料时所产生的热量。根据不同的加热法，可将热解分成间接加热和直接加热两类。

1）间接加热法

此法是将物料与直接供热介质在热解反应器（或热解炉）中分开的一种热解过程。可利用间壁式导热或以一种中间介质（热砂料或熔化的某种金属床层）来传热。间壁式导热方式存在热阻大、熔渣可能会包覆传热壁面而产生腐蚀的缺点，故不能使用更高的热解温度。若采用后一种中间介质传热的方式，尽管有出现固体传热（或物料）与中间介质分离的可能，但二者综合比较，后者还是较间壁式导热方式要好一些。不过由于固体废物的热传导效率较差，间接加热的面积必须加大，因而使这种方法的应用范围局限于小规模处理的场合。

2）直接加热法

此法通过燃料的燃烧直接供热，由于燃烧需提供氧气，因而会使 CO_2、H_2O 等惰性气体混在用于热解的可燃气中，因而稀释了可燃气，其结果将使热解产气的热值有所降低。如果采用空气作氧化剂，热解气体中不仅有 CO_2、H_2O，而且含有大量的 N_2，更稀释了可燃气，使热解气的热值大为减少。因此，若采用的氧化剂分别为纯氧、富氧或空气时，其热解所产可燃气的热值是不相同的。根据美国有关的研究结果，如用空气作氧化剂，对混合城市垃圾进行热解时所得的可燃气，其热值一般只有 5 500 kJ/m^3 左右，而采用纯氧作氧化剂的热解，其产气的热值可达 11 000 kJ/m^3。

（2）按热解温度分类

根据所使用温度区段的不同，可将热解分为以下 4 类：

1）低温热解法

温度一般在 600℃以下。可采用这种方法用农业、林业和农业产品加工后的废物生产低硫低灰分的炭，根据其原料和加工的不同深度，可制成不同等级的活性炭或用作水煤气原料。

2）中温热解法

温度一般为 600～700℃，主要用在比较单一的物料作能源和资源回收的工艺上，像废轮胎、废塑料转换成类重油物质的工艺。所得到的类重油物质既可作能源，亦可用作化工初级原料。

3）高温热解法

热解温度一般都在 1 000℃以上，固体废物的高温热解，主要为获得可燃气。例如，炼焦用煤在炭化室被间接加热，通过高温干馏炭化，得到焦炭和煤气的过程即属高温热解工艺。高温热解法采用的加热方式几乎都是直接加热法。如果采用高温纯氧热解工艺，反应器中的氧化-熔渣区段的温度可高达 1 500℃，从而可将热解残留的惰性固体，如金属盐类及其氧化物和氧化硅等熔化，并将以液态渣的形式排出反应器，再经水淬冷却后粒化。这样可大大降低固态残余物的处理难度，而且这种粒化的玻璃态渣可作建筑材料的骨料使用。

4）等离子高温热解

热解温度一般在 3 000～5 000℃，利用一个或多个等离子体炬喷射器产生高温，在这样的极度高温下，有机垃圾被分解成一种含有氢和一氧化碳的可燃气体，无机垃圾则成为一种惰性的玻璃状熔渣。玻璃状熔渣的渗透性只相当于玻璃的 1/5，可以做各种建筑材料和填充材料。

（3）按生成产品分类

1）热解制油

热解制油的温度一般在 500℃以下，在隔氧条件下使有机物裂解，生成燃油。

2）热解制气

热解制气是将有机废物在较高温度下转变成气体燃料，通过对反应温度、加热时间及气化剂的控制，产生大量的可燃气体，这些气体经净化回收可直接加以利用或贮存于罐中待用。

除以上分类之外，还可按热解反应系统压力分为常压热解法和真空（减压）热解法。后者真空热解，可适当降低热解温度，有利于可燃气体的回收。但目前有关固体废物的热解处理大多仍采用常压系统。

6.3.2 热解技术工艺过程

热解过程的主要产物有：

（1）可燃性气体

可燃性气体按产物中所含成分的数量由多到少排序为：H_2、CO、CH_4、C_2H_4 和其他少量高分子碳氢化合物气体。这种气体混合物是一种很好的燃料，其热值可达 6 390～

10 230 kJ/kg（固体废物），在热解过程中维持分解过程连续进行所需要的热量约为 2 560 kJ/kg（固体废物），剩余的气体变成热解过程中有使用价值的产品。

（2）有机液体

有机液体是一种复杂的化学混合物，常称为焦木酸（即木醋酸），此外尚有焦油和其他高分子烃类油等，也都是使用有价值的燃料。

（3）固体残渣

固体残渣俗称灰渣，其中的主要成分是炭黑。炭渣是轻质碳素物质，其发热值为 12.8～21.7 MJ/kg，含硫量很低，这种炭渣在制成煤球后也是一种好燃料，也可以作为生物炭使用。

热解产物的产量及成分与热解原料成分、热解温度、加热速率和反应时间等参数有关。以城市垃圾为例，其热解产品成分随热解温度不同而不同，如表 6-4 所示。

表 6-4 垃圾热解生成产品成分所占份额

温度/℃	垃圾/kg	可燃气/kg	焦木酸/kg	固体/kg	总产物/kg
480	100	12.08	61.08	24.71	97.12
650	100	17.64	17.64	59.18	99.62

根据上述介绍，有机物的热解反应通常可用下列简式表示：

$$\text{有机物} \xrightarrow[\text{无氧或缺氧}]{\text{加热}} \text{可燃性气体} + \text{有机液体} + \text{固体残渣} \tag{6-2}$$

而较复杂的精确方程式可表示为图 6-2 所示。

$$\text{含碳固体物质} \xrightarrow[\text{无氧或缺氧}]{\text{加热}} \begin{cases} \text{大分子量及中等分子量的有机液体（焦油等）} \\ \text{分子量小的有机液体} \\ \text{多种有机酸＋其他液体芳香化合物液体产物} \\ CH_4+H_2+H_2O+CO+CO_2+NH_3+H_2S+HCN\text{ 等气体产物} \\ \text{炭黑等固体残余物} \end{cases}$$

图 6-2 有机物热解反应精确方程式

不同的废物类型其热解产物也有差异。含塑料和橡胶成分比例大的废物其热解产物中含液态油较多，包括轻石脑油、焦油以及芳香烃油的混合物。生活垃圾、污泥热解产物则较少。焦油是一种黑褐色的油状混合物，以苯、萘、蒽等芳香族化合物和沥青为主，另外还含有游离碳、焦油酸、焦油碱及石蜡、环烷、烯类的化合物。

热解过程产生可燃气量大，特别是在温度较高的情况下，废物有机成分的 50%以上都转化为气态产物。这些产品以 H_2、CO、CH_4 为主，其热值高达 6.37×10^3～1.021×10^4 kJ/kg。除少部分供给热解过程所需的自用热量外，大部分气体成为可燃气产品。

固体废物热解后，减容量大，残余炭渣较少。这些炭渣化学性质稳定，含 C 量高，有一定热值，一般可用作燃料添加剂或道路路基材料、混凝土骨料、制砖材料。纤维类废物

（木屑、纸）热解后的渣，还可经简单活化制成中低级活化炭，用于污水处理等。

对不同成分的有机物，其热解过程的起始温度各不相同。例如，纤维类开始热解的温度为 180～200℃，而煤的热解随煤质不同，其起始热解温度为 200～400℃，煤的高温热解温度可达 1 000℃以上。

关于纤维素热分解，凯萨（Kaiser）提出如下反应方程式：

$$3(C_6H_{10}O_5)\xrightarrow{\text{加热}}8H_2O+\text{“}C_6H_8O\text{”}+2CO+2CO_2+CH_4+H_2+7C \tag{6-3}$$

式中：（$C_6H_{10}O_5$）——纤维素典型单体组分，其 H/C 为 1.67；

“C_6H_8O”——液态生成物代表组成。

固体废物热解能否取得高能量产物，取决于原料中氢转化为可燃气体与水的比例。表 6-5 对比了各种固体燃料和城市垃圾的碳、氢和氧的含量。美国城市垃圾的典型化学组成为 $C_{30}H_{48}O_{19}N_{0.5}S_{0.05}$，其 H/C 值低于纤维素和木材质，而日本城市垃圾的典型化学组成为 $C_{30}H_{53}O_{14.6}N_{0.34}S_{0.02}Cl_{0.09}$，其 H/C 值高于纤维素。表 6-5 的最后一栏表示原料中所有的氧与氢结合成水后，所余氢与碳的比值，对于一般的固体燃料，该 H/C 值均为 0～0.5。美国城市垃圾的 H/C 值位于泥煤和褐煤之间；而日本城市垃圾的 H/C 值则高于所有固体燃料，这是因为垃圾中塑料含量较高。

表 6-5 各种固体燃料组成及以 $C_6H_xO_y$ 表示的固体废物组成

固体燃料	$C_6H_xO_y$	H/C	$H_2+1/2O_2\rightarrow H_2O$ 完全反应后 H/C	固体燃料	$C_6H_xO_y$	H/C	$H_2+1/2O_2\rightarrow H_2O$ 完全反应后 H/C
纤维素	$C_6H_{10}O_5$	1.67	0.00/6＝0.00	无烟煤	$C_6H_{1.5}O_{0.07}$	0.25	1.4/6＝0.23
木材	$C_6H_{7.6}O_4$	1.43	0.6/6＝0.1	固体废物	—	—	—
泥炭	$C_6H_{7.2}O_{2.6}$	1.20	2.0/6＝0.33	城市垃圾	$C_6H_{9.64}O_{3.75}$	1.61	2.14/6＝0.36
褐煤	$C_6H_{6.7}O_2$	1.10	2.7/6＝0.45	新闻纸	$C_6H_{9.12}O_{3.93}$	1.52	1.2/6＝0.20
半烟煤	$C_6H_{5.7}O_{1.1}$	0.95	3.0/6＝0.50	塑料薄膜	$C_6H_{10.4}O_{1.06}$	1.73	7.28/6＝1.4
烟煤	$C_6H_4O_{0.53}$	0.67	2.94/6＝0.49	厨余物	$C_6H_{9.93}O_{2.79}$	1.66	4.0/6＝0.67
半无烟煤	$C_6H_{2.3}O_{0.38}$	0.38	2.0/6＝0.33				

6.4 热解技术主要设备选型

固体废物热解的主要设备是热解装置，称为热解炉或反应床。城市垃圾的热解处理技术可依据其所使用热解装置的类型分为固定床型热解、移动床型热解、旋转窑热解、流化床式热解、多段竖炉式热解、管型炉瞬间热解、高温熔融炉热解。其中，旋转窑热解和管型炉瞬间热解方式是最早开发的城市垃圾热解处理技术。立式多段竖炉式热解主要用于含水较高的有机污泥的处理。流化床方式有单塔式（热解和燃烧在一个塔炉内进行）和双塔式（热解和燃烧分开在两个塔炉内进行）两种，其中双塔式流化床应用较广泛，已达到工业化生产规模。此外，高温熔融炉方式是城市垃圾热解中最成熟的方法，它的代表性装置有新日铁、Purox 和 Torrax 等系统。

1. 固定床热解炉

图 6-3 所示为一典型的固定床热解炉，物料沿床层高度可大致分为四层，即干燥层、热分解层、还原层和氧化层，整个床层由炉算支持。经预处理的固体废物从反应器的顶部加入后逐步下降，经过干燥过程、热分解过程、还原过程和炭的燃烧过程而生成 CO、H_2、CH_4 等，在反应器的底部引入预热的空气或氧，此处温度通常为 980～1 650℃。热解产生的可燃气体和 CO_2 气体由上部导出，熔渣或灰渣从底部排出。固定床热解炉的结构相对简单，且由于热气体通过整个床层时其余热对物料有干燥和加热作用，因此气体离开反应器时温度较低，热损失较少，系统的热效率较高。但气体中易夹带挥发性物质，如焦油、蒸汽等，易堵塞气化部分管道。在固定床热解炉中，维持反应进行的热量是由部分废物燃烧所提供的。

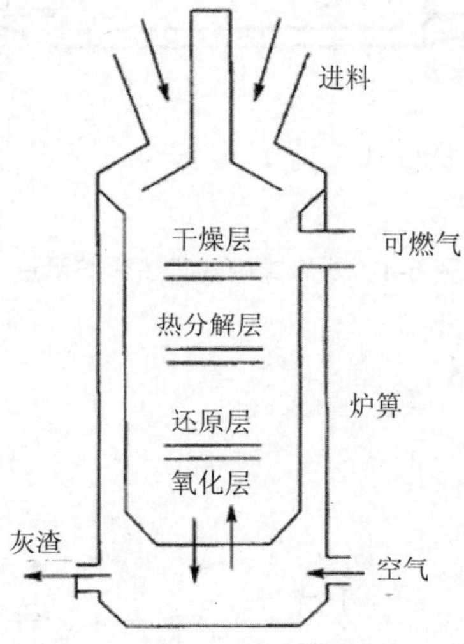

图 6-3 固定床热解炉示意

2. 旋转窑式热解炉

旋转窑式热解炉适用于各种废物的热分解，依供热方式可分为外热式和内热式两种类型。图 6-4 是外热式旋转窑热解系统简图，图 6-5 为采用旋转窑热解装置的一种工艺系统流程。旋转窑外有加热炉，加热炉和旋转窑完全隔开，旋转窑稍向下倾斜：加热炉内设有燃料喷嘴，由喷嘴喷出的燃料燃烧，对旋转窑间接加热，废物由螺旋加料器加入旋转窑，旋转窑两墙有机械密封，防止外界空气进入炉内。废物在旋转窑内热解，热解气与有机物呈逆流流动，分解残渣在转炉下端由螺旋出料机排出。外热式旋转窑因没有空气流入，是在还原气氛中进行热分解，所以炭黑等产品没有被氧化，品质较好，分解的燃气没有 CO_2 及氮产生，因此燃气具有较高的热值。采用加热炉间接加热，能做到均匀加热，并且温度沿转炉轴向合理分布，能使原料在最适宜的温度条件下热解。投入的原料也不需细粒化，粗破碎片也能分解。

采用内热式旋转窑分解时需要的热量由部分废物和热分解生成的固态残留物的燃烧所提供，高温气体和废弃物逆流直接接触。有机废物高温热分解时产生以 H_2、CO、CH_4 为主的可燃性气体，液状物极少。由于炉内生成部分燃烧，所以产生的燃气被稀释，与其他热分解法相比，燃气热值低，利用和贮存较困难。

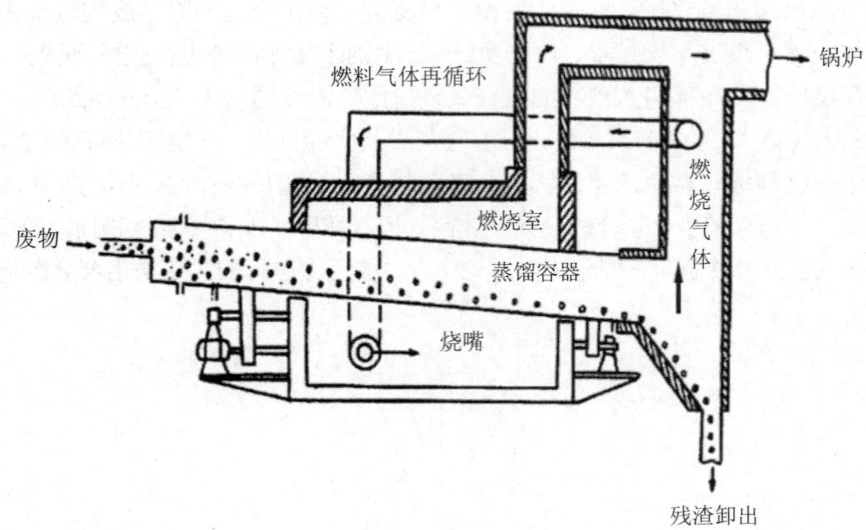

图 6-4 外热式旋转窑热解炉示意

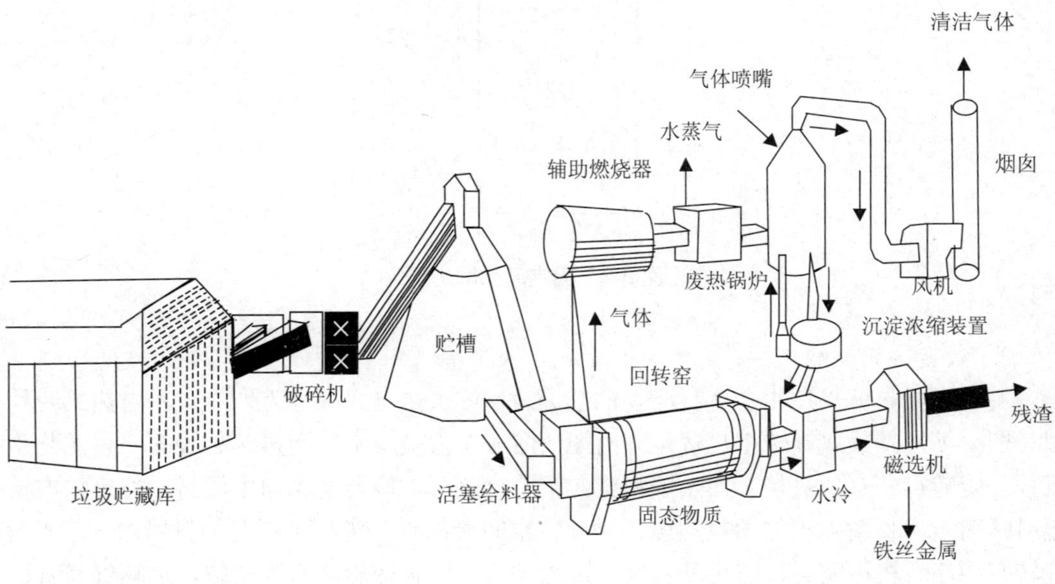

图 6-5 旋转窑热解装置系统流程

3. 流化床热解炉

本书主要介绍双塔循环流化床热解工艺和单塔循环流化床热解工艺。

（1）双塔循环流化床热解炉

双塔循环流化床热解装置由热解器和燃烧器组成。热解器以蒸汽作为流化介质，投入的废物和热载体（石英砂）混合后，被快速加热到 850℃而迅速开始热分解。燃烧器以空气作为流化介质并兼作助燃剂，热解生成的半焦进入燃烧器并和辅助燃料一起燃烧，将粒径为 0.1～0.5 mm 的石英砂加热到 1 000℃左右，燃烧产生的烟气由流化床顶排出。热载体通过输送装置和两流化床间适当的压差使其在两流化床之间进行循环。双塔循环流化床热解工艺流程如图 6-6 所示。

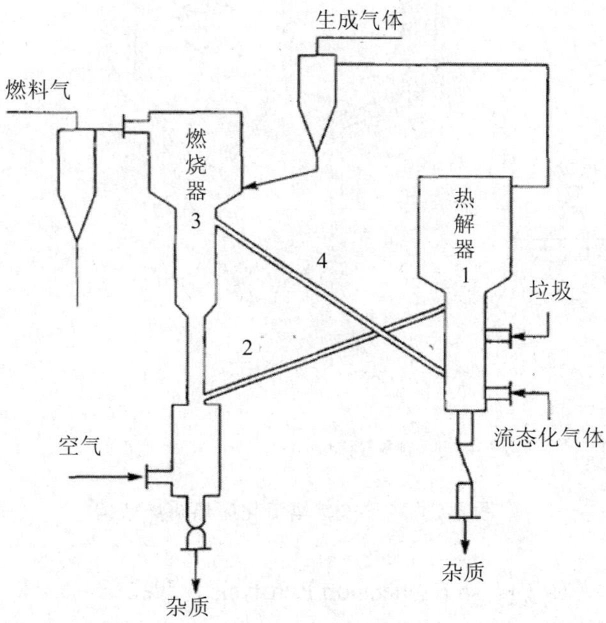

图 6-6 双塔循环流化床热解工艺流程示意

1—流化层；2—回流管；3—射流层；4—连接管

（2）内热式单塔流化床热解炉

内热式单塔流化床热解炉结构如图 6-7 所示，热分解炉装置是反应效率较好的竖形流化床热解反应炉。垃圾由螺旋给料机连续加入，在炉内与高温砂混合而被快速加热、干燥、分解，废物中的有机组分被热分解生成燃料气、焦油及炭残渣；热解所需的热量由废物部分燃烧所提供。在热解炉下部设有空气喷嘴来提供废物在炉内流化和部分燃烧用的空气，热解炉下部还设有分散板或散气管。可使炉下部堆积的未燃物和砂能很容易地排出。热解生成的热解气（燃气、油分、水分）和燃烧气由炉子的上部排出。

依热解目的产物的不同，这种热解方式又可分为油回收方式和燃气回收方式。两种方式的工作原理基本相同，但反应温度不同。油回收是在 450～550℃范围内进行反应，燃气回收则是在 650～750℃范围内进行反应。

单塔式流化床热解装置与其他热解装置相比，其特点是：①结构简单，特别适用于小规模设备；②热分解反应温度低，与焚烧炉相比，对耐火材料的损伤小，金属以还原状态被固定在分解残渣中，在填埋场溶出少；③油回收方式能回收可以贮存和输送的油，且分解温度低，不产生 NO_x，与焚烧相比燃烧排气量少，但如果废物原料的水分含量高，则油化率低，热解前必须作干燥预处理；④燃气的热值较低，不便于利用。

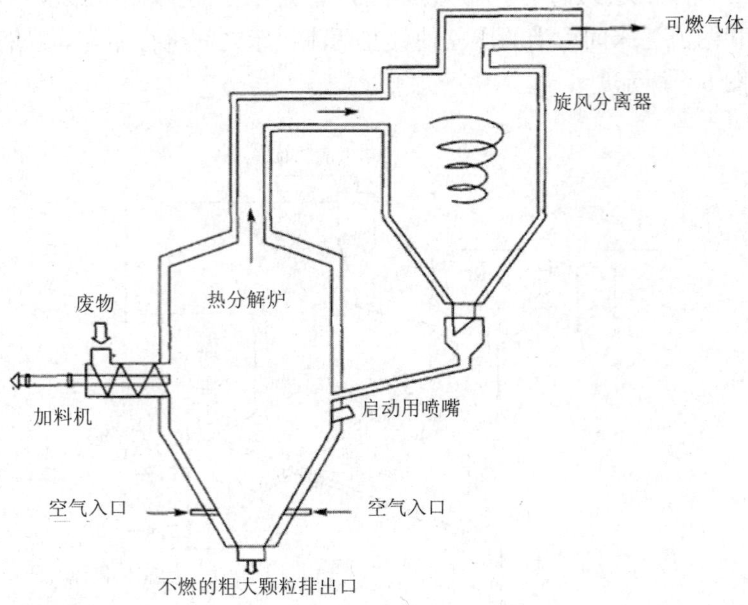

图 6-7　内热式单塔流化床热解炉结构

4. 管型炉瞬间热解（Flash Suspension Pyrolysis）系统

此系统采用气流输送瞬间加热分解方式，其代表性技术之一为 Garrett 热解法，该法是由美国 Garrett Research and Development 公司开发的，工艺流程如图 6-8 所示。

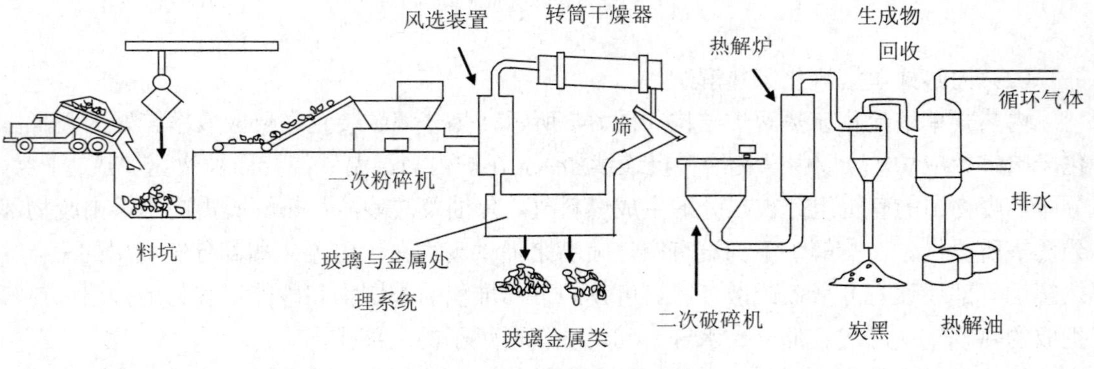

图 6-8　Garrett 热解法装置系统

垃圾从贮料坑中被抓斗吊起送上皮带输送机，由破碎机破碎至约 5 cm 大小，经风力分选后干燥脱水，再筛分以除去不燃组分。不燃组分送到磁选及浮选工段，在浮选工段可以得到纯度为 99.7%的玻璃，回收 70%的玻璃和金属。由风力分选获得的轻组分经二次破碎成约 0.36 mm 大小，由气流输送入管式分解炉。该炉为外加热式热分解炉，炉温约为 500℃，常压，无催化剂。有机物在送入的瞬间即行分解，产品经旋风分离器除去炭末，再经冷却后热解油冷凝，分离后得到油品。气体作为加热管式炉的燃料。由于是间接加热，得到的油（热值为 3.18×10^4 kJ/L）和气（热值为 1.86×10^4 kJ/L）发热量都较高。1 t 垃圾可得油约 136 L、铁约 60 kg、碳约 70 kg（热值 2.09×10^4 kJ/L）。此法由于前处理工程复杂，破碎过程动力消耗量大，故运转费用高。

5. 纯氧高温（UCC 法）热解系统

该法由美国 Union Carbide Corp 开发，简称 UCC 法，即纯氧高温热解法。其装置系统如图 6-9 所示。垃圾由炉顶加入并在炉内缓慢下移，同时完成垃圾的干燥和热解过程。从炉的移动床下面供给少量纯氧，使炉内的部分垃圾燃烧产生强热，利用这部分热量来分解炉上部垃圾中的有机物。热解温度高达 1 650℃，生成金属块和其他无机物熔融的玻璃体。熔融渣由炉的底部连续排出，经水冷后形成坚硬的颗粒状物质。底部燃烧段产生的高温气体在炉内自下而上运动，经过在热解段和干燥段提供热量后，以 90℃的温度从炉顶排出，这时所生成的是一种清洁的气体燃料。

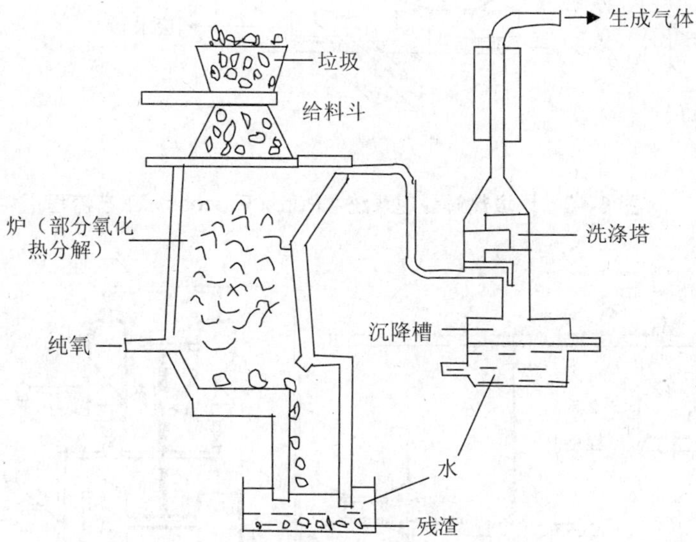

图 6-9　纯氧高温热解法装置系统

此热解技术由于没有空气进入炉内，因而 NO_x 生成量很少。此外，垃圾的减量比为 95%～98%。本法突出的优点是对垃圾只需（或不需）简单的破碎和分选加工，简化了预处理工序。需要解决的主要问题是所需的氧气（纯氧）能否廉价供给，否则将增大处理费用。

利用上述原理的热解系统也简称为 Purox Process，其工艺流程如图 6-10 所示。该系统主要的能量消耗是垃圾破碎过程和 1 t 垃圾热解需要制备 0.2 t 的氧气。该系统每处理 1 kg 垃圾可以产生热值为 11 175 kJ/m^3（2 669 kcal/m^3）的可燃性气体 0.712 m^3，该气体以 90% 的效率在锅炉中燃烧回收热量，系统总体的热效率为 58%。

6. 新日铁垃圾热解熔融系统

如图 6-11 所示，该系统是将热解和熔融一体化的设备，通过控制炉温和供氧条件，使垃圾在同一炉体内完成干燥、热解、燃烧和熔融。干燥段温度约为 300℃，热解段温度为 300～1 000℃，熔融段温度为 1 700～1 800℃。垃圾由炉顶投料口进入炉内，为了防止空气的混入和热解气体的泄漏，投料口采用双重密封阀结构。进入炉内的垃圾在竖式炉内由上向下移动，通过与上升的高温气体进行热交换，垃圾中的水分受热蒸发，逐渐降至热解段，在控制的缺氧状态下有机物生成热解，生成可燃气和灰渣。有机物热解产生可燃性气体导入二燃室进一步燃烧，并利用尾气的余热发电。灰渣进一步下移进入燃烧区，灰渣中残存的热解固相产物炭黑与从炉下部通入的空气生成燃烧反应，其产生的热量不足以满足灰渣熔融所需温度，通过添加焦炭来提供碳源。

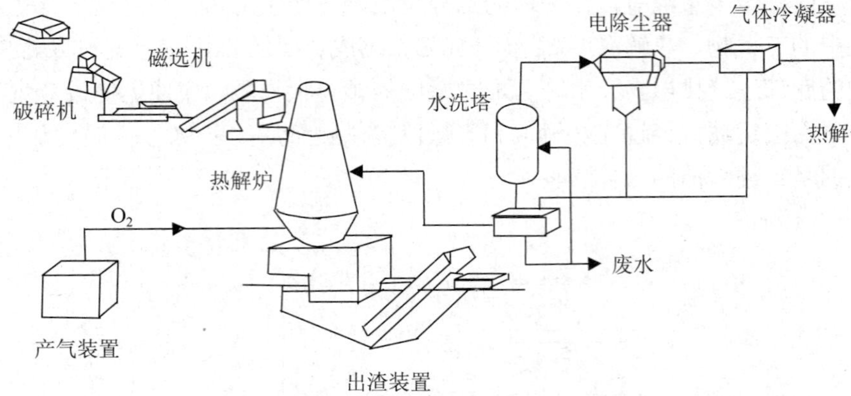

图 6-10 垃圾热解处理系统（Purox Process）工艺流程

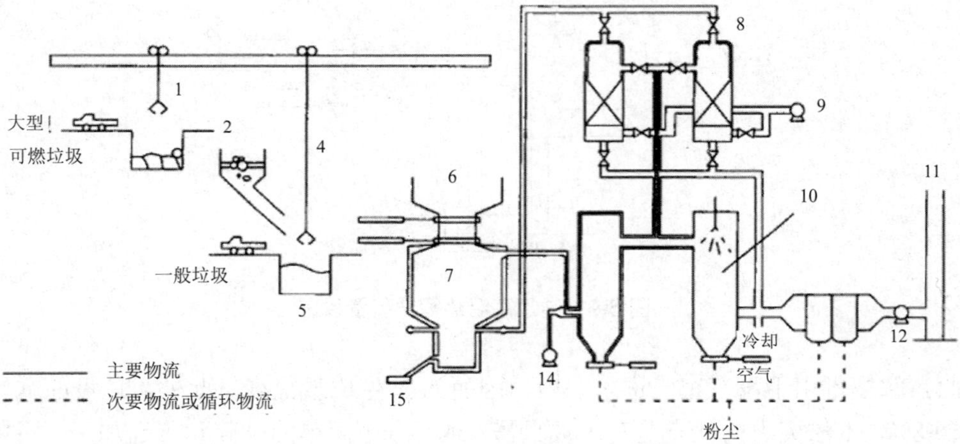

图 6-11 新日铁垃圾热解熔触系统

1—吊车；2—破碎机；3—大型垃圾贮槽；4—吊车；5—垃圾贮槽；6—投入口；7—熔融炉；8—热风机；9—鼓风机；10—喷水冷凝器（或锅炉燃烧室）；11—烟囱；12—引风机；13—电除尘器；14—燃烧用鼓风机；15—熔融渣槽

灰渣熔融后形成玻璃体和铁，体积大大减少，重金属等有害物质也被完全固化在固相中。玻璃体可以直接填埋处置或作为建材加以利用，磁分选出的铁也具有利用价值。热解得到的可燃性气体的热值为 6 276～10 460 kJ/m^3。

7. Torrax 系统

该系统的工艺流程如图 6-12 所示，由气化炉、二燃室、一次空气预热器、热回收系统和尾气净化系统构成。垃圾不经预处理直接投入竖式气化炉中，在其自重的作用下由上向下移动，与逆向上升的高温气体接触，完成干燥、热解过程，在塔底部灰渣中的炭黑与从底部通入的空气生成燃烧反应，其产生的热量使无机物熔融转化为玻璃体。垃圾干燥和热解所需的热量由炉底部通入的预热至 1 000℃的空气和炭黑燃烧提供。熔融残渣由炉底连续排出，经水冷后变为黑色颗粒。

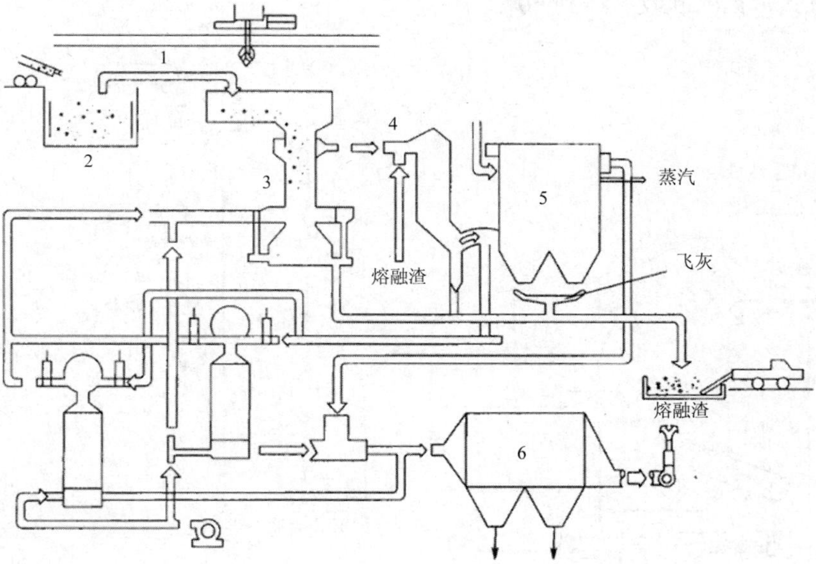

图 6-12　Torrax 系统示意

1—吊车；2—垃圾槽；3—热解炉；4—燃烧室；5—余热锅炉；6—电除尘器

热解气体导入二燃室，在 1 400℃条件下使可燃组分和颗粒物完全燃烧，二燃室出口气体的温度为 1 150～1 250℃，部分用于助燃空气的预热，其余通过废热锅炉回收蒸汽。通过废热锅炉和空气预热器的尾气，再由静电除尘器处理后排放。系统垃圾热值的 35%左右用于助燃空气的加热和设施所需电力的供应，提供给余热锅炉的热量达 57%，即相当于垃圾热值的大约 37%作为蒸汽得到回收。

8. Occidental 系统

Occidental 系统是以有机物液化为目的的技术，由 Occidental Research Corporation 开发，其流程如图 6-13 所示。垃圾从贮料坑中被抓斗吊起送上皮带输送机，由破碎机破碎至约 76.2 mm 以下，通过磁选分离出铁金属，再通过风选将垃圾分为重组分（无机物）和轻组分（有机物）。利用热解气体的热量将轻组分干燥至含水率 4%以下，通过二次破碎装置使有机物粒径小于 3.2 mm。再由空气跳汰机分离出其中的玻璃等无机物作为热解原料。

热解设备为不锈钢制筒式反应器。有机原料由空气输送至炉内。热解反应产生的炭黑加热至 760℃后返回至热解反应器内。提供热解反应所需的热源，热解反应在炭黑和垃圾的混合物通过热解炉的过程中完成。热解气体首先通过旋风分离器分离出新产生的炭黑。再经过 80℃的急冷分离出燃料油。残余的气体一部分用作垃圾输送载体，其余部分用作加热炭黑和送料载气的热源。产生的热解油中含有较多的固体颗粒，经旋风分离后，贮存于油罐。得到的热解油的平均热值约为 2.44×10^4 kJ/kg，低于普通燃料油的热值（4.24×10^4 kJ/kg），这是由于热解油中碳、氢含量较低，而氧含量较高。其黏度也较普通的燃料油高，在 116℃下可以喷雾燃烧。

风选出来的重组分经滚筒筛分离成三部分：粒径小于 12.7 mm 的进入玻璃回收系统；

粒径为 12.7～102.8 mm 的进入铝金属回收系统；粒径大于 102.8 mm 的部分重新返回至一次破碎装置。玻璃的回收采用气浮分选，垃圾中玻璃的回收率约为 77%。铝的回收采用涡电流分选方式，铝的回收率达到 60%。

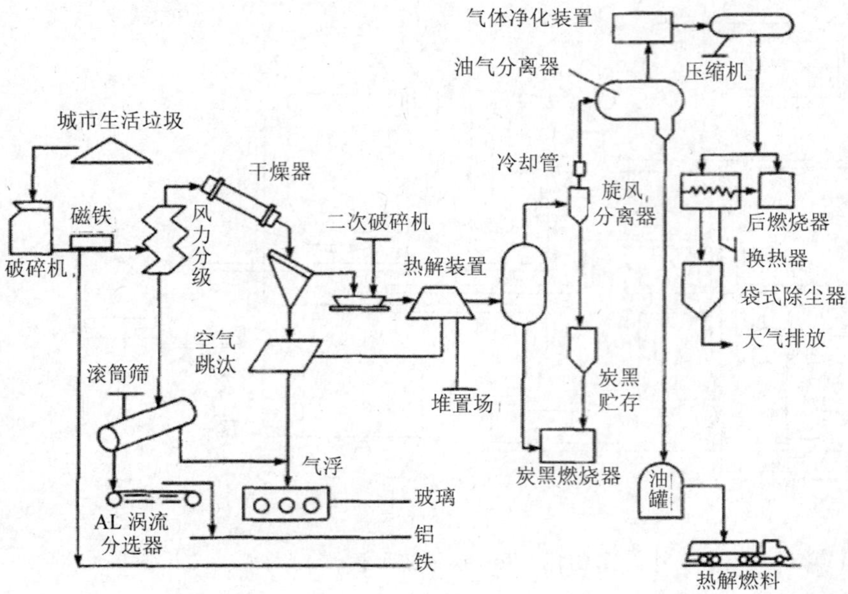

图 6-13　Occidental 系统示意

Occidental 系统非常有意义的是对垃圾通过分选回收资源和生产贮存性燃料，但由于炭黑产生量太大（约占垃圾总质量的 20%，含有总热值的 30%以上能量），大部分热能都以炭黑的形式损失。系统的有效性没有得到充分发挥。另外，此法前处理工艺复杂，破碎过程动力消耗量大，运转费用高，机械故障多。

第 7 章　固体废物填埋处置技术

7.1　概述

固体废物的土地填埋是从传统的废物堆填发展起来的一项固体废物最终处置技术。最早的传统城市垃圾填埋场建于 1904 年，位于美国伊利诺伊州的香潘市，其后俄亥俄州的丹顿（1906 年）、爱荷华州的德文波特（1916 年）等地也相继建成和运行了城市垃圾填埋场。这些垃圾填埋场的建设和运行奠定了土地填埋处置的早期技术基础。其经验证明，将垃圾埋入地下会大大减少因垃圾敞开堆放所带来的害虫滋生、臭气散发等问题。但是，这种早期的土地填埋方式也引起一些其他的环境问题，如由于降水的淋洗及地下水的浸泡，垃圾中的有害物质溶出并污染地表水和地下水；垃圾中的有机物在厌氧微生物的作用下产生以 CH_4 为主的可燃性气体，从而引发填埋场的火灾或爆炸等。

这些问题逐渐为人们所认识。美国纽约州的拉芙运河由于历史上不合理填埋危险废物而导致了严重公害事件以后，美国开始逐渐抛弃和改进上述传统的简易填埋方式。20 世纪 60 年代后，美国及其他一些国家相继制定法律、法规强化固体废物的管理，改进废物的土地填埋处置技术。例如，美国在 1976 年修订并颁布了《资源保护和回收法》，正式禁止继续使用传统的简易填埋方法。英国也于 1977 年实行了《填埋场地许可标准法》，用以促进传统填埋方法的完善和改进。目前填埋处置在大多数国家仍是固体废物最终处置的主要方式，在技术上已经逐渐形成了国际上较为公认的准则。根据被处置废物的种类所导致的技术要求上的差异，逐渐形成目前通常所指的两大类土地填埋技术和方式：以垃圾类废物为对象的“土地卫生填埋”和以工业废物及危险废物为对象的“土地安全填埋”。

目前各国固体废物填埋场的设计标准不尽相同。对于卫生填埋场与安全填埋场各自的设计要求也不完全一致。这些差别主要反映在对于防渗层、覆盖层的要求以及对渗滤液的收集与处理方面。大体上可以认为安全填埋是卫生填埋的改进和严格化。城市垃圾的卫生填埋可使用厌氧方式，也可使用好氧方式。以往所进行的卫生填埋大多属于厌氧填埋。其主要优点是结构简单、操作方便，可回收部分可燃性气体。但由于厌氧分解的速率很慢，通常在封场以后需要经过很长的时间（如 30～40 年）废物中的有机物才能降解完毕。在此期间，很难对土地充分利用。与之相反，好氧填埋是利用改良填埋场的设计和采用人工通风的方法，使垃圾进行好氧分解，从而在封场以后的较短数年时间内，可将有机物降解完毕，从而大大提高土地的利用率。该反应与堆肥化相近，因此可以产生 60℃以上的高温，对于消灭大肠杆菌等致病细菌十分有利。由于可以减少降解产生的水分，对地下水污染的威胁也较小。不过由于要进行人工通风，使得填埋场的结构较为复杂，造价和运行费用过高，不利于填埋场的大型化。因此，到目前尚未得到广泛应用。近年来，一种在此两者之间的准好氧填埋方式应用较广。它是在设计填埋场时，有意识地提高渗滤液收集和排放系统的砾石排水层和管路布设的尺寸，从而形成管道中渗滤液的半流状态。通过较强的空气扩散作用使填埋的垃圾得到近似的好氧分解环境。该法的分解速率处于好氧分解和厌氧分解之间，由于取消了人工通风，所以比好氧填埋的运行费用大为降低。其缺点是需要留出一部分空间储存空气，所以在一定程度上减小了废物填埋的空间利用率。在当前世界所有大城市土地使用都逐趋紧张的形势下，该法已受到重视并逐渐形成主要的垃圾填埋方式。

由于技术、经济和国土面积等的差异，土地填埋在每个国家的废物处理处置中所占的比例不同，但对于所有国家，包括那些人口密度极大的工业发达国家在内，废物的填埋处置都是不可避免的。美国、加拿大、英国、德国等大多数工业化国家，目前仍有 70%～95%的城市固体废物直接进行土地填埋；法国、荷兰、比利时、奥地利等也都在 50%以上。

从国外固体废物管理的发展趋势看，随着技术进步、经济实力的增强和可利用土地的逐渐减少，焚烧、堆肥和土地填埋技术在固体废物处理处置中所占的比重正在发生变化。

7.2 固体废物填埋场工艺分类及选址要求

对现行的土地填埋技术有不同的分类方法，例如，根据废物填埋的深度可以分为浅地层填埋和深地层填埋；根据处置对象的性质和填埋场的结构形式可以分为惰性废物填埋、一般工业固体废物填埋、卫生填埋和安全填埋等。但目前被普遍承认的分类法是将其分为卫生填埋和安全填埋两种。前者主要处置城市垃圾等一般固体废物，而后者则主要以危险废物为处置对象。这两种处置方式的基本原则相同，事实上安全填埋在技术上完全可以包含卫生填埋。

7.2.1 惰性废物填埋法及选址要求

1. 惰性废物填埋法

惰性废物填埋法指将本质属稳定的废物，如玻璃、陶瓷、建筑废料等，置于填埋场，表面覆以土壤的处理方法。实质上该法所达到的功能只着重对废物加以储存，而不在于防治其污染。

由于惰性废物填埋场所处置的废物都是性质已稳定的废物，因此该填埋方法极为简单。图 7-1 为惰性废物填埋场的构造示意（假设该填埋场为山谷型），其填埋所需遵循的基本原则如下：

①根据估算的废物处理量，构筑适当大小的填埋空间，并须筑有挡土墙（或坝）。

②于入口处竖立标示牌，标示废物种类、使用期限及管理者。

③于填埋场周围设置圈栏或围挡物。

④填埋场终止使用时，应覆盖至少 15 cm 厚的土层。

⑤应采取防止粉尘污染的措施。

2. 惰性废物填埋场选址要求

①所选场址应符合当地城乡建设总体规划要求。

②应选在工业区和居民集中区主导风向下风侧，厂界距居民集中区 500 m 以外。

③应选在满足承载力要求的地基上，以避免地基下沉的影响，特别是不均匀或局部下

沉的影响。

④应避开断层、断层破碎带、溶洞区，以及天然滑坡或泥石流影响区。

⑤禁止选在江河、湖泊、水库最高水位线以下的滩地和洪泛区。

⑥禁止选在自然保护区、风景名胜区和其他需要特别保护的区域。

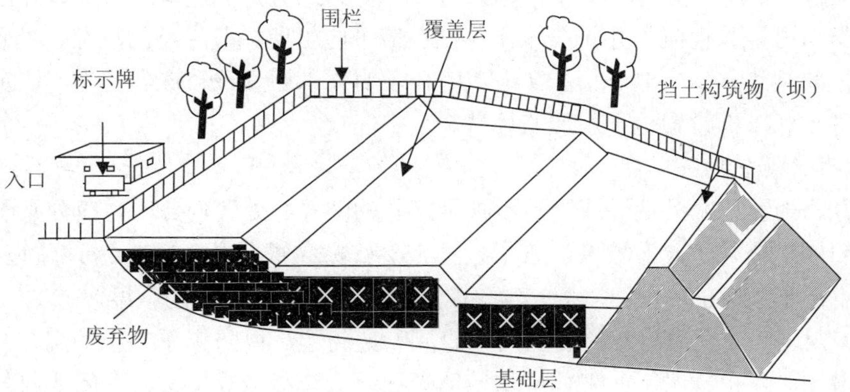

图 7-1　惰性废物填埋场构造示意

7.2.2　一般工业固体废物贮存、处置场

一般工业固体废物根据其特性又可分为第Ⅰ类一般工业固体废物和第Ⅱ类一般工业固体废物（见 GB 18599）。堆放第Ⅰ类一般工业固体废物的贮存、处置场为第一类，简称Ⅰ类场。堆放第Ⅱ类一般工业固体废物的贮存、处置场为第二类，简称Ⅱ类场。

1. 场址选择

根据《一般工业固体废物贮存、处置场污染控制标准》（GB 18599—2001）的要求，一般工业固体废物贮存、处置场所选场址应符合当地城乡建设总体规划要求；应选在工业区和居民集中区主导风向下风侧，厂界距居民集中区 500 m 以外；应选在满足承载力要求的地基上，以避免地基下沉的影响，特别是不均匀或局部下沉的影响；应避开断层、断层破碎带、溶洞区，以及天然滑坡或泥石流影响区；禁止选在江河、湖泊、水库最高水位线以下的滩地和洪泛区；禁止选在自然保护区、风景名胜区和其他需要特别保护的区域。此外，Ⅰ类场应优先选用废弃的采矿坑、塌陷区；Ⅱ类场应避开地下水主要补给区和饮用水水源含水层，应选在防渗性能好的地基上，天然基础层地表距地下水位的距离不得小于 1.5 m。

2. 贮存、处置场结构要求

一般工业固体废物贮存、处置场的建设类型，必须与将要堆放的一般工业固体废物的类别相一致。贮存、处置场应采取防止粉尘污染的措施。为防止雨水径流进入贮存、处置场内，避免渗滤液量增加和滑坡，贮存、处置场周边应设置导流渠。应设计渗滤液集排水设施。

为防止一般工业固体废物和渗滤液的流失，应构筑堤、坝、挡土墙等设施。为保障设施、设备正常运营，必要时应采取措施防止地基下沉，尤其是防止不均匀或局部下沉。

含硫量大于 1.5%的煤矸石，必须采取措施防止自燃。为加强监督管理，贮存、处置场应按标准要求设置环境保护图形标志。

特别地，对于Ⅱ类场的建设，当天然基础层的渗透系数大于 1.0×10^{-7}cm/s 时，应采用天然或人工材料构筑防渗层，防渗层的厚度应相当于渗透系数 1.0×10^{-7}cm/s 和厚度 1.5m 的黏土层的防渗性能。必要时应设计渗滤液处理设施，对渗滤液进行处理。另外，为监控渗滤液对地下水的污染，贮存、处置场周边至少应设置三口地下水质监控井。第一口井沿地下水流向设在贮存、处置场上游，作为对照井；第二口井沿地下水流向设在贮存、处置场下游，作为污染监视监测井；第三口井设在最可能出现扩散影响的贮存、处置场周边，作为污染扩散监测井。当地质和水文地质资料表明含水层埋藏较深、经论证认定地下水不会被污染时，可以不设置地下水质监控井。

3. 贮存、处置场关闭和封场

当贮存、处置场服务期满或因故不再承担新的贮存、处置任务时，应分别予以关闭或封场。关闭或封场时，表面坡度一般不超过 33%。标高每升高 3～5 m，须建造一个台阶。台阶应有不小于 1 m 的宽度、2%～3%的坡度和能经受暴雨冲刷的强度。

关闭或封场后，仍需继续维护管理，直到稳定为止。以防止覆土层下沉、开裂，致使渗滤液量增加，防止一般工业固体废物堆体失稳而造成滑坡等事故。关闭或封场后，应设置标志物，注明关闭或封场时间，以及使用该土地时应注意的事项。

对于Ⅰ类场，为利于恢复植被，关闭时表面一般应覆一层天然土壤，其厚度视固体废物的颗粒度大小和拟种植物种类确定。

对于Ⅱ类场，为防止固体废物直接暴露和雨水渗入堆体内，封场时表面应覆土两层，第一层为阻隔层，覆 20～45 cm 厚的黏土，并压实，防止雨水渗入固体废物堆体内；第二层为覆盖层，覆天然土壤，以利植物生长，其厚度视栽种植物种类而定。II 类场封场后，渗滤液及其处理后的排放水的监测系统应继续维持正常运转，直至水质稳定为止。地下水监测系统应继续维持正常运转。

7.2.3 生活垃圾卫生填埋法及选址要求

1. 卫生填埋场基本结构

卫生填埋法是指将一般废物填埋于不透水材质或低渗水性土壤内，并设有渗滤液、填埋气体收集或处理设施及地下水监测装置的填埋场的处理方法。多应用于处置无须稳定化预处理的废物。对城市垃圾的填埋最为普遍。

图 7-2 与图 7-3 是卫生填埋场构造的透视和剖面示意图。

卫生填埋场建设项目由填埋场主体工程与设备、配套工程和生产管理与辅助设施及生活服务设施等构成。具体包括下列内容：

① 填埋场主体工程与设备包括场区道路、场地平整、防渗工程、坝体工程、洪雨水及地下水导排、渗滤液收集处理和排放、填埋场气体导出及收集处理或利用、水土保持、计量设施、绿化隔离带、防飞散设施、封场工程、环境污染控制与环境监测设施、填埋作业机械设备等；

② 配套工程主要包括进场道路（码头）、机械维修、供配电、给排水、消防、通信、冲洗和洒水、备料场应急等；

③ 生产管理与辅助设施主要包括办公用房、地磅房及门房、锅炉房、仓库等；生活服务设施主要包括职工宿舍、食堂、浴室等。

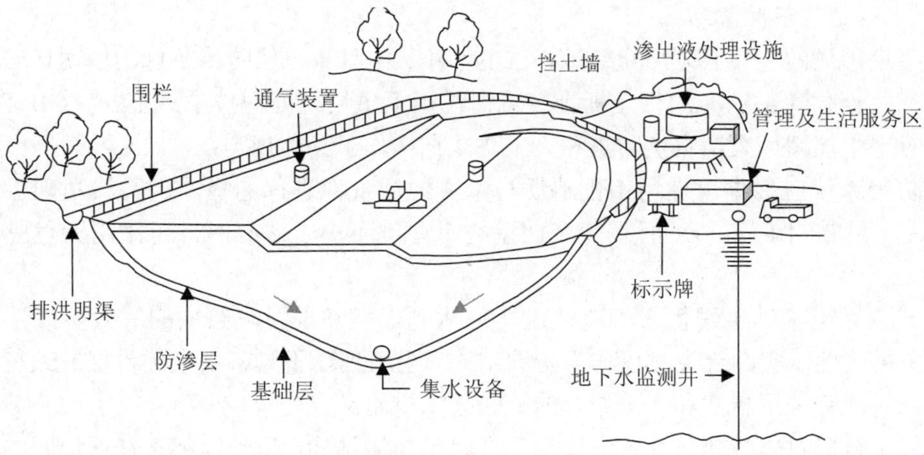

图 7-2　卫生填埋场构造透视图

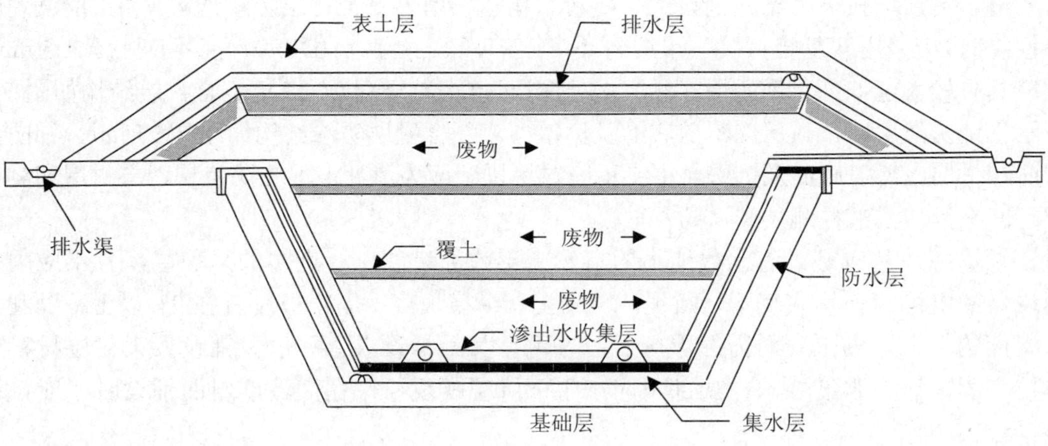

图 7-3　卫生填埋场剖面结构图

2. 卫生填埋场规模及分类

根据《生活垃圾卫生填埋处理工程项目建设标准》（建标 124—2009），卫生填埋场的建设规模，应根据服务区域人口、生活垃圾产量、考虑发展等因素综合确定。填埋场建设规模分类见表 7-1。

表 7-1　卫生填埋场建设规模分类

类型	日填埋量/（t/d）
Ⅰ类	1 200 以上
Ⅱ类	500～1 200
Ⅲ类	200～500
Ⅳ类	200 以下

注：以上规模分类含下限值不含上限值。

3. 卫生填埋场防渗结构

卫生填埋场的建设必须防止对地下水的污染，不具备自然防渗条件的填埋场必须进行人工防渗，由住建部颁布的行业标准《生活垃圾卫生填埋处理技术规范》（GB 50869—2013）对卫生填埋场采用自然防渗和人工防渗结构作了具体规定：

①防渗系统应根据填埋场工程地质与水文地质条件进行选择。当天然基础层饱和渗透系数小于 1.0×10^{-7} cm/s，且场底及四壁衬里厚度不小于 2 m 时，可采用天然黏土类衬里结构。

②天然黏土基础层进行人工改性压实后达到天然黏土衬里结构的等效防渗性能要求的，可采用改性压实黏土类衬里作为防渗结构。当填埋场不具备黏土类衬层或改良土衬层防渗要求时，宜采用自然和人工结合的防渗技术措施。

③人工合成衬里的防渗系统应采用复合衬里防渗结构，位于地下水贫乏地区的防渗系统也可采用单层衬里防渗结构。在特殊地质及环境要求较高的地区，应采用双层衬里防渗结构。

复合衬层应按下列结构铺设：a. 防渗结构宜采用单复合衬层防渗结构；当不能满足防渗性能时，应采用双复合衬层防渗结构。b. 高密度聚乙烯膜（HDPE）厚度不应小于 1.5 mm，并应具有较大延伸率。膜的焊（黏）接处应通过试验、检验。c. 单复合衬层结构如图 7-4 所示，铺防渗层时，衬层应覆盖底面及坑壁；双复合衬层防渗结构如图 7-5 所示，铺防渗层时，衬层应覆盖底面及坑壁。主土工膜衬层以上应为渗滤液的主防渗层，主衬层和副衬层之间应为渗滤液检测层和次防渗层。

④场底地基应是具有承载能力的自然土层或经过碾压、夯实的平稳层，且不应因填埋垃圾的沉陷而使场底变形、断裂。场底应有纵横坡度。纵横坡度宜在 2%以上，以利于渗滤液的导流。黏土表面需经碾压后，方可在其上铺设人工衬层。铺设人工衬层材料应焊接牢固，达到强度要求，局部不应产生下沉拉断现象。在大坡度斜面铺设时，应设锚定平台。

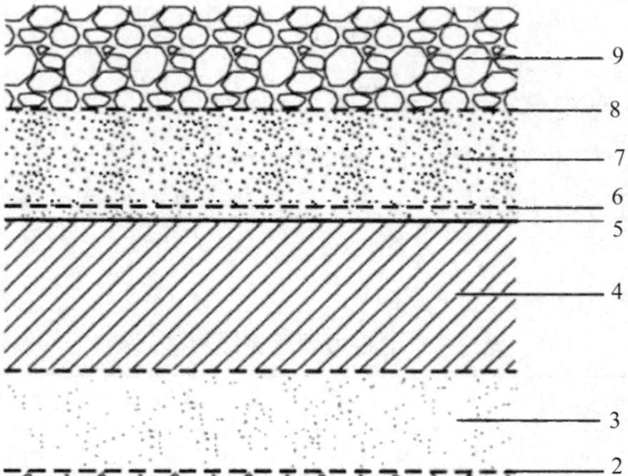

图 7-4 单层衬里结构示意（GB 50869—2013）

1—基础层；2—反滤层（可选择层）；3—地下水导流层（可选择层）；4—膜下保护层；5—膜防渗层；6—膜上保护层；7—渗滤液导流层；8—反滤层；9—垃圾层

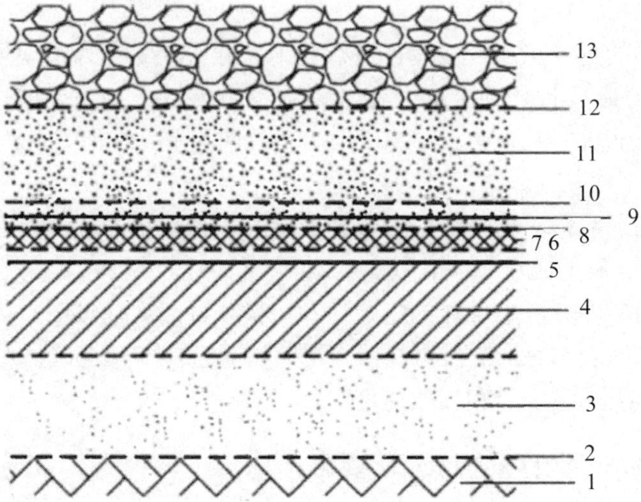

图 7-5 双层复合衬里结构示意（GB 50869—2013）

1—基础层；2—反滤层（可选择层）；3—地下水导流层（可选择层）；4—膜下保护层；5—膜保护层；6—膜上保护层；7—渗滤液检测层；8—膜下保护层；9—膜防渗层；10—膜上保护层；11—渗滤液导流层；12—反滤层；13—垃圾层

4. 卫生填埋场选址要求

卫生填埋场不应设在下列地区：

① 地下水集中供水水源地及补给区，水源保护区。

② 洪泛区和泄洪道。

③ 填埋库区与敞开式渗滤液处理区边界距离居民居住区或人畜供水点的卫生防护距离在 500 m 以内的地区。

④ 填埋库区与渗滤液处理区边界距离河流和湖泊 50 m 以内的地区。

⑤ 填埋库区与渗滤液处理区边界距民用机场 3 km 以内的地区。

⑥ 尚未开采的地下蕴矿区。

⑦ 珍贵动植物保护区和国家、地方自然保护区。

⑧ 公园，风景、旅游区，文物古迹区，考古学、历史学及生物研究考察区。

⑨ 军事要地、军工基地和国家秘密地区。

填埋场选址应符合《生活垃圾填埋场污染控制标准》（GB 16889）和相关标准的规定，并应符合下列规定：

① 应与当地城市总体规划和城市环境卫生专业规划协调一致。

② 应与当地的大气污染防治、水土资源保护、自然保护及生态平衡要求相一致。

③ 应交通方便，运距合理。

④ 人口密度、土地利用价值及征地费用均应合理。

⑤ 应位于地下水贫乏地区、环境保护目标区域的地下水流向下游地区及夏季主导风向下风向。

⑥ 选址应有建设项目所在地的建设、规划、环保、环卫、国土资源、水利、卫生监督等有关部门和专业设计单位的有关技术人员参加。

5. 卫生填埋场封场

①卫生填埋场的封场工作应按设计进行施工，并应在专业人员现场监督指导下进行。

②卫生填埋场最后封场应在填埋场上覆盖黏土或人工合成材料。黏土的渗透系数应小于 1.0×10^{-7} cm/s，厚度为 20～30 cm；其上再覆盖 20～30 cm 的自然土，并均匀压实。

③填埋场封场后应覆盖植被。根据所种植物的根系深浅而确定覆盖营养土层厚度，不应小于 20 cm，总覆盖土应在 80 cm 以上。

④填埋场封场应充分考虑堆体的稳定性和可操作性。封场坡度宜为 5%。

⑤封场应考虑地表水径流、排水防渗、覆盖层渗透性和填埋气体对覆盖层的顶托力等因素，使最终覆盖层满足安全和长效的需求。

7.2.4 危险废物安全填埋法及选址要求

1. 安全填埋场构造

安全填埋法是指将危险废物填埋于抗压及不透水材质所构筑并设有阻止污染物外泄及地下水监测装置场所的一种处理方法。安全填埋场专门用于处理危险废物，危险废物在进行安全填埋处置前必须经过稳定化固化预处理过程。

安全填埋场地构筑较前两种方法复杂，且对处理人员操作的要求也更加严格。图 7-6 为安全填埋场的构造示意。

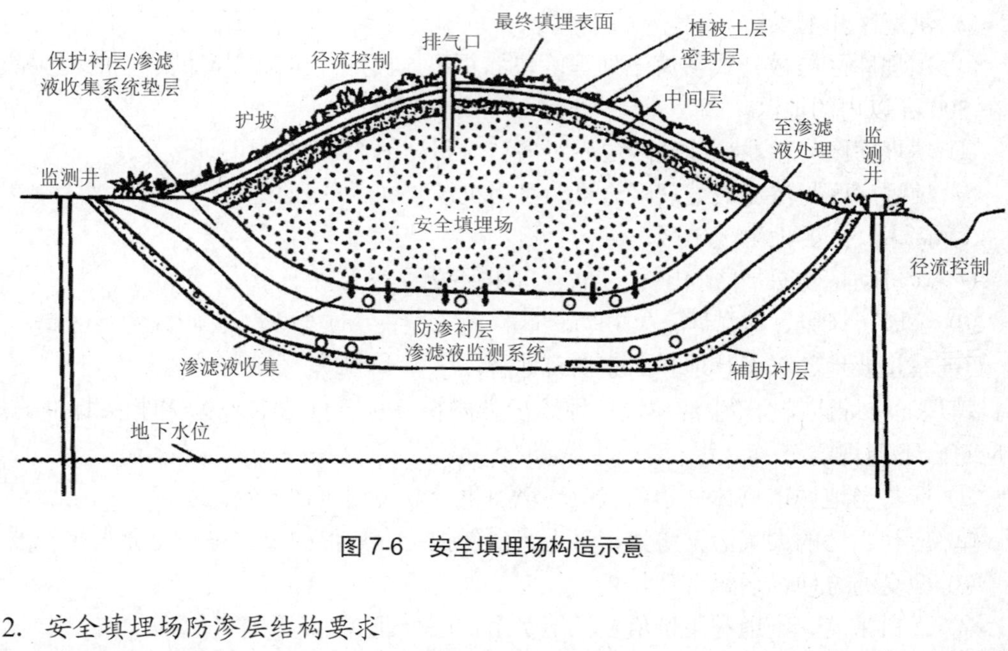

图 7-6 安全填埋场构造示意

2. 安全填埋场防渗层结构要求

根据《危险废物填埋污染控制标准》（GB 18598—2001），安全填埋场防渗层的结构设计根据现场条件分别采用天然材料衬层、复合衬层或双人工衬层等类型，其结构示意见图 7-7，不同种类衬层结构设计的布设要求如图中所示。

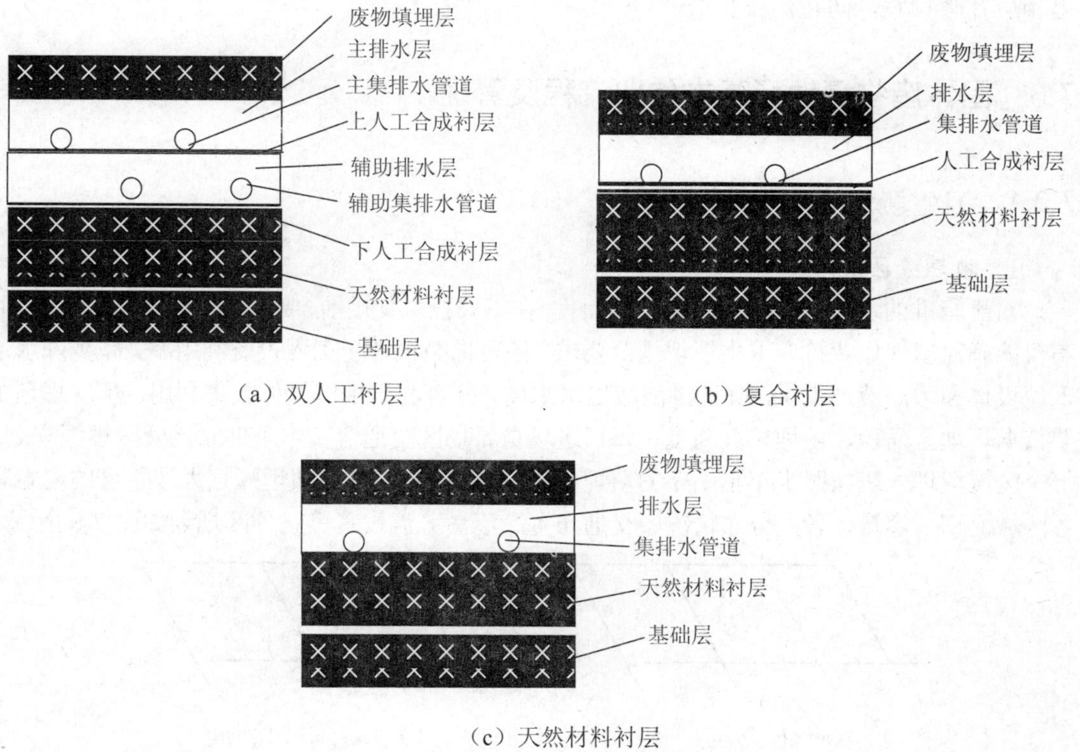

图 7-7　安全填埋场衬层系统结构示意（GB 18598—2001）

3. *安全填埋场封场结构要求*

安全填埋场的最终覆盖层应为多层结构（底层、防渗层、排水层、保护层、植被覆盖层），封场结构要求如下：

①底层（兼作导气层）厚度不应小于 20 cm，坡度不应小于 2%，由透气性好的颗粒物质组成。

②天然材料防渗层厚度不应小于 50 cm，渗透系数不大于 1.0×10^{-7} cm/s；若采用复合防渗层，人工合成材料层厚度不应小于 1.0 mm，天然材料层厚度不应小于 30 cm。

③排水层和排水系统的要求同底部渗滤液及排水系统，设计时应采用不小于 50 年一遇的暴雨强度。

④保护层厚度不应小于 20 cm，由粗砾性坚硬鹅卵石组成。

⑤植被恢复层厚度一般不应小于 60 cm，其土质应有利于植物生长和场地恢复；同时植被层的坡度不应超过 33%，在坡度超过 10%的地方，须建造水平台阶。坡度小于 20%时，标高每升高 3 m，建造一个台阶；坡度大于 20%时，标高每升高 2 m，建造一个台阶。台阶应有足够的宽度和坡度，要能经受住暴雨的冲刷。

⑥封场后还应继续进行以下工作，并持续到封场后 30 年：维护最终覆盖层的完整性和有效性；维护和监测检漏系统；继续进行渗滤液的收集和处理；继续监测地下水水质的变化。

⑦当发现场址或处置系统的设计有不可改正的错误，或生成严重事故及生成不可预见的自然灾害使得填埋场不能继续运行时，填埋场应实行非正常封场。非正常封场应事先作

出相应补救预案，防止污染扩散。

7.3 固体废物填埋场基本作业流程及管理

7.3.1 卫生填埋场的作业与管理

1. 填埋分区规划

对于标准的现代化垃圾卫生填埋场而言，在正式投入使用前，制定科学合理的填埋规划，不仅能确保填埋作业符合卫生填埋规范要求，还可提高填埋场工程投资利用率，减少降水进入垃圾体和渗滤液产生量，降低渗滤液出水浓度，并有利于填埋气体收集利用。填埋规划主要依据填埋区面积、填埋垃圾高度、每日进场量、场区交通等基本条件制定分区填埋规划。每个区域填埋一般按照半年至 1 年的填埋量划分。所制定的分区填埋规划大致包含的内容有各区域面积、容量、各区分布情况、交通布置、清污分流设置等。分区规划如图 7-8 所示。

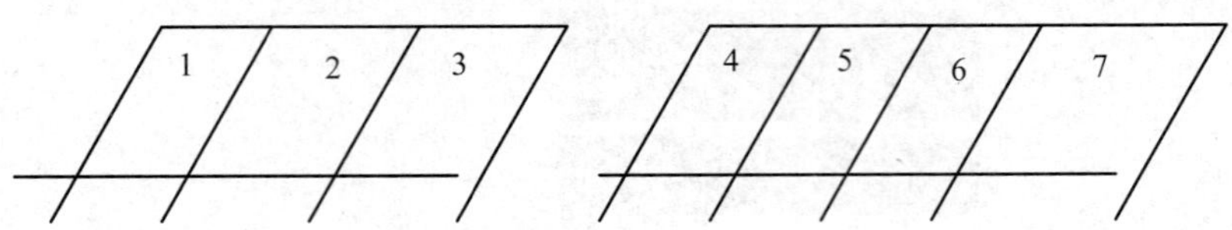

（a）下层分区平面图　　（b）上层分区图平面

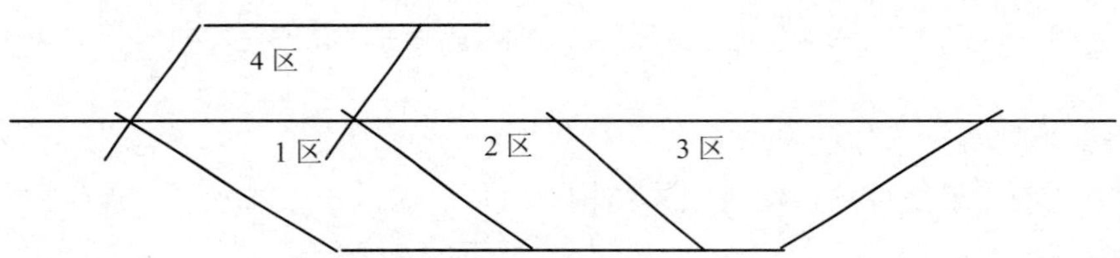

（c）分区剖面图

图 7-8　垃圾填埋分区规划示意

2. 填埋作业计划

填埋作业计划是填埋场运行管理达到的卫生填埋技术规范要求的组织保障。应有年、月、周、日填埋作业计划，严格按填埋作业计划管理才能保障填埋场安全和符合卫生填埋规范要求，填埋作业计划主要内容如下：

根据填埋分区，确定每周、每日填埋作业单元，雨季备有应急作业单元：

①填埋区内临时道路路线及每周道路修筑工作量。

②每日倾卸垃圾平台位置及平台修筑工作量。

③每周、月边坡保持层施工范围和工作量。

④每周、月填埋气体收集井设置和安装工作量。

⑤填埋区日覆盖工作量。

⑥填埋区雨、污分流设施布置及工作量。

⑦每层垃圾标高和坡度的控制，每个单元范围的控制。

⑧填埋作业过程人员和设备安排，材料准备。

⑨填埋作业日覆盖材料的准备和调配。

⑩填埋作业过程安全防护和应急措施。

3. 填埋作业前准备工作

①按边坡防渗系统保护层的设计要求，在填埋作业前做好保护层保护工作，不少填埋区边坡较陡，保护层在填埋垃圾前才能施工。应有切实可行、安全的保护层施工组织方案，确保防渗层质量和进度要求。通常保护层采用碎石层或轮胎碎石层，一般由下往上铺，在边坡边缘先填埋垃圾形成施工作业平台，用挖土机摊铺碎石。

②修筑进入填埋作业单元临时道路，临时道路最小双向两车道宽大于 6 m，可用渣土块或碎石形成路基，铺垫石粉或用特制钢板铺垫。

③修筑卸垃圾平台，平台用渣土、片石或钢板铺垫，面积依进场垃圾量确定，平台应尽可能小，减少修筑平台材料消耗。

④填埋气体收集井铺设，在没有回收利用填埋气体前，按 50 m 间距设置填埋气体收集井，收集井结构，通常为 150 mm HDPE 花管外包直径 1 m 左右碎石。填埋作业过程要不断延升收集井，并保护收集井高于垃圾体表面 1 m 以上。实行气体回收利用的，还要按设计要求铺设水平方向的气体收集沟（管）。

⑤设置导渗系统，垃圾压实后导渗效果差，尤其是每日覆盖层和中间覆盖层，渗透系数更小，应在填埋作业前，把当天填埋单元范围内的覆盖层土方挖走，能再做覆盖土的留做当天覆盖使用，不能做覆盖土的，构筑填埋作业单元土坝。如仍不能解决填埋作业面渗滤液导渗问题，可增加设置水平方向盲沟，有组织地导排表面渗滤液。

4. 填埋作业技术

（1）填埋工艺流程

城市生活垃圾由垃圾运输车辆运至填埋场，经计量后由场区道路和场内临时道路进入填埋区作业面，在现场管理人员的指挥下按作业顺序进行倾倒、摊铺、压实、洒药和覆盖。其工艺流程见图 7-9。

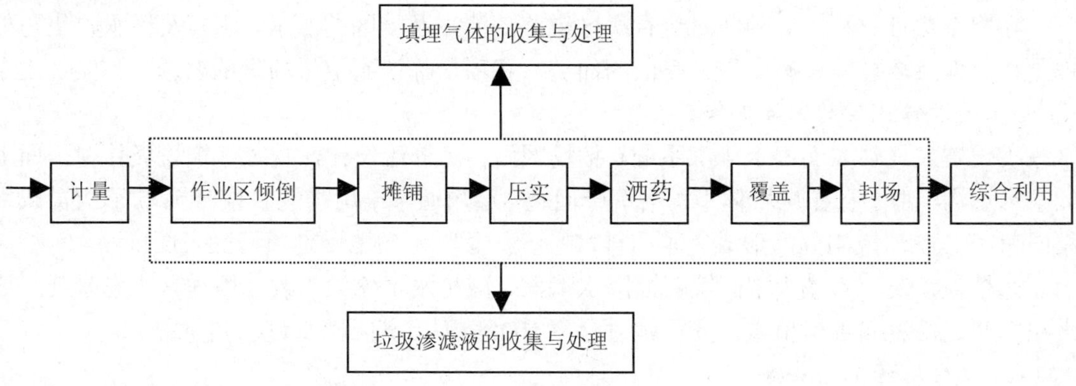

图 7-9　填埋作业工艺流程

1）压实

由于填埋场的选址日趋困难，因此，延长现有填埋场的使用年限成为政府部门和每一位经营者十分关注的问题。压实是实现这一目标的有效途径，其优点如下：延长填埋场使用年限；减少沉降，有利于堆体稳定；减少空隙和空穴的形成，因而减少虫害和蚊蝇的孳生；减少扬尘；减少下雨时垃圾被冲走的可能；减少日覆盖土的需要量；减少垃圾渗滤液和填埋气体的迁移，提高填埋气体的产气量；提供坚实的垃圾作业面，减少机具的保养和维修要求。

2）覆盖

填埋场的覆盖有三种：每日覆盖、中间覆盖和最终覆盖。最终覆盖属于封场的要求，这里仅讨论每日覆盖和中间覆盖。每天填埋工作结束后，应对垃圾压实表面进行临时覆盖，称为每日覆盖。每日覆盖可以最大限度地减少垃圾暴露，减少气味挥发和垃圾碎片的飞扬，减少疾病通过媒介（如鸟类、昆虫、鼠类等）传播的风险，减少火灾风险以及改善道路交通和填埋场景观。虽然每日覆盖具有以上诸多优点，但同样也要占用相当部分的填埋容积（如采用土作为覆盖材料，其体积占垃圾量的5%～10%）。因此可根据具体情况和要求，在得到主管部门批准的情况下，对每日覆盖按时间、材料和工艺要求作相应调整。中间覆盖是在填埋场完成一个区域较长时间段内不填埋垃圾情况下，为减少垃圾渗滤液的产生而采取的措施。

（2）填埋工艺要求

填埋作业过程包括场地准备，垃圾的运输、倾卸、摊铺、压实和覆盖。进场垃圾按单元分层进行卫生填埋。以每天或几天的垃圾量作为一个作业单元。作业单元和作业平台的大小应按设计及现场填埋机具的配备、垃圾量、运输车辆数量等实际条件而定。

垃圾摊铺必须分层进行，每层厚度 0.8～1 m，铺匀后用压实机进行 3～5 次压实，压实密度不少于 0.6 t/m^3。按此程序摊铺 3～4 层，使压实后的垃圾总层厚达到 2.5～3 m，在每日填埋作业结束时进行每日覆盖，覆盖土厚度为 0.2～0.3 m 或在土源较紧张地区也可采用厚度为 0.5 mm 左右高密度聚乙烯或其他塑料薄膜临时覆盖，可重复使用。在形成的垃圾堆体上修筑临时道路和临时卸车平台，以便向前、向左或向右开展新单元的填埋作业。以此方式完成一个单元层的垃圾填埋作业，然后再进行下一个单元层的垃圾填埋作业。一般单元层坡面的坡度以 1∶3 为宜。

在整个填埋过程中必须随时进行场区道路的清扫及场区的洒水、洒药及污水收集与处理工作，保持填埋场具有卫生、整洁的面貌，各项指标达到卫生填埋的要求。

5. 填埋作业后的完善工作

①设置垃圾体表面雨水排水系统。按场区雨、污分流设计，及时修筑垃圾体覆盖面上的雨水边沟，由于存在垃圾体不均匀沉降问题，边沟通常采用水泥砂浆修筑 U 形沟槽或用废旧 HDPE 膜形成沟渠。形成完善的排水系统，及时顺畅地排走填埋区表面雨水。

②植被恢复。为减少中间覆盖面降水渗入、减少水土流失、改善填埋区生态景观，通常在中间覆盖斜面种植植被，亦可铺设绿色 HDPE 膜，其防雨水进入效果更好。

6. 卫生填埋工艺装备

按照《生活垃圾卫生填埋处理工程项目建设标准》（建标 124—2009），卫生填埋场主要工艺装备根据日处理垃圾量和作业区、卸车平台的分布情况配备，一般可参照表 7-2 选用。

填埋场覆盖应尽可能使用覆盖土的替代材料。运输车需按覆盖方式、覆盖材料种类、运输距离、垃圾填埋量等配备。垃圾进场后需要进行二次倒运的，应配备足够的作业机械和运输车辆，并应设置倒运场地。

表 7-2　卫生填埋场工艺装备选用参照表

规模	推土机	压实机	挖掘机	装载机	备注
I 类	3～4	2～3	2	2～3	
II 类	2～3	2	2	2	
III 类	1～2	1	1	1～2	
IV 类	1～2	1	1	1～2	

注：I 类和 II 类填埋场指总库容大于 $500\times10^4m^3$；III 类和 IV 类填埋场指总库容为 $200\times10^4\sim500\times10^4m^3$。

7.3.2　安全填埋场的运行与管理

在安全填埋场投入运行之前，要制订运行计划，此计划不仅需满足常规运行，而且应提出应急措施，以保证安全填埋场的有效利用和环境安全。安全填埋场运行应满足的基本要求如下：

①入场的危险废物必须符合标准对废物的入场要求。

②散状废物入场后要进行分层碾压，每层厚度视填埋容量和场地情况而定。

③填埋场运行中应进行每日覆盖，并视情况进行中间覆盖。

④应保证在不同季节气候条件下，填埋场进出口道路通畅。

⑤填埋工作面应尽可能小，使其得到及时覆盖。

⑥废物堆填表面要维护最小坡度，一般为 1∶3（垂直∶水平）。

⑦通向填埋场的道路应设栏杆和大门加以控制。

⑧必须设有醒目的标志牌，指示正确的交通路线。标志牌应满足 GB 15562.2 的要求。

⑨每个工作日都应有填埋场运行情况的记录，应记录设备工艺控制参数，入场废物来源、种类、数量，废物填埋位置及环境监测数据等。

⑩运行机械的功能要适应废物压实的要求，为了防止生成机械故障等情况，必须有备用机械。

⑪危险废物安全填埋场的运行不能露天进行，必须有遮雨设备，以防止雨水与未进行最终覆盖的废物接触。

⑫填埋场运行管理人员，应参加环保管理部门的岗位培训，合格后上岗。

危险废物安全填埋场在作业过程中，应分区填埋，这样可以使每个填埋区能在尽量短的时间内得到封闭。对于不相容的废物必须分区填埋，分区的顺序应有利于废物运输和填埋。

安全填埋场管理单位应建立有关填埋场的全部档案，从废物特性、废物倾倒部位、场址选择、勘察、征地、设计、施工、运行管理、封场及封场管理、监测直至验收等全过程所形成的一切文件资料，必须按国家档案管理条例规定进行整理与保管，保证完整无缺。

7.4　固体废物在填埋场的降解过程及影响

7.4.1　固体废物在填埋场的降解过程

堆积在填埋区中的生活垃圾经历着各种生物、物理和化学变化，随着时间的推移会逐渐腐烂和生物降解，产生有潜在危害的渗滤液、有爆炸可能性的沼气以及不均匀的垃圾表面沉降。了解填埋后垃圾的变化规律对有效规划、设计和管理卫生填埋场十分重要。

微生物对垃圾的降解自填埋后依次经历好氧分解阶段、兼氧分解阶段和完全厌氧分解阶段，详见图 7-10。微生物对垃圾的降解作用由微生物对水中污染物的降解和微生物对固体物质的降解两部分组成，两种降解同时进行。

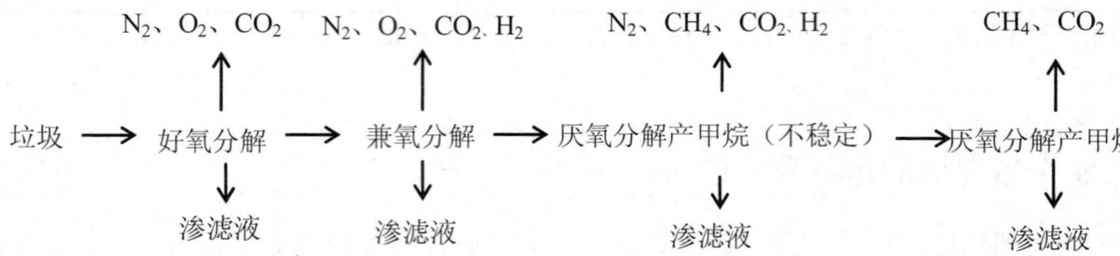

图 7-10 垃圾降解过程示意

第一阶段：开始的几个星期为好氧分解或产酸阶段。酸性条件为后续厌氧分解创造了条件。此阶段所产生的渗滤液有机物质浓度高，$BOD_5/COD>0.4$，$pH<6.5$。

第二阶段：好氧分解后的 11～14 d 为兼氧分解阶段。随着兼氧分解的进行，pH 和填埋气体产量都开始上升，此时也产生高浓度有机渗滤液，$BOD_5/COD>0.4$。

第三阶段：持续一年左右的不稳定产气阶段。此时 pH 上升到最大，渗滤液的污染物浓度逐渐下降，$BOD_5/COD<0.4$，填埋气体产量和产气中甲烷浓度逐步升高。

第四阶段：7 年左右的厌氧分解半衰期或稳定阶段。此时，可降解的有机物质逐渐减少，pH 保持不变，渗滤液的有机物浓度下降，$BOD_5/COD\leqslant 0.1$，填埋气体产量下降，填埋气体中甲烷浓度也逐渐下降。

填埋垃圾的分解作用受多种因素的影响，例如垃圾的组成、压实的紧密度、含水量、抑制物的存在、水的迁移速度和温度等都可影响垃圾的分解。有机垃圾厌氧分解的最终产物主要是稳定的有机物、挥发性有机酸和不同种类的气体。有机垃圾分解的总速率与垃圾的组成、温度及含水量有关。在正常情况下，用气态产物衡量的降解数量在头两年内可达到峰值，然后就逐渐缓慢地衰减下来，延续期大多长达 25 年甚至更久。

7.4.2 填埋场渗滤液的产生机理及影响

填埋场的一个主要问题是渗滤液的污染控制。垃圾填埋场在填埋开始以后，由于地表水和地下水的入流、雨水的渗入以及垃圾本身的分解而产生了大量的污水，这部分污水称为渗滤液。垃圾渗滤液中污染物含量高，且成分复杂，其污染物主要产生于以下三个方面：

①垃圾本身含有的水分及通过垃圾的雨水溶解了大量的可溶性有机物和无机物；

②垃圾由于生物、化学、物理作用产生的可溶性生成物；

③覆土和周围土壤中进入渗滤液的可溶性物质。

垃圾渗滤液的性质随填埋场使用年限的不同而发生变化，这是由填埋场的垃圾在稳定化过程中不同阶段的特点决定的，大体上可以分为五个阶段：

①最初的调节：水分在固体垃圾中积累，为微生物的生存、活动提供条件。

②转化：垃圾中水分超过其持水能力，开始渗滤，同时由于大量微生物的活动，系统

从有氧状态转化为无氧状态。

③酸性发酵阶段：此阶段碳氢化合物分解成有机酸，有机酸分解成低级脂肪酸，低级脂肪酸占主要地位，pH 随之下降。

④填埋气体产生：在酸化段，由于产氨细菌的活动，氨态氮浓度增高，氧化还原电位降低，pH 上升，为产甲烷菌的活动提供了适宜的条件，专性产甲烷菌将酸化段代谢产物分解成以甲烷和二氧化碳为主的填埋气体。

⑤稳定化：垃圾及渗滤液中有机物得到稳定，氧化还原电位上升，系统缓慢转为有氧状态。

研究表明，渗滤液污染物浓度随填埋场使用年限的增长而呈下降趋势。渗滤液的产量受多种因素的影响，如降雨量、蒸发量、地面流失、地下水渗入、垃圾的特性和地下层结构、表层覆土和下层排水设施设置情况等，其中降水量和蒸发量是影响渗滤液产量的重要因素。水质则随垃圾组分、当地气候、水文地质、填埋时间和填埋方式等的不同而显著变化。由于影响因素多，导致不同填埋场、不同填埋时期的渗滤液水质和水量的变化幅度很大。

7.4.3　填埋气体的产生机理及影响

1. 填埋气体的产生机理和组成成分

在垃圾填埋的最初几周，垃圾体中的氧气被好氧微生物消耗掉，形成了厌氧环境。于是生活垃圾中的有机可降解物便开始了厌氧发酵过程，这一过程可简单地归纳为两个基本阶段，如图 7-11 所示。

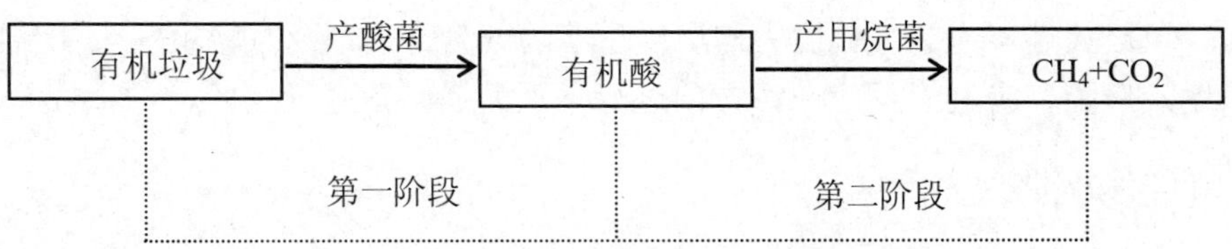

图 7-11　有机垃圾厌氧分解过程示意

垃圾中的有机物在厌氧微生物分解作用下产生了以 CH_4 和 CO_2 为主，含有少量 H_2、H_2S、NH_3、VOCS、CFCS（氯氟烃）、乙醛、甲苯、苯甲吲哚类、硫醇、硫醚、硫化甲酯的气体，统称为填埋气体（LFG）。填埋气体的典型成分如表 7-3 所示。当然，垃圾填埋场的条件、垃圾的特性、压实程度和填埋温度等不同，所产生的填埋气体的各成分含量也会不同。

表 7-3　填埋气体（LFG）的典型成分

成分	体积比/%	成分	体积比/%	成分	体积比/%
甲烷	63.8	氢气	0.05	乙醛	0.005
二氧化碳	33.6	一氧化碳	0.001	丙烷	0.002
氧气	0.16	乙烷	0.005		
氮气	2.4	乙烯	0.018		

2. 填埋气体的特征和作用

填埋场产生的填埋气体在大气中排放是有害的，不仅其中的挥发性有机物会对空气造成毒性，而且影响周围居民的生存，增加大气温室效应。此外，填埋气体容易聚集迁移，引起垃圾填埋场以及附近地区生成沼气燃烧或爆炸事故。填埋气体还会影响地下水水质，溶于水中的二氧化碳会增加地下水的硬度、改变矿物质的成分。

垃圾填埋深度较浅或是填埋容积较小的填埋场，因为填埋气体中甲烷浓度较低，往往利用导气石笼将填埋气体直接排放。垃圾填埋深度较深的填埋场，尤其是山谷型填埋场，填埋气体可以净化后发电或作为汽车燃料使用。

填埋气体回收利用的关键问题是产气量估算、气体收集系统设计和气体净化系统设计。

3. 影响填埋气体产生的因素

在整个填埋年限内，填埋场产气量的大小主要取决于垃圾中所含有机可降解成分的量和质，而产气速率的大小主要与填埋时间有关，另外还受垃圾的体积和组分、垃圾量、填埋深度、填埋场密封程度、垃圾的压实密度、填埋层空隙中的气体压力、含水率、pH、温度等因素的影响。

随着填埋场内部厌氧过程的进行，垃圾的体积和成分都会改变。垃圾的体积减小，增加了比表面积，从而提高了厌氧生化反应的速度，使甲烷的产率增加；垃圾的填埋时间越长，可降解有机物质含量越低，相同条件下的产气速率也就越低；垃圾的含水量是影响产气速率的重要因素，一般情况下，含水量越高则产气速度越大；甲烷的形成对 pH 要求严格，当 pH 为 6.5～8.0 时，甲烷才能生成，甲烷发酵的最佳 pH 是 7.0～7.2；填埋场的压实密度直接涉及孔隙率的大小，从而进一步影响到填埋气体的迁移规律，并对产气速率产生间接影响，垃圾填埋层内的气体压力与厌氧反应的速度有关，及时将填埋气体导出、减少生成物浓度及压力，有利于反应向正方向进行，从而提高了产气速率。

7.4.4 填埋场沉降

在填埋场垃圾漫长的降解与稳定化过程中，产生了填埋场表面的沉降，影响和妨碍了土地再利用，然而沉降却是填埋场稳定化进程的宏观表现和重要考察指标。

《生活垃圾卫生填埋岩土工程技术规范》（CJJ 176—2012）中要求，填埋场库区工程设计时，应验算堆体和场地沉降对封场覆盖系统、衬垫系统、渗滤液导排系统、地下水导排设施及导气系统服役性能的影响。

填埋场库区填埋量和运行年限计算时，应考虑垃圾堆体压缩的影响。

已完工的填埋场，在决定使用它们之前，必须研究其沉降特性。影响填埋场地沉降性能的因素有：最初的压实程度；垃圾的性质和降解情况；压实的垃圾产生渗滤液和填埋气体后生成的固结作用；作业终了的填埋高度对垃圾堆积和固结度的影响。

填埋场的均匀沉降问题不大，主要是不均匀沉降将产生一系列问题。例如，由于不均匀沉降造成的覆盖层断裂就可能在废物相变边界、填埋单元边缘和填埋场边界处出现。填埋场的总沉降量取决于废物种类、载荷和填埋技术因素，通常是废物填埋高度的 10%～20%。还有研究表明：在填埋后的前五年生成的沉降大约要占总沉降量的 90%。关于已完工的填埋场地集中荷载的分布，目前尚无这方面的可供参考的资料。如果需要进行有关工作，考虑到各地情况的差别很大，建议分别进行现场的荷载试验。

7.5　填埋场渗滤液的产生及控制

7.5.1　渗滤液产生量

《生活垃圾卫生填埋处理技术规范》（GB 50869—2013）中规定，填埋场必须设置有效的渗滤液收集系统和采取有效的渗滤液处理措施，严防渗滤液污染环境。

为了确定此种水处理设施的处理能力和调节装置容量，需要对垃圾填埋过程中渗滤液的产生量进行准确的预测。

渗滤液产生量可采用《生活垃圾卫生填埋处理技术规范》（GB 50869—2013）提供的经验公式法进行计算；在特殊情况下，渗滤液产量可采用水量平衡法或模型法（HELP 模型、WBM 模型等）进行校核。

渗滤液产生量计算取值有如下要求：

① 渗滤液产生量包括最大日产生量、日平均产生量及逐月平均产生量。

② 当设计计算渗滤液处理规模时采用渗滤液日平均产生量。

③ 当设计计算渗滤液导排系统时采用渗滤液最大日产生量。

④ 当设计调节池容量时采用渗滤液逐月平均产生量。

1. 水量平衡法

填埋场的水量平衡关系见图 7-12。

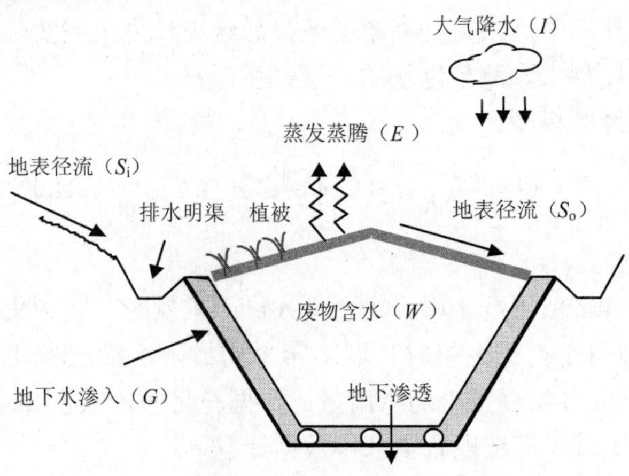

图 7-12　填埋场水量平衡示意

Δt 时间内，流入和流出填埋场的水量为：

流入水量 $= IA/1\,000 + S_i + G + W$

流出水量 $= EA/1\,000 + S_o + Q$

以上水量均为一定时间 Δt 内的发生量，Δt 根据需要进行水量平衡的时间加以确定。

Δt 时间内，覆土中的水分变化为 ΔC_w，垃圾中的水分变化为 ΔR_w，填埋场的水量平衡可用下式表示：

$$S_i+G+W-(S_o+Q)+(I-E)A/1\,000=\Delta C_w+\Delta R_w \tag{7-1}$$

式中：I——大气降水量，mm；

A——填埋场汇水面积，m^2，IA 为直接降入场区的雨水量；

E——蒸发蒸腾量，mm，即覆土或垃圾表层的水分由于日晒、风吹的蒸发量及通过植物的蒸腾量；

S_i——场外径流进入填埋场的水量，m^3，通常会被雨水集排水设施截流；

S_o——降入填埋场的降水在接触垃圾前被排出场外的水量，m^3，在封场区域这部分降水通常被集排水设施所排除；

G——渗入填埋场的地下水量，m^3，在铺设有防渗层的填埋场可以忽略不计；

Q——渗滤液产生量，m^3；

W——垃圾和覆土本身会有的水量，m^3。

该式构成了计算填埋场渗滤液量的基本公式。

对于铺装有防渗层的填埋场 $G=0$；场外径流水被降水排水系统排除的情况下 $S_i=0$；废物和覆土本身的含水量 W 相对于填埋期间进入填埋场的雨水量忽略不计；当 Δt 足够长，废物层含水量的变化 ΔC_w 和 ΔR_w 也可以忽略不计时，上式可以简化为：

$$(I-E)\ A/1\,000-S_o=Q \tag{7-2}$$

以上两式中符号含义同前。

2. 经验公式法

渗滤液产生量可通过式（7-2）准确计算，但是由于蒸发量、径流量的计算过程中不确定参数较多，在实际计算中难以得到满意的结果。这里，采用在实际填埋场设计和施工中得到大量验证的经验模型来预测填埋场渗滤液产生量。

渗滤液产生量的经验模型：

$$Q=\frac{1}{1\,000}\cdot I\cdot\left(C_1A_1+C_2A_2+C_3A_3+C_4A_4\right) \tag{7-3}$$

式中：Q——渗滤液水量，m^3/d；

I——降水量，mm/d（当计算渗滤液最大日产生量时，取历史最大日降雨量；当计算渗滤液日平均产生量时，取多年平均日降水量；当计算渗滤液逐月平均产生量时，取多年逐月平均降雨量。数据充足时，宜按 20 年的数据计取；数据不足 20 年时，可按现有全部年数据计取）；

C_1——正在填埋作业区浸出系数，宜取 0.4～1.0，具体取值可参考表 7-4。

表 7-4　正在填埋作业区浸出系数 C_1 取值

有机物含量＼所在地年降雨量	年降雨量≥800 mm	400 mm≤年降雨量＜800 mm	年降雨量＜400 mm
＞70%	0.85～1.00	0.75～0.95	0.50～0.75
≤70%	0.7～0.8	0.50～0.70	0.40～0.55

注：若填埋场所处地区气候干旱、进场生活垃圾中有机物含量低、生活垃圾降解程度低及埋深小，宜取高值；若填埋场地所处地区气候湿润、进场生活垃圾中有机物含量高、生活垃圾降解程度高及埋深大，宜取低值。

A_1——正在填埋作业区汇水面积，m^2；

C_2——已中间覆盖区浸出系数。当采用膜覆盖时宜取（0.2～0.3）C_1，生活垃圾降解程度低或埋深小时宜取下限，生活垃圾降解程度高或埋深大时宜取上限；当采用土覆盖时宜取（0.4～0.6）C_1（若覆盖材料渗透系数较小、整体密封性好、生活垃圾降解程度低及埋深小，宜取低值，若覆盖材料渗透系数较大、整体密封性较差、生活垃圾降解程度高及埋深大，宜取高值）；

A_2——已中间覆盖区汇水面积，m^2；

C_3——已终场覆盖区浸出系数。宜取（0.1～0.2）C_1，若覆盖材料渗透系数较小、整体密封性好、生活垃圾降解程度低及埋深小，宜取下限，若覆盖材料渗透系数较大、整体密封性较差、生活垃圾降解程度高及埋深大，宜取上限）；

A_3——已终场覆盖区汇水面积，m^2；

C_4——调节池浸出系数。取 0 或 1（若调节池设置有覆盖系统取 0，若调节池未设置覆盖系统取 1）；

A_4——调节池汇水面积，m^2。

在使用式（7-3）计算渗滤液水量时，通常需要计算出平均渗滤液量和最大渗滤液量。前者使用平均日降水量（mm/d），后者使用最大月降水量的日换算值（mm/d）。气象数据原则上应使用当地 20 年以上的观测数据。至于渗滤液处理设施的处理能力和污水调节池的容积，则可在平均渗滤液量和最大渗滤液量之间选择。

【例题 7-1】　如图 7-13 所示：阶段 1 正在填埋作业，面积为 5 万 m^2，阶段 2 准备填埋，面积为 8 万 m^2，多年平均降水量为 1 000 mm，最大月降水量为 300 mm，试计算平均浸出水量和最大浸出水量（填埋区浸出系数 C_1 取 0.5）。

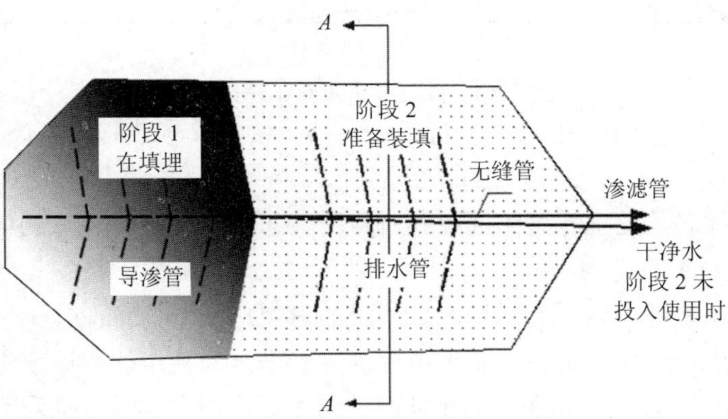

图 7-13　填埋场分区作业水平示意

解：

平均浸出水量=0.5×50 000×（1 000/1 000）/365=68.5 m^3/d

最大浸出水量=0.5×50 000×（300/1 000）/30=250 m^3/d

如若将阶段 2 改为已填埋完毕则浸出水量分别为：

平均浸出水量 =（0.3×80 000+0.5×50 000）×（1 000/1 000）/365=134.15 m^3/d

最大浸出水量 =（0.3×80 000+0.5×50 000）×（300/1 000）/30=490 m^3/d

7.5.2 渗滤液特性

填埋场渗滤液的产生主要来自三部分，即降水入渗、废物含水及废物分解产生的水。其中降水入渗对渗滤液产生量的贡献最大。雨水进入填埋场后，经与废物接触，使其中的可溶性污染物由固相进入液相，废物中的有机物在微生物的作用下分解产生的可溶性有机物（如挥发性脂肪酸等）也同时进入渗滤液，使得渗滤液中含有大量有机和无机污染物。渗滤液中污染物的含量与成分取决于废物的种类、填埋时间、填埋构造及降水量等。

就渗滤液的性质而言，属于高浓度有机废水，但实际上它含有多种有机和无机及有毒有害成分，因而其水质是相当复杂的。其污染物成分及其变化的复杂性主要表现在：污染物种类多；污染物浓度存在短期波动和长期变化的复杂性；不同国家和地区、不同垃圾成分及不同的填埋方式所产生的渗滤液特性的不同等。其水质变化趋势见图 7-14。

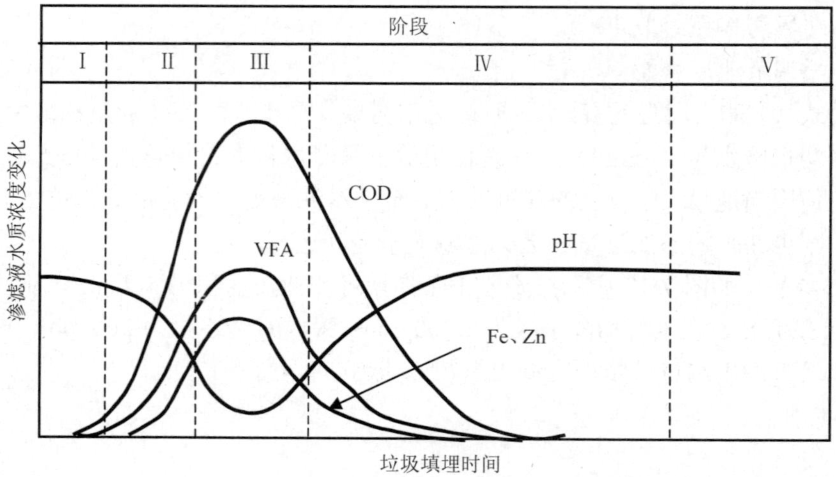

图 7-14　渗滤液水质变化趋势示意

I -适应阶段；II -过渡阶段；III-酸化阶段；IV-甲烷发酵阶段；V -稳定化阶段

渗滤液的特性对其处理方案的选择具有重要关系，其中尤需注意的问题有：

（1）BOD_5/COD 的变化

在垃圾填埋或填埋场运行的初期，渗滤液的 BOD_5/COD 较高，表明其可生化性良好，因而可采用生物法对其进行处理；而当填埋场达到一定的稳定化程度或进入老龄阶段时，其渗滤液的 BOD_5/COD 明显降低，生物处理法将难以奏效，则须考虑采用物化或物化与生物联用的工艺进行处理，但此时所选择的处理工艺，尚须考虑以下诸问题。

（2）NH_4^+-N 浓度问题

渗滤液中高浓度的 NH_4+-N 是导致其处理难度增大的重要原因。当进入产甲烷阶段后，填埋场渗滤液中的 NH_4+-N 质量浓度不断上升，直至最后封场。资料表明，NH_4+-N 的质量浓度可高达 10 000 mg/L。渗滤液中高浓度的 NH_4+-N 及其随时间的变化，不仅加重了其对受纳水体污染程度与性质的影响，也给其处理工艺的选择增加了复杂性。由于 NH_4+-N 质量浓度过高，使得渗滤液的 C/N 过低。过高的 NH_4+-N 要求进行脱氮处理，而过低的 C/N 则对常规的生物处理有抑制作用，而且有机碳源缺乏，导致反硝化过程难以有效地进行。

（3）金属离子问题

在含有多种污染物的渗滤液中，金属离子（尤其是重金属离子）的问题因其对环境特殊的危害性和对生物处理工艺的影响而更引人注意。其中含有的多种重金属离子，由于其物理（淋溶）、化学（主要是生物化学作用，即因微生物对有机物的水解酸化使 pH 下降以及在厌氧条件下形成的还原环境）而使垃圾中的高价不溶性金属转化为可溶性金属离子而溶于渗滤液中，因而，对处于产酸阶段的填埋场而言，往往含有较多的上述离子，在处理过程中必须考虑对它们的去除问题。

（4）其他问题

与渗滤液水质有关的问题还有磷不足、碱度较高、无机盐含量高等，在处理过程中应予足够的重视。

了解和掌握渗滤液成分及浓度，不仅对于填埋场防渗系统、集排水系统的设计至关重要，同时也是渗滤液处理系统设计及操作运行的必不可少的参数。曾经有许多学者对渗滤液浓度的预测进行过研究，但由于影响因素太多，至今没有开发出有一定精度的、具有广泛应用范围的渗滤液浓度预测模型。通常情况下，需要通过实验或现场监测来确定渗滤液浓度，为设计填埋场及渗滤液处理系统提供参数。

表 7-6 中列出了国内外典型卫生填埋场渗滤液污染物质量浓度及范围。表 7-6 是我国不同填埋年龄的填埋场渗滤液水质的变化情况。

表 7-5　典型卫生填埋场渗滤液污染物质量浓度

成 分	美国		日本		中国	
	范围	典型值	范围	典型值	范围	典型值
BOD/（mg/L）	2 000～30 000	10 000	10 000～30 000	12 000	1 660～24 300	9 000
TOC/（mg/L）	1 500～20 000	6 000	13 000～20 000	18 000	3 095～22　230	7 500
COD/（mg/L）	3 000～45 000	18 000	20 000～45 000	22 000	5 020～43 300	15 000
SS/（mg/L）	200～1 000	500	500～1 000	800	6 740～48 400	1 100
有机氮/（mg/L）	10～600	200	25～600	250	46～816	250
氨氮/（mg/L）	10～800	200	500～800	1 000	941～2 850	1　200
硝酸盐（mg/L）	5～40	25	10～40	35	6～85	30
总磷/（mg/L）	1～70	30	10～70	25	7～44	25
正磷/（mg/L）	1～50	20	—	—	—	—
碱度/（mg/L）	1 000～10 000	3 000	—	—	5 000～11 000	3 500
pH	5.3～8.5	6	±6.0	6.0	6.51～8.25	6.89
总硬度/（mg/L）	300～10 000	3 500	500～10 000	3 200	300～5 400	2 100
钙/（mg/L）	200～3 000	1 000	200～3 000	1 100	100～4 000	900
镁/（mg/L）	50～1 500	250	—	—	—	—
钾/（mg/L）	200～2 000	300	—	—	200～1 500	300
钠/（mg/L）	200～2 000	500	—	—	300～1 500	200
氯盐/（mg/L）	100～3 000	500	300～3 000	750	500～3 000	600
硫酸盐/（mg/L）	100～1 500	300	50～1 500	100	3～370	35
总铁/（mg/L）	50～600	60	10.5～600	85	5.2～78.6	20

表 7-6 我国生活垃圾填埋场（调节池）渗滤液典型水质

项目 \ 类别	初期渗滤液	中后期渗滤液	封场后渗滤液
BOD_5/（mg/L）	4 000～20 000	2 000～4 000	300～2 000
COD_{Cr}/（mg/L）	10 000～30 000	5 000～10 000	1 000～5 000
NH_3-N/（mg/L）	200～2 000	500～3 000	1 000～3 000
TN/（mg/L）	300～2 500	600～3 500	1 200～3 500
SS/（mg/L）	500～2 000	200～1 500	200～1 000
pH	5～8	6～8	6～9

一般来说，废物本身对渗滤液浓度及成分最具影响，我国城市垃圾中厨房垃圾含量较高，可堆腐性强，渗滤液水质通常较差；厌氧型填埋场比好氧型填埋场产生的渗滤液水质差，而且持续时间长，这是因为在厌氧状态下，有机物分解周期长，在液化和酸化阶段会有挥发性脂肪酸等溶解性有机物积累；此外，渗滤液水质还随填埋时间的增加而递减。

7.5.3 渗滤液收集导排系统

根据《生活垃圾卫生填埋处理技术规范》（GB 50869—2013）要求，渗滤液收集导排系统设计应包括导流层、盲沟、竖向收集井、集液井（池）、泵房、调节池及渗滤液水位监测井。

渗滤液收集导排系统设计应符合下列要求：

①能及时有效地收集和导排汇集于垃圾填埋场场底和边坡防渗层以上的垃圾渗滤液。

② 具有防淤堵能力。

③ 不对防渗层造成破坏。

④ 保证收集导排系统的可靠性。

渗滤液收集导排系统中的所有材料应具有足够的强度，以承受垃圾、覆盖材料等荷载及操作设备的压力。

1. 导流层设计要求

渗滤液导流层设计应符合下列规定：

① 导流层宜采用卵（砾）石或碎石铺设，厚度不宜小于 300 mm，粒径宜为 20～60 mm，由下至上粒径逐渐减小。

② 导流层与垃圾层之间应铺设反滤层，反滤层可采用土工滤网，单位面积质量宜大于 200 g/m^2。

③ 导流层内应设置导排盲沟和渗滤液收集导排管网。

④ 导流层应保证渗滤液通畅导排，降低防渗层上的渗滤液水头。

⑤ 导流层下可增设土工复合排水管网强化渗滤液倒流。

⑥ 边坡导流层宜采用土工复合排水网铺设。

2. 盲沟设计要求

（1）盲沟布置形式

① 鱼刺状盲沟布置形式：主盲沟位于库底中央，支盲沟按照 30～50 m 的间距分布；支盲沟与主盲沟的夹角宜采用 15°的倍数，一般采用 60°。

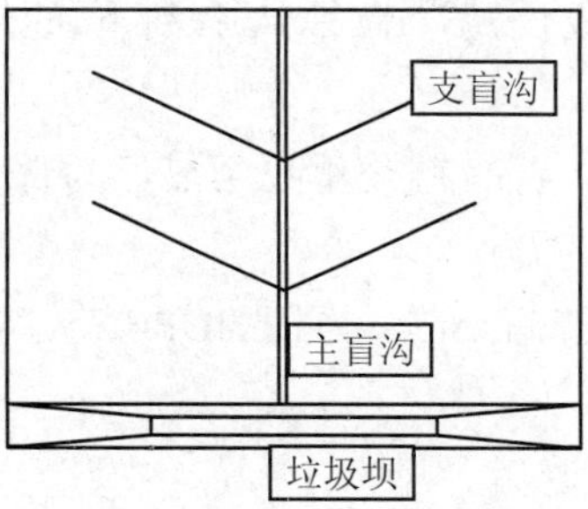

图 7-15　鱼刺状盲沟示意

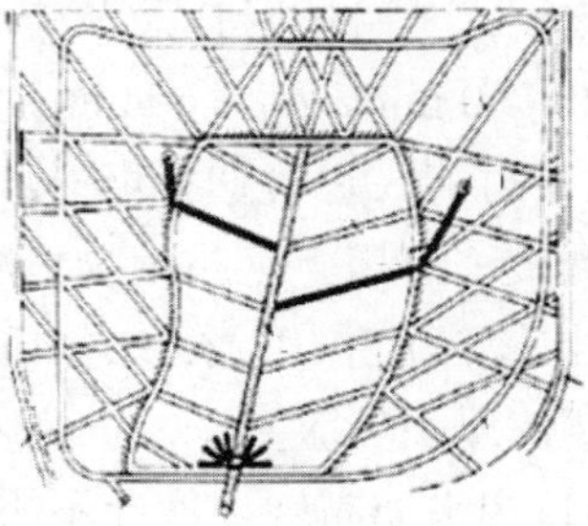

图 7-16　网状盲沟示意

② 网状盲沟布置形式：网状盲沟是在库底及边坡设置盲沟，网格间距宜为 10 m 左右；侧壁边坡上的网状导流盲沟与各层库区锚固沟立体相交，从锚固沟底或截洪沟底穿过，上口至填埋场征地边缘，下口与库底环形导流盲沟连通，沿库底最低处纵向铺设总导排管。

③ 反锅底型盲沟布置形式：场地平整时，由中间向两边形成一定坡度，渗滤液收集盲沟设置于库底周边，经穿坝管与调节池连接。渗滤液向两侧流向两侧盲沟，经 HDPE 花管收集后导排至调节池。

（2）盲沟断面形式选择

盲沟有多种断面形式，其中以菱形断面和梯形断面较为常用。如图 7-17 和图 7-18 所示。

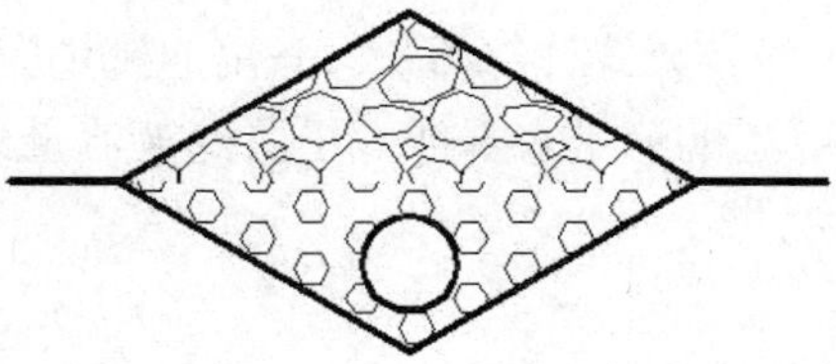

图 7-17　菱形盲沟示意

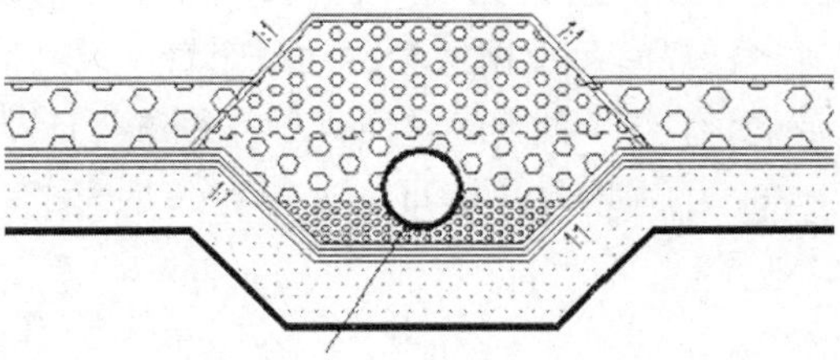

图 7-18　梯形盲沟示意

（3）盲沟尺寸设计要求

① 盲沟最小底宽要求。

表 7-7　盲沟底最小宽度

管径 DN/mm	槽底最小宽度 *B*/mm
200＜DN≤300	外径 *D*+400
400＜DN≤1 000	外径 *D*+600

② 盲沟尺寸要求。

盲沟断面尺寸应根据渗滤液汇流面积及埋设管道管径及数量来确定。

（4）盲沟填充石料要求

① 盲沟填充石料有砾石、卵石、碎石（$CaCO_3$ 含量不可大于 10%）。

② 石料的渗透系数不可小于 1.0×10^{-3}cm/s。

③ 主盲沟石料厚度不宜小于 40 cm。

④ 填充时，粒径应按照从下到上依次增大形成反滤。粒径从上到下依次为 20～30 mm、30～40 mm、40～60 mm。

⑤ 如有可能，尽量选择卵石或棱角光滑的石料。若石料棱角较明显，为保护 HDPE 花管不被刺破，可用土工布织物包裹碎石。

⑥ 盲沟底部宜采用粒径 16～40 mm 的卵砾石铺设 75 mm 厚，方便 HDPE 花管安全铺设。

（5）盲沟纵向布置要求

① 主盲沟纵向布置坡度应不小于 2%，以方便渗滤液导排。

② 支盲沟纵向坡度应不小于 2%。

3. 渗滤液收集管设计要求

（1）最小管径要求

填埋场中，干管公称外径不得小于 315 mm，支管外径不得小于 200 mm。

（2）管径选取要求

① 填埋场渗滤液管径的选取应依据所服务库区渗滤液流量确定，渗滤液流量计算参见本章 7.5.1 节。

② 结合收集管最小坡度来确定管径尺寸。

③ 两排平行多孔排水管之间流体的最大高度应小于 30 cm。

④ 收集管单位面积渗滤液产量计算方法见相关章节。

⑤ 当渗滤液流量、收集管坡度、管材已知时，可用曼宁（Manning）公式计算收集管尺寸。计算时可根据经验预估一个管子尺寸，然后用曼宁公式计算流量，算出的流量应不小于渗滤液流量，否则应重新预估管径进行计算，直到算出的流量大于或等于渗滤液流量为止。

⑥ 填埋场收集管平均外径应满足表 7-8 的要求。

表 7-8 管材的平均外径

公称外径/mm	平均外径/mm	
	最小平均外径/mm	最大平均外径/mm
110	110.0	111.0
125	125.0	126.2
140	140.0	141.3
160	160.0	161.5
180	180.0	181.7
200	200.0	201.8
225	225.0	227.1
250	250.0	252.3
280	280.0	282.6
315	315.0	317.9
355	355.0	358.2
400	400.0	403.6
450	450.0	454.1
500	500.0	504.5
560	560.0	565.0
630	630.0	635.7

⑦ 经验估计管径要求。

计算得出渗滤液收集管管径后，参照表 7-9 选取适合填埋场渗滤液导排的管径。

表 7-9　渗滤液流量-收集管管径经验关系

渗滤液最大日产生量 Q_{max}/（m^3/d）	HDPE 管管径/mm
$Q_{max}<50$	315
$50\leqslant Q_{max}\leqslant 100$	355
$100\leqslant Q_{max}\leqslant 150$	450
$150\leqslant Q_{max}\leqslant 200$	560
$200\leqslant Q_{max}\leqslant 250$	630

注：当渗滤液最大日产生量大于 250 m^3/d 时，宜采用管径相同的两根 HDPE 花管进行渗滤液导排。两根 HDPE 花管在盲沟中宜平行铺设，间距不宜太小。

⑧ 收集导排管壁厚要求。

渗滤液收集管壁厚应满足表 7-10 要求。

表 7-10　HDPE 管公称壁厚

公称外径/mm	壁厚/mm		
	标准尺寸比（SDR）		
	SDR17	SDR13.6	SDR11
110	6.6	8.1	10.0
125	7.4	9.2	11.4
140	8.3	10.3	12.7
160	9.5	11.8	14.6
180	10.7	13.3	16.4
200	11.9	14.7	18.2
225	13.4	16.6	20.5
250	14.8	18.4	22.7
280	16.6	20.6	25.4
315	18.7	23.2	28.6
355	21.1	26.1	32.2
400	23.7	29.4	36.3
450	26.7	33.1	40.9
500	29.7	36.8	45.4
560	33.2	41.2	50.8
630	37.4	46.3	57.2

（3）管壁布孔技术要求

① 导排管单位长度所需布孔数可由伯诺里（Bernoulli）方程计算每一进水孔的集流能力后求出。

② 为保证管材强度，开孔率应小于 0.01 m^2/m 长度。

③ 花管环向全部打孔，导流管底部 1/3 部分不打孔；环向打孔角度为 45°～60°。纵向打孔间距 15～20 cm；孔径 12～16 cm，相邻孔之间按梅花状布置；开孔率宜为 2%～5%。

④ HDPE 花管在放置时，应使钻孔位于管子下部，但不在管子正下方。若孔口靠近起拱线，会降低管子的纵向刚度和强度。

⑤ 设计应沿管材轴向打孔，管材打孔示意如图 7-19 所示。

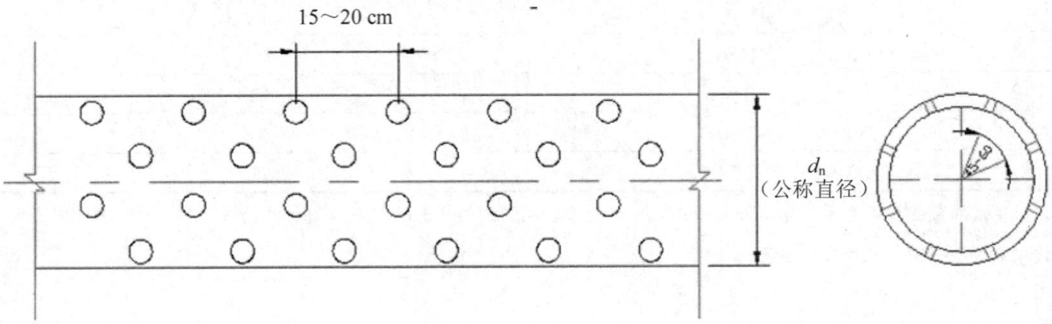

图 7-19 管材打孔示意

4. 垂直导排设计要求

①垂直收集导排系统可用于垃圾堆体表面径流雨水及渗滤液收集，导排至渗滤液导流层或盲沟中。

②当采用导气石笼作为垂直收集导排系统时，其底部应深入场底导流层中与导流层渗滤液收集管网相通，以保证上层垃圾堆体产生的渗滤液可通过垂直收集导排系统进入场底的水平收集导排系统。

5. 调节池技术要求

（1）调节池结构

①调节池宜采用自然开挖加土工膜防渗结构或钢筋混凝土结构。调节池结构形式的选择应考虑调节池容积、场地地形地貌、场地地质条件、资金等因素。调节池结构适用条件可参考表 7-11。

表 7-11 调节池结构适用条件

调节池结构	适用条件
土工膜防渗结构	天然洼地，需求容积较大，地基土质不均匀等情况
钢筋混凝土结构	无天然低地势，地下水位较高导致抗浮不满足防渗膜施工要求等情况

②采用自然开挖防渗结构调节池池坡比应小于 1∶2，底部及边坡防渗设计可参考 7.10.3 节“地表水和地下水控制系统”。

③采用钢筋混凝土结构调节池应作防腐蚀设计。

（2）调节池容积

①调节池应采用水量平衡计算，即按照渗滤液处理规模与多年逐月渗滤液平均产生量经平衡计算得出最低调节容量。

②计算值宜按历史最大日降雨量或 20 年一遇连续七日最大降雨量进行校核，在当地

没有上述历史数据时也可采用现有全部年数据进行校核。

③调节池设计容积应在最低调节容量的基础上考虑 1.1～1.3 的安全系数，并应考虑应急情况下渗滤液的贮存。

（3）调节池覆盖系统

①调节池宜设置覆盖系统以避免臭气无控制外逸。覆盖系统应包括液面浮盖膜、气体收集排放设施、重力压管以及周边锚固等。

②调节池浮盖膜宜采用 2.0 mm 厚 HDPE 膜。

③气体收集可采取在调节池池顶四周布置环状带孔 HDPE 收集花管，花管固定于池顶周边。膜上设气体收集系统。

④安装于浮盖膜膜面上重力压管应内充实物，增加膜表面重量。

⑤浮盖系统周边锚固宜与调节池防渗结构层的周边锚固沟相结合设置，锚固沟可采用素混凝土现浇，锚固沟深度不宜小于 1 000 mm，宽度不宜小于 800 mm，可参考图 7-20 设计。

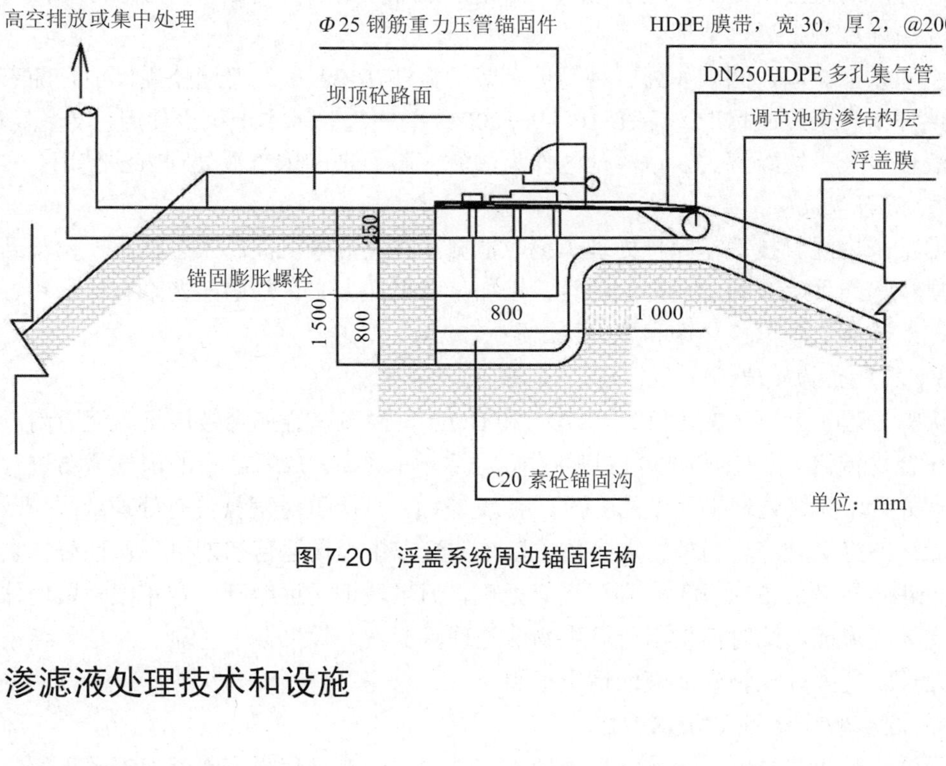

图 7-20　浮盖系统周边锚固结构

7.6　渗滤液处理技术和设施

7.6.1　渗滤液处理技术

虽然渗滤液的处理与常规的废水处理有相同之处，但也有其不同于常规废水处理工艺的特殊之处。由于渗滤液水质的时间和地域变化性，不仅采用单一的处理方法不能满足其处理要求，更需要通过不同方法的优化组合与灵活应用才能进行有效处理，而且适用于某一填埋场或某一区域填埋场渗滤液处理的工艺方法往往并不是普遍使用的技术。此外，由于渗滤液的污染负荷很高，处理难度较大，不仅需要考虑处理工艺的有效性和稳定性，还需考虑其处理工艺的经济合理性。渗滤液处理的这些特性，也是其处理工艺设计和运行较为困难的原因所在。目前主要使用的有以下几种技术：

1. 回灌

渗滤液回灌是一种较为有效的处理方案。首先，通过回灌可提高垃圾层的含水率（由20%～25%提高到 60%～70%），可增加垃圾的湿度；增强垃圾中微生物的活性；加速产甲烷的速率、垃圾中污染物的溶出及有机物的分解。其次，通过渗滤液回灌，不仅可降低渗滤液的污染物质量浓度，还可因回灌过程中水分挥发等作用而减少渗滤液的产生量，对水量和水质起稳定化的作用，有利于废水处理系统的运行，节省费用。此外将渗滤液收集并通过回灌使之回到填埋场，还可加速垃圾中有机物的分解，缩短填埋垃圾的稳定化进程（使原需 15～20 年的稳定过程缩短至 2～3 年）。

虽然回灌处理法有前述诸多优点，但至少还存在以下两个问题：①不能完全消除渗滤液。由于回灌的渗滤液量受填埋场特性的限制，因而仍有大部分渗滤液须外排处理。②通过回灌后的渗滤液仍需进行处理方能排放，尤其是由于渗滤液在垃圾层中的循环，导致其氨氮和盐分不断积累，甚至最终使其浓度远高于其在非循环渗滤液中的浓度。第一个问题是由此方法的特性决定的。至于第二个问题，如将含高浓度氨氮和盐分的渗滤液作场外处理，反而增加额外处理费用。

由于以上原因，回灌作为一种简单有效的方法在 20 世纪普遍使用，但是随着《生活垃圾填埋场污染控制标准》（GB 16889—2008）的实施已基本上很少使用，仅在蒸发量大、渗滤液较少及少数经济欠发达的地区作为渗滤液膜处理的浓缩液处理方法使用。

2. 混凝沉淀

通常采用混凝技术作为预处理工艺，根据渗滤液混凝沉淀的工艺情况、实验结果和药剂的质量等因素综合确定药剂的种类、投加量和投加方式。常用的药剂有硫酸铝、聚合氯化铝、硫酸亚铁、三氯化铁和聚丙烯酰胺（PAM）等。

3. 厌氧生物处理

厌氧处理工艺可大幅度降低 COD_{Cr} 和 BOD_5，同时重金属会被厌氧污泥吸附，有机的含氮化合物转化为 NH_3-N 被释放进水中，导致 pH 增高。厌氧产生的沼气需要进行收集并且进行处置，厌氧处理出水中的 COD_{Cr} 浓度较高，且厌氧对氨氮没有处理效果，一般需要进行后续的好氧处理。另外，大多数垃圾渗滤液在填埋场运营初期可生化性好，多是偏酸性的（pH 一般为 5.5～7.0），利于厌氧处理，但当填埋场运行到一定年限、填埋体的厌氧微生物环境形成，此时再采用厌氧生物法处理渗滤液，效果会不明显。并且单纯采用厌氧生物处理工艺处理垃圾渗滤液的情况很少。

4. 膜生物反应器（MBR）技术

膜生化反应器技术是生物物理处理工艺结合法的典型代表。渗滤液处理工程中，通常会采用超滤取代传统的二沉池，通过超滤膜的截留作用将微生物完全截留在生化系统中，实现水力停留时间和污泥龄的完全分离，使生化反应器内的污泥浓度从 3～5 g/L 提高到 10～30 g/L，从而提高了反应器的容积负荷，使反应器容积减小，污泥泥龄得到大幅延长。

对于世代周期较长的硝化和反硝化微生物，具备生物脱氮功能的膜生物反应器（即膜生物反应器生化部分采用反硝化、硝化工艺）由于超滤对微生物完全截留，使微生物的泥龄达到并且远远超过了硝化微生物生长所需的时间，并且可以繁殖、聚集达到完全硝化所需的硝化微生物浓度，这样使得废水中的氨氮能够完全硝化。同样污泥龄的延长以及高浓度的微生物也大大提高了对有机污染物的去除。

5. 深度处理

深度处理通常包括纳滤（NF）和反渗透（RO）。

纳滤膜又称超低压反渗透膜，纳滤膜材料有醋酸纤维素、芳香聚酰胺、磺化聚醚砜等，纳滤膜品种不断增加，并且已经系列化；其分离性能也不断提高，对 NaCl 的脱除率从 5%逐步提高到 85%。

相比于反渗透膜分离技术，纳滤膜技术具有操作压力低、水通量大的特点。相比于超滤，纳滤具有截留分子量低，对许多中等分子量的溶质，如消毒副产品的前驱物、农药等微量有机物，致突变物等杂质能有效去除。对疏水型胶体、油、蛋白质和其他有机物有较强的抗污染性。渗滤液通常前端有 MBR 预处理后，采用纳滤深度处理，产水率可达到 85%左右。纳滤操作压力为 0.25～2.5 MPa。

反渗透与纳滤都是为了满足水质要求而开发出来的膜技术，反渗透膜孔径一般为 0.1～1 nm，纳滤膜的孔径在 0.02 μm 左右，纳滤膜和反渗透膜均属于致密膜范畴，二者的分离机理也相同。但纳滤的截留界限仅为分子大小约为 1 nm 的溶解组分。

反渗透是压力驱动型膜分离技术，其操作压力为 1.5～12 MPa，截留组分为 0.1～1 nm 小分子溶质，可以从液体混合物中去除全部悬浮物、溶解物和胶体。反渗透是最精密的膜法液体分离技术，它能阻挡全部悬浮物、溶解物和胶体、所有溶解性盐及分子量大于 100 的有机物，但允许水分子透过。由于它们的孔径不同，所以它们对水处理的级别也就不同，应用的原则是以出水标准和回用对象判断应用哪种膜技术。

选择处理工艺之前，应了解填埋场的使用年限、填埋作业方式、当地经济条件等影响水质的因素。选择渗滤液处理工艺时，应以稳定连续达标排放为前提，综合考虑垃圾填埋场的填埋年限和渗滤液的水质、水量以及处理工艺的经济性、合理性、可操作性，经技术、经济比选后确定。

7.6.2 渗滤液处理设施和设备

1. 调节池

调节池容积设计与填埋工艺、停留时间、渗滤液产生量及配套污水处理设施规模等相匹配，可采用钢筋混凝土、土坝加防渗膜等多种形式，须有相应的防腐和防渗措施，并根据池容和停留时间考虑搅拌和清污措施；调节池属于厂区恶臭污染源之一，应加盖密封，并采取臭气去除措施。

2. 厌氧处理池

厌氧生物处理工艺可采用升流式厌氧污泥床法（UASB）及其变形、改良工艺。主要设计参数如下：①常温范围宜为 20～30℃，中温范围宜为 30～38℃；②容积负荷宜为 5～15 kgCOD/（$m^3 \cdot d$）；③pH 宜为 6.5～7.8；④设置厌氧生物处理设施，应设置生物气体利用或安全燃烧装置。

3. 膜生物反应器

膜生物反应器分为内置式和外置式两种，外置膜宜采用管式超滤膜，膜材质可采用 PVDF 等。内置膜宜采用板式、中空纤维微滤或超滤膜，膜材质可采用 PVDF、PTFE、PE 等。MBR 系统采用的膜及其膜组件应耐污染和耐腐蚀，外置膜使用寿命应在 3 年以上，内置膜使用寿命应在 2 年以上。

MBR 系统的进水水质主要参数要求：①COD：外置式不宜大于 20 000 mg/L，内置式不宜大于 15 000 mg/L；②BOD_5/COD：不宜小于 0.2；③NH_3-N：不宜大于 3 000 mg/L。设计运行参数见表 7-12。

表 7-12 膜生物反应器工艺参数

项目	内置式膜生物反应器	外置式膜生物反应器
运行温度/℃	20～35	20～35
污泥浓度（MLSS）/（mg/L）	8 000～10 000	10 000～15 000
BOD_5污泥负荷（MLSS）/[kg/（kg·d）]	0.08～0.30	0.20～0.60
NO_3-N 污泥负荷（MLSS）/[kg/（kg·d）]	0.05～0.25	0.05～0.30
剩余污泥产泥系数（MLSS/COD）/（kg/kg）	0.10～0.30	0.10～0.30
膜通量 L/（m^2·h）	15～35	60～75

4. *深度处理设施*

（1）纳滤系统

进水指标要求：①悬浮物不宜大于 100 mg/L；②进水电导率（20℃）不宜大于 40 000 μS/cm。

设计工艺参数：①温度宜为 8～30℃；②pH 宜为 5.0～7.0；③纳滤膜通量宜为 15～20L/（m^2·h）；④水回收率不低于 80%。

（2）反渗透系统

进水指标要求：①悬浮物浓度不宜大于 50 mg/L；②进水电导率（20℃）不宜大于 25 000 μS/cm。

设计工艺参数：①温度宜为 8～30℃；②pH 宜为 5.0～7.0；③反渗透膜通量宜为 10～15 L/（m^2·h）；④产水率随电导率的增加而降低，一般不低于 70%。

5. *污泥及浓缩液处理设施*

渗滤液处理中产生的污泥没有条件同城市污水处理厂污泥一并处理时一般场内单独处理，通常采用离心脱水机、叠螺脱水机等适用于小型污水处理厂的污泥脱水设备，当进入垃圾填埋场填埋处理或单独处理时，含水率不宜大于 80%。

纳滤和反渗透工艺产生的浓缩液最大特点是浓缩富集了渗滤液中的盐，如果不妥善分离处置，会造成渗滤液处理设施内的盐分累积，故浓缩液需要单独处理，可采用蒸发、高级氧化及其他例如纳滤浓缩液提取腐殖酸等针对性处理方式。

7.6.3 渗滤液处理典型工艺流程

1. *流程一：MBR+纳滤、反渗透*

（1）工艺描述

MBR 主要由反硝化池、硝化池及膜分离装置组成；硝化反硝化部分根据氨氮和总氮浓度情况选择是否需增加二级硝化反硝化作为强化脱氮工艺。

外置式 MBR 膜组件宜采用错流式外置管式超滤。内置式 MBR 膜组件宜采用中空纤维式微滤。纳滤、反渗透根据进水水质和排放要求两者串联或单级使用。

（2）工艺特点

纳滤或反渗透系统对于进水水质要求十分宽松。中空纤维截留率低于超滤，但是其具有能耗低的优点，适用于内置式 MBR 系统；管式超滤膜具有孔径小、截留率高、清洗方便等优点，不足之处是能耗高。

（3）适用范围

本工艺适用于处理可生化性能好的渗滤液，如填埋初期、中期渗滤液。出水可以达到《生活垃圾填埋场污染控制标准》（GB 16889—2008）中表 2 或表 3 的要求。该工艺不适用于处理含离子浓度过高的渗滤液。

2. 流程二：厌氧生物处理+MBR+纳滤、反渗透

（1）工艺描述

此流程较流程一增加了厌氧生物处理工艺段，渗滤液进入厌氧反应器，可大幅度降低 COD、BOD 浓度；厌氧出水进入后续处理工段。厌氧生物反应器需根据进水水质进行选择，通常采用升流式厌氧反应器及其优化变形工艺。

（2）工艺特点

此工艺流程中含有厌氧生物处理工艺和 MBR 工艺，充分利用生化处理的优势，运行费用相对较低，对于处理可生化性好的高浓度渗滤液具有较大优势。

（3）适用范围

本工艺适合处理浓度较高、可生化性好、碳氮比高的焚烧厂、转运站、生物处理厂及填埋初期渗滤液。出水可以达到《生活垃圾填埋场污染控制标准》（GB 16889—2008）中表 2 和表 3 的要求。

3. 流程三：预处理+两级碟管式反渗透（DTRO）或蒸发（MVR、MVC）

（1）工艺描述

使用两级 DTRO 膜组件，第二级 DTRO 膜系统用于对第一级 DTRO 膜系统透过液的进一步处理，第二级膜柱浓缩液排向第一级系统的进水端，以提高系统的回收率。

低能耗蒸发装置能够有效地分离腐殖质，腐殖质留在蒸发浓液中，不会随蒸汽一起排放。蒸发过程中产生的蒸汽先通过酸洗气塔洗气后去除绝大部分氨氮，再通过碱洗气塔去除部分 COD_{Cr}，能够确保蒸馏水的 COD_{Cr}、氨氮达标排放。

（2）工艺特点

两级 DTRO 具有较高的去除率，相比卷式 RO 系统具备较高的操作压力和较高的抗污堵能力。

低能耗 MVR（Mechanical Vapor Recompression）蒸发是完全的物理过程，蒸馏水的 SS 基本为零。总汞、总铬等重金属基本留在浓缩液中，不会随蒸汽挥发出来，蒸馏水的重金属浓度很低。同时高温蒸发过程能把粪大肠菌群等细菌全部杀死。

（3）适用范围

本工艺适用于处理可生化性较差的渗滤液，具有流程简单有效、建设周期短、自动化程度高的特点。出水可以满足《生活垃圾填埋场污染控制标准》（GB 16889—2008）中表 2 的排放限值要求。

7.6.4 渗滤液处理工程案例

1. 工程简介

江苏省某垃圾填埋场渗滤液处理站工程，设计处理能力 800 m^3/d，出水水质执行《生活垃圾填埋场污染控制标准》（GB 16889—2008）中表 2 标准。

2. 进出水水质

依据已建污水站实际处理水量情况和多年运行情况，考虑目前实际进水水质，确定工程设计进水水质如表 7-13 所示。

表 7-13 设计进水水质

项目	COD_{Cr}/（mg/L）	BOD_5/（mg/L）	SS/（mg/L）	NH_3-N/（mg/L）	TN/（mg/L）	pH
指标	10 000～25 000	5 000～10 000	2 000	2 000～2 800	3 000	6～9
计算值	20 000	8 000	2 000	2 500	3 000	6～9

设计出水达到《生活垃圾填埋场污染控制标准》（GB 16889—2008）表 2 要求，主要水质参数控制指标详见表 7-14。

表 7-14 设计出水水质

项目	COD_{Cr}/（mg/L）	BOD_5/（mg/L）	SS/（mg/L）	NH_3-N/（mg/L）	TN/（mg/L）	pH
指标	≤100	≤30	≤30	≤25	≤40	6～9

3. 工艺流程

根据本工程渗滤液水量、水质特点和处理要求，渗滤液采用“均质池+ MBR（两级 A/O）+NF”主工艺，工艺末端配置 RO 系统作为备用保安措施的组合处理工艺，浓缩液采用“絮凝沉淀+回灌”处理工艺，分段处理效果表见表 7-15，工艺流程见图 7-21。

表 7-15 分段处理效果

项 目		水量/（m^3/d）	COD_{Cr}/（mg/L）	BOD/（mg/L）	NH_4-N/（mg/L）	TN/（mg/L）	SS/（mg/L）
MBR	进水	800	20 000	8 000	2 500	3 000	2 000
	出水	800	≤1 000	≤60	≤30	≤60	≤20
	去除率		95%	99.3%	98.8%	98.0%	99%
NF/RO	进水	800	≤1 000	≤60	≤30	≤60	≤20
	出水	≥600	≤100	≤30	≤25	≤40	≤20
	去除率		90%	50%	17%	33%	—
排放要求			≤100	≤30	≤25	≤40	≤30

（1）均质池

该处理系统需设计一座水质均质池，池底安有预曝气系统，新鲜渗滤液与老龄渗滤液在均质池内以一定的比例混合调配，达到较好的可生化性和合适的碳氮比，保障渗滤液处理系统的脱氮稳定性。

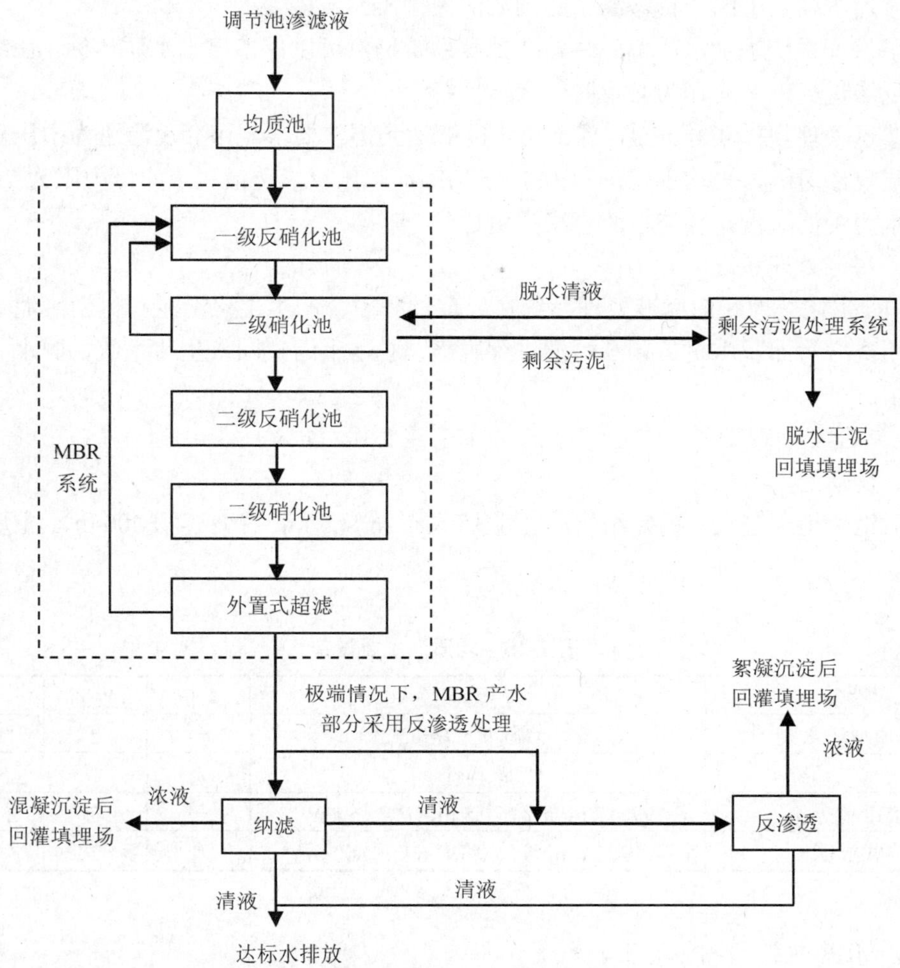

图 7-21　渗滤液处理工艺流程

（2）MBR（两级 A/O）系统

渗滤液经过均质池均质后进入 MBR 生化（两级 A/O）系统进一步处理，MBR 生化系统由一级反硝化、硝化，二级反硝化、硝化和外置式超滤单元三部分组成。系统通过高效超滤系统完全实现泥水分离，可使微生物菌体在生化反应器中大量富集，污泥浓度可以达到 15～30 g/L，增强了生化处理效率。MBR 系统具有出水水质优质稳定，无细菌和固体悬浮物；污泥负荷低，剩余污泥产量少；反应器高效集成，占地面积小；污染物有效降解，无二次污染；操作管理方便，易于实现自动控制等优点。

超滤进水兼有污泥回流功能，即超滤进水经过超滤浓缩后，净化水排出，而经过超滤浓缩的污泥回流至反硝化池中，在缺氧环境中还原成氮气排出，达到脱氮的目的，反硝化池内设液下搅拌装置。

（3）膜深度处理系统

为了保证出水水质达标，在超滤后设有后续的纳滤处理单元，其处理量为 800 m³/d，MBR 膜生化反应器的超滤出水经过超滤清液槽进入纳滤系统，去除超滤清液中的不可生化的有机物。超滤清液采用纳滤进行脱盐处理，由于纳滤对于一价盐不作截留，通过纳滤可使反渗透浓缩液中的一价盐离子随纳滤清液排出。

为了保证系统进水水质偏高时整个处理系统仍然可以保持出水水质达标，在纳滤后有后续的反渗透处理单元作为必要时的保障系统。

反渗透处理规模 400 m^3/d，保证出水能够达到排放要求。该套反渗透为中压反渗透，采用卷式反渗透膜，平均工作压力为 4～5 MPa，中压反渗透最大工作压力限为 7.5 MPa，由于进水为纳滤清液，反渗透清液采率可达到 75%。

（4）污泥处理系统

MBR 生化处理和浓缩液处理系统在处理过程中会产生生化污泥和化学污泥，本工艺设计采用离心污泥脱水机将剩余污泥进行脱水，脱水上清液回入生化系统，脱水干泥回填埋场回填。

4. 工艺设计参数

（1）均质池

均质池全地下建设，钢砼结构，尺寸 15 m×7 m×4.5 m，有效容积 400 m^3。主要设备见表 7-16。

表 7-16 均质池主要设备

设备	规格、参数	单位	数量	备注
均质池进水泵	Q=40 m^3/h，H=45 m	台	2	1 用 1 备
预曝气系统	曝气管	套	1	
MBR 进水泵	Q=17 m^3/h，H=15 m，P_n=5.5 kW	台	3	2 用 1 备
袋式过滤器	Q=20 m^3/h，过滤精度 600～800 μm	套	2	

（2）MBR 生化（两级 A/O）系统

一级反硝化、硝化系统设计为两条线独立运行，生化反应池全部建设为钢罐体结构。设计一级反硝化反应器两座，单座尺寸Φ 10.55 m×9.6 m，有效容积 700 m^3，一级硝化反应器四座，单座尺寸Φ 12.45 m×9.5 m，有效容积 975 m^3，反硝化和硝化反应器材质均为碳钢罐，全地上建设。设计温度 25°C，设计污泥浓度 15 g/L，设计反硝化速率 0.128 kg NO_3-N/（kg MLVSS·d），设计反硝化率 99%，设计回流最大为 18.2，设计硝化污泥龄 17.35 d，设计生化 COD 去除率 95.3%。

设计二级反硝化、硝化反应器分别为一座，尺寸和有效容积均为Φ 8.9 m×9.5 m 和 500 m^3，材质为碳钢，全地上建设。设计温度 25°C，设计污泥浓度 15 g/L，设计反硝化速率 0.05 kg NO_3-N/（kg MLVSS·d）。

二级硝化出水经过 UF 进水泵分配至 UF 环路。设计超滤处理规模 800 m^3/d，膜过滤通量 67 L/（m^2·h），需要总膜面积 467.5 m^2，超滤单位膜管面积 27.20 m^2，至少需要膜管 19 支。超滤系统设计 4 条环路，每条环路有 5 支管式超滤膜。

MBR 系统主要设备见表 7-17。

（3）纳滤（NF）系统

设计纳滤处理规模 800 m^3/d，纳滤产水率 85%（即清液产量为 680 m^3/d，浓缩液产量为 120 m^3/d），膜过滤通量 18 L/（m^2·h），需要总膜面积 1 574 m^2，单位膜元件面积 37 m^2，至少需要膜原件 43 支。纳滤系统设计两套装置，每套装置有 3 条环路，每条环路并联两根膜壳，每根膜壳装有 4 支膜元件。

纳滤系统主要设备见表 7-17。

表 7-17 MBR 系统主要设备

设备	规格、参数	单位	数量	备注
反硝化搅拌器	P=2.5 kW	台	2	
硝酸盐回流泵	Q=200 m³/h，H=13 m，P=11 kW	台	2	
一级射流泵	Q=460 m³/h，H=13 m，P=30 kW	台	8	
二级射流泵	Q=200 m³/h，H=13 m，P=11 kW	台	1	
罗茨鼓风机	Q=2 750 m³/h，H=8 m，P=90 kW	台	6	
超滤进水泵	Q=120 m³/h，H=15m，P=11 kW	台	3	2 用 1 备
双环路超滤集成设备	Q=400 m³/h，P=110 kW	套	2	
超滤清洗集成设备	P=10 kW	套	1	

表 7-18 纳滤系统主要设备

设备	规格、参数	单位	数量	备注
纳滤进水泵	Q=18 m³/h，H=40 m，P=4 kW	台	2	1 用 1 备
纳滤集成设备	Q=400 m³/d，P=28 kW	套	2	

（4）反渗透（RO）系统

反渗透系统作为备用保安措施，考虑到项目的经济实用性，设计反渗透处理规模 400 m³/d，产水率 75%，膜过滤通量 12 L/（m²·h），需要总膜面积 1 042 m²，单位膜元件面积 34.4 m²，至少需要膜原件 31 支。

反渗透系统主要设备见表 7-19。

表 7-19 反渗透系统主要设备

设备	规格、参数	单位	数量	备注
反渗透进水泵	Q=20 m³/h，H=30 m，P=4 kW	台	1	
反渗透集成设备	Q=400m³/d，P=60 kW	套	1	

（5）污泥处理系统

设计污泥池一座贮存生化和混凝沉淀产生的污泥，全地下建设，钢砼结构，尺寸 5 m×2 m×4.5 m，有效容积 40 m³。

设计脱水清液池一座贮存污泥脱水后的上清液，全地下建设，钢砼结构，尺寸 5 m×2.5 m×4.5 m，有效容积 50 m³。

污泥处理系统主要设备见表 7-20。

（6）浓缩液处理系统

设计纳滤浓缩液池一座，全地下建设，钢砼结构，尺寸 4.5 m×1.75 m×4.5 m，有效容积 30 m³。

设计反渗透浓缩液池一座，全地下建设，钢砼结构，尺寸 4.5 m×3 m×4.5 m，有效容积 54 m^3。

浓缩液处理系统主要设备见表 7-21。

表 7-20 污泥处理系统主要设备

设备	规格、参数	单位	数量	备注
污泥脱水进料泵	Q=20 m^3/h，H=15 m，P=5.5 kW	台	1	
离心脱水机	Q=20 m^3/h，P=37.5 kW	台	1	
絮凝剂制备装置	P=3 kW	套	1	
絮凝剂投加泵	Q=3 m^3/h，H=15 m，P=1.1 kW	套	1	
无轴螺杆输送机	P_n=3 kW	台	1	
脱水清液泵	Q=40 m^3/h，H=15 m，P_n=4 kW	台	1	

表 7-21 浓缩液处理系统主要设备

浓缩液回流泵	Q=10 m^3/h，H=60 m，P=4 kW	台	2	1 用 1 备
三氯化铁加药泵	Q=23 L/h，H=15 m，P=0.024 kW	台	1	
排渣泵	Q=10 m^3/h，H=60 m，P_n=4 kW	台	1	

5. 主要技术经济指标

本项目总投资概算为 8 775.88 万元，总装机容量约为 1 705 kW，工作容量为 1 468 kW。处理每吨渗滤液的成本包括人工费、动力费、消耗材料费、维护维修费、运行管理费等，经过计算，单位处理成本约为 40.6 元/m^3。

7.7 填埋场气体的产生及收集和导排

7.7.1 填埋场气体产生原理及特性

1. 填埋场气体的产生原理

固体废物填埋之后，随之发生生物、物理、化学反应，根据微生物的活动变化可将填埋过程分为适应、过渡、酸化、甲烷发酵和稳定化 5 个阶段。

（1）适应阶段

废物中的可降解有机组分在置入填埋场后很快会生成微生物分解反应。此阶段的反应是在生化分解好氧条件下发生的，原因是有一定数量的空气随废物夹带进入填埋场内。分解废物的好氧和厌氧微生物主要来源于每日覆盖层和最终覆盖层土壤、填埋场接纳的废水处理消化污泥，以及填埋场中有机组分降解的不断产生和回灌的渗滤液等。

（2）过渡阶段

此阶段的特点是氧气逐渐消耗殆尽，而厌氧条件开始形成并逐步发展。

（3）酸化阶段

在此阶段，将产生大量有机酸和少量氢气。由于本阶段有机酸的存在且填埋场内 CO_2 浓度升高，以及有机酸溶解于渗滤液，所产生渗滤液的 pH 常会下降到 5 以下，因而其生化需氧量（BOD_5）、化学需氧量（COD）和电导性能将会显著上升，导致有些无机组分（主要是重金属）溶入渗滤液中。

（4）甲烷发酵阶段

此阶段生成于填埋 200～500 d 之后，此时，产甲烷菌将前一阶段所产生的有机酸分解为稳定的细胞质、CH_4、CO_2 及能量。此时填埋层中的 CO_2 生成量逐渐降低，CH_4 的生成量则逐渐增加。由于产酸菌产生的有机酸和氢气被转化为 CH_4 和 CO_2，填埋场中的 pH 将会升高到 6.8～8。因此，如有渗滤液产生，则其 pH 将上升，而 BOD_5、COD 及电导将下降。在 pH 较高时，渗滤液中的重金属浓度也将降低。

（5）稳定化阶段

在废物中的可降解有机物被转化为 CH_4 和 CO_2 之后，填埋废物进入成熟阶段，或称为稳定化阶段。在此阶段产生的渗滤液常含有腐殖酸和富里酸，很难用生化方法作进一步处理。

由于填埋方式的差异所造成的废物分解作用不尽相同，其所产生的废物特性也有所差别，图 7-22 为各填埋阶段产生的填埋场气体（LFG）组成的变化曲线。

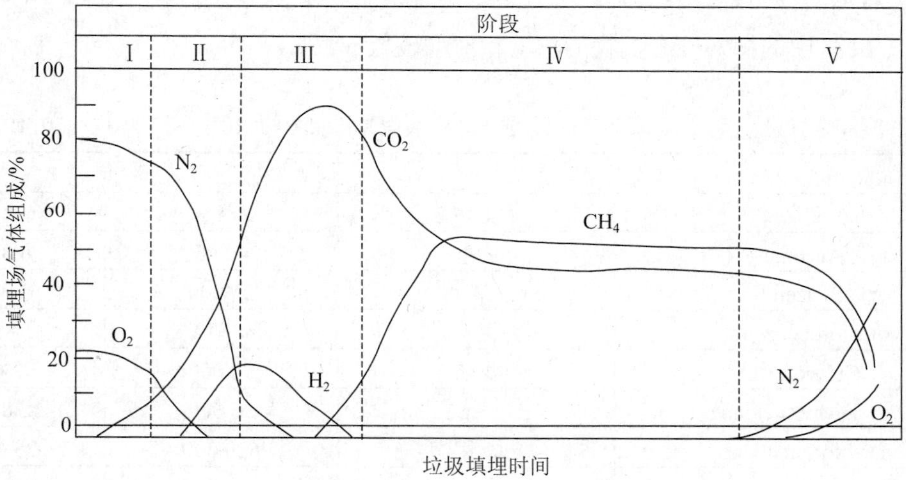

图 7-22　填埋场气体组分变化规律

Ⅰ-适应阶段；Ⅱ-过渡阶段；Ⅲ-酸化阶段；Ⅳ-甲烷发酵阶段；Ⅴ-稳定化阶段

2. 填埋场气体的组成特性

填埋场气体主要分为两类：一类是填埋场主要气体，另一类是填埋场微量气体。后者虽然含量很小，但其毒性大，对公众健康具有一定危害性。

（1）主要气体组成

填埋场的主要气体是填埋废物中的有机组分通过生化分解所产生的，其中主要含有 CH_4、CO_2、N_2、O_2、H_2S、NH_3、H_2 和 CO 等。它的典型特征为：温度 43～49℃，相对密度 1.02～1.06，为水蒸气所饱和，高位热值为 15 630～19 537 kJ/m^3。表 7-22 为城市垃圾卫生填埋场中存在气体的典型组分及含量百分比。

在填埋场气体中 CH_4 和 CO_2 占绝大多数份额。当 CH_4 在空气中的浓度为 5%～15%时，会发生爆炸。由于甲烷浓度达到此临界水平时，只有有限量的气体存在于填埋场内，因而在填埋场内几乎没有发生爆炸的危险。但若 LFG 迁移扩散到远离场址并与空气混合，通过积累形成浓度在爆炸范围内的甲烷混合气体时则可能出现爆炸事故。这些气体的浓度及与渗滤液相接触的气相的浓度，可用亨利定律进行估算。因为 CO_2 会影响渗滤液的 pH，故还可用碳酸盐平衡常数来估算渗滤液的 pH。

表 7-22 填埋气体的典型组成（干重）

甲烷/%	二氧化碳/%	氮气/%	氧气/%	硫化氢/%	氨气/%	氢气/%	一氧化碳/%	微量组分/%
45～50	40～60	2～5	0.1～1.0	0～1.0	0.1～1.0	0～0.2	0～0.2	0.01～0.6

（2）微量气体组成

表 7-23 是美国研究者从 66 个填埋场取得的气体样品分析得出的典型微量气体组分的浓度数据。英国从 3 个不同填埋场采集的气体样品中发现有 116 种有机化合物存在，其中许多化合物是挥发性有机物（VOCs）。这些微量有机化合物是否存在于填埋场渗滤液中，取决于填埋场内与渗滤液接触的气体浓度。应该指出的是，国外所发现的 LFG 中浓度较高的挥发性有机物，往往是来自接受含有挥发性有机物工业废物的老填埋场。在一些新填埋场，其 LFG 中的挥发性有机物的浓度相对均较低。

表 7-23 填埋气体中典型微量组分的浓度　　单位：10×10^{-9}（ppb）

化合物		浓度	
英文名称	中文名称	最大值	平均值
Acetone	丙酮	240 000	6 838
Benzene	苯	39 000	2 057
Chlorobenzene	氯苯	1 640	82
Chloroform	氯仿	12 000	245
1,1-Dichloroethane	1,1-二氯乙烷	36 000	2 801
Dichloromethane	二氯甲烷	620 000	25 694
1,1-Dichloroethene	1,1-二氯乙烯	4 000	130
Diethylene chloride	二氯乙烯	20 000	2 835
trans- 1,2-Dichloroethane	反-1,2-二氯乙烷	850	36
2,3-Dichloropropane	2,3-二氯丙烷	0	0
1,2-Dichloropropane	1,2-二氯丙烷	0	0
Ethylene bromide	溴乙烯	0	0
Ethylene dichloride	二氯乙烯	2 100	59
Ethylene oxide	环氧乙烯	0	0
Ethyl benzene	乙基苯	87 500	7 334
Methyl ethyl ketone	甲基乙基酮	130 000	3 092
1,1,2-Trichloroethane	1,1,2-三氯乙烷	0	0
1,1,1-Trichloroethane	1,1,1-三氯乙烷	14 500	615
Trichloroethylene	三氯乙烯	32 000	2 079
Toluene	甲苯	280 000	34 907
1,1,2,2-Tetrachloroethane	1,1,2,2-四氯乙烷	16 000	246

化合物		浓度	
英文名称	中文名称	最大值	平均值
Tetrachloroethylene	四氯乙烯	180 000	5 244
Vinyl chloride	氯乙烯	32 000	3 508
Styrenes	苯乙烯	87 000	1 517
Vinyl acetate	乙酸乙烯酯	240 000	5 663
Xylenes	二甲苯	38 000	2 651

7.7.2　填埋场气体产生量

由于影响填埋场气体产生量的因素比较复杂，精确的填埋场气体产生量很难计算得出。为此，国外从 20 世纪 70 年代初就发展了许多不同的理论或估算垃圾填埋场产甲烷量的方法，包括：①评价填埋场物理特征和操作背景后的估算法；②利用废物量、堆放历史和分解过程建立数学模型；③现场测试法等。以下主要介绍利用化学计量法估算填埋废物的潜在产气量（即理论产气量）和利用产气速率模型计算填埋场气体的实际产生速率和产生量两类方法。

1. 化学计量法

由于有机垃圾厌氧分解的一般化学反应为固体有机物与水接触，通过微生物作用产生可生物降解有机物和 CO_2、CH_4 及其他气体，因此，理论上由废物的有机组分可以进一步推算出各种废物在厌氧条件下完全分解的反应方程式，然后，利用下式计算出理论的甲烷产量：

$$\mathrm{CH}_a\mathrm{O}_b\mathrm{N}_c+\frac{1}{4}(4-a-2b+3c)\ \mathrm{H_2O} \longrightarrow \frac{1}{8}(4-a+2b+3c)\ \mathrm{CO_2}+\frac{1}{8}(4+a-2b-3c)\ \mathrm{CH_4}+c\mathrm{NH_3} \tag{7-4}$$

式中：$CH_aO_bN_c$——有机物的元素组成；

a、b、c——与废物的元素组成有关的数值，需查找或测定各有关数据加以确定。

2. Scholl Canyon 模型

填埋场气体产气量估算宜采用国家现行标准《生活垃圾填埋场填埋气体收集处理及利用工程技术规范》（CJJ 133—2009）中第 4 章的公式 Scholl Canyon 模型计算，计算如下：

①对填埋场填埋的垃圾，填埋气体产气量宜按下式估算：

$$G=ML_0（1-e^{-kt}） \tag{7-5}$$

式中：G——从垃圾填埋开始到第 t 年的填埋气体产生总量，m^3；

M——所填埋垃圾的重量，t；

L_0——单位重量垃圾的最大产气量，m^3/t；

k——垃圾的产气速率常数，1/a；

t——从垃圾进入填埋场时算起的时间，a。

②对一定重量的填埋垃圾填埋气体产气速率宜按下式估算：

$$Q_t=ML_0ke^{-kt} \tag{7-6}$$

式中：Q_t——所填垃圾在时间 t 时刻（第 t 年）的产气速率，m^3/a。

③垃圾填埋场填埋气体理论产气量宜按下式逐年叠加估算：

$$G_n=\sum_{t=1}^{n-1}M_tL_0k\mathrm{e}^{-k(n-t)} \quad（n\leqslant 填埋场封场时的年数 f） \tag{7-7}$$

$$=\sum_{t=1}^{f-1}M_tL_0k\mathrm{e}^{-k(n-t)} \quad（n\geqslant 填埋场封场时的年数 f）$$

式中：G_n——填埋场在投运后第 n 年的填埋气体产生量，m^3/a；

n——自填埋场投运年至计算年的年数，a；

M_t——填埋场在第 t 年填埋的垃圾量，t；

f——填埋场封场时的填埋年数，a。

④参数的选择应符合如下要求：

a. 填埋场单位重量垃圾的填埋气体最大产气量宜根据垃圾中可降解有机碳含量按下式估算：

$$L_0=1.867C_0\varphi \tag{7-8}$$

式中：L_0——甲烷产生潜能，m^3/kg；

C_0——垃圾中有机碳含量，%；

φ——有机碳降解率。

对于填埋气体回收利用项目，应估算出利用期间每年的填埋气体产生量。

b. 垃圾中可降解有机碳含量无法测定时，可根据表 7-24 取值：

表 7-24　湿基、干基状态下垃圾中可降解有机碳含量参考（重量百分数）

垃圾组分	湿基状态可降解有机碳含量/%	干基状态可降解有机碳含量/%
纸类	25.94	38.78
竹木	28.29	42.93
织物	30.2	47.63
厨余	7.23	32.41
灰土（含有无法检出的有机物）	3.71	5.03

c. 垃圾的产气速率常数（k）的取值应考虑垃圾组分、当地气候、填埋场内的垃圾含水率等因素，垃圾中常见组分的产气速率常数 k 可根据表 7-25 取值。

表 7-25　不同垃圾组分产气速率常数 k 的取值

垃圾类型		寒温带（年均温度＜20℃）		热带（年均温度＞20℃）	
		干燥 MAP/PET＜1	潮湿 MAP/PET＞1	干燥 MAP＜1 000 mm	潮湿 MAP＞1 000 mm
慢速降解	纸类、织物	0.04	0.06	0.045	0.07
	木质物、稻草	0.02	0.03	0.025	0.035
中速降解	园林	0.05	0.10	0.065	0.17
快速降解	厨渣	0.06	0.185	0.085	0.40

注：MAP 为年均降雨量；PET 为年均蒸发量。

d. 在缺少垃圾组分数据的情况下，L_0 和 k 的取值范围及建议取值可参考表 7-26。

表 7-26　L_0 和 k 的取值范围及建议取值

参数	取值范围	建议取值	
L_0（m^3/t）	20～310	煤灰含量＜30%：100～150	煤灰含量＞30%：50～75
k	0.003～0.40	（1/a） 潮湿气候：0.10～0.36 中等湿润气候：0.05～0.15 干燥气候：0.02～0.10	（1/月）： 潮湿气候：0.008～0.03 中等湿润气候：0.004～0.012 干燥气候：0.002～0.008

注：高湿度条件和极易降解的垃圾如食品废弃物含量较高时，k 取高值；干燥的填埋场环境和不易降解的垃圾如木屑和纸张含量较高时，k 取低值。IPCC 建议采用缺省值，k=0.05（即 $t_{1/2}$=14 a）。

3. 二阶段产气速率模型计算法

在实际的填埋场中，垃圾是分批填埋的，一般按照填埋的年份来区分这些垃圾。填埋场中的实际产气速率是填埋场中所有垃圾（历年填埋垃圾）的总产气速率。在同一时刻，不同年份填埋的混合垃圾中，所含各垃圾成分的生物降解性不同，从而影响其降解速率，导致产气规律有较大差异：有的垃圾可很快达到最大产气率，并在较短时间内完全降解；而有些则要经过较长时间方能达到最大产气量并完全降解。因此，用一个简单模型很难描述出这种不同。

为此，可以将填埋场一年填埋的垃圾定义为单堆垃圾，将填埋混合垃圾中具有相似生物降解特性的一类垃圾有机组分定义为单类垃圾，分为易降解、中等程度降解和难降解三类。首先研究确定单类单堆垃圾的产气速率模型，进行叠加得到单堆混合垃圾的产气速率模型；再按填埋年份及每年的填埋量对单堆混合垃圾的填埋产气速率模型进行叠加，就可得到一填埋场的填埋产气速率模型。图 7-23 给出了本计算模型建立的思路。

（1）单堆单类垃圾填埋产气速率模型

对于降解特性相同、一次填埋的单位质量的垃圾（即单堆单类垃圾），假设：

① 垃圾从产气到达到产气速率峰值之间的产气速率符合线性规律；

② 垃圾产气达到峰值后的产气规律符合一级反应速率方程。

则描述其产气规律的微分方程可表示为：

第一阶段：产气速率与时间成正比，采用直线关系描述：

$$q=\frac{\mathrm{d}G}{\mathrm{d}t}=k_1(t-t_\mathrm{b}) \tag{7-9}$$

第二阶段：此阶段的总潜在产气量应变为总产气量 Y_2，时间 t 应变为产气速率达最大以后的产气时间 $t-t_\mathrm{p}$，采用指数衰减模型描述：

$$q=\frac{\mathrm{d}G}{\mathrm{d}t}=k_2Y_2e^{-k_2(t-t_\mathrm{p})} \tag{7-10}$$

上两式中：q —— 产气速率，m^3/a；

G —— t 时刻的总产气量，m^3；

t —— 填埋时间，a；

t_b——开始产气之前的停滞时间，a；

t_p——产气速率达到最大的时间，a；

k_1——第一阶段产气速率常数，a^{-1}；

k_2——第二阶段产气速率常数，a^{-1}。

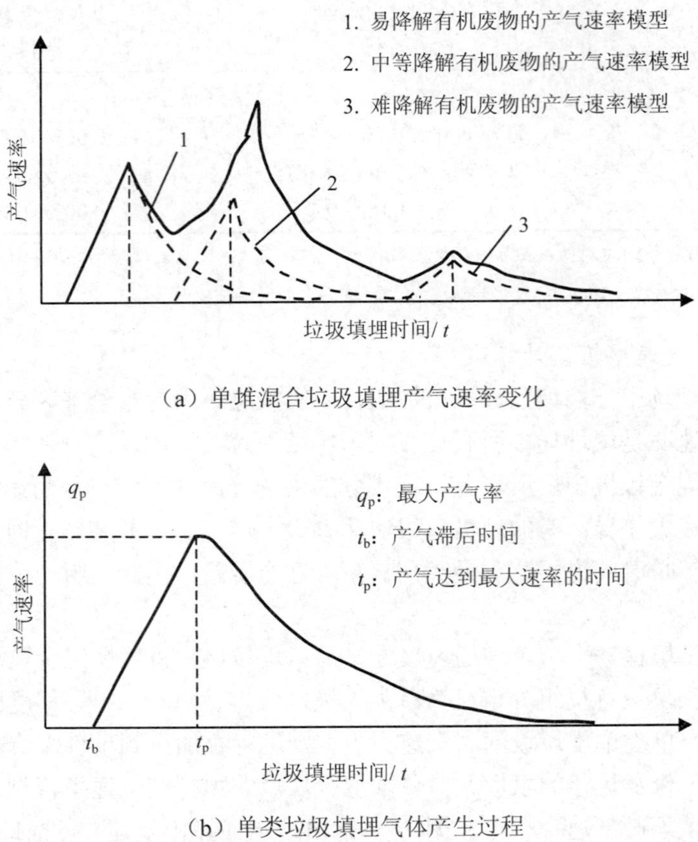

图 7-23　二阶段产气速率模型

由于 $t=t_b$ 时 $q=0$、$t=t_p$ 时 $q=q_p$，故可由式（7-9）得到：

$$k_1 = q_p/(t_p - t_b) \tag{7-11}$$

同时，可由式（7-10）求出第二阶段总产气量 Y_2 与产气速率常数 k_2 和峰值产气速率 q_p 的关系：

$$Y_2 = q_p / k_2 \tag{7-12}$$

将所导出的式（7-11）和式（7-12）代入式（7-9）和式（7-10）中，得到单堆单类垃圾填埋产气速率的基本模型为：

$$q = \begin{cases} 0 & t \leqslant t_b \\ [(t-t_b)/(t_p-t_b)]q_p & t_b < t < t_p \\ q_p \exp[-k_2(t-t_p)] & t \geqslant t_p \end{cases} \tag{7-13}$$

式中：q_p——产气峰值速率，m^3/（t·a），其余符号含义同前。

峰值产气速率 q_p 可用所填埋垃圾的潜在产气量来表示。根据质量守恒定律，填埋产气二阶段产气量之和等于所填埋垃圾的潜在产气量，即

$$Y_0=Y_1+Y_2 \tag{7-14}$$

其中，Y_1 和 Y_2 可分别为产气第一阶段和第二阶段产气量。Y_1 可表示为：

$$Y_1 = 0.5(t_p - t_b)q_p \tag{7-15}$$

将式（7-12）和式（7-15）代入式（7-14）并解方程得到：

$$q_p = \frac{Y_0}{(t_p - t_b)/2 + 1/k_2} \tag{7-16}$$

代入式（7-13），可得单堆单类垃圾填埋产气速率基本表达式为：

$$q = \begin{cases} 0 & t \leqslant t_b \\ \dfrac{2k_2(t-t_p)Y_0}{k_2(t-t_b)^2 + 2(t_p - t_b)} & t_b < t < t_p \\ \dfrac{2k_2 Y_0}{k_2(t_p - t_b) + 2}\exp[-k_2(t-t_p)] & t \geqslant t_p \end{cases} \tag{7-17}$$

因此模型中只有一个速率常数 k_2，改用 k 代替，并将此模型简化为：

$$q = f(t_b, t_p, Y_0, k) \tag{7-18}$$

式中：Y_0——两阶段产气之和，m^3/t；

$k=k_2$，其余符号含义同前。

（2）单堆垃圾填埋产气速率模型

式（7-18）表达的填埋产气速率模型既适用于单类单堆垃圾产气速率的模拟，也适用于单堆混合垃圾的模拟。如果将单堆垃圾分为 i 类，则单堆垃圾产气速率由单类单堆模型按比例叠加而成：

$$q_r = \sum_{i=1}^{n} q_i \eta_i \tag{7-19}$$

式中：q_r——第 r 年混合垃圾产气速率，m^3/（t·a）；

q_i——第 i 类垃圾的产气速率，m^3/（t·a）；

n——垃圾分类数目；

η_i——第 i 类垃圾所占比例。

（3）填埋场气体总产气速率

对于一座实际的填埋场，每年均有垃圾入场填埋，假设每年进入填埋场填埋处置的垃圾量相同，其质量为 M（r）（t），则填埋场 t 年的气体产生量 Q（m^3/a）的表达式应为：

$$Q = \sum_{r=1}^{t} M(r) q_r \tag{7-20}$$

不同组分垃圾的 t_b、t_p、$t_{1/2}$ 的典型值列于表 7-27，其中 $t_{1/2}$ 是指一半垃圾降解所需要的时间。

表 7-27 填埋场产气速率模型参数典型值

垃圾种类	t_b/a	t_p/a	$t_{1/2}$/a	k/a^{-1}	Y_0/（m^3/t）	η /%
易降解垃圾	0.5	1	3	0.231		
中等降解垃圾	1	5	10	0.069		
难降解垃圾	5	20	25	0.028		
混合垃圾	1.25	4.61	7.70	0.09	170.2	100

7.7.3 填埋场气体的收集

填埋气体收集系统的作用是控制填埋气体在无控状态下的迁移和释放，以减少填埋气体向大气的排放和向地层的迁移，并为填埋气体的回收利用做准备。常用的收集系统可分为被动集气系统和主动集气系统两种。前者利用填埋场内气体产生的压力进行迁移；而后者则采用抽真空的方法来控制气体的运动。

（1）被动集气系统

填埋场被动集气系统无须外加动力系统，结构简单，投资少，适于垃圾填埋量小、填埋深度浅、产气量低的小型垃圾填埋场。被动集气系统包括排气井、水平管道等设施。被动集气系统典型结构如图 7-24 所示。

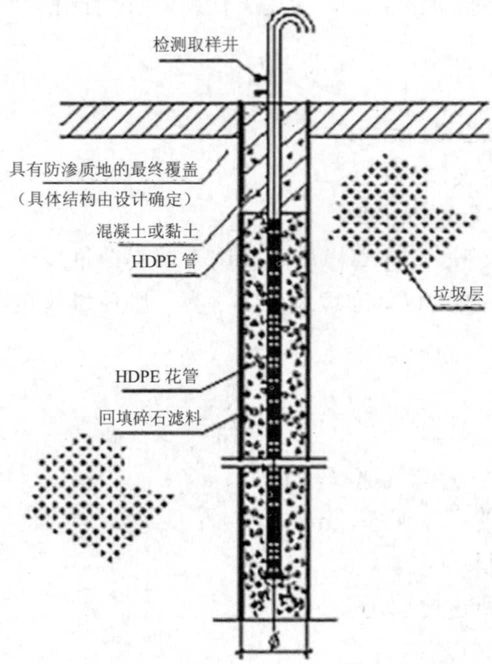

图 7-24 填埋气体被动集气系统典型结构

①导气井：在填埋场覆盖层安装的连通到垃圾体的导气井，通常其布设间距不大于 30 m，其排放管的排放口应高于堆体表面 2 m 以上。最好将所有排气井用穿孔管连接起来，当填埋气体中甲烷浓度足够高时，必要时可装上燃烧器对填埋气体燃烧进行处理。

②周边碎石沟渠：由砾石充填的盲沟和埋在砾石中的穿孔管所组成的周边拦截沟渠，

可有效阻止填埋气体的横向迁移，并可通过与穿孔管道连接的纵向管道收集填埋气体，将其排放至大气中。为有效收集填埋气体并控制填埋气体的横向迁移，在沟渠外侧需铺设防渗衬层。

③周边屏障沟渠或泥浆墙：填有渗透性相对较差的膨润土或黏土的阻截沟渠，是填埋气体横向迁移的物理阻截屏障，有利于在屏障内侧用抽气井或砾石沟渠导排填埋气体。

④填埋场防渗层：填埋场的防渗衬层可控制填埋气体的向下运动。但是，填埋气体仍可以通过黏土衬层向下扩散，只有采用人工衬层的填埋场才能阻止填埋气体的向下迁移。

⑤微量气体吸收屏障：填埋场微量气体的浓度变化很大，浓度梯度也很大，导致微量气体的扩散迁移活动剧烈，即使在填埋场主要气体的对流迁移活动很微弱时也是如此。微量气体吸收屏障有利于控制填埋场微量气体的无序迁移，并减少微量气体的排放量。

（2）主动集气系统

填埋场主动集气系统需要配备抽气动力系统，结构相对复杂，投资较大，适于大中型垃圾填埋场气体的收集。主动集气系统包括填埋气体内部收集系统和控制填埋气体横向迁移的边缘收集系统。

① 填埋气体内部收集系统：内部收集系统由抽气井、集气输送管道、抽风机、冷凝液收集装置、气体净化设备及发电机组组成，常用来回收利用填埋气体，控制臭味和填埋气体的无序排放。主动集气系统如图 7-25 所示。

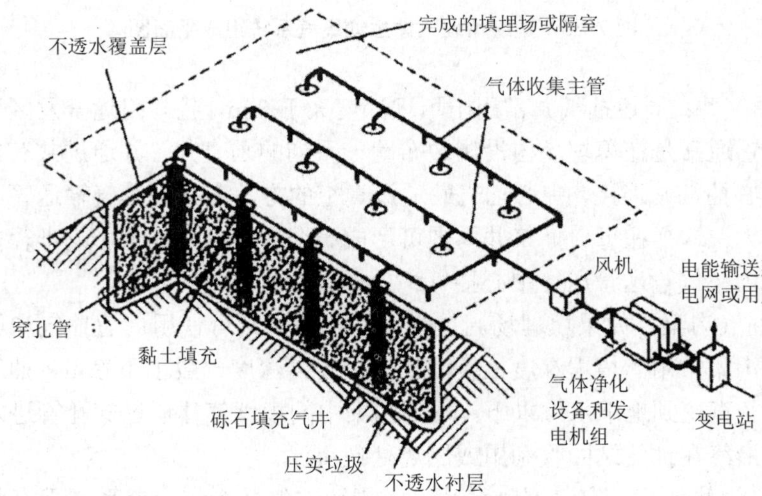

图 7-25 填埋气体主动集气系统组成示意

a．抽气井：抽气井常按三角形布置，影响半径应通过现场实验确定。另外，由于抽气井会影响集气输送管道的布置，在布置抽气井时应根据现场条件和实际限制因素进行适当调整。同时，抽气井的位置还需要根据钻井过程中遇到的实际情况作相应调整。

b．集气输送管道：通常采用 15～20 cm 直径的 PVC 管或 HDPE 管连接抽气井与引风机，为减少因摩擦产生的压头损失，管道的直径可以增大。集气输送管埋设在填有沙子的管沟中。由于孔隙的压头损失系数较大，在抽气量没有很大提高时，引风机的能力应显著增大。

c．抽风机：抽风机应安装在房间或集装箱内，其标高要略高于收集管网末端标高，以便于冷凝液的下滴。风机型号应根据总负压头和需要抽取气体的体积来选择。

② 填埋气体边缘收集系统：边缘收集系统由周边抽气井和沟渠组成，其功能是回收填埋气体，并控制填埋气体的横向迁移。由于填埋场边缘的填埋气体质量较差，有时需与内部收集系统收集的填埋气体混合后才能回收利用，如果填埋气体没有足够的数量和较好的质量，则需要补充燃料以便燃烧处理填埋气体。边缘填埋气体主动集气系统如图 7-26 所示。

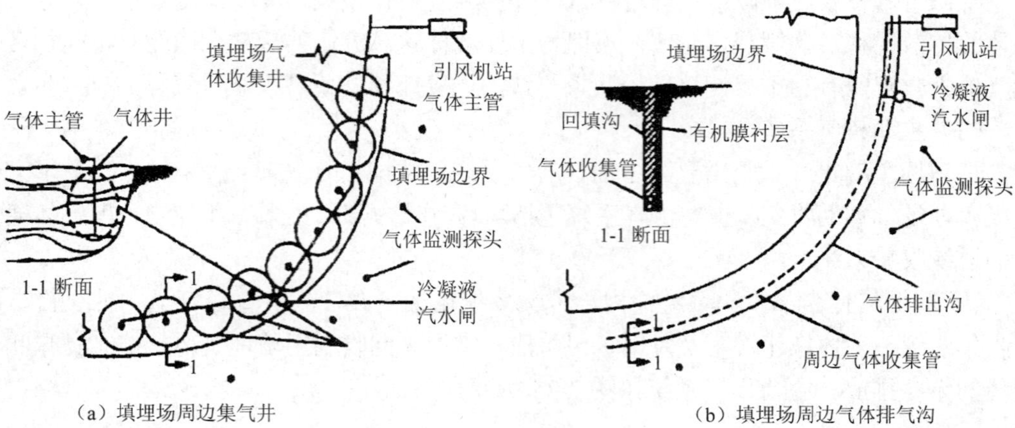

图 7-26 边缘填埋气体主动集气系统组成平面图

a．周边抽气井：周边抽气井常用于填埋深度大于 8 m，且与附近开发区域相对较近的填埋场。其设置通常是在填埋场内沿周边布置一系列的垂直井，并通过共有集气输送管将各抽气井与中心抽气站连接，中心抽气站通过真空的方法在共用集气输送管和每口抽气井中形成真空抽力。这样在每口抽气井周围可形成一个影响带，处于影响半径内的气体被抽到井中，然后由集气输送管送往中心抽气站处理后回收利用。

b．周边抽气沟渠：如果填埋场周边为天然土壤，则可使用周边抽气沟渠导排填埋气体。周边抽气沟渠常用于填埋深度比较浅的填埋场，深度一般小于 8 m。抽气沟渠挖到垃圾中，也可以一直挖到地下水位以下。抽到沟渠中的填埋气体通过穿孔管进入集气输送管和抽气站，并最终在抽气站回收利用或燃烧处理。

c．周边注气井系统（空气屏障系统）：周边注气井系统由一系列垂直井组成，设置在填埋场边界与要防止填埋气体入侵的设施之间的土壤中，通过形成空气屏障来阻止填埋气体向设施迁移扩散。周边注气井系统通常适用于深度大于 6 m 的填埋场，同时又需有防护设施的地方。

（3）填埋气体收集井

填埋场主动集气系统和被动集气系统都需要设置相当数量的填埋气体收集井。填埋气体收集井主要有垂直抽气井和水平集气管两种。

① 垂直抽气井：垂直抽气井是填埋场使用最普遍的抽气井，其典型结构如图 7-27 所示。通常用于已经封顶的填埋场或已完工的填埋区域，也可用于仍在运行的填埋场。

垂直抽气井在设计和布置时应考虑最大限度地利用真空度和每口井的抽气量。典型的垂直井建造是先用螺旋式或料斗式钻头钻入垃圾体中，形成孔径约 90 cm 的空洞，然后在洞内安装直径 10～20 cm 的 HDPE 管或无缝钢管，从管底部到距填埋场表面 3～5 m 处的管壁上开启小孔或小缝，最后在井管四周环状空间装填直径 4 cm 的碎石，井口依次用腐熟垃圾、膨润土、黏土封口，井头上安装填埋气体监测口（便于监测浓度、温度、流量、静压、液位）和流量控制阀。

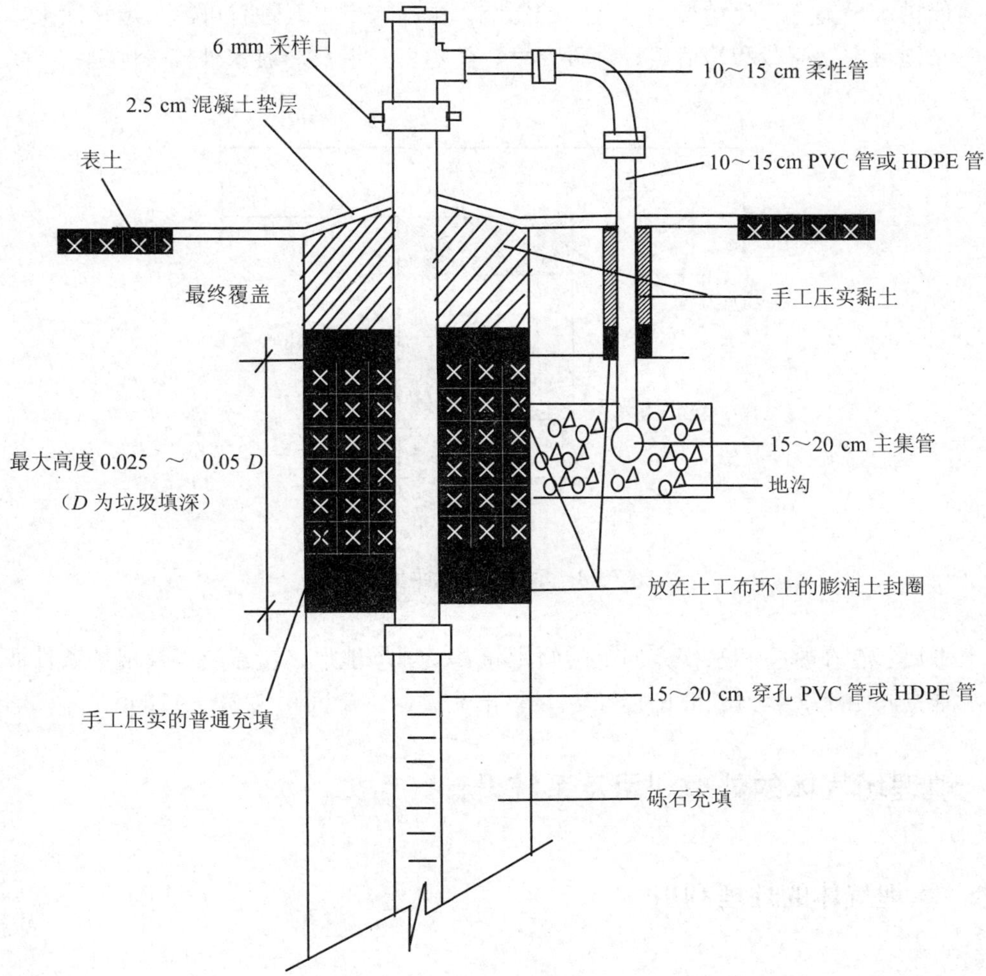

图 7-27 填埋气体垂直抽气井

垂直抽气井的影响半径是指气体能被抽吸到抽气井的距离，即在此半径范围内的所有填埋场气体都能被抽吸到这个抽气井里来，它是一个假想的概念。影响半径与填埋垃圾类型、压实程度、填埋深度和覆盖层类型等因素有关，应通过现场实验确定。在缺少实验数据的情况下，影响半径通常采用 50 m。

抽气井之间的间距一般根据抽气井的影响半径按相互重叠原则来选定，即各抽气井之间的距离要使其影响区相互交叠。一般来说，对于深度大并有人工膜的混合覆盖层的填埋场，常用的井间距为 20～50 m；对于使用黏土或天然土壤作为覆盖层材料的填埋场，则应使用小一些的间距，如 30 m，以防将大气中的空气抽入填埋气体收集系统中。

② 水平集气管：水平集气管一般用于仍在运行的填埋场，其基本构造如图 7-28 所示。

水平集气管一般由带孔管道或不同直径的管道相互连接而成，通常先在填埋场底层铺设填埋气体收集管道系统，然后在 2～3 个填埋单元层上铺设水平集气管。水平集气管的具体做法是先在所填埋垃圾上开挖水平管沟，然后用砾石回填至管沟高度的一半，再放入穿孔开放式连接管道，最后回填砾石并用垃圾填满管沟。这种方法的优点是，即使填埋场出现不均匀沉降，水平集气管仍能发挥其功效。在终场设计高位置开凿水平集气管时，必须考虑如何保护水平集气管免遭最大承载力的影响。由于水平集气管有可能与道路交叉，因此安装时必须考虑动荷载和静荷载、埋设深度、管道密封以及冷凝水外排等问题。

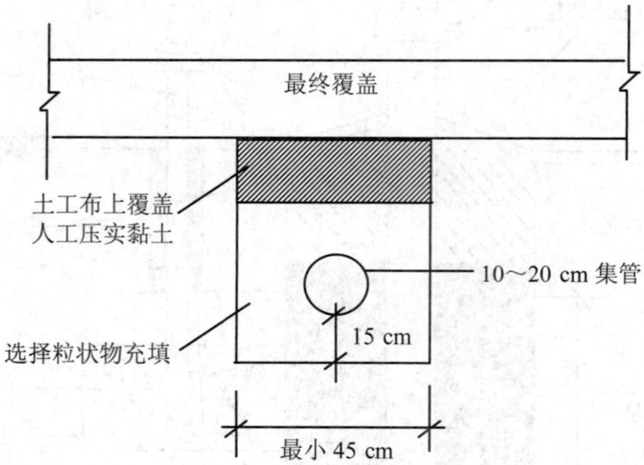

图 7-28 填埋气体水平集气管

水平集气管在垂直和水平方向上的间距随着填埋场地形、覆盖层以及现场条件而异，通常，垂直间距是 2.4～18 m 或 1～2 层垃圾的高度，水平间距为 30～120 m。

7.8 填埋场气体的处理利用及系统设计

7.8.1 填埋气体的处理利用

（1）燃烧

在填埋气体不具备回收利用条件时，可首先考虑将填埋气体燃烧处理，使甲烷和其他微量气体转变为 CO_2、SO_2、NO_x 和其他气体。若考虑将填埋气体作为能源回收处理，则应防止填埋气体无控制排放。

典型的填埋气体燃烧系统如图 7-29 所示，主要包括风机、自动调节阀、火焰捕集器、点火装置、燃烧器等。

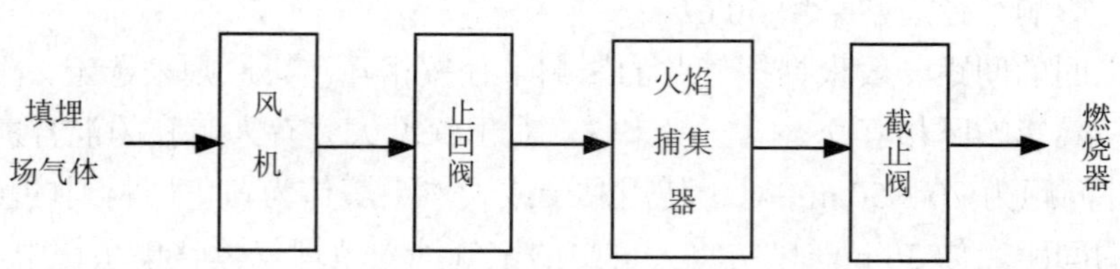

图 7-29 填埋气体燃烧系统示意

（2）回收利用

填埋气体由于富含甲烷而具有相当高的热值，且大中型填埋场在运行阶段和封场后相当一段时间会保持较高的填埋气体产生量，因此，可根据当地及周围地区的能源需求及使用条件而采用适当的技术加以利用。填埋气体的利用可以选择作为燃料、发电或回收有用组分等。在对填埋气体进行回收利用前，一般要经过必要的预处理，图 7-30 是填埋气体预处理工艺流程。

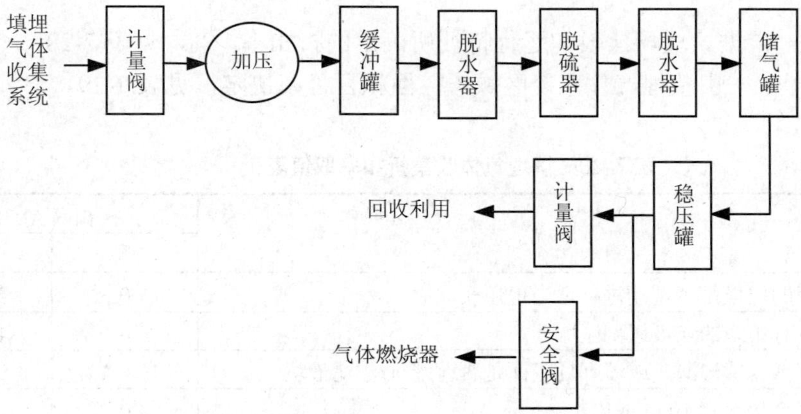

图 7-30　填埋气体预处理工艺流程

1）直接作燃料使用

填埋气体的最直接回收利用方法是将所收集填埋气送到附近的工业企业单位作为工业燃料使用。在送往用户前，必须经过干燥、过滤等处理，以去除其中的冷凝水、粉尘和部分微量气体，达到清洁能源的要求。

如果将填埋气体作为民用燃料使用，则必须经过严格的净化提纯处理，去除其中的二氧化碳和微量杂质，使其各项指标都符合我国民用燃料的使用标准。填埋气体作为民用燃料使用的条件是附近居民多，其价格比其他燃气有明显优势。

2）发电

利用填埋气体发电是使用比较普遍、经济效益较为明显的回收利用方式。填埋气体发电厂主要包括填埋气体收集系统、气体净化系统、压缩系统、燃气发电机组系统、控制系统和并网送电系统。

发电机组多采用内燃机组或汽轮机组。内燃机发电可靠、高效，启动和停机容易，不仅适合间歇性发电，也适合向电网连续送电。但是，由于填埋气体含有杂质，可能腐蚀内燃机。汽轮机可以使用中等质量气体发电，所需的气流速度比内燃机大，一般适用于大型填埋场。

3）回收有用组分

填埋气体中的 CO_2 和 CH_4 是常用的化工原料，可通过物理吸附、化学吸附方法和膜分离方法将其分离出来，作为化工或其他工业的原料使用。

7.8.2 填埋场气体处理系统设计

1. 填埋气体收集率计算

填埋场气体收集率宜根据填埋场建设和运行特征进行折扣计算，填埋气体收集率的计算见式（7-21）。

$$\text{收集率}=(85\%-X_1-X_2-X_3-X_4-X_5-X_6-X_7)\times\text{面积覆盖因子} \tag{7-21}$$

式中：X_1 至 X_7——根据填埋场建设和运行特征所确定的折扣率，%，见表 7-28；

面积覆盖因子——由填埋气体系统区域覆盖面积百分率决定，见表 7-29。

表 7-28 填埋气体收集折扣率取值表

序号	问 题	折扣率 X_i/%	
		是	否
1	填埋场填埋的垃圾是否定期进行适当地压实	0	2～4
2	填埋场是否有集中的垃圾倾倒区域	0	4～8
3	边坡是否有渗滤液渗漏，或填埋场表面是否有水坑/渗滤液坑	10～40	0
4	垃圾平均深度是否有 10 m 或以上	0	6～10
5	新填埋的垃圾是否每日或每周进行覆盖	0	6～10
6	已填埋至中期或最终高度的区域是否进行了中期/最终覆盖	0	4～6
7	填埋场是否有覆盖土工布或黏土的防渗层	0	3～5

表 7-29 面积覆盖因子取值表

填埋气体系统区域覆盖率	面积覆盖因子	填埋气体系统区域覆盖率	面积覆盖因子
80%～100%	0.95	20%～40%	0.35
60%～80%	0.75	＜20%	0.15
40%～60%	0.55		

2. 导气井影响半径计算

导气井影响半径可通过经验公式法或数值计算法得到。

（1）经验公式法

$$P_{fa}\leqslant P_{ia} \tag{7-22}$$

式中：P_{ia}——关掉气井控制阀测得的不同深度的气体压力平均值（8 h 测 1 次，连续测试 3 天，计算得到平均值）；

P_{fa}——气井抽气条件下，距离井口一定距离处测试得到的气体压力平均值（8 h 测 1 次，连续测试 3 天，计算得到不同深度气体压力的平均值）。

当 P_{fa} 达到 P_{ia} 时测试距离（与井口的水平距离）即为影响半径。

（2）数值计算法

以导气井在影响半径范围内收集填埋气体总产量的 90%计，导气井及周边气体流量分布，判定方法见式（7-23）：

$$Q_W/Q_g \geqslant 0.9 \text{ 或 } Q_R/Q_W \leqslant 0.1 \tag{7-23}$$

$$Q_R=2\pi r\cdot h\cdot u \tag{7-24}$$

式中：Q_W——导气井的气体流量（需通过气体运移连续性方程的有限元离散计算得到）；

Q_g——填埋气体的总产量（可根据填埋气体产气量估算公式计算得到）；

Q_R——通过影响半径处断面的气体流量（需通过气体运移连续性方程的有限元离散计算得到）；

r——竖井中心至断面的径向距离；

h——断面高度；

u——填埋气体流速。

3. 导气井间距计算

（1）井间距计算方法一

$$\text{井间距}=(2-O/100)R \tag{7-25}$$

式中：R——导气井的影响半径，m；

O——要求的交叠度。

（2）井间距计算方法二

$$D=2R\cos30° \tag{7-26}$$

式中：D——等边三角形布置的井间距，m；

R——导气井的影响半径，m。

4. 输气管道计算

（1）输气管道流量及管径

①单独竖井的流量计算采用柱状模型。单井气体流量计算如下：

$$Q=\pi(R^2-r^2)tDG \tag{7-27}$$

式中：Q——气体流量，m^3/s；

R——影响半径，m；

r——竖井半径，m；

t——垃圾填埋厚度，m；

D——垃圾密度，t/m^3；

G——填埋气体产生率，$m^3/(t\cdot s)$。

②填埋气体收集管道管径计算如下：

$$r=[Q/(V\cdot\pi)]^{0.5} \tag{7-28}$$

式中：r——管道内径，m；

Q——填埋气体流量，m^3/s；

V——气体速度（宜取 5～10），m/s。

③填埋气体输气总管的计算流量不应小于最大产气年份小时产气量的 80%；填埋气体输气管道内气体流速宜取 5～10 m/s。

（2）输气管道压降

1）输气管道摩擦阻力损失

输气管道单位长度摩擦阻力损失应根据国家现行标准《生活垃圾填埋场填埋气体收集

处理及利用工程技术规范》（CJJ 133—2009）中的公式进行计算：

$$\Delta P_{摩擦}/L=6.26\times10^{7}\lambda\rho Q^{2}/d^{5}\ (T/T_{o}) \tag{7-29}$$

式中：$\Delta P_{摩擦}$——输气管道摩擦阻力损失，Pa；

λ——输气管道的摩擦阻力系数；

Q——燃气管道的计算流量，m^3/h；

d——管道内径，mm；

ρ——填埋气体的密度，kg/m^3；

L——管道长度，m；

T——填埋气体温度，K；

T_0——标准状态下的温度，273.16 K。

2）输气管道局部阻力

①输气管道中阀及配件的压力差。

$$\Delta P_{局部}=(6.895\cdot\gamma_g/\gamma_w)\ (264.2Q/C_\gamma)^{2} \tag{7-30}$$

式中：$\Delta P_{局部}$——阀及配件的压差，kPa；

γ_g——填埋场气体重力密度，0.009 62 kN/m^3；

γ_w——水的重力密度，9.1 kN/m^3；

Q——通过阀及配件的气流量，m^3/min；

C_γ——阀及配件的流动系数。

②阀及配件的流动系数 C_γ。

$$C_\gamma=0.0463\ d^{2}/K^{0.5} \tag{7-31}$$

式中：C_γ——阀及配件的流动系数；

d——管道内径，mm；

K——阀及配件的阻力系数。

③阀及配件的阻力系数 K。

表 7-30　阀及配件的阻力系数取值表

角度	K	角度	K
45° 弯管	0.35	T 形管	1.0
90° 弯管	0.75	门阀（1/2 开启）	4.5

④缺少计算数据时，输气管道的局部阻力损失也可按管道摩擦阻力的 50%～100%进行估算。

3）输气管道总压降

$$\Delta P_{总}=\Delta P_{摩擦}+\Delta P_{局部} \tag{7-32}$$

7.9　填埋场防渗工程及设计

7.9.1　填埋场防渗分类

防渗工程是固体废物填埋场最重要的工程之一，其作用是将填埋场内外隔绝，防止渗滤液进入地下水；阻止场外地表水、地下水进入垃圾填埋体，以减少渗滤液产生量；同时也有利于填埋气体的收集和利用。

根据《生活垃圾卫生填埋处理技术规范》（GB 50869—2013）的要求，“填埋场必须进行防渗处理，防止对地下水和地表水的污染，同时还应防止地下水进入填埋区”。无论是天然的还是人工的，其水平、垂直两个方向的渗透率均必须小于 1.0×10^{-7}cm/s；防渗方式有多种，一般分为天然防渗和人工防渗，人工防渗又分为垂直防渗和水平防渗。以下分别介绍：

1. 天然防渗

所谓天然防渗是指在填埋场填埋库区，具有天然防渗层、其隔水性能完全达到填埋场防渗要求，不需要采用人工合成材料进行防渗，该类型的填埋场场地一般位于黏土和膨润土的土层中。

《生活垃圾卫生填埋处理技术规范》（GB 50869—2013）要求，“当天然基础层饱和渗透系数小于 1.0×10^{-7}cm/s，且场底及四壁衬里厚度不小于 2 m 时，可采用天然黏土类衬里结构；天然黏土基础层进行人工改性压实后达到天然黏土衬里结构的等效防渗性能要求，可采用改性压实黏土类衬里作为防渗结构。”

天然黏土防渗衬垫由于其经济、易得、施工方便，曾被认为是生活垃圾填埋场重要的防渗衬垫材料，并在填埋工程实践中普遍使用，但天然黏土衬垫也有许多弱点，限制了它在生活垃圾填埋场防渗衬垫中的单独使用，其中包括：

① 黏土的含水率和压实程度对其渗透性有很大影响；

② 压实黏土易产生干燥、冻融和收缩裂缝，使渗透系数提高；

③ 易受垃圾中化学物质冲击，如酸碱成分能溶解黏土中的矿物质，极性分子易被带负电荷的黏土胶体颗粒所吸附，在黏土颗粒表面形成双电层，提高黏土的渗透性。

所以，在生活垃圾填埋场中单独使用天然黏土防渗衬垫时宜慎加考虑，在天然土层不能满足防渗要求的前提下，填埋场可以铺设柔性膜防渗。

2. 人工防渗

（1）人工防渗技术类型

当填埋场不具备黏土类衬里或改良土衬里防渗要求时，宜采取自然和人工结合的防渗技术措施。大多数填埋场的地理、地质条件都很难满足自然防渗的条件，现在的卫生填埋场一般都采用人工防渗。填埋场的人工防渗措施一般有垂直防渗、水平防渗和垂直与水平防渗相结合三类，具体采用何种防渗措施（或上述几种的结合），则主要取决于填埋场的工程地质和水文地质以及当地经济条件等。

（2）水平防渗技术及防渗材料

水平防渗主要有压实黏土、人工合成材料衬垫等，现在国内外的卫生填埋场主要采用土工膜作为防渗材料。土工膜是由一种或几种柔性热塑性或热固性的聚合材料添加一些其他成分制成的，添加成分包括炭黑、色素、填充物、可塑剂、处理辅助物、交联化学物、抗降解成分和生物灭杀剂等。用于制造土工膜的聚合体包括很多性质不同的塑料和橡胶，根据化学稳定性不同、基本成分不同，聚合材料可以分为以下几类：

热塑性聚合物，如聚氯乙烯（PVC）等；

水晶热塑性聚合物，如高密度聚乙烯（HDPE）、超低密度聚乙烯（VLDPE）和线性低密度聚乙烯（LLDPE）等；

热塑性橡胶，如氯化聚乙烯（CPE）和氯磺化聚乙烯（CSPE）等。

其中最常用的是高密度聚乙烯（HDPE）土工膜。HDPE 膜不仅渗透系数小，可以达到 1×10^{-12}cm/s；而且具有优良的机械强度、耐热性、耐化学腐蚀性、抗环境应力开裂和良好的弹性，随着厚度的增加，其断裂点强度、屈服点强度、抗撕裂强度、抗穿刺强度逐渐增加。

HDPE 膜在工厂被制造为一定幅宽（通常为 6～9 m）的卷材，施工时需要将其平铺并焊接为一个整体，以起到防渗作用。HDPE 膜的厚度一般为 0.75～2.5 mm，由于 1.5 mm 以上的 HDPE 膜才能保障足够的焊接强度，故用于垃圾填埋场的 HDPE 膜的最小使用厚度为 1.5 mm。

焊接完好的 HDPE 膜的防渗能力相当强，但是由于 HDPE 膜很薄，制造和施工中会出现破损，从而造成渗滤液渗漏。造成 HDPE 膜破损的主要原因包括：膜在制造过程中存在微孔；膜片之间焊接不严；施工中造成划伤或刺穿等。美国国家环保局研究表明，施工质量控制较好的土工膜的渗滤液渗漏相当于每 4 050 m^2 面积有一个 1 cm 直径的小孔。

目前，我国的卫生填埋场基本上均是采用的 1.5 mm 或 2.0 mm 厚的 HDPE 膜，我国在 HDPE 膜的施工方面已经积累了比较丰富的经验。

（3）垂直防渗技术及施工方法

垂直防渗主要有帷幕灌浆、防渗墙和 HDPE 膜垂直帷幕防渗。

垂直防渗的应用前提是下方存在满足技术标准要求的不透水层，一般要求构筑垂直防渗墙时，墙体能够深入上述不透水层内 2 m，因此，垂直防渗的应用与否以及应用方式的选择还与不透水层的深浅和边界条件有关。

垂直防渗的使用由于经济性因素还要考虑地质地貌，国内已有的采用垂直防渗的填埋场（一般是山谷型填埋场），在地下水下游的谷口采取垂直防渗措施。垂直防渗在平原型填埋场也有使用，这时需要在填埋区的四周围筑一圈防渗墙。

在老的填埋场的整治工程中，如果不准备清除填埋废物，显然无法做到基础水平防渗，在这种情况下，垂直防渗系统就显得特别重要，即垂直防渗可以作为填埋场生成渗漏时的一种补救措施。

垂直防渗系统包括打入法施工的密封墙、工程开挖法施工的密封墙和土层改性法施工的密封墙等。

1）打入法施工的密封墙

打入法施工的密封墙是利用打夯或液压动力将预制好的密封墙体构件打入土体，根据施工方法不同还可以分为板桩墙、窄壁墙和挤压密封墙。

板桩墙是将预制好的板桩构件垂直夯入基础中，夯入时，板桩间要用板桩锁连接，两板桩间要有重叠，间隙要保持闭合或进行密封，防止渗漏。

窄壁墙施工方法是通过向土体夯进或振动，将土层向周围土体排挤形成密封墙中央的空间，把密封板放入空间中，再用注浆填充缝隙形成密封墙体。

挤压密封墙使用板桩作为夯入件，打入到所要求的深度，夯入件在土体中排出一个封闭的空间槽，再注浆填充，注浆材料主要是由骨料、水泥、膨润土和石灰粉加水混合而成的土状混凝土。

2）开挖法施工的密封墙

开挖法施工的密封墙是通过土方工程将土层挖出，然后在挖好的沟槽中建设密封墙。

目前国内外地下连续墙开槽机械主要有抓斗式、回转式、冲击式，由于受机械构造和技术等因素限制，所能达到的墙体厚度一般为 600～1 200 mm，造价较昂贵（600～1 000 元/m^2），为降低造价，可采用 150～400 mm 的薄墙。

悬臂式链条开槽机是垂直防渗系统开挖的有效工具，一般其最大开挖深度为 12 m，常采用泥浆护壁以防止壁槽塌落，待施工密封墙时由注浆材料把护壁浆液挤出，密封材料可由塑性材料（Ca、Na 膨润土，黏土）、骨料、水泥、水和添加剂（稳定剂、挥发剂等）配制而成，但有时还达不到填埋场的垂直防渗要求，需要采用防渗膜与矿物材料构成复合垂直防渗系统。

垂直铺塑适用于各种砂壤土、亚黏土、沙砾石和砂层的防渗处理，垂直铺塑的关键是能否开出规则而连续的沟槽，垂直铺塑施工的基本工艺流程为：开沟造槽→铺设防渗膜（板）→沟槽回填，施工时车体载吊开沟装置就位于开沟装置后，缓慢落下刀架，切割松动沟内土体，同时利用沙砾泵将松动的砂砾吸出，待沟深达到设计要求，慢速前进车体，开出连续规则的沟槽，后部的铺塑装置随即进行铺塑。

3）土层改性法施工的密封墙

土层改性法是利用填充、压密等施工方法使原土的孔隙率缩小，降低土的渗透性而形成密封墙。在填埋场和污染治理方面应用较多的是原状土就地混合密封墙、注浆墙和喷射墙。

原状土就地混合密封墙是将挖出的土与水泥或其他填充材料混合后重新回填到截槽中，这种方法适用于较小的开挖深度，施工时常采用 1.5～3.0 m 宽的截槽铲斗机。

注浆就是把密封材料用压力注入土层，密封材料膨胀后随即凝固，起到密封作用。灌浆法的实质是用气压、液压或电化学原理，把某些能固化的浆液注入各种介质的裂缝或孔隙中，以改善地基的物理力学性质，提高基础的防渗能力。浆液可使用水泥浆液，添加剂可采用黏土、膨润土、化学凝固剂或液化剂。灌浆法施工的深度较深，如杭州天子岭填埋场灌浆孔平均深度为 25 m。过深的不透水层会使造价增加不少。

防渗工程常用的灌浆方法有深层搅拌和高压喷射注浆，两者的差别在于采用不同的加料拌和手段。

（4）水平防渗和垂直防渗技术比较

表 7-31 为水平防渗与垂直防渗的技术比较。《生活垃圾卫生填埋技术规范》（CJJ 17—2004）规定填埋场必须防止对地下水的污染，不具备自然防渗条件的填埋场和因填埋垃圾可能引起污染地下水的填埋场，必须进行人工防渗，即场底及四壁用防渗材料作防渗处理。防渗层的渗透率不大于 10^{-7} cm/s。这也是世界上绝大多数国家的最低标准。

表 7-31　水平防渗与垂直防渗技术比较

工程措施	渗透率 $K<10^{-7}$ cm/s	深层地下水防渗效果	浅层地下水防渗效果	能否阻止地下水位过高引起的污染
垂直防渗	很难达到	无效	有效	不能阻止
水平防渗	能达到	有效	有效	能阻止

7.9.2　填埋场水平防渗层结构

1. 填埋场防渗层效果的影响因素

封闭型填埋一般采用垂直防渗（帷幕灌浆）或水平防渗（符合要求的自然黏土层和人工合成材料隔离层）。垂直防渗的造价较低，但防渗效果较差，在国内填埋场中应用较少。

人工水平防渗在国外是较为先进和成功的技术，水平防渗层是以极低渗水性的化学合成材料（如 HDPE 膜）为核心，组成全封闭的非透水隔离层；在隔离防渗层的上方进行垃圾渗滤液的收集和排放，隔离层之下进行地下水的导排，即实现清污分流，避免地下水位上升而造成隔离层失效。

人工衬层如果失效，大多主要是铺设过程中造成的，只有底面具备一定的铺设条件才能进行铺设作业，常用的保护措施包括排除场底积水、用下垫料防止地基凹凸不平、用上垫料防止外来机械损伤以及在坡脚和坡顶处锚固沟等。表 7-32 为可能影响衬层可靠性的主要因素。

表 7-32　人工衬层合理性评价主要因素

序号	评价项目	主要因素
1	边壁的坡度	边壁的坡度要求小于 1∶3，便于衬层的铺设
2	基础的硬度	如果底部基础为硬的岩石层，则不必使用膨润土之类的密封材料，也不必平整场地
3	底部岩基的稳定性	衬层不能承受突然的和不均匀的沉降
4	底部土壤的渗透性	有些填埋场可以先铺一层土壤，以形成天然的不透水层
5	地下水流入	地下水或其他自然界的水进入场内的应急措施
6	场地底部低于地下水位	先用惰性材料抬高底面高度，再铺衬层，不能靠用泵抽取地下水降低其水位的办法来解决
7	地基的稳定性	如果不能修建堤坝及单元填埋室的边壁，而该处又不处于滑坡地带，则在斜坡上铺设衬层会碰到一系列问题

物理性损坏一般是由底部地基不理想、下层土壤移动、不适当的操作以及水力压差的改变等因素造成的；化学性损坏则是由垃圾与衬层材料的化学性质不相容造成的。衬层应铺设在能够支撑在其上部和下部耐力生成变化的地基上，防止由于废物的堆压或底层上升造成的垫层损坏。在铺设衬层以前，应清理基础上可能损坏衬层的物质，如树桩、树根、硬物、尖石块等；地基应保持一定的干燥度，以承受在铺设衬层过程中的压力；应检查材料本身的质量是否均匀，有无破损和缺陷，如洞眼、裂缝等；铺设后，应立即检查衬层的接缝是否焊接牢固。各类引起渗漏的原因和防止措施见表 7-33。

表 7-33 影响衬层功能的因素

不利因素		可能会引起的问题
水文地质条件	地震地带	不稳定，衬层易破坏
	地面沉降地区	黏土层裂缝，人造衬层接缝处开裂
	地下水位高	衬层被抬高，或破裂
	有孔隙	衬层破裂
	灰岩坑	衬层破坏
	浅表水层有气体	回填之前衬层被抬升
	上层渗透性高	地基需要铺设管道
气候条件	冰冻	裂缝、破裂
	大风	衬层扬起和撕裂
	日晒	使黏土衬层过于干裂，裂缝进一步扩大，某些人工衬层受紫外线影响而破坏
	温度高	由于溶剂吸收水分而引起衬层接缝不牢固

2. 填埋场防渗层设计

（1）材料性能

采用 HDPE 柔性膜，其渗透系数应至少小于 10^{-12}cm/s，这样，其相应的厚度才能保证渗透量小于 2 m 厚的渗透系数为 10^{-7}cm/s 的黏土层。

一般认为，HDPE 材料可以满足防渗的渗透系数要求，但需要采取有效的措施保证土工膜不被破坏，通常在膜的上下设置垫层和保护层来防止各种刺穿、顶破、拉断等现象的发生。

膜厚度的选取需要考虑以下三方面因素：①膜的暴露时间，由于紫外线的辐射对膜的强度有很大的影响，应尽量减少膜的暴露时间。美国国家环保局提出，不暴露的膜的厚度最小为 0.75 mm，施工后膜的暴露时间大于 30 d 时，膜的最小厚度为 1.0 mm。②抗穿透能力，通常膜厚 1.0 mm 的 HDPE 膜不得低于 200 N。③抗不均匀沉降能力，通常膜厚 1.0 mm 的 HDPE 膜的抗拉强度不得低于 20 MPa。

在土工膜铺设前，必须进行一些现场试验，需要做包括边坡锚固的摩擦性质、静水力冲剪抵抗力、静力冲剪抵抗力、胀破徐变与松弛性能、大直径胀破、土工膜接缝的冲击试验、施工损坏试验等。

（2）支持层

防渗膜应铺设在密实的基础上，与膜接触的表面宜为碾压过的细料层，且层面平整。一般要求土质基底的干密度不得小于 1.4 t/m^3，表面密实度达到 90%，其均匀误差不超过 10%，边坡的施工压实难度较大，表面密实度应不小于 80%。

支持层上有阴阳角时，应修圆，其半径不小于 0.5 m，并应在防渗土工膜下面加土工布垫层。

（3）衬垫结构

水平防渗的衬层系统通常从上至下可依此包括过滤层、排水层（包括渗滤液收集系统）、保护层和防渗层等。

防渗层的功能是通过铺设渗透性低的材料来防止渗滤液迁移到填埋区外部去，同时也可以防止外部的地下水进入填埋区内部。

保护层的功能是防止防渗层受到外界影响而被破坏，如石料或垃圾对其上表面的刺穿、应力集中造成膜破损、黏土等矿物质受侵蚀等。

排水层的作用是及时将被阻隔的渗滤液排出，减轻其对防渗层的压力，减少渗滤液的外渗可能性。

过滤层的作用是保护排水层，防止垃圾在排水层中积聚，造成排水系统堵塞，使排水系统效率降低或失效。

根据以上几种功能的不同方式的组合，水平防渗的衬层系统可以分为单层衬层系统、复合衬层系统、双层衬层系统、多层衬层系统。

单层防渗及单层复合防渗结构（图 7-31）的层次（从上至下）为：渗滤液收集导排系统、防渗层（含防渗材料及保护材料）、基础层、地下水收集导排系统。

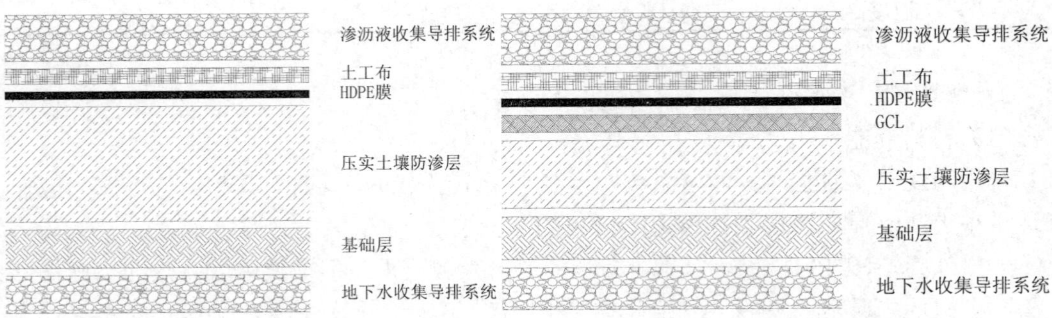

（a）复合衬里（HDPE 膜+黏土）　（b）复合衬里（HDPE 土工膜+GCL）

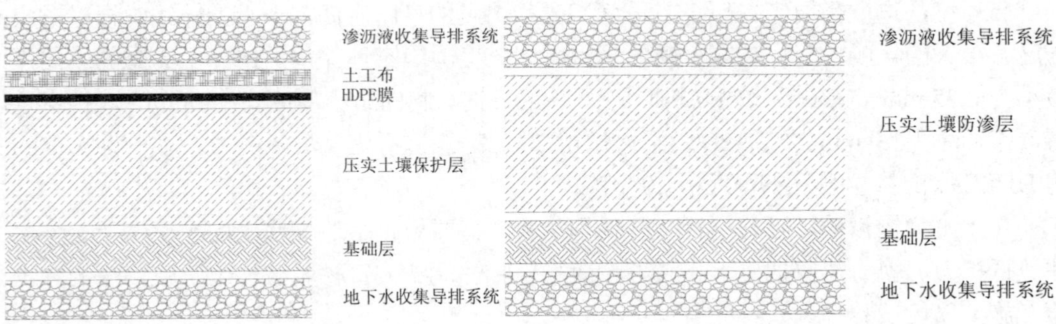

（a）单层衬里　（b）压实土壤防渗

图 7-31　单层防渗系统结构示意

单层衬层系统只有一个防渗层，防渗膜上面是保护层和排水层，有时也在下面设下垫层和地下水收集系统的。

单层复合衬层系统是用两种防渗材料贴在一起构成一个防渗层，常用的是柔性膜与黏土或 GCL 合在一起，其他层的设置与单层衬层系统基本相同。

双层防渗结构（图 7-32）的层次（从上至下）为渗滤液收集导排系统、主防渗层（含防渗材料及保护材料）、渗漏检测层、次防渗层（含防渗材料及保护材料）、基础层、地下水收集导排系统。双层衬层系统包含两层防渗层，两层之间是排水层，以导排各层防渗层之间的液体和气体，此外，上层防渗膜上面是保护层和排水层，下层防渗膜的下面可以设置地下水收集系统。

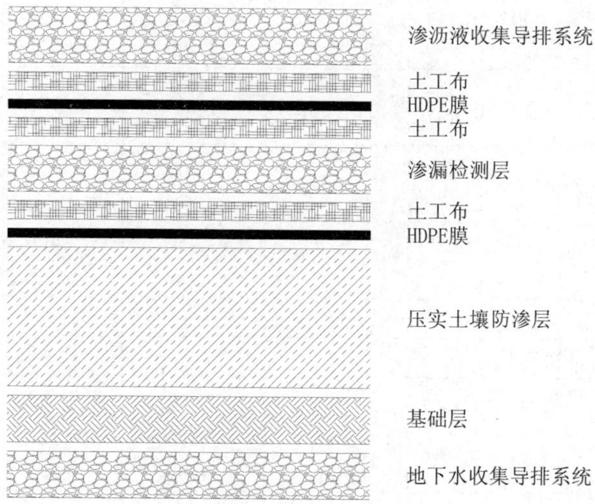

图 7-32　双层复合防渗系统结构示意

3. 主要防渗材料性能指标

HDPE 膜必须具有相当的承载能力，并有抗压性、抗拉性、抗刺性、抗蚀性、耐久性，且不因负荷而生成沉陷、变形、破损等，其主要性能指标见表 7-34。标准中所指的无纺土工布起保护 HDPE 膜的作用，其基本性能见表 7-35。

表 7-34　HDPE 防渗膜性能指标

性能指标		单位	标准值	检验标准
物理特性	厚度	mm	2.0	ASTM D1593
	密度	g/cm^3	0.94	ASTM D1505
	溶化指标	g/10 min	≤1.0	ASTM D1238-E
	尺寸稳定性	%	≤±2	ASTM D1204
	炭黑含量	%	2.5	ASTM D1603
力学特性	极限抗拉强度	N/ mm	≥50	ASTM D638
	屈服抗拉强度	N/ mm	≥36	ASTM D638
	极限伸长率	%	≥700	ASTM D638
	屈服伸长率	%	≥13	ASTM D638
	弹性模量	MPa	≥600	ASTM D638
	撕裂强度	N	>300	ASTM D1004
	刺破强度	N	>500	FTMS101
	环境应力断裂	h	>2 500	ASTM D1693
水学特性	渗透系数	cm/s	$\leqslant 2.2\times10^{-10}$	ASTM E96
	水吸附性	%	≤0.1	ASTM D570
	幅宽	m	≥10.5	

表 7-35 无纺土工布织物性能指标

性能指标				单位			检验标准
物理特性	单位面积			g/m^2	220	400	GB/T 13761—92
	质量厚度（2 kPa）			mm	≥2.2	≥3.4	GB/T 13761—92
	孔隙率			%	≥90	≥90	
力学特性	窄条样拉伸	断裂强度	纵	N/5 cm	＞500	＞580	GB/3923—83
			横		＞500	＞580	GB/3923—83
		断裂伸长率	纵	%	50±10	70±10	GB/3923—83
			横		50±10	70±10	GB/3923—83
	梯形撕裂强度		纵	N	＞450	＞400	GB/T 13763—92
			横		＞450	＞400	GB/T 13763—92
	圆球顶破强度			N	＞900	＞1 200	ASTM D 3787
	CBR 顶破强度			N	＞1 900	＞2 000	GB/T 14800—92
水学特性	垂直渗透系数			cm/s	＞0.4	＞0.2	NHRI—89
	透水率			L/（s·m^2）	＞120	＞120	ASTM D 4491
	等效孔径 O_{95}			mm	0.09	0.1	GB/T 14799—92
幅宽				m	≥4.5	≥5.2	
材料成分					长丝涤纶	涤纶	

设计者必须首先知道垃圾压实后的容重（这与压实机械性能以及垃圾成分有关）、垃圾填埋高度、垃圾最终沉降量、HDPE 膜的容重、屈服抗拉强度、屈服延伸率、断裂抗拉强度、断裂延伸率、撕裂强度和抗穿刺强度，以及 HDPE 膜与支持层之间的摩擦力，才能选择合适厚度的 HDPE 膜。一般来说垃圾填埋高度不大时可采用厚度为 1.5 mm 厚的 HDPE 膜，垃圾填埋高度较大时宜选用 2.0～2.5 mm 厚的 HDPE 膜，顶部封场时可选用厚度为 0.5～1.0 mm 的 HDPE 膜。

表 7-36 为土工复合排水网，一般由 HDPE 材料制成，起到导排渗滤液的作用，在实际工程中应用较少。表 7-37 为 GCL 材料的性能指标，由于该材料在破损后具有自愈合的作用，在填埋场防渗中应用越来越广泛。

表 7-36 土工复合排水网性能指标

项目名称	单位	测试方法	性能指标	
树脂原料：高密度聚乙烯（HDPE）				
密度	g/cm^2	ASTM D1505	0.94	0.94
熔体流动速率	g/10 min	ASTM D1238	1.0	1.0
土工网芯特性				
网芯结构	三肋结构，网芯由上、中、下三层肋条依次垂直叠加拉伸而成			
横纵向拉伸强度比值（横向/纵向）	%	ASTM D7179	8 060	8 060
厚度	mm	ASTM D5199	5.0	6.3
炭黑含量	%	ASTM D4218	2～3	2～3
土工布特性				
单位面积质量	g/m^2	ASTM D5261	200	200

项目名称	单位	测试方法	性能指标	
抗拉强度	kN/m	ASTM D4595	10	10
断裂延伸率	%	ASTM D4595	40～80	40～80
梯形撕裂强度	N	ASTM 4533	400	400
顶破强度	kN	ASTM D6241	3.0	3.0
等效孔径 $Q95$	mm	ASTM D4751	0.3～0.8	0.3～0.8
复合物特性				
剥离强度（沿纵向）	kN/m	ASTM D7005	0.17	0.17
纵向导水率（i=0.1，荷载=500 kPa）	m^2/s	ASTM D4716	1.0×10^{-3}	5.0×10^{-4}

表 7-37　GCL 技术性能指标

项目名称		单位	测试方法	技术指标
土工布				
无纺土工布单位面积质量		g/m^2	ASTM D5261	≥200
织质土工布单位面积质量		g/m^2	ASTM D5261	≥110
膨润土				
膨胀系数		mL/2g	ASTM D5890	≥24
GCL 成品				
单位面积质量		g/m^2	ASTM D5993	5 000
厚度		mm	ASTM D5199	≥6
垂直渗透系数		cm/s	ASTM D5084	$\leqslant5\times10^{-11}$
断裂伸长率	横向	%	ASTM D4595	≥6
	纵向	%	ASTM D4595	≥10
剥离强度		N/100 mm	ASTM 4632	≥65
耐静水压（0.6 MPa，1 h）			ASTM D5385	无渗漏
滤失量		mL	ASTM D5891	≤18

7.9.3　填埋场渗滤液通过防渗层的迁移

1．填埋场中的水迁移

了解和掌握水在填埋场中的行为，并对其加以控制是保证填埋场长期安全性、防止环境污染的重要环节。这是因为污染物在填埋场内的迁移及向周围环境的扩散主要是通过水介质的迁移完成的。

水在填埋场中的迁移可以看作是在多孔介质中的迁移，其行为可以用达西定律描述。根据达西定律，通过多孔介质的水通量 q，即水力梯度方向上、单位时间、通过单位断面的水容积与水力梯度 $\frac{\mathrm{d}H}{\mathrm{d}Z}$ 成正比。

$$q=-K_{\mathrm{s}}\cdot\frac{\mathrm{d}H}{\mathrm{d}Z} \tag{7-33}$$

式中：q —— 通过多孔介质的水通量；

K_{S} —— 饱和渗透系数（或导水率），即单位水力梯度的水通量；

$\frac{dH}{dZ}$—— 水力梯度。

当填埋场采用黏土（或改性黏土）作为防渗层时，设填埋场内积水厚度为 H，防渗层厚度为 L，则 $\frac{dH}{dZ}=\frac{H+L}{L}$ 代入式（7-33）得：

$$q=-K_s\cdot\frac{H+L}{L} \tag{7-34}$$

式中：H—— 填埋场内的积水厚度，m；

L—— 防渗层的厚度，m。

2. 污染物的迁移方程

渗滤液中的污染物随水向衬层及衬层下土层迁移过程中，会受到土壤介质的吸附、滞留、弥散、稀释和降解作用，其浓度不断减小。污染物的这种迁移过程可以用下面的一维迁移方程来描述。

$$\frac{\partial c}{\partial t}-\frac{D_l}{R_d}\frac{\partial^2 v}{\partial x^2}-\frac{D_t}{R_d}\frac{\partial^2 c}{\partial y^2}+\frac{v}{R_d}\frac{\partial^2 c}{\partial x}+\lambda c=0 \tag{7-35}$$

式中：c—— 地下水实际流速，方向与 x 轴一致，cm/m；

D_l、D_t—— 分别为 x、y 方向上的弥散系数，cm/s；

t—— 时间，s；

R_d—— 滞留因子，量纲为一；

λ—— 污染物衰变常数。

式中各项的物理意义按顺序分别为：浓度变化项、x 方向弥散项、y 方向弥散项、x 方向滞后项、降解项。

3. 填埋场渗滤液渗漏量计算

（1）黏土单衬层系统

对于填埋场采用黏土作为防渗材料的单衬层系统，由于黏土的渗透性，会有一定量的渗滤液渗漏，其渗滤液渗漏量 Q 与根据达西定律计算的水通量 q 和填埋场场底面积 A 有关，计算如下：

$$Q=q\times A=K_s\times\frac{H+L}{L}\times A \tag{7-36}$$

式中：Q—— 渗滤液渗漏量，cm^3/s；

K_s—— 饱和渗透系数（或导水率），cm/s；

H—— 填埋场底部积水厚度，m；

L—— 防渗层的厚度，m；

A—— 填埋场底部防渗层面积，m^2。

（2）HDPE 地膜单衬层系统

对于采用 HDPE 地膜作为防渗材料的防渗系统，由于 HDPE 地膜不透水，即使由于制造中不可避免地有微孔存在，其水渗透系数通常也会达到 10^{-12} cm/s，具有很好的防渗效果，此时，其渗滤液渗漏量也可用式（7-36）计算。

通常情况下，HDPE 地膜在运输、施工过程和填埋场运行过程中，容易受机械损伤，会出现针孔和裂缝，此时渗滤液通过 HDPE 地膜的泄漏不能用渗透来描述，而是服从小孔出流的规律，一般采用如下伯努利方程估算单孔或裂缝的渗滤液渗漏量：

$$Q = \xi \times a \times \sqrt{2gH} \tag{7-37}$$

式中：Q—— 渗滤液渗漏量，cm^3/s；

ξ—— 孔或裂缝的渗流系数，量纲为一，一般取值 0.6；

a—— HDPE 土工膜上一个圆孔或裂缝的面积，cm^2；

g—— 重力加速度，取 981 cm/s^2；

H—— 填埋场内的积水厚度，m。

（3）地膜/黏土或黏土/地膜复合衬层系统

HDPE 地膜和黏土组成的复合衬层，具有 HDPE 地膜和黏土衬层的优点，当生成破裂和出孔眼时，黏土会自动愈合，使泄漏处水流通过黏土层渗流，此时，渗滤液通过复合衬层系统的渗漏量估算如下：

$$Q = q \times A' = -K_s \times \frac{H+L}{L} \times A' \tag{7-38}$$

$$A' = \varsigma \times A \tag{7-39}$$

式中：Q—— 渗滤液渗漏量，cm^3/s；

K_s—— 饱和渗透系数（或导水率），cm/s；

H—— 填埋场底部积水厚度，m；

L—— 防渗层的厚度，m；

A'—— 填埋场底部 HDPE 地膜破损面积，m^2；

A—— 填埋场底部防渗层面积，m^2；

ζ—— 填埋场底部 HDPE 地膜破损率，量纲为一。

7.9.4 填埋场防渗层施工及质量控制

填埋场防渗层的铺设安装有着严格的质量要求，其中 HDPE 膜是人工水平防渗技术采用的关键性材料，在施工过程中，除需保证其焊接质量外，在与其相关层进行施工时，还需注意保护，避免对其造成损坏。其施工程序和要求如下：

1. 施工前的检查

主要是确认场地干燥、平整、密实；确认 HDPE 膜完好无损；焊接设备（如双轨热熔焊机）的焊合性能良好。

2. 底层土工布的铺设

根据设计，HDPE 膜采用上下两层无纺土工布（220～400 g/m^2）作保护层，因此铺设 HDPE 膜之前，先铺一层土工布，土工布的接头搭接量为 300 mm 左右。

3. 防渗膜的铺设

铺膜及焊接顺序是从填埋场高处往低处延伸，两膜的搭接量为 150 mm 左右（取决于焊接设备的类型）；接头必须干净，不得有油污、尘土等污染物存在；天气应当良好，下雨、大风、雾天等不良天气不得进行焊接，以免影响焊接质量。两焊缝的交点采用手提热压焊机加强（或加层）焊补。

4. 防渗膜的锚固

HDPE 膜的锚固有 3 种方法，即沟槽锚固、射钉锚固和膨胀螺栓锚固。

采用沟槽锚固时应根据垫衬使用条件和受力情况计算锚固沟的尺寸，其宽度不得小于 0.3～0.6 m，深度不得小于 0.5～0.8 m，边坡边沿与锚固沟的距离不得小于 0.5～1.0 m。

采用射钉锚固时，压条宽度不得小于 20 mm，厚度不得小于 2 mm，橡皮垫条宽度应与压条一致，厚度不小于 1 mm，射钉间距应小于 0.4 m，压条和射钉应有防腐能力，一般情况下采用不锈钢材质。

采用膨胀螺栓锚固时，螺栓直径不得小于 4 mm，间距不应大于 0.5 m，膨胀螺栓材质为不锈钢。

5. 防渗膜的焊接

高密度聚乙烯膜的焊接方式主要有热压熔焊接（又分为挤压平焊和挤压角焊）和双轨热熔焊接（又称热楔焊）两种，如图 7-33 所示。其中双轨热熔焊接应用最广，这种方法具有较大的剪切强度和拉伸强度，焊接速度较快，焊缝均匀，温度、速度和压力易调节，易操作，可实现大面积快速自动焊接等优点。为有效控制质量，一方面宜选用焊接经验丰富的人员施工；另一方面在每次焊接（相隔时间为 2～4 h）之前进行试焊。同时必须对焊缝作破坏性检测和非破坏性检验。

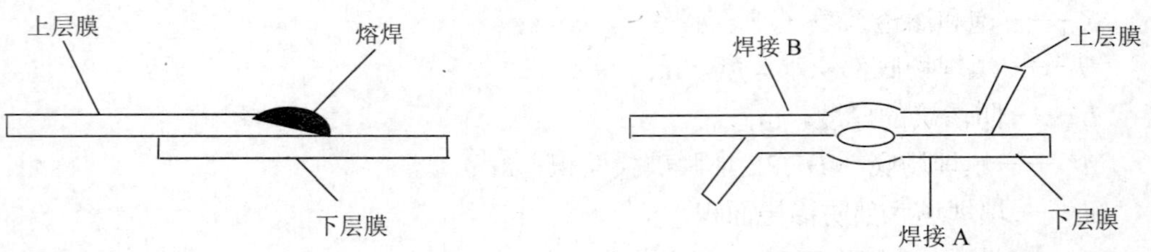

（a）热压熔焊接　　（b）双轨热熔焊接

图 7-33　高密度聚乙烯的主要焊接方式

6. 防渗膜焊接的质量检查

焊接结束后，应严格检查焊缝质量，如有漏焊、小洞或虚焊等现象，应坚决返工，不得马虎。根据国外 20 多年的实践经验，防渗层的泄漏或破坏现象，大多出现在接缝上，检测焊缝质量的方法常用的有非破坏性检验和破坏性检验两种，以保证施工质量的合格性。

非破坏性检验是对已施工的每条焊缝进行气压试验和真空皂泡试验。在进行双轨热熔焊接检验时，先将双轨热熔焊缝的两端孔封闭，用气压泵对焊接形成的空隙按 207～276 kPa 加压。若其气压在 5～10 min 内下降不超过 34 kPa，则焊缝合格。热压熔焊检验是在热压熔焊表面涂上皂液后用真空箱抽气，抽气压力为 16～32 kPa。若 5～10 min 内焊缝表面不产生气泡则可认为焊缝合格。当检验发现焊缝不合格时，必须加以重焊，并重做检测试验。

破坏性检测是指对已施工的焊缝每 600 m 取一个样，送往专业检测单位进行剥离强度和剪切强度测试。若剥离强度低于 30 N/ mm 或剪切强度低于 34 N/ mm，则该试样对应的焊缝为不合格，需对其进行重新焊接，并重新采样测试。

7.10 填埋场总体设计和平面布置

7.10.1 填埋场总图设计

根据《生活垃圾卫生填埋处理技术规范》（GB 50869—2013）要求。填埋场总平面布置应根据场址地形（山谷型、平原型与坡地型），结合风向（夏季主导风）、地质条件、周围自然环境、外部工程条件等，并考虑施工、作业等因素，经过技术经济比较确定。

总平面应按功能分区合理布置，主要功能区包括填埋库区、渗滤液处理区、辅助生产区、管理区等，根据工艺要求可设置填埋气体处理及利用区、生活垃圾机械—生活预处理区等。

1. *卫生填埋场主体工程设施*

根据垃圾卫生填埋场填埋工艺要求，并结合工程实践，以山谷型垃圾填埋场为例，主体工程设施的布置有以下特点：

（1）垃圾卫生填埋场库区

为使垃圾卫生填埋场达到一定的服务年限，要求垃圾卫生填埋场库区有较大的库容，所以垃圾填埋库区一般位于山谷上游，占地面积较大，选址时通常把垃圾填埋库区布置在某处只有狭窄出口的山谷之中。

（2）垃圾进场道路

垃圾填埋场的进出场道路（及倾倒平台），场内道路应按现行国家标准《厂矿道路设计规范》（GBJ 22）露天矿山道路三级以上标准设计，必须保证全天候通行，采用单向循环道路最佳，场内主要道路一般为永久性道路，路面可采用混凝土或沥青道路路面；辅助道路一般为半永久性（阶段性）道路，可采用沥青、碎石道路；填埋区内临时道路采用泥结碎石道路；干道至填埋场各倾卸区可根据具体场地地质状况，修建临时道路，可采用泥结碎石道路或钢板箱铺垫。道路的设计要求：路程较短，线路顺直，路面平坦，路宽合适，并有足够载荷能力，最大上坡坡度应小于7%，最大下坡坡度应小于10%，路面宽度根据运输车辆计算确定，一般为6～9 m，并设置必要交通警示标志，山区道路的外侧应设安全墩。

（3）防渗系统

根据水文地质勘探报告，自然防渗和人工防渗处理应符合下列规定：黏土类衬里的渗透系数不应大于 1.0×10^{-7} cm/s。场底及四壁衬里厚度不应小于 2 m。在地形、地貌和水文地质条件达不到自然防渗要求的生活垃圾卫生填埋场场地，必须采取水平防渗和垂直防渗措施。当采用黏土类衬里、土工合成膜、地下连续墙等防渗措施应达到规定要求。

（4）垃圾坝

为了节省造价，垃圾坝通常建于山谷口狭窄处，因为垃圾堆体的稳定性较差，防止垃圾堆体的失稳和滑动，故设置垃圾坝拦挡，垃圾坝的高度与增加库容成正比，并同时要考虑造价因素，为了增加库容，延长服务年限，通常在库区周边的山头间鞍部增建垃圾副坝。

（5）清污分流系统

截排不同填埋时期地表径流的设施，如截洪沟、引泉管，收集地表污水的设施，如盲沟、石笼、排洪井等。

（6）渗滤液调节池

为满足渗滤液处理厂（站）稳定的日处理量和较稳定的水质生产要求，设置调节池以达到蓄水和调节渗滤液处理厂（站）进水水质与水量的目的。渗滤液调节池应能容纳较大强度的暴雨汇流，因而占地面积较大。

此调节池与垃圾填埋场主体工程设施间关系较为紧密。库区的渗滤液经渗滤液收集系统收集后，流入主管、穿越垃圾坝坝底或流过坝底渗滤层流入渗滤液调节池。再送至污水处理厂（站），经处理后的达标水排入附近水体，或经预处理后排入市政污水干管流入城市污水处理厂处理。在总平面布置时，填埋库区、垃圾坝及渗滤液调节池通常按顺序连续布置。

2. 卫生填埋场辅助设施

（1）给水设施

主要有蓄水池、加压泵房、高位水池（箱）提供消防及生产生活用水，布置时主要考虑的要素有：①位于外部输水管较易达到的地方，蓄水池与加压泵房合建；②与各给水点距离适中，便于管理。

布置高位消防水池时主要考虑的要素有：①在各高程上满足给水水压要求；②尽量缩短与给水点的距离，降低水头损失；③与加压泵房间的距离不宜太远，避免采用多级加压措施。南方多雨地区，位于高程较高的消防水池也可利用截洪沟中的地表截流水作为消防水池水源，从而可利用地势的高差来满足水压的要求。

（2）变配电房（所）

变配电房（所）布置时的主要考虑要素有：①由于垃圾填埋场范围大，用电负荷点较为分散，故在相对集中且负荷最大的污水处理厂（站）设置总变配电房（所）较为适宜，其余负荷点可视情况而设高配或低配电所（室）；②布置在外线进线方便之处。

（3）计量站

计量站布置要素有：①仅设 1 套计量系统时，设于运送垃圾（和覆盖土石料）车辆进入填埋库区时必经道路的右侧；②设两套计量系统时，分别设于车辆进出必经之处，并设应急通道；③距外部道路（如国道、省道等）有一定间距，避免车辆进出影响公共交通；④计量站的道路坡度不宜过大，一般坡度＜3%；⑤做好系统防雷、监控措施。

（4）洗车台

洗车台布置要素有：①位于卸载后空车返回时必经道路的右侧，通常与计量站相对而设；②冲洗车道应满足车流量发展要求；③保证车辆冲洗的用水量及水压；④冲洗站的污水则要求隔油、沉淀等净化处理，此外，距离污水处理厂（站）不宜太远。

（5）机械（车辆）修理设施

机械修理设施布置要素有：① 布置在各种车辆和设备便于行进线路地方；② 有一定面积的停车坪；③布置在对外交通方便之处，可兼对外服务；④ 要保证机械（车辆）修理设施与加油站之间的安全防护距离。

（6）覆土备料场

覆土备料场布置要素有：①首先考虑设在土源丰富、取土方便进入填埋库区主要道路边；②位于库区内部各分岔道道路之前；③尽量靠近库区，缩短运距，节省运行费用。

（7）生产管理与生活服务设施

生产管理与生活服务设施一般均集中设置，或位于相对独立的管理行政中心，布置要素有：①避开填埋库区、调节池、污水处理厂（站）年主导风的下游，与库区保持一定的卫生防护距离，一般为 500 m，垃圾填埋过程中产生的粉尘和气体飘逸不到；②布置在外部交通联系方便的地方，利于职工上下班和业务联系；③有条件的地方，行政车辆和人员的进出口道可与垃圾运输车辆进出口分设；④生产管理方面宜设置自动监控系统、网络系统；⑤生活服务设施必须建有食堂、浴室等。

3．绿化及其他

填埋场的绿化布置应符合总平面布置和竖向设计要求，合理安排绿化用地，场区绿化率宜控制在 30%以内。

填埋场绿化应当结合当地的自然条件，选择适宜的植物。填埋场永久性道路两侧及主要出入口、库区与辅助生产区、管理区之间、防火隔离带外、受西晒的生产车间及建筑物、受雨水冲刷的地段等处均宜设置绿化带。填埋场封场覆盖后应进行生态恢复。

填埋库区周围宜设安全防护设施及不少于 8m 宽的防火隔离带，填埋作业区宜设防飞散设施。

7.10.2　填埋场库容和规模

填埋场库容和规模的设计除了需要考虑废物的数量以外，还与废物的填埋方式、填埋高度、废物的压实密度、覆盖材料的比率等有关。一般情况下，城市生活垃圾填埋场的使用年限不得小于 10 年。工程上，可以通过下列公式进行估算。

1．填埋场总容量

通常合理的填埋场一般依据场址所在地的自然人文环境与投资额度规划其总容量（total amount），此值指填埋开始至计划目标年（通常为 8～20 年）为止所欲填埋的总废物量加上所需的覆土容量。为精确估算此值，尽管须考虑诸多因素，但工程上往往采用以下近似计算法即可满足设计的需求：

$$V_n = \text{填埋垃圾量+覆盖土量} = (1-f)\times\left[\frac{365\times W}{\rho}\right]+[\frac{365\times W}{\rho}]\times\phi \tag{7-40}$$

$$V_t = \sum_{n=1}^{N} V_n \tag{7-41}$$

式中：V_t——填埋总容量，m^3；

V_n——第 n 年垃圾填埋容量，m^3/a；

N——规划填埋场使用年数，a；

f——体积减小率，一般指垃圾在填埋场中降解，一般取 0.15～0.25，与垃圾组分有关；

W——每日计划填埋废物量，kg/d；

ϕ——填埋时覆土体积占废物的比率，取 0.15～0.25；

ρ——废物平均密度，在填埋场中压实后垃圾的密度可达 750～950 kg/m^3。

2．填埋场规模

通常表示一座填埋场规模（scale）均以填埋场的总面积为准。从式（7-41）所得结果可知填埋总容量，再根据场址当地的自然及地下水文状况，计算填埋场最大深度，填埋场总面积值可由下式估算：

$$A=\left(1.05\sim1.20\right)\times\left[\frac{V_{\mathrm{t}}}{H}\right] \tag{7-42}$$

式中：A——场址总面积，m^2；

H——场址最大深度，m。

1.05～1.20——修正系数，取决于两个因素，即填埋场地面下的方形度与周边设施占地大小，因实际用于填埋地面下的容积通常非方体，侧面大都为斜坡。

当填埋场的服务年限较长时，应充分考虑人口的增长率与垃圾产率的变化。前者需要根据相应地区在最近十年中的人口增长率取值；而后者则应根据该地区的经济发展规划，参考以往的产率数据取值。

7.10.3 地表水和地下水控制系统

最终处置技术的核心是防止填埋废物中有害物质对处置场周围的环境造成污染。其中，最主要的因素是雨水、地下水、地表径流，以及废物自身分解产生的水分溶解废物中有害组分所形成的渗滤液对地下水及地表水造成的污染。可以说，水的控制是解决填埋场环境污染的关键之所在。在填埋场设计中需要对其重点考虑的有三部分，即地表水、地下水和渗滤液。本节主要说明地表水和地下水控制系统，有关渗滤液的产生和控制系统见 7.5 节。

1. 地表水控制系统

（1）地表水控制系统构成

在设计地表水控制系统时，首先应对填埋场所在地区的总体流域情况有全面的了解。图 7-34 是典型的流域示意图。填埋场所在位置的流域分水岭以内包括上游流域、下游流域、填埋场和洪水调节池。其地表水控制系统应包括的子系统见图 7-35。

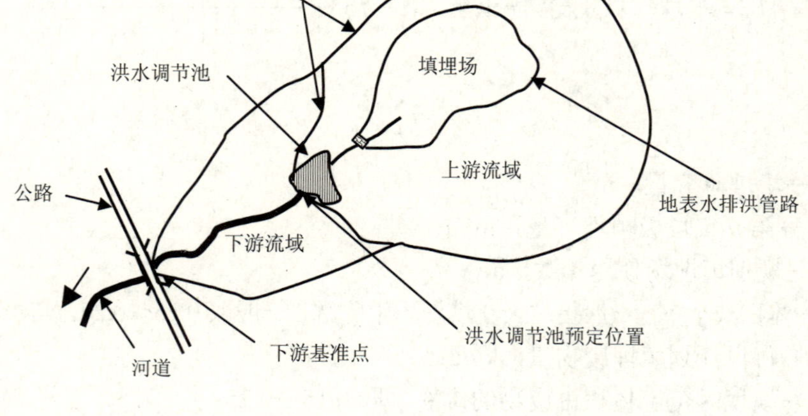

图 7-34 典型填埋场流域

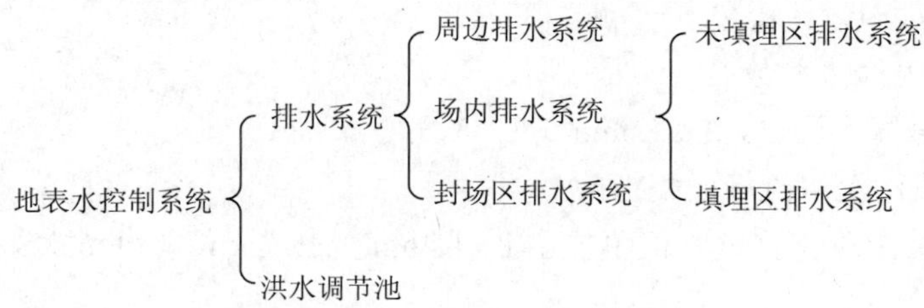

图 7-35 填埋场地表水控制系统

周边排水系统主要由设置在填埋场四周的排水沟组成，其作用是收集填埋场上游流域的降水，并排向洪水调节池，防止其进入填埋场区域，从而达到减少渗滤液产生量的目的。在最终封场后往往还需加建填埋场表面的排水系统。

在填埋场作业期间的场内排水系统包括填埋区排水系统和未填埋区排水系统，其目的都是将降水在未与填埋废物接触之前，迅速将其排出场外。因此，在作业过程中对填埋场进行分区填埋和实施逐日覆土，对是否体现场内排水系统的功能和减少渗滤液产生量是至关重要的。

封场区排水系统的作用是排除封场表面的降水，减少其向废物层的入渗。

（2）地表水控制标准及要求

洪雨水导排系统的设计原则：雨污分流；场外和场内未作业区域的汇水应分别直接排放；尽量减少洪雨水侵入垃圾堆体；排水能力应满足防洪标准要求。

卫生填埋场洪雨水导排系统的防洪标准按照《防洪标准》（GB 50201—94）和《城市防洪工程设计规范》（GB/T 50805—2012）的技术要求，应符合：防洪标准不得低于该城市的防洪标准；防洪标准应同时满足表 7-38 的要求。

表 7-38 不同规模卫生填埋场洪雨水导排系统的防洪标准

防洪等级	填埋场规模类型	防洪标准（重现期）/a	
		设计	校核
Ⅲ	Ⅰ类、Ⅱ类	50	100
Ⅴ	Ⅲ类、Ⅳ类	20	50

① 对于未作业区降水的导排首先根据分区的情况分别设置清水收集系统或将渗滤液收集管封堵，利用潜水泵直接抽排。

② 对于场外的降水和封场后的降水设置排洪沟进行导排。

（3）地表水排洪系统设计

首先根据填埋场容积确定防洪标准，再根据防洪标准确定的降水强度和作用面积计算降水量，由降水量确定排水沟渠断面。

1）截洪沟流量计算

① 推理公式：地表水控制系统的设计流量随降水强度、汇水面积、地形及地表状况的不同而有所差异，通常可以由以下经验公式计算：

$$Q = 10^{-7}\psi \cdot q \cdot F \qquad (7\text{-}43)$$

式中：Q——截洪沟设计流量，m^3/s；

Ψ——地表径流系数；

q——流域降水强度，L/（s·hm^2）；

F——截洪沟汇水流域面积，m^2。

将式（7-43）中降水强度 q 值单位由 L/（s·hm^2）化为 m^3/（s·hm^2），可为：

$$Q = 1\,000^{-1} \cdot \psi \cdot q \cdot F \tag{7-44}$$

地表径流系数Ψ值，指地表径流的水量占总降水量的比重。与地表植被、坡度、土质性质、土壤墒情等因素有关，见表 7-39。

表 7-39　Salato 等人估计填埋场使用的地表径流系数ψ值（1971 年）

地表条件	坡度/%	地表径流系数ψ值		
		亚砂土	亚黏土	黏土
草地（表面有植被覆盖）	0～5（平坦）	0.10	0.30	0.40
	0～5（起伏）	0.16	0.36	0.55
	0～5（陡坡）	0.22	0.42	0.60
裸露土层（表面无植被覆盖）	0～5（平坦）	0.30	0.50	0.60
	0～5（起伏）	0.40	0.60	0.70
	0～5（陡坡）	0.55	0.72	0.82

② 经验公式：公路科学研究所曾给出小流域面积（＜10 km^2）汇流产生的流量的经验公式：

$$Q = K \cdot F^n \tag{7-45}$$

式中：Q——截洪沟设计流量，m^3/s；

K——径流量模数，按表 7-40 选用；

n——流域面积参数；

F——截洪沟所涉及的流域面积，km^2。

对于n值的取用，当F＜1 km^{2}时，取n=1；当1 km^2＜F＜10 km^{2}时，按表 7-41 选用。

表 7-40　式（7-45）中径流量模数 K 取值表

重现期/a	地区					
	华北	东北	东南沿海	西南	华中	黄土高原
2	8.1	8.0	11.0	9.0	10.0	5.5
5	13.0	11.5	15.0	12.0	14.0	6.0
10	16.5	13.5	18.0	14.0	17.0	7.5
15	18.0	14.6	19.5	14.5	18.0	7.7
25	19.5	15.8	22.0	16.0	19.6	8.5

注：重现期为 50 年时，可用 25 年的 K 值乘以 1.20。

表 7-41　式（7-45）中流域面积参数 n 取值表

地　区	华北	东北	东南沿海	西南	华中	黄土高原
n	0.75	0.85	0.75	0.85	0.75	0.80

注：当 $F<1\ km^2$ 时，$n=1$，其中新疆、西藏及西北部分地区、台湾省以及海南诸岛由于缺乏资料，K 值及 n 值待补。

2）截洪沟平面布置和断面选择

① 截洪沟平面布置：截洪沟平面布置的走向，原则上以垃圾填埋体与山体的交线的走向为走向。

在实际施工中，若以垃圾填埋体与山体的交线为中心线，新建工程拟放在垃圾填埋体外侧，基础坐落在岩体或土基上。若是坐落在土基，尤其在坡积土层上，则基础应进行压实处理。按规范规定，对于黏性土，压实的相对密度为 0.93～0.96，对于无黏性土，压实的相对密度为 0.70～0.75。对于改建或封场工程拟放在垃圾填埋堆体内侧。基础大部分应坐落在垃圾体上，以适应垃圾填埋堆体的沉降而同步沉降。若基础坐落在垃圾体上，亦应进行压实处理：如填埋场是建筑垃圾，基础压实相对密实度能达到 0.70～0.75；如是生活垃圾，在基础以下应换土，换土深度视具体情况而定，一般情况下，以换土 1 m 深度为宜。换土以后，应分层填并加夯压实，压实相对密度对于黏性土为 0.93 左右，对于无黏性土为 0.70 左右。

应当指出，截洪沟应排出的地面径流包括截洪沟流域范围内的山坡径流和垃圾填埋体的径流两部分。当垃圾填埋体年久沉降、垃圾填埋体的径流不能进入截洪沟时，应采取两种措施：其一是及时填平沉降部分，恢复原来 5%的排水坡度，并按水土保持标准绿化植被后使用；其二是在截洪沟适当位置设置子埝，并在截洪沟一侧边墙开一缺口，将垃圾体径流导入截洪沟，见图 7-36。后种措施是在前者无法进行的情况下采取的，虽是不得已而为之，却也是行之有效的方法。尽管如此，也需考虑有效的水土保持措施。

子埝的结构形式视具体情况而定，可用浆砌块石砌筑，也可用沙包编织袋垒筑。在平面中，从进口至出口，尚有直段、弯段、渐变段等，都需要妥善布置和衔接，使水流得以顺畅地通过。

② 截洪沟断面选择：截洪沟按清水渠道设计，流量小，纵坡大，运行中不至于淤积，防冲并以护砌加以保护。过水断面形式选用梯形或矩形，见图 7-37。

截洪沟的流量可以下式计算：

$$Q = A \cdot \frac{1}{n} \cdot R^{\frac{2}{3}} \cdot i^{\frac{1}{2}} \tag{7-46}$$

式中：A——过水断面面积，m^2；

R——断面水力半径，m；

i——渠底纵坡；

n——糙率系数。

根据上式，对于梯形断面，经公式推导，可得：

$$Q = \frac{[(b+mh)\cdot h]^{\frac{5}{3}}}{n\cdot(b+2h\sqrt{1+m^2})^{\frac{2}{3}}}\cdot\sqrt{i} \tag{7-47}$$

对于矩形断面（m=0），可得

$$Q=\frac{(bh)^{\frac{5}{3}}}{n\cdot(b+2h)^{\frac{2}{3}}}\cdot\sqrt{i} \tag{7-48}$$

式中：Q——截洪沟的流量，m^3/h；

n——截洪沟的糙率系数；

b——截洪沟过水断面底宽，m；

h——截洪沟过水断面水深，m；

m——截洪沟过水断面边坡系数。

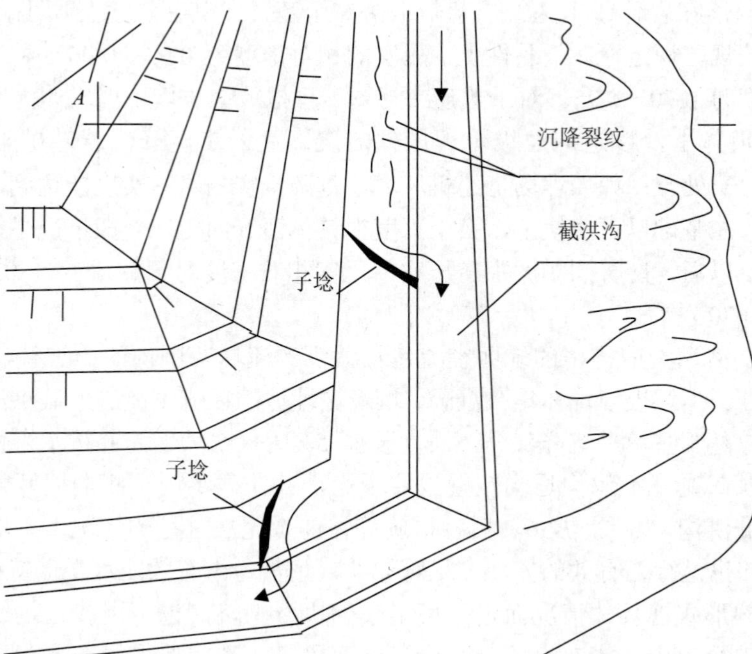

（a）平面图

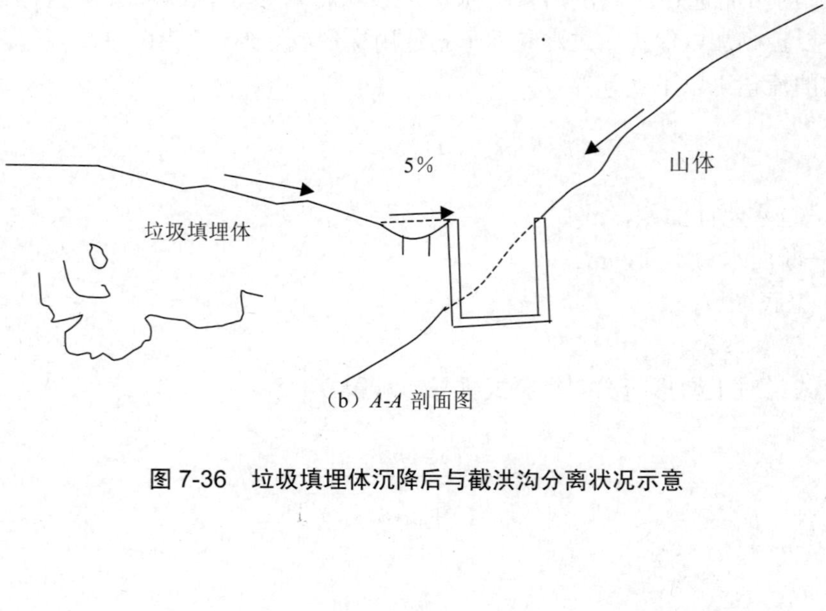

（b）A-A 剖面图

图 7-36　垃圾填埋体沉降后与截洪沟分离状况示意

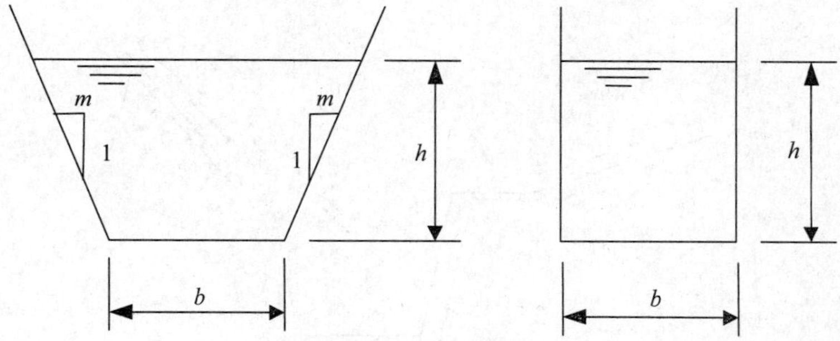

图 7-37　截洪沟典型断面图

m—截洪沟过水断面边坡系数；*h*—截洪沟过水断面水深；*b*—截洪沟过水断面底宽

上式所含 6 个水力要素（即流量 Q、边坡系数 m、糙率系数 n、渠底纵坡 i、底宽 b 和水深 h）中，若已确定其中的 5 个，则所余即可求出。

实际中遇到的问题往往是已知 Q、m、n、i、b，而要求计算出均匀流水深 h（也称作正常水深）；或已知 Q、m、n、i、h，求底宽 b。这两类问题可通过上式用试算法求解。

③ 典型截洪沟断面形式：目前，常用的典型断面形式见图 7-38，可供参考。

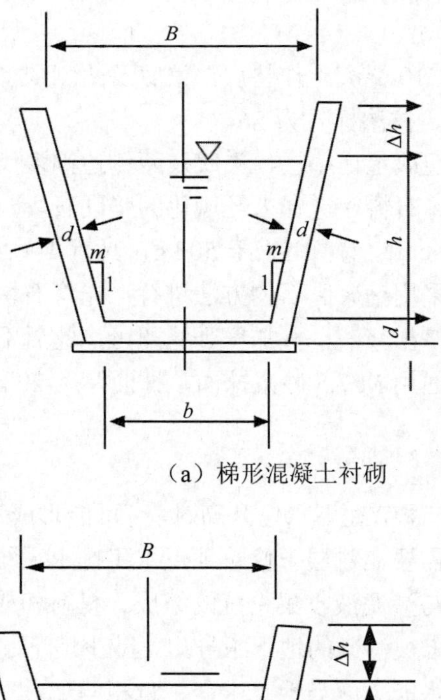

（a）梯形混凝土衬砌

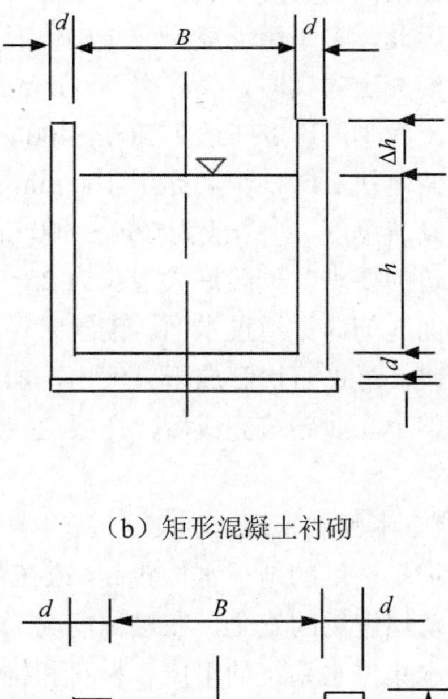

（b）矩形混凝土衬砌

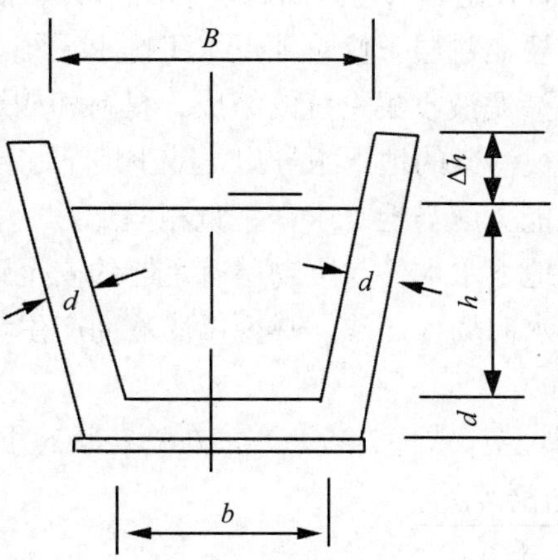

（c）梯形浆砌石衬砌

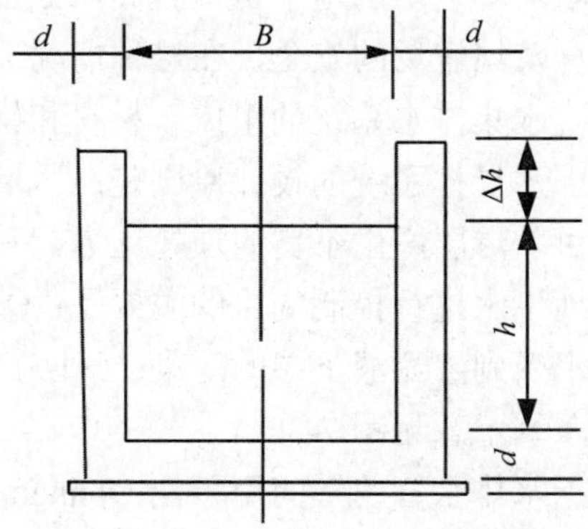

（d）矩形浆砌石衬砌

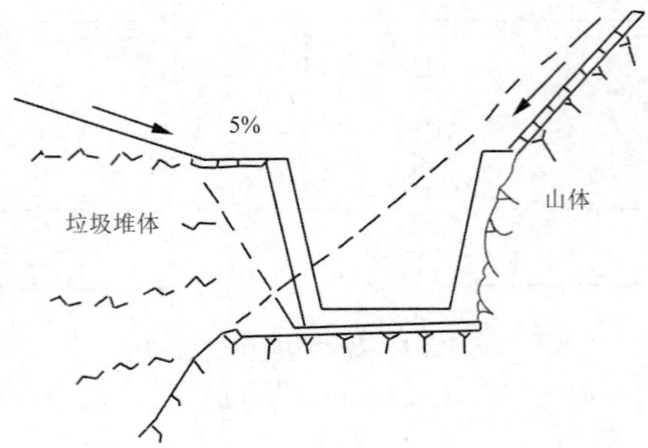

（e）截洪沟实用形式

图 7-38　截洪沟典型断面图

h—截洪沟计算水深；Δh—截洪沟安全超高；B—截洪沟宽度，m；d—池壁厚度，m；b—截洪沟底宽度，m；m—截洪沟过水断面边坡系数

一般截洪沟的尺度不大，计算水深 h 为 1.0～1.5 m，宽度 b 为 1.0～2.0 m，所承受外力不大。因此，多采用混凝土或浆砌块石衬砌。

在用混凝土衬砌时，渠底用 100 mm 厚 C10 混凝土作垫层，渠底及两侧则多用普通混凝土衬砌，衬砌厚度 d 一般为 300～400 mm，抗渗标号为 S6。

在用浆砌块石时，渠底亦用 100 mm 厚混凝土作垫层，渠底及两侧边则多用 M 7.5 砂浆砌筑，砌筑厚度 d，一般为 300～500 mm。石料应选择未经风化的坚硬石块，石块大小应符合砌筑的要求，一般最大边长为 25～30 cm，重量不大于 50 kg，具有 1～2 个平面，砌筑时平面应朝向渠道过水面。砌筑时，应采用铺浆卧石的方法进行：先将石块试放，然后铺满砂浆，再把石块卧放于浆液内，加压挤出浆液，再加压卧稳即可，此后不能再移动石块。待整个断面砌筑完成后，在渠道内表面用 M 7.5 砂浆抹面，抹面厚度 20 mm，最后赶平压光。

2. 地下水控制系统

若填埋场选址的地下水位较高，或在某一季节地下水位升高时，有可能形成涌水现象，将直接危及填埋场的安全，在这种情况下，需要在衬层下修筑地下水集排水系统。

地下水集排水系统的组成、材料和构造与渗滤液收集系统的组成、材料和构造相同。

地下水导排系统的设计原则是：尽量将未被污染的地下水导出，减少地下水侵入垃圾堆体和对防渗层产生不良的顶托压力，其排水能力应与地下水产生量相匹配。

对地下水进行控制的目的主要是：①保持地下水水位与废物层有足够的安全距离，以防地下水受到渗滤液下渗的污染；②防止地下水向场内入渗，减少渗滤液的产生量。地下水控制系统示意见图 7-39。

地下水排水管的管间距可由 Donnan 公式计算（式（7-49）），在稳定状态下：

$$L^2 = \frac{4K(b^2 - a^2)}{Q_d} \tag{7-49}$$

式中：L——排水管间距，m；

K——土壤渗透系数，m/d；

a——管道与基础隔水层之间的距离，m；

b——距基础隔水层的最高允许水位，m；

Q_d——补给率，m^3/（m^2·d）。

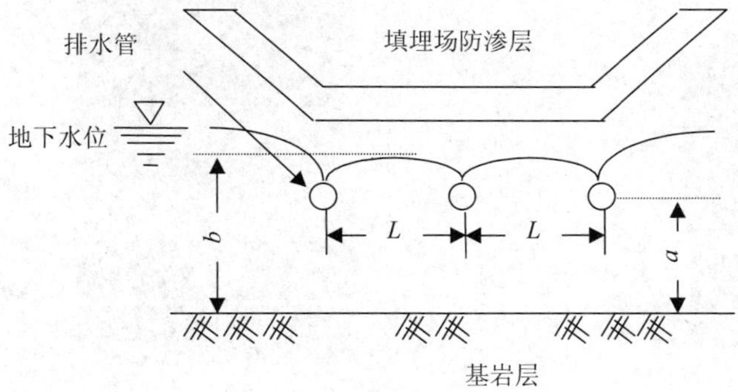

图 7-39　地下水控制系统示意

正常运行的填埋场，渗滤液渗漏对地下水的补给可以忽略不计，则：

$$Q_d = Ki \tag{7-50}$$

式中：i——地下水的水力梯度。

将其代入式（7-49）可简化为下式：

$$L^2 = \frac{4(b^2 - a^2)}{i} \tag{7-51}$$

上式中符号与式（7-49）相同。

7.11　填埋场封场覆盖与封场后生态恢复

一般封闭性垃圾填埋场在封场后 30～50 年才能完全稳定，达到无害化，规范的封场覆盖（表面密封）、场址修复以及严格的封场管理是保证填埋场安全运行的关键因素，因而已成为城市垃圾填埋场设计、建设和管理中的重要环节。填埋场终场覆盖和场址修复一般应包括以下几个方面。

7.11.1　终场覆盖

垃圾填埋场的终场覆盖系统须考虑雨水的入渗及渗滤液的控制、垃圾堆体的沉降及稳定、填埋气体的迁移、植被根系的侵入及动物的破坏、终场后的土地恢复利用等；整形后的垃圾堆体应有利于水流的收集、导排和填埋气体的安全控制与导排。应尽量减少垃圾渗滤液的产生。

根据《生活垃圾卫生填埋场设计规范》的要求，终场覆盖包括黏土覆盖和人工材料覆盖两种，其基本结构如图 7-40 所示。

植被层为填埋场最终的生态恢复层，考虑到覆盖层的厚度，植被层选择浅根系植物。耕植土层为植被层提供营养，由有机质含量大于 5%的土壤构成，厚度一般为 0.5 m，耕植土可利用城市污水处理厂的剩余污泥或近海淤泥。在满足要求的情况下，也可以就地取土。

导流层厚度为 0.15 m，由渗透系数大于 10^{-5} m/s 的粗砂和碎石构成。覆盖系统的防水层可采用厚度大于 1.0 mm 的 HDPE 材料或厚度大于 6 mm 的 GCL 材料。基础层由 0.2 m 厚的压实黏土层构成，黏土密实度为 90%～95%。

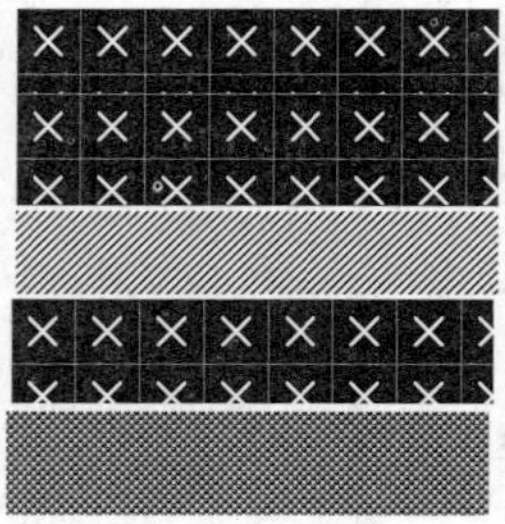

（a）黏土覆盖系统

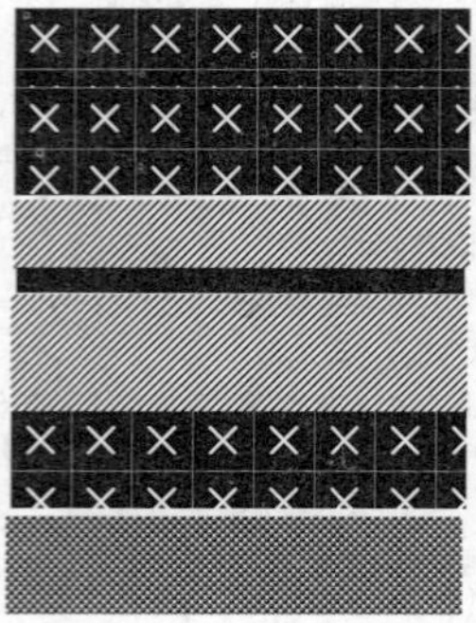

（b）人工材料覆盖系统

图 7-40 填埋场封场覆盖系统剖面图

7.11.2 降水收集与导排

终场覆盖后，需要排除覆盖层表面降水径流以及周边山体进入场区的水流，以减少由于降水下渗而增加垃圾渗滤液的产生。整个降水收集与导排系统设计需基于整个填埋场封场后的地形地貌，防止降水对覆盖层局部的冲刷破坏，从而影响整个填埋场的封场。填埋场截洪沟宜按梯形断面设计，并根据截洪沟所在位置的不同采用不同的结构。

如图 7-41 所示，垃圾填埋场周边地质基础较好，截洪沟按图 7-41（a）设计；垃圾堆体上的截洪沟按图 7-41（b）设计。

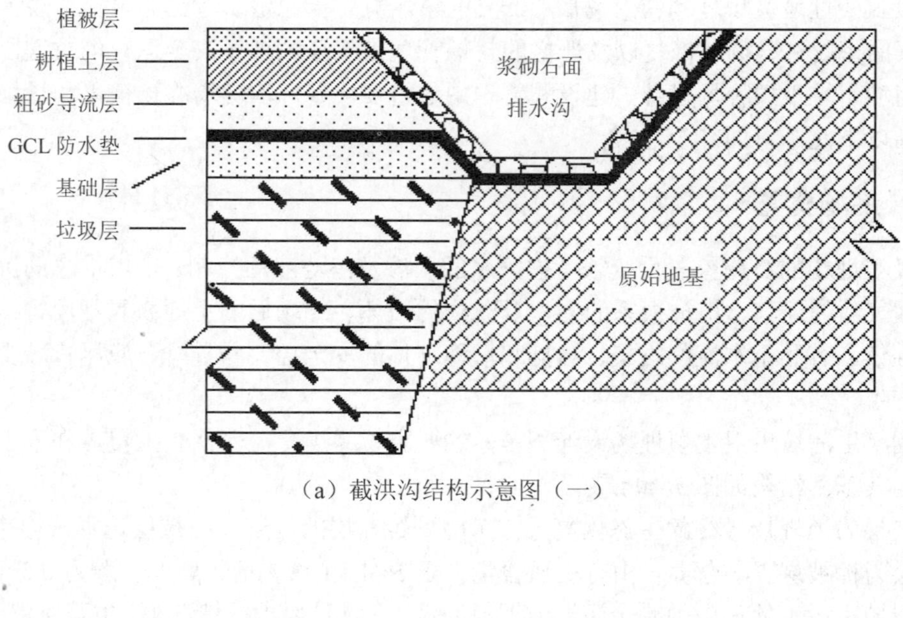

（a）截洪沟结构示意图（一）

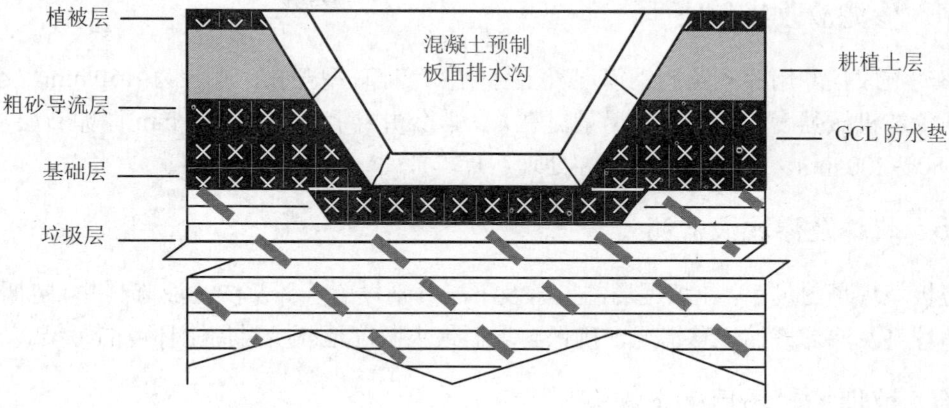

（b）截洪沟结构示意图（二）

图 7-41　填埋场截洪沟工程结构示意

7.11.3　填埋气体导排与处理

考虑到填埋场的规模、附近环境及经济因素，对小型填埋场填埋气体可采用聚乙烯（HDPE）管统一收集后用密封火炬就地燃烧处理。填埋气体收集管的结构如图 7-42 所示。

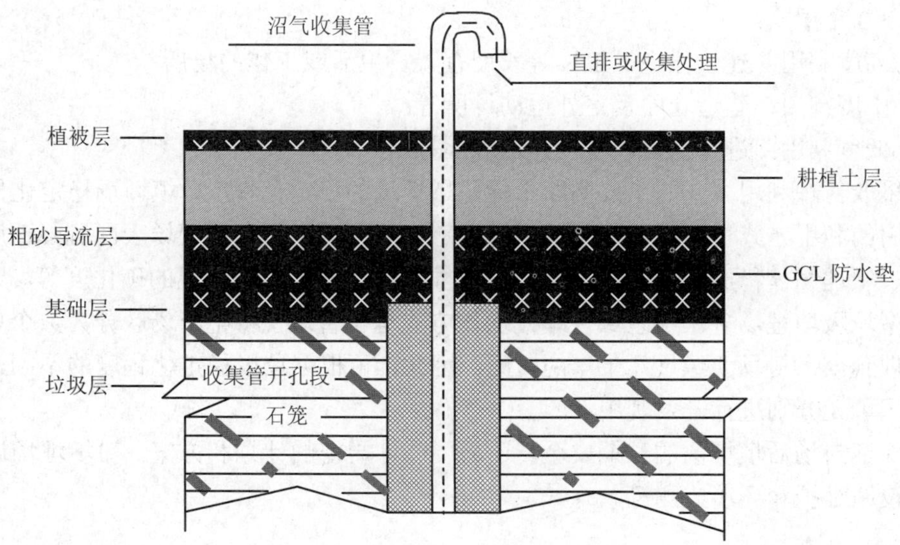

图 7-42　封场填埋场填埋气体收集管结构示意

填埋气体在压力作用下迁移至穿孔竖管，沿竖管排出垃圾堆体。竖管长度可按垃圾堆体的深度确定，一般按垃圾堆体深度的 2/3 计。但不宜超过 15 m，直径 100 mm，梅花型开孔，孔径 10 mm，穿孔率在保证管道机械强度的前提下应尽量提高。竖管穿孔段外填 300 mm 厚卵石层，卵石直径 25～55 mm。为防止垃圾堵塞孔洞，卵石外包裹钢丝网，将卵石与管道固定在一起。

7.11.4 渗滤液收集与处理

渗滤液收集井用穿孔预制钢筋混凝土管制作（梅花型开孔，孔径为 150 mm，穿孔率在保证管道机械强度的前提下应尽量提高）。收集井穿孔段外填 400 mm 厚卵石层，卵石直径 180～200 mm。渗滤液收集后经处理达标排放。

7.11.5 气体及渗滤液监测

垃圾填埋场封场后，在填埋场的上游及下游分别设置气体及渗滤液监测井，定期采样，监测填埋气及渗滤液的迁移情况，确保封场后最大限度地减少对周围环境的污染。

7.11.6 填埋场封场后生态恢复

填埋场终场后，将在表面进行绿化、植被，改善景观和生态环境，消除垃圾填埋场的不利影响。工程实施应遵循以下原则：植物生态原则；环境保护原则；环境效益、社会效益兼顾原则；景物与环境相协调原则。

填埋场生态恢复工程，宜种植耐碱、抗污染的粗放型乡土植物，对需要种植树木的地区，其顶部的土层应稍厚，满足树木生长的需要。

7.11.7 填埋场封场后土地利用

填埋场封场后的土地利用是填埋场后期管理的重要内容。对填埋场的土地利用一般可分为以下 3 个层次：

① 高度利用：建设住宅、工厂等长期有人员生活或工作的场所；

② 中度利用：建造仓库及室外运动场所等；

③ 低度利用：进行植被恢复或建造公园等。

而采取何种利用方式的主要判断指标是填埋场的稳定化程度，填埋场稳定化程度不同其可采用的利用方式也不同。判断填埋场稳定化的主要指标有填埋场表面沉降速度、渗滤液水质、填埋气体释放的速度和组分、垃圾堆体的温度、填埋垃圾的矿化度等。

大型垃圾填埋场多采用区域性单元操作方式运行管理，将整个场区分为数个单元，从开始填埋到全部封场要经过几十年的时间。因此，可根据垃圾稳定化程度的不同，对填埋场的不同单元分别进行开发利用。

为保证封场后填埋场的长期安全，还需要制订周密的计划和方案，对填埋场进行例行检查、设施维护和环境监测等。

7.12 填埋场环境保护与监测

7.12.1 填埋场环境保护措施

1. 废气收集与处理

填埋区设置垂直排气石笼（兼排渗滤液）加导气管，导气管服务半径为 25 m，从而控制气体横向迁移，初期收集的气体通过排放管直接排放或燃烧后排放。

2. 污水处理

管理区的生活污水、填埋区的渗滤液经输送管送至污水调节池，然后处理。

3. 固体废物处理

（1）填埋区轻物质和尘土控制

为了防止在强风天气中垃圾飞散，除了采取覆盖措施外，还需考虑设置移动式围栏，防止轻物质飞散，可以采用钢丝编织网。另外，为防止填埋作业尘土飞扬，可利用垃圾渗滤液进行喷洒。

（2）防止垃圾运输过程中产生的污染

建设填埋场专用道路，采用密闭垃圾运输车运输垃圾，保证沿途环境不受污染。

4. 噪声控制

处理场大部分机器设备噪声在选型上均控制在 85 dB 以下。对噪声较大的机具设备，可以采取消音、隔音和减振措施，这样可以减少机具和设备的噪声污染。

5. 臭气控制

填埋场封场后垃圾堆体中产生的气体由导气系统排出，早期收集后集中点燃，后期加以利用。

6. 保证场内环境质量

填埋区的垃圾填埋应严格按填埋工艺要求进行，每天填埋的垃圾必须当天覆盖完毕，以减少蚊蝇的孳生和老鼠的繁殖以及尘土飞扬和臭气四逸。封场时最终覆土厚度不小于 1.0 m，其中 0.5 m 为渗透系数小于 10^{-7}cm/s 的黏土，防止雨水入渗，减少渗滤液量，其余为营养土。

对于场外带进的或场内产生的蚊、蝇、鼠类带菌体，一方面组织人员喷药杀灭，另一方面加强生产管理，消除场内积滞污水的地带，及时清扫散落的垃圾。

填埋区和生活区都应进行绿化，以减少灰尘及杂物的飘散，改善场区生活生产环境。

7.12.2　填埋场环境监测

填埋场环境监测是填埋场管理的重要组成部分，是确保填埋场正常运行和进行环境评价的重要手段。对填埋场的监督性监测的项目和频率应按照有关环境监测技术规范进行，监测结果应定期报送当地环保部门，并接受当地环保部门的监督检查。

1. 填埋场渗滤液监测

利用填埋场的每个集水井进行水位和水质监测。

采样频率：应根据填埋物特性、覆盖层和降水等条件加以确定，应能充分反映填埋场渗滤液变化情况。渗滤液水质和水位监测频率应至少每月一次。

2. 地下水监测

（1）地下水监测井布设应满足下列要求：

① 在填埋场上游应设置一眼监测井，以取得背景水源数值。在下游至少设置三眼井，组成三维监测点，以适应于下游地下水的羽流几何型流向；

② 监测井应设在填埋场的实际最近距离上，并且位于地下水上下游相同水力坡度上；

③ 监测井深度应足以采取具有代表性的样品。

（2）采样频率。

填埋场运行的第一年，应每月至少采样一次；在正常情况下，采样频率为每季度至少一次。

发现地下水水质出现变坏现象时，应加大采样频率，并根据实际情况增加监测项目，查出原因以便进行补救。

3. 地表水监测

地表水监测是对填埋场附近的地表水进行监测，其目的是确定地表水体是否受到填埋场的污染。地表水监测主要是在靠近填埋场的河流、湖泊中采样进行分析。采样频率和监测项目根据场地的监测计划和环保部门的要求确定。

4. 气体监测

填埋场气体监测包括场区大气监测和填埋气体监测，其目的是了解填埋气体的排出情况和周围大气的质量状况。

采样点布设及采样方法按照 GB 16297 的规定执行。

污染源下风方向应为主要监测范围。

超标地区、人口密度大和距工业区近的地区加大采样点密度。

采样频率：填埋场运行期间，应每月采样一次，如出现异常，采样频率应适当增加。

第 8 章　固体废物资源化技术和工程实践

固体废物在生产、加工、流通、消费等过程中产生，它具有污染物和资源的两重性，处理得当能变废为宝，造福人类；处理不当，则会造成环境污染。固体废物处理与利用的原则是优先考虑减量化、资源化，然后考虑做适当处理以加速物资循环，最终是进行必要的处置。

8.1　固体废物的物质回收利用方法

本节将从三个层次讲述固体废物的物质回收。第一层次是固体废物的直接回用与再生，一般是对生活垃圾等可回收利用的固体废物进行最直接的回收利用；第二层次是将固体废物转化为其他资源化产品的利用方法；第三层次是针对固体废物中有价值的元素，进行元素提取和新材料合成。这三个方面逐渐深入地对固体废物进行物质回收。

8.1.1　固体废物的回用与再生

将固体废物中可回收利用部分直接回收利用或再生后循环使用。

1. 生活垃圾分类回用

随着城市建设的发展和居民生活水平的提高，我国城市生活垃圾的产生量与日俱增，到 2011 年，我国城市垃圾清运量已达 1.64 亿 t，并且呈持续增长模式。生活垃圾中含有大量的可回收废物，包括废纸、废玻璃、废塑料、废金属和纺织物等可用于直接回收利用或再生后循环使用的低含水率垃圾。以北京市为例，生活垃圾中纸类、塑料、玻璃、织物、金属等可回收利用组分所占比例达到 36.9%（表 8-1）。

表 8-1　典型城市生活垃圾组分分析（以北京市为例）　　单位：%

序号	灰土	砖瓦石	纸类	塑料	织物	玻璃	金属	植物	厨余	含水率
1	18.4	0	10.4	14.2	0.6	2.4	0.4	6.6	47.2	52.1
2	11.5	0	20.0	10.5	1.2	2.8	0.7	0.6	52.6	47.3
3	2.7	0.4	15.5	15.2	2.6	7.7	0.0	10.3	45.7	49.1
4	3.9	1.3	26.2	10.3	2.7	0.6	1.3	15.4	38.5	50.0
5	3.0	0	20.2	12.5	3.4	7.6	4.9	1.2	46.6	38.2
6	30.9	0	9.9	10.0	0.2	5.3	2.2	8.6	33.0	24.9
平均值	11.7	0.28	17.0	12.1	1.8	4.4	1.6	7.1	43.9	43.6

根据建设部《城市生活垃圾分类及其评价标准》，城市生活垃圾可分为六大类，分别是可回收物、大件垃圾、可堆肥垃圾、可燃垃圾、有害垃圾及其他垃圾，具体阐述见表 8-2。

其中，以废纸、废玻璃、废塑料、废金属和纺织物为代表的可回收物和大件垃圾可进行分类，进入资源再生市场进行回用。这些垃圾的分类回用主要包括以下几个方面：形态与功能直接利用、生产再生原料、物理分解再利用（图 8-1）。可回收废物进入资源再生市场后，一般有两种分类方法：第一种是分别按照钢铁、有色金属、其他分为三大类，其中收购钢铁的比例约占 30%，收购有色金属的约占 10%，收购三类物资的占 60%，其他类废品主要包括纸类、可乐瓶、易拉罐、塑料、玻璃（包括玻璃瓶和碎玻璃）、木头、织物；另一种分类是将废品分为 7 类，即纸类、可乐瓶、易拉罐、塑料、金属、玻璃和杂货。废旧物资收购后还要进行更细的分类，如纸又分为书本、报纸、包装纸等，才能进行打包、销售。

表 8-2　城市生活垃圾分类

分类	分类类别	内容
一	可回收物	1．纸类未严重玷污的文字用纸 2．容器塑料、包装塑料等塑料制品 3．金属各种类别的非金属制品 4．玻璃有色和无色废玻璃制品 5．废旧纺织衣物和纺织制品
二	大件垃圾	体积较大，整体性强，需要拆分再处理的废弃物品，包括废家用电器和家具等
三	可堆肥垃圾	垃圾中适宜利用微生物发酵处理并制成肥料的物质。包括剩余饭菜等易腐蚀食物类厨余垃圾，树枝花草等可堆沤植物类垃圾等
四	可燃垃圾	可以燃烧的垃圾，包括植物类垃圾、不易回收的废旧纸类等
五	有害垃圾	对人体或自然有直接或潜在危害的垃圾，包括电子产品、废油漆、废灯管、废旧化学制品等
六	其他垃圾	上述五类以外的垃圾

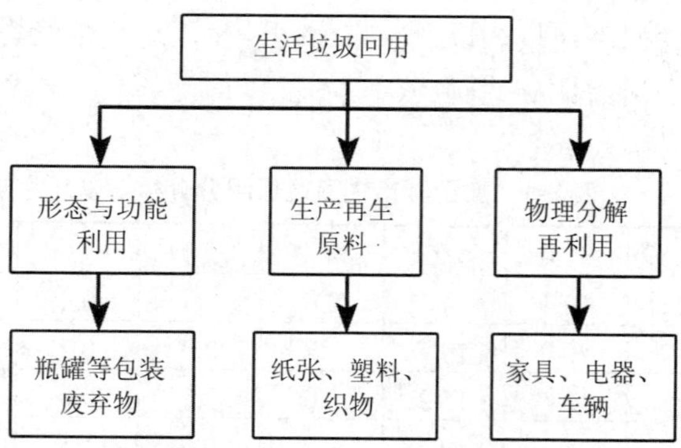

图 8-1　生活垃圾回收利用途径

2．废旧电子电器产品重复利用

我国已成为电子电器产品生产和消费大国，电子电器产品普及和更新速度的加快，导致电子电器废弃物数量持续增加。我国电子电器废物主要包括居民日常生活中所产生的电子废物、企事业单位和政府部门产生的电子废物、电子电器产品及其组件、部件生产商生产过程中产生的残次品。虽然电子废物种类复杂，整体而言电子废物的组分可以粗略分为金属、塑料、玻璃、陶瓷等几大类。表 8-3 列出了电子废物的主要组分。

表 8-3　电子废物组成及比例

编号	组分	比例/%
1	金属	49.0
2	塑料	20.7
3	玻璃/陶瓷	18.1
4	电线	0.4
5	印刷电路板	1.2
6	木材	0.3
7	橡胶	0.4
8	绝缘体	0.8
9	混凝土	4.1
10	其他	5.0
—	总计	100.0

绝大多数电子电器废弃物有三种主要的重复利用途径：

①通过二手转让直接重复使用。主要是大城市政府机关废弃的电器，如计算机、打印机和复印机。一般送给经济相对落后地区的学校和有关政府部门，此外还包括二手货市场或网络媒体等媒介的个人转让行为。

②经过修改或轻微改装再利用。这类电子废物主要包括笔记本电脑、打印机、扫描仪、硬盘、照相机、空调和复印机。

③对废旧电子电器产品进行拆解，将配件回收利用，如内存、主机、显示器等有用配件。图 8-2 所示为废弃手机拆解再利用的流程。

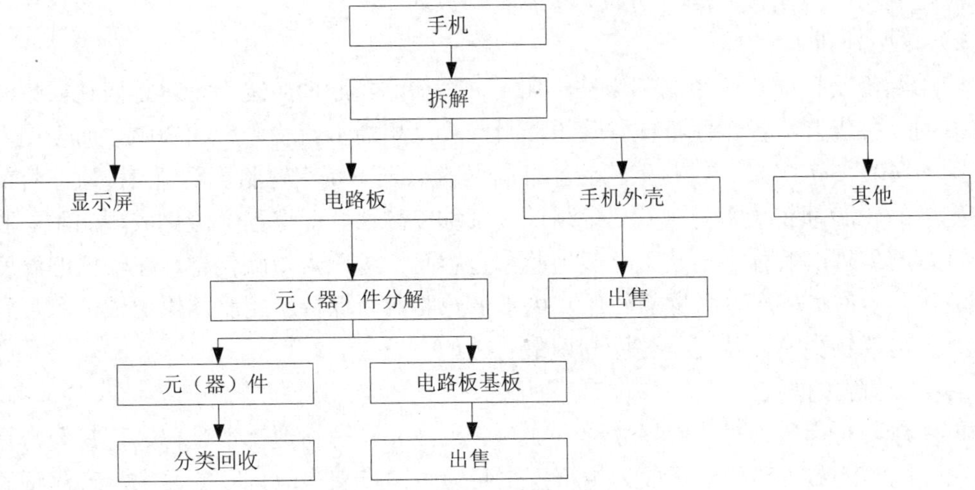

图 8-2　废弃手机拆解回收配件流程

3. 废弃有机高分子材料回收利用

以塑料、橡胶、纤维为主体的高分子材料在我们的生活当中随处可见。随着社会和科学技术的飞速发展及人们消费习惯的改变，人们使用的高分子材料数量也迅速增加，由于通常高分子材料的使用寿命比较短，废塑料、废橡胶、废纤维等废弃有机高分子材料的回收利用也进入了人们的视野。

（1）废塑料的回收利用

首先经过鉴别分类后，将不同种类的塑料分开存放，混合塑料单独存放。回收的塑料主要有以下两种利用方式。

1）直接再生利用

直接再生利用是指将废塑料直接塑化、破碎后塑化或经过相应前处理破碎塑化后，再进行成型加工成再生塑料制品的方法。塑料在直接再生利用前必须经过鉴别、分选、清洗、干燥和破碎。杂质的存在会降低再生制品的品质。该方法是目前应用比较普遍的塑料再生利用方法，成本低，但再生塑料制品的力学性能会大大降低，不适合制作高档次的塑料。

2）改性再利用

塑料改性就是将原塑料通过物理、化学、机械的方法，改善或增加其功能，改变其原来的电、磁、光、热、耐老化、阻燃、机械等性能。塑料在改性利用前需要进行预处理，预处理工序包括配方设计、干燥、筛选、磨浆、捏合、塑化、造粒等。改性方法有共改性、充填改性、增强改性、增韧改性，对于聚乙烯还可以通过氯化进行改性。改性后的塑料会获得比原塑料更加优异的性能，满足不同的用途需求。

（2）废橡胶的再生回用

1）直接利用

直接利用废橡胶是通过捆绑、裁剪、冲切等方式，将橡胶改造成有利用价值的物品。如用于码头作为船舶的缓冲防撞装置；用作公路防护栏或水土保护栏；用作建筑消音墙；切割裁成胶条编织成弹性防护网、防撞挡壁、防滑垫等。与其他综合利用途径相比，直接利用或原型改制利用是一种非常有价值的利用，在低耗能和人工较少的情况下使废橡胶得以资源化利用，但是该方法消纳的废橡胶量不大。

2）轮胎翻新

轮胎翻修是指旧轮胎经局部修补、加工、重新贴覆胎面胶之后，进行硫化，恢复其使用价值的一种工艺流程。翻新一条胎的费用一般只相当于新胎生产的30%，而使用寿命可达新胎的 60%～70%，一般载重轮胎能翻新两次以上，航空轮胎可翻新 10 次。目前世界上最先进的轮胎翻新技术为预硫化翻新法，又称冷翻法，即把已经硫化成型的胎面胶黏合到经过打磨处理的胎体上，装上充气内胎和包容套，进入大型硫化罐，在较低的温度和压力下硫化，一次可生产多条翻新轮胎。由于旧轮胎翻新保持了轮胎的原始性能和形状，能耗和人工消耗较少，被认为是轮胎利用最有效的方法之一。

3）生产再生橡胶

再生橡胶是指废旧橡胶经过粉碎、加热、机械分选等物理化学过程，使其变为具有塑性和黏性的、能够再硫化的橡胶。生产再生胶的关键步骤为硫化胶的再生，硫化胶的再生习惯上称为“脱硫”，是一个与硫化相反的过程。生产工艺主要有油法（直接蒸汽静态法）、水油法（蒸煮法）、高温动态脱硫法、压出法、化学处理法、微波法等。但应用的原理基本上是水法和油法。将废旧橡胶脱硫后制成再生胶，并掺入橡胶制品中，可降低成本。制造再生胶，能耗高，附加值低，还可能污染环境，加之再生胶性能欠佳，应用范围有一定的限制。

（3）废纤维的回收利用

1）天然纤维的回收利用

天然纤维的回收利用一般是将植物纤维（棉、麻）和动物纤维（羊毛）、纱或织物（旧衣物）用机械方法分解成纤维状，再进行回纺或混纺，织成织物。对于合成纤维和植物纤维混纺织物，先用氢氧化钠将聚酯/棉混纺织物中的聚酯水解成对苯二甲酸和乙二醇，然后将棉纤维滤出，滤出的棉纤维经水洗、烘干、漂白、水溶解、纺丝，最后形成再生纤维。

2）合成纤维纺织物中高聚物的回收

废弃合成纤维纺织物中高聚物的回收利用包括两个步骤：首先将这些具有可溶性的高分子纤维材料经过熔融回收高分子材料，然后把回收的高分子材料进一步裂解成高分子单体，重新聚合再纺制纤维产品。如美国的回收公司普遍利用废弃棉纶地毯作为原料生产同一类型的新地毯，并且在产品质量上没有任何差别。

8.1.2 固体废物的资源化转化

固体废物的资源化转化是指将可资源化利用的固体废物转化为其他产品。

1. 工业固体废物建材化

工业固体废物是指在工业、交通等生产活动中产生的固体废物，主要包括各种金属、能源及非金属矿开采、选矿、金属冶炼、电力、化工生产等大量产生、排放的各种固体废物，其大部分为硅酸盐、铝酸盐、硫酸盐、碳酸盐等类物质。而建筑材料大多是由硅酸盐、碳酸盐、硫酸盐、铝酸盐物质制成的材料。因此，通过科学的方法和途径，大部分工业固体废物具备建材化的潜能。

① 各种矿山开采的剥离层、坑道掘进的渣、石，如碎石、煤矸石等。

煤矸石是采煤和选煤过程中的排弃物，通常占采煤量的 5%～20%。我国每年煤矸石的排放量为 1.4 亿 t，历年的积存量已超过 20 亿 t。煤矸石综合利用的途径较多，在制造建筑材料方面，依据其化学成分和工艺性能，可选择烧制砌砖，也可以替代黏土烧制硅酸盐熟料，或生产无熟料水泥。图 8-3 为工业固废制备的空心砖。

② 各种矿产选矿的尾矿，如铁、铝、铜、铅、锌、锑、锰、钾、钠、矾、镁及各种稀土、非金属矿尾矿等。

利用冶炼锌铅湿废渣替代黏土及铁粉原料可以生产优质普通硅酸盐水泥。

③ 电力工业废物，如粉煤灰、炉底渣等。

粉煤灰是以煤为燃料的发电厂的工业废弃料。我国是世界上第三大粉煤灰生产国，仅电力工业的年粉煤灰排放量已逾亿吨，但目前的利用率仅为 38%左右。粉煤灰广泛应用于软路基处理、添筑路堤、桥梁或路面水泥混凝土掺和料、路面基层结合料、压浆处理路基、路面等公路工程，以及制造粉煤灰水泥等。并且粉煤灰经适当处理后，可制造出价值更高的若干墙体材料，如高性能混凝土砌块、压蒸纤维增强粉煤灰水泥墙板、加气混凝土砌块与条板等。图 8-4 为粉煤灰制备的墙体材料。

图 8-3 工业固体废物制备的空心砖

图 8-4 粉煤灰制备的墙体水泥墙板

④ 建筑固体废物。

建构筑物无论是在新建还是解体拆除中，都会产生大量的含有混凝土、木材、金属、塑料等成分的建筑副产品。建筑废物所占工业废物的比例高达 40%左右。建筑废物经过分选后，其中的混凝土碎石块可以作为再生砂和制备碎石、废弃沥青制品可以制作混凝土。

可见，基本上各类工业废渣如粉煤灰、煤矸石、矿渣、炉渣、页岩等废弃物均可作为基料，制造空心砖、实心砖、砌块等产品以取代黏土砖，或采取不同的处理方式制造生态水泥。这两种方式可以大量消耗固体废物，且技术易于掌握，造价较低，有利于大规模推广应用。当然在固体废物的处置上增加技术含量、提高产品价值、提高性能是固体废物资源化转化发展的重要方向。

2. *有机固体废物生产有机肥料*

有机肥对改善土壤结构、增强土壤肥力、提高土壤生物活性、刺激农作物生长及改善农作物品质等具有重要的作用。有机肥中有机质的来源很多，一般有机物含量高的城市生活垃圾、畜禽粪便、秸秆等农业废物、工业废渣、高浓度有机肥液都可以用于生产有机肥料。一般通过微生物发酵生产有机肥，工业上高浓度有机废液可采用浓缩喷雾造粒技术生产有机肥。

（1）畜禽粪便好氧发酵生产有机肥

如前所述，好氧堆肥就是在人工控制下，在一定的湿度、温度、C/N 和通风条件下，利用自然界广泛分布的细菌、放线菌、真菌等微生物的发酵作用，人为地促进可生物降解的有机物向稳定的腐殖质生化转化的微生物学过程。好氧堆肥处理因具有运行费用低、处理量大、无二次污染等优点，是实现畜禽粪便无害化、减量化、资源化、产业化的一种最为有效的方法。堆肥化过程不仅可以杀死粪便中的各种病菌及杂草种子，使粪便达到无害化，还会生成大量可被植物吸收利用的有效养分，并合成新的腐殖质，是构成土壤肥力的重要物质；处理成熟的堆肥不仅是一种优质的肥料，还是一种很好的土壤改良剂，可以改善土壤的理化性质。采用堆肥方法处理畜禽粪便，处理的最终产物臭气较少，且较干燥，容易包装、撒施城市垃圾、粪便、农业有机废物等可经过堆肥处理制成有机肥料。

图 8-5 是典型的粪便生物发酵生产有机肥的工艺流程。该工艺技术畜禽粪便发酵快、

发酵彻底、生产周期短、能耗低、成本低、常温下生产，在发酵过程中可接种抗逆效微生物，促进畜禽粪便的好氧发酵。同时利用发酵生物热能杀灭各种病虫卵和有害微生物，降低水分含量，生产出无臭、无味的合格有机肥产品。

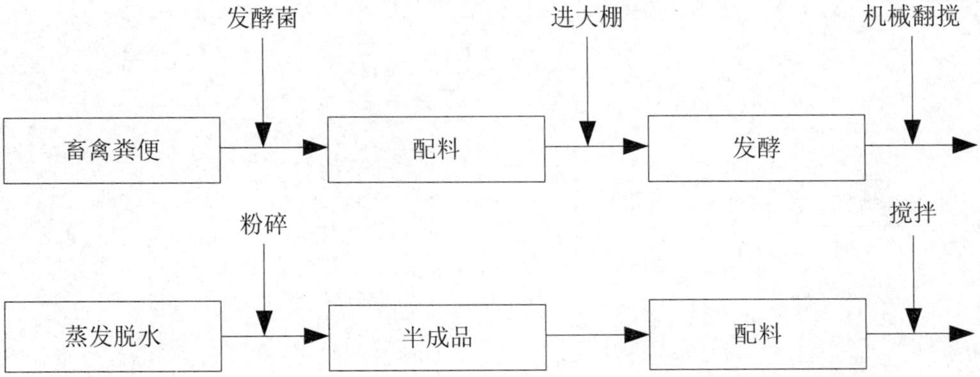

图 8-5　粪便生物发酵生产有机肥的工艺流程

（2）味精废液浓缩造粒生产有机肥

生产 1 t 味精要排放 20 t 左右的高浓度有机废液，其中含氮 13%～16%、氧化钾 2%～5%、各种氨基酸 4.5%～5.0%，其余大部分为有机质。

味精生产过程中产生的废液经沉淀浓缩后放入废液贮槽，按其有机质的含量高低，按比例与石粉或膨润土加入到混液槽中进行混合，混合均匀后的混合液进入混合液贮槽，然后用料浆泵加压后，通过喷嘴喷雾到造粒干燥机内，喷雾出来的有机质液滴与 600～750℃的高温炉气生成热交换而被干燥。由于混合液中的干物质含量较少，造粒后的颗粒较小，通过造粒干燥机的内返料装置，将部分小的颗粒返回到造粒干燥机的前段，在被扬料板扬起的同时被多次喷涂长大。出造粒干燥机的物料经冷却后进行筛分，筛分出来的不合格细小粉料再次进入造粒干燥机重新造粒，合格颗粒计量后包装成成品。用该工艺生产出来的有机肥有“黑、光、亮”的外观，商品性能很好。工艺流程见图 8-6。

3. 含金属废弃物中金属的提取

很多种固体废物种都含有金属资源，主要包括：①废旧电子电器产品中含有的铁、铝、铜等金属；②冶金、选矿、石化、建筑等行业工业固体废物中含有的金属。例如，钢渣中含有的钙、镁金属，粉煤灰中含有的金属铝，石化行业废催化剂中含有的 Pt、Co、Ag、Pd、Rh 等金属，建筑垃圾中的废钢材；③其他生活垃圾中含有的废弃金属组分。

（1）废旧电子电器产品中金属的提取

废旧电子电器产品中金属的提取主要是火法冶金技术、湿法冶金技术。

1）火法冶金技术

火法冶金技术是一种古老的冶金方法，其基本原理是利用冶金炉高温，加入非金属物质、贵金属熔融与其他金属熔炼物料或熔岩中，再加以分离。非金属物质主要是电路板有机材料等，一般呈浮渣分离去除，而贵金属与其他金属呈合金态流出，再精炼或电解处理。火法冶金主要有焚烧熔出工艺、高温氧化熔炼工艺、浮渣金属、电弧炉烧结工艺。该技术具有简单、方便、回收率高的优点。通常的缺点有：电子废弃物印刷板上的黏接剂和其他有机物经过焚烧会产生大量的有害气体，形成二次污染；大量浮渣的排放增加了二次固体废物，同时浮渣中残存的有用金属也被废弃掉；能耗较大，处理设备昂贵。图 8-7 为火法回收电器废物中金属铜的工艺流程。

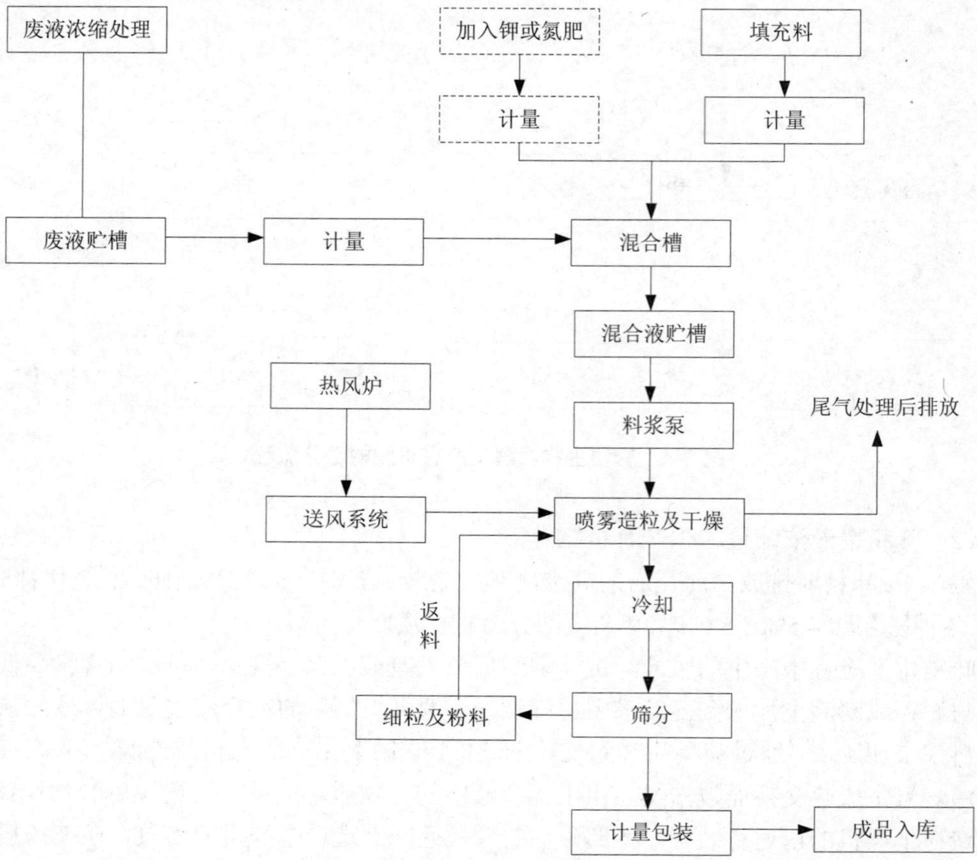

图 8-6　味精废液浓缩造粒生产有机肥工业流程

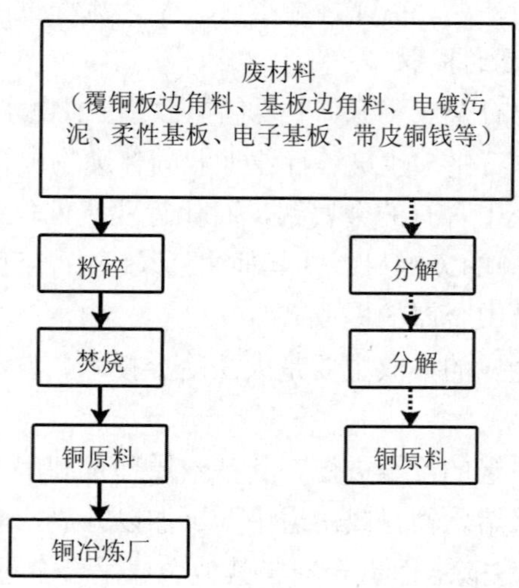

图 8-7　火法回收电器废物中铜的工艺流程

2）湿法冶金技术

湿法冶金是目前应用比较广泛的从电子废弃物中回收贵金属的技术。其原理是利用贵金属能溶解于硝酸、王水和其他苛性酸的特点，将其从电子废弃物中脱除并予以回收。该方法具有废气排放少、提取贵金属后的残留物易于处理、经济效益显著、工艺流程简单等优点。图 8-8 为湿法回收电子废物中金属铜和金的工艺流程。

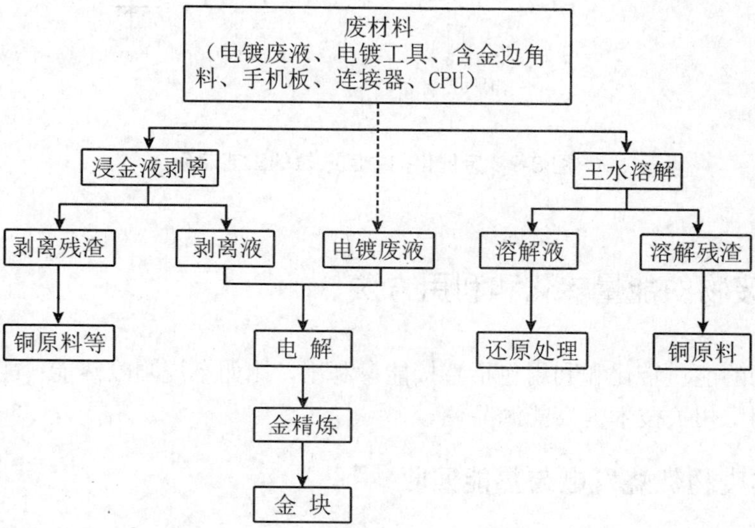

图 8-8　湿法回收电子废物中金属铜和金的工艺流程

（2）废催化剂中贵金属的提取

有机化工生产中使用的催化剂一般是将 Pt、Co、Mo、Pd、Ni、Cr、Ph、Re、Ru、Ag、Bi、Mn 等稀贵金属中的一种或几种承载在分子筛、活性炭等载体上起催化作用。废催化剂一般具有如下特点：①含有稀贵金属：虽然含量一般很少，但仍有很高的回收利用价值；②含有有机物：催化剂在使用过程中会附着一定量的有机物，这些有机物会污染环境，同时也为回收催化剂上的稀贵金属带来一定困难；③含有重金属：会对环境造成污染。

对于不同废催化剂，从中提取金属和合金的工艺技术不同。比如，针对含银、铂和铑等贵金属废催化剂的回收利用主要方法有：①高温挥发法。在某些气体存在下加热物料，使贵金属以氯化物形式挥发出来，经吸收后提取其中的贵金属。②载体溶解法。用酸或碱将载体全部溶解而金属留在渣中，再从渣中提取贵金属。③选择性溶解法。即载体不溶，选择特殊溶剂将铂等贵金属溶出，从溶液中提取金属组分。④全溶法。将载体及贵金属一次性全部溶入溶液中，然后采取离子交换或萃取法回收溶液中的贵金属。⑤火法熔炼。⑥燃烧法。对于载体为碳质的催化剂，将载体燃尽后提取其中的贵金属。通常采用多种方法进行废催化剂中贵金属的回收，如从废催化剂中回收银的工艺流程如图 8-9 所示。

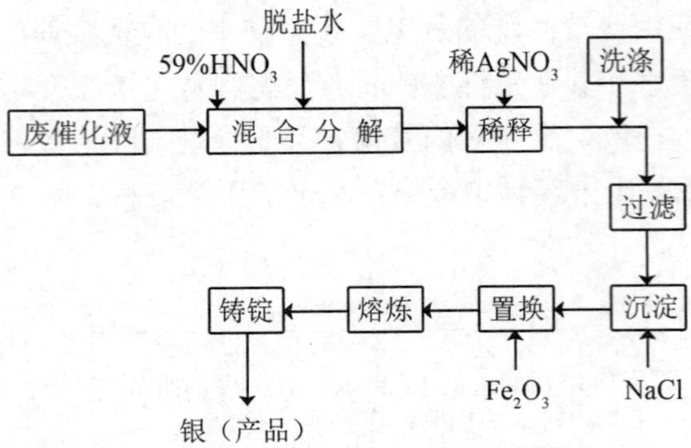

图 8-9 废催化剂中回收银的工艺流程

8.2 固体废物的能量转化和利用方法

固体废物的能量转化和利用包括直接能量利用，比如燃烧回收热能；能源类物质的合成与转化；利用相关技术提高能源品位。

8.2.1 固体废物焚烧发电与热能回收

生活垃圾中可燃组分、农业固体废物（秸秆）、工业废塑料、工业废橡胶、其他垃圾中的有机组分都可以用来焚烧回收热能。焚烧过程中从焚烧炉中排出的高温烟气必须经过净化处理后才能对外排放。一般采用余热锅炉进行余热发电或供热。

利用余热锅炉回收高温烟气中的余热，一般有三种方式：利用余热进行发电、生产蒸汽或热电连供、提供热水。具体流程如图 8-10 所示。

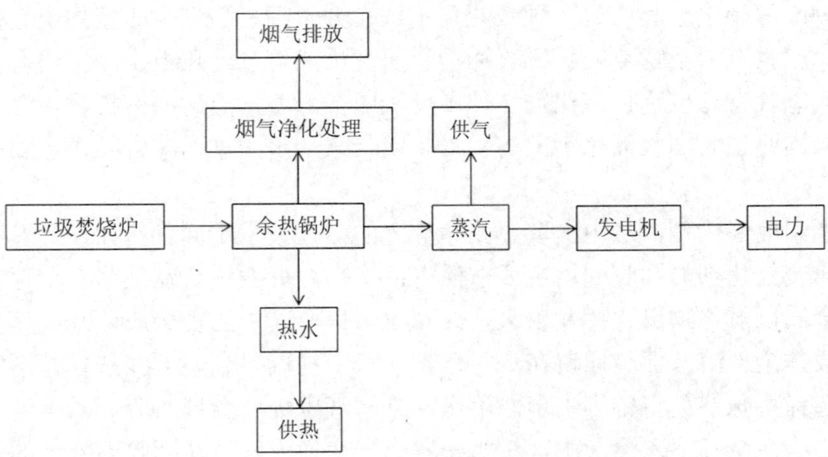

图 8-10 垃圾焚烧发电与热值利用流程

城市生活垃圾焚烧厂余热锅炉按照余热锅炉和垃圾焚烧炉的设计结构和布置情况，一般可以分为烟道式余热锅炉和一体式余热锅炉，目前常用的一般是两者相结合的方式。烟道式余热锅炉和通常意义上的余热锅炉基本相同，生活垃圾在焚烧炉膛已经燃烧完毕，进入余热锅炉的烟气只是进行热交换，降低烟气温度，产生蒸汽或热水。一体式余热锅炉则是余热锅炉和焚烧炉组合为一体，具有较大的炉膛，锅炉的水冷壁往往构筑成生活垃圾焚烧炉的燃烧室。由锅炉产生的高温高压蒸汽导入发电机后，在急速膨胀的过程中推动了汽轮机的涡轮叶片，带动发电机发电，汽轮机排汽进入凝汽器通过循环冷却水冷凝，冷凝水贮存在凝结水槽，经由凝结水泵输送至除氧器除氧后再打入锅炉汽包中，形成汽水循环。在汽轮机中的蒸汽也可以抽出一部分作次级用途，例如助燃空气预热等工作。

8.2.2　固体废物热解气化回收能源

1. 热解

固体废物热解（Pyrolysis）是利用有机物的热不稳定性，在无氧或缺氧条件下受热分解的过程。不同于焚烧，热解是一个吸热过程，产物主要是可燃的低分子化合物：气态的有氢、甲烷、一氧化碳，液态的有甲醇、丙酮、醋酸、乙醛等有机物及焦油、溶剂油等，固态的主要是焦炭或炭黑。热解将直接能源化效率低的废物转化为燃料油及燃料气，这些能源物质不仅便于贮藏及远距离输送，还具有更高的能源效率。秸秆、废橡胶、废塑料、城市生活垃圾、污泥等固体废物都可进行热解来提高能源品位。

热解过程可以用通式表示如下：

$$\text{有机废物}\xrightarrow{\Delta}\text{气体}(H_2\text{、}CH_4\text{、}CO\text{、}CO_2)+\text{有机液体（有机酸、芳烃、焦油）}+\text{炭黑}+\text{炉渣}$$

例如，$\text{纤维素热解}\,3(C_6H_{10}O_5)\rightarrow 8H_2O+C_6H_8O+2CO+2CO_2+CH_4+H_2+7C$

式中：C_6H_8O 代表液态的油品。

如前所述，热分解过程由于供热方式、产品状态、热解炉结构等方面的不同，热解方式各异。按供热方式可分成内部加热和外部加热。外部加热是从外部供给热解所需要的能量。内部加热是供给适量空气使可燃物部分燃烧，提供热解所需要的热能。外部供热效率低、成本高，不及内部加热好，故采用内部加热的方式较多。按热分解与燃烧反应是否在同一设备中进行，热分解过程可分成单塔式和双塔式。按热解过程是否生成炉渣可分成造渣型和非造渣型。按热解产物的状态可分为气化方式、液化方式和碳化方式。

2. 气化

生物质气化（Gastification）是指以固体生物质（秸秆、锯末等）为原料，以氧气（空气、富氧或纯氧）、水蒸气或氢气等作为气化剂（或称气化介质），在高温条件下通过热化学反应将生物质中可燃的部分转化为可燃气的过程。生物质气化时产生的气体主要有 CO、H_2 和 CH_4 等，称为生物质气体。生物质气化的原理如图 8-11 所示。

气化可以将生物质转化为高品质的气态燃料，可作为锅炉燃料或发电，产生所需的热量或电力。生物质气化后一部分转变为可燃气体，一部分转变为碳，另外还有少量的焦油。得到的生物质燃气经过水洗、净化后即可使用，可民用，也可直接用于发电。生物质气化发电技术的基本原理是把生物质转化为可燃气，再利用可燃气推动燃气发电设备进行发电。它既能解决生物质难于燃用而且分布分散的缺点，又可以充分发挥燃气发电技术设备紧凑而且污染少的优点。

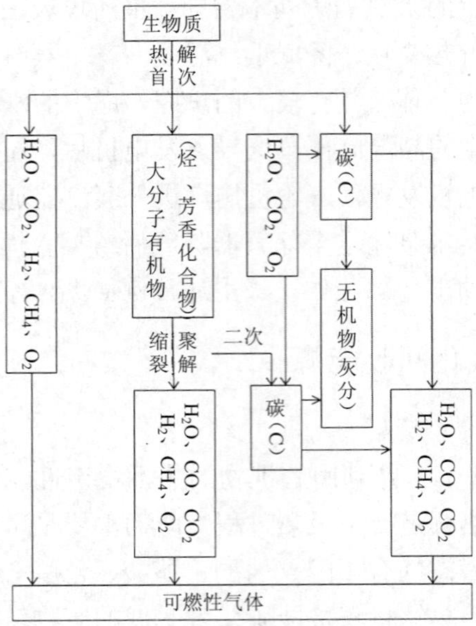

图 8-11 生物质气化原理

气化发电包括 3 个过程：生物质气化，把固体生物质转化为气体燃料；气体净化，气化出来的燃气都含有一定的杂质，包括灰分、焦炭和焦油等，需经过净化系统把杂质除去，以保证燃气发电设备的正常运行；燃气发电，利用燃气轮机或燃气内燃机进行发电，有的工艺为了提高发电效率，发电过程可以增加余热锅炉和蒸汽轮机（IGCC）。典型的生物质气化发电工艺如图 8-12 所示。

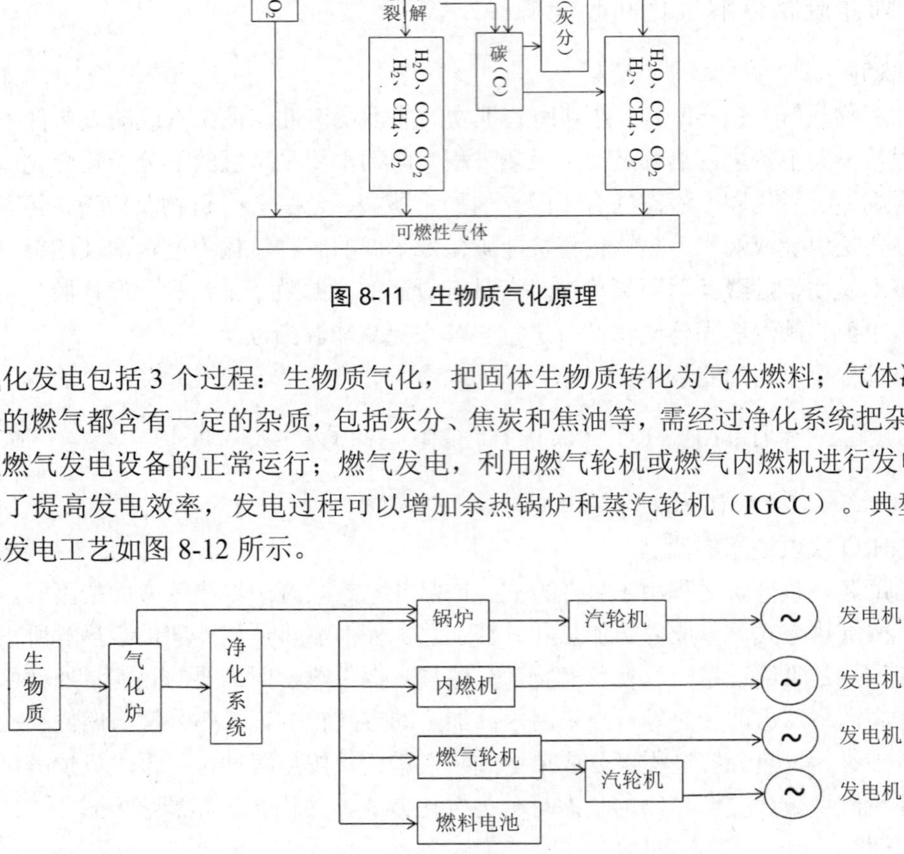

图 8-12 生物质气化发电工艺示意

目前生物质气化发电技术是一种更为清洁的能源利用形式，因为生物质本身属可再生能源，可以有效地减少 CO、SO_2 等有害气体的排放。而气化过程一般温度较低（700～900℃），NO_x 的生成量很少，所以能有效控制 NO_x 的排放。同时，该技术也具有一定的灵活性，可以保证在小规模下有较好的经济性，同时，燃气发电过程简单，设备紧凑，也使生物质气化发电技术比其他可再生能源发电技术投资更小。

8.2.3 固体废物生产能源类物质

1. 生物质废物沼气化

餐厨垃圾、禽畜粪便、农作物秸秆等有机固体废物都可以进行厌氧发酵产生沼气。沼气发酵是沼气微生物在厌氧条件下，以发酵的方式分解有机物，最终产出沼气的过程。

如前所述，从沼气发酵的全过程看，液化阶段所进行的水解反应大多需要消耗能量，而不能为微生物提供能量，所以进行比较慢，要想加快沼气发酵的进展，首先要设法加快水解阶段。对原料进行预处理和增加可溶性有机物含量较多的人粪、猪粪以及嫩绿的水生植物都会加快水解。产酸阶段能否控制得住（特别是沼气发酵启动过程），是决定沼气微生物群体能否形成、有机物转化为沼气的进程能否保持平衡、沼气发酵能否顺利进行的关键。沼气池第一次投料时适当控制秸秆用量，保证一定数量的人畜粪便入池，以及人工调节料液的酸碱度，都是控制产酸阶段的有效手段。产甲烷阶段是决定沼气产量和质量的主要环节，要为甲烷菌创造适宜的生活环境，促进甲烷菌旺盛成长。防止毒害、增加接种物的用量，是促进产甲烷阶段的良好措施。根据温度对沼气发酵的影响，沼气发酵可分为常温发酵、中温发酵和高温发酵。

由于其中含有 50%左右的甲烷，沼气同样拥有较高的热值。目前，沼气的主要利用方式包括：①用于锅炉燃料；②用于民用或工业燃气；③用作汽车燃料；④用于发电或热电联产；⑤用于化工原料，合成甲醛、氢气、合成气等。

此外，沼气发酵残留物沼渣也可进行综合利用。沼渣中除了含有丰富的氮、磷、钾等大量元素外，还含有硼、铜、铁、锰、锌等微量元素，是一种很好的有机肥料；此外，沼渣中还含有大量氨基酸、多种微量元素、B 族维生素等营养成分，可用作饲料。

2. 生物质制取液态燃料

（1）生物质产生物柴油

生物柴油这一概念最早由德国 Rudolf Desel 博士于 1985 年提出，并在 1990 年巴黎博览会上展示了使用花生油作燃料的发动机。生物柴油的主要成分是高级脂肪酸的低级醇酯，即软脂酸、硬脂酸、油酸、亚油酸等长链饱和（或）不饱和脂肪酸同甲醇或乙醇等醇类物质所形成的酯类化合物。生物柴油基本不含硫和芳烃。生物柴油的十六烷值高达 52.9，氧含量达 10%～11%。与普通柴油相比，富氧燃烧对燃油完全燃烧有利，特别是在高负荷下、高燃料浓度区，可减少 CO、SO_2、碳氢化合物、多环苯类致癌物质和“黑烟”等污染物的排放；而高十六烷值，使得燃油着火性能好，滞燃期短，故未燃碳氢和裂解碳氢均少，CO 排放量降低。

生物柴油的主要制备方法有直接使用和混合法、微乳法、热解法、酯交换法。与其他方法比较，酯交换法生产生物柴油具有工艺简单、费用较低和制备的产品性质稳定等优点，已成为研究的重点。酯交换法主要通过酯基转移作用将高黏度的植物油或动物油脂转化为低黏度的脂肪酸酯。常用甲醇等低碳醇作为酯交换剂，NaOH 和 KOH 等碱性物质，或 H_2SO_4 和 H_3PO_4 等酸性物质作为酯交换法催化剂，在一定的温度和压力条件下反应，生成脂肪酸甲酯。

如主要成分为脂肪酸三甘油酯的废餐饮油，在催化作用下与甲醇等低碳醇同时进行酯化与转酯化作用，生成脂肪酸甲酯（即生物柴油），同时副产出价值较高的甘油。

碱催化酯交换反应是不可逆反应，具有速率快、转化率高等优点，是目前生物柴油生产最常用的方法之一。在均相碱催化剂中以甲醇盐应用最为广泛，因为甲醇盐作催化剂操作容易、价格低、活性高、反应时间短、反应所需温度低、催化剂用量少，且反应后通过中和水洗易除去。工艺流程如图 8-13 所示。

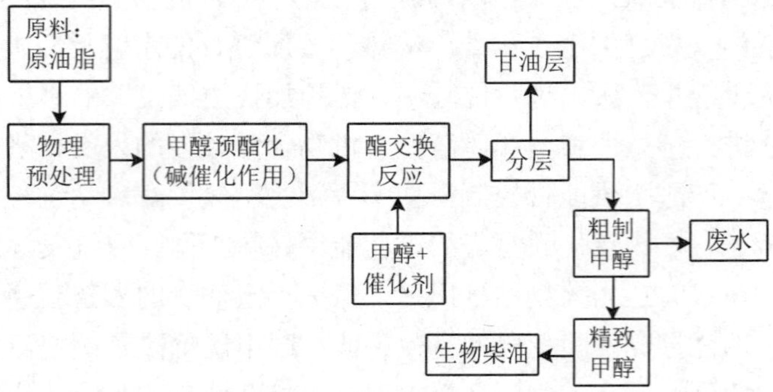

图 8-13 碱催化酯交换法生产生物柴油工艺流程

（2）纤维素乙醇发酵制乙醇

乙醇是燃料酒精中最主要的能源物质之一，它以木质纤维素等为原料，经发酵、蒸馏而制成，乙醇进一步脱水再经过不同形式的变性处理后成为变性燃料乙醇。燃料乙醇也就是用粮食或植物生产的可加入汽油中的品质改善剂。它不是一般的酒精，而是其深加工产品。在这种燃料中，乙醇既是一种能源，又是一种良好的汽油增氧剂和高辛烷值调和组分，用以代替四乙基铅和 MTBE。目前，世界上使用乙醇汽油时间最长、成效最大的国家，属巴西和美国。

参与乙醇发酵的主要微生物是酵母，它只能将糖类转化为酒精，而不能直接利用淀粉和纤维素。因此，含有纤维素类有机废物制备乙醇的第一步就是把不能直接被酵母利用的淀粉和纤维素通过各种方法如酸水解或酶水解转化成糖，第二步是由酵母菌发酵成乙醇，对于糖质原料则可以不经转换而直接利用。乙醇发酵的原理如下：

$$\left(C_6H_{12}O_6\right)_n \rightarrow n\left(C_6H_{12}O_6\right)$$

$$\left(C_6H_{12}O_6\right)_n + 2NAD^+ \rightarrow 2CH_3COCOOH + 2NADH + 2H^+$$

$$2CH_3COCOOH \rightarrow 2CH_3CHO + 2CO_2$$

$$CH_3CHO + NADH + H^+ \rightarrow CH_3CH_2OH + NAD^+$$

总反应式为：$\left(C_6H_{12}O_6\right)_n \rightarrow 2CH_3CH_2OH + 2CO_2 + Q$

纤维素首先进行酸水解或酶水解产生葡萄糖，酵母菌在厌氧条件下利用糖化后的葡萄糖时，先形成丙酮酸，丙酮酸脱羧形成乙醛，乙醛再在乙醇脱氢酶作用下形成酒精。从以上反应式可以看出，1 mol 葡萄糖可以产生 2 mol 乙醇，即 180 g 葡萄糖可产生 92 g 酒精，产率为 51.5%。纤维素乙醇发酵的工艺过程如图 8-14 所示。

酸水解可以分为稀酸水解和浓酸水解，可以在较温和的条件下进行。稀酸水解可以将半纤维素转化为单元糖，原料中的重金属被稀酸溶解，然后以氢氧化物的形式沉淀，最后和石膏一起被过滤掉。稀酸水解糖的转化率只能达到 50%，其水解过程中产生一种络合物，是大多数微生物的抑制剂。浓酸水解约有 90%的纤维素和半纤维素转化的糖被回收，但是浓酸水解中的酸难以回收。

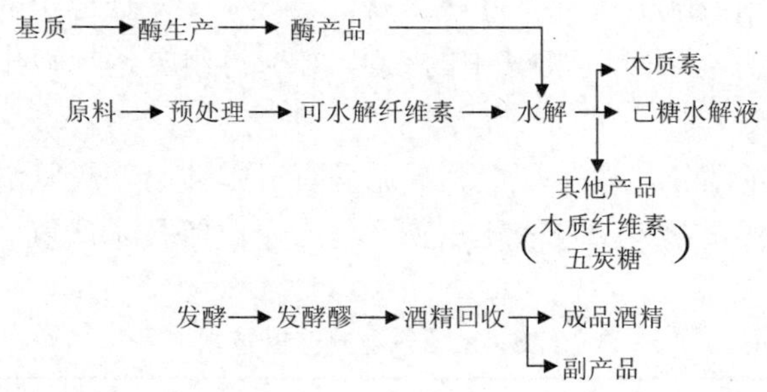

图 8-14　纤维素乙醇发酵产酒精工艺流程

酶水解利用的是纤维素酶，它由真菌产生。纤维素酶的研究首先着眼于厌气性分解菌，由于这些细菌一般不分泌胞外酶，产能低，多数对结晶纤维素没活性。接着又有人提出使用好气性分解菌，如李氏木霉，后来又分离到酶活性相似的正青霉和能分解棉花的疣孢青霉。由于酶具有底物高度专一性，所以产率很高，而且副产物很少，所以对于进一步的乙醇发酵减轻了提纯的工作量。但是，酶的成本较高，纤维素的酶解又需要大量酶，在实际应用过程中对之加以有效地回收利用是必要的，研究较多的是采用超滤膜回收技术。

3. 生物质产氢（生物发酵/热催化转化）

氢气是一种高热值、无污染的清洁能源，是目前最具有发展潜力和未来广泛使用的一种新能源。常规的氢气是通过煤、石油、天然气获得的，也可以电解水获得，然而这样会消耗不可再生能源。利用固体废物中的生物质原料，通过一定的生物化学方法制取氢气，具有巨大的环保和经济价值。目前利用固体废物产氢主要有两种方式，一种是利用生物质废物生物发酵产氢，另一种是生物质废物通过热化学转化产氢。

（1）微生物厌氧发酵产氢

厌氧发酵产氢就是利用厌氧微生物，特别是产氢产酸菌在酸性介质中发酵有机物生产氢气的过程。目前人们普遍认为厌氧消化主要分为三个阶段，即厌氧水解、产氢产酸和产甲烷。在这个过程中水解性细菌将固体废物中的淀粉、纤维素、蛋白质以及脂肪水解成葡萄糖、二糖、氨基酸和脂肪酸。在产氢阶段中，产氢产酸菌发酵可溶性低分子碳水化合物、有机酸产生醋酸、丙酸等有机小分子化合物及氢气和二氧化碳等。第三个阶段是利用产氢阶段的产物得到甲烷和二氧化碳。如果将厌氧发酵控制在产氢产酸阶段，将会得到大量的氢气。图 8-15 是典型生物发酵产氢工艺简图。

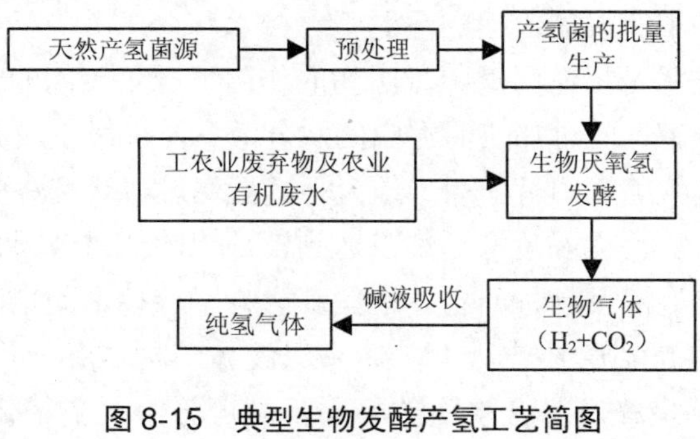

图 8-15　典型生物发酵产氢工艺简图

（2）热解气/沼气催化转化产氢

生物质废物在无氧或缺氧条件下受热分解，会产生一些低分子的气态化合物，主要有 H_2、CO、少量 CO_2、烯烃和水。将其中的 CO、CO_2 等组分进行转化分离，可得到高浓度的氢气能源。

此外，垃圾填埋场沼气，餐厨垃圾、污泥等有机固体废物厌氧消化产生的沼气，也可以通过蒸气重整、干式重整、部分氧化重整、复合重整等技术产氢（表 8-4）。

表 8-4 沼气重整产氢技术

重整产氢技术	方程式	ΔH_{298}/（kJ/mol）
蒸气重整	$CH_4+H_2O \rightarrow CO+3H_2$	206
干式重整/CO_2 重整	$CH_4+CO_2 \rightarrow 2CO+2H_2$	247
部分氧化重整	$CH_4+1/2O_2 \rightarrow CO+2H_2$	−131
复合重整	$CH_4+2O_2 \rightarrow CO_2+2H_2O$	−35.6

8.3 污水处理厂剩余污泥干化技术

8.3.1 污泥干化技术的主要类型

在污泥干燥之前，通常采用机械方法脱水预处理，能减少干燥过程中必须要去除的水含量。脱水污泥中的水在干燥器中蒸发，但是污泥中的有机物不能被破坏，因此污泥经机械脱水后的含水率一般为 70%～80%。污泥的填埋、堆肥和燃料化利用等都要求将其含水率降至 60%以下，机械脱水工艺无法满足要求。将机械脱水后污泥的含水率进一步降低的过程称为污泥干化。污泥干化技术按照干化原理的不同，可分为污泥石灰干化技术、污泥生物干化技术、污泥热干化技术三类。

①污泥石灰干化技术是一种向经机械脱水后的污泥中投加干燥生石灰或熟石灰，利用石灰与水的反应和结合，同时使其 pH 和温度升高，降低污泥含水率的技术。该技术利用强碱性和释放出的大量热能杀死病原微生物，降低污泥的恶臭，并钝化重金属。经过石灰干化后的污泥呈粉末状或块状，体积仅为原来的 20%～25%。同时，微生物的活性受到抑制，避免了产品因为生物的作用而发霉、发臭，利于储藏和运输。石灰干化使污泥性能得到全面改善，产品用途广泛，可进行堆肥、焚烧及用于建材等。在污泥处置策略中，污泥石灰干化被认为是一种安全可靠的处置方式，该技术在欧洲乃至全世界的污泥处置中都占有较高的比例，是一种很有发展前途的污泥干化技术。

②污泥生物干化技术是指在污泥中微生物的作用下产生较高的温度条件，对脱水污泥中的有机物进行生物降解，同时加快污泥中的水分散失，最终生成具有较低含水率干化污泥的技术。该技术已在欧美等国有应用，作为污泥衍生燃料或焚烧的预处理手段。该技术干化时间长（2～4 周）、污泥黏度大、难以达到较理想的通风效果；装置庞大，占地面积大，操作不便；存在渗滤液及臭气问题。这些都影响了该技术的推广应用。

③污泥热干化技术是利用热或压力破坏污泥胶体结构，并向污泥提供热能，使其中水分蒸发的技术。根据最终产品含水率的不同，又可分为“半干化”和“全干化”。半

干化主要指最终产品含固率为 50%～65%的类型，而全干化指最终产品含固率在 85%以上的类型。

本章重点介绍污泥的热干化处理技术。

8.3.2　污泥干化原理

1. 污泥干化特性

在一定温度、湿度和流速的空气中进行干化，污泥的含水率随时间变化的曲线如图 8-16 所示。从图中可以看出，污泥干化过程中，存在着加速阶段、恒速阶段和减速阶段。在加速阶段，随着干化时间增加，污泥温度增加，使水分蒸发速率加快。当污泥温度增加到与加热介质空气温度相同时，温度开始保持恒定；此时，干化过程进入恒速阶段，此阶段中主要蒸发污泥中的非结合水。随着干化过程继续进行，污泥逐渐由浆状变成黏性很大的半固体状，再到块状；此时干化速率取决于固体内部水分的扩散。另外，由于污泥表面全部变成干区，水分汽化表面内移，使热量和水分传递途径增长；而当污泥中非结合水蒸发完全之后，所汽化的是结合水，平衡蒸汽压逐渐下降，传质推动力减小，这些原因都导致污泥干化速率下降。

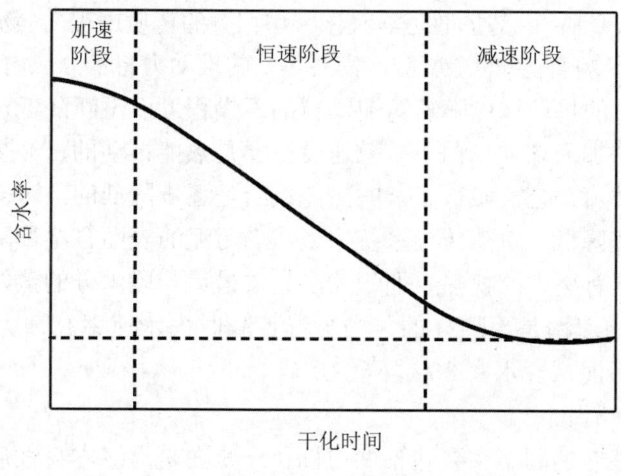

图 8-16　污泥含水率随干化时间变化曲线

图 8-17 是污泥干化能耗曲线。从图中可以看出，污泥由含水率 80%干化到 60%的过程是低能耗阶段；从 60%干化到 35%是高能耗阶段；低于 35%是低能耗阶段。污泥含水率为 35%～60%时，污泥处于胶结阶段，类似胶水，极易结块，形成表面坚硬、难以粉碎而内部仍为稀泥的颗粒，水分不易去除。这为污泥的进一步干燥和灭菌带来极大困难。所以污泥干化过程中，要尽量避免这一阶段。

由于污泥具有高含水率、高空隙的特性，在干化过程中有较大变形，因此其干化特性比通常的固定骨架的多孔介质复杂得多，目前还很难理论求解。污泥干化特性的研究结果表明，污泥干化前后形貌变化极大，且其干化曲线与通常固定骨架的多孔介质有一定区别。污泥干化过程中由于收缩和开裂的共同作用，使污泥存在着急剧形变。可以大致把污泥的形变分成三个阶段：裂缝生长段、裂块收缩段和整体收缩段。

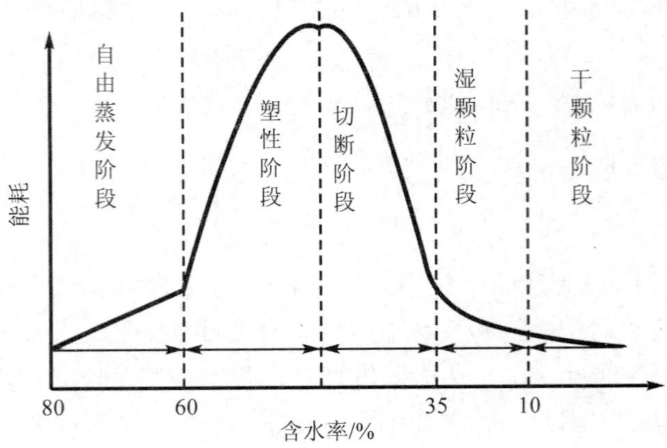

图 8-17 污泥的干化能耗曲线

2. 污泥干化过程

污泥干化过程中水分的去除主要是通过表面水蒸发和内部水扩散两个过程来完成的。水分蒸发是物料表面的水分汽化，由于物料表面的水蒸汽压低于介质（气体）中的水蒸气压，水分从物料表面移入介质。内部扩散是与汽化密切相关的传质过程。当物料表面水分蒸发掉、物料表面的湿度低于物料内部的湿度时，需要热量的推动力将水分从内部转移到表面。

一般来说，水分的扩散速度随着污泥颗粒的干燥程度而不断降低，而表面水分的汽化速度则随着干燥度增加而增加。由于扩散速度主要是热能推动的，对热对流系统来说，干化设备一般均采用并流工艺，多数工艺的热能供给是逐步降低的，这样就造成在后半段高干度产品干化时速度降低。对热传导系统来说，当污泥的表面含湿量降低后，其换热效率急速下降，因此必须有更大的换热表面积才能完成最后一段水分的蒸发。污泥在不同的干化条件下失去水分的速率是不一样的，当含湿量高时失水速率高，大多数干化工艺需要20～30 min 才能将污泥从含水率 80%降至 10%。

3. 污泥干化影响因素

影响污泥干化工艺的因素主要包括两方面：一方面是污泥本身性质，包括絮凝剂种类及含量、污泥黏度、污泥成分等，研究表明，不同污泥的干化曲线不同；另一方面是干化工艺参数，如干化温度、压力、干化过程中泥饼厚度等。多种因素的共同影响使得污泥的干化过程较为复杂，需要通过具体的实验来确定实际干化效果。

①絮凝剂。图 8-18 分别为加入高分子絮凝剂和加入无机絮凝剂（铁盐）的污泥干化速度曲线。从图中可以看出，加入高分子絮凝剂的脱水污泥干化时没有明显的恒速干燥区，整个过程干燥速度都是随含水率的下降而减少，说明污泥内部水分的扩散是干燥过程的控制因素。而加入无机絮凝剂的脱水污泥有明显的恒速干燥区和减速干燥区。

②泥饼厚度。图 8-19 表示了不同厚度泥饼的含水率随干化时间的变化曲线。从图中可以看出，泥饼厚度对污泥干化速率影响较大，厚度小的泥饼干化速率快。这是由于泥饼越薄，热量和水分的传递途径越短，干化速率越快。

③环境温度。图 8-20 表示了环境温度对干化特性的影响。环境温度会影响污泥的干化特性，环境温度越高，污泥干化速率越快。

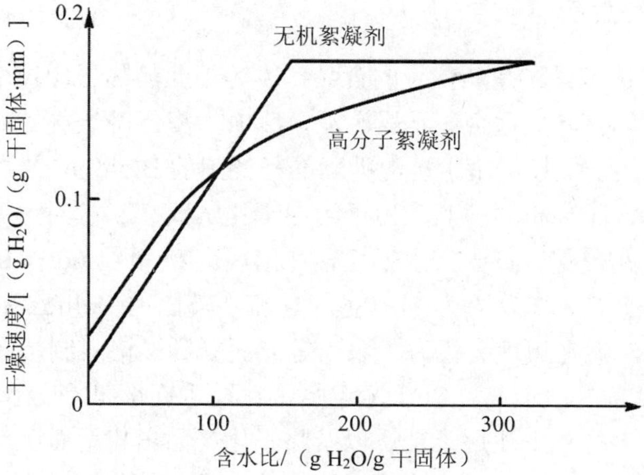

图 8-18　絮凝剂对污泥干化特性的影响

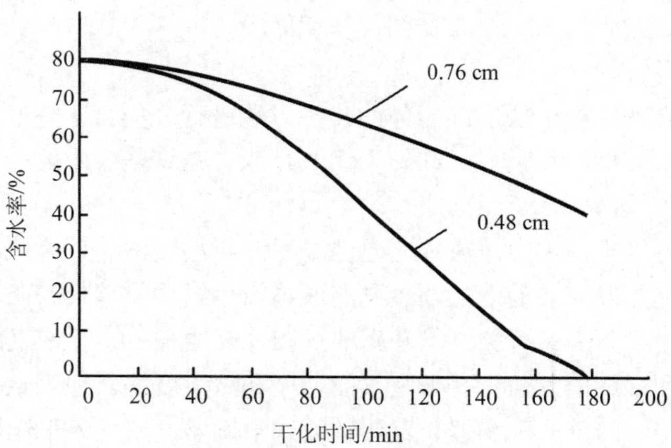

图 8-19　泥饼厚度对污泥干化特性的影响

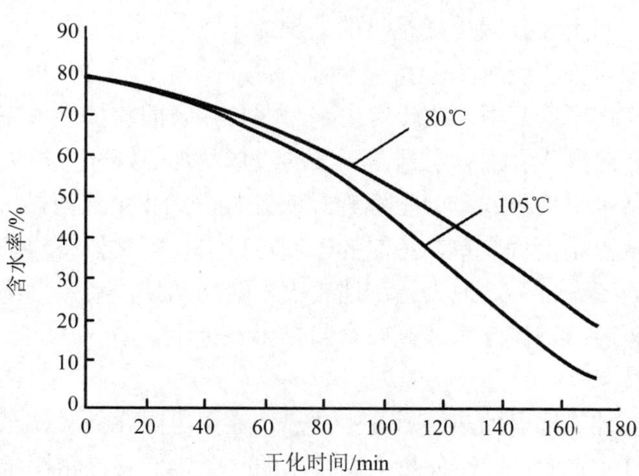

图 8-20　环境温度对污泥干化特性的影响

8.3.3 污泥热干化工艺

污泥热干化处理技术最初是从传统的食品化工等行业的热干燥技术演变而来的，通过对设备及工艺的改造，使其更适合于干燥污泥，后来一些公司开发了专门针对污泥的干化设备。世界上最早将热干燥技术用于污泥处理的是英国的 Bradford 公司，1910 年，该公司首次开发了砖窑式污泥干化机并将其应用于污泥干化实践。20 世纪 30 年代，闪蒸式干燥机、带式干燥机分别在美国、英国污水处理行业出现。20 世纪 60—70 年代，污泥热干化技术逐步得到了完善；1976 年，第一代转鼓干化机在英国的 Halifax 被用于污泥干化。20 世纪 90 年代，随着污泥在填埋、投海、农用等方面受到严格限制，同时随着与污泥干化特性相适应的干化设备的改造与完善，污泥热干化技术在欧洲多数国家得到大规模的应用，其中包括对污泥进行预干化用于焚烧以及将干化产品出售用做肥料等。

污泥热干化处理技术具有以下优点：污泥显著减容，体积可减少 4～5 倍；形成颗粒或粉状稳定产品，污泥性状大大改善；干化产品的含水率控制在抑制污泥微生物活动的水平，产品无臭且无病原体，减轻了污泥有关的负面效应，使处理后的污泥更易被接受；产品具有多种用途，如做肥料、土壤改良剂、替代能源等。

1. 污泥热干化技术

热干化技术通常按照要干燥的湿固体的传热方法进行分类。这些方法包括对流（直接干燥）、传导（间接干燥）和辐射（红外干燥），或者是这些技术的协同。

（1）直接加热干化技术

在对流干燥（直接干燥）中，热传递通过湿污泥与热气体的直接接触完成，进气的热量提供了污泥小液体蒸发需要的潜热，蒸发的液体被热气体所携带。在定流速的干燥平衡条件下，物质传递与以下因素有关：①暴露的湿固体表面积；②干空气的水分含量和污泥空气接触温度下饱和湿度的差值；③干空气的速度和湍流度等其他因素。直接干燥是污泥热干燥最常用的类型，闪蒸式干燥器、直接转筒式干燥器、流化床干燥器使用的都是这种方法。

该干化工艺的特点是在无氧环境中操作，不产生灰尘，干化污泥呈颗粒状，粒径可以控制，采用气体循环回用设计减少了尾气的处理成本。

（2）间接加热干化技术

在传导干燥（间接干燥）中，热传递由湿污泥与热表面的接触来完成。金属壁将污泥和加热媒介（通常是蒸汽或者油）隔开，蒸发的液体从加热媒介中被去除。城市污泥干燥的间接干燥技术包括水平桨板式、中空螺旋式或者圆盘式和垂直间接干燥技术。

该干化工艺的特点是流程简单，污泥的干度可控制，干化器终端产物为粉末状；所需辅助空气少，尾气处理设备小。但设备占地较大，转动部件需要定期维护，需要单独的热媒加热系统，能耗较高；进泥含水率高时容易黏附在壁上。

（3）辐射干燥技术

在辐射干燥（红外或辐射的热干燥）中，热传递由电阻元件（如燃气的耐火白炽灯或者红外灯）提供辐射能来完成。红外热干燥技术的一个实例就是常用于污泥焚烧的多炉膛焚烧炉。

2. 污泥干化热源

干化的主要成本在于热能，降低成本的关键在于选择和利用恰当的热源。一般来说，直接加热方式只可利用气态热介质，如烟气、热空气、蒸汽等；而间接加热方式几乎可以利用所有的热源，如烟气、导热油、蒸汽等，其利用的差别仅在温度、压力和效率。

按照能源的成本从低到高，分别如下：①烟气。来自大型工业、环保基础设施（垃圾焚烧炉、电站、窑炉、化工设施）的废热烟气是零成本能源，如果能够加以利用，是热干化的最佳能源。温度必须高，地点必须近，否则难以利用。②燃煤。非常廉价的能源，以烟气加热导热油或蒸汽，可以获得较高的经济可行性；尾气处理方案是可行的。③热干气。来自化工企业的废能。④沼气。可以直接燃烧供热，价格低廉，也较清洁，但是供应不稳定。⑤蒸汽。清洁，较为经济，可以直接全部利用，但是将降低系统效率，提高折旧比例；可以考虑部分利用的方案。⑥燃油。较为经济，以烟气加热导热油或蒸汽，或直接加以利用。⑦天然气。清洁能源，但是价格最高，以烟气加热导热油或蒸汽，或直接加以利用。

所有的干化系统都可以利用废热烟气。其中，间接干化系统通过导热油进行热交换，对烟气无限制性要求；而直接干化系统由于烟气与污泥直接接触，虽然换热效率高，但是对烟气的质量提出了一定要求，包括含硫量、含尘量、流速和气量等。

3. 污泥干化工艺系统

污泥干化工艺系统主要包括以下几个部分：进料及预处理设备，干化设备，热生成器，干化产物处理设备，尾气处理设备等。根据工艺流程的不同，系统设备组成及附属设备需求也不一样，下面介绍几个主要的组成部分。

（1）进料及预处理设备

不同进料方式所需的进料及预处理设备差别较大。对于湿污泥直接进料工艺，仅仅需要污泥输送机；对于干料返混工艺，需要增加干料筛选、粉碎机以及物料混合器。有些工艺需要利用从干化机中出来的废气余热对污泥进行加热，因此还需要增加污泥预热设备。

（2）干化设备

干化设备是干化系统的核心，干化设备种类繁多，将在下一节进行详细介绍。

（3）热发生器

热发生器为干化系统提供热源，因此，热发生器随所需热源的不同而不同。对于直接干化系统，热发生器通常是一个柱状的耐火室，在热发生器的前端有燃料燃烧器，通常采用空气燃烧。吹风机、燃烧器的控制装置也是热发生器的重要组成部分，燃烧产物的温度可以达到 1 200～1 350℃，对于直接干化系统，需要引入额外空气或废气，使进气体温度降低到370～450℃；对于间接干化系统，需要通过煤、气等的燃烧加热蒸汽或热油，再将蒸汽或热油引入干化设备。

（4）尾气处理设备

由于污泥中含有大量恶臭物质，这些物质在干化过程中随水蒸气挥发进入尾气中。因此，污泥干化系统中的臭气控制十分重要。一般来说可以通过化学法、生物法或二次燃烧对尾气进行处理。

（5）干化产物处理设备

干化产物被排出干化器后需要进行筛选，将把具有良好分离效果、尺寸合适的颗粒选出来，并进行冷却后贮存或装袋；将细小颗粒返回到混合器中，而将尺寸过大的颗粒先进行粉碎再返回混合器中。

（6）其他附属设备

如造粒机、料仓等。

8.3.4 污泥热干化设备

1．直接加热式

图 8-21 所示是带返料的直接加热转鼓式干化技术工艺流程。脱水后的污泥从污泥漏斗进入混合器，按比例与部分颗粒过大或过细的干化污泥充分混合，使混合后污泥的含固率达 50%～60%，然后经螺旋输送机运到三通道转鼓式干燥器中。在转鼓内与同一端进入的热气流（流速为 1.2～1.3 m/s，温度为 700℃）接触混合集中加热，经 25 min 的处理，烘干后的污泥被带计量装置的螺旋输送机送到分离器。

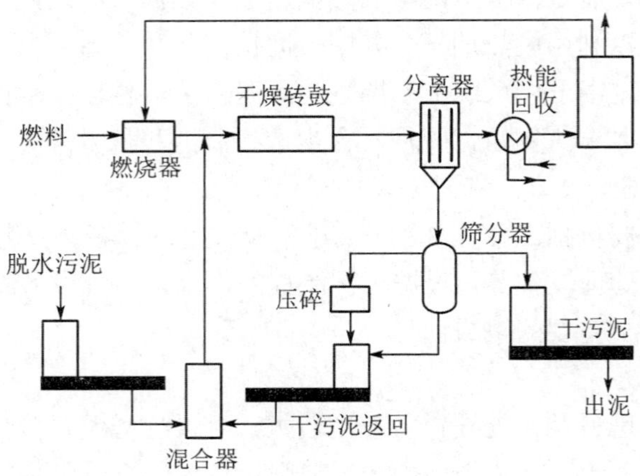

图 8-21 直接加热转鼓式干化技术工艺流程

在分离器中干燥器排出的湿热气体被收集进行热力回用，带污染的恶臭气体被送到生物过滤器处理以达到符合环保要求的排放标准。从分离器中排出的干污泥，其颗粒度可控制在 1～4 mm，再经过筛分器将满足要求的污泥颗粒送到贮存仓待处理，干化的污泥干度可达 85%～95%。

用于加热转鼓干燥器的燃烧器可使用沼气、天然气或热油等作为燃料。分离器将干燥的污泥和水汽进行分离，水汽几乎携带了污泥干燥时所耗用的全部热量，这部分热量一般可通过冷凝器回收利用。冷凝器冷却水入口温度为 20℃，出水温度为 55℃，被冷却的气体送到生物过滤器处理完全达到排放标准后排放。

（1）转鼓式干化机

污泥在干燥机内部的输送由推进搅拌器实现，为防止污泥黏附在转盘上，在转盘之间装有刮刀，刮刀固定在外壳（定子）上。热源可为导热油，也可为蒸汽或高温烟气，有余热可用时，还可以用热水作为热源。以蒸汽作为导热介质时，饱和蒸汽一般是（4～11）×10^3kJ 的饱和蒸汽；采用导热油作为导热介质时，进油温度为 180～220℃，出油温度要低 40℃左右。半干化（干化后干固体含量小于 50%）时，无污泥回流。尾气可直接冷凝而无须除尘。半干化干燥器一般都与焚烧炉结合，因可达到能量的平衡和最佳利用，而无须辅助热源，这样可以大大降低运行费用。干燥器内污泥负荷大，便于控制。干燥器负压运行，避免了尾气泄漏。设备设计紧凑，传热面积大，设备占地面积与厂房空间和其他干燥机相比为最小；维修少，持续运行性好，可昼夜连续运转，保证每年运行 8 000 h。荷兰的 sNB 污泥干化焚烧厂是目前世界上最大的污泥处理站，采用转盘干燥机和流化床焚烧炉，卡车从各污水处理厂运来污泥，送入转盘式干燥机干化，然后进入流化床焚烧炉内焚烧，烟气通过废热锅炉产生蒸汽，最后是烟气处理。整个系统能量自平衡，无需添加辅助燃料，在尾气处理过程中产生的蒸汽，可满足干燥机所需热能。需要额外追加的能量（用于启动点火，烟气处理）占整个装置总消耗能量的 3%。

（2）带式干化机

带式干燥器有直接干燥式和直接-间接联合干燥式两种。直接干燥式工作原理如图 8-22 所示，在不锈钢丝网运载污泥缓缓转运过程中，热空气从钢丝网下方经网眼向上通过，使污泥与热气发生接触传热，从而将污泥中水汽蒸发带出；在具体操作中，污泥往往由污泥挤压机挤压成条状（蠕虫状），这样将有利于扩大气-泥接触面积，以提高污泥水分的蒸发效率。联合干燥式的设计特点是：不锈钢带在不锈钢盘上走动，一方面，热空气从污泥表面流过并在封闭的炉膛内回转以对流方式传热（污泥进口和出口端在同一方向）；另一方面，通过加热不锈钢盘传导热能到不锈钢带上的污泥，为污泥受热，水分蒸发，经 15～30 min 环形运转后，在出口处输出干污泥产品。

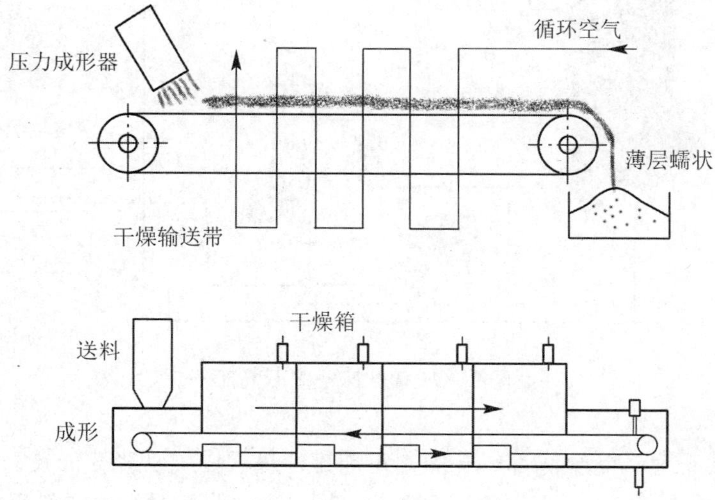

图 8-22　带式干化机直接干燥式工作原理

（3）离心干化机

离心干化机是脱水干化一体化技术。稀污泥自浓缩池或消化池进入离心干化机，干化机内的离心机对污泥进行脱水，经机械离心脱水后的污泥呈细粉状从离心机卸料口高速排出，高热空气以适当的方式引入离心干化机的内部，遇到细粉状的污泥并以最短的时间将其干化到含固率 80%左右。干化后的污泥颗粒径气动方式以 70℃的温度从干化机排出，并与湿废气一起进入旋流分离器进行分离。一部分湿废气进入洗涤塔中冷凝析出大部分水分，净化后的废气以 40℃的温度离开洗涤塔。因为污泥不需要贮存，整个系统可以迅速地启动和关闭，而且干化和运输在几秒钟内即可完成，故在污泥进入系统后不久干化污泥颗粒就可以从排料阀排出。与循环气体混在一起的燃料废气和低氧含量的干化废气需要连续不断地通过洗涤塔排气立管排出。其特点是流程简单，省去了污泥脱水机及从脱水机至干化机的存储、输送、运输装置。

（4）流化床干化机

流化床干化机主要应用于化学工业、食品以及饲料工业。流化床干化机不是完全的接触式干化机，因为热量的一部分也通过热蒸汽的再循环，以对流的形式传递。流化床干化机仅适用于污泥全干化处理。

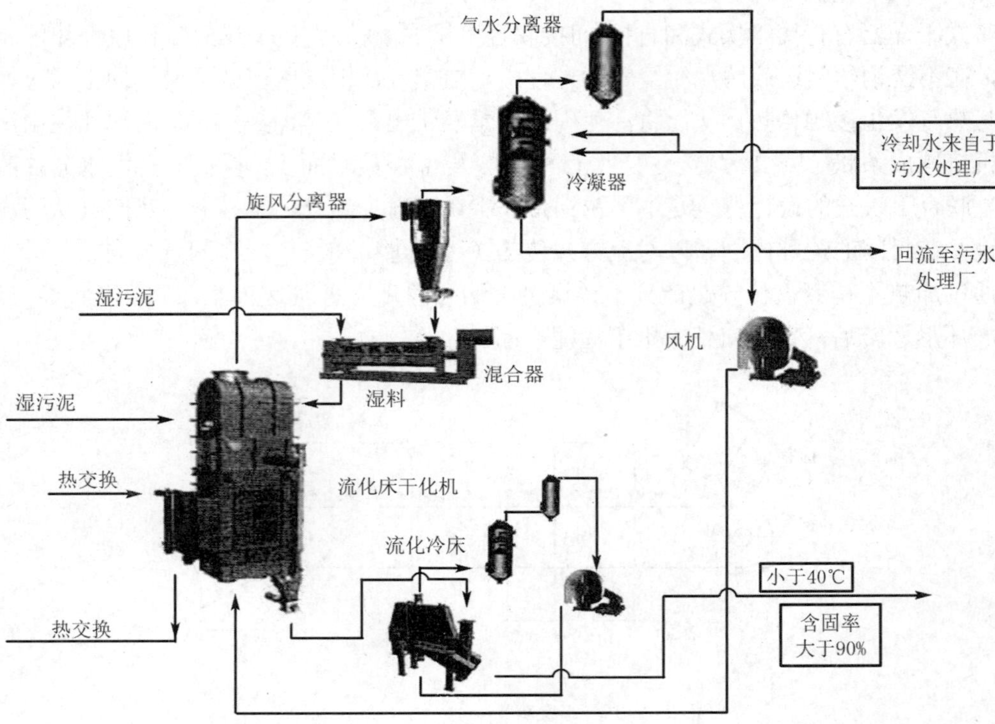

图 8-23 流化床干化工艺流程

流化床干化机包括一个底部多孔的固定炉排，热气体（通常是空气或者蒸汽）在内部流动。流化床干化机系统污泥流向示意如图 8-24 所示。脱水污泥通过进料器从漏斗进入圆筒形干燥器，空气和炉内气体在高压通风设备形成的压力下，通过烟气分布炉，形成污泥和惰性材料的流化床。干化污泥以微粒的形式排放，从一个可调高度的挡板上面进入干污泥斗。废气中的小部分粉尘在旋风分离器中回收，进入污泥进料斗。气体通过湿式洗涤器净化并部分冷却，最后由烟囱排出。

流化床的惰性材料可以是石英砂或者矿渣。工艺的精确设计参数由每个部分的经验情况决定。载热体温度为 500～600℃，干燥时间为 10～15 min，污泥干燥温度为 300～900℃，燃烧室的气体温度为 800～1 100℃。加热到如此高的温度需要大量热量，因此系统需配备能量回收设备。

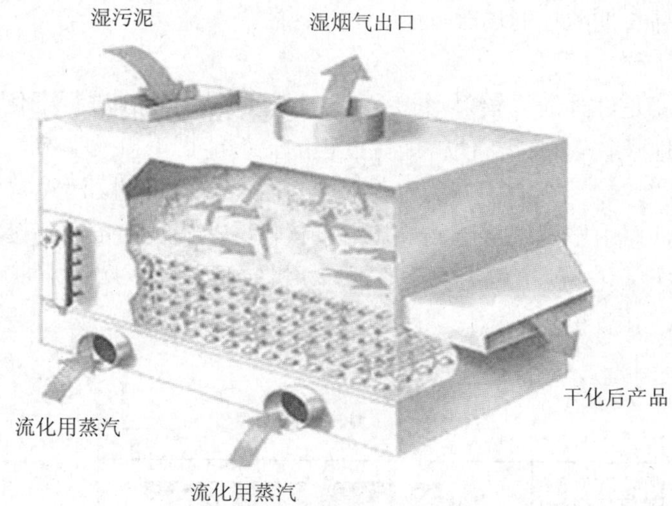

图 8-24　流化床干化机

流化床干化机的主要优点是污泥干燥时间的可控制和高强度的热传递、设计简单。其缺点是废气中的粉尘含量高，大概为 0.6～0.7 g/m^3。

2. 间接加热式

薄膜干化机有间接干燥式和直接-间接联合干燥式两种形式。间接干燥式薄膜干化机原理如图 8-26 所示。它是利用中间高速转动的螺杆向前运动并在壁上形成薄层，污泥薄层与受热壁接触，水分得以蒸发去除。在实际运用中，薄膜干燥往往作为两阶段干燥处理的第一级（后接转鼓式或其他形式的干燥器），而较少作为唯一处理器来运用（此时需干污泥返混）。联合式薄膜干燥器实质上是间接式薄膜干化机的改进类型。它是在器壁传热的同时将气流直接输入半封闭状态的圆筒，从而使污泥得以迅速干燥。

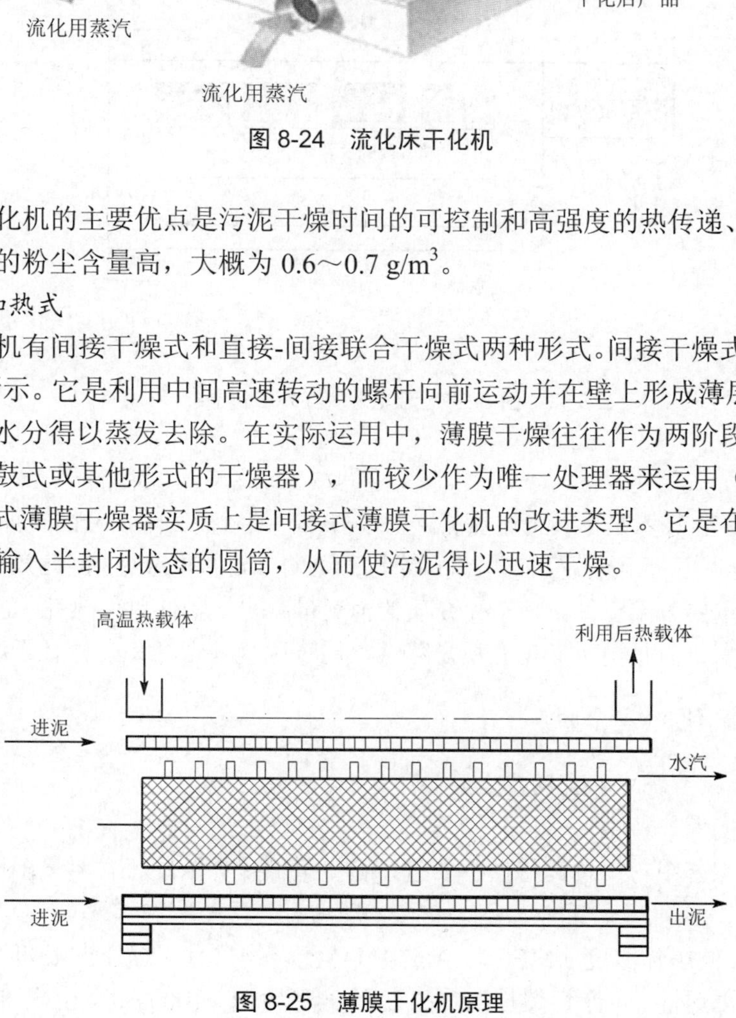

图 8-25　薄膜干化机原理

3. 其他加热方式

（1）太阳能污泥干化房

将脱水后的污泥放置于温室中，利用太阳能蒸发污泥中的水分即可获得 60%～80%的干化污泥，运行中可利用搅拌轮将污泥翻转平铺在地板上或增加强制通风以提高蒸发效率。这种工艺设计简单，投资运行费用低，但需要很大的占地面积，适合于产泥量较低、污泥用作农业应用并长期贮存的场合。

（2）燃气红外干化

红外辐射干化就是红外线以辐射形式直接传播电磁波对物料进行干化。物料潮湿部位比干化部位能更多地吸收辐射能，使得干化过程的辐射能可以自动调节，这是传导干化和对流干化所不具备的特点。图 8-26 即为污泥燃气红外干化器简图。污泥首先经过离心机脱水变成黏稠状物质，再由挤压机挤压成十几束条状物，在传送带传送到接收器过程中，污泥经过辐射器的加热干化，就可成为农用肥料。样机实验发现，污泥内外干化均匀效果好，完全达到预期目标，并且投资成本低，运行费用少。

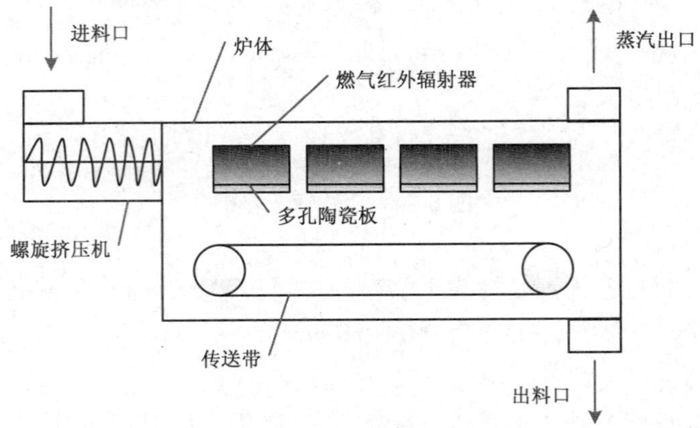

图 8-26　污泥燃气红外干化器

（3）过热蒸汽干化

过热蒸汽干化技术是指利用过热蒸汽直接与物料接触而去除水分的一种干化方式。与热空气干化相比，由于干化装置出口蒸汽可通过冷凝的方式回收潜热，因此效率高（>90%）；由于蒸汽热容量要大于空气，使干化介质的消耗量减少，降低单位热耗，因此是一种低耗高效的干化技术，而且由于干化介质是蒸汽，尾气脱臭处理容易，并且无爆炸等危险。

8.3.5　污泥干化的安全性

1. 污泥干化系统中粉尘的安全特性

（1）粉尘的爆炸特性

污泥干化工艺中粉尘爆炸特性主要包括粉尘最低爆炸浓度、含氧量限度和点燃能量 3 个参数。

① 粉尘最低爆炸浓度（MEC）。粉尘气体混合物只有在爆炸上限和下限之间的浓度范围内才具有爆炸性。可燃性爆炸浓度的下限一般为 10～100 g/m^3，上限可达 2～6 kg/m^3。由于粉尘具有一定的粒度和沉降性，其爆炸浓度的上限很少能达到，一般只考虑其爆炸浓度的下限。

一般认为有机质粉尘的爆炸浓度下限为 20～60 g/m^3，市政污泥的取值为 40～60 g/m^3，但是对于不同的污泥样品，其 MEC 变化范围较大，因此很难确定干化厂的粉尘浓度要求。

② 含氧量限度（LOC）。在一定粉尘浓度和点燃能量下，能够引起燃烧的最低氧气含量称为“含氧量限度”。根据研究，粉尘燃烧爆炸的含氧量限度一般为 5%～15%不等；

当保护性气体分别为 N_2、CO_2 和 H_2O 时，粉尘燃烧爆炸的含氧量限度分别为 5%、6%和 10%左右。

对于以烟气为热源的直接干化系统，正常运行条件下含氧量限度应小于 6%。对于转盘式间接干化系统，由于其热介质与污泥分离，理论上无需空气与污泥接触，但是由于实际运行过程中需要向设备中吹入少量气体以带出其中的水蒸气，一般来说，其蒸汽出口端的氧含量可能低于 1%。同属于间接加热方式的流化床工艺是所有工艺中气量最大的，由于其中物料的停留、翻动、搅拌均靠空气的动能实现，而大气量、高气速均可能导致更多的粉尘，因此其氧含量要求更为严格，正常运行条件下含氧量限度可能少于 2%。涡轮薄层干化工艺由于其干物质总浓度可能低于爆炸下限，出口处气体含湿量高，因此其正常运行状态下的含氧量可控制在 10%以内。

③ 点燃能量。污泥粉尘燃烧爆炸必须具备一定的点燃能量。根据研究，点燃能量大小与污泥的温度有关，温度在 20℃时，污泥的点燃能量也不会超过 10 mJ；而一般的干化系统典型的温度范围为 85～125℃，此时的点燃能量低至 100 mJ。由于污泥的点燃能量很低，而干化工艺本身就是凭借温度进行的，加上污泥干化所涉及的一系列设备以及污泥在干燥器内本身的流动，即使在静电、金属碰撞等条件都得到控制的情况下，污泥燃烧所需要的点火能量也基本上是一个难以避免的问题。

（2）粉尘爆炸的主要影响因素

① 粉尘粒径。多数可燃性粉尘的粒径为 1～150 μm，粒径越小越易飞扬。粉尘粒径越小，则比表面积越大，表面能越大，所需点燃能越小，所以也越容易点爆。

② 气体含湿量。蒸发所产生的蒸汽是最有效的惰性气体，增加一个干燥系统的湿度可降低粉尘浓度，提高点燃能量，降低氧气含量，从而是提高整体系统安全性的一个重要手段。

③ 环境温度与压力。环境温度升高和压力增加，均能使爆炸浓度范围扩大，所需着火能量下降。

2. 提高污泥干化安全性的主要措施

污泥干化系统具有安全隐患的不可预见性，在开机、停机时易发生爆炸，另外一些干化过程中的偶然因素变化也会导致危险。根据前述分析，干化系统的安全余量有限，因此某些偶然因素导致的污泥含水率突然下降。例如絮凝剂增加、脱水机器运行异常、污水进水导致污泥性质变化等，都会对干化系统的安全性造成威胁，因此需要采取措施提高污泥干化安全性。

（1）完善设备设计和加强设备管理

现在的污泥干化技术都非常重视设备的安全性，并针对性地采取措施来完善设计和加强管理。颗粒温度的控制，关键在于控制污泥在干燥器内的停留时间，必须保持干污泥中适量的水分，以避免污泥过热而燃烧，所以当污泥达到一定的干度（如 90%）就需离开干燥器。设有湿污泥仓的工厂，必须考虑甲烷的产生而尽量减少湿污泥的贮存时间，可在设计中将湿污泥仓中甲烷浓度控制在 1%以下，为防止自燃，应将干污泥仓中的干污泥颗粒的温度控制在 40℃以下。

（2）完善污泥干化工艺

对于干化污泥返混工艺，进料泥饼的含固率一般为 20%～25%，而大多数污泥干化设备无法直接处理含固率低于60%的污泥。所以大多数污泥干化设备采用干泥返混工艺，将大量已经干燥到90%以上的细颗粒返回到系统中进行混合。污泥返混可使粉尘量增加，增大了粉尘爆炸的风险，所以应尽量降低污泥的返混量。

对于逆流工艺，逆流的作用是可以获得更高的处理效率，但由于污泥的粉尘爆炸性质，使得这一工艺仅在极为严格的惰性环境中才能存在。在一个干化系统中，某些干污泥颗粒由于不规则气流、挡板、通道折弯等的作用，可能形成逆流或紊流运动，这时与高热表面或气流相遇，就可能产生颗粒的过热，从而使粉尘增加。

（3）降低干化系统氧含量

干化系统必须实施闭环，同时，所有的干化系统都必须抽取一定量的气体排出闭环，从而避免干化系统中产生的不可凝气体在回路中饱和。采用抽取的方式，使回路处于微负压状态，避免气体从别的出口、缝隙外溢；否则负压的形成，可能导致空气进入循环。在紧急停机、重新开机、关机、开机等操作过程中，必须使用惰性气体来控制回路，以避免加温和降温过程中，由于含湿量的变化导致的氧含量超标。间接加热器可附加氮气保护来确保系统内氧气含量小于2%；直接加热器可通过气体循环使用来控制氧气含量小于8%；同时对系统内氧气含量进行实时监测，在系统内设置了氧气超标保护，一旦氧气含量超过10%，系统自动停机。

（4）严密监测进料含水率

干化系统中进料的含水率波动范围有限，因此需要对进料的含水率严密监测。然而对于其他一些偶然因素引起的局部过热现象，不可能通过控制进料含水率来避免，因此这种方法并不能完全保证干化系统的安全性。

3. *污泥干化安全系统的构成与维护*

污泥干化工艺和设备的安全性是由工艺本身决定的，所有其他安全性措施均是对该工艺的补充。这些措施分别具有预防、干预和补救功能。典型的措施有：喷水系统；废热烟气/二氧化碳注射系统；氮气生成、贮藏、注射系统；湿度、压力、温度在线监测系统；在线氧气测量和反馈系统；泄压阀或爆破隔膜；制冷散热系统；灭火装备和设施；隔离墙或屏障等。

具有预防性功能的如湿度、压力、温度测量属于必备设备，对于某些工艺来说，氧气测量系统也是必备的。在正常开机、停机操作中使用的喷水系统，废热烟气/二氧化碳注射系统，氮气发生、贮藏、注射系统均属于具有一定预防性功能的设备。

预防性干预在于及时、迅速地建立严格的情性环境。蒸汽、二氧化碳、氮气的惰性化能力是不同的，使用喷水方式进行干预，有可能在几十秒内使环境迅速惰性化，且成本低廉；使用二氧化碳或氮气，要建立严格的惰性环境，所需时间较长，且维持在线的惰性气体生成系统费用较高。

当出现紧急状况时，系统一般首先切断热源供应、湿污泥进料，启动紧急干预措施包括喷水、氮气、二氧化碳等以形成惰性化环境；启动制冷散热设备，将热源撤出等。当出现较大险情时，则应动用灭火装备进行扑救，疏散人员至隔离墙之外等。此外，还应考虑极端情况下的系统安全性。如考虑在突然断电情况下如何保障系统的安全。逐项、逐段考察出现这一情况时系统各个部位的状态，分别按照停机0.5 h、12 h、24 h、48 h的条件来判定其重新开启时的条件以及可能出现的安全问题，这些条件对于发现多数安全隐患和工艺问题是具有代表性的。

8.4 污水处理厂剩余污泥资源化利用技术

8.4.1 污泥土地利用

目前，污泥的土地利用是普遍认可的一种经济有效的资源化利用方式，英、法等发达国家污泥的农用率在 70%左右，有的高达 80%以上，而我国则不足 10%。经过处理的污泥可以施用于土地，一方面可以利用土壤的自净能力使污泥进一步稳定，另一方面也能为植物生长提供营养元素，改良土壤结构，提高土壤肥力，是污泥处置较好的方式之一，越来越受到重视。

1. *污泥肥效*

污泥能提供植物生长所需的各种营养元素（表 8-5），从而改善土壤的肥力，提高生物量的生产力。例如水稻土、赤红壤、石灰性土和褐土土盆栽作物施用适量（l%）污泥，可以显著增加蔬菜的产量，施用堆肥加化肥可明显改善萝卜的品质。

表 8-5　我国 21 个污水处理厂污泥中营养物质成分统计　　单位：%

项目	有机质	TN	TP	TK
平均值	37.18	3.03	1.52	0.69
最大值	62.00	7.03	5.13	1.78
最小值	9.2	0.78	0.13	0.23
中值	35.58	2.9	1.3	0.49

污泥中含有丰富的有机质、腐殖质，是一种良好的有机肥料（表 8-6）。易降解的有机物释放出植物所需营养物、土壤微生物所需的能量，可改善土壤的结构；难降解的有机物提高了土壤中有机物的浓度。适量的污泥可以改善土壤的物理性质，如增加持水能力、改善供氧条件、减少风蚀，减少容重、抗压等，还可以改善土壤的化学性质，如增加土壤的阳离子交换容量（CEC），从而提高土壤的保肥能力。土壤的阳离子交换容量越大，越可以保持住大量的阳离子营养物质，减少营养物质的流失。污泥中的有机物和无机物还可以与土壤中的痕量金属结合，包括镉、铅等污染物。不仅如此，土壤的生物特性也会得到改善，有机物可以为土壤中的微生物提供充足的碳源，因而加入污泥可以提高微生物的活性，从而有利于植物的生长。生物活性的提高也有利于土壤中有害污染物的降解，食用有机物的土壤动物（如蚯蚓）的代谢产物也可增加土壤中的营养物质。

表 8-6　污泥中的营养物含量（以干泥计）　　单位：%

营养物	变化范围	营养物	变化范围
全 N	3～8	Ca	1～4
全 P	1.5～3	Mg	0.4～0.8
S	0.6～1.3	K	0.1～0.6

2. 污泥农用的环境效益、经济效益和社会效益

污泥农用是污泥最终处置手段中的最佳选择，这不仅是由污泥中丰富的有机质含量决定的，也是由庞大的污泥产生量数量和增值潜力所决定的。如今世界范围内的大多数农耕土地由于施用过多的化肥而变得越来越贫瘠，土地的良性循环被逐渐破坏，只有大量输入有机质，才能够改良土壤，而污泥恰恰是一种廉价、理想而又充足的来源。当然，污泥中重金属及有毒有害有机物的含量对于农用有着重要影响。但是也应该看到，随着工业污染治理的加强，流入市政管网的未加处理的工业废水越来越少，这样对于控制污泥的重金属含量及有毒有害污染物，使之能够达到农用的要求是可以实现的。从经济角度上讲，只要污泥农用产品的价格不低于污泥处理所需的主要成本，那么污泥产品就会在价格上具有一定优势，因为焚烧和填埋目前的处理成本对于本来就资金短缺的污水处理厂来说负担很大。

但是我们也必须注意到污泥农用必须遵守一个前提，即只有经过热干化或生物堆肥、化学稳定化处理的污泥才能施用。干化厂或堆肥厂必须对所出厂的污泥进行例行检测，除了保障农用产品必须具备基本的肥效外，对所有的检测结果、施用目的保留完整的记录；同时，使用者应该在专家的指导下定量施用，并定期对土壤进行抽样检测，以确保施用的效果以及土壤不会生成逆向变化。同样，污泥农用必须对种植的作物、重金属的含量作出完整的记录以资比较。

3. 污泥农用应注意的问题

（1）污泥中重金属及有机污染物的控制

污泥中的重金属和有机污染物含量已成为污泥土地利用的重要限制因素，污泥中往往含有大量的铜、镍、镉、铅、锌、汞等重金属和许多种有毒有机物，若农田中长期施用会导致土壤污染，使土壤板结、地力下降。它们被农作物吸收后又通过食物链进入人体，从而影响人体健康。所以许多国家都制订了污泥农用的重金属控制标准。表 8-7 列出了几个国家的农用污泥中重金属浓度限值。污泥中有机污染物的研究工作已经在发达国家开展了很多年，我国对此也有研究和报道，如北京高碑店污水处理厂的污泥中已经检测到 35 种含氮芳香族化合物，并有 7 种已经定量化。但总体来讲，我国在这方面的研究工作还不是很多。

表 8-7 不同国家农用污泥中重金属浓度限值（以干泥计） 单位：mg/kg

	Cd	Cu	Ni	Pb	Zn	Hg	Cr
德国土壤 pH5～6	5	800	200	900	2 000	8	900
德国土壤 pH＞6	10	800	200	900	2 500	8	900
德国	5～10	800	200	900	2 000	6～10	900
瑞典	2	600	50	100	800	2.5	100
荷兰	1.25	75	38	225	300	0.75	75
丹麦	0.80	1 000	30	120	4 000	0.8	100
法国	40	2 000	100	1 600	200	20	2 000
南非	15.7	505	200	505	353.5	10	1 750
美国	39	1 500	420	300	500	5	600
中国土壤 pH＜6.5	5	250	100	300	500	5	600
中国土壤 pH＞6.5	20	500	200	1 000	1 000	15	1 000

在污水污泥中有机污染物与重金属这两个领域的研究还有很多工作要做，包括污泥中有机污染物和重金属的表现形式以及污泥处理过程中它们的变化及对土壤-污泥系统的影响。这样才可以更好地解决污泥中污染物对环境及人类健康造成的影响。然而，污泥质量根源于污水处理厂处理的污水的质量，因此也要从污染源着手，降低进入城市污水的重金属及其他有毒物质的浓度，即必须使排入城市污水管道的工业废水水质符合《污水排入城市下水道水质标准》（CJ 343—2010）。

（2）污泥农用的施用量控制

污水污泥的农业利用，不仅可以消除污泥对环境的污染，也可使其资源化而提高作物产量。但是，不合理的施用污泥，很可能导致土壤中重金属元素的积累，造成土壤资源的污染和对人类健康的危害。一般来说某块农田适用污泥数量有一定限度，当达到这一限度时，污泥的农用就应停止一段时间后再继续进行。因此，许多政府颁布了农用污泥重金属浓度标准、土壤中重金属浓度标准和严格的无害化要求，并对单位面积土地污泥的应用量也有严格的限制。各国对农业污泥施用量限值见表 8-8。

表 8-8　污泥施用量限值

国家	连续施用量/[t/（$hm^2·a$）]	可连续施用年限/a	一次最大施用量/（t/hm^2）
比利时	1～4	3	3～12
丹麦	10	10	100
法国	3	10	30
德国	0.33	3	1
爱尔兰	2	1	2
意大利	2.5～5	3	7.5～15
卢森堡	3	1	3
荷兰	1～10	1	1～10
挪威	1	10	10
瑞典	1	5	5
芬兰	1	1	1
瑞士	1.66	3	5
中国	30	20	—
美国	0.2～7	—	—

我国规定施用符合污染物控制标准的农用污泥每年不得超过 30 t/hm^2，且连续施用不得超过 20 年（GB 4284—84）。具体的污泥施用量应在调查研究的基础上，根据气候条件、地理环境、作物种类及土壤同化能力制定适合本地区特点的污泥施用额定负荷量，以确保污泥的农田施用安全。考虑到作物幼苗生长和品质，污泥最适施肥量是干土重的 1%左右，而不宜达到干土重的 4%或更高。

8.4.2　污泥堆肥化

1. 污泥堆肥化技术原理

（1）污泥堆肥生物学原理

在堆肥中起重要作用的微生物是细菌和真菌，其他的微生物作用没有它们大，值得注意的是在堆肥中参与作用的放线菌，它是独立的一组，与细菌和真菌有所差别。就其共同点来说，它们对极难溶解的高分子有机物降解起到积极的作用，如纤维素、几丁质（壳多糖）、蛋白质、蜡、链烷属烃以及橡胶，因此，它们在堆肥系统中很重要。

在所有试验的温度范围内，细菌通常出现的数目比真菌多得多，在大多数情况下，细菌大约是真菌数目的100倍或更多倍，在堆肥过程中，至少有80%～90%的微生物活动产生于细菌。污泥中生长着真菌，它是有机营养生物，分为霉菌和酵母。霉菌在潮湿、黑暗且有机物和氧气充足的地方普遍存在，显而易见，真菌在污泥堆肥中起重要的作用。真菌的种群常受堆肥供料底物影响，只有在保持通气的条件下才会存在。高温、酸性和厌氧条件将限制堆肥化物料内部真菌的生长并限制嗜温性真菌的作用。良种真菌可在一定温度下继续进行代谢活动。一种微生物消耗营养物的速度致使物料浓度生成变化的影响，可用Monod方程来描述。

（2）污泥堆肥过程

堆肥一般分好氧堆肥和厌氧堆肥。好氧堆肥是在有氧气条件下有机物的分解过程，其代谢产物主要是二氧化碳、水和热；厌氧堆肥是在无氧气条件下有机物的分解，厌氧分解最后的代谢产物是甲烷、二氧化碳和许多低分子量的中间产物，如有机酸等。厌氧堆肥与好氧堆肥相比较，单位重量的有机质降解产生的能量较少，而且厌氧堆肥通常容易产生臭味，因此几乎所有的堆肥工程系统都采用好氧堆肥。

好氧堆肥是在有氧条件下，好氧细菌对废物进行吸收、氧化、分解。微生物通过自身的生命活动，把一部分被吸收的有机物氧化成简单的无机物，同时释放出可供微生物生长活动的能量，而另一部分有机物则被合成新的细胞质，使微生物不断生长繁殖，产生出更多的生物体的过程。好氧堆肥过程应伴随两次升温，一般分三个阶段：

① 升温阶段。一般指堆肥过程的初期，在该阶段，堆体温度逐步从环境温度上升到45℃左右，主导微生物以嗜温性微生物为主，包括真菌、细菌和放线菌，分解底物以糖类和淀粉类为主。

② 高温阶段。指堆温升至45℃以上，在这一阶段，嗜温性微生物受到抑制甚至死亡，而嗜热性微生物则上升为主导微生物。堆肥中残留的和新形成的可溶性有机物质继续被氧化分解，复杂的有机物如半纤维素、纤维素和蛋白质也开始被强烈分解。微生物的活动也是交替出现的，通常在50℃左右时最活跃的是嗜热性真菌和放线菌，温度上升到60℃时真菌几乎完全停止活动，仅有嗜热性细菌和放线菌活动，温度升到70℃时大多数嗜热性微生物已不再适应，并大批进入死亡和休眠阶段。现代化堆肥生产的最佳温度一般为55℃，这是因为大多数微生物在该范围内最活跃，最易分解有机物，其中的寄生虫卵和病原微生物大多数可被杀死。

③ 降温阶段。出现在微生物的死亡和活动减少之后，在这一阶段，嗜温性微生物又开始占据优势，对残余较难分解的有机物作进一步的分解，但微生物活性普遍下降，堆体发热量减少，温度开始下降，有机物趋于稳定化，需氧量大大减少，堆肥进入腐熟或后熟阶段。

（3）好氧堆肥控制参数

机械化好氧堆肥过程的关键，就是如何选择和控制堆肥条件，促使微生物降解过程快速顺利进行，一般来说好氧堆肥要求控制的参数有：

① 供氧量。是微生物赖以生存的物质条件，供氧不足会造成大量微生物死亡，使分

解速度减慢；但供冷空气量过大又会使温度降低，尤其不利于耐高温菌的氧化分解过程。供氧量一般为 0.1～0.2 m^3/（m^3·min），供氧方式是强制通风，因此保持物料间一定的孔隙率很重要。

② 温度。是影响微生物活动和堆肥工艺过程的重要因素，因为堆体的高温才能杀死其中的病原菌，在堆体适当的温度范围内有机质降解最快，同时在适当的情况下进行水分的去除和堆肥温度的下降，结束堆肥。

③ 水分。在堆肥生态系统中是一个重要的物理因素，水分对于有机物的分解和微生物的生长繁殖是不可缺少的，其主要作用在于溶解有机物、调节堆肥温度等，能直接影响好氧堆肥反应的速度和质量。

④ 碳氮比。决定有机物被微生物分解的速度。微生物自身的碳氮比为 4～30，因此用作其营养的有机物的碳氮比最好也在该范围内，当碳氮比为 10～25 时，有机物被生物分解速度最大。如果碳氮比过高，堆肥成品的比值也过高，即出现"氮饥饿"状态，施于土壤后，会夺取土壤中的氮，而影响作物生长，堆肥过程适宜的碳氮比应为 20～30。

⑤ 碳磷比。对微生物的生长也有很大影响。城市污水处理厂的污泥含有丰富的磷，可满足微生物生长的需要，堆肥原料适宜的碳磷比为 75～150。

⑥ pH。是微生物生长的重要条件。在堆肥初期，由于酸性细菌的作用，pH 降到 5.5～6.0，使堆肥物料呈酸性，而后由于以酸性物为养料细菌的生长和繁殖，会使 pH 上升，堆肥过程结束后物料的 pH 上升到 8.5～9.0。

2. 污泥堆肥工艺

随着科学技术的发展，堆肥技术的理论研究及实际工程应用也日臻完善。目前常用的堆肥工艺主要有条垛式堆肥、发酵槽式堆肥、筒仓式堆肥和容器式堆肥工艺。

（1）条垛式堆肥工艺

条垛式堆肥工艺按其有无机械化搅拌装置可分为静态堆肥和动态堆肥。

静态堆肥是典型的条垛式静态堆肥技术，堆肥物料在经整理后的地面和通风管道系统上，通过强制通风来保证堆肥过程所需的氧气，堆体表面覆盖约 30 cm 的腐熟堆肥，以减少臭味的扩散及保证堆体内维持较高的温度，整个堆肥周期为 3～4 周。

动态堆肥处理技术是国外较为传统的堆肥方法之一，有着较为广泛的应用。它采用轮式或履带式机械翻堆的手段使堆肥物料与空气接触而补给氧气。动态堆肥典型工艺流程为用轮式装载机将堆肥物料堆积成三棱形锥体，为保证堆体中的碳氮比和含水率，需先将各种物料进行混合。堆肥过程中堆体温度可达 75℃，通过翻堆机械可保证堆体内的氧气供应，翻堆频率大约为每周两次。翻堆的过程只是将堆肥物料向后甩，整个堆体向后移动几米。整个堆肥过程需 2～3 周的时间。

（2）发酵槽式堆肥工艺

发酵槽式堆肥改变了条垛式堆肥的露天堆肥方式，把发酵槽放到了厂房或隧道仓中，堆肥工艺按其处理构筑物形式可分为阳光棚发酵槽和隧道式发酵仓两类。

阳光棚发酵槽方式是利用阳光棚的透光和保温性能，充分利用充足的太阳能，提高发酵槽内温度，即使在寒冷的冬天也能保证正常发酵。发酵槽的尺寸一般根据所处理物料量的多少及选用的翻堆设备型号来决定。发酵槽式堆肥使用搅拌式翻堆机、链板式翻堆机、双螺旋式翻堆机和铣盘式翻堆机均可，都是通过翻堆机搅拌并使物料后移。发酵槽底部安装有通风管道系统，通过强制通风来保证堆肥过程所需的氧气。堆肥物料一般在入槽后 3 d 即可达到 45℃，在槽内要求温度 55℃以上持续 7 d 左右，堆肥周期为 12～15 d。

隧道式发酵仓堆肥装置是封闭式的。由于把发酵槽做成了相互独立的隧道式结构，物料在发酵过程和翻堆时产生的一些臭气和粉尘可以通过废气收集管道抽出并集中进行处理，尽可能减少对环境和人员带来的不利影响。发酵的翻堆作业采用翻堆机或装载机，在发酵仓的底部有通风管道，并通过控制系统向发酵仓内供风。隧道式发酵仓堆肥周期为 12～15 d，堆肥温度可以上升至 60～70℃。

（3）筒仓式堆肥工艺

筒仓式发酵仓为单层圆筒形或矩形，发酵仓深度一般为 4～5 m，大多采用钢筋混凝土结构。通常筒仓式发酵仓采取堆肥物料从仓顶加入，螺旋出料机从下部出料，由发酵仓底用高压离心机强制通风供氧，以维持仓内物料的好氧发酵。物料堆肥周期为 10～12 d。

第一家使用筒仓式发酵仓的美国生物技术公司的污泥堆肥厂就建在纽约州首府的污水处理厂，日处理污泥 100 t，从 1984 年建成至今已稳定运行 20 年。国内筒仓式发酵仓主要用在垃圾堆肥厂，无锡、常州、杭州等地堆肥厂均采用此种类型或其改进形式，取得了较好效果。筒仓式堆肥装置，在筒仓中分布有曝气管，根据发酵物料的温度、水分等参数的变化，开启风机向发酵仓内曝气或抽出废气。筒仓式与其他堆肥装置相比，具有处理量大、占地面积小、机械化程度高、无二次污染等优点，并可根据处理量的多少灵活搭配发酵仓的组合。

8.4.3 污泥其他资源化途径

1. 污泥制备建材

污泥中除了有机物外往往还含有 20%～30%的无机物，这些无机物大多以硅、铁、铝、钙等的无机化合物形式存在。污泥的建材利用是一种能很好地利用这些无机物的资源化途径。污泥建材利用主要是作为辅料制造水泥、陶粒、建筑砖。

污泥可用于制砖和制纤维板材。污泥制砖的方法有两种，一种是用干化污泥直接制砖，另一种是用污泥灰渣制砖。用干化污泥直接制砖时，应对污泥的成分作适当调整，使其成分与制砖黏土的化学成分相当。当污泥与黏土按重量比 1∶10 配料时，污泥砖可达普通红砖的强度。利用污泥焚烧灰渣制砖时，灰渣的化学成分与制砖黏土的化学成分是比较接近的，制坯时只需添加适量黏土与硅砂。比较适宜的配料重量比为灰渣∶黏土∶硅砂=100∶50∶（15～20）。

污泥制生化纤维板，主要是利用活性污泥中所含粗蛋白（有机物）与球蛋白（酶）能溶解于水及稀酸、稀碱、中性盐的水溶液这一性质，在碱性条件下加热、干燥、加压后，发生蛋白质的变性作用，从而制成活性污泥树脂（又称蛋白胶），使之与漂白、脱脂处理的废纤维压制成板材。其品质优于国家三级硬质纤维板的标准。

2. 污泥低温热解制取可燃物

污泥热化学处理因其无害化和减量化彻底，地位已逐渐增强。污泥低温热解是一种发展中的能量回收型污泥热化学处理技术。它通过在催化剂作用下无氧加热干燥污泥至一定温度（＜500℃）、由干馏和热分解作用使污泥转化为油、反应水、不凝性气体和炭等可燃产物，最大转化率取决于污泥组成和催化剂的种类，正常产率为 200～300 L（油）/t（干泥），其性质与柴油相似。

3. 污泥焚烧产物利用

污泥中含有一定量的有机成分，经脱水干燥的污泥可用焚烧处理。将污泥转变成一种颗粒状燃料，可以很好地燃烧，其热值和褐煤相当，燃烧释放的有害气体远低于焚烧过程，其残余物可用于建筑工业。在日本，该方法已占污泥处理总量的 60%以上，欧盟也在 10%以上。为防止焚烧过程中产生二噁英等有毒气体，焚烧温度应高于 850℃。污泥焚烧所产生的焚烧残渣具有吸水性、凝固性，因而可用于改良土壤、筑路等，也可作为砖瓦和陶瓷等的原料，另外，污泥焚烧残渣也可以作为混凝土混料的细填料。污泥焚烧还可以从废气中获得剩余能量，用来发电。在脱水污泥中加入引燃剂、催化剂、疏松剂和固硫剂等添加剂制成合成燃料，该合成燃料可用于工业和生活锅炉，燃烧稳定，热工测试和环保测试良好，是污泥有效利用的一种理想途径。

8.5　工业固体废物资源化技术

本节就煤矸石、尾矿、粉煤灰、冶炼渣和其他典型工业固体废物的资源化进行讨论。

8.5.1　煤矸石的综合利用

1. 煤矸石的产生及特征

煤矸石是多种矿岩组成的混合物，属沉积岩。主要岩石种类有黏土岩类、砂岩类、碳酸盐类和铝质岩类。煤矸石的化学成分见表 8-9，表中所列的化学成分是煤矸石煅烧后灰渣的成分。煤矸石的岩石种类和矿物组成直接影响煤矸石的化学成分，如砂岩矸石 SiO_2 含量最高可达 70%，铝质岩矸石 Al_2O_3 含量大于 40%，钙质岩矸石 CaO 含量大于 30%。

表 8-9　煤矸石的化学成分

SiO_2/%	Al_2O_3/%	CaO/%	MgO/%	Fe_2O_3/%	R_2O/%	烧失量/%
40～50	15～35	1～7	1～4	2～9	1～2.5	2～17

煤矸石的活性大小与其物相组成和煅烧温度有关。黏土类煤矸石加热到一定温度时（一般为 700～900℃），结晶相分解破坏，变成无定型的非晶体，使煤矸石具有活性。

我国煤矸石的发热量多在 6 300 kJ/kg 以下，其中 3 300～6 300 kJ/kg、1 300～3 300 kJ/kg 和低于 1 300 kJ/kg 的各占 30%，高于 6 300 kJ/kg 的仅占 10%。各地煤矸石的热值差别很大，其合理利用途径与其热值高低有关（表 8-10）。

表 8-10　不同热值煤矸石的合理利用途径

热值/（kJ/kg）	合理用途	说明
＜2 095	回填、筑路、造地、制骨料	制骨料以砂岩类未燃矸石为宜
2 095～4 190	烧内燃砖	CaO 含量＜5%
4 190～6 285	烧石灰	渣可作骨料和水泥混合材料
6 285～8 380	烧混合材、制骨料、代煤、节煤烧水泥	用小型沸腾炉供热产汽
8 380～10 475	烧混合材、制骨料、代煤、烧水泥	用大型沸腾炉供发电

2. 煤矸石的综合利用技术

目前，技术成熟、利用量比较大的煤矸石资源化途径是生产建筑材料。

（1）煤矸石制砖

包括用煤矸石生产烧结砖和作烧砖内燃料。

煤矸石砖以煤矸石为主要原料，一般占坯料质量的 80%以上，有的全部以煤矸石为原料，有的外掺少量黏土。煤矸石经破碎、粉磨、搅拌、压制成型、干燥、焙烧，制成煤矸石砖，焙烧时基本上无须外加燃料。

泥质和碳质煤矸石质软、易粉碎，是生产煤矸石砖的理想原料。煤矸石的发热量要求为 2 100～4 200 kJ/kg，过低时需加煤，过高时易使成砖过火。煤矸石需粉碎到小于 1 mm 的颗粒占 75%以上。用煤矸石粉料压制成的坯料塑性指数应为 7～17，成型水分一般为 15%～20%。许多砖厂生产的煤矸石砖抗压强度一般为 4.80～14.71 MPa，抗折强度为 2.94～4.90 MPa，高于普通黏土砖。

以煤矸石作烧砖内燃料制砖生产工艺与用煤作内燃料基本相同，仅需增加煤矸石粉碎工序。

（2）煤矸石生产轻骨料

适宜烧制轻骨料的煤矸石主要是碳质页岩和选矿厂排出的洗矸，矸石的含碳量不要过大，以低于 13%为宜。有两种成球法与非成球法烧制方法。

成球法是将煤矸石破碎、粉磨后制成球状颗粒，然后焙烧。将球状颗粒送入旋转窑，预热后进入脱碳段，料球内的碳开始燃烧，继之进入膨胀段，此后经冷却、筛分出厂。其松散容重一般为 1 000 kg/m^3 左右。

非成球法是把煤矸石破碎到一定粒度直接焙烧。将煤矸石破碎到 5～10 mm，铺在烧结机炉排上，当煤矸石点燃后，料层中部温度可达 1 200℃，底层温度小于 350℃。未燃的煤矸石经筛分分离再返回重新烧结，烧结好的轻骨料经喷水冷却、破碎、筛分出厂。其容重一般为 800 kg/m^3 左右。

（3）煤矸石生产空心砖

煤矸石制空心砖是煤矸石胶结料和煤矸石粗细骨料制成。煤矸石胶结料是用人工煅烧或自燃的煤矸石为骨料，加入少量石灰、石膏配成。采用这种胶结料，并选用生矸石作粗细骨料，可以生产煤矸石空心砖，或经振动成型、蒸汽养护而成墙体材料。煤矸石空心砖生产工艺简单，技术成熟，产品性能稳定，使用效果良好。

（4）煤矸石作原燃料生产水泥

煤矸石和黏土的化学成分相近并能释放一定的热量，用其代替黏土和部分燃料生产普通水泥能提高熟料质量。这是因为前者比后者所需配入的生料活化能降低了许多，即用少量燃料就可提高生料的预烧温度，且前者中的可燃物也有利于硅酸盐等矿物的溶解和形成；此外它的生料表面能耗高，硅铝等酸性氧化物易于吸收氧化钙，可加速硅酸钙等矿物的形成。

用作水泥原燃料的煤矸石质量要求见表 8-11，其生产工艺过程与生产普通水泥基本相同。将原燃料按一定比例配合，磨细成生料，烧至部分熔融，得到以硅酸钙为主要成分的熟料，再加入适量石膏和混合材料，磨成细粉而制成水泥。

表 8-11 煤矸石用作水泥原燃料的质量要求

级别	$n_{（质量比）}=SiO_2/（Al_2O_3+Fe_2O_3）$	$P_{（质量比）}=Al_2O_3/Fe_2O_3$	MgO/%	R_2O/%	塑性指数
一级品	2.7～3.5	1.5～3.5	<3.0	<4.0	>12②
二级品	2.0～2.7 和 3.0～4.0①	不限	<3.0	<4.0	>12

注：①当 n=2.0～2.7 时，一般需掺用硅质校正原料，如粉砂岩等。当 n=3.0～4.0 时，一般需掺用铝质校正原料，如高铝煤矸石、高铝煤灰等。②塑性指数<12 时，应在成球工艺上采用预湿后成球，或其他提高生料塑性的措施。

（5）煤矸石作水泥混合材料

煤矸石经自然或人工煅烧后具有一定活性，可掺入水泥中作活性混合材料，与熟料和石膏按比例配合后加入水泥磨磨细。煤矸石的掺入量取决于水泥的品种标号，在水泥熟料中掺入 15%的煤矸石，可制得 325—425 号普通硅酸盐水泥；掺量超过 20%时，按国家规定为火山灰硅酸盐水泥。

用煤矸石作混合材料时，应控制烧失量≤5%、SO_3≤3%，火山灰性试验必须合格，水泥胶砂 28 d 抗压强度比≥62%。

（6）煤矸石作筑路和充填材料

煤矸石是很好的筑路材料，有很好的抗风雨侵蚀性能，并可降低筑路成本。

（7）煤矸石的其他利用途径

从上述煤矸石的利用可知，煤矸石已经取得了广泛的应用。但是煤矸石的利用量与其产量相比还远远不够。除了继续加强研究上述应用途径外，还应该探索其新的利用途径。而将煤矸石作砼掺和料使用将具有良好的应用前景。因为煤矸石具有较高的活性；煤矸石水泥同砼具有较好的抗冻、抗碳化、抗硫酸盐侵蚀和护筋功能；煤矸石水泥砼生成碱集料反应的可能性小于硅酸盐水泥砼。要将煤矸石全面推广作砼掺和料使用，还有待于进一步深入的研究。

8.5.2 尾矿的综合利用

1. 尾矿的种类

有色金属选矿尾矿按其主要成分可分为三类：第一类是以含石英为主的尾矿；第二类是以含方解石、石灰石为主的尾矿；第三类是以含氧化铝为主的尾矿。尾矿的综合利用首先要考虑回收其中的伴生元素。用尾矿作建筑材料时，要根据尾矿的物理化学性质来确定其用途。一般来说，以石英为主的尾矿可用于生产蒸压硅酸盐矿砖；石英含量 99.9%，含铁、铬、钛、氧化物等杂质低的尾矿可用作生产玻璃、碳化硅等的主要原料；以方解石、石灰石为主的尾矿则可作为生产水泥的原料；含二氧化硅和氧化铝高的尾矿可用作耐火材料等。

2. 尾矿的利用技术

（1）矿山废石的利用

矿山废石料如能充分利用于各种矿山工程中，如铺路、筑尾矿坝、填露天采场、筑挡墙等，每年消耗量可达总废石产生量的 20%～30%。

我国江西德安锑矿用废石浮选有价金属，该矿废石经多年风化氧化率为 37.5%。采用两段一闭路破碎、一段磨矿、二粗、二精、二扫、浮选、两段脱水的工艺流程，选出锑精矿品位为 40%，回收率为 83.1%（有时达 90%以上）。

小龙钨矿主产钨精矿要排出废石和尾矿 1.20 m^3/t，为了把废石用于井下充填，矿山对废石进行溜井格筛预选，选别率为 12.8%。三年来共选出废石 4×10^4 t，减少尾矿量和废石量 2.1×10^4 m^3。用废石进行井下采空区的充填，减少充填料的运送费用和人力，充填成本费仅为 2.87 元/m^3。我国现已利用废石进行充填的还有黄沙坪铅锌矿、铜官山铜矿、湘西钨矿、大姚铜矿等一些有色金属矿山。

（2）从尾矿中回收有价元素

近年来由于技术进步及普遍对综合回收利用资源工作的重视，各矿山大量开展了从尾矿中回收有价金属的试验研究工作，许多已在工业规模得到了应用。

目前，从尾矿中回收的有价元素主要有：从锡尾矿中回收锡和铜及其他一些伴生元素；从铅锌尾矿中回收铅、锌、钨、银等元素；从铜尾矿中回收萤石精矿、硫铁精矿；从其他一些尾矿中回收锂云母和金等。根据我国有色金属矿山从尾矿中回收有价元素的几个工程实例所提供的资料来看，其主要技术经济指标如表 8-12 所示。

表 8-12　各单位从尾矿中回收有价金属的主要技术经济指标

指标	武山铜矿（重选法选硫）	红透山铜矿（浮选法选硫）	白银公司（浮选法选硫）	石铜矿（重磁法选铁）	平桂矿务局（重磁法选锡）	云锡公司（焙烧、氨浸法回收铜和锡）
处理能力/（t/d）	342	600 m^3/d	4 450	300	80	200
电耗/（kW·h/t）	2.75	23.2	1 776 10^4kW·h/a	5.6	19 877	115
处理成本/（元/t）	2.14	19	1 132 10^4 元/a	7.5	5 560.6	70.15
定员/人	12		379	29		378
经济效益/（10^4 元/a）	3 000	60～70	106.1	157	249.3	

国外十分重视矿山固体废物的综合利用，技术也比较先进。如前苏联和美国已有一批矿山企业几乎将全部固体废物加以利用；日本某一从尾矿中回收铜的二次选矿厂，生产能力为 150 t/d；澳大利亚的卡迪纳二次铜选厂生产能力为 700 t/d；芬兰的克列蒂二次铜选场生产能力为 1 200 t/d；南非东兰德金矿从尾矿中回收金和铀。这些二次选矿厂都是技术先进、经济效益显著的工厂。

正常情况下，含硫在 20%以上的、经过主金属选矿后的，尾矿的含硫量应在 3%以下。而实际情况是，许多矿山尾矿的含硫量都在 8%以上，有的甚至高达 25%，这是极不正常的。其原因主要是多数矿山还没有进行选硫作业。或是虽然已进行了选矿作业，但硫回收率很低。

（3）利用尾砂作建筑材料和井下充填材料

国外露天矿山“边采边复”，井下矿山“边采边充填”的循环作业技术、把开采矿石过程中所产生的大量剥离物和矿石及时处理，这样既可以不必再建立大规模的庞大的排土厂、废石堆和尾矿坝等设施，又可以使采空区得到及时充填，使破坏的土地被及时恢复并充分保证开采作业过程中的安全。

我国用尾砂作建筑材料，既可防止因开发建筑材料原料而造成对土地的破坏，又可使尾矿得到有效的利用，减少占用土地，防止对环境的危害。江西西华山钨矿用尾砂作钙化砖，凡口铅锌矿用尾砂作水泥熟料都是很好的例子。

利用尾矿作井下胶结充填料，也是减少尾矿堆存量的一条很好的出路，而且有利于矿山开采的安全。当用尾矿作充填材料时，尾矿应不易风化和水解，不产生有害气体，粒级大部分在 0.037 mm 以上。凡口铅锌矿、红透山铜矿、大冶铜绿山矿、云锡公司老厂锡矿等利用尾矿充填井下的采空区都取得了很好的效果。

几个矿利用尾矿作建筑材料和井下填料的主要技术经济指标如表 8-13 所示。

表 8-13 利用尾矿作建筑材料和井下充填料的主要技术经济指标

指 标	西华山钨矿（作钙化砖）	凡口铅锌矿（作水泥原料）	铜绿山铜矿（作胶结充填）	凡口铅锌矿（作胶结充填）
处理能力/（m^3/d）	27	7.3	316.8	250
电耗/（kW·h/m^3）	112.3	15	0.57	1.2
定员/人	52	482	12	2
处理成本/（元/m^3）	72.5	3.1	25	0.6
经济效益/（10^4 元/a）	120	64	600	45 000

（4）从尾矿中回收硫精矿

武山铜矿选矿厂生产的主要产品为铜精矿和硫精矿，该矿尾矿正常处理能力为 1 500 t/d，排出尾矿 320 t/d 左右，各粒级尾矿的质量百分比及含硫和铜的品位情况见表 8-14。采用重选设施从尾矿中可回收 100～140 t/d 标准硫精矿。

表 8-14 武山铜矿选矿厂尾矿的成分及组成

粒级/ mm	质量分数/%	品位/%		占有率/%	
		硫	铜	硫	铜
+0.32	2.6	3.86	0.30	0.40	2.95
−0.32～+0.2	5.93	10.60	0.39	2.43	8.75
−0.2～+0.1	27.98	25.98	0.30	28.73	31.77
−0.1～+0.08	8.25	34.35	0.17	11.20	5.31
−0.08～+0.04	18.09	33.48	0.13	23.94	8.90
−0.04～+0.02	11.37	33.11	0.16	14.88	6.88
−0.02～+0.01	14.04	20.82	0.27	11.55	14.35
−0.01～+0.005	3.77	18.46	0.40	2.75	5.71
−0.005	7.97	12.94	0.51	4.07	15.38
合计	100	25.30	0.26	100	100

铜浮选尾矿自流进入固定木屑筛，筛上木屑废弃，筛下矿浆自流至一面倾斜的沙池，再经渣浆泵扬入一台固定式矿浆分配器，接着进旋转式矿浆分配器，再较为均匀地进入选矿机系统进行选别。当矿浆从上部进入螺旋溜槽后，在沿纵向做螺旋状向下游动的同时，

沿溜槽横向切面也产生螺旋运动，不同密度和不同粒度的矿粒会受到不同的重力、离心力、摩擦力和水流冲力的综合作用，分成三条矿带。重态物多集中在溜槽内侧，从截面出口排出，作为硫精矿经溜槽自流进入精矿池，再由渣浆泵扬入生产硫精矿主系统脱水车间，经浓密机和盘式过滤机两段脱水，最后成为硫精矿产品。中矿自流与原矿一起进砂泵，经渣泵扬入矿浆分配器，再进螺旋选机选别。轻矿粒甩向外侧，由截取器截出成为尾矿，与生产主系统的尾矿一并送尾矿砂池，经灰渣泵扬入尾矿库。

① 磨矿段：原矿处理量 42 t/h；装球量 43 t；单位耗球 1.2 kg/t（低铬合金铸球）；球磨排矿浓度 70%～80%；选矿沉沙浓度 20%～25%；螺旋溢流浓度 28%～32%；螺旋溢流细度 65%（-200 目）±5%。

② 浮选段浮选铜碱度：石灰 15 kg/t，耗酸 8～12 t；选铜：丁黄药与丁胺之比为 3∶2 的混合捕收剂 70～90 g/t，2 号浮选油 40 g/t；选硫：丁黄药 150 g/t，2 号浮选油 35 g/t，硫化钠 40 g/t，工业酸性污水适量（控制 pH=10）。

③ 重选段：处理矿浆流量（5.5±0.5） t/h；矿浆浓度 20%±4%；硫精矿产率 39.04%±3%；硫精矿品位 35%±2%；硫作业实收率 62%±2%。

8.5.3 粉煤灰的回收和利用

1. 粉煤灰的产生及特性

粉煤灰是煤粉经高温燃烧后形成的一种似火山灰质混合材料，是冶炼、化工、燃煤电厂等排出的固体废物，是工业固体废物中产生量较大的一种。我国是一个以煤为主要能源的国家，随着经济的迅猛发展，对能源的需求量也迅速增长，粉煤灰的产生量也迅速增加。现我国每年粉煤灰排放量已超过 3 亿 t，利用率约 30%，大量粉煤灰堆放在灰场中，粉煤灰再资源化已成为我国亟待解决的问题。

粉煤灰的主要来源是以煤粉为燃料的火电厂和城市集中供热锅炉，其中 90%以上为湿排灰，活性较干灰低，且费水、费电、污染环境，也不利于综合利用。为了更好地保护环境并有利于粉煤灰的综合利用，考虑到除尘和干灰输送技术的成熟，干灰收集应成为今后粉煤灰收集的发展趋势。

我国多数大中型电厂粉煤灰的化学成分和含碳情况分别如表 8-15 和表 8-16 所示。其化学成分与黏土很相似，但其二氧化硅含量偏低，三氧化二铝含量偏高。含碳量少于 8% 的占 68%，随着锅炉燃烧技术的提高，含碳量趋向进一步降低。粉煤灰的细度因煤粉细度、燃烧条件和除尘方式不同而异，多数电厂粉煤灰细度为 4 900 孔筛筛余 10%～20%。各电厂粉煤灰容重差异较大，一般为 700～1 000 kg/m^3。

粉煤灰的活性值为掺 30%原状粉煤灰的水泥砂浆强度与同龄期的纯水泥浆强度的比值。北京市建筑材料研究所曾对全国大中型电厂粉煤灰活性进行过测试，其结果如表 8-17 所示。

表 8-15 我国一般粉煤灰的化学化分

SiO_2/%	Al_2O_3/%	Fe_2O_3/%	CaO/%	MgO/%	$Na_2{\cdot}K_2O$/%	SO_3/%	烧失量/%
43～56	20～32	4～10	1.5～5.5	0.6～2.0	1.0～2.5	0.3～1.5	3～20

表 8-16　我国粉煤灰含碳量统计

含碳量/%	＜5	5～8	8～15	15～20	＞20
数量/10^4t	1 282	511	703	102	36
占总量比例/%	48.7	19.4	26.7	3.9	1.4

表 8-17　我国大中型电厂粉煤灰活性

活性值/%	＜75	75～80	80～85	85～90	＞90
数量/10^4t	965	364	484	160	134
占总量比例/%	46	17	23	7.6	6.4

2. 粉煤灰综合利用技术

目前我国粉煤灰综合利用技术主要有以下几种：

（1）粉煤灰用作建筑材料

粉煤灰作建筑材料，是我国粉煤灰主要利用途径之一，包括配制水泥、混凝土、烧结砖、蒸养砖、砌砖与陶粒等。

粉煤灰建筑材料的性能与传统的建筑材料相比有许多优点。如粉煤灰加气混凝土，其干容重只有 500 kg/m^3，不到黏土砖的 1/3；热导率为 0.11～0.13 W/（m·K），约为黏土砖的 1/5，具有轻质、绝热、耐火等优良性能。

粉煤灰水泥是由硅酸盐水泥和粉煤灰，加入适量的石膏磨细而成的水硬性胶凝材料。粉煤灰中含有大量活性 Al_2O_3、SiO_2、CaO，当其掺入少量生石灰和石膏时，可生产无熟料水泥，也可掺入不同比例熟料生产各种规格的水泥。如以水泥熟料为主，加入 20%～40%粉煤灰和少量石膏磨制可成粉煤灰硅酸盐水泥，其中也允许加入一定量的高炉水淬渣，但粉煤灰与水淬渣的混合材料的掺入量不得超过 50%，其标号有 225、275、325、425、525 五个。粉煤灰水泥具有水化热低、抗渗和抗裂性能好等优点。该水泥早期强度不高，但后期强度高，能广泛用于一般民用、工业建筑工程、水利工程和地下工程。

粉煤灰混凝土是以硅酸盐水泥为胶结料，以砂、石子等为骨料，并以粉煤灰取代部分水泥，加水拌和而成。刘家峡等大型水利工程中曾采用粉煤灰混凝土，实践表明，粉煤灰能减少水化热、改善和易性、提高强度、减小干缩率，有效改善混凝土的性能。

粉煤灰的成分与黏土相似，可以替代黏土制砖，粉煤灰的加入量可达 30%～80%。粉煤灰烧结砖比普通黏土砖轻 15%～20%，导热系数只有黏土砖的 70%。我国已有 50 多条粉煤灰烧结砖生产线，年产砖近 50 亿块。

粉煤灰蒸养砖是以粉煤灰为主要原料，掺入适量骨料、生石灰及少量石膏，经碾练、成型、蒸气养护而成。粉煤灰的掺入量为 65%左右，制成品一般可达 100—150 号，但抗折性较差。

粉煤灰陶粒性能优于天然轻骨料，用其配制的混凝土不仅容重小，而且具有保温、隔热、抗冲击等优良性能，在高层建筑、大跨度构件和耐热混凝土中得到应用。

（2）粉煤灰用作土建原材料

粉煤灰能代替砂石、黏土用于公路路基、修筑堤坝。粉煤灰成分及其结构与黏土相似，它与适量石灰混合，加水拌匀，碾压成二灰土。目前我国公路常采用粉煤灰、黏土、石灰掺合作公路路基材料。掺入粉煤灰后路面隔热性能好，防水性和板体性好，利于处理软弱地基。

由于粉煤灰能降低水化能、改善和易性，能提高防渗性，利于远距离泵输，后期强度高，因而广泛应用于水利工程和大型建筑工程，如我国三门峡等水利工程、北京亚运工程等，均大量掺用了粉煤灰，一般掺用量 25%～40%，不仅节约大量水泥，且提高了工程质量。

（3）粉煤灰用作填充土

煤矿区因采煤后易塌陷，形成洼地，利用粉煤灰对矿区的煤坑、洼地等进行回填，既可降低塌陷程度，处理掉大量粉煤灰，还能复垦造田，减少农户搬迁，改善矿区生态。粉煤灰可以调节粗粒尾砂的级配，改善黏土质尾砂的通水通气性能，如广西苹果铝业公司尾砂黏土复垦土层板结，掺入适量粉煤灰后，其透气透水与保水性能得到明显改善。

（4）粉煤灰用于农业生产

粉煤灰的良好理化性能，使之能广泛应用于农业生产。可用于改造重黏土、生土、酸性土和碱盐土，弥补其黏、酸、板、瘦的缺陷。上述土壤掺入粉煤灰后，容重降低，孔隙度增加，透水与通气得到明显改善，酸性得到中和，团粒结构得到改善，并具有抑制盐、碱的作用，从而利于微生物生长繁殖，加速有机物的分解，提高土壤的有效养分含量和保温保水能力，增强作物的防病抗旱能力。

粉煤灰含有大量的可溶性硅、钙、镁、磷等农作物必需的营养元素。当含有较高可溶性钙镁时，可作改良酸性土壤的钙镁肥；当含有大量可溶性硅时，可作硅肥；若含磷量较低时，也可适当添加磷矿石等，经焙烧、研磨，制成钙镁磷肥；添加适量石灰石、钾长石、煤粉等，经焙烧研制可成硅钾肥。此外，粉煤灰含有大量 SiO_2、CaO、MgO 及少量的 P_2O_5、S、Fe、Mo、B、Zn 等有用成分，因而也被用作复合微量元素肥料。

利用电磁场处理含 Fe_2O_3 近 10%的粉煤灰，可获得磁化粉煤灰。磁化粉煤灰施入土壤后，能增加磁性，促进土壤微团聚体的形成，改善土壤结构和孔隙，提高通气、通水和保水能力，疏松土壤，降低容量，提高土壤的宜耕性，促进土壤氧化还原反应，从而有利于有机组分的矿质化，提高营养元素的有效态含量；磁化粉煤灰还可影响植物生长，使根系稳定，促进细胞分裂和生长，提高农作物产量。

粉煤灰中含有 Zn、Mo、Fe、B、Mg 等微量元素，可参与植物的生物化学过程和酶的作用，影响植物的代谢和蛋白质、糖类、淀粉的合成。土壤中掺入粉煤灰可增强植物的防病抗虫能力，起到施加农药的效果。如粉煤灰可有效防止水稻因缺少硅、硫等而出现的稻瘟病；粉煤灰中的 Mo 可防止小麦生成麦锈病等。

粉煤灰具有密度低、流动性好、不结块、不吸潮、多微孔、高表面积和高吸附性能等优点，可均匀吸附、贮存、分布农药，使药效稳定，常被用作农药填料或农药载体。

（5）分选、回收粉煤灰中有用物质

粉煤灰含有氧化硅、氧化铝、氧化钙、氧化铁、未燃尽碳、微珠等，此外还可能富集许多稀散元素，如 Ge、Ga、Ni、V、U 等。粉煤灰的主要矿物有石英、莫来石、玻璃体、铁矿石及碳粒等，是一种潜在的矿物资源。从粉煤灰中回收金属矿物，既可节省开矿费用，保存矿物资源，同时又能达到防治污染、保护环境的目的。因此，各国都很重视粉煤灰金属矿物资源利用技术研究。目前，较常用的方法主要有电磁选、水浮选、化学选矿等。

1）铁、铝、硅化合物

粉煤灰中的铁可用矿选法回收。辽宁电厂磁选车间，应用磁场强度 1 000A/m 左右的磁选机，从含铁量 5%的粉煤灰中得到含铁 50%以上的铁精矿，铁的回收率大于 40%。化学法回收铁铝等物质，主要有热酸淋洗、高温熔融、气-固反应及直接溶解等方法。盐酸直接淋洗提取铁铝，是将粉煤灰在 100℃左右的盐酸中溶解 2 h，溶解的氯化物通过一系列离子交换提纯。氧化铝的溶出率仅约 20%。用氟化物助熔法，能增强粉煤灰中的 Al_2O_3 活性，酸溶出率可达 36%～50%。粉煤灰同石灰烧结，盐酸溶出，铁铝的浸出率大于 99%，同时制得的白炭黑（纳米 SiO_2）能达到通用级产品质量标准。粉煤灰与石灰石混合加水成型，常压蒸汽养护，然后低温煅烧脱水和低温液相反应，最后用纯碱溶液提取氧化铝。这种方法的氧化铝溶出率为 85%～92%，Al_2O_3 达一级品标准。

2）锗、镓、硼

粉煤灰中的硼可用稀硫酸提取，控制最终溶液的 pH 为 7.0，硼的溶出率为 72%左右。浸出的硼溶液通过螯合树脂富集，并用 2-乙基-1,3-己二醇萃取剂分离杂质，得到纯硼产品。粉煤灰压成片状，并在一定的温度和气氛下加热分离锗和镓，其中镓的回收率达 80%左右。粉煤灰中的锗可用稀硫酸浸出，过滤，滤液中加锌粉置换，料液经过滤回收锌粒后，滤液蒸发，粉碎，煅烧，过筛、加盐酸蒸馏，然后经水解、过滤，得到 GeO_2，最后用氢气还原，即得到金属锗。

3）未燃炭

一般粉煤灰中含炭量 5%～16%，粉煤灰中未燃炭太多，对粉煤灰建材（尤其蒸养制品）的质量和对从粉煤灰中提取的漂珠质量有不良影响。粉煤灰中含可燃性炭高，会导致燃料资源损失，如湘谭电厂粉煤灰含炭量约 16%，估计每年从粉煤灰带走的纯炭约 1.6 万 t。湖南株洲电厂建有一座年处理 20 万 t 粉煤灰的浮选脱炭车间，用柴油为捕收剂、松油为起泡剂，炭的回收率达 85.6%。

（6）粉煤灰用作环保材料

粉煤灰因其特殊的理化性能而被广泛应用于环保产业。如：用于垃圾卫生填埋填料；用于制造人造沸石和分子筛；利用粉煤灰制絮凝剂；用作吸附剂。现在许多企业正致力于研究利用粉煤灰作为吸附剂处理各种工业废水，取得了不错的效果，已经开展的废水处理包括含油废水、含铬等重金属废水、造纸厂废水等。

8.5.4　冶炼渣的回收和利用

1. 高炉渣的综合利用

（1）高炉渣的产生及特性

高炉炼铁过程中产生的固体废物主要是高炉渣，1998 年我国高炉渣的利用率达 87.7%，其中 90%是采用水淬工艺将高炉渣处理成粒状水渣，用于水泥等建材工业。

高炉渣的产生量与矿石品位的高低、焦炭中灰分的多少及石灰石、白云石的质量等因素有关，也与冶炼工艺有关。通常每炼 1 t 生铁可产生 300～900 kg 渣。

高炉渣的矿物组成与生产原料和冷却方式有关。碱性高炉渣的主要矿物组成是黄长石，它是由钙铝黄长石（$2CaO·Al_2O_3·SiO_2$）和钙镁黄长石（$2CaO·MgO·SiO_2$）组成的复杂固熔体；硅酸二钙（（$2CaO·SiO_2$）的含量仅次于黄长石；其次是假硅灰石（$CaO·SiO_2$）、钙长石（$CaO\cdot Al_2O_3\cdot 2SiO_2$）、钙镁橄榄石（$CaO\cdot MgO_2\cdot SiO_2$）、镁蔷薇辉石（$3CaO\cdot MgO_2\cdot 2SiO_2$）以及镁方柱石（$2CaO\cdot MgO_2\cdot 2SiO_2$）等。酸性高炉渣在冷却时，全部凝结成玻璃体。在弱酸性高炉渣中，尤其是缓冷条件下，其结晶矿物相有黄长石、假硅灰石、辉石和斜长石等。高钛高炉渣中主要矿物是钙钛矿（$CaO\cdot TiO_2$）、安诺石（$TiO_2\cdot Ti_2O_3$）、钛辉石（$7CaO\cdot 7MgO\cdot TiO_2\cdot 3.5Al_2O_3\cdot 13.5SiO_2$）、巴依石等。锰铁高炉渣中的主要矿物是锰橄榄石（$2MnO\cdot SiO_2$）。

① 化学成分。高炉渣的化学成分与普通硅酸盐水泥相似，主要是 Ca、Mg、Al、Si、Mn 等的氧化物，个别渣中含 TiO_2、V_2O_5 等，由于矿石的品位及冶炼生铁的种类不同，高炉渣的化学成分波动较大。我国部分高炉渣的化学成分如表 8-18 所示。

表 8-18　我国高炉渣的化学成分（质量分数）

名称	CaO/%	SiO_2/%	Al_2O_3/%	MgO/%	MnO/%	Fe_2O_3/%	TiO_2/%	V_2O_5/%	S/%	F/%
普通渣	38～49	26～42	6～17	1～13	0.1～1	0.15～2	—	—	0.2～1.5	—
高钛渣	23～46	20～35	9～15	2～10	＜1	—	20～29	0.1～0.6	＜1	—
锰铁渣	28～47	21～37	11～24	2～8	5～23	0.1～1.7	—	—	0.3～3	—
含氟渣	35～45	22～29	6～8	3～7.8	0.1～0.8	0.15～0.19	—	—	—	7～8

② 碱度。通常将高炉渣中碱性氧化物（CaO、MgO）与酸性氧化物（SiO_2、Al_2O_3）的质量比（M_o）称为碱度：

$$M_o=（CaO\%+MgO\%）/（SiO_2\%+Al_2O_3\%）$$

根据碱度的大小将高炉渣分为碱性渣（$M_o>1$）和酸性渣（$M_o\leqslant 1$）。我国高炉渣大部分接近中性渣（$M_o=0.99\sim 1.08$）。

③ 密度。高炉渣的密度如表 8-19 所示。

表 8-19　高炉渣的密度

种类	液态渣/（t/m^3）	固态渣/（t/m^3）
普通生铁渣	2.20～2.50	2.30～2.60
含氟渣	2.62～2.75	3.25
含钛渣	3.00～3.20	—

（2）成品渣的种类

根据将液态渣处理成固态渣的方法不同，其成品渣的特性也各异。我国成品渣主要有水淬渣、膨珠和重矿渣 3 种。

① 水淬渣。将高温熔渣用大量的水急冷成粒，使其中的各种化合物来不及形成结晶矿物，而以玻璃状态将热能转化成化学能，这种潜在的活性在激发剂的作用下，与水化合可生成具有水硬性的凝胶材料，是生产水泥的优质原料。

② 膨珠。将高温熔渣在控制的水量和机械的配合作用下，急冷、膨胀并甩开成珠，珠内存有气体和化学能，除具有与上述水淬渣相同的活性外，还具有隔热、保温、质轻（松散容重 400～1 200 kg/m^3）等优点，是一种很好的建筑用轻骨料和生产水泥的原料。

③ 重矿渣。将高温熔渣在空气中自然冷却或淋少量水加速冷却而形成的致密矿渣，

我国称之为重矿渣。重矿渣的性质与天然碎石相近，其块体容重大多数在 1 900 kg/m^3 以上，抗压强度高于 49 MPa，矿渣碎石的稳定性、坚固性、磨耗率及韧度均符合工程要求，如表 8-20 所示，因此可以代替碎石用于各种建筑工程。

表 8-20 重矿渣的性质

名称	粒度/mm	松散容重/（kg/m^3）	吸水率/%	坚固性/%	磨耗率/%	韧度/（J/m^3）
矿渣碎石	5～20	1 200～1 300	2.47～1.25	0～0.2	30～25	50～70

（3）高炉渣的处理工艺

高炉渣处理工艺及利用途径如图 8-27 所示。

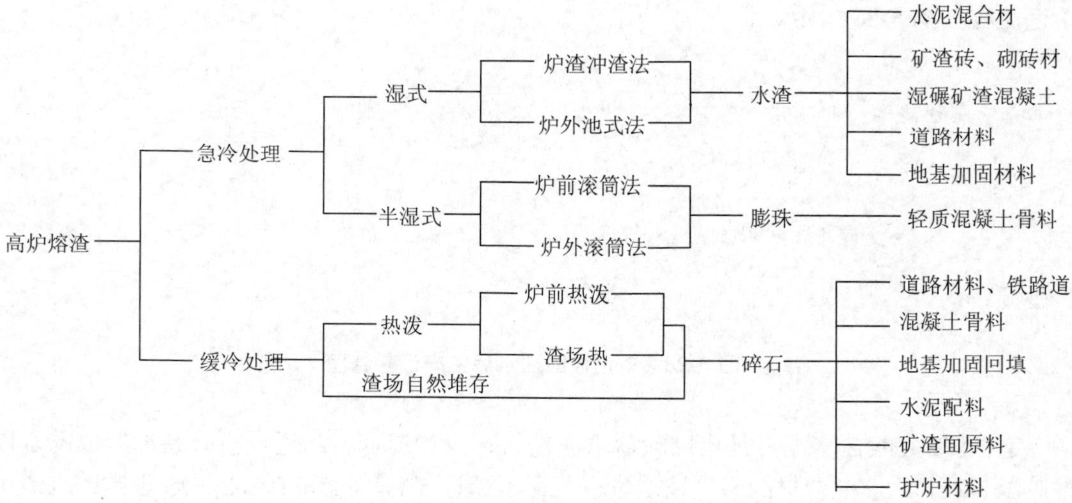

图 8-27 高炉渣处理工艺及利用途径示意

1）水淬工艺

①池式水淬——用机车将熔渣罐牵引至水池旁，砸碎表层渣壳，将熔渣缓慢倒入水池中，熔渣遇水急剧冷却成粒状水渣。水渣用吊车抓出放置于堆渣场，脱水后装车外运。

池式水淬工艺设备简单可靠，耗水少。但会生成大量蒸汽、渣棉和 H_2S 气体，环境污染大；约有 15%的黏罐渣壳不能水淬；需要专设渣罐、铁路专线等设施，该工艺将被逐渐淘汰。

② 炉前水淬——在高炉炉台前设置冲渣沟或槽，熔渣在冲渣沟（槽）内被高压水淬冷却成粒，输送到沉渣池，水渣用抓斗抓出，堆放脱水后外运。

2）膨胀矿渣珠（以下简称膨珠）生产工艺

膨珠生产工艺是 20 世纪 70 年代发展起来的高炉渣处理技术，有炉前滚筒法和炉外滚筒法。高温炉渣经渣沟流到膨胀槽上，与高压水接触后，即开始膨胀，并流至滚筒上，被高速旋转的滚筒击碎甩出 2～20 m，冷却成珠落入膨胀池内。

此工艺的优点是比水淬法用水量少，无须再加工；产品用途广，既可同水渣一样利用，又可做轻骨料；投资省、成本低。缺点是有渣棉产生，要有控制渣棉飞散的密封棚。

3）高炉重矿渣碎石工艺

高炉重矿渣碎石是高炉熔渣在渣坑或渣场自然冷却或淋水冷却形成致密的矿渣后，经挖掘、破碎、磁选和筛分加工成的一种石质碎石材料。该处理工艺有两种：热泼法和渣场堆存开采法。

（4）高炉渣的处理利用技术

1）做水泥混合材

利用粒化高炉渣作水泥混合材是国内外普遍采用的技术。在前苏联和日本，50%的高炉渣用于水泥生产。我国约有 3/4 的水泥中掺有粒状高炉渣。在水泥生产中，高炉渣已成为改进性能、扩大品种、调节标号、增加产量和保证水泥安定性的重要材料。目前使用最多的有以下几种：

① 矿渣硅酸盐水泥。是我国水泥产量最大的水泥品种，它是由硅酸盐水泥熟料和粒化高炉渣加适量石膏磨细制成的水硬性胶凝材料。高炉渣掺入质量百分比为 20%～70%。工艺流程如图 8-28 所示。

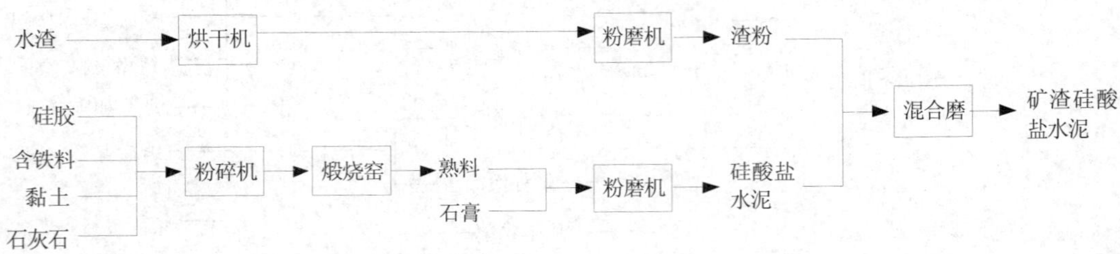

图 8-28 矿渣硅酸盐水泥生产工艺流程

② 普通硅酸盐水泥。是由硅酸盐水泥熟料、少量混合材和适量石膏磨细制成的水硬性胶凝材料，活性混合材的掺量按质量百分比不超过 5%，符合 GB 203—78 规定的水渣可作为活性混合材，这种水泥质量好、用途广。

③石膏矿渣水泥。是由 80%左右的高炉渣，加入 15%左右的石膏和少量硅酸盐水泥熟料或石灰，经混合磨细制得的水硬性胶凝材料，此种水泥也称硫酸盐水泥，有较好的抗硫酸盐侵蚀性能，但周期强度低，易风化起砂。

④钢渣矿渣水泥。是由 45%左右的转炉或平炉钢渣，加入 40%的高炉水渣及适量的石膏磨细制成的水硬性胶凝材料，可适量加入硅酸盐水泥熟料改善性能，该水泥目前有 225、275、325 和 425 四种标号。这种水泥以钢铁渣为主原料，投资少，成本低，但早期强度偏低。

2）生产矿渣砖

用水泥生产矿渣砖的工艺流程如图 8-29 所示，一般配比为水渣 85%～90%，磨细生石灰 10%～15%。矿渣砖适用于上下水或水中建筑，不适用于在高于 250℃的环境下应用，其性能见表 8-21。

表 8-21 矿渣砖性能

规格/mm	抗压强度/MPa	抗折强度/MPa	密度/（10^3kg/m^3）	吸水率/%	导热系数/［W/（m·K）］	磨损系数	抗冻性/（25 次循环）
240×115×53	9.8～19.6	24～30	2～2.1	7～10	0.5～0.6	0.94	合格

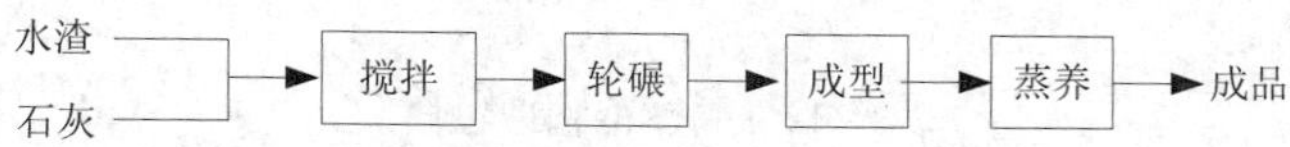

图 8-29　矿渣砖生产工艺流程

3）修筑道路

高炉水渣、重矿渣碎石可以用作各种道路基层和面层，美国和德国将 70%的高炉渣用于道路、机场的建设。实践证明，利用矿渣铺路，路面强度、材料耐久性及耐磨性方面都有良好的效果，高炉重矿渣碎石摩擦系数大，用其所铺筑的矿渣沥青路面能达到很好的防滑效果。

4）做混凝土骨料

高炉重矿渣碎石用于混凝土工程在我国已有几十年的历史，矿渣碎石混凝土不仅具有与普通碎石混凝土相似的物理力学性能，而且还具有较好的保温、隔热、耐热抗渗和耐久性能。现已广泛地应用到 500 号及 500 号以下的混凝土、钢筋混凝土、预应力混凝土工程中。

5）用于地基工程

采用高炉渣加固软弱地基是非常有效的方法。日本一般采用粒度 20 mm 以下的重矿渣或水淬渣加入少量石灰作为处理软弱地基的加固桩材料，据调查，我国早在 20 世纪 30 年代就使用高炉渣加固地基，新中国成立后使用更加普遍。仅武汉钢铁公司一地，自 1964 年起，在地基工程中使用高炉渣就达 5.0×10^5 t。实践证明，利用高炉渣作软弱地基加固材料，技术合理、安全可靠、施工方便、价格低廉。

6）用作铁路道渣

高炉重矿渣具有良好的坚固性、抗冲击性及抗冻性，用它作铁路道渣可以和天然碎石一样使用，而且能适当地吸收行车时产生的振动和噪声，承受重复荷载的能力很强，我国鞍山钢铁公司从 1953 年开始在铁路专用线上使用。目前各大钢铁公司几乎都在使用高炉渣作其专用铁路的道渣。

在国家一级铁路干线——哈尔滨至大连线路上，采用鞍山钢铁公司碱性重矿渣铺设了一段 60 m 长的试验路，从 1967 年开始使用，几十年未发现异常现象。

7）用作轻骨料

膨胀矿渣珠生产工艺制取膨珠，质轻、面光、自然级配好、吸音隔热性能好，用作混凝土骨料可节约 20%左右的水泥。用膨胀矿渣配制的轻质混凝土容重为 1 400～2 000 kg/m^3，抗压强度为 9.8～29.4 MPa，导热系数为 0.407～0.582 W/（m·K），具有良好的物理力学性能。

8）生产矿渣棉

矿渣棉是以高炉渣为主要原料，加入白云石、玄武岩等调整成分和燃料，加热熔化后采用高速离心法或喷吹法制成的一种棉丝状矿物纤维，其物理性质见表 8-22，具有质轻、保温、隔声、隔热防震等性能，可以加工成各种板、毡、管壳等制品。矿渣棉生产工艺如图 8-30 所示。

表 8-22 矿渣棉物理性质

容重（在 1.96 MPa 压力下）/（kg/m^3）	导热系数/［W/（m·K）］	烧结温度/℃	纤维直径/μm	渣球含量（＜0.5 mm）/%	使用温度/℃
一级＜100	＜0.044	800	＜6	＜6	−200～700
二级＜150	＜0.046	800	＜6	＜10	−200～700

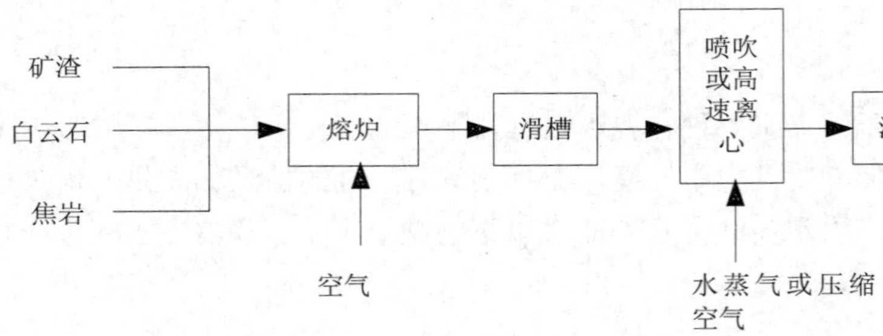

图 8-30 矿渣棉生产工艺流程

9）利用高钛矿渣做护炉材料

高钛矿渣的主要矿物成分是钙钛矿（$CaO·TiO_2$）、安诺石（$TiO_2·Ti_2O_3$）、钛辉石（$7CaO·7MgO·TiO_2·3.5Al_2O_3·13.5SiO_2$）、TiC、TiN 等，有些矿物的熔点极高，如 TiC 的熔点为 3 140℃、TiN 的熔点为 2 950℃。利用高钛炉渣作护炉材料就是利用钛的低价氧化物高温难熔性和低温时增加析出等特点，把它应用到普通高炉冶炼中。使渣铁适当“变稠”，在冷却强度大、侵蚀较严重的部位自动沉积，使炉缸底结厚，减缓渣铁对炉缸炉底的侵蚀作用，从而达到护炉、延长高炉寿命、改善高炉指标的目的。

首都钢铁公司 2 号、4 号高炉在炉缸碳砖严重侵蚀、炉缸冷却水温上升的情况下，使用承德钢铁厂生产的高钛炉渣（按 30 kg/t 铁）长期入炉护炉后，日产生铁水由 2 600 t 增至 2 900 t，效果显著。利用高钛炉渣作护炉材料与其他含钛物料相比，具有成本低、TiO_2 含量高、不需要烧结加工、易于管理等优点。

除上述主要用途外，高炉渣还可用来生产铸石、微晶玻璃、农用肥等。

2. 钢渣的综合利用

（1）钢渣的产生及特性

钢渣是炼钢过程中排出的熔渣。炼钢熔渣的组成主要有：铁水与废钢中所含的铝、硅、锰、磷、硫、钒、铬、铁等元素氧化后形成的氧化物；金属料带入的泥沙等；加入的造渣剂，如石灰、萤石等；作为氧化剂或冷却剂使用的铁矿石、烧结矿、氧化铁皮等；侵蚀下来的炼钢炉炉衬材料；脱氧用合金的脱氧产物和熔渣的脱硫产物等。

钢渣是一种由多种矿物组成的固熔体，其性质与其化学成分有密切的关系。

① 密度：一般为 3.1～3.6 g/cm^3。

② 容重：通过 80 目标准筛的渣粉，平炉渣为 2.17～2.20 g/cm^3、电炉渣为 1.62 g/cm^3 左右、转炉渣为 1.74 g/cm^3 左右。

③ 易磨性：由于钢渣致密，因此较耐磨。标准渣易磨指数为 1，高炉渣易磨指数为 0.96，而钢渣易磨指数仅为 0.7，钢渣比高炉渣要耐磨。

④ 活性：C_3S、C_2S 等为活性矿物，具有水硬胶凝性。当钢渣中成分比值（碱度）$CaO/(SiO_2+P_2O_5)$ 大于 1.8 时，便含有 60%～80%的 C_3S 和 C_2S，并且随着碱度的提高，C_3S 含量也增加，当碱度达到 2.5 以上时，钢渣的主要矿物为 C_3S。用碱度高于 2.5 的钢渣加 10%的石膏研磨制成的水泥，强度可达 325 号。因此，C_3S 和 C_2S 含量高的高碱度钢渣，可作水泥生产原料和建材制品。

⑤ 稳定性：钢渣含游离氧化钙（f-CaO）、MgO、C_3S、C_2S 等，这些组分在一定条件下都具有不稳定性。碱度高的熔渣在缓冷时，C_2S 会在 1 250℃到 1 100℃时缓慢分解为 C_2S 和 f-CaO：C_2S 在 675℃时 β-C_2S 相变为 γ-C_3S，并且生成体积膨胀，膨胀率达 10%。

另外，钢渣吸水后，f-CaO 要消解为 $Ca(OH)_2$，体积将膨胀 100%～300%，MgO 会变成 $Mg(OH)_2$，体积膨胀 70%。因此，含 f-CaO、MgO 的常温钢渣是不稳定的，只有 f-CaO、MgO 消解完或含量很少时，才会稳定。

钢渣的不稳定性，使在处理和应用钢渣时必须注意以下几点：

a．用作生产水泥的钢渣 C_3S 含量要高，因此在处理时最好不采用缓冷技术；

b．含 f-CaO 高的钢渣不宜用作水泥和建筑制品生产及工程回填材料；

c．利用 f-CaO 消解膨胀的特点，可对含 f-CaO 高的钢渣采用余热自解的处理技术。

⑥ 抗压性：钢渣抗压性能好，压碎值为 20.4%～30.8%。

（2）钢渣的种类

目前，我国采用的炼钢方法主要是转炉、平炉和电炉。按炼钢方法不同，钢渣可分为转炉钢渣、平炉钢渣和电炉钢渣；按生产阶段不同，钢渣可分为炼钢渣、浇铸渣和喷溅渣。在炼钢渣中，平炉渣又可分为初期渣与末期渣（包括精炼渣与出钢渣），电炉钢渣分为氧化渣与还原渣；按熔渣性质不同，又可分为碱性渣与酸性渣。

① 转炉钢渣：转炉钢渣是钢渣的主要成分。生产 1 t 转炉钢产生 130～240 kg 钢渣。上海宝山钢铁总厂等的转炉钢渣化学成分如表 8-23 所示。

表 8-23　宝钢等 4 个炼钢厂转炉钢渣的化学成分

厂名	CaO/%	MgO/%	SiO_2/%	Al_2O_3/%	FeO/%	Fe_2O_3/%	MnO/%	P_2O_5/%	f-CaO/%
宝钢	40～49	4～7	13～17	1～3	11～22	4～10	5～6	1～1.4	2～9.5
马钢	45～50	4～5	10～11	1～4	10～18	7～10	0.5～2.5	3～5	11～5
上钢	45～51	5～12	8～10	0.6～1	5～20	5～10	1.5～2.5	2～3	4～10
邯钢	42～54	3～8	12～20	2～6	4～18	2.5～13	1～2	0.2～1.3	2～10

转炉钢渣的矿物组成取决于它的化学成分。当钢渣的碱度[$CaO/(SiO_4+P_2O_5)$]为 0.78～1.8 时，主要矿物为 CMS（镁橄榄石）、C_3MS_2（铁蔷薇辉石）；碱度为 1.8～2.5 时，主要矿物为 C_2S（硅酸二钙）及 RO 相（二价金属氧化物固熔体）；碱度为 2.5 以上时，主要矿物为 C_3S（硅酸三钙）、C_2S 及 RO 相。不同碱度转炉钢渣的矿物组成如表 8-24 所示。

表 8-24　不同碱度转炉钢渣的矿物组成

碱度	C_3S/%	C_2S/%	CMS/%	C_3MS_2/%	C_2AS/%	$CaCO_3$/%	RO/%
4.24	50～60	1～5					15～20
3.07	35～45	5～10					15～20
2.73	30～35	20～30					3～5
2.62	20～30	10～20					15～20
2.56	15～25	20～25					40～50
2.11	少量	20～30				5～10	15～20
1.24		5～10	20～25	20～30	5～10		7～5

② 平炉钢渣：平炉炼钢周期比转炉长，分氧化期、精炼期与出钢期，并且每期终了都要出渣。氧化期排出的渣称初期渣，精炼期排出的渣称精炼渣，出钢后排出的渣称出钢渣，精炼渣与出钢渣又合称为末期渣。马鞍山钢铁公司平炉钢渣化学成分如表 8-25 所示。

表 8-25　马鞍山钢铁公司平炉钢渣化学成分

渣种	CaO/%	MgO/%	SiO_2/%	FeO/%	Fe_3O_4/%	MnO/%	Al_2O_3/%	P_2O_5/%
初期渣	18～30	5～8	9～34	27～31	4～5	2～3	1～2	6～11
精炼渣	42～55	6～12	10～20	10～20	5～11	1～2	2～5	3～8
出钢渣	50～60	4～7	10～18	6～10	4～6	1～2	2～3	3～7

目前，每生产 1 t 平炉钢产生钢渣 170～210 kg，其中初期渣约占 60%、精炼渣占 10%、出钢渣占 30%。

③ 电炉钢渣：电炉炼钢是以废钢为原料，主要生产特殊钢。电炉生产周期长，分氧化期和还原期，并分期出渣，分别称做氧化渣和还原渣。成都钢铁厂和上钢电炉渣的化学成分如表 8-26 所示，其特征是氧化渣中氧化钙含量低、氧化亚铁含量高，而还原渣则相反，电炉钢渣矿物组成规律与平炉钢渣相似。目前，生产 1 t 电炉钢产生 150～200 kg 钢渣，其中氧化渣约占 55%。

表 8-26　电炉钢渣化学成分　　单位：%（重量）

单位	渣种	CaO	MgO	SiO_2	FeO	Al_2O_3	MnO	P
成钢	氧化渣	29～33	12～14	15～17	19～22	3～4	4～5	0.2～0.4
上钢	还原渣	44～55	8～13	11～20	0.5～1.5	10～18		

（3）钢渣的处理利用技术

我国 2013 年钢渣总产量为 2 532 万 t，其利用途径及所占产生量的比例统计见表 8-27。

表 8-27　钢渣利用途径及所占产生量比例　　单位：%（重量）

途径	钢渣粉	钢渣水泥	硅酸盐水泥配料	钢渣砖及道路材料	钢渣返回烧结矿配料
所占比例	8.6	1.7	6.2	2.2	6.4

1）用作钢铁冶炼熔剂

①用作烧结熔剂：烧结矿的生产需配加石灰作熔剂。转炉钢渣一般含 40%～50%的 CaO，1 t 钢渣相当于 700～750 kg 石灰石。把钢渣加工到小于 10 mm 的钢渣渣粉，便可替代部分石灰石直接作烧结配料用。配加量视精矿品位及含磷量确定，品位高、含磷低的精矿，可配加 4%～8%。

钢渣作烧结熔剂不仅回收利用了钢渣中的钙、镁、锰、铁等元素，并可提高烧结机的利用系数和烧结矿的质量，降低燃料消耗。

②用作高炉炼铁熔剂：把钢渣处理成 10～40 mm 的粒渣代替部分石灰石，替代数量视具体情况定。

2）生产钢渣水泥或作水泥的掺合料

①生产钢渣矿渣水泥：高碱度钢渣含有大量的 C_3S、C_2S 等活性矿物，水硬性好。把经过处理的钢渣与一定量的高炉水渣、煅烧石膏、水泥熟料及少量激发剂配合球磨，即可生产出与 425 号普通硅酸盐水泥的指标相同的钢渣矿渣水泥。钢渣水泥具有水化热低、后期强度高、抗腐蚀和耐磨等特点，是理想的道路水泥和大坝水泥。

生产钢渣矿渣水泥，要求钢渣碱度 CaO/（SiO_2+P_2O_5）不低于 1.8，金属铁含量不超过 1%，，*f*-CaO 含量不超过 5%，并不得混入废耐火材料等杂质；钢渣配入量不得少于 34%，水泥熟料配量不得超过 20%。

②用作水泥掺合料：由于钢渣具有活性，因此，钢渣也可用作普通硅酸盐水泥的掺合料。掺和 10%～15%钢渣生产的普通硅酸盐水泥，对水泥指标及使用均无不良影响，但原料较难磨。对用作水泥掺合料的钢渣的要求，与生产钢渣矿渣水泥对钢渣的要求相同。

③生产钢渣白水泥：电炉还原渣含大量的 C_3S、C_2S，白度很高，与煅烧石膏和少量外加剂混合、研磨，即可生产出符合 325 号水泥要求的白水泥。利用电炉还原渣生产白水泥，具有投资少、能耗低、效益高、见效快等优点，是钢渣的有效利用途径之一。

3）用作筑路与回填工程材料

钢渣抗压强度高，陈化后性能已基本稳定。因此，可将陈化钢渣用作路基材料和回填工程材料，因钢渣具有活性，能板结成大块，用钢渣在沼泽地筑路，更具有优越性。

用钢渣作工程材料的基本要求是：必须是陈化后的钢渣，粉化率不得高于 5%；要有合适的级配，最大块的直径不得超过 300 mm，最好与适量的粉煤灰、炉渣或黏土混合使用。

4）生产建材制品

把具有活性的钢渣与粉煤灰或炉渣按一定比例混合、磨细、成型、养生，即可生产出不同规格的砖、瓦、砌块等建材制品。生产的砖与红砖的强度和质量相差不多。

生产建材制品的钢渣一定要控制好 *f*-CaO 的含量和碱度。

5）用作农肥和酸性土壤改良剂

钢渣含有钙、镁、硅、磷、锰、硼等元素，并且其硅、磷氧化物的可溶性高，因此可用作农用肥或土壤改良剂。

①钢渣硅肥：硅是水稻生长需要量大的元素，含 SiO_2 超过 15%的钢渣，磨细至 60 目以下，即可作硅肥用于水稻田。一般每亩施用 100 kg，可增产水稻 10%左右。

②钢渣磷肥：含 P_2O_5 超过 4%的钢渣，可作为低磷肥料用，相当于等量磷的效果，并超过钙镁磷肥的增产效果。

③酸性土壤改良剂：含钙镁高的钢渣，磨细后可作酸性土壤改良剂，并且也可利用钢渣中的磷等元素。

6）回收废钢

钢渣一般含 7%～10%的废钢，加工磁选后，可回收其中 90%的废钢。

3. 稀有金属冶炼渣的综合利用

（1）概述

稀有金属是指在地壳中含量稀少、分散、不易富集成矿、难以冶炼提取的一类金属。稀有金属共有 40 多种，按它们的物理性质、化学性质、贮存状态和提取工艺的不同，又可分为五个亚类：稀有轻金属，包括锂、铍等；稀有难熔金属，包括钨、钼、铌、钽、锆等；稀有分散金属，包括镓、铟、锗、铊等；稀土金属，包括钪、钇、镧系元素；稀有放射性金属，包括钍、铀等。

稀有金属生产由于原料成分复杂、来源变化大，金属之间的分离和提取较困难。从稀有金属原料到生产出高纯金属一般要经过原料的分解、稀有金属纯化合物的提取、从纯化合物生产金属或合金、高纯金属的制取 4 个阶段。在稀有金属冶炼过程中会产生多种固体废物，采用湿法冶炼时有酸浸渣、碱浸渣、中和渣、铜矾渣、硅渣、铝铁渣等；采用火法冶炼时则有还原渣、氧化熔渣、氯挥发渣、浮渣、废熔盐及烟尘等。

（2）稀有金属冶炼渣的综合利用技术

1）钨渣的综合利用

株洲硬质合金厂钨冶炼系统，在 20 世纪 80 年代中期前采用苏打烧结工艺生产半成品三氧化钨，后改为碱压煮工艺生产钨酸铵（APT）及蓝钨，金属回收率和产品质量均有很大提高，而且减轻了污染。

苏打烧结工艺生产三氧化钨排放的钨渣以氧化物形式存在，含量如表 8-28 所示。碱压煮工艺排出的钨渣以氢氧化物形式存在，但在采用火法工艺进行综合利用时要灼烧成氧化物。其成分与该表所列数据基本相同。每生产 1 t 钨的氧化物，排出钨渣 0.5 t 左右，近 10 年每年排放钨渣 1 400 t 左右。

表 8-28 钨渣各成分的含量

成分	Fe	Mn	WO_3	Ta_2O_5	Nb_2O_5	ThO_2
含量/%	33.5～35.4	14.6～18.8	3.25～5.00	0.092～0.13	0.64～0.80	0.01～0.015
成分	UO_2	R_2O_3	SiO_2	CaO	Sc_2O_3	Na_2O
含量/%	0.02～0.03	0.14～0.60	5.69～6.5	3.40～4.99	0.02～0.028	3.47～4.54
成分	S	P	As	Ti		
含量/%	0.013～0.13	0.087～0.10	0.002～0.006	0.31～0.46		

对钨渣的综合利用主要有两个方面：回收其中的有价金属、将钨渣作为矿物原料生产耐磨材料等新型材料。有价金属的回收以 W、Fe、Mn、Nb、Ta 等为主，具有较好的经济效益。

2）钼渣的综合利用

株洲硬质合金厂在以钼精矿为原料，采用湿法冶炼生产各种钼酸盐、钼的氧化物、纯金属钼粉、纯金属钼等制品过程中，钼渣的产出量一般为钼精矿量的 20%左右。钼渣中钼占 15%～20%，其中可溶性钼占 4%～6%、不溶性钼占 11%～14%，不溶性钼有 $PbMoO_4$、$CaMoO_4$、$FeMoO_4$ 等。

钼渣处理工艺流程采用酸分解法——用盐酸将钼渣中难溶钼酸盐分解，使钼呈钼酸沉淀；再用硝酸将钼渣中的 MoS_2 氧化分解呈钼酸沉淀。Fe、Ca、Pb 等杂质生成氯化物进入溶液，硫以硫酸的形式进入溶液，从而使钼与可溶于酸的杂质分开。

钼渣酸分解法处理全程钼的回收率为 80.12%。年处理钼精矿 540 t，产出钼渣 108 t，1 m^3 酸分解液可产氯化铵 200～250 kg。

生产过程中获得的氯化铵和尾渣都含有少量钼，是一种优质长效的化肥，其肥力不仅不次于尿素，且较其肥效要长。

4. 赤泥的处理和综合利用

（1）赤泥的产生及特性

赤泥是从铝土矿中提炼氧化铝时产生的废渣。其性能随提炼氧化铝的工艺和所采用的原料不同而有较大的差异，CaO 占 40%～50%，其次是 SiO_2，占 20%左右，另外，还含有一定数量的 Fe_2O_3、Al_2O_3 及少量 MgO、Na_2O、TiO_2。赤泥呈粉状，容重 0.7～1.0 t/m^3，表面积 0.5 m^2/g 左右。

山东铝厂在用烧结法生产氧化铝的过程中排出大量赤泥，每生产 1 t 氧化铝产生赤泥 1.5～1.8 t，目前年排出赤泥量为 750～800 kt。其烧结赤泥的密度为 2.7～2.9 g/cm^3、容重为 0.89～1.0 g/cm^3、熔点为 220～1 250℃、塑性系数为 16.8。化学组成比较复杂，其化学成分、矿物组成见表 8-29 和表 8-30。

表 8-29　山东铝厂烧结赤泥化学组成　单位：%

灼减	SiO_2	Fe_2O_3	Al_2O_3	CaO	Na_2O	K_2O	MgO	MgO
10～12	20～22	8～10	5～7	42～46	2～2.3	0.2～0.4	1～1.5	2～2.2

表 8-30　山东铝厂烧结赤泥矿物组成　单位：%

β-C_2S	$Fe_2O_3\cdot nH_2O$	$C_3A+C_3AS_x$（6−2n）H_2O	$NaS_2\cdot nH_2O$	$CaCO_3$	$CaO\cdot TiO_2$
50～60	4～7	5～10	5～10	2～10	2～5

（2）赤泥的综合利用技术

赤泥可用来生产硅酸盐水泥、炼钢用保护渣、硅钙肥料和塑料填充剂等。

1）生产硅酸盐水泥

山东铝厂水泥分厂水泥产量为 1.0×10^6 t/a 左右，利用赤泥 350 kt/a。在生料中掺 25%～30%赤泥生产普通硅酸盐水泥和油田水泥，此外还利用赤泥作混合材生产赤泥硅酸盐水泥和赤泥硫酸盐水泥。赤泥硅酸盐水泥中赤泥掺量为 42%左右，水泥标号为 425 号，赤泥硫酸盐水泥是一种少熟料水泥，其配比为水泥熟料 15%、赤泥 70%、石膏 15%，水泥标号为 325 号和 425 号。这种水泥抗冻性和耐腐蚀性较好，但早期强度较低。1965—1989 年共利用赤泥 4.15×10^6 t，生产 425 号、525 号普通硅酸盐水泥和 75℃油井水泥。用烧结法赤泥生产普通硅酸盐水泥工艺流程如图 8-31 所示。

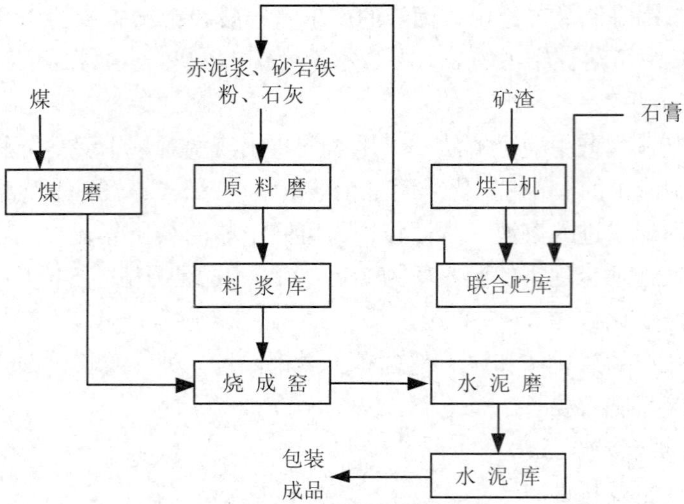

图 8-31 利用烧结法赤泥生产普通硅酸盐水泥生产工艺流程

与同类湿法窑相比，热耗降低 20%、电耗降低 10%；水泥窑单位面积产量可提高 20%；生产的水泥符合国家质量标准，并且具有早强、抗硫酸盐、水化热低、抗冻及耐磨等性能。需要注意的是对所用赤泥的毒性和放射性要事先进行检测，以确保产品符合安全要求。

2）制造炼钢用保护渣

烧结法赤泥含有 SiO_2、Al_2O_3、CaO 等组分，含有 Na_2O、K_2O、MgO 熔剂组分，还具有熔体的一系列物化特性。该渣资源丰富，组成成分稳定，是生产钢铁工业浇铸保护材料的理想原料。赤泥制成的保护渣按其用途可大体分为普通渣、特种渣和速溶渣几种类型；适用于碳素钢、低合金钢、不锈钢、纯铁等钢种和锭型。应用这种保护渣浇铸，一般在锭模内加入量为 2～2.5 kg/t。实践证明，这种赤泥制成的保护渣可以显著降低钢锭头部及边缘增炭，提高钢锭表面质量，可明显改善钢坯低倍组织，提高钢坯成材质量和金属收率，具有比其他保护材料强的同化性能，其主要技术指标可达到或超过国内外现有保护渣的水平。

利用烧结法赤泥制造炼钢保护渣，赤泥利用率在 CaO/SiO_2 为 0.6～1.0 时可达到 50%。产品质量好，可明显改善钢锭（坯）质量，钢坯成材金属收得率可提高 4%。

3）制造硅钙肥料和塑料填充剂

烧结赤泥中含有多种农作物生长需要的常量元素（Si、Ca、Mg、Fe、K、S、P）和微量元素（Mo、Zn、V、B、Cu），且具有较好的弱酸溶解性，可以用作微量元素复合肥。此外，赤泥有与多种塑料共混的性能，可以作为一种良好的塑料改性填充剂。

赤泥肥料和填充剂的生产是将赤泥浆液脱水至 35%以下，然后经烘干机烘干，烘干料含水分＜0.5%，研磨至一定细度（60～120 目）即可制成肥料，将研磨后的赤泥送风选式粉碎机，选出粒度小于 44 μm 的细粉（＜320 目）即可作为塑料充填剂。

利用赤泥生产硅钙复合肥，可利用赤泥 9～15 kt/a；产品中的粗粒级部分可用作硅钙肥料、自硬砂和活性混合材料等，细粒级部分可做塑料、PVC 防水片材、油膏的充填剂。

在江西景德镇中等肥力的第四纪红壤形成的冲击性稻田中进行试验结果表明，土壤原有效硅含量为 5 mg/100 g（土），每亩（666.6 m^2）施硅钙肥 100 kg 时，早稻增产 8.76%～

15.19%、晚稻增产 14.5%～26.5%。

赤泥微粉充填剂可用于塑料工业取代常用的重钙、轻钙等，所制得的塑料产品的质量符合材料技术规范。

8.5.5　铬渣的处理和综合利用

（1）铬渣的产生及特性

铬渣即铬浸出渣，是金属铬和铬盐生产过程中滤出的不溶于水的固体废物，除部分返回焙烧料再利用外，其余堆存待处理。

铬浸出渣为浅黄绿色粉状固体，呈碱性反应。每生产 1 t 重铬酸钠产生 1.8～3.0 t 铬渣，每生产 1 t 金属铬产生 12.0～13.0 t 铬渣。据 1988 年统计，我国仅重铬酸钠产量即在 60 kt/a 以上，而铬渣产出量约为 187 kt/a。铬渣基本成分及济南裕兴化工厂铬渣成分如表 8-31 所示。

表 8-31　济南裕兴化工厂铬渣组成（质量分数）

成分	Cr_2O_3/%	六价铬/%	SiO_2/%	CaO/%	MgO/%	Al_2O_3/%	Fe_2O_3/%
济南裕兴化工厂老渣	4.66		10.17	30.02	22.33	5.74	9.44
济南裕兴化工厂新渣	3.44		9.57	31.11	21.79	4.56	8.13
基本组成	3～7	0.3～1.5	8～11	23～36	20～33	5～8	7～11

铬的毒性与其存在形态有关，铬化物中六价铬毒性最烈，具有强氧化和透过体膜的能力，在酸性介质中易被有机物还原成三价铬，三价铬在浓度较低的情况下毒性较小。有些三价铬如 Cr_2O_3 及其水合物可认为是无毒的。金属铬及钢铁材料中含有的铬，由于其溶入食物及饮水中时是惰性的，所以对人体无害，经分析测定，铬渣中含有六价铬的六种组分的相对量各为：四水铬酸钠占 41%、铬酸钙占 23%、铬铝酸钙与碱式铬酸铁占 13%、硅酸钙-铬酸钙固熔体占 18%、铁铝酸钙-铬酸钙固熔体占 5%，其中四水铬酸钠、铬酸钠及游离铬酸外为水溶相（共占 64%），易被地表水、雨水溶解，是铬渣近期污染的由来；其余四种组分虽难溶于水，但在长期露天堆存过程中，空气中的 CO_2 和水能使之水化，造成对环境的中长期污染。

（2）铬渣的处理和综合利用技术

国外对铬渣治理总的趋势是将六价铬解毒处理后堆存或填埋。日本于 1975 年专门成立了“铬渣对策委员会”，制定出铬渣解毒后的排放标准，日本电工公司德岛化工厂产重铬酸钠 30 kt/a，用含亚硫酸钠的造纸废液作还原剂，在旋转窑中对铬渣进行还原焙烧。铬渣与造纸废液的比例为 5∶1～20∶1，在 600℃下使 Cr^{6+}转为 Cr^{3+}，而后再堆存或填埋。日本化学公司德山化工厂产重铬酸钠 36 kt/a，将铬渣与一定比例的黏土混合，制作建筑骨料，美国巴尔的摩铬盐厂产重铬酸钠 2～2.5 t/d，排铬渣量为 350 t/d，自 1967 年以来，基本上是解毒后用以填海。此外，国外还有采取制陶瓷、用作玻璃着色剂以及与水泥一起固化等方法处理铬渣。

我国对铬浸出渣的治理自 20 世纪 60 年代就已开始，1976 年原化工部组织专家先后就铬渣制砖、生产钙镁磷肥、干法还原解毒、湿法还原解毒、作玻璃着色剂、还原铬渣制彩色水泥以及利用铬渣制矿渣棉制品及铸石制品等方法进行了试验研究，取得了不同程度的进展。80年代，冶金部又组织了铬渣烧结炼铁的攻关。“八五”期间，在国家环保局主持下，进行了含铬废渣资源化技术示范研究，主要内容为含铬废渣制作自熔性烧结矿及冶炼含铬生铁的示范技术研究、含铬废渣烧制炻质铺路砖示范技术研究、铬渣解离回收综合治理技术研究及综合旋风炉焚烧处理铬渣技术研究。其中用铬浸出渣制作自熔性烧结矿并冶炼含铬生铁的工艺技术，在烧结过程中六价铬的脱除率已达99%以上，烧结矿中残余六价铬小于 5 mg/kg，长期水浸无六价铬回升现象，经高炉冶炼后铬作为合金元素结合进生铁中，彻底消除了六价铬。铬浸出渣经高温烧制的炻质砖半程还原解毒彻底，产品长期稳定性好，经解离回收强化浸出的铬渣，能使水溶性六价铬减少70%，总铬（以 Cr_2O_3 计）回收率提高4.48%。综合旋风炉焚烧处理的铬渣彻底、安全稳定，并提供了性能好的飞灰回熔系统技术，水淬及冲渣水无二次污染，还可综合利用。

含铬废渣的解毒处理有湿法和干法两种，前者是用纯碱溶液处理，再用硫化钠还原，后者是将煤与铬渣混合进行还原焙烧，六价铬被一氧化碳还原为不溶于水的三价铬，解毒后的铬渣可直接用于建筑材料，常用的还原解毒方法有：铁精矿和含铬废渣混合原料生产烧结矿工艺，碳还原工艺，亚硫酸钠、硫酸亚铁等作还原剂的酸性还原工艺。

此外，铬渣也可直接用作其他有关工业的原料，在生产加工过程中，六价铬被还原固化，从而达到消除六价铬危害的目的。国内外主要的铬渣解毒和综合利用技术如表 8-32 所示。

表 8-32　主要的铬渣解毒和综合利用技术

序号	技术	工艺描述	优点	缺点
1	铬渣烧制玻璃着色剂	解毒铬渣—烘干—粉碎—筛分—包装	工艺简单、成熟、有一定的经济效益，可以代替铬铁矿作玻璃着色剂	生产过程中有粉尘污染，吃渣量小
2	铬渣制钙镁磷肥	（磷矿石、铬渣、硅石、焦炭）—高炉/电炉—熔料水淬—干燥—粉碎—成品—包装	解毒彻底，吃渣量比较大	产品的磷含量较低，成本较高，生产中须防止粉尘污染
3	铬渣烧制铸石	（铬渣、硅砂、烟道灰、氧化镁皮）—平炉熔融—浇铸—结晶—退火—成品	解毒比较彻底，无二次污染，有一定的经济效益	投资大，成本高，销售量有限
4	铬渣制砖	（铬渣、黏土、原煤、水）—制砖—干燥—隧道窑焙烧—成品	工艺简单，成品砖抗压抗折强度达到建材标准要求，节约黏土资源	产品成本较高，铬渣运输可能造成二次污染
5	铬渣制彩色水泥	［石灰石、黏土、矿化剂、解毒铬渣（着色剂）］—窑炉焙烧—冷却—粉碎—过筛—成品	工艺简单，解毒彻底，彩色水泥色泽鲜艳，不易褪色，抗冻性好，其性能符合矿渣硅酸性水泥标准	
6	铬渣制钙铁粉（防锈涂料）	铬渣—粉碎—加水和处理剂制浆—过滤—烘干—粉碎—研磨—过筛—成品	防锈性能好，可代替氧化铁红配制防锈漆，价格远低于氧化铁红和红丹	产生含铬废水需进行处理，应注意防止粉尘污染

序号	技术	工艺描述	优点	缺点
7	铬渣制建筑骨料	（解毒铬渣、黏土、粉煤灰）—粉碎—混合—成型—干燥—窑烧结—缓冷—建筑骨料	工艺简单，解毒彻底，吃渣量大，可制成轻骨料、耐火骨料、耐酸碱骨料	能耗大，成本高
8	铬渣制矿渣棉	（铬渣、石英砂、黏土、钡渣、水泥）—粉碎—混合—（压制成型+焦炭）—冲天炉—（四辊离心成纤机+酚醛树脂黏合剂）—固化炉—成品（用作保温管隔）	吃渣量大，解毒彻底且稳定，国内已进行中试，导热系数为159.10 kJ/（h·m），最高使用温度40℃，成棉综合能耗25 413.88MJ/t	铬资源未能回收
9	铬渣烧制水泥熟料	（铬渣、黏土、石灰石、铁矿石、粉煤灰）—粉碎—混匀—焙烧—熟料磨细—成品	制成的铬渣水泥强度可达425号	旋转窑不宜用来烧水泥，立窑法应防止二次污染
10	铬渣制水泥混合材	解毒铬渣—烘干—粉碎—磨细—成品	替代高炉水淬渣，与水泥熟料，石膏一起磨成水泥，无二次污染	
11	铬渣制成水泥砂浆	解毒铬渣—烘干—粉碎—（筛选+水+水泥）—水泥砂浆	砌体强度等指标优于同标号的水泥混合砂浆，可节省水泥	
12	铬渣用于炼铁	（铬渣、造纸废液、$FeSO_4$）—混匀—加热—喷雾干燥—成品（水泥早强剂）	对混凝土有早强、减水、防冻作用，用量少，其解毒作用优于Na_2S或$FeSO_4$等湿法解毒	
13	铬渣用于炼铁	（铁矿粉、焦炭粉、石灰石、铬渣、返矿）—混匀—烧结—筛分—（烧结矿+焦炭）—高炉冶炼—生铁—浇铸成型	六价铬还原解毒彻底，吃渣量大	投资较大，需防止粉尘污染
14	铬渣烧制炻器制品	［铬渣、基料（砂子类）、煤粉］—混匀—成型—窑炉/电炉—成品	吃渣量大，工艺简单，解毒效果好，抗压强度为25～42 MPa	铬渣掺入量＞30%时，其抗压强度低于不掺铬渣制品
15	旋风炉附烧铬渣	（煤、铬渣）混合—球磨—筛分—煤粉仓—叶轮给粉机—旋内筒—沉渣池—水淬渣—建材	吃渣量大，解毒彻底，水淬渣安全稳定并可用作建材，无二次污染	
16	制青砖处理铬污染土壤	用冷水淋窑造成还原气氛使六价铬还原为三价铬，并被固化在青砖中；码坯—干燥—码窑—焙烧—水淋—出砖	固化率高，六价铬的浸出浓度远低于污染控制标准	
17	铬渣解离回收综合治理	铬盐生产过程中铬渣的减量化；铬渣中铬的回用；解离回收后的铬渣用作生产建材原料铬铁—磨矿—解离（排除杂质）—精铁矿—磨矿—铬盐生产（铬盐产品）—铬渣—磨矿—抽滤（$NaCrO_4$水溶液回用）—铬尾渣（钙镁渣和回收铬铁矿回用）—制砖	成砖水溶性六价铬可降至0.04 mg/kg，最高不超过2 mg/kg	

序号	技术	工艺描述	优点	缺点
18	含铬废渣烧制炻质铺路砖	六价铬被还原成三价铬进入辉石等晶格；三价铬离子进入 Al^{3}+和 Fe^{3}+所形成的物相晶格；SiO_2 也参加反应；烧成品中玻璃相含量增多，有利于还原反应进行和铬的固化。（铬渣、黄土、矾土渣的煤矸石）—配料—搅拌—陈化—压坯—装车—干燥—成品	吃渣量大；产品性能指标优于人行道混凝土路面标准；在生产过程中不会对环境造成二次污染	
19	用作燃煤固硫剂	原煤中有害硫成分通过高温燃烧固化成硫化合物，同时将铬渣中六价铬还原解毒； 原煤—粉碎（烟硫解毒铬渣）—混合—陈化—固硫型煤	解毒效果好，对控制酸雨和二氧化硫污染有益	
20	钡渣和铬渣合并解毒再利用	（钡渣+铬渣）—粉碎—加水拌和—钡铬解毒渣，钡渣中含水溶性钡将铬渣中水溶性六价铬部分还原为三价铬化合物，部分形成六价非水溶性铬化合物	钡铬解毒可用作建材生产原料	
21	铬渣直接生产耐火材料	（浸出渣、轻烧镁）—混料—成球—焙烧—冷却—破碎—成品	合成耐火材料的耐火温度大于1 670℃	
22	铬泥、铬渣制备铬鞣剂	废铬液（泥、渣）—浓缩—（加硫酸）反应—压滤（滤渣回用）—抽滤—烘干—成品（固体碱式硫酸铬）	净化率大于 99%，固体成品易于运输，质量稳定，无二次污染	少量滤渣需处理

8.5.6 电石渣的处理和综合利用

（1）电石渣的来源与组成

电石渣是用电石（CaC_2）制取乙炔时产生的废渣。电石渣的成分与性质与硝化石灰相似，$Ca(OH)_2$ 含量通常达 60%～80%（干基）。我国多采用湿法工艺制取乙炔，电石渣的含水率很高，需经沉淀浓缩才能利用。电石渣颜色发青，有气味，不宜直接用于民用建筑。

锦西化工总厂在生产聚氯乙烯过程中每年产生 60 kt 电石渣，其化学组成见表 8-33，含水率为 85%～97%；密度为 2.22～2.25 t/m^3；细度为 3%～15%（0.080 mm 方孔筛筛余）；粒度分布＞0.1 mm 占 3%～9%，0.05～0.1 mm 占 8%～19%，0.01～0.05 mm 占 65%～80%，粒度分布＜0.01 mm 占 6%～12%。

表 8-33 锦西化工总厂电石渣的化学组分

SiO_2/%	Al_2O_3/%	Fe_2O_3/%	CaO/%	MgO/%	其他/%	烧失量/%
5.56	3.03	0.64	65.57	0.89	4.89	19.33

（2）电石渣的利用技术

电石渣的利用途径较多，一是代替石灰石水泥原料，锦西化工总厂水泥厂利用电石渣生产水泥已获得成功；二是代替石灰硅酸盐砌块、蒸养粉煤灰砖、灰砂砖的钙质原料，但长期使用的企业很少；三是代替石灰配制石灰浆，但由于有气味，在民用建筑中很少使用；四是代替石灰用于铺路，但受使用运输半径的限制，应用并不广泛。总之，电石渣产生量不大，在建材工业中只有少数地区小批量利用。

锦西化工总厂水泥厂用此电石渣生产普通硅酸盐水泥 70 kt/a。1989 年生产硅酸盐水泥熟料 35 211 t，利用电石渣 35 111 t，水泥抗压强度平均为 51.9 MPa。

8.5.7　化学石膏的处理和综合利用

（1）化学石膏的种类及特性

化学石膏是指以硫酸钙为主要成分的一种工业废渣，由磷矿石与硫酸反应制造磷酸所得到的硫酸钙称为磷石膏，由萤石与硫酸反应制氢氟酸得到的硫酸钙称为氟石膏；生产二氧化钛和苏打时所得到的硫酸钙分别称为钛石膏和苏打石膏。其中，以磷石膏产量最大，每生产 1 t 磷酸约排出 5 t 磷石膏，在许多国家，磷石膏排放量已超过天然石膏的开采量。

磷石膏呈粉末状，颗粒直径 5～150 μm，成分与天然二水石膏相似，以 $CaSO_4·2H_2O$ 为主，其含量一般达 70%左右，次要组分随矿石来源不同而异。一般都含有岩石组分、Ca、Mg、磷盐、碳酸盐及硅酸盐，其晶体形状与天然二水石膏晶体形状基本相同，为板状、燕尾状、柱状等，其晶体大小、形状及致密性随磷矿种类及磷酸生产工艺不同而不同；晶体尺寸通常为（39.2～224）μm×（39.5～95.2）μm。外观呈灰白、灰、灰黄、浅黄、浅绿等多种颜色。相对密度为 2.22～2.37；容重为 0.733～0.880 g/cm^3。磷石膏中还含有铀、钍放射性元素和铈、钡、钛、锗等稀有元素。

氟石膏中含氟量可达 3.07%，其中 2.05%是水溶性的。

（2）化学石膏的处理利用技术

1）磷石膏的处理利用技术

磷石膏虽与天然石膏有相同的主要成分，但由于含有酸性物质，且有 20%水分，带有色质和杂质，因此利用前通常要经过适当的处理。

磷石膏一般呈酸性，还含有水溶性五氧化二磷和氟，一般不能直接作水泥缓凝剂利用，需要经过处理去除杂质，或经过改性处理。预处理可采用水洗法，先将磷石膏加水调成含 5%的固体浆料，再经真空过滤即可除去可溶性磷酸盐；也可采用中和法，用石灰（或消石灰）将可溶性磷酸盐转变为不溶性磷酸钙，再进行干燥，焙烧碾磨后加水造粒，使之成为 10～30 mm 粒度的产品。每 1 t 水泥需掺入 4%～6%石膏。

① 磷石膏做水泥缓凝剂。杭州水泥厂将磷石膏于露天堆放半年左右，在磨制矿渣水泥时，掺入＜3%的磷石膏作缓凝剂。南京江南水泥厂、马鞍山水泥厂、广西柳州水泥厂等均做过二水磷石膏代替天然石膏作缓凝剂的试验。试验表明，磷石膏中的含磷量影响水泥凝结时间，但水泥强度经 3 d、7 d、18 d 的抗折强度或抗压强度均不低于掺天然石膏的水泥强度。

② 改性磷石膏做水泥缓凝剂。上海水泥厂将含约 25%游离水的磷石膏（pH=4）用水泥生产中过剩的窑灰（或石灰、电石渣）搅拌中和（按 2∶1 加窑灰），使磷石膏含水量

降低至 9%左右，水溶性 P_2O_5 转化为磷酸钙，pH 达 10～11，再经成型即可。用改性磷石膏作缓凝剂制成的矿渣水泥，无论 425 号还是 525 号，其后期强度均比用天然石膏制成的矿渣水泥高，该厂使用磷石膏 40 kt/a，因磷石膏比天然石膏价格低，故每年可节约费用约 1.0×10^6 元。

③ 制造半水石膏和石膏板。

化学石膏可用于制作半水石膏，半水石膏有 α 和 β 两种，前者称为高强石膏，后者称为熟石膏。通常 α-半水石膏结晶粗大、整齐、致密，有一定的结晶形状；β-半水石膏晶体细小，体积松大。它的粉料加水调和可塑制成各种形状，不久就硬化成二水石膏。利用这一性质可将石膏加工成天花板、外墙的内部隔热板、石膏覆面板及花饰等各种建筑材料。以 β-半水石膏粉为原料，可生产石膏板等石膏制品。

磷石膏内含大量二水硫酸钙，因此如何由二水硫酸钙变成半水硫酸钙同时去除杂质成为利用磷石膏的关键问题。由磷石膏制取半水石膏的工艺流程大体上分为两类，一类是利用高压釜法将二水石膏转换成半水石膏（α-半水物）；另一类是利用烘烤法使二水石膏脱水成半水成石膏（β-半水物）。

a. 用磷石膏生产 α-半水石膏的工艺：磷石膏经预处理后，在溶液里加热转化，重结晶形成 α-半水石膏，再以 α-半水石膏制成石膏制品。α-半水石膏是二水石膏在饱和蒸汽的气氛中加热形成（如蒸炼法，采用直接蒸汽在密闭容器中长时间蒸炼），或者在溶液中形成结晶（如液相转化的蒸压釜法或盐溶液法）。

英国 ICI 公司的流程是先将磷石膏加水调成浆，真空过滤除去杂质，洗净的磷石膏再加水并投入半水物的晶种以控制半水物。在两个连续的高压釜中，使二水物转变成 α-半水物。生成 α-半水物的最佳条件是 150～160℃，第二高压釜的出口压力为 0.8MPa，由直接送到高压釜中的蒸汽维持所需的温度。在第一高压釜中有 80%的磷石膏转化成 α-半水石膏，脱水时间约 3 min。成品含水率为 8%～15%，经干燥后可做建筑石膏或模制成型。

德国 Giulini Chemie Gmbh 公司的流程是将磷石膏在浮选装置和增稠器中，利用低压蒸汽和洗涤水除去杂质，对足够纯净的磷石膏进行过滤，二水物在 120℃、pH=1～3 条件下于高压釜中脱水，然后再过滤去母液即得产品。母液去回收磷酸。

α-半水石膏是强度较大的建材品种。由磷石膏制 α-半水石膏及其制品的工艺与制 β-半水石膏相近。磷石膏需要预处理，只是转化条件有所不同。磷石膏需要在溶液里加热转化，重结晶形成 α-半水石膏制成石膏制品，如图 8-32 所示。

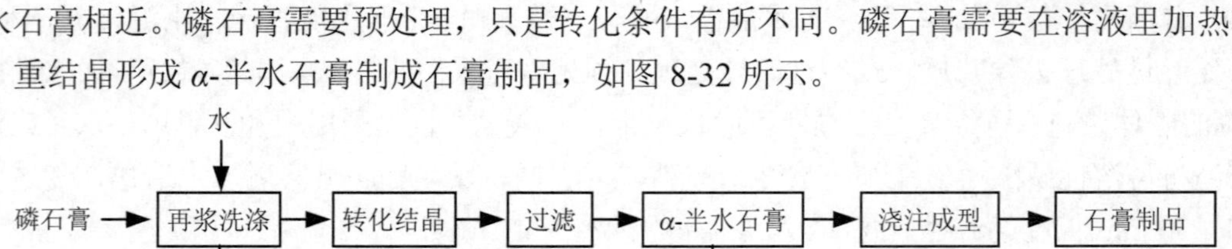

图 8-32 用磷石膏制 α-半水石膏及其制品生产工艺流程

磷石膏先经再浆洗涤、沉降分离，控制其水溶性 P_2O_5＜0.1%、F^-＜0.3%，以利于后面石膏的转化和再结晶。在水溶液中，二水石膏转化为 α-半水石膏的温度是 97℃，但为了使转化过程进行得更快，生产上将温度控制在 110～160℃，转化时间 1～1.5 h。在液相中

生成 α-半水石膏的过程实际上是一个再结晶的过程。首先是二水石膏的溶解，接着二水石膏溶液转化为半水石膏溶液，最后由过饱和半水石膏溶液析出 α-半水石膏结晶。在再结晶的过程中，还可以消除磷石膏中的杂质，如晶间磷。α-半水石膏经沉降、过滤和洗涤完成分离操作。如果磷石膏中的杂质对结晶没有影响，可不进行洗涤预处理，本道工序进行净化操作是一种更为合理的安排，可将杂质的去除与整个生产工艺过程有机地结合。通过分离，α-半水石膏滤饼的含水率＜10%。

将过滤所得的含游离水＜10%的滤饼用热空气干燥成含游离水 0.5%左右的 α-半水石膏粉，也可根据用户要求进一步研磨后包装。

含水率＜10%的 α-半水石膏滤饼也可直接加水调浆成型。这种方法可省去干燥、粉磨、包装等工序。根据需要也可同时加入促凝剂、各种添加物如玻璃纤维、纸纤维、膨胀珍珠岩等生产各种石膏制品。

b. 用磷石膏生产 β-半水石膏的工艺：β-半水石膏是二水石膏在不饱和蒸汽的气氛中制成的。磷石膏制 β-半水石膏的生产工艺，主要采用水洗去除杂质，然后将处理后的磷石膏脱水煅烧制成 β-半水石膏粉。

典型的半水石膏生产工艺流程有法国 Rhone-poulene 公司开发的浮选两步脱水法和水力旋分器一步脱水法。其流程是将磷石膏悬浮在中性水中，如具酸性，则用石灰加以中和。经过滤，大部分（80%～90%）可溶性杂质被去除，用浮选装置（在两步脱水法中）或水力旋分器（在一步脱水法中）进一步净化。在两步脱水法中，经浮选装置净化出来的湿磷石膏送入风力干燥器与热的燃料气对流接触，部分干燥的磷石膏再在流化床炉内焙烧。流态化所必需的空气量可缩减到最小，因为大部分热量可依靠沉浸在流化床中的蒸汽蛇管提供。在一步脱水法中，磷石膏经水力旋分器净化后不经干燥直接进入旋转窑炉进行干燥，但需精确控制温度防止半水物进一步脱水。

④ 磷石膏制硫铵和碳酸钙。

目前，用磷石膏生产硫酸铵有奥地利 OSW 公司和荷兰 Continental Engineering 公司开发的两种工艺流程，其原理相同，仅反应器及原料略有不同。基本原理是将磷石膏先经洗涤，真空过滤去除杂质后，打成浆与氨及二氧化碳的混合气反应（荷兰法），或和碳酸铵的水溶液反应（奥地利法），取得硫酸铵和碳酸钙的浆料，用转筒法真空过滤器滤去碳酸钙，得到含硫酸铵 41%的溶液，蒸发浓缩后冷却结晶，离心分离，即得硫酸铵晶体。

磷石膏制硫铵和碳酸钙，是利用碳酸钙在氨溶液中的溶解度比硫酸钙小得多、硫酸钙很容易转化为碳酸钙沉淀的特点。溶液转化为硫酸铵溶液的原理为：

$$(NH_4)_2CO_3+CaSO_4 \rightarrow CaCO_3\downarrow+(NH_4)_2SO_4$$

碳酸钙是制造水泥的原料，硫酸铵是肥效较好的化肥。经过转化，既可以将价值较低的碳酸铵转化为价值较高的、用途更广的产品，又可以利用转化磷石膏。

利用氨和二氧化碳，将磷石膏转化成硫铵与碳酸钙，在国外是较成熟的技术。英国、奥地利、日本、印度等相继建立了石膏制硫酸铵的装置，其中尤以奥地利和印度的技术更为成熟。国内早在 20 世纪 70 年代就进行了磷石膏制硫酸铵的试验研究，并在 80 年代中期分别有安徽马鞍山采石化肥厂和四川德阳市化工厂建设了 150 t/d 硫酸铵装置，前者用马鞍山凹铁矿副产磷精矿，后者用四川清平磷矿作为生产磷酸的原料。

磷石膏制硫酸铵的主要生产工艺如图 8-33 所示。

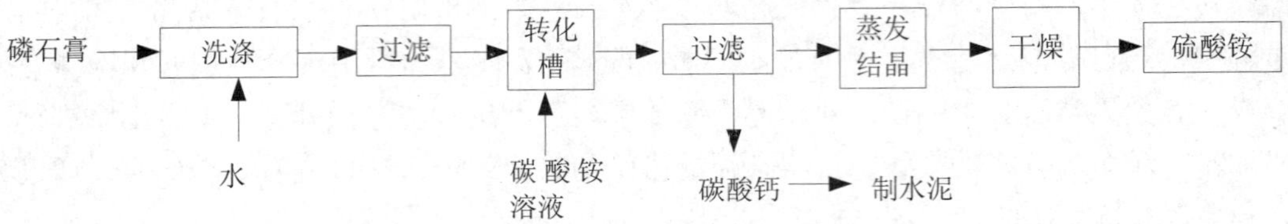

图 8-33 磷石膏制硫酸铵和碳酸钙生产工艺流程

由于磷石膏中带有少量可溶性 P_2O_5，为确保转化反应中生成的碳酸钙的过滤性能，首先要将磷石膏用水漂洗、过滤，使水溶性 P_2O_5 降低到 0.1%左右，同时尽可能除去细粒悬浮体和部分杂质，由于在硫酸铵溶液中碳酸钙的溶解度要比硫酸钙小得多，所以石膏转化率≥95%。

印度尼西亚某石油化工有限公司 250 kt/a 磷石膏硫酸铵装置于 1985 年与磷酸装置同时建成。副产的磷石膏一部分经再浆洗涤送到各水泥厂作缓凝剂，一部分直接送硫酸铵装置使用。用磷石膏制硫酸铵对磷石膏的质量有严格的要求，在磷酸生产中要严格控制。该厂对磷石膏质量的要求见表 8-34。

表 8-34 磷石膏制硫酸铵对磷石膏质量的要求（干基）

项目	要求/%	项目	要求/%	项目	要求/%
$CaSO_4·2H_2O$	＞91	总 P_2O_5	＜0.1	水溶性 P_2O_5	＞0.02
化合水	＞19	SO_3	＞40	总 F	＜0.5

如果磷石膏中 P_2O_5 含量超过要求，就会引起转化不完全、碳酸钙结晶变坏、过滤困难等一系列问题。

⑤ 磷石膏用于改良土壤。

磷石膏能起到改土、肥田、增产作用，主要原因是磷石膏呈酸性，pH 一般为 1～4.5，可以代替石膏改良碱土、花碱土和盐土，改良土壤理化性状及微生物活动条件，提高土壤肥力；磷石膏中含有作物生长所需的磷、硫、钙、硅、锌、镁、铁等养分。它们除了在作物代谢生理中发挥各自的功能外，又由于交互作用而促进了彼此的效应；硫是磷石膏的主要组分之一，也是农作物生长所需的重要养分之一，磷石膏中硫和钙离子可供作物吸收，且石膏中的硫是速效的，对缺硫土壤有明显的作用；具有高浓度可溶盐与相当碱性物质的土壤通常因胶质黏土颗粒的分散导致疏水性不良；对碳酸盐含量高的钠质土施加磷石膏，其中钙离子将与土壤中的钠离子置换，生成硫酸钠随灌溉水排走，从而降低土壤碱度并改善土壤的渗透性；土壤 pH 的降低还有利于作物吸收土壤中的磷素及其他微量元素如铁、锌、镁等。

磷石膏中含有很微量的放射性物质，是磷石膏用作土壤改良剂时要认真考虑的问题。从目前调查研究的情况看，国内磷矿的放射性物质并不高，以国内磷矿生产磷酸产生的磷石膏是比较安全的。对国外的一些磷矿而言，放射性要稍高一些，但绝大多数在安全范围之内。根据美国的研究资料，磷石膏作为土壤改良剂，不会产生放射性污染的问题。

磷石膏施用于农田对作物生长的影响如表 8-35 所示。

表 8-35　磷石膏施用于农田对作物生长的影响

作物类别	施用量/（kg/hm^2）	效果
水稻	15	长势稳健，茎秆粗壮不倒伏，增产 13.98%～18.26%
棉花		出叶速度快，棉株生长稳健，脱落少、结铃多，提高棉花品质，增产 7.65%～14.38%
大豆	13.33	增产 16.07%
啤酒大麦	6.66～20	增产 8.32%～46.32%
饲料大麦	6.66～20	增产 43.25%～50.86%
培育平菇		品质提高，色泽好，菌肉变厚，菇质硬实不易破碎，增产 10%

2）利用氟石膏做水泥缓凝剂

湘江铝厂氟石精矿（CaF_2）和硫酸反应生产氢氟酸产生的氟石膏，经中和、过滤、烘干，经过一段时间的存放后，$CaSO_4$ 可部分或全部形成二水石膏。氟石膏 SO_3 含量通常在 45%左右，颗粒细，不需破碎，使用方便，质量稳定且较天然石膏便宜。湖南东江水泥厂利用其作缓凝剂对水泥质量无任何不良影响。水泥的质量指标中，SO_3 通常控制在 2.2%～2.6%，水泥熟料本身 SO_3 含量为 0.8%～1.0%，故氟石膏掺入量为 4%～5%，利用氟石膏作缓凝剂生产的普通硅酸盐水泥和矿渣硅酸盐水泥的各项性能指标均能达到或超过国家标准 GB 175—85、GB 1344—85 的要求。

8.5.8　废催化剂的处理和回收

（1）废催化剂的来源及特点

大部分有机化学反应都依赖催化剂来提高反应速度，因此催化剂在有机化工生产中得到了非常广泛的应用。例如石油化学工业中的催化重整、催化裂化、加氢裂化、烷基化等生产过程都大量使用催化剂。催化剂在使用一段时间后会失活、老化或中毒，催化活性降低，这时需要定期或不定期报废旧催化剂，换入新催化剂，于是就产生了大量的废催化剂。

有机化工生产中使用的催化剂一般是将 Pt、Co、Mo、Pd、Ni、Cr、Ph、Re、Ru、Ag、Bi、Mn 等稀贵金属中的一种或几种承载在分子筛、活性炭等载体上起催化作用。废催化剂一般具有如下特点：

① 含有稀贵金属：虽然含量一般很少，但仍有很高的回收利用价值。

② 含有有机物：催化剂在使用过程中会附着一定量的有机物，这些有机物会污染环境，同时也对回收催化剂上的稀贵金属带来一定困难。

③ 含有重金属：会对环境造成污染。

（2）废催化剂的回收利用技术

由于废催化剂中含有稀贵金属，可作为二次资源加以利用。但因其催化剂的种类繁多，故其回收利用技术应根据各自特点加以设计。

抚顺石油三厂将废铂催化剂先经烧炭后用盐酸同时溶解载体和金属，再用铝屑还原溶液中的贵金属离子形成微粒，然后进一步精制提纯。

87 kt/a 聚酯生产装置产废钴锰催化剂 684 kg/h，其中含钴 61%、镍 0.2%、硫酸锰 32%。

用水萃取、再经离子交换、解析后回收金属钴锰，最后制取醋酸钴、醋酸锰回用于生产。

生产锦纶的己二胺合成中，产生废雷尼镍催化剂 160 t/a，其中含 50%镍。经水洗、干燥再经电极电炉熔炼，可回收纯镍 20 t/a。

60 kt/a 环氧乙烷生产装置平均每两年产生银催化剂 30.6 t，其中含银 6.28 t。用硝酸溶解、氯化钠沉淀分离出氯化银，再用铁置换，最后经熔炼回收金属银，其回收率可达 95%。

催化裂化装置所使用的催化剂，在再生过程中有部分细粉催化剂（＜40 μm）由再生器出口排入大气，严重污染周围环境。采用高效三级旋风分离器可将催化剂细粉回收，回收的催化剂可代替白土用于油品精制，回收的催化剂与白土吸附剂精制的效果比较见表 8-36。

表 8-36　回收的催化剂与白土吸附剂精制的效果比较

			新鲜长岭硅铝催化剂	回收催化剂	白土	原料油
吸收率/%			31.27	6.28	5.66	
油品氧化安定性评分	减五线油	评分	68.27	62.37	80.79	81.13
		酸值	0.014	0.014	0.016 8	0.019 3
	减四线油	评分	90.18	85.20	133.84	139.53
		酸值	0.014	0.014	0.019 4	0.036 8

使用白土和回收催化剂对减四线油和减五线油的精制均符合控制指标。从评分可看出，用回收催化剂比用白土精制油品要好，减五线精制油比减四线精制油的氧化安定性好，所以回收催化剂可以替代白土用于重质润滑油的补充精制，既可减少污染，每年还可节约 1.5×10^5～2.1×10^5 元。

使用回收催化剂作吸附精制剂时，可以降低精制温度，其含水量无须严格控制。

也可用废催化剂生产釉面砖。釉面砖的主要化学组成与催化裂化装置所用催化剂的化学组成基本相同，在制造釉面砖的原料中加入 20%的废催化剂，制造出的釉面砖质量符合要求。齐鲁石化公司催化剂厂和山东搪瓷研究所共同研制成功用废催化剂制釉面砖。

1）从废催化剂中回收金属铂

催化重整装置及异构化装置使用贵金属催化剂，这些催化剂失效后定期更换下来。我国每年约产生 100 t 废铂催化剂，表 8-37 为几种常见废催化剂的主要组成，通常这些催化剂中含有 C 和 Fe，成为铂回收装置的原料。可将各同类装置更换下来的废催化剂收集起来，集中进行回收。

表 8-37　废铂催化剂的主要组成

催化剂种类		Al_2O_3/%	Pt/Al_2O_3/%	Re/Al_2O_3/%	Sn/Al_2O_3/%	SiO_2/%
重整催化剂	单铂	～90	0.4～0.5			
	铂铼	～90	0.3～0.5	～0.3		
	铂锡	＞90	～0.36		～0.3	
异构化催化剂		～70	～0.33			～25

回收工艺原理是废铂催化剂经烧炭后用盐酸溶解，使载体氧化铝和铂同时进入溶液，再用铝屑还原溶液中的二氯化铂形成铂黑微粒，然后以硅藻土为吸附剂把铂黑吸附在硅藻土上，经分离、抽滤、洗涤，使含铂硅藻土与氯化铝溶液分离，再用王水溶解使之形成粗氢铂酸与硅藻土的混合液，经抽滤得到粗氢铂酸，再经氯化铵精制等工序进行提纯，最后制海绵铂。

抚顺石油三厂的铂回收装置自 1971 年投产至 1987 年共回收海绵铂 468 kg，铂回收率稳定在 95%以上，可处理废铂催化剂 25 t/a 以上。这些海绵铂又经制备成氯铂酸全部用在重整催化剂生产上，副产品氯化铝全部作为原料用在加氢催化剂生产上。废铂催化剂的回收缓解了铂供应的紧张状况，同时也取得了非常可观的经济效益。

2）从废催化剂中回收银

辽阳石油化纤公司环氧乙烷装置每两年排出废银催化剂 30 t。废银催化剂中含有 Ag 20.0%、Al 35.18%、Si 5.52%、Fe 0.007%、Mg 0.01%，以及微量 Ca、Pb、Mn、Na、Mo、Cu、Ni 等元素。

① 工艺过程：采用硝酸溶解、过滤、加氯化钠沉淀析出氯化银，然后铁置换，最后将银粉熔炼铸锭。

② 工艺过程描述：每个反应器装 5 kg 废催化剂、2 kg 工业硝酸、1 kg 脱盐水，放在炉上加热，此时硝酸会以二氧化氮形式挥发出。等二氧化氮挥发尽，且载体小球变得洁白时停止加热，然后加 5 kg 循环稀硝酸银稀释，再把溶液倒出、过滤，并用循环稀硝酸银溶液洗数次，每次 5 kg，洗液过滤。最后用脱盐水洗涤载体，直到洗涤水用氯化钠溶液检查不产生沉淀为止。

在硝酸银溶液中加入饱和氯化钠溶液，使氯化银沉淀析出，并静置沉淀，然后去掉上清液。将铁块用盐酸除锈，然后放入氯化银沉淀中，使铁和氯化银生成置换反应，生成氯化亚铁和银粉。由于氯化银在水中的溶解度很小，置换反应速度很慢，当氯化银沉淀全部变成灰绿色的银粉时，反应才算完成。用水洗涤银粉中的氯化亚铁，可用铁氰化钾判断洗净的程度。将银粉在烘箱内干燥，然后用磁铁吸出铁块。

③ 主要工艺条件：溶解废银催化剂的硝酸浓度应保持在 20%～30%。氯化银沉淀需静置过夜；用铁块置换银粉的过程一般要持续 2～4 d。

④ 回收效果：每年处理含银废催化剂 15 t，从中回收银 3 t，其纯度大于 99.9%，回收率达 97%以上。

3）从废雷尼镍催化剂中回收镍

辽阳石油化纤公司己二胺装置年产生废雷尼镍催化剂 160 t。废催化剂除含镍、铝、铬外，还含碳、氮等。该厂采用熔炼的方法从雷尼镍废催化剂中回收金属镍，取得了很好的效果。回收的金属镍含镍 90%～95%、铝 4%～5%及微量的铬和铁，用于生产不锈钢。

① 工艺过程：镍的熔点为 1 455℃，要得到品质好的金属镍，冶炼是比较适宜的工艺。废雷尼镍催化剂先经水洗，除去环己烷等杂质，再经干燥，然后筛去其中的微小颗粒，最后装入电炉内进行冶炼。将电极感应电炉内的温度升至 1 700℃，熔炼 70 min 后将镍水浇注于模具中，冷却后包装出厂。

② 工艺条件：电极电压 275 V；功率因数 0.9～1.0；电容电压 750 V；中频感应炉频率 1 000 Hz；功率 40～50 kW；熔炼温度 1 700℃。

8.6 农业废物的资源回收利用技术

8.6.1 农业废物的种类及特点

农业废物也称农业废弃物、农业垃圾，是指农业生产过程中，除目的产品外产生的废弃物，是农业生产中不可避免的一种非产品产出。

农业废物主要分为植物纤维性废弃物和动物性废弃物两大类。前者包括农作物秸秆、落叶、树枝等农业残留物以及果壳、果渣等农产品加工废弃物；后者包括禽畜粪便、农村居民粪尿等。另外，还包括农业生产过程中残留在土壤中的农膜等。

农业废物直接排放会造成一定的环境污染，例如农民焚烧秸秆会造成严重的空气污染；残留在土壤中的农膜会造成严重的白色污染；禽畜粪便堆积时会产生大量污水，处置不当可能对当地环境造成极大的损伤。尤其在现代，农业向集约化和规模化方向发展，传统农业中废弃物循环利用的环节被打破，农业废弃物大量积累，由此造成的环境问题日趋严重。

从另一方面来说，利用农业废物有机质含量高等特点，也可对农业废物进行资源回收利用。这不仅可以较少污染、改善农村生态环境，还可节约能源及资源。

近年来，农业废物资源回收利用的相关研究得到了较大的发展，涌现出多种多样的资源化利用技术。总的来说，可以分为肥料化、饲料化、能源化（燃料化）、农业基质化、工业原料化 5 个大方向。

8.6.2 农业废物的肥料化利用技术

农业废物的肥料化利用已经有悠久的历史，传统的利用技术可分为直接利用和间接利用两种类型。

1. 农业废物的直接利用技术

直接利用是指将农业废物，如秸秆等整株直接还田，利用土壤中微生物的作用分解废物，释放出农业生产所需养分。直接利用操作简单方便，秸秆中含有的木质素和纤维素经分解后可使土壤腐殖质增加、孔隙度提高，从而起到改善土壤性质、提高土壤肥力的作用。但是，由于自然环境下废物的分解速度较慢，肥效并不明显；废物在土壤中发酵时还可能对作物造成伤害。采用机械粉碎秸秆或机械旋耕等方式，可提高秸秆还田的效率。

2. 农业废物的间接利用技术

间接利用是指将农业废物经过一定的处理后再进行还田，包括秸秆焚烧还田、堆肥还田、厌氧发酵沼液/沼渣还田等。

秸秆焚烧还田不仅损失了有机肥效，同时燃烧排放的二氧化碳、二氧化硫、粉尘等还会造成严重的空气污染。因此，在《中华人民共和国大气污染防治法》和《秸秆禁烧和综合利用管理办法》中，均已明令禁止秸秆直接无组织焚烧。

堆肥还田是指利用自然界广泛分布的细菌、真菌、放线菌等微生物及人工培养的工程菌等，在一定的人工条件下，将农业废物转化形成稳定的腐殖质后还田。堆肥产物含有丰富的营养元素，形态疏松，是非常好的农田肥料。同时，堆肥产生热量，也可实现废物中的有害病菌的灭活。传统的堆肥方式是将农业废物于田间地头直接堆沤，堆肥时间长、占用空间大。现代堆肥方式则可利用人工培养的工程菌加快生物反应速度，同时控制堆肥温度、湿度、通风量等堆肥条件，使堆肥效率大幅提高。

堆肥一般是指好氧堆肥。在厌氧条件下，农业废物经过发酵处理，产生的副产品沼液、沼渣同样可作为肥料还田。厌氧发酵过程中，氮、磷、钾等有利于农作物生长的元素几乎没有损失，产生的沼肥是非常优质的有机肥料。2011 年 12 月，我国发布实施了《沼肥施用技术规范》（NY/T 2065—2011），对沼肥的理化性质及主要污染物允许含量作出了规定。

除此之外，农业废物的肥料化利用技术还包括菇渣还田、过腹还田、制备复合肥等。菇渣还田是指培育食用菌后，将菇渣进行还田，经济效益、社会效益、生态效益兼得；过腹还田是指将秸秆作为饲料使用，饲喂禽畜后将禽畜粪便还田；制备有机生物复合肥是指将堆肥或发酵产品与氮、磷等营养元素以一定比例混合，制备肥效均衡的复合肥料，实现更广泛的利用。

8.6.3　农业废物的饲料化利用技术

农业废物的饲料化主要包括植物纤维性农业废物的饲料化和动物性农业废物的饲料化两方面。

1. *动物性农业废物的饲料化*

动物性农业废物的饲料化利用是指将畜禽粪便经干燥、发酵、热喷等方法处理后，掺入其他饲料中饲喂。粪便中含有的未消化的粗蛋白、消化蛋白、粗纤维、粗脂肪和矿物质等得以回收利用。动物性农业废物饲料化利用的重点在于粪便中有害微生物的灭活。

干燥法是常用的处理方法，是将粪便单独或掺入一定比例的麦糠，拌匀后干燥、过筛除去杂质，再粉碎供作饲料。按干燥方式不同，可分为自然干燥法和人工干燥法。人工干燥法又可分为快速干燥机干燥法和烘箱烘干法。

2. *植物纤维性农业废物的饲料化*

植物纤维性农业废物主要是指秸秆类物质。由于秸秆中的糖与木质素结合在一起，可消化性较低，直接用作饲料营养价值不高。一般需将其进行一定的加工处理，以提高其营养利用率。常用的处理方法包括物理处理方法、化学处理方法、生物处理方法及复合处理方法。

物理处理方法常见的有切短、磨碎及蒸煮等。这些处理方法操作简单，能提高秸秆等的适口性，但不能提高营养价值和消化率，常作为其他方法的前处理步骤。另外还有热喷、辐射等处理方式。热喷技术也称为高压蒸汽处理技术或闪蒸技术，是向废物通入一定温度的饱和蒸汽，经过一定时间高压热力处理后，突然降压使物料从反应器内喷爆至大气中，从而改变物料性状。据报道，高压蒸汽处理时，温度达到 170℃左右可以水解部分木质素。辐射处理技术是利用 γ 射线等对物料进行照射，通过辐射破坏物料细胞壁等，从而达到提高秸秆消化率的目的。

化学处理方法包括碱处理、氨化处理、氧化处理等。20 世纪初，欧洲开始进行秸秆的碱处理研究。20 世纪 70 年代，干法碱处理技术得到商业化应用。后者在我国应用较为普遍，主要采用 3%～5%的氢氧化钠进行处理，可提高消化率 12%～15%。氨化处理秸秆起始于 20 世纪 70 年代，主要是用液氨或尿素、碳氨的水溶液对切碎的秸秆等农业废物进行处理，改善原料适口性和营养价值。氧化处理主要是采用二氧化硫、碱性过氧化氢、臭氧等对秸秆等进行处理。

生物处理方法包括青贮、微贮、真菌处理等。青贮主要是利用自然的乳酸在厌氧条件下对青绿秸秆进行发酵处理，使原来粗硬的秸秆变软熟化，增加原料的营养价值和可消化率。微贮则是在添加有益微生物及相应辅助物质的条件下进行厌氧发酵处理。与青贮法相比，微贮法虽然成本有所提高，但产量更高，对原料的要求更为宽松，可常年使用。真菌处理法是利用特定真菌对木质素的降解能力，对植物性农业废物进行降解，从而提高其消化率。目前认为，降解木质素最有效的微生物为白腐菌属真菌。但由于白腐菌在自然条件下生长缓慢，其应用受到了一定限制。

复合处理方法是指将两种或多种方法复合，以适应不同的应用条件。如机械处理法常作为前处理步骤，与其他方法复合应用。

8.6.4 农业废物的能源化利用技术

农业废物的能源化利用主要有三条途径：直接燃烧、厌氧发酵和热解。

1. 直接燃烧

将农业废物直接进行燃烧处理是一种传统的热能获取方式，如使用秸秆、树枝、畜禽粪便等作为燃料做饭取暖。随着社会的发展和人民生活水平的提高，此方式逐渐被取代。

2. 厌氧发酵

厌氧发酵技术可分为制沼气技术和制氢技术两种。前者是指在多种微生物的作用下，农业废物厌氧降解成高品位的沼气（甲烷含量 50%～70%）及副产品沼液和沼渣的过程，沼气可作为能源被利用，而沼液和沼渣也可作为肥料加以回收利用；后者是指利用异养型厌氧菌或固氮菌，将农业废物分解产生氢气的过程，氢气是一种十分清洁的能源，其燃烧后仅产生水，不产生二氧化碳，能有效减轻温室气体的排放。我国从 20 世纪 70 年代开始推广厌氧制沼气技术，在农村地区已经有广泛的应用；而制氢技术目前实验室研究较多，工程化的应用极少。

目前，我国农村户用沼气池主要分为以下几种类型：①按贮气方式，可分为水压式和分离浮罩式，其中水压式是应用较广的类型；②按沼气池结构的几何形状，可分为圆柱形、球形和椭圆形等，其中圆柱形沼气池最为普遍；③按沼气池埋设的位置，可分为地下式、半地下式、地上式等。地上式施工方便、土方量小、出料方便，但结构强度要求和保温要求高、造价高。地下式有利于池体保温、方便进料，但土方量大、出料不便，半地下式则兼具了两种方式的优点；④按建池材料，可分为砖结构、石结构、混凝土结构、钢筋混凝土结构等；⑤按发酵温度，可分为常温发酵池（10～26℃）、中温发酵池（28～38℃）和高温发酵池（46～60℃）。

3. 热解

热解技术是指在无氧条件下，通过加热使农业废物转化为热解气、热解油和固体热解焦等产品。热解气可作为能源直接利用或用于发电等；热解油可用于生产生物柴油、生物汽油等，或用作化工原料；热解焦也可作为燃料使用，或用作吸附材料。

8.6.5　农业废物的基质化利用技术

基质化是指将农业废物经过适当处理后，作为农业生产的基质原料，起支持、固定植株，为植物根系提供适应其生长的水、气、肥环境的作用。如用作花卉、蔬菜的培养土，用作食用菌培养基等。也可用于养殖蚯蚓、高蛋白蝇蛆等，作为其生长基质。

基质应具有合适的理化性质，成分稳定、不易降解，不含有害物质、病原菌、病虫卵及杂草种子等。基质化利用技术的关键即在于原料的选取、配比及处理。稻草、麦秸、玉米秸等农作物秸秆，稻壳、麦壳等农产品副产物，甘蔗渣、蘑菇渣等二次利用的废弃有机物，畜禽粪便，木材锯末、树皮等，均可作为基质原料。

8.6.6　农业废物的工业原料化利用技术

农业废物还可作为工业原料加以利用。

其中，农业废物中的纤维类物质和高蛋白物质的利用较为广泛。如秸秆可作为纸浆原料、保温材料、包装材料、各类轻质板材的生产原料；稻壳可作为白炭黑、碳化硅陶瓷、氮化硅陶瓷的生产原料；棉籽废弃物可作为原料生产清洁材料，清洁油污地面；棉秆皮、棉铃壳等可作为吸附树脂的生产原料；甘蔗渣、玉米渣等可作为膳食纤维食品原料，提取淀粉、木糖醇、糖醛等。

8.6.7　农业废物资源化利用工程实例

1. 肥料化利用技术

某市商品有机肥工程以肉鸡鸡粪为主要原料，采用快速好氧发酵技术生产颗粒有机肥，日产有机肥成品 50 t。

（1）工艺流程

工程处理工艺流程如图 8-34 所示。

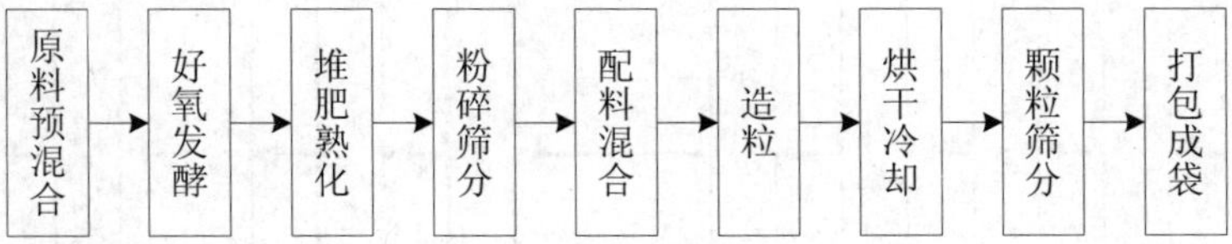

图 8-34　快速好氧发酵技术肥料生产工艺流程

（2）好氧发酵工艺参数

工程建有 8 个发酵槽，槽长 60 m、宽 6 m、深 1.05 m。工程日处理肉鸡鸡粪 100 t，秸秆粉、花生壳粉等辅料 30 t。每天翻抛机翻抛一次，发酵槽底部铺装通风曝气系统。一般情况下，堆肥停留时间 20～30 d 即可达到农业部部颁标准《有机肥料》（NY 525—2002）相关技术指标的要求。

2. 作物秸秆青贮窖饲料化利用技术

作物秸秆青贮窖饲料化利用技术适用于各类作物秸秆的饲料化调制处理，能适应不同生产规模，比较适合我国农村现有的生产水平。

（1）工艺流程

秸秆青贮窖饲料化利用的工艺流程如图 8-35 所示。

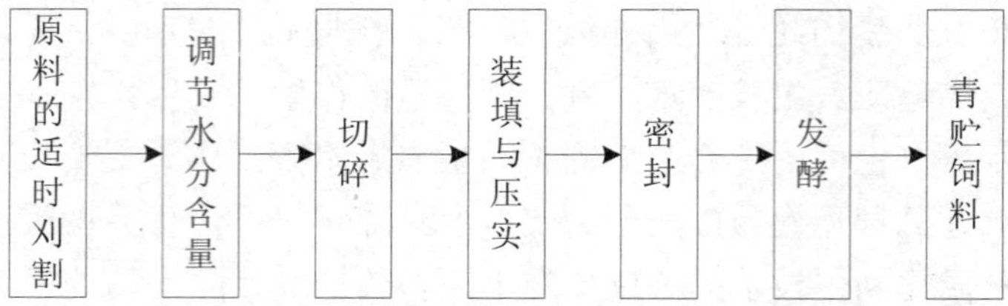

图 8-35 作物秸秆青贮窖饲料化利用技术工艺流程

（2）青贮窖设计及使用要点

青贮窖有地下式和半地下式两种形式，其形状可分为圆形和方形两类，以方形居多。青贮窖规模可大可小，能适应不同的生产规模。大型青贮窖处理能力为 100 t 以上、中型为 50～100 t、小型为 50 t 以下。

设计时，应注意选择地势高、土质坚硬、地下水位低、易排水的地点，避开交通要道和垃圾场等。青贮窖四壁应光滑平直，窖底部应高于地下水位 0.5 m 以上。半永久性青贮窖可为简单土坑，永久性青贮窖可采用混凝土建成。大中型青贮窖应在底部设置数个集液坑，收集青贮过程中排放的液体。

青贮窖使用过程中，应遵循“六随三要”的原则，即随割、随运、随切、随装、随压、随封，六个过程连续进行、一次完成。原料要切短，装填要踩实，窖顶要封严。

3. 秸秆沼气能源化利用技术

某省大型秸秆沼气工程利用高温高固体厌氧发酵工艺，以秸秆为原料生产沼气，供企业和农户使用。

（1）工艺流程

秸秆沼气工艺流程如图 8-36 所示。

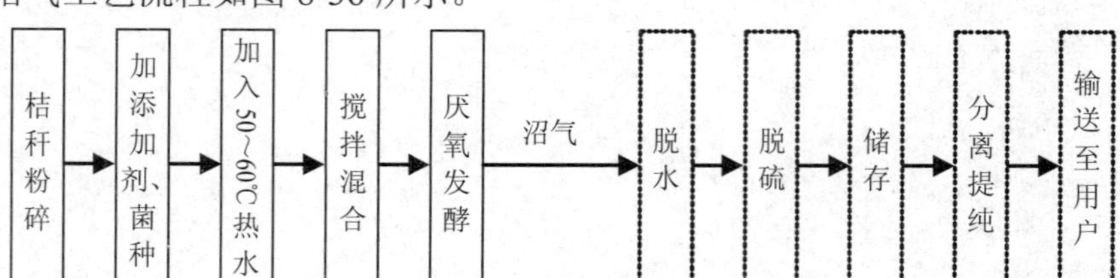

图 8-36 秸秆厌氧产沼气工艺流程

（2）工艺设计运行要点

工艺设计运行过程中，有以下特点：

① 以钢板焊接工艺建设发酵罐、储气罐等主体工程，并进行必要的防腐处理。

② 采用纯秸秆高温高固体厌氧发酵技术，发酵温度为 50～60°C，每 2 kg 干体秸秆或 5.5～7.5 kg 新鲜秸秆可产出 1 m^3 沼气。

③ 发酵罐内无搅拌装置，利用沼气自身升力进行搅拌。采用顶部进料、底部出料的运行方式，并用多点进、出料的方式使物料尽量均匀。

④ 加热采用太阳能、沼气、玉米芯等多种能源。

⑤ 发酵罐内多处安装温度检测仪，实时监测罐体内部不同部位的温度。

⑥ 随时监测甲烷、二氧化碳、pH 等相关数据，用于指导工程管理运行。

⑦ 应用防爆、脱水、脱硫技术等，确保沼气达到入户技术指标。

4. 基质化利用技术

西南地区最大的双孢蘑菇和大球盖菇生产基地大部分的蘑菇栽培大棚均位于农作物生产田中，以秸秆、牛粪等农业废物作为蘑菇生长的基质，使用后的基质又可作为有机肥还田，实现了农业废物的零排放。

（1）工艺流程

利用水稻秸秆和牛粪生产食用菌复合培养基料，栽培双孢蘑菇和大球盖菇等食用菌，菌渣作为有机肥还田。其工艺流程如图 8-37 所示。

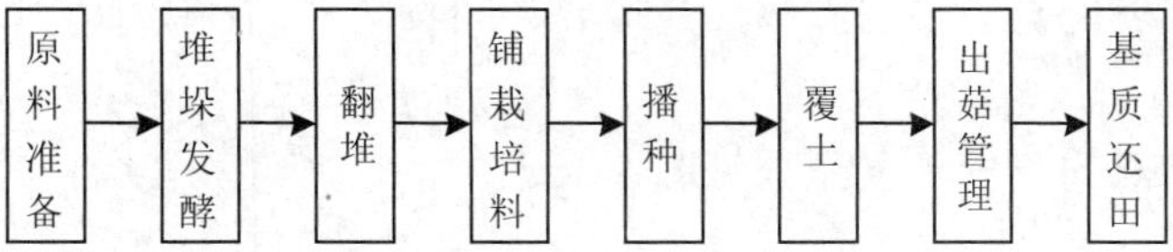

图 8-37　农业废物生产食用菌复合培养基料工艺流程

（2）工艺参数

每亩地双孢蘑菇栽培料配比为：水稻秸秆 12 t、牛粪 1 t、麦麸 15 kg、少量石灰和石膏。

8.7　其他固体废物的资源回收利用技术

除工业固体废物、矿业固体废物、农业固体废物外，其他固体废物中还含有大量可回收利用的资源，如废纸、废塑料、废玻璃、废电池、废旧金属等。下面介绍几类常见的社会源固体废物的资源回收利用技术，包括废塑料、电子废物、餐厨垃圾和建筑垃圾。

8.7.1　废塑料的资源回收利用技术

1. 概述

塑料在日常生产生活中有非常广泛的应用，常用的塑料类型包括聚氯乙烯塑料（PVC）、聚乙烯塑料（PE）、聚丙烯塑料（PP）、聚苯乙烯塑料（PS）、聚四氟乙烯塑料（PTEF）、聚甲基丙烯酸甲酯塑料（PMMA）等。塑料的广泛使用导致了大量废塑料的产生，形成了“白色污染”。

通常，废塑料经分类收集后，经破碎、分选再进行回收利用。

2. 废塑料的回收利用技术

常用的回收利用技术如下：

（1）加工成塑料原料或塑料制品

将收集到分选后得到的单一废塑料进行再次加工，生产塑料原料，主要为热塑性树脂。塑料原料可直接成型加工成塑料制品，如板材或棒材等。

（2）燃料化利用

废塑料热值可达 25.08 MJ/kg，是理想的燃料。城市垃圾中的废塑料分选出来后，可用于焚烧，产生蒸汽或发电。另外，还可将废塑料均匀破碎，用作水泥窑燃料等。燃料化利用时，需注意废塑料的含氯量应控制在0.4%以下，减少和避免二噁英的产生。

（3）热解制油

废塑料采用热解方式处理，获得的热解油可用作燃料或粗原料。热分解装置有连续式和间断式两种，分解温度有400～500℃、650～700℃、900℃、1 300～1 500℃几个梯度。

热解使得大分子塑料聚合物在高温下生成分子链断裂，生成分子量较小的混合烃，经蒸馏分离后获得石油类产品。

废塑料热解受到塑料种类、温度、催化剂、裂解设备等的影响。一般来说，热解技术适用于热塑性的聚烯烃类废塑料。热解温度为450～500℃。常使用硅铝类金属氧化物进行催化。热解设备中槽式和螺旋管式反应器物料停留时间短、生产效率高，适用于小规模热解生产；流化床式反应器易输送固体、易控温、回收率高，适用于大型化生产。

1）工艺流程

废塑料热解制油的基本工艺流程见图8-38。

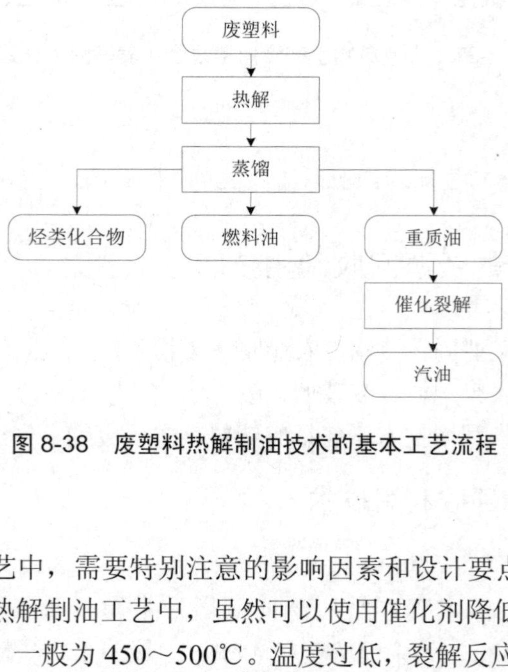

图8-38　废塑料热解制油技术的基本工艺流程

2）设计要点

废塑料热解制油工艺中，需要特别注意的影响因素和设计要点如下：

反应温度：废塑料热解制油工艺中，虽然可以使用催化剂降低热解温度，但仍需要在较高的温度下进行反应，一般为450～500℃。温度过低，裂解反应不能进行或不能充分进行；温度过高，将加剧二次反应和结焦现象的发生，影响产物的产率和性能，同时会加快催化剂的失活。

催化剂用量：催化剂用量的大小直接关系到油品产率和经济效益。催化剂用量过小，裂解反应不够充分，产率降低；催化剂用量过大，裂解产物裂解过度，二次反应增加，产率同样会下降，同时催化剂使用费用增大。

底油用量：塑料加热熔融后呈黏稠状液体，黏度大、传热差，同时容易结焦污染催化剂和油品。因此，有时会在热解时加入一定量的底油，底油可以是重质废油，也可以是裂解产物精馏分离后得到的重油。底油可以改善传热状态，促进反应物料与催化剂均匀混合。但是，底油的用量达到一定量后，对产率的影响不大，使用时应注意。

8.7.2 电子废物的资源回收利用技术

1. 概述

电子废物又称电子垃圾，包括各种废弃的电器及电子产品，如电脑、通信设备、家用电器、精密电子仪表等。随着信息科学的高速发展，电子产品更新换代速度不断提高，电子废物产量日益增长。2001年，欧盟相关报告指出，电子废物已成为城市垃圾中增长最快的组分，是城市垃圾增长速度的3～5倍。

电子废物组成成分复杂，含有大量重金属、卤化物等有害物质，直接丢弃或不当回收时，易造成环境污染，危害人类健康。与此同时，电子废物也具有一定的资源属性。欧洲资源和废物管理专题中心数据显示，电子废物中含有47.9%（重量比，以下同）的铁和钢、12.7%的有色金属、20.6%的塑料及其他有价物质。对电子废物进行资源回收利用具有良好的环境效益和经济效益。

2. 电子废物资源回收利用技术的基本步骤

一般来说，电子废物的资源化回收利用技术包括拆解、分离、污染物处理、物质回收、能量回收等几个基本步骤。

（1）拆解

拆解技术可分为手工拆解和机械拆解，主要作用是将含有有毒有害物质的零部件，如制冷剂、电池、灯管等进行分离；同时将电子废物按照后续处理工艺的要求进行分解拆分，如分为塑料、钢铁、铜、铝、电路板、压缩机等。

（2）分离

分离的目的是将拆解后的部件进行分离，获得纯度较高的目标物质。常见的分离方法为物理分离法和化学分离法。物理分离法包括直接破碎法、机械切割法、热冲击法、熔融法、激光处理法、超声处理法、磁选、光选、电选等；化学分离法如酸洗等。

（3）污染物处理

拆解及分离过程中产生的污染物，如压缩机油、废酸、废气等应根据污染物性质，采用相应的方法进行处理，确保其不会扩散至周边环境造成污染。

（4）物质回收

拆解和分离后得到的纯度较高的有价物质可作为原料进行回收利用，如钢铁、塑料、玻璃等经过相应处理后可进行再利用。

（5）能量回收

不适于作为原料回收再利用的物质（如部分塑料、木材等）可作为燃料回收能量。

3. 废电路板的资源回收利用技术

废电路板是一种典型的电子废物。我国每年处理的废电路板在50万t以上。

一般来说，其处理工序包括：①加热软化；②提取可用电子元件，如芯片、电容、极管等，并分类回收；③继续加热收集锡等焊料；④通过酸浴、还原、加热提炼等步骤，回收镀金部分；⑤采用高炉冶炼、湿法冶金、机械处理等方法处理去除了其他附属物的含铜电路板，回收剩余的铜、塑料等。

8.7.3 餐厨垃圾的资源回收利用技术

1. 概述

餐厨垃圾是指宾馆、饭店、餐馆、单位食堂等在食品加工、用餐等过程中产生的食物残渣。其具体构成特性与当地生活水平、饮食习惯密切相关，但总体来说，餐厨垃圾成分以可降解的有机物为主。由于高含量有机物的存在，餐厨垃圾腐烂变质的速度很快，容易污染环境，孳生病菌。因此，有必要对餐厨垃圾进行妥善的处理和处置。另一方面，餐厨垃圾产生源相对集中，成分较为单一，有机物含量高，单独收集运输和资源化处理的可能性很高。

传统的餐厨垃圾回收利用方式为直接作为饲料饲喂给猪、鸡等畜禽。地沟油则被非法收集加工后进入市场。近年来，随着对餐厨垃圾安全隐患、资源价值认识的深入，餐厨垃圾资源回收利用技术受到了推广和应用。国家《关于组织开展城市餐厨废弃物资源化利用和无害化处理试点工作的通知》、《“十二五”全国城镇生活垃圾无害化处理设施建设规划》等相关文件中，对餐厨垃圾的回收利用进行了进一步的推动和规范。

2. 餐厨垃圾的资源化利用技术

餐厨垃圾的资源化利用技术可分为饲料化利用技术、肥料化利用技术和能源化利用技术三大类。

（1）饲料化利用技术

餐厨垃圾营养物质含量丰富，与典型的饲料差别不大。利用餐厨垃圾生产饲料原料是一种资源化利用的有效途径。现有餐厨垃圾饲料化技术主要为热处理技术，包括干热处理、湿热处理和真空热处理等。国内较有代表性的工程应用为苏州餐厨垃圾资源化利用工程，以湿热处理技术为核心，日设计处理量 100 t。由于餐厨垃圾来源广泛、成分较一般饲料复杂，可能含有病菌、重金属、有毒有机物等安全隐患。因此，在餐厨垃圾饲料化利用过程中，应保证垃圾源头、收运过程及资源化处理过程的无污染及可靠性。

（2）肥料化利用技术

餐厨垃圾有机物含量高，营养元素全面，作为堆肥原料进行肥料化回收利用技术简单，有着较长的应用历史。常用的技术包括好氧堆肥技术、生化处理技术等。目前，北京已建有南宫餐厨垃圾处理场，采用好氧堆肥技术对餐厨垃圾进行处理，日处理餐厨垃圾量可达 200 t。北京高安屯餐厨垃圾处理厂则采用生化处理技术，日最大处理量 400 t。但是，由于餐厨垃圾中含有大量的盐分、油分，在一定程度上影响了肥料化利用技术的推广。

（3）能源化利用技术

餐厨垃圾的能源化利用技术是指采用厌氧发酵对餐厨垃圾进行处理，回收沼气。餐厨垃圾、农林垃圾及生活垃圾中有机组分的厌氧发酵技术在国内外均有大量研究与应用，但餐厨垃圾中的油脂、盐类等成分对厌氧发酵效果的影响仍在广泛研究中，发酵副产品沼液、沼渣的处理也缺乏十分有效的方法。因此，餐厨垃圾的能源化回收利用仍受到一定的限制。

3. 工程实例

某市餐厨垃圾无害化处理项目中，考虑该市综合实力较强、环境质量要求高、餐厨垃圾产生量大等因素，采用湿解预处理-厌氧消化为核心技术，对该市餐厨垃圾进行了处理。

（1）工艺流程

其工艺流程如图 8-39 所示。

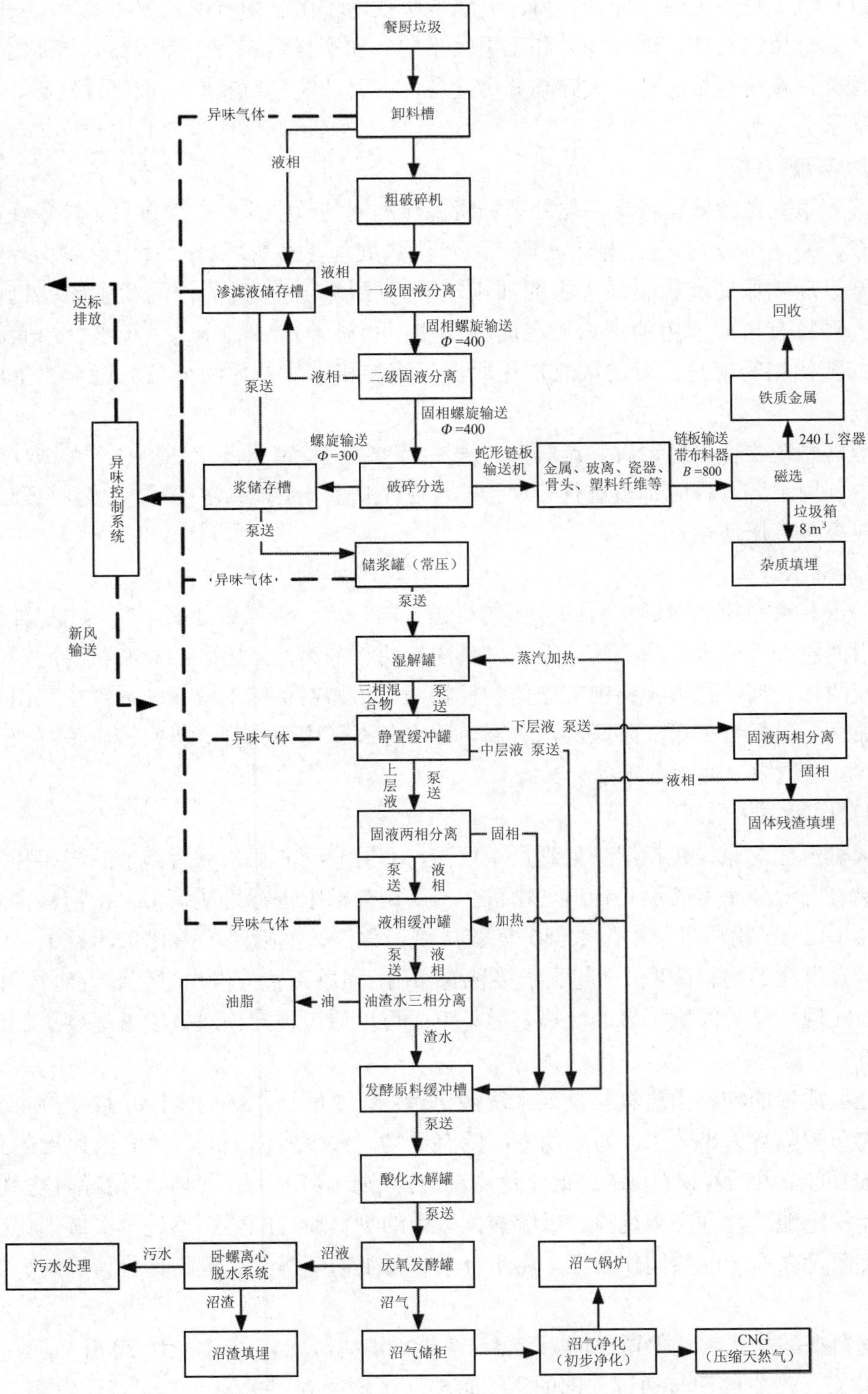

图 8-39　某市餐厨垃圾无害化处理项目工艺流程

1）预处理系统

餐厨垃圾中混杂着一些无法被微生物转化的物质，为了不影响后续工艺，必须对餐厨垃圾进行预处理，去除这部分物质。无法被微生物转化的物质可以分为两大类：比重比较大的（如金属、石块、玻璃等）和比重较小的（如塑料包装袋、棉织品、纸张等）。

预处理系统包括进料、破碎筛分等设备，主要功能是对餐厨垃圾进行破碎、筛分、制浆及油水分离等。

2）湿解系统

湿解系统是餐厨垃圾无害化处理和资源化利用的核心系统，是将餐厨垃圾在高温高压（125℃、0.6 MPa）下进行湿热处理。通过湿热处理，餐厨垃圾原液中形成均匀的三相，上层是以动物脂肪和植物油为主的油相，中间层是以有机质悬浮液为主的乳化相，下层是以大颗粒有机质为主的重物质沉淀相。油相物料进入油水分离系统进行油脂的分离与提纯；乳化相物料是良好的厌氧消化原料；沉淀相中的杂质经分离后进入卫生填埋场进行填埋。

湿解系统主要由储浆罐、湿解罐、静置缓冲罐、管道系统及加热系统组成。物料在储浆罐中利用湿解过程的余热进行初次预热，随后由输送泵投入湿解罐中，湿解罐是密闭的，以形成高温高压环境。

3）油水分离系统

油水分离系统是对湿解后的油相物料进行油、水、渣三相分离，提取出粗油脂。本工艺采用两段高效油水分离系统，第一段是固液两相分离，采用卧螺离心机对湿解上层液进行固液两相分离，除去物料中的固体颗粒物，液相物料存储于液相缓冲罐中，由输送泵输送至油水分离机进行第二阶段油水分离。油水分离采用碟式分离机，该设备可有效分离出95%以上的油脂，油脂含水率＜2%。

4）厌氧消化系统

厌氧消化的原料包括湿解处理后中层液、上层液经油水分离后剩余的固相和液相水以及下层液固液分离后的液相物料。物料在均质调整槽中进行均质调节，将物料含固率调整至 8%～12%，均质过程中加入部分回流厌氧消化液，然后进入酸化水解罐中，既保证进入厌氧发酵罐的物料浓度，又起到了接种的作用。均质调整槽内设曝气装置对物料预曝气，一方面实现酸化段间歇厌氧的环境，另一方面可以通过搅拌使厌氧发酵速度更加快，更稳定产气。

经调质后的物料由进料泵泵入水解酸化罐，在水解酸化罐内餐厨垃圾中的大分子、难降解物质被降解为小分子、易生物降解的有机物。水解酸化罐能对厌氧消化罐起到缓冲和调节 pH 的作用，若物料 pH 过低，可启动应急 pH 调节系统，调节酸化罐内物料 pH，使物料能稳定地过渡到产甲烷段。水解酸化罐内的物料通过配料泵输送至厌氧消化罐内，在产甲烷菌等微生物的共同作用下，将小分子、易生物降解的有机物转化为甲烷、二氧化碳等。

物料在酸化水解罐停留时间为 3 d，在厌氧消化罐内停留时间为 20 d，发酵的温度为中温 37℃，产生的沼气通过顶部的沼气管输送至沼气利用系统。

5）沼气净化和利用系统

厌氧消化槽中产生的生物沼气经过脱硫和脱水后，送入一个双膜储气柜储存，储气柜可以储存 2 h 产生的沼气。所生产的沼气一部分作为燃料用于厂内的燃气蒸汽锅炉，蒸汽锅炉产生的蒸汽供湿解系统加热及厌氧发酵系统的加热、保温，剩余沼气通过脱碳、提纯、加压后作为城镇天然气销售使用。

6）沼渣脱水系统

厌氧发酵后产生的剩余物（消化液）一部分通过回流泵输送至均质调整槽中进行发酵原料的均质调节与菌种接种，另一部分由泵输送到离心脱水机，同时加入有利于脱水的高分子絮凝剂完成脱水后，产生的沼渣（含水率为 80%）送往填埋场进行填埋处置。脱出的污水进入污水处理系统进行深度处理，最终达到城市杂用水回用标准供厂区内绿化、清洁、冲洗使用。

（2）产品方案

本项目通过预处理、湿解处理、油水分离、粗油脂生产、厌氧发酵、沼气净化和利用系统生产出粗油脂、沼气及压缩天然气，实现了资源循环利用，保证了食品安全和人民身体健康。本项目产品方案见表 8-38。

表 8-38　产品方案

序号	产品名称	产量		计量单位
		日产量	年产量	
1	压缩天然气	3 293	1 201 945	m^3
2	粗油脂	5	1825	t
3	废金属	0.2	73	t

8.7.4　建筑垃圾的资源回收利用技术

建筑垃圾指建筑施工过程中产生的废弃物，包括开挖泥土、废混凝土块、废沥青块、砖石碎块、废木材、废塑料、废石膏、废金属、废砂浆、包装材料等。随着我国城市化进程的加快，建筑垃圾的产生量也迅速增加。据统计，2014 年我国建筑垃圾年产量近 7 亿 t。

近年来，我国建筑垃圾均采用露天堆放或简单填埋的方式处理，不仅侵占了大量土地，还对环境造成了一定危害。而建筑垃圾中许多成分经过分拣、剔除、粉碎等处理后，还可以进行资源回收利用。

1. 建筑垃圾资源回收利用技术

（1）建筑垃圾预处理技术

对建筑垃圾中的有价成分进行资源回收利用前，需要对建筑垃圾进行一定的预处理，预处理后得到各种组分再进行回收利用。

常见的预处理方式为破碎和分选。破碎的目的是减小颗粒尺寸，增大颗粒均匀度，方便进行后续处理。主要的破碎方法包括压碎、磨碎、劈碎和击碎。分选的目的是将不同物料进行分离，方便进行分类回收。常用的建筑垃圾分选技术包括人工分选、重力分选、磁选、光电分选、摩擦与弹性分选等。

（2）建筑垃圾回收利用

废旧混凝土、砖瓦、沥青的回收利用：废旧混凝土经过进一步破碎、清洗、分级后，可按一定比例混合形成再生骨料。再生骨料可用于配置新混凝土，还可用于道路垫层、基层或加工路面砖、水泥等。废旧砖瓦、沥青等也可用于生产再生砖、再生沥青混凝土等。

废旧木材的回收利用技术：废旧木材的利用技术很多，包括直接利用、作为燃料利用、作为堆肥原料利用、制造木质板材、制造复合材料、制造乙醇等。

（3）建筑垃圾综合利用

建筑垃圾不仅可分离单独组分进行回收利用，还可以不经过复杂的破碎和分拣，而将各组分混合直接利用。常见的利用方式为作为填料用于建筑工程地基中、破碎筛分后用作路面基础垫层，以及应用于人工造景中。

2. 工程实例

图 8-40 给出了某建筑垃圾处理设施的处理工艺流程。

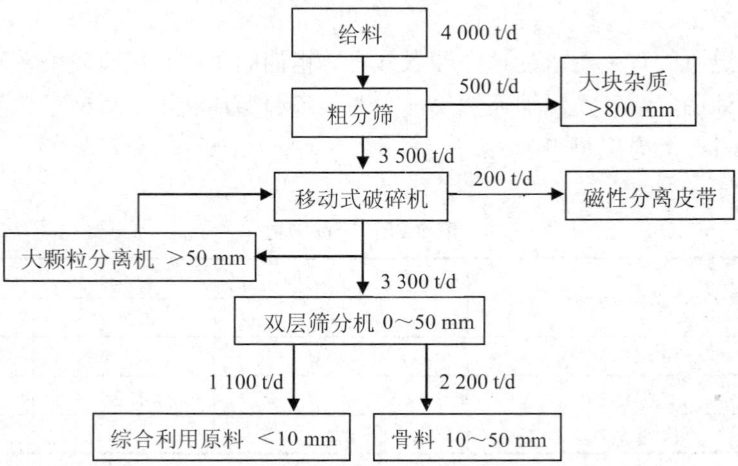

图 8-40 某建筑垃圾处理工艺流程

（1）原料制备系统

两条原料制备生产线邻近大型建筑垃圾消纳场地或建筑拆迁场地建设，原料卸入临时堆放场地。

一条原料制备线建设在建筑垃圾处理中心内，将就近以及小规模的拆卸场地产生的建筑垃圾通过转运车直接运至中心后经地磅房称重，然后卸入料场。

建筑垃圾卸入场之后，首先通过粗分筛将粒径大于 800 mm 的混凝土块分拣出来，然后利用装载机对移动式破碎机进行上料，物料破碎后大于 50 mm 的物料进入大颗粒分离机并回收至破碎机进料斗，50 mm 以下的物料通过磁性分离皮带将铁质金属分离回收后进入卸料皮带。

进料皮带与双层筛分机进料斗相连，破碎至 50 mm 以下的物料直接卸入双层筛分机，经筛分后的物料分为 0～10 mm 和 10～50 mm 两种粒度物料。

粒径为 0～10 mm 的物料作为利用原料直接卸入料场，经圆振动筛筛分后分成 0～5 mm 及 5～10 mm 两级物料，分别运至储料仓，供后续利用。

粒径为 10～50 mm 的物料卸入成品仓，直接外运作为路基等建筑骨料使用。

磁力分选及人工拣选出来的铁质金属可回收利用。

（2）配料及综合利用系统

综合利用系统位于建筑垃圾处理厂内，通过运输车辆将位于消纳或拆迁场地的临时原料制备系统预处理后及来自前部原料制备系统的利用原料（<10 mm）运至料场，经圆振动筛筛分后分成 0～5 mm 及 5～10 mm 两级物料，运至储料仓。

筛分后的物料可用于制造混凝土砌块或生产多功能板材。

混凝土砌块制造工艺流程见图 8-41。

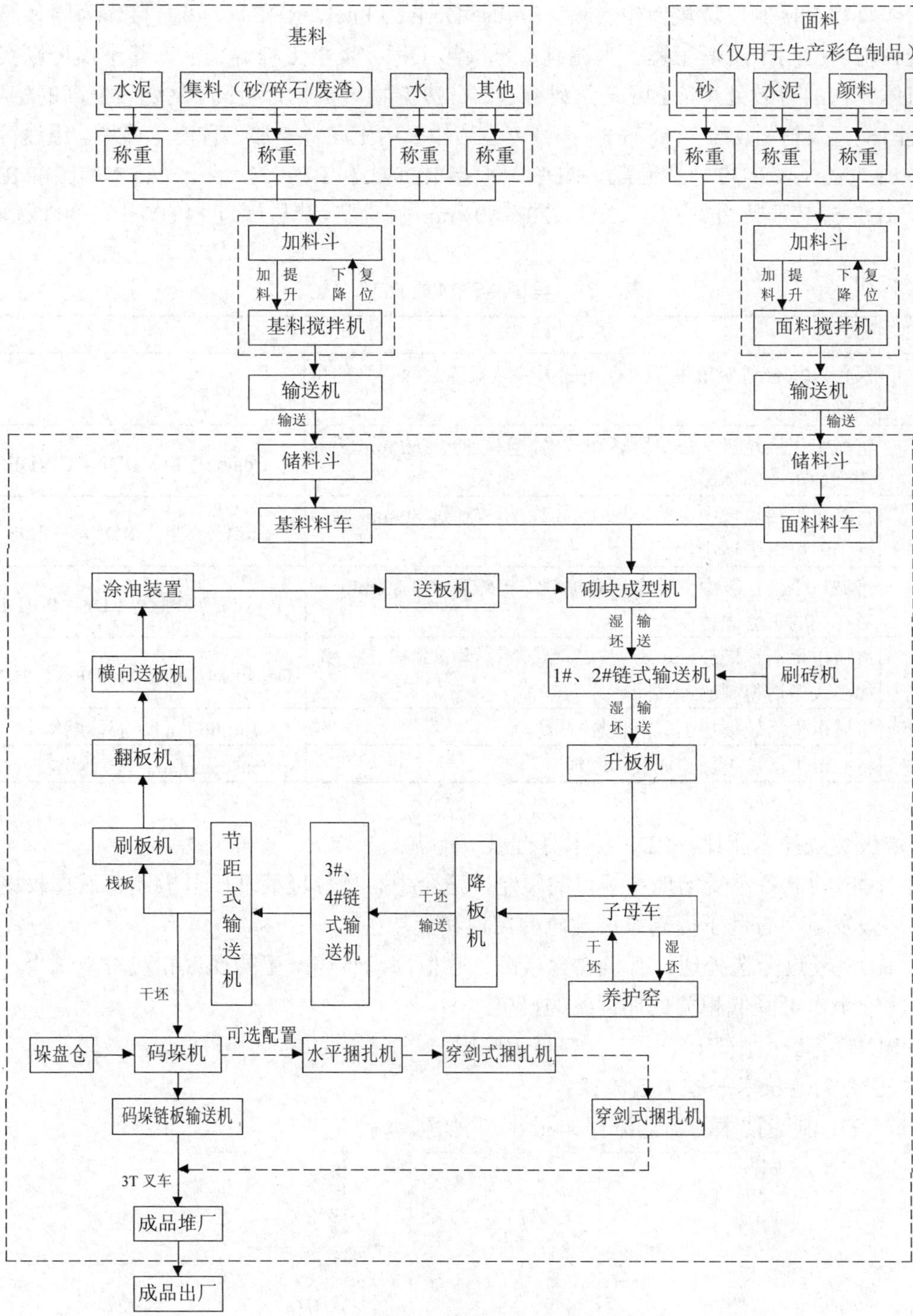

图 8-41　建筑垃圾生产混凝土砌块工艺流程

8.7.5 有机固体废物垃圾衍生燃料制造技术

1. 垃圾衍生燃料（RDF）的种类及特点

有机固体废物包括农业废物、园林垃圾、餐厨垃圾、生活垃圾中的有机组分等。将这部分固体废物直接制成垃圾衍生燃料（Refuse Derived Fuel，RDF），可直接作为固体燃料被焚烧利用，应用于干燥工程、水泥制造、供热工程、发电工程等领域。其不仅可以实现有机固体废物的有效处理，还可充分利用这部分废弃物有机物含量高、焚烧热值高的特点。

美国检查及材料协会（ASTM）按城市生活垃圾衍生燃料的加工程度、形状、用途等将RDF分成7类（表8-39）。在美国RDF一般指RDF-2和RDF-3，瑞士、日本等国家RDF一般是RDF-5，其形状为Φ（10～20）×（20～80）mm圆柱状，其热值为14 600～21 000 kJ/kg。

表8-39 美国ASTM的RDF分类

分类	内容	备注
RDF-1	仅仅是将普通城市生活垃圾中的大件垃圾除去而得到的可燃固体废物	
RDF-2	将城市生活垃圾中去除金属和玻璃，粗碎通过152 mm筛后得到的可燃固体废物	Coarse（粗）RDF，C-RDF
RDF-3	将城市生活垃圾中去除金属和玻璃，粗碎通过50 mm筛后得到的可燃固体废物	Fluff（绒状）RDF，F-RDF
RDF-4	将城市生活垃圾中去除金属和玻璃，粗碎通过1.83 mm筛后得到的可燃固体废物	Powder（粉状）RDF，P-RDF
RDF-5	将城市生活垃圾分拣出金属和玻璃等不燃物，粉碎、干燥、加工成型后得到的可燃固体废物	Densitied（细密）RDF，D-RDF
RDF-6	将城市生活垃圾加工成液体燃料	Liquid Fuel（液体燃料）
RDF-7	将城市生活垃圾加工成气体燃料	Gaseous Fuel（气体燃料）

与垃圾焚烧技术相比，RDF技术具有以下优点：

① RDF的制备不受场地和规模的限制，适合中小型垃圾处理厂分散制备后再收集起来进行高效发电，有利于提高垃圾发电的规模和效益；

② RDF经过分选处理，有机物含量高、热值高，焚烧产生的烟气和灰渣产量少、对设备的腐蚀小，可降低相关处理设备的投资；

③ RDF可储存保管1年以上，有利于应用。

2. RDF制造技术一般工艺流程

一般RDF制造技术的工艺流程如图8-42所示。

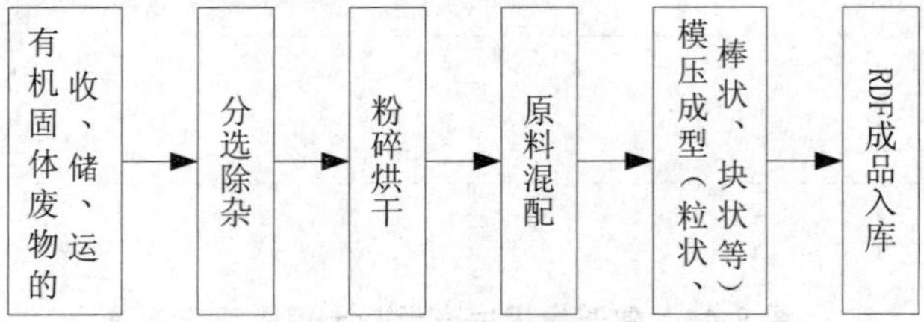

图8-42 有机固体废物衍生燃料制造技术一般工艺流程

3．案例分析

某市固体废物衍生燃料处理项目采用“破碎+分选+混料+成型”的 RDF 制备工艺，对一般工业废物、城区大件垃圾、园林垃圾等原料垃圾进行处理。日处理垃圾总量约 150 t，产出 RDF-3 产品约 130 t。

（1）工艺流程

该项目工艺流程如图 8-43 所示。

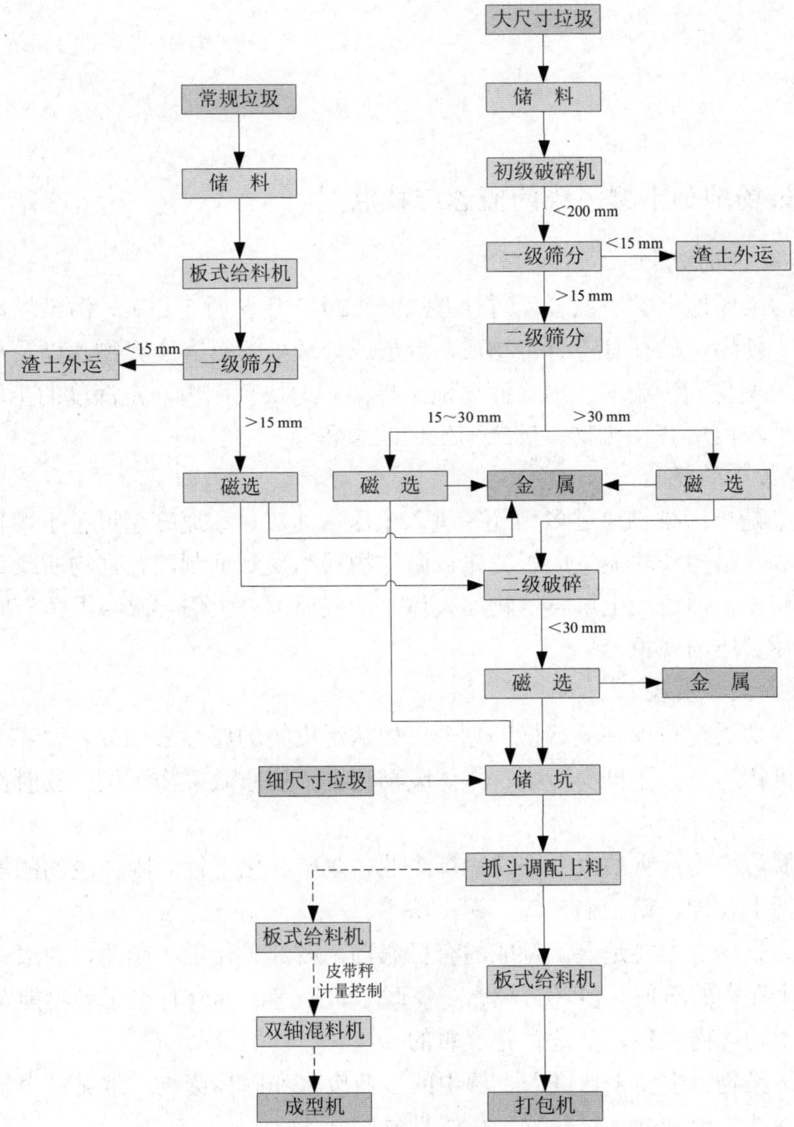

图 8-43　某市生活垃圾制备 RDF 项目工艺流程

（2）工艺特点

本项目充分考虑到原料垃圾尺寸大小对后续破碎处理工艺及能耗的影响，分为不同破碎线。原料垃圾根据热值差异经破碎预处理后进入不同的中间储坑，经抓斗调配上料及电子皮带秤系统化控制，保障了成品 RDF 的热值。

第 9 章　污染场地和土壤修复工程

9.1　概述

9.1.1　污染场地和土壤污染的概念与特点

1. 污染场地的概念

根据《污染场地土壤环境管理暂行办法》（2012 年 8 月 1 日），污染场地是指因从事生产、经营、使用、贮存有毒有害物质，堆放或处理处置有害废弃物，以及从事矿山开采等活动，使土壤受到污染的土地。而场地是指某一地块范围内一定深度的土壤、地下水、地表水以及地块内所有构筑物、设施和生物的总和。

2. 土壤污染的概念

土壤污染是指污染物通过多种途径进入土壤，其数量和速度超过了土壤自净能力，导致土壤的组成、结构和功能生成了变化，微生物活动受到抑制，有害物质或其分解产物在土壤中逐渐积累，通过“土壤→植物→人体”，或通过“土壤→水→人体”间接被人体吸收，危害人体健康的现象。

3. 土壤污染的类型

土壤污染的类型目前并无严格的划分，如从污染物的属性来划分，大致可以分为重金属污染、有机物污染、无机物污染、固体废物污染、病原微生物污染、放射性污染等多种类型。

①重金属污染物。主要来自钢铁冶炼企业、尾矿、化工行业固体废物的堆弃场，代表性污染物包括汞、砷、铅、镉、锌、铜、铬等。

②有机污染物。主要是人工合成的有机农药，石油、化工、制药、油漆、染料等工业排出的“三废”中的石油、多环芳烃、多氯联苯、酚等。部分有机污染物能在土壤中长期残留，并在生物体内富集，其危害是严重的。

③无机污染物。主要来自进入土壤中的工业废水和固体废物，常见且大量存在的无机污染物有硝酸盐、硫酸盐、氯化物、可溶性碳酸盐等。

④固体废物。主要指城市垃圾、矿渣、煤渣、煤矸石和粉煤灰等工业废渣。固体废物的堆放占用大量土地而且废物中含有大量的污染物，长期堆放会污染土壤、恶化环境。

⑤病原微生物。生活污水和医院污水、生物制品、制革与屠宰的工业废物等是土壤中病原微生物的主要来源。

⑥放射性污染物。主要来源于核试验和原子能工业中所排出的“三废”，由于自然沉降、雨水冲刷和废弃物堆积而污染土壤。

4. 土壤污染的特点

土壤污染具有明显的隐蔽性、滞后性、累积性、地域性和不可逆转性等特点，土壤一旦受到污染，则需要很长的治理周期和较高的投资成本，造成的危害也比其他污染更难消除。

（1）隐蔽性和滞后性

土壤环境污染往往要通过对土壤样品进行分析化验和对农作物，如粮食、蔬菜等的残留物检测以及对摄食的人或动物的健康检查才能揭示出来，从而遭受污染到产生“恶果”往往需要一个相当长的过程，即土壤从产生污染到其危害被发现通常会延续很长的时间。

（2）累积性和地域性

由于土壤对污染物有一定的吸附和固定作用，这使得污染物在土壤环境介质中并不像在大气和水体中那样容易扩散和稀释，因此容易不断积累而达到很高的浓度，从而使土壤环境污染具有很强的地域性特点。

（3）不可逆转性

以重金属对土壤的污染为例，汞、铅、砷、镉等重金属大部分被固定在土壤中而难以排除，尽管一些化学反应能缓和其毒害作用，但对土壤环境仍存在潜在威胁，基本上是一个不可逆的过程。同样，许多有机化合物对土壤环境的污染也需要较长的时间才能缓解，尤其是那些持久性有机污染物，不仅在土壤环境中很难被降解，而且可能产生毒性较大的中间产物。

（4）治理困难性

难降解污染物积累在土壤环境中很难靠稀释作用和自然净化作用来消除。土壤污染一旦生成，即使切断污染源也难立即奏效，必要时要靠土壤淋洗、换土等各种有效的治理技术才能解决。因此，通常治理污染土壤的成本高而且周期长。

9.1.2 土壤污染的危害

（1）土壤污染导致严重的直接经济损失

对于农药和有机物污染、放射性污染、病原微生物等类型的土壤污染所导致的经济损失，目前尚难以估计。仅以土壤重金属污染为例，全国每年因重金属污染而减产粮食 1 000 多万 t，另外被重金属污染的粮食每年也多达 1 200 万 t，合计经济损失至少达到 200 亿元。

（2）土壤污染导致食物品质不断下降

我国大多数城市周边的土壤都受到了不同程度的污染，有些地方的粮食、蔬菜、水果等食物中镉、铅、砷等重金属含量超标严重。

（3）土壤污染危害人体健康

土壤污染会使污染物在植物或作物体中积累，并通过食物链富集到人体或动物体内，危害人畜健康，引发各种疾病。

（4）土壤污染导致其他环境问题

土壤受到污染后，污染物一定程度上会在水力和风力的作用下分别进入水体和大气中，导致水污染、大气污染和生态系统退化等生态环境问题。

9.1.3 我国土壤污染现状及特点

目前，我国的工农业发展可谓日新月异，它们在带动国民经济高速发展的同时也带来了不容忽视的场地污染问题。一方面，随着城市规划的确定，许多化工厂、农药厂、钢铁厂、金属冶炼、电镀和机械加工厂等大量排放危险废物的企业通过“退二进三”的土地置换方式，从市区迁到郊区。随着工厂、制造厂生产活动的结束，出现了很多废弃的被污染工业场地。另一方面，在人们生产生活等活动过程中，固体废物的堆放及处理，以及一些意外有毒有害物质的泄漏等都会造成一定规模的场地污染。城市化进程加快、城镇建设用地和农业用地矛盾日益突出，要求我们在满足经济发展、城市建设、人类健康和环境保护的同时，尽量减少对农业用地的开发占用，为此许多国家把目光投向了潜力极大的污染场地的开发和再利用。

土壤污染是现如今制约我国经济社会可持续发展的重要因素之一，由于我国工业化和城市化进程的加快，导致受污染土壤的面积不断扩大。2014 年 4 月 17 日，环境保护部和国土资源部发布了《全国土壤污染状况调查公报》，该公报的出台历时近 10 年，调查点覆盖全部耕地，部分草地、林地、未利用地和建设用地，实际调查面积约 630 万 km^2。调查结果显示，全国土壤环境状况总体不容乐观，部分地区土壤污染较重，耕地土壤环境质量堪忧，工矿业废弃地土壤环境问题突出。全国土壤总的超标率为 16.1%，其中轻微、轻度、中度和重度污染点位比例分别为 11.2%、2.3%、1.5%和 1.1%。从土壤利用类型来看，耕地、林地、草地土壤点位超标率分别为 19.4%、10.0%、10.4%。从污染类型看，以无机型为主、有机型次之、复合型污染比较小，无机污染超标点位占全部超标点位的 82.8%。从污染超标情况看，镉、汞、砷、铜、铅、铬、锌、镍 8 种无机污染物点位超标率分别为 7.0%、1.6%、2.7%、2.1%、1.5%、1.1%、0.9%、4.8%；六六六、滴滴涕、多环芳烃 3 类有机污染物点位超标率分别为 0.5%、1.9%、1.4%。

目前我国土壤污染面临污染种类多、污染途径广、有机无机污染物复合污染、新老污染并存的复杂形势，防治难度极大。

9.1.4 我国污染场地治理的法规标准体系

近几年来，我国对土壤污染问题高度关注，制定和实施了污染场地管理政策，开展了全国土壤污染大调查。从立法角度看，我国对污染场地管理采取专门立法的模式。我国《污染场地土壤环境管理暂行办法（征求意见稿）》于 2009 年年底发布，2012 年 11 月还专门建立了土壤环境保护立法研究专家组。从制度框架看，进一步建立和完善了完整有效的配套法规、标准和指南。环保部在 2010 年年初公布了 4 个涵盖场地调查、风险评估、修复技术和监测的技术指南的征求意见稿，经过 4 年时间的细化、补充，2014 年 7 月 1 日开始实施《污染场地术语》《污染场地环境调查技术导则》《污染场地风险评估技术导则》《污染场地土壤修复技术导则》和《污染场地环境监测技术导则》系列标准。这一系列标准详细阐述了场地调查与评估，以及场地修复管理的工作流程、基本要求和技术方法，为进行土壤污染修复提供技术支撑，消除和减少污染场地危害。2012 年 2 月，《重金属污染综合防治“十二五”规划》明确将重金属污染土壤列为主要整治内容之一，污染场地土壤修复技术受到高度关注。

9.2　污染场地治理中土壤修复的典型技术

我国是土地资源短缺的国家，土壤污染更加剧了短缺的严重程度。对已污染的土地资源开展有效修复，是解决这一问题的有效途径之一。国内外研究表明，重金属和有机类物质是土壤的主要污染因子。随着科学技术的发展和人们治理污染土壤的迫切需要，各种土壤修复技术应运而生，但这些技术又都有各自的优点和不足。

污染场地修复按照操作地点分为原位修复和异位修复，异位修复又分为原地修复和异地修复；按照作用机理分为物理修复、化学修复、生物修复、热处理等。其中异位修复技术主要有固化/稳定化技术、异地焚烧、热脱附技术、生物修复、化学处理、物理分离等；原位修复技术主要有蒸汽浸提技术、生物修复、固化/稳定化技术、多相抽提、热处理等。截至 2005 年，美国超级基金开展的 977 个污染场地治理中，采用异位修复的工程有 515 个，占 53%；采用原位修复的工程有 462 个，占 47%。

下面介绍污染土壤的几种典型修复技术。

（1）原位热处理

热处理修复法是将受污染的土壤加热（常用的加热方法有蒸汽、红外辐射、微波和射频），使土壤中的挥发性污染物（如重金属 Hg）在挥发时能被收集起来进行回收或处理的一种方法。热处理修复法作为一种物理修复方法，具有工艺简单、技术成熟等优点。但该方法能耗大、操作费用高，汞从土壤中挥发后仍会造成污染，蒸发和收集也比较耗费能源，不适宜大范围运用。但是，此种处理方式对低密度非水相液体非常有效。

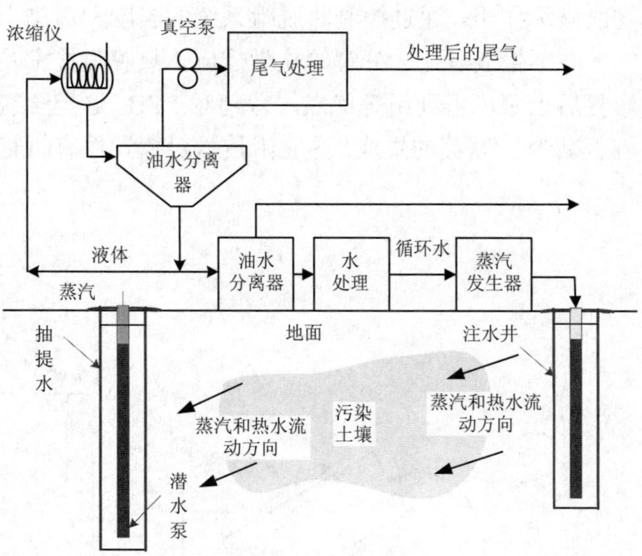

图 9-1　污染土壤的原位热处理修复技术过程示意

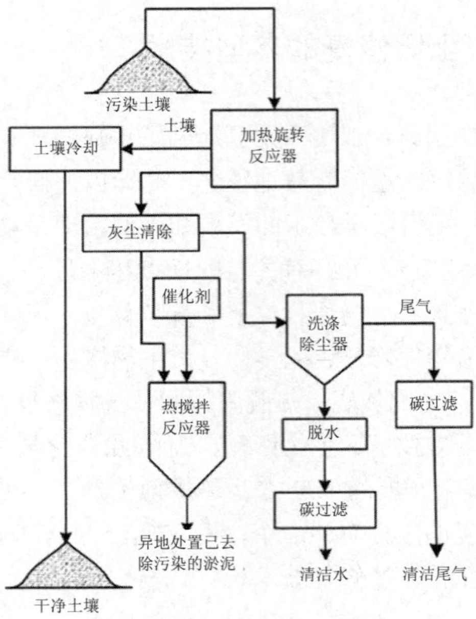

图 9-2 污染土壤的异位热处理技术过程示意

（2）热脱附（热解析）

热脱附技术是指在真空条件下或通入载气时，通过直接或间接热交换，将土壤中的有机污染物加热到足够的温度，以使有机污染物从污染介质上得以挥发或分离，进入气体处理系统的过程。热脱附是将污染物从一相转化为另一相的物理分离过程，在修复过程中并不出现对有机污染物的破坏作用。通过控制热脱附系统的温度和污染土壤停留时间有选择地使污染物得以挥发，并不生成氧化、分解等化学反应。热脱附技术具有污染物处理范围宽、设备可移动、修复后土壤可再利用等优点，特别对 PCBs 这类含氯有机物，非氧化燃烧的处理方式可以显著减少二噁英的生成。热脱附技术对挥发性有机物和农药污染土壤非常有效。

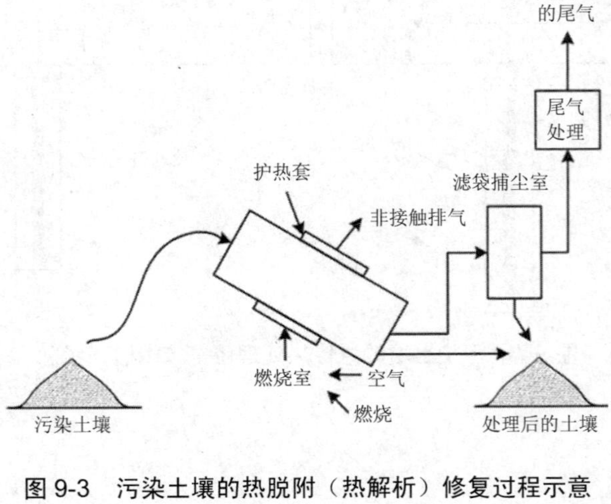

图 9-3 污染土壤的热脱附（热解析）修复过程示意

（3）溶剂浸提技术

溶剂浸提技术，通常也称为化学浸提技术，是一种利用溶剂将有害化学物质从污染土壤中提取出来或去除的技术。溶剂浸提技术适用于修复有机物污染的土壤，如 PCBs、石油类碳氢化合物、氯代碳氢化合物、多环芳烃（PAHs）、多氯二苯-p-二噁英以及多氯二苯呋喃（PCDF）等。化学物质如 PCBs、油脂类等是不溶于水的，而倾向于吸附或黏贴在土壤、沉积物或污泥上，处理起来有难度。溶剂浸提技术的优点在于，可用来处理难以从土壤中去除的污染物。同其他原位处理技术相比，溶剂浸提技术通常更快捷。由于该技术通常在原地开展，不必将污染土壤运输到其他处理工厂去，因此节省了运输和额外的土壤处理费用。浸提溶剂可以循环利用。

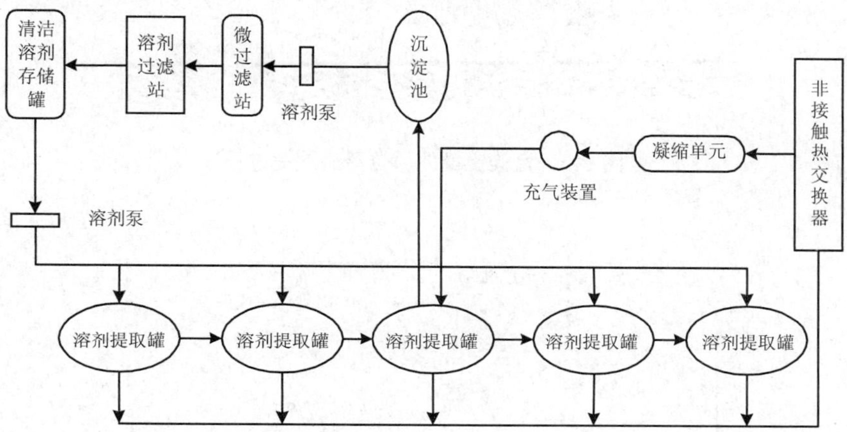

图 9-4　溶剂浸提技术过程示意

（4）土壤蒸气浸提修复技术

土壤蒸气浸提技术是指通过降低土壤空隙的蒸气压。把土壤中的污染物转化为蒸气形式而加以去除的技术，是利用物理方法去除不饱和土壤中挥发性有机组分污染的一种修复技术，该技术适用于高挥发性化学污染土壤的修复，如汽油、苯和四氯乙烯等污染的土壤。蒸气浸提技术的基本原理是在污染的土壤内引入清洁空气产生驱动力，利用土壤固相、液相和气相之间的浓度梯度，在气压降低的情况下，将其转化为气态的污染物排出土壤外的过程。土壤蒸气浸提利用真空泵产生负压驱使空气流过土壤空隙而解吸并夹带有机组分流向抽取井，并最终于地上进行处理。

土壤蒸气浸提技术的显著特点是：可操作性强，处理污染物的范围宽，可由标准设备操作，不破坏土壤结构以及回收利用废物有潜在价值等。

（5）原位土壤淋洗技术

原位土壤淋洗（冲洗）是通过注射井、地表淹没等方式将淋洗水溶液注入地下，增加场地土壤中重金属的溶解性，同时利用下游的提取井回收并处置这些含污染物的水溶液，从而达到不需要挖掘土壤即可提取污染物的目的。原位土壤淋洗对铬污染场地的修复效果较好。

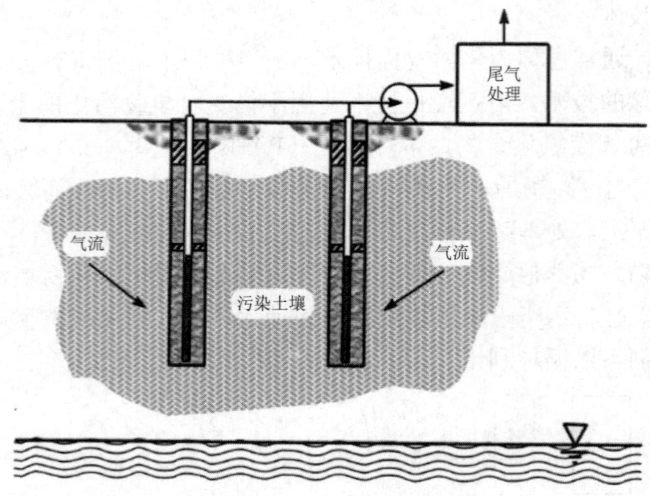

图 9-5 污染土壤的原位蒸气浸提过程

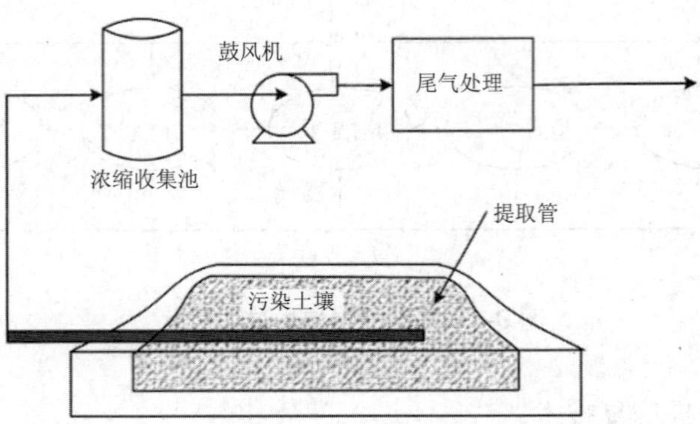

图 9-6 污染土壤的异位蒸气浸提过程

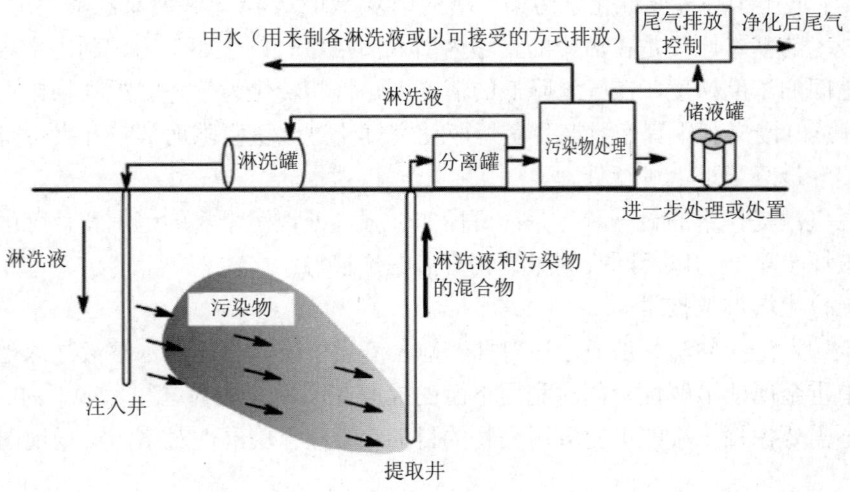

图 9-7 污染土壤的原位淋洗修复过程

原位土壤淋洗使用的淋洗剂和土壤淋洗相似，但是，在原位土壤淋洗时应首选无毒或毒性低、易生物降解的淋洗剂，避免其他化学物质可能带来的二次污染问题，提高淋洗修复技术的可接受性。

（6）土壤淋洗技术

土壤淋洗是一个异位的物理化学分离过程，在以水溶液为主的系统中，利用土壤颗粒大小的差别，将黏合在土壤颗粒上的污染物与土壤分离，以便去除土壤中的重金属和其他污染物。

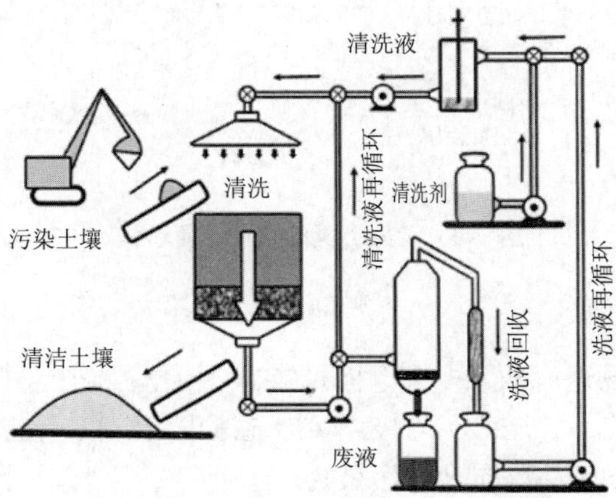

图 9-8　污染土壤的淋洗修复过程

土壤淋洗利用整套的机械设备，先挖掘污染土壤，通过筛分去除大颗粒，然后使用土壤淋洗液淋洗土壤，分离污染物；淋洗后的大颗粒和清洁土壤可用于回填，对含污染物的细颗粒土壤需要进一步处置；对淋洗的水溶液需要进行污水处理，处理后的污水可循环使用。常用的土壤淋洗液有清水或含螯合剂、氧化还原试剂、表面活性剂的水溶液。

土壤淋洗在国外已经得到大规模应用，它可处理多种重金属、有机物污染土壤，通过土壤淋洗，可降低需要进一步修复的土壤量，从而减少修复费用。土壤淋洗对许多重金属、挥发性有机物和农药污染严重的土壤修复非常有效，但对黏土成分含量高的污染土壤处理效果不好。

（7）化学修复技术

化学修复是通过向土壤中加入固化剂、有机质、化学试剂、天然矿物等，改变土壤的 pH、Eh（氧化还原电位）等理化性质，经氧化还原、沉淀、吸附、抑制、络合、螯合和拮抗等作用来降低重金属的生物有效性。该修复在土壤原位上进行，简单易行，但并不是一种永久修复措施，它只改变了重金属在土壤中存在的形态，金属元素仍保留在土壤中，容易再度活化。该种修复技术对有毒化学物质的破坏降解有效。

（8）物理修复技术

物理修复利用土壤和污染物之间的物理性质差异（如挥发性、在电场中的行为等），或污染和未污染土壤颗粒之间的物理性质差异（如密度等），采用物理的、机械的方法将污染物与土壤基质进行分离的方法。

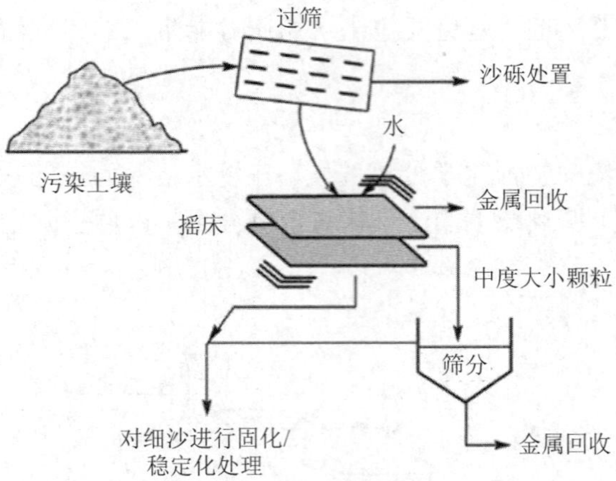

图 9-9　污染土壤的物理修复过程

（9）电动修复技术

电动修复是在污染场地内插入多个电极并施加直流电流，土壤中的重金属在电场的作用下，生成氧化还原反应，并迁移到阴极，然后通过电镀沉积、沉淀或共沉淀、抽取电极附近的地下水或离子交换等去除重金属污染物。

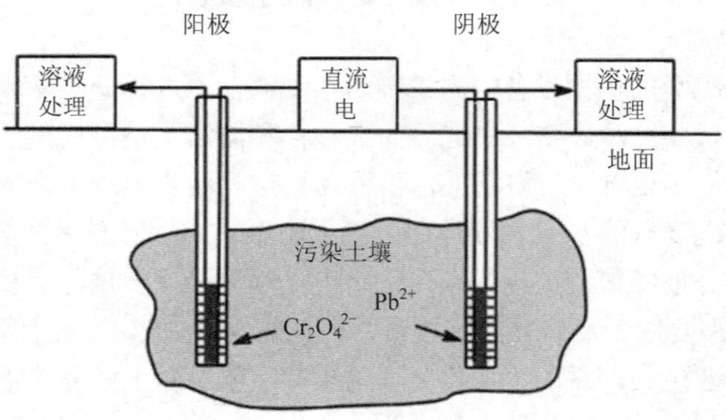

图 9-10　污染土壤的电动修复过程

电动修复在饱和、低地下水流速和中等渗透性的土壤中具有较好的效果，并且具有能耗低、二次污染少的特点；但土壤的类型、污染物的种类和浓度、土壤界面化学等都会影响这种技术的修复效果。另外，该技术适用于面积较小的污染场地修复，对大面积的污染场地修复技术上还不够完善。

（10）固化/稳定化技术

固化/稳定化是将污染介质（土壤、沉积物和污泥等）和固化剂混合，产生一种固体材料，从而将污染物捕获或固定在固体结构中的技术。

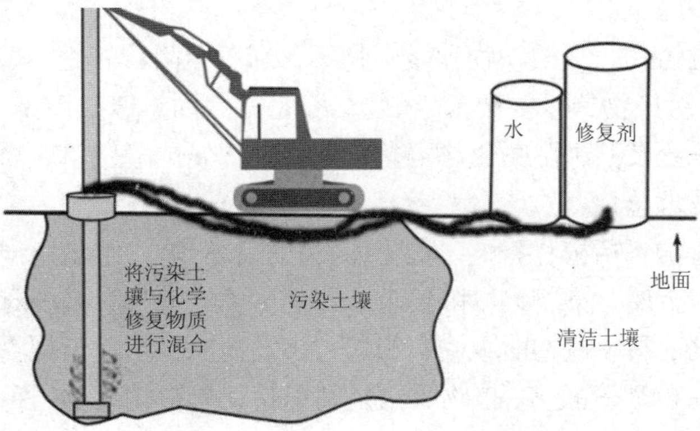

图 9-11　污染土壤的固化/稳定化修复过程

固化/稳定化技术可以降低重金属的迁移能力和可浸出性，从而降低对人体健康的危害。该技术具有处理时间短、适用范围广的优势，是重金属污染场地最常用的修复技术，美国“超级基金”项目的 229 个金属污染场地中有 180 个采用了固化/稳定化技术。

固化和稳定化具有一定的区别。固化技术是将污染介质和固化剂混合，降低渗透性并将污染物包容形成固体材料；而稳定化是通过化学反应降低污染物的可浸出性和迁移能力，稳定化技术不一定改变污染介质的物理属性。为获取更好的处理效果，通常需要在固化前先进行稳定化处理。固化/稳定化分原位和异位两种，原位固化/稳定化在污染场地现场通过中空螺旋钻或特殊搅拌钻头等设备将固化剂粉末或浆液加入土壤中，同时充分混合搅拌。异位固化/稳定化是挖掘污染土壤，通过混合机、混合池和喷雾方式将污染土壤和固化剂混合。常用的固化药剂包括水泥、石灰、矿渣、沥青、酚醛塑料等。

（11）玻璃化技术

玻璃化是指利用电极加热将污染土壤熔化，冷却后形成比较稳定的玻璃态物质。实施前要在土壤中埋入金属或石墨等导电材料。还有一种玻璃化技术是将污染土壤与废玻璃或玻璃组分 SiO_2、Na_2CO_3、CaO 等一起在高温下熔融，冷却后形成稳定的玻璃态物质。熔化过程需要消耗大量能量，导致成本高，应用受到限制。但是，玻璃化技术对某些特殊废物如放射性废物是非常适用的，因为通常条件下玻璃化物质非常稳定，一般的试剂难以破坏其结构。

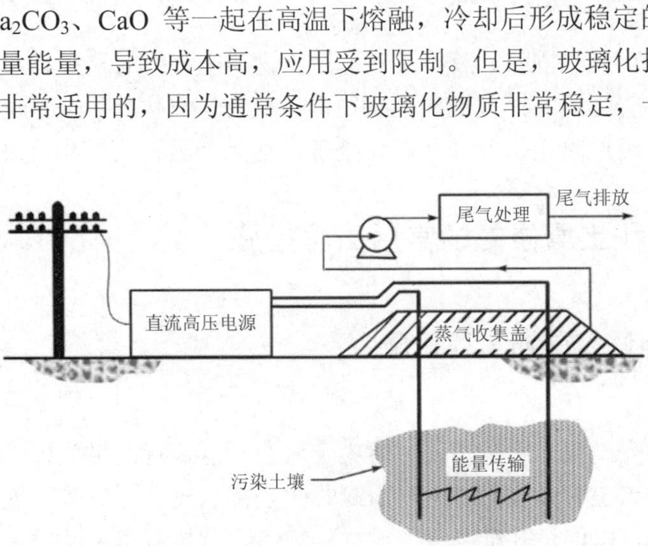

图 9-12　污染土壤的原位玻璃化修复过程

（12）生物修复和植物修复技术

生物修复是通过植物、土壤动物和微生物等，利用吸附、氧化、还原、吸收、固化等作用，辅助重金属等污染物的修复技术。植物修复是常用的重金属污染土壤生物修复技术，它是一种通过植物系统及其根际微生物群落来移除、挥发或稳定重金属和其他污染物，从而修复污染土壤的技术总称。

植物修复技术通常包括植物稳定、植物挥发和植物吸取。植物稳定是利用植物吸收和沉淀来固定土壤中的金属污染物，以降低重金属的生物有效性，减少对人类健康和环境的污染风险；植物挥发是利用植物的吸收、积累、挥发而减少土壤污染物，在金属污染场地修复方面对 Hg 和 Se 的研究较多；植物吸取是利用超积累植物吸收一种或几种污染物特别是有毒金属，并将其转移，贮存到植物茎叶，然后收割茎叶，异位处置。植物修复与物理化学方法相比，因其经济、绿色、清洁及不会造成“二次污染”而具有良好的应用前景。

虽然植物修复具有绿色净化、经济有效、污染物原地去除、美化环境等优点，是一种具有发展潜力的技术；但最具推广价值的超积累植物生长慢和生物量小，限制了其在污染场地修复上的实际应用。

（13）可渗透性反应墙

渗透性反应墙（Permeable Reactive Barriers，PRB）是一种原位地下水修复技术，通过在地下构建的具有渗透性的、由活性物质填充的反应墙，当地下水通过反应墙时，所填充的反应介质能够捕获或改变污染地下水中的化学物质成为无害的物质。

PRB 常用的填充材料包括零价铁、石灰、活性炭、沸石等。例如零价铁可以将污染场地的六价铬还原成为三价铬，而石灰可以吸附和沉淀地下水中的铅和其他重金属。

PRB 技术具有原位修复、能耗低、修复费用低和长期运行效果好的特点，在全球各地得到大规模的应用。但 PRB 技术应用之前需要准确了解污染场地的污染特征和水文地质特征，才能获得成功的应用。另外，PRB 通常的运行时间都很长，因而，PRB 的应用必须考虑到长期的场地修复目标。该技术对含氯溶剂、有机物、重金属、无机物和放射性核素污染土壤修复特别有效。

（14）焚烧技术

将污染土壤与可燃性固体、液体或气态污染物与空气中的氧在高温下生成氧化燃烧反应，使高分子的有害物质（挥发性和半挥发性有机物）氧化分解成低分子的 CO_2、HCl、H_2O 等进入烟气，经过除尘、冷却和净化处理，达到减容、去除毒性并回收能源。

9.3 污染场地和土壤修复的常用工程措施

9.3.1 污染场地修复前期工程措施

（1）测量定位

依据完成的调查结果，用全站仪对污染土壤边界点进行测量放样，放样时尽量将仪器架设在加密的控制点上。如放样时需要引测临时坐标点到适合位置以便测量，引测的临时坐标点每站测两次，以保证其准确性。放样结束后回测控制点位，发现无法闭合时，重新进行放样。放样点用插彩旗和撒白灰线进行标记和控制。放样后若不能马上施工，则待开始施工时重新对放样点进行复测。

（2）土地整理

根据示范区内现有土壤情况，土地平整只能在示范工程和处置区范围内进行土方调配。土地平整前组织测量队，按照项目区工程布置图，复测道路、沟渠、田块现状图及垃圾场情况，根据测量成果，按照土地平整、道路土方统筹安排，确定土方调配方案。组织施工机械将垃圾场推平并压实平整，表层铺设 HDPE 膜作为污染土壤处置区域应用。土地平整要根据推（运）土距离选择施工机械，距离 100 m 以内用推土机推土，距离 100～200 m 内用装载机铲运土。

污染土壤清理坡道采用双向坡道，宽度根据实际情况进行适量调整，坡度 1∶6，坡道两侧为 1∶1 放坡，坡道表面用黏土碾压密实。对于清理深度小于 5 m 的污染土壤，可由挖掘机一次清理到标高。

污染土壤运输到污染土处理区域相应的堆放场堆放，考虑到处理后土壤检测、设备检修等因素，堆放区设置适宜天数的堆放量与适宜的堆放高度。

9.3.2 污染土壤修复工程措施案例

1. 污染土壤淋洗修复工程措施

（1）污染土壤的清挖、运输

将污染土壤定位后用小型挖掘机清挖，清挖深度至污染深度。然后运输至化学清洗处置区，处置区底部铺设 2 mm 厚 HDPE 膜。

（2）污染土壤粗筛与细筛

将污染土壤用粗筛筛分，粒径＞5 mm 的土壤颗粒用高压喷头喷射水流，清洗表面的重金属后堆至指定的堆放区，粒径≤5 mm 的土壤颗粒径过筛孔进入后续处理单元。

粒径≤5 mm 的土壤颗粒径皮带剂量称和输送机送入湿式直线振动筛进行进一步筛分，此时筛分粒径为 0.5 mm，粒径＞0.5 mm 的颗粒进入洗涤反应池，粒径≤0.5 mm 的土壤则进入后续水力旋流器再进行下一步筛分。水力旋流器的筛分粒径为 0.075 mm，粒径＞0.075 mm 的颗粒进入洗涤反应池中，粒径≤0.075 mm 的土壤颗粒则进入另设洗涤反应池中等待淋洗。

（3）污染土壤淋洗

不同土壤颗粒淋洗反应池选用适宜的淋洗液、土液比以及淋洗时间，上层溶液输送至淋洗液回收系统，底部土壤进行压滤。

（4）淋洗后土壤压滤

来自洗涤反应池的土壤进入压滤机进行进一步浓缩，压滤脱水后的土壤堆至处置区指定位置等待验收。

（5）土壤改良

对压滤后的土壤验收合格后，可以直接回填，或添加农家肥或化肥等改良剂以改善土壤性质，然后回填。

（6）污水处理及淋洗剂回收

淋洗产生的污水选用适宜的处理技术进行处理，并对淋洗剂进行回收。污水处理过程中产生的污泥，收集到污泥浓缩池，进行污泥浓缩，浓缩后的污泥由污泥泵输送至带式压滤机，进行压滤脱水，污泥压滤后所得泥饼富含重金属，可以进行回收，或固化稳定化后进行安全填埋。污泥浓缩池内的上清液和带式压滤机压滤出的污水回流至调节池处理。处理后的清洁水可循环至需水处使用以节约水资源。回收后的淋洗剂回用至淋洗池中进行循环使用，剩余污水则进入污水处理系统进行处理。

（7）土壤监测

对处理后的土壤进行自检测，分析其中的重金属浓度，并测定 pH、有效氮、有效磷等肥力指标，实时指导修复过程。

2. 污染土壤 PRB 治理工程措施

（1）前期测量

在设计 PRB 处理方案之前，需要测定现场环境的水文地质条件参数如土壤渗透系数、地下水流向及流速，污染物特征如污染物种类和浓度、污染羽大小，之后在实验室中进行小试试验，测定所选的活性反应介质对待处理污染物的去除效果和去除反应动力学参数等，然后根据这些参数计算确定 PRB 的结构、安装位置和尺寸。

（2）PRB 系统结构选择

PRB 系统的基本结构剖面如图 9-13 所示。污染物自污染源释放后，向下游渗流过程中随地下水流扩散迁移形成一个地下污染羽，在其经过可渗透性反应墙时，其中的污染物质被物理、化学及生物过程所截留去除。通常意义上的可渗透性反应墙可以分为两种类型：连续反应墙和漏斗-通道系统（图 9-14）。

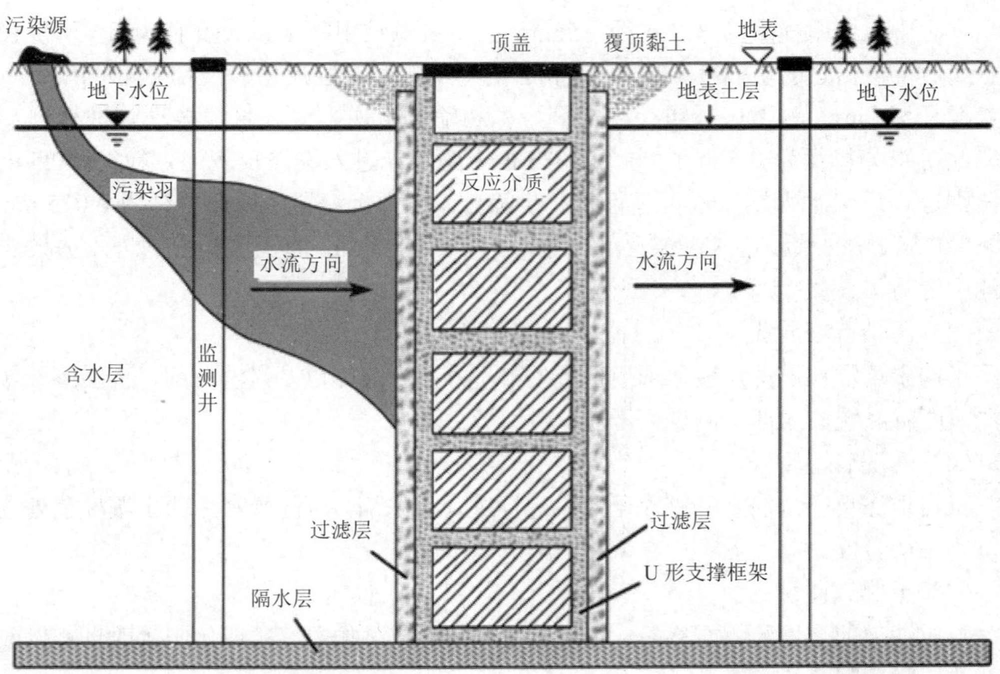

图 9-13 PRB 系统的基本结构

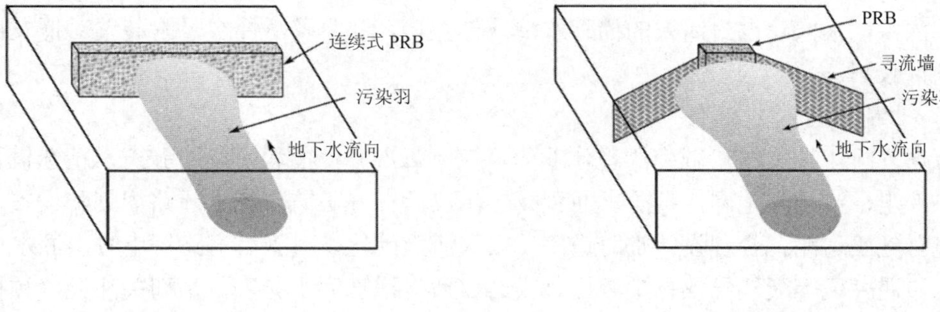

（a）连续式 PRB　　　　（b）漏斗式 PRB

图 9-14　常见 PRB 系统形式示意

（3）布置监测井

为了监控 PRB 工艺处理污染物的效果，需要在其前、中、后布置监测井。考虑到 PRB 工艺的长度问题，需要沿 PRB 长度方向每隔一定距离设置监测井；对于较厚的 PRB 来说，为了更清晰地了解 PRB 内部的反应情况，可以沿其厚度方向设置多口监测井；如果还需要对不同深度的污染物去除状况进行监测，可在同一个平面位置放置多口深度不同的监测井。目前，监测井常采用 PVC 材料管道做井筒，在一端填上过滤筛网，随 PRB 填料安装时埋入地下。

9.3.3　污染场地治理二次污染防治措施

（1）空气污染防治

原位污染土壤清理施工过程中对污染土壤清挖、转运、运输会造成粉尘污染，挥发性有机污染物会造成空气污染，尤其在风速较大情况下，污染距离更远，污染面积更大，污染更为严重；施工机械和运输车辆运行时排放含有 NO_x、CO 和粉尘等污染气体，这些废气将对周围环境空气造成污染。针对污染土壤清挖、运输过程可能产生的大气污染环节，可以采取以下防治措施。

1）铺设 HDPE 膜

在施工过程中采用分层清挖、一次清挖到底的方式清理污染土壤，对于暴露于空气环境中污染土壤的裸露表面，采取边开挖边铺设 HDPE 覆盖膜的方式对已开挖面进行覆盖，尽量减少污染土壤裸露面积，减少有机污染物的挥发。

2）喷射泡沫

场内环境监测工作人员携带 PID 仪器，大气中挥发性污染物的浓度仍超过标准限值时，可向裸露的土壤现开挖面直接喷射泡沫覆盖，将有机物控制在泡沫液膜内，迅速降低空气中有机物浓度。

3）污染土壤密闭运输

采用加装封闭设施的车辆运输污染土壤，并在封装前，在土壤表面覆盖毡布，防止有机污染物挥发和粉尘造成空气污染。

4）暂存污染水

污染水抽取后暂存于现场搭建的污染水池，为防止污染水中的挥发性有机污染物对大气造成危害，采取建设封闭式的储存水池或储存塔，并配备活性炭吸附装置对挥发出的污染物进行吸附。

5）抑制扬尘

合理安排工期，尽量减少清理作业面，控制每次开挖面积，集中施工，精选设备，及时喷水降尘，铺设防尘网，预防大面积扬尘污染。在施工前作施工道路规划和设置，尽量利用现有施工道路，合理设计临时道路，采取渣土硬化。对施工道路每小时由洒水车喷洒一次，如遇大风等天气导致扬尘浓度过大时，适当增加洒水频次。密切关注天气预报，提前做好施工进展安排，遇 4 级以上风时应停止施工作业。

6）清洗车辆

在场区运输出口设置洗车池，污染土壤运出时，对运输车辆车轮及表面进行冲洗，避免对周围环境造成粉尘污染。

（2）水污染防治

施工机械洗涤或被雨水冲刷排放一定量的含油和污染物的污水，以及降雨过程产生的雨水淋滤土壤从而产生的含污染物的污水在现场暂时贮存，经过沉淀后，由运输车运输到污水处理厂处理，达标后可排放。

（3）固体废物污染防治

施工期主要固体废物为施工边角料和施工人员生活垃圾。产生的边角料能够回收利用的尽量回收利用，不能回收利用且不是有毒有害废物的运到填埋场填埋；有毒有害废物按照危险废物管理要求送到当地有资质的单位处理；生活垃圾经过环卫部门收集后运送到垃圾填埋场填埋。

9.4 非规范垃圾填埋场治理及生态修复

9.4.1 非规范垃圾填埋场的定义及现状

非规范垃圾填埋场是指利用自然地形条件对垃圾进行无序堆放，没有建设完善的边坡、顶部、底部防渗设施，不符合国家相关政策法规和规范标准建设和运行的垃圾填埋场，在土地利用上，没有经过当地政府部门审批、规划等合法程序，垃圾存量达到 200 t 以上的垃圾场，包括简易垃圾填埋场和受控垃圾填埋场。简易垃圾填埋场是指在建设和运营过程中没有遵循任何标准，也没有任何环境保护设施。受控垃圾填埋场配备了部分或全部环保设施，但设施不齐全，存在环境污染的风险。非规范垃圾填埋场是我国在 20 世纪 90 年代以前最主要的垃圾处理方式，当时城市的垃圾处理能力有限，建筑垃圾、生活垃圾未经过无害化处理就直接倾倒、简易填埋。随着社会经济的发展、土地资源的日趋紧张、环保要求和相关标准的提高，传统非规范垃圾填埋场对环境造成了巨大污染，已无法满足现代社会经济发展的需要。

9.4.2　非规范垃圾填埋场的风险评价

1. 填埋场风险分级

在治理前应对填埋场的环境风险和危害程度进行评价，通过评估筛选出填埋场治理的优先等级和技术方案。按照非规范垃圾填埋场所在地区地质环境条件划分出优先等级；选取填埋物中有机物含量、封场时间、填埋规模 3 个有代表性的因素综合分析，对 3 个因素赋值打分，采用层次分析法（AHP）求取各评价指标的权重并赋予不同的权重系数。根据式（9-1）计算风险评价分值，根据风险评价分值将非规范垃圾填埋场划分为高风险、中风险和低风险 3 个级别。

$$\text{风险评价分值}=\sum_{i=1} \text{权重系数}_i \times \text{影响因子分值}_i \tag{9-1}$$

2. 地下水污染风险分级

非规范垃圾填埋场大多没有底部防渗和顶部封场结构，其产生的渗滤液以及雨水、地表径流渗滤液对地下水产生较大的环境风险。地下水源自净能力弱，一旦受到污染难以自我恢复。选取渗滤液从侧面渗漏可能性、渗滤液从底部渗漏可能性、含水层脆弱性为主要评价因子，采用层次分析法（AHP）求取各评价指标的权重并赋予不同的权重系数。参考《地下水质量标准》（GB/T 14848）将地下水污染风险等级划分为高风险、中风险和低风险 3 个级别。

3. 非规范垃圾填埋场风险综合评价

综合考虑非规范垃圾填埋场危害等级和地下水污染风险分级，对填埋场的环境风险进行综合评价，如表 9-1 所示。其中，A 级危害风险最高，B 级属于中度风险，C 级风险最低；A 级和 B 级填埋场需要进行深度治理。

表 9-1　非规范垃圾填埋场危害分级

垃圾危害风险分级	地下水污染风险等级		
	高风险	中风险	低风险
高风险	A	A	B
中风险	A	B	C
低风险	B	C	C

9.4.3　非规范垃圾填埋场的原位治理

原位治理技术是一种不移动受污染介质，直接在生成污染的原有位置进行修复的处理技术。对于非规范垃圾填埋场的原位治理一般采用堆体整形、堆体覆盖、植物修复、帷幕注浆和生物反应器加速垃圾稳定化等技术。

（1）堆体整形

非规范填埋场垃圾堆体一般均未按照垃圾的安全堆积坡度进行堆填，在填埋施工的后期其边坡需要进行修整，使之具有较稳定的坡面。同时考虑到将垃圾堆体表面坡度修整成标准规定的坡度以利于堆体表面的雨水导排。垃圾堆体边坡坡度一般设计为 1∶3，边坡高度上每 3～5 m 留一个 2 m 宽的平台，以减轻边坡冲刷；垃圾堆体顶面面积较小时，可不设表面排水沟，顶面坡度一般应大于 5%，从中间坡向四周，当垃圾堆体顶面面积较大时，应设表面排水沟。

（2）堆体覆盖

堆体覆盖以减少雨水渗入垃圾堆体而产生渗滤液，并建设有利于垃圾堆体表面的绿化。由于非规范填埋场场底一般没有防渗层，渗滤液易对地下水造成污染，因此利用人工防渗层覆盖垃圾堆体表面对于减小非规范填埋场的渗滤液产生量、减小对地下水的污染是非常重要的。根据《生活垃圾卫生填埋技术规范》的要求，填埋场终场覆盖结构有两种类型：一种是黏土覆盖结构，自下至上分别为排气层（厚度不小于 30 cm）、防渗黏土层（厚度不小于 20 cm）、排水层（厚度不小于 20 cm）和耕植土层；另一种是人工材料覆盖结构，自下至上分别为排气层（厚度不小于 30 cm）、膜下保护层、人工防渗材料层（可以使用 HDPE 膜、VLDPE 膜或 GCL 膨润土垫等）、膜上保护层、排水层（厚度不小于 20 cm）和耕植土层。膜上保护层和膜下保护层可以采用黏土或土工布。

对于环保要求严格区域的非规范填埋场，其覆盖结构宜采用人工材料覆盖结构，这样可以大大减轻非规范填埋场对环境的污染。

（3）植物修复

以植物超量积累某种或某些化学元素为理论基础，利用植物对土壤中的有机污染物和无机污染物的不同程度的吸收、挥发和降解等作用进行土壤修复。植物修复具有成本低廉、环境扰动小、易被公众接受等优点。但考虑到单纯植物修复周期长的缺点，现多采用植物修复与根际微生物共存体系、土壤改良强化-植物修复联合修复的方式改进植物修复技术。

（4）帷幕注浆

防渗是非规范垃圾填埋场治理的重点，由于在简易填埋时并没有考虑渗漏因素，也没有防渗设施，因此后期治理时防渗设施建设直接影响整个治理效果。防渗通常有水平防渗和垂直防渗两种。水平防渗技术成熟、效果可控，防渗系数符合《生活垃圾生活垃圾卫生填埋场防渗系统工程技术规范》中所要求的不大于 10^{-7}cm/s 的要求，但简易填埋场封场后再建水平防渗，工程量太大，实际操作不现实，实际操作中多采用基于帷幕注浆的垂直防渗。施工方法包括高压喷射注浆法、水泥土搅拌法、地下连续墙等，适用于渗滤液产生量大、底部具有防渗黏土层的填埋场。

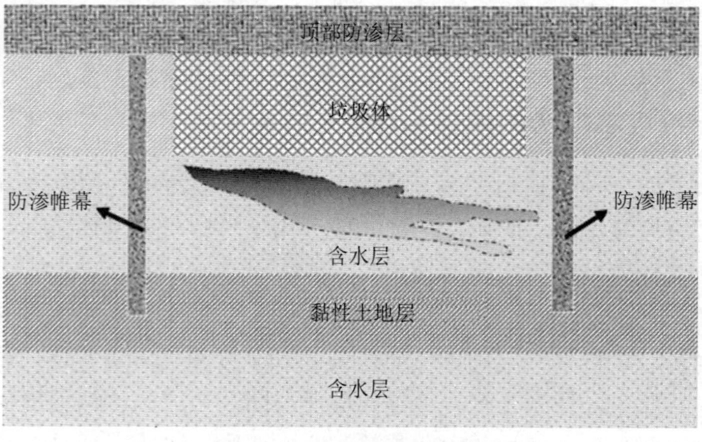

图 9-15 帷幕注浆示意

（5）生物反应器填埋技术

非规范垃圾填埋场都采用的是简易填埋的方式，垃圾堆放随意，导致稳定化时间长，其垃圾的生物降解过程是一个无法人工控制的自然降解过程，不利于垃圾的稳定化。在治理过程中，采用生物反应器填埋技术，实现对垃圾的生物降解的控制，具有降解速度快、稳定化时间短的优点。该技术由液体添加和水分调节系统、填埋气体收集系统、渗滤液收集和监测系统组成。填埋气体可以集中收集后作为能源再利用，渗滤液收集后为保持反应器中垃圾含水率通常全部回灌回反应器内，因此，一般不需要渗滤液处理设施，节约了填埋场投资和运营费用。生物反应器包括好氧生物反应器、厌氧生物反应器、兼氧生物反应器等。

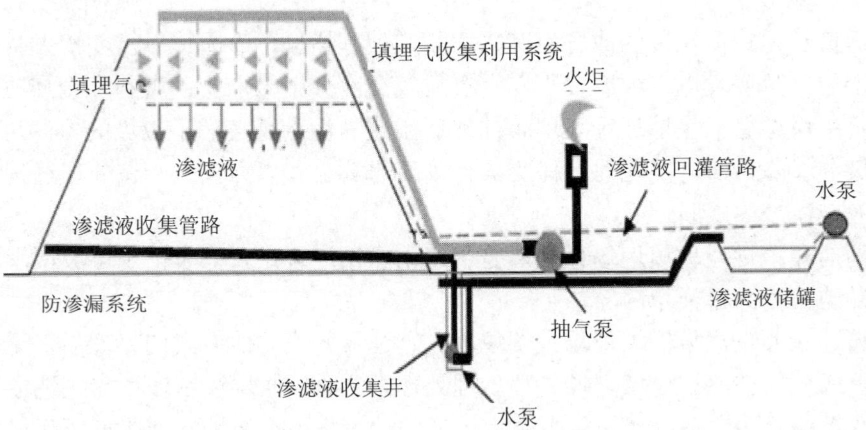

图 9-16　生物反应器型填埋场示意

（6）输氧抽取技术

输氧抽取技术通过人工控制垃圾堆体内的温度、湿度等条件，结合生化、化学、物理方法，控制垃圾降解过程，具有快速、彻底的优点。

非规范垃圾填埋场有机物含量较高，将空气加压后，通过深井管道注入垃圾深处，同时将堆体内产生的二氧化碳、甲烷等气体抽出，监控堆体温度、湿度等因素，满足微生物生存条件，加速垃圾快速降解。

（7）填埋场稳定性监测

填埋场的稳定性直接影响填埋场的正常运行以及封场后的后续利用过程，因此对填埋场稳定性的定期监测尤为重要。非正规垃圾填埋场垃圾成分复杂，堆放无序，至少需要几十年时间达到完全稳定化。通常对稳定化水平的评价，主要通过垃圾填埋场环境影响三大要素，即沉降速率指标、渗滤液指标、垃圾填埋气体指标来进行。

沉降可以分为填埋期内沉降和封场后沉降。在填埋期内的沉降可以增加填埋场的容量，延长填埋场的服务年限。如果在封场后生成沉降，就会引起整个堆体的不稳定，堆体内产生各种气体淤积甚至发生爆炸。因此填埋场稳定性能监测尤为重要。

由于目前我国《生活垃圾填埋场污染控制标准》（GB 16889—2008）中只对渗滤液排放有具体限值，对沉降速率指标、垃圾填埋气体指标（产率等）没有具体参考标准，因此，在评价非正规垃圾填埋场稳定性时，以渗滤液为主要参考标准，其他参数作为参考。

9.4.4 非规范垃圾填埋场的异位修复

①根据对填埋场中垃圾是否进行处理，可以将非正规垃圾填埋场的搬迁处理分为整体搬迁和处理后搬迁两种类型。

a. 整体搬迁。

整体搬迁就是不考虑非正规垃圾填埋场的垃圾成分和利用等因素，只是将其中的垃圾全部开挖，然后由专用运输工具运输到新的垃圾卫生填埋场进行填埋。其优点是方便、快捷、工期短、投资额较低。但由于在搬迁过程中不考虑填埋垃圾的成分和综合利用等因素，增加了目的地卫生填埋场的处理负荷，浪费了其中的部分有用资源，综合经济成本较高。

b. 处理后搬迁。

处理后搬迁是根据垃圾的成分对其采取相应处理措施，筛选其中粒度较大且热值较高的垃圾用于垃圾焚烧发电；粒度较小、有机质较高部分用做堆肥；塑料和金属进行回收；剩下的无机垃圾送至卫生填埋场填埋。处理后搬迁的优点是考虑了垃圾的资源可利用性，提高了垃圾的经济价值。但处理过程要求有较高的资金和人力投入，在处理过程中可能对环境和工人健康产生威胁。

②根据对非正规垃圾填埋场开挖后是否运出原填埋场地，将非正规垃圾填埋场分为原地搬迁和异地搬迁两种类型。

原地搬迁指非正规垃圾填埋场中的垃圾，经过筛分或其他方式的处理后，无直接利用价值的垃圾成分仍在原垃圾填埋场进行填埋处理。此时，原垃圾填埋场需改造成垃圾卫生填埋场，垃圾重新填埋应符合垃圾卫生填埋场的填埋标准。原地搬迁降低了运输成本、避免了运输过程中二次污染的可能，同时改造后的填埋场属于符合国家标准的卫生填埋场。但在改造过程中需要资金的投入。异地搬迁指将筛选后无直接利用价值的垃圾成分运输到邻近的垃圾卫生填埋场进行填埋。异地搬迁方式对有用垃圾成分进行了充分的资源利用；目的地卫生填埋场只需接纳筛选后无用的垃圾，降低了运营负荷；原场地通过客土回填等方式治理，经环境评估后可以用作其他用途，提高了土地利用价值。但是垃圾运输加大了运输成本，还可能在运输过程中产生二次污染。

a. 搬迁方案制定。

对于非正规垃圾填埋场的搬迁治理，一般要经过综合评估、方案设计、搬迁施工、竣工评价等几个阶段。综合评估主要包括非正规垃圾填埋场总体特征评估（垃圾总量、垃圾稳定化程度、垃圾成分和性质）、搬迁方式的确定、相关政策法规的调查、搬迁过程中的环境影响控制等方面。搬迁方式多采用治理后搬迁，不仅使垃圾利用效益最大化，而且原场地还可以充分利用。实践证明建立一套完整的垃圾搬迁治理方案，对减少污染、降低成本和保护环境至关重要，搬迁过程属于工程施工范畴，因此要考虑市政、城建部门的标准。竣工评价是检验搬迁工程是否达到了预定环境指标、工程成本等。

b. 筛分减量化技术。

筛分减量化是指将从非正规垃圾填埋场挖掘出来的成熟垃圾经过筛网等设备，将垃圾按照颗粒大小进行分离，细颗粒可以作为腐殖土；塑料和金属进行回收；无机垃圾就地处理或填埋。包括开采、筛分、利用、回填等步骤。此技术可与搬迁治理技术结合，作为搬迁治理前的预处理步骤。

9.4.5 非规范垃圾填埋场的污染控制及生态修复

填埋场污染控制是填埋场治理过程中重要的组成部分，同时也是确保填埋场治理安全、正常进行的重要手段。环境监测项目应包括填埋场沉降特性、气体释放以及细微颗粒、粉尘、有毒气体和恶臭、沼气等，监测频率应按照有关环境监测技术规范进行，同时将监测结果定期送往当地环保部门，并接受当地环保部门的监督检查。

（1）渗滤液控制

非规范垃圾填埋场产生的渗滤液来源于垃圾在降解过程中和降水冲刷、地表水和地下水浸泡而滤出的污水，其含有大量的有机污染物和高浓度的重金属等，属于高浓度的有机废水，具有很高的危害性。而非规范填埋场场底一般缺少完善的渗滤液导排设施，因此在其封场的治理工程中应充分考虑渗滤液导排设施的完善工作。通常有两种渗滤液导排方案：一种方法是在垃圾堆体下游（一般对山坡型填埋场和山谷型填埋场而言）设渗滤液收集导排沟，必要时可建设水坝，以便使渗滤液及时导排至场外；另一种方法是在场区下游垃圾堆体上打渗滤液井，利用潜污泵将积存在垃圾堆体内的渗滤液抽出。

利用填埋场的每个集水井进行水位和水质监测。采样频率应根据填埋物特性、覆盖层和降水等条件加以确定，应能充分反映填埋场渗滤液变化情况。渗滤液水质和水位监测应至少每月一次。

（2）地下水污染控制

非规范垃圾填埋场产生的渗滤液属于高浓度的有机废水，一旦下渗，对当地地下水具有很高的危害性。

在填埋场上游应设置一眼监测井，以取得背景水源数值。在下游至少设置三眼井，组成三维监测点，以适应下游地下水的羽流几何型流向；监测井位置应设在填埋场实际最近距离上，并且位于地下水上下游相同的水力坡度上；监测井深度应确保所采集的样品具有代表性。采样频率在治理初期应每月至少采样一次；后期稳定后应保证每季度至少一次。采样分析过程中当发现样品显示水质有变坏趋势时，应加大采样频率，并根据实际情况增加监测项目，查出原因以便进行补救。

（3）填埋气体控制

填埋气体来源于垃圾降解所产生的甲烷、二氧化碳及其他气体等，非规范垃圾填埋场大多没有气体导排设施，填埋气体积聚量大时，存在火灾和爆炸的安全隐患，特别是一些挥发性有机物对人体健康存在巨大威胁。而在治理过程中要添加顶部覆盖层，安全隐患进一步加大。因此对填埋气体进行实时监测十分必要。

填埋场气体监测包括场区大气监测和填埋气体监测，其目的是了解填埋气体的排出情况和周围大气的质量状况。采样点分布按《大气污染物综合排放标准》（GB 16297—1996）的规定执行；主要监测范围在填埋场下风方向；填埋场处于人口稠密地区时，应适当增加采样点密度；修复时期应保证每月至少一次的采样频率。

非规范填埋场的气体导排设施主要采用垂直导排井，导排井的深度一般为垃圾深度的1/2～2/3，井间距一般为30～50 m。垂直导排井可采用钻井或管桩施工法施工。

（4）生态修复技术

生态恢复是垃圾填埋场治理的重要组成部分，特别是非规范垃圾填埋场治理最重要的环节之一。通过对堆体表面进行植被再生改造，在保护填埋场免受雨水冲刷、侵蚀和淋滤的同时，还能美化环境，促进区域内生态系统的良性循环。生态恢复包括自然植被恢复、人工植被恢复。自然植被恢复指对非规范填埋场治理封场后自然生长的野生植物进行筛选，对其中存活率和生长量较好的植株进行培养；人工植被恢复选择适宜垃圾填埋场种植的植物进行种植恢复。

修复植物的选择对垃圾填埋场的生态修复有着重要的影响。填埋场绿化应根据当地实际选择较适宜的植物，通常以浅根、耐旱植物为主，同时要注意不同类型植物（草-灌-乔）的合理搭配，以达到较好的复垦效果。单一的自然植被恢复主要以草本植物为主，但只达到了填埋场绿化的要求，无法减少填埋场内有毒物质的减少。因此在进行生态修复时要考虑综合因素，尽可能地选择对有害物质吸附性强的植物，在对垃圾填埋场进行植被绿化的同时，也要减少其对周边环境和居民的污染和影响，同时还要尽可能地选择当地的耐性植物以减少外来物种入侵引起的生态威胁。

9.5 尾矿库和废石场生态修复工程设计

9.5.1 矿山废弃地修复概述

我国绝大多数的能源、工业原料和农业生产资料都来自矿产资源，它不仅是社会经济发展必不可少的物质基础，也是创造社会财富的重要源泉。我国现有大中型矿山 9 000 余座，在目前的管理水平和开发技术水平下，矿山的长时间和大规模开采常会破坏、侵占和污染矿区土地资源，并改变原有景观生态系统及区域地质结构，破坏动植物区系，导致矿区环境污染与生态退化，主要表现有地表景观破坏、诱发地质灾害、水质污染与水文干扰、微气候扰动与大气污染、土地资源占用与破坏、土壤污染与退化、水土流失加剧、生物多样性损失等。据估计，我国因采矿侵占的土地面积已接近 4 万 km^2，由此产生的废弃地面积达 330 km^2/ a。

矿山废弃地的土壤基质物理结构不良，持水保肥能力差，氮、磷、钾及有机质等养分含量极低或养分不平衡，极端贫瘠，植物成活率低。矿山废弃地生态修复可增加矿区土壤的养分含量，改善土壤结构，改良土壤状况，从而提高矿山废弃地林草覆盖率，减少水土流失，改善生态环境，吸引野生动物前来栖居、繁衍，促使矿山及周边地区生态环境良性转变，改善矿区的生态环境和调节小气候，减少突然侵蚀和大气飘尘，减轻矿区风蚀与风沙危害，减轻滑坡、泥石流的危害，有利于矿区人民的身心健康。

鉴于矿山存在的环境风险，从 20 世纪 50 年代末我国便开始了近代的矿山废弃地生态修复工作，也逐渐积累了一些宝贵的经验。1989 年国务院第 19 号令《土地复垦规定》和《中华人民共和国环境保护法》，是新中国成立以来矿山废弃地生态修复工作步入法制轨道的标志。在我国目前推进生态文明建设的现状下，《国民经济和社会发展第十二个五年规划纲要》明确提出“推进矿山地质环境恢复治理和矿区土地复垦，完善矿山环境恢复治理保证金制度”。但是到目前为止，我国矿山生态修复率只有 15%左右，远低于发达国家 65%的水平，并且相应法律法规还不很健全。矿山生态修复仍然是一项艰巨、长远的工程。

9.5.2 基本概念和术语

（1）矿山废弃地

矿山废弃地是指因为采矿活动而导致的原地貌被破坏或者被占用、无整治措施因而无法使用的土地，主要包括露天采矿场、塌陷区、废石场以及尾矿库等无经济价值的土地。

（2）尾矿（尾砂）

金属及非金属矿山开采的矿石，经选厂选出有价值的精矿后产生的“废渣”，称作尾矿（尾砂）。

（3）尾矿库

尾矿库是指筑坝拦截谷口或围地构成的用以贮存金属或非金属矿山进行矿石选别后排出尾矿的场所。尾矿库内通常设有专用的尾矿坝、排洪系统、回水系统等。

（4）废石场

废石场指矿山剥离和掘进排弃物集中排放的场所，包括外排土场和内排土场，又称排土场、排岩场。

（5）初期坝（基本坝）

在尾矿库的建设初期，用当地材料（土石）筑成，可以容纳选厂投产初期 1～2 年尾矿产量的坝身较低的坝。

（6）后期坝

在选厂投产后逐年加高初期坝形成的尾矿坝体（通常以尾矿作为筑坝材料）。其堆积高度可从几十米到 200 m 以上。

（7）沉积滩（干滩）

尾矿向尾矿库内排放，经水力冲积在尾矿库形成的沉积体表面，一般指坝顶放矿点至尾矿库内蓄水边线的部分。

（8）尾矿坝浸润线

尾矿坝浸润线指自尾矿库水体向尾矿坝下游的渗流表面水位线。此种浸润线位置的高低和变化，与坝体的安全和稳定有密切关系。

（9）矿山废弃地生态修复

一般情况下，矿山废弃地作为植物生长场地条件比较恶劣，甚至闭库多年后场区仍然寸草不生。为使库区重新建立绿色生态环境，须对矿山废弃地采取人工促进措施，依靠生态系统的自我调节能力与自组织能力，逐步恢复与重建其生态功能，使之成为适于动植物自然生长生存的生态环境。恢复场区适生植物及动物物种回归生境的技术措施称为矿山废弃地生态修复。

（10）植被层

通过生态修复工程，重新建立的草、灌木、树木等绿色植物生长层称为植被层。

（11）植被覆盖度

在矿山废弃地重新建立的草、灌木、树木等绿色植物生长层，与原有矿山废弃地面积之比的百分数称为植被覆盖度。

$$植被覆盖度=（植物生长层面积/原有尾矿库区面积）\times 100\%$$

（12）植物品种筛选

在矿山废弃地重建植被时，经过试验选择适合当地场区条件下生长的植物品种。

（13）边坡修复

渣体清理后边坡缺少阻滑体，尾砂贫瘠边坡缺少植被对水土的保护，使得边坡处于欠稳定状态，需要通过工程及生物措施对边坡进行修复稳定，其过程称为边坡修复。

（14）生长基质

生长基质指为植物生长提供营养的环境，通常为土壤。矿山废弃地植物生长在尾砂中，尾砂是植物的生长基质，尾砂与土壤在理化性质、持水、保肥等方面性能区别显著。

（15）基质改善

一般条件下尾砂作为矿山废弃地的生长基质，植物难以成活和生存，对尾砂进行持水、保肥、增加活性微生物等技术改良，使其适合植物生长，其过程称为基质改善。

（16）基质熟化

对矿山废弃地的生长基质尾砂施加有机、无机或生物肥料，使尾砂中 N、P、K、微量元素和微生物含量、活性达到适用于植物生长水平，即为基质熟化。

（17）景观融合

通过对矿山废弃地的生态修复，使被破坏的场地恢复后的生态景观尽量与当地生态景观融为一体，称为景观融合。

（18）保护目标

矿山废弃地所在地如有自然生态、地质遗迹、人文景观、历史遗址等存在，在进行矿山废弃地生态修复时，须保护这些目标所处的整体生态环境。

9.5.3 生态修复的基本程序

1. 现场环境条件调查

对尾矿库等被破坏的场地、区域作比较详细的生态环境背景调查，该项调查内容包括：

① 地质环境。

② 水文地质。

③ 气象气候。

④ 降雨及洪水。

⑤ 土壤类型、生产力。

⑥ 植物物种、丰度。

⑦ 作物种类、产量。

⑧ 野生动物种类、种群。

⑨ 区域生态特征。

⑩ 区域景观特征。

⑪ 区域土地利用。

⑫ 区域污染源与污染物。

⑬ 社区行政归属、经济状况。

⑭ 居民分布等概况。

2. 尾矿库调查

此项调查内容主要包括：

① 占地类型、面积。

② 尾矿库面积。

③ 尾砂类型及特性（物理、化学、力学、工程）。

④ 尾砂持水、持肥能力。

⑤ 尾砂化学组成、有无污染物及其含量。

⑥ 尾砂有机物、微生物种类、含量和活性。

⑦ 尾矿库基础设施及其稳定性（如坝体、水工构筑物等）。

⑧ 尾矿库边坡面积、坡度。

⑨ 尾矿库区汇水及泄洪、排水。

⑩ 尾矿库水土流失概况及其来源。

3. 土源及其他修复材料可获得性与准备

此项调查内容主要包括：

① 用于尾矿库区覆土的土壤来源。

② 用于屏蔽可能来自尾砂污染的隔离材料来源。

③ 用于尾矿库区熟化材料的种类、来源。

④ 用于尾矿库重建植被的种子、苗木来源。

⑤ 用于尾矿库重建植被的水资源及准备。

⑥ 用于尾矿库重建植被的工具与机械设备准备。

4. 生态修复工程设计及施工

需开展工作的范围包括：

① 依据尾砂特性、尾矿库场地特征，选择场地平整方式、坡度；建立覆土、隔离层等植被层剖面结构及各层工程参数；原辅材料种类；覆土层厚度、坡度、容重；隔离层材质、厚度。

② 依据尾砂特性、尾矿库场地特征及洪水特征，确定场地排水、泄洪方式，做出场地排水、泄洪设计，水工构筑物设计等。

③ 依据尾砂特性、尾矿库场地特征和当地条件，进行重建植被品种设计，工程参数包括：种植植物种类、品种、品种间配比、种植密度、间距等。

④ 依据尾砂特性及尾矿库边坡坡度等要求，选择改善基质材质、熟化材料的有机物、无机物、微生物、菌剂等的种类；添加量、添加方式；场地给水方式、给水量等。

⑤ 依据尾矿库场地特征，选择机械或人工方式进行工程施工；设计作业坡度等。

⑥ 依据当地生态环境条件，选择适宜施工季节，开展现场工程施工。

5. 生态修复监测与管理

（1）建立长效跟踪监测机制

① 在尾矿库等场地生态修复后，建立长效跟踪监测机制，观察统计植被生长势、根系发育、覆盖度、树林郁闭度以及病虫害等情况，便于及时采取措施，使植被正常生长。

② 建立长效跟踪监测场地稳定性机制，定期观测坝体稳定性、边坡稳定性、库水位变化等；便于及时采取措施，使生态恢复区正常运行。

③ 建立长效跟踪监测场地水土流失机制，使生态恢复区特别是边坡在汛期稳定，植被层控制水土流失作用。

④ 建立长效跟踪监测场地景观变化机制。

（2）建立长效管理机制

① 对生态恢复区实施专人管理，建立责任制。

② 对生态恢复区实施长效管理。

③ 对生态恢复区出现的各种异常现象，及时采取措施，使之转化为正常运行。

9.5.4 生态修复的技术与方法

1. 边坡修复

边坡治理的主要工作就是要稳定边坡。该过程的任务是清除危石、降坡削坡，将未形成台阶的悬崖尽量构成水平台阶，把边坡的坡度降到安全角度以下，以消除崩塌隐患。之后就要对已经处理的边坡进行复绿，使其进一步保持稳定。

2. 基质改良

（1）物理修复

根据矿山的具体情况和不同条件，物理修复措施可选用客土法、换土法、去表土法、翻土法等。

① 客土法：是向污染土壤中加入大量的洁净土壤，覆盖在表层或混匀，使污染物浓度降低到临界危害浓度以下或减少污染物与植物根系的接触，从而达到减轻危害的目的。其核心是土源和确定覆盖的方式与厚度。考虑到工程费用及土壤的地带性，土源应尽量在当地找。覆土厚度一般为 5～10 cm，需根据植被类型对覆土厚度进行选择性调整。

② 换土法：即把污染土壤取走，换入新的干净的土壤。该方法对小面积严重污染且污染物具放射性或易扩散难分解的土壤是必需的，以防止扩大污染范围，危害人畜健康。对换出的土壤应妥善处理，以防止二次污染。

③ 去表土法：即去除表层土壤。

④ 翻土法：通过深翻土壤，使聚积在表层的污染物分散到更深的层次，达到稀释的目的。该法适用于土层较深厚的土壤，且要配合增加施肥量，以弥补耕层养分的减少。

（2）化学修复

矿山废弃物堆场的组成物质主要是灰烬、砂质、岩土等，这些物质都具有易腐蚀和分散的特点，使用化学改良剂可改善其理化性质。化学修复一般包括稳定重金属和营养改良两方面。

① 稳定重金属。矿山废弃地中残留的重金属有多种形态，活性较强的形态对植物和地下水危害较大，可通过化学稳定措施降低其危害。根据重金属的性质，通常利用药剂的碱性、还原性、吸附性、离子交换性、调节土壤 pH 等性能，达到稳定重金属的目的。常用的药剂有 CaO、$CaCO_3$、$CaSO_4$ 等。

② 营养改良。矿山废弃地土壤缺乏 N、P、K 等营养元素，因此可经常性地施用肥料或富含 N、P、K 的污泥来补充土壤的肥力。此措施需长期投入人力、物力，较难管理，成效持续时间短。

（3）生物修复

向矿山废弃地中引入一些动植物和微生物（蚯蚓、藻类等）可改善其理化性质。

① 微生物修复。微生物的代谢活动不仅可减少土壤中有毒有害物质的浓度，而且其

接种优势可增加土壤活性、加速改善、缩短修复周期。常利用根瘤菌与豆科植物的共生关系进行基因工程改造，促进植物的生长及对重金属的吸收。

② 植物修复。目前已知有超过400种重金属超富集植物，其中镍的超富集植物最多。根据不同矿山废弃地土壤基质污染程度、重金属种类的不同，可选择不同的植物种类和修复机理。

③ 动物修复。动物修复主要使用蚯蚓。蚯蚓不仅可改善土壤的机构、透水性和通气性，其排出的粪便还能有效促进植物生长发育，且对重金属有一定富集作用。但动物修复需在植物修复获得一定成效后实施才可获得其效果。

针对矿山废弃地的具体情况，以恢复生态学理论作为指导，常常把微生物与动植物的修复方法进行综合利用，这样才能使得恢复后的生态系统结构合理、功能完善，避免出现生态恢复后又退化的现象。

3. 植被选取

矿山废弃地生态修复中植被的选择至关重要。不仅要优先选择当地优良、先锋树种和固氮树种，还需满足生长快、适应性强、抗逆性好、经济价值高的条件。那些能适应矿山废弃地极端条件，并能在废弃地上自然生长的植物，应作为优先选择的植被。

根据不同的矿区条件可分别选用胡枝子、紫花苜蓿、刺槐等豆科植物。上层乔木可选用乌桕、香樟、栾树等。灌木层可选紫薇、绣球花、野蔷薇等。地被层可用狗牙根、络石等。藤本植物可选用凌霄、五叶地锦、金银花等。

9.5.5 生态修复的施工方法

在生态修复的过程中，考虑到植物的立地条件不同，采用的栽植技术也不同。

按所用植物不同分为：木本植物绿化、藤本植物绿化、草本植物绿化。

按栽种植物方法不同分为：栽植法和播种法。播种法主要用于草本植物的绿化，其他植物绿化适用栽种法。播种法按使用机械与否，又可分为机械播种法和人工播种法；按播种方式不同还可分为点播、条播、撒播。

按植生土的来源不同可分为：客土绿化和原地绿化。客土绿化按所用材料不同又分为移土绿化和植生砼绿化。

下面介绍几种常用方法：

1. 客土吹附技术

客土吹附技术利用了流体力学原理，把保水剂、土壤稳定剂、植物纤维、缓释肥及腐殖质、地表土、植物种子等与水按一定比例混合成较稠的浆液，通过专用客土喷播机直接喷附到坡面上，形成一定厚度的客土层。

其优点在于，客土与坡面结合牢固，客土层的透气性、抗旱性较好，施工简单、效率高、工期短。适用于坡度较小（不大于 45°）的矿山废弃场，是一种帮助植物在客土层上快速生长的强制绿化方法。

2. 喷混植生技术

喷混植生技术利用特制喷混机械将土壤、肥料、有机质、保水材料、植物种子、水泥等混合干料加水后喷射到岩面上，由于水泥的黏结作用，混合物可在岩石表面形成一层具有连续空隙的硬化体。

喷混植生适合于45°～65°的陡壁，其技术核心是在岩质坡面上营造一个既能让植物生长发育的种植基质又不被冲刷的多孔稳定结构。水泥一定程度的硬化使种植基质免遭冲蚀，而空隙内填有植物种子、土壤、肥料、保水材料等，这样空隙既是种植基质的填充空间，也是植物根系的生长空间。

3. 三维网绿化技术

三维网绿化技术先在修复坡面上敷设三维网，并进行固定，然后在网上灌满加有肥料的泥浆，厚度一般不低于3 cm。

三维网也称三维土工网或三维植被固土网，是由多层塑料凹凸网和高强度双向拉伸平面网复合而成的具有三维结构的塑料网。其材质为高分子聚乙烯（PE）以及UV抗紫外线稳定剂，化学稳定性高、无腐蚀、对环境污染小。技术优点在于固土能力强、材料化学成分稳定、内部空间大、工艺简单、施工速度快、工程造价低，但是材料耐低温性能略差，在北方地区越冬后有断裂现象。

4. 生态袋绿化技术

生态袋绿化技术用生态袋包裹基质，然后用连接扣相连，砌好后在其上种植植物。随着植被根系生长，会加强生态袋紧密度和连接强度。当根系深入到基层土壤并相互交错串联生长后，生态袋和植被及其根系相互补充，形成永久性生态绿色边坡。

生态袋由聚丙烯（PP）长丝针刺无纺土工布加工而成，具有耐腐蚀性强、抗紫外、不降解、稳定性好、裂口不延伸等特点，经久耐用，并且袋体柔软，不阻碍植物生长。生态袋在允许水通过时，可以防止土壤颗粒渗透，使得边坡具有较高透水性，对土壤流失、局部泥（土）石流、边坡塌方等具有很强的防护和稳定作用，可成为永久性高稳定自然边坡。此外生态袋可以完全替代石头、水泥等材料，减少工程成本。

5. 鱼鳞法、燕巢法、飘台法

鱼鳞法利用壁面较大的石缝，经小范围爆破形成鱼鳞状洞穴，洞穴内放填土竹筐。燕巢法利用石壁面上的石台，砌筑围栏，状似燕巢，填土种植物。飘台法施工时在岩壁上钻洞灌浆，用钢架支撑起一行行长短各异的飘台，然后在飘台中填土种植适宜的植物。

此三种方法主要针对大于55°的高陡边坡、裸露岩体的稳定。

9.5.6 矿山生态修复设计

1. 生态修复设计原则

① 贯彻科学发展观，实现矿山可持续发展。

② 生态优先，综合治理。本着人与自然和谐相处的思想，充分发挥生态自我修复能力，同时通过工程措施和植物措施相结合，加强生态恢复，加快水土流失防治。

③ 坚持水土流失防治与环境绿化美化相结合，注重生态环境的保护和改善。

④ 因地制宜，合理布局，经济可行。工程措施主要考虑经济性和安全性，植物措施应考虑经济性，并结合当地条件。

2. 生态修复工程设计要求

基本要求是生态环境修复类型应与矿区周边土地利用方式及景观相协调，生态环境修复的各类模式应达到如下要求：

① 修复成有林地：坡度不超过35°，且地表坡度与原状相差不得超过±5°，造林保存

率＞80%，郁闭度＞0.2。

② 修复成耕地：坡度不超过 5°，回填表土层厚度不得少于当地表土层厚度或大于50 cm，且肥沃土层厚度应达到20 cm以上，作物产量能够达到或者接近于当地水平。

③ 修复成草地：坡度不超过 5°，回填表土层厚度不得少于当地表土层厚度或大于20 cm，且肥沃土层厚度应达到5 cm以上，植被覆盖率达60%以上。

④ 修复成渔业用途：池塘的水深、水源应达到当地养殖一种或多种水产品的要求，水质符合《无公害食品淡水养殖用水水质》（NY 5051）。

⑤ 修复成建筑用地：地基参数如地基承载力、变形及稳定性指标合理，3年内地基沉降量不超过1 cm。

⑥ 修复成水域：包括景观、娱乐用水域，按照GB 3838中I、II、IV、V类功能水域水质标准执行。

3. 生态修复工程设计

（1）采矿区生态修复

对于坑下开采矿山应采用减轻地表沉陷的开采技术和推广使用充填采矿工艺。尽量减轻地表沉陷面积，已造成地面裂缝的应及时处理，可采取废石充填加表土覆盖，然后恢复植被。

对露天矿边坡坡度＞75°的，在保证边坡稳定的前提下，对不同区域采用适宜的植草或其他措施进行生态环境修复。对露天矿边坡坡度＞35°而＜75°的，采用削坡处理或改造成台阶状，在保证边坡稳定的前提下进行生态环境修复。对露天矿边坡坡度＜35°的，可直接进行生态环境修复。

露天矿可选择爬山虎、络石、扶芳藤等攀附岩石类植物。

（2）废石场生态修复

废石场生态环境修复应在保证边坡稳定的前提下，采取工程修复与植物修复相结合，主要措施是植树种草。

对有安全隐患的边坡应采取工程措施处理。工程措施包括拦挡坝、削坡升级（减载）、减重反压、抗滑桩、深孔预应力锚索、长锚杆加固等。

废石场修复为林地时应覆土厚度0.3 m以上；采取坑栽时，坑内放少许客土或人工土；边坡缓坡在 35°以下可以用于一般林木种植，15°～20°坡度可用于果园和其他经济林。要有满足场地要求的排水设施，边坡有保水肥措施。选择抗逆性强，特别是抗污染物（抗重金属）、品质好的品种，如槐树、沙棘、沙松、杨树、桦树、赤杨等。

（3）尾矿库生态修复

尾矿库生态修复应待复垦场地及其工程设施稳定性满足要求后进行。

尾矿库生态修复时应根据尾矿性质作适当处理。如废弃的尾矿、赤泥、尘泥等为酸性、碱性时，堆置场地须经处置，处置深度取决于场地利用方向；盐分太大时，应进行去除盐分处置，也可采取深度覆盖；含有毒有害、放射性成分时，应视其废弃物中含量水平，确定隔离层设置的必要性、层厚、材质等，尽可能深度覆盖。

应有排水设施，防洪标准须满足当地要求。修复时依据各类废弃物性状确定覆土的必要性、覆土层厚度等。一般覆土厚度在0.5 m以上，覆土后应有控制水土流失措施，覆土区有控制粉尘的工程措施。

9.5.7 生态修复的注意问题

（1）因地制宜

需因场地具体条件选择植被种植品种，最好选择乡土品种；选择比较强的抗干旱、耐贫瘠品种；就地选取当地原辅材料，充分利用当地地域性资源。

（2）保持生物多样性

尾矿库场地生物修复中，应注意保持生物多样性，只有多种品种匹配共生，有利于构成稳定的植被种群，形成自身良性循环系统。

（3）防止外来物种入侵

在尾矿库生态修复工程中，种植植被品种务必注意防止外来物种入侵，应经充分技术论证，必须有足够的数据证实对我国有益而无害，才可作为引进的新品种的依据。目前，我国外来物种入侵造成的恶果和巨大损失必须引以为戒。

（4）尾矿库的动态生态修复

尾矿排放往往持续进行几年甚至数十年，但在尾矿库运行阶段可以进行阶段性的动态恢复工程，例如，尾矿库边坡应随后期坝升高，位于已经堆筑完毕的后期坝的外坡面，即可实施生态修复工程，既有利于坝体边坡稳定，又可尽早取得生态环境恢复效果。

（5）注重整体景观效果

尾矿库仅是矿山生态环境的一部分，它的生态修复效果必须与矿山总体生态环境恢复效果相一致、相融合，注意景观的整体效果。

9.5.8 尾矿库生态修复实例

现选取山东省莱州市仓上金矿的修复实例对于相关技术进行介绍。

1. 项目概况

山东省莱州市仓上金矿是我国大型露天开采金矿企业。由于矿床埋藏浅、矿体厚度大，采用露天开采。仓上金矿建于 1984 年，1985 年投产，生产规模 1 900 t/d。至 2004 年年底，年均上缴利税 6 500 万元左右。由于历史原因和矿山露天开采条件好，处理矿石量大，近 20 年来产生了大量的尾矿，堆存于仓上村北渤海之滨的仓上尾矿库，存放量近 600 万 m^3，总占地面积 60 hm^2，尾矿库寸草不生，遇风尘土飞扬，对区内生态环境造成严重破坏，影响了城市的发展和开发建设，于是进行了矿区的生态修复。

尾矿库位于莱州市北部海岸，属滨海平原。地势平坦，海拔高度为 2～3 m。出露地层以旭口组海积粉细砂为主。构造发育多为隐伏构造，构造以仓上断裂（成矿构造）为主。工作区东侧王河是区内最大的地表水（淡水）体，该河为季节性河流，北临渤海。地下水水位埋深 1.5～2 m，呈微咸水，无法饮用。周边以防风林为主，外围为耕作农田。

2. 恢复治理方案

利用露天采矿的毛石和黏土进行压盖覆土，回填可供植被生长的种植土，选择适于当地生存环境的草木，采取有效的技术手段进行全面的植被恢复和环境治理。

（1）前期研究阶段

本阶段工作主要收集气象、海岸、地质、水环境的有关资料，分析研究可行性方案，通过试验确定不同条件下尾砂的稳定坡角、渗透性及最佳压覆层厚度等有关指标。

（2）固砂压覆阶段

根据试验确定的稳定坡角进行放坡，利用较大碎石对其表面进行压盖，确保在自然状态下尾砂不生成飞扬和流失。在此基础上覆土（耕植层）。

（3）绿化种植阶段

根据区内的自然环境条件和尾矿库的不同位置选择不同的林木进行培育种植，恢复其生态功能和保护环境的作用。

平台植被复垦模式：在平台的边缘即坡肩部分修筑高 1 m、宽 2.5～3 m 的挡水墙，在两边栽植旱柳、杨树等，挡水墙既可挡水又可作道路使用。在平台的里边即坡底挖宽深各 1 m 的排水沟，沟内加水泥预制槽。在其两边栽植刺槐或杨树等、中心平台压土不低于 1 m 厚覆盖，复垦为林地，配置模式见图 9-17。

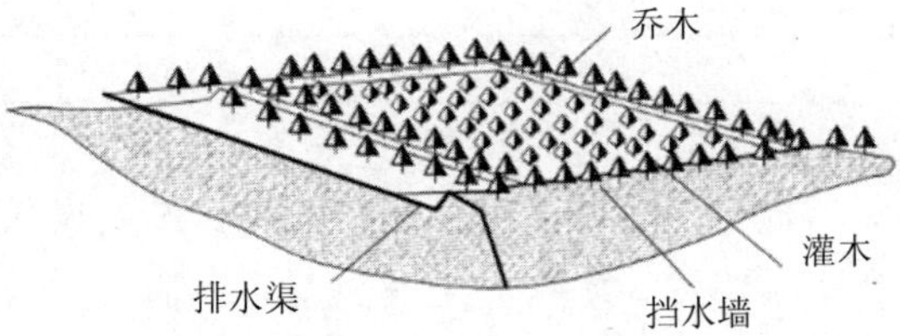

图 9-17　平台植被培植模式示意

斜坡植被配置模式：根据环境保护、水土保持、斜坡稳定要求，斜坡的利用方向是永久性林草园地。斜坡上的植被配置模式采用乔木+灌木+草本，斜坡配置模式见图 9-18。斜坡角度较大、稳定性较差的，自上而下进行网格状混凝土灌注，固定边坡。

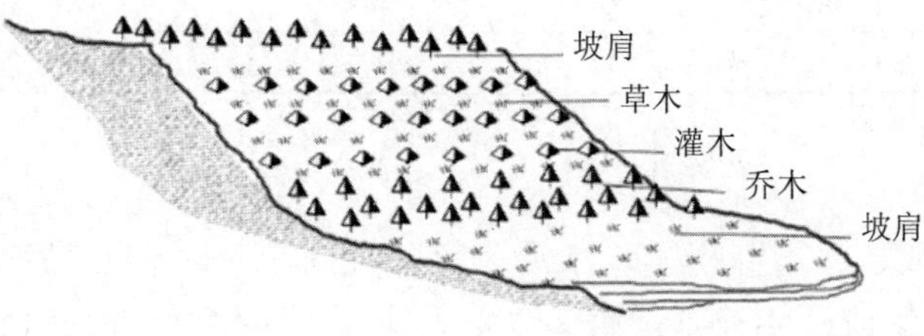

图 9-18　斜坡植被培植模式示意

草坪植生带铺种：根据本工程的施工特点，植生带铺种除按正常工艺流程操作外，还应做如下技术处理：①翻土机翻土。为保证质量和工期，利用先进设备油动力翻土机进行 20 cm 深的翻土，土质、土层密实度均匀，从而减轻劳动强度，提高劳动效率，达到保质按期完工的目的。另外，在翻土前施基肥以利草坪正常生长。②碾压平整。按设计要求进行地形整理后，为保证地表的平整采用草坪碾压机进行碾压，以提高植生带与地表的密实结合度和成坪后的整体效果。③覆土及覆盖。草坪铺设后，上覆过筛后的种植土 1 cm，在上加盖草帘进行覆盖，然后进行浇水管理。

巩固阶段：为保证达到该项工作的目的和目标任务要求，修建配套设施，确保各种植物的成活率，总结该项目的工作经验。

3. 工作量及投资概算

该项目的主要实物工作量包括：前期研究试验工作，60 hm^2 压覆工作，72 hm^2 复垦绿化工作及配套设施建设和综合研究报告编制工作，详见表 9-2。

表 9-2　仓上金矿尾矿库生态修复项目工作量

工作项目	工作量	备注
试验工作/次	10	包括坡角、渗透性等指标
压覆面积/hm^2	60	
绿化复垦土地/hm^2	72	包括库区周边影响区
压盖碎石/万 m^3	30	平均厚度 0.5 m，面积 60 hm^2
覆盖耕土层/万 m^3	36	平均厚度 0.5 m，面积 60 hm^2
配套设施/m	3 000	主要为灌、排水道
修路/km	10	用于工程施工

仓上尾矿库生态恢复治理是一项综合整治系统工程，需要投入大量的人力、物力和财力。根据区内经济条件和实际需要，参考行业有关规定，预计该项目共需投入资金 822.5 万元，见表 9-3。

表 9-3　仓上金矿尾矿库生态恢复治理工程预算

前期调研及工作总结研究/万元	压覆尾矿/（4 500 元/亩）		复垦土地/（2 500 元/亩）		绿化种植/（2 000 元/亩）		灌排水渠/（400 元/亩）		工程施工道路/（15 000 元/km）		总计万元
	工作量/hm^2	费用/万元	工作量/hm^2	费用/万元	工作量/hm^2	费用/万元	工作量/hm^2	费用/万元	工作量/hm^2	费用/万元	
44	60	418.5	12	45	60	180	3000	120	10	15	822.5

4. 预期效益

① 通过恢复治理，将消除扬尘、水污染等环境问题对区内居民生活质量的影响和道路交通安全隐患。缓解或避免社会矛盾，恢复土地的可利用性。改善投资环境，加快城市开发建设，保证国家环渤海经济带和区域社会经济发展战略的实施，具有极高的社会效益和经济效益。

② 恢复尾矿库地区的生态环境及近海水域水质的逆向发展，恢复其生态功能和海岸带美丽的自然景观，最大限度地为人们提供物质财富和良好环境，具有良好的生态环境效益。

③ 该项目为环境治理公益性项目，施工过程中风险因素较小，风险程度低。不确定因素主要为市场价格变动因素，并影响工程投资和施工。但由于该项目实施周期短，故不确定因素的产生和影响程度也相对较低。

参考文献

[1] 蒋建国．注册环保工程师专业考试复习教材（修订版）——第 4 篇 固体废物处理处置与资源化工程基础与实践．北京：中国环境科学出版社，2011.

[2] 蒋建国．固体废物处置与资源化（第二版）．北京：化学工业出版社，2013.

[3] 聂永丰．固体废物处理工程技术手册．北京：化学工业出版社，2013.

[4] 李国鼎．环境过程手册——固体废物污染防治卷．北京：高等教育出版社，2003.

[5] 龚佰勋．环保设备设计手册——固体废物处理设备．北京：化学工业出版社，2004.

[6] 章裕民．废物处理（第三版）．台北：新文京开发出版有限公司，2003.

[7] 张乃斌．垃圾焚化厂系统工程规划与设计（上册）．台北：茂昌图书有限公司，2001.

[8] 张乃斌．垃圾焚化厂系统工程规划与设计（下册）．台北：茂昌图书有限公司，2001.

[9] 王秉铨．工业炉设计手册．北京：机械工业出版社，2010.

[10] 廖利．城市垃圾清运处理设施规划．北京：科学出版社，1999.

[11] 杨慧芬，张强．固体废物资源化．北京：化学工业出版社，2004.

[12] 李建政，汪群慧．废物资源化与生物能源．北京：化学工业出版社，2004.

[13] 国家环境保护总局规划与财务司．危险废物和医疗费物处置设施建设手册．北京：中国环境科学出版社，2004.

[14] 李秀金．固体废物工程．北京：中国环境科学出版社，2003.

[15] 张益，陶华．垃圾处理处置技术及工程实例．北京：化学工业出版社，2002.

[16] 蒋建国．固体废物处理处置工程．北京：化学工业出版社，2005.

[17] 国家环境保护总局环境工程评估中心．环境影响评价相关法律法规．北京：中国环境科学出版社，2005.

[18] George Tchobanoglous，Hilary Theisen，Samuel Vigil．Integrated solid waste management –Engineering principles and management issues．Mcgraw-Hill，1993.

[19] Jesse R．Conner. Chemical fixation and solidification of hazardous waste．Chemical Waste Management，Inc.

[20] Arthur H．Benedict，Eliot Epstein．Composting municipal sludge：a technology evaluation．Park Ridge，N.J.，USA：Noyes Data Corp.，1988.

[21] David A．Tillman，Amadeo J.Rossi．Incineration of municipal and hazardous solid wastes．San Diego：Academic Press，1989.

[22] John F．Crawford，Paul G．Smith．Landfill technology.

[23] Reinhart，D. R.，Townsend，T. G．Landfill Bioreactor Design & Operation．Lewis Publishers，Boca Raton，F.L.，1998.

[24] T.Scheper，B.K.Ahring．Biomethanation I．Springer-Verlag Berlin Heidelberg，2003.

[25] T.Scheper，B.K.Ahring．Biomethanation II．Springer-Verlag Berlin Heidelberg，2003.

[26] 张全国．沼气技术及其应用．北京：化学工业出版社，2005.

[27] 周孟津，张榕林，蔺金印．沼气实用技术．北京：化学工业出版社，2008.
[28] 沈剑山．生物质能源沼气发电．北京：中国轻工业出版社，2009.
[29] 李季，彭生平．堆肥工程实用手册．北京：化学工业出版社，2011.
[30] 李传统，J-D.Herbell，等．现代固体废物综合处理技术．南京：东南大学出版社，2008.
[31] 席北斗．有机固体废弃物管理与资源化技术．北京：国防工业出版社，2006.
[32] 廖利，冯华，王松林．固体废物处理与处置．武汉：华中科技大学出版社，2010.
[33] 赵由才，宋玉．生活垃圾处理与资源化技术手册．北京：冶金工业出版社，2007.
[34] 郑平，冯孝善．废物生物处理．北京：高等教育出版社，2006.
[35] 李金惠，杨连威，等．危险废物处理技术．北京：中国环境科学出版社，2008.
[36] 周启星，宋玉芳，等．污染土壤修复原理与方法．北京：科学出版社，2004.
[37] 何连生．重金属污染调查与治理技术．北京：中国环境出版社，2013.
[38] 毕润成．土壤污染物概论．北京：科学出版社，2013.
[39] 姜林，王岩，王军玲，等．场地环境评价导则．北京市环境保护科学研究院，2007.
[40] 国家环境保护总局．土壤环境监测技术规范（HJ/T 166—2004）．北京：中国环境科学出版社，2005.
[41] Raskin I，Ensley B D．Phytoremediation of toxic metals：using plants to clean up the environment．NewYork：John Wiley，2000.
[42] 赵景联．环境修复原理与技术．北京：化学工业出版社，2006.
[43] 孙铁珩，李培军，周启星，等．土壤污染形成机理与修复技术．北京：科学出版社，2005.
[44] 韩宝平．固体废物处理与利用．武汉：华中理工大学出版社，2010.
[45] 朱能武．固体废物处理与利用．北京：北京大学出版社，2006.
[46] 徐晓军，管锡君，羊依金．固体废物污染控制原理与资源化技术．北京：冶金工业出版社，2007.

附　件

一、环境质量标准

中华人民共和国国家标准

土壤环境质量标准

Environmental quality standard for soils

GB 15618—1995

为贯彻《中华人民共和国环境保护法》，防止土壤污染，保护生态环境，保障农林生产，维护人体健康，制定本标准。

1 主题内容与适用范围

1.1 主题内容

本标准按土壤应用功能、保护目标和土壤主要性质，规定了土壤中污染物的最高允许浓度指标值及相应的监测方法。

1.2 适用范围

本标准适用于农田、蔬菜地、茶园、果园、牧场、林地、自然保护区等地的土壤。

2 术语

2.1 土壤：指地球陆地表面能够生长绿色植物的疏松层。

2.2 土壤阳离子交换量：指带负电荷的土壤胶体，借静电引力而对溶液中的阳离子所吸附的数量，以每千克干土所含全部代换性阳离子的厘摩尔（按一价离子计）数表示。

3 土壤环境质量分类和标准分级

3.1 土壤环境质量分类

根据土壤应用功能和保护目标，划分为三类：

Ⅰ类主要适用于国家规定的自然保护区（原有背景重金属含量高的除外）、集中式生活饮用水源地、茶园、牧场和其他保护地区的土壤，土壤质量基本上保持自然背景水平。

Ⅱ类主要适用于一般农田、蔬菜地、茶园、果园、牧场等土壤，土壤质量基本上对植物和环境不造成危害和污染。

Ⅲ类主要适用于林地土壤及污染物容量较大的高背景值土壤和矿产附近等地的农田土壤（蔬菜地除外）。土壤质量基本上对植物和环境不造成危害和污染。

3.2 标准分级

一级标准 为保护区域自然生态，维持自然背景的土壤环境质量的限制值。

二级标准 为保障农业生产，维护人体健康的土壤限制值。

三级标准 为保障农林业生产和植物正常生长的土壤临界值。

3.3 各类土壤环境质量执行标准的级别规定如下

Ⅰ类土壤环境质量执行一级标准；

Ⅱ类土壤环境质量执行二级标准；

Ⅲ类土壤环境质量执行三级标准。

4 标准值

本标准规定的三级标准值，见表 1。

表 1 土壤环境质量标准值

单位：mg/kg

项目 \ 土壤 pH 值 \ 级别		一级	二级			三级
		自然背景	<6.5	6.5～7.5	>7.5	>6.5
镉	≤	0.20	0.30	0.30	0.60	1.0
汞	≤	0.15	0.30	0.50	1.0	1.5
砷 水田	≤	15	30	25	20	30
旱地	≤	15	40	30	25	40
铜 农田等	≤	35	50	100	100	400
果园	≤	—	150	200	200	400
铅	≤	35	250	300	350	500
铬 水田	≤	90	250	300	350	400
旱地	≤	90	150	200	250	300
锌	≤	100	200	250	300	500
镍	≤	40	40	50	60	200
六六六	≤	0.05	0.50			1.0
滴滴涕	≤	0.05	0.50			1.0

注：①重金属（铬主要是三价）和砷均按元素量计，适用于阳离子交换量＞5 cmol（+）/kg 的土壤，若≤5 cmol（+）/kg，其标准值为表内数值的半数。

②六六六为四种异构体总量，滴滴涕为四种衍生物总量。

③水旱轮作地的土壤环境质量标准，砷采用水田值，铬采用旱地值。

5 监 测

5.1 采样方法：土壤监测方法参照国家环保局的《环境监测分析方法》《土壤元素的近代分析方法》（中国环境监测总站编）的有关章节进行。国家有关方法标准颁布后，按国家标准执行。

5.2 分析方法按表 2 执行。

表 2　土壤环境质量标准选配分析方法

序号	项目	测定方法	检测范围/(mg/kg)	注释	分析方法来源
1	镉	土样经盐酸-硝酸-高氯酸（或盐酸-硝酸-氢氟酸-高氯酸）消解后 （1）萃取-火焰原子吸收法测定 （2）石墨炉原子吸收分光光度法测定	 0.025 以上 0.005 以上	土壤总镉	①、②
2	汞	土样经硝酸-硫酸-五氧化二钒或硫、硝酸-高锰酸钾消解后，冷原子吸收法测定	0.004 以上	土壤总汞	①、②
3	砷	（1）土样经硫酸-硝酸-高氯酸消解后，二乙基二硫代氨基甲酸银分光光度法测定 （2）土样经硝酸-盐酸-高氯酸消解后，硼氢化钾-硝酸银分光光度法测定	0.5 以上 0.1 以上	土壤总砷	①、② ②
4	铜	土样经盐酸-硝酸-高氯酸（或盐酸-硝酸-氢氟酸-高氯酸）消解后，火焰原子吸收分光光度法测定	1.0 以上	土壤总铜	①、②
5	铅	土样经盐酸-硝酸-氢氟酸-高氯酸消解后 （1）萃取-火焰原子吸收法测定 （2）石墨炉原子吸收分光光度法测定	 0.4 以上 0.06 以上	土壤总铅	②
6	铬	土样经硫酸-硝酸-氢氟酸消解后 （1）高锰酸钾氧化，二苯碳酰二肼光度法测定 （2）加氯化铵液，火焰原子吸收分光光度法测定	 1.0 以上 2.5 以上	土壤总铬	①
7	锌	土样经盐酸-硝酸-高氯酸（或盐酸-硝酸-氢氟酸-高氯酸）消解后，火焰原子吸收分光光度法测定	0.5 以上	土壤总锌	①、②
8	镍	土样经盐酸-硝酸-高氯酸（或盐酸-硝酸-氢氟酸-高氯酸）消解后，火焰原子吸收分光光度法测定	2.5 以上	土壤总镍	②
9	六六六和滴滴涕	丙酮-石油醚提取，浓硫酸净化，用带电子捕获检测器的气相色谱仪测定	0.005 以上		GB/T 14550—93
10	pH	玻璃电极法（土∶水=1.0∶2.5）	—		②
11	阳离子交换量	乙酸铵法等	—		③

注：分析方法除土壤六六六和滴滴涕有国标外，其他项目待国家方法标准发布后执行，现暂采用下列方法：

①《环境监测分析方法》，1983，城乡建设环境保护部环境保护局；

②《土壤元素的近代分析方法》，1992，中国环境监测总站编，中国环境科学出版社；

③《土壤理化分析》，1978，中国科学院南京土壤研究所编，上海科技出版社。

6　标准的实施

6.1　本标准由各级人民政府环境保护行政主管部门负责监督实施，各级人民政府的有关行政主管部门依照有关法律和规定实施。

6.2　各级人民政府环境保护行政主管部门根据土壤应用功能和保护目标会同有关部门划分本辖区土壤环境质量类别，报同级人民政府批准。

附加说明：

本标准由国家环境保护局科技标准司提出。

本标准由国家环境保护局南京环境科学研究所负责起草，中国科学院地理研究所、北京农业大学、中国科学院南京土壤研究所等单位参加。

本标准主要起草人夏家淇、蔡道基、夏增禄、王宏康、武玫玲、梁伟等。

本标准由国家环境保护局负责解释。

二、污染物排放（控制）标准

中华人民共和国国家标准

危险废物鉴别标准　腐蚀性鉴别

Identification standards for hazardous wastes
Identification for corrosivity

GB 5085.1—2007
代替 GB 5085.1—1996

前　言

为贯彻《中华人民共和国环境保护法》和《中华人民共和国固体废物污染环境防治法》，防治危险废物造成的环境污染，加强对危险废物的管理，保护环境，保障人体健康，制定本标准。

本标准是国家危险废物鉴别标准的组成部分。国家危险废物鉴别标准规定了固体废物危险特性技术指标，危险特性符合标准规定的技术指标的固体废物属于危险废物，须依法按危险废物进行管理。国家危险废物鉴别标准由以下 7 个标准组成：

1. 危险废物鉴别标准　通则
2. 危险废物鉴别标准　腐蚀性鉴别
3. 危险废物鉴别标准　急性毒性初筛
4. 危险废物鉴别标准　浸出毒性鉴别
5. 危险废物鉴别标准　易燃性鉴别
6. 危险废物鉴别标准　反应性鉴别
7. 危险废物鉴别标准　毒性物质含量鉴别

本标准对《危险废物鉴别标准　腐蚀性鉴别》（GB 5085.1—1996）进行了修订，主要内容是增加了钢材腐蚀的鉴别标准及检测方法。

按照有关法律规定，本标准具有强制执行的效力。

本标准由国家环境保护总局科技标准司提出。

本标准起草单位：中国环境科学研究院固体废物污染控制技术研究所、环境标准研究所。

本标准国家环境保护总局 2007 年 3 月 27 日批准。

本标准自 2007 年 10 月 1 日起实施，《危险废物鉴别标准　腐蚀性鉴别》（GB 5085.1—1996）同时废止。

本标准由国家环境保护总局解释。

1 范围

本标准规定了腐蚀性危险废物的鉴别标准。

本标准适用于任何生产、生活和其他活动中产生的固体废物的腐蚀性鉴别。

2 规范性引用文件

下列文件中的条款通过 GB 5085 的本部分的引用而成为本标准的条款。凡是不注日期的引用文件，其最新版本适用于本标准。

GB/T 699 优质碳素结构钢

GB/T 15555.12—1995 固体废物 腐蚀性测定 玻璃电极法

HJ/T 298 危险废物鉴别技术规范

JB/T 7901 金属材料实验室均匀腐蚀全浸试验方法

3 鉴别标准

符合下列条件之一的固体废物，属于危险废物。

3.1 按照 GB/T 15555.12—1995 的规定制备的浸出液，pH≥12.5，或者 pH≤2.0。

3.2 在 55℃条件下，对 GB/T 699 中规定的 20 号钢材的腐蚀速率≥6.35 mm/a。

4 实验方法

4.1 采样点和采样方法按照 HJ/T 298 的规定进行。

4.2 第 3.1 条所列的 pH 测定按照 GB/T 15555.12—1995 的规定进行。

4.3 第 3.2 条所列的腐蚀速率测定按照 JB/T 7901 的规定进行。

5 标准实施

本标准由县级以上人民政府环境保护行政主管部门负责监督实施。

中华人民共和国国家标准

危险废物鉴别标准　急性毒性初筛

Identification standards for hazardous wastes
Screening test for acute toxicity

GB 5085.2—2007
代替 GB 5085.2—1996

前　言

为贯彻《中华人民共和国环境保护法》和《中华人民共和国固体废物污染环境防治法》，防治危险废物造成的环境污染，加强对危险废物的管理，保护环境，保障人体健康，制定本标准。

本标准是国家危险废物鉴别标准的组成部分。国家危险废物鉴别标准规定了固体废物危险特性技术指标，危险特性符合标准规定的技术指标的固体废物属于危险废物，须依法按危险废物进行管理。国家危险废物鉴别标准由以下 7 个标准组成：

1．危险废物鉴别标准　通则
2．危险废物鉴别标准　腐蚀性鉴别
3．危险废物鉴别标准　急性毒性初筛
4．危险废物鉴别标准　浸出毒性鉴别
5．危险废物鉴别标准　易燃性鉴别
6．危险废物鉴别标准　反应性鉴别
7．危险废物鉴别标准　毒性物质含量鉴别

本标准对《危险废物鉴别标准　急性毒性初筛》（GB 5085.2—1996）进行了修订，主要内容是：

——用《化学品测试导则》中指定的急性经口毒性试验、急性经皮毒性试验和急性吸入毒性试验取代了原标准附录中的“危险废物急性毒性初筛试验方法”。

——对急性毒性初筛鉴别值进行了调整。

按照有关法律规定，本标准具有强制执行的效力。

本标准由国家环境保护总局科技标准司提出。

本标准起草单位：中国环境科学研究院固体废物污染控制技术研究所、环境标准研究所。

本标准国家环境保护总局 2007 年 3 月 27 日批准。

本标准自 2007 年 10 月 1 日起实施，《危险废物鉴别标准　急性毒性初筛》（GB 5085.2—1996）同时废止。

本标准由国家环境保护总局解释。

1 范围

本标准规定了急性毒性危险废物的初筛标准。

本标准适用于任何生产、生活和其他活动中产生的固体废物的急性毒性鉴别。

2 规范性引用文件

下列文件中的条款通过 GB 5085 的本部分的引用而成为本标准的条款。凡是不注日期的引用文件，其最新版本适用于本标准。

HJ/T 153 化学品测试导则

HJ/T 298 危险废物鉴别技术规范

3 术语和定义

下列术语和定义适用于本标准。

3.1 口服毒性半数致死量 LD_{50} LD_{50}（median lethal dose）for acute oral toxicity

是经过统计学方法得出的一种物质的单一计量，可使青年白鼠口服后，在 14d 内死亡一半的物质剂量。

3.2 皮肤接触毒性半数致死量 LD_{50} LD_{50} for acute dermal toxicity

是使白兔的裸露皮肤持续接触 24h，最可能引起这些试验动物在 14d 内死亡一半的物质剂量。

3.3 吸入毒性半数致死浓度 LC_{50} LC_{50} for acute toxicity on inhalation

是使雌雄青年白鼠连续吸入 1h，最可能引起这些试验动物在 14d 内死亡一半的蒸气、烟雾或粉尘的浓度。

4 鉴别标准

符合下列条件之一的固体废物，属于危险废物。

4.1 经口摄取：固体 LD_{50}≤200mg/kg，液体 LD_{50}≤500mg/kg。

4.2 经皮肤接触：LD_{50}≤1000mg/kg。

4.3 蒸汽、烟雾或粉尘吸入：LC_{50}≤10mg/L。

5 实验方法

5.1 采样点和采样方法按照 HJ/T 298 的规定进行。

5.2 经口 LD_{50}、经皮 LD_{50} 和吸入 LC_{50} 的测定按照 HJ/T 153 中指定的方法进行。

6 标准实施

本标准由县级以上人民政府环境保护行政主管部门负责监督实施。

中华人民共和国国家标准

危险废物鉴别标准　浸出毒性鉴别

Identification standards for hazardous wastes
Identification for extraction toxicity

GB 5085.3—2007
代替 GB 5085.3—1996

前　言

为贯彻《中华人民共和国环境保护法》和《中华人民共和国固体废物污染环境防治法》，防治危险废物造成的环境污染，加强对危险废物的管理，保护环境，保障人体健康，制定本标准。

本标准是国家危险废物鉴别标准的组成部分。国家危险废物鉴别标准规定了固体废物危险特性技术指标，危险特性符合标准规定的技术指标的固体废物属于危险废物，须依法按危险废物进行管理。国家危险废物鉴别标准由以下 7 个标准组成：

1. 危险废物鉴别标准　通则
2. 危险废物鉴别标准　腐蚀性鉴别
3. 危险废物鉴别标准　急性毒性初筛
4. 危险废物鉴别标准　浸出毒性鉴别
5. 危险废物鉴别标准　易燃性鉴别
6. 危险废物鉴别标准　反应性鉴别
7. 危险废物鉴别标准　毒性物质含量鉴别

本标准对《危险废物鉴别标准　浸出毒性鉴别》（GB 5085.3—1996）进行了修订，主要内容是：

——在原标准 14 个鉴别项目的基础上，增加了 36 个鉴别项目。新增项目主要是有机类毒性物质。

——修改了毒性物质的浸出方法。

——修改了部分鉴别项目的分析方法。

按有关法律规定，本标准具有强制执行的效力。

本标准由国家环境保护总局科技标准司提出。

本标准起草单位：中国环境科学研究院固体废物污染控制技术研究所、环境标准研究所。

本标准国家环境保护总局 2007 年 3 月 27 日批准。

本标准自 2007 年 10 月 1 日起实施，《危险废物鉴别标准　浸出毒性鉴别》

（GB 5085.3 —1996）同时废止。

本标准由国家环境保护总局解释。

1 范围

本标准规定了以浸出毒性为特征的危险废物鉴别标准。

本标准适用于任何生产、生活和其他活动中产生固体废物的浸出毒性鉴别。

2 规范性引用文件

下列文件中的条款通过 GB 5085 本部分的引用而成为本标准的条款。凡是不注日期的引用文件，其最新版本适用于本标准。

HJ/T 299　固体废物　浸出毒性浸出方法　硫酸硝酸法

HJ/T 298　危险废物鉴别技术规范

3 鉴别标准

按照 HJ/T 299 制备的固体废物浸出液中任何一种危害成分含量超过表 1 中所列的浓度限值，则判定该固体废物是具有浸出毒性特征的危险废物。

表 1　浸出毒性鉴别标准值

序号	危害成分项目	浸出液中危害成分质量浓度限值/（mg/L）	分析方法
无机元素及化合物			
1	铜（以总铜计）	100	附录 A、B、C、D
2	锌（以总锌计）	100	附录 A、B、C、D
3	镉（以总镉计）	1	附录 A、B、C、D
4	铅（以总铅计）	5	附录 A、B、C、D
5	总铬	15	附录 A、B、C、D
6	铬（六价）	5	GB/T 15555.4—1995
7	烷基汞	不得检出[1]	GB/T 14204—93
8	汞（以总汞计）	0.1	附录 B
9	铍（以总铍计）	0.02	附录 A、B、C、D
10	钡（以总钡计）	100	附录 A、B、C、D
11	镍（以总镍计）	5	附录 A、B、C、D
12	总银	5	附录 A、B、C、D
13	砷（以总砷计）	5	附录 C、E
14	硒（以总硒计）	1	附录 B、C、E
15	无机氟化物（不包括氟化钙）	100	附录 F
16	氰化物（以 CN^- 计）	5	附录 G
有机农药类			
17	滴滴涕	0.1	附录 H
18	六六六	0.5	附录 H
19	乐果	8	附录 I
20	对硫磷	0.3	附录 I
21	甲基对硫磷	0.2	附录 I
22	马拉硫磷	5	附录 I
23	氯丹	2	附录 H
24	六氯苯	5	附录 H

序号	危害成分项目	浸出液中危害成分质量浓度限值/（mg/L）	分析方法
25	毒杀芬	3	附录 H
26	灭蚁灵	0.05	附录 H
非挥发性有机化合物			
27	硝基苯	20	附录 J
28	二硝基苯	20	附录 K
29	对硝基氯苯	5	附录 L
30	2,4-二硝基氯苯	5	附录 L
31	五氯酚及五氯酚钠（以五氯酚计）	50	附录 L
32	苯酚	3	附录 K
33	2,4-二氯苯酚	6	附录 K
34	2,4,6-三氯苯酚	6	附录 K
35	苯并[*a*]芘	0.000 3	附录 K、M
36	邻苯二甲酸二丁酯	2	附录 K
37	邻苯二甲酸二辛酯	3	附录 L
38	多氯联苯	0.002	附录 N
挥发性有机化合物			
39	苯	1	附录 O、P、Q
40	甲苯	1	附录 O、P、Q
41	乙苯	4	附录 P
42	二甲苯	4	附录 O、P
43	氯苯	2	附录 O、P
44	1,2-二氯苯	4	附录 K、O、P、R
45	1,4-二氯苯	4	附录 K、O、P、R
46	丙烯腈	20	附录 O
47	三氯甲烷	3	附录 Q
48	四氯化碳	0.3	附录 Q
49	三氯乙烯	3	附录 Q
50	四氯乙烯	1	附录 Q

注：1 “不得检出”指甲基汞 < 10 ng/L，乙基汞 < 20 ng/L。

4 实验方法

4.1 采样点和采样方法按照 HJ/T 298 进行。

4.2 无机元素及其化合物的样品（除六价铬、无机氟化物、氰化物外）的前处理方法参照附录 S；六价铬及其化合物的样品的前处理方法参照附录 T。

4.3 有机样品的前处理方法参照附录 U、附录 V、附录 W。

4.4 各危害成分项目的测定，除执行规定的标准分析方法外，暂按附录中推荐的方法执行；待适用于测定特定危害成分项目的国家环境保护标准发布后，按标准的规定执行。

5 标准实施

本标准由县级以上人民政府环境保护行政主管部门负责监督实施。

附录 A（资料性附录）

固体废物　元素的测定　电感耦合等离子体原子发射光谱法

Solid waste—Determination of elements—Inductively coupled plasma-atomic emission spectrometry（ICP-AES）

A.1 范围

本方法适用于固体废物和固体废物浸出液中银（Ag）、铝（Al）、砷（As）、钡（Ba）、铍（Be）、钙（Ca）、镉（Cd）、钴（Co）、铬（Cr）、铜（Cu）、铁（Fe）、钾（K）、镁（Mg）、锰（Mn）、钠（Na）、镍（Ni）、铅（Pb）、锑（Sb）、锶（Sr）、钍（Th）、钛（Ti）、铊（Tl）、钒（V）、锌（Zn）等元素的电感耦合等离子体原子发射光谱法测定。

本方法对各种元素的检出限和测定波长见表 A.1。

表 A.1　测定元素推荐波长及检出限

测定元素	波长/nm	检出限/（mg/L）	测定元素	波长/nm	检出限/（mg/L）
Al	308.21	0.1	Cu	327.39	0.01
	396.15	0.09	Fe	238.20	0.03
As	193.69	0.1		259.94	0.03
Ba	233.53	0.004	K	766.49	0.5
	455.40	0.003	Mg	279.55	0.002
Be	313.04	0.000 3		285.21	0.02
	234.86	0.005	Mn	257.61	0.001
Ca	317.93	0.01		293.31	0.02
	393.37	0.002	Na	589.59	0.2
Cd	214.44	0.003	Ni	231.60	0.01
	226.50	0.003	Pb	220.35	0.05
Co	238.89	0.005	Sr	407.77	0.001
	228.62	0.005	Ti	334.94	0.005
Cr	205.55	0.01		336.12	0.01
	267.72	0.01	V	311.07	0.01
Cu	324.75	0.01	Zn	213.86	0.006

本方法使用时可能存在的主要干扰见表 A.2。

表 A.2　元素间干扰

测定元素	测定波长/nm	干扰元素	测定元素	测定波长/nm	干扰元素
Al	308.21	Mn、V、Na	Cr	202.55	Fe、Mo
	396.15	Ca、Mo		267.72	Mn、V、Mg
As	193.69	Al、P		283.56	Fe、Mo
Be	313.04	Ti、Se	Cu	324.7	Fe、Al、Ti

测定元素	测定波长/nm	干扰元素	测定元素	测定波长/nm	干扰元素
Be	234.86	Fe	Mn	257.61	Fe、Al、Mg
Ba	233.53	Fe、V	Ni	231.60	Co
Ca	315.89	Co	Pb	220.35	Al
	317.93	Fe	V	290.88	Fe、Mo
Cd	214.44	Fe		292.40	Fe、Mo
	226.50	Fe		311.07	Ti、Fe、Mn
	228.80	As	Zn	213.86	Ni、Cu
Co	228.62	Ti	Ti	334.94	Cr、Ca

A.2 原理

等离子体发射光谱法可以同时测定样品中多元素的含量。当氩气通过等离子体火炬时，经射频发生器所产生的交变电磁场使其电离、加速并与其他氩原子碰撞。这种连锁反应使更多的氩原子电离，形成原子、离子、电子的粒子混合气体，即等离子体。过滤或消解处理过的样品经进样器中的雾化器被雾化并由氩载气带入等离子体火炬中，气化的样品分子在等离子体火炬的高温下被气化、电离、激发。不同元素的原子在激发或电离时可发射出特征光谱，所以等离子体发射光谱可用来定性测定样品中存在的元素。特征光谱的强弱与样品中原子浓度有关，与标准溶液进行比较，即可定量测定样品中各元素的含量。

A.3 试剂和材料

A.3.1 试剂水，为 GB/T 6682 规定的一级水。

A.3.2 硝酸，ρ（HNO_3）＝1.42 g/ml，优级纯。

A.3.3 盐酸，ρ（HCl）＝1.19 g/ml，优级纯。

A.3.4 硝酸（1＋1）溶液，用硝酸（A.3.2）配制。

A.3.5 氩气，钢瓶气，纯度不低于 99.9%。

A.3.6 标准溶液

A.3.6.1 单元素标准贮备液的配制：可以从权威商业机构购买或用超高纯化学试剂及金属（＞99.99%）配制成 1.00 mg/ml 的标准贮备液。市售的金属有板状、线状、粒状、海绵状或粉末状等。为了称量方便，需将其切屑（粉末状除外），切屑时应防止由于剪切或车床切削带来的沾污，一般先用稀 HCl 或稀 HNO_3 迅速洗涤金属以除去表面的氧化物及附着的污物，然后用水洗净。为干燥迅速，可用丙酮等挥发性强的溶剂进一步洗涤，以除去水分，最后用纯氩气或氮气吹干。贮备溶液配制的酸度保持在 0.1 mol/L 以上（表 A.3）。

A.3.6.2 单元素中间标准溶液的配制：分取上述单元素标准贮备液，将 Cu、Cd、V、Cr、Co、Ba、Mn、Ti 及 Ni 等 10 种元素稀释成 0.10 mg/ml；将 Pb、As 及 Fe 稀释成 0.5 mg/ml；将 Be 稀释成 0.01 mg/ml 的单元素中间标准溶液。稀释时，补加一定量相应的酸，使溶液酸度保持在 0.1 mol/L 以上。

表 A.3 单元素标准贮备液配制方法

元素	质量浓度/（mg/ml）	配制方法
Al	1.00	称取 1.000 0 g 金属铝，用 150 ml HCl（1+1）加热溶解，煮沸，冷却后用水定容至 1 L
Zn	1.00	称取 1.000 0 g 金属锌，用 40 ml HCl 溶解，煮沸，冷却后用水定容至 1 L
Ba	1.00	称取 1.516 3 g 无水 $BaCl_2$（250℃烘 2 h），用 20 ml HNO_3（1+1）溶解，用水定容至 1 L
Be	0.1	称取 0.100 0 g 金属铍，用 150 ml HCl（1+1）加热溶解，冷却后用水定容至 1 L
Ca	1.00	称取 2.497 2 g $CaCO_3$（110℃干燥 1 h），溶解于 20 ml 水中，滴加 HCl 至完全溶解，再加 10 ml HCl，煮沸除去 CO_2，冷却后用水定容至 1 L
Co	1.00	称取 1.000 0 g 金属钴，用 50 ml HNO_3（1+1）加热溶解，冷却后用水定容至 1 L
Cr	1.00	称取 1.000 0 g 金属铬，加热溶解于 30 ml HCl（1+1）中，冷却后用水定容至 1 L
Cu	1.00	称取 1.000 0 g 金属铜，加热溶解于 30 ml HNO_3（1+1）中，冷却后用水定容至 1 L
Fe	1.00	称取 1.000 0 g 金属铁，用 150 ml HCl（1+1）溶解，冷却后用水定容至 1 L
K	1.00	称取 1.906 7 g KCl（在 400～450℃灼烧到无爆裂声）溶于水，用水定容至 1 L
Mg	1.00	称取 1.000 0 g 金属镁，加入 30 ml 水，缓慢加入 30 ml HCl，待完全溶解后，煮沸，冷却后用水定容至 1 L
Na	1.00	称取 2.542 1 g NaCl（在 400～450℃灼烧到无爆裂声）溶于水，用水定容至 1 L
Ni	1.00	称取 1.000 0 g 金属镍，用 30 ml HNO_3（1+1）加热溶解，冷却后用水定容至 1 L
Pb	1.00	称取 1.000 0 g 金属铅，用 30 ml HNO_3（1+1）加热溶解，冷却后用水定容至 1 L
Sr	1.00	称取 1.684 8 g $SrCO_3$ 用 60 ml HCl（1+1）加热溶解，冷却后用水定容至 1 L
Ti	1.00	称取 1.000 0 g 金属钛，用 100 ml HCl（1+1）加热溶解，冷却后用 HCl（1+1）定容至 1 L
V	1.00	称取 1.000 0 g 金属钒，用 30 ml 水加热溶解，浓缩至近干，加入 20 ml HCl 冷却后用水定容至 1 L
Cd	1.00	称取 1.000 0 g 金属镉，用 30 ml HNO_3 溶解，用水定容至 1 L
Mn	1.00	称取 1.000 0 g 金属锰，用 30 ml HCl（1+1）加热溶解，冷却后用水定容至 1 L
As	1.00	称取 1.320 3 g As_2O_3，用 20 ml 10%的 NaOH 溶解（稍加热），用水稀释以 HCl 中和至溶液呈弱酸性，加入 5 ml HCl（1+1），再用水定容至 1 L

A.3.6.3 多元素混合标准溶液的配制：为进行多元素同时测定，简化操作手续，必须根据元素间相互干扰的情况与标准溶液的性质，用单元素中间标准溶液，分组配制成多元素混合标准溶液。由于所用标准溶液的性质及仪器性能以及对样品待测项目的要求不同，元素分组情况也不尽相同。表 A.4 列出了本方法条件下的元素分组表供参考。混合标准溶液的酸度应尽量保持与待测样品溶液的酸度一致。

表 A.4 多元素混合标准溶液分组情况

I		II		III	
元素	质量浓度/（mg/L）	元素	质量浓度/（mg/L）	元素	质量浓度/（mg/L）
Ca	50	K	50	Zn	1.0
Mg	50	Na	50	Co	1.0
Fe	10	Al	50	Cd	1.0
		Ti	10	Cr	1.0
				V	1.0
				Sr	1.0
				Ba	1.0
				Be	0.1
				Ni	1.0
				Pb	5.0

I		II		III	
元素	质量浓度/（mg/L）	元素	质量浓度/（mg/L）	元素	质量浓度/（mg/L）
				Mn	1.0
				As	5.0

A.4 仪器、装置及工作条件

A.4.1 仪器

电感耦合等离子发射光谱仪和一般实验室仪器以及相应的辅助设备。常用的电感耦合等离子发射光谱仪通常分为多道式及顺序扫描式两种。

A.4.2 工作条件

一般仪器采用通用的气体雾化器时，同时测定多种元素的工作参数见表 A.5。

表 A.5 工作参数范围

高频功率/kW	反射功率/W	观测高度/mm	载气流量/（L/min）	等离子气流量/（L/min）	进样量/（ml/min）	测定时间/s
1.0～1.4	<5	6～16	1.0～1.5	1.0～1.5	1.5～3.0	1～20

A.5 样品的采集、保存和预处理

A.5.1 所有的采样容器都应预先用洗涤剂、酸和试剂水洗涤，塑料和玻璃容器均可使用。如果要分析极易挥发的硒、锑和砷的化合物，要使用特殊容器（如用于挥发性有机物分析的容器）。

A.5.2 水样必须用硝酸酸化至 pH 小于 2。

A.5.3 非水样品应冷藏保存，并尽快分析。

A.5.4 当分析样品中可溶性砷时，不要求冷藏，但应避光保存，温度不能超过室温。

A.5.5 银的标准和样品都应贮于棕色瓶中，并放置在暗处。

A.6 干扰的消除

ICP-AES 法通常存在的干扰大致可分为两类：一类是光谱干扰，主要包括连续背景和谱线重叠干扰；另一类是非光谱干扰，主要包括化学干扰、电离干扰、物理干扰以及去溶剂干扰等，在实际分析过程中各类干扰很难截然分开。在一般情况下，必须予以补偿和校正。

此外，物理干扰一般由样品的黏滞程度及表面张力变化而致，尤其是当样品中含有大量可溶盐或样品酸度过高，都会对测定产生干扰。消除此类干扰的最简单方法是将样品稀释。

A.6.1 基体元素的干扰

优化试验条件选择出最佳工作参数，无疑可减小 ICP-AES 法的干扰效应，但由于样品成分复杂，大量元素与微量元素间含量差别很大，因此来自大量元素的干扰不容忽视。表 A.2 列出了待测元素在建议的分析波长下的主要干扰元素。

A.6.2 干扰的校正

校正元素间干扰的方法很多，化学富集分离的方法效果明显并可提高元素的检出能力，但操作手续繁冗且易引入试剂空白；基体匹配法（配制与待测样品基体成分相似的标准溶液）效果十分令人满意，此种方法对于测定基体成分固定的样品，是理想的消除干扰的办法，但标准溶液的配制工作十分麻烦；比较简便而且目前常用的方法是背景扣除法（凭试验，确定扣除背景的位置及方式）及干扰系数法，当存在单元素干扰时，可按公式 $K_i=\frac{Q'-Q}{Q_i}$ 求得干扰系数。

式中：K_i——干扰系数；

Q'——干扰元素加分析元素的含量；

Q ——分析元素的含量；

Q_i——干扰元素的含量。

通过配制一系列已知干扰元素含量的溶液，在分析元素波长的位置测定其 Q'，根据上述公式求出 K_i，然后进行人工扣除或计算机自动扣除。

A.7 分析步骤

将预处理好的样品及空白溶液（溶液保持 5%的硝酸酸度），在仪器最佳工作参数条件下，按照仪器使用说明书的有关规定，两点标准化后，做样品及空白测定。扣除背景或以干扰系数法修正干扰。

A.8 结果计算

A.8.1 扣除空白值后的元素测定值即为样品中该元素的质量浓度。

A.8.2 如果试样在测定之前进行了富集或稀释，应将测定结果除以或乘以一个相应的倍数。

A.8.3 测定结果最多保留三位有效数字，单位以 mg/L 计。

A.9 注意事项

A.9.1 仪器要预热 1 h，以防波长漂移。

A.9.2 测定所使用的所有容器需清洗干净后，用 10%的热硝酸荡涤后，再用自来水冲洗、去离子水反复冲洗，以尽量降低空白背景。

A.9.3 若所测定样品中某些元素含量过高，应立即停止分析，并用 2%硝酸＋0.05%Triton X-100 溶液来冲洗进样系统。将样品稀释后，继续分析。

A.9.4 谱线波长小于 190 mm 的元素，宜采用真空紫外通道测定，可获得较高的灵敏度。

A.9.5 含量太低的元素，可浓缩后测定。

A.9.6 成批量测定样品时，每 10 个样品为一组，加测一个待测元素的质控样品，用以检查仪器的漂移程度。当质控样品测定值超出允许范围时，须用标准溶液对仪器重新调整，然后再继续测定。

A.9.7 铍和砷为剧毒致癌元素，配制标准溶液及测定时，防止与皮肤直接接触并保持室内有良好的排风系统。

附录 B（资料性附录）

固体废物　元素的测定　电感耦合等离子体质谱法

Solid waste—Determination of elements—Inductively coupled plasma-mass spectrometry（ICP-MS）

B.1　范围

本方法适用于固体废物和固体废物浸出液中银（Ag）、铝（Al）、砷（As）、钡（Ba）、铍（Be）、镉（Cd）、钴（Co）、铬（Cr）、铜（Cu）、汞（Hg）、锰（Mn）、钼（Mo）、镍（Ni）、铅（Pb）、锑（Sb）、硒（Se）、钍（Th）、铊（Tl）、铀（U）、钒（V）、锌（Zn）等元素的电感耦合等离子体质谱法测定。

本方法也可用于其他元素的分析，但应给出方法的精确度和精密度。

本方法中常见的分子离子干扰见表 B.1。

表 B.1　ICP-MS 常见的分子离子干扰

分子离子	质量数	被干扰元素 [a]
背景形成的分子离子		
NH^+	15	
OH^+	17	
OH_2^+	18	
C_2^+	24	
CN^+	26	
CO^+	28	
N_2^+	28	
N_2H^+	29	
NO^+	30	
NOH^+	31	
O_2^+	32	
O_2H^+	33	
$^{36}ArH^+$	37	
$^{38}ArH^+$	39	
$^{40}ArH^+$	41	
CO_2^+	44	
CO_2H^+	45	Sc
ArC^+，ArO^+	52	Cr
ArN^+	54	Cr
$ArNH^+$	55	Mn
ArO^+	56	
$ArOH^+$	57	
硫酸盐		
$Ar^{32}S^+$	72	

分子离子	质量数	被干扰元素 [a]
$^{40}Ar^{36}Ar^+$	76	Se
$^{40}Ar^{38}Ar^+$	78	Se
$^{40}Ar^+$	80	Se
基体形成的分子离子		
溴化物		
$^{81}BrH^+$	82	Se
$^{79}BrO^+$	95	Mo
$^{81}BrO^+$	97	Mo
$^{81}BrOH^+$	98	Mo
$^{40}Ar^{81}Br^+$	121	Sb
氯化物		
ClO	51	V
ClOH	52	Cr
ClO	53	Cr
ClOH	54	Cr
$Ar^{35}Cl^+$	75	As
$Ar^{37}Cl^+$	77	Se
硫酸盐		
$^{32}SO^+$	48	
$^{32}SOH^+$	49	
$^{34}SO^+$	50	V，Cr
$^{34}SOH^+$	51	V
SO_2^+，S_2^+	64	Zn
碱、碱土金属复合离子		
$ArNa^+$	63	Cu

分子离子	质量数	被干扰元素[a]	分子离子	质量数	被干扰元素[a]
$Ar^{34}S^+$	74		ArK^+	79	
磷酸盐			$ArCa^+$	80	
PO^+	47		基体氧化物[b]		
POH^+	48		TiO	62～66	Ni，Cu，Zn
PO_2^+	63	Cu	ZrO	106～112	Ag，Cd
ArP^+	71		MoO	108～116	Cd

注：a. 本方法中被分子离子干扰的测定元素或内标元素；

b. 氧化物干扰通常都非常低，当浓度比较高时才会对分析元素造成干扰。所给出的是一些须注意的基体氧化物的例子。

本方法对各种元素的检出限见表 B.2。

表 B.2 各元素的检出限

质量数元素	扫描模式		选择性离子监控模式	
	总可回收测定		总可回收测定	直接分析
	水样/（μg/L）	固体/（mg/kg）	水样/（μg/L）	水样/（μg/L）
^{27}Al	1.0	0.4	1.7	0.04
^{123}Sb	0.4	0.2	0.04	0.02
^{75}As	1.4	0.6	0.4	0.1
^{137}Ba	0.8	0.4	0.04	0.04
^{9}Be	0.3	0.1	0.02	0.03
^{111}Cd	0.5	0.2	0.03	0.03
^{52}Cr	0.9	0.4	0.08	0.08
^{59}Co	0.09	0.04	0.004	0.003
^{63}Cu	0.5	0.2	0.02	0.01
$^{206,207,208}Pb$	0.6	0.3	0.05	0.02
^{55}Mn	0.1	0.05	0.02	0.04
^{202}Hg	n.a	n.a	n.a	0.2
^{98}Mo	0.3	0.1	0.01	0.01
^{60}Ni	0.5	0.2	0.06	0.03
^{82}Se	7.9	3.2	2.1	0.5
^{107}Ag	0.1	0.05	0.005	0.005
^{205}Tl	0.3	0.1	0.02	0.01
^{232}Th	0.1	0.05	0.02	0.01
^{238}U	0.1	0.05	0.01	0.01
^{51}V	2.5	1.0	0.9	0.05
^{66}Zn	1.8	0.7	0.1	0.2

注：n.a 表示不适用，总可回收性消解方法不适于有机汞化合物的测定。

本方法对各种元素估算的仪器检出限见表 B.3。

表 B.3 估算仪器检出限

元素	建议分析质量	扫描方式	选择离子监控方式
Ag	107	0.05	0.004
Al	27	0.05	0.02
As	75	0.9	0.02
Ba	137	0.5	0.03
Be	9	0.1	0.02
Cd	111	0.1	0.02
Co	59	0.03	0.002
Cr	52	0.07	0.04
Cu	63	0.03	0.004
Hg	202	n.a	0.2
Mn	55	0.1	0.007
Mo	98	0.1	0.005
Ni	60	0.2	0.07
Pb	206，207，208	0.08	0.015
Sb	123	0.08	0.008
Se	82	5	1.3
Th	232	0.03	0.005
Tl	205	0.09	0.014
U	238	0.02	0.005
V	51	0.02	0.006
Zn	66	0.2	0.07

B.2 原理

将样品溶液以气动雾化方式引入射频等离子体，等离子体中的能量传输过程导致去溶、原子化和电离。等离子体产生的离子通过一个差级真空接口系统提取进入四极杆质谱分析器，然后根据其质荷比进行分离，其最小分辨率为 5%峰高处峰宽 1 u。四极杆传输的离子流用电子倍增器或法拉第检测器检测，数据处理系统处理离子信息。本技术涉及的干扰包括同量异位素干扰以及等离子气、试剂或样品基体产生的多原子离子干扰。样品基体引起的仪器响应抑制或增强效应以及仪器漂移必须使用内标补偿。

B.3 试剂和材料

B.3.1 试剂水，为 GB/T 6682 规定的一级水。

B.3.2 硝酸，ρ（HNO_3）＝1.42 g/ml，优级纯。

B.3.3 硝酸（1＋1），取 500 ml 浓硝酸加入到 400 ml 试剂级水中，然后稀释至 1 L。

B.3.4 硝酸（1＋9），取 100 ml 浓硝酸加入到 400 ml 试剂级水中，然后稀释至 1 L。

B.3.5 盐酸，ρ（HCl）＝1.19 g/ml，优级纯。

B.3.6 盐酸（1＋1），取 500 ml 浓盐酸加入到 400 ml 试剂级水中，然后稀释至 1 L。

B.3.7 盐酸（1＋4），取 200 ml 浓盐酸加入到 400 ml 试剂级水中，然后稀释至 1 L。

B.3.8 浓氨水，ρ（NH_4OH）＝0.90 g/ml，优级纯。

B.3.9 酒石酸，优级纯。

B.3.10 标准贮备液，可以从权威商业机构购买或用超高纯化学试剂及金属（99.99%～

99.999%的纯度）配制。除非另作说明，所用的盐类必须在105℃干燥2 h。标准贮备液建议保存在聚全氟乙丙烯（FEP）瓶中，如果经逐级稀释制备的多元素储备标准（浓度）经验证有问题的话，须更换储备标准。

注意：许多金属盐类如吸入或吞下，毒性极大。取用之后要认真洗手。

标准贮备液的制备过程如下：

有些金属（尤其是那些易形成表面氧化物的）称量前需要先清洗。将金属表面在酸中浸泡可以达到清洗目的。取部分金属（重量超过预计称取量）反复浸泡，再用水清洗，干燥后称量，直到达到所需要的重量为止。

B.3.10.1　铝标准溶液，1 ml＝1 000 μg Al：将金属铝在热盐酸（1＋1）中浸泡至准确的0.100 g，溶于10 ml浓盐酸和2 ml浓硝酸混合溶液中，加热至充分反应。持续加热至体积为4 ml。冷却，加4 ml试剂水，加热至体积减为2 ml。冷却，用试剂水稀释至100 ml。

B.3.10.2　锑标准溶液，1 ml＝1 000 μg Sb：准确称取0.100 g锑粉末，溶于2 ml硝酸（1＋1）和0.5 ml浓盐酸混合溶液中，加热至充分反应，冷却，加20 ml试剂水和0.15 g酒石酸，加热至白色沉淀溶解，冷却，用试剂水稀释至100 ml。

B.3.10.3　砷标准溶液，1 ml＝1 000 μg As：准确称取0.132 0 g As_2O_3，溶于50 ml试剂水和1 ml浓氨水混合溶液中。缓慢加热至溶解，冷却，用2 ml硝酸酸化，用试剂水稀释至100 ml。

B.3.10.4　钡标准溶液，1 ml＝1 000 μg Ba：准确称取0.143 7 g $BaCO_3$，溶于10 ml试剂水和2 ml浓硝酸混合溶液中。加热，搅拌至反应完全，去气。用试剂水稀释至100 ml。

B.3.10.5　铍标准溶液，1 ml＝1 000 μg Be：准确称取 1.965 g $BeSO_4 \cdot 4H_2O$（不要烘干），溶于50 ml试剂水中。加入1 ml浓硝酸，用试剂水稀释至100 ml。

B.3.10.6　镉标准溶液，1 ml＝1 000 μg Cd：将金属镉在硝酸（1＋9）中浸泡至准确的0.100 g，溶于5 ml硝酸（1＋1）中，加热至反应完全。冷却，用试剂水稀释至100 ml。

B.3.10.7　铬标准溶液，1 ml＝1 000 μg Cr：准确称取0.192 3 g CrO_3，溶于10 ml试剂水和1 ml浓硝酸混合溶液中。用试剂水稀释至100 ml。

B.3.10.8　钴标准溶液，1 ml＝1 000 μg Co：将金属钴在硝酸（1＋9）中浸泡至准确的0.100 g，溶于5 ml硝酸（1＋1）中，加热至反应完全。冷却，用试剂水稀释至100 ml。

B.3.10.9　铜标准溶液，1 ml＝1 000 μg Cu：将金属铜在硝酸（1＋9）中浸泡至准确的0.100 g，溶于5 ml硝酸（1＋1）中，加热至反应完全。冷却，用试剂水稀释至100 ml。

B.3.10.10　铅标准溶液，1 ml＝1 000 μg Pb：将0.159 9 g $PbNO_3$溶于5 ml硝酸（1＋1）中，用试剂水稀释至100 ml。

B.3.10.11　锰标准溶液，1 ml＝1 000 μg Mn：将锰薄片在硝酸（1＋9）中浸泡至准确的0.100 g，溶于5 ml硝酸（1＋1）中，加热至反应完全。冷却，用试剂水稀释至100 ml。

B.3.10.12　汞标准溶液，1 ml＝1 000 μg Hg：不要烘干（警告：剧毒元素）。将0.135 4 g $HgCl_2$溶于试剂水中，加入5.0 ml浓硝酸，用试剂水稀释至100 ml。

B.3.10.13　钼标准溶液，1 ml＝1 000 μg Mo：准确称取0.150 0 g MoO_3，溶于10 ml 试剂水和1 ml浓氨水的混合溶液中，加热至反应完全。冷却，用试剂水稀释至100 ml。

B.3.10.14　镍标准溶液，1 ml＝1 000 μg Ni：准确称取 0.100 0 g镍粉，溶于5 ml浓硝酸中，加热至反应完全。冷却，用试剂水稀释至100 ml。

B.3.10.15　硒标准溶液，1 ml＝1 000 μg Se：准确称取0.140 5 g SeO_2，溶于20 ml试剂水

中，稀释至 100 ml。

B.3.10.16 银标准溶液，1 ml＝1 000 μg Ag：准确称取 0.100 0 g Ag，溶于 5 ml 硝酸（1＋1）中，加热至反应完全。冷却，用试剂水稀释至 100 ml。保存在黑色不透光容器中。

B.3.10.17 铊标准溶液，1 ml 含 1 000μg Tl：准确称取 0.130 3 g $TlNO_3$，溶于 10 ml 试剂水和 1 ml 浓硝酸的混合溶液中，用试剂水稀释至 100 ml。

B.3.10.18 钍标准溶液，1 ml＝1 000 μg Th：准确称取 0.238 0 g $Th(NO_3)_4 \cdot 4H_2O$（不要烘干），溶于 20 ml 试剂水中，用试剂水稀释至 100 ml。

B.3.10.19 铀标准溶液，1 ml＝1 000 μg U：准确称取 0.211 0 g $UO_2(NO_3)_2 \cdot 6H_2O$（不要烘干），溶于 20 ml 试剂水中，稀释至 100 ml。

B.3.10.20 钒标准溶液，1 ml＝1 000 μg V：将钒金属在硝酸（1＋9）中浸泡至准确的 0.100 g，溶于 5 ml 硝酸（1＋1）中，加热至反应完全。冷却，用试剂水稀释至 100 ml。

B.3.10.21 锌标准溶液，1 ml＝1 000 μg Zn：将锌金属在硝酸（1＋9）中浸泡至准确的 0.100 g，溶于 5 ml 硝酸（1＋1）中，加热至反应完全。冷却，用试剂水稀释至 100 ml。

B.3.10.22 金标准溶液，1 ml＝1 000 μg Au：将 0.100 g 高纯金粒（99.999 9%）溶于 10 ml 热硝酸中，逐滴加入 5 ml 浓 HCl，然后回流加热，排出氮和氯的氧化物。冷却，用试剂水稀释至 100 ml。

B.3.10.23 铋标准溶液，1 ml＝1 000 μg Bi：准确称取 0.111 5 g Bi_2O_3，溶于 5 ml 浓硝酸中。加热至反应完全。冷却，用试剂水稀释至 100 ml。

B.3.10.24 钇标准溶液，1 ml＝1 000 μg Y：准确称取 0.127 0 g Y_2O_3，溶于 5 ml 硝酸（1＋1）中，加热至反应完全。冷却，用试剂水稀释至 100 ml。

B.3.10.25 铟标准溶液，1 ml＝1 000 μg In：将金属铟在硝酸（1＋9）中浸泡至准确的 0.100 g，溶于 10 ml 硝酸（1＋1）中，加热至反应完全。冷却，用试剂水稀释至 100 ml。

B.3.10.26 钪标准溶液，1 ml 含 1 000 μg Sc：准确称取 0.153 4 g Sc_2O_3，溶于 5 ml 硝酸（1＋1）中，加热至反应完全。冷却，用试剂水稀释至 100 ml。

B.3.10.27 镁标准溶液，1 ml 含 1 000 μg Mg：准确称取 0.165 8 g MgO，溶于 10 ml 硝酸（1＋1）中，加热至反应完全。冷却，用试剂水稀释至 100 ml。

B.3.10.28 铽标准溶液，1 ml＝1 000 μg Tb：准确称取 0.117 6 g Tb_4O_7，溶于 5 ml 浓硝酸中，加热至反应完全。冷却，用试剂水稀释至 100 ml。

B.3.11 多元素贮备标准溶液。制备多元素贮备标准溶液时一定要注意元素间的相容性和稳定性。元素的原始标准贮备溶液必须进行检查以避免杂质影响标准的准确度。新配好的标准溶液应转移至经过酸洗的、未用过的 FEP 瓶中保存，并定期检查其稳定性。元素可采用表 B.4 中的分组。

表 B.4 元素贮备标准溶液分类

标准溶液 A	标准溶液 B
Al，Sb，As，Be，Cd，Cr，Co，Cu，Pb，Mn，Hg，Mo，Ni，Se，Th，Tl，U，V，Zn	Ba，Ag

除了 Se 和 Hg，多元素标准贮备溶液 A 和 B（1 ml＝10 μg）可以通过直接分取 1 ml 列表中的单元素标准贮备溶液，用含 1%（体积分数）硝酸的试剂水稀释至 100 ml 配制而

成。对于A溶液中的Hg和Se元素，分别取各自的标准溶液0.05 ml和5.0 ml，用试剂水稀释至100 ml（1 ml含0.5 μg Hg和50 μg Se）。如果用质量监控样来核对经逐级稀释制备的多元素贮备标准得不到验证的话，则需要更换。

B.3.12　校准工作溶液制备。多元素标准液应每隔两周或根据需要重新配制。根据仪器操作范围，用1%（体积分数）硝酸介质的试剂水将溶液A和B稀释至合适的浓度。标准溶液中的元素质量浓度要足够高，以保证好的测定精密度和准确的响应曲线斜率。根据仪器灵敏度，建议质量浓度范围为10～200 μg/L，但汞的质量浓度要限制在5 μg/L以内。需要指出，硒的质量浓度一般要比其他元素的质量浓度高5倍。如果采用直接加入方法，在校准标准中加入内标并储存在FEP瓶中，校准标准要先用质量控制样来核对。

B.3.13　内标贮备溶液，1 ml＝100 μg。取10 ml Sc、Y、In、Tb和Bi标准贮备溶液，试剂水稀释至100 ml，储存在FEP瓶中。直接将该质量浓度的内标溶液加入到空白、校准标准和样品中。如果用蠕动泵加入，可用1%（体积分数）硝酸稀释至适当质量浓度。

注：如果采用“直接分析”步骤测定汞，在内标溶液中加入适量金标准贮备液，使最终的空白溶液、校正标准和样品中金质量浓度达100 μg/L。

B.3.14　空白。本方法需要3种类型的空白溶液。(1) 校准空白溶液，用来建立分析校准曲线；(2) 实验室试剂空白溶液，用来评价样品制备过程中可能的污染和背景谱干扰；(3) 清洗空白溶液，在测定样品过程中用来清洗仪器，以降低记忆效应干扰。

B.3.14.1　校准空白。1%（体积分数）硝酸介质的试剂水。采用直接加入法时，加内标。

B.3.14.2　实验室试剂空白（LRB），必须与样品处理过程一样加入相同体积的所有试剂。LRB制备过程必须和样品处理步骤（需要的话，也要进行消解）完全相同，如果采用直接加入法，则样品处理完后加入内标。

B.3.14.3　清洗空白。含2%（体积分数）硝酸的试剂水。

注：如果采用“直接分析”步骤测定汞，在内标溶液中加入金标准贮备液，使清洗空白中金质量浓度为100 μg/L。

B.3.15　调谐溶液。本溶液用于分析前的仪器调谐和质量校准。通过将Be、Mn、Co、In和Pb的贮备液混合后，用1%（体积分数）硝酸稀释而成，调谐溶液中每种元素质量浓度均为100 μg/L。不需加入内标（根据仪器灵敏度，可将此溶液稀释10倍）。

B.3.16　质量控制样（QCS）。质量控制样制备所需的原溶液应来自本实验室之外，其质量浓度视仪器灵敏度而定。将合适的溶液用1%（体积分数）硝酸稀释至质量浓度≤100 μg/L配制而成。由于Se的灵敏度较低，稀释至质量浓度≤500 μg/L，但任何情况下，汞的质量浓度都要≤5 μg/L。如果采用直接加入法，稀释后加入内标，并储存在FEP瓶中。QCS应视需要进行分析以满足数据质量要求，该溶液应每季或根据需要经常重新配制。

B.3.17　实验室强化空白（LFB）。在等分实验室试剂空白中加入适量多元素标准贮备液A和B配制而成。根据仪器的灵敏度需要，强化空白溶液中每种元素（除Se和Hg）的质量浓度一般都在40～100 μg/L。Se的质量浓度范围为200～500 μg/L，而汞的质量浓度要限制在2～5 μg/L。LFB制备过程必须和样品处理步骤（需要的话，也要进行消解）完全相同，如果采用直接加入法，样品处理完后加入内标。

B.4 仪器、装置及工作条件

B.4.1 电感耦合等离子体质谱仪

B.4.1.1 仪器能对 5～250 u 质量范围内进行扫描，最小分辨率在 5%，峰高处峰宽为 1 u。仪器配有常规的或能扩展动态范围的检测系统。

B.4.1.2 射频发生器，符合 FCC 规范。

B.4.1.3 氩气源，高纯级（99.99%）。如果使用比较频繁，液氩比传统气瓶压缩氩气更经济，且不需经常更换。

B.4.1.4 变速蠕动泵，将溶液传输到雾化器。

B.4.1.5 雾化器气流需要一个质量流控制计。水冷雾室对于降低某些干扰非常有效（如多原子氧化物粒子）。

B.4.1.6 如果使用电子倍增器，应注意不要暴露在强离子流下，否则会引起仪器响应变化或损坏检测器。对于样品中元素质量浓度太高，超出仪器的线性范围以及在扫描窗口内下降的同位素，稀释后再进行分析。

B.4.2 分析天平。精确至 0.1 mg，用来称量固体样品，制备标准以及消解液或提取液中可溶性固体的测定。

B.4.3 温控式电热板。温度能够保持在 95℃。

B.4.4 （可选）可控温电热套（能保持 95℃）。配有 250 ml 的收缩型消解试管。

B.4.5 （可选）离心机。有保护套，电子计时和制动闸。

B.4.6 重力对流干燥烘箱。带有温控系统，能够维持在（180±5）℃。

B.4.7 （可选）排气式移液器。能转移 0.1～2 500 μl 体积范围的溶液，且配有高质量的一次性移液头。

B.4.8 研钵和杵。陶瓷或其他非金属材料。

B.4.9 聚丙烯筛，5 目（4 mm）。

B.4.10 实验室器皿。对于痕量元素的测定来讲，污染和损失是首要考虑的问题。潜在的污染源包括实验室所用器皿的不正确清洗以及来自实验室环境的灰尘污染等。微量元素的样品处理必须保证干净的实验室操作环境。在痕量元素测定中，样品容器会通过以下途径给样品测定结果带来正负误差：（1）通过表面解吸附作用或浸析造成污染；（2）通过吸附过程降低元素浓度。所有可重复使用的实验室器皿（玻璃，石英，聚乙烯，PTFE，FEP 等材料）都应该充分清洗直到满足分析要求。采用以下的几个步骤能提供干净的实验室器皿：浸泡过夜，然后用实验室级的清洁剂和水彻底清洗，自来水洗，在 20%（体积分数）硝酸或稀的硝酸和盐酸混合酸（1＋2＋9）中浸泡 4 h 或更长，最后用试剂水清洗，然后保存在干净的地方。

注：铬酸绝对不能用来清洗玻璃器皿。

B.4.10.1 玻璃器皿。容量瓶，量筒，漏斗和离心管（玻璃或塑料）。

B.4.10.2 多种校准过的移液管。

B.4.10.3 锥形 Pillips 烧杯，250 ml，带 50 mm 表面皿。

B.4.10.4 吉芬烧杯，250 ml，带 75 mm 的表面皿。

B.4.10.5 （可选）PTFE 和（或）石英烧杯，250 ml，带 PTFE 盖子。

B.4.10.6　蒸发皿或高型坩埚，陶瓷材料，容积 100 ml。

B.4.10.7　窄口储存瓶，FEP（氟化乙丙烯）材料，ETFE（四氟乙烯）螺旋封口，容积 125～250 ml。

B.4.10.8　FEP 洗瓶，螺旋封口，容积 125 ml。

B.4.11　仪器工作条件。建议按照仪器生产商提供的仪器工作条件操作。

B.5　样品的采集、保存和预处理

B.5.1　测定银之前应进行样品消解。本方法提供的总可回收样品消解步骤适用于水溶液样品中质量浓度低于 0.1 mg/L 的银测定，对于银的质量浓度高的水样分析，应取小体积进行稀释混匀，直至分析溶液中银的质量浓度小于 0.1 mg/L。银的质量比大于 50 mg/kg 的固体样品也要采用类似方法处理。

B.5.2　在有游离硫酸盐存在的情况下，本方法提供的总可回收样品消解步骤可能使钡产生硫酸钡沉淀。因此，对于样品中含有未知浓度的硫酸盐，样品处理后要尽快分析。

B.5.3　固体样品分析前不需要处理，只需在 4℃保存。没有确定的存放期限。

B.6　干扰的消除

ICP-MS 测定微量元素时，以下几种干扰将导致测定结果的不准确性。

B.6.1　同量异位素干扰（isobaric elemental interferences）

不同元素的同位素所形成的具有相同标称质荷比的单电荷或双电荷离子，因其质量不能被所用的质谱仪分辨，引起同量异位素干扰。本方法测定的所有元素至少有一个同位素不受同量异位素干扰。本方法推荐使用的分析同位素中（表 B.5），只有 ^{98}Mo（Ru）和 ^{82}Se（Kr）受同量异位素干扰。如果选择其他天然丰度较高的同位素进行分析以获得更高的灵敏度时，就可能产生同量异位素干扰。此种情况下测得的数据要进行干扰校正，通过测定干扰元素的另外一个同位素的信号强度并按一定的比例减去其对待测同位素的干扰。数据报告中应包括这种干扰校正记录。需要指出，这种干扰校正的准确程度取决于用于数据计算的元素方程中同位素比值的准确性。因此，在进行任何校正前应先确定相关的同位素比值。

表 B.5　推荐的分析同位素和需要同时监测的同位素

同位素	被分析元素	同位素	被分析元素
107，109	Ag	60，62	Ni
27	Al	206，207，208	Pb
75	As	105	Pd
135，137	Ba	99	Ru
9	Be	121，123	Sb
106，108，111，114	Cd	77，82	Se
59	Co	118	Sn
52，53	Cr	232	Th
63，65	Cu	203，205	Tl
83	Kr	238	U
55	Mn	51	V
95，97，98	Mo	66，67，68	Zn

注：推荐选用的分析同位素用下划线标出。

B.6.2 丰度灵敏度（abundance sensitivity）

表征一个质量峰的翼与相邻峰的重叠程度。丰度灵敏度受离子能和四极杆操作压力影响，当待测的小离子峰相邻处有一个较大的峰时，就可能产生重叠干扰。要认识到这种潜在的干扰并通过调整质谱分辨率将干扰降至最低。

B.6.3 同量多原子离子干扰（isobaric polyatomic ion interferences）

由两个或多个原子结合成的复合离子，与待分析同位素具有相同的标称质荷比，所用的质谱仪不能将其分辨。这些多原子离子通常来自所用的工作气体或样品组分，形成于等离子体或接口系统。常见的绝大多数干扰都能被识别，干扰及被干扰元素见表 B.1。当选择的分析同位素无法避免此类干扰时，要充分考虑并采用适当的方法对所测定的数据进行校正。干扰校正公式应该在分析运行程序时确定，因为多原子离子干扰与样品基体和所选定的仪器条件有很大的关系。尤其是在测定 As 和 Se 时会遇到 ^{82}Kr 的干扰，通过使用高纯不含 Kr 的氩气就能大大降低它的干扰。

B.6.4 物理干扰（physical interferences）

与样品传输到等离子体、在等离子体中进行转换、通过等离子体质谱接口传输等物理过程有关的干扰。此类干扰将导致样品和校准标准的仪器响应不同，可能产生于溶液进入雾化器的传输过程（黏性效应）、气溶胶的形成及进入等离子体过程（表面张力）、在等离子体内的激发和离子化过程。样品中可溶固体含量高将导致物质在采样锥和截取锥的堆积，从而减小锥孔的有效直径而降低了离子的传输效率。为了减少此类干扰，建议可溶固体总量低于 0.2%（质量比）。采用内标法来补偿这些物理干扰效应也是很有效的，理想的内标元素要与被测元素具有相似的分析行为。

B.6.5 记忆干扰（memory interferences）

由于先测定样品中的元素同位素信号对后面测定样品的影响。记忆效应来自样品在采样锥和截取锥的沉积以及等离子体炬管和雾室中样品的附着。此类记忆效应产生的位置与测定元素有关，可通过进样前用清洗液清洗系统来降低。对每个样品的分析都应该考虑记忆效应干扰并采取适当的清洗次数来降低干扰。在分析前就应该确定特定元素所必需的清洗时间，可采用如下方法：按常规样品的分析时间，连续喷入含待测元素浓度为线性动态范围上限 10 倍的标准溶液，随后在设定时间间隔测定清洗空白。记下将待测物信号降至 10 倍方法检出限以内的时间长度。记忆干扰也可通过在一个分析运行程序进行至少 3 次重复积分的数据采集来评估。如果测得的积分信号连续下降，就表明可能存在着记忆效应对待测物的干扰。这时就应该检查前一个样品中分析物的质量浓度是否偏高。如果怀疑有记忆效应干扰，就应该在长时间清洗后重新分析样品。在测定汞时会遇到严重的记忆效应，通过加入 100 μg/L 金在大约 2 min 内就能有效地清除 5 μg/L 汞的记忆效应。质量浓度越高需要的清洗时间越长。

B.7 分析步骤

B.7.1 校准和标准化

B.7.1.1 操作条件：由于仪器硬件各不相同，在此不提供具体的仪器操作条件。建议按照仪器生产商提供的操作条件去做。应检验仪器配置和操作条件是否满足分析要求，并保存检验仪器性能和分析结果的质量控制数据。

B.7.1.2 预校准程序：仪器校准前要完成如下的预校准程序，直到具有证明仪器不需每日调谐就能满足如下要求的定期操作性能数据。

B.7.1.3 仪器和数据系统的最佳操作配置初始化。仪器点燃后至少预热 0.5 h，其间用调谐溶液进行质量校正和分辨率检查。低质量数的分辨率检查选用 Mg 同位素 24，25，26，高质量数选择 Pb 同位素 206，207，208。好的工作状态下分辨率要调至 5%峰高处能产生大约 0.75 u 的峰宽。如果漂移超过 0.1 u 就要进行质量校正。

B.7.1.4 运行调谐溶液至少 5 次，直到所有被分析元素绝对信号的相对标准偏差低于 5%才能证明仪器处于稳定状态。

B.7.1.5 内标标化：所有分析都必须用内标标化来校正仪器漂移和物理干扰。能用来作内标的元素见表 B.6，至少选择 3 种内标才能满足所有质量范围的元素测定。本方法具体介绍了实际应用中常用的 5 种内标：Sc、Y、In、Tb 和 Bi，用它们作内标来满足本方法要求的精密度和回收率。内标在样品、标准溶液和空白中的浓度必须完全相同。可以通过直接在校准标准、空白和样品溶液中加入内标或者在雾化前通过蠕动泵三通和混合线圈在线加入。内标质量浓度必须足够高，以保证用来校准数据的测定同位素获得好的精密度，如果内标在样品中自然存在，还可使可能的校准偏差降至最低。根据仪器的灵敏度，建议使用 20～200 μg/L 质量浓度范围的内标。内标要以相同的方式加入到空白、样品和标准中，这样就可以忽略加入时的稀释影响。

表 B.6 内标及其应用限制

内标	相对原子质量	可能的限制
Li	6	a
Sc	45	多原子离子干扰
Y	89	a，b
Rh	103	
In	115	Sn 的同量异位素干扰
Tb	159	
Ho	165	
Lu	175	
Bi	209	a

注：a. 环境样品中可能存在；
b. 有些仪器中 Y 可能形成 YO^+（相对原子质量 105）和 YOH^+（相对原子质量 106）。这种情况下，在 Cd 的干扰校正方程中要予以考虑。

B.7.1.6 校准：开始校准前要建立合适的仪器软件程序用于定量分析。仪器必须要选用 B.7.1.5 列举的一种内标进行校准。仪器要用校准空白和一种或多种质量浓度水平的标准进行校准。数据采集至少需要 3 个重复积分数据。取 3 次积分数据的平均值作为仪器校准和数据报告。

B.7.1.7 空白、标准和样品溶液之间转换时要用清洗空白清洗系统，要有充足的清洗时间去除上一样品的记忆效应。数据采集前要有 30 s 的溶液提升时间以保证建立平衡。

B.7.2 固体样品处理——总可回收分析物

B.7.2.1 固体样品中总可回收分析物的测定：充分混匀样品，取部分（>20 g）至称过皮重的盘中，称重并记录湿重（$m_{湿}$）。如果样品含水率低于 35%，20 g 称样量即可，含水率高于 35%时，需要 50～100 g 称样量。于 60℃烘干样品至恒重，记录干重（$m_{干}$），计算出固体所占百分比（样品在 60℃烘干是为了避免汞和其他易挥发金属化合物的挥发损失，便于过筛和研磨）。

B.7.2.2 为了保证样品均质，将干燥后的样品用 5 目聚丙烯筛过筛，然后用研钵研磨（样品更换时要清洗筛子和研钵）。准确称取经干燥研磨好的样品（1.0±0.01）g，转移到 250 ml Phillips 烧杯中进行酸提取处理。

B.7.2.3 在烧杯中加入 4 ml HNO_3（1+1）和 10 ml HCl（1+4）。用表面皿盖住，置于电热板上加热，回流提取分析物。电热板放在通风橱里，回流温度控制在 95℃左右。

注：装有 50 ml 水样的敞开的 Griffin 烧杯放在电热板中间，调节电热板的温度使溶液温度保持在 85℃左右，但不超过此温度（如果烧杯用表面皿盖住，水温会上升至大约 95℃）。也可以用能保持 95℃的电热套（配有 250 ml 收缩型容量消解管）来代替电热板和烧杯。

B.7.2.4 缓慢加热回流样品 30 min。可能会产生微沸现象，但一定要避免剧烈沸腾，以防 HCl-H_2O 恒沸物损失。会有部分溶液蒸发（3～4 ml）。

B.7.2.5 待样品冷却后，定量转移至 100 ml 容量瓶中。用试剂水稀释至刻度，加盖，摇匀。

B.7.2.6 将样品提取液放置过夜以便不溶物下沉或取部分溶液离心至澄清。如果放置过夜或离心后样品溶液中仍有悬浮物，要在分析前过滤以免堵塞雾化器。但过滤时要小心，避免污染样品。

B.7.2.7 分析前调整氯化物的质量浓度，吸取 20 ml 处理好的溶液至 50 ml 容量瓶中，稀释至刻度，混匀。如果溶液中可溶性固体含量大于 0.2%，要进一步稀释以免采样锥或截取锥堵塞。如果选择直接加入步骤，加入内标，混匀。此样品可供上机分析。因为不同样品基体对稀释后样品稳定性的影响难以表征，所以样品处理完成后要尽快分析。

注：测出样品中的固体质量分数，用于在干质量基础上计算和报出数据。

B.7.3 样品分析

B.7.3.1 对于每个新的或特殊基体，最好先用半定量分析法扫描样品，确定其中的高质量浓度的元素。由此获取的信息可以避免样品分析期间对检测器的潜在损害，同时鉴别质量浓度超过线性范围的元素。基体扫描可以用智能软件完成，或者将样品稀释 500 倍在半定量模式下分析。同时要扫描样品中被选作内标元素的背景值，防止数据计算时产生偏差。

B.7.3.2 初始化仪器操作条件。针对待测分析物调谐并校准仪器。

B.7.3.3 建立定量分析的仪器软件运行程序。所有分析样品的数据采集都需要至少 3 次重复积分。取 3 次积分的平均值作为报出数据。

B.7.3.4 分析过程中对所有可能影响到数据质量的质量数都要监控。至少表 B.5 列举的相对原子质量必须和数据采集所用相对原子质量同时监控，这些数据可用来进行干扰校正

B.7.3.5 样品分析时，实验室必须遵守质量控制措施。只有在分析混浊度小于 1 NTU 的饮用水中的可溶性分析物或“直接分析法”才不需要对 LRB、LFB 和 LFM 采取样品消解步骤。

B.7.3.6 样品之间应穿插清洗空白来清洗系统。要有充足的清洗时间去除上一样品的记忆效应或至少 1 min。数据采集前应有 30 s 的样品提升时间。

B.7.3.7 样品质量浓度高于设定的线性动态范围时，应将样品稀释至质量浓度范围内重新分析。最好先测定样品中的痕量元素，如果需要，通过选择合适的扫描窗口来避免高质量浓度元素损坏检测器。然后再将样品稀释后测定其他元素。另外，可以通过选择天然丰度

低的同位素来调整动态范围，但要保证所选的同位素已建立了质量监控。不能随便改变仪器条件来调节动态范围。

B.8 结果计算

B.8.1 数据计算时建议采用的元素方程列于表 B.7。水溶液样品的数据单位是μg/L，固体样品干重的单位是 mg/kg。元素质量浓度低于方法检出限（MDL）的不予报出。

表 B.7 推荐的元素数据计算公式

元素	元素数据计算方程	备注
Ag	（1.000）（^{107}C）	
Al	（1.000）（^{27}C）	
As	（1.000）（^{75}C）－（3.127）[（^{77}C）－（0.815）（^{82}C）]	（1）
Ba	（1.000）（^{137}C）	
Be	（1.000）（^{9}C）	
Cd	（1.000）（^{111}C）－（1.073）[（^{108}C）－（0.712）（^{106}C）]	（2）
Co	（1.000）（^{59}C）	
Cr	（1.000）（^{52}C）	（3）
Cu	（1.000）（^{63}C）	
Mn	（1.000）（^{55}C）	
Mo	（1.000）（^{99}C）－（0.146）（^{99}C）	（5）
Ni	（1.000）（^{60}C）	
Pb	（1.000）（^{206}C）＋（1.000）（^{207}C）＋（1.000）（^{208}C）	（4）
Sb	（1.000）（^{123}C）	
Se	（1.000）（^{82}C）	（6）
Th	（1.000）（^{232}C）	
Tl	（1.000）（^{205}C）	
U	（1.000）（^{238}C）	
V	（1.000）（^{51}C）－（3.127）（^{53}C）－（0.113）（^{52}C）	（7）
Zn	（1.000）（^{66}C）	
Bi	（1.000）（^{209}C）	
In	（1.000）（^{115}C）－（0.016）（^{118}C）	（8）
Sc	（1.000）（^{45}C）	
Tb	（1.000）（^{159}C）	
Y	（1.000）（^{89}C）	

注：C——特定质量上减去校准空白后的计数。

（1）用 ^{77}Se 进行氯化物干扰校正。ArCl 75/77 的比值可通过试剂空白测得。同量异位素质量 82 只能是来自 ^{82}Se，而不可能是 BrH^{+}。

（2）MoO 的干扰校正。同量异位素质量 106 只能是 Cd 而不可能是 ZrO^{+}。如样品中含有 Pd，还需要增加对 Pd 的干扰校正。

（3）0.4%（体积分数）HCl 介质中，ClOH 的背景干扰一般很小。但试剂空白的贡献需要考虑。同量异位素质量只能是来自 ^{52}Cr，而不可能是 ArC^{+}。

（4）考虑到铅同位素的可变性。

（5）Ru 的同量异位素干扰校正。

（6）有的氩气中含有 Kr 杂质，通过扣除 ^{82}Kr 的干扰来校正 Se。

（7）通过 ^{53}Cr 校正氯化物干扰。ClO 51/53 的比值可通过试剂空白测得。同量异位素 52 只能是来自 ^{52}Cr 而不可能是 ArC^{+}。

（8）锡的同量异位素干扰校正。

B.8.2 报出的元素质量浓度数据值低于 10，要保留 2 位有效数字。数据值等于或大于 10，保留 3 位有效数字。

B.8.3　采用总可回收分析物测定步骤的水溶液样品的溶液质量浓度要乘以稀释倍数。样品如果另外稀释或采用酸溶方法处理，计算样品质量浓度时要乘以相应的稀释倍数。

B.8.4　关于固体样品中总可回收分析物的测定，按照 B.8.2 的规定对溶液中的分析物质量浓度进行修约。分析溶液质量浓度乘以 0.005 计算 100 ml 提取液中的分析物质量浓度（如果样品另外稀释，计算提取液中样品质量浓度时要乘以相应的稀释倍数）。报出换算为干样品质量比（ω），保留三位有效数字,除非另有规定。换算公式如下：

$$\omega=\frac{\rho V}{m}$$

式中：ω——干样品质量比，mg/kg；

ρ——提取液中待测物质量浓度，mg/L；

V——提取液体积，L；

m——被提取样品的质量，kg。

低于估算的固体方法检出限（MDL）或根据（为完成分析而进行的）稀释而调整的 MDL 的分析结果不予报出。

B.8.5　固体样品中的固体质量分数用以下公式计算：

$$\omega_{\mathrm{S}}=\frac{m_{干}}{m_{湿}}\times 100$$

式中：ω_{S}——固体质量分数，%；

$m_{干}$——60℃烘干的样品质量，g；

$m_{湿}$——烘干前的样品质量，g。

注：如果数据使用者，项目或实验室要求 105℃烘干后测定固体质量分数，另取一份样品（>20g）按 B.7.2 的步骤重新操作，在 103～105℃烘干至恒重。

B.8.6　采用内标法校正由于仪器漂移或样品基体引起的干扰。特征质谱干扰也要进行校正。不管有没有加入盐酸，所有样品都要进行氯化物干扰校正，因为环境样品中氯化物离子是常见组分。

B.8.7　如果一种待测元素选择了不止一个同位素，不同同位素计算的质量浓度或同位素比值可以为分析者检查可能的质谱干扰提供有用信息。衡量元素质量浓度时，主同位素和次同位素都要考虑。有些情况下，次同位素的灵敏度可能比推荐的主同位素低或更容易受到干扰，因此，两种结果的差异并不能说明主同位素的数据计算有问题。

B.8.8　分析期间的质量监控样（QC）的结果可以为样品数据质量提供参考，应和样品结果一起提供。

B.9　质量保证和控制

B.9.1　基本要求

使用本方法的所有实验室都应执行正式的质量监控程序。程序至少应包括实验室初始能力证明，实验室试剂空白、强化空白和校准溶液的定期分析。要求实验室保存控制数据质量的操作记录。

B.9.2　能力初始证明

B.9.2.1　能力初始证明用来描述用本方法进行分析前的仪器性能（线性校准范围测定和质

量监控样分析）和实验室性能（方法检出限测定）。

B.9.2.2 线性校准范围：线性校准范围主要受检测器限制。通过测定三种不同质量浓度的标准溶液的信号响应建立适合每个元素的线性校准范围上限，其中一份标准的质量浓度要接近线性范围的上限。此过程应注意避免对检测器造成可能的损坏。用于样品分析的线性校准范围由分析者根据分析结果进行判断。线性范围的上限应该是该质量浓度下的观测信号不低于通过较低标准外推信号水平的 90%。待测物质量浓度超过上限的 90%时要稀释后重新分析。当仪器硬件或操作条件发生变化时，分析者要判断是否应验证线性校准范围，并决定是否需重新分析。

B.9.2.3 质量监控样（QCS）：使用本方法进行分析时，每个季度或对数据质量有要求时都要通过分析 QCS 来检验校准标准和仪器性能。用来检验校准标准的 QCS 的 3 次测定平均值必须在其标准值的±10%范围内。如果用来确定可接受的仪器运行状态，质量浓度为 100 μg/L 的 QCS 的测定误差要小于±10%或在表 B.8 列举的可接受限（以两值中之高者为判据）之内（如果不在可接受限内，马上对该监控样重新分析，以确认仪器状态）。如果校准标准或仪器性能超出可接受范围，必须查找问题根源并在测定方法检出限或在连续分析之前进行校正。

表 B.8 QC 监控样的允许限[1]

元素	QC 监控样质量浓度/（μg/L）	平均回收率/%	标准偏差[2]（S_r）	允许限[3]/（μg/L）
Ag	100	101.1	3.29	91～111[5]
Al	100	100.4	5.49	84～117
As	100	101.6	3.66	91～113
Ba	100	99.7	2.64	92～108
Be	100	105.9	4.13	88～112[4]
Cd	100	100.8	2.32	94～108
Co	100	97.7	2.66	90～106
Cr	100	102.3	3.91	91～114
Cu	100	100.3	2.11	94～107
Mn	100	98.3	2.71	90～106
Mo	100	101.0	2.21	94～108
Ni	100	100.1	2.10	94～106
Pb	100	104.0	3.42	94～114
Sb	100	99.9	2.4	93～107
Se	100	103.5	5.67	86～121
Th	100	101.4	2.60	94～109
Tl	100	98.5	2.79	90～107
U	100	102.6	2.82	94～111
V	100	100.3	3.26	90～110
Zn	100	105.1	4.57	91～119

注：1. 方法性能表征数据由协作研究所得的回归方程计算而得；
2. 单个分析者的标准偏差，S_r；
3. 允许限按照平均回收值±3 S_r 计算；
4. 允许限中值为 100%回收率；
5. 48 μg/L 和 64 μg/L 综合统计的估算值。

B.9.2.4 方法检出限（MDL）：采用强化试剂空白（质量浓度为估计检出限的 2～5 倍）来确定所有分析元素的方法检出限。具体步骤为：取 7 等份强化试剂空白溶液进行分析全流程处理，全部按方法规定的公式进行计算，然后报出合适单位的质量浓度值。计算公式如下：

$$MDL = tS$$

式中：t——99%置信水平时 Stduents 值，标准偏差按 $n-1$ 自由度计算（$n=7$ 时，$t=3.14$）；

S——重新分析的标准偏差。

注：如果需要进一步验证，可在不连续的两天重新分析这 7 份溶液并分别计算检出限，以 3 次检出限的平均值作为检出限更合理。如果 7 份溶液测定结果的相对标准偏差小于 10%，说明用来测定方法检出限的溶液质量浓度偏高，这将导致所计算出的检出限不切实际地偏低。同样，用试剂水测定的 MDL 也代表一种最理想的状态，不能反映实际样品中可能存在的基体干扰。然而，用实验室强化基体（LFMs）的成功分析能使试剂级水中测得的检出限更具有置信度。

B.9.3　实验室性能评价

B.9.3.1　实验室试剂空白（LRB）：分析相同基体的一组样品时，每 20 个或更少样品至少要插入一个实验室试剂空白。LRB 用来评价来自实验室环境的污染和样品处理过程所用试剂带来的背景干扰。试剂空白值高于方法检出限时应怀疑实验室或试剂污染。当空白值大于等于样品待测物质量浓度的 10%或大于等于方法检出限的 2.2 倍（两值中之高者）时，必须重新制备样品，在修正了污染源并获得可接受的 LRB 值后，重新测定被污染元素。

B.9.3.2　实验室强化空白（LFB）：每批样品都要分析至少一个实验室强化空白。以百分回收率表示的准确度计算公式如下：

$$R=\frac{\mathrm{LFB}-\mathrm{LRB}}{B}\times 100\%$$

式中：R——百分回收率，%；

LFB——实验室强化空白的质量浓度，μg/L；

LRB——实验室试剂空白的质量浓度，μg/L；

B——强化实验室试剂空白所加入的分析元素相当质量浓度，μg/L。

如果某元素的回收率落在要求控制限 85%～115%之外，说明该元素超出控制范围，就要查明原因，解决后方可继续分析。

B.9.3.3　实验室必须用实验室强化空白（LFB）分析数据是否超出要求监控限 85%～115%来评价实验室操作性能。如果有充足的内部分析性能数据（通常至少分析 20～30 个），可以利用平均回收率（X）和平均回收率的标准偏差（S）建立自选监控限。这些数据可用来确定监控上下限：

$$监控上限=X+3S$$

$$监控下限=X-3S$$

自选监控限必须等同或优于 85%～115%的要求控制限。测定 5～10 个新回收率后即可根据最近的 20～30 个测定数据重新计算新监控限。同时，标准偏差（S）应该用来表征 LFB 质量浓度水平的样品在测定时的精密度。这些数据要记录在案以便将来查看。

B.9.3.4　仪器性能：样品测定前必须检查仪器性能并确保仪器经常校准过。为了确认校准的可靠性，每次校准后，每分析 10 个样品及结束一次分析运行程序时，都要回测校准空白和标准。校准标准的回测值可用来判断校准是否有效。标准溶液中的所有待测元素质量浓度应在±10%偏差范围内。如果回测结果不在规定范围内就要重新校准仪器（校准检查时回测的仪器响应信号可用于重新校准，但必须在继续样品分析前确认）。如果连续校正检验超出±15%偏差范围，其前分析的 10 个样品就要在校正后重测。如果由于样品基体引起校准漂移，建议将前面测定过的 10 个样品按校准检查之间 5 个样品 1 组重新测定，以避免类似的漂移情况出现。

B.9.4 样品回收率和数据质量评价

B.9.4.1 样品均匀性和基体的化学性质将影响待测物的回收率和数据质量。从同一个样品中分取几份进行平行样分析或强化分析可以评价此类影响。除非数据使用者、实验室或有关项目有其他的具体规定，否则必须进行以下（B.9.4.2 部分）实验室强化基体（LFM）步骤。

B.9.4.2 实验室必须在常规样品分析时对至少 10%的样品加入已知质量浓度的分析物。在每种情况下，实验室强化基体（LFM）必须是分析样品的平行样，对于总可回收测定应在样品制备之前插入。对于水样，加入的分析物质量浓度必须等同于实验室强化空白加入的质量浓度。对固体样品，加入量相当于固体中 100 mg/kg（分析溶液中为 200 μg/L），但银要控制在 50 mg/kg 之内。如果放置时间长，所有样品分析都应强化。

B.9.4.3 计算每个被分析元素的百分回收率，用未强化样品的测定质量浓度作为背景进行校正，然后将这些数据同规定的实验室强化基体回收率范围 70%～130%进行比较。如果强化时加入的元素质量浓度低于样品背景浓度的 30%就不需计算回收率。百分回收率可采用如下的公式计算：

$$R = \frac{\rho_S - \rho}{B} \times 100$$

式中：R——百分回收率，%；

ρ_S——强化样品质量浓度，μg/L；

ρ——样品背景质量浓度，μg/L；

B——样品强化时加入的分析元素的相当质量浓度，μg/L。

B.9.4.4 如果元素的回收率落在指定范围之外而实验室工作性能又正常（B.9.3），强化样品所遇到的回收问题应该是由强化样品的基体造成而非系统问题。同时，告知数据使用者未强化样品的元素分析结果可能由于样品不均匀或未校正基体效应有问题。

B.9.4.5 内标响应：应监控整个样品分析过程中的内标响应以及内标与各分析元素信号响应的比值。这些信息可用来检查以下原因引起的问题：质量漂移、加入内标引起的错误或由于样品中的背景引起个别内标质量浓度增加。任何一种内标的绝对响应值的偏差都不能超过校准空白中最初响应的 60%～125%。如果超过此偏差，要用清洗空白溶液清洗系统，并监测校准空白的响应值。如果清洗后内标响应值达到正常值，重新取一份试样，再稀释 1 倍，加入内标重新分析。如果响应值又超出监控限，中止样品分析并查明漂移原因。漂移可能是由于进样锥局部堵塞或仪器调谐条件发生改变造成的。

B.10 注意事项

B.10.1 分析中所用的玻璃器皿均需用 HNO_3（1+1）溶液浸泡 24 h，或热 HNO_3 荡洗后，再用去离子水洗净后方可使用。对于新器皿，应作相应的空白检查后才能使用。

B.10.2 对所用的每一瓶试剂都应作相应的空白实验，特别是盐酸要仔细检查。配制标准溶液与样品应尽可能使用同一瓶试剂。

B.10.3 所用的标准系列必须每次配制，与样品在相同条件下测定。

附录 C（资料性附录）

固体废物　金属元素的测定　石墨炉原子吸收光谱法

Solid wastes—Determination of metal elements—Graphite furnace atomic absorption spectrometry

C.1　范围

本方法适用于固体废物和固体废物浸出液中银（Ag）、砷（As）、钡（Ba）、铍（Be）、镉（Cd）、钴（Co）、铬（Cr）、铜（Cu）、铁（Fe）、锰（Mn）、钼（Mo）、镍（Ni）、铅（Pb）、锑（Sb）、硒（Se）、铊（Tl）、钒（V）、锌（Zn）的石墨炉原子吸收光谱测定。

本方法对各种元素的检出限和定量测定范围见表 C.1，灵敏度值可参考仪器操作手册。

表 C.1　各元素的检出限和定量测定范围

元素	检出限/（μg/L）	最佳质量浓度范围	
		波长/nm	质量浓度范围/（μg/L）
Ag	0.2	328.1	1～25
As	1（水样）	193.7	5～100（水样）
Ba	2	553.6	
Be	0.2	234.9	1～30
Cd	0.1	228.8	0.5～10
Co	1	240.7	5～100
Cr	1	357.9	5～100
Cu	1	324.7	5～100
Fe	1	248.3	5～100
Mn	0.2	279.5	1～30
Mo（p）	1	313.3	3～60
Ni	—	232.0	5～50
Pb	1	283.3	5～100
Sb	3	217.6	20～300
Se	2	196.0	
Tl	1	276.8	5～100
V（p）	4	318.4	10～200
Zn	0.05	213.9	0.2～4

注：1. 符号（p）指使用热解石墨管的石墨炉法；
2. 所列出的值是在 20 μl 进样量和使用通常的气体流量，As 和 Se 则是在原子化阶段停气。

C.2　原理

样品溶液雾化后在石墨炉中经过蒸发干燥、灰化并原子化，成为基态原子蒸气，对元素空心阴极灯或无极放电灯发射的特征辐射进行选择性吸收。在一定质量浓度范围内，其吸收强度与试液中待测物的质量浓度成正比。

C.3 试剂和材料

C.3.1 试剂水，为 GB/T 6682 规定的一级水。

C.3.2 硝酸，ρ（HNO_3）＝1.42 g/ml，优级纯。

C.3.3 盐酸，ρ（HCl）＝1.19 g/ml，优级纯。

C.3.4 空气，可由空气压缩机或者压缩空气钢瓶提供。

C.3.5 氩气，高纯。

C.3.6 金属标准贮备液，1 000 mg/L：使用市售的标准溶液；或用水和硝酸溶解高纯金属、氧化物或不吸湿的盐类制备。

各元素的金属标准贮备液配制具体要求见表 C.2。

表 C.2 各元素的金属标准贮备液配制具体要求

元素	金属标准贮备液配制具体要求
Ag	称取 0.787 4 g 无水硝酸银溶解于含 5 ml 浓 HNO_3 的试剂水中，定容至 1 L
As	称取 1.320 g 三氧化二砷溶解于 100 ml 含有 4 g NaOH 的试剂水中，用 20 ml 浓 HNO_3 酸化后，定容至 1 L
Ba	称取 1.778 7 g 氯化钡（$BaCl_2$•$2H_2O$）溶解于试剂水中，定容至 1 L
Be	称取 11.658 6 g 硫酸铍溶解于含 2 ml 浓 HNO_3 的试剂水中，定容至 1 L
Ca	称取 2.500 g 碳酸钙（于 180℃干燥 1 h 后使用）溶解于含 2 ml 稀盐酸的试剂水中，定容至 1 L
Cd	称取 1.000 g 金属镉溶解于 20 ml1∶1 的 HNO_3 中，用试剂水定容至 1 L
Co	称取 1.000 g 金属钴溶解于 20 ml1∶1 HNO_3 溶液中，用试剂水定容至 1 L。也可用钴（Ⅱ）的氯化物或硝酸盐（不含结晶水）配制
Cr	称取 1.923 g 三氧化铬（CrO_3）溶解于用重蒸馏的 HNO_3 酸化的试剂水中，定容至 1 L
Cu	称取 1.000 g 电解铜溶解于 5 ml 重蒸馏的 HNO_3 中，用试剂水定容至 1 L
Fe	称取 1.000 g 金属铁溶解于 10 ml 重蒸馏的 HNO_3（为防止钝化应加少量水）中，用试剂水定容至 1 L
Mn	称取 1.000 g 金属锰溶解于 10 ml 重蒸馏的 HNO_3 中，用试剂水定容至 1 L
Mo	称取 1.840 g 钼酸铵$(NH_4)_6Mo_7O_{24}$•$4H_2O$ 溶解于试剂水中，定容至 1 L
Ni	称取 4.953 g 硝酸镍 $Ni(NO_3)_2$•$6H_2O$ 溶解于试剂水中，定容至 1 L
Pb	称取 1.599 g 硝酸铅溶解于试剂水中，加入 10 ml 重蒸馏的 HNO_3 酸化，用试剂水定容至 1 L
Sb	称取 2.742 6 g 酒石酸锑钾 $K(SbO)C_4H_4O_6$•$1/2H_2O$ 溶解于试剂水中，定容至 1 L
Se	称取 0.345 3 g 亚硒酸（H_2SeO_3 实际含量 94.6%）溶解于试剂水中，定容至 200 ml
Tl	称取 1.303 g 硝酸铊溶解于试剂水中，加入 10 ml 浓 HNO_3 酸化，用试剂水定容至 1 L
V	称取 1.785 4 g 五氧化二钒溶解于 10 ml 浓 HNO_3 中，用试剂水定容至 1 L
Zn	称取 1.000 g 金属锌溶解于 10 ml 浓 HNO_3 中，用试剂水定容至 1 L

C.3.7 标准使用液：逐级稀释金属贮备液制备标准使用液，配制一个空白和至少 3 个浓度的标准使用液，其浓度由低至高按等比排列，且应落在标准曲线的线性部分。标准使用液中酸的种类和质量浓度应与处理后试样中的相同[0.5%（体积分数）HNO_3]。

有些元素的标准溶液和试样中需加入特定的基体改进剂以消除各种干扰，具体要求见表 C.3。

表 C.3 各元素的标准溶液和试样中要求的基体改进剂

元素	基体改进剂
As	试样和校准溶液中应含 1 ml 浓 HNO_3、2 ml 30%H_2O_2 和 2 ml 5%的 $Ni(NO_3)_2$/100 ml 溶液 [1]
Cd	试样和校准溶液中应含 2 ml 40%$(NH_4)_3PO_4$/100 ml 溶液 [2]
Cr	试样和校准溶液中应含 0.5%（体积分数）HNO_3、1 ml30%H_2O_2 和 1 ml $Ca(NO_3)_2$/100 ml 溶液 [3]
Mo	试样和校准溶液中均应含 2 ml $Al(NO_3)_3$/100 ml 溶液 [4]
Sb	试样和校准溶液中应含 0.2%（体积分数）HNO_3 和 1%～2%（体积分数）HCl
Se	试样和校准溶液中应含 1 ml 浓 HNO_3、2 ml 30%H_2O_2 和 2 ml 5%的 $Ni(NO_3)_2$/100 ml 溶液 [1]

注：1．$Ni(NO_3)_2$ 溶液（5%）：称取 24.780 g $Ni(NO_3)_2 \cdot 6H_2O$ 溶解于试剂水中，定容至 100 ml；

2．$(NH_4)_3PO_4$（40%）：称取 40 g$(NH_4)_2HPO_4$ 溶解于试剂水中，定容至 100 ml；

3．$Ca(NO_3)_2$：称取 11.8 g $Ca(NO_3)_2 \cdot 4H_2O$ 溶解于试剂水中，定容至 100 ml；

4．$Al(NO_3)_3$ 溶液：称取 139 g $Al(NO_3)_3 \cdot 9H_2O$ 溶解于 150 ml 水中（加热溶解），冷却并定容至 200 ml。

C.4 仪器、装置及工作条件

C.4.1 仪器及装置

C.4.1.1 石墨炉原子吸收分光光度计：单道或双道，单光束或双光束仪器具有光栅单色器、光电倍增检测器，可调狭缝，190～800 nm 的波长范围，有背景校正装置和数据处理。

C.4.1.2 单元素空心阴极灯。

C.4.1.3 各种量程微量移液器。

C.4.1.4 玻璃仪器：容量瓶、样品瓶、烧杯等。

C.4.2 工作条件

不同型号的仪器最佳测试条件不同，可根据厂家的使用说明书自行选择。采用的测量条件如下：

C.4.2.1 进样量为 20 μl。

C.4.2.2 各元素测定时使用的工作波长见表 C.1。

C.4.2.3 各元素测定时的干燥时间为 30 s，温度为 125℃。

C.4.2.4 各元素测定时的灰化时间和温度见表 C.4。

C.4.2.5 各元素测定时的原子化时间和温度见表 C.4。

表 C.4 各元素测定的灰化时间和温度

元素	灰化阶段		原子化阶段	
	时间/s	温度/℃	时间/s	温度/℃
Ag	30	400	10	2 700
Ba	30	1 200	10	2 800
Be	30	1 000	10	2 800
Cd	30	500	10	1 900
Co	30	900	10	2 700
Cr	30	1 000	10	2 700
Cu	30	900	10	2 700
Fe	30	1 000	10	2 700
Mn	30	1 000	10	2 700
Mo	30	1 400	10	2 800
Ni	30	800	10	2 700
Pb	30	500	10	2 700

元素	灰化阶段		原子化阶段	
	时间/s	温度/℃	时间/s	温度/℃
Sb	30	800	10	2 700
Tl	30	400	10	2 400
V	30	1 400	10	2 800
Zn	30	400	10	2 500

C.4.2.6 测定时使用的净化气为氩气。

C.5 样品的采集、保存和预处理

C.5.1 所有的采样容器都应预先用洗涤剂、酸和试剂水洗涤，塑料和玻璃容器均可使用。如果要分析极易挥发的硒、锑和砷化合物，要使用特殊容器（如：用于挥发性有机物分析的容器）。

C.5.2 水样必须用硝酸酸化至 pH＜2。

C.5.3 非水样品应冷藏保存，并尽快分析。

C.5.4 当分析样品中可溶性砷时，不要求冷藏，但应避光保存，温度不能超过室温。

C.5.5 为了抑制六价铬的化学活性，样品和提取液分析前均应在 4℃下贮存，最长的保存时间为 24 h。

C.5.6 银的标准和样品都应贮于棕色瓶中，并放置在暗处。

C.6 干扰的消除

C.6.1 由于石墨炉法是在惰性气氛中发生原子化，使形成氧化物的问题大大减少，但该技术仍会遇到化学干扰。在分析中，试样的基体成分也会有很大影响。对于每种不同基体试样的分析，必须确定并考虑到这些干扰影响。为了帮助验证没有基体化学干扰存在，可使用逐次稀释技术（附录 1），如果表明这些试样中有干扰存在，应该用下述的一种或多种方法进行处理。

（1）逐次稀释并重复分析试样，以便消除干扰。

（2）改良试样基体，以消除干扰成分或稳定被分析物。例如：加入硝酸铵除去碱金属氯化物，加入磷酸铵稳定镉。将氢气和惰性气体混合，也可用于抑制化学干扰，氢能起到还原剂和帮助分子解离的作用。

（3）用标准加入法分析试样时要谨慎，注意使用标准加入法的局限性（C.9.8）。

C.6.2 在原子化过程中，产生的气体可能会有分子吸收带而覆盖分析波长。当发生这种情况时，可用背景校正或选择次灵敏波长加以解决。背景校正也能补偿非特征宽带吸收干扰。

C.6.3 连续背景校正不能校正所有的背景干扰。当背景校正不能补偿背景干扰时，可将被分析物进行化学分离，或者使用其他背景校正方法，如塞曼背景校正。

C.6.4 来自样品基体的烟雾干扰，往往在更高温度下延长灰化时间，或者利用在空气中循环灰化加以消除，必须充分注意防止被分析物的损失。

C.6.5 对于含有大量有机质的试样，在进样之前应进行消解氧化，这样会使宽带吸收减至最小。

C.6.6 对石墨炉的阴离子干扰研究表明，在非恒温条件下，采用硝酸更为适宜。因此在消解或溶解过程中，常使用硝酸。如果除硝酸外还需使用其他酸，应该加入最小量，尤其是使用盐酸时更是如此，使用硫酸和磷酸时也不能多加。

C.6.7 石墨炉的化学环境会导致碳化物的生成，钼可是一个例证。当碳化物形成时，金属从形成的金属碳化物中释放很慢，且难以继续原子化。在信号回到基线以前，钼需要 30 s 或更长的原子化时间。用热解涂层石墨管能大大地减少碳化物的形成，并提高灵敏度。在表 C.1 中，用符号（p）标示出了易形成碳化物的元素。

C.6.8 由于石墨炉法可以达到极高的灵敏度，所以交叉污染和试样污染是误差的主要来源。制备试样的工作区域应该保持彻底的清洁。所有玻璃仪器应该用 1∶5 的硝酸浸泡，并用自来水和试剂水洗净。应该特别注意在分析过程中和分析结果校正中遇到的试剂空白的影响。热解石墨管的生产和处理过程也会受到污染，在使用前，需要用高温空烧 5～10 次，以净化石墨管。

部分元素测定过程中消除干扰的特殊要求见表 C.5。

表 C.5 测定过程消除干扰的特殊要求

元素	消除干扰的特殊要求
Ag	1. 标准溶液应贮于棕色瓶中； 2. 应避免使用盐酸； 3. 应用高于原子化温度的温度清洁石墨管，以消除记忆效应
As	1. 在样品处理过程中，应通过加标样或相应标准参考物质确定所选择的消解方法是否适宜； 2. 应注意在干燥和灰化过程中温度和时间的选择。在分析前，将硝酸镍加入消解液中，可减少干燥和灰化时 As 的挥发损失； 3. 用氘灯进行背景校正时，Al 有严重的正干扰，应使用塞曼背景校正或其他有效的背景校正技术； 4. 在原子化阶段，如果空烧发现有记忆效应，应在分析过程中定时用满负荷空烧石墨炉以清洁石墨管
Ba	1. 钡在石墨炉中可以形成不易挥发的碳化钡，造成灵敏度降低和记忆效应； 2. 被测物在石墨炉光路中长时间的滞留和高的质量浓度，会导致严重的物理和化学干扰，应对石墨炉参数进行最优化以减小这种影响； 3. 不得使用卤酸
Be	应对石墨炉参数进行最优化以减小被测物在石墨炉光路中长时间的滞留和高质量浓度导致的物理和化学干扰
Cd	1. 过量的氯会使 Cd 提前挥发，应用磷酸铵作基体改进剂以减少这种损失； 2. 应使用“无镉型”移液头
Co	应使用标准加入法消除过量氯化物干扰
Cr	低质量浓度的钙和（或）磷酸盐可能引起干扰。当质量浓度高于 200 mg/L 时，钙的影响是不变的，磷酸盐的影响消失，因此，可以加入硝酸钙以保持已知的恒定影响
Mo	1. 钼易形成碳化物，应使用热解涂层石墨管； 2. 钼易产生记忆效应，在分析高质量浓度的样品或标准后，应消除石墨管的记忆效应
Ni	为避免记忆效应，用于 As 和 Se 分析的石墨管和连接环不可再用于 Ni 的分析
Pb	若回收率低，应加入基体改良剂：在石墨炉自动进样杯中，加入 10 μl 磷酸于 1 ml 样品中，混合均匀
Se	1. 在样品处理过程中，应通过加标样或相应标准参考物质确定所选择的消解方法是否适宜； 2. 应注意在干燥和灰化过程中温度和时间的选择。在分析前，将硝酸镍加入消解液中，可减少干燥和灰化时 Se 的挥发损失； 3. 用氘灯进行背景校正时，Fe 有严重的正干扰，应使用塞曼背景校正； 4. 在原子化阶段，应在分析过程中定时用满负荷空烧炉子以清洁石墨管，消除记忆效应； 5. 氯化物（＞800 mg/L）和硫酸盐（＞200 mg/L）将干扰 Se 的分析，应加入硝酸镍（Ni 的质量分数 1%）以减少干扰
Sb	当高质量浓度 Pb 存在时，在 217.6 nm 共振线处产生光谱干扰，应使用 231.1 nm 锑线测定；或用塞曼背景校正

元素	消除干扰的特殊要求
Tl	1. 对于每一种基体的样品，必须用加标样或标准加入法检验铊是否损失； 2. 可使用钯作为基体改良剂
V	在分析前后，应清洗石墨管，以消除记忆效应

C.7 分析步骤

C.7.1 配制试液，包括金属标准贮备液和标准使用液。

C.7.2 进行干扰的消除和背景校正。

C.7.3 参照仪器说明书设定仪器最佳工作条件。

C.7.4 测定标准使用液的吸光度，用质量浓度及对应的吸光度值绘制标准曲线。

C.7.5 测定实验样品和质控样品的吸光度或质量浓度值。

C.8 结果计算

C.8.1 用本法进行金属质量浓度测定，可从校准曲线或者仪器的直读系统得到金属质量浓度（μg/L）值。

C.8.2 如果试样进行稀释，则试样中金属的质量浓度需要用下式计算：

$$\rho\text{（μg/L）} = A \times (\frac{C+B}{C})$$

式中：A——从校准曲线查出的稀释样份中的金属质量浓度，μg/L；

B——稀释用的酸空白基体体积，ml；

C——样份体积，ml。

C.8.3 对于固体试样，根据试样质量并用μg/kg 报告含量：

$$w_{湿}\text{（μg/kg）} = \frac{A \times V}{m}$$

式中：A——从校准曲线得到的处理后试样中的金属质量浓度，μg/L；

V——处理后试样的最终体积，ml；

m——试样重量，g。

C.9 质量保证和控制

C.9.1 所有的质控数据应该保留，以便参考或检查。

C.9.2 每天必须至少用一个试剂空白和三个标准制作一条标准曲线，用至少一个试剂空白和一个质量浓度位于或接近中间范围的验证标准（由参考物质或另一份标准物质配制）进行检验，验证标准的检验结果必须在真值的 10%以内，该标准曲线才可使用。

C.9.3 每测试 10 个试样后，应做一个校核标准。校核标准可以帮助检查石墨管的寿命和性能。若标准的再现性不好，或者标准信号有重大变化，表明应该更换石墨管。

C.9.4 如果每天分析的样品数多于 10 个，则每做完 10 个试样，要用质量浓度位于中间范围的标准或验证标准对工作曲线进行验证，检验结果必须在真值的±20%以内，否则要将前 10 个试样重新测定。

C.9.5 在每批测试试样中，至少应该有一个加标样和一个加标双样。

C.9.6　当试样基体十分复杂，以致其黏度、表面张力和成分不能用标准准确地匹配时，应使用 C.9.7 的方法判断是否需要使用标准加入法，标准加入法的相关内容见 C.9.8。

C.9.7　干扰试验

C.9.7.1　稀释试验：在试样中选一个有代表性的试样做逐次稀释以确定是否有干扰存在，试样中分析元素的质量浓度至少为其检出限的 25 倍。测定未稀释试样的质量浓度，将试样稀释至少 5 倍（1+4）后再进行分析。如果所有试样的质量浓度均低于检出限的 10 倍，要做下面所述的加标回收分析。若未稀释试样和稀释了 5 倍的试样的测定结果一致（相差在 10%以内），则表明不存在干扰，不必采用标准加入法分析。

C.9.7.2　回收率试验：如果稀释试验的结果不一致，则可能存在基体干扰，需要做加标样品分析以确认稀释试验的结论。另取一份试样，加入已知量的被测物使其质量浓度为原有质量浓度的 2～5 倍。如果所有样品所含的分析物质量浓度均低于检出限，按检出限的 20 倍加标。分析加标样品并计算回收率，如果回收率低于 85%或高于 115%，则所有样品均要用标准加入法测定。

C.9.8　标准加入法：标准加入法是向一份或多份备好的样品溶液中加入已知量的标准。通过增加待测组分，提高或降低分析信号，使其斜率与校准曲线产生偏差。不应加入干扰组分，这样会造成基线漂移。

C.9.8.1　标准加入技术的最简单形式是单点加入法。取两份相同的样份，每份体积为 V_X。在第 1 份（称为 A）加入已知体积为 V_S、质量浓度为 ρ_S 的标准溶液，在第 2 份（称为 B）中加入相同体积 V_S 的基体溶剂。测量 A 和 B 的吸收信号，并校正非被测元素的信号，则未知的试样浓度 ρ_X 计算如下：

$$\rho_X = \frac{S_B \times V_S \times \rho_S}{(S_A - S_B) \times V_X}$$

式中，S_A 和 S_B 分别是溶液 A 和 B 在校正空白后的吸收信号。应该选择 V_S 和 ρ_S，使 S_A 大约是 S_B 平均信号的 2 倍，以避免试样基体的过度稀释。如果使用了分离或浓缩手段，最好一开始就进行加标，使其能够经过制样的整个过程。

C.9.8.2　通过使用系列标准加入可使结果得到改善。加入一系列含有不同已知浓度的标准后，为了使试样的体积相同，所有试样都要稀释到相同的体积，例如：1 号加标样的质量浓度应该大约是样品中待测物所产生的吸收的 50%，2 号和 3 号加标样的质量浓度应该大约是样品中待测物所产生的吸收的 100%和 150%。测定每份试样的吸收值，以吸收值为纵坐标，以标准的已知质量浓度为横坐标作图，将曲线外推至零吸收处，其与横坐标的交点即为试样中待测组分的原有质量浓度。纵坐标左右两侧的横坐标的刻度值相同，大小相反。

C.9.8.3　标准加入法是十分有效的，但是必须注意以下的制约条件：（1）标准加入的质量浓度应该在标准曲线的线性范围内，为了得到最好的结果，标准加入法标准曲线的斜率应该与水标准曲线的斜率大体相同。如果斜率明显不同（大于 20%），使用时应该慎重。（2）干扰影响不应该随分析物质量浓度和试样基体比的改变而变化，并且加入标准应该与被分析物有同样的响应。（3）在测定中必须没有光谱干扰，并能校正非特征背景干扰。

附录 D（资料性附录）

固体废物　金属元素的测定　火焰原子吸收光谱法

Solid wastes—Determination of metal elements
—Flame atomic absorption spectrometry

D.1　范围

本方法适用于固体废物和固体废物浸出液中银（Ag）、铝（Al）、钡（Ba）、铍（Be）、钙（Ca）、镉（Cd）、钴（Co）、铬（Cr）、铜（Cu）、铁（Fe）、钾（K）、锂（Li）、镁（Mg）、锰（Mn）、钼（Mo）、钠（Na）、镍（Ni）、锇（Os）、铅（Pb）、锑（Sb）、锡（Sn）、锶（Sr）、铊（Tl）、钒（V）、锌（Zn）的火焰原子吸收光谱测定。

本方法对各种元素的检出限、灵敏度及定量测定范围见表 D.1。

表 D.1　各元素的检出限、灵敏度及定量测定范围

元素	检出限/（mg/L）	灵敏度/（mg/L）	最佳浓度范围	
			波长/nm	质量浓度范围/（mg/L）
Ag	0.01	0.06	328.1	
Al	0.1	1	309.3	5～50
Ba	0.1	0.4	553.6	1～20
Be	0.005；低于 0.02 时建议用石墨炉法	0.025	234.9	0.05～2
Ca	0.01	0.08	422.7	0.2～7
Cd	0.005；低于 0.02 时建议用石墨炉法	0.025	228.8	0.5～2
Co	0.05；低于 0.1 时建议用石墨炉法	0.2	240.7	0.5～5
Cr	0.05；低于 0.2 时建议用石墨炉法	0.25	357.9	0.5～10
Cu	0.02	0.1	324.7	0.2～5
Fe	0.03	0.12	248.3	0.2～5
K	0.01	0.04	766.5	0.1～2
Li	0.002	0.04	670.8	0.1～2
Mg	0.001	0.007	285.2	0.02～0.05
Mn	0.01	0.05	279.5	0.1～3
Mo	0.1；低于 0.2 时建议用石墨炉法	0.4	313.3	1～40
Na	0.002	0.015	589.6	0.03～1
Ni	0.04	0.15	232.0	0.3～5
Os	0.3	1	290.0	
Pb	0.1；低于 0.2 时建议用石墨炉法	0.5	283.3	1～20
Sb	0.2；低于 0.35 时建议用石墨炉法	0.5	217.6	1～40
Sn	0.8	4	286.3	10～300
Sr	0.03	0.15	460.7	0.3～5
Tl	0.1；低于 0.2 时建议用石墨炉法	0.5	276.8	1～20
V	0.2；低于 0.5 时建议用石墨炉法	0.8	318.4	2～100
Zn	0.005；低于 0.01 时建议用石墨炉法	0.02	213.9	0.05～1

D.2 原理

样品溶液雾化后在火焰原子化器中被原子化，成为基态原子蒸气，对元素空心阴极灯或无极放电灯发射的特征辐射进行选择性吸收。在一定质量浓度范围内，其吸收强度与试液中待测物的质量浓度成正比。

D.3 试剂和材料

D.3.1 试剂水，为 GB/T 6682 规定的一级水。

D.3.2 硝酸，ρ（HNO_3）＝1.42 g/ml，优级纯。

D.3.3 盐酸，ρ（HCl）＝1.19 g/ml，优级纯。

D.3.4 乙炔，高纯。

D.3.5 空气，可由空气压缩机或压缩空气钢瓶提供。

D.3.6 氧化亚氮，高纯。

D.3.7 金属标准贮备液，1 000 mg/L：使用市售的标准溶液；或用水和硝酸或盐酸，溶解高纯金属、氧化物或不吸湿的盐类制备。

各种元素标准贮备液配制的具体要求见表 D.2。

表 D.2 各元素的金属标准贮备液配制具体要求

元素	金属标准贮备液配制具体要求
Ag	称取 0.787 4 g 无水硝酸银溶解于含 5 ml 浓 HNO_3 的试剂水中，定容至 1 L
Al	称取 1.00 0 g 金属 Al 溶解于温热的稀盐酸中，用试剂水定容至 1 L
Ba	称取 1.778 7 g 氯化钡（$BaCl_2 \cdot 2H_2O$）溶解于试剂水中，定容至 1 L
Be	称取 11.658 6 g 硫酸铍溶解于含 2 ml 浓 HNO_3 的试剂水中，定容至 1 L
Ca	称取 2.500 g 碳酸钙（于 180℃干燥 1 h 后使用）溶解于含 2 ml 稀盐酸的试剂水中，定容至 1 L
Cd	称取 1.000 g 金属镉溶解于 20 ml 1∶1 的 HNO_3 中，用试剂水定容至 1 L
Co	称取 1.000 g 金属钴溶解于 20 ml 1∶1 HNO_3 溶液中，用试剂水定容至 1 L。也可用钴（Ⅱ）的氯化物或硝酸盐（不含结晶水）配制
Cr	称取 1.923 g 三氧化铬（CrO_3）溶解于用重蒸馏的 HNO_3 酸化的试剂水中，定容至 1 L
Cu	称取 1.000 g 电解铜溶解于 5 ml 重蒸馏的 HNO_3 中，用试剂水定容至 1 L
Fe	称取 1.000 g 金属铁溶解于 10 ml 重蒸馏的 HNO_3（为防止钝化应加少量水）中，用试剂水定容至 1 L
K	称取 1.907 g 氯化钾（于 110℃干燥 1 h 后使用）溶解于试剂水中，定容至 1 L
Li	称取 5.324 g 碳酸锂溶于少量的 1∶1 盐酸中，用试剂水定容至 1 L
Mg	称取 1.000 g 金属镁溶解于 20 ml 1∶1HNO_3 中，用试剂水定容至 1 L
Mn	称取 1.000 g 金属锰溶解于 10 ml 重蒸馏的 HNO_3 中，用试剂水定容至 1 L
Mo	称取 1.840 g 钼酸铵$(NH_4)_6Mo_7O_{24} \cdot 4H_2O$ 溶解于试剂水中，定容至 1 L
Na	称取 2.542 g 氯化钠溶解于试剂水中，加入 10 ml 重蒸馏的 HNO_3 酸化，用试剂水定容至 1 L
Ni	称取 1.000 g 金属镍或 4.953 g 硝酸镍 $Ni(NO_3)_2 \cdot 6H_2O$ 溶解于 10 ml HNO_3 中，用试剂水定容至 1 L
Os	因 Os 及其化合物具有极高毒性，因此建议购买标准溶液
Pb	称取 1.599 g 硝酸铅溶解于试剂水中，加入 10 ml 重蒸馏的 HNO_3 酸化，用试剂水定容至 1 L
Sb	称取 2.742 6 g 酒石酸锑钾 $K(SbO)C_4H_4O_6 \cdot 1/2H_2O$ 溶解于试剂水中，定容至 1 L
Sn	称取 1.000 g 金属锡溶解于 100 ml 浓盐酸中，用试剂水定容至 1 L
Sr	称取 2.415 g 硝酸锶溶解于 10 ml 浓盐酸和 700 ml 水中，用试剂水定容至 1 L
Tl	称取 1.303 g 硝酸铊溶解于试剂水中，加入 10 ml 浓 HNO_3 酸化，用试剂水定容至 1 L
V	称取 1.785 4 g 五氧化二钒溶解于 10 ml 浓 HNO_3 中，用试剂水定容至 1 L
Zn	称取 1.000 g 金属锌溶解于 10 ml 浓 HNO_3 中，用试剂水定容至 1 L

D.3.8 标准使用液：逐级稀释金属贮备液制备标准使用液，配制一个空白和至少 3 个质量浓度的标准使用液，其质量浓度由低至高按等比排列，且应落在标准曲线的线性部分。标准使用液中酸的种类和质量浓度应与处理后试样中的相同[0.5%（体积分数）HNO_3]。

有些元素的标准溶液和试样中须加入特定的基体改进剂以消除各种干扰，具体要求见表 D.3。

表 D.3 各元素的标准溶液和试样中要求的基体改进剂

元素	基体改进剂
Al	试样和校准溶液中均应含 2 ml KCl/100 ml 溶液[1]
Ba	试样和校准溶液中均应加入电离抑制剂
Ca	试样和校准溶液中均应含 20 ml $LaCl_3$/100 ml 溶液[2]
Mg	试样和校准溶液中应含 10 ml $LaCl_3$/100 ml 溶液[2]
Mo	试样和校准溶液中均应含 2 ml $Al(NO_3)_3$/100 ml 溶液[3]
Os	试样和校准溶液中应含 1%（体积分数）HNO_3 和 1%（体积分数）H_2SO_4
Sb	试样和校准溶液中应含 0.2%（体积分数）HNO_3 和 1%～2%（体积分数）HCl
Sr	试样和校准溶液中应含 10 ml $LaCl_3$/KCl/100 ml 溶液[4]
V	试样和校准溶液中均应含 2 ml $Al(NO_3)_3$/100 ml 溶液[3]

注：1. KCl 溶液：称取 95 g 氯化钾（KCl）溶解于水中并定容至 1 L；

2. $LaCl_3$ 溶液：称取 29 g 氧化镧（La_2O_3）溶解于 250 ml 浓 HCl（注意：反应激烈），并用试剂水定容至 500 ml；

3. $Al(NO_3)_3$ 溶液：称取 139 g 硝酸铝 $Al(NO_3)_3 \cdot 9H_2O$ 溶解于 150 ml 水中（加热溶解），冷却并定容至 200 ml；

4. $LaCl_3$/KCl 溶液：称取 11.73 g 氧化镧（La_2O_3）溶解少量的（大约 50 ml）浓 HCl 中（注意：反应激烈），加入 1.91 g 氯化钾（KCl），将溶液冷却至室温，用试剂水定容至 100 ml。

D.4 仪器、装置及工作条件

D.4.1 仪器及装置

D.4.1.1 原子吸收分光光度计：单道或双道，单光束或双光束仪器具有光栅单色器、光电倍增检测器，可调狭缝，190～800 nm 的波长范围，有背景校正装置和数据处理。

D.4.1.2 燃烧器，以氧化亚氮为助燃气的元素测定须使用高温燃烧器。

D.4.1.3 单元素空心阴极灯。

D.4.1.4 各种量程的微量移液器。

D.4.1.5 玻璃仪器：容量瓶、样品瓶、烧杯等。

D.4.2 工作条件

不同型号的仪器最佳测试条件不同，可根据厂家的使用说明书自行选择。本方法采用的测量条件如下：

D.4.2.1 各元素测定时使用的空心阴极灯工作波长见表 D.1。

D.4.2.2 燃气：乙炔。

D.4.2.3 各元素测定时使用的助燃气类型见表 D.4。

表 D.4 各元素测定时使用的助燃气类型

助燃气类型	元素
空气	Ag、Cd、Co、Cu、Fe、K、Li、Mg、Mn、Na、Ni、Pb、Sb、Sr、Tl、Zn
氧化亚氮	Al、Ba、Be、Ca、Cr、Mo、Os、Sn、V

D.4.2.4 各元素测定时使用的火焰类型见表 D.5。

表 D.5 各元素测定时使用的火焰类型

火焰类型	元素
富燃	Al、Ba、Be、Cr、Mo、Sn、V
贫燃	Ag、Cd、Co、Cu、Fe、K、Li、Mg、Na、Ni、Pb、Os、Sb、Sr、Tl、Zn
略贫燃	Ca、Mn

注：测定 Ca 时，乙炔量按 Ca 的化学计量调整。

D.4.2.5 测定时要求背景校正的元素包括：Ag、Be、Cd、Co、Cu、Fe、Mg、Mn、Mo、Ni、Os、Pb、Sb、Sn、Tl、V、Zn。

D.5 样品的采集、保存和预处理

D.5.1 所有的采样容器都应预先用洗涤剂、酸和试剂水洗涤，塑料和玻璃容器均可使用。如果要分析极易挥发的硒、锑和砷化合物，要使用特殊容器（如用于挥发性有机物分析的容器）。

D.5.2 水样必须用硝酸酸化至 pH 小于 2。

D.5.3 非水样品应冷藏保存，并尽快分析。

D.5.4 当分析样品中可溶性砷时，不要求冷藏，但应避光保存，温度不能超过室温。

D.5.5 为了抑制六价铬的化学活性，样品和提取液分析前均应在 4℃下贮存，最长的保存时间为 24 h。

D.5.6 银的标准和样品都应贮于棕色瓶中，并放置在暗处。

D.6 干扰的消除

D.6.1 当火焰温度不足以使分子解离时，会由于在火焰中原子受到分子的束缚而使吸收减少，如磷酸盐对 Mg 的干扰。或者当解离出的原子立刻被氧化成化合物时，在此火焰温度下将不能再解离。因此在 Mg、Ca 和 Ba 的测定中，加入 La 可以去除磷酸盐的干扰；在 Mn 的测定中加入 Ca 也能消除 Si 的干扰。这种干扰也可以通过从干扰物质中分离出待测金属来消除。此外，还可利用主要用于提高分析灵敏度的络合剂来消除或减少干扰。

D.6.2 试样中可溶解性固体的含量很高时，会产生类似光散射的非原子吸收干扰。当用背景校正仍无效时，应用非吸收波长校正，并应提取出试样所含有的大量固体物质。

D.6.3 当火焰温度高到足以导致中性原子失去电子而成为带正电荷的离子时，会发生电离干扰。在标准和试样中都加入过量的易电离元素如 K、Na、Li 或 Cs，可控制这类干扰。

D.6.4 试样中共存的某种非测定元素的吸收波长位于待测元素吸收线的带宽时，会发生光谱干扰。由于干扰元素的影响，将使原子吸收信号的测定结果异常高，当多元素灯的其他金属或阴极灯中的金属杂质产生的共振辐射恰在选定的狭缝通带的情况下，也会产生光谱干扰。应采用小的狭缝通带以减少这类干扰。

D.6.5　试样和标准的黏度差异会改变吸入速率，应引起注意。

D.6.6　在消解试液中各种金属的稳定性不同，尤其是消解液中仅含 HNO_3（不是同时含 HNO_3 和 HCl）时，消解液应尽快分析，并且优先分析 Sn、Sb、Mo、Ba 和 Ag。

部分元素测定过程中消除干扰的特殊要求见表 D.6。

表 D.6　测定过程消除干扰的特殊要求

元素	消除干扰的特殊要求
Ag	1. 标准溶液应贮于棕色瓶中； 2. 不能使用盐酸； 3. 应检测试样和标准的黏度差异
Ba	必须设定高的灯电流和窄的光谱通带
Be	质量浓度超过 100 mg/L 的 Al 会抑制 Be 的吸收，加入 0.1%的氟化物能有效地消除这一干扰。高质量浓度的 Mg 和 Si 也产生类似的干扰，须用标准加入法加以克服
Ca	1. 由于所有的环境样品中 Ca 的含量很高，应稀释至方法的线性范围； 2. PO_4^{3-}、SO_4^{2-}和 Al 会产生干扰，高质量浓度的 Mg、Na 和 K 也干扰 Ca 的测定
Co	过量的其他过渡金属会轻微抑制 Co 的信号，应使用基体匹配或标准加入法
Cr	如果样品中的碱金属含量比标准高很多，应当在样品和标准中加入电离抑制剂
Ni	1. 高质量浓度的 Fe、Co 和 Cr 会造成干扰，应配制相同的基体或使用氧化亚氮作为助燃气； 2. 对中至高质量浓度的 Ni，应该对样品进行稀释或使用 352.4 nm
Os	1. 标准必须当日配制，且样品制备方法对样品基体的适用性必须经过验证； 2. 应检测样品和标准的黏度差异
Sb	1. 当 1 000 mg/L Pb 存在时，在 217.6 nm 共振线处产生光谱干扰，应使用 231.1 nm 锑线测定； 2. 高质量浓度的 Cu、Ni 会造成干扰，应配制相同的基体或使用氧化亚氮作为助燃气
Tl	不能使用盐酸
V	加入 1 000 mg/L Al 可控制高质量浓度的 Al 或 Ti，以及 Bi、Cr、Co、Fe、醋酸、磷酸、表面活性剂、洗涤剂或碱金属的存在造成的干扰
Zn	加入锶（1 500 mg/L）可消除 Cu 和磷酸盐的干扰

D.7　分析步骤

D.7.1　配制试液，包括金属标准贮备液和标准使用液。

D.7.2　进行干扰的消除和背景校正。

D.7.3　参照仪器说明书设定仪器最佳工作条件。

D.7.4　测定标准使用液的吸光度，用质量浓度及对应的吸光度值绘制标准曲线。

D.7.5　测定实验样品和质控样品的吸光度或质量浓度值。

D.8　结果计算

D.8.1　火焰原子吸收光谱法进行金属质量浓度测定，可从校准曲线或者仪器的直读系统得到金属质量浓度（mg/L）值。

D.8.2 如果试样进行稀释，则试样中金属的质量浓度需要用下式计算：

$$\rho(\mathrm{mg/L}) = \rho \times (\frac{V+B}{V})$$

式中：ρ——从校准曲线查出的稀释样份中的金属质量浓度，mg/L；

B——稀释用的酸空白基体体积，ml；

V——样份体积，ml。

D.8.3 对于固体试样，根据试样质量并用 mg/kg 报告：

$$\omega(\mathrm{mg/kg}) = \frac{\rho \times V}{m}$$

式中：ρ——从校准曲线得到的处理后试样中的金属质量浓度，mg/L；

V——处理后试样的最终体积，ml；

m——试样重量，g。

D.9 质量保证和控制

D.9.1 所有的质控数据应该保留，以便参考或检查。

D.9.2 每天必须最少用一个试剂空白和三个标准制作一条标准曲线，用至少一个试剂空白和一个质量浓度位于或接近中间范围的验证标准（由参考物质或另一份标准物质配制）进行检验，验证标准的检验结果必须在真值的 10%以内，该标准曲线才可使用。

D.9.3 如果每天分析的样品数多于 10 个，则每做完 10 个试样，要用质量浓度位于中间范围的标准或验证标准对工作曲线进行验证，检验结果必须在真值的±20%以内，否则要将前 10 个试样重新测定。

D.9.4 在每批测试试样中，至少应该有一个加标样和一个加标双样。

D.9.5 当试样基体十分复杂，以致其黏度、表面张力和成分不能用标准准确地匹配时，应使用 D.9.6 的方法判断是否需要使用标准加入法，标准加入法的相关内容见 D.9.7。

D.9.6 干扰试验

D.9.6.1 稀释试验：在试样中选一个有代表性的试样做逐次稀释以确定是否有干扰存在，试样中分析元素的质量浓度至少为其检出限的 25 倍。测定未稀释试样的质量浓度，将试样稀释至少 5 倍（1＋4）后再进行分析。如果所有试样的质量浓度均低于检出限的 10 倍，要做下面所述的加标回收分析。若未稀释试样和稀释了 5 倍的试样的测定结果一致（相差在 10%以内），则表明不存在干扰，不必采用标准加入法分析。

D.9.6.2 回收率试验：如果稀释试验的结果不一致，则可能存在基体干扰，需要做加标样品分析以确认稀释试验的结论。另取一份试样，加入已知量的被测物使其质量浓度为原有质量浓度的 2～5 倍。如果所有样品所含的分析物质量浓度均低于检出限，按检出限的 20 倍加标。分析加标样品并计算回收率，如果回收率低于 85%或高于 115%，则所有样品均要用标准加入法测定。

D.9.7 标准加入法

标准加入法是向一份或多份备好的样品溶液中加入已知量的标准。通过增加待测组分，提高或降低分析信号，使其斜率与校准曲线产生偏差。不应加入干扰组分，这样会造成基线漂移。

D.9.7.1　标准加入技术的最简单形式是单点加入法。取两份相同的样份，每份体积为 V_X。在第 1 份（称为 A）加入已知体积为 V_S、质量浓度为 ρ_S 的标准溶液，在第 2 份（称为 B）中加入相同体积 V_S 的基体溶剂。测量 A 和 B 的吸收信号，并校正非被测元素的信号，则未知的试样质量浓度 ρ_X 计算如下：

$$\rho_X = \frac{S_B \times V_S \times \rho_S}{(S_A - S_B) \times V_X}$$

式中，S_A 和 S_B 分别是溶液 A 和 B 在校正空白后的吸收信号。应该选择 V_S 和 ρ_S，使 S_A 大约是 S_B 平均信号的 2 倍，以避免试样基体的过度稀释。如果使用了分离或浓缩手段，最好一开始就进行加标，使其能够经过制样的整个过程。

D.9.7.2　通过使用系列标准加入可使结果得到改善。加入一系列含有不同已知质量浓度的标准后，为了使试样的体积相同，所有试样都要稀释到相同的体积，例如：1 号加标样的质量浓度应该大约是样品中待测物所产生的吸收的 50%，2 号和 3 号加标样的质量浓度应该大约是样品中待测物所产生的吸收的 100%和 150%。测定每份试样的吸收值，以吸收值为纵坐标，以标准的已知质量浓度为横坐标作图，将曲线外推至零吸收处，其与横坐标的交点即为试样中待测组分的原有质量浓度。纵坐标左右两侧的横坐标的刻度值相同，大小相反。

D.9.7.3　标准加入法是十分有效的，但是必须注意以下的制约条件：（1）标准加入的质量浓度应该在标准曲线的线性范围内，为了得到最好的结果，标准加入法标准曲线的斜率应该与水标准曲线的斜率大体相同。如果斜率明显不同（大于 20%），使用时应该慎重。（2）干扰影响不应该随分析物质量浓度和试样基体比的改变而变化，并且加入标准应该与被分析物有同样的响应。（3）在测定中必须没有光谱干扰，并能校正非特征背景干扰。

固体废物　砷、锑、铋、硒的测定　原子荧光法

Solid wastes—Determination of As，Sb，Bi，Se—Atomic fluorescence spectrometry

E.1 范围

本方法适用于固体废物中砷（As）、锑（Sb）、铋（Bi）和硒（Se）的原子荧光法测定。

本方法对 As、Sb、Bi 的检出限为 0.000 1～0.000 2 mg/L；Se 为 0.000 2～0.000 5 mg/L。

本方法存在的主要干扰元素是高含量的 Cu^{2+}、Co^{2+}、Ni^{2+}、Ag^{+}、Hg^{2+}，以及形成氢化物元素之间的互相影响等。其他常见的阴阳离子无干扰。

E.2 原理

在消解处理后的水样加入硫脲，将 As、Sb、Bi 还原成三价，Se 还原成四价。

在酸性介质中加入硼氢化钾溶液，三价 As、Sb、Bi 和四价硒 Se 分别形成砷化氢、锑化氢、铋化氢和硒化氢气体，由载气（氩气）直接导入石英管原子化器中，进而在氩氢火焰中原子化。基态原子受特种空心阴极灯光源的激发，产生原子荧光，通过检测原子荧光的相对强度，利用荧光强度与溶液中的 As、Sb、Bi 和 Se 含量成正比的关系，计算样品溶液中相应成分的含量。

E.3 试剂和材料

E.3.1　硝酸，优级纯。

E.3.2　高氯酸，优级纯。

E.3.3　盐酸，优级纯。

E.3.4　氢氧化钾或氢氧化钠，优级纯。

E.3.5　0.7%硼氢化钾溶液：称取 7 g 硼氢化钾于预先加有 2 g KOH 的 200 ml 去离子水中，用玻璃棒搅拌至溶解后，用脱脂棉过滤，稀释至 1 000 ml。此溶液现用现配。

E.3.6　10%硫脲溶液：称取 10 g 硫脲微热溶解于 100 ml 去离子水中。

E.3.7　砷标准贮备溶液：称取 0.132 0 g 经过 105℃干燥 2 h 的优级纯 As_2O_3，溶于 5 ml 1 mol/L NaOH 溶液中，用 1 mol/L HCl 中和至酚酞红色褪去，稀释至 1 000 ml。此溶液 1.00 ml 含 0.1 mg As。

E.3.8　砷标准工作溶液：移取砷标准贮备溶液 5.00 ml 于 500 ml 容量瓶中，以 1 mol/L HCl 溶液定容，摇匀。此溶液 1.00 ml 含 100 μg As，再移取此溶液 10 ml 于 100 ml 容量瓶中，用 1 mol/L HCl 定容，摇匀。此溶液 1.00 ml 含 0.10 μg As。

E.3.9　锑标准贮备溶液：称取 0.119 7 g 经过 105℃干燥 2 h 的 Sb_2O_3 溶解于 80 ml HCl 中，

转入 1 000 ml 容量瓶中，补加 HCl 120 ml，用水稀释至刻度，摇匀。此溶液 1 ml 含 0.1 mg Sb。

E.3.10 锑标准工作溶液：移取锑标准贮备溶液 5.00 ml 于 500 ml 容量瓶中，以 1 mol/L HCl 溶液定容，摇匀。此溶液 1.00 ml 含 1.00 μg Sb，再移取此溶液 10 ml 于 100 ml 容量瓶中，用 1 mol/L HCl 溶液定容，摇匀。此溶液 1.00 ml 含 0.10 μg Sb。

E.3.11 铋标准贮备溶液：称取高纯金属铋 0.100 0 g 于 250 ml 烧杯中，加入 20 ml HCl（1+1），于电热板上低温加热溶解，加入 3 ml $HClO_4$ 继续加热至冒白烟，取下冷却后转移入 1 000 ml 容量瓶中，加入浓 HCl 50 ml 后，用去离子水定容。此溶液 1.00 ml 含 0.1 mgBi。

E.3.12 铋标准工作溶液：移取铋标准贮备溶液 5.00 ml 于 500 ml 容量瓶中，以 1 mol/L HCl 溶液定容，摇匀。此溶液 1.00 ml 含 1.00 μg Bi。再移取 10 ml 于 100 ml 容量瓶中，用 1 mol/L HCl 定容，摇匀。此溶液 1.00 ml 含 0.10 μg Bi。

E.3.13 硒标准贮备溶液：称取 0.100 0 g 光谱纯硒粉于 100 ml 烧杯中，加 10 ml HNO_3，低温加热溶解后，加 3 ml $HClO_4$ 蒸至冒白烟时取下，冷却后用去离子水吹洗杯壁并蒸至刚冒白烟，加水溶解，移入 1 000 ml 容量瓶中，并稀释至刻度，摇匀。此溶液 1 ml 含 0.1 mg Se。

E.3.14 硒标准工作溶液：用硒的标准贮备溶液逐级稀释至 1 ml 含 10 μg，1 ml 含 1 μg，1 ml 含 0.10 μg Se 的标准工作溶液，并保持 4 mol/L HCl 浓度。

E.4 仪器、装置及工作条件

E.4.1 仪器及装置

E.4.1.1 砷、锑、铋、硒高强度空心阴极灯。

E.4.1.2 原子荧光光谱仪。

E.4.2 工作条件

原子荧光光谱仪的工作条件见表 E.1。

表 E.1 测定条件

元素	灯电流/mA	负高压/V	氩气/（ml/min）	原子化温度/℃
砷	40～60	240～260	1 000	200
锑	60～80	240～260	1 000	200
铋	40～60	250～270	1 000	300
硒	90～100	260～280	1 000	200

E.5 样品的采集、保存和预处理

E.5.1 所有的采样容器都应预先用洗涤剂、酸和试剂水洗涤，塑料和玻璃容器均可使用。如果要分析极易挥发的硒、锑和砷化合物，要使用特殊容器（如用于挥发性有机物分析的容器）。

E.5.2 水样必须用硝酸酸化至 pH 小于 2。

E.5.3 非水样品应冷藏保存，并尽快分析。

E.5.4 当分析样品中存在可溶性砷时，不要求冷藏，但应避光保存，温度不能超过室温。

E.6 分析步骤

E.6.1 样品测定

移取 20 ml 清洁的水样或经过预处理的水样于 50 ml 烧杯中，加入 3 ml HCl，10%硫脲溶液 2 ml，混匀。放置 20 min 后，用定量加液器注入 5.0 ml 于原子荧光仪的氢化物发生器中，加入 4 ml 硼氢化钾溶液，进行测定，或通过蠕动泵进样测定（调整进样和进硼氢化钾溶液流速为 0.5 ml/s），但须通过设定程序保证进样量的准确性和一致性，记录相应的相对荧光强度值。从校准曲线上查得测定溶液中 As 或 Sb、Bi、Se 的质量浓度。

E.6.2 校准曲线的绘制

用含 As、Sb、Bi 和 Se 0.1 μg/ml 的标准工作溶液制备标准系列，在标准系列中各种金属元素的质量浓度见表 E.2。

表 E.2 标准系列各元素的质量浓度 单位：μg/L

元素	标准系列						
As	0.0	1.0	2.0	4.0	8.0	12.0	16.0
Sb	0.0	0.5	1.0	2.0	4.0	6.0	8.0
Bi	0.0	0.5	1.0	2.0	4.0	6.0	8.0
Se	0.0	1.0	2.0	4.0	8.0	12.0	16.0

准确移取相应量的标准工作溶液于 100 ml 容量瓶中，加入 12 ml HCl、8 ml 10%硫脲溶液，用去离子水定容，摇匀后按样品测定步骤进行操作。记录相应的相对荧光强度，绘制校准曲线。

E.7 结果计算

由校准曲线查得测定溶液中各元素的质量浓度，再根据水样的预处理稀释体积进行计算。

$$\rho = \frac{V_1 \rho'}{V_2}$$

式中：ρ——样品中元素的实际质量浓度，μg/L；

ρ'——从校准曲线上查得相应测定元素的质量浓度，μg/L；

V_1——测量时水样的总体积，ml；

V_2——预处理时移取水样的体积，ml。

E.8 注意事项

E.8.1 分析中所用的玻璃器皿均需用 HNO_3（1+1）溶液浸泡 24 h，或热 HNO_3 荡涤后，再用去离子水洗净后方可使用。对于新器皿，应作相应的空白检查后才能使用。

E.8.2 对所用的每一瓶试剂都应作相应的空白实验，特别是盐酸要仔细检查。配制标准溶液与样品应尽可能使用同一瓶试剂。

E.8.3 所用的标准系列必须每次配制，与样品在相同条件下测定。

附录 F（资料性附录）

固体废物　氟离子、溴酸根、氯离子、亚硝酸根、氰酸根、溴离子、硝酸根、磷酸根、硫酸根的测定　离子色谱法

Solid wastes—Determination of Fluoride, Bromate, Chloride, Nitrite, Cyanate, Bromide, Nitrate, Phosphate and sulfate—Ion chromatography

F.1　范围

本方法适用于固体废物中氟离子（F^-）、溴酸根（BrO_3^-）、氯离子（Cl^-）、亚硝酸根（NO_2^-）、氰酸根（CN^-）、溴离子（Br^-）、硝酸根（NO_3^-）、磷酸根（PO_4^{3-}）、硫酸根（SO_4^{2-}）的离子色谱法测定。

本方法对各种阴离子的检出限见表 F.1。

表 F.1　各种阴离子的检出限

阴离子	检出限/（μg/L）	阴离子	检出限/（μg/L）
F^-	14.8	BrO_3^-	5
Cl^-	10.8	NO_2^-	12.4
CN^-	20	Br^-	24.2
NO_3^-	21.4	PO_4^{3-}	62.2
SO_4^{2-}	28.8		

F.2　术语与定义

下列定义适用于本方法。

F.2.1　离子色谱：一种液相色谱，通过离子交换分离离子组分，然后用适当的检测方法检测。

F.2.2　分析柱：在保护柱后连接一支或多支分离柱组成一系列用以分离待测离子的分析系统。系列中所有柱子对分析柱的总容量均有贡献。

F.2.3　保护柱：置于分离柱之前的柱子，用于保护分离柱免受颗粒物或不可逆保留物等杂质的污染。

F.2.4　分离柱：根据待测离子保留特性，在检测前将被检测离子分离的交换柱。

F.2.5　抑制器：在分析柱和检测器之间，安装抑制器来降低淋洗液中离子组分的检测响应，增加被测离子的检测响应，进而提高信噪比。

F.2.6　淋洗液：离子流动相，样品通过交换柱的载体。

F.3　原理

固体废物中的离子用水提取。而后水溶液中的常见阴离子随碳酸盐淋洗液进入阴离子

交换分析柱中（由保护柱和分离柱组成），根据分析柱对不同离子的亲和力不同进行分离，已分离的阴离子流经电解膜抑制器转化成具有高电导率的强酸，而淋洗液则转化成低电导率的弱酸，由电导检测器测量各种离子组分的电导率，以相对保留时间定性被测离子的类型，以峰面积或峰高定量被测离子的含量。

F.4 试剂和材料

除另有说明外，本方法中所用的试剂均为符合国家标准的优级纯试剂；实验用水的电导率应接近 0.057 μS/cm（25℃）并经过 0.22 μm 微孔膜过滤。

F.4.1 淋洗液，根据所用分析柱，选择适合的淋洗液，见图 F.1。

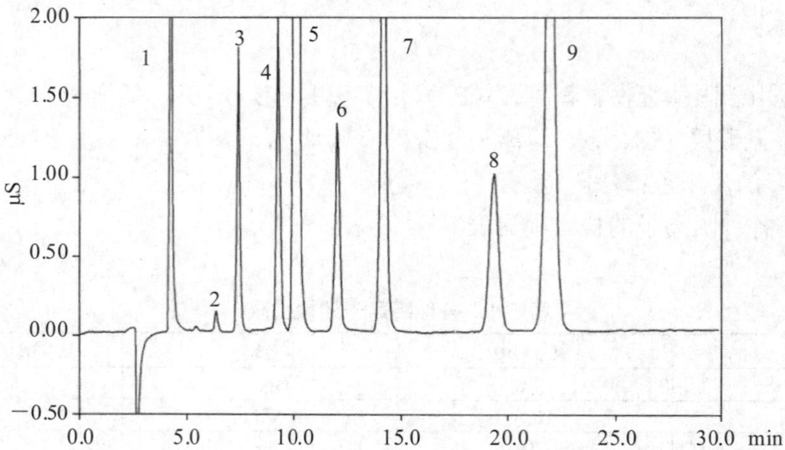

1—氟离子；2—溴酸根；3—氯离子；4—亚硝酸根；5—氰酸根；6—溴离子；7—硝酸根；8—磷酸根；9—硫酸根

图 F.1 氟离子等 9 种阴离子的分离色谱图

色谱工作条件：

分析柱：IonPac AS23 型分离柱（4 mm×250 mm）和 IonPac AG23 型保护柱（4 mm×50 mm）。

淋洗液：4.5 mmol/L Na_2CO_3/0.8 mmol/L $NaHCO_3$ 淋洗液等度淋洗，流速为 1.0 ml/min。

抑制器：Atlas 4 mm 阴离子电解膜抑制器或选用性能相当的其他电解膜抑制器，抑制电流 45 mA。

柱箱温度：30℃。

进样体积：25 μl。

F.4.1.1 碳酸钠贮备液（碳酸根的浓度为 1.0 mol/L），称取 10.600 0 g 无水碳酸钠，溶于水，并定容到 100 ml 容量瓶中。置 4℃冰箱备用，可使用 6 个月。

F.4.1.2 碳酸氢钠贮备液（碳酸氢根的浓度为 1.0 mol/L），称取 8.400 0 g 碳酸氢钠，溶于水，并定容到 100 ml 容量瓶中。置 4℃冰箱备用，可使用 6 个月。

F.4.1.3 淋洗液使用液（4.5 mmol/L Na_2CO_3～0.8 mmol/L $NaHCO_3$），吸取 4.5 ml 碳酸钠贮备液和 0.8 ml 碳酸氢钠贮备液，用纯水稀释至 1 000 ml，每日新配。

F.4.2　再生液，根据所用抑制器及其使用方式，选择去离子水为再生液，见图 F.1。

F.4.3　标准贮备液

F.4.3.1　氟离子标准贮备液（1 000 mg/L），称取 2.210 0 g 氟化钠（优级纯，105℃烘干 2 h）溶于水中，用水稀释至 1 L，储于聚丙烯或高密度聚乙烯瓶中，4℃冷藏存放。

F.4.3.2　氯离子标准贮备液（1 000 mg/L），称取 1.648 4 g 氯化钠（优级纯，105℃烘干 2 h）溶于水中，用水稀释至 1 L，储于聚丙烯或高密度聚乙烯瓶中，4℃冷藏存放。

F.4.3.3　硫酸根离子标准贮备液（1 000 mg/L），称取 1.478 7 g 无水硫酸钠（优级纯，105 ℃烘干 2 h）溶于水中，用水稀释至 1 L，储于聚丙烯或高密度聚乙烯瓶中，4℃冷藏存放。

F.4.3.4　磷酸根离子标准贮备液（1 000 mg/L），称取 1.432 4 g 磷酸二氢钾（优级纯，105 ℃烘干 2 h）溶于水中，用水稀释至 1 L，储于聚丙烯或高密度聚乙烯瓶中，4℃冷藏存放。

F.4.3.5　硝酸根离子标准贮备液（1 000 mg/L），称取 1.370 8 g 硝酸钠（优级纯，105℃烘干 2 h）溶于水中，用水稀释至 1 L，储于聚丙烯或高密度聚乙烯瓶中，4℃冷藏存放。

F.4.3.6　亚硝酸根离子贮备液（1 000 mg/L），称取 1.499 7 g 亚硝酸钠（优级纯，干燥器中干燥 24 h）溶于水中，用水稀释至 1 L，储于聚丙烯或高密度聚乙烯瓶中，4℃冷藏存放。

F.4.3.7　溴离子贮备液（1 000 mg/L），称取 1.287 5 g 溴化钠（优级纯，干燥器中干燥 24 h）溶于水中，用水稀释至 1 L，储于聚丙烯或高密度聚乙烯瓶中，4℃冷藏存放。

F.4.3.8　氰酸根离子贮备液（1 000 mg/L），称取 1.595 7 g 氰酸钠（优级纯，干燥器中干燥 24 h）溶于水中，用水稀释至 1 L，储于聚丙烯或高密度聚乙烯瓶中，4℃冷藏存放。

F.4.3.9　溴酸根离子贮备液（1 000 mg/L），称取 1.305 7 g 溴酸钾（优级纯，105℃烘干 2 h）溶于水中，用水稀释至 1 L，储于聚丙烯或高密度聚乙烯瓶中，4℃冷藏存放。

F.5　仪器

F.5.1　离子色谱仪

离子色谱仪由下列部件组成：

F.5.1.1　淋洗液泵，泵接触水的部件应为非金属材料，这样不会对分析柱造成金属污染。

F.5.1.2　分析柱，能辨认待测阴离子。

F.5.1.3　抑制器，电解膜抑制器。

F.5.1.4　电导检测器，可以进行温度补偿和自动调整量程。

F.5.1.5　数据处理系统，色谱工作站，用于数据的记录、处理和存储等。

F.5.2　特殊器皿

F.5.2.1　容量瓶，聚丙烯材质。

F.5.2.2　烧杯，聚丙烯材质。

F.5.2.3　样品瓶，聚丙烯或高密度聚乙烯材质。

F.5.2.4　尼龙滤膜，0.22 μm。

F.5.2.5　OnGuard RP 柱（或 C18 柱）和 OnGuard AgH 柱。

F.6　样品的采集、保存和预处理

F.6.1　用聚丙烯或高密度聚乙烯瓶取样，盖上盖子。不要使用玻璃瓶取样，否则易导致离子污染。

F.6.2 固体废物样品 4℃冷藏保存并于 1 个月内进行分析。

F.7 分析步骤

F.7.1 混合标准工作溶液

F.7.1.1 中间混合标准溶液的配制：根据待测阴离子种类和各种阴离子的检测灵敏度，准确量取适量所需阴离子标准贮备液，用水稀释定容，制备成低 mg/L 级（如：10.0 mg/L 氟离子，1.0 mg/L 溴酸根）混合标准溶液，储于聚丙烯或高密度聚乙烯瓶中，置于 4℃冰箱中存放。

F.7.1.2 标准工作溶液的配制：准备一个空白，至少三个质量浓度水平含待测阴离子的标准工作溶液，标准工作溶液应当天配制，标准工作溶液的质量浓度范围包括被测样品中阴离子质量浓度。通常以配制标准溶液所用的水为空白，标准溶液中各阴离子质量浓度分别为 50 μg/L，100 μg/L，200 μg/L 或更高。

F.7.2 样品处理

称取 5 g（准确至 0.001 g）过 180 μm 筛且有代表性的固体废物于 250 ml 烧杯中，加入 80 ml 水，超声提取 30 min。然后将其全部转移到 100 ml 容量瓶中，用水定容。摇匀后，取部分溶液于 3 000 r/min 速度离心 15 min，取上清液。依次经过 0.22 μm 尼龙滤膜和 OnGuard RP 柱（或 C18 柱）将提取液中的固体颗粒和有机物除去，而后进样分析。如果用于进样的溶液中氯离子质量浓度超过 50 mg/L，则需要过 OnGuard Ⅱ AgH 柱将绝大部分氯离子去除。OnGuardⅡRP 柱（2.5 cc[①]）使用前依次用 10 ml 甲醇、15 ml 水通过，活化 30 min。OnGuard ⅡAgH 柱（2.5 cc）用 15 ml 水通过，活化 30 min。

准确量取 50 ml 浸出液，依次经过 0.22 μm 尼龙滤膜和 OnGuard RP 柱（或 C18 柱）将提取液中的固体颗粒和有机物除去，而后进样分析。如果用于进样的溶液中氯离子质量浓度超过 50 mg/L，则需要过 OnGuardⅡAgH 柱将绝大部分氯离子去除。

F.7.3 仪器的准备

F.7.3.1 按照仪器使用说明书调试准备仪器，平衡系统至基线平稳。选择合适的分析柱，抑制器及相应的工作条件，见图 F.1。

F.7.3.2 根据分析柱的性能，待测水样中阴离子含量等因素，选择使用大样品环或浓缩柱进样，确定进样体积。

F.7.4 校正

F.7.4.1 分析阴离子标准工作溶液，记录谱图上的出峰时间，确定各阴离子的保留时间。

F.7.4.2 分析空白，标准工作溶液（已知进样体积），以峰高或峰面积为纵坐标，以离子质量浓度为横坐标，选择合适的回归方式，确定标准工作曲线。

F.7.4.3 如果空白溶液谱图中有与被测离子保留时间相同的可测峰，外推校正曲线至横坐标，在横坐标上的截距代表空白溶液中该阴离子的质量浓度。将空白溶液中所含阴离子质量浓度加入标准工作溶液的质量浓度中，例如：氯离子标准工作溶液质量浓度为 10.0 μg/L，空白离子质量浓度为 0.2 μg/L，则该标准工作溶液质量浓度修正为 10.2 μg/L。以修正后的标准溶液质量浓度对峰高或峰面积重新做标准工作曲线。

---

① 1cc=1 ml。

F.7.5 样品分析

在与分析标准工作溶液相同的测试条件下，对固体废物提取液以及浸出液进行分析测定，根据被测阴离子的峰高或峰面积由相应的标准工作曲线确定各阴离子质量浓度。

F.8 结果计算

固体废物中阴离子质量比按下式计算：

$$\omega = \frac{(\rho - \rho_0) \times V \times f}{1\,000\, m}$$

式中：ω——试样中阴离子的质量比，mg/kg；

ρ——测定用试样液中的阴离子质量浓度（由回归方程计算出），mg/L；

ρ_0——试剂空白液中阴离子的质量浓度（由回归方程计算出），mg/L；

V——试样溶液体积，ml；

f——试样溶液稀释倍数；

m——试样的质量，g。

计算结果表示到小数点后两位。

附录 G（资料性附录）

固体废物　氰根离子和硫离子的测定　离子色谱法

Solid wastes—Determination of cyanide and sulfide—Ion chromatography

G.1　范围

本方法适用于固体废物中氰根离子和硫离子的离子色谱法测定。

本方法对氰根离子和硫离子的检出限为 0.1 μg/L。

G.2　术语与定义

下列定义适用于本方法。

G.2.1　离子色谱：一种液相色谱，通过离子交换分离离子组分，然后用适当的检测方法检测。

G.2.2　分析柱：在保护柱后连接一支或多支分离柱组成一系列用以分离待测离子的分析系统。系列中所有柱子对分析柱的总容量均有贡献。

G.2.3　保护柱：置于分离柱之前的柱子，用于保护分离柱免受颗粒物或不可逆保留物等杂质的污染。

G.2.4　分离柱：根据待测离子保留特性，在检测前将被检测离子分离的交换柱。

G.2.5　淋洗液：离子流动相，样品通过交换柱的载体。

G.3　原理

氰根离子和硫离子在实际样品中一般以络合态存在。加入浓硫酸后，络合的氰根和硫离子会被释放出来，与氢离子结合生成氰化氢和硫化氢。而后两者被强碱性溶液吸收，成为氰化钠和硫化钠。氰化钠和硫化钠进入色谱柱后，和其他阴离子随淋洗液进入阴离子交换分析柱中（由保护柱和分离柱组成），根据分析柱对不同离子的亲和力不同进行分离，具有电化学活性的氰根离子和硫离子被检测，以相对保留时间定性，以峰面积或峰高定量。

G.4　试剂和材料

除另有说明外，本方法中所用的试剂均为符合国家标准的优级纯试剂；实验用水的电导率应接近 0.057 μS/cm（25℃）并经过 0.22 μm 微孔膜过滤。

G.4.1　淋洗液：根据所用分析柱，选择适合的淋洗液。

G.4.1.1　50%（质量分数）NaOH 浓淋洗液：商品化溶液。

G.4.1.2　100 mmol/L NaOH/250 mmol/L NaOAc 淋洗液：溶解 20.5 g AAA-Direct Certified 无水醋酸钠至 995 ml 水中，用 0.2 μm Nylon 过滤器过滤。而后加入 5.24 ml 50% NaOH 于 995 ml 醋酸钠溶液中，该溶液配制完毕立即放在 27.6～34.5 kPa（4～5 lb/in^2）氮气条件下

保存，以防止碳酸盐污染。

G.4.2 氰根离子标准贮备液（10 000 mg/L）：称取 0.188 5 g 氰化钠（优级纯，干燥器中干燥 24 h）溶于 10 g 250 mmol/L NaOH 溶液中，贮于高密度聚乙烯瓶中，4℃冷藏存放。

G.4.3 硫离子标准贮备液（10 000 mg/L）：称取 0.300 1 g 硫化钠（优级纯，干燥器中干燥 24 h）溶于 10 g 250 mmol/L NaOH 溶液中，贮于高密度聚乙烯瓶中，4℃冷藏存放。

G.5 仪器

G.5.1 离子色谱仪

离子色谱仪由下列部件组成：

G.5.1.1 淋洗液泵，泵接触水的部件应为非金属材料，这样不会对分析柱造成金属污染。

G.5.1.2 分析柱，能辨认氰根离子和硫离子，并能将氰根离子与硫离子分离。

G.5.1.3 安培检测器，银工作电极，Ag/AgCl 参比电极，三电位脉冲安培检测。

G.5.1.4 数据处理系统，色谱工作站，用于数据的记录、处理和存储等。

G.5.2 特殊器皿

G.5.2.1 容量瓶，聚丙烯材质。

G.5.2.2 烧杯，聚丙烯材质。

G.5.2.3 样品瓶，聚丙烯或高密度聚乙烯材质。

G.5.2.4 尼龙滤膜，0.2 μm。

G.5.2.5 0.2 μm 尼龙滤器。

G.6 样品的采集、保存和预处理

G.6.1 用聚丙烯或高密度聚乙烯瓶取样，盖上盖子。不要使用玻璃瓶取样，否则易导致离子污染。

G.6.2 固体废物样品 4℃冷藏保存并于 1 个月内进行分析。

G.7 分析步骤

G.7.1 标准工作溶液

G.7.1.1 中间标准溶液的配制：根据氰根离子/硫离子的检测灵敏度，准确量取适量所需标准贮备液，用 250 mmol/L NaOH 溶液稀释定容，贮于聚丙烯或高密度聚乙烯瓶中，置于4℃冰箱中存放。

G.7.1.2 标准工作溶液的配制：准备一个空白，至少三个质量浓度水平氰根离子/硫离子的标准工作溶液，标准工作溶液应当天用 250 mmol/L NaOH 溶液配制，标准工作溶液的质量浓度范围包括被测样品中离子质量浓度。通常以配制标准溶液所用的 250 mmol/L NaOH 溶液为空白，标准溶液中离子质量浓度分别为 5 μg/L，10 μg/L，20 μg/L 或更高。

G.7.2 样品处理

称取 5 g（准确至 0.001 g）过 180 μm 筛且有代表性的固体废物于 250 ml 烧杯中，加入 80 ml 水，超声提取 30 min。然后将其全部转移到 100 ml 容量瓶中，用水定容。摇匀后，取部分溶液于 3 000 r/min 速度离心 15 min，取上清液。上清液中加入浓硫酸，用蒸馏器进行蒸馏，而后用 1 mol/L NaOH 浓碱液吸收。测定溶于水部分的含量。

称取 5 g（准确至 0.001 g）过 180 μm 筛且有代表性的固体废物试样于 250 ml 烧瓶中，加入浓硫酸，用蒸馏器进行蒸馏，而后用 1 mol/L NaOH 浓碱液吸收。测定固体废物中氰根离子/硫离子的总含量。

准确量取 10 ml 浸出液，加入浓硫酸，用蒸馏器进行蒸馏，而后用 1 mol/L NaOH 浓碱液吸收。

G.7.3 仪器的准备

G.7.3.1 按照仪器使用说明书调试准备仪器，平衡系统至基线平稳。选择合适的分析柱、抑制器及相应的工作条件，见图 G.1。

G.7.3.2 根据分析柱的性能，待测水样中氰根离子/硫离子含量等因素，确定进样体积。

G.7.4 校正

G.7.4.1 分析氰根离子/硫离子标准工作溶液，记录谱图上的出峰时间，确定保留时间。

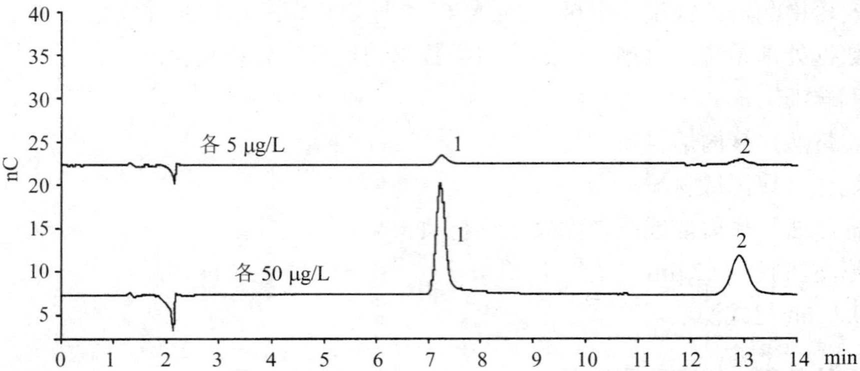

1—氰根离子；2—硫离子

图 G.1 氰根离子和硫离子分离色谱图

色谱工作条件：

分析柱：IonPac AS7 型分离柱（2 mm×250 mm）和 IonPac AG7 型保护柱（2 mm×50 mm）。

淋洗液：100 mmol/L NaOH/250 mmol/L NaOAc 淋洗液等度淋洗，流速为 0.25 ml/min。

检测器：安培检测器，银工作电极（氧化电位为－0.1 V），Ag/AgCl 参比电极，三电位脉冲安培检测。

柱箱温度：30℃。

进样体积：25μl。

G.7.4.2 分析空白，标准工作溶液（已知进样体积），以峰高或峰面积为纵坐标，以离子质量浓度为横坐标，选择合适的回归方式，确定标准工作曲线。

G.7.4.3 如果空白溶液谱图中有与氰根离子/硫离子保留时间相同的可测峰，外推校正曲线至横坐标，在横坐标上的截距代表空白溶液中该离子的质量浓度。将空白溶液中所含离子质量浓度加入标准工作溶液的质量浓度中，例如：氰根离子标准工作溶液质量浓度为 10.0 μg/L，空白离子质量浓度为 0.2 μg/L，则该标准工作溶液质量浓度修正为 10.2 μg/L。以修正后的标准溶液质量浓度对峰高或峰面积重新做标准工作曲线。

G.7.5 样品分析

在与分析标准工作溶液相同的测试条件下，对固体废物提取液进行分析测定，根据氰根离子和硫离子的峰高或峰面积由相应的标准工作曲线确定氰根离子和硫离子质量浓度。

G.8 结果计算

固体废物中氰根离子/硫离子质量比按下式计算：

$$\omega=\frac{(\rho-\rho_0)\times V\times f}{1\,000\,m}$$

式中：ω——试样中氰根离子/硫离子的质量比，mg/kg；

ρ——测定用试样液中的氰根离子/硫离子质量浓度（由回归方程计算出），mg/L；

ρ_0 ——试剂空白液中氰根离子/硫离子的质量浓度（由回归方程计算出），mg/L；

V——试样溶液体积，ml；

f——试样溶液稀释倍数；

m——试样的质量，g。

计算结果表示到小数点后两位。

附录 H（资料性附录）

固体废物　有机氯农药的测定　气相色谱法

Solid wastes—Determination of organochlorine pesticides—Gas chromatography

H.1 范围

本方法规定了固体和液体基质的提取物中的各种有机氯农药含量的气相色谱（电子捕获检测器）法。适用于此方法的目标物质如下：艾氏剂、α-六六六、β-六六六、γ-六六六、δ-六六六、乙酯杀螨醇、α-氯丹、γ-氯丹、氯丹其他异构体、1,2-二溴-3-氯丙烷、4,4′-DDD、4,4′-DDE、4,4′-DDT、二氯烯丹、狄氏剂、硫丹Ⅰ、硫丹Ⅱ、硫丹硫酸盐、异狄氏剂、异狄氏醛、异狄氏酮、七氯、环氧七氯、六氯苯、六氯环戊二烯、异艾氏剂、甲氧氯、毒杀芬。

本方法还可以测定下列物质：甲草胺、敌菌丹、地茂散、丙酯杀螨醇、百菌清、氯酞酸二甲酯、二氯萘醌、大克螨、氯唑灵、多氯代萘-1000、多氯代萘-1001、多氯代萘-1013、多氯代萘-1014、多氯代萘-1051、多氯代萘-1099、灭蚁灵、除草醚、五氯硝基苯、氯菊酯、乙滴涕、毒草胺、氯化松节油、反-九氯、氟乐灵。

H.2 引用标准

下列文件中的条款通过在本方法中被引用而成为本方法的条款，与本方法同效。凡是不注明日期的引用文件，其最新版本适用于本方法。

GB/T 6682　分析实验室用水规格和实验方法

H.3 原理

对不同的基质采用适合的提取技术，取一定体积或者质量的样品（对于液体大约为 1 L，对于固体为 2～30 g），然后采用相应的净化技术，净化后的样品使用具有电子捕获检测器（ECD）或者电解电导率检测器（ELCD）的石英毛细柱气相色谱测定，每次进样 1 μl。

H.4 试剂和材料

H.4.1　除有说明外，本方法中所用的水为 GB/T 6682 规定的一级水。

H.4.2　正己烷，色谱纯。

H.4.3　乙醚，色谱纯。

H.4.4　二氯甲烷，色谱纯。

H.4.5　丙酮，色谱纯。

H.4.6　乙酸乙酯，色谱纯。

H.4.7　异辛烷，色谱纯。

H.4.8 甲苯，色谱纯。

H.4.9 标准贮备溶液：准确称取 0.010 0 g 纯的物质配制标准贮备溶液。将该样品用异辛烷或者正己烷溶解在 10 ml 的容量瓶中，定容到刻度。β-六氯环己烷、狄氏剂和其他化合物在异辛烷中溶解度低，可以在溶剂中加入少量的丙酮或者甲苯。

H.4.10 混合标准贮备溶液：可以用单个标准品的贮备溶液配制或者购买经过标定的溶液。

H.4.11 内标（可选）：

对单柱系统，当五氯硝基苯不作为样品中的目标成分时，可以用作内标。邻硝基溴苯也可以用作内标。将其中任何一种配制成 5 000 mg/L 的溶液，在每毫升的样品提取物中添加 10 μl。

对双柱系统，邻硝基溴苯配制成 5 000 mg/L 的溶液，在每毫升的样品提取物中添加 10 μl。

H.5 仪器

H.5.1 气相色谱仪：配有电子捕获检测器。

H.5.2 容量瓶：10 ml 和 25 ml，用于配制标准样品。

H.6 样品的采集、保存和预处理

H.6.1 固体基质：250 ml 宽口玻璃瓶，有螺纹的 Teflon 盖子，冷却至 4℃保存。

液体基质：4 个 1 L 的琥珀色玻璃瓶，有螺纹的 Teflon 的盖子，在样品中加入 0.75 ml 10%的 $NaHSO_4$，冷却至 4℃保存。

H.6.2 提取物必须保存于 4℃，并于提取 40 d 内进行分析。

H.7 分析步骤

H.7.1 提取

采用二氯甲烷在 pH 为中性的条件下提取液体样品，可选用附录 U，或者其他合适的技术。固体样品用正己烷-丙酮（1∶1）或者二氯甲烷-丙酮（1∶1）提取，可选用附录 V（索氏提取法）或者其他合适的提取技术样品处理。

注意：使用正己烷-丙酮（1∶1）提取较之二氯甲烷-丙酮（1∶1）提取可以减少干扰物的提取量，从而获得较好的信噪比。

一般用基质加标样品测试方法的性能，每一种状态的样品均应当测试目标化合物的回收率和检测限。

H.7.2 净化

样品净化不是必需的，但是对大多数环境和废物样品均应净化。附录 W（硅酸镁柱净化法）可除去脂肪烃、芳香烃和含氮物质。

H.7.3 气相色谱条件（推荐）

可以使用单柱或者连接到同一进样口的双柱系统。使用单柱系统时，需进行二次分析以确认分析结果；或者使用 GC/MS 方法进行进一步确认。

H.7.3.1 单柱系统色谱柱：

H.7.3.1.1 小口径色谱柱（应使用两根柱确认化合物，除非采用另外一种确认技术，如

GC/MS）：

DB-5（30 m×0.25 mm 或 0.32 mm ×1 μm）石英毛细管柱或同类产品。

DB-608 或 SPB-608（30 m×0.25 mm×1 μm）石英毛细管柱或同类产品。

H.7.3.1.2 大口径色谱柱（应从下列中挑选两根柱确认化合物，除非采用另外一种确认技术，如 GC/MS）。

DB-608 或 SPB-608 或 RTx-5（30 m×0.53 mm×0.5 μm 或 0.83 μm）石英毛细管柱或同类产品。

DB-1701（30 m×0.53 mm×1 μm）石英毛细管柱或同类产品。

DB-5 或 SPB-5 或 RTx-5（30 m×0.53 mm×1.5 μm）石英毛细管柱或同类产品。

如果要求更高的色谱分离度，建议使用小口径柱。小口径柱适合相对比较干净的样品或者已经用本方法建议的净化方法净化了一次或以上的样品。大口径柱（0.53 mm ID）更加适合基体比较复杂的环境或者废物样品。

H.7.3.1.3 表 H.1 大口径柱分析土壤和水样基质中目标化合物的平均的保留时间与方法检测限（MDL）；表 H.2 列出了使用小口径柱分析土壤和水样基质中目标化合物的平均保留时间与方法检测限。但在实际分析中 MDL 和基质中的干扰有关，因此有可能与表 H.1、H.2 中的数据有所差异。

H.7.3.1.4 用单柱系统时的色谱条件。

H.7.3.2 双柱系统色谱柱（从下列色谱柱对中挑选其一）：

H.7.3.2.1 A：DB-5，SPB-5，RTx-5（30 m×0.53 mm×1.5 μm）石英毛细管柱或同类产品。

B：DB-1701（30 m×0.53 mm×1 μm）石英毛细管柱。

H.7.3.2.2 A：DB-5，SPB-5，RTx-5（30 m×0.53 mm×0.83 μm）石英毛细管柱或同类产品。

B：DB-1701（30 m×0.53 mm×1 μm）石英毛细管柱或同类产品。

H.7.3.2.3 保留时间和与之相对的色谱条件分别见表 H.6 和表 H.7。

H.7.3.2.4 如毒杀芬或氯化松节油这样的多组分混合物应按照表 H.7 的色谱条件单个的测定。

H.7.3.2.5 有机氯农药的保留时间见表 H.6。

H.7.3.2.6 对液膜更厚的 DB-5/DB-1701 双柱，色谱条件见表 H.8。这样的色谱柱对适用于检测多组分混合物的有机氯农药。

H.7.3.2.7 对液膜更薄的 DB-5/DB-1701 双柱，使用不同的分流器和较慢的程序升温速率的条件也见表 H.7。保留时间见表 H.6。在这个条件下大克螨和除草醚的峰形更好。

H.7.4 样品提取物的气相色谱分析

H.7.4.1 必须使用建立工作曲线的方法测定样品。

H.7.4.2 确认样品中各个组分的保留时间均应当落在方法的保留时间窗口中。

H.7.4.3 进样 2 μl，记录进样量到最接近的 0.05 μl 记录峰面积。

H.7.4.4 解谱，将保留时间窗口内的峰尝试性地鉴定为目标化合物。尝试性的鉴定须通过另一根不同固定相的色谱柱，或者另一种不同分析方法，如 GC/MS 确认。

H.7.4.5 每个样品的分析应在相同的条件下进行：在可接受的初始校准的基础上，每 12 h 进行校准标样的分析，或者将校准标样穿插在样品序列中进行分析。

H.7.4.6 校准样品进样后，就可以进样实际样品，最多每隔 20 个样品进样校准标准液（建议每隔 10 个样品进样，以减小因超过质量控制标准以需要重新进样的数量）。分析序列应在样品全部做完，或者质量控制样品不满足质量控制标准时中止。

H.7.4.7 当信噪比不足 2.5 倍时，定量结果的有效性难以保证。分析人员应参考样品的来源以确认是否需要继续浓缩样品。

H.7.4.8 GC 系统定性表现的确认：用标准工作曲线样品建立保留时间窗口。

H.7.4.9 对毒杀芬或者氯化松节油这样的多组分混合物的鉴定是通过和标准品的一系列指纹色谱峰的峰形和保留时间对照进行的。其定量基于样品中峰形和保留时间与标准品一致的特征峰的峰面积，通过外标法或者内标法进行。

H.7.4.10 如果样品的定性定量因为干扰（宽峰，基线隆起或基线不稳）无法进行，可能需要净化样品或者清理色谱柱或者检测器。可以在另一台仪器上平行测定以确认问题归属于样品或者仪器。净化过程见附录 W。

H.7.5 多组分混合物质（毒杀芬、氯化松节油、氯丹、六氯环己烷和 DDT）的定量

H.7.5.1 毒杀芬和氯化松节油：毒杀芬是莰烯的氯化产物，氯化松节油是莰烯和蒎烯的氯化产物。对这类化合物的定量时：

H.7.5.1.1 调整样品体积使毒杀芬的主峰高度为 10%～70%的满标偏转（FSD）。

H.7.5.1.2 进一个毒杀芬标准品样，其进样量应为实际样品中含量估计值±10 ng。

H.7.5.1.3 使用包含 4～6 个峰的一组毒杀芬的色谱峰进行定量。

H.7.5.2 对氯丹的定量方法往往和结果数据的用途以及分析人员对这类化合物的解谱能力有关。有下述三种方式：以氯丹原料药计，以总氯丹计和以单个的氯丹组分计。

H.7.5.2.1 如果气相色谱显示的峰的模式类似于氯丹原料药，可以使用 3～5 个最高峰或者全部峰面积定量。

H.7.5.2.2 氯丹残余物的气相色谱的峰模式可能不同于氯丹原料药的标准品，因此很难建立起和标准品谱图的对应关系。用和样品出峰大小类似的标准品进样，用总面积和进样量计算校准因子，结果可以用总氯丹的形式给出。

H.7.5.2.3 第三种方式是用对应标准品分别定量样品中的反-氯丹、顺-氯丹和七氯的含量，给出的结果是每个单独化合物的含量。

H.7.5.3 六氯环己烷：六氯环己烷原料药是具有特殊气味的黄白色无定型固体，一般由六种异构体和部分七氯和八氯代环己烷组成。样品之间的峰形态可能不同，使用其中四个异构体（α-、β-、γ-、δ-）分别定量。

H.7.5.4 DDT：样品应分别使用 4,4′-DDE、4,4′-DDD 和 4,4′-DDT 标准品计算校准因子并定量。

H.7.6 如果不存在检测限的问题，可以用 GC/MS 方式对单柱或者双柱系统的分析进行确认。

H.7.6.1 全扫描模式（full scan）要求大约 10 ng/μl 的样品质量浓度，而选择离子监测（SIM）或者使用离子阱质谱，需要的质量浓度约为 1 ng/μl。

H.7.6.2 GC/MS 用于定量时需使用标准品预先制作工作曲线。

H.7.6.3 样品中质量浓度低于 1 ng/μl 的目标化合物不能用 GC/MS 方式确认。

H.7.6.4 GC/MS 确认时，必须使用和 GC/ECD 同一个样品和同一个空白。

H.7.6.5 如果替代物和内标不被干扰，而且目标物质在提取条件下稳定，可以使用酸性/中性/碱性的提取物和相应的空白用于分析。但是若在酸性/中性/碱性的提取物的分析中没

有检测到目标物质，则必须重新分析未经划分的农药提取物。

H.7.6.6 质量控制样品必须也一并进行 GC/MS 分析，而且必须得到和 GC/ECD 相同的定量结果。

H.8 计算

使用外标法质量浓度计算方式如下：

H.8.1 对溶液样品，其质量浓度为

$$\rho(\mu g/L)=\frac{A_xV_tD}{\overline{CF}V_iV_s}$$

式中：ρ——质量浓度，μg/L；

A_x——样品中目标物质峰面积（或者峰高）；

V_t——样品浓缩物的总体积，μl；

D——稀释因子，分析前样品或者提取物的稀释倍数，未稀释则为 1，无量纲量；

$\overline{CF}$——平均校准因子，即每纳克目标物质的峰面积（或峰高）；

V_i——进样体积，μl；

V_s——被提取的水样体积，ml。

H.8.2 对非水溶液的废物样品，其质量比为

$$\omega=\frac{A_xV_tD}{\overline{CF}V_im_s}$$

式中：ω——质量比，μg/kg；

m_s——被提取的样品质量，g；

A_x、V_t、D、$\overline{CF}$、V_i 均与 H.8.1 中一致。

表 H.1 使用单柱系统大口径柱分析有机氯农药的保留时间

化合物		保留时间/min	
		DB 608	DB 1701
艾氏剂	Aldrin	11.84	12.50
α-六氯环己烷	α-BHC	8.14	9.46
β-六氯环己烷	β-BHC	9.86	13.58
δ-六氯环己烷	δ-BHC	11.20	14.39
γ-六氯环己烷	γ-BHC（Lindane）	9.52	10.84
α-氯丹	α-Chlordane	15.24	16.48
γ-氯丹	γ-Chlordane	14.63	16.20
4,4′-DDD	4,4′-DDD	18.43	19.56
4,4′-DDE	4,4′-DDE	16.34	16.76
4,4′-DDT	4,4′-DDT	19.48	20.10
狄氏剂	Dieldrin	16.41	17.32
硫丹Ⅰ	EndosulfanⅠ	15.25	15.96
硫丹Ⅱ	EndosulfanⅡ	18.45	19.72
硫丹硫酸盐	Endosulfan sulfate	20.21	22.36
异狄氏剂	Endrin	17.80	18.06
异狄氏醛	Endrin aldehyde	19.72	21.18
七氯	Heptachlor	10.66	11.56
环氧七氯	Heptachlor epoxide	13.97	15.03

化合物		保留时间/min	
		DB 608	DB 1701
甲氧氯	Methoxychlor	22.80	22.34
毒杀芬	Toxaphene	MR	MR

注：MR：存在多个组分。
GC 条件见表 H.2。

表 H.2　使用单柱系统，大口径柱分析有机氯农药的色谱条件

柱 1-DB-608，SPB-608，RTx-35（30 m×0.53 mm×0.5 μm 或 0.83 μm）石英毛细管柱或同类产品	
柱 2 - DB-1701（30 m×0.53 mm×1 μm）石英毛细管柱或同类产品	
柱 1 和柱 2 使用相同条件	
载气	氦气
载气流量	5～7 ml/min
尾吹气	氩气/甲烷（P-5 或 P-10）或氮气
尾吹气流量	30 ml/min
进样口温度	250℃
检测器温度	290℃
色谱柱温度	150℃保持 0.5 min，然后以 5℃/min 程序升温至 270℃保持 10 min
柱 3-DB-5，SPB-5，RTx-5（30 m ×0.53 mm×1.5 μm）石英毛细管柱或同类产品	
载气	氦气
载气流量	6 ml/min
尾吹气	氩气/甲烷（P-5 或 P-10）或氮气
尾吹气流量	30 ml/min
进样口温度	205℃
检测器温度	290℃
色谱柱温度	140℃保持 2 min，然后以 10℃/min 程序升温至 240℃保持 5 min，再以 5℃/min 到 265℃，保持 18 min

表 H.3　使用单柱系统小口径柱分析有机氯农药的保留时间

化合物		保留时间/min	
		DB 608	DB 5_{aa}
艾氏剂	Aldrin	14.51	14.70
α-六氯环己烷	α-BHC	11.43	10.94
β-六氯环己烷	β-BHC	12.59	11.51
δ-六氯环己烷	δ-BHC	13.69	12.20
γ-六氯环己烷	γ-BHC（Lindane）	12.46	11.71
α-氯丹	α-Chlordane	NA	NA
γ-氯丹	γ-Chlordane	17.34	17.02
4,4′-DDD	4,4′-DDD	21.67	20.11
4,4′-DDE	4,4′-DDE	19.09	18.30
4,4′-DDT	4,4′-DDT	23.13	21.84
狄氏剂	Dieldrin	19.67	18.74
硫丹Ⅰ	EndosulfanⅠ	18.27	17.62
硫丹Ⅱ	EndosulfanⅡ	22.17	20.11
硫丹硫酸盐	Endosulfan sulfate	24.45	21.84
异狄氏剂	Endrin	21.37	19.73
异狄氏醛	Endrin aldehyde	23.78	20.85

化合物		保留时间/min	
		DB 608	DB 5_{aa}
七氯	Heptachlor	13.41	13.59
环氧七氯	Heptachlor epoxide	16.62	16.05
甲氧氯	Methoxychlor	28.65	24.43
毒杀芬	Toxaphene	MR	MR

注：MR：存在多个组分。

GC 条件见表 H.4。

表 H.4　使用单柱系统，小口径柱分析有机氯农药的色谱条件

柱 1-DB-5（30 m×0.25 mm 或 0.32 mm×1 μm）石英毛细管柱或同类产品	
载气	氦气
载气压力	110.3 kPa（16 lb/in^2）
进样口温度	225℃
检测器温度	300 ℃
色谱柱温度	100℃保持 2 min，然后以 15℃/min 程序升温至 160℃，再以 5℃/min 升温至 270℃
柱 2-DB-608，SPB-608（30 m×0.25 mm×1 μm）石英毛细管柱或同类产品	
载气	氮气
载气压力	137.9 kPa（20 lb/in^2）
进样口温度	225℃
检测器温度	300℃
色谱柱温度	160℃保持 2 min，然后以 5℃/min 程序升温至 290℃保持 1 min

表 H.5　对不同样品定量限估计值（EQL）的比例因子

基质	比例因子
地下水	10
超声提取，凝胶渗透净化的低浓度土壤样品	670
超声提取，高浓度土壤或淤泥样品	10 000
非水性混合废物	100 000

注：可以通过由试剂水为基质的标准添加样品测得的方法检测限（MDL）用下述公式得到实际样品的定量限估计值（EQL）。

定量限估计值（EQL）＝方法检测限（MDL）×比例因子

对非溶液样品以湿重计。

EQL 和基质性质非常相关，因此本表只能作为一个比例因子的说明，实际样品有可能和预期不符。

表 H.6　使用双柱系统分析有机氯农药的保留时间

化合物		保留时间/min	
		DB-5	DB-1701
1,2-二溴-3-氯丙烷	DBCP	2.14	2.84
六氯环戊二烯	Hexachlorocyclopentadiene	4.49	4.88
氯唑灵	Etridiazole	6.38	8.42
地茂散	Chloroneb	7.46	10.60
六氯苯	Hexachlorobenzene	12.79	14.58
二氯烯丹	Diallate	12.35	15.07
毒草胺	Propachlor	9.96	15.43
氟乐灵	Trifluralin	11.87	16.26
α-六氯环己烷	α-BHC	12.35	17.42

化合物		保留时间/min	
		DB-5	DB-1701
五氯硝基苯	PCNB	14.47	18.20
γ-六氯环己烷（林丹）	γ-BHC（Lindane）	14.14	20.00
七氯	Heptachlor	18.34	21.16
艾氏剂	Aldrin	20.37	22.78
甲草胺	Alachlor	18.58	24.18
百菌清	Chlorothalonil	15.81	24.42
β-六氯环己烷	β-BHC	13.80	25.04
异艾氏剂	Isodrin	22.08	25.29
氯酞酸二甲酯	DCPA	21.38	26.11
δ-六氯环己烷	δ-BHC	15.49	26.37
环氧七氯	Heptachlor epoxide	22.83	27.31
硫丹 I	Endosulfan- I	25.00	28.88
γ-氯丹	γ-Chlordane	24.29	29.32
α-氯丹	α-Chlordane	25.25	29.82
反-九氯	*trans*-Nonachlor	25.58	30.01
	4,4′-DDE	26.80	30.40
狄氏剂	Dieldrin	26.60	31.20
乙滴涕	Perthane	28.45	32.18
异狄氏剂	Endrin	27.86	32.44
丙酯杀螨醇	Chloropropylate	28.92	34.14
乙酯杀螨醇	Chlorobenzilate	28.92	34.42
除草醚	Nitrofen	27.86	34.42
	4,4′-DDD	29.32	35.32
硫丹 II	Endosulfan II	28.45	35.51
	4,4′-DDT	31.62	36.30
异狄氏醛	Endrin aldehyde	29.63	38.08
灭蚁灵	Mirex	37.15	38.79
硫丹硫酸盐	Endosulfan sulfate	31.62	40.05
甲氧氯	Methoxychlor	35.33	40.31
敌菌丹	Captafol	32.65	41.42
异狄氏酮	Endrin ketone	33.79	42.26
氯菊酯	Permethrin	41.50	45.81
开蓬	Kepone	31.10	ND
大克螨	Dicofol	35.33	ND
二氯萘醌	Dichlone	15.17	ND
α,α′-二溴间二甲苯	α,α′-Dibromo-*m*-xylene	9.17	11.51
2-溴代联苯	2-Bromobiphenyl	8.54	12.49

表 H.7　低分离温度，薄液膜的双柱分析系统分析有机氯农药色谱条件

柱 1	DB-1701（30 m×0.53 mm×1.0 μm）或同类产品
柱 2	DB-5（30 m×0.53 mm×0.83 μm）或同类产品
载气	氦气
载气流量	6 ml/min
尾吹气	氮气
尾吹气流量	20 ml/min
进样口温度	250℃
检测器温度	320℃
色谱柱温度	140℃保持 2 min，然后以 2.8℃/min 升温到 270℃，保持 1 min

表 H.8 高分离温度，厚液膜的双柱分析系统分析有机氯农药色谱条件

柱 1	DB-1701（30 m×0.53 mm×1.0 μm）或同类产品
柱 2	DB-5（30 m×0.53 mm×1.5 mm）或同类产品
载气	氦气
载气流量	6 ml/min
尾吹气	氮气
尾吹气流量	20 ml/min
进样口温度	250℃
检测器温度	320℃
色谱柱温度	150℃保持 0.5 min，然后以 12℃/min 升温至 190℃保持 2 min，再以 4℃/min 升温至 275℃，保持 10 min

附录 I（资料性附录）

固体废物　有机磷化合物的测定　气相色谱法
Solid wastes—Determination of organophosphorus compounds—Gas chromatography

I.1　范围

本方法适用于固体废物中有机磷化合物的气相色谱法测定。采用火焰光度检测器（FPD）或氮-磷检测器（NPD）的毛细管 GC 可以检测出以下化合物：丙硫特普、甲基谷硫磷、乙基谷硫磷、硫丙磷、三硫磷、毒虫畏、毒死蜱、甲基毒死蜱、蝇毒磷、巴毒磷、内吸磷、S-内吸磷、二嗪农、除线磷、敌敌畏、百治磷、乐果、敌杀磷、乙拌磷、苯硫磷、乙硫磷、灭克磷、伐灭磷、杀螟硫磷、丰索磷、大福松、倍硫磷、对溴磷、马拉硫磷、脱叶亚磷、速灭磷、久效磷、二溴磷、乙基对硫磷、甲基对硫磷、甲拌磷、亚胺硫磷、磷胺、皮蝇磷、乐本松、硫特普、特普、地虫磷、硫磷嗪、丙硫磷、三氯磷酸酯、壤虫磷、六甲基磷酰胺、三邻甲苯膦酸酯、阿特拉津、西玛津。

以水和土壤为基质，15-m 柱检测分析物质的方法检出限（MDLs）为：0.04～0.8 μg/L（水），2.0～40.0 mg/kg（土壤）。30-m 柱的 MDLs 和 EQLs 与 15-m 柱得到类似结果。

15-m 柱体系对于检测乙基-谷硫磷、乙硫磷、亚胺硫磷、特丁磷、伐灭磷、磷胺、毒虫畏、六甲基磷酸三胺、地虫磷、敌杀磷、对溴磷、TOCP 等化合物并不完全有效。使用这个体系，在检测这些或其他的分析物之前，必须确认所有分析物的色谱分辨率：回收率高于 70%，精密度不小于 RSD 的 15%。

I.2　原理

经过适当的样品制备技术处理样品，用火焰光度计检测器或氮-磷检测器的气相色谱进行多残留程序分析。在酸性和碱性条件下，有机磷酯和硫酯发生水解反应。本方法不适合检测酸或碱分离处理的样品。由于超声提取过程可能破坏分析物质，本方法不适用检测这种方法处理的样品。

I.3　试剂和材料

I.3.1　异辛烷：色谱纯。

I.3.2　正己烷：色谱纯。

I.3.3　丙酮：色谱纯。

I.3.4　四氢呋喃：色谱纯（唯一标准物三嗪）。

I.3.5　甲基-4-丁基醚：色谱纯（唯一标准物三嗪）。

I.3.6　标准贮备溶液：用纯标准物配制或直接买经过标定的标液。

纯化合物质量精确到 0.010 0 g。用一定比例的丙酮和正己烷混合液将其溶解并于

10 ml 容量瓶稀释定容。西玛津和阿特拉津在正己烷中的溶解度低。如果需要西玛津和阿特拉津的标准液，可以将阿特拉津溶解在甲基-4-丁基醚中，而西玛津可以溶解在丙酮/甲基-4-丁基醚/四氢呋喃（1∶3∶1）的混合溶液里。

I.3.7 混合标准储液：可以用单组分储液配制而成。每种分析物及其氧化产物必须能溶于色谱体系。对于少于 25 种组分的混合标准储液，分别精确吸取 1 000 mg/L 的各单组分储液 1 ml，加入溶剂，在 25 ml 的容量瓶混合定容。

注意：在暗处 4℃密封的聚四氟乙烯的容器里储存的标准溶液应该每两个月更换一次或在程序 QC 出现问题时及时更换。对于很容易水解的化学品包括焦磷酸四乙酯、甲基硝基硫磷酯和脱叶亚磷，应该每 30 d 进行检查是否还能使用。

I.3.8 配制至少 5 种不同质量浓度的校准标准溶液，可以采用异辛烷或正己烷稀释标准贮液。其质量浓度应当与实际样品质量浓度范围相一致，并在检测器检测范围内呈现线性。有机磷校准标准溶液每 1～2 个月应该更换一次，或在样品检测或历史数据出现问题时及时更换。实验室希望配制适用于上述易水解标准物的校准标准溶液。

I.3.9 内标：使用分析性好的样品作为内标。内标的使用很复杂，往往受到一些有机磷农药共流出以及检测器对不同化学品不同检测响应值的影响。

I.3.9.1 当磷原子上接有硫原子时，有机磷化合物 FPD 响应值增加。但硫代磷酸盐作为含不同硫原子的有机磷农药内标物并没有得到确认（例如：硫磷酯[P=S]或二硫磷酯[$P=S_2$]作为[PO_4]的内标）。

I.3.9.2 如果使用内标，必须选择一种或更多的与待测化合物分析性质相似的内标。必须进一步证实内标的测定不受所用方法或基质的干扰。

I.3.9.3 当使用 15-m 柱时，由于分析物质、方法的干扰以及基质的干扰，内标物可能很难完全溶解。必须进一步证实内标物不受所用方法或基质的干扰。

I.3.9.4 下面的 NPD 内标物可用于 30-m 柱子：配制 1 000 mg/L 的 1-溴-2 硝基苯溶液，稀释到 5 mg/L。在每毫升样品和校准标准液中加入 10 μl。1-溴-2-硝基苯不适合作为 FPD 这种小响应值检测器的内标，且没有适用于 FPD 的内标。

I.4 仪器

I.4.1 气相色谱仪。

I.4.2 检测器。

I.4.2.1 火焰光度检测器（FPD）置于磷检测模式。

I.4.2.2 氮-磷检测器（NPD）置于磷检测模式时选择性低，但可以用于检测三嗪类除草剂。

I.4.2.3 卤素检测器（电解传导器或微库仑检测器）：用于毒死蜱、皮蝇磷、蝇毒磷、丙硫磷、壤虫磷、敌敌畏、苯硫磷、二溴磷和乐本松等化合物的检测。

I.4.2.4 电子捕获检测器：对定量分析不受反相干扰的分析物才能使用 ECD 检测器进行检测。并且这种检测器的灵敏度能够很好地满足其常规限度。

I.5 样品的采集、保存和预处理

I.5.1 固体基质：250 ml 宽口玻璃瓶，有螺纹的 Teflon 盖子，冷却至 4℃保存。

液体基质：4 个 1 L 的琥珀色玻璃瓶，有螺纹的 Teflon 的盖子，在样品中加入 0.75 ml

10%的 $NaHSO_4$，冷却至 4℃保存。

I.5.2　提取物存放在 4℃的冰箱里，并在 40 d 内进行分析。

I.5.3　酸性或碱性条件下，有机磷酯会发生水解。样品采集后立即用 NaOH 或 H_2SO_4 将样品调到 pH=5～8，并记录使用的溶液体积。即使存放于 4℃并加入一定量的氯化汞防腐剂，大多数地下水中有机磷农药的降解周期仅为 14 d，应在采样后 7 d 内开始样品提取工作。

I.6　分析步骤

I.6.1　提取及净化

I.6.1.1　选择合适的提取过程

一般而言，在 pH 为中性条件下，用二氯甲烷在分液漏斗进行提取（附录 U）。固体样品则采用二氯甲烷/丙酮（1∶1）使用索氏提取法（附录 V）。而无水和稀释的有机液体样品可以直接进样分析。

I.6.1.2　该种方法提取及清洗过程不适于使用 pH＜4 或 pH＞8 的溶液。

I.6.1.3　如果需要使用上述范围的溶液，样品可以采用硅酸镁载体柱净化（附录 W）。

I.6.1.4　在进行气相色谱分析前，提取液可换为正己烷。要定量转移提取物使其质量浓度不改变。有机磷酯最好使用二氯甲烷或正己烷/丙酮混合溶剂转移。

I.6.1.5　在使用火焰光度检测器或氮-磷检测器时，可以使用二氯甲烷作为进样溶剂。

I.6.2　气相色谱条件

I.6.2.1　用该法检测有机磷酸酯，建议使用四根 0.53-mm ID 毛细管柱。如果有大量有机磷化合物要分析，推荐使用 30-m 色谱柱 1（DB-210 或同类型柱子）和色谱柱 2（SPB-608 或同类型柱子）。如果前级色谱分辨率不做要求，也可以使用 15-m 柱子。其操作条件列于表 I.8。而 30-m 柱的操作条件则列于表 I.9。

毛细管柱（0.53 mm，0.32 mm，或 0.25 mm ID×15 m 或 30 m，依照所要求的分辨率）0.53 mm ID 柱通常用于大多数环境或废弃物质的分析。双柱、单进样器检测要求柱子等长内径相同。

色谱柱 1：DB-210（15 m 或 30 m×0.53 mm×1.0μm）毛细管柱，或同类产品；

色谱柱 2：DB-608，SPB-608，RTx-35（15 m 或 30 m×0.53 mm×0.83 μm）毛细管柱，或同类产品；

色谱柱 3：DB-5，SPB-5，RTx-5（15 m 或 30 m×0.53 mm×1.0 μm）毛细管柱，或同类产品；

色谱柱 4：DB-1，SPB-1，RTx-35（15 m 或 30 m×0.53 mm×1.0 μm 或 1.5 μm）毛细管柱，或同类产品。

I.6.2.2　各组色谱柱的保留时间列于表 I.3 和表 I.4。

I.6.3　校准曲线

选择合适的色谱校准曲线方法。采用表 I.8 和表 I.9 为分析选用一组色谱柱设置合适的操作参数。

I.6.4　气相色谱分析

推荐采用 1 μl 自动进样。如果证实分析物定量精密度小于（等于）10%的相对标准偏差，可选大于 2 μl 的手动进样。如果溶剂量控制在一个极小值，可采用溶剂冲洗技术。如果使用了内标校正技术，进样前每毫升样品加入 10 μl 内标。

I.6.5 记录最接近 0.05 μl 进样量的样品体积及对应峰的大小（峰面积或峰高）

使用内标校准法或外标校准法时，对于用于校准的化合物，将色谱图中各个物质峰进行定性和定量。

I.6.5.1 如果色谱峰的检测和鉴定受到干扰，则需要使用火焰光度检测器或对样品做进一步的净化。在采用任何净化操作之前，必须处理一系列的校准标准物并建立洗脱方案，且检测目标化合物的回收率。使用净化程序对试剂空白进行常规处理，必须保证不存在试剂干扰。

I.6.5.2 如果响应超出了体系的线性范围，则稀释提取液并重新进行分析。提取液最好稀释到所有的色谱峰都出现在合适的数值范围内。当色谱峰超出线性范围，峰重叠就不太明显。通过计算机对色谱图谱的再现，如果确保为线性关系，操作直到所有的色谱峰都在合适的数值范围内即可。当峰重叠导致峰面积积分出错时，建议测量色谱峰的峰高。

I.6.5.3 如果色谱峰的响应信号低于基线噪声信号的 2.5 倍，结果的定量分析的有效性就值得怀疑。则需要考虑样品的来源，确定是否应该对样品进一步浓缩。

I.6.5.4 如果出现了部分峰重叠或者共流出峰，需要更换色谱柱或者选用 GC/MS 技术。

表 I.1 以水和土壤为基质使用 15-m 柱火焰光度检测器的方法检出限

化合物		水[a]/（μg/L）	土壤[b]/（μg/kg）
甲基谷硫磷	Azinphos-methyl	0.10	5.0
硫丙磷	Bolstar（Sulprofos）	0.07	3.5
毒死蜱	Chlorpyrifos	0.07	5.0
蝇毒磷	Coumaphos	0.20	10.0
O-，S-内吸磷	Demeton，-O，-S	0.12	6.0
二嗪农	Diazinon	0.20	10.0
敌敌畏（DDVP）	Dichlorvos（DDVP）	0.80	40.0
乐果	Dimethoate	0.26	13.0
乙拌磷	Disulfoton	0.07	3.5
苯硫磷	EPN	0.04	2.0
灭克磷	Ethoprop	0.20	10.0
丰索磷	Fensulfothion	0.08	4.0
倍硫磷	Fenthion	0.08	5.0
马拉硫磷	Malathion	0.11	5.5
脱叶亚磷	Merphos	0.20	10.0
速灭磷	Mevinphos	0.50	25.0
二溴磷	Naled	0.50	25.0
乙基对硫磷	Parathion-ethyl	0.06	3.0
甲基对硫磷	Parathion-methyl	0.12	6.0
甲拌磷	Phorate	0.04	2.0
皮蝇磷	Ronnel	0.07	3.5
硫特普	Sulfotepp	0.07	3.5
特普	TEPP[c]	0.80	40.0
杀虫畏	Tetrachlorovinphos	0.80	40.0
丙硫磷	Tokuthion（Protothiofos）[c]	0.07	5.5
壤虫磷	Trichloronate[c]	0.80	40.0

注：a. 采用附录 U 的方法提取样品，即分液漏斗液-液分离法。

b. 采用附录 V 的方法提取样品，即索氏提取法。

c. 这些标准物的纯度并不基于 EPA 农药和工业化学品库。

表 I.2　不同基质的数量评估限（EQL[a]s）的测定

基　质	影响因子
地下水	10[b]
Soxhlet 和非冲洗的低浓度土壤	10[c]
非水溶性废弃物	1 000[c]

注：a. EQL =方法检出限（表 I.1）×影响因子（表 I.2）。对于非水样品，影响因子与湿重有关。样品的 EQLs 与基质密切相关。因此 EQLs 的测定可以作为一种参考，但并不是总能得到 EQLs 值。

b. 增加表 I.1 中试剂水 MDL 的影响因子的倍数。

c. 增加表 I.1 中土壤 MDL 的影响因子的倍数。

表 I.3　采用 15-m 柱子分析各物质的保留时间　　单位：min

化合物		DB-5	SPB-608	DB-210
特普	TEPP	6.44	5.12	10.66
敌敌畏（DDVP）	Dichlorvos（DDVP）	9.63	7.91	12.79
速灭磷	Mevinphos	14.18	12.88	18.44
O-内吸磷和 S-内吸磷	Demeton-O and Demeton -S	18.31	15.90	17.24
灭克磷	Ethoprop	18.62	16.48	18.67
二溴磷	Naled	19.01	17.40	19.35
甲拌磷	Phorate	19.94	17.52	18.19
单氯磷	Monochrotophos	20.04	20.11	31.42
硫特普	Sulfotepp	20.11	18.02	19.58
乐果	Dimethoate	20.64	20.18	27.96
乙拌磷	Disulfoton	23.71	19.96	20.66
二嗪农	Diazinon	24.27	20.02	19.68
脱叶亚磷	Merphos	26.82	21.73	32.44
皮蝇磷	Ronnel	29.23	22.98	23.19
毒死蜱	Chlorpyrifos	31.17	26.88	25.18
马拉硫磷	Malathion	31.72	28.78	32.58
甲基对硫磷	Parathion-methyl	31.84	23.71	32.17
乙基对硫磷	Parathion-ethyl	31.85	27.62	33.39
壤虫磷	Trichloronate	32.19	28.41	29.95
杀虫畏	Tetrachlorovinphos	34.65	32.99	33.68
丙硫磷	Tokuthion（Protothiofos）	34.67	24.58	39.91
丰索磷	Fensulfothion	35.85	35.20	36.80
硫丙磷	Bolstar（Sulprofos）	36.34	35.08	37.55
伐灭磷	Famphur*	36.40	36.93	37.86
苯硫磷	EPN	37.80	36.71	36.74
谷硫磷	Azinphos-methyl	38.34	38.04	37.24
倍硫磷	Fenthion	38.83	29.45	28.86
蝇毒磷	Coumaphos	39.83	38.87	39.47

注：* 方法对伐灭磷并不完全有效。

初始温度	130℃	50℃	50℃
初始时间	3 min	1 min	1 min
程序 1　速率	5℃/min	5℃/min	5℃/min
程序 1　最终温度	180℃	140℃	140℃
程序 1　保持时间	10 min	10 min	10 min
程序 2　速率	2℃/min	10℃/min	10℃/min
程序 2　最终温度	250℃	240℃	240℃
程序 2　保持时间	15 min	10 min	10 min

表 I.4 采用 30-m 柱子分析各物质的保留时间[a]

化合物		RT/min			
		DB-5	DB-210	DB-608	DB-1
三甲基磷酸盐	Trimethylphosphate	b	2.36		
敌敌畏（DDVP）	Dichlorvos（DDVP）	7.45	6.99	6.56	10.43
六甲基磷酰胺	Hexamethylphosphoramide	b	7.97		
三氯磷酸酯	Trichlorfon	11.22	11.63	12.69	
特普	TEPP	b	13.82		
硫磷嗪	Thionazin	12.32	24.71		
速灭磷	Mevinphos	12.20	10.82	11.85	14.45
灭克磷	Ethoprop	12.57	15.29	18.69	18.52
二嗪农	Diazinon	13.23	18.60	24.03	21.87
硫特普	Sulfotepp	13.39	16.32	20.04	19.60
特丁磷	Terbufos	13.69	18.23	22.97	
三-邻-甲苯基磷酸盐	Tri-o-cresyl phosphate	13.69	18.23		
二溴磷	Naled	14.18	15.85	18.92	18.78
甲拌磷	Phorate	12.27	16.57	20.12	19.65
大福松	Fonophos	14.44	18.38		
乙拌磷	Disulfoton	14.74	18.84	23.89	21.73
脱叶亚磷	Merphos	14.89	23.22		26.23
氧化脱叶亚磷	Oxidized Merphos	20.25	24.87	35.16	
除线磷	Dichlorofenthion	15.55	20.09	26.11	
甲基毒死蜱	Chlorpyrifos-methyl	15.94	20.45	26.29	
皮蝇磷	Ronnel	16.30	21.01	27.33	23.67
毒死蜱	Chlorpyrifos	17.06	22.22	29.48	24.85
壤虫磷	Trichloronate	17.29	22.73	30.44	
丙硫特普	Aspon	17.29	21.98		
倍硫磷	Fenthion	17.87	22.11	29.14	24.63
S-内吸磷	Demeton-S	11.10	14.86	21.40	20.18
O-内吸磷	Demeton-O	15.57	17.21	17.70	
久效磷[c]	Monocrotophos	19.08	15.98	19.62	19.3
乐果	Dimethoate	18.11	17.21	20.59	19.87
丙硫磷	Tokuthion	19.29	24.77	33.30	27.63
马拉硫磷	Malathion	19.83	21.75	28.87	24.57
甲基对硫磷	Parathion-methyl	20.15	20.45	25.98	22.97
杀螟松	Fenithrothion	20.63	21.42		
毒虫畏	Chlorfenvinphos	21.07	23.66	32.05	
乙基对硫磷	Parathion-ethyl	21.38	22.22	29.29	24.82
硫丙磷	Bolstar	22.09	27.57	38.10	29.53
乐本松	Stirophos	22.06	24.63	33.40	26.90
乙硫磷	Ethion	22.55	27.12	37.61	
磷胺	Phosphamidon	22.77	20.09	25.88	
丁烯磷	Crotoxyphos	22.77	23.85	32.65	
对溴磷	Leptophos	24.62	31.32	44.32	
丰索磷	Fensulfothion	27.54	26.76	36.58	28.58
苯硫磷	EPN	27.58	29.99	41.94	31.60
亚胺硫磷	Phosmet	27.89	29.89	41.24	
甲基谷硫磷	Azinphos-methyl	28.70	31.25	43.33	32.33
乙基谷硫磷	Azinphos-ethyl	29.27	32.36	45.55	
伐灭磷	Famphur	29.41	27.79	38.24	
蝇毒磷	Coumaphos	33.22	33.64	48.02	34.82

化合物		RT/min			
		DB-5	DB-210	DB-608	DB-1
阿特拉津	Atrazine	13.98	17.63		
西玛津	Simazine	13.85	17.41		
特丁磷	Carbophenothion	22.14	27.92		
敌杀磷	Dioxathion	d	d	22.24	
甲基三硫磷	Trithion-methyl			36.62	
百治磷	Dicrotophos			19.33	
内标	Internal Standard				
1-溴-2-硝基苯	1-Bromo-2-nitrobenzene	8.11	9.07		
拟拟标准品	Surrogates				
三丁基磷酸盐	Tributyl phosphate			11.1	
三苯基磷酸盐	Triphenyl phosphate			33.4	
4-氯-3-硝基三氟甲苯	4-Cl-3-nitrobenzotrifluoride	5.73	5.40		

注：a. GC 工作条件如下：

DB-5 和 DB-210：30 m×0.53 m，DB-5（1.50 μm）和 DB-210（1.0 μm）都连接到适压 Y-型分离器进口。温度程序：从 120℃（保持 3 min）以 5℃/min 到 270℃（保持 10 min）；进样器温度：250℃；检测器温度：300℃；凹槽温度：400℃；电压偏差 4.0；氢气压力 137.9 kPa（20 lb/in^2）；氢气流速 6 ml/min；氦气混合气 20 ml/min。DB-608：30 m×0.53 m，DB-608（1.50 μm）连接到 0.25-in 的填充柱进口。温度程序：从 110℃（保持 0.5 min）以 5℃/min 到 250℃（保持 4 min）；进样器温度：250℃；氦气流速 5 ml/min；火焰光度检测器。DB-1：30 m×0.32 mID 柱，DB-1（0.25 μm）采用分流/不分流，其柱头压 68.9 kPa（10 lb/in^2），分离管 45 s 关闭，进样器温度：250℃；温度程序：从 50℃（保持 1 min）以 6℃/min 到 280℃（保持 2 min）；在 35～550 u 质量检测器全面扫描。

b. 进样量为 20 ng 时没有检测到信号。

c. 进样量增加保留时间增长（Hatcher et al.观察到漂移超过 30 s）。

d. 显示为多峰；因此，在混合物中并不包含。

表 I.5　采用分液漏斗提取的 27 种有机磷的回收率

化合物		回收率/%		
		低	中	高
甲基谷硫磷	Azinphos-methyl	126	143+8	101
硫丙磷	Bolstar	134	141+8	101
毒死蜱	Chlorpyrifos	7	89+6	86
蝇毒磷	Coumaphos	103	90+6	96
内吸磷	Demeton	33	67+11	74
二嗪农	Diazinon	136	121+9.5	82
敌敌畏	Dichlorvos	80	79+11	72
乐果	Dimethoate	NR	47+3	101
乙拌磷	Disulfoton	48	92+7	84
苯硫磷	EPN	113	125+9	97
灭克磷	Ethoprop	82	90+6	80
丰索磷	Fensulfonthion	84	82+12	96
倍硫磷	Fenthion	NR	48+10	89
马拉硫磷	Malathion	127	92+6	86
脱叶亚磷	Merphos	NR	79	81
速灭磷	Mevinphos	NR	NR	55
久效磷	Monocrotophos	NR	18+4	NR

化合物		回收率/%		
		低	中	高
二溴磷	Naled	NR	NR	NR
乙基对硫磷	Parathion-ethyl	101	94+5	86
甲基对硫磷	Parathion-methyl	NR	46+4	44
甲拌磷	Phorate	94	77+6	73
皮蝇磷	Ronnel	67	97+5	87
硫特普	Sulfotepp	87	85+4	83
焦磷酸四乙酯	TEPP	96	55+72	63
杀虫畏	Tetrachlorvinphos	79	90+7	80
丙硫磷	Tokuthion	NR	45+3	90
三氯酯	Trichloronate	NR	35	94

注：NR＝ 没记录。

表 I.6　采用液-液分离方法提取的 27 种有机磷的回收率

化合物		回收率/%		
		低	中	高
保棉磷	Azinphos methyl	NR	129	122
硫丙磷	Bolstar	NR	126	128
毒死蜱	Chlorpyrifos	13	82+4	88
蝇毒磷	Coumaphos	94	79+1	89
内吸磷	Demeton	38	23+3	41
二嗪农	Diazinon	NR	128+37	118
敌敌畏	Dichlorvos	81	32+1	74
乐果	Dimethoate	NR	10+8	102
乙拌磷	Disulfoton	94	69+5	81
苯硫磷	EPN	NR	104+18	119
灭克磷	Ethoprop	39	76+2	83
伐灭磷	Famphur	—	63+15	—
丰索磷	Fensulfonthion	90	67+26	90
倍硫磷	Fenthion	8	32+2	86
马拉硫磷	Malathion	105	87+4	86
脱叶亚磷	Merphos	NR	80	79
速灭磷	Mevinphos	NR	87	49
久效磷	Monocrotophos	NR	30	1
二溴磷	Naled	NR	NR	74
乙基对硫磷	Parathion-ethyl	106	81+1	87
甲基对硫磷	Parathion-methyl	NR	50+30	43
甲拌磷	Phorate	84	63+3	74
皮蝇磷	Ronnel	82	83+7	89
硫特普	Sulfotep	40	77+1	85
特普	TEPP	39	18+7	70
杀虫畏	Tetrachlorvinphos	56	70+14	83
丙硫磷	Tokuthion	132	32+14	90
三氯酯	Trichloronate	NR	NR	21

注：NR＝ 没记录。

表 I.7　采用 SOXHLET 提取法提取的 27 种有机磷的回收率

化合物		回收率/%		
		低	中	高
甲基谷硫磷	Azinphos-methyl	156	110+6	87
硫丙磷	Bolstar	102	103+15	79
毒死蜱	Chlorpyrifos	NR	66+17	79
蝇毒磷	Coumaphos	93	89+11	90
内吸磷	Demeton	169	64+6	75
二嗪农	Diazinon	87	96+3	75
敌敌畏	Dichlorvos	84	39+21	71
乐果	Dimethoate	NR	48+7	98
乙拌磷	Disulfoton	78	78+6	76
苯硫磷	EPN	114	93+8	82
灭克磷	Ethoprop	65	70+7	75
丰索磷	Fensulfonthion	72	81+18	111
倍硫磷	Fenthion	NR	43+7	89
马拉硫磷	Malathion	100	81+8	81
脱叶亚磷	Merphos	62	53	60
速灭磷	Mevinphos	NR	71	63
久效磷	Monocrotophos	NR	NR	NR
二溴磷	Naled	NR	48	NR
乙基对硫磷	Parathion-ethyl	75	80+ 8	80
甲基对硫磷	Parathion-methyl	NR	41+ 3	28
甲拌磷	Phorate	75	77+ 6	78
皮蝇磷	Ronnel	NR	83+ 12	79
硫特普	Sulfotep	67	72+ 8	78
特普	TEPP	36	34+ 33	63
杀虫畏	Tetrachlorvinphos	50	81+ 7	83
丙硫磷	Tokuthion	NR	40 + 6	89
三氯酯	Trichloronate	56	53	53

注：NR = 没记录。

表 I.8　15-m 柱的参考工作条件

色谱柱 1 和色谱柱 2（DB-210 和 SPB-608 或其同类产品）	
载气流速（He）	5 ml/min
初始温度	50℃，保持 1 min
温度程序	50℃到 140℃，5℃/min，140℃保持 10 min，140℃到 240℃，10℃/min，240℃保持 10 min（或保证足够时间将最后的化合物冲洗干净）
色谱柱 3（DB-5 或同类产品）	
载气流速（He）	5 ml/min
初始温度	130℃，保持 3 min
温度程序	130℃到 180℃，5℃/min，180℃保持 10 min，180℃到 250℃，2℃/min，保持 15 min（或保证足够时间将最后的化合物冲洗干净）

表 I.9 30-m 柱的参考工作条件

色谱柱 1	检测器温度：300℃
型号：DB-210	进样量：2 μl
尺寸：30 m×0.53 mm ID	溶剂：正己烷
膜厚（μm）：1.0	进样器型号：火焰气雾器
色谱柱 2	检测器型号：双 NPD
型号：DB-5	极差：1
尺寸：30 m×0.53 mm ID	衰变：64
膜厚（μm）：1.5	分流器型号：Y 形或 T 形
载气流速（ml/min）：6（氦气）	数据系统：积分
混合气流速（ml/min）：20（氦气）	氢压：137.9 kPa（20 lb/in^2）
温度程序：120℃（保持 3 min）到 270℃（保持 10 min），5℃/min	凹槽温度：400℃
进样器温度：250℃	电压偏差：4

表 I.10 农药的离子质量和特征离子质量

化合物		离子质量	特征离子
甲基谷硫磷	Azinphos-methyl	160	77，132
硫丙磷	Bolstar（sulprofos）	156	140，143，113，33
毒死蜱	Chlorpyrifos	197	97，199，125，314
蝇毒磷	Coumaphos	109	97，226，362，21
内吸磷-S	Demeton-S	88	60，114，170
二嗪农	Diazinon	137	179，152，93，199，304
敌敌畏（DDVP）	Dichlorvos（DDVP）	109	79，185，145
乐果	Dimethoate	87	93，125，58，143
乙拌磷	Disulfoton	88	89，60，61，97，142
苯硫磷	EPN	157	169，141，63，185
灭克磷	Ethoprop	158	43，97，41，126
丰索磷	Fensulfothion	293	97，125，141，109，308
倍硫磷	Fenthion	278	125，109，93，169
马拉硫磷	Malathion	173	125，127，93，158
脱叶亚磷	Merphos	209	57，153，41，298
速灭磷	Mevinphos	127	109，67，192
久效磷	Monocrotophos	127	67，97，192，109
二溴磷	Naled	109	145，147，79
乙基对硫磷	Parathion-ethyl	291	97，109，139，155
甲基对硫磷	Parathion-methyl	109	125，263，79
甲拌磷	Phorate	75	121，97，47，260
皮蝇磷	Ronnel	285	125，287，79，109
乐本松	Stirophos	109	329，331，79
硫特普	Sulfotepp	322	97，65，93，121，202
特普	TEPP	99	155，127，81，109
丙硫磷	Tokuthion	113	43，162，267，309

附录 J（资料性附录）

固体废物　硝基芳烃和硝基胺的测定　高效液相色谱法

Solid wastes—Determination of nitro-aromatics and nitrosamines—High performance liquid chromatography

J.1　范围

本方法适用于固体废物中 14 种硝基芳烃和硝基胺，包括八氢-1,3,5,7-四硝基-1,3,5,7-双偶氮辛因（HMX）、六氢-1,3,5-三硝基-1,3,5-三嗪（RDX）、1,3,5-三硝基苯（1,3,5-TNB）、1,3-二硝基苯（1,3-DNB）、甲基-2,4,6-三硝基苯甲硝胺（Tetryl）、硝基苯（NB）、2,4,6-三硝基甲苯（2,4,6-TNT）、4-氨基-2,6-二硝基甲苯（4-Am-DNT）、2-氨基-4,6-二硝基甲苯（2-Am-DNT）、2,4-二硝基甲苯（2,4-DNT）、2,6-二硝基甲苯（2,6-DNT）、2-硝基甲苯（2-NT）、3-硝基甲苯（3-NT）、4-硝基甲苯（4-NT）的高效液相色谱测定方法。

本方法对上述 14 种硝基芳烃和硝基胺物质在水和土壤中的定量限见表 J.1。

表 J.1　各物质的定量限

化合物		水		土壤/（mg/kg）
		低浓度/（μg/L）	高浓度/（μg/L）	
八氢-1,3,5,7-四硝基-1,3,5,7-双偶氮辛因	HMX	—	13.0	2.2
六氢-1,3,5-三硝基-1,3,5-三嗪	RDX	0.84	14.0	1.0
1,3,5-三硝基苯	1,3,5-TNB	0.26	7.3	0.25
1,3-二硝基苯	1,3-DNB	0.1	4.0	0.65
甲基-2,4,6-三硝基苯甲硝胺	Tetryl	—	4.0	0.26
硝基苯	NB	—	6.4	0.25
2,4,6-三硝基甲苯	2,4,6-TNT	0.11	6.9	0.25
4-氨基-2,6-二硝基甲苯	4-Am-DNT	0.060	—	—
2-氨基-4,6-二硝基甲苯	2-Am-DNT	0.035	—	—
2,4-二硝基甲苯	2,4-DNT	0.31	9.4	0.26
2,6-二硝基甲苯	2,6-DNT	0.020	5.7	0.25
2-三硝基甲苯	2-NT	—	12.0	0.25
3-三硝基甲苯	3-NT	—	8.5	0.25
4-三硝基甲苯	4-NT	—	7.9	—

J.2　原理

液态样品用乙腈和氯化钠盐析萃取操作法进行萃取和反萃取（高质量浓度的水体样品可直接稀释后过滤；土壤和沉积物样品可用乙腈在超声浴中萃取后过滤），用高效液相色谱检测，经 C18 反相色谱柱分离，紫外检测器检测。

J.3 试剂和材料

J.3.1 试剂水，纯水，其中不含任何超过检出限的目标待测物，或超过检出限 1/3 的干扰物质。

J.3.2 乙腈，HPLC 级。

J.3.3 甲醇，HPLC 级。

J.3.4 氯化钙，分析纯，配制成 5 g/L 水溶液。

J.3.5 氯化钠，分析纯。

J.3.6 标准溶液

J.3.6.1 标准贮备溶液：将固体分析物标样放入避光真空干燥器内至恒重，取分析物 0.100 g（称重至 0.000 1 g）用乙腈稀释，定容至 100 ml。存放于 4℃冰箱中的避光保存。由实际称出的重量计算标准贮备溶液的浓度（表观质量浓度为 1 000 mg/L），标准贮备溶液可在 1 年内使用。

J.3.6.2 标准溶液：如果 2,4-DNT 和 2,6-DNT 均要测定，则分别配制两种标准工作溶液：（1）HMX，RDX，1,3,5-TNB，1,3-DNB，NB，2,4,6-TNT 和 2,4-DNT，（2）Tetryl，2,6-DNT，2-NT，3-NT，4-NT。标准工作溶液应配制成 1 000 mg/L，分析土壤样品时标准液中溶剂为乙腈，分析水体样品时标准液中溶剂为甲醇。

将上述两种标准溶液，用合适的溶剂稀释至质量浓度 2.5～1 000 μg/L，这些溶液在配制后应冷藏，保持期为 30 d。

若用此方法检测低质量浓度样品，必须测定检测限，并准备一系列与要求范围相适应的稀释后的标准溶液。低质量浓度样品分析所需的标准溶液必须在使用前即时配制。

J.3.6.3 标准工作溶液：校正用标准溶液至少要配制 5 个不同的质量浓度，用 5 g/L 氯化钙溶液（J.3.4）按 50%（体积分数）将标准溶液稀释，这些稀释液必须冷藏于阴暗处，并于校正的当天配制。

J.3.7 替代物配制液：应检查萃取和分析系统的性能以及方法对不同样品基质的回收率。每种样品基质加入每种样品，标样和含一种或两种替代物（即样品中不存在的分析物）的空白试剂水。

J.3.8 基体配制液：基体配制液用甲醇，样品质量浓度应是其实测定量限（表 J.1）的 5 倍。所有目标分析物均应包括在内。

J.4 仪器、装置

J.4.1 高效液相色谱仪，带有紫外检测器。

J.4.2 天平，±0.000 1 g。

J.4.3 Vortex 混合器。

J.4.4 带温度控制的超声水浴。

J.4.5 带搅拌子的磁搅拌器。

J.4.6 电炉，鼓风式，不加热。

J.4.7 高压注射针筒，500 μl。

J.4.8 一次性滤芯式过滤器，0.45 μm，Teflon 过滤器。

J.4.9 玻璃移液管，A 级。

J.4.10 Pasteur 移液管。

J.4.11 玻璃闪烁瓶，20 ml。

J.4.12 玻璃样品瓶，带 Teflon 衬里的盖，15 ml。

J.4.13 玻璃样品瓶，带 Teflon 衬里的盖，40 ml。

J.4.14 一次性注射器，Plastipak，3 ml 和 10 ml 或同类产品。

J.4.15 容量瓶，适当规格。

注：作磁搅拌器萃取用的 100 ml 和 1 L 容量瓶必须是圆形。

J.4.16 真空干燥器，玻璃。

J.4.17 研钵和捣锤，钢制。

J.4.18 筛子，30 目。

J.5 分析步骤

J.5.1 样品制备

J.5.1.1 水质样品

工业流程废水样品先用高质量浓度方法筛选来决定是否需用低质量浓度方法（1～50 μg/L）处理。

J.5.1.1.1 低质量浓度处理法（盐析萃取）

J.5.1.1.1.1 加 251.3 g 氯化钠至 1 L 容量瓶（圆形）中，量出 770 ml 水样（用 1 L 带刻度量筒）倒入含盐的容量瓶内，加入搅拌子在磁搅拌器上用最高转速混合容量瓶内物质直至盐全部溶解为止。

J.5.1.1.1.2 在溶液搅拌时加 164 ml 乙腈（用 250 ml 带刻度量筒量出），并继续搅拌 15 min，关闭搅拌器，静止约 10 min，使相分离。

J.5.1.1.1.3 用 Pasteur 移液管将上层乙腈（约 8 ml）吸出转入 100 ml 容量瓶（圆形）中，加 10 ml 新鲜乙腈到含水样的 1 L 容量瓶中，再搅拌 15 min，静止 10 min，使相分离。将第二部分乙腈与第一部分合并。

J.5.1.1.1.4 将 84 ml 盐水（每 1 000 ml 试剂水含 325 g NaCl）加到 100 ml 容量瓶中的乙腈萃取液中，加入搅拌子放在磁搅拌器上搅拌溶液 15 min，再静止 10 min，使相分离。用 Pasteur 移液管小心转移乙腈相至一个 10 ml 带刻度量筒内。此时随乙腈转移的水量必须降至最低，因为水含有高质量浓度的 NaCl，会在色谱图的起始部分产生一个大峰，干扰 HMX 的测定。

J.5.1.1.1.5 再加 1.0 ml 乙腈至 100 ml 容量瓶中，再次搅拌 15 min，静止 10 min，使相分离。把第二部分乙腈合并在第一次乙腈萃取物的 10 ml 量筒内（如果体积超过 5 ml 须转移至 25 ml 有刻度的量筒内）记下乙腈萃取液的总体积数至最接近的 0.1 ml[用此数为萃取液体积（V_t）]，分析前将 5～6 ml 萃取液用无有机物的试剂水按 1∶1 稀释（如 Tetryl 也要分析，必须 pH＜3）。

J.5.1.1.1.6 如果稀释的萃取液混浊，用一次性针筒将溶液通过 0.45 μm Teflon 过滤器，进行过滤。丢弃最初的 0.5 ml，其余部分保留在带 Teflon 衬里瓶盖的样品瓶中备 HPLC 分析用。

J.5.1.1.2 高质量浓度处理法

样品过滤：取每种水样一份 5 ml 加到闪烁管内，再加 5 ml 乙腈充分摇动。用一次性注射器将溶液通过 0.45 μm Teflon 过滤器过滤，弃去前 3 ml 滤液，其余保留在带 Teflon 衬里瓶盖的样品瓶中备 HPLC 分析用。用甲醇替代乙腈进行稀释再过滤可以改善 HMX 的定量测定。

J.5.1.2 土壤和沉积物样品

J.5.1.2.1 样品均相化

在室温或低于室温的温度条件下，将土壤样品在空气中干燥至恒重，小心防止样品受阳光直射。在乙腈淋洗过的研钵中充分磨碎和混匀样品，过 30 目筛。

J.5.1.2.2 样品萃取

J.5.1.2.2.1 取土壤样品 2.0 g 放入一个 15 ml 的玻璃样品瓶内加 10.0 ml 乙腈用含 Teflon 衬里的瓶盖盖好，涡流振荡 1 min，再放入冷的超声浴中 18 h。

J.5.1.2.2.2 超声完成后，让样品静止 30 min，取出 5.0 ml 上清液与 20 ml 样品瓶内 5.0 ml 氯化钙溶液混合，摇匀后静止 15 min。

J.5.1.2.2.3 用一次性注射器抽取上清液通过 0.45 μm Teflon 过滤器过滤，弃去前 3 ml，其余保留在带 Teflon 衬里瓶盖的样品瓶中备 HPLC 分析用。

J.5.2 色谱条件（推荐用）

J.5.2.1 色谱柱：

色谱柱 1：C18 反相色谱柱 25 cm×4.6 mm（5 μm）；

色谱柱 2：CN 反相色谱柱 25 cm×4.6 mm（5 μm）。

J.5.2.2 流动相：甲醇/水（体积分数）50/50。

J.5.2.3 流速：1.5 ml/min。

J.5.2.4 进样体积：100 μl。

J.5.2.5 UV 检测器波长：254 nm。

J.5.3 HPLC 分析

J.5.3.1 分析样品用的色谱条件列于 J.5.2，所有在 C18 色谱柱上测得的阳性结果必须要在 CN 柱上进样得到证实。

J.5.3.2 用峰高或峰面积记录生成的峰的大小，建议对低浓度样品采用峰高可提高重复性。

表 J.2 LC-C18 和 LC-CN 色谱柱子上保留时间和容量因子

化合物		保留时间/min		容量因子/k^*	
		LC-18	LC-CN	LC-18	LC-CN
八氢-1,3,5,7-四硝基-1,3,5,7-双偶氮辛因	HMX	2.44	8.35	0.49	2.52
六氢-1,3,5-三硝基-1,3,5-三嗪	RDX	3.73	6.15	1.27	1.59
1,3,5-三硝基苯	1,3,5-TNB	5.11	4.05	2.12	0.71
1,3-二硝基苯	1,3-DNB	6.16	4.18	2.76	0.76
甲基-2,4,6-三硝基苯甲硝基胺	Tetryl	6.93	7.36	3.23	2.11
硝基苯	NB	7.23	3.81	3.41	0.61
2,4,6-三硝基甲苯	2,4,6-TNT	8.42	5.00	4.13	1.11
4-氨基-2,6-二硝基甲苯	4-Am-DNT	8.88	5.10	4.41	1.15
2-氨基-4,6-二硝基甲苯	2-Am-DNT	9.12	5.65	4.56	1.38

化合物		保留时间/min		容量因子/k^*	
		LC-18	LC-CN	LC-18	LC-CN
2,4-二硝基甲苯	2,4-DNT	9.82	4.61	4.99	0.95
2,6-二硝基甲苯	2,6-DNT	10.05	4.87	5.13	1.05
2-三硝基甲苯	2-NT	12.26	4.37	6.48	0.84
3-三硝基甲苯	3-NT	13.26	4.41	7.09	0.86
4-三硝基甲苯	4-NT	14.23	4.45	7.68	0.88

* 容量因子以硝酸盐的不保留峰作为基准，在 LC-18 柱上为 1.71 min，在 LC-CN 柱上为 2.00 min。

附录 K（资料性附录）

固体废物　半挥发性有机化合物的测定　气相色谱/质谱法

Solid wastes-Determination of SVOCs-Gas chromatography/Mass spectrometry（GC/MS）

K.1　范围

本方法规定了固体废物、土壤和地下水中半挥发性有机化合物含量气相色谱/质谱的测定方法。可分析的化合物及其特征离子见表 K.1。

表 K.1　半挥发性物质的特征离子

化合物		保留时间/min	主要离子	次要离子
2-甲基吡啶	2-Picoline	3.75[a]	93	66，92
苯胺	Aniline	5.68	93	66，65
苯酚	Phenol	5.77	94	65，66
双（2-氯乙基）醚	*Bis*（2-chloroethyl）ether	5.82	93	63，95
2-氯酚	2-Chlorophenol	5.97	128	64，130
1,3-二氯苯	1,3-Dichlorobenzene	6.27	146	148，111
1,4-二氯苯-d（IS）4	1,4-Dichlorobenzene-d（IS）4	6.35	152	150，115
1,4-二氯苯	1,4-Dichlorobenzene	6.40	146	148，111
苯甲醇	Benzyl alcohol	6.78	108	79，77
1,2-二氯代苯	1,2-Dichlorobenzene	6.85	146	148，111
N-亚硝基甲基乙胺	*N*-Nitrosomethylethylamine	6.97	88	42，43，56
双（2-氯代异丙基）醚	*Bis*（2-chloroisopropyl）ether	7.22	45	77，121
氨基甲酸乙酯	Ethyl carbamate	7.27	62	44，45，74
苯硫酚	Thiophenol（Benzenethiol）	7.42	110	66，109，84
甲基甲磺酸	Methyl methanesulfonate	7.48	80	79，65，95
N-亚硝基二正丙胺	*N*-Nitrosodi-*n*-propylamine	7.55	70	42，101，130
六氯乙烷	Hexachloroethane	7.65	117	201，199
顺丁烯二酸酐	Maleic anhydride	7.65	54	98，53，44
硝基苯	Nitrobenzene	7.87	77	123，65
异佛尔酮	Isophorone	8.53	82	95，138
N-亚硝基二乙胺	*N*-Nitrosodiethylamine	8.70	102	42，57，44，56
2-硝基酚	2-Nitrophenol	8.75	139	109，65
2,4-二甲苯酚	2,4-Dimethylphenol	9.03	122	107，121
p-苯醌	Benzoquinone	9.13	108	54，82，80
双-（2-氯乙氧基）甲烷	2-*bis*（2-chloroethoxy）methane	9.23	93	95，123
安息香酸	Benzoic acid	9.38	122	105，77
2,4-二氯苯酚	2,4-Dichlorophenol	9.48	162	164，98
磷酸三甲酯	Trimethyl phosphate	9.53	110	79，95，109，140
乙基甲磺酸	Ethyl methanesulfonate	9.62	79	109，97，45，65
1,2,4-三氯苯	1,2,4-Trichlorobenzene	9.67	180	182，145
萘-d（IS）8	Naphthalene-d（IS）8	9.75	136	68
萘	Naphthalene	9.82	128	129，127

化合物		保留时间/min	主要离子	次要离子
六氯丁二烯	Hexachlorobutadiene	10.43	225	223，227
四乙基焦磷酸酯	Tetraethyl pyrophosphate	11.07	99	155，127，81，109
硫酸二乙酯	Diethyl sulfate	11.37	139	45，59，99，111，125
4-氯-3-甲基苯酚	4-Chloro-3-methylphenol	11.68	107	144，142
2-甲基萘	2-Methylnaphthalene	11.87	142	141
2-甲苯酚	2-Methylphenol	12.40	107	108，77，79，90
六氯丙烯	Hexachloropropene	12.45	213	211，215，117，106，141
六氯环戊二烯	Hexachlorocyclopentadiene	12.60	237	235，272
N-亚硝基吡咯烷	*N*-Nitrosopyrrolidine	12.65	100	41，42，68，69
苯乙酮	Acetophenone	12.67	105	71，51，120
4-甲基苯酚	4-Methylphenol	12.82	107	108，77，79，90
2,4,6-三氯苯酚	2,4,6-Trichlorophenol	12.85	196	198，200
邻甲基苯胺	*o*-Toluidine	12.87	106	107，77，51，79
3-甲基苯酚	3-Methylphenol	12.93	107	108，77，79，90
2-氯萘	2-Chloronaphthalene	13.30	162	127，164
N-亚硝基哌啶	*N*-Nitrosopiperidine	13.55	114	42，55，56，41
1,4-苯二胺	1,4-Phenylenediamine	13.62	108	80，53，54，52
1-氯萘	1-Chloronaphthalene	13.65[a]	162	127，164
2-硝基苯胺	2-Nitroaniline	13.75	65	92，138
5-氯-2-甲基苯胺	5-Chloro-2-methylaniline	14.28	106	141，140，77，89
邻苯二甲酸二甲酯	Dimethyl phthalate	14.48	163	194，164
苊	Acenaphthylene	14.57	152	151，153
2,6-二硝基甲苯	2,6-Dinitrotoluene	14.62	165	63，89
邻苯二甲酸酐	Phthalic anhydride	14.62	104	76，50，148
邻甲氧基苯胺	*o*-Anisidine	15.00	108	80，123，52
3-硝基苯胺	3-Nitroaniline	15.02	138	108，92
苊-d（IS）10	Acenaphthene-d（IS）10	15.05	164	162，160
苊	Acenaphthene	15.13	154	153，152
2,4-二硝基酚	2,4-Dinitrophenol	15.35	184	63，154
2,6-二硝基酚	2,6-Dinitrophenol	15.47	162	164，126，98，63
4-氯苯胺	4-Chloroaniline	15.50	127	129，65，92
异黄樟油素	Isosafrole	15.60	162	131，104，77，51
氧芴	Dibenzofuran	15.63	168	139
2,4-二氨基甲苯	2,4-Diaminotoluene	15.78	121	122，94，77，104
2,4-二硝基甲苯	2,4-Dinitrotoluene	15.80	165	63，89
4-硝基苯酚	4-Nitrophenol	15.80	139	109，65
2-萘胺	2-Naphthylamine	16.00[a]	143	115，116
1,4-萘醌	1,4-Naphthoquinone	16.23	158	104，102，76，50，130
3-氨基对甲苯甲醚	*p*-Cresidine	16.45	122	94，137，77，93
敌敌畏	Dichlorovos	16.48	109	185，79，145
邻苯二乙酸二乙酯	Diethyl phthalate	16.70	149	177，150
芴	Fluorene	16.70	166	165，167
2,4,5-三甲基苯胺	2,4,5-Trimethylaniline	16.70	120	135，134，91，77
N-亚硝基正丁胺	*N*-Nitrosodi-*n*-butylamine	16.73	84	57，41，116，158
4-氯二苯醚	4-Chlorophenyl phenyl-ether	16.78	204	206，141
对苯二酚	Hydroquinone	16.93	110	81，53，55
4,6-二硝基-2-甲基苯酚	4,6-Dinitro-2-methylphenol	17.05	198	51，105
间苯二酚	Resorcinol	17.13	110	81，82，53，69
N-亚硝基二苯胺	*N*-Nitrosodiphenylamine	17.17	169	168，167

化合物		保留时间/min	主要离子	次要离子
黄樟油精	Safrole	17.23	162	104，77，103，135
六甲基磷酰胺	Hexamethyl phosphoramide	17.33	135	44，179，92，42
3-氯甲基盐酸吡啶	3-（Chloromethyl）pyridine hydrochloride	17.50	92	127，129，65，39
二苯胺	Diphenylamine	17.54[a]	169	168，167
1,2,4,5-四氯苯	1,2,4,5-Tetrachlorobenzene	17.97	216	214，179，108，143，218
1-萘胺	1-Naphthylamine	18.20	143	115，89，63
1-乙酰基-2-硫脲	1-Acetyl-2-thiourea	18.22	118	43，42，76
4-溴苯基-苯基醚	4-Bromophenyl phenyl ether	18.27	248	250，141
甲苯二异氰酸盐	Toluene diisocyanate	18.42	174	145，173，146，132，91
2,4,5-三氯苯酚	2,4,5-Trichlorophenol	18.47	196	198，97，132，99
六氯苯	Hexachlorobenzene	18.65	284	142，249
尼古丁	Nicotine	18.70	84	133，161，162
五氯苯酚	Pentachlorophenol	19.25	266	264，268
5-硝基邻甲苯胺	5-Nitro-o-toluidine	19.27	152	77，79，106，94
硫磷嗪	Thionazin	19.35	107	96，97，143，79，68
4-硝基苯胺	4-Nitroaniline	19.37	138	65，108，92，80，39
菲-d（IS）10	Phenanthrene-d（IS）10	19.55	188	94，80
菲	Phenanthrene	19.62	178	179，176
蒽	Anthracene	19.77	178	176，179
1,4-二硝基苯	1,4-Dinitrobenzene	19.83	168	75，50，76，92，122
速灭磷	Mevinphos	19.90	127	192，109，67，164
二溴磷	Naled	20.03	109	145，147，301，79，189
1,3-二硝基苯	1,3-Dinitrobenzene	20.18	168	76，50，75，92，122
燕麦敌（顺式或者反式）	Diallate（*cis* or *trans*）	20.57	86	234，43，70
1,2-二硝基苯	1,2-Dinitrobenzene	20.58	168	50，63，74
燕麦敌（反式或者顺式）	Diallate（*trans* or *cis*）	20.78	86	234，43，70
五氯苯	Pentachlorobenzene	21.35	250	252，108，248，215，254
5-硝基-2-甲氧基苯胺	5-Nitro-o-anisidine	21.50	168	79，52，138，153，77
五氯硝基苯	Pentachloronitrobenzene	21.72	237	142，214，249，295，265
4-硝基喹啉-氧化物	4-Nitroquinoline-1-oxide	21.73	174	101，128，75，116
邻苯二甲酸二丁酯	Di-*n*-butyl phthalate	21.78	149	150，104
2,3,4,6-四氯苯酚	2,3,4,6-Tetrachlorophenol	21.88	232	131，230，166，234，168
二氢黄樟油精	Dihydrosaffrole	22.42	135	64.77
内吸磷-O	Demeton-O	22.72	88	89，60，61，115，171
荧蒽	Fluoranthene	23.33	202	101，203
1,3,5-三硝基苯	1,3,5-Trinitrobenzene	23.68	75	74，213，120，91，63
百治磷	Dicrotophos	23.82	127	67，72，109，193，237
对二氨基联苯	Benzidine	23.87	184	92，185
氟乐灵	Trifluralin	23.88	306	43，264，41，290
溴苯腈	Bromoxynil	23.90	277	279，88，275，168
芘	Pyrene	24.02	202	200，203
久效磷	Monocrotophos	24.08	127	192，67，97，109
甲拌磷	Phorate	24.10	75	121，97，93，260
菜草畏	Sulfallate	24.23	188	88，72，60，44

化合物		保留时间/min	主要离子	次要离子
内吸磷-S	Demeton-S	24.30	88	60，81，89，114，115
非那西丁	Phenacetin	24.33	108	180，179，109，137，80
乐果	Dimethoate	24.70	87	93，125，143，229
苯巴比妥	Phenobarbital	24.70	204	117，232，146，161
克百威	Carbofuran	24.90	164	149，131，122
八甲基焦磷酰胺	Octamethyl pyrophosphoramide	24.95	135	44，199，286，153，243
4-氨基联苯	4-Aminobiphenyl	25.08	169	168，170，115
二噁磷	Dioxathion	25.25	97	125，270，153
特丁硫磷	Terbufos	25.35	231	57，97，153，103
二甲基苯胺	Dimethylphenylamine	25.43	58	91，65，134，42
丙氨酸苄酯对甲苯磺酸盐	Pronamide	25.48	173	175，145，109，147
氨基偶氮苯	Aminoazobenzene	25.72	197	92，120，65，77
二氯萘醌	Dichlone	25.77	191	163，226，228，135，193
地乐酯	Dinoseb	25.83	211	163，147，117，240
乙拌磷	Disulfoton	25.83	88	97，89，142，186
氟消草	Fluchloralin	25.88	306	63，326，328，264，65
治克威	Mexacarbate	26.02	165	150，134，164，222
4,4′-二氨基二苯醚	4,4′-Oxydianiline	26.08	200	108，171，80，65
邻苯二甲酸丁苄酯	Butyl benzyl phthalate	26.43	149	91，206
对硝基联苯	4-Nitrobiphenyl	26.55	199	152，141，169，151
磷胺	Phosphamidon	26.85	127	264，72，109，138
2-环己烷-4,6 二硝基酚（消螨酚）	2-Cyclohexyl-4,6-Dinitrophenol	26.87	231	185，41，193，266
甲基对硫磷	Methyl parathion	27.03	109	125，263，79，93
胺甲萘	Carbaryl	27.17	144	115，116，201
二甲基苯胺	Dimethylaminoazobenzene	27.50	225	120，77，105，148，42
丙基硫脲嘧啶	Propylthiouracil	27.68	170	142，114，83
苯并[*a*]蒽	Benzo（*a*）anthracene	27.83	228	229，226
䓛-*d*（IS）12	Chrysene-d（IS）12	27.88	240	120，236
3,3′-二氯联苯胺	3,3′-Dichlorobenzidine	27.88	252	254，126
䓛	Chrysene	27.97	228	226，229
马拉硫磷	Malathion	28.08	173	125，127，93，158
十氯酮	Kepone	28.18	272	274，237，178，143，270
倍硫磷	Fenthion	28.37	278	125，109，169，153
对硫磷	Parathion	28.40	109	97，291，139，155
敌菌灵	Anilazine	28.47	239	241，143，178，89
邻苯二甲酸二（2-乙基己基）酯	*Bis*（2-ethylhexyl）phthalate	28.47	149	167，279
3,3′-二甲基联苯胺	3,3′-Dimethylbenzidine	28.55	212	106，196，180
三硫磷	Carbophenothion	28.58	157	97，121，342，159，199
硝酸铈铵	5-Nitroacenaphthene	28.73	199	152，169，141，115
美沙吡啉	Methapyrilene	28.77	97	50，191，71
异艾氏剂	Isodrin	28.95	193	66，195，263，265，147
克菌丹	Captan	29.47	79	149，77，119，117
毒虫畏	Chlorfenvinphos	29.53	267	269，323，325，295
巴毒磷	Crotoxyphos	29.73	127	105，193，166
亚胺硫磷	Phosmet	30.03	160	77，93，317，76

化合物		保留时间/min	主要离子	次要离子
苯硫磷	EPN	30.11	157	169，185，141，323
杀虫畏	Tetrachlorvinphos	30.27	329	109，331，79，333
二-正辛基邻苯二甲酸酯	Di-*n*-octyl phthalate	30.48	149	167，43
2-氨基蒽醌	2-Aminoanthraquinone	30.63	223	167，195
燕麦灵	Barban	30.83	222	51，87，224，257，153
杀螨特	Aramite	30.92	185	191，319，334，197，321
苯并[*b*]荧蒽	Benzo（*b*）fluoranthene	31.45	252	253，125
除草醚	Nitrofen	31.48	283	285，202，139，253
苯并[*k*]荧蒽	Benzo（*k*）fluoranthene	31.55	252	253，125
杀螨酯	Chlorobenzilate	31.77	251	139，253，111，141
丰索磷	Fensulfothion	31.87	293	97，308，125，292
乙硫磷	Ethion	32.08	231	97，153，125，121
二乙基乙烯雌酚	Diethylstilbestrol	32.15	268	145，107，239，121，159
伐灭磷	Famphur	32.67	218	125，93，109，217
三-对甲基苯磷酸	Tri-p-tolyl phosphateb	32.75	368	367，107，165，198
苯并[*a*]芘	Benzo（*a*）pyrene	32.80	252	253，125
二萘嵌苯	Perylene-*d*（IS）12	33.05	264	260，265
7,12-二甲基苯并[*a*]蒽	7,12-Dimethylbenz（*a*）anthracene	33.25	256	241，239，120
5,5′-苯妥英	5,5′-Diphenylhydantoin	33.40	180	104，252，223，209
敌菌丹	Captafol	33.47	79	77，80，107
敌螨普	Dinocap	33.47	69	41，39
甲氧氯	Methoxychlor	33.55	227	228，152，114，274，212
2-乙酰氨基芴	2-Acetylaminofluorene	33.58	181	180，223，152
莫卡	4,4′-Methylenebis（2-chloroaniline）	34.38	231	266，268，140，195
3,3′-二甲氧基对二氨基联苯	3,3′-Dimethoxybenzidine	34.47	244	201，229
3-甲胆蒽	3-Methylcholanthrene	35.07	268	252，253，126，134，113
伏杀硫磷	Phosalone	35.23	182	184，367，121，379
谷硫磷	Azinphos-methyl	35.25	160	132，93，104，105
对溴磷	Leptophos	35.28	171	377，375，77，155，379
灭蚁灵	Mirex	35.43	272	237，274，270，239，235
三（2,3-二溴苯）磷酸	*Tris*（2,3-dibromopropyl）phosphate	35.68	201	137，119，217，219，199
二苯并（*a,j*）氮蒽	Dibenz（*a,j*）acridine	36.40	279	280，277，250
炔雌醇甲醚	Mestranol	36.48	277	310，174，147，242
香豆磷	Coumaphos	37.08	362	226，210，364，97，109
茚苯（1,2,3-*cd*）芘	Indeno（1,2,3-*cd*）pyrene	39.52	276	138，227
二苯并[*a,h*]蒽	Dibenz（*a,h*）anthracene	39.82	278	139，279
苯并[*g,h,i*]苝	Benzo（*g,h,i*）perylene	41.43	276	138，277
1,2,4,5-二苯并芘	1,2,4,5-Dibenzopyrene	41.60	302	151，150，300
士的宁	Strychnine	45.15	334	334，335，333
胡椒亚砜	Piperonyl sulfoxide	46.43	162	135，105，77
六氯酚	Hexachlorophene	47.98	196	198，209，211，406，408
氯甲桥萘	Aldrin	—	66	263，220
多氯联苯	1016	—	222	260，292
多氯联苯	1221	—	190	224，260

化合物		保留时间/min	主要离子	次要离子
多氯联苯	1232	—	190	224，260
多氯联苯	1242	—	222	256，292
多氯联苯	1248	—	292	362，326
多氯联苯	1254	—	292	362，326
多氯联苯	1260	—	360	362，394
α-BHC	—	—	183	181，109
β-BHC	—	—	181	183，109
δ-BHC	—	—	183	181，109
γ-BHC（林丹）	—	—	183	181，109
4,4′-DDD	—	—	235	237，165
4,4′-DDE	—	—	246	248，176
4,4′-DDT	—	—	235	237，165
氧桥氯甲桥萘	Dieldrin	—	79	263，279
1,2-联苯肼	1,2-Diphenylhydrazine	—	77	105，182
硫丹 I	Endosulfan I	—	195	339，341
硫丹 II	Endosulfan II	—	337	339，341
硫丹硫酸酯	Endosulfan sulfate	—	272	387，422
异狄试剂	Endrin	—	263	82，81
异狄氏醛	Endrin aldehyde	—	67	345，250
异狄氏酮	Endrin ketone	—	317	67，319
七氯	Heptachlor	—	100	272，274
七氯环氧化物	Heptachlor epoxide	—	353	355，351
N-亚硝基二甲胺	*N*-Nitrosodimethylamine	—	42	74，44
八氯莰烯	Toxaphene	—	159	231，233

IS：内标。
a. 推测保留时间。

本方法可用于大多数中性、酸性和碱性有机化合物的定量，这些化合物能溶解在二氯甲烷内，易被洗脱，无需衍生化便可在 GC 上出现尖锐的峰，该 GC 柱是涂有少量极性硅酮的熔融石英毛细管柱。这类化合物包括有：多环芳烃类、氯代烃类、农药、邻苯二甲酸酯类、有机磷酸酯类、亚硝胺类、卤醚类、醛类、醚类、酮类、苯胺类、吡啶类、喹啉类、硝基芳香化合物、酚类包括硝基酚。

多数情况下，本方法不适合定量分析多成分化合物。例如：多氯联苯、毒杀芬、氯丹等，因为本方法对这些分析物的灵敏度有限。如果这些分析物已经用其他技术分析出来，那么当提取质量物浓度足够高的时候可以使用本方法确证分析物的存在。

下列化合物在使用本方法测定时，先须经过特别处理，联苯胺在溶剂浓缩时会发生氧化而损失，其色谱图比较差，α-BHC、γ-BHC、硫丹 I 和硫丹 II，以及异狄氏剂在碱性条件下会发生分解，如果希望分析这些化合物的话，则应在中性条件下提取。六氯环戊二烯在 GC 入口处会发生热分解，在丙酮溶液中发生化学反应以及光化学分解。在本方法所述的 GC 条件下，*N*-二甲基亚硝胺难以从溶剂中分离出来，它在 GC 入口处易发生热分解，且和二苯胺不易分离。五氯苯酚、2,4-二硝基苯酚、4-硝基苯酚、4,6-二硝基-2-甲葵苯酚、4-氯-3-甲基苯酚、苯甲酸、2-硝基苯胺、3-硝基苯胺、4-氯苯胺和苯甲醇都会有不稳定的色谱特征，特别是当 GC 系统被高沸点物质污染后更是如此。在本方法列举的 GC 进样口温度下，嘧啶的检测性能可能会很差。降低进样口的温度可以降低样品降解的量。如果要改变进样口温度，要注意其他样品的检测效果可能会受到影响。

甲苯二异氰酸酯在水中会快速水解（半衰期小于 30 min），因此在水基质的回收率很低。而且，在固体基质中，甲苯二异氰酸酯常常会和醇、胺等反应产生氨基甲酸乙酯、尿素等。

在测定单个化合物时，此方法估计的定量限（EQL）对于土壤/沉淀物大约是 660 mg/kg（湿重）、对于废物是 1～200 mg/kg（取决于基质和制备方法）、对于地下水样品大约是 10 μg/L（表 K.2）。当提取物需要预先稀释以避免超出检测范围时，EQL 将成比例地提高。

表 K.2 半挥发性有机物的定量限（EQLs）

化合物		估计的定量限[a]	
		地下水/（μg/L）	低含量土壤/沉积物[b]/（μg/kg）
苊	Acenaphthene	10	660
苊烯	Acenaphthylene	10	660
苯乙酮	Acetophenone	10	ND
2-乙酰氨基芴	2-Acetylaminofluorene	20	ND
1-乙酰-2-硫脲	1-Acetyl-2-thiourea	1 000	ND
2-氨基蒽醌	2-Aminoanthraquinone	20	ND
氨基偶氮苯	Aminoazobenzene	10	ND
4-氨基联苯	4-Aminobiphenyl	20	ND
敌菌灵	Anilazine	100	ND
o-氨基苯甲醚	*o*-Anisidine	10	ND
蒽	Anthracene	10	660
杀螨特	Aramite	20	ND
谷硫磷	Azinphos-methyl	100	ND
燕麦灵	Barban	200	ND
苯并蒽	Benzo（*a*）anthracene	10	660
苯并[*b*]荧蒽	Benzo（*b*）fluoranthene	10	660
苯并[*k*]荧蒽	Benzo（*k*）fluoranthene	10	660
安息香酸	Benzoic acid	50	3 300
苯并[*g,h,i*]苝	Benzo（*g,h,i*）perylene	10	660
苯并[*a*]芘	Benzo（*a*）pyrene	10	660
对苯醌	*p*-Benzoquinone	10	ND
苯甲醇	Benzyl alcohol	20	1 300
双（2-氯环氧）甲烷	*Bis*（2-chloroethoxy）methane	10	660
双（2-氯乙基）醚	*Bis*（2-chloroethyl）ether	10	660
双（2-氯异丙基）醚	*Bis*（2-chloroisopropyl）ether	10	660
4-溴苯基醚	4-Bromophenyl phenyl ether	10	660
溴苯腈	Bromoxynil	10	ND
邻苯二甲酸丁苄酯	Butyl benzyl phthalate	10	660
敌菌丹	Captafol	20	ND
克菌丹	Captan	50	ND
胺甲萘	Carbaryl	10	ND
克百威	Carbofuran	10	ND
三硫磷	Carbophenothion	10	ND
毒虫畏	Chlorfenvinphos	20	ND
4-氯苯胺	4-Chloroaniline	20	1 300
二氯二苯乙醇酸乙酯	Chlorobenzilate	10	ND

化合物		估计的定量限[a]	
		地下水/（μg/L）	低含量土壤/沉积物[b]/（μg/kg）
5-氯-2-甲基苯胺	5-Chloro-2-methylaniline	10	ND
4-氯-3-甲基苯酚	4-Chloro-3-methylphenol	20	1 300
3-氯吡啶盐酸盐	3-（Chloromethyl）pyridine hydrochloride	100	ND
2-氯萘	2-Chloronaphthalene	10	660
2-氯酚	2-Chlorophenol	10	660
4-氯苯基苯醚	4-Chlorophenyl phenyl ether	10	660
䓛	Chrysene	10	660
蝇毒磷	Coumaphos	40	ND
3-氨基对甲苯甲醚	*p*-Cresidine	10	ND
巴毒磷	Crotoxyphos	20	ND
2-环己基-4,6-二硝基酚	2-Cyclohexyl-4,6-dinitrophenol	100	ND
内吸磷-O	Demeton-O	10	ND
内吸磷-S	Demeton-S	10	ND
燕麦敌（顺式或者反式）	Diallate（*cis* or *trans*）	10	ND
燕麦敌（反式或者顺式）	Diallate（*trans* or *cis*）	10	ND
2,4-二氨基甲苯	2,4-Diaminotoluene	20	ND
二苯并[*a,j*]吖啶	Dibenz（*a,j*）acridine	10	ND
二苯并[*a,h*]蒽	Dibenz（*a,h*）anthracene	10	660
二苯并呋喃	Dibenzofuran	10	660
二苯并[*a,e*]芘	Dibenzo（*a,e*）pyrene	10	ND
邻苯二甲酸酯	Di-*n*-butyl phthalate	10	ND
二氯萘醌	Dichlone	NA	ND
1,2-二氯苯	1,2-Dichlorobenzene	10	660
1,3-二氯苯	1,3-Dichlorobenzene	10	660
1,4-二氯苯	1,4-Dichlorobenzene	10	660
3,3′-二氯对氨基联苯	3,3′-Dichlorobenzidine	20	1 300
2,4-二氯酚	2,4-Dichlorophenol	10	660
2,6-二氯酚	2,6-Dichlorophenol	10	ND
敌敌畏	Dichlorovos	10	ND
百治磷	Dicrotophos	10	ND
二乙基邻苯二甲酸酯	Diethyl phthalate	10	660
二乙基己烯雄酚	Diethylstilbestrol	20	ND
二乙基硫酸酯	Diethyl sulfate	100	ND
乐果	Dimethoate	20	ND
3,3′-二甲氧基对氨基联苯	3,3′-Dimethoxybenzidine	100	ND
二乙基氨基偶氮苯	Dimethylaminoazobenzene	10	ND
7,12-二甲基苯并[*a*]蒽	7,12-Dimethylbenz（*a*）anthracene	10	ND
3,3′-二甲基联苯胺	3,3′-Dimethylbenzidine	10	ND
a,a-二甲基苯乙胺	a,a-Dimethylphenethylamine	ND	ND
2,4-二甲苯酚	2,4-Dimethylphenol	10	660
二甲基邻苯二甲酸酯	Dimethyl phthalate	10	660
1,2-二硝基苯	1,2-Dinitrobenzene	40	ND
1,3-二硝基苯	1,3-Dinitrobenzene	20	ND
1,4-二硝基苯	1,4-Dinitrobenzene	40	ND
4,6-二硝基-2-甲基苯酚	4,6-Dinitro-2-methylphenol	50	3 300
2,4-二硝基苯酚	2,4-Dinitrophenol	50	3 300
2,4-二硝基苯	2,4-Dinitrotoluene	10	660

化合物		估计的定量限[a]	
		地下水/（μg/L）	低含量土壤/沉积物[b]/（μg/kg）
2,6-二硝基苯	2,6-Dinitrotoluene	10	660
敌螨普	Dinocap	100	ND
2-(1-甲基-正丙基)-4,6-二硝基苯酚	Dinoseb	20	ND
5,5-苯妥英	5,5-Diphenylhydantoin	20	ND
二正辛基邻苯二甲酸酯	Di-n-octyl phthalate	10	660
乙拌磷	Disulfoton	10	ND
苯硫磷	EPN	10	ND
乙硫磷	Ethion	10	ND
氨基甲酸乙酯	Ethyl carbamate	50	ND
双（2-乙基己基）邻苯二甲酸酯	*Bis*（2-ethylhexyl）phthalate	10	660
乙基甲磺酸	Ethyl methanesulfonate	20	ND
伐灭磷	Famphur	20	ND
丰索磷	Fensulfothion	40	ND
倍硫磷	Fenthion	10	ND
氟灭草	Fluchloralin	20	ND
荧蒽	Fluoranthene	10	660
芴	Fluorene	10	660
六氯苯	Hexachlorobenzene	10	660
六氯丁二烯	Hexachlorobutadiene	10	660
六氯环戊二烯	Hexachloro cyclopentadiene	10	660
六氯乙烷	Hexachloroethane	10	660
六氯酚	Hexachlorophene	50	ND
六氯丙烯	Hexachloropropene	10	ND
六甲基磷酰胺	Hexamethylphosphoramide	20	ND
对苯二酚	Hydroquinone	ND	ND
茚并（1,2,3-*cd*）芘	Indeno（1,2,3-*cd*）pyrene	10	660
异艾氏剂	Isodrin	20	ND
异氟乐酮	Isophorone	10	660
异黄樟油精	Isosafrole	10	ND
十氯酮	Kepone	20	ND
对溴磷	Leptophos	10	ND
马拉硫磷	Malathion	50	ND
顺丁烯二酸酐	Maleic anhydride	NA	ND
炔雌醇甲醚	Mestranol	20	ND
噻吡二胺	Methapyrilene	100	ND
甲氧滴滴涕	Methoxychlor	10	ND
3-甲（基）胆蒽	3-Methylcholanthrene	10	ND
4,4′-亚甲双（2-氯苯胺）	4,4′-Methylenebis（2-chloroaniline）	NA	ND
甲磺酸甲酯	Methyl methanesulfonate	10	ND
2-甲基萘	2-Methylnaphthalene	10	660
甲基对硫磷	Methyl parathion	10	ND
2-甲基苯酚	2-Methylphenol	10	660
3-甲基苯酚	3-Methylphenol	10	ND
4-甲基苯酚	4-Methylphenol	10	660
速灭磷	Mevinphos	10	ND
兹克威	Mexacarbate	20	ND
灭蚁灵	Mirex	10	ND

化合物		估计的定量限[a]	
		地下水/（μg/L）	低含量土壤/沉积物[b]/（μg/kg）
久效磷	Monocrotophos	40	ND
二溴磷	Naled	20	ND
萘	Naphthalene	10	660
1,4-萘醌	1,4-Naphthoquinone	10	ND
1-萘胺	1-Naphthylamine	10	ND
2-萘胺	2-Naphthylamine	10	ND
盐碱	Nicotine	20	ND
5-硝基苊	5-Nitroacenaphthene	10	ND
2-硝基苯胺	2-Nitroaniline	50	3 300
3-硝基苯胺	3-Nitroaniline	50	3 300
4-硝基苯胺	4-Nitroaniline	20	ND
5-硝基邻氨基苯甲醚	5-Nitro-*o*-anisidine	10	ND
硝基苯	Nitrobenzene	10	660
4-硝基联苯	4-Nitrobiphenyl	10	ND
除草醚	Nitrofen	20	ND
2-硝基苯酚	2-Nitrophenol	10	660
4-硝基苯酚	4-Nitrophenol	50	3 300
5-硝基-邻-甲苯胺	5-Nitro-*o*-toluidine	10	ND
4-硝基喹啉-1-氧化物	4-Nitroquinoline-1-oxide	40	ND
N-亚硝基二正丁基胺	*N*-Nitrosodi-*n*-butylamine	10	ND
N-亚硝基二乙胺	*N*-Nitrosodiethylamine	20	ND
N-亚硝基二苯胺	*N*-Nitrosodiphenylamine	10	660
N-亚硝基-对正丙胺	*N*-Nitroso-di-*n*-propylamine	10	660
N-亚硝基哌啶	*N*-Nitrosopiperidine	20	ND
N-硝基吡咯烷	*N*-Nitrosopyrrolidine	40	ND
八甲基焦磷酰胺	Octamethyl pyrophosphoramide	200	ND
4,4′-氨基联苯醚	4,4′-Oxydianiline	20	ND
硝苯硫酸酯	Parathion	10	ND
五氯苯	Pentachlorobenzene	10	ND
五氯硝基苯	Pentachloronitrobenzene	20	ND
五氯苯酚	Pentachlorophenol	50	3 300
乙酰对氨苯乙醚	Phenacetin	20	ND
菲	Phenanthrene	10	660
苯巴比妥	Phenobarbital	10	ND
苯酚	Phenol	10	660
1,4-苯二胺	1,4-Phenylenediamine	10	ND
甲拌磷	Phorate	10	ND
裕必松	Phosalone	100	ND
亚胺硫磷	Phosmet	40	ND
磷胺	Phosphamidon	100	ND
邻苯二甲酸酐	Phthalic anhydride	100	ND
2-甲基吡啶	2-Picoline	ND	ND
胡椒砜	Piperonyl sulfoxide	100	ND
戊炔草胺	Pronamide	10	ND
丙基硫脲嘧啶	Propylthiouracil	100	ND
芘	Pyrene	10	660
嘧啶	Pyridine	ND	ND
间苯二酚	Resorcinol	100	ND

化合物		估计的定量限[a]	
		地下水/（μg/L）	低含量土壤/沉积物[b]/（μg/kg）
黄樟油精	Safrole	10	ND
番木鳖碱	Strychnine	40	ND
菜草畏	Sulfallate	10	ND
托福松	Terbufos	20	ND
1,2,4,5-四氯苯	1,2,4,5-Tetrachlorobenzene	10	ND
2,3,4,6-四氯苯酚	2,3,4,6-Tetrachlorophenol	10	ND
杀虫畏	Tetrachlorvinphos	20	ND
四乙基焦磷酸酯	Tetraethyl pyrophosphate	40	ND
硫磷嗪	Thionazine	20	ND
硫酸酚	Thiophenol（Benzenethiol）	20	ND
邻甲苯胺	*o*-Toluidine	10	ND
1,2,4-三氯苯	1,2,4-Trichlorobenzene	10	660
2,4,5-三氯酚	2,4,5-Trichlorophenol	10	660
2,4,6-三氯苯酚	2,4,6-Trichlorophenol	10	660
氟乐灵	Trifluralin	10	ND
2,4,5-三甲基苯胺	2,4,5-Trimethylaniline	10	ND
三甲基磷酸酯	Trimethyl phosphate	10	ND
1,3,5-三硝基苯	1,3,5-Trinitrobenzene	10	ND
三（2,3-二溴丙基）磷酸酯	Tris（2,3-dibromopropyl）phosphate	200	ND
三对甲苯磷酸酯（h）	Tri-p-tolyl phosphate（h）	10	ND
硫代磷酸三甲酯	*O,O,O*-Triethyl phosphorothioate	NT	ND

注：a. 样品的定量限高度依赖于基质。

b. 列举的定量限可以提供一个指导但不总是正确的。土壤/沉积物的定量限是基于湿重的。通常,数据是在干重为基础报告的。因此,如果是基于干重的话,每个样品的定量限会较高。这些定量限是基于 30 g 样品和凝胶色谱清洗的。

ND = 未检出。

NA = 不适用。

NT = 没有测定。

其他基质影响因子：

用超声提取高含量土壤和沉积物：7.5

无水易混合废物：75

c. 定量限 =（低含量土壤/沉积物定量限）×（影响因子）

K.2 引用标准

下列文件中的条款通过在本方法中被引用而成为本方法的条款，与本方法同效。凡是不注明日期的引用文件，其最新版本适用于本方法。

GB/T 6682　分析实验室用水规格和实验方法

K.3 原理

样品先要用适当的方法制备（参考附录 U 或附录 V）和净化（参考附录 W）然后才能作为色谱分析用的样品，这些半挥发性提取物引入气相色谱并在细孔硅胶柱上进行分析。柱子通过程序升温来进行物质的分离，并通过气相色谱（GC）接口进入质谱（MS）

进行检测。目标物质的定性鉴定是通过将它们的质谱图与标准物的电子轰击（或类似电子轰击）的谱图相比较；定量分析则是通过应用五点校准曲线比较一个主要（定量）离子与内标物质离子来完成的。

K.4 试剂和材料

K.4.1 除有说明外，本方法中所用的水为 GB/T 6682 规定的一级水。

K.4.2 标准贮备溶液，该标准溶液可由纯标准物质来制备。

准确地称量大约 0.010 0 g 纯物质溶解在一定量的丙酮或其他适当的溶剂中，再移至 10 ml 容量瓶内稀释至刻度。转移标准贮备溶液到有聚四氟乙烯垫的瓶内，在 4℃时避光保存。储备标准溶液要经常检查是否有降解或者挥发。储备标准溶液在存放一年以后一定要更换，或者在质量控制检验中发现有问题时则立即更换。推荐将亚硝胺类化合物置于单独标准溶液中，且不要与其他标准溶液混合。

K.4.3 内标溶液：推荐使用 1,4-二氯苯-d_4、萘-d_8、苊-d_{10}、菲-d_{12}、䓛-d_{12} 和苝-d_{12} 作为内标物质。

K.4.3.1 将每种化合物各 200 mg 溶解在小量的二硫化碳中，然后转移到 50 ml 容量瓶内，用二氯甲烷稀释至溶液中二硫化碳大约占总体积的 20%。除了苝-d_{12} 外，大多数的化合物也能溶解在小量的甲醇、丙酮或甲苯中，溶液中所含有内标物的质量浓度各为 4 000 ng/μl。在做分析时，每 1 ml 提取物内，应加入 10 μl 上述内标溶液，这时样品内每个内标物的质量浓度为 40 ng/μl。内标溶液应贮存在－10℃或更低温度下。

K.4.3.2 如果质谱仪的灵敏度很高，检出限很低，需要稀释内标溶液。在中点校准分析中，内标物质的峰面积应该为目标物质峰面积的 50%～200%。

K.4.4 校准标准溶液：至少要配制 5 种不同质量浓度的校准标准溶液，其中 1 种质量浓度是接近又稍高于该方法的检测限，其他 4 种应与实际样品的质量浓度范围一致，但又不超过 GC/MS 系统的检测范围。每一种校准标准溶液内都包含有用该方法检测的每个待测物。在进行分析之前，每 1 ml 标准溶液分别加入 10 μl 内标溶液。

K.4.5 丙酮，色谱纯。

K.4.6 己烷，色谱纯。

K.4.7 二氯甲烷，色谱纯。

K.4.8 异辛烷，色谱纯。

K.4.9 二氯化碳，色谱纯。

K.4.10 甲苯，色谱纯。

K.5 仪器

K.5.1 气相色谱/质谱联用系统。

K.5.1.1 气相色谱仪。

K.5.1.2 质谱仪，配有电子轰击源（EI）。

K.5.2 注射器，10 μl。

K.5.3 容量瓶，合适体积，带有磨口玻璃塞。

K.5.4 分析天平，感量 0.000 1 g。

K.5.5　带有聚四氟乙烯（PTFE）纹线螺帽或卷盖的玻璃瓶。

K.6　样品的采集、保存和预处理

K.6.1　固体基质：250 ml 宽口玻璃瓶，有螺纹的 Teflon 盖子，冷却至 4℃保存。

液体基质：4 个 1 L 的琥珀色玻璃瓶，有螺纹的 Teflon 的盖子，在样品中加入 0.75 ml 10%的 $NaHSO_4$，冷却至 4℃保存。

K.6.2　保存样品提取物在－10℃，避光，且存放于密闭的容器中（如带螺帽的小瓶或卷盖小瓶）。

K.7　分析步骤

K.7.1　样品的制备

K.7.1.1　在进行 GC/MS 分析之前，土壤/沉积物/废弃物基质的样品须先按附录 V 进行预处理，水基质的样品须先按附录 U 进行预处理。

K.7.1.2　直接进样：这种方法极少使用，用 10 μl 注射器把样品直接注入 GC/MS 系统中。该检测限很高（约为 10 000 μg/L），因此，只有当样品的质量浓度超过 10 000 μg/L 时才能采用，该系统须用直接注入法来校准。

K.7.2　提取物的净化：在进行 GC/MS 分析之前，提取物须先按附录 W 来净化。

K.7.3　推荐的 GC/MS 操作条件是：

质量范围：35～500 u；

扫描时间：1 s/次；

柱温程序：初始温度 40℃，保持 4 min，然后以 10℃/min 速率升温至 270℃保持到苯并[*g*,*h*,*i*]苝被洗脱出来为止；

进样口温度：250～300℃；

色谱/质谱接口温度：250～300℃；

离子源温度：按制造商的操作说明书；

进样口：不分流（若质谱仪的灵敏度很高可以采用分流进样）；

样品体积：1～2 μl；

载气：氢气，流速 50 cm/s；氦气，流速 30 cm/s。

K.7.4　样品的 GC/MS 分析

K.7.4.1　色谱柱：DB-5（30 m×0.25 mm 或 0.32 mm×1 μm）石英毛细管柱或相当者。

K.7.4.2　需要对样品质量浓度进行预估，以尽量降低高质量浓度有机物对 GC/MS 系统的污染。建议先使用相同类型的色谱柱在 GC/FID 上对样品提取液进行筛选。

K.7.4.3　所有的样品及标准溶液在分析前必须升温到室温。在分析前，要在 1 ml 浓缩提取准备的样品溶液中加入 10 μl 内标物溶液。

K.7.4.4　采用 7.4.1 的石英毛细管柱在 CC/MS 系统内对这 1 ml 的提取物进行分析。所推荐的 GC/MS 系统的操作条件可参考 K.7.3。

K.7.4.5　若定量离子的响应值超过了 GC/MS 系统的初始校准曲线的范围，则须将提取物进行稀释之后，再加内标物到稀释后的提取液中，以保持每种内标物在稀提取液中有 40 μg/μl 的含量，然后再对稀释后的提取液重新分析。

注：在所有的样品、基质溶液、空白和标准溶液中监控内标物的保留时间和相应信号（峰面积），可很好地诊断方法性能的漂移、效率以及预见系统故障检查。

K.7.4.6 当检出限低于 EI 谱图的一般范围时可以采用选择离子模式（SIM）。但是，除非每个化合物有多个离子被检测，否则 SIM 模式对于化合物鉴定误测较高。

K.7.5 定性分析

K.7.5.1 用该方法对每个化合物进行定性分析时是基于保留时间以及扣除空白后将样品的质谱图与参考质谱图中的特征离子进行比较。参考质谱图必须在同一条件下由实验室获得。参考质谱图中的特征离子是最高强度的三个离子，如果参考质谱图中这样的离子少于三种，则特征离子是任何相对强度大于 30%的离子。满足以下标准后，化合物可以被定性。

K.7.5.1.1 在同样的全扫描或每一次全扫描时，化合物的特征离子强度都是最大。数据处理系统选择化合物谱峰进行目标化合物检索的做法与通常做法是一致的：在化合物的特定保留时间处，如果谱峰的质谱图碎片与目标化合物的特征离子的碎片一致，就可以对化合物定性。

K.7.5.1.2 样品成分的相对保留时间在标准化合物的保留时间的±0.06 单位范围内。

K.7.5.1.3 特征离子的相对强度在参考谱图中相同离子的相对强度的 30%以内。

K.7.5.1.4 当样品的成分没有被色谱有效分离，且产生的质谱图中包含一种以上分析物产生的离子，就无法进行有效的定性分析。当气相色谱峰明显地包括一个以上的样品成分时（如一个宽峰带有肩峰，或两个或更多最高峰之间出现谷峰），如何选择分析物谱图和背景谱图是很重要的。

K.7.5.1.5 分析适当的离子流谱图可以帮助选择谱图以及对化合物进行定性分析。当分析物共流出时，每个组分的谱图会包含其特征离子，可有效地定性。

K.7.5.2 当校正溶液中不包含样品中的某些成分时，数据库搜索可部分地帮助定性。需要时可以采用这种化合物定性方式。

K.7.6 定量分析

K.7.6.1 当化合物被定性后，其定量依据的是一级特征离子的积分强度。所选用的内标物应该与待测分析物有最相近的保留时间。

K.7.6.2 结果报告中的质量浓度应该包括：（1）质量浓度值是一个评估值，（2）哪一个内标化合物被用于定量分析。可使用无干扰的最相近的内标化合物。

K.7.6.3 多成分化合物（如毒杀芬、Aroclors 等）的定量分析已经超出了本方法的应用。但是，样品提取物浓缩后的质量浓度要达到 10 ng/μl 时，本方法可用来对这些化合物进行定量分析。

K.7.6.4 结构异构体如果有非常相似的质谱图，但是在 GC 上的保留时间有明显差别则被认为是不同的异构体。若两个异构体峰之间的峰谷高度小于两个峰的峰高之和的 25%，则认为这两个异构体已被 GC 有效分离。否则，结构异构体作为异构体对来定量。非对映异构体（如杀螨特和异黄樟脑）可被 GC 分离，则应被作为两种化合物来进行总计和报告。

附录 L（资料性附录）

固体废物　非挥发性化合物的测定　高效液相色谱/热喷雾/质谱或紫外法

Solid wastes-Determination of nonvolatility compounds - HPLC/TS/MS or UV detector

L.1　范围

方法适用于固体废物中分散红 1、分散红 5、分散红 13、分散黄 5、分散橙 3、分散橙 30、分散棕 1、溶剂红 3、溶剂红 239 种偶氮染料；分散蓝 3、分散蓝 14、分散红 60、香豆素染料 4 种蒽醌染料；荧光增白剂 61、荧光增白剂 2 362 种荧光增白剂；咖啡因、士的宁 2 种生物碱；灭多威、久效威、伐灭磷、磺草灵、敌敌畏、乐果、乙拌磷、丰索磷、脱叶亚磷、甲基对硫磷、久效磷、二溴磷、甲拌磷、敌百虫、三（2,3-二溴丙基）磷酸酯 15 种有机磷化合物；毛草枯、麦草畏、2,4-滴、二甲四氯、二甲四氯丙酸、2,4-滴丙酸、2,4,5-涕、2,4,5-涕丙酸、地乐酚、2,4-滴丁酸、2,4-滴丁氧基乙醇酯、2,4-滴乙基己基酯、2,4,5-涕丁酯、2,4,5-涕丁氧基乙醇酯 14 种氯苯氧基酸化合物；涕灭威、涕灭威砜、涕灭威亚砜、灭害威、燕麦灵、苯菌灵、除草定、恶虫威、甲萘威、多菌灵、3-羟基克百威、克百威、枯草隆、氯苯胺灵、敌草隆、非草隆、伏草隆、利谷隆、灭虫威、灭多威、兹克威、灭草隆、草不隆、杀线威、毒鞍、苯胺灵、残杀威、环草隆、丁唑隆 29 种氨基甲酸酯化合物（共 75 种化合物）的测定。

可用热喷雾/质谱法分析的化合物为分散偶氮染料、次甲基染料、芳甲基染料、香豆素染料、蒽醌染料、氧杂蒽染料、阻燃剂、氨基甲酸酯、生物碱、芳香脲、酰胺、胺、氨基酸、有机磷化合物和氯苯氧基酸化合物。

L.2　原理

样品经过萃取等前处理之后利用反相高效液相色谱（RP-HPLC）、热喷雾（TS）、质谱（MS）和（或）紫外（UV）测定目标分析物。定量分析用 TS/MS，可用外标或内标的定量方式。样品萃取物可以直接进入热喷雾或进入高效液相色谱热喷雾界面进行分析。在色谱仪内用梯度洗脱程序分离化合物，单四极杆质谱既可用负电离（放电电极）也可用正电离方式进行检测。本方法依据的是 HPLC 技术，常规样品分析选用紫外（UV）检测。还可以用热喷雾/质谱/质谱（TS/MS/MS）方法进行确认，用 MS/MS 碰撞解离（CAD）或金属丝-排斥 CAD 加以确认。

L.3　试剂和材料

L.3.1　试剂水，不含有机物的试剂级水。

L.3.2　硫酸钠（无水，颗粒状），净化时可在浅盘内，加热 400℃达 4 h 或用二氯甲烷预先清洗硫酸钠。

L.3.3 乙酸铵溶液，0.1 mol/L，通过 0.45 μm 膜过滤器过滤。

L.3.4 乙酸，分析纯。

L.3.5 硫酸溶液

1∶1 的硫酸溶液（体积分数），缓慢将 50 ml H_2SO_4（ρ=1.84）加到 50 ml 水中。

1∶3 的硫酸溶液（体积分数），缓慢将 25 ml H_2SO_4（ρ=1.84）加到 75 ml 水中。

L.3.6 氩气，纯度＞99%。

L.3.7 二氯甲烷，农残级或同类级别。

L.3.8 甲苯，农残级或同类级别。

L.3.9 丙酮，农残级或同类级别。

L.3.10 乙醚，农残级或同类级别。必须用试纸（EM Quant 或同类品）检验无过氧化物存在。清除后每升乙醚中必须加入 20 ml 乙醇保护剂。

L.3.11 甲醇，HPLC 级或同类级别。

L.3.12 乙腈，HPLC 级或同类级别。

L.3.13 乙酸乙酯，农残级或同类级别。

L.3.14 标准物质，指纯的标准物质或每种目标分析物的标定溶液。分散偶氮染料必须在使用前按 L.3.15 加以纯化。

L.3.15 分散偶氮染料的纯化：用甲苯将染料进行索氏萃取 24 h，再将萃取液用旋转蒸发器蒸发至干，被测物质再从甲苯中重结晶，并于约 100℃的干燥炉中干燥。若纯度仍达不到要求，应采用硅酸镁载体柱进行纯化，将重结晶的固体加在一根（3×8）英寸的硅胶柱上。用乙醚淋洗，杂质经色谱分离后，收集主要的染料馏分。

L.3.16 贮备标准溶液：准确称量 0.010 0 g 纯物质，溶于甲醇或其他合适的溶剂（例如配制 Tris-BP 用乙酸乙酯）并在容量瓶中稀释至需要的体积。转移储备标准溶液至带 PTFE 衬里螺纹瓶盖或宽边瓶塞的玻璃样品瓶内。在 4℃下避光储存。贮备标准溶液应经常检查，尤其在配校正标样前要检查是否有降解或蒸发的迹象。

注意：由于含氯除草剂的反应性强，标准溶液必须在乙腈中配制，如在甲醇中配制会出现甲基化。如果化合物的纯度经确认在 96%或更高，那么可以不必校正用重量直接计算储备标准溶液的质量浓度。商品化的储备标准溶液如果经制造商或由其他独立机构验证，均可使用。

L.3.17 校正标准溶液：用甲醇（或其他合适的溶剂）稀释贮备标准溶液，对每个需分析的化合物最少要配制 5 个不同质量浓度，其中应该有一个接近或高于最低检测限。而其余的质量浓度应与实际样品的质量浓度范围相近或在 HPLC-UV/VIS 或 HPLC-TS/MS 的检测范围之内，校正标样必须每个月或每两个月更换一次，如果与核对的标样比较出现问题则应立即更换。

L.3.18 替代物标样：通过一种或两种替代物（例如样品中不存在的有机磷或氯代苯氧酸化合物）加入每个样品、标样及空白样中，测出萃取、清洗（如使用）和分析系统的性能，以及使用每种样品基体的方法效率。

L.3.19 HPLC/MS 调试标样：推荐用聚乙二醇 400（PEG-400）、PEG-600 或 PEG-800 作调试标样，如果使用一种 PEG 溶液，要用甲醇稀释到 10%（体积分数）。使用哪种 PEG 取决于分析物的分子量范围。分子量小于 500，用 PEG-400；分子量大于 500，用 PEG-600

或 PEG-800。

L.3.20 内标物，采用内标校正方式时，最好使用相同化学品的稳定同位素标记化合物（例如分析氨基甲酸酯时可用 $^{13}C_6$ 作为内标物）。

L.4 仪器

L.4.1 高效液相色谱仪（HPLC），带紫外检测器。

L.4.2 色谱柱

L.4.2.1 保护柱，C_{18} 反相保护柱，10 mm×2.6 mm。

L.4.2.2 分析柱，C_{18} 或 C_8 反相柱，100 mm×2 mm。

L.4.3 质谱系统，一个单四极杆质谱仪，能从 1 u 扫描到 1 000 u，质谱仪在 70 V（表观）电子能量以正离子或负离子轰击方式下在 1.5 s 内从 150 u 扫描到 450 u。此外，质谱仪必须能得到 PEG-400、PEG-600、PEG-800 或其他作校正用的化合物的校正质谱图。

L.4.4 可选的三重四极杆质谱仪，能用一种碰撞气体在二级四极杆产生子离子谱图，以一级四极杆方式运行。

L.4.5 偶氮染料标样的纯化设备

L.4.5.1 （Soxhlet）索氏萃取仪。

L.4.5.2 硅胶柱，3 英寸[①]×8 英寸，填充硅胶（60 型，EM 试剂 70/230 目）。

L.4.6 氯代苯氧酸化合物萃取仪

L.4.6.1 锥形瓶，500 ml 广口 Pyrex®，500 ml Pyrex®带 24/40 标准磨口玻璃接头，1 000 ml Pyrex®。

L.4.6.2 分液漏斗，2 000 ml。

L.4.6.3 有刻度的量筒，1 000 ml。

L.4.6.4 漏斗，直径 75 mm。

L.4.6.5 手提式振荡器，Burrell 75 型或同类产品。

L.4.6.6 pH 计。

L.4.7 K-D 浓缩仪。

L.4.8 旋转蒸发仪，配备 1 000 ml 接收瓶。

L.4.9 分析天平，0.000 1 g，最大负载 0.01 g。

L.5 分析步骤

L.5.1 样品制备

分散偶氮染料和有机磷化合物的样品在做 HPLC/MS 分析前必须进行预处理，三（2,3-二溴丙基）磷酸酯废水在做 HPLC/MS 分析前样品必须按 L.5.1.1 进行制备，分析氯代苯氧酸化合物及其酯类的样品在做 HPLC/MS 分析前必须按 L.5.1.2 进行制备。

L.5.1.1 微量萃取三（2,3-二溴丙基）磷酸酯（Tris-BP）

L.5.1.1.1 固体样品

L.5.1.1.1.1 在量杯内放入称量好的 1 g 样品。如果样品潮湿，加入等量无水硫酸钠并充分

[①] 1 英寸=2.54 cm。

混合。加 100 μl Tris-BP（近似质量浓度 1 000 mg/L）到样品中，加入的量应使 1 ml 萃取液中的最终质量浓度为 100 ng/μl。

L.5.1.1.1.2 除去一次性血清吸管中玻璃棉塞，插入 1 cm 用清洁硅烷处理过的玻璃棉至吸管底部（窄的一端）。在玻璃棉顶部填充 2 cm 无水硫酸钠，用 3～5 ml 甲醇清洗吸管及填充物。

L.5.1.1.1.3 将样品放入按 L.5.1.1.1.2 制备好的吸管内，如果填料干了，先用醇润洗，再将样品放入吸管内。

L.5.1.1.1.4 先用 3 ml 甲醇，再用 4 ml 50%（体积分数）甲醇/二氯甲烷萃取样品（加入含样品的吸管前，用萃取剂先洗样品杯）收集萃取后溶液于具刻度的 15 ml 玻璃管中。

L.5.1.1.1.5 用氮吹法（L.5.1.1.1.6）蒸发萃取后溶液至 1 ml，记下体积。

L.5.1.1.1.6 氮吹技术

L.5.1.1.1.6.1 将浓缩管放在温水浴（约 35℃）内，用一股缓慢的干燥清洁的 N_2（经活性炭柱过滤）蒸发溶剂，使其体积至所需的刻度。

L.5.1.1.1.6.2 操作过程中管的内壁要用二氯甲烷往下淋洗几次。蒸发过程中浓缩管内溶剂的液面必须浸于水溶液面以下，以免水汽凝入样品浓缩。在正常操作条件下，萃取物不能变干，按 L.5.1.1.1.7 继续操作。

L.5.1.1.1.7 将萃取物转移至带 PTFE 衬里瓶盖或宽边瓶塞的玻璃样品瓶内，在 4℃冷藏。以备 HPLC 分析用。

L.5.1.1.1.8 测定干重的质量比——在某些情况下，样品结果要求以干重为基准。在称出一份样品作分析测定的同时还应称出一份作干重测定。

注：干燥炉应放在通风橱或排空至室外，否则可能会污染实验室。

L.5.1.1.1.9 称出萃取用的样品后，再称 5～10 g 样品至一个恒重的坩埚内，于 105℃干燥过夜，在干燥器内冷却后称重。

L.5.1.1.2 水溶液样品

L.5.1.1.2.1 用量筒量出 100 ml 样品倒入 250 ml 分液漏斗。加 200 μl Tris-BP（近似质量浓度 1 000 mg/L）至要加标的样品中，加入的量应使其在 1 ml 萃取物中的最终质量浓度为 200 ng/μl。

L.5.1.1.2.2 加 10 ml 二氯甲烷至分液漏斗内，加盖后摇动分液漏斗 3 次，每次约 30 s，并定时释放漏斗内的过量压力。

注：二氯甲烷会很快产生过量压力，因此在加盖一摇后，马上要先放空，二氯甲烷是一种致癌物，使用时要特别注意安全。

L.5.1.1.2.3 静止至少 10 min 让有机相与水相分离，如果两相之间混浊的界面超过溶剂层的 1/3，必须用机械方法完成相分离。

L.5.1.1.2.4 将萃取物收集在一个 15 ml 具刻度的玻璃管内，按 L.5.1.1.1.5 继续操作。

L.5.1.2 萃取含氯苯氧酸化合物——制备土壤、沉积物和其他固体样品必须按 GB 5085.6 的附录 N 进行制备，不同的是没有水解或酯化（若想把所有含氯苯氧酸基团的化合物作为酸来测定，可能要进行水解）。

L.5.1.2.1 固体样品的萃取

L.5.1.2.1.1 加 50 g 土壤/沉积物样品至一个 500 ml 的大口锥形瓶中，如果需要，再加入加标溶液，混合均匀后静止 15 min。加入 50 ml 无有机物的试剂水并搅拌 30 min。用 pH 计在样品溶液搅拌时测其 pH。用冷 H_2SO_4（1∶1）调节 pH 为 2，并在搅拌中检测 pH 值 15 min，如必要可再加 H_2SO_4 直至 pH 为 2 保持不变。

L.5.1.2.1.2 向容器中加 20 ml 丙酮，用振荡器混合瓶内物质 20 min，加 80 ml 乙醚再振荡 20 min，倒出萃取物并测量溶剂回收的体积。

L.5.1.2.1.3 再用 20 ml 丙酮，80 ml 乙醚萃取样品 2 次，每次溶剂加入后混合物用振荡器振荡 10 min，倒出丙酮-乙醚萃取物。

L.5.1.2.1.4 第三次萃取完成后萃取物回收的体积应至少为加入溶剂体积的 75%，如果达不到，要再提取一些。将萃取物合并倒入一个有 250 ml 5%酸化硫酸钠的 2 000 ml 分液漏斗内。如果生成乳浊液，缓慢加入 5 g 酸化硫酸钠（无水）直至溶剂与水混合物分离。如果需要可以加入与样品量相等的酸化硫酸钠。

L.5.1.2.1.5 检查萃取物的 pH，如果大于 2，加入较浓的 HCl 使萃取物稳定在所需的 pH 值。轻轻混合分液漏斗内物质 1 min，再静止分层。将水相收集在干净烧杯中，萃取相（上层）倒入 500 ml 磨口锥形瓶中。将水相倒回分液漏斗中并用 25 ml 乙醚再萃取。两层分离后弃去水层，将乙醚萃取液合并入 500 ml 锥形瓶中。

L.5.1.2.1.6 加 45～50 g 酸化的无水硫酸钠到合并的乙醚萃取物中，萃取物与硫酸钠混合约 2 h。

注：干燥步骤十分关键，乙醚中保留一点水分就会降低回收率，如果摇动烧瓶时可以见到一些自由滚动的晶体，硫酸钠的用量是合适的，如果全部硫酸钠结块成饼状，需再加几克酸化的硫酸钠，并再次摇动测试。干燥时间至少要 2 h，萃取物也可以与硫酸钠一起过夜。

L.5.1.2.1.7 将乙醚萃取液通过塞入酸洗玻璃棉的漏斗，转移至一个配有 10 ml 浓缩管的 500 ml K-D 烧瓶中，转移时可用玻璃棒打碎饼状的硫酸钠。用 20～30 ml 乙醚淋洗锥形瓶和柱子以达到定量转移的目的。用微量 K-D 技术浓缩萃取物。

L.5.1.2.1.8 加 1 块或 2 块干净的沸石于烧瓶内并装上三球微量 Snyder 分馏柱。按冷凝管和收集容器接到 K-D 仪的 Snyder 分馏柱上。在顶部加入 1 ml 乙醚预先润湿。将仪器放入热水浴（60～65℃）使浓缩管部分浸入热水中并且烧瓶整个下半部的圆面处于蒸汽浴中。调节仪器的垂直位置和水温使浓缩在 15～20 min 内完成。当液体表观体积达到 5 ml 时，将 K-D 仪从水浴上撤出，排空并冷却至少 10 min。

L.5.1.2.1.9 用乙腈将萃取物定量地转移至氮吹仪中，共加入 5 ml 乙腈，浓缩萃取物体积并调节最终体积为 1 ml。

L.5.1.2.2 制备水溶液样品

L.5.1.2.2.1 用量筒量出 1 L 水样（表观体积），记录水样体积精确至 5 ml，转入分液漏斗。如果质量浓度很高，可少取一些，再用不含有机物的试剂水稀释至 1 L。用 1∶1 H_2SO_4 调节 pH 小于 2。

L.5.1.2.2.2 加 150 ml 乙醚到样品瓶中，加盖，摇动 30 s 淋洗瓶壁。倒入分液漏斗并摇动 2 min，定时放空分液漏斗内的过量压力。静置至少 10 min，让有机层与水层分离。如果两层之间乳浊液界面超过溶剂层的 1/3，必须用机械方法完成相分离，最佳方法与不同样品有关，可以用搅拌、玻璃棉，过滤、离心或其他物理方法。水相放入一个 1 000 ml 的锥形瓶中。

L.5.1.2.2.3 用 100 ml 乙醚再重复萃取 2 次，合并萃取物于一个 500 ml 的锥形瓶中。

L.5.1.2.2.4 按 L.5.1.2.1.6 继续操作（干燥，K-D 浓缩，溶剂转换及调节最终的体积）。

L.5.1.3 萃取氨基甲酸酯——制备土壤、沉积物和其他的固体样品必须按合适的样品前处理方法进行。

L.5.1.3.1 用二氯甲烷萃取 40 g 样品。

L.5.1.3.2 用旋转蒸发器或 K-D 浓缩器进行浓缩至体积为 5～10 ml。

L.5.1.3.3 最终质量浓度及溶剂转换为 1 ml 甲醇，最好用旋转蒸发器上的接收管完成。如果没有接收管，也可以在通风橱中用缓慢的 N_2 流浓缩到最终的质量浓度。

L.5.1.4 萃取氨基甲酸酯——制备水溶液样品必须按合适的样品前处理方法进行。

L.5.1.4.1 用二氯甲烷萃取 1 L 的水溶液。

L.5.1.4.2 最终质量浓度和转换溶剂与 L.5.1.3.2 和 L.5.1.3.3 中所用的相同。

L.5.2 作 HPLC 分析前，萃取溶剂必须转换成甲醇或乙腈，转换可以用 K-D 浓缩仪进行。

L.5.3 HPLC 色谱条件

L.5.3.1 特殊分析物的色谱条件见表 L.1。

非特殊分析物的色谱条件如下：

流速：0.4 ml/min；

后柱流动相：0.1 mol/L 乙酸铵（1%甲醇）（苯氧酸化合物为 0.1 mol/L 乙酸铵）；

后柱流速：0.8 ml/min。

L.5.3.2 分析分散偶氮染料、有机磷化合物和三（2,3-二溴丙基）磷酸酯时，若化合物的保留导致出现色谱问题，则需要用连续的 2%二氯甲烷洗涤。二氯甲烷/含水甲醇溶液用作 HPLC 淋洗剂时必须小心。另一种流动相改性剂乙酸（1%）可用于带酸性官能团的化合物。

L.5.3.3 维持热喷雾电离需要的总流速为 1.0～1.5 ml/min。

L.5.4 推荐 HPLC/热喷雾/质谱的操作条件：在分析样品前应评定目标化合物对每种电离模式的相对灵敏度，以决定哪种模式在分析时能提供更好的灵敏度。这种评估可以根据分析物的分子结构式以及对两种电离模式的比较。

L.5.4.1 正电离模式

推斥极（金属丝或板，自选）：170～250 V（灵敏度优化）；

放电电极：关；

灯丝：开或关（自选，与分析物有关）；

质量范围：150～450 u（与分析物有关，高于化合物分子量 1～18 u）；

扫描时间：1.50 s/次。

L.5.4.2 负电离模式

放电电极：开；

灯丝：关；

质量范围：135～450 u；

扫描时间：1.50 s/次。

表 L.1 HPLC 色谱条件

流动相/%	起始时间/min	最终梯度（线性）/min	最终流动相/%	时间/min
有机磷化合物				
50/50（水/甲醇）	0	10	100（甲醇）	5
偶氮染料（例如 Disperse Red 1）				
50/50（水/乙腈）	0	5	100（乙腈）	5
Tris（2,3-dibromopropyl）phosphate				
50/50（水/甲醇）	0	10	100（甲醇）	5
氯苯氧基酸化合物				
75/25（A/甲醇）	2	15	40/60（A/甲醇）	75/25
40/60（A/甲醇）	3	5	75/25（A/甲醇）	10
A = 0.1 mol/L 乙酸铵（1%乙酸）				
氨基甲酸酯				

选择 A：

时间/min	流动相 A/%	流动相 B/%
0	95	5
30	20	80
35	0	100
40	95	5
45	95	5

A = 5 mmol/L 乙酸铵溶液加入 0.1 mol/L 乙酸

B = 甲醇

选择性的柱后添加 0.5 mol/L 乙酸铵

选择 B：

时间/min	流动相 A/%	流动相 B/%
0	95	5
30	0	100
35	0	100
40	95	5
45	95	5

A = 加入 0.1 mol/L 乙酸铵和 1%乙酸的水溶液

B = 加入 0.1 mol/L 乙酸铵和 1%乙酸的甲醇

选择性的柱后添加 0.1 mol/L 乙酸铵

L.5.4.3 热喷雾温度

汽化室：110～130℃；

顶端：200～215℃；

喷口：210～220℃；

离子源体：230～265℃（某些化合物可能在高温的离子源体内分解，必须根据化学性质估计合适的离子源体温度）。

L.5.4.4 样品的进样体积通常用 20～100 μl。用手动进样时，至少要用 2 倍进样环体积的样品（例如用 20 μl 样品充满一个 10 μl 进样环使其溢出）充满进样环使液体溢出。如果萃取液中有固体，必须让其沉降或离心萃取液，再从清透的液层中抽取进样。

L.5.5 校正

L.5.5.1 热喷雾/质谱系统——必须是在四极杆 1（和四极杆 3，对三级四极杆而言）调节质量分布、灵敏度和分辨率。推荐使用聚乙二醇（PEG）400、600 或 800，其平均相对分子质量分别为 400、600 或 800。选用的 PEG 应尽量接近分析时常用的质量范围。分析含氯苯氧酸化合物时用 PEG 400。PEG 直接进样，绕过 HPLC。

L.5.5.1.1　质量校正参数如下：

PEG 400 和 600	PEG 800
质量范围：15～765 u	质量范围：15～900 u
扫描时间：0.5～5.0 s/次	扫描时间：0.5～5.0 s/次

进样 2～3 次应该扫描约 100 次。如果用其他校正物，质量范围应该从 15 u 到比校正用的最高质量数还要高约 20 u。扫描时间应该选择为越过校正物的峰时至少可扫描 6 次。

L.5.5.1.2　从 15～100 u 低质量范围包括了由热喷雾过程中应用的乙酸铵缓冲液生成的一些离子。如 NH_4^+（18），$NH_4^+ \cdot H_2O$（36），$CH_3OH \cdot NH_4^+$（50）或 $CH_3CN \cdot NH_4^+$（59）和 $CH_3COOH \cdot NH_4^+$（78）。出现 *m/z* 50 还是 59 离子取决于用甲醇还是乙腈作有机改性剂。高端质量范围包括各种乙二醇氨离子的加合物[例如 $H(OCH_2CH_2)_nOH$，当 n=4 时在 *m/z* 212 处为 $H(OCH_2CH_2)_nOH \cdot NH_4^+$离子]。

L.5.5.2　液相色谱。

L.5.5.2.1　制备校正标准。

L.5.5.2.2　选择合适电离条件，用表 L.1 列出的色谱条件将每个校正标样注入 HPLC。含氯苯氧酸分析物的相关系数（r^2）至少应该是 0.97。多数情况下只有（M^+H）$^+$和（M^+NH_4）$^+$加合离子是丰度显著的离子。

L.5.5.2.2.1　在要求检测限低于全谱分析正常范围的情况下，可以选用选择离子检测（SIM）但是未作化合物多重离子检测时，SIM 鉴别化合物的可信度较低。

L.5.5.2.2.2　使用三级四极杆 MS/MS 时也可以用选择反应检测（SRM）并需要提高灵敏度。

L.5.5.2.3　如果用 HPLC/UV 检测，先校正仪器。用表 L.1 中列出的色谱条件把每个校正标样注射到 HPLC 中。积分每种质量浓度下全部色谱峰的面积。如果已知样品无干扰和（或）无同流出的分析物，HPLC/UV 定量是最佳选择。

L.5.5.2.4　对 L.5.5.2.2 和 L.5.5.2.3 阐述的方法，色谱峰的保留时间是鉴别分析物的重要参数，因此样品分析物和标样分析物的保留时间比应该在 0.1～1.0。

L.5.5.2.5　用 L.5.5.2.2 和 L.5.5.2.3 中测得的校正曲线可以测定样品分析物的质量浓度。这些校正曲线必须在分析每个样品的同一天测得。质量浓度超过标样校正范围的样品，应稀释至校正范围内。

L.5.5.2.6　使用 MS 或 MS/MS 时，每种样品萃取物可以既做正离子分析物测定也可做负离子分析物测定。但是有些目标化合物只有正离子或负离子才有更高的灵敏度，因此只做一种分析更实际（如氨基甲酸酯通常正电离模式更灵敏，而苯氧酸通常负电离模式更灵敏）。样品分析前分析人员应评估目标化合物对每种电离模式的相对灵敏度，这种评估可以根据化合物的结构或把分析物导入每种电离模式作比较得到。

L.5.6　样品分析

系统校正后按上述步骤分析样品。

L.5.7　热喷雾/HPLC/MS 确认法

MS/MS 实验中，第一四极杆应设置为目标分析物的质子化分子或与氨结合的加合物，第三四极杆应扫描从 30 u 到刚好高于质子化分子的质量区为止。碰撞气压（Ar）应设为约 1.0 mTorr（0.13 Pa），而碰撞能量在 20 eV。如果这些参数无法使分析物解离，可以提高这些设定以形成更好的碰撞。

分析测定时，碰撞谱图的基峰应取作定量用的离子峰。选第二离子作为候补的定量用的离子。

L.5.8　金属丝排斥器 CAD 确认

一旦金属丝排斥器插入热喷雾流，电压可以增加到 500～700 V，要得到碎片离子必须有足够的电压，但不得出现断路。

L.6　计算

L.6.1　用外标和内标校正步骤测定样品生成的离子色谱图中每个色谱峰的属性和含量，该色谱图对应于校正过程中用的化合物。

L.6.2　色谱峰的保留时间是鉴别分析物的重要参数，但是由于基体干扰而改变色谱柱的状态，保留时间就没有意义，因此质谱图确证是鉴别分析物的重要依据。

附录 M（资料性附录）

固体废物　半挥发性有机化合物（PAHs 和 PCBs）的测定　热提取气相色谱/质谱法

Solid wastes—Determination of semivolatile organic compounds（PAHs and PCBs）- Thermal extraction/Gas chromatography/Mass pectrometry（TE/GC/MS）

M.1　范围

本方法适用于固体废物中苊、苊烯、蒽、苯并[*a*]蒽、苯并[*a*]芘、苯并[*b*]荧蒽、苯并[*g,h,i*]苝、苯并[*k*]荧蒽、4-溴苯基-苯基醚、1-氯代苯、䓛、氧芴、二苯并[*a,h*]蒽、硫芴、荧蒽、芴、六氯苯、茚苯[1,2,3-*cd*]芘、萘、菲、芘、1,2,4-三氯代苯、2-氯联苯、3,3′-二氯联苯、2,2′,5-三氯联苯、2,3′,5-三氯联苯、2,4′,5-三氯联苯、2,2′,5,5′-四氯联苯、2,2′,4,5′-四氯联苯、2,2′,3,5′-四氯联苯、2,3′,4,4′-四氯联苯、2,2′,4,5,5′-五氯联苯、2,3′,4,4′,5-五氯联苯、2,2′,3,4,4′,5′-六氯联苯、2,2′,3,4′,5,5′,6-七氯联苯、2,2′,3,3′,4,4′-六氯联苯、2,2′,3,4,4′,5,5′-七氯联苯、2,2′,3,3′,4,4′,5-七氯联苯、2,2′,3,3′,4,4′,5,5′-八氯联苯、2,2′,3,3′,4,4′,5,5′,6-九氯联苯、2,2′,3,3′,4,4′,5,5′,6,6′-十氯联苯等多氯联苯（PCBs）和多环芳烃（PAHs）化合物的热提取气相色谱质谱法测定。

在土壤和沉淀物中方法的评估定量限（EQL）对于 PAH 化合物来说为 1.0 mg/kg（干重）（对于 PCB 化合物来说为 0.2 mg/kg）；而在潮湿的底泥和其他固体垃圾中 EQL 为 75 mg/kg（取决于水和溶质）。然而通过调整校准线或者在样品干扰因素较小的情况下引入大尺寸样品可以使 EQL 降低，随着方法的发展，上述化合物的检出限可以达到 0.01～0.5 mg/kg（干燥样品）。

M.2　引用标准

下列文件中的条款通过在本方法中被引用而成为本方法的条款，与本方法同效。凡是不注明日期的引用文件，其最新版本适用于本方法。

GB/T 6682　分析实验室用水规格和实验方法

M.3　原理

将少量样品称量至样品坩埚中，将坩埚放入一个热提取（TE）室中，升高温度至 340℃，并且保温 3 min。从分流的进样口将经过热提取后的化合物注入 GC 实验装置中（含量低的样品分流比设置为 35∶1、含量高的样品设置为 400∶1），随后样品会集中在 GC 装置的顶部，热解吸附过程持续 13 min。GC 柱温箱的温度程序设定取决于分析物的特性，然后将分析物送入质谱仪中进行定性和定量测定。

M.4 试剂和材料

M.4.1 除有说明外，本方法中所用的水为 GB/T 6682 规定的一级水。

M.4.2 标准溶液贮备液（1 000 mg/L）：标准溶液可以采用纯的原料进行配制或者购买已鉴定的标准溶液。

M.4.2.1 精确测量 0.010 0 g 纯物质用来配备标准溶液贮备液。将其溶解在二氯甲烷中或者其他相配的溶液(某些 PAHs 可能需要预先在较少容量的甲苯或者二硫化碳中进行初溶）在 10 ml 容量瓶中进行稀释，如果化合物的纯度高于 96%，则质量计算时可以不进行纯度修正。

M.4.2.2 将配制好的标准溶液贮备液转移至带有聚四氟乙烯衬里螺纹盖的玻璃瓶中，在－20～－10℃下避光储存。标准溶液应该经常进行检测以防止蒸发或者降解，尤其是在要用于校准标准的时候。

M.4.2.3 标准溶液贮备液必须在一年后或者发现问题时进行更换。

M.4.3 中间标准溶液：中间标准溶液必须包含所有目标分析物作为校准标准溶液（PAHs 和 PCBs 溶液分别制备）或者包含所有内标物作为内标溶液。推荐的溶液质量浓度为 100 mg/L。

M.4.4 GC/MS 调谐标准：配制含 50 mg/L 调谐物（DFTPP）的二氯甲烷溶液，储存温度为－20～－10℃。

M.4.5 基体加标溶液：用甲醇配制基体加标溶液，该溶液中含有至少 5 种固体样品的目标化合物，质量浓度为 100 mg/L，且所选的化合物应能代表目标化合物的沸点范围。

M.4.6 用于配制校准标准土壤和内标土壤的空白土壤按下列步骤得到。

M.4.6.1 首先取一份干净的（不含目标分析物和干扰因素的）沉积土壤，将其烘干并在研钵中研碎。用 100 目筛网进行过筛，选取几个 50 mg 样品采用 TE/GC/MS 方法进行分析来测定其中是否含有可以干扰表 M.1 和表 M.2 中目标化合物的物质。

M.4.6.2 如果没有发现任何干扰因素，则选取 300～500 g 过筛后的干燥土壤放入一个带有聚四氟乙烯衬里盖的玻璃瓶中，放入摇床装置摇动 2 d，确保在向土壤中加入分析物前该空白土壤的均匀性。

M.4.7 内标土壤：内标土壤是在空白土壤的基础上准备的，须包含表 M.3 中所有内标化合物，每种化合物的质量分数为 50 mg/kg。同样商业购买经过鉴定后的土壤可以进行使用。

M.4.8 校准标准土壤：校准标准土壤也是在空白土壤的基础上准备的，校准标准土壤必须包含所有待测目标化合物，PAHs 和 PCBs 质量分数分别为 35 mg/kg 和 10 mg/kg。商业购买的标准土壤同样可以使用。

M.4.9 用空白土壤准备内标和校准标准土壤

M.4.9.1 50 mg/kg 的内标土壤、35 mg/kg 的 PAH 校准土壤以及 10 mg/kg 的 PCB 校准土壤采用相同的方法配制而成。内标溶液或者商业标准溶液用来给一个称量好的空白土壤定量给料。称取 20.0 g 空白土壤至一个 100 ml 的玻璃容器中，加入水（5%，质量分数）以便分析物很好地混合和分散。内标溶液每种化合物的浓度为 100 mg/L，向潮湿的空白土壤中加入 10 ml 作为内标土壤；加入 7.0 ml 作为 PAHs 校准标准土壤；加入 2 ml 作为 PCBs 校准标准土壤。加入更多的二氯甲烷使得溶液在土壤上面出现轻微的分层，可以使标准物质均匀地分散到土壤当中。

M.4.9.2　溶剂和水在室温下进行蒸发直至土壤变干（通常需要一整夜），装土壤的容器需要用聚四氟乙烯衬里盖子拧紧并放置在摇床上缓慢旋转混合，为了保持均匀性至少需要旋转 5 d。

M.4.9.3　内标土壤和校准标准土壤应该用黄色的配有 PTFE 衬里盖子的玻璃瓶储藏，在－10～－20℃，避光、干燥储藏。在该条件下可以稳定储存 90 d。内标和校准标准应该经常进行检测以防止降解，检测的方法是采用同样质量浓度的未降解校准标准溶液放入样品坩埚中进行热提取，然后比对结果。

M.4.9.4　内标和校准标准土壤如果发现降解现象需要立即更换。

注：在校准标准土壤中挥发性的 PAHs 和 PCBs 含量越多，越可能导致其质量浓度高于标准溶液的质量浓度，原因是在坩埚中蒸发作用造成的损失。

M.4.10　二氯甲烷、甲醇、二硫化碳、甲苯和其他适当溶剂须采用农残级或同等级别的纯度。

M.5　仪器

M.5.1　TE/GC/MS 实验系统

M.5.1.1　质谱仪，每秒可以扫描 35～500 u，在电子碰撞离子化模式下采用的电子能量为 70 V。

M.5.1.2　数据系统，将电脑连接在质谱仪上，并且能够保证在色谱分析程序过程中可以连续获得数据，并将大量光谱数据存储在易读的媒介上。

M.5.1.3　GC/MS 界面，任何 GC/MS 界面都应该能够提供在需求质量浓度范围内合理的校准点。

M.5.1.4　气相色谱。必须配备一个可加热的分流/不分流毛细管进样口、柱温箱、低温冷却设备。柱温箱的温度范围应该至少从室温到 450℃，升温速率从 1～70℃/min 可程序控制。

M.5.1.5　推荐毛细管色谱柱。推荐使用熔融石英管，表层涂以非极性固定相（5%苯基甲基硅氧烷），长度为 25～50 m，内径 0.25～0.32 mm，膜厚为 0.1～1.0 μm（OV-5 或者等价物），这些参数最终取决于分析物的挥发性以及分离需求。

M.5.1.6　热提取器。在热提取和向 GC 进样口转移的过程中，TE 单元必须保证样品以及所有提取的化合物只和熔融石英表面相接触。还必须保证在样品转移的所有路线区域温度最小值为 315℃。在热提取室中应能够进行 650℃以上的烘干操作，在连接区域温度能够达到 450℃，还须注意所有与样品接触的部分、坩埚、药勺和工具都必须由熔融石英制成，以便使所有残留物得到氧化。

M.5.2　石英药勺。

M.5.3　马弗炉盘，在清洗处理过程中可以用来支持坩埚。

M.5.4　不锈钢镊子，用来进行样品坩埚操作。

M.5.5　培养皿，用来储藏样品坩埚。

M.5.6　样品盘。

M.5.7　多孔熔融石英坩埚。

M.5.8 多孔熔融石英坩埚盖。

M.5.9 马弗炉，用来净化坩埚，最高加热温度 800℃。

M.5.10 冷却架，耐高温、陶瓷或者石英材料。

M.5.11 分析天平，最小 2 g 量程，灵敏度 0.01 mg。

M.5.12 研钵和槌。

M.5.13 网筛，100 目和 60 目。

M.5.14 样品瓶，玻璃制品，有聚四氟乙烯（PTFE）做内衬的旋盖。

M.6 样品的采集、保存和预处理

固体样品保存在有螺纹的 Teflon 盖子的 50 ml 宽口玻璃瓶中，冷却至 4℃保存。

M.7 分析步骤

M.7.1 坩埚处理

将马弗炉升温至 800℃，保温 30 min，将样品坩埚和盖子放入马弗炉盘然后放进炉箱。15 min 后取出炉盘放在冷却架上（放置 15～20 min），之后将其转入干净的培养皿中。

注：使用不锈钢镊子夹取坩埚和坩埚盖。所有的坩埚都应进行清洗然后放入培养皿。准备足够多的坩埚和盖子来做五点校准曲线或者依照样品分析物的数量来定。

M.7.2 TE/GC/MS 系统的初始校准

M.7.2.1 将 TE/GC/MS 系统按如下推荐操作条件设定并进行烘干：

在线烘干操作：必须在每次校准之前进行此项操作，如果使用自动进样器，那么此项操作会在自动进样程序中完成。

注：坩埚必须在进行烘干操作前从热提取单元中取出，虽然在方法空白的时候需要 GC/MS 数据来监控系统污染物，但是在烘干过程中不需要获得 MS 数据。

GC 色谱柱温度程序：35℃保持 4 min，然后以 20℃/min 升温至 325℃，保持 10 min，4 min 内冷却至 35℃。

GC 进样口温度：335℃，整个过程中采用不分流模式；

MS 传输管温度：290～300℃；

GC 载气量：氦气，30 cm/s；

TE 传输管温度：310℃；

TE 柱温箱接口温度：335℃；

TE 氦气流速：40 ml/min；

TE 样品室加热参数：60℃保温 2 min，12 min 内升温至 650℃，保温 2 min，冷却至 60℃。

M.7.2.2 假定为 30 m 的毛细管柱进行校准和样品分析，TE/GC/MS 系统设置如下：

质量范围：45～450 u；

MS 扫描时间：1.0～1.4 次/s；

GC 色谱柱温度程序：35℃保持 12 min，在 8 min 内升温至 315℃保持 2 min，再在 4 min 内到 35℃；

GC 进样类型：分流/不分流毛细管，35∶1 分流比例；

GC 进样口温度：325℃；

GC 进样口设置：不分流 30 s，之后整个操作过程一直分流；

MS 传输管温度：290～300℃；

MS 源温度：依照产品说明；

MS 溶剂延迟时间：15 min；

MS 数据获得：49 min 后停止采集；

载气：氦气，30 cm/s；

TE 传输管温度：310℃；

TE 柱温箱接口温度：335℃；

TE 氦气吹扫流速：40 ml/min；

TE 样品加热参数：60℃保持 2 min，8 min 内升温至 340℃，保持 3 min，4 min 内冷却至 60℃。

M.7.2.3 方法空白。在线烘干后进行空白测试，获得 MS 数据并且确保在测定方法检出限（MDL）的过程中系统不含有目标分析物和干扰因素，如果观察到污染则须采取适当的清除措施（例如：烘干、更换 GC 柱、更换 TE 样品室或者传输管）。

M.7.2.4 GC/MS 系统必须硬件调谐。

M.7.2.5 初始校准曲线。必须用至少 5 种以上的不同质量浓度进行初始校准和系统维护后的校准。如果曲线与初始校准曲线和校准校核存在 20%的偏移，还应该做校准程序，除非系统维护更正了这个错误。由于接下来的校准标准土壤分析将调整进样口分流比为 35∶1，将来任何关于分流比的修改都需要进行新的初始校准曲线测定。

M.7.2.5.1 利用镊子将样品坩埚从干净的培养皿中移出放在分析天平上，精确测量到 0.1 mg 后将其放置在清洁的表面上。

M.7.2.5.2 称量 10 mg（±3%）的内标土壤放入样品坩埚。然后将坩埚放回天平重新称重，记录重量。

M.7.2.5.3 在坩埚中称量校准标准土壤并且记录质量，将其放入热提取单元或者自动进样器，记录所有的分析信息数据以及条件。

PAH 标准：分别称取 50、40、20、10 和 5 mg（±3%）的 35 mg/kg PAH 校准标准土壤，然后将其与 10 mg 50 mg/kg 的内标土壤放入不同的坩埚。

分别得到在校准标准中每个目标分析物为 50、40、20、10、5 ng 时的分析结果。

PCB 标准：分别称取 50、40、20、10 和 5 mg（±3%）的 10 mg/kg PCB 校准标准土壤，然后和 10 mg 的内标土壤（50 mg/kg）放入不同的坩埚。

分别得到在校准标准中每个目标分析物为 10、8、4、2、1 ng 时的分析结果。

注意：GC/MS 系统的敏感度可能要求对上述标准质量（校准或者内标）进行调整。

M.7.2.5.4 含量高的样品推荐使用 300∶1 或者 400∶1 的分流比。当采用一个适当质量浓度的目标分析物在高分流比下需要进行新的校准曲线测定。大约为原来质量浓度的 10 倍。

M.7.2.6 分析过程。在方法开始之前，样品被预装入熔融石英样品室。样品室升温至 340℃并且保温 3 min，氦气为载气/吹扫气，以 40 ml/min 的速率从样品室中流过，热提取化合物被吹扫通过去活的熔融石英衬管达到 GC 毛细管进样口，随后以一定的分流比（35∶1 或者 400∶1）进入 GC 柱，最后集中在 GC 柱的顶端，并在 35℃下进行保温。一旦热提取过程完成（13 min），样品室将会冷却。GC 柱温箱就会以 10℃/min 的速率加热至 315℃，精确的热提取参数根据各种不同的需求进行调整。

M.7.2.7 计算每个分析物的响应因子（*RF*s）（采用表 M.4 中的内标物），并且评估出校准的线性关系。

M.7.3 TE/GC/MS 系统的校准确认

M.7.3.1 在分析样品之前先要对 DFTPP 调谐液进行分析。

M.7.3.2 每经过 6 h 操作以后，需要进行方法空白分析确认系统是否清洁。

M.7.4 样品准备、称量和载样

M.7.4.1 样品准备

轻轻倒出沉积物样品上的水相，并且剔除外来杂质例如玻璃、木屑等。样品准备需要均一化的潮湿或者干燥样品，并尽可能地选择具有代表性的分析试样。非常潮湿的样品会对 MS 系统造成过大的压力。

M.7.4.2 测定样品干重百分比

有些土壤和沉积物样品的测量需要基于干重，可以选取一部分样品进行称重同时选取另一部分样品进行分析测定。同时，对于任何看起来比较潮湿的样品都应该计算其湿重百分比来决定是否在研磨之前对该样品进行烘干。

注意：干燥烘箱应该包含出气孔，严重的实验室污染可能就源于大量有害的废物样品。

称取 5～10 g 的样品至坩埚中，在 105℃下进行干燥，通过失重来计算干重百分比，在称重前应放入干燥室冷却。计算干重质量分数的公式如下：

w=（干燥后重量/样品总质重）×100%

M.7.4.3 潮湿样品（湿重质量分数超过 20%）

M.7.4.3.1 以萘为目标分析物的样品

尽可能使样品少暴露在空气中，因为空气中的湿度会造成萘的损失。称量坩埚质量，然后称量 10 mg 内标土壤，再加入 10～20 mg 有代表性的潮湿样品，记录下样品的质量并将坩埚放入 TE 进样系统。

M.7.4.3.2 不以萘为目标分析物的潮湿样品

在一个干净的浅的容器上铺开 3～5 g 有代表性的样品薄层，然后在室温条件（25℃）下覆盖进行干燥 30～40 min。当样品干燥以后，将其从容器壁上刮掉然后研磨成统一的粒径大小，并且保证其均匀性，经过 60 目筛网过筛后存储在样品瓶中。

M.7.4.4 干燥的样品（湿重质量分数小于 20%）

称量 5～10 g 的干燥样品进行研磨使其均一化，经过 60 目筛后储备在样品瓶中。

M.7.4.5 内标称重

M.7.4.5.1 用镊子将样品坩埚从干净的培养皿中取出放置在分析天平上，称重精确到 0.1 mg 后放在干净的表面上。

M.7.4.5.2 称取 10 mg（±3%）内标土壤放入样品坩埚中用熔融石英药勺混合，用分析天平称量坩埚质量，记录下当时的质量。

M.7.4.6 样品称重

用干净的熔融石英药勺量取 3～250 g 样品放入样品坩埚中，称重。装入热提取坩埚中的样品质量按下述情况确定：

M.7.4.6.1 如果含量低（0.02～5.0 mg/kg，而且总有机含量也低），则需 100～250 mg 干燥样品（假定分流比为 35∶1）。

注意：此种方法的评估定量限为 1 mg/kg，任何测定低于 1 mg/kg 的质量分数将被认为是估测质量浓度（非精确）。

M.7.4.6.2 如果含量高（500～1 500 mg/kg，而且总有机含量也高），则需要 3～5 mg 的干燥样品（假定分流比为 35∶1）。

M.7.4.6.3 如果含量在两者之间，则相应调节样品的质量。

M.7.4.6.4 如果预期的含量超过 1 500 mg/kg，则需采用较高的分流比，推荐分流比为 300～400。当然对应于新的分流比还需要新的初始校准曲线。

M.7.4.6.5 对于含量未知的样品，初始测定时样品质量应小于 20 mg。

注意：推荐在对含量未知的样品进行 TE/GC/MS 分析之前进行筛选，可以防止重新分析样品以及保护系统以免过载造成停工。筛选可以选用 FID 装备（自选）或者用二氯甲烷半定量提取后用 GC/FID 测定相关质量浓度。

M.7.4.6.6 选择一个样品做基体加标分析测定。称取 1～2 份含有内标土壤的样品至坩埚中，然后直接向样品添加 5.0 μl 标液，立刻盖上盖子并转移到热提取单元或者自动进样器中。

M.7.4.7 装载样品

对样品含量进行评估，然后称量样品加入装有称量过的内标土壤的坩埚中。记录样品质量（精确到 0.1 mg），盖上盖子放入热提取单元或者自动进样器中。如果样品是潮湿的或者目标化合物的挥发性比正十二烷（n-dodecane）要强，自动进样器应设为 10～15℃。

M.7.4.8 分析：样品装载入热提取单元中的熔融石英样品室。

M.7.4.8.1 对于那些含量极低、信噪比小于 3∶1 的样品，重复 M.7.4.5 后增大进样量可以适当提高检测响应。

M.7.4.8.2 如果提取得到过量的样本并且在 GC 柱的过载已经很明显的情况下，则烘干系统并且做一个空白分析来决定是否需要清理系统。重复 M.7.4.5 后选用少量的样品（按要求降低进样量）。

M.7.5 维护烘干操作

M.7.5.1 系统烘干条件：对非在线条件（非自动进样）依照极端过载系统程序，进行日常清洗维护。

注意：在烘干程序开始前必须将样品坩埚移出热提取单元。在烘干程序开始前，TE 柱温箱接口首先应冷却以卸去熔融石英传输管。在烘干之后应安装新的传输管。

GC 初始柱温度和保温时间：335℃，保温 20 min；

GC 进样口温度：335℃，设置为分流模式；

MS 传输管温度：295～305℃；

GC 载气量：氦气 30 cm/s；

TE 传输管温度：关闭，直到安装新的毛细管；

TE 柱温箱接口温度：400℃；

TE 气体流速：最高大约为 60 ml/min；

TE 样品室加热参数：至 750℃，保温 3 min，然后冷却至 60℃。

M.7.6 定性分析

依照附录 J 中的定性方法来确定目标化合物。

M.8 结果计算

通过内标法利用第一特征离子的 EICP 的积分丰度对化合物进行定量。使用的内标依照表 M.4，由下式计算每种确定分析物的质量分数：

$$\omega_x = \frac{A_x \cdot \omega_{is} \cdot m_{is}}{\overline{RF} \cdot A_{is} \cdot m_x \cdot D}$$

式中：ω_x——化合物的质量分数，mg/kg；

A_x——样品中被测化合物的特征离子的峰面积；

ω_{is}——内标土壤质量分数，mg/kg；

m_{is}——内标土壤质量，kg；

m_x——样品质量，kg；

$\overline{RF}$——化合物从初始校准曲线测量得到的平均响应因数；

A_{is}——内标特征离子的峰面积；

D——样品干燥度[（100－湿样质量分数）/100]。

表 M.1 PAH/半挥发性校准标准土壤和定量离子

化合物名称		定量离子
1,2,4 三氯代苯	1,2,4-Trichlorobenzene[1]	180
萘	Naphthalene	128
苊	Acenaphthylene	152
二氢苊	Acenaphthene	153
氧芴	Dibenzofuran	168
芴	Fluorene	166
4-溴苯基-苯基醚	4-Bromophenyl phenyl ether[1]	248
六氯苯	Hexachlorobenzene[1]	284
菲	Phenanthrene	178
蒽	Anthracene	178
荧蒽	Fluoranthene	202
芘	Pyrene	202
苯并[*a*]蒽	Benzo（*a*）anthracene	228
䓛	Chrysene	228
苯并[*b*]荧蒽	Benzo（*b*）fluoranthene	252
苯并[*k*]荧蒽	Benzo（*k*）fluoranthene	252
苯并[*a*]芘	Benzo（*a*）pyrene	252
茚苯[1,2,3-*cd*]芘	Indeno（1,2,3-*cd*）pyrene	276
二苯并[*a,h*]蒽	Dibenz（*a,h*）anthracene	278
苯并[*g,h,i*]苝	Benzo（*g,h,i*）perylene	276

注：1 如果目标分析物只是 PAHs，此项分析物可以删除；

所有化合物质量分数均为 35 mg/kg。

表 M.2 PCB 校准标准土壤

IUPAC 序号	CAS 序号	化合物名称		定量离子
1	2051-60-7	2-氯联苯	2-Chlorobiphenyl	188
11	2050-67-1	3,3′-二氯联苯胺	3,3′-Dichlorobiphenyl	222
18	37680-65-2	2,2′,5-三氯联苯	2,2′,5-Trichlorobiphenyl	258
26	3844-81-4	2,3′,5-三氯联苯	2,3′,5-Trichlorobiphenyl	258
31	16606-02-3	2,4′,5-三氯联苯	2,4′,5-Trichlorobiphenyl	258
52	35693-99-3	2,2′,5,5′-四氯联苯	2,2′,5,5′-Tetrachlorobiphenyl	292
49	41464-40-8	2,2′,4,5′-四氯联苯	2,2′,4,5′-Tetrachlorobiphenyl	292
44	41464-39-5	2,2′,3,5′-四氯联苯	2,2′,3,5′-Tetrachlorobiphenyl	292
66	32598-10-0	2,3′,4,4′-四氯联苯	2,3′,4,4′-Tetrachlorobiphenyl	292
101	37680-73-2	2,2′,4,5,5′-五氯联苯	2,2′,4,5,5′-Pentachlorobiphenyl	326
118	31508-00-6	2,3′,4,4′,5-五氯联苯	2,3′,4,4′,5-Pentachlorobiphenyl	326
138	35065-28-2	2,2′,3,4,4′,5′-六氯联苯	2,2′,3,4,4′,5′-Hexachlorobiphenyl	360
187	52663-68-0	2,2′,3,4′,5,5′,6-七氯联苯	2,2′,3,4′,5,5′,6-Heptachlorobiphenyl	394
128	38380-07-3	2,2′,3,3′,4,4′-六氯联苯	2,2′,3,3′,4,4′-Hexachlorobiphenyl	360
180	35065-29-3	2,2′,3,4,4′,5,5′-七氯联苯	2,2′,3,4,4′,5,5′-Heptachlorobiphenyl	394
170	35065-30-6	2,2′,3,3′,4,4′,5-七氯联苯	2,2′,3,3′,4,4′,5-Heptachlorobiphenyl	394
194	35694-08-7	2,2′,3,3′,4,4′,5,5′-八氯联苯	2,2′,3,3′,4,4′,5,5′-Octachlorobiphenyl	430
206	40186-72-9	2,2′,3,3′,4,4′,5,5′,6-九氯联苯	2,2′,3,3′,4,4′,5,5′,6-Nonachlorobiphenyl	392
209	2051-24-3	2,2′,3,3′,4,4′,5,5′,6,6′-十氯联苯	2,2′,3,3′,4,4′,5,5′,6,6′-Decachlorobiphenyl	426

注：所有化合物的质量分数为 10.0 mg/kg。

表 M.3 内标土壤

化合物名称		定量离子
2-氟联苯	2-Fluorobiphenyl	172
氘代菲-d_{10}	Phenanthrene-d_{10} [1]	188
苯并[g,h,i]苝（$^{13}C_{12}$）	Benzo（g,h,i）perylene（$^{13}C_{12}$）	288

[1] 此内标容易受到土壤微生物降解的影响，建议使用带有 $^{13}C_{12}$ 标记的菲。

表 M.4 内标及对应的可定量的 PAH 分析物

内标		PAH 分析物
2-氟联苯	2-Fluorobiphenyl	萘（Naphthalene）、苊（Acenaphthylene）、二氢苊（Acenaphthene）、芴（Fluorene）等所有表 M.2 内的 PCB 同类物质
氘代菲-d_{10}	Phenanthrene-d_{10}	菲（Phenanthrene）、蒽（Anthracene）、荧蒽（Fluoranthene）、芘（Pyrene）
苯并[*g,h,i*]苝（$^{13}C_{12}$）	Benzo（*g,h,i*）perylene（$^{13}C_{12}$）	苯并[*a*]蒽（Benzo（*a*）anthracene）、䓛（Chrysene）、苯并[*b*]荧蒽（Benzo（*b*）fluoranthene）、苯并[*k*]荧蒽（Benzo（*k*）fluoranthene）、苯并[*a*]芘（Benzo（*a*）pyrene）、茚并[1,2,3-*cd*]芘（Indeno（1,2,3-*cd*）pyrene）、二苯并[*a,h*]蒽（Dibenz（*a,h*）anthracene）、苯并[*g,h,i*]苝（Benzo（*g,h,i*）perylene）

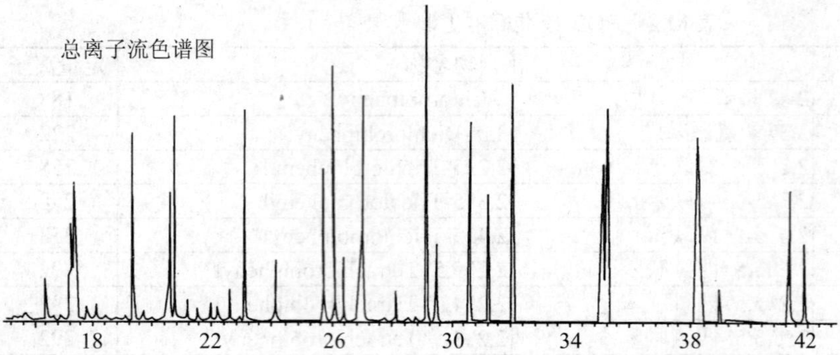

图 M.1　由 TE/GC/MS 测定的典型 PAH 校准土壤标准色谱图

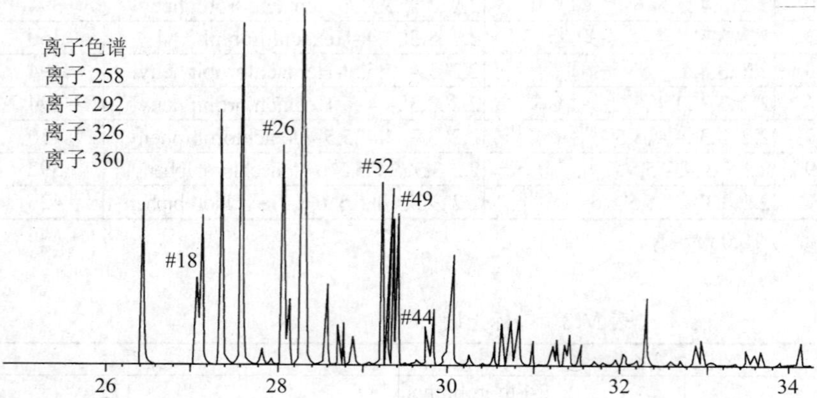

图 M.2　用 TE/GC/MS 测定在河底沉积物中 NIST SRM 1939
与 PCB 同类物质的色谱图

附录 N（资料性附录）

固体废物　多氯联苯的测定（PCBs）　气相色谱法

Solid wastes—Determination of polychlorinated biphenyls (PCBs)—Gas chromatography

N.1 范围

本方法规定了固体或者液体基质中多氯联苯的气相色谱的测定方法。下面列举的目标化合物可以采用单柱或双柱系统进行测定：Aroclor 1016、Aroclor 1221、Aroclor 1232、Aroclor 1242、Aroclor 1248、Aroclor 1254、Aroclor 1260、2-氯联苯、2,3-二氯联苯、2,2′,5-三氯联苯、2,4′,5-三氯联苯、2,2′,3,5′-四氯联苯、2,2′,5,5′-四氯联苯、2,3′,4,4′-T 四氯联苯、2,2′,3,4,5′-五氯联苯、2,2′,4,5,5′-五氯联苯、2,3,3′,4′,6-五氯联苯、2,2′,3,4,4′,5′-六氯联苯、2,2′,3,4,5,5′-六氯联苯、2,2′,3,5,5′,6-六氯联苯、2,2′,4,4′,5,5′-六氯联苯、2,2′,3,3′,4,4′,5-七氯联苯、2,2′,3,4,4′,5,5′-七氯联苯、2,2′,3,4,4′,5′,6-七氯联苯、2,2′,3,4′,5,5′,6-七氯联苯、2,2′,3,3′,4,4′,5,5′,6-九氯联苯。该方法也可能适合其他同类物的检测。

水中多氯联苯的方法检测限为 0.054～0.90 μg/L，土壤中的方法检测限为 57～70 μg/kg。定量检测限可以由表 N.1 的数据估算。

N.2 引用标准

下列文件中的条款通过在本方法中被引用而成为本方法的条款，与本方法同效。凡是不注明日期的引用文件，其最新版本适用于本方法。

GB/T 6682　分析实验室用水规格和实验方法

N.3 原理

针对特定的基质采用适合的提取技术提取一定体积或者质量的样品（对于液体大概为 1 L，对于固体为 2～30 g）。采用二氯甲烷在 pH 为中性的条件下提取液体样品，可选用分液漏斗或连续液-液萃取或其他合适的技术。固体样品用己烷-丙酮（1∶1）或者二氯甲烷-丙酮（1∶1）提取，可选用索氏提取、自动索氏提取或者其他合适的提取技术。萃取液采用硫酸/高锰酸钾溶液净化后，用小口径或大口径石英毛细管柱结合电子捕获检测器（GC/ECD）检测。

N.4 试剂和材料

N.4.1　除另有说明外，本方法中所用的水为 GB/T 6682 规定的一级水。

N.4.2　正己烷，色谱纯。

N.4.3　异辛烷，色谱纯。

N.4.4　丙酮，色谱纯。

N.4.5 甲苯，色谱纯。

N.4.6 标准贮备溶液

可以用纯的标准物质配制或者购买经过鉴定的标准溶液。准确称取 0.010 0 g 纯的物质配制标准贮备溶液。将该样品用异辛烷或者正己烷溶解在 10 ml 的容量瓶中，定容到刻度。如果样品的纯度高于 96%，那么标准贮备溶液的质量浓度就不需要经过校正。

N.4.7 Aroclor 的校准标准

N.4.7.1 用 5 份不同质量浓度的 Aroclor 1016 和 Aroclor 1260 的混合物做多点初始校正就足够显示仪器响应的线性，用异辛烷或正己烷稀释标准贮备溶液，配制至少 5 份含有相同质量浓度的 Aroclor 1016 和 Aroclor 1260 的标准校正液。质量浓度范围必须和现实样品中估计的质量浓度范围以及检测器的线性范围相匹配。

N.4.7.2 需要借助其他 5 种 Aroclor 的单独标准液识别图谱。假设 N.4.7.1 中描述的 Aroclor 1016/1260 标准溶液已用于显示检测器的线性，剩余的 5 种 Aroclor 单标则用于确定其他校准因子。为其他 Aroclor 各配制 1 种标准溶液。质量浓度须和检测器线性范围的中点相匹配。

N.4.8 PCB 同类物的标准校正

N.4.8.1 如果需要测定单独的 PCB 同类物，则必须准备纯的同类物的标准溶液。

N.4.8.2 标准贮备溶液可以按照 Aroclor 标准液的方法配制，或者可以购买商业的溶液。用异辛烷或者己烷稀释贮备液，配成至少 5 种不同质量浓度的液体。这些液体的质量浓度必须和实际样品的质量浓度以及检测器的线性范围相匹配。

N.4.9 内标

N.4.9.1 如果需要测定 PCB 的同类物，强烈建议使用内标。十氯联苯（Decachlorobiphenyl）可以作为内标，在分析前加入样品提取液中，并加入初始校正标准液中。

N.4.9.2 当测定 Aroclor 时，不使用内标，十氯联苯作为替代物。

N.4.10 替代物

N.4.10.1 当测定 Aroclor 时，十氯联苯作为替代物，在萃取前加入每份样品中。配制 5 mg/L 十氯联苯的丙酮溶液。

N.4.10.2 当测定 PCB 同类物时，以四氯乙烯间二甲苯（tetrachloro-meta-xylene）作为替代物。配制 5 mg/L 四氯乙烯间二甲苯的丙酮溶液。

N.5 仪器

N.5.1 气相色谱仪，电子捕获检测器。

N.5.2 容量瓶，10 ml、25 ml，用于制备标准样品。

N.6 样品的采集、保存和预处理

N.6.1 固体基质：250 ml 宽口玻璃瓶，有螺纹的 Teflon 盖子，冷却至 4℃保存。液体基质：4 个 1 L 的琥珀色玻璃瓶，有螺纹的 Teflon 盖子，在样品中加入 0.75 ml 10%的 $NaHSO_4$，冷却至 4℃保存。

N.6.2 提取物必须放在冰箱里避光保存，并且在 40 d 内进行分析。

N.7 分析步骤

N.7.1 提取

N.7.1.1 参考附录 U、附录 V 选择合适的提取方法。通常来说，水样用二氯甲烷在中性 pH 下用分液漏斗（附录 U）或者其他合适的方法提取。固体样品用正己烷-丙酮（1∶1）或者二氯甲烷-丙酮（1∶1）提取，采用索氏提取法（附录 V）或者其他合适的方法提取。

注意：正己烷-丙酮通常可以降低提取过程中的干扰物质的含量和提高信噪比。

N.7.1.2 必须用参照物、土壤污染样品或基质加标样品检验所选的提取方法是否适用于新的样品类型。这些样品必须含有或者添加目标化合物，以确定该化合物的百分回收率和检测限。如果要加入目标分析物，特定的 Aroclor 或者 PCB 同类物都可以。如果没有特定的 Aroclor，那么 Aroclor 1016/1260 混合物也许是合适的加标物。

N.7.2 提取物净化

参考附录 W。

N.7.3 GC 条件

N.7.3.1 单柱分析色谱柱

N.7.3.1.1 小口径柱（使用两根柱确认化合物，除非采用其他确认技术，例如 GC/MS）。

DB-5（30 m×0.25 或 0.32 mm×1 μm）石英毛细管柱或同类产品。

DB-608，SPB-608（30 m×0.25 mm×1 μm）石英毛细管柱或同类产品。

N.7.3.1.2 大口径柱（使用两根柱确认化合物，除非采用其他确认技术，例如 GC/MS）。

DB-608，SPB-608，RTx-5，（30 m×0.53 mm×0.5 μm 或 0.83 μm）石英毛细管柱或同类产品。

DB-1701（30 m×0.53 mm×1 μm）石英毛细管柱或同类产品。

DB-5，SPB-5，RTx-5（30 m×0.53 mm×1.5 μm）石英毛细管柱或同类产品。

如果要求更高的色谱分辨率，建议使用小口径柱。小口径柱适合相对比较干净的样品或者已经清洗了 1 次或以上的样品。大口径柱更加适合基质比较复杂的环境或者废物样品。

N.7.3.2 双柱分析色谱柱（从下列色谱柱对中挑选其一）

N.7.3.2.1 A：DB-5，SPB-5，RTx-5（30 m×0.53 mm×1.5 μm）石英毛细管柱或同类产品。

B：DB-1701（30 m×0.53 mm ×1 μm）石英毛细管柱。

N.7.3.2.2 A：DB-5，SPB-5，RTx-5（30 m×0.53 mm ×0.83 μm）石英毛细管柱或同类产品。

B：DB-1701（30 m×0.53 mm ×1 μm）石英毛细管柱或同类产品。

N.7.3.3 GC 温度程序以及流速

表 N.2 列举了 GC 单柱法用于分析以 Aroclor 形式测定的 PCBs 的运行条件，可以选用小口径或者大口径柱。表 N.3 列举了双柱分析法的 GC 运行条件。参考这些表中的条件确定适合分析目标物的温度程序和流速。

N.7.4 校准

N.7.4.1 配制校准标准液。如果以同类物的形式测定 PCBs，强烈建议使用内标校准。因此，校准标准液中必须含有和样品提取液相同质量浓度的内标。如果以 Aroclor 的形式测定 PCBs，那么需要使用外标校准。

N.7.4.2　如果以同类物的形式测定 PCBs，初始的五点校准必须包括所有目标分析物（同类物）的标准物。

N.7.4.3　如果以 Aroclors 的形式测定 PCBs，那么初始校准包括以下两部分。

N.7.4.3.1　初始的五点校准使用 N.4.7 中的 Aroclor 1016 和 Aroclor 1260 混合物。

N.7.4.3.2　在图谱识别中需要使用其他 5 种 Aroclors 的标准品。

N.7.4.3.3　对于某些项目，只有一些 Aroclors 是感兴趣的，可以对感兴趣的 Aroclors 采用五点初始校准。

N.7.4.4　建立适合配置的色谱运行条件（单柱或者双柱，见 N.7.3）。优化仪器的条件以提高目标化合物的分辨率和灵敏度。最后温度也许需要到 240～270℃以洗脱十氯联苯。采用进样器压力程序可以改善色谱峰的洗出延迟。

N.7.4.5　建议每次校准标准液时进样 2 μl。如果可以证明目标化合物有合适的灵敏度，其他进样体积也可以选用。

N.7.4.6　记录每种同类物或者每种特定 Aroclor 的峰面积（或者峰高），用于定量计算。

N.7.4.6.1　每种 Aroclor 必须最少选择 3 个峰，建议选择 5 个峰。每个峰都须是目标 Aroclor 有特征性的。在 Aroclor 标准中选择的峰的高度必须至少有最高的峰的 25%。对于每种 Aroclor，所选的 3～5 个峰中必须最少有 1 个峰是其特有的。最少选用 Aroclor 1016/1260 混合物中 5 个峰，其中任何一个都不能在其他 Aroclor 中找到。

N.7.4.6.2　迟流出的 Aroclor 峰一般来说是环境中最稳定的。表 N.6 列举了各种 Aroclor 的诊断峰，包括它们在两种单柱法色谱柱上的保留时间。表 N.7 列举了在 Aroclors 混合物中发现的 13 种特定的 PCB 同类物。表 N.8 列举了 PCB 的同类物以及它们在 DB-5 大口径 GC 柱上相应的保留时间。使用这些作为指导选择合适的峰。

N.7.4.7　如果用内标法测定 PCB 的同类物，采用下面的式子计算每种同类物的响应因子（RF），这个响应因子在校准标准中和内标十氯联苯（decachlorobiphenyl）相关。

$$\mathrm{RF}=\frac{A_{\mathrm{s}}\times\rho_{\mathrm{s}}}{A_{\mathrm{is}}\times\rho_{\mathrm{is}}}$$

式中：A_{s}——分析物或者拟似标准品的峰面积（或峰高）；

A_{is}——内标的峰面积（或峰高）；

ρ_{s}——分析物或者拟似标准品的质量浓度，μg/L；

ρ_{is}——内标的质量浓度，μg/L。

N.7.4.8　如果用外标法以 Aroclors 的形式测定 PCBs，用下式计算每次初始校正标准中每个特征 Aroclors 峰的校正因子（*CF*）。

$$CF=\frac{\text{标准品的峰高或峰面积}}{\text{标准品进样的总质量(ng)}}$$

从 Aroclor 1016/1260 混合物中可以得到 5 套校准因子，每套包括从混合物选择的 5 个（或以上）峰的校准因子。其他 Aroclor 的单标可以产生至少 3 个校准因子，每个所选的峰各 1 个。

N.7.4.9　使用从初始校准中得到的响应因子或者校准因子来估计初始校准的线性范围。这包括计算每个同类物或者 Aroclors 峰的响应或者校准因子的平均值，标准偏差以及相对标准偏差（*RSD*）。

N.7.5 保留时间窗口

保留时间窗口对于识别目标化合物来说是至关重要的。以 Aroclors 形式识别 PCBs 时使用绝对保留时间。如果采用内标法以同类物的形式测定 PCBs，绝对保留时间可以和相对保留时间（和内标相对）一起使用。

N.7.6 提取样品的气相色谱分析

N.7.6.1 样品分析采用的 GC 运行条件必须和初始校准中使用的相同。

N.7.6.2 每隔 12 h 在样品分析前进样校准验证标准溶液以校准系统。每隔 20 个样品进样校准标准溶液（建议每隔 10 个样品进样，以减小当质量控制超过标准以需要重新进样的数量），在检测结束时也要进样校准标准液。对于 Aroclor 分析，校准验证标准液应该是 Aroclor 1016 和 Aroclor 1260 的混合物。校准验证过程不需要分析其他用于图谱识别的 Aroclor 标准，但是在分析序列中，当用 Aroclor 1016/1260 混合物校准后也建议分析其他 Aroclor 中的一种标准液。

N.7.6.3 进样 2 μl 浓缩的样品提取液。记录进样接近 0.05 μl 时的体积以及所得到的峰面积（或峰高）。

N.7.6.4 通过检查样品的色谱图定性识别目标分析物。

N.7.6.5 对于用内标或者外标校准的程序，可以采用 N.7.8 和 N.7.9 的方法对每个已经识别的峰进行处理，得到定量结果。如果样品的色谱响应超过了校准的范围，把样品稀释后再进行分析。如果峰重叠造成积分错误时，建议使用峰高而不是峰面积进行计算。

N.7.6.6 所有的样品分析都必须在一个可接受的初始校准，校准验证标准（每隔 12 h）或者散点标准校准的前提下进行。如果校准验证不能够满足质量控制的需求，所有在上一个可以满足质量控制要求的校准验证后做的样品都必须重新进样。

注：建议使用混合标准或者多组分标准物以保证检测器对于所有的分析物的响应都在校准范围内。

N.7.6.7 当校准验证标准和散点标准检测结果符合质量控制的要求时，可以连续进样。建议每隔 10 个样品分析一次标准（要求每隔 20 个以及在每批样品后）以减少因为不能满足要求而重新进样的样品数。

N.7.6.8 如果峰的响应低于基线噪声水平的 2 倍，定量结果的有效性可能有疑问。应根据样品的来源以确定是否能够提高样品的质量浓度。

N.7.6.9 在分析过程中分析校准标准物以评价保留时间的稳定性。如果任何一个标准物的检测结果不在日常时间窗口之内，那么系统就存在问题。

N.7.6.10 如果因为干扰不能进行化合物的识别或者定量测定（例如，出现峰展宽，基线鼓包或者基线不稳），就需要洗涤提取物或者更换毛细管柱或者检测器。在另外一台仪器上重新分析样品以确定问题的原因是在分析仪器硬件还是样品基质。

N.7.7 定性识别

以 Aroclors 或者同类物的形式鉴定 PCBs 是基于样品色谱图中峰的保留时间和目标分析物的标准物的保留时间窗口是否一致。

如果提取样中的色谱峰在特定目标分析物的保留时间窗口内，可以进行初步确认。每个初步确认都必须得到证实：采用另外一根不同固定相的 GC 柱（如双柱分析），基于一个能够明确识别的 Aroclor 峰，或者选用其他技术，例如 GC/MS。

N.7.7.1 如果在一次进样同时分析（GC 双柱结构），指定一根分析柱作样品分析而另外一根柱作样品确认是不实际的。因为校准标准是在 2 根柱子上分析的，2 根柱子都必须符合可以接受的校正标准。

N.7.7.2 单柱/单次进样分析的结果可以用另外一根不同的 GC 柱确认。

N.7.7.3 当已知分析物来源中含有特定的 Aroclor，从单柱分析得到的结果就可能根据清楚认定的 Aroclor 峰进行确证。这种方法不应用于确证未知或者不熟悉来源的样品或者似乎含有 Aroclors 混合物的样品。为了使用这种方法，必须记录：比较样品和 Aroclors 标准物色谱图时所用到的峰；缺失的代表任何一种 Aroclors 的主要的峰；能够指示 Aroclors 存在于样品中的关于来源的信息。

N.7.7.4 GC/MS 的确证。

N.7.8 以同类物的形式定量测定 PCBs

N.7.8.1 以同类物的形式定量测定 PCBs，通过比较样品和 PCB 同类物标准物的色谱图，用内标法得到定量结果。计算每种同类物的质量浓度。

N.7.8.2 根据项目的要求，PCB 同类物的测定结果可以以同类物或者以 PCBs 总量的形式报告。

N.7.9 以 Aroclors 的形式定量分析 PCBs

通过将样品的色谱图和最相近 Aroclors 标准物的色谱图进行比较，以 Aroclors 的形式定量测定 PCBs 的残留。必须决定哪种 Aroclors 和残留最相像以及该标准物是否真的能代表样品中的 PCBs。

N.7.9.1 采用独立 Aroclors 标准物（不是 Aroclor 1016/1260 混合物）来确定 Aroclor 1221，1232，1242，1248 和 1254 的峰的图谱。在混标的谱图中，Aroclor 1016 和 Aroclor 1260 的峰很明显。

N.7.9.2 一旦鉴别出 Aroclor 的图谱，比较 Aroclor 单点校正标准物中 3～5 个主要峰和样品提取液的响应。Aroclor 的量用 3～5 个特征峰的独立的校准因子计算，计算模型（线性或者非线性）由 Aroclors 1016/1260 混合物的多点校准确定。质量浓度由各个特征峰确定，然后再取这 3～5 个峰的平均值来确定 Aroclor 的质量浓度。

N.7.9.3 PCBs 在环境中的侵蚀或者在废物处理过程中的变化可能会使 PCBs 变到图谱不能再用某种特定的 Aroclor 识别。样品中含有超过一种 Aroclor 也有同样问题。如果分析的目的不在于对 Aroclors 的日常监控，更适合采用分析 PCB 同类物的方法。如果需要 Aroclor 的结果，可以通过计算 PCB 图谱的总的峰面积以及计算和样品最相像的 Aroclor 标准来定量测定 Aroclor。任何一个根据保留时间不能识别为 PCBs 的峰都必须从总面积中减去。

N.7.10 GC/MS 确认

如果质量浓度足够 GC/MS 的测定，GC/MS 确认可以和单柱或者双柱法结合起来使用。

N.7.10.1 通常全扫描四极杆 GC/MS 比全扫描离子阱或者选择离子检测技术需要更高的目标分析物质量浓度。需要的样品质量浓度取决于仪器，全扫描四极杆 GC/MS 需要 10 ng/μl 的质量浓度，但是离子阱或者 SIM 只需要 1 ng/μl。

N.7.10.2 对于特定的目标分析物 GC/MS 必须经过校正。当使用 SIM 技术时，离子以及保留时间都必须是待测多氯联苯中具有特征性的。

N.7.10.3 GC/MS 确证时必须和 GC/ECD 使用同一份提取物及空白。

N.7.10.4 只要替代物和内标物不影响，碱性/中性/酸性的提取物以及相应的空白都可以用作 GC/MS 确证。但是，如果在碱性/中性/酸性提取液中没有检测出目标物，就必须对农药提取物进行 GC/MS 分析。

N.7.10.5　必须用 GC/MS 分析一份质量控制参考样品。质量控制参考样品的浓度必须证明能够被 GC/ECD 所确认的 PCBs 都能被 GC/MS 确认。

表 N.1　测定定量评估限（EQLs）的因素（针对不同的基质）

基质	比例因子
地表水	10
低含量土壤，用 GPC 超声洗涤	670
高含量土壤和污泥，用超声波法处理	10 000
非水的易混溶的废料	100 000

注：EQL＝ 水样的 MDL×比例因子

对于非水样品，这些数字是基于湿重的。样品的 EQLs 是高度依赖基质的。用这些数据确定的 EQLs 可以作为一个指导而不是任何情况下都有用。

表 N.2　PCBs 作为 Aroclors 的 GC 运行条件（单柱分析）

小口径柱	
小口径柱 1：DB-5（30 m ×0.25 mm 或 0.32 mm ×1 μm）石英毛细管柱或同类产品	
载气（He）	110 kPa（16 lb/in^2）
进样温度	225℃
检测器温度	300℃
色谱柱温度	100℃保持 2 min，然后以 15℃/min 升温至 160℃，再以 5℃/min 升温至 270℃
小口径柱 2：DB-608，SPB-608（30 m × 0.25 mm ×1 μm）石英毛细管柱或同类产品	
载气（He）	138 kPa（20 lb/in^2）
进样温度	225℃
检测器温度	300℃
起始温度	160℃保持 2 min，然后以 5℃/min 升温至 290℃保持 1 min
大口径柱	
大口径柱 1：DB-608，SPB-608，RTx-5（30 m × 0.53 mm ×0.5 μm 或 0.83 μm）石英毛细管柱或同类产品	
大口径柱 2：DB-1701（30 m × 0.53 mm×1 μm）石英毛细管柱或同类产品	
载气（He）	5～7 ml/min
补充气（氩气/甲烷[P-5 或 P-10] 或氮气）	30 ml/min
进样温度	250℃
检测器温度	290℃
色谱柱温度	150℃保持 0.5 min，然后以 5℃/min 升温至 270℃，保持 10 min
大口径柱	
DB-5，SPB-5，RTx-5（30 m × 0.53 mm×1.5 μm）石英毛细管柱或同类产品	
载气（He）	6 ml/min
补充气（氩气/甲烷[P-5 或 P-10] 或氮气）	30 ml/min
进样温度	205℃
检测器温度	290℃
色谱柱温度	140℃保持 2 min，然后以 10℃/min 升温至 240℃，保持 5 min，再以 5℃/min 升温至 265℃，保持 18 min

表 N.3　PCBs 作为 Aroclors 的 GC 运行条件（双柱分析法 高温，厚涂层）

柱 1：DB-1701（30 m×0.53 mm×1.0 μm）或同类产品	
柱 2：DB-5（30 m×0.53 mm×1.5 μm）或同类产品	
载气（He）流速	6 ml/min
补充气（N_2）流速	20 ml/min
色谱柱温度	150℃保持 0.5 min，然后以 12℃/min 升温至 190℃，保持 2 min，再以 4℃/min 升温至 275℃，保持 10 min
进样温度	250℃
检测器温度	320℃
进样体积	2 μl
溶剂	正己烷
进样类型	闪蒸
双 ECD 检测器	
范围	10
Attenuation 64（DB-1701）/64（DB-5）	
分流器种类	J&W Scientific 压配 Y-型分流进样器

表 N.4　DB-5 柱上 Aroclors 的保留时间（双柱检测）

峰序号	Aroclor 1016	Aroclor 1221	Aroclor 1232	Aroclor 1242	Aroclor 1248	Aroclor 1254	Aroclor 1260
1		5.85	5.85				
2		7.63	7.64	7.57			
3	8.41	8.43	8.43	8.37			
4	8.77	8.77	8.78	8.73			
5	8.98	8.99	9.00	8.94	8.95		
6	9.71			9.66			
7	10.49	10.50	10.50	10.44	10.45		
8	10.58	10.59	10.59	10.53			
9	10.90		10.91	10.86	10.85		
10	11.23	11.24	11.24	11.18	11.18		
11	11.88		11.90	11.84	11.85		
12	11.99		12.00	11.95			
13	12.27	12.29	12.29	12.24	12.24		
14	12.66	12.68	12.69	12.64	12.64		
15	12.98	12.99	13.00	12.95	12.95		
16	13.18		13.19	13.14	13.15		
17	13.61		13.63	13.58	13.58	13.59	13.59
18	13.80		13.82	13.77	13.77	13.78	
19	13.96		13.97	13.93	13.93	13.90	
20	14.48		14.50	14.46	14.45	14.46	
21	14.63		14.64	14.60	14.60		
22	14.99		15.02	14.98	14.97	14.98	
23	15.35		15.36	15.32	15.31	15.32	
24	16.01			15.96			
25			16.14	16.08	16.08	16.10	
26	16.27		16.29	16.26	16.24	16.25	16.26
27						16.53	
28			17.04		16.99	16.96	16.97
29			17.22	17.19	17.19	17.19	17.21
30			17.46	17.43	17.43	17.44	
31					17.69	17.69	
32				17.92	17.91	17.91	
33				18.16	18.14	18.14	

峰序号	Aroclor 1016	Aroclor 1221	Aroclor 1232	Aroclor 1242	Aroclor 1248	Aroclor 1254	Aroclor 1260
34			18.41	18.37	18.36	18.36	18.37
35			18.58	18.56	18.55	18.55	
36							18.68
37			18.83	18.80	18.78	18.78	18.79
38			19.33	19.30	19.29	19.29	19.29
39						19.48	19.48
40						19.81	19.80
41			20.03	19.97	19.92	19.92	
42						20.28	20.28
43					20.46	20.45	
44						20.57	20.57
45				20.85	20.83	20.83	20.83
46			21.18	21.14	21.12	20.98	
47					21.36	21.38	21.38
48						21.78	21.78
49				22.08	22.05	22.04	22.03
50						22.38	22.37
51						22.74	22.73
52						22.96	22.95
53						23.23	23.23
54							23.42
55						23.75	23.73
56						23.99	23.97
57							24.16
58						24.27	
59							24.45
60						24.61	24.62
61						24.93	24.91
62							25.44
63						26.22	26.19
64							26.52
65							26.75
66							27.41
67							28.07
68							28.35
69							29.00

注：a. GC 的运行条件在表 N.3 给出。所有的保留时间都是以分钟（min）为单位。

b. 表中列举的峰按流出顺序确定序号，和异构体序号无关。

表 N.5　DB-1701 柱上 Aroclors 的保留时间（双柱检测）

峰序号	Aroclor 1016	Aroclor 1221	Aroclor 1232	Aroclor 1242	Aroclor 1248	Aroclor 1254
1		4.45	4.45			
2		5.38				
3		5.78				
4		5.86	5.86			
5	6.33	6.34	6.34 6.28			
6	6.78	6.78	6.79 6.72			
7	6.96	6.96	6.96 6.90	6.91		
8	7.64		7.59			
9	8.23	8.23	8.23 8.15	8.16		
10	8.62	8.63	8.63 8.57			
11	8.88		8.89 8.83	8.83		
12	9.05	9.06	9.06 8.99	8.99		

峰序号	Aroclor 1016	Aroclor 1221	Aroclor 1232	Aroclor 1242	Aroclor 1248	Aroclor 1254
13	9.46		9.47 9.40	9.41		
14	9.77	9.79	9.78 9.71	9.71		
15	10.27	10.29	10.29 10.21	10.21		
16	10.64	10.65	10.66 10.59	10.59		
17			10.96	10.95	10.95	
18	11.01		11.02 11.02	11.03		
19	11.09		11.10			
20	11.98		11.99 11.94	11.93	11.93	
21	12.39		12.39 12.33	12.33	12.33	
22			12.77 12.71	12.69		
23	12.92		12.94	12.93		
24	12.99		13.00 13.09	13.09	13.10	
25	13.14		13.16			
26					13.24	
27	13.49		13.49 13.44	13.44		
28	13.58		13.61 13.54	13.54	13.51	13.52
29			13.67		13.68	
30			14.08 14.03	14.03	14.03	14.02
31			14.30 14.26	14.24	14.24	14.25
32				14.39	14.36	
33			14.49 14.46	14.46		
34					14.56	14.56
35				15.10	15.10	
36			15.38 15.33	15.32	15.32	
37		15.65	15.62	15.62	15.61	16.61
38		15.78	15.74	15.74	15.74	15.79
39		16.13	16.10	16.10	16.08	
40						16.19
41					16.34	16.34
42					16.44	16.45
43					16.55	
44		16.77	16.73	16.74	16.77	16.77
45		17.13	17.09	17.07	17.07	17.08
46					17.29	17.31
47			17.46	17.44	17.43	17.43
48			17.69	17.69	17.68	17.68
49				18.19	18.17	18.18
50			18.48	18.49	18.42	18.40
51					18.59	
52					18.86	18.86
53			19.13	19.13	19.10	19.09
54					19.42	19.43
55					19.55	19.59
56					20.20	20.21
57					20.34	
58						20.43
59				20.57	20.55	
60					20.62	20.66
61					20.88	20.87
62						21.03
63					21.53	21.53
64					21.83	21.81
65					23.31	23.27
66						23.85
67						24.11
68						24.46

峰序号	Aroclor 1016	Aroclor 1221	Aroclor 1232	Aroclor 1242	Aroclor 1248	Aroclor 1254
69						24.59
70						24.87
71						25.85
72						27.05
73						27.72

注：a. GC 的运行条件在表 N.3 给出。所有的保留时间都是以分钟（min）为单位。

b. 表中列举的峰按流出顺序确定序号，和异构体序号无关。

表 N.6 PCBs 在 0.53 mm ID 柱上的峰诊断（单柱分析）

峰	化合物名称	保留时间	
序号[a]	Aroclor[c]	DB-608[b]	DB-1701[b]
Ⅰ	1221	4.90	4.66
Ⅱ	1221，1232，1248	7.15	6.96
Ⅲ	1061，1221，1232，1242	7.89	7.65
Ⅳ	1016，1232，1242，1248	9.38	9.00
Ⅴ	1016，1232，1242	10.69	10.54
Ⅵ	1248，1254	14.24	14.12
Ⅶ	1254	14.81	14.77
Ⅷ	1254	16.71	16.38
Ⅸ	1254，1260	19.27	18.95
Ⅹ	1260	21.22	21.23
Ⅺ	1260	22.89	22.46

注：a. 峰按流出顺序确定序号，和异构体序号无关。

b. 温度程序：t_i = 150℃，保持 30 s；以 5℃/min 的速度升高到 275℃。

c. 在图谱中 Aroclor 的最大峰用下划线标明。

表 N.7 Aroclor 中特定的 PCB 同类物

同类物	IUPAC 序号	1016	1221	1232	1242	1248	1254	1260
联苯	—		X					
2-CB	1	X	X	X	X			
23-DCB	5	X	X	X	X	X		
34-DCB	12	X		X	X	X		
244′-TCB	28*	X		X	X	X	X	
22′35′-TCB	44			X	X	X	X	X
23′44′-TCB	66*					X	X	X
233′4′6-PCB	110						X	
23′44′5-PCB	118*						X	X
22′44′55′-HCB	153							X
22′344′5′-HCB	138							X
22′344′55′-HpCB	180							X
22′33′44′5-HpCB	170							X

注：* 明显的共流出：28 和 31（2,4′,5-三氯联苯）；

66 和 95（2,2′,3,5′,6-五氯联苯）；

118 和 149（2,2′,3,4′,5′,6-六氯联苯）。

表 N.8　PCB 同类物在柱 DB-5 大口径柱的保留时间

IUPAC #	保留时间/min	
1	6.52	
5	10.07	
18	11.62	
31	13.43	
52	14.75	
44	15.51	
66	17.20	
101	18.08	
87	19.11	
110	19.45	
151	19.87	
153	21.30	
138	21.79	
141	22.34	
187	22.89	
183	23.09	
180	24.87	
170	25.93	
206	30.70	
209	32.63	（内标）

附录 O（资料性附录）

固体废物　挥发性有机化合物的测定　气相色谱/质谱法

Solid wastes—Determination of VOCs—Gas chromatography/Mass spectrometry（GC/MS）

O.1　范围

本方法适用于固体废物中挥发性有机化合物的气相色谱/质谱的测定方法。本方法几乎可以应用于所有种类的样品测试，无需考虑水分含量，包括各种气体捕集基质，地下水及地表水，软泥，腐蚀性液体，酸性液体，废弃溶剂，油性废弃物，奶油制品，焦油，纤维废弃物，聚合乳状液，过滤性物质，废弃碳化合物，废弃催化剂，土壤及沉积物。下列物质可由该方法进行测定：丙酮、乙腈、丙烯醛、丙烯腈、丙烯醇、烯丙基氯、苯、氯苯、双（2-氯乙基）硫醚（芥子气）、溴丙酮、溴氯甲烷、二氯溴甲烷、4-溴氟苯、溴仿、溴化甲烷、正丁醇、2-丁酮、叔-丁醇、二硫化碳、四氯化碳、水合氯醛、二溴氯代甲烷、氯代乙烷、2-氯乙醇、2-氯乙基-乙烯基醚、氯仿、氯甲烷、氯丁二烯、3-氯丙腈、巴豆醛、1,2-二溴-3-氯丙烷、1,2-二溴乙烷、二溴乙烷、1,2-二氯苯、1,3-二氯苯、1,4-二氯苯、氘代1,4-二氯苯、顺式-1,4-二氯-2-丁烯、反式-1,4-二氯-2-丁烯、二氯二氟甲烷、1,1-二氯乙烷、1,2-二氯乙烷、氘代 1,2-二氯乙烷、1,1-二氯乙烯、反式-1,2-二氯乙烯、1,2-二氯丙烷、1,3-二氯-2-丙醇、顺式-1,3-二氯丙烯、反式-1,3-二氯丙烯、1,2,3,4-二环氧丁烷、二乙醚、1,4-二氟苯、1,4-二氧杂环乙烷、表氯醇、乙醇、乙酸乙酯、乙基苯、乙撑氧、甲基丙烯酸乙酯、氟苯、六氯丁二烯、六氯乙烷、2-己酮、2-羟基丙腈、碘代甲烷、异丁醇、异丙基苯、丙二腈、甲基丙烯腈、甲醇、二氯甲烷、甲基丙烯酸甲酯、4-甲基-2-戊酮、萘、硝基苯、2-硝基丙烷、*N*-亚硝基-二-正丁基胺、三聚乙醛、五氯乙烷、2-戊酮、2-甲基吡啶、1-丙醇、2-丙醇、炔丙醇、*β*-丙基丙酮、丙基腈、正丙基胺、吡啶、苯乙烯、1,1,1,2-四氯乙烷、1,1,2,2-四氯乙烷、四氯乙烯、甲苯、氘代甲苯、邻甲苯胺、1,2,4-三氯苯、1,1,1-三氯乙烷、1,1,2-三氯乙烷、三氯乙烯、三氯氟代甲烷、1,2,3-三氯丙烷、乙酸乙酯、氯乙烯、邻二甲苯、间二甲苯、对二甲苯。

许多技术可以将这些物质转入到 GC/MS 系统中进行分析。分析固体样品和液体样品时，应用静态顶空和吹扫捕集技术。

下列物质同样可以应用此方法进行分析：溴苯、1,3-二氯丙烷、正丁基苯、2,2-二氯丙烷、sec 丁基苯、1,1-二氯丙烷、*t*-丁基苯、*p*-异丙醇甲苯、氯代乙腈、甲基丙烯酸酯、1-氯丁烷、甲基叔丁基醚、1-氯己烷、五氟苯、2-氯甲苯、正丙基苯、4-氯甲苯、1,2,3-三氯苯、二溴氟代甲烷、1,2,4-三甲基苯、顺式-1,2-二氯乙烯、1,3,5-三甲基苯。

本方法用于定量分析大多数沸点低于 200℃的挥发性有机化合物。对于某一特定物质的定量检出限（EQL）在一定程度上依赖于仪器及样品预处理/样品导入方法的选择。对于标准的四极杆仪器及吹扫捕集技术，土壤/沉积物样品的检出限应该约为 5 μg/kg（净重），废物的约为 0.5 mg/kg（净重），地下水为 5 μg/L。如果应用离子阱质谱仪或其他改良的仪器，检出限可能更低。但是不管使用何种仪器，对于样品提取物和那些需要稀释的样品或为避免检测器的信号饱和而不得不减少体积的样品，EQL 都会成比例地增加。

O.2 引用标准

下列文件中的条款通过在本方法中被引用而成为本方法的条款，与本方法同效。凡是不注明日期的引用文件，其最新版本适用于本方法。

GB/T 6682　分析实验室用水规格和实验方法

O.3 原理

挥发性化合物由静态顶空技术或其他方法引入气相色谱。这些物质在被瞬间挥发进入到细孔毛细管之前，被直接引入到大口径毛细管柱或在一根毛细管预柱上富集。通过柱子程序升温来进行物质的分离，再通过气相色谱（GC）接口进入质谱（MS）进行检测。从毛细管柱中流出的组分通过一个分流器或直接的连接器进入到质谱仪中（大口径毛细管柱通常需要一个分流器，而细孔毛细管柱可与离子源直接相连）。目标物质的鉴定是通过将它们的质谱图与标准物的电子轰击（或类似电子轰击）的谱图相比较；定量分析则是通过应用五点校准曲线比较一个主要（定量）离子与内标物质离子的响应来完成的。

O.4 试剂和材料

O.4.1　除有说明外，本方法中所用的水为 GB/T 6682 规定的一级水。

O.4.2　甲醇，色谱纯。

O.4.3　十六烷试剂，分析纯。十六烷的纯度要求在待测物的方法检出限中没有干扰物质的存在。十六烷纯度的鉴定通过直接注射空白样品进入 GC/MS。空白样品的分析结果应该表明所有干扰的挥发性物质已从十六烷中完全去除。

O.4.4　聚乙烯乙二醇，分析纯，在目标分析物的检出限中无干扰物质。

O.4.5　盐酸（1∶1，体积分数），小心地将浓 HCl 加入到相同体积的水中。

O.4.6　贮备液，应该由纯的基准物质配制或通过购买已鉴定的溶液。

转移 9.8 ml 甲醇于 10 ml 带有磨口玻璃塞的容量瓶中。瓶身直立，不盖瓶塞，等待约 10 min 后或等到所有甲醇湿润过的地方风干后，准确称量容量瓶到 0.000 1 g。加入已验证过的标准物质，操作如下：

O.4.6.1　液体：使用 100 μl 注射器，快速加入 2 滴或更多的标准物质于容量瓶中，称重。液体必须直接滴入甲醇中避免沾到瓶颈处。

气体：配制沸点低于 30℃的标准溶液（如溴代乙烷、氯代乙烷、氯代甲烷或氯乙烯）时，用 5 ml 带阀密闭注射器取参照标准至 5 ml 刻度。将针头置于甲醇液面上方 5 mm 处，缓慢将参照标准放入液面上方，重的气体将很快溶于甲醇中。

O.4.6.2　再次称重，稀释至容量瓶体积，盖好塞子，然后倒置容量瓶数次以充分混匀。按称量的净重以毫克每升（mg/L）为单位计算质量浓度。如果化合物的纯度已达到或高于 96%，不需要再校准称重，可直接计算贮备液质量浓度。

O.4.6.3　将贮备液转移到带有 PTFE 螺帽的瓶中。储存时，使其保持尽量少的顶部空间，避光，保存于－10℃或更低。

O.4.6.4 标准溶液制备频率：标准溶液必须随时与初始校正曲线对比以进行监控，如果产生了 20%的漂移，则需配制新的标准溶液。气体标准溶液一般 1 周后就要重新配制，非气体物质的标准溶液一般在 6 个月内需要重新配制。化学活性高的化合物，如 2-氯乙基乙烯醚和苯乙烯需要更加频繁的配备。

O.4.7 二级稀释标准溶液：应用贮备标准溶液制备二级稀释标准溶液于甲醇中，其中包含单一的或混合的目标化合物。二级稀释标准溶液储备时顶空空间越少越好，并需要时常监测其降解或挥发程度，尤其是在用其制备校准标准溶液之前。储存在没有顶空空间的瓶子里，每周更换一次。

O.4.8 替代物：建议使用氘代甲苯、4-溴代氟苯、氘代 1,2-二氯乙烷及二溴氟代甲烷。分析要求其他化合物也可作为替代物。储存在甲醇中的替代物标准贮备溶液必须按照贮备溶液的配制方法来配制，替代物的稀释溶液由质量浓度为 50～250 μg/10 ml 的贮备液来配制。样品在进行 GC/MS 分析前要先进行 10 μl 替代物的分析。

O.4.9 内标：建议使用氟苯、氘代氯苯、氘代 1,4-二氯苯。其他化合物只要其保留时间与 GC/MS 待测的化合物相似也可以作为内标物质。二级稀释标准溶液必须控制每一个内标物质的质量浓度为 25 mg/L。往 5 ml 校准标准溶液中加入 10 μl 内标溶液使得其质量浓度为 50 μg/L。如果质谱仪的灵敏度可达到更低的检测水平，内标溶液需要进一步被稀释。在中点校准分析中，内标物质的峰面积应该在目标物质峰面积的 50%～200%。

O.4.10 4-溴代氟苯（BFB）标准溶液：在甲醇中配制质量浓度为 25 ng/μl BFB 标准溶液。如果使用灵敏度更高的质谱仪，则需要进一步稀释 BFB 标准溶液。

O.4.11 校准溶液：该方法存在 2 种校准溶液：初始校准溶液和校准确认溶液。

O.4.11.1 初始校准溶液必须从贮备液的二级稀释液制备最少 5 种不同质量浓度（O.4.6 和 O.4.7），或直接从预先混合好的校正溶液中制备。至少应有一种校准标准溶液的质量浓度与样品质量浓度吻合，其他校准溶液质量浓度范围应该包含典型的样品质量浓度但又不能超出 GC/MS 系统的测试范围。当制作一条初始工作曲线时，必须保证初始校准溶液是由新鲜贮备液和二次稀释液混合而成。

O.4.11.2 校准确认标准溶液的质量浓度应该在初始校准溶液质量浓度范围的中间，初始校准溶液来自贮备液二级稀释液或预先混合好的校正溶液，用无有机物水制备该溶液。

O.4.11.3 初始校准溶液和校准确认溶液中应该包含一个特定分析中所有待分析的目标化合物。而这些目标化合物不一定是已论证方法中所分析的所有物质。但是，实验室不应报告一个未包含在校准溶液中目标化合物的定量分析结果。

O.4.11.4 校准溶液也必须包含分析方法中已选择的内标化合物。

O.4.12 基体加标样品和实验室控制样品（LCS）标准液：基体加标标准液必须由典型的挥发性有机化合物配制，且应包括可能在待测样品中发现的目标化合物。基体加标样品至少应包括：1,1-二氯乙烯、三氯乙烯、氯苯、甲苯和苯。

O.4.12.1 某些基体加标样品中可能要求含有特殊目标化合物，尤其是当含有待测的极性化合物时，因为上述基质加标样品对极性化合物并不具备代表性。基体加标样品由甲醇配制，每种化合物质量浓度控制在 250 μg/10 ml。

O.4.12.2 基体加标样品不能用与校准标准液相同的标准溶液配制。由基体加标样品配制的相同标准液可用于实验室控制样品（LCS）。

O.4.12.3　如果为达到更低检测水平而使用灵敏度更高的质谱仪，则可能需要更多的基质加标样品溶液。

O.4.13　必须关注的一点是保持所有标准溶液的完整质量浓度。推荐所有在甲醇中制备的标准溶液都由带有 PTFE 螺帽的棕黄色瓶保存在 10℃或更低温度。

O.5 仪器

O.5.1　针对固体样品和液体样品的静态顶空装置或吹扫捕集装置。

O.5.2　进样器隔垫，进行改进的或直接的进样分析时须放置一个 1 cm 的玻璃毛衬管，其中 50～60 mm 的长度插入到柱温箱中。

O.5.3　气相色谱/质谱仪

O.5.3.1　气相色谱仪

O.5.3.1.1　GC 须配备各种连续微分流速控制器，以便保持在解吸和程序升温过程时毛细管柱中气体流速恒定。

O.5.3.1.2　低于环境温度的柱温箱控制器。

O.5.3.1.3　毛细管预柱接口。这个装置是在样品导入装置和毛细管柱间的一个接口，当进行低温冷却时是必须存在的。这个接口浓缩了吸附的样品成分并将它们聚集在无硅胶涂层毛细管预柱上一段窄的部分中。当接口被瞬间加热时，样品被传送到分析毛细管柱。

O.5.3.1.4　在冷富集过程中，接口中硅胶的温度在液氮气流中维持在－150℃。在吸附过程之后，接口必须可以在 15 s 或更短的时间内快速加温到 250℃以保证分析物质的完全转移。

O.5.3.2　质谱仪，配有电子轰击源（EI）。

O.5.4　微量进样器，10，25，100，250，500 及 1 000 μl。

O.5.5　进样针，5，10 或 25 ml，有不漏气的关闭阀门。

O.5.6　分析天平，可精确至 0.000 1 g。

O.5.7　气体密闭装置，20 ml，带有 PTFE 螺帽或玻璃管路带有 PTFE 螺帽。

O.5.8　小瓶，2 ml，用于 GC 自动进样器。

O.5.9　容量瓶，10 ml 和 100 ml。

O.6 样品的采集、保存和预处理

O.6.1　固体基质：250 ml 宽口玻璃瓶，有螺纹的 Teflon 盖子，冷却至 4℃保存。

O.6.2　液体基质：4 个 1 L 的琥珀色玻璃瓶，有螺纹的 Teflon 盖子，在样品中加入 0.75 ml 10%的 $NaHSO_4$，冷却至 4℃保存。

O.7 分析步骤

O.7.1　样品引入可由多种不同的方法完成。所有的内标物、替代物和基体加标物必须在进入 GC/MS 系统前加入样品中。

O.7.2　色谱条件（推荐）

O.7.2.1　色谱柱：色谱柱 1：VOCOL（60 m×0.75 mm×1.5 μm）毛细管柱或同类产品；

色谱柱 2：DB-624，Rtx-502.2，VOCOL[（30～75）m×0.53 mm×3 μm]毛细管柱，或

同类产品；

色谱柱 3：DB-5，Rtx -5，SPB-5[30 m×（0.25～0.32）mm×1 μm]毛细管柱或同类产品；

色谱柱 4：DB-624（60 m×0.32 mm×1.8 μm）毛细管柱，或同类产品。

O.7.2.2　常规条件：进样温度：200～225℃；传输线温度：250～300℃。

O.7.2.3　可低温冷却的柱 1 和柱 2：

载气（氦气）流速：15 ml/min；初始温度：10℃保持 5 min，然后以 6℃/min 升温至 70℃，再以 15℃/min 升温至 145℃，保持该温度直到所有目标化合物全部流出。

O.7.2.4　直接进样柱 2：载气流速：4 ml/min；柱：DB-624，70 m×0.53 mm；初始温度：40℃保持 3 min 然后以 8℃/min 升温至 260℃，保持该温度直到所有目标化合物全部流出。柱烘干：75 min；注射器温度：200～225℃；传输线温度：250～300℃。

O.7.2.5　直接分流接口柱 4：载气（氦气）流速：1.5 ml/min；初始温度：35℃保持 2 min，然后以 4℃/min 升温至 50℃，再以 10℃/min 升温至 220℃，保持该温度直到所有目标化合物全部流出；分流比：100∶1；注射器温度：125℃。

O.7.3　样品的 GC/MS 分析

O.7.3.1　应对样品进行预测以尽量降低高质量浓度有机物对 GC/MS 系统污染的风险。

O.7.3.2　所有的样品及标准溶液在分析前必须升温到室温。按照所选方法中的要求建立好导入装置。

O.7.3.3　从水样中提取一小部分样品，将破坏剩余体积的准确性，从而影响将来的分析。因此，当一份 VOA 样品提供到实验室时，分析人员应该一次准备两份分析溶液以保证样品的准确性。第二份样品要保存好直到分析人员已确定第一份样品已被准确分析。对于液体样品，一支 20 ml 注射器可用来保存两份 5 ml 样品。第二份样品必须在 24 h 内进行分析，期间应小心不要让空气进入注射器。

O.7.3.4　从 5 ml 的注射器中取出活塞然后加上一个关闭的注射器阀。打开样品或标准溶液的瓶子，使它们达到室温的状态，然后小心地将样品推入注射器中直到几乎充满。重新放好活塞并且压缩样品。打开注射器阀门后排出空气调整样品体积到 5.0 ml。如果需要达到更低的检出限，则要使用 25 ml 注射器并调整最后的体积到 25.0 ml。

O.7.3.5　下面的操作可用于稀释分析挥发性物质的液体样品。所有的步骤必须连续进行直到稀释后的样品进入密闭的注射器中。

O.7.3.5.1　稀释应在容量瓶中进行（10～100 ml）。如果需要大量的稀释溶液可以进行多次的稀释。

O.7.3.5.2　计算要加入容量瓶的水的体积，然后加入比此体积稍少的水到容量瓶中。

O.7.3.5.3　从注射器中注射合适体积的有机物样品进入容量瓶中。样品体积不宜少于 1 ml。用不含有机物的水稀释样品到容量瓶的刻度线。盖上瓶盖，倒置摇匀 3 次。

O.7.3.5.4　将稀释的样品溶液注入 5 ml 注射器中。

O.7.3.6　GC/MS 分析前混合液体样品。

O.7.3.6.1　往 25 ml 玻璃注射器中加入每份样品 5 ml。注意必须保持注射器的零顶空。如果样品的体积大于 5 ml，必须保证每份样品的体积一致。

O.7.3.6.2　在此操作期间必须保证样品冷却到 4℃以下以减少蒸发流失，样品瓶可以放在一个冰托盘中。

O.7.3.6.3 摇匀容量瓶后用 25 ml 注射器抽取 5 ml。

O.7.3.6.4 所有样品混合在注射器后，倒置注射器数次以将样品混匀。使用已选择的方法将混好的样品导入仪器。

O.7.3.6.5 如果用于混合的样品少于 5 个，则可以相应选择小一点的注射器，除非要求吹扫 25 ml 样品体积。

O.7.3.7 手动或自动加入 10 μl 替代物和 10 μl 内标物溶液到每个样品。若质谱仪的灵敏度可达到更低的检出限，则替代物和内标物溶液质量浓度可以再稀释。加 10 μl 基体加标液至一份 5 ml 样品中，制成 50 μg/L 的基体加标样；如果制备实验室质控样（LCS），则用空白代替样品即可。

O.7.3.8 按照已选的方法进行样品分析。

O.7.3.8.1 直接进样时注射 1～2 μl 样品进入 GC/MS。进样体积取决于所选择的色谱柱以及 GC/MS 系统对水的灵敏性（如果分析的是液体样品）。

O.7.3.8.2 往样品中加入的内标物、替代物或基体加标样的质量浓度需要调节，从而使得进入 GC/MS 的 1～2 μl 样品的质量浓度与吹扫 5 ml 样品体积的质量浓度是一致的。

注：在所有的样品、基体加标样、空白和标准溶液中监控内标物的保留时间和响应信号（峰面积）是很好的监控方法，可以有效地诊断方法性能的漂移、注射操作的失败以及预见系统故障。

O.7.3.9 若初始的样品或已稀释的样品分析中发现有分析物的质量浓度已超过初始校正质量浓度范围，则样品需要进一步稀释后再重新分析。只有当一级离子定量出现干扰时可以利用二级离子来定量。

O.7.3.9.1 当样品中某个化合物的离子将检测器信号饱和了，则之后必须进行一次水的空白测试。如果空白测试中出现干扰，则系统一定被污染了。只有在空白测试保证干扰消除后才能继续进行样品分析。

O.7.3.9.2 所有的稀释溶液分析要保证主要成分（先前饱和的峰）的响应在曲线线性范围的上半部分。

O.7.3.10 当检出限被要求低于 EI 谱图的一般范围时可以采用选择离子模式（SIM）。但是，SIM 模式对于化合物鉴定存在一些弱点，除非对每个化合物分析时都检测多个离子。

O.7.4 定性分析

O.7.4.1 对每个化合物进行定性分析时是基于保留时间以及扣除空白后将样品的质谱图与参考质谱图中的特征离子进行比较。参考质谱图必须在同一条件下由实验室获得。参考质谱图中的特征离子来自最高强度的三个离子，或者在没有这样离子的情况下任一超过 30%相对强度的离子。满足以下标准后，化合物可以被定性。

O.7.4.1.1 保留时间一致。

O.7.4.1.2 样品成分的相对保留时间（RRT）在标准化合物 RRT 的±0.06 RRT 范围内。

O.7.4.1.3 特征离子的相对强度与参考谱图中这些离子的相对强度的 30%相当（例如：在参考谱图中，一个离子的丰度为 50%，样品谱图中相应的丰度范围在 20%～80%）。

O.7.4.1.4 结构异构体如果有非常相似的质谱图但是在 GC 上的保留时间有明显差别则被认为是不同的异构体。若两个异构体峰之间的峰谷高度小于两个峰的峰高之和的 25%，则认为这两个异构体已被 GC 有效分离。否则，结构异构体应被鉴定为一对异构体。

O.7.4.1.5 当样品的成分没有被色谱有效分离，使得产生的质谱中包含有不同分析物产生的离子，定性分析就出现了问题。

O.7.4.1.6　提取适当的离子流谱图可以帮助选择谱图以及对化合物进行定性分析。当分析物共流出时，定性标准也可得到满足，但每个组分的谱图会包含因共流化合物而产生的外部离子。

O.7.4.2　当校正溶液中不包含样品中的某些成分时，用数据库搜索可帮助进行初步定性。需要时可以采用这种定性方式。数据系统中数据库搜索程序不能使用归一化程序，因为这将误导数据库或产生未知的谱图。

O.7.5　定量分析

O.7.5.1　当化合物被定性后，其定量的依据是一级特征离子 EICP 的积分丰度。所选用的内标物应该与待测分析物有最相近的保留时间。

O.7.5.2　需要时，样品中任何确定的非目标化合物的浓度也必须评估。可以应用以下修饰后的方程进行计算：峰面积 A_x 和 A_{is} 应该来自于总离子流色谱，而化合物的响应因子 *RF* 假设为 1。

O.7.5.3　应报告质量浓度测试的结果，测试结果应表明：（1）质量浓度值是一个评估值；（2）哪种内标化合物被用于定量分析。应采用无干扰的最相近的内标化合物。

表 O.1　挥发性有机化合物在大口径毛细管柱上的色谱保留时间和方法检测限

化合物	保留时间/min			方法检测限[d]/（μg/L）
	柱 1[a]	柱 2[b]	柱 2[c]	
二氯二氟甲烷	1.35	0.70	3.13	0.10
氯甲烷	1.49	0.73	3.40	0.13
氯乙烯	1.56	0.79	3.93	0.17
溴甲烷	2.19	0.96	4.80	0.11
氯乙烷	2.21	1.02	—	0.10
三氯氟甲烷	2.42	1.19	6.20	0.08
丙烯醛	3.19			
碘甲烷	3.56			
乙腈	4.11			
二硫化碳	4.11			
烯丙基氯	4.11			
亚甲基氯	4.40	2.06	9.27	0.03
1,1-二氯乙烯	4.57	1.57	7.83	0.12
丙酮	4.57			
反-1,2-二氯乙烯	4.57	2.36	9.90	0.06
丙烯腈	5.00			
1,1-二氯乙烷	6.14	2.93	10.08	0.04
醋酸乙烯酯	6.43			
2,2-二氯丙烷	8.10	3.80	11.87	0.35
2-丁酮	—			
顺-1,2-二氯乙烯	8.25	3.90	11.93	0.12
丙腈	8.51			
氯仿	9.01	4.80	12.60	0.03
溴氯甲烷	—	4.38	12.37	0.04

化合物	保留时间/min			方法检测限[d]/（μg/L）
	柱 1[a]	柱 2[b]	柱 2[c]	
甲基丙烯腈	9.19			
1,1,1-三氯乙烷	10.18	4.84	12.83	0.08
四氯化碳	11.02	5.26	13.17	0.21
1,1-二氯丙烯	—	5.29	13.10	0.10
苯	11.50	5.67	13.50	0.04
1,2-二氯乙烷	12.09	5.83	13.63	0.06
三氯乙烯	14.03	7.27	14.80	0.19
1,2 二氯丙烷	14.51	7.66	15.20	0.04
二氯溴甲烷	15.39	8.49	15.80	0.08
二溴甲烷	15.43	7.93	5.43	0.24
甲基丙烯酸甲酯	15.50			
1,4-二氧杂环己烷	16.17			
2-氯乙基乙烯基醚	—			
4-甲基-2-戊酮	17.32			
反-1,3-二氯丙烯	17.47	—	16.70	—
甲苯	18.29	10.00	17.40	0.11
顺-1,3 二氯丙烯	19.38	—	17.90	—
1,1,2-三氯乙烷	19.59	11.05	18.30	0.10
甲基丙烯酸乙酯	20.01			
2-己酮	20.30			
四氯乙烯	20.26	11.15	18.60	0.14
1,3-二氯丙烷	20.51	11.31	18.70	0.04
二溴氯甲烷	21.19	11.85	19.20	0.05
1,2-二溴乙烷	21.52	11.83	19.40	0.06
1-氯己烷	—	13.29	—	0.05
氯苯	23.17	13.01	20.67	0.04
1,1,1,2-四氯乙烷	23.36	13.33	20.87	0.05
乙苯	23.38	13.39	21.00	0.06
p-二甲苯	23.54	13.69	21.30	0.13
m-二甲苯	23.54	13.68	21.37	0.05
o-二甲苯	25.16	14.52	22.27	0.11
苯乙烯	25.30	14.60	22.40	0.04
溴仿	26.23	14.88	22.77	0.12
异丙基苯（枯烯）	26.37	15.46	23.30	0.15
顺-1,4-二氯-2-丁烯	27.12			
1,1,2,2-四氯乙烷	27.29	16.35	24.07	0.04
溴苯	27.46	15.86	24.00	0.03
1,2,3-三氯丙烷	27.55	16.23	24.13	0.32
正丙基苯	27.58	16.41	24.33	0.04
2-氯甲苯	28.19	16.42	24.53	0.04
反-1,4-二氯-2-丁烯	28.26			
1,3,5-三甲苯	28.31	16.90	24.83	0.05
4-氯甲苯	28.33	16.72	24.77	0.06
五氯乙烷	29.41			

化合物	保留时间/min			方法检测限[d]/（μg/L）
	柱 1[a]	柱 2[b]	柱 2[c]	
1,2,4-三甲苯	29.47	17.70	31.50	0.13
仲丁基苯	30.25	18.09	26.13	0.13
特丁基苯	30.59	17.57	26.60	0.14
p-异丙基甲苯	30.59	18.52	26.50	0.12
1,3-二氯苯	30.56	18.14	26.37	0.12
1,4-二氯苯	31.22	18.39	26.60	0.03
氯苄	32.00			
正丁基苯	32.23	19.49	27.32	0.11
1,2-二氯苯	32.31	19.17	27.43	0.03
1,2-二溴-3-氯丙烷	35.30	21.08	—	0.26
1,2,4-三氯苯	38.19	23.08	31.50	0.04
六氯丁二烯	38.57	23.68	32.07	0.11
萘	39.05	23.52	32.20	0.04
1,2,3-三氯苯	40.01	24.18	32.97	0.03
内标物/替代物				
1,4-二氟苯	13.26			
氯苯	23.10			
1,4-二氯苯-d_4	31.16			
4-溴氟苯	27.83	15.71	23.63	
1,2-二氯苯-d_4	32.30	19.08	27.25	
二氯乙烷-d_4	12.08			
二溴氟甲烷	—			
甲苯-d_8	18.27			
五氟苯	—			
氟苯	13.00	6.27	14.06	

注：a. 柱 1：60 m×0.75 mm 内径，VOCOL 毛细管柱。10℃维持 8 min，然后 4℃/min 程序升温到 180℃。

b. 柱 2：30 m×0.53 mm 内径，DB-624 大口径毛细管柱，采用冷冻富集。10℃维持 5 min，然后 6℃/min 程序升温到 160℃。

c. 柱 2″：30 m×0.53 mm 内径，DB-624 大口径毛细管柱，冷却 GC 柱温箱至环境温度。10℃维持 6 min，10℃/min 程序升温到 70℃，再以 5℃/min 程序升温到 120℃，最后以 8℃/min 程序升温到 180℃。

d. 方法检测限基于 25 ml 样品体积。

表 O.2　挥发性有机化合物在细孔毛细管柱上的色谱保留时间和方法检测限（MDL）

化合物	保留时间/min	方法检测限[b]/（μg/L）
	柱 3[a]	
二氯二氟甲烷	0.88	0.11
氯甲烷	0.97	0.05
乙烯基氯	1.04	0.04
溴甲烷	1.29	0.03
1,1-二氯乙烷	4.03	0.03
顺-1,2-二氯乙烯	5.07	0.06
2,2-二氯丙烷	5.31	0.08
氯仿	5.55	0.04

化合物	保留时间/min	方法检测限[b]/（μg/L）
	柱 3[a]	
溴氯甲烷	5.63	0.09
1,1,1-三氯乙烷	6.76	0.04
1,2-二氯乙烷	7.00	0.02
1,1-二氯丙烯	7.16	0.12
四氯化碳	7.41	0.02
苯	7.41	0.03
1,2-二氯丙烷	8.94	0.02
三氯乙烯	9.02	0.02
二溴甲烷	9.09	0.01
二氯溴甲烷	9.34	0.03
甲苯	11.51	0.08
1,1,2-三氯乙烷	11.99	0.08
1,3-二氯丙烷	12.48	0.08
二溴氯甲烷	12.80	0.07
四氯乙烯	13.20	0.05
1,2-二溴乙烷	13.60	0.10
氯苯	14.33	0.03
1,1,1,2-四氯乙烷	14.73	0.07
乙苯	14.73	0.03
p-二甲苯	15.30	0.06
m-二甲苯	15.30	0.03
溴仿	15.70	0.20
o-二甲苯	15.78	0.06
苯乙烯	15.78	0.27
1,1,2,2-四氯乙烷	15.78	0.20
1,2,3-三氯丙烷	16.26	0.09
异丙基苯	16.42	0.10
溴苯	16.42	0.11
2-氯甲苯	16.74	0.08
正丙基苯	16.82	0.10
4-氯甲苯	16.82	0.06
1,3,5-三甲苯	16.99	0.06
特丁基苯	17.31	0.33
1,2,4-三甲苯	17.31	0.09
仲丁基苯	17.47	0.12
1,3-二氯苯	17.47	0.05
p-异丙基甲苯	17.63	0.26
1,4-二氯苯	17.63	0.04
1,2-二氯苯	17.79	0.05
正丁基苯	17.95	0.10
1,2-二溴-3-氯丙烷	18.03	0.50
1,2,4-三氯苯	18.84	0.20
萘	19.07	0.10
六氯丁二烯	19.24	0.10

化合物	保留时间/min	方法检测限[b]/（μg/L）
	柱 3[a]	
1,2,3-三氯苯	19.24	0.14

注：a. 柱 3：30 m × 0.32 mm 内径 DB-5 毛细管柱，涂层厚度为 1 μm。
b. 方法检测限基于 25 ml 样品体积。

表 O.3 挥发性分析物质的定量估算限[a]

定量估算限		
5 ml 地表水吹扫/（μg/L）	25 ml 地表水吹扫/（μg/L）	低含量土壤/沉积物[b]/（μg/kg）
5	1	5

其他基质	影响因子[c]
水溶性液体废物	50
高含量土壤和沉积物	125
不与水互溶的废物	500

注：a. 评估定量检出限（EQL）：常规试验操作条件下，可以达到规定的分析精度和准确度时所能测得的最低质量浓度。EQL 通常是 MDL 的 5～10 倍，但为了简化数据报告，EQL 比 MDL 要更常用。对于大多数的分析物质来说，EQL 分析质量浓度常由校准曲线中最低的非零标准物质量浓度表示。样品 EQL 很大程度上取决于基质。这里所列举的 EQL 有一定的指导意义但并不总是可得到的。
b. 用于土壤/沉积物的 EQL 是基于湿称量的，而一般的数据都是基于干重，因此对于每份样品中的干重所占比例的不同，EQL 会稍高一点。
c. EQL＝低含量土壤/沉积物的 EQL×影响因子
对于非水样品，影响因子基于湿称量。

表 O.4 BFB（4-溴氟苯）质量强度标准

m/z	要求的强度（相对丰度）
50	*m/z* 95 的 15%～40%
75	*m/z* 95 的 30%～60%
95	基峰，100%相对丰度
96	*m/z* 95 的 5%～9%
173	少于 *m/z* 174 的 2%
174	超过 *m/z* 95 的 50%
175	*m/z* 174 的 5%～9%
176	*m/z* 174 的 95%～101%
177	*m/z* 176 的 5%～9%

表 O.5 可吹扫有机化合物的特征质量（*m/z*）

化合物	特征离子	
	一级质谱	二级质谱
丙酮	58	43
乙腈	41	40，39
丙烯醛	56	55，58
丙烯腈	53	52，51
烯丙醇	57	58，39
烯丙基氯	76	41，39，78

化合物	特征离子	
	一级质谱	二级质谱
烯丙醇	78	—
烯丙基氯	91	126，65，128
烯丙醇	136	43，138，93，95
烯丙基氯	156	77，158
烯丙醇	128	49，130
烯丙基氯	83	85，127
烯丙醇	173	175，254
烯丙基氯	94	96
异丁醇	74	43
正丁醇	56	41
2-丁酮	72	43
正丁基苯	91	92，134
仲丁基苯	105	134
特丁基苯	119	91，134
二硫化碳	76	78
四氯化碳	117	119
水合三氯乙醛	82	44，84，86，111
氯乙腈	48	75
氯苯	112	77，114
1-氯丁烷	56	49
氯二溴甲烷	129	208，206
氯乙烷	64（49*）	66（51*）
2-氯乙醇	49	44，43，51，80
双（2-氯乙基）硫醚	109	111，158，160
2-氯乙基乙烯基醚	63	65，106
氯仿	83	85
氯甲烷	50（49*）	52（51*）
氯丁二烯	53	88，90，51
3-氯丙腈	54	49，89，91
2-氯甲苯	91	126
4-氯甲苯	91	126
1,2-二溴-3-氯丙烷	75	155，157
二溴氯甲烷	129	127
1,2-二溴乙烷	107	109，188
二溴甲烷	93	95，174
1,2-二氯苯	146	111，148
1,2-二氯苯-d_4	152	115，150
1,3-二氯苯	146	111，148
1,4-二氯苯	146	111，148
顺-1,4-二氯-2-丁烯	75	53，77，124，89
反-1,4-二氯-2-丁烯	53	88，75
二氯二氟甲烷	85	87
1,1-二氯乙烷	63	65，83
1,2-二氯乙烷	62	98

化合物	特征离子	
	一级质谱	二级质谱
1,1-二氯乙烯	96	61，63
顺-1,2-二氯乙烯	96	61，98
反-1,2-二氯乙烯	96	61，98
1,2-二氯丙烷	63	112
1,3-二氯丙烷	76	78
2,2-二氯丙烷	77	97
1,3-二氯-2-丙醇	79	43，81，49
1,1-二氯丙烯	75	110，77
顺-1,3-二氯丙烯	75	77，39
反-1,3-二氯丙烯	75	77，39
1,2,3,4-二环氧丁烷	55	57，56
乙醚		
1,4-二氧杂环已烷	74	45，59
1,4-二氧杂环已烷	88	58，43，57
表氯醇	57	49，62，51
乙醇	31	45，27，46
乙酸乙酯	88	43，45，61
乙苯	91	106
环氧乙烷	44	43，42
甲基丙烯酸乙酯	69	41，99，86，114
六氯丁二烯	225	223，227
六氯乙烷	201	166，199，203
2-已酮	43	58，57，100
2-羟基丙腈	44	43，42，53
碘甲烷	142	127，141
异丁醇	43	41，42，74
异丙基苯	105	120
p-异丙基甲苯	119	134，91
丙二腈	66	39，65，38
甲基丙烯腈	41	67，39，52，66
丙烯酸甲酯	55	85
甲基特丁基醚	73	57
二氯甲烷	84	86，49
甲基乙基酮	72	43
碘甲烷	142	127，141
甲基丙烯酸甲酯	69	41，100，39
4-甲基-2-戊酮	100	43，58，85
萘	128	—
硝基苯	123	51，77
2-硝基丙烷	46	—
2-甲基吡啶	93	66，92，78
五氯乙烷	167	130，132，165，169
炔丙基醇	55	39，38，53
β-丙内酯	42	43，44

化合物	特征离子	
	一级质谱	二级质谱
丙腈（乙基腈）	54	52，55，40
正丙胺	59	41，39
正丙基苯	91	120
嘧啶	79	52
苯乙烯	104	78
1,2,3-三氯苯	180	182，145
1,2,4-三氯苯	180	182，145
1,1,1,2,-四氯乙烷	131	133，119
1,1,2,2-四氯乙烷	83	131，85
四氯乙烯	164	129，131，166
甲苯	92	91
1,1,1-三氯苯	97	99，61
1,1,2-三氯苯	83	97，85
三氯乙烯	95	97，130，132
三氯氟甲烷	151	101，153
1,2,3-三氯丙烷	75	77
1,2,4-三甲苯	105	120
1,3,5-三甲苯	105	120
醋酸乙烯酯	43	86
氯乙烯	62	64
o-二甲苯	106	91
m-二甲苯	106	91
p-二甲苯	106	91
内标/替代品		
苯-d_6	84	83
溴苯-d_5	82	162
溴氯甲烷-d_2	51	131
1,4-二氟苯	114	
氯苯-d_5	117	
1,4-二氯苯-d_4	152	115，150
1,1,2-三氯乙烷-d_3	100	
4-溴氟苯	95	174，176
氯仿-d_1	84	
二溴氟甲烷	113	
内标物/拟似替代物		
二氯乙烷-d_4	102	
甲苯-d_8	98	
五氟苯	168	
氟苯	96	77

注：* 离子阱质谱中的特征离子（用于观察离子-分子反应）。

表 O.6 平衡顶空制备分析物和替代物时所使用的内标物

氯仿-d_1	1,1,2-TCA-d_3	溴苯-d_5
二氯二氟甲烷	1,1,1-三氯乙烷	氯苯
氯甲烷	1,1-二氯丙烯	溴仿
氯乙烯	四氯化碳	苯乙烯
溴甲烷	苯	异丙基苯
氯乙烷	二溴甲烷	溴苯
三氯氟甲烷	1,2-二氯丙烷	正丙基苯
1,1-二氯乙烯	三氯乙烯	2-氯甲苯
亚甲基氯	溴二氯甲烷	4-氯甲苯
氯仿-d_1	1,1,2-TCA-d_3	溴苯-d_5
反-1,2-二氯乙烯	顺-1,3-二氯丙烯	1,3,5-三甲苯
1,1-二氯乙烷	反-1,3-二氯丙烯	特丁基苯
顺-1,2-二氯乙烯	1,1,2-三氯乙烷	1,2,4-三甲苯
溴氯甲烷	甲苯	仲丁基苯
氯仿	1,3-二氯丙烷	1,3-二氯苯
2,2-二氯丙烷	二溴氯甲烷	1,4-二氯苯
1,2-二氯乙烷	1,2 二溴乙烷	*p*-异丙基甲苯
	四氯乙烯	1,2-二氯苯
	1,1,2-三氯乙烷	正丁基苯
	乙苯	1,2-二溴-3-氯丙烷
	m-二甲苯	1,2,4-三氯苯
	p-二甲苯	萘
	o-二甲苯	六氯丁二烯
	1,1,2,2-四氯乙烷	1,2,3-三氯苯
	1,2,3-三氯丙烷	

附录 P（资料性附录）

固体废物　芳香族及含卤挥发物的测定　气相色谱法

Solid wastes—Determination of aromatic and halogenated volatiles—Gas chromatography

P.1　范围

本方法适用于固体废物中芳香族及含卤挥发物含量的气相色谱的测定。本方法可用于几乎所有种类的样品，对于不同含水量的样品均适用，包括：地下水、含水淤泥、腐蚀性液体、酸液、废水溶液、废油、多泡液体、焦油（沥青，柏油）、含纤维的废弃物、聚合物乳液、滤饼、废活性炭、废催化剂、土壤以及沉积物。

下列化合物可以用本方法检测：烯丙基氯、苯、苄基氯、二（2-氯异丙基）醚、溴丙酮、溴苯、溴氯甲烷、一溴二氯甲烷、三溴甲烷、甲基溴（一溴甲烷）、四氯化碳、氯苯、一氯二溴甲烷、氯代乙烷、2-氯乙醇、2-氯乙基乙烯醚、氯仿、氯甲基甲醚、氯丁二烯、甲基氯（一氯甲烷）、4-氯甲苯、1,2-二溴-3-氯丙烷、1,2-二溴乙烷、二溴甲烷、1,2-二氯苯、1,3-二氯苯、1,4-二氯苯、二氯二氟甲烷、1,2-二溴-3-氯丙烷、1,2-二溴乙烷、1,1-二氯乙烷、1,2-二氯乙烷、1,1-二氯乙烯、顺-1,2-二氯乙烯、反-1,2-二氯乙烯、1,2-二氯丙烷、1,3-二氯-2-丙醇、顺-1,3-二氯丙烯、反-1,3-二氯丙烯、表氯醇、乙苯、六氯丁二烯、二氯甲烷、萘、苯乙烯、1,1,1,2-四氯乙烷、1,1,2,2-四氯乙烷、四氯乙烯、甲苯、1,2,4-三氯苯、1,1,1-三氯乙烷、1,1,2-三氯乙烷、三氯乙烯、三氯氟甲烷、1,2,3-三氯丙烷、氯乙烯、邻二甲苯、间二甲苯、对二甲苯。

本方法对各种物质的检测限（MDLs）见表 P.1。实际应用时，该方法适用的质量浓度范围大致为 0.1～200 μg/L。对单个化合物，本方法的评估定量值（EQLs）大致如下：对固体废物的质量分数（湿重），为 0.1 mg/kg；对土壤或沉积物样品的质量分数（湿重），为 1 μg/kg；地下水的 EQLs 见表 P.2。对于萃取后的样品和需要稀释以防超出检测器检测上限的样品，EQLs 将相应的成比例增大。

本方法也可用于检测下列化合物：正丁基苯、异丁基苯、叔丁基苯、2-氯甲苯、1,3-二氯丙烷、2,2-二氯丙烷、1,1-二氯丙烯、异丙基苯、对-异丙基甲苯、正-丙基苯、1,2,3-三氯代苯、1,2,4-三甲基苯、1,3,5-三甲基苯。

P.2　引用标准

下列文件中的条款通过在本方法中被引用而成为本方法的条款，与本方法同效。凡是不注明日期的引用文件，其最新版本适用于本方法。

GB/T 6682　分析实验室用水规格和试验方法

P.3 原理

样品分析可采用顶空法、直接进样法或吹扫捕集法。用气相色谱仪（配有光电离或电导检测器）检测。

P.4 试剂和材料

P.4.1 除另有说明外，水为 GB/T 6682 规定的一级水。

P.4.2 甲醇：色谱纯。

P.4.3 氯乙烯：纯度 99%。

P.4.4 标准贮备溶液。将约 9.8 ml 甲醇加入 10 ml 容量瓶中，将容量瓶开口静置约 10 min，直至被甲醇润湿的表面全干，将容量瓶称重准确至 0.1 mg。用 100 μl 注射器快速将几滴标准品加入瓶内，液滴必须直接落入甲醇中，不能沾到瓶颈上。再次称重，稀释至刻度，盖上塞子，倒转容量瓶数次以便混匀溶液。从净重的增加值以毫克每升（mg/L）为单位计算溶液质量浓度。当化合物纯度大于等于 96%时，计算贮备液质量浓度时可以不用校正质量。在带有聚四氟乙烯螺纹盖或压盖瓶内，－20～－10℃避光贮存。

注意：若采用直接进样法，标准品和样品的溶剂体系应匹配。直接进样法不必要配制高质量浓度的标准品水溶液。

P.4.5 根据需要，可用标准贮备溶液以甲醇稀释来制备含有目标化合物（单一或混合化合物）的二级稀释标准液。

P.4.6 校准标准溶液。根据需要用水稀释标准贮备液或者二级稀释标准液制备至少 5 个质量浓度的初始校准标准溶液。为了制备出准确质量浓度的标准水溶液，应该注意下列事项：配制时应根据质量浓度直接将所需要量的被分析物注射加入水中；请勿在 100 ml 水中加入超过 20 μl 的甲醇标准液；将甲醇标准液快速注射到装有液体的容量瓶中，注射完后尽快移去针头。

P.4.7 内标。使用氟苯和 2-溴-1-氯丙烷的甲醇溶液，建议在二级稀释标准液中每种内标物的质量浓度为 5 mg/L。也可以使用外标进行定量。

P.4.8 替代物。建议同时采用二氯丁烷和溴氯苯为替代物标准品，分析时向装有样品或标准的 5 ml 注射器中直接注入 10 μl 15 ng/μl 的替代物标准品。

P.5 仪器

P.5.1 气相色谱仪，配有低温柱温箱控制器，光电离（PID）和电导检测器（HECD）联用。

P.5.2 分析天平，感量 0.1 mg。

P.6 分析步骤

P.6.1 挥发性化合物的气相色谱进样可以采用直接进样法（用于油性基质）、顶空法或吹扫捕集法。

P.6.2 气相色谱条件（推荐）。

P.6.2.1 色谱柱：

分析柱：VOCOL 大口径毛细管柱（60 m×0.75 mm×1.5 μm）或同类产品。

确证柱：SPB-624 大口径毛细管柱（60 m ×0.53 mm×1.3 μm）或同类产品。

P.6.2.2 色谱柱温度：10℃保持 8 min，然后以 4℃/min 程序升温至 180℃，保持至所有化合物流出。

P.6.2.3 载气：氦气，流速为 6 ml/min。在进入光电离检测器之前，载气流速应增加至 24 ml/min。为保证两个检测器都有最佳响应，必须采用尾吹气。

P.6.2.4 检测器操作条件：

反应管：镍，1/16 外径；

反应温度：810℃；

反应器底部温度：250℃；

电解液：100%正丙醇；

电解液流速：0.8 ml/min；

反应气：氢气，40 ml/min；

载气及尾吹气：氦气，30 ml/min。

P.6.3 气相色谱分析。

P.6.3.1 挥发性化合物的进样方法参见附录 Q 或直接进样法。如果内标定量，在吹扫前向样品中加入 10 μl 内标溶液。

在非常有限的应用范围内（例如废水），可用 10 μl 注射器将样品直接注入 GC 系统。检测限很高（约 10 000 μg/L），因此，只有在估计质量浓度超过 10 000 μg/L 时，或对于不被吹扫的水溶性化合物方可使用。

P.6.3.2 表 P.1 中列出了使用本方法时，2 个检测器上数种有机化合物的估计保留时间。

P.6.3.3 确证。使用确证柱进行化合物鉴定的确证，也可采用其他可对目标化合物提供合适分辨率的色谱柱进行确证，或采用 GC/MS 确证。

表 P.1 挥发性有机物用 PID 和 HECD 得到的色谱保留时间和方法检测限（MDL）

可测定的化合物		PID 保留时间[a]/min	HECD 保留时间/min	PID MDL/（μg/L）	HECD MDL/（μg/L）
二氯二氟甲烷	Dichlorodifluoromethane	—[b]	8.47		0.05
氯甲烷	Chloromethane	—	9.47		0.03
氯乙烯	Vinyl Chloride	9.88	9.93	0.02	0.04
溴甲烷	Bromomethane	—	11.95		1.1
氯乙烷	Chloroethane	—	12.37		0.1
三氯一氟甲烷	Trichlorofluoromethane	—	13.49		0.03
1,1-二氯乙烯	1,1-Dichloroethene	16.14	16.18	ND[c]	0.07
二氯甲烷	Methylene Chloride	—	18.39		0.02
反-1,2-二氯乙烯	*trans*-1,2-Dichloroethene	19.3	19.33	0.05	0.06
1,1-二氯乙烷	1,1-Dichloroethane	—	20.99		0.07
2,2-二氯丙烷	2,2-Dichloropropane	—	22.88		0.05
顺-1,2-二氯乙烷	*cis*-1,2-Dichloroethane	23.11	23.14	0.02	0.01
氯仿	Chloroform	—	23.64		0.02
溴氯甲烷	Bromochloromethane	—	24.16		0.01
1,1,1-三氯乙烷	1,1,1-Trichloroethane	—	24.77		0.03
1,1-二氯丙烯	1,1-Dichloropropene	25.21	25.24	0.02	0.02

可测定的化合物		PID 保留时间[a]/min	HECD 保留时间/min	PID MDL/（μg/L）	HECD MDL/（μg/L）
四氯化碳	Carbon Tetrachloride	—	25.47		0.01
苯	Benzene	26.1	—	0.009	
1,2-二氯乙烷	1,2-Dichloroethane	—	26.27		0.03
三氯乙烯	Trichloroethylene	27.99	28.02	0.02	0.01
1,2-二氯丙烷	1,2-Dichloropropane	—	28.66		0.006
一溴二氯甲烷	Bromodichloromethane	—	29.43		0.02
二溴甲烷	Dibromomethane	—	29.59		2.2
甲苯	Toluene	31.95	—	0.01	
1,1,2-三氯乙烷	1,1,2-Trichloroethane	—	33.21		ND
四氯乙烯	Tetrachloroethylene	33.88	33.9	0.05	0.04
1,3-二氯丙烷	1,3-Dichloropropane	—	34		0.03
二溴一氯甲烷	Dibromochloromethane	—	34.73		0.03
1,2-二溴乙烷	1,2-Dibromoethane	—	35.34		0.8
氯苯	Chlorobenzene	36.56	36.59	0.003	0.01
乙苯	Ethylbenzene	36.72	—	0.005	
1,1,1,2-四氯乙烷	1,1,1,2-Tetrachloroethane	—	36.8		0.005
间-二甲苯	*m*-Xylene	36.98	—	0.01	
对-二甲苯	*p*-Xylene	36.98	—	0.01	
邻-二甲苯	*o*-Xylene	38.39	—	0.02	
苯乙烯	Styrene	38.57	—	0.01	
异丙苯	Isopropylbenzene	39.58	—	0.05	
三溴甲烷	Bromoform	—	39.75		1.6
1,1,2,2-四氯乙烷	1,1,2,2-Tetrachloroethane	—	40.35		0.01
1,2,3-三氯丙烷	1,2,3-Trichloropropane	—	40.81		0.4
正丙基苯	*n*-Propylbenzene	40.87	—	0.004	
溴苯	Bromobenzene	40.99	41.03	0.006	0.03
1,3,5-三甲基苯	1,3,5-Trimethylbenzene	41.41	—	0.004	
2-氯甲苯	2-Chlorotoluene	41.41	41.45	ND	0.01
4-氯甲苯	4-Chlorotoluene	41.6	41.63	0.02	0.01
叔丁基苯	tert-Butylbenzene	42.92	—	0.06	
1,2,4-三甲基苯	1,2,4-Trimethylbenzene	42.71	—	0.05	
仲丁基苯	sec-Butylbenzene	43.31	—	0.02	
对-异丙基甲苯	*p*-Isopropyltoluene	43.81	—	0.01	
1,3-二氯苯	1,3-Dichlorobenzene	44.08	44.11	0.02	0.02
1,4-二氯苯	1,4-Dichlorobenzene	44.43	44.47	0.007	0.01
正丁基苯	*n*-Butylbenzene	45.2	—	0.02	
1,2-二氯苯	1,2-Dichlorobenzene	45.71	45.74	0.05	0.02
1,2-二溴-3-氯丙烷	1,2-Dibromo-3-Chloropropane	—	48.57		3.0
1,2,4-三氯苯	1,2,4-Trichlorobenzene	51.43	51.46	0.02	0.03
六氯丁二烯	Hexachlorobutadiene	51.92	51.96	0.06	0.02
萘	Naphthalene	52.38	—	0.06	
1,2,3-三氯苯	1,2,3-Trichlorobenzene	53.34	53.37	ND	0.03
内标 Internal Standards					
氟代苯	Fluorobenzene	26.84	—		
2-溴-1-氯丙烷	2-Bromo-1-chloropropane	—	33.08		

注：a. 保留时间是用一根 60 m × 0.75 mm×1.5 μm 的 VOCOL 的毛细管柱测定的。

b. 短横（—）表示检测器不响应。

c. ND =未确证。

表 P.2 各种基质检测的评估定量值（EQL）[ab]

基质	系数
地下水	10
低浓度污染的土壤	10
水溶性废液	500
高浓度污染的土壤和沉积物	1 250
非水溶性废液	1 250

注：a. 样品的 EQL 和基质有很大关系，这里列出的 EQL 值仅供参考，实际中会有差别。
b. EQL = [方法检测限（表 P.1）] × [系数（表 P.2）]，对非水样品，该系数为湿重情况的系数。

附录 Q（资料性附录）

固体废物　挥发性有机物的测定　平衡顶空法

Solid wastes—Determination of volatile organic compounds—Equlibrium headspace analysis

Q.1　范围

本方法适用于固体废物中挥发性有机物（VOCs）的气相色谱（GC）或气相色谱-质谱联用（GC/MS）检测。

具有足够的挥发性的化合物可以使用平衡顶空法有效地从土壤样品中分离出来,包括：苯、一溴一氯甲烷、一溴二氯甲烷、三溴甲烷、甲基溴、四氯化碳、氯苯、一氯乙烷、三氯甲烷、甲基氯、二溴一氯甲烷、1,2-二溴-3-氯丙烷、1,2-二溴乙烷、二溴甲烷、1,2-二氯苯、1,3-二氯苯、1,4-二氯苯、二氯二氟甲烷、1,1-二氯乙烷、1,2-二氯乙烷、1,1-二氯乙烯、反-1,2-二氯乙烯、1,2-二氯丙烷、乙苯、六氯丁二烯、二氯甲烷、萘、苯乙烯、1,1,1,2-四氯乙烷、1,1,2,2-四氯乙烷、四氯乙烯、甲苯、1,2,4-三氯苯、1,1,1-三氯乙烷、1,1,2-三氯乙烷、三氯乙烯、三氯一氟甲烷、1,2,3-三氯丙烷、氯乙烯、邻二甲苯、间二甲苯、对二甲苯。

本方法的检测质量分数范围为 10～200 μg/kg。

下列化合物也可用本方法进行分析，或作为替代物使用：溴苯、正丁基苯、仲丁基苯、叔丁基苯、2-氯甲苯、4-氯甲苯、顺-1,2-二氯乙烯、1,3-二氯丙烷、2,2-二氯丙烷、1,1-二氯丙烷、异丙基苯、4-异丙基甲苯、正丙基苯、1,2,3-三氯苯、1,2,4-三甲基苯、1,3,5-三甲基苯。

本方法也可用作一个自动进样装置，作为筛分含有易挥发性有机物样品的手段。

本方法也可用于在此方法条件下可以有效地从土壤基质中分离出来的其他化合物。此方法也可用于其他基质中的目标被测物。对于土壤中含量超过 1%的有机物或者辛醇/水分配系数高的化合物，平衡顶空法测得的结果可能会略低于动态吹扫法或者先甲醇提取再动态吹扫法得到的结果。

Q.2　引用标准

下列文件中的条款通过在本方法中被引用而成为本方法的条款，与本方法同效。凡是不注明日期的引用文件，其最新版本适用于本方法。

GB/T 6682　分析实验室用水规格和试验方法

Q.3　原理

取至少 2 g 的土壤样品，置于具有钳口盖或螺纹盖的玻璃顶空瓶中。每个土壤样品中须加入基质改性剂作为化学防腐剂，同时加入内标。加入可以在野外进行，也可在收到样品时进行。在一个 VOA 瓶收集附加样，用于干重测定或根据样品质量浓度需要进行高浓度测定。在实验室中，对样品瓶进行离心，以使内标在基质内扩散分布均匀。将样品瓶置入顶空分析仪器的自动进样器转盘内并于室温保存。大约在分析前 1 h，将独立的样品瓶移至加热区域平衡。样品由机械振动混合均匀，并保持加热温度。然后自动进样装置向瓶中通入氦气加压，使一部分顶空气体混合物通过加热的线路进入气相色谱柱，用 GC 或 GC/MS 方法进行分析。

Q.4 试剂和材料

Q.4.1 除另有说明外，本方法中所使用的水为 GB/T 6682 规定的一级水。

Q.4.2 甲醇：色谱纯。

Q.4.3 校正标准液，内标溶液的制备。

Q.4.3.1 校正标准液。制作 5 份以甲醇为溶剂并含所有目标分析物的标准溶液。校正溶液的质量浓度需要满足以下要求：当每个 22 ml 的瓶加入 1.0 μl 校正溶液时，所达到的量应在检测器的检测范围内。内标可以单独以 1.0 μl 量加入，或以 20 mg/L 配于校正配制液中。质量浓度可根据 GC/MS 系统或其他使用的检测方法的灵敏度改变。

Q.4.3.2 内标和替代物。参考检测方法的建议选择合适的内标和替代物。配制以甲醇为溶剂，质量浓度为 20 mg/L 的包含内标和替代物的溶液作为加标溶液。如果使用 GC 检测，更适合使用外标而不用内标。质量浓度可根据 GC/MS 系统或其他使用的检测方法的灵敏度改变。

Q.4.4 空白样制备。向一个样品瓶中加入 10.0 ml 的基质改性剂。加入指定量的内标和替代物并封口。将其置于自动进样器中，采用与未知样同样的方法进行分析。使用此法分析空白样可以监视自动进样器和顶空装置可能存在的问题。

Q.4.5 校正标准液的制备。使用制备好的配制液（Q.4.3.1）根据与制备空白样相同的方法制备校正标准液。

Q.4.6 基质改性剂。以 pH 计为指示，向 500 ml 不含有机物的试剂水中加入浓磷酸（H_3PO_4）至 pH 等于 2。加入 180 g NaCl 至全部溶解并混合均匀。每批取出 10 ml 进行分析，以确保溶液没有受到污染。在密封瓶中保存，置于远离有机物的地方。

注：基质改性剂可能不适用于含有有机碳成分的土壤样品。

Q.5 仪器、装置

Q.5.1 样品容器

使用与分析系统配套的，干净的 22 ml 玻璃样品瓶。瓶子应可以在野外密封（钳口盖或螺纹盖）并用聚四氟乙烯衬垫，且在高温下也能保持密封。理想情况下，瓶子和密封薄膜应具有同样的皮重。在使用之前，用清洁剂洗涤瓶子和密封薄膜，然后依次用水和蒸馏水冲洗。将瓶子和密封薄膜置于 105℃恒温炉中烘干 1 h，然后取出冷却。置于没有有机溶剂的地方保存。其他规格的瓶也可使用，只要保证可以在野外密封并可用合适的衬垫。

Q.5.2 顶空系统

全自动的平衡顶空分析仪器。使用的系统必须达到以下标准：

Q.5.2.1 系统必须能将样品保持在需要的温度，对多种类型的样品建立起样品和顶空之间的可重现的平衡。

Q.5.2.2 系统必须能将分析所需进样体积的顶空通过合适的毛细管注入气相色谱。此过程不应对色谱和检测系统造成不利影响。

Q.5.3 野外样品采集仪器

Q.5.3.1 土壤取样器，至少需要能采集 2 g 土壤。

Q.5.3.2 经校准的自动进样器或者顶空进样器，需要能注入 10.0 ml 基质改性剂。

Q.5.3.3 经校准的自动进样器，需要能注入内标和替代物。

Q.5.4 VOA 瓶

40 ml 或 60 ml 的具有钳口盖或螺纹盖并可用聚四氟乙烯膜封口的 VOA 瓶。这些瓶子用来作样品筛分、高浓度分析（如果需要）和干重测定。

Q.6 样品的采集、保存和预处理

Q.6.1 不加基质改性剂和标准液时的取样。

Q.6.1.1 使用标准的具有钳口盖或螺纹盖并用聚四氟乙烯衬垫的 22 ml 玻璃质顶空样品瓶。

Q.6.1.2 用吹扫捕集土壤取样器，将 2～3 cm（大约 2 g）土壤样品加入到称过皮重的 22 ml 顶空瓶中，迅速用衬垫密封，将聚四氟乙烯一面朝向样品。样品应轻轻地放入样品瓶中，防止易挥发性有机物挥发。

Q.6.2 加入基质改性剂和标准液时的取样。

Q.6.2.1 用标准的具有钳口盖或螺纹盖并用聚四氟乙烯衬垫的 22 ml 玻璃质顶空样品瓶。

Q.6.2.2 在取样前预先向瓶中注入 10.0 ml 基质改性剂。

Q.6.2.3 用吹扫捕集土壤取样器，将 2～3 cm（大约 2 g）土壤样品加入到称过皮重的 22 ml 顶空瓶中。样品应轻轻地放入样品瓶中，防止易挥发性有机物挥发。然后立刻用衬垫密封，聚四氟乙烯一面朝向样品。

Q.6.2.4 使用合适规格的注射器小心地刺破衬垫，加入分析方法所需量的内标和替代物溶液。

注：含有超过 1%有机碳的土壤样品如果加入基质改性剂有可能导致回收率低。对于这些样品使用基质改性剂可能不合适。

Q.6.3 第三种可选择的方法是将土壤样品加入装有 10.0 ml 水的样品瓶。

Q.6.3.1 用标准的具有钳口盖或螺纹盖并用聚四氟乙烯衬垫的 22 ml 玻璃质顶空样品瓶。

Q.6.3.2 用吹扫捕集土壤取样器（Q.5.3.1），将 2～3 cm（大约 2 g）土壤样品加入到称过皮重的含有 10 ml 试剂水的 22 ml 顶空瓶中。样品应轻轻地放入样品瓶中，防止易挥发性有机物挥发。然后立刻用衬垫密封，使聚四氟乙烯一面朝向样品。

Q.6.4 无论采用哪种方法采集土壤样品，均须制作野外空白。如果基质改性剂不是在野外加入，那么向一个干净的样品瓶中加入 10.0 ml 水然后立刻封口作为野外空白。如果基质改性剂和标准溶液是在野外加入，那么向一个干净的样品瓶中加入 10.0 ml 基质改性剂再加入内标和替代物溶液作为野外空白。

Q.6.5 在每个采样点采集土壤放入 40 ml 或 60 ml 的 VOA 瓶，用来作干重测定、样品筛分及高浓度分析（如果需要）。样品筛分并不是必要的，因为不存在高浓度样品残留物会污染顶空装置的危险。

Q.6.6 样品保存。分析前在4℃低温下保存。贮存地点应不含有机溶剂蒸汽。所有样品应在采集后14 d内分析。如果分析不在此期间进行，应告知分析数据的使用者，结果作为最低含量参考。

Q.7 分析步骤

Q.7.1 样品筛分。本方法（使用低浓度法）可作为使用GC或GC/MS进样前的样品筛分方法，用以帮助分析者测定样品中易挥发性有机物的大概浓度。这在使用吹扫捕集方法分析易挥发性有机物的方法时很有效，用于防止高浓度的样品造成系统污染。在使用顶空法时也很有效，可以帮助决定使用低浓度方法还是高浓度方法。高浓度的有机物不会对顶空装置造成污染，但是，在GC或GC/MS系统中可能会造成污染问题。无论此方法是否用于样品筛分，只需使用最小限度的校正和质量控制。在大部分情况下，一个试剂空白和一个单一校正标准就足够了。

Q.7.2 样品干重质量分数测定

当需要得到基于干重的样品数据时，需要从40 ml或60 ml的VOA管中称出一部分样品用于干重测定。

注：干燥炉需置于通风橱中或具有排气口。

取出所需样品后，称量5～10 g样品置入称量过的坩埚中。于105℃环境中干燥过夜，在干燥器中冷却后称重。用以下公式计算样品干重的质量分数。

$$\text{样品干重质量分数} = \frac{\text{烘干后样品质量(g)}}{\text{烘干前样品质量(g)}} \times 100\%$$

Q.7.3 使用顶空技术的低浓度方法见Q.7.4，高浓度方法的样品处理方法见Q.7.5。高浓度方法推荐用于明显含有油类物质或有机泥状废物的样品。

Q.7.4 用于分析土壤/沉积物和固体废物的低浓度方法适用于平衡顶空法。质量分数范围为0.5～200 μg/kg，质量分数范围由分析方法及分析物的灵敏度决定。

Q.7.4.1 校正。一般在GC方法中使用外标校正，因为内标校正可能会造成干扰。如果根据历史数据不存在干扰的问题，也可使用内标校正。GC/MS方法中一般使用内标校正。GC/MS方法在校正前须先对仪器进行调试。

Q.7.4.1.1 GC/MS调谐。如果使用GC/MS检测方法，准备一个含有试剂水和方法所需量BFB的22 ml瓶子。

Q.7.4.1.2 初始校正。准备5个22 ml瓶子（Q.4.5）和一个试剂空白。然后根据Q.7.4.2及所选择的分析方法进行操作。因为没有土壤样品，所以混合步骤可以省略。

Q.7.4.1.3 校正检查。准备一个22 ml瓶子，加入中间浓度的校正标准液。根据Q.7.4.2.4（从将瓶子放入自动进样器开始）及所选择分析方法进行操作。如果使用GC/MS检测方法，准备水和方法所需量BFB的22 ml瓶子。

Q.7.4.2 顶空操作条件。

Q.7.4.2.1 此方法设计样品质量为2 g。在野外将大约2 g土壤样品加入到具有钳口盖或螺纹盖的22 ml玻璃顶空瓶中。

Q.7.4.2.2 在分析之前称量已知质量的瓶子和样品的总质量，精确至0.01 g。如果制样时加入了基质改性剂（Q.6.2），瓶子的质量不包括10 ml的基质改性剂。因此，称量野外空白样以获得野外空白样中基质改性剂的质量，并将此作为样品中基质改性剂的质量。尽管本方法可能会对分析结果造成误差，此误差将远远小于未加入改良溶液的样品送到实验室过程中发生变化所产生的误差。

Q.7.4.2.3 如果制样时未加入基质改性剂，打开样品瓶，迅速加入 10 ml 基质改性剂和分析方法所需量的内标溶液，然后立刻重新密封样品瓶。

注：每次仅打开和处理一个样品瓶以减少挥发损失。

Q.7.4.2.4 将样品至少混合 2 min（在离心机或摇床上进行）。将样品瓶置于室温下的自动进样器圆盘上。将每个取样管加热至 85℃，平衡 50 min。在平衡过程中至少机械振摇 10 min。每个取样管均用氦载气加压至至少 69 kPa（10 psi）。

Q.7.4.2.5 根据仪器说明书，将加压的顶空中一份具有代表性的可重现的样品通过加热的传输管路进样入气相色谱柱中。

Q.7.4.2.6 根据所选择的检测方法进行分析操作。

Q.7.5 高浓度方法。

Q.7.5.1 如果样品根据 Q.6.1 中描述的方法收集，样品瓶没有加入基质改性剂和水，那么将样品称重精确至 0.01 g。向 22 ml 称过皮重的样品瓶中的样品加入 10.0 ml 的乙醇，然后迅速密封样品瓶。每次只打开和处理一个样品瓶以减少易挥发性有机物的损失。

Q.7.5.2 如果使用 Q.6.2 或 Q.6.3 中的方法采集样品，样品瓶中加入了基质改性剂和不含有机物的试剂水，那么用于高浓度方法测定的样品需要从 40 ml 或 60 ml 的 VOA 瓶（Q.6.5）中取得。将约 2 g 的样品从 40 ml 或 60 ml 的 VOA 瓶中取出加入到一个 22 ml 称过皮重的样品瓶中。向 22 ml 样品瓶中的样品加入 10.0 ml 的乙醇，然后迅速密封样品瓶和 VOA 瓶。每次只打开和处理一个样品瓶以减少易挥发性有机物的损失。

Q.7.5.3 将样品在室温下至少振摇混合 10 min。将 2 ml 甲醇移至一个具有螺纹盖和聚四氟乙烯衬垫的瓶中，密封。根据表 Q.2 吸取 10 μl 或适当量的提取液，注入一个含有 10 ml 基质改性剂和内标（如果需要）的 22 ml 样品瓶中。将样品瓶置于自动进样器中进行顶空分析。

表 Q.1 可与本方法连用的检测方法

方法编号	方法名称
附录 P	GC 与多种检测器联用检测芳香性及含卤有机物
附录 O	GC/MS 检测易挥发性有机物

表 Q.2 高浓度土壤/沉积物分析时甲醇提取物加样量[a]

质量分数范围	甲醇提取物体积
500～10 000 μg/kg	100 μl
1 000～20 000 μg/kg	50 μl
5 000～100 000 μg/kg	10 μl
25 000～500 000 μg/kg	稀释 1/50 倍[b]后取 100 μl

注：超出表中所列浓度范围时以适当倍数稀释。

a. 加入 5 ml 水中的甲醇量应保持不变。因此无论需要向 5 ml 注射器中加入多少甲醇提取物，须保持加入总体积为 100 μl 甲醇不变。

b. 稀释一定量甲醇提取物，取 100 μl 分析。

附录 R（资料性附录）

固体废物　含氯烃类化合物的测定　气相色谱法

Solid wastes—Determination of chlorinated hydrocarbons—Gas chromatography

R.1　范围

本方法规定了环境样品和废物提取液中含氯烃类化合物含量的气相色谱测定方法,可以使用单柱/单检测器或多柱/多检测器。该方法适用于以下化合物：亚苄基二氯、三氯甲苯、苄基氯、2-氯萘、1,2-二氯苯、1,3-二氯苯、1,4-二氯苯、六氯苯、六氯丁二烯、α-六氯环己烷、β-六氯环己烷、γ-六氯环己烷、δ-六氯环己烷、六氯环戊二烯、六氯乙烷、五氯苯、1,2,3,4-四氯苯、1,2,4,5-四氯苯、1,2,3,5-四氯苯、1,2,4-三氯苯、1,2,3-三氯苯、1,3,5-三氯苯。

表 R.1 列出了对于无有机污染的水基质中各种化合物的方法检测限（MDL）。由于样品基质中存在干扰，因而特殊样品中化合物的检测限可能不同于表 R.1。表 R.2 列出了对于其他基质的定量限评估值（EQL）。

R.2　引用标准

下列文件中的条款通过在本方法中被引用而成为本方法的条款，与本方法同效。凡是不注明日期的引用文件，其最新版本适用于本方法。

GB/T 6682　分析实验室用水规格和试验方法

R.3　原理

对环境样品采用适当的样品提取技术，未经稀释或稀释过的有机液均可以通过直接进样进行分析。对于新样品，应使用标准加入样品验证对其选用的提取技术的适用性。分析通过气相色谱法完成，采用了大口径毛细管柱和单重或双重电子捕获检测器。

R.4　试剂和材料

R.4.1　除有说明外，本方法中所用的水为 GB/T 6682 规定的一级水。

R.4.2　正己烷：色谱纯。

R.4.3　丙酮：色谱纯。

R.4.4　异辛烷：色谱纯。

R.4.5　标准贮备液（1 000 mg/L）。可使用纯标准材料配制或购买经鉴定的溶液。标准贮备液的配制须准确称取约 0.010 0 g 纯化合物，将其溶解于异辛烷或正己烷中并定容至 10 ml 容量瓶中。对于不能充分溶解于正己烷或异辛烷中的化合物，可使用丙酮和正己烷混合溶剂。

R.4.6 混合贮备液。可由单独的贮备液配制。对于少于 25 种组分的混合贮备液，精确量取质量浓度均为 1 000 mg/L 的单个样品贮备液 1 ml，加入溶剂并将其混合定容至 25 ml 容量瓶中。

R.4.7 校正曲线至少应包含 5 个质量浓度，可利用异辛烷或正己烷稀释混合贮备液的方法配制。这些质量浓度应当与实际样品中预期的质量浓度范围相当并且在检测器线性范围之内。

R.4.8 推荐内标，配制 1 000 mg/L 的 1,3,5-三溴苯溶液（当基质干扰严重时建议使用另外两种内标，2,5-二溴苯和α,α-二溴间二甲苯）。对于加入法，将该溶液稀释至 50 ng/μl，加入体积为 10 μl 的提取液。内标加入质量浓度对所有样品和校正标准液应保持恒定。内标标准加入溶液应置于聚四氟乙烯密封容器中于 4℃下避光保存。

R.4.9 推荐使用的替代物标准，使用替代物标准检测方法的性能。在所有样品、方法空白液、基质添加液以及校正标准液中加入替代物标准。配制 1 000 mg/L 的 1,4-二氯萘溶液并将其稀释至 100 ng/μl。1 L 水样加入体积为 100 μl。如果发生基质干扰问题，可选用两种替代物标准：α,2,6-三氯甲苯或 2,3,4,5,6-五氯四苯。

R.5 仪器

R.5.1 气相色谱仪，配有两个电子捕获检测器。

R.5.2 微量注射器，100 ml，50 ml，10 ml 和 50 μl（钝化）。

R.5.3 分析天平，感量 0.000 1 g。

R.5.4 容量瓶，10～1 000 ml。

R.6 样品的采集、保存和预处理

R.6.1 固体基质：250 ml 宽口玻璃瓶，有螺纹的 Teflon 盖子，冷却至 4℃保存。

液体基质：4 个 1 L 的琥珀色玻璃瓶，有螺纹的 Teflon 盖子，在样品中加入 0.75 ml 10%的 $NaHSO_4$，冷却至 4℃保存。

R.6.2 提取物必须保存于 4℃，并于提取 40 d 内进行分析。

R.7 分析步骤

R.7.1 提取和纯化

R.7.1.1 一般而言，对于水样，依据附录 U 以二氯甲烷在中性或不改变其 pH 条件下进行提取。固体样品依据附录 V 以二氯甲烷/丙酮（1∶1）作为提取溶剂。

R.7.1.2 如需要，样品可以按照附录 W 进行净化。

R.7.1.3 进行气相色谱分析之前，提取溶剂必须通过提取方法中的 Kudern-Danish 浓缩梯度步骤替换为正己烷。残留于提取物中的二氯甲烷将会引起相当宽的溶剂峰。

R.7.2 色谱柱

R.7.2.1 单柱分析：

色谱柱 1：DB-210（30 m×0.53 mm 内径，熔融石英毛细管柱，甲基三氟丙基-甲基聚硅氧烷键合固定相）或同类产品。

色谱柱 2：DB-WAX（30 m×0.53 mm 内径，熔融石英毛细管柱，聚乙二醇键合固定相）

或同类产品。

R.7.2.2　双柱分析：

色谱柱 1：DB-5，RTx-5，SPB-5（30 m×0.53 mm×0.83 μm 或 1.5 μm 石英毛细管柱）或同类产品。

色谱柱 2：DB-1701，RTx-1701（30 m × 0.53 mm × 1.0 μm 石英毛细管柱）或同类产品。

R.7.3　每种被分析物的保留时间列于表 R.3 和表 R.4。推荐的气相色谱（GC）工作条件列于表 R.5 和表 R.6。

R.7.4　校正曲线。制备校正曲线标准液。可采用内标法或外标法。

R.7.5　气相色谱分析。

R.7.5.1　推荐 1 μl 自动进样。如果要求定量精度相对标准偏差小于 10%，则可以采用不多于 2 μl 手动进样。若溶剂量保持在最低值，则应采用溶剂冲洗技术。如果采用内标校准方法，在进样前于每毫升样品提取液中加入 10 μl 内标。

R.7.5.2　当样品提取液中某一个峰超出了其常规的保留时间窗口时需要采用实验确认。

R.7.5.3　气相色谱定性性能的认定：使用中等质量浓度的标准物质溶液评估。如果任何标准物质超出了其保留时间窗口，则说明系统存在问题。找出问题的原因并将其修正。

R.7.5.4　记录进样体积（准确至 0.05 μl）及其相应峰的大小，以峰高或峰面积计。使用内标或外标法，确定样品色谱图中每一个与校正曲线上化合物相应的组分峰的属性和量。

R.7.5.5　如果响应超出了系统的线性范围，将提取液稀释并再次分析。推荐使用峰高测量优于峰面积积分，因为面积积分时峰重叠会引起误差。

R.7.5.6　如果存在部分重叠峰或共流出峰，改变色谱柱或采用 GC/MS 技术。影响样品定性和（或）定量的干扰物应使用净化技术予以除去。

R.7.5.7　如果峰响应低于基线噪声的 2.5 倍，则定量结果的合理性值得怀疑。应根据数据质量目标确定是否需要对样品进一步浓缩。

表 R.1　对含氯烃类化合物单柱分析的方法检测限（MDL）

化合物		MDL[a]/（ng/L）
亚苄基二氯	Benzal chloride	2～5[b]
三氯甲苯	Benzotrichloride	6.0
苄基氯	Benzyl chloride	180
2-氯萘	2-Chloronaphthalene	1 300
1,2-二氯苯	1,2-Dichlorobenzene	270
1,3-二氯苯	1,3-Dichlorobenzene	250
1,4-二氯苯	1,4-Dichlorobenzene	890
六氯苯	Hexachlorobenzene	5.6
六氯丁二烯	Hexachlorobutadiene	1.4
α-六氯环己烷	α-Hexachlorocyclohexane　α-BHC	11
β-六氯环己烷	β-Hexachlorocyclohexane　β-BHC	31
γ-六氯环己烷	γ-Hexachlorocyclohexane　γ-BHC	23
δ-六氯环己烷	δ-Hexachlorocyclohexane　δ-BHC	20
六氯环戊二烯	Hexachlorocyclopentadiene	240
六氯乙烷	Hexachloroethane	1.6
五氯苯	Pentachlorobenzene	38

化合物		MDL[a]/（ng/L）
1,2,3,4-四氯苯	1,2,3,4-Tetrachlorobenzene	11
1,2,4,5-四氯苯	1,2,4,5-Tetrachlorobenzene	9.5
1,2,3,5-四氯苯	1,2,3,5-Tetrachlorobenzene	8.1
1,2,4-三氯苯	1,2,4-Trichlorobenzene	130
1,2,3-三氯苯	1,2,3-Trichlorobenzene	39
1,3,5-三氯苯	1,3,5-Trichlorobenzene	12

注：a. MDL 是对无有机污染的水的方法检测限。MDL 由使用同样的完整分析方法（包括提取，Florisil 萃取柱纯化，以及 GC/ECD 分析）分析 8 个等组分样品得到。

其中 t（$n-10.99$）是适用于置信区间为 99%，标准偏差具有 $n-1$ 个自由度的 S 值，SD 是 8 次重复测定的标准偏差。

b. 由仪器检测限评估得到。

表 R.2 对不同基质的定量限评估值（EQL）因子[a]

基质	因子
地下水	10
超声提取、凝胶渗透色谱（GPC）纯化的低倍浓缩土壤	670
超声提取的高倍浓缩土壤和淤泥	10 000
不溶于水的废弃物	100 000

注：a. EQL=[方法检测限（表 R.1）] × [本表列出的因子]。对于非水样品，该因子是基于净重原则。样品的 EQL 值很大程度上取决于基质。此处列出的 EQL 值仅作为指导参考，并非始终能达到。

表 R.3 对含氯烃类化合物单柱分析的色谱保留时间

化合物		保留时间/min	
		DB-210[a]	DB-WAX[b]
亚苄基二氯	Benzal chloride	6.86	15.91
三氯甲苯	Benzotrichloride	7.85	15.44
苄基氯	Benzyl chloride	4.59	10.37
2-氯萘	2-Chloronaphthalene	13.45	23.75
1,2-二氯苯	1,2-Dichlorobenzene	4.44	9.58
1,3-二氯苯	1,3-Dichlorobenzene	3.66	7.73
1,4-二氯苯	1,4-Dichlorobenzene	3.80	8.49
六氯苯	Hexachlorobenzene	19.23	29.16
六氯丁二烯	Hexachlorobutadiene	5.77	9.98
α-六氯环己烷	α-Hexachlorocyclohexane α-BHC	25.54	33.84
γ-六氯环己烷	γ-Hexachlorocyclohexane γ-BHC	24.07	54.30
δ-六氯环己烷	δ-Hexachlorocyclohexane δ-BHC	26.16	33.79
六氯环戊二烯	Hexachlorocyclopentadiene	8.86	c
六氯乙烷	Hexachloroethane	3.35	8.13
五氯苯	Pentachlorobenzene	14.86	23.75
1,2,3,4-四氯苯	1,2,3,4-Tetrachlorobenzene	11.90	21.17
1,2,4,5-四氯苯	1,2,4,5-Tetrachlorobenzene	10.18	17.81
1,2,3,5-四氯苯	1,2,3,5-Tetrachlorobenzene	10.18	17.50
1,2,4-三氯苯	1,2,4-Trichlorobenzene	6.86	13.74
1,2,3-三氯苯	1,2,3-Trichlorobenzene	8.14	16.00
1,3,5-三氯苯	1,3,5-Trichlorobenzene	5.45	10.37
内标			
2,5-二溴甲苯	2,5-Dibromotoluene	9.55	18.55

化合物		保留时间/min	
		DB-210[a]	DB-WAX[b]
1,3,5-三溴苯	1,3,5-Tribromobenzene	11.68	22.60
α,α'-二溴间二甲苯	α,α'-Dibromo-meta-xylene	18.43	35.94
替代物			
α,2,6-三氯甲苯	α,2,6-Trichlorotoluene	12.96	22.53
1,4-二氯萘	1,4-Dichloronaphthalene	17.43	26.83
2,3,4,5,6-五氯甲苯	2,3,4,5,6-Pentachlorotoluene	18.96	27.91

注：a. GC 工作条件：DB-210（30 m×0.53 mm×1 μm）石英毛细管柱或同类产品；以 10 ml/min 氦气为载气；40 ml/min 氮气为尾吹气；程序升温以 4℃/min 速度从 65℃升至 175℃（保持 20 min）；进样温度为 220℃；检测温度为 250℃。

b. GC 工作条件：DB-WAX（30 m×0.53 mm×1μm）石英毛细管柱或同类产品；以 10 ml/min 氦气为载气；40 ml/min 氮气为尾吹气；程序升温以 4℃/min 速度从 60℃升至 170℃（保持 30 min）；进样温度为 200℃；检测温度为 230℃。

c. 化合物在柱上分解。

表 R.4 对含氯烃类化合物双柱分析的色谱保留时间[a]

化合物		相对保留时间/min	
		DB-5	DB-1701
1,3-二氯苯	1,3-Dichlorobenzene	5.82	7.22
1,4-二氯苯	1,4-Dichlorobenzene	6.00	7.53
苄基氯	Benzyl chloride	6.00	8.47
1,2-二氯苯	1,2-Dichlorobenzene	6.64	8.58
六氯乙烷	Hexachloroethane	7.91	8.58
1,3,5-三氯苯	1,3,5-Trichlorobenzene	10.07	11.55
亚苄基二氯	Benzal chloride	10.27	14.41
1,2,4-三氯苯	1,2,4-Trichlorobenzene	11.97	14.54
1,2,3-三氯苯	1,2,3-Trichlorobenzene	13.58	16.93
六氯丁二烯	Hexachlorobutadiene	13.88	14.41
三氯甲苯	Benzotrichloride	14.09	17.12
1,2,3,4-四氯苯	1,2,3,4-Tetrachlorobenzene	19.35	21.85
1,2,4,5-四氯苯	1,2,4,5-Tetrachlorobenzene	19.35	22.07
六氯环戊二烯	Hexachlorocyclopentadiene	19.85	21.17
1,2,3,4-四氯苯	1,2,3,4-Tetrachlorobenzene	21.97	25.71
2-氯萘	2-Chloronaphthalene	21.77	26.60
五氯苯	Pentachlorobenzene	29.02	31.05
α-六氯环己烷	α-BHC	34.64	38.79
六氯苯	Hexachlorobenzene	34.98	36.52
β-六氯环己烷	β-BHC	35.99	43.77
γ-六氯环己烷	γ-BHC	36.25	40.59
δ-六氯环己烷	δ-BHC	37.39	44.62
内标			
1,3,5-三溴苯	1,3,5-Tribromobenzene	11.83	13.34
替代物			
1,4-二氯萘	1,4-Dichloronaphthalene	15.42	17.71

注：a. GC 工作条件如下：DB-5 柱（30 m×0.53 mm×0.83 μm）或同类产品和 DB-1701（30 m×0.53 mm ×1.0μm）或同类产品连接至三通进样器。程序升温以 2℃/min 从 80℃（保持 1.5 min）升至 125℃（保持 1 min），再以 5℃/min 升至 240℃（保持 2 min）；进样温度为 250℃；检测温度为 320℃；氦载气流速为 6 ml/min；氮尾吹气流速为 20 ml/min。

表 R.5 含氯烃类化合物单柱分析方法的气相色谱工作条件

色谱柱 1：DB-210（30 m×0.53 mm 内径，熔融石英毛细管柱，甲基三氟丙基-甲基聚硅氧烷键合固定相）	
载气（氦，He）10 ml/min	
柱温	
起始温度	65℃
升温程序	4℃/min 速度从 65℃升至 175℃
最后温度	175℃，保持 20 min
进样温度	220℃
检测温度	250℃
进样体积	1～2 μl
色谱柱 2：DB-WAX（30 m ×0.53 mm，内径，熔融石英毛细管柱，聚乙二醇键合固定相）	
载气（氦，He）10 ml/min	
柱温	
起始温度	65℃
升温程序	4℃/min 速度从 60℃升至 170℃
最后温度	170℃，保持 30 min
进样温度	200℃
检测温度	230℃
进样体积	1～2 μl

表 R.6 含氯烃类化合物双柱分析方法的气相色谱工作条件

色谱柱 1：DB-1701（30 m× 0.53 mm× 1.0 μm）或同类产品	
色谱柱 2：DB-5（30 m× 0.53 mm×0.83 μm）或同类产品	
载气流量/（ml/min）	6（氦气）
尾吹气流量/（ml/min）	20（氮气）
升温程序	以 2℃/min 从 80℃（保持 1.5 min）升至 125℃（保持 1 min），再以 5 ℃/min 升至 240℃（保持 2 min）
进样温度	250℃
检测温度	320℃
进样体积	2 μl
溶剂	正己烷
进样类型	闪蒸
检测器类型	双重电子捕获检测器（ECD）
范围	10
衰减	32（DB-1701）/32（DB-5）
分流器类型	Supelco 三通进样器

表 R.7 校准溶液推荐质量分数 [a]

化合物		质量浓度/（ng/μl）				
亚苄基二氯	Benzal chloride	0.1	0.2	0.5	0.8	1.0
三氯甲苯	Benzotrichloride	0.1	0.2	0.5	0.8	1.0
苄基氯	Benzyl chloride	0.1	0.2	0.5	0.8	1.0
2-氯萘	2-Chloronaphthalene	2.0	4.0	10	16	20
1,2-二氯苯	1,2-Dichlorobenzene	1.0	2.0	5.0	8.0	10
1,3-二氯苯	1,3-Dichlorobenzene	1.0	2.0	5.0	8.0	10
1,4-二氯苯	1,4-Dichlorobenzene	1.0	2.0	5.0	8.0	10
六氯苯	Hexachlorobenzene	0.01	0.02	0.05	0.08	0.1
六氯丁二烯	Hexachlorobutadiene	0.01	0.02	0.05	0.08	0.1
α-六氯环已烷	*α*-BHC	0.1	0.2	0.5	0.8	1.0

化合物		质量浓度/（ng/μl）				
β-六氯环己烷	β-BHC	0.1	0.2	0.5	0.8	1.0
γ-六氯环己烷	γ-BHC	0.1	0.2	0.5	0.8	1.0
δ-六氯环己烷	δ-BHC	0.1	0.2	0.5	0.8	1.0
六氯环戊二烯	Hexachlorocyclopentadiene	0.01	0.02	0.05	0.08	0.1
六氯乙烷	Hexachloroethane	0.01	0.02	0.05	0.08	0.1
五氯苯	Pentachlorobenzene	0.01	0.02	0.05	0.08	0.1
1,2,3,4-四氯苯	1,2,3,4-Tetrachlorobenzene	0.1	0.2	0.5	0.8	1.0
1,2,4,5-四氯苯	1,2,4,5-Tetrachlorobenzene	0.1	0.2	0.5	0.8	1.0
1,2,3,5-四氯苯	1,2,3,5-Tetrachlorobenzene	0.1	0.2	0.5	0.8	1.0
1,2,4-三氯苯	1,2,4-Trichlorobenzene	0.1	0.2	0.5	0.8	1.0
1,2,3-三氯苯	1,2,3-Trichlorobenzene	0.1	0.2	0.5	0.8	1.0
1,3,5-三氯苯	1,3,5-Trichlorobenzene	0.1	0.2	0.5	0.8	1.0
替代物						
α,2,6-三氯甲苯	α,2,6-Trichlorotoluene	0.02	0.05	0.1	0.15	0.2
1,4-二氯萘	1,4-Dichloronaphthalene	0.2	0.5	1.0	1.5	2.0
2,3,4,5,6-五氯甲苯	2,3,4,5,6-Pentachlorotoluene	0.02	0.05	0.1	0.15	0.2

注：a. 校准溶液进行 GC/ECD 分析之前应在其中加入 1 种或多种内标。加入内标浓度应对所有的校准溶液保持恒定。

表 R.8　分别以石油醚（1 部分）和 1：1 石油醚/乙醚（2 部分）为洗脱剂时含氯烃类化合物从 Florisil 柱上的洗脱状况

化合物		数量/μg	回收率[a]/%	
			1 部分[b]	2 部分[c]
亚苄基二氯[d]	Benzal chloride	10	0	0
三氯甲苯	Benzotrichloride	10	0	0
苄基氯	Benzyl chloride	100	82	16
2-氯萘	2-Chloronaphthalene	200	115	
1,2-二氯苯	1,2-Dichlorobenzene	100	102	
1,3-二氯苯	1,3-Dichlorobenzene	100	103	
1,4-二氯苯	1,4-Dichlorobenzene	100	104	
六氯苯	Hexachlorobenzene	1.0	116	
六氯丁二烯	Hexachlorobutadiene	1.0	101	
α-六氯环己烷	α-BHC	10		95
β-六氯环己烷	β-BHC	10		108
γ-六氯环己烷	γ-BHC	10		105
δ-六氯环己烷	δ-BHC	10		71
六氯环戊二烯	Hexachlorocyclopentadiene	1.0	93	
六氯乙烷	Hexachloroethane	1.0	100	
五氯苯	Pentachlorobenzene	1.0	129	
1,2,3,4-四氯苯	1,2,3,4-Tetrachlorobenzene	10	104	
1,2,4,5-四氯苯[e]	1,2,4,5-Tetrachlorobenzene	10	102	
1,2,3,5-四氯苯[e]	1,2,3,5-Tetrachlorobenzene	10	102	
1,2,4-三氯苯	1,2,4-Trichlorobenzene	10	59	
1,2,3-三氯苯	1,2,3-Trichlorobenzene	10	96	
1,3,5-三氯苯	1,3,5-Trichlorobenzene	10	102	

注：a. 给出值为数次重复实验的平均值。

b. 1 部分以 200 ml 石油醚洗脱。

化合物	数量/μg	回收率[a]/%	
		1 部分[b]	2 部分[c]

c. 2 部分以 200 ml 石油醚/乙醚混合液（1∶1）洗脱。

d. 该化合物与 1,2,4-三氯苯共流出；用亚苄基二氯进行了独立实验以验证两种洗脱模式均不能使该化合物通过 Florisi 柱被洗脱。

e. 这两种化合物不能通过 DB-210 熔融石英毛细管柱分开。

表 R.9 加标黏土样品中含氯烃类化合物的单次测定精度数据（自动索氏提取）[a]

化合物		加标量/（μg/kg）	回收率/%	
			DB-5	DB-1701
1,3-二氯苯	1,3-Dichlorobenzene	5 000	b	39
1,2-二氯苯	1,2-Dichlorobenzene	5 000	94	77
亚苄基二氯	Benzal chloride	500	61	66
三氯甲苯	Benzotrichloride	500	48	53
六氯环戊二烯	Hexachlorocyclopentadiene	500	30	32
五氯苯	Pentachlorobenzene	500	76	73
α-六氯环己烷	α-BHC	500	89	94
δ-六氯环己烷	δ-BHC	500	86	b
六氯苯	Hexachlorobenzene	500	84	88

注：a. 自动索氏提取工作条件如下：浸泡时间 45 min；提取时间 45 min；样品量为 10 g 黏土；提取溶剂为 1∶1 丙酮/正己烷混合液。加标后无须平衡。

b. 由于干扰而无法测定。

固体废物　金属元素分析的样品前处理　微波辅助酸消解法

Solid wastes—Sample prepration for analyze of metal elements —Microwave assisted acid degestion

S.1　范围

本方法为微波辅助酸消解方法，适用于两类样品基体：一类是沉积物、污泥、土壤和油；一类是废水和固体废物的浸出液。消解后的产物可用于对以下元素的分析：铝、镉、铁、钼、钠、锑、钙、铅、镍、锶、砷、铬、镁、钾、铊、硼、钴、锰、硒、钒、钡、铜、汞、银、锌、铍。

本方法消解后的产物适合用火焰原子吸收光谱（FLAA）、石墨炉原子吸收光谱（GFAA）、电感耦合等离子体发射光谱（ICP/ES）或者电感耦合等离子体质谱（ICP-MS）分析。

S.2　引用标准

下列文件中的条款通过在本方法中被引用而成为本方法的条款，与本方法同效。凡是不注明日期的引用文件，其最新版本适用于本方法。

GB/T 6682　分析实验室用水规格和试验方法

S.3　原理

将样品和浓硝酸定量地加入密封消解罐中，在设定的时间和温度下微波加热。利用微波对极性物质的“内加热作用”和“电磁效应”，对样品迅速加热，提高样品的消化速度和效果。消解液经过滤或离心后按一定的体积稀释，可选择适当的分析方法进行测试。

S.4　试剂和材料

S.4.1　除另有说明外，水为 GB/T 6682 规定的一级水。

S.4.2　硝酸：ρ（HNO_3）＝1.42 g/ml，优级纯。

S.5　仪器

S.5.1　微波消解仪，输出功率为 1 000～1 600 W。具有可编程控制功能，可对温度、压力和时间（升温时间和保持时间）进行全程监控，具有安全防护机制。

S.5.2　消解罐，由碳氟化合物（可溶性聚四氟乙烯 PFA 或改性聚四氟乙烯 TFM）制成的封闭罐体，可抗压 1 172～1 379 kPa（170～200 psi）、耐酸和耐腐蚀，具有泄压功能。用于水样消解的消解罐最好带有刻度。

S.5.3　量筒，体积 50 ml 或 100 ml。

S.5.4 定量滤纸。

S.5.5 玻璃漏斗。

S.5.6 分析天平，最大量程 300 g，精确度±0.01 g。

S.5.7 离心管，30 ml，玻璃或塑料材质。

S.6 样品采集，保存和处理

S.6.1 样品容器必须提前用洗涤剂、酸和水清洗干净，选用塑料和玻璃容器均可。

S.6.2 收集到的样品必须冷藏存放，并尽早分析。

S.7 操作步骤

S.7.1 消解前的准备：所使用的消解罐和玻璃容器先用稀酸（约 10%，体积分数）浸泡，然后用自来水和试剂水依次冲洗干净，放在干净的环境中晾干。对于新使用的或怀疑受污染的容器，应用热盐酸（1∶1）浸泡（温度高于 80℃，但低于沸腾温度）至少 2 h，再用热硝酸浸泡至少 2 h，然后用试剂水洗干净，放在干净的环境中晾干。

S.7.2 样品的消解

S.7.2.1 使用前，称量消解罐、阀门和盖子的质量，精确到 0.01 g。

S.7.2.2 取样

S.7.2.2.1 沉积物、污泥、土壤和油类样品：称量（精确到 0.001 g）一份混合均匀的样品，加入到消解罐中。土壤、沉积物和污泥的称样量少于 0.500 g，油则少于 0.250 g。

S.7.2.2.2 废水和固体废物的浸出液样品：用量筒量取 45 ml 样品倒入带刻度的消解罐中。

S.7.2.3 加酸

S.7.2.3.1 沉积物、污泥、土壤和油类样品：在通风橱中，向样品中加入（10±0.1）ml 浓硝酸。如果反应剧烈，在反应停止前不要给容器盖盖。按产品说明书的要求盖紧消解罐。称量带盖的消解罐，精确到 0.001 g。将消解罐放到微波炉转盘上。

S.7.2.3.2 废水和固体废物的浸出液样品：向样品中加入 5 ml 浓硝酸。按产品说明书的要求盖紧消解罐。称量带盖的消解罐，精确到 0.01 g。将消解罐放到微波炉转盘上。

注 1：某些样品可能产生有毒的氮氧化物气体，因此所有的操作必须在通风条件下进行。分析人员也必须注意该剧烈实验的危险性。如果有剧烈反应，要等其冷却后才能盖上消解罐。

注 2：当消解的固体样品含有挥发性或容易氧化的有机化合物，最初称重不能少于 0.10 g，如果反应剧烈，在加盖前必须终止反应。如果不反应，样品量称取 0.25 g。

注 3：固体样品中如果已知或疑似含有多于 5%～10%的有机物质，必须预消解至少 15 min。

S.7.2.4 按说明书装好旋转盘，设定微波消解仪的工作程序。启动微波消解仪。

S.7.2.4.1 对于沉积物、污泥、土壤和油类样品：每一组样品微波辐射 10 min。每个样品的温度在 5 min 内升到 175℃，在 10 min 的辐射时间内平衡到 170～180℃。如果一批消解的样品量大，可以采用更大的功率，只要能按上述要求在相同的时间内达到相同的温度。

S.7.2.4.2 对于废水和固体废物的浸出液样品：选定的程序应可将样品在 10 min 内升高到 160℃±4℃，同时也允许在第二个 10 min 略微升高到 165～170℃。

S.7.2.5 消解程序结束后，在消解罐取出之前应在微波炉内冷却至少 5 min。消解罐冷却到室温后，称重，记录下每个罐的质量。如果样品加酸的质量减少超过 10%，舍弃该样品。查找原因，重新消解该样品。

S.7.2.6 在通风橱中小心打开消解罐的盖子，释放其中的气体。将样品进行离心或过滤。

S.7.2.6.1 离心：转速 2 000～3 000 r/min，离心 10 min。

S.7.2.6.2 过滤：过滤装置用 10%（体积分数）的硝酸润洗。

S.7.2.7 将消解产物稀释到已知体积，并使样品和标准物质基体匹配，选择适当的分析方法进行检测。

S.8 计算

在原始样品的实际质量（或体积）基础上确定其浓度。

S.9 质量控制

S.9.1 所有质量控制的数据都要保留。

S.9.2 每批或每 20 个样品做一个平行双样，对每种新的基体都必须做平行双样。

S.9.3 每批或每 20 个样品做一个加标样品，对每种新的基体都必须加标样品。

附录 T（资料性附录）

固体废物　六价铬分析的样品前处理　碱消解法

Solid wastes—Sample preparation for analyze of Cr（Ⅵ）—Alkaline degestion

T.1　范围

本方法是提取土壤、污泥、沉积物或类似的废物中各种可溶的、可被吸附的或沉淀的各种含铬化合物中的六价铬的碱消解实验方法。

对于被消解的样品基体，可以通过样品的各种理化参数 pH、亚铁离子、硫化物、氧化还原电势（ORP）、总有机碳（TOC）、化学需氧量（COD）、生物需氧量（BOD）等来分析其中 Cr（Ⅵ）的还原趋势。对 Cr（Ⅵ）的分析有干扰的物质见相关的分析方法。

T.2　原理

在规定的温度和时间内，将样品在 Na_2CO_3/NaOH 溶液中进行消解。在碱性提取环境中，Cr（Ⅵ）还原和 Cr（Ⅲ）氧化的可能性都被降到最小。含 Mg^{2+}的磷酸缓冲溶液的加入也可以抑制氧化作用。

T.3　试剂和材料

T.3.1　硝酸（HNO_3）浓度为 5.0 mol/L，于 20～25℃暗处存放。不能用带有淡黄色的浓硝酸来稀释，因为其中有 NO_3^-通过光致还原形成的 NO_2，对 Cr（Ⅵ）具有还原性。

T.3.2　无水碳酸钠（Na_2CO_3）：分析纯。储存在 20～25℃的密封容器中。

T.3.3　氢氧化钠（NaOH）：分析纯。储存在 20～25℃的密封容器中。

T.3.4　无水氯化镁（$MgCl_2$）：分析纯。400 mg $MgCl_2$ 约含 100 mg Mg^{2+}。储存在 20～25℃的密封容器中。

T.3.5　磷酸盐缓冲溶液。

T.3.5.1　K_2HPO_4：分析纯。

T.3.5.2　KH_2PO_4：分析纯。

T.3.5.3　0.5 mol/L K_2HPO_4-0.5 mol/L KH_2PO_4 缓冲溶液：pH=7，将 87.09 g K_2HPO_4 和 68.04 g KH_2PO_4 溶于 700 ml 试剂水中，转移至 1 L 的容量瓶中定容。

T.3.6　铬酸铅（$PbCrO_4$）：分析纯。将 10～20 mg $PbCrO_4$ 加入一份试样中作为不可溶的加标物。在 20～25℃的干燥环境下，储存在密封容器中。

T.3.7　消解溶液，将（20.0±0.05）g NaOH 与（30.0±0.05）g Na_2CO_3 溶于试剂水中，并定容于 1 L 的容量瓶中。于 20～25℃储存在密封聚乙烯瓶中，并保持每月新制。使用前必须测量其 pH，若小于 11.5 须重新配制。

T.3.8　重铬酸钾标准溶液（$K_2Cr_2O_7$）：1 000 mg/L Cr（Ⅵ），将 2.829 g 于 105℃干燥过的

$K_2Cr_2O_7$ 溶于试剂水中，于 1 L 容量瓶中定容。也可使用 1 000 mg/L 的标定过的商品 Cr（Ⅵ）标准溶液。于 20～25 ℃储存在密封容器中，最多可使用 6 个月。

T.3.9 基体加标液：100 mg/LCr（Ⅵ），将 10 ml 1 000 mg/L 的 $K_2Cr_2O_7$ 标准溶液（T.3.8）加入 100 ml 容量瓶中，用试剂水定容，混匀。

T.3.10 试剂水：本方法中所使用的试剂水应满足相关的 Cr（Ⅵ）分析方法的要求。

T.4 仪器、装置

T.4.1 消解容器：250 ml，硅酸盐玻璃或石英材质。

T.4.2 量筒：100 ml。

T.4.3 容量瓶：1 000 ml 和 100 ml，具塞，玻璃。

T.4.4 真空过滤器。

T.4.5 滤膜（0.45 μm）：纤维质或聚碳酸酯滤膜。

T.4.6 加热装置：可以将消解液保持在 90～95℃，并可持续自动搅拌。

T.4.7 玻璃移液管：多种规格。

T.4.8 pH 计：已校准。

T.4.9 天平：已校准。

T.4.10 测温装置：可测至 100℃，如温度计、热敏电阻、红外传感器等。

T.5 样品采集、保存与处理

T.5.1 样品应使用塑料或玻璃的装置和容器采集并保存，不得使用不锈钢制品。样品在检测前须在（4±2）℃下保存，并保持野外潮湿状态。

T.5.2 在野外潮湿土壤样品中，收集 30 d 后 Cr（Ⅵ）仍可以保持含量的稳定。在碱性消解液中 Cr（Ⅵ）在 168 h 内是稳定的。

T.5.3 实验中产生的 Cr（Ⅵ）溶液或废料应当用适当方法处理，如用维生素 C 或其他还原性试剂处理，将其中的 Cr（Ⅵ）还原为 Cr（Ⅲ）。

T.6 操作步骤

T.6.1 通过对试剂空白（一个装有 50 ml 消解液的 250 ml 容器）的温度监测，调节所有碱消解加热装置的温度设定。使消解液可以保持在 90～95℃下加热。

T.6.2 将（2.5±0.10）g 混合均匀的野外潮湿样品加入 250 ml 消解容器中。需要加标时，将加标物须直接加入该样品中。

T.6.3 用量筒向每一份样品中加入（50±1）ml 消解液，然后加入大约 400 mg $MgCl_2$ 和 0.5 ml 1.0 mol/L 磷酸缓冲溶液。将所有样品用表面皿盖上。

T.6.4 用搅拌装置将样品持续搅拌至少 5 min（不加热）。

T.6.5 将样品加热至 90～95℃，然后在持续搅拌下保持至少 60 min。

T.6.6 在持续搅拌下将每份样品逐渐冷却至室温。将反应物全部转移至过滤装置，用试剂水将消解容器冲洗 3 次，洗涤液也转移至过滤装置，用 0.45 μm 的滤膜过滤。将滤液和洗涤液转移至 250 ml 的烧杯中。

T.6.7 在搅拌器的搅拌下，向装有消解液的烧杯中逐滴缓慢加入 5.0 mol/L 的硝酸，调节溶液的 pH 值至 7.5±0.5。如果消解液的 pH 超出了需要的范围，必须将其弃去并重新消解。如果有絮状沉淀产生，样品要用 0.45 μm 滤膜过滤。

注：CO_2 会干扰此过程，此操作应在通风橱内完成。

T.6.8　取出搅拌器并清洗，洗涤液收入烧杯中。将样品完全转入 100 ml 容量瓶中，用试剂水定容。混合均匀待分析。

T.7　计算

T.7.1　样品质量分数

$$质量分数=\frac{ADE}{BC}$$

式中：A——消解液中测得的质量浓度，μg/ml；

B——最初湿样品的质量，g；

C——干固体质量分数，%；

D——稀释倍数；

E——最终消解液体积，ml。

T.7.2　相对偏差

$$RPD=\frac{S-D}{(S+D)/2}$$

式中：RPD——平行样品的相对偏差；

S——第一份样品检测结果；

D——平行样品检测结果。

T.7.3　加标回收率

$$回收率=\frac{SSR-SR}{SA}\times 100\%$$

式中：SSR——加标样品检测结果；

SR——未加标样品检测结果；

SA——加标量。

T.8　质量控制

T.8.1　必须对每一批消解样品进行质量控制分析，在每批样品消解中必须制备一个空白样品，其所测得的 Cr（Ⅵ）浓度必须低于方法的检测限或 Cr（Ⅵ）标准限值的 1/10，否则整批样品都必须重新进行消解。

T.8.2　实验室控制样品（LCS）。作为方法性能的附加检测，将基体加标液或固体基体加标物加入 50 ml 消解液中。LCS 的回收率应在 80%～120%的范围内，否则整批样品必须重新检测。

T.8.3　对每一批样品都必须有平行样品的检测，且要求相对偏差 RPD 小于等于 20%。

T.8.4　对每一批小于等于 20 个样品来说，都要做可溶性和非可溶性的基体加标测定。可溶性基体加标是加入 1.0 ml 加标溶液[相当于 40 mg Cr（Ⅵ）/kg]。非可溶性基体加标是向样品中加入 10～20 mg 的 $PbCrO_4$。消解后基体加标的回收率应该达到 85%～115%。否则，应对样品重新进行混匀、消解和检测。

附录 U（资料性附录）

固体废物　有机物分析的样品前处理　分液漏斗液-液萃取法

Solid wastes—Sample preparation for analyze of organic compounds—Separatory funnel Liquid-Liquid extraction

U.1　范围

本方法规定了从水溶液样中分离有机化合物的分液漏斗液-液萃取法，可应用于水不溶性和水微溶性的有机物的分离和浓缩。

U.2　引用标准

下列文件中的条款通过在本方法中被引用而成为本方法的条款，与本方法同效。凡是不注明日期的引用文件，其最新版本适用于本方法。

GB/T 6682　分析实验室用水规格和试验方法

U.3　原理

量取一定体积的样品，通常为 1 L。在规定的 pH 下，在分液漏斗中用二氯甲烷进行逐次提取，将提取物干燥、浓缩，必要时，更换为与用于净化或测定步骤相一致的溶剂。

U.4　试剂和材料

除另有说明外，本方法中所用的水为 GB/T 6682 规定的一级水。

U.4.1　硫酸钠（无水，粒状）：需要置于浅碟 400℃烧灼 4 h 或使用二氯甲烷预洗以净化。

U.4.2　提取前调节 pH 的溶液。

U.4.2.1　硫酸溶液（1∶1，体积分数）：缓慢添加 50 ml 浓硫酸到 50 ml 无有机物的试剂水中。

U.4.2.2　氢氧化钠溶液（10 mol/L）：溶解 40 g 氢氧化钠于不含有机物的试剂水中并定容到 100 ml。

U.4.3　二氯甲烷：色谱纯。

U.4.4　正己烷：色谱纯。

U.4.5　乙腈：色谱纯。

U.4.6　异丙醇：色谱纯。

U.4.7　环己烷：色谱纯。

U.5　仪器

U.5.1　分液漏斗：2 L，具聚四氟乙烯活塞。

U.5.2　干燥柱：20 mm 内径，硬质玻璃色谱柱在底部带有硬质玻璃棉和聚四氟乙烯活塞（注意：烧结玻璃筛板在高度污染的提取物通过之后很难去除。可购买无烧结筛板的柱子）。用一个小的硬质玻璃棉垫保持吸附剂。在用吸附剂装柱之前，用 50 ml 丙酮预先洗玻璃棉垫，再用 50 ml 的洗提溶液洗净。

U.5.3　Kuderna-Danish（K-D）装置

U.5.3.1　浓缩管：10 ml，带刻度。具玻璃塞以防止在短时间放置时样品挥发。

U.5.3.2　蒸发瓶：500 ml。使用弹簧或者夹子与蒸发器连接。

U.5.4　溶剂蒸发回收装置。

U.5.5　沸石：10/40 目（碳化硅，或同等装置）。

U.5.6　水浴：加热精度±5℃，使用时必须盖住盖板。

U.5.7　氮吹仪：12 位或 24 位（可选）。

U.5.8　玻璃样品瓶：2 ml 或 10 ml，具有聚四氟乙烯旋盖或压盖以存放样品。

U.5.9　pH 试纸：广泛试纸。

U.5.10　真空系统：可达到 8.8 MPa 真空度。

U.5.11　量筒。

U.6　操作步骤

U.6.1　用 1 L 量筒，量取 1 L 样品并移入分液漏斗中。加入 1.0 ml 替代物至所有样品、基体加标样和空白中。

U.6.2　用广泛 pH 试纸检查样品的 pH，对于半挥发性有机物分析，初始提取 pH＞11，必要时，用不超过 1 ml 的酸或碱调至提取方法所需的 pH。

U.6.3　用量筒取 60 ml 二氯甲烷洗涤，将其并入分液漏斗。

U.6.4　密闭分液漏斗，用力振摇 1～2 min，并间歇地排气以释放压力。

注：二氯甲烷会很快地产生过大的压力，因此初次排气应在分液漏斗密闭并摇动一次后立即进行。排气应在通风橱中进行以防交叉污染。

U.6.5　有机层与水相分离至少需 10 min，若两层间的乳浊液界面大于溶剂层的 1/3，须采取机械技术来完成相分离。最佳技术依样品而定，包括搅拌、通过玻璃棉过滤乳浊液、离心或其他物理方法。收集溶剂提取物至锥形烧瓶中。

U.6.6　用一份新的溶剂再重复萃取两次（见步骤 U.6.3 至 U.6.5），合并 3 次的提取液。

U.6.7　进一步调节 pH 并提取，将水相的 pH 调节至低于 2。如 U.6.3 至 U.6.5 所述，用二氯甲烷连续提取 3 次，收集并合并提取液，并标明合并的提取液。

U.6.8　若进行 GC/MS 分析，酸性及碱性或中性提取物可在浓缩之前合并。但在某些情况下，分别浓缩和分析酸性及碱性或中性提取物更为可取。

U.6.9　K-D 浓缩技术。

U.6.9.1　组装一个包括 10 ml 浓缩管和 500 ml 蒸发瓶的 K-D 浓缩装置。

U.6.9.2　合并各步的洗脱液，流过一个装有 10 g 无水硫酸钠的干燥管。将干燥后的洗脱液收集到 K-D 浓缩装置。如果被分析物是酸性物质须使用酸化的硫酸钠（见 GB 5085.6 附录 K）。

U.6.9.3　用 20 ml 溶剂洗涤收集管和干燥管，将其合并到 K-D 浓缩装置蒸发瓶中。

U.6.9.4　在蒸发瓶中加入 1～2 片沸石，安装一个 3 球的常量斯奈德管。装上玻璃制的回收装置。用 1 ml 二氯甲烷润湿斯奈德管的顶端。将 K-D 装置放置在热水浴（温度设置在溶剂沸点以上 15～20℃）上，使浓缩管下端部分地浸入热水中，整个管的下表面被蒸汽加热。调整装置的垂直位置和水浴温度，使浓缩过程在 10～20 min 完成。在正常的加热速率下，只在管的球状部分可以观察到液体沸腾。当剩余的溶剂小于 1 ml 时，将 K-D 装置从水浴上取下，至少放置 10 min 冷却。移去斯奈德管，用 1～2 ml 溶剂洗涤浓缩管的下端。用二氯甲烷调节最终的萃取物体积到 1 ml，或者使用上述流程进一步浓缩。

U.6.10　如需进一步的浓缩，可使用微量斯奈德管或者氮吹浓缩。

U.6.10.1　微量斯奈德管浓缩技术。

U.6.10.1.1　在浓缩管重新加入干净的沸石，安装一个 2 球的微量斯奈德管。装上玻璃制的微量回收装置。用 0.5 ml 二氯甲烷润湿斯奈德管的顶端。将 K-D 装置放置在热水浴上，使浓缩管下端部分地浸入热水中，整个管的下表面被蒸汽加热。调整装置的垂直位置和水浴温度，使浓缩过程在 5～10 min 完成。在正常的加热速率下，只在管的球状部分可以观察到液体沸腾。

U.6.10.1.2　当剩余的溶剂约 0.5 ml 时，将 K-D 装置从水浴上取下，至少放置 10 min 以冷却。移去斯奈德管，用 0.2 ml 溶剂洗涤浓缩管的下端，调节最终的萃取物体积到 1 ml。

U.6.10.2　氮吹技术。

U.6.10.2.1　将浓缩管放在温水浴（大约 30℃）中，使用经过活性炭柱净化的干燥、洁净的适当流量的氮气流，吹干至约 1 ml。

注：不要在活性炭柱后使用新的塑料管，否则有可能造成样品污染。

U.6.10.2.2　在氮吹过程中用溶剂润洗几次浓缩管内壁；注意不要将水溅到管中；一般来说不要把样品吹干。

注：当溶剂体积剩余不足 1 ml 时，半挥发性被分析物会损失。

U.6.11　萃取物可以用于下一步的净化流程，或是用适当方法对目标物质进行分析。如果不是立即进行下一步操作，可以塞住浓缩管冷藏保存。当储藏时间超过 2 d 时，须使用聚四氟乙烯旋盖的样品瓶并做好标记。

附录 V（资料性附录）

固体废物　有机物分析的样品前处理　索氏提取法

Solid wastes—Sample preparation for analyze of organic compounds—Soxhlet extraction

V.1　范围

本方法适用于对固体废物、沉积物、淤泥以及土壤的索氏提取法。索氏提取保证了样品和提取溶剂之间快速而密切的接触。在制备各种使用色谱方法测定的样品时，本方法可用于分离和浓缩水不溶性和水微溶性有机物。

V.2　引用标准

下列文件中的条款通过在本方法中被引用而成为本方法的条款，与本方法同效。凡是不注明日期的引用文件，其最新版本适用于本方法。

GB/T 6682　分析实验室用水规格和试验方法

V.3　原理

固体样品与无水硫酸钠混合，置于提取套筒或 2 个玻璃棉塞之间，在索氏提取器中用适当的溶剂提取，提取液干燥后浓缩，必要时，置换溶剂使其与净化或测定步骤中所用的相一致。

V.4　试剂和材料

V.4.1　除另有说明外，本方法中所用的水为 GB/T 6682 规定的一级水。

V.4.2　硫酸钠（无水，粒状）：需要置于浅盘 400℃烧灼 4 h 或使用二氯甲烷预洗以净化。如果使用二氯甲烷预洗净化，必须测试试剂空白以证明没有由无水硫酸钠带来的干扰。

V.4.3　提取溶剂。

V.4.3.1　土壤或沉积物和水性污泥样品：丙酮/正己烷（1∶1，体积分数），或二氯甲烷/丙酮（1∶1，体积分数）。

V.4.3.2　其他样品：二氯甲烷，或甲苯/甲醇（10∶1，体积分数）。

V.4.4　更换溶剂：己烷、2-丙醇、环己烷、乙腈，色谱纯。

V.5　仪器

V.5.1　索氏提取器：40 mm 内径，带 500 ml 圆底烧瓶。

V.5.2　Kuderna-Danish（K-D）装置。

V.5.2.1　浓缩管：10 ml，带刻度。具玻璃塞以防止在短时间放置时样品挥发。

V.5.2.2　蒸发瓶：500 ml。使用弹簧或者夹子与蒸发器连接。

V.5.2.3　斯奈德管：三球，大量。

V.5.2.4　斯奈德管：二球，微量（可选）。

V.5.3　溶剂蒸发回收装置。

V.5.4　沸石：10/40 目（碳化硅）。

V.5.5　水浴：加热精度±5℃，使用时必须盖住盖板。

V.5.6　氮吹仪：12 位或 24 位（可选）。

V.5.7　玻璃样品瓶：2 ml 或 10 ml，具有聚四氟乙烯旋盖或压盖。

V.5.8　玻璃或纸套筒或玻璃棉，无污染。

V.5.9　加热套，变阻器控制。

V.5.10　分析天平，感量 0.000 1 g。

V.6　操作步骤

V.6.1　样品处理。

V.6.1.1　废物样品：样品若包含多相，应在萃取前按相分离方法进行制备。本操作步骤只用于固体。

V.6.1.2　沉积物/土壤样品：倾倒弃去样品上面的水层。充分混合样品，特别是复合样品。弃去外来异物，如树枝、树叶和石块。

V.6.1.3　黏稠、纤维或油脂类废物可采用切、撕等方式降低其粒径，使其在提取时有尽可能大的比表面。无水硫酸钠与样品 1∶1 混合后更适合于研磨。

V.6.1.4　适合于研磨的干燥废物样品：研磨或再细分废物，使其能通过 1 mm 筛，将足够样品倒入研磨器中，使经研磨后至少能得到 10 g 样品。

V.6.2　样品干重质量分数的测定

在某些情况下，希望样品以干重计。在这时应测定样品干重在总重量中的比例，并在实际分析中按比例折算被测样品的干重值。

称完提取用的样品，立即称取 5～10 g 样品于配衡坩埚中，置于 105℃干燥过夜，于保干器内冷却后称重。

$$w（干重，\%）=样品干重/样品总重\times 100\%$$

V.6.3　将 10 g 固体样品和 10 g 无水硫酸钠混合，放于提取套筒中。也可在样品的上下两端放上玻璃棉塞以代替提取套筒。添加 1.0 ml 甲醇及测定方法中指定的替代物到各个样品和空白中。

V.6.4　在有 1～2 粒干净沸石的 500 ml 圆底烧瓶中加入 300 ml 提取溶剂，将烧瓶连接在提取器上，提取样品 16～24 h。

V.6.5　在提取完成后让提取液冷却。

V.6.6　组装一个包括 10 ml 浓缩管和 500 ml 蒸发瓶的 K-D 浓缩装置。

V.6.7　装上玻璃制的回收装置（冷凝与收集装置）。

V.6.8　将洗脱液流过一个有 10 cm 无水硫酸钠的干燥管。将干燥后的洗脱液收集到 K-D 浓缩装置。利用 100～125 ml 提取溶剂洗涤容器和干燥管，保证完全转移。

V.6.9　在蒸发瓶中加入 1～2 片沸石，安装一个 3 球的常量斯奈德管。用 1 ml 二氯甲烷润湿斯奈德管的顶端。将 K-D 装置放置在热水浴（温度设置在溶剂沸点以上 15～20℃）上，使浓缩管下端部分地浸入热水中，整个管的下表面被蒸汽加热。调整装置的垂直位置和水浴温度，使浓缩过程在10～20 min之内完成。在正常的加热速率下，只在管的球状部分可以观察到液体沸腾。当剩余的溶剂为1～2 ml时，将K-D装置从水浴上取下，至少放置10 min以冷却。

V.6.10 如需要置换溶剂（见表V.1），取下斯奈德管，加入50 ml置换溶剂和一片新的沸石。按V.6.9浓缩提取液，如必要则使用水浴加热，当剩余的溶剂为1～2 ml时，将K-D装置从水浴上取下，至少放置10 min以冷却。

V.6.11 移去斯奈德管，用1～2 ml二氯甲烷或置换溶剂洗涤浓缩管的下端。用最后使用的溶剂调节最终的萃取物体积到10 ml，或者使用V.6.12的流程进一步浓缩。

V.6.12 如需进一步的浓缩，可使用微量斯奈德管或者氮吹。

V.6.12.1 微量斯奈德管浓缩技术。

V.6.12.1.1 在浓缩管重新加入干净的沸石，安装一个2球的微量斯奈德管，装上玻璃微量回收装置，用0.5 ml二氯甲烷润湿斯奈德管的顶端。将K-D装置放置在热水浴上，使浓缩管下端部分地浸入热水中，整个管的下表面被蒸汽加热。调整装置的垂直位置和水浴温度，使浓缩过程在5～10 min之内完成。在正常的加热速率下，只在管的球状部分可以观察到液体沸腾。

V.6.12.1.2 当剩余的溶剂约0.5 ml时，将K-D装置从水浴上取下，至少放置10 min以冷却。移去斯奈德管，用0.2 ml溶剂洗涤浓缩管的下端，调节最终的萃取物体积到1～2 ml。

V.6.12.2 氮吹技术。

V.6.12.2.1 将浓缩管放在温水浴（大约30℃）中，使用经过活性炭柱净化的干燥、洁净且适当流量的氮气流，吹干至约0.5 ml。

注意：不要在活性炭柱后使用新的塑料管，否则有可能给样品带来邻苯二甲酸酯污染。

V.6.12.2.2 在氮吹过程中用溶剂润洗几次浓缩管内壁；注意不要将水溅到管中；不要把样品吹干。

注意：当溶剂体积剩余不足1 ml时，半挥发性分析物会有损失。

V.6.13 萃取物可以用于下一步的净化流程，或是用适当方法对目标物质进行分析。如果不是立即进行下一步操作，可以塞住浓缩管冷藏保存。当储藏时间超过2 d时，须使用聚四氟乙烯旋盖的样品瓶并做好标记。在任何情况下都不推荐保存时间超过2 d。

表V.1 各个测定方法的溶剂置换

分析方法	提取pH	分析时置换溶剂	净化时置换溶剂	用于净化的溶液体积/ml	用于分析的最终体积/ml[a]
5085.6附录H	不调节	正己烷	正己烷	10.0	10.0
5085.6附录N	不调节	正己烷	正己烷	10.0	10.0
5085.6附录R	不调节	正己烷	正己烷	2.0	1.0
5085.6附录I	不调节	正己烷	正己烷	10.0	10.0
5085.6附录K	不调节	不置换	—	—	1.0
5085.6附录L	不调节	甲醇	—	—	1.0

注：a. 对建议定容体积10.0 ml的方法，可以将提取物浓缩到1.0 ml以获得更低的检测限。

附录 W（资料性附录）

固体废物　有机物分析的样品前处理
Florisil（硅酸镁载体）柱净化法
Solid wastes—Sample preparation for analyze of organic —Florisil cleanup

W.1　范围

本方法适用于气相色谱样品在进行分析之前，使用 Florisil（硅酸镁载体）进行柱色谱净化。本方法可以使用柱色谱或者装填 Florisil 的固相萃取柱。

本方法述及了含有下列物质的提取物的净化：邻苯二甲酸酯类、氯代烃、亚硝胺、有机氯农药、硝基芳香化合物、有机磷酸酯、卤代醚、有机磷农药、苯胺及其衍生物和多氯联苯等。

W.2　原理

本方法中净化柱装填 Florisil 后，上面附加一层干燥剂。上样后用适当溶剂洗脱，将干扰物留在 Florisil 柱上。将洗脱液浓缩，备作后续的分析。也可使用装填 40 μm（孔径 6 nm）Florisil 的固相萃取柱，上样前用溶剂活化。上样后用适当溶剂洗脱，将干扰物留在 Florisil 柱上。为了保证结果，应在固相萃取装置（真空缸）上完成。将洗脱液浓缩，备作后续的分析。

W.3　试剂和材料

W.3.1　除另有说明外，本方法中所用的水为无有机物的试剂水。

W.3.2　Florisil：本方法中涉及两种类型的 Florisil，Florisi PR 经过 675℃活化，一般用于净化杀虫剂样品，而 Florisi A 经过 650℃活化，一般用于净化其他样品。待用的 Florisil 必须贮存于带磨口玻璃塞或螺盖有内衬的玻璃容器中。

W.3.3　月桂酸：用于标定 Florisil 的活性，将 10.00 g 月桂酸用正己烷定容到 500 ml 待用。

W.3.4　酚酞指示剂：1%乙醇溶液。

W.3.5　氢氧化钠：称量 20 g 氢氧化钠定容到 500 ml，得到 1 mol/L 的溶液，稀释 20 倍得到 0.05 mol/L 的溶液后用月桂酸溶液标定；准确称取 100～200 mg 月桂酸于锥形瓶中，加入 50 ml 乙醇，溶解月桂酸，加 3 滴酚酞指示剂，用 0.05 mol/L 的氢氧化钠溶液滴定，将每毫升氢氧化钠溶液能中和的月桂酸毫克数作为“溶液强度”标记在 0.05 mol/L 的氢氧化钠溶液瓶上。

W.3.6　Florisil 的活化和去活化。

W.3.6.1　去活化，用于邻苯二甲酸酯净化。使用之前，盛放在一个大口烧杯中，140℃加热至少 16 h。在加热后，转入 500 ml 试剂瓶中，密封并冷却至室温。加 3.3%（体积质量比）

试剂水，充分混合，放置至少 2 h。密封保存。

W.3.6.2　活化，用于邻苯二甲酸酯净化之外的所有过程。无论是 Florisi PR 或者 Florisi A，使用之前，盛放在一个浅玻璃盘中，用金属箔覆盖，130℃加热过夜，密封保存。

W.3.6.3　不同的批料或不同来源的 Florisil，其吸附能力可能不同。建议使用月桂酸值标定 Florisil 的吸附容量。

W.3.6.3.1　称取 2.000 g Florisil 盛放在一个 25 ml 锥形瓶中，用金属箔覆盖，130℃加热过夜。冷却至室温。

W.3.6.3.2　加 20.0 ml 月桂酸正己烷溶液，加塞，振荡 15 min。

W.3.6.3.3　静置沉淀，吸取 10.0 ml 的液体到 125 ml 锥形瓶，不要引入固体。

W.3.6.3.4　加 60 ml 乙醇，3 滴酚酞指示剂。

W.3.6.3.5　用标定过的 0.05 mol/L 的氢氧化钠溶液滴定。

W.3.6.3.6　计算月桂酸值：月桂酸值＝200－滴定体积（ml）×溶液强度（mg/ml）。

W.3.6.3.7　装填柱色谱需要的 Florisil 的克数为：月桂酸值×20 g÷110。

W.3.7　硫酸钠（无水：粒状）：需要置于浅碟 400℃烧灼 4 h 或使用二氯甲烷预洗以净化。使用二氯甲烷洗涤处理的无水硫酸钠必须测定试剂空白。

W.3.8　Florisil 固相萃取柱：装填 40 μm（孔径 6 nm）Florisil，用于净化邻苯二甲酸酯。1 g 氧化铝装填于 6 ml 血清学级的聚丙烯注射器针筒内，加有 20 μm 孔径筛板。0.5 g 和 2 g 规格的也可以使用，但其净化效果需要确认。

W.3.9　提取溶剂：所有试剂均为色谱纯级或同等质量。

W.3.9.1　二氯甲烷、正己烷、异丙醇、甲苯、石油醚（沸程 30～60℃）、正戊烷、丙酮。

W.3.9.2　乙醚（$C_2H_5OC_2H_5$）：必须不含过氧化物，请用相应的试纸测试。除去过氧化物的乙醚应当加入 20 ml/L 的乙醇以保存。

W.3.10　有机酚性能评价标准：0.1 mg/L 2,4,5-三氯苯酚的丙酮溶液。

W.3.11　农药测试标液：正己烷为溶剂，标准物质量浓度分别为：α-六氯环己烷、γ-六氯环己烷、七氯、硫丹Ⅰ，各 5 mg/L，狄氏剂、艾氏剂、4,4′-DDD、4,4′-DDT，各 10 mg/L，四氯间二甲苯、十氯联苯，各 20 mg/L，甲氧氯，50 mg/L。

W.3.12　氯代酚酸除草剂标液：含 2,4,5-T 甲酯 100 mg/L，五氯苯酚甲酯 50 mg/L，毒莠定 200 mg/L。

W.4　仪器、装置

W.4.1　色谱柱：300 mm，10 mm 内径，具有聚四氟乙烯阀门。

W.4.2　烧杯。

W.4.3　试剂瓶。

W.4.4　马弗炉：至少可达 400℃。

W.4.5　玻璃样品瓶：2 ml、5 ml、25 ml，具有聚四氟乙烯旋盖或压盖以存放样品。

W.4.6　固相萃取装置：若具有良好的提取性能并可满足所有质量控制条件，可以使用自动固相萃取装置。

W.4.7　天平：精度 0.01 g。

W.5 样品的采集、保存和预处理

W.5.1 固体基质：250 ml 宽口玻璃瓶，有螺纹的 Teflon 的盖子，冷却至 4℃保存。

液体基质：4 个 1 L 的琥珀色玻璃瓶，有螺纹的 Teflon 的盖子，在样品中加入 0.75 ml 10%的 $NaHSO_4$，冷却至 4℃保存。

W.5.2 保存样品提取物在－10℃，避光，且存放于密闭的容器中（如带螺帽的小瓶或卷盖小瓶）。

W.6 干扰的消除

W.6.1 实验试剂需要进一步的净化。

W.6.2 必须测定溶剂空白，证实净化方法带来的干扰低于后续分析方法的检测限时，净化方法方可应用于实际样品。但是实验证明经过固相萃取小柱进行净化后，每个小柱会给空白样品中带来约 400 ng 的邻苯二甲酸酯干扰。这一部分由固相萃取小柱带来的干扰是无法去除的。

W.7 操作步骤

W.7.1 固相萃取柱的准备和活化。

W.7.1.1 将萃取柱装在真空萃取装置上。

W.7.1.2 抽真空到 250 mmHg。从萃取柱流出的流量可以通过阀门调节。

W.7.1.3 加 4 ml 正己烷到柱上，打开阀门，使溶剂流出几滴后关闭，浸润萃取柱柱床 5 min。期间真空不要关闭。

W.7.1.4 打开阀门，使溶剂流出到柱床上的液面只剩下 1 mm 时关闭，不可抽干。若柱床上的液面被抽干，必须重新活化。

W.7.2 样品处理。

在大多数净化过程之前，必须将萃取液浓缩。上样体积会影响净化过程的性能，对固相萃取柱尤为如此，过大的上样体积会导致结果变差。

W.7.2.1 将下列样品浓缩到 2 ml：邻苯二甲酸酯类、氯代烃、亚硝胺、氯代酚酸除草剂（以上溶剂均为正己烷）、硝基芳香化合物和异佛尔酮（溶剂为二氯甲烷）、苯胺及其衍生物（溶剂为二氯甲烷）。

W.7.2.2 将下列样品浓缩到 10 ml：有机氯农药、有机磷酸酯、卤代醚、有机磷农药和多氯联苯，溶剂均为正己烷。在净化流程中只需要用其中 1 ml。

W.7.2.3 将冷藏样品放置到室温。检查样品是否沉淀、分层或者溶剂蒸发损失。

W.7.3 柱色谱净化邻苯二甲酸酯。

W.7.3.1 将 10 g 去活化的 Florisil 放入 10 mm 内径色谱柱中装实，在顶部加 1 cm 的无水硫酸钠。

W.7.3.2 用 40 ml 己烷预先冲洗柱。所有的洗脱速度应约为 2 ml/min，弃去洗脱液，并在硫酸钠层刚要暴露于空气之前，定量地转移 2 ml 样品提取液至柱上。另用 2 ml 己烷使样品全部转移。

W.7.3.3 在硫酸钠层刚好暴露于空气之前，加 40 ml 的己烷继续洗脱。弃去此洗脱液。

W.7.3.4　用 100 ml 20∶80（体积分数）的乙醚/正己烷溶液洗脱，收集洗脱液。此流程的流出物包括：邻苯二甲酸二（2-乙基己基）酯，邻苯二甲酸二甲酯，邻苯二甲酸二乙酯，邻苯二甲酸苯基丁基酯，邻苯二甲酸二正丁酯，邻苯二甲酸二正辛酯。

W.7.4　固相萃取柱净化邻苯二甲酸酯。

W.7.4.1　按照 W.7.1 预处理含有 1 g Florisil 填料的萃取柱。

W.7.4.2　上样 1 ml，打开阀门，使液体以 2 ml/min 速度流出。

W.7.4.3　在样品流出到填料上层将抽干时，用 0.5 ml 溶剂洗涤样品瓶，上样。

W.7.4.4　在填料上层将抽干之前，关上阀门。

W.7.4.5　将 5 ml 的样品瓶或锥形瓶放在出液口准备接收液体。

W.7.4.6　如果样品中可能存在有机氯农药，加入 10 ml 20∶80（体积分数）的二氯甲烷/正己烷溶液，抽真空到 250 mm Hg。洗脱液刚从萃取柱流出时关闭阀门，浸润 1 min。缓慢打开阀门使洗脱液流出到接收瓶，弃去。

W.7.4.7　加入 10 ml 10∶90（体积分数）的丙酮/正己烷溶液，缓慢打开阀门使洗脱液流出到接收瓶，此馏分包含邻苯二甲酸二酯，可用于后续分析。

W.7.5　柱色谱净化亚硝胺。

W.7.5.1　将 22 g 标定过的活化的 Florisil 放入 20 mm 内径色谱柱中装实，在顶部加 5 mm 的无水硫酸钠。

W.7.5.2　用 40 ml 15∶85（体积分数）的乙醚/正戊烷预先冲洗柱。所有的洗脱速度应约为 2 ml/min，弃去洗脱液，并在硫酸钠层刚要暴露于空气之前，定量地转移 2 ml 样品提取液至柱上。另用 2 ml 正戊烷使样品全部转移。

W.7.5.3　在硫酸钠层刚好暴露于空气之前，加 90 ml 15∶85（体积分数）的乙醚/正戊烷继续洗脱。弃去此洗脱液。

W.7.5.4　用 100 ml 95∶5（体积分数）的乙醚/丙酮洗脱，收集洗脱液。此流程的流出物包括列表中所有亚硝胺。

W.7.6　柱色谱净化有机氯农药、卤代醚类和有机磷农药（洗脱顺序见表 W.2）。

W.7.6.1　将 20 g 标定过的活化的 Florisil 放入 20 mm 内径色谱柱中装实，在顶部加 1～2 cm 的无水硫酸钠。

W.7.6.2　用 60 ml 正己烷预先冲洗柱。所有的洗脱速度应约为 5 ml/min，弃去洗脱液，并在硫酸钠层刚要暴露于空气之前，定量地转移 10 ml 样品提取液至柱上。另用 2 ml 正己烷使样品全部转移。

W.7.6.3　在硫酸钠层刚好暴露于空气之前，加 200 ml 6∶94（体积分数）的乙醚/正己烷继续洗脱，得到馏分 1，其中包含卤代醚。

W.7.6.4　加 200 ml 15∶85（体积分数）的乙醚/正己烷继续洗脱，得到馏分 2。

W.7.6.5　加 200 ml 50∶50（体积分数）的乙醚/正己烷继续洗脱，得到馏分 3。

W.7.6.6　加 200 ml 乙醚继续洗脱，得到馏分 4。

W.7.7　固相萃取柱净化有机氯农药和 PCBs。

W.7.7.1　按照 W.7.1 预处理含有 1 g Florisil 填料的萃取柱。

W.7.7.2　上样 1 ml，打开阀门，使液体以 2 ml/min 速度流出。

W.7.7.3　在样品流出到填料上层将抽干时，用 0.5 ml 溶剂洗涤样品瓶，上样。

W.7.7.4 在填料上层将抽干之前，关上阀门。

W.7.7.5 将 10 ml 的样品瓶或锥形瓶放在出液口准备接收液体。

W.7.7.6 如果不需要分开有机氯农药和 PCBs，加入 9 ml 10∶90（体积分数）的丙酮/正己烷溶液，抽真空到 250 mmHg。洗脱液刚从萃取柱流出时关闭阀门，浸润 1 min。缓慢打开阀门使洗脱液流出到接收瓶，馏分包含有机氯农药和 PCBs，浓缩到适当体积并需置换溶剂。

W.7.7.7 加入 3 ml 正己烷，抽真空到 250 mmHg。洗脱液刚从萃取柱流出时关闭阀门，浸润 1 min。得到馏分 1，其中包含 PCBs 和少数几种有机氯农药。

W.7.7.8 加 5 ml 26∶74（体积分数）的二氯甲烷/正己烷继续洗脱，得到馏分 2，含大多数有机氯农药。

W.7.7.9 加 5 ml 10∶90（体积分数）的丙酮/正己烷溶液继续洗脱，得到馏分 3，含剩余的有机氯农药。

W.7.8 柱色谱净化硝基芳香化合物和异佛尔酮。

W.7.8.1 将 10 g 标定过的活化的 Florisil 放入 10 mm 内径色谱柱中装实，在顶部加 1 cm 的无水硫酸钠。

W.7.8.2 用 10∶90（体积分数）的二氯甲烷/正己烷溶液预先冲洗柱。所有的洗脱速度应约为 2 ml/min，弃去洗脱液，并在硫酸钠层刚要暴露于空气之前，定量地转移 2 ml 样品提取液至柱上。另用 2 ml 正己烷使样品全部转移。

W.7.8.3 在硫酸钠层刚好暴露于空气之前，加 30 ml 10∶90（体积分数）的二氯甲烷/正己烷溶液继续洗脱。弃去此洗脱液。

W.7.8.4 用 90 ml 15∶85（体积分数）的乙醚/正戊烷洗脱，弃去此洗脱液（洗脱二苯胺）。

W.7.8.5 加 100 ml 5∶95（体积分数）的丙酮/乙醚继续洗脱，得到馏分 1，含有硝基芳香化合物。

W.7.8.6 加入 15 ml 甲醇后，浓缩到适当体积。

W.7.8.7 加 30 ml 10∶90（体积分数）的丙酮/二氯甲烷继续洗脱，得到馏分 2，含所有的硝基芳香化合物。

W.7.8.8 将洗脱液浓缩到适当体积后，将溶剂置换为己烷。馏分包含：2,4-二硝基甲苯、2,6-二硝基甲苯、异佛尔酮、硝基苯。

W.7.9 柱色谱净化氯代烃。

W.7.9.1 将 12 g 去活化的 Florisii 放入 10 mm 内径色谱柱中装实，在顶部加 1～2 cm 的无水硫酸钠。

W.7.9.2 用 100 ml 石油醚预先冲洗柱。弃去洗脱液，并在硫酸钠层刚要暴露于空气之前，定量地转移样品提取液至柱上。

W.7.9.3 用 200 ml 石油醚洗脱，收集洗脱液。此流程的流出物包括：2-氯萘、1,2-二氯苯、1,3-二氯苯、1,4-二氯苯、1,2,4-三氯苯、六氯联苯、六氯丁二烯、六氯环戊二烯、六氯乙烷。

W.7.10 固相萃取柱净化氯代烃。

W.7.10.1 按照 W.7.1 预处理含有 1 g Florisil 填料的萃取柱。

W.7.10.2 上样，打开阀门，使液体以 2 ml/min 速度流出。

W.7.10.3 在样品流出到填料上层将抽干时，用 0.5 ml10：90（体积分数）的丙酮/正己烷洗涤样品瓶，上样。

W.7.10.4 在填料上层将抽干之前，关上阀门。

W.7.10.5 将 5 ml 的样品瓶或锥形瓶放在出液口准备接收液体。

W.7.10.6 加入 10 ml 10：90（体积分数）的丙酮/正己烷溶液，抽真空到 250 mmHg。洗脱液刚从萃取柱流出时关闭阀门，浸润 1 min。缓慢打开阀门使洗脱液流出到接收瓶。

W.7.11 柱色谱净化苯胺及其衍生物（见表 W.4）。

W.7.11.1 将适量标定过的活化的 Florisil 放入 20 mm 内径色谱柱中装实。

W.7.11.2 用 100 ml 5：95（体积分数）的异丙醇/二氯甲烷，100 ml 50：50（体积分数）的正己烷/二氯甲烷溶液，100 ml 正己烷依次冲洗柱。弃去洗脱液，并在剩余 5 cm 高度的正己烷时，关闭阀门。

W.7.11.3 定量地转移 2 ml 样品提取液到盛有 2 g 活化的 Florisil 的烧杯，氮气吹干。

W.7.11.4 将这部分 Florisil 上样，并用 75 ml 正己烷洗净烧杯，淋洗色谱柱。在硫酸钠层刚好暴露于空气之前，关闭阀门，弃去正己烷洗脱液。

W.7.11.5 用 50 ml 50：50（体积分数）的正己烷/二氯甲烷以 5 ml/min 速度洗脱，收集馏分 1。

W.7.11.6 用 50 ml 5：95（体积分数）的异丙醇/二氯甲烷洗脱，收集馏分 2。

W.7.11.7 用 50 ml 5：95（体积分数）的甲醇/二氯甲烷洗脱，收集馏分 3。一般而言三种馏分被混合测定。但也可单独测定。

W.7.12 柱色谱净化有机磷酸酯化合物。

W.7.12.1 将适量标定过的活化的 Florisil 放入 20 mm 内径色谱柱中装实，在顶部加 1～2 cm 的无水硫酸钠。

W.7.12.2 用 50～60 ml 正己烷预先冲洗柱。所有的洗脱速度应约为 2 ml/min，弃去洗脱液，并在硫酸钠层刚要暴露于空气之前，定量地转移 10 ml 样品提取液至柱上。另用少量正己烷使样品全部转移。

W.7.12.3 在硫酸钠层刚好暴露于空气之前，加 100 ml 10：90（体积分数）的二氯甲烷/正己烷继续洗脱。弃去此洗脱液。

W.7.12.4 用 200 ml 30：70（体积分数）的乙醚/正己烷洗脱，收集洗脱液。其中包括除了三（2,3-二溴丙基）磷酸酯之外的有机磷化合物。

W.7.12.5 用 200 ml 40：60（体积分数）的乙醚/正己烷洗脱三（2,3-二溴丙基）磷酸酯。

W.7.13 柱色谱净化氯代苯酚除草剂。

W.7.13.1 将 4 g 标定过的活化的 Florisil 放入 20 mm 内径色谱柱中装实，在顶部加 5 mm 的无水硫酸钠。

W.7.13.2 用 15 ml 正己烷预先冲洗柱。所有的洗脱速度应约为 2 ml/min，弃去洗脱液，并在硫酸钠层刚要暴露于空气之前，定量地转移 2 ml 样品提取液至柱上。另用 2 ml 正己烷使样品全部转移。

W.7.13.3 在硫酸钠层刚好暴露于空气之前，加 35 ml 20：80（体积分数）的二氯甲烷/正己烷继续洗脱。收集馏分 1，其中含有五氯苯酚甲酯。

W.7.13.4 用 60 ml 50：0.035：49.65（体积分数）的二氯甲烷/乙腈/正己烷洗脱，收集馏分 2。

W.7.13.5 需要测定毒莠定时，用二氯甲烷洗脱，得到馏分 3。三种馏分被混合测定。但也可单独测定。

W.8 质量控制

W.8.1 固相萃取柱的性能必须测试，每一个批次的固相萃取柱以及同样填料的每 300 根萃取柱必须测试一次。

W.8.2 对有机氯农药，可以如下测试净化回收率。将前述的 0.5 ml 2,4,5-三氯苯酚标液与 1.0 ml 有机氯农药标准溶液及 0.5 ml 正己烷混合，使用对应的净化方法洗脱。如果各个有机氯农药的回收率在 80%～110%，且 2,4,5-三氯苯酚回收率低于 5%，并且不存在基线干扰，则证明该批号 Florisil 可用。

W.8.3 对氯代苯酚除草剂，可以如下测试净化回收率。将前述的氯代苯酚除草剂标液，使用对应的净化方法处理。如果各个氯代苯酚除草剂被定量回收，三氯苯酚回收率低于 5%，并且不存在基线干扰，则证明该批号 Florisil 可用。

W.8.4 对于应用此法进行净化的样品提取液，有关的质量控制样品也必须通过此净化方法进行处理。

表 W.1 使用 Florisil 对邻苯二甲酸酯的柱色谱净化回收率

化合物		平均回收率/%
邻苯二甲酸二甲酯	Dimethyl phthalate	40
邻苯二甲酸二乙酯	Diethyl phthalate	57
邻苯二甲酸二异丁酯	Diisobutyl phthalate	80
邻苯二甲酸二正丁酯	Di-n-butyl phthalate	85
邻苯二甲酸双（4-甲基-2-戊基）酯	*Bis*（4-methyl-2-pentyl）phthalate	84
邻苯二甲酸双（2-甲基氧乙基）酯	*Bis*（2-methoxyethyl）phthalate	0
邻苯二甲酸二戊酯	Diamyl phthalate	82
邻苯二甲酸双 2-乙基氧乙基酯	*Bis*（2-ethoxyethyl）phthalate	0
邻苯二甲酸己基 2-乙基己基酯	Hexyl 2-ethylhexyl phthalate	105
邻苯二甲酸二己酯	Dihexyl phthalate	74
邻苯二甲酸苄基丁基酯	Benzyl butyl phthalate	90
邻苯二甲酸双（2-正丁基氧乙基）酯	*Bis*（2-n-butoxyethyl）phthalate	0
邻苯二甲酸双（2-乙基己基）酯	*Bis*（2-ethylhexyl）phthalate	82
邻苯二甲酸二环己酯	Dicyclohexyl phthalate	84
邻苯二甲酸二正辛酯	Dinoctyl phthalate	115
邻苯二甲酸二正癸酯	Dinonyl phthalate	72

注：两次测定平均值。

表 W.2 使用 Florisil 固相萃取柱对邻苯二甲酸酯净化回收率

化合物		平均回收率/%
邻苯二甲酸二甲酯	Dimethyl phthalate	89
邻苯二甲酸二乙酯	Diethyl phthalate	97
邻苯二甲酸二异丁酯	Diisobutyl phthalate	92
邻苯二甲酸二正丁酯	Di-n-butyl phthalate	102
邻苯二甲酸双（4-甲基-2-戊基）酯	*Bis*（4-methyl-2-pentyl）phthalate	105

化合物		平均回收率/%
邻苯二甲酸双（2-甲基氧乙基）酯	*Bis*（2-methoxyethyl）phthalate	78
邻苯二甲酸二戊酯	Diamyl phthalate	94
邻苯二甲酸双（2-乙基氧乙基）酯	*Bis*（2-ethoxyethyl）phthalate	94
邻苯二甲酸己基（2-乙基己基）酯	Hexyl 2-ethylhexyl phthalate	96
邻苯二甲酸二己酯	Dihexyl phthalate	97
邻苯二甲酸苯基丁基酯	Benzyl butyl phthalate	99
邻苯二甲酸双（2-正丁基氧乙基）酯	*Bis*（2-n-butoxyethyl）phthalate	92
邻苯二甲酸双（2-乙基己基）酯	*Bis*（2-ethylhexyl）phthalate	98
邻苯二甲酸二环己基酯	Dicyclohexyl phthalate	90
邻苯二甲酸二正辛酯	Di-n-octyl phthalate	97
邻苯二甲酸二正癸酯	Dinonyl phthalate	105

注：表中数据为两次测定的平均值。

表 W.3　使用 Florisil 对有机氯农药和 PCBs 的柱色谱净化各馏分回收率

化合物		回收率/%		
		馏分 1	馏分 2	馏分 3
艾氏剂	Aldrin	100		
α-六氯环己烷	α-BHC	100		
β-六氯环己烷	β-BHC	97		
γ-六氯环己烷	γ-BHC	98		
δ-六氯环己烷	δ-BHC	100		
氯丹	Chlordane	100		
	4,4′-DDD	99		
	4,4′-DDE	98		
	4,4′-DDT	100		
狄氏剂	Dieldrin	0	100	
硫丹Ⅰ	EndosulfanⅠ	37	64	
硫丹Ⅱ	EndosulfanⅡ	0	7	91
硫丹硫酸盐	Endosulfan sulfate	0	0	106
异狄氏剂	Endrin	4	96	
异狄氏醛	Endrin aldehyde	0	68	26
七氯	Heptachlor	100		
环氧七氯	Heptachlor epoxide	100		
毒杀芬	Toxaphene	96		
	Aroclor1016	97		
	Aroclor1221	97		
	Aroclor1232	95	4	
	Aroclor 1242	97		
	Aroclor1248	103		
	Aroclor 1254	90		
	Aroclor1260	95		

注：各馏分的洗脱剂参见相关部分。

表 W.4 使用 Florisil 固相萃取柱对 PCBs 的净化回收率

化合物	平均回收率/%	化合物	平均回收率/%
Aroclor 1016	105	Aroclor 1242	94
Aroclor 1221	76	Aroclor 1248	97
Aroclor 1232	90	Aroclor1254	95
		Aroclor1260	90

表 W.5 使用 Florisil 对有机氯农药和 PCBs 的柱色谱净化各馏分回收率

化合物		馏分 1		馏分 2		馏分 3	
		平均回收率/%	RSD/%	平均回收率/%	RSD/%	平均回收率/%	RSD/%
α-六氯环己烷	α-BHC	—	—	111	8.3	—	—
β-六氯环己烷	β-BHC	—	—	109	7.8	—	—
γ-六氯环己烷	γ-BHC	—	—	110	8.5	—	—
δ-六氯环己烷	δ-BHC	—	—	106	9.3	—	—
氯丹	Chlordane	98	11	—	—	—	—
	4,4′-DDD	97	10	—	—	—	—
	4,4′-DDE	—	—	109	7.9	—	—
	4,4′-DDT	—	—	105	3.5	—	—
狄氏剂	Dieldrin	—	—	111	6.2	—	—
硫丹Ⅰ	EndosulfanⅠ	104	5.7	—	—	—	—
硫丹Ⅱ	EndosulfanⅡ	—	—	110	7.8	—	—
硫丹硫酸盐	Endosulfan sulfate	—	—	111	6.2	—	—
异狄氏剂	Endrin	—	—	—	—	111	2.3
异狄氏醛	Endrin aldehyde	—	—	49	14	48	12
七氯	Heptachlor	40	2.6	17	24	63	3.2
环氧七氯	Heptachlor epoxide	—	—	—	—	—	—
毒杀芬	Toxaphene	—	—	85	2.2	37	29

注：使用 0.5 μg 的标准样品进行标准添加。
各馏分洗脱液参见相关部分。

表 W.6 使用 Florisil 对有机磷农药的柱色谱净化各馏分回收率

化合物		各馏分的回收率/%			
		馏分 1	馏分 2	馏分 3	馏分 4
甲基谷硫磷	Azinphos methyl			20	80
硫丙磷	Bolstar（Sulprofos）	ND	ND	ND	ND
毒死蜱	Chlorpyrifos	＞80			
蝇毒磷	Coumaphos	NR	NR	NR	
内吸磷	Demeton	100			
二嗪农	Diazinon		100		
敌敌畏	Dichlorvos	NR	NR	NR	
乐果	Dimethoate	ND	ND	ND	ND
乙拌磷	Disulfoton	25～40			
苯硫磷	EPN		＞80		
灭克磷	Ethoprop	V	V	V	
杀螟硫磷	Fensulfothion	ND	ND	ND	ND
倍硫磷	Fenthion	R	R		

化合物		各馏分的回收率/%			
		馏分 1	馏分 2	馏分 3	馏分 4
马拉硫磷	Malathion		5	95	
脱叶亚磷	Merphos	V	V	V	
速灭磷	Mevinphos	ND	ND	ND	ND
久效磷	Monocrotophos	ND	ND	ND	ND
二溴磷	Naled	NR	NR	NR	
对硫磷	Parathion		100		
甲基对硫磷	Parathion methyl		100		
甲拌磷	Phorate	0～62			
皮蝇磷	Ronnel	＞80			
乐本松	Stirophos（Tetrachlorvinphos）	ND	ND	ND	ND
硫特普	Sulfotepp	V	V		
特普	TEPP	ND	ND	ND	ND
丙硫磷	Tokuthion（Prothiofos）	＞80			
壤虫磷	Trichloronate	＞80			

注：各馏分洗脱液参见相关部分。

NR—没有回收，V—回收率不确定，ND—未测定

表 W.7 使用 Florisil 固相萃取柱对氯代烃净化回收率

化合物		馏分 2	
		平均回收率/%	RSD/%
六氯乙烷	Hexachloroethane	95	2.0
1,3-二氯苯	1,3-Dichlorobenzene	101	2.3
1,4-二氯苯	1,4-Dichlorobenzene	100	2.3
1,2-二氯苯	1,2-Dichlorobenzene	102	1.6
氯苯	Benzyl chloride	101	1.5
1,3,5-三氯苯	1,3,5-Trichlorobenzene	98	2.2
六氯丁二烯	Hexachlorobutadiene	95	2.0
苄叉二氯	Benzal chloride	99	0.8
1,2,4-三氯苯	1,2,4-Trichlorobenzene	99	0.8
苄川三氯	Benzotrichloride	90	6.5
1,2,3-三氯苯	1,2,3-Trichlorobenzene	97	2.0
六氯环戊二烯	Hexachlorocyclopentadiene	103	3.3
1,2,4,5-四氯苯	1,2,4,5-Tetrachlorobenzene	98	2.3
1,2,3,5-四氯苯	1,2,3,5-Tetrachlorobenzene	98	2.3
1,2,3,4-四氯苯	1,2,3,4-Tetrachlorobenzene	99	1.3
2-氯萘	2-Chloronaphthalene	95	1.4
五氯苯	Pentachlorobenzene	104	1.5
六氯苯	Hexachlorobenzene	78	1.1
α-六氯环己烷	alpha-BHC	100	0.4
β-六氯环己烷	gamma-BHC	99	0.7
γ-六氯环己烷	beta-BHC	95	1.8
δ-六氯环己烷	delta-BHC	97	2.7

表 W.8 使用 Florisil 对苯胺类化合物的柱色谱净化各馏分回收率

化合物		各馏分的回收率/%		
		馏分 1	馏分 2	馏分 3
苯胺	Aniline		41	52
2-氯代苯胺	2-Chloroaniline		71	10
3-氯代苯胺	3-Chloroaniline		78	4
4-氯代苯胺	4-Chloroaniline	7	56	13
4-溴代苯胺	4-Bromoaniline		71	10
3,4-二氯苯胺	3,4-Dichloroaniline		83	1
2,4,6-三氯苯胺	2,4,6-Trichloroaniline	70	14	
2,4,5-三氯苯胺	2,4,5-Trichloroaniline	35	53	
2-硝基苯胺	2-Nitroaniline		91	9
3-硝基苯胺	3-Nitroaniline		89	11
4-硝基苯胺	4-Nitroaniline		67	30
2,4-二硝基苯胺	2,4-Dinitroaniline			75
4-氯-2-硝基苯胺	4-Chloro-2-nitroaniline		84	
2-氯-4-硝基苯胺	2-Chloro-4-nitroaniline		71	10
2,6-二氯-4-硝基苯胺	2,6-Dichloro-4-nitroaniline		89	9
2,6-二溴-4-硝基苯胺	2,6-Dibromo-4-nitroaniline		89	9
2-溴-6-氯-4-硝基苯胺	2-Bromo-6-chloro-4-nitroaniline		88	16
2-氯-4,6-二硝基苯胺	2-Chloro-4,6-dinitroaniline			76
2-溴-4,6-二硝基苯胺	2-Bromo-4,6-dinitroaniline			100

注：各馏分洗脱液参见相关部分。

中华人民共和国国家标准

危险废物鉴别标准　易燃性鉴别

Identification standards for hazardous wastes
Identification for ignitability

GB 5085.4—2007

前　言

为贯彻《中华人民共和国环境保护法》和《中华人民共和国固体废物污染环境防治法》，防治危险废物造成的环境污染，加强对危险废物的管理，保护环境，保障人体健康，制定本标准。

本标准是国家危险废物鉴别标准的组成部分。国家危险废物鉴别标准规定了固体废物危险特性技术指标，危险特性符合标准规定的技术指标的固体废物属于危险废物，须依法按危险废物进行管理。国家危险废物鉴别标准由以下 7 个标准组成：

1．危险废物鉴别标准　通则
2．危险废物鉴别标准　腐蚀性鉴别
3．危险废物鉴别标准　急性毒性初筛
4．危险废物鉴别标准　浸出毒性鉴别
5．危险废物鉴别标准　易燃性鉴别
6．危险废物鉴别标准　反应性鉴别
7．危险废物鉴别标准　毒性物质含量鉴别

本标准为新增部分。

按照有关法律规定，本标准具有强制执行的效力。

本标准由国家环境保护总局科技标准司提出。

本标准起草单位：中国环境科学研究院环境标准研究所、固体废物污染控制技术研究所。

本标准由国家环境保护总局 2007 年 3 月 27 日批准。

本标准自 2007 年 10 月 1 日起实施。

本标准由国家环境保护总局解释。

1　范围

本标准规定了易燃性危险废物的鉴别标准。

本标准适用于任何生产、生活和其他活动中产生的固体废物的易燃性鉴别。

2 规范性引用文件

下列文件中的条款通过 GB 5085 的本部分的引用而成为本标准的条款。凡是不注日期的引用文件，其最新版本适用于本标准。

GB/T 261 石油产品闪点测定法（闭口杯法）

GB 19521.1 易燃固体危险货物危险特性检验安全规范

GB 19521.3 易燃气体危险货物危险特性检验安全规范

HJ/T 298 危险废物鉴别技术规范

3 术语和定义

下列术语和定义适用于本标准。

3.1 闪点 flash point

指在标准大气压（101.3 kPa）下，液体表面上方释放出的易燃蒸气与空气完全混合后，可以被火焰或火花点燃的最低温度。

3.2 易燃下限 lower flammable limit

可燃气体或蒸气与空气（或氧气）组成的混合物在点火后可以使火焰蔓延的最低浓度，以%表示。

3.3 易燃上限 upper flammable limit

可燃气体或蒸气与空气（或氧气）组成的混合物在点火后可以使火焰蔓延的最高浓度，以%表示。

3.4 易燃范围 flammable range

可燃气体或蒸气与空气（或氧气）组成的混合物能被引燃并传播火焰的浓度范围，通常以可燃气体或蒸气在混合物中所占的体积分数表示。

4 鉴别标准

符合下列任何条件之一的固体废物，属于易燃性危险废物。

4.1 液态易燃性危险废物

闪点温度低于 60℃（闭杯试验）的液体、液体混合物或含有固体物质的液体。

4.2 固态易燃性危险废物

在标准温度和压力（25℃，101.3 kPa）下因摩擦或自发性燃烧而起火，经点燃后能剧烈而持续地燃烧并产生危害的固态废物。

4.3 气态易燃性危险废物

在 20℃，101.3 kPa 状态下，在与空气的混合物中体积分数≤13%时可点燃的气体，或者在该状态下，不论易燃下限如何，与空气混合，易燃范围的易燃上限与易燃下限之差大于或等于 12 个百分点的气体。

5 实验方法

5.1 采样点和采样方法按照 HJ/T 298 的规定进行。

5.2 第 4.1 条按照 GB/T 261 的规定进行。

5.3 第 4.2 条按照 GB 19521.1 的规定进行。

5.4 第 4.3 条按照 GB 19521.3 的规定进行。

6 标准实施

本标准由县级以上人民政府环境保护行政主管部门负责监督实施。

中华人民共和国国家标准

危险废物鉴别标准　反应性鉴别

Identification standards for hazardous wastes
Identification for ignitability

GB 5085.5—2007

前　言

为贯彻《中华人民共和国环境保护法》和《中华人民共和国固体废物污染环境防治法》，防治危险废物造成的环境污染，加强对危险废物的管理，保护环境，保障人体健康，制定本标准。

本标准是国家危险废物鉴别标准的组成部分。国家危险废物鉴别标准规定了固体废物危险特性技术指标，危险特性符合标准规定的技术指标的固体废物属于危险废物，须依法按危险废物进行管理。国家危险废物鉴别标准由以下 7 个标准组成：

1．危险废物鉴别标准　通则
2．危险废物鉴别标准　腐蚀性鉴别
3．危险废物鉴别标准　急性毒性初筛
4．危险废物鉴别标准　浸出毒性鉴别
5．危险废物鉴别标准　易燃性鉴别
6．危险废物鉴别标准　反应性鉴别
7．危险废物鉴别标准　毒性物质含量鉴别

本标准为新增部分。

按照有关法律规定，本标准具有强制执行的效力。

本标准由国家环境保护总局科技标准司提出。

本标准起草单位：中国环境科学研究院环境标准研究所、固体废物污染控制技术研究所。

本标准由国家环境保护总局 2007 年 3 月 27 日批准。

本标准自 2007 年 10 月 1 日起实施。

本标准由国家环境保护总局解释。

1　范围

本标准规定了反应性危险废物的鉴别标准。

本标准适用于任何生产、生活和其他活动中产生的固体废物的反应性鉴别。

2 规范性引用文件

下列文件中的条款通过 GB 5085 的本部分的引用而成为本标准的条款。凡是不注日期的引用文件，其最新版本适用于本标准。

GB 19452 氧化性危险货物危险特性检验安全规范

GB 19455 民用爆炸品危险货物危险特性检验安全规范

GB 19521.4—2004 遇水放出易燃气体危险货物危险特性检验安全规范

GB 19521.12 有机过氧化物危险货物危险特性检验安全规范

HJ/T 298 危险废物鉴别技术规范

3 术语和定义

3.1 爆炸 explosion

在极短的时间内，释放出大量能量，产生高温，并放出大量气体，在周围形成高压的化学反应或状态变化的现象。

3.2 爆轰 detonation

以冲击波为特征，以超音速传播的爆炸。冲击波传播速度通常能达到 1 000 m 到数千米每秒，且外界条件对爆速的影响较小。

4 鉴别标准

符合下列任何条件之一的固体废物，属于反应性危险废物。

4.1 具有爆炸性质

4.1.1 常温常压下不稳定，在无引爆条件下，易发生剧烈变化。

4.1.2 标准温度和压力下（25℃，101.3 kPa），易发生爆轰或爆炸性分解反应。

4.1.3 受强起爆剂作用或在封闭条件下加热，能发生爆轰或爆炸反应。

4.2 与水或酸接触产生易燃气体或有毒气体

4.2.1 与水混合发生剧烈化学反应，并放出大量易燃气体和热量。

4.2.2 与水混合能产生足以危害人体健康或环境的有毒气体、蒸气或烟雾。

4.2.3 在酸性条件下，每千克含氰化物废物分解产生≥250 mg 氰化氢气体，或者每千克含硫化物废物分解产生≥500 mg 硫化氢气体。

4.3 废弃氧化剂或有机过氧化物

4.3.1 极易引起燃烧或爆炸的废弃氧化剂。

4.3.2 对热、振动或摩擦极为敏感的含过氧基的废弃有机过氧化物。

5 实验方法

5.1 采样点和采样方法按照 HJ/T 298 的规定进行。

5.2 第 4.1 条爆炸性危险废物的鉴别主要依据专业知识，在必要时可按照 GB 19455 中 6.2 和 6.4 的规定进行试验和判定。

5.3 第 4.2.1 条按照 GB 19521.4—2004 中第 5.5.1 条和第 5.5.2 条的规定进行试验和判定。

5.4 第 4.2.2 条主要依据专业知识和经验来判断。

5.5 第 4.2.3 条按照本标准的附录 A 进行。

5.6 第 4.3.1 条按照 GB 19452 的规定进行。

5.7 第 4.3.2 条按照 GB 19521.12 的规定进行。

6 标准实施

本标准由县级以上人民政府环境保护行政主管部门负责监督实施。

附录 A（资料性附录）

固体废物　遇水反应性的测定

Solid waste-Determination of the reactivity with water

A.1　范围

本方法规定了与酸溶液接触后氢氰酸和硫化氢的比释放率的测定方法。

本方法适用于遇酸后不会形成爆炸性混合物的所有废物。

本方法只检测在实验条件下产生的氢氰酸和硫化氢。

A.2　原理

在装有定量废物的封闭体系中加入一定量的酸，将产生的气体吹入洗气瓶，测定被分析物。

A.3　试剂和材料

A.3.1　试剂水，不含有机物的去离子水。

A.3.2　硫酸（0.005 mol/L），加 2.8 mL 浓 H_2SO_4 于试剂水中，稀释至 1 L。取 100 mL 此溶液稀释至 1 L，制得 0.005 mol/L H_2SO_4。

A.3.3　氰化物参比溶液（1 000 mg/L），溶解约 2.5 g KOH 和 2.51 g KCN 于 1 L 试剂水中，用 0.019 2 mol/L$AgNO_3$ 标定，此溶液中氰化物的质量浓度应为 1 mg/mL。

A.3.4　NaOH 溶液（1.25 mol/L），溶解 50 g NaOH 于试剂水中，稀释至 1 L。

A.3.5　NaOH 溶液（0.25 mol/L），用试剂水将 200 mL 1.25 mol/L NaOH 溶液（A.3.4）稀释至 1 L。

A.3.6　硝酸银溶液（0.019 2 mol/L），研碎约 5 g $AgNO_3$ 晶体，于 40℃干燥至恒重。称取 3.265 g 干燥过的 $AgNO_3$，用试剂水溶解并稀释至 1 L。

A.3.7　硫化物参比溶液（1 000 mg/L），溶解 4.02 g $Na_2S \cdot 9H_2O$ 于 1 L 试剂水中，此溶液中 H_2S 质量浓度为 570 mg/L，根据要求的分析范围（100～570 mg/L）稀释此溶液。

A.4　仪器、装置

A.4.1　圆底烧瓶，500 mL，三颈，带 24/40 磨口玻璃接头。

A.4.2　洗气瓶，50 mL 刻度洗气瓶。

A.4.3　搅拌装置，转速可达到约 30 r/min，可以将磁转子与搅拌棒联合使用，也可以使用顶置马达驱动的螺旋搅拌器。

A.4.4　等压分液漏斗，带均压管、24/40 磨口玻璃接头和聚四氟乙烯套管。

A.4.5 软管，用于连接氮气源与设备。

A.4.6 氮气：贮于带减压阀的气瓶中。

A.4.7 流量计：用于监测氮气流量。

A.4.8 分析天平：可称重至 0.001 g。

实验装置见图 A.1。

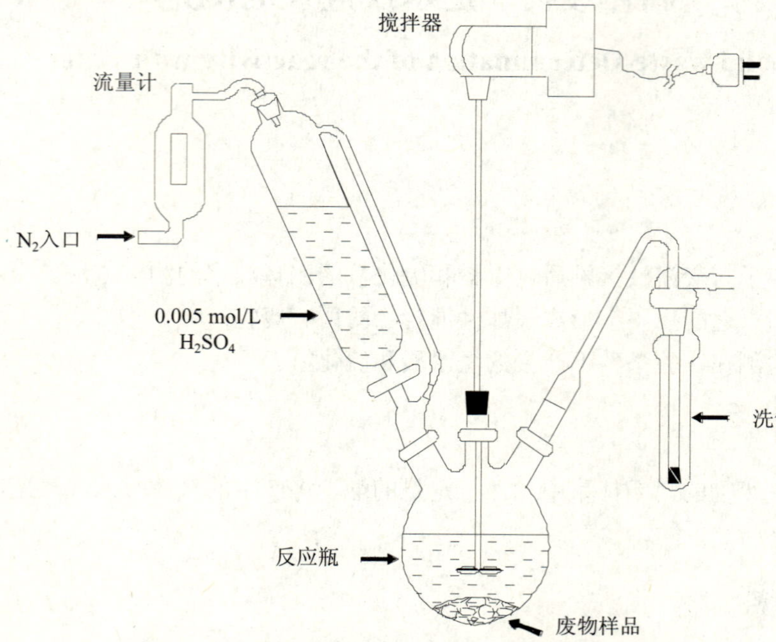

图 A.1 测定废物中氰化物或硫化物释放的实验装置

A.5 样品的采集、保存和预处理

采集含有或怀疑含有硫化物或硫化物与氰化物混合物的废物样品时，应尽量避免将样品暴露于空气。样品瓶应完全装满，顶部不留任何空间，盖紧瓶盖。样品应在暗处冷藏保存，并尽快进行分析。

对于含氰化物的废物样品，建议尽快进行分析。尽管可以用强碱将样品调至 pH 12 进行保存，但这样会使样品稀释，提高离子强度，并有可能改变废物的其他理化性质，影响氢氰酸的释放速率。样品应在暗处冷藏保存。

对于含硫化物的废物样品，建议尽快进行分析。尽管可以用强碱将样品调至 pH 12 并在样品中加入醋酸锌进行保存，但这样会使样品稀释，提高离子强度，并有可能改变废物的其他理化性质，影响硫化氢的释放速率。样品应在暗处冷藏保存。

实验应在通风橱内进行。

A.6 分析步骤

A.6.1 加 50 mL 0.25 mol/L 的 NaOH 溶液于刻度洗气瓶中，用试剂水稀释至液面高度。

A.6.2 封闭测量系统，用转子流量计调节氮气流量，流量应为 60 mL/min。

A.6.3 向圆底烧瓶中加入 10 g 待测废物。

A.6.4 保持氮气流量，加入足量硫酸使烧瓶半满，同时开始 30 min 的实验过程。

A.6.5 在酸进入圆底烧瓶的同时开始搅拌，搅拌速度在整个实验过程中应保持不变。

注意：搅拌速度以不产生旋涡为宜。

A.6.6 30 min 后，关闭氮气，卸下洗气瓶，分别测定洗气瓶中氰化物和硫化物的含量。

A.7 结果计算

固体废物试样中氰化物或硫化物质量分数（mg/kg）由下式计算：

$$R=\frac{\rho \cdot V}{m \cdot t}$$

总有效 HCN（或 H_2S）质量分数=$R \cdot t$

式中：R——比释放率，mg/（kg • s）；

ρ——洗气瓶中 HCN 的质量浓度，mg/L；洗气瓶中 H_2S 的质量浓度，mg/L；

V——洗气瓶中溶液的体积，L；

m——取用的废物质量，kg；

t——测量时间，s。

t=关掉氮气的时间−通入氮气的时间

中华人民共和国国家标准

危险废物鉴别标准　毒性物质含量鉴别

Identification standards for hazardous wastes
Identification for toxic subsance content

GB 5085.6—2007

前　言

为贯彻《中华人民共和国环境保护法》和《中华人民共和国固体废物污染环境防治法》，防治危险废物造成的环境污染，加强对危险废物的管理，保护环境，保障人体健康，制定本标准。

本标准是国家危险废物鉴别标准的组成部分。国家危险废物鉴别标准规定了固体废物危险特性技术指标，危险特性符合标准规定的技术指标的固体废物属于危险废物，须依法按危险废物进行管理。国家危险废物鉴别标准由以下 7 个标准组成：

1．危险废物鉴别标准　通则
2．危险废物鉴别标准　腐蚀性鉴别
3．危险废物鉴别标准　急性毒性初筛
4．危险废物鉴别标准　浸出毒性鉴别
5．危险废物鉴别标准　易燃性鉴别
6．危险废物鉴别标准　反应性鉴别
7．危险废物鉴别标准　毒性物质含量鉴别

本标准为新增部分。

按有关法律规定，本标准具有强制执行的效力。

本标准由国家环境保护总局科技标准司提出。

本标准起草单位：中国环境科学研究院固体废物污染控制技术研究所、环境标准研究所。

本标准国家环境保护总局 2007 年 3 月 27 日批准。

本标准自 2007 年 10 月 1 日起实施。

本标准由国家环境保护总局解释。

1　范围

本标准规定了含有毒性、致癌性、致突变性和生殖毒性物质的危险废物鉴别标准。

本标准适用于任何生产、生活和其他活动中产生的固体废物的毒性物质含量鉴别。

2 规范性引用文件

下列文件中的条款通过 GB 5085 的本部分的引用而成为本标准的条款。凡是不注日期的引用文件，其最新版本适用于本标准。

HJ/T 298　危险废物鉴别技术规范

3 术语和定义

下列术语和定义适用于本标准。

3.1　剧毒物质 acutely toxic substance

具有非常强烈毒性危害的化学物质，包括人工合成的化学品及其混合物和天然毒素。

3.2　有毒物质 toxic substance

经吞食、吸入或皮肤接触后可能造成死亡或严重健康损害的物质。

3.3　致癌性物质 carcinogenic substance

可诱发癌症或增加癌症发生率的物质。

3.4　致突变性物质 mutagenic substance

可引起人类的生殖细胞突变并能遗传给后代的物质。

3.5　生殖毒性物质 reproductive toxic substance

对成年男性或女性性功能和生育能力以及后代的发育具有有害影响的物质。

3.6　持久性有机污染物 persistent organic pollutants

具有毒性、难降解和生物蓄积等特性，可以通过空气、水和迁徙物种长距离迁移并沉积，在沉积地的陆地生态系统和水域生态系统中蓄积的有机化学物质。

4 鉴别标准

符合下列条件之一的固体废物是危险废物。

4.1　含有本标准附录 A 中的一种或一种以上剧毒物质的总含量≥0.1%。

4.2　含有本标准附录 B 中的一种或一种以上有毒物质的总含量≥3%。

4.3　含有本标准附录 C 中的一种或一种以上致癌性物质的总含量≥0.1%。

4.4　含有本标准附录 D 中的一种或一种以上致突变性物质的总含量≥0.1%。

4.5　含有本标准附录 E 中的一种或一种以上生殖毒性物质的总含量≥0.5%。

4.6　含有本标准附录 A 至附录 E 中两种及以上不同毒性物质，如果符合下列等式，按照危险废物管理：

$$\sum\left(\frac{p_{\mathrm{T}}^{+}}{L_{\mathrm{T}}^{+}}+\frac{p_{\mathrm{T}}}{L_{\mathrm{T}}}+\frac{p_{\mathrm{Carc}}}{L_{\mathrm{Carc}}}+\frac{p_{\mathrm{Muta}}}{L_{\mathrm{Muta}}}+\frac{p_{\mathrm{Tera}}}{L_{\mathrm{Tera}}}\right)\geqslant 1$$

式中：p_{T}^{+} ——固体废物中剧毒物质的含量；

p_{T} ——固体废物中有毒物质的含量；

p_{Carc} ——固体废物中致癌性物质的含量；

p_{Muta}——固体废物中致突变性物质的含量；

p_{Tera} ——固体废物中生殖毒性物质的含量；

L_T^+、L_T、L_{Carc}、L_{Muta}、L_{Tera}——分别为各种毒性物质在 4.1～4.5 中规定的标准值。

4.7 含有本标准附录 F 中的任何一种持久性有机污染物（除多氯二苯并对二噁英、多氯二苯并呋喃外）的含量≥50mg/kg。

4.8 含有多氯二苯并对二噁英和多氯二苯并呋喃的含量≥15μg TEQ/kg。

5 实验方法

5.1 采样点和采样方法按照 HJ/T 298 进行。

5.2 无机元素及其化合物的样品（除六价铬、无机氟化物、氰化物外）的前处理方法见 GB 5085.3 附录 S；六价铬及其化合物的样品的前处理方法参照 GB 5085.3 附录 T。

5.3 有机样品的前处理方法参照 GB 5085.3 附录 U、附录 V、附录 W 和本标准附录 G。

5.4 各毒性物质的测定，除执行规定的标准分析方法外，暂按附录中规定的方法执行；待适用于测定特定毒性物质的国家环境保护标准发布后，按标准的规定执行。

6 标准实施

本标准由县级以上人民政府环境保护行政主管部门负责监督实施。

附录 A（规范性附录）

剧毒物质名录

序号	中文名称		英文名称	CAS 号	分析方法
	化学名	别名			
1	苯硫酚	硫代苯酚；苯硫醇	Thiophenol; Benzenethiol	108-98-5	GB 5085.3 附录 K
2	丙酮氰醇	2-羟基-2-甲基丙腈；2-羟基异丁腈	Acetone cyanohydrin; 2-Hydroxy-2-methylpropionitrile; 2-Hydroxuisobutyronitrile	75-86-5	GB 5085.3 附录 O
3	丙烯醛	2-丙烯醛；败脂醛	Acrolein; 2-Propenal	107-02-8	GB 5085.3 附录 O
4	丙烯酸	2-丙烯酸	Acrylic acid; 2-Propenoic acid	79-10-7	GB 5085.3 附录 I
5	虫螨威	卡巴呋喃；2,3-二氢-2,2-二甲基-7-苯并呋喃基-N-甲基氨基甲酸酯	Furadan; Carbofuran; 2,2-Dimethyl-2,3-dihydro-7-benzofuranyl-*N*-methylcarbamate	1563-66-2	GB 5085.3 附录 K、本标准附录 H
6	碘化汞	碘化高汞；二碘化汞	Mercuric iodide; Mercury diiodide	7774-29-0	GB 5085.3 附录 B
7	碘化铊	碘化亚铊；一碘化铊	Thallium iodide; Thallous iodide	7790-30-9	GB 5085.3 附录 A、B、C、D
8	二硝基邻甲酚	2-甲基-4,6-二硝基苯酚	Dinitro-ortho-cresol; 2-Methyl-4,6-dinitrophenol	534-52-1	GB 5085.3 附录 K
9	二氧化硒	亚硒酸	Selenium dioxide; Selenious acid	7783-00-8	GB 5085.3 附录 B、C、E
10	甲拌磷	O,O -二乙基-S-（乙硫基甲基）二硫代磷酸酯；三九一一	Phorate; *O*,*O*-Diethyl-*S*-（ethylthio methyl）phosphorodithioate	298-02-2	GB 5085.3 附录 I、K、L
11	磷胺	2-氯-2-二乙氨基甲酰基-1-甲基乙烯基二甲基磷酸酯；大灭虫	Phosphamidon; 2-Chloro-2-diethylcarbamoyl-1-methylvinyl dimethylphosphate	13171-21-6	GB 5085.3 附录 I、K
12	硫氰酸汞	二硫氰酸汞	Mercuric thiocyanate; Mercury dithiocyanate	592-85-8	GB 5085.3 附录 B
13	氯化汞	氯化汞（II）；二氯化汞	Mercuric chloride; Mercury(II) chloride; Mercury dichloride	7487-94-7	GB 5085.3 附录 B
14	氯化硒	一氯化硒	Selenium chloride; Selenium monochloride	10025-68-0	GB 5085.3 附录 B、C、E
15	氯化亚铊	氯化铊	Thallous chloride; Thallium chloride	7791-12-0	GB 5085.3 附录 A、B、C、D
16	灭多威	1-（甲基硫代）亚乙	Methomyl;	16752-77-5	GB 5085.3 附录 L、

序号	中文名称		英文名称	CAS 号	分析方法
	化学名	别名			
		基氨基甲基氨基甲酸酯；灭多虫；灭索威	1-(Methylthio) ethylideneamino methylcarbamate		本标准附录 H
17	氰化钡	二氰化钡	Barium cyanide; Barium dicyanide	542-62-1	GB 5085.3 附录 G
18	氰化钙	—	Calcium cyanide; Calcyanide	592-01-8	GB 5085.3 附录 G
19	氰化汞	二氰化汞	Mercuric cyanide; Mercury dicyanide	592-04-1	GB 5085.3 附录 G
20	氰化钾	氢氰酸钾盐；山奈钾	Potassium cyanide; Hydrocyanic acid，Potassium salt	151-50-8	GB 5085.3 附录 G
21	氰化钠	氢氰酸钠盐；山奈；山奈钠	Sodium cyanide; Hydrocyanic acid，sodium salt	143-33-9	GB 5085.3 附录 G
22	氰化锌	二氰化锌	Zinc cyanide; Zinc dicyanide	557-21-1	GB 5085.3 附录 G
23	氰化亚铜	氰化铜（I）	Cuprous cyanide; Copper（I）cyanide	544-92-3	GB 5085.3 附录 G
24	氰化亚铜钠	氰化铜钠；紫铜盐	Sodium cuprocyanide; Copper sodium cyanide	14264-31-4	GB 5085.3 附录 G
25	氰化银	氰化银（1+）	Silver cyanide; Silver（1+）cyanide	506-64-9	GB 5085.3 附录 G
26	三碘化砷	碘化亚砷	Arsenic triiodide; Arsenous iodide	7784-45-4	GB 5085.3 附录 C、E
27	三氯化砷	氯化亚砷	Arsenic trichloride; Arsenous chloride	7784-34-1	GB 5085.3 附录 C、E
28	砷酸钠（以元素砷为分析目标，以该化合物计）	原砷酸钠；砷酸三钠盐	Sodium arsenate; Arsenic acid，trisodium salt	7631-89-2	GB 5085.3 附录 C、E
29	四乙基铅	—	Lead tetraethyl; Plumbane，tetraethyl-	78-00-2	GB 5085.3 附录 A、B、C、D
30	铊	金属铊	Thallium; Thallium metal	7440-28-0	GB 5085.3 附录 A、B、C、D
31	碳氯灵	八氯六氢亚甲基异苯并呋喃；碳氯特灵	Isobenzan; Octachloro-hexahydro-methanoisobenzo furan	297-78-9	GB 5085.3 附录 K
32	羰基镍	四羰基镍	Nickel carbonyl; Nickel tetracarbonyl	13463-39-3	GB 5085.3 附录 A、B、C、D
33	涕灭威	2-甲基-2-（甲硫基）-O-[（甲氨基）甲酰基]丙醛肟；丁醛肟威；涕灭克	Aldicarb; Propanal，2-methyl-2-(methylthio)-，*O*-[(methylamino) carbonyl]oxime	116-06-C	本标准附录 H

序号	中文名称		英文名称	CAS 号	分析方法
	化学名	别名			
34	硒化镉	—	Cadmium selenide	1C06-24-7	GB 5085.3 附录 A、B、C、D
35	硝酸亚汞	硝酸亚汞（一水合物）	Mercurous nitrate; Mercurous nitrate（monohydrate）	7782-86-7	GB 5085.3 附录 B
36	溴化亚铊	—	Thallous bromide	7789-40-4	GB 5085.3 附录 A、B、C、D
37	亚碲酸钠（以元素碲为分析目标，以该化合物计）	三氧碲酸二钠	Sodium tellurite; Disodium trioxotellurate	10102-20-2	GB 5085.3 附录 B
38	亚砷酸钠（以元素砷为分析目标，以该化合物计）	亚砷酸钠盐；偏亚砷酸钠	Sodium arsenite; Arsenenous acid，sodium salt; Sodium metaarsenite	7784-46-5	GB 5085.3 附录 C、E
39	烟碱	尼古丁；1-甲基-2-（3-吡啶基）吡咯烷	Pyridine; Nicotine; 1-Methyl-2-（3-pyridyl）pyrrolidine	54-11-5	GB 5085.3 附录 K

附录 B（规范性附录）

有毒物质名录

序号	中文名称		英文名称	CAS 号	分析方法
	化学名	别名			
1	氨基三唑	杀草强	Aminotriazole; Amitrole	61-82-5	本标准附录 I
2	钯	海绵（状）钯	Palladium; Palladium sponge	7440-05-3	GB 5085.3 附录 B
3	百草枯	1,1′二甲基-4,4′-联吡啶二氯化物；对草快	Paraquat; 4,4′-Bipyridinium,1,1′-dimethyl-, dichloride	1910-42-5	本标准附录 A0
4	百菌清	2,4,5,6-四氯-1,3-苯二腈	Chlorothalonil; 1,3-Benzenedicarbonitrile, 2,4,5,6-tetrachloro-	1897-45-6	GB 5085.3 附录 H、K
5	倍硫磷	O,O-二甲基-O-4-甲基硫代间甲苯基硫代磷酸酯；百治屠；蕃硫磷	Fenthion; O,O-Dimethyl-O-4-methylthio-m-tolyl phosphorothioate	55-38-9	GB 5085.3 附录 I、K
6	苯胺	氨基苯	Aniline; Aminobenzene; Benzeneamine	62-53-3	本标准附录 K
7	1,4-苯二胺	对苯二胺； 1,4-二氨基苯	1,4-Phenylenediamine; p- Phenylenediamine; 1,4-Diaminobenzene	106-50-3	GB 5085.3 附录 K
8	1,3-苯二酚	间苯二酚；雷琐辛	1,3-Benzenediol; m-Benzenediol; Resorcin	108-46-3	GB 5085.3 附录 K
9	1,4-苯二酚	对苯二酚；氢醌	1,4-Benzenediol; p-Benzenediol; Hydroquinone	123-31-9	GB 5085.3 附录 K
10	苯肼	肼基苯	Phenylhydrazine; Hydrazobenzene	100-63-0	GB 5085.3 附录 K
11	苯菌灵	苯来特	Benomyl; Benlate	17804-35-2	GB 5085.3 附录 L
12	苯醌	对苯醌； 1,4-环已二烯二酮	Quinone; p-Quinone; 1,4-Cyclohexadienedione	106-51-4	GB 5085.3 附录 K
13	苯乙烯	乙烯基苯	Styrene；Vinyl benzene	100-42-5	GB 5085.3 附录 O、P
14	表氯醇	1-氯-2,3-环氧丙烷；环氧氯丙烷	Epichlorohydrin; 1-Chloro-2,3-epoxypropane	106-89-8	GB 5085.3 附录 O、P
15	丙酮	2-丙酮	Acetone; 2-Propanone	67-64-1	GB 5085.3 附录 O
16	铂	海绵（状）铂；白金	Platinum; Platinum sponge	7440-06-4	GB 5085.3 附录 B
17	草甘膦	N-（磷酰甲基）甘氨酸；镇草宁	Glyphosate; N-(Phosphonomethyl) glycine	1071-83-6	本标准附录 L
18	除虫脲	1-（4-氯苯基）-3-（2,6-二氟苯甲酰基）脲；伏脲杀、杀虫脲、二氟脲	Diflubenzuron; 1-(4-Chlorophenyl)-3-(2,6-difluorobenzoyl)urea	35367-38-5	本标准附录 M

序号	中文名称		英文名称	CAS 号	分析方法
	化学名	别名			
19	2,4-滴（含量>75%）	2,4-二氯苯氧乙酸	2,4-D（content >75%）；2,4-Dichlorophenoxyacetic acid	94-75-7	GB 5085.3 附录 L、本标准附录 N
20	敌百虫	二甲基（2,2,2-三氯-1-羟基乙基）膦酸酯	Trichlorfon; Dimethyl(2,2,2-trichloro-1-hydroxyethyl)phosphonate	52-68-6	GB 5085.3 附录 I、L
21	敌草快	杀草快；1,1′-亚乙基-2,2′-联吡啶二溴盐	Diquat; Diquat dibromide; 1,1′-Ethylene 2,2′-bipyridylium dibromide	85-00-7	本标准附录 J
22	敌草隆	N-（3,4-二氯苯基）-N′,N′-二甲基脲	Diuron; N-（3,4-Dichlorophenyl）-N′,N′-dimethyl urea	330-54-1	GB 5085.3 附录 L、本标准附录 M
23	敌敌畏	O, O -二甲基- O –（2,2-二氯）乙烯基磷酸酯	Dichlorvos; O,O-Dimethyl-O-(2,2-dichloro) vinyl phosphate	62-73-7	GB 5085.3 附录 I、K、L
24	1-丁醇	正丁醇	1-Butanol；n-Butanol	71-36-3	GB 5085.3 附录 O
25	2-丁醇	仲丁醇	2-Butanol; sec-Butanol	78-92-2	GB 5085.3 附录 O
26	异丁醇	2-甲基丙醇	Isobutanol; 2-Methyl propanol	78-83-1	GB 5085.3 附录 O
	叔丁醇	1,1-二甲基乙醇	tert-Butyl alcohol; 1,1-Dimethy lethanol	75-65-0	GB 5085.3 附录 O
27	毒草胺	2-氯-N-异丙基乙酰苯胺	Propachlor; 2-Chloro-N-isopropylaceta-nilide	1918-16-7	GB 5085.3 附录 L
28	多菌灵	棉萎灵	Carbendazim; Carbendazol	4697-36-3	GB 5085.3 附录 L
29	多硫化钡	硫化钡；硫钡合剂	Barium polysulfide; Barium sulfide	50864-67-0	GB 5085.3 附录 A、B、C、D
30	1,1-二苯肼	N,N-二苯基联胺	1,1-Diphenylhydrazine; N,N-Diphenylhydrazine	530-50-7	GB 5085.3 附录 K
31	N,N-二甲基苯胺	（二甲基氨基）苯	N,N-Dimethylaniline;（Dimethylamino）benzene	121-69-7	GB 5085.3 附录 K
32	二甲基苯酚	二甲酚	Dimethyl phenol; Xylenol	1300-71-6	GB 5085.3 附录 K
33	二甲基甲酰胺	N,N-二甲基甲酰胺	Dimethylformamide; N,N-Dimethylformamide	68-12-2	GB 5085.3 附录 K
34	1,2-二氯苯	邻二氯苯	1,2-Dichlorobenzene; o-Dichlorobenzene	95-50-1	GB 5085.3 附录 K、O、P、R
35	1,3-二氯苯	间二氯苯	1,3-Dichlorobenzene; m-Dichlorobenzene	541-73-1	GB 5085.3 附录 K、O、P、R
36	1,4-二氯苯	对二氯苯	1,4-Dichlorobenzene; p-Dichlorobenzene	106-46-7	GB 5085.3 附录 K、O、P、R
37	2,4-二氯苯胺	2,4-DCA	2,4-Dichloroaniline; 2,4-Dichlorobenzenamine	554-00-7	本标准附录 K
38	2,5-二氯苯胺	对二氯苯胺	2,5-Dichloroaniline; p-Dichloroaniline	95-82-9	本标准附录 K
39	2,6-二氯苯胺	—	2,6-Dichloroaniline; Benzenamine, 2,6-dichloro-	608-31-1	本标准附录 K
40	3,4-二氯苯胺	1-氨基-3,4-二氯苯	3,4-Dichloroaniline; 1-Amino-3,4-dichlorobenzene	95-76-1	本标准附录 K

序号	中文名称		英文名称	CAS 号	分析方法
	化学名	别名			
41	3,5-二氯苯胺	3,5-DCA	3,5-Dichloroaniline; Benzenamine, 3,5-dichloro-	626-43-7	本标准附录 K
42	1,3-二氯丙烯,1,2-二氯丙烷及其混合物	滴滴混剂；氯丙混剂	1,3-Dichloropropene, 1,2-dichloropropane and mixtures	542-75-678-87-5	GB 5085.3 附录 O、P
43	2,4-二氯甲苯	2,4-二氯-1-甲苯	2,4-Dichlorotoluene; Benzene, 2,4-dichloro-1-methyl-	95-73-8	GB 5085.3 附录 K、O、P、R
44	2,5-二氯甲苯	1,4-二氯-2-甲基苯	2,5-Dichlorotoluene; Benzene, 1,4-dichloro-2-methyl-	19398-61-9	GB 5085.3 附录 K、O、P、R
45	3,4-二氯甲苯	1,2-二氯-4-甲苯	3,4-Dichlorotoluene; Benzene, 1,2-dichloro-4-methyl-	95-75-0	GB 5085.3 附录 K、O、P、R
46	二氯甲烷	亚甲基氯	Dichloromethane; Methylene chloride	75-09-2	GB 5085.3 附录 O、P
47	二嗪农	地亚农；二嗪磷	Diazinon; Diazide	333-41-5	GB 5085.3 附录 I
48	1,2-二硝基苯	邻二硝基苯	1,2-Dinitrobenzene; o- Dinitrobenzene	528-29-0	GB 5085.3 附录 K
49	1,3-二硝基苯	间二硝基苯	1,3-Dinitrobenzene; m-Dinitrobenzene	99-65-0	GB 5085.3 附录 J、K
50	1,4-二硝基苯	对二硝基苯	1,4- Dinitrobenzene; p- Dinitrobenzene	100-25-4	GB 5085.3 附录 K
51	2,4-二硝基苯胺	间二硝基苯胺	2,4-Dinitroaniline; m-Dinitroaniline	97-02-9	GB 5085.3 附录 K、本标准附录 K
52	2,6-二硝基苯胺	二硝基苯胺	2,6-Dinitroaniline; Dinitrobenzenamine	606-22-4	GB 5085.3 附录 K、本标准附录 K
53	1,2-二溴乙烷	二溴化乙烯	1,2-Dibromoethane; Ethylene dibromide	106-93-4	GB 5085.3 附录 O、P
54	钒	钒粉尘	Vanadium; Vanadium dust	7440-62-2	GB 5085.3 附录 A、B、C、D
55	氟化铝	三氟化铝	Aluminium fluoride; Aluminium trifluoride	7784-18-1	GB 5085.3 附录 F
56	氟化钠	一氟化钠	Sodium fluoride; Sodium monofluoride	7681-49-4	GB 5085.3 附录 F
57	氟化铅	二氟化铅	Lead fluoride; Lead difluoride	7783-46-2	GB 5085.3 附录 F
58	氟化锌	二氟化锌	Zinc fluoride; Zinc difluoride	7783-49-5	GB 5085.3 附录 F
59	氟硼酸锌	双（四氟硼酸）锌	Zinc fluoborate; Zinc bis（tetrafluoroborate）	13826-88-5	GB 5085.3 附录 F
60	甲苯二胺	二氨基甲苯	Toluenediamine; Diaminotoluenes	25376-45-8	GB 5085.3 附录 K
61	甲苯二异氰酸酯	2,4-甲苯二异氰酸酯；2,6-甲苯二异氰酸酯	Toluene diisocyanates; 2,4-Toluene diisocyanate; 2,6-Toluene diisocyanate	584-84-991-08-7	GB 5085.3 附录 K
62	4-甲苯酚	对甲酚	4-Cresol; p-Cresol	106-44-5	GB 5085.3 附录 K
63	甲醇	木醇；木酒精	Methanol; Methyl alcohol	67-56-1	GB 5085.3 附录 O
64	甲酚（混合异构体）	混合甲酚	Cresol（mixed isomers）; Methylphenol, mixed	1319-77-3	GB 5085.3 附录 K

序号	中文名称		英文名称	CAS 号	分析方法
	化学名	别名			
65	3-甲基苯胺	间甲苯胺；间氨基甲苯；3-氨基甲苯	3-Toluidine; m-Toluidine; m- Aminotoluene; 3-Aminotoluene	108-44-1	GB 5085.3 附录 K
66	4-甲基苯胺	对甲苯胺；对氨基甲苯；4-氨基甲苯	4-Toluidine; p-Toluidine; p-Aminotoluene; 4-Aminotoluene	106-49-0	GB 5085.3 附录 K
67	2-甲基苯酚	邻甲苯酚	2-Cresol; o-Cresol	95-48-7	GB 5085.3 附录 K
68	3-甲基苯酚	间甲酚	3-Cresol; m-Cresol	108-39-4	GB 5085.3 附录 K
69	甲基叔丁基醚	2-甲氧基-2-甲基丙烷	Methyl tertiary-butyl ether; Propane, 2-methoxy-2-methyl-	1634-04-4	GB 5085.3 附录 O
70	甲基溴	一溴甲烷	Methyl bromide; Bromomethane	74-83-9	GB 5085.3 附录 O、P
71	甲基乙基酮	2-丁酮	Methyl ethyl ketone; 2-Butanone	78-93-3	GB 5085.3 附录 O
72	甲基异丁酮	4-甲基-2-戊酮；2-甲基丙基甲酮；MIBK	Methyl isobutyl ketone; 4-Methyl-2-pentanone; 2-Methylpropyl methyl ketone	108-10-1	GB 5085.3 附录 O
73	3-甲氧基苯胺	间甲氧基苯胺；间氨基苯甲醚；间茴香胺	3- Methoxyaniline; m- Methoxyaniline; m-Aminoanisole; m-Anisidine	536-90-3	GB 5085.3 附录 K
74	4-甲氧基苯胺	对甲氧基苯胺；对氨基苯甲醚；对茴香胺	4- Methoxyaniline; p-Methoxyaniline; p-Aminoanisole; p-Anisidine	104-94-9	GB 5085.3 附录 K
75	2-甲氧基乙醇,2-乙氧基乙醇及其醋酸酯	—	2-Methoxyethanol, 2-ethoxyethanol, and their acetates	109-86-4	GB 5085.3 附录 O
76	开蓬	十氯酮	Chlordecone; Decachloroketone	143-50-0	GB 5085.3 附录 K
77	克来范	—	Kelevan	4234-79-1	GB 5085.3 附录 H
78	邻苯二甲酸二乙基己酯	邻苯二甲酸二（2-乙基己基）酯	Diethylhexyl phthalate; Phthalic acid, bis (2-ethylhexyl) ester	117-81-7	GB 5085.3 附录 K
79	林丹	γ-六六六	Lindane; γ-Hexachlorocyclohexane	58-89-9	GB 5085.3 附录 H、K、R
80	磷酸三苯酯	三苯基磷酸酯	Phosphoric acid, triphenyl ester;Triphenyl phosphate	115-86-6	GB 5085.3 附录 K
81	磷酸三丁酯	磷酸三正丁酯	Tributyl phosphate; Phosphoric acid, tri-n-butyl ester	126-73-8	GB 5085.3 附录 K
82	磷酸三甲苯酯	磷酸三甲酚酯；增塑剂 TCP	Phosphoric acid, tritolyl ester; Tricresyl phosphate	1330-78-5	GB 5085.3 附录 K
83	硫丹	1,2,3,4,7,7-六氯双环[2,2,1]庚烯-5,6-双羟甲基亚硫酸酯	Endosulfan; 1,2,3,4,7,7-Hexachlorobicyclo (2,2,1)hepten-5,6-bioxymet-hylenesulfite	115-29-7	GB 5085.3 附录 H
84	六氯丁二烯	六氯-1,3-丁二烯	Hexachlorobutadiene; Hexachloro-1,3-butadiene	87-68-3	GB 5085.3 附录 K、O、P、R

序号	中文名称		英文名称	CAS 号	分析方法
	化学名	别名			
85	六氯环戊二烯	全氯环戊二烯	Hexachlorocyclopentadiene; Perchlorocyclopentadiene	77-47-4	GB 5085.3 附录 H、K、R
86	六氯乙烷	全氯乙烷	Hexachloroethane; Perchloroethane	67-72-1	GB 5085.3 附录 K、O、R
87	2-氯-4-硝基苯胺	邻氯对硝基苯胺	2-Chloro-4-nitroaniline; o-Chloro-p-nitroaniline	121-87-9	本标准附录 K
88	2-氯苯胺	邻氯苯胺；邻氨基氯苯	2-Chloroaniline; o-Chloroaniline; o-Aminochlorobenzene	95-51-2	本标准附录 K
89	3-氯苯胺	间氯苯胺；间氨基氯苯	3-Chloroaniline; m-Chloroaniline; m-Aminochlorobenzene	108-42-9	本标准附录 K
90	4-氯苯胺	对氯苯胺；对氨基氯苯	4-Chloroaniline; p- Chloroaniline; p-Aminochlorobenzene	106-47-8	GB 5085.3 附录 K、本标准附录 K
91	2-氯苯酚	邻氯苯酚；2-氯-1-羟基苯；2-羟基氯苯	2-Chlorophenol; o-Chloropheno; 2-Chloro-1-hydroxybenzene; 2-Hydroxychlorobenzene	95-57-8	GB 5085.3 附录 K
92	3-氯苯酚	间氯苯酚；3-氯-1-羟基苯；间羟基氯苯	3-Chlorophenol; m-Chlorophenol; 3-Chloro-1-hydoxybenzene; m-Hydroxychlorobenzene	108-43-0	GB 5085.3 附录 K
93	氯酚	一氯苯酚	Chlorophenols; Phenol, chloro-	25167-80-0	GB 5085.3 附录 K
94	氯化钡	二氯化钡	Barium chloride; Barium dichloride	10361-37-2	GB 5085.3 附录 A、B、C、D
95	2-氯乙醇	乙撑氯醇；氯乙醇	2-Chloroethanol; Ethylene chlorohydrin; Chloroethanol	107-07-3	GB 5085.3 附录 O
96	锰	元素锰	Manganese; Manganese, elemental	7439-96-5	GB 5085.3 附录 A、B、C、D
97	1-萘胺	α-萘胺；1-氨基萘	Naphthylamine; α- Naphthylamine; 1-Aminonaphthalene	134-32-7	GB 5085.3 附录 K
98	三（2,3-二溴丙基）磷酸酯和二（2,3-二溴丙基）磷酸酯	—	Tris-and bis(2,3-dibromopropyl) phosphate	126-72-7	GB 5085.3 附录 K、L
99	三丁基锡化合物	—	Tributyltin compounds	—	GB 5085.3 附录 D
100	1,2,3-三氯苯	连三氯苯	1,2,3-Trichlorobenzene; vic-Trichlorobenzene	87-61-6	GB 5085.3 附录 R
101	1,2,4-三氯苯	不对称三氯苯	1,2,4-Trichlorobenzene; unsym-Trichlorobenzene	120-82-1	GB 5085.3 附录 K、M、O、P、R
102	1,3,5-三氯苯	对称三氯苯	1,3,5-Trichlorobenzene; sym-Trichlorobenzene	108-70-3	GB 5085.3 附录 R

序号	中文名称		英文名称	CAS 号	分析方法
	化学名	别名			
103	2,4,5-三氯苯胺	1-氨基-2,4,5-三氯苯	2,4,5-Trichloroaniline; 1-Amino-2,4,5-trichlorobenzene	636-30-6	本标准附录 K
104	2,4,6-三氯苯胺	1-氨基-2,4,6-三氯苯	2,4,6-Trichloroaniline; 1-Amino-2,4,6-trichlorobenzene	634-93-5	本标准附录 K
105	1,2,3-三氯丙烷	三氯丙烷；烯丙基三氯	1,2,3-Trichloropropane; Trichlorohydrin; Allyl trichloride	96-18-4	GB 5085.3 附录 O、P
106	1,1,1-三氯乙烷	甲基氯仿；α-三氯乙烷	1,1,1-Trichloroethane; Methylchloroform; α- Trichloroethane	71-55-6	GB 5085.3 附录 O、P
107	1,1,2-三氯乙烷	β-三氯乙烷	1,1,2-Trichloroethane; beta-Trichloroethane	79-00-5	GB 5085.3 附录 O、P
108	杀螟硫磷	O,O-二甲基-O-4-硝基间甲苯基硫代磷酸酯；杀螟松；速灭虫	Fenitrothion; O,O-Dimethyl O-4-nitro-m-tolyl phosphorothioate	122-14-5	GB 5085.3 附录 I
109	石油溶剂	石油溶剂油	White spirit	63394-00-3	本标准附录 O
110	1,2,3,4-四氯苯	1,2,3,4-四氯代苯	1,2,3,4-Tetrachlorobenzene; Benzene,1,2,3,4-tetrachloro-	634-66-2	GB 5085.3 附录 R
111	1,2,3,5-四氯苯	1,2,3,5-四氯代苯	1,2,3,5-Tetrachlorobenzene; Benzene,1,2,3,5-tetrachloro-	634-90-2	GB 5085.3 附录 R
112	1,2,4,5-四氯苯	四氯苯	1,2,4,5-Tetrachlorobenzene; Benzene tetrachloride	95-94-3	GB 5085.3 附录 K
113	2,3,4,6-四氯苯酚	1-羟基-2,3,4,6-四氯苯	2,3,4,6-Tetrachlorophenol; 1-Hydroxy-2,3,4,6-tetrachlorobenzene	58-90-2	GB 5085.3 附录 K
114	四氯硝基苯	2,3,5,6-四氯硝基苯	Tecnazene; 2,3,5,6-Tetrachloronitrobenzene	117-18-0	GB 5085.3 附录 K
115	四氧化三铅	红丹；铅丹	Lead tetroxide; Orange lead; CI Pigment Red 105	1314-41-6	GB 5085.3 附录 A、B、C、D
116	钛	钛粉	Titanium; Titanium powder	7440-32-6	GB 5085.3 附录 A、B
117	碳酸钡	碳酸钡盐	Barium carbonate; Carbonic acid, barium salt	513-77-9	GB 5085.3 附录 A、B、C、D
118	锑粉	金属锑	Antimony powder; Antimony, metallic	7440-36-0	GB 5085.3 附录 A、B、C、D、E
119	五氯硝基苯	硝基五氯苯；PCNB	Quintozene; Nitropentachlorobenzene; Pentachloronitrobenzene	82-68-8	GB 5085.3 附录 K
120	五氯乙烷	—	Pentachloroethane; Ethane, pentachloro-	76-01-7	GB 5085.3 附录 K
121	五氧化二锑	五氧化锑	Diantimony pentoxide; Antimony pentoxide	1314-60-9	GB 5085.3 附录 A、B、C、D、E
122	西维因	1-萘基甲基氨基甲酸酯；胺甲萘	Carbaryl; 1-Naphthyl methylcarbamate	63-25-2	GB 5085.3 附录 K、本标准附录 H
123	锡及有机锡化合物	—	Tin and organotin compounds	—	GB 5085.3 附录 B、D

序号	中文名称		英文名称	CAS 号	分析方法
	化学名	别名			
124	2-硝基苯胺	邻硝基苯胺；1-氨基-2-硝基苯	2-Nitroaniline; o- Nitroaniline; 1-Amino-2-nitrobenzene	88-74-4	GB 5085.3 附录 K、本标准附录 K
125	3-硝基苯胺	间硝基苯胺； 1-氨基-3-硝基苯	3-Nitroaniline; m-Niroaniline; 1-Amino-3- nitrobenzene	99-09-2	GB 5085.3 附录 K、本标准附录 K
126	4-硝基苯胺	对硝基苯胺； 1-氨基-4-硝基苯	4-Nitroaniline; p-Nitroaniline; 1-Amino-4-nitrobenzene	100-01-6	GB 5085.3 附录 K、本标准附录 K
127	2-硝基苯酚	邻硝基苯酚	2-Nitrophenol; o- Nitrophenol	88-75-5	GB 5085.3 附录 K
128	3-硝基苯酚	间硝基苯酚	3-Nitrophenol; m-Nitrophenol	554-84-7	GB 5085.3 附录 K
129	4-硝基苯酚	对硝基苯酚	4-nitrophenol; p-Nitrophenol	100-02-7	GB 5085.3 附录 K
130	2-硝基丙烷	二甲基硝基甲烷；2-NP	2-Nitropropane; Dimethylnitromethane	79-46-9	GB 5085.3 附录 O
131	2-硝基甲苯	邻硝基甲苯	2-Nitrotoluene; o-Nitrotoluene	88-72-2	GB 5085.3 附录 J
132	3-硝基甲苯	间硝基甲苯	3-Nitrotoluene; m-Nitrotoluene	99-08-1	GB 5085.3 附录 J
133	4-硝基甲苯	对硝基甲苯	4-Nitrotoluene; p-Nitrotoluene	99-99-0	GB 5085.3 附录 J
134	4-溴苯胺	对溴苯胺	4-Bromoaniline; p-Bromoaniline	106-40-1	本标准附录 K
135	溴丙酮	1-溴-2-丙酮	Bromoacetone; 1-Bromo-2-propanone	598-31-2	GB 5085.3 附录 O、P
136	溴化亚汞	一溴化汞	Mercurous bromide; Mercury monobromide	10031-18-2	GB 5085.3 附录 B
137	亚苄基二氯	（二氯甲基）苯；苄基二氯；α,α-二氯甲苯	Benzal chloride; （Dichloromethyl）benzene; Benzyl dichloride; α,α-Dichlorotoluene	98-87-3	GB 5085.3 附录 R
138	N-亚硝基二苯胺	N-亚硝基-N-苯基苯胺	N-Nitrosodiphenylamine; N-Nitroso-N-phenylbenzenamine	86-30-6	GB 5085.3 附录 K
139	亚乙烯基氯	1,1-二氯乙烯	Vinylidene chloride; 1,1-Dichloroethylene	75-35-4	GB 5085.3 附录 O、P
140	一氧化铅	氧化铅；黄丹；密陀僧	Lead monoxide; Lead oxide; Lead Oxide Yellow	1317-36-8	GB 5085.3 附录 A、B、C、D
141	乙腈	氰化甲烷；甲基氰	Acetonitrile; Cyanomethane; Methyl cyanide	75-05-8	GB 5085.3 附录 O
142	乙醛	醋醛	Acetaldehyde; Acetyl aldehyde	75-07-0	本标准附录 P
143	异佛尔酮	3,5,5-三甲基-2-环己烯-1-酮	Isophorone; 3,5,5-Trimethyl-2-cyclohexen-lone	78-59-1	GB 5085.3 附录 K

附录 C（规范性附录）

致癌性物质名录

序号	中文名称		英文名称	CAS 号	分析方法
	化学名	别名			
1	4-氨基-3-氟苯酚	2-氟-4-羟基苯胺	4-Amino-3-fluorophenol; 2-Fluoro-4-hydroxyaniline	399-95-1	GB 5085.3 附录 K
2	4-氨基联苯	联苯基-4-胺；联苯基胺	4-Aminobiphenyl; Biphenyl-4-ylamine; Xenylamine	92-67-1	GB 5085.3 附录 K
3	4-氨基偶氮苯	对氨基偶氮苯	4-Aminoazobenzene; p- Aminoazobenzene	60-09-3	GB 5085.3 附录 K
4	苯	环己三烯	Benzene; Cyclohexatriene	71-43-2	GB 5085.3 附录 O、P
5	苯并[a]蒽	1,2-苯并蒽	Benzo[a]anthracene; 1,2-Benzanthracene	56-55-3	GB 5085.3 附录 K、M、本标准附录 Q
6	苯并[b]荧蒽	3,4-苯并荧蒽；2,3-苯并荧蒽	Benzo[b]fluoranthene; 3,4-Benzofluoranthene; 2,3-Benzofluoranthene	205-99-2	GB 5085.3 附录 K、M、本标准附录 Q
7	苯并[j]荧蒽	7,8-苯并荧蒽；10,11-苯并荧蒽	Benzo [j] fluoranthene; 7,8-Benzofluoranthene; 10,11-Benzofluoranthene	205-82-3	本标准附录 Q
8	苯并[k]荧蒽	8,9-苯并荧蒽；11,12-苯并荧蒽	Benzo [k] fluoranthene; 8,9-Benzofluoranthene; 11,12-Benzofluoranthene	207-08-9	GB 5085.3 附录 K、M、本标准附录 Q
9	丙烯腈	2-丙烯腈	Acrylonitrile; 2-Propenenitrile	107-13-1	GB 5085.3 附录 O
10	除草醚	2,4-二氯苯基-4-硝基苯基醚	Nitrofen; 2,4-Dichlorophenyl-4-Nitrophenyl ether	1836-75-5	GB 5085.3 附录 K
11	次硫化镍	二硫化三镍	Nickel subsulphide; Trinickel disulfide	12035-72-2	GB 5085.3 附录 A、B、C、D
12	二苯并[a, h]蒽	1,2：5,6-二苯并蒽	Dibenz[a,h]anthracene; 1,2:5,6-Dibenzanthracene	53-70-3	GB 5085.3 附录 M
13	1,2：3,4-二环氧丁烷	2,2′-双环氧乙烷	1,2:3,4-Diepoxybutane; 2,2′-Bioxirane	1464-53-5	GB 5085.3 附录 O
14	二甲基硫酸酯	硫酸二甲酯	Dimethyl sulphate; Sulfuric acid, dimethyl ester	77-78-1	GB 5085.3 附录 K
15	1, 3-二氯-2-丙醇	1,3-二氯-2-羟基丙烷	1,3-Dichloro-2-propanol; 1,3-Dichloro-2-hydroxypropane	96-23-1	GB 5085.3 附录 P
16	二氯化钴	氯化钴	Cobalt dichloride; Cobaltous chloride	7646-79-9	GB 5085.3 附录 A、B、C、D
17	3,3′-二氯联苯胺	3,3′-二氯联苯-4,4′-二胺	3,3′-Dichlorobenzidine; 3,3′-Dichlorobiphenyl-4,4′-diamine	91-94-1	GB 5085.3 附录 K

序号	中文名称		英文名称	CAS 号	分析方法
	化学名	别名			
18	3,3′-二氯联苯胺盐	3,3′-二氯联苯胺盐；3,3′-二氯联苯-4,4′-二胺盐	Salts of 3,3′-dichlorobenzidine; Salts of 3,3′,-dichlorobiphenyl-4,4′-diamine	—	GB 5085.3 附录 K
19	1,2-二氯乙烷	二氯化乙烯	1,2-Dichloroethane; Ethylene dichloride	107-06-2	GB 5085.3 附录 O、P
20	2,4-二硝基甲苯	1-甲基-2,4-二硝基苯	2,4-Dinitrotoluene; 1-Methyl-2,4-dinitrobenzene	121-14-2	GB 5085.3 附录 J、K
21	2,5-二硝基甲苯	2-甲基-1,4-二硝基苯	2,5-Dinitrotoluene; 2-Methyl-1,4-dinitrobenzene	619-15-8	GB 5085.3 附录 J、K
22	2,6-二硝基甲苯	2-甲基-1,3-二硝基苯	2,6-Dinitrotoluene; 2-Methyl-1,3-dinirobenzene	606-20-2	GB 5085.3 附录 J、K
23	二氧化镍	氧化镍	Nickel dioxide; Nickel oxide	12035-36-8	GB 5085.3 附录 A、B、C、D
24	铬酸镉	—	Cadmium chromate	14312-00-6	GB 5085.3 附录 A、B、C、D
25	铬酸铬（III）	铬酸铬	Chromium(Ⅲ)chromate; Chromic chromate	24613-89-6	GB 5085.3 附录 A、B、C、D
26	铬酸锶	锶黄；C.I.颜料黄 32	Strontium chromate; Strontium Yellow; C.I. Pigment Yellow 32	7789-06-2	GB 5085.3 附录 A、B、C、D
27	环氧丙烷	1,2-环氧丙烷；甲基环氧乙烷	Propylene oxide; 1,2-Epoxypropane; Methyloxirane	75-56-9	GB 5085.3 附录 O
28	4-甲基间苯二胺	2,4-二氨基甲苯；1,3-二氨基-4-甲苯	4-Methyl-m-phenylenediamine; 2,4-Diaminotoluene; 1,3-Diamino-4-methylbenzene	95-80-7	GB 5085.3 附录 K
29	甲醛	蚁醛；福尔马林	Formaldehyde; Methanal; Formalin	50-00-0	本标准附录 P
30	2-甲氧基苯胺	邻茴香胺	2-Methoxyaniline; o-Anisidine	90-04-0	GB 5085.3 附录 K
31	联苯胺	4,4′-二氨基联苯；对二氨基联苯	Benzidine; 4,4′-Diaminobiphenyl; p- Diaminobiphenyl	92-87-5	GB 5085.3 附录 K
32	联苯胺盐	对二氨基联苯盐	Salts of benzidine; Salts of p- diaminobiphenyl	—	GB 5085.3 附录 K
33	邻甲苯胺	2-甲苯胺	o-Toluidine; 2-Toluidine	95-53-4	GB 5085.3 附录 K、O
34	邻联茴香胺	3,3′-二甲氧基联苯胺	o-Dianisidine; 3,3′-Dimethoxybenzidine	119-90-4	GB 5085.3 附录 K
35	邻联甲苯胺	3,3′-二甲基联苯胺	o-Tolidine; 3,3′-Dimethylbenzidine	119-93-7	GB 5085.3 附录 K
36	邻联甲苯胺盐	3,3′-二甲基联苯胺盐	Salts of o-tolidine; Salts of 3,3′-dimethylbenzidine	—	GB 5085.3 附录 K
37	硫化镍	一硫化镍	Nickel sulphide; Nickel monosulfide	16812-54-7	GB 5085.3 附录 A、B、C、D
38	硫酸镉	硫酸镉盐（1∶1）	Cadmium sulphate; Sulfuric acid, cadmium salt (1∶1)	10124-36-4	GB 5085.3 附录 A、B、C、D
39	硫酸钴	硫酸钴（II）	Cobalt sulphate; Cobalt(Ⅱ) sulfate	10124-43-3	GB 5085.3 附录 A、B、C、D

序号	中文名称		英文名称	CAS 号	分析方法
	化学名	别名			
40	六甲基磷三酰胺	六甲基磷酰胺	Hexamethylphosphoric triamide; Hexamethylphosphoramide	680-31-9	GB 5085.3 附录 I、K
41	氯化镉	二氯化镉	Cadmium chloride; Cadmium dichloride	10108-64-2	GB 5085.3 附录 A、B、C、D
42	α-氯甲苯	苄基氯	α-Chlorotoluene; Benzyl chloride	100-44-7	GB 5085.3 附录 O、P、R
43	氯甲基甲醚	氯二甲基醚	Chloromethyl methyl ether; Chlorodimethyl ether	107-30-2	GB 5085.3 附录 P
44	氯甲基醚	二（氯甲基）醚；氯（氯甲氧基）甲烷	Chloromethyl ether; Bis (chlor omethyl) ether; Chloro(chlorome thoxy)methane	542-88-1	GB 5085.3 附录 P
45	氯乙烯	一氯乙烯	Vinyl chloride; Chloroethylene;Monochloroethene	75-01-4	GB 5085.3 附录 O、P
46	2-萘胺	β-萘胺	2-Naphthylamine; β-Naphthylamine	91-5999-8	GB 5085.3 附录 K
47	2-萘胺盐	β-萘胺盐	Salts of 2-naphthylamine; Salts of β-naphthylamine	—	GB 5085.3 附录 K
48	铍	金属铍	Beryllium; Beryllium metal	7440-41-7	GB 5085.3 附录 A、B、C、D
49	铍化合物（硅酸铝铍除外）	—	Beryllium compounds with the exception of aluminium beryllium silicates	—	GB 5085.3 附录 A、B、C、D
50	α,α,α-三氯甲苯	三氯甲苯	α,α,α-Trichlorotoluene; Benzotrichloride	98-07-7	GB 5085.3 附录 R
51	三氯乙烯	1,1,2-三氯乙烯；1-氯-2,2-二氯乙烯	Trichloroethylene; 1,1,2-Trichloroethylene; 1-Chloro-2,2-dichloroethylene	79-01-6	GB 5085.3 附录 O、P
52	三氧化二镍	氧化高镍	Dinickel trioxide; Nickelic oxide	1314-06-3	GB 5085.3 附录 A、B、C、D
53	三氧化二砷	三氧化砷；砒霜	Diarsenic trioxide; Arsenic trioxide	1327-53-3	GB 5085.3 附录 C、E
54	三氧化铬	铬酸酐	Chromium trioxide; Chromic anhydride	1333-82-0	GB 5085.3 附录 A、B、C、D
55	砷酸及其盐（以元素砷为分析目标，以该化合物计）	—	Arsenic acid and its salts	—	GB 5085.3 附录 C、E
56	五氧化二砷	砷酸酐	Arsenic pentoxide; Arsenic acid anhydride	1303-28-2	GB 5085.3 附录 C、E
57	2-硝基丙烷	二甲基硝基甲烷；异硝基丙烷	2-Nitropropane; Dimethylnitromethane; Isonitropropane	79-46-9	GB 5085.3 附录 O
58	硝基联苯	对硝基联苯；1-硝基-4-苯基苯	4-Nitrobiphenyl; p-Nitrobiphenyl; 1-Nitro-4-phenylbenzene	92-93-3	GB 5085.3 附录 K
59	1,2-亚肼基苯	1,2-二苯肼	Hydrazobenzene; 1,2-Diphenylhydrazine	122-66-7	GB 5085.3 附录 K
60	N-亚硝基二甲胺	二甲基亚硝胺	N-Nitrosodimethylamine; Dimethylnitrosamine	62-75-9	GB 5085.3 附录 K

序号	中文名称		英文名称	CAS 号	分析方法
	化学名	别名			
61	氧化镉	一氧化镉	Cadmium oxide; Cadmium monoxide	1306-19-0	GB 5085.3 附录 A、B、C、D
62	氧化铍	一氧化铍	Beryllium oxide; Beryllium monoxide	1304-56-9	GB 5085.3 附录 A、B、C、D
63	一氧化镍	氧化镍	Nickel monoxide; Nickel oxide	1313-99-1	GB 5085.3 附录 A、B、C、D

附录 D（规范性附录）

致突变性物质名录

序号	中文名称		英文名称	CAS 号	分析方法
	化学名	别名			
1	苯并[a]芘	苯并[d，e，f] 䓛	Benzo[a]pyrene; Benzo[d,e,f]chrysene	50-32-8	GB 5085.3 附录 K、M
2	丙烯酰胺	2-丙烯酰胺	Acrylamide; 2-Propenamide	79-06-1	本标准附录 R
3	1,2-二溴-3-氯丙烷	二溴氯丙烷	1,2-Dibromo-3-chloropropane; Dibromochloropropane	96-12-8	GB 5085.3 附录 H、K、O、P
4	二乙基硫酸酯	硫酸二乙酯	Diethyl sulphate; Sulfuric acid，diethyl ester	64-67-5	GB 5085.3 附录 K
5	氟化镉	二氟化镉	Cadmium fluoride; Cadmium difluoride	7790-79-6	GB 5085.3 附录 A、B、C、D
6	铬酸钠（以元素铬为分析目标，以该化合物计）	铬酸二钠盐	Sodium chromate; Chromic acid，disodium salt	7775-11-3	GB 5085.3 附录 A、B、C、D
7	环氧乙烷	氧化乙烯	Ethylene oxide; Oxirane	75-21-8	GB 5085.3 附录 O

附录 E（规范性附录）

生殖毒性物质名录

序号	中文名称		英文名称	CAS 号	分析方法
	化学名	别名			
1	醋酸铅	二乙酸铅	Lead acetate; Lead diacetate	301-04-2 1335-32-6	GB 5085.3 附录 A、B、C、D
2	叠氮化铅	二叠氮化铅	Lead azide; Lead diazide	13424-46-9	GB 5085.3 附录 A、B、C、D
3	二醋酸铅	乙酸铅盐（2∶1）	Lead diacetate; Acetic acid，lead salt（2∶1）	301-04-2	GB 5085.3 附录 A、B、C、D
4	铬酸铅	铬酸铅（2+）盐（1∶1）	Lead chromate; Chromic acid，lead（2+）salt（1∶1）	7758-97-6	GB 5085.3 附录 A、B、C、D
5	甲基磺酸铅（Ⅱ）	甲磺酸铅（2+）盐	Lead(Ⅱ) methanesulphonate; Methanesulfonic acid, lead(2+) salt	17570-76-2	GB 5085.3 附录 A、B、C、D
6	邻苯二甲酸二丁酯	1，2-苯二甲酸二丁酯	Dibutyl phthalate; 1,2-Benzenedicarboxylic acid, dibutyl ester	84-74-2	GB 5085.3 附录 K
7	磷酸铅	二正磷酸三铅	Lead phosphate; Trilead bis(orthophosphate)	7446-27-7	GB 5085.3 附录 A、B、C、D
8	六氟硅酸铅	氟硅酸铅（Ⅱ）	Lead hexafluorosilicate; Lead(Ⅱ) fluorosilicate	25808-74-6	GB 5085.3 附录 A、B、C、D
9	收敛酸铅	2，4，6-三硝基间苯二酚氧化铅	Lead styphnate; Lead 2,4,6-trinitroresorcinoxide	15245-44-0	GB 5085.3 附录 A、B、C、D
10	烷基铅	—	Lead alkyls	—	GB 5085.3 附录 A、B、C、D
11	2-乙氧基乙醇	乙二醇单乙醚	2-Ethoxyethanol; Ethylene glycol monoethyl ether	110-80-5	GB 5085.3 附录 O

附录 F（规范性附录）

持久性有机污染物名录

序号	中文名称		英文名称	CAS 号	分析方法
	化学名	别名			
1	多氯联苯	氯化联苯；PCBs	Polychlorinated biphenyls; Polychlorodiphenyls		GB 5085.3 附录 N
2	氯丹	八氯	Chlordane	12789-03-6	GB 5085.3 附录 H
3	滴滴涕	二氯二苯三氯乙烷	2,2-bis（4-Chlorophenyl）-1,1,1-trichloroethane,DDT	50-29-3	GB 5085.3 附录 H
4	六氯苯	灭黑穗药	Hexachlorobenzene ,HCB	118-74-1	GB 5085.3 附录 H
5	灭蚁灵	十二氯代八氢-亚甲基-环丁并[cd]戊搭烯	Mirex	2385-85-5	GB 5085.3 附录 H
6	毒杀芬	氯化莰烯	Toxaphene	8001-35-2	GB 5085.3 附录 H
7	艾氏剂	六氯-六氢-二甲撑萘	Aldrin	.	GB 5085.3 附录 H
8	狄氏剂	六氯-环氧八氢-二甲撑萘	Dieldrin		GB 5085.3 附录 H
9	异狄氏剂	1,2,3,4,10,10-六氯-6,7-环氧-1,4,4a,5,6,7,8,8a-八氢-1,4-挂-5,8-挂-二甲撑萘	Endrin, Hexadrin		GB 5085.3 附录 H
10	七氯	七氯-四氢-甲撑茚；七氯化茚	Heptachlor; Velsicol		GB 5085.3 附录 H
11	多氯二苯并对二噁英和多氯二苯并呋喃		PCDDs/PCDFs		本标准附录 S

附录 G（资料性附录）

固体废物　半挥发性有机物分析的样品前处理
加速溶剂萃取法

G.1　范围

本方法适用于从固体废物中用加速溶剂萃取法萃取不溶于水或微溶于水的半挥发性有机化合物的过程。包括半挥发有机化合物、有机磷农药、有机氯农药、含氯除草剂、PCBs。

本方法仅适用于固体样品，尤其适用于干燥的小颗粒物质。只有固体样品适用这个萃取过程，因此多相的废物样品必须经过分离。土壤/沉积物样品在萃取前要晾干和粉碎。需往土壤/沉积物样品中添加无水硫酸钠或硅藻土，以减少样品干燥过程中被分析物的流失。样品量的多少要依检测方法说明和分析灵敏度而定，通常需要 10～30 g 的样品。

G.2　原理

晾干后的样品，或样品直接与无水硫酸钠或硅藻土混合后，将其粉碎至 100～200 目的粉末（150～75 μm）并放入萃取池中，加热到萃取温度，同时加入适当的溶剂，增加压力，然后萃取 5 min（或根据厂家的建议）。采用的溶剂要根据被分析物而定。热的萃取液自动从萃取池进入收集瓶并冷却。如必要，萃取物可进行浓缩。可根据需要加入与净化和检测条件兼容的溶剂。

G.3　试剂和材料

G.3.1　本方法中对水的要求均指不含有机物的试剂级水。

G.3.2　干燥剂

G.3.2.1　硫酸钠（无水，颗粒状），Na_2SO_4。

注意：对于含水量高的样品且萃取温度高于 110℃时，若预先在样品中加入无水硫酸钠，会发生熔融和重结晶晶堵塞管路，所以建议无水硫酸钠在完成萃取后的萃取液中加入以脱水。

G.3.2.2　粒状硅藻土：用于分散样品颗粒，以使样品与溶剂接触表面积最大，同时可以吸附样品中的部分水分。

G.3.2.3　干燥剂的净化：在浅盘中以 400℃的温度加热 4 h 或用二氯甲烷萃取。如果用二氯甲烷萃取，则需要做试剂空白实验来证明萃取后的干燥剂不会给样品的分析带来影响。

G.3.3　磷酸溶液：用 3.1 中所指水制备磷酸（H_3PO_4）溶液（体积比为 1∶1）。

G.3.4　萃取溶剂：萃取溶剂依被萃取的分析物而定。所有试剂均为试剂级或同等质量，使用前都应进行脱气。

G.3.4.1　萃取有机氯农药：丙酮/己烷（1∶1，体积分数），或丙酮/二氯甲烷（1∶1，体积分数）。

G.3.4.2　萃取半挥发性有机化合物：丙酮/二氯甲烷（1∶1，体积分数）或丙酮/己烷（1∶1，体积分数）。

G.3.4.3　萃取 PCBs：丙酮/己烷（1∶1，体积分数）或丙酮/二氯甲烷（1∶1，体积分数）或己烷。

G.3.4.4　萃取有机磷农药，二氯甲烷（CH_2Cl_2），或丙酮/二氯甲烷（CH_3COCH_3/CH_2Cl_2）（1∶1，体积分数）。

G.3.4.5　萃取含氯除草剂：丙酮/二氯甲烷/磷酸（250∶125∶15，体积分数），或丙酮/二氯甲烷/三氟乙酸（250∶125∶1，体积分数）。若采取后者，三氟乙酸溶液应是将 1%的三氟乙酸加入乙腈制取。在每次萃取前，应制备新鲜的溶液。

G.3.4.6　如果分析人员能对样品基质中的相关分析物进行合理的分析，那么也可以采用其他的溶剂体系。

注意：对于含水量大的样品（湿度≥30%），应减少亲水性溶剂的用量。

G.3.5　高纯度气体，如氮气、二氧化碳或氦气可用于吹扫或给萃取池加压。按仪器生产商的说明选择气体。

G.4　仪器、装置

G.4.1　加速溶剂萃取装置，配有 10 ml、34 ml、66 ml、100 ml 不锈钢萃取池，转盘式自动连续萃取。

G.4.2　测定干重百分数的装置。

G.4.2.1　马弗炉。

G.4.2.2　干燥器。

G.4.2.3　坩埚：瓷的或一次性铝制。

G.4.3　粉碎或研磨装置：使样品颗粒大小＜1 mm。

G.4.4　分析天平：精确度 0.01 g。

G.4.5　萃取液收集瓶：250 ml，洁净的，具有聚四氟乙烯螺旋盖。

G.4.6　过滤膜：直径与萃取池相应，D28 型。

G.4.7　萃取池密封盖。

G.5　分析步骤

G.5.1　样品准备

G.5.1.1　沉积物/土壤样品

倒掉沉积物样品中的水层，彻底混合样品，尤其是混合样品。除掉其中的树枝、树叶或石子。在室温条件下将样品放在玻璃盘或己烷清洗的铝箔中晾干 48 h。样品和等体积的无水硫酸钠或硅藻土混合，直到样品充分干燥。（注意：G.3.2.1 中的注意事项同样适用本项。）

G.5.1.2　多相废物样品

多相废物样品在萃取前应先进行相相分离。本萃取方法仅适用于固体样品或样品的固体部分的萃取。

G.5.1.3　干燥的沉积物/土壤样品和干燥的固体废物样品

这类样品不需做任何处理可直接加到萃取池中，除非有些样品需要与硅藻土混合，如果样品粒径过大，需要粉碎达到可以过 10 目的筛子。

G.5.2　干重质量分数的计算

G.5.2.1　如果样品是基于干重计算的，在分析检测的同时，另取一部分样品称重。

G.5.2.2　在称量萃取样品以后，立即称取 5～10 g 样品放入配衡坩埚，在 105℃条件下干燥这份样品过夜，称量前在干燥器中冷却。按如下公式计算干重质量分数（%）：

干重质量分数（%）=样品干重/样品总质量×100%

G.5.3 粉碎足够质量的干燥的样品过 10 目筛（通常 10～30 g），如必要与硅藻土混合（1：1，体积比）。

G.5.4 将粉碎的样品装填到已经放有过滤膜的合适尺寸的萃取池中。样品池能容纳的样品的质量是由样品的密度以及干燥剂的量决定。一般来说，10 ml 的萃取池能容纳 10 g 样品，34 ml 的可容纳 30 g 样品。分析员可根据必须达到的检测灵敏度的样品质量来选择萃取池的大小。若样品的量不足，可用 20～30 目的石英砂来填补，以节省溶剂。

G.5.5 将检测方法使用的替代物添加到每一样品里。加标和平行加标化合物应分别加到另外的两份样品中。

G.5.6 将萃取池放置在萃取转盘上。

G.5.7 将清洁的收集瓶放置到收集瓶转盘上。收集的萃取液的总体积取决于具体的萃取池体积并与萃取条件的设定有关，其变化范围是 0.5～1.4 倍的萃取池的体积。

G.5.8 推荐的萃取条件。

萃取温度：100℃；

压力：10.34～13.79 MPa（1 500～2 000 lb/in^2）；

静态萃取时间：5 min（在 5 min 的预热后）；

冲洗体积：60%的萃取池的体积；

氮气吹扫：60 s，压力 1.03 MPa（150 lb/in^2）（对于大体积萃取池可延长吹扫时间）；

静态萃取循环次数：1 次。

G.5.8.1 条件优化。可以通过调整温度来改变萃取效率，可以增加静态萃取循环次数提高萃取的效率，也可以根据“相似者相溶”的原理选择适当的溶剂来提高萃取的效率。压力不是提高萃取效率的决定性的参数，因为加压的目的是为了阻止溶剂在萃取温度下沸腾，确保溶剂与样品有良好的接触。压力通常采用 10.34～13.79 MPa（1 500～2 000 lb/in^2）。

G.5.8.2 萃取同一样品必须采用同样的压力。

G.5.9 启动仪器开始全自动萃取。

G.5.10 干净的收集瓶自动收集每次的萃取液。

G.5.11 浓缩、净化、分析萃取物。萃取物中过量的水分可用无水硫酸钠除去。在净化时和样品分析前可按需要改变溶剂。

G.5.12 如果用磷酸溶液萃取含氯除草剂，则需要丙酮来清洗萃取仪管线。该清洗步骤中不使用其他的溶剂。

G.6 质量控制

G.6.1 在萃取之前，需进行固体基质（如干净的沙子）的空白实验。每次萃取时，当试剂变化时，都应进行相关的空白实验。在样品制备和检测过程中都应有空白实验。

G.6.2 本方法需采用标准质量保证措施，必须留有平行现场样品来检验采样过程的精确性。如果该检测方法没有提供其他的用法说明，必须分析每一批样品中的加标/平行加标样品和实验室质量控制样品。

G.6.3 在合适的检测方法中需往所有样品中添加替代标样。

附录 H（资料性附录）

固体废物 N-甲基氨基甲酸酯的测定 高效液相色谱法

H.1 范围

本方法适用于土壤、水体和废物介质中涕灭威 Aldicarb（Temik），涕灭威砜 Aldicarb Sulfone，西维因 Carbaryl （Sevin），虫螨威 Carbofuran（Furadan），二氧威 Dioxacarb，3-羟基虫螨威 3-Hydroxycarbofuran，灭虫威 Methiocarb （Mesurol），灭多威 Methomyl（Lannate），猛杀威 Promecarb，残杀威 Propoxur（Baygon）等 10 种 N-甲基氨基甲酸酯的高效液相色谱测定。

本方法测定了各种目标分析物在无有机物的试剂水体中和土壤中的检测限，见表 H.1。

表 H.1 洗脱顺序、保留时间和检出限

目标分析物	保留时间/min	检出限	
		不含有机物的试剂水/（μg/L）	土壤/（μg/kg）
涕灭威砜 Aldicarb Sulfone	9.59	1.9	44
灭多威 Methomyl（Lannate）	9.59	1.7	12
3-羟基虫螨威 3-Hydroxycarbofuran	12.70	2.6	10
二氧威 Dioxacarb	13.5	2.2	>50
涕灭威 Aldicarb（Temik）	16.05	9.4	12
残杀威 Propoxur（Baygon）	18.06	2.4	17
虫螨威 Carbofuran（Furadan）	18.28	2.0	22
西维因 Carbaryl（Sevin）	19.13	1.7	31
α-萘酚 α-Naphthol	20.30	—	—
灭虫威 Methiocarb（Mesurol）	22.56	3.1	32
猛杀威 Promecarb	23.02	2.5	17

H.2 原理

水体中的 N-甲基氨基甲酸酯用二氯甲烷萃取，土壤、含油固体废物和油中的 N-甲基氨基甲酸酯用乙腈萃取。萃取溶剂再转换至甲醇/乙二醇，然后萃取物经 C18 固相提取小柱净化，过滤，并在 C18 分析柱上洗脱分离，分离后目标分析物经水解和柱后衍生，再用荧光检测器定量。

H.3 试剂和材料

H.3.1 试剂水：不含有机物的试剂级水。

H.3.2 乙腈：HPLC 级。

H.3.3 甲醇：HPLC 级。

H.3.4　二氯甲烷：HPLC 级。

H.3.5　己烷：农残级。

H.3.6　乙二醇：试剂级。

H.3.7　氢氧化钠：试剂级。

H.3.8　磷酸：试剂级。

H.3.9　硼酸盐缓冲液：pH 为 10。

H.3.10　邻-苯二甲醛：试剂级。

H.3.11　2-巯基乙醇：试剂级。

H.3.12　N-甲基氨基甲酸酯：准标准物。

H.3.13　氯乙酸：0.1 mol/L。

H.3.14　反应液：将 0.5 g 邻-苯二甲醛在 1 L 容量瓶内溶于 10 ml 甲醇中，再加 900 ml 不含有机物的试剂水，50 ml 硼酸盐缓冲液（pH=10）。经充分混匀后加入 1 ml 2-巯基乙醇，再用不含有机物的试剂水稀释至刻度，充分混合溶液。按需每周制备新鲜溶液，避光冷藏。

H.3.15　标准液

H.3.15.1　标准贮备液：将 0.025 g 氨基甲酸酯加到 25 ml 容量瓶中用甲醇稀释至刻度制成单一的 1 000 mg/L 溶液。溶液冷藏于带聚四氟乙烯衬里的螺纹盖或宽边瓶塞的玻璃样品瓶内，每 6 个月更换一次。

H.3.15.2　间接标准液：将 2.5 ml 每种贮备溶液加到 50 ml 容量瓶中用甲醇稀释至刻度，制成混合的 50.0 mg/L 溶液。溶液冷藏于带聚四氟乙烯衬里的螺纹盖或宽边瓶塞的玻璃样品瓶内，每 3 个月更换一次。

H.3.15.3　工作标准液：将 0.25 ml、0.5 ml、1.0 ml、1.5 ml 和 2.5 ml 的间接混合标准液分别加入 25 ml 容量瓶，每个容量瓶用甲醇稀释至刻度，制成 0.5 mg/L、1.0 mg/L、2.0 mg/L、3.0 mg/L 和 5.0 mg/L 的溶液。溶液冷藏于带聚四氟乙烯衬里的螺纹盖或宽边瓶塞的玻璃样品瓶内，每 2 个月更换一次，或按需随时更换。

H.3.15.4　混合 QC 标准液：从另一组标准贮备液制备 40.0 mg/L 溶液。将每种储备标准液 2.0 ml 加到一个 50 ml 容量瓶并用甲醇稀释至刻度。溶液冷藏于带聚四氟乙烯衬里的螺纹盖或宽边瓶塞的玻璃样品瓶内，每 3 个月更换一次。

H.4　仪器

H.4.1　高效液相色谱仪：带荧光检测器。

H.4.2　离心机。

H.4.3　分析天平：±0.000 1 g。

H.4.4　大负荷天平：±0.01 g。

H.4.5　台式振荡器。

H.4.6　加热板或同类设备：能适用有 10 ml 刻度的容器。

H.5　样品的采集、保存和预处理

H.5.1　由于 N-甲基氨基甲酸酯在碱性介质中极不稳定，水、废水和浸出液采集后必须立即用 0.1 mol/L 氯乙酸酸化至 pH 为 4～5 后保存。

H.5.2　样品从采集后至分析前须避免阳光直射外，在 4℃下保存。N-甲基氨基甲酸酯易碱性水解对热敏感。

H.5.3　所有样品必须在采集后 7 d 内萃取，在萃取后 40 d 内分析完。

H.6　分析步骤

H.6.1　萃取

H.6.1.1　水、生活废水、工业废水及浸出液。

量取 100 ml 样品至 250 ml 分液漏斗内，用 30 ml 二氯甲烷萃取，猛烈摇动 2 min 再重复萃取 2 次，将 3 次萃取液合并至 100 ml 容量瓶内并用二氯甲烷稀释至容积，若需要清洗按 H.6.2 进行，若不需要清洗直接按 H.6.3.1 进行。

H.6.1.2　土壤、固体、污泥和高悬浮物的水体。

H.6.1.2.1　样品干重的测定：如果样品的结果要求以干重为基准，必须在称出样品供分析测定的同时称出部分样品供此测定用。

注意：干燥炉应该放在通风橱内或可放在室外。有些污染严重的危险废物样品可能会导致实验室的严重污染。

将萃取部分的样品称量后，再称 5～10 g 样品放入恒重的坩埚，在 105℃干燥过夜后，测出样品干重的百分比，样品需在干燥器内冷却后再称重。

$$干重质量分数(\%)=\frac{干样质量(g)}{样品质量(g)}\times 100$$

H.6.1.2.2　萃取

称量（20±0.1）g 样品于 250 ml 带特弗龙衬里螺纹盖的锥形烧瓶中，加 50 ml 乙腈并在台式振荡器上振动 2 h，混合物静止 5～10 min 后，再把萃取液倒入 250 ml 离心管内，重复萃取 2 次，每次用 20 ml 乙腈，振荡 1 h，倒出并合并 3 次萃取液，混合的萃取液在 2 000 r/min 下离心 10 min，小心倒出上清液至 100 ml 容量瓶内，用乙腈稀释至定容（稀释指数=5），按 H.6.3.2 继续操作。

H.6.1.3　受非水溶物质（如油）严重污染的土壤。

H.6.1.3.1　样品干重的测定参照 H.6.1.2.1。

H.6.1.3.2　萃取

称量（20±0.1）g 样品于 250 ml 带特弗龙衬里螺纹盖的锥形烧瓶中，加 60 ml 己烷并在台式振荡器上振动 1 h，再加 50 ml 乙腈并振荡 3 h。混合物静止 5～10 min 后，再倒出溶剂层至 250 ml 分液漏斗。取出乙腈（下层）通过滤纸滤入 100 ml 容量瓶中，加 60 ml 己烷和 50 ml 乙腈至萃取样品瓶中并振荡 1 h，混合物静止后，将其倒入含第 1 次萃取留下的己烷的分液漏斗中，振荡分液漏斗 2 min，等待相分离后，放出乙腈通过滤纸流入容量瓶，用乙腈稀释至定容（稀释指数=5），按 H.6.3.2 继续操作。

H.6.1.4　非水液体（油等）。

称取（20±0.1）g 样品至 125 ml 分液漏斗，加 40 ml 己烷和 25 ml 乙腈并剧烈摇动样品混合物 2 min，等待相分离后，放出乙腈（下层）至 100 ml 容量瓶中，再加 25 ml 乙腈至含样品的分液漏斗，振荡 2 min，等待相分离后，放出乙腈至容量瓶中，用 25 ml 乙腈重复萃取，合并萃取液，用乙腈稀释至定容（稀释指数=5），按 H.6.3.2 继续操作。

H.6.2 清洗

抽取 20.0 ml 萃取液至内含 100 μl 乙二醇的 20 ml 玻璃样品瓶内，将样品瓶放在 50℃的加热板上在 N_2 气流下缓慢蒸发萃取液（在通风橱内进行）直至仅剩下乙二醇残留物，将乙二醇残留物溶于 2 ml 甲醇中，通过已冲洗过的 C18 反相柱芯柱，并把流出物收集在 5 ml 容量瓶内，用甲醇淋洗柱芯柱收集流出液直至最终体积达 5 ml 为止（稀释指数=0.25）。用一次性 0.45 μm 过滤器，过滤一份清洗过的萃取液，过滤液直接流入已标记好的自动进样器样品瓶内，这时的萃取液已可用作分析，按 H.6.4 继续进行。

H.6.3 溶剂转换

H.6.3.1 水、生活废水、工业水及浸出液。

将 10.0 ml 萃取液移入含 100 μl 乙二醇的 10 ml 带刻度的玻璃样品瓶内，将样品瓶放在设置为 50℃的加热板上，缓缓地在 N_2 气流下缓慢蒸发萃取液（在通风橱内进行）直至仅剩下乙二醇残留物，滴加甲醇至乙二醇残留物上直至总容积为 1 ml（稀释指数=0.1）。用一次性 0.45 μm 过滤器将此萃取液直接滤入已标记好的自动进样器样品瓶内，此时的萃取液已可用作分析，按 H.6.4 继续进行。

H.6.3.2 土壤、固体、污泥和高悬浮物水体和非水液体。

将 15 ml 乙腈萃取液流过先用 5 ml 乙腈清洗过的 C18 反相柱芯柱，弃去最初的 2 ml 流出液，再收集其余的部分，将 10.0 ml 干净的萃取液移入内含 100 μl 乙二醇的 10 ml 带刻度的玻璃样品瓶内，将样品瓶置于设定 50℃的加热板上，缓缓地在 N_2 气流下缓慢蒸发萃取液（在通风橱内进行）直至仅剩下乙二醇残留物，滴加甲醇至乙二醇残留物上直至总容积为 1 ml（附加稀释指数=0.1；总稀释指数=0.5）。用一次性 0.45 μm 过滤器将此萃取液直接滤入已标记好的自动进样器样品瓶内，这时的萃取液已可用作分析，按 H.6.4 继续进行。

H.6.4 样品分析

H.6.4.1 分析样品用的色谱条件。

H.6.4.1.1 色谱条件

溶剂 A：不含有机物的试剂水，每升水用 0.4 ml 磷酸酸化；

溶剂 B：甲醇/乙腈（1∶1，体积分数）；

流速：1.0 ml/min；

进样体积：20 μl。

H.6.4.1.2 柱后的水解参数

溶液：0.05 mol/L 氢氧化钠水溶液；

流速：0.7 ml/min；

温度：95℃；

滞留时间：35 s（1 ml 反应管）。

H.6.4.1.3 柱后衍生反应条件

溶液：邻-苯二甲醛/2-巯基乙醇；

流速：0.7 ml/min；

温度：40℃；

滞留时间：25 s（1 ml 反应管）。

H.6.4.1.4　荧光检测器条件

池体积：10 μl；

激发波长：340 nm；

发射波长：418 nm 截止滤光片；

灵敏度波长：0.5 μA；

PMT 电压：−800 V；

时间常数：2 s。

H.6.4.2　如果样品信号的峰面积超过校正范围，需将萃取液作必要的稀释，并重新分析稀释后的萃取液。

H.6.5　校正

H.6.5.1　分析溶剂空白（20 μl 甲醇）确保系统清洁，分析校正用的标准物（从 0.5 mg/L 标准液开始至 5.0 mg/L 标准液为止），如果每种分析物的响应因子（RF）平均值的相对百分标准偏差（RSD，%）未超过 20%，系统校正合格可以进行样品分析，如果任何一个分析物的 RSD（%）超过 20%，系统需再行检查并用新制备的校正液再作校正。

H.6.5.2　用已建立的校正平均响应因子，在每天开始分析时均对仪器进行校正核对。分析 2.0 mg/L 混合标准液。如果每种分析物质量浓度在 1.70～2.30 mg/L 范围内（即真值的±15%内）认可仪器校正合格，可以进行样品分析。如果任何一个分析物的测得值超过它真值的±15%，仪器必须作再次校正（H.6.5.1）。

H.6.5.3　每分析 10 个样品，要用 2.0 mg/L 标准液作一次分析，以确认保留时间和响应因子在可接受的范围内，偏差较大（即测得质量浓度超过真值质量浓度±15%）时，需要把样品再次分析。

H.7　结果计算

H.7.1　响应因子（RF）如下（根据 5 点作平均值）：

$$\mathrm{RF}=\frac{\text{标准液质量浓度}}{\text{信号的面积}}$$

$$\overline{\mathrm{RF}}=\frac{\left(\sum_{i}^{5}\mathrm{RF}_1\right)}{5}$$

$$\overline{\mathrm{RF}}\text{的RSD(\%)}=\frac{\left[\left(\sum_{i}^{5}\mathrm{RF}_1-\overline{\mathrm{RF}}\right)^2\right]^{\frac{1}{2}}\Big/4}{\overline{\mathrm{RF}}}\times 100$$

H.7.2　*N*-甲基氨基甲酸酯的质量浓度（ρ）如下：

ρ（μg/g 或 mg/L）=（$\overline{\mathrm{RF}}$）（信号的面积）（稀释因子）

H.8　质量保证和控制

H.8.1　在分析任何样品前，分析人员必须通过对每种基质做空白分析实验来确认所有玻璃器皿和试剂均无干扰，每当试剂改变时必须重做空白分析以确保实验室无任何污染。

H.8.2　每分析一批样品时，必须要配制并分析检查 QC 的溶液，可以从 40.0 mg/L 的混合 QC 标准溶液制成每种分析物质量浓度为 2.0 mg/L 的溶液，它们可接受的响应范围为 1.7～2.3 mg/L。

H.8.3　由于湮灭而引起负干扰可以用合适标样配成适当质量浓度的加标萃取液来测定，也可用实测值与预期值的差来衡量。

H.8.4　用去离子水替代柱后反应系统中的 NaOH 和 OPA 试剂，可以确认任何检测出的分析物并重新分析可疑的萃取液，持续的荧光响应说明存在干扰（因为荧光响应并非由柱后的衍生产生），在解释色谱图时需格外注意。

附录 I（资料性附录）

固体废物　杀草强测定　衍生/固相提取/液质联用法

I.1　范围

本方法适用于固体废物中杀草强的衍生/固相提取/液质联用法测定。

方法检出限为 0.02 μg/L。

I.2　原理

液体样品用氯甲酸己酯衍生，得到的衍生产物用 C18 固相提取小柱净化，用液相色谱/质谱联用系统进行检测。

I.3　试剂和材料

I.3.1　水：HPLC 级。

I.3.2　甲醇：HPLC 级。

I.3.3　乙醇：HPLC 级。

I.3.4　乙腈：HPLC 级。

I.3.5　醋酸铵：分析纯或更高纯度。

I.3.6　吡啶：分析纯或更高纯度。

I.3.7　固相提取小柱：C18，内含 500 mg 填料。

I.3.8　滤膜：0.2 μm，3 mm，尼龙。

I.3.9　色谱柱：C18，3.5 μm，3 mm×150 mm 色谱柱。

I.3.10　杀草强。

I.3.11　内标物。

I.4　仪器

I.4.1　高效液相色谱仪：具有梯度分离能力。

I.4.2　四极杆质谱检测器。

I.5　分析步骤

I.5.1　衍生

I.5.1.1　向 50 ml 水样中加入 25 ng 内标物（取 250 μl 质量浓度为 100 μg/L 的内标物甲醇贮备液）。

I.5.1.2　加入体积比为 60∶32∶8 的水/乙醇/吡啶混合溶液共 2.5 ml。

I.5.1.3　加入 200 μl 氯甲酸己酯溶液（取 100 μl 氯甲酸己酯用 10 ml 乙腈配制的溶液）。

I.5.1.4　涡旋搅拌 30 s，作为固相提取上样溶液。

I.5.2　固相提取

I.5.2.1　小柱活化：依次用下列溶剂活化小柱：两份 3 ml 体积比 1∶1 的乙腈/甲醇混合溶液；3 ml 甲醇；两份 3 ml 水。

I.5.2.2　上样：加入 50 ml 经过衍生的水样。

I.5.2.3　洗涤：用两份 3 ml 水清洗小柱，并继续抽真空使小柱干涸。

I.5.2.4　洗脱：用三份 1 ml 体积比 1∶1 的乙腈/甲醇混合溶液洗脱。

I.5.2.5　挥发并配制：将洗脱液挥发至近干。用 200 μl 水复溶，涡旋搅拌 10 s，过滤。

I.5.3　液相色谱条件

流动相：溶剂 A：10 mmol/L 醋酸铵水溶液；溶剂 B：甲醇。

梯度：

时间/min	溶剂 A	溶剂 B
0	35	65
10	35	65
15	0	100
20	35	65

分析时间：20 min；

平衡时间：6 min；

流速：0.4 ml/min；

柱温：30℃；

进样体积：100 μl。

I.5.4 质谱分析条件

离子化模式：$APCI^+$；

选择离子监测（SIM）参数：

时间/min	离子	增益
4	213（杀草强）	10
8	259（内标物）	1

碎裂电压：100 V；

选择离子分辨率（SIM Resolution）：低；

挥发器温度（Vaporizer）：325℃；

干燥气（N_2）：5.0 L/min；

气体温度：350℃；

喷雾器压力（Nebulizer pressure）：0.41 MPa（60 lb/in^2）；

毛细管电压（Vcap）：4 000 V；

电晕电流（Corona）：4.0 μA。

I.6 结果计算

样品中杀草强的质量浓度ρ（μg/L）以下式计算：

$$\rho(\mu g/L)=\frac{\text{测定质量浓度（}\mu g/ml\text{）}\times\text{萃取液体积（ml）}}{\text{水样体积（L）}}$$

附录 J（资料性附录）

固体废物　百草枯和敌草快的测定　高效液相色谱紫外法

J.1　范围

本方法适用于固体废物中的百草枯和敌草快（杀草快）的高效液相色谱紫外法测定。

本方法检出限分别为：百草枯 0.68 mg/L 和敌草快 0.72 mg/L。

J.2　原理

水样用 C8 固相提取小柱或 C8 圆盘型固相提取膜提取，之后用反相离子对液相色谱法分离，紫外检测器（光电二极管阵列检测器）进行检测。

J.3　试剂和材料

J.3.1　固相提取所用材料与试剂

J.3.1.1　固相提取小柱：C8，500 mg。

J.3.1.2　固相提取装置。

J.3.1.3　真空泵：能够保持 1～1.3 kPa（8～10 mmHg）真空度。

J.3.1.4　活化溶液 A：取 0.500 g 十六烷基三甲基溴化铵和 5 ml 浓氨水，配成 1 000 ml 水溶液。

J.3.1.5　活化溶液 B：取 10.0 g 己烷磺酸钠盐和 10 ml 浓氨水，加入 250 ml 去离子水中，配成 500 ml 水溶液。

J.3.1.6　盐酸：10%（体积分数），取 50 ml 浓盐酸，用去离子水配制成 500 ml 水溶液。

J.3.1.7　小柱洗脱液：取 13.5 ml 浓磷酸和 10.3 ml 二乙胺，用去离子水配制成 1 000 ml 水溶液。

J.3.1.8　离子对试剂溶液：取 3.75 g 己烷磺酸，用 3.1.7 洗脱液稀释至 25 ml。

J.3.2　过滤膜：0.45 m，47 mm 直径，尼龙材质。

J.3.3　己烷磺酸：色谱纯。

J.3.4　三乙胺：色谱纯。

J.3.5　浓磷酸：分析纯。

J.3.6　百草枯和敌草快贮备液（1 000 mg/L）：将百草枯和敌草快盐样品在 110℃烘箱中烘干 3 h，重复上述过程使之恒重。准确称取 0.196 8 g 干燥敌草快和 0.177 0 g 干燥百草枯，放入硅烷化的 100 ml 玻璃瓶或聚丙烯容量瓶中。用 50 ml 去离子水溶解，并稀释至刻度。

J.4　仪器

J.4.1 高效液相色谱仪：带多波长、可变波长紫外检测器或二极管阵列检测器。

J.4.2 色谱柱：ODS（C18）色谱柱，5 μm，2.1 mm×100 mm 色谱柱。

J.4.3 保护柱：与分析柱填料相同。

J.5 分析步骤

J.5.1 样品的制备

J.5.1.1 样品的提取

土壤样品的提取可采用索氏提取或超声提取方法进行；水相样品提取采用固液提取或液液萃取技术进行。

J.5.1.2 固相提取小柱样品净化方法

如果样品含有颗粒，需将样品用 0.45 m 的尼龙滤膜过滤。如果样品不马上处理，应该储存在 4℃环境中。

J.5.1.2.1 在样品提取前，应将 C8 提取小柱用以下步骤活化。将小柱放在固相提取装置上，按以下次序用下列溶液洗脱通过小柱。该过程中需注意保持小柱浸润，不能干涸，且溶剂通过小柱的流速大约为 10 ml/min。

a. 去离子水：5 ml；

b. 甲醇：5 ml；

c. 去离子水：5 ml；

d. 活化溶液 A：5 ml；

e. 去离子水：5 ml；

f. 甲醇：10 ml；

g. 去离子水：5 ml；

h. 活化溶液 B：20 ml。

J.5.1.2.2 上述过程结束后，保持活化溶液 B 于 C8 小柱中，以保持活化状态。48 h 内使用该小柱，则无需活化。活化后，小柱两头应该密封，并存于 4℃环境下。

J.5.1.2.3 取 250 ml 液体样品，将样品溶液 pH 调至 7.0～9.0。如果不在此范围内，用 10% NaOH 水溶液或 10% 盐酸水溶液调节。

J.5.1.2.4 将活化后的小柱放在固相提取装置上。用合适的接头将 60 ml 储液器连接在小柱上。将 250 ml 烧杯放入提取装置中以接收废液和样品。将样品放入储液器，打开真空，将样品通过小柱的流速调节为 3～6 ml/min。样品通过小柱后，用 5 ml 的 HPLC 级甲醇冲洗小柱。连续抽真空约 1 min 使小柱干涸。放掉真空，丢弃样品废液和甲醇。

J.5.1.2.5 打开真空，调节流速 1～2 ml/min，用 4.5 ml 洗脱液洗脱小柱。洗脱出来的样品用 5 ml 容量瓶收集。

J.5.1.2.6 将装有洗脱液的容量瓶取出，加入 100 μl 离子对试剂浓液。加入洗脱液至刻度，混匀。溶液可直接用于测定。

J.5.2 色谱条件

流动相：0.1%已磺酸（hexanesulfonic acid），0.35%三乙胺，pH 2.5（用 H_3PO_4 调节）；流速：0.4 ml/min；

检测：256 nm 与 310 nm（参比波长：450/100 nm）；

进样：10 μl。

J.6 结果计算

样品中目标物质的质量浓度ρ（μg/L）以下式计算：

$$\rho(\mu g/L)=\frac{\text{测定质量浓度（}\mu g/ml\text{）}\times\text{萃取液体积}(ml)}{\text{水样体积（L）}}$$

固体废物　苯胺及其选择性衍生物的测定　气相色谱法

K.1 范围

本方法适用于固体废物的提取液中苯胺及某些苯胺衍生物含量的检测。分析方法为气相色谱测定方法。分析化合物包括：苯胺、4-溴苯胺、6-氯-2-溴-4-硝基苯胺、2-溴-4,6-二硝基苯胺、2-氯苯胺、3-氯苯胺、4-氯苯胺、2-氯-4,6-二硝基苯胺、2-氯-4-硝基苯胺、4-氯-2-硝基苯胺、2,6-二溴-4-硝基苯胺、3,4-二氯苯胺、2,6-二氯-4-硝基苯胺、2,4-二硝基苯胺、2-硝基苯胺、3-硝基苯胺、4-硝基苯胺、2,4,6-三硝基苯胺、2,4,5-三硝基苯胺。

本方法对所有目标化合物的方法检测限（MDL）列于表 K.1。对于特定样品的 MDL 值可能不同于表 K.1 中所列值，主要取决于干扰物及样品基质的性质。表 K.2 为对不同基质计算其定量极限评估值（EQL）的说明。

K.2 引用标准

下列文件中的条款通过在本方法中被引用而成为本方法的条款，与本方法同效。凡是不注明日期的引用文件，其最新版本适用于本方法。

GB/T 6682 分析实验室用水规格和实验方法

K.3 原理

经过相应的提取和净化之后，提取液中的目标化合物采用毛细管气相色谱和氮磷检测器（GC/NPD）进行测定。

K.4 试剂和材料

K.4.1　除另有说明外，本方法所使用的水为 GB/T 6682 规定的一级水。

K.4.2　氢氧化钠：分析纯，配制成 1.0 mol/L 的不含有机物的水溶液。

K.4.3　硫酸：分析纯，高浓度，ρ =1.84 g/ml。

K.4.4　丙酮：色谱纯。

K.4.5　甲苯：色谱纯。

K.4.6　标准贮备液：可使用纯标准物质配制或购买经鉴定的溶液。

准确称取约 0.010 0 g 纯化合物，将其溶解于甲苯中，稀释并定容至 10 ml 容量瓶中。将标准贮备液转移至 PTFE 密封瓶中，于 4℃下避光保存。应经常检查标准贮备液是否分解或挥发，特别是在将要用其配置校正标准液之前。标准贮备液在 6 个月内必须更换，如果与验证标准液比较表明存在问题的话则必须在更短时间内更换。

K.4.7　工作标准溶液：每周均要配制工作标准溶液，在容量瓶中加入一定体积的一种或多种标准贮备液，以甲苯稀释至相应体积。至少应配制 5 个不同质量浓度溶液，且样品的浓度应低于标准溶液的最高质量浓度。苯胺及其衍生物如同很多半挥发性有机物一样均不太稳定，必须严格检测工作标准溶液是否有效。

K.5 仪器

K.5.1 气相色谱仪：配有氮磷检测器。

K.5.2 推荐用的色谱柱：SE-54，30 m×0.25 mm×0.32 μm；SE-30，30 m×0.25 mm×0.32 μm。

K.5.3 样品瓶：适当大小，玻璃制，配备聚四氟乙烯（PTFE）螺纹盖或压盖。

K.5.4 分析天平：可精确称量至 0.000 1 g。

K.5.5 玻璃器皿：参考 GB 5085.3 附录 U、附录 V、附录 W。

K.6 样品的采集、保存和预处理

K.6.1 液体基质应保存在有特弗龙螺纹瓶盖的 1 L 琥珀色玻璃瓶，向样品中加入 0.75 ml 10%的 $NaHSO_4$，冷却至 4℃保存。

K.6.2 样品采集后必须被冷冻或冷藏于 4℃，直至进行提取。对于含氯样品，立即在其中加入硫代硫酸钠，如果 1 L 样品中含 1×10^{-6} 游离氯，则应加入 35 mg 硫代硫酸钠。取样后立即用氢氧化钠或硫酸将样品 pH 调整至 6～8。

K.7 分析步骤

K.7.1 提取和纯化

K.7.1.1 一般而言，依据 GB 5086.3 附录 U，以二氯甲烷为溶剂，在 pH＞11 时进行提取。固体样品依据 GB 5086.3 附录 V 以二氯甲烷/丙酮（1∶1）作为提取溶剂。

K.7.1.2 必要时，样品可以采用 GB 5086.3 附录 W 进行纯化。

K.7.1.3 在进行气相色谱氮磷检测器分析之前，提取溶剂必须更换为甲苯，可以在用 N2 最后浓缩样品之前在样品瓶中加入 3～4 ml 甲苯。

K.7.2 色谱条件（推荐）

K.7.2.1 色谱柱 1：SE-54 熔融石英柱 30 m×0.25 mm；

载气：氦气；

载气流速：室温下 28.5 cm/s；

升温程序：起始温度为 80℃，保持 4 min，以 4℃/min 升温至 230℃保持 4 min。

K.7.2.2 色谱柱 2：SE-30 熔融石英柱 30 m×0.25 mm；

载气：氦气；

载气流速：室温下 30 cm/s；

升温程序：始温度为 80℃，保持 4 min，4℃/min 升温至 230℃，230℃保持 4 min。

色谱条件应当优化至能得到附录 A 所示同等分离效果。

K.7.3 校正

制备校正标准液。可采用内标或外标校正过程。苯胺及许多苯胺衍生物不稳定，因此需要经常进行色谱柱维护和重校准。

K.7.4 样品气相色谱分析

K.7.4.1 推荐 1 μl 自动进样。如果分析者要求定量精度相对标准偏差<10%，则可以采用小于 2 μl 手动进样。若溶剂量保持在最低值，则应采用溶剂冲洗技术。如果采用内标校准方法，在进样前于每 ml 样品萃取液中加入 10 μl 内标。

K.7.4.2 当样品萃取液中某一个峰超出了其常规的保留时间窗口时需要采用假设性鉴定。

K.7.4.3 记录进样体积精确至 0.05 μl 及其相应峰的大小，以峰高或峰面积计。使用内标或外标校正过程，确定样品色谱图中与校正所使用的化合物相应的每个组分峰的归属和数量。

K.7.4.4 如果响应超出了系统的线性范围，将萃取液稀释并再次分析。在由于峰重叠引起面积积分误差的情况下，建议使用峰高测量而不是峰面积积分。

K.7.4.5 如果存在部分重叠峰或共流出峰，改换色谱柱或采用 GC/MS 技术（GB 5086.3 附录 K）。影响样品定性和（或）定量的干扰物应使用上面所述纯化技术予以除去。

K.7.4.6 如果峰响应低于基线噪音的 2.5 倍，则定量分析的结果是不准确的。需根据样品来源进行分析，以确定是否对样品进一步浓缩。

K.7.5 GC/MS 确认

K.7.5.1 本方法应当合理选择 GC/MS 技术作为定性鉴定的辅助。依据 GB 5086.3 附录 K 中所列的 GC/MS 工作条件。确保用作 GC/MS 分析的萃取液中，被分析物的浓度足够大以对其进行确认。

K.7.5.2 有条件时，可采用化学电离质谱进行辅助定性鉴定过程。

K.7.5.3 为准确鉴定一种化合物，其由样品萃取液测得的扣除背景后的质谱图必须与在相同的色谱工作条件下测得的标准贮备液或校正标准液的质谱图相一致。使用 GC/MS 鉴定时，进样量至少为 25 ng。定性确认必须遵照 GB 5086.3 附录 K 所列的鉴定标准。

K.7.5.4 如果 MS 不能提供满意的结果，在重新测定之前可采用一些另外的措施。这些措施包括更换气相色谱柱，或进一步的样品纯化。

表 K.1 保留时间和方法检测限

被测物	保留时间/min		方法检测限[a]/(μg/L)
	色谱柱 1	色谱柱 2	
苯胺（Aniline）	7.5	6.3	2.3
2-氯苯胺（2-Chloroaniline）	12.1	7.1	1.4
3-氯苯胺（3-Chloroaniline）	14.6	9.0	1.8
4-氯苯胺（4-Chloroaniline）	14.7	9.1	0.66
4-溴苯胺（4-Bromoaniline）	18.0	12.1	4.6
2-硝基苯胺（2-Nitroaniline）	21.9	15.6	1.0
2,4,6-三氯苯胺（2,4,6-Trichloroaniline）	21.9	16.3	5.8
3,4-二氯苯胺（3,4-Dichloroaniline）	22.7	16.6	3.2
3-硝基苯胺（3-Nitroaniline）	24.5	18.0	3.3
2,4,5-三氯苯胺（2,4,5-Trichloroaniline）	26.3	20.4	3.0
4-硝基苯胺（4-Nitroaniline）	28.3	21.7	11.0
4-氯-2-硝基苯胺（4-Chloro-2-nitroaniline）	28.3	22.0	2.7

被测物	保留时间/min		方法检测限[a]/（μg/L）
	色谱柱 1	色谱柱 2	
2-氯-4-硝基苯胺（2-Chloro-4-nitroaniline）	31.2	24.8	3.2
2,6-二氯-4-硝基苯胺（2,6-Dichloro-4-nitroaniline）	31.9	26.0	2.9
6-氯-2-溴-4-硝基苯胺（2-Bromo-6-chloro-4-nitroaniline）	34.8	28.8	3.4
2-氯-4,6-二硝基苯胺（2-Chloro-4,6-dinitroaniline）	37.1	30.1	3.6
2,6-二溴-4-硝基苯胺（2,6-Dibromo-4-nitroaniline）	37.6	31.6	3.8
2,4-二硝基苯胺（2,4-Dinitroaniline）	38.4	31.6	8.9
2-溴-4,6-二硝基苯胺（2-Bromo-4,6-dinitroaniline）	39.8	33.4	3.7

注：a. MDL 值为基于对不含有机物的水重复 7 次测定的结果。

表 K.2　对不同基体的定量极限评估值（EQL）[a]

基体	因数[b]
地下水	10
超声提取、凝胶渗透色谱（GPC）纯化的低倍浓缩土壤	670
超声提取的高倍浓缩土壤和淤泥	10 000
非水溶性废物	100 000

注：a. 样品的 EQL 值主要取决于基体。此处列出的 EQL 值仅作为指导参考，并非始终能达到。

b. EQL=对水样的检测限（表 K.1）×因数。对于非水样品，该因数基于湿重基础。

附录 L（资料性附录）

固体废物　草甘膦的测定　高效液相色谱/柱后衍生荧光法

L.1　范围

本方法适用于固体废物中的草甘膦的高效液相色谱/柱后衍生荧光法测定。

本方法在试剂水、地下水和脱氯处理过的自来水中的检出限分别为 6、8.99、5.99 μg/L。

L.2　原理

水样过滤后，用阳离子交换柱进行 HPLC 等度分析。在 65℃下，被测物用次氯酸钙氧化，其产物氨基乙酸（glycine）用含有 2-巯基乙醇的邻苯二甲醛在 38℃进行反应，得到有荧光相应的物质。荧光检测的激发波长为 340 nm，发射波长＞455 nm。

L.3　试剂和材料

L.3.1　HPLC 流动相。

L.3.1.1　试剂水：高纯水。

L.3.1.2　取 0.005 mol/L $KHPO_4$（0.68 gm）溶于 960 ml 试剂水中，加入 40 ml HPLC 级甲醇，用浓磷酸将 pH 调至 1.9。混匀后用 0.22 μm 过滤膜过滤并脱气。

L.3.2　柱后衍生溶液

L.3.2.1　次氯酸钙溶液：取 1.36 g $KHPO_4$、11.6 g NaCl 和 0.4 g NaOH 溶于 500 ml 去离子水中。加入将 15 mg $Ca(ClO)_2$ 溶于 50 ml 去离子水的溶液。将溶液用去离子水稀释至 1 000 ml。用 0.22 μm 膜过滤备用。建议该溶液每天新鲜配制。

L.3.2.2　邻苯二甲醛（OPA）反应液：

L.3.2.2.1　将 10 ml 2-巯基乙醇和 10 ml 乙腈以 1∶1 比例混合，密封储存在通风橱中。

L.3.2.2.2　硼酸钠（0.025 mol/L），将 19.1 g 硼酸钠（$Na_2B_4O_7 \cdot 10\ H_2O$）溶于 1.0 L 试剂水中。如果在使用前一天配制，硼酸钠在室温下会完全溶解。

L.3.2.2.3　OPA 反应液：将（100±10） mg 邻苯二甲醛（OPA）（熔点：55～58℃）溶于 10 ml 甲醇中。加入 1.0 L 0.025 mol/L 硼酸钠溶液，混匀，用 0.45 μm 膜过滤后，脱气。加入 10 μl 2-巯基乙醇溶液并混匀。除非能够隔绝氧气保存，否则此溶液应该每天新鲜配制。溶液在空气中低温（4℃）保存两周没有明显增加的荧光本底噪声；如果在氮气保护条件下可长期保存。亦可以买到商品化的荧光醛。

L.3.3　样品保护试剂：硫代硫酸钠，颗粒，分析纯。

L.3.4　标准贮备液：1.00 μg/ml，准确称取 0.100 0 g 纯草甘膦，溶于 1 000 ml 去离子水中。

L.4 仪器和设备

L.4.1 高效液相色谱仪：具有荧光检测器，200 μl 定量环。

L.4.2 色谱柱：250 mm×4 mm，钾型阳离子交换柱，在 pH 为 1.9，65℃下填装。

L.4.3 保护柱：C18 填料，或者与色谱柱填料相近的保护柱。

L.4.4 柱温箱。

L.4.5 柱后反应装置：包括两个柱后衍生泵，一个三通，两个 1.0 ml 特富龙材质延迟管线（控温在 38℃）。

L.5 分析步骤

L.5.1 样品净化。HPLC 方法直接用水溶液进样，用过滤方法对样品进行净化。自来水、地下水和市政污水用过滤方法处理均未发现明显的干扰。如果特殊情况下需要其他的净化步骤，需要符合本方法指定的回收率要求。

L.5.2 分析条件。

L.5.2.1 HPLC 分析。

色谱柱：250 mm×4 mm，阳离子交换柱，柱温：65℃；

流动相：0.005 mol/L $KHPO_4$-水-甲醇（24∶1），pH=1.9；

流速：0.5 ml/min；

进样体积：200 μl；

检测：激发波长：340 nm，发射波长：455 nm。

L.5.2.2 柱后衍生条件。

次氯酸钙溶液流速：0.5 ml/min；

OPA 溶液流速：0.5 ml/min；

反应温度：38℃。

L.6 结果计算

样品中草甘膦的质量浓度ρ（μg/L）用以下公式计算：

$$\rho = A/RF$$

式中：A——样品中草甘膦的峰面积；

RF——从校正数据得到的相应校正因子。

附录 M（资料性附录）

固体废物　苯基脲类化合物的测定 固相提取/高效液相色谱紫外分析法

M.1　范围

本方法适用于固体废物中苯基脲类农药包括除虫脲（Diflubenzuron）、敌草隆（Diuron）、氟草隆（Fluometuron）、利谷隆（Linuron）、敌稗（Propanil）、环草隆（Siduron）、丁噻隆（Tebuthiuron）和赛苯隆（Thidiazuron）的固相提取/高效液相色谱紫外分析法测定。

M.2　原理

500 ml 水样用 C18 固相提取小柱提取，用甲醇洗脱，最后提取液浓缩至 1 ml。样品用 C18 色谱柱在配有紫外检测器的 HPLC 系统上进行分离检测。

M.3　试剂和材料

M.3.1　试剂水：纯水，其中不含任何超过检出限的目标待测物，或超过检出限之 1/3 的干扰物质。

M.3.2　乙腈：HPLC 级。

M.3.3　甲醇：HPLC 级。

M.3.4　丙酮：HPLC 级。

M.3.5　磷酸缓冲液：(25 mmol/L)：用于 HPLC 流动相。取 0.5 mol/L 磷酸钾贮备液（M.3.5.1）和 0.5 mol/L 磷酸贮备液（M.3.5.2）各 100 ml，与试剂水稀释至 4 L。溶液 pH 应该约为 2.4。该值应该用 pH 计测量。用 0.45 μm 尼龙膜过滤备用。

M.3.5.1　磷酸钾贮备液（0.5 mol/L）：称取 68 g KH_2PO_4，用 1 L 试剂水溶解。

M.3.5.2　磷酸贮备液（0.5 mol/L）：取 34.0 ml 磷酸（85%，HPLC 级），用试剂水稀释至 1 L。

M.3.6　样品保护试剂：硫酸铜（$CuSO_4 \cdot 5H_2O$），分析纯，作为杀菌剂，防止微生物将被测物降解。

M.3.7　标准样品溶液

M.3.7.1　待测物贮备标准溶液：除了赛苯隆（Thidiazuron）和除虫脲（Diflubenzuron）外，其他化合物用甲醇溶解。赛苯隆（Thidiazuron）和除虫脲（Diflubenzuron）在甲醇中溶解度有限，用丙酮溶解。只要进样体积如方法指定尽可能小，丙酮就不干扰分析。储备液在 −10℃以下可储存 6 个月。

M.3.7.1.1　准确称取 25～35 mg（精确到 0.1 mg）可在甲醇中溶解的待测化合物，放入 5 ml 容量瓶，用甲醇稀释至刻度。

M.3.7.1.2　赛苯隆（Thidiazuron）和除虫脲（Diflubenzuron）可溶于丙酮中。准确称取纯物质（精确到 0.1 mg）10～12 mg，置于 10 ml 容量瓶中。赛苯隆难以溶解，但 10 mg 纯物质可溶于 10 ml 丙酮中。超声可有助于溶解。

M.3.7.2 分析用标准样品（200 μg/ml 和 10 μg/ml），由储备标准溶液稀释而来。先用适量甲醇将储备标准溶液稀释至 200 μg/ml 溶液。如需 10 μg/ml 质量浓度的标准溶液，可用 200 μg/ml 的标准溶液进行进一步的稀释而得。上述标准溶液可以用于校正标样，并可以在−10℃下稳定存放 3 个月。

M.3.8 固相提取用材料

M.3.8.1 固相提取小柱：6 ml 装有 500 mg（40 μm 直径）硅胶基质 C18 填料的小柱。

M.3.8.2 真空提取装置：带流速/真空控制功能。使用导入针或阀避免交叉污染。

M.3.8.3 离心管：15 ml，或其他适于容纳小柱提取洗脱液的容器。

M.3.8.4 提取液浓缩系统 1：可以使 15 ml 试管在 40℃水浴下加热，并同时用氮气吹扫到一定体积。

M.4 仪器

M.4.1 高效液相色谱仪：配紫外检测器或光电二极管阵列检测器。

M.4.2 首选色谱柱：4.6 mm×150 mm，3.5 μm C18 色谱柱。

M.4.3 确认色谱柱：4.6 mm×150 mm，5 μm 氰基柱，必须与首选色谱柱具有不同的选择性，具有不同的洗脱次序。

M.5 分析步骤

M.5.1 固相提取步骤

M.5.1.1 小柱活化

小柱一旦被活化，则需在进样完成前一直保持浸润状态，不能干涸，否则降低回收率。用 5 ml 甲醇浸润小柱填料约 30 s（暂时停止真空），使之活化。期间不能让甲醇液面低于填料上部。用甲醇活化后，用两份 5 ml 试剂水平衡小柱。小心控制真空使填料保持浸润状态。在进样之前，在小柱上再加入约 5 ml 试剂水。

M.5.1.2 进样

打开真空，以 20 ml/min（minus 9～10，Hg）的流速让样品溶液通过小柱。

注意：在所有样品通过小柱前，小柱不能干涸。样品全部通过小柱后，抽真空（minus 10～15，Hg）约 15 min，放掉真空。

M.5.1.3 小柱洗脱

在小柱中加入 3 ml 甲醇，使小柱让甲醇充分浸润。放掉真空，将小柱填料用甲醇浸润 30 s。打开真空，以低真空度（minus 2～4，Hg）将样品用甲醇从小柱中洗脱出来，洗脱溶液应成滴流出至收集管。用 2 ml 甲醇再重复上述操作。第三次用 1 ml 甲醇洗脱。

M.5.1.4 洗脱液浓缩

用 40℃以上的水浴在氮气流的吹扫下，将洗脱液浓缩至 0.5 ml。转移至 1 ml 容量瓶。用少量甲醇洗涤收集管。

M.5.2 液相色谱分析

M.5.2.1 首选分析柱：C18，4.6 mm×150 mm，3.5 μm C18 色谱柱。

条件：溶剂 A：25 mmol/L 磷酸缓冲液；溶剂 B：乙腈。梯度变化见下表：

时间/min	B/%	流速/（ml/min）	时间/min	B/%	流速/（ml/min）
0	40	1.5	14	60	1.5
9.5	40	1.5	15.0	40	1.5
10.0	50	1.5			

检测波长：245 nm。下次进样前平衡 15 min。

M.5.2.2 确认色谱柱：4.6 mm×150 mm，5 μm 氰基固定相色谱柱。

条件：溶剂 A：25 mmol/L 磷酸缓冲液；溶剂 B：乙腈。梯度变化见下表：

时间/min	B/%	流速/（ml/min）	时间/min	B/%	流速/（ml/min）
0	20	1.5	16.01	40	2.0
11	20	1.5	20	40	2.0
12	40	1.5	20.1	20	2.0
16	40	1.5			

平衡时间：15 min。检测波长：240 nm。

附录 N（资料性附录）

固体废物 氯代除草剂的测定 甲基化或五氟苄基衍生气相色谱法

N.1 范围

本方法用毛细管气相色谱来分析水体、土壤或废物中的氯代除草剂和相关化合物。本方法特别适用于测定下列化合物：2,4-滴、2,4-滴丁酸、2,4,5-滴丙酸、2,4,5-涕、茅草枯、麦草畏、1,3-二氯丙烯、地乐酚、2 甲 4 氯、2-（4-氯苯氧基-2-甲基）丙酸、4-硝基苯酚、五氯酚钠。

表 N.1 列出了水体和土壤中每一种化合物检出限的估计值。因干扰物和样品状态的差异，测定具体水样时的检出限会与表中所列有所不同。

N.2 引用标准

下列文件中的条款通过在本方法中被引用而成为本方法的条款，与本方法同效。凡是不注明日期的引用文件，其最新版本适用于本方法。

GB/T 6682 分析实验室用水规格和实验方法

N.3 原理

水样用乙醚进行萃取，用重氮甲烷或五氟苄溴进行酯化。土壤和废物样品用重氮甲烷或五氟苄溴萃取并酯化。衍生化后的产物用带有电子捕获检测器的气相色谱仪（GC/ECD）测定。所得结果应以酸的形式给出。

N.4 试剂和材料

N.4.1 除有说明外，本方法中所用的水为 GB/T 6682 规定的一级水。

N.4.2 氢氧化钠溶液：把 4 g 氢氧化钠溶于水中，稀释至 1.0 L。

N.4.3 氢氧化钾溶液（37%，质量分数）：把 37 g 的氢氧化钾溶于水中，稀释至 100 ml。

N.4.4 磷酸缓冲溶液（0.1 mol/L，pH 为 2.5）：把 12 g 的 NaH_2PO_4 溶于水中，稀释至 1.0 L。加磷酸调节 pH 到 2.5。

N.4.5 二甲基亚硝基苯磺酰胺：高纯。

N.4.6 硅酸：过 100 目筛，130℃下贮存。

N.4.7 碳酸钾：分析纯。

N.4.8 2,3,4,5,6-五氟苄溴（PFBBr，$C_6F_5CH_2Br$）：纯度足够高或等同类产品。

N.4.9 无水经过酸化的硫酸钠颗粒：置于浅盘，加热至 400℃下纯化 4 h，或者用二氯甲烷预先洗涤。必须做一个空白样，以确保硫酸钠中无杂物干扰。酸化时，先用乙醚把 100 g 硫酸钠调成糊状，加入 0.1 ml 浓硫酸搅拌均匀。真空除去乙醚。把 1 g 所得固体与 5 ml 水混合，测定 pH。要求 pH 必须低于 4，在 130℃下贮存。

N.4.10 二氯甲烷：色谱纯。

N.4.11 丙酮：色谱纯。

N.4.12 甲醇：色谱纯。

N.4.13 甲苯：色谱纯。

N.4.14 乙醚：色谱纯，除去过氧化合物，可用试纸检测是否除尽。

N.4.15 异辛醇：色谱纯。

N.4.16 正己烷：色谱纯。

N.4.17 卡必醇（二乙醇单乙醚）：色谱纯，制无醇重氮甲烷备选。

N.4.18 贮备标准溶液：可用纯标准物质配制或直接购买市售溶液。准确称取 0.010 g 纯酸来配制贮备标准溶液。用纯度足够高的丙酮溶解样品，稀释定容至 10 ml 的容量瓶中。由纯甲酯制得的贮备液，用体积分数为 10%的丙酮和异辛醇来溶解。把贮备液转移至聚四氟乙烯封口的瓶子里面，4℃下避光保存。贮备标准溶液要经常检查，看是否发生降解或蒸发，尤其是用它们配制校准用的标准物前。取代酸的贮备标液保存一年后必须更换，若与标准对照后发现问题，更换时间要适当缩短。自由酸降解更快，应该 2 个月后或在更短的时间内更换成新溶液。

N.4.19 内标溶液：若选用此法，需要选与目标化合物分析特性相似的内标，而且必须保证内标物不会带来基底干扰。

N.4.19.1 4,4′-二溴辛氟联苯（DBOB）是很好的内标物。若 DBOB 有干扰，用 1,4-二氯苯也是很好的选择。

N.4.19.2 准确称取 0.002 5 g 纯 DBOB 配制内标溶液，丙酮溶解后定容至 10 ml 容量瓶。之后转移到聚四氟乙烯封口试剂瓶，室温下保存。往 10 ml 样品提取物中加 10 μl 内标溶液，内标的最终质量浓度为 0.25 μg/L。当内标响应值比原响应值改变大于 20%时，需更换溶液。

N.4.20 校准标准物：对应于每个需要检测的成分，用乙醚或正己烷稀释贮备标准溶液来配制至少 5 个不同浓度的溶液。其中有一个浓度应该接近（但要高于）方法检出限。其余标准溶液应该与实际样品的预测浓度相近，或者定义气相色谱的检测浓度范围。校准溶液在配制好的 6 个月后必须更换，或者若发现问题要及时更换。

N.4.20.1 参照 N.7.5 开始的步骤，在 10 ml 的 K-D 浓缩管中，把每个预先制备好的标准溶液从自由酸中衍生化。

N.4.20.2 往每一个衍生化校准标准溶液中，加入已知浓度的一种或多种内标，稀释至适当体积。

N.4.21 调节 pH 溶液。

N.4.21.1 氢氧化钠：6 g/L。

N.4.21.2 硫酸：12 g/L。

N.5 仪器、装置

N.5.1 气相色谱仪：配有电子捕获检测器。

N.5.2 Kuderna-Danish（K-D）装置。

N.5.2.1　浓缩管：10 ml，带刻度。具玻璃塞以防止样品挥发。

N.5.2.2　蒸发瓶：500 ml。使用弹簧或者夹子与蒸发器连接。

N.5.2.3　斯奈德管：三球，大量。

N.5.2.4　斯奈德管：二球，微量（可选）。

N.5.2.5　弹簧夹。

N.5.2.6　溶剂蒸汽回收系统。

N.5.3　重氮甲烷发生器

N.5.3.1　二甲基亚硝基苯磺酰胺发生器：推荐使用重氮甲烷发生装置。

N.5.3.2　两根 20 mm×150 mm 的试管，两个氯丁（二烯）橡胶塞和一个氮气源组合起来作为替代品。用带孔氯丁（二烯）橡胶塞来连接玻璃管，玻璃管的出口通入重氮甲烷，对样品萃取物进行鼓泡处理。这种发生器的装置图参见图 N.1。

N.5.4　大口杯：厚壁，400 ml。

N.5.5　漏斗：直径 75 mm。

N.5.6　分液漏斗：500 ml，聚四氟乙烯（PTFE）塞子。

N.5.7　离心瓶：500 ml。

N.5.8　锥形瓶：250 ml 和 500 ml，磨口玻璃塞。

N.5.9　巴斯德玻璃移液管：140 mm×5 mm。

N.5.10　玻璃瓶：10 ml，聚四氟乙烯带螺纹盖。

N.5.11　容量瓶：10～1 000 ml。

N.5.12　滤纸：直径 15 cm。

N.5.13　玻璃毛：Pyrex®，酸洗过。

N.5.14　沸石：用二氯甲烷作溶剂萃取，约 10/40 网孔（碳化硅或者同类产品）。

N.5.15　带盖加热水浴锅：可控温（±2℃）。

N.5.16　分析天平：可精确至 0.000 1 g。

N.5.17　离心机。

N.5.18　超声萃取系统：配备钛尖的喇叭形装置，或者具有类似功能的装置。功率至少要在 300 W，可脉冲调制。推荐使用有降噪设备的装置。按照使用说明来进行萃取。

N.5.19　声呐：推荐使用有降噪设备的装置。

N.5.20　广泛 pH 试纸。

N.5.21　硅胶净化柱。

N.5.22　微量进样针，10 μl。

N.5.23　搅拌器。

N.5.24　烘干柱：400 mm×20 mm ID Pyrex®色谱柱，底部衬有 Pyrex®玻璃棉，配有聚四氟乙烯塞子。

N.6　样品的采集、保存和预处理

N.6.1　固体基质：250 ml 宽口玻璃瓶，特弗龙螺纹瓶盖，冷却至 4℃保存。

液体基质：4 个 1 L 的琥珀色玻璃瓶，特弗龙螺纹瓶盖，在样品中加入 0.75 ml 10%的 $NaHSO_4$，冷却至 4℃保存。

N.6.2 提取物必须在 4℃下保存，并于提取 40 d 内进行分析。

N.7 分析步骤

N.7.1 高浓度废物样品的提取与消解

N.7.1.1 对有机氯杀虫剂或者多氯联苯类须使用 GC/ECD 检测的样品，用正己烷稀释；对半挥发的碱性/中性和酸性的污染物使用二氯甲烷稀释。

N.7.1.2 若分析样品中的除草剂酯和酸，则提取物必须经过消解。移取 1 ml 样品（更少的体积或者加溶剂稀释，这要视除草剂浓度而定）到 250 ml 的带磨口塞的锥形瓶中。若只分析除草剂的酸形式，进行 N.7.2.3 的操作；若在二氯甲烷分析除草剂衍生物，参照 N.7.5。若用五氟苄溴衍生的话，乙醚体积要减少至 0.1～0.5 ml，再用丙酮稀释到 4 ml。

N.7.2 土壤、沉降物或其他固体样品中的提取与消解

一般包括超声提取和振摇提取两步。N.7.2.3 消解步骤对两种提取方法都是适用的。

N.7.2.1 超声提取

N.7.2.1.1 往 400 ml 烧杯中加入干重 30 g 的混合固体样品，加盐酸，或者加 pH 为 2.5，0.1 mol/L 的磷酸缓冲溶液 85 ml，把试样的 pH 调节到 2，然后用玻璃棒搅匀。

N.7.2.1.2 对不同类型的样品，要优化超声提取条件。若有效地对固体样品进行超声提取，样品在加入溶剂后必须能够自由流动。对于黏土型土壤，一般要按 1∶1 的比例加入酸化了的无水硫酸钠，其他沙状非自由流动的土壤混合物需要处理成可自由流动的样品。

N.7.2.1.3 按 1∶1 的比例往烧杯中加入 100 ml 的二氯甲烷和丙酮。把输出控制到 10（满额），超声提取 3 min，然后改为 50%的输出进行脉冲式提取（50%时间通电，50%时间断电）。待固体沉降后，把有机物转入到 500 ml 的离心管。

N.7.2.1.4 相同条件下，用 100 ml 二氯甲烷对样品进行超声提取两次。

N.7.2.1.5 合并 3 份有机提取物，放到离心管中，离心 10 min 使细小颗粒沉降。用滤纸过滤，将滤液倒入放有 7～10 g 酸化硫酸钠的 500 ml 的锥形瓶中。加入 10 g 无水硫酸钠。周期性剧烈振摇提取物和干燥剂，使其保证 2 h 的充分接触。需要强调的是，在酯化前要进行干燥提取，参照 N.7.3.6 的备注。

N.7.2.1.6 把锥形瓶中的提取物定量转移到 10 ml 的 K-D 浓缩器中。加入沸石，连上 Snyder 柱。水浴加热把提取物蒸至 5 ml。停火，冷却。

N.7.2.1.7 若无须消解或进一步纯化，且样品是干燥的，则参照 N.7.4.4 来处理。否则，根据 N.7.2.3 来消解，参照 N.7.2.4 来纯化。

N.7.2.2 振摇提取

N.7.2.2.1 往 500 ml 锥形瓶中加入净重为 50 g 混匀的潮湿的土壤样品。用浓盐酸把 pH 调节到 2，偶尔振摇监测酸度 15 min。若必要，加盐酸调节 pH 维持在 2。

N.7.2.2.2 锥形瓶中加入 20 ml 丙酮，手摇 20 min。再加入 80 ml 乙醚，振摇 20 min。倒出萃取物，测定回收溶剂的体积。

N.7.2.2.3 依次用 20 ml 丙酮和 80 ml 乙醚萃取试样两次。每次加溶剂后，要手摇 10 min，然后倒出丙酮和乙醚萃取物。

N.7.2.2.4 第三次萃取后，回收所得萃取物至少是所加溶剂体积的 75%。合并萃取物，转入盛有 250 ml 水的 2 L 分液漏斗中。若形成乳液，缓慢加入 5 g 酸化无水硫酸钠，直到溶

剂和水分开为止。若有必要，可以加入和样品等量的酸化硫酸钠。

N.7.2.2.5　检查萃取物的 pH。若其 pH 低于 2，加浓盐酸调节。缓慢混匀分液漏斗内容物，约 1 min，然后静置分层。把水相收集在干净的烧杯中，萃取相（上层）转入 500 ml 的磨口锥形瓶内。把水相再次转入分液漏斗，用 25 ml 乙醚再次萃取。静置分层后，弃去水相。合并乙醚萃取物到 500 ml 的 K-D 瓶内。

N.7.2.2.6　若无须消解或进一步纯化操作，且样品干燥，则参照 N.7.4.4。否则，参考 N.7.2.3 进行消解，或参看 N.7.2.4 进行纯化操作。

N.7.2.3　土壤、沉降物或者其他固体样品萃取物的消解。此步仅用于除草剂的酯形式的测定，除草剂的酸形式除外。

N.7.2.3.1　往萃取物中加入 5 ml，36%的氢氧化钾水溶液和 30 ml 水。往 K-D 瓶中加入沸石。水浴控温在 60～65℃下回流，直至消解完全（一般要 1～2 h）。从水浴加热器上移去 K-D 瓶，冷却至室温。

注意：残留丙酮会导致羟醛缩合，给气相色谱带来干扰。

N.7.2.3.2　把消解后的水溶液转移到500 ml的分液漏斗中，用100 ml的二氯甲烷萃取三次。弃去二氯甲烷相。此时，除草剂的盐存在于碱性水溶液中。

N.7.2.3.3　用 4℃左右冷的硫酸（1∶3）把溶液 pH 调至 2 以下，先用 40 ml 乙醚萃取一次，再用 20 ml 醚萃取一次。合并萃取液，倒入预先已经洗好的干柱中，内含 7～10 cm 的酸化无水硫酸钠。把不含水的萃取物收集于内含 10 g 酸化无水硫酸钠的锥形瓶中（24/40 接口）。周期性地剧烈振摇萃取物和干燥剂，确保它们至少接触 2 h。酯化前一定要把萃取物进行除水处理，参见 N.7.3.6 的备注。确保除水完毕后，把待分析物从锥形瓶内转移到 500 ml 的带有 10 ml 浓缩管的 K-D 瓶中。

N.7.2.3.4　参照 N.7.4 来进行萃取物浓缩操作。若需进一步纯化，则参照 N.7.2.4 处理。

N.7.2.4　纯化未消解的除草剂，若需进一步纯化，参照此步操作。

N.7.2.4.1　参照 N.7.2.1.7，用二氯甲烷三次萃取除草剂（或者参照 N.7.2.3.4，用乙醚作为萃取用溶剂），用 15 ml 碱性水溶液分离出来。碱性溶液配制方法，混合 15 ml，37%的氢氧化钾水溶液和 30 ml 水。弃去二氯甲烷或乙醚相。此时，碱性的水相中含有除草剂的盐形式。

N.7.2.4.2　用 4℃左右冷的硫酸（1∶3）把溶液 pH 调至 2 以下，先用 40 ml 乙醚萃取一次，再用 20 ml 醚萃取一次。合并萃取液，倒入预先已经洗好的干柱中，内含 7～10 cm 的酸化无水硫酸钠。把不含水的萃取物收集于内含 10 g 酸化无水硫酸钠的锥形瓶中（24/40 接口）。周期性地剧烈振摇萃取物和干燥剂，确保它们至少接触 2 h。酯化前一定要把萃取物进行除水处理，参见 N.7.3.6 的备注。确保除水完毕后，把待分析物从锥形瓶内转移到 500 ml 的带有 10 ml 浓缩管的 K-D 瓶中。

N.7.2.4.3　参照 N.7.4 来进行萃取浓缩步骤。

N.7.3　制备水样

N.7.3.1　用带刻度量筒移取 1 L 样品到 2 L 的分液漏斗中。

N.7.3.2 往样品中加入 250 g 的 NaCl，封口，振摇溶解盐。

N.7.3.3　此步仅用于除草剂的酯形式测定，除草剂的酸形式除外。

N.7.3.3.1　往样品中加入 17 ml，6 mol/L 的氢氧化钠溶液，封口，振摇。用 pH 试纸检查样品 pH。若试样的 pH 低于 12，则通过加 6 mol/L 的氢氧化钠溶液来调节 pH。样品置于室温下，确保消解步骤完全（一般需要 1～2 h），周期性地振摇分液漏斗和内容物。

N.7.3.3.2 往相同的瓶子里面加入 60 ml 二氯甲烷，润洗瓶子和刻度量筒。把二氯甲烷转入分液漏斗，剧烈振摇 2 min 来萃取试样，注意要周期性地放空来减小瓶内气压。静置分层至少 10 min，使有机相和水相分离。若两相之间出现乳浊界面超过溶剂层的 1/3 体积，必须采用机械技术使两相完全分离。采取的最佳技术视样品而定，可用搅拌、玻璃棉过滤、离心或者其他物理方法除去二氯甲烷相。

N.7.3.3.3 往分液漏斗中再次加入 60 ml 的二氯甲烷，重复萃取操作，弃去二氯甲烷层。再重复操作一遍。

N.7.3.4 往样品（或消解后的样品）中加入 17 ml，12 g/L，4℃的冷硫酸，封口，振摇混合均匀。用 pH 试纸检查样品酸度。若试样 pH 高于 2，用更多的酸把酸度调过来。

N.7.3.5 往样品中加入 120 ml 乙醚，封口，剧烈振摇分液漏斗来萃取样品，并周期性地放空以减小瓶内气压。静置至少 10 min 使漏斗内两相分离。若两相界面出现乳浊的体积超过溶剂层的 1/3，必须采用机械技术完成相分离操作。最佳的技术取决于具体的样品，可用搅拌、玻璃棉过滤、离心或者其他物理方法。把水相转移到 2 L 的锥形瓶内，把乙醚相收集到内装 10 g 酸化无水硫酸钠的磨口锥形瓶中。周期性地振摇萃取物和干燥剂。

N.7.3.6 把水相转回分液漏斗中，把 60 ml 乙醚加入样品，再次重复萃取步骤，把萃取物合并到 500 ml 的锥形瓶中。相同操作再用 60 ml 乙醚重复萃取一遍。要使硫酸钠与萃取物保持接触在 2 h 左右，较为彻底地除去水分。

注意：干燥对于整个酯化过程是非常关键的。乙醚内残留的任何水分都会使除草剂的回收率下降。旋摇锥形瓶，检查是否有自由移动的晶体存在，以测定硫酸钠是否足量的。若硫酸钠固化结饼，需要补加数克，并再次旋摇检验是否足量。至少要干燥 2 h，萃取物可以与硫酸钠放置在一起过夜。

N.7.3.7 把干燥过的萃取物倒入塞有酸洗过的玻璃棉的漏斗里面，收集 K-D 浓缩装置中的萃取物。转移过程中，用玻璃棒轻轻压碎结饼的硫酸钠。用 20～30 ml 乙醚润洗锥形瓶和漏斗完成定量转移。参见 N.7.4，进行萃取浓缩。

N.7.4 萃取浓缩

N.7.4.1 往浓缩管中加 1～2 颗干净的沸石，连到三球的 Snyder 微柱上。在柱的顶端加入 0.5 ml 的乙醚进行预湿处理。把溶剂蒸汽回收玻璃装置（含冷凝器和收集器）连到 K-D 装置的 Snyder 柱上（按厂方提供的使用说明操作）。热水浴中（高于溶剂沸点 15～20℃以上）放置好 K-D 装置，以便浓缩管能够部分浸入热水中，且整个瓶子的底部圆形部分都在热水浴中。根据需要调节装置的垂直高度和水温，在 10～20 min 内完成浓缩操作。柱内的蒸馏球会以一定速率活跃起来，但是不会发生溢出现象。当装置内液体体积达到 1 ml 时，从水浴上移去 K-D 装置，至少淋洗冷却 10 min。

N.7.4.2 移去 Snyder 柱，用 1～2 ml 乙醚洗净瓶子和接头。萃取物可以通过 Snyder 微柱法（参照 N.7.4.3）或氮气吹下技术（参见 N.7.4.4）来进行进一步浓缩。

N.7.4.3 Snyder 微柱技术。往浓缩管中加一到两颗干净的沸石，连到双球的 Snyder 微柱上。在柱的顶端加入 0.5 ml 的乙醚进行预湿处理。热水浴中放置好 K-D 装置，以便浓缩管能够部分浸入热水中。根据需要调节装置的垂直高度和水温，在 5～10 min 内完成浓缩操作。柱内的蒸馏球会以一定速率活跃起来，但是不会发生溢出现象。当装置内液体体积达到 0.5 ml 时，从水浴上移去 K-D 装置，至少淋洗冷却 10 min。移去 Snyder 柱，用 0.2 ml 乙醚洗净瓶子和接头，加到浓缩管上。继续步骤 N.7.4.5。

N.7.4.4　氮气吹干

N.7.4.4.1　把浓缩管置于 35℃左右的温水浴，缓缓通入干燥氮气（经过活性炭柱过滤）使得溶剂体积降下来。

注意：在活性炭柱和样品之间连接处不要用塑料管。

N.7.4.4.2　操作中管内壁必须用乙醚润洗多次。蒸发过程中，管内溶剂水平必须低于外围的水浴水平，这样可以防止水浓缩进入样品。一般情况下，萃取物不允许成为无水状态。继续 N.7.4.5 的操作。

N.7.4.5　用 1 ml 异辛醇和 0.5 ml 甲醇稀释萃取物。用乙醚稀释至 4 ml 的终态体积。此时样品可以用二氯甲烷处理进行甲基化操作了。若用五氟苄溴进行衍生化，则用丙酮稀释至 4 ml。

N.7.5　酯化

参见 N.7.5.1，进行重氮甲烷衍生化。参见 N.7.5.2，进行五氟苄溴衍生化。

N.7.5.1　重氮甲烷衍生化：可以用两种方法包括鼓泡法和二甲基亚硝基苯磺酰胺法，参见 N.7.5.1.2。

注意：二甲基亚硝基苯磺酰胺是致癌物，一定条件下可能会爆炸。

鼓泡法适用于小批量（10～15 个）的酯化操作。此法对低浓度除草剂溶液（比如水溶液）效果甚好，而且要比二甲基亚硝基苯磺酰胺法更为安全易行。后者适用于大批量酯化处理，尤其是对土壤或样品中的高浓度除草剂处理起来更为有效，比如在土壤中萃取出的黄色样品就很难用鼓泡法来达到目的。

注意：使用如下防护措施：使用安全罩；使用机械式移液器；加热时不要超过 90℃，否则容易发生爆炸；避免摩擦表面，玻璃磨口接头，棘齿轴承和玻璃搅拌棒，否则容易发生爆炸；存放时，远离碱金属，否则容易发生爆炸；二氯甲烷容易遇到铜粉、氯化钙和沸石等固体材料时，会快速分解掉。

N.7.5.1.1　鼓泡法：

N.7.5.1.1.1　第一个试管中加入 5 ml 乙醚，1 ml 卡必醇，1.5 ml 的 36%的氢氧化钾，第二个试管内加入 0.1～0.2 g 的二甲基亚硝基苯磺酰胺。立刻把试管出口放到盛有萃取试样的浓缩管中。把 10 ml/min 的氮气流通过重氮甲烷进入萃取物，维持 10 min，直至二氯甲烷黄色稳定不变为止。二甲基亚硝基苯磺酰胺的用量要足够酯化三份样品萃取物。消耗掉最初加入的二甲基亚硝基苯磺酰胺之后，可能要另外加入 0.1～0.2 g，使重氮甲烷再生。溶液内有足够多的氢氧化钾，来完成全部酯化过程，大约需要 20 min。

N.7.5.1.1.2　移取浓缩管，用 Neoprene 或 PTFE 包封。加盖在室温下保存 20 min。

N.7.5.1.1.3　往浓缩管里加入 0.1～0.2 g 硅酸，破坏未反应的重氮甲烷。静置至氮气流停止。用正己烷调节试样体积至 10 ml。卸去浓缩管，移取 1 ml 样品到 GC 小瓶，若不立即使用，则放在冰箱里保存。样品用气相色谱分析。

N.7.5.1.1.4　提取物应在 4℃下避光保存。研究表明，分析物可以稳定 28 d，但建议对于甲基化的提取物，宜立即分析，以免发生酯化或者其他反应。

N.7.5.1.2　二甲基亚硝基苯磺酰胺方法：参照制备重氮甲烷发生器的装置。

N.7.5.1.2.1　加入 2 ml 重氮甲烷，不断搅拌下放置 10 min。重氮甲烷呈现并保持明显的黄色。

N.7.5.1.2.2 用乙醚清洗瓶内壁。在室温下挥发溶剂，使样品体积变为大约 2 ml。或者可以加入 10 mg 的硅酸除去多余重氮甲烷。

N.7.5.1.2.3 用正己烷把样品稀释至 10.0 ml，用气相色谱分析。对于甲基化的提取物，建议立即分析，以免发生酯化或其他反应。

N.7.5.2 五氟苄溴衍生物

N.7.5.2.1 往丙酮中加入 30 μl，10%的 K2CO3 和 200 μl，3%的五氟苄溴。用玻璃塞盖好试管，旋转混匀。60℃下加热 3 h。

N.7.5.2.2 缓通氮气流，蒸发溶液至 0.5 ml。加入 2 ml 正己烷，在室温下挥发至干态。

N.7.5.2.3 用 1∶6 的甲苯和正己烷溶解干态残留，用玻璃柱净化。

N.7.5.2.4 硅柱上加盖 0.5 cm 厚的无水硫酸钠。用 5 ml 正己烷预湿柱子，让溶剂流经顶部的吸附剂。用甲苯和正己烷的混合溶液（总量 2～3 ml）反复洗涤，把反应残留物定量转移到柱子上。

N.7.5.2.5 用足量的甲苯和正己烷的混合溶液洗涤柱子，收集到 8 ml 的流出液。弃去此部分。

N.7.5.2.6 用 9∶1 的甲苯和正己烷混合溶液洗涤柱子，收集到 8 ml 的流出液，包含在 10 ml 容量瓶中的五氟苄溴衍生物。用 10 ml 正己烷稀释，样品用 GC/ECD 进行分析。

N.7.6 气相色谱条件（推荐使用）

N.7.6.1 色谱柱

N.7.6.1.1 窄内径柱

色谱柱 1-1：DB-5（30 m×0.25 mm×0.25 μm）或同类产品。

色谱柱 1-2（GC/MS）：DB-5（30 m×0.32 mm×1 μm）或同类产品。

色谱柱 2：DB-608（30 m×0.25 mm×0.25 μm）或同类产品。

确认柱：DB-1701（30 m×0.25 mm×0.25 μm）或同类产品。

N.7.6.1.2 宽内径柱

色谱柱 1：DB-608（30 m×0.53 mm×0.83 μm）或同类产品。

确认柱：DB-1701（30 m×0.53 mm×1.0 μm）或同类产品。

N.7.6.2 窄内径柱子

程序升温：60～300℃，升温速率 4℃/min；

氦气流速：30 ml/s；

进样体积：2μl，不分流，45 s 延迟；

进样口温度：250℃；

检测器温度：320℃。

N.7.6.3 宽内径柱子

程序升温：150℃初始柱温，保持 0.5 min，150～270℃，升温速率 5℃/min；

氦气流速：7 ml/min；

进样体积：1 μl；

进样口温度：250℃；

检测器温度：320℃。

N.7.7 校准

表 N.1 可作为选择校准曲线最低点的参考。

N.7.8 气相色谱法分析样品

N.7.8.1 若用了内标，在进样前往样品里面加 10 μl 内标。

N.7.8.2 确定分析次序，适当稀释，建立一般保留时间窗口和定性标准，包括分析次序中每组 10 个样品的浓度中点标准。

N.7.8.3 表 N.2 和表 N.3 给出了酯化后目标化合物的保留时间，分别对应于重氮甲烷衍生化和五氟苄溴衍生化。

N.7.8.4 记下进样体积和峰大小（用峰高或者峰面积来计）。

N.7.8.5 用内标或者外标法测定样品色谱图中的每个峰的组分和含量，旨在校准时寻找对应的化合物。

N.7.8.6 若用甲酯化合物（不是用此法进行酯化的）来作为校准标准物，那么求算浓度时必须与除草剂的酸形式进行比较来对甲酯的分子量校正。

N.7.8.7 若因干扰无法对色谱峰进行检测和确认时，需要进一步纯化处理。在进行纯化前，分析人必须在整个操作中使用一系列标准物，以确保无试剂干扰发生。

N.7.9 气相色谱质谱联用（GC/MS）确认

N.7.9.1 GC/MS 能提供很好的定性支持。可参照 GB 5085.3 附录 K 的 GC/MS 实验条件和分析步骤。

N.7.9.2 如果可以，化学电离源质谱能支持定性确认过程。

N.7.9.3 若用 MS 仍给不出令人满意的结果，则再次分析前必须考虑另外的辅助步骤。比如说换一下色谱柱或者进行更好的预处理。

表 N.1 重氮甲烷衍生化对应的检出限估计值

化合物	水样	土壤	
	GC/ECD 检出限估计值/（μg/L）	GC/ECD 检出限估计值/（μg/kg）	GC/MS 检出限估计值/ng
三氟羧草醚（Acifluorfen）	0.096	—	—
灭草松（Bentazon）	0.2	—	—
草灭平（Chloramben）	0.093	4.0	1.7
2,4-滴（2,4-D）	0.2	0.11	1.25
茅草枯（Dalapon）	1.3	0.12	0.5
2,4-滴丁酸（2,4-DB）	0.8	—	—
DCPA 二元酸（DCPA diacide）	0.02	—	—
麦草畏（Dicamba）	0.081	—	—
3,5-二氯代苯甲酸（3,5-Di- chlorobenzoic acid）	0.061	0.38	0.65
1,3-二氯丙烯（Dichloroprop）	0.26	—	—
地乐酚（Dinoseb）	0.19	—	—
5-羟基麦草畏（5-Hydroxydicamba）	0.04	—	—
2-（4-氯苯氧基-2-甲基） 丙酸（MCPP）	0.09 d	66	0.43
2-甲基-4-氯苯氧乙酸（MCPA）	0.056 d	43	0.3
4-硝基苯酚（4-Nitrophenol）	0.13	0.34	0.44
五氯苯酚（Pentachlorophenol）	0.076	0.16	1.3
氨氯吡啶酸（Picloram）	0.14	—	—
2,4,5-涕（2,4,5-T）	0.08	—	—
2,4,5-滴丙酸（2,4,5-TP）	0.075	0.28	4.5

表 N.2　氯代除草剂用甲基衍生化后对应的保留时间

化合物	保留时间/min		容量因子（*k*）	
	LC-18	LC-CN	LC-18	LC-CN
茅草枯（Dalapon）	3.4	4.7	—	—
3,5-二氯代苯甲酸（3,5-Dichlorobenzoic acid）	18.6	17.7	—	—
4-硝基苯酚（4-Nitro- phenol）	18.6	20.5	—	—
二氯乙酸（DCAA：替代品）	22.0	14.9	—	—
麦草畏（Dicamba）	22.1	22.6	4.39	4.39
1,3-二氯丙烯（Dichloroprop）	25.0	25.6	5.15	5.46
2,4-滴（2,4-D）	25.5	27.0	5.85	6.05
（DBOB：内标）	27.5	27.6	—	—
五氯酚钠（Pentachlorophenol）	28.3	27.0	—	—
草灭平（Chloramben）	29.7	32.8	—	—
2,4,5-滴丙酸（2,4,5-TP）	29.7	29.5	6.97	7.37
5-羟基麦草畏（5-Hydroxydicamba）	30.0	30.7	—	—
2,4,5-涕（2,4,5-T）	30.5	30.9	7.92	8.20
2,4-滴丁酸（2,4-DB）	32.2	32.2	8.74	9.02
地乐酚（Dinoseb）	32.4	34.1	—	—
灭草松（Bentazon）	33.3	34.6	—	—
氨氯吡啶酸（Picloram）	34.4	37.5	—	—
DCPA 二元酸（DCPA 二元酸）	35.8	37.8	—	—
三氟羧草醚（Acifluorfen）	41.5	42.8	—	—
2-（4-氯苯氧基-2-甲基）丙酸（MCPP）	—	—	4.24	4.55
2-甲基-4-氯苯氧乙酸（MCPA）	—	—	4.74	4.94

注：a. 分析柱：5%苯基 95%甲基硅烷；
确认柱：14% 氰丙基苯基聚硅氧烷；
程序升温：60～300℃，升温速率 4℃/min；
氦气流速：30 cm/s；
进样体积：2 μl，不分流，45 s 延迟；
进样口温度：250℃；
检测器温度：320℃。

b. 分析柱：DB-608；
确认柱：14% 氰丙基苯基聚硅氧烷；
程序升温：初始柱温 150℃，维持 0.5 min，由 150 ～270℃，升温速率 5℃/min；
氦气流速：7 ml/min；
进样体积：1 μl。

表 N.3　氯代除草剂的五氟苄溴衍生物的保留时间（min）

化合物	气相色谱柱		
	薄膜 DB-5	SP-2550	厚膜 DB-5
茅草枯（Dalapon）	10.41	12.94	13.54
2-（4-氯苯氧基-2-甲基）丙酸（MCPP）	18.22	22.30	22.98
麦草畏（Dicamba）	18.73	23.57	23.94
2-甲基-4-氯苯氧乙酸（MCPA）	18.88	23.95	24.18
1,3-二氯丙烯（Dichloroprop）	19.10	24.10	24.70
2,4-滴（2,4-D）	19.84	26.33	26.20

化合物	气相色谱柱		
	薄膜 DB-5	SP-2550	厚膜 DB-5
2.4.5-涕丙酸（Silvex）	21.00	27.90	29.02
2,4,5-涕（2,4,5-T）	22.03	31.45	31.36
地乐酚（Dinoseb）	22.11	28.93	31.57
2,4-滴丁酸（2,4-DB）	23.85	35.61	35.97

注：a. DB-5 毛细管柱，膜厚 0.25 μm，内径 0.25 mm，长 30 m，初始柱温 70℃维持 1 min，升温速率每分钟 10～240℃，维持 17 min。

b. SP-2550 毛细管柱，膜厚 0.25 μm，内径 0.25 mm，长 30 m，初始柱温 70℃维持 1 min，升温速率每分钟 10～240℃，维持 10 min。

c. DB-5 毛细管柱，膜厚 1.0 μm，内径 0.32 mm，长 30 m，初始柱温 70℃维持 1 min，升温速率每分钟 10～240℃，维持 10 min。

表 N.4　不含有机物试剂水基底重氮甲烷衍生后的准确度和精密度

化合物	加标质量浓度/（μg/L）	平均回收率	回收率标准偏差
三氟羧草醚（Acifluorfen）	0.2	121	15.7
灭草松（Bentazon）	1	120	16.8
草灭平（Chloramben）	0.4	111	14.4
2,4-滴（2,4-D）	1	131	27.5
茅草枯（Dalapon）	10	100	20.0
2,4-滴丁酸（2,4-DB）	4	87	13.1
DCPA 二元酸（DCPA diacidb）	0.2	74	9.7
麦草畏（Dicamba）	0.4	135	32.4
3,5-二氯代苯甲酸（3,5-Dichlorobenzoic acid）	0.6	102	16.3
1,3-二氯丙烯（Dichloroprop）	2	107	20.3
地乐酚（Dinoseb）	0.4	42	14.3
5-羟基麦草畏（5-Hydroxydicamba）	0.2	103	16.5
4-硝基苯酚（4-Nitrophenol）	1	131	23.6
五氯酚钠（Pentachlorophenol）	0.04	130	31.2
氨氯吡啶酸（Picloram）	0.6	91	15.5
2,4,5-滴丙酸（2,4,5-TP）	0.4	117	16.4
2,4,5-涕（2,4,5-T）	0.2	134	30.8

注：平均回收率由 7～8 个不含有机试剂水的加标测定得出。

表 N.5　黏土基底重氮甲烷衍生后的准确度和精密度

化合物	平均回收率	线性范围/（ng/g）	相对标准偏差（n=20）
麦草畏（Dicamba）	95.7	0.52～104	7.5
2-（4-氯苯氧基-2-甲基）丙酸（MCPP）	98.3	620～61 800	3.4
2-甲-4-氯（MCPA）	96.9	620～61 200	5.3
1,3-二氯丙烯（Dichloroprop）	97.3	1.5～3 000	5.0
2,4-滴（2,4-D）	84.3	1.2～2 440	5.3
2,4,5-滴丙酸（2,4,5-TP）	94.5	0.42～828	5.7
2,4,5-涕（2,4,5-T）	83.1	0.42～828	7.3
2,4-滴丁酸（2,4-DB）	90.7	4.0～8 060	7.6
地乐酚（Dinoseb）	93.7	0.82～1 620	8.7

注：a. 以线性范围内 10 次加标黏土和黏土/底样的测定得出平均回收百分率。

b. 线性范围由标准溶液测定，校正至 50 g 固态样品。

c. 相对标准偏差百分率由标准溶液计算，10 个高浓度点，10 个低浓度点。

表 N.6　除草剂五氟苄溴衍生物的相对回收率

化合物	标准质量浓度/（mg/L）	回收百分率/%								
		1	2	3	4	5	6	7	8	平均值
2-（4-氯苯氧基-2-甲基）丙酸（MCPP）	5.1	95.6	88.8	97.1	100	95.5	97.2	98.1	98.2	96.3
麦草畏（Dicamba）	3.9	91.4	99.2	100	92.7	84.0	93.0	91.1	90.1	92.7
2 甲 4 氯（MCPA）	10.1	89.6	79.7	87.0	100	89.5	84.9	92.3	98.6	90.2
1,3-二氯丙烯（Dichloroprop）	6.0	88.4	80.3	89.5	100	85.2	87.9	84.5	90.5	88.3
2,4-滴（2,4-D）	9.8	55.6	90.3	100	65.9	58.3	61.6	60.8	67.6	70.0
2,4,5-涕丙酸（Silvex）	10.4	95.3	85.8	91.5	100	91.3	95.0	91.1	96.0	93.3
2,4,5-涕（2,4,5-T）	12.8	78.6	65.6	69.2	100	81.6	90.1	84.3	98.5	83.5
2,4-滴丁酸（2,4-DB）	20.1	99.8	96.3	100	88.4	97.1	92.4	91.6	91.6	95.0
平均值		86.8	85.7	91.8	93.4	85.3	89.0	87.1	91.4	

注：以 8 次加标水样得出平均回收率。

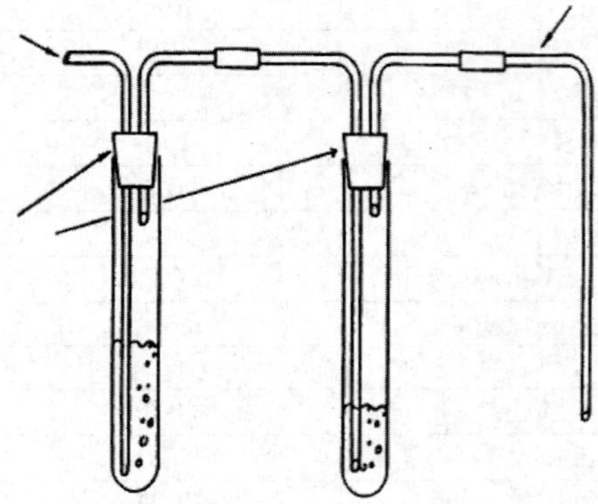

图 N.1　重氮甲烷发生装置

附录 O（资料性附录）

固体废物　可回收石油烃总量的测定　红外光谱法

O.1　范围

本方法适用于土壤、水体和废物介质中 Aldicarb（Temik），Aldicarb Sulfone，Carbaryl（Sevin），Carbofuran（Furadan），Dioxacarb，3-Hydroxycarbofuran，Methiocarb（Mesurol），Methomyl（Lannate），Promecarb，Propoxur（Baygon）10 种 N-甲基氨基甲酸酯的红外光谱测定。

本适用于固体废物中由超临界色谱法可提取的石油烃总量（TRPHs）的测定。本方法不适于测定汽油或其他挥发性组分。

本方法可检测质量浓度 10 mg/L 的提取物。当提取 3 g 样品时（假设提取率为 100%），则折合对土壤的检测质量分数为 10 mg/kg。

O.2　原理

样品用 SFE 提取，干扰物质用散装的硅胶除去，或者通过硅胶固相提取小柱。样品通过与标准样品对比红外光谱方法（IR）分析。

O.3　试剂和材料

O.3.1　四氯化碳：光谱级。

O.3.2　对照品油混合物原料：光谱级。

O.3.2.1　正十六烷。

O.3.2.2　异辛烷。

O.3.2.3　氯苯。

O.3.3　硅胶

O.3.3.1　硅胶固相提取小柱（40 μm 粒度，6 nm），0.5 g。

O.3.3.2　硅胶，60～200 目（用 112%的水去活）。

O.3.4　校正混合物

O.3.4.1　对照品油：取 15.0 ml 正己烷，15.0 ml 异辛烷和 10.0 ml 氯苯，加入一个 50 ml 带玻璃塞的瓶中。盖紧瓶塞以避免样品挥发损失。在 4℃下保存。

O.3.4.2　贮存标准样品：取 0.5 ml 上述对照品油（O.3.4.1），加入 100 ml 已称重的容量瓶中，立即盖紧瓶盖。称重，并用四氯化碳稀释到刻度。

O.3.4.3　工作标准溶液：根据比色皿大小，取适量贮备标准样品放入 100 ml 容量瓶中。用四氯化碳稀释至刻度。根据贮备标准样品浓度，计算工作标准溶液浓度。

O.3.5　硅胶净化的校正

O.3.5.1 取玉米油和矿物油各 1 ml（0.5～1 g），置于 100 ml 已称重的容量瓶中，制成玉米油和矿物油的贮备液。称重，精确到毫克。用四氯化碳稀释至刻度，摇匀，溶解使所有内容物溶解。

O.3.5.2 根据需要，制备目标浓度的稀释液。

O.3.5.3 将 2 ml（或适当体积）稀释的玉米油/矿物油样品加入样品瓶。再加入 0.3 g 散装硅胶，将混合物振摇 5 min，或通过含硅胶填料 0.5 g 的固相提取小柱。若使用固相提取小柱，需将小柱事先用 5ml 四氯化碳活化。用四氯化碳洗脱，收集 3 ml 洗脱液。如果使用散装硅胶，需要将提取液用洗净的玻璃毛过滤（用一次性玻璃吸液管）。

O.3.5.4 将上述洗脱液或提取液加入洁净的红外比色皿中。在 2 800～3 000 cm（烃）和 1 600～1 800 cm（酯）波数下，确定哪一洗脱流分中烃类被洗脱出来且没有玉米油的存在。如果扫描的结果显示硅胶的吸附能力过强或者不足（玉米油与目标烃类一同在提取液中），则需选择新的硅胶或固相提取小柱。

O.4 仪器

O.4.1 红外光谱仪：扫描型或固定波长型，可在 950 cm-1 附近进行扫描。

O.4.2 比色皿：10、50 和 100 mm 规格，氯化钠或 IR-级玻璃。

O.4.3 磁力搅拌器：带表面材质 PTFE 的搅拌棒。

O.5 分析步骤

O.5.1 采用液-液萃取或正向固相萃取方法制备样品。

O.5.2 将 0.3 g 散装硅胶加入提取液，振摇混合物 5 min，或者将提取液通过含硅胶填料 0.5 g 的固相提取小柱（小柱事先用 5 ml 四氯化碳活化）。如果使用散装硅胶，需要将提取液用洗净的玻璃毛过滤（用一次性玻璃吸液管）。

O.5.3 硅胶净化后，将溶液加入红外比色皿，确定提取液的吸光度。如果吸光度超过红外光度计的线性范围，则需将样品进行适当稀释之后重新分析。通过重复净化和分析过程，亦可以判断硅胶的吸附能力是否过强。

O.5.4 选择适当浓度的工作标准溶液，并根据浓度选择合适大小的比色皿（可参考如下范围）：

池长/mm	质量浓度范围/（μg/ml，提取液）	体积/ml
10	5～500	3
50	1～100	15
100	0.5～50	30

O.5.5 用一系列工作标准溶液和适当的比色皿校正仪器。在约 2 950 cm^{-1} 的最大波数下直接确定每一溶液吸光度，作石油烃浓度对吸光度的校正曲线。

O.6 结果计算

样品中 TRPHs 的质量分数（mg/kg）用下式计算：

$$\omega(\text{TRPHs}) = \frac{\rho DV}{M}$$

式中：ρ——由校准曲线得出的 TRPHs 的质量浓度，mg/ml；

V——提取液体积，ml；

D——提取液稀释因子；

M——固体样品的重量，kg。

附录 P（资料性附录）

固体废物　羰基化合物的测定　高效液相色谱法

P.1　范围

本方法适用于固体废物中的多种羰基化合物包括乙醛（Acetaldehyde）、丙酮（Acetone）、丙烯醛（Acrolein）、苯甲醛（Benzaldehyde）、正丁醛[Butanal（Butyraldehyde）]、巴豆醛（Crotonaldehyde）、环己酮（Cyclohexanone）、癸醛（Decanal）、2, 5-二甲基苯甲醛（2, 5-Dimethylbenzaldehyde）、甲醛（Formaldehyde）、庚醛（Heptanal）、己醛（Hexanal（Hexaldehyde））、异戊醛（Isovaleraldehyde）、壬醛（Nonanal）、辛醛（Octanal）、戊醛[Pentanal（Valeraldehyde）]、丙醛［Propanal（Propionaldehyde）]、间-甲基苯甲醛（m-Tolualdehyde）、邻-甲基苯甲醛（o-Tolualdehyde）、对-甲基苯甲醛（p-Tolualdehyde）的高效液相色谱法测定。

本方法对各种羰基化合物的检出限为 4.4～43.7 μg/L。

P.2　原理

样品提取后用玻璃纤维漏斗过滤，在缓冲 pH 3 条件用 2, 4-二硝基苯肼（DNPH）进行衍生化。经固相提取或溶剂提取，HPLC 分离和检测提取物中各种羰基化合物，检测波长为 360 nm。

P.3　试剂和材料

除非特别说明，本方法所使用的都是试剂级的无有机化学药品。

P.3.1　试剂水：不含有机物的水，在目标化合物的方法检测限并未观察到水中有干扰物。

P.3.2　福尔马林：甲醛在试剂水中配成溶液，通常为 37.6%（质量分数）。

P.3.3　醛和酮：分析纯级别，用于为除甲醇外的其他目标分子准备 DNPH 衍生标准。

P.3.4　二氯甲烷（CH_2Cl_2）：HPLC 级高效液相色谱纯或同等纯度。

P.3.5　乙腈（CH_3CN）：HPLC 级或同等纯度。

P.3.6　氢氧化钠溶液（NaOH）：1.0 mol/L 和 5 mol/L。

P.3.7　氯化钠（NaCl）：饱和溶液，用过量的试剂纯氯化钠固体溶于试剂水中制得。

P.3.8　亚硫酸钠（Na_2SO_3）：0.1 mol/L。

P.3.9　硫酸钠（Na_2SO_4）：粒状，无水。

P.3.10　柠檬酸（$C_8H_8O_7$）：1.0 mol/L 溶液。

P.3.11　柠檬酸钠（$C_6H_5Na_3O_7 \cdot 2H_2O$）：1.0 mol/L 二水化合物的三钠盐溶液。

P.3.12　乙酸（冰）（CH_3CO_2H）。

P.3.13　醋酸钠（CH_3CO_2Na）。

P.3.14　盐酸（HCl）：0.1 mol/L。

P.3.15　柠檬酸缓冲液：1 mol/L。pH 3。将 80 ml 1 mol/L 柠檬酸溶液加入到 20 ml 1 mol/L 柠檬酸钠溶液中配制，充分混匀。如果需要，用 NaOH 或 HCl 调节 pH。

P.3.16　pH=5.0 醋酸盐缓冲（5 mol/L）：仅用甲醛分析。40 ml 5 mol/L 醋酸溶液加入到 60 ml 5 mol/L 醋酸钠溶液中，充分混匀。如果需要，用 NaOH 或 HCl 调节 pH。

P.3.17　2,4-二硝基苯肼：$[2,4\text{-}(O_2N)_2C_6H_3]NHNH_2$（DNPH），试剂水配成 70%溶液（质量分数）。将 428.7 mg 70%（质量分数）DNPH 溶于 100 ml 乙腈中配成 3.00 mg/ml 溶液。

P.3.18　提取溶液：64.3 ml 1.0 mol/L 的 NaOH 和 5.7 ml 冰醋酸用 900 ml 试剂水稀释。用试剂水稀释到 1 L。pH 为 4.93±0.02。

P.3.19　标准贮备溶液

P.3.19.1　甲醛贮备液（约 1 000 mg/L）：用试剂水稀释适量的已鉴定的标准甲醛（约 265 μl）至 100 ml 配制。如果已鉴定的标准甲醛不可用或者已鉴定的标准甲醛有任何质量问题，溶液可能需要用 P.3.19.2 的操作步骤重新标定。

P.3.19.2　甲醛标准贮备液：移取 25 ml 0.1 mol/L Na_2SO_3 溶液到烧杯中，记录其 pH。加入 25.0 ml 甲醛贮备液（P.3.19.1）并记录其 pH。用 0.1 mol/L HCl 滴定混合溶液至最初的 pH。甲醛的质量浓度可以用如下方程计算得出：

$$\rho(\text{甲醛}) = \frac{30.03 \cdot c(\text{HCl}) \cdot V(\text{HCl})}{0.025}$$

式中：ρ（甲醛）——甲醛的质量浓度，mg/L；

c（HCl）——所用的盐酸溶液的浓度，mmol/L；

V（HCl）——所用的盐酸标准溶液的体积，ml；

30.03——甲醛的摩尔质量，mg/mmol；

0.025——甲醛的体积，L。

P.3.19.3　醛和酮的贮备液：将适量的纯原料溶于 90 ml 乙腈中，稀释到 100 ml，最终质量浓度为 1 000 mg/L。

P.3.20　配制 HPLC 分析用的标准 DNPH 衍生物溶液和工作曲线标准品。

P.3.20.1　标准贮备液：溶解准确质量的单个各个目标分析物的 DNPH 衍生物于乙腈中，分别配成标准贮备液。每个标准贮备液的质量浓度约为 100 mg/L，可以通过溶解 0.010 g 固体衍生物于 100 ml 乙腈中制得。

P.3.20.2　二次稀释标准液：用上述所得单个标准贮备液乙腈中混匀，制备含有从目标分析物中得到的 DNPH 衍生物的二级稀释标准液。100 μg/L 的溶液可由 100 μl 100 mg/L 的溶液用乙腈稀释到 100ml 配制。

P.3.20.3　工作曲线标准品：二次稀释标准品以配制工作曲线混合标准品的时候，使 DNPH 衍生物质量浓度范围在 0.5～2.0 μg/L（该范围包含了大部分室内空气分析目标分析物的质量浓度）。DNPH 衍生物标准混合溶液的浓度可能需要调整以反映真实样品中的相对浓度分配比例。

P.4　仪器、装置及工作条件

P.4.1　高效液相色谱

P.4.1.1 泵系统：梯度泵，能够控制 1.50 ml/min 的稳定流量。

P.4.1.2 20 μl 定量环的高压进样阀。

P.4.1.3 色谱柱：250 mm×4.6 mm ID，5 μm 粒径，C18 色谱柱。

P.4.1.4 紫外吸收检测器。

P.4.1.5 流动相贮液器和吸滤头：用于存放和过滤 HPLC 的流动相。过滤系统需全部是玻璃和聚四氟乙烯且使用 0.22 μm 聚酯滤膜。

P.4.1.6 进样针：用于将样品加载到 HPLC 定量环中，容量至少是定量环体积的 4 倍。

P.4.2 反应器：250 ml 抽滤瓶。

P.4.3 分液漏斗：250 ml，带聚四氟乙烯活塞。

P.4.4 Kunderna-Danish（K-D）仪器。

P.4.5 沸石碎片：用于二氯甲烷溶剂提取。

P.4.6 pH 计：能检测 0.01pH 单位。

P.4.7 玻璃纤维滤纸：1.2 μm 孔径（费歇尔等级 G4 或等价）。

P.4.8 固相提取柱：填充 2 g C18。

P.4.9 真空提取装置：能够同时提取 12 个以上样品。

P.4.10 样品容器：60 ml 容量。

P.4.11 吸量管：能精确转移 0.10 ml 溶液。

P.4.12 水浴：加热，带有同心圆环盖，能够控温（±2℃）。水浴需要在防风罩中使用。

P.4.13 样品混合器：带振荡轨的能够控温的恒温箱（±2℃）。

P.4.14 进样针：5 ml，500 μl，100 μl。

P.4.15 进样针过滤器：0.45 μm 过滤膜。

P.4.16 注射器：10 ml，带 Luer-Lok 类适配器，用于支持重力作用加载样品的小柱。

P.4.17 注射器架。

P.4.18 容量瓶：5、10 和 250 或 500 ml。

P.5 样品的采集、保存和预处理

P.5.1 样品需在 4℃冷藏。水相样品必须在采集到样品的 3 日以内衍生化和提取。固体样品浸析液的放置时间需尽量短。所有样品衍生化后的提取物需在 3 日内完成分析。

P.5.2 所有的标准液放在带聚四氟乙烯内衬的螺纹盖玻璃容器中，顶部空间尽量小，避光保存在 4℃下。标准液需要在 6 周内保持稳定。所有的标准液需要经常检验以标明降解或挥发，特别是在用它们配制工作曲线前。

P.6 分析步骤

P.6.1 固体样品的提取

P.6.1.1 所有固体样品都需要进行以下类似的处理，搅拌和除去树枝、石头和其他无关材料。当样品不够干燥时，取具有代表性的部分测定样品干重。

P.6.1.2 测定干重

在某些情况下，样品结果需要基于干重来得到。当需要或要求这种数据时，样品的一部分在被用于分析测定的同时也需要称出干重。

注意：干燥箱必须在通风橱中使用。实验室的大量污染物可能来源于烘干严重污染的有害废物样品。

P.6.1.3 称取样品后立即做衍生化，将 5～10 g 的样品加入到扣除重量的坩埚中。在 105 ℃测量样品的干重百分率。将样品在 105℃过夜后测定样品的干重的质量分数。在称重前允许在干燥器重冷却。

$$\text{干重质量分数}(\%) = \frac{\text{干样品的质量(g)}}{\text{样品质量(g)}} \times 100$$

P.6.1.4 在 500 ml 带聚四氟乙烯内衬螺纹盖或者压盖的瓶中加入 25 g 固体，加入 500 ml 提取液。在摇床上以 30 r/min 旋摇样品瓶约带 18 h 来提取固体。用玻璃漏斗和纤维滤纸过滤提取物并在密封瓶中 4℃储存。每毫升提取物对应 0.050 g 固体。更小量的固体样品可能需要用相对小体积的提取液，保证固体、提取液的质量体积比为 1∶20。

P.6.2 净化和分离

P.6.2.1 对于相对干净的样品，可能不需要进行基质净化操作。本方法中推荐的净化操作用于多种不同样品的分析。如果某些特殊样品要求使用其他可选择的净化操作，分析者必须保证洗脱图并证明甲醛在加标样品中的回收率大于 85%。形成乳状液的样品回收率可能会低一些。

P.6.2.2 如果不清楚样品是什么，或者是未知的复杂样品，整个样品需要用 2 500 r/min 的速度离心 10 min。移出离心管中的上层液体，用玻璃漏斗纤维滤纸过滤到密封性优良的容器中。

P.6.3 衍生化

P.6.3.1 对于水样品，适用于测量一定量（通常 100 ml）的预先确定被分析物浓度范围的部分样品。定量转移一定量的部分样品到反应容器中。

P.6.3.2 对于固体样品，通常需要 1～10 ml 提取物。特定样品使用的总量必须通过预实验来确定。

注意：在选定的样品或提取液的量小于 100 ml 的情况下，水层的总量需要用试剂水调整到 100 ml。稀释前记录原始样品量。

P.6.3.3 目标分析物的衍生化和提取可能通过液-固（P.6.3.4）或液-液（P.6.3.5）操作完成。

P.6.3.4 液-固衍生化和提取。

P.6.3.4.1 对于除了甲醛以外的被分析物，加入 4 ml 柠檬酸缓冲液，用 6 mol/LHCl 或 6 mol/L NaOH 调节 pH 至 3.0± 0.1。加入 6 ml DNPH 试剂，将容器密封，放入加热（40℃）的回旋式振荡器搅拌 1 h。调节振荡搅拌使溶液形成温和的旋涡。

P.6.3.4.2 如果甲醛是唯一的目标分析物，加入 4 ml 醋酸缓冲液，用 6 mol/L HCl 或 6 mol/L NaOH 调节 pH 至 5.0±0.1。加入 6 ml DNPH 试剂，将容器密封，放入加热（40℃）的回旋式振荡器搅拌器 1 h。调节振荡搅拌使溶液形成温和的旋涡。

P.6.3.4.3 将真空提取装置和水流式抽气管或真空泵连接好。将含 2 g 吸附剂的萃取柱连接在真空提取装置上。每根萃取柱用 10 ml 稀柠檬酸缓冲液（10 ml 1 mol/L 柠檬酸缓冲液用试剂水稀释到 250 ml）冲洗以达到要求的条件。

P.6.3.4.4 严格控制反应过程为 1 h，到时间立即取出反应容器，加入 10 ml 饱和 NaCl 溶液到容器中。

P.6.3.4.5 定量移取反应溶液到固相萃取柱上，并且抽真空使溶液以 3～5 ml/min 的速度从萃取小柱流出。液体样品从萃取柱流出后继续抽真空约 1 min。

P.6.3.4.6 当维持真空条件时，每根提取柱用 9 ml 乙腈直接淋洗至 10 ml 容量瓶中。用乙腈稀释溶液并定容，充分混匀，存入密封优良的小瓶中待分析。

注意：因为本方法使用了过量的 DNPH，完成 P.6.3.4.5 操作后，提取柱仍然是黄色的。此颜色的出现并不表示还有被分析物的衍生物残留在柱上。

P.6.3.5 液-液衍生化和提取

P.6.3.5.1 对于除了甲醛以外的其他分析物，加入 4 ml 柠檬酸缓冲液，用 6 mol/L HCl 或 6 mol/L NaOH 调节 pH 至 3.0±0.1。加入 6 ml DNPH 试剂，将容器密封，放入加热（40℃）的回旋式振荡器搅拌器 1 h。调节振荡搅拌使溶液形成温和的旋涡。

P.6.3.5.2 如果甲醛是唯一的目标分析物，加入 4 ml 醋酸缓冲液，用 6 mol/L HCl 或 6 mol/L NaOH 调节 pH 至 5.0±0.1。加入 6 ml DNPH 试剂，将容器密封，放入加热（40℃）的回旋式振荡器搅拌器 1 h。调节振荡搅拌使溶液形成温和的旋涡。

P.6.3.5.3 用二氯甲烷在 250 ml 分液漏斗中连续提取溶液 3 次，每次 20 ml。如果提取过程中形成乳状液，将乳状液全部取出，在 2 000 r/min 离心 10 min。分离上下层液体，进行下一步提取。合并二氯甲烷层到一个装有 5.0 g 无水硫酸钠的 125 ml 锥形瓶中。摇动瓶中物质完成提取物的干燥过程。

P.6.3.5.4 把一个 10 ml 浓缩管的 Kuderna-Danish（K-D）浓缩器和一个 500 ml 蒸馏烧瓶连接在一起。将提取物转移到蒸馏烧瓶中，注意尽量少转移硫酸钠。用 30 ml 二氯甲烷洗涤锥形瓶，将洗涤液也加入到蒸馏烧瓶中，以完成定量的转移。用 K-D 技术将提取液浓缩至 5 ml。分析前将溶剂更换为乙腈。

P.6.4 校准

P.6.4.1 建立液相色谱操作条件。

推荐色谱条件为：

色谱柱：C18 4.6 mm×250 mm ID，5 μm 粒径；

流动相梯度：70/30 乙腈/水（体积分数），20 min；70/30 乙腈/水到 100%乙腈 15 min；100%乙腈 15 min；

流速：1.2 ml/min；

检测器：紫外检测器，360 nm；

进样体积：20 μl。

P.6.4.2 从衍生和提取物中配制绘制标准曲线所用溶液的方法与从样品中配制的方法一样。

P.6.4.3 分析溶剂背景以保证体系干净无干扰。

P.6.4.4 分析每一个处理好的标准曲线样品，按峰面积对标准溶液的质量浓度（μg/L）列表。

P.6.4.5 进样的标准浓度对峰面积列表以确定分析物在每个浓度的校准因子（CF）（见 P.7.1 的方程）。平均标准曲线样品的 CF 的百分比相对标准偏差（RSD，%）应≤20%。

P.6.4.6 标准工作曲线每天分析前后都需要通过分析一个或多个标准曲线所需的样品进行检查。CF 值需要落在初始测定的 CF 值±15%以内。

P.6.4.7 在检测最多 10 个样品后，就需要对某一个标准曲线测定溶液进行重新分析以保证

DNPH 衍生化的 CF 值仍然落在初始 CF 值的±15%范围内。

P.6.5　样品分析

P.6.5.1　用 P.6.4.1 中建立的条件对样品进行 HPLC 分析。

P.6.5.2　如果峰面积超过标准曲线的线性范围，需要减小样品的进样体积，或者将溶液用乙腈稀释重新测量。

P.6.5.3 目标分析物洗脱后，用 P.7.2 中的方程或者特殊取样方法计算出样品中被分析物的质量浓度。

P.6.5.4 如果由于观察到干扰物影响了峰面积的测量，则需要进行进一步的净化。

P.7　结果计算

P.7.1　计算各个校准因子、平均校准因子、标准偏差和百分比相对标准偏差的方法如下：

$$CF=\frac{\text{标准样中化合物的峰面积}}{\text{化合物的进样质量浓度}(\mu g/L)}$$

$$\overline{CF}=\frac{\sum_{i=1}^{n}CF}{n}$$

$$SD=\sqrt{\frac{\sum_{i=1}^{n}(CF_i-\overline{CF})^2}{n-1}}$$

$$RSD=\frac{SD}{\overline{CF}}\times 100\%$$

式中：$\overline{CF}$——用 5 个标准浓度作出的平均校准因子；

CF——对于标准溶液 i 的校准因子（i＝1～5）；

RSD——校准因子的相对标准偏差；

n——标准溶液的个数；

SD——标准偏差。

P.7.2　样品浓度的计算

P.7.2.1　液体样品质量浓度的计算方式如下：

$$\text{醛质量浓度（}\mu g/L\text{）}=\frac{(\text{样品峰面积})\times 100}{\overline{CF}\times V_s}$$

式中：$\overline{CF}$——被分析物的平均校准因子；

V_s——样品体积，ml。

P.7.2.2　固体样品的浓度计算方法如下：

$$\text{醛质量浓度（}\mu g/L\text{）}=\frac{(\text{样品峰面积})\times 100}{\overline{CF}\times V_{ex}}$$

式中：$\overline{CF}$——被分析物的平均校准因子；

V_{ex}——提取溶液部分体积，ml。

附录 Q（资料性附录）

固体废物　多环芳烃类的测定　高效液相色谱法

Q.1　范围

本方法适用于固体废物中苊、苊烯、蒽、苯并[*a*]蒽、苯并[*a*]芘、苯并[*b*]荧蒽、苯并[*g,h,i*]苝、苯并[*k*]荧蒽、二苯并[*a,h*]蒽、荧蒽、芴、茚并[1,2,3-*cd*]芘、萘、菲、芘等多环芳烃（PAHs）的高效液相色谱法测定。各分析物的保留时间见表 Q.1。

表 Q.1　PHAs 的高效液相色谱测定

化合物	保留时间/min	柱容量因子（K'）	方法检测限/（μg/L）	
			紫外	荧光
萘	16.6	12.2	1.8	
苊烯	18.5	13.7	2.3	
苊	20.5	15.2	1.8	
芴	21.2	15.8	0.21	
菲	22.1	16.6		0.64
蒽	23.4	17.6		0.66
荧蒽	24.5	18.5		0.21
芘	25.4	19.1		0.27
苯并[*a*]蒽	28.5	21.6		0.013
䓛	29.3	22.2		0.15
苯并[*b*]荧蒽	31.6	24.0		0.018
苯并[*k*]荧蒽	32.9	25.1		0.017
苯并[*a*]芘	33.9	25.9		0.023
二苯并[*a,h*]蒽	35.7	27.4		0.030
苯并[*g,h,i*]苝	36.3	27.8		0.076
茚并[1,2,3-*cd*]芘	37.4	28.7		0.043

注：HPLC 条件：反相柱 HC-ODS Sil-x，5μm，不锈钢 250mm×ϕ2.6mm；流动相：乙腈-水=4∶6（体积分数）；流速 0.5ml/min，在洗脱 5min 以后，以线性梯度上升，在 25min 内乙腈上升到 100%。如果使用是其他柱的内径值，则应保持线速度为 2mm/s。

Q.2　原理

本方法提供了用高效液相色谱检测 10^{-9} 级含量的多环芳烃的 HPLC 条件。在使用这种方法之前，必须采用适当的样品提取技术。提取物 5～25 μl 进入 HPLC，经色谱分离后流出物用紫外（UV）和荧光检测器检测。

Q.3 试剂和材料

Q.3.1 试剂水：无有机物的试剂级水。

Q.3.2 乙腈：HPLC 纯，经玻璃装置蒸馏过。

Q.3.3 贮备标准溶液

Q.3.3.1 制备质量浓度为 1.00 μg/μl 的贮备标准溶液，制备方法是将 0.010 0 g 的标准参考物质溶解在乙腈中，然后转移到 10 ml 容量瓶内，用乙腈稀释至刻度。如果市售的贮备标准溶液的纯度已由制造商或独立来源所确认，可直接配成各种浓度来使用。

Q.3.3.2 移取贮备标准溶液到有聚四氟乙烯衬里密封的旋盖瓶内，在 4℃避光保存。贮备标准溶液要经常检查是否有降解和蒸发的迹象。

Q.3.3.3 贮备标准溶液在贮放 1 年以后，或者在检查中一旦发现有问题时都应立即重新配制。

Q.3.4 校准标准溶液：可利用添加乙腈稀释贮备标准溶液的方法制备，至少要配制 5 种不同浓度的校准溶液。其中 1 种浓度含量是接近但高出于方法检测限，其他 4 种浓度含量相当于实际样品中预期的浓度范围，或者能符合 HPLC 的分析范围要求。校准标准溶液在贮放半年以后，或者在检查中一旦发现有问题时都应即时重新配制。

Q.3.5 内标标准溶液（如果使用内标校准法的话）。使用这种方法时，必须选择和待测物具有相似特性的一种或多种内标标准物，同时分析者还需证实，内标标准物在测量中不受该方法和基体干扰的影响，由于上述这些条件的限制，没有一种内标能应用于所有样品。

Q.3.5.1 对每个待测物，都至少要配制 5 种不同浓度的校准溶液。

Q.3.5.2 对每一种校准溶液，应加入已知含量一种或多种内标溶液，然后用乙腈稀释到定容体积。

Q.3.6 替代标准物，在处理各种样品基体时加入 1 种或 2 种适合于本方法的温度程序范围的替代标准物到各种样品、标准物和试剂水中（替代标准物，如十氟代联苯，或样品中不存在的其他多环芳烃），以监测提取、净化（如需要的话）和分析系统的性能以及本方法的有效性。由于共同的洗涤问题的影响，在 HPLC 分析中不用待测物的，氘的同系物将作为替代标准物。

Q.4 仪器、设备

Q.4.1 K-D 浓缩器。

Q.4.1.1 浓缩管：10 ml 带刻度用磨口玻璃塞以避免提取物的挥发。

Q.4.1.2 蒸发烧瓶：500 ml 用弹簧与浓缩器相连。

Q.4.1.3 Snyder 柱：三球微型。

Q.4.1.4 Snyder 柱：两球微型。

Q.4.2 沸片：用溶剂提取过，10～40 目（硅碳化物或其相当物）。

Q.4.3 水浴：能控温在±5℃，该水浴应在通风橱内使用。

Q.4.4 注射器：5 ml。

Q.4.5 高压注射器。

Q.4.6 HPLC 仪器。

Q.4.6.1　梯度泵系统：恒流量。

Q.4.6.2　反相色谱柱：ODS 色谱柱，填料粒径为 5 μm，250 mm×4.6 mm。

Q.4.6.3　检测器：紫外或荧光检测器。

Q.4.7　容量瓶：10、15 和 100 ml。

Q.5　分析步骤

Q.5.1　提取

Q.5.1.1　一般来说，水样的提取是按照 GB 5085.3 附录 U，先把水样 pH 调为中性后用二氯甲烷提取。固体样品的提取则按照 GB 5085.3 附录 V。为使该方法达到最高灵敏度，提取物的体积应浓缩到 1 ml。

Q.5.1.2　在 HPLC 分析之前，提取物的溶剂必须更换为乙腈。可以用 K-D 浓缩器来进行这种更换，具体操作如下：

Q.5.1.2.1　将 Snyder 微柱连接到 K-D 浓缩器后，把二氯甲烷的提取物浓缩到 1 ml，然后冷却和沥干至少 10 min。

Q.5.1.2.2　先将水浴温度上升到 95～100℃，然后把 K-D 浓缩器上 Snyder 微柱迅速移出，加入 4 ml 乙腈和新的沸片，安装上二球 Snyder 微柱并用 1 ml 乙腈将柱润湿，最后把这套 K-D 浓缩器放置到水浴上，让浓缩管的一部分被热水浸没。根据需要调整装置的垂直位置和水的温度，以使在 15～20 min 完成浓缩。在适合蒸发比时，Snyder 柱内微球将会有“吱吱”声，但球室内不会有液体溢流。当浓缩的液体表观体积达到 0.5 ml 时，从水浴上移出 K-D 装置，让它冷却沥干至少 10 min。

Q.5.1.2.3　当 K-D 装置冷却以后，移去 Snyder 微柱，并用约 0.2 ml 乙腈洗涤下部连接端，洗涤液流入浓缩管内，推荐用 5 ml 注射器来完成这一步骤，并调整提取物总体积到 1.0 ml。如不立即进行以下步骤，把浓缩管取下盖上塞后贮放在 4℃冰箱内。如果提取物贮放时间超过 2 d，则应转移到有聚四氟乙烯衬垫密封的旋盖瓶内贮放，如不需要进一步纯化即可作 HPLC 分析用。

Q.5.2　HPLC 分析条件

先用乙腈：水=4：6（体积分数）以 0.5 ml/min 流速洗脱 5 min，然后作线性梯度洗脱，在 25 min 内乙腈含量由 40%上升到 100%。如果使用其他内径的柱，则应调整流速使其线速度保持在 2 mm/s。

附录 R（资料性附录）

固体废物　丙烯酰胺的测定　气相色谱法

R.1　范围

本方法用于固体废物中丙烯酰胺的气相色谱法测定。

本方法的方法检测限为 0.032 μg/L。

R.2　引用标准

下列文件中的条款通过在本方法中被引用而成为本方法的条款，与本方法同效。凡是不注明日期的引用文件，其最新版本适用于本方法。

GB/T 6682　分析实验室用水规格和试验方法

R.3　原理

本方法是基于丙烯酰胺的双键溴化的。在经过硫酸钠盐析之后，以乙酸乙酯将反应产物（2,3-二溴丙酰胺）从反应混合物中萃取出来。萃取物经硅酸镁载体柱净化之后，用电子捕获检测器的气相色谱进行分析（GC/ECD）。化合物鉴定结果应该以至少一种其他的定性手段进行辅证。可采用另一根气相色谱确认柱或气相色谱/质谱联用来进行化合物确证。

R.4　试剂和材料

R.4.1　除另有说明外，本方法中所用的水为 GB/T 6682 规定的一级水。

R.4.2　乙酸乙酯：色谱纯。

R.4.3　二乙醚：色谱纯。必须用试纸检测不含过氧化氢。净化后，必须在每升二乙醚中加入 20 ml 乙醇作为防腐剂。

R.4.4　甲醇：色谱纯。

R.4.5　苯：色谱纯。

R.4.6　丙酮：色谱纯。

R.4.7　饱和溴水溶液：将溴和水混合摇动，在暗处 4℃下静置 1 h，使用水相溶液。

R.4.8　硫酸钠（无水，粒状）：分析纯，置于浅托盘中，在 400℃加热 4 h，或用二氯甲烷预洗涤硫酸钠。若用二氯甲烷预洗涤硫酸钠的方法，则必须分析方法空白，以证明硫酸钠不会造成干扰。

R.4.9　硫代硫酸钠：分析纯，配制成 1 mol/L 水溶液。

R.4.10　溴化钾：分析纯，为红外检测准备。

R.4.11　浓氢溴酸：ρ=1.48 g/ml。

R.4.12　丙烯酰胺单体：纯度大于等于 95%。

R.4.13　邻苯二甲酸二甲酯：纯度 99.0%。

R.4.14　硅酸镁载体（60～100 目）：将硅酸镁载体在 130℃活化至少 16 h，或者将其在烘箱中 130℃储存。将 5 g 硅酸镁载体，悬浮在苯中，在玻璃柱中装柱。

R.4.15　标准贮备溶液：在 100 ml 容量瓶中，将 105.3 mg 丙烯酰胺单体溶于水中，以水稀释至刻度。将该丙烯酰胺溶液稀释，以获得质量浓度在 0.1～10 mg/L 范围内的丙烯酰胺单体标准溶液。

R.4.16　校正标准：将丙烯酰胺标准贮备溶液以水稀释，以制得质量浓度为 0.1～5 mg/L 的丙烯酰胺。在进样之前，将校正标准以和环境样品相同的方式反应和萃取。

R.4.17　内标：内标化合物为邻苯二甲酸二甲酯。在乙酸乙酯中配制质量浓度为 100 mg/L 的邻苯二甲酸二甲酯溶液。在样品萃取物和校正标准中邻苯二甲酸二甲酯的质量浓度应该为 4 mg/L。

R.5　仪器、装置

R.5.1　气相色谱仪：配有电子捕获检测器。

R.5.2　分液漏斗：150 ml。

R.5.3　容量瓶：100 ml，带有磨口玻璃塞。25 ml，棕色，带有磨口玻璃塞。

R.5.4　注射器：5 ml。

R.5.5　微量注射器：5、100 μl。

R.5.6　取液器：A 级。

R.5.7　玻璃气相色谱柱：30 cm×2 cm。

R.5.8　机械摇床。

R.6　分析步骤

R.6.1　溴化

移取 50 ml 样品到 100 ml 磨口玻璃塞容量瓶中，将 7.5 g 溴化钾溶于样品中。用浓氢溴酸调整溶液 pH 为 1～3。将容量瓶外包裹铝箔用来避光。边搅拌边加入 2.5 ml 饱和溴水溶液。将溶液在 0℃下暗处存放至少 1 h。在反应进行至少 1 h 之后，逐滴加入 1 mol/L 的硫代硫酸钠以分解过量的溴，直到溶液变为无色。加入 15 g 硫酸钠，用磁子剧烈搅拌。

R.6.2　萃取

将溶液移入一个 150 ml 的分液漏斗内。用水润洗反应瓶 3 次，每次 1 ml。将洗涤液倒入分液漏斗中。用乙酸乙酯萃取水溶液 2 次，每次 10 ml，每次萃取 2 min，用机械摇床以 240 r/min 的速度摇动。将有机相用 1 g 硫酸钠干燥后移入一个 25 ml 棕色容量瓶，用乙酸乙酯洗涤硫酸钠 3 次，每次 1.5 ml，将洗涤液和有机相合并。准确称量 100 μg 邻苯二甲酸二甲酯，加入容量瓶中，用乙酸乙酯定容至 25 ml 刻度线。每次向气相色谱注射 5 μl 该溶液。

R.6.3　净化：只要还能看到液液界面，样品就需用以下方法净化

将干燥后的提取液移入蒸发皿中，加入 15 ml 苯。在 70℃下将溶剂减压蒸发，使溶液浓缩至约 3 ml。加入 50 ml 苯，使该溶液以 3 ml/min 的流速流入硅酸镁载体柱。先用 50 ml

的二乙醚-苯（1∶4）以 5 ml/min 的流速洗脱，然后用 25 ml 的丙酮-苯（2∶1）以 2 ml/min 的流速洗脱。弃去所有第一次洗脱的洗脱液以及第二次洗脱的最初 9 ml 洗脱液，用其余洗脱液进行检测。采用邻苯二甲酸二甲酯（4 mg/L）作为内标。

R.6.4　气相色谱条件

氮气载气流速：40 ml/min；

柱温：165℃；

进样温度：180℃；

检测温度：185℃；

进样体积：5 μl。

R.6.5　样品分析

将样品萃取液取 5 μl（含有 4 mg/L 内标）进样。图 R.1 为一个样品的 GC/ECD 色谱图的例子。

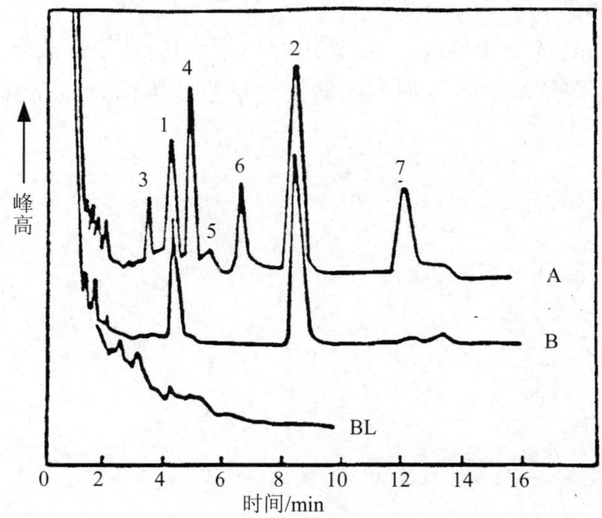

A. 未经处理；

B. 经硅酸镁载体净化；

BL. 空白的色谱图，气相色谱分析之前浓缩 5 倍。

峰：

1. 2,3-二溴丙酰胺；

2. 邻苯二甲酸二甲酯；

4～7. 溴化钾引起的杂质；

样品体积= 100 ml；丙烯酰胺 = 0.1 μg。

图 R.1　水溶液中丙烯酰胺溴化产物得到的典型色谱图

R.6.6　空白试验

除不称取样品外，均按上述步骤进行。

R.7 计算

根据以下公式来计算丙烯酰胺单体在样品中的质量浓度：

$$质量浓度（\mu g/L）= \frac{A_x \cdot \rho_{is} \cdot D \cdot V_i}{A_{is} \cdot \overline{RF} \cdot V_s \cdot 1\,000}$$

式中：A_x——样品中被分析物的峰面积（或峰高）；

A_{is}——内标的峰面积（或峰高）；

ρ_{is}——浓缩样品萃取液中内标的质量浓度，μg/L；

D——稀释系数，如果样品或萃取液在分析前被稀释，没有稀释时 $D = 1$，稀释系数是无量纲的；

V_i——萃取液的进样体积，μl，样品和校正标准液的进样体积必须相同；

$\overline{RF}$——初始校正的平均响应系数；

V_s——被提取或吹扫的水溶液样品体积。如果该变量的单位用升，则结果需乘以 1 000；

1 000——1 ml 等于 1000 μl。如果进样体积（V_i）以 ml 表示，则可省去 1 000。

用此处说明的变量单位计算得到的结果质量浓度单位为 ng/ml，也等同于μg/L。

附录 S（资料性附录）

固体废物　多氯代二苯并二噁英和多氯代二苯并呋喃的测定 高分辨气相色谱/高分辨质谱法

S.1 范围

本方法适用于固体废物中多氯代二苯并二噁英（4～8 个氯的取代物；PCDDs）和多氯代二苯并呋喃（4～8 个氯的取代物；PCDFs）的 10^{-6} 和 10^{-9} 量级的高分辨气相色谱/高分辨质谱法检测。包括：2,3,7,8-四氯二苯并对二噁英、1,2,3,7,8-五氯二苯并对二噁英、1,2,3,6,7,8-六氯二苯并对二噁英、1,2,3,4,7,8-六氯二苯并对二噁英、1,2,3,7,8,9-六氯二苯并对二噁英、1,2,3,4,6,7,8-七氯二苯并对二噁英、1,2,3,4,6,7,8,9-八氯二苯并对二噁英、2,3,7,8-四氯二苯并呋喃、1,2,3,7,8-五氯二苯并呋喃、2,3,4,7,8-五氯二苯并呋喃、1,2,3,6,7,8-六氯二苯并呋喃、1,2,3,7,8,9-六氯二苯并呋喃、1,2,3,4,7,8-六氯二苯并呋喃、2,3,4,6,7,8-六氯二苯并呋喃、1,2,3,4,6,7,8-七氯二苯并呋喃、1,2,3,4,7,8,9-七氯二苯并呋喃、1,2,3,4,6,7,8,9-八氯二苯并呋喃。

S.2 原理

本方法分析过程包括针对特定基质的提取，对特定分析物的纯化，以及 HRGC/HRMS 分析技术。不同基质使用不同方法进行提取，提取物随后进行酸洗处理和干燥。经过一步溶剂交换后，提取物经过纯化，在加入 10～50 μl（视基质而定）含有 50 pg/μl 回收率标准物 $^{13}C_{12}$-1,2,3,4-TCDD 和 $^{13}C_{12}$-1,2,3,7,8,9-HxCDD 的壬烷溶液后，用于 HRGC/HRMS 分析的最终提取物即制备完成。

S.3 试剂和材料

S.3.1　无有机物试剂水，本方法中使用的所有水均为不含有机物的试剂水。

S.3.2　柱色谱试剂：

S.3.2.1　氧化铝：中性，80～200 目（超 1 级），在室温下贮放于硅胶干燥剂的密封容器内。

S.3.2.2　氧化铝：酸性 AG4，若空白检测显示有污染，以二氯甲烷为溶剂用索氏提取法提取 24 h，然后放入箔片覆盖的玻璃容器内以 190℃加热活化 24 h。最终贮存在有 Teflon TM 螺纹盖的密封玻璃瓶中。

S.3.2.3　硅胶：高纯级，60 型，70～230 目。若空白检测显示有污染，以二氯甲烷为溶剂用索氏提取法提取 24 h，然后放入箔片覆盖的玻璃容器内以 190℃加热活化 24 h。最终贮存在有 Teflon TM 螺纹盖的密封玻璃瓶中。

S.3.2.4　氢氧化钠浸泡的硅胶：在 2 份（重量）的硅胶（经萃取和活化）中加入 1 份（重量）的 1 mol/L NaOH 溶液，在有螺纹盖的玻璃瓶中混合并用玻璃棒搅拌，使没有块状物。

贮存在有 Teflon TM 螺纹盖的密封玻璃瓶中。

S.3.2.5 用 40%（质量分数）硫酸浸泡的硅胶：在 3 份（重量）的硅胶（经萃取和活化）中加入 2 份的浓硫酸，在有螺纹盖的玻璃瓶中混合并用玻璃棒搅拌至无块状物。贮存在有 Teflon TM 螺纹盖的密封玻璃瓶中。

S.3.2.6 Celite 助滤剂。

S.3.2.7 活性炭：用甲醇冲洗并在 110℃真空干燥。贮存在有 Teflon TM 螺纹盖的密封玻璃瓶中。

S.3.3 试剂：

S.3.3.1 硫酸（H_2SO_4）：浓硫酸，ACS 级，$\rho = 1.84$。

S.3.3.2 氢氧化钾（KOH）：ACS 级，20%（质量分数）溶解于无有机物试剂水中。

S.3.3.3 氯化钠（NaCl）：分析纯试剂，5%（质量分数）溶解于无有机物试剂水中。

S.3.3.4 碳酸钾（K_2CO_3）：无水，分析纯试剂。

S.3.4 干燥试剂：硫酸钠（Na_2SO_4），粉末状，无水，在表面皿中 400℃加热纯化 4 h，或用二氯甲烷预清洗。若硫酸钠用二氯甲烷预清洗过，必须做空白分析以证明硫酸钠不会引入干扰。

S.3.5 溶剂：

S.3.5.1 二氯甲烷（CH_2Cl_2）：高纯，用玻璃瓶蒸馏或最高级纯。

S.3.5.2 正己烷（C_6H_{14}）：高纯，用玻璃瓶蒸馏或最高级纯。

S.3.5.3 甲醇（CH_3OH）：高纯，用玻璃瓶蒸馏或最高级纯。

S.3.5.4 壬烷（C_9H_{20}）：高纯，用玻璃瓶蒸馏或最高级纯。

S.3.5.5 甲苯（$C_6H_5CH_3$）：高纯，用玻璃瓶蒸馏或最高级纯。

S.3.5.6 环己烷（C_6H_{12}）：高纯，用玻璃瓶蒸馏或最高级纯。

S.3.5.7 丙酮（CH_3COCH_3）：高纯，用玻璃瓶蒸馏或最高级纯。

S.3.6 高分辨浓度校准溶液：用 5 种含有已知浓度未标记和同位素碳-13 标记的 PCDDs 和 PCDFs 的壬烷溶液校准仪器。质量浓度范围依不同物质而定，四氯化的二噁英和呋喃质量浓度最低（1.0 pg/μl），八氯化的二噁英和呋喃质量浓度最高（1 000 pg/μl）。

S.3.6.1 溶液应该在分析员的实验室配制。实验室必须在分析样品前确保所获得的（或配制的）标准溶液在适当的浓度范围内。

S.3.6.2 校准溶液贮存在 1 ml 小瓶中室温暗处存放。

S.3.7 气相色谱柱性能鉴定溶液。

S.3.8 样品加标溶液：含有 9 种微量内标物的壬烷溶液。

S.3.9 基体加标混合液：用来制备 MS 和 BSD 样品的溶液。

S.4 仪器

S.4.1 高分辨气相色谱/高分辨质谱/数据系统（HRGC/HRMS/DS）—气相色谱必须安装程序升温，并且所有需要的附件齐备，如进样器、载气和毛细管柱。

S.4.1.1 气相色谱进样口。

S.4.1.2 气相色谱/质谱（GC/MS）接口。

S.4.1.3 质谱：仪器的静态分辨率必须保持至少 10 000（10%谷底）。

S.4.1.4 数据系统：一个专用的数据系统控制快速的多离子检测和获得数据。

S.4.2 色谱柱。

S.4.2.1 60 m DB-5 熔融石英毛细管柱。

S.4.2.2 30 m DB-225 熔融石英毛细管柱或同类产品。

S.5 样品的采集、保存和预处理

S.5.1 样品采集。

S.5.1.1 样品采集人员应该尽可能在装入样品容器前将样品混匀。

S.5.1.2 随机和复合样品都应采集在玻璃容器内，瓶子在采样之前不要用样品预洗涤，采样装置必须没有潜在污染源。

S.5.2 保存和存放时间：所有样品必须在 4℃暗处存放，在 30 d 内要提取，在提取后 45 d 内应分析完毕。分析的样品一旦超过保存期限，测定结果只能被认为是样品当中至少含有的量。

S.5.3 相分离：对水分含量＞25%的土壤、沉积物和纸浆样品，将 50 g 样品放入合适的离心瓶中以 2 000 r/min 离心 30 min，取出离心瓶，在瓶上标记液面位置，估计两相的相对体积。用移液管将液层移入另一干净瓶中。用不锈钢刮刀混合固相物质，并取出一部分进行称重和分析（干重质量分数测定，提取）。将剩余固相物质装入原始的样品瓶（空）或装入一个干净的适合标记的样品瓶，适当保存。记录液相的粗略体积，然后作为废弃物处理。

S.5.4 干重质量分数的测定：土壤、沉积物或纸浆样品中若含有可检测量级（见下面备注）的至少一种 2,3,7,8-取代的 PCDD/PCDF 同类化合物，其干重百分比可按以下程序测定。以 3 位有效数字称取 10 g 土壤或沉积物样品（±0.5g）在通风烘箱里 110℃烘至恒重，然后在干燥器中冷却。称准干燥后样品至 3 位有效数字，计算并记录干重百分比。不要使用这部分样品进行提取，将其按有毒废物处理。

备注：除非检测限被确定，否则方法定量下限将用做估测最低检出限。

$$\text{干重质量分数（\%）}=\frac{\text{干燥后样品质量}}{\text{原样品质量}}\times 100$$

注意：分散良好的被 PCDDs/PCDFs 污染的土壤和沉积物是危险的，因为含有 PCDDs/PCDFs（包括 2,3,7,8-TCDD）的微粒可能被吸入或摄取。这些样品应该在有限空间进行处理（如密闭的通风橱或手套箱）。

S.6 分析步骤

S.6.1 加入内标物

S.6.1.1 取待测样品 1～100 g 进行分析。表 S.1 提供了不同基体所需的典型样品量。然后将样品转移到配衡烧瓶中测定其质量。

S.6.1.2 在样品中加入适量的样品加标混合物。所有样品都加入 100 μl 样品加标混合物，使样品中的内标物含量如表 S.1 所示。

S.6.1.2.1 对土壤、沉积物、灰尘、水、纸浆和淤泥样品加标时，将样品加标液与 1.0 ml 丙酮混合。

S.6.1.2.2 对于其他基体，不要稀释壬烷溶液。

S.6.2 提取及纯化纸浆样品

S.6.2.1 在 10 g 混匀的纸浆样品中加入 30 g 无水硫酸钠并用不锈钢刮刀彻底混匀。在粉碎所有块状物后，将纸浆/硫酸钠混合物加入索氏提取器的玻璃棉塞上方，然后加入 200 ml 甲苯，回流 16 h。容积必须每小时在体系中完全循环一次。

表 S.1 基体类型、样品量和基于 2,3,7,8-TCDD 的方法校准限（10^{-12} 量级）

	水	土壤沉积物纸浆[b]	浮尘	鱼组织[c]	人类脂肪组织	淤泥燃料油	釜脚
MCL[a] 下限	0.01	1.0	1.0	1.0	1.0	5.0	10
MCL[a] 上限	2	200	200	200	200	1 000	2 000
质量/g	1 000	10	10	20	10	2	1
内标量/10^{-12}	1	100	100	100	100	500	1 000
最终提取液体积/μl	10～50	10～50	50	10～50	10～50	50	50

注：a. 对于其他物质，TCDF/PeCDD/PeCDF 乘以 1，HxCDD/HxCDF/HpCDD/HpCDF 乘以 2.5，OCDD/OCDF 乘以 5。

b. S.5.3 样品除水，见 S.5.3。

c. 20 g 样品提取液中的一半用来测定油脂含量。

备注：若表观状态相似，化学反应器残渣处理方法同釜脚。

S.6.2.2 将 S.6.2.1 的提取物转移到一个 250 ml 容量瓶中用二氯甲烷滴定到刻度线，充分混合，定量地将全部纸浆提取液转移到配有 Snyder 柱的 KD 装置中。

注：也可以选用旋转蒸发仪代替 KD 装置进行提取液浓缩。

S.6.2.3 加入 Teflon TM 沸石或同类产品。将提取液在水浴中浓缩到表观体积 10 ml。从水浴中取出装置冷却 5 min。

S.6.2.4 向 KD 瓶中加入 50 ml 正己烷和一新沸石。在水浴中浓缩至表观体积 5 ml。从水浴中取出装置冷却 5 min。

注：二氯甲烷必须在下步之前被完全除去。

S.6.2.5 取出并倒转 Snyder 柱，然后用正己烷向 KD 装置中冲洗两次，每次 1 ml。将 KD 装置和浓缩管中的溶液转入 125 ml 分液漏斗。用正己烷冲洗 KD 装置两次，每次 5 ml，合并入分液漏斗。然后按照 S.6.5.1.1 开始的说明进行纯化。

S.6.3 环境和废物样品的提取和纯化

S.6.3.1 淤泥/燃料油

S.6.3.1.1 将约 2 g 含水淤泥或燃料油样品放入盛有 50 ml 甲苯的 125 ml 连有一个 Dean-Stark 分水器的烧瓶内回流提取，连续回流样品直到水被全部除去为止。

注：若淤泥或燃料油样品溶解于甲苯，则按 S.6.3.2 进行处理。若标记的淤泥样品来源于纸浆（造纸厂），则按从 S.6.2 开始的方法处理，但不加硫酸钠。

S.6.3.1.2 样品冷却后，用玻璃纤维过滤器或与其相当的过滤器过滤甲苯提取物到 100 ml 圆底烧瓶内。

S.6.3.1.3 用 10 ml 甲苯洗涤过滤器，合并洗液和提取液。

S.6.3.1.4 在旋转蒸发仪内于 50℃下浓缩近干。也可在惰性气氛下浓缩提取液，然后按 S.6.3.4 进行操作。

S.6.3.2 釜脚/油：

S.6.3.2.1 为提取釜脚样品，先将 10 g 样品和 10 ml 甲苯（苯）在小烧杯中混合，然后用玻璃纤维滤纸（或相当物）过滤，滤液装入 50 ml 圆底烧瓶内，再用 10 ml 甲苯洗涤烧杯和过滤器。

S.6.3.2.2　合并滤液和洗液，用旋转蒸发器在 50℃下浓缩近干，下步处理见 S.6.4。

S.6.3.3　浮尘：

注：因浮尘有漂浮倾向，所有操作步骤应在通风橱内进行，使污染最小化。

S.6.3.3.1　称取 10 g 浮尘，准确到小数点后第二位，并装入提取瓶中。加入 100 μl 样品加标液用丙酮稀释至 1 ml，再加入 150 ml 1 mol/L HCl。用 Teflon TM 螺纹盖密封广口瓶，室温振荡 3 h。

S.6.3.3.2　用甲苯冲洗玻璃纤维滤器，样品经 Buchner 漏斗中的滤纸过滤后，流入 1 L 烧瓶。用约 500 ml 无有机物试剂水冲洗浮尘块并在干燥器中室温干燥过夜。

S.6.3.3.3　加入 10 g 无水硫酸钠粉末，充分混合，放置在密闭容器中 1 h，再混合，再放置 1 h，第三次混合。

S.6.3.3.4　将样品和滤纸一起放入提取套管中，用 200 ml 甲苯在索氏提取装置按 5 个/h 循环的程序提取 16 h。

注：也可以甲苯为溶剂，用 Soxhlet/Dean Stark 萃取器进行操作，此法必须要加入硫酸钠。

S.6.3.3.5　待样品冷却后，经玻璃纤维滤膜过滤到 500 ml 圆底烧瓶内，再用 10 ml 甲苯洗涤过滤器，合并洗液和滤液，在旋转蒸发器内 50℃下浓缩近干，下步处理见 S.6.4.4。

S.6.3.4　用 15 ml 己烷将接近干涸样品转移到 125 ml 分液漏斗中，用两份 5 ml 正己烷先后洗涤烧瓶，将洗涤液也倒入漏斗内，加入 50 ml 质量分数为 5% NaCl 溶液一起振荡 2 min，弃去水层后，下步处理见 S.6.4。

S.6.3.5　含水样品

S.6.3.5.1　样品达到室温，为了能最后确定样品的确切体积，在 1 L 样品瓶的外壁上做一个水样弯月面的标记。按要求加入丙酮稀释的样品加标液。

S.6.3.5.2　当样品中含有 1%或更多固体物质，必须先用玻璃纤维滤纸进行过滤，然后用甲苯冲洗滤纸。若悬浮的固体物质多到无法用 0.45 μm 滤纸过滤，要将样品离心，倒出水相进行过滤。

注：造纸厂流出水样通常含有 0.02%～0.2%固体物质，不需要过滤。但为得到最佳分析结果，所有流出水样应该过滤，固相和液相分别提取，再合并提取液。

S.6.3.5.3　合并离心管中的固体物质和滤纸及其上面的颗粒，用 S.6.4.6.1～S.6.4.6.4 描述的索氏提取方法提取。取出倒转 Snyder 柱，并用 1 ml 正己烷冲洗到 KD 装置中。

S.6.3.5.4　将滤液倒入 2 L 分液漏斗，向样品瓶内加入 60 ml 二氯甲烷，密封后摇荡 30 min 以洗涤瓶的内壁后，转移到分液漏斗内，摇荡 2 min，并定时排气以提取样品。

S.6.3.5.5　至少静置 10 min，待有机相和水相分离，如果在两相的层间出现乳化层，且乳化层高度大于溶液层高度的 1/3，那么分析者必须使用机械技术来完成相分离（如玻璃搅拌）。

S.6.3.5.6　把样品提取液通过装有玻璃棉滤团和 5 g 无水硫酸钠的过滤漏斗后，将二氯甲烷层直接收集到 500 ml K-D 装置内（装有一个 10 ml 浓缩管）。

注：也可用旋蒸仪代替 KD 装置进行提取液浓缩。

S.6.3.5.7　用二氯甲烷重复提取两次，每次 60 ml。第三次提取后，用 30 ml 二氯甲烷冲洗硫酸钠，确保定量转移。混合所有提取物和洗液，加入 KD 装置中。

注：如果在实验中样品发生了严重乳化问题或者在分液漏斗中遇到了乳化问题，则应使用连续的液-液提取器来代替分液漏斗。将 60 ml 的二氯甲烷加入到样品瓶内，密封后摇荡 30 min 以洗涤瓶的内壁，将溶剂转移入提取器内；再用 50～100 ml 二氯甲烷加入样品瓶内作重复操作。另外，用 200～500 ml 二氯甲烷加入与提取器相连蒸馏烧瓶内，为了便于操作还加入足够量的无有机物试剂水，然后提取 24 h。冷却后，拆下蒸馏烧瓶，按 S.6.3.5.6 和 S.6.3.5.8 到 S.6.3.5.10 要求干燥和浓缩提取物。再按 S.6.3.5.11 继续进行下步操作。

S.6.3.5.8 将 Snyder 柱连接到浓缩器上，在水浴上将提取物浓缩到大约 5 ml 体积，移下 K-D 浓缩器，并至少冷却 10 min。

S.6.3.5.9 取下 Snyder 柱，加入 50 ml 正己烷和用索氏提取法得到的固体悬浮物提取液（S.6.3.5.3），再重新连上 Snyder 柱，浓缩到大约 5 ml 体积。在进行第二次浓缩之前，应加入新沸石到 K-D 浓缩器内。

S.6.3.5.10 用正己烷洗涤烧瓶和低处接口两次，每次 5 ml，合并提取液和洗液，最后体积大约为 15 ml。

S.6.3.5.11 为确定原始样品体积，在样品瓶中装水至标记处，并转移到 1 000 ml 量筒。记录样品体积，精确到 5 ml，然后按 S.6.5 处理。

S.6.3.6 土壤/沉积物

S.6.3.6.1 在样品（如 10 g）中加入 10 g 无水硫酸钠粉末，用不锈钢刮刀混合均匀。所有块状物被粉碎后，将土壤/硫酸钠混合物加入带有玻璃棉塞的索氏提取器中（也可用提取管）。

注：也可用 Soxhlet/Dean Stark 提取器代替，以甲苯为溶剂。此时不加硫酸钠。

S.6.3.6.2 在索氏提取器中加入 200～250 ml 甲苯，回流 16 h。溶剂必须每小时在体系中完全循环 5 次。

注：若干燥样品物自由流动黏度，必须多加硫酸钠。

S.6.3.6.3 提取物冷却后经玻璃纤维滤纸，流入 500 ml 圆底烧瓶，以蒸发甲苯。用甲苯洗涤滤纸，与滤液合并后用旋蒸仪在 50℃蒸发近干。从水浴取出烧瓶，冷却 5 min。

S.6.3.6.4 用 15 ml 正己烷将残渣转移入 125 ml 分液漏斗，用正己烷冲洗烧瓶两次，也加入漏斗。按 S.6.5 进行下步操作。

S.6.4 纯化

S.6.4.1 分离

S.6.4.1.1 用 40 ml 浓盐酸分离正己烷提取物，震荡 2 min。取出并弃置浓硫酸层（底层）。重复酸洗直到酸层没有可见颜色（酸洗最多 4 次）。

S.6.4.1.2 用 40 ml 5%（质量分数）氯化钠水溶液分离提取液。振荡 2 min，取出并弃置水层（底层）。

S.6.4.1.3 用 40 ml 20%（质量分数）氢氧化钾（KOH）水溶液分离提取液。振荡 2 min，放出下部水层弃去，重复用碱洗至下部水层内观察不到颜色时止（碱洗最多只进行 4 次），因为强碱（KOH）会使某些 PCDDs 或 PCDFs 降解，所以与碱接触时间应越短越好。

S.6.4.1.4 用 40 ml 5%（质量分数）氯化钠水溶液分离提取液。振荡 2 min，取出并弃去水层（底层）。使提取液流经玻璃棉上带有硫酸钠的漏斗进行干燥，收集流出液倒入 50 ml

圆底烧瓶。用正己烷冲洗含硫酸钠的漏斗两次，每次 15 ml，然后用旋蒸仪（35℃水浴）浓缩正己烷溶液至近干，确保全部甲苯被蒸干。也可吹惰性气体浓缩提取液。

S.6.4.2 硅/铝柱纯化

S.6.4.2.1 填充一根带有聚四氟乙烯旋塞的硅胶柱（玻璃，30 cm×10.5 mm）：在柱的底部插入玻璃棉滤团，加入 1 g 硅胶，轻轻敲击柱，使硅胶沉降。再加入 2 g 氢氧化钠浸泡的硅胶，4 g 硫酸浸泡的硅胶和 2 g 硅胶。每次加入后都轻敲柱。可能需要使用微弱正压力的纯净氮气（0.03 MPa）。用 10 ml 正己烷淋洗柱子，当加入的正己烷逐渐往下移动到顶层硅胶将要接触到空气前时，立即关闭聚四氟乙烯旋塞，流出柱外的淋洗液弃去。检查柱内是否出现沟槽，如果有沟槽出现则此柱不能使用。切勿敲击湿柱。

S.6.4.2.2 填充一根带有聚四氟乙烯旋塞的氧化铝柱（玻璃，300 mm×10.5 mm）：在柱的底部插入玻璃棉滤团，然后加入 4g 硫酸钠层，再加入 4g Woelm ®Super 1 中性氧化铝层，轻轻敲击柱的顶部使硫酸钠层和氧化铝层逐渐填充紧密。Woelm ®Super 1 中性氧化铝使用前不需要活化和清洗，但要保存在密封的干燥器内。在氧化铝层上部再加入 4 g 无水硫酸钠覆盖氧化铝，再用 10 ml 正己烷淋洗柱子，当加入的己烷逐渐往下移动到上层硫酸钠将要接触到空气前时，立即关闭聚四氟乙烯旋塞，流出柱外的淋洗液弃去。检查柱内是否出现沟槽：如果有沟槽出现则此柱不能使用。切勿敲击湿柱。

注：酸性氧化铝（S.5.2.2）也可用来代替中性氧化铝。

S.6.4.2.3 将 S.6.4.1.4 的残留物，用 2 ml 正己烷溶解，将此己烷溶液加入柱的顶部。再用足够量正己烷（3～4 ml）冲洗烧瓶，将样品定量转移到硅胶柱表面。

S.6.4.2.4 用 90 ml 正己烷冲洗硅胶柱，用旋蒸仪（35℃水浴）浓缩流出液至约 1 ml，然后将浓缩液加入氧化铝柱顶部（S.6.4.2.2）。用 2 ml 正己烷冲洗旋蒸仪两次，洗液也加入氧化铝柱顶部。

S.6.4.2.5 将 20 ml 正己烷加入氧化铝柱，然后使正己烷流出，直至液面刚好低于硫酸钠顶部。不要弃去流出的正己烷，用另一烧瓶收集贮存待后面使用。如果回收率不理想，可以用其来检测标记分析物的流失位置。

S.6.4.2.6 在氧化铝柱中加入 15 ml 含 60%二氯甲烷的正己烷溶液（体积分数），用 15 ml 锥形浓缩管收集流出液。通入仔细调节的氮气流，浓缩 60%二氯甲烷的正己烷溶液至 2 ml。

S.6.4.3 碳柱纯化：

S.6.4.3.1 制备 AX-21/Celite 545®柱：彻底混合 5.4 g 活性炭 AX-21 和 62.0 g Celite 545®，制备 8%（质量分数）混合物。130℃活化该混合物 6 h，并贮存在保干器中。

S.6.4.3.2 一次性血清学用的 10 ml 吸液管，切割两端制成 10 cm（4in）的柱，然后在火上把管的两头烧圆滑，必要时还扩成喇叭口。在一端塞入玻璃棉滤团后填充进足够的 Celite 545®形成 1 cm 堵头，加入 1 g AX-21/Celite 545®混合物，顶端再加 Celite 545®（足够形成 1 cm 堵头），用另一玻璃棉将填充物盖上。

注：每批新的 AX-21/Celite 545®必须进行如下检测：在 950 μl 正己烷中加入 50 μl 连续标准液，使之经过碳柱纯化操作，浓缩到 50 μl 进行分析。若任何分析物的回收率小于 80%，弃去这批 AX-21/Celite 545®。

S.6.4.3.3 依次用 5 ml 甲苯、2 ml 75∶20∶5（体积分数）二氯甲烷/甲醇/甲苯，1 ml 1∶1（体积分数）环己烷/二氯甲烷和 5 ml 正己烷冲洗 AX-21/Celite 545®柱。弃去洗液。当柱还被正己烷浸润时，在柱顶加入样品浓缩液（S.6.4.2.6）。用 1 ml 正己烷冲洗样品浓缩管（盛放样品浓缩液）两次，洗液也加入柱顶。

S.6.4.3.4 依次用正己烷冲洗两次，2 ml 环己烷/二氯甲烷（50∶50，体积分数）和 2 ml 二氯甲烷/甲醇/甲苯（75∶20∶5，体积分数）各一次。洗液混合，该混合液可以用来检测柱效。

S.6.4.3.5 将柱倒置，用 20 ml 甲苯冲洗 PCDD/PCDF 组分。确保流出液中没有碳粒，若有，则用玻璃纤维滤纸（0.45 μm）过滤，并用 2 ml 甲苯冲洗滤纸。将洗液加入流出液中。

S.6.4.3.6 用旋蒸仪在 50℃水浴中将甲苯溶液浓缩至约 1 ml，小心转移浓缩液到 1 ml 小瓶中。然后在升温（50℃）的沙浴中通入氮气流，使体积减至约 100 μl。用 300 μl 1%甲苯的二氯甲烷溶液冲洗旋蒸烧瓶 3 次，洗液并入浓缩液。在土壤、沉积物、水、纸浆样品中加入 10 μl 壬烷回收标准液，或在淤泥、釜脚和浮尘样品中加入 50 μl 该标准液。室温暗处存放样品。

S.6.5 色谱/质谱条件和数据采集参数

S.6.5.1 气相色谱：

柱涂料：DB-5；

涂膜厚：0.25 μm；

柱尺寸：60 m×0.32 mm；

进样口温度：270℃；

不分流阀时间：45 s；

接口温度：随最终温度而定；

程序升温：200℃，保持 2 min，5℃/min；到 220℃，保持 16 min，5℃/min；到 235℃，保持 7 min，5℃/min；到 230℃，保持 5 min。

S.6.5.2 质谱：

S.6.5.2.1 质谱必须使用选择离子监测（SIM）模式，循环时间为 1 s 或更短（S.6.5.3.1）。至少对于 5 个 SIMMRM 时间序列中每一种应监测的离子必须进行监测。除最后一个 MRM 时间序列（OCDD/OCDF）外，所有 MRM 时间序列都包含 10 种离子。对于本身含有较高浓度 HxCDDs 和 HpCDDs 的样品，即使在高分辨质谱条件下，也要选择 M 和 M+2 作为 13C-HxCDF 和 13C-HpCDF 分子离子，而不是 M+2 和 M+4（保持连续性），是为了消除这两个离子通道中的干扰。对于标准液和样品提取液，保持一致的离子设定是非常重要的。锁定质量由操作实验室自行选择。

S.6.5.2.2 建议质谱的调谐条件选择离子组而定。使用调谐液，在 *m/z* 为 304.982 4 或其他任何靠近 *m/z* 303.901 6（源于 TCDF）的参考信号，调整仪器到最低要求的分辨率 10 000（10%谷底）。通过峰匹配条件和上述的 PFK 参照峰，确定 *m/z* 380.976 0（PFK）的精确质量在 5×10^{-6} 的要求值内。

注：选择高、低质量离子时，必须保证它们在 5 个质量检测器中的任何一个内有最大的电压跳跃。

S.6.5.3 数据采集：

S.6.5.3.1 数据采集的总时间必须小于 1 s。总时间包括所有弛豫时间和电压重设时间之和。

S.6.5.3.2 采集所有 5 种 MRM 时间序列监测的全部离子的 SIM 数据。

S.6.6 校准

S.6.6.1 初始校准：

初始校准分析样品中 PCDDs 和 PCDFs 之前，和任何常规校准方法（S.6.6.3）不能达到 S.6.6.2 所列标准时所需的校准方法。

S.6.6.2 良好校准的标准：

17 种未标记的标准物平均响应因子［*RFn* 和 *RFm*］的相对标准差百分数必须不超过±20%，对于 9 种标记的参照化合物必须不超过±30%。每个 SICP（包括加标化合物）中 GC 信号的信噪比必须大于 10。

S.6.6.3 常规校准（连续校准检测）：

常规校准必须在成功的质量分辨和 GC 分辨验收后，在 12 h 期间开始时进行。在 12 h 末尾交替时也需要作常规校准。

S.6.6.4 合格常规校准的标准：

在下一步操作前，下面的标准必须满足。

S.6.6.4.1 在常规校准中得到的 *RFs* 值［未标记标准物的 *RFn* 值］必须在初始校准测得的平均值的±20%范围内。

S.6.6.4.2 在常规校准中得到的 *RFs* 值［标记标准物的 *RFm* 值］必须在初始校准测得的平均值的±30%范围内。

S.6.6.4.3 离子强度比必须在允许的控制限内。

S.6.7 分析

S.6.7.1 取出贮存的样品或空白提取液（S.6.4.3.6），通入干燥纯净的氮气，使提取物体积减小至 10～50 μl。

注意：最终体积为 20 μl 或更多的溶液用来测试。最终 10 μl 的体积很难操作，并且从 10 μl 中取出 2 μl 进样，几乎没有剩余样品用来确认和重复进样。

S.6.7.2 向 GC 中进样 2 μl 提取液，在对性能鉴定溶液能得到满意结果的条件下进行操作（S.6.5.1 和 S.6.5.2）。

S.6.7.3 鉴定标准

一个气相色谱峰被鉴定为一种 PCDD 或 PCDF，必须符合下列全部标准：

S.6.7.3.1 保留时间

S.6.7.3.1.1 对于 2,3,7,8-取代的组分，若样品提取液（代表总共含有 10 种共存物包括 OCDD；其中含有一个同位素标记的内标物或回收率标准物，样品组分的保留时间（RRT，在最大峰高处）必须在同位素标记标准物的−1～+3 s 内。

S.6.7.3.1.2 对于样品提取液中不含其同位素取代的内标物的 2,3,7,8-取代的化合物，保留时间必须落入常规校准测定的相对保留时间的 0.005 个保留时间单位内。鉴定 OCDF 是基于其相对于 13C12-OCDD 在每日常规校准结果中的保留时间。

S.6.7.3.1.3 对于非 2,3,7,8-取代的化合物（4～8，共 119 个组分），其保留时间必须在柱性能溶液检测中建立的该种系列化合物的保留时间窗内。

S.6.7.3.1.4 用于定量的两种离子的离子流响应（例如，对于 TCDDs：*m/z* 319.896 5 和 321.893 6）必须同时（±2 s）达到最大值。

S.6.7.3.1.5 标记标准物的两种离子的离子流响应必须同时（±2 s）达到最大值。

S.6.7.3.2 信噪比

对于确定一个 PCDD/PCDF 化合物或者一组共流出异构体的存在，所有的离子流强度必须≥2.5 倍噪声。

S.6.7.3.3　多氯代二苯醚干扰

除上述标准外，只有当在相应的多氯代二苯醚（PCDPE）通道没有检测到具有相同保留时间（±2 s）且 S/N＞2.5 的峰，才能鉴定一个 GC 峰为 PCDF。

S.7　结果计算

用下列公式计算 PCDD 或化合物质量分数：

$$W_x = \frac{A_x \cdot M_{\text{is}}}{A_{\text{is}} \cdot W \cdot \overline{RF_n}}$$

式中：W_x——用 pg/g 表示的为标记的 PCDD/PCDF 组分的质量分数（或一组属于同类化合物的共流出异构体）；

A_x——未标记的 PCDDs/PCDFs 的定量离子的积分离子强度总和；

A_{is}——内标物的定量离子（表 S.2）的积分离子强度总和；

M_{is}——样品提取前加入内标物的质量，pg；

W——以 g 为单位的样品质量（固体或有机液体），或以 ml 为单位的水样体积；

$\overline{RF_n}$——计算得到的分析物平均相对响应因子（其中 $n = 1 \sim 17$）。

表 S.2　HRGC/HRMS 分析 PCDDs/PCDFs 的监测离子

MRM 时间序列	准确质量 [a]	离子 ID	元素组成	分析物
1	303.901 6	M	$C_{12}H_4{}^{25}Cl_4O$	TCDF
	305.898 7	M+2	$C^{12}H^4Cl_3{}^{37}ClO$	TCDF
	315.941 9	M	$^{13}C_{12}H_4Cl_4O$	TCDF（S）
	317.938 9	M+2	$^{13}C_{12}H_4{}^{35}Cl_3{}^{37}ClO$	TCDF（S）
	319.896 5	M	$C_{12}H_4{}^{35}Cl_4O_2$	TCDD
	321.893 6	M+2	$C_{12}H_4{}^{35}Cl_3{}^{37}ClO_2$	TCDD
	331.936 8	M	$^{13}C_{12}H_4{}^{35}Cl_4O_2$	TCDD（S）
	333.933 8	M+2	$^{13}C_{12}H_4{}^{35}Cl_3{}^{37}ClO_2$	TCDD（S）
	375.836 4	M+2	$C_{12}H_4{}^{35}Cl_3{}^{37}ClO_2$	HxCDPE
	[354.979 2]	LOCK	C_9F_{13}	PFK
2	339.859 7	M+2	$C_{12}H_3{}^{35}Cl_4{}^{37}ClO$	PeCDF
	341.856 7	M+4	$C_{12}H_3{}^{35}Cl_4{}^{37}Cl_2O$	PeCDF
	351.900 0	M+2	$^{13}C_{12}H_3{}^{35}Cl_4{}^{37}ClO$	PeCDF（S）
	353.897 0	M+4	$^{13}C_{12}H_3{}^{35}Cl_3{}^{37}Cl_2O$	PeCDF（S）
	355.854 6	M+2	$C_{12}H_3{}^{35}Cl_4{}^{37}ClO_2$	PeCDD
	357.851 6	M+4	$C_{12}H_3{}^{35}Cl_3{}^{37}Cl_2O_2$	PeCDD
	367.894 9	M+2	$^{13}C_{12}H_3{}^{35}Cl_4{}^{37}ClO_2$	PeCDD（S）
	369.891 9	M+4	$^{13}C_{12}H_3{}^{35}Cl_3{}^{37}Cl_2O_2$	PeCDD（S）
	409.797 4	M+2	$C_{12}H_3{}^{35}Cl_6{}^{37}ClO$	HpCDPE

MRM 时间序列	准确质量[a]	离子 ID	元素组成	分析物
	[354.979 2]	LOCK	C_9F_{13}	PFK
3	373.820 8	M+2	$C_{12}H_2{}^{35}Cl_5{}^{37}ClO$	HxCDF
	375.817 8	M+4	$C_{12}H_2{}^{35}Cl_4{}^{37}Cl_2O$	HxCDF
	383.863 9	M	$^{13}C_{12}H_2{}^{35}Cl_6O$	HxCDF（S）
	385.861 0	M+2	$^{13}C_{12}H_2{}^{35}Cl_5{}^{37}ClO$	HxCDF（S）
3	389.815 6	M+2	$C_{12}H_2{}^{35}Cl_5{}^{37}ClO_2$	HxCDD
	391.812 7	M+4	$C_{12}H_2{}^{35}Cl_5{}^{37}Cl_2O_2$	HxCDD
	401.855 9	M+2	$^{13}C_{12}H_2{}^{35}Cl_5{}^{37}ClO_2$	HxCDD（S）
	403.852 9	M+4	$^{13}C_{12}H_2{}^{35}Cl_5{}^{37}Cl_2O_2$	HxCDD（S）
	445.755 5	M+4	$C_{12}H_2{}^{35}Cl_6{}^{37}Cl_2O$	OCDPE
	[430.972 8]	LOCK	C_9F_{17}	PFK
4	407.781 8	M+2	$C_{12}H^{35}Cl_6{}^{37}ClO$	HpCDF
	409.778 8	M+4	$C_{12}H^{35}Cl_5{}^{37}Cl_2O$	HpCDF
	417.825 0	M	$C_{12}H^{35}Cl_7O$	HpCDF（S）
	419.822 0	M+2	$^{13}C_{12}H^{35}Cl_6{}^{37}ClO$	HpCDF
	423.776 7	M+2	$C_{12}H^{35}Cl_6{}^{37}ClO_2$	HpCDD
	425.773 7	M+4	$C_{12}H^{35}Cl_5{}^{37}Cl_2O_2$	HpCDD
	435.816 9	M+2	$^{13}C_{12}H^{35}Cl_6{}^{37}ClO_2$	HpCDD（S）
	437.814 0	M+4	$^{13}C_{12}H^{35}Cl_5{}^{37}Cl_2O_2$	HpCDD（S）
	479.716 5	M+4	$C_{12}H^{35}Cl_7{}^{37}Cl_2O$	NCDPE
	[430.972 8]	LOCK	C_9F_{17}	PFK
5	441.742 8	M+2	$C_{12}{}^{35}Cl_7{}^{37}ClO$	OCDF
	443.739 9	M+4	$C_{12}{}^{35}Cl_6{}^{37}Cl_2O$	OCDF
	457.737 7	M+2	$C_{12}{}^{35}Cl_7{}^{37}ClO_2$	OCDD
	459.734 8	M+4	$C_{12}{}^{35}Cl_6{}^{37}Cl_2O_2$	OCDD
	469.778 0	M+2	$^{13}C_{12}{}^{35}Cl_7{}^{37}ClO_2$	OCDD（S）
	471.775 0	M+4	$^{13}C_{12}{}^{35}Cl_6{}^{37}Cl_2O_2$	OCDD（S）
	513.677 5	M+4	$C_{12}{}^{35}Cl_8{}^{37}Cl_2O$	DCDPE
	[442.972 8]	LOCK	$C_{10}F_{17}$	PFK

注：（a）采用下列元素质量：

H = 1.007 825　　O = 15.994 915

C = 12.000 000　　^{35}Cl = 34.968 853

^{13}C = 13.003 355　　^{37}Cl = 36.965 903

F = 18.998 4　　S = 内标/回收率标准物

中华人民共和国国家标准

危险废物鉴别标准　通则

Identification standards for hazardous wastes
General specifications

GB 5085.7—2007

前　言

为贯彻《中华人民共和国环境保护法》和《中华人民共和国固体废物污染环境防治法》，防治危险废物造成的环境污染，加强对危险废物的管理，保护环境，保障人体健康，制定本标准。

本标准是国家危险废物鉴别标准的组成部分。国家危险废物鉴别标准规定了固体废物危险特性技术指标，危险特性符合标准规定的技术指标的固体废物属于危险废物，须依法按危险废物进行管理。国家危险废物鉴别标准由以下 7 个标准组成：

1．危险废物鉴别标准　通则
2．危险废物鉴别标准　腐蚀性鉴别
3．危险废物鉴别标准　急性毒性初筛
4．危险废物鉴别标准　浸出毒性鉴别
5．危险废物鉴别标准　易燃性鉴别
6．危险废物鉴别标准　反应性鉴别
7．危险废物鉴别标准　毒性物质含量鉴别

本标准为新增部分。

按照有关法律规定，本标准具有强制执行的效力。

本标准由国家环境保护总局科技标准司提出。

本标准起草单位：中国环境科学研究院环境标准研究所、固体废物污染控制技术研究所。

本标准国家环境保护总局 2007 年 3 月 27 日批准。

本标准自 2007 年 10 月 1 日起实施。

本标准由国家环境保护总局解释。

1　范围

本标准规定了危险废物的鉴别程序和鉴别规则。

本标准适用于任何生产、生活和其他活动中产生的固体废物的危险特性鉴别。

本标准适用于液态废物的鉴别，但不适用于排入水体的废水的鉴别。

本标准不适用于放射性废物。

2 规范性引用文件

下列文件中的条款通过 GB 5085 的本部分的引用而成为本标准的条款。凡是不注日期的引用文件，其最新版本适用于本标准。

GB 5085.1 危险废物鉴别标准 腐蚀性鉴别

GB 5085.2 危险废物鉴别标准 急性毒性初筛

GB 5085.3 危险废物鉴别标准 浸出毒性鉴别

GB 5085.4 危险废物鉴别标准 易燃性鉴别

GB 5085.5 危险废物鉴别标准 反应性鉴别

GB 5085.6 危险废物鉴别标准 毒性物质含量鉴别

《固体废物鉴别导则（试行）》（国家环境保护总局、国家发展和改革委员会、商务部、海关总署、国家质量监督检验检疫总局公告，2006 年第 11 号）

《国家危险废物名录》

3 术语和定义

下列术语和定义适用于本标准。

3.1 固体废物 solid waste

是指在生产、生活和其他活动中产生的丧失原有利用价值或者虽未丧失利用价值但被抛弃或者放弃的固态、半固态和置于容器中的气态的物品、物质以及法律、行政法规规定纳入固体废物管理的物品、物质。

3.2 危险废物 hazardous waste

是指列入国家危险废物名录或者根据国家规定的危险废物鉴别标准和鉴别方法认定的具有腐蚀性、毒性、易燃性、反应性和感染性等一种或一种以上危险特性，以及不排除具有以上危险特性的固体废物。

4 鉴别程序

危险废物的鉴别应按照以下程序进行：

4.1 依据《中华人民共和国固体废物污染环境防治法》《固体废物鉴别导则》判断待鉴别的物品、物质是否属于固体废物，不属于固体废物的，则不属于危险废物。

4.2 经判断属于固体废物的，则依据《国家危险废物名录》判断。凡列入《国家危险废物名录》的，属于危险废物，不需要进行危险特性鉴别（感染性废物根据《国家危险废物名录》鉴别）；未列入《国家危险废物名录》的，应按照第 4.3 条的规定进行危险特性鉴别。

4.3 依据 GB 5085.1～GB 5085.6 鉴别标准进行鉴别，凡具有腐蚀性、毒性、易燃性、反应性等一种或一种以上危险特性的，属于危险废物。

4.4 对未列入《国家危险废物名录》或根据危险废物鉴别标准无法鉴别，但可能对人体健康或生态环境造成有害影响的固体废物，由国务院环境保护行政主管部门组织专家认定。

5 危险废物混合后判定规则

5.1 具有毒性（包括浸出毒性、急性毒性及其他毒性）和感染性等一种或一种以上危险特性的危险废物与其他固体废物混合，混合后的废物属于危险废物。

5.2 仅具有腐蚀性、易燃性或反应性的危险废物与其他固体废物混合，混合后的废物经 GB 5085.1、GB 5085.4 和 GB 5085.5 鉴别不再具有危险特性的，不属于危险废物。

5.3 危险废物与放射性废物混合，混合后的废物应按照放射性废物管理。

6 危险废物处理后判定规则

6.1 具有毒性（包括浸出毒性、急性毒性及其他毒性）和感染性等一种或一种以上危险特性的危险废物处理后的废物仍属于危险废物，国家有关法规、标准另有规定的除外。

6.2 仅具有腐蚀性、易燃性或反应性的危险废物处理后，经 GB 5085.1、GB 5085.4 和 GB 5085.5 鉴别不再具有危险特性的，不属于危险废物。

7 标准实施

本标准由县级以上人民政府环境保护行政主管部门负责监督实施。

中华人民共和国国家标准

生活垃圾填埋场污染控制标准

Standard for pollution control on the landfill site of municipal solid waste

GB 16889—2008

代替 GB 16889—1997

前　言

为贯彻《中华人民共和国环境保护法》《中华人民共和国固体废物污染环境防治法》《中华人民共和国水污染防治法》《国务院关于落实科学发展观　加强环境保护的决定》等法律、法规和《国务院关于编制全国主体功能区规划的意见》，保护环境，防治生活垃圾填埋处置造成的污染，制定本标准。

本标准规定了生活垃圾填埋场选址要求，工程设计与施工要求，填埋废物的入场条件，填埋作业要求，封场及后期维护与管理要求，污染物排放限值及环境监测等要求。生活垃圾填埋场排放大气污染物（含恶臭污染物）、环境噪声适用相应的国家污染物排放标准。

为促进地区经济与环境协调发展，推动经济结构的调整和经济增长方式的转变，引导工业生产工艺和污染治理技术的发展方向，本标准规定了水污染物特别排放限值。

本标准首次发布于 1997 年。

此次修订的主要内容：

1．修改了标准的名称；

2．补充了生活垃圾填埋场选址要求；

3．细化了生活垃圾填埋场基本设施的设计与施工要求；

4．增加了可以进入生活垃圾填埋场共处置的生活垃圾焚烧飞灰、医疗废物、一般工业固体废物、厌氧产沼等生物处理后的固态残余物、粪便经处理后的固态残余物和生活污水处理污泥的入场要求；

5．增加了生活垃圾填埋场运行、封场及后期维护与管理期间的污染控制要求；

6．增加了生活垃圾填埋场污染物控制项目数量。

自本标准实施之日起，《生活垃圾填埋污染控制标准》（GB 16889—1997）废止。

按照有关法律规定，本标准具有强制执行的效力。

本标准由环境保护部科技标准司组织制定。

本标准主要起草单位：中国环境科学研究院、同济大学、清华大学、城市建设研究院。

本标准环境保护部 2008 年 4 月 2 日批准。

本标准自 2008 年 7 月 1 日起实施。

本标准由环境保护部解释。

1 适用范围

本标准规定了生活垃圾填埋场选址、设计与施工、填埋废物的入场条件、运行、封场、后期维护与管理的污染控制和监测等方面的要求。

本标准适用于生活垃圾填埋场建设、运行和封场后的维护与管理过程中的污染控制和监督管理。本标准的部分规定也适用于与生活垃圾填埋场配套建设的生活垃圾转运站的建设、运行。

本标准只适用于法律允许的污染物排放行为；新设立污染源的选址和特殊保护区域内现有污染源的管理，按照《中华人民共和国大气污染防治法》《中华人民共和国水污染防治法》《中华人民共和国海洋环境保护法》《中华人民共和国固体废物污染环境防治法》《中华人民共和国放射性污染防治法》《中华人民共和国环境影响评价法》等法律、法规、规章的相关规定执行。

2 规范性引用文件

本标准内容引用了下列文件中的条款。凡是不注日期的引用文件，其有效版本适用于本标准。

GB 5750—1985　生活饮用水标准检验法

GB 7466—1987　水质　总铬的测定

GB 7467—1987　水质　六价铬的测定　二苯碳酰二肼分光光度法

GB 7468—1987　水质　总汞的测定　冷原子吸收分光光度法

GB 7469—1987　水质　总汞的测定　高锰酸钾-过硫酸钾消解法双硫腙分光光度法

GB 7470—1987　水质　铅的测定　双硫腙分光光度法

GB 7471—1987　水质　镉的测定　双硫腙分光光度法

GB 7485—1987　水质　总砷的测定　二乙基二硫代氨基甲酸银分光光度法

GB 7488—1987　水质　五日生化需氧量（BOD_5）的测定　稀释与接种法

GB 11893—1989　水质　总磷的测定　钼酸铵分光光度法

GB 11901—1989　水质　悬浮物的测定　重量法

GB 11903—1989　水质　色度的测定

GB 11914—1989　水质　化学需氧量的测定　重铬酸盐法

GB 13486　便携式热催化甲烷检测报警仪

GB 14554　恶臭污染物排放标准

GB/T 14675　空气质量　恶臭的测定　三点式比较臭袋法

GB/T 14678　空气质量　硫化氢、甲硫醇、甲硫醚和二甲二硫的测定气相色谱法

GB/T 14848　地下水质量标准

GB/T 15562.1　环境保护图形标志——排放口（源）

GB/T 50123　土工试验方法标准

HJ/T 38—1999　固定污染源排气中非甲烷总烃的测定气相色谱法

HJ/T 195—2005　水质　氨氮的测定　气相分子吸收光谱法

HJ/T 199—2005　水质　总氮的测定　气相分子吸收光谱法

HJ/T 228　医疗废物化学消毒集中处理工程技术规范（试行）

HJ/T 229　医疗废物微波消毒集中处理工程技术规范（试行）

HJ/T 276　医疗废物高温蒸汽集中处理工程技术规范（试行）

HJ/T 300　固体废物浸出毒性浸出方法醋酸缓冲溶液法

HJ/T 341—2007　水质　汞的测定冷原子荧光法（试行）

HJ/T 347—2007　水质　粪大肠菌群的测定多管发酵法和滤膜法（试行）

CJ/T 234　垃圾填埋场用高密度聚乙烯土工膜

《医疗废物分类目录》（卫医发[2003]287 号）

《排污口规范化整治技术要求》（环监字[1996]470 号）

《污染源自动监控管理办法》（国家环境保护总局令　第 28 号）

《环境监测管理办法》（国家环境保护总局令　第 39 号）

3 术语和定义

下列术语和定义适用于本标准。

3.1　运行期生活垃圾填埋场进行填埋作业的时期。

3.2　后期维护与管理期

生活垃圾填埋场终止填埋作业后，进行后续维护、污染控制和环境保护管理直至填埋场达到稳定化的时期。

3.3　防渗衬层

设置于生活垃圾填埋场底部及四周边坡的由天然材料和（或）人工合成材料组成的防止渗漏的垫层。

3.4　天然基础层位于防渗衬层下部，由未经扰动的土壤等构成的基础层。

3.5　天然黏土防渗衬层由经过处理的天然黏土机械压实形成的防渗衬层。

3.6　单层人工合成材料防渗衬层

由一层人工合成材料衬层与黏土（或具有同等以上隔水效力的其他材料）衬层组成的防渗衬层。

3.7　双层人工合成材料防渗衬层

由两层人工合成材料衬层与黏土（或具有同等以上隔水效力的其他材料）衬层组成的防渗衬层。

3.8　环境敏感点

指生活垃圾填埋场周围可能受污染物影响的住宅、学校、医院、行政办公区、商业区以及公共场所等地点。

3.9　场界

指法律文书（如土地使用证、房产证、租赁合同等）中确定的业主所拥有使用权（或所有权）的场地或建筑物边界。

3.10　现有生活垃圾填埋场指本标准实施之日前，已建成投产或环境影响评价文件已通过审批的生活垃圾填埋场。

3.11　新建生活垃圾填埋场指本标准实施之日起环境影响文件通过审批的新建、改建和扩建的生活垃圾填埋场。

4 选址要求

4.1 生活垃圾填埋场的选址应符合区域性环境规划、环境卫生设施建设规划和当地的城市规划。

4.2 生活垃圾填埋场场址不应选在城市工农业发展规划区、农业保护区、自然保护区、风景名胜区、文物（考古）保护区、生活饮用水水源保护区、供水远景规划区、矿产资源储备区、军事要地、国家保密地区和其他需要特别保护的区域内。

4.3 生活垃圾填埋场选址的标高应位于重现期不小于 50 年一遇的洪水位之上，并建设在长远规划中的水库等人工蓄水设施的淹没区和保护区之外。

拟建有可靠防洪设施的山谷型填埋场，并经过环境影响评价证明洪水对生活垃圾填埋场的环境风险在可接受范围内，前款规定的选址标准可以适当降低。

4.4 生活垃圾填埋场场址的选择应避开下列区域：破坏性地震及活动构造区；活动中的坍塌、滑坡和隆起地带；活动中的断裂带；石灰岩熔洞发育带；废弃矿区的活动塌陷区；活动沙丘区；海啸及涌浪影响区；湿地；尚未稳定的冲积扇及冲沟地区；泥炭以及其他可能危及填埋场安全的区域。

4.5 生活垃圾填埋场场址的位置及与周围人群的距离应依据环境影响评价结论确定，并经地方环境保护行政主管部门批准。

在对生活垃圾填埋场场址进行环境影响评价时，应考虑生活垃圾填埋场产生的渗滤液、大气污染物（含恶臭物质）、滋养动物（蚊、蝇、鸟类等）等因素，根据其所在地区的环境功能区类别，综合评价其对周围环境、居住人群的身体健康、日常生活和生产活动的影响，确定生活垃圾填埋场与常住居民居住场所、地表水域、高速公路、交通主干道（国道或省道）、铁路、飞机场、军事基地等敏感对象之间合理的位置关系以及合理的防护距离。环境影响评价的结论可作为规划控制的依据。

5 设计、施工与验收要求

5.1 生活垃圾填埋场应包括下列主要设施：防渗衬层系统、渗滤液导排系统、渗滤液处理设施、雨污分流系统、地下水导排系统、地下水监测设施、填埋气体导排系统、覆盖和封场系统。

5.2 生活垃圾填埋场应建设围墙或栅栏等隔离设施，并在填埋区边界周围设置防飞扬设施、安全防护设施及防火隔离带。

5.3 生活垃圾填埋场应根据填埋区天然基础层的地质情况以及环境影响评价的结论，并经当地地方环境保护行政主管部门批准，选择天然黏土防渗衬层、单层人工合成材料防渗衬层或双层人工合成材料防渗衬层作为生活垃圾填埋场填埋区和其他渗滤液流经或储留设施的防渗衬层。填埋场黏土防渗衬层饱和渗透系数按照 GB/T 50123 中 13.3 节“变水头渗透试验”的规定进行测定。

5.4 如果天然基础层饱和渗透系数小于 1.0×10^{-7} cm/s，且厚度不小于 2 m，可采用天然黏土防渗衬层。采用天然黏土防渗衬层应满足以下基本条件：

（1）压实后的黏土防渗衬层饱和渗透系数应小于 1.0×10^{-7} cm/s；

（2）黏土防渗衬层的厚度应不小于 2 m。

5.5　如果天然基础层饱和渗透系数小于 1.0×10^{-5} cm/s，且厚度不小于 2 m，可采用单层人工合成材料防渗衬层。人工合成材料衬层下应具有厚度不小于 0.75 m，且其被压实后的饱和渗透系数小于 1.0×10^{-7} cm/s 的天然黏土防渗衬层，或具有同等以上隔水效力的其他材料防渗衬层。

人工合成材料防渗衬层应采用满足 CJ/T 234 中规定技术要求的高密度聚乙烯或者其他具有同等效力的人工合成材料。

5.6　如果天然基础层饱和渗透系数不小于 1.0×10^{-5} cm/s，或者天然基础层厚度小于 2 m，应采用双层人工合成材料防渗衬层。下层人工合成材料防衬层下应具有厚度不小于 0.75 m，且其被压实后的饱和渗透系数小于 1.0×10^{-7} cm/s 的天然黏土衬层，或具有同等以上隔水效力的其他材料衬层；两层人工合成材料衬层之间应布设导水层及渗漏检测层。

人工合成材料的性能要求同第 5.5 条。

5.7　生活垃圾填埋场应设置防渗衬层渗漏检测系统，以保证在防渗衬层发生渗滤液渗漏时能及时发现并采取必要的污染控制措施。

5.8　生活垃圾填埋场应建设渗滤液导排系统，该导排系统应确保在填埋场的运行期内防渗衬层上的渗滤液深度不大于 30 cm。为检测渗滤液深度，生活垃圾填埋场内应设置渗滤液监测井。

5.9　生活垃圾填埋场应建设渗滤液处理设施，以在填埋场的运行期和后期维护与管理期内对渗滤液进行处理达标后排放。

5.10　生活垃圾填埋场渗滤液处理设施应设渗滤液调节池，并采取封闭等措施防止恶臭物质的排放。

5.11　生活垃圾填埋场应实行雨污分流并设置雨水集排水系统，以收集、排出汇水区内可能流向填埋区的雨水、上游雨水以及未填埋区域内未与生活垃圾接触的雨水。雨水集排水系统收集的雨水不得与渗滤液混排。

5.12　生活垃圾填埋场各个系统在设计时应保证能及时、有效地导排雨、污水。

5.13　生活垃圾填埋场填埋区基础层底部应与地下水年最高水位保持 1 m 以上的距离。当生活垃圾填埋场填埋区基础层底部与地下水年最高水位距离不足 1 m 时，应建设地下水导排系统。地下水导排系统应确保填埋场的运行期和后期维护与管理期内地下水水位维持在距离填埋场填埋区基础层底部 1 m 以下。

5.14　生活垃圾填埋场应建设填埋气体导排系统，在填埋场的运行期和后期维护与管理期内将填埋层内的气体导出后利用、焚烧或达到 9.2.2 的要求后直接排放。

5.15　设计填埋量大于 250 万 t 且垃圾填埋厚度超过 20 m 生活垃圾填埋场，应建设甲烷利用设施或火炬燃烧设施处理含甲烷填埋气体。小于上述规模的生活垃圾填埋场，应采用能够有效减少甲烷产生和排放的填埋工艺或采用火炬燃烧设施处理含甲烷填埋气体。

5.16　生活垃圾填埋场周围应设置绿化隔离带，其宽度不小于 10 m。

5.17　在生活垃圾填埋场施工前应编制施工质量保证书并作为环境监理和环境保护竣工验收的依据。施工过程中应严格按照施工质量保证书中的质量保证程序进行。

5.18　在进行天然黏土防渗衬层施工之前，应通过现场施工实验确定压实方法、压实设备、压实次数等因素，以确保可以达到设计要求。同时在施工过程中应进行现场施工检验，检验内容与频率应包括在施工设计书中。

5.19　在进行人工合成材料防渗衬层施工前，应对人工合成材料的各项性能指标进行质量测试；在需要进行焊接之前，应进行试验焊接。

5.20　在人工合成材料防渗衬层和渗滤液导排系统的铺设过程中与完成之后，应通过连续性和完整性检测检验施工效果，以确定人工合成材料防渗衬层没有破损、漏洞等。

5.21　填埋场人工合成材料防渗衬层铺设完成后，未填埋的部分应采取有效的工程措施防止人工合成材料防渗衬层在日光下直接暴露。

5.22　在生活垃圾填埋场的环境保护竣工验收中，应对已建成的防渗衬层系统的完整性、渗滤液导排系统、填埋气体导排系统和地下水导排系统等的有效性进行质量验收，同时验收场址选择、勘察、征地、设计、施工、运行管理制度、监测计划等全过程的技术和管理文件资料。

5.23　生活垃圾转运站应采取必要的封闭和负压措施防止恶臭污染的扩散。

5.24　生活垃圾转运站应设置具有恶臭污染控制功能及渗滤液收集、贮存设施。

6 填埋废物的入场要求

6.1　下列废物可以直接进入生活垃圾填埋场填埋处置：

（1）由环境卫生机构收集或者自行收集的混合生活垃圾，以及企事业单位产生的办公废物；

（2）生活垃圾焚烧炉渣（不包括焚烧飞灰）；

（3）生活垃圾堆肥处理产生的固态残余物；

（4）服装加工、食品加工以及其他城市生活服务行业产生的性质与生活垃圾相近的一般工业固体废物。

6.2　《医疗废物分类目录》中的感染性废物经过下列方式处理后，可以进入生活垃圾填埋场填埋处置。

（1）按照 HJ/T 228 要求进行破碎毁形和化学消毒处理，并满足消毒效果检验指标；

（2）按照 HJ/T 229 要求进行破碎毁形和微波消毒处理，并满足消毒效果检验指标；

（3）按照 HJ/T 276 要求进行破碎毁形和高温蒸汽处理，并满足处理效果检验指标；

（4）医疗废物焚烧处置后的残渣的入场标准按照第 6.3 条执行。

6.3　生活垃圾焚烧飞灰和医疗废物焚烧残渣（包括飞灰、底渣）经处理后满足下列条件，可以进入生活垃圾填埋场填埋处置。

（1）含水率小于 30%；

（2）二噁英含量低于 3 μg TEQ/kg；

（3）按照 HJ/T 300 制备的浸出液中危害成分浓度低于表 1 规定的限值。

6.4　一般工业固体废物经处理后，按照 HJ/T 300 制备的浸出液中危害成分浓度低于表 1 规定的限值，可以进入生活垃圾填埋场填埋处置。

表 1　浸出液污染物浓度限值

序号	污染物项目	浓度限值/（mg/L）
1	汞	0.05
2	铜	40
3	锌	100
4	铅	0.25
5	镉	0.15

序号	污染物项目	浓度限值/（mg/L）
6	铍	0.02
7	钡	25
8	镍	0.5
9	砷	0.3
10	总铬	4.5
11	六价铬	1.5
12	硒	0.1

6.5 经处理后满足第 6.3 条要求的生活垃圾焚烧飞灰和医疗废物焚烧残渣（包括飞灰、底渣）和满足第 6.4 条要求的一般工业固体废物在生活垃圾填埋场中应单独分区填埋。

6.6 厌氧产沼等生物处理后的固态残余物、粪便经处理后的固态残余物和生活污水处理厂污泥经处理后含水率小于 60%，可以进入生活垃圾填埋场填埋处置。

6.7 处理后分别满足第 6.2、6.3、6.4 和 6.6 条要求的废物应由地方环境保护行政主管部门认可的监测部门检测、经地方环境保护行政主管部门批准后，方可进入生活垃圾填埋场。

6.8 下列废物不得在生活垃圾填埋场中填埋处置。

（1）除符合第 6.3 条规定的生活垃圾焚烧飞灰以外的危险废物；

（2）未经处理的餐饮废物；

（3）未经处理的粪便；

（4）禽畜养殖废物；

（5）电子废物及其处理处置残余物；

（6）除本填埋场产生的渗滤液之外的任何液态废物和废水。国家环境保护标准另有规定的除外。

7 运行要求

7.1 填埋作业应分区、分单元进行，不运行作业面应及时覆盖。不得同时进行多作业面填埋作业或者不分区全场敞开式作业。中间覆盖应形成一定的坡度。每天填埋作业结束后，应对作业面进行覆盖；特殊气象条件下应加强对作业面的覆盖。

7.2 填埋作业应采取雨污分流措施，减少渗滤液的产生量。

7.3 生活垃圾填埋场运行期内，应控制堆体的坡度，确保填埋堆体的稳定性。

7.4 生活垃圾填埋场运行期内，应定期检测防渗衬层系统的完整性。当发现防渗衬层系统发生渗漏时，应及时采取补救措施。

7.5 生活垃圾填埋场运行期内，应定期检测渗滤液导排系统的有效性，保证正常运行。当衬层上的渗滤液深度大于 30 cm 时，应及时采取有效疏导措施排除积存在填埋场内的渗滤液。

7.6 生活垃圾填埋场运行期内，应定期检测地下水水质。当发现地下水水质有被污染的迹象时，应及时查找原因，发现渗漏位置并采取补救措施，防止污染进一步扩散。

7.7 生活垃圾填埋场运行期内，应定期并根据场地和气象情况随时进行防蚊蝇、灭鼠和除臭工作。

7.8 生活垃圾填埋场运行期以及封场后期维护与管理期间，应建立运行情况记录制度，如实记载有关运行管理情况，主要包括生活垃圾处理、处置设备工艺控制参数，进入生活垃圾填埋场处置的非生活垃圾的来源、种类、数量、填埋位置，封场及后期维护与管理情况及环境监测数据等。运行情况记录簿应当按照国家有关档案管理等法律法规进行整理和保管。

8 封场及后期维护与管理要求

8.1 生活垃圾填埋场的封场系统应包括气体导排层、防渗层、雨水导排层、最终覆土层、植被层。

8.2 气体导排层应与导气竖管相连。导气竖管应高出最终覆土层上表面 100 cm 以上。

8.3 封场系统应控制坡度，以保证填埋堆体稳定，防止雨水侵蚀。

8.4 封场系统的建设应与生态恢复相结合，并防止植物根系对封场土工膜的损害。

8.5 封场后进入后期维护与管理阶段的生活垃圾填埋场，应继续处理填埋场产生的渗滤液和填埋气，并定期进行监测，直到填埋场产生的渗滤液中水污染物浓度连续两年低于表 2、表 3 中的限值。

表 2 现有和新建生活垃圾填埋场水污染物排放浓度限值

序号	控制污染物	排放浓度限值	污染物排放监控位置
1	色度（稀释倍数）	40	常规污水处理设施排放口
2	化学需氧量（COD_{Cr}）/（mg/L）	100	常规污水处理设施排放口
3	生化需氧量（BOD_5）/（mg/L）	30	常规污水处理设施排放口
4	悬浮物/（mg/L）	30	常规污水处理设施排放口
5	总氮/（mg/L）	40	常规污水处理设施排放口
6	氨氮/（mg/L）	25	常规污水处理设施排放口
7	总磷/（mg/L）	3	常规污水处理设施排放口
8	粪大肠菌群数/（个/L）	10 000	常规污水处理设施排放口
9	总汞/（mg/L）	0.001	常规污水处理设施排放口
10	总镉/（mg/L）	0.01	常规污水处理设施排放口
11	总铬/（mg/L）	0.1	常规污水处理设施排放口
12	六价铬/（mg/L）	0.05	常规污水处理设施排放口
13	总砷/（mg/L）	0.1	常规污水处理设施排放口
14	总铅/（mg/L）	0.1	常规污水处理设施排放口

表 3 现有和新建生活垃圾填埋场水污染物特别排放限值

序号	控制污染物	排放浓度限值	污染物排放监控位置
1	色度（稀释倍数）	30	常规污水处理设施排放口
2	化学需氧量（COD_{Cr}）/（mg/L）	60	常规污水处理设施排放口
3	生化需氧量（BOD_5）/（mg/L）	20	常规污水处理设施排放口
4	悬浮物/（mg/L）	30	常规污水处理设施排放口
5	总氮/（mg/L）	20	常规污水处理设施排放口
6	氨氮/（mg/L）	8	常规污水处理设施排放口
7	总磷/（mg/L）	1.5	常规污水处理设施排放口
8	粪大肠菌群数/（个/L）	1 000	常规污水处理设施排放口
9	总汞/（mg/L）	0.001	常规污水处理设施排放口
10	总镉/（mg/L）	0.01	常规污水处理设施排放口
11	总铬/（mg/L）	0.1	常规污水处理设施排放口
12	六价铬/（mg/L）	0.05	常规污水处理设施排放口
13	总砷/（mg/L）	0.1	常规污水处理设施排放口
14	总铅/（mg/L）	0.1	常规污水处理设施排放口

9 污染物排放控制要求

9.1 水污染物排放控制要求

9.1.1 生活垃圾填埋场应设置污水处理装置，生活垃圾渗滤液（含调节池废水）等污水经处理并符合本标准规定的污染物排放控制要求后，可直接排放。

9.1.2 现有和新建生活垃圾填埋场自 2008 年 7 月 1 日起执行表 2 规定的水污染物排放浓度限值。

9.1.3 2011 年 7 月 1 日前，现有生活垃圾填埋场无法满足表 2 规定的水污染物排放浓度限值要求的，满足以下条件时可将生活垃圾渗滤液送往城市二级污水处理厂进行处理：

（1）生活垃圾渗滤液在填埋场经过处理后，总汞、总镉、总铬、六价铬、总砷、总铅等污染物浓度达到表 2 规定浓度限值；

（2）城市二级污水处理厂每日处理生活垃圾渗滤液总量不超过污水处理量的 0.5%，并不超过城市二级污水处理厂额定的污水处理能力；

（3）生活垃圾渗滤液应均匀注入城市二级污水处理厂；

（4）不影响城市二级污水处理场的污水处理效果。

2011 年 7 月 1 日起，现有全部生活垃圾填埋场应自行处理生活垃圾渗滤液并执行表 2 规定的水污染排放浓度限值。

9.1.4 根据环境保护工作的要求，在国土开发密度已经较高、环境承载能力开始减弱，或环境容量较小、生态环境脆弱，容易发生严重环境污染问题而需要采取特别保护措施的地区，应严格控制生活垃圾填埋场的污染物排放行为，在上述地区的现有和新建生活垃圾填埋场自 2008 年 7 月 1 日起执行表 3 规定的水污染物特别排放限值。

9.2 甲烷排放控制要求

9.2.1 填埋工作面上 2 m 以下高度范围内甲烷的体积百分比应不大于 0.1%。

9.2.2 生活垃圾填埋场应采取甲烷减排措施；当通过导气管道直接排放填埋气体时，导气管排放口的甲烷的体积百分比不大于 5%。

9.3 生活垃圾填埋场在运行中应采取必要的措施防止恶臭物质的扩散。在生活垃圾填埋场周围环境敏感点方位的场界的恶臭污染物浓度应符合 GB 14554 的规定。

9.4 生活垃圾转运站产生的渗滤液经收集后，可采用密闭运输送到城市污水处理厂处理、排入城市排水管道进入城市污水处理厂处理或者自行处理等方式。排入设置城市污水处理厂的排水管网的，应在转运站内对渗滤液进行处理，总汞、总镉、总铬、六价铬、总砷、总铅等污染物浓度限值达到表 2 规定浓度限值，其他水污染物排放控制要求由企业与城镇污水处理厂根据其污水处理能力商定或执行相关标准。排入环境水体或排入未设置污水处理厂的排水管网的，应在转运站内对渗滤液进行处理并达到表 2 规定的浓度限值。

10 环境和污染物监测要求

10.1 水污染物排放监测基本要求

10.1.1 生活垃圾填埋场的水污染物排放口须按照《排污口规范化整治技术要求》（试行）建设，设置符合 GB/T 15562.1 要求的污水排放口标志。

10.1.2 新建生活垃圾填埋场应按照《污染源自动监控管理办法》的规定，安装污染物排放自动监控设备，并与环保部门的监控中心联网，并保证设备正常运行。各地现有生活垃圾填埋场安装污染物排放自动监控设备的要求由省级环境保护行政主管部门规定。

10.1.3 对生活垃圾填埋场污染物排放情况进行监测的频次、采样时间等要求，按国家有关污染源监测技术规范的规定执行。

10.2 地下水水质监测基本要求

10.2.1 地下水水质监测井的布置应根据场地水文地质条件，以及时反映地下水水质变化为原则，布设地下水监测系统。

（1）本底井，一眼，设在填埋场地下水流向上游 30～50 m 处；

（2）排水井，一眼，设在填埋场地下水主管出口处；

（3）污染扩散井，两眼，分别设在垂直填埋场地下水走向的两侧各 30～50 m 处；

（4）污染监视井，两眼，分别设在填埋场地下水流向下游 30、50 m 处。大型填埋场可以在上述要求基础上适当增加监测井的数量。

10.2.2 在生活垃圾填埋场投入使用之前应监测地下水本底水平；在生活垃圾填埋场投入使用之时即对地下水进行持续监测，直至封场后填埋场产生的渗滤液中水污染物浓度连续两年低于表 2 中的限值时为止。

10.2.3 地下水监测指标为 pH、总硬度、溶解性总固体、高锰酸盐指数、氨氮、硝酸盐、亚硝酸盐、硫酸盐、氯化物、挥发性酚类、氰化物、砷、汞、六价铬、铅、氟、镉、铁、锰、铜、锌、粪大肠菌群，不同质量类型地下水的质量标准执行 GB/T 14848 中的规定。

10.2.4 生活垃圾填埋场管理机构对排水井的水质监测频率应不少于每周一次，对污染扩散静和污染监视井的水质监测频率应不少于每 2 周一次，对本底井的水质监测频率应不少于每个月。

10.2.5 地方环境保护行政主管部门应对地下水水质进行监督性监测，频率应不少于每 3 个月一次。

10.3 生活垃圾填埋场管理机构应每 6 个月进行一次防渗衬层完整性的监测。

10.4 甲烷监测基本要求

10.4.1 生活垃圾填埋场管理机构应每天进行一次填埋场区和填埋气体排放口的甲烷浓度监测。

10.4.2 地方环境保护行政主管部门应每 3 个月对填埋区和填埋气体排放口的甲烷浓度进行一次监督性监测。

10.4.3 对甲烷浓度的每日监测可采用符合 GB 13486 要求或者具有相同效果的便携式甲烷测定器进行测定。对甲烷浓度的监督性监测应按照 HJ/T 38 中甲烷的测定方法进行测定。

10.5 生活垃圾填埋场管理机构和地方环境保护行政主管部门均应对封场后的生活垃圾填埋场的污染物浓度进行测定。化学需氧量、生化需氧量、悬浮物、总氮、氨氮等指标每 3 个月测定一次，其他指标每年测定一次。

10.6 恶臭污染物监测基本要求

10.6.1 生活垃圾填埋场管理机构应根据具体情况适时进行场界恶臭污染物监测。

10.6.2 地方环境保护行政主管部门应每 3 个月对场界恶臭污染物进行一次监督性监测。

10.6.3 恶臭污染物监测应按照 GB/T 14675 和 GB/T 14678 规定的方法进行测定。

10.7 污染物浓度测定方法采用表 4 所列的方法标准，地下水质量检测方法采用

GB 5750 中的检测方法。

表 4　污染物浓度测定方法标准

序号	污染物项目	方法标准名称	方法标准编号
1	色度（稀释倍数）	水质色度的测定	GB 11903—1989
2	化学需氧量（COD_{Cr}）	水质化学需氧量的测定重铬酸盐法	GB 11914—1989
3	生化需氧量（BOD_5）	水质五日生化需氧量（BOD_5）的测定稀释与接种法	GB 7488—1987
4	悬浮物	水质悬浮物的测定重量法	GB 11901—1989
5	总氮	水质总氮的测定气相分子吸收光谱法	HJ/T 199—2005
6	氨氮	水质氨氮的测定气相分子吸收光谱法	HJ/T 195—2005
7	总磷	水质总磷的测定钼酸铵分光光度法	GB 11893—1989
8	粪大肠菌群数	水质粪大肠菌群的测定多管发酵法和滤膜法（试行）	HJ/T 347—2007
9	总汞	水质总汞的测定冷原子吸收分光光度法	GB 7468—1987
		水质总汞的测定高锰酸钾-过硫酸钾消解法双硫腙分光光度法	GB 7469—1987
		水质汞的测定冷原子荧光法（试行）	HJ/T 341—2007
10	总镉	水质镉的测定双硫腙分光光度法	GB 7471—1987
11	总铬	水质总铬的测定	GB 7466—1987
12	六价铬	水质六价铬的测定二苯碳酰二肼分光光度法	GB 7467—1987
13	总砷	水质总砷的测定二乙基二硫代氨基甲酸银分光光度法	GB 7485—1987
14	总铅	水质铅的测定双硫腙分光光度法	GB 7470—1987
15	甲烷	固定污染源排气中非甲烷总烃的测定气相色谱法	HJ/T 38—1999
16	恶臭	空气质量恶臭的测定三点式比较臭袋法	GB/T 14675
17	硫化氢、甲硫醇、甲硫醚和二甲二硫	空气质量硫化氢、甲硫醇、甲硫醚和二甲二硫的测定气相色谱法	GB/T 14678

10.8　生活垃圾填埋场应按照有关法律和《环境监测管理办法》的规定，对排污状况进行监测，并保存原始监测记录。

11 实施要求

11.1　本标准由县级以上人民政府环境保护行政主管部门负责监督实施。

11.2　在任何情况下，生活垃圾填埋场均应遵守本标准的污染物排放控制要求，采取必要措施保证污染防治设施正常运行。各级环保部门在对生活垃圾填埋场进行监督性检查时，可以现场即时采样，将监测的结果作为判定排污行为是否符合排放标准以及实施相关环境保护管理措施的依据。

11.3　对现有和新建生活垃圾填埋场执行水污染物特别排放限值的地域范围、时间，由国务院环境保护主管部门或省级人民政府规定。

中华人民共和国国家标准

危险废物焚烧污染控制标准

Pollution control standard for hazardous wastes incineration

GB 18484—2001
代替 GWKB 2—1999

前 言

为贯彻《中华人民共和国环境保护法》和《中华人民共和国固体废物污染环境防治法》，加强对危险废物的污染控制，保护环境，保障人体健康，特制定本标准。

本标准从我国的实际情况出发，以集中连续型焚烧设施为基础，涵盖了危险废物焚烧全过程的污染控制；对具备热能回收条件的焚烧设施要考虑热能的综合利用。

本标准由国家环保总局污染控制司提出。

本标准由国家环保总局科技标准司归口。

本标准由中国环境监测总站和中国科技大学负责起草。

本标准内容（包括实施时间）等同于 1999 年 12 月 3 日国家环境保护总局发布的《危险废物焚烧污染控制标准》（GWKB 2—1999），自本标准实施之日起，代替 GWKB 2—1999。

本标准由国家环境保护总局负责解释。

1 范 围

本标准从危险废物处理过程中环境污染防治的需要出发，规定了危险废物焚烧设施场所的选址原则、焚烧基本技术性能指标、焚烧排放大气污染物的最高允许排放限值、焚烧残余物的处置原则和相应的环境监测等。

本标准适用于除易爆和具有放射性以外的危险废物焚烧设施的设计、环境影响评价、竣工验收以及运行过程中的污染控制管理。

2 引用标准

以下标准所含条文，在本标准中被引用即构成本标准的条文，与本标准同效。

GHZB l—1999　地表水环境质量标准

GB 3095—1996　环境空气质量标准

GB/T 16157—1996　固定污染源排气中颗粒物测定与气态污染物采样方法

GB l5562.2—1995　环境保护图形标志　　固体废物贮存（处置）场

GB 8978—1996　污水综合排放标准

GB 12349—90　工业企业厂界噪声标准

HJ/T 20—1998　工业固体废物采样制样技术规范

当上述标准被修订时，应使用其最新版本。

3 术 语

3.1　危险废物

指列入国家危险废物名录或者根据国家规定的危险废物鉴别标准和鉴别方法判定的具有危险特性的废物。

3.2　焚烧

指焚化燃烧危险废物使之分解并无害化的过程。

3.3　焚烧炉

指焚烧危险废物的主体装置。

3.4　焚烧量

焚烧炉每小时焚烧危险废物的重量。

3.5　焚烧残余物

指焚烧危险废物后排出的燃烧残渣、飞灰和经尾气净化装置产生的固态物质。

3.6　热灼减率

指焚烧残渣经灼热减少的质量占原焚烧残渣质量的百分数。其计算方法如下：

$$P=\frac{A-B}{A}\times 100\%$$

式中：P —— 热灼减率，%；

A —— 干燥后原始焚烧残渣在室温下的质量，g；

B —— 焚烧残渣经 600℃（±25℃）3 h 灼热后冷却至室温的质量，g。

3.7　烟气停留时间

指燃烧所产生的烟气从最后的空气喷射口或燃烧器出口到换热面（如余热锅炉换热器）或烟道冷风引射口之间的停留时间。

3.8　焚烧炉温度

指焚烧炉燃烧室出口中心的温度。

3.9　燃烧效率（CE）

指烟道排出气体中二氧化碳浓度与二氧化碳和一氧化碳浓度之和的百分比。用以下公式表示：

$$\mathrm{CE}=\frac{[\mathrm{CO_2}]}{[\mathrm{CO_2}]+[\mathrm{CO}]}\times 100\%$$

式中：$[CO_2]$和$[CO]$——分别为燃烧后排气中 CO_2 和 CO 的浓度。

3.10 焚毁去除率（DRE）

指某有机物质经焚烧后所减少的百分比。用以下公式表示：

$$\mathrm{DRE}=\frac{W_i-W_0}{W_i}\times 100\%$$

式中：W_i —— 被焚烧物中某有机物质的重量；

W_0 —— 烟道排放气和焚烧残余物中与 W_i 相应的有机物质的重量之和。

3.11 二噁英类

多氯代二苯并-对-二噁英和多氯代二苯并呋喃的总称。

3.12 二噁英毒性当量（TEQ）

二噁英毒性当量因子（TEF）是二噁英毒性同类物与 2,3,7,8-四氯代二苯并-对-二噁英对 Ah 受体的亲和性能之比。二噁英毒性当量可以通过下式计算：

$$\text{TEQ} = \sum（\text{二噁英毒性同类物浓度} \times \text{TEF}）$$

3.13 标准状态

指温度在 273.16 K，压力在 101.325 kPa 时的气体状态。本标准规定的各项污染物的排放限值，均指在标准状态下以 11% O_2（干空气）作为换算基准换算后的浓度。

4 技术要求

4.1 焚烧厂选址原则

4.1.1 各类焚烧厂不允许建设在 GHZB 1 中规定的地表水环境质量Ⅰ类、Ⅱ类功能区和 GB 3095 中规定的环境空气质量一类功能区，即自然保护区、风景名胜区和其他需要特殊保护地区。集中式危险废物焚烧厂不允许建设在人口密集的居住区、商业区和文化区。

4.1.2 各类焚烧厂不允许建设在居民区主导风向的上风向地区。

4.2 焚烧物的要求

除易爆和具有放射性以外的危险废物均可进行焚烧。

4.3 焚烧炉排气筒高度

4.3.1 焚烧炉排气筒高度见表 1。

表 1 焚烧炉排气筒高度

焚烧量/（kg/h）	废 物 类 型	排气筒最低允许高度/m
≤300	医院临床废物	20
	除医院临床废物以外的第 4.2 条规定的危险废物	25
300～2 000	第 4.2 条规定的危险废物	35
2 000～2 500	第 4.2 条规定的危险废物	45
≥2 500	第 4.2 条规定的危险废物	50

4.3.2 新建集中式危险废物焚烧厂焚烧炉排气筒周围半径 200 m 内有建筑物时，排气筒高度必须高出最高建筑物 5 m 以上。

4.3.3 对有几个排气源的焚烧厂应集中到一个排气筒排放或采用多筒集合式排放。

4.3.4 焚烧炉排气筒应按 GB/T 16157 的要求，设置永久采样孔，并安装用于采样和测量的设施。

4.4 焚烧炉的技术指标

4.4.1 焚烧炉的技术性能要求见表 2。

表 2 焚烧炉的技术性能指标

指标 废物类型	焚烧炉温度/ ℃	烟气停留时间/ s	燃烧效率/ %	焚毁去除率/ %	焚烧残渣的热灼减率/ %
危险废物	≥1 100	≥2.0	≥99.9	≥99.99	<5
多氯联苯	≥1 200	≥2.0	≥99.9	≥99.999 9	<5
医院临床废物	≥850	≥1.0	≥99.9	≥99.99	<5

4.4.2 焚烧炉出口烟气中的氧气含量应为 6%～10%（干气）。

4.4.3 焚烧炉运行过程中要保证系统处于负压状态，避免有害气体逸出。

4.4.4 焚烧炉必须有尾气净化系统、报警系统和应急处理装置。

4.5 危险废物的贮存

4.5.1 危险废物的贮存场所必须有符合 GB 15562.2 的专用标志。

4.5.2 废物的贮存容器必须有明显标志，具有耐腐蚀、耐压、密封和不与所贮存的废物发生反应等特性。

4.5.3 贮存场所内禁止混放不相容危险废物。

4.5.4 贮存场所要有集排水和防渗漏设施。

4.5.5 贮存场所要远离焚烧设施并符合消防要求。

5 污染物（项目）控制限值

5.1 焚烧炉大气污染物排放限值

焚烧炉排气中任何一种有害物质浓度不得超过表 3 中所列的最高允许限值。

5.2 危险废物焚烧厂排放废水时，其水中污染物最高允许排放浓度按 GB 8978 执行。

5.3 焚烧残余物按危险废物进行安全处置。

5.4 危险废物焚烧厂噪声执行 GB 12349。

表 3 危险废物焚烧炉大气污染物排放限值[1)]

序号	污 染 物	不同焚烧容量时的最高允许排放浓度限值/（mg/m^3）		
		≤300 kg/h	300～2 500 kg/h	≥2 500 kg/h
1	烟气黑度	林格曼 I 级		
2	烟尘	100	80	65
3	一氧化碳（CO）	100	80	80
4	二氧化硫（SO_2）	400	300	200
5	氟化氢（HF）	9.0	7.0	5.0
6	氯化氢（HCl）	100	70	60
7	氮氧化物（以 NO_2 计）	500		
8	汞及其化合物（以 Hg 计）	0.1		
9	镉及其化合物（以 Cd 计）	0.1		
10	砷、镍及其化合物（以 As+Ni 计）[2)]	1.0		
11	铅及其化合物（以 Pb 计）	1.0		

序号	污染物	不同焚烧容量时的最高允许排放浓度限值/（mg/m^3）		
		≤300 kg/h	300～2 500 kg/h	≥2 500 kg/h
12	铬、锡、锑、铜、锰及其化合物（以 Cr+Sn+Sb+Cu+Mn 计）3)	4.0		
13	二噁英类	0.5 TEQ ng/m^3		

1）在测试计算过程中，以 11% O_2（干气）作为换算基准。换算公式为：

$$c = \frac{10}{21 - O_s} \times c_s$$

式中：c——标准状态下被测污染物经换算后的浓度，mg/m^3；

O_s——排气中氧气的浓度，%；

c_s——标准状态下被测污染物的浓度，mg/m^3。

2）指砷和镍的总量。

3）指铬、锡、锑、铜和锰的总量。

6 监督监测

6.1 废气监测

6.1.1 焚烧炉排气筒口烟尘或气态污染物监测的采样点数目及采样点位置的设置，执行 GB/T 16157。

6.1.2 在焚烧设施于正常状态下运行 1 h 后，开始以 1 次/h 的频次采集气样，每次采样时间不得低于 45 min，连续采样三次，分别测定。以平均值作为判定值。

6.1.3 焚烧设施排放气体按污染源监测分析方法执行（见表 4）。

表 4 焚烧设施排放气体的分析方法

序号	污染物	分析方法	方法来源
1	烟气黑度	林格曼烟度法	GB/T 5468—91
2	烟尘	重量法	GB/T 16157—1996
3	一氧化碳（CO）	非分散红外吸收法	HJ/T 44—1999
4	二氧化硫（SO_2）	甲醛吸收副玫瑰苯胺分光光度法	1）
5	氟化氢（HF）	滤膜氟离子选择电极法	1）
6	氯化氢（HCl）	硫氰酸汞分光光度法	HJ/T 27—1999
		硝酸银容量法	1）
7	氮氧化物	盐酸萘乙二胺分光光度法	HJ/T 43—1999
8	汞	冷原子吸收分光光度法	1）
9	镉	原子吸收分光光度法	1）
10	铅	火焰原子吸收分光光度法	1）
11	砷	二乙基二硫代氨基甲酸银分光光度法	1）
12	铬	二苯碳酰二肼分光光度法	1）
13	锡	原子吸收分光光度法	1）
14	锑	5-Br-PADAP 分光光度法	1）
15	铜	原子吸收分光光度法	1）
16	锰	原子吸收分光光度法	1）
17	镍	原子吸收分光光度法	1）
18	二噁英类	色谱—质谱联用法	2）

1）空气和废气监测分析方法. 北京：中国环境科学出版社，1990.

2）固体废弃物试验分析评价手册. 北京：中国环境科学出版社，1992，332～359.

6.2 焚烧残渣热灼减率监测

6.2.1 样品的采集和制备方法执行 HJ/T 20。

6.2.2 焚烧残渣热灼减率的分析采用重量法。依据本标准“3.6”所列公式计算，取三次平均值作为判定值。

7 标准实施

（1）自 2000 年 3 月 1 日起，二噁英类污染物排放限值在北京市、上海市、广州市执行。2003 年 1 月 1 日起在全国执行。

（2）本标准由县级以上人民政府环境保护行政主管部门负责监督与实施。

中华人民共和国国家标准

生活垃圾焚烧污染控制标准

Standard for pollution control on the municipal solid waste incineration

GB 18485—2014
代替 GB 18485—2001

前 言

为贯彻《中华人民共和国环境保护法》《中华人民共和国固体废物污染环境防治法》《中华人民共和国大气污染防治法》《中华人民共和国水污染防治法》等法律，保护环境，防治污染，促进生活垃圾焚烧处理技术的进步，制定本标准。

本标准规定了生活垃圾焚烧厂的选址要求、技术要求、入炉废物要求、运行要求、排放控制要求、监测要求、实施与监督等内容。

本标准首次发布于 2000 年，2001 年第一次修订，本次为第二次修订。

此次修订的主要内容：

——调整了标准的适用范围，将生活污水处理设施产生的污泥、一般工业固体废物的专用焚烧炉的污染控制纳入本标准；

——增加了生活垃圾焚烧炉启动、停炉、故障或事故等时段的污染物排放控制要求；

——提高了生活垃圾焚烧厂排放烟气中颗粒物、二氧化硫、氮氧化物、氯化氢、重金属及其化合物、二噁英类等污染物排放控制要求。

生活垃圾焚烧厂排放的水污染物、恶臭污染物、环境噪声适用相应的国家污染物排放标准，产生固体废物的鉴别、处理和处置适用国家固体废物鉴别与污染控制标准。

本标准附录 A 是规范性附录。

本标准规定的污染物排放限值为生活垃圾焚烧厂应达到的基本要求。地方省级人民政府对本标准未作规定的污染物控制项目，可以制定地方污染物排放标准；对本标准已作规定的污染物控制项目，可以制定严于本标准的地方污染物排放标准。环境影响评价批复的限值严于本标准或地方标准限值的，按环境影响评价批复的限值执行。

本标准由环境保护部科技标准司组织制订。

本标准主要起草单位：中国环境科学研究院、清华大学、城市建设研究院、国家环境分析测试中心、浙江大学。

本标准由环境保护部 2014 年 4 月 28 日批准。

新建生活垃圾焚烧炉自 2014 年 7 月 1 日、现有生活垃圾焚烧炉自 2016 年 1 月 1 日起执行本标准，《生活垃圾焚烧污染控制标准》（GB 18485—2001）自 2016 年 1 月 1 日废止。

各地也可根据当地环境保护的需要和经济、技术条件，由省级人民政府批准提前实施本标准。

本标准由环境保护部解释。

1 适用范围

本标准规定了生活垃圾焚烧厂的选址要求、技术要求、入炉废物要求、运行要求、排放控制要求、监测要求、实施与监督等内容。

本标准适用于生活垃圾焚烧厂的设计、环境影响评价、竣工验收以及运行过程中的污染控制及监督管理。

掺加生活垃圾质量超过入炉（窑）物料总质量30%的工业窑炉以及生活污水处理设施产生的污泥、一般工业固体废物的专用焚烧炉的污染控制参照本标准执行。

本标准适用于法律允许的污染物排放行为；新设立污染源的选址和特殊保护区域内现有污染源的管理，按照《中华人民共和国大气污染防治法》《中华人民共和国水污染防治法》《中华人民共和国海洋环境保护法》《中华人民共和国固体废物污染环境防治法》《中华人民共和国放射性污染防治法》《中华人民共和国环境影响评价法》《中华人民共和国城乡规划法》和《中华人民共和国土地管理法》等法律、法规、规章的相关规定执行。

2 规范性引用文件

本标准内容引用了下列文件或其中的条款。凡是未注明日期的引用文件，其最新版本适用于本标准。

GB 8978 污水综合排放标准

GB 14554 恶臭污染物排放标准

GB 16889 生活垃圾填埋场污染控制标准

GB 30485 水泥窑协同处置固体废物污染控制标准

GB/T 16157 固定污染源排气中颗粒物测定与气态污染物采样方法

HJ 77.2 环境空气和废气 二噁英类的测定 同位素稀释高分辨气相色谱-高分辨质谱法

HJ 543 固定污染源废气 汞的测定 冷原子吸收分光光度法（暂行）

HJ 548 固定污染源排气 氯化氢的测定 硝酸银容量法（暂行）

HJ 549 环境空气和废气 氯化氢的测定 离子色谱法（暂行）

HJ 629 固定污染源废气 二氧化硫的测定 非分散红外吸收法

HJ 657 空气和废气 颗粒物中铅等金属元素的测定 电感耦合等离子体质谱法

HJ 693 固定污染源废气 氮氧化物的测定 定电位电解法

HJ/T 20 工业固体废物采样制样技术规范

HJ/T 27 固定污染源排气中氯化氢的测定 硫氰酸汞分光光度法

HJ/T 42 固定污染源排气中氮氧化物的测定 紫外分光光度法

HJ/T 43 固定污染源排气中氮氧化物的测定 盐酸萘乙二胺分光光度法

HJ/T 44 固定污染源排气中一氧化碳的测定 非色散红外吸收法

HJ/T 56 固定污染源排气中二氧化硫的测定 碘量法

HJ/T 57　固定污染源排气中二氧化硫的测定　定电位电解法

HJ/T 75　固定污染源烟气排放连续监测系统技术规范（试行）

HJ/T 228　医疗废物化学消毒集中处理工程技术规范（试行）

HJ/T 229　医疗废物微波消毒集中处理工程技术规范（试行）

HJ/T 276　医疗废物高温蒸汽集中处理工程技术规范（试行）

HJ/T 397　固定源废气监测技术规范

《污染源自动监控管理办法》（国家环境保护总局令　第 28 号）

《环境监测管理办法》（国家环境保护总局令　第 39 号）

《医疗废物分类目录》（卫医发[2003]287 号）

3 术语和定义

下列术语和定义适用于本标准。

3.1　焚烧炉　incinerator

利用高温氧化作用处理生活垃圾的装置。

3.2　焚烧处理能力　incineration capacity

单位时间焚烧炉焚烧生活垃圾的设计能力。

3.3　炉膛　furnace

焚烧炉中由炉墙包围起来供燃料燃烧的空间。

3.4　烟气停留时间　retention time of flue gas

燃烧所产生的烟气处于高温段（≥850℃）的持续时间。

3.5　焚烧炉渣　incineration bottom ash

生活垃圾焚烧后从炉床直接排出的残渣，以及过热器和省煤器排出的灰渣。

3.6　焚烧飞灰　incineration fly ash

烟气净化系统捕集物和烟道及烟囱底部沉降的底灰。

3.7　热灼减率　loss on ignition

焚烧炉渣经灼烧减少的质量占原焚烧炉渣质量的百分数。其计算方法如下：

$$P=(A-B)/A\times 100\%$$

式中：P——热灼减率，%；

A——焚烧炉渣经 110℃干燥 2 h 后冷却至室温的质量，g；

B——焚烧炉渣经 600℃（±25℃）灼烧 3 h 后冷却至室温的质量，g。

3.8　二噁英类　dioxins

多氯代二苯并-对-二噁英（PCDDs）和多氯代二苯并呋喃（PCDFs）的统称。

3.9　毒性当量因子　toxic equivalency factor（TEF）

二噁英类同类物与 2,3,7,8-四氯代二苯并-对-二噁英对 Ah 受体的亲和性能之比。

3.10　毒性当量　toxic equivalency quantity（TEQ）

各二噁英类同类物浓度折算为相当于 2,3,7,8-四氯代二苯并-对-二噁英毒性的等价浓度，毒性当量浓度为实测浓度与该异构体的毒性当量因子的乘积。

3.11　一般工业固体废物　non-hazardous industrial solid waste

在工业生产活动中产生的固体废物，危险废物除外。

3.12 现有生活垃圾焚烧炉 existing municipal solid waste incinerator

本标准实施之日前，已建成投入使用或环境影响评价文件已获批准的生活垃圾焚烧炉。

3.13 新建生活垃圾焚烧炉 new municipal solid waste incinerator

本标准实施之日后环境影响评价文件获批准的新建、改建和扩建的生活垃圾焚烧炉。

3.14 标准状态 standard conditions

温度在 273.15 K，压力在 101.325 kPa 时的气体状态。

3.15 测定均值 average value

取样期以等时间间隔（最少 30 min，最多 8 h）至少采集 3 个样品测试值的平均值；二噁英类的采样时间间隔为最少 6 h，最多 8 h。

3.16 1 h 均值 hourly average value

任何 1 h 污染物浓度的算术平均值；或在 1 h 内，以等时间间隔采集 4 个样品测试值的算术平均值。

3.17 24 h 均值 daily average value

连续 24 个 1 h 均值的算术平均值。

3.18 基准氧含量排放浓度 emission concentration at baseline oxygen content

本标准规定的各项污染物浓度的排放限值，均指在标准状态下以 11%（体积分数）O_2（干烟气）作为换算基准换算后的基准含氧量排放质量浓度，按下式进行换算：

$$\rho=\rho'\times(21-11)/[\varphi_0(O_2)-\varphi'(O_2)]$$

式中：ρ——大气污染物基准氧含量排放质量浓度，mg/m^3；

ρ'——实测的大气污染物排放质量浓度，mg/m^3；

$\varphi_0(O_2)$——助燃空气初始氧含量，%，采用空气助燃时为 21；

$\varphi'(O_2)$——实测的烟气氧含量，%。

4 选址要求

4.1 生活垃圾焚烧厂的选址应符合当地的城乡总体规划、环境保护规划和环境卫生专项规划，并符合当地的大气污染防治、水资源保护、自然生态保护等要求。

4.2 应依据环境影响评价结论确定生活垃圾焚烧厂厂址的位置及其与周围人群的距离。经具有审批权的环境保护行政主管部门批准后，这一距离可作为规划控制的依据。

4.3 在对生活垃圾焚烧厂厂址进行环境影响评价时，应重点考虑生活垃圾焚烧厂内各设施可能产生的有害物质泄漏、大气污染物（含恶臭物质）的产生与扩散以及可能的事故风险等因素，根据其所在地区的环境功能区类别，综合评价其对周围环境、居住人群的身体健康、日常生活和生产活动的影响，确定生活垃圾焚烧厂与常住居民居住场所、农用地、地表水体以及其他敏感对象之间合理的位置关系。

5 技术要求

5.1 生活垃圾的运输应采取密闭措施，避免在运输过程中发生垃圾遗撒、气味泄漏和污水滴漏。

5.2　生活垃圾贮存设施和渗滤液收集设施应采取封闭负压措施，并保证其在运行期和停炉期均处于负压状态。这些设施内的气体应优先通入焚烧炉中进行高温处理，或收集并经除臭处理满足 GB 14554 要求后排放。

5.3　生活垃圾焚烧炉的主要技术性能指标应满足下列要求。

（1）炉膛内焚烧温度、炉膛内烟气停留时间和焚烧炉渣热灼减率应满足表 1 的要求。

表 1　生活垃圾焚烧炉主要技术性能指标

序号	项目	指标	检验方法
1	炉膛内焚烧温度	≥850℃	在二次空气喷入点所在断面、炉膛中部断面和炉膛上部断面中至少选择两个断面分别布设监测点，实行热电偶实时在线测量
2	炉膛内烟气停留时间	≥2 s	根据焚烧炉设计书检验和制造图核验炉膛内焚烧温度监测点断面间的烟气停留时间
3	焚烧炉渣热灼减率	≤5%	HJ/T 20

（2）2015 年 12 月 31 日前，现有生活垃圾焚烧炉排放烟气中一氧化碳浓度执行 GB 18485—2001 中规定的限值。

（3）自 2016 年 1 月 1 日起，现有生活垃圾焚烧炉排放烟气中一氧化碳浓度执行表 2 规定的限值。

（4）自 2014 年 7 月 1 日起，新建生活垃圾焚烧炉排放烟气中一氧化碳浓度执行表 2 规定的限值。

表 2　生活垃圾焚烧炉排放烟气中一氧化碳浓度限值

取值时间	限值/（mg/m^3）	监测方法
24 h 均值	80	HJ/T 44
1 h 均值	100	

5.4　每台生活垃圾焚烧炉必须单独设置烟气净化系统并安装烟气在线监测装置，处理后的烟气应采用独立的排气筒排放；多台生活垃圾焚烧炉的排气筒可采用多筒集束式排放。

5.5　焚烧炉烟囱高度不得低于表 3 规定的高度，具体高度应根据环境影响评价结论确定。如果在烟囱周围 200 m 半径距离内存在建筑物时，烟囱高度应至少高出这一区域内最高建筑物 3 m 以上。

表 3　焚烧炉烟囱高度

焚烧处理能力/（t/d）	烟囱最低允许高度/m
＜300	45
≥300	60

注：在同一厂区内如同时有多台焚烧炉，则以各焚烧炉焚烧处理能力总和作为评判依据。

5.6　焚烧炉应设置助燃系统，在启、停炉时以及当炉膛内焚烧温度低于表 1 要求的温度时使用并保证焚烧炉的运行工况满足本标准 5.3 条的要求。

5.7　应按照 GB/T 16157 的要求设置永久采样孔，并在采样孔的正下方约 1 m 处设置不小于 3 m^2 的带护栏的安全监测平台，并设置永久电源（220 V）以便放置采样设备，进行采样操作。

6　入炉废物要求

6.1　下列废物可以直接进入生活垃圾焚烧炉进行焚烧处置：

——由环境卫生机构收集或者生活垃圾产生单位自行收集的混合生活垃圾；

——由环境卫生机构收集的服装加工、食品加工以及其他为城市生活服务的行业产生的性质与生活垃圾相近的一般工业固体废物；

——生活垃圾堆肥处理过程中筛分工序产生的筛上物，以及其他生化处理过程中产生的固态残余组分；

——按照 HJ/T 228、HJ/T 229、HJ/T 276 要求进行破碎毁形和消毒处理并满足消毒效果检验指标的《医疗废物分类目录》中的感染性废物。

6.2　在不影响生活垃圾焚烧炉污染物排放达标和焚烧炉正常运行的前提下，生活污水处理设施产生的污泥和一般工业固体废物可以进入生活垃圾焚烧炉进行焚烧处置，焚烧炉排放烟气中污染物浓度执行表 4 规定的限值。

6.3　下列废物不得在生活垃圾焚烧炉中进行焚烧处置：

——危险废物，本标准 6.1 条规定的除外；

——电子废物及其处理处置残余物。

国家环境保护行政主管部门另有规定的除外。

7　运行要求

7.1　焚烧炉在启动时，应先将炉膛内焚烧温度升至本标准 5.3 条规定的温度后才能投入生活垃圾。自投入生活垃圾开始，应逐渐增加投入量直至达到额定垃圾处理量；在焚烧炉启动阶段，炉膛内焚烧温度应满足本标准表 1 要求，焚烧炉应在 4 h 内达到稳定工况。

7.2　焚烧炉在停炉时，自停止投入生活垃圾开始，启动垃圾助燃系统，保证剩余垃圾完全燃烧，并满足本标准表 1 所规定的炉膛内焚烧温度的要求。

7.3　焚烧炉在运行过程中发生故障，应及时检修，尽快恢复正常。如果无法修复应立即停止投加生活垃圾，按照本标准 7.2 条要求操作停炉。每次故障或者事故持续排放污染物时间不应超过 4 h。

7.4　焚烧炉每年启动、停炉过程排放污染物的持续时间以及发生故障或事故排放污染物持续时间累计不应超过 60 h。

7.5　生活垃圾焚烧厂运行期间，应建立运行情况记录制度，如实记载运行管理情况，至少应包括废物接收情况、入炉情况、设施运行参数以及环境监测数据等。运行情况记录簿应按照国家有关档案管理的法律法规进行整理和保管。

8 排放控制要求

8.1 2015 年 12 月 31 日前，现有生活垃圾焚烧炉排放烟气中污染物浓度执行 GB 18485—2001 中规定的限值。

8.2 自 2016 年 1 月 1 日起，现有生活垃圾焚烧炉排放烟气中污染物浓度执行表 4 规定的限值。

8.3 自 2014 年 7 月 1 日起，新建生活垃圾焚烧炉排放烟气中污染物浓度执行表 4 规定的限值。

表 4 生活垃圾焚烧炉排放烟气中污染物限值

序号	污染物项目	限值/（mg/m^3）	取值时间
1	颗粒物	30	1 h 均值
		20	24 h 均值
2	氮氧化物（NO_x）	300	1 h 均值
		250	24 h 均值
3	二氧化硫（SO_2）	100	1 h 均值
		80	24 h 均值
4	氯化氢（HCl）	60	1 h 均值
		50	24 h 均值
5	汞及其化合物（以 Hg 计）	0.05	测定均值
6	镉、铊及其化合物（以 Cd +Tl 计）	0.1	测定均值
7	锑、砷、铅、铬、钴、铜、锰、镍及其化合物（以 Sb+As+Pb+Cr+Co+Cu+Mn+Ni 计）	1.0	测定均值
8	二噁英类/（ng TEQ/m^3）	0.1	测定均值
9	一氧化碳（CO）	100	1 h 均值
		80	24 h 均值

8.4 生活污水处理设施产生的污泥、一般工业固体废物的专用焚烧炉排放烟气中二噁英类污染物浓度执行表 5 中规定的限值。

表 5 生活污水处理设施产生的污泥、一般工业固体废物专用焚烧炉排放烟气中二噁英类限值

焚烧处理能力/（t/d）	二噁英类排放限值/（ng TEQ/m^3）	取值时间
＞100	0.1	测定均值
50～100	0.5	测定均值
＜50	1.0	测定均值

8.5 在本标准 7.1、7.2、7.3 和 7.4 条规定的时间内，所获得的监测数据不作为评价是否达到本标准排放限值的依据，但在这些时间内颗粒物浓度的 1 h 均值不得大于 150 mg/m^3。

8.6 生活垃圾焚烧飞灰与焚烧炉渣应分别收集、贮存、运输和处置。生活垃圾焚烧飞灰应按危险废物进行管理，如进入生活垃圾填埋场处置，应满足 GB 16889 的要求；如进入水泥窑处置，应满足 GB 30485 的要求。

8.7 生活垃圾渗滤液和车辆清洗废水应收集并在生活垃圾焚烧厂内处理或送至生活垃圾填埋场渗滤液处理设施处理，处理后满足 GB 16889 表 2 的要求（如厂址在符合 GB 16889 中第 9.1.4 条要求的地区，应满足 GB 16889 表 3 的要求）后，可直接排放。

在生活垃圾焚烧厂内处理后，也可通过污水管网或采用密闭输送方式送至采用二级处理方式的城市污水处理厂处理，应满足以下条件：

（1）在生活垃圾焚烧厂内处理后，总汞、总镉、总铬、六价铬、总砷、总铅等污染物浓度达到 GB 16889 表 2 规定的浓度限值要求；

（2）城市二级污水处理厂每日处理生活垃圾渗滤液和车辆清洗废水总量不超过污水处理量的 0.5%；

（3）城市二级污水处理厂应设置生活垃圾渗滤液和车辆清洗废水专用调节池，将其均匀注入生化处理单元；

（4）不影响城市二级污水处理厂的污水处理效果。

9 监测要求

9.1 生活垃圾焚烧厂运行企业应按照有关法律和《环境监测管理办法》等规定，建立企业监测制度，制定监测方案，并向当地环境保护行政主管部门和行业主管部门备案。对污染物排放状况及其对周边环境质量的影响开展自行监测，保存原始监测记录，并公布监测结果。

9.2 生活垃圾焚烧厂运行企业应按照环境监测管理规定和技术规范的要求，设计、建设、维护永久采样口、采样测试平台和排污口标志。

9.3 对生活垃圾焚烧厂运行企业排放废气的采样，应根据监测污染物的种类，在规定的污染物排放监控位置进行；有废气处理设施的，应在该设施后检测。排气筒中大气污染物的监测采样按 GB/T 16157、HJ/T 397 或 HJ/T 75 的规定进行。

9.4 生活垃圾焚烧厂运行企业对烟气中重金属类污染物浓度和焚烧炉渣热灼减率的监测应每月至少开展 1 次；对烟气中二噁英类浓度的监测应每年至少开展 1 次，其采样要求按 HJ 77.2 的有关规定执行，其浓度为连续 3 次测定值的算术平均值。对其他大气污染物排放情况监测的频次、采样时间等要求，按有关环境监测管理规定和技术规范的要求执行。

9.5 环境保护行政主管部门应采用随机方式对生活垃圾焚烧厂进行日常监督性监测，对焚烧炉渣热灼减率与烟气中颗粒物、二氧化硫、氮氧化物、氯化氢、重金属类污染物和一氧化碳浓度的监测应每季度至少开展 1 次，对烟气中二噁英类浓度的监测应每年至少开展 1 次。

9.6 焚烧炉大气污染物浓度监测时的测定方法采用表 6 所列的方法标准。

表 6 污染物浓度测定方法

序号	污染物项目	方法标准名称	标准编号
1	颗粒物	固定污染源排气中颗粒物测定与气态污染物采样方法	GB/T 16157
2	二氧化硫（SO_2）	固定污染源排气中二氧化硫的测定 碘量法	HJ/T 56
		固定污染源排气中二氧化硫的测定 定电位电解法	HJ/T 57
		固定污染源废气 二氧化硫的测定 非分散红外吸收法	HJ 629
3	氮氧化物（NO_x）	固定污染源排气中氮氧化物的测定 紫外分光光度法	HJ/T 42
		固定污染源排气中氮氧化物的测定 盐酸萘乙二胺分光光度法	HJ/T 43
		固定污染源废气 氮氧化物的测定 定电位电解法	HJ 693

序号	污染物项目	方法标准名称	标准编号
4	氯化氢（HCl）	固定污染源排气中氯化氢的测定　硫氰酸汞分光光度法	HJ/T 27
		固定污染源排气　氯化氢的测定　硝酸银容量法（暂行）	HJ 548
		环境空气和废气　氯化氢的测定　离子色谱法（暂行）	HJ 549
5	汞	固定污染源废气　汞的测定　冷原子吸收分光光度法（暂行）	HJ 543
6	镉、铊、砷、铅、铬、锰、镍、锡、锑、铜、钴	空气和废气　颗粒物中铅等金属元素的测定　电感耦合等离子体质谱法	HJ 657
7	二噁英类	环境空气和废气　二噁英类的测定　同位素稀释高分辨气相色谱-高分辨质谱法	HJ 77.2
8	一氧化碳（CO）	固定污染源排气中一氧化碳的测定　非色散红外吸收法	HJ/T 44

9.7　生活垃圾焚烧厂应设置焚烧炉运行工况在线监测装置，监测结果应采用电子显示板进行公示并与当地环境保护行政主管部门和行业行政主管部门监控中心联网。焚烧炉运行工况在线监测指标应至少包括烟气中一氧化碳浓度和炉膛内焚烧温度。

9.8　生活垃圾焚烧厂烟气在线监测装置安装要求应按《污染源自动监控管理办法》等规定执行并定期进行校对。在线监测结果应采用电子显示板进行公示并与当地环保行政主管部门和行业行政主管部门监控中心联网。烟气在线监测指标应至少包括烟气中一氧化碳、颗粒物、二氧化硫、氮氧化物和氯化氢浓度。

10　实施与监督

10.1　本标准由县级以上人民政府环境保护行政主管部门和行业主管部门负责监督实施。

10.2　在任何情况下，生活垃圾焚烧厂均应遵守本标准的污染物排放控制要求，采取必要措施保证污染防治设施正常运行。各级环保部门在对生活垃圾焚烧厂进行监督性检查时，可以现场即时采样获得均值，将监测结果作为判定排污行为是否符合排放标准以及实施相关环境保护管理措施的依据。

附录 A（规范性附录）

PCDD/Fs 的毒性当量因子

PCDDs[a]	TEF	PCDFs[b]	TEF
2,3,7,8-TCDD	1	2,3,7,8-TCDF	0.1
1,2,3,7,8-PeCDD	0.5	1,2,3,7,8-PeCDF	0.05
1,2,3,4,7,8-HxCDD	0.1	2,3,4,7,8-PeCDF	0.5
1,2,3,6,7,8-HxCDD	0.1	1,2,3,4,7,8-HxCDF	0.1
1,2,3,7,8,9-HxCDD	0.1	1,2,3,6,7,8-HxCDF	0.1
1,2,3,4,6,7,8-HpCDD	0.01	1,2,3,7,8,9-HxCDF	0.1
OCDD	0.001	2,3,4,6,7,8-HxCDF	0.1
		1,2,3,4,6,7,8-HpCDF	0.01
		1,2,3,4,7,8,9-HpCDF	0.01
		OCDF	0.001

[a] 多氯代二苯并-对-二噁英。

[b] 多氯代二苯并呋喃。

中华人民共和国国家标准

危险废物贮存污染控制标准

Standard for pollution control on hazardous waste storage

GB 18597—2001

前 言

为贯彻《中华人民共和国固体废物污染环境防治法》，防止危险废物贮存过程造成的环境污染，加强对危险废物贮存的监督管理，制定本标准。

本标准规定了对危险废物贮存的一般要求，对危险废物包装、贮存设施的选址、设计、运行、安全防护、监测和关闭等要求。

本标准中附录 A 是标准的附录，附录 B 是提示性附录。

本标准由国家环境保护总局科技标准司提出。

本标准由沈阳环境科学研究所负责起草。

本标准由国家环境保护总局于 2001 年 11 月 26 日批准。

本标准由国家环境保护总局负责解释。

本标准为首次发布。

1 主题内容与适用范围

1.1 主题内容

本标准规定了对危险废物贮存的一般要求，对危险废物的包装、贮存设施的选址、设计、运行、安全防护、监测和关闭等要求。

1.2 适用范围

本标准适用于所有危险废物（尾矿除外）贮存的污染控制及监督管理，适用于危险废物的产生者、经营者和管理者。

2 引用标准

下列标准所含的条文，通过在本标准中引用而构成本标准的条文，与本标准同效。

GB 5085.1～3 危险废物鉴别标准

GB 8978 污水综合排放标准

GB 14554 恶臭污染物排放标准

GB/T 15555.1～12 固体废物 浸出毒性测定方法

GB 15562.2 环境保护图形标志 固体废物堆放（填埋）场

GB 16297　大气污染物综合排放标准

当上述标准被修订时，应使用其最新版本。

3 定义

3.1　危险废物

指列入国家危险废物名录或者根据国家规定的危险废物鉴别标准和鉴别方法认定的具有危险特性的废物。

3.2　危险废物贮存

指危险废物再利用、或无害化处理和最终处置前的存放行为。

3.3　贮存设施

指按规定设计、建造或改建的用于专门存放危险废物的设施。

3.4　集中贮存

指危险废物集中处理、处置设施中所附设的贮存设施和区域性的集中贮存设施。

3.5　容器

指按标准要求盛载危险废物的器具。

4 一般要求

4.1　所有危险废物产生者和危险废物经营者应建造专用的危险废物贮存设施，也可利用原有构筑物改建成危险废物贮存设施。

4.2　在常温常压下易爆、易燃及排出有毒气体的危险废物必须进行预处理，使之稳定后贮存，否则，按易爆、易燃危险品贮存。

4.3　在常温常压下不水解、不挥发的固体危险废物可在贮存设施内分别堆放。

4.4　除 4.3 规定外，必须将危险废物装入容器内。

4.5　禁止将不相容（相互反应）的危险废物在同一容器内混装。

4.6　无法装入常用容器的危险废物可用防漏胶袋等盛装。

4.7　装载液体、半固体危险废物的容器内须留足够空间，容器顶部与液体表面之间保留 100 mm 以上的空间。

4.8　医院产生的临床废物，必须当日消毒，消毒后装入容器。常温下贮存期不得超过 1 d，于 5℃以下冷藏的，不得超过 7 d。

4.9　盛装危险废物的容器上必须粘贴符合本标准附录 A 所示的标签。

4.10 危险废物贮存设施在施工前应做环境影响评价。

5 危险废物贮存容器

5.1　应当使用符合标准的容器盛装危险废物。

5.2　装载危险废物的容器及材质要满足相应的强度要求。

5.3　装载危险废物的容器必须完好无损。

5.4　盛装危险废物的容器材质和衬里要与危险废物相容（不相互反应）。

5.5　液体危险废物可注入开孔直径不超过 70 mm 并有放气孔的桶中。

6 危险废物贮存设施的选址与设计原则

6.1 危险废物集中贮存设施的选址

6.1.1 地质结构稳定，地震烈度不超过 7 度的区域内。

6.1.2 设施底部必须高于地下水最高水位。

6.1.3 场界应位于居民区 800 m 以外，地表水域 150 m 以外。

6.1.4 应避免建在溶洞区或易遭受严重自然灾害如洪水、滑坡，泥石流、潮汐等影响的地区。

6.1.5 应建在易燃、易爆等危险品仓库、高压输电线路防护区域以外。

6.1.6 应位于居民中心区常年最大风频的下风向。

6.1.7 集中贮存的废物堆选址除满足以上要求外，还应满足 6.3.1 款要求。

6.2 危险废物贮存设施（仓库式）的设计原则

6.2.1 地面与裙脚要用坚固、防渗的材料建造，建筑材料必须与危险废物相容。

6.2.2 必须有泄漏液体收集装置、气体导出口及气体净化装置。

6.2.3 设施内要有安全照明设施和观察窗口。

6.2.4 用以存放装载液体、半固体危险废物容器的地方，必须有耐腐蚀的硬化地面，且表面无裂隙。

6.2.5 应设计堵截泄漏的裙脚，地面与裙脚所围建的容积不低于堵截最大容器的最大储量或总储量的 1/5。

6.2.6 不相容的危险废物必须分开存放，并设有隔离间隔断。

6.3 危险废物的堆放

6.3.1 基础必须防渗，防渗层为至少 1 m 厚粘土层（渗透系数≤10^{-7} cm/s），或 2 mm 厚高密度聚乙烯，或至少 2 mm 厚的其他人工材料，渗透系数≤10^{-10} cm/s。

6.3.2 堆放危险废物的高度应根据地面承载能力确定。

6.3.3 衬里放在一个基础或底座上。

6.3.4 衬里要能够覆盖危险废物或其溶出物可能涉及到的范围。

6.3.5 衬里材料与堆放危险废物相容。

6.3.6 在衬里上设计、建造浸出液收集清除系统。

6.3.7 应设计建造径流疏导系统，保证能防止 25 a 一遇的暴雨不会流到危险废物堆里。

6.3.8 危险废物堆内设计雨水收集池，并能收集 25 a 一遇的暴雨 24 h 降水量。

6.3.9 危险废物堆要防风、防雨、防晒。

6.3.10 产生量大的危险废物可以散装方式堆放贮存在按上述要求设计的废物堆里。

6.3.11 不相容的危险废物不能堆放在一起。

6.3.12 总贮存量不超过 300 kg（L）的危险废物要放入符合标准的容器内，加上标签，容器放入坚固的柜或箱中，柜或箱应设多个直径不少于 30 mm 的排气孔。不相容危险废物要分别存放或存放在不渗透间隔分开的区域内，每个部分都应有防漏裙脚或储漏盘，防漏裙脚或储漏盘的材料要与危险废物相容。

7 危险废物贮存设施的运行与管理

7.1 从事危险废物贮存的单位，必须得到有资质单位出具的该危险废物样品物理和化学性质的分析报告，认定可以贮存后，方可接收。

7.2 危险废物贮存前应进行检验，确保同预定接收的危险废物一致，并登记注册。

7.3 不得接收未粘贴符合 4.9 规定的标签或标签没按规定填写的危险废物。

7.4 盛装在容器内的同类危险废物可以堆叠存放。

7.5 每个堆间应留有搬运通道。

7.6 不得将不相容的废物混合或合并存放。

7.7 危险废物产生者和危险废物贮存设施经营者均须作好危险废物情况的记录，记录上须注明危险废物的名称、来源、数量、特性和包装容器的类别、入库日期、存放库位、废物出库日期及接收单位名称。

危险废物的记录和货单在危险废物回取后应继续保留 3 a。

7.8 必须定期对所贮存的危险废物包装容器及贮存设施进行检查，发现破损，应及时采取措施清理更换。

7.9 泄漏液、清洗液、浸出液必须符合 GB 8978 的要求方可排放，气体导出口排出的气体经处理后，应满足 GB 16297 和 GB 14554 的要求。

8 危险废物贮存设施的安全防护与监测

8.1 安全防护

8.1.1 危险废物贮存设施都必须按 GB 15562.2 的规定设置警示标志。

8.1.2 危险废物贮存设施周围应设置围墙或其他防护栅栏。

8.1.3 危险废物贮存设施应配备通讯设备、照明设施、安全防护服装及工具，并设有应急防护设施。

8.1.4 危险废物贮存设施内清理出来的泄漏物，一律按危险废物处理。

8.2 按国家污染源管理要求对危险废物贮存设施进行监测。

9 危险废物贮存设施的关闭

9.1 危险废物贮存设施经营者在关闭贮存设施前应提交关闭计划书，经批准后方可执行。

9.2 危险废物贮存设施经营者必须采取措施消除污染。

9.3 无法消除污染的设备、土壤、墙体等按危险废物处理，并运至正在营运的危险废物处理处置场或其他贮存设施中。

9.4 监测部门的监测结果表明已不存在污染时，方可摘下警示标志，撤离留守人员。

10 标准的实施与监督

本标准由县级以上人民政府环境保护行政主管部门负责实施与监督。

附录 A（标准的附录）

危险废物标签

表 A.1

<table>
<tr><td colspan="4">危　险　废　物</td></tr>
<tr><td colspan="3">主要成分
化学名称</td><td rowspan="3">危险类别
</td></tr>
<tr><td colspan="3">危险情况：</td></tr>
<tr><td colspan="3">安全措施：</td></tr>
<tr><td colspan="4">废物产生单位：</td></tr>
<tr><td colspan="4">地址：</td></tr>
<tr><td colspan="3">电话：</td><td>联系人：</td></tr>
<tr><td>批次：</td><td>数量：</td><td colspan="2">出厂日期：</td></tr>
</table>

危险废物标签

M　1∶1

字体为黑体字。

底色为醒目的桔黄色。

危险废物种类标志

危险分类	符号	危险分类	符号
Explosive 爆炸性	 黑色字橙色底	Toxic 有毒	
Flammable 易燃	 黑色字红色底	Harmful 有害	
Oxidizing 助燃	 黑色字黄色底	Corrosive 腐蚀性	
Irritant 刺激性		Asbestos 石棉	

附录 B（提示性附录）

表 B.1　不同危险废物种类与一般容器的化学相容性

	容器或衬垫的材料							
	高密度聚乙烯	聚丙烯	聚氯乙烯	聚四氟乙烯	软碳钢	不锈钢		
						$OCr_{18}N_{i9}$(GB)	$M_{03}T_i$（GB）	$9Cr_{18}M_0V$（GB）
酸（非氧化）如硼酸、盐酸	R	R	A	R	N	*	*	*
酸（氧化）如硝酸	R	N	N	R	N	R	R	*
碱	R	R	A	R	N	R	*	R
铬或非铬氧化剂	R	A*	A*	R	N	A	A	*
废氰化物	R	R	R	A*—N	N	N	N	N
卤化或非卤化溶剂	*	N	N	*	A*	A	A	A
金属盐酸液	R	A*	A*	R	A*	A*	A*	A*
金属淤泥	R	R	R	R	R	*	R	*
混合有机化合物	R	N	N	A	R	R	R	R
油腻废物	R	N	N	R	A*	R	R	R
有机淤泥	R	N	N	R	R	*	R	*
废漆油（原溶剂）	R	N	N	R	R	R	R	R
酚及其衍生物	R	A*	A*	R	N	A*	A*	A*
聚合前驱物及产生的废物	R	N	N	*	R	*	*	*
皮革废物（铬鞣溶剂）	R	R	R	R	N	*	R	*
废催化剂	R	*	*	A*	A*	A*	A*	A*

A：可接受；N：不建议使用；R：建议使用。

*：因变异性质，请参阅个别化学品的安全资料。

表 B.2　部分不相容的危险废物

不相容危险废物		混合时会产生的危险
甲	乙	
氰化物	酸类、非氧化	产生氰化氢、吸入少量可能会致命
次氯酸盐	酸类、非氧化	产生氯气，吸入可能会致命
铜、铬及多种重金属	酸类、氧化，如硝酸	产生二氧化氮、亚硝酸烟，引致刺激眼目及烧伤皮肤
强酸	强碱	可能引起爆炸性的反应及产生热能
氨盐	强碱	产生氨气，吸入会刺激眼目及呼吸道
氧化剂	还原剂	可能引起强烈及爆炸性的反应及产生热能

表 B.3　一些危险废物的危险分类

废物种类	危险分类
废酸类	刺激性 / 腐蚀性（视其强度而定）
废碱类	刺激性 / 腐蚀性（视其强度而定）
废溶剂如乙醇、甲苯	易燃
卤化溶剂	有毒
油—水混合物	有害
氰化物溶液	有毒
酸及重金属混合物	有害 / 刺激性
重金属	有害
含六价铬的溶液	刺激性
石棉	石棉

标签上的危险用语

1．干燥时容易爆炸。
2．振动、磨擦、接触火焰或其他火源即可能爆炸。
3．振动、磨擦、接触火焰或其他火源极易爆炸。
4．形成极度敏感的爆炸性金属化合物。
5．加热可能引起爆炸。
6．不论是否与空气接触都容易爆炸。
7．可能引起火警。
8．与可燃物料接触可能引起火警。
9．与可燃物料混合时容易爆炸。
10．易燃。
11．高度易燃。
12．极度易燃。
13．极度易燃的液化气体。
14．遇水即产生强烈反应。
15．遇水即放出高度易燃气体。
16．与助燃物质混合时容易爆炸。
17．在空气中会自动燃烧。
18．使用时，可能产生易燃/爆炸性气体及空气混合气体。
19．可能产生容易爆炸的过氧化物。
20．吸入后会对人体有害。
21．沾及皮肤后会对人体有害。
22．吞食后会对人体有害。
23．吸入后会中毒。
24．沾及皮肤后会中毒。
25．吞食后会中毒。
26．吸入后会中剧毒。
27．沾及皮肤后会中剧毒。
28．吞食后会中剧毒。
29．遇水即放出毒气。
30．使用时，可以变得高度易燃。
31．与酸接触后即放出毒气。
32．与酸接触后即放出剧毒气体。
33．有累积效果的危险。
34．引致灼伤。
35．引致严重灼伤。
36．刺激眼睛。
37．刺激呼吸系统。

38．刺激皮肤。
39．有对人体造成非常严重及永不复原的损害的危险。
40．可能对人体造成永不复原的损害。
41．可能对眼睛造成严重损害。
42．吸入后可能引起敏感。
43．沾及皮肤后可能引起敏感。
44．在密封情况下加热可能爆炸。
45．可能引致癌症。
46．可能造成遗传性的基因损害。
47．可能引致先天性缺陷。
48．长期接触可能严重危害健康。
49．当潮湿时，在空气中会自动燃烧。

同时出现的危险情况时标签上的参考危险用语

14/15　遇水即产生强烈反应，并放出高度易燃气体。
15/29　遇水即放出有毒及高度易燃气体。
20/21　吸入或沾及皮肤后都对人体有害。
20/21/22　吸入、沾及皮肤或吞食后都对人体有害。
20/22　吸入或吞食后都对人体有害。
21/22　沾及皮肤或吞食后都对人体有害。
23/24　吸入或沾及皮肤后会中毒。
23/24/25　吸入、沾及皮肤或吞食后会中毒。
23/25　吸入或吞食后会中毒。
24/25　沾及皮肤或吞食后会中毒。
26/27　吸入或沾及皮肤后会中剧毒。
26/27/28　吸入、沾及皮肤或吞食后会中剧毒。
26/28　吸入或吞食后会中剧毒。
27/28　沾及皮肤或吞食后会中剧毒。
36/37　刺激眼睛及呼吸系统。
36/37/38　刺激眼睛、呼吸系统及皮肤。
36/38　刺激眼睛及皮肤。
37/38　刺激呼吸系统及皮肤。
42/43　吸入或沾及皮肤后都可能引起敏感。

标签上的安全用语

1．必须锁紧。
2．放在阴凉地方。
3．切勿放近住所。
4．容器必须盖紧。

5. 容器必须保持干燥。
6. 容器必须放在通风的地方。
7. 切勿将容器密封。
8. 切勿放近食物、饮品及动物饲料。
9. 切勿放近（须指定互不相容的物质）。
10. 切勿受热。
11. 切勿近火，不准吸烟。
12. 切勿放近易燃物质。
13. 处理及打开容器时、必须小心。
14. 使用时严禁饮食。
15. 使用时，严禁吸烟。
16. 切勿吸入尘埃。
17. 切勿吸入气体（烟雾、蒸气、喷雾或其他）。
18. 避免沾及皮肤。
19. 避免沾及眼睛。
20. 如沾及眼睛，立即用大量清水来清洗，并尽快就医诊治。
21. 所有受污染的衣物必须立即脱掉。
22. 沾及皮肤后，立即用大量（指定液来清洗）。
23. 切勿倒入水渠。
24. 切勿加水。
25. 防止静电发生。
26. 避免震荡和摩擦。
27. 穿上适当防护服。
28. 戴上防护手套。
29. 如通风不足，则须配戴呼吸器。
30. 配戴护眼、护面用具。
31. 使用（须予指定）来清理受这种物质污染的地面及物件。
32. 遇到火警时，使用灭火设备，切勿使用。
33. 存放温度不超过摄氏度。
34. 以保持湿润。
35. 只可放在原用的容器内。
36. 切勿与混合。
37. 只可放在通风的地方。

各种安全用语的配合使用

38. 容器必须锁紧，存在阴凉通风的地方。
39. 存放在阴凉通风的地方，切勿放近。（须指明互不相容的物质）
40. 容器必须盖紧，保持干燥。
41. 只可放在原用的容器内，并放在阴凉通风的地方，切勿放近。（须指明不互不相

容的物质）

42．容器必须盖紧，并存放在通风的地方。

43．使用时严禁饮食或吸烟。

44．避免沾及皮肤和眼睛。

45．穿上适当的防护服和戴上适当防护手套。

46．穿上适当的防护服，戴上适当防护手套，并戴上护眼、护面用具。

关于发布《一般工业固体废物贮存、处置场污染控制标准》（GB 18599-2001）等3项国家污染物控制标准修改单的公告

环境保护部公告 2013年第36号

为贯彻《中华人民共和国环境保护法》和《中华人民共和国固体废物污染环境防治法》，防治污染，保护和改善生态环境，保障人体健康，完善国家环保标准体系，我部决定对《一般工业固体废物贮存、处置场污染控制标准》（GB 18599—2001）、《危险废物贮存污染控制标准》（GB 18597—2001）和《危险废物填埋污染控制标准》（GB 18598—2001）等3项国家污染物控制标准进行修改完善，制定了上述3项标准修改单，并由我部与国家质量监督检验检疫总局联合发布。

该标准修改单自发布之日起实施。

该标准修改单由中国环境科学出版社出版，标准内容可在环境保护部网站（bz.mep.gov.cn）查询。

特此公告。

环境保护部

2013年6月8日

附件：

《一般工业固体废物贮存、处置场污染控制标准》（GB18599-2001）等3项国家污染物控制标准修改单

为进一步完善国家污染物排放（控制）标准体系，我部决定修改《一般工业固体废物贮存、处置场污染控制标准》（GB 18599—2001）、《危险废物贮存污染控制标准》（GB 18597—2001）和《危险废物填埋污染控制标准》（GB 18598—2001）等3项国家污染物控制标准，修改内容如下：

一、《一般工业固体废物贮存、处置场污染控制标准》（GB 18599—2001）第5.1.2条修改为：

应依据环境影响评价结论确定场址的位置及其与周围人群的距离，并经具有审批权的环境保护行政主管部门批准，并可作为规划控制的依据。

在对一般工业固体废物贮存、处置场场址进行环境影响评价时，应重点考虑一般工业固体废物贮存、处置场产生的渗滤液以及粉尘等大气污染物等因素，根据其所在地区的环

境功能区类别，综合评价其对周围环境、居住人群的身体健康、日常生活和生产活动的影响，确定其与常住居民居住场所、农用地、地表水体、高速公路、交通主干道（国道或省道）、铁路、飞机场、军事基地等敏感对象之间合理的位置关系。

二、《危险废物贮存污染控制标准》（GB 18597—2001）第 6.1.3 条修改为：

应依据环境影响评价结论确定危险废物集中贮存设施的位置及其与周围人群的距离，并经具有审批权的环境保护行政主管部门批准，并可作为规划控制的依据。

在对危险废物集中贮存设施场址进行环境影响评价时，应重点考虑危险废物集中贮存设施可能产生的有害物质泄漏、大气污染物（含恶臭物质）的产生与扩散以及可能的事故风险等因素，根据其所在地区的环境功能区类别，综合评价其对周围环境、居住人群的身体健康、日常生活和生产活动的影响，确定危险废物集中贮存设施与常住居民居住场所、农用地、地表水体以及其他敏感对象之间合理的位置关系。

三、《危险废物填埋污染控制标准》（GB 18598—2001）第 4.4 条、第 4.5 条、第 4.7 条合并为一条，内容修改为：

危险废物填埋场场址的位置及与周围人群的距离应依据环境影响评价结论确定，并经具有审批权的环境保护行政主管部门批准，并可作为规划控制的依据。

在对危险废物填埋场场址进行环境影响评价时，应重点考虑危险废物填埋场渗滤液可能产生的风险、填埋场结构及防渗层长期安全性及其由此造成的渗漏风险等因素，根据其所在地区的环境功能区类别，结合该地区的长期发展规划和填埋场的设计寿命，重点评价其对周围地下水环境、居住人群的身体健康、日常生活和生产活动的长期影响，确定其与常住居民居住场所、农用地、地表水体以及其他敏感对象之间合理的位置关系。

中华人民共和国国家标准

危险废物填埋污染控制标准

Standard for pollution control on the security landfill site for hazardous wastes

GB 18598—2001

前 言

为贯彻《中华人民共和国固体废物污染环境防治法》，防止危险废物填埋处置对环境造成的污染，制定本标准。

本标准对危险废物安全填埋场在建造和运行过程中涉及的环境保护要求，包括填埋物入场条件、填埋场选址、设计、施工、运行、封场及监测等方面作了规定。

本标准的附录 A 是标准的附录。

本标准为首次发布。

本标准由国家环境保护总局科技标准司提出。

本标准由中国环境科学研究院固体废物污染控制技术研究所负责起草。

本标准由国家环境保护总局于 2001 年 11 月 26 日批准。

本标准由国家环境保护总局负责解释。

1 主题内容与适用范围

1.1 主题内容

本标准规定了危险废物填埋的入场条件，填埋场的选址、设计、施工、运行、封场及监测的环境保护要求。

1.2 适用范围

本标准适用于危险废物填埋场的建设、运行及监督管理。

本标准不适用于放射性废物的处置。

2 引用标准

下列标准所含的条文，在本标准中被引用即构成本标准的条文，与本标准同效。

GB 5085.1 危险废物鉴别标准 腐蚀性鉴别

GB 5085.3 危险废物鉴别标准 浸出毒性鉴别

GB 5086.1～2 固体废物浸出毒性浸出方法

GB/T 15555.1～12 固体废物 浸出毒性测定方法

GB 16297 大气污染物综合排放标准

GB 12348　工业企业厂界噪声标准

GB 8978　污水综合排放标准

GB/T 4848　地下水水质标准

GB 15562.2　环境保护图形标志——固体废物贮存（处置）场

当上述标准被修订时，应使用最新版本。

3 定 义

3.1　危险废物

列入国家危险废物名录或者根据国家规定的危险废物鉴别标准和鉴别方法认定具有危险特性的废物。

3.2　填埋场

处置废物的一种陆地处置设施，它由若干个处置单元和构筑物组成，处置场有界限规定，主要包括废物预处理设施、废物填埋设施和渗滤液收集处理设施。

3.3　相容性

某种危险废物同其他危险废物或填埋场中其他物质接触时不产生气体、热量、有害物质，不会燃烧或爆炸，不发生其他可能对填埋场产生不利影响的反应和变化。

3.4　天然基础层

填埋场防渗层的天然土层。

3.5　防渗层

人工构筑的防止渗滤液进入地下水的隔水层。

3.6　双人工衬层

包括两层人工合成材料衬层的防渗层，其构成见附录 A 图 1。

3.7　复合衬层

包括一层人工合成材料衬层和一层天然材料衬层的防渗层，其构成见附录 A 图 2。

4 填埋场场址选择要求

4.1　填埋场场址的选择应符合国家及地方城乡建设总体规划要求，场址应处于一个相对稳定的区域，不会因自然或人为的因素而受到破坏。

4.2　填埋场场址的选择应进行环境影响评价，并经环境保护行政主管部门批准。

4.3　填埋场场址不应选在城市工农业发展规划区、农业保护区、自然保护区、风景名胜区、文物（考古）保护区、生活饮用水源保护区、供水远景规划区、矿产资源储备区和其他需要特别保护的区域内。

4.4　填埋场距飞机场、军事基地的距离应在 3 000 m 以上。

4.5　填埋场场界应位于居民区 800 m 以外，并保证在当地气象条件下对附近居民区大气环境不产生影响。

4.6　填埋场场址必须位于百年一遇的洪水标高线以上，并在长远规划中的水库等人工蓄水设施淹没区和保护区之外。

4.7　填埋场场址距地表水域的距离不应小于 150 m。

4.8　填埋场场址的地质条件应符合下列要求：

a．能充分满足填埋场基础层的要求；

b．现场或其附近有充足的黏土资源以满足构筑防渗层的需要；

c. 位于地下水饮用水水源地主要补给区范围之外，且下游无集中供水井；

d. 地下水位应在不透水层 3 m 以下，否则，必须提高防渗设计标准并进行环境影响评价，取得主管部门同意；

e．天然地层岩性相对均匀、渗透率低；

f．地质构结构相对简单、稳定，没有断层。

4.9 填埋场场址选择应避开下列区域：破坏性地震及活动构造区；海啸及涌浪影响区；湿地和低洼汇水处；地应力高度集中，地面抬升或沉降速率快的地区；石灰溶洞发育带；废弃矿区或塌陷区；崩塌、岩堆、滑坡区；山洪、泥石流地区；活动沙丘区；尚未稳定的冲积扇及冲沟地区；高压缩性淤泥、泥炭及软土区以及其他可能危及填埋场安全的区域。

4.10 填埋场场址必须有足够大的可使用面积以保证填埋场建成后具有 10 年或更长的使用期，在使用期内能充分接纳所产生的危险废物。

4.11 填埋场场址应选在交通方便、运输距离较短，建造和运行费用低，能保证填埋场正常运行的地区。

5 填埋物入场要求

5.1 下列废物可以直接入场填埋：

a．根据 GB 5086 和 GB/T 15555.1～11 测得的废物浸出液中有一种或一种以上有害成分浓度超过 GB 5085.3 中的标准值并低于表 1 中的允许进入填埋区控制限值的废物；

b．根据 GB 5086 和 GB/T 15555.12 测得的废物浸出液 pH 值在 7.0～12.0 之间的废物。

5.2 下列废物需经预处理后方能入场填埋：

a．根据 GB 5086 和 GB/T 15555.1～11 测得废物浸出液中任何一种有害成分浓度超过表 1 中允许进入填埋区的控制限值的废物；

表 1 危险废物允许进入填埋区的控制限值

序 号	项 目	稳定化控制限值/（mg/L）
1	有机汞	0.001
2	汞及其化合物（以总汞计）	0.25
3	铅（以总铅计）	5
4	镉（以总镉计）	0.50
5	总铬	12
6	六价铬	2.50
7	铜及其化合物（以总铜计）	75
8	锌及其化合物（以总锌计）	75
9	铍及其化合物（以总铍计）	0.20
10	钡及其化合物（以总钡计）	150
11	镍及其化合物（以总镍计）	15
12	砷及其化合物（以总砷计）	2.5
13	无机氟化物（不包括氟化钙）	100
14	氰化物（以 CN 计）	5

b. 根据 GB 5086 和 GB/T 15555.12 测得的废物浸出液 pH 值小于 7.0 和大于 12.0 的废物；

c. 本身具有反应性、易燃性的废物；

d. 含水率高于 85%的废物；

e. 液体废物。

5.3 下列废物禁止填埋：

a. 医疗废物；

b. 与衬层具有不相容性反应的废物。

6 填埋场设计与施工的环境保护要求

6.1 填埋场应设预处理站，预处理站包括废物临时堆放、分拣破碎、减容减量处理、稳定化养护等设施。

6.2 填埋场应对不相容性废物设置不同的填埋区，每区之间应设有隔离设施。但对于面积过小，难以分区的填埋场，对不相容性废物可分类用容器盛放后填埋，容器材料应与所有可能接触的物质相容，且不被腐蚀。

6.3 填埋场所选用的材料应与所接触的废物相容，并考虑其抗腐蚀特性。

6.4 填埋场天然基础层的饱和渗透系数不应大于 1.0×10^{-5} cm/s，且其厚度不应小于 2 m。

6.5 填埋场应根据天然基础层的地质情况分别采用天然材料衬层、复合衬层或双人工衬层作为其防渗层。

6.5.1 如果天然基础层饱和渗透系数小于 1.0×10^{-7} cm/s，且厚度大于 5 m，可以选用天然材料衬层。天然材料衬层经机械压实后的饱和渗透系数不应大于 1.0×10^{-7} cm/s，厚度不应小于 1 m。

6.5.2 如果天然基础层饱和渗透系数小于 1.0×10^{-6} cm/s，可以选用复合衬层。复合衬层必须满足下列条件：

a. 天然材料衬层经机械压实后的饱和渗透系数不应大于 1.0×10^{-7} cm/s，厚度应满足表 2 所列指标，坡面天然材料衬层厚度应比表 2 所列指标大 10%；

表 2 复合衬层下衬层厚度设计要求

基础层条件	下衬层厚度
渗透系数≤1.0×10^{-7} cm/s，厚度≥3 m	厚度≥0.5 m
渗透系数≤1.0×10^{-6} cm/s，厚度≥6 m	厚度≥0.5 m
渗透系数≤1.0×10^{-6} cm/s，厚度≥3 m	厚度≥1.0 m

b. 人工合成材料衬层可以采用高密度聚乙烯（HDPE），其渗透系数不大于 10^{-12} cm/s，厚度不小于 1.5 mm。HDPE 材料必须是优质品，禁止使用再生产品。

6.5.3 如果天然基础层饱和渗透系数大于 1.0×10^{-6} cm/s，则必须选用双人工衬层。双人工衬层必须满足下列条件：

a. 天然材料衬层经机械压实后的渗透系数不大于 1.0×10^{-7} cm/s，厚度不小于 0.5 m；

b. 上人工合成衬层可以采用 HDPE 材料，厚度不小于 2.0 mm；

c. 下人工合成衬层可以采用 HDPE 材料，厚度不小于 1.0 mm；

衬层要求的其他指标同第 6.5.2 条。

6.6 填埋场必须设置渗滤液集排水系统、雨水集排水系统和集排气系统。各个系统在设计时采用的暴雨强度重现期不得低于 50 年。管网坡度不应小于 2%；填埋场底部应以不小于 2%的坡度坡向集排水管道。

6.7 采用天然材料衬层或复合衬层的填埋场应设渗滤液主集排水系统，它包括底部排水层、集排水管道和集水井；主集排水系统的集水井用于渗滤液的收集和排出。

6.8 采用双人工合成材料衬层的填埋场除设置渗滤液主集排水系统外，还应设置辅助集排水系统，它包括底部排水层、坡面排水层、集排水管道和集水井；辅助集排水系统的集水井主要用作上人工合成衬层的渗漏监测。

6.9 排水层的透水能力不应小于 0.1 cm/s。

6.10 填埋场应设置雨水集排水系统，以收集、排出汇水区内可能流向填埋区的雨水、上游雨水以及未填埋区域内未与废物接触的雨水。雨水集排水系统排出的雨水不得与渗滤液混排。

6.11 填埋场设置集排气系统以排出填埋废物中可能产生的气体。

6.12 填埋场必须设有渗滤液处理系统，以便处理集排水系统排出的渗滤液。

6.13 填埋场周围应设置绿化隔离带，其宽度不应小于 10 m。

6.14 填埋场施工前应编制施工质量保证书并获得环境保护主管部门的批准。施工中应严格按照施工质量保证书中的质量保证程序进行。

6.15 在进行天然材料衬层施工之前，要通过现场施工试验确定合适的施工机械，压实方法、压实控制参数及其他处理措施，以论证是否可以达到设计要求。同时在施工过程中要进行现场施工质量检验，检验内容与频率应包括在施工设计书中。

6.16 人工合成材料衬层在铺设时应满足下列条件：

a．对人工合成材料应检查指标合格后才可铺设，铺设时必须平坦，无褶皱；

b．在保证质量条件下，焊缝尽量少；

c．在坡面上铺设衬层，不得出现水平焊缝；

d．底部衬层应避免埋设垂直穿孔的管道或其他构筑物；

e．边坡必须锚固，锚固形式和设计必须满足人工合成材料的受力安全要求；

f．边坡与底面交界处不得设角焊缝，角焊缝不得跨过交界处。

6.17 在人工合成材料衬层在铺设、焊接过程中和完成之后，必须通过目视，非破坏性和破坏性测试检验施工效果，并通过测试结果控制施工质量。

7 填埋场运行管理要求

7.1 在填埋场投入运行之前，要制订一个运行计划。此计划不但要满足常规运行，而且要提出应急措施，以便保证填场的有效利用和环境安全。

7.2 填埋场的运行应满足下列基本要求：

a．入场的危险废物必须符合本标准对废物的入场要求；

b．散状废物入场后要进行分层碾压，每层厚度视填埋容量和场地情况而定；

c．填埋场运行中应进行每日覆盖，并视情况进行中间覆盖；

d．应保证在不同季节气候条件下，填埋场进出口道路通畅；

e. 填埋工作面应尽可能小，使其得到及时覆盖；

f. 废物堆填表面要维护最小坡度，一般为 1∶3（垂直∶水平）；

g. 通向填埋场的道路应设栏杆和大门加以控制；

h. 必须设有醒目的标志牌，指示正确的交通路线，标志牌应满足 GB 15562.2 的要求；

i. 每个工作日都应有填埋场运行情况的记录，应记录设备工艺控制参数，入场废物来源、种类、数量，废物填埋位置及环境监测数据等；

j. 运行机械的功能要适应废物压实的要求，为了防止发生机械故障等情况，必须有备用机械；

k. 危险废物安全填埋场的运行不能暴露在露天进行，必须有遮雨设备，以防止雨水与未进行最终覆盖的废物接触；

l. 填埋场运行管理人员，应参加环保管理部门的岗位培训，合格后上岗。

7.3 危险废物安全填埋场分区原则

7.3.1 可以使每个填埋区能在尽量短的时间内得到封闭。

7.3.2 使不相容的废物分区填埋。

7.3.3 分区的顺序应有利于废物运输和填埋。

7.4 填埋场管理单位应建立有关填埋场的全部档案，从废物特性、废物倾倒部位、场址选择、勘察、征地、设计、施工、运行管理、封场及封场管理、监测直至验收等全过程所形成的一切文件资料，必须按国家档案管理条例进行整理与保管，保证完整无缺。

8 填埋场污染控制要求

8.1 严禁将集排水系统收集的渗滤液直接排放，必须对其进行处理并达到 GB 8978《污水综合排放标准》中第一类污染物最高允许排放浓度的要求及第二类污染物最高允许排放浓度标准要求后方可排放。

8.2 危险废物填埋场废物渗滤液第二类污染物排放控制项目为：pH 值，悬浮物（SS），五日生化需氧量（BOD_5），化学需氧量（COD_{Cr}），氨氮（NH_3-N），磷酸盐（以 P 计）。

8.3 填埋场渗滤液不应对地下水造成污染。填埋场地下水污染评价指标及其限值按照 GB/T 14848 执行。

8.4 地下水监测因子应根据填埋废物特性由当地环境保护行政主管部门确定，必须具有代表性，能表示废物特性的参数。常规测定项目为：浊度，pH 值，可溶性固体，氯化物，硝酸盐（以 N 计），亚硝酸盐（以 N 计），氨氮，大肠杆菌总数。

8.5 填埋场排出的气体应按照 GB 16297 中无组织排放的规定执行。监测因子应根据填埋废物特性由当地环境保护行政主管部门确定，必须具有代表性，能表示废物特性的参数。

8.6 填埋场在作业期间，噪声控制应按照 GB 12348 的规定执行。

9 封场要求

9.1 当填埋场处置的废物数量达到填埋场设计容量时，应实行填埋封场。

9.2 填埋场的最终覆盖层应为多层结构，应包括下列部分：

a. 底层（兼作导气层）：厚度不应小于 20 cm，倾斜度不小于 2%，由透气性好的颗粒物质组成；

b．防渗层：天然材料防渗层厚度不应小于 50 cm，渗透系数不大于 10^{-7} cm/s；若采用复合防渗层，人工合成材料层厚度不应小于 1.0 mm，天然材料层厚度不应小于 30 cm。其他设计要求同衬层相同；

c．排水层及排水管网：排水层和排水系统的要求同底部渗滤液集排水系统相同，设计时采用的暴雨强度不应小于 50 年；

d．保护层：保护层厚度不应小于 20 cm，由粗砥性坚硬鹅卵石组成；

e．植被恢复层：植被层厚度一般不应小于 60 cm，其土质应有利于植物生长和场地恢复；同时植被层的坡度不应超过 33%。在坡度超过 10%的地方，须建造水平台阶；坡度小于 20%时，标高每升高 3 m，建造一个台阶；坡度大于 20%时，标高每升高 2 m，建造一个台阶。台阶应有足够的宽度和坡度，要能经受暴雨的冲刷。

9.3 封场后应继续进行下列维护管理工作，并延续到封场后 30 年：

a．维护最终覆盖层的完整性和有效性；

b．维护和监测检漏系统；

c．继续进行渗滤液的收集和处理；

d．继续监测地下水水质的变化。

9.4 当发现场址或处置系统的设计有不可改正的错误，或发生严重事故及发生不可预见的自然灾害使得填埋场不能继续运行时，填埋场应实行非正常封场。非正常封场应预先作出相应补救计划，防止污染扩散。实施非正常封场必须得到环保部门的批准。

10 监测要求

10.1 对填埋场的监督性监测的项目和频率应按照有关环境监测技术规范进行，监测结果应定期报送当地环保部门，并接受当地环保部门的监督检查。

10.2 填埋场渗滤液

10.2.1 利用填埋场的每个集水井进行水位和水质监测。

10.2.2 采样频率应根据填埋物特性、覆盖层和降水等条件加以确定，应能充分反映填埋场渗滤液变化情况。渗滤液水质和水位监测频率至少为每月一次。

10.3 地下水

10.3.1 地下水监测井布设应满足下列要求：

a．在填埋场上游应设置一眼监测井，以取得背景水源数值。在下游至少设置三眼井，组成三维监测点，以适应于下游地下水的羽流几何型流向；

b．监测井应设在填埋场的实际最近距离上，并且位于地下水上下游相同水力坡度上；

c．监测井深度应足以采取具有代表性的样品。

10.3.2 取样频率

10.3.2.1 填埋场运行的第一年，应每月至少取样一次；在正常情况下，取样频率为每季度至少一次。

10.3.2.2 发现地下水质出现变坏现象时，应加大取样频率，并根据实际情况增加监测项目，查出原因以便进行补救。

10.4 大气

10.4.1 采样点布设及采样方法按照 GB 16297 的规定执行。

10.4.2 污染源下风方向应为主要监测范围。

10.4.3 超标地区、人口密度大和距工业区近的地区加大采样点密度。

10.4.4 采样频率。填埋场运行期间，应每月取样一次，如出现异常，取样频率应适当增加。

11 标准监督实施

本标准由县以上地方人民政府环境保护行政主管部门负责监督实施。

附录A（标准的附录）

衬层系统示意图（参考件）

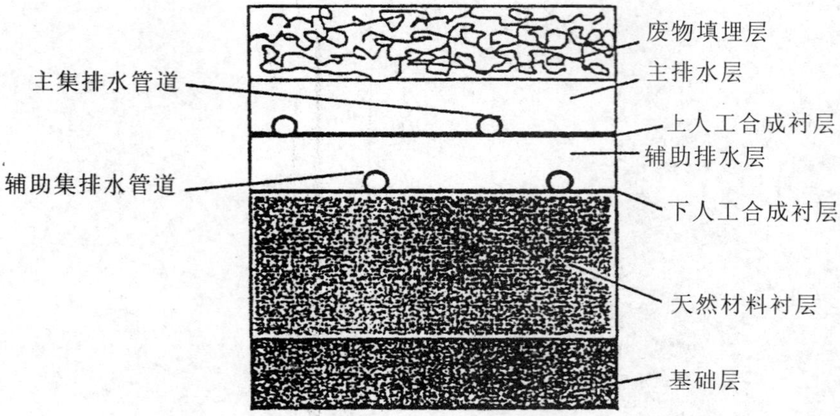

图 1　双人工衬层示意图

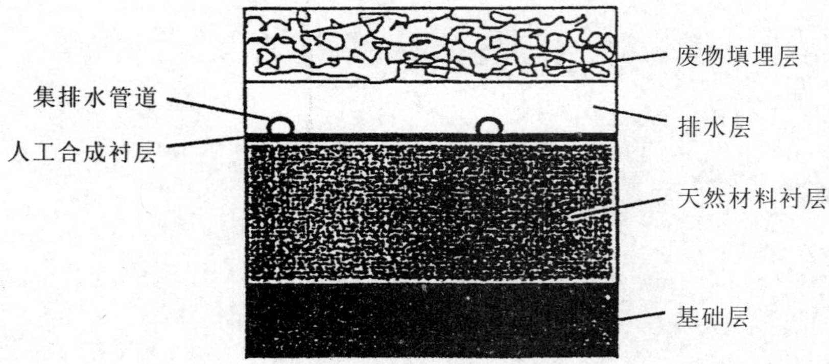

图 2　复合衬层示意图

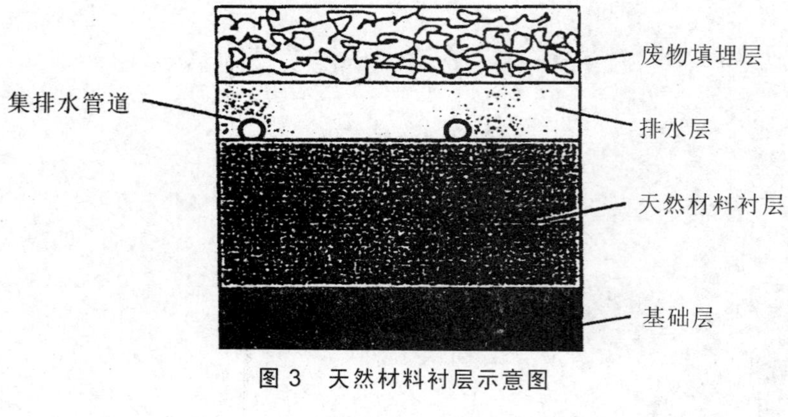

图 3　天然材料衬层示意图

中华人民共和国国家标准

一般工业固体废物贮存、处置场污染控制标准

Standard for pollution control on the storage and disposal site for general industrial solid wastes

GB 18599—2001

前 言

为贯彻《中华人民共和国固体废物污染环境防治法》，防治一般工业固体废物贮存、处置场的二次污染，制定本标准。

本标准规定了一般工业固体废物贮存、处置场的选址、设计、运行管理、关闭与封场以及污染控制与监测等内容。

本标准为首次发布。

本标准由国家环境保护总局科技标准司提出。

本标准由原冶金部马鞍山矿山研究院负责起草。

本标准由国家环境保护总局于2001年11月26日批准。

本标准由国家环境保护总局负责解释。

1 主题内容与适用范围

1.1 主题内容

本标准规定了一般工业固体废物贮存、处置场的选址、设计、运行管理、关闭与封场，以及污染控制与监测等要求。

1.2 适用范围

本标准适用于新建、扩建、改建及已经建成投产的一般工业固体废物贮存、处置场的建设、运行和监督管理；不适用于危险废物和生活垃圾填埋场。

2 引用标准

下列标准所包含的条文，在本标准中引用而构成本标准的条文，与本标准同效。

GB 5085.1～2　危险废物鉴别标准

GB 8978　污水综合排放标准

GB 16297　大气污染物综合排放标准

GB/T 14848　地下水质量标准

HJ/T 20　工业固体废物采样制样技术规范

GB 5086.1～2　　　固体废物浸出毒性浸出方法
GB/T 15555.1～12　固体废物浸出毒性测定方法
GB 5750　　　　　生活饮用水标准检验方法
GB 15562.2　　　　环境保护图形标志——固体废物贮存（处置）场

当上述标准被修订时，应使用其最新版本。

3 定 义

本标准采用下列定义：

3.1　一般工业固体废物

系指未被列入《国家危险废物名录》或者根据国家规定的 GB 5085 鉴别标准和 GB 5086 及 GB/T 15555 鉴别方法判定不具有危险特性的工业固体废物。

3.2　第Ⅰ类一般工业固体废物

按照 GB 5086 规定方法进行浸出试验而获得的浸出液中，任何一种污染物的浓度均未超过 GB 8978 最高允许排放浓度，且 pH 值在 6～9 范围之内的一般工业固体废物。

3.3　第Ⅱ类一般工业固体废物

按照 GB 5086 规定方法进行浸出试验而获得的浸出液中，有一种或一种以上的污染物浓度超过 GB 8978 最高允许排放浓度，或者是 pH 值在 6～9 范围之外的一般工业固体废物。

3.4　贮存场

将一般工业固体废物置于符合本标准规定的非永久性的集中堆放场所。

3.5　处置场

将一般工业固体废物置于符合本标准规定的永久性的集中堆放场所。

3.6　渗滤液

一般工业固体废物在贮存、处置过程中渗流出的液体。

3.7　渗透系数

水力坡降为 1 时，水穿过土壤、岩石或其他防渗材料的渗透速度，以 cm/s 计。

3.8　防渗工程

用天然或人工防渗材料构筑阻止贮存、处置场内外液体渗透的工程。

4 贮存、处置场的类型

贮存、处置场划分为Ⅰ和Ⅱ两个类型。

堆放第Ⅰ类一般工业固体废物的贮存、处置场为第一类，简称Ⅰ类场。

堆放第Ⅱ类一般工业固体废物的贮存、处置场为第二类，简称Ⅱ类场。

5 场址选择的环境保护要求

5.1　Ⅰ类场和Ⅱ类场的共同要求

5.1.1 所选场址应符合当地城乡建设总体规划要求。

5.1.2 应选在工业区和居民集中区主导风向下风侧，场界距居民集中区 500 m 以外。

5.1.3 应选在满足承载力要求的地基上，以避免地基下沉的影响，特别是不均匀或局部下沉的影响。

5.1.4 应避开断层、断层破碎带、溶洞区，以及天然滑坡或泥石流影响区。

5.1.5 禁止选在江河、湖泊、水库最高水位线以下的滩地和洪泛区。

5.1.6 禁止选在自然保护区、风景名胜区和其他需要特别保护的区域。

5.2 Ⅰ类场的其他要求

应优先选用废弃的采矿坑、塌陷区。

5.3 Ⅱ类场的其他要求

5.3.1 应避开地下水主要补给区和饮用水源含水层。

5.3.2 应选在防渗性能好的地基上。天然基础层地表距地下水位的距离不得小于 1.5 m。

6 贮存、处置场设计的环境保护要求

6.1 Ⅰ类场和Ⅱ类场的共同要求

6.1.1 贮存、处置场的建设类型，必须与将要堆放的一般工业固体废物的类别相一致。

6.1.2 建设项目环境影响评价中应设置贮存、处置场专题评价；扩建、改建和超期服役的贮存、处置场，应重新履行环境影响评价手续。

6.1.3 贮存、处置场应采取防止粉尘污染的措施。

6.1.4 为防止雨水径流进入贮存、处置场内，避免渗滤液量增加和滑坡，贮存、处置场周边应设置导流渠。

6.1.5 应设计渗滤液集排水设施。

6.1.6 为防止一般工业固体废物和渗滤液的流失，应构筑堤、坝、挡土墙等设施。

6.1.7 为保障设施、设备正常运营，必要时应采取措施防止地基下沉，尤其是防止不均匀或局部下沉。

6.1.8 含硫量大于 1.5%的煤矸石，必须采取措施防止自燃。

6.1.9 为加强监督管理，贮存、处置场应按 GB 15562.2 设置环境保护图形标志。

6.2 Ⅱ类场的其他要求

6.2.1 当天然基础层的渗透系数大于 1.0×10^{-7} cm/s 时，应采用天然或人工材料构筑防渗层，防渗层的厚度应相当于渗透系数 1.0×10^{-7} cm/s 和厚度 1.5 m 的黏土层的防渗性能。

6.2.2 必要时应设计渗滤液处理设施，对渗滤液进行处理。

6.2.3 为监控渗滤液对地下水的污染，贮存、处置场周边至少应设置三口地下水质监控井。一口沿地下水流向设在贮存、处置场上游，作为对照井；第二口沿地下水流向设在贮存、处置场下游，作为污染监视监测井；第三口设在最可能出现扩散影响的贮存、处置场周边，作为污染扩散监测井。

当地质和水文地质资料表明含水层埋藏较深，经论证认定地下水不会被污染时，可以不设置地下水质监控井。

7 贮存、处置场的运行管理环境保护要求

7.1 Ⅰ类场和Ⅱ类场的共同要求

7.1.1 贮存、处置场的竣工，必须经原审批环境影响报告书（表）的环境保护行政主管部门验收合格后，方可投入生产或使用。

7.1.2 一般工业固体废物贮存、处置场，禁止危险废物和生活垃圾混入。

7.1.3 贮存、处置场的渗滤液水质达到 GB 8978 标准后方可排放，大气污染物排放应满足 GB 16297 无组织排放要求。

7.1.4 贮存、处置场使用单位，应建立检查维护制度。定期检查维护堤、坝、挡土墙、导流渠等设施，发现有损坏可能或异常，应及时采取必要措施，以保障正常运行。

7.1.5 贮存、处置场的使用单位，应建立档案制度。应将入场的一般工业固体废物的种类和数量以及下列资料，详细记录在案，长期保存，供随时查阅。

a．各种设施和设备的检查维护资料；

b．地基下沉、坍塌、滑坡等的观测和处置资料；

c．渗滤液及其处理后的水污染物排放和大气污染物排放等的监测资料。

7.1.6 贮存、处置场的环境保护图形标志，应按 GB 15562.2 规定进行检查和维护。

7.2 Ⅰ类场的其他要求

禁止Ⅱ类一般工业固体废物混入。

7.3 Ⅱ类场的其他要求

7.3.1 应定期检查维护防渗工程，定期监测地下水水质，发现防渗功能下降，应及时采取必要措施。地下水水质按 GB /T 14848 规定评定。

7.3.2 应定期检查维护渗滤液集排水设施和渗滤液处理设施，定期监测渗滤液及其处理后的排放水水质，发现集排水设施不通畅或处理后的水质超过 GB 8978 或地方的污染物排放标准，需及时采取必要措施。

8 关闭与封场的环境保护要求

8.1 Ⅰ类场和Ⅱ类场的共同要求

8.1.1 当贮存、处置场服务期满或因故不再承担新的贮存、处置任务时，应分别予以关闭或封场。关闭或封场前，必须编制关闭或封场计划，报请所在地县级以上环境保护行政主管部门核准，并采取污染防止措施。

8.1.2 关闭或封场时，表面坡度一般不超过 33%。标高每升高 3～5 m，需建造一个台阶。台阶应有不小于 1 m 的宽度、2%～3%的坡度和能经受暴雨冲刷的强度。

8.1.3 关闭或封场后，仍需继续维护管理，直到稳定为止。以防止覆土层下沉、开裂，致使渗滤液量增加，防止一般工业固体废物堆体失稳而造成滑坡等事故。

8.1.4 关闭或封场后，应设置标志物，注明关闭或封场时间，以及使用该土地时应注意的事项。

8.2 Ⅰ类场的其他要求

为利于恢复植被，关闭时表面一般应覆一层天然土壤，其厚度视固体废物的颗粒度大小和拟种植物种类确定。

8.3 Ⅱ类场的其他要求

8.3.1 为防止固体废物直接暴露和雨水渗入堆体内，封场时表面应覆土二层，第一层为阻隔层，覆 20～45 cm 厚的黏土，并压实，防止雨水渗入固体废物堆体内；第二层为覆盖层，覆天然土壤，以利植物生长，其厚度视栽种植物种类而定。

8.3.2 封场后，渗滤液及其处理后的排放水的监测系统应继续维持正常运转，直至水质稳定为止。地下水监测系统应继续维持正常运转。

9 污染物控制与监测

9.1 污染控制项目

9.1.1 渗滤液及其处理后的排放水

应选择一般工业固体废物的特征组分作为控制项目。

9.1.2 地下水

贮存、处置场投入使用前，以 GB/T 14848 规定的项目为控制项目；使用过程中和关闭或封场后的控制项目，可选择所贮存、处置的固体废物的特征组分。

9.1.3 大气

贮存、处置场以颗粒物为控制项目，其中属于自燃性煤矸石的贮存、处置场，以颗粒物和二氧化硫为控制项目。

9.2 监测

9.2.1 渗滤液及其处理后的排放水

a．采样点。采样点设在排放口。

b．采样频率。每月一次。

c．测定方法。按 GB 8978 选配方法进行。

9.2.2 地下水

a．采样点。采样点设在地下水质监控井。

b．采样频率。贮存、处置场投入使用前，至少应监测一次本底水平；在运行过程中和封场后，每年按枯、平、丰水期进行，每期一次。

c．测定方法。按 GB 5750 进行。

9.2.3 大气

a．采样点。按 GB 16297 附录 C 进行。

b．采样频率。每月一次。

c．测定方法（见表 1）。

表 1 大气污染物测定方法

项 目	测定方法	方法来源
颗粒物	重量法	GB/T 15432—1995
二氧化硫	（1）甲醛吸收副玫瑰苯胺分光光度法	GB/T 15262—94
	（2）四氯汞盐副玫瑰苯胺分光光度法	GB 8970—88

10 标准的实施与监督

本标准由县级以上人民政府环境保护行政主管部门负责监督实施。

中华人民共和国国家标准

水泥窑协同处置固体废物污染控制标准

Standard for pollution control on co-processing of solid wastes in cement kiln

GB 30485—2013

前　言

为贯彻《中华人民共和国环境保护法》《中华人民共和国固体废物污染环境防治法》《中华人民共和国大气污染防治法》《中华人民共和国循环经济促进法》《中华人民共和国产品质量法》等法律、法规，保护环境，防治水泥窑协同处置固体废物过程的污染，促进生产工艺和污染治理技术的进步，制定本标准。

本标准规定了协同处置固体废物水泥窑的设施技术要求、入窑废物特性要求、运行技术要求、污染物排放限值、生产的水泥产品污染物控制要求、监测和监督管理要求。

本标准为首次发布。

水泥窑协同处置固体废物过程中排放水污染物、环境噪声适用相应的国家污染物排放标准，产生固体废物的鉴别、处理和处置适用相应的国家固体废物污染控制标准。

本标准规定的污染物排放限值为基本要求。地方省级人民政府对本标准未作规定的污染物项目，可以制定地方污染物排放标准；对本标准已作规定的污染物项目，可以制定严于本标准的地方污染物排放标准。环境影响评价批复的限值严于本标准或地方标准限值的，按环境影响评价批复的限值执行。

本标准由环境保护部科技标准司组织制订。

本标准主要起草单位：中国环境科学研究院、中国建筑材料科学研究总院、北京金隅红树林环保技术有限责任公司、环境保护部环境保护对外合作中心。

本标准环境保护部 2013 年 12 月 16 日批准。

本标准自 2014 年 3 月 1 日起实施。

本标准由环境保护部解释。

1　适用范围

本标准规定了协同处置固体废物水泥窑的设施技术要求、入窑废物特性要求、运行操作要求、污染物排放限值、生产的水泥产品污染物控制要求、监测和监督管理要求。

本标准适用于利用水泥窑协同处置危险废物、生活垃圾（包括废塑料、废橡胶、废纸、废轮胎等）、城市和工业污水处理污泥、动植物加工废物、受污染土壤、应急事件废物等固体废物过程的污染控制和监督管理。当水泥窑协同处置生活垃圾时，若掺加生活垃圾的质量超过入窑（炉）物料总质量的 30%，应执行《生活垃圾焚烧污染控制标准》。

本标准适用于法律允许的污染物排放行为。新设立污染源的选址和特殊保护区域内现有污染源的管理，按照《中华人民共和国大气污染防治法》《中华人民共和国水污染防治法》《中华人民共和国海洋环境保护法》《中华人民共和国固体废物污染环境防治法》《中华人民共和国放射性污染防治法》《中华人民共和国环境影响评价法》等法律、法规和规章的相关规定执行。

2 规范性引用文件

本标准引用了下列文件或其中的条款。凡是未注明日期的引用文件，其最新版本适用于本标准。

GB 4915 水泥工业大气污染物排放标准

GB 14554 恶臭污染物排放标准

GB 18597 危险废物贮存污染控制标准

GB/T 16157 固定污染源排气中颗粒物测定与气态污染物采样方法

HJ 77.2 环境空气和废气 二噁英类的测定 同位素稀释高分辨气相色谱-高分辨质谱法

HJ 543 固定污染源废气 汞的测定 冷原子吸收分光光度法（暂行）

HJ 657 空气和废气 颗粒物中铅等金属元素的测定 电感耦合等离子体质谱法

HJ 662 水泥窑协同处置固体废物环境保护技术规范

HJ 688 固定污染源排气 氟化氢的测定 离子色谱法（暂行）

HJ/T 27 固定污染源排气中氯化氢的测定 硫氰酸汞分光光度法

HJ/T 38 固定污染源排气中非甲烷总烃的测定 气相色谱法

HJ/T 55 大气污染物无组织排放监测技术导则

HJ/T 75 固定污染源烟气排放连续监测技术规范（试行）

HJ/T 176 危险废物集中焚烧处置工程建设技术规范

HJ/T 397 固定源废气监测技术规范

《污染源自动监控管理办法》（国家环境保护总局令 第 28 号）

3 术语和定义

下列术语和定义适用于本标准。

3.1 水泥窑协同处置 co-processing in cement kiln

将满足或经过预处理后满足入窑要求的固体废物投入水泥窑，在进行水泥熟料生产的同时实现对固体废物的无害化处置过程。

3.2 固体废物 solid wastes

是指在生产、生活和其他活动中产生的丧失原有利用价值或者虽未丧失利用价值但被抛弃或者放弃的固态、半固态和置于容器中的气态的物品、物质以及法律、行政法规规定纳入固体废物管理的物品、物质，包括液态废物（排入水体的废水除外）。

3.3 危险废物 hazardous wastes

列入国家危险废物名录或者根据国家规定的危险废物鉴别标准和鉴别方法认定的

具有腐蚀性、毒性、易燃性、反应性和感染性等一种或一种以上危险特性，以及不排除具有以上危险特性的固体废物。

3.4 应急事件废物 emergency wastes

指由于污染事故、安全事故、重大灾害等事件以及环境保护专项行动中集中产生的固体废物。

3.5 新型干法水泥窑 new dry process cement kiln

在窑尾配加了悬浮预热器和分解炉的回转式水泥窑。

3.6 窑磨一体机模式 compound mode

指把水泥窑废气引入物料粉磨系统，利用废气余热烘干物料，窑和磨排出的废气在同一套除尘设备进行处理的窑磨联合运行的模式。

3.7 窑尾余热利用系统 waste heat utilization system of kiln exhaust gas

引入水泥窑尾废气，利用废气余热进行物料干燥、发电等，并对余热利用后的废气进行净化处理的系统。

3.8 标准状态 standard state

温度为 273.15 K，压力为 101 325 Pa 时的状态，简称“标态”。本标准规定的大气污染物排放浓度均指标准状态下 O_2 体积分数为 10%的干烟气中的数值。

3.9 最高允许排放浓度 maximum acceptable emission concentration

处理设施后排气筒中污染物在规定时间段内的浓度平均值不得超过的限值。

3.10 二噁英类 dibenzo-p-dioxins and dibenzofurans

多氯代二苯并-对-二噁英（PCDDs）和多氯代二苯并呋喃（PCDFs）的统称。

3.11 二噁英类毒性当量 toxic equivalent quantity（TEQ）of dibenzo-p-dioxins and dibenzofurans

二噁英毒性当量因子（TEF）是二噁英毒性同类物与 2,3,7,8-四氯代二苯并-对-二噁英对 Ah 受体的亲和性能之比。二噁英毒性当量（TEQ）可以通过下式计算：

$$\text{TEQ} = \sum（\text{二噁英毒性同类物浓度} \times \text{TEF}）$$

3.12 焚毁去除率 destruction removal efficiency（DRE）

投入窑中的特征有机化合物与残留在排放烟气中的该化合物质量之差，占投入窑中该化合物质量的百分比。DRE 的表达式如下：

$$\text{DRE} = \frac{W_{\text{in}} - W_{\text{g}}}{W_{\text{in}}} \times 100\%$$

式中：W_{in}——单位时间内投入窑中的特征有机化合物的总量，kg/h；

W_{g}——单位时间内随烟气排出的该化合物的总量，kg/h。

4 协同处置设施

4.1 用于协同处置固体废物的水泥窑应满足以下条件：

a）单线设计熟料生产规模不小于 2 000 t/d 的新型干法水泥窑；

b）采用窑磨一体机模式；

c）水泥窑及窑尾余热利用系统采用高效布袋除尘器作为烟气除尘设施；

d)协同处置危险废物的水泥窑，按 HJ 662 要求测定的焚毁去除率应不小于 99.999 9%；

e）对于改造利用原有设施协同处置固体废物的水泥窑，在进行改造之前原有设施应连续两年达到 GB 4915 的要求。

4.2 用于协同处置固体废物的水泥窑所处位置应满足以下条件：

a）符合城市总体发展规划、城市工业发展规划要求；

b）所在区域无洪水、潮水或内涝威胁。设施所在标高应位于重现期不小于 100 年一遇的洪水位之上，并建设在现有和各类规划中的水库等人工蓄水设施的淹没区和保护区之外。

4.3 应有专门的固体废物贮存设施。

危险废物贮存设施应满足 GB 18597 和 HJ/T 176 的规定。

生活垃圾和城市污水处理厂污泥的贮存设施应有良好的防渗性能并设置污水收集装置；贮存设施应采用封闭措施，保证其中有生活垃圾或污泥存放时处于负压状态；贮存设施内抽取的空气应导入水泥窑高温区焚烧处理，或经过其他处理措施达标后排放。

前述两款规定之外的其他固体废物的贮存设施应有良好的防渗性能，以及必要的防雨、防尘功能。

4.4 应根据所需要协同处置的固体废物特性设置专用固体废物投加设施。固体废物投加设施应满足 HJ 662 的要求。

4.5 固体废物的协同处置应确保不会对水泥生产和污染控制产生不利影响。如果无法满足这一要求，应根据所需要协同处置固体废物的特性设置必要的预处理设施对其进行预处理；如果经过预处理后仍然无法满足这一要求，则不应在水泥窑中处置这类废物。

5 入窑协同处置固体废物特性

5.1 禁止下列固体废物入窑进行协同处置：

——放射性废物；

——爆炸物及反应性废物；

——未经拆解的废电池、废家用电器和电子产品；

——含汞的温度计、血压计、荧光灯管和开关；

——铬渣；

——未知特性和未经鉴定的废物。

5.2 入窑固体废物应具有相对稳定的化学组成和物理特性，其重金属以及氯、氟、硫等有害元素的含量及投加量应满足 HJ 662 的要求。

6 运行技术要求

6.1 在运行过程中，应根据固体废物特性按照 HJ 662 中的要求正确选择固体废物投加点和投加方式。

6.2 固体废物的投加过程和在水泥窑中的协同处置过程应不影响水泥的正常生产。

6.3 在水泥窑达到正常生产工况并稳定运行至少 4 h 后，方可开始投加固体废物；因水泥窑维修、事故检修等原因停窑前至少 4 h 内禁止投加固体废物。

6.4 当水泥窑出现故障或事故造成运行工况不正常，如窑内温度明显下降、烟气中污染物浓度明显升高等情况时，必须立即停止投加固体废物，待查明原因并恢复正常运行后方可恢复投加。

6.5 在协同处置固体废物时，水泥窑及窑尾余热利用系统排气筒总有机碳（TOC）因协同处置固体废物增加的浓度不应超过 10 mg/m^3，TOC 的测定步骤和方法执行 HJ 662 和 HJ/T 38 等国家环境保护标准。

7 污染物排放限值

7.1 利用水泥窑协同处置固体废物时，水泥窑及窑尾余热利用系统排气筒大气污染物中颗粒物、二氧化硫、氮氧化物和氨的排放限值按 GB 4915 中的要求执行。

7.2 利用水泥窑协同处置固体废物时，水泥窑及窑尾余热利用系统排气筒大气污染物中除列入本标准第 7.1 条外的其他污染物执行表 1 规定的最高允许排放质量浓度。

表 1 协同处置固体废物水泥窑大气污染物最高允许排放质量浓度

单位：mg/m^3（二噁英类除外）

序号	污染物	最高允许排放质量浓度限值
1	氯化氢（HCl）	10
2	氟化氢（HF）	1
3	汞及其化合物（以 Hg 计）	0.05
4	铊、镉、铅、砷及其化合物（以 Tl+Cd+Pb+As 计）	1.0
5	铍、铬、锡、锑、铜、钴、锰、镍、钒及其化合物（以 Be+Cr+Sn+Sb+Cu+Co+Mn+Ni+V 计）	0.5
6	二噁英类	0.1 ng TEQ/m^3

7.3 在本标准第 6.4 条规定的情况下，所获得的监测数据不作为执行本标准烟气排放限值的监测数据。每次故障或事故持续排放污染物时间不应超过 4 h，每年累计不得超过 60 h。

7.4 固体废物贮存、预处理等设施产生的废气应导入水泥窑高温区焚烧；或经过处理达到 GB 14554 规定的限值后排放。

7.5 生活垃圾渗滤液、车辆清洗废水以及水泥窑协同处置固体废物过程产生的其他废水收集后可采用喷入水泥窑内焚烧处置、密闭运输送到城市污水处理厂处理、排入城市排水管道进入城市污水处理厂处理或者自行处理等方式。废水排放应符合国家相关水污染物排放标准要求。

7.6 协同处置固体废物的水泥生产企业厂界恶臭污染物限值应按照 GB 14554 执行。

7.7 水泥窑旁路放风排气筒大气污染物排放限值按照本标准第 7.1 和 7.2 条执行。

7.8 协同处置固体废物的水泥生产企业，除水泥窑及窑尾余热利用系统、旁路放风、固体废物贮存及预处理等设施排气筒外的其他原料、产品的加工、贮存、生产设施的排气筒大气污染物排放和无组织排放限值及周边环境质量监控按照 GB 4915 执行。

7.9 从水泥窑循环系统排出的窑灰和旁路放风收集的粉尘如直接掺加入水泥熟料，应严格控制其掺加比例，确保满足本标准第 8 章要求。

如果窑灰和旁路放风粉尘需要送至厂外进行处理处置，应按危险废物进行管理。

8 水泥产品污染物控制

8.1 协同处置固体废物的水泥窑生产的水泥产品，其质量应符合国家相关标准。

8.2 协同处置固体废物的水泥窑生产的水泥产品中污染物的浸出，应满足相关的国家标准要求。

8.3 利用粉煤灰、钢渣、硫酸渣、高炉矿渣、煤矸石等一般工业固体废物作为替代原料（包括混合材料）、燃料生产的水泥产品参照本标准中第 8.2 条的规定执行。

9 监测要求

9.1 烟气监测

9.1.1 企业应按照有关法律和《环境监测管理办法》等规定，建立企业监测制度，制订监测方案，对污染物排放状况及其对周边环境质量的影响开展自行监测，保存原始监测记录，并公布监测结果。

9.1.2 新建企业和现有企业安装污染物排放自动监控设备的要求，按有关法律和《污染源自动监控管理办法》的规定执行。

9.1.3 企业应按照环境监测管理规定和技术规范的要求，设计、建设、维护永久性采样口、采样测试平台和排污口标志。

9.1.4 对企业排放废气的采样，应根据监测污染物的种类，在规定的污染物排放监控位置进行。有废气处理设施的，应在该设施后监测。排气筒中大气污染物的监测采样按 GB/T 16157、HJ/T 397 或 HJ/T 75 规定执行；大气污染物无组织排放的监测按 HJ/T 55 规定执行。

9.1.5 企业对烟气中重金属（汞、铊、镉、铅、砷、铍、铬、锡、锑、铜、钴、锰、镍、钒及其化合物）以及总有机碳、氯化氢、氟化氢的监测，在水泥窑协同处置危险废物时，应当每季度至少开展 1 次；在水泥窑协同处置非危险废物时，应当每半年至少开展 1 次。对烟气中二噁英类的监测应当每年至少开展 1 次，其采样要求按 HJ 77.2 的有关规定执行，其质量浓度为连续 3 次测定值的算术平均值。对其他大气污染物排放情况监测的频次、采样时间等要求，按有关环境监测管理规定和技术规范的要求执行。

9.1.6 对大气污染物排放质量浓度的测定采用表 2 所列的方法标准。

表 2 大气污染物质量浓度测定方法标准

序号	污染物项目	方法标准名称	标准编号
1	氯化氢	固定污染源排气中氯化氢的测定 硫氰酸汞分光光度法	HJ/T 27
2	氟化氢	固定污染源排气 氟化氢的测定 离子色谱法（暂行）	HJ 688
3	汞	固定污染源废气 汞的测定 冷原子吸收分光光度法（暂行）	HJ 543
4	镉、铬、锡、镍、铅、砷、锑、铜、锰、钒、钴、铊、铍	空气和废气 颗粒物中铅等金属元素的测定 电感耦合等离子体质谱法	HJ 657
5	二噁英类	环境空气和废气 二噁英类的测定 同位素稀释高分辨气相色谱-高分辨质谱法	HJ 77.2

9.2 水泥窑协同处置危险废物设施的性能测试

9.2.1 水泥生产企业在首次开展危险废物协同处置之前，应按照 HJ 662 中的要求对水泥窑协同处置设施进行性能测试。

9.2.2 应定期对开展协同处置危险废物的水泥窑设施进行性能测试，测试频率应不少于每五年一次。

10 实施与监督

10.1 本标准由县级以上人民政府环境保护行政主管部门会同有关部门负责监督实施。

10.2 在任何情况下，协同处置固体废物的水泥生产企业均应遵守本标准规定的污染物控制要求，采取必要措施保证污染防治设施正常运行。各级环保部门在对企业进行监督性检查时，可以现场即时采样或监测的结果，作为判定排污行为是否符合排放标准以及实施相关环境保护管理措施的依据。

三、环境工程相关技术（设计）规范

中华人民共和国国家标准

水泥窑协同处置固体废物技术规范

Technical specification for coprocessing of solid waste in cement kiln

GB 30760—2014

前　言

本标准的第 8 章、第 9 章为强制性的，其余为推荐性的。

本标准按照 GB/T 1.1—2009 给出的规则起草。

本标准由中国建筑材料联合会提出。

本标准由全国水泥标准化技术委员会（SAC/TC 184）归口。

本标准负责起草单位：中国建筑材料科学研究总院、北京金隅红树林环保技术有限责任公司、华新水泥股份有限公司。

本标准参加起草单位：中国环境科学研究院、拉法基瑞安水泥有限公司、中国建材检验认证集团股份有限公司、北京建筑材料科学研究总院、豪瑞管理顾问（中国）有限公司。

本标准主要起草人：颜碧兰、汪澜、李叶青、田巍、熊运贵、王焕忠、范晓虹、顾军、闫大海、姜雨生、张建平、魏丽颖、刘姚君、杜大艳、宋军华、王昕、李春萍、郭随华、刘晶、梁慧超、杨玉飞。

1　范围

本标准规定了水泥窑协同处置固体废物的术语和定义、协同处置固体废物的鉴别和检测、处置工艺技术和管理要求、入窑生料和水泥熟料重金属含量限值及水泥可浸出重金属含量限值、检测方法及检测频次等。

本标准适用于水泥窑协同处置危险废物、生活垃圾（包括废塑料、废橡胶、废纸、废轮胎等）、城市和工业污水处理污泥、动植物加工废物、受污染土壤、应急事件废物等固体废物的生产工艺过程、产品的控制及管理。

液态废物（排入水体的废水除外）的处置可参照本标准执行。

2　规范性引用文件

下列文件对于本文件的应用是必不可少的。凡是注日期的引用文件，仅注日期的版本适用于本文件。凡是不注日期的引用文件，其最新版本（包括所有的修改单）适用于本文件。

GB/T 176　水泥化学分析方法

GB/T 214　煤中全硫的测定方法

GB/T 1345 水泥细度检验方法 筛析法

GB 4915 水泥工业大气污染物排放标准

GB 5085 危险废物鉴别标准

GB/T 6682 分析实验室用水规格和试验方法

GB/T 15555.1 固体废物 总汞的测定 冷原子吸收分光光度法

GB/T 15555.11 固体废物 氟化物的测定 离子选择性电极法

GB/T 15555.12 固体废物 腐蚀性测定 玻璃电极法

GB 18597 危险废物贮存污染控制标准

GB/T 21372—2008 硅酸盐水泥熟料

GB/T 27978 水泥生产原料中废渣用量的测定方法

GB 30485 水泥窑协同处置固体废物污染控制标准

GB/T 30810 水泥胶砂中可浸出重金属的测定方法

GB 50016 建筑设计防火规范

HJ/T 20 工业固体废物采样制样技术规范

HJ/T 298 危险废物鉴别技术规范

HJ 662 水泥窑协同处置固体废物环境保护技术规范

HJ 2025 危险废物收集、贮存、运输技术规范

CJ/T 96 生活垃圾化学特性通用检测方法

CJ/T 313 生活垃圾采样和物理分析方法

环境保护部、国家发展和改革委员会第 1 号令（2008.6） 国家危险废物名录

3 术语和定义

下列术语和定义适用于本文件。

3.1 固体废物 solid waste

在生产、生活和其他活动中产生的丧失原有利用价值或者虽未丧失利用价值但被抛弃或者放弃的固态、半固态和置于容器中的气态的物品、物质。

3.2 水泥窑协同处置固体废物 co-processing of solid waste in cement kiln

通过高温焚烧及水泥熟料矿物化高温烧结过程实现固体废物毒害特性分解、降解、消除、惰性化、稳定化等目的的废物处置技术手段。

4 协同处置固体废物的鉴别和检测

4.1 不应协同处置的废物

下列固体废物不应入窑进行协同处置：

a）放射性废物；

b）具有传染性、爆炸性及反应性废物；

c）未经拆解的废电池、废家用电器和电子产品；

d）含汞的温度计、血压计、荧光灯管和开关；

e）有钙焙烧工艺生产铬盐过程中产生的铬渣；

f）石棉类废物；

g）未知特性和未经鉴定的固体废物。

4.2 协同处置固体废物的鉴别和分析

水泥生产企业在接收固体废物之前，应对固体废物进行鉴别和分析，确定固体废物是否适宜水泥窑协同处置。相关程序包括：

a）了解产生固体废物企业及工艺过程基本情况，确定固体废物种类、物理化学特性等基本属性。

b）列入《国家危险废物名录》或者根据 HJ/T 298 和 GB 5085 认定具有危险特性的废物按照 HJ/T 298 进行采样；一般废物按照 HJ/T 20 进行采样，记录并报告详细的采样信息。

c）危险废物按照 HJ/T 298 和 GB 5085 进行鉴别分析，确定危险废物的危害特性。

d）鉴别分析拟处置的固体废物特性，检测内容参见附录 A。

5 生产处置管理要求和工艺技术

5.1 水泥窑协同处置固体废物的管理要求

协同处置固体废物企业应设立处置废物的管理机构，建立健全各项管理制度并有专职人员负责处置固体废物管理及环境保护有关工作；所有岗位的人员均应进行有关水泥窑协同处置固体废物相关知识及技能的培训。

5.2 水泥窑协同处置设施场地与贮存

水泥窑协同处置固体废物设施所处场地应满足 GB 30485 和 HJ 662 要求。

水泥窑协同处置厂区内危险废物的贮存设施应满足 GB 18597 的要求。生产处置厂区内一般废物的贮存设施应满足 GB 50016 的要求。对于有挥发性或化工恶臭的固体废物，应在密闭条件下贮存。固体废物的贮存设施要有必要的防渗性能。贮存设施内产生的废气和渗滤液，应根据各自的性质，按照相关国家标准进行处理达标后排放。

5.3 水泥窑协同处置过程中固体废物的输送

在生产处置厂区内可采用机械、气力等输送装备或车辆输送、转运固体废物。固体废物的输送、转送要有防扬尘、防异味发散、防泄漏等技术措施。对于有挥发性或化工恶臭的固体废物，应在密闭或负压条件下进行输送、转运，产生的废气应导入水泥窑中或是通过空气过滤装置后达标排放；输送、转运管道应有防爆等技术措施。

5.4 水泥协同处置厂区内固体废物的预处理

为适应水泥窑处置的要求，可在生产处置厂区内对固体废物进行预处理，包括化学处理，如酸碱中和；物理处理，如分选、水洗、破碎、粉磨、烘干等。预处理工艺过程要有防扬尘、防异味发散、防泄漏等技术措施。对于有挥发性或化工恶臭的固体废物，应在密闭或负压条件下进行预处理。预处理过程产生的废渣、废气和废液，应根据各自的性质，按照国家相关标准和文件进行处理达标后排放。

5.5 水泥窑工艺技术装备及运行

协同处置固体废物的水泥窑应是新型干法预分解窑，设计熟料规模大于 2 000t/d，生产过程控制采用现场总线或 DCS 或 PLC 控制系统、生料质量控制系统、生产管理信息分析系统；窑尾安装大气污染物连续监测装置。窑炉烟气排放采用高效除尘器除尘，除尘器的同步运转率为 100%。

水泥窑在协同处置固体废物时，投料量应稳定，及时调整操作参数，保证窑炉及其他工艺设备的正常稳定运行。

5.6 水泥窑协同处置固体废物的投料

水泥窑协同处置固体废物投料点可设在生料制备系统、分解炉和回转窑系统（不包括篦冷机）。设在分解炉和回转窑系统上的投料点应保持负压操作；含有机挥发性物质或化工恶臭的固体废物，不能投入生料制备系统。

水泥窑协同处置固体废物投料应有准确计量和自动控制装置。在水泥窑或烟气除尘设备出现不正常状况时，应自动联机停止固体废物投料。在水泥窑达到正常工况并稳定运行至少 4 小时后，可开始投加固体废物；在水泥窑计划停机前至少 4 小时内不得投加固体废物。

6 入窑生料中重金属含量参考限值

6.1 为确保水泥熟料中重金属含量满足要求，经计算得到的入窑生料中重金属含量不宜超过表 1 中规定的参考限值。入窑生料重金属含量按式（1）计算：

$$R_i=\sum W_{ij}\alpha_j+M_i\beta+R_{ri}（1-\sum \alpha_j-\beta） \quad (1)$$

式中：R_i——水泥窑协同处置固体废物后投料期间，生料中第 i 类重金属含量，单位为毫克每千克（mg/kg）；

i——重金属种类，可取代号为 1、2、3 等；

j——水泥窑协同处置固体废物种类，可取代号为 1、2、3 等，包含在生料制备系统、分解炉和回转窑系统里投加的固体废物；

W_{ij}——第 j 类固体废物（灼烧基）的第 i 种重金属含量，单位为毫克每千克（mg/kg）；

α_j——第 j 类固体废物（灼烧基）折算到生料中的配料比例，%；

M_i——煤灰中第 i 种重金属含量，单位为毫克每千克（mg/kg）；

β——煤灰折算到生料中的配料比例，%；

R_{ri}——不投加固体废物期间，生料中第 i 类重金属含量，单位为毫克每千克（mg/kg）。

表 1 入窑生料中重金属含量参考限值

重金属元素	参考限值/（mg/kg）
砷（As）	28
铅（Pb）	67
镉（Cd）	1.0
铬（Cr）	98
铜（Cu）	65
镍（Ni）	66
锌（Zn）	361
锰（Mn）	384

6.2 水泥窑协同处置固体废物投料量的确定也可参考 HJ 662 中的重金属最大允许投加量

限值。

7 水泥熟料中重金属含量限值

7.1 水泥窑协同处置固体废物时，水泥窑生产的水泥熟料应满足 GB/T 21372—2008 的要求，水泥熟料中重金属元素含量不宜超过表 2 规定的限值。水泥熟料中重金属含量的检测按附录 B 规定的方法进行。

表 2 水泥熟料中重金属含量限值

重金属	限值/（mg/kg）
砷（As）	40
铅（Pb）	100
镉（Cd）	1.5
铬（Cr）	150
铜（Cu）	100
镍（Ni）	100
锌（Zn）	500
锰（Mn）	600

8 水泥熟料中可浸出重金属含量限值

8.1 水泥窑协同处置固体废物时，水泥熟料中可浸出重金属含量不得超过表 3 规定的限值。

8.2 水泥熟料中可浸出重金属含量测定按 GB/T 30810 规定的方法进行，其中样品制备按 GB/T 21372—2008 中 5.2 进行。

表 3 水泥熟料中可浸出重金属含量限值

重金属	限值/（mg/L）
砷（As）	0.1
铅（Pb）	0.3
镉（Cd）	0.03
铬（Cr）	0.2
铜（Cu）	1.0
镍（Ni）	0.2
锌（Zn）	1.0
锰（Mn）	1.0

9 大气污染物排放量限值及监测

水泥窑协同处置固体废物时，水泥窑排放的大气污染物应按照 GB 4915、GB 30485 和 HJ 662 进行检测并满足相关的要求。

10 检测频次

10.1 当首次处置某种危险废物时，水泥熟料中重金属含量检测频次不低于每天 1 次；连续一周检测结果稳定且不超出标准规定限值，在危险废物来源及投料量稳定的前提下，频次可减为每周 1 次；连续两个月检测结果稳定且不超出标准规定限值，频次可减为每月 1 次；若在此期间检测结果出现异常或危险废物来源发生变化或中断处置超过半年以上，则频次重新调整为每天 1 次，依次重复。

当首次处置某种危险废物时，必须进行水泥熟料中可浸出重金属含量检测，在水泥熟料重金属含量检测合格、危险废物来源及投料量稳定的前提下，频次为每月 1 次；连续两个月检测结果稳定且不超出标准规定限值，频次可减为每半年 1 次；若在此期间检测结果出现异常或危险废物来源发生变化或中断处置超过半年以上，则频次重新依次重复。

10.2 当首次处置某种确定含重金属的一般废物时，水泥熟料中重金属含量检测频次不低于每周 3 次；连续二周检测结果稳定且不超出标准规定限值，在这种废物来源及投料量稳定的前提下，频次可减为每月 1 次；连续三个月结果稳定且不超出标准规定限值，频次可减为三个月 1 次；若在此期间试验结果出现异常或废物来源发生变化或中断处置超过半年以上，则频次重新调整为每周 3 次，依次重复。

当首次处置某种确定含重金属的一般废物时，必须进行水泥熟料中可浸出重金属含量检测，在这种废物来源及投料量稳定的前提下，频次为每月 1 次；连续三个月检测结果稳定且不超出标准规定限值，频次可减为每年 1 次；若在此期间检测结果出现异常或危险废物来源发生变化或中断处置超过半年以上，则频次重新依次重复。

附录 A（资料性附录）

固体废物的分析项目

表 A.1　固体废物的化学成分和重金属元素分析项目

种类	化学成分[a]										重金属元素[b]								
	SiO_2	Al_2O_3	Fe_2O_3	CaO	MgO	K_2O	Na_2O	Cl	S	F	Hg	As	Pb	Ca	Cr	Cu	Ni	Zn	Mn
生活污泥类	√	√	√	√	√	√	√	√	√	√	√	√	√	√	√	√	√	√	√
生活垃圾类	√	√	√	√	√	√	√	√	√	√	√	√	√	√	√	√	√	√	√
污染土	√	√	√	√	√	√	√	√	√	√	√	√	√	√	√	√	√	√	√
固态、半固态工业废物	√	√	√	√	√	√	√	√	√	√	√	√	√	√	√	√	√	√	√
液态工业废物						√	√	√	√	√	√	√	√	√	√	√	√	√	√

[a] 建议 Cl 依据 CJ/T 96 分析，S 依据 GB/T 214 艾士卡法分析，F 依据 GB/T15555.11 分析，其余化学成分为灰分中的组分，依据 GB/T176 分析。

[b] 建议除 Hg 外，重金属元素依据附录 B 处理样品，参照附录 B、GB/T 30810 分析；Hg 依据 GB/T 15555.1 进行分析。

表 A.2　固体废物的物理性质、pH 值、低位热值和有机成分分析项目

种类	物理性质[a]		pH 值[a]	低位热值[b]	有机成分[c]
	水分	烧失量			
生活污泥类	√	√		√	
生活垃圾类	√	√		√	
污染土	√	√			√
固态、半固态工业废物	√	√		√	√
液态工业废物			√	√	√

[a] 建议水分依据 GB/T 27978 分析，烧失量依据 GB/T 176 分析，pH 值依据 GB/T 15555.12 分析。

[b] 可根据废物的属性确定是否需要检测。

[c] 有机成分包括多氯联苯等，应根据废物的属性确定有机成分检测项目和方法。

附录 B（规范性附录）

水泥熟料中重金属含量的测定方法

B.1 范围

本附录规定了水泥熟料中重金属含量的测定方法。

B.2 方法原理

采用混合酸溶液以及微波加热的方法将试样全部消解进入溶液中，再进行溶液中的重金属含量的测定。

B.3 试验用试剂和材料

B.3.1 试验用水：应符合 GB/T 6682 规定的Ⅰ级水。

B.3.2 硝酸（HNO_3），ρ=1.42g/mL，优级纯。

B.3.3 氢氟酸（HF），40%，优级纯。

B.3.4 盐酸（HCl），ρ=1.19g/mL，优级纯。

B.3.5 硼酸饱和溶液：将硼酸晶体（分析纯）加入水中，用玻璃棒不断搅拌，直到硼酸不再溶解，即可制得硼酸饱和溶液。

B.3.6 砷标准储备液（1.000mg/mL）：称取 1.320 3g 经硅胶干燥器干燥 24h 的三氧化二砷（As_2O_3），溶于 10mL 氢氧化钠（B.3.28）中，移入 1 000mL 容量瓶，用盐酸（B.3.27）定容至 1 000mL。

B.3.7 铅标准储备液（1.000mg/mL）：称取 1.598 5g 硝酸铅[$Pb(NO_3)_2$]，溶于约 200mL 水中，加 1.5mL 硝酸（B.3.2），移入 1 000mL 容量瓶，用水定容至 1 000mL。

B.3.8 镉标准储备液（1.000mg/mL）：称取 1.000g 纯镉粉，溶于 5mL 硝酸溶液（B.3.24）中，移入 1 000mL 容量瓶，用水定容至 1 000mL。

B.3.9 铬标准储备液（1.000mg/mL）：称取 1.414 4g 经 105～110℃干燥 2h 的重铬酸钾（$K_2Cr_2O_7$，优级纯），溶于水中，移入 500mL 容量瓶，用水定容至 500mL。

B.3.10 铜标准储备液（1.000mg/mL）：称取 1.000g 纯铜粉（铜含量≥99.9%），溶于 15mL 硝酸溶液（B.3.24）中，移入 1 000mL 容量瓶，用水定容至 1 000mL。

B.3.11 镍标准储备液（1.000mg/mL）：称取 1.000g 金属镍（高纯或光谱纯），溶于 10mL 硝酸溶液（B.3.24）中，加热驱除氮氧化物，冷却至室温后移入 1 000mL 容量瓶，用水定容至 1 000mL。

B.3.12 锌标准储备液（1.000mg/mL）：称取 1.000g 纯锌粉（锌含量≥99.9%），溶于 20mL 硝酸溶液（B.3.24）中，移入 1 000mL 容量瓶，用水定容至 1 000mL。

B.3.13 锰标准储备液（1mg/mL）：称取 1.291 2g 氧化锰（MnO，优级纯）或称取 1.000g 金属锰[ω（Mn）≥99.8%]，加硝酸溶液（B.3.24）溶解后，移入 1 000mL 容量瓶，用水定

容至 1 000mL。

B.3.14 硝酸溶液（1+99）：1 份体积的硝酸（B.3.2）与 99 份体积的水相混合。

B.3.15 砷标准使用液（100μg/L）：临用前将砷标准储备液（B.3.6）用盐酸溶液（B.3.27）逐级稀释配制。

B.3.16 铅标准使用液（500μg/L）：临用前将铅标准储备液（B.3.7）用硝酸溶液（B.3.14）逐级稀释配制。

B.3.17 镉标准使用液（25μg/L）：临用前将镉标准储备液（B.3.8）用硝酸溶液（B.3.14）逐级稀释配制。

B.3.18 铬标准使用液（500μg/L）：临用前将铬标准储备液（B.3.9）用硝酸溶液（B.3.14）逐级稀释配制。

B.3.19 铜标准使用液（500μg/L）：临用前将铜标准储备液（B.3.10）用硝酸溶液（B.3.14）逐级稀释配制。

B.3.20 镍标准使用液（400μg/L）：临用前将镍标准储备液（B.3.11）用硝酸溶液（B.3.14）逐级稀释配制。

B.3.21 锌标准使用液（5.0mg/L）：临用前将锌标准储备液（B.3.12）用硝酸溶液（B.3.14）逐级稀释配制。

B.3.22 锰标准使用液（10.0mg/L）：临用前将锰标准储备液（B.3.13）用硝酸溶液（B.3.14）逐级稀释配制。

B.3.23 磷酸氢二铵[$(NH_4)_2HPO_4$]水溶液（50g/L）：5g 磷酸氢二铵[$(NH_4)_2HPO_4$]（优级纯），溶于 100mL 水中。

B.3.24 硝酸溶液（1+1）：1 份体积的硝酸（B.3.2）与 1 份体积的水相混合。

B.3.25 硫脲-抗坏血酸混合溶液（5+5+100）：分别称取硫脲、抗坏血酸各 5g，溶于 100mL 水中。此溶液现用现配。

B.3.26 硼氢化钾（KBH_4）溶液（10g/L）：0.5g 氢氧化钾于溶解少量水中，加入 1g 硼氢化钾后混匀，用水稀释至 100mL。此溶液现用现配。

B.3.27 盐酸溶液（3+97）：3 份体积的盐酸（B.3.4）与 97 份体积的水相混合。

B.3.28 氢氧化钠溶液（40g/L）：4 g 氢氧化钠溶于 100mL 水中。

注：各标准储备液也可采用国家有证标准物质配制。

B.4 试验用仪器设备

B.4.1 微波消解仪：

a） 微波功率能保证快速加热，通常为 600～1 500W；

b） 能显示压力、温度数据；感应温度达到±2.5℃；

c） 具备耐腐蚀、通风良好的炉腔；

d） 配备微波能够透过、耐试剂的惰性塑胶材料制成的罐（如特氟隆消解罐）。

B.4.2 赶酸仪：控温精度达±1℃；孔间温度差应小于±1.5℃。

B.4.3 容量瓶：50mL。

B.4.4 分析天平：精度达到±0.000 1g。

B.4.5 方孔筛：满足 GB/T 1345 标准规定的 80μm 方孔筛。

B.4.6 原子吸收分光光度计：带有火焰、石墨炉原子化器。

B.4.7 原子荧光光谱仪。

B.4.8 砷空心阴极灯。

B.4.9 铅空心阴极灯。

B.4.10 镉空心阴极灯。

B.4.11 铬空心阴极灯。

B.4.12 铜空心阴极灯。

B.4.13 镍空心阴极灯。

B.4.14 锌空心阴极灯。

B.4.15 锰空心阴极灯。

B.4.16 高纯氩气。

B.4.17 乙炔。

B.5 试验步骤

B.5.1 试验准备

实验所用的玻璃器皿需先用洗涤剂洗净，再用硝酸溶液（1+1）（B.3.24）浸泡 24h，使用前再依次用自来水、试验用水（B.3.1）洗净。

B.5.2 试样的制备

将水泥熟料破碎、磨细，试样应全部通过 80μm 方孔筛。

B.5.3 空白消解溶液的制备

依次将 6 mI.盐酸（B.3.4），2mL 硝酸（B.3.2）和 2mL 氢氟酸（B.3.3），10mL 试验用水（B.3.1）加入特氟隆消解罐中，将消解罐置于微波消解仪，安装固定后加热至 180℃，保温 30min。然后从微波消解仪移出消解罐，加入 12mL 硼酸饱和溶液（B.3.5），放入已预热至 90～100℃的赶酸仪中 10min 以上，直至样品全部消解（不要蒸干）。然后将特氟隆消解罐移出赶酸仪冷却至室温，将消解溶液转移至容量瓶，用试验用水（B.3.1）定容至 50mL。

B.5.4 试样消解溶液的制备

称取 0.250 0g 试样，准确到 0.000 1g，按照 B.5.3 的步骤制备试样消解溶液。

注：所有的消解过程应在通风环境下进行。

B.5.5 样品分析

B.5.5.1 砷的测定

B.5.5.1.1 方法提要

砷的测定采用氢化物-原子荧光光谱法。试液在酸性介质中，以硼氢化钾作还原剂，将样品中的砷转化为挥发性氢化物，以高纯氩气作为载气将挥发性氢化物从母液中分离导入石英炉原子化器中原子化。以特种空心阴极灯作激发光源，激发砷原子发出荧光，荧光强度值在一定范围内与砷的浓度成正比。

砷的检出限为：砷 0.005mg/L。

B.5.5.1.2 仪器参数

不同型号的仪器最佳测试条件不同，可根据仪器使用说明书自行选择。

B.5.5.1.3 标准曲线

B.5.5.1.3.1 砷标准溶液系列配制

分别移取砷标准使用液（B.3.15）0mL、0.5mL、1.0mL、2.0mL、4.0mL、5.0mL 于 6 个 50mL 容量瓶中，各加入硫脲-抗坏血酸混合溶液（B.3.25）10mL，用盐酸溶液（B.3.27）定容。砷标准溶液系列砷浓度分别为：0.0μg/L、1.0μg/L、2.0μg/L、4.0μg/L、8.0μg/L、10.0μg/L。

B.5.5.1.3.2 砷标准曲线测定

按照仪器性能调节仪器至最佳工作条件，以盐酸溶液（B.3.27）为载流液、硼氢化钾（B.3.26）为还原剂，由低到高浓度顺次测定砷标准溶液的荧光强度。以标准溶液的浓度（以μg/L 计）为横坐标，以相应的荧光强度值减去空白试验溶液的荧光强度值为纵坐标，绘制标准曲线。

B.5.5.1.4 分析步骤

B.5.5.1.4.1 按照标准曲线测定中仪器的条件分别测定试样消解溶液中砷的荧光强度，在标准曲线中查出浸出液相应的浓度。

B.5.5.1.4.2 按照标准曲线测定中仪器的条件测定空白消解溶液中砷的荧光强度，并在标准曲线中查出其相应浓度。

B.5.5.2 铅、镉、铬、铜、镍的测定

B.5.5.2.1 方法提要

铅、镉、铬、铜、镍的测定采用石墨炉原子吸收分光光度法。试液通过自动进样器注入石墨炉中，经过预先设定的干燥、灰化、原子化等升温程序使共存机体蒸发除去，同时在原子化阶段的高温下铅、镉、铬、铜、镍化合物离解为基态原子蒸汽，并对空心阴极灯发射的特征谱线产生选择性吸收，在选择的最佳测定条件下，通过背景扣除测定试液中铅、镉、铬、铜和镍的吸光度。加入磷酸氢二铵可消除干扰。

铅、镉、铬、铜、镍的检出限分别为：铅 0.005mg/L，镉 0.001mg/L，铬 0.01mg/L，铜 0.005mg/L，镍 0.01mg/L。

B.5.5.2.2 仪器参数

不同型号的仪器最佳测试条件不同，可根据仪器使用说明书自行选择。

B.5.5.2.3 标准曲线

B.5.5.2.3.1 标准溶液系列配制

a）铅标准溶液系列

分别移取铅的标准使用液（B.3.16）0mL、1.0mL、2.0mL、5.0mL、10.0mL 于 5 个 50mL 容量瓶中，各加入 3.0mL 磷酸氢二铵（B.3.23）溶液，用硝酸（B.3.14）定容。铅标准溶液系列铅浓度分别为：0.0μg/L、1.0μg/L、20.0μg/L、50.0μg/L、100.0μg/L。

b）镉标准溶液系列

分别移取镉的标准使用液（B.3.17）0mL、1.0mL、2.0mL、5.0mL、10.0mL 于 5 个 50mL 容量瓶中，各加入 3.0mL 磷酸氢二铵（B.3.23）溶液，用硝酸（B.3.14）定容。镉标准溶液系列镉浓度分别为：0.0μg/L、0.5μg/L、1.0μg/L、2.5μg/L、5.0μg/L。

c）铬标准溶液系列

分别移取铬的标准使用液（B.3.18）0mL、1.0mL、2.0mL、5.0mL、10.0mL 于 5 个 50mL 容量瓶中，各加入 3.0mL 磷酸氢二铵（B.3.23）溶液，用硝酸（B.3.14）定容。铬标准溶液系列铬浓度分别为：0.0μg/L、10.0μg/L、20.0μg/L、50.0μg/L、100.0μg/L。

d） 铜标准溶液系列

分别移取铜的标准使用液（B.3.19）0mL、1.0mL、2.0mL、5.0mL、10.0mL 于 5 个 50mL 容量瓶中，各加入 3.0mL 磷酸氢二铵（B.3.23）溶液，用硝酸（B.3.14）定容。铜标准溶液系列铜浓度分别为：0.0μg/L、10.0μg/L、20.0μg/L、50.0μg/L、100.0μg/L。

e）镍标准溶液系列

分别移取镍的标准使用液（B.3.20）0mL、1.0mL、2.0mL、5.0mL、10.0mL 于 5 个 50mL 容量瓶中，各加入 3.0mL 磷酸氢二铵（B.3.23）溶液，用硝酸（B.3.14）定容。镍标准溶液系列镍浓度分别为：0.0μg/L、8.0μg/L、16.0μg/L、40.0μg/L、80.0μg/L。

B.5.5.2.3.2 标准曲线测定

按照仪器性能调节仪器至最佳工作条件，由低到高浓度顺次测定标准溶液的吸光度。

以标准溶液的浓度（以μg/L 计）为横坐标，以相应的吸光度值减去空白试验溶液的吸光度值为纵坐标，绘制标准曲线。

B.5.5.2.4 分析步骤

B.5.5.2.4.1 按照标准曲线测定中仪器的条件分别测定试样消解溶液中各元素的吸光度，在标准曲线中查出其相应的浓度。

B.5.5.2.4.2 按照标准曲线测定中仪器的条件测定空白消解溶液中各元素的吸光度，并在标准曲线中查出其相应的浓度。

B.5.5.3 锌、锰的测定

B.5.5.3.1 方法提要

锌、锰的测定采用火焰原子吸收分光光度法。测定锌、锰的试液经不同方式的处理后，被吸入空气-乙炔火焰，在火焰中形成的元素基态原子蒸汽对空心阴极灯发射的特征谱线产生选择性吸收，在选择的最佳测定条件下，测定试液中锌、锰的吸光度。

锌、锰的检出限分别为：锌 0.2mg/L，锰 0.1mg/L。

B.5.5.3.2 仪器参数

不同型号的仪器最佳测试条件不同，可根据仪器使用说明书自行选择。

B.5.5.3.3 标准曲线

B.5.5.3.3.1 标准溶液系列配制

a）锌标准溶液系列

分别移取锌的标准使用液（B.3.21）0mL、1.0mL、2.0mL、5.0mL、20.0mL 于 5 个 50mL 容量瓶中，用硝酸（B.3.14）定容。锌标准溶液系列锌浓度分别为：0.0mg/L、0.1mg/L、0.2mg/L、0.5mg/L、2.0mg/L。

b）锰标准溶液系列

分别移取锰的标准使用液（B.3.22）0mL、1.0mL、2.0mL、5.0mL、10.0mL 于 5 个 50mL 容量瓶中，用硝酸（B.3.14）定容。锰标准溶液系列锰浓度分别为：0.0mg/L、0.2mg/L、0.4mg/L、1.0mg/L、2.0mg/L。

B.5.5.3.3.2 标准曲线测定

按照仪器性能调节仪器至最佳工作参数，由低到高浓度顺次测定标准溶液的吸光度。以标准溶液的浓度（以 mg/L 计）为横坐标，以相应的吸光度值减去空白试验溶液的吸光度值为纵坐标，绘制标准曲线。

B.5.5.3.4 分析步骤

B.5.5.3.4.1 按照标准曲线测定中仪器的条件分别测定试样消解溶液中各元素的吸光度，在标准曲线中查出其相应的浓度。

B.5.5.3.4.2 按照标准曲线测定中仪器的条件测定空白消解溶液中各元素的吸光度，并在标准曲线中查出其相应的浓度。

注：不同样品的最佳测试条件不同，可根据仪器使用说明书及样品实际再自行调整。

B.5.6 计算

B.5.6.1 除锌、锰外，水泥熟料中重金属含量用式（B.1）计算：

$$S_i=\frac{(C_i-C_i')\times V}{m_0} \tag{B.1}$$

式中：i——水泥熟料中重金属砷、铅、镉、铬、铜、镍；

S_i——水泥熟料中重金属含量，单位为毫克每千克（mg/kg）；

C_i——试样消解溶液中第 i 类重金属的浓度，单位为微克每升（μg/L）；

C_i'——空白消解溶液中第 i 类重金属的浓度，单位为微克每升（μg/L）；

V——消解溶液定容体积，单位为升（L）；

m_0——试样的质量，单位为克（g）。

B.5.6.2 对于锌、锰，水泥熟料中重金属含量用式（B.2）计算：

$$S_j=\frac{(C_j-C_j')\times V}{m_0}\times 1\,000 \tag{B.2}$$

式中：j——水泥熟料中重金属锌、锰；

S_i——水泥熟料中重金属含量，单位为毫克每千克（mg/kg）；

C_j——试样消解溶液中第 j 类重金属的浓度，单位为毫克每升（mg/L）；

C_i'——空白消解溶液中第 j 类重金属的浓度，单位为毫克每升（mg/L）；

V——消解溶液定容体积，单位为升（L）；

m_0——试样的质量，单位为克（g）。

注册环保工程师专业考试复习教材

（第四版）

固体废物处理处置工程技术与实践

（下册）

全国勘察设计注册工程师环保专业管理委员会
中国环境保护产业协会　编

中国环境出版集团·北京

图书在版编目（CIP）数据

注册环保工程师专业考试复习教材. 固体废物处理处置工程技术与实践/全国勘察设计注册工程师环保专业管理委员会，中国环境保护产业协会编. —北京：中国环境出版集团，2017.3（2020.9 重印）

ISBN 978-7-5111-2732-7

Ⅰ. ①注… Ⅱ. ①全… ②中… Ⅲ. ①固体废物处理—资格考试—教材 Ⅳ. ①X

中国版本图书馆 CIP 数据核字（2016）第 047451 号

出 版 人　武德凯
策划编辑　沈　建　葛　莉
责任编辑　葛　莉　董蓓蓓
责任校对　尹　芳
封面设计　彭　杉

出版发行　中国环境出版集团
（100062　北京市东城区广渠门内大街 16 号）
网　　址：http://www.cesp.com.cn
电子邮箱：bjgl@cesp.com.cn
联系电话：010-67112765（编辑管理部）
010-67113412（教材图书出版中心）
发行热线：010-67125803，010-67113405（传真）
印　　刷　北京中科印刷有限公司
经　　销　各地新华书店
版　　次　2017 年 3 月第 1 版
印　　次　2020 年 9 月第 2 次印刷
开　　本　787×1092　1/16
印　　张　56.25
字　　数　1330 千字
定　　价　310.00 元（全两册）

注册环保工程师专业考试复习教材

编 委 会

《固体废物处理处置工程技术与实践》分册

编 写 组

主　编　　蒋建国

主　审　　李国鼎

编　写　　（按姓氏笔画排列）

王玉珏　王敬民　刘海威　陈德喜　孟宝峰　尚光旭

郭祥信　彭孝容　翟力新

前 言

环境工程作为一门以环境科学为基础、以工程技术为主导的解决复杂环境问题的工程学科，具有起步晚、发展较快、多学科相互渗透、技术工艺复杂等特点，主要包括水污染防治、大气污染防治、固体废物处理处置、物理污染控制、污染修复等工程技术领域。环保工程师的主要职责就是要在从事环境工程设计、咨询等活动中，通过环境工程措施来削减污染物排放，使其稳定达到国家或地方环境法规、标准规定的污染物排放限值，其从业范围包括环境工程设计、技术咨询、设备招标和采购咨询、项目管理、施工指导及污染治理设施运行管理等各类环境工程服务活动。环保工程师作为环境工程设计、工程咨询服务的主要力量，应具有一定的理论知识、扎实的专业技能、丰富的实际工程经验和良好的职业道德，并能准确理解、正确应用各类环境法规、标准和政策，综合解决各类复杂环境问题。

为加强对环境工程设计相关专业技术人员的管理，提高环境工程设计技术人员综合素质和业务水平，保证环境工程质量，维护社会公共利益和人民生命财产安全，2005 年 9 月 1 日起国家实施了注册环保工程师执业资格制度，并开始实行注册环保工程师资格考试。注册环保工程师资格考试实行全国统一大纲、统一考试制度，分为基础考试和专业考试，2007 年至今，已成功组织了 9 次考试。

根据新修订的《勘察设计注册环保工程师执业资格专业考试大纲》（2014 年版）要求，全国勘察设计注册工程师环保专业管理委员会秘书处和中国环境保护产业协会组织环境工程领域的资深专家重新编写了“注册环保工程师专业考试复习教材”系列丛书，供环境工程专业技术人员参加注册环保工程师资格专业考试复习使用。同时，也供从事环境工程设计、咨询、项目管理等方面的环境工程专业技术人员，以及高等院校环境工程专业的师生在实际工作、教学、学习中参考使用。

本复习教材以《勘察设计注册环保工程师执业资格专业考试大纲》（2014 年版）为依据，内容力求体现专业考试大纲对以下三个层次知识和技能的要求：

（1）了解：是指注册环保工程师应知的与环境工程设计密切相关的知识和技能。

（2）熟悉：是指注册环保工程师开展执业活动必须熟悉的知识和技能。

（3）掌握：是指注册环保工程师必须掌握，并能够熟练地运用于工程实践的知识和必备技能。

根据注册环保工程师执业资格专业考试和环境工程专业的特点，本复习教材内容以注册环保工程师应熟悉和掌握的具有共性的专业理论知识、环境工程实际技能为重点，既不同于普通教科书，也不同于一般理论专著，力求达到科学性、系统性与实用性的统一。为保证知识的系统性，本复习教材部分章节的编排并非与大纲一一对应，但其基本涵盖了大纲要求的全部内容。

本复习教材丛书共分五个分册:《水污染防治工程技术与实践》《大气污染防治工程技术与实践》《固体废物处理处置工程技术与实践》《物理污染控制工程技术与实践》《综合类法规和标准》。

参加本复习教材编写的单位近20个。其中,《水污染防治工程技术与实践》分册由清华大学环境学院编写;《大气污染防治工程技术与实践》分册由北京航空航天大学环境科学与工程系、福建龙净环保股份有限公司、中国恩菲工程技术有限公司、北京纬纶华业环保科技股份有限公司、广东佳德环保科技有限公司、北京国能中电节能环保技术股份有限公司、北京师范大学、北京科技大学、北京工业大学编写;《固体废物处理处置工程技术与实践》分册由清华大学环境学院、中国城市建设研究院、中国恩菲工程技术有限公司编写;《物理污染控制工程技术与实践》分册由合肥工业大学机械与汽车工程学院、清华大学电机工程与应用电子技术系、首都经济贸易大学安全与环境工程学院、深圳中雅机电实业有限公司、广东启源建筑工程设计院有限公司编写。

本复习教材的编写在全国勘察设计注册工程师环保专业管理委员会专家组的指导下完成,编写过程中得到了编写人员所在单位的大力支持,并参考了我国现行的环境工程高等教育的推荐教材和环境工程手册、专著等,在此表示诚挚的谢意。

本复习教材编写历时两年,不少内容几易其稿,凝聚了全体编写人员的心血。但由于环境工程技术涉及面广,本复习教材又是新考试大纲颁布实施后的重新编写,难免有差错之处,敬请广大读者批评指正,以期在本教材再版时补充和修正。

编　者

2016年8月

目　录

附 件

一、环境质量标准

二、污染物排放（控制）标准

三、环境工程相关技术（设计）规范

四、法律法规

五、技术政策

中华人民共和国国家标准

生活垃圾卫生填埋处理技术规范

Technical code for municipal solid waste sanitary landfill

GB 50869—2013

前 言

根据住房和城乡建设部《关于印发〈2008 年工程建设标准规范制订、修订计划（第一批）〉的通知》（建标[2008]102 号文）的要求，规范编制组经广泛调查研究，认真总结实践经验，参考有关国际标准和国内先进标准，并在广泛征求意见的基础上，编制了本规范。

本规范共分 16 章和 5 个附录，主要内容包括总则，术语，填埋物入场技术要求，场址选择，总体设计，地基处理与场地平整，垃圾坝与坝体稳定性，防渗与地下水导排，防洪与雨污分流系统，渗沥液收集与处理，填埋气体导排与利用，填埋作业与管理，封场与堆体稳定性，辅助工程，环境保护与劳动卫生，工程施工及验收。

本规范中以黑体字标志的条文为强制性条文，必须严格执行。

本规范由住房和城乡建设部负责管理和对强制性条文的解释，由华中科技大学负责日常管理，由华中科技大学环境科学与工程学院负责具体技术内容的解释。执行过程中如有意见或建议，请寄送华中科技大学环境科学与工程学院（地址：湖北省武汉市洪山区珞瑜路 1037 号，邮政编码：430074）。

本规范主编单位、参编单位、主要起草人和主要审查人：

主编单位：华中科技大学

参编单位：中国科学院武汉岩土力学研究所
中国市政工程中南设计研究总院
上海市环境工程设计科学研究院
城市建设研究院
武汉市环境卫生科研设计院
北京高能时代环境技术股份有限公司
天津市环境卫生工程设计院
深圳市中兰环保科技有限公司
中国瑞林工程技术有限公司
宁波市鄞州区绿州能源利用有限公司

主要起草人：陈朱蕾 薛 强 冯其林 刘 勇 杨 列 罗继武 余 毅 王敬民
齐长青 田 宇 葛 芳 龙 燕 王志国 郑得鸣 刘泽军 史波芬

夏小红　谢文刚　曹　丽　史东晓　俞瑛健

主要审查人：徐文龙　邓志光　秦　峰　张　范　吴文伟　张　益　陶　华　王　琦　陈云敏　潘四红　熊　辉

1 总　则

1.0.1 依据《中华人民共和国固体废物污染环境防治法》，为贯彻国家有关生活垃圾处理的技术法规和技术政策，保证生活垃圾卫生填埋（简称填埋）处理工程质量，制定本规范。

1.0.2 本规范适用于新建、改建、扩建的生活垃圾卫生填埋处理工程的选址、设计、施工、验收和作业管理。

1.0.3 填埋处理工程应不断总结设计与运行经验，在汲取国内外先进技术及科研成果的基础上，经充分论证，可采用技术先进、经济合理的新工艺、新技术、新材料和新设备，提高生活垃圾卫生填埋处理技术的水平。

1.0.4 填埋处理工程的选址、设计、施工、验收和作业管理除应符合本规范外，尚应符合国家现行有关标准的规定。

2 术　语

2.0.1 卫生填埋　sanitary landfill

填埋场采取防渗、雨污分流、压实、覆盖等工程措施，并对渗沥液、填埋气体及臭味等进行控制的生活垃圾处理方法。

2.0.2 填埋库区　compartment

填埋场中用于填埋生活垃圾的区域。

2.0.3 填埋库容　landfill capacity

填埋库区填入的生活垃圾和功能性辅助材料所占用的体积，即封场堆体表层曲面与平整场底层曲面之间的体积。

2.0.4 有效库容　effective capacity

填埋库区填入的生活垃圾所占用的体积。

2.0.5 垃圾坝　retaining dam

建在填埋库区汇水上下游或周边或库区内，由土石等建筑材料筑成的堤坝。不同位置的垃圾坝有不同的作用（上游的坝截留洪水，下游的坝阻挡垃圾形成初始库容，库区内的坝用于分区等）。

2.0.6 防渗系统　lining system

在填埋库区和调节池底部及四周边坡上为构筑渗沥液防渗屏障所选用的各种材料组成的体系。

2.0.7 防渗结构　liner structure

防渗系统各种材料组成的空间层次。

2.0.8 人工合成衬里　artificial liners

利用人工合成材料铺设的防渗层衬里，目前使用的人工合成衬里为高密度聚乙烯（HDPE）土工膜。采用一层人工合成衬里铺设的防渗系统为单层衬里，采用两层人工合成衬里铺设的防渗系统为双层衬里。

2.0.9　复合衬里　composite liners

采用两种或两种以上防渗材料复合铺设的防渗系统（HDPE 土工膜+黏土复合衬里或HDPE 土工膜+GCL 钠基膨润土垫复合衬里）。

2.0.10　土工复合排水网　geofiltration compotmd drainage net

由立体结构的塑料网双面粘接渗水土工布组成的排水网，可替代传统的砂石层。

2.0.11　土工滤网　geofiltration fabric

又称有纺土工布，由单一聚合物制成的，或聚合物材料通过机械固结、化学和其他粘合方法复合制成的可渗透的土工合成材料。

2.0.12　非织造土工布（无纺土工布）　nonwoven geotextile

由定向的或随机取向的纤维通过摩擦和（或）抱合和（或）粘合形成的薄片状、纤网状或絮垫状土工合成材料。

2.0.13　垂直防渗帷幕　vertical barriers

利用防渗材料在填埋库区或调节池周边设置的竖向阻挡地下水或渗沥液的防渗结构。

2.0.14　雨污分流系统　rainwater and sewage shunting system

根据填埋场地形特点，采用不同的工程措施对填埋场雨水和渗沥液进行有效收集与分离的体系。

2.0.15　地下水收集导排系统　groundwater collection and removal system

在填埋库区和调节池防渗系统基础层下部，用于将地下水汇集和导出的设施体系。

2.0.16　渗沥液收集导排系统　leaehate collection and removal system

在填埋库区防渗系统上部，用于将渗沥液汇集和导出的设施体系。

2.0.17　盲沟　leaehate trench

位于填埋库区防渗系统上部或填埋体中，采用高过滤性能材料导排渗沥液的暗渠（管）。

2.0.18　集液井（池）　leachate collection well（pond）

在填埋场修筑的用于汇集渗沥液，并可自流或用提升泵将渗沥液排出的构筑物。

2.0.19　调节池　equalization basin

在渗沥液处理系统前设置的具有均化、调蓄功能或兼有渗沥液预处理功能的构筑物。

2.0.20　填埋气体　landfill gas

填埋体中有机垃圾分解产生的气体，主要成分为甲烷和二氧化碳。

2.0.21　产气量　gas generation volume

填埋库区中一定体积的垃圾在一定时间中厌氧状态下产生的气体体积。

2.0.22　产气速率　gas generation rate

填埋库区中一定体积的垃圾在单位时间内的产气量。

2.0.23　被动导排　passive ventilation

利用填埋气体自身压力导排气体的方式。

2.0.24　主动导排　initiative guide and extraction

采用抽气设备对填埋气体进行导排的方式。

2.0.25　气体收集率　ratio of landfill gas collection

填埋气体抽气流量与填埋气体估算产生速率之比。

2.0.26 导气井 extraction well

周围用过滤材料构筑，中间为多孔管的竖向导气设施。

2.0.27 导气盲沟 extraction trench

周围用过滤材料构筑，中间为多孔管的水平导气设施。

2.0.28 填埋单元 landfill cell

按单位时间或单位作业区域划分的由生活垃圾和覆盖材料组成的填埋堆体。

2.0.29 覆盖 cover

采用不同的材料铺设于垃圾层上的实施过程，根据覆盖要求和作用的不同可分为日覆盖、中间覆盖和最终覆盖。

2.0.30 填埋场封场 closure of landfill

填埋作业至设计终场标高或填埋场停止使用后，堆体整形、不同功能材料覆盖及生态恢复的过程。

3 填埋物入场技术要求

3.0.1 进入填埋场的填埋物应是居民家庭垃圾、园林绿化废弃物、商业服务网点垃圾、清扫保洁垃圾、交通物流场站垃圾、企事业单位的生活垃圾及其他具有生活垃圾属性的一般固体废弃物。

3.0.2 城镇污水处理厂污泥进入生活垃圾填埋场混合填埋处置时，应经预处理改善污泥的高含水率、高黏度、易流变、高持水性和低渗透系数的特性，改性后的泥质除应符合现行国家标准《城镇污水处理厂污泥处置 混合填埋用泥质》GB/T 23485 的规定外，尚应达到以下岩土力学指标的规定：

1 无侧限抗压强度≥50kN/m^2；

2 十字板抗剪强度≥25kN/m^2；

3 渗透系数为 10^{-6}～10^{-5}cm/s。

3.0.3 填埋物中严禁混入危险废物和放射性废物。

3.0.4 生活垃圾焚烧飞灰和医疗废物焚烧残渣经处理后满足现行国家标准《生活垃圾填埋场污染控制标准》GB 16889 规定的条件，可进入生活垃圾填埋场填埋处置。处置时应设置与生活垃圾填埋库区有效分隔的独立填埋库区。

3.0.5 填埋物应按重量进行计量、统计与核定。

3.0.6 填埋物含水量、可生物降解物、外形尺寸应符合具体填埋工艺设计的要求。有条件的填埋场宜采取机械-生物预处理减量化措施。

4 场址选择

4.0.1 填埋场选址应先进行下列基础资料的搜集：

1 城市总体规划和城市环境卫生专业规划；

2 土地利用价值及征地费用；

3 附近居住情况与公众反映；

4 附近填埋气体利用的可行性；

5 地形、地貌及相关地形图；

6 工程地质与水文地质条件；

7 设计频率洪水位、降水量、蒸发量、夏季主导风向及风速、基本风压值；

8 道路、交通运输、给排水、供电、土石料条件及当地的工程建设经验；

9 服务范围的生活垃圾量、性质及收集运输情况。

4.0.2 **填埋场不应设在下列地区：**

1 地下水集中供水水源地及补给区，水源保护区；

2 洪泛区和泄洪道；

3 填埋库区与敞开式渗沥液处理区边界距居民居住区或人畜供水点的卫生防护距离在500m以内的地区；

4 填埋库区与渗沥液处理区边界距河流和湖泊50m以内的地区；

5 填埋库区与渗沥液处理区边界距民用机场3km以内的地区；

6 尚未开采的地下蕴矿区；

7 珍贵动植物保护区和国家、地方自然保护区；

8 公园，风景、游览区，文物古迹区，考古学、历史学及生物学研究考察区；

9 军事要地、军工基地和国家保密地区。

4.0.3 填埋场选址应符合现行国家标准《生活垃圾填埋场污染控制标准》GB 16889 和相关标准的规定，并应符合下列规定：

1 应与当地城市总体规划和城市环境卫生专业规划协调一致；

2 应与当地的大气防护、水土资源保护、自然保护及生态平衡要求相一致；

3 应交通方便，运距合理；

4 人口密度、土地利用价值及征地费用均应合理；

5 应位于地下水贫乏地区、环境保护目标区域的地下水流向下游地区及夏季主导风向下风向；

6 选址应有建设项目所在地的建设、规划、环保、环卫、国土资源、水利、卫生监督等有关部门和专业设计单位的有关专业技术人员参加；

7 应符合环境影响评价的要求。

4.0.4 填埋场选址比选应符合下列规定：

1 场址预选：应在全面调查与分析的基础上，初定3个或3个以上候选场址，通过对候选场址进行踏勘，对场地的地形、地貌、植被、地质、水文、气象、供电、给排水、覆盖土源、交通运输及场址周围人群居住情况等进行对比分析，宜推荐2个或2个以上预选场址。

2 场址确定：应对预选场址方案进行技术、经济、社会及环境比较，推荐一个拟定场址。并应对拟定场址进行地形测量、选址勘察和初步工艺方案设计，完成选址报告或可行性研究报告，通过审查确定场址。

5 总体设计

5.1 一般规定

5.1.1 填埋场总体设计应采用成熟的技术和设备，做到技术可靠、节约用地、安全卫生、防止污染、方便作业、经济合理。

5.1.2 填埋场总占地面积应按远期规模确定。填埋场的各项用地指标应符合国家有关规定及当地土地、规划等行政主管部门的要求。填埋场宜根据填埋场处理规模和建设条件作出分期和分区建设的总体设计。

5.1.3 填埋场主体工程构成内容应包括：计量设施，地基处理与防渗系统，防洪、雨污分流及地下水导排系统，场区道路，垃圾坝，渗沥液收集和处理系统，填埋气体导排和处理（可含利用）系统，封场工程及监测井等。

5.1.4 填埋场辅助工程构成内容应包括：进场道路，备料场，供配电，给排水设施，生活和行政办公管理设施，设备维修，消防和安全卫生设施，车辆冲洗、通信、监控等附属设施或设备，并宜设置应急设施（包括垃圾临时存放、紧急照明等设施）。Ⅲ类以上填埋场宜设置环境监测室、停车场等设施。

5.2 处理规模与填埋库容

5.2.1 填埋场处理规模宜符合下列规定：

1 Ⅰ类填埋场：日平均填埋量宜为 1 200t/d 及以上；

2 Ⅱ类填埋场：日平均填埋量宜为 500～1 200t/d（含 500t/d）；

3 Ⅲ类填埋场：日平均填埋量宜为 200～500t/d（含 200t/d）；

4 Ⅳ类填埋场：日平均填埋量宜为 200t/d 以下。

5.2.2 填埋场日平均填埋量应根据城市环境卫生专业规划和该工程服务范围的生活垃圾现状产生量及预测产生量和使用年限确定。

5.2.3 填埋库容应保证填埋场使用年限在 10 年及以上，特殊情况下不应低于 8 年。

5.2.4 填埋库容可按本规范附录 A 第 A.0.1 条方格网法计算确定，也可采用三角网法、等高线剖切法等。有效库容可按本规范附录 A 第 A.0.2 条计算确定。

5.3 总平面布置

5.3.1 填埋场总平面布置应根据场址地形（山谷型、平原型与坡地型），结合风向（夏季主导风）、地质条件、周围自然环境、外部工程条件等，并应考虑施工、作业等因素，经过技术经济比较确定。

5.3.2 总平面应按功能分区合理布置，主要功能区包括填埋库区、渗沥液处理区、辅助生产区、管理区等，根据工艺要求可设置填埋气体处理及利用区、生活垃圾机械-生物预处理区等。

5.3.3 填埋库区的占地面积宜为总面积的 70%～90%，不得小于 60%。每平方米填埋库区垃圾填埋量不宜低于 10 m^3。

5.3.4 填埋库区应按照分区进行布置，库区分区的大小主要应考虑易于实施雨污分流，分区的顺序应有利于垃圾场内运输和填埋作业，应考虑与各库区进场道路的衔接。

5.3.5 渗沥液处理区的布置应符合下列规定：

1 处理构筑物间距应紧凑、合理，符合现行国家标准《建筑设计防火规范》GB 50016 的要求，并应满足各构筑物的施工、设备安装和埋设各种管道以及养护、维修和管理的要求。

2 臭气集中处理设施、脱水污泥堆放区域宜布置在夏季主导风向下风向。

5.3.6 辅助生产区、管理区布置应符合下列规定：

1 辅助生产区、管理区宜布置在夏季主导风向的上风向，与填埋库区之间宜设绿化隔离带。

2 管理区各项建（构）筑物的组成及其面积应符合国家有关规定。

5.3.7 填埋场的管线布置应符合下列规定：

1 雨污分流导排和填埋气体输送管线应全面安排，做到导排通畅。

2 渗沥液处理构筑物间输送渗沥液、污泥、上清液和沼气的管线布置应避免相互干扰，应使管线长度短、水头损失小、流通顺畅、不易堵塞和便于清通。各种管线宜用不同颜色加以区别。

5.3.8 环境监测井布置应符合现行国家标准《生活垃圾卫生填埋场环境监测技术要求》GB/T 18772 的有关规定。

5.4 竖向设计

5.4.1 填埋场竖向设计应结合原有地形，做到有利于雨污分流和减少土方工程量，并宜使土石方平衡。

5.4.2 填埋库区垂直分区标高宜结合边坡土工膜的锚固平台高程确定，封场标高与边坡应按本规范第 13 章封场与堆体稳定性的规定执行。

5.4.3 填埋库区库底渗沥液导排系统纵向坡度不宜小于 2%。在截洪沟、排水沟等的走线设置上应充分利用原有地形，坡度应使雨水导排顺畅且避免过度冲刷。

5.4.4 调节池宜设置在场区地势较低处，地下水位较低或岩层较浅的地区，宜减少下挖深度。

5.5 填埋场道路

5.5.1 填埋场道路应根据其功能要求分为永久性道路和库区内临时性道路进行布局。永久性道路应按现行国家标准《厂矿道路设计规范》GBJ 22 中的露天矿山道路三级或三级以上标准设计；库区内临时性道路及回（会）车和作业平台可采用中级或低级路面，并宜有防滑、防陷设施。填埋场道路应满足全天候使用，并应做好排水措施。

5.5.2 道路路线设计应根据填埋场地形、地质、填埋作业顺序，各填埋阶段标高以及堆土区、渗沥液处理区和管理区位置合理布设。

5.5.3 道路设计应满足垃圾运输车交通量、车载负荷及填埋场使用年限的需求，并应与填埋场竖向设计和绿化相协调。

5.6 计量设施

5.6.1 地磅房应设置在填埋场的交通入口处，并应具有良好的通视条件。

5.6.2 地磅进车端的道路坡度不宜过大，宜设置为平坡直线段，地磅前方 10m 处宜设置减速装置。

5.6.3 计量地磅宜采用动静态电子地磅，地磅规格宜按垃圾车最大满载重量的 1.3～1.7 倍配置，称量精度不宜小于贸易计量Ⅲ级。

5.6.4 填埋场的计量设施应具有称重、记录、打印与数据处理、传输功能，宜配置备用电源。

5.7 绿化及其他

5.7.1 填埋场的绿化布置应符合总平面布置和竖向设计要求，合理安排绿化用地，场区绿化率宜控制在 30%以内。

5.7.2 填埋场绿化应结合当地的自然条件，选择适宜的植物。填埋场永久性道路两侧及主要出入口、库区与辅助生产区、管理区之间、防火隔离带外、受西晒的生产车间及建筑物、受雨水冲刷的地段等处均宜设置绿化带。填埋场封场覆盖后应进行生态恢复。

5.7.3 填埋库区周围宜设安全防护设施及不少于 8m 宽度的防火隔离带，填埋作业区宜设防飞散设施。

5.7.4 填埋场相关建（构）筑物应进行防雷设计，并应符合现行国家标准《建筑物防雷设计规范》GB 50057 的要求。

6 地基处理与场地平整

6.1 地基处理

6.1.1 填埋库区地基应是具有承载填埋体负荷的自然土层或经过地基处理的稳定土层，不得因填埋堆体的沉降而使基层失稳。对不能满足承载力、沉降限制及稳定性等工程建设要求的地基应进行相应的处理。

6.1.2 填埋库区地基及其他建（构）筑物地基的设计应按国家现行标准《建筑地基基础设计规范》GB 50007 及《建筑地基处理技术规范》JGJ 79 的有关规定执行。

6.1.3 在选择地基处理方案时，应经过实地的考察和岩土工程勘察，结合考虑填埋堆体结构、基础和地基的共同作用，经过技术经济比较确定。

6.1.4 填埋库区地基应进行承载力计算及最大堆高验算。

6.1.5 应防止地基沉降造成防渗衬里材料和渗沥液收集管的拉伸破坏，应对填埋库区地基进行地基沉降及不均匀沉降计算。

6.2 边坡处理

6.2.1 填埋库区地基边坡设计应按国家现行标准《建筑边坡工程技术规范》GB 50330、《水利水电工程边坡设计规范》SL 386 的有关规定执行。

6.2.2 经稳定性初步判别有可能失稳的地基边坡以及初步判别难以确定稳定性状的边坡应进行稳定计算。

6.2.3 对可能失稳的边坡，宜进行边坡支护等处理。边坡支护结构形式可根据场地地质和环境条件、边坡高度以及边坡工程安全等级等因素选定。

6.3 场地平整

6.3.1 场地平整应满足填埋库容、边坡稳定、防渗系统铺设及场地压实度等方面的要求。

6.3.2 场地平整宜与填埋库区膜的分期铺设同步进行，并应考虑设置堆土区，用于临时堆放开挖的土方。

6.3.3 场地平整应结合填埋场地形资料和竖向设计方案，选择合理的方法进行土方量计算。填挖土方相差较大时，应调整库区设计高程。

7 垃圾坝与坝体稳定性

7.1 垃圾坝分类

7.1.1 根据坝体材料不同，坝型可分为（黏）土坝、碾压式土石坝、浆砌石坝及混凝土坝四类。采用一种筑坝材料的应为均质坝，采用两种及以上筑坝材料的应为非均质坝。

7.1.2 根据坝体高度不同，坝高可分为低坝（低于 5m）、中坝（5～15m）及高坝（高于15m）。

7.1.3 根据坝体所处位置及主要作用不同，坝体位置类型分类宜符合表 7.1.3 的规定。

表 7.1.3 坝体位置类型分类表

坝体类型	习惯名称	坝体位置	坝体主要作用
A	围堤	平原型库区周围	形成初始库容、防洪
B	截洪坝	山谷型库区上游	拦截库区外地表径流并形成库容
C	下游坝	山谷型或库区与调节池之间	形成库容的同时形成调节池
D	分区坝	填埋库区内	分隔填埋库区

7.1.4 根据垃圾坝下游情况、失事后果、坝体类型、坝型（材料）及坝体高度不同，坝体建筑级别分类宜符合表 7.1.4 的规定。

表 7.1.4 垃圾坝体建筑级别分类表

建筑级别	坝下游存在的建（构）筑物及自然条件	失事后果	坝体类型	坝型（材料）	坝高
Ⅰ	生产设备、生活管理区	对生产设备造成严重破坏，对生活管理区带来严重损失	C	混凝土坝、浆砌石坝	≥20m
				土石坝、黏土坝	≥15m
Ⅱ	生产设备	仅对生产设备造成一定破坏或影响	A、B、C	混凝土坝、浆砌石坝	≥10m
				土石坝、黏土坝	≥5m
Ⅲ	农田、水利或水环境	影响不大，破坏较小，易修复	A、D	混凝土坝、浆砌石坝	<10m
				土石坝、黏土坝	<5m

注：当坝体根据表中指标分属于不同级别时，其级别应按最高级别确定。

7.2 坝址、坝高、坝型及筑坝材料选择

7.2.1 坝址选择应根据填埋场岩土工程勘察及地形地貌等方面的资料，结合坝体类型、筑坝材料来源、气候条件、施工交通情况等因素，经技术经济比较确定。

7.2.2 坝高选择应综合考虑填埋堆体坡脚稳定、填埋库容及投资等因素，经过技术经济比较确定。

7.2.3 坝型选择应综合考虑地质条件、筑坝材料来源、施工条件、坝高、坝基防渗要求等因素，经技术经济比较确定。

7.2.4 筑坝材料的调查和土工试验应按现行行业标准《水利水电工程天然建筑材料勘察规程》SL 251 和《土工试验规程》SL 237 的规定执行。土石坝的坝体填筑材料应以压实度作为设计控制指标。

7.3 坝基处理及坝体结构设计

7.3.1 垃圾坝地基处理的基本要求应符合国家现行标准《建筑地基基础设计规范》GB 50007、《建筑地基处理技术规范》JGJ 79、《碾压式土石坝设计规范》SL 274、《混凝土重力坝设计规范》DL 5108 及《碾压式土石坝施工规范》DL/T 5129 的相关规定。

7.3.2 坝基处理应满足渗流控制、静力和动力稳定、允许总沉降量和不均匀沉降量等方面要求，保证垃圾坝的安全运行。

7.3.3 坝坡设计方案应根据坝型、坝高、坝的建筑级别、坝体和坝基的材料性质、坝体所承受的荷载以及施工和运用条件等因素，经技术经济比较确定。

7.3.4 坝顶宽度及护面材料应根据坝高、施工方式、作业车辆行驶要求、安全及抗震等因素确定。

7.3.5 坝坡马道的设置应根据坝面排水、施工要求、坝坡要求和坝基稳定等因素确定。

7.3.6 垃圾坝护坡方式应根据坝型（材料）和坝体位置等因素确定。

7.3.7 坝体与坝基、边坡及其他构筑物的连接应符合下列规定：

1 连接面不应发生水力劈裂和邻近接触面岩石大量漏水。

2 不得形成影响坝体稳定的软弱层面。

3 不得由于边坡形状或坡度不当引起不均匀沉降而导致坝体裂缝。

7.3.8 坝体防渗处理应符合下列规定：

1 土坝的防渗处理可采用与填埋库区边坡防渗相同的处理方式。

2 碾压式土石坝、浆砌石坝及混凝土坝的防渗宜采用特殊锚固法进行锚固。

3 穿过垃圾坝的管道防渗应采用管靴连接管道与防渗材料。

7.4 坝体稳定性分析

7.4.1 垃圾坝体建筑级别为Ⅰ、Ⅱ类的，在初步设计阶段应进行坝体安全稳定性分析计算。

7.4.2 坝体稳定性分析的抗剪强度计算宜按现行行业标准《碾压式土石坝设计规范》SL 274 的有关规定执行。

8 防渗与地下水导排

8.1 一般规定

8.1.1 填埋场必须进行防渗处理，防止对地下水和地表水的污染，同时还应防止地下水进入填埋场。

8.1.2 填埋场防渗处理应符合现行行业标准《生活垃圾卫生填埋场防渗系统工程技术规范》CJJ 113 的要求。

8.1.3 地下水水位的控制应符合现行国家标准《生活垃圾填埋场污染控制标准》GB 16889 的有关规定。

8.2 防渗处理

8.2.1 防渗系统应根据填埋场工程地质与水文地质条件进行选择。当天然基础层饱和渗透系数小于 1.0×10^{-7}cm/s，且场底及四壁衬里厚度不小于 2m 时，可采用天然黏土类衬里结构。

8.2.2 天然黏土基础层进行人工改性压实后达到天然黏土衬里结构的等效防渗性能要求，可采用改性压实黏土类衬里作为防渗结构。

8.2.3 人工合成衬里的防渗系统应采用复合衬里防渗结构，位于地下水贫乏地区的防渗系统也可采用单层衬里防渗结构。在特殊地质及环境要求较高的地区，应采用双层衬里防渗结构。

8.2.4 不同复合衬里结构应符合下列规定：

1 库区底部复合衬里（HDPE 土工膜+黏土）结构（图 8.2.4-1），各层应符合下列规定：

1）基础层：土压实度不应小于 93%；

2）反滤层（可选择层）：宜采用土工滤网，规格不宜小于 $200g/m^2$；

3）地下水导流层（可选择层）：宜采用卵（砾）石等石料，厚度不应小于 30cm，石料上应铺设非织造土工布，规格不宜小于 $200g/m^2$；

4）防渗及膜下保护层：黏土渗透系数不应大于 $1.0\times10^{-7}cm/s$，厚度不宜小于 75cm；

5）膜防渗层：应采用 HDPE 土工膜，厚度不应小于 1.5mm：

6）膜上保护层：宜采用非织造土工布，规格不宜小于 $600g/m^2$；

7）渗沥液导流层：宜采用卵石等石料，厚度不应小于 30cm，石料下可增设土工复合排水网；

8）反滤层：宜采用土工滤网，规格不宜小于 $200g/m^2$。

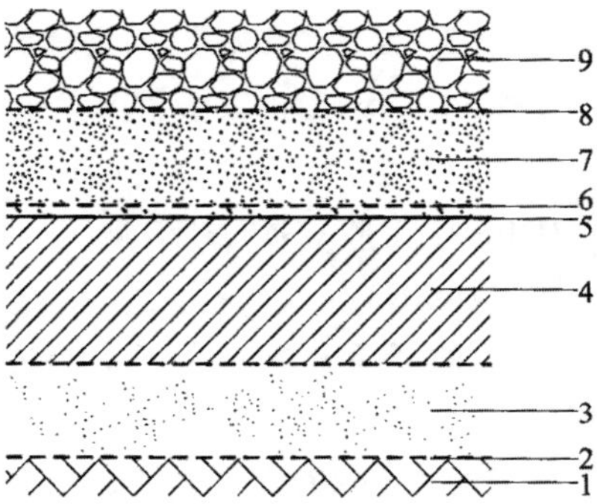

图 8.2.4-1　库区底部复合衬里（HDPE 膜+黏土）结构示意图

1—基础层；2—反滤层（可选择层）；3—地下水导流层（可选择层）；4—防渗及膜下保护层；5—膜防渗层；6—膜上保护层；7—渗沥液导流层；8—反滤层；9—垃圾层

2　库区底部复合衬里（HDPE 土工膜+GCL）结构（图 8.2.4-2，GCL 指钠基膨润土垫），各层应符合下列要求：

1）基础层：土压实度不应小于 93%；

2）反滤层（可选择层）：宜采用土工滤网，规格不宜小于 $200g/m^2$；

3）地下水导流层（可选择层）：宜采用卵（砾）石等石料，厚度不应小于 30cm，石料上应铺设非织造土工布，规格不宜小于 $200g/m^2$；

4）膜下保护层：黏土渗透系数不宜大于 $1.0\times10^{-5}cm/s$，厚度不宜小于 30cm；

5）GCL 防渗层：渗透系数不应大于 $5.0\times10^{-9}cm/s$，规格不应小于 $4\,800g/m^2$；

6）膜防渗层：应采用 HDPE 土工膜，厚度不应小于 1.5mm；

7）膜上保护层：宜采用非织造土工布，规格不宜小于 $600g/m^2$；

8）渗沥液导流层：宜采用卵石等石料，厚度不应小于 30cm，石料下可增设土工复合排水网；

9）反滤层：宜采用土工滤网，规格不宜小于 $200g/m^2$。

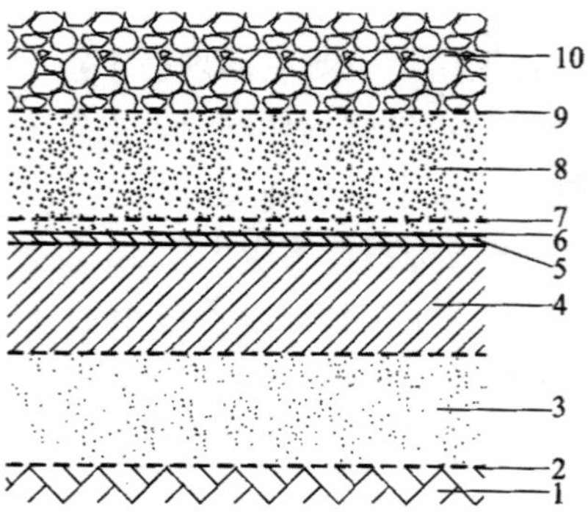

图 8.2.4-2　库区底部复合衬里（HDPE 土工膜+GCL）结构示意图

1—基础层；2—反滤层（可选择层）；3—地下水导流层（可选择层）；4—膜下保护层；5—GCL；6—膜防渗层；7—膜上保护层；8—渗沥液导流层；9—反滤层；10—垃圾层

3　库区边坡复合衬里（HDPE 土工膜+GCL）结构应符合下列规定：

1）基础层：土压实度不应小于 90%；

2）膜下保护层：当采用黏土时，渗透系数不宜大于 1.0×10^{-5}cm/s，厚度不宜小于 20cm；当采用非织造土工布时，规格不宜小于 600g/m^2；

3）GCL 防渗层：渗透系数不应大于 5.0×10^{-9}cm/s，规格不应小于 4 800g/m^2；

4）防渗层：应采用 HDPE 土工膜，宜为双糙面，厚度不应小于 1.5mm；

5）膜上保护层：宜采用非织造土工布，规格不宜小于 600g/m^2；

6）渗沥液导流与缓冲层：宜采用土工复合排水网，厚度不应小于 5mm，也可采用土工布袋（内装石料或沙土）。

8.2.5　单层衬里结构应符合下列规定：

1　库区底部单层衬里结构（图 8.2.5），各层应符合下列要求：

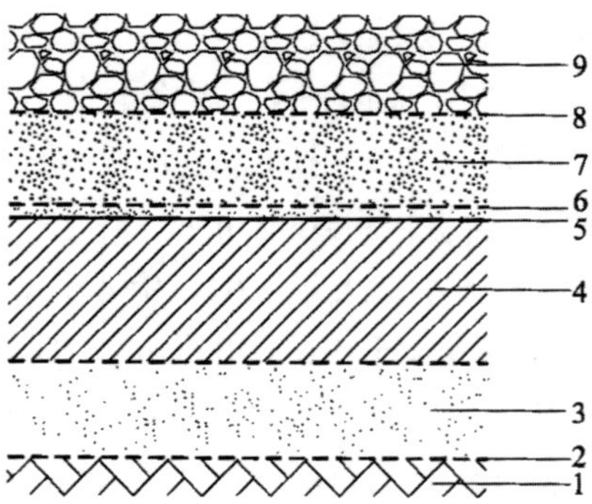

图 8.2.5　库区底部单层衬里结构示意图

1—基础层；2—反滤层（可选择层）；3—地下水导流层（可选择层）；4—膜下保护层；5—膜防渗层；6—膜上保护层；7—渗沥液导流层；8—反滤层；9—垃圾层

1）基础层：土压实度不应小于 93%；

2）反滤层（可选择层）：宜采用土工滤网，规格不宜小于 200g/m^2；

3）地下水导流层（可选择层）：宜采用卵（砾）石等石料，厚度不应小于 30cm，石料上应铺设非织造土工布，规格不宜小于 200g/m^2；

4）膜下保护层：黏土渗透系数不应大于 1.0×10^{-5}cm/s，厚度不宜小于 50cm；

5）膜防渗层：应采用 HDPE 土工膜，厚度不应小于 1.5mm；

6）膜上保护层：宜采用非织造土工布，规格不宜小于 600g/m^2；

7）渗沥液导流层：宜采用卵石等石料，厚度不应小于 30cm，石料下可增设土工复合排水网；

8）反滤层：宜采用土工滤网，规格不宜小于 200g/m^2。

2　库区边坡单层衬里结构应符合下列要求：

1）基础层：土压实度不应小于 90%；

2）膜下保护层：当采用黏土时，渗透系数不应大于 1.0×10^{-5}cm/s，厚度不宜小于 30cm；当采用非织造土工布时，规格不宜小于 600g/m^2；

3）防渗层：应采用 HDPE 土工膜，宜为双糙面，厚度不应小于 1.5mm；

4）膜上保护层：宜采用非织造土工布，规格不宜小于 600g/m^2：

5）渗沥液导流与缓冲层：宜采用土工复合排水网，厚度不应小于 5mm，也可采用土工布袋（内装石料或沙土）。

8.2.6　库区底部双层衬里结构（图 8.2.6），各层应符合下列规定：

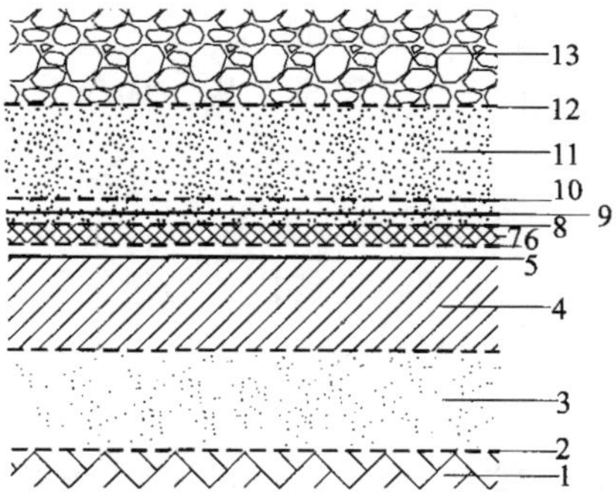

图 8.2.6　库区底部双层衬里结构示意图

1—基础层；2—反滤层（可选择层）；3—地下水导流层（可选择层）；4—膜下保护层；
5—膜防渗层；6—膜上保护层；7—渗沥液检测层；8—膜下保护层；
9—膜防渗层；10—膜上保护层；11—渗沥液导流层；12—反滤层；13—垃圾层

1　基础层：土压实度不应小于 93%。

2　反滤层（可选择层）：宜采用土工滤网，规格不宜小于 200g/m^2。

3　地下水导流层（可选择层）：宜采用卵（砾）石等石料，厚度不应小于 30cm，石料上应铺设非织造土工布，规格不宜小于 200g/m^2。

4　膜下保护层：黏土渗透系数不应大于 1.0×10^{-5}cm/s，厚度不宜小于 30cm。

5　膜防渗层：应采用 HDPE 土工膜，厚度不应小于 1.5mm。

6　膜上保护层：宜采用非织造土工布，规格不宜小于 400g/m^2。

7　渗沥液检测层：可采用土工复合排水网，厚度不应小于 5mm；也可采用卵（砾）石等石料，厚度不应小于 30cm。

8　膜下保护层：宜采用非织造土工布，规格不宜小于 400g/m^2。

9 膜防渗层：应采用 HDPE 土工膜，厚度不应小于 1.5mm。

10 膜上保护层：宜采用非织造土工布，规格不宜小于 600g/m^2。

11 渗沥液导流层：宜采用卵石等石料，厚度不应小于 30cm，石料下可增设土工复合排水网。

12 反滤层：宜采用土工滤网，规格不宜小于 200g/m^2。

8.2.7 HDPE 土工膜应符合现行行业标准《垃圾填埋场用高密度聚乙烯土工膜》CJ/T 234 的规定。HDPE 土工膜厚度不应小于 1.5mm，当防渗要求严格或垃圾堆高大于 20m 时，宜选用不小于 2.0mm 的 HDPE 土工膜厚度。

8.2.8 穿过 HDPE 土工膜防渗系统的竖管、横管或斜管，穿管与 HDPE 土工膜的接口应进行防渗漏处理。

8.2.9 在垂直高差较大的边坡铺设防渗材料时，应设锚固平台，平台高差应结合实际地形确定，不宜大于 10m。边坡坡度不宜大于 1∶2。

8.2.10 防渗材料锚固方式可采用矩形覆土锚固沟，也可采用水平覆土锚固、“V”形槽覆土锚固和混凝土锚固；岩石边坡、陡坡及调节池等混凝土上的锚固，可采用 HDPE 嵌钉土工膜、HDPE 型锁条、机械锚固等方式进行锚固。

8.2.11 锚固沟的设计应符合下列规定：

1 锚固沟距离边坡边缘不宜小于 800mm。

2 防渗材料转折处不应存在直角的刚性结构，均应做成弧形结构。

3 锚固沟断面应根据锚固形式，结合实际情况加以计算，不宜小于 800mm×800mm。

4 锚固沟中压实度不得小于 93%；

5 特殊情况下，应对锚固沟的尺寸和锚固能力进行计算。

8.2.12 黏土作为膜下保护层时的处理应符合下列规定：

1 平整度：应达到每平方米黏土层误差不得大于 2cm。

2 洁净度：黏土层不应含有粒径大于 5mm 的尖锐物料。

3 压实度：位于库区底部的黏土层不得小于 93%，位于库区边坡的黏土层不得小于 90%。

8.3 地下水导排

8.3.1 根据填埋场场址水文地质情况，对可能发生地下水对基础层稳定或对防渗系统破坏的潜在危害时，应设置地下水收集导排系统。

8.3.2 地下水水量的计算宜根据填埋场址的地下水水力特征和不同埋藏条件分不同情况计算。

8.3.3 根据地下水水量、水位及其他水文地质情况的不同，可选择采用碎石导流层、导排盲沟、土工复合排水网导流层等方法进行地下水导排或阻断。地下水收集导排系统应具有长期的导排性能。

8.3.4 地下水收集导排系统宜按渗沥液收集导排系统进行设计。地下水收集管管径可根据地下水水量进行计算确定，干管外径（d_n）不应小于 250mm，支管外径（d_n）不宜小于 200mm。

8.3.5 当填埋库区所处地质为不透水层时，可采用垂直防渗帷幕配合抽水系统进行地下水导排。垂直防渗帷幕的渗透系数不应大于 1×10^{-5}cm/s。

9 防洪与雨污分流系统

9.1 填埋场防洪系统

9.1.1 填埋场防洪系统设计应符合国家现行标准《防洪标准》GB 50201、《城市防洪工程设计规范》CJJ 50 及相关标准的技术要求。防洪标准应按不小于 50 年一遇洪水水位设计，按 100 年一遇洪水水位校核。

9.1.2 填埋场防洪系统根据地形可设置截洪坝、截洪沟以及跌水和陡坡、集水池、洪水提升泵站、穿坝涵管等构筑物。洪水流量可采用小流域经验公式计算。

9.1.3 填埋库区外汇水面积较大时，宜根据地形设置数条不同高程的截洪沟。

9.1.4 填埋场外无自然水体或排水沟渠时，截洪沟出水口宜根据场外地形走向、地表径流流向、地表水体位置等设置排水管渠。

9.2 填埋库区雨污分流系统

9.2.1 填埋库区雨污分流系统应阻止未作业区域的汇水流入生活垃圾堆体，应根据填埋库区分区和填埋作业工艺进行设计。

9.2.2 填埋库区分区设计应满足下列雨污分流要求：

1 平原型填埋场的分区应以水平分区为主，坡地型、山谷型填埋场的分区宜采用水平分区与垂直分区相结合的设计。

2 水平分区应设置具有防渗功能的分区坝，各分区应根据使用顺序不同铺设雨污分流导排管。

3 垂直分区宜结合边坡临时截洪沟进行设计，生活垃圾堆高达到临时截洪沟高程时，可将边坡截洪沟改建成渗沥液收集盲沟。

9.2.3 分区作业雨污分流应符合下列规定：

1 使用年限较长的填埋库区，宜进一步划分作业分区。

2 未进行作业的分区雨水应通过管道导排或泵抽排的方法排出库区外。

3 作业分区宜根据一定时间填埋量划分填埋单元和填埋体，通过填埋单元的日覆盖和填埋体的中间覆盖实现雨污分流。

9.2.4 封场后雨水应通过堆体表面排水沟排入截洪沟等排水设施。

10 渗沥液收集与处理

10.1 一般规定

10.1.1 填埋场必须设置有效的渗沥液收集系统和采取有效的渗沥液处理措施，严防渗沥液污染环境。

10.1.2 渗沥液处理设施应符合现行行业标准《生活垃圾渗沥液处理技术规范》CJJ 150 的有关规定。

10.2 渗沥液水质与水量

10.2.1 渗沥液水质参数的设计值选取应考虑初期渗沥液、中后期渗沥液和封场后渗沥液的水质差异。

10.2.2 新建填埋场的渗沥液水质参数可根据表 10.2.2 提供的国内典型填埋场不同年限渗

沥液水质范围确定，也可参考同类地区同类型的填埋场实际情况合理选取。

表 10.2.2 国内典型填埋场不同年限渗沥液水质范围（mg/L）（pH 除外）

类别项目	填埋初期渗沥液（<5 年）	填埋中后期渗沥液（>5 年）	封场后渗沥液
COD	6 000～20 000	2 000～10 000	1 000～5 000
BOD_5	3 000～10 000	1 000～4 000	300～2 000
NH_3-N	600～2 500	800～3 000	1 000～3 000
SS	500～1 500	500～1 500	200～1 000
pH	5～8	6～8	6～9

注：表中均为调节池出水水质。

10.2.3 改造、扩建填埋场的渗沥液水质参数应以实际运行的监测资料为基准，并预测未来水质变化趋势。

10.2.4 渗沥液产生量宜采用经验公式法进行计算，计算时应充分考虑填埋场所处气候区域、进场生活垃圾中有机物含量、场内生活垃圾降解程度以及场内生活垃圾埋深等因素的影响。渗沥液产生量计算方法应符合本规范附录 B 的规定。

10.2.5 渗沥液产生量计算取值应符合下列规定：

1 指标应包括最大日产生量、日平均产生量及逐月平均产生量的计算；

2 当设计计算渗沥液处理规模时应采用日平均产生量；

3 当设计计算渗沥液导排系统时应采用最大日产生量；

4 当设计计算调节池容量时应采用逐月平均产生量。

10.3 渗沥液收集

10.3.1 填埋库区渗沥液收集系统应包括导流层、盲沟、竖向收集井、集液井（池）、泵房、调节池及渗沥液水位监测井。

10.3.2 渗沥液导流层设计应符合下列规定：

1 导流层宜采用卵（砾）石或碎石铺设，厚度不宜小于 300mm，粒径宜为 20～60mm，由下至上粒径逐渐减小。

2 导流层与垃圾层之间应铺设反滤层，反滤层可采用土工滤网，单位面积质量宜大于 $200g/m^2$。

3 导流层内应设置导排盲沟和渗沥液收集导排管网。

4 导流层应保证渗沥液通畅导排，降低防渗层上的渗沥液水头。

5 导流层下可增设土工复合排水网强化渗沥液导流。

6 边坡导流层宜采用土工复合排水网铺设。

10.3.3 盲沟设计应符合下列规定：

1 盲沟宜采用砾石、卵石或碎石（$CaCO_3$ 含量不应大于 10%）铺设，石料的渗透系数不应小于 1.0×10^{-3}cm/s。主盲沟石料厚度不宜小于 40cm，粒径从上到下依次为 20～30mm、30～40mm、40～60mm。

2 盲沟内应设置高密度聚乙烯（HDPE）收集管，管径应根据所收集面积的渗沥液最大日流量、设计坡度等条件计算，HDPE 收集干管公称外径（d_n）不应小于 315mm，支管外径（d_n）不应小于 200mm。

3 HDPE 收集管的开孔率应保证环刚度要求。HDPE 收集管的布置宜呈直线。III类以上填埋场 HDPE 收集管宜设置高压水射流疏通、端头井等反冲洗措施。

4 主盲沟坡度应保证渗沥液能快速通过渗沥液 HDPE 干管进入调节池，纵、横向坡度不宜小于 2%。

5 盲沟系统宜采用鱼刺状和网状布置形式，也可根据不同地形采用特殊布置形式（反锅底形等）。

6 盲沟断面形式可采用菱形断面或梯形断面，断面尺寸应根据渗沥液汇流面积、HDPE 管管径及数量确定。

7 中间覆盖层的盲沟应与竖向收集井相连接，其坡度应能保证渗沥液快速进入收集井。

10.3.4 导气井可兼作渗沥液竖向收集井，形成立体导排系统收集垃圾堆体产生的渗沥液，竖向收集井间距宜通过计算确定。

10.3.5 集液井（池）宜按库区分区情况设置，并宜设在填埋库区外侧。

10.3.6 调节池设计应符合下列规定：

1 调节池容积宜按本规范附录 C 的计算要求确定，调节池容积不应小于三个月的渗沥液处理量。

2 调节池可采用 HDPE 土工膜防渗结构，也可采用钢筋混凝土结构。

3 HDPE 土工膜防渗结构调节池的池坡比宜小于 1∶2，防渗结构设计可参考本规范第 8 章的相关规定。

4 钢筋混凝土结构调节池池壁应做防腐蚀处理。

5 调节池宜设置 HDPE 膜覆盖系统，覆盖系统设计应考虑覆盖膜顶面的雨水导排、膜下的沼气导排及池底污泥的清理。

10.3.7 库区渗沥液水位应控制在渗沥液导流层内。应监测填埋堆体内渗沥液水位，当出现高水位时，应采取有效措施降低水位。

10.4 渗沥液处理

10.4.1 渗沥液处理后排放标准应达到现行国家标准《生活垃圾填埋场污染控制标准》GB 16889 规定的指标或当地环保部门规定执行的排放标准。

10.4.2 渗沥液处理工艺应根据渗沥液的水质特性、产生量和达到的排放标准等因素，通过多方案技术经济比较进行选择。

10.4.3 渗沥液处理宜采用“预处理+生物处理+深度处理”的工艺组合，也可采用“预处理+物化处理”或“生物处理+深度处理”的工艺组合。

10.4.4 渗沥液预处理可采用水解酸化、混凝沉淀、砂滤等工艺。

10.4.5 渗沥液生物处理可采用厌氧生物处理法和好氧生物处理法，宜以膜生物反应器法（MBR）为主。

10.4.6 渗沥液深度处理可采用膜处理、吸附法、高级化学氧化等工艺，其中膜处理宜以反渗透为主。

10.4.7 物化处理可采用多级反渗透工艺。

10.4.8 渗沥液预处理、生物处理、深度处理及物化处理工艺设计参数宜按本规范附录 D 的规定取值。

10.4.9 渗沥液处理中产生的污泥应进行无害化处置。

10.4.10 膜处理过程产生的浓缩液可采用蒸发或其他适宜的处理方式。浓缩液回灌填埋堆体应保证不影响渗沥液处理正常运行。

11 填埋气体导排与利用

11.1 一般规定

11.1.1 填埋场必须设置有效的填埋气体导排设施，严防填埋气体自然聚集、迁移引起的火灾和爆炸。

11.1.2 当设计填埋库容大于或等于 2.5×10^6t，填埋厚度大于或等于 20m 时，应考虑填埋气体利用。

11.1.3 填埋场不具备填埋气体利用条件时，应采用火炬法燃烧处理，并宜采用能够有效减少甲烷产生和排放的填埋工艺。

11.1.4 未达到安全稳定的老填埋场应设置有效的填埋气体导排设施。

11.1.5 填埋气体导排和利用设施应符合现行行业标准《生活垃圾填埋场填埋气体收集处理及利用工程技术规范》CJJ 133 的有关规定。

11.2 填埋气体产生量

11.2.1 填埋气体产气量估算宜按现行行业标准《生活垃圾填埋场填埋气体收集处理及利用工程技术规范》CJJ 133 提供的方法进行计算。

11.2.2 清洁发展机制（CDM）项目填埋气体产气量的计算，应按本规范附录 E 的规定执行。

11.2.3 填埋场气体收集率宜根据填埋场建设和运行特征进行估算。

11.3 填埋气体导排

11.3.1 填埋气体导排设施宜采用导气井，也可采用导气井和导气盲沟相连的导排设施。

11.3.2 导气井可采用随填埋作业层升高分段设置和连接的石笼导气井，也可采用在填埋体中钻孔形成导气井。导气井的设置应符合下列规定：

1 石笼导气井在导气管四周宜用 d=20～80mm 级配的碎石等材料填充，外部宜采用能伸缩连接的土工网格或钢丝网等材料作为井筒，井底部宜铺设不破坏防渗层的基础。

2 钻孔导气井钻孔深度不应小于填埋深度的 2/3，钻孔应采用防爆施工设备，并应有保护场底防渗层的措施。

3 石笼导气井直径（Φ）不应小于 600mm，中心多孔管应采用高密度聚乙烯（HDPE）管材，公称外径（d_n）不应小于 110mm，管材开孔率不宜小于 2%。

4 导气井兼作渗沥液竖向收集井时，中心多孔管公称外径（d_n）不宜小于 200mm，导气井内水位过高时，应采取降低水位的措施。

5 导气井宜在填埋库区底部主、次盲沟交汇点取点设置，并应以设置点为基准，沿次盲沟铺设方向，采用等边三角形、正六边形、正方形等形状布置。

6 导气井的影响半径宜通过现场抽气测试确定。不能进行现场测试时，单一导气井的影响半径可按该井所在位置填埋厚度的 0.75～1.5 倍取值。堆体中部的主动导排导气井间距不宜大于 50m，沿堆体边缘布置的导气井间距不宜大于 25m，被动导排导气井间距不宜大于 30m。

7 被动导气井的导气管管口宜高于堆体表面 1m 以上。

8 主动导排导气井井口周围应采用膨润土或黏土等低渗透性材料密封，密封厚度宜为 1～2m。

11.3.3 填埋库容大于或等于 1.0×10^6t，垃圾填埋深度大于或等于 10m 时，应采用主动导气。

11.3.4 导气盲沟的设置应符合下列规定：

1 宜用级配石料等粒状物填充，断面宽、高均不宜小于 1 000mm。

2 盲沟中心管宜采用软管，管内径不应小于 150mm。当采用多孔管时，开孔率应保证管强度。水平导气管应有不低于 2%的坡度，并接至导气总管或场外较低处。每条导气盲沟的长度不宜大于 100m。

3 相邻标高的水平盲沟宜交错布置，盲沟水平间距可按 30～50m 设置，垂直间距可按 10～15m 设置。

4 应与导气井连接。

11.3.5 应考虑堆体沉降对导气井和导气盲沟的影响，防止气体导排设施阻塞、断裂而失去导排功能。

11.4 填埋气体输送

11.4.1 填埋气体输送系统宜采用集气单元方式将临近的导气井或导气盲沟的连接管道进行布置。

11.4.2 填埋气体输送系统应设置流量控制阀门，根据气体流量的大小和压力调整阀门开度，达到产气量和抽气量平衡。

11.4.3 填埋气体抽气系统应具有填埋气体含量及流量的监测和控制功能，以确保抽气系统的正常安全运行。

11.4.4 输送管道设计应符合下列规定：

1 设计应留有允许材料热胀冷缩的伸缩余地，管道固定应设置缓冲区，保证输气管道的密封性。

2 应选用耐腐蚀、伸缩性强、具有良好的机械性能和气密性能的材料及配件。

3 在保证安全运行的条件下，输气管道布置应缩短输气线路。

11.4.5 填埋气体输送管道中的冷凝液排放应符合下列规定：

1 输送管道应设置不小于 1%的坡度。

2 输送管道一定管段的最低处应设置冷凝液排放装置。

3 排出的冷凝液应及时收集。

4 收集的冷凝液可直接回喷到填埋堆体中。

11.5 填埋气体利用

11.5.1 填埋气体利用和燃烧系统应统筹设计，应优先满足利用系统的用气，剩余填埋气体应能自动分配到火炬系统进行燃烧。

11.5.2 填埋气体利用方式和规模应根据填埋场的产气量及当地条件等因素，通过多方案技术经济比较确定。气体利用率不宜小于 70%。

11.5.3 填埋气体利用系统应设置预处理工序，预处理工艺和设备的选择应根据气体利用方案、用气设备的要求和污染排放标准确定。

11.5.4 填埋气体燃烧火炬应有较宽的负荷适应范围以满足稳定燃烧，应具有主动和被动两种保护措施，并应具有点火、灭火安全保护功能及阻火器等安全装置。

11.6 填埋气体安全

11.6.1 填埋库区应按生产的火灾危险性分类中戊类防火区的要求采取防火措施。

11.6.2 填埋库区防火隔离带应符合本规范第 5.7.3 条的规定。

11.6.3 填埋场达到稳定安全期前，填埋库区及防火隔离带范围内严禁设置封闭式建（构）筑物，严禁堆放易燃易爆物品，严禁将火种带入填埋库区。

11.6.4 填埋场上方甲烷气体含量必须小于 5%，填埋场建（构）筑物内甲烷气体含量严禁超过 1.25%。

11.6.5 进入填埋作业区的车辆、填埋作业设备应保持良好的机械性能，应避免产生火花。

11.6.6 填埋库区应防止填埋气体在局部聚集。填埋库区底部及边坡的土层 10m 深范围内的裂隙、溶洞及其他腔性结构均应予以充填密实。填埋体中不均匀沉降造成的裂隙应及时予以充填密实。

11.6.7 对填埋物中可能造成腔型结构的大件垃圾应进行破碎。

12 填埋作业与管理

12.1 填埋作业准备

12.1.1 填埋场作业人员应经过技术培训和安全教育，应熟悉填埋作业要求及填埋气体安全知识。运行管理人员应熟悉填埋作业工艺、技术指标及填埋气体的安全管理。

12.1.2 填埋作业规程应制定完备，并应制定填埋气体引起火灾和爆炸等意外事件的应急预案。

12.1.3 应根据设计制定分区分单元填埋作业计划，作业分区应采取有利于雨污分流的措施。

12.1.4 填埋作业分区的工程设施和满足作业的其他主体工程、配套工程及辅助设施，应按设计要求完成施工。

12.1.5 填埋作业应保证全天候运行，宜在填埋作业区设置雨季卸车平台，并应准备充足的垫层材料。

12.1.6 装载、挖掘、运输、摊铺、压实、覆盖等作业设备应按填埋日处理规模和作业工艺设计要求配置。Ⅲ类以上填埋场宜配置压实机，在大件垃圾较多的情况下，宜设置破碎设备。

12.2 填埋作业

12.2.1 填埋物进入填埋场应进行检查和计量。垃圾运输车辆离开填埋场前宜冲洗轮胎和底盘。

12.2.2 填埋应采用单元、分层作业，填埋单元作业工序应为卸车、分层摊铺、压实，达到规定高度后应进行覆盖、再压实。填埋单元作业时应控制填埋作业面面积。

12.2.3 每层垃圾摊铺厚度应根据填埋作业设备的压实性能、压实次数及生活垃圾的可压缩性确定，厚度不宜超过 60cm，且宜从作业单元的边坡底部到顶部摊铺；生活垃圾压实密度应大于 600kg/m^3。

12.2.4 每一单元的生活垃圾高度宜为 2～4m，最高不得超过 6m。单元作业宽度按填埋作业设备的宽度及高峰期同时进行作业的车辆数确定，最小宽度不宜小于 6m。单元的坡度不宜大于 1∶3。

12.2.5 每一单元作业完成后应进行覆盖，覆盖层厚度应根据覆盖材料确定。采用 HDPE 膜或线型低密度聚乙烯膜（LLDPE）覆盖时，膜的厚度宜为 0.50mm，采用土覆盖的厚度宜为 20～25cm，采用喷涂覆盖的涂层干化后厚度宜为 6～10mm。膜的性能指标应符合现行行业标准《垃圾填埋场用高密度聚乙烯土工膜》CJ/T 234 和《垃圾填埋场用线性低密度聚乙烯土工膜》CJ/T 276 的要求。

12.2.6 作业场所应喷洒杀虫灭鼠药剂，并宜喷洒除臭剂及洒水降尘。

12.2.7 每一作业区完成阶段性高度后，暂时不在其上继续进行填埋时，应进行中间覆盖，覆盖层厚度应根据覆盖材料确定，黏土覆盖层厚度宜大于 30cm，膜厚度不宜小于 0.75mm。

12.2.8 填埋作业达到设计标高后，应及时进行封场覆盖。

12.2.9 填埋场场内设施、设备应定期检查维护，发现异常应及时修复。

12.2.10 填埋场作业过程的安全卫生管理应符合现行国家标准《生产过程安全卫生要求总则》GB/T 12801 的有关规定。

12.3 填埋场管理

12.3.1 填埋场应按建设、运行、封场、跟踪监测、场地再利用等阶段进行管理。

12.3.2 填埋场建设的有关文件资料应按国家有关规定进行整理与保管。

12.3.3 填埋场日常运行管理中应记录进场垃圾运输车号、车辆数量、生活垃圾量、渗沥液产生量、材料消耗等，记录积累的技术资料应完整，统一归档保管。填埋作业管理宜采用计算机网络管理。填埋场的计量应达到国家三级计量认证。

12.3.4 填埋场封场和场地再利用管理应符合本规范第 13 章的有关规定。

12.3.5 填埋场跟踪监测管理应符合本规范第 15 章的有关规定。

13 封场与堆体稳定性

13.1 一般规定

13.1.1 填埋场封场设计应考虑堆体整形与边坡处理、封场覆盖结构类型、填埋场生态恢复、土地利用与水土保持、堆体的稳定性等因素。

13.1.2 填埋场封场应符合现行行业标准《生活垃圾卫生填埋场封场技术规程》CJJ 112 与《生活垃圾卫生填埋场岩土工程技术规范》CJJ 176 的有关规定。

13.2 填埋场封场

13.2.1 堆体整形设计应满足封场覆盖层的铺设和封场后生态恢复与土地利用的要求。

13.2.2 堆体整形顶面坡度不宜小于 5%。边坡大于 10%时宜采用多级台阶，台阶间边坡坡度不宜大于 1∶3，台阶宽度不宜小于 2m。

13.2.3 填埋场封场覆盖结构（图 13.2.3）各层应由下至上依次为：排气层、防渗层、排水层与植被层。填埋场封场覆盖应符合下列规定：

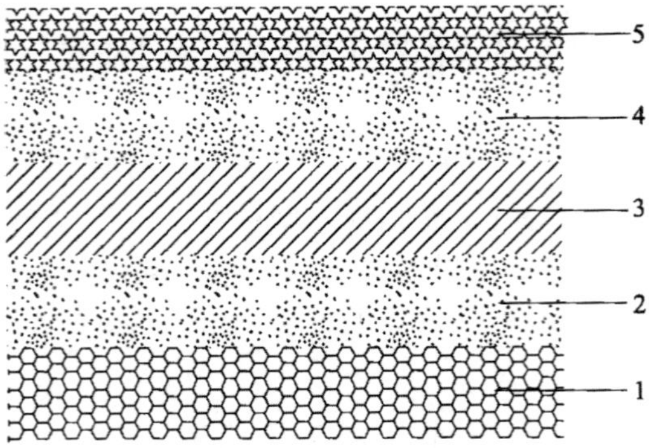

图 13. 2. 3 黏土覆盖系统示意图

1—垃圾层；2—排气层；3—防渗层；4—排水层；5—植被层

1 排气层：堆体顶面宜采用粗粒或多孔材料，厚度不宜小于 30cm，边坡宜采用土工复合排水网，厚度不应小于 5mm。

2 排水层：堆体顶面宜采用粗粒或多孔材料，厚度不宜小于 30cm。边坡宜采用土工复合排水网，厚度不应小于 5mm；也可采用加筋土工网垫，规格不宜小于 600g/m^2。

3 植被层：应采用自然土加表层营养土，厚度应根据种植植物的根系深浅确定，厚度不宜小于 50cm，其中营养土厚度不宜小于 15cm。

4 防渗层应符合下列要求：

1）采用高密度聚乙烯（HDPE）土工膜或线型低密度聚乙烯（LLDPE）土工膜，厚度不应小于 1mm，膜上应敷设非织造土工布，规格不宜小于 300g/m^2；膜下应敷设保护层。

2）采用黏土，黏土层的渗透系数不应大于 1.0×10^{-7}cm/s，厚度不应小于 30cm。

13.2.4 填埋场封场覆盖后，应及时采用植被逐步实施生态恢复，并应与周边环境相协调。

13.2.5 填埋场封场后应继续进行填埋气体导排、渗沥液导排和处理、环境与安全监测等运行管理。直至填埋体达到稳定。

13.2.6 填埋场封场后宜进行水土保持的相关维护工作。

13.2.7 填埋场封场后的土地利用应符合下列规定：

1 填埋场封场后的土地利用应符合现行国家标准《生活垃圾填埋场稳定化场地利用技术要求》GB/T 25179 的规定。

2 填埋场土地利用前应作出场地稳定化鉴定、土地利用论证及有关部门审定。

3 未经环境卫生、岩土、环保专业技术鉴定前，填埋场地严禁作为永久性封闭式建（构）筑物用地。

13.2.8 老生活垃圾填埋场封场工程除应符合本规范第 13.2.1 条～第 13.2.7 条的要求外，尚应符合下列规定：

1 无气体导排设施的或导排设施失效存在安全隐患的，应采用钻孔法设置或完善填埋气体导排系统，已覆盖土层的垃圾堆体可采用开挖网状排气盲沟的方式形成排气层。

2 无渗沥液导排设施或导排设施失效的，应设置或完善渗沥液导排系统。

3 渗沥液、填埋气体发生地下横向迁移的，应设置垂直防渗系统。

13.3 填埋堆体稳定性

13.3.1 填埋堆体的稳定性应考虑封场覆盖、堆体边坡及堆体沉降的稳定。

13.3.2 封场覆盖应进行滑动稳定性分析，确保封场覆盖层的安全稳定。

13.3.3 填埋堆体边坡的稳定性计算宜按现行国家标准《建筑边坡工程技术规范》GB 50330 中土坡计算方法的有关规定执行。

13.3.4 堆体沉降稳定宜根据沉降速率与封场年限来判断。

13.3.5 填埋场运行期间宜设置堆体沉降与渗沥液导流层水位监测设备设施，对填埋堆体典型断面的沉降、边坡侧向变形情况及渗沥液导流层水头进行监测，根据监测结果对滑移等危险征兆采取应急控制措施。

14 辅助工程

14.1 电气

14.1.1 填埋场的生产用电应从附近电力网引接，其接入电压等级应根据填埋场的总用电负荷及附近电力网的具体情况，经技术经济比较后确定。

14.1.2 填埋场的继电保护和安全自动装置与接地装置应符合现行国家标准《电力装置的继电保护和自动装置设计规范》GB/T 50062 及《交流电气装置的接地》DL/T 621 中的有关规定。

14.1.3 填埋气体发电工程的电气主接线应符合下列规定：

1 发电上网时，应至少有一条与电网连接的双向受、送电线路。

2 发电自用时，应至少有一条与电网连接的受电线路，当该线路发生故障时，应有能够保证安全停机和启动的内部电源或其他外部电源。

14.1.4 照明设计应符合现行国家标准《建筑照明设计标准》GB 50034 中的有关规定。正常照明和事故照明宜采用分开的供电系统。

14.1.5 电缆的选择与敷设应符合现行国家标准《电力工程电缆设计规范》GB 50217 的有关规定。

14.2 给排水工程

14.2.1 填埋场给水工程设计应符合现行国家标准《室外给水设计规范》GB 50013 和《建筑给水排水设计规范》GB 50015 的有关规定。

14.2.2 填埋场采用井水作为给水时，饮用水水质应符合现行国家标准《生活饮用水卫生标准》GB 5749 的有关规定，用水标准及定额应满足现行国家标准《建筑给水排水设计规范》GB 50015 中的有关规定。

14.2.3 填埋场排水工程设计应符合现行国家标准《室外排水设计规范》GB 50014 和《建筑给水排水设计规范》GB 50015 的有关规定。

14.3 消防

14.3.1 填埋场除考虑填埋气体的消防外，还应设置建（构）筑物的室内、室外消防系统。消防系统的设置应符合现行国家标准《建筑设计防火规范》GB 50016 和《建筑灭火器配置设计规范》GB 50140 的有关规定。

14.3.2 填埋场的电气消防设计应符合现行国家标准《建筑设计防火规范》GB 50016 和《火灾自动报警系统设计规范》GB 50116 中的有关规定。

14.4 采暖、通风与空调

14.4.1 填埋场各建筑物的采暖、空调及通风设计应符合现行国家标准《采暖通风与空气调节设计规范》GB 50019 中的有关规定。

15 环境保护与劳动卫生

15.0.1 填埋场环境影响评价及环境污染防治应符合下列规定：

1 填埋场工程建设项目在进行可行性研究的同时，应对建设项目的环境影响作出评价。

2 填埋场工程建设项目的环境污染防治设施应与主体工程同时设计、同时施工、同时投产使用。

3 填埋作业过程中产生的各种污染物的防治与排放应符合国家有关规定。

15.0.2 填埋场应设置地下水本底监测井、污染扩散监测井、污染监测井。填埋场应进行水、气、土壤及噪声的本底监测和作业监测。监测井和采样点的布设、监测项目、频率及分析方法应按现行国家标准《生活垃圾填埋场污染控制标准》GB 16889 和《生活垃圾卫生填埋场环境监测技术要求》GB/T 18772 执行，填埋库区封场后应进行跟踪监测直至填埋体稳定。

15.0.3 填埋场环境污染控制指标应符合现行国家标准《生活垃圾填埋场污染控制标准》GB 16889 的要求。

15.0.4 填埋场使用杀虫灭鼠药剂时应避免二次污染。

15.0.5 填埋场应设置道路行车指示、安全标识、防火防爆及环境卫生设施设置标志。

15.0.6 填埋场的劳动卫生应按照现行国家标准《工业企业设计卫生标准》GBZ 1 和《生产过程安全卫生要求总则》GB/T 12801 的有关规定执行，并应结合填埋作业特点采取有利于职业病防治和保护作业人员健康的措施。填埋作业人员应每年体检一次，并应建立健康登记卡。

16 工程施工及验收

16.0.1 填埋场工程施工前应根据设计文件或招标文件编制施工方案，准备施工设备及设施，合理安排施工场地。

16.0.2 填埋场工程应根据工程设计文件和设备技术文件进行施工和安装。

16.0.3 填埋场工程施工变更应按设计单位的设计变更文件进行。

16.0.4 填埋场各项建筑、安装工程应按现行相关标准及设计要求进行施工。

16.0.5 施工安装使用的材料应符合现行国家相关标准及设计要求；对国外引进的专用填埋设备与材料，应按供货商提供的设备技术规范、合同规定及商检文件执行，并应符合现行国家标准的相应要求。

16.0.6 填埋场工程验收除应按国家规定和相应专业现行验收标准执行外，还应符合下列规定：

1 地基处理应符合本规范第 6 章的要求。

2 垃圾坝应符合本规范第 7 章的要求。

3 防渗工程与地下水导排应符合本规范第 8 章的要求。

4 防洪与雨污分流系统应符合本规范第 9 章的要求。

5 渗沥液收集与处理应符合本规范第 10 章的要求。

6 填埋气体导排与利用应符合本规范第 11 章的要求。

7 填埋场封场应符合本规范第 13 章的要求。

附录 A 填埋库容与有效库容计算

A.0.1 填埋库容采用方格网法计算时，应符合下列规定：

1 将场地划分成若干个正方形格网，再将场底设计标高和封场标高分别标注在规则网格各个角点上，封场标高与场底设计标高的差值应为各角点的高度。

2 计算每个四棱柱的体积，再将所有四棱柱的体积汇总为总的填埋场库容。方格网法库容可按下式计算：

$$V=\sum_{i=1}^{n}a^2\ (h_{i1}+h_{i2}+h_{i3}+h_{i4})/4 \tag{A.0.1}$$

式中：h_{i1}，h_{i2}，h_{i3}，h_{i4}——第 i 个方格网各个角点高度（m）；

V——填埋库容（m^3）；

a——方格网的边长（m）；

n——方格网个数。

3 计算时可将库区划分为边长 10～40m 的正方形方格网，方格网越小，精度越高。

4 可采用基于网格法的土方计算软件进行填埋库容计算。

A.0.2 有效库容应按下列公式计算：

1 有效库容为有效库容系数与填埋库容的乘积，应按下式计算：

$$V'=\zeta\cdot V \tag{A.0.2-1}$$

式中：V'——有效库容（m^3）；

V——填埋库容（m^3）；

ζ——有效库容系数。

2 有效库容系数应按下式计算：

$$\zeta=1-(I_1+I_2+I_3) \tag{A.0.2-2}$$

式中：I_1——防渗系统所占库容系数；

I_2——覆盖层所占库容系数；

I_3——封场所占库容系数。

3 防渗系统所占库容系数 I_1 应按下式计算：

$$I_1=\frac{A_1h_1}{V} \tag{A.0.2-3}$$

式中：A_1——防渗系统的表面积（m^2）；

h_1——防渗系统厚度（m）；

V——填埋库容（m^3）。

4 覆盖层所占库容系数 I_2 应符合下列规定：

1）平原型填埋场黏土中间覆盖层厚度为 30cm，垃圾层厚度为 10～20m 时，黏土中间覆盖层所占用的库容系数 I_2 可近似取 1.5%～3%。

2）日覆盖和中间覆盖层采用土工膜作为覆盖材料时，可不考虑 I_2 的影响，近似取 0。

5　封场所占库容系数 I_3 应按下式计算：

$$I_3=\frac{A_{2T}h_{2T}+A_{2S}h_{2S}}{V} \tag{A.0.2-4}$$

式中：A_{2T}——封场堆体顶面覆盖系统的表面积（m^2）；

H_{2T}——封场堆体顶面覆盖系统厚度（m）；

A_{2S}——封场堆体边坡覆盖系统的表面积（m^2）；

h_{2S}——封场堆体边坡覆盖系统厚度（m）；

V——填埋库容（m^3）。

附录 B　渗沥液产生量计算方法

B.0.1　渗沥液最大日产生量、日平均产生量及逐月平均产生量宜按下式计算，其中浸出系数应结合填埋场实际情况选取。

$$Q=I\times(C_1A_1+C_2A_2+C_3A_3+C_4A_4)/1\,000 \qquad (B.0.1)$$

式中：Q——渗沥液产生量（m^3/d）；

I——降水量（mm/d）。当计算渗沥液最大日产生量时，取历史最大日降水量；当计算渗沥液日平均产生量时，取多年平均日降水量；当计算渗沥液逐月平均产生量时，取多年逐月平均降雨量。数据充足时，宜按 20 年的数据计取；数据不足 20 年时，可按现有全部年数据计取；

C_1——正在填埋作业区浸出系数，宜取 0.4～1.0，具体取值可参考表 B.0.1。

表 B.0.1　正在填埋作业单元浸出系数 C_1 取值表

所在地年降雨量（mm）/有机物含量	年降雨量≥800	400≤年降雨量＜800	年降雨量＜400
＞70%	0.85～1.00	0.75～0.95	0.50～0.75
≤70%	0.70～0.80	0.50～0.70	0.40～0.55

注：若填埋场所处地区气候十旱、进场生拮垃圾中确机物含量低、生活垃圾降解程度低及埋深小时宜取高值；若填埋场所处地区气候湿润、进场生活垃圾中有机物含量高、生活垃圾降解程度高及埋深大时宜取低值。

A_1——正在填埋作业区汇水面积（m^2）；

C_2——已中间覆盖区浸出系数。当采用膜覆盖时宜取（0.2～0.3）C_1 生活垃圾降解程度低或埋深小时宜取下限，生活垃圾降解程度高或埋深大时宜取上限；当采用土覆盖时宜取（0.4～0.6）C_1（若覆盖材料渗透系数较小、整体密封性好、生活垃圾降解程度低及埋深小时宜取低值，若覆盖材料渗透系数较大、整体密封性较差、生活垃圾降解程度高及埋深大时宜取高值）；

A_2——已中间覆盖区汇水面积（m^2）；

C_3——已终场覆盖区浸出系数，宜取 0.1～0.2（若覆盖材料渗透系数较小、整体密封性好、生活垃圾降解程度低及埋深小时宜取下限，若覆盖材料渗透系数较大、整体密封性较差、生活垃圾降解程度高及埋深大时宜取上限）；

A_3——已终场覆盖区汇水面积（m^2）；

C_4——调节池浸出系数，取 0 或 1.0（若调节池设置有覆盖系统取 0，若调节池未设置覆盖系统取 1.0）；

A_4——调节池汇水面积（m^2）。

B.0.2　当 A_1、A_2、A_3 随不同的填埋时期取不同值，渗沥液产生量设计值应在最不利情况下计算，即在 A_1、A_2、A_3 的取值使得 Q 最大的时候进行计算。

B.0.3　当考虑生活管理区污水等其他因素时，渗沥液的设计处理规模宜在其产生量的基础上乘以适当系数。

附录 C 调节池容量计算方法

C.0.1 调节池容量可按表 C.0.1 进行计算。

表 C.0.1 调节池容量计算表

月份	多年平均逐月降雨量（mm）	逐月渗沥液产生量（m^3）	逐月渗沥液处理量（m^3）	逐月渗沥液余量（m^3）
1	M_1	A_1	B_1	$C_1=A_1-B_1$
2	M^2	A_2	B_2	$C_2=A_2-B_2$
3	M_3	A_3	B_3	$C_3=A_3-B_3$
4	M_4	A_4	B_4	$C_4=A_4-B_4$
5	M_5	A_5	B_5	$C_5=A_5-B_5$
6	M_6	A_6	B_6	$C_6=A_6-B_6$
7	M_7	A_7	B_7	$C_7=A_7-B_7$
8	M_8	A_8	B_8	$C_8=A_8-B_8$
9	M_9	A_9	B_9	$C_9=A_9-B_9$
10	M_{10}	A_{10}	B_{10}	$C_{10}=A_{10}-B_{10}$
11	M_{11}	A_{11}	B_{11}	$C_{11}=A_{11}-B_{11}$
12	M_{12}	A_{12}	B_{12}	$C_{12}=A_{12}-B_{12}$

注：表 C.0.1 中将 1～12 月中 $C>0$ 的月渗沥液余量累计相加，即为需要调节的总容量。

C.0.2 逐月渗沥液产生量可根据本规范附录 B 中式（B.0.1）计算，其中 I 取多年逐月降雨量，经计算得出逐月渗沥液产生量 A_1～A_{12}。

C.0.3 逐月渗沥液余量可按下式计算。

$$C=A-B \tag{C.0.3}$$

式中：C——逐月渗沥液余量（m^3）；

A——逐月渗沥液产生量（m^3）；

B——逐月渗沥液处理量（m^3）。

C.0.4 计算值宜按历史最大日降雨量或 20 年一遇连续七日最大降雨量进行校核，在当地没有上述历史数据时，也可采用现有全部年数据进行校核。并将校核值与上述计算出来的需要调节的总容量进行比较，取其中较大者，在此基础上乘以安全系数 1.1～1.3 即为所取调节池容积。

C.0.5 当采用历史最大日降雨量进行校核时，可参考下式计算：

$$Q_1=I_1\times（C_1A_1+C_2A_2+C_3A_3+C_4A_4）/1\,000 \tag{C.0.5}$$

式中：Q_1——校核容积（m^3）；

I_1——历史最大日降雨量（m^3）；

C_1、C_2、C_3、C_4 与 A_1、A_2、A_3、A_4 的取值同本规范附录 B 式（B.0.1）。

附录D 渗沥液处理工艺参考设计参数

表D 渗沥液处理工艺参考设计参数

渗沥液处理工艺	参考设计参数及技术要求	说明
水解酸化	1 水力停留时间（HRT）不宜小于10h； 2 pH值宜为6.5～7.5	水解酸化可采用悬浮式反应器、接触式反应器、复合式反应器等形式
混凝沉淀	1 混凝剂投药方法可采用干投法或湿投法。 2 药剂调制方法可采用水力法、压缩空气法、机械法等。可采用硫酸铝、聚合氯化铝、三氯化铁和聚丙烯酰胺（PAM）等药剂。 3 干式投配设备应配备混凝剂的破碎设备，应具备每小时投配5kg以上的规模；湿式投配设备应配置一套溶解、搅拌、定量控制和投配设备	干投法流程宜为：药剂输送→粉碎→提升→计量→加药混合。湿投法流程宜为：溶解池→溶液池→定量控制设备→投加设备→混合池。 混凝沉淀采用的混合设备可采用浆板式机械混合槽、分流隔板混合槽、水泵混合等，反应设备可采用隔板式反应池、涡流式反应池、机械搅拌反应池等
UASB	1 UASB的适宜参数为： 1）反应器适宜温度：常温范围为20～30℃，中温范围为30～38℃，高温范围为50～55℃： 2）容积负荷适宜值：5～15kgCOD/（m^3·d）； 3）反应器适宜pH：6.5～7.8。 2 UASB反应器应设置生物气体利用或安全燃烧装置	池形可设计为圆形、方形或矩形。处理渗沥液量过大时可设计为多个池体并联运行。 反应器反应区的高度可设计为1.5～4.0m。当渗沥液流量小，浓度较高，需要的沉淀区面积小时，沉淀区的面积可以和反应区相同；当渗沥液流量大，浓度较低，需要的沉淀区面积大时，可采用反应器上部面积大于下部面积的池形
膜生物反应器（MBR）	1 膜生物反应器可采用外置式膜生物反应器或内置式膜生物反应器。 2 膜生物反应器的适宜参数为： 1）进水COD：外置式不宜大于20 000mg/L，内置式不宜大于15 000mg/L； 2）进水BOD_5/COD的比值不宜小于0.3； 3）进水氨氮NH_3-N不宜大于2 500mg/L； 4）水温度宜为20～35℃； 5）污泥浓度：外置式宜为10 000～15 000mg/L，内置式宜为8 000～10 000mg/L； 6）污泥负荷：外置式宜为0.05～0.18kgCOD（kgMLVSS·d），内置式宜为0.04～0.12kgCOD（kgMLVSS·d）； 7）脱氮速率（20℃）：外置式宜为0.05～0.20kgNO_3-N/（kgMLSS·d），内置式宜为0.05～0.15kgNO_3-N/（kgMLSS·d）； 8）硝化速率：外置式宜为0.02～0.10kgNH^+_4-N/（kgMLSS·d），内置式宜为0.02～0.08kgNH^+_4-N/（kgMLSS·d）； 9）剩余污泥产泥系数：0.1～0.3kgMLVSS/kgCOD。 3 一般情况下，MBR宜采用A/O工艺。当需要强化脱氮处理时，宜采用A/O/A/O工艺强化生物处理	“外置式膜生物反应器”中生化反应器与膜单元相对独立，通过混合液循环泵使得处理水通过膜组件后外排；“内置式膜生物反应器”其膜浸没在生物反应器内，出水通过负压抽吸经过膜单元后排出。 其中外置膜宜选用管式超滤膜组件，内置膜宜选用板式微滤膜组件、板式超滤膜组件、中空纤维微滤膜组件或中空纤维超滤膜组件

渗沥液处理工艺	参考设计参数及技术要求	说明
膜深度处理	1　膜处理可采用纳滤（NF）、卷式反渗透（卷式RO）、碟管式反渗透（DTRO）等工艺。 2　当采用"NF+卷式RO"，NF段的适宜参数为： 1）进水淤塞指数SDI_{15}不宜大于5； 2）进水游离余氯不宜大于0.1mg/L； 3）进水悬浮物SS不宜大于100mg/L； 4）进水化学需氧量COD不宜大于1 200mg/L； 5）进水生化需氧量（BOD_5）不宜大于600mg/L； 6）进水氨氮NH_3-N不宜大于200mg/L； 7）进水总氮TN不宜大于300mg/L； 8）水温度宜为15～30℃； 9）pH值宜为5.0～7.0； 10）纳滤膜通量宜为15～20L/（m^2·h）； 11）水回收率不宜低于80%（25℃）； 12）操作压力：卷式纳滤膜宜为0.5～1.5MPa；碟管式纳滤膜宜为0.5～2.5MPa。 3　当采用"NF+卷式RO"或"卷式RO"时，卷式RO段适宜参数： 1）进水淤塞指数SDI_{15}不宜大于5； 2）进水游离余氯不宜大于0.1mg/L； 3）进水悬浮物SS不宜大于50mg/L； 4）进水化学需氧量COD不宜大于1 200mg/L； 5）进水电导率（20℃）不宜大于2 000μS/cm； 6）水温度宜为15～30℃； 7）pH值宜为5.0～7.0； 8）反渗透膜通量宜为10～15L/（m^2·h）； 9）水回收率不宜低于70%（25℃）； 10）操作压力宜为1.5～2.5MPa。 4　当采用"单级DTRO"时，适宜参数如下： 1）进水淤塞指数SDI_{15}不宜大于20； 2）进水游离余氯不宜大于0.1mg/L； 3）进水悬浮物SS不宜大于500mg/L； 4）进水化学需氧量COD不宜大于1 200mg/L； 5）进水生化需氧量（BOD_5）不宜大于600mg/L； 6）进水氨氮NH_3-N不宜大于250mg/L； 7）进水总氮TN不宜大于400mg/L； 8）进水电导率常压级不宜大于3 000μS/cm，高压级不宜大于100 000μS/cm； 9）水温度宜为15～30℃； 10）常压级操作压力不宜大于7.5MPa，高压反渗透操作压力不宜大于12.0MPa或20.0MPa； 11）系统水回收率不宜低于75%（25℃）	单支膜元件产水量按膜生产商产品技术手册提供的25℃条件下单支膜元件产水量。单位为m^3/d或gpd。并按膜生产商产品技术手册提供的温度修正系数进行修正。也可以25℃为设计温度，每升、降1℃，产水量增加或减少2.5%计算

渗沥液处理工艺	参考设计参数及技术要求	说明
多级反渗透处理（以两级 DTRO 为例）	1　进水淤塞指数 SDI_{15} 不宜大于 20； 2　进水游离余氯不宜大于 0.1mg/L； 3　进水悬浮物 SS 不宜大于 1 500mg/L； 4　进水化学需氧量 COD 不宜大于 35 000mg/L； 5　进水氨氮 NH_3-N 不宜大于 2 500mg/L； 6　进水总氮 TN 不宜大于 4 000mg/L 7　进水电导率常压级不宜大于 30 000μS/cm，高压级不宜大于 100 000μS/cm； 8　水温度宜为 15～30℃； 9　常压级操作压力不宜大于 7.5MPa，高压反渗透操作压力不宜大于 12.0MPa 或 20.0MPa； 10　单级水回收率不宜低于 75%（25℃）	

附录 E　填埋气体产气量估算

E.0.1　填埋气体产气量宜采用联合国气候变化框架公约（UNFCCC）方法学模型，按下式计算：

$$E_{CH_4}=\varphi\cdot(1\text{-OX})\cdot\frac{16}{12}\cdot F\cdot \text{DOC}_F\cdot \text{MCF}\cdot\sum_{x=1}^{y}\sum_{j}W_{j,x}\cdot \text{DOC}_j\cdot e^{-k_j\cdot(y-x)}\cdot(1-e^{-k_j})\tag{E.0·1}$$

式中：E_{CH_4}——在 x 年内甲烷产生量（t）；

φ——模型校正因子；

OX——氧化因子；

16/12——碳转化为甲烷的系数；

F——填埋气体中甲烷体积百分比（默认值为 0.5）；

DOC_F——生活垃圾中可降解有机碳的分解百分率（%）；

MCF——甲烷修正因子（比例）；

$W_{j,x}$——在 x 年内填埋的 j 类生活垃圾成分量（t）；

DOC_j——j 类生活垃圾成分中可降解有机碳的含量，按重量（%）；

j——生活垃圾种类；

x——填埋场投入运行的时间；

y——模型计算当年；

k_j——j 类生活垃圾成分的产气速率常数（1/年）。

E.0.2　参数的选择宜符合下列规定：

1　φ：因模型估算的不确定性，宜采用保守方式，对估算结果进行 10%的折扣，建议取值为 0.9。

2　OX：反映甲烷被土壤或其他覆盖材料氧化的情况，宜取值 0.1。

3　DOC_j：不同生活垃圾成分中可降解有机碳的含量，在计算时应对生活垃圾成分进行分类，不同生活垃圾成分的 DOC 取值宜符合表 E.0.2-1 的规定。

表 E.0.2-1　不同生活垃圾成分的 DOC 取值

生活垃圾类型	DOC_j（%湿垃圾）	DOC_j（%干垃圾）
木质	43	50
纸类	40	44
厨余	15	38
织物	24	30
园林	20	49
玻璃、金属	0	0

4　k_j：生活垃圾的产气速率取值应考虑生活垃圾成分、当地气候、填埋场内的生活垃圾含水率等因素，不同生活垃圾成分的产气速率 k 取值宜符合表 E.0.2-2 的规定。

5　MCF：填埋场管理水平分类及 MCF 取值应符合表 E.0.2-3 的规定。

表 E.0.2-2 不同生活垃圾成分的产气率 k 取值表

生活垃圾类型		寒温带（年均温度<20℃）		热带（年均温度>20℃）	
		干燥 MAP/PET<1	潮湿 MAP/PET>1	干燥 MAP<1 000mm	潮湿 MAP>1 000mm
慢速降解	纸类、织物	0.04	0.06	0.045	0.07
	木质物、稻草	0.02	0.03	0.025	0.035
中速降解	园林	0.05	0.10	0.065	0.17
快速降解	厨渣	0.06	0.185	0.085	0.40

注：MAP 为年均降雨量，PET 为年均蒸发量。

表 E.0.2-3 填埋场管理水平分类及 MCF 取值表

场址类型	*MCF* 缺省值
具有良好管理水平	1.0
管理水平不符合要求，但填埋深度≥5m	0.8
管理水平不符合要求，但填埋深度<5m	0.4
未分类的生活垃圾填埋场	0.6

6 DOC_F：联合国政府间气候变化专门委员会（IPCC）指南提供的经过异化的可降解有机碳比例的缺省值为 0.77。该值只能在计算可降解有机碳时不考虑木质素碳的情况下才可以采用，实际情况应偏低于 0.77，取值宜为 0.5～0.6。

本规范用词说明

1 为便于在执行本规范条文时区别对待，对要求严格程度不同的用词说明如下：

1）表示很严格，非这样做不可的：

正面词采用“必须”，反面词采用“严禁”；

2）表示严格，在正常情况下均应这样做的：

正面词采用“应”，反面词采用“不应”或“不得”；

3）表示允许稍有选择，在条件许可时首先应这样做的：

正面词采用“宜”，反面词采用“不宜”；

4）表示有选择，在一定条件下可以这样做的，采用“可”。

2 条文中指明应按其他有关标准执行的写法为：“应符合……的规定”或“应按……执行”。

引用标准名录

《建筑地基基础设计规范》GB 50007

《室外给水设计规范》GB 50013

《室外排水设计规范》GB 50014

《建筑给水排水设计规范》GB 50015

《建筑设计防火规范》GB 50016
《采暖通风与空气调节设计规范》GB 50019
《建筑照明设计标准》GB 50034
《建筑物防雷设计规范》GB 50057
《电力装置的继电保护和自动装置设计规范》GB/T 50062
《火灾自动报警系统设计规范》GB 50116
《建筑灭火器配置设计规范》GB 50140
《防洪标准》GB 50201
《电力工程电缆设计规范》GB 50217
《建筑边坡工程技术规范》GB 50330
《工业企业设计卫生标准》GBZ 1
《厂矿道路设计规范》GBJ 22
《生活饮用水卫生标准》GB 5749
《生产过程安全卫生要求总则》GB/T 12801
《生活垃圾填埋场污染控制标准》GB 16889
《生活垃圾卫生填埋场环境监测技术要求》GB/T 18772
《城镇污水处理厂污泥处置　混合填埋用泥质》GB/T 23485
《生活垃圾填埋场稳定化场地利用技术要求》GB/T 25179
《城市防洪工程设计规范》CJJ 50
《生活垃圾卫生填埋场封场技术规程》CJJ 112
《生活垃圾卫生填埋场防渗系统工程技术规范》CJJ 113
《生活垃圾填埋场填埋气体收集处理及利用工程技术规范》CJJ 133
《生活垃圾渗沥液处理技术规范》CJJ 150
《生活垃圾卫生填埋场岩土工程技术规范》CJJ 176
《垃圾填埋场用高密度聚乙烯土工膜》CJ/T 234
《垃圾填埋场用线性低密度聚乙烯土工膜》CJ/T 276
《交流电气装置的接地》DL/T 621
《混凝土重力坝设计规范》DL 5108
《碾压式土石坝施工规范》DL/T 5129
《建筑地基处理技术规范》JGJ 79
《土工试验规程》SL 237
《水利水电工程天然建筑材料勘察规程》SL 251
《碾压式土石坝设计规范》SL 274
《水利水电工程边坡设计规范》SL 386

中华人民共和国国家标准

水泥窑协同处置垃圾工程设计规范

Code for design of municipal solid waste co-processing in cement kiln

GB 50954—2014

前　言

本规范是根据住房城乡建设部《关于印发 2012 年工程建设标准规范制订、修订计划的通知》（建标[2012]5 号）的要求，由中材国际环境工程（北京）有限公司会同有关单位共同编制完成。

本规范编制过程中，编制组经广泛调查研究，认真总结实践经验，参考有关国外先进标准，并在广泛征求意见的基础上，最后报住房城乡建设部审查定稿。

本规范共分 10 章，主要技术内容包括：总则，术语，基本规定，总体设计，总平面布置，生活垃圾的特性分析及预处理品的品质要求，生活垃圾的接收、储存与输送，预处理及协同处置系统，环境保护，劳动安全与职业卫生。

本规范中以黑体字标志的条文为强制性条文，必须严格执行。

本规范由住房城乡建设部负责管理和对强制性条文的解释，由国家建筑材料工业标准定额总站负责标准的日常管理，由中材国际环境工程（北京）有限公司负责技术内容的解释。本规范在执行过程中，若发现有需要修改和补充之处，请将意见和有关资料寄送中材国际环境工程（北京）有限公司（地址：北京市朝阳区望京北路 16 号中材国际大厦，邮政编码：100102），以供今后修订时参考。

本规范主编单位、参编单位、参加单位、主要起草人和主要审查人：

主编单位：中材国际环境工程（北京）有限公司

参编单位：中国中材国际工程股份有限公司
天津水泥工业设计研究院有限公司
天津中材工程研究中心有限公司
中信重工机械股份有限公司
拉法基瑞安水泥有限公司

参加单位：中材装备集团有限公司
安徽海螺集团有限责任公司

主要起草人：胡芝娟　蔡玉良　辛美静　李　惠　杨学权　施敬林　张红娜　郭随华　王利敏　许艳丽　金树宝　许卫革　余　佳

主要审查人：曾学敏　袁曙光　文柏鸣　汪克春　范晓虹　丁奇生　李安平　钱光人　孔德强　周治平

1 总 则

1.0.1 为规范水泥窑协同处置生活垃圾的技术标准，实现处置过程“无害化、减量化、资源化”的目标，做到运行安全可靠、技术先进、经济合理，制定本规范。

1.0.2 本规范适用于利用新型干法水泥熟料生产线协同处置生活垃圾的新建、改建和扩建工程的设计。

1.0.3 水泥窑协同处置生活垃圾，应合理确定工程的建设规模。

1.0.4 利用水泥窑协同处置生活垃圾，应采用成熟的工艺、技术、材料和设备；积极稳妥地采用新工艺、新技术和新设备。

1.0.5 水泥窑协同处置生活垃圾的工程设计除应符合本规范外，尚应符合国家现行有关标准的规定。

2 术 语

2.0.1 生活垃圾 municipal solid waste（MSW）

在日常生活中或为日常生活提供服务的活动中产生的固体废物，以及法律、行政法规规定视为城市生活垃圾的固体废物。

2.0.2 水泥窑协同处置生活垃圾 MSW co-processing in cement kiln

通过高温焚烧及水泥熟料矿物化高温烧结，将生活垃圾分解、降解、消除、稳定化的处置技术。

2.0.3 分选处置 seperation disposal

利用各种分选设备，将生活垃圾分选出可作为替代燃料和替代原料的不同组分，分别送至水泥熟料烧成系统的不同位置进行焚烧处置。

2.0.4 直接处置 direct disposal

将原生垃圾预均化和破碎后，直接送入热处置单元进行热解、气化或焚烧处理，并将产生的灰渣、烟气送入水泥烧成系统进行最终处置。

3 基本规定

3.0.1 水泥窑协同处置生活垃圾工程的建设规模和技术方案，应依据水泥窑的生产规模和工艺、生活垃圾的特性、城镇化发展水平、人口增长速度、城镇总体规划、环境卫生专业规划确定。

3.0.2 利用水泥窑协同处置生活垃圾宜在 2 000t/d 及以上的新型干法水泥熟料生产线上进行，可依据现有生产线的具体条件选择分选处置或直接处置工艺，处置过程中应充分利用水泥厂现有场地与设施。

3.0.3 生活垃圾预处理过程中，严禁混入危险废弃物和医疗垃圾。

3.0.4 协同处置生活垃圾的水泥窑，水泥熟料质量应符合现行国家标准《硅酸盐水泥熟料》GB/T 21372 的有关规定，水泥熟料和水泥产品中重金属含量应符合现行国家标准《水泥工厂设计规范》GB 50295 的有关规定。

3.0.5 水泥窑协同处置生活垃圾，应制订系统非正常运转情况的应急预案。

4 总体设计

4.1 规模划分

4.1.1 水泥窑协同处置生活垃圾工程的设计规模应根据水泥厂规模、处理范围内生活垃圾产生量的现状及预测、经济性、技术可行性和可靠性等因素确定。

4.1.2 水泥窑协同处置生活垃圾工程的设计规模，可按下列规定划分：

1 小型：单条水泥熟料生产线，生活垃圾处置规模在300t/d及以下；

2 中型：单条水泥熟料生产线，生活垃圾处置规模在300～500t/d（含500t/d）；

3 大型：单条水泥熟料生产线，生活垃圾处置规模在500t/d以上。

4.2 主要设计内容

4.2.1 水泥窑协同处置生活垃圾公共工程建设应包括下列内容：

1 进厂接收系统、储存与输送系统、给排水系统、污水处理系统、渗滤液处理系统、异味处理系统、旁路放风系统；

2 电气系统、自动化控制系统、在线监测系统、供配电、压缩空气、消防、通信、暖通空调、机械维修等设施；

3 与水泥生产系统共用的辅助设施。

4.2.2 分选处置系统的工程建设内容应包括：分析鉴别系统、预处理系统、替代原料综合利用系统、替代燃料综合利用系统、厨余物处置系统。

4.2.3 直接处置系统的工程建设内容应包括：预破碎系统、热处置系统、烟气输送系统、灰渣处理系统。

4.3 技术装备要求

4.3.1 水泥窑协同处置生活垃圾系统的工艺装备和自动化控制水平宜高于依托水泥熟料生产线的水平。引进设备、部件及仪表，应进行技术经济论证后确定。

4.3.2 水泥窑协同处置生活垃圾电气系统、仪表与自动化控制系统及消防系统应符合国家现行行业标准《生活垃圾焚烧处理工程技术规范》CJJ 90的有关规定。

4.3.3 采用分选处置方式协同处置生活垃圾时，应符合下列规定：

1 应根据处置技术方案确定预处理系统的工艺流程，并应根据生活垃圾的组分特性进行针对性处置；

2 预处理系统中宜设置厨余物的脱水设施；

3 生活垃圾配料处置应根据垃圾成分、热值等参数与水泥生产常规原料、燃料进行合理搭配。

4.3.4 采用直接处置方式协同处置生活垃圾时，应符合下列规定：

1 应根据生活垃圾的组分特性选择合适的焚烧处理方式；

2 生活垃圾的破碎设备宜根据垃圾的主要成分确定。

5 总平面布置

5.1 场地选择

5.1.1 新建水泥窑协同处置生活垃圾生产线时，场地选择及车间布局应符合本地区城乡总体发展规划、工业布局和建设发展规划的要求，水泥窑与生活垃圾预处理车间可分开建设。

5.1.2 场地选择应符合环境保护专业规划，并应符合当地的大气污染防治、水资源保护和自然生态保护要求，同时应通过环境影响评价。

5.1.3 现有水泥熟料生产线进行协同处置生活垃圾的技术改造工程，预处理车间的选址应根据交通运输、供电、供水、供热、工程地质条件、企业协作条件、场地现有设施、生活垃圾收运和储存条件、协同处置衔接条件、预处理的环境保护等因素进行技术经济比较后确定。

5.1.4 生活垃圾预处理车间与居民区、学校、医院等公共设施的距离，应根据当地的自然、气象条件，通过环境影响评价确定，并应符合现行国家标准《水泥厂卫生防护距离标准》GB 18068 的有关规定。

5.2 总图设计

5.2.1 生活垃圾协同处置各车间的总图设计，应根据依托水泥熟料生产线的生产、运输、环境保护、劳动安全与职业卫生、职工生活，以及电力、通信、热力、给排水、污水处理、防洪和排涝等设施，经多方案综合比较后确定。

5.2.2 总平面布置应有利于减少垃圾运输和处理过程中的异味、粉尘、噪声、污水对周围环境的影响，并应防止各设施间的交叉污染。

5.2.3 人流和物流的出入口设置应符合城市交通有关要求，并应实现人流和物流分离，条件许可时，宜设置生活垃圾运输车专用进出口。

5.2.4 厂区内应有垃圾运输车辆的临时停车场地，并宜设置在物流出入口附近。场地条件允许时，临时停车场地也可设置在生活垃圾接收设施前。

5.2.5 生产和生活服务等辅助设施应利用水泥熟料生产线的公用设施，或根据社会化服务原则利用厂区所在工业园区的公用设施。

5.2.6 厂区绿化布置应符合全厂总图设计要求，厂区绿化覆盖率应与当地城市绿化管理规定相协调。

5.3 厂区道路设计

5.3.1 厂区道路应根据工厂规模、运输要求、管线布置等合理确定，厂区道路应满足交通运输、消防及管线铺设要求。

5.3.2 厂区主要道路的行车路面宽度不宜小于 6m，车行道宜设环形道路。生活垃圾预处理车间及接收储存设施处应设消防道路，道路宽度不应小于 4m。路面宜采用水泥混凝土或沥青混凝土铺设，道路荷载等级应符合现行国家标准《厂矿道路设计规范》GBJ 22 中的有关规定。

5.3.3 通向垃圾卸料平台的坡道为双向通行时，坡道宽度不宜小于 8m；为单向通行时，不宜小于 4m。坡道曲率半径不宜小于 15m，坡度不应大于 8%。

5.3.4 道路转弯半径与作业场地面积应按各功能区内通行的最大规格车型确定。

6 生活垃圾的特性分析及预处理品的品质要求

6.1 生活垃圾的特性分析

6.1.1 采用分选处置方式协同处置生活垃圾时，生活垃圾类别可分为替代燃料、替代原料、厨余物、金属物。

6.1.2 塑料、纸类、竹木、橡胶、纺织物等可燃组分，可作为水泥生产的替代燃料。剩菜剩饭、骨头、菜根等厨余物，可在分选处理后做进一步处置。可燃组分和厨余物的特性分析应包括下列内容：

1 工业分析：热值、水分、灰分、热稳定性；

2 元素分析与 K、Na、S、Cl 的含量分析。

6.1.3 生活垃圾中混杂的玻璃、砖瓦、渣土、石子等不可燃组分，可作为水泥生产的替代原料。不可燃组分的特性分析应包括下列内容：

1 SiO_2、Al_2O_3、Fe_2O_3、CaO、MgO、K_2O、Na_2O 的化学成分分析；

2 K、Na、S、Cl 的含量分析。

6.1.4 金属物可进行回收处置。

6.2 预处理品的品质要求

6.2.1 采用分选处置方式协同处置生活垃圾时，生活垃圾预处理品作为替代原料、燃料的品质应满足水泥熟料产品方案的要求。

6.2.2 作为替代原料的生活垃圾组分，应符合下列规定：

1 SiO_2、Al_2O_3、Fe_2O_3、CaO 等有用成分灼烧基含量总和应达到 80%以上；

2 K_2O、Na_2O、S、Cl 等有害成分的含量应满足现有水泥熟料生产线控制要求，并应最终满足水泥熟料产品的质量要求。

6.2.3 作为替代燃料的生活垃圾可燃组分，宜符合下列规定：

1 实物基的热值宜大于 11MJ/kg；

2 灰分含量宜小于 50%；

3 水分含量宜小于 30%。

6.2.4 厨余物分选出后，宜采用生物干化或其他脱水措施，将水分含量降至 40%以下再进入水泥熟料烧成系统。

7 生活垃圾的接收、储存与输送

7.1 一般规定

7.1.1 生活垃圾接收、储存与输送系统应包括：垃圾称量设施、垃圾卸料平台、垃圾卸料储池、垃圾抓斗起重机、垃圾预处理车间与焚烧处置系统之间的输送设施。

7.1.2 大件可燃垃圾较多时，可在厂内设置大件垃圾破碎设施。

7.2 生活垃圾的接收

7.2.1 生活垃圾接收系统应设置计量装置，计量装置宜选用静态汽车衡，计量站旁应设置停车抽样检查区。

7.2.2 生活垃圾的接收计量宜采用汽车衡计量，并符合下列规定：

1 汽车衡规格应按运输车最大满载重量的 1.7 倍设置，称量精度不应大于 20kg；

2 汽车衡应设在垃圾储存接收的出入口处，且宜为直通式；

3 汽车衡与垃圾储存、接收设施的距离应大于最长车辆的长度。

7.2.3 生活垃圾称量系统应具有称重、记录、传输、打印与数据处理功能。

7.2.4 生活垃圾卸料平台的设置，应符合下列规定：

1 单向通行时，长度不宜小于 15m；双向通行时，不宜小于 18m。

2 平台应有安全防护设施及充足采光、卫生防护措施。

7.2.5 垃圾池卸料口处应设置垃圾卸料门，并应符合下列规定：

1 卸料门应满足耐腐蚀、强度高、使用寿命长、开关灵活的性能要求；

2 卸料门的数量以维持正常卸料作业和垃圾进厂高峰时段不堵车为原则，且不宜少于4个；

3 卸料门的宽度应大于最大垃圾车宽1.2m以上，高度应满足顺利卸料作业的要求；

4 垃圾卸料门的开、闭应与垃圾抓斗起重机作业相协调。

7.2.6 垃圾池卸料口处应设置安全车挡。

7.2.7 生活垃圾卸料及装车空间应密封，并应配置通风、收尘及异味处理系统。

7.2.8 生活垃圾卸料、转运作业区应设置车辆作业指示标牌和安全警示标志。

7.3 生活垃圾的储存与输送

7.3.1 生活垃圾储存场所应符合下列规定：

1 物料储存形式应根据处置生活垃圾的特性及建厂地区的气候条件确定。储存容器和储存场所均应符合现行国家标准《一般工业固体垃圾贮存、处置场污染控制标准》GB 18599和《生活垃圾焚烧污染控制标准》GB 18485的有关规定。

2 储存场所应设置符合现行国家标准《环境保护图形标志-固体废物贮存（处置）场》GB 15562.2有关规定的专用标志。

7.3.2 生活垃圾卸料储池应符合下列规定：

1 垃圾储池有效容积宜按水泥窑一次检修最长天数的垃圾处理量确定，垃圾池净宽度不应小于抓斗最大张角直径的2.5倍；

2 储池应处于负压状态，并应设照明、消防、事故排烟、通风除异味系统；

3 储池内壁与生活垃圾接触部分应采取防渗、防腐蚀措施，并应平滑耐磨、抗冲击；

4 垃圾池底宜有不小于1%的渗滤液导排坡度；应设置垃圾渗滤液收集设施；收集池和输送设施应采取防渗、防腐措施。

7.3.3 生活垃圾抓斗起重机应具有计量功能，抓斗起重机及维护应符合下列规定：

1 宜设置备用抓斗；

2 应有防止碰撞的措施；

3 应设置抓斗维护空间。

7.3.4 抓斗起重机控制室应有换气措施，朝向垃圾池的一面应有密闭、安全防护的观察窗，观察窗的设计应有防反光、防结露及清洁措施。

7.3.5 生活垃圾预处理品储存设施应符合下列规定：

1 应依据预处理品的性能特点，选择不同的储存方式，并设定不同储存设施的防渗、防腐蚀等级。储存设施的上方构筑物应进行防酸、防碱腐蚀处理。

2 储存设施应设置污水收集系统。

7.3.6 厂内生活垃圾输送设备应根据垃圾性质、输送能力、输送距离、输送高度，以及工艺布置等因素确定。在给料转运、下料等位置应设置防堵塞设施。

7.3.7 水泥生产系统和协同处置系统停运或检修的应急机制，应根据水泥生产系统运转率、协同处置系统运转率，以及生活垃圾产生状况等因素制定。

8 预处理及协同处置系统

8.1 预处理系统

8.1.1 水泥窑协同处置生活垃圾预处理系统的工艺设计与设备选型应符合现行国家标准《水泥工厂设计规范》GB 50295 的有关规定。

8.1.2 预处理系统工艺布置应采取防止异味、粉尘的散发、溶析及渗漏等措施。

8.1.3 主要预处理系统的工作制度应根据各系统之间的相互关系、与水泥窑系统的衔接、协同处置的方式等因素确定。预处理系统工作制度宜符合表 8.1.3 的规定。

表 8.1.3 预处理系统工作制度

序号	系统名称	每周工作天数（d）	日工作班制（班）
1	生活垃圾预处理车间	7	1～2
2	替代燃料综合利用系统	7	2～3
3	替代原料综合利用系统	7	2～3
4	厨余物处置系统	7	2～3
5	异味处理系统	7	3
6	污水处理系统	7	3

注：每班制为 8h。

8.1.4 生活垃圾中可燃组分作为替代燃料的替代比例应按下式计算：

$$\eta=\frac{q_0-q_c-q_p}{q_0}\times 100\% \quad (8.1.4)$$

式中：η——替代燃料的替代比例；

q_0——不处置生活垃圾时水泥熟料生产线的热耗；

q_c——处置生活垃圾后，水泥熟料生产线传统燃料产生的热耗；

q_p——生活垃圾预处理热耗。

8.2 分选处置工艺设计

8.2.1 分选处置时，生活垃圾预处理系统的布置应根据生活垃圾的来源、组成、物化特性及储存系统工艺布置、水泥窑接口系统工艺条件确定。

8.2.2 分选处置时，生活垃圾预处理设备的选型应根据物料来源、组分特性、处置后要求确定。

8.2.3 易形成扬尘的预处理系统应设置收尘设备，并应设置防爆、防燃、防静电设施。

8.2.4 水分含量高的生活垃圾组分作为替代燃料时，宜经干化系统处置，并应符合下列规定：

1 干化系统工艺流程应根据生活垃圾的性质、水分蒸发量、烧成系统的废热供应能力等确定，可采用烟气直接干燥或间接干燥；

2 干化后生活垃圾组分的水分含量应根据替代燃料制备及水泥窑协同处置经济性确定，并应符合输送、储存和计量要求；

3 干化热源应优先采用水泥熟料烧成系统的废气，也可设置单独的燃烧室供热。此部分的热耗应计入生活垃圾预处理热耗。

8.3 直接处置工艺设计

8.3.1 生活垃圾储存及预处理系统的布置应根据所在地区的气候条件、生活垃圾来源、水泥窑接口系统工艺条件确定。

8.3.2 生活垃圾预处理系统设置应符合下列规定：

1 生活垃圾预处理车间宜密封，应与储存系统一体设计，并应采用机械通风，抽取的气体应通入焚烧系统，或进行无害化处理；

2 剪切、破碎系统设备应根据垃圾组分特性、来料粒度、出料粒度要求确定，流程设计应简洁、可靠。

8.3.3 水泥窑接口系统应根据焚烧产生的烟气流量、温度、成分、水泥窑工艺条件等确定，不应影响水泥窑正常生产。

8.3.4 易形成扬尘的输送设备应设置收尘设备。

8.3.5 垃圾焚烧产生的灰渣，应根据成分进行配料计算，与水泥原料一起粉磨后送入水泥熟料烧成系统进行焚烧处置。

8.3.6 热处置单元排出的灰渣应经过除铁后再进入原料粉磨系统。

8.3.7 焚烧产生的灰渣不得作为混合材进入水泥粉磨系统。

9 环境保护

9.1 一般规定

9.1.1 水泥窑协同处置生活垃圾应通过环境影响评价。

9.1.2 水泥窑协同处置生活垃圾方案应满足环保要求。排放物中所含污染物浓度应符合相应污染物排放标准的有关规定。

9.1.3 防治污染的环保设施应与水泥窑协同处置生活垃圾主体工程同时设计、同时施工、同时投入使用。

9.1.4 生活垃圾预处理、输送、装卸过程应密闭，垃圾处置全过程均应采取防腐、防渗、防冲刷浸泡、防异味扩散等措施。

9.1.5 分选处置工艺的可燃性垃圾组分、直接处置工艺过程中产生的气化气、烟气必须在水泥熟料烧成系统 850℃以上的区域投入。投入区域温度高于 1 000℃时，气体停留时间必须大于 1s；投入区域温度在 850～1 000℃时，气体停留时间必须大于 2s。

9.2 渗滤液及污水的处置

9.2.1 生活垃圾处置中渗滤液及污水处理系统设计，应根据垃圾处置工艺、污水量、污水水质、当地环保要求等因素确定。

9.2.2 渗滤液及污水可直接喷入水泥熟料烧成系统处置，或单独设置污水处理装置。

9.2.3 需排放的渗滤液及污水必须进行处理，排放浓度必须符合现行国家标准《污水综合排放标准》GB 8978 的有关规定；严禁将未经处理的渗滤液及污水以任何方式直接排放。

9.2.4 渗滤液及污水处理系统应设置异味控制及处理设施。

9.3 异味处置及烟气排放

9.3.1 垃圾处置工艺应设置异味气体净化设施。

9.3.2 异味的排放限值，应符合现行国家标准《恶臭污染物排放标准》GB 14554 的有关规定。

9.3.3 垃圾处置过程中排放的烟气应进行处理，排放标准应符合现行国家标准《生活垃圾焚烧污染控制标准》GB 18485、《水泥工业大气污染物排放标准》GB 4915 及《大气污染物综合排放标准》GB 16297 的有关规定。

9.3.4 烟气净化工艺流程的选择，应根据垃圾处置工艺，污染物性质的影响确定，并应兼顾组合工艺间的匹配。

9.3.5 烟气净化工艺收尘设备的选择，应符合下列规定：

1 烟气收尘设备必须选用袋式收尘器；

2 收尘设备应设置防爆、防燃、防静电设施，焚烧后收尘器出口的烟气温度应控制在高于露点温度30℃以上；

3 收尘设备与对应的生产工艺设备应设有联动运行装置。

9.4 噪声治理措施及要求

9.4.1 噪声治理首先应对噪声源采取控制措施。厂区内噪声宜采取以隔声为主，辅以消声、隔振、吸声等降噪措施。

9.4.2 噪声治理应符合现行国家标准《工业企业厂界环境噪声排放标准》GB 12348 的有关规定。建筑物的直达声源噪声控制，应符合现行国家标准《工业企业噪声控制设计规范》GB/T 50087 的有关规定。

10 劳动安全与职业卫生

10.1 一般规定

10.1.1 协同处置生活垃圾的水泥厂劳动安全、职业卫生设计应满足国家现行有关标准的规定。生活垃圾的运输、接收、储存、预处理及处置系统，应根据安全生产的需要采取安全预防措施。

10.1.2 协同处置生活垃圾的水泥厂，应遵循隔离、防护的基本原则。

10.1.3 项目初步设计阶段应落实劳动安全、职业卫生、职业病防治预评价报告中提出的建议和要求，并应安排相应的设施项目，同时列入初步设计概算。项目施工图设计阶段应落实有关劳动安全、职业卫生的内容及施工图初步审查中通过的有关审查意见。

10.1.4 劳动安全、职业卫生设施应与主体工程同时设计、同时施工、同时投入使用。

10.2 安全生产

10.2.1 生活垃圾储存、预处理处置车间或场所应设置电视监视装置，监视信号应接至中央控制室。处置车间或场所应设置符合现行国家标准《环境保护图形标志-固体废物储存（处置）场》GB 15562.2 中规定的专用标志。

10.2.2 生活垃圾的储存、预处理、处置车间或场所应采取防雷、避雷措施，同时应配置消防设施。通风设备、电气设备、灯具应采用防腐、防爆设备。

10.2.3 处理、处置生活垃圾车间安全出口不宜少于 2 个。安全出口的设置应符合现行国家标准《建筑设计防火规范》GB 50016 的有关规定。车间内应设应急疏散通道；疏散通道及主要通道处应设置安全应急灯。

10.2.4 协同处置生活垃圾的水泥厂，通信设施应满足垃圾预处理、处置过程所有车间各生产岗位之间通信联系和对外通信的需要。

10.3 劳动保护

10.3.1 水泥窑协同处置生活垃圾的设备、容器应设置在密闭建筑物内，密封车间应设置通风换气设施。

10.3.2 生活垃圾卸车、预处理、处置车间应采取全过程自动化控制，并宜设置联锁。

10.3.3 生活垃圾处置车间的通风收尘、除异味设施应保持完好，不得擅自拆除或停止使用。

10.3.4 生活垃圾卸料平台等场所，宜设置喷药消毒、灭蚊蝇等装置。

10.3.5 生活垃圾处置厂区应设置监控检测设施、事故应急设施、卫生设施。工厂应设医疗室，应配备急救设备及药品，并应为员工配备个人防护用品。

10.3.6 建设协同处置生活垃圾的水泥厂时，应进行职业病危害与控制效果的可行性评价。

本规范用词说明

1 为便于在执行本规范条文时区别对待，对要求严格程度不同的用词说明如下：

1）表示很严格，非这样做不可的：

正面词采用“必须”，反面词采用“严禁”；

2）表示严格，在正常情况下均应这样做的：

正面词采用“应”，反面词采用“不应”或“不得”；

3）表示允许稍有选择，在条件许可时首先应这样做的：

正面词采用“宜”，反面词采用“不宜”；

4）表示有选择，在一定条件下可以这样做的，采用“可”。

2 条文中指明应按其他有关标准执行的写法为：“应符合……的规定”或“应按……执行”。

引用标准名录

《建筑设计防火规范》GB 50016

《厂矿道路设计规范》GBJ 22

《工业企业噪声控制设计规范》GB/T 50087

《水泥工厂设计规范》GB 50295

《水泥工业大气污染物排放标准》GB 4915

《污水综合排放标准》GB 8978

《工业企业厂界噪声标准》GB 12348

《恶臭污染物排放标准》GB 14554

《环境保护图形标志-固体废物贮存（处置）场》GB 15562.2

《大气污染物综合排放标准》GB 16297

《水泥厂卫生防护距离标准》GB 18068

《生活垃圾焚烧污染控制标准》GB 18485

《一般工业固体废物贮存、处置场污染控制标准》GB 18599

《硅酸盐水泥熟料》GB/T 21372

《生活垃圾焚烧处理工程技术规范》CJJ 90

中华人民共和国国家标准

生活垃圾卫生填埋场环境监测技术要求

Technical requirement for environmental monitor on sanitary landfill site of domestic refuse

GB/T 18772—2008
代替 GB/T 18772—2002

前言

本标准代替 GB/T 18772—2002《生活垃圾填埋场环境监测技术要求》，本标准与 GB/T 18772—2002 相比主要变化如下：

——将标准名称修改为“生活垃圾卫生填埋场环境监测技术要求”；

——增加了“噪声监测”和“封场后的填埋场环境监测”内容；

——在大气监测中增加了“臭气浓度”和“甲硫醇”两项；删除“一氧化碳”和“二氧化硫”2 项；

——地下水监测中删除“硫化物”、“总磷”、“总悬浮物”、“化学需氧量”和“总氮”5 项；增加了“氯化物”、“溶解性总固体”和“高锰酸钾指数”3 项；

——渗沥液监测中只保留了“悬浮物”、“化学需氧量”、“五日生化需氧量”、“氨氮”和“大肠菌值”5 项，余项删除；

——填埋场外排水中只保留了“悬浮物”、“化学需氧量”、“五日生化需氧量”、“氨氮”和“大肠菌值”5 项，余项删除；

——填埋物监测增加了“样品采集”、“含水率的测定”和“采样步骤”3 项内容，具体细化了“容重的测定”操作方法，更加明确了填埋场的监测过程。

本标准由中华人民共和国建设部提出。

本标准由建设部城镇环境卫生标准技术归口单位上海市容环境卫生管理局归口。

本标准起草单位：沈阳市环境卫生工程设计研究院、上海市环境卫生工程设计院。

本标准主要起草人：赵蔚蔚、李悦、王晓云、闫永强、满国红。

本标准于 2002 年 7 月首次发布。

1 范围

本标准规定了生活垃圾卫生填埋场大气污染物监测、填埋气体监测、渗沥液监测、填埋物外排水监测、地下水监测、噪声监测、填埋物监测、苍蝇密度监测、封场后的填埋场环境监测的内容和方法。

本标准适用于生活垃圾卫生填埋场。不适用于工业固体废弃物及危险废弃物填埋场。

2 规范性引用文件

下列文件中的条款通过本标准的引用而成为本标准的条款。凡是注日期的引用文件，其随后所有的修改单（不包括勘误的内容）或修订版均不适用于本标准，然而，鼓励根据本标准达成协议的各方研究是否可使用这些文件的最新版本。凡是不注日期的引用文件，其最新版本适用于本标准。

GB/T 5750.5 生活饮用水标准检验方法　无机非金属指标

GB/T 5750.12 生活饮用水标准检验方法　微生物指标

GB/T 6920 水质　pH 值的测定　玻璃电极法

GB/T 7467 水质　六价铬的测定　二苯碳酰二肼分光光度法

GB/T 7468 水质　总汞的测定　冷原子吸收分光光度法

GB/T 7470 水质　铅的测定　双硫腙分光光度法

GB/T 7471 水质　镉的测定　双硫腙分光光度法

GB/T 7475 水质　铜、锌、铅、镉的测定　原子吸收分光光谱法

GB/T 7477 水质　钙和镁总量的测定　EDTA 滴定法

GB/T 7478 水质　铵的测定　蒸馏和滴定法

GB/T 7479 水质　铵的测定　纳氏试剂比色法

GB/T 7480 水质　硝酸盐氮的测定　酚二磺酸分光光度法

GB/T 7485 水质　总砷的测定　二乙基二硫代氨基甲酸银分光光度法

GB/T 7488 水质　五日生化需氧量（BOD_5）的测定　稀释与接种法

GB/T 7490 水质　挥发酚的测定　蒸馏后 4-氨基安替比林分光光度法

GB/T 7493 水质　亚硝酸盐氮的测定　分光光度法

GB/T 11892 水质　高锰酸盐指数的测定

GB/T 11896 水质　氯化物的测定　硝酸银滴定法

GB/T 11899 水质　硫酸盐的测定　重量法

GB/T 11901 水质　悬浮物的测定　重量法

GB/T 11903 水质　色度的测定

GB/T 11914 水质　化学需氧量的测定　重铬酸盐法

GB/T 12349—1990 工业企业厂界噪声测量方法

GB/T 13196 水质　硫酸盐的测定　火焰原子吸收分光光度法

GB/T 13200 水质　浊度的测定

GB/T 14675 空气质量　恶臭的测定　三点比较式臭袋法

GB/T 14678 空气质量　硫化氢、甲硫醇、甲硫醚和二甲二硫的测定　气相色谱法

GB/T 14679 空气质量　氨的测定　次氯酸钠-水杨酸分光光度法

GB/T 14848—1993 地下水质量标准

GB/T 15432 环境空气　总悬浮颗粒物的测定　重量法

GB/T 15436 环境空气　氮氧化物的测定　Saltzman 法

GB 16297—1996 大气污染物综合排放标准

GB/T 18204.24 公共场所空气中二氧化碳测定方法
CJJ 17—2004 生活垃圾卫生填埋技术规范
CJ/T 3039—1995 城市生活垃圾采样和物理分析方法
HJ/T 91—2002 地表水和污水监测技术规范
HJ/T 194—2005 环境空气质量手工监测技术规范

3 术语和定义

下列术语和定义适用于本标准

3.1 环境监测 environmental monitor

运用化学、物理学、生物学、环境毒理学和环境流行病学等方法对环境中污染物的性质、浓度、影响范围及其后果进行的调查和测定。

3.2 渗沥液 leachate

填埋过程中垃圾分解产生的液体及渗入的地表水的混合液。

3.3 填埋场封场 closure of landfill

填埋作业至设计终场标高或填埋场停止使用后，用不同功能材料进行覆盖的过程。

3.4 填埋物 landfill waste

进入生活垃圾卫生填埋场的生活垃圾。

4 大气污染物监测

4.1 采样点的布设

应按 GB 16297—1996 标准要求布设。

4.2 采样频次

每年应监测 4 次，每季度 1 次。

4.3 采样方法

大气污染物监测采样方法，应按 HJ/T 194—2005 执行。

4.4 监测项目及分析方法

大气污染物监测项目及分析方法见表 1。

表 1 大气污染物监测项目及分析方法

序号	监测项目	分析方法	方法来源
1	臭气浓度	三点比较式臭袋法	GB/T 14675
2	甲烷	气相色谱分析法	a
3	总悬浮颗粒物	重量法	GB/T 15432
4	硫化氢	气相色谱法	GB/T 14678
5	氨	次氯酸钠-水杨酸分光光度法	GB/T 14679
6	甲硫醇	气相色谱法	GB/T 14678
7	氮氧化物	Saltzman 法	GB/T 15436

[a] 采用《气象和大气环境要素观测与分析》，中国标准出版社，北京，2002 年。

5 填埋气体监测

5.1 采样点的布设

在气体收集导排系统的排气口应设置采样点。

5.2 采样频次

每季度应至少监测 1 次，一年不少于 6 次；相邻两次不能在同一个月进行。

5.3 采样方法

按 HJ/T 194—2005 执行。

5.4 监测项目及分析方法

填埋气体监测项目及分析方法见表 2。

表 2 填埋气体监测项目及分析方法

序号	监测项目	分析方法	方法来源
1	甲烷	气相色谱分析法	a
2	二氧化碳	气相色谱分析法	GB/T 18204.24
3	氧气	气相色谱分析法	a
4	硫化氢	气相色谱法	GB/T 14678
5	氨	次氯酸钠-水杨酸分光光度法	GB/T 14679

[a] 采用《气象和大气环境要素观测与分析》，中国标准出版社，北京，2002 年。

6 渗沥液监测

6.1 采样点的布设

采样点应设在进入渗沥液处理设施入口和渗沥液处理设施的排放口。

6.2 采样频次

根据污水处理工艺设计的要求及降水情况，每月应监测 1 次。

6.3 采样方法

用采样器提取渗沥液，弃去前 3 次渗沥液样品，用第 4 次样品作为分析样品。采样量和固定方法应按 HJ/T 91—2002 执行。

6.4 监测项目及分析方法

渗沥液监测项目及分析方法见表 3。

表 3 渗沥液监测项目及分析方法

序号	监测项目	分析方法	方法来源
1	悬浮物	重量法	GB/T 11901
2	化学需氧量	重铬酸盐法	GB/T 11914
3	五日生化需氧量	稀释与接种法	GB/T 7488
4	氨氮	纳氏试剂比色法	GB/T 7479
		蒸馏和滴定法	GB/T 7478
5	大肠菌值	多管发酵法	GB/T 7959
			a

[a] 采用《水和废水监测分析方法》（第四版），中国环境科学出版社，2002 年。

7 填埋场外排水监测

7.1 采样点的布设

采样点应设在垃圾填埋场废水外排口。

7.2 采样频次

按 HJ/T 91—2002 中的处理方法确定污水采样次数。污水处理后连续外排时每日应监测一次，其他处理方式应每旬监测一次。

7.3 采样方法

用采样器提取外排水，弃去前 3 次水样，用第 4 次水样作为分析样品。通常采集瞬时水样，采样量和固定方法按监测项目要求确定。

7.4 监测项目及分析方法

监测项目及分析方法见表 4。

表 4 填埋场外排水监测项目及分析方法

序号	监测项目	分析方法	方法来源
1	pH	玻璃电极法	GB/T 6920
2	悬浮物	重量法	GB/T 11901
3	五日生化需氧量	稀释与接种法	GB/T 7488
4	化学需氧量	重铬酸酸法	GB/T 11914
5	氨氮	纳氏试剂比色法	GB/T 7479
		蒸馏和滴定法	GB/T 7478
6	粪大肠菌群	多管发酵法	a

[a] 采用《水和废水监测分析方法》(第四版)，中国环境科学出版社，2002 年。

8 地下水监测

8.1 采样点的布设

填埋场地下水采样点应布设 5 点：

本底井一眼：设在填埋场地下水流向上游 30～50m 处。

污染扩散井二眼：设在地面水流向两侧各 30～50m 处。

污染监视井二眼：各设在填埋场地下水流向下游 30m 处、50m 处。

8.2 采样频次

在填埋场投入运行前应监测本底水平一次，运行期间每年按丰、平、枯水期各监测一次。

8.3 采样方法

用特制的小水桶提取水样，严禁用泵抽吸水样，弃去前 3 次水样，用第 4 次水样作为分析样品，每个样品采集 2 000ml，特殊项目的采样量和固定方法按其所监测项目的分析方法要求进行。

8.4 监测项目及分析方法

本底水平监测项目，应按照 GB/T 14848—1993 的 4.2 表 1 中规定的项目。运行期间地下水的监测项目及分析方法按表 5 执行。

表 5 地下水监测项目及分析方法

序号	监测项目	分析方法	方法来源
1	pH	玻璃电极法	GB/T 6920
2	浊度	—	GB/T 13200
3	肉眼可见物		a
4	嗅、味	—	a
5	色度	—	GB/T 11903
6	高锰酸盐指数	酸性或碱性高锰酸钾氧化法	GB/T 11892
7	硫酸盐	重量法	GB/T 11899
		火焰原子吸收分光光度法	GB/T 13196
8	溶解性总固体		a
9	氯化物	硝酸银滴定法	GB/T 11896
10	钙和镁总量	EDTA 滴定法	GB/T 7477
11	挥发酚	蒸馏后 4-氨基安替比林分光光度法	GB/T 7490
12	氨氮	纳氏试剂比色法	GB/T 7479
		蒸馏和滴定法	GB/T 7478
13	销酸盐氮	酚二磺酸分光光度法	GB/T 7480
		麝香草酚分光光度法	GB/T 5750.5
14	亚硝酸盐氮	分光光度法	GB/T 7493
15	总大肠菌群	多管发酵法	GB/T 5750.12
16	细菌总数	平皿计数法	GB/T 5750.12
17	铅	原子吸收分光光度法	GB/T 7475
		双硫腙分光光度法	GB/T 7470
18	铬（六价）	二苯碳酰二肼分光光度法	GB/T 7467
19	镉	原子吸收分光光度法	GB/T 7475
		双硫腙分光光度法	GB/T 7471
20	总汞	冷原子吸收分光光度法	GB/T 7468
21	总砷	二乙氨基二硫代甲酸银光度法	GB/T 7485
		氢化物发生原子吸收法	a

[a] 采用《水和废水监测分析方法》（第四版），中国环境科学出版社，2002 年。

9 噪声监测

噪声监测应按 GB 12349—1990 规定执行。

10 填埋物监测

10.1 监测点选择及采样方法

应采集当日收运到垃圾处理场的垃圾车中的垃圾，在间隔的每辆车内或在其卸下的垃圾堆中采用立体对角线法在 3 个等距点采等量垃圾共 20kg 以上，最少采 5 车，总共 100～200kg。

10.2 采样频次

每季度应监测 1 次，每次连续 3d。

10.3 样品制备

按照 CJ/T 3039—1995 中 3.4 规定执行。

10.4 垃圾容器的测定（在采样现场进行）

将 10.1 中 100～200kg 样品重复 2～4 次放满标准容器（容积 100L 的硬质塑料圆桶），

稍加振动但不得压实。分别称量各次样品重量，结果的表示按照 CJ/T 3039—1995 中 4.1.3 规定执行。

10.5 垃圾物理成分分析

按照 CJ/T 3039—1995 中 4.2 规定执行。垃圾成分测定见表 6。

表 6 垃圾成分测定

类别	有机类					无机类				有毒有害类	其他类
	厨芥	草木竹	纸类	塑料橡胶	纺织物	玻璃	金属	砖瓦陶瓷	灰土	电池灯管等	

注：将粗分拣后剩余的样口充分过筛（孔径为 10mm 的网目），筛上物细分拣各成分，筛下物按其主要成分分类，确实分类困难的为其他类。

10.6 含水率的测定

测定方法按照 CJ/T 3039—1995 中 4.3 规定执行。

11 苍蝇密度监测

11.1 监测点的布设

依据填埋作业区面积及特征确定监测点数量和位置，宜每隔 30～50m 设一点，每个监测点上放置诱蝇笼诱取苍蝇。

11.2 监测频次

根据气候特征，在苍蝇活跃季节每月应监测 2 次。

11.3 监测方法

苍蝇密度监测应在晴天时进行。采样方法是日出时将装好诱饵的诱蝇笼放在采样点上诱蝇，日落时收笼，用杀虫剂杀灭活蝇，一并计数。

11.4 苍蝇密度测定

将采集的苍蝇以每笼计数，单位：只/（笼•d)。

12 封场后的填埋场环境监测

在填埋场封场后对填埋气体、渗沥液、地下水进行持续监测。

12.1 填埋气体监测

12.1.1 采样点的布设

在气体收集导排系统的排气口应设置采样点。

12.1.2 采样频次

每季度应监测 1 次。

12.1.3 采样方法

采样方法按 5.3。

12.1.4 监测项目及分析方法

监测项目和分析方法按 5.3。

12.2 渗沥液监测

12.2.1 采样点的布设

采样点应设在渗沥液排放口。

12.2.2 采样频次

封场后 3 年内应每年 2 次。3 年后应根据出水水质确定采样频次。

12.2.3 采样方法

采样方法按 6.3。

12.2.4 监测项目及分析方法

监测项目及分析方法按 6.4。

12.3 地下水监测

12.3.1 采样点的布设

采样点布设按 8.1。

12.3.2 采样频次

封场后应每年监测一次。

12.3.3 采样方法

采样方法按 8.3。

12.3.4 监测项目及分析方法

监测项目及分析方法按 8.4。

中华人民共和国国家环境保护标准

建设用地土壤污染状况调查技术导则

Technical guidelines for investigation on soil contamination of land for construction

HJ 25.1—2019
代替 HJ 25.1—2014

前　言

根据《中华人民共和国环境保护法》《中华人民共和国土壤污染防治法》，为保障人体健康，保护生态环境，加强建设用地环境保护监督管理，规范建设用地土壤污染状况调查，制定本标准。

本标准规定了建设用地土壤污染状况调查的原则、内容、程序和技术要求。

本标准附录 A、附录 B 为资料性附录。

本标准首次发布于 2014 年，此次为第一次修订。此次修订的主要内容包括：

1．标准名称由《场地环境调查技术导则》修改为《建设用地土壤污染状况调查技术导则》；

2．适用范围参照标准名称作相应修改；

3．增加了规范性引用文件《土壤环境质量　建设用地土壤污染风险管控标准》（GB 36600），更新了规范性引用文件的其他标准相关内容；

4．删除了“场地”和“潜在污染场地”的术语和定义；

5．删除了第三阶段土壤污染状况调查的启动条件并修改了土壤污染状况调查的工作内容与程序图；

6．完善了制定样品分析方案中关于检测项目等要求。

本标准与以下标准同属建设用地土壤污染风险管控和修复系列环境保护标准：

《建设用地土壤污染风险管控和修复监测技术导则》（HJ 25.2）；

《建设用地土壤污染风险评估技术导则》（HJ 25.3）；

《建设用地土壤修复技术导则》（HJ 25.4）；

《污染地块风险管控与土壤修复效果评估技术导则》（HJ 25.5）；

《污染地块地下水修复和风险管控技术导则》（HJ 25.6）。

自本标准实施之日起，《场地环境调查技术导则》（HJ 25.1—2014）废止。

本标准由生态环境部土壤生态环境司、法规与标准司组织制订。

本标准主要起草单位：轻工业环境保护研究所、生态环境部环境标准研究所、生态环境部南京环境科学研究所、上海市环境科学研究院、沈阳环境科学研究院。

本标准生态环境部 2019 年 12 月 5 日批准。

本标准自 2019 年 12 月 5 日起实施。

本标准由生态环境部负责解释。

1 适用范围

本标准规定了建设用地土壤污染状况调查的原则、内容、程序和技术要求。

本标准适用于建设用地土壤污染状况调查,为建设用地土壤污染风险管控和修复提供基础数据和信息。

本标准不适用于含有放射性污染的地块调查。

2 规范性引用文件

本标准引用了下列文件或其中的条款。凡是未注明日期的引用文件，其最新版本适用于本标准。

GB 36600　土壤环境质量　建设用地土壤污染风险管控标准

HJ 25.2　建设用地土壤污染风险管控和修复监测技术导则

HJ 25.3　建设用地土壤污染风险评估技术导则

HJ 25.4　建设用地土壤修复技术导则

HJ/T 164　地下水环境监测技术规范

HJ/T 166　土壤环境监测技术规范

3 术语和定义

下列术语和定义适用于本标准。

3.1　土壤污染状况调查 investigation on soil contamination

采用系统的调查方法，确定地块是否被污染及污染程度和范围的过程。

3.2　敏感目标 potential sensitive targets

指地块周围可能受污染物影响的居民区、学校、医院、饮用水水源保护区以及重要公共场所等。

4 基本原则和工作程序

4.1　基本原则

4.1.1　针对性原则

针对地块的特征和潜在污染物特性，进行污染物浓度和空间分布调查，为地块的环境管理提供依据。

4.1.2　规范性原则

采用程序化和系统化的方式规范土壤污染状况调查过程，保证调查过程的科学性和客观性。

4.1.3　可操作性原则

综合考虑调查方法、时间和经费等因素，结合当前科技发展和专业技术水平，使调查过程切实可行。

4.2 工作程序

土壤污染状况调查可分为三个阶段，调查的工作程序如图 1 所示。

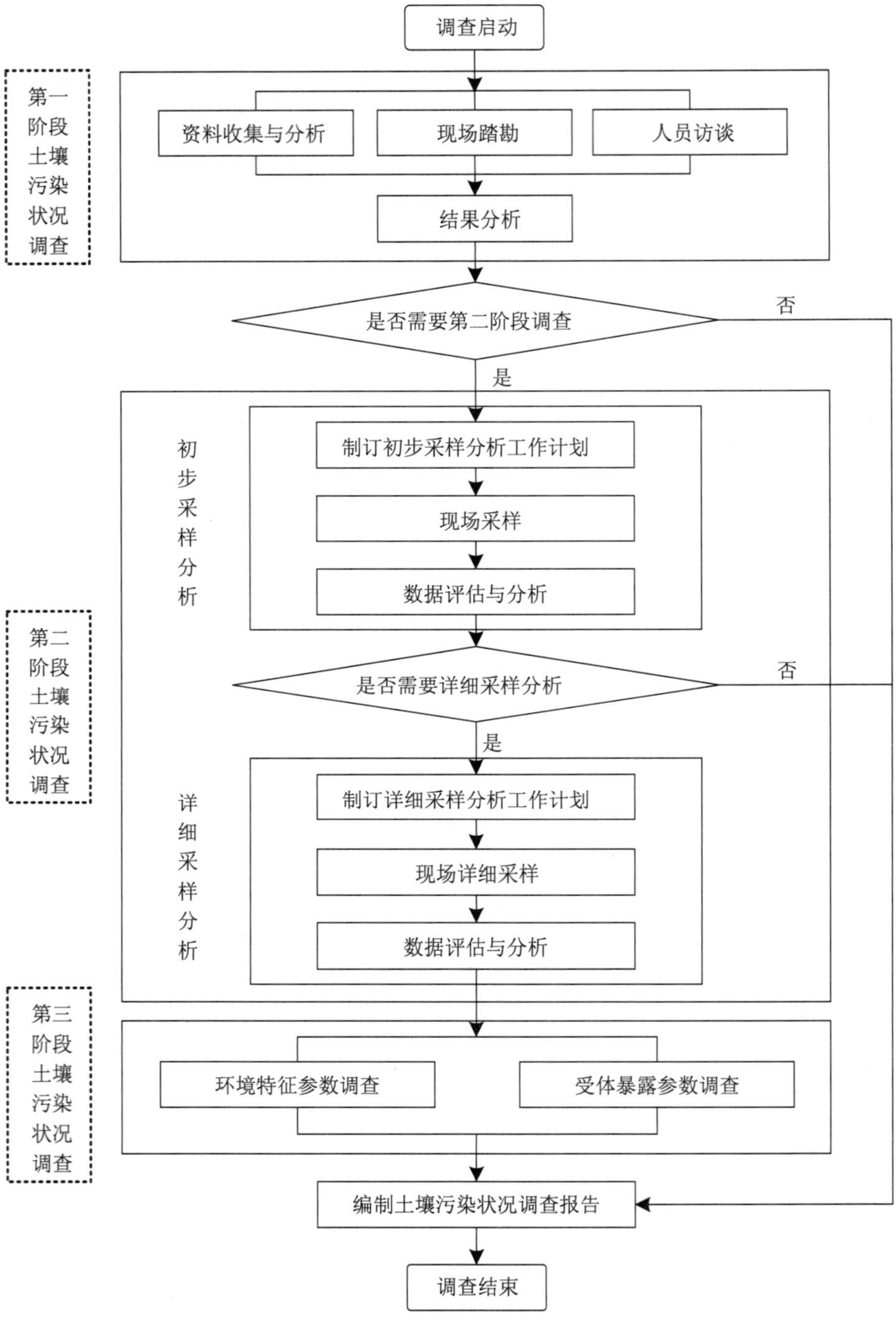

图 1　土壤污染状况调查的工作内容与程序

4.2.1 第一阶段土壤污染状况调查

第一阶段土壤污染状况调查是以资料收集、现场踏勘和人员访谈为主的污染识别阶段，原则上不进行现场采样分析。若第一阶段调查确认地块内及周围区域当前和历史上均无可能的污染源，则认为地块的环境状况可以接受，调查活动可以结束。

4.2.2 第二阶段土壤污染状况调查

4.2.2.1 第二阶段土壤污染状况调查是以采样与分析为主的污染证实阶段。若第一阶段土壤污染状况调查表明地块内或周围区域存在可能的污染源，如化工厂、农药厂、冶炼厂、加油站、化学品储罐、固体废物处理等可能产生有毒有害物质的设施或活动；以及由于资料缺失等原因造成无法排除地块内外存在污染源时，进行第二阶段土壤污染状况调查，确定污染物种类、浓度（程度）和空间分布。

4.2.2.2 第二阶段土壤污染状况调查通常可以分为初步采样分析和详细采样分析两步进行，每步均包括制定工作计划、现场采样、数据评估和结果分析等步骤。初步采样分析和详细采样分析均可根据实际情况分批次实施，逐步减少调查的不确定性。

4.2.2.3 根据初步采样分析结果，如果污染物浓度均未超过 GB 36600 等国家和地方相关标准以及清洁对照点浓度（有土壤环境背景的无机物），并且经过不确定性分析确认不需要进一步调查后，第二阶段土壤污染状况调查工作可以结束；否则认为可能存在环境风险，须进行详细调查。标准中没有涉及的污染物，可根据专业知识和经验综合判断。详细采样分析是在初步采样分析的基础上，进一步采样和分析，确定土壤污染程度和范围。

4.2.3 第三阶段土壤污染状况调查

第三阶段土壤污染状况调查以补充采样和测试为主，获得满足风险评估及土壤和地下水修复所需的参数。本阶段的调查工作可单独进行，也可在第二阶段调查过程中同时开展。

5 第一阶段土壤污染状况调查

5.1 资料收集与分析

5.1.1 资料的收集

主要包括：地块利用变迁资料、地块环境资料、地块相关记录、有关政府文件，以及地块所在区域的自然和社会信息。当调查地块与相邻地块存在相互污染的可能时，须调查相邻地块的相关记录和资料。

5.1.1.1 地块利用变迁资料包括：用来辨识地块及其相邻地块的开发及活动状况的航片或卫星图片，地块的土地使用和规划资料，其他有助于评价地块污染的历史资料，如土地登记信息资料等。地块利用变迁过程中的地块内建筑、设施、工艺流程和生产污染等的变化情况。

5.1.1.2 地块环境资料包括：地块土壤及地下水污染记录、地块危险废物堆放记录以及地块与自然保护区和水源地保护区等的位置关系等。

5.1.1.3 地块相关记录包括：产品、原辅材料及中间体清单、平面布置图、工艺流程图、地下管线图、化学品储存及使用清单、泄漏记录、废物管理记录、地上及地下储罐清单、环境监测数据、环境影响报告书或表、环境审计报告和地勘报告等。

5.1.1.4 由政府机关和权威机构所保存和发布的环境资料，如区域环境保护规划、环境质量公告、企业在政府部门相关环境备案和批复以及生态和水源保护区规划等。

5.1.1.5 地块所在区域的自然和社会信息包括：自然信息包括地理位置图、地形、地貌、土壤、水文、地质和气象资料等；社会信息包括人口密度和分布，敏感目标分布，及土地利用方式，区域所在地的经济现状和发展规划，相关的国家和地方的政策、法规与标准，以及当地地方性疾病统计信息等。

5.1.2 资料的分析

调查人员应根据专业知识和经验识别资料中的错误和不合理的信息，如资料缺失影响判断地块污染状况时，应在报告中说明。

5.2 现场踏勘

5.2.1 安全防护准备

在现场踏勘前，根据地块的具体情况掌握相应的安全卫生防护知识，并装备必要的防护用品。

5.2.2 现场踏勘的范围

以地块内为主，并应包括地块的周围区域，周围区域的范围应由现场调查人员根据污染可能迁移的距离来判断。

5.2.3 现场踏勘的主要内容

现场踏勘的主要内容包括：地块的现状与历史情况，相邻地块的现状与历史情况，周围区域的现状与历史情况，区域的地质、水文地质和地形的描述等。

5.2.3.1 地块现状与历史情况：可能造成土壤和地下水污染的物质的使用、生产、储存，“三废”处理与排放以及泄漏状况，地块过去使用中留下的可能造成土壤和地下水污染的异常迹象，如罐、槽泄漏以及废物临时堆放污染痕迹。

5.2.3.2 相邻地块的现状与历史情况：相邻地块的使用现况与污染源，以及过去使用中留下的可能造成土壤和地下水污染的异常迹象，如罐、槽泄漏以及废物临时堆放污染痕迹。

5.2.3.3 周围区域的现状与历史情况：对于周围区域目前或过去土地利用的类型，如住宅、商店和工厂等，应尽可能观察和记录；周围区域的废弃和正在使用的各类井，如水井等；污水处理和排放系统；化学品和废弃物的储存和处置设施；地面上的沟、河、池；地表水体、雨水排放和径流以及道路和公用设施。

5.2.3.4 地质、水文地质和地形的描述：地块及其周围区域的地质、水文地质与地形应观察、记录，并加以分析，以协助判断周围污染物是否会迁移到调查地块，以及地块内污染物是否会迁移到地下水和地块之外。

5.2.4 现场踏勘的重点

重点踏勘对象一般应包括：有毒有害物质的使用、处理、储存、处置；生产过程和设备，储槽与管线；恶臭、化学品味道和刺激性气味，污染和腐蚀的痕迹；排水管或渠、污水池或其他地表水体、废物堆放地、井等。

同时应该观察和记录地块及周围是否有可能受污染物影响的居民区、学校、医院、饮用水水源保护区以及其他公共场所等，并在报告中明确其与地块的位置关系。

5.2.5 现场踏勘的方法

可通过对异常气味的辨识、摄影和照相、现场笔记等方式初步判断地块污染的状况。踏勘期间，可以使用现场快速测定仪器。

5.3 人员访谈

5.3.1 访谈内容

应包括资料收集和现场踏勘所涉及的疑问，以及信息补充和已有资料的考证。

5.3.2　访谈对象

受访者为地块现状或历史的知情人，应包括：地块管理机构和地方政府的官员，生态环境行政主管部门的官员，地块过去和现在各阶段的使用者，以及地块所在地或熟悉地块的第三方，如相邻地块的工作人员和附近的居民。

5.3.3　访谈方法

可采取当面交流、电话交流、电子或书面调查表等方式进行。

5.3.4　内容整理

应对访谈内容进行整理，并对照已有资料，对其中可疑处和不完善处进行核实和补充，作为调查报告的附件。

5.4　结论与分析

本阶段调查结论应明确地块内及周围区域有无可能的污染源，并进行不确定性分析。若有可能的污染源，应说明可能的污染类型、污染状况和来源，并应提出第二阶段土壤污染状况调查的建议。

6　第二阶段土壤污染状况调查

6.1　初步采样分析工作计划

根据第一阶段土壤污染状况调查的情况制订初步采样分析工作计划，内容包括核查已有信息、判断污染物的可能分布、制定采样方案、制订健康和安全防护计划、制定样品分析方案和确定质量保证和质量控制程序等任务。

6.1.1　核查已有信息

对已有信息进行核查，包括第一阶段土壤污染状况调查中重要的环境信息，如土壤类型和地下水埋深；查阅污染物在土壤、地下水、地表水或地块周围环境的可能分布和迁移信息；查阅污染物排放和泄漏的信息。应核查上述信息的来源，以确保其真实性和适用性。

6.1.2　判断污染物的可能分布

根据地块的具体情况、地块内外的污染源分布、水文地质条件以及污染物的迁移和转化等因素，判断地块污染物在土壤和地下水中的可能分布，为制定采样方案提供依据。

6.1.3　制定采样方案

采样方案一般包括：采样点的布设、样品数量、样品的采集方法、现场快速检测方法，样品收集、保存、运输和储存等要求。

6.1.3.1　采样点水平方向的布设参照表 1 进行，并应说明采样点布设的理由，具体见 HJ 25.2。

表 1　几种常见的布点方法及适用条件

布点方法	适用条件
系统随机布点法	适用于污染分布均匀的地块
专业判断布点法	适用于潜在污染明确的地块
分区布点法	适用于污染分布不均匀，并获得污染分布情况的地块
系统布点法	适用于各类地块情况，特别是污染分布不明确或污染分布范围大的情况

6.1.3.2　采样点垂直方向的土壤采样深度可根据污染源的位置、迁移和地层结构以及水文地质等进行判断设置。若对地块信息了解不足，难以合理判断采样深度，可按 0.5～2 m 等

间距设置采样位置。具体见 HJ 25.2。

6.1.3.3 对于地下水，一般情况下应在调查地块附近选择清洁对照点。地下水采样点的布设应考虑地下水的流向、水力坡降、含水层渗透性、埋深和厚度等水文地质条件及污染源和污染物迁移转化等因素；对于地块内或邻近区域内的现有地下水监测井，如果符合地下水环境监测技术规范，则可以作为地下水的取样点或对照点。

6.1.4 制订健康和安全防护计划

根据有关法律法规和工作现场的实际情况，制订地块调查人员的健康和安全防护计划。

6.1.5 制定样品分析方案

检测项目应根据保守性原则，按照第一阶段调查确定的地块内外潜在污染源和污染物，依据国家和地方相关标准中的基本项目要求，同时考虑污染物的迁移转化，判断样品的检测分析项目；对于不能确定的项目，可选取潜在典型污染样品进行筛选分析。一般工业地块可选择的检测项目有：重金属、挥发性有机物、半挥发性有机物、氰化物和石棉等。如土壤和地下水明显异常而常规检测项目无法识别时，可进一步结合色谱-质谱定性分析等手段对污染物进行分析，筛选判断非常规的特征污染物，必要时可采用生物毒性测试方法进行筛选判断。

6.1.6 质量保证和质量控制

现场质量保证和质量控制措施应包括：防止样品污染的工作程序，运输空白样分析，现场平行样分析，采样设备清洗空白样分析，采样介质对分析结果影响分析，以及样品保存方式和时间对分析结果的影响分析等，具体参见 HJ 25.2。实验室分析的质量保证和质量控制的具体要求见 HJ/T 164 和 HJ/T 166。

6.2 详细采样分析工作计划

在初步采样分析的基础上制订详细的采样分析工作计划。详细采样分析工作计划主要包括：评估初步采样分析工作计划和结果，制定采样方案，以及制定样品分析方案等。详细调查过程中监测的技术要求按照 HJ 25.2 中的规定执行。

6.2.1 评估初步采样分析的结果

分析初步采样获取的地块信息，主要包括：土壤类型、水文地质条件、现场和实验室检测数据等；初步确定污染物种类、程度和空间分布；评估初步采样分析的质量保证和质量控制。

6.2.2 制定采样方案

根据初步采样分析的结果，结合地块分区，制定采样方案。应采用系统布点法加密布设采样点。对于需要划定污染边界范围的区域，采样单元面积不大于 1 600 m^2（40 m×40 m 网格）。垂直方向采样深度和间隔根据初步采样的结果判断。

6.2.3 制定样品分析方案

根据初步调查结果，制定样品分析方案。样品分析项目以已确定的地块关注污染物为主。

6.2.4 其他

详细采样工作计划中的其他内容可在初步采样分析计划基础上制定，并针对初步采样分析过程中发现的问题，对采样方案和工作程序等进行相应调整。

6.3 现场采样

6.3.1 采样前的准备

现场采样应准备的材料和设备包括：定位仪器、现场探测设备、调查信息记录装备、监测井的建井材料、土壤和地下水取样设备、样品的保存装置和安全防护装备等。

6.3.2 定位和探测

采样前，可采用卷尺、GPS 卫星定位仪、经纬仪和水准仪等工具在现场确定采样点的具体位置和地面标高，并在图中标出。可采用金属探测器或探地雷达等设备探测地下障碍物，确保采样位置避开地下电缆、管线、沟、槽等地下障碍物。采用水位仪测量地下水水位，采用油水界面仪探测地下水非水相液体。

6.3.3 现场检测

可采用便携式有机物快速测定仪、重金属快速测定仪、生物毒性测试等现场快速筛选技术手段进行定性或定量分析，可采用直接贯入设备现场连续测试地层和污染物垂向分布情况，也可采用土壤气体现场检测手段和地球物理手段初步判断地块污染物及其分布，指导样品采集及监测点位布设。采用便携式设备现场测定地下水水温、pH 值、电导率、浊度和氧化还原电位等。

6.3.4 土壤样品采集

6.3.4.1 土壤样品分表层土壤和下层土壤。下层土壤的采样深度应考虑污染物可能释放和迁移的深度（如地下管线和储槽埋深）、污染物性质、土壤的质地和孔隙度、地下水位和回填土等因素。可利用现场探测设备辅助判断采样深度。

6.3.4.2 采集含挥发性污染物的样品时，应尽量减少对样品的扰动，严禁对样品进行均质化处理。

6.3.4.3 土壤样品采集后，应根据污染物理化性质等，选用合适的容器保存。汞或有机污染的土壤样品应在 4℃以下的温度条件下保存和运输，具体参照 HJ 25.2。

6.3.4.4 土壤采样时应进行现场记录，主要内容包括：样品名称和编号、气象条件、采样时间、采样位置、采样深度、样品质地、样品的颜色和气味、现场检测结果以及采样人员等。

6.3.5 地下水水样采集

6.3.5.1 地下水采样一般应建地下水监测井。监测井的建设过程分为设计、钻孔、过滤管和井管的选择和安装、滤料的选择和装填，以及封闭和固定等。监测井的建设可参照 HJ/T 164 中的有关要求。所用的设备和材料应清洗除污，建设结束后需及时进行洗井。

6.3.5.2 监测井建设记录和地下水采样记录的要求参照 HJ/T 164。样品保存、容器和采样体积的要求参照 HJ/T 164 附录 A。

6.3.6 其他注意事项

现场采样时，应避免采样设备及外部环境等因素污染样品，采取必要措施避免污染物在环境中扩散。现场采样的具体要求参照 HJ 25.2。

6.3.7 样品追踪管理

应建立完整的样品追踪管理程序，内容包括样品的保存、运输和交接等过程的书面记录和责任归属，避免样品被错误放置、混淆及保存过期。

6.4 数据评估和结果分析

6.4.1 实验室检测分析

委托有资质的实验室进行样品检测分析。

6.4.2 数据评估

整理调查信息和检测结果，评估检测数据的质量，分析数据的有效性和充分性，确定是否需要补充采样分析等。

6.4.3 结果分析

根据土壤和地下水检测结果进行统计分析，确定地块关注污染物种类、浓度水平和空间分布。

7 第三阶段土壤污染状况调查

7.1 主要工作内容

主要工作内容包括地块特征参数和受体暴露参数的调查。

调查地块特征参数

地块特征参数包括：不同代表位置和土层或选定土层的土壤样品的理化性质分析数据，如土壤 pH 值、容重、有机碳含量、含水率和质地等；地块（所在地）气候、水文、地质特征信息和数据，如地表年平均风速和水力传导系数等。根据风险评估和地块修复实际需要，选取适当的参数进行调查。

受体暴露参数包括：地块及周边地区土地利用方式、人群及建筑物等相关信息。

7.2 调查方法

地块特征参数和受体暴露参数的调查可采用资料查询、现场实测和实验室分析测试等方法。

7.3 调查结果

该阶段的调查结果供地块风险评估、风险管控和修复使用。

8 报告编制

8.1 第一阶段土壤污染状况调查报告编制

8.1.1 报告内容和格式

对第一阶段调查过程和结果进行分析、总结和评价。内容主要包括土壤污染状况调查的概述、地块的描述、资料分析、现场踏勘、人员访谈、结果和分析、调查结论与建议、附件等。报告格式可参照附录 A。

8.1.2 结论和建议

调查结论应尽量明确地块内及周围区域有无可能的污染源，若有可能的污染源，应说明可能的污染类型、污染状况和来源。应提出是否需要第二阶段土壤污染状况调查的建议。

8.1.3 不确定性分析

报告应列出调查过程中遇到的限制条件和欠缺的信息，及对调查工作和结果的影响。

8.2 第二阶段土壤污染状况调查报告编制

8.2.1 报告内容和格式

对第二阶段调查过程和结果进行分析、总结和评价。内容主要包括工作计划、现场采样和实验室分析、数据评估和结果分析、结论和建议、附件。报告的格式可参照附录 A。

8.2.2　结论和建议

结论和建议中应提出地块关注污染物清单和污染物分布特征等内容。

8.2.3　不确定性分析

报告应说明第二阶段土壤污染状况调查与计划的工作内容的偏差以及限制条件对结论的影响。

8.3　第三阶段土壤污染状况调查报告编制

按照 HJ 25.3 和 HJ 25.4 的要求，提供相关内容和测试数据。

附录 A（资料性附录）

调查报告编制大纲

A.1 土壤污染状况调查第一阶段报告编制大纲

1 前言
2 概述
  2.1 调查的目的和原则
  2.2 调查范围
  2.3 调查依据
  2.4 调查方法
3 地块概况
  3.1 区域环境概况
  3.2 敏感目标
  3.3 地块的现状和历史
  3.4 相邻地块的现状和历史
  3.5 地块利用的规划
4 资料分析
  4.1 政府和权威机构资料收集和分析
  4.2 地块资料收集和分析
  4.3 其他资料收集和分析
5 现场踏勘和人员访谈
  5.1 有毒有害物质的储存、使用和处置情况分析
  5.2 各类槽罐内的物质和泄漏评价
  5.3 固体废物和危险废物的处理评价
  5.4 管线、沟渠泄漏评价
  5.5 与污染物迁移相关的环境因素分析
  5.6 其他
6 结果和分析
7 结论和建议
8 附件（地理位置图、平面布置图、周边关系图、照片和法规文件等）

A.2 土壤污染状况调查第二阶段报告编制大纲

1 前言
2 概述
  2.1 调查的目的和原则
  2.2 调查范围

2.3 调查依据

2.4 调查方法

3 地块概况

3.1 区域环境状况

3.2 敏感目标

3.3 地块的使用现状和历史

3.4 相邻地块的使用现状和历史

3.5 第一阶段土壤污染状况调查总结

4 工作计划

4.1 补充资料的分析

4.2 采样方案

4.3 分析检测方案

5 现场采样和实验室分析

5.1 现场探测方法和程序

5.2 采样方法和程序

5.3 实验室分析

5.4 质量保证和质量控制

6 结果和评价

6.1 地块的地质和水文地质条件

6.2 分析检测结果

6.3 结果分析和评价

7 结论和建议

8 附件（现场记录照片、现场探测的记录、监测井建设记录、实验室报告、质量控制结果和样品追踪监管记录表等）

附录 B（资料性附录）

常见地块类型及特征污染物

常见地块类型及特征污染物可参考表 B.1。实际调查过程中应根据具体情况确定。

表 B.1 常见地块类型及特征污染物

行业分类	地块类型	潜在特征污染物类型
制造业	化学原料及化学品制造	挥发性有机物、半挥发性有机物、重金属、持久性有机污染物、农药
	电气机械及器材制造	重金属、有机氯溶剂、持久性有机污染物
	纺织业	重金属、氯代有机物
	造纸及纸制品	重金属、氯代有机物
	金属制品业	重金属、氯代有机物
	金属冶炼及延压加工	重金属
	机械制造	重金属、石油烃
	塑料和橡胶制品	半挥发性有机物、挥发性有机物、重金属
	石油加工	挥发性有机物、半挥发性有机物、重金属、石油烃
	炼焦厂	挥发性有机物、半挥发性有机物、重金属、氰化物
	交通运输设备制造	重金属、石油烃、持久性有机污染物
	皮革、皮毛制造	重金属、挥发性有机物
	废弃资源和废旧材料回收加工	持久性有机污染物、半挥发性有机物、重金属、农药
采矿业	煤炭开采和洗选业	重金属
	黑色金属和有色金属矿采选业	重金属、氰化物
	非金属矿物采选业	重金属、氰化物、石棉
	石油和天然气开采业	石油烃、挥发性有机物、半挥发性有机物
电力燃气及水的生产和供应	火力发电	重金属、持久性有机污染物
	电力供应	持久性有机污染物
	燃气生产和供应	半挥发性有机物、半挥发性有机物、重金属
水利、环境和公共设施管理业	水污染治理	持久性有机污染物、半挥发性有机物、重金属、农药
	危险废物的治理	持久性有机污染物、半挥发性有机物、重金属、挥发性有机物
	其他环境治理（工业固废、生活垃圾处理）	持久性有机污染物、半挥发性有机物、重金属、挥发性有机物
其他	军事工业	半挥发性有机物、重金属、挥发性有机物
	研究，开发和测试设施	半挥发性有机物、重金属、挥发性有机物
	干洗店	挥发性有机物、有机氯溶剂
	交通运输工具维修	重金属、石油烃

中华人民共和国国家环境保护标准

建设用地土壤污染风险管控和修复监测技术导则

Technical guidelines for monitoring during risk control and remediation of soil contamination of land for construction

HJ 25.2—2019

代替 HJ 25.2—2014

前　言

根据《中华人民共和国环境保护法》《中华人民共和国土壤污染防治法》，为保障人体健康，保护生态环境，加强建设用地环境监督保护管理，规范建设用地土壤污染风险管控和修复监测，制定本标准。

本标准规定了建设用地土壤污染风险管控和修复监测的原则、程序、工作内容和技术要求。

本标准首次发布于2014年，此次为第一次修订。此次修订的主要内容包括：

1．标准名称由《场地环境监测技术导则》修改为《建设用地土壤污染风险管控和修复监测技术导则》；

2．适用范围参照标准名称作相应修改；

3．增加了规范性引用文件《土壤环境质量　建设用地土壤污染风险管控标准》（GB 36600），更新了规范性引用文件的相关标准内容；

4．增加了“土壤污染风险管控和修复”的术语和定义，删除了“场地”“污染场地”的术语和定义，修改了“关注污染物”的术语和定义；

5．将“修复工程验收”修改为“修复效果评估”，将“深层土壤”修改为“下层土壤”；

6．完善了监测项目和洗井要求的相关内容，细化了土壤垂向采样间隔和修复效果评估监测布点等内容。

本标准与以下标准同属建设用地土壤污染风险管控和修复系列环境保护标准：

《建设用地土壤污染状况调查技术导则》（HJ 25.1）；

《建设用地土壤污染风险评估技术导则》（HJ 25.3）；

《建设用地土壤修复技术导则》（HJ 25.4）；

《污染地块风险管控与土壤修复效果评估技术导则》（HJ 25.5）；

《污染地块地下水修复和风险管控技术导则》（HJ 25.6）。

自本标准实施之日起，《场地环境监测技术导则》（HJ 25.2—2014）废止。

本标准由生态环境部土壤生态环境司、法规与标准司组织制订。

本标准主要起草单位：沈阳环境科学研究院、生态环境部环境标准研究所、轻工业环境保护研究所、生态环境部南京环境科学研究所、上海市环境科学研究院。

本标准生态环境部 2019 年 12 月 5 日批准。

本标准自 2019 年 12 月 5 日起实施。

本标准由生态环境部解释。

1 适用范围

本标准规定了建设用地土壤污染风险管控和修复监测的基本原则、程序、工作内容和技术要求。

本标准适用于建设用地土壤污染状况调查和土壤污染风险评估、风险管控、修复、风险管控效果评估、修复效果评估、后期管理等活动的环境监测。

本标准不适用于建设用地的放射性及致病性生物污染监测。

2 规范性引用文件

本标准引用了下列文件或其中的条款。凡是未注明日期的引用文件，其最新版本适用于本标准。

GB 3095 环境空气质量标准

GB 5085 危险废物鉴别标准

GB 14554 恶臭污染物排放标准

GB 36600 土壤环境质量 建设用地土壤污染风险管控标准

GB 50021 岩土工程勘查规范

HJ/T 20 工业固体废物采样制样技术规范

HJ 25.1 建设用地土壤污染状况调查技术导则

HJ 25.4 建设用地土壤修复技术导则

HJ 25.5 污染地块风险管控与土壤修复效果评估技术导则

HJ/T 91 地表水和污水监测技术规范

HJ/T 164 地下水环境监测技术规范

HJ/T 166 土壤环境监测技术规范

HJ/T 194 环境空气质量手工监测技术规范

HJ 298 危险废物鉴别技术规范

HJ 493 水质 样品的保存和管理技术规定

3 术语和定义

下列术语和定义适用于本标准。

3.1 土壤污染风险管控和修复 risk control and remediation of soil contamination

土壤污染风险管控和修复包括土壤污染状况调查和土壤污染风险评估、风险管控、修复、风险管控效果评估、修复效果评估、后期管理等活动。

3.2 关注污染物 contaminant of concern

根据地块污染特征、相关标准规范要求和利益相关方意见，确定需要进行土壤污染状况调查和土壤污染风险评估的污染物。

3.3 土壤混合样 soil mixture sample

指表层或同层土壤经混合均匀后的土壤样品，组成混合样的采样点数应为 5～20 个。

4 基本原则、工作内容及工作程序

4.1 基本原则

4.1.1 针对性原则

地块环境监测应针对土壤污染状况调查与土壤污染风险评估、治理修复、修复效果评估及回顾性评估等各阶段环境管理的目的和要求开展，确保监测结果的协调性、一致性和时效性，为地块环境管理提供依据。

4.1.2 规范性原则

以程序化和系统化的方式规范地块环境监测应遵循的基本原则、工作程序和工作方法，保证地块环境监测的科学性和客观性。

4.1.3 可行性原则

在满足地块土壤污染状况调查与土壤污染风险评估、治理修复、修复效果评估及回顾性评估等各阶段监测要求的条件下，综合考虑监测成本、技术应用水平等方面因素，保证监测工作切实可行及后续工作的顺利开展。

4.2 工作内容

4.2.1 地块土壤污染状况调查监测

地块土壤污染状况调查和土壤污染风险评估过程中的环境监测，主要工作是采用监测手段识别土壤、地下水、地表水、环境空气、残余废弃物中的关注污染物及水文地质特征，并全面分析、确定地块的污染物种类、污染程度和污染范围。

4.2.2 地块治理修复监测

地块治理修复过程中的环境监测，主要工作是针对各项治理修复技术措施的实施效果所开展的相关监测，包括治理修复过程中涉及环境保护的工程质量监测和二次污染物排放的监测。

4.2.3 地块修复效果评估监测

对地块治理修复工程完成后的环境监测，主要工作是考核和评价治理修复后的地块是否达到已确定的修复目标及工程设计所提出的相关要求。

4.2.4 地块回顾性评估监测

地块经过修复效果评估后，在特定的时间范围内，为评价治理修复后地块对土壤、地下水、地表水及环境空气的环境影响所进行的环境监测，同时也包括针对地块长期原位治理修复工程措施的效果开展验证性的环境监测。

4.3 工作程序

地块环境监测的工作程序主要包括监测内容确定、监测计划制订、监测实施及监测报告编制。监测内容确定是监测启动后按照 4.2 中的要求确定具体工作内容；监测计划制订包括资料收集分析，确定监测范围、监测介质、监测项目及监测工作组织等过程；监测实施包括监测点位布设、样品采集及样品分析等过程。

5 监测计划制订

5.1 资料收集分析

根据地块土壤污染状况调查阶段性结论，同时考虑地块治理修复监测、修复效果评估监测、回顾性评估监测各阶段的目的和要求，确定各阶段监测工作应收集的地块信息，主要包括地块土壤污染状况调查阶段所获得的信息和各阶段监测补充收集的信息。

5.2 监测范围

5.2.1 地块土壤污染状况调查监测范围为前期土壤污染状况调查初步确定的地块边界范围。

5.2.2 地块治理修复监测范围应包括治理修复工程设计中确定的地块修复范围，以及治理修复中废水、废气及废渣影响的区域范围。

5.2.3 地块修复效果评估监测范围应与地块治理修复的范围一致。

5.2.4 地块回顾性评估监测范围应包括可能对土壤、地下水、地表水及环境空气产生环境影响的范围，以及地块长期治理修复工程可能影响的区域范围。

5.3 监测对象

监测对象主要为土壤，必要时也应包括地下水、地表水及环境空气等。

5.3.1 土壤

土壤包括地块内的表层土壤和下层土壤，表层土壤和下层土壤的具体深度划分应根据地块土壤污染状况调查阶段性结论确定。地块中存在的回填层一般可作为表层土壤。

5.3.2 地下水

地下水主要为地块边界内的地下水或经地块地下径流到下游汇集区的浅层地下水。在污染较重且地质结构有利于污染物向下层土壤迁移的区域，则对深层地下水进行监测。

5.3.3 地表水

地表水主要为地块边界内流经或汇集的地表水，对于污染较重的地块也应考虑流经地块地表水的下游汇集区。

5.3.4 环境空气

环境空气是指地块污染区域中心的空气和地块下风向主要环境敏感点的空气。

5.3.5 残余废弃物

地块土壤污染状况调查的监测对象中还应考虑地块残余废弃物，主要包括地块内遗留的生产原料、工业废渣，废弃化学品及其污染物，残留在废弃设施、容器及管道内的固态、半固态及液态物质，其他与当地土壤特征有明显区别的固态物质。

5.3.6 地块治理修复监测的对象还应包括治理修复过程中排放的物质，如废气、废水及废渣等。

5.4 监测项目

5.4.1 地块土壤污染状况调查监测项目

5.4.1.1 地块土壤污染状况调查初步采样监测项目应根据 GB 36600 要求、前期土壤污染状况调查阶段性结论与本阶段工作计划确定，具体按照 HJ 25.1 相关要求确定。可能涉及的危险废物监测项目应参照 GB 5085 中相关指标确定。

5.4.1.2 地块土壤污染状况调查详细采样监测项目包括土壤污染状况调查确定的地块特征

污染物和地块特征参数，应根据 HJ 25.1 相关要求确定。

5.4.2 地块治理修复、修复效果评估及回顾性评估监测项目

5.4.2.1 土壤的监测项目为土壤污染风险评估确定的需治理修复的各项指标。地下水、地表水及环境空气的监测项目应根据治理修复的技术要求确定。

5.4.2.2 监测项目还应考虑地块治理修复过程中可能产生的污染物，具体应根据地块治理修复工艺技术要求确定，可参见 HJ 25.4 中相关要求。

5.5 监测工作的组织

5.5.1 监测工作的分工

监测工作的分工一般包括信息收集整理、监测计划编制、监测点位布设、样品采集及现场分析、样品实验室分析、数据处理、监测报告编制等。承担单位应根据监测任务组织好单位内部及合作单位间的责任分工。

5.5.2 监测工作的准备

监测工作的准备一般包括人员分工、信息的收集整理、工作计划编制、个人防护准备、现场踏勘、采样设备和容器及分析仪器准备等。

5.5.3 监测工作的实施

监测工作的实施主要包括监测点位布设、样品采集、样品分析，以及后续的数据处理和报告编制。一般情况下，监测工作实施的核心是布点采样，因此应及时落实现场布点采样的相关工作条件。在样品的采集、制备、运输及分析过程中，应采取必要的技术和管理措施，保证监测人员的安全防护。

6 监测点位布设

6.1 监测点位布设方法

6.1.1 土壤监测点位布设方法

根据地块土壤污染状况调查阶段性结论确定的地理位置、地块边界及各阶段工作要求，确定布点范围。在所在区域地图或规划图中标注出准确地理位置，绘制地块边界，并对场界角点进行准确定位。地块土壤环境监测常用的监测点位布设方法包括系统随机布点法、系统布点法及分区布点法等，见图 1。

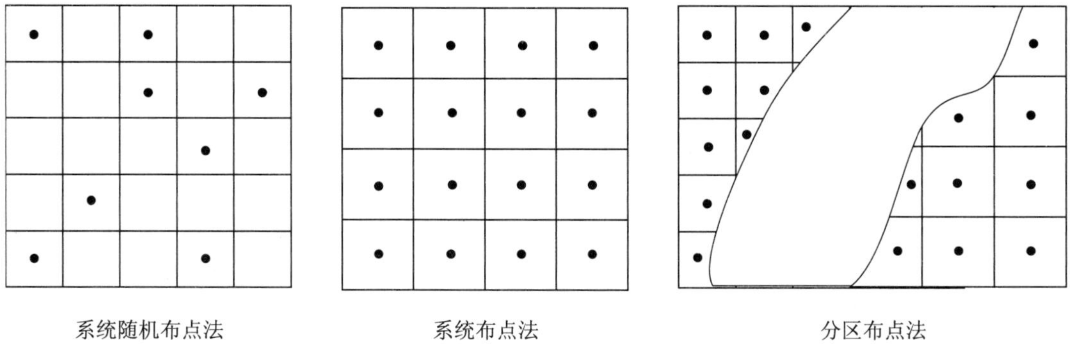

图 1 监测点位布设方法示意图

6.1.1.1 对于地块内土壤特征相近、土地使用功能相同的区域，可采用系统随机布点法进行监测点位的布设。

1）系统随机布点法是将监测区域分成面积相等的若干工作单元，从中随机（随机数的获得可以利用掷骰子、抽签、查随机数表的方法）抽取一定数量的工作单元，在每个工作单元内布设一个监测点位。

2）抽取的样本数要根据地块面积、监测目的及地块使用状况确定。

6.1.1.2 如地块土壤污染特征不明确或地块原始状况严重破坏，可采用系统布点法进行监测点位布设。系统布点法是将监测区域分成面积相等的若干工作单元，每个工作单元内布设一个监测点位。

6.1.1.3 对于地块内土地使用功能不同及污染特征明显差异的地块，可采用分区布点法进行监测点位的布设。

1）分区布点法是将地块划分成不同的小区，再根据小区的面积或污染特征确定布点的方法。

2）地块内土地使用功能的划分一般分为生产区、办公区、生活区。原则上生产区的工作单元划分应以构筑物或生产工艺为单元，包括各生产车间、原料及产品储库、废水处理及废渣储存场、场内物料流通道路、地下储存构筑物及管线等。办公区包括办公建筑、广场、道路、绿地等，生活区包括食堂、宿舍及公用建筑等。

3）对于土地使用功能相近、单元面积较小的生产区也可将几个单元合并成一个监测工作单元。

6.1.1.4 土壤对照监测点位的布设方法

1）一般情况下，应在地块外部区域设置土壤对照监测点位。

2）对照监测点位可选取在地块外部区域的四个垂直轴向上，每个方向上等间距布设3个采样点，分别进行采样分析。如因地形地貌、土地利用方式、污染物扩散迁移特征等因素致使土壤特征有明显差别或采样条件受到限制时，监测点位可根据实际情况进行调整。

3）对照监测点位应尽量选择在一定时间内未经外界扰动的裸露土壤，应采集表层土壤样品，采样深度尽可能与地块表层土壤采样深度相同。如有必要也应采集下层土壤样品。

6.1.2 地下水监测点位布设方法

地块内如有地下水，应在疑似污染严重的区域布点，同时考虑在地块内地下水径流的下游布点。如需要通过地下水的监测了解地块的污染特征，则在一定距离内的地下水径流下游汇水区内布点。

6.1.3 地表水监测点位布设方法

如果地块内有流经的或汇集的地表水，则在疑似污染严重区域的地表水布点，同时考虑在地表水径流的下游布点。

6.1.4 环境空气监测点位布设方法

在地块中心和地块当时下风向主要环境敏感点布点。对于地块中存在的生产车间、原料或废渣储存场等污染比较集中的区域，应在这些区域内布点；对于有机污染、恶臭污染、汞污染等类型地块，应在疑似污染较重的区域布点。

6.1.5 地块内残余废弃物监测点位布设方法

在疑似为危险废物的残余废弃物及与当地土壤特征有明显区别的可疑物质所在区域

进行布点。

6.2 地块土壤污染状况调查监测点位的布设

6.2.1 土壤监测点位的布设

6.2.1.1 地块土壤污染状况调查初步采样监测点位的布设

1）可根据原地块使用功能和污染特征，选择可能污染较重的若干工作单元，作为土壤污染物识别的工作单元。原则上监测点位应选择工作单元的中央或有明显污染的部位，如生产车间、污水管线、废弃物堆放处等。

2）对于污染较均匀的地块（包括污染物种类和污染程度）和地貌严重破坏的地块（包括拆迁性破坏、历史变更性破坏），可根据地块的形状采用系统随机布点法，在每个工作单元的中心采样。

3）监测点位的数量与采样深度应根据地块面积、污染类型及不同使用功能区域等调查阶段性结论确定。

4）对于每个工作单元，表层土壤和下层土壤垂直方向层次的划分应综合考虑污染物迁移情况、构筑物及管线破损情况、土壤特征等因素确定。采样深度应扣除地表非土壤硬化层厚度，原则上应采集 0～0.5 m 表层土壤样品，0.5 m 以下下层土壤样品根据判断布点法采集，建议 0.5～6 m 土壤采样间隔不超过 2 m；不同性质土层至少采集一个土壤样品。同一性质土层厚度较大或出现明显污染痕迹时，根据实际情况在该层位增加采样点。

5）一般情况下，应根据地块土壤污染状况调查阶段性结论及现场情况确定下层土壤的采样深度，最大深度应直至未受污染的深度为止。

6.2.1.2 地块土壤污染状况调查详细采样监测点位的布设

1）对于污染较均匀的地块（包括污染物种类和污染程度）和地貌严重破坏的地块（包括拆迁性破坏、历史变更性破坏），可采用系统布点法划分工作单元，在每个工作单元的中心采样。

2）如地块不同区域的使用功能或污染特征存在明显差异，则可根据土壤污染状况调查获得的原使用功能和污染特征等信息，采用分区布点法划分工作单元，在每个工作单元的中心采样。

3）单个工作单元的面积可根据实际情况确定，原则上不应超过 1 600 m^2。对于面积较小的地块，应不少于 5 个工作单元。采样深度应至土壤污染状况调查初步采样监测确定的最大深度，深度间隔参见 6.2.1.1 中相关要求。

4）如需采集土壤混合样，可根据每个工作单元的污染程度和工作单元面积，将其分成 1～9 个均等面积的网格，在每个网格中心进行采样，将同层的土样制成混合样（测定挥发性有机物项目的样品除外）。

6.2.2 地下水监测点位的布设

6.2.2.1 对于地下水流向及地下水位，可结合土壤污染状况调查阶段性结论间隔一定距离按三角形或四边形至少布置 3～4 个点位监测判断。

6.2.2.2 地下水监测点位应沿地下水流向布设，可在地下水流向上游、地下水可能污染较严重区域和地下水流向下游分别布设监测点位。确定地下水污染程度和污染范围时，应参照详细监测阶段土壤的监测点位，根据实际情况确定，并在污染较重区域加密布点。

6.2.2.3 应根据监测目的、所处含水层类型及其埋深和相对厚度来确定监测井的深度，且不穿透浅层地下水底板。地下水监测目的层与其他含水层之间要有良好止水性。

6.2.2.4 一般情况下采样深度应在监测井水面下 0.5 m 以下。对于低密度非水溶性有机物污染，监测点位应设置在含水层顶部；对于高密度非水溶性有机物污染，监测点位应设置在含水层底部和不透水层顶部。

6.2.2.5 一般情况下，应在地下水流向上游的一定距离设置对照监测井。

6.2.2.6 如地块面积较大，地下水污染较重，且地下水较丰富，可在地块内地下水径流的上游和下游各增加 1～2 个监测井。

6.2.2.7 如果地块内没有符合要求的浅层地下水监测井，则可根据调查阶段性结论在地下水径流的下游布设监测井。

6.2.2.8 如果地块地下岩石层较浅，没有浅层地下水富集，则在径流的下游方向可能的地下蓄水处布设监测井。

6.2.2.9 若前期监测的浅层地下水污染非常严重，且存在深层地下水时，可在做好分层止水条件下增加一口深井至深层地下水，以评价深层地下水的污染情况。

6.2.3 地表水监测点位的布设

6.2.3.1 考察地块的地表径流对地表水的影响时，可分别在降雨期和非降雨期进行采样。如需反映地块污染源对地表水的影响，可根据地表水流量分别在枯水期、丰水期和平水期进行采样。

6.2.3.2 在监测污染物浓度的同时，还应监测地表水的径流量，以判定污染物向地表水的迁移量。

6.2.3.3 如有必要可在地表水上游一定距离布设对照监测点位。

6.2.3.4 具体监测点位布设要求参照 HJ/T 91。

6.2.4 环境空气监测点位的布设

6.2.4.1 如需要考察地块内的环境空气，可根据实际情况在地块疑似污染区域中心、当时下风向地块边界及边界外 500 m 内的主要环境敏感点分别布设监测点位，监测点位距地面 1.5～2.0 m。

6.2.4.2 一般情况下，应在地块的上风向设置对照监测点位。

6.2.4.3 对于有机污染、汞污染等类型地块，尤其是挥发性有机物污染的地块，如有需要可选择污染最重的工作单元中心部位，剥离地表 0.2 m 的表层土壤后进行采样监测。

6.2.5 地块残余废弃物监测点位的布设

根据前期调查结果，对可能为危险废物的残余废弃物按照 HJ 298 相关要求进行布点采样。

6.3 地块治理修复监测点位的布设

6.3.1 地块残余危险废物和具有危险废物特征土壤清理效果的监测

6.3.1.1 在地块残余危险废物和具有危险废物特征土壤的清理作业结束后，应对清理界面的土壤进行布点采样。根据界面的特征和大小将其分成面积相等的若干工作单元，单元面积不应超过 100 m^2。可在每个工作单元中均匀分布地采集 9 个表层土壤样品制成混合样（测定挥发性有机物项目的样品除外）。

6.3.1.2 如监测结果仍超过相应的治理目标值，应根据监测结果确定二次清理的边界，二次清理后再次进行监测，直至清理达到标准。

6.3.1.3 残余危险废物和具有危险废物特征土壤清理效果的监测结果可作为修复效果评估结果的组成部分。

6.3.2 污染土壤清挖效果的监测

6.3.2.1 对完成污染土壤清挖后界面的监测，包括界面的四周侧面和底部。根据地块大小和污染的强度，应将四周的侧面等分成段，每段最大长度不应超过 40 m，在每段均匀采集 9 个表层土壤样品制成混合样（测定挥发性有机物项目的样品除外）；将底部均分工作单元，单元的最大面积不应超过 400 m^2，在每个工作单元中均匀分布地采集 9 个表层土壤样品制成混合样（测定挥发性有机物项目的样品除外）。

6.3.2.2 对于超标区域根据监测结果确定二次清挖的边界，二次清挖后再次进行监测，直至达到相应要求。

6.3.2.3 污染土壤清挖效果的监测可作为修复效果评估结果的组成部分。

6.3.3 污染土壤治理修复的监测

6.3.3.1 治理修复过程中的监测点位或监测频率，应根据工程设计中规定的原位治理修复工艺技术要求确定，每个样品代表的土壤体积应不超过 500 m^3。

6.3.3.2 应对治理修复过程中可能排放的物质进行布点监测，如治理修复过程中设置废水、废气排放口则应在排放口布设监测点位。

6.3.4 治理修复过程中，如需对地下水、地表水和环境空气进行监测，监测点位应按照工程环境影响评价或修复工程设计的要求布设。

6.4 地块修复效果评估监测点位的布设

6.4.1 对治理修复后地块的土壤修复效果评估监测一般应采用系统布点法布设监测点位，原则上每个工作单元面积不应超过 1 600 m^2。具体布设要求参照 HJ 25.5。

6.4.2 对原位治理修复工程措施（如隔离、防迁移扩散等）效果的监测，应依据工程设计相关要求进行监测点位的布设。

6.4.3 对异位治理修复工程措施效果的监测，处理后土壤应布设一定数量监测点位，每个样品代表的土壤体积应不超过 500 m^3。具体布设要求参照 HJ 25.5。

6.4.4 修复效果评估监测过程中，如发现未达到治理修复标准的工作单元，则应进行二次治理修复，并在修复后再次进行修复效果评估监测。

6.4.5 对地下水、地表水和环境空气进行监测，监测点位分别与 6.2.2、6.2.3、6.2.4 的监测点位相同，可考虑原位修复工程的相关要求适当增设监测点位。

6.4.6 对地下水进行修复效果评估监测，可利用地块土壤污染状况调查、土壤污染风险评估和修复过程建设的监测井，但原监测井数量不应超过修复效果评估时监测井总数的 60%，新增监测井位置布设在地下水污染最严重区域。

6.5 地块回顾性评估监测点位的布设

6.5.1 对土壤进行定期回顾性评估监测，应综合考虑土壤污染状况调查详细采样监测、治理修复监测及修复效果评估监测中相关点位进行监测点位布设。

6.5.2 对地下水、地表水及环境空气进行定期监测，监测点位可参照 6.2.2、6.2.3、6.2.4 监测点位布设方法。

6.5.3 对原位治理修复工程措施（如隔离、防迁移扩散等）效果的监测，应针对工程设计的相关要求进行监测点位的布设。

6.5.4　长期治理修复工程可能影响的区域范围也应布设一定数量的监测点位。

7　样品采集

7.1　土壤样品的采集

7.1.1　表层土壤样品的采集

7.1.1.1　表层土壤样品的采集一般采用挖掘方式进行，一般采用锹、铲及竹片等简单工具，也可进行钻孔取样。

7.1.1.2　土壤采样的基本要求为尽量减少土壤扰动，保证土壤样品在采样过程不被二次污染。

7.1.2　下层土壤样品的采集

7.1.2.1　下层土壤的采集以钻孔取样为主，也可采用槽探的方式进行采样。

7.1.2.2　钻孔取样可采用人工或机械钻孔后取样。手工钻探采样的设备包括螺纹钻、管钻、管式采样器等。机械钻探包括实心螺旋钻、中空螺旋钻、套管钻等。

7.1.2.3　槽探一般靠人工或机械挖掘采样槽，然后用采样铲或采样刀进行采样。槽探的断面呈长条形，根据地块类型和采样数量设置一定的断面宽度。槽探取样可通过锤击敞口取土器取样和人工刻切块状土取样。

7.1.3　原位治理修复工程措施处理土壤样品的采集

对原位治理修复工程措施效果（如客土、隔离、防迁移扩散等）的监测采样，应根据工程设计提出的要求进行。

7.1.4　挥发性有机物污染、易分解有机物污染、恶臭污染土壤的采样，应采用无扰动式的采样方法和工具。钻孔取样可采样快速击入法、快速压入法及回转法，主要工具包括土壤原状取土器和回转取土器。槽探可采用人工刻切块状土取样。采样后立即将样品装入密封的容器，以减少暴露时间。

7.1.5　如需采集土壤混合样时，将等量各点采集的土壤样品充分混拌后四分法取得到土壤混合样。含易挥发、易分解和恶臭污染的样品必须进行单独采样，禁止对样品进行均质化处理，不得采集混合样。

7.1.6　土壤样品的保存与流转

7.1.6.1　挥发性有机物污染的土壤样品和恶臭污染土壤的样品应采用密封性的采样瓶封装，样品应充满容器整个空间；含易分解有机物的待测定样品，可采取适当的封闭措施（如甲醇或水液封等方式保存于采样瓶中）。样品应置于4℃以下的低温环境（如冰箱）中运输、保存，避免运输、保存过程中的挥发损失，送至实验室后应尽快分析测试。

7.1.6.2　挥发性有机物浓度较高的样品装瓶后应密封在塑料袋中，避免交叉污染，应通过运输空白样来控制运输和保存过程中交叉污染情况。

7.1.6.3　具体土壤样品的保存与流转应按照HJ/T 166的要求进行。

7.2　地下水样品的采集

7.2.1　地下水采样时应依据地块的水文地质条件，结合调查获取的污染源及污染土壤特征，应利用最低的采样频次获得最有代表性的样品。

7.2.2　监测井可采用空心钻杆螺纹钻、直接旋转钻、直接空气旋转钻、钢丝绳套管直接旋转钻、双壁反循环钻、绳索钻具等方法钻井。

7.2.3　设置监测井时，应避免采用外来的水及流体，同时在地面井口处采取防渗措施。

7.2.4　监测井的井管材料应有一定强度，耐腐蚀，对地下水无污染。

7.2.5　低密度非水溶性有机物样品应用可调节采样深度的采样器采集，对于高密度非水溶性有机物样品可以应用可调节采样深度的采样器或潜水式采样器采集。

7.2.6　在监测井建设完成后必须进行洗井。所有的污染物或钻井产生的岩层破坏以及来自天然岩层的细小颗粒都必须去除，以保证出流的地下水中没有颗粒。常见的方法包括超量抽水、反冲、汲取及气洗等。

7.2.7　地下水采样前应先进行洗井，采样应在水质参数和水位稳定后进行。测试项目中有挥发性有机物时，应适当减缓流速，避免冲击产生气泡，一般不超过 0.1 L/min。

7.2.8　地下水采样的对照样品应与目标样品来自相同含水层的同一深度。

7.2.9　具体地下水样品的采集、保存与流转应按照 HJ/T 164 的要求进行。

7.3　地表水样品的采集

7.3.1　地表水的采样时避免搅动水底沉积物。

7.3.2　为反映地表水与地下水的水力联系，地表水的采样频次与采样时间应尽量与地下水采样保持一致。

7.3.3　具体地表水样品的采集、保存与流转应按照 HJ/T 91、HJ 493 的要求进行。

7.4　环境空气样品的采集

7.4.1　对于 6.2.4.3 的环境空气样品采样，可根据分析仪器的检出限，设置具有一定体积并装有抽气孔的封闭仓（采样时扣置在已剥离表层土壤的地块地面，四周用土封闭以保持封闭仓的密闭性），封闭 12 h 后进行气体样品采集。

7.4.2　具体环境空气样品的采集、保存与流转应按照 HJ/T 194 的要求进行。

7.5　地块残余废弃物样品的采集

7.5.1　地块内残余的固态废弃物可选用尖头铁锹、钢锤、采样钻、取样铲等采样工具进行采样。

7.5.2　地块内残余的液态废弃物可选用采样勺、采样管、采样瓶、采样罐、搅拌器等工具进行采样。

7.5.3　地块内残余的半固态废弃污染物应根据废物流动性按照固态废弃物采样或液态废弃物的采样规定进行样品采集。

7.5.4　具体残余废弃物样品的采集、保存与流转应按照 HJ/T 20 及 HJ 298 的要求进行。

8　样品分析

8.1　现场样品分析

8.1.1　在现场样品分析过程中，可采用便携式分析仪器设备进行定性和半定量分析。

8.1.2　水样的温度须在现场进行分析测试，溶解氧、pH 值、电导率、色度、浊度等监测项目亦可在现场进行分析测试，并应保持监测时间一致性。

8.1.3　采用便携式仪器设备对挥发性有机物进行定性分析，可将污染土壤置于密闭容器中，稳定一定时间后测试容器中顶部的气体。

8.2 实验室样品分析

8.2.1 土壤样品分析

土壤样品关注污染物的分析测试应参照 GB 36600 和 HJ/T 166 中的指定方法。土壤的常规理化特征土壤 pH 值、粒径分布、密度、孔隙度、有机质含量、渗透系数、阳离子交换量等的分析测试应按照 GB 50021 执行。污染土壤的危险废物特征鉴别分析，应按照 GB 5085 和 HJ 298 中的指定方法。

8.2.2 其他样品分析

地下水样品、地表水样品、环境空气样品、残余废弃物样品的分析应分别按照HJ/T 164、HJ/T 91、GB 3095、GB 14554、GB 5085 和 HJ 298 中的指定方法进行。

9 质量控制与质量保证

9.1 采样过程

在样品的采集、保存、运输、交接等过程应建立完整的管理程序。为避免采样设备及外部环境条件等因素对样品产生影响，应注重现场采样过程中的质量保证和质量控制。

9.1.1 应防止采样过程中的交叉污染。钻机采样过程中，在第一个钻孔开钻前要进行设备清洗；进行连续多次钻孔的钻探设备应进行清洗；同一钻机在不同深度采样时，应对钻探设备、取样装置进行清洗；与土壤接触的其他采样工具重复利用时也应清洗。一般情况下可用清水清理，也可用待采土样或清洁土壤进行清洗；必要时或特殊情况下，可采用无磷去垢剂溶液、高压自来水、去离子水（蒸馏水）或 10%硝酸进行清洗。

9.1.2 采集现场质量控制样是现场采样和实验室质量控制的重要手段。质量控制样一般包括平行样、空白样及运输样，质控样品的分析数据可从采样到样品运输、储存和数据分析等不同阶段反映数据质量。

9.1.3 在采样过程中，同种采样介质，应采集至少一个样品采集平行样。样品采集平行样是从相同的点位收集并单独封装和分析的样品。

9.1.4 采集土壤样品用于分析挥发性有机物指标时，建议每次运输应采集至少一个运输空白样，即从实验室带到采样现场后，又返回实验室的与运输过程有关，并与分析无关的样品，以便了解运输途中是否受到污染和样品是否损失。

9.1.5 现场采样记录、现场监测记录可使用表格描述土壤特征、可疑物质或异常现象等，同时应保留现场相关影像记录，其内容、页码、编号要齐全便于核查，如有改动应注明修改人及时间。

9.2 样品分析及其他过程

土壤、地下水、地表水、环境空气、残余废弃物的样品分析及其他过程的质量控制与质量保证技术要求按照 HJ/T 166、HJ/T 164、HJ/T 91、HJ 493、HJ/T 194、HJ/T 20 中相关要求进行，对于特殊监测项目应按照相关标准要求在限定时间内进行监测。

10 监测报告编制

10.1 监测报告的主要内容

监测报告应包括但不限于以下内容：报告名称、任务来源、编制目的及依据、监测范围、污染源调查与分析、监测对象、监测项目、监测频次、布点原则与方法、监测点位图、采样与分析方法和时间、质量控制与质量保证、评价标准与方法、监测结果汇总表等。同时还应包括实验室名称、报告编号、报告每页和总页数，采样者，分析者，报告编制、复核、审核和签发者及时间等相关信息。

10.2　数据处理

监测数据的处理应参照 HJ/T 166、HJ/T 164、HJ/T 194、HJ/T 91、HJ 298 中的相关要求进行。

10.3　监测结果

监测结果可按照地块土壤污染状况调查和土壤污染风险评估、治理修复、修复效果评估及回顾性评估等不同阶段的要求与相关标准的技术要求，进行监测数据的汇总分析。

中华人民共和国国家环境保护标准

建设用地土壤污染风险评估技术导则

Technical guidelines for risk assessment of soil contamination of land for construction

HJ 25.3—2019
代替 HJ 25.3—2014

前　言

根据《中华人民共和国环境保护法》《中华人民共和国土壤污染防治法》，为保障人体健康，保护生态环境，加强建设用地环境保护监督管理，规范建设用地土壤污染健康风险评估，制定本标准。

本标准规定了建设用地土壤污染风险评估的原则、内容、程序、方法和技术要求。

本标准附录 A、附录 B、附录 C、附录 E、附录 F 为规范性附录，附录 D、附录 G 为资料性附录。

本标准首次发布于 2014 年，此次为第一次修订。此次修订的主要内容包括：

1．标准名称由《污染场地风险评估技术导则》修改为《建设用地土壤污染风险评估技术导则》；

2．适用范围参照标准名称作相应修改；

3．增加了规范性引用文件《土壤环境质量　建设用地土壤污染风险管控标准（试行）》（GB 36600），更新了规范性引用文件的相关标准内容；

4．删除了“场地”和“潜在污染场地”的术语和定义；

5．修改了“敏感用地”和“非敏感用地”的表述及其含义；

6．修正了部分污染物毒性与理化参数、推荐参数及计算公式。

本标准与以下标准同属建设用地土壤污染风险管控和修复系列环境保护标准：

《建设用地土壤污染状况调查技术导则》（HJ 25.1）；

《建设用地土壤污染风险管控和修复监测技术导则》（HJ 25.2）；

《建设用地土壤修复技术导则》（HJ 25.4）；

《污染地块风险管控与土壤修复效果评估技术导则》（HJ 25.5）；

《污染地块地下水修复和风险管控技术导则》（HJ 25.6）。

自本标准实施之日起，《污染场地风险评估技术导则》（HJ 25.3—2014）废止。

本标准由生态环境部土壤生态环境司、法规与标准司组织制订。

本标准主要起草单位：生态环境部南京环境科学研究所、生态环境部环境标准研究所、轻工业环境保护研究所、上海市环境科学研究院、沈阳环境科学研究院。

本标准由生态环境部 2019 年 12 月 5 日批准。

本标准自 2019 年 12 月 5 日起实施。

本标准由生态环境部解释。

1 适用范围

本标准规定了开展建设用地土壤污染风险评估的原则、内容、程序、方法和技术要求。

本标准适用于建设用地健康风险评估和土壤、地下水风险控制值的确定。

本标准不适用于铅、放射性物质、致病性生物污染以及农用地土壤污染的风险评估。

2 规范性引用文件

本标准引用了下列文件或其中的条款。凡是未注明日期的引用文件，其最新版本适用于本标准。

GB/T 14848　地下水质量标准

GB 36600　土壤环境质量　建设用地土壤污染风险管控标准

GB 50137　城市用地分类与规划建设用地标准

HJ 25.1　建设用地土壤污染状况调查技术导则

HJ 25.2　建设用地土壤污染风险管控和修复监测技术导则

HJ 25.4　建设用地土壤修复技术导则

HJ 25.6　污染地块地下水修复和风险管控技术导则

3 术语和定义

下列术语和定义适用于本标准。

3.1　土壤　soil

由矿物质、有机质、水、空气及生物有机体组成的地球陆地表面的疏松层。

3.2　关注污染物　contaminant of concern

根据地块污染特征、相关标准规范要求和地块利益相关方意见，确定需要进行土壤污染状况调查和土壤污染风险评估的污染物。

3.3　暴露途径　exposure pathway

指建设用地土壤和地下水中污染物迁移到达和暴露于人体的方式。

3.4　建设用地健康风险评估　health risk assessment of land for construction

在土壤污染状况调查的基础上，分析地块土壤和地下水中污染物对人群的主要暴露途径，评估污染物对人体健康的致癌风险或危害水平。

3.5　致癌风险　carcinogenic risk

人群暴露于致癌效应污染物，诱发致癌性疾病或损伤的概率。

3.6　危害商　hazard quotient

污染物每日摄入剂量与参考剂量的比值，用于表征人体经单一途径暴露于非致癌污染物而受到危害的水平。

3.7 危害指数 hazard index

人群经多种途径暴露于单一污染物的危害商之和，用于表征人体暴露于非致癌污染物受到危害的水平。

3.8 可接受风险水平 acceptable risk level

对暴露人群不会产生不良或有害健康效应的风险水平，包括致癌物的可接受致癌风险水平和非致癌物的可接受危害商。本标准中单一污染物的可接受致癌风险水平为 10^{-6}，单一污染物的可接受危害商为 1。

3.9 土壤和地下水风险控制值 risk control values for soil and groundwater

根据本标准规定的用地方式、暴露情景和可接受风险水平，采用本标准规定的风险评估方法和土壤污染状况调查获得相关数据，计算获得的土壤中污染物的含量限值和地下水中污染物的浓度限值。

4 工作程序和内容

地块风险评估工作内容包括危害识别、暴露评估、毒性评估、风险表征，以及土壤和地下水风险控制值的计算。地块风险评估程序见图 1。

4.1 危害识别

收集土壤污染状况调查阶段获得的相关资料和数据，掌握地块土壤和地下水中关注污染物的浓度分布，明确规划土地利用方式，分析可能的敏感受体，如儿童、成人、地下水体等。

4.2 暴露评估

在危害识别的基础上，分析地块内关注污染物迁移和危害敏感受体的可能性，确定地块土壤和地下水污染物的主要暴露途径和暴露评估模型，确定评估模型参数取值，计算敏感人群对土壤和地下水中污染物的暴露量。

4.3 毒性评估

在危害识别的基础上，分析关注污染物对人体健康的危害效应，包括致癌效应和非致癌效应，确定与关注污染物相关的参数，包括参考剂量、参考浓度、致癌斜率因子和呼吸吸入单位致癌因子等。

4.4 风险表征

在暴露评估和毒性评估的基础上，采用风险评估模型计算土壤和地下水中单一污染物经单一途径的致癌风险和危害商，计算单一污染物的总致癌风险和危害指数，进行不确定性分析。

4.5 土壤和地下水风险控制值的计算

在风险表征的基础上，判断计算得到的风险值是否超过可接受风险水平。如地块风险评估结果未超过可接受风险水平，则结束风险评估工作；如地块风险评估结果超过可接受风险水平，则计算土壤、地下水中关注污染物的风险控制值；如调查结果表明，土壤中关注污染物可迁移进入地下水，则计算保护地下水的土壤风险控制值；根据计算结果，提出关注污染物的土壤和地下水风险控制值。

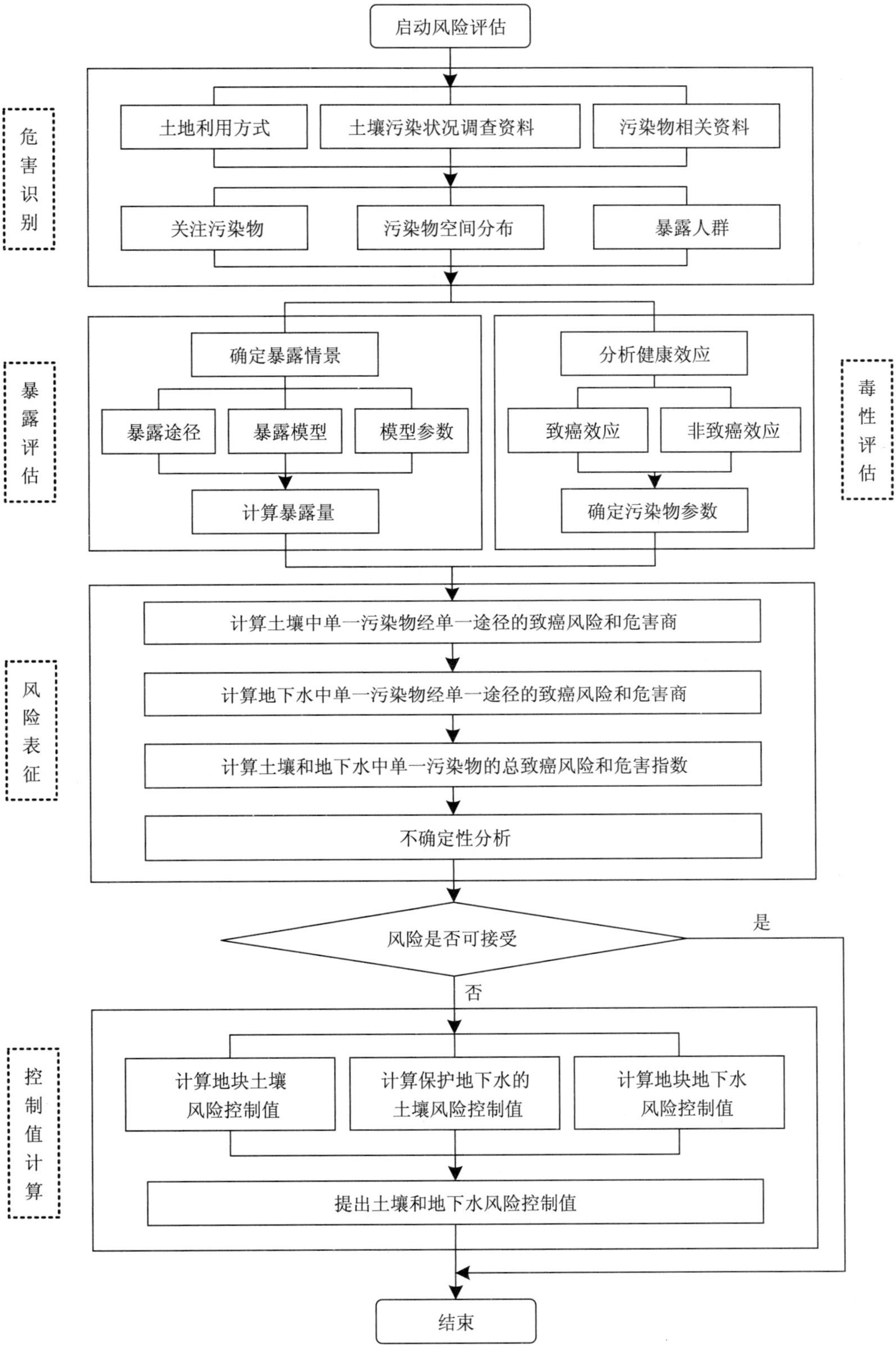

图 1　地块风险评估程序与内容

5 危害识别技术要求

5.1 收集相关资料

按照 HJ 25.1 和 HJ 25.2 对地块进行土壤污染状况调查及污染识别，获得以下信息：

1）较为详尽的地块相关资料及历史信息；

2）地块土壤和地下水等样品中污染物的浓度数据；

3）地块土壤的理化性质分析数据；

4）地块（所在地）气候、水文、地质特征信息和数据；

5）地块及周边地块土地利用方式、敏感人群及建筑物等相关信息。

5.2 确定关注污染物

根据土壤污染状况调查和监测结果，将对人群等敏感受体具有潜在风险需要进行风险评估的污染物，确定为关注污染物。

6 暴露评估技术要求

6.1 分析暴露情景

6.1.1 暴露情景是指特定土地利用方式下，地块污染物经由不同途径迁移和到达受体人群的情况。根据不同土地利用方式下人群的活动模式，本标准规定了两类典型用地方式下的暴露情景，即以住宅用地为代表的第一类用地（以下简称第一类用地）和以工业用地为代表的第二类用地（以下简称第二类用地）的暴露情景。

6.1.2 第一类用地方式下，儿童和成人均可能会长时间暴露于地块污染而产生健康危害。对于致癌效应，考虑人群的终生暴露危害，一般根据儿童期和成人期的暴露来评估污染物的终生致癌风险；对于非致癌效应，儿童体重较轻、暴露量较高，一般根据儿童期暴露来评估污染物的非致癌危害效应。

第一类用地方式包括 GB 50137 规定的城市建设用地中的居住用地（R）、公共管理与公共服务用地中的中小学用地（A33）、医疗卫生用地（A5）和社会福利设施用地（A6），以及公园绿地（G1）中的社区公园或儿童公园用地等。

6.1.3 第二类用地方式下，成人的暴露期长、暴露频率高，一般根据成人期的暴露来评估污染物的致癌风险和非致癌效应。

第二类用地包括 GB 50137 规定的城市建设用地中的工业用地（M）、物流仓储用地（W）、商业服务业设施用地（B）、道路与交通设施用地（S）、公用设施用地（U）、公共管理与公共服务用地（A）（A33、A5、A6 除外），以及绿地与广场用地（G）（G1 中的社区公园或儿童公园用地除外）等。

6.1.4 除本标准 6.1.2 和 6.1.3 以外的建设用地，应分析特定地块人群暴露的可能性、暴露频率和暴露周期等情况，参照第一类用地或第二类用地情景进行评估或构建适合于特定地块的暴露情景进行风险评估。

6.2 确定暴露途径

6.2.1 对于第一类用地和第二类用地，本标准规定了 9 种主要暴露途径和暴露评估模型，包括经口摄入土壤、皮肤接触土壤、吸入土壤颗粒物、吸入室外空气中来自表层土壤的气态污染物、吸入室外空气中来自下层土壤的气态污染物、吸入室内空气中来自下层土壤的气态污染物共 6 种土壤污染物暴露途径和吸入室外空气中来自地下水的气态污染物、吸入室内空气中来自地下水的气态污染物、饮用地下水共 3 种地下水污染物暴露途径。

6.2.2 特定用地方式下的主要暴露途径应根据实际情况分析确定，暴露评估模型参数应尽可能根据现场调查获得。地块及周边地区地下水受到污染时，应在风险评估时考虑地下水相关暴露途径。依照 GB 36600 要求进行土壤中污染物筛选值的计算时，应考虑全部 6 种土壤污染物暴露途径。

6.3 计算第一类用地土壤和地下水暴露量

6.3.1 经口摄入土壤途径

第一类用地方式下，人群可因经口摄入土壤而暴露于污染土壤。对于单一污染物的致癌和非致癌效应，计算该途径对应土壤暴露量的推荐模型见附录 A 公式（A.1）和公式（A.2）。

6.3.2 皮肤接触土壤途径

第一类用地方式下，人群可因皮肤接触土壤而暴露于污染土壤。对于单一污染物的致癌和非致癌效应，计算该途径对应土壤暴露量的推荐模型见附录 A 公式（A.3）、公式（A.4）、公式（A.5）和公式（A.6）。

6.3.3 吸入土壤颗粒物途径

第一类用地方式下，人群可因吸入空气中来自土壤的颗粒物而暴露于污染土壤。对于单一污染物的致癌和非致癌效应，计算该途径对应土壤暴露量的推荐模型见附录 A 公式（A.7）和 公式（A.8）。

6.3.4 吸入室外空气中来自表层土壤的气态污染物途径

第一类用地方式下，人群可因吸入室外空气中来自表层土壤的气态污染物而暴露于污染土壤。对于单一污染物的致癌和非致癌效应，计算该途径对应土壤暴露量的推荐模型见附录 A 公式（A.9）和公式（A.10）。

6.3.5 吸入室外空气中来自下层土壤的气态污染物途径

第一类用地方式下，人群可因吸入室外空气中来自下层土壤的气态污染物而暴露于污染土壤。对于单一污染物的致癌和非致癌效应，计算该途径对应土壤暴露量的推荐模型见附录 A 公式（A.11）和公式（A.12）。

6.3.6 吸入室外空气中来自地下水的气态污染物途径

第一类用地方式下，人群可因吸入室外空气中来自地下水的气态污染物而暴露于受污染地下水。对于单一污染物的致癌和非致癌效应，计算该途径对应地下水暴露量的推荐模型见附录 A 公式（A.13）和公式（A.14）。

6.3.7 吸入室内空气中来自下层土壤的气态污染物途径

第一类用地方式下，人群可因吸入室内空气中来自下层土壤的气态污染物而暴露于污染土壤。对于污染物的致癌和非致癌效应，计算该途径对应土壤暴露量的推荐模型见附录 A 公式（A.15）和公式（A.16）。

6.3.8 吸入室内空气中来自地下水的气态污染物途径

第一类用地方式下，人群吸入室内空气中来自地下水的气态污染物而暴露于受污染地下水。对于污染物的致癌和非致癌效应，计算该途径对应地下水暴露量的推荐模型见附录 A 公式（A.17）和公式（A.18）。

6.3.9 饮用地下水途径

第一类用地方式下，人群可因饮用地下水而暴露于地块地下水污染物。对于单一污染物的致癌和非致癌效应，计算该途径对应地下水暴露量的推荐计算模型见附录 A 公式（A.19）和公式（A.20）。

6.4 计算第二类用地土壤和地下水暴露量

6.4.1 经口摄入土壤途径

第二类用地方式下，人群可因经口摄入土壤而暴露于污染土壤。对于污染物的致癌和非致癌效应，计算该途径对应土壤暴露量的推荐模型见附录 A 公式（A.21）和公式（A.22）。

6.4.2 皮肤接触土壤途径

第二类用地方式下，人群可因皮肤直接接触而暴露于污染土壤。对于污染物的致癌和非致癌效应，计算该途径对应土壤暴露量的推荐模型见附录 A 公式（A.23）和公式（A.24）。

6.4.3 吸入土壤颗粒物途径

第二类用地方式下，人群可因吸入空气中来自土壤的颗粒物而暴露于污染土壤。对于污染物的致癌和非致癌效应，计算该途径对应土壤暴露量的推荐模型见附录 A 公式（A.25）和公式（A.26）。

6.4.4 吸入室外空气中来自表层土壤的气态污染物途径

第二类用地方式下，人群可因吸入室外空气中来自表层土壤的气态污染物而暴露于污染土壤。对于污染物的致癌和非致癌效应，计算该途径对应土壤暴露量的推荐模型见附录 A 公式（A.27）和公式（A.28）。

6.4.5 吸入室外空气中来自下层土壤的气态污染物途径

第二类用地方式下，人群可因吸入室外空气中来自下层土壤的气态污染物而暴露于污染土壤。对于污染物的致癌和非致癌效应，计算该途径对应土壤暴露量的推荐模型见附录 A 公式（A.29）和公式（A.30）。

6.4.6 吸入室外空气中来自地下水的气态污染物途径

第二类用地方式下，人群可因吸入室外空气中来自地下水的气态污染物而暴露于污染地下水。对于污染物的致癌和非致癌效应，计算该途径对应地下水暴露量的推荐模型见附录 A 公式（A.31）和公式（A.32）。

6.4.7 吸入室内空气中来自下层土壤的气态污染物途径

第二类用地方式下，人群可因吸入室内空气中来自下层土壤的气态污染物而暴露于污染土壤。对于污染物的致癌和非致癌效应，计算该途径对应土壤暴露量的推荐模型见附录 A 公式（A.33）和公式（A.34）。

6.4.8 吸入室内空气中来自地下水的气态污染物途径

第二类用地方式下，人群可因吸入室内空气中来自地下水的气态污染物而暴露于污染地下水。对于污染物的致癌和非致癌效应，计算该途径对应地下水暴露量的推荐模型见附录 A 公式（A.35）和公式（A.36）。

6.4.9 饮用地下水途径

第二类用地方式下，人群可因饮用地下水而暴露于地下水污染物。对于单一污染物的致癌和非致癌效应，计算该途径对应地下水暴露量的推荐模型见附录 A 公式（A.37）和公式（A.38）。

7 毒性评估技术要求

7.1 分析污染物毒性效应

分析污染物经不同途径对人体健康的危害效应，包括致癌效应、非致癌效应、污染物对人体健康的危害机理和剂量-效应关系等。

7.2 确定污染物相关参数

7.2.1 致癌效应毒性参数

致癌效应毒性参数包括呼吸吸入单位致癌因子（IUR）、呼吸吸入致癌斜率因子（SF_i）、经口摄入致癌斜率因子（SF_o）和皮肤接触致癌斜率因子（SF_d）。部分污染物的致癌效应毒性参数的推荐值见附录 B 表 B.1。

呼吸吸入致癌斜率因子（SFi）根据附录 B 表 B.1 中的呼吸吸入单位致癌因子（IUR）外推获得；皮肤接触致癌斜率系数（SFd）根据附录 B 表 B.1 中的经口摄入致癌斜率系数（SFo）外推获得。用于外推 SFi 和 SFd 的推荐模型分别见附录 B 公式（B.1）和公式（B.3）。

7.2.2 非致癌效应毒性参数

非致癌效应毒性参数包括呼吸吸入参考浓度（RfC）、呼吸吸入参考剂量（RfD_i）、经口摄入参考剂量（RfD_o）和皮肤接触参考剂量（RfD_d）。部分污染物的非致癌效应毒性参数推荐值见附录 B 表 B.1。

呼吸吸入参考剂量（RfD_i）根据表 B.1 中的呼吸吸入参考浓度（RfC）外推得到。皮肤接触参考剂量（RfD_d）根据表 B.1 中的经口摄入参考剂量（RfD_o）外推获得。用于外推 RfD_i 和 RfD_d 的推荐模型分别见附录 B 公式（B.2）和公式（B.4）。

7.2.3 污染物的理化性质参数

风险评估所需的污染物理化性质参数包括无量纲亨利常数（H'）、空气中扩散系数（D_a）、水中扩散系数（D_w）、土壤-有机碳分配系数（K_{oc}）、水中溶解度（S）。部分污染物的理化性质参数的推荐值见附录 B 表 B.2。

7.2.4 污染物其他相关参数

其他相关参数包括消化道吸收因子（ABS_{gi}）、皮肤吸收因子（ABS_d）和经口摄入吸收因子（ABS_o）。部分污染物消化道吸收因子（ABS_{gi}）、皮肤吸收因子（ABS_d）的推荐参数值见附录 B 表 B.1，经口摄入吸收因子（ABS_o）推荐参数值见附录 G 表 G.1。

8 风险表征技术要求

8.1 一般性技术要求

8.1.1 应根据每个采样点样品中关注污染物的检测数据，通过计算污染物的致癌风险和危害商进行风险表征。如某一地块内关注污染物的检测数据呈正态分布，可根据检测数据的平均值、平均值置信区间上限值或最大值计算致癌风险和危害商。

8.1.2 风险表征得到的地块污染物的致癌风险和危害商，可作为确定地块污染范围的重要依据。计算得到单一污染物的致癌风险值超过 10^{-6} 或危害商超过 1 的采样点，其代表的地块区域应划定为风险不可接受的污染区域。

8.2 计算地块土壤和地下水污染风险

8.2.1 土壤中单一污染物致癌风险

对于单一污染物，计算经口摄入土壤、皮肤接触土壤、吸入土壤颗粒物、吸入室外空气中来自表层土壤的气态污染物、吸入室外空气中来自下层土壤的气态污染物、吸入室内空气中来自下层土壤的气态污染物暴露途径致癌风险的推荐模型，分别见附录 C 公式（C.1）、公式（C.2）、公式（C.3）、公式（C.4）、公式（C.5）和公式（C.6）。计算土壤中单一污染物经上述 6 种暴露途径致癌风险的推荐模型，见附录 C 公式（C.7）。

8.2.2 土壤中单一污染物危害商

对于单一污染物，计算经口摄入土壤、皮肤接触土壤、吸入土壤颗粒物、吸入室外空气中来自表层土壤的气态污染物、吸入室外空气中来自下层土壤的气态污染物、吸入室内空气中来自下层土壤的气态污染物暴露途径危害商的推荐模型，分别见附录 C 公式（C.8）、公式（C.9）、公式（C.10）、公式（C.11）、公式（C.12）和公式（C.13）。计算土壤中单一污染物经上述 6 种途径危害指数的推荐模型，见附录 C 公式（C.14）计算。

8.2.3 地下水中单一污染物致癌风险

对于单一污染物，计算吸入室外空气中来自地下水的气态污染物、吸入室内空气中来自地下水的气态污染物、饮用地下水暴露途径致癌风险的推荐模型，分别见附录 C 公式（C.15）、公式（C.16）、公式（C.17）。计算地下水中单一污染物经上述 3 种暴露途径致癌风险的推荐模型见附录 C 公式（C.18）。

8.2.4 地下水中单一污染物危害商

对于单一污染物，计算吸入室外空气中来自地下水的气态污染物、吸入室内空气中来自地下水的气态污染物、饮用地下水暴露途径危害商的推荐模型，分别见附录 C 公式（C.19）、公式（C.20）和公式（C.21）。计算地下水中单一污染物经上述 3 种暴露途径危害指数的推荐模型见附录 C 公式（C.22）。

8.3 不确定性分析

8.3.1 应分析造成地块风险评估结果不确定性的主要来源，包括暴露情景假设、评估模型的适用性、模型参数取值等多个方面。

8.3.2 暴露风险贡献率分析

单一污染物经不同暴露途径的致癌风险和危害商贡献率分析推荐模型，分别见附录 D 公式（D.1）和公式（D.2）。根据上述公式计算获得的百分比越大，表示特定暴露途径对于总风险的贡献率越高。

8.3.3 模型参数敏感性分析

8.3.3.1 敏感参数确定原则

选定需要进行敏感性分析的参数（P）一般应是对风险计算结果影响较大的参数，如人群相关参数（体重、暴露期、暴露频率等）、与暴露途径相关的参数（每日摄入土壤量、皮肤表面土壤黏附系数、每日吸入空气体积、室内空间体积与蒸气入渗面积比等）。

单一暴露途径风险贡献率超过 20%时，应进行人群和与该途径相关参数的敏感性分析。

8.3.3.2 敏感性分析方法

模型参数的敏感性可用敏感性比值来表示，即模型参数值的变化（从 P_1 变化到 P_2）

与致癌风险或危害商（从 X_1 变化到 X_2）发生变化的比值。计算敏感性比值的推荐模型见附录 D 公式（D.3）。

敏感性比值越大，表示该参数对风险的影响也越大。进行模型参数敏感性分析，应综合考虑参数的实际取值范围确定参数值的变化范围。

9 计算风险控制值的技术要求

9.1 可接受致癌风险和危害商

本标准计算基于致癌效应的土壤和地下水风险控制值时，采用的单一污染物可接受致癌风险为 10^{-6}；计算基于非致癌效应的土壤和地下水风险控制值时，采用的单一污染物可接受危害商为 1。

9.2 计算地块土壤和地下水风险控制值

9.2.1 基于致癌效应的土壤风险控制值

对于单一污染物，计算基于经口摄入土壤、皮肤接触土壤、吸入土壤颗粒物、吸入室外空气中来自表层土壤的气态污染物、吸入室外空气中来自下层土壤的气态污染物、吸入室内空气中来自下层土壤的气态污染物暴露途径致癌效应的土壤风险控制值的推荐模型，分别见附录 E 公式（E.1）、公式（E.2）、公式（E.3）、公式（E.4）、公式（E.5）和公式（E.6）。计算单一污染物基于上述 6 种土壤暴露途径致癌效应的土壤风险控制值的推荐模型，见附录 E 公式（E.7）。

9.2.2 基于非致癌效应的土壤风险控制值

对于单一污染物，计算基于经口摄入土壤、皮肤接触土壤、吸入土壤颗粒物、吸入室外空气中来自表层土壤的气态污染物、吸入室外空气中来自下层土壤的气态污染物、吸入室内空气中来自下层土壤的气态污染物暴露途径非致癌效应的土壤风险控制值的推荐模型，分别见附录 E 公式（E.8）、公式（E.9）、公式（E.10）、公式（E.11）、公式（E.12）和公式（E.13）。计算单一污染物基于上述 6 种土壤暴露途径非致癌效应的土壤风险控制值的推荐模型，见附录 E 公式（E.14）。

9.2.3 保护地下水的土壤风险控制值

地块地下水作为饮用水水源时，应计算保护地下水的土壤风险控制值。单一污染物土壤风险控制值，依据 GB/T 14848 中保护地下水的土壤风险控制值的推荐模型计算，见附录 E 公式（E.15）。

9.2.4 基于致癌效应的地下水风险控制值

对于单一污染物，计算基于吸入室外空气中来自地下水的气态污染物、吸入室内空气中来自地下水的气态污染物、饮用地下水暴露途径致癌效应的地下水风险控制值的推荐模型，分别见附录 E 公式（E.16）、公式（E.17）和公式（E.18）。计算单一污染物基于上述 3 种地下水暴露途径致癌效应的地下水风险控制值的推荐模型见附录 E 公式（E.19）。

9.2.5 基于非致癌效应的地下水风险控制值

对于单一污染物，计算基于吸入室外空气中来自地下水的气态污染物、吸入室内空气中来自地下水的气态污染物、饮用地下水暴露途径非致癌效应的地下水风险控制值的推荐模型，分别见附录 E 公式（E.20）、公式（E.21）和公式（E.22）。计算单一污染物基于上述 3 种地下水暴露途径非致癌效应的地下水风险控制值的推荐模型见附录 E 公式（E.23）。

9.3 分析确定土壤和地下水风险控制值

9.3.1 比较上述计算得到的基于致癌效应和基于非致癌效应的土壤风险控制值，以及基于致癌效应和基于非致癌风险的地下水风险控制值，选择较小值作为地块的风险控制值。如地块及周边地下水作为饮用水水源，则应充分考虑到对地下水的保护，提出保护地下水的土壤风险控制值。

9.3.2 按照 HJ 25.4 和 HJ 25.6 确定地块土壤和地下水修复目标值时，应将基于风险评估模型计算出的土壤和地下水风险控制值作为主要参考值。

附录 A（规范性附录）

暴露评估推荐模型

A.1 第一类用地暴露评估模型

A.1.1 经口摄入土壤途径

对于单一污染物的致癌效应，考虑人群在儿童期和成人期暴露的终生危害，经口摄入土壤途径的土壤暴露量采用式（A.1）计算：

$$OISER_{ca}=\frac{\left(\dfrac{OSIR_c\times ED_c\times EF_c}{BW_c}+\dfrac{OSIR_a\times ED_a\times EF_a}{BW_a}\right)\times ABS_o}{AT_{ca}}\times 10^{-6} \tag{A.1}$$

式中：$OISER_{ca}$ —— 经口摄入土壤暴露量（致癌效应），kg 土壤·kg^{-1} 体重·d^{-1}；

$OSIR_c$ —— 儿童每日摄入土壤量，mg·d^{-1}；推荐值见附录 G 表 G.1；

$OSIR_a$ —— 成人每日摄入土壤量，mg·d^{-1}；推荐值见附录 G 表 G.1；

ED_c —— 儿童暴露期，a；推荐值见附录 G 表 G.1；

ED_a —— 成人暴露期，a；推荐值见附录 G 表 G.1；

EF_c —— 儿童暴露频率，d·a^{-1}；推荐值见附录 G 表 G.1；

EF_a —— 成人暴露频率，d·a^{-1}；推荐值见附录 G 表 G.1；

BW_c —— 儿童体重，kg，推荐值见附录 G 表 G.1；

BW_a —— 成人体重，kg，推荐值见附录 G 表 G.1；

ABS_o —— 经口摄入吸收效率因子，量纲一；推荐值见附录 G 表 G.1；

AT_{ca} —— 致癌效应平均时间，d；推荐值见附录 G 表 G.1。

对于单一污染物的非致癌效应，考虑人群在儿童期暴露受到的危害，经口摄入土壤途径的土壤暴露量采用式（A.2）计算：

$$OISER_{nc}=\frac{OSIR_c\times ED_c\times EF_c\times ABS_o}{BW_c\times AT_{nc}}\times 10^{-6} \tag{A.2}$$

式中：$OISER_{nc}$ —— 经口摄入土壤暴露量（非致癌效应），kg 土壤·kg^{-1} 体重·d^{-1}；

AT_{nc} —— 非致癌效应平均时间，d；推荐值见附录 G 表 G.1。

式（A.2）中 $OSIR_c$、ED_c、EF_c、ABS_o 和 BW_c 的参数含义见式（A.1）。

A.1.2 皮肤接触土壤途径

对于单一污染物的致癌效应，考虑人群在儿童期和成人期暴露的终生危害，皮肤接触土壤途径土壤暴露量采用式（A.3）计算：

$$\mathrm{DCSER_{ca}}=\frac{\mathrm{SAE_c}\times\mathrm{SSAR_c}\times\mathrm{EF_c}\times\mathrm{ED_c}\times E_v\times\mathrm{ABS_d}}{\mathrm{BW_c}\times\mathrm{AT_{ca}}}\times10^{-6}+\frac{\mathrm{SAE_a}\times\mathrm{SSAR_a}\times\mathrm{EF_a}\times\mathrm{ED_a}\times E_v\times\mathrm{ABS_d}}{\mathrm{BW_a}\times\mathrm{AT_{ca}}}\times10^{-6} \tag{A.3}$$

式中：$\mathrm{DCSER_{ca}}$ —— 皮肤接触途径的土壤暴露量（致癌效应），kg 土壤·$\mathrm{kg^{-1}}$ 体重·$\mathrm{d^{-1}}$；

$\mathrm{SAE_c}$ —— 儿童暴露皮肤表面积，$\mathrm{cm^2}$；

$\mathrm{SAE_a}$ —— 成人暴露皮肤表面积，$\mathrm{cm^2}$；

$\mathrm{SSAR_c}$ —— 儿童皮肤表面土壤黏附系数，$\mathrm{mg\cdot cm^{-2}}$；推荐值见附录 G 表 G.1；

$\mathrm{SSAR_a}$ —— 成人皮肤表面土壤黏附系数，$\mathrm{mg\cdot cm^{-2}}$；推荐值见附录 G 表 G.1；

$\mathrm{ABS_d}$ —— 皮肤接触吸收效率因子，量纲一；取值见附录 B 表 B.1；

E_v —— 每日皮肤接触事件频率，次·$\mathrm{d^{-1}}$；推荐值见附录 G 表 G.1。

式（A.3）中 $\mathrm{EF_c}$、$\mathrm{ED_c}$、$\mathrm{BW_c}$、$\mathrm{AT_{ca}}$、$\mathrm{EF_a}$、$\mathrm{ED_a}$ 和 $\mathrm{BW_a}$ 的参数含义见式（A.1），$\mathrm{SAE_c}$ 和 $\mathrm{SAE_a}$ 的参数值分别采用式（A.4）和式（A.5）计算：

$$\mathrm{SAE_c}=239\times H_{\mathrm{c}}^{0.417}\times\mathrm{BW_c^{0.517}}\times\mathrm{SER_c} \tag{A.4}$$

$$\mathrm{SAE_a}=239\times H_{\mathrm{a}}^{0.417}\times\mathrm{BW_a^{0.517}}\times\mathrm{SER_a} \tag{A.5}$$

式（A.4）和式（A.5）中：H_{c} —— 儿童平均身高，cm，推荐值见附录 G 表 G.1；

H_{a} —— 成人平均身高，cm；推荐值见附录 G 表 G.1；

$\mathrm{SER_c}$ —— 儿童暴露皮肤所占面积比，量纲一，推荐值见附录 G 表 G.1；

$\mathrm{SER_a}$ —— 成人暴露皮肤所占面积比，量纲一；推荐值见附录 G 表 G.1。

式（A.4）和式（A.5）中 $\mathrm{BW_c}$ 和 $\mathrm{BW_a}$ 的参数含义见式（A.1）。

对于单一污染物的非致癌效应，考虑人群在儿童期暴露受到的危害，皮肤接触土壤途径对应的土壤暴露量采用式（A.6）计算：

$$\mathrm{DCSER_{nc}}=\frac{\mathrm{SAE_c}\times\mathrm{SSAR_c}\times\mathrm{EF_c}\times\mathrm{ED_c}\times E_v\times\mathrm{ABS_d}}{\mathrm{BW_c}\times\mathrm{AT_{nc}}}\times10^{-6} \tag{A.6}$$

式中：$\mathrm{DCSER_{nc}}$ —— 皮肤接触的土壤暴露量（非致癌效应），kg 土壤·$\mathrm{kg^{-1}}$ 体重·$\mathrm{d^{-1}}$。

式（A.6）中 $\mathrm{SAE_c}$、$\mathrm{SSAR_c}$、E_v 和 $\mathrm{ABS_d}$ 的参数含义见式（A.3），$\mathrm{EF_c}$、$\mathrm{ED_c}$ 和 $\mathrm{BW_c}$ 的参数含义见式（A.1），$\mathrm{AT_{nc}}$ 的参数含义见式（A.2）。

A.1.3 吸入土壤颗粒物途径

对于单一污染物的致癌效应，考虑人群在儿童期和成人期暴露的终生危害，吸入土壤颗粒物途径对应的土壤暴露量采用式（A.7）计算：

$$PISER_{ca}=\frac{PM_{10}\times DAIR_c\times ED_c\times PIAF\times(fspo\times EFO_c\times fspi\times EFI_c)}{BW_c\times AT_{ca}}\times10^{-6}+\frac{PM_{10}\times DAIR_a\times ED_a\times PIAF\times(fspo\times EFO_a\times fspi\times EFI_a)}{BW_a\times AT_{ca}}\times10^{-6} \tag{A.7}$$

式中：$PISER_{ca}$——吸入土壤颗粒物的土壤暴露量（致癌效应），kg 土壤·kg^{-1} 体重·d^{-1}；

PM_{10}——空气中可吸入浮颗粒物含量，mg·m^{-3}；推荐值见附录 G 表 G.1；

$DAIR_a$——成人每日空气呼吸量，m^3·d^{-1}；推荐值见附录 G 表 G.1；

$DAIR_c$——儿童每日空气呼吸量，m^3·d^{-1}；推荐值见附录 G 表 G.1；

PIAF——吸入土壤颗粒物在体内滞留比例，量纲一；推荐值见附录 G 表 G.1；

fspi——室内空气中来自土壤的颗粒物所占比例，量纲一；推荐值见附录 G 表 G.1；

fspo——室外空气中来自土壤的颗粒物所占比例，量纲一；推荐值见附录 G 表 G.1；

EFI_a——成人的室内暴露频率，d·a^{-1}；推荐值见附录 G 表 G.1；

EFI_c——儿童的室内暴露频率，d·a^{-1}；推荐值见附录 G 表 G.1；

EFO_a——成人的室外暴露频率，d·a^{-1}；推荐值见附录 G 表 G.1；

EFO_c——儿童的室外暴露频率，d·a^{-1}；推荐值见附录 G 表 G.1。

式（A.7）中 ED_c、BW_c、ED_a、BW_a 和 AT_{ca} 的参数含义见式（A.1）。

对于单一污染物的非致癌效应，考虑人群在儿童期暴露受到的危害，吸入土壤颗粒物途径对应的土壤暴露量采用式（A.8）计算：

$$PISER_{nc}=\frac{PM_{10}\times DAIR_c\times ED_c\times PIAF\times(fspo\times EFO_c\times fspi\times EFI_c)}{BW_c\times AT_{nc}}\times10^{-6} \tag{A.8}$$

式中：$PISER_{nc}$——吸入土壤颗粒物的土壤暴露量（非致癌效应），kg 土壤·kg^{-1} 体重·d^{-1}。

式（A.8）中 PM_{10}、$DAIR_c$、fspo、fspi、EFO_c、EFI_c 和 PIAF 的参数含义见式（A.7），ED_c、BW_c、ED_a、BW_a 的参数含义见式（A.1），AT_{nc} 的参数含义见式（A.2）。

A.1.4 吸入室外空气中来自表层土壤的气态污染物途径

对于单一污染物的致癌效应，考虑人群在儿童期和成人期暴露的终生危害，吸入室外空气中来自表层土壤的气态污染物途径对应的土壤暴露量，采用式（A.9）计算：

$$IOVER_{ca1}=VF_{suroa}\times\left(\frac{DAIR_c\times EFO_c\times ED_c}{BW_c\times AT_{ca}}+\frac{DAIR_a\times EFO_a\times ED_a}{BW_a\times AT_{ca}}\right) \tag{A.9}$$

式中：$IOVER_{ca1}$——吸入室外空气中来自表层土壤的气态污染物对应的土壤暴露量（致癌效应），kg 土壤·kg^{-1} 体重·d^{-1}；

VF_{suroa}——表层土壤中污染物扩散进入室外空气的挥发因子，kg·m^{-3}；根据附录 F 式（F.17）计算。

式（A.9）中，$DAIR_c$、$DAIR_a$、EFO_c 和 EFO_a 的参数含义见式（A.7），ED_c、BW_c、ED_a 、BW_a、AT_{ca} 的参数含义见式（A.1）。

对于单一污染物的非致癌效应，考虑人群在儿童期暴露受到的危害，吸入室外空气中来自表层土壤的气态污染物途径对应的土壤暴露量，采用式（A.10）计算：

$$IOVER_{nc1} = VF_{suroa} \times \frac{DAIR_c \times EFO_c \times ED_c}{BW_c \times AT_{nc}} \quad (A.10)$$

式中：$IOVER_{nc1}$——吸入室外空气中来自表层土壤的气态污染物对应的土壤暴露量（非致癌效应），kg 土壤·kg^{-1} 体重·d^{-1}。

式（A.10）中，VF_{suroa} 的参数含义见式（A.9），$DAIR_c$ 和 EFO_c 的参数含义见式（A.7），AT_{nc} 的含义见式（A.2），ED_c 和 BW_c 的参数含义见式（A.1）。

A.1.5 吸入室外空气中来自下层土壤的气态污染物途径

对于单一污染物的致癌效应，考虑人群在儿童期和成人期暴露的终生危害，吸入室外空气中来自下层土壤的气态污染物途径对应的土壤暴露量，采用式（A.11）计算：

$$IOVER_{ca2} = VF_{suboa} \times \left(\frac{DAIR_c \times EFO_c \times ED_c}{BW_c \times AT_{ca}} + \frac{DAIR_a \times EFO_a \times ED_a}{BW_a \times AT_{ca}} \right) \quad (A.11)$$

式中：$IOVER_{ca2}$——吸入室外空气中来自下层土壤的气态污染物对应的土壤暴露量（致癌效应），kg 土壤·kg^{-1} 体重·d^{-1}；

VF_{suboa}——下层土壤中污染物扩散进入室外空气的挥发因子，kg·m^{-3}；根据附录 F 式（F.20）计算。

式（A.11）中，$DAIR_c$、$DAIR_a$、EFO_c 和 EFO_a 的参数含义见式（A.7），ED_c、BW_c、ED_a、BW_a、AT_{ca} 的参数含义见式（A.1）。

对于单一污染物的非致癌效应，考虑人群在儿童期暴露受到的危害，吸入室外空气中来自下层土壤的气态污染物途径对应的土壤暴露量，采用式（A.12）计算：

$$IOVER_{nc2} = VF_{suboa} \times \frac{DAIR_c \times EFO_c \times ED_c}{BW_c \times AT_{nc}} \quad (A.12)$$

式中：$IOVER_{nc2}$——吸入室外空气中来自下层土壤的气态污染物对应的土壤暴露量（非致癌效应），kg 土壤·kg^{-1} 体重·d^{-1}。

式（A.12）中 VF_{suboa} 的参数含义见式（A.11），$DAIR_c$ 和 EFO_c 的参数含义见式（A.7），AT_{nc} 的含义见式（A.2），ED_c 和 BW_c 的参数含义见式（A.1）。

A.1.6 吸入室外空气中来自地下水的气态污染物途径

对于单一污染物的致癌效应，考虑人群在儿童期和成人期暴露的终生危害，吸入室外空气中来自地下水的气态污染物对应的地下水暴露量，采用式（A.13）计算：

$$IOVER_{ca3} = VF_{gwoa} \times \left(\frac{DAIR_c \times EFO_c \times ED_c}{BW_c \times AT_{ca}} + \frac{DAIR_a \times EFO_a \times ED_a}{BW_a \times AT_{ca}} \right) \quad (A.13)$$

式中：$IOVER_{ca3}$——吸入室外空气中来自地下水的气态污染物对应的地下水暴露量（致癌效应），L 地下水·kg^{-1} 体重·d^{-1}；

VF_{gwoa}——地下水中污染物扩散进入室外空气的挥发因子，L·m^{-3}；根据附录 F 式（F.21）计算。

式（A.11）中，$DAIR_c$、$DAIR_a$、EFO_c 和 EFO_a 的参数含义见式（A.7），ED_c、BW_c、

ED_a、BW_a、AT_{ca}的参数含义见式（A.1）。

对于单一污染物的非致癌效应，考虑人群在儿童期暴露受到的危害，吸入室外空气中来自地下水的气态污染物途径对应的地下水暴露量，采用式（A.14）计算：

$$IOVER_{nc3} = VF_{gwoa} \times \frac{DAIR_c \times EFO_c \times ED_c}{BW_c \times AT_{nc}} \tag{A.14}$$

式中：$IOVER_{nc3}$——吸入室外空气中来自地下水的气态污染物对应的地下水暴露量（非致癌效应），L 地下水·kg^{-1} 体重·d^{-1}。

式（A.14）中，VF_{gwoa}的参数含义分别见式（A.13），$DAIR_c$和 EFO_c的参数含义见式（A.7），AT_{nc}的含义见式（A.2），ED_c和 BW_c的参数含义见式（A.1）。

A.1.7　吸入室内空气中来自下层土壤的气态污染物途径

对于单一污染物的致癌效应，考虑人群在儿童期和成人期暴露的终生危害，吸入室内空气中来自下层土壤的气态污染物途径对应的土壤暴露量，采用式（A.15）计算：

$$IIVER_{ca1} = VF_{subia} \times \left(\frac{DAIR_c \times EFI_c \times ED_c}{BW_c \times AT_{ca}} + \frac{DAIR_a \times EFI_a \times ED_a}{BW_a \times AT_{ca}} \right) \tag{A.15}$$

式中：$IIVER_{ca1}$——吸入室内空气中来自下层土壤的气态污染物对应的土壤暴露量（致癌效应），kg 土壤·kg^{-1} 体重·d^{-1}；

VF_{subia}——下层土壤中污染物扩散进入室内空气的挥发因子，kg·m^{-3}；根据附录 F 式（F.26）计算。

式（A.15）中， EFI_c、EFI_a、$DAIR_c$和 $DAIR_a$ 的参数含义见式（A.7），ED_c、BW_c、ED_a、BW_a、AT_{ca}的参数含义见式（A.1）。

对于单一污染物的非致癌效应，考虑人群在儿童期暴露受到的危害，吸入室内空气中来自下层土壤的气态污染物途径对应的土壤暴露量，采用式（A.16）计算：

$$IIVER_{nc1} = VF_{subia} \times \frac{DAIR_c \times EFI_c \times ED_c}{BW_c \times AT_{nc}} \tag{A.16}$$

式中：$IIVER_{nc1}$——吸入室内空气中来自下层土壤的气态污染物对应的土壤暴露量（非致癌效应），kg 土壤·kg^{-1} 体重·d^{-1}。

式（A.16）中，VF_{subia}的参数含义分别见式（A.15），$DAIR_c$、EFI_c的参数含义见式（A.7），AT_{nc}的参数含义见式（A.2），ED_c和 BW_c的参数含义见式（A.1）。

A.1.8　吸入室内空气中来自地下水的气态污染物途径

对于单一污染物的致癌效应，考虑人群在儿童期和成人期暴露的终生危害，吸入室内空气中来自地下水的气态污染物途径对应的地下水暴露量，采用式（A.17）计算：

$$IIVER_{ca2} = VF_{gwia} \times \left(\frac{DAIR_c \times EFI_c \times ED_c}{BW_c \times AT_{ca}} + \frac{DAIR_a \times EFI_a \times ED_a}{BW_a \times AT_{ca}} \right) \tag{A.17}$$

式中：$IIVER_{ca2}$——吸入室内空气中来自地下水的气态污染物对应的地下水暴露量（致癌效应），L 地下水·kg^{-1} 体重·d^{-1}；

VF_{gwia} ——地下水中污染物扩散进入室内空气的挥发因子，$L \cdot m^{-3}$；根据附录 F 式（F.29）计算。

式（A.17）中，EFO_c、EFO_a、EFI_c、EFI_a、$DAIR_c$和 $DAIR_a$的参数含义见式（A.7），ED_c、BW_c、ED_a、BW_a、AT_{ca}的参数含义见式（A.1）。

对于单一污染物的非致癌效应，考虑人群在儿童期暴露受到的危害，吸入室内空气中来自地下水的气态污染物途径对应的地下水暴露量，采用式（A.18）计算：

$$IIVER_{nc2} = VF_{gwia} \times \frac{DAIR_c \times EFI_c \times ED_c}{BW_c \times AT_{nc}} \tag{A.18}$$

式中：$IIVER_{nc2}$ —— 吸入室内空气中来自地下水的气态污染物对应的地下水暴露量（非致癌效应），L 地下水$\cdot kg^{-1}$ 体重$\cdot d^{-1}$。

式（A.18）中，VF_{gwia} 的参数含义见式（A.17），$DAIR_c$、EFI_c 的参数含义见式（A.7），AT_{nc}的参数含义见式（A.2），ED_c和 BW_c的参数含义见式（A.1）。

A.1.9 饮用地下水途径

对于单一污染物的致癌效应，考虑人群在儿童期和成人期暴露的终生危害，饮用地下水途径对应的地下水暴露量，采用式（A.19）计算：

$$CGWER_{ca} = \frac{GWCR_c \times EF_c \times ED_c}{BW_c \times AT_{ca}} + \frac{GWCR_a \times EF_a \times ED_a}{BW_a \times AT_{ca}} \tag{A.19}$$

式中：$CGWER_{ca}$ —— 饮用受影响地下水对应的地下水的暴露量（致癌效应），L 地下水$\cdot kg^{-1}$ 体重$\cdot d^{-1}$；

$GWCR_c$ —— 儿童每日饮水量，L 地下水$\cdot d^{-1}$；推荐值见附录 G 表 G.1；

$GWCR_a$ —— 成人每日饮水量，L 地下水$\cdot d^{-1}$；推荐值见附录 G 表 G.1。

式（A.19）中，EF_c、EF_a、ED_c、ED_a、BW_c 和 BW_a、AT_{ca} 的参数含义见式（A.1），AT_{nc}的参数含义见式（A.2）。

对于单一污染物的非致癌效应，考虑人群在儿童期的暴露危害，饮用地下水途径对应的地下水暴露量，采用式（A.20）计算：

$$CGWER_{nc} = \frac{GWCR_c \times EF_c \times ED_c}{BW_c \times AT_{nc}} \tag{A.20}$$

式中：$CGWER_{nc}$ —— 饮用受影响地下水对应的地下水的暴露量（非致癌效应），L 地下水$\cdot kg^{-1}$ 体重$\cdot d^{-1}$。

式（A.20）中，$GWCR_a$ 的参数含义见式（A.19），EF_c、ED_c 和 BW_c 的参数含义见式（A.1），AT_{nc}的参数含义见式（A.2）。

A.2 第二类用地暴露评估模型

A.2.1 经口摄入土壤途径

对于单一污染物的致癌效应，考虑人群在成人期暴露的终生危害，经口摄入土壤途径对应的土壤暴露量采用式（A.21）计算：

$$\mathrm{OISER_{ca}}=\frac{\mathrm{OSIR_a}\times\mathrm{ED_a}\times\mathrm{EF_a}\times\mathrm{ABS_o}}{\mathrm{BW_a}\times\mathrm{AT_{ca}}}\times10^{-6} \tag{A.21}$$

式中，$\mathrm{OISER_{ca}}$、$\mathrm{OSIR_a}$、$\mathrm{ED_a}$、$\mathrm{EF_a}$、$\mathrm{ABS_o}$、$\mathrm{BW_a}$和$\mathrm{AT_{ca}}$的参数含义见式（A.1）。

对于单一污染物的非致癌效应，考虑人群在成人期的暴露危害，经口摄入土壤途径对应的土壤暴露量采用式（A.22）计算：

$$\mathrm{OISER_{nc}}=\frac{\mathrm{OSIR_a}\times\mathrm{ED_a}\times\mathrm{EF_a}\times\mathrm{ABS_o}}{\mathrm{BW_a}\times\mathrm{AT_{nc}}}\times10^{-6} \tag{A.22}$$

式中，$\mathrm{OSIR_a}$、$\mathrm{ED_a}$、$\mathrm{EF_a}$、$\mathrm{ABS_o}$和$\mathrm{BW_a}$的参数含义见式（A.1），$\mathrm{OISER_{nc}}$和$\mathrm{AT_{nc}}$的参数含义见式（A.2）。

A.2.2 皮肤接触土壤途径

对于单一污染物的致癌效应，考虑人群在成人期暴露的终生危害。皮肤接触土壤途径的土壤暴露量采用式（A.23）计算：

$$\mathrm{DCSER_{ca}}=\frac{\mathrm{SAE_a}\times\mathrm{SSAR_a}\times\mathrm{EF_a}\times\mathrm{ED_a}\times E_v\times\mathrm{ABS_d}}{\mathrm{BW_a}\times\mathrm{AT_{ca}}}\times10^{-6} \tag{A.23}$$

式中，$\mathrm{DCSER_{ca}}$、$\mathrm{SAE_a}$、$\mathrm{SSAR_a}$、E_v和$\mathrm{ABS_d}$的参数含义见式（A.3），$\mathrm{BW_a}$、$\mathrm{ED_a}$、$\mathrm{EF_a}$和$\mathrm{AT_{ca}}$的参数含义见式（A.1）。

对于单一污染物的非致癌效应，考虑人群在成人期的暴露危害，皮肤接触土壤途径对应的土壤暴露量采用式（A.24）计算：

$$\mathrm{DCSER_{nc}}=\frac{\mathrm{SAE_a}\times\mathrm{SSAR_a}\times\mathrm{EF_a}\times\mathrm{ED_a}\times E_v\times\mathrm{ABS_d}}{\mathrm{BW_a}\times\mathrm{AT_{nc}}}\times10^{-6} \tag{A.24}$$

式中，$\mathrm{DCSER_{nc}}$的参数含义见式（A.6），$\mathrm{SAE_a}$、$\mathrm{SSAR_a}$、E_v和$\mathrm{ABS_d}$的参数含义见式（A.3），$\mathrm{AT_{nc}}$的参数含义见式（A.2），$\mathrm{BW_a}$、$\mathrm{ED_a}$和$\mathrm{EF_a}$的参数含义见式（A.1）。

A.2.3 吸入土壤颗粒物

对于单一污染物的致癌效应，考虑人群在成人期暴露的终生危害，吸入土壤颗粒物途径对应的土壤暴露量采用式（A.25）计算：

$$\mathrm{PISER_{ca}}=\frac{\mathrm{PM_{10}}\times\mathrm{DAIR_a}\times\mathrm{ED_a}\times\mathrm{PIAF}\times(\mathrm{fspo}\times\mathrm{EFO_a}+\mathrm{fspi}\times\mathrm{EFI_a})}{\mathrm{BW_a}\times\mathrm{AT_{ca}}}\times10^{-6} \tag{A.25}$$

式中，$\mathrm{PISER_{ca}}$、$\mathrm{PM_{10}}$、$\mathrm{DAIR_a}$、PIAF、fspo、fspi、$\mathrm{EFO_a}$和$\mathrm{EFI_a}$的参数含义见式（A.7），$\mathrm{BW_a}$、$\mathrm{ED_a}$和$\mathrm{AT_{ca}}$的参数含义见式（A.1）。

对于单一污染物的非致癌效应，考虑人群在成人期的暴露危害，吸入土壤颗粒物途径对应的土壤暴露量采用式（A.26）计算：

$$\mathrm{PISER_{nc}}=\frac{\mathrm{PM_{10}}\times\mathrm{DAIR_a}\times\mathrm{ED_a}\times\mathrm{PIAF}\times(\mathrm{fspo}\times\mathrm{EFO_a}+\mathrm{fspi}\times\mathrm{EFI_a})}{\mathrm{BW_a}\times\mathrm{AT_{nc}}}\times10^{-6} \tag{A.26}$$

式中，$PISER_{nc}$ 的参数含义见式（A.8），PM_{10}、$DAIR_a$、PIAF、fspo、fspi、EFO_a 和 EFI_a 的参数含义见式（A.7），AT_{nc} 的参数含义见式（A.2），BW_a 和 ED_a 的参数含义见式（A.1）。

A.2.4　吸入室外空气中来自表层土壤的气态污染物途径

对于单一污染物的致癌效应，考虑人群在成人期暴露的终生危害，吸入室外空气中来自表层土壤的气态污染物对应的土壤暴露量，采用式（A.27）计算：

$$IOVER_{ca1} = VF_{suroa} \times \frac{DAIR_a \times EFO_a \times ED_a}{BW_a \times AT_{ca}} \tag{A.27}$$

式中，$IOVER_{ca1}$ 和 VF_{suroa} 的参数含义见式（A.9），$DAIR_a$ 和 EFO_a 的参数含义见式（A.7），BW_a、ED_a 和 AT_{ca} 的参数含义见式（A.1）。

对于单一污染物的非致癌效应，考虑人群在成人期的暴露危害，吸入室外空气中来自表层土壤的气态污染物对应的土壤暴露量，采用式（A.28）计算：

$$IOVER_{nc1} = VF_{suroa} \times \frac{DAIR_a \times EFO_a \times ED_a}{BW_a \times AT_{nc}} \tag{A.28}$$

式中，$IOVER_{nc1}$ 的参数含义见式（A.10），VF_{suroa} 的参数含义分别见式（A.9），$DAIR_a$ 和 EFO_a 的参数含义见式（A.7），AT_{nc} 的参数含义见式（A.2），BW_a 和 ED_a 的参数含义见式（A.1）。

A.2.5　吸入室外空气中来自下层土壤的气态污染物途径

对于单一污染物的致癌效应，考虑人群在成人期暴露的终生危害，吸入室外空气中来自下层土壤的气态污染物对应的土壤暴露量，采用式（A.29）计算：

$$IOVER_{ca2} = VF_{suboa} \times \frac{DAIR_a \times EFO_a \times ED_a}{BW_a \times AT_{ca}} \tag{A.29}$$

式中，$IOVER_{ca2}$ 和 VF_{suboa} 的参数含义见式（A.10），$DAIR_a$ 和 EFO_a 的参数含义见式（A.7），BW_a、ED_a 和 AT_{ca} 的参数含义见式（A.1）。

对于单一污染物的非致癌效应，考虑人群在成人期的暴露危害，吸入室外空气中来自下层土壤的气态污染物对应的土壤暴露量，采用式（A.30）计算：

$$IOVER_{nc2} = VF_{suboa} \times \frac{DAIR_a \times EFO_a \times ED_a}{BW_a \times AT_{nc}} \tag{A.30}$$

式中，$IOVER_{nc2}$ 的参数含义见式（A.12），VF_{suboa} 的参数含义见式（A.11），$DAIR_a$ 和 EFO_a 的参数含义见式（A.7），AT_{nc} 的参数含义见式（A.2），BW_a 和 ED_a 的参数含义见式（A.1）。

A.2.6　吸入室外空气中来自地下水的气态污染物途径

对于单一污染物的致癌效应，考虑人群在成人期暴露的终生危害，吸入室外空气中来自地下水的气态污染物对应的地下水暴露量，采用式（A.31）计算：

$$IOVER_{ca3} = VF_{gwoa} \times \frac{DAIR_a \times EFO_a \times ED_a}{BW_a \times AT_{ca}} \quad (A.31)$$

式中，$IOVER_{ca3}$和VF_{gwoa}的参数含义见式（A.13），$DAIR_a$和EFO_a的参数含义见式（A.7），BW_a、ED_a和AT_{ca}的参数含义见式（A.1）。

对于单一污染物的非致癌效应，考虑人群在成人期的暴露危害，吸入室外空气中来自地下水的气态污染物对应的地下水暴露量，采用式（A.32）计算：

$$IOVER_{nc3} = VF_{gwoa} \times \frac{DAIR_a \times EFO_a \times ED_a}{BW_a \times AT_{nc}} \quad (A.32)$$

式中，$IOVER_{nc3}$的参数含义见式（A.14），VF_{gwoa}的参数含义见式（A.13），$DAIR_a$和EFO_a的参数含义见式（A.7），AT_{nc}的参数含义见式（A.2），BW_a和ED_a的参数含义见式（A.1）。

A.2.7 吸入室内空气中来自下层土壤的气态污染物途径

对于单一污染物的致癌效应，考虑人群在成人期暴露的终生危害，吸入室内空气中来自下层土壤的气态污染物对应的土壤暴露量，采用式（A.33）计算：

$$IIVER_{ca1} = VF_{subia} \times \frac{DAIR_a \times EFI_a \times ED_a}{BW_a \times AT_{ca}} \quad (A.33)$$

式中，$IIVER_{ca1}$和VF_{subia}的参数含义分别见式(A.15)，$DAIR_a$和EFI_a的参数含义见式(A.7)，ED_a、BW_a和AT_{ca}的参数含义见式（A.1）。

对于单一污染物的非致癌效应，考虑人群在成人期的暴露危害，吸入室内空气中来自下层土壤的气态污染物对应的土壤暴露量，采用式（A.34）计算：

$$IIVER_{nc1} = VF_{subia} \times \frac{DAIR_a \times EFI_a \times ED_a}{BW_a \times AT_{nc}} \quad (A.34)$$

式中，$IIVER_{nc1}$的参数含义分别见式（A.16），VF_{subia}的参数含义见式（A.15），$DAIR_a$和EFI_a的参数含义见式（A.7），AT_{nc}的参数含义见式（A.2），BW_a和ED_a的参数含义见式（A.1）。

A.2.8 吸入室内空气中来自地下水的气态污染物途径

对于单一污染物的致癌效应，考虑人群在成人期暴露的终生危害，吸入室内空气中来自地下水的气态污染物对应的地下水暴露量，采用式（A.35）计算：

$$IIVER_{ca2} = VF_{gwia} \times \frac{DAIR_a \times EFO_a \times ED_a}{BW_a \times AT_{ca}} \quad (A.35)$$

式中，$IIVER_{ca2}$和VF_{gwia}的参数含义见式（A.17），$DAIR_a$和EFI_a的参数含义见式（A.7），ED_a、BW_a和AT_{ca}的参数含义见式（A.1）。

对于单一污染物的非致癌效应，考虑人群在成人期的暴露危害，吸入室内空气中来自地下水的气态污染物对应的地下水暴露量，采用式（A.36）计算：

$$IIVER_{nc2} = VF_{gwia} \times \frac{DAIR_a \times EFI_a \times ED_a}{BW_a \times AT_{nc}} \tag{A.36}$$

式中，$IIVER_{nc2}$ 的参数含义分别见式（A.18），VF_{gwia} 的参数含义见式（A.17），$DAIR_a$ 和 EFI_a 的参数含义见式（A.7），AT_{nc} 的参数含义见式（A.2），BW_a 和 ED_a 的参数含义见式（A.1）。

A.2.9 饮用地下水途径

对于单一污染物的致癌效应，考虑人群在成人期暴露的终生危害，饮用地下水途径对应的地下水暴露量，采用式（A.37）计算：

$$CGWER_{ca} = \frac{GWCR_a \times EF_a \times ED_a}{BW_a \times AT_{ca}} \tag{A.37}$$

式中，$CGWER_{ca}$、$GWCR_a$ 的参数含义见式（A.19），EF_a、ED_a、BW_a 和 AT_{ca} 的参数含义见式（A.1）。

对于单一污染物的非致癌效应，考虑人群在成人期的暴露危害，饮用地下水途径对应的地下水暴露量，采用式（A.38）计算：

$$CGWER_{nc} = \frac{GWCR_a \times EF_a \times ED_a}{BW_a \times AT_{nc}} \tag{A.38}$$

式中，$CGWER_{nc}$ 的参数含义见式（A.20），$GWCR_a$ 的参数含义见式（A.19），AT_{nc} 的参数含义见式（A.2），EF_a、ED_a 和 BW_a 的参数含义见式（A.1）。

污染物性质参数推荐值及外推模型

表 B.1　部分污染物的毒性参数

序号	中文名	英文名	CAS 编号	SF_o/[mg/(kg·d)]$^{-1}$	数据来源	IUR/(mg/m^3)$^{-1}$	数据来源	RfD_o/[mg/(kg·d)]	数据来源	RfC/(mg/m^3)	数据来源	ABS_{gi}/量纲一	数据来源	ABS_d/量纲一	数据来源
一、金属及无机物															
1	锑	Antimony	7440-36-0					4.00×10^{-4}	I			0.15	RSL		
2	砷（无机）	Arsenic, inorganic	7440-38-2	1.50	I	4.30	I	3.00×10^{-4}	I	1.50×10^{-5}	RSL	1	RSL	0.03	RSL
3	铍	Beryllium	7440-41-7			2.40	I	2.00×10^{-3}	I	2.00×10^{-5}		0.007	RSL		
4	镉	Cadmium	7440-43-9			1.80	I	1.00×10^{-3}	I	1.00×10^{-5}	RSL	0.025	RSL	0.001	RSL
5	铬（三价）	Chromium, III	16065-83-1					1.50	I			0.013	RSL		
6	铬（六价）	Chromium, VI	18540-29-9			12.00	I	3.00×10^{-3}	I	1.00×10^{-4}	I	0.025	RSL		
7	钴	Cobalt	7440-48-4			9.00	P	3.00×10^{-4}	P	6.00×10^{-6}	P	1	RSL		
8	铜	Copper	7440-50-8					4.00×10^{-2}	RSL			1	RSL		
9	汞（无机）	Mercury, inorganic	7439-97-6					3.00×10^{-4}	I	3.00×10^{-4}	RSL	0.07	RSL		
10	甲基汞	Methyl Mercury	22967-92-6					1.00×10^{-4}	I			1	RSL		
11	镍	Nickel	7440-02-0			2.60×10^{-1}	RSL	2.00×10^{-2}	I	9.00×10^{-5}	RSL	0.04	RSL		
12	锡	Tin	7440-31-5					6.00×10^{-1}	RSL			1	RSL		
13	钒	Vanadium	1314-62-1			8.30	P	9.00×10^{-3}	I	7.00×10^{-6}	P	0.026	RSL		
14	锌	Zinc	7440-66-6					3.00×10^{-1}	I			1	RSL		
15	氰化物	Cyanide	57-12-5					6.00×10^{-4}	I	8.00×10^{-4}	RSL	1	RSL		
16	氟化物	Fluoride	16984-48-8					4.00×10^{-2}	RSL	1.30×10^{-2}	RSL	1	RSL		
二、挥发性有机物															
17	丙酮	Acetone	67-64-1					9.00×10^{-1}	I	31.00	RSL	1	RSL		
18	苯	Benzene	71-43-2	5.50×10^{-2}	I	7.80×10^{-3}	I	4.00×10^{-3}	I	3.00×10^{-2}	I	1	RSL		
19	甲苯	Toluene	108-88-3					8.00×10^{-2}	I	5.00	I	1	RSL		
20	乙苯	Ethylbenzene	100-41-4	1.10×10^{-2}	RSL	2.50×10^{-3}	RSL	1.00×10^{-1}	I	1.00	I	1	RSL		

序号	中文名	英文名	CAS 编号	SF_o/[mg/(kg·d)]$^{-1}$	数据来源	IUR/(mg/m^3)$^{-1}$	数据来源	RfD_o/[mg/(kg·d)]	数据来源	RfC/(mg/m^3)	数据来源	ABS_{gi}/量纲一	数据来源	ABS_d/量纲一	数据来源
21	对二甲苯	Xylene, p-	106-42-3					2.00×10^{-1}	RSL	1.00×10^{-1}	RSL	1	RSL		
22	间二甲苯	Xylene, m-	108-38-3					2.00×10^{-1}	RSL	1.00×10^{-1}	RSL	1	RSL		
23	邻二甲苯	Xylene, o-	95-47-6					2.00×10^{-1}	RSL	1.00×10^{-1}	RSL	1	RSL		
24	二甲苯	Xylenes	1330-20-7					2.00×10^{-1}	I	1.00×10^{-1}	I	1	RSL		
25	一溴二氯甲烷	Bromodichloromethane	75-27-4	6.20×10^{-2}	I	3.70×10^{-2}	RSL	2.00×10^{-2}	I			1	RSL		
26	1,2-二溴甲烷	Dibromoethane, 1,2-	106-93-4	2.00	I	6.00×10^{-1}	I	9.00×10^{-3}	I	9.00×10^{-3}	I	1	RSL		
27	四氯化碳	Carbon tetrachloride	56-23-5	7.00×10^{-2}	I	6.00×10^{-3}	I	4.00×10^{-3}	I	1.00×10^{-1}	I	1	RSL		
28	氯苯	Chlorobenzene	108-90-7					2.00×10^{-2}	I	5.00×10^{-2}	P	1	RSL		
29	氯仿（三氯甲烷）	Chloroform	67-66-3	3.10×10^{-2}	RSL	2.30×10^{-2}	I	1.00×10^{-2}	I	9.80×10^{-2}	RSL	1	RSL		
30	氯甲烷	Chloromethane	74-87-3							9.00×10^{-2}	I	1	RSL		
31	二溴氯甲烷	Dibromochloromethane	124-48-1	8.40×10^{-2}	I	2.00×10^{-2}	RSL	2.00×10^{-2}	I			1	RSL		
32	1,4-二氯苯	Dichlorobenzen, 1,4-	106-46-7	5.40×10^{-3}	RSL	1.10×10^{-2}	RSL	7.00×10^{-2}	RSL	8.00×10^{-1}	I	1	RSL		
33	1,1-二氯乙烷	Dichloroethane, 1,1-	75-34-3	5.70×10^{-3}	RSL	1.60×10^{-3}	RSL	2.00×10^{-1}	P			1	RSL		
34	1,2-二氯乙烷	Dichloroethane, 1,2-	107-06-2	9.10×10^{-2}	I	2.60×10^{-2}	I	6.00×10^{-3}	RSL	7.00×10^{-3}	P	1	RSL		
35	1,1-二氯乙烯	Dichloroethylene, 1,1-	75-35-4					5.00×10^{-2}	I	2.00×10^{-1}	I	1	RSL		
36	1,2-顺式-二氯乙烯	Dichloroethylene, 1,2-cis-	156-59-2					2.00×10^{-3}	I			1	RSL		
37	1,2 -反式-二氯乙烯	Dichloroethylene, 1,2-trans-	156-60-5					2.00×10^{-2}	I	6.00×10^{-2}	P	1	RSL		
38	二氯甲烷	Methylene Chloride	75-09-2	2.00×10^{-3}	I	1.00×10^{-5}	I	6.00×10^{-3}	I	6.00×10^{-1}	I	1	RSL		
39	1,2-二氯丙烷	Dichloropropane, 1,2-	78-87-5	3.70×10^{-2}	RSL	3.70×10^{-2}	RSL	4.00×10^{-2}	RSL	4.00×10^{-3}	I	1	RSL		
40	硝基苯	Nitrobenzene	98-95-3			4.00×10^{-2}	I	2.00×10^{-3}	I	9.00×10^{-3}	I	1	RSL		
41	苯乙烯	Styrene	100-42-5					2.00×10^{-1}	I	1.00	I	1	RSL		
42	1,1,1,2-四氯乙烷	Tetrachloroethane, 1,1,1,2-	630-20-6	2.60×10^{-2}	I	7.40×10^{-3}	I	3.00×10^{-2}	I			1	RSL		
43	1,1,2,2-四氯乙烷	Tetrachloroethane, 1,1,2,2-	79-34-5	2.00×10^{-1}	I	5.80×10^{-2}	RSL	2.00×10^{-2}	I			1	RSL		
44	四氯乙烯	Tetrachloroethylene	127-18-4	2.10×10^{-3}	I	2.60×10^{-4}	I	6.00×10^{-3}	I	4.00×10^{-2}	I	1	RSL		
45	三氯乙烯	Trichloroethylene	79-01-6	4.60×10^{-2}	I	4.10×10^{-3}	I	5.00×10^{-4}	I	2.00×10^{-3}	I	1	RSL		

序号	中文名	英文名	CAS 编号	SF_o/[mg/(kg·d)]$^{-1}$	数据来源	IUR/(mg/m^3)$^{-1}$	数据来源	RfD_o/[mg/(kg·d)]	数据来源	RfC/(mg/m^3)	数据来源	ABS_{gi}/量纲一	数据来源	ABS_d/量纲一	数据来源
46	氯乙烯	Vinyl chloride	75-01-4	7.20×10^{-1}	I	4.40×10^{-3}	I	3.00×10^{-3}	I	1.00×10^{-1}	I	1	RSL		
47	1,1,2-三氯丙烷	Trichloropropane, 1,1,2-	598-77-6					5.00×10^{-3}	I			1	RSL		
48	1,2,3-三氯丙烷	Trichloropropane, 1,2,3-	96-18-4	30.00	I			4.00×10^{-3}	I	3.00×10^{-4}	I	1	RSL		
49	1,1,1-三氯乙烷	Trichlorothane, 1,1,1-	71-55-6					2.00	I	5.00	I	1	RSL		
50	1,1,2-三氯乙烷	Trichlorothane, 1,1,2-	79-00-5	5.70×10^{-2}	I	1.60×10^{-2}	I	4.00×10^{-3}	I	2.00×10^{-4}	RSL	1	RSL		
三、半挥发性有机物															
51	苊	Acenaphthene	83-32-9					6.00×10^{-2}	I			1	RSL	0.13	RSL
52	蒽	Anthracene	120-12-7					3.00×10^{-1}	I			1	RSL	0.13	RSL
53	苯并[*a*]蒽	Benzo（a）anthracene	56-55-3	1.00×10^{-1}	RSL	6.00×10^{-2}	RSL					1	RSL	0.13	RSL
54	苯并[*a*]芘	Benzo（a）pyrene	50-32-8	1.00	I	6.00×10^{-1}	RSL	3.00×10^{-4}	I	2.00×10^{-6}	I	1	RSL	0.13	RSL
55	苯并[*b*]荧蒽	Benzo（b）fluoranthene	205-99-2	1.00×10^{-1}	RSL	6.00×10^{-2}	RSL					1	RSL	0.13	RSL
56	苯并[*k*]荧蒽	Benzo（k）fluoranthene	207-08-9	1.00×10^{-2}	RSL	6.00×10^{-3}	RSL					1	RSL	0.13	RSL
57	䓛	Chrysene	218-01-9	1.00×10^{-3}	RSL	6.00×10^{-3}	RSL					1	RSL	0.13	RSL
58	二苯并[*a,k*]蒽	Dibenzo（a,h）anthracene	53-70-3	1.00	RSL	6.00×10^{-1}	RSL					1	RSL	0.13	RSL
59	荧蒽	Fluoranthene	206-44-0					4.00×10^{-2}	I			1	RSL	0.13	RSL
60	芴	Fluorene	86-73-7					4.00×10^{-2}	I			1	RSL	0.13	RSL
61	茚并[1,2,3-*cd*]芘	Indeno（1,2,3-cd）pyrene	193-39-5	1.00×10^{-1}	RSL	6.00×10^{-2}	RSL					1	RSL	0.13	RSL
62	萘	Naphthalene	91-20-3			3.40×10^{-2}	RSL	2.00×10^{-2}	I	3.00×10^{-3}	I	1	RSL	0.13	RSL
63	芘	Pyrene	129-00-0					3.00×10^{-2}	I			1	RSL	0.13	RSL
64	艾氏剂	Aldrin	309-00-2	17.00	I	4.90	I	3.00×10^{-5}	I			1	RSL		
65	狄氏剂	Dieldrin	60-57-1	16.00	I	4.60	I	5.00×10^{-5}	I			1	RSL	0.1	RSL
66	异狄氏剂	Endrin	72-20-8					3.00×10^{-4}	I			1	RSL	0.1	RSL
67	氯丹	Chlordane	12789-03-6	3.50×10^{-1}		1.00×10^{-1}	I	5.00×10^{-4}	I	7.00×10^{-4}	I	1	RSL	0.04	RSL
68	滴滴滴	DDD	72-54-8	2.40×10^{-1}	I	6.90×10^{-2}	RSL					1	RSL	0.1	RSL
69	滴滴伊	DDE	72-55-9	3.40×10^{-1}	I	9.70×10^{-2}	RSL					1	RSL		
70	滴滴涕	DDT	50-29-3	3.40×10^{-1}	I	9.70×10^{-2}	I	5.00×10^{-4}	I			1	RSL	0.03	RSL

序号	中文名	英文名	CAS 编号	SF_o/[mg/（kg·d）]$^{-1}$	数据来源	IUR/（mg/m^3）$^{-1}$	数据来源	RfD_o/[mg/（kg·d）]	数据来源	RfC/(mg/m^3)	数据来源	ABS_{gi}/量纲一	数据来源	ABS_d/量纲一	数据来源
71	七氯	Heptachlor	76-44-8	4.50	I	1.30	I	5.00×10^{-4}	I			1	RSL		
72	α-六六六	Hexachloro cyclohexane, α-（α-HCH）	319-84-6	6.30	I	1.80	I	8.00×10^{-3}	RSL			1	RSL	0.1	RSL
73	β-六六六	Hexachloro cyclohexane, β-（β-HCH）	319-85-7	1.80	I	5.30×10^{-1}	I					1	RSL	0.1	RSL
74	γ-六六六	Hexachloro cyclohexane, γ-（γ-HCH, Lindane）	58-89-9	1.10	RSL	3.10×10^{-1}	RSL	3.00×10^{-4}	I			1	RSL	0.04	RSL
75	六氯苯	Hexachlorobenzene	118-74-1	1.60	I	4.60×10^{-1}	I	8.00×10^{-4}	I			1	RSL		
76	灭蚁灵	Mirex	2385-85-5	18.00	RSL	5.10	RSL	2.00×10^{-4}	I			1	RSL		
77	毒杀芬	Toxaphene	8001-35-2	1.10	I	3.20×10^{-1}	I					1	RSL	0.1	RSL
78	多氯联苯189	Heptachlorobiphenyl, 2,3,3',4,4',5,5'-（PCB189）	39635-31-9	3.90	RSL	1.10	RSL	2.30×10^{-5}	RSL	1.30×10^{-3}	RSL	1	RSL	0.14	RSL
79	多氯联苯167	Hexachlorobiphenyl, 2,3',4,4',5,5'-（PCB 167）	52663-72-6	3.90	RSL	1.10	RSL	2.30×10^{-5}	RSL	1.30×10^{-3}	RSL	1	RSL	0.14	RSL
80	多氯联苯157	Hexachlorobiphenyl, 2,3,3',4,4',5'-（PCB 157）	69782-90-7	3.90	RSL	1.10	RSL	2.30×10^{-5}	RSL	1.30×10^{-3}	RSL	1	RSL	0.14	RSL
81	多氯联苯156	Hexachlorobiphenyl, 2,3,3',4,4',5-（PCB 156）	38380-08-4	3.90	RSL	1.10	RSL	2.30×10^{-5}	RSL	1.30×10^{-3}	RSL	1	RSL	0.14	RSL
82	多氯联苯169	Hexachlorobiphenyl, 3,3',4,4',5,5'-（PCB 169）	32774-16-6	3.90×10^{3}	RSL	1.10×10^{3}	RSL	2.30×10^{-8}	RSL	1.30×10^{-6}	RSL	1	RSL	0.14	RSL
83	多氯联苯123	Pentachlorobiphenyl, 2',3,4,4',5-（PCB 123）	65510-44-3	3.90	RSL	1.10	RSL	2.30×10^{-5}	RSL	1.30×10^{-3}	RSL	1	RSL	0.14	RSL
84	多氯联苯118	Pentachlorobiphenyl, 2,3',4,4',5-（PCB 118）	31508-00-6	3.90	RSL	1.10	RSL	2.30×10^{-5}	RSL	1.30×10^{-3}	RSL	1	RSL	0.14	RSL
85	多氯联苯105	Pentachlorobiphenyl, 2,3,3',4,4'-（PCB 105）	32598-14-4	3.90	RSL	1.10	RSL	2.30×10^{-5}	RSL	1.30×10^{-3}	RSL	1	RSL	0.14	RSL

序号	中文名	英文名	CAS 编号	SF_o/[mg/(kg·d)]$^{-1}$	数据来源	IUR/(mg/m^3)$^{-1}$	数据来源	RfD_o/[mg/(kg·d)]	数据来源	RfC/(mg/m^3)	数据来源	ABS_{gi}/量纲一	数据来源	ABS_d/量纲一	数据来源
86	多氯联苯 114	Pentachlorobiphenyl, 2,3,4,4',5-（PCB 114）	74472-37-0	3.90	RSL	1.10	RSL	2.30×10^{-5}	RSL	1.30×10^{-3}	RSL	1	RSL	0.14	RSL
87	多氯联苯 126	Pentachlorobiphenyl, 3,3',4,4',5-（PCB 126）	57465-28-8	1.30×10^{4}	RSL	3.80×10^{3}	RSL	7.00×10^{-9}	RSL	4.00×10^{-7}	RSL	1	RSL	0.14	RSL
88	多氯联苯（高风险）	Polychlorinated Biphenyls（high risk）	1336-36-3	2.00	I	5.70×10^{-1}	I					1	RSL	0.14	RSL
89	多氯联苯（低风险）	Polychlorinated Biphenyls（low risk）	1336-36-3	4.00×10^{-1}	I	1.00×10^{-1}	I					1	RSL	0.14	RSL
90	多氯联苯（最低风险）	Polychlorinated Biphenyls（lowest risk）	1336-36-3	7.00×10^{-2}	I	2.00×10^{-2}	I					1	RSL	0.14	RSL
91	多氯联苯 77	Tetrachlorobiphenyl, 3,3',4,4'-（PCB 77）	32598-13-3	13.00	RSL	3.80	RSL	7.00×10^{-6}	RSL	4.00×10^{-4}	RSL	1	RSL	0.14	RSL
92	多氯联苯 81	Tetrachlorobiphenyl, 3,4,4',5-（PCB 81）	70362-50-4	39.00	RSL	11.00	RSL	2.30×10^{-6}	RSL	1.30×10^{-4}	RSL	1	RSL	0.14	RSL
93	二噁英（以TCDD2378计）	Tetrachlorodibenzo-p-dioxin, 2,3,7,8-	1746-01-6	1.30×10^{5}	RSL	3.80×10^{4}	RSL	7.00×10^{-10}	I	4.00×10^{-8}	RSL	1	RSL	0.03	RSL
94	多溴联苯	Polybrominated Biphenyls	59536-65-1	30.00	RSL	8.60	RSL	7.00×10^{-6}	RSL			1	RSL	0.1	RSL
95	苯胺	Aniline	62-53-3	5.70×10^{-3}	I	1.60×10^{-3}	RSL	7.00×10^{-3}	P	1.00×10^{-3}	I	1	RSL	0.1	RSL
96	溴仿	Bromoform	75-25-2	7.90×10^{-3}	I	1.10×10^{-3}	I	2.00×10^{-2}	I			1	RSL		
97	2-氯酚	Chlorophenol, 2-	95-57-8					5.00×10^{-3}	I			1	RSL		
98	4-甲酚	Cresol, 4-	106-44-5					1.00×10^{-1}	RSL	6.00×10^{-1}	RSL	1	RSL	0.1	RSL
99	3,3-二氯联苯胺	Dichlorobenzidine, 3,3-	91-94-1	4.50×10^{-1}	I	3.40×10^{-1}	RSL					1	RSL	0.1	RSL
100	2,4-二氯酚	Dichlorophenol, 2,4-	120-83-2					3.00×10^{-3}	I			1	RSL	0.1	RSL
101	2,4-二硝基酚	Dinitrophenol, 2,4-	51-28-5					2.00×10^{-3}	I			1	RSL	0.1	RSL
102	2,4-二硝基甲苯	Dinitrotoluene, 2,4-	121-14-2	3.10×10^{-1}	RSL	8.90×10^{-2}	RSL	2.00×10^{-3}	I			1	RSL	0.102	RSL
103	六氯环戊二烯	Hexachlorocyclopentadiene	77-47-4					6.00×10^{-3}	I	2.00×10^{-4}	I	1	RSL		
104	五氯酚	Pentachlorophenol	87-86-5	4.00×10^{-1}	I	5.10×10^{-3}	RSL	5.00×10^{-3}	I			1	RSL	0.25	RSL
105	苯酚	Phenol	108-95-2					3.00×10^{-1}	I	2.00×10^{-1}	RSL	1	RSL	0.1	RSL

序号	中文名	英文名	CAS 编号	SF_o/[mg/(kg·d)]$^{-1}$	数据来源	IUR/(mg/m^3)$^{-1}$	数据来源	RfD_o/[mg/(kg·d)]	数据来源	RfC/(mg/m^3)	数据来源	ABS_{gi}/量纲一	数据来源	ABS_d/量纲一	数据来源
106	2,4,5-三氯酚	Trichlorophenol, 2,4,5-	95-95-4					1.00×10^{-1}	I			1	RSL	0.1	RSL
107	2,4,6-三氯酚	Trichlorophenol, 2,4,6-	88-06-2	1.10×10^{-2}	I	3.10×10^{-3}	I	1.00×10^{-3}	P			1	RSL	0.1	RSL
108	阿特拉津	Atrazine	1912-24-9	2.30×10^{-1}	RSL			3.50×10^{-2}	I			1	RSL	0.1	RSL
109	敌敌畏	Dichlorvos	62-73-7	2.90×10^{-1}	I	8.30×10^{-2}	RSL	5.00×10^{-4}	I	5.00×10^{-4}	I	1	RSL	0.1	RSL
110	乐果	Dimethoate	60-51-5					2.20×10^{-3}	I			1	RSL	0.1	RSL
111	硫丹	Endosulfan	115-29-7					6.00×10^{-3}	I			1	RSL		
112	草甘膦	Glyphosate	1071-83-6					1.00×10^{-1}	I			1	RSL	0.1	RSL
113	邻苯二甲酸二（2-乙基已基）酯	Bis（2-ethylhexyl）phthal ate, DEHP	117-81-7	1.40×10^{-2}	I	2.40×10^{-3}	RSL	2.00×10^{-2}	I			1	RSL	0.1	RSL
114	邻苯二甲酸苄丁酯	Butyl benzyl phthalate, BBP	85-68-7	1.90×10^{-3}	P			2.00×10^{-1}	I			1	RSL	0.1	RSL
115	邻苯二甲酸二乙酯	Diethyl phthalate, DEP	84-66-2					8.00×10^{-1}	I			1	RSL	0.1	RSL
116	邻苯二甲酸二丁酯	Dibutyl phthalate, DBP	84-74-2					1.00×10^{-1}	I			1	RSL	0.1	RSL
117	邻苯二甲酸二正辛酯	Di-n-octyl phthalate, DNOP	117-84-0					1.00×10^{-2}	P			1	RSL	0.1	RSL

注：（1）SF_o：经口摄入致癌斜率因子；IUR：呼吸吸入单位致癌风险；RfD_o：经口摄入参考剂量；RfC：呼吸吸入参考浓度；ABS_{gi}：消化道吸收因子；ABS_d：皮肤吸收效率因子。

（2）“I”代表数据来自“美国环保局综合风险信息系统（USEPA Integrated Risk Information System）”；“P”代表数据来自美国环保局“临时性同行审定毒性数据（The Provisional Peer Reviewed Toxicity Values）”；“RSL”代表数据来自美国环保局“区域筛选值（Regional Screening Levels）总表”污染物毒性数据（2018 年 5 月发布）。表中未包含的污染物可参考以上数据库的最新更新版本获取其参数。

B.1 呼吸吸入致癌斜率因子和参考剂量外推模型公式

呼吸吸入致癌斜率因子（SF_i）和呼吸吸入参考剂量（RfD_i），分别采用式（B.1）和式（B.2）计算：

$$SF_i = \frac{IUR \times BW_a}{DAIR_a} \tag{B.1}$$

$$RfD_i = \frac{RfC \times DAIR_a}{BW_a} \tag{B.2}$$

式（B.1）和式（B.2）中：SF_i —— 呼吸吸入致癌斜率因子，(mg 污染物·kg^{-1} 体重·d^{-1})$^{-1}$；

RfD_i —— 呼吸吸入参考剂量，mg 污染物·kg^{-1} 体重·d^{-1}；

IUR —— 呼吸吸入单位致癌因子，m^3·mg^{-1}；

RfC —— 呼吸吸入参考浓度，mg·m^{-3}。

式（B.1）和式（B.2）中，$DAIR_a$ 的参数含义见式（A.7），BWa 的参数含义见式（A.1）。

B.2 皮肤接触致癌斜率因子和参考剂量外推模型公式

皮肤接触致癌斜率系数和参考剂量分别采用式（B.3）和式（B.4）计算：

$$SF_d = \frac{SF_o}{ABS_{gi}} \tag{B.3}$$

$$RfD_d = RfD_o \times ABS_{gi} \tag{B.4}$$

式（B.3）和式（B.4）中：SF_d —— 皮肤接触致癌斜率因子，(mg 污染物·kg^{-1} 体重·d^{-1})$^{-1}$；

SF_o —— 经口摄入致癌斜率因子，(mg 污染物·kg^{-1} 体重·d^{-1})$^{-1}$；

RfD_o —— 经口摄入参考剂量，mg 污染物·kg^{-1} 体重·d^{-1}；

RfD_d —— 皮肤接触参考剂量，mg 污染物·kg^{-1} 体重·d^{-1}；

ABS_{gi} —— 消化道吸收效率因子，量纲一。

表 B.2 部分污染物的理化性质参数

序号	中文名	英文名	CAS 编号	H'	数据来源	D_a/（cm^2/s）	数据来源	D_w/（cm^2/s）	数据来源	K_{oc}/（cm^3/g）	数据来源	S/（mg/L）	数据来源
一、金属及无机物													
1	锑	Antimony	7440-36-0										
2	砷（无机）	Arsenic,inorganic	7440-38-2										
3	铍	Beryllium	7440-41-7										
4	镉	Cadmium	7440-43-9										
5	铬（三价）	Chromium,Ⅲ	16065-83-1										
6	铬（六价）	Chromium,Ⅳ	18540-29-9									1.69×10^6	RSL
7	钴	Cobalt	7440-48-4										
8	铜	Copper	7440-50-8										
9	汞（无机）	Mercury,inorganic	7439-97-6	3.52×10^{-1}	EPI	3.07×10^{-2}	WATER9	6.30×10^{-6}	WATER9				
10	甲基汞	Methyl Mercury	22967-92-6										
11	镍	Nickel	7440-02-0										
12	锡	Tin	7440-31-5										
13	钒	Vanadium	1314-62-1									7.00×10^2	RSL
14	锌	Zinc	7440-66-6										
15	氰化物	Cyanide	1957-12-5	4.15×10^{-3}	EPI	2.11×10^{-1}	WATER9	2.46×10^{-5}	WATER9			9.54×10^4	EPI
16	氟化物	Fluride	16984-48-8									1.69	EPI
二、挥发性有机物													
17	丙酮	Acetone	67-64-1	1.43×10^{-3}	EPI	1.06×10^{-1}	WATER9	1.15×10^{-5}	WATER9	2.36	EPI	1.00×10^6	EPI
18	苯	Benzene	71-43-2	2.27×10^{-1}	EPI	8.95×10^{-2}	WATER9	1.03×10^{-5}	WATER9	1.46×10^2	EPI	1.79×10^3	EPI
19	甲苯	Toluene	108-88-3	2.71×10^{-1}	EPI	7.78×10^{-2}	WATER9	9.20×10^{-6}	WATER9	2.34×10^2	EPI	5.26×10^2	EPI
20	乙苯	Ethylbenzene	100-41-4	3.22×10^{-1}	EPI	6.85×10^{-2}	WATER9	8.46×10^{-6}	WATER9	4.46×10^2	EPI	1.69×10^2	EPI
21	对二甲苯	Xylene,p-	106-42-3	2.82×10^{-1}	EPI	6.82×10^{-2}	WATER9	8.42×10^{-6}	WATER9	3.75×10^2	EPI	1.62×10^2	EPI
22	间二甲苯	Xylene,m-	108-38-3	2.94×10^{-1}	EPI	6.84×10^{-2}	WATER9	8.44×10^{-6}	WATER9	3.75×10^2	EPI	1.61×10^2	EPI
23	邻二甲苯	Xylene,o-	95-47-6	2.12×10^{-1}	EPI	6.89×10^{-2}	WATER9	8.53×10^{-6}	WATER9	3.83×10^2	EPI	1.78×10^2	EPI
24	二甲苯	Xylenes	1330-20-7	2.71×10^{-1}	EPI	6.85×10^{-2}	WATER9	8.46×10^{-6}	WATER9	3.83×10^2	EPI	1.06×10^2	EPI
25	一溴二氯甲烷	Bromodichloromethane	75-27-4	8.67×10^{-2}	EPI	5.63×10^{-2}	WATER9	1.07×10^{-5}	WATER9	31.80	EPI	3.03×10^3	EPI
26	1,2-二溴甲烷	Dibromoethane,1,2-	106-93-4	2.66×10^{-2}	EPI	4.30×10^{-2}	WATER9	1.04×10^{-5}	WATER9	39.60	EPI	3.91×10^3	EPI

序号	中文名	英文名	CAS 编号	H'	数据来源	D_a/（cm^2/s）	数据来源	D_w/（cm^2/s）	数据来源	K_{oc}/（cm^3/g）	数据来源	S/（mg/L）	数据来源
27	四氯化碳	Carbon tetrachloride	56-23-5	1.13	EPI	5.71×10^{-2}	WATER9	9.78×10^{-6}	WATER9	43.90	EPI	7.93×10^{2}	EPI
28	氯苯	Chlorobenzene	108-90-7	1.27×10^{-1}	EPI	7.21×10^{-2}	WATER9	9.48×10^{-6}	WATER9	2.34×10^{2}	EPI	4.98×10^{2}	EPI
29	氯仿（三氯甲烷）	Chloroform	67-66-3	1.50×10^{-1}	EPI	7.69×10^{-2}	WATER9	1.09×10^{-5}	WATER9	31.80	EPI	7.95×10^{3}	EPI
30	氯甲烷	Chloromethane	74-87-3	3.61×10^{-1}	EPI	1.24×10^{-1}	WATER9	1.36×10^{-5}	WATER9	13.20	EPI	5.32×10^{3}	EPI
31	二溴氯甲烷	Dibromochloromethane	124-48-1	3.20×10^{-2}	EPI	3.66×10^{-2}	WATER9	1.06×10^{-5}	WATER9	31.80	EPI	2.70×10^{3}	EPI
32	1,4-二氯苯	Dichlorobenzen,1,4-	106-46-7	9.85×10^{-2}	EPI	5.50×10^{-2}	WATER9	8.68×10^{-6}	WATER9	3.75×10^{2}	EPI	81.30	EPI
33	1,1-二氯乙烷	Dichloroethane,1,1-	75-34-3	2.30×10^{-1}	EPI	8.36×10^{-2}	WATER9	1.06×10^{-5}	WATER9	31.80	EPI	5.04×10^{3}	EPI
34	1,2-二氯乙烷	Dichloroethane,1,2-	107-06-2	4.82×10^{-2}	EPI	8.57×10^{-2}	WATER9	1.10×10^{-5}	WATER9	39.60	EPI	8.60×10^{3}	EPI
35	1,1-二氯乙烯	Dichloroethylene,1,1-	75-35-4	1.07	EPI	8.63×10^{-2}	WATER9	1.10×10^{-5}	WATER9	31.80	EPI	2.42×10^{3}	EPI
36	1,2-顺式-二氯乙烯	Dichloroethylene,1,2-cis-	156-59-2	1.67×10^{-1}	EPI	8.84×10^{-2}	WATER9	1.13×10^{-5}	WATER9	39.60	EPI	6.41×10^{3}	EPI
37	1,2 -反式-二氯乙烯	Dichloroethylene,1,2-trans-	156-60-5	3.83×10^{-1}	EPI	8.76×10^{-2}	WATER9	1.12×10^{-5}	WATER9	39.60	EPI	4.52×10^{3}	EPI
38	二氯甲烷	Dichloromethane	1975-9-2	1.33×10^{-1}	EPI	9.99×10^{-2}	WATER9	1.25×10^{-5}	WATER9	21.70	EPI	1.30×10^{4}	EPI
39	1,2-二氯丙烷	Dichloropropane,1,2-	78-87-5	1.15×10^{-1}	EPI	7.33×10^{-2}	WATER9	9.73×10^{-6}	WATER9	60.70	EPI	2.80×10^{3}	EPI
40	硝基苯	Nitrobenzene	98-95-3	9.81×10^{-4}	EPI	6.81×10^{-2}	WATER9	9.45×10^{-6}	WATER9	2.26×10^{2}	EPI	2.09×10^{3}	EPI
41	苯乙烯	Styrene	100-42-5	1.12×10^{-1}	EPI	7.11×10^{-2}	WATER9	8.78×10^{-6}	WATER9	4.46×10^{2}	EPI	3.10×10^{2}	EPI
42	1,1,1,2-四氯乙烷	Tetrachloroethane,1,1,1,2-	630-20-6	1.02×10^{-1}	EPI	4.82×10^{-2}	WATER9	9.10×10^{-6}	WATER9	86.00	EPI	1.07×10^{3}	EPI
43	1,1,2,2-四氯乙烷	Tetrachloroethane,1,1,2,2-	79-34-5	1.50×10^{-2}	EPI	4.89×10^{-2}	WATER9	9.29×10^{-6}	WATER9	94.90	EPI	2.83×10^{3}	EPI
44	四氯乙烯	Tetrachloroethylene	127-18-4	7.24×10^{-1}	EPI	5.05×10^{-2}	WATER9	9.46×10^{-6}	WATER9	94.90	EPI	2.06×10^{2}	EPI
45	三氯乙烯	Trichloroethylene	1979-1-6	4.03×10^{-1}	EPI	6.87×10^{-2}	WATER9	1.02×10^{-5}	WATER9	60.70	EPI	1.28×10^{3}	EPI
46	氯乙烯	Vinyl chloride	1975-1-4	1.14	EPI	1.07×10^{-1}	WATER9	1.20×10^{-5}	WATER9	21.70	EPI	8.80×10^{3}	EPI
47	1,1,2-三氯丙烷	Trichloropropane,1,1,2-	598-77-6	1.30×10^{-2}	EPI	5.72×10^{-2}	WATER9	9.17×10^{-6}	WATER9	94.90	EPI	1.90×10^{3}	EPI
48	1,2,3-三氯丙烷	Trichloropropane,1,2,3-	96-18-4	1.40×10^{-2}	EPI	5.75×10^{-2}	WATER9	9.24×10^{-6}	WATER9	1.16×10^{2}	EPI	1.75×10^{3}	EPI
49	1,1,1-三氯乙烷,	Trichlorothane,1,1,1-	71-55-6	7.03×10^{-1}	EPI	6.48×10^{-2}	WATER9	9.60×10^{-6}	WATER9	43.90	EPI	1.29×10^{3}	EPI
50	1,1,2-三氯乙烷	Trichlorothane,1,1,2-	79-00-5	3.37×10^{-2}	EPI	6.69×10^{-2}	WATER9	1.00×10^{-5}	WATER9	60.70	EPI	4.59×10^{3}	EPI
三、半挥发性有机物													
51	苊	Acenaphthene	83-32-9	7.52×10^{-3}	EPI	5.06×10^{-2}	WATER9	8.33×10^{-6}	WATER9	5.03×10^{3}	EPI	3.90	EPI
52	蒽	Anthracene	120-12-7	2.27×10^{-3}	EPI	3.90×10^{-2}	WATER9	7.85×10^{-6}	WATER9	1.64×10^{4}	EPI	4.34×10^{-2}	EPI
53	苯并[*a*]蒽	Benzo（a）anthracene	56-55-3	4.91×10^{-4}	EPI	2.61×10^{-2}	WATER9	6.75×10^{-6}	WATER9	1.77×10^{5}	EPI	9.40×10^{-3}	EPI
54	苯并[*a*]芘	Benzo（a）pyrene	50-32-8	1.87×10^{-5}	EPI	4.76×10^{-2}	WATER9	5.56×10^{-6}	WATER9	5.87×10^{5}	EPI	1.62×10^{-3}	EPI
55	苯并[*b*]荧蒽	Benzo（b）fluoranthene	205-99-2	2.69×10^{-5}	EPI	4.76×10^{-2}	WATER9	5.56×10^{-6}	WATER9	5.99×10^{5}	EPI	1.50×10^{-3}	EPI

序号	中文名	英文名	CAS 编号	H'	数据来源	D_a/（cm^2/s）	数据来源	D_w/（cm^2/s）	数据来源	K_{oc}/（cm^3/g）	数据来源	S/（mg/L）	数据来源
56	苯并[*k*]荧蒽	Benzo（k）fluoranthene	207-08-9	2.39×10^{-5}	EPI	4.76×10^{-2}	WATER9	5.56×10^{-6}	WATER9	5.87×10^{5}	EPI	8.00×10^{-4}	EPI
57	䓛	Chrysene	218-01-9	2.14×10^{-4}	EPI	2.61×10^{-2}	WATER9	6.75×10^{-6}	WATER9	1.81×10^{5}	EPI	2.00×10^{-3}	EPI
58	二苯并[*a*,*h*]蒽	Dibenzo（a,h）anthracene	53-70-3	5.76×10^{-6}	EPI	4.46×10^{-2}	WATER9	5.21×10^{-6}	WATER9	1.91×10^{6}	EPI	2.49×10^{-3}	EPI
59	荧蒽	Fluoranthene	206-44-0	3.62×10^{-4}	EPI	2.76×10^{-2}	WATER9	7.18×10^{-6}	WATER9	5.55×10^{4}	EPI	2.60×10^{-1}	EPI
60	芴	Fluorene	86-73-7	3.93×10^{-3}	EPI	4.40×10^{-2}	WATER9	7.89×10^{-6}	WATER9	9.16×10^{3}	EPI	1.69	EPI
61	茚并[1,2,3-*cd*]芘	Indeno（1,2,3-cd）pyrene	193-39-5	1.42×10^{-5}	RSL	4.48×10^{-2}	WATER9	5.23×10^{-6}	WATER9	1.95×10^{6}	RSL	1.90×10^{-4}	RSL
62	萘	Naphthalene	91-20-3	1.80×10^{-2}	EPI	6.05×10^{-2}	WATER9	8.38×10^{-6}	WATER9	1.54×10^{3}	EPI	31.00	EPI
63	芘	Pyrene	129-00-0	4.87×10^{-4}	EPI	2.78×10^{-2}	WATER9	7.25×10^{-6}	WATER9	5.43×10^{4}	EPI	1.35×10^{-1}	EPI
64	艾氏剂	Aldrin	309-00-2	1.80×10^{-3}	EPI	3.72×10^{-2}	WATER9	4.35×10^{-6}	WATER9	8.20×10^{4}	EPI	1.70×10^{-2}	EPI
65	狄氏剂	Dieldrin	60-57-1	4.09×10^{-4}	EPI	2.33×10^{-2}	WATER9	6.01×10^{-6}	WATER9	2.01×10^{4}	EPI	1.95×10^{-1}	EPI
66	异狄氏剂	Endrin	72-20-8	2.60×10^{-4}	EPI	3.62×10^{-2}	WATER9	4.22×10^{-6}	WATER9	2.01×10^{4}	EPI	2.50×10^{-1}	EPI
67	氯丹	Chlorodane	12789-03-6	1.99×10^{-3}	EPI	2.15×10^{-2}	WATER9	5.45×10^{-6}	WATER9	6.75×10^{4}	EPI	5.60×10^{-2}	EPI
68	滴滴滴	DDD	72-54-8	2.70×10^{-4}	EPI	4.06×10^{-2}	WATER9	4.74×10^{-6}	WATER9	1.18×10^{5}	EPI	9.00×10^{-2}	EPI
69	滴滴伊	DDE	72-55-9	1.70×10^{-3}	EPI	2.30×10^{-2}	WATER9	5.86×10^{-6}	WATER9	1.18×10^{5}	EPI	4.00×10^{-2}	EPI
70	滴滴涕	DDT	50-29-3	3.40×10^{-4}	EPI	3.79×10^{-2}	WATER9	4.43×10^{-6}	WATER9	1.69×10^{5}	EPI	5.50×10^{-3}	EPI
71	七氯	Heptachlor	76-44-8	1.20×10^{-2}	EPI	2.23×10^{-2}	WATER9	5.70×10^{-6}	WATER9	4.13×10^{4}	EPI	1.80×10^{-1}	EPI
72	α-六六六	Hexachloro cyclohexane, α-（α-HCH）	319-84-6	2.74×10^{-4}	EPI	4.33×10^{-2}	WATER9	5.06×10^{-6}	WATER9	2.81×10^{3}	EPI	2.00	EPI
73	β-六六六	Hexachloro cyclohexane, β-（β-HCH）	319-85-7	1.80×10^{-5}	EPI	2.77×10^{-2}	WATER9	7.40×10^{-6}	WATER9	2.81×10^{3}	EPI	2.40×10^{-1}	EPI
74	γ-六六六	Hexachloro cyclohexane, γ-（γ-HCH,Lindane）	58-89-9	2.10×10^{-4}	EPI	4.33×10^{-2}	WATER9	5.06×10^{-6}	WATER9	2.81×10^{3}	EPI	7.30	EPI
75	六氯苯	Hexachlorobenzene	118-74-1	6.95×10^{-2}	EPI	2.90×10^{-2}	WATER9	7.85×10^{-6}	WATER9	6.20×10^{3}	EPI	6.20×10^{-3}	EPI
76	灭蚁灵	Mirex	2385-85-5	3.32×10^{-2}	EPI	2.19×10^{-2}	WATER9	5.63×10^{-6}	WATER9	3.57×10^{5}	EPI	8.50×10^{-2}	EPI
77	毒杀芬	Toxphene	8001-35-2	2.45×10^{-4}	EPI	3.42×10^{-2}	WATER9	4.00×10^{-6}	WATER9	7.72×10^{4}	EPI	5.50×10^{-1}	RSL
78	多氯联苯 189	Heptachlorobiphenyl,2,3,3',4,4',5,5'-（PCB 189）	39635-31-9	2.07×10^{-3}	EPI	4.24×10^{-2}	WATER9	5.69×10^{-6}	WATER9	3.50×10^{5}	EPI	7.53×10^{-4}	EPI
79	多氯联苯 167	Hexachlorobiphenyl,2,3',4,4',5,5'-（PCB 167）	52663-72-6	2.80×10^{-3}	EPI	4.44×10^{-2}	WATER9	5.86×10^{-6}	WATER9	2.09×10^{5}	EPI	2.23×10^{-3}	EPI
80	多氯联苯 157	Hexachlorobiphenyl,2,3,3',4,4',5'-（PCB 157）	69782-90-7	6.62×10^{-3}	EPI	4.44×10^{-2}	WATER9	5.86×10^{-6}	WATER9	2.14×10^{5}	EPI	1.65×10^{-3}	EPI

序号	中文名	英文名	CAS 编号	H'	数据来源	D_a/（cm^2/s）	数据来源	D_w/（cm^2/s）	数据来源	K_{oc}/（cm^3/g）	数据来源	S/（mg/L）	数据来源
81	多氯联苯 156	Hexachlorobiphenyl,2,3,3',4,4',5-（PCB 156）	38380-08-4	5.85×10^{-3}	EPI	4.44×10^{-2}	WATER9	5.86×10^{-6}	WATER9	2.14×10^{5}	EPI	5.33×10^{-3}	EPI
82	多氯联苯 169	Hexachlorobiphenyl,3,3',4,4',5,5'-（PCB 169）	32774-16-6	6.62×10^{-3}	EPI	4.44×10^{-2}	WATER9	5.86×10^{-6}	WATER9	2.09×10^{5}	EPI	5.10×10^{-4}	EPI
83	多氯联苯 123	Pentachlorobiphenyl,2',3,4,4',5-（PCB 123）	65510-44-3	7.77×10^{-3}	EPI	4.67×10^{-2}	WATER9	6.06×10^{-6}	WATER9	1.31×10^{5}	EPI	1.60×10^{-2}	EPI
84	多氯联苯 118	Pentachlorobiphenyl,2,3',4,4',5-（PCB 118）	31508-00-6	1.18×10^{-2}	EPI	4.67×10^{-2}	WATER9	6.06×10^{-6}	WATER9	1.28×10^{5}	EPI	1.34×10^{-2}	EPI
85	多氯联苯 105	Pentachlorobiphenyl,2,3,3',4,4'-（PCB 105）	32598-14-4	1.16×10^{-2}	EPI	4.67×10^{-2}	WATER9	6.06×10^{-6}	WATER9	1.31×10^{5}	EPI	3.40×10^{-3}	EPI
86	多氯联苯 114	Pentachlorobiphenyl,2,3,4,4',5-（PCB 114）	74472-37-0	3.78×10^{-3}	EPI	4.67×10^{-2}	WATER9	6.06×10^{-6}	WATER9	1.31×10^{5}	EPI	1.60×10^{-2}	EPI
87	多氯联苯 126	Pentachlorobiphenyl,3,3',4,4',5-（PCB 126）	57465-28-8	7.77×10^{-3}	EPI	4.67×10^{-2}	WATER9	6.06×10^{-6}	WATER9	1.28×10^{5}	EPI	7.33×10^{-3}	EPI
88	多氯联苯（高风险）	Polychlorinated Biphenyls（high risk）	1336-36-3	1.70×10^{-2}	EPI	2.43×10^{-2}	WATER9	6.27×10^{-6}	WATER9	7.81×10^{4}	EPI	7.00×10^{-1}	RSL
89	多氯联苯（低风险）	Polychlorinated Biphenyls（low risk）	1336-36-3	1.70×10^{-2}	EPI	2.43×10^{-2}	WATER9	6.27×10^{-6}	WATER9	7.81×10^{4}	EPI	7.00×10^{-1}	RSL
90	多氯联苯（最低风险）	Polychlorinated Biphenyls（lowest risk）	1336-36-3	1.70×10^{-2}	EPI	2.43×10^{-2}	WATER9	6.27×10^{-6}	WATER9	7.81×10^{4}	EPI	7.00×10^{-1}	RSL
91	多氯联苯 77	Tetrachlorobiphenyl,3,3',4,4'-（PCB 77）	32598-13-3	3.84×10^{-4}	EPI	4.94×10^{-2}	WATER9	5.04×10^{-6}	WATER9	7.81×10^{4}	EPI	5.69×10^{-4}	EPI
92	多氯联苯 81	Tetrachlorobiphenyl,3,4,4',5-（PCB 81）	70362-50-4	9.12×10^{-3}	EPI	4.94×10^{-2}	WATER9	6.27×10^{-6}	WATER9	7.81×10^{4}	EPI	3.22×10^{-2}	EPI
93	二噁英（以TCDD2378计）	Tetrachlorodibenzo-p-dioxin,2,3,7,8-	1746-01-6	2.04×10^{-3}	EPI	4.70×10^{-2}	WATER9	6.76×10^{-6}	WATER9	2.49×10^{5}	EPI	2.00×10^{-4}	EPI
94	多溴联苯	Polybrominated Biphenyls	59536-65-1										
95	苯胺	Aniline	62-53-3	8.26×10^{-5}	EPI	8.30×10^{-2}	WATER9	1.01×10^{-5}	WATER9	70.20	EPI	3.60×10^{4}	EPI
96	溴仿	Bromoform	75-25-2	2.19×10^{-2}	EPI	3.57×10^{-2}	WATER9	1.04×10^{-5}	WATER9	31.80	EPI	3.10×10^{3}	EPI
97	2-氯酚	Chlorophenol,2-	95-57-8	4.58×10^{-4}	EPI	6.61×10^{-2}	WATER9	9.48×10^{-6}	WATER9	3.88×10^{2}	EPI	1.13×10^{4}	EPI
98	4-甲酚	Cresol,4-	106-44-5	4.09×10^{-5}	EPI	7.24×10^{-2}	WATER9	9.24×10^{-6}	WATER9	3.00×10^{2}	EPI	2.15×10^{4}	EPI
99	3,3-二氯联苯胺	Dichlorobenzidine,3,3-	91-94-1	1.16×10^{-9}	RSL	4.75×10^{-2}	WATER9	5.55×10^{-6}	WATER9	3.19×10^{3}	EPI	3.11	EPI
100	2,4-二氯酚	Dichlorophenol,2,4-	120-83-2	1.75×10^{-4}	EPI	4.86×10^{-2}	WATER9	8.68×10^{-6}	WATER9	1.47×10^{2}	EPI	5.55×10^{3}	EPI

序号	中文名	英文名	CAS 编号	H'	数据来源	D_a/（cm^2/s）	数据来源	D_w/（cm^2/s）	数据来源	K_{oc}/（cm^3/g）	数据来源	S/（mg/L）	数据来源
101	2,4-二硝基酚	Dinitrophenol,2,4-	51-28-5	3.52×10^{-6}	EPI	4.07×10^{-2}	WATER9	9.08×10^{-6}	WATER9	4.61×10^{2}	EPI	2.79×10^{3}	EPI
102	2,4-二硝基甲苯	Dinitrotoluene,2,4-	121-14-2	2.21×10^{-6}	EPI	3.75×10^{-2}	WATER9	7.90×10^{-6}	WATER9	5.76×10^{2}	EPI	2.00×10^{2}	EPI
103	六氯环戊二烯	Hexachlorocyclopentadie ne	77-47-4	1.11	EPI	2.72×10^{-2}	WATER9	7.22×10^{-6}	WATER9	1.40×10^{3}	EPI	1.80	EPI
104	五氯酚	Pentachlorophenol	87-86-5	1.00×10^{-6}	EPI	2.95×10^{-2}	WATER9	8.01×10^{-6}	WATER9	5.92×10^{2}	EPI	14.00	EPI
105	苯酚	Phenol	108-95-2	1.36×10^{-5}	EPI	8.34×10^{-2}	WATER9	1.03×10^{-5}	WATER9	1.87×10^{2}	EPI	8.28×10^{4}	EPI
106	2,4,5-三氯酚	Trichlorophenol,2,4,5-	95-95-4	6.62×10^{-5}	EPI	3.14×10^{-2}	WATER9	8.09×10^{-6}	WATER9	1.60×10^{3}	EPI	1.20×10^{3}	EPI
107	2,4,6-三氯酚	Trichlorophenol,2,4,6-	1988-6-2	1.06×10^{-4}	EPI	3.14×10^{-2}	WATER9	8.09×10^{-6}	WATER9	3.81×10^{2}	EPI	8.00×10^{2}	EPI
108	阿特拉津	Atrazine	1912-24-9	9.65×10^{-8}	EPI	2.65×10^{-2}	WATER9	6.84×10^{-6}	WATER9	2.25×10^{2}	EPI	34.70	EPI
109	敌敌畏	Dichlorvos	62-73-7	2.30×10^{-5}	EPI	2.79×10^{-2}	WATER9	7.33×10^{-6}	WATER9	54.00	EPI	8.00×10^{3}	EPI
110	乐果	Dimethoate	60-51-5	9.93×10^{-9}	EPI	2.61×10^{-2}	WATER9	6.74×10^{-6}	WATER9	12.80	EPI	2.33×10^{4}	EPI
111	硫丹	Endosulfan	115-29-7	2.66×10^{-3}	EPI	2.25×10^{-2}	WATER9	5.76×10^{-6}	WATER9	6.76×10^{3}	EPI	3.25×10^{-1}	EPI
112	草甘膦	Glyphosate	1071-83-6	8.59×10^{-11}	EPI	6.21×10^{-2}	WATER9	7.26×10^{-6}	WATER9	2.10×10^{3}	EPI	1.05×10^{4}	EPI
113	邻苯二甲酸二（2-乙基己）酯	Bis（2-ethylhexyl）phthalat e,DEHP	117-81-7	1.10×10^{-5}	EPI	1.73×10^{-2}	WATER9	4.18×10^{-6}	WATER9	1.20×10^{5}	EPI	2.70×10^{-1}	EPI
114	邻苯二甲酸丁苄酯	Butyl benzyl phthalate,BBP	85-68-7	5.15×10^{-5}	EPI	2.08×10^{-2}	WATER9	5.17×10^{-6}	WATER9	7.16×10^{3}	EPI	2.69	EPI
115	邻苯二甲酸二乙酯	Diethyl phthalate,DEP	84-66-2	2.49×10^{-5}	EPI	2.61×10^{-2}	WATER9	6.72×10^{-6}	WATER9	1.05×10^{2}	EPI	1.08×10^{3}	EPI
116	邻苯二甲酸二丁酯	Di-n-butyl phthalate,DnBP	84-74-2	7.40×10^{-5}	EPI	2.14×10^{-2}	WATER9	5.33×10^{-6}	WATER9	1.16×10^{3}	EPI	11.20	EPI
117	邻苯二甲酸二正辛酯	Di-n-octyl phthalate,DNOP	117-84-0	1.05×10^{-4}	EPI	3.56×10^{-2}	WATER9	4.15×10^{-6}	WATER9	1.41×10^{5}	EPI	2.00×10^{-2}	EPI

注：（1）H'：量纲一的亨利常数；D_a：空气中扩散系数；D_w：水中扩散系数；K_{oc}：土壤-有机碳分配系数；S：水溶解度。

（2）“EPI”代表美国环保局“化学品性质参数估算工具包（estimation program interface suite）”数据；“WATER 9”代表美国环保局“废水处理模型”（the wastewater treatment model）数据；“RSL”代表数据来自美国环保局“区域筛选值（regional screening levels）总表”污染物毒性数据（2018 年 5 月发布）。表中未包含的污染物可参考以上数据库的最新更新版本获取其参数。

（3）表中量纲一亨利常数等理化性质参数为常温条件下的参数值。

附录 C（规范性附录）

计算致癌风险和危害商的推荐模型

C.1 土壤中单一污染物致癌风险

C.1.1 经口摄入土壤途径的致癌风险采用式（C.1）计算：

$$CR_{ois} = OISER_{ca} \times C_{sur} \times SF_{o} \tag{C.1}$$

式中：CR_{ois} —— 经口摄入土壤途径的致癌风险，量纲一；

C_{sur} —— 表层土壤中污染物浓度，$mg \cdot kg^{-1}$；必须根据地块调查获得参数值。

式（C.1）中，$OISER_{ca}$ 的参数含义见式（A.1），SF_{o} 的参数含义见式（B.3）。

C.1.2 皮肤接触土壤途径的致癌风险采用式（C.2）计算：

$$CR_{dcs} = DCSER_{ca} \times C_{sur} \times SF_{d} \tag{C.2}$$

式中：CR_{dcs} —— 皮肤接触土壤途径的致癌风险，量纲一。

式（C.2）中，$DCSER_{ca}$ 的参数含义见式（A.3），SF_{d} 的参数含义见式（B.3），C_{sur} 的参数含义见式（C.1）。

C.1.3 吸入土壤颗粒物途径的致癌风险采用式（C.3）计算：

$$CR_{pis} = PISER_{ca} \times C_{sur} \times SF_{i} \tag{C.3}$$

式中：CR_{pis} —— 吸入土壤颗粒物途径的致癌风险，量纲一。

式（C.3）中，$PISER_{ca}$ 的参数含义见式（A.7），C_{sur} 的参数含义见式（C.1），SF_{i} 的参数含义见式（B.1）。

C.1.4 吸入室外空气中来自表层土壤的气态污染物途径的致癌风险采用式（C.4）计算：

$$CR_{iov1} = IOVER_{ca1} \times C_{sur} \times SF_{i} \tag{C.4}$$

式中：CR_{iov1} —— 吸入室外空气中来自表层土壤的气态污染物途径的致癌风险，量纲一。

式（C.4）中，$IOVER_{ca1}$ 的参数含义见式（A.9），C_{sur} 的参数含义见式（C.1），SF_{i} 的参数含义见式（B.1）。

C.1.5 吸入室外空气中来自下层土壤的气态污染物途径的致癌风险采用式（C.5）计算：

$$CR_{iov2} = IOVER_{ca2} \times C_{sub} \times SF_{i} \tag{C.5}$$

式中：CR_{iov2} —— 吸入室外空气中来自下层土壤的气态污染物途径的致癌风险，量纲一；

C_{sub} —— 下层土壤中污染物浓度，$mg \cdot kg^{-1}$；必须根据地块调查获得参数值。

式（C.5）中，$IOVER_{ca2}$ 的参数含义分别见式（A.10），SF_{i} 的参数含义见式（B.1）。

C.1.6 吸入室内空气中来自下层土壤的气态污染物途径的致癌风险采用式（C.6）计算：

$$CR_{iiv1} = IIVER_{ca1} \times C_{sub} \times SF_i \tag{C.6}$$

式中：CR_{iiv1} —— 吸入室内空气中来自下层土壤的气态污染物途径的致癌风险，量纲一。

式（C.6）中，$IIVER_{ca1}$ 的参数含义分别见式（A.15），C_{sub} 的参数含义见式（C.5），SF_i 的参数含义见式（B.1）。

C.1.7 土壤中单一污染物经所有暴露途径的总致癌风险采用式（C.7）计算：

$$CR_n = CR_{ois} + CR_{dcs} + CR_{pis} + CR_{iov1} + CR_{iov2} + CR_{iiv1} \tag{C.7}$$

式中：CR_n —— 土壤中单一污染物（第 n 种）经所有暴露途径的总致癌风险，量纲一。

式（C.7）中，CR_{ois}、CR_{dcs}、CR_{pis}、CR_{iov1}、CR_{iov2} 和 CR_{iiv1} 的参数含义分别见式（C.1）、式（C.2）、式（C.3）、式（C.4）、式（C.5）、式（C.6）。

C.2 土壤中单一污染物危害商

C.2.1 经口摄入土壤途径的危害商采用式（C.8）计算：

$$HQ_{ois} = \frac{OISER_{nc} \times C_{sur}}{RfD_o \times SAF} \tag{C.8}$$

式中：HQ_{ois} —— 经口摄入土壤途径的危害商，量纲一；

SAF —— 暴露于土壤的参考剂量分配系数，量纲一。

式（C.8）中，$OISER_{nc}$ 的参数含义见式（A.2），C_{sur} 的参数含义见式（C.1），RfD_o 的参数含义见式（B.4）。

C.2.2 皮肤接触土壤途径的危害商采用式（C.9）计算：

$$HQ_{dcs} = \frac{DCSER_{nc} \times C_{sur}}{RfD_d \times SAF} \tag{C.9}$$

式中：HQ_{dcs} —— 皮肤接触土壤途径的危害商，量纲一。

式（C.9）中，$DCSER_{nc}$ 的参数含义见式（A.6），C_{sur} 的参数含义见式（C.1），RfD_d 的参数含义见式（B.4），SAF 的参数含义见式（C.8）。

C.2.3 吸入土壤颗粒物途径的危害商采用式（C.10）计算：

$$HQ_{pis} = \frac{PISER_{nc} \times C_{sur}}{RfD_i \times SAF} \tag{C.10}$$

式中：HQ_{pis} —— 吸入土壤颗粒物途径的危害商，量纲一。

式（C.10）中，$PISER_{nc}$ 的参数含义见式（A.8），C_{sur} 的参数含义见式（C.1），RfD_i 的参数含义见式（B.2），SAF 的参数含义见式（C.8）。

C.2.4 吸入室外空气中来自表层土壤的气态污染物途径的危害商采用式（C.11）计算：

$$HQ_{iov1} = \frac{IOVER_{nc1} \times C_{sur}}{RfD_i \times SAF} \tag{C.11}$$

式中：HQ_{iov1} —— 吸入室外空气中来自表层土壤的气态污染物途径的危害商，量纲一。

式（C.11）中，$IOVER_{nc1}$ 的参数含义见式（A.10），C_{sur} 的参数含义见式（C.1），RfD_i 的参数含义见式（B.2），SAF 的参数含义见式（C.8）。

C.2.5 吸入室外空气中来自下层土壤的气态污染物途径的危害商采用式（C.12）计算：

$$HQ_{iov2}=\frac{IOVER_{nc2}\times C_{sub}}{RfD_i\times SAF} \tag{C.12}$$

式中：HQ_{iov2} —— 吸入室外空气中来自下层土壤的气态污染物途径的危害商，量纲一。

式（C.12）中，$IOVER_{nc2}$ 的参数含义见式（A.12），C_{sub} 的参数含义见（C.5），RfD_i 的参数含义见式（B.2），SAF 的参数含义见式（C.8）。

C.2.6 吸入室内空气中来自下层土壤的气态污染物途径的危害商采用式（C.13）计算：

$$HQ_{iiv1}=\frac{IIVER_{nc1}\times C_{sub}}{RfD_i\times SAF} \tag{C.13}$$

式中：HQ_{iiv1} —— 吸入室内空气中来自下层土壤的气态污染物途径的危害商，量纲一。

式（C.13）中，$IIVER_{nc1}$ 的参数含义见式（A.16），C_{sub} 的参数含义见（C.5），RfD_i 的参数含义见式（B.2），SAF 的参数含义见式（C.8）。

C.2.7 土壤中单一污染物经所有暴露途径的危害指数采用式（C.14）计算：

$$HI_n=HQ_{ois}+HQ_{dcs}+HQ_{pis}+HQ_{iov1}+HQ_{iov2}+HQ_{iiv1} \tag{C.14}$$

式中：HI_n —— 土壤中单一污染物（第 n 种）经所有暴露途径的危害指数，量纲一。

式（C.14）中，HQ_{ois}、HQ_{dcs}、HQ_{pis}、HQ_{iov1}、HQ_{iov2} 和 HQ_{iiv1} 的参数含义分别见式（C.8）、式（C.9）、式（C.10）、式（C.11）、式（C.12）和式（C.13）。

C.3 地下水中单一污染物致癌风险

C.3.1 吸入室外空气中来自地下水的气态污染物途径的致癌风险采用式（C.15）计算：

$$CR_{iov3}=IOVER_{ca3}\times C_{gw}\times SF_i \tag{C.15}$$

式中：CR_{iov3} —— 吸入室外空气中来自地下水的气态污染物途径的致癌风险，量纲一；

C_{gw} ——地下水中污染物浓度，$mg \cdot L^{-1}$；必须根据地块调查获得参数值。

式（C.15）中，$IOVER_{ca3}$ 的参数含义分别见式（A.13），C_{sur} 的参数含义见式（C.1），SF_i 的参数含义见式（B.1）。

C.3.2 吸入室内空气中来自地下水的气态污染物途径的致癌风险采用式（C.16）计算：

$$CR_{iiv2}=IIVER_{ca2}\times C_{gw}\times SF_i \tag{C.16}$$

式中：CR_{iiv2} —— 吸入室内空气中来自地下水的气态污染物途径的致癌风险，量纲一。

式（C.16）中，$IIVER_{ca2}$ 的参数含义见式（A.17），C_{gw} 的参数含义见式（C.15），SF_i 的参数含义见式（B.1）。

C.3.3 饮用地下水途径的致癌风险采用式（C.17）计算：

$$CR_{cgw} = CGWER_{ca} \times C_{gw} \times SF_o \tag{C.17}$$

式中：CR_{cgw} —— 饮用地下水途径的致癌风险，量纲一。

式（C.17）中，$CGWER_{ca}$ 的参数含义见式（A.19），C_{gw} 的参数含义见式（C.15），SF_o 的参数含义见式（B.4）。

C.3.4 地下水中单一污染物经所有暴露途径的总致癌风险采用式（C.18）计算：

$$CR_n = CR_{iov3} + CR_{iiv2} + CR_{cgw} \tag{C.18}$$

式中：CR_n ——地下水中单一污染物（第 n 种）经所有暴露途径的总致癌风险，量纲一。

式（C.18）中，CR_{iov3}、CR_{iiv2} 和 CR_{cgw} 的参数含义分别见式（C.15）、式（C.16）、式（C.17）。

C.4 地下水中单一污染物危害商

C.4.1 吸入室外空气中来自地下水的气态污染物途径的危害商采用式（C.19）计算：

$$HQ_{iov3} = \frac{IOVER_{nc3} \times C_{gw}}{RfD_i \times WAF} \tag{C.19}$$

式中：HQ_{iov3} —— 吸入室外空气中来自地下水的气态污染物途径的危害商，量纲一；

WAF —— 暴露于地下水的参考剂量分配比例，量纲一。

式（C.19）中，$IOVER_{nc3}$ 的参数含义分别见式（A.14），C_{gw} 的参数含义见（C.15），RfD_i 的参数含义见式（B.2）。

C.4.2 吸入室内空气中来自地下水的气态污染物途径的危害商采用式（C.20）计算：

$$HQ_{iiv2} = \frac{IIVER_{nc2} \times C_{gw}}{RfD_i \times WAF} \tag{C.20}$$

式中：HQ_{iiv2} —— 吸入室内空气中来自地下水的气态污染物途径的危害商，量纲一。

式（C.20）中，$IIVER_{nc2}$ 的参数含义分别见式（A.18），C_{gw} 的参数含义见（C.15），RfD_i 的参数含义见式（B.2），WAF 的参数含义见式（C.19）。

C.4.3 饮用地下水途径的危害商，采用式（C.21）计算：

$$HQ_{cgw} = \frac{CGWER_{nc} \times C_{gw}}{RfD_o \times WAF} \tag{C.21}$$

式中：HQC_{gw} —— 饮用地下水途径的危害商，量纲一。

式（C.21）中，$CGWER_{nc}$ 的参数含义见式（A.20），C_{gw} 的参数含义见式（C.15），RfD_o 的参数含义见式（B.4），WAF 的参数含义见式（C.19）。

C.4.4 地下水中单一污染物经所有暴露途径的危害指数采用式（C.22）计算：

$$HI_n = HQ_{iov3} + HQ_{iiv2} + HQ_{cgw} \tag{C.22}$$

式中：HI_n ——地下水中单一污染物（第 n 种）经所有暴露途径的危害指数，量纲一。

式（C.22）中，HQ_{iov3}、HQ_{iiv2}、HQ_{cgw} 的参数含义分别见式（C.19）、式（C.20）、式（C.21）。

附录 D（资料性附录）

不确定性分析推荐模型

D.1 暴露风险贡献率分析

单一污染物经不同暴露途径致癌和非致癌风险贡献率，分别采用式（D.1）和式（D.2）计算：

$$\mathrm{PCR}_i=\frac{\mathrm{CR}_i}{\mathrm{CR}_n}\times 100\% \tag{D.1}$$

$$\mathrm{PHQ}_i=\frac{\mathrm{HQ}_i}{\mathrm{HI}_n}\times 100\% \tag{D.2}$$

式（D.1）和式（D.2）中：CR_i —— 单一污染物经第 i 种暴露途径的致癌风险，量纲一；

PCR_i —— 单一污染物经第 i 种暴露途径致癌风险贡献率，量纲一；

HQ_i —— 单一污染物经第 i 种暴露途径的危害商，量纲一。

PHQ_i —— 单一污染物经第 i 种暴露途径非致癌风险贡献率，量纲一。

式（D.1）中，CR_n 的参数含义见式（C.7）；式（D.2）中，HI_n 的参数含义见式（C.14）或式（C.22）。

D.2 模型参数敏感性分析

模型参数（P）的敏感性比例，可采用式（D.3）计算：

$$\mathrm{SR}=\frac{\dfrac{X_2-X_1}{X_1}}{\dfrac{P_2-P_1}{P_1}}\times 100\% \tag{D.3}$$

式中：SR —— 模型参数敏感性比例，量纲一；

P_1 —— 模型参数 P 变化前的数值；

P_2 —— 模型参数 P 变化后的数值；

X_1 —— 按 P_1 计算的致癌风险或危害商，量纲一；

X_2 —— 按 P_2 计算的致癌风险或危害商，量纲一。

附录 E（规范性附录）

计算土壤和地下水风险控制值的推荐模型

E.1 基于致癌效应的土壤风险控制值

E.1.1 基于经口摄入土壤途径致癌效应的土壤风险控制值，采用式（E.1）计算：

$$RCVS_{ois} = \frac{ACR}{OISER_{ca} \times SF_o} \tag{E.1}$$

式中：$RCVS_{ois}$ —— 基于经口摄入途径致癌效应的土壤风险控制值，$mg \cdot kg^{-1}$；

ACR —— 可接受致癌风险，量纲一；取值为 10^{-6}。

式（E.1）中 $OISER_{ca}$ 的参数含义见式（A.1），SF_o 的参数含义见式（B.3）。

E.1.2 基于皮肤接触土壤途径致癌效应的土壤风险控制值，采用式（E.2）计算：

$$RCVS_{dcs} = \frac{ACR}{DCSER_{ca} \times SF_d} \tag{E.2}$$

式中：$RCVS_{dcs}$ —— 基于皮肤接触途径致癌效应的土壤风险控制值，$mg \cdot kg^{-1}$。

式（E.2）中，ACR 的参数含义见式（E.1），$DCSER_{ca}$ 的参数含义见式（A.3），SF_d 的参数含义见式（B.3）。

E.1.3 基于吸入土壤颗粒物途径致癌效应的土壤风险控制值，采用式（E.3）计算：

$$RCVS_{pis} = \frac{ACR}{PISER_{ca} \times SF_i} \tag{E.3}$$

式中：$RCVS_{pis}$ —— 基于吸入土壤颗粒物途径致癌效应的土壤风险控制值，$mg \cdot kg^{-1}$。

式（E.3）中，ACR 的参数含义见式（E.1），$PISER_{ca}$ 的参数含义见式（A.7），SF_i 的参数含义见式（B.1）。

E.1.4 基于吸入室外空气中来自表层土壤的气态污染物途径致癌效应的土壤风险控制值，采用式（E.4）计算：

$$RCVS_{iov1} = \frac{ACR}{IOVER_{ca1} \times SF_i} \tag{E.4}$$

式中：$RCVS_{iov1}$ —— 基于吸入室外空气中来自表层土壤的气态污染物途径致癌效应的土壤风险控制值，$mg \cdot kg^{-1}$。

式（E.4）中，ACR 的参数含义见式（E.1），$IOVER_{ca1}$ 的参数含义见式（A.9），SF_i 的参数含义见式（B.1）。

E.1.5 基于吸入室外空气中来自下层土壤的气态污染物途径致癌效应的土壤风险控制值，

采用式（E.5）计算：

$$RCVS_{iov2} = \frac{ACR}{IOVER_{ca2} \times SF_i} \quad (E.5)$$

式中：$RCVS_{iov2}$ —— 基于吸入室外空气中来自下层土壤的气态污染物途径致癌效应的土壤风险控制值，$mg \cdot kg^{-1}$。

式（E.5）中，ACR 的参数含义见式（E.1），$IOVER_{ca2}$ 的参数含义见式（A.10），SF_i 的参数含义见式（B.1）。

E.1.6 基于吸入室内空气中来自下层土壤的气态污染物途径致癌效应的土壤风险控制值，根据式（E.6）计算：

$$RCVS_{iiv} = \frac{ACR}{IIVER_{ca1} \times SF_i} \quad (E.6)$$

式中：$RCVS_{iiv}$ —— 基于吸入室内空气中来自下层土壤的气态污染物途径致癌效应的土壤风险控制值，$mg \cdot kg^{-1}$。

式（E.6）中，ACR 的参数含义见式（E.1），$IIVER_{ca1}$ 的参数含义见式（A.15），SF_i 的参数含义见式（B.1）。

E.1.7 基于 6 种土壤暴露途径综合致癌效应的土壤风险控制值，采用式（E.7）计算：

$$RCVS_n = \frac{ACR}{OISER_{ca} \times SF_0 + DCSER_{ca} \times SF_d + (PISER_{ca} + IOVER_{ca1} + IVOER_{ca2} + IIVER_{ca1}) \times SF_i} \quad (E.7)$$

式中：$RCVS_n$ —— 单一污染物（第 n 种）基于 6 种土壤暴露途径综合致癌效应的土壤风险控制值，$mg \cdot kg^{-1}$。

式（E.7）中，ACR 的参数含义见式（E.1），$OISER_{ca}$、$DCSER_{ca}$、$PISER_{ca}$、$IOVER_{ca1}$、$IOVER_{ca2}$ 和 $IIVER_{ca1}$ 的参数含义分别见式（A.1）、式（A.3）、式（A.7）、式（A.9）、式（A.10）和式（A.15），SF_o 和 SF_d 的参数含义见式（B.3），SF_i 的参数含义见式（B.1）。

E.2 基于非致癌风险的土壤风险控制值

E.2.1 基于经口摄入土壤途径非致癌效应的土壤风险控制值，采用式（E.8）计算：

$$HCVS_{ois} = \frac{RfD_o \times SAF \times AHQ}{OISER_{nc}} \quad (E.8)$$

式中：$HCVS_{ois}$ —— 基于经口摄入土壤途径非致癌效应的土壤风险控制值，$mg \cdot kg^{-1}$；

AHQ —— 可接受危害商，量纲一；取值为 1。

式（E.8）中，RfD_o 的参数含义见式（B.4），$OISER_{nc}$ 的参数含义见式（A.2），SAF 的参数含义见式（C.8）。

E.2.2 基于皮肤接触土壤途径非致癌效应的土壤风险控制值，采用式（E.9）计算：

$$HCVS_{dcs}=\frac{RfD_d\times SAF\times AHQ}{DCSER_{nc}} \tag{E.9}$$

式中：$HCVS_{dcs}$ —— 基于皮肤接触土壤途径非致癌效应的土壤风险控制值，$mg\cdot kg^{-1}$。

式（E.9）中，AHQ 的参数含义见式（E.8），$DCSER_{nc}$ 的参数含义见式（A.6），RfD_d 的参数含义见式（B.4），SAF 的参数含义见式（C.8）。

E.2.3　基于吸入土壤颗粒物途径非致癌效应的土壤风险控制值，采用式（E.10）计算：

$$HCVS_{pis}=\frac{RfD_i\times SAF\times AHQ}{PISER_{nc}} \tag{E.10}$$

式中：$HCVS_{pis}$ —— 基于吸入土壤颗粒物途径非致癌效应的土壤风险控制值，$mg\cdot kg^{-1}$。

式（E.10）中，RfD_i 的参数含义见式（B.2），AHQ 的参数含义见式（E.8），$PISER_{nc}$ 的参数含义见式（A.8），SAF 的参数含义见式（C.8）。

E.2.4　基于吸入室外空气中来自表层土壤的气态污染物途径非致癌效应的土壤风险控制值，采用式（E.11）计算：

$$HCVS_{iov1}=\frac{RfD_i\times SAF\times AHQ}{IOVER_{nc1}} \tag{E.11}$$

式中：$HCVS_{iov1}$ —— 基于吸入室外空气中来自表层土壤的气态污染物途径非致癌效应的土壤风险控制值，$mg\cdot kg^{-1}$。

式（E.11）中，RfD_i 的参数含义见式（B.2），AHQ 的参数含义见式（E.8），$IOVER_{nc1}$ 的参数含义分别见式（A.10），SAF 的参数含义见式（C.8）。

E.2.5　基于吸入室外空气中来自下层土壤的气态污染物途径非致癌效应的土壤风险控制值，采用式（E.12）计算：

$$HCVS_{iov2}=\frac{RfD_i\times SAF\times AHQ}{IOVER_{nc2}} \tag{E.12}$$

式中：$HCVS_{iov2}$ —— 基于吸入室外空气中来自下层土壤的气态污染物途径非致癌效应的土壤风险控制值，$mg\cdot kg^{-1}$。

式（E.12）中，RfD_i 的参数含义见式（B.2），AHQ 的参数含义见式（E.8），$IOVER_{nc2}$ 的参数含义见式（A.12），SAF 的参数含义见式（C.8）。

E.2.6　基于吸入室内空气中来自下层土壤的气态污染物途径非致癌效应的土壤风险控制值，采用式（E.13）计算：

$$HCVS_{iiv}=\frac{RfD_i\times SAF\times AHQ}{IIVER_{nc1}} \tag{E.13}$$

式中：$HCVS_{iiv}$ —— 基于吸入室内空气中来自下层土壤的气态污染物途径非致癌效应的土壤风险控制值，$mg\cdot kg^{-1}$。

式（E.12）中，RfD_i 的参数含义见式（B.2），AHQ 的参数含义见式（E.8），$IIVER_{nc1}$

的参数含义见式（A.16）。

E.2.7 基于 6 种土壤暴露途径综合非致癌效应的土壤风险控制值，采用式（E.14）计算：

$$HCVS_n=\frac{AHQ\times SAF}{\frac{OISER_{nc}}{RfD_o}+\frac{DCSER_{nc}}{RfD_d}+\frac{PISER_{nc}+IOVER_{nc1}+IOVER_{nc2}+IIVER_{nc1}}{RfD_i}} \tag{E.14}$$

式中：$HCVS_n$ —— 单一污染物（第 n 种）基于 6 种土壤暴露途径综合非致癌效应的土壤风险控制值，$mg\cdot kg^{-1}$。

式（E.14）中，AHQ 的参数含义见式（E.8），$OISER_{nc}$、$DCSER_{nc}$、$PISER_{nc}$、$IOVER_{nc1}$、$IIVER_{nc1}$ 的参数含义分别见式（A.2）、式（A.6）、式（A.8）、式（A.12）和式（A.17），RfD_o 和 RfD_d 的参数含义见式（B.4），RfD_i 的参数含义见式（B.2），SAF 的参数含义见式（C.8）。

E.3 保护地下水的土壤风险控制值

保护地下水的土壤风险控制值可采用式（E.15）计算：

$$CVS_{pgw}=\frac{MCL_{gw}}{LF_{sgw}} \tag{E.15}$$

式中：CVS_{pgw} —— 保护地下水的土壤风险控制值，$mg\cdot kg^{-1}$；

MCL_{gw} ——地下水中污染物的最大浓度限值，$mg\cdot L^{-1}$；取值参照 GB/T 14848；

LF_{sgw} —— 土壤中污染物进入地下水的淋溶因子，$kg\cdot L^{-1}$；根据附录 F 式（F.30）计算。

E.4 基于致癌风险的地下水风险控制值

E.4.1 基于吸入室外空气中来自地下水的气态污染物途径致癌效应的地下水风险控制值，采用式（E.16）计算：

$$RCVG_{iov}=\frac{ACR}{IOVER_{ca3}\times SF_i} \tag{E.16}$$

式中：$RCVG_{iov}$ —— 基于吸入室外空气中来自地下水的气态污染物途径致癌效应的地下水风险控制值，$mg\cdot L^{-1}$。

式（E.16）中，ACR 的参数含义见式（E.1），$IOVER_{ca3}$ 的参数含义见式（A.13），SF_i 的参数含义见式（B.1）。

E.4.2 基于吸入室内空气中来自地下水的气态污染物途径致癌效应的地下水风险控制值，根据式（E.17）计算：

$$RCVG_{iiv}=\frac{ACR}{IIVER_{ca2}\times SF_i} \tag{E.17}$$

式中：$RCVG_{iiv}$ —— 基于吸入室内空气中来自地下水的气态污染物途径致癌效应的地下水风险控制值，$mg\cdot L^{-1}$。

式（E.17）中，ACR 的参数含义见式（E.1），$IIVER_{ca2}$ 的参数含义见式（A.17），SF_i 的参数含义见式（B.1）。

E.4.3 基于饮用地下水途径致癌效应的地下水风险控制值，根据式（E.18）计算：

$$RCVG_{cgw}=\frac{ACR}{CGWER_{ca}\times SF_o} \tag{E.18}$$

式中：$RCVG_{cgw}$ —— 基于饮用地下水途径致癌效应的地下水风险控制值，$mg\cdot L^{-1}$。

式（E.18）中，ACR 的参数含义见式（E.1），$CGWER_{ca}$ 的参数含义见式（A.19），SF_o 的参数含义见式（B.3）。

E.4.4 基于 3 种地下水暴露途径综合致癌效应的地下水风险控制值，采用式（E.19）计算：

$$RCVG_n=\frac{ACR}{(IOVER_{ca3}+IIVER_{ca2})\times SF_i+CGWER_{ca}\times SF_o} \tag{E.19}$$

式中：$RCVG_n$ —— 单一污染物（第 n 种）基于 3 种地下水暴露途径综合致癌效应的地下水风险控制值，$mg\cdot L^{-1}$。

式（E.19）中，ACR 的参数含义见式（E.1），$IOVER_{ca3}$ 和 $IIVER_{ca2}$ 的参数含义分别见式（A.11）和式（A.16），SF_o 的参数含义见式（B.3），SF_i 的参数含义见式（B.1）。$CGWER_{ca}$ 的参数含义见式（A.19）。

E.5 基于非致癌风险的地下水风险控制值

E.5.1 基于吸入室外空气中来自地下水的气态污染物途径非致癌效应的地下水风险控制值，采用式（E.20）计算：

$$HCVG_{iov}=\frac{RfD_i\times WAF\times AHQ}{IOVER_{nc3}} \tag{E.20}$$

式中：$HCVG_{iov}$ —— 基于吸入室外空气中来自地下水的气态污染物途径非致癌效应的地下水风险控制值，$mg\cdot L^{-1}$。

式（E.20）中，RfD_i 的参数含义见式（B.2），AHQ 的参数含义见式（E.8），$IOVER_{nc3}$ 的参数含义见式（A.14），WAF 的参数含义见式（C.21）。

E.5.2 基于吸入室内空气中来自地下水的气态污染物途径非致癌效应的地下水风险控制值，采用式（E.21）计算：

$$HCVG_{iiv}=\frac{RfD_i\times WAF\times AHQ}{IIVER_{nc2}} \tag{E.21}$$

式（E.21）中：$HCVG_{iiv}$ —— 基于吸入室内空气中来自地下水的气态污染物途径非致癌效应的地下水风险控制值，$mg\cdot L^{-1}$。

式（E.21）中，RfD_i 的参数含义见式（B.2），AHQ 的参数含义见式（E.8），WAF 的参数含义见式（C.21），$IIVER_{nc2}$ 的参数含义见式（A.18）。

E.5.3 基于饮用地下水途径非致癌效应的地下水风险控制值，采用式（E.22）计算：

$$HCVG_{cgw}=\frac{RfD_o \times WAF \times AHQ}{CGWER_{nc}} \tag{E.22}$$

式中：$HCVG_{cgw}$ —— 基于饮用地下水途径非致癌效应的地下水风险控制值，$mg \cdot L^{-1}$。

式（E.22）中，$CGWER_{nc}$ 的参数含义见式（A.20），RfD_o 的参数含义见式（B.4），AHQ 的参数含义的参数见式（E.8），WAF 的参数含义见式（C.21）。

E.5.4 基于 3 种地下水暴露途径综合非致癌效应的地下水风险控制值，采用式（E.23）计算：

$$HCVG_n=\frac{AHQ \times WAF}{\dfrac{IOVER_{nc3}+IIVER_{nc2}}{RfD_i}+\dfrac{CGWER_{nc}}{RfD_o}} \tag{E.23}$$

式中：$HCVG_n$ —— 单一污染物（第 n 种）基于 3 种地下水暴露途径综合非致癌效应的地下水风险控制值，$mg \cdot L^{-1}$。

式（E.23）中，AHQ 的参数含义见式（E.8），WAF 的参数含义见式（C.21），$IOVER_{nc3}$、$IIVER_{nc2}$ 的参数含义分别见式（A.14）和式（A.18），RfD_o 参数含义见式（B.4），RfD_i 的参数含义见式（B.2），$CGWER_{nc}$ 的参数含义见式（A.20）。

附录 F（规范性附录）

污染物扩散迁移推荐模型

进入土壤中的污染物可在土壤液相、气相和固相分配并达到平衡。表层、下层土壤及地下水中的挥发性污染物可扩散进入室外空气，下层土壤和地下水中挥发性污染物可扩散进入室内空气，土壤中污染物可淋溶、迁移进入地下水。以下给出了土壤和地下水中污染物扩散迁移的相关模型。

F.1 气态污染物有效扩散系数计算模型

F.1.1 土壤中气态污染物的有效扩散系数，采用式（F.1）计算：

$$D_{S}^{eff}=D_{a}\times\frac{\theta_{as}^{3.33}}{\theta^{2}}+D_{w}\times\frac{\theta_{ws}^{3.33}}{H'\times\theta^{2}} \quad (F.1)$$

式中：D_{s}^{eff}—— 土壤中气态污染物的有效扩散系数，$cm^2 \cdot s^{-1}$；

D_a—— 空气中扩散系数，$cm^2 \cdot s^{-1}$；推荐值见附录 B 表 B.2；

D_w—— 水中扩散系数，$cm^2 \cdot s^{-1}$；推荐值见附录 B 表 B.2；

H'—— 量纲一亨利常数，$cm^3 \cdot cm^{-3}$；推荐值见附录 B 表 B.2；

θ—— 非饱和土层土壤中总孔隙体积比，量纲一；根据式（F.2）计算；

θ_{ws}—— 非饱和土层土壤中孔隙水体积比，量纲一；根据式（F.3）计算；

θ_{as}—— 非饱和土层土壤中孔隙空气体积比，量纲一；根据式（F.4）计算。

式（F.1）中，θ、θ_{ws}和θ_{as}，分别采用式（F.2）、式（F.3）和式（F.4）计算：

$$\theta=1-\frac{\rho_{b}}{\rho_{s}} \quad (F.2)$$

$$\theta_{ws}=\frac{\rho_{b}\times P_{ws}}{\rho_{w}} \quad (F.3)$$

$$\theta_{as}=\theta-\theta_{ws} \quad (F.4)$$

式（F.2）、式（F.3）和式（F.4）中：ρ_b—— 土壤容重，$kg \cdot dm^{-3}$；推荐值见附录 G 表 G.1；

ρ_s—— 土壤颗粒密度，$kg \cdot dm^{-3}$，推荐值见附录 G 表 G.1；

P_{ws}—— 土壤含水率，kg 水$\cdot kg^{-1}$ 土壤；推荐值见附录 G 表 G.1；

ρ_w—— 水的密度，1 $kg \cdot dm^{-3}$。

式（F.2）中θ、式（F.3）中θ_{ws}和式（F.4）中θ_{as}的参数含义见式（F.1）。

F.1.2　气态污染物在地基与墙体裂隙中的有效扩散系数，采用式（F.5）计算：

$$D_{\text{crack}}^{\text{eff}} = D_{\text{a}} \times \frac{\theta_{\text{acrack}}^{3.33}}{\left(\theta_{\text{acrack}} + \theta_{\text{wcrack}}\right)^2} + D_{\text{w}} \times \frac{\theta_{\text{wcrack}}^{3.33}}{H' \times \left(\theta_{\text{acrack}} + \theta_{\text{wcrack}}\right)^2} \tag{F.5}$$

式中：$D_{\text{crack}}^{\text{eff}}$ —— 气态污染物在地基与墙体裂隙中的有效扩散系数，$\text{cm}^2 \cdot \text{s}^{-1}$　；

θ_{acrack}——地基裂隙中空气体积比，量纲一；推荐值见附录 G 表 G.1；

θ_{wcarck}——地基裂隙中水体积比，量纲一；推荐值见附录 G 表 G.1。

式（F.5）中，D_{a}、D_{w}、θ和 H'的参数含义见式（F.1）。

F.1.3　毛细管层中气态污染物的有效扩散系数，采用式（F.6）计算：

$$D_{\text{cap}}^{\text{eff}} = D_{\text{a}} \times \frac{\theta_{\text{acap}}^{3.33}}{\left(\theta_{\text{acap}} + \theta_{\text{wcap}}\right)^2} + D_{\text{w}} \times \frac{\theta_{\text{acap}}^{3.33}}{H' \times \left(\theta_{\text{acap}} + \theta_{\text{wcap}}\right)^2} \tag{F.6}$$

式中：$D_{\text{cap}}^{\text{eff}}$ —— 毛细管层中气态污染物的有效扩散系数，$\text{cm}^2 \cdot \text{s}^{-1}$；

θ_{acap} —— 毛细管层土壤中孔隙空气体积比，量纲一；推荐值见附录 G 表 G.1；

θ_{wcap} —— 毛细管层土壤中孔隙水体积比，量纲一；推荐值见附录 G 表 G.1。

式（F.6）中，D_{a}、D_{w}、θ和 H'的参数含义见式（F.1）。

F.1.4　气态污染物从地下水到表层土壤的有效扩散系数，采用式（F.7）计算：

$$D_{\text{gws}}^{\text{eff}} = \frac{L_{\text{gw}}}{\dfrac{h_{\text{cap}}}{D_{\text{cap}}^{\text{eff}}} + \dfrac{h_v}{D_{\text{s}}^{\text{eff}}}} \tag{F.7}$$

式中：$D_{\text{gws}}^{\text{eff}}$ ——地下水到表层土壤的有效扩散系数，$\text{cm}^2 \cdot \text{s}^{-1}$；

h_{cap}——地下水土壤交界处毛细管层厚度，cm；推荐值见附录 G 表 G.1；

h_v —— 非饱和土层厚度，cm；优先根据地块调查数据确定，推荐值见附录 G 表 G.1；

L_{gw}——地下水埋深，cm；必须根据地块调查获得参数值。

式（F.7）中，$D_{\text{cap}}^{\text{eff}}$ 的参数含义见式（F.6），$D_{\text{s}}^{\text{eff}}$ 的参数含义见式（F.1）。

F.1.5　土壤-水中污染物分配系数，采用式（F.8）计算：

$$K_{\text{sw}} = \frac{\theta_{\text{ws}} + K_{\text{d}} \times \rho_{\text{b}} + H' \times \theta_{\text{as}}}{\rho_{\text{b}}} \tag{F.8}$$

式中：K_{sw} —— 土壤-水中污染物分配系数，$\text{cm}^3 \cdot \text{g}^{-1}$；

K_{d} —— 土壤固相-水中污染物分配系数，$\text{cm}^3 \cdot \text{g}^{-1}$；

式（F.8）中，θ_{ws}、θ_{as}、H'的参数含义见式（F.1），ρ_{b} 的参数含义见式（F.2）。

式（F.8）中的 K_{d} 和 f_{oc} 分别采用式（F.9）和式（F.10）计算：

$$K_{\text{d}} = K_{\text{oc}} \times f_{\text{oc}} \tag{F.9}$$

$$f_{\text{oc}} = \frac{f_{\text{om}}}{1.7 \times 1\,000} \tag{F.10}$$

式（F.9）和式（F.10）中：K_{oc} —— 土壤有机碳/土壤孔隙水分配系数，L·kg^{-1}；推荐值见附录 B 表 B.2；

f_{oc} —— 土壤有机碳质量分数，量纲一，根据式（F.10）计算；

f_{om} —— 土壤有机质含量，g·kg^{-1}；根据地块调查获得参数值。

式（F.9）中 K_{d} 的参数含义见式（F.8）。

F.1.6 室外空气中气态污染物扩散因子，采用式（F.11）计算：

$$DF_{\text{oa}} = \frac{U_{\text{air}} \times W \times \delta_{\text{air}}}{A} \tag{F.11}$$

式中：DF_{oa} —— 室外空气中气态污染物扩散因子，（$\text{g·cm}^{-2}\text{·s}^{-1}$）/（$\text{g·cm}^{-3}$）；

Uair —— 混合区大气流速风速，cm·s^{-1}；

A —— 污染源区面积，cm^2；

W —— 污染源区宽度，cm^2；

δ_{air} —— 混合区高度，cm。

F.1.7 室内空气中气态污染物扩散因子采用式（F.12）计算：

$$\text{DF}_{\text{ia}} = L_{\text{B}} \times \text{ER} \times \frac{1}{86\,400} \tag{F.12}$$

式中：DF_{ia} —— 室内空气中气态污染物扩散因子，（$\text{g·cm}^{-2}\text{·s}^{-1}$）/（$\text{g·cm}^{-3}$）；

ER —— 室内空气交换速率，次·d^{-1}；推荐值见附录 G 表 G.1；

L_{B} —— 室内空间体积与气态污染物入渗面积比，cm；推荐值见附录 G 表 G.1；

86 400 —— 时间单位转换系数，86 400 s·d^{-1}。

F.1.8 流经地下室地板裂隙的对流空气流速，采用式（F.13）和式（F.14）计算：

$$Q_{\text{s}} = \frac{2 \times \pi \times \text{dP} \times K_v \times X_{\text{crack}}}{\mu_{\text{air}} \times \ln\left(\dfrac{2 \times Z_{\text{crack}}}{R_{\text{crack}}}\right)} \tag{F.13}$$

$$R_{\text{crack}} = \frac{A_{\text{b}} \times \eta}{X_{\text{crack}}} \tag{F.14}$$

式（F.13）和（F.14）中：Q_{s} —— 流经地下室地板裂隙的对流空气流速，$\text{cm}^3\text{·s}^{-1}$；

π —— 圆周率常数，3.141 59；

dP —— 室内和室外大气压力差，$\text{g·cm}^{-1}\text{·s}^{-2}$；

k_v —— 土壤透性系数，cm^2；

X_{crack} ——地下室内地板（裂隙）周长，cm；

μ_{air} —— 空气粘滞系数，$1.81 \times 10^{-4}\ \text{g·cm}^{-1}\text{·s}^{-1}$；

Z_{crack} ——地下室地面到地板底部厚度，cm；

R_{crack} —— 室内裂隙宽度，cm；
A_b ——地下室内地板面积，cm^2；
η ——地基和墙体裂隙表面积占室内地表面积比例，量纲一；推荐值见附录 G 表 G.1。

F.2 污染物扩散进入室外空气的挥发因子计算模型

F.2.1 表层土壤中污染物扩散进入室外空气的挥发因子，采用式（F.15）、式（F.16）和式（F.17）计算确定：

$$\mathrm{VF_{suroa1}} = \frac{\rho_b}{\mathrm{DF_{oa}}} \times \sqrt{\frac{4 \times D_s^{eff} \times H'}{\pi \times \tau \times 31\,536\,000 \times K_{sw} \times \rho_b}} \times 10^3 \tag{F.15}$$

$$\mathrm{VF_{suroa2}} = \frac{d \times \rho_b}{\mathrm{DF_{oa}} \times \tau \times 31\,536\,000} \times 10^3 \tag{F.16}$$

$$\mathrm{VF_{suroa}} = \mathrm{MIN}\left(\mathrm{VF_{suroa1}},\ \mathrm{VF_{suroa2}}\right) \tag{F.17}$$

式（F.15）、式（F.16）和式（F.17）中：

$\mathrm{VF_{suroa1}}$ —— 表层土壤中污染物扩散进入室外空气的挥发因子（算法一），$kg \cdot m^{-3}$；
$\mathrm{VF_{suroa2}}$ —— 表层土壤中污染物扩散进入室外空气的挥发因子（算法二），$kg \cdot m^{-3}$；
$\mathrm{VF_{suroa}}$ —— 表层土壤中污染物扩散进入室外空气的挥发因子（算法一和算法二中的较小值），$kg \cdot m^{-3}$；
τ —— 气态污染物入侵持续时间，a；推荐值见附录 G 表 G.1；
d —— 表层污染土壤层厚度，cm；必须根据地块调查获得参数值；
31 536 000 —— 时间单位转换系数，31 536 000 $s \cdot a^{-1}$。

式（F.15）、（F.16）和式（F.17）中，D_s^{eff} 和 H'的参数含义见式（F.1），ρ_b 的参数含义见式（F.2），K_{sw} 的参数含义见式（F.8），$\mathrm{DF_{oa}}$ 的参数含义见式（F.11）。

F.2.2 下层土壤中污染物扩散进入室外空气的挥发因子，采用式（F.18）、式（F.19）和式（F.20）计算：

$$\mathrm{VF_{suboa1}} = \frac{1}{\left(1 + \frac{\mathrm{DF_{oa}} \times L_s}{D_s^{eff}}\right) \times \frac{K_{sw}}{H'}} \times 10^3 \tag{F.18}$$

如下层污染土壤厚度已知，污染物进入室外空气的挥发因子采用式（F.19）计算：

$$\mathrm{VF_{suboa2}} = \frac{d_{sub} \times \rho_b}{\mathrm{DF_{oa}} \times \tau \times 31\,536\,000} \times 10^3 \tag{F.19}$$

$$\mathrm{VF_{suboa}} = \mathrm{MIN}\left(\mathrm{VF_{suboa1}},\ \mathrm{VF_{suboa2}}\right) \tag{F.20}$$

式（F.18）、式（F.19）和式（F.20）中：

VF_{suboa1} —— 下层土壤中污染物扩散进入室外空气的挥发因子（算法一），$kg \cdot m^{-3}$；
VF_{suboa2} —— 下层土壤中污染物扩散进入室外空气的挥发因子（算法二），$kg \cdot m^{-3}$；
VF_{suboa} —— 下层土壤中污染物扩散进入室外空气的挥发因子（算法一和算法二中的较小值），$kg \cdot m^{-3}$；
L_s —— 下层污染土壤上表面到地表距离，cm；必须根据地块调查获得参数值；
d_{sub} —— 下层污染土壤厚度，cm。

式（F.18）、式（F.19）和式（F.20）中，D_s^{eff} 和 H′的参数含义见式（F.1），ρ_b 的参数含义见式（F.2），K_{sw} 的参数含义见式（F.8），DF_{oa} 的参数含义见式（F.11），τ 的参数含义见式（F.15）。

F.2.3 地下水中污染物扩散进入室外空气的挥发因子，采用式（F.21）计算：

$$VF_{gwoa} = \frac{1}{\left(1 + \dfrac{DF_{oa} \times L_{gw}}{D_{gws}^{eff}}\right) \times \dfrac{1}{H'}} \times 10^3 \tag{F.21}$$

VF_{gwoa} ——地下水中污染物扩散进入室外空气的挥发因子，$L \cdot m^{-3}$。

式（F.21）中，H′的参数含义见式（F.1），D_{gws}^{eff} 的参数含义见式（F.7），DF_{oa} 的参数含义见式（F.11），L_{gw} 的参数含义见式（F.7）。

F.3 污染物扩散进入室内空气的挥发因子计算模型

F.3.1 建筑物下方土壤中污染物进入室内空气的挥发因子，采用式（F.22）、式（F.23）、式（F.24）、式（F.25）和式（F.26）计算：

Q_s=0 时，

$$VF_{subia1} = \frac{1}{\dfrac{K_{sw}}{H'} \times \left(1 + \dfrac{D_s^{eff}}{DF_{ia} \times L_s} + \dfrac{D_s^{eff} \times L_{crack}}{D_{crack}^{eff} \times L_s \times \eta}\right) \times \dfrac{DF_{ia}}{D_s^{eff}} \times L_s} \times 10^3 \tag{F.22}$$

$Q_s > 0$ 时，

$$VF_{subia1} = \frac{1}{\dfrac{K_{sw}}{H'} \times \left(e^{\xi} + \dfrac{D_s^{eff}}{DF_{ia} \times L_s} + \dfrac{D_s^{eff} \times A_b}{Q_s \times L_s} \times \left(e^{\xi} - 1\right)\right) \times \dfrac{DF_{ia} \times L_s}{D_s^{eff} \times e^{\xi}}} \times 10^3 \tag{F.23}$$

$$\xi = \frac{Q_s \times L_{crack}}{A_b \times D_{crack}^{eff} \times \eta} \tag{F.24}$$

如下层污染土壤厚度已知，污染物进入室内空气的挥发因子采用式（F.25）计算：

$$VF_{subia2} = \frac{d_{sub} \times \rho_b}{DF_{ia} \times \tau \times 31\,536\,000} \times 10^3 \tag{F.25}$$

$$VF_{subia}=MIN\left(VF_{subia1},\ VF_{subia2}\right) \tag{F.26}$$

式（F.22）、式（F.23）、式（F.24）、式（F.25）和式（F.26）中：

VF_{subia1} —— 下层土壤中污染物扩散进入室内空气的挥发因子（算法一），$kg{\cdot}m^{-3}$；

VF_{subia2} —— 下层土壤中污染物扩散进入室内空气的挥发因子（算法二），$kg{\cdot}m^{-3}$；

VF_{subia} —— 下层土壤中污染物扩散进入室内空气的挥发因子（算法一和算法二中的较小值），$kg{\cdot}m^{-3}$；

L_{crack} —— 室内地基或墙体厚度，cm；推荐值见附录 G 表 G.1；

ξ —— 土壤污染物进入室内挥发因子计算过程参数；

31 536 000 —— 时间单位转换系数，31 536 000 $s{\cdot}a^{-1}$。

式（F.14）中，H′、D_s^{eff} 的参数含义见式（F.1），ρ_b 的参数含义见式（F.2），D_{crack}^{eff} 的参数含义见式（F.5），K_{sw} 的参数含义见式（F.8），DF_{ia} 的参数含义见式（F.12），Q_s 的参数含义见式（F.13），A_b 和η的参数含义见式（F.14），τ 的参数含义见式（F.15），L_s 的参数含义见式（F.18），d_{sub} 的参数含义见式（F.19）。

F.3.2 地下水中污染物进入室内空气的挥发因子采用式（F.27）或式（F.28）计算：

Q_s=0 时，

$$VF_{gwia}=\frac{1}{\frac{1}{H'}\times\left(1+\frac{D_{gws}^{eff}}{DF_{ia}\times L_{gw}}+\frac{D_{gws}^{eff}\times L_{crack}}{D_{crack}^{eff}\times L_{gw}\times\eta}\right)\times\frac{DF_{ia}}{D_{gws}^{eff}}\times L_{gw}}\times10^3 \tag{F.27}$$

Q_s>0 时，

$$VF_{gwia}=\frac{1}{\frac{1}{H'}\times\left(e^{\xi}+\frac{D_{gws}^{eff}}{DF_{ia}\times L_{gw}}+\frac{D_{gws}^{eff}\times A_b}{Q_s\times L_{gw}}\times\left(e^{\xi}-1\right)\right)\times\frac{DF_{ia}\times L_{gw}}{D_{gws}^{eff}\times e^{\xi}}}\times10^3 \tag{F.28}$$

式（F.27）和式（F.28）中：

VF_{gwia}——地下水中污染物扩散进入室内空气的挥发因子，$kg{\cdot}m^{-3}$。

式（F.27）和（F.28）中，H'的参数含义见式（F.1），D_{crack}^{eff} 的参数含义见式（F.5），L_{gw} 和 D_{gws}^{eff} 的参数含义见式（F.7），DF_{ia} 的参数含义见式（F.12），Q_s 的参数含义见式（F.13），A_b 和η的参数含义见式（F.14），L_{crack} 的参数含义见式（F.22），ξ的参数含义见式（F.24）。

F.4 污染物迁移进入地下水的淋溶因子计算模型

土壤中污染物迁移进入地下水的淋溶因子，采用式（F.29）、式（F.30）、式（F.31）

和式（F.32）计算：

$$LF_{sgw1}=\frac{LF_{spw\text{-}gw}}{K_{sw}} \tag{F.29}$$

$$LF_{spw\text{-}gw}=\frac{1}{1+\frac{U_{gw}\times\delta_{gw}}{I\times W}} \tag{F.30}$$

如下层污染土壤厚度已知，污染物迁移进入地下水的淋溶因子采用式（F.32）计算：

$$LF_{sgw2}=\frac{d_{sub}\times\rho_b}{I\times\tau} \tag{F.31}$$

$$LF_{sgw}=\mathrm{MIN}\left(LF_{sgw1},\ LF_{sgw2}\right) \tag{F.32}$$

式（F.29）、式（F.30）、式（F.31）和式（F.32）中：

LF_{sgw1} —— 土壤中污染物迁移进入地下水的淋溶因子（算法一），$kg\cdot m^{-3}$；

$LF_{spw\text{-}gw}$ —— 土壤孔隙水中污染物迁移进入地下水的淋溶因子（土壤孔隙水与地下水中污染物浓度的比值），量纲一；

LF_{sgw2} —— 土壤中污染物迁移进入地下水的淋溶因子（算法二），$kg\cdot m^{-3}$；

LF_{sgw} —— 土壤中污染物迁移进入地下水的淋溶因子（算法一和算法二中的较小值），$kg\cdot m^{-3}$；

U_{gw} ——地下水的达西（Darcy）速率，$cm\cdot a^{-1}$，推荐值见附录 G 表 G.1；

δ_{gw} ——地下水混合区厚度，cm，推荐值见附录 G 表 G.1；

I —— 土壤中水的渗透速率，$cm\cdot a^{-1}$；推荐值见附录 G 表 G.1。

式（F.29）、式（F.30）、式（F.31）和式（F.32）中，ρ_b 的参数含义见式（F.2），K_{sw} 的参数含义见式（F.8），W 的参数含义见式（F.11），τ 的参数含义见式（F.15），d_{sub} 的参数含义见式（F.19）。

附录 G（资料性附录）

风险评估模型参数推荐值

表 G.1　风险评估模型参数及推荐值

参数符号	参数名称	单位	第一类用地推荐值	第二类用地推荐值
C_{sur}	表层土壤中污染物浓度 concentrations of contaminants in surface soil	$mg \cdot kg^{-1}$	—	—
C_{sub}	下层土壤中污染物浓度 concentrations of contaminants in subsurface soil	$mg \cdot kg^{-1}$	—	—
d^*	表层污染土壤层厚度 thickness of surface soil	cm	50	50
L_S^*	下层污染土壤层埋深 thickness of surface soil	cm	50	50
d_{sub}^*	下层污染土壤层厚度 thickness of subsurface soil	cm	100	100
A^*	污染源区面积 Source-zone area	cm^2	16 000 000	16 000 000
C_{gw}	地下水中污染物浓度 concentrations of contaminants in groundwater	$mg \cdot L^{-1}$	—	—
L_{gw}	地下水埋深 depth of groundwater	cm	—	—
f_{om}^*	土壤有机质含量 organic matter content in soils	$g \cdot kg^{-1}$	15	15
ρ_b^*	土壤容重 soil bulk density	$kg \cdot dm^{-3}$	1.5	1.5
P_{ws}^*	土壤含水率 soil water content	$kg \cdot kg^{-1}$	0.2	0.2
ρ_s^*	土壤颗粒密度 density of soil particulates	$kg \cdot dm^{-3}$	2.65	2.65
PM_{10}^*	空气中可吸入颗粒物含量 content of inhalable particulates in ambient air	$mg \cdot m^{-3}$	0.119	0.119
U_{air}	混合区大气流速风速 ambient air velocity in mixing zone	$cm \cdot s^{-1}$	200	200
δ_{air}	混合区高度 mixing zone height	cm	200	200
W^*	污染源区宽度 width of source-zone area	cm	4 000	4 000
h_{cap}	土壤地下水交界处毛管层厚度 capillary zone thickness	cm	5	5
h_v	非饱和土层厚度 vadose zone thickness	cm	295	295
θ_{acap}	毛细管层孔隙空气体积比 soil air content - capillary fringe zone	量纲一	0.038	0.038

参数符号	参数名称	单位	第一类用地推荐值	第二类用地推荐值
θ_{wcap}	毛细管层孔隙水体积比 soil water content - capillary fringe zone	量纲一	0.342	0.342
U_{gw}	地下水达西（Darcy）速率 ground water Darcy velocity	$cm \cdot a^{-1}$	2 500	2 500
δ_{gw}	地下水混合区厚度 ground water mixing zone height	cm	200	200
I	土壤中水的入渗速率 water infiltration rate	$cm \cdot a^{-1}$	30	30
θ_{acrack}	地基裂隙中空气体积比 soil air content - soil filled foundation cracks	量纲一	0.26	0.26
θ_{wcarck}	地基裂隙中水体积比 soil water content - soil filled foundation cracks	量纲一	0.12	0.12
L_{crack}	室内地基厚度 thickness of enclosed-space foundation or wall	cm	35	35
L_B	室内空间体积与气态污染物入渗面积之比 volume/infiltration area ratio of enclosed space	cm	220	300
ER	室内空气交换速率 air exchange rate of enclosed space	次$\cdot d^{-1}$	12	20
η	地基和墙体裂隙表面积所占比例 areal fraction of cracks in foundations/walls	量纲一	0.000 5	0.000 5
τ	气态污染物入侵持续时间 averaging time for vapor flux	a	30	25
dP	室内室外气压差 differential pressure between indoor and outdoor air	$g \cdot cm^{-1} \cdot s^2$	0	0
K_v	土壤透性系数 soil permeability	cm^2	1.00×10^{-8}	1.00×10^{-8}
Z_{crack}	室内地面到地板底部厚度 depth to bottom of slab	cm	35	35
X_{crack}	室内地板周长 slab perimeter	cm	3 400	3 400
A_b	室内地板面积 slab area	cm^2	700 000	700 000
ED_a	成人暴露期 exposure duration of adults	a	24	25
ED_c	儿童暴露期 exposure duration of children	a	6	—
EF_a	成人暴露频率 exposure frequency of adults	$d \cdot a^{-1}$	350	250
EF_c	儿童暴露频率 exposure frequency of children	$d \cdot a^{-1}$	350	—
EFI_a	成人室内暴露频率 indoor exposure frequency of adults	$d \cdot a^{-1}$	262.5	187.5
EFI_c	儿童室内暴露频率 indoor exposure frequency of children	$d \cdot a^{-1}$	262.5	—
EFO_a	成人室外暴露频率 outdoor exposure frequency of adults	$d \cdot a^{-1}$	87.5	62.5
EFO_c	儿童室外暴露频率 outdoor exposure frequency of children	$d \cdot a^{-1}$	87.5	—

参数符号	参数名称	单位	第一类用地推荐值	第二类用地推荐值
BW_a	成人平均体重 average body weight of adults	kg	61.8	61.8
BW_c	儿童平均体重 average body weight of children	kg	19.2	—
H_a	成人平均身高 average height of adults	cm	161.5	161.5
H_c	儿童平均身高 average height of children	cm	113.15	—
$DAIR_a$	成人每日空气呼吸量 daily air inhalation rate of adults	$m^3·d^{-1}$	14.5	14.5
$DAIR_c$	儿童每日空气呼吸量 daily air inhalation rate of children	$m^3·d^{-1}$	7.5	—
$GWCR_a$	成人每日饮用水量 daily groundwater consumption rate of adults	$L·d^{-1}$	1.0	1.0
$GWCR_c$	儿童每日饮用水量 daily groundwater consumption rate of children	$L·d^{-1}$	0.7	0.7
$OSIR_a$	成人每日摄入土壤量 daily oral ingestion rate of soils of adults	$mg·d^{-1}$	100	100
$OSIR_c$	儿童每日摄入土壤量 daily oral ingestion rate of soils of children	$mg·d^{-1}$	200	—
E_v	每日皮肤接触事件频率 daily exposure frequency of dermal contact event	次$·d^{-1}$	1	1
fspi	室内空气中来自土壤的颗粒物所占比例 fraction of soil-borne particulates in indoor air	量纲一	0.8	0.8
fspo	室外空气中来自土壤的颗粒物所占比例 fraction of soil-borne particulates in outdoor air	量纲一	0.5	0.5
SAF	暴露于土壤的参考剂量分配比例 soil allocation factor	量纲一	0.33（挥发性有机物）/0.5（其他污染物）	0.33（挥发性有机物）/0.5（其他污染物）
WAF	暴露于地下水的参考剂量分配比例 groundwater allocation factor	量纲一	0.33（挥发性有机物）/0.5（其他污染物）	0.33（挥发性有机物）/0.5（其他污染物）
SER_a	成人暴露皮肤所占体表面积比 skin exposure ratio of adults	量纲一	0.32	0.18
SER_c	儿童暴露皮肤所占体表面积比 skin exposure ratio of children	量纲一	0.36	—
$SSAR_a$	成人皮肤表面土壤黏附系数 adherence rate of soil on skin for adults	$mg·cm^{-2}$	0.07	0.2
$SSAR_c$	儿童皮肤表面土壤黏附系数 adherence rate of soil on skin for children	$mg·cm^{-2}$	0.2	—
PIAF	吸入土壤颗粒物在体内滞留比例 retention fraction of inhaled particulates in body	量纲一	0.75	0.75
ABS_o	经口摄入吸收因子 absorption factor of oral ingestion	量纲一	1	1
ACR	单一污染物可接受致癌风险 acceptable cancer risk for individual contaminant	量纲一	10^{-6}	10^{-6}
AHQ	可接受危害商 acceptable hazard quotient for individual contaminant	量纲一	1	1

参数符号	参数名称	单位	第一类用地推荐值	第二类用地推荐值
AT_{ca}	致癌效应平均时间 average time for carcinogenic effect	d	27 740	27 740
AT_{nc}	非致癌效应平均时间 average time for non-carcinogenic effect	d	2 190	9 125

注：（1）“—”表明参数值需要结合实际地块确定或该用地方式下参数值不适用；

（2）“*”表示该参数的推荐值仅适用于依照 GB 36600 要求进行污染物筛选值的计算，具体地块的风险评估采用地块实际值。其他参数在依照 GB 36600 要求进行污染物筛选值的计算时，采用推荐值；在具体地块的风险评估时，能够获取的实际值的，也优先采用实际值；

（3）在计算吸入室内和室外空气中来自土壤和地下水的气态污染物途径致癌风险或危害商时，如 C_{gw} 实测浓度超过水溶解度，则采用水溶解度进行计算，此时实际污染（致癌、非致癌）风险可能高于模型计算值。

中华人民共和国国家环境保护标准

建设用地土壤修复技术导则

Technical guidelines for soil remediation of land for construction

HJ 25.4—2019
代替 HJ 25.4—2014

前 言

根据《中华人民共和国环境保护法》《中华人民共和国土壤污染防治法》，为保障人体健康，保护生态环境，加强建设用地环境监督管理，规范建设用地土壤修复方案编制，制定本标准。

本标准规定了建设用地土壤修复方案编制的基本原则、程序、内容和技术要求。

本标准附录 A 为资料性附录。

本标准首次发布于 2014 年，此次为第一次修订。此次修订的主要内容包括：

1．标准名称由《污染场地土壤修复技术导则》修改为《建设用地土壤修复技术导则》；

2．适用范围参照标准名称作相应修改；

3．增加了规范性引用文件《土壤环境质量 建设用地土壤污染风险管控标准》（GB 36600），更新了规范性引用文件的其他标准相关内容；

4．删除了“场地”和“潜在污染场地”的术语和定义；

5．将“修复技术方案”和“修复方案”统一表述为“修复方案”，并明确修复方案与后续修复工程设计和施工的关系；

6．修改了“提出修复目标值”以及“选择修复模式”小节的内容；

7．将“修复工程验收”修改为“修复效果评估”。

本标准与以下标准同属建设用地土壤污染风险管控和修复系列环境保护标准：

《建设用地土壤污染状况调查技术导则》（HJ 25.1）；

《建设用地土壤污染风险管控和修复监测技术导则》（HJ 25.2）；

《建设用地土壤污染风险评估技术导则》（HJ 25.3）；

《污染地块风险管控与土壤修复效果评估技术导则》（HJ 25.5）；

《污染地块地下水修复和风险管控技术导则》（HJ 25.6）。

自本标准实施之日起，《污染场地土壤修复技术导则》（HJ 25.4—2014）废止。

本标准由生态环境部土壤生态环境司、法规与标准司组织制订。

本标准主要起草单位：上海市环境科学研究院、生态环境部南京环境科学研究所、生态环境部环境标准研究所、轻工业环境保护研究所、沈阳环境科学研究院。

本标准生态环境部2019年12月5日批准。

本标准自2019年12月5日起实施。

本标准由生态环境部解释。

1 适用范围

本标准规定了建设用地土壤修复方案编制的基本原则、程序、内容和技术要求。

本标准适用于建设用地土壤修复方案的制定。地下水修复技术导则另行公布。

本标准不适用于放射性污染和致病性生物污染的土壤修复。

2 规范性引用文件

本标准内容引用了下列文件或其中的条款。凡是未注明日期的引用文件，其最新版本适用于本标准。

GB 36600 土壤环境质量 建设用地土壤污染风险管控标准

HJ 25.1 建设用地土壤污染状况调查技术导则

HJ 25.2 建设用地土壤污染风险管控和修复监测技术导则

HJ 25.3 建设用地土壤污染风险评估技术导则

HJ 25.5 污染地块风险管控与土壤修复效果评估技术导则

3 术语和定义

下列术语和定义适用于本标准。

3.1 土壤修复 soil remediation

采用物理、化学或生物的方法固定、转移、吸收、降解或转化地块土壤中的污染物，使其含量降低到可接受水平，或将有毒有害的污染物转化为无害物质的过程。

3.2 修复目标 target for remediation

由土壤污染状况调查和风险评估确定的目标污染物对人体健康和生态受体不产生直接或潜在危害，或不具有环境风险的污染修复终点。

3.3 修复可行性研究 feasibility study for remediation

从技术、条件、成本效益等方面对可供选择的修复技术进行评估和论证，提出技术可行、经济可行的修复方案。

3.4 修复模式 remediation strategy

对地块进行修复的总体思路，包括原地修复、异地修复、异地处置、自然修复、污染阻隔、居民防护和制度控制等，又称修复策略。

4 基本原则和工作程序

4.1 基本原则

4.1.1 科学性原则

采用科学的方法，综合考虑地块修复目标、土壤修复技术的处理效果、修复时间、修复成本、修复工程的环境影响等因素，制订修复方案。

4.1.2 可行性原则

制订的地块土壤修复方案要合理可行，要在前期工作的基础上，针对地块的污染性质、程度、范围以及对人体健康或生态环境造成的危害，合理选择土壤修复技术，因地制宜制订修复方案，使修复目标可达，且修复工程切实可行。

4.1.3 安全性原则

制订地块土壤修复方案要确保地块修复工程实施安全，防止对施工人员、周边人群健康以及生态环境产生危害和二次污染。

4.2 工作程序

地块土壤修复方案编制的工作程序如图 1 所示。

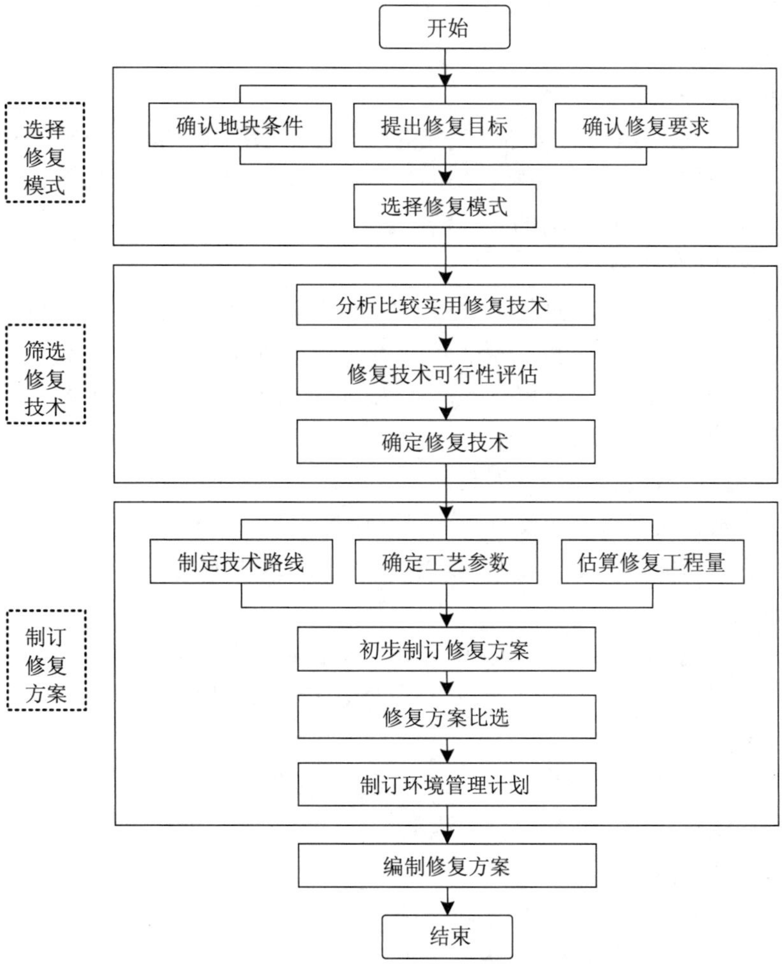

图 1 地块土壤修复方案编制程序

地块土壤修复方案编制分为以下三个阶段：

4.2.1 选择修复模式

在分析前期土壤污染状况调查和风险评估资料的基础上，根据地块特征条件、目标污染物、修复目标、修复范围和修复时间长短，选择确定地块修复总体思路。

4.2.2 筛选修复技术

根据地块的具体情况，按照确定的修复模式，筛选实用的土壤修复技术，开展必要的实验室小试和现场中试，或对土壤修复技术应用案例进行分析，从适用条件、对本地块土壤修复的效果、成本和环境安全性等方面进行评估。

4.2.3 制订修复方案

根据确定的修复技术，制订土壤修复技术路线，确定土壤修复技术的工艺参数，估算地块土壤修复的工程量，提出初步修复方案。从主要技术指标、修复工程费用以及二次污染防治措施等方面进行方案可行性比选，确定经济、实用和可行的修复方案。

5 选择修复模式

5.1 确认地块条件

5.1.1 核实地块相关资料

审阅前期按照 HJ 25.1 和 HJ 25.2 完成的土壤污染状况调查报告和按照 HJ 25.3 完成的地块风险评估报告等相关资料，核实地块相关资料的完整性和有效性，重点核实前期地块信息和资料是否能反映地块目前的实际情况。

5.1.2 现场考察地块状况

考察地块目前现状情况，特别关注与前期土壤污染状况调查和风险评估时发生的重大变化，以及周边环境保护敏感目标的变化情况。现场考察地块修复工程施工条件，特别关注地块用电、用水、施工道路、安全保卫等情况，为修复方案的工程施工区布局提供基础信息。

5.1.3 补充相关技术资料

通过核查地块已有资料和现场考察地块状况，如发现不能满足修复方案编制基础信息要求，应适当补充相关资料。必要时应适当开展补充监测，甚至进行补充性土壤污染状况调查和风险评估，相关技术要求参考 HJ 25.1、HJ 25.2 和 HJ 25.3。

5.2 提出修复目标

通过对前期获得的土壤污染状况调查和风险评估资料进行分析，结合必要的补充调查，确认地块土壤修复的目标污染物、修复目标值和修复范围。

5.2.1 确认目标污染物

确认前期土壤污染状况调查和风险评估提出的土壤修复目标污染物，分析其与地块特征污染物的关联性和与相关标准的符合程度。

5.2.2 提出修复目标值

分析比较按照 HJ 25.3 计算的土壤风险控制值、GB 36600 规定的筛选值和管制值、地块所在区域土壤中目标污染物的背景含量以及国家和地方有关标准中规定的限值，结合目标污染物形态与迁移转化规律等，合理提出土壤目标污染物的修复目标值。

5.2.3 确认修复范围

确认前期土壤污染状况调查与风险评估提出的土壤修复范围是否清楚，包括四周边界和污染土层深度分布，特别要关注污染土层异常分布情况，比如非连续性自上而下分布。依据土壤目标污染物的修复目标值，分析和评估需要修复的土壤量。

5.3 确认修复要求

与地块利益相关方进行沟通，确认对土壤修复的要求，如修复时间、预期经费投入等。

5.4 选择修复模式

根据地块特征条件、修复目标和修复要求，选择确定地块修复的总体思路。永久性处理修复优先于处置，即显著地减少污染物数量、毒性和迁移性。鼓励采用绿色的、可持续的和资源化修复。治理与修复工程原则上应当在原址进行，确需转运污染土壤的，应确定运输方式、路线和污染土壤数量、去向和最终处置措施。

6 筛选修复技术

6.1 分析比较实用修复技术

结合地块污染特征、土壤特性和选择的修复模式，从技术成熟度、适合的目标污染物和土壤类型、修复的效果、时间和成本等方面分析比较现有的土壤修复技术优缺点，重点分析各修复技术工程应用的实用性。可以采用列表描述修复技术原理、适用条件、主要技术指标、经济指标和技术应用的优缺点等方面进行比较分析，也可以采用权重打分的方法。通过比较分析，提出 1 种或多种备选修复技术进行下一步可行性评估。

6.2 修复技术可行性评估

6.2.1 实验室小试

可以采用实验室小试进行土壤修复技术可行性评估。实验室小试要采集地块的污染土壤进行试验，应针对试验修复技术的关键环节和关键参数，制订实验室试验方案。

6.2.2 现场中试

如对土壤修复技术适用性不确定，应在地块开展现场中试，验证试验修复技术的实际效果，同时考虑工程管理和二次污染防范等。中试试验应尽量兼顾到地块中不同区域、不同污染物浓度和不同土壤类型，获得土壤修复工程设计所需要的参数。

6.2.3 应用案例分析

土壤修复技术可行性评估也可以采用相同或类似地块修复技术的应用案例分析进行，必要时可现场考察和评估应用案例实际工程。

6.3 确定修复技术

在分析比较土壤修复技术优缺点和开展技术可行性试验的基础上，从技术的成熟度、适用条件、对地块土壤修复的效果、成本、时间和环境安全性等方面对各备选修复技术进行综合比较，选择确定修复技术，以进行下一步的制订修复方案阶段。

7 制订修复方案

7.1 制订土壤修复技术路线

根据确定的地块修复模式和土壤修复技术，制订土壤修复技术路线，可以采用单一修复技术制订，也可以采用多种修复技术进行优化组合集成。修复技术路线应反映地块修复总体思路和修复方式、修复工艺流程和具体步骤，还应包括地块土壤修复过程中受污染水体、气体和固体废物等的无害化处理处置等。

7.2 确定土壤修复技术的工艺参数

土壤修复技术的工艺参数应通过实验室小试和/或现场中试获得。工艺参数包括但不限于药剂投加量或比例、设备影响半径、设备处理能力、处理时间、处理条件、能耗、设备占地面积或作业区面积等。

7.3 估算地块土壤修复的工程量

根据技术路线，按照确定的单一修复技术或修复技术组合的方案，结合工艺流程和参数，估算每个修复方案的修复工程量。根据修复方案的不同，修复工程量可能是调查和评估阶段确定的土壤处理和处置所需工程量，也可能是方案涉及的工程量，还应考虑土壤修复过程中受污染水体、气体和固体废物等的无害化处理处置的工程量。

7.4 修复方案比选

从确定的单一修复技术及多种修复技术组合方案的主要技术指标、工程费用估算和二次污染防治措施等方面进行比选，最后确定最佳修复方案。

7.4.1 主要技术指标

结合地块土壤特征和修复目标，从符合法律法规、长期和短期效果、修复时间、成本和修复工程的环境影响等方面，比较不同修复方案主要技术指标的合理性。

7.4.2 修复工程费用

根据地块修复工程量，估算并比较不同修复方案所产生的修复费用，包括直接费用和间接费用。直接费用主要包括修复工程主体设备、材料、工程实施等费用，间接费用包括修复工程监测、工程监理、质量控制、健康安全防护和二次污染防范措施等费用。

7.4.3 二次污染防范措施

地块修复工程的实施，应首先分析工程实施的环境影响，并应根据土壤修复工艺过程和施工设备清洗等环节产生的废水、废气、固体废物、噪声和扬尘等环境影响，制订相关的收集、处理和处置技术方案，提出二次污染防范措施。综合比较不同修复方案二次污染防范措施有效性和可实施性。

7.5 制订环境管理计划

地块土壤修复工程环境管理计划包括修复工程环境监测计划和环境应急安全计划。

7.5.1 修复工程环境监测计划

修复工程环境监测计划包括修复工程环境监理、二次污染监控和修复效果评估中的环境监测。应根据确定的最佳修复方案，结合地块污染特征和地块所处环境条件，有针对性地制订修复工程环境监测计划。相关技术要求按照 HJ 25.2、HJ 25.5 执行。

7.5.2 环境应急安全计划

为确保地块修复过程中施工人员与周边居民的安全，应制订周密的地块修复工程环境应急安全计划，内容包括安全问题识别、需要采取的预防措施、突发事故时的应急措施、必须配备的安全防护装备和安全防护培训等。

8 编制修复方案

8.1 总体要求

修复方案要全面和准确地反映出全部工作内容。报告中的文字应简洁和准确，并尽量采用图、表和照片等形式描述各种关键技术信息，以利于后续土壤修复工程的设计与施工。

8.2 主要内容

修复方案应根据地块的环境特征和地块修复工程的特点选择附录 A 全部或部分内容进行编制。

附录 A（资料性附录）

地块土壤修复方案编制大纲

1 总论

1.1 任务由来

1.2 编制依据

1.3 编制内容

2 地块问题识别

2.1 所在区域概况

2.2 地块基本信息

2.3 地块环境特征

2.4 地块污染特征

2.5 土壤污染风险

3 地块修复模式

3.1 地块修复总体思路

3.2 地块修复范围

3.3 地块修复目标

4 修复技术筛选

4.1 土壤修复技术简述

4.2 土壤修复技术可行性评估

5 修复方案设计

5.1 修复技术路线

5.2 修复技术工艺参数

5.3 修复工程量估算

5.4 修复工程费用估算

5.5 修复方案比选

6 环境管理计划

6.1 修复工程监理

6.2 二次污染防范

6.3 修复效果评估监测

6.4 环境应急方案

7 成本效益分析

7.1 修复费用

7.2 环境效益、经济效益、社会效益

8 结论

8.1 可行性研究结论

8.2 问题和建议

中华人民共和国国家环境保护标准

危险废物鉴别技术规范

Technical specifications on identification for hazardous waste

HJ 298—2019
代替 HJ/T 298—2007

前 言

为贯彻《中华人民共和国环境保护法》《中华人民共和国固体废物污染环境防治法》及相关法律和法规，加强危险废物环境管理，保证危险废物鉴别的科学性，制定本标准。

本标准规定了固体废物的危险特性鉴别中样品的采集和检测，以及检测结果判断等过程的技术要求。

本标准首次发布于 2007 年，本次为第一次修订。

此次修订的主要内容：

——进一步细化了危险废物鉴别的采样对象、份样数、采样方法、样品检测、检测结果判断等技术要求；

——增加了环境事件涉及的固体废物危险特性鉴别的采样、检测、判断等技术要求。

本标准由生态环境部固体废物与化学品司、法规与标准司组织修订。

本标准主要起草单位：中国环境科学研究院。

本标准由生态环境部 2019 年 11 月 12 日批准。

本标准自 2020 年 1 月 1 日起实施。

本标准由生态环境部解释。

1 适用范围

本标准规定了固体废物的危险特性鉴别中样品的采集和检测，以及检测结果判断等过程的技术要求。

本标准适用于生产、生活和其他活动中产生的固体废物的危险特性鉴别，包括环境事件涉及的固体废物的危险特性鉴别。

本标准适用于液态废物的鉴别。

本标准不适用于放射性废物鉴别。

2 规范性引用文件

本标准引用了下列文件或其中的条款。凡是未注明日期的引用文件，其最新版本适用

于本标准。

GB 5085.1　危险废物鉴别标准　腐蚀性鉴别

GB 5085.2　危险废物鉴别标准　急性毒性初筛

GB 5085.3　危险废物鉴别标准　浸出毒性鉴别

GB 5085.4　危险废物鉴别标准　易燃性鉴别

GB 5085.5　危险废物鉴别标准　反应性鉴别

GB 5085.6　危险废物鉴别标准　毒性物质含量鉴别

GB 5085.7　危险废物鉴别标准　通则

GB 34330　固体废物鉴别标准　通则

GB/T 3723　工业用化学产品采样安全通则

HJ/T 20　工业固体废物采样制样技术规范

《突发环境事件应急管理办法》（环境保护部令　第 34 号）

《国家危险废物名录》（环境保护部令　第 39 号）

3　术语和定义

下列术语和定义适用于本标准。

3.1　份样　the sample

指用采样器一次操作，从一批固体废物的一个点或一个部位按规定质量所采取的固体废物。

3.2　份样量　weight of a sample

指构成一个份样的固体废物的质量。

3.3　份样数　number of samples

指从一批固体废物中所采集的份样个数。

3.4　环境事件涉及的固体废物　solid waste referring to an environmental incident

指固体废物非法转移、倾倒、贮存、利用、处置等环境事件涉及的固体废物，以及突发环境事件及其处理过程中产生的固体废物。

4　样品采集

4.1　采样对象的确定

4.1.1　应根据固体废物的产生源进行分类采样，禁止将不同产生源的固体废物混合。

4.1.2　生产原辅料、工艺路线、产品均相同的两个或两个以上生产线，可以采集单条生产线产生的固体废物代表该类固体废物。

4.1.3　固体废物为 GB 34330 所规定的丧失原有使用价值的物质时，每类物质作为一类固体废物，分别采样鉴别。采样应满足以下要求：

a）如危险特性全部来源于该物质本身，且在使用过程中危险特性不变或降低，应采集该物质未使用前的样品。

b）如危险特性全部或部分来源于使用过程，应在该物质不能继续按照原有设计用途使用时采样。

4.1.4　固体废物为 GB 34330 所规定的生产过程（含固体废物利用、处置过程）中产生的副产物，应根据产生工艺节点确定固体废物类别，每类固体废物分别采样鉴别。采样应满足以下要求：

a）应在该固体废物从正常生产工艺或利用工艺中分离出来的工艺环节采样。

b）应在生产设施、设备、原辅材料和生产负荷稳定的生产期采样。

4.1.5　固体废物为 GB 34330 所规定的环境治理和污染控制过程中产生的物质，应在污染控制设施污染物来源、设施运行负荷和效果稳定的生产期采样；应根据环境治理和污染控制工艺流程，对不同工艺环节产生的固体废物分别进行采样。

4.1.6　堆存状态的固体废物，采样应满足以下要求：

a）如其产生过程尚未终止，应按 4.1.2～4.1.5 采集原产生工艺样品。

b）如其产生过程已经终止，则采集堆存的固体废物。

c）环境事件涉及的固体废物，按本标准第 8 章相关要求采样。

4.1.7　固体废物为生产和服务设施更换或拆除的固定式容器、反应容器和管道，粉状、半固态、液体产品使用后产生的包装物或容器，以及产品维修或产品类废物拆解过程产生的粉状、半固态、液体物料的盛装容器，采样对象应为容器中的内容物，每类内容物作为一类固体废物，分别采样。

4.1.8　水体环境、污染地块治理与修复过程产生的，需要按固体废物进行处理处置的水体沉积物及污染土壤等环境介质，应尽可能在未发生二次扰动的情况下，根据水体、污染地块污染物的扩散特征和环境调查结果，对不同污染程度的环境介质进行分类采样。

4.1.9　需要开展危险废物鉴别的建筑废物，应尽可能在拆除、清理之前或过程中，根据建筑物的组成和污染特性进行分类，分别采样。

4.2　份样数的确定

4.2.1　危险废物鉴别需根据待鉴别固体废物的质量确定采样份样数（4.2.4 所列情形除外），表 1 为需要采集的固体废物的最小份样数。

4.2.2　堆存状态的固体废物，应以堆存的固体废物总量为依据，按照表 1 确定需要采集的最小份样数。

表 1　固体废物采集最小份样数

固体废物质量（以 q 表示）/t	最小份样数/个
$q \leqslant 5$	5
$5 < q \leqslant 25$	8
$25 < q \leqslant 50$	13
$50 < q \leqslant 90$	20
$90 < q \leqslant 150$	32
$150 < q \leqslant 500$	50
$500 < q \leqslant 1\ 000$	80
$q > 1\ 000$	100

4.2.3　生产工艺过程中产生的固体废物，以生产设施自试生产以来的实际最大生产负荷时的固体废物产生量为依据，按照表 1 确定需要采集的最小份样数。满足 4.1.2 规定的固体废物，以固体废物产生量最大的单条生产线最大产生量为依据，按照表 1 确定需要采集的最小份样数。固体废物产生量根据以下方法确定：

a）连续产生固体废物时，以确定的工艺环节一个月内的固体废物产生量为依据，按照表 1 确定需要采集的最小份样数。如果连续产生时段小于一个月，则以一个产生时段内的固体废物产生量为依据。

b）间歇产生固体废物时，如固体废物产生的时间间隔小于或等于一个月，应以确定的工艺环节一个月内的固体废物最大产生量为依据，按照表 1 确定需要采集的最小份样数。如固体废物产生的时间间隔大于一个月，以每次产生的固体废物总量为依据，按照表 1 确定需要采集的最小份样数。

4.2.4 以下情形固体废物的危险特性鉴别可以不根据固体废物的产生量确定采样份样数：

a）鉴别样品为本标准 4.1.3 a）所规定的物质，可适当减少采样份样数，份样数不少于 2 个。固体废物为 4.1.7 所规定的废弃包装物、容器时，内容物的采样参照本条执行。

b）固体废物为废水处理污泥，如废水处理设施的废水的来源、类别、排放量、污染物含量稳定，可适当减少采样份样数，份样数不少于 5 个。

c）固体废物来源于连续生产工艺，且设施长期运行稳定、原辅材料类别和来源固定，可适当减少采样份样数，份样数不少于 5 个。

d）贮存于贮存池、不可移动大型容器、槽罐车内的液态废物，可适当减少采样份样数。敞口贮存池和不可移动大型容器内液态废物采样份样数不少于 5 个；封闭式贮存池、不可移动大型容器和槽罐车，如不具备在卸除废物过程中采样，采样份样数不少于 2 个。

e）贮存于可移动的小型容器（容积≤1 000 L）中的固体废物，当容器数量少于根据表 1 所确定的最小份样数时，可适当减少采样份样数，每个容器采集 1 个固体废物样品。

f）固体废物非法转移、倾倒、贮存、利用、处置等环境事件涉及固体废物的危险特性鉴别，因环境事件处理或应急处置要求，可适当减少采样份样数，每类固体废物的采样份样数不少于 5 个。

g）水体环境、污染地块治理与修复过程产生的，需要按照固体废物进行处理处置的水体沉积物及污染土壤等环境介质，以及突发环境事件及其处理过程中产生的固体废物，如鉴别过程已经根据污染特征进行分类，可适当减少采样份样数，每类固体废物的采样份样数不少于 5 个。

4.3 份样量的确定

4.3.1 固态废物样品采集的份样量应同时满足下列要求：

a）满足分析操作的需要；

b）依据固态废物的原始颗粒最大粒径，不小于表 2 中规定的质量。

表 2 不同颗粒直径的固态废物的一个份样所需采集的最小份样量

原始颗粒最大粒径（以 d 表示）/cm	最小份样量/g
d≤0.50	500
0.50＜d≤1.0	1 000
d＞1.0	2 000

4.3.2 半固态和液态废物样品采集的份样量应满足分析操作的需要。

4.4 采样的时间和频次

4.4.1 连续产生。样品应分次在一个月（或一个产生时段）内等时间间隔采集；每次采样在设备稳定运行的 8 h（或一个生产班次）内完成。每采集一次，作为 1 个份样。

4.4.2 间歇产生。根据确定的工艺环节一个月内的固体废物的产生次数进行采样：如固体废物产生的时间间隔大于一个月，仅需要选择一个产生时段采集所需的份样数；如一个月内固体废物的产生次数大于或者等于所需的份样数，遵循等时间间隔原则在固体废物产生时段采样，每次采集 1 个份样；如一个月内固体废物的产生次数小于所需的份样数，将所需的份样数均匀分配到各产生时段采样。

4.5 采样方法

4.5.1 固体废物采样工具、采样程序、采样记录和盛样容器参照 HJ/T 20 的要求进行，固体废物采样安全措施参照 GB/T 3723。

4.5.2 在采样过程中应采取措施防止危害成分的损失、交叉污染和二次污染。

4.5.3 生产工艺过程产生的固体废物应在固体废物排（卸）料口按照下列方法采集：

a）由卸料口排出的固体废物

采样过程应预先清洁卸料口，并适当排出固体废物后再采集样品。采样时，采用合适的容器接住卸料口，根据需要采集的总份样数或该次需要采集的份样数，等时间间隔接取所需份样量的固体废物。每接取一次固体废物，作为 1 个份样。

b）板框压滤机

将压滤机各板框顺序编号，用 HJ/T 20 中的随机数表法抽取与该次需要采集的份样数相同数目的板框作为采样单元采取样品。采样时，在压滤脱水后取下板框，刮下固体废物。每个板框内采取的固体废物，作为 1 个份样。

4.5.4 堆存状态固体废物采样

a）散状堆积固态、半固态废物

对于堆积高度小于或者等于 0.5 m 的散状堆积固态、半固态废物，将固体废物堆平铺为厚度为 10～15 cm 的矩形，划分为 $5N$ 个（N 为根据 4.2 确定的所需采样的总份样数，下同）面积相等的网格，顺序编号；用 HJ/T 20 中的随机数表法抽取 N 个网格作为采样单元，在网格中心位置处用采样铲或锹垂直采取全层厚度的固体废物。每个网格采取的固体废物，作为 1 个份样。

对于堆积高度大于 0.5 m 的散状堆积固态、半固态废物，应分层采取样品；采样层数应不小于 2 层，按照固态、半固态废物堆积高度等间隔布置；每层采取的份样数应相等。分层采样可以用采样钻或者机械钻探的方式进行。

b）敞口贮存池或不可移动大型容器中的固体废物

将容器（包括建筑于地上、地下、半地下的）划分为 $5N$ 个面积相等的网格，顺序编号。

液态废物，用 HJ/T 20 中的随机数表法抽取 N 个网格作为采样单元采取样品。对于无明显分层的液态废物，采用玻璃采样管或者重瓶采样器进行采样。将玻璃采样管或者重瓶采样器从网格的中心位置处垂直缓慢插入液面至容器底；待采样管/采样器内装满液态废物后，缓缓提出，将样品注入采样容器。对于有明显分层的液态废物，采用玻璃采样管或者重瓶采样器进行分层采样。每采取一次，作为 1 个份样。

固态、半固态废物，固体废物厚度小于 2 m 时，用 HJ/T 20 中的随机数表法抽取 N

个网格作为采样单元采取样品。采样时，在网格的中心位置处用土壤采样器或长铲式采样器垂直插入固体废物底部，旋转 90°后抽出。每采取一次固体废物，作为 1 个份样。固体废物厚度大于或等于 2 m 时，用 HJ/T 20 中的随机数表法抽取 $\frac{(N+1)}{3}$（四舍五入取整数）个网格作为采样单元采取样品。采样时，应分为上部（深度为 0.3 m 处）、中部（1/2 深度处）、下部（5/6 深度处）三层分别采取样品。每采取一次，作为 1 个份样。

c）小型可移动袋、桶或其他容器中的固体废物

将各容器顺序编号，用 HJ/T 20 中的随机数表法抽取 N 个容器作为采样单元采取样品。根据固体废物性状，分别使用长铲式采样器、套筒式采样器或者探针进行采样。每个采样单元采取 1 个份样。当容器最大边长或高度大于 0.5 m 时，应分层采取样品，采样层数应不小于 2 层，各层样品混合作为 1 个份样。

如样品为液态废物，将容器内液态废物混匀（含易挥发组分的液态废物除外）后打开容器，将玻璃采样管或者重瓶采样器从容器口中心位置处垂直缓缓插入液面至容器底；待采样管/采样器内装满液体后，缓缓提出，将样品注入采样容器。

d）封闭式贮存池、不可移动大型容器或槽罐车中的固体废物

贮存于封闭式贮存池、不可移动大型容器或槽罐车中的固体废物应尽可能在卸除固体废物过程中按 4.5.3 a）方法采取样品。如不能在卸除固体废物过程中采样，按 4.5.4 b）方法从贮存池、容器上部开口采集样品。如存在卸料口，则同时在卸料口按 4.5.3 a）方法采集不少于 1 个份样。

5 制样、样品的保存和预处理

采集的固体废物样品应按照 HJ/T 20 中的要求进行制样和样品的保存，并按照 GB 5085.1、GB 5085.2、GB 5085.3、GB 5085.4、GB 5085.5 和 GB 5085.6 中分析方法的要求进行样品的预处理。

6 样品检测

6.1 固体废物危险特性鉴别的检测项目应根据固体废物的产生源特性确定，必要时可向与该固体废物危险特性鉴别工作无直接利害关系的行业专家咨询。经综合分析固体废物产生过程生产工艺、原辅材料、产生环节和主要危害成分，确定不存在的危险特性，不进行检测。固体废物危险特性鉴别使用 GB 5085.1、GB 5085.2、GB 5085.3、GB 5085.4、GB 5085.5 和 GB 5085.6 规定的相应方法和指标限值。

6.2 检测过程中，可首先选择可能存在的主要危险特性进行检测。任何一项检测结果按本标准第 7 章可判定该固体废物具有危险特性时，可不再检测其他危险特性（需要通过进一步检测判断危险废物类别的除外）。

6.3 固体废物利用过程或处置后产生的固体废物的危险特性鉴别，应首先根据被利用或处置的固体废物的危险特性进行判定。

7 检测结果判断

7.1 在对固体废物样品进行检测后，检测结果超过 GB 5085.1、GB 5085.2、GB 5085.3、

GB 5085.4、GB 5085.5 和 GB 5085.6 中相应标准限值的份样数大于或者等于表 3 中的超标份样数限值，即可判定该固体废物具有该种危险特性（7.3 除外）。

表 3 检测结果判断方案

份样数	超标份样数限值	份样数	超标份样数限值
5	2	32	8
8	3	50	11
13	4	80	15
20	6	≥100	22

7.2 如果采集的固体废物份样数与表 3 中的份样数不符，按照表 3 中与实际份样数最接近的较小份样数进行结果的判断。

7.3 根据本标准 4.2.4 采样，采样份样数小于表 1 规定最小份样数时，检测结果超过 GB 5085.1、GB 5085.2、GB 5085.3、GB 5085.4、GB 5085.5 和 GB 5085.6 中相应标准限值的份样数大于或者等于 1，即可判定该固体废物具有该种危险特性。

7.4 在进行毒性物质含量危险特性判断时，当同一种毒性成分在一种以上毒性物质中存在时，以分子量最高的物质进行计算和结果判断。

7.5 经鉴别具有危险特性的，应当根据其主要有害成分和危险特性确定所属危险废物类别，并按代码“900-000-××”（××为《国家危险废物名录》中的危险废物类别代码）进行归类。

8 环境事件涉及的固体废物的危险特性鉴别技术要求

8.1 应根据所能收集到的环境事件资料和现场状况，尽可能对固体废物的来源进行分析，识别固体废物的组成和种类，分类开展鉴别

8.1.1 固体废物非法转移、倾倒、贮存、利用、处置等环境事件涉及的固体废物，可根据环境事件现场固体废物的外观形态、有效标识，以及现场可采用的检测手段的检测结果，对固体废物进行分类。

8.1.2 突发环境事件及其处理过程中产生的固体废物，应尽可能在清理之前根据事故过程污染物的扩散特征，或在清理过程中根据固体废物的污染物沾染情况，对固体废物的污染程度进行判断，并根据判断结果对固体废物进行分类。

8.2 产生来源明确的固体废物的鉴别要求

8.2.1 应首先依据 GB 5085.7 第 4.2 条、第 5 章和第 6 章进行判断。

8.2.2 根据 8.2.1 不能判断属于危险废物，但可能具有危险特性的，应优先按本标准第 4 章在产生该固体废物的生产工艺节点采样；如生产过程已终止，则采集企业贮存的同类固体废物。采集的样品按本标准第 6 章和第 7 章进行检测和判断。

8.2.3 因环境事件处理或应急处置要求，可采集环境事件现场固体废物或依据《突发环境事件应急管理办法》已应急清理暂存的固体废物作为样品开展鉴别。

8.2.4 应根据固体废物的物质迁移、转化特征，以及环境事件现场的污染现状，综合分析固体废物的危险特性在转移、倾倒、贮存、利用、处置过程中发生的变化，按以下要求开

展鉴别：

a）如危险特性未发生变化，或变化不足以对检测结果的判断造成影响，可按本标准第 4 章相关要求采集现场样品，并按本标准第 6 章和第 7 章进行检测和判断。

b）如不排除危险特性发生变化，且对检测结果的判断可能造成影响，应采集现场能够代表固体废物原始危险特性的样品，并按本标准第 6 章和第 7 章进行检测和判断；如现场无法采集到能够代表固体废物原始危险特性的样品，应采集本标准 8.2.2 规定样品或可类比工艺项目的固体废物开展鉴别。

8.3　产生来源不明确的固体废物鉴别要求

8.3.1　应采集能够代表固体废物组成特性的样品，通过分析固体废物的主要物质组成和污染特性确定固体废物的产生工艺。

8.3.2　根据产生工艺，按 8.2.1 不能判断属于危险废物，但可能具有危险特性的，应采集环境事件现场固体废物样品或依据《突发环境事件应急管理办法》已应急清理暂存的固体废物，按 8.2.4 开展鉴别。

8.3.3　因环境事件处理或应急处置需要，可根据掌握的信息直接检测该固体废物可能具有的危险特性，根据检测结果依据本标准第 7 章做出判断。有证据表明该固体废物可能属于《国家危险废物名录》中的危险废物，或固体废物危险特性已发生变化且可能影响检测结果判断的，应按 8.3.1 和 8.3.2 进行鉴别。

9　质量保证与质量控制

9.1　固体废物危险特性鉴别检测项目的确定应以工艺分析为主要手段，综合原辅材料特性、生产工艺、固体废物产生工艺等信息，确定可能具有的危险特性及相应检测项目。

9.2　样品采集应记录必要的信息，包括（但不限于）：样品编号、采样时间、采样地点、企业生产工况。样品的采集、包装、运输和保存应符合相应检测项目的有关要求。

9.3　固体废物危险特性鉴别的检测应符合相应检测方法的质量保证与质量控制要求。

10　实施与监督

本标准由县级以上生态环境主管部门负责监督实施。

中华人民共和国环境保护行业标准

报废机动车拆解环境保护技术规范

Environmental protection technical specifications for disassembly of end-of-life vehicles

HJ 348—2007

前　言

为贯彻《中华人民共和国固体废物污染环境防治法》及相关法律法规，落实《汽车产品回收利用技术政策》，防治报废机动车拆解过程的环境污染，保护环境，促进资源的循环利用，制定本标准。

本标准依法强制执行。

本标准由国家环境保护总局科技标准司提出。

本标准起草单位：中国环境科学研究院固体废物污染控制技术研究所。

本标准国家环境保护总局 2007 年 4 月 9 日批准。

本标准自发布之日起实施。

本标准由国家环境保护总局解释。

1　适用范围

本标准适用于报废机动车拆解和破碎过程的污染防治和环境保护。

报废汽车回收企业除应当符合有关法律、行政法规规定的设立企业的条件外，还应符合本标准。

2　规范性引用文件

下列文件中的条款通过本标准的引用而成为本标准的条款。凡是不注日期的引用文件，其有效版本适用于本标准。

GB 8978　污水综合排放标准

GB 12348　工业企业厂界噪声标准

GB 14554　恶臭污染物排放标准

GB 16297　大气污染物综合排放标准

GB 16487.13　进口可用作原料的固体废物环境保护控制标准　废汽车压件

GB 18484　危险废物焚烧污染控制标准

GB 18598　危险废物填埋污染控制标准

GB 18597　危险废物贮存污染控制标准

GB 18599　一般工业固体废物贮存、处置场污染控制标准

HJ/T 181　废弃机电产品集中拆解利用处置区环境保护技术规范

3　术语和定义

下列定义适用于本标准。

3.1　报废机动车

指达到国家机动车强制报废标准，或者经检验不符合国家机动车运行安全技术条件或者国家机动车污染物排放标准的机动车，包括汽车、摩托车、三轮汽车、低速载货汽车、电动车和各种工程车辆，以及进口可用作原料的废汽车压件。

3.2　拆解

将报废机动车中不同类型的部件逐一拆除使之分离出来的过程。

3.3　破碎

将报废机动车拆解后剩下的部件破坏成碎片，以利于利用和处置的过程。

4　报废机动车拆解、破碎环境保护基本要求

4.1　报废机动车拆解、破碎企业的建设与运行应以环境无害化方式进行，不能产生二次污染。

4.2　报废机动车的拆解、破碎应以材料回收为主要目的，应最大限度保证拆解、破碎产物的循环利用。

4.3　报废机动车拆解产生的废液化气罐、废安全气囊、废蓄电池、含多氯联苯的废电容器、废尾气净化催化剂、废油液（包括汽油、柴油、机油、润滑剂、液压油、制动液、防冻剂等，下同）、废空调制冷剂等属于危险废物，应按照危险废物的有关规定进行管理和处置。

5　报废机动车拆解、破碎企业建设环境保护要求

5.1　新建报废机动车拆解、破碎企业应经过环评审批，选址合理，不得建在城市居民区、商业区及其他环境敏感区内；原有报废机动车拆解、破碎企业如果在这一区域内，应按照当地规划和环境保护行政主管部门要求限期搬迁。

5.2　报废机动车拆解、破碎企业应建有封闭的围墙并设有门，禁止无关人员进入。

5.3　报废机动车拆解、破碎企业内的道路应采取硬化措施，并确保在其运营期间无破损。

5.4　报废机动车拆解企业的厂区应划分为不同的功能区，包括管理区；未拆解的报废机动车贮存区；拆解作业区；产品（半成品）贮存区；污染控制区（各类废物的收集、贮存和处理区，下同）。

5.5　报废机动车拆解企业厂区内各功能区的设计和建设应满足以下要求：

（1）各功能区的大小和分区应适合企业的设计拆解能力；

（2）各功能区应有明确的界线和明显的标识；

（3）未拆解的报废机动车贮存区、拆解作业区、产品（半成品）贮存区、污染控制区应具有防渗地面和油水收集设施；

（4）拆解作业区、产品（半成品）贮存区、污染控制区应设有防雨、防风设施。

5.6　报废机动车破碎企业的厂区应划分为不同功能区，包括管理区；原料贮存区；破碎分

选区；产品（半成品）贮存区；污染控制区。

5.7 报废机动车破碎企业厂区内各功能区的设计和建设应满足以下要求：

（1）各功能区的大小和分区应适合企业的设计破碎能力；

（2）各功能区应有明确的界线和明显的标识；

（3）原料贮存区、破碎分选区、产品（半成品）贮存区、污染控制区应具有防渗地面和油水收集设施，并设有防雨、防风设施。

5.8 报废机动车拆解、破碎企业应实行清污分流，在厂区内（除管理区外）收集的雨水、清洗水和其他非生活废水应设置专门的收集设施和污水处理设施。

5.9 报废机动车拆解、破碎企业应有符合相关要求的消防设施，并有足够的疏散通道。

5.10 报废机动车拆解、破碎企业应有完备的污染防治机制和处理环境污染事故的应急预案。

6 报废机动车拆解、破碎企业运行环境保护要求

6.1 报废机动车拆解、破碎企业应向汽车生产企业要求获得《汽车拆解指导手册》及相关技术信息。

6.2 报废机动车拆解、破碎企业应采用对环境污染程度最低的方式拆解、破碎报废机动车。鼓励采用固体废物产生量少、资源回收利用率高的拆解、破碎工艺。

6.3 应在报废机动车进入拆解企业后检查是否有废油液的泄漏。如发现有废油液的泄漏应立即采取有效的收集措施。

6.4 报废机动车在进行拆解作业之前不得侧放、倒放。

6.5 禁止露天拆解、破碎报废机动车。

6.6 报废机动车应依照下列顺序进行拆解：

（1）拆除蓄电池；

（2）拆除液化气罐；

（3）拆除安全气囊；

（4）拆除含多氯联苯的废电容器和尾气净化催化剂；

（5）排除残留的各种废油液；

（6）拆除空调器；

（7）拆除各种电子电器部件，包括仪表盘、音响、车载电台电话、电子导航设备、电动机和发电机、电线电缆以及其他电子电器；

（8）拆除其他零部件。

6.7 在完成第 6.6 条各项拆解作业后，应按照资源最大化的原则拆解报废机动车的其余部分。

6.8 禁止在未完成第 6.6 条各项拆解作业前对报废机动车进行破碎处理或者直接进行熔炼处理。

6.9 报废机动车拆解企业在拆解作业过程中拆除下来的第 4.3 条中所列的各种危险废物，应由具有《危险废物经营许可证》并可以处置该类废物的单位进行处理处置，并严格执行危险废物转移联单制度。

6.10 报废机动车中的废制冷剂应用专用工具拆除并收集在密闭容器中，并按照第 6.9 条

规定进行处理，不得向大气排放。

6.11 禁止在未获得相应资质的报废机动车拆解、破碎企业内拆解废蓄电池和含多氯联苯的废电容器，禁止将蓄电池内的液态废物倾倒出来。应将废蓄电池和含多氯联苯的废电容器贮存在耐酸容器中或者具有耐酸地面的专用区域内，并按照第6.9条规定进行处理。

6.12 报废机动车拆解、破碎企业产生的各种危险废物在厂区内的贮存时间不得超过1年。

拆解过程产生的危险废物应按照类别分别放置在专门的收集容器和贮存设施内，有危险废物识别标志、标明具体物质名称，并设置危险废物警示标志。

液态废物应在不同的专用容器中分别贮存。

6.13 拆除的各种废弃电子电器部件，应交由具有资质的处置单位进行处理处置。

6.14 在拆解、破碎过程中产生的不可回收利用的工业固体废物应在符合国家标准建设、运行的处理处置设施进行处置。

6.15 禁止采用露天焚烧或简易焚烧的方式处理报废机动车拆解、破碎过程中产生的废电线电缆、废轮胎和其他废物。

6.16 拆解得到的可回收利用的零部件、再生材料与不可回收利用的废物应按种类分别收集在不同的专用容器或固定区域，并设立明显的区分标识。

6.17 拆解得到的轮胎和塑料部件的贮存区域应具消防设施，并尽量避免大量堆放。

6.18 报废机动车拆解、破碎企业厂区收集的雨水、清洗水和其他非生活废水等应通过收集管道（井）收集后进入污水处理设施进行处理，并达到排放标准后方可排放。

6.19 报废机动车拆解、破碎企业应采取隔音降噪措施。

6.20 报废机动车拆解、破碎企业应按照环境保护措施验收的要求对污染物排放进行日常监测；应建立拆解、破碎报废机动车经营情况的记录制度，如实记载每批报废机动车的来源、类型、重量（数量），收集（接收）、拆解、破碎、贮存、处置的时间，运输单位的名称和联系方式，拆解、破碎得到的产品和不可回收利用的废物的数量和去向等。

监测报告和经营情况记录应至少保存3年。

7 污染控制要求

7.1 拆解、破碎过程不得对空气、土壤、地表水和地下水造成污染。

7.2 报废机动车拆解、破碎企业的污水经处理后直接排入水体的水质应满足GB 8978中的1998年1月1日起建设（包括改、扩建）的单位的水污染物的一级排放标准要求；经处理后排入城市管网的水质应满足GB 8978中的1998年1月1日起建设（包括改、扩建）的单位的水污染物的三级排放标准要求。

7.3 报废机动车拆解、破碎企业产生的危险废物的贮存应满足GB 18597的要求。

7.4 报废机动车拆解、破碎企业产生的工业固体废物的贮存、填埋设施应满足GB 18599的要求，焚烧设施应满足GB 18484的要求。

7.5 报废机动车拆解、破碎企业产生的危险废物的焚烧设施应满足GB 18484的要求，填埋设施应满足GB 18598的要求。

7.6 报废机动车拆解、破碎企业除满足第7.4、7.5条规定外，其他烟气排放设施排放的废气应满足GB 16297中新污染源大气污染物最高允许排放浓度的要求。

7.7 报废机动车拆解、破碎企业的恶臭污染物排放应满足GB 14554中新、改、扩建企业的恶臭污染物厂界排放限值的二级标准要求。

7.8 报废机动车拆解、破碎企业的厂界噪声应满足 GB 12348 中的Ⅱ类标准要求。

8 进口废汽车压件拆解、破碎的环境保护特殊规定

8.1 进口废汽车压件的拆解、破碎除满足本标准其他条款要求外，还应满足本章规定。

8.2 进口废汽车压件的进口、拆解、破碎应满足进口可用作原料的固体废物的审批程序和加工利用管理的相关要求。

8.3 进口废汽车压件应满足 GB 16487.13 的要求。

8.4 从事进口废汽车压件的拆解、破碎活动，应按照所在地的规划要求，在专设的、符合 HJ/T 181 要求的废机电产品集中拆解利用处置区内进行。

9 监督实施

本标准由县级以上地方人民政府环境保护行政主管部门负责监督实施。

中华人民共和国国家环境保护标准

危险废物集中焚烧处置设施运行监督管理技术规范（试行）

Technical specifications for the supervision and management to the operation of centralized incineration disposal facilities for hazardous waste（On trial）

HJ 515—2009

前言

为贯彻《中华人民共和国环境保护法》、《中华人民共和国固体废物污染环境防治法》和《危险废物经营许可证管理办法》，加强对危险废物集中焚烧处置设施运行过程的监督管理，制定本标准。

本标准规定了危险废物集中焚烧处置设施运行的监督管理程序、要求、内容以及监督管理方法等。

本标准的附录 A 为规范性附录。

本标准由环境保护部科技标准司组织制订。

本标准主要起草单位：沈阳环境科学研究院、中国科学院高能物理研究所、环境保护部环境保护对外合作中心、国家环境保护危险废物处置工程技术中心。

本标准环境保护部 2009 年 12 月 29 日批准。

本标准自 2010 年 3 月 1 日起实施。

本标准由环境保护部解释。

1 适用范围

本标准规定了危险废物集中焚烧处置设施运行的监督管理程序、要求、内容及监督管理方法等。

本标准适用于对经营性危险废物集中焚烧处置设施运行的监督管理，其他危险废物焚烧处置设施运行期间的监督管理可参照本标准执行。

2 规范性引用文件

本标准内容引用了下列文件中的条款。凡是不注日期的引用文件，其有效版本适用于本标准。

GB 3095　环境空气质量标准

GB 3096　声环境质量标准

GB 3838　地表水环境质量标准

GB 4387　工业企业厂内铁路、道路运输安全规程

GB 5085.1～3　危险废物鉴别标准

GB 8978　污水综合排放标准

GB 12348　工业企业厂界环境噪声排放标准

GB 15562.1　环境保护图形标志　排放口（源）

GB 15562.2　环境保护图形标志　固体废物贮存（处置）场

GB 15618　土壤环境质量标准

GB 18484　危险废物焚烧污染控制标准

GB 18597　危险废物贮存污染控制标准

GB 18598　危险废物填埋污染控制标准

GB 50041　锅炉房设计规范

GB/T 16157　固定污染源排放气中颗粒物测定与气态污染物采样方法

HJ/T 20　工业固体废物采样制样技术规范

HJ/T 176　危险废物集中焚烧处置工程建设技术规范

《危险废物经营许可证管理办法》　（中华人民共和国国务院令　第408号）

《国家危险废物名录》　（环境保护部、国家发展和改革委员会令　第1号）

《危险废物转移联单管理办法》　（国家环境保护总局令　第5号）

《危险废物经营单位编制应急预案指南》（国家环境保护总局　2007年第48号公告）

3 术语和定义

下列术语和定义适用于本标准。

3.1　危险废物

指列入《国家危险废物名录》或者根据国家规定的危险废物鉴别标准和鉴别方法认定的具有腐蚀性、毒性、易燃性、反应性和感染性等一种或一种以上危险特性，以及不排除具有以上危险特性的固体废物。

3.2　集中焚烧处置设施

指统筹规划建设并服务于一定区域，采用焚烧方法处置危险废物的设施。

3.3　监督管理

指对危险废物焚烧处置设施运行过程中的监督管理，是地方环境保护行政主管部门为了保护和改善环境，对危险废物设施运行进行监督检查和指导等活动的总称。

3.4　经营性危险废物集中焚烧处置单位

指符合《危险废物经营许可证管理办法》管理范围，从事危险废物集中焚烧处置经营活动的单位。

4 监督管理的程序和要求

4.1　县级以上人民政府环境保护行政主管部门和其他危险废物污染环境防治工作的监督管理部门，有权依据各自的职责对管辖范围内的危险废物集中焚烧处置设施进行监督检

查。

4.2 危险废物集中焚烧处置单位应积极配合环境保护行政主管部门和其他危险废物污染环境防治工作监督管理部门的监督管理活动，根据相应的监督管理要求，如实反映情况，提供必要的资料，不得隐瞒、谎报、拒绝、阻挠或延误。

4.3 地方环境保护行政主管部门可通过书面检查、现场核查以及远程监控等方式实施对危险废物集中焚烧处置设施运行的监督管理。

4.4 监督管理包括准备、检查、监测、综合分析、意见反馈、整改和复查七个阶段。地方环境保护行政主管部门可根据工作开展实际和需要，修改调整监督管理的程序并确定相应的实施计划。

1）准备阶段应包括材料收集和监督管理实施计划编制两部分内容。材料收集内容包括经营许可证、机构设置、人员配置、制度化建设、设施建设和运行情况、污染物总体排放情况、与委托单位签订的经营合同情况等；实施计划应在材料收集的基础上编制，明确监管对象、监管内容、程序、方法以及人员安全防护措施等。

2）检查阶段应根据实施计划对焚烧的主体设施、各项辅助设施运行和管理情况进行现场核查，审阅相关记录、台账，对发现的问题应进行核实确认。

3）监测阶段应根据实施计划要求，对设施运行过程中污染物排放情况（废气、废水、废渣、噪声等）进行监测，保证监测质量，保存监测记录。

4）综合分析阶段应在检查、监测工作的基础上，全面分析、评价危险废物焚烧处置单位的总体情况，形成监督检查结论，对存在的各项问题要逐一列明；需要进行整改的，应提出书面整改内容和整改限期；有违反《中华人民共和国固体废物污染环境防治法》、《危险废物经营许可证管理办法》等法律、法规行为的，提出相应的处罚意见。

5）意见反馈阶段应将监督检查结论、整改通知、处罚通知等按照规定的程序送达危险废物集中焚烧处置单位。

6）整改阶段应督促危险废物集中焚烧处置单位根据监督检查结果和整改措施进行整改并提交整改报告。

7）监督管理复查阶段应对危险废物集中焚烧处置单位的整改情况进行复查，仍不符合要求的，应根据《中华人民共和国固体废物污染环境防治法》和《危险废物经营许可证管理办法》对危险废物集中焚烧处置单位进行处罚，如警告、限期整改、罚款、暂扣或吊销经营许可证等。

4.5 监督管理人员在进行现场检查时应遵守以下要求：

1）监督管理人员在检查过程中应宣传并认真执行国家环境保护的方针、政策和有关的法律、法规和标准。

2）监督管理人员在进行现场检查时，应有两名以上具有相应行政执法权的人员同时参加，携带并出示相关证件。

3）监督管理人员在进行现场检查时，可采取询问笔录、现场监测、采集样品、拍照摄像、查阅或者复制有关资料等检查手段，并妥善保管有关资料。

4）监督管理人员在进行现场检查时应严格执行安全制度，并为被检查单位保守技术业务秘密。

5）监督管理人员应对检查情况进行客观、规范的记录，并请被检查单位的代表予以确认。检查人员与被检查单位对检查记录的内容有分歧的部分如不能即时解决，应做好记录。

5 监督管理的内容和方法

5.1 监督管理的总体内容

地方环境保护行政主管部门监督管理的内容应包括基本运行条件、焚烧处置设施运行过程、污染防治设施配置及运行效果以及安全生产和劳动保护措施等。地方环境保护行政主管部门可根据实际情况确定监督管理的具体内容，原则上危险废物集中焚烧处置单位基本运行条件检查、焚烧处置设施以及配套设施等硬件配置的监督检查仅在初次监督检查时进行。

5.2 基本运行条件的监督管理

5.2.1 危险废物集中焚烧处置单位的机构设置、人员配置符合相关政策、法律法规及标准情况。

5.2.2 危险废物经营许可证的申领和换证情况。

5.2.3 危险废物焚烧处置技术、工艺及工程验收情况。

5.2.4 危险废物集中焚烧处置单位各项规章制度情况，制度至少应包括：设施运行和管理记录制度、交接班记录制度、危险废物接收管理制度、危险废物分析制度、内部监督管理制度、设施运行操作规程、化验室（实验室）特征污染物检测方案和实施细则、处置设施运行中意外事故应急预案、安全生产及劳动保护管理制度、人员培训制度以及环境监测制度等。

5.2.5 危险废物集中焚烧处置单位事故应急预案情况。应急预案应根据《危险废物经营单位编制应急预案指南》以及地方其他有关规定编写和报批。

5.3 危险废物焚烧处置设施运行的监督管理

5.3.1 危险废物焚烧处置设施运行的监督管理，其内容应至少包括：危险废物的接收、危险废物的分析鉴别、危险废物的厂内贮存和预处理、危险废物焚烧处置设施运行等。

5.3.2 危险废物接收应包括危险废物进场专用通道及标志、危险废物预检验、危险废物转移联单制度执行以及危险废物卸载情况等。

5.3.3 危险废物分析鉴别应包括分析鉴别的基础条件、危险废物的鉴别内容、危险废物特性鉴别后的登记管理、特性鉴别数据的保存、采样和分析以及危险废物的分类管理情况等。

5.3.4 危险废物贮存设施应包括危险废物贮存容器以及危险废物贮存设施情况。

5.3.5 危险废物焚烧处置系统应包括焚烧处置设施配置以及焚烧处置过程操作情况。

5.3.6 危险废物处置附属设施应包括预处理及进料系统、热能利用系统、烟气净化系统、炉渣及飞灰处理系统、自动化控制及在线监测系统，监督管理内容应包括系统配置和操作情况等。

5.4 污染防治设施配置及处理效果的监督管理

5.4.1 焚烧处置设施的性能指标和大气污染物排放控制指标应符合 GB 18484 要求，厂区周边环境空气质量，各项指标应符合 GB 3095 要求。

5.4.2 危险废物焚烧处置过程产生的底渣、飞灰、焚烧过程废气处理产生废活性炭、滤饼等属于危险废物，应送符合 GB 18598 要求的危险废物填埋场进行安全填埋处置。

5.4.3 危险废物集中焚烧处置单位废水排放应符合 GB 8978 要求。

5.4.4 危险废物集中焚烧处置单位噪声排放应符合 GB 12348 要求。

5.5 安全生产和劳动保护的监督管理

5.5.1 危险废物集中焚烧处置单位在安全生产方面应执行 HJ/T 176 以及国家其他关于安全生产的有关规定。

5.5.2 危险废物集中焚烧处置单位在劳动保护方面应执行 HJ/T 176 以及国家其他关于劳动保护的有关规定。

5.6 监测管理要求

5.6.1 环境监测应包括焚烧设施污染物排放监测和危险废物集中焚烧处置单位周边环境监测两部分。污染物排放监测应根据有关标准对烟气、飞灰、炉渣、工艺污水及噪声进行监测。环境监测应根据危险废物集中焚烧处置单位污染物排放情况对周边环境空气、地下水、地表水、土壤以及环境噪声进行监测。

5.6.2 对于由地方环境保护行政主管部门实施的监督性监测活动，由地方环境保护行政主管部门委托有环境监测资质的监测机构进行。危险废物集中焚烧处置单位实施的内部监测，应按国家标准规定的方法和频次，对处置设施运行情况进行监测，危险废物集中焚烧处置单位也可委托有监测资质的单位代为监测。危险废物集中焚烧处置单位应严格执行国家有关监督性监测管理规定配合监测工作，监测取样、检验方法，均应遵循国家有关标准要求。

5.6.3 地方环境保护行政主管部门应要求危险废物集中焚烧处置单位制订集中焚烧处置设施运行内部监测计划，定期对危险废物焚烧处置排放进行监测。当出现监测的某项目指标不合格时，应对设施进行全面检查，找出原因及时解决，确保集中焚烧处置设施在排放达标的条件下运行。

5.6.4 地方环境保护行政主管部门应按照国家有关规定，督促危险废物集中焚烧处置单位建立运行参数和污染物排放的监测记录制度，监测记录应包括：

1）记录每一批次危险废物焚烧的种类和重量。

2）连续监测二燃室烟气二次燃烧段前后的温度。

3）应对集中焚烧处置设施排放的烟尘、CO、SO_2、NO_x 实施连续自动监测，并定期辅以采样监测；对于目前尚无法采用自动连续装置监测的烟气黑度、HF、HCl、重金属及其化合物，应按 GB 18484 的监测管理要求进行监测，以上各项指标每季度至少采样监测 1 次。

4）按照 GB 18484 规定，至少每 6 个月监测一次焚烧残渣的热灼减率。

5）对废气排放中的二噁英，应按 GB 18484 监测管理要求，每年至少采样监测 1 次。

6）每年至少对周边环境空气及土壤中二噁英、重金属进行 1 次监测，以了解建设项目对周边环境空气及土壤的污染情况。

7）记录危险废物最终残余物处置情况，包括焚烧残渣与飞灰的数量、处置方式和接收单位。

5.6.5 为确保监测工作的开展，对排污口规范化问题提出如下要求：

1）污染物排放口应按照 GB 15562.1～2 的规定，设置对应的环境保护图形标志牌。

2）新建集中式危险废物焚烧厂焚烧炉排气筒周围半径 200 m 内有建筑物时，排气筒高度应高出最高建筑物 5 m 以上。

3）对有几个排气源的焚烧厂应集中到一个排气筒排放或采用多筒集合式排放。

4）焚烧炉排气筒应按 GB/T 16157 的要求，留有规范的、便于测量流量、流速的测流段和采样位置，设置永久性采样孔，并安装用于采样和测量的辅助设施。

5.6.6 监督性监测应在工况稳定、生产负荷达到设计的 75%以上（含 75%）、处置设施运行正常的情况下进行。监测期间应监控各生产环节的主要原材料的消耗量、成品量，并按设计的主要原料、辅料用量和成品产生量核算生产负荷。若生产负荷小于 75%，应停止监测。

5.6.7 危险废物处置单位应定期报告上述监测数据。监测数据保存期为 3 年以上。

5.7 监督检查方法

结合以上监督检查内容，相应的监督管理的内容及方法见附录 A。

6 监督实施

6.1 地方环境保护行政主管部门根据本标准所提出的内容和要求，结合地方危险废物集中焚烧处置设施的实际，制订具体的监督管理实施方案，推进危险废物集中焚烧处置设施监督管理规范化、制度化。

6.2 地方环境保护行政部门根据本标准所提出的关于设施运行的各方面监督管理要求和危险废物经营许可证档案管理制度的基本要求，建立起规范的危险废物集中焚烧处置设施运行监督档案管理制度，将监督检查情况和处理结果及时归档，并指导企业建立相应的监督管理程序和方法，确保危险废物集中焚烧处置设施安全运转。

6.3 地方环境保护行政主管部门可根据《中华人民共和国固体废物污染环境防治法》和《危险废物经营许可证管理办法》等有关法律法规，对危险废物集中焚烧处置单位在危险废物处置过程中的违法行为进行处罚。

附录 A（规范性附录）

危险废物焚烧处置设施运行监督管理的内容及方法

A.1 基本运行条件监督管理*

审查项目	审查要点	检查指标及依据	监督检查方法
A.1.1 危险废物处置技术、工艺及工程验收情况	（1）危险废物预处理及焚烧处置技术和工艺适应性说明	危险废物预处理以及焚烧处置技术和工艺的适应性说明，主要设备的名称、规格型号、设计能力、数量、其他技术参数；所能焚烧处置废物的名称、类别、形态和危险特性（HJ/T 176）	检查环境影响报告、工程设计文件或其他证明材料；必要时，现场核查
	（2）系统配置情况	检查系统配置的完整性，应包括预处理及进料系统、焚烧炉、热能利用系统、烟气净化系统、残渣处理系统、自动控制和在线监测系统及其他辅助装置（HJ/T 176）	
		检查系统配置的安全性，整个焚烧系统运行过程中应处于负压状态，避免有害气体逸出（HJ/T 176）	
		检查危险废物处理要求，对于处理氟、氯等元素含量较高的危险废物，是否考虑了耐火材料及设备的防腐问题；对于用来处理含氟较高或含氯大于 5%的危险废物焚烧系统，不得采用余热锅炉降温，其尾气净化必须选择湿法净化方式（HJ/T 176）	
	（3）主要附属设施情况	工具、中转和临时存放设施、设备以及贮存设施、设备情况（国务院令 第 408 号）	
	（4）工程设计及验收情况	项目工程设计及验收有关资料（国务院令 第 408 号）	检查工程设计及验收材料
A.1.2 危险废物经营许可证申领和使用情况	（1）处置单位的处置合同业务范围情况	检查危险废物集中焚烧处置单位的处置合同业务范围是否与经营许可证所规定的经营范围一致（国务院令 第 408 号）	检查危险废物经营许可证、处置合同等材料；必要时，现场核查
	（2）危险废物经营许可证变更情况	检查危险废物集中焚烧处置单位是否按照规定的申请程序，在发生危险废物经营方式改变，增加处置危险废物类别，新建或者改建、扩建原有危险废物经营设施或者经营危险废物超过原批准年经营规模 20%以上的设施重新申领了危险废物经营许可证（国务院令 第 408 号）	
	（3）焚烧处置计划情况	检查焚烧处置计划是否翔实、明确，焚烧处置计划应分为年度和月份计划	检查危险废物焚烧处置记录等材料
	（4）经营许可证检查情况	检查危险废物经营许可证例行检查情况（国务院令 第 408 号）	检查危险废物经营许可证的有关材料

审查项目	审查要点	检查指标及依据	监督检查方法
A.1.3 危险废物集中焚烧处置单位的机构设置、人员配置情况	（1）人员总体配备情况	是否配备了相应的生产人员、辅助生产人员和管理人员（国务院令 第408号）	检查单位机构组成及人员职责分工以及个人档案材料等
	（2）专业技术人员配备情况	是否配备了3名以上环境工程专业或者相关专业中级以上职称，并有3年以上固体废物污染治理经历的技术人员（国务院令 第408号）	
	（3）人员培训情况	生产和管理人员是否经过国家及内部组织的专业岗位培训并获得国家劳动保障部门或国家环境保护行政主管部门颁发的职业技能培训等级证书，并符合工作需要（HJ/T 176）	
A.1.4 集中焚烧处置单位规章制度情况	（1）设施运行和管理记录制度情况	（1）危险废物转移联单记录；（2）危险废物接收登记记录；（3）危险废物进厂运输车车牌号、来源、重量、进场时间、离场时间等记录；（4）生产设施运行工艺控制参数记录；（5）危险废物焚烧灰渣处理处置情况记录；（6）设备更新情况记录；（7）生产设施维修情况记录；（8）环境监测数据的记录；（9）生产事故及处置情况记录（HJ/T 176）	检查各项制度以及运行记录档案材料
	（2）交接班制度情况	（1）交接班制度的实施记录完整、规范；（2）上述提到的设施运行和管理记录制度在交接班制度中予以落实（HJ/T 176）	
	（3）其他制度情况	（1）危险废物接收管理制度；（2）危险废物分析制度；（3）内部监督管理制度；（4）设施运行操作规程；（5）设施运行过程中污染控制对策和措施；（6）化验室（实验室）特征污染物检测方案和实施细则；（7）设施日常运行记录台账、监测台账和设备更新、检修台账；（8）安全生产及劳动保护管理制度；（9）人员培训制度；（10）环境监测制度（HJ/T 176）	
A.1.5 事故应急预案制定情况	（1）危险废物贮存过程中发生事故时的应急预案	（1）应急预案编制的全面性、规范性和可操作性；（2）应急预案获得环保部门审批情况；（3）实施应急预案的基础条件情况；（4）应急预案执行情况（HJ/T 176）	检查应急预案文本、应急预案审批及应急预案执行情况
	（2）危险废物运送过程中发生事故时的应急预案	（1）应急预案编制的全面性、规范性和可操作性；（2）应急预案获得环保部门审批情况；（3）实施应急预案的基础条件情况；（4）应急预案执行情况（HJ/T 176）	
	（3）焚烧设施发生故障或事故时的应急预案	（1）应急预案编制的全面性、规范性和可操作性；（2）应急预案获得环保部门审批情况；（3）实施应急预案的基础条件情况；（4）应急预案执行情况（HJ/T 176）	
	（4）设施设备能力不能保证危险废物正常处置时的应急预案	（1）应急预案编制的全面性、规范性和可操作性；（2）应急预案获得环保部门审批情况；（3）实施应急预案的基础条件情况；（4）应急预案执行情况（HJ/T 176）	

* 基本条件检查作为地方环境保护行政主管部门进行监督管理的基本依据，原则上应在初次监督检查时进行，是为考虑到工作的连贯性而进行的检查。

A.2 处置设施运行过程监督管理——接收、分析鉴别、贮存设施

审查项目	审查要点	检查指标及依据	监督检查方法
A.2.1 危险废物接收系统	（1）危险废物转移联单制度执行情况	集中焚烧处置单位是否按照《危险废物转移联单》有关规定办理接收废物有关手续（《危险废物转移联单管理办法》）	检查转移联单档案、废物进场记录等，必要时进行现场检查
	（2）危险废物预检验情况	危险废物进厂前是否接受必要的预检验（HJ/T 176）	
	（3）废物进场专用通道及标志情况	（1）集中焚烧处置单位内是否设置废物进厂专用通道；（2）是否设有醒目的警示标志和路线指示（HJ/T 176）	
	（4）废物卸载情况	办理完接收手续的危险废物是否在卸车区卸载废物（HJ/T 176）	
A.2.2 危险废物分析鉴别系统	（1）分析鉴别基础条件	危险废物特性鉴别与灰渣监测和分析的仪器设备（HJ/T 176）	检查分析鉴别仪器设备材料，并现场核查
		污水常规指标监测和分析的仪器设备（HJ/T 176）	
		化验室所用仪器的规格、数量及化验室的面积（HJ/T 176）	
	（2）危险废物鉴别内容的全面性和代表性	（1）内容包括：物理性质：物理组成、容重、尺寸；（2）工业分析：固定碳、灰分、挥发分、水分、灰熔点、低位热值；（3）元素分析和有害物质含量；（4）特性鉴别（腐蚀性、浸出毒性、急性毒性、易燃易爆性）；（5）反应性；（6）相容性（HJ/T 176）	检查危险废物鉴别记录资料，并现场核查
	（3）废物特性鉴别后的登记管理情况	（1）每一批次废物经特性分析鉴别后得到的数据信息是否进行详细的登记；（2）是否将登记的数据信息与分类分区贮存的废物建立起一一对应的废物特性数据信息库（HJ/T 176）	检查危险废物鉴别登记有关材料，并现场核查
	（4）特性鉴别数据保存情况	废物分析鉴别数据库是否有必要的备份，并及时以光盘、文本等形式保存副本（HJ/T 176）	检查危险废物鉴别数据档案材料，并现场核查
	（5）采样和分析的规范性	（1）危险废物采样是否符合 HJ/T 20；（2）危险废物特性分析是否符合 GB 5085.1～3（HJ/T 176）	检查危险废物采样和特性分析有关材料，并现场核查
	（6）废物分类管理情况	对鉴别后的危险废物是否进行了分类（HJ/T 176）	检查危险废物分类有关材料，并现场核查
A.2.3 危险废物贮存系统	（1）危险废物贮存容器情况	应使用符合国家标准的容器盛装危险废物（GB 18597）	现场检查
		贮存容器必须具有耐腐蚀、耐压、密封、不与所贮存的废物发生反应等特性（GB 18597）	
		贮存容器应保证完好无损并具有明显标志（GB 18597）	
	（2）危险废物贮存设施情况	危险废物贮存场所是否有符合 GB 15562.2 的专用标志（GB 18597）	
		不相容的危险废物是否分开存放，并设有隔离间隔断（GB 18597）	
		是否建有堵截泄漏的裙角，地面与裙角采用了兼顾防渗的材料建造，建筑材料与危险废物相容（GB 18597）	

审查项目	审查要点	检查指标及依据	监督检查方法
A.2.3 危险废物贮存系统	（2）危险废物贮存设施情况	是否配置了泄漏液体收集装置及气体导出口和气体净化装置（GB 18597）	现场检查
		是否配置了安全照明和观察窗口，并设有应急防护设施（GB 18597）	
		是否配置了隔离设施、报警装置和防风、防晒、防雨设施以及消防设施（GB 18597）	
		墙面、棚面是否具有防吸附功能，用于存放装载液体、半固体危险废物容器的地方是否配有耐腐蚀的硬化地面且表面无裂隙（GB 18597）	
		库房是否设置了备用通风系统和电视监视装置（GB 18597）	
		贮存库容量的设计是否考虑工艺运行要求并应满足设备大修（一般以 15 d 为宜）和废物配伍焚烧的要求（GB 18597）	
		贮存剧毒危险废物的场所是否实现了专人 24 h 看管（GB 18597）	

A.3 处置设施运行过程监督管理——焚烧处置设施

审查项目	审查要点	检查指标及依据	监督检查方法
危险废物焚烧处置系统	（1）焚烧处置设施配置情况	是否设置二次燃烧室，并保证烟气在二次燃烧室 1 100℃以上停留时间大于 2 s（HJ/T 176）	检查设计文件，并现场核查
		燃烧室后是否设置紧急排放烟囱，并设置联动装置使其只能在事故或紧急状态时才可启动（HJ/T 176）	
		焚烧炉是否设置防爆门或其他防爆设施（HJ/T 176）	
		是否配备自动控制和监测系统，在线显示运行工况和尾气排放参数，并能够自动反馈，对有关主要工艺参数进行自动调节（HJ/T 176）	
		正常运行条件下，焚烧炉内是否处于负压燃烧状态（HJ/T 176）	
		焚烧炉是否装置紧急进料切断系统（HJ/T 176）	
		投入焚烧炉的废物是否有重量计量装置并实现连续记录（HJ/T 176）	
	（2）焚烧处置过程操作情况	危险废物的焚烧系统运行是否按工艺流程、运行操作规程和安全操作规程进行（HJ/T 176）	检查设计文件、各项操作规程材料，并现场检查
		危险废物进入焚烧系统的输送方式是否避免了操作人员与废物直接接触（HJ/T 176）	
		危险废物焚烧处置操作人员是否按规程操作，操作人员是否掌握处置计划、操作规程、焚烧系统工艺流程、管线及设备的功能和位置，以及紧急应变情况（HJ/T 176）	
		焚烧系统没有达到工况参数或烟气处理系统没有启动或没有正常运行时，是否严禁向焚烧炉投入废物（HJ/T 176）	
		焚烧炉运行过程中是否保证系统处于负压状态，避免有害气体逸出（HJ/T 176）	

A.4 处置设施运行过程监督管理——配套处置设施

审查项目	审查要点	检查指标及依据	监督检查方法
A.4.1 预处理及进料系统	（1）检查危险废物预处理系统	危险废物入炉前是否根据其成分、热值等参数进行搭配，以保障焚烧炉稳定运行，降低焚烧残渣的热灼减率（HJ/T 176）	现场检查
		废物的搭配是否注意相互间的相容性，避免不相容的危险废物混合后产生不良后果（HJ/T 176）	
		危险废物入炉前是否酌情进行破碎和搅拌处理，使废物混合均匀以利于焚烧炉稳定、安全、高效运行，对于含水率高的废物（如污泥、废液）是否采取了适当脱水处理措施，以降低能耗（HJ/T 176）	
		在设计危险废物混合或加工系统时，是否考虑焚烧废物的性质、破碎方式、液体废物的混合及供料的抽吸和管道系统的布置（HJ/T 176）	
	（2）检查危险废物输送、进料装置	采用自动进料装置，进料口是否配制保持气密性的装置，以保证炉内焚烧工况的稳定（HJ/T 176）	检查设计文件，并现场核查
		进料时是否采取了防止废物堵塞措施，以保持进料畅通（HJ/T 176）	
		进料系统是否处于负压状态，以防止有害气体逸出（HJ/T 176）	
		输送液体废物时是否考虑废液的腐蚀性及废液中的固体颗粒物堵塞喷嘴问题（HJ/T 176）	
A.4.2 热能利用系统	检查热能利用系统配置及操作情况	焚烧处置单位在确保环保达标排放的情况下，是否考虑对其产生的热能以适当形式加以利用（HJ/T 176）	检查设计文件，并现场核查
		利用危险废物焚烧热能的锅炉，是否充分考虑烟气对锅炉的高温和低温腐蚀问题（HJ/T 176）	
		危险废物焚烧的热能利用是否避开 200～500℃区间（HJ/T 176）	
		利用危险废物热能生产饱和蒸汽或热水时，热力系统中的设备与技术条件，是否符合 GB 50041 的有关规定（HJ/T 176）	
A.4.3 烟气净化系统	（1）检查湿法净化工艺骤冷洗涤器和吸收塔等单元配置情况	（1）是否配备废水处理设施去除重金属和有机物等有害物质；（2）为防止风机带水，是否采取了降低烟气水含量的措施后再经烟囱排放的措施（HJ/T 176）	检查设计文件，并现场核查
	（2）检查半干法净化工艺洗气塔、活性炭喷射、布袋除尘器等处理单元配置情况	（1）反应器内的烟气停留时间是否满足烟气与中和剂充分反应的要求；（2）反应器出口的烟气温度是否在 130℃以上，保证在后续管路和设备中的烟气不结露（HJ/T 176）	检查设计文件，并现场核查
	（3）检查干法净化工艺：包括干式洗气塔或干粉投加装置、布袋除尘器等处理单元配置情况	（1）反应器内的烟气停留时间是否满足烟气与药剂进行充分反应的要求；（2）是否考虑收集下来的飞灰、反应物以及未反应物的循环处理问题；（3）反应器出口的烟气温度是否在 130℃以上，保证在后续管路和设备中的烟气不结露（HJ/T 176）	
	（4）检查烟气净化系统配置情况	烟气净化系统的除尘设备是否优先选用袋式除尘器（HJ/T 176）	

审查项目	审查要点	检查指标及依据	监督检查方法
A.4.3 烟气净化系统	（4）检查烟气净化系统配置情况	若选择湿式除尘装置，是否配备完整的废水处理设施（HJ/T 176）	检查设计文件，并现场核查
		烟气净化装置是否有可靠的防腐蚀、防磨损和防止飞灰阻塞的措施（HJ/T 176）	
		酸性污染物包括 HCl、HF 和硫氧化物等，是否采用适宜的碱性物质作为中和剂在反应器内进行中和反应（HJ/T 176）	
		在中和反应器和袋式除尘器之间是否采取了喷入活性炭或多孔性吸附剂，或者在布袋除尘器后设置活性炭或多孔性吸附剂吸收塔（床）措施（HJ/T 176）	
		对于含氮量较高的危险废物是否考虑氮氧化物的去除措施；是否优先考虑通过焚烧过程控制，抑制氮氧化物的产生；焚烧烟气中氮氧化物的净化方法，是否采用选择性非催化还原法（HJ/T 176）	
		引风机是否采用变频调速装置（HJ/T 176）	
	（5）检查烟气净化系统操作情况	是否严格控制燃烧室烟气的温度、停留时间和流动工况（HJ/T 176）	
		焚烧废物产生的高温烟气是否采取急冷处理，使烟气温度在 1.0 s 内降到 200℃以下，减少烟气在 200～500℃的滞留时间（HJ/T 176）	
		检查吸附二噁英的活性炭使用数量以及布袋除尘器的更换情况等是否在设计需求的使用数量范围内	
A.4.4 炉渣及飞灰处理系统	（1）检查炉渣处理系统配置情况	炉渣处理系统是否包括除渣冷却、输送、贮存、碎渣等设施（HJ/T 176）	检查设计文件，并现场核查
		炉渣处理系统是否保持密闭状态（HJ/T 176）	
		与焚烧炉衔接的除渣机是否有可靠的机械性能和保证炉内密封的措施（HJ/T 176）	
	（2）检查飞灰处理系统配置情况	飞灰处理系统是否包括飞灰收集、输送、贮存等设施，保持密闭状态，并配置避免飞灰散落的密封容器（HJ/T 176）	
		烟气净化系统采用半干法方式时，飞灰处理系统是否采取了机械除灰或气力除灰方式，气力除灰系统是否采取了防止空气进入与防止灰分结块的措施（HJ/T 176）	
		采用湿法烟气净化方式时，飞灰处理系统是否采取了有效的脱水措施（HJ/T 176）	
		贮灰罐是否设有料位指示、除尘和防止灰分板结的设施，并在排灰口附近设置增湿设施（HJ/T 176）	

审查项目	审查要点	检查指标及依据	监督检查方法
A.4.5 自动化控制及在线监测系统	（1）检查自动控制系统	危险废物集中焚烧处置是否具备较高的自动化水平，能在中央控制室通过分散控制系统实现对危险废物焚烧线、热能利用及辅助系统的集中监视和分散控制（HJ/T 176）	检查设计文件，并现场核查
		燃烧室后是否设置紧急排放烟囱，并设置联动装置使其只能在事故或紧急状态时才可启动（HJ/T 176）	
		对不影响整体控制系统的辅助装置，设就地控制室的，其重要信息是否送至中央控制室（HJ/T 176）	
		对重要参数的报警和显示，是否设光字牌报警器和数字显示仪（HJ/T 176）	
		是否设置独立于分散控制系统的紧急停车系统（HJ/T 176）	
	（2）检查在线监测系统	对贮存库房、物料传输过程以及焚烧线的重要环节，是否设置现场工业电视监视系统（HJ/T 176）	检查设计文件，操作规程材料，并现场核查
		在线自动监测系统是否对焚烧烟气中处理后的烟尘、硫氧化物、氮氧化物、HCl 等污染因子实施在线监测，并按要求存入档案并上报地方环境保护行政主管部门（HJ/T 176）	
		危险废物集中焚烧处置单位的在线自动监测系统是否对氧、CO、CO_2、一燃室和二燃室温度等重要工艺指标实行在线监测（HJ/T 176）	
		对前面提到的污染控制参数以及工艺指标是否按要求与地方环境保护行政主管部门联网显示，并显示正常（HJ/T 176）	
		系统启动运行时，在线监测装置是否能够同时启动，进行监测、记录并根据需要打印输出（HJ/T 176）	
		焚烧处置过程中的工艺参数，如温度、停留时间等是否显示正常值（HJ/T 176）	

A.5 安全生产和劳动保护的监督管理

审查项目	审查要点	检查指标及依据	监督检查方法
A.5.1 安全生产要求	检查焚烧厂安全生产情况	各工种、岗位是否根据工艺特征和具体要求制定了相应的安全操作规程并严格执行（HJ/T 176）	检查有关安全生产材料，并现场核查
		各岗位操作人员和维修人员是否定期进行岗位培训并持证上岗（HJ/T 176）	
		是否严禁了非本岗位操作管理人员擅自启、闭本岗位设备，严禁了管理人员违章指挥（HJ/T 176）	
		操作人员是否按电工规程进行电器启、闭（HJ/T 176）	

审查项目	审查要点	检查指标及依据	监督检查方法
A.5.1 安全生产要求	检查焚烧厂安全生产情况	风机工作时，是否严禁了操作人员贴近联轴器等旋转部件（HJ/T 176）	检查有关安全生产材料，并现场核查
		是否建立并严格执行定期和经常的安全检查制度，及时消除事故隐患，严禁违章指挥和违章操作（HJ/T 176）	
		是否对事故隐患或发生的事故进行了调查并采取改进措施，重大事故是否做到了及时向有关部门报告（HJ/T 176）	
		凡从事特种设备的安装、维修人员，是否参加了劳动部门专门培训，并取得特种设备安装、维修人员操作证后上岗（HJ/T 176）	
		厂内及车间内运输管理，是否符合 GB 4387 的有关规定（HJ/T 176）	
		工作区及其他设施是否符合国家有关劳动保护的规定，各种设施及防护用品（如防毒面具）是否由专人维护保养，保证其完好、有效（HJ/T 176）	
		对所有从事生产作业的人员是否进行了定期体检并建立健康档案卡（HJ/T 176）	
		是否定期对车间内的有毒有害气体进行检测，并做到在发生超标的情况下采取相应措施（HJ/T 176）	
		是否做到定期对职工进行职业卫生的教育，加强防范措施（HJ/T 176）	
A.5.2 劳动保护要求	检查焚烧厂劳动保护情况	废物贮存和焚烧部分处理设备等是否做到了尽量密闭，以减少灰尘和臭气外逸（HJ/T 176）	检查各项与劳动保护有关材料，并现场检查
		是否尽可能采用了噪声小的设备；对于噪声较大的设备，是否采取了减振消音措施，使噪声符合国家规定标准要求（HJ/T 176）	
		接触有毒有害物质的员工是否配备了防毒面具、耐油或耐酸手套、防酸碱工作服（HJ/T 176）	
		焚烧炉、余热锅炉、除尘系统等高温操作间是否配置了降温设施（HJ/T 176）	
		检修人员进入焚烧炉检修前是否先对炉内强制输送新鲜空气并测定炉内含氧量，待含氧量大于 19%后方可进入。检修人员在炉内检修时是否做到了佩戴防毒面具，同时炉外有人监护（HJ/T 176）	
		进入高噪声区域人员是否佩戴了性能良好的防噪声护耳器（HJ/T 176）	

<table>
<tr><th>审查项目</th><th>审查要点</th><th>检查指标及依据</th><th>监督检查方法</th></tr>
<tr><td rowspan="4">A.5.2 劳动保护要求</td><td rowspan="4">检查焚烧厂劳动保护情况</td><td>进行有毒、有害物品操作时是否穿戴了相应种类专用防护用品，禁止混用；并严格遵守操作规程，用毕后物归原处，发现破损及时更换（HJ/T 176）</td><td rowspan="4">检查各项与劳动保护有关材料，并现场检查</td></tr>
<tr><td>有毒、有害岗位操作完毕，是否将防护用品按要求清洁、收管，并做到不随意丢弃，不转借他人；是否对个人安全卫生（洗手、漱口及必要的沐浴）提出了明确的要求（HJ/T 176）</td></tr>
<tr><td>是否做到了禁止携带或穿戴使用过的防护用品离开工作区。报废的防护用品是否交专人处理（HJ/T 176）</td></tr>
<tr><td>是否配足配齐各作业岗位所需的个人防护用品，并对个人防护用品的购置、发放、回收、报废进行登记。防护用品是否做到由专人管理，并定期检查、更换和处理（HJ/T 176）</td></tr>
</table>

A.6 污染防治设施配置及处理要求*

<table>
<tr><th>审查项目</th><th>审查要点</th><th colspan="3">审查指标要求</th><th>监督检查方法</th></tr>
<tr><td rowspan="15">A.6.1 大气污染物控制排放及周边环境空气质量要求（GB 18484）</td><td>不同焚烧容量时的最高允许排放质量浓度限值/（mg/m^3）</td><td>≤300（kg/h）</td><td>300～2 500（kg/h）</td><td>≥2 500（kg/h）</td><td rowspan="14">进行试烧，检查监测报告</td></tr>
<tr><td>1*烟气黑度</td><td colspan="3">林格曼 1 级</td></tr>
<tr><td>2*烟尘</td><td>100</td><td>80</td><td>65</td></tr>
<tr><td>3*一氧化碳（CO）</td><td>100</td><td>80</td><td>80</td></tr>
<tr><td>4*二氧化硫（SO_2）</td><td>400</td><td>300</td><td>200</td></tr>
<tr><td>5*氟化氢（HF）</td><td>9.0</td><td>7.0</td><td>5.0</td></tr>
<tr><td>6*氯化氢（HCl）</td><td>100</td><td>70</td><td>60</td></tr>
<tr><td>7*氮氧化物（以 NO_2 计）</td><td colspan="3">500</td></tr>
<tr><td>8*汞及其化合物（以 Hg 计）</td><td colspan="3">0.1</td></tr>
<tr><td>9*镉及其化合物（以 Cd 计）</td><td colspan="3">0.1</td></tr>
<tr><td>10*砷，镍及其化合物（以 As+Ni 计）</td><td colspan="3">1.0</td></tr>
<tr><td>11*铅及其化合物（以 Pb 计）</td><td colspan="3">1.0</td></tr>
<tr><td>12*铬，锡，锑，铜，锰及其化合物</td><td colspan="3">4.0</td></tr>
<tr><td>13*二噁英类（TEQ）</td><td colspan="3">0.5 ng/m^3</td></tr>
<tr><td>焚烧厂周围环境空气质量</td><td colspan="3">GB 3095</td><td>检查监测报告</td></tr>
</table>

审查项目	审查要点	审查指标要求	监督检查方法
A.6.2 焚烧处理性能要求（GB 18484）	（1）焚毁去除率	危险废物≥99.99%；多氯联苯≥99.999 9%；医疗临床废物≥99.99%	检查监测报告
	（2）焚烧残渣热灼减率	危险废物、多氯联苯、医疗临床废物＜5%	
	（3）焚烧炉出口烟气中的氧气含量	应为6%～10%（干气）	
A.6.3 炉渣及飞灰处理要求（GB 18484、HJ/T 176）	（1）炉渣处理要求	（1）炉渣应进行特性鉴别，经鉴别后属于危险废物，应按照危险废物进行安全处置，不属于危险废物的按一般废物进行处置。（2）炉渣由处置厂进行特性鉴别分析至少1次/d，并保留渣样。由环境管理部门委托监测部门进行抽查鉴别分析1次/月	检查记录材料，并现场检查
	（2）飞灰处理要求	焚烧飞灰、吸附二噁英和其他有害成分的活性炭等残余物应按照危险废物进行处置，应送危险废物填埋场进行安全填埋处置	
A.6.4 废水排放及周边环境质量要求	污水排放要求	污水综合排放标准（GB 8978）	检查监测报告，并现场考核查
	地表水环境质量要求	GB 3838	检查监测报告
A.6.5 土壤环境质量	周边土壤环境质量要求	GB 15618	检查监测报告
A.6.6 噪声排放及周边环境质量要求	噪声排放要求	危险废物焚烧厂界执行GB 12348	检查监测报告，并现场核查
	周边噪声环境质量要求	环境噪声执行GB 3096	检查监测报告
* 污染防治设施配置及处理要求在相关标准修订时应采用最新版本所确定的标准限值和管理要求。			

A.7 环境监测要求

审查项目	审查要点	检查指标及依据	监督检查方法
A.7.1 排污口规范化	(1)焚烧炉排气筒情况	（1）新建集中式危险废物焚烧厂焚烧炉排气筒周围半径200 m内有建筑物时，排气筒高度必须高出最高建筑物5 m以上；（2）对有几个排气源的焚烧厂应集中到一个排气筒排放或采用多筒集合式排放；（3）焚烧炉排气筒应设置永久采样孔，并安装用于采样和测量的设施（GB/T 16157、GB 18484）	检查设计文件，并现场核查
	(2)废水排污口情况	有规范的、便于测量流量、流速的测流段和采样点（相关监测技术规范）	
	(3)污染物排放口标志牌情况	污染物排放口必须实行规范化整治，按照GB 15562.1～2的规定，设置与之相适应的环境保护图形标志牌（HJ/T 176）	

审查项目	审查要点	检查指标及依据	监督检查方法
A.7.2 环境监测总体要求	(1)焚烧设施污染物排放监测	炉渣、飞灰、处理后排放的工艺污水、焚烧系统排烟及环境噪声进行检验监测。监测工作必须符合国家相应的监测标准和方法要求（HJ/T 176）	检查监测报告，并现场核查
	(2)处置单位周边环境监测	对周边环境空气、地下水、地表水、土壤以及环境噪声进行监测。监测工作必须符合国家相应的监测标准和方法要求（HJ/T 176）	
	(3)监测频率管理要求	危险废物集中焚烧处置单位应按国家标准规定的方法和频次，对处置设施情况进行监测，不具备监测条件的可委托有监测资质的单位代为监测（相关监测技术规范）	
	(4)监测条件要求	（1）监测数据必须在工况稳定、生产负荷达到设计的75%以上（含75%）、危险废物集中焚烧处置设施运行正常的情况下才有效；（2）监测期间监控各生产环节的主要原材料的消耗量、成品量，并按设计的主要原、辅料用量及成品产生量核算生产负荷。若生产负荷小于75%，应停止监测；（3）具体内容应符合国家相应监测技术标准要求（相关监测技术规范）	
	(5)监测取样和检验方法要求	（1）监测取样、检验的方法，均应遵循国家有关标准要求；（2）监测的数据应纳入档案并上报当地环境管理部门（相关监测技术规范）	
	(6)监测内容要求	记录每一批次危险废物焚烧的种类的重量（相关监测技术规范）	
		二燃室烟气温度：连续监测二燃室烟气二次燃烧段前后温度。烟气停留时间：通过监测烟气排放速率和审查焚烧设计文件、检验产品结构尺寸确定（相关监测技术规范）	
		排气中的二噁英应每年至少采样监测1次（HJ/T 176）	
		周边环境空气及土壤中的二噁英及重金属污染物监测应每年采样监测一次（HJ/T 176）	
		至少每6个月监测一次焚烧残渣的热灼减率（GB 18484）	
		排气中CO、烟尘、SO_2、NO_x连续自动监测，对于目前尚无法采用自动连续装置监测的烟气黑度、HF、HCl、重金属及其化合物，应每季度至少采样监测1次（GB 18484）	
		记录危险废物最终残余物处置情况，包括焚烧残渣与飞灰的数量、处置方式和接收单位（HJ/T 176）	
		废物处置单位应定期报告上述运行参数、处置效果的监测数据。监测数据保存期为3年（HJ/T 176）	
A.7.3 运行期监测要求	(1)运行单位自行监测要求	（1）运行期间应制订处置单位内部监测计划，定期对危险废物焚烧处置排放进行监测；（2）当出现监测的某项目指标不合格时，应将有关设备系统停机，进行排查，找出原因及时解决。解决后根据情况进行检验监测，确保系统在排放达标的条件下运行（HJ/T 176）	检查监测报告，并现场核查
	(2)运行单位监督性监测要求	运行期间应根据地方环保要求，定期开展环境监测工作（HJ/T 176）	

中华人民共和国国家环境保护标准

医疗废物集中焚烧处置设施运行监督管理技术规范（试行）

Technical specifications for the supervision and management to the operation of incineration disposal facilities for medical waste（On trial）

HJ 516—2009

前言

为贯彻《中华人民共和国环境保护法》、《中华人民共和国固体废物污染环境防治法》、《危险废物经营许可证管理办法》和《医疗废物管理条例》，加强对医疗废物集中焚烧处置设施运行过程的监督管理，确保医疗废物集中焚烧处置设施的规范化运行，制定本标准。

本标准规定了医疗废物集中焚烧处置设施运行的监督管理内容、程序、要求以及监督检查方法等。

本标准的附录 A 为规范性附录。

本标准由环境保护部科技标准司组织制订。

本标准主要起草单位：沈阳环境科学研究院、中国科学院高能物理研究所、环境保护部环境保护对外合作中心、国家环境保护危险废物处置工程技术中心。

本标准环境保护部 2009 年 12 月 29 日批准。

本标准自 2010 年 3 月 1 日起实施。

本标准由环境保护部解释。

1 适用范围

本标准规定了医疗废物集中焚烧处置设施运行的监督管理的程序、要求、内容以及监督管理方法等。

本标准适用于经营性医疗废物集中焚烧处置设施运行的监督管理，其他医疗废物焚烧处置设施运行期间的监督管理可参照本标准执行。

2 规范性引用文件

本标准内容引用了下列文件中的条款。凡是不注日期的引用文件，其有效版本适用于本标准。

GB 3095　环境空气质量标准

GB 3096　声环境质量标准
GB 4387　工业企业厂内铁路、道路运输安全规程
GB 8978　污水综合排放标准
GB 12348　工业企业厂界环境噪声排放标准
GB 15562.1　环境保护图形标志　排放口（源）
GB 15562.2　环境保护图形标志　固体废物贮存（处置）场
GB 18484　危险废物焚烧污染控制标准
GB 18597　危险废物贮存污染控制标准
GB 18598　危险废物填埋污染控制标准
GB 19217　医疗废物转运车技术要求（试行）
GB/T 16157　固定污染源排放气中颗粒物测定与气态污染物采样方法
HJ 421　医疗废物专用包装袋、容器和警示标志标准
HJ/T 20　工业固体废物采样制样技术规范
HJ/T 177　医疗废物集中焚烧处置工程技术规范
《医疗废物管理条例》（中华人民共和国国务院令　第380号）
《危险废物经营许可证管理办法》（中华人民共和国国务院令　第408号）
《医疗废物管理行政处罚办法》（国家环境保护总局令　第21号）
《危险废物经营单位编制应急预案指南》（国家环境保护总局　2007年第48号公告）
《医疗废物分类目录》（卫生部、国家环保总局　卫医发[2003]287号）
《医疗废物集中处置技术规范（试行）》（国家环境保护总局　环发[2003]206号）

3 术语定义

下列术语和定义适用于本标准。

3.1　医疗废物

指各类医疗卫生机构在医疗、预防、保健、教学、科研以及其他相关活动中产生的具有直接或间接感染性、毒性以及其他危害性的废物。具体分类名录依照《医疗废物分类目录》执行。

3.2　集中焚烧处置设施

指统筹规划建设并服务于一定区域，采用焚烧方法处置医疗废物的设施。

3.3　监督管理

指对医疗废物焚烧处置设施运行过程中的监督管理，是地方环境保护行政主管部门为了保护和改善环境，对医疗废物设施运行进行监督检查和指导等活动的总称。

3.4　经营性医疗废物集中焚烧处置单位

指符合《危险废物经营许可证管理办法》管理范围，从事医疗废物集中焚烧处置经营活动的单位。

4 监督管理的程序和要求

4.1　县级以上人民政府环境保护行政主管部门和其他医疗废物污染环境防治工作的监督管理部门，有权依据各自的职责对管辖范围内的医疗废物集中焚烧处置设施进行监督检

查。

4.2　医疗废物集中焚烧处置单位应积极配合环境保护行政主管部门和其他医疗废物污染环境防治工作监督管理部门的监督管理活动，根据相应的监督管理要求，如实反映情况，提供必要的资料，不得隐瞒、谎报、拒绝、阻挠或延误。

4.3　地方环境保护行政主管部门可通过书面检查、现场核查以及远程监控等方式实施对医疗废物集中焚烧处置设施运行的监督管理。

4.4　监督管理包括准备、检查、监测、综合分析、意见反馈、整改和复查七个阶段。地方环境保护行政主管部门可根据工作开展实际和需要，修改调整监督管理的程序并确定相应的实施计划。

1）准备阶段应包括材料收集和监督管理实施计划编制两部分内容。材料收集内容包括经营许可证、机构设置、人员配置、制度化建设、设施建设和运行情况、污染物总体排放情况、与委托单位签订的经营合同情况等；实施计划应在材料收集的基础上编制，明确监管对象、监管内容、程序、方法以及人员安全防护措施等。

2）检查阶段应根据实施计划对焚烧的主体设施、各项辅助设施运行和管理情况进行现场核查，审阅相关记录、台账，对发现的问题应进行核实确认。

3）监测阶段应根据实施计划要求，对设施运行过程中污染物排放情况（废气、废水、废渣、噪声等）进行监测，保证监测质量，保存监测记录。

4）综合分析阶段应在检查、监测工作的基础上，全面分析、评价医疗废物集中焚烧处置单位的总体情况，形成监督检查结论，对存在的各项问题要逐一列明；需要进行整改的，应提出书面整改内容和整改限期；有违反《中华人民共和国固体废物污染环境防治法》、《危险废物经营许可证管理办法》等法律、法规行为的，应提出相应的处罚意见。

5）意见反馈阶段应将监督检查结论、整改通知、处罚通知等按照规定的程序送达医疗废物集中焚烧处置单位。

6）整改阶段应督促医疗废物集中焚烧处置单位根据监督检查结果和整改措施进行整改并提交整改报告。

7）复查阶段应对医疗废物集中焚烧处置单位的整改情况进行复查，仍不符合要求的，应根据《中华人民共和国固体废物污染环境防治法》、《危险废物经营许可证管理办法》、《医疗废物管理条例》、《医疗废物管理行政处罚办法》对医疗废物集中焚烧处置单位进行处罚，如警告、限期整改、罚款、暂扣或吊销经营许可证等。

4.5　监督管理人员在进行现场检查时应遵守以下要求：

1）监督管理人员在检查过程中应宣传并认真执行国家环境保护的方针、政策和有关的法律、法规和标准。

2）监督管理人员在进行现场检查时，必须有两名以上具有相应行政执法权的人员同时参加，携带并出示相关证件。

3）监督管理人员在进行现场检查时，可采取询问笔录、现场监测、采集样品、拍照摄像、查阅或者复制有关资料等检查手段，并妥善保管有关资料。

4）监督管理人员在进行现场检查时应严格执行安全制度，并为被检查单位保守技术业务秘密。

5）监督管理人员应对检查情况进行客观、规范的记录，并应请被检查单位的代表予以确认。检查人员与被检查单位对检查记录的内容有分歧的部分如不能即时解决应做好记录。

5 监督管理的内容和方法

5.1 监督管理的总体内容

地方环境保护行政主管部门监督管理的内容应包括基本运行条件、焚烧处置设施运行过程、污染防治设施配置及运行效果以及安全生产和劳动保护措施等。地方环境保护行政主管部门可根据实际情况确定监督管理的具体内容，原则上医疗废物集中焚烧处置单位基本运行条件检查、焚烧处置设施以及配套设施等硬件配置的监督检查仅在初次监督检查时进行。

5.2 基本运行条件的监督管理

5.2.1 医疗废物集中焚烧处置单位的机构设置、人员配置符合相关政策、法律法规及标准情况。

5.2.2 医疗废物经营许可证的申领和使用情况。

5.2.3 医疗废物焚烧处置技术、工艺及工程验收情况。

5.2.4 医疗废物集中焚烧处置单位各项规章制度情况。制度至少应包括：设施运行和管理记录制度、交接班记录制度、医疗废物接收管理制度、内部监督管理制度、设施运行操作规程、化验室（实验室）特征污染物检测方案和实施细则、处置设施运行中意外事故应急预案、安全生产及劳动保护管理制度、人员培训制度以及环境监测制度等。

5.2.5 医疗废物集中焚烧处置单位事故应急预案情况。应急预案应根据《危险废物经营单位编制应急预案指南》以及地方其他有关规定编写和报批。

5.3 医疗废物焚烧集中处置设施运行的监督管理

5.3.1 对医疗废物焚烧集中处置设施运行监督管理，其内容至少包括：医疗废物的接收、医疗废物的运送、医疗废物的暂存和清洗消毒处理、医疗废物焚烧处置设施运行等。

5.3.2 医疗废物接收应包括医疗废物进场专用通道及标志、医疗废物转移联单制度执行以及医疗废物卸载情况等。

5.3.3 医疗废物贮存设施应包括医疗废物贮存容器以及医疗废物贮存设施情况。

5.3.4 医疗废物清洗消毒设施应包括医疗废物清洗消毒设施以及医疗废物清洗操作情况。

5.3.5 医疗废物集中焚烧处置系统应包括焚烧处置设施配置以及焚烧处置过程操作情况。

5.3.6 医疗废物处置配套设施应包括预处理及进料系统、热能利用系统、烟气净化系统、炉渣及飞灰处理系统、自动化控制及在线监测系统，监督管理内容应包括系统配置和操作情况等。

5.4 污染防治设施配置及处理要求

5.4.1 检查大气污染物控制排放及焚烧处理性能指标应符合 GB 18484 要求，检查周边环境空气质量，各项指标应符合 GB 3095 要求。

5.4.2 医疗废物焚烧处置过程产生的飞灰，以及焚烧过程废气处理产生的废活性炭、滤饼等属于危险废物，应送符合 GB 18598 要求的危险废物填埋场进行安全填埋处置。

5.4.3 医疗废物集中焚烧处置单位废水排放应符合 GB 8978 要求。

5.4.4 医疗废物集中焚烧处置单位噪声排放应符合 GB 12348 要求。

5.5 安全生产和劳动保护的监督管理

5.5.1 医疗废物集中焚烧处置单位在安全生产方面应执行 HJ/T 177 以及国家关于安全生产的其他有关规定。

5.5.2 医疗废物集中焚烧处置单位在劳动保护方面应执行 HJ/T 177 以及国家关于劳动保护的其他有关规定。

5.6 监测要求

5.6.1 环境监测应包括焚烧设施污染物排放监测和医疗废物集中焚烧处置单位周边环境监测两部分。污染物排放监测应根据有关标准对炉渣、飞灰、经处理后排放的工艺污水、焚烧系统排烟及环境噪声进行检验监测。环境监测应根据医疗废物集中焚烧处置单位污染物排放情况对周边环境空气、地下水、地表水、土壤以及环境噪声进行监测。

5.6.2 对于由地方环境保护行政主管部门实施的监督性监测活动，由地方环境保护行政主管部门委托有环境监测资质的监测机构进行。对于医疗废物集中焚烧处置单位实施的内部例行性监测，应按国家标准规定的方法和频次，对处置设施运行情况进行监测，医疗废物集中焚烧处置单位也可委托有监测资质的单位代为监测。医疗废物集中焚烧处置单位应严格执行国家有关监督性监测管理规定配合监测工作，监测取样、检验方法，均应遵循国家有关标准要求。

5.6.3 地方环境保护行政主管部门应要求医疗废物集中焚烧处置单位在设施运行期间制订处置设施运行内部监测计划，定期对医疗废物焚烧处置过程污染物排放进行监测。当出现监测的某项目指标不合格时，应对设施进行全面检查，找出原因及时解决，确保系统在排放达标的条件下运行。

5.6.4 地方环境保护行政主管部门应按照国家有关规定，督促医疗废物集中焚烧处置单位建立运行参数和污染物排放的监测记录制度，监测记录应包括：

1）记录每一批次医疗废物焚烧的种类和重量。

2）连续监测二燃室烟气二次燃烧段前后的温度。

3）应对集中焚烧处置设施排放的烟尘、CO、SO_2、NO_x 实施连续自动监测，并定期辅以采样监测。对于目前尚无法采用自动连续装置监测的烟气黑度、HF、HCl、重金属及其化合物，应按 GB 18484 的监测管理要求进行监测，以上各项指标每季度至少采样监测 1 次。

4）按照 GB 18484 规定，至少每 6 个月监测一次焚烧残渣的热灼减率。

5）对废气排放中的二噁英，应按 GB 18484 监测管理要求，每年至少采样监测一次。

6）每年至少对周边环境空气及土壤中二噁英、重金属进行 1 次监测，以了解建设项目对周边环境空气及土壤的污染情况。

7）记录医疗废物处置最终残余物情况，包括焚烧残渣与飞灰的数量、处置方式和接收单位。

5.6.5 为确保监测工作的开展，对排污口规范化问题提出如下要求：

1）污染物排放口必须按照 GB 15562.1～2 的规定，设置相应的环境保护图形标志牌。

2）新建集中式医疗废物焚烧厂的焚烧炉排气筒周围半径 200 m 内有建筑物时，排气筒高度必须高出最高建筑物 5 m 以上。

3）对有一个以上排气源的焚烧厂，焚烧废气应集中到一个排气筒排放或采用多筒集合式排放。

4）焚烧炉排气筒应按 GB/T 16157 的要求，留有规范的、便于测量流量、流速的测流段和采样位置，设置永久性采样孔，并安装用于采样和测量的辅助设施。

5.6.6 监督性监测应在工况稳定、生产负荷达到设计的 75%以上（含 75%）、处置设施运行正常的情况下进行。监测期间应监控各生产环节的主要原材料的消耗量、成品量，并按设计的主要原料、辅料用量及成品产生量核算生产负荷。若生产负荷小于 75%，应停止监测。

5.6.7 医疗废物处置单位应定期报告上述监测数据。监测数据保存期为 3 年以上。

5.7 监督检查方法

结合以上监督管理内容，相应的监督检查内容及方法见附录 A。

6 监督实施

6.1 地方环境保护行政主管部门根据本标准所提出的内容和要求，结合地方医疗废物集中焚烧处置设施的实际，制订具体的监督管理实施方案，推进医疗废物集中焚烧处置设施监督管理规范化、制度化。

6.2 地方环境保护行政部门根据本标准所提出的关于设施运行的各方面监督管理要求和医疗废物经营许可证档案管理制度的基本要求，建立起规范的医疗废物集中焚烧处置设施运行监督档案管理制度，将监督检查情况和处理结果及时归档，并指导企业建立相应的监督管理程序和方法，确保医疗废物集中焚烧处置设施安全运转。

6.3 地方环境保护行政主管部门可根据《中华人民共和国固体废物污染环境防治法》、《危险废物经营许可证管理办法》、《医疗废物管理条例》等有关法律法规，对医疗废物集中焚烧处置单位在医疗废物处置过程中的违法行为进行处罚。

附录 A（规范性附录）

医疗废物集中焚烧处置设施运行监督检查内容及方法

A.1 基本运行条件监督检查*

审查项目	审查要点	检查指标及依据	监督检查方法
A.1.1 检查医疗废物处置技术、工艺及工程验收情况	（1）医疗废物焚烧处置技术和工艺的适应性说明	医疗废物焚烧处置技术和工艺的适应性说明，主要设备的名称、规格型号、设计能力、数量、其他技术参数；所能处置废物的名称、类别、形态和危险特性（HJ/T 177）	核查环境影响报告、工程设计文件或其他证明材料；必要时，现场核查
	（2）系统配置情况	检查系统配置的完整性，应包括进料系统、焚烧炉、热能利用系统、烟气净化系统、自动控制和在线监测系统及其他辅助装置（HJ/T 177）	
		检查系统配置的安全性，整个焚烧系统运行过程中应处于负压状态，避免有害气体逸出（HJ/T 177）	
	（3）主要附属设施情况	工具、中转和临时存放设施、设备以及贮存、清洗消毒设施、设备情况（国务院令 第 408 号）	核查环境影响报告、工程设计文件或其他证明材料；必要时，现场核对
	（4）工程设计及验收情况	项目工程设计及验收有关资料（国务院令 第 408 号）	核查工程设计及验收材料
A.1.2 检查医疗废物经营许可证申领和使用情况	（1）医疗废物集中焚烧处置单位的处置合同业务范围情况	检查医疗废物集中焚烧处置单位的处置合同业务范围是否与经营许可证所规定的经营范围一致（国务院令 第 408 号）	核查医疗废物经营许可证、处置合同等材料；必要时，现场核对
	（2）医疗废物经营许可证变更情况	检查医疗废物集中焚烧处置单位是否按照规定的申请程序，在发生医疗废物经营方式改变，增加处置医疗废物类别，新建或者改建、扩建原有医疗废物经营设施或者经营医疗废物超过原批准年经营规模 20%以上的设施时重新申领了经营许可证（国务院令 第 408 号）	
	（3）焚烧处置计划情况	检查焚烧处置计划是否翔实、确定，焚烧处置计划分为年度和月份计划（国务院令 第 408 号）	核查医疗废物焚烧处置记录等材料
	（4）经营许可证例行检查情况	检查医疗废物经营许可证例行检查情况（国务院令 第 408 号）	检查医疗废物经营许可证有关材料
A.1.3 检查医疗废	（1）人员总体配备情况	是否配备了相应的生产人员、辅助生产人员和管理人员（国务院令 第 408 号）	检查单位机构组成及人员职责分

审查项目	审查要点	检查指标及依据	监督检查方法
物集中焚烧处置单位的人员配置情况	（2）专业技术人员配备情况	是否配备了 3 名以上环境工程专业或者相关专业中级以上职称，并有 3 年以上固体废物污染治理经历的技术人员（国务院令 第 408 号）	工以及个人档案材料等
	（3）人员培训情况	生产和管理人员是否经过国家及内部组织的专业岗位培训并获得国家劳动保障部门或环境保护部门颁发的职业技能培训等级证书，并符合工作需要（HJ/T 177）	
A.1.4 检查医疗废物集中焚烧处置单位规章制度情况	（1）设施运行和管理记录制度情况	（1）危险废物转移联单（医疗废物专用）记录；（2）医疗废物接收登记记录；（3）医疗废物进厂运输车车牌号、来源、重量、进场时间、离场时间等记录；（4）生产设施运行工艺控制参数记录；（5）设备更新情况记录；（6）生产设施维修情况记录；（7）环境监测数据的记录；（8）生产事故及处置情况记录（HJ/T 177）	检查各项制度以及运行记录档案材料
	（2）交接班制度情况	（1）交接班制度的实施记录完整、规范；（2）上述提到的设施运行和管理记录制度在交接班制度中予以落实	
	（3）其他制度情况	（1）医疗废物接收管理制度；（2）内部监督管理制度；（3）设施运行操作规程；（4）设施运行过程中污染控制对策和措施；（5）设施日常运行记录台账、监测台账和设备更新、检修台账；（6）安全生产及劳动保护管理制度；（7）人员培训制度；（8）环境监测制度（HJ/T 177）	
A.1.5 事故应急预案制定情况	（1）医疗废物贮存过程中发生事故时的应急预案	（1）应急预案编制的全面性、规范性和可操作性；（2）应急预案获得环保部门审批情况；（3）实施应急预案的基础条件情况；（4）应急预案执行情况（HJ/T 177）	核查应急预案文本、应急预案审批及应急预案执行情况
	（2）医疗废物运送过程中发生事故时的应急预案	（1）应急预案编制的全面性、规范性和可操作性；（2）应急预案获得环保部门审批情况；（3）实施应急预案的基础条件情况；（4）应急预案执行情况（HJ/T 177）	
	（3）焚烧设施发生故障或事故时的应急预案	（1）应急预案编制的全面性、规范性和可操作性；（2）应急预案获得环保部门审批情况；（3）实施应急预案的基础条件情况；（4）应急预案执行情况（HJ/T 177）	
	（4）设施设备能力不能保证医疗废物正常处置时的应急预案	（1）应急预案编制的全面性、规范性和可操作性；（2）应急预案获得环保部门审批情况；（3）实施应急预案的基础条件情况；（4）应急预案执行情况（HJ/T 177）	

* 基本条件检查作为地方环境保护行政主管部门进行监督管理的基本依据，原则上应在初次监督检查时进行，是为考虑到工作的连贯性而进行的检查。

A.2 处置设施运行过程监督检查——接收、清洗消毒、贮存设施

审查项目	审查要点	检查指标及依据	监督检查方法
A.2.1 检查医疗废物接收情况	（1）危险废物转移联单（医疗废物专用）制度执行情况	医疗废物集中焚烧处置单位是否按照《危险废物转移联单》（医疗废物专用）有关规定办理接收废物有关手续（国家环境保护总局令 第 5 号）	检查转移联单档案、废物进场记录等，必要时进行现场检查
	（2）废物进场专用通道及标志情况	（1）医疗废物集中焚烧处置单位内是否设置废物进厂专用通道；（2）是否设有醒目的警示标志和路线指示（HJ/T 177）	
	（3）废物卸载情况	办理完接收手续的医疗废物是否在卸车区卸载废物（HJ/T 177）	

<table>
<tr><th>审查项目</th><th>审查要点</th><th>检查指标及依据</th><th>监督检查方法</th></tr>
<tr><td rowspan="10">A.2.2 检查医疗废物贮存情况</td><td rowspan="3">（1）医疗废物贮存容器情况</td><td>是否使用符合国家标准的容器盛装医疗废物（GB 18597）</td><td rowspan="10">检查贮存设施资料，并现场核查</td></tr>
<tr><td>贮存容器是否具有耐腐蚀、耐压、密封和不与所贮存的废物发生反应等特性（GB 18597）</td></tr>
<tr><td>贮存容器是否保证完好无损并具有明显标志（GB 18597）</td></tr>
<tr><td rowspan="7">（2）医疗废物贮存设施情况</td><td>医疗废物贮存场所是否有符合 GB 15562.2 的专用标志（GB 18597）</td></tr>
<tr><td>是否建有堵截泄漏的裙角，地面与裙角是否采用了兼顾防渗的材料建造，建筑材料是否与医疗废物相容（GB 18597）</td></tr>
<tr><td>是否配置了泄漏液体收集装置及气体导出口和气体净化装置（GB 18597）</td></tr>
<tr><td>是否配置了安全照明和观察窗口，并设有应急防护设施（GB 18597）</td></tr>
<tr><td>是否配置了隔离设施、报警装置和防风、防晒、防雨设施以及消防设施</td></tr>
<tr><td>墙面、棚面是否具有防吸附功能，用于存放装载液体、半固体医疗废物容器的地方是否配有耐腐蚀的硬化地面且表面无裂隙（GB 18597）</td></tr>
<tr><td>库房是否设置了备用通风系统和电视监视装置（GB 18597）</td></tr>
<tr><td rowspan="7">A.2.3 检查医疗废物清洗消毒情况</td><td>（1）医疗废物清洗消毒设施</td><td>医疗废物运输车辆、转运工具、周转箱（桶）的清洗消毒场所和污水收集处理设施的配置情况（HJ/T 177）</td><td rowspan="7">检查有关资料，并现场核查</td></tr>
<tr><td rowspan="6">（2）医疗废物清洗消毒操作</td><td>医疗废物运输车辆是否至少每两天清洗一次（北方冬季、缺水地区可适当减少清洗次数）；当车厢内壁或（和）外表面被污染后，是否立刻进行清洗；运输车辆每次运输完毕后，是否对车厢内壁进行消毒。是否禁止在社会车辆清洗场所清洗医疗废物运输车辆（HJ/T 177）</td></tr>
<tr><td>转运工具、周转箱（桶）等每使用周转一次，是否进行清洗消毒。是否在焚烧厂清洗消毒设施内进行（HJ/T 177）</td></tr>
<tr><td>医疗废物贮存设施是否每天消毒一次；贮存设施内的医疗废物每次清运之后，是否及时清洗和消毒（HJ/T 177）</td></tr>
<tr><td>清洗污水是否收集并排入污水消毒处理设施，是否禁止任意向环境排放清洗污水（HJ/T 177）</td></tr>
<tr><td>清洗消毒作业是否具有良好的通风条件，采取机械强制通风（HJ/T 177）</td></tr>
<tr><td>已进行清洗消毒处理的工具、设备、周转箱（桶）等是否与未经处理的工具、设备、周转箱（桶）等分开存放（HJ/T 177）</td></tr>
</table>

A.3 处置设施运行过程检查——焚烧处置设施

审查项目	审查要点	检查指标及依据	监督检查方法
检查医疗废物焚烧处置设施配置及运行管理情况	（1）焚烧处置设施配置情况	燃烧室后是否设置紧急排放烟囱，并设置联动装置使其只能在事故或紧急状态时才可启动（HJ/T 177）	检查设计文件，并现场核查
		焚烧炉是否设置防爆门或其他防爆设施（HJ/T 177）	
		是否配备自动控制和监测系统，在线显示运行工况和尾气排放参数，并能够自动反馈，对有关主要工艺参数进行自动调节（HJ/T 177）	
		正常运行条件下，焚烧炉内是否处于负压燃烧状态（HJ/T 177）	
		焚烧炉是否装置紧急进料切断系统（HJ/T 177）	
		投入焚烧炉的废物是否有重量计量装置并实现连续记录（HJ/T 177）	
	（2）焚烧处置过程操作情况	医疗废物的焚烧系统运行是否按工艺流程、运行操作规程和安全操作规程进行（HJ/T 177）	检查设计文件、各项操作规程材料，并现场检查
		医疗废物进入焚烧系统的输送方式是否避免了操作人员与废物直接接触（HJ/T 177）	
		医疗废物焚烧处置操作人员是否按操作规程操作，操作人员是否掌握处置计划、操作规程、焚烧系统工艺流程、管线及设备的功能和位置，以及紧急应变情况（HJ/T 177）	
		焚烧系统没有达到工况参数或烟气处理系统没有启动或没有正常运行时，是否严禁向焚烧炉投入废物（HJ/T 177）	
		焚烧炉运行过程中是否保证系统处于负压状态，避免有害气体逸出（HJ/T 177）	

A.4 处置设施运行过程监督检查——配套处置设施

审查项目	审查要点	检查指标及依据	审查方法
A.4.1 进料系统	检查医疗废物输送、进料装置	采用自动进料装置，进料口是否配制保持气密性的装置，以保证炉内焚烧工况的稳定（HJ/T 177）	现场核查
		进料时是否采取了防止废物堵塞措施，以保持进料畅通（HJ/T 177）	
		进料系统是否处于负压状态，以防止有害气体逸出（HJ/T 177）	
A.4.2 热能利用系统	检查热能利用系统配置及操作情况	焚烧处置单位在确保环保达标排放的情况下，是否考虑对其产生的热能以适当形式加以利用（HJ/T 177）	检查设计文件，并现场核查
		利用医疗废物焚烧热能的锅炉，是否充分考虑烟气对锅炉的高温和低温腐蚀问题（HJ/T 177）	
		医疗废物焚烧的热能利用是否避开 200～500℃温度区间（HJ/T 177）	
A.4.3 烟气净化系统	（1）检查湿法净化工艺骤冷洗涤器和吸收塔（填料塔、筛板塔）等单元配置情况	（1）是否配备废水处理设施去除重金属和有机物等有害物质；（2）为防止风机带水，是否采取了降低烟气水含量的措施后再经烟囱排放的措施（HJ/T 177）	检查设计文件，并现场核查
	（2）检查半干法净化工艺洗气塔、活性炭喷射、布袋除尘器等处理单元配置情况	（1）反应器内的烟气停留时间是否满足烟气与中和剂充分反应的要求；（2）反应器出口的烟气温度是否在 130℃以上，保证在后续管路和设备中的烟气不结露（HJ/T 177）	

审查项目	审查要点	检查指标及依据	审查方法
A.4.3 烟气净化系统	(3) 检查干法净化工艺：包括干式洗气塔或干粉投加装置、布袋除尘器等单元配置情况	(1) 反应器内的烟气停留时间是否满足烟气与药剂进行充分反应的要求；(2) 是否考虑收集下来的飞灰、反应物以及未反应物的循环处理问题；(3) 反应器出口的烟气温度是否在 130℃以上，保证在后续管路和设备中的烟气不结露（HJ/T 177）	检查设计文件，并现场核查
	(4) 检查烟气净化系统配置情况	烟气净化系统的除尘设备是否优先选用袋式除尘器（HJ/T 177）	
		若选择湿式除尘装置，是否配备完整的废水处理设施（HJ/T 177）	
		烟气净化装置是否有可靠的防腐蚀、防磨损和防止飞灰阻塞的措施（HJ/T 177）	
		酸性污染物包括 HCl、HF 和硫氧化物等，是否采用适宜的碱性物质作为中和剂在反应器内进行中和反应（HJ/T 177）	
		检查吸附二噁英的活性炭使用数量以及布袋除尘器的更换情况等是否在设计需求的使用数量范围内	
		引风机是否采用变频调速装置（HJ/T 177）	
	(5) 检查烟气净化系统操作情况	是否严格控制燃烧室烟气的温度、停留时间和流动工况（HJ/T 177）	
		焚烧废物产生的高温烟气是否采取急冷处理，使烟气温度在 1.0 s 内降到 200℃以下，减少烟气在 200～500℃温区的滞留时间（HJ/T 177）	
		在中和反应器和袋式除尘器之间是否采取了喷入活性炭或多孔性吸附剂，或者在布袋除尘器后设置活性炭或多孔性吸附剂吸收塔（床）措施（HJ/T 177）	
A.4.4 炉渣及飞灰处理系统	(1) 检查炉渣处理系统配置情况	炉渣处理系统是否包括除渣冷却、输送、贮存、碎渣等设施（HJ/T 177）	检查设计文件，并现场核查
		炉渣处理系统是否保持密闭状态（HJ/T 177）	
		与焚烧炉衔接的除渣机是否有可靠的机械性能和保证炉内密封的措施（HJ/T 177）	
		炉渣输送设备是否有足够宽度（HJ/T 177）	
	(2) 检查飞灰处理系统配置情况	飞灰处理系统是否包括飞灰收集、输送、贮存等设施，保持密闭状态，并配置避免飞灰散落的密封容器（HJ/T 177）	
		烟气净化系统采用半干法方式时，飞灰处理系统是否采取了机械除灰或气力除灰方式，气力除灰系统是否采取了防止空气进入与防止灰分结块的措施（HJ/T 177）	
		采用湿法烟气净化方式时，飞灰处理系统是否采取了有效的脱水措施（HJ/T 177）	
		贮灰罐是否设有料位指示、除尘和防止灰分板结的设施，并在排灰口附近设置增湿设施（HJ/T 177）	
A.4.5 自动化控制及在线监测系统	(1) 检查自动控制系统	医疗废物集中焚烧处置是否具备较高的自动化水平，能在中央控制室通过分散控制系统实现对医疗废物焚烧线、热能利用及辅助系统的集中监视和分散控制（HJ/T 177）	检查设计文件，并现场核查
		燃烧室后是否设置紧急排放烟囱，并设置联动装置使其只能在事故或紧急状态时才可启动（HJ/T 177）	
		对不影响整体控制系统的辅助装置，设就地控制室的，其重要信息是否送至中央控制室（HJ/T 177）	
		对重要参数的报警和显示，是否设光字牌报警器和数字显示仪（HJ/T 177）	
		是否设置独立于分散控制系统的紧急停车系统（HJ/T 177）	

审查项目	审查要点	检查指标及依据	审查方法
A.4.5 自动化控制及在线监测系统	（2）检查在线监测系统	对贮存库房、物料传输过程以及焚烧线的重要环节，是否设置现场工业电视监视系统（HJ/T 177）	检查设计文件，操作规程材料，并现场核查
		在线自动监测系统是否对焚烧烟气中处理后的烟尘、硫氧化物、NO_x、HCl 等污染因子实施在线监测，并按要求存入档案并上报地方环境保护行政主管部门（HJ/T 177）	
		医疗废物集中焚烧处置单位的在线自动监测系统是否对氧、CO、CO_2、一燃室和二燃室温度等重要工艺指标实行在线监测（HJ/T 177）	
		对前面提到的污染控制参数以及工艺指标是否按要求与地方环境保护部门联网显示，并显示正常（HJ/T 177）	
		系统启动运行时，在线监测装置是否能够同时启动，进行监测、记录并根据需要打印输出（HJ/T 177）	
		焚烧处置过程中的工艺参数，如温度、停留时间等是否显示正常值（HJ/T 177）	

A.5　安全生产和劳动保护监督检查

审查项目	审查要点	检查指标及依据	审查方法
A.5.1 安全生产要求	检查焚烧厂安全生产情况	各工种、岗位是否根据工艺特征和具体要求制定了相应的安全操作规程并严格执行（HJ/T 177）	检查有关安全生产材料，并现场核查
		各岗位操作人员和维修人员是否定期进行岗位培训并持证上岗（HJ/T 177）	
		是否严禁了非本岗位操作管理人员擅自启、闭本岗位设备，严禁了管理人员违章指挥（HJ/T 177）	
		操作人员是否按电工规程进行电器启、闭（HJ/T 177）	
		风机工作时，是否严禁了操作人员贴近联轴器等旋转部件（HJ/T 177）	
		是否建立并严格执行定期和经常的安全检查制度，及时消除事故隐患，严禁违章指挥和违章操作（HJ/T 177）	
		是否对事故隐患或发生的事故进行调查并采取改进措施，重大事故做到了及时向有关部门报告（HJ/T 177）	
		凡从事特种设备的安装、维修人员，是否参加了劳动部门专门培训，并取得特种设备安装、维修人员操作证后上岗（HJ/T 177）	
		厂内及车间内运输管理，是否符合 GB 4387 的有关规定（HJ/T 177）	
		工作区及其他设施是否符合国家有关劳动保护的规定，各种设施及防护用品（如防毒面具）是否由专人维护保养，保证其完好、有效（HJ/T 177）	
		对所有从事生产作业的人员是否进行了定期体检并建立健康档案卡（HJ/T 177）	
		是否定期对车间内的有毒有害气体进行检测，并做到在发生超标的情况下采取相应措施（HJ/T 177）	
		是否做到定期对职工进行职业卫生的教育，加强防范措施（HJ/T 177）	

审查项目	审查要点	检查指标及依据	审查方法
A.5.2 劳动保护要求	检查焚烧厂劳动保护情况	废物贮存和焚烧部分处理设备等是否做到了尽量密闭，以减少灰尘和臭气外逸（HJ/T 177）	检查各项与劳动保护有关材料，并现场检查
		是否尽可能采用了噪声小的设备，对于噪声较大的设备，是否采取了减振消音措施，使噪声符合国家规定标准要求（HJ/T 177）	
		接触有毒有害物质的员工是否配备了防毒面具、耐油或耐酸手套、防酸碱工作服（HJ/T 177）	
		焚烧炉、余热锅炉、除尘系统等高温操作间是否配置了降温设施（HJ/T 177）	
		检修人员进入焚烧炉检修前是否先对炉内强制输送新鲜空气并测定炉内含氧量，待含氧量大于19%后方才进入。检修人员在炉内检修时是否做到了佩戴防毒面具，同时炉外有人监护（HJ/T 177）	
		进入高噪声区域人员是否佩戴了性能良好的防噪声护耳器（HJ/T 177）	
		进行有毒、有害物品操作时是否穿戴了相应种类专用防护用品，禁止混用；并严格遵守操作规程，用毕后物归原处，发现破损及时更换（HJ/T 177）	
		有毒、有害岗位操作完毕，是否将防护用品按要求清洁、收管，并做到不随意丢弃，不转借他人；并对个人安全卫生（洗手、漱口及必要的沐浴）提出了明确的要求（HJ/T 177）	
		是否做到了禁止携带或穿戴使用过的防护用品离开工作区。报废的防护用品是否交专人处理（HJ/T 177）	
		是否配足配齐各作业岗位所需的个人防护用品，并对个人防护用品的购置、发放、回收、报废进行登记。防护用品是否做到由专人管理，并定期检查、更换和处理（HJ/T 177）	

A.6 污染防治设施配置及处理要求*

审查项目	审查要点	审查指标要求			审查方法
A.6.1 检查大气污染物控制排放及周边环境空气质量要求（GB 18484）	不同焚烧容量时的最高允许排放质量浓度限值/（mg/m^3）	≤300（kg/h）	300～2 500（kg/h）	≥2 500（kg/h）	进行试烧，检查监测报告
	1*烟气黑度	林格曼 1 级			
	2*烟尘	100	80	65	
	3*一氧化碳（CO）	100	80	80	
	4*二氧化硫（SO_2）	400	300	200	
	5*HF	9.0	7.0	5.0	
	6*HCl	100	70	60	
	7*氮氧化物（以 NO_2 计）	500			
	8*汞及其化合物（以 Hg 计）	0.1			
	9 二噁英类（TEQ）	0.5 ng/m^3			
	焚烧厂周围环境空气质量	GB 3095			检查监测报告
A.6.2 焚烧处理性能要求（GB 18484）	（1）焚毁去除率	医疗临床废物≥99.99%			检查监测报告
	（2）焚烧残渣热灼减率	医疗临床废物＜5%			
	（3）焚烧炉出口烟气中的氧气含量（干气）	应为 6%～10%			

审查项目	审查要点	审查指标要求	审查方法
A.6.3 飞灰处理要求（GB 18484、HJ/T 177）		焚烧飞灰、吸附二噁英和其他有害成分的活性炭等残余物应按照危险废物进行处置，应送危险废物填埋场进行安全填埋处置	
A.6.4 废水排放及周边环境质量要求	污水排放要求	GB 8978	检查监测报告，并现场考核查
	地表水环境质量要求	GB 3838	检查监测报告
A.6.5 土壤环境质量	周边土壤环境质量要求	GB 15618	检查监测报告
A.6.6 噪声排放及周边环境质量要求	噪声排放要求	医疗废物焚烧厂执行 GB 12348（GB 18484）	检查监测报告，并现场核查
	周边噪声环境质量要求	环境噪声执行 GB 3096	检查监测报告

* 污染防治设施配置及处理要求在相关标准修订时应采用最新版本所确定的标准限值和管理要求。

A.7 环境监测要求

审查项目	审查要点	检查指标及依据	审查方法
A.7.1 排污口规范化	（1）焚烧炉排气筒情况	（1）新建集中式医疗废物焚烧厂焚烧炉排气筒周围半径 200 m 内有建筑物时，排气筒高度必须高出最高建筑物 5 m 以上 （2）对有几个排气源的焚烧厂应集中到一个排气筒排放或采用多筒集合式排放 （3）焚烧炉排气筒应设置永久采样孔，并安装用于采样和测量的设施（GB/T 16157）	检查设计文件，并现场核查
	（2）废水排污口情况	有规范的、便于测量流量、流速的测流段和采样点	
	（3）污染物排放口标志牌情况	污染物排放口必须实行规范化整治，按照 GB 15562.1～2 的规定，设置与之相适应的环境保护图形标志牌	
A.7.2 环境监测总体要求	（1）焚烧设施污染物排放监测	对焚烧系统排烟、处理后将排放的工艺污水、飞灰、炉渣及环境噪声进行检验监测。监测工作必须符合国家相应的监测标准和方法要求（HJ/T 177）	检查监测报告，并现场核查
	（2）处置单位周边环境监测	对周边环境空气、地下水、地表水、土壤以及环境噪声进行监测。监测工作必须符合国家相应的监测标准和方法要求（HJ/T 177）	
	（3）监测频率管理要求	医疗废物集中焚烧处置单位应按国家标准规定的方法和频次，对处置设施情况进行监测，不具备监测条件的可委托有监测资质的单位代为监测（相关监测技术规范）	
	（4）监测条件要求	(1)监测数据必须在工况稳定、生产负荷达到设计的 75%以上（含 75%）、处置设施运行正常 （2）监测期间监控各生产环节的主要原材料的消耗量、成品量，并按设计的主要原、辅料用量及成品产生量核算生产负荷。若生产负荷小于 75%，应停止监测 （3）具体内容应符合国家相应监测技术标准要求（相关监测技术规范）	

审查项目	审查要点	检查指标及依据	审查方法
A.7.2 环境监测总体要求	（5）监测取样和检验方法要求	（1）监测取样、检验的方法，均应遵循国家有关标准要求 （2）监测的数据应纳入档案并上报当地环境管理部门（相关监测技术规范）	检查监测报告，并现场核查
	（6）监测内容要求	记录每一批次医疗废物焚烧种类的重量（HJ/T 177）	
		二燃室烟气温度：连续监测二燃室烟气二次燃烧段前后温度。烟气停留时间：通过监测烟气排放速率和审查焚烧设计文件、检验产品结构尺寸确定（相关监测技术规范）	
		至少每 6 个月监测一次焚烧残渣的热灼减率（GB 18484）	
		排气中的二噁英应每年至少采样监测一次（HJ/T 177）	
		周边环境空气及土壤中的二噁英及重金属污染物监测应每年采样监测一次（HJ/T 177）	
		排气中 CO、烟尘、SO_2、NO_x 连续自动监测，对于目前尚无法采用自动连续装置监测的烟气黑度、HF、重金属及其化合物，应按《危险废物焚烧污染控制标准》（GB 18484）的监测管理要求，每季度至少采样监测 1 次（GB 18484）	
		医疗废物处置单位应定期报告上述运行参数、处置效果的监测数据。监测数据保存期为 3 年（HJ/T 177）	
A.7.3 运行期监测要求	运行期监测要求	（1）运行期间应制订处置设施运行监测计划，定期对医疗废物焚烧处置过程污染物排放进行监测（HJ/T 177） （2）当出现监测的某项目指标不合格时，应将有关设备系统停机，进行排查，找出原因及时解决。解决后根据情况进行检验监测，确保系统在排放达标的条件下运行（HJ/T 177）	检查监测报告，并现场核查

中华人民共和国国家环境保护标准

废弃电器电子产品处理污染控制技术规范

Technical specifications of pollution control for processing waste electrical and electronic equipment

HJ 527—2010

前　言

为贯彻《中华人民共和国环境保护法》、《中华人民共和国固体废物污染环境防治法》和《中华人民共和国循环经济促进法》、《废弃电器电子产品回收处理管理条例》及《电子废物污染环境防治管理办法》，保护环境，防治污染，指导和规范废弃电器电子产品的处理工作，制定本标准。

本标准规定了废弃电器电子产品收集、运输、贮存、拆解和处理等过程中污染防治和环境保护的控制内容及技术要求。

本标准的附录 A 和附录 B 为规范性附录。

本标准为首次发布。

本标准由环境保护部科技标准司组织制订。

本标准主要起草单位：中国电子工程设计院、中国环境科学研究院、中国环境科学学会、清华大学。

本标准环境保护部 2010 年 1 月 4 日批准。

本标准自 2010 年 4 月 1 日起实施。

本标准由环境保护部解释。

1 适用范围

本标准规定了废弃电器电子产品在收集、运输、贮存、拆解和处理过程中的污染控制技术要求。

本标准适用于废弃电器电子产品在收集、运输、贮存、拆解和处理过程中的污染控制管理。

本标准适用于废弃电器电子产品拆解和处理等建设项目环境影响评价、环境保护设施设计、竣工环境保护验收及投产后的运营管理。

本标准不适用于废弃电池及照明器具等产品的拆解和处理污染控制管理。

2 规范性引用文件

本标准内容引用了下列文件中的条款。凡是不注日期的引用文件，其有效版本适用于本标准。

GB 150　钢制压力容器

GB 5085.1～7　危险废物鉴别标准

GB 8978　污水综合排放标准

GB 13015　含多氯联苯废物污染控制标准

GB 16297　大气污染物综合排放标准

GB 18484　危险废物焚烧污染控制标准

GB 18597　危险废物贮存污染控制标准

GB 18599　一般工业固体废物贮存、处置场污染控制标准

GBZ 2.2　工作场所有害因素职业接触限值　第 2 部分：物理因素

HJ/T 364　废塑料回收与再生利用污染控制技术规范（试行）

3 术语和定义

下列术语和定义适用于本标准。

3.1　废弃电器电子产品　waste electrical and electronic equipment

产品的拥有者不再使用且已经丢弃或放弃的电器电子产品[包括构成其产品的所有零（部）件、元（器）件和材料等]，以及在生产、运输、销售过程中产生的不合格产品、报废产品和过期产品。废弃电器电子产品类别及清单见附录 A。

3.2　有毒有害物质　hazardous substance

废弃电器电子产品中含有的对人、动植物和环境等产生危害的物质或元素，包括铅（Pb）、汞（Hg）、镉（Cd）、六价铬（Cr^{6+}）、多溴联苯（PBB）、多溴联苯醚（PBDE）、多氯联苯（PCBs）、含有消耗臭氧层的物质以及国家规定的危险废物。

3.3　收集　collection

废弃电器电子产品聚集、分类和整理活动。

3.4　贮存　storage

为收集、运输、拆解、再生利用和处置之目的，在符合要求的特定场所暂时性存放废弃电器电子产品的活动。

3.5　预先取出　advanced fetch

废弃电器电子产品拆解过程中，应首先将特定的含有毒、有害物的零部件、元（器）件及材料进行拆卸、分离的活动。

3.6　拆解　disassembly

通过人工或机械的方式将废弃电器电子产品进行拆卸、解体，以便再生利用和处置的活动。

3.7　再使用　reuse

废弃电器电子产品或其中的零（部）件、元（器）件继续使用或经清理、维修后并符合相关标准继续用于原来用途的行为。

3.8　再生利用 recycling

对废弃电器电子产品进行处理，使之能够作为原材料重新利用的过程，但不包括能量的回收和利用。

3.9　回收利用 recovery

对废弃电器电子产品进行处理，使之能够满足其原来的使用要求或用于其他用途的过程，包括对能量的回收和利用。

3.10　处理 treatment

对废弃电器电子产品进行除污、拆解及再生利用的活动。

3.11　处置 disposal

采用焚烧、填埋或其他改变固体废物的物理、化学、生物特性的方法，达到减量化或者消除其危害性的活动，或者将固体废物最终置于符合环境保护标准规定的场所或者设施的活动。

4 总体要求

4.1　废弃电器电子产品处理建设项目的选址和建设应符合当地城市规划的要求。

4.2　应采取当前最佳可行的处理技术及必要措施，并符合国家有关环境保护、劳动安全和保障人体健康的要求。

4.3　应优先实现废弃电器电子产品及其零（部）件的再使用。

4.4　应对所有进出企业的废弃电器电子产品及其产生物分类，建立台账，并对其重量和（或）数量进行登记。

4.5　应建立废弃电器电子产品处理的数据信息管理系统，并将有关信息提供给主管部门、相关企业和机构。

4.6　禁止将废弃电器电子产品直接填埋。

4.7　禁止露天焚烧废弃电器电子产品，禁止使用冲天炉、简易反射炉等设备和简易酸浸工艺处理废弃电器电子产品。

5 收集、运输及贮存污染控制技术要求

5.1　收集污染控制技术要求

5.1.1　废弃电器电子产品应分类收集。

5.1.2　不应将废弃电器电子产品混入生活垃圾或其他工业固体废物中。

5.1.3　收集的废弃电器电子产品不得随意堆放、丢弃或拆解。

5.1.4　应将收集的废弃电器电子产品交给有相关资质的企业进行拆解、处理及处置。

5.1.5　应分开收集废弃阴极射线管（CRT）及废弃液晶显示屏，并且不能混入其他玻璃制品。

5.1.6　废弃空调器、冰箱和其他制冷设备在收集过程中，应避免制冷剂泄漏。

5.1.7　当收集含有毒有害物质的零（部）件、元（器）件（见附录B）时，应将其单独存放，并应采取避免溢散、泄漏、污染环境或危害人体健康的措施。

5.2　运输污染控制技术要求

5.2.1　对于运输，收集商、运输商、拆解或（和）处理企业应对以下信息进行登记，且记

录保存至少 3 年：

a）相关者信息：收集商、运输商、拆解或（和）处理企业名称；

b）运输工具名称、牌号；

c）出发地点及日期；

d）运达地点及日期；

e）所运输废弃电器电子产品的名称、种类和（或）规格；

f）所运输废弃电器电子产品的重量和（或）数量。

5.2.2 运输商在运输过程中不得随意丢弃废弃电器电子产品，并应防止其散落。

5.2.3 禁止运输商对废弃电器电子产品采取任何形式的拆解、处理及处置。

5.2.4 禁止废弃电器电子产品与易燃、易爆或腐蚀性物质混合运输。

5.2.5 运输车辆应符合下列规定：

a）运输车辆宜采用厢式货车。

b）运输车辆的车厢、底板必须平坦完好，周围栏板必须牢固。

5.2.6 运输废弃阴极射线管（CRT）及废弃印制电路板的车辆应使用有防雨设施的货车。

5.2.7 运输废弃冰箱、空调时应防止制冷剂释放到空气中；在运输、装载和卸载废弃冰箱时应防止发生碰撞或跌落，废弃冰箱应保持直立，不得倒置或平躺放置。

5.3 贮存污染控制技术要求

5.3.1 各种废弃电器电子产品应分类存放，并在显著位置设有标识。

5.3.2 对于属于危险废物的废弃电器电子产品的零（部）件和处理废弃电器电子产品后得到的物品经鉴别属于危险废物时，其贮存场地应符合 GB 18597 的相关规定。

5.3.3 露天贮存场地的地面应水泥硬化、防渗漏，贮存场周边应设置导流设施。

5.3.4 回收废制冷剂的钢瓶应符合 GB 150 的相关规定，且单独存放。

5.3.5 废弃电视机、显示器、阴极射线管（CRT）、印制电路板等应贮存在有防雨遮盖的场所。

5.3.6 废弃电器电子产品贮存场地不得有明火或热源，并应采取适当的措施避免引起火灾。

5.3.7 处理后的粉状物质应封装贮存。

6 拆解污染控制技术要求

6.1 一般规定

6.1.1 拆解设施应放置在混凝土地面上，该地面应能防止地面水、雨水及油类混入或渗透。

6.1.2 各种废弃电器电子产品应分类拆解。

6.1.3 应预先取出所有液体（包括润滑油），并单独盛放。

6.1.4 附录 B 所规定的零（部）件、元（器）件及材料应预先取出。废弃电器电子产品中的电源线也应预先分离。

6.1.5 禁止丢弃预先取出的所有零（部）件、元（器）件及材料，应按本标准第 7 章、第 8 章的规定进行处理或处置。

6.2 再使用

6.2.1 对废弃电器电子产品进行清洗及组装时，应设置专用场地，并应设有防电器短路保护的装置。

6.2.2 当采用干式方法清洗可再使用的废弃电器电子产品的整机及零（部）件时，所产生的废气应进行收集和处理，处理后的废气排放应符合 GB 16297 的控制要求。

6.2.3 当采用湿式方法清洗可再使用的废弃电器电子产品的整机及零（部）件时，清洗后的废水应循环使用，处理后的废水排放符合 GB 8978 的控制要求。

6.2.4 废气、废水处理后产生的粉尘、残渣及污泥，应按 GB 5085.1～7 进行鉴别，经鉴别属于危险废物的应按危险废物处置。

6.3 预先取出的零（部）件、元（器）件及材料

6.3.1 预先取出的含有多氯联苯（PCBs）的电容器应单独存放，防止损坏，并标识。

6.3.2 对高度＞25 mm，直径＞25 mm 或类似容积的电解电容器应预先取出，并防止电解液的渗漏。当采用焚烧方法处理印制电路板时，可不预先拆除电解电容器。

6.3.3 对面积＞10 mm^2 的印制电路板应预先取出，并应单独处理。

6.3.4 预先取出的电池应完整，并交给有相关资质的企业进行处理。

6.3.5 预先取出的含汞元（器）件应完整，并贮存于专用容器，交给有相关资质的企业进行处理。

6.3.6 取出阴极射线管（CRT）时，操作人员应有防护措施。

6.3.7 预先取出含有耐火陶瓷纤维（RCFs）的部件时应防止耐火陶瓷纤维（RCFs）的散落，并存放在容器内，交给有相关资质的企业进行处理。

6.3.8 预先取出含有石棉的部件和石棉废物时应防止散落，并存放在容器内，交给有相关资质的企业进行处理。

6.4 废弃冰箱、废弃空调器的拆解

6.4.1 拆解废弃电冰箱、废弃空调器的设备应设排风系统。在拆解压缩机及制冷回路前应先抽取制冷设备压缩机中的制冷剂及润滑油。抽取装置应密闭，确保不泄漏，抽取制冷剂的场所应设有收集液体的设施，碳氢化合物（HCs）制冷剂宜单独回收，应采取必要的防爆措施。

6.4.2 抽取出的制冷剂、润滑油混合物经分离后，制冷剂应存放于密闭压力钢瓶中，润滑油应存放于密闭容器中，并交给有相关资质的企业或危险废物处理厂进行处理或处置。

6.5 废弃液晶显示器的拆解

6.5.1 拆解废弃液晶显示器时应预先完整取出背光模组，不得破坏背光灯管。

6.5.2 拆解背光模组的装置应设排风及废气处理系统，处理后废气排放应符合 GB 16297 的控制要求。

6.5.3 拆除的背光灯管应单独密闭储存，交给有相关资质的企业进行处置。

6.5.4 拆解背光模组的操作人员应配备防护口罩、手套和工作服。

7 处理污染控制技术要求

7.1 一般规定

7.1.1 废弃电器电子产品的处理技术应有利于污染物的控制、资源再生利用和节能降耗。处理设施应安全可靠、节能环保。

7.1.2 处理废弃电器电子产品应在厂房内进行，处理设施应放置在能防止地面水、油类等

液体渗透的混凝土地面上，且周围应有对油类、液体的截流、收集设施。

7.1.3 废弃电器电子产品处理企业应具备相应的环保设施，包括废水处理、废气处理、粉尘处理、防止或降低噪声等装置，各项污染物排放应符合国家或地方污染物排放标准的有关规定。

7.1.4 采用物理粉碎分选方法处理废弃电器电子产品应设置除尘装置，并采取降低噪声措施，当采用湿式分选时，应设置废水处理及循环再利用系统。

7.1.5 采用化学方法处理废弃电器电子产品应设置废气处理系统、化学药液回收装置和废水处理系统。

7.1.6 采用焚烧方法处理废弃电器电子产品应设置烟气处理系统，处理后废气排放应符合GB 18484的有关规定。

7.1.7 对废弃电器电子产品处理中产生的本企业不能处理的固体废物，应交给有相关资质的企业进行回收利用或处置。

7.2 废弃印制电路板的处理

7.2.1 加热拆除废弃印制电路板元器件时，应设置废气处理系统，处理后废气排放应符合GB 16297的控制要求。

7.2.2 采用粉碎、分选方法处理废弃印制电路板的设施应设有防止粉尘逸出的措施，应有除尘系统、降噪声措施，并应符合下列规定：

a）采用粉碎、分选方法产生的粉尘、废气应经过处理系统，处理后废气排放应符合GB 16297的控制要求。

b）采用粉碎、分选方法处理设施应采用降低噪声措施，操作人员所在作业场所的噪声应符合GBZ 2.2的有关规定。

c）当采用水力摇床分选时，必须设置废水处理及循环再利用系统，处理后废水排放应符合GB 8978的控制要求，产生的污泥应按危险废物处置。

7.2.3 采用焚烧方法处理废弃印制电路板时，必须设有废气处理设施。处理后废气排放应符合GB 18484的有关规定。

7.2.4 当采用化学方法处理废弃印制电路板时，应采用自动化程度高、密闭性良好、具有防化学药液外溢措施的设备进行处理；储存化学品或其他具有较强腐蚀性液体的设备、储罐，应设置必要的防溢出、防渗漏、事故报警装置等安全措施；应设置废水处理系统，处理后废水排放应符合GB 8978的控制要求。同时应设有废气处理设施，处理后废气排放应符合GB 16297的控制要求。

7.3 废弃阴极射线管（CRT）处理

7.3.1 处理阴极射线管（CRT）时，应先泄真空，防止发生意外事故。

7.3.2 宜对彩色阴极射线管（CRT）的锥玻璃和屏玻璃分别进行处理；当锥玻璃和屏玻璃混合时，应按含铅玻璃进行处理或处置。

7.3.3 当采用干法工艺分离彩色阴极射线管（CRT）的锥玻璃和屏玻璃时，应符合下列规定：

a）应设有防止玻璃飞溅装置；

b）当采用物理切割方法时，应设有密闭装置、除尘系统和降低噪声设施，处理后废气排放应符合GB 16297的有关规定，噪声控制应符合GBZ 2.2的有关规定。

7.3.4 当采用湿法工艺分离彩色阴极射线管（CRT）的锥玻璃和屏玻璃时，应设有废液回收系统和废水处理系统，处理后废水排放应符合 GB 8978 的控制要求；同时应设有废气处理系统，处理后废气排放应符合 GB 16297 的控制要求。

7.3.5 当处理屏玻璃上的含荧光粉涂层时，应符合下列规定：

a）采用干法工艺时，应安装粉尘抽取和过滤装置，并妥善收集荧光粉，交给有相关资质的企业处置。

b）采用湿法工艺时，应设置废水处理系统处理洗涤废水，处理后废水排放应符合 GB 8978 的控制要求，含荧光粉的污泥应交给有相关资质的企业处置。

7.3.6 当清洗阴极射线管（CRT）玻璃时，应符合下列规定：

a）干法清洗时，应设置废气处理系统，处理后废气排放应符合 GB 16297 的有关规定。收集的粉尘应交给有相关资质的企业处置。

b）湿法清洗时，应设置废水处理及循环利用系统，产生的洗涤废水应进行处理和回用，处理后废水排放应符合 GB 8978 的控制要求，含玻璃粉的污泥应交给有相关资质的企业处置。

c）清洗时应采取降低噪声的措施，噪声控制应符合 GBZ 2.2 的有关规定。

7.3.7 黑白阴极射线管（CRT）的玻璃应按含铅玻璃进行处理。

7.4 废弃硒鼓和墨盒的处理

7.4.1 含有砷化硒或硫化镉涂层的废弃硒鼓应将涂层去除后再进行处理。去除的物质应收集，贮存于密闭容器内，并应交给有相关资质的企业处置。

7.4.2 处理废弃硒鼓时应设置废气处理系统，处理后废气排放应符合 GB 16297 的有关规定。

7.4.3 处理废弃调色墨盒、液体、膏体和彩色墨粉时，应设置废气处理系统，处理后废气排放应符合 GB 16297 的有关规定。

7.5 废塑料处理

7.5.1 禁止直接填埋废弃电器电子产品拆出的废塑料。

7.5.2 废塑料处理应符合 HJ/T 364 的规定。

7.5.3 废弃电器电子产品拆出的含多溴联苯（PBB）和多溴联苯醚（PBDE）等阻燃剂的废塑料应与其他塑料分类处理。

7.6 废电线电缆类处理

7.6.1 处理废电线电缆时，应将金属、塑料或橡胶分离，含多溴联苯（PBB）和多溴联苯醚（PBDE）等阻燃剂的电线电缆应与其他电线电缆分类进行处理。

7.6.2 禁止采用露天焚烧、简易窑炉焚烧方法处理废电线电缆。当采用焚烧方法处理废电线电缆时，必须设有废气处理设施，处理后废气排放应符合 GB 18484 的有关规定。

7.6.3 采用粉碎、分选方法处理废电线电缆时，应设有废气处理设施，处理后废气排放应符合 GB 16297 的有关规定。

7.6.4 采用水力摇床分选粉碎后的废电线电缆时，应设置废水处理及循环利用系统，处理后废水排放应符合 GB 8978 的控制要求，产生的污泥应按危险废物处置。

7.6.5 废电线电缆塑料外皮的再生利用应符合 HJ/T 364 的规定。

7.7 废弃冰箱绝热层及废弃压缩机的处理

7.7.1 禁止随意处理含有发泡剂的绝热层。

7.7.2 采取粉碎、分选方法处理废弃冰箱绝热层时，应在专用的负压密闭设备中进行，该设备应具有收集发泡剂的装置和废气处理系统，处理后废气排放应符合 GB 16297 的控制要求。

7.7.3 处理聚氨酯硬质发泡材料应采取防爆、阻燃措施。

7.7.4 处理压缩机应设排风和废气处理系统，处理后废气排放应符合 GB 16297 的控制要求。

7.7.5 压缩机切割前应清除机内的油脂类物质，清除的油脂应罐装单独贮存，并交危险废物处理厂处置。

7.7.6 使用火焰切割压缩机时，应采取消防措施。

7.7.7 使用机械切割压缩机时，切割场地及操作工位应设防护挡板。

7.8 废弃液晶显示屏的处理

7.8.1 在未解决废弃液晶显示屏的再生利用前，可先对废弃液晶显示屏进行封存或焚烧。

7.8.2 采用焚烧方法时，必须设有废气处理设施，处理后废气排放应符合 GB 18484 的有关规定。

7.9 废电机、废变压器的处理

7.9.1 当采用物理方法处理时，在拆解过程产生的废油等液态废物应通过有效的设施进行单独收集，并按照危险废物进行处置，对所产生的粉尘、废渣应按危险废物处置。

7.9.2 当采用焚烧方法处理时，对所产生的废气应设置废气处理系统，处理后废气排放应符合 GB 18484 的有关规定。

8 待处置废物污染控制技术要求

8.1 对附录 B 要求取出的、不能再生利用的物质及处理过程中产生的不能再生利用的粉尘、废液、污泥及废渣等应分别处置。

8.2 对废弃印制电路板处理后，不能再生利用的粉尘、污泥、废渣应按危险废物处置。

8.3 对含发泡剂的聚氨酯硬质发泡材料进行处理后，当发泡剂的残余量大于 2%（质量比）时，应交给危险废物处理厂处置。

8.4 含发泡剂的聚氨酯硬质发泡材料处理过程中收集的粉尘，应按 GB 5085.1～7 进行鉴别，经鉴别属于危险废物的应按危险废物处置。

8.5 用吸附法处理废弃冰箱溢出的制冷剂、发泡剂气体时，当吸附剂不能再使用时应密闭保存，应交给危险废物处理厂处置。

8.6 处理废弃阴极射线管（CRT）后的粉尘、废液、污泥及废渣应按危险废物处置。

8.7 清除废弃硒鼓上含有砷化硒或硫化镉涂层时产生的粉尘应按危险废物处置。

8.8 荧光粉应按危险废物处置。

8.9 含多溴联苯（PBB）和多溴联苯醚（PBDE）等阻燃剂的废塑料不能再生利用时，宜按危险废物处置。

8.10 凡采用化学方法处理废弃电器电子产品产生的废液和污泥，应根据 GB 5085.1～7 进行危险废物鉴别，经鉴别属于危险废物的应按危险废物处置。

8.11　拆解取出有害物的处置

8.11.1　含多氯联苯（PCBs）系列的电容器应按危险废物处置，并应符合 GB 13015 的有关规定。

8.11.2　含汞及其化合物的废物应按危险废物处置。

8.11.3　含有石棉的部件及其废物应按危险废物处置。

8.11.4　润湿处理耐火陶瓷纤维的部件时，应采取防止飞散的措施并进行固化处理。

9 管理要求

9.1　收集商、运输商、拆解或（和）处理企业应建立记录制度，记录内容应包括：

a）接收的废弃电器电子产品的名称、种类、重量和（或）数量、来源；

b）处理后各类部件和材料的种类、重量和（或）数量、处理方式与去向；

c）处理残余物的种类、重量和（或）数量、处置方式与去向。

9.2　收集商、运输商、拆解或（和）处理企业有关废弃电器电子产品收集处理的记录、污染物排放监测记录以及其他相关记录应至少保存 3 年以上，并接受环保部门的检查。

9.3　宜对收集商、运输商、拆解或（和）处理过程可能造成的职业安全卫生风险进行评估。应遵守国家相关的职业安全卫生标准，并制定操作时突发事件的处理程序。对可能受到有害物质威胁的员工应提供完整的防护装备和措施。

9.4　操作人员在拆解、处理新的废物类型时，应有技术部门人员的指导或岗前培训。

9.5　处理企业应对排放的废气、废水及周边环境定期进行监测。

9.6　处理后含有危险物质的材料应有相应的安全检测和风险评估报告，确保无环境和人身健康风险才可再生利用。

9.7　处理企业应按 GB 5085.1～7 危险废物鉴别标准，对处理过程中产生的固体废物进行鉴别，经鉴别属于危险废物的，应交有危险废物经营许可证的单位处置。

10　实施与监督

本标准由县级以上人民政府环境保护行政主管部门负责监督实施。

附录 A（规范性附录）

废弃电器电子产品的类别及清单

A.1 废弃电器电子产品类别

废弃电器电子产品包括计算机产品、通信设备、视听产品及广播电视设备、家用及类似用途电器产品、仪器仪表及测量监控产品、电动工具和电线电缆共七类，并包括构成其产品的所有零（部）件、元（器）件和材料。

A.2 各类废弃电器电子产品清单

A.2.1 计算机产品

a）电子计算机整机产品

b）计算机网络产品

c）电子计算机外部设备产品

d）电子计算机配套产品及材料

e）电子计算机应用产品

f）办公设备及信息产品

A.2.2 通信设备

a）通信传输设备

b）通信交换设备

c）通信终端设备

d）移动通信设备及移动通信终端设备

e）其他通信设备

A.2.3 视听产品及广播电视设备

a）电视机

b）摄录像、激光视盘机等影视产品

c）音响产品

d）其他电子视听产品

e）广播电视制作、发射、传输设备

f）广播电视接收设备及器材

g）应用电视设备及其他广播电视设备

A.2.4 家用及类似用途电器产品

a）制冷电器产品

b）空气调节产品

c）家用厨房电器产品

d）家用清洁卫生电器产品

e）家用美容、保健电器产品

f）家用纺织加工、衣物护理电器产品

g）家用通风电器产品

h）运动和娱乐器械及电动玩具

i）自动售卖机

j）其他家用电动产品

A.2.5 仪器仪表及测量监控产品

a）电工仪器仪表产品

b）电子测量仪器产品

c）监测控制产品

d）绘图、计算及测量仪器产品

A.2.6 电动工具

a）对木材、金属和其他材料进行加工的设备

b）用于铆接、打钉或拧紧或除去铆钉、钉子、螺丝或类似用途的工具

c）用于焊接或者类似用途的工具

d）通过其他方式对液体或气体物质进行喷雾、涂敷、驱散或其他处理的设备

e）用于割草或者其他园林活动的工具

A.2.7 电线电缆

a）电线电缆

b）光纤、光缆

附录 B（规范性附录）

预先取出的零（部）件、元（器）件及材料

废弃电器电子产品预先取出的零（部）件、元（器）件及材料中含有害物质种类及说明见下表。

序号	零（部）件、元（器）件及材料	有毒有害物质	说　　明
1	含多氯联苯（PCBs）系列的电容器	PCBs、PCT	多氯二联苯（PCBs）和多氯三联苯（PCT）常作电容器绝缘散热介质。大的电容器用于功率因素校正和类似的功能的电器上，小的电容器用在荧光和其他放电照明器以及用于家用电器上的分马力电机。大型家用电器用电容器的较多
2	电池	Hg，Pb，Cd 及易燃物	含有重金属，如铅、汞和镉等的电池、氧化汞电池、镍镉电池以及锂电池等
3	含镉的继电器、传感器、开关等电接触件	Cd	触点材料为银氧化镉（AgCdO）的电器等电接触件
4	含汞的开关	Hg	利用汞（水银）位置变化，使电器倾倒时起断电保护的开关、电接触器、温度计、自动调温装置、位置传感器和继电器
5	印制电路板	Pb，Cr^{6+}，Cd，Br，Cl	印制电路板上有各种元器件，其中 SMD 芯片电阻器、红外监测器和半导体中含有镉；封装电子组件用锡铅焊料中含有铅；印制电路板上含有溴化阻燃剂
6	阴极射线管（CRT）	Pb	阴极射线管上含铅的玻璃
7	气体放电灯等背投光源	背投光源里的 Hg	液晶显示器的背投光源及投影系统的高压汞灯
8	含有卤化阻燃剂的塑料	Br，Pb，Cd	既含有作阻燃剂的多溴联苯或多溴二苯醚，又有作稳定剂、脱模剂、颜料的铅与镉
9	氯氟烃（CFCs），氢氯氟烃（HCFCs）等或含有碳氢化合物（HCs）的制冷剂	CFC，HCFC，HFC，HCs	制冷机、冰箱等的制冷回路中含有消耗臭氧层或温室效应潜能（GWP）大于 15 的制冷剂，如氯氟烃（CFC）、氢氯氟烃（HCFC）、氢氟烃（HFC）或碳氢化合物（HCs）
10	石棉废物及含有石棉废物的元件	粉尘	电器电子中用作保温、绝缘的石棉布、石棉绳、软板等石棉系列
11	调色墨盒、液体、膏体和彩色墨粉	Pb、Cd、特殊碳粉	在打印机、复印机和传真机中使用的调色墨盒、液体、膏体和彩色墨粉，含有铅、镉以及特殊碳粉
12	耐火陶瓷纤维（RCFs）的元件	玻璃状的硅酸盐纤维	用于家用电器中的加热器和干燥炉的内层。它们含有随意方向的碱性氧化物（$Na_2O+K_2O+CaO+MgO+BaO$），其含量小于或等于 18%（质量分数），与石棉有相同的性质
13	含有放射性物质的部件	离子化辐射	一些类型的烟尘探测器含有放射性元素
14	硒鼓	Cd，Se	涂覆了砷化硒或硫化镉涂层的复印机硒鼓
注：随着科学技术的进步，电器电子产品的绿色设计、处理工艺和方法的改进，表中所列零（部）件、元（器）件及材料，应进行修订。			

中华人民共和国国家环境保护标准

生活垃圾填埋场渗滤液处理工程技术规范（试行）

Leachate treatment project technical specification of municipal solid waste landfill

HJ 564—2010

前　言

为贯彻《中华人民共和国固体废物污染环境防治法》和《中华人民共和国水污染防治法》，防治垃圾渗滤液对环境的污染，改善环境质量，保障人体健康，制定本标准。

本标准规定了生活垃圾填埋场渗滤液污染治理工程设计、施工、验收以及运行管理等的技术要求。

本标准为首次发布。

本标准由环境保护部科技标准司组织制订。

本标准主要起草单位：中国环境保护产业协会（城市生活垃圾处理委员会）、城市建设研究院、中国环境科学研究院（固体废物污染控制技术研究所）、北京东方同华科技有限公司、维尔利环境工程（常州）有限公司、北京天地人环保科技有限公司、西门子（天津）水技术工程有限公司、北京国环莱茵环境工程技术有限公司。

本标准环境保护部 2010 年 2 月 3 日批准。

本标准自 2010 年 4 月 1 日起实施。

本标准由环境保护部解释。

1 适用范围

本标准规定了生活垃圾填埋场渗滤液处理工程的总体要求、工艺设计、检测控制、施工验收、运行维护等的技术要求。

本标准适用于生活垃圾填埋场垃圾渗滤液处理工程，可作为环境影响评价、工程咨询、设计施工、环境保护验收及建成后运行与管理的技术依据。

2 规范性引用文件

本标准内容引用了下列文件中的条款。凡是不注日期的引用文件，其有效版本适用于本标准。

GB 12348　工业企业厂界环境噪声排放标准

GB 14554　恶臭污染物排放标准

GB 16297　大气污染物综合排放标准

GB 16889 生活垃圾填埋场污染控制标准
GB 50007 建筑地基基础设计规范
GB 50009 建筑结构荷载规范
GB 50010 混凝土结构设计规范
GB 50011 建筑抗震设计规范
GB 50013 室外给水设计规范
GB 50014 室外排水设计规范
GB 50015 建筑给水排水设计规范
GB 50016 建筑设计防火规范
GB 50019 采暖通风与空气调节设计规范
GB/T 50033 建筑采光设计标准
GB 50034 建筑照明设计规范
GB 50037 建筑地面设计规范
GB 50052 供配电系统设计规范
GB 50053 10 kV 及以下变电所设计规范
GB 50054 低压配电设计规范
GB 50057 建筑物防雷设计规范
GB 50067 汽车库、修车库、停车场设计防火规范
GB 50069 给水排水工程构筑物结构设计规范
GB 50128 立式圆筒形焊接储罐施工及验收规范
GB 50140 建筑灭火器配置设计规范
GB 50187 工业企业总平面设计规范
GB 50189 公共建筑节能设计标准
GB 50191 构筑物抗震设计规范
GB 50334 城市污水处理厂工程质量验收规范
HGJ 229 工业设备、管道防腐蚀工程施工及验收规范
GB 50352 民用建筑设计通则
GBJ 22 厂矿道路设计规范
GBJ 93 工业自动化仪表工程施工及验收规范
GBZ 1 工业企业设计卫生标准
CECS 138 给水排水工程钢筋混凝土水池结构设计规程
CJJ 17 生活垃圾卫生填埋技术规范
JGJ 67 办公建筑设计规范
HG 20508 控制室设计规定
HG 20509 仪表供电设计规定
HG 20511 信号报警、安全连锁系统设计规定
HG/T 20573 分散型控制系统工程设计规定
JTG D40 公路水泥混凝土路面设计规范
JTG D50 公路沥青路面设计规范

TJ 36　工业企业设计卫生标准

《建设项目竣工环境保护验收管理办法》　（国家环境保护总局令　第13号）

《污染源自动监控管理办法》　（国家环境保护总局令　第28号）

3 术语和定义

GB/T 20103—2006中确立的和下列术语和定义适用于本标准。

3.1　渗滤液　leachate

垃圾在堆放和填埋过程中由于压实、发酵等物理、生物、化学作用，同时在降水和其他外部来水的渗流作用下产生的含有机或无机成分的液体。

3.2　调节池　holding tank of leachate

在渗滤液处理设施前设置的具有均化水质、调蓄水量或兼有渗滤液预处理功能的构筑物。

3.3　微滤　microfiltration filter（MF）

以压力为驱动力，分离0.01 μm至数微米的微粒的过程。

【GB/T 20103—2006，定义5.2.2】

3.4　超滤　ultrafiltration filter（UF）

以压力为驱动力，分离分子量范围为几百至几百万的溶质和微粒的过程。

【GB/T 20103—2006，定义5.2.1】

3.5　纳滤　nanofiltration（NF）

以压力为驱动力，用于脱除多价离子、部分一价离子和分子量200～1 000的有机物的膜分离过程。

【GB/T 20103—2006，定义4.2.3】

3.6　反渗透　reverse osmosis（RO）

在高于渗透压差的压力作用下，溶剂（如水）通过半透膜进入膜的低压侧，而溶液中的其他组分（如盐）被阻挡在膜的高压侧并随浓溶液排出，从而达到有效分离的过程。

【GB/T 20103—2006，定义4.2.2】

3.7　膜组件　membrane module

由膜元件、壳体、内连接件、端板和密封圈等组成的实用器件。

【GB/T 20103—2006，定义2.2.3】

3.8　膜生物反应器　biomass membrane bioreactor（MBR）

以膜为载体，把生物反应（作用）和分离相结合，能改变反应进程和提高反应效率的设备或系统。

【GB/T 20103—2006，定义6.3.3】

4 总体要求

4.1　一般规定

4.1.1　生活垃圾填埋场渗滤液处理厂（站）[以下简称“渗滤液处理厂（站）”]的设计和建设，除应遵守本技术规范外，还应符合国家现行的相关强制性标准的规定。

4.1.2　应根据生活垃圾填埋场的建设规模、填埋容量、填埋年限、填埋作业方式、占地面积、自然地理情况和气象等条件确定渗滤液处理厂（站）的处理规模和处理工艺。

4.1.3 在填埋区与渗滤液处理设施间必须设置渗滤液调节池。

4.1.4 处理技术方案的选择应保证出水符合环境影响评价报告书批复文件的要求，并应达到 GB 16889 和有关地方排放标准的规定。

4.1.5 生活垃圾填埋场渗滤液处理系统的主要设备应有备用，并具有防腐性能。

4.1.6 渗滤液处理厂（站）应按照《污染源自动监控管理办法》的规定，安装污染物排放连续监测设备。

4.2 项目构成

4.2.1 渗滤液处理厂（站）主要包括主体处理构筑物与设备、配套工程。

4.2.2 生活垃圾填埋场渗滤液主体处理构筑物与设备包括预处理系统、生物处理系统、深度处理系统、污泥及浓缩液处理系统等；处理后废水应按国家和地方有关规定设置规范化排污口统一排放。

4.2.3 配套工程主要包括厂内建（构）筑物、供配电、采暖通风、给排水、消防、道路、绿化、通讯、运行管理设施、检测与控制等。

4.3 总体布置

4.3.1 渗滤液处理厂（站）总体布置应在满足国家现行防火、卫生、安全等方面的技术规范基础上，综合考虑地形、地貌、周围环境、工艺流程、构筑物及各项设施相互间的平面和空间关系，使各项设施整体协调统一。

4.3.2 工程附属的生产与生活服务等辅助设施，应与填埋场主体工程统筹考虑，避免重复建设。

4.3.3 总平面布置应充分考虑渗滤液收集与外排，符合排水通畅、降低能耗、平衡土方的要求，并符合 GB 50187 的要求。

4.3.4 渗滤液处理厂（站）宜单独设置在垃圾填埋场管理区的下风向，并满足施工、设备安装、各类管线连接简捷、维修管理方便等要求。

4.3.5 渗滤液处理厂（站）应以生产区为核心，其他各功能区应按渗滤液处理流程合理安排，主要恶臭产生源（调节池、曝气设施、厌氧反应设施、污泥脱水设施等）宜集中布置。

4.3.6 渗滤液处理厂（站）内应有必要的通道，有明显的车辆行驶方向标志，并符合消防通道要求。

4.3.7 渗滤液处理厂（站）区围墙及挡土墙的设置应按照场地的实际情况确定，并应符合 GB 50187 的规定。

4.4 配套工程

4.4.1 渗滤液处理厂（站）建筑工程设计应符合 GB 50037、GB 50352、TJ 36、JGJ 67 的规定。

4.4.2 渗滤液处理厂（站）结构工程设计应符合 GB 50007、GB 50009、GB 50010、GB 50011、GB 50069、GB 50191、CECS 138 的规定。

4.4.3 渗滤液处理厂（站）供电方式应与垃圾填埋场主体工程相协调。

4.4.4 渗滤液处理厂（站）电气工程设计的内容包括用电设备配电及控制、电缆配置及敷设、设备及构筑物的防雷与接地系统、厂（站）辅助工程道路照明等。用电设备一般为低压 AC380/220V，负荷等级宜为二级。

4.4.5 渗滤液处理厂（站）电气工程设计应符合 GB 50034、GB 50037、GB 50052、GB 50053、GB 50054、GB 50057 的规定。

4.4.6 渗滤液处理厂（站）采暖通风工程设计应符合 GB 50019、GB 50189、GB 14554、GBZ 1、GB/T 50033 的规定。

4.4.7 渗滤液处理厂（站）给排水及消防工程设计应符合 GB 50013、GB 50014、GB 50015、GB 50016、GB 50067、GB 50140 的规定。

4.4.8 渗滤液处理厂（站）道路工程设计应符合 GBJ 22、JTG D40、JTG D50 的规定。

4.5 劳动安全与职业卫生

渗滤液处理厂（站）的劳动卫生应符合 GBZ 1 的规定。

5 水量和水质

5.1 水量

5.1.1 计算生活垃圾填埋场渗滤液产生量时应充分考虑当地降雨量、蒸发量、地面水损失、其他外部来水渗入、垃圾的特性、雨污分流措施、表面覆盖和渗滤液导排设施状况等因素。

5.1.2 生活垃圾填埋场渗滤液处理规模宜按垃圾填埋场平均日渗滤液产生量计算，并应与调节池容积计算相匹配。

5.1.3 渗滤液产生量的计算宜采用经验公式法（浸出系数法），计算公式如下：

$$Q=\frac{I\times(C_1A_1+C_2A_2+C_3A_3)}{1\,000}$$

式中：Q——渗滤液产生量，m^3/d；

I——多年平均日降雨量，mm/d；

A_1——作业单元汇水面积，m^2；

C_1——作业单元渗出系数，一般宜取 0.5～0.8；

A_2——中间覆盖单元汇水面积，m^2；

C_2——中间覆盖单元渗出系数，宜取（0.4～0.6）C_1；

A_3——终场覆盖单元汇水面积，m^2；

C_3——终场覆盖单元渗出系数，一般取 0.1～0.2。

注：I 的计算，数据充足时，宜按 20 年的数据计取；数据不足 20 年时，按现有全部年数据计取。

5.2 水质

5.2.1 根据生活垃圾填埋场的垃圾填埋年限及渗滤液的化学需氧量和氨氮浓度，生活垃圾填埋场渗滤液可分为初期渗滤液、中后期渗滤液和封场后渗滤液。

5.2.2 生活垃圾填埋场渗滤液水质的确定，宜以实测数据为基准，并考虑未来水质变化趋势。在无法取得实测数据时，宜参考表 1 及同类地区同类型填埋场实测数据合理选取。

表 1 国内生活垃圾填埋场（调节池）渗滤液典型水质

项目＼类别	初期渗滤液	中后期渗滤液	封场后渗滤液
五日生化需氧量/（mg/L）	4 000～20 000	2 000～4 000	300～2 000
化学需氧量/（mg/L）	10 000～30 000	5 000～10 000	1 000～5 000
氨氮/（mg/L）	200～2 000	500～3 000	1 000～3 000
悬浮固体/（mg/L）	500～2 000	200～1 500	200～1 000
pH 值	5～8	6～8	6～9

6 工艺设计

6.1 工艺选择原则

6.1.1 选择处理工艺之前，应了解填埋场的使用年限、填埋作业方式、当地经济条件等影响水质的因素。

6.1.2 选择渗滤液处理工艺时，应以稳定连续达标排放为前提，综合考虑垃圾填埋场的填埋年限和渗滤液的水质、水量以及处理工艺的经济性、合理性、可操作性，经技术、经济比选后确定。

6.2 调节池

6.2.1 调节池容积应与填埋工艺、停留时间、渗滤液产生量及配套污水处理设施规模等相匹配，并符合 CJJ 17 的有关规定。

6.2.2 调节池应有相应的防渗措施。

6.2.3 调节池属于厂区恶臭污染源之一，应加盖密封，并采取臭气处理措施。

6.3 工艺流程

6.3.1 生活垃圾填埋场渗滤液处理工艺可分为预处理、生物处理和深度处理三种。应根据渗滤液的进水水质、水量及排放要求综合选取适宜的工艺组合方式，推荐选用“预处理＋生物处理＋深度处理”组合工艺（工艺流程图见图 1），也可采用如下工艺组合：

a）预处理+深度处理

b）生物处理+深度处理

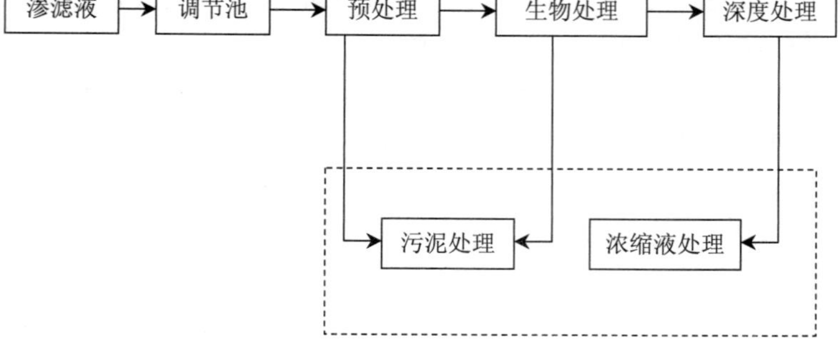

图 1 常规工艺流程图

6.3.2 预处理工艺可采用生物法、物理法和化学法，目的主要是去除氨氮或无机杂质，或改善渗滤液的可生化性。

6.3.3 生物处理工艺可采用厌氧生物处理法和好氧生物处理法，处理对象主要是渗滤液中的有机污染物和氮、磷等。

6.3.4 深度处理工艺可采用纳滤、反渗透、吸附过滤等方法，处理对象主要是渗滤液中的悬浮物、溶解物和胶体等。深度处理宜以纳滤和反渗透为主，并根据处理要求合理选择。

6.3.5 当渗滤液处理工艺过程中产生污泥时，应对污泥进行适当处理。纳滤和反渗透产生的浓缩液应进行处理，可采用蒸发、焚烧等方法。

6.3.6 各处理工艺中处理方法的选择应综合考虑进水水质、水量、处理效率、排放标准、技术可靠性及经济合理性等因素后确定。

6.4 工艺参数

6.4.1 预处理工艺参数

6.4.1.1 选择水解酸化技术作为预处理工艺时：

a）水力停留时间宜为 2.5～5.0 h；

b）pH 值宜为 6.5～7.5。

6.4.1.2 采用混凝技术作为预处理工艺时，应根据渗滤液混凝沉淀的工艺情况、实验结果和药剂的质量等因素综合确定药剂的种类、投加量和投加方式。常用的药剂有硫酸铝、聚合氯化铝、硫酸亚铁、三氯化铁和聚丙烯酰胺（PAM）等。

6.4.2 厌氧生物处理工艺参数

6.4.2.1 厌氧生物处理工艺可采用升流式厌氧污泥床法（UASB）及其变形、改良工艺。

6.4.2.2 采用升流式厌氧污泥床法时：

a）常温范围宜为 20～30℃，中温范围宜为 30～38℃；

b）容积负荷（COD）宜为 5～15 kg/（m^3·d）；

c）pH 值宜为 6.5～7.8；

d）应设置生物气体利用或安全燃烧装置。

6.4.3 好氧生物处理工艺参数

6.4.3.1 好氧生物处理工艺可采用活性污泥法或生物膜法。活性污泥法宜选择膜生物反应器法、氧化沟活性污泥法和纯氧曝气法等。生物膜法宜选择接触氧化法、生物转盘法。

6.4.3.2 采用膜生物反应器时：

a）膜生物反应器分为内置式和外置式两种，内置式宜选用板式微滤膜组件、板式超滤膜组件、中空纤维微滤膜组件或中空纤维超滤膜组件，外置膜宜选用管式超滤膜组件；

b）温度宜为 20～35℃；

c）进水化学需氧量宜为 1 000～20 000 mg/L；

d）设计运行参数见表 2。

6.4.3.3 采用氧化沟时：

a）氧化沟进水化学需氧量宜为 2 000～5 000 mg/L；

b）污泥负荷（BOD_5/MLSS）宜为 0.05～0.20 kg/kg；

c）混合液污泥浓度宜为 3 000～5 500 mg/L；

d）污泥龄宜为 15～30 d；

e）氧化沟池深宜为 3.50～5.00 m。

表 2 膜生物反应器的工艺参数

项目	内置式膜生物反应器	外置式膜生物反应器
污泥浓度（MLSS）/（mg/L）	8 000～10 000	10 000～15 000
五日生化需氧量（BOD_5）污泥负荷（MLSS）/[kg/（kg·d）]	0.08～0.30	0.20～0.60
硝态氮（NO_3-N）污泥负荷（MLSS）/[kg/（kg·d）]	0.05～0.25	0.05～0.30
剩余污泥产泥系数（MLSS/COD）/（kg/kg）	0.10～0.30	0.10～0.30

6.4.3.4 采用纯氧曝气法时：

a）氧气浓度不宜低于 90%；

b）溶解氧宜为 10～20 mg/L；

c）混合液污泥浓度宜为 10 000～20 000 mg/L；

d）进水化学需氧量宜为 1 000～6 000 mg/L；

e）水力停留时间宜为 12～24 h。

6.4.3.5 好氧生物处理工艺后接沉淀池时：

a）沉淀时间宜为 1.50～2.50 h；

b）表面水力负荷不宜大于 0.8 m^3/（m^2·h）；

c）出水堰最大负荷不宜大于 1.7 L/（s·m）。

6.4.4 深度处理工艺参数

6.4.4.1 纳滤

6.4.4.1.1 进水指标

a）悬浮物不宜大于 100 mg/L；

b）进水电导率（20℃）不宜大于 40 000 μS/cm。

6.4.4.1.2 工艺参数

a）温度宜为 8～30℃；

b）pH 值宜为 5.0～7.0；

c）纳滤膜通量宜为 15～20 L/（m^2·h）；

d）水回收率不得低于 80%。

6.4.4.2 反渗透

6.4.4.2.1 进水指标

a）悬浮物不宜大于 50 mg/L；

b）进水电导率（20℃）不宜大于 25 000 μS/cm。

6.4.4.2.2 工艺参数

a）温度宜为 8～30℃；

b）pH 值宜为 5.0～7.0；

c）反渗透膜通量宜为 10～15 L/（m^2·h）；

d）水回收率不得低于 70%。

6.4.4.3 吸附过滤

应根据前段处理出水水质、排放要求、吸附剂来源等多种因素综合选择吸附剂种类，宜优先选择活性炭作为吸附剂。当选用粒状活性炭吸附处理工艺时，宜进行静态选炭及炭柱动态试验，确定用炭量、接触时间、水力负荷与再生周期等。

6.4.5 污泥及浓缩液处理

6.4.5.1 渗滤液处理中产生的污泥宜与城市污水处理厂污泥一并处理，当进入垃圾填埋场填埋处理或单独处理时，含水率不宜大于 80%。

6.4.5.2 纳滤和反渗透工艺产生的浓缩液宜单独处理，可采用焚烧、蒸发或其他适宜的处理方式。

6.4.6 二次污染控制

6.4.6.1 主要恶臭污染源（调节池、厌氧反应设施、曝气设施、污泥脱水设施等）宜采取密闭、局部隔离及负压抽吸等措施，经集中处理后排放，处理后气体的排放应执行 GB 14554 和 GB 16297。

6.4.6.2 应按各生产环节噪声的产生原因，分别采取有效的控制措施。厂界噪声应符合 GB 12348 的要求，作业车间噪声应符合 GBZ 1 的要求。

6.4.6.3 渗滤液处理工程曝气过程中产生的泡沫，宜采用喷淋水或消泡剂等方式抑制。

7 检测与控制

7.1 渗滤液处理厂（站）试运行期间应进行水质检测，检测的参数应至少包括：

a）各处理单元中 pH 值、温度、溶解氧（好氧工艺）；

b）各单元进、出水主要污染物（悬浮物、化学需氧量、五日生化需氧量、氨氮、总氮、总磷）的浓度；

c）进、出水中总汞、总砷、总镉、总铅、总铬、六价铬等重金属的浓度和粪大肠菌群数；

d）纳滤和反渗透工艺进水、产水、浓缩液的电导率或含盐量，以及浊度；

e）纳滤和反渗透工艺各单元膜组件前后压力及压降。

7.2 渗滤液处理厂（站）应建立水质、水量监测制度，水量包括渗滤液产生量和处理量。水质监测指标至少包括各处理单元的进出水指标：色度、悬浮物、化学需氧量、五日生化需氧量、氨氮、总氮、总磷等主要污染物浓度以及进出水的总汞、总砷、总镉、总铅、总铬、六价铬等重金属浓度和粪大肠菌群数。

7.3 渗滤液处理厂（站）宜采用集中管理监视、分散控制的自动控制系统；采用成套设备时，设备本身控制宜与系统控制相结合。自动控制系统设计应符合 HG 20508、HG 20511、HG/T 20573、GBJ 93、HG 20509 的规定。

7.4 渗滤液处理厂（站）下列各处应配备针对相关气体浓度的检测仪表和报警装置。

a）调节池、厌氧反应设施：甲烷、硫化氢

b）曝气设施：氨

8 施工与验收

8.1 工程施工

8.1.1 生活垃圾填埋场渗滤液处理工程的设计、施工单位应具有国家相应的工程设计、施工资质。

8.1.2 建筑、安装工程应符合施工设计文件、设备技术文件的要求，对工程的变更应取得设计单位变更文件后再进行施工。

8.1.3 施工中使用的设备、材料、部件等应符合相关的国家标准和行业标准，并取得供货商的产品合格证明。

8.1.4 处理构筑物采用钢制设备的，其加工、制造应执行 GB 50128 的相关规定，钢制设备防腐宜执行 HGJ 229 的相关规定，并应适合渗滤液的特点。

8.2 工程验收

8.2.1 生活垃圾填埋场渗滤液处理工程竣工验收应执行《建设项目（工程）竣工验收办法》。

8.2.2 生活垃圾填埋场渗滤液处理工程竣工验收具体要求宜参照 GB 50334 执行。

8.3 竣工环境保护验收

8.3.1 渗滤液处理厂（站）的竣工环境保护验收按《建设项目竣工环境保护验收管理办法》的规定进行。

8.3.2 渗滤液处理厂（站）的竣工环境保护验收除应满足《建设项目竣工环境保护验收管理办法》规定的条件外，在试运行期间还应进行性能试验，性能试验报告可作为环境保护验收的内容。

8.3.3 渗滤液处理厂（站）性能试验包括：

a）按照设计流量全流程通过所有构筑物，确认各构筑物高程布置是否合理；

b）测试并计算各构筑物及主体设备的工艺参数；

c）进、出水水质化验，包括 pH 值、温度、悬浮物、化学需氧量、五日生化需氧量、氨氮、总氮、总磷、总汞、总砷、总镉、总铅、总铬、六价铬、粪大肠菌群数；

d）纳滤和反渗透产水率、浓缩液的电导率或含盐量；

e）渗滤液处理厂（站）内有毒、有害气体的测定；

f）统计全厂（站）进出水量、用电量和主体设备用电量；

g）计算全厂（站）技术经济指标：COD 去除总量、COD 去除电耗（kW·h/kg）、污水处理运行成本（元/t）。

9 运行与维护

9.1 运行

9.1.1 渗滤液处理系统应纳入垃圾填埋场的生产管理中，配备专业管理人员和技术人员。

9.1.2 应具有工艺操作说明书以及设备使用、维护说明书，各岗位人员应严格执行操作规程，如实填写运行记录，并妥善保存。

9.1.3 运行人员应定期进行岗位培训，熟悉生活垃圾渗滤液处理工艺流程、各处理单元的处理要求，并根据水质条件变化适时调整运行参数，达到相应的操作要求和处理目标。

9.1.4 生物处理应根据水质条件及实测数据反馈生物处理效果，并根据需要调整运行参数。

9.1.5 深度处理工序应采用可靠的预处理措施，确保进水条件符合纳滤和反渗透要求。

9.1.6 纳滤和反渗透运行参数主要包括：距上次清洗后运转的时间，设备投入运行总时间；多介质过滤器、保安过滤器与每一段膜组件前后的压降；各段膜组件进水、产水与浓水压力；各段膜组件进水与产水流量；各段膜组件进水、产水与浓缩液的电导率或含盐量；进水、产水和浓缩液的 pH 值；进水淤泥密度指数值。在运行过程中，应根据需要及时调整相关操作参数。

9.1.7 根据水质变化，纳滤和反渗透应采取 pH 值调节、投加阻垢剂等化学品、合理控制运行参数等必要措施，以有效避免膜组件的结垢及污染。

9.2 维护

9.2.1 渗滤液处理系统应制定大、中检修计划和主要设备维护和保养规程，及时更换损坏设备及部件，提高设备的完好率。

9.2.2 操作人员及维修人员应严格执行设备的维修和保养规程，进行定期的维护和检修。

9.3 应急处理措施

9.3.1 应建立渗滤液处理厂（站）易发事故点和面的档案及事故发生的分布图，制定相应的应急处理措施，配套相应的设备和设施。

9.3.2 应加强渗滤液处理厂（站）管理机制和应急能力的建设，并定期组织应急培训和学习。

9.3.3 应配备危险气体（甲烷、硫化氢）和危险化学品的控制与防护措施。

中华人民共和国国家环境保护标准

废矿物油回收利用污染控制技术规范

Technical specifications for pollution control of used mineral oil recovery, recycle and reuse

HJ 607—2011

前　言

为贯彻《中华人民共和国环境保护法》、《中华人民共和国固体废物污染环境防治法》，规范废矿物油回收利用、处置行为，防治废矿物油对环境的污染，保护环境，保障人体健康，制定本标准。

本标准规定了废矿物油收集、运输、贮存、利用和处置过程中的污染控制技术及环境管理要求。

本标准为首次发布。

本标准的附录 A 为资料性附录。

本标准由环境保护部科技标准司组织制订。

本标准主要起草单位：济南市环境保护规划设计研究院、济南市鑫源物资开发利用有限公司。

本标准环境保护部 2011 年 2 月 16 日批准。

本标准自 2011 年 7 月 1 日起实施。

本标准由环境保护部解释。

1 适用范围

本标准规定了废矿物油收集、贮存、运输、利用和处置过程中的污染控制技术及环境管理要求。

本标准适用于废矿物油收集、贮存、运输、利用和处置过程的污染控制，可用于指导废矿物油经营单位建厂选址、工程建设以及建成后工程运营的污染控制工作。

2 规范性引用文件

本标准内容引用了下列文件中的条款。凡不注明日期的引用文件，其有效版本适用于本标准。

GB 8978　污水综合排放标准

GB 12348　工业企业厂界环境噪声排放标准

GB 13015　含多氯联苯废物污染控制标准
GB 13271　锅炉大气污染物排放标准
GB 16297　大气污染物综合排放标准
GB/T 17145　废润滑油回收与再生利用技术导则
GB 18484　危险废物焚烧污染控制标准
GB 18597　危险废物贮存污染控制标准
GB 18598　危险废物填埋污染控制标准
HJ/T 55　大气污染物无组织排放监测技术导则
HJ/T 91　地表水和污水监测技术规范
HJ/T 166　土壤环境监测技术规范
HJ/T 176　危险废物集中焚烧处置工程建设技术规范
HJ/T 373　固定污染源监测质量保证与质量控制技术规范（试行）
HJ/T 397　固定源废气监测技术规范
《道路危险货物运输管理规定》（交通部令　2005 年第 9 号）
《水路危险货物运输规则》（交通部令　1996 年第 10 号）
《铁路危险货物运输管理规则》（铁运[1995]104 号）
《危险废物经营许可证管理办法》（国务院令　2004 年第 408 号）
《危险废物转移联单管理办法》（国家环境保护总局令　1999 年第 5 号）
《危险废物污染防治技术政策》（国家环境保护总局文件　2001 年第 199 号）
《危险废物经营单位编制应急预案指南》（国家环境保护总局公告　2007 年　第 48 号）
《危险废物经营单位记录和报告经营情况指南》（环境保护部公告　2009 年　第 55 号）

3 术语和定义

下列术语和定义适用于本标准。

3.1　废矿物油　used mineral oil

从石油、煤炭、油页岩中提取和精炼，在开采、加工和使用过程中由于外在因素作用导致改变了原有的物理和化学性能，不能继续被使用的矿物油。

3.2　废矿物油产生单位　used mineral oil generator

在生产、经营、科研及其他活动中有废矿物油产生的单位。

3.3　废矿物油经营单位　used mineral oil operator

获得环境保护主管部门核发的危险废物经营许可证，从事废矿物油收集、利用、贮存、处置经营活动的单位。

3.4　收集　collection

指废矿物油经营单位将分散的废矿物油进行集中的活动。

3.5　贮存　storage

指废矿物油经营单位在废矿物油处置前，将其放置在符合环境保护标准的场所或者设施中，以及为了将分散的废矿物油进行集中，在自备的临时设施或者场所置放。

3.6 利用 recycling

指从废矿物油中提取物质作为原材料或者燃料的活动。

3.7 焚烧 inflammation

指焚化燃烧废矿物油使之分解并无害化的过程。

4 总体要求

4.1 废矿物油焚烧、贮存和填埋厂址选择应符合 GB 18484、GB 18597、GB 18598 中的有关规定，并符合当地的大气污染防治、水资源保护和自然生态保护要求。废矿物油再生利用的厂址选择应参照上述规定和要求执行。

4.2 废矿物油产生单位和废矿物油经营单位应按《危险废物污染防治技术政策》中的有关规定从事相关的生产、经营活动。

4.3 废矿物油产生单位和废矿物油经营单位应采取防扬散、防流失、防渗漏及其他防止污染环境的措施。

4.4 废矿物油应按照来源、特性进行分类收集、贮存、利用和处置。

4.5 含多氯联苯废矿物油属于多氯（溴）联苯类废物，其收集、贮存、运输、利用和处置应按 GB 13015 和相关规定执行。

5 废矿物油的分类及标签要求

5.1 废矿物油分类按照《国家危险废物名录》执行，按行业来源分类如下：

——原油和天然气开采；

——精炼石油产品制造；

——涂料、油墨、颜料及相关产品制造；

——专用化学品制造；

——船舶及浮动装置制造；

——非特定行业。

5.2 应在废矿物油包装容器的适当位置粘贴废矿物油标签，标签应清晰易读，不应人为遮盖或污染。标签参考格式见附录 A。

5.3 废柴油、废煤油、废汽油、废分散油、废松香油等闭杯试验闪点等于或低于 60℃的废矿物油，应标明“易燃”。

6 收集污染控制技术要求

6.1 一般要求

6.1.1 废矿物油收集容器应完好无损，没有腐蚀、污染、损毁或其他能导致其使用效能减弱的缺陷。

6.1.2 废矿物油收集过程产生的废旧容器应按照危险废物进行处置，仍可转作他用的，应经过消除污染的处理。

6.1.3 废矿物油应在产生源收集，不宜在产生源收集的应设置专用设施集中收集。

6.1.4 废矿物油收集过程产生的含油棉、含油毡等含废矿物油废物应一并收集。

6.2 原油和天然气开采

6.2.1 原油和天然气开采作业现场宜采取铺设塑料膜等措施防止废矿物油污染场地。

6.2.2 原油和天然气开采应将开采现场沾染废矿物油的泥、沙、水全部收集。

6.2.3 原油和天然气开采产生的残油、废油、油基泥浆、含油垃圾、清罐油泥等应全部回收，不应排放或弃置。

6.2.4 原油和天然气开采中产生的数量较大的废矿物油，可收集在符合《危险废物污染防治技术政策》和 GB 18597 的自备临时设施或场所，不应随意堆积。

6.3 精炼石油产品制造

6.3.1 精炼石油产品制造作业在生产过程中应在可能产生渗漏的位置设置集油容器，进行废矿物油的收集。

6.3.2 精炼石油产品制造产生的油泥、油渣等应进行有效收集。

6.4 专用化学产品制造

专用化学产品制造产生的具有腐蚀特性的废矿物油，例如废松香油等，宜使用镀锌铁桶等进行防腐处理的容器收集。

6.5 拆船、修船和造船作业

拆船、修船和造船作业应配备或设置拦油装置、废矿物油收集装置，作业中产生的含油物品不应随意堆放或抛入水域。

6.6 机动车维修、机械维修

6.6.1 机动车维修、机械维修行业作业现场应做防渗处理，并建设防晒、防淋措施。

6.6.2 机动车维修、机械维修行业作业现场应配备废矿物油专用收集容器或设施，并应建有地面冲洗污水收集处理设施。

7 贮存污染控制技术要求

7.1 废矿物油贮存污染控制应符合 GB 18597 中的有关规定。

7.2 废矿物油贮存设施的设计、建设除符合危险废物贮存设计原则外，还应符合有关消防和危险品贮存设计规范。

7.3 废矿物油贮存设施应远离火源，并避免高温和阳光直射。

7.4 废矿物油应使用专用设施贮存，贮存前应进行检验，不应与不相容的废物混合，实行分类存放。

7.5 废矿物油贮存设施内地面应作防渗处理，并建设废矿物油收集和导流系统，用于收集不慎泄漏的废矿物油。

7.6 废矿物油容器盛装液体废矿物油时，应留有足够的膨胀余量，预留容积应不少于总容积的 5%。

7.7 已盛装废矿物油的容器应密封，贮油油罐应设置呼吸孔，防止气体膨胀，并安装防护罩，防止杂质落入。

8 运输污染控制技术要求

8.1 废矿物油的运输转移应按《道路危险货物运输管理规定》、《铁路危险货物运输管理规则》、《水路危险货物运输规则》等的规定执行。

8.2 废矿物油的运输转移过程控制应按《危险废物转移联单管理办法》的规定执行。
8.3 废矿物油转运前应检查危险废物转移联单，核对品名、数量和标志等。
8.4 废矿物油转运前应制定突发环境事件应急预案。
8.5 废矿物油转运前应检查转运设备和盛装容器的稳定性、严密性，确保运输途中不会破裂、倾倒和溢流。
8.6 废矿物油在转运过程中应设专人看护。

9 利用和处置技术要求

9.1 一般要求
9.1.1 废润滑油的再生利用应符合 GB 17145 中的有关规定。
9.1.2 废矿物油不应用做建筑脱模油。
9.1.3 不应使用硫酸/白土法再生废矿物油。
9.1.4 废矿物油利用和处置的方式主要有再生利用、焚烧处置和填埋处置，应根据含油率、黏度、倾点（凝点）、闪点、色度等指标合理选择利用和处置方式。
9.1.5 废矿物油的再生利用宜采用沉降、过滤、蒸馏、精制和催化裂解工艺，可根据废矿物油的污染程度和再生产品质量要求进行工艺选择。
9.1.6 废矿物油再生利用产品应进行主要指标的检测，确保再生产品质量。
9.1.7 废矿物油进行焚烧处置，鼓励进行热能综合利用。
9.1.8 无法再生利用或焚烧处置的废矿物油及废矿物油焚烧残余物应进行安全处置。
9.2 原油和天然气开采
9.2.1 含油率大于 5%的含油污泥、油泥沙应进行再生利用。
9.2.2 油泥沙经油沙分离后含油率应小于 2%。
9.2.3 含油岩屑经油屑分离后含油率应小于 5%，分离后的岩屑宜采用焚烧处置。
9.3 精炼石油产品制造
9.3.1 精炼石油产品制造产生的含油浮渣、含油污泥、油渣及其他含油沉积物等应进行资源回收利用。
9.3.2 精炼石油产品制造、废矿物油再生利用产生的含油（油脂）白土宜使用蒸汽提取或焙烧分馏处理。经过焙烧分馏处理后，白土及锅炉灰经鉴别后不再具有危险特性的，可用作建筑材料。
9.4 机械加工

机械切削、珩磨、研磨、打磨等过程中产生的含油金属屑宜进行油屑分离处理，分离后的废矿物油宜进行循环使用。

10 利用和处置污染控制技术要求

10.1 废矿物油经营单位应对废矿物油在利用和处置过程中排放的废气、废水和场地土壤进行定期监测，监测方法、频次等应符合 HJ/T 55、HJ/T 397、HJ/T 91、HJ/T 373、HJ/T 166 等的相关要求。
10.2 废矿物油利用和处置过程中排放的废水、废气、噪声应符合 GB 8978、GB 13271、GB 16297、GB 12348 等的相关要求。

10.3 废矿物油的焚烧应符合 GB 18484 中的有关规定。

10.4 废矿物油焚烧工程的建设应符合 HJ/T 176 中的有关规定。

10.5 废矿物油的填埋应符合 GB 18598 中的有关规定。

11 管理要求

11.1 废矿物油经营单位应按照《危险废物经营许可证管理办法》的规定执行。

11.2 废矿物油经营单位应按照《危险废物经营单位记录和报告经营情况指南》建立废矿物油经营情况记录和报告制度。

11.3 废矿物油产生单位的产生记录，废矿物油经营单位的经营情况记录，以及污染物排放监测记录应保存 10 年以上，并接受环境保护主管部门的检查。

11.4 废矿物油产生单位和废矿物油经营单位应建立环境保护管理责任制度，设置环境保护部门或者专（兼）职人员，负责监督废矿物油收集、贮存、运输、利用和处置过程中的环境保护及相关管理工作。

11.5 废矿物油经营单位应按照《危险废物经营单位编制应急预案指南》建立污染预防机制和环境污染事故应急预案制度。

附　录　A（资料性附录）

废矿物油包装容器标签参考格式

废矿物油（HW08）			
产生单位：		地　　址：	
联 系 人：		联系电话：	
运输单位：		地　　址：	
联 系 人：		联系电话：	
利用和处置单位：		地　　址：	
联 系 人：		联系电话：	
废物代码：		数　　量：	
危险特性：　有毒　　易燃	安全措施：		

说明：1. 废物代码按《国家危险废物名录》填写；

2. 标签底色为醒目的橘黄色，文字为黑色，可手工填写；

3. 危险特性用“√”选择，如“有毒√”；

4. 材料：防水、防油、防腐蚀。

中华人民共和国国家环境保护标准

矿山生态环境保护与恢复治理技术规范（试行）

Technical specifications of eco-environmental protection and reclamation for mining（On trial）

HJ 651—2013

前　言

为贯彻《中华人民共和国环境保护法》、《中华人民共和国环境影响评价法》和《国务院关于加强环境保护重点工作的意见》，规范矿产资源开发过程中的生态环境保护与恢复治理工作，促进矿区生态环境保护，制定本标准。

本标准规定了矿产资源勘查与采选过程中，排土场、露天采场、尾矿库、矿区专用道路、矿山工业场地、沉陷区、矸石场、矿山污染场地等矿区生态环境保护与恢复治理的指导性技术要求。

本标准由环境保护部自然生态保护司提出。

本标准由环境保护部科技标准司组织制订。

本标准主要起草单位：环境保护部南京环境科学研究所、环境保护部环境标准研究所、中钢集团马鞍山矿山研究院有限公司（国家环境保护矿山固体废物处理与处置工程技术中心）和中国科学院寒区旱区环境与工程研究所。

本标准环境保护部 2013 年 7 月 23 日批准。

本标准自 2013 年 7 月 23 日起实施。

本标准由环境保护部解释。

1 适用范围

本标准规定了矿产资源勘查与采选过程中的矿区生态环境保护要求，包括排土场、露天采场、尾矿库、矿区专用道路、矿山工业场地、沉陷区、矸石场、矿山污染场地等生态环境保护与恢复治理的指导性技术要求。

本标准适用于煤矿、金属矿、非金属矿、油气矿、煤层气、砂石矿等陆地矿产资源勘查、采选过程和闭矿后生态环境保护与恢复治理。

铀、钍等放射性矿产资源开发的生态环境保护与恢复治理可参照执行。

2 规范性引用文件

本标准引用了下列文件或其中的条款。凡是未注明日期的引用文件，其最新版本适用

于本标准。

GB 3095 环境空气质量标准
GB 3838 地表水环境质量标准
GB 5084 农田灌溉水质标准
GB 8978 污水综合排放标准
GB 9078 工业炉窑大气污染物排放标准
GB 11607 渔业水质标准
GB/T 14848 地下水质量标准
GB 14500 放射性废物管理规定
GB 16297 大气污染物综合排放标准
GB 18484 危险废物焚烧污染控制标准
GB 18597 危险废物贮存污染控制标准
GB 18598 危险废物填埋污染控制标准
GB 18599 一般工业固体废物贮存、处置场污染控制标准
GB 20426 煤炭工业污染物排放标准
GB 21522 煤层气（煤矿瓦斯）排放标准（暂行）
GB 25465 铝工业污染物排放标准
GB 25466 铅、锌工业污染物排放标准
GB 25467 铜、镍、钴工业污染物排放标准
GB 25468 镁、钛工业污染物排放标准
GB 26451 稀土工业污染物排放标准
GB 28661 铁矿采选工业污染物排放标准
GB 50433 开发建设项目水土保持技术规范
HJ/T 294 清洁生产标准 铁矿采选业
HJ/T 358 清洁生产标准 镍选矿行业
HJ 446 清洁生产标准 煤炭采选业
HJ 607 废矿物油回收利用污染控制技术规范
HJ 652 矿山生态环境保护与恢复治理方案（规划）编制规范（试行）
AQ 2006 尾矿库安全技术规程
UDC-TD 土地复垦技术标准（试行）

3 术语和定义

下列术语和定义适用于本标准。

3.1 矿山生态环境保护

指采取必要的预防和保护措施，避免或减轻矿产资源勘探和采选造成的生态破坏和环境污染。

3.2 矿山生态环境恢复

指对矿产资源勘探和采选过程中造成的各类生态破坏和环境污染采取人工促进措施，依靠生态系统的自我调节能力与自组织能力，逐步恢复与重建其生态功能。

3.3 探矿

指在勘查许可证规定的范围内勘查矿产资源的活动。

3.4 露天开采

指从敞露地表的采矿场采出有用矿物，或将矿藏上的覆盖物（包括岩石、土壤等）剥离后开采显露矿层的过程，又称露天采矿。

3.5 地下开采

指采用立井、斜井和平硐形式从地下矿床采出有用矿物的过程。

3.6 充填采矿

指随着回采工作面的推进，向地下采空区送入充填材料，控制围岩垮落和地表移动变形。

3.7 表土

指土壤剖面中最靠近地表的一个层次（A 层），一般厚度 20～30 cm，黑土和黑钙土的 A 层厚度可达 50～100 cm。

3.8 排土场

指矿山剥离和掘进排弃物集中排放的场所，包括外排土场和内排土场，又称为废石场、排岩场或弃渣场。

3.9 露天采场

指由采矿活动在地表形成的“空场”或“空洞”，也称露天采空区。

3.10 尾矿库

指由筑坝拦截谷口或围地构成的、用于贮存经选矿场选别后排出尾矿的场所。

3.11 矿山沉陷区

指矿山开采导致采空区之上覆岩层的原始应力平衡状态受到破坏，发生冒落、断裂、弯曲等移动变形，最终导致地表，形成下沉盆地和裂隙等沉陷区域。

3.12 矿山工业场地

指为矿山生产系统和辅助生产系统服务的地面建筑物、构造物以及有关设施的场地。

3.13 矸石场

指煤矿采选过程中产生的含炭岩石及其他岩石等固体废弃物的集中排放和处置场所。

3.14 矿山污染场地

指因堆积、储存、处理、处置或其他方式（如迁移）承载了有害物质，对人体健康或生态环境产生危害或具有潜在风险的矿山空间区域。

4 矿山生态环境保护与恢复治理的一般要求

4.1 禁止在依法划定的自然保护区、风景名胜区、森林公园、饮用水水源保护区、文物古迹所在地、地质遗迹保护区、基本农田保护区等重要生态保护地以及其他法律法规规定的禁采区域内采矿。禁止在重要道路、航道两侧及重要生态环境敏感目标可视范围内进行对景观破坏明显的露天开采。

4.2 矿产资源开发活动应符合国家和区域主体功能区规划、生态功能区划、生态环境保护规划的要求，采取有效预防和保护措施，避免或减轻矿产资源开发活动造成的生态破坏和环境污染。

4.3 坚持"预防为主、防治结合、过程控制"的原则，将矿山生态环境保护与恢复治理贯穿矿产资源开采的全过程。根据矿山生态环境保护与恢复治理的重点任务，合理确定矿山生态保护与恢复治理分区，优化矿区生产与生活空间格局。采用新技术、新方法、新工艺提高矿山生态环境保护和恢复治理水平。

4.4 所有矿山企业均应对照本标准各项要求，编制实施矿山生态环境保护与恢复治理方案。

4.5 恢复治理后的各类场地应实现：安全稳定，对人类和动植物不造成威胁；对周边环境不产生污染；与周边自然环境和景观相协调；恢复土地基本功能，因地制宜实现土地可持续利用；区域整体生态功能得到保护和恢复。

5 矿山生态保护

5.1 在国家和地方各级人民政府确定的重点（重要）生态功能区内建设矿产资源基地，应进行生态环境影响和经济损益评估，按评估结果及相关规定进行控制性开采，减少对生态空间的占用，不影响区域主导生态功能。在水资源短缺、环境容量小、生态系统脆弱、地震和地质灾害易发地区，要严格控制矿产资源开发。

5.2 矿山开采前应在矿区范围及各种采矿活动的可能影响区进行生物多样性现状调查，对于国家或地方保护动植物或生态系统，须采取就地保护或迁地保护等措施保护矿山生物多样性。

5.3 高寒区露天采矿、设置排土场和尾矿库时，应将剥离的草皮层集中养护，满足恢复条件后及时移植，恢复植被；严格控制临时施工场地与施工道路面积和范围，减少对地表植被的破坏。

5.4 荒漠和风沙区矿产资源开发应避开易发生风蚀和生态退化地带，减少开采、排土和运输等活动对土壤结皮、砾幕及沙区植被的破坏和扰动；排土场、料场及尾矿库等场地应采取围挡和覆盖等防风蚀措施。

5.5 水蚀敏感区矿产资源开发应科学设置露天采场、排土场、尾矿库及料场，并采取防洪、排水、边坡防护、工程拦挡等水土保持措施，减少对天然林草植被的破坏。

5.6 在基本农田保护区下采矿，应结合矿山沉陷区治理方案确定优先充填开采区域，防止地表二次治理；在需要保水开采的区块，应采取有效措施避免破坏地下水系。

5.7 采矿产生的固体废物，应在专用场所堆放，并采取措施防止二次污染；禁止向河流、湖泊、水库等水体及行洪渠道排放岩土、含油垃圾、泥浆、煤渣、煤矸石和其他固体废物。

5.8 评估采矿活动对地表水和地下水的影响，避免破坏流域水平衡和污染水环境；采矿区与河道之间应保留环境安全距离，防止采矿对河流生物、河岸植被、河流水环境功能和防洪安全造成破坏性影响。

5.9 矿区专用道路选线应绕避环境敏感区和环境敏感点，防止对环境保护目标造成不利影响。

5.10 排土场、采场、尾矿库、矿区专用道路等各类场地建设前，应视土壤类型对表土进行剥离。对矿区耕作土壤的剥离，应对耕作层和心土层单独剥离与回填，表土剥离厚度一般情况下不少于 30 cm；对矿区非耕作土壤的采集，应对表土层进行单独剥离，如果表土层厚度小于 20 cm，则将表土层及其下面贴近的心土层一起构成的至少 20 cm 厚的土层进行单独剥离；高寒区表土剥离应保留好草皮层，剥离厚度不少于 20 cm。剥离的表层土壤不能及时铺覆到已整治场地的，应选择适宜的场地进行堆存，并采取围挡等措施防止水土流失。

6 探矿生态恢复

6.1 探矿活动结束后，应根据景观相似原则，对探矿活动造成的土壤、植被和地表景观破坏进行恢复。

6.2 对水文地质条件、土地耕作及道路安全有影响或位于江、河、湖、海防护堤或重要建筑物附近的钻孔或坑井应予以回填封闭，并恢复其原有生态功能。

7 排土场生态恢复

7.1 岩土排弃要求

7.1.1 合理安排岩土排弃次序，将有利于植被恢复的岩土排放在上部。

7.1.2 采矿剥离物在排弃前应进行放射性和危险性物质鉴别，含放射性成分渣土的排弃应符合 GB 14500 的相关要求，经鉴别属于危险废物的应按照 GB 18597、GB 18598 等标准要求进行处置，其他类型的剥离物排弃应符合 GB 18599 的相关要求。

7.2 排土场水土保持与稳定性要求

7.2.1 排土场基底坡度大于 1∶5 时，应将地基削成阶梯状。排土场原地面范围内有出水点的，排土之前应在沟底修筑疏水暗沟、疏水涵洞。

7.2.2 排土场应设置完整的排水系统，位于沟谷的排土场应设置防洪和排水设施，避免阻碍泄洪，防止淤塞农田、加剧水土流失和诱发地质灾害。

7.2.3 具有丰富水源的排土场或有大量松散物质排放的陡坡场地，以及其他有可能出现滑坡、坍塌的排土场，应采取坡脚防护或拦渣工程。

7.3 排土场植被恢复

7.3.1 排土场总高度大于 10 m 时应进行削坡开级，每一台阶高度不超过 5～8 m，台阶宽度应在 2 m 以上，台阶边坡坡度小于 35°，形成有利于林木植被恢复的地表条件。

7.3.2 充分利用工程前收集的表土覆盖于排土场表层，覆盖土层厚度根据植被恢复类型和场地用途确定。恢复为农业植被的，覆土厚度应在 50 cm 以上；恢复为林灌草等生态或景观用地的，根据土源情况进行适当覆土。

7.3.3 干旱风沙区排土场不具备植被恢复条件的，应采用砂石等材料覆盖，防止风蚀。

7.3.4 排土场植被恢复宜林则林、宜草则草、草灌优先，恢复后的植被覆盖率不应低于当地同类土地植被覆盖率，植被类型要与原有类型相似、与周边自然景观协调。不得使用外来有害植物种进行排土场植被恢复。已采用外来物种进行植被恢复造成危害的，应采取人工铲除、生物防治、化学防治等措施及时清理。

7.4 排土场恢复再利用

生态恢复后的排土场应因地制宜地转为农业、林业、牧业、建筑等类型用地，具体恢复工程实施参照 UDC-TD 等相应标准执行。

8 露天采场生态恢复

8.1 场地整治与覆土

露天采场的场地整治和覆土方法根据场地坡度来确定。水平地和 15°以下缓坡地可采用物料充填、底板耕松、挖高垫低等方法；15°以上陡坡地可采用挖穴填土、砌筑植生盆（槽）填土、喷混、阶梯整形覆土、安放植物袋、石壁挂笼填土等方法。

8.2 露天采场植被恢复

8.2.1 边坡治理后应保持稳定。非干旱地区露天采场边坡应恢复植被。边坡恢复措施及设计要求应符合 GB 50433 的相关要求。

8.2.2 位于交通干线两侧、城镇居民区周边、景区景点等可视范围的采石宕口及裸露岩石，应采取挂网喷播、种植藤本植物等工程与生物措施进行恢复，并使恢复后的宕口与周围景观相协调。

8.3 露天采场恢复与利用

露天采场作为内排土场时，场地水土保持与稳定性、植被恢复要求按 7.2～7.3 执行。露天采场不作为内排土场时，按满足以下要求：

8.3.1 采矿剥离物含有毒有害或放射性物质时，按照 7.1.2 的要求执行。

8.3.2 平原地区的露天采场应平整、回填后进行生态恢复，并与周边地表景观相协调，位于山区的露天采场可保持平台和边坡。

8.3.3 露天采场回填应做到地面平整，充分利用工程前收集的表土和露天采场风化物覆盖于表层（覆土要求按 7.3.2 执行），并做好水土保持与防风固沙措施。

8.3.4 恢复后的露天采场进行土地资源再利用时，在坡度、土层厚度、稳定性、土壤环境安全性等方面应满足相关用地要求。

9 尾矿库生态恢复

9.1 尾矿库安全稳定性要求

尾矿库的排水、围挡、防渗、稳定等措施参照 AQ 2006 执行。

9.2 尾矿库覆土及植被恢复

9.2.1 尾矿库闭库后，坝体和坝内应视尾矿库所处地区气象条件、尾矿污染物毒性、植被恢复方式、土源情况进行不同厚度覆土，因地制宜进行植被恢复和综合利用。恢复植被的覆土厚度不低于 10 cm。

9.2.2 位于干旱风沙区、不具备植被恢复条件的尾矿库，应覆盖砂石等材料。

9.2.3 尾矿库恢复后用于农业生产的，应对尾矿库覆盖土壤（包括植物根系延伸区的尾砂）进行污染物检测与农产品安全评估，根据评估结果确定农业利用方式。

9.3 尾矿再利用的生态恢复

尾矿库进行回采再利用或经批准闭库的尾矿库重新启用时，应通过环境影响评价，制定实施尾矿利用规划和恢复治理方案。再利用结束的尾矿库根据本标准要求进行生态恢复。

10 矿区专用道路生态恢复

10.1 矿区专用道路用地应严格控制占地面积和范围。开挖路基及取弃土工程，均应根据道路施工进度有计划地进行表土剥离并保存，必要时应设置截排水沟、挡土墙等相应保护措施。

10.2 矿区专用道路取弃土工程结束后，取弃土场应及时回填、整平、压实，并利用堆存的表土进行植被和景观恢复。

10.3 矿区专用道路使用期间，有条件的地区应对道路两侧进行绿化。道路绿化应以乡土树（草）种为主，选择适应性强、防尘效果好、护坡功能强的植物种。

10.4 道路建设施工结束后，临时占地应及时恢复，与原有地貌和景观协调。

11 矿山工业场地生态恢复

11.1 矿山工业场地不再使用的厂房、堆料场、沉沙设施、垃圾池、管线等各项建（构）筑物和基础设施应全部拆除，并进行景观和植被恢复。转为商住等其他用途的，应开展污染场地调查、风险评估与修复治理。

11.2 地下开采的矿山闭矿后应将井口封堵完整，采取遮挡和防护措施，并设立警示牌。

12 矿山大气污染防治

12.1 矿山采选过程中产生的大气污染物排放应符合 GB 9078、GB 16297、GB 20426、GB 25465、GB 25466、GB 25467、GB 25468、GB 26451、GB 28661 等国家大气污染物排放标准以及所在省（自治区、直辖市）人民政府发布实施的地方污染物排放标准。矿区环境空气质量应符合 GB 3095 标准要求。

12.2 矿山企业应采取如下措施避免或减轻大气污染：

（1）采矿清理地面植被时，禁止燃烧植被。运输剥离土的道路应洒水或采取其他措施减少粉尘。

（2）勘探、采矿及选矿作业中所用设备应配备粉尘收集或降尘设施。

（3）矿物和矿渣运输道路应硬化并洒水防尘，运输车辆应采取围挡、遮盖等措施。

（4）矿物堆场和临时料场应采取防止风蚀和扬尘措施。

（5）天然气井选点测试放喷，应远离居民区和建筑物，排出的气体要点燃焚烧。

（6）煤炭、石油、天然气开发中产生的伴生气或者其他有毒有害气体，应进行综合利用或无害化处置，确需排放的，须达到 GB 21522 等国家或地方排放标准。

13 矿山水污染防治

13.1 充分利用矿井水、选矿废水和尾矿库废水，避免或减少废水外排。矿山采选的各类废水排放应达到 GB 8978、GB 20426、GB 25465、GB 25466、GB 25467、GB 25468、GB 26451、GB 28661 等标准要求，矿区水环境质量应符合 GB 3838、GB/T 14848 标准要求；污废水处理后作为农业和渔业用水的，应符合 GB 5084、GB 11607 标准要求；实施清洁生产认证的企业废水污染物排放与废水利用率还应满足 HJ/T 294、HJ/T 358、HJ 446 等清洁生产标准的相关要求。

13.2 可能产生酸性废水的采矿废石堆场、临时料场等场地的矿山，应采取有效隔离和覆盖措施，减少降水入渗，并采用沉淀法、石灰中和法、微生物法、膜分离法等方法处理矿区酸性废水。

13.3 矿井水和露天采场内的季节性和临时性积水应在采取沉淀、过滤等措施去除污染物后重复利用。

14 沉陷区恢复治理

14.1 矿山企业应采取有效措施，避免或减少地面沉陷和地表扰动。

14.2 因地制宜采用固体材料、膏体材料、高水材料等安全无害充填材料和充填工艺技术，有效控制地表沉陷，固体、膏体（似膏体）、高水（超高水）材料的充填率应分别达到70%、85%和90%以上。

14.3 沉陷区恢复治理应综合考虑景观恢复、生态功能恢复及水土流失控制，根据沉陷区稳定性采用生态环境恢复治理措施，可按照UDC-TD相关要求恢复沉陷区的土地用途和生态功能。沉陷区稳定后两年内恢复治理率应达到60%以上；尚未稳定的沉陷区应采取有效防护措施，防止造成进一步生态破坏和环境污染。

15 矸石场恢复治理

15.1 煤矸石综合利用

在煤矸石不对土壤、地下水造成污染的前提下，通过生产建筑材料、筑路、充填（包括建筑充填、低洼地和荒地充填、矿井采空区充填）等方式充分利用煤矸石，减少露天堆放量。在平原区，煤矸石应进行综合利用或井下充填，禁止露天占地堆放。在满足相关规定条件下，可开展煤矸石发电。

15.2 煤矸石堆放

煤矸石堆放与处置应安全稳定，符合GB 18599标准要求。禁止矸石堆的有毒有害液体和废物进入河流和地下水体。堆存煤矸石时，应设计稳定的边坡角度，并分层覆土压实，防止出现自燃和爆炸。一般每层矸石堆存厚度不超过2 m，覆土厚度不低于0.5 m。

15.3 矸石场生态恢复

矸石场闭场后，应进行平整和覆土处理，依据景观相似性原则选择植物种进行绿化或景观恢复。矸石场生态恢复与利用可参照第7章相关要求执行。

16 污染场地恢复治理

16.1 污染场地的恢复应切断污染源，防止渗漏和扩散，去除污染物，恢复场地生态功能，保证安全再利用。

16.2 污染场地应采取设置屏障等措施控制污染土壤、污泥、沉积物、非水相液体和固体废物等污染物进一步迁移。

16.3 易于积水的污染场地应采用防渗膜、土工膜、土工布、GCL膨润土垫等做好防渗漏措施，根据污染场地天然基础层的地质情况分别采用天然材料衬层、复合衬层或双人工衬层作为其防渗层，必要时设置集排水系统，防止污水渗漏和扩散。

16.4 污染场地应因地制宜采用物理、化学、生物、热处理等技术进行场地修复。对于有毒有害污染物和放射性污染物处置，应符合GB 18484、GB 18597、GB 18598和GB 14500等标准要求。酸碱污染场地应采用水覆盖法、湿地法、碱性物料回填等方法进行场地修复，使修复后的土壤pH值达到5.5～8.5。场地内废矿物油的利用与处置应符合HJ 607标准要求。

16.5 污染场地恢复治理达到相关标准要求并经环保部门组织验收后，可转为农业、林业、牧业、渔业、建设等用地。

17 评估与管理

17.1 县级以上环境保护主管部门应定期组织对矿山生态环境质量状况进行监测与监督检查，并对矿山大气环境、水环境、污染物排放、植被覆盖度、生物多样性、水土流失情况、土地毁损与景观破坏等方面进行评估；根据矿山生态环境保护与恢复治理方案分阶段目标，对矿山生态环境保护与恢复治理成效进行评估。矿山生态环境保护与恢复治理方案应符合相应编制导则要求，参照 HJ 652。

17.2 恢复治理后的排土场、尾矿库、污染场地、矸石场、沉陷区、采空区等用于农业种植或养殖时，需连续进行 3 年以上农产品安全性检测与评估，达不到要求的，禁止种养殖食用农产品或能够进入食物链的农产品。

18 标准实施与监督

本标准由县级以上人民政府环境保护行政主管部门监督实施。

中华人民共和国国家环境保护标准

水泥窑协同处置固体废物环境保护技术规范

Environmental protection technical specification for co-processing of Solid wastes in cement kiln

HJ 662—2013

前 言

为贯彻《中华人民共和国环境保护法》、《中华人民共和国固体废物污染环境防治法》、《中华人民共和国大气污染防治法》、《中华人民共和国循环经济促进法》和《国务院关于落实科学发展观 加强环境保护的决定》等法律和法规，规范水泥窑协同处置固体废物的管理，防止固体废物协同处置过程及其产品对环境造成二次污染，保护生态环境和人体健康，制定本标准。

本标准规定了利用水泥窑协同处置固体废物的设施选择、设备建设和改造、操作运行以及污染控制等方面的环境保护技术要求。

本标准由环境保护部科技标准司组织制订。

本标准主要起草单位：中国环境科学研究院、中国建筑材料科学研究总院、金隅红树林环保技术有限责任公司、环境保护部环境保护对外合作中心。

本标准环境保护部 2013 年 12 月 27 日批准。

本标准自 2014 年 3 月 1 日实施。

本标准由环境保护部解释。

1 适用范围

本标准规定了利用水泥窑协同处置固体废物的设施选择、设备建设和改造、操作运行以及污染控制等方面的环境保护技术要求。

本标准适用于危险废物、生活垃圾（包括废塑料、废橡胶、废纸、废轮胎等）、城市和工业污水处理污泥、动植物加工废物、受污染土壤、应急事件废物等固体废物在水泥窑中的协同处置。

利用粉煤灰、钢渣、硫酸渣、高炉矿渣、煤矸石等一般工业固体废物作为替代原料（包括混合材料）、燃料生产的水泥产品参照本标准中第 7.2 节的规定执行。

2 规范性引用文件

本标准引用了下列文件或其中的条款。凡是未注明日期的引用文件，其最新版本适用于本标准。

GB 175 通用硅酸盐水泥

GB 4915 水泥工业大气污染物排放标准

GB 5085.1 危险废物鉴别标准 腐蚀性鉴别

GB 5085.4 危险废物鉴别标准 易燃性鉴别

GB 5085.5 危险废物鉴别标准 反应性鉴别

GB 8978 污水综合排放标准

GB 12573 水泥取样方法

GB 14554 恶臭污染物排放标准

GB 15562.2 环境保护图形标志 固体废物贮存（处置）场

GB 18597 危险废物贮存污染控制标准

GB 30485 水泥窑协同处置固体废物污染控制标准

GB 50016 建筑设计防火规范

GBZ 2.1 工业场所有害因素职业接触限值 第 1 部分：化学有害因素

GBZ 2.2 工业场所有害因素职业接触限值 第 2 部分：物理因素

HJ 421 医疗废物专用包装袋、容器和警示标志标准

HJ/T 20 工业固体废物采样制样技术规范

HJ/T 76 固定污染源排放烟气连续监测系统技术要求及检测方法

HJ/T 176 危险废物集中焚烧处置工程建设技术规范

HJ/T 177 医疗废物集中焚烧处置工程建设技术规范

HJ/T 298 危险废物鉴别技术规范

HJ/T 299 固体废物 浸出毒性浸出方法 硫酸硝酸法

AQ/T 9002 生产经营单位安全生产事故应急预案编制导则

《危险化学品安全管理条例》（中华人民共和国国务院令 第 344 号）

《危险废物经营单位编制应急预案指南》（国家环境保护总局公告 2007 年 第 48 号）

《废弃危险化学品污染环境防治办法》（国家环境保护总局令 2005 年 第 27 号）

《医疗废物集中处置技术规范（试行）》（环发[2003]206 号）

《关于加强环境应急管理工作的意见》（环发[2009]130 号）

《突发事件应急预案管理暂行办法》（环发[2010]113 号）

3 术语和定义

3.1 水泥窑协同处置 co-processing in cement kilns

将满足或经过预处理后满足入窑要求的固体废物投入水泥窑，在进行水泥熟料生产的同时实现对废物的无害化处置的过程。

3.2 固体废物 solid wastes

是指在生产、生活和其他活动中产生的丧失原有利用价值或者虽未丧失利用价值但被

抛弃或者放弃的固态、半固态和置于容器中的气态的物品、物质以及法律、行政法规规定纳入固体废物管理的物品、物质，包括液态废物（排入水体的废水除外）。

3.3 危险废物 hazardous wastes

列入国家危险废物名录或者根据国家规定的危险废物鉴别标准和鉴别方法认定的具有腐蚀性、毒性、易燃性、反应性和感染性等一种或一种以上危险特性，以及不排除具有以上危险特性的固体废物。

3.4 应急事件废物 emergency wastes

指由于污染事故、安全事故、重大灾害等事件以及环境保护专项行动中集中产生的固体废物。

3.5 不明性质废物 unknown wastes

指无法通过废物本身所附信息、废物产生源信息等常规渠道获得废物性质信息的废物。

3.6 新型干法水泥窑 new dry process cement kiln

指在窑尾配加了悬浮预热器和分解炉的回转式水泥窑。

3.7 窑磨一体机模式 compound mode

指把水泥窑废气引入物料粉磨系统，利用废气余热烘干物料，窑和磨排出的废气在同一套除尘设备进行处理的窑磨联合运行的模式。

3.8 窑尾余热利用系统 waste heat utilization system of kiln exhaust gas

引入水泥窑尾废气，利用废气余热进行物料干燥、发电等，并对余热利用后的废气进行净化处理的系统。

3.9 预处理 pretreatment

指为了满足水泥窑协同处置要求，对废物进行干燥、破碎、筛分、中和、搅拌、混合、配伍等前期处理的过程。

3.10 投加量（FM）feeding amount

指协同处置过程中，每生产单位质量的熟料或水泥时，某种元素或成分的投加质量（单位：mg/kg-cli 或 mg/kg-cem）。

3.11 投加速率（FR）feeding rate

指协同处置过程中，单位时间内某种元素或成分的投加质量（单位：mg/h）。

3.12 焚毁去除率（DRE）destruction and removal efficiency

指投入窑中的特征有机化合物与残留在排放烟气中的该化合物质量之差，占投入窑中该化合物质量的百分比。DRE 的表达式如下：

$$\text{DRE} = \frac{W_{\text{in}} - W_{\text{g}}}{W_{\text{in}}} \times 100\%$$

式中：W_{in}——单位时间内投入窑中的特征有机化合物的总量，kg/h；

W_{g}——单位时间内随烟气排出的该化合物的总量，kg/h。

3.13 有机标识物 organic marker

指在测试水泥窑对有机化合物的焚毁去除率的试验中向水泥窑内加入的难降解的特征有机化合物。

3.14 标准状态 standard state

指温度为 273 K，压力为 101 325 Pa 时的状态。本标准规定的大气污染物排放浓度均指标准状态下 O_2 含量 10%的干烟气中的数值。

4 协同处置设施技术要求

4.1 水泥窑

4.1.1 满足以下条件的水泥窑可用于协同处置固体废物：

a）窑型为新型干法水泥窑。

b）单线设计熟料生产规模不小于 2 000 t/d。

c）对于改造利用原有设施协同处置固体废物的水泥窑，在改造之前原有设施应连续两年达到 GB 4915 的要求。

4.1.2 用于协同处置固体废物的水泥窑应具备以下功能：

a）采用窑磨一体机模式。

b）配备在线监测设备，保证运行工况的稳定：包括窑头烟气温度、压力；窑表面温度；窑尾烟气温度、压力、O_2 浓度；分解炉或最低一级旋风筒出口烟气温度、压力、O_2 浓度；顶级旋风筒出口烟气温度、压力、O_2、CO 浓度。

c）水泥窑及窑尾余热利用系统采用高效布袋除尘器作为烟气除尘设施，保证排放烟气中颗粒物浓度满足 GB 30485 的要求。水泥窑及窑尾余热利用系统排气筒配备粉尘、NO_x、SO_2 浓度在线监测设备，连续监测装置需满足 HJ/T 76 的要求，并与当地监控中心联网，保证污染物排放达标。

d）配备窑灰返窑装置，将除尘器等烟气处理装置收集的窑灰返回送往生料入窑系统。

4.1.3 用于协同处置固体废物的水泥生产设施所在位置应该满足以下条件：

a）符合城市总体发展规划、城市工业发展规划要求。

b）所在区域无洪水、潮水或内涝威胁。设施所在标高应位于重现期不小于 100 年一遇的洪水位之上，并建设在现有和各类规划中的水库等人工蓄水设施的淹没区和保护区之外。

c）协同处置危险废物的设施，经当地环境保护行政主管部门批准的环境影响评价结论确认与居民区、商业区、学校、医院等环境敏感区的距离满足环境保护的需要。

d）协同处置危险废物的，其运输路线应不经过居民区、商业区、学校、医院等环境敏感区。

4.2 固体废物投加设施

4.2.1 固体废物投加设施应该满足以下条件：

a）能实现自动进料，并配置可调节投加速率的计量装置实现定量投料。

b）固体废物输送装置和投加口应保持密闭，固体废物投加口应具有防回火功能。

c）保持进料通畅以防止固体废物搭桥堵塞。

d）配置可实时显示固体废物投加状况的在线监视系统。

e）具有自动联机停机功能，当水泥窑或烟气处理设施因故障停止运转，或者当窑内温度、压力、窑转速、烟气中氧含量等运行参数偏离设定值时，或者烟气排放超过标准设定值时，可自动停止固体废物投加。

f）处理腐蚀性废物时，投加和输送装置应采用防腐材料。

4.2.2 固体废物在水泥窑中投加位置应根据固体废物特性从以下三处选择（参见附录 A）：

a）窑头高温段，包括主燃烧器投加点和窑门罩投加点。

b）窑尾高温段，包括分解炉、窑尾烟室和上升烟道投加点。

c）生料配料系统（生料磨）。

4.2.3 不同位置的投加设施应满足以下特殊要求：

a）生料磨投加可借用常规生料投料设施。

b）主燃烧器投加设施应采用多通道燃烧器，并配备泵力或气力输送装置；窑门罩投加设施应配备泵力输送装置，并在窑门罩的适当位置开设投料口。

c）窑尾投加设施应配备泵力、气力或机械传输带输送装置，并在窑尾烟室、上升烟道或分解炉的适当位置开设投料口；可对分解炉燃烧器的气固相通道进行适当改造，使之适合液态或小颗粒状废物的输送和投加。

4.3 固体废物贮存设施

4.3.1 固体废物贮存设施应专门建设，以保证固体废物不与水泥生产原料、燃料和产品混合贮存。

4.3.2 固体废物贮存设施内应专门设置不明性质废物暂存区。不明性质废物暂存区应与其他固体废物贮存区隔离，并设有专门的存取通道。

4.3.3 固体废物贮存设施应符合 GB 50016 等相关消防规范的要求。与水泥窑窑体、分解炉和预热器保持一定的安全距离；贮存设施内应张贴严禁烟火的明显标识；应根据固体废物特性、贮存和卸载区条件配置相应的消防警报设备和灭火药剂；贮存设施中的电子设备应接地，并装备抗静电设备；应设置防爆通讯设备并保持通畅完好。

4.3.4 危险废物贮存设施的设计、安全防护、污染防治等应满足 GB 18597 和 HJ/T 176 中的相关要求；危险废物贮存区应标有明确的安全警告和清晰的撤离路线；危险废物贮存区及附近应配备紧急人体清洗冲淋设施，并标明用途。

4.3.5 生活垃圾和城市污水处理厂污泥的贮存设施应有良好的防渗性能并设置污水收集装置；贮存设施应采用封闭措施，保证其中有生活垃圾或污泥存放时处于负压状态；贮存设施内抽取的空气应导入水泥窑高温区焚烧处理，或经过其他处理措施达标后排放。

4.3.6 除第 4.3.4 条和第 4.3.5 条规定之外的其他固体废物贮存设施应有良好的防渗性能，以及必要的防雨、防尘功能。

4.4 固体废物预处理设施

4.4.1 固体废物的破碎、研磨、混合搅拌等预处理设施有较好的密闭性，并保证与操作人员隔离；含挥发性和半挥发性有毒有害成分的固体废物的预处理设施应布置在室内车间，车间内应设置通风换气装置，排出气体应通过处理后排放或导入水泥窑高温区焚烧。

4.4.2 预处理设施所用材料需适应固体废物特性以确保不被腐蚀，并不与固体废物发生任何反应。

4.4.3 预处理设施应符合 GB 50016 等相关消防规范的要求。区域内应配备防火防爆装置，灭火用水储量大于 50 m^3；配备防爆通讯设备并保持通畅完好。对易燃性固体废物进行预处理的破碎仓和混合搅拌仓，为防止发生火灾爆炸等事故，应优先配备氮气充入装置。

4.4.4 危险废物预处理区域及附近应配备紧急人体清洗冲淋设施，并标明用途。

4.4.5 应根据固体废物特性及入窑要求，确定预处理工艺流程和预处理设施：

a）从配料系统入窑的固态废物，其预处理设施应具有破碎和配料的功能；也可根据需要配备烘干等装置。

b）从窑尾入窑的固态废物，其预处理设施应具有破碎和混合搅拌的功能；也可根据需要配备分选和筛分等装置。

c）从窑头入窑的固态废物，其预处理设施应具有破碎、分选和精筛的功能。

d）液态废物，其预处理设施应具有混合搅拌功能，若液态废物中有较大的颗粒物，可在混合搅拌系统内配加研磨装置；也可根据需要配备沉淀、中和、过滤等装置。

e）半固态（浆状）废物，其预处理设施应具有混合搅拌的功能；也可根据需要配备破碎、筛分、分选、高速研磨等装置。

4.5 固体废物厂内输送设施

4.5.1 在固体废物装卸场所、贮存场所、预处理区域、投加区域等各个区域之间，应根据固体废物特性和设施要求配备必要的输送设备。

4.5.2 固体废物的物流出入口以及转运、输送路线应远离办公和生活服务设施。

4.5.3 输送设备所用材料应适应固体废物特性，确保不被腐蚀和不与固体废物发生任何反应。

4.5.4 管道输送设备应保持良好的密闭性能，防止固体废物的滴漏和溢出。

4.5.5 非密闭输送设备（如传送带、抓料斗等）应采取防护措施（如加设防护罩），防止粉尘飘散。

4.5.6 移动式输送设备，应采取措施防止粉尘飘散和固体废物遗撒。

4.5.7 厂内输送危险废物的管道、传送带应在显眼处标有安全警告信息。

4.6 分析化验室

4.6.1 从事固体废物协同处置的企业，应在原有水泥生产分析化验室的基础上，增加必要的固体废物分析化验设备。

4.6.2 分析化验室应具备以下检测能力：

a）具备 HJ/T 20 要求的采样制样能力、工具和仪器。

b）所协同处置的固体废物、水泥生产原料中汞（Hg）、镉（Cd）、铊（Tl）、砷（As）、镍（Ni）、铅（Pb）、铬（Cr）、锡（Sn）、锑（Sb）、铜（Cu）、锰（Mn）、铍（Be）、锌（Zn）、钒（V）、钴（Co）、钼（Mo）、氟（F）、氯（Cl）和硫（S）的分析。

c）相容性测试，一般需要配备黏度仪、搅拌仪、温度计、压力计、pH 计、反应气体收集装置等。

d）满足 GB 5085.1 要求的腐蚀性检测；满足 GB 5085.4 要求的易燃性检测；满足 GB 5085.5 要求的反应性检测。

e）满足 GB 4915 和 GB 30485 监测要求的烟气污染物检测。

f）满足其他相关标准中要求的水泥产品环境安全性检测。

4.6.3 分析化验室应设有样品保存库，用于贮存备份样品；样品保存库应可以确保危险固体废物样品贮存 2 年而不使固体废物性质发生变化，并满足相应的消防要求。

4.6.4 本标准第 4.6.2 条 a）、b）以及 c）款为企业必须具备的条件，其他分析项目如果不具备条件，可经当地环保部门许可后委托有资质的分析监测机构进行采样分析监测。

5 固体废物特性要求

5.1 禁止进入水泥窑协同处置的废物

禁止在水泥窑中协同处置以下废物：

a）放射性废物。

b）爆炸物及反应性废物。

c）未经拆解的废电池、废家用电器和电子产品。

d）含汞的温度计、血压计、荧光灯管和开关。

e）铬渣。

f）未知特性和未经鉴定的废物。

5.2 入窑协同处置的固体废物特性要求

5.2.1 入窑固体废物应具有稳定的化学组成和物理特性，其化学组成、理化性质等不应对水泥生产过程和水泥产品质量产生不利影响。

5.2.2 入窑固体废物中如含有表 1 中所列重金属成分，其含量应该满足本标准第 6.6.7 条的要求。

5.2.3 入窑固体废物中氯（Cl）和氟（F）元素的含量不应对水泥生产和水泥产品质量造成不利影响，其含量应该满足本标准第 6.6.8 条的要求。

5.2.4 入窑固体废物中硫（S）元素含量应满足本标准第 6.6.9 条的要求。

5.2.5 具有腐蚀性的固体废物，应经过预处理降低废物腐蚀性或对设施进行防腐性改造，确保不对设施造成腐蚀后方可进行协同处置。

5.3 替代混合材的废物特性要求

5.3.1 作为替代混合材的固体废物应该满足国家或者行业有关标准，并且不对水泥质量产生不利影响。

5.3.2 下列废物不能作为混合材原料：

a）危险废物；

b）有机废物。

国家法律法规另有规定的除外。

6 协同处置运行操作技术要求

6.1 固体废物的准入评估

6.1.1 为保证协同处置过程不影响水泥生产过程和操作运行安全，确保烟气排放达标，在协同处置企业与固体废物产生企业签订协同处置合同及固体废物运输到协同处置企业之前，应对拟协同处置的固体废物进行取样及特性分析。

6.1.2 在对拟协同处置的固体废物进行取样和特性分析前，应该对固体废物产生过程进行调查分析，在此基础上制订取样分析方案；样品采集完成后，针对本标准第 5 章要求的项目以及确保运输、贮存和协同处置全过程安全、水泥生产安全、烟气排放和水泥产品质量满足标准所要求的项目，开展分析测试。固体废物特性经双方确认后在协同处置合同中注明。取样频率和取样方法应参照 HJ/T 20 和 HJ/T 298 的要求执行。

6.1.3 在完成样品分析测试以后，根据下列要求对固体废物是否可以进厂协同处置进行判断：

a）该类固体废物不属于禁止进入水泥窑协同处置的废物类别，危险废物类别符合危险废物经营许可证规定的类别要求，满足国家和当地的相关法律和法规；

b）协同处置企业具有协同处置该类固体废物的能力，协同处置过程中的人员健康和环境安全风险能够得到有效控制；

c）该类固体废物的协同处置不会对水泥的稳定生产、烟气排放、水泥产品质量产生不利影响。

6.1.4　对于同一产废单位同一生产工艺产生的不同批次固体废物，在生产工艺操作参数未改变的前提下，可以仅对首批次固体废物进行采样分析，其后产生的固体废物采样分析在第 6.3 节制订处置方案时进行。

6.1.5　对入厂前固体废物采集分析的样品，经双方确认后封装保存，用于事故和纠纷的调查。备份样品应该保存到停止协同处置该种固体废物之后。如果在保存期间备份样品的特性发生变化，应更换备份样品，保证备份样品特性与所协同处置固体废物特性一致。

6.2　固体废物的接收与分析

6.2.1　入厂时固体废物的检查：

a）在固体废物进入协同处置企业时，首先通过表观和气味，初步判断入厂固体废物是否与签订的合同标注的固体废物类别一致，并对固体废物进行称重，确认符合签订的合同。

b）对于危险废物，还应进行下列各项的检查：

1）检查危险废物标签是否符合要求，所标注内容应与《危险废物转移联单》和签订的合同一致。

2）通过表观和气味初步判断的危险废物类别是否与《危险废物转移联单》一致。

3）对危险废物进行称重的重量是否与《危险废物转移联单》一致。

4）检查危险废物包装是否符合要求，应无破损和泄漏现象。

5）必要时，进行放射性检验。

在完成上述检查并确认符合各项要求时，固体废物方可进入贮存库或预处理车间。

c）按照第 6.2.1 条 a）、b）款的规定进行检查后，如果拟入厂固体废物与转移联单或所签订合同的标注的废物类别不一致，或者危险废物包装发生破损或泄漏，应立即与固体废物产生单位、运输单位和运输责任人联系，共同进行现场判断。拟入厂危险废物与《危险废物转移联单》不一致时还应及时向当地环境保护行政主管部门报告。

如果在协同处置企业现有条件下可以进行协同处置，并确保在固体废物分析、贮存、运输、预处理和协同处置过程中不会对生产安全和环境保护产生不利影响，可以进入协同处置企业贮存库或者预处理车间，经特性分析鉴别后按照常规程序进行协同处置。

如果无法确定废物特性，将该批次废物作为不明性质废物，按照第 9.3 节规定处理。

如果确定协同处置企业无法处置该批次固体废物，应立即向当地环境保护行政主管部门报告，并退回到固体废物产生单位，或送至有关主管部门指定的专业处置单位。必要时应通知当地安全生产行政主管部门和公安部门。

6.2.2　入厂后固体废物的检验：

a）固体废物入厂后应及时进行取样分析，以判断固体废物特性是否与合同注明的固体废物特性一致。如果发现固体废物特性与合同注明的固体废物特性不一致，应参照第6.2.1条c）款的规定进行处理。

b）协同处置企业应对各个产废单位的相关信息进行定期的统计分析，评估其管理的能力和固体废物的稳定性，并根据评估情况适当减少检验频次。

6.2.3 制订协同处置方案：

a）以固体废物入厂后的分析检测结果为依据，制订固体废物协同处置方案。固体废物协同处置方案应包括固体废物贮存、输送、预处理和入窑协同处置技术流程、配伍和技术参数，以及安全风险和相应的安全操作提示。

b）制订协同处置方案时应注意以下关键环节：

1）按固体废物特性进行分类，不同固体废物在预处理的混合、搅拌过程中，确保不发生导致急剧增温、爆炸、燃烧的化学反应，不产生有害气体，禁止将不相容的固体废物进行混合。

2）固体废物及其混合物在贮存、厂内运输、预处理和入窑焚烧过程中不对所接触材料造成腐蚀破坏。

3）入窑固体废物中有害物质的含量和投加速率满足本标准相关要求，防止对水泥生产和水泥质量造成不利影响。

c）在制订协同处置方案的过程中，如果无法确认是否可以满足第6.2.3条b）款的要求，应通过相容性测试确认。

6.2.4 固体废物入厂检查和检验结果应该记录备案，与固体废物协同处置方案共同入档保存。入厂检查和检验结果记录及固体废物协同处置方案的保存时间不应低于3年。

6.3 固体废物贮存的技术要求

6.3.1 固体废物应与水泥厂常规原料、燃料和产品分开贮存，禁止共用同一贮存设施。

6.3.2 在液态废物贮存区应设置足够数量的砂土等吸附物质，以用于液态废物泄漏后阻止其向外溢出。吸附危险废物后的吸附物质应作为危险废物进行管理和处置。

6.3.3 危险废物贮存设施的操作运行和管理应满足GB 18597和HJ/T 176中的相关要求。

6.3.4 不明性质废物在水泥厂内的暂存时间不得超过1周。

6.4 固体废物预处理的技术要求

6.4.1 应根据入厂固体废物的特性和入窑固体废物的要求，按照固体废物协同处置方案，对固体废物进行破碎、筛分、分选、中和、沉淀、干燥、配伍、混合、搅拌、均质等预处理。

6.4.2 预处理后的固体废物应该具备以下特性：

a）满足本标准第5章要求。

b）理化性质均匀，保证水泥窑运行工况的连续稳定。

c）满足协同处置水泥企业已有设施进行输送、投加的要求。

6.4.3 应采取措施，保证预处理操作区域的环境质量满足GBZ 2.1、GBZ 2.2的要求。

6.4.4 应及时更换预处理区域内的过期消防器材和消防材料，以保证消防器材和消防材料的有效性。

6.4.5 预处理区应设置足够数量的砂土或碎木屑，以用于液态废物泄漏后阻止其向外的溢出。

6.4.6 危险废物预处理产生的各种废物均应作为危险废物进行管理和处置。

6.5 固体废物厂内输送的技术要求

6.5.1 在进行固体废物的厂内输送时，应采取必要的措施防止固体废物的扬尘、溢出和泄漏。

6.5.2 固体废物运输车辆应定期进行清洗。

6.5.3 采用车辆在厂内运输危险废物时，应按照运输车辆的专用路线行驶。

6.5.4 厂内危险废物输送设施管理、维护产生的各种废物均应作为危险废物进行管理和处置。

6.6 固体废物投加的技术要求

6.6.1 根据固体废物的特性和进料装置的要求和投加口的工况特点，选择适当的固体废物投加位置。

6.6.2 固体废物投加时应保证窑系统工况的稳定。

6.6.3 在主燃烧器投加的技术要求：

a）具有以下特性的固体废物宜在主燃烧器投加：

1）液态或易于气力输送的粉状废物；

2）含 POPs 物质或高氯、高毒、难降解有机物质的废物；

3）热值高、含水率低的有机废液。

b）在主燃烧器投加固体废物操作中应满足以下条件：

1）通过泵力输送投加的液态废物不应含有沉淀物，以免堵塞燃烧器喷嘴；

2）通过气力输送投加的粉状废物，从多通道燃烧器的不同通道喷入窑内，若废物灰分含量高，尽可能喷入更远的距离，尽量达到固相反应带。

6.6.4 在窑门罩投加的技术要求：

a）窑门罩宜投加不适于在窑头主燃烧器投加的液体废物，如各种低热值液态废物。

b）在窑门罩投加固态废物时应采用特殊设计的投加设施。投加时应确保将固态废物投至固相反应带，确保废物反应完全。

c）在窑门罩投加的液态废物应通过泵力输送至窑门罩喷入窑内。

6.6.5 在窑尾投加的技术要求：

a）含 POPs 物质和高氯、高毒、难降解有机物质的固体废物优先从窑头投加。若受物理特性限制需要从窑尾投加时，优先选择从窑尾烟室投加点。

b）含水率高或块状废物应优先选择从窑尾烟室投入。

c）在窑尾投加的液态、浆状废物应通过泵力输送，粉状废物应通过密闭的机械传送装置或气力输送，大块状废物应通过机械传送装置输送。

6.6.6 在生料磨只能投加不含有机物和挥发半挥发性重金属的固态废物。

6.6.7 入窑物料（包括常规原料、燃料和固体废物）中重金属的最大允许投加量不应大于表 1 所列限值，对于单位为 mg/kg-cem 的重金属，最大允许投加量还包括磨制水泥时由混合材带入的重金属。

入窑重金属投加量与固体废物、常规燃料、常规原料中重金属含量以及重金属投加速率的关系如式（1）和式（2）所示。

$$\mathrm{FM}_{\text{hm-cli}} = \frac{C_w \times m_w + C_f \times m_f + C_r \times m_r}{m_{\text{cli}}} \tag{1}$$

$$\mathrm{FR}_{\text{hm-cli}} = \mathrm{FM}_{\text{hm-cli}} \times m_{\text{cli}} = C_w \times m_w + C_f \times m_f + C_r \times m_r \tag{2}$$

式中：$\mathrm{FM}_{\text{hm-cli}}$——重金属的单位熟料投加量，即入窑重金属的投加量，不包括由混合材带入的重金属，mg/kg-cli；

C_w、C_f和C_r——分别为固体废物、常规燃料和常规原料中的重金属含量，mg/kg；

m_w、m_f和m_r——分别为单位时间内固体废物、常规燃料和常规原料的投加量，kg/h；

m_{cli}——单位时间的熟料产量，kg/h；

$\mathrm{FR}_{\text{hm-cli}}$——入窑重金属的投加速率，不包括由混合材带入的重金属，mg/h。

表 1　重金属最大允许投加量限值

重金属	单位	重金属的最大允许投加量
汞（Hg）	mg/kg-cli	0.23
铊+镉+铅+15×砷（Tl+Cd+Pb+15×As）		230
铍+铬+10×锡+50×锑+铜+锰+镍+钒（Be+Cr+10Sn+50Sb+Cu+Mn+Ni+V）		1 150
总铬（Cr）	mg/kg-cem	320
六价铬（Cr^{6+}）		10 [a]
锌（Zn）		37 760
锰（Mn）		3 350
镍（Ni）		640
钼（Mo）		310
砷（As）		4 280
镉（Cd）		40
铅（Pb）		1 590
铜（Cu）		7 920
汞（Hg）		4 [b]

a 计入窑物料中的总铬和混合材中的六价铬。

b 仅计入混合材中的汞。

对于表 1 中单位为 mg/kg-cem 的重金属，重金属投加量和投加速率的计算如式（3）和式（4）所示。

$$\mathrm{FM}_{\text{hm-ce}} = \frac{C_w \times m_w + C_f \times m_f + C_r \times m_r}{m_{\text{cli}}} \times R_{\text{cli}} + C_{\text{mi}} \times R_{\text{mi}} \tag{3}$$

$$\begin{aligned}\mathrm{FR}_{\text{hm-ce}} &= \mathrm{FM}_{\text{hm-ce}} \times m_{\text{cli}} \times \frac{R_{\text{mi}} + R_{\text{cli}}}{R_{\text{cli}}} = C_w \times m_w + C_f \times m_f + C_r \times m_r + C_{\text{mi}} \times m_{\text{cli}} \times \frac{R_{\text{mi}}}{R_{\text{cli}}} \\ &= \mathrm{FM}_{\text{hm-cli}} \times m_{\text{cli}} + C_{\text{mi}} \times m_{\text{cli}} \times \frac{R_{\text{mi}}}{R_{\text{cli}}}\end{aligned} \tag{4}$$

式中：$\mathrm{FM}_{\text{hm-ce}}$——重金属的单位水泥投加量，包括由混合材带入的重金属，mg/kg-cem；

C_w、C_f、C_r 和 C_{mi}——分别为固体废物、常规燃料、常规原料和混合材中的重金属含量，mg/kg；

m_w、m_f和m_r——分别为单位时间内固体废物、常规燃料和常规原料的投加量，kg/h；

m_{cli}——单位时间的熟料产量，kg/h；

R_{cli} 和 R_{mi}——分别为水泥中熟料和混合材的百分比，%；

$FR_{hm\text{-}ce}$——重金属的投加速率，包括由混合材带入的重金属，mg/h；

$FR_{hm\text{-}cli}$——入窑重金属的投加速率，不包括由混合材带入的重金属，mg/h。

6.6.8　协同处置企业应根据水泥生产工艺特点，控制随物料入窑的氯（Cl）和氟（F）元素的投加量，以保证水泥的正常生产和熟料质量符合国家标准。入窑物料中氟元素含量不应大于 0.5%，氯元素含量不应大于 0.04%。

入窑物料中 F 元素或 Cl 元素含量的计算如式（5）所示。

$$C=\frac{C_w\times m_w+C_f\times m_f+C_r\times m_r}{m_w+m_f+m_r} \tag{5}$$

式中：C——入窑物料中 F 元素或 Cl 元素的含量，%；

C_w、C_f 和 C_r——分别为固体废物、常规燃料和常规原料中的 F 元素或 Cl 元素含量，%；

m_w、m_f 和 m_r——分别为单位时间内固体废物、常规燃料和常规原料的投加量，kg/h。

6.6.9　协同处置企业应控制物料中硫元素的投加量。通过配料系统投加的物料中硫化物硫与有机硫总含量不应大于 0.014%；从窑头、窑尾高温区投加的全硫与配料系统投加的硫酸盐硫总投加量不应大于 3 000 mg/kg-cli。

从配料系统投加的物料中硫化物 S 和有机 S 总含量的计算如式（6）所示。

$$C=\frac{C_w\times m_w+C_r\times m_r}{m_w+m_r} \tag{6}$$

式中：C——从配料系统投加的物料中硫化物 S 和有机 S 总含量，%；

C_w 和 C_r——分别为从配料系统投加的固体废物和常规原料中的硫化物 S 和有机 S 总含量，%；

m_w 和 m_r——分别为单位时间内固体废物和常规原料的投加量，kg/h。

从窑头、窑尾高温区投加的全 S 与配料系统投加的硫酸盐 S 总投加量的计算如式（7）所示。

$$FM_S=\frac{C_{w1}\times m_{w1}+C_{w2}\times m_{w2}+C_f\times m_f+C_r\times m_r}{m_{cli}} \tag{7}$$

式中：FM_S——从窑头、窑尾高温区投加的全硫与配料系统投加的硫酸盐硫总投加量，mg/kg-cli；

C_{w1} 和 C_f——分别为从高温区投加的固体废物和常规燃料中的全硫含量，%；

C_{w2} 和 C_r——分别为从配料系统投加的固体废物和常规原料中的硫酸盐 S 含量，%；

m_{w1}、m_{w2}、m_f 和 m_r——分别为单位时间内从高温区投加的固体废物、从配料系统投加的固体废物、常规燃料和常规原料的投加量，kg/h；

m_{cli}——单位时间的熟料产量，kg/h。

7 协同处置污染物排放控制要求

7.1　窑灰排放和旁路放风控制

7.1.1　为避免外循环过程中挥发性元素（Hg、Tl）在窑内的过度累积，协同处置水泥企业在发现排放烟气中 Hg 或 Tl 浓度过高时宜将除尘器收集的窑灰中的一部分排出水泥窑循环系统。

7.1.2 为避免内循环过程中挥发性元素和物质（Pb、Cd、As 和碱金属氯化物、碱金属硫酸盐等）在窑内的过度积累，协同处置企业可定期进行旁路放风。

7.1.3 未经处置的从水泥窑循环系统排出的窑灰和旁路放风收集的粉尘不得再返回水泥窑生产熟料。

7.1.4 从水泥窑循环系统排出的窑灰和旁路放风收集的粉尘若采用直接掺加入水泥熟料的处置方式，应严格控制其掺加比例，确保水泥产品中的氯、碱、硫含量满足要求，水泥产品环境安全性满足相关标准的要求。

7.1.5 水泥窑旁路放风排气筒大气污染物排放限值按照 GB 30485 的要求执行。

7.2 水泥产品环境安全性控制

7.2.1 生产的水泥产品质量应满足 GB 175 的要求。

7.2.2 协同处置固体废物的水泥窑生产的水泥产品中污染物的浸出应满足国家相关标准。

7.2.3 协同处置固体废物的水泥窑生产的水泥产品的检测按照国家相关标准中的规定执行。

7.3 烟气排放控制

7.3.1 水泥窑协同处置固体废物的排放烟气应满足 GB 30485 的要求。

7.3.2 按照 GB 30485 的要求对协同处置固体废物水泥窑排放烟气进行监测。

7.3.3 水泥窑及窑尾余热利用系统排气筒总有机碳（TOC）因协同处置固体废物增加的浓度应满足 GB 30485 的要求。

TOC 因协同处置固体废物增加的浓度的测定步骤如下：①测定水泥窑未协同处置固体废物时的 TOC 背景排放浓度；②测定水泥窑协同处置固体废物时的 TOC 排放浓度；③水泥窑协同处置固体废物时的 TOC 排放浓度与未协同处置固体废物时的 TOC 背景排放浓度之差即为 TOC 因协同处置固体废物增加的浓度。其中，当水泥生产原料来源未改变时，未协同处置固体废物时的 TOC 背景排放浓度可采用前次测定的数值。

7.4 废水排放控制

7.4.1 固体废物贮存和预处理设施以及固体废物运输车辆清洗产生的废水应经收集后按照 GB 30485 的要求进行处理。

7.4.2 危险废物预处理设施和危险废物运输车辆清洗产生的废水处理污泥应作为危险废物进行管理和处置。

7.5 其他污染物排放控制

7.5.1 固体废物贮存、预处理等设施产生的废气应导入水泥窑高温区焚烧；或经过处理达到 GB 14554 规定的限值后排放。

7.5.2 协同处置固体废物的水泥生产企业厂界恶臭污染物限值应按照 GB 14554 执行。

8 协同处置危险废物设施性能测试试烧）要求

8.1 性能测试内容

8.1.1 协同处置企业在首次开展危险废物协同处置之前，应对协同处置设施进行性能测试以检验和评价水泥窑在协同处置危险废物的过程中对有机化合物的焚毁去除能力以及对污染物排放的控制效果。

性能测试包括未投加废物的空白测试和投加危险废物的试烧测试。

8.1.2 空白测试工况为未投加危险废物进行正常水泥生产时的工况，并采用窑磨一体机模式。

8.1.3 进行试烧测试时，应选择危险废物协同处置时的设计工况作为测试工况，采用窑磨一体机模式，按照危险废物设计的最大投加速率稳定投加危险废物，持续时间不小于 12 h。

8.1.4 试烧测试时，应根据投加危险废物的特性和第 8.1.5 条的要求在危险废物中选择适当的有机标识物；如果试烧的危险废物不含有机标识物或其含量不能满足第 8.1.7 条的要求，需要外加有机标识物的化学品来进行试烧测试。

8.1.5 应根据以下原则选择有机标识物：

（1）可以与排放烟气中的有机物有效区分；

（2）具有较高的热稳定性和难降解等化学稳定性。

可以选择的有机标识物包括六氟化硫（SF_6）、二氯苯、三氯苯、四氯苯和氯代甲烷。

8.1.6 在试烧测试时，含有机标识物的危险废物应分别在窑头和窑尾进行投加。若只选择上述两投加点之一进行性能测试，则在实际协同处置运行时，危险废物禁止从未经性能测试的投加点投入水泥窑。

8.1.7 有机标识物的投加速率应满足式（8）的要求。

$$\mathrm{FR}_{\mathrm{tr}} \geqslant \mathrm{DL}_{\mathrm{tr}} \times V_{\mathrm{g}} \times 10^{-6} \tag{8}$$

式中：$\mathrm{FR}_{\mathrm{tr}}$——有机标识物的投加速率，kg/h；

$\mathrm{DL}_{\mathrm{tr}}$——试烧测试时所采用的采样分析仪器对该有机标识物的检出限（标态），ng/m^3；

V_{g}——试烧测试时，单位时间内的烟气产生量（标态），m^3/h。

8.1.8 进行空白测试和试烧测试时，应按照 GB 30485 的要求进行烟气排放检测。进行试烧测试时，还应进行烟气中有机标识物的检测。

8.1.9 试烧测试时，开始烟气采样的时间应在含有机标识物的危险废物稳定投加至少 4 h 后进行。

8.2 性能测试结果合格的判定依据

如果性能测试结果符合以下条件，可以认为性能测试合格：

（1）空白测试和试烧测试过程的烟气污染物排放浓度均满足 GB 30485 的要求。

（2）水泥窑及窑尾余热利用系统排气筒总有机碳（TOC）因协同处置固体废物增加的浓度满足 GB 30485 的要求。

（3）有机标识物的焚毁率（DRE）不小于 99.999 9%，以连续 3 次测定结果的算术平均值作为判断依据。焚毁率（DRE）计算方法见式（9）。

$$\mathrm{DRE}_{\mathrm{tr}} = \left(1 - \frac{C_{\mathrm{tr}} \times V_{\mathrm{g}}}{\mathrm{FR}_{\mathrm{tr}} \times 10^{12}}\right) \times 100\% \tag{9}$$

式中：$\mathrm{DRE}_{\mathrm{tr}}$——有机标识物的焚毁去除率，%；

C_{tr}——排放烟气中有机标识物的浓度（标态），ng/m^3；

V_g——单位时间内的烟气体积流量（标态），m^3/h；

FR_{tr}——有机标识物的投加速率，kg/h。

9 特殊废物协同处置技术要求

9.1 医疗废物

9.1.1 医疗废物在水泥窑中协同处置，除应满足本标准上述要求外，还应满足本节的特殊要求。

9.1.2 医疗废物的接收、贮存、输送和投加应该在专用隔离区内进行，不得与其他废物进行混合处理。

9.1.3 禁止在水泥窑中协同处置《医疗废物分类目录》中的易爆和含汞化学性废物。

9.1.4 医疗废物在入窑前禁止破碎等预处理，应与初级包装（包装袋和利器盒）一同直接入窑。

9.1.5 医疗废物的投加点优先选择窑尾烟室；投加装置和投加口应与医疗废物的包装尺寸相配备，不得损坏包装；投加口应配置保持气密性的装置，可采用双层折板门控制。

9.1.6 医疗废物的收集、运输、贮存和投加设施建设和运行应执行 HJ/T 177、HJ 421 和《医疗废物集中处置技术规范（试行）》的相关要求。清洗污水除了可按照上述规范中的要求进行处理外，也可收集导入水泥窑高温区。

9.2 应急事件废物

9.2.1 协同处置应急事件废物应经当地省级环境保护行政主管部门的批准并接受其技术指导。

9.2.2 在对应急事件废物进行协同处置之前，应该根据废物产生源特性对废物进行必要的检测，确定废物特性后按照本标准要求确定协同处置方案。

9.2.3 如果应急事件废物难以确定特性，应将该废物作为不明性质废物，按照第 9.3 节规定处理。

9.2.4 应优先选择具有危险废物经营许可证的水泥窑设施对应急事件废物进行协同处置。如果受条件限制，经当地省级环境保护行政主管部门批准，可选择不具有危险废物经营许可证的水泥窑设施，该设施及相应的协同处置过程应满足本标准危险废物协同处置的相关要求，但第 4.1.1 条 b 款、第 10.1 条除外。

9.2.5 如果预计协同处置时间不超过 3 个月，可以不经性能测试直接进行协同处置。如果预计协同处置时间超过 3 个月，则应按照协同处置方案确定的工况参数进行性能测试。性能测试时的试烧废物可采用拟协同处置的应急事件废物，有机标识物及其投加不受第 8.1.4、8.1.5、8.1.7 条的限制。标识物可采用废物本身含有物质，按照设计的废物投加速率和废物本身含量投加。其他性能测试要求按照本标准第 8 章的相关规定执行。

9.2.6 如果应急事件废物的协同处置时间超过 1 年，则不适用第 9.2.4 条和第 9.2.5 条的特殊规定，按常规危险废物协同处置的相关要求进行管理。

9.3 不明性质废物

9.3.1 在接收不明性质废物后，应立即报告当地环境保护行政主管部门，必要时应报告当地安全生产行政主管部门和公安部门。

9.3.2 在确认不明性质废物不具有爆炸性后，可采取常规分析方法取样分析，确认废物性质后按照本标准的相关要求进行协同处置。

9.3.3 如果不明性质废物可能具有爆炸性，或者无法判断不明性质废物是否具有爆炸性，或者协同处置企业不具有对不明性质废物进行取样分析的能力，则不予接收。

9.3.4 不明性质废物在确认其性质之前，应单独贮存。不明性质废物单独贮存时间不得超过一周。

10 人员与制度要求

10.1 专业技术人员配置

10.1.1 具有 1 名以上具备水泥工艺专业高级以上职称的专业技术人员：主要包括水泥工艺设备选型和水泥工艺布置等专业技术人才。

10.1.2 具有 1 名以上具备化学与化工专业中级以上职称的专业技术人员：主要包括危险化学品特性和安全处理方面的专业技术人才。

10.1.3 具有 3 名以上具备环境科学与工程专业中级以上职称的专业技术人员：主要包括固体废物的处理处置和管理技术、环境监测和环境污染控制技术等专业技术人才。

10.1.4 从事处置危险废物的单位应配备依法取得资质的专职安全管理人员。

10.2 人员培训制度

10.2.1 针对水泥窑协同处置技术的特点，企业应建立相应的培训制度，并针对管理人员、技术人员和操作人员分别进行专门的培训。

10.2.2 培训主要内容包括：固体废物管理、危险化学品管理、水泥窑协同处置技术、水泥生产管理技术、现场安全预防和人员防护等。

10.3 安全管理制度

10.3.1 从事固体废物协同处置的水泥企业应遵守水泥生产相关职业健康与安全生产标准和规范。

10.3.2 从事危险废物协同处置的企业应遵守危险化学品的相关安全法规，包括《危险化学品安全管理条例》和《废弃危险化学品污染环境防治办法》，避免危险废物不当操作和管理造成的安全事故。

10.3.3 从事固体废物协同处置的企业应根据企业特点制定相应的安全生产管理制度，针对固体废物收集、贮存、运输、协同处置过程中可能出现的安全问题，建立安全生产守则基本要求、消防安全管理制度、危险作业管理制度、剧毒物品管理制度、事故管理制度及其他安全生产管理制度。

10.4 人员健康管理制度

10.4.1 建立从事危险废物作业人员的劳动保护制度，遵守 HJ/T 176 中有关劳动安全卫生和劳动保护的要求。

10.4.2 协同处置企业应建立从业人员定期体检制度，明确从业人员在上岗前、离岗前和在岗过程中的体检频次和体检内容，并按期体检。

10.4.3 建立从业人员健康档案。

10.5 应急管理制度

10.5.1 协同处置企业应遵守《关于加强环境应急管理工作的意见》和《突发环境事件应急预案管理办法》等相关要求，建立包括安全生产事故和突发环境事件在内的全面应急管理制度。

10.5.2 应急管理制度主要内容包括：应急管理组织体系，生产安全事故应急救援预案管理、突发环境事件应急预案管理、应急管理培训、应急演练、应急物资保障等。

10.5.3 应急管理组织体系包括应急管理领导小组和事故应急管理办公室，以企业主要负责人为组长。

10.5.4 应急管理领导小组负责《安全生产事故应急救援预案》的编制；预案要符合《生产经营单位安全生产事故应急预案编制导则》，危险废物协同处置企业的预案还应符合《危险废物经营单位编制应急预案指南》，并保持与上级部门预案的衔接；根据国家法律法规及实际演练情况，适时修订应急预案，做到科学、易操作。

10.5.5 应急管理领导小组应按照《突发环境事件应急预案管理办法》和相关预案编制指南的要求编制《企业突发环境事件应急预案》，并向环境保护主管部门报备；同时按照《突发环境事件应急预案管理办法》要求，做好预案演练、培训、修订等工作。

10.5.6 协同处置企业每年至少进行一次全员应急管理培训，培训内容包括：事故预防、危险辨识、事故报告、应急响应、各类事故处置方案、基本救护常识、避灾避险、逃生自救等。

10.5.7 协同处置企业应根据年度应急演练计划，每年至少分别安排一次桌面演练和综合演练，强化职工应急意识，提高应急队伍的反应速度和实战能力。

10.5.8 协同处置企业应根据预案做好应急救援设备、器材、防护用品、工具、材料、药品等保障工作；确保经费、物资供应，切实加强应急保障能力，并对应急救援设备、设施定期进行检测、维护、更新，确保性能完好；水泥企业要对电话、对讲机、手机等通讯器材进行经常性维护或更新，确保通讯畅通。

10.5.9 发生事故时，协同处置企业应立即启动应急预案，以营救遇险人员为重点，开展应急救援工作；要及时组织受威胁群众疏散、转移，做好安置工作。

10.5.10 协同处置企业在应对安全生产事故过程中，应采取必要措施，防止次生突发环境事件。

10.5.11 协同处置企业应按规定及时向相关主管部门报告生产安全事故和突发环境事件信息。

10.5.12 协同处置企业应配合环境保护主管部门对突发环境事件的调查处理和环境污染损害评估，及时落实整改措施。

10.5.13 协同处置企业应充分利用社会应急资源，与地方政府预案、上级主管单位及相关部门的预案和应急组织相衔接；企业应同各级救援中心签订救护协议，一旦发生企业不能自救的事故，请求救援中心支援。

10.6 操作运行记录制度

协同处置水泥企业应建立生产设施运行状况、设施维护和协同处置生产活动等的登记制度，主要记录内容应包括：

（1）性能测试记录（性能测试所用水泥窑基本信息，包括窑型、规模、除尘器类型等；性能测试时所选择的有机有害标识物及其投加速率、投加位置；有机有害标识物的 DRE；性能测试时烟气排放物浓度；性能测试时水泥生产工况基本信息，包括窑头、窑尾温度和氧浓度，生料磨运行记录，增湿塔、余热发电锅炉和主除尘器工作状况等）。

（2）固体废物的来源、重量、类别、入厂时间、运输车辆车牌号等。

（3）协同处置日记录（每日贮存、预处理和协同处置的固体废物类别、数量等；固体废物运输车辆消毒记录；预处理和协同处置设施运行工艺控制参数记录，包括有害元素投加速率、废物投加速率、投加位置等；维修情况记录和生产事故的记录；旁路放风和窑灰处置记录）。

（4）环境监测记录（烟气中污染物排放和水泥产品的污染控制监测结果）。

（5）定期检测、评价及评估情况记录（定期对固体废物协同处置效果的评价，以及相关的改进措施记录；定期对固体废物协同处置设施运行及安全情况的检测和评估记录；定期对固体废物协同处置程序和人员操作进行安全评估，以及相关的改进措施记录）。

10.7 环境管理制度

协同处置水泥企业应建立环境管理制度，主要内容包括：

（1）协同处置固体废物单位应与通过相关计量认可认证的环境监测机构签订监测合同，定期开展监测，监测结果以书面形式向环境保护主管部门报告。

（2）协同处置危险废物的单位应按照《危险废物经营许可证管理办法》要求办理《危险废物经营许可证》。

（3）协同处置危险废物的单位应依法及时向环境保护主管部门报告危险废物管理计划。

（4）协同处置危险废物单位的预处理、贮存、处置场所和盛装危险废物的容器等须按照相关标准设立危险废物标识。

（5）协同处置危险废物单位应定期以书面形式向环境保护主管部门报危险废物经营情况报告。

（6）涉及含重金属危险废物处置的，要建立环境信息披露制度，每年向社会发布企业年度环境报告，公布主要重金属污染物排放和环境管理情况。

附录 A（资料性附录）

新型干法水泥窑固体废物投加点示意图

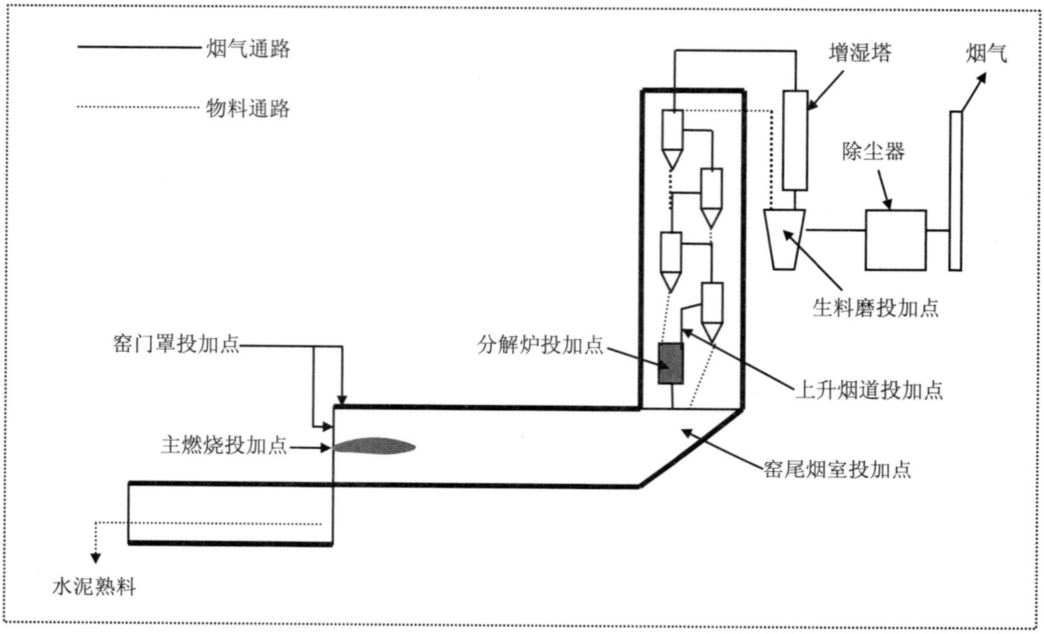

中华人民共和国国家环境保护标准

建设用地土壤污染风险管控和修复术语

Terms of risk control and remediation of soil contamination of land for construction

HJ 682—2019

代替 HJ 682—2014

前 言

根据《中华人民共和国环境保护法》《中华人民共和国土壤污染防治法》，为规范土壤污染状况调查和土壤污染风险评估、风险管控、修复、风险管控效果评估、修复效果评估、后期管理等活动中的术语，制订本标准。

本标准规定了与建设用地土壤污染相关的名词术语与定义，包括基本概念、污染与环境过程、调查与环境监测、环境风险评估、修复和管理等五个方面的术语。

术语按汉文名词所属技术体系的相关概念体系排列。一个概念有多个名称时，确定一个规范名作为正名，规范名的异名分别冠以“简称”“全称”或“又称”，异名与正名等效使用。英文名有约定俗成的习惯性缩写时，在英文名后列出缩写，并用“，”与英文名分开。凡英文词的首字母大、小写均可时，一律小写。英文除必须用复数者，一般用单数。“()”中的字为可省略部分。附录 A（英汉索引）和附录 B（汉英索引）为资料性附录，英汉索引按英文字母顺序排列，汉英索引按汉语拼音顺序排列。索引中带“*”者为规范名的异名或释文中出现的条目。

本标准首次发布于 2014 年，此次为第一次修订。此次修订的主要内容：

1．标准名称由《污染场地术语》修改为《建设用地土壤污染风险管控和修复术语》;

2．增加了“建设用地”“修复方案”“土壤环境背景值”“建设用地土壤污染风险管制值”等术语及定义;

3．删除了“场地”和“潜在污染场地”的术语和定义;

4．修改了“表层土”“亚表层土”“暴露途径”“土壤筛选值”等术语及定义等内容。

自本标准实施之日起，《污染场地术语》（HJ 682—2014）废止。

本标准由生态环境部土壤生态环境司、法规与标准司组织制订。

本标准起草单位：中国环境科学研究院、生态环境部土壤与农业农村生态环境监管技术中心。

本标准生态环境部 2019 年 12 月 5 日批准。

本标准自 2019 年 12 月 5 日起实施。

本标准由生态环境部解释。

1 适用范围

本标准规定了与建设用地土壤污染风险管控和修复相关的名词术语与定义，包括基本概念、污染与环境过程、调查与环境监测、风险评估、风险管控和修复等五个方面的术语。

本标准适用于建设用地环境管理中名词术语及定义的使用。

本标准不适用于放射性地块环境管理。

2 术语

2.1 地块基本概念术语

2.1.1 建设用地 land for construction

指建造建筑物、构筑物的土地，包括城乡住宅和公共设施用地、工矿用地、交通水利设施用地、旅游用地、军事设施用地等。

2.1.2 土壤污染风险管控和修复 risk control and remediation of soil contamination

土壤污染风险管控和修复包括土壤污染状况调查和土壤污染风险评估、风险管控、修复、风险管控效果评估、修复效果评估、后期管理等活动。

2.1.3 土壤 soil

由矿物质、有机质、水、空气及生物有机体组成的地球陆地表面的疏松层。

2.1.4 地下水 groundwater

以各种形式埋藏在地壳空隙中的水。

2.1.5 地表水 surface water

流过或静置在陆地表面的水。

2.1.6 室外空气 outdoor air

一般指建筑物外部的空气，与室内空气相对应。

2.1.7 室内空气 indoor air

一般指建筑物内部或其他相对比较密闭的空间内的空气，与室外空气相对应。

2.2 地块污染与环境过程术语

2.2.1 关注污染物 contaminant of concern

根据地块污染特征、相关标准规范要求和地块利益相关方意见，确定需要进行土壤污染状况调查和土壤污染风险评估的污染物。

2.2.2 目标污染物 target contaminant

在地块环境中其数量或浓度已达到对生态系统和人体健康具有实际或潜在不利影响的，需要进行修复的关注污染物。

2.2.3 地块残余废弃物 on-site residual material

地块内遗留遗弃的各种与生产经营活动相关的设备、设施及其他物质，主要包括遗留的生产原料、工业废渣、废弃化学品及其污染物，残留在废弃设施、容器及管道内的固态、半固态及液态物质，以及其他与当地土壤特征有明显区别的固态物质。

2.2.4 挥发性有机化合物 volatile organic compounds，VOCs

沸点在 50～260℃，在标准温度和压力（20℃和 1 个大气压）下饱和蒸气压超过 133.32 Pa 的有机化合物。

2.2.5 半挥发性有机化合物 semivolatile organic compounds，SVOCs

沸点在 260～400℃，在标准温度和压力（20℃和 1 个大气压）下饱和蒸气压介于 1.33×10^{-6}～1.33×10^{2} Pa 之间的有机化合物。

2.2.6 非水相液体 non-aqueous phase liquid，NAPL

不能与水互相混溶的液态物质，通常是几种不同化学物质（溶剂）的混合物，又称非水溶相液体。

2.2.7 高密度非水相液体 dense non-aqueous phase liquid，DNAPL

比重大于 1.0 的非水相液体，如三氯乙烯（TCE）、三氯乙烷（TCA）、四氯乙烯（PCE）等。

2.2.8 低密度非水相液体 light non-aqueous phase liquid，LNAPL

比重小于 1.0 的非水相液体，如汽油、柴油等烃类油品物质。

2.2.9 地下储罐 underground storage tank，UST

一个或多个固定的装置或储藏系统，包括与其直接相连接的地下管道，其体积（含地下管道的体积）有 90%或超过 90%位于地面以下，通常含有可能对土壤和地下水造成污染的液相有害物质。

2.2.10 地上储罐 aboveground storage tank，AST

一个或多个固定的装置或储藏系统，包括与其直接相连接的地上管道，其体积（含地上管道的体积）有 90%或超过 90%位于地面以上，通常含有可能对土壤和地下水造成污染的液相有害物质。

2.2.11 土壤质地 soil texture

按土壤中不同粒径颗粒相对含量的组成而区分的粗细度。

2.2.12 土壤 pH soil pH

土壤溶液中氢离子浓度的负对数。

2.2.13 土壤密度 soil density

单位容积土壤的质量，又称土壤容重（soil bulk density）。

2.2.14 土壤孔隙度 soil porosity

单位土壤总容积中的孔隙容积。

2.2.15 土壤有机质 soil organic matter

土壤有机质是土壤中形成的和外部加入的所有动、植物残体不同分解阶段的各种产物和合成产物的总称，而进入土壤的各种动植物残体、微生物体及其分解、合成的有机物质中的碳则称之为土壤有机碳（soil organic carbon）。土壤有机碳是土壤有机质的一部分。

2.2.16 土壤含水量 soil water content

单位体积土壤中水分的体积或单位重量土壤中水分的重量。

2.2.17 阳离子交换量 cation exchange capacity，CEC

每千克土壤或胶体，吸附或代换周围溶液中的阳离子的厘摩尔数。

2.2.18 地层结构 stratigraphic structure

岩层或土层的成因、形成的年代、名称、岩性、颜色、主要矿物成分、结构和构造、地层的厚度及其变化、沉积顺序等。

2.2.19 表层土壤 surface soil

位于地块最上部的一定深度范围内（一般为 0～0.5 m）的土壤，主要指地块中与人体直接接触暴露（经口摄入土壤、皮肤接触土壤和吸入土壤颗粒物）相关的土壤，包括地表的填土，但不包括地表的硬化层。

2.2.20 下层土壤 subsurface soil

表层土壤以下一定深度范围内的土壤，主要指地块中表层土壤以下可能受到污染物迁移扩散影响的土壤。

2.2.21 水文地质条件 hydrogeological condition

地下水埋藏、分布、补给、径流和排泄条件，水质和水量及其形成地质条件等的总称。

2.2.22 地下水污染羽 groundwater plume

污染物随地下水移动从污染源向周边移动和扩散时所形成的污染区域。

2.2.23 地下水埋深 buried depth of groundwater table

从地表到地下水潜水面或承压水面的垂直深度。

2.2.24 水力梯度 hydraulic gradient

沿渗透途径水头损失与相应渗透途径长度的比值。

2.2.25 渗透系数 permeability coefficient

饱和土壤中，在单位水压梯度下，水分通过垂直于水流方向的单位截面的速度。

2.2.26 潜水层 unconfined aquifer layer；phreatic stratum

地表以下第一个稳定水层，有自由水面，以上没有连续的隔水层，不承压或仅局部承压。

2.2.27 含水层 aquifer

能够透过并给出相当数量水的岩层。

2.2.28 隔水层 aquitard

不能透过与给出水，或者透过与给出的水量微不足道的岩层。

2.2.29 透水层 permeable layer

透水而不饱水的岩层。

2.2.30 非饱和带 unsaturated zone

又称包气带（vadose zone；aeration zone），是指地表面与地下水面之间与大气相通的，含有气体的地带。

2.2.31 饱水带 saturated zone

又称饱和带，是指地下水面以下，土层或岩层的空隙全部被水充满的地带。

2.2.32 潜水 phreatic water

地表以下第一个稳定隔水层以上具有自由水面的地下水。

2.2.33 承压水 confined water；artesian water

充满于上下两个隔水层之间的地下水，其承受压力大于大气压力。

2.3 地块调查与环境监测术语

2.3.1 地块概念模型 conceptual site model

用文字、图、表等方式来综合描述污染源、污染物迁移途径、人体或生态受体接触污染介质的过程和接触方式等。

2.3.2 土壤污染状况调查 investigation on soil contamination

采用系统的调查方法，确定地块是否被污染以及污染程度和范围的过程。

2.3.3 地块历史调查 site history investigation

对地块历史事件、地块用途变更、地块生产经营活动，以及地块中与危险废物处理处置等相关的历史资料进行系统的收集、整理、分类和分析，以明确地块可能发生污染的历史及成因。

2.3.4 地块特征参数 site-specific parameter

能代表或近似反映地块现实环境条件，用来描述地块土壤、水文地质、气象等特征的参数。

2.3.5 现场快速监测 on-site rapid monitoring

采用现场快速检测设备对地块潜在污染物进行定性或定量分析。

2.3.6 地块环境监测 site environmental monitoring

连续或间断地测定地块环境中污染物的浓度及其空间分布，观察、分析其变化及其对环境影响的过程。

2.3.7 土壤污染状况调查监测 monitoring for investigation on soil contamination

在土壤污染状况调查和风险评估过程中，采用监测手段识别土壤、地下水、地表水、环境空气及残余废物中的关注污染物及土壤理化特征，并全面分析地块污染特征，确定地块的污染物种类、污染程度和污染范围。

2.3.8 地块治理修复监测 monitoring for remediation of land for construction

在地块治理修复过程中，针对各项治理修复技术措施的实施效果所开展的相关监测，包括治理修复过程中涉及环境保护的工程质量监测和二次污染物排放监测。

2.3.9 修复效果评估监测 monitoring for assessment of remediation effect

在地块治理修复工程完成后，考核和评价地块是否达到已确定的修复目标及工程设计所提出的相关要求。

2.3.10 地块回顾性评估监测 monitoring for retrospective assessment of land for construction

在地块修复效果评估后，特定时间范围内，为评价治理修复后地块对土壤、地下水、地表水及环境空气的环境影响所进行的监测，同时也包括针对地块长期原位治理修复工程措施效果开展的验证性监测。

2.3.11 系统布点采样法 systematic sampling

将地块分成面积相等的若干小区，在每个小区的中心位置或网格的交叉点处布设一个采样点进行采样。

2.3.12 系统随机布点采样法 systematic random sampling

将监测区域分成面积相等的若干小区，从中随机抽取一定数量的小区，在每个小区内布设一个采样点。

2.3.13 专业判断布点采样法 judgemental sampling

根据已经掌握的地块污染分布信息及专家经验来判断和选择采样位点。

2.3.14 分层布点采样法 stratified sampling

将地块划分成不同的（层次）区域，根据各区域的面积或污染特点分层次布点采样的方法。

2.3.15 对照采样点 reference sampling point

在地块外非污染区域的同类土壤中布设的一个或多个采样点。

2.3.16 质量保证和质量控制 quality assurance and quality control，QA/QC

质量保证是指为保证地块环境监测数据的代表性、准确性、精密性、可比性、可靠性和完整性等而采取的各项措施。质量控制是指为达到地块监测计划所规定的监测质量而对监测过程采用的控制方法，是环境监测质量保证的一个部分。

2.4 地块环境风险评估术语

2.4.1 致癌风险 carcinogenic risk

人群每日暴露于单位剂量的致癌效应污染物，诱发致癌性疾病或危害的概率。

2.4.2 非致癌风险 non-carcinogenic risk

污染物每日摄入剂量与参考剂量的比值，用来表征人体经单一途径暴露于非致癌污染物而受到危害的水平，通常用危害商值来表示。

2.4.3 建设用地健康风险评估 health risk assessment of land for construction

在土壤污染状况调查的基础上，分析地块土壤和地下水中污染物对人群的主要暴露途径，评估污染物对人体健康的致癌风险和危害水平。

2.4.4 地块生态风险评估 ecological risk assessment for land for construction

对地块各环境介质中的污染物危害动物、植物、微生物和其他生态系统过程与功能的概率或水平与程度进行评估的过程。

2.4.5 危害识别 hazard identification

根据土壤污染状况调查获取的资料，结合地块土地（规划）利用方式，确定地块的关注污染物、地块内污染物的空间分布和可能的敏感受体，如儿童、成人、生态系统、地下水体等。

2.4.6 暴露评估 exposure assessment

在危害识别的工作基础上，分析地块土壤中关注污染物进入并危害敏感受体的情景，确定地块土壤污染物对敏感人群的暴露途径，确定污染物在环境介质中的迁移模型和敏感人群的暴露模型，确定与地块污染状况、土壤性质、地下水特征、敏感人群和关注污染物性质等相关的模型参数值，计算敏感人群摄入来自土壤和地下水的污染物所对应的暴露量。

2.4.7 受体 receptor

一般指地块及其周边环境中可能受到污染物影响的人群或生物类群，也可泛指地块周边受影响的功能水体（如地表水、地下水等）和自然及人文景观（区域）等（如居民区、商业区、学校、医院、饮用水水源保护区等公共场所）。

2.4.8 敏感受体 sensitive receptor

受地块污染物影响的潜在生物类群中，在生物学上对污染物反应最敏感的群体（如人群或某些特定类群的生态受体）、某些特定年龄的群体（如老年人）或处于某些特定发育阶段的人群（如 0～6 岁的儿童）。

2.4.9 关键受体 critical receptor

经地块风险评估确定的，对污染物的暴露风险已超过可接受风险水平的人群或生态受体。

2.4.10 暴露情景 exposure scenario

特定土地利用方式下，地块污染物经由不同方式迁移并到达受体的一种假设性场景描述，即关于地块污染暴露如何发生的一系列事实、推定和假设。

2.4.11 暴露途径 exposure pathway

指建设用地土壤和地下水中污染物迁移到达和暴露于人体的方式。

2.4.12 暴露方式 exposure route

指建设用地土壤中污染物迁移到达被暴露个体后与人体接触或进入人体的方式。

2.4.13 暴露评估模型 exposure assessment model

描述人体对污染物的暴露过程，预测和估算暴露量的概念模型及数学模拟方法。

2.4.14 污染物迁移转化模型 contaminant transport and fate model

描述污染物在土壤和地下水中扩散、迁移、衰减和转化等环境行为，预测污染物时空变化规律、瞬时动态及扩散和影响范围的数学模型及模拟方法。

2.4.15 暴露量 exposure dose

人体或生态受体经各种途径（如口、呼吸系统和皮肤）摄入污染物的量。

2.4.16 暴露参数 exposure parameter；exposure factor

与人群行为相关的，用于反映地块污染物人体暴露特点的参数，如敏感人群结构特征（年龄、体重等）和人群通过各种环境介质暴露于污染物的时间、频率、周期等。

2.4.17 暴露期 exposure duration

人群停留于污染区域或接触污染物的时间长度，在假设性未来场景中也可指污染区域保持污染状态的时间长度。

2.4.18 暴露频率 exposure frequency

特定人群（受体）年平均暴露于污染环境（介质）的天数。

2.4.19 毒性评估 toxicity assessment

在危害识别的工作基础上，分析关注污染物对人体健康的危害效应，包括致癌效应和非致癌效应，确定与关注污染物相关的毒性参数，包括参考剂量、参考浓度、致癌斜率因子、单位致癌因子、毒性当量、血铅含量等。

2.4.20 致癌斜率因子 cancer slope factor

人体终身暴露于剂量为每日每公斤体重 1 mg 化学致癌物时的终生超额致癌风险度。

2.4.21 吸入单位风险 inhalation unit risk，IUR

人体终身暴露在含有污染物浓度为 1 mg/m^3 的空气中的致癌风险值。

2.4.22 参考剂量 reference dose，RfD

参考剂量是一种日平均剂量的估计值，当人体终身暴露于该水平时，预期发生有害效应的危险度很低，或者实际上检测不到。吸入暴露的参考剂量称为参考浓度（reference concentration，RfC）。

2.4.23 建设用地土壤污染风险筛选值 risk screening values for soil contamination of land for construction

指在特定土地利用方式下，建设用地土壤中污染物含量等于或者低于该值的，对人体健康的风险可以忽略；超过该值的，对人体健康可能存在风险，应当开展进一步的详细调查和风险评估，确定具体污染范围和风险水平。

2.4.24 风险表征 risk characterization

综合暴露评估与毒性评估的结果，对风险进行量化计算和空间表征，并讨论评估中所使用的假设、参数与模型的不确定性的过程。

2.4.25 可接受风险水平 acceptable risk level

为社会公认并能为公众接受的不良健康效应的危险度概率或程度，包括可接受致癌风险水平和非致癌效应可接受危害商值。

2.4.26 危害商 hazard quotient，HQ

污染物每日摄入量与参考剂量的比值，用来表征人体经单一途径暴露于非致癌污染物而受到危害的水平。

2.4.27 危害指数 hazard index，HI

多种暴露途径或多种关注污染物对应的危害商值之和，用来表征人体经多个途径暴露于单一污染物或暴露于多种污染物而受到危害的水平。

2.4.28 不确定性分析 uncertainty analysis

对风险评估过程的不确定性因素进行综合分析评价，称为不确定性分析。地块风险评估结果的不确定性分析，主要是对地块风险评估过程中由输入参数误差和模型本身不确定性所引起的模型模拟结果的不确定性进行定性或定量分析，包括风险贡献率分析和参数敏感性分析等。

2.4.29 建设用地土壤污染风险管制值 risk intervention values for soil contamination of land for construction

指在特定土地利用方式下，建设用地土壤中污染物含量超过该值的，对人体健康通常存在不可接受风险，应当采取风险管控或修复措施。

2.4.30 土壤环境背景值 environmental background values of soil

指基于土壤环境背景含量的统计值。通常以土壤环境背景含量的某一分位值表示。其中土壤环境背景含量是指在一定时间条件下，仅受地球化学过程和非点源输入影响的土壤中元素或化合物的含量。

2.5 地块风险管控和修复术语

2.5.1 地块治理修复 site cleanup and remediation

采用工程、技术和政策等管理手段，将地块污染物移除、削减、固定或将风险控制在可接受水平的活动。

2.5.2 土壤修复 soil remediation

采用物理、化学或生物的方法固定、转移、吸收、降解或转化地块土壤中的污染物，使其含量降低到可接受水平，或将有毒有害的污染物转化为无害物质的过程。

2.5.3 原位修复 in-situ remediation

不移动受污染的土壤或地下水，直接在地块发生污染的位置对其进行原地修复或处理。

2.5.4 异位修复 ex-situ remediation

将受污染的土壤或地下水从地块发生污染的原来位置挖掘或抽提出来，搬运或转移到其他场所或位置进行治理修复。

2.5.5 修复目标 target for remediation

由土壤污染状况调查和风险评估确定的目标污染物对人体健康和生态受体不产生直

接或潜在危害，或不具有环境风险的污染修复终点。

2.5.6 修复可行性研究 feasibility study for remediation

从技术、条件、成本效益等方面对可供选择的修复技术进行评估和论证，提出技术可行、经济可行的修复方案。

2.5.7 修复方案 remediation plan

遵循科学性、可行性、安全性原则，在综合考虑地块条件、污染介质、污染物属性、污染浓度与范围、修复目标、修复技术可行性，以及资源需求、时间要求、成本效益、法律法规要求和环境管理需求等因素基础上，经修复策略选择、修复技术筛选与评估、技术方案编制等过程确定的适用于修复特定地块的可行方案。

2.5.8 修复系统运行与维护 operation and maintenance of remediation system

对长期运行的修复系统进行定期的监控、检查、保养和维护，以确保修复工程的稳定与运行效果。

2.5.9 修复工程监理 site remediation supervision

按照环境监理合同对地块治理和修复过程中的各项环境保护技术要求的落实情况进行监理。

2.5.10 修复效果评估 assessment of remediation effect

通过资料回顾与现场踏勘、布点采样与实验室检测，综合评估地块修复是否达到规定要求或地块风险是否达到可接受水平。

2.5.11 制度控制 institutional control

通过制订和实施各项条例、准则、规章或制度，防止或减少人群对地块污染物的暴露，从制度上杜绝和防范地块污染可能带来的风险和危害，从而达到利用管理手段对地块的潜在风险进行控制的目的。

2.5.12 工程控制 engineering control

采用阻隔、堵截、覆盖等工程措施，控制污染物迁移或阻断污染物暴露途径，降低和消除地块污染物对人体健康和环境的风险。

2.5.13 修复技术 remediation technology

可用于消除、降低、稳定或转化地块中目标污染物的各种处理、处置技术，包括可改变污染物结构、降低污染物毒性、迁移性或数量与体积的各种物理、化学或生物学技术。

2.5.14 修复技术筛选 screening of remediation technology

依据经济可行、技术可行和环境友好等原则与特点，结合地块现实环境条件，从修复成本、资源要求、技术可达性、人员与环境安全、修复时间需求、修复目标要求，以及符合国家法律法规等方面综合考虑与分析，通过软件模拟或矩阵评分等技术方法与程序，从备选技术中筛选出适合修复特定地块的可行技术。

2.5.15 物理修复 physical remediation

根据污染物的物理性状（如挥发性）及其在环境中的行为（如电场中的行为），通过机械分离、挥发、电解和解吸等物理过程，消除、降低、稳定或转化土壤中的污染物。

2.5.16 化学修复 chemical remediation

利用化学处理技术，通过化学物或制剂与污染物发生氧化、还原、吸附、沉淀、聚合、络合等反应，使污染物从土壤或地下水中分离、降解、转化或稳定成低毒、无毒、无害等形式（形态），或形成沉淀除去。

2.5.17 生物修复 biological remediation

广义的生物修复，是指一切以利用生物为主体的土壤或地下水污染治理技术，包括利用植物、动物和微生物吸收、降解、转化土壤和地下水中的污染物，使污染物的浓度降低到可接受的水平，或将有毒有害的污染物转化为无毒无害的物质，也包括将污染物固定或稳定，以减少其向周边环境的扩散。狭义的生物修复（bioremediation），是指通过酵母菌、真菌、细菌等微生物的作用清除土壤和地下水中的污染物，或是使污染物无害化的过程。

2.5.18 挖掘-处置/处理 excavation and disposal/treatment

通过人工或机械手段，将污染土壤挖掘、移出原来位置并进行异地处理、处置或填埋的过程。

2.5.19 抽出-处理 pump and treatment

通过在地块地下水污染羽的上游建造（必要时）注水井和在下游建造一定数量的抽水井，并在地表建造相应的污水处理系统，利用抽水井将有机（如 NAPL）污染地下水抽出地表和采用地表处理系统将抽出的污水进行深度处理的技术。

2.5.20 电动分离 electrokinetic separation

在土壤上施加低强度直流电，通过电渗析、电迁移和电泳等作用使土壤孔隙中的水和荷电离子或粒子发生迁移运动，从而去除污染物的技术。

2.5.21 土壤气相抽提 soil vapor extraction，SVE

通过专门的地下抽提（井）系统，利用抽真空或注入空气产生的压力迫使非饱和区土壤中的气体发生流动，从而将其中的挥发和半挥发性有机污染物脱除，达到清洁土壤的目的。

2.5.22 热处理 thermal treatment

通过直接或间接的热交换，将污染介质及其所含的污染物加热到足够的温度（150～540℃），使污染物发生裂解或氧化降解，或使污染物从污染介质中挥发分离的过程。

2.5.23 空气吹脱 air stripping

通过加压将空气注入到受污染的地下水中，使其中的溶解性气体和易挥发的有机污染物穿过气液界面向气相扩散，从而达到脱除水中挥发性有机污染物的目的。

2.5.24 空气注入 air sparging

原位修复挥发性有机污染地下水的一种技术。利用压力将空气或氧气注入到受污染的地下水中，产生气泡，促使含水层（饱和带）中的污染物逸出并挥发进入包气带（非饱和带）中，从而达到脱除地下水中挥发和半挥发性有机污染物的目的。

2.5.25 生物曝气 biosparging

将空气（或氧气）和营养物注入饱和带，提高饱和带土壤微生物的生物活性，从而促进饱和带有机污染物发生生物降解的技术。

2.5.26 循环井技术 circulating well

建立包含空气注入和地下气体抽提的三维循环系统，通过注入井将空气注入到受污染的地下水中，使水中的挥发性有机污染物随着气泡释放出来，再通过气相抽提，抽取和处理释放出来的挥发性污染物的技术。

2.5.27 填埋 landfill

将污染土壤运到限定的区域内（山间、峡谷、平地和废矿坑内）进行有计划的填埋，使其发生物理、化学和生物学等变化，最终达到污染物减量化和无害化的目的。

2.5.28 焚烧 incineration

在高温和有氧条件下，依靠污染土壤自身的热值或辅助燃料，使其焚化燃烧并将其中的污染物分解转化为灰烬、二氧化碳和水，从而达到污染物减量化和无害化的目的。

2.5.29 溶剂萃取 solvent extraction

根据土壤溶液（或地下水）中某些物质在水和有机相间的分配比例不同，利用有机溶剂将土壤（或地下水）污染物选择性地转移到有机相进行物质分离或富集的过程。

2.5.30 多相萃取 multiphase extraction

将溶剂、超临界气体等注入地下，再采用真空抽提系统，将土壤污染物、地下水污染物、游离相油类污染物以及石油烃蒸气等各种混合物一并抽出除去的技术。

2.5.31 土壤淋洗 soil washing

用清水对挖掘出来的污染土壤进行洗涤，将附着在土壤颗粒表面的有机和无机污染物转移至水溶液中，从而达到洗涤和清洁污染土壤的目的。

2.5.32 土壤冲洗 soil flushing

将可促进土壤污染物溶解或迁移的化学溶剂原位注入受污染土壤中，从而将污染物从土壤中溶解、分离出来并进行处理的技术。

2.5.33 化学氧化-还原 chemical oxidation and reduction

根据土壤或地下水中污染物的类型和属性选择适当的氧化或还原剂，将制剂注入到土壤或地下水中，利用氧化或还原剂与污染物之间的氧化-还原反应将污染物转化为无毒无害物质或毒性低、稳定性强、移动性弱的惰性化合物，从而达到对土壤净化的目的。

2.5.34 超临界水氧化 supercritical water oxidation，SCWO

通过对水进行适当的加温和加压，利用水在超临界条件（温度＞374℃，压力＞22.1 MPa）下能与有机物和氧气混溶的特性，提高有机污染物的氧化反应及生成 CO_2、H_2O 和 N_2 等无毒物质，从而达到销毁土壤或地下水中有机污染物的目的。

2.5.35 固化/稳定化 solidification/stabilization

将污染土壤与能聚结成固体的材料（如水泥、沥青、化学制剂等）相混合，通过形成晶格结构或化学键，将土壤或危险废物捕获或者固定在固体结构中，从而降低有害组分的移动性或浸出性。其中，固化是将废物中的有害成分用惰性材料加以束缚的过程，而稳定化是将废物的有害成分进行化学改性或将其导入某种稳定的晶格结构中的过程，即固化通过采用具有高度结构完整性的整块固体将污染物密封起来以降低其物理有效性，而稳定化则降低了污染物的化学有效性。

2.5.36 生物通风 bioventing

通过加压（并可适当加温）对污染土壤进行曝气，使土壤中的氧气浓度增加，从而促进好氧微生物的活性，提高土壤中污染物的降解效果。

2.5.37 生物抽除 bioslurping

通过真空吸引式的抽汲技术，运用生物通风和污染物抽提回收两种机制清除包气带污染土壤中的挥发性有机污染物或石油烃类污染物。

2.5.38 生物反应器 bioreactor

以活细胞（如微生物或动、植物细胞）或酶制剂作为生物催化剂，在生物体外进行生化反应降解有机污染物的装备和技术。

2.5.39 可渗透反应墙 permeable reactive barrier，PRB

通过在受污染地下水流经的方向建造由反应材料组成的反应墙，通过反应材料的吸附、沉淀、化学降解或生物降解等作用去除地下水中的污染物。

2.5.40 自然衰减 natural attenuation，NA

利用污染区域自然发生的物理、化学和生物学过程，如吸附、挥发、稀释、扩散、化学反应、生物降解、生物固定和生物分解等，降低污染物的浓度、数量、体积、毒性和移动性。

2.5.41 土耕法 landfarming

将污染土壤撒布于土地表面并进行翻耕处理，促使污染物分散稀释或发生降解的活动。

2.5.42 堆肥 composting

将受污染土壤与水、营养物、泥炭、稻草或动物肥料等混合，通过特定的堆制方式（如用机械或压力系统充氧并添加石灰调节 pH 值等），依靠微生物将有毒有害的污染物进行降解和转化，并将治理达标后的土壤回填原地或用于农业生产，从而实现污染土壤的无害化和资源化的活动。

2.5.43 生物堆 biopiling

将污染土壤挖出并堆积于装有渗滤液收集系统的防渗区域，提供适量的水分和养分，并采用强制通风系统注入空气（补充氧气），利用土壤中好氧微生物的呼吸作用将有机污染物转化为 CO_2 和水，从而达到去除污染物的目的。

2.5.44 植物修复 phytoremediation

根据植物可耐受或超积累某些特定化合物的特性，利用植物及其共生微生物提取、转移、吸收、分解、转化或固定地块土壤和地下水中的有机或无机污染物，从而达到移除、削减或稳定污染物，或降低污染物毒性等目的。

2.5.45 地块档案 archive of site

记载地块基本信息，如地块名称、地理位置、占地面积、地块主要生产活动、地块使用权、土地利用方式，以及地块污染物类型和数量，地块污染程度和范围等，具有查考和保存价值的文字、图表、声像等各种形式的记录材料。

2.5.46 优先管理地块 priority management site

指污染重、风险高、危害性大或污染情况危急，可能对人体健康和生态环境造成严重威胁或极大破坏，或因某些特殊情况及实际需要，需要进行优先控制、管理和治理的地块。

附录 A（资料性附录）

英汉索引

A

B

C

D

E

F

G

H

I

J

L

M

N

O

P

Q

R

S

T

U

V

附录 B（资料性附录）

汉英索引

B

C

D

F

G

H

J

K

M

Q

R

S

T

W

X

Y

Z

中华人民共和国国家环境保护标准

尾矿库环境风险评估技术导则（试行）

Technical guideline for environmental risk assessment of tailings pond

HJ 740—2015

前　言

为贯彻《中华人民共和国环境保护法》，保护生态环境，评估尾矿库环境风险，制定本标准。

本标准规定了尾矿库环境风险评估的一般原则、内容、程序、方法和技术要求。

本标准附录 A、附录 B、附录 C、附录 D 为规范性附录，附录 E 为资料性附录。

本标准为首次发布。

本标准由环境保护部环境应急与事故调查中心提出。

本标准由环境保护部科技标准司组织制订。

本标准主要起草单位：环境保护部卫星环境应用中心、环境保护部环境规划院、中国科学院过程工程研究所、环境保护部环境标准研究所、北京矿冶研究总院。

本标准环境保护部 2015 年 3 月 6 日批准。

本标准自 2015 年 4 月 1 日起实施。

本标准由环境保护部解释。

1　适用范围

本标准规定了尾矿库环境风险评估的一般原则、内容、程序、方法和技术要求。

本标准适用于运行期间的尾矿库环境风险评估，不适用于贮存放射性尾矿、伴有放射性尾矿的尾矿库环境风险评估。

湿式堆存工业废渣库、电厂灰渣库的环境风险评估可参照本标准执行。

2　规范性引用文件

本标准引用了下列文件的条款。凡是未注明日期的引用文件，其最新版本适用于本标准。

《地质灾害危险性评估技术要求（试行）》（国土资发[2004]69 号）

3　术语和定义

下列术语和定义适用于本标准。

3.1 尾矿库

指筑坝拦截谷口或围地构成的，用以堆存金属非金属矿山进行矿石选别后排出尾矿、湿法冶炼过程中产生的废物或其他工业废渣的场所。

3.2 突发环境事件

指由于污染排放或者自然灾害、生产安全事故等因素，导致污染物或放射性物质等有毒有害物质进入大气、水体、土壤等环境介质，突然造成或者可能造成环境质量下降，危及公众身体健康和财产安全，或造成生态环境破坏，或造成重大社会影响，需要采取紧急措施予以应对的事件，主要包括大气污染、水体污染、土壤污染等突发环境污染事件和辐射污染事件。

3.3 环境风险

指尾矿库在运行期间发生突发环境事件的可能性及突发环境事件可能造成的危害程度。

3.4 环境风险受体

指在突发环境事件中可能受到危害的企业外部人群、具有一定社会价值或生态环境功能的单位或区域等。

3.5 环境风险评估

指根据尾矿库的环境风险特点，划分尾矿库环境风险等级，识别尾矿库可能引发突发环境事件的危险因素，并对其进行系统的环境风险分析，预测可能产生的后果，提出环境风险防控和环境安全隐患排查治理对策建议的过程。

3.6 环境安全隐患

指在尾矿库运行期间，因不符合相关法律、法规、规章、标准、规程和管理制度等的规定，或者可发展为不符合相关规定，而可能导致突发环境事件的不安全状态或缺陷。

3.7 重点环境监管尾矿库

指通过尾矿库环境风险预判环节，识别出的环境风险大、需要环境保护主管部门重点监管、督促尾矿库企业深入开展环境风险评估、环境安全隐患排查治理、环境应急预案编制等环境应急管理工作的尾矿库。

3.8 特征污染物

指尾矿成分和尾矿水成分中，能反映对周边环境影响特征的典型污染物。

3.9 环境危害性

指尾矿库中所含的特征污染物、势能等环境危害因子对周边环境的危害性。

3.10 周边环境敏感性

指尾矿库周边各类环境风险受体、环境要素等的敏感性。

3.11 控制机制可靠性

指尾矿库在降低突发环境事件发生的可能性，减小突发环境事件发生后的危害程度等方面控制机制的有效性和可靠性。

4 总则

4.1 特征污染物控制要求

特征污染物控制执行环评批复相关要求，环评批复后国家或地方制定更加严格的污染物排放标准的，执行新排放标准，排放标准和环评均未规定的污染物项目，可参照其他相关标准执行。

4.2 环境风险受体调查评估范围

4.2.1 涉及水环境风险受体的调查评估范围：尾矿库下游不小于 10 km。

4.2.2 其他类型环境风险受体调查评估范围：

a）山谷型、傍山型、截河型尾矿库：尾矿库下游不小于 80 倍坝高。

b）其他类型尾矿库：尾矿库下游不小于 40 倍坝高。

4.2.3 实际操作时可根据实际情况适当扩大评估范围。

4.3 工作程序

4.3.1 总体流程

尾矿库环境风险评估工作程序（详见图 1），由尾矿库环境风险评估准备、尾矿库环境风险预判、尾矿库环境风险等级划分、尾矿库环境风险分析与报告编制四个阶段组成。

4.3.2 尾矿库环境风险评估准备

前期准备工作主要内容包括相关资料和信息的收集等。

4.3.3 尾矿库环境风险预判

从类型、规模、周边环境敏感性、安全性、历史事件与环境违法情况五个方面，对尾矿库环境风险进行预判，判断是否属于重点环境监管尾矿库、是否需要进一步开展环境风险评估。

4.3.4 尾矿库环境风险等级划分

利用层次分析法，从尾矿库的环境危害性（H）、周边环境敏感性（S）、控制机制可靠性（R）三方面进行评分，采用环境风险等级划分模型，将重点环境监管尾矿库环境风险划分为重大、较大、一般三个等级，并按规则进行环境风险等级表征。

4.3.5 尾矿库环境风险分析与报告编制

对于重点环境监管尾矿库，在尾矿库环境风险评估准备、风险预判、风险等级划分的基础上，开展尾矿库环境风险分析及尾矿库环境安全隐患排查治理相关文件编制；并记录尾矿库环境风险评估的开展过程，总结尾矿库环境风险评估的相关工作内容，编制尾矿库环境风险评估报告。对于非重点环境监管尾矿库，只需记录环境风险预判开展过程。

5 尾矿库环境风险评估准备

根据尾矿库环境风险评估的各项工作需要，收集相关资料与信息，主要包括：环境影响评价文件及相关批复文件、设计文件、竣工验收文件、安全生产评价文件、环境监理报告、环境监测报告、特征污染物分析报告、应急预案、管理制度文件、日常运行台账等。

6 尾矿库环境风险预判

从尾矿库的类型、规模、周边环境敏感性、安全性、历史事件与环境违法情况五个方面，利用尾矿库环境风险预判表（附录 A）对尾矿库环境风险进行初步分析，对于满足预判表中任何条件之一的尾矿库即认定为重点环境监管尾矿库，需要进一步开展后续的环境风险评估工作。非重点环境监管尾矿库只需开展风险预判工作，并记录风险预判过程和预判结果。

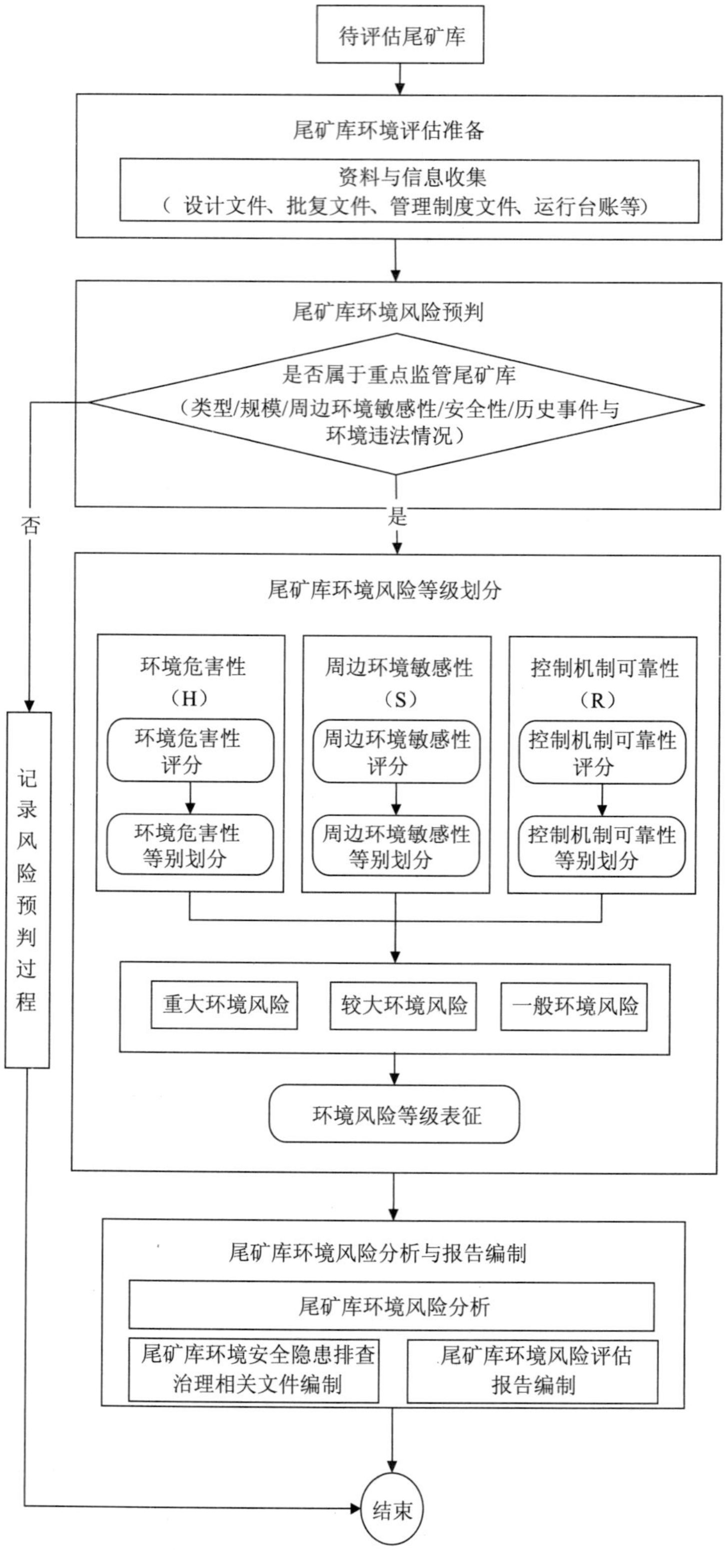

图1 尾矿库环境风险评估工作程序

7 尾矿库环境风险等级划分

7.1 尾矿库环境风险等级划分指标体系

利用层次分析法，从尾矿库的环境危害性（H）、周边环境敏感性（S）、控制机制可靠性（R）三方面（图 2）进行尾矿库环境风险等级划分。

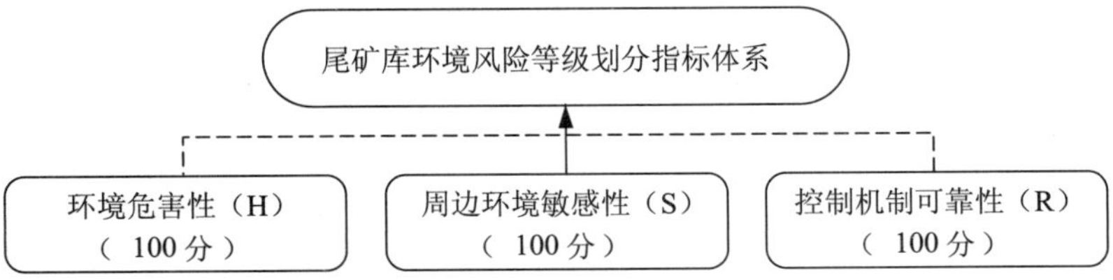

图 2 尾矿库环境风险等级划分指标体系

7.2 环境危害性（H）

采用评分方法，对类型、性质和规模三方面（表 1）指标进行评分（各指标评分方法详见附录 B）与累加求和，评估尾矿库环境危害性（H）。

表 1 尾矿库环境危害性（H）等别划分指标体系

序号	指标项目					指标分值
1	尾矿库环境危害性	类型	矿种类型/固体废物类型/尾矿（或尾矿水）成分类型			48
2		性质	特征污染物指标浓度情况	浓度倍数情况	pH 值	8
3					指标最高浓度倍数	14
4				浓度倍数 3 倍及以上指标项数		6
5		规模	现状库容			24

依据尾矿库环境危害性等别划分表（表 2），将环境危害性（H）划分为 H1、H2、H3 三个等别。

表 2 尾矿库环境危害性（H）等别划分表

尾矿库环境危害性得分（D_H）	尾矿库环境危害性等别代码
$D_H > 60$	H1
$30 < D_H \leqslant 60$	H2
$D_H \leqslant 30$	H3

7.3 周边环境敏感性（S）

采用评分方法，对尾矿库下游涉及的跨界情况、周边环境风险受体情况、周边环境功能类别情况三方面（表 3）指标进行评分（各指标评分方法详见附录 C）与累加求和，评估尾矿库周边环境敏感性（S）。

依据尾矿库周边环境敏感性等别划分表（表 4），将周边环境敏感性（S）划分为 S1、S2、S3 三个等别。

7.4 控制机制可靠性（R）

采用评分方法，对尾矿库的基本情况、自然条件情况、生产安全情况、环境保护情况和历史事件情况五方面（表 5）指标进行评分（各指标评分方法详见附录 D）与累加求和，评估尾矿库控制机制可靠性（R）。

表 3 尾矿库周边环境敏感性（S）等别划分指标体系

序号	指标项目					指标分值
1	尾矿库周边环境敏感性	下游涉及的跨界情况	涉及跨界类型			18
2			涉及跨界距离			6
3		周边环境风险受体情况				54
4		周边环境功能类别情况	水环境	下游水体	○地表水	9
5					○海水	
6				地下水		6
7			土壤环境			4
8			大气环境			3

表 4 尾矿库周边环境敏感性（S）等别划分表

尾矿库周边环境敏感性得分（D_S）	尾矿库周边环境敏感性（S）等别代码
$D_S>60$	S1
$30<D_S\leqslant60$	S2
$D_S\leqslant30$	S3

表 5 尾矿库控制机制可靠性（R）等别划分指标体系

序号	指标项目					指标分值
1	尾矿库控制机制可靠性	基本情况	堆存	堆存种类		1.5
2				堆存方式		1
3				坝体透水情况		2
4			输送	输送方式		1.5
5				输送量		1
6				输送距离		1.5
7			回水	回水方式		1
8				回水量		0.5
9				回水距离		1
10			防洪	库外截洪设施		2
11				库内排洪设施		2
12		自然条件情况	是否处于按《地质灾害危险性评估技术要求（试行）》评定为“危害性中等”或“危害性大”的区域，或者处于地质灾害易灾区、岩溶（喀斯特）地貌区			9
13		生产安全情况	尾矿库安全度等别			15
14		环境保护情况	环保审批	是否通过“三同时”验收		8
15			污染防治	水排放情况		3
16				防流失情况		1.5
17				防渗漏情况		2.5
18				防扬散情况		1.5
19			环境应急	环境应急设施	事故应急池建设情况	5
20					输送系统环境应急设施建设情况	2
21					回水系统环境应急设施建设情况	1.5
22				环境应急预案		6.5
23				环境应急资源		2

序号	指标项目					指标分值
24				环境监测预警与日常检查	监测预警	2
25					日常检查	2
26				环境安全隐患排查与治理	环境安全隐患排查	3
27					环境安全隐患治理	2.5
28			环境违法与环境纠纷情况	近三年来是否存在环境违法行为或与周边存在环境纠纷		7
29		历史事件情况	近三年来发生事故或事件情况（包括安全和环境方面）	事件等级		8
30				事件次数		3

依据尾矿库控制机制可靠性等别划分表（表 6），将控制机制可靠性（R）划分为 R1、R2、R3 三个等别。

表 6　尾矿库控制机制可靠性（R）等别划分表

尾矿库控制机制可靠性（D_R）	尾矿库环境危害性（R）等别代码
$D_R > 60$	R1
$30 < D_R \leqslant 60$	R2
$D_R \leqslant 30$	R3

7.5　环境风险等级划分

综合尾矿库环境危害性（H）、周边环境敏感性（S）、控制机制可靠性（R）三方面的等别，对照尾矿库环境风险等级划分矩阵（表 7），将尾矿库环境风险划分为重大、较大、一般三个等级。

表 7　尾矿库环境风险等级划分矩阵

序号	情形			环境风险等级
	环境危害性（H）	周边环境敏感性（S）	控制机制可靠性（R）	
1	H1	S1	R1	重大
2			R2	重大
3			R3	较大
4		S2	R1	重大
5			R2	较大
6			R3	较大
7		S3	R1	重大
8			R2	较大
9			R3	一般
10	H2	S1	R1	重大
11			R2	较大
12			R3	较大
13		S2	R1	较大
14			R2	一般
15			R3	一般
16		S3	R1	一般
17			R2	一般
18			R3	一般

序号	情形			环境风险等级
	环境危害性（H）	周边环境敏感性（S）	控制机制可靠性（R）	
19	H3	S1	R1	较大
20			R2	较大
21			R3	一般
22		S2	R1	一般
23			R2	一般
24			R3	一般
25		S3	R1	一般
26			R2	一般
27			R3	一般

7.6　环境风险等级表征

尾矿库环境风险等级可表征为“环境风险等级（环境危害性等别代码+周边环境敏感性等别代码+控制机制可靠性等别代码）”。例如：环境危害性为H1类，周边环境敏感性为S2类，控制机制可靠性为R3类的尾矿库环境风险等级可表征为“较大（H1S2R3）”。

8　尾矿库环境风险分析与报告编制

8.1　尾矿库环境风险分析

分析尾矿库环境风险预判、尾矿库环境风险等级划分结果及其风险特征，并对尾矿库环境危害性和控制机制可靠性的各项指标（附录B和附录D）的得分进行分析，将得分大于等于1的指标，作为尾矿库突发环境事件危险因素，并标记在尾矿库平面示意图中。根据实际需要，也可以将其他指标或内容作为尾矿库突发环境事件危险因素。

根据对尾矿库现状调查与分析，结合现有环境风险防控措施的有效性，对可能发生的突发环境事件进行情景分析，并提出相应的对策建议。

8.2　环境安全隐患排查治理相关文件编制

在尾矿库环境风险分析的基础上，汇总附录D尾矿库控制机制可靠性指标中的尾矿库突发环境事件危险因素，形成尾矿库环境安全隐患排查表；按照分类实施的原则，编制环境安全隐患治理计划表；结合隐患排查与日常管理工作，编制尾矿库环境安全隐患排查治理工作方案。对于一般环境风险尾矿库，可以只编制排查表和计划表。

8.3　尾矿库环境风险评估报告编制

记录尾矿库环境风险评估的开展过程，总结尾矿库环境风险预判、风险等级划分、风险分析等尾矿库环境风险评估的相关工作内容，编制尾矿库环境风险评估报告，报告大纲详见附录E。

9　标准实施与监督

本标准由县级以上人民政府环境保护行政主管部门负责监督实施。

附录 A（规范性附录）

尾矿库环境风险预判表

<table>
<tr><td colspan="4">符合下列情形之一，列入重点环境监管尾矿库</td><td>相关说明</td></tr>
<tr><td rowspan="2">类型</td><td colspan="2">矿种类型（包括主矿种、附属矿种）/尾矿（或尾矿水）成分类型</td><td>固体废物类型</td><td></td></tr>
<tr><td colspan="2">1. □相关的生产过程中使用了列入《重点环境管理危险化学品目录》的危险化学品
2. □重金属矿种：铜、镍、铅、锌、锡、锑、钴、汞、镉、铋、砷、铊、钒、铬、锰、钼
3. □贵金属矿种：金、银、铂族（铂、钯、铱、铑、锇、钌）
4. □轻有色金属矿种：铝（铝土）、镁、锶、钡
5. □稀土元素的矿种：钇、镧、铈、镨、钕、钷、钐、铕、钆、铽、镝、钬、铒、铥、镱、镥
6. □有色金属矿种：钨、钛
7. □非金属矿种：化工原料或化学矿
8. □涉及硫（包括主矿、共生矿）、磷（包括主矿、共生矿）
9. □涉及酸性岩矿种或产生酸性废液的矿种</td><td>10. □危险废物
11. □一般工业固体废物（II类）</td><td></td></tr>
<tr><td>规模</td><td colspan="3">12. □尾矿库等别：四等及以上</td><td></td></tr>
<tr><td rowspan="2">周边环境敏感性</td><td>所处区域</td><td colspan="2">13. □处于国家重点生态功能区、国家禁止开发区域、水土流失重点防治区、沙化土地封禁保护区等
14. □处于江河源头区和重要水源涵养区</td><td></td></tr>
<tr><td>尾矿库下游评估范围内或者尾矿库输送管线、回水管线涉及穿越</td><td colspan="2">15. □涉及跨省级及以上行政区边界
16. □饮用水水源保护区、自来水厂取水口
17. □重要江、河、湖、库等大型水体
18. □重要湿地、天然林、珍稀濒危野生动植物天然集中分布区、重要水生生物的自然产卵场及索饵场、越冬场和洄游通道、天然渔场、资源性缺水地区、封闭及半封闭海域、富营养化水域等
19. □水产养殖区，且规模在 20 亩及以上
20. □下游涉及人口聚集区，且人口规模在 100 人及以上
21. □下游涉及自然保护区、风景名胜区、森林公园、地质公园、世界文化或自然遗产地，重点文物保护单位，以及其他具有特殊历史、文化、科学、民族意义的保护地等
22. □涉及基本农田保护区、基本草原、种植大棚，农产品基地等，且规模在 20 亩及以上
23. □涉及环境风险企业、二次环境污染源或风险源</td><td></td></tr>
</table>

	符合下列情形之一，列入重点环境监管尾矿库	相关说明
安全性	24. □属于危库/险库/病库 25. □处于按《地质灾害危险性评估技术要求（试行）》评定为“危害性中等”或“危害性大”的区域 26. □处于地质灾害易灾区 27. □处于岩溶（喀斯特）地貌区 28. □已被相关部门鉴定为“三边库”、“头顶库”的尾矿库	
历史事件与环境违法情况	29. □近 3 年内发生过较大及以上等级的生产安全事故或突发环境事件 30. □近 3 年内存在恶意环境违法行为或因环境问题与周边存在纠纷	

注：（1）类型：指矿种类型（包括主矿种、附属矿种）/固体废物类型/尾矿（或尾矿水）成分类型，以环境危害大的计算

（2）表中复选框“□”表示可以多选。

尾矿库环境危害性指标评分表

指标因子	评分依据	评分	相关说明
类型 （48 分）	1. □相关的生产过程中使用了列入《重点环境管理危险化学品目录》的危险化学品 2. □危险废物 3. □重金属矿种：铜、镍、铅、锌、锡、锑、钴、汞、镉、铋、砷、铊、钒、铬、锰、钼 4. □贵金属矿种（采用氰化物采选工艺）：金、银、铂族（铂、钯、铱、铑、锇、钌） 5. □有色金属矿种：钨	48	
	6. □一般工业固体废物（Ⅱ类） 7. □贵金属矿种（采用无氰化物采选工艺）：金、银、铂族（铂、钯、铱、铑、锇、钌） 8. □轻有色金属矿种：铝（铝土）、镁、锶、钡 9. □稀土元素的矿种：钇、镧、铈、镨、钕、钷、钐、铕、钆、铽、镝、钬、铒、铥、镱、镥 10. □稀有金属矿种：铌、钽、铍、锆、锶、铷、锂、铯 11. □稀散元素矿种：锗、镓、铟、铪、铼、钪、硒、碲 12. □有色金属矿种：钛 13. □非金属矿种：化工原料或化学矿 14. □涉及硫（包括主矿、共生矿）、磷（包括主矿、共生矿） 15. □涉及酸性岩矿种或产生酸性废液的矿种	24	
	16. □一般工业固体废物（Ⅰ类） 17. □黑色金属矿种：铁 18. □轻有色金属矿种：钠、钾、钙 19. □非金属矿种：冶金辅助原料矿 20. □非金属矿种：建材原料矿 21. □非金属矿种：黏土、轻质材料、耐火材料非金属矿 22. □非金属矿种：特种非金属矿 23. □非金属矿种：能源矿种 24. □非金属矿种：其他非金属矿种	0	

指标因子				评分依据	评分	相关说明
性质（28分）	特征污染物指标浓度情况（28分）	浓度倍数情况（22分）	pH 值（8分）	1. ○ [0，4)	8	
				2. ○ [4，6)	6	
				3. ○ [6，9]	0	
				4. ○（9，11]	5	
				5. ○（11，14]	7	
			指标最高浓度倍数（14分）	1. ○有指标浓度倍数为 10 倍及以上	14	
				2. ○有指标浓度倍数 3 倍及以上，且所有指标浓度倍数均在 10 倍以下	7	
				3. ○所有指标浓度倍数均在 3 倍以下	0	
		浓度倍数 3 倍及以上的指标项数（6分）		1. ○ 5 项及以上	6	
				2. ○ 2 至 4 项	4	
				3. ○ 1 项	2	
				4. ○无	0	
规模（24分）	现状库容（24分）			1. ○大于等于 3 000 万 m^3	24	
				2. ○大于等于 1 000 万 m^3，小于 3 000 万 m^3	18	
				3. ○大于等于 100 万 m^3，小于 1 000 万 m^3	12	
				4. ○大于等于 20 万 m^3，小于 100 万 m^3	6	
				5. ○小于 20 万 m^3	0	

注：（1）类型：指矿种类型（包括主矿种、附属矿种）/固体废物类型/尾矿（或尾矿水）成分类型，以环境危害大的计算。

（2）特征污染物浓度倍数：指特征污染物的实测浓度与该特征污染物的排放标准或质量标准（排放标准优先）的比值。取样于尾矿库库区积液、库区渗滤液或输送管中的水样品，以排在前面的优先。

（3）指标最高浓度倍数：指所有特征污染物指标浓度倍数的最大值。

（4）表中复选框“□”表示可以多选，按其中最高得分计算；单选框“○”表示只能单选。

附录 C（规范性附录）

尾矿库周边环境敏感性指标评分表

<table>
<tr><th colspan="2">指标因子</th><th colspan="2">评分依据</th><th>评分</th><th>特别说明</th></tr>
<tr><td rowspan="9">下游涉及的跨界情况（24 分）</td><td rowspan="5">涉及跨界类型（18 分）</td><td colspan="2">1. ○国界</td><td>18</td><td>可能涉及跨国界</td></tr>
<tr><td colspan="2">2. ○省界</td><td>12</td><td>可能涉及跨省级行政区边界</td></tr>
<tr><td colspan="2">3. ○市界</td><td>6</td><td>可能涉及跨地市级行政区边界</td></tr>
<tr><td colspan="2">4. ○县界</td><td>3</td><td>可能涉及跨县级行政区边界</td></tr>
<tr><td colspan="2">5. ○其他</td><td>0</td><td>其他情况</td></tr>
<tr><td rowspan="4">涉及跨界距离（6 分）</td><td colspan="2">1. ○ 2 km 及以内</td><td>6</td><td rowspan="4">指沿着尾矿库事故后污染物的可能流向的曲线距离</td></tr>
<tr><td colspan="2">2. ○ 2 km 以外，5 km 及以内</td><td>4</td></tr>
<tr><td colspan="2">3. ○ 5 km 以外，10 km 及以内</td><td>2</td></tr>
<tr><td colspan="2">4. ○ 10 km 以外</td><td>0</td></tr>
<tr><td colspan="2" rowspan="4">周边环境风险受体情况（54 分）</td><td>所在区域</td><td>1. □处于国家重点生态功能区、国家禁止开发区域、水土流失重点防治区、沙化土地封禁保护区等
2. □处于江河源头区和重要水源涵养区</td><td>54</td><td>即不符合相关政策</td></tr>
<tr><td rowspan="3">尾矿库下游涉及水环境风险受体</td><td>3. □服务人口 1 万人及以上的饮用水水源保护区或自来水厂取水口</td><td>54</td><td rowspan="3"></td></tr>
<tr><td>4. □服务人口 2 000 人及以上的饮用水水源保护区或自来水厂取水口
5. □重要湿地、天然林、珍稀濒危野生动植物天然集中分布区、重要水生生物的自然产卵场及索饵场、越冬场和洄游通道、天然渔场、资源性缺水地区、封闭及半封闭海域、富营养化水域等
6. □流量大于等于 15 m^3/s 的河流
7. □面积大于等于 2.5 km^2 的湖泊或水库
8. □水产养殖 100 亩及以上</td><td>36</td></tr>
<tr><td>9. □服务人口 2 000 人以下的饮用水水源保护区或自来水厂取水口
10. □流量小于 15 m^3/s 的河流
11. □面积小于 2.5 km^2 的湖泊或水库
12. □水产养殖 100 亩以下</td><td>18</td></tr>
</table>

指标因子				评分依据	评分	特别说明
周边环境风险受体情况（54分）	尾矿库下游涉及其他类型风险受体			13. □人口聚集区：累计人口2 000人及以上	54	
				14. □人口聚集区：累计人口2 000人以下，200人及以上 15. □国家级（或4A级及以上）的自然保护区、风景名胜区、森林公园、地质公园、世界文化或自然遗产地，重点文物保护单位，以及其他具有特殊历史、文化、科学、民族意义的保护地等 16. □国家基本农田、基本草原、种植大棚、农产品基地等1 000亩及以上 17. □重大环境风险企业或重大二次环境污染源、风险源	36	
				18. □人口聚集区：累计人口200人以下 19. □涉及省级及以下（或4A级以下）：自然保护区、风景名胜区、森林公园、地质公园、世界文化或自然遗产地，重点文物保护单位，以及其他具有特殊历史、文化、科学、民族意义的保护地等 20. □国家基本农田、基本草原、种植大棚、农产品基地等1 000亩以下 21. □一般、较大环境风险企业或其他二次环境污染源、风险源	18	
	尾矿库输送管线、回水管线涉及穿越			22. □服务人口在2 000人及以上的饮用水水源保护区、自来水厂取水口	36	
				23. □规模在100亩及以上的水产养殖区 24. □江、河、湖、库等大型水体	18	
周边环境功能类别（22分）	水环境（15分）	下游水体（9分）	地表水	1. ○地表水：一类	9	主要适用于源头水、国家自然保护区
				2. ○地表水：二类		主要适用于集中式生活饮用水地表水源地一级保护区、珍稀水生生物栖息地、鱼虾产卵场、在仔稚幼鱼的索饵场等
				3. ○地表水：三类	6	主要适用于集中式生活饮用水地表水源地二级保护区、鱼虾类越冬场、洄游通道、水产养殖区等渔业水域及游泳区
				4. ○地表水：四类	3	主要适用于一般工业用水区及非人体直接接触的娱乐用水区
				5. ○地表水：五类	0	主要适用于农业用水区及一般景观要求水域

指标因子				评分依据	评分	特别说明
周边环境功能类别（22分）	水环境（15分）	下游水体（9分）	海水（不涉及海水则不计算该项）	1. ○海水：一类	9	适用于海洋渔业水域、海上自然保护区和珍稀濒危海洋生物保护区
				2. ○海水：二类	6	适用于水产养殖区，海水浴场，人体直接接触海上运动或娱乐区，以及与人类食用直接相关的工业用水区
				3. ○海水：三类	3	适用于一般工业用水区，滨海风景旅游区
				4. ○海水：四类	0	适用于海洋港口水域，海洋开发作业区
		地下水（6分）		1. ○地下水：一类	6	主要反映地下水化学组分的天然低背景含量。适用于各种用途
				2. ○地下水：二类		
				3. ○地下水：三类	4	以人体健康基准值为依据。主要适用于集中式生活饮用水水源及工、农业用水
				4. ○地下水：四类	2	以农业和工业用水要求为依据。除适用于农业和部分工业用水外，适当处理后可做生活饮用水
				5. ○地下水：五类	0	不宜饮用，其他用水可根据使用目的选用
	土壤环境（4分）			1. ○土壤：一类	4	主要适用于国家规定的自然保护区、集中式生活饮用水源地、茶园、牧场和其他保护地区的土壤，土壤质量基本上保持自然背景水平
				2. ○土壤：二类	3	主要适用于一般农田、蔬菜地、茶园、果园、牧场等土壤，土壤的质量基本上不对植物和环境造成危害和污染

指标因子		评分依据	评分	特别说明
周边环境功能类别（22分）	土壤环境（4分）	3. ○土壤：三类	1	主要适用于林地土壤及污染物容量较大的高背景值土壤和矿产附近等地的农田土壤（蔬菜地除外）。土壤质量基本上不对植物和环境造成危害和污染
	大气环境（3分）	1. ○大气：一类	3	自然保护区、风景名胜区和其他需要特殊保护的地区。以保护自然生态及公众福利为主要对象
		2. ○大气：二类	1.5	城镇规划中确定的居住区、商业交通居民混合区、文化区、一般工业区和农村地区。以保护人体健康为主要对象
		3. ○大气：三类	0	特定工业区。以保护人体健康为主要对象

注：（1）下游涉及的跨界情况：指沿着尾矿库事故后污染物的可能流向 10 km 评估范围（根据实际情况可以适当扩大评估距离）内存在行政区边界的情况。如果涉及多种类型，以等级最高的行政区边界进行计算。

（2）周边环境风险受体情况：包括①“所在区域”敏感性情况；②“尾矿库下游涉及水环境风险受体”敏感性情况；③“尾矿库下游涉及其他类型风险受体”敏感性情况；④“尾矿库输送管线、回水管线涉及穿越”敏感性情况共计 4 方面 24 种的情形。评估时需要综合考虑这 4 方面情况，取其中得分最高的作为最后“周边环境风险受体情况”的得分。

（3）下游水体：主要考虑地表水。如果下游同时还涉及海水，则评估时需综合“地表水”、“海水”两方面得分，取其中得分最高的作为最后“下游水体”方面得分。

（4）一般、较大、重大环境风险源企业：指依据《企业突发环境事件风险评估指南（试行）》评估具有一般、较大、重大环境风险等级的企业。

（5）重大二次环境污染源、风险源：指尾矿库下游可能危及的，依据当地地方相关标准、文件或其他行业标准被划分为具有重大等级的环境污染源或风险源。

（6）其他二次环境污染源、风险源：指尾矿库下游可能危及的，依据当地地方相关标准、文件或其他行业标准被划分为具有除重大等级之外的其他等级的环境污染源或风险源。

（7）周边环境风险受体情况评分时：如果涉及多种情况，则按最高分计算。

（8）表中复选框“□”表示可以多选，按其中最高得分计算；单选框“○”表示只能单选。

尾矿库控制机制可靠性指标评分表

指标因子			评分依据	评分	相关说明
基本情况（15分）	堆存（4.5分）	堆存种类（1.5分）	1. ○混合多用途：多种不同类型的尾矿或固体废物、废水的排放场所	1.5	
			2. ○单一用途：仅一种类型尾矿或固体废物、废水的排放场所	0	
		堆存方式（1分）	1. ○湿法堆存	1	
			2. ○干法堆存	0	
		坝体透水情况（2分）	1. ○透水坝，无渗滤液收集设施	2	
			2. ○透水坝，但有渗滤液收集设施	1	
			3. ○不透水坝	0	
	输送（4分）	输送方式（1.5分）	1. ○沟槽+自流（无人为加压）	1.5	
			2. ○管道输送+泵站加压	1	
			3. ○管道输送+自流（无人为加压）	0.5	
			4. ○车辆运输 5. ○传送带运输	0	
		输送量（1分）	1. ○大于等于 10 000 m^3/d	1	
			2. ○大于等于 1 000 m^3/d，小于 10 000 m^3/d	0.5	
			3. ○小于 1 000 m^3/d	0	
		输送距离（1.5分）	1. ○大于等于 10 km	1.5	指实际的曲线距离
			2. ○大于等于 2 km 而小于 10 km	0.75	
			3. ○小于 2 km	0	
	回水（2.5分）（仅在有回水系统时计算该项）	回水方式（1分）	1. ○沟槽+自流（无人为加压）	1	
			2. ○管道输送+泵站加压	0.5	
			3. ○管道输送+自流（无人为加压）	0	
		回水量（0.5分）	1. ○大于等于 10 000 m^3/d	0.5	
			2. ○大于等于 1 000 m^3/d，小于 10 000 m^3/d	0.25	
			3. ○小于 1 000 m^3/d	0	

指标因子			评分依据		评分	相关说明
基本情况（15 分）	回水（2.5 分）（仅在有回水系统时计算该项）	回水距离（1 分）	1．〇大于等于 10 km		1	指实际的曲线距离
			2．〇大于等于 2 km 而小于 10 km		0.5	
			3．〇小于 2 km		0	
	防洪（4 分）	库外截洪设施（2 分）	1．〇无		2	
			2．〇有，雨污不分流		1	指外部雨水未能通过截洪沟直接流向外界，而是进入尾矿库渗滤液收集池、事故池等设施
			3．〇有，雨污分流		0	指外部雨水能直接通过截洪沟流向外界，而不进入尾矿库相关设施（比如库区、渗滤液收集池、事故池等）
		库内排洪设施（2 分）	1．〇无		2	指不仅作为排洪通道，还作为日常回水或排水通道
			2．〇有，作为日常尾矿水排放或回水通道		1	指汛期作为库区泄洪通道，而日常生产中，通过库内排洪设施将库区澄清水引到渗滤液收集池等设施
			3．〇有，仅作为排洪通道		0	指通常情况下该通道关闭，不连通外界，仅在汛期紧要情况下连通外界
自然条件情况（9 分）			1．〇开展了地质灾害危险性评估	1-A.　〇危害性中等或危害性较大	9	
				1-B.　〇危害性小	0	
			2．〇未开展地质灾害危险性评估	2-A.　〇处于地质灾害易灾区或岩溶（喀斯特）地貌区	9	
				2-B.　〇不处于地质灾害易灾区或岩溶（喀斯特）地貌区	0	
生产安全情况（15 分）	尾矿库安全度等别（15 分）		1．〇危库		15	未核定则按最高分进行评分
			2．〇险库		11	
			3．〇病库		7	
			4．〇正常库		0	

指标因子				评分依据	评分	相关说明
环境保护情况（50分）	环保审批（8分）	是否通过“三同时”验收（8分）		1. ○否	8	是否有环评报告书或报告表，且通过了“三同时”验收及相关批复
				2. ○是	0	
	污染防治（8.5分）	水排放情况（3分）		1. ○不达标排放	3	未知则按最高分进行评分
				2. ○达标排放，但不满足总量控制要求	1.5	
				3. ○达标排放，且满足总量控制要求	0.75	
				4. ○不对外排放尾矿水或渗滤液等	0	
		防流失情况（1.5分）		1. ○不符合环评等相关要求	1.5	主要针对堆积坝及其他可能流失尾矿的位置 参照设计、环评及相关批复等文件的相关要求进行评分
				2. ○符合环评等相关要求	0	
		防渗漏情况（2.5分）		1. ○不符合环评等相关要求	2.5	主要针对库区底部及库区内边坡 参照设计、环评及相关批复等文件的相关要求进行评分
				2. ○符合环评等相关要求	0	
		防扬散情况（1.5分）		1. ○不符合环评等相关要求	1.5	主要针对库区干滩及堆积坝体边坡 参照设计、环评及相关批复等文件的相关要求进行评分
				2. ○符合环评等相关要求	0	
	环境应急（26.5分）	环境应急设施（8.5分）	事故应急池建设情况（5分）	1. ○无	5	主要指针对库区和坝体防范措施建设情况。比如漫坝、坝体裂缝泄漏等 参照设计、环评及相关批复等文件的相关要求进行评分
				2. ○有，但不符合环评等相关要求	3	
				3. ○有，且符合环评等相关要求	0	
			输送系统环境应急设施建设情况（2分） （如果采用车辆运输，则不计算该项）	1. ○无	2	主要指针对输送管道等输送系统的防范措施建设情况。比如防止输送管线爆裂等 参照设计、环评及相关批复等文件的相关要求进行评分
				2. ○有，但不符合环评等相关要求	1	
				3. ○有，且符合环评等相关要求	0	
			回水系统环境应急设施建设情况（1.5分） （仅在有回水系统时计算该项）	1. ○无	1.5	主要指针对回水管等回水系统的防范措施建设情况。比如防止回水管爆裂等 参照设计、环评及相关批复等文件的相关要求进行评分
				2. ○有，但不符合环评等相关要求	1	
				3. ○有，且符合环评等相关要求	0	

指标因子			评分依据		评分	相关说明
环境保护情况（50分）	环境应急（26.5分）	环境应急预案（6.5分）			6.5	按照环境应急预案的编制、报备及落实等情况进行综合评分
		环境应急资源（2分）			2	按照应急资源的储备、管理、维护等情况进行综合评分
		环境监测预警与日常检查（4分）		监测预警（2分）	2	按照监测预警方案的制订、开展及相关台账等情况进行综合评分
				日常检查（2分）	2	按照日常检查工作方案的制订、开展及相关台账等情况进行综合评分
		环境安全隐患排查与治理（5.5）		环境安全隐患排查（3分）	3	按照环境安全隐患排查工作方案的制订、开展及相关台账等情况进行综合评分
				环境安全隐患治理（2.5分）	2.5	按照安全隐患的发现、治理及报告等情况进行综合评分
	环境违法与环境纠纷情况（7分）	近三年来是否存在环境违法行为或与周边存在环境纠纷（7分）	1. ○是		7	
			2. ○否		0	
历史情况（11分）	近三年来发生事故或事件情况（包括安全和环境方面）（11分）	事件等级（8分）	1. ○发生过重大、特大事故		8	以发生过最高等级事件或事故进行评分
			2. ○发生过较大事故		6	
			3. ○发生过一般事故		4	
			4. ○无		0	
		事件次数（3分）	1. ○ 2次及以上		3	一般、较大、重大、特大事件或事故次数
			2. ○ 1次		1.5	
			3. ○ 0次		0	

注：表中单选框“○”表示只能单选。

附录 E（资料性附录）

尾矿库环境风险评估报告编制大纲

1　前言

2　总则

2.1　编制原则

2.2　编制依据

包括：政策法规、技术指南、标准规范、其他文件等。

3　资料准备与环境风险识别

3.1　尾矿库基本信息

3.2　尾矿库周边环境风险受体情况

3.3　尾矿库涉及特征污染物情况

3.4　生产工艺

3.5　生产安全管理

3.6　现有环境风险防控与应急措施情况

3.7　现有应急物资与装备、救援队伍情况

3.8　现有相关环境安全管理制度情况

4　尾矿库环境风险评估情况

4.1　环境风险预判情况

4.2　环境风险等级划分情况

4.2.1　尾矿库环境危害性评估情况

4.2.2　尾矿库周边环境敏感性评估情况

4.2.3　尾矿库控制机制可靠性评估情况

4.2.4　尾矿库环境风险等级及其表征情况

4.3　环境风险分析情况

4.3.1　环境风险特征分析情况

4.3.2　尾矿库突发环境事件危险因素分析情况

4.3.3　尾矿库突发环境事件情景分析情况

4.4　环境安全隐患排查治理相关文件编制

4.4.1　尾矿库环境安全隐患排查表编制情况

4.4.2　尾矿库环境安全隐患治理计划表编制情况

4.4.3　尾矿库环境安全隐患排查治理工作方案编制情况

5　相关结论与对策建议

6　附件

尾矿库地理位置图（特别是水系、流域分布）、尾矿库平面布置图（坝体、库区、输送、回水、防洪、渗滤液收集池、事故池等）、周边环境风险受体分布图、尾矿及所有水

（各类清净地表水、渗滤水、回水、排放污水等）的流向图、尾矿库危险因素平面分布图、尾矿库风险预判表、尾矿库环境风险等级划分各指标评分表等。

中华人民共和国国家环境保护标准

垃圾焚烧袋式除尘工程技术规范

Technical specifications for bag filters of municipal solid waste incineration

HJ 2012—2012

前言

为贯彻《中华人民共和国环境保护法》、《中华人民共和国大气污染防治法》、《中华人民共和国固体废物污染环境防治法》和《生活垃圾焚烧污染控制标准》，规范生活垃圾焚烧炉袋式除尘系统的设计、施工、运行和维护管理，防治生活垃圾焚烧烟气污染，保护环境和人体健康，制定本标准。

本标准规定了生活垃圾焚烧炉袋式除尘系统的设计、施工、运行、管理等技术要求。

本标准为首次发布。

本标准由环境保护部科技标准司组织制订。

本标准主要起草单位：中钢集团天澄环保科技股份有限公司。

本标准环境保护部 2012 年 3 月 19 日批准。

本标准自 2012 年 6 月 1 日起实施。

本标准由环境保护部解释。

1 适用范围

本标准规定了生活垃圾焚烧炉烟气袋式除尘系统的设计、施工、调试、验收和运行维护等方面的技术要求。

本标准适用于生活垃圾焚烧炉烟气袋式除尘工程，可作为此类项目环境影响评价、可行性研究、设计、施工、安装工程验收、环境保护验收及运行管理等工作的技术依据。其他固体废物的焚烧炉烟气袋式除尘工程可参照执行。

2 规范性引用文件

本标准内容引用了下列文件中的条款。凡是未注明日期的引用文件，其有效版本适用于本标准。

GB 150 钢制压力容器

GB 2893 安全色

GB 2894 安全标志及其使用导则

GB 4053 固定式钢梯及平台安全要求

GB 4064 电气设备安全设计导则
GB 5083 生产设备安全卫生设计总则
GB 8958 缺氧危险作业安全规程
GB 12801 生产过程安全卫生要求总则
GB 18485 生活垃圾焚烧污染控制标准
GB 50029 压缩空气站设计规范
GB 50034 建筑照明设计标准
GB 50052 供配电系统设计规范
GB 50054 低压配电设计规范
GB 50057 建筑物防雷设计规范
GB 50217 电力工程电缆设计规范
GB 50231 机械设备安装工程施工及验收通用规范
GB 50236 现场设备、工业管道焊接工程施工及验收规范
GBJ 16 建筑设计防火规范
GBZ 1 工业企业设计卫生标准
GBZ 2 工业场所有害因素职业接触限值
GB/T 4200 高温作业分级
GB/T 6719 袋式除尘器技术要求
GB/T 16157 固定污染源排气中颗粒物测定与气态污染物采样方法
HJ/T 284 环境保护产品技术要求 袋式除尘器用电磁脉冲阀
HJ/T 324 环境保护产品技术要求 袋式除尘器 滤料
HJ/T 325 环境保护产品技术要求 袋式除尘器 滤袋框架
HJ/T 327 环境保护产品技术要求 袋式除尘器 滤袋
JB/T 8471 袋式除尘器安装技术要求与验收规范
《建设项目环境保护管理条例》（1998 年国务院令 第 253 号）
《建设项目竣工环境保护验收管理办法》（2001 年国家环境保护总局令 第 13 号）

3 术语和定义

下列术语和定义适用于本标准。

3.1 预涂灰 pre-coating

指袋式除尘器投入运行前，在滤袋表面预置一定量的消石灰粉等碱性粉尘。

3.2 荧光粉检漏 fluorescent leak detection

指利用荧光粉和紫光灯配合检测袋式除尘器泄漏点的过程。

3.3 脱酸 deacidification

指脱除烟气中的氯化氢、氟化氢、硫氧化物等酸性气体。

4 污染物与污染负荷

4.1 袋式除尘系统的主要功能是捕集烟气中的颗粒物。除尘工程的设计，应掌握除尘器入口烟气参数和污染物的种类、数量、成分，包括：烟气量（工况和标况）、烟气压力及

波动范围、烟气温度及波动范围（烟气最高温度、烟气最低温度和正常运行温度）、酸露点温度、含湿量、烟气含尘浓度，以及氯化氢、氟化氢、硫氧化物、氮氧化物、氧气等的浓度。除尘器设计依据的入口烟气参数详见附录 A。

4.2　焚烧烟气的污染物负荷可通过工艺计算、测试或类比方式确定。

4.3　烟气进入除尘器之前应先进行脱酸处理，脱酸后酸性气体浓度应符合 GB 18485 的要求。

4.4　除尘工程设计应依据焚烧炉烟气中其他污染物成分的去除工艺。

4.5　除尘器处理烟气量的计算，应考虑调温、增湿、脱酸、活性炭及其他吸附剂喷入导致的烟气量变化，还应考虑焚烧炉超负荷运行导致的烟气量变化。

4.6　除尘器处理烟气量以工况流量计，若为标准状态下的流量，应按式（1）换算为工况流量：

$$Q_1 = \frac{Q_0 P_0 T_1}{T_0 P_1} \qquad (1)$$

式中：Q_0——标准状态下的烟气流量，m^3/h；

P_0——标准大气压，101.325 kPa；

T_0——取值 273.15 K；

Q_1——烟气工况流量，m^3/h；

P_1——烟气工况压力，Pa；

T_1——烟气工况温度，K。

5　总体要求

5.1　一般规定

5.1.1　除尘系统设计、施工和运行应满足国家及地方相关法律、法规、技术标准和排放标准的规定。

5.1.2　除尘工程应与焚烧主体工程同时设计、同时施工和同时运行。

5.1.3　除尘系统及设备运行、维护和检修应不影响焚烧炉正常和稳定运行。

5.1.4　除尘后烟尘排放限值应满足 GB 18485 的要求。

5.1.5　在除尘系统建设、运行和检修过程中产生的废气、废水、废渣、噪声及其他污染物的治理与排放，应执行国家环境保护法律、法规和标准的有关规定，防止二次污染。

5.1.6　除尘系统收集的粉尘和更换的滤袋属危险废物，其处理和处置应符合国家相关法规和标准的规定。

5.2　除尘系统构成

5.2.1　除尘系统配置及功能应根据炉型、焚烧量、炉况、垃圾成分、辅助燃料成分、前置的污染物去除工艺、烟气工况、气象条件、操作维护管理等具体情况进行设计。

5.2.2　除尘系统一般包括：袋式除尘器、烟道及阀门、预涂灰装置、卸灰和输灰装置、保温及伴热装置、压缩空气供应系统、检测及过程控制系统、供配电系统等。

5.3　总平面布置

5.3.1　除尘工程主要设备的相对位置和主要管线的布置，应符合焚烧厂总体规划、焚烧厂总平面布置的要求。

5.3.2 除尘工程设计应考虑焚烧厂地下管线敷设，水、电、气、汽接口等因素。

5.3.3 除尘工程应有足够的检修通道、安装空间和运输通道等。

5.3.4 除尘器及其配套设备宜布置在室内。

6 工艺设计

6.1 一般规定

6.1.1 由多台焚烧炉组成的垃圾焚烧厂，应为每台垃圾焚烧炉单独配套袋式除尘系统。

6.1.2 袋式除尘系统适用于干法、半干法烟气净化工艺，除尘器应布置在脱酸装置之后。

6.1.3 除尘系统的风量、阻力等参数应按最大工况烟气量确定。

6.1.4 除尘器运行温度应按照脱酸工艺处理后的烟气温度设计，一般应≥145℃，且应不高于滤料连续使用的最高耐温限值。除尘器运行温度应高于酸露点温度 20℃以上。

6.1.5 除尘器滤袋、防腐涂料、油漆、结构材料、配件、元器件等的选择和选型，应同时考虑最高工作温度和最低工作温度。

6.1.6 室外布置的除尘器，应强化保温、伴热、防风、防雪和防水等措施。

6.2 系统设计

6.2.1 袋式除尘器应采用脉冲喷吹清灰方式。

6.2.2 袋式除尘器过滤速度应根据烟气和粉尘的理化性质、除尘器入口粉尘浓度及滤料特性等确定，宜小于等于 0.9 m/min。

6.2.3 除尘器宜在 1 300～2 000 Pa 阻力范围内运行。

6.2.4 除尘器进、出口烟道应设置非金属补偿器。

6.2.5 除尘系统烟道风速宜按 12～16 m/s 设计。

6.2.6 除尘器前、后烟道测试孔的设置应符合 GB/T 16157 的规定。

6.2.7 输灰系统宜采用机械输灰方式。

6.2.8 卸灰和输灰装置应严密，避免粉尘泄漏；应采用连续工作方式，避免灰斗积灰。

6.2.9 除尘器灰斗、卸灰和输灰设备应防止粉尘吸湿和板结，宜采用电或蒸汽为热源的伴热装置。

6.2.10 除尘器、烟道和蒸汽管道应进行保温和外饰，保温层厚度应不小于 100 mm，并保证外表温度不高于 60℃。

6.2.11 除尘系统和设备的操作、检修和测孔部位应设置必要的照明、梯子、平台、栏杆。测孔位置应就近设电源插座。

6.2.12 除尘器顶部宜设起吊装置。起吊重量不小于检修部件的最大重量。

7 主要工艺设备和材料

7.1 袋式除尘器的设计和选型

7.1.1 袋式除尘器过滤面积按式（2）计算：

$$S=\frac{Q}{60V} \tag{2}$$

式中：S——过滤面积，m^2；

Q——最大工况烟气量，m^3/h；

V——过滤速度，m/min。

7.1.2 除尘器宜设置若干独立的过滤仓室，其数量不宜少于 4 个。各过滤仓室进、出口应设置切换阀门。过滤仓室可采用单列或双列方式布置，根据仓室数量和总平面布置要求确定。

7.1.3 除尘器宜采用在线清灰方式；若采用离线清灰，除尘器过滤面积、过滤风速和运行阻力的确定，应考虑清灰仓室关闭时过滤面积减少的影响。

7.1.4 除尘器宜能够在焚烧炉不停机条件下，隔离任一过滤仓室进行检查和维修。

7.1.5 切换阀门应可靠、灵活和严密，漏风率应小于 1%。阀板应具有良好的刚性，不变形、不卡死。应具有自动和手动操作、阀位识别和流向指示等功能。

7.1.6 除尘器的漏风率应小于等于 2%。

7.1.7 除尘器本体内部应光滑平整，箱板交角的内侧应做成圆弧状，避免箱体内存在严重积灰的处所。

7.1.8 除尘器的结构应便于更换滤袋。

7.1.9 除尘器应设气流分布装置，使含尘气流均布，并防止其冲刷滤袋。

7.1.10 除尘器灰斗应设置料位计、破拱装置、检修门、手动插板阀、卸灰阀。

7.1.11 灰斗斜壁与水平面的夹角不得小于 65°。灰斗相邻壁板交角的内侧应做成圆弧状。灰斗排灰口尺寸应大于等于 400 mm×400 mm。

7.1.12 除尘器本体结构、支架和基础设计应考虑恒载、活载、检修荷载和地震荷载等，并按危险组合进行设计。布置在室外的除尘器还应考虑风载和雪载等。

7.1.13 除尘器箱体结构的耐压强度应根据工艺要求设计，其值应不低于引风机铭牌全压的 1.2 倍。

7.1.14 设计除尘器钢结构时，框架按常温考虑，除尘器本体按 300℃考虑。

7.1.15 除尘器本体与支架、平台等结构件的连接部位，应加非金属隔热材料。

7.1.16 除尘器过滤仓室之间的隔板应采用隔热结构。

7.1.17 除尘器的上箱体、中箱体、灰斗和烟道内表面应喷丸（砂）除锈，除锈等级应不低于 Sa2½等级，并涂装防腐材料，防腐材料耐温限度应高于除尘器最高运行温度。

7.1.18 人孔门、检修门应采用保温结构。

7.1.19 除尘器的梯子、平台和栏杆应符合 GB 4053 的规定。梯子、平台及栏杆应设踢脚板。

7.1.20 除尘器的花板应平整、光洁，不应有挠曲、凹凸不平等缺陷。花板平面度偏差不大于其长度的 2/1 000。花板孔中心与加工基准线的偏差应小于等于 1.0 mm，且相邻花板孔中心位置偏差小于 0.5 mm。花板孔径偏差为 0～0.2 mm。花板厚度应大于等于 6 mm。

7.2 袋式除尘器滤料、滤袋及滤袋框架

7.2.1 除尘器用滤料应符合 GB/T 6719、HJ/T 324 的规定。

7.2.2 应依据烟气温度、成分和化学腐蚀性，选择耐高温、耐腐蚀滤料，如 PTFE、玻纤等。

7.2.3 除尘器用滤袋应符合 GB/T 6719、HJ/T 327 的规定。

7.2.4 在滤袋正常适用条件下，2 年自然年限内，滤袋破损率应小于等于 5%。

7.2.5 除尘器用滤袋框架应符合 HJ/T 325 的规定。

7.2.6 滤袋框架应依据烟气温度、成分和化学腐蚀性，选用耐高温、耐腐蚀材料制作，或进行耐高温、耐腐蚀表面处理。

7.2.7 滤袋框架应由专用焊接设备制作，具有足够的强度和刚度，焊点应牢固、平滑，不得有裂痕、凹坑和毛刺，不允许有脱焊和漏焊。

7.2.8 当滤袋框架为多节结构时，接口部位不得对滤袋造成磨损，接口型式应便于拆、装。

7.2.9 滤袋与花板袋孔的配合应严密。滤袋与滤袋框架应有适宜的间隙。滤袋及滤袋框架应在花板、滤袋及框架三者预装配合格后方可批量生产。

7.3 袋式除尘器清灰装置

7.3.1 除尘器清灰装置应包括脉冲阀、气包和喷吹管等部件。

7.3.2 脉冲阀的技术要求、试验方法、检验规则、包装、标志、贮存和运输应执行 HJ/T 284 的有关规定。

7.3.3 脉冲阀的选型应依据滤袋的直径、长度、数量、形状及所需喷吹气量等因素确定。

7.3.4 淹没式脉冲阀宜水平安装，其输出口应与阀体同心，不得偏移和歪斜。输出口应与阀座平行。

7.3.5 在压缩空气品质和供气压力符合脉冲阀技术要求的情况下，膜片正常使用寿命应大于 5 年。

7.3.6 喷吹管应有可靠的定位和固定装置，便于安装和拆卸。

7.3.7 气包的设计、制造、检查和验收应符合 GB 150 的规定。

7.3.8 气包底部应设排污阀。

7.3.9 气包制造完成、检验合格后，应清除内部的焊渣等杂物，将脉冲阀安装就位，逐个进行喷吹试验，确认喷吹正常。

7.3.10 气包和喷吹管与上箱体组装时，应严格保证喷吹管与花板平行，并使喷嘴的中心线与花板孔中心线重合，其位置偏差应小于 2 mm。

7.3.11 清灰装置、上箱体、花板宜在工厂制作组对后整体出厂。出厂发运前，应封堵气包的所有孔口，避免杂物进入。对脉冲阀及电磁阀应有防雨、防撞等保护措施。

8 检测与过程控制

8.1 检测

8.1.1 除尘系统应检测的内容及要求：

（1）除尘器出口烟尘浓度检测、显示及超限报警。

（2）除尘器进、出口压差检测，并显示及超限报警。

（3）除尘器进、出口烟气温度检测，并显示及超限报警。

（4）气源压力检测、显示及超限报警。

（5）灰斗料位检测、显示及超限报警。

（6）灰斗温度检测、显示及超限报警。

8.1.2 除尘系统选择性检测的内容及要求：

（1）烟气流量检测、显示。

（2）除尘器出口压力检测、显示及超限报警。

（3）出口烟气主要气态污染物浓度检测、显示及超限报警。

（4）清灰脉冲阀故障检测、显示及报警。

（5）清灰周期及间隔显示。

8.1.3 除尘器进、出口总管应设置压差变送器，或分别设置压力变送器。

8.1.4 每个过滤仓室宜设置压差检测装置。

8.1.5 压缩空气管路的减压阀后应设置压力变送器。

8.1.6 除尘器温度测点应设置在除尘器进、出口直管段，至少应有不少于 2 个以上的测点。除尘器灰斗加热温度测点应置于灰斗壁外侧。

8.1.7 每个灰斗应设置高料位开关，并有料位开关防护措施。

8.1.8 除尘系统及其主要参数宜集中在一个画面上，运行参数的更新时间不大于 1 s。

8.1.9 位于含尘烟道内的一次元器件应有防磨保护措施。管道压力测孔应有防堵措施。

8.1.10 检测仪器、仪表应按照国家或行业相关标准定期校验、标定。

8.2 控制

8.2.1 除尘系统的自动控制设计应按国家及行业标准、规范、规程的规定执行。

8.2.2 对除尘系统应能实现自动控制和手控操作。

8.2.3 除尘系统的电动及气动装置应设置就地控制箱，并设手动/自动转换开关。

8.2.4 除尘监控系统宜按双电源、双网络冗余配置。

8.2.5 除尘系统应控制的内容：

（1）除尘器启动、运行、停机联锁控制。

（2）除尘器进、出口压差控制。

（3）除尘器清灰自动控制。

（4）灰斗加热系统联锁控制。

（5）除尘器卸、输灰系统联锁控制。

（6）清灰气源供应系统自动控制。

8.2.6 除尘系统的自动控制方式主要有两种：DCS 远程集中联锁控制；PLC 可编程控制器+HMI（人机界面）就地单独联锁控制。

8.2.7 除尘器清灰应具备定压差和定时两种控制模式，并可互相转换。

8.2.8 自动控制系统应具备异常状态信号显示或画面报警的功能。

8.2.9 自动控制系统应具备储存、打印除尘系统主要运行参数的功能，储存时段不少于 1 年。

8.2.10 控制柜应有防止小动物入侵的措施。

9 主要辅助工程

9.1 供配电

9.1.1 除尘工程的供配电设计应按 GB 50034、GB 50052、GB 50054、GB 50217 等国家及行业规范、标准、规程的规定执行。

9.1.2 除尘系统用电属厂用 I 类负荷，应设置独立的工作电源和备用电源，宜采用手动切换。所需电源应为交流 380V/220V，50Hz，三相四线或三相五线制。当电源电压波动范围不超过±10%时，所有电气设备和控制系统应能正常工作。

9.1.3 除尘工程自动监控系统的供电按 I 类要求，由交流不停电电源提供一路备用电源，必要时为检测及控制系统设置 UPS 不间断电源。

9.1.4 除尘器应有可靠的接地，与接地网的连接点不得少于 4 个，接地电阻应小于 4 Ω。

9.1.5 除尘器应有照明，采用防腐、防尘、防水灯具。需照明的区域为：除尘器顶部平台、灰斗卸灰和输灰平台、楼梯平台、检修平台、现场操作箱等。重要的场合设置事故照明。检修照明电源采用安全电压（24V）。

9.1.6 电气设备应有安全保护装置，室外电气、热控设备应采取防护措施。

9.1.7 低压配电柜宜有备用回路。

9.1.8 过热负荷元件的选择应以电动机数据为依据，并与断路器的脱扣器整定值相配合，接地保护附件按需设置。

9.1.9 除尘器本体应设置检修电源。

9.1.10 除尘器范围内电缆宜采用防腐桥架敷设。

9.1.11 动力电缆、控制电缆和信号电缆均应选用阻燃型。

9.2 压缩空气供应系统

9.2.1 当垃圾焚烧厂不具备压缩空气源或供气参数不满足脉冲喷吹类袋式除尘器清灰和气动装置的需求时，应配置专用的空压机。空压机应有备用，并采用同一型号。

9.2.2 压缩空气供应系统的设计应符合 GB 50029 的要求。

9.2.3 供给除尘器清灰的压缩空气应为仪表用气，且参数稳定，经过脱水、干燥、除油、过滤处理，露点温度应比工作环境或当地极端最低气温至少低 10℃，过滤精度＜5 μm。供气温度≤55℃。

9.2.4 压缩空气流量应满足清灰需求，总管内气体流速应小于 15 m/s，总管直径不得小于 DN50。

9.2.5 压缩空气管路的阀门和仪表应设在便于观察、操作和检修的位置。

9.2.6 减压阀应有旁通装置，其出口设压力表。

9.2.7 储气罐底部应设自动或手动放水阀。

9.2.8 储气罐与供气总管之间应设切断阀。各气包的进口应设切断阀。

9.2.9 压缩空气管道宜架空敷设，在寒冷地区应采取保温或伴热措施。

9.2.10 储气罐应尽量靠近用气点，从储气罐到用气点的管线距离不宜超过 50 m。

9.2.11 压缩空气管道的连接应采用焊接，设备和附件的连接可采用螺纹或法兰连接。

10 劳动安全与职业卫生

10.1 除尘系统在设计、施工和运行过程中，必须高度重视职业卫生和劳动安全，严格执行国家有关法律、法规及 GBZ 1、GBZ 2、GB 2893、GB 2894、GB 4064、GB 50057、GB 5083、GB 12801 和 GBJ 16 等标准、规范的规定。

10.2 应根据除尘工艺特征和具体要求，制定岗位安全操作规程。

10.3 操作人员和维修人员必须经过安全培训，考核合格后上岗，并应定期进行教育培训。

10.4 除尘系统运行时严禁开启除尘器的检修门和人孔门。开启检测孔时，应注意操作人员及仪器、仪表的安全防护，并严格避免异物吸入除尘器及烟道。

10.5 检修和进入除尘器、烟道内部必须严格执行工作票制度。

10.6 设备检修前，应切除设备的气源、电源，并挂合闸警示牌或设专人监护。

10.7 人员进入除尘器中箱体和灰斗前，必须排空灰斗存灰。

10.8 在除尘器、烟道内部作业，应严格按照 GB/T 4200 和 GB 8958 的规定对仓室和烟道进行通风和冷却。

10.9 每次进入除尘器箱体、烟道的人员，不能少于 2 人，外部应有专人监护。

10.10 除尘系统运行、检修和维护过程中，应该采取安全防护措施，人员应配备防尘器具，避免人体直接接触粉尘。

11 施工与验收

11.1 除尘系统安装

11.1.1 一般规定

11.1.1.1 除尘系统安装应遵循 GB 50231、JB/T 8471 等国家及行业技术标准、规范的要求。

11.1.1.2 设计人员应在施工前向施工单位进行充分的图纸和施工技术交底，施工人员应经过安全教育和培训。

11.1.1.3 应在施工条件（水、电、气、道路、施工机具和材料占地等）具备后方可施工。

11.1.2 安装前校验工作

11.1.2.1 校验除尘器等设备基础，检查内容及校验允许偏差按 JB/T 8471 的要求执行。

11.1.2.2 所有钢结构件安装前应经校验，校验内容包括零部件名称、材料、数量、规格和编号等。

11.1.2.3 拼装或安装前，应对变形的钢结构件进行矫正，校验和（或）矫正几何尺寸偏差、几何形状偏差、焊接质量。对单根立柱和横梁应进行校验，校验其直线度偏差、端面与中心线的垂直度偏差。

11.1.2.4 拼装或安装前，应按图纸要求核对各组件的尺寸及安装位置。

11.1.3 除尘器焊接一般要求

11.1.3.1 焊接施工应符合 GB/T 50236 的规定。焊条型号、焊缝高度必须符合图纸要求。不得有漏焊、虚焊、气孔和砂眼等缺陷。

11.1.3.2 花板、灰斗、箱体焊接完毕后，应清除焊渣并做煤油渗透检验，对不合格处及时整改。

11.1.4 除尘器本体结构安装要求

11.1.4.1 立柱的中心定位应从纵、横两方向同时测定各柱的垂直度，其偏差应在允许范围内。若偏差较大，可在柱脚底板下面设置垫板调整。

11.1.4.2 立柱框架成型后应测量中心定位及平、立面各对角线的尺寸，其偏差应符合 JB/T 8471 的要求。

11.1.4.3 对已就位的灰斗进行中心线校核，偏差符合要求方可焊接。

11.1.4.4 对中箱体立柱、横梁、圈梁所形成的框架，须测量中心定位及平、立面各对角线的尺寸，检查合格后方可焊接。

11.1.5 卸灰和输灰设备安装要求

11.1.5.1 设备结构安装完成后应进行内部清扫，检查合格后安装卸灰阀。灰斗、卸灰阀和插板阀的法兰之间衬密封垫，做到紧固不漏灰。

11.1.5.2 对已安装就位的输灰设备应进行中心线校核，偏差符合要求方可焊接和固定。设备和部件的法兰之间衬密封垫，做到紧固不漏灰。

11.1.6 滤袋及滤袋框架安装要求

11.1.6.1 对上箱体内部的灰渣必须清扫干净，检查合格后方可安装滤袋。

11.1.6.2 滤袋安装时严禁动火、吸烟。

11.1.6.3 滤袋安装结束，应逐个检查袋口安装质量，确认无误后方可安装滤袋框架。

11.1.6.4 滤袋框架安装时，应逐个检查框架质量，剔除变形或脱焊者。滤袋框架安装完成后应调整滤袋底部间距。

11.1.7 压缩空气供应系统安装要求

11.1.7.1 压缩空气系统安装按 GB 50236 的有关规定执行。

11.1.7.2 施工前应对管道、阀门等附件进行清扫、排水。

11.1.7.3 压缩空气管道焊接完成，应以压缩空气将管道内部的杂物吹扫干净后，方可安装阀门等管道配件，将管道接至除尘器的气包。

11.1.7.4 压缩空气管路安装后应进行耐压试验，以肥皂水或检漏液检查。试验压力 0.7 MPa，保持 10 min。

11.1.8 电气及热工仪表安装要求

11.1.8.1 安装前应检查控制柜、现场操作箱（柜）等电气设备的型号、规格、数量、附件、说明书、出厂检验合格证、装箱单等。

11.1.8.2 安装完毕的控制柜应稳固，柜门和检修门应开、闭自如，没有卡塞现象。

11.1.8.3 桥架的敷设应整齐、平直。桥架间的连接、桥架与支架的固定牢固。桥架必须可靠接地。

11.1.8.4 线管的敷设应整齐、平直。线管必须可靠接地。

11.1.8.5 电线、电缆穿管的中途不应过紧和存在接头，应留有充分的余量。

11.1.8.6 热工仪表应经标定、校准，取得合格证后方可安装。

11.2 除尘系统调试

11.2.1 调试前必须编写调试大纲。

11.2.2 单机调试：

（1）单机调试应按下列顺序进行：先手动，后电动；先点动，后连续；先低速，后中、高速；先空载，后负载。

（2）检查各阀门，应动作灵活，开、关动作到位，转向正确。调试工作完成后，阀门应处于设定的启/闭状态。

（3）调试系统和设备的温度、压力、料位等检测装置，所测物理量应与输出信号相吻合。

（4）调试各单机设备，确认运行状况和电机电流正常。

11.2.3 电气及热工仪表自动控制系统调试：

（1）分别测试和调试各控制柜、现场操作箱（柜）和各控制对象，确认接线及性能合格。

（2）调试清灰程序和清灰制度。喷吹脉冲阀的数量、脉冲时间、间隔、周期和顺序应符合要求。

（3）调试各运行模式的控制程序，逻辑关系应符合要求。

11.2.4 除尘系统冷态联动试车条件：

（1）冷态联动试车前应完成各有关设备的单机调试。

（2）冷态联动试车前，烟道、压缩空气系统、输灰系统应具备联动试车条件。烟道和除尘器内均已彻底清扫，不存有杂物。

（3）除尘器的人孔门和检修门全部关闭严密。

（4）运行操作人员到位。

11.2.5 冷态联动试车操作流程：

（1）系统中所有的控制设备和热工仪表受电。

（2）压缩空气供应系统启动。

（3）卸、输灰系统启动。

（4）检查阀门动作情况，完成后复位。除尘器前后烟道阀门应处于开启状态。

（5）引风机启动。

（6）清灰系统启动。

11.2.6 各控制对象的动作应符合控制模式的要求。确认运行程序、联锁信号、运行信号、报警信号、仪表信号准确，逻辑关系正确。

11.2.7 冷态联动试车时间不少于 120 min。

11.2.8 测试各种技术参数，做好试车记录。

11.3 除尘器检漏和预涂灰

11.3.1 对新建的除尘器、批量换袋后的除尘器，在除尘器热态运行前必须检漏。检漏内容包括除尘器的焊缝和滤袋接口等。宜采用荧光粉检漏技术。

11.3.2 滤袋检漏应采用无毒荧光粉。荧光粉应密封保存，避免吸潮。

11.3.3 荧光粉投入前，先停止除尘器清灰程序。荧光粉从除尘器入口烟道的孔口加入。

11.3.4 荧光粉加入完毕后，停止风机运行，在除尘器上箱体内以紫外灯检查泄漏点。

11.3.5 发现泄漏点应采取消缺措施，消缺后应重新检漏，直至泄漏点完全消除。检漏和消缺过程中，应对滤袋、滤袋框架和箱体内涂装采取保护措施，若有损坏应及时更换或整改。

11.3.6 对新建的除尘器、批量换袋后的除尘器或长期停运的除尘器，在除尘器热态运行前必须对滤袋预涂灰，确保滤袋表面形成预涂层。

11.3.7 机组发生故障紧急停炉、故障排除后重新点火，除尘器可不预涂灰。

11.3.8 预涂灰宜采用消石灰等碱性粉剂。按过滤面积计，预涂灰量为 100～150 g/m^2。

11.3.9 宜将过滤仓室数分为 2 组或 3 组，逐组进行预涂灰。当有仓室预涂灰时，其余仓室的进、出口切换阀应处于关闭状态。

11.3.10 预涂灰应连续进行。预涂灰完成后应检查效果，确保预涂粉剂均匀覆盖滤袋表面。

11.4 工程验收和环保验收

11.4.1 除尘工程验收分为两个阶段，第一阶段为安装工程（竣工）验收，第二阶段为环保验收。

11.4.2 袋式除尘工程验收及竣工资料编制参照相关标准和规范执行。

11.4.3　与生产工程同步建设的除尘工程应与生产工程同时验收；在役生产设备配套或改造的除尘设施应单独验收。

11.4.4　除尘工程应按本标准和 GB 18485、GB 50231、GB 50236、GB/T 6719、JB/T 8471 以及各类设备验收标准的规定进行性能测试及验收。

11.4.5　除尘工程的仪表与自动化控制装置验收按供货商提供的安装调试、验收规定执行，并应符合国家标准。

11.4.6　除尘工程的电气装置验收应符合国家有关部门的标准。

11.4.7　除尘工程的土建设施验收应符合国家土建工程验收标准。

11.4.8　除尘工程验收应进行 168 h 试运行考核。

11.4.9　除尘系统性能试验的主要参数：

（1）除尘器入口烟尘浓度。

（2）除尘器出口烟尘浓度。

（3）除尘器烟气流量。

（4）除尘器入口、出口烟气温度。

（5）除尘器入口、出口烟气压力和系统阻力。

（6）除尘器漏风率。

11.4.10　除尘工程的环境保护验收，应符合《建设项目环境保护管理条例》（国务院第 253 号令）、《建设项目竣工环境保护验收管理办法》（国家环境保护总局第 13 号令）等相关法规、规章的要求。

12　运行与维护

12.1　一般规定

12.1.1　除尘系统的运行和维护应由专职人员负责。操作人员应经培训，合格后上岗。

12.1.2　除尘系统的运行和维护应有操作规程和管理制度，并符合环保规定。

12.1.3　应观察除尘器的工作情况和烟尘排放浓度，发现异常应及时分析原因并处理。若有滤袋破损，应及时更换。

12.1.4　应观察除尘系统的温度、压差、压力和电流等关键技术参数，发现异常及时处理。

12.1.5　应有除尘系统运行记录，作为除尘系统运行历史档案备查，记录保留时间不少于 3 年。

12.1.6　除尘器运行期间应有滤袋、滤袋框架、脉冲阀和膜片备件。

12.2　除尘系统的启动

12.2.1　除尘系统的启动应在检漏和预涂灰合格后方可进行。

12.2.2　除尘系统应在焚烧炉点火前启动。

12.2.3　除尘系统的启动程序、条件和要求：

（1）检查并确认电控系统中所有线路通畅；电气、自控系统、检测仪表受电；各控制参数设定准确；报警和电气联锁功能可靠。

（2）启动压缩空气供应系统。

（3）除尘器卸、输灰系统进入待机状态。

（4）确认进、出口烟道阀处于开启状态。

12.3 除尘系统运行

12.3.1 运行人员应定期巡查并记录除尘系统的运行状况和参数。

12.3.2 运行中出现下列情况时，应及时检查和处理：烟气温度达到设定的高、低温值；除尘器出口烟尘、系统阻力等指标出现异常。

12.3.3 运行人员至少每小时应记录一次主要运行参数，发现异常应及时报告焚烧炉运行值班长。

12.3.4 除尘系统重点巡检部位及要求：

（1）每班巡检脉冲阀和各阀门的运行状况，以及人孔门、检查门的密封情况。发现异常应及时处理。

（2）每班巡检压缩空气系统的工作状态和工作压力。

（3）储气罐、分气包和油水分离器应每班放水。

（4）每班巡检卸、输灰装置的运行状况，发现异常及时处理。

（5）经常观察烟囱出口排放状况，发现异常应及时分析和处理。

（6）每班巡检压力（差）变送器取压管是否通畅，发现堵塞应及时处理。

12.3.5 除尘器运行中的检修：

（1）检修时应按劳动安全与职业卫生相关标准要求采取防护措施。

（2）检修宜选择在焚烧炉低负荷状态下进行。

（3）除尘器运行中的检修，可关闭待检修仓室的进、出口切换阀而实现。每次只允许关闭一个仓室。

（4）人员进入前，应停止待检修仓室清灰，并开启其人孔门进行通风和冷却。

（5）检查离线仓室的滤袋，发现破袋及时更换。

12.4 除尘系统停机操作

12.4.1 除尘系统停机应在引风机停机 30 min 后进行。

12.4.2 若焚烧炉停运不超过 72 h，停机前除尘器不宜清灰，焚烧炉再次点火时可不进行预涂灰，停机期间伴热系统应正常使用。

12.4.3 若焚烧炉停运超过 72 h，停机前除尘器应彻底清灰，全部清除灰斗的存灰，并用环境空气置换内部烟气；严密关闭除尘器进、出口烟道阀、引风机前的阀门及人孔门、检修门等。

12.5 停炉后除尘系统的检查与维护

12.5.1 停炉后，应对除尘系统进行全面的检查和维护。

12.5.2 检查各仓室的滤袋，若有破损应及时更换。检查喷吹装置，若发现喷吹管错位、松动和脱落应重新安装。

12.5.3 检查进口烟道切换阀的积灰、结垢和磨损情况，发现问题应及时处理。

12.5.4 检查：滤袋表面粉尘层的状况；灰斗内壁是否存在积灰和结垢现象；料位开关的防护装置是否完好；气流分布装置的磨损和结垢情况。发现问题应及时处理。

12.5.5 检查压缩空气系统各设备是否正常，及时处理发现的问题。

12.5.6 检查机电设备的油位和油量，不符合要求时应及时补充和更换。

12.5.7 检查热工仪表一次元件和测压管的结垢、磨损和堵塞状况，发现问题及时处理。

12.5.8 检查完成后，确认除尘器内部无遗留物，关闭所有人孔门和检查门。

附录（规范性附录）

除尘器入口烟气参数表

序号	名称	符号	单位	数值	备注
1	额定运行烟气量		m^3/h		
2	最大烟气量		m^3/h		
3	最小烟气量		m^3/h		
4	额定运行温度		℃		
5	最高烟气温度		℃		
6	最低烟气温度		℃		
7	酸露点温度		℃		
8	含尘浓度		g/m^3		
9	二氧化碳	CO_2	%		
10	氮	N_2	%		
11	水蒸气	H_2O	%		
12	氧	O_2	%		
13	一氧化碳	CO	mg/m^3		
14	氮氧化物	NO_x	mg/m^3		
15	硫氧化物	SO_x	mg/m^3		
16	氯化氢	HCl	mg/m^3		
17	氟化氢	HF	mg/m^3		

注：表中污染物质量浓度值均以标准状态下含11%O_2的干烟气为参考值换算。

中华人民共和国国家环境保护标准

铬渣干法解毒处理处置工程技术规范

Technical specifications for dry-detoxification treatment and disposal of chromium residue

HJ 2017—2012

前 言

为贯彻《中华人民共和国环境保护法》、《中华人民共和国固体废物污染环境防治法》和《中华人民共和国水污染防治法》，规范铬渣干法解毒处理处置工程的工程建设及设施运行管理，实现铬渣无害化处理处置，改善环境质量，制定本标准。

本标准规定了铬渣干法解毒处理处置工程的总体要求、工艺设计、检测与过程控制、辅助工程、劳动安全与职业卫生、施工与环境保护验收、工程运行管理等技术要求。

本标准为首次发布。

本标准由环境保护部科技标准司组织制订。

本标准主要起草单位：辽宁省环境科学研究院、中信锦州铁合金股份有限公司、沈阳环境科学研究院、东北大学。

本标准由环境保护部 2012 年 3 月 19 日批准。

本标准自 2012 年 6 月 1 日起实施。

本标准由环境保护部解释。

1 适用范围

本标准规定了铬渣干法解毒处理处置工程的总体要求、工艺设计、检测与过程控制、辅助工程、劳动安全与职业卫生、施工与环境保护验收、运行管理、污染控制与环境管理等要求。

本标准适用于铬渣干法解毒工程，作为环境影响评价、可行性研究、设计施工、竣工验收、环境保护验收及建成后运行与管理的技术依据。

2 规范性引用文件

本标准内容引用了下列文件中的条款。凡是未注明日期的引用文件，其有效版本适用于本标准。

GB 4387 工业企业厂内运输安全规程

GB 8978 污水综合排放标准

GB 12801 生产过程安全卫生要求总则

GB 18597 危险废物贮存污染控制标准

GB 18599 一般工业固体废物贮存、处置场污染控制标准

GB 50019 采暖通风与空气调节设计规范

GB/T 50326 建设工程项目管理规范

GBZ 1 工业企业设计卫生标准

GBJ 87 工业企业噪声控制设计规范

HG/T 20566 回转窑设计规定

HJ/T 301 铬渣污染治理环境保护技术规范（暂行）

JB/T 6811 工业炉窑微机控制装置 通用技术条件

JC/T 357 水泥工业用机械立窑

3 术语和定义

下列术语和定义适用于本标准。

3.1 铬渣干法解毒 dry-detoxification to chromium residue

采用回转窑或立窑作为煅烧设备，在高温下利用还原性物质将铬渣中的六价铬还原为三价铬并将其在常温下固定的工艺过程。

3.2 干法解毒铬渣 dry-detoxified chromium residue

在专用设施中经高温还原处理后，可以作为无毒废弃物来进行综合利用或其他最终处置的铬渣。

4 污染物与污染负荷

4.1 铬渣一般呈松散、无规则的固体粉末状、颗粒状或小块状，总体颜色呈灰色或黑色并夹杂黄色或黄褐色；长时间露天放置后外表明显有黄色物质渗出，渗出液呈黄色。

4.2 铬渣化学成分见表 1。设计前应现场采样分析，以实测结果作为工程设计依据。

表 1 铬渣的主要化学成分

成分	SiO_2	Al_2O_3	CaO	MgO	Fe_2O_3	Cr_2O_3	六价铬
含量范围/%	4～11	6～10	2～35	15～33	7～25	2～9	0.5～2

4.3 铬渣的密度、腐蚀性，按照 HJ/T 301 中 5.4 进行测试。

4.4 工程设计以铬渣实际产生量为准，没有数据的可参照表 2 估算。

表 2 不同铬化合物生产工艺铬渣产生量

铬化合物产品生产工艺	有钙焙烧	少钙焙烧	无钙焙烧	非窑炉法（含钙铬渣）
铬渣（t）/重铬酸钠（t）	1.5 以上	0.8～1.5	0.8 以下	0.4～0.6

5 总体要求

5.1 一般规定

5.1.1 铬渣干法解毒处理处置工程的设计除符合本标准外，还应符合国家现行的法律、法规、标准、规范的有关规定。

5.1.2 鼓励对铬渣进行综合利用，铬渣综合利用必须以无害化为前提。

5.1.3 解毒铬渣应满足 HJ/T 301 附录 D 的有关规定。

5.2 工程项目组成

5.2.1 工程项目主要包括主体工程、辅助工程和配套设施。

5.2.2 主体工程包括：原料制备单元、进料单元、还原煅烧单元、冷却单元、贮存单元。

5.2.3 辅助工程包括：供配电及电讯、给排水及消防等。

5.2.4 配套设施包括：办公室、化验室、值班室等。

5.3 建设规模

5.3.1 铬渣干法解毒处理处置工程的建设规模应综合考虑铬渣年产生量及地区发展规划等。

5.3.2 铬渣干法解毒窑的处理能力宜按照回转窑 100～400 t/d，立窑 30～50 t/d 进行设计。

5.4 场址选择

5.4.1 工程选址应符合 GBZ 1 的有关规定，同时还应符合铬渣的分布情况、现行的法律、法规和规范的有关规定。

5.4.2 铬渣处置生产线宜建在铬盐生产厂区或铬渣堆场附近，以减少铬渣运输风险。

5.5 总平面布置

5.5.1 总平面布置应符合 GBZ 1 的有关规定，同时还应符合现行的法律、法规和规范的有关规定。

5.5.2 总平面布置应以回转窑或立窑为主体进行布置，其他各项设施应按危险废物处理流程合理安排。

5.5.3 主体设备和其他各项设施应集中布置，缩短设备之间连接管线。

6 工艺设计

6.1 一般规定

6.1.1 铬渣干法解毒工程由原燃料制备单元、进料单元、还原煅烧单元、冷却单元、贮存单元等工艺部分组成。回转窑干法解毒处理处置工程的工艺流程见图 1，立窑干法解毒处理处置工程的工艺流程见图 2。

6.1.2 各单元主体设备规格及服务期限应根据铬渣处理规模合理配置。

6.1.3 利用原有回转窑或立窑及其附属设备改建的铬渣干法解毒处理处置工程应按照本标准规定进行建设。

6.1.4 产生粉尘无组织排放的生产线设备和设施，应尽可能密封并设置除尘器，实行负压操作，保证粉尘净化后满足 HJ/T 301 中 10.1.6 的有关规定。

6.2 原燃料制备单元

6.2.1 铬渣干法解毒的原料制备单元由烘干设备、破碎或粉磨设备、筛分设备、输送设备、除尘设备、料仓组成。

6.2.2 铬渣、还原煤、燃料煤及其他原料应进行烘干、破碎或粉磨处理，以保证粒度和降低水分。

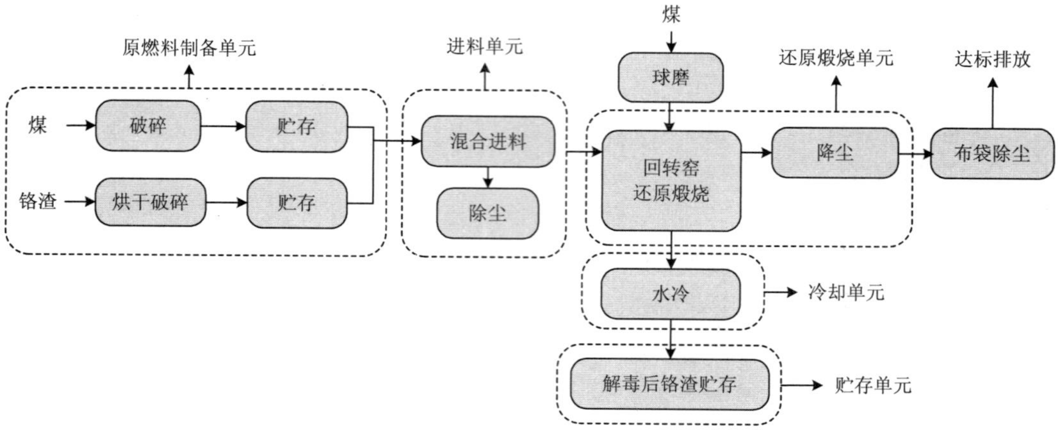

图 1　回转窑干法解毒工艺流程图

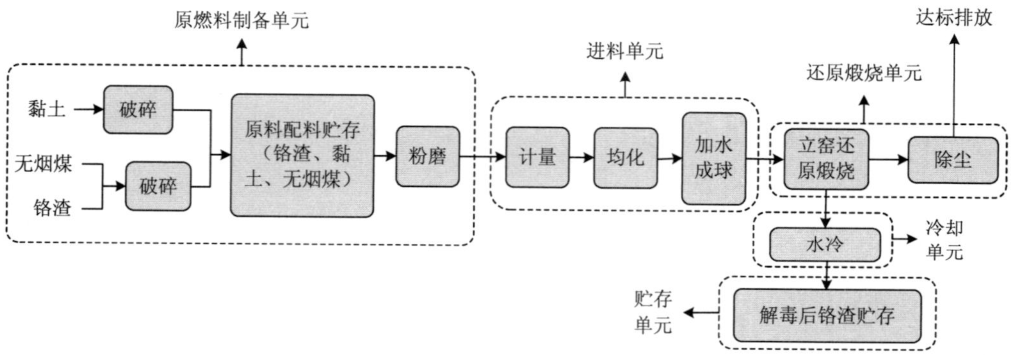

图 2　立窑干法解毒工艺流程图

6.2.3　烘干、破碎、粉磨等加工过程，应加强系统密封，并配置除尘设备，实现负压操作，保证粉尘净化后满足 HJ/T 301 中 10.1.6 的有关规定。

6.2.4　回转窑解毒相关要求

a）铬渣粒度应控制在 10 mm 以下；

b）还原煤粒度应控制在 2～5 mm，挥发分宜小于 8%；

c）燃料煤煤质热值不低于 25.12 MJ/kg（6 000 kcal/kg），挥发分不低于 25%，灰分不高于 10%；

d）燃料煤粉粒度应控制在 0.08 mm，筛余 10%～12%，水分 1%～1.5%。

6.2.5　立窑解毒相关要求

a）铬渣、燃料煤及其他原料混合粉磨后粒度应控制在 0.08 mm，筛余≤10%。

b）燃料煤宜选用无烟煤。

6.2.6　制备后的原料储存应配置具有除尘设备的料仓。

6.3　进料单元

6.3.1　铬渣干法解毒的进料单元由计量设备、混合输送设备、除尘设备组成。立窑干法解毒的进料单元还应包括使成分稳定和均匀的均化设施和成球设备。

6.3.2 进料单元的设备应运行稳定、可靠，故障率低，易维护。

6.3.3 计量设备应计量准确，给料控制稳定。

6.3.4 混合输送设备应加强密封，配置除尘设备，降低转运点落差，实行负压操作，防止粉尘逸出，保证混合过程产生的粉尘净化后满足 HJ/T 301 中 10.1.6 的有关规定。

6.3.5 立窑干法解毒铬渣的原料经混合粉磨后，应在均化设施内进行均化，均化设施应配置除尘设备，保证烟气净化后满足 HJ/T 301 中 10.1.6 的有关规定。均化后的铬渣应湿润，经成球设备制备成生料球，成球过程应配置除尘设备。

6.4 还原煅烧单元

6.4.1 回转窑

a）回转窑设计宜参照 HG/T 20566。

b）回转窑的长径比宜控制在 16∶1～20∶1；采用燃煤燃料时，窑直径不宜超过 3.5 m，斜率宜控制在 3.5%～4.0%；转速宜控制在 0.5～3.5 r/min。

c）回转窑内高温区的料温应高于 850 ℃，铬渣在窑内的停留时间宜控制在 30～40 min。

d）应使用大风量低风温的燃烧器，加速燃料与助燃空气的混合。

e）回转窑的燃烧设备应能使燃料煤提早点火、快速燃烧。

f）回转窑的烟气通风系统宜全面考虑回转窑系统内热能的循环利用途径，宜设置空气热交换器，提高助燃空气的温度，同时降低高温废烟气温度，以利后续除尘作业。

6.4.2 立窑

a）立窑设计宜参照 JC/T 357。

b）立窑的高径比宜控制在 3∶1～4∶1。

c）立窑内高温区的料温应高于 1 200℃，出窑料温宜控制在 500℃，铬渣在窑内的停留时间应大于 30 min。立窑内湿料层厚度宜控制在 0.2～0.5 m。

6.5 冷却单元

6.5.1 为防止铬渣还原解毒后，三价铬在高温条件下再次氧化成六价铬，应设置冷却单元。

冷却方式宜采用喷水急冷冷却。喷水急冷冷却单元由下料管/槽、冷却还原装置、喷水装置、集水槽及水循环处理设备、除尘设备组成。

6.5.2 回转窑

a）应采用与回转窑规格相适应的冷却设备，应有效阻断冷却水产生的水蒸气进入回转窑。

b）连接回转窑和还原冷却设备的下料管/槽应采用厚壁的耐热钢材料，耐热温度不低于 500℃。

c）冷却液宜采用清水或硫酸亚铁溶液。

d）回转窑设备冷却宜采用喷淋方式，喷头的喷孔应控制在 0.8～1.2 mm，水压控制在 200～300 kPa，解毒铬渣喷淋冷却后的温度宜控制在 150～250℃。

e）除尘设备应选择适应高湿含尘废烟气的净化设备。

6.5.3 立窑

a）宜采用喷淋冷却方式，喷头喷水量应控制在 190 kg/t。

b）出料口应设置喷淋冷却装置，加速出窑解毒铬渣的冷却。

c）冷却液应采用硫酸亚铁溶液或其他还原剂配制的溶液。

d）在保证燃烧稳定的前提下，宜采用降低燃烧速度和加快卸料速度等措施，压缩冷却带，降低三价铬重新氧化为六价铬的概率。

e）除尘设备应选择适应高湿含尘废烟气的净化设备。

6.6 贮存单元

6.6.1 铬渣应建立贮存设施，贮存设施应符合 HJ/T 301 的有关规定。铬渣贮存场所和临时贮存场所应防风、防雨、防洪、防渗，污染物排放应符合 GB 18597 的有关规定。

6.6.2 解毒铬渣贮存应符合 GB 18599 的有关规定。

6.6.3 不合格解毒铬渣应按照 HJ/T 301 中第 9 章要求独立贮存或转存于铬渣贮存场所。

7 检测与过程控制

7.1 应设置充分反映生产线运行状态的参数监测和控制设施。

7.1.1 原料制备单元、进料单元、还原煅烧单元、冷却单元应设置生产控制、运行管理所需的检测仪表，应能实时在线显示运行工况，包括炉窑壁温度、出料温度、废气温度、入炉窑风量和风压、冷却水量等参数，以便及时了解炉窑及其他单元运行状态。

7.1.2 应从提高能源利用水平设置生产线的燃料消耗、电力消耗和原料消耗的计量和控制以及累积统计设施。

7.2 检测应涵盖铬渣处置过程中产生二次污染的所有环节。

7.2.1 设施尾气的检测按照 HJ/T 301 附录 D 的有关规定执行。

7.2.2 铬渣处理场所铬含量的检测按照 HJ/T 301 附录 D 的有关规定执行。

7.2.3 解毒铬渣的检测按照 HJ/T 301 中 13.1 的有关规定执行。

8 辅助工程

8.1 电气系统的用电负荷以及备用电源，高压配电装置、继电保护和安全自动装置、过电压保护和接地设计应符合现行的国家标准及行业标准的有关规定。

8.2 给水、排水和消防。

8.2.1 给水设计应符合国家标准的有关规定。生产用水应采用集中给水方式。设备冷却水宜采用循环给水方式，并符合国家标准的有关规定。生活用水、消防用水、应急用水宜采用联合给水方式。

8.2.2 排水设计应符合国家标准的有关规定。生产废水和生活污水经处理后宜优先考虑用于解毒铬渣的冷却。废水中总铬含量按照 HJ/T 301 的有关规定执行，废水中其他污染物排放应符合 GB 8978 的有关规定。

8.2.3 消防设计应符合国家标准的有关规定。厂房内应设置室内消火栓给水系统。厂房内的安全疏散应符合国家标准的有关规定。厂房内部装修设计应符合国家标准的有关规定。

8.3 采暖通风与空气调节。

8.3.1 采暖通风与空气调节设计应符合国家标准及行业标准的有关规定。

8.3.2 作业场所通风应符合国家标准及行业标准的有关规定。

8.4 建筑与结构。

8.4.1 作业场所应采用防滑、防渗地面，避免铬渣散落产生污染，应符合国家标准及行业标准的有关规定。

8.4.2 破碎、烘干、还原煅烧等噪声较大的作业场所，建构筑物应采用较高隔声能力的围护结构，保证厂界噪声符合国家标准的有关规定。

9 劳动安全与职业卫生

9.1 铬渣干法解毒处理处置工程建设应严格执行国家现行的法律、法规、标准、规范的有关规定。

9.2 对产生粉尘的生产设备应采取除尘措施，扬尘点应设置吸尘罩和收尘设备，保持负压，除尘净化后的气体应有组织排放。

9.3 回转窑和铬渣库等含有六价铬粉尘的作业场所，操作人员必须穿戴防护服和防毒面具。进入窑炉检修前应进行 CO 检测。

9.4 岗位作业场所应制定详细的规章制度预防危险事故的发生。

9.5 应定期对作业场所有毒有害气体进行检测。岗位作业场所应保持通风并防火、防爆、防塌库。在生产作业场所设置供水点，便于眼睛、皮肤等清洗。

9.6 选用噪声小的设备。对于噪声较大的设备，应采用减振、隔声等消声措施，使噪声符合国家标准规定。

9.7 所有从事生产作业的人员应定期体检并建立健康档案卡。应定期对职工进行职业卫生教育，加强防范意识。

10 施工与环境保护验收

10.1 铬渣干法解毒处理处置工程应按批准的设计文件规定的内容进行施工。建筑、安装工程应符合施工设计文件、设备技术文件的有关规定。

10.2 工程质量监督管理应符合 GB/T 50326 的有关规定。

10.3 竣工验收应符合《建设项目（工程）竣工验收办法》、《建设项目竣工环境保护验收管理办法》的有关规定执行。

10.4 工程竣工验收应按相关专业现行的工程验收规范和本技术规范的有关规定进行。

11 运行管理

11.1 铬渣干法解毒处理处置工程的运行、维护和安全管理除执行本标准外，还应符合国家现行标准的有关规定。

11.2 铬渣的堆放、内部转运、贮存应符合 HJ/T 301 的有关规定。

11.3 铬渣干法解毒处理处置工程应在试运行通过环境保护主管部门验收后，方可进入运行状态，运行后的监督管理按照 HJ/T 301 中 15.4 的有关规定执行。

11.4 应在铬渣处理处置工程建成运行的同时，保证安全和卫生设施同时投入使用，并制定相应的操作规程。

11.5 根据危险废物的有关规定制订应急预案，有效应对意外事故。

11.6 运输管理应符合 GB 4387 的有关规定。运输时应减少输送环节，宜采用专用车辆运输，进入铬渣堆场的车辆出场前应进行清洗。

11.7 生产过程安全管理应符合 GB 12801 的有关规定。

11.8 各工种、岗位应根据工艺特征和具体要求制定相应的安全操作规程并严格执行。

11.9 严禁无关人员进入厂区，厂区入口、各作业场所应设置一定数量的光字牌，标明危险字样。

11.10 铬渣处理处置厂应安装 24 h 保安系统。

12 污染控制与环境管理

12.1 铬渣干法解毒处理处置的污染控制按照 HJ/T 301 第 14 章的有关规定执行。

12.2 铬渣干法解毒处理处置的环境管理按照 HJ/T 301 第 15 章的有关规定执行。

中华人民共和国国家环境保护标准

危险废物收集、贮存、运输技术规范

Technical specifications for collection，storage，transportation of hazardous waste

HJ 2025—2012

前 言

为贯彻《中华人民共和国环境保护法》和《中华人民共和国固体废物污染环境防治法》，规范危险废物收集、贮存、运输过程，保护环境，保障人体健康，制定本标准。

本标准规定了危险废物收集、贮存、运输过程的技术要求。

本标准为指导性标准。

本标准为首次发布。

本标准由环境保护部科技标准司组织制订。

本标准主要起草单位：沈阳环境科学研究院、中国科学院高能物理研究所、国家环境保护危险废物处置工程技术（沈阳）中心。

本标准环境保护部 2012 年 12 月 24 日批准。

本标准自 2013 年 3 月 1 日起实施。

本标准由环境保护部解释。

1 适用范围

本标准规定了危险废物收集、贮存、运输过程所应遵守的技术要求。

本标准适用于危险废物产生单位及经营单位的危险废物的收集、贮存和运输活动。

2 规范性引用文件

本标准引用了下列文件或其中的条款。凡是未注日期的引用文件，其最新版本适用于本标准。

GB 190　危险货物包装标志

GB 5085.1～7　危险废物鉴别标准

GB 6944　危险货物分类和品名编号

GB 8978　污水综合排放标准

GB 12463　危险货物运输包装通用技术条件

GB 13015　含多氯联苯废物污染控制标准

GB 13392　道路运输危险货物车辆标志

GB 15603　常用化学危险品贮存通则

GB 15562.2　环境保护图形标志　固体废物贮存（处置）场
GB 16297　大气污染物综合排放标准
GB 18597　危险废物贮存污染控制标准
GB 19217　医疗废物转运车技术要求
GBZ 1　工业企业设计卫生标准
GBZ 2.1　工作场所有害因素职业接触限值　第 1 部分：化学有害因素
GBZ 2.2　工作场所有害因素职业接触限值　第 2 部分：物理因素
HJ/T 177　医疗废物集中焚烧处置工程建设技术规范
HJ/T 228　医疗废物化学消毒集中处理工程技术规范（试行）
HJ/T 229　医疗废物微波消毒集中处理工程技术规范（试行）
HJ/T 276　医疗废物高温蒸汽集中处理工程技术规范（试行）
HJ/T 298　危险废物鉴别技术规范
HJ 421　医疗废物专用包装袋、容器和警示标志标准
HJ 519　废铅酸蓄电池处理污染控制技术规范
JT 617　汽车运输危险货物规则
JT 618　汽车运输、装卸危险货物作业规程
《危险化学品安全管理条例》（国务院令　第 519 号，2011 年）
《危险废物经营许可证管理办法》（国务院令　第 408 号，2004 年）
《危险废物转移联单管理办法》（国家环境保护总局令　第 5 号，1999 年）
《医疗废物集中处置技术规范》（环发[2003]206 号）
《废弃危险化学品污染环境防治办法》（国家环境保护总局令　第 27 号，2005 年）
《环境保护行政主管部门突发环境事件信息报告办法（试行）》（环发[2006]50 号）
《危险废物经营单位编制应急预案指南》（国家环境保护总局公告　2007 年第 48 号）
《国家危险废物名录》（中华人民共和国环境保护部、中华人民共和国国家发展和改革委员会令　第 1 号，2008 年）
《水路危险货物运输规则》（交通部令　第 10 号，1996 年）
《道路危险货物运输管理规定》（交通部令　第 9 号，2005 年）
《铁路危险货物运输管理规则》（铁运[2006]79 号）

3　术语和定义

《危险废物经营许可证管理办法》中界定的危险废物、收集、贮存、处置等术语的含义以及下列术语和定义适用于本标准。

运输 transportation

指使用专用的交通工具，通过水路、铁路或公路转移危险废物的过程。

4　危险废物收集、贮存、运输的一般要求

4.1　从事危险废物收集、贮存、运输经营活动的单位应具有危险废物经营许可证。在收集、贮存、运输危险废物时，应根据危险废物收集、贮存、处置经营许可证核发的有关规定建立相应的规章制度和污染防治措施，包括危险废物分析管理制度、安全管理制度、污染防

治措施等；危险废物产生单位内部自行从事的危险废物收集、贮存、运输活动应遵照国家相关管理规定，建立健全规章制度及操作流程，确保该过程的安全、可靠。

4.2 危险废物转移过程应按《危险废物转移联单管理办法》执行。

4.3 危险废物收集、贮存、运输单位应建立规范的管理和技术人员培训制度，定期针对管理和技术人员进行培训。培训内容至少应包括危险废物鉴别要求、危险废物经营许可证管理、危险废物转移联单管理、危险废物包装和标识、危险废物运输要求、危险废物事故应急方法等。

4.4 危险废物收集、贮存、运输单位应编制应急预案。应急预案编制可参照《危险废物经营单位编制应急预案指南》，涉及运输的相关内容还应符合交通行政主管部门的有关规定。针对危险废物收集、贮存、运输过程中的事故易发环节应定期组织应急演练。

4.5 危险废物收集、贮存、运输过程中一旦发生意外事故，收集、贮存、运输单位及相关部门应根据风险程度采取如下措施：

（1）设立事故警戒线，启动应急预案，并按《环境保护行政主管部门突发环境事件信息报告办法（试行）》（环发[2006]50 号）要求进行报告。

（2）若造成事故的危险废物具有剧毒性、易燃性、爆炸性或高传染性，应立即疏散人群，并请求环境保护、消防、医疗、公安等相关部门支援。

（3）对事故现场受到污染的土壤和水体等环境介质应进行相应的清理和修复。

（4）清理过程中产生的所有废物均应按危险废物进行管理和处置。

（5）进入现场清理和包装危险废物的人员应受过专业培训，穿着防护服，并佩戴相应的防护用具。

4.6 危险废物收集、贮存、运输时应按腐蚀性、毒性、易燃性、反应性和感染性等危险特性对危险废物进行分类、包装并设置相应的标志及标签。危险废物特性应根据其产生源特性及 GB 5085.1～7、HJ/T 298 进行鉴别。

4.7 废铅酸蓄电池的收集、贮存和运输应按 HJ 519 执行。

4.8 医疗废物处置经营单位实施的收集、贮存和运输应按《医疗废物集中处置技术规范》、GB 19217、HJ/T 177、HJ/T 229、HJ/T 276 及 HJ/T 228 执行；医疗机构内部实施的医疗废物收集、贮存和运输应按《医疗废物集中处置技术规范》执行。

5 危险废物的收集

5.1 危险废物产生单位进行的危险废物收集包括两个方面，一是在危险废物产生节点将危险废物集中到适当的包装容器中或运输车辆上的活动；二是将已包装或装到运输车辆上的危险废物集中到危险废物产生单位内部临时贮存设施的内部转运。

5.2 危险废物的收集应根据危险废物产生的工艺特征、排放周期、危险废物特性、废物管理计划等因素制定收集计划。收集计划应包括收集任务概述、收集目标及原则、危险废物特性评估、危险废物收集量估算、收集作业范围和方法、收集设备与包装容器、安全生产与个人防护、工程防护与事故应急、进度安排与组织管理等。

5.3 危险废物的收集应制定详细的操作规程，内容至少应包括适用范围、操作程序和方法、专用设备和工具、转移和交接、安全保障和应急防护等。

5.4 危险废物收集和转运作业人员应根据工作需要配备必要的个人防护装备，如手套、防护镜、防护服、防毒面具或口罩等。

5.5 在危险废物的收集和转运过程中，应采取相应的安全防护和污染防治措施，包括防爆、防火、防中毒、防感染、防泄漏、防飞扬、防雨或其他防止污染环境的措施。

5.6 危险废物收集时应根据危险废物的种类、数量、危险特性、物理形态、运输要求等因素确定包装形式，具体包装应符合下列要求：

（1）包装材质要与危险废物相容，可根据废物特性选择钢、铝、塑料等材质。

（2）性质类似的废物可收集到同一容器中，性质不相容的危险废物不应混合包装。

（3）危险废物包装应能有效隔断危险废物迁移扩散途径，并达到防渗、防漏要求。

（4）包装好的危险废物应设置相应的标签，标签信息应填写完整翔实。

（5）盛装过危险废物的包装袋或包装容器破损后应按危险废物进行管理和处置。

（6）危险废物还应根据 GB 12463 的有关要求进行运输包装。

5.7 含多氯联苯废物的收集除应执行本标准之外，还应符合 GB 13015 的污染控制要求。

5.8 危险废物的收集作业应满足如下要求：

（1）应根据收集设备、转运车辆以及现场人员等实际情况确定相应作业区域，同时要设置作业界限标志和警示牌。

（2）作业区域内应设置危险废物收集专用通道和人员避险通道。

（3）收集时应配备必要的收集工具和包装物，以及必要的应急监测设备及应急装备。

（4）危险废物收集应参照本标准附录 A 填写记录表，并将记录表作为危险废物管理的重要档案妥善保存。

（5）收集结束后应清理和恢复收集作业区域，确保作业区域环境整洁安全。

（6）收集过危险废物的容器、设备、设施、场所及其他物品转作它用时，应消除污染，确保其使用安全。

5.9 危险废物内部转运作业应满足下列要求：

（1）危险废物内部转运应综合考虑厂区的实际情况确定转运路线，尽量避开办公区和生活区。

（2）危险废物内部转运作业应采用专用的工具，危险废物内部转运应参照本标准附录 B 填写《危险废物厂内转运记录表》。

（3）危险废物内部转运结束后，应对转运路线进行检查和清理，确保无危险废物遗失在转运路线上，并对转运工具进行清洗。

5.10 收集不具备运输包装条件的危险废物时，且危险特性不会对环境和操作人员造成重大危害，可在临时包装后进行暂时贮存，但正式运输前应按本标准要求进行包装。

5.11 危险废物收集前应进行放射性检测，如具有放射性则应按《放射性废物管理规定》（GB 14500）进行收集和处置。

6 危险废物的贮存

6.1 危险废物贮存可分为产生单位内部贮存、中转贮存及集中性贮存。所对应的贮存设施分别为：产生危险废物的单位用于暂时贮存的设施；拥有危险废物收集经营许可证的单位用于临时贮存废矿物油、废镍镉电池的设施；以及危险废物经营单位所配置的贮存设施。

6.2 危险废物贮存设施的选址、设计、建设、运行管理应满足 GB 18597、GBZ 1 和 GBZ 2.1、GBZ 2.2 的有关要求。

6.3 危险废物贮存设施应配备通讯设备、照明设施和消防设施。
6.4 贮存危险废物时应按危险废物的种类和特性进行分区贮存，每个贮存区域之间宜设置挡墙间隔，并应设置防雨、防火、防雷、防扬尘装置。
6.5 贮存易燃易爆危险废物应配置有机气体报警、火灾报警装置和导出静电的接地装置。
6.6 废弃危险化学品贮存应满足 GB 15603、《危险化学品安全管理条例》、《废弃危险化学品污染环境防治办法》的要求。贮存废弃剧毒化学品还应充分考虑防盗要求，采用双钥匙封闭式管理，且有专人 24 h 看管。
6.7 危险废物贮存期限应符合《中华人民共和国固体废物污染环境防治法》的有关规定。
6.8 危险废物贮存单位应建立危险废物贮存的台账制度，危险废物出入库交接记录内容应参照本标准附录 C 执行。
6.9 危险废物贮存设施应根据贮存的废物种类和特性按照 GB 18597 附录 A 设置标志。
6.10 危险废物贮存设施的关闭应按照 GB 18597 和《危险废物经营许可证管理办法》的有关规定执行。

7 危险废物的运输

7.1 危险废物运输应由持有危险废物经营许可证的单位按照其许可证的经营范围组织实施，承担危险废物运输的单位应获得交通运输部门颁发的危险货物运输资质。
7.2 危险废物公路运输应按照《道路危险货物运输管理规定》（交通部令 第 9 号，2005 年）、JT 617 以及 JT 618 执行；危险废物铁路运输应按《铁路危险货物运输管理规则》（铁运[2006]79 号）规定执行；危险废物水路运输应按《水路危险货物运输规则》（交通部令 第 10 号，1996 年）规定执行。
7.3 废弃危险化学品的运输应执行《危险化学品安全管理条例》有关运输的规定。
7.4 运输单位承运危险废物时，应在危险废物包装上按照 GB 18597 附录 A 设置标志，其中医疗废物包装容器上的标志应按 HJ 421 要求设置。
7.5 危险废物公路运输时，运输车辆应按 GB 13392 设置车辆标志。铁路运输和水路运输危险废物时应在集装箱外按 GB 190 规定悬挂标志。
7.6 危险废物运输时的中转、装卸过程应遵守如下技术要求：

（1）卸载区的工作人员应熟悉废物的危险特性，并配备适当的个人防护装备，装卸剧毒废物应配备特殊的防护装备。

（2）卸载区应配备必要的消防设备和设施，并设置明显的指示标志。

（3）危险废物装卸区应设置隔离设施，液态废物卸载区应设置收集槽和缓冲罐。

8 监督与实施

8.1 地方环境保护行政部门可根据本标准所提出的危险废物收集、贮存、运输要求对管辖区域内的危险废物收集、贮存、运输行为进行监管，确保危险废物收集、贮存、运输过程的环境安全。
8.2 地方环境保护行政主管部门可根据本标准及其他有关管理要求建立地方危险废物收集、贮存、运输管理制度和管理档案。

附录 A（规范性附录）

危险废物收集记录表

收集地点		收集日期	
危险废物种类		危险废物名称	
危险废物数量		危险废物形态	
包装形式		暂存地点	
责任主体			
通信地址			
联系电话		邮编	
收集单位			
通信地址			
联系电话		邮编	
收集人签字		责任人签字	

附录 B（规范性附录）

危险废物产生单位内转运记录表

企业名称：

危险废物种类		危险废物名称	
危险废物数量		危险废物形态	
产生地点		收集日期	
包装形式		包装数量	
转移批次		转移日期	
转移人		接收人	
责任主体			
通信地址			
联系电话		邮政编码	

附录 C（规范性附录）

危险废物出入库交接记录表

贮存库名称：

危险废物种类		危险废物名称	
危险废物来源		危险废物数量	
危险废物特性		包装形式	
入库日期		存放库位	
出库日期		接收单位	
经办人		联系电话	

中华人民共和国国家环境保护标准

固体废物处理处置工程技术导则

Technical guidelines for solid waste treatment & disposition engineering

HJ 2035—2013

前 言

为贯彻《中华人民共和国环境保护法》和《中华人民共和国固体废物环境污染防治法》，防治环境污染，保护环境和人体健康，制定本标准。

本标准提出了固体废物处理处置工程设计、施工、验收和运行维护的通用技术要求。

本标准为指导性文件，供有关方面在固体废物处理处置工作中参照采用。

本标准为首次发布。

本标准由环境保护部科技标准司组织制订。

本标准主要起草单位：中国环境保护产业协会（固体废物处理利用委员会）、北京国环清华环境工程设计研究院有限公司、北京东方同华科技有限公司、上海中荷环保有限公司、天津建昌环保有限公司。

本标准环境保护部 2013 年 9 月 26 日批准。

本标准自 2013 年 12 月 1 日起实施。

本标准由环境保护部解释。

1 适用范围

本标准规定了固体废物处理处置工程设计、施工、验收和运行维护的通用技术要求。

本标准适用于除危险废物处理处置以及废物再生利用以外的固体废物处理处置工程。

本标准可作为固体废物处理处置工程环境影响评价、设计、施工、环境保护验收及建成后运行与管理的技术依据。

对于有相应的工艺技术规范或重点污染源技术规范的固体废物处理处置工程，应同时执行本标准和相应的技术规范。

2 规范性引用文件

本标准引用了下列文件或其中的条款。凡是未注明日期的引用文件，其最新版本适用于本标准。

GB 5085.1～GB 5085.7 危险废物鉴别标准

GB 5086.1 固体废物 浸出毒性浸出方法 翻转法

GB 8172 城镇垃圾农用控制标准
GB 15562.2 环境保护图形标志 固体废物贮存（处置）场
GB 15577 粉尘防爆安全规程
GB 16889 生活垃圾填埋污染控制标准
GB 18485 生活垃圾焚烧污染控制标准
GB 18599 一般工业固体废物贮存、处置场污染控制标准
GB 50016 建筑设计防火规范
GB 50041 锅炉房设计规范
GB 50051 烟囱设计规范
GB 50202 建筑地基基础工程施工质量验收规范
GB 50203 砌体结构工程施工质量验收规范
GB 50204 混凝土结构工程施工质量验收规范
GB 50205 钢结构工程施工质量验收规范
GB 50231 机械设备安装工程施工及验收通用规范
GB 50236 现场设备、工业管道焊接工程施工规范
GB 50254 电气装置安装工程 低压电器施工及验收规范
GB 50255 电气装置安装工程 电力变流设备施工及验收规范
GB 50256 电气装置安装工程 起重机电气装置施工及验收规范
GB 50257 电气装置安装工程 环境电气装置施工及验收规范 爆炸和火灾危险
GB 50275 风机、压缩机、泵安装工程施工及验收规范
GB 50300 建筑工程施工质量验收统一标准
GB 50303 建筑电气工程施工质量验收规范
GB/T 15555.1～GB/T 15555.12 固体废物浸出毒性测定方法
GB/T 24602 城镇污水处理厂污泥处置 单独焚烧用泥质
GBZ 1 工业企业设计卫生标准
GBZ 2.1 工作场所有害因素职业接触限值 第 1 部分：化学有害因素
GBZ 2.2 工作场所有害因素职业接触限值 第 2 部分：物理因素
CJ/T 3059 城市生活垃圾堆肥处理厂技术评价指标
CJJ 17 城市生活垃圾卫生填埋技术规范
CJJ/T 52 城市生活垃圾好氧静态堆肥处理技术规程
HJ 557 固体废物浸出毒性浸出方法 水平振荡法
HJ 564 生活垃圾填埋场渗滤液处理工程技术规范（试行）
HJ/T 284 环境保护产品技术要求 袋式除尘器用电磁脉冲阀
HJ/T 324 环境保护产品技术要求 袋式除尘器用滤料
HJ/T 325 环境保护产品技术要求 袋式除尘器 滤袋框架
HJ/T 326 环境保护产品技术要求 袋式除尘器用覆膜滤料
HJ/T 327 环境保护产品技术要求 袋式除尘器 滤袋
HJ/T 328 环境保护产品技术要求 脉冲喷吹类袋式除尘器
NY/T 1220.1 沼气工程技术规范 第 1 部分：工艺设计

NY/T 1220.2 沼气工程技术规范 第 2 部分：供气设计

NY/T 1220.3 沼气工程技术规范 第 3 部分：施工及验收

建标 124—2009 生活垃圾卫生填埋处理工程项目建设标准

建标 141—2010 生活垃圾堆肥处理工程项目建设标准

《建设项目环境保护管理条例》（国务院令 第 253 号）

《危险化学品安全管理条例》（国务院令 第 591 号）

《建设项目竣工环境保护验收管理办法》（国家环境保护总局令 第 13 号）

《建设项目环境保护设施竣工验收监测技术要求》（国家环境保护总局[2000]38 号）

《国家危险废物名录》（环境保护部、国家发展和改革委员会令 第 1 号）

3 术语和定义

下列术语和定义适用于本标准。

3.1 固体废物 solid waste

在生产、生活和其他活动中产生的丧失原有利用价值或者虽未丧失利用价值但被抛弃或者放弃的固态、半固态和置于容器中的气态的物品、物质以及法律、行政法规规定纳入固体废物管理的物品、物质。本标准所指的固体废物不包括危险废物。

3.2 生物处理 biological treatment

通过微生物的好氧或厌氧作用，使固体废物中可降解有机物转化为稳定产物的处理技术。

3.3 好氧堆肥 areobic composting

在充分供氧的条件下，利用好氧微生物分解固体废物中有机物质的过程。

3.4 厌氧消化 anaerobic digestion

在无氧或缺氧条件下，利用厌氧微生物的作用使废物中可生物降解的有机物转化为甲烷、二氧化碳和稳定物质的生物化学过程。

3.5 热处理 thermal treatment

以高温使有机物分解并深度氧化而改变其物理、化学或生物特性和组成的处理技术。

3.6 焚烧 incineration

以一定量的过剩空气与被处理的有机废物在焚烧炉内进行氧化燃烧反应，废物中的有毒有害物质在高温下氧化、热解而被破坏的高温热处理技术。

3.7 热解 pyrolysis

固体废物在无氧或缺氧的条件下，高温分解成燃气、燃油等物质的过程。

3.8 填埋 landfill

按照工程理论和土工标准将固体废物掩埋覆盖，并使其稳定化的最终处置方法。

4 总体要求

4.1 固体废物处理处置应遵循减量化、资源化、无害化的原则，对固体废物的产生、运输、贮存、处理和处置应实施全过程控制。

4.2 有条件的地区应建设固体废物集中处置设施，以提高规模效益。

4.3 固体废物处理处置工程的建设和运行应由具有国家相应资质的单位承担，满足该项目环境影响评价报告书、审批文件及本标准的要求。

4.4 固体废物处理处置过程中应避免和减少二次污染。对产生的二次污染应执行国家和地方环境保护法规和标准的有关规定，治理后达标排放。二次污染的治理方案宜充分利用企业已有资源。

4.5 固体废物处理处置工程应按照国家相关规定安装自动连续监测装置。

4.6 固体废物处理处置工程应满足《建设项目环境保护管理条例》和《建设项目竣工环境保护验收管理办法》的要求。

4.7 固体废物处理处置工程的建（构）筑物、电气系统、给排水、暖通等主要辅助工程应符合国家相关标准的规定。

5 厂（场）址选择与总图布置

5.1 一般规定

5.1.1 厂（场）址的选择应符合城市总体规划、区域环境保护专业规划、环境卫生专业规划及国家有关标准的要求，应符合当地的大气污染防治、水资源保护和自然生态保护要求，并通过环境影响评价。

5.1.2 厂（场）址选择应综合考虑固体废物处理处置厂（场）的服务区域、地理位置、水文地质、气象条件、交通条件、土地利用现状、基础设施状况、运输距离及公众意见等因素，经至少两个方案比选后确定。

5.1.3 固体废物处理处置厂（场）界与居民区的距离，应根据污染源的性质和当地的自然、气象条件等因素，通过环境影响评价确定。

5.1.4 固体废物处理处置厂（场）的总图布置应根据厂（场）址所在地区的自然条件，结合生产、运输、环境保护、职业卫生与劳动安全、职工生活，以及电力、通信、热力、给排水、防洪和排涝等设施，经多方案综合比较后确定。

5.2 厂（场）址选择

5.2.1 焚烧厂选址

5.2.1.1 应具备满足工程建设要求的工程地质条件和水文地质条件。焚烧厂不应建在受洪水、潮水或内涝威胁的地区，必须建在上述地区时，应有可靠的防洪、排涝措施。

5.2.1.2 应有可靠的电力供应和供水水源。

5.2.1.3 应考虑焚烧产生的炉渣及飞灰的处理处置和污水处理及排放条件。

5.2.2 填埋场选址

5.2.2.1 填埋场场址应处于相对稳定的区域，并符合相关标准的要求。

5.2.2.2 填埋场场址应尽量设在该区域地下水流向的下游地区。

5.2.2.3 填埋场应有足够大的可使用容积，以保证填埋场建成后使用期不低于8～10年。

5.2.2.4 填埋场场址的标高应位于重现期不小于50年一遇的洪水位之上。

5.2.3 堆肥场选址

应统筹考虑服务区域，结合已建或拟建的固体废物处理设施，充分利用已有基础设施，合理布局。

5.2.4 厌氧消化厂选址

5.2.4.1 厌氧消化厂应避免建在地质不稳定及易发生坍塌、滑坡、泥石流等自然灾害的区域。

5.2.4.2 厌氧消化厂选址应尽量靠近发酵原料的产地和沼气利用地区。

5.2.4.3 应有较好的供水、供电及交通条件。

5.2.4.4 厌氧消化厂选址应结合已建或拟建的垃圾处理设施，充分利用已有基础设施，合理布局，利于实现综合处理。

5.2.4.5 应便于污水、污泥的处理、排放与利用。

5.3 总图布置

5.3.1 固体废物处理处置厂（场）人流和物流的出入口设置应符合城市交通有关要求，实现人流和物流分离，方便废物运输车进出，尽量减少中间运输环节。

5.3.2 固体废物物流的出入口以及接收、贮存、转运、处理处置场所等应与办公和生活服务设施隔离建设，易产生污染的设施宜设在办公区和生活区的常年主导风向下风向。

5.3.3 固体废物处理处置厂（场）应以主要设施为主进行布置，其他各项设施应按处理流程合理安排。

5.3.4 固体废物处理处置工程的生产附属设施和生活服务设施等辅助设施应根据社会化服务原则统筹考虑，避免重复建设。

5.3.5 固体废物处理处置厂（场）周围应设置围墙或防护栅栏等隔离设施，防止家畜和无关人员进入，并应在填埋场、堆肥场边界周围设置防飞扬设施、安全防护设施及防火隔离带。

5.3.6 固体废物处理处置厂（场）的车辆清洗设施宜设在卸料设施和处理处置厂（场）出口附近，以便于及时清洗卸料后的车辆。

6 固体废物的收集、贮存及运输

6.1 一般规定

6.1.1 固体废物应分类收集、贮存及运输，以利于后续的处理处置。

6.1.2 工业固体废物与生活垃圾应分别收集；可回收利用物质和不可回收利用物质应分别收集；危险废物与一般废物应分别收集；医疗废物和其他危险废物应分别收集。

6.1.3 固体废物的收集、贮存和运输过程中，应遵守国家有关环境保护和环境卫生管理的规定，采取防遗撒、防渗漏等防止环境污染的措施，不应擅自倾倒、堆放、丢弃、遗撒固体废物。

6.2 城市生活垃圾的收集、贮存及运输

6.2.1 城市生活垃圾收集设施应与垃圾分类相适应，在分类收集、分类处理系统尚未健全之前，收集点的设置应考虑对未来分类收集发展的适应。

6.2.2 应标识清楚城市生活垃圾分类收集容器收集的垃圾类型，分类收集的垃圾应分类运输；有害垃圾应单独收集、运输和处理，其垃圾容器应封闭并具有便于识别的标志。

6.2.3 城市生活垃圾转运站的设置数量及规模应根据城市区域特征、社会经济发展和服务区域等因素确定。

6.3 一般工业固体废物的收集和贮存

6.3.1 应根据经济、技术条件对产生的工业固体废物加以回收利用；对暂时不利用或者不能利用的工业固体废物，应按照国务院环境保护行政主管部门的规定建设贮存设施、场所，安全分类存放，或者采取无害化处置措施。

6.3.2 贮存、处置场的建设类型，应与将要堆放的一般工业固体废物的类别相一致。

6.3.3 贮存、处置场应采取防止粉尘污染的措施。

6.3.4 贮存、处置场周边应设导流渠，防止雨水径流进入贮存、处置场内，避免渗滤液量增加和发生滑坡。

6.3.5 贮存、处置场应构筑堤、坝、挡土墙等设施，防止一般工业固体废物和渗滤液的流失。

6.3.6 贮存、处置场应设计渗滤液集排水设施，必要时应设计渗滤液处理设施，对渗滤液进行处理。

6.3.7 贮存含硫量大于 1.5%的煤矸石时，应采取防止自燃的措施。

6.3.8 贮存 GB 18599 规定的第Ⅱ类一般工业固体废物的场所，当天然基础层的渗透系数大于 1.0×10^{-7} cm/s 时，应采用天然或人工材料构筑防渗层，防渗层的厚度应相当于渗透系数 1.0×10^{-7} cm/s 和厚度 1.5 m 的黏土地层的防渗性能。

7 固体废物生物处理

7.1 一般规定

7.1.1 生物处理适宜处理有机固体废物，如畜禽粪便、污泥等。处理的固体废物中不应混入下列物质：

（a）有毒工业制品及其残弃物；

（b）有毒试剂和药品；

（c）有化学反应并产生有害物质的物品；

（d）有腐蚀性或放射性的物质；

（e）易燃、易爆等危险品；

（f）生物危险品和医疗废物；

（g）其他严重污染环境的物质。

7.1.2 生物处理后的有机固体废物用于农业施肥时应满足 GB 8172 的要求。

7.1.3 生物处理过程中产生的残余物应回收利用，不可回收利用的应焚烧处理或卫生填埋处置。

7.1.4 生物处理主要包括好氧堆肥和厌氧消化两类。

7.2 好氧堆肥

7.2.1 好氧堆肥工艺流程见图 1。

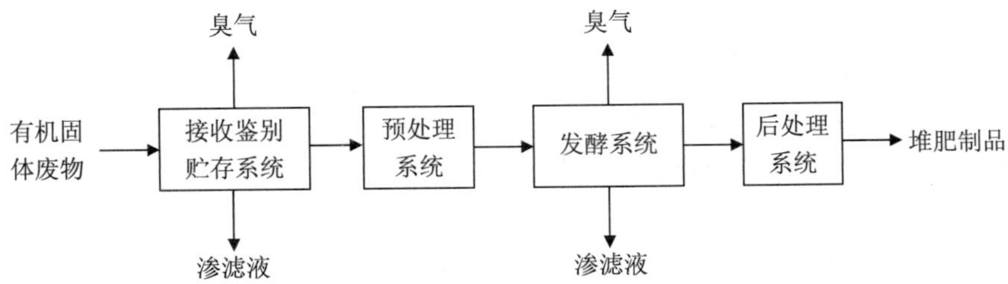

图 1 好氧堆肥工艺流程

7.2.2 常用的好氧堆肥方法主要包括露天条垛型堆肥法、静态强制通风型堆肥法和动态密闭型堆肥法。好氧堆肥工艺类型可分为一次性发酵和二次性发酵（包括初次发酵和次级发酵）。

7.2.3 好氧堆肥工艺设计中应考虑的主要影响因素包括粒度、碳氮比、接种量、含水率、搅拌和翻动、温度、病原微生物的控制、通风量、pH 值等。

7.2.4 堆肥原料不满足进仓要求时，应采用破碎或分选，或破碎和分选相组合的工艺进行预处理。

7.2.5 完成发酵后的堆肥应进行后处理，后处理通常包括破碎、分选、烘干、造粒、打包及压实等工艺，可根据堆肥制品的要求选择一种工艺或多种后处理工艺的组合。

7.2.6 堆肥场宜建设渗滤液导排系统。堆肥场内应设置渗滤液处理设施，将堆肥场在运行期和后期维护管理期内的渗滤液处理达标排放。

7.2.7 堆肥场应设置渗滤液监测系统，保证在发生渗滤液渗漏时能及时发现并采取必要的污染控制措施。为检测渗滤液深度，堆肥场内应设置渗滤液检测井。

7.2.8 城市生活垃圾好氧静态堆肥处理时，应符合 CJJ/T 52 的相关规定；其他有机固体废物好氧堆肥可参照 CJJ/T 52 中的有关规定执行。

7.2.9 堆肥处理还应满足 CJ/T 3059 和《生活垃圾堆肥处理工程项目建设标准》的相关要求。

7.3 厌氧消化

7.3.1 厌氧消化工艺流程见图 2。

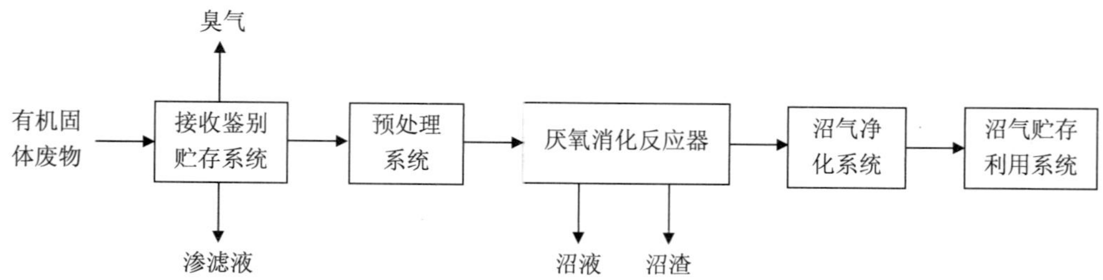

图 2 厌氧消化工艺流程

7.3.2 固体废物厌氧消化技术按厌氧消化温度分为常温消化、中温消化和高温消化。按消化固体废物的浓度可分为低固体厌氧消化和高固体厌氧消化。

7.3.3 固体废物厌氧消化技术中，常温消化主要适用于粪便、污泥和中低浓度有机废水等的处理，较适用于气温较高的南方地区；中温消化主要适用于大中型产沼工程、高浓度有机废水等的处理；高温消化主要适用于高浓度有机废水、城市生活垃圾、农作物秸秆等的处理，以及粪便的无害化处理。

7.3.4 采用厌氧消化工艺处理有机固体废物时，宜进行必要的试验研究，以获得最佳工艺设计参数。

7.3.5 预处理主要包括分选和破碎等工序；采用厌氧消化工艺应先将物料破碎到适宜的尺寸，以保证物料输送和混合的效果。

7.3.6 厌氧消化反应应调控适宜的条件，主要包括调节水分、养分、pH 值和温度等。

7.3.7 中温消化反应温度应控制在 30～38℃；高温消化反应温度应控制在 55～60℃。

7.3.8 低固体厌氧消化工艺的固体含量应不高于 8%（典型 4%～8%）。

7.3.9 低固体厌氧消化工艺的平均水力停留时间应为 10～20 d，或者根据中试研究结果确定。

7.3.10 低固体厌氧消化工艺的可生物降解挥发性固体(BVS)的负荷率应为 0.6～1.6 kg/(m^3·d)。

7.3.11 低固体厌氧消化工艺的 BVS 产气量为 0.5～0.75 m^3/kg。

7.3.12 高固体厌氧消化工艺的固体浓度应在 20%～35%。

7.3.13 高固体厌氧消化工艺的水力停留时间应为 20～30 d，或者根据中试研究结果确定。

7.3.14 高固体厌氧消化工艺的可生物降解挥发性固体（BVS）的负荷率应为 6～7 kg/（m^3·d）。

7.3.15 高固体厌氧消化工艺的 BVS 产气量为 0.625～1.0 m^3/kg。

7.3.16 沼气贮存可采用低压湿式储气柜、低压干式储气柜和高压储气罐。

7.3.17 沼气的收集、净化、贮存和利用系统设计应符合 NY/T 1220.1、NY/T 1220.2、NY/T 1220.3 的有关规定。

8 固体废物热处理

8.1 焚烧

8.1.1 一般规定

8.1.1.1 焚烧适用于处理可燃、有机成分较多、热值较高的固体废物，如城市生活垃圾、农林固体废物等。

8.1.1.2 焚烧处置工程应采用成熟可靠的技术、工艺和设备，并运行稳定、维修方便、经济合理、管理科学、保护环境、安全卫生。

8.1.1.3 焚烧系统应保证足够的辅助燃料供应。

8.1.1.4 焚烧厂建设规模应根据焚烧厂服务范围内的固体废物可焚烧量、分布情况、发展规划以及变化趋势等因素综合考虑确定，并应根据处理规模合理确定生产线数量和单台处理能力，设计时应考虑焚烧处置能力的余量。

8.1.1.5 新建焚烧厂宜采用同一种处理能力、同一种型号的焚烧炉。

8.1.1.6 焚烧厂宜采用 2～4 条生产线配置的方式。

8.1.1.7 生活垃圾焚烧厂污染物排放限值及烟囱高度应符合 GB 18485 的相关要求，烟囱设计应符合 GB 50051 的规定，其他固体废物焚烧应符合国家相关固体废物污染控制标准的规定。

8.1.2 工艺流程

焚烧工艺流程见图 3。

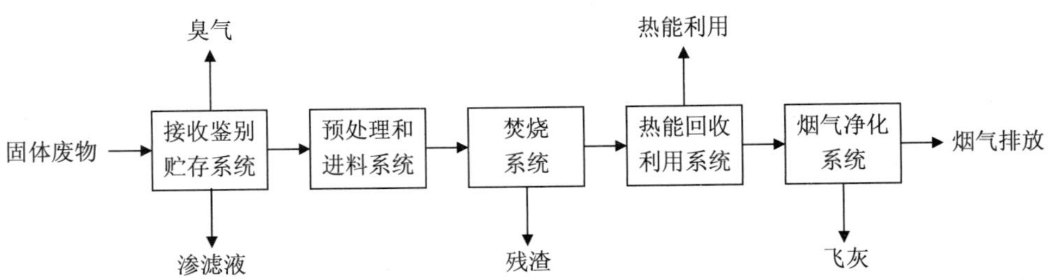

图 3 焚烧工艺流程

8.1.3 固体废物接收、鉴别和贮存系统

8.1.3.1 焚烧厂应设进厂固体废物计量设施，计量设施应具有称重、记录、传输、打印与数据处理功能。

8.1.3.2 地磅的规格除考虑运输车最大满载重量外还应有一定富余量。

8.1.3.3 焚烧厂应设置化验室，并配备固体废物特性鉴别及污水、烟气和灰渣等常规指标检测和分析的仪器设备。

8.1.3.4 固体废物的厂内贮存应符合下列规定：

（a）固体废物应贮存于固体废物贮存设施内。

（b）固体废物焚烧贮存场所应设防渗漏设施。

（c）焚烧炉所需的一次风应从固体废物贮存设施抽取。

（d）贮存设施应根据废物的特性设计相应的消防措施以及必要的防爆等级。

（e）生活垃圾宜采用混凝土池贮存，贮存池内壁应采取防渗、防腐措施，具有相应的垃圾渗滤液收集系统；贮存池的容量宜能满足 7 d 左右生产要求。

8.1.4 预处理和进料系统

8.1.4.1 预处理应符合下列要求：

（a）预处理设备通常包括破碎、分选、混合等设备，选择的预处理设备应考虑原始物料的特性，并与所选焚烧炉炉型对进炉物料的要求相匹配。

（b）固体废物入炉前应根据进料要求酌情进行破碎和混合，使废物混合均匀以利于焚烧炉稳定、安全、高效运行。

（c）在设计废物混合系统时，应考虑焚烧废物的性质、破碎方式、液体废物的混合及供料的抽吸和管道系统的布置。

（d）焚烧含水率高的污泥、废液等废物时，宜进行脱水处理以降低能耗。

（e）固体废物入炉前需根据其成分、热值等参数进行搭配，以保障焚烧炉稳定运行，降低焚烧残渣的热灼减率。

8.1.4.2 进料系统应符合下列要求：

（a）应采用自动进料系统，进料口应配备保持气密性的装置以保证焚烧炉内焚烧工况的稳定。

（b）进料系统应处于负压状态，防止有害气体逸出。

（c）输送液体废物时应考虑废液的腐蚀性及废液中的固体颗粒物堵塞喷嘴的问题。

（d）进料设备应有足够的废物储存容量，并避免产生搭桥现象。

（e）进料设备应根据焚烧炉处理能力向焚烧炉内提供足够的、可调的废物量。

（f）设备处理能力选型要充分考虑物料的波动、设备生产时间等因素，留有足够的余量。

8.1.5 焚烧系统

8.1.5.1 焚烧炉应由驱动装置、燃烧室及辅助设施组成。

8.1.5.2 焚烧炉应保证固体废物的额定处理能力，并能适应设计范围内物料变化的要求。

8.1.5.3 焚烧控制条件按固体废物类别应满足 GB 18485、GB/T 24602 等相关标准的规定。

8.1.5.4 焚烧炉运行过程中应保证系统处于负压状态，避免有害气体逸出。

8.1.5.5 焚烧炉出口烟气中的氧气含量（体积分数）应为 6%～10%。

8.1.5.6 焚烧炉型宜根据废物种类和特征选择，选择要求如下：

（a）炉排式焚烧炉适用于生活垃圾焚烧，不适用于处理含水率高的污泥。

（b）流化床式焚烧炉对物料的理化特性有较高要求，适用于处理污泥、预处理后的生活垃圾及一般工业固体废物。

（c）回转窑焚烧炉适用于处理成分复杂、热值较高的一般工业固体废物。

（d）固定床等其他类型的焚烧炉适用于一些处理规模较小的固体废物处理工程。

8.1.5.7 焚烧炉设计应符合下列规定：

（a）焚烧炉的炉排面积、燃烧室容积应满足该种炉型的截面热负荷、机械热负荷和容积热负荷的需要。

（b）二燃室的容积应满足最大负荷下的烟气停留时间。

（c）焚烧炉的烟气流向有顺流式、逆流式、交流式，对热值较高的固体废物宜采用顺流式，对热值较低的固体废物宜采用逆流式，对中等热值的固体废物宜采用交流式。

（d）焚烧炉宜采用连续焚烧方式，并保证焚烧炉稳定运行。

（e）焚烧炉的驱动装置应满足最大负荷以及各种意外情况下的最大动力输送。

（f）焚烧炉的驱动装置宜具有变频调节功能，以满足各种负荷下的调节需要。

（g）焚烧炉有与烟气接触的金属材料时，应采用耐热耐腐蚀材料以保证焚烧炉关键部件的使用寿命。

（h）焚烧炉采用的耐火材料的技术性能应能满足焚烧炉燃烧气氛的要求，能够承受焚烧炉工作状态的交变热应力，对于与物料接触的部件还应具有相应的耐磨性能。

（i）焚烧炉应设置防爆门或其他防爆设施。

（j）根据焚烧炉型不同，在焚烧炉的不同部位应设置相应的一次风、二次风，维持炉膛内合理的通风供应。

（k）燃烧空气系统的能力应能满足炉内燃烧物完全燃烧的配风要求，并根据废物热值选择是否采用空气加热装置；风机台数应根据焚烧炉设置要求确定，风机的最大风量应为最大计算风量的 115%～130%，风量调节宜采用变频等连续方式。

（l）辅助燃料燃烧器应有良好的燃烧效率，其辅助燃料应根据当地燃料来源确定，尽量采用廉价及清洁燃料，大型焚烧炉的燃烧器宜具有较大范围的无级调节能力。

8.1.6 热能回收利用系统

8.1.6.1 焚烧厂产生的热能应以适当形式加以回收利用。

8.1.6.2 热能利用系统包括余热锅炉、辅机、管道等设施。

8.1.6.3 热能利用系统中的设备与技术条件应符合 GB 50041 的规定。

8.1.6.4 固体废物焚烧热能利用的方式应根据焚烧厂的规模、废物种类和特性、用热条件、换热效率及经济性综合比较后确定。

8.1.6.5 大中型焚烧炉宜采用余热锅炉的热能利用方式、热值较低的废物宜采用空气预热器加热空气的热能利用方式。

8.1.6.6 烟气余热回收利用系统应采取适宜的换热布置方式及清灰措施防止飞灰结焦，应设计合理的换热温度以避免余热锅炉和换热器的高温腐蚀及低温腐蚀；余热回收利用设备应选择合适的防腐材料。

8.1.6.7 利用焚烧热能的余热锅炉，应充分考虑锅炉受热面烟尘结焦问题，设计适宜的受热面布置方式、选择合理的清灰方式；700℃以上区间宜采用辐射换热方式。

8.1.6.8 热能利用设备应采取保温措施，同时还应保证设备、管道外壁温度不高于 50℃。

8.1.7 烟气净化系统

8.1.7.1 烟气净化系统出口的污染物排放应满足国家相关标准的规定。

8.1.7.2 烟气净化技术的选择应充分考虑废物特性和焚烧污染物产生量的变化及物理、化学性质的影响，并应注意组合工艺间的相互匹配。

8.1.7.3 烟气净化系统应包括酸性气体、烟尘、重金属、二噁英等污染物的控制与去除设备，及引风机、烟囱等相关设备。

8.1.7.4 烟气净化系统应考虑对最大污染物浓度、最大烟气量的适应性。

8.1.7.5 烟气净化系统应有可靠的防腐蚀、防磨损和防止飞灰阻塞的措施；引风机的叶片宜采用耐腐蚀、耐磨材料，壳体内壁应采用防腐蚀处理。

8.1.7.6 脱酸系统主要去除氯化氢、氟化氢和硫氧化物等酸性物质，应采用适宜的碱性物质作为中和剂，可采用半干法、干法或湿法处理工艺。

8.1.7.7 脱酸采用半干法工艺时，应符合下列要求：

（a）逆流式脱酸设备内的烟气停留时间不宜少于 10 s，顺流式脱酸设备内的烟气停留时间不宜少于 20 s。

（b）脱酸设备出口的烟气温度应保证在后续管路和设备中的烟气不结露。

（c）雾化器的雾化细度应保证反应器内中和剂的水分完全蒸发。

（d）应配备可靠的中和剂浆液制备和供给系统，制浆用的粉料粒度和纯度应符合设计要求，浆液的浓度应根据烟气中酸性气体浓度和反应效率确定。

8.1.7.8 脱酸采用干法工艺时，应符合下列要求：

（a）应在中和剂喷入口的上游设置烟气降温设施。

（b）中和剂宜采用氧化钙，其品质和用量应满足系统安全稳定运行的要求。

（c）应有准确的中和剂进料计量装置。

（d）中和剂的喷嘴设计和喷入口位置的确定，应保证中和剂与烟气的充分混合。

8.1.7.9 脱酸采用湿法工艺时，应符合下列要求：

（a）脱酸设备应与除尘设备相匹配。

（b）脱酸设备的设计应使烟气与碱液有足够的接触面积与接触时间。

（c）脱酸设备应具有防腐蚀和防磨损性能。

（d）应采取措施避免处理后烟气在后续管路和设备中结露。

（e）应配备可靠的废水处理设施。

8.1.7.10 脱酸用中和剂储罐的容量宜按 4～7 d 的用量设计，储罐应设中和剂的破拱装置、粉尘收集装置、料位检测和计量装置。

8.1.7.11 脱酸用中和剂浆液输送设施主要包括输送泵、阀门及输送管道等，其设置应符合下列要求：

（a）中和剂浆液输送泵泵体应易拆卸清洗，泵入口端应设置过滤装置且该装置不应妨碍管路系统的正常工作。

（b）浆液输送管路中的阀门宜选择直通式球阀、隔膜阀，不宜选择闸阀、截止阀。

（c）管道应有坡敷设，不应出现类似存水弯的管道段；管道内中和剂浆液流速不应低于 1.0 m/s；中和剂浆液输送管道应设置便于定期清洗的管道和设备冲洗口；经常拆装和易堵的管段，应采用法兰连接；易堵、易磨的设备、部件宜设置旁通。

8.1.7.12　烟气除尘应符合下列规定：

（a）烟气除尘设备应采用袋式除尘器。

（b）袋式除尘器选型应依据下列因素：

——烟气特性：温度、流量和飞灰粒度分布等；

——除尘器的适用范围和分级效率；

——除尘器同其他净化设备的协同作用或反向作用的影响；

——维持除尘器内的温度高于烟气露点温度 20～30℃。

（c）袋式除尘器宜采用脉冲喷吹清灰方式，并宜设置专用的压缩空气供应系统。

（d）袋式除尘器应按烟气特性选型滤料。

（e）过滤风速由除尘器的过滤性能、烟气特征、清灰方式等综合确定。

（f）袋式除尘器应符合 HJ/T 328 的规定。

（g）袋式除尘器部件、滤料应符合 HJ/T 284、HJ/T 324、HJ/T 325、HJ/T 326、HJ/T 327 的规定。

8.1.7.13　烟气中重金属和二噁英的去除应符合下列规定：

（a）合理匹配物料，控制入炉物料含氯量。

（b）固体废物应完全燃烧，并严格控制燃烧室烟气的温度、停留时间与气流扰动工况。

（c）应减少烟气在 200～400℃温区的滞留时间。

（d）在脱酸设备和袋式除尘器之间应设置吸附剂的喷入装置，喷入活性炭或其他多孔性吸附剂，也可在布袋除尘器后设置活性炭或其他多孔性吸附剂吸收塔（床）或者催化反应塔。

（e）吸附剂喷射系统设计时应考虑烟气的紊流、吸附剂的性质等主要因素。

（f）吸附剂的加料量宜根据重金属的抽检结果进行调节。

（g）采用活性炭粉作为吸附剂时，应配置活性炭粉输送、计量、防堵塞和喷入装置。

8.1.7.14　氮氧化物去除应符合下列规定：

（a）应优先考虑采用低氮燃烧技术减少氮氧化物的产生量。

（b）烟气脱硝可采用选择性非催化还原法（SNCR）或选择性催化还原法（SCR）。

8.1.8　灰渣处理系统

8.1.8.1　灰渣处理系统应包括炉渣处理系统和飞灰处理系统，主要采用螺旋输送机、气力输送机、水封刮板出渣机、水冷螺旋输送机等设备。

8.1.8.2　焚烧炉渣与焚烧飞灰应分别收集、贮存和运输。其中，生活垃圾焚烧飞灰属于危险废物，应按危险废物进行安全处置；秸秆等农林废物焚烧飞灰和本导则所指的固体废物焚烧炉渣应按一般固体废物处理。

8.1.8.3　灰渣输送系统应保证自身的密封性以及采取双密封门等措施保证出料的密封。

8.1.8.4　灰渣输送系统设计最大输送能力时应充分考虑物料波动、出渣不稳定、烟气净化最大负荷等各种因素。

8.1.8.5　炉渣处理装置的选择应符合下列规定：

（a）与焚烧炉衔接的除渣机应有可靠的机械性能和保证炉内密封的措施。

（b）大中型焚烧炉宜采用水封出渣机，对于流化床等易产生高温小颗粒残渣的设备宜配备水冷螺旋输送机。

（c）采用水封除渣机要设置自动补水装置，除渣机水封高度宜与水位波动、紧急烟囱正压开启压力等因素匹配。

（d）水冷螺旋输送机接触物料部分应采用耐高温材料。

8.1.8.6 飞灰的排出和收集应符合下列规定：

（a）余热锅炉排灰宜采用板式输送机，板式输送机应满足间歇运行时的输送能力。

（b）烟气净化系统采用干法或半干法工艺时，飞灰处理系统应采取机械除灰或气力除灰方式，气力除灰系统应采取防止空气进入与防止灰分结块的措施；采用湿法工艺时，应采取有效的脱水措施。

（c）飞灰收集应采用避免飞灰散落的密封容器，收集飞灰用的贮灰罐容量宜按飞灰额定产生量确定；贮灰罐应设有料位指示、除尘和防止灰分板结的设施，并宜在排灰口附近设置增湿设施。

（d）除尘器收集的飞灰应连续排出，保证除尘器中不存灰。

8.2 热解

8.2.1 一般规定

8.2.1.1 热解处理适用于具有一定热值的有机固体废物。

8.2.1.2 热解应考虑的主要影响因素有热解废物的组分、粒度及均匀性、含水率、反应温度及加热速率等。

8.2.1.3 高温热解温度应在 1 000℃以上，主要热解产物应为燃气。

8.2.1.4 中温热解温度应在 600～700℃，主要热解产物应为类重油物质。

8.2.1.5 低温热解温度应在 600℃以下，主要热解产物应为炭黑。

8.2.1.6 热解系统根据运行要求可连续或者间歇运行。

8.2.1.7 热解产物经净化后进行分馏可获得燃油、燃气等产品。

8.2.2 工艺流程

热解工艺流程见图 4。

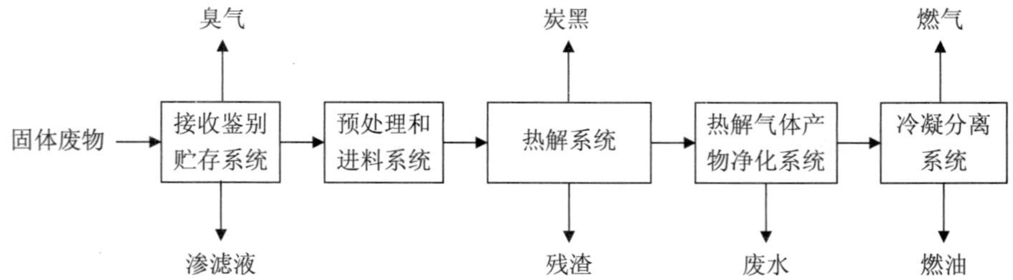

图 4 热解工艺流程

8.2.3 固体废物接收、鉴别和贮存系统

应计量和控制进入热解处理厂的原料和原料量；经鉴别不适宜热解处理的原料应暂时堆存并妥善处理。

8.2.4 预处理和进料系统

8.2.4.1 预处理应符合下列规定：

（a）应根据热解系统需要对固体废物进行预处理。

（b）处置颗粒较大废物宜设置破碎设备，将物料破碎至粒度小而均匀。

（c）热解处理的固体废物成分复杂时，宜配备磁选等设备进行物料分选。

（d）应保持入炉物料的热值相对稳定。

8.2.4.2 进料系统应符合下列规定：

（a）进料设备应包括抓斗起重机、螺旋输送机和皮带输送机等。

（b）应根据废物的形态、上料均匀性特点选择进料系统，对于需要连续供料的热解系统宜采用皮带输送机，对于形态复杂物料的热解系统宜采用抓斗起重机。

（c）进料系统应具备自动供料及调节的功能。

（d）进料系统应采用双密封门等措施保证系统的密闭性。

8.2.5 热解系统

热解反应器应符合下列要求：

（a）热解反应器宜选用回转窑、流化床、固定床、竖窑等设备。

（b）应根据工艺技术要求和物料特性选用热解反应器。

（c）热解反应器应考虑设备适应处理负荷的波动，设计时应备有较大的调节余量。

（d）热解反应器的耐火材料应能满足环境气氛以及温度波动等，对于与物料相接触的回转窑、流化床热解反应器还应考虑其耐磨性。

8.2.6 灰渣输送系统

灰渣输送系统应符合下列规定：

（a）灰渣的输送系统宜选用螺旋输送机、气力输送机、水封刮板出渣机、水冷螺旋输送机等设备。

（b）尾气净化飞灰宜采用螺旋输送机、埋刮板输送机或气力输送机；输送颗粒较大的残渣宜配备水封刮板出渣机；输送小颗粒残渣宜配备水冷螺旋输送机。

（c）设备设计时应考虑物料特性，水封刮板出渣机内壁应采用耐磨措施，水冷螺旋输送机接触物料部分应采用耐高温材料。

（d）残渣输送系统应考虑设备的密闭性，除设备自身的密闭外还应采用双密封门等措施，保证出料的密闭性。

（e）灰渣输送系统设计最大输送能力时应考虑物料波动、出渣不稳定、气体净化最大负荷等因素，出渣机最大输送能力宜为平均值的5～10倍。

8.2.7 热解气体产物净化系统

热解气体产物的净化处理应符合下列规定：

（a）热解气体产物的净化处理应包括冷却、除尘、脱酸等环节。

（b）根据热能利用需要，热解气体产物冷却的方式可以分别采取余热回收或直接喷淋冷却方式。

（c）采用余热回收利用的气体冷却系统应采取必要的换热布置方式及清灰措施防治飞灰结焦；应设计合理的换热温度以避免余热锅炉和换热器的高温腐蚀及低温腐蚀；余热回收利用设备应选择合适的防腐材料。

（d）采用直接喷淋降温的热解气体冷却塔应采用性能可靠的喷头，喷头应具有良好的防腐性能、其性能指标应满足最大负荷时的调节能力。

（e）除尘器应采用袋式除尘器。

（f）脱酸系统可根据需要选择喷雾干燥法、流化床脱酸或湿法脱酸工艺，在设计时应考虑中和剂的调节、设备防腐等问题。

8.2.8 冷凝分离系统

热解气体产物可经冷凝分离获得燃油和燃气。

9 固体废物填埋、处置

9.1 一般规定

9.1.1 应以本地区需填埋或处置的废物量、经济发展水平和自然条件为基础，结合城市经济建设与科学技术的发展，确定合理的建设规模，做到安全可靠、技术先进、经济合理。

9.1.2 固体废物填埋、处置工程除应符合本标准的规定外，还应符合 GB 16889、HJ 564、CJJ 17 的有关规定。

9.2 卫生填埋

9.2.1 建设规模与建设内容

9.2.1.1 卫生填埋场的合理使用年限应在 10 年以上，特殊情况下应不低于 8 年。填埋库区应一次性设计、分期建设，分期建设库容及相应的使用年限应根据填埋量、场址条件综合确定。

9.2.1.2 卫生填埋场主体工程与设备、配套工程、生产管理与辅助设施、生活服务设施应符合《生活垃圾卫生填埋处理工程项目建设标准》的规定。

9.2.2 工艺流程

填埋工艺流程见图 5。

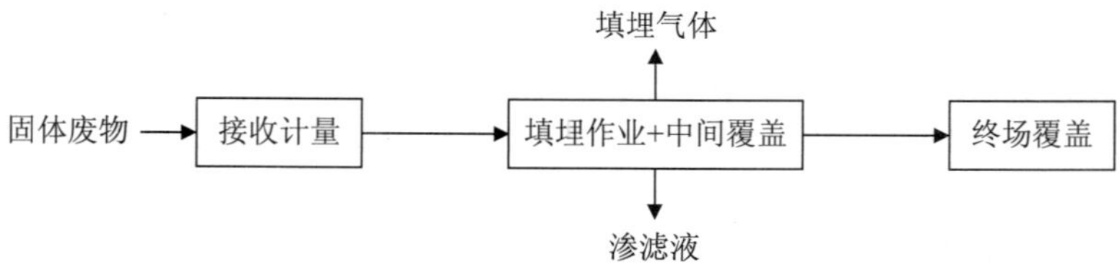

图 5 填埋工艺流程

9.2.3 填埋物入场要求

9.2.3.1 进入卫生填埋场的填埋物应是生活垃圾，或是经处理后符合 GB 16889 相关规定的废物。

9.2.3.2 具有爆炸性、易燃性、浸出毒性、腐蚀性、传染性、放射性等的有毒有害废物不应进入卫生填埋场，不得直接填埋医疗废物和与衬层不相容的废物。

9.2.4 基础与防渗

卫生填埋场的基础与防渗应符合 CJJ 17 中的有关规定。

9.2.5 渗滤液的收集与处理

9.2.5.1 填埋场内应实行雨水与污水分流，减少运行过程中的渗滤液产生量。

9.2.5.2 填埋库区应铺设渗滤液收集系统，并宜设置疏通设施。

9.2.5.3 渗滤液产生量和处理量应按填埋场类型、填埋库区划分和雨污水分流系统情况、填埋物性质及气象条件等因素确定。

9.2.5.4 渗滤液收集及处理系统应包括导流层、盲沟、调节池和渗滤液处理设施等。

9.2.5.5 调节池容积应与填埋工艺、停留时间、渗滤液产生量及配套的渗滤液处理设施规模等相匹配。

9.2.5.6 调节池及渗滤液流经或停留的其他设施均应采取防渗措施。

9.2.5.7 渗滤液应按照 GB 16889 的要求，处理达标后排放。

9.2.5.8 填埋场渗滤液的处理应符合 HJ 564 的有关规定。

9.2.6 填埋气体收集与处理

9.2.6.1 宜对填埋气体进行收集和利用，难以回收和无利用价值时宜将其导出处理后排放。

9.2.6.2 填埋场应设置有效的填埋气体导排设施，填埋气体导排设施应符合下列要求：

（a）填埋气体导排设施宜采用竖井（管），也可采用横管（沟）或横竖相连的导排设施。

（b）竖井可采用穿孔管居中的石笼，穿孔管外宜用级配石料等粒状物填充。竖井宜按填埋作业层的升高分段设置和连接；竖井设置的水平间距不应大于 50 m；管口应高出场地 1 m 以上。应考虑垃圾分解和沉降过程中堆体的变化对气体导排设施的影响，防止设施阻塞、断裂而失去导排功能。

（c）填埋深度大于 20 m 采用主动导气时，宜设置横管。

（d）有条件进行填埋气体回收利用时，宜设置填埋气体利用设施。

9.2.6.3 填埋场上方甲烷气体含量应小于 5%；建（构）筑物内，甲烷气体含量不应超过 1.25%。

9.2.6.4 填埋场应防止填埋气体在局部聚集。填埋库区底部及边坡的土层 10 m 深范围内的裂隙、溶洞及其他腔型结构均应充填密实。填埋体中不均匀沉降造成的裂隙应及时充填密实。对填埋物中的可能造成腔型结构的大件垃圾应进行破碎。

9.2.7 填埋作业

9.2.7.1 填埋物进入填埋场应进行检查和计量。运输车辆离开填埋场前宜冲洗轮胎和底盘。

9.2.7.2 挖掘、装载、运输、摊铺、压实、覆盖等作业设备，应按填埋日处理规模和作业工艺设计要求配置。在大件垃圾较多的情况下，宜设置破碎设备。

9.2.7.3 填埋应采用分单元、分层作业，填埋单元作业工序应为卸车、分层摊铺、压实，达到规定高度后应进行覆盖、再压实。

9.2.7.4 应根据地形制订分区分单元填埋作业计划，减少渗滤液产生量。

9.2.7.5 每层废物摊铺厚度应根据填埋作业设备的压实性能、压实次数及废物的可压缩性确定，厚度不宜超过 60 cm，且宜从作业单元的边坡底部到顶部摊铺；废物压实密度应大于 600 kg/m^3。

9.2.7.6 每一单元的废物高度宜为 2～4 m，最高不超过 6 m。单元作业宽度按填埋作业设备的宽度及高峰期同时进行作业的车辆数确定，最小宽度不宜小于 6 m。单元的坡度不宜大于 1∶3。

9.2.7.7 每一单元作业完成后，应进行覆盖，覆盖层厚度宜根据覆盖材料确定，土覆盖层厚度宜为 20～25 cm；每一作业区完成阶段性高度后，暂时不在其上继续进行填埋时，应进行中间覆盖，覆盖层厚度宜根据覆盖材料确定，土覆盖层厚度宜大于 30 cm。

9.2.7.8 填埋作业区的周围应设置防轻质废物飞散的设施。

9.2.7.9 填埋场周围应设绿化防护带，使其与周围环境相隔离。

9.2.7.10 填埋场应有灭蝇、灭虫、灭鼠措施，使用杀虫灭鼠药物时，要避免新的污染。

9.2.8 终场覆盖

9.2.8.1 填埋终止后，应进行封场和生态环境恢复。

9.2.8.2 终场覆盖系统由下至上应依次为排气层、防渗层、排水层、最终覆土层以及植被层。

9.2.8.3 排气层应与导气竖管相连。导气竖管应高出最终覆土层上表面 100 cm 以上。

9.2.8.4 防渗层可采用黏土或人工合成材料。

9.2.8.5 填埋场最终覆盖系统应符合 CJJ 17 的规定。

9.2.8.6 填埋场封场顶面坡度不应小于 5%。边坡大于 10%时宜采用多级台阶进行封场，台阶间边坡坡度不宜大于 1∶3，台阶宽度不宜小于 2 m。

9.2.8.7 填埋场封场后的土地使用必须符合国家相关标准的要求。

9.2.8.8 封场后应对渗滤液进行永久的收集和处理，并定期清理渗滤液收集系统。封场后应对提升泵站、气体导出系统、电力系统等做定期维护。

9.2.8.9 封场后进入后期维护与管理阶段的填埋场，应定期检测填埋场产生的渗滤液和填埋气，直到填埋场产生的渗滤液中水污染物浓度满足 GB 16889 中的要求。

9.2.8.10 在填埋场稳定以前，应对地下水、地表水、大气进行定期监测。

9.3 一般工业固体废物处置

9.3.1 一般工业固体废物填埋场、处置场适宜处理未被列入《国家危险废物名录》或据 GB 5085.1～GB 5085.7、GB 5086.1、HJ 557 及 GB/T 15555.1～GB/T 15555.12 鉴别判定不具有危险特性的工业固体废物。

9.3.2 一般工业固体废物填埋场、处置场，不应混入危险废物和生活垃圾。第 I 类和第 II 类一般工业固体废物应分别处置。

9.3.3 一般工业固体废物处置场应符合下列要求：

1）处置场应采取防止粉尘污染的措施；处置场周边应设置导流渠；应设计渗滤液集排水设施和构筑堤、坝、挡土墙等设施。

2）含硫量大于 1.5%的煤矸石，应采取措施防止自燃。

3）堆放第 II 类一般工业固体废物的处置场：当天然基础层的渗透系数大于 1.0×10^{-7} cm/s 时，应采用天然或人工材料构筑防渗层，防渗层的厚度应相当于渗透系数 1.0×10^{-7} cm/s 和厚度 1.5 m 的黏土层的防渗性能；必要时应设计渗滤液处理设施，对渗滤液进行处理。

4）堆放第 II 类一般工业固体废物处置场的其他环境保护要求：

（a）定期检查维护防渗工程，定期监测地下水水质，发现防渗功能下降，应及时采取必要措施。

（b）应定期检查维护渗滤液集排水设施和渗滤液处理设施，定期监测渗滤液及其处理后的排水水质，发现集排水设施不通畅或处理后的水质超过排放要求时，应及时采取必要措施。

5）关闭或封场时，表面坡度一般不超过 33%。标高每升高 3～5 m，应建造一个台阶，台阶应有不小于 1 m 的宽度、2%～3%的坡度和能经受暴雨冲刷的强度。

6）关闭或封场后，仍需继续维护管理，直到稳定为止。

7）关闭或封场后，应设置标志物，注明关闭或封场时间，以及使用该土地时应注意的事项。

8）堆放第 I 类一般工业固体废物的处置场关闭时，表面一般应覆一层天然土壤，其厚度视固体废物的颗粒度大小和拟种植物种类确定。

9）堆放第 II 类一般工业固体废物的处置场封场时，表面应覆土二层，第一层为阻隔层，覆 20～45 cm 厚的黏土，并压实，防止雨水渗入固体废物堆体内；第二层为覆盖层，覆天然土壤，以利植物生长，其厚度视栽种植物种类而定。

10）封场后，渗滤液及其处理后排放水的监测系统应继续维持正常运转，直至水质稳定为止。地下水监测系统应继续维持正常运转。

10 劳动安全与职业卫生

10.1 一般规定

10.1.1 固体废物处理处置工程在设计、建设和运行过程中，应高度重视劳动安全和职业卫生，采取相应措施，消除事故隐患，防止事故发生。

10.1.2 劳动安全和职业卫生设施应与固体废物处理处置工程同时设计、同时施工、同时投产使用。

10.1.3 应对劳动者进行劳动安全与职业卫生培训，提供所需的防护用品，定期进行健康检查。

10.1.4 固体废物处理处置设施，应采取有效的隔声、消声、绿化等降低噪声的措施，使室内噪声和振动符合 GBZ 1 的规定。

10.2 安全

10.2.1 固体废物处理处置工程在设计、安装、调试、运行以及维修过程中应始终贯彻“安全第一、预防为主”，遵守安全技术规程和相关设备安全性要求的规定。

10.2.2 固体废物处理处置工程中使用的压力设备，其设计、制造、监督检验、检测和使用应符合有关压力容器的安全标准要求和国家有关规定。

10.2.3 固体废物处理处置工程的防火、防爆设计应符合 GB 50016、GB 15577 的有关规定。

10.2.4 沼气储气柜与周围建筑物应满足安全防火间距要求。

10.2.5 活性炭储仓应有防爆措施。

10.2.6 垃圾焚烧工程应设置急冷塔的应急备用喷水系统、二燃室的防爆阀等应急和防爆设施，应急防爆设施应考虑到工艺特性以及可靠的开启。

10.2.7 填埋场达到稳定安全期前的填埋库区及防火隔离带范围内不应设置封闭式建（构）筑物，不应堆放易燃、易爆物品。不应将火种带入填埋库区。进入填埋作业区的车辆、设备应保持良好的机械性能，避免产生火花。

10.2.8 输送和储存易燃、易爆物质的设备和管道应设置泄爆装置，并采取防静电接地措施，不应使用易积累静电的绝缘材料。

10.2.9 危险化学品的使用应符合《危险化学品安全管理条例》。

10.2.10 建立并严格执行经常性和定期性的安全检查制度，制定安全事故应急预案。

10.3 职业卫生

10.3.1 职业卫生设计应符合 GBZ 1、GBZ 2.1、GBZ 2.2 的要求。

10.3.2 操作室和工作岗位应采取采暖、通风、防尘、隔声等措施，防止职业病发生，保护劳动者健康。

11 施工与验收

11.1 一般规定

11.1.1 固体废物处理处置工程应按工程设计图纸、技术文件、设备图纸等组织施工。

11.1.2 固体废物处理处置工程建设单位应专门成立项目管理机构，参与设计会审、设备监制、施工质量检查，制定运行和维护规章制度，组织、参与工程各阶段验收、调试和试运行，建立设备安装及运行档案。

11.1.3 与生产工程同步建设的固体废物处理处置工程应与生产工程同时验收；现有生产设备配套或改造的治理设施应进行单独验收。

11.2 施工

11.2.1 固体废物处理处置工程施工和设备安装应符合相应的国家或行业标准。

11.2.2 施工单位应根据施工要求制定完善的施工组织设计。

11.2.3 施工使用的材料、半成品、部件应符合国家相关标准和设计要求，并取得供货商的合格证书。

11.2.4 设备安装之前应对土建工程按安装要求进行验收，验收记录和结果应作为工程竣工验收资料之一。

11.2.5 对国外引进专用设备应按供货商提供的设备技术规范、合同规定及商检文件执行，并应符合国家或行业工程施工及验收标准。

11.3 工程验收

11.3.1 土建工程验收应按 GB 50202、GB 50203、GB 50204、GB 50205、GB 50300 及相关验收规范执行。

11.3.2 安装工程验收应按 GB 50231、GB 50236、GB 50254、GB 50255、GB 50256、GB 50257、GB 50303、GB 50275 等有关标准及安装文件的有关规定执行。

11.3.3 工程完工后，施工单位应向建设单位提交工程竣工验收申请。验收程序和内容应按建设项目竣工验收程序执行。

11.3.4 工程竣工验收依据应包括主管部门的批准文件、设计文件和设计变更文件、合同及其附件、设备技术文件等。

11.4 环境保护验收

11.4.1 竣工环境保护验收应执行《建设项目竣工环境保护验收管理办法》和行业环境保护验收规范。

11.4.2 验收监测应符合《建设项目环境保护设施竣工验收监测技术要求》的规定。

11.4.3 建设单位应结合试运行，组织具备相应资质的单位进行性能试验。性能试验报告可作为环境保护验收的技术依据。

11.4.4 污染治理设施的自动连续监测及数据传输系统，应与固体废物处理处置工程同时进行环境保护验收。

12 运行与维护

12.1 应管理和维护好固体废物收集、贮存及运输的设施、设备和场所，保证其正常运行和使用，并按 GB 15562.2 的规定设立环境保护图形标志牌。

12.2 设备的运行和维护应符合设备说明书和相关技术规范的规定。

12.3 污染治理设施在正常运行工况下，处理效果应满足国家或地方排放标准。

12.4 生产单位应设环境保护管理部门，配备管理人员、技术人员和必要的设备，制定治理设施运行及维护的规章制度，主要设备的运行、维护和操作规程。

12.5 污染治理设施的操作和维护应责任到人。岗位工应通过培训考核上岗，熟悉本岗位运行及维护要求，遵守劳动纪律，执行操作规程。

12.6 严格执行交接班工作制度，岗位工人应填写运行记录，运行记录定期上报企业生产和环保管理部门，并存档。

12.7 污染治理设施中的易损设备、配件和通用材料，由生产单位按机械设备管理规程和工艺安全运行要求储备，保证治理设施的正常运行。

12.8 应制定污染治理设施大、中检修计划和应急预案。污染治理设施检修时间应与工艺设备同步，对可能有问题的设施系统或设备随时检查，检修和检查结果应记录并存档。

12.9 应及时发现和处理检测仪器的故障，并定期校准。

12.10 加强运行过程中的环境监测工作，定期对污染治理设施的污染物排放、场址周边的地下水、地表水、空气质量以及噪声现状进行监测。

12.11 固体废物处理处置单位应制定有关环境污染事故和安全的应急预案，明确相关的风险防范措施，并定期组织工作人员进行应对风险发生的培训和演练，一旦发生风险各项应急方案能够及时响应，风险处理完成后编写事故报告，存档备查。

中华人民共和国国家环境保护标准

含多氯联苯废物焚烧处置工程技术规范

Technical specifications for centralized incineration disposal engineering on PCBs waste

HJ 2037—2013

前 言

为贯彻《中华人民共和国固体废物污染环境防治法》，规范含多氯联苯废物焚烧处置设施设计、建设及运行管理，防止含多氯联苯废物焚烧处置对环境的污染，保护环境，保障人体健康，制定本标准。

本标准规定了含多氯联苯废物焚烧处置工程设计、施工、验收和运行管理等过程中的有关技术要求。

本标准为指导性文件。

本标准为首次发布。

本标准由环境保护部科技标准司组织制订。

本标准起草单位：沈阳环境科学研究院（国家环境保护危险废物处置工程技术（沈阳）中心）。

本标准由环境保护部 2013 年 9 月 26 日批准。

本标准自 2013 年 12 月 1 日起实施。

本标准由环境保护部解释。

1 适用范围

本标准规定了含多氯联苯废物焚烧处置工程设计、施工、验收和运行管理等过程的技术要求。

本标准适用于专门用于含多氯联苯废物焚烧处置工程的建设和运行。

2 规范性引用文件

本标准引用了下列文件及其中的条款。凡是未注明日期的引用文件，其最新版本适用于本标准。

GB 151 管壳式换热器

GB/T 7190.1～2 玻璃纤维增强塑料冷却塔

GB 8978 污水综合排放标准

GB 12348 工业企业厂界环境噪声排放标准

GB/T 12801　生产过程安全卫生要求总则
GB 13015　含多氯联苯废物污染控制标准
GB 15562.2　环境保护图形标志　固体废物贮存（处置）场
GB 18452　破碎设备　安全要求
GB 18484　危险废物焚烧污染控制标准
GB 18597　危险废物贮存污染控制标准
GB/T 28001　职业健康安全管理体系　要求
GB 50736　民用建筑供暖通风与空气调节设计规范
GB 50028　城镇燃气设计规范
GB 50034　建筑照明设计规范
GB 50057　建筑物防雷设计规范
GB/T 50062　电力装置的继电保护和自动装置设计规范
GB 50156　汽车加油加气站设计与施工规范
GB 50431　带式输送机工程设计规范
GB 50205　钢结构工程施工质量验收规范
GB 50014　室外排水设计规范
GB 50016　建筑设计防火规范
GBJ 22　厂矿道路设计规范
GB 50140　建筑灭火器配置设计规范
GB/T 19923　城市污水再生利用　工业用水水质
GBZ 1　工业企业设计卫生标准
GBZ 2.1　工作场所有害因素职业接触限值　第 1 部分：化学有害因素
GBZ 2.2　工作场所有害因素职业接触限值　第 2 部分：物理因素
HJ/T 176　危险废物集中焚烧处置工程建设技术规范
HJ/T 324　环境保护产品技术要求　袋式除尘器用滤料
HJ/T 327　环境保护产品技术要求　袋式除尘器　滤袋
HJ 561—2010　危险废物（含医疗废物）焚烧处置设施性能测试技术规范
HJ 2020—2012　袋式除尘工程通用技术规范
HG/T 20566　回转窑设计规定
JB/T 1388　复摆颚式破碎机
JB/T 8690　工业通风机　噪声限值
《污染源监测管理办法》（环发[1999]246 号）
《危险废物转移联单管理办法》（国家环境保护总局令　第 5 号）
《危险废物经营单位编制应急预案指南》（国家环境保护总局公告　2007 年第 48 号）

3　术语和定义

下列术语和定义适用于本标准。

3.1　含多氯联苯废物　polychlorinated biphenyls for waste

指列入《国家危险废物名录》中的含多氯联苯（PCBs）废物。

3.2 焚烧 incineration

指高温焚化燃烧含 PCBs 废物使之分解并无害化的过程。

3.3 焚烧炉 incinerator

指焚烧含 PCBs 废物的主体装置，为回转窑和二燃室组成的热解汽化焚烧炉。

3.4 焚烧量 incineration amount

指单位时间焚烧炉焚烧含 PCBs 废物的重量。

3.5 焚烧残余物 incineration residues

指焚烧含 PCBs 废物后排出的燃烧残渣、经尾气净化装置产生的飞灰和其他固态和半固态物质。

3.6 焚毁去除率 destruction removal efficiency（DRE）

指被焚烧废物中 PCBs 的质量与残留在排放烟气中的 PCBs 质量之差，占被焚烧的 PCBs 质量的百分比。DRE 的表达式如下：

$$\mathrm{DRE}=(W_i-W_o)/W_i\times 100\% \quad （1）$$

式中：W_i——为单位时间内被焚烧物中 PCBs 的质量，kg/h；

W_o——为单位时间内烟道排放气中 PCBs 的质量，kg/h。

3.7 热灼减率 loss of ignition

指焚烧残渣经灼热减少的质量占原焚烧残渣质量的百分数。其计算公式如下：

$$P=(A-B)/A\times 100\% \quad （2）$$

式中：P——热灼减率，%；

A——干燥后原始焚烧残渣在室温下的质量，g；

B——焚烧残渣经 600℃（±25℃）3 h 灼热后冷却至室温的质量，g。

3.8 烟气停留时间 retention time

指燃烧所产生的烟气从最后的燃烧器出口到烟道降温喷湿引射口之间的停留时间。[GB 18484]

3.9 焚烧炉温度 incinerator temperature

指焚烧炉燃烧室出口中心的温度。[GB 18484]

3.10 燃烧效率（CE） combustion efficiency

指烟道排出气体中二氧化碳浓度与二氧化碳和一氧化碳浓度之和的百分比，以 CE 表示，其计算公式为：

$$\mathrm{CE}=[CO_2]/([CO_2]+[CO])\times 100\% \quad （3）$$

式中：$[CO_2]$和$[CO]$——分别为燃烧后排气中 CO_2 和 CO 的浓度。[GB 18484]

3.11 二噁英类 dioxins

指多氯代二苯并-对-二噁英和多氯代二苯并呋喃类物质的总称。[GB 18484]

3.12 二噁英毒性当量（TEQ） toxic equivalent

指二噁英毒性同类物与 2,3,7,8-四氯代二苯并-对-二噁英对 Ah 受体的亲和性能之比，以 TEQ 表示，其计算公式为：

$$\mathrm{TEQ}=\sum(\text{二噁英毒性同类物浓度}\times\mathrm{TEF}) \quad （4）$$

式中：TEF（Toxicity Equivalency Factor）——二噁英毒性当量因子。[GB 18484]

4 污染物与污染负荷

4.1 含 PCBs 废物主要为含 PCBs 的电容器、变压器、液体以及被 PCBs 污染的土壤、混凝土构筑物和其他被 PCBs 污染的物品。

4.2 入炉焚烧废物氯元素含量应控制在 20%以内。

5 总体要求

5.1 一般规定

5.1.1 含 PCBs 废物的焚烧处置应按 GB 13015 执行。

5.1.2 含 PCBs 废物焚烧处置工程大气污染防治应满足 GB 18597 要求。

5.1.3 含 PCBs 废物焚烧处置工程运行产生的工艺废水可经处理后回用或通过闪蒸的方式处理。

5.1.4 含 PCBs 废物焚烧处置工程运行中新产生的固体废物属于危险废物。

5.1.5 含 PCBs 废物焚烧处置工程厂界噪声应符合 GB 12348 的要求。

5.1.6 含 PCBs 废物焚烧处置工程应设置烟气在线监测系统，监测指标应满足 HJ/T 176 的相关要求。

5.2 工程构成

5.2.1 含 PCBs 废物焚烧处置工程的由主体工程和辅助工程组成。

5.2.2 含 PCBs 废物焚烧处置工程的主体工程包括：特性分析系统、贮存系统、预处理及传送系统、焚烧系统、烟气净化系统、工艺废水处理系统、自动化控制系统、监测系统、应急响应系统等。

5.2.3 含 PCBs 废物焚烧处置工程的辅助工程包括：厂区围墙、道路、消防、供配电、辅助油料供应、给排水、暖通空调、维修、仓储、通信及职业安全防护等。

5.3 厂址选择

含 PCBs 废物焚烧处置工程厂址条件应符合 HJ/T 176 中提出的相关要求，应满足环境影响评价报告书的相关要求。

5.4 总图设计

5.4.1 含 PCBs 废物焚烧处置工程的总图设计，应根据含 PCBs 废物的性质及其焚烧处置的特点，充分考虑预检验、接收计量、卸车、贮存及预处理、焚烧、灰渣处理、烟气净化、工艺废水处理等主要处置工艺流程，并经多个方案综合比较后确定。

5.4.2 含 PCBs 废物焚烧处置工程的竖向设计应充分考虑各易受污染区域与事故池的相对标高，进而保证污染区域废水和地面初期雨水顺利排入事故池，事故池的容量设计应满足 HJ/T 176 中的相关规定。

5.4.3 含 PCBs 废物焚烧处置工程的预处理设施、进料设施、焚烧处置设施、工艺废水处理设施不应露天设置，安装以上设施的车间应具备满足工艺操作的足够空间。

5.4.4 含 PCBs 废物焚烧处置工程厂区出入口应实现人流和物流分离。

5.4.5 含 PCBs 废物焚烧处置工程厂区边界应设置围墙或其他防护栅栏，防止家畜和无关人员进入。

5.5 总平面布置

5.5.1　含 PCBs 废物焚烧处置工程应以焚烧厂房为主体进行布置，其他各项设施应按含 PCBs 废物处置流程合理安排，确保相关设备联系良好，功能发挥充分，保证运行安全。同时应避免生产作业区与办公区交叉。

5.5.2　含 PCBs 废物焚烧处置工程的入厂预检区、计量衡器、贮存区的位置以及含 PCBs 废物厂内输送路线应合理布置，尽量减少废物的输送次数和转运距离。

5.5.3　含 PCBs 废物焚烧处置工程焚烧线物料流向应与厂区主导风向一致，烟囱设于厂区的下风向处。供水设施应建于厂区的主导上风向处。

5.6　厂区道路

5.6.1　含 PCBs 废物焚烧处置工程厂区内道路荷载等级应符合 GBJ 22 中的有关规定，并能满足交通运输、消防及各种管线的铺设要求，路面宜采用水泥混凝土或沥青混凝土。

5.6.2　含 PCBs 废物焚烧处置工程厂区行车道路宜环形设置，路面宽度不应小于 6 m。厂房外应设消防道路，道路的宽度不应小于 3.5 m。

5.6.3　含 PCBs 废物焚烧处置工程厂区内，可在物流出入口附近设置废物运输车辆临时停车场。

6　含PCBs废物焚烧处置工程工艺设计

6.1　含 PCBs 废物焚烧处置工艺流程

6.1.1　含 PCBs 废物焚烧处置主要包括废物接收、特性分析、分类贮存、预处理、输送及进料、焚烧处置、烟气净化及工艺废水处理等工艺环节。

6.1.2　含 PCBs 废物焚烧处置工艺流程要能实现各工艺环节的有效衔接，具体流程如图 1 所示。

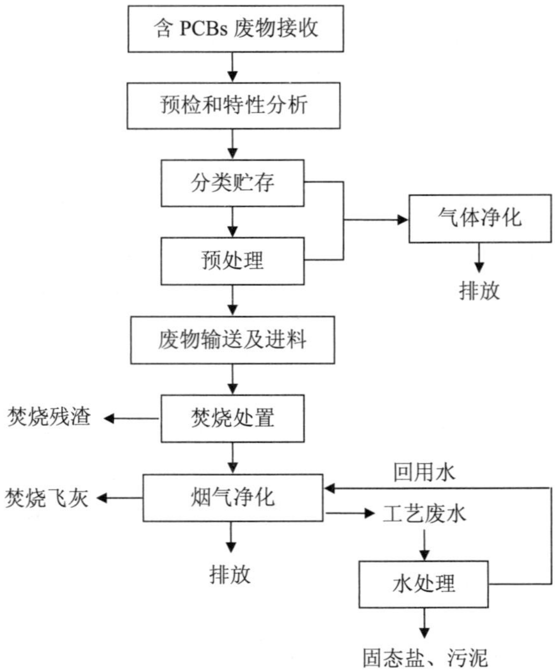

图 1　含 PCBs 废物焚烧处置工程工艺流程

6.2 废物的接收

6.2.1 含 PCBs 废物焚烧处置工程应设置废物进厂预检区，预检区设计应满足如下要求：

a）预检区位置及占地面积应能满足车辆进出要求；

b）预检区地面应为硬覆盖，防渗需满足 GB 18597 中的相关要求；

c）预检区四周应设置隔离渠，防止液体废物意外泄漏。

6.2.2 含PCBs废物焚烧处置工程需配置称重衡器，配置要求按照HJ/T 176的相关规定执行。

6.3 废物的特性分析

6.3.1 含 PCBs 废物焚烧处置工程特性分析鉴别实验室应具备样品前处理、PCBs 含量测定、元素分析、热值测定及水分测定等功能，能对进厂的含 PCBs 废物的物理性质、PCBs 含量、卤素含量、S 含量、N 含量、重金属元素组成及含量等进行分析。分析检测仪器的配备要求见 7.1。

6.3.2 含 PCBs 废物的 PCBs 分析，应按国家现行的分析方法进行。

6.3.3 含 PCBs 废物焚烧处置工程应建立含 PCBs 废物特性分析鉴别数据存储系统。

6.4 废物的贮存

6.4.1 含 PCBs 废物贮存应符合 GB 18597 的各项要求，并按 GB 15662.2 中的相关要求的设置标识。

6.4.2 含 PCBs 废物贮存库应根据预测总库存容量、废物的种类、配套设施要求及现有场地条件进行设计和建设。库内功能区划分可分为废物卸车区、贮存区、预处理区等。

6.4.3 含 PCBs 废物贮存库四周应设置隔离渠，防止液体废物意外泄漏扩散。

6.4.4 含 PCBs 废物卸车区场地应铺设有带围堰的钢板地面，防止含 PCBs 废物散落时发生渗透污染。

6.4.5 含 PCBs 废物贮存区应分区设计，将不同形态的废物进行分区贮存，贮存区应按含 PCBs 废物种类及预测贮存数量建设分区贮存仓和贮存槽，其设计应满足 GB 18597 中的相关规定。

6.4.6 含 PCBs 废物贮存库应设置机械通风，实现库房内处于微负压状态。库内排出的空气应经初滤和吸附处理达标后外排或引入运行的焚烧炉进行焚烧。

6.4.7 含 PCBs 废物贮存库应按 GB 50016 和 GB 50140 规定，建设完备的消防系统，并合理配置火灾预警及灭火器材。

6.4.8 含 PCBs 废物贮存库区应配置起重机、挂式电动抓斗、小型叉车和小型铲车等装卸设备。并根据需要配置可移动固态物料皮带输送机和专用容器、工器具等。

6.4.9 含 PCBs 废物贮存库中应配置应急处理所需的吸收棉、锯末、沙子、铁锹、铁槽等材料和物品。

6.5 废物的预处理

6.5.1 含 PCBs 废物预处理一般包括分选分类，变压器的放油、拆解、清洗，电容器剪切破碎，混凝土构筑物破碎及其他物料破碎，液体过滤，物料混配等。

6.5.2 含 PCBs 废物应首先进行必要的分选分类，可配置振动筛等设备用于土壤和较大石块、混凝土构筑物分选作业。

6.5.3 含 PCBs 变压器的放油、清洗和拆解过程应配置必要的安全防护用具。

6.5.4 含 PCBs 电容器切割、分离设备应安装在封闭间内。电容器破碎粒度不大于

300 mm×150 mm× 150 mm。

6.5.5 接收的被 PCBs 污染的贮存槽破碎物（包括砖混结构、混凝土捣制结构和混凝土预制结构）应进行破碎，破碎粒度以不大于 100 mm 为宜。

6.5.6 含 PCBs 油经过滤净化后应由专用泵通过计量装置输送进入雾化燃烧器，并根据需要配置加压加温装置。

6.5.7 含 PCBs 废物焚烧前应根据其成分、热值等参数进行配伍，配伍过程中应采用混料装置对废物进行机械混配。

6.5.8 含 PCBs 废物的各种预处理装置均应在集气罩下运行，引出的气体经集中净化装置处理达标后排空或引入焚烧系统进行焚烧处置。

6.6 废物的输送及进料

6.6.1 含 PCBs 废物应按液体和散装固体废物进行分类输送。

6.6.2 含 PCBs 的散装固体废物或污泥，应首先去除包装，并采用封闭的专用输送带或螺旋输送器送至焚烧炉内。

6.6.3 含 PCBs 废物的输送通道下部应设置便于清理的钢板槽，保证所有散落的废物不能溢出。

6.6.4 含 PCBs 废物焚烧处置进料设备设计应考虑进料的连续性，并设置进料口封闭装置，防止焚烧烟气溢出。

6.6.5 含 PCBs 液体废物宜采用泵及耐压管道输送至焚烧炉液体燃烧器前，输送及进料装置应具备防溅、防散落功能。

6.7 废物的焚烧处置

6.7.1 焚烧系统

6.7.1.1 含 PCBs 废物焚烧工艺应采用回转窑接二燃室组成的热解气化焚烧炉。废物中的 PCBs 在回转窑中热解、汽化，含 PCBs 气体在二燃室高温气氛下充分裂解焚烧。

6.7.1.2 回转窑的温度应控制在 900℃以上，废物在回转窑内的停留时间一般应大于 30 min，出炉的焚烧残渣热灼减率应小于 5%。

6.7.1.3 二燃室烟气焚烧温度应控制在 1 200℃以上，烟气停留时间不小于 2 s。

6.7.1.4 回转窑窑壁和二燃室炉壁均应采取保温隔热措施。

6.7.1.5 回转窑废物入口、回转窑与二燃室连接处、检修炉门等的设计均应满足系统的密封性要求。

6.7.1.6 含 PCBs 废物焚烧装置宜采用自动连续方式进行排渣，不应采用人工方式。若采用干式出渣，应设有喷淋水装置，用于灰渣冷却和避免扬尘。

6.7.1.7 含 PCBs 废物焚烧装置应设有焚烧残渣和飞灰收集、输送、包装、暂存等装置，各装置应密闭。

6.7.2 烟气净化系统

6.7.2.1 含 PCBs 废物焚烧处置产生的烟气为高含氯烟气，应采用湿法急冷、碱溶液喷淋、烟气再热、活性碳吸附和布袋除尘的组合工艺技术进行净化，不应采用干法或半干法进行烟气脱酸。

6.7.2.2 烟气湿法急冷应使烟气在 1 s 内急剧冷却至 150℃以下。

6.7.2.3 烟气碱溶液喷淋在烟气急冷后，可采用氢氧化钠等碱性溶液喷淋脱酸，中和其中的氯化氢。

6.7.2.4 烟气脱酸后为提高活性炭吸附效率和防止烟气在布袋内结露，应采用间接或直接的方式对其进行再热升温至 130℃以上。

6.7.2.5 再热后的烟气进入布袋除尘器前，应采用喷入活性炭粉或其他高效的技术去除二噁英等污染物。在喷入活性炭粉之前可选择喷入石灰粉，吸收烟气中的残余酸性物质和过量水分。

6.7.2.6 烟气除尘应采用布袋除尘器，不宜采用电除尘装置。布袋除尘器的设计、制造、安装应符合 HJ 2020 相关要求。

6.7.3 工艺废水处理系统

6.7.3.1 含 PCBs 废物焚烧处置过程中产生的工艺废水主要包括烟气急冷水、碱溶液喷淋废水及车间场地清洗废水，应建设回用处理设施或闪蒸设施。同时，厂区的初期雨水也应按工艺废水进行处理。

6.7.3.2 工艺废水处理系统一般应包括均质调节池、换热冷却装置、絮凝沉降罐、脱盐装置、贮水池及其他辅助装置，工艺废水处理应在密闭条件下进行。

6.7.3.3 工艺废水处理系统的水泵及管道均应满足耐温、耐压和耐腐蚀的要求。

6.7.3.4 工艺废水均质调节池容积应大于系统连续运行 12 h 产生的废水总量。

6.7.3.5 工艺废水应通过间接冷却方式散热降温，不可采用将工艺废水直接散热排空的方式冷却。换热和冷却装置的设计应分别符合 GB 151、GB/T 7190.1～GB/T 7190.2 的相关要求。

6.7.3.6 工艺废水脱盐宜采用电渗析、反渗透等设备，脱盐处理后回用水中含盐量不得高于 1 000 mg/L，其他指标应满足 GB/T 19923 中的有关要求。

6.7.3.7 工艺废水处理产生的盐和污泥应按危险废物进行管理和处置。

7 主要工艺设备和材料

7.1 检测仪器

7.1.1 PCBs 分析仪器，应能实现定性、定量分析。

7.1.2 重金属成分检测仪器，检测项目至少应包括 Cd、Pb、As、Cu、Mn、Zn、Hg 等。

7.1.3 非金属成分含量检测仪器，检测项目至少应包括 Cl、F 等。

7.1.4 热值测定仪和水分测定仪。

7.1.5 含 PCBs 焚烧处置工程所有检测仪器的选择及使用应符合相关标准的要求。

7.2 破碎设备

7.2.1 含 PCBs 电容器破碎设备应包括破碎主机、液压站、出料输送机、含 PCBs 油收集和金属壳体及瓷件分捡、操作平台及控制柜等。

7.2.2 被 PCBs 污染的混凝土构筑物等可采用颚式破碎机进行破碎。颚式破碎机的设计、制造应满足 JB/T 1388 的相关要求，设备安装和使用应符合 GB 18452 的相关要求。

7.3 输送设备

7.3.1 固体废物输送应通过封闭的廊道输送至焚烧炉前，可采用皮带输送机进行输送，皮带输送机的设计及制造应符合 GB 50431 中的有关规定。

7.3.2 液体废物输送泵应选用耐油高压液体输送泵，输送管道应选择耐油、耐高压材质。

7.4 焚烧炉

7.4.1 回转窑的设计及制造需符合 HG/T 20566 中的相关规定。

7.4.2 二燃室内衬的耐火材料应能在 1 250℃条件下长期稳定工作。

7.4.3 焚烧炉及高温烟道应采用耐酸性气体、高温腐蚀的高铝耐火材料。

7.5 出渣设备

7.5.1 焚烧残渣宜采用自动链板式排渣机，实现焚烧残渣的连续自动输送，

7.5.2 若采用干式出渣方式应设有喷淋水装置进行冷却。

7.6 烟气急冷器

7.6.1 烟气急冷器宜采用文丘里急冷器，急冷器材质宜使用钛合金等耐腐蚀材料。

7.6.2 烟气入口处与喷淋水接触之前的部位，应内衬耐火材料，以避免高温烟气对其的烧损。

7.7 碱液喷淋及活性炭粉、石灰喷射装置

7.7.1 碱液喷淋装置的喷淋设备、管路及其他辅助配件应采用耐碱腐蚀的材料制造。

7.7.2 碱溶液应由专门的配制系统提供，碱液浓度为 2%～10%。该系统应至少包括以下主要设备：

a）带搅拌器的碱液配置罐；

b）碱液存储罐，罐体容积应能贮存满足 4 h 的碱液喷淋量；

c）碱液输送泵，应能实现变频调速，调节喷碱液的量。

7.7.3 活性炭粉和石灰粉喷射装置应具有自动调节喷射量及计量功能，应至少包括以下设备：

a）存储物料的储料罐；

b）输送物料的气泵；

c）具有累计计量功能的计量装置。

7.8 布袋除尘器

7.8.1 布袋除尘器的设计及制造应满足 HJ 2020—2012 的相关要求。

7.8.2 布袋除尘器滤料及滤袋的选择应满足 HJ/T 324 和 HJ/T 327 中的相关要求。

7.9 引风机

7.9.1 引风机的选择应以高效、节能、经久耐用、便于操作和维修为原则。

7.9.2 引风机选择应满足以下条件：

a）引风机流量范围调整应能满足系统风量变化要求；

b）引风机的工作压力应能满足最不利点处所需风压的要求；

c）所选引风机应能经常保持在高效区内运行；

d）当引风机的运行工况发生改变时，应对引风机的特征工作曲线进行修正。

7.10 水泵

7.10.1 水泵选择应以高效节能、不宜堵塞、经久耐用、便于维修为原则。

7.10.2 水泵的选型应根据其所输送介质的特性及水泵的用途来确定，并应满足下列条件：

a）水泵流量的调节范围应能满足废水处理中水量变化的要求；

b）水泵的工作压力应能满足最不利点处所需水压的要求；

c）所选水泵应能经常保持在高效区内运行；

d）当水泵的运行工况发生改变时，应对水泵的特征工作曲线进行修正。

8 检测和过程控制

8.1 一般要求

8.1.1 含 PCBs 废物焚烧处置过程应配置相关的检测设备和控制系统。

8.1.2 检测设备的配置应能准确反映处置设施的运行状况。

8.1.3 控制系统的配置应能保证处置设施的运行安全可靠、改善劳动条件、提高科学管理水平。

8.2 检测

8.2.1 焚烧设施及气体净化设施应设置温度、压力、烟气流量及烟气含氧量的测量仪表。

8.2.2 含 PCBs 废物焚烧处置工程烟气在线监测设备的配置、运行和维护需满足 HJ/T 176 中的相关规定。

8.2.3 工艺废水处理应配置工艺废水检测设备，至少应包括如下检测内容：

a）均质调节池的工艺废水 pH 值检测；

b）回用水含盐量的检测。

8.3 过程控制

8.3.1 含 PCBs 废物焚烧处置设施应配置完善的自动控制系统。至少应该包括焚烧控制系统、烟气净化控制系统、工艺废水处理控制系统、燃料油供应控制系统、预警保安控制系统及工业电视监视系统。

8.3.2 应有焚烧装置各工艺参数即时显示和各焚烧关键参数的自动控制，主要显示及控制参数应至少包括以下内容：

a）回转窑窑头温度和压力；

b）二燃室烟气入口温度和压力；

c）二燃室烟气出口温度、压力以及烟气中含氧量。

8.3.3 焚烧控制系统应设自动控制和现场手动控制两种操作方式。焚烧控制系统应符合如下技术要求：

a）固态、半固态物料上料装置进料量应能在额定量的 30%～120%可调控；

b）回转窑转数和一次风机转数应能在额定转数的 20%～100%无级可调控；

c）回转窑、二燃室炉膛温度应在额定上下限温度内可调控；

d）自动控制系统应具备主要工况参数超标时自动停止投料功能。

8.3.4 烟气净化控制系统应符合如下技术要求：

a）急冷喷淋水量应在额定量的 30%～100%可调控；

b）喷入碱液量应在额定量的 50%～100%可调控；

c）急冷后的烟气温度不超过 150℃；

d）烟气再热系统加热后烟气温度在 130℃以上。

8.3.5 控制系统应能实现对焚烧炉、烟气净化、工艺污水处理及辅助系统的远程监控及分散控制，并应设置独立于远程监控及分散控制系统的紧急停车系统。

8.3.6 对物料传输过程以及焚烧线的重要环节，应在中央控制室设置工况参数集中显示、现场工业电视显示和存储记录。

9 辅助工程设计

9.1 电气系统

9.1.1 含 PCBs 废物焚烧处置工程的主要用电负荷应为 AC 380V/220V，负荷等级为二级，并应设有备用电源。

9.1.2 高压配电装置、继电保护和安全自动装置、过电压保护和接地要求应分别符合国家 GB/T 50062、DL/T 620 和 DL/T 621 中的有关规定。

9.1.3 照明设计应符合国家 GB 50034 中的有关规定。

9.1.4 主要出入口、通道、楼梯间以及远离处置厂房的工作场所的事故照明，宜采用自带蓄电池应急灯。

9.2 能源供应

9.2.1 含 PCBs 废物焚烧处置工程以燃料油为处置能源时，贮存及供给系统应符合 GB 50156 中的有关规定。

9.2.2 含 PCBs 废物焚烧处置工程以燃气为处置能源时，贮存及供给系统应符合 GB 50028 中的有关规定。

9.3 给排水及消防

9.3.1 给水

9.3.1.1 含 PCBs 废物焚烧处置工程应有稳定的供水水源和完善的供水设施。

9.3.1.2 生产用水和生活用水系统应按国家现行标准和规范执行。

9.3.2 排水

9.3.2.1 含 PCBs 废物焚烧处置工程应进行雨污分流设计，雨水量设计重现期应符合 GB 50014 中的有关规定。

9.3.2.2 含 PCBs 废物焚烧处置工程应根据当地排水管网情况和污水排放要求设置相应的污水处理设施和排水设施，污水排放应满足 GB 8978 中的相关要求。

9.3.3 消防

9.3.3.1 含 PCBs 废物焚烧处置工程消防设施的设置必须满足厂区消防要求，消防设施应符合国家现行的防火规范要求。

9.3.3.2 含 PCBs 废物焚烧处置工程焚烧厂房应设置室内消火栓给水系统，并应符合 GB 50016 中的有关规定。

9.3.3.3 消防器材的设置应符合 GB 50140 中的有关规定，并定期检查、验核消防器材效用并及时更换。

9.3.3.4 防火分区面积划分应符合 GB 50016 中的有关规定。

9.3.3.5 厂房内部的装修设计应符合 GB 50205 中的有关规定。

9.4 暖通空调

9.4.1 含 PCBs 废物焚烧处置工程建筑物的采暖及空调设计应符合 GB 50736 中的有关规定。

9.4.2 含 PCBs 废物焚烧处置工程厂房应保持良好的通风环境，若自然通风条件不能满足室内卫生要求时，应采用机械强制通风。

10 劳动安全与职业卫生

10.1 一般规定

10.1.1 含 PCBs 废物焚烧处置工程在设计、建设和运行过程中，应高度重视劳动安全和职业卫生，采取相应措施，消除事故隐患，防止事故发生。

10.1.2 含 PCBs 废物焚烧处置工程劳动安全和职业卫生应符合 GB/T 12801 和《关于生产性建设工程项目职业安全监察的暂行规定》中的有关规定。

10.1.3 含 PCBs 废物焚烧处置工程业主或运行单位应对劳动者进行劳动安全与职业卫生培训。

10.2 劳动安全

10.2.1 含 PCBs 废物焚烧处置工程的生产车间、变压器室、储备仓库、燃油库及其他建（构）筑物耐火等级的设计应符合 HJ/T 176 中的相关要求。

10.2.2 含 PCBs 废物焚烧处置工程的受压容器应按压力容器设计的有关规定进行设计和检验，焚烧炉等高温设备和管道均应设置保温绝热层。

10.2.3 含 PCBs 废物焚烧处置工程中通常不带电的电气设备的金属外壳均应采取接地或接零保护，场区钢结构、排气管、排风管和铁栏杆等金属物应采用等电位联接。

10.2.4 含 PCBs 废物焚烧处置工程的各种机械设备裸露传动部分或运动部分应设置防护罩，不能设置防护罩的应设置防护栏杆，周围应保持一定的操作活动空间，以免发生机械伤害事故。

10.2.5 含 PCBs 废物焚烧处置工程的各生产构筑物应设置便于行走的操作平台、走道、安全护栏和扶手，栏杆高度和强度应符合国家有关劳动安全卫生规定，主要通道应设置应急灯。

10.2.6 含 PCBs 废物焚烧处置工程输送和储存易燃、易爆物质的设备和管道应设置泄爆装置，并采取防静电接地措施，不得使用易积累静电的绝缘材料。

10.2.7 含 PCBs 废物焚烧处置工程应采取相应的避雷措施，其设计应符合 GB 50057 的有关规定。

10.2.8 含 PCBs 废物焚烧处置工程在设备安装和检修时应有相应的安全保护设施。

10.3 职业卫生

10.3.1 含 PCBs 废物焚烧处置工程职业卫生体系应符合 GB/T 28001 的规定，职业卫生设计应符合 GBZ 1 的规定，工作场所有害物质浓度应符合 GBZ 2.1 和 GBZ 2.2 的规定，风机噪声应符合 JB/T 8690 的规定。

10.3.2 含 PCBs 废物焚烧处置工程应设置职业病防护设备、应急救援设施，并应进行经常性的维护、检修，定期检测其性能和效果，确保其处于正常状态，不得擅自拆除或者停止使用。

10.3.3 对含 PCBs 废物焚烧处置工程可能发生急性职业损伤的有毒、有害工作场所，应当设置报警装置，配置现场急救用品、冲洗设备、应急撤离通道和必要的泄险区。

10.3.4 含 PCBs 废物焚烧处置工程运行作业的现场人员，应根据岗位的 PCBs 危害的风险程度，分级配备必要的劳动保护及个人防护装备，如防溅安全护目镜、全面罩、呼吸器、防渗手套、防护服等。

10.3.5 从事含 PCBs 废物装卸、破碎、输送等直接接触含 PCBs 废物岗位作业人员上岗前必须在规定区位换下衣着，通过沐浴间进入专门的更衣间穿着工作服及防护用品。

10.3.6 与含 PCBs 废物接触过的工具、用品，使用过的劳保、防护用品必须严格管理。重复使用的物品应指定存放区，不得随意丢放。

10.3.7 应制订切实可行的人员伤害急救处置预案，并进行必要的训练和演习。

11 施工与验收

11.1 工程施工

11.1.1 含 PCBs 废物焚烧处置工程施工单位应具有与该工程相应的资质等级。

11.1.2 含 PCBs 废物焚烧处置工程施工前应根据设计文件或招标文件编制施工方案和准备施工设备及设施，并根据工程设计图纸、技术文件、设备图纸等组织施工。

11.1.3 含 PCBs 废物焚烧处置工程施工和设备安装应符合相应的国家或行业规范，施工质量应符合《建设工程质量管理条例》的有关规定。

11.1.4 含 PCBs 废物焚烧处置工程施工使用的材料、半成品、部件应符合国家现行标准和设计要求，并取得供货商的合格证书，不得使用不合格产品。

11.1.5 含 PCBs 废物焚烧处置工程施工管理主要应包括人员、机具、设备、材料、方法和环境等要素。

11.2 竣工验收

11.2.1 含 PCBs 废物焚烧处置工程竣工验收应当具备以下条件：

a）批准的投资计划文件、初步设计文件中规定的建设内容全部完成，建设地点、建设规模、工艺技术符合要求，满足使用功能要求，且各单元工程交工验收合格；

b）安全卫生设施、消防设施等通过有关专项验收；

c）焚烧系统应有三次以上在设计工况下连续 72 h 稳定运行的工艺运行记录和污染物排放监测记录（不含二噁英），焚烧处理负荷应达到设计能力的 75%（含）以上，其他处理系统应有两次以上运行工艺记录和污染物排放监测记录（不含二噁英），以充分证明设施建设符合设计要求，能够满足设施运行所需要的性能和质量要求以及安全、环保要求。

11.2.2 含 PCBs 废物焚烧处置工程竣工后，验收执行《建设项目（工程）竣工验收办法》的有关要求。

11.3 环境保护验收

11.3.1 含 PCBs 废物焚烧处置工程竣工环境保护验收应执行《建设项目竣工环境保护验收管理办法》和行业环境保护验收规范。

11.3.2 含 PCBs 废物焚烧处置工程环境保护验收监测应符合《建设项目环境保护设施竣工验收监测技术要求》的规定。

11.3.3 建设单位应结合试运行组织具备相应资质的单位进行性能测试，性能测试应按照 HJ 561—2010 中相关要求进行，并提交性能测试报告和工程质量验收报告。

11.3.4 含 PCBs 废物焚烧处置工程污染治理设施的自动连续监测及数据传输系统，应与本工程同时进行环境保护验收。

12 运行与维护

12.1 一般规定

12.1.1 含 PCBs 废物焚烧处置工程正式运行前应申领危险废物经营许可证。

12.1.2 含 PCBs 废物焚烧处置工程运行单位应拥有含 PCBs 废物焚烧处置的专业技术人员队伍。其主要管理层，专职专业技术人员（含 PCBs 废物处置工艺、环境保护设备、热工、检测化验等）配置应能满足含 PCBs 废物焚烧处置的特殊要求。

12.1.3 运行单位应制订完善的含 PCBs 废物焚烧处置运行、安全保障及环境保护管理制度。

12.2 含 PCBs 废物焚烧处置运行

12.2.1 废物接收

12.2.1.1 含 PCBs 废物焚烧处置工程应按许可证规定的范围接收废物。

12.2.1.2 接收的含 PCBs 废物应进行预检和称重，并核对转移联单。

12.2.2 废物分析鉴别

12.2.2.1 含 PCBs 废物进入预存区后，应按不同形态分类进行检测分析采样。采样顺序应按废物不同批次分别进行。

12.2.2.2 含 PCBs 废物特性分析鉴别数据应录入存储系统保存。

12.2.3 废物贮存

12.2.3.1 含 PCBs 废物厂内贮存管理应严格按 GB 18597 执行，并同时满足本标准要求。

12.2.3.2 含 PCBs 废物应按物理性状进行分区贮存。固态废物还应按土壤、水泥块、包装物及工具、电容器等进行二次分区。半固态和液态的废物应在对应的分区内贮存于专用容器。

12.2.3.3 含 PCBs 废物进出库装卸和库内转移，应避免废物撒落和泄漏。一旦出现废物撒落和泄漏，应及时清理并用锯末等吸附材料擦净。

12.2.3.4 在相临近区域内，应避免同时进行不同物理性状废物的卸载及转送作业。

12.2.3.5 应确保库房的通风与气体净化设备连续运转。

12.2.4 废物预处理

12.2.4.1 含 PCBs 电容器进行剪切、分离时，操作人员应按设备处理的效率，将电容器送至进给装置，不得超负荷进料，并应控制 PCBs 油的分离、收集效果，以减少分离后破碎物的含油率。

12.2.4.2 被 PCBs 污染的石块、水泥块、金属包装物的预处理破碎必须先启动吸尘排风设备后再进行作业。

12.2.4.3 被 PCBs 污染的淤泥等半固态废物和液体废物进行固液分离、降低粘度的处理应在钢板防渗槽中进行，槽中如有流洒出的废物应及时清理。

12.2.4.4 固体废物应配伍后进行焚烧处置，按配伍方案通过混料装置对废物进行机械混配。

12.2.4.5 预处理操作时操作人员应配带有空气净化全面罩型呼吸器，不得在无防护情况下接触含 PCBs 废物。

12.2.5 焚烧处置

12.2.5.1 焚烧系统的启动按照规程进行操作，系统各工艺环节达到设计工况时，方可投料。

12.2.5.2 满负荷焚烧处置固体、半固体含 PCBs 废物时，氯元素的平均含量不得超过 20%。从液体进料口喷射焚烧处置含 PCBs 液体时，应根据 PCBs 浓度控制进料量，含 PCBs 废物进料速率不得超过设备设计的负荷。固体、半固体含 PCBs 废物和含 PCBs 油混合焚烧处置时，应按上述要求控制含 PCBs 废物的进料速率。

12.2.5.3 遇到意外情况需开启紧急排放烟道时，必须先停止进料。

12.2.5.4 飞灰和焚烧残渣在场内临时存放应符合危险废物贮存的有关规定，运输出厂应符合危险废物运输管理的有关规定，办理相关手续。

12.2.6 烟气净化

12.2.6.1 在运行过程中应重点观测烟气冷却、净化系统各部位的温度和压力变化，如喷嘴堵塞或供水异常造成的急冷器出口温度急剧升高前后压力异常，布袋破漏或积灰未能清除等造成的布袋除尘器前后压力异常等，做到发现问题应及时处理。

12.2.6.2 在运行过程中应观测布袋出灰系统的运行状态，如灰斗温度、灰斗存灰高度、非正常落灰及输送状态等，发现问题应及时处理。

12.2.7 工艺废水处理

12.2.7.1 应定期检查废水处理系统各单元设备的运行状况，确保其安全稳定运行，保证回用水水质。

12.2.7.2 工艺废水处理工艺过程中产生的污泥应返炉焚烧，固态盐按照危险废物进行安全填埋处置。

12.3 运行及交接班记录

12.3.1 含 PCBs 废物焚烧处置工程的运行及交接班记录应按照 HJ/T 176 中的相关要求执行。

12.3.2 应明确设置运行记录和交接班记录的岗位，明确记录的基本内容、记录的查阅及登记、记录的转发和留存的要求等。厂内与处置流程密切相关的重要运行岗位均应设置运行记录。

12.3.3 各部门、岗位人员均应具体明确应记录的内容要求及填写的格式规范，做好记录并按相关规定的时间期限予以保存。

12.4 应急措施

12.4.1 含 PCBs 废物焚烧处置工程应按照 HJ/T 176 的相关规定制定应急预案。

12.4.2 含 PCBs 废物焚烧处置工程运营单位应每年按照应急预案进行应急演练。

中华人民共和国国家环境保护标准

危险废物处置工程技术导则

General specifications of engineering and technology for hazardous waste disposal

HJ 2042—2014

前 言

为贯彻《中华人民共和国环境保护法》和《中华人民共和国固体废物污染环境防治法》，规范危险废物处置工程建设和运行，实现危险废物处置减量化、资源化和无害化目标，控制环境风险，改善环境质量，制定本标准。

本标准规定了危险废物处置技术的应用及工程设计、施工、验收、运行管理等过程中应遵守的有关技术要求和管理规定。

本标准为指导性文件。

本标准为首次发布。

本标准由环境保护部科技标准司组织制订。

本标准起草单位：沈阳环境科学研究院、中国科学院高能物理研究所、国家环境保护危险废物处置工程技术中心。

本标准环境保护部 2014 年 6 月 10 日批准。

本标准自 2014 年 9 月 1 日起实施。

本标准由环境保护部解释。

1 适用范围

本标准规定了危险废物处置工程设计、施工、验收和运行中的通用技术和管理要求。

本标准适用于危险废物集中处置工程的新建、改建和扩建工程及企业自建的危险废物处置工程，可宏观指导危险废物处置工程可行性研究、环境影响评价、工程设计、工程施工、工程验收及设施运行管理等行为。

本标准为危险废物处置工程通用技术规范，适用于各类危险废物处置工程。对于已有专项工程技术规范的危险废物处置工程，还应同时执行专项技术规范；对于尚未颁布专项工程技术规范的危险废物处置工程，应执行本标准的有关规定。医疗废物作为一类特殊的危险废物，其管理技术要求参照医疗废物相关标准。

2 规范性引用文件

本标准引用了下列文件或其中的条款。凡是未注明日期的引用文件，其最新版本适用

于本标准。

GB 3096　声环境质量标准
GB 5085　危险废物鉴别标准
GB 8978　污水综合排放标准
GB 12348　工业企业厂界环境噪声排放标准
GB 14554　恶臭污染物排放标准
GB 16297　大气污染物综合排放标准
GB 18484　危险废物焚烧污染控制标准
GB 18597　危险废物贮存污染控制标准
GB 18598　危险废物填埋污染控制标准
GB 50014　室外排水设计规范
GB 50016　建筑设计防火规范
GB 50019　采暖通风与空气调节设计规范
GB 50028　城镇燃气设计规范
GB 50034　建筑照明设计标准
GB 50052　供配电系统设计规范
GB 50057　建筑物防雷设计规范
GB 50062　电力装置的继电保护和自动装置设计规范
GB 50140　建筑灭火器配置设计规范
GB 50156　汽车加油加气站设计与施工规范
GB 50202　建筑地基基础工程施工质量验收规范
GB 50203　砌体结构工程施工质量验收规范
GB 50204　混凝土结构工程施工质量验收规范
GB 50205　钢结构工程施工质量验收规范
GB 50231　机械设备安装工程施工及验收通用规范
GB 50236　现场设备、工业管道焊接工程施工规范
GB 50254　电气装置安装工程低压电器施工及验收规范
GB 50255　电气装置安装工程电力变流设备施工及验收规范
GB 50256　电气装置安装工程起重机电气装置施工及验收规范
GB 50257　电气装置安装工程爆炸和火灾危险环境电气装置施工及验收规范
GB 50275　风机、压缩机、泵安装工程施工及验收规范
GB 50300　建筑工程施工质量验收统一标准
GB 50303　建筑电气工程施工质量验收规范
GB 50335　污水再生利用工程设计规范
GB/T 12801　生产过程安全卫生要求总则
GB/T 15555.1　固体废物　总汞的测定　冷原子吸收分光光度法
GB/T 15555.2　固体废物　镉、铜、铅、锌的测定　原子吸收分光光度法
GB/T 15555.3　固体废物　砷的测定　二乙基二硫代氨基甲酸银分光光度法
GB/T 15555.4　固体废物　六价铬的测定　二苯碳酰二肼分光光度法

GB/T 15555.5　固体废物　总铬的测定　二苯碳酰二肼分光光度法
GB/T 15555.6　固体废物　总铬的测定　直接吸入火焰原子吸收分光光度法
GB/T 15555.7　固体废物　六价铬的测定　硫酸亚铁铵滴定法
GB/T 15555.8　固体废物　总铬的测定　硫酸亚铁铵滴定法
GB/T 15555.9　固体废物　镍的测定　直接吸入火焰原子吸收分光光度法
GB/T 15555.10 固体废物　镍的测定　丁二酮肟分光光度法
GB/T 15555.11 固体废物　氟化物的测定　离子选择电极法
GB/T 15555.12 固体废物　腐蚀性的测定　玻璃电极法
GB/T 28001　职业健康安全管理体系要求
GBJ 22　厂矿道路设计规范
GBZ 1　工业企业设计卫生标准
GBZ 2.1　工作场所有害因素职业接触限值　第 1 部分：化学有害因素
GBZ 2.2　工作场所有害因素职业接触限值　第 2 部分：物理因素
DL/T 620　交流电气装置的过电压保护和绝缘配合
DL/T 621　交流电气装置的接地
HJ 561　危险废物（含医疗废物）焚烧处置设施性能测试技术规范
HJ/T 76　固定污染源烟气排放连续监测系统技术要求及检测方法（试行）
HJ/T 176　危险废弃物集中焚烧处置工程技术规范
HJ/T 177　医疗废物集中焚烧处置工程建设技术规范
JB/T 8471　袋式除尘器　安装技术要求与验收规范
JB/T 8690　工业通风机　噪声限值
《中华人民共和国环境影响评价法》（中华人民共和国主席令[2002]第 77 号）
《中华人民共和国固体废物污染环境防治法》（中华人民共和国主席令[2005]第 31 号）
《建设项目环境保护管理条例》（国务院令[1998]第 253 号）
《建设工程质量管理条例》（国务院令[2000]第 279 号）
《危险废物经营许可证管理办法》（国务院令[2004]第 408 号）
《建设项目环境保护设计规定》（国环字[87]第 2 号）
《国家危险废物名录》（环保部、国家发改委令[2008]第 1 号）
《建设项目环境保护设施竣工验收监测技术要求》（环发[2000]第 38 号）
《建设项目竣工环境保护验收管理办法》（环发[2004]第 13 号）
《全国危险废物和医疗废物处置设施建设规划》（环发[2004]第 16 号）
《污染源自动监控管理办法》（环发[2005]第 28 号）
《建筑工程设计文件编制深度规定》（建质[2008]第 216 号）
《关于生产性建设工程项目职业安全监察的暂行规定》（劳字[1988]第 48 号）
《危险废物安全填埋处置工程建设技术要求》（环发[2004]第 75 号）
《关于加强〈全国危险废物和医疗废物处置设施建设规划〉项目竣工验收工作的通知》（环发[2009]22 号）

3 术语和定义

下列术语和定义适用于本标准。

3.1 危险废物 hazardous waste

是指列入国家危险废物名录或者根据国家规定的危险废物鉴别标准和鉴别方法认定的具有腐蚀性、毒性、易燃性、反应性和感染性等一种或一种以上危险特性，以及不排除具有以上危险特性的固体、液体或其他形态的废物。

3.2 焚烧 incineration

是指在氧气充足的情况下，使物质燃烧，彻底氧化、产生热量的化学过程。

3.3 安全填埋 secure landfill

是指对危险废物在安全填埋场进行的填埋处置。

4 处置技术适用性及选择

4.1 废物处置技术分类

4.1.1 危险废物处置技术可分为预处理技术和处置技术。

4.1.2 危险废物预处理技术包括物理法、化学法和固化/稳定化等。

4.1.2.1 物理法包括压实、破碎、分选、增稠、吸附和萃取等。

4.1.2.2 化学法包括絮凝沉降、化学氧化、化学还原和酸碱中和等。

4.1.2.3 固化/稳定化包括水泥固化、石灰固化、塑料固化、自胶结固化和药剂稳定化等。

4.1.3 危险废物处置技术包括焚烧处置技术、非焚烧处置技术、安全填埋处置技术等。

4.1.3.1 危险废物焚烧处置包括回转窑焚烧、液体注射炉焚烧、流化床炉焚烧、固定床炉焚烧和热解焚烧等。

4.1.3.2 危险废物非焚烧处置主要包括热脱附处置、熔融处置、电弧等离子处置等。

4.1.3.3 危险废物安全填埋处置包括单组分填埋处置和多组分填埋处置等。

4.2 危险废物处置技术适用性

4.2.1 预处理技术主要适用于焚烧、非焚烧、安全填埋等危险废物处置行为前的预处理过程。

4.2.2 焚烧技术适用于处置有机成分多、热值高的危险废物，处置危险废物的形态可为固态、液态和气态，但含汞废物不适宜采用焚烧技术进行处置，爆炸性废物必须经过合适的预处理技术消除其反应性后再进行焚烧处置，或者采用专门设计的焚烧炉进行处置。

4.2.2.1 回转窑可处置的危险废物包括有机蒸汽、高浓度有机废液、液态有机废物、粒状均匀废物、非均匀的松散废物、低熔点废物、含易燃组分的有机废物、未经处理的粗大而散装的废物、含卤化芳烃废物、有机污泥等。

4.2.2.2 液体喷射炉可处置的危险废物包括有机蒸汽、高浓度有机废液、液态有机废物、低熔点废物、含卤化芳烃废物等。

4.2.2.3 流化床主要用于处置粉状危险废物，也可用于处置块状废物及废液。

4.2.2.4 固定床炉可处置的危险废物包括有机蒸汽、粒状均匀废物、非均匀的松散废物、低熔点废物、含易燃灰组分的有机废物等。

4.2.2.5 热解炉主要用于处置有机物含量高的危险废物。

4.2.3 危险废物非焚烧处置技术应根据技术特点和被处置废物的特性进行选择。

4.2.3.1 热脱附技术适用于处置挥发性、半挥发性及部分难挥发性有机类固态或半固态危险废物，可用于处理含有上述危险废物的土壤、泥浆、沉淀物、滤饼等。

4.2.3.2 熔融技术适用于处置危险废物焚烧处置残渣和固体废物焚烧处置产生的飞灰等。

4.2.3.3 电弧等离子体技术适用于处置毒性较高、化学性质稳定，并能长期存在于环境中的危险废物，特别适宜处置垃圾焚烧后的飞灰、粉碎后的电子垃圾、液态或气态有毒危险废弃物等。

4.2.4 安全填埋处置技术适用于《国家危险废物名录》中，除填埋场衬层不相容废物之外的危险废物的安全处置。性质不稳定的危险废物需经固化/稳定化后方可进行安全填埋处置，但有机危险废物不适宜采用安全填埋进行处置。

4.2.4.1 单组分填埋适用于处置化学形态相同的危险废物。

4.2.4.2 多组分填埋适用于处置两类以上混合后不发生化学反应，或发生非激烈化学反应后性质稳定的危险废物。

4.3 危险废物处置技术选择原则

4.3.1 腐蚀性废物应先通过中和法进行预处理，然后再采用其他方式进行最终处置。

4.3.2 有毒性废物可选择解毒处理，也可选择焚烧或填埋等处置技术。

4.3.3 易燃性废物宜优先选择焚烧处置技术，并应根据焚烧条件选择预处理方式。

4.3.4 反应性废物宜先采用氧化、还原等方式消除其反应性，然后进行焚烧或填埋等处置。

4.3.5 感染性废物（医疗废物）应选择能够杀灭感染性病菌的处置技术，如焚烧、高温蒸汽灭菌、化学消毒、微波消毒等。

5 总体要求

5.1 危险废物处置工程应满足《中华人民共和国环境影响评价法》、《建设项目环境保护管理条例》和《建设项目竣工环境保护验收管理办法》的要求。

5.2 危险废物处置工程建设应能积极推进减量化、资源化和无害化目标的实现。

5.3 危险废物处置规模应根据项目服务区域范围内的可处置废物量、废物分布情况、发展规划以及变化趋势等因素综合考虑确定。

5.4 危险废物处置技术选择、工程建设和设施运行管理应积极采用最佳可行技术和最佳环境管理实践（BAT/BEP）。

5.5 危险废物处置工程厂址选择应符合城市总体发展规划、环境保护专业规划和当地的大气污染防治、水资源保护、自然生态保护要求，还应综合考虑危险废物处置设施的服务区域、交通、土地利用现状、基础设施状况、运输距离及公众意见等因素，最终选定的厂址还应通过环境影响和环境风险评价确定。

5.6 危险废物处置工程大气污染物排放应符合 GB 16297、GB 18484 或行业、地方排放标准的要求，并应按照《污染源自动监控管理办法》的规定安装大气污染物排放连续监测设备，并与监控中心联网。

5.7 危险废物处置工程废水排放应符合 GB 8978 或行业、地方排放标准的要求，达到 GB 50335 中废水回用要求的再生废水应尽量回用。

5.8 危险废物处置工程厂界噪声应符合 GB 3096 和 GB 12348 的要求。

5.9 危险废物处置工程恶臭污染物控制与防治应符合 GB 14554 中的有关规定。

5.10 危险废物处置工程的污染物排放、采样、环境监测和分析应遵照并符合国家有关标准的规定。

5.11 危险废物处置工程的设计、施工、验收、运行除符合本标准规定外，还应遵守国家现行的有关法律、法令、法规、标准和行业规范的规定，符合有关工程质量、安全、消防等方面的强制性标准的规定。

6 总体设计

6.1 总图设计

6.1.1 危险废物处置工程设计应由具有相应设计资质的单位设计，设计深度应符合相关规定的要求。

6.1.2 危险废物处置工程的总图设计应符合《建设项目环境保护设计规定》的要求，根据所在地区的自然条件，结合生产、运输、环境保护、职业卫生与劳动安全、职工生活，以及电力、通讯、热力、给排水、污水处理、防洪和排涝等设施，经多方案综合比较后确定。

6.1.3 危险废物处置工程的生产附属设施和生活服务设施等辅助设施宜根据社会化服务原则统筹考虑，避免重复建设。

6.1.4 危险废物处置工程周围应根据实际情况设置围墙或其他防护栅栏，防止家畜和无关人员进入。

6.2 总平面布置

6.2.1 危险废物处置厂一般由处置区和生产管理区组成。处置区包括废物接收贮存区、废物处置区、附属功能区等，其中废物接收贮存区应设置废物接收、贮存、分析鉴别、预处理等单元；废物处置区设置废物处置、二次污染防治等单元；附属功能区包括供水、供电、供热等单元。生产管理区设置生产办公和生活等单元。

6.2.2 危险废物处置区布置应满足处理工艺流程和物流流向要求，做到流程合理、布置紧凑、连贯，保证设施安全运行。处置区和生产管理区之间设置绿化隔离带。

6.2.3 危险废物处置场所应按转运车辆数建设转运车停车场和车辆清洗系统，停车场和清洗系统尽量靠近危险废物处置功能区。

6.3 厂区道路

6.3.1 厂内道路应满足进厂最大规格的废物运输车辆的荷载和通行要求，并要综合考虑消防及各种管线的相应要求。

6.3.2 危险废物处置厂的厂区主要道路行车路面宽度不宜小于 6 m，车行道宜设环形道路。厂房外应设消防道路，道路的宽度不应小于 3.5 m。路面宜采用水泥混凝土或沥青混凝土、道路的荷载等级应符合 GBJ 22 中的有关规定。

7 系统配置要求

7.1 一般要求

7.1.1 危险废物处置设施建设应根据不同处置技术的特点和应用要求确定相应的建设内容，应能保证危险废物得到安全有效处置，主要包括主体设施和辅助设施两部分。

7.1.1.1 主体设施应包括进厂危险废物接收系统、分析鉴别系统、贮存与输送系统、预处理系统、处置系统、污染控制系统、自动化控制系统、监测系统和应急系统等。

7.1.1.2 附属设施应包括电气系统、能源供应、气体供应、供配电、给排水、污水处理、消防、通信、暖通空调、机械维修、车辆/容器冲洗设施、安全防护和事故应急设施等。

7.1.2 危险废物处置设施服务年限参照有关规定。

7.2 危险废物接收系统要求

7.2.1 危险废物处置场接收贮存区应设进厂危险废物计量设施，计量设施应按运输车最大满载重量留有一定余量设置。计量设施应设置在处置区车辆进出口处，并有良好的通视条件，与进口厂界距离不应小于一辆最大转运车的长度。

7.2.2 危险废物接收计量系统应具有称重、记录、传输、打印与数据处理功能，有条件的地区，应将数据上传到当地环保部门。

7.2.3 危险废物处置场所卸料场地应满足运输车辆顺畅作业的要求。

7.2.4 危险废物接收过程中应进行抽检采样。

7.3 分析鉴别系统

7.3.1 危险废物处置单位处置区应设置化验室，并配备危险废物特性鉴别及废水、废气、废渣等常规指标监测和分析的仪器设备。

7.3.2 化验室所用仪器的规格、数量及化验室的面积应根据危险废物处置设施的运行参数和规模等条件确定。

7.3.3 危险废物特性分析鉴别系统配置应根据危险废物类型及特征进行配置，且能满足GB 5085 的基本要求。

7.4 贮存与输送系统

7.4.1 危险废物处置设施应根据处置废物的特性及规模，根据有关标准要求设置贮存库房及冷库。一般情况下，设施的贮存能力应不低于处置设施 15 d 的处置量。

7.4.2 危险废物贮存和卸载区应设置必备的消防设施。

7.4.3 危险废物贮存容器应符合 GB 18597 要求。

7.4.4 经鉴别后的危险废物应分类贮存于专用贮存设施内，危险废物贮存设施应符合GB 18597 要求。

7.4.5 危险废物输送设备的配置应根据处置设施的规模和危险废物的特性确定。

7.5 预处理和进料系统

7.5.1 应根据危险废物处置的实际需要对废物进行预处理，预处理应根据不同危险废物的形态、特点以及危险废物特性选择相应的预处理方法。

7.5.2 危险废物预处理系统的设计，应考虑危险废物的性质、破碎方式、液体废物的混合及供料的抽吸和管道系统的布置。

7.5.3 应根据不同处置技术应用的实际需求和废物特性，对危险废物进行配伍，并应注意相互间的相容性，避免不相容的危险废物混合后产生不良后果，在保证工艺条件的前提下确保危险废物处置运行的安全性和可靠性。

7.5.4 采用安全填埋技术处置危险废物时，实施填埋前应进行稳定化/固化处理等预处理。

7.5.5 采用焚烧技术处置危险废物时，入炉前应根据其成分、热值等参数进行配伍，以保障焚烧炉稳定运行，降低焚烧残渣的热灼减率。

7.5.6 采用等离子体技术处置危险废物时，应考虑其技术应用的范围，对拟处理的危险废物应根据废物特点进行预处理。包括去除包装、分离、固体混配、一次性包装物破碎、粉状废物造粒、液体过滤等，以确保满足其处理工艺要求。

7.5.7 采用热脱附处理的危险废物时，应根据不同废物的特点，进行相应的预处理，确保废物成分、水分、黏度等满足相应的处理工艺要求。

7.5.8 采用其他技术时，若没有专业的规范和新的技术标准时，应根据工艺的具体技术要求配置相应的预处理系统。

7.5.9 根据不同处置技术的实际需求确定进料单元，进料单元配置应满足如下要求：

a）进料系统应安全、简洁实用、具有可靠的机械性能、故障率低、易维护；

b）进料方式应与处置工艺相匹配；

c）进料应保证处置设施运行工况的稳定；

d）进料装置应根据工艺情况配置可调节供应量的计量装置实现定量投料。

7.6 处置系统

7.6.1 焚烧处置

7.6.1.1 采用焚烧技术处置危险废物，焚烧处置设施应采用技术成熟、自动化水平高、运行稳定的设备，并重点考虑其配置与后续废气净化设施之间的匹配性。焚烧控制条件应满足 GB 18484 要求。

7.6.1.2 焚烧处置设施宜采取连续焚烧方式，并保证焚烧处理量在额定处理量的 60%～110%内波动时能稳定运行。

7.6.1.3 回转窑等焚烧炉温度范围应为 750～1 200℃，固体停留时间应为 0.5～2 h，气体停留时间应在 2 s 以上。

7.6.1.4 回转窑等焚烧炉动力装置应满足最大负荷以及各种意外情况下的最大动力输送，宜取平均值的 3～5 倍或以上。

7.6.1.5 热解炉还原吸热区温度范围应为 320～540℃，氧化放热区温度范围应为 760～1 150℃，连续投料式热解炉固体停留时间应为 0.25～1.5 h，间歇投料式热解炉固体停留时间应在 1.5 h 以上。

7.6.1.6 采用热解焚烧技术应根据物料特性和项目要求选择热解工艺，对于热值较低的废物宜采用热解焚烧技术，对于热值较高的废物宜采用热解汽化技术。

7.6.1.7 焚烧处置系统产生的高温烟气应采取急冷处置，烟气温度应在 1 s 内下降到 200℃以下，减少烟气在 200～500℃温度区的滞留时间，防止二噁英产生或二次生成。

7.6.1.8 焚烧处置系统宜考虑释放热能的综合利用。

7.6.2 非焚烧处置

7.6.2.1 采用热脱附技术处理危险废物，应根据需要配置进料单元、废物输送单元、热脱附单元、废气净化单元。热脱附处置过程产生的废气在没有专门标准的前提下可参照 GB 18484 执行。

7.6.2.2 采用熔融技术处置危险废物，应根据工艺的具体技术要求配置相应的预处理系统、进料单元、处置系统及相应的污染物净化设施，以保证危险废物的安全有效处置。温度范围 1 000～1 700℃，炉料粒度一般可控制在 40～100 mm 之间。

7.6.2.3 采用等离子体技术处置危险废物，应根据需要进行系统配置，确保等离子体熔融炉、电源设备、测量控制设备和制氮设备稳定运行，并配备相应的进料单元、热能回收单元、废气处理单元以及玻璃体输出成型单元。等离子体处置过程产生的废气在没有专门标准的前提下可参照 GB 18484 执行。电弧等离子体技术的电弧温度达到 7 000℃以上，反应区温度控制在 1 200～1 500℃范围。

7.6.3 安全填埋

7.6.3.1 采用安全填埋技术应设置防渗衬层渗漏检测系统，以保证在防渗层发生渗滤液渗漏时及时发现并采取必要污染控制措施。填埋场建设应满足 GB 18598 和《危险废物安全填埋处置工程建设技术要求》等有关要求。

7.6.3.2 填埋场防渗系统通常以柔性结构为主，当填埋场基础层达不到防渗要求时可采用刚性结构。柔性结构的防渗系统应采用双人工衬层，刚性结构由钢筋混凝土外壳与柔性人工衬层组合而成。

7.6.3.3 柔性结构填埋场的双人工衬层材料应具有化学兼容性、耐久性、耐热性、高强度、低渗透率、易维护、无二次污染，渗透系数应≤1.0×10^{-12} cm/s，且上层厚度应≥2.0 mm、下层厚度应≥1.0 mm。

7.6.3.4 刚性结构填埋场的钢筋混凝土箱体侧墙和底板应按抗渗结构进行设计，其渗透系数应≤1.0×10^{-6} cm/s；刚性填埋场底部以及侧面的人工衬层的渗透系数应≤1.0×10^{-12} cm/s，厚度应≥2.0 mm。

7.6.3.5 填埋场的渗滤液集排水系统由排水层、过滤层、集水管组成。柔性结构填埋场设两级集排水系统，初级集排水系统位于废物和上衬层之间，次级集排水系统位于上衬层和下衬层之间；刚性结构填埋场设单级集排水系统，位于废物与人工衬层之间。集排水系统中排水层材料渗透系数应≥0.1 cm/s，过滤层材料可采用砂或土工织物，集水管道材料应采用高密度聚乙烯。

7.6.3.6 排出水系统应包括集水井、泵、阀、排水管道和带孔的竖井等。排水系统的管道与衬层之间应设防渗漏密封，泵和阀的材质应与渗滤液的水质相容，排水管道材料应采用高密度聚乙烯。

7.6.3.7 废物入场应根据 GB 5085 和 GB/T 15555.1～12 进行检测，测得的废物浸出液 pH 值在 7.0～12.0 之间的危险废物可入场填埋。含水率高于 85%的危险废物须预处理后可入场填埋。危险废物浸出液中有害成分浓度在 GB 18598 控制限值之内的可入场填埋。

7.6.3.8 填埋场达到设计容量后，应按 GB 18598 进行封场。

7.6.3.9 填埋场应设置监测系统，以满足运行期和封场期对渗滤液、地下水、地表水和大气的监测要求，并应在封场后连续监测 30 年。

7.7 二次污染控制系统

7.7.1 废气污染控制系统

7.7.1.1 废气净化技术的选择应充分考虑危险废物特性、组分和处置过程中气态污染物产生量的变化及其物理、化学性质的影响，并应注意组合技术间的关联性。

7.7.1.2 废气净化装置应有可靠的防腐蚀、防磨损和防止飞灰阻塞的措施。

7.7.1.3 如果选择的处置工艺有二噁英污染物产生，应安装高效的二噁英净化装置。

7.7.1.4 如废气中含有酸性污染物，应采用适宜的碱性物质作为中和剂，在反应器内进行中和反应。

7.7.1.5 填埋场应设置气体导排系统，并按 GB 18598 进行监测和管理。

7.7.1.6 经净化后的废气排放和排气筒高度设置应符合国家标准要求。

7.7.2 废水污染控制系统

7.7.2.1 应根据不同危险废物处置技术的废水排放情况配置相应的废水或废液处理设施。

7.7.2.2 废水处理可采用多种切实可行的处理技术，污染物排放指标必须达到 GB 8978 及相关标准的要求。

7.7.3 残渣处理系统

7.7.3.1 危险废物焚烧处置残渣应按照《国家危险废物目录》及相关规定鉴别是否属于危险废物。

7.7.3.2 危险废物焚烧处置残渣经鉴别，属于危险废物的应按照危险废物进行安全处置，不属于危险废物的按一般废物进行处置。

7.8 自动化控制系统

7.8.1 自动化控制系统应实用、可靠，应根据危险废物处置设施的特点进行设计，并应满足设施安全、经济运行和防止对环境二次污染的要求。

7.8.2 处置设施的自动化系统应采用成熟的控制技术和可靠性高、性价比适宜的设备和元件。设计中采用的新产品、新技术应优先选用在相关领域有成功运行经验的产品。

7.8.3 危险废物处置应有较高的自动化水平，可在中央控制室通过分散控制系统实现对危险废物处置系统及辅助系统的集中监视和分散控制。

7.8.4 自动控制的主要内容应根据处置设施的规模和工艺条件确定。

7.8.5 对贮存库房、物料传输过程以及处置生产线的重要环节，应设置现场工业电视监视系统。

7.8.6 危险废物处置设施应设置独立于分散控制系统的紧急停车装置。

7.8.7 计算机监控系统的全部测量数据、数据处理结果和设施运行状态应能在显示器显示，并能实现自动存储和备份。

7.8.8 计算机监控系统功能范围内的全部报警项目应能在显示器上显示并打印输出。

7.8.9 有条件的地区，计算机监控系统的部分或全部测量数据、数据处理结果、设施运行状态和报警项目应与当地环保部门联网。

7.9 在线监测系统

7.9.1 危险废物处置设施须设置必要的在线监测系统，在线监测内容应该包括系统运行的工况参数和二氧化硫、氮氧化物及其他必要的特征污染物排放指标。

7.9.2 特征污染物排放指标的在线监测数据与环保部门联网应满足当地的环保主管部门的要求。

7.10 电气系统

7.10.1 处置设施的供电方式应根据用电要求，确定用电等级，参照 GB 50052 有关规定，与当地电力部门协商确定。

7.10.2 处置设施主要用电负荷根据具体工艺条件确定，应根据工艺处置设施的运行要求，设置必要的备用电源。

7.10.3 高压配电装置、继电保护和安全自动装置、过电压保护和接地要求应分别符合国家 GB 50062、DL/T 620 和 DL/T 621 中的有关规定。

7.10.4 照明设计应符合国家 GB 50034 中的有关规定。

7.10.5 远离处置厂房的事故照明宜由蓄电池组供电，主要出入口、通道、楼梯间以及远离处置厂房的工作场所的事故照明，宜采用自带蓄电池应急灯。

7.11 能源供应

以燃料油或燃气为处置能源的处置设施，其贮存及燃烧系统应符合 GB 50156 和 GB 50028 中的有关规定。

7.12 给排水及消防

7.12.1 给排水

7.12.1.1 处置设施应有可靠的供水水源和完善的供水设施，生活用水、锅炉用水及其他生产用水应符合国家现行有关标准要求。

7.12.1.2 处置区排水应采用雨污分流制。

7.12.1.3 雨水量设计重现期应符合 GB 50014 中的有关规定。

7.12.1.4 鼓励对各种设备冷却水和其他生产废水进行处理后综合利用。

7.12.1.5 生活污水经处理后宜优先考虑循环再利用，废水排放应满足 GB 8978 要求。

7.12.1.6 经收集池收集的贮存区及作业区的初期雨水应经过有效处理，达到 GB 8978 要求后排放。

7.12.2 消防

7.12.2.1 消防设施的设置必须满足厂区消防要求，消防设施应符合国家现行的防火规范要求。

7.12.2.2 处置厂房应设置室内消火栓给水系统，并应符合 GB 50016 中的有关规定。

7.12.2.3 危险废物贮存设施应设有火情监测和灭火设施。

7.12.2.4 消防器材的设置应符合 GB 50140 中的有关规定。

7.12.2.5 防火分区面积划分应符合 GB 50016 中的有关规定。

7.12.2.6 厂房内部的装修设计应符合 GB 50205 中的有关规定。

7.13 暖通空调

7.13.1 建筑物的采暖设计应符合 GB 50019 中的有关规定。

7.13.2 建筑物的采暖设备宜选用易清扫并具有防腐性能的散热器。

7.13.3 建筑物的空调设计应符合 GB 50019 中的有关规定。

7.13.4 厂房宜采用机械强制通风，以保持良好的通风环境。当其他建筑物机械通风不能满足室内温度、湿度要求时应设空调装置。

7.14 建筑与结构

7.14.1 处置厂区建筑的造型应简洁、新颖，并与周围环境相协调。厂房平面布置和空间布局应满足工艺设备布置要求，同时应考虑今后生产发展和技术改造的可能性。

7.14.2 厂房平面设计应组织好人流和物流线路，避免交叉；操作人员巡视检查路线应避免重复。

7.14.3 建设结构设计应符合现行国家相关标准中的有关规定。

8 劳动安全与职业卫生

8.1 一般规定

8.1.1 危险废物处置工程在设计、建设和运行过程中，应高度重视劳动安全和职业卫生，采取相应措施，消除事故隐患，防止事故发生。

8.1.2 危险废物处置工程劳动安全和职业卫生应符合 GB/T 12801 和《关于生产性建设工程项目职业安全监察的暂行规定》中的有关规定。

8.1.3 危险废物处置工程业主或运行单位应对劳动者进行劳动安全与职业卫生培训。

8.2 劳动安全

8.2.1 危险废物处置工程在设计、施工、运行以及维修过程中应始终贯彻“安全第一、预防为主”的原则，并遵守安全技术规程和相关设备安全性要求的规定。

8.2.2 危险废物处置工程的生产车间、变压器室、储备仓库、燃油库等应按一级耐火等级设计，其他建（构）筑物的耐火等级不低于二级。

8.2.3 危险废物处置工程的受压容器应按压力容器设计的有关规定进行设计和检验，焚烧炉、余热锅炉等高温设备和管道均应设置保温绝热层。

8.2.4 危险废物处置工程中所有正常不带电的电气设备的金属外壳均应采取接地或接零保护，场区钢结构、排气管、排风管和铁栏杆等金属物应采用等电位联接。

8.2.5 危险废物处置工程的各种机械设备裸露传动部分或运动部分应设置防护罩，不能设置防护罩的应设置防护栏杆，周围应保持一定的操作活动空间，以免发生机械伤害事故。

8.2.6 危险废物处置工程的各生产构筑物应设置便于行走的操作平台、走道板、安全护栏和扶手，栏杆高度和强度应符合国家有关劳动安全卫生规定，主要通道应设置应急灯。

8.2.7 危险废物处置工程中产生作业粉尘、有毒有害物质或可能突然放散大量有害气体、爆炸危险气体的建筑物应设置事故通风装置，对于产生恶臭的设施应安装除臭装置。

8.2.8 危险废物处置工程中输送和储存易燃、易爆物质的设备和管道应设置泄爆装置，并采取防静电接地措施，不得使用易积累静电的绝缘材料。

8.2.9 危险废物处置工程中输送、处理高温气体的管道和设备应设置保温层或安全防护距离，防止烫伤。

8.2.10 危险废物处置工程的贮存设施应采取密闭措施减少灰尘和臭气外逸。存放易燃待处理物料的仓库应独立设置，不同物化性质的物料应分区存放，并应采用防爆灯具。

8.2.11 危险废物贮存设施在所有存在安全事故隐患的场所应设置明显的安全标志，其标志设置应符合 GB 18597 中的有关规定。

8.2.12 危险废物处置场所应采取相应的避雷措施，其设计应符合 GB 50057 的有关规定。

8.2.13 危险废物处置工程在设备安装和检修时应有相应的保护设施。

8.3 职业卫生

8.3.1 危险废物处置工程职业卫生体系应符合 GB/T 28001 的规定，职业卫生设计应符合 GBZ 1 的规定，工作场所有害物质浓度应符合 GBZ 2 的规定，风机噪声应符合 JB/T 8690 的规定。

8.3.2 危险废物处置工程的设施操作（控制）室和工作岗位应采取采暖、通风、防尘、隔声等措施，防止职业病发生，保护劳动者健康。

8.3.3 危险废物处置工程应设置职业病防护设备、应急救援设施，并应进行经常性的维护、检修，定期检测其性能和效果，确保其处于正常状态，不得擅自拆除或者停止使用。

8.3.4 对危险废物处置工程可能发生急性职业损伤的有毒、有害工作场所，应当设置报警装置，配置现场急救用品、冲洗设备、应急撤离通道和必要的泄险区。

8.3.5 危险废物处置工程应按照相应等级为运行人员发放个人防护服。

9 工程施工与环保验收

9.1 工程施工

9.1.1 危险废物处置工程施工单位应具有与该工程相应的资质等级。

9.1.2 危险废物处置工程施工前应根据设计文件或招标文件编制施工方案和准备施工设备及设施，并根据工程设计图纸、技术文件、设备图纸等组织施工。

9.1.3 危险废物处置工程施工和设备安装应符合相应的国家或行业规范，施工质量应符合《建设工程质量管理条例》的有关规定。

9.1.4 危险废物处置工程建设单位应专门成立项目管理机构，参与设计会审、设备监制、施工质量检查，组织、参与工程各阶段验收、调试和试运行，建立设备安装及运行档案。

9.1.5 危险废物处置工程施工使用的材料、半成品、部件应符合国家现行标准和设计要求，并取得供货商的合格证书，不得使用不合格产品。

9.1.6 危险废物处置工程从国外引进专用设备应按供货商提供的设备技术规范、合同规定及商检文件执行，并应符合我国现行国家或行业工程施工及验收标准要求。

9.1.7 危险废物处置工程施工管理主要应包括人员、机具、设备、材料、方法和环境等要素。

9.1.8 有条件的地区，危险废物处置工程施工期间应开展建设项目环境监理，编制环境监理报告，并作为建设项目试生产环境保护条件和建设项目竣工环境保护验收条件。

9.2 环境保护验收

9.2.1 危险废物处置工程竣工验收应按《〈全国危险废物和医疗废物处置设施建设规划〉项目竣工验收指导意见》及国家有关规定执行。

9.2.2 土建工程验收应按 GB 50300、GB 50202～GB 50205 及相关验收规范执行。

9.2.3 安装工程验收应按 GB 50231、GB 50236、GB 50275、HJ/T 76、JB/T 8471、GB 50254～GB 50257、GB 50303 和安装文件的有关规定执行。

9.2.4 危险废物处置工程竣工环境保护验收应执行《建设项目竣工环境保护验收管理办法》和行业环境保护验收规范。

9.2.5 危险废物处置工程环境保护验收监测应符合《建设项目环境保护设施竣工验收监测技术要求》的规定。

9.2.6 建设单位应结合试运行组织具备相应资质的性能测试机构和监测机构，按 HJ 561 要求对焚烧处置设施进行性能测试，并提交性能测试报告和工程质量验收报告。

9.2.7 危险废物处置工程污染治理设施的自动连续监测及数据传输系统，应与本工程同时进行环境保护验收。

10 运行管理要求

10.1 一般规定

10.1.1 危险废物处置工程运行管理包含接收、鉴别、处置和排放的各个环节，也包括环境安全和劳动卫生。

10.1.2 运行单位应根据《危险废物经营许可证管理办法》获得相应的危险废物经营许可

证，未取得危险废物经营许可证的单位不得从事有关危险废物集中处置活动；对于企业自建的危险废物处置设施应满足国家危险废物管理的相关法律和标准要求。

10.1.3 运行单位的劳动定员应根据项目的工艺特点、技术水平、自动控制水平、投资体制、当地社会化服务水平和经济管理的要求合理确定。

10.1.4 运行单位的机构设置应以精干高效、提高劳动生产率和有利于生产经营为原则，做到分工合理、职责分明。

10.1.5 运行单位应对设施运行中可能发生的各类意外事故制订应急预案，至少包括组织机构及职责、环境风险源与环境风险评价、预防与预警、信息报告与通报、应急响应与措施、后期处置、应急培训和演练等内容，并有能力在必要时实施。

10.1.6 运行单位应建立完备的规章制度，以保障危险废物的安全处置。

10.1.7 运行单位应具有保证处置设施正常运行的周转资金和辅助原料。

10.1.8 工程竣工验收和环境保护试生产批复前严禁危险废物处置设施投入生产使用。

10.2 接收与贮存

10.2.1 危险废物现场交接时应认真核对危险废物的数量、种类、标识等，并确认与危险废物转移联单是否相符。

10.2.2 应对接收的废物及时登记。

10.2.3 应对危险废物进行特性分析，并根据分析结果进行分类处置。

10.3 处置

10.3.1 危险废物处置单位应制定严格的操作规程和管理制度。

10.3.2 危险废物处置单位应详细记载每日收集、贮存、利用或处置危险废物的类别、数量、危险废物的最终去向、有无事故或其他异常情况等，并按照危险废物转移联单的有关规定，保管需存档的转移联单。危险废物经营活动记录档案和危险废物经营活动情况报告应与转移联单同期保存。

10.3.3 应记录生产设施运行状况、设施维护和危险废物处置情况，内容至少包括：生产设施运行工艺控制参数记录、危险废物处置残渣处置情况记录、生产设施维修情况记录、交接班记录、环境监测数据的记录、生产事故及处置情况记录。

附录 A（资料性附录）

危险废物和医疗废物处理处置技术适用表

附表 I 危险废物处理处置技术适用表

废物类别	行业来源	危险特性	适用处理处置方法		
			安全填埋	焚烧处置	非焚烧处置
HW01 医疗废物	卫生	In	*见附表 II		
	非特定行业	In			
HW02 医药废物	化学药品原药制造	T		√	√
	化学药品制剂制造	T		√	√
	兽用药品制造	T		√	√
	生物、生化制品的制造	T		√	√
HW03 废药物、药品	非特定行业	T		√	√
HW04 农药废物	农药制造	T		√	√
	非特定行业	T		√	√
HW05 木材防腐剂废物	锯材、木片加工	T		√	√
	专用化学产品制造	T		√	√
	非特定行业	T		√	√
HW06 有机溶剂废物	基础化学原料制造	I，T		√	√
HW07 热处理含氰废物	金属表面处理及热处理加工	R，T			√
HW08 废矿物油	天然原油和天然气开采	T，I		√	
	产品制造精炼石油	T，I		√	
	涂料、油墨、颜料及相关产品制造	T		√	
	专用化学产品制造	T		√	
	船舶及浮动装置制造	T，I		√	
	非特定行业	T，I		√	
HW09 油/水、烃/水混合物	非特定行业	T		√	
HW10 多氯（溴）联苯类废物	非特定行业	T		√	
HW11 精（蒸）馏残渣	精炼石油产品的制造	T		√	
	炼焦制造	T		√	
	基础化学原料制造	T		√	
	常用有色金属冶炼	T		√	
	环境管理业	T		√	
	非特定行业	T		√	
HW12 染料、涂料废物	涂料、油及相关产品制造	T		√	
	纸浆制造	T		√	
	非特定行业	T，I		√	

废物类别	行业来源	危险特性	适用处理处置方法		
			安全填埋	焚烧处置	非焚烧处置
HW13 有机树脂类废物	基础化学原料制造	T		√	
	非特定行业	T		√	
HW14 新化学药品废物	非特定行业	T/C/In/I/R		√	
HW15 爆炸性废物	炸药及火工产品制造	T，R	√		
	非特定行业	R	√		
HW16 感光材料废物	专用化学产品制造	T			√
	印刷	T			√
	电子元件制造	T			√
	电影	T			√
	摄影扩印服务	T			√
	非特定行业	T			√
HW17 表面处理废物	金属表面处理及热处理加工	T		√	
HW18 焚烧处置残渣	环境治理	T	√		
HW19 含金属羰基化合物废物	非特定行业	T	√		
HW20 含铍废物	基础化学原料制造	T	√		
HW21 含铬废物	毛皮鞣制及制品加工	T	√		
	印刷	T	√		
	基础化学原料制造	T	√		
	铁合金冶炼	T	√		
	金属表面处理及热处理加工	T	√		
	电子元件制造	T	√		
HW 22 含铜废物	有色金属采选和冶炼	T	√		
	金属、塑料电镀	T	√		
	铜化合物生产	T	√		
HW23 含铜废物	常用有色金属矿采选	T	√		
	印刷	T	√		
	玻璃及玻璃制品制造	T	√		
	电子元件制造	T	√		
	金属表面处理及热处理加工	T	√		
	电池制造	T	√		
	非特定行业	T	√		
HW24 含砷废物	常用有色金属矿采选	T	√		
HW25 含硒废物	基础化学原料制造	T	√		
HW26 含镉废物	电池制造	T	√		
HW27 含锑废物	基础化学原料制造	T	√		
HW28 含碲废物	基础化学原料制造	T	√		
HW29 含汞废物	天然原油和天然气开采	T	√		√
	贵金属矿采选	T	√		√
	印刷	T	√		√

废物类别	行业来源	危险特性	适用处理处置方法		
			安全填埋	焚烧处置	非焚烧处置
HW29 含汞废物	原料制造	T	√		√
	合成材料制造	T，C	√		√
	电池制造	T	√		√
	照明器具制造	T	√		√
	通用仪器仪表制造	T	√		√
	基础化学原料制造	T	√		√
	多种来源	T	√		√
HW30 含铊废物	基础化学原料制造	T	√		
HW31 含铅废物	玻璃及玻璃制品制造	T	√		
	印刷	T	√		
	炼钢	T	√		
	电池制造	T	√		
	工艺美术品制造	T	√		
	废弃资源和废旧材料回收加工业	T	√		
	非特定行业	T	√		
HW32 无机氟化物废物	非特定行业	T			√
HW33 无机氰化物废物	贵金属矿采选	T			√
	金属表面处理及热处理加工	R，T			√
	非特定行业	R，T			√
HW34 废酸	精炼石油产品的制造	C，T	√		
	基础化学原料制造	C，T	√		
	钢压延加工	C，T	√		
	金属表面处理及热处理加工	C	√		
	制造	C	√		
	非特定行业	C	√		
HW35 废碱	精炼石油产品的制造	C，T	√		
	基础化学原料制造	C	√		
	毛皮鞣制及制品加工	C	√		
	纸浆制造	C	√		
	非特定行业	C	√		
HW36 石棉废物	石棉采选	T	√		
	基础化学原料制造	T	√		
	水泥及石膏制品制造	T	√		
	耐火材料制品制造	T	√		
	汽车制造	T	√		
	船舶及浮动装置制造	T	√		
	非特定行业	T	√		
HW37 有机磷化合物废物	基础化学原料制造	T		√	
	非特定行业	T		√	
HW38 有机氰化物废物	基础化学原料制造	R，T		√	
HW39 含酚废物	炼焦	T		√	
	基础化学原料制造	T		√	
HW40 含醚废物	基础化学原料制造	T		√	
HW41 废卤化有机溶剂	印刷	I，T		√	
	基础化学原料制造	T		√	

废物类别	行业来源	危险特性	适用处理处置方法		
			安全填埋	焚烧处置	非焚烧处置
HW41 废卤化有机溶剂	电子元件制造	I，T		√	
	非特定行业	I，T		√	
HW42 废有机溶剂	印刷	I，T		√	
	基础化学原料制造	T，T		√	
	电子元件制造	I，T		√	
	皮革鞣制加工	T		√	
	毛纺织和染整精加工	T		√	
	非特定行业	I，T		√	
HW43 含多氯苯并呋喃类废物	非特定行业	T		√	
HW44 含多氯苯并二噁英废物	非特定行业	T		√	
HW45 含有机卤化物废物	基础化学原料制造	T		√	
	非特定行业	T		√	
HW46 含镍废物	基础化学原料制造	T	√		
	电池制造	T	√		
	非特定行业	T	√		
HW47 含钡废物	基础化学原料制造	T	√		
	金属表面处理及热处理加工	T	√		
HW48 有色金属冶炼废物	常用有色金属冶炼	T，R	√		
	贵金属冶炼	T	√		
HW49 其他废物	环境治理	T	√	√	√
	非特定行业	T/C/In/I/R	√	√	√

注：“危险特性”是指腐蚀性（Corrosivity，C）、毒性（Toxicity，T）、易燃性（Ignitability，I）、反应性（Reactivity，R）和感染性（Infectivity，In）。

附表II 医疗废物处理处置技术适用表

废物类别	类别	特征	常见组分或者废物名称	适用处理处置方法					
				焚烧处置	高温蒸汽处理	化学消毒处理	微波消毒处理	电子辐射处理	高温臭氧处理
HW01医疗废物	感染性废物	携带病原微生物具有引发感染性疾病传播危险的医疗废物	1．被病人血液、体液、排泄物污染的物品，包括： ——棉球、棉签、引流棉条、纱布及其他各种敷料； —— 一次性使用卫生用品、一次性使用医疗用品及一次性医疗器械； ——废弃的被服； ——其他被病人血液、体液、排泄物污染的物品 2．医疗机构收治的隔离传染病病人或者疑似传染病病人产生的生活垃圾 3．病原体的培养基、标本和菌种、毒种保存液 4．各种废弃的医学标本 5．废弃的血液、血清 6．使用后的一次性使用医疗用品及一次性医疗器械视为感染性废物	√	√	√	√	√	√
	病理性废物	诊疗过程中产生的人体废弃物和医学实验动物尸体等	1．手术及其他诊疗过程中产生的废弃的人体组织、器官等 2．医学实验动物的组织、尸体 3．病理切片后废弃的人体组织、病理蜡块等	√					√（部分）
	损伤性废物	能够刺伤或者割伤人体的废弃的医用锐器	1．医用针头、缝合针 2．各类医用锐器，包括：解剖刀、手术刀、备皮刀、手术锯等 3．载玻片、玻璃试管、玻璃安瓿等	√	√	√	√	√	√
	药物性废物	过期、淘汰、变质或者被污染的废弃的药品	1．废弃的一般性药品，如：抗生素、非处方类药品等 2．废弃的细胞毒性药物和遗传毒性药物，包括： ——致癌性药物，如硫唑嘌呤、苯丁酸氮芥、萘氮芥、环孢霉素、环磷酰胺、苯丙胺酸氮芥、司莫司汀、三苯氧氨、硫替派等； ——可疑致癌性药物，如：顺铂、丝裂霉素、阿霉素、苯巴比妥等； ——免疫抑制剂 3．废弃的疫苗、血液制品等	√					
	化学性废物	具有毒性、腐蚀性、易燃易爆性的废弃的化学物品	1．医学影像室、实验室废弃的化学试剂 2．废弃的过氧乙酸、戊二醛等化学消毒剂 3．废弃的汞血压计、汞温度计	√					

中华人民共和国环境保护行业标准

危险废物集中焚烧处置工程建设技术规范

Technical specifications for centralized incineration facility construction on hazardous waste

HJ/T 176—2005

前 言

为贯彻《中华人民共和国环境保护法》和《中华人民共和国固体废物污染环境防治法》，规范危险废物集中焚烧处置工程建设，防治危险废物焚烧对环境的污染，保护环境，保障人体健康，制订本技术规范。

本技术规范由国家环境保护总局科技标准司提出。

本技术规范由沈阳环境科学研究院负责起草，武汉安全环保研究院和中国环境科学研究院参与完成。

本标准国家环境保护总局2005年5月24日发布，自发布之日起实施。

本技术规范由国家环境保护总局负责解释。

1 总 则

1.1 为贯彻《中华人民共和国固体废物污染环境防治法》《危险废物焚烧污染控制标准》（GB 18484—2001）和国家其他危险废物领域有关法规，实现危险废物处置的资源化、减量化和无害化目标，规范危险废物焚烧处置工程规划、设计、施工及验收和运行管理，制订本技术规范。

1.2 本技术规范适用于以焚烧方法集中处置危险废物的新建、改建和扩建工程及企业自建的危险废物焚烧处置工程。特殊危险废物（多氯联苯、爆炸性、放射性废物等）专用焚烧处置工程可参照本技术规范的有关规定；对于统筹考虑焚烧危险废物和医疗废物的焚烧处置工程，应同时满足本技术规范和《医疗废物集中焚烧处置工程建设技术规范》的有关规定，相对应指标技术要求不同的，按从严的要求执行。

1.3 危险废物集中焚烧处置工程建设规模的确定和技术路线的选择，应根据城市社会经济发展水平、城市总体规划、环境保护专业规划以及焚烧技术的适用性等合理确定。工程的选址要进行环境影响评价。

1.4 危险废物集中焚烧处置工程建设应采用成熟可靠的技术、工艺和设备，并做到运行稳定、维修方便、经济合理、管理科学、保护环境、安全卫生。

1.5 对有利用价值的危险废物应优先考虑回收利用，使其资源化；对不宜回收利用但可焚烧的危险废物可采取焚烧处理。

1.6 危险废物焚烧以危险废物无害化、减量化为基本原则和主要目标，危险废物焚烧产生的热能可采取适当形式利用。

1.7 危险废物集中焚烧处置工程建设除应遵守本技术规范外，还必须符合国家现行有关标准规定。

2 编制依据

下列标准和文件所含的条文，通过本技术规范引用构成本规范的条文。

（1）《中华人民共和国环境保护法》（1989 年）

（2）《中华人民共和国固体废物污染环境防治法》（2005 年）

（3）《危险废物转移联单管理办法》（1999 年）

（4）《危险废物经营许可证管理办法》（2004 年）

（5）《危险废物污染防治技术政策》（2001 年）

（6）《国家危险废物名录》（1998 年）

（7）《危险废物焚烧污染控制标准》（GB 18484—2001）

（8）《危险废物贮存污染控制标准》（GB 18597—2001）

（9）《危险废物安全填埋污染控制标准》（GB 18598—2001）

（10）《危险废物鉴别标准》（GB 5085.1～3—1996）

（11）《污水综合排放标准》（GB 8978—1996）

（12）《环境保护图形标志　固体废物贮存（处置）场》（GB 15562.2—1995）

（13）《地表水环境质量标准》（GB 3838—2002）

（14）《环境空气质量标准》（GB 3095—1996）

（15）《城市区域环境噪声标准》（GB 3096—1993）

（16）《工业企业厂界噪声标准》（GB 12348—1990）

（17）《工业企业噪声控制设计规范》（GBJ 87—1985）

（18）《汽车加油加气站设计与施工规范》（GB 50156—2002）

（19）《城镇燃气设计规范》（GB 50028—1998）

（20）《锅炉房设计规范》（GB 50041—1992）

（21）《建筑设计防火规范》（GBJ 16 —2001）

（22）《建筑灭火器配置设计规范》（GBJ 140—1997）

（23）《建筑内部装修设计防火规范》（GB 50222—2001）

（24）《采暖通风与空气调节设计规范》（GBJ 19—2001）

（25）《工业企业设计卫生标准》（TJ 36—1979）

（26）《生产过程安全卫生要求总则》（GB 12801—1991）

当上述标准和文件被修订时，应使用其最新版本。

3 术 语

3.1 危险废物

指列入国家危险废物名录或者根据国家规定的危险废物鉴别标准和鉴别方法判定的

具有危险特性的废物。

3.2 焚烧

指焚化燃烧危险废物使之分解并无害化的过程。

3.3 焚烧炉

指焚烧危险废物的主体装置。

3.4 集中处置设施

指统筹规划建设并服务于一定区域的危险废物处置设施。

3.5 危险废物处理设施

指危险废物集中焚烧处置厂内的焚烧主车间、危险废物贮存车间以及烟囱。

3.6 热灼减率

指焚烧残渣经灼热减少的质量占原焚烧残渣质量的百分数。计算方法如下：

$$P=(A-B)/A\times100\%$$

式中：P——热灼减率，%；

A——干燥后原始焚烧残渣在室温下的质量，g；

B——焚烧残渣经600℃（±25℃）3 h 灼热后冷却至室温的质量，g。

3.7 烟气停留时间

指燃烧所产生的烟气从最后的空气喷射口或燃烧器出口到换热面（如余热锅炉换热器）或烟道冷风引射口之间的停留时间。

3.8 焚烧炉温度

指焚烧炉燃烧室操作温度。

3.9 燃烧效率（CE）

指烟道排出气体中二氧化碳浓度与二氧化碳和一氧化碳浓度之和的百分比，用如下公式表示：

$$CE=[CO_2]/([CO_2]+[CO])\times100\%$$

式中：$[CO_2]$和$[CO]$——分别为燃烧后排气中CO_2和CO的浓度。

3.10 二噁英类

多氯代二苯并-对-二噁英和多氯代二苯并呋喃的总称。

3.11 标准状态

指温度在 273.16 K，压力在 101.325 kPa 时的气体状态。本标准规定的各项污染物的排放限值均指在标准状态下以 11% O_2（干空气）作为换算基准换算后的浓度。

4 焚烧厂总体设计

4.1 建设规模

4.1.1 危险废物焚烧厂建设规模应根据焚烧厂服务范围内的危险废物可焚烧量、分布情况、发展规划以及变化趋势等因素综合考虑确定。

4.1.2 危险废物焚烧处置工程建设内容应包括：进厂危险废物接收系统、分析鉴别系统、贮存与输送系统、焚烧系统、热能利用系统、烟气净化系统、残渣处理系统、自动化控制系统、在线监测系统、电气系统，以及燃料供应、压缩空气供应、供配电、给排水、污水处理、消防、通讯、暖通空调、机械维修、车辆冲洗等设施。

4.2 厂址选择

4.2.1 厂址选择应符合城市总体发展规划和环境保护专业规划，符合当地的大气污染防治、水资源保护和自然生态保护要求，并应通过环境影响和环境风险评价。

4.2.2 厂址选择应综合考虑危险废物焚烧厂的服务区域、交通、土地利用现状、基础设施状况、运输距离及公众意见等因素。

4.2.3 厂址条件应符合下列要求：

（1）不允许建设在《地表水环境质量标准》（GB 3838—2002）中规定的地表水环境质量Ⅰ类、Ⅱ类功能区和《环境空气质量标准》（GB 3095—1996）中规定的环境空气质量一类功能区，即自然保护区、风景名胜区、人口密集的居住区、商业区、文化区和其他需要特殊保护的地区。

（2）焚烧厂内危险废物处理设施距离主要居民区以及学校、医院等公共设施的距离应不小于 800 m。

（3）应具备满足工程建设要求的工程地质条件和水文地质条件。不应建在受洪水、潮水或内涝威胁的地区；受条件限制，必须建在上述地区时，应具备抵御 100 年一遇洪水的防洪、排涝措施。

（4）厂址选择时，应充分考虑焚烧产生的炉渣及飞灰的处理与处置，并宜靠近危险废物安全填埋场。

（5）应有可靠的电力供应。

（6）应有可靠的供水水源和污水处理及排放系统。

4.3 总图设计

4.3.1 焚烧厂的总图设计应根据厂址所在地区的自然条件，结合生产、运输、环境保护、职业卫生与劳动安全、职工生活，以及电力、通讯、热力、给排水、污水处理、防洪和排涝等设施，经多方案综合比较后确定。

4.3.2 焚烧厂人流和物流的出入口设置应符合城市交通有关要求，实现人流和物流分离，方便危险废物运输车进出。

4.3.3 焚烧厂生产附属设施和生活服务设施等辅助设施应根据社会化服务原则统筹考虑，避免重复建设。

4.3.4 焚烧厂周围应设置围墙或其他防护栅栏，防止家畜和无关人员进入。

4.3.5 焚烧厂内作业区周围应设置集水池，并且能够收集 25 年一遇暴雨的降水量。

4.4 总平面布置

4.4.1 焚烧厂应以焚烧厂房为主体进行布置，其他各项设施应按危险废物处理流程合理安排。

4.4.2 危险废物物流的出入口以及接收、贮存、转运和处置场所等主要设施应与焚烧厂的办公和生活服务设施隔离建设。

4.4.3 使用燃料油点火或助燃的焚烧厂采用的燃油系统应符合国家《汽车加油加气站设计与施工规范》（GB 50156—2002）中的有关规定。

4.4.4 使用城镇燃气点火或助燃的焚烧厂采用的燃气系统应符合国家《城镇燃气设计规范》（GB 50028—1998）中的有关规定。

4.4.5 地磅房应设在焚烧厂出入口处，与厂界的距离应大于一辆最长车的长度且宜为直通式，并应具备良好的通视条件。

4.4.6 焚烧厂的洗车设施宜位于厂出口附近。

4.5 厂区道路

4.5.1 焚烧厂厂内道路应根据工厂规模、运输要求、管线布置要求等合理确定，厂区道路的设置应满足交通运输、消防及各种管线的铺设要求。道路的荷载等级应根据交通情况确定。

4.5.2 焚烧厂区主要道路的行车路面宽度不宜小于 6 m，车行道宜设环形道路。焚烧厂房外应设消防道路，道路的宽度不应小于 3.5 m。路面宜采用水泥混凝土或沥青混凝土，道路的荷载等级应符合国家《厂矿道路设计规范》(GBJ 22—1987）中的有关规定。

4.5.3 临时停车场可设在厂区物流出口或入口附近。

5 危险废物接收、分析鉴别与贮存

5.1 接收

5.1.1 焚烧厂应设进厂危险废物计量设施。

5.1.2 地磅的规格应按运输车最大满载重量的1.7倍设置。

5.2 分析鉴别

5.2.1 焚烧厂应设置化验室，并配备危险废物特性鉴别及污水、烟气和灰渣等常规指标监测和分析的仪器设备。

5.2.2 化验室所用仪器的规格、数量及化验室的面积应根据焚烧厂的运行参数和规模等条件确定。

5.2.3 危险废物特性分析鉴别应包括下列内容：

（1）物理性质：物理组成、容重、尺寸；

（2）工业分析：固定碳、灰分、挥发分、水分、灰熔点、低位热值；

（3）元素分析和有害物质含量；

（4）特性鉴别（腐蚀性、浸出毒性、急性毒性、易燃易爆性）；

（5）反应性；

（6）相容性。

5.2.4 危险废物采样和特性分析应符合《工业固体废物采样制样技术规范》(HJ/T 20—1998）和《危险废物鉴别标准》（GB 5085.1～3—1996）中的有关规定。

5.2.5 对鉴别后的危险废物应进行分类。

5.3 贮存

5.3.1 危险废物贮存容器应符合下列要求：

（1）应使用符合国家标准的容器盛装危险废物；

（2）贮存容器必须具有耐腐蚀、耐压、密封和不与所贮存的废物发生反应等特性，贮存容器应保证完好无损并具有明显标志；

（3）液体危险废物可注入开孔直径不超过 70 mm 并有放气孔的桶中。

5.3.2 经鉴别后的危险废物应分类贮存于专用贮存设施内，危险废物贮存设施应满足以下要求：

（1）危险废物贮存场所必须有符合《环境保护图形标志　固体废物贮存（处置）场》

（GB 15562.2—1995）的专用标志；

（2）不相容的危险废物必须分开存放，并设有隔离间隔断；

（3）应建有堵截泄漏的裙角，地面与裙角要用兼顾防渗的材料建造，建筑材料必须与危险废物相容；

（4）必须有泄漏液体收集装置及气体导出口和气体净化装置；

（5）应有安全照明和观察窗口，并应设有应急防护设施；

（6）应有隔离设施、报警装置和防风、防晒、防雨设施以及消防设施；

（7）墙面、棚面应防吸附，用于存放装载液体、半固体危险废物容器的地方，必须有耐腐蚀的硬化地面，且表面无裂隙；

（8）库房应设置备用通风系统和电视监视装置；

（9）贮存库容量的设计应考虑工艺运行要求并应满足设备大修（一般以 15 d 为宜）和废物配伍焚烧的要求；

（10）贮存剧毒危险废物的场所必须有专人 24 小时看管。

5.3.3 危险废物输送设备应根据焚烧厂的规模和危险废物的物理特性进行选择。

5.3.4 贮存和卸载区应设置必备的消防设施。

6 危险废物焚烧处置系统

6.1 一般要求

6.1.1 危险废物焚烧处置系统应包括预处理及进料系统、焚烧炉、热能利用系统、烟气净化系统、残渣处理系统、自动控制和在线监测系统及其他辅助装置。

6.1.2 危险废物在焚烧处置前应对其进行前处理或特殊处理，达到进炉要求，以利于危险废物在炉内充分燃烧。

6.1.3 对于处理氟、氯等元素含量较高的危险废物，应考虑耐火材料及设备的防腐问题。对于用来处理含氟较高或含氯大于 5%的危险废物焚烧系统，不得采用余热锅炉降温，其尾气净化必须选择湿法净化方式。

6.1.4 整个焚烧系统运行过程中应处于负压状态，避免有害气体逸出。

6.1.5 危险废物焚烧厂设计服务期限不应低于 20 年。

6.2 预处理及进料系统

6.2.1 危险废物入炉前需根据其成分、热值等参数进行搭配，以保障焚烧炉稳定运行，降低焚烧残渣的热灼减率。

6.2.2 危险废物的搭配应注意相互间的相容性，避免不相容的危险废物混合后产生不良后果。

6.2.3 危险废物入炉前应酌情进行破碎和搅拌处理，使废物混合均匀以利于焚烧炉稳定、安全、高效运行。对于含水率高的废物（如污泥、废液）可适当进行脱水处理，以降低能耗。

6.2.4 在设计危险废物混合或加工系统时，应考虑焚烧废物的性质、破碎方式、液体废物的混合及供料的抽吸和管道系统的布置。

6.2.5 危险废物输送、进料装置应符合下列要求：

（1）采用自动进料装置，进料口应配置保持气密性的装置，以保证炉内焚烧工况的稳定；

（2）进料时应防止废物堵塞，保持进料畅通；

（3）进料系统应处于负压状态，防止有害气体逸出；

（4）输送液体废物时应充分考虑废液的腐蚀性及废液中的固体颗粒物堵塞喷嘴问题。

6.3 焚烧炉

6.3.1 危险废物焚烧可根据危险废物种类和特征选用不同炉型。

6.3.2 危险废物焚烧炉的选择应符合下列要求：

（1）焚烧炉的设计应保证其使用寿命不低于 10 年；

（2）焚烧炉所采用耐火材料的技术性能应满足焚烧炉燃烧气氛的要求，质量应满足相应的技术标准，能够承受焚烧炉工作状态的交变热应力；

（3）应有适当的冗余处理能力，废物进料量应可调节；

（4）焚烧炉应设置防爆门或其他防爆设施；燃烧室后应设置紧急排放烟囱，并设置联动装置使其只能在事故或紧急状态时才可启动；

（5）必须配备自动控制和监测系统，在线显示运行工况和尾气排放参数，并能够自动反馈，对有关主要工艺参数进行自动调节；

（6）确保焚烧炉出口烟气中氧气含量达到 6%～10%（干烟气）；

（7）应设置二次燃烧室，并保证烟气在二次燃烧室 1 100℃以上停留时间大于 2 s；

（8）炉渣热灼减率应小于 5%；

（9）正常运行条件下，焚烧炉内应处于负压燃烧状态；

（10）焚烧控制条件应满足国家《危险废物焚烧污染控制标准》（GB 18484—2001）中的有关规定。

6.3.3 燃烧空气设施的能力应能满足炉内燃烧物完全燃烧的配风要求；可采用空气加热装置；风机台数应根据焚烧炉设置要求确定；风机的最大风量应为最大计算风量的110%～120%；风量调节宜采用连续方式。

6.3.4 启动点火及辅助燃烧设施的能力应能满足点火启动和停炉要求，并能在危险废物热值较低时助燃。

6.3.5 辅助燃料燃烧器应有良好燃烧效率，其辅助燃料应根据当地燃料来源确定。

6.3.6 采用油燃料时，储油罐总有效容积应根据全厂使用情况和运输情况综合确定；供油泵的设置应考虑一备一用；供油、回油管道应单独设置，并应在供、回油管道上设有计量装置和残油放尽装置；采用重油燃料时，应设置过滤装置和蒸汽吹扫装置。

6.4 热能利用系统

6.4.1 焚烧厂宜考虑对其产生的热能以适当形式加以利用。

6.4.2 危险废物焚烧热能利用方式应根据焚烧厂的规模、危险废物种类和特性、用热条件及经济性综合比较后确定。

6.4.3 利用危险废物焚烧热能的锅炉，应充分考虑烟气对锅炉的高温和低温腐蚀问题。

6.4.4 危险废物焚烧的热能利用应避开 200～500℃温度区间。

6.4.5 利用危险废物焚烧热能生产饱和蒸汽或热水时，热力系统中的设备与技术条件应符合国家《锅炉房设计规范》（GB 50041—1992）中有关规定。

6.5 烟气净化系统

6.5.1 烟气净化技术的选择应充分考虑危险废物特性、组分和焚烧污染物产生量的变化及其物理、化学性质的影响，并应注意组合技术间的相互关联作用。

6.5.2 烟气净化系统可根据不同的废物类型及其组分含量选择采用湿法烟气净化、半干法烟气净化以及干法烟气净化三种方式。

（1）湿法净化工艺：包括骤冷洗涤器和吸收塔（填料塔、筛板塔）等单元，应符合下列要求：

① 必须配备废水处理设施去除重金属和有机物等有害物质；

② 为了防止风机带水，应采取降低烟气水含量的措施后再经烟囱排放。

（2）半干法净化工艺：包括半干式洗气塔、活性炭喷射、布袋除尘器等处理单元，应符合下列要求：

① 反应器内的烟气停留时间应满足烟气与中和剂充分反应的要求；

② 反应器出口的烟气温度应在 130℃以上，保证在后续管路和设备中的烟气不结露。

（3）干法净化工艺：包括干式洗气塔或干粉投加装置、布袋除尘器等处理单元，应符合下列要求：

① 反应器内的烟气停留时间应满足烟气与药剂进行充分反应的要求；

② 应考虑收集下来的飞灰、反应物以及未反应物的循环处理问题；

③ 反应器出口的烟气温度应在 130℃以上，保证在后续管路和设备中的烟气不结露。

6.5.3 烟气净化装置应有可靠的防腐蚀、防磨损和防止飞灰阻塞的措施。

6.5.4 酸性污染物包括氯化氢、氟化氢和硫氧化物等，应采用适宜的碱性物质作为中和剂，在反应器内进行中和反应。

6.5.5 除尘设备的选择应根据下列因素确定：

（1）烟气特性：温度、流量和飞灰粒度分布；

（2）除尘器的适用范围和分级效率；

（3）除尘器同其他净化设备的协同作用或反向作用的影响；

（4）维持除尘器内的温度高于烟气露点温度 30℃以上。

6.5.6 烟气净化系统的除尘设备应优先选用袋式除尘器。若选择湿式除尘装置，必须配备完整的废水处理设施。

6.5.7 袋式除尘器应注意滤袋和袋笼材质的选择。

6.5.8 危险废物焚烧过程应采取如下二噁英控制措施：

（1）危险废物应完全焚烧，并严格控制燃烧室烟气的温度、停留时间和流动工况；

（2）焚烧废物产生的高温烟气应采取急冷处理，使烟气温度在 1.0 s 内降到 200℃以下，减少烟气在 200～500℃温区的滞留时间；

（3）在中和反应器和袋式除尘器之间可喷入活性炭或多孔性吸附剂，也可在布袋除尘器后设置活性炭或多孔性吸附剂吸收塔（床）。

6.5.9 活性炭或多孔性吸附剂及相关设备应具有兼顾去除重金属的功能。

6.5.10 对于含氮量较高的危险废物必须考虑氮氧化物的去除措施。应优先考虑通过焚烧过程控制，抑制氮氧化物的产生；焚烧烟气中氮氧化物的净化方法，宜采用选择性非催化还原法。

6.5.11 引风机应采用变频调速装置。

6.5.12 经净化后的烟气排放和烟囱高度设置应符合《危险废物焚烧污染控制标准》（GB 18484—2001）要求。

6.6 残渣处理系统

6.6.1 焚烧炉渣应进行特性鉴别，经鉴别后属于危险废物，应按照危险废物进行安全处置，不属于危险废物的按一般废物进行处置。产生的炉渣由处置厂进行特性鉴别分析至少1次/d，并保留渣样。由环境管理部门委托监测部门进行抽查鉴别分析1次/月。焚烧飞灰、吸附二噁英和其他有害成分的活性炭等残余物应按照危险废物进行处置，应送危险废物填埋场进行安全填埋处置。

6.6.2 残渣处理系统应包括炉渣处理系统、飞灰处理系统。炉渣处理系统应包括除渣冷却、输送、贮存、碎渣等设施。飞灰处理系统应包括飞灰收集、输送、贮存等设施。

6.6.3 炉渣与飞灰的生成量应根据废物物理成分、炉渣热灼减率及焚烧量核定。

6.6.4 残渣处理技术选择与规模确定，应根据炉渣与飞灰的产生量、特性及当地自然条件、运输条件等，经过技术经济比较后确定。

6.6.5 残渣处理系统应有稳定可靠的机械性能和易维护的特点。

6.6.6 炉渣处理装置的选择应符合下列要求：

（1）与焚烧炉衔接的除渣机应有可靠的机械性能和保证炉内密封的措施；

（2）炉渣输送设备应有足够宽度。

6.6.7 炉渣和飞灰处理系统各装置应保持密闭状态。

6.6.8 烟气净化系统采用湿法烟气净化方式时，应采取有效的脱水措施。采用半干法方式时，飞灰处理系统应采取机械除灰或气力除灰方式，气力除灰系统应采取防止空气进入与防止灰分结块的措施。

6.6.9 飞灰收集应采用避免飞灰散落的密封容器。收集飞灰用的贮灰罐容量宜按飞灰额定产生量确定。贮灰罐应设有料位指示、除尘和防止灰分板结的设施，并宜在排灰口附近设置增湿设施。

6.7 自动化控制及在线监测系统

6.7.1 焚烧厂的自动化控制系统必须适用、可靠，应根据危险废物焚烧设施的特点进行设计，并应满足设施安全、经济运行和防止对环境二次污染的要求。

6.7.2 焚烧厂的自动化系统应采用成熟的控制技术和可靠性高、性能价格比适宜的设备和元件。设计中采用的新产品、新技术应在相关领域有成功运行的经验。

6.7.3 危险废物集中焚烧处置应有较高的自动化水平，能在中央控制室通过分散控制系统实现对危险废物焚烧线、热能利用及辅助系统的集中监视和分散控制。

6.7.4 自动控制的主要内容应根据焚烧厂的规模和各工艺系统的设置情况确定。一般可包括：进料系统控制、焚烧系统控制、热能利用系统控制和烟气净化系统控制等。

6.7.5 对不影响整体控制系统的辅助装置，可设就地控制柜，必要时可设就地控制室，但重要信息应送至中央控制室。

6.7.6 对贮存库房、物料传输过程以及焚烧线的重要环节，应设置现场工业电视监视系统。

6.7.7 对重要参数的报警和显示，可设光字牌报警器和数字显示仪。

6.7.8 应设置独立于分散控制系统的紧急停车系统。

6.7.9 危险废物焚烧厂的检测应包括下列内容：

（1）主体设备和工艺系统在各种工况下安全、经济运行的参数；

（2）辅机的运行状态；

（3）电动、气动和液动阀门的启闭状态及调节阀的开度；

（4）仪表和控制用电源、气动源、液动源及其他必要条件供给状态和运行参数；

（5）必需的环境参数。

6.7.10 计算机监视系统的全部测量数据、数据处理结果和设施运行状态，应能在显示器上显示。

6.7.11 应对焚烧烟气中的烟尘、硫氧化物、氮氧化物、氯化氢等污染因子，以及氧、一氧化碳、二氧化碳、一燃室和二燃室温度等工艺指标实行在线监测，并与当地环保部门联网。烟气黑度、氟化氢、重金属及其化合物应每季度至少采样监测1次。二噁英采样检测频次不少于1次/a。

6.7.12 热工报警应包括下列内容：

（1）工艺系统主要工况参数偏离正常运行范围；

（2）电源、气源发生故障；

（3）热工监控系统故障；

（4）主要辅机设备故障。

6.7.13 计算机监视系统功能范围内的全部报警项目应能在显示器上显示并打印输出。

7 公用工程

7.1 电气系统

7.1.1 焚烧厂用电负荷应为AC 380V/220V，负荷等级为二级，并应设置备用电源。

7.1.2 高压配电装置、继电保护和安全自动装置、过电压保护和接地的技术规范应分别符合国家《3～110 kV高压配电装置设计规范》（GB 50062—1992）、《交流电气装置的过电压保护和绝缘配合》（DL/T 620）和《交流电气装置接地》（DL/T 621）中的有关规定。

7.1.3 照明设计应符合国家《工业企业照明设计标准》（GB 50034—1992）中的有关规定。

7.2 给水、排水和消防

7.2.1 给水

7.2.1.1 焚烧厂应有可靠的供水水源和完善的供水设施。生活用水、锅炉用水及其他生产用水应符合国家现行有关标准要求。

7.2.1.2 厂区给水管网宜采用生活、消防联合供水系统。

7.2.1.3 各种设备冷却水和其他生产废水，鼓励对其经过处理后再重复利用。

7.2.2 排水

7.2.2.1 焚烧厂区排水应采用雨污分流制。

7.2.2.2 雨水量设计重现期应符合国家现行标准《室外排水设计规范》（GBJ 14—1997）中的有关规定。

7.2.2.3 焚烧厂的生产废水、生活污水经处理后宜优先考虑循环再利用，废水排放应满足《污水综合排放标准》（GB 8978—1996）要求。

7.2.2.4 经收集池收集的贮存及作业区的初期雨水必须经过有效地处理，达到国家《污水综合排放标准》（GB 8978—1996）后排放。

7.2.3 消防

7.2.3.1 焚烧厂消防设施的设置必须满足厂区消防要求，消防设施应符合国家现行的防火规范要求。

7.2.3.2 焚烧厂房的生产类别应属于丁类，焚烧车间、变压器室、储备仓库、燃油库应按一级耐火等级设计，其他建（构）筑物的耐火等级应不低于二级。

7.2.3.3 焚烧炉采用轻柴油燃料启动点火及辅助燃烧时，油箱间、油泵间应为丙类生产厂房，建筑耐火等级应不低于二级。厂房内的上述房间应设置防火墙与其他房间隔开。

7.2.3.4 焚烧炉采用气体燃料启动点火及辅助燃料时，燃气调压间应属于甲类生产厂房，其建筑耐火等级应不低于二级，并应符合国家《城镇燃气设计规范》（GB 50028—1998）中的有关规定。

7.2.3.5 焚烧厂房应设置室内消火栓给水系统，并应符合国家《建筑设计防火规范》（GBJ 16—2001）中的有关规定。

7.2.3.6 危险废物贮存设施应设有火情监测和灭火设施。

7.2.3.7 消防器材的设置应符合国家《建筑灭火器配制设计规范》（GBJ 140 —1997）中的有关规定，并定期检查、验核消防器材效用并及时更换。

7.2.3.8 焚烧厂房的防火分区面积划分应符合国家《建筑设计防火规范》（GBJ 16 —2001）中的有关规定。

7.2.3.9 焚烧厂房内部的装修设计应符合国家《建筑内部装修设计防火规范》（GB 50222—2001）中的有关规定。

7.3 采暖通风与空调

7.3.1 焚烧厂各建筑物冬、夏季负荷计算的室外计算参数应符合国家《采暖通风与空气调节设计规范》（GBJ 19—2001）中的有关规定。

7.3.2 焚烧厂房的采暖热负荷，宜按维持室内温度+5℃计算，不应计算设备散热量。

7.3.3 建筑物的采暖设计应符合国家《采暖通风与空气调节设计规范》（GBJ 19—2001）中的有关规定。

7.3.4 建筑物的采暖设备宜选用易清扫并具有防腐性能的散热器。

7.3.5 建筑物的通风设计应符合国家《小型火力发电厂设计规范》（GB 50049—1994）中的有关规定。

7.3.6 建筑物的空调设计应符合国家《采暖通风与空气调节设计规范》（GBJ 19—2001）中的有关规定。

7.3.7 当其他建筑物机械通风不能满足工艺对室内温度、湿度要求时应设空调装置。

7.4 建筑与结构

7.4.1 焚烧厂区建筑的造型应简洁、新颖，并与周围环境相协调。厂房平面布置和空间布局应满足工艺设备布置要求，同时应考虑今后生产发展和技术改造的可能性。

7.4.2 厂房平面设计应组织好人流和物流线路，避免交叉；操作人员巡视检查路线应避免重复。

7.4.3 厂房的围护结构应满足基本热工性能和使用要求。

7.4.4 厂房建筑、防腐、采光和消防等设计应符合现行国家相关标准规定。

7.4.5 焚烧厂房宜采用自然通风，窗户设置应避免排风短路并有利于组织自然风。

7.4.6 严寒地区的建筑结构应采取防冻措施。

7.4.7 焚烧厂房可根据不同地区气候条件的差异采用不同的结构形式。

7.4.8 贮存间应考虑密封、防腐和地面防渗并与焚烧厂房主体结构分开。
7.4.9 焚烧厂的建设结构设计应符合现行国家相关标准中的有关规定。
7.5 其他辅助设施
7.5.1 焚烧厂应设置机修间，机修间应具有全厂设备日常维护、保养与小修任务，并具有设施产生突发性故障时应急能力。设备的大、中修宜通过社会化协作解决。
7.5.2 机修间应配备必需的金工设备、机械工具、搬运设备、备用品和消耗品。
7.5.3 金属、非金属材料以及备品备件库应与燃料库、化学品库房分开设置。
7.5.4 厂区不应设变压器检修间，但应为变压器就地或附近检修提供必要条件。
7.5.5 电气试验室设计应满足电测量仪表、继电器、二次接线和继电保护回路调试以及电测量仪表、继电器等机件修理要求。
7.5.6 自动化试验室不应布置在振动大、多灰尘、高噪声、潮湿和强磁场干扰的地方。其设备配置应满足工作仪表维修与调试的需要。
7.5.7 锅炉房、配电室的设计和建设应符合国家相关标准。
7.5.8 焚烧厂通讯设施应保证各生产岗位之间通讯联系和对外通讯的需要。

8 环境保护与劳动卫生

8.1 一般规定
8.1.1 危险废物焚烧过程中产生的烟气、残渣、恶臭、废水、噪声及其他污染物的防治与排放应贯彻执行国家现行的环境保护法规和标准。
8.1.2 焚烧厂建设应认真贯彻执行《中华人民共和国职业病防治法》，符合国家职业卫生标准。
8.1.3 制定危险废物焚烧厂污染物治理措施前应落实污染源的特性和产生量。
8.2 环境保护
8.2.1 烟气中污染物的种类分类如表 1 所示。

表 1 烟气中污染物的种类分类

类别	污染物名称	符号
尘	颗粒物	PM
酸性气体	氯化氢	HCl
	硫氧化物	SO_x
	氮氧化物	NO_x
	氟化氢	HF
	一氧化碳	CO
重金属	汞及其化合物	Hg 和 Hg^{2+}
	铅及其化合物	Pb 和 Pb^{2+}
	镉及其化合物	Cd 和 Cd^{2+}
	其他重金属及其化合物	包括 Cu、Mg、Zn、Cr 等和非金属 As 及其化合物
有机类	二噁英	PCDDs（Dioxin）
	呋喃	PCDFs（Furan）
	多氯联苯	PCBs
	多环芳烃、氯苯和氯酚等其他有机碳	TOC

8.2.2 应对焚烧工艺过程进行严格控制，抑制烟气中各种污染物的产生。对烟气必须采取综合处理措施，其烟气排放应符合国家《危险废物焚烧污染控制标准》（GB 18484—2001）中的有关规定。

8.2.3 焚烧厂的废水经过处理后应优先回用。回用水质应符合国家《生活杂用水水质标准》（CJ 25.1—1989）。当废水需直接排入水体时，其水质应符合国家《污水综合排放标准》（GB 8978—1996）对应的最高允许排放浓度标准值。

8.2.4 残渣处理必须采取有效地防止二次污染的措施。

8.2.5 焚烧厂的噪声应符合国家《城市区域环境噪声标准》（GB 3096—1993）和《工业企业厂界噪声标准》（GB 12348—1990），对建筑物内设施直接噪声源控制应符合国家《工业企业噪声控制设计规范》（GBJ 87—1985）中的有关规定。

8.2.6 焚烧厂噪声控制应优先采取噪声源控制措施。厂区内各类地点的噪声控制宜采取以隔音为主，辅以消声、隔振、吸音综合治理措施。

8.2.7 焚烧厂恶臭污染物控制与防治应符合国家《恶臭污染物排放标准》（GB 14554—1993）中的有关规定。

8.2.8 焚烧线运行期间应采取有效控制和治理恶臭物质的措施。焚烧线停止运行期间应采取相应措施防止恶臭扩散到周围环境中。

8.2.9 焚烧厂的污染物排放、采样、环境监测和分析应遵照并符合《危险废物贮存污染控制标准》（GB 18597—2001）和《危险废物焚烧污染控制标准》（GB 18484—2001）中的有关规定。

8.3 职业卫生与劳动安全

8.3.1 焚烧厂的职业卫生应符合国家《工业企业设计卫生标准》（TJ 36—1979）、《生产过程安全卫生要求总则》（GB 12801—1991）和《关于生产性建设工程项目职业安全监察的暂行规定》中的有关规定。

8.3.2 焚烧车间、变压器室、储备仓库、燃油库按一级耐火等级设计，其他建（构）筑物的耐火等级不低于二级。消防器材的设置应符合国家《建筑灭火器配制设计规范》（GBJ 140—1997）中的有关规定，并定期检查、验核消防器材效用，及时更换。

8.3.3 焚烧厂的受压容器应按《压力容器设计规定》设计和检验，焚烧炉、余热锅炉等高温设备和管道均应设置保温绝热层。

8.3.4 所有正常不带电的电气设备的金属外壳均应采取接地或接零保护，厂区钢结构、排气管、排风管和铁栏杆等金属物应采用等电位连接。

8.3.5 主要通道处应设置安全应急灯。

8.3.6 各种机械设备裸露的传动部分或运动部分应设置防护罩，不能设置防护罩的应设置防护栏杆，周围应保持一定的操作活动空间，以免发生机械伤害事故。

8.3.7 各生产构筑物应设有便于行走的操作平台、走道板、安全护栏和扶手，栏杆高度和强度应符合国家有关劳动安全卫生规定。

8.3.8 在设备安装和检修时应有相应的保护设施。

8.3.9 存放易燃待处理物料的仓库应独立设置，不同物化性质的物料应分区存放。

8.3.10 储备仓库中储备易燃易爆物料的小间内的电气设备、灯具应采用防爆设备。

8.3.11 废物贮存和焚烧部分处理设备等应采取密闭措施，减少灰尘和臭气外逸。

8.3.12 所有产生作业粉尘、有毒有害物质的建筑物内应安装设备通风设备，并保持通风除尘、除臭设备设施完好。
8.3.13 在所有存在安全事故隐患的场所应设置明显的安全标志，其标志设置应符合国家《安全色》（GB 2893—1982）和《安全标志》（GB 2894—1996）中的有关规定。
8.3.14 焚烧厂应采取相应的避雷、防爆措施，其设计应符合国家《建筑物防雷设计规范》（GB 50057—2000）和《生产设备安全卫生设计总则》（GB 5083—1985）中的有关规定。
8.3.15 焚烧厂建设应采用有利于职业病防治和保护劳动者健康的措施。
8.3.16 职业病防护设备和防护用品应确保处于正常工作状态，不得擅自拆除或停止使用。
8.3.17 厂内应设置必要的更衣、沐浴、厕所等生活卫生设施。

9 工程施工及验收

9.1 建筑、安装工程应符合施工设计文件和设备技术文件要求。
9.2 施工安装使用的建筑材料和有关器件应符合国家有关标准和设计要求，并取得供货商的合格证明文件，严禁使用不合格产品。
9.3 工程的施工及验收应符合国家相关的标准和规范要求。
9.4 设备安装工程施工及验收应按我国现行的有关标准执行。对国外引进专用设备应按供货商提供的设备技术规范、合同规定及商检文件执行，并应符合我国现行国家或行业工程施工及验收标准要求。
9.5 焚烧线及其全部辅助系统与设备、设施试运行合格并具备运行条件时应及时组织工程验收。
9.6 工程验收应依据：主管部门的批准文件、批准的设计文件及设计变更文件、设备供货合同及合同附件、设备技术说明书和技术文件、专项设备施工验收规范、环境监测部门的监测报告及其他文件。
9.7 竣工验收应具备下列条件：

（1）按照批准的设计文件要求完成生产性建设工程和公用辅助设施建设并具备运行条件。未按期完成建设任务，但不影响焚烧厂运行的少量土建工程、设备、仪器等，在落实具体解决方案和完成期限后，可办理竣工验收手续。

（2）焚烧线、烟气净化及配套热能利用设施已安装完毕并带负荷试运行合格。废物处理量、炉渣热灼减率、炉膛温度、焚烧炉热效率、生产蒸汽参数、烟气污染物排放指标、设备噪声级、原消耗指标均达到有关设计标准。引进的设备、技术、按合同规定完成负荷调试、设备考核。

（3）焚烧工艺装备、工器具、原辅材料、配套件、协作条件及其他生产准备工作已适应运行要求。

（4）具备独立运行和使用条件的单项工程，可进行单项工程验收。

9.8 工程竣工验收前严禁焚烧线投入使用。

10 运营管理基本要求

10.1 运营管理总则
10.1.1 为实现危险废物集中焚烧处置厂科学管理、规范作业和安全生产，有效防止二次污染，达到危险废物无害化处置的目的，制定本运营管理要求。

10.1.2 本运营管理要求是对危险废物集中焚烧处置工程建设在焚烧厂运营管理方面的基本要求。

10.1.3 本运营管理要求适用于危险废物集中焚烧处置厂的运行、维护及安全管理。

10.1.4 焚烧厂的运行、维护及安全管理除应执行本要求外，还应符合国家现行有关标准规定。

10.2 运营条件

10.2.1 危险废物运营单位必须按照《危险废物经营许可证管理办法》获得许可证后方可运营；未取得危险废物经营许可证的单位不得从事有关危险废物集中处置活动。

10.2.2 必须具有经过培训的技术人员、管理人员和相应数量的操作人员。

10.2.3 具有完备的保障危险废物安全处理、处置的规章制度。

10.2.4 具有保证焚烧厂正常运行的周转资金和辅助原料。

10.2.5 具有负责危险废物处置效果检测、评价工作的机构和人员。

10.3 机构设置与劳动定员

10.3.1 焚烧厂运营机构设置应以精干高效、提高劳动生产率和有利于生产经营为原则，做到分工合理、职责分明。

10.3.2 焚烧厂工作制度宜采用四班工作制。

10.3.3 焚烧厂劳动定员可分为生产人员、辅助生产人员和管理人员。焚烧厂劳动定员应按照定岗定量的原则，根据项目的工艺特点、技术水平、自动控制水平、投资体制、当地社会化服务水平和经济管理的要求合理确定。

10.4 人员培训

10.4.1 焚烧厂应对操作人员、技术人员及管理人员进行相关法律法规和专业技术、安全防护、紧急处理等理论知识和操作技能培训。

10.4.2 培训内容应包括以下几个方面：

（1）一般要求

① 熟悉有关危险废物管理的法律和规章制度；

② 了解危险废物危险性方面的知识；

③ 明确危险废物安全卫生处理和环境保护的重要意义；

④ 熟悉危险废物的分类和包装标识；

⑤ 熟悉危险废物焚烧厂运作的工艺流程；

⑥ 掌握劳动安全防护设施、设备使用的知识和个人卫生措施；

⑦ 熟悉处理泄漏和其他事故的应急操作程序。

（2）危险废物焚烧处置操作人员和技术人员的培训还应包括：

① 危险废物接收、搬运、贮存和上料的具体操作和灰渣处理的安全操作；

② 处置设备的正常运行，包括设备的启动和关闭；

③ 控制、报警和指示系统的运行和检查，以及必要时的纠正操作；

④ 最佳的运行温度、压力、燃烧空气量，以及保持设备良好运行的条件；

⑤ 危险废物焚烧处置产生的排放物应达到的技术要求；

⑥ 设备运行故障的检查和排除；

⑦ 事故或紧急情况下人工操作和事故处理；

⑧ 设备日常和定期维护；

⑨ 设备运行及维护记录，以及泄漏事故和其他事件的记录及报告；

⑩ 技术人员应掌握危险废物焚烧处置的相关理论知识和处置设备的基本工作原理。

10.5 危险废物接收

10.5.1 危险废物接收应认真执行危险废物转移联单制度。

10.5.2 焚烧厂有责任协助运输单位对危险废物包装发生破裂、泄漏或其他事故进行处理。

10.5.3 危险废物现场交接时应认真核对危险废物的数量、种类、标志等，并确认与危险废物转移联单是否相符。

10.5.4 焚烧厂应对接收的废物及时登记。

10.6 交接班及运行登记制度

10.6.1 为保证焚烧厂生产活动安全有序进行，必须建立严格的交接班制度，内容包括：

（1）生产设施、设备、工具及生产辅助材料的交接；

（2）危险废物的交接；

（3）运行记录的交接；

（4）上下班交接人员应在现场进行实物交接；

（5）运行记录交接前，交接班人员应共同巡视现场；

（6）交接班程序未能顺利完成时，应及时向生产管理负责人报告；

（7）交接班人员应对实物及运行记录核实确定后签字确认。

10.6.2 焚烧厂应当详细记载每日收集、贮存、利用或处置危险废物的类别、数量、危险废物的最终去向、有无事故或其他异常情况等，并按照危险废物转移联单的有关规定，保管需存档的转移联单。危险废物经营活动记录档案和危险废物经营活动情况报告与转移联单同期保存。

10.6.3 当地环保行政主管部门和其他有关管理部门应依据这些准确信息建立数据库，为管理和处置危险废物提供可靠的依据。

10.6.4 焚烧厂生产设施运行状况、设施维护和危险废物焚烧处置生产活动等记录的主要内容包括：

（1）危险废物转移联单记录；

（2）危险废物接收登记记录；

（3）危险废物进厂运输车车牌号、来源、重量、进场时间、离场时间等记录；

（4）生产设施运行工艺控制参数记录；

（5）危险废物焚烧灰渣处理处置情况记录；

（6）生产设施维修情况记录；

（7）环境监测数据的记录；

（8）生产事故及处置情况记录。

10.7 安全生产和劳动保护

10.7.1 一般规定

10.7.1.1 焚烧厂在设计、施工和生产过程中，必须高度重视安全卫生问题，采取有效措施和各种预防手段，严格执行以下规范和标准：

（1）《中华人民共和国劳动法》

（2）《建设项目（工程）劳动安全监察规定》（劳动部第3号令）

（3）《建设项目（工程）职业安全卫生设施和技术措施验收办法》（劳安字[1992]1号）

（4）《生产过程安全卫生要求总则》（GB 12801—1991）

（5）《生产设备安全卫生设计总则》（GB 5083—1999）

（6）《建筑设计防火规范》（GBJ 16—2001）

（7）《建筑灭火器配置设计规范》（GBJ 140—1997）

（8）《建筑内部装修设计防火规范》（GB 50222—2001）

（9）《爆炸和火灾危险环境电力装置设计规范》（GB 50058—1992）

（10）《爆炸危险场所电气安全规定》（劳人护[1987]36号）

（11）《爆炸危险场所安全规定》（劳动部1995）

（12）《建筑物防雷设计规范》（GB 50057—2000）

（13）《工业企业设计卫生标准》（GBZ 1—2002）

（14）《电气设备安全设计导则》（GB 4064—1983）

（15）《安全色》（GB 2893—1982）

（16）《安全标志》（GB 2894—1996）

（17）《企业职工劳动安全卫生教育管理规定》（劳部发[1995]405号）

（18）《劳动防护用品配备标准（试行）》（国经贸安全[2002]89号）

当上述标准和文件被修订时，应使用其最新版本。

10.7.1.2 建设单位必须在焚烧厂建成运行的同时，保证安全和卫生设施同时投入使用，并制定相应的操作规程。

10.7.2 安全生产

10.7.2.1 焚烧厂生产过程安全管理应符合国家《生产过程安全卫生要求总则》（GB 12801—1991）中的有关规定。

10.7.2.2 各工种、岗位应根据工艺特征和具体要求制定相应的安全操作规程并严格执行。

10.7.2.3 各岗位操作人员和维修人员必须定期进行岗位培训并持证上岗。

10.7.2.4 严禁非本岗位操作管理人员擅自启、闭本岗位设备，管理人员不允许违章指挥。

10.7.2.5 操作人员应按电工规程进行电器启、闭。

10.7.2.6 风机工作时，操作人员不得贴近联轴器等旋转部件。

10.7.2.7 建立并严格执行定期和经常的安全检查制度，及时消除事故隐患，严禁违章指挥和违章操作。

10.7.2.8 应对事故隐患或发生的事故进行调查并采取改进措施。重大事故及时向有关部门报告。

10.7.2.9 凡从事特种设备的安装、维修人员，必须经劳动部门专门培训并取得特种设备安装、维修人员操作证后才能上岗。

10.7.2.10 厂内及车间内运输管理，应符合《工业企业厂内运输安全规程》（GB 4387—1994）中的有关规定。

10.7.3 劳动保护

10.7.3.1 废物贮存和焚烧部分处理设备等应尽量密闭，以减少灰尘和臭气外逸。

10.7.3.2 尽可能采用噪声小的设备，对于噪声较大的设备，应采用减震消音措施，使噪声符合国家规定标准要求。

10.7.3.3 接触有毒有害物质的员工应配备防毒面具、耐油或耐酸手套、防酸碱工作服。

10.7.3.4 焚烧炉、余热锅炉、除尘系统等高温操作间应配置降温设施。

10.7.3.5 检修人员进入焚烧炉检修前应先对炉内强制输送新鲜空气并测定炉内含氧量，待含氧量大于19%后方可进入。检修人员在炉内检修时须佩戴防毒面具，同时炉外应有人监护。

10.7.3.6 进入高噪声区域人员必须佩戴性能良好的防噪声护耳器。

10.7.3.7 进行有毒、有害物品操作时必须穿戴相应种类专用防护用品，禁止混用；严格遵守操作规程，用毕后物归原处，发现破损及时更换。

10.7.3.8 有毒、有害岗位操作完毕，要将防护用品按要求清洁、收管，不得随意丢弃，不得转借他人；做好个人安全卫生（洗手、漱口及必要的沐浴）。

10.7.3.9 禁止携带或穿戴使用过的防护用品离开工作区。报废的防护用品应交专人处理，不得自行处置。

10.7.3.10 应配足配齐各作业岗位所需的个人防护用品，并对个人防护用品的购置、发放、回收、报废进行登记。防护用品要由专人管理，并定期检查、更换和处理。

10.7.3.11 工作区及其他设施应符合国家有关劳动保护的规定，各种设施及防护用品（如防毒面具）要由专人维护保养，保证其完好、有效。

10.7.3.12 对所有从事生产作业的人员应定期进行体检并建立健康档案卡。

10.7.3.13 应定期对车间内的有毒有害气体进行检测，若发生超标，应分析原因并采取相应的措施。

10.7.3.14 应定期对职工进行职业卫生的教育，加强防范措施。

10.8 检测、评价及评估制度

10.8.1 定期对危险废物处置效果进行检测和评价，必要时应采取改进措施。

10.8.2 应定期对危险废物处置厂的设施、设备运行及安全状况进行检测和评估，消除安全隐患。

10.8.3 应定期对危险废物处置程序及人员操作进行安全评估，必要时采取有效的改进措施。

10.9 危险废物焚烧处置厂应急预案

危险废物焚烧处置厂应建立应急预案，应急预案内容至少应包括以下内容：

（1）危险废物贮存过程中发生事故时的应急预案；

（2）危险废物运送过程中发生事故时的应急预案；

（3）焚烧设施、设备发生故障、事故时的应急预案。

本技术规范用词说明

1 为方便在执行本技术规范条文时区别对待，对于要求严格程度不同的用词说明如下：

（1）表示很严格，非这样做不可的：

正面词采用“必须”；反面词采用“严禁”。

（2）表示严格，在正常情况下均应这样做的：

正面词采用“应”；反面词采用“不应”或“不得”。

（3）表示允许稍有选择，在条件许可时首先这样做的：

正面词采用“宜”；反面词采用“不宜”。

表示有选择，在一定条件下可以这样做的，采用“可”。

2 条文中指明应按其他有关标准执行的写法为：“应……执行”“应按……执行”或“应符合……中的有关规定（或要求）”。

关于发布《危险废物集中焚烧处置工程建设技术规范》（HJ/T 176—2005）修改方案的公告

环境保护部公告 2012 年第 33 号

为贯彻《中华人民共和国环境保护法》和《中华人民共和国固体废物污染环境防治法》，保护环境，防治危险废物污染，我部决定对国家环境保护标准《危险废物集中焚烧处置工程建设技术规范》（HJ/T 176—2005）进行修改。现公布修改方案，自本公告发布之日起实施。

特此公告。

附件：《危险废物集中焚烧处置工程建设技术规范》（HJ/T 176—2005）修改方案

环境保护部

2012 年 6 月 7 日

附件：

《危险废物集中焚烧处置工程建设技术规范》（HJ/T 176—2005）修改方案

为完善国家环境保护标准体系，我部决定对《危险废物集中焚烧处置工程建设技术规范》（HJ/T 176—2005）进行修改，修改方案如下：

一、将 4.2.3 的（2）修改为：焚烧厂内危险废物处理设施距离主要居民区以及学校、医院等公共设施的距离应根据当地的自然、气象条件，通过环境影响评价确定。

二、删除 6.6.1 条。

三、将 8.2.3 中“回用水质应符合国家《生活杂用水水质标准》（CJ 25.1—1989）”修改为：“回用水质应符合国家《城市污水再生利用工业用水水质》（GB/T 19923—2005）”。

中华人民共和国环境保护行业标准

医疗废物集中焚烧处置工程建设技术规范

Technical specifications for centralized incineration facility construction on medical waste

HJ/T 177—2005

前 言

为贯彻《中华人民共和国环境保护法》《中华人民共和国固体废物污染环境防治法》和《医疗废物管理条例》，规范医疗废物集中焚烧处置工程建设，防治医疗废物焚烧对环境的污染，保护环境，保障人体健康，制订医疗废物集中焚烧处置工程建设技术规范（以下简称本技术规范）。

本技术规范由国家环境保护总局科技标准司提出。

本技术规范由武汉安全环保研究院负责起草，沈阳环境科学研究院和中国环境科学研究院参与完成。

本标准国家环境保护总局 2005 年 5 月 24 日发布，自发布之日起实施。

本技术规范由国家环境保护总局负责解释。

1 总 则

1.1 为贯彻《中华人民共和国固体废物污染环境防治法》《中华人民共和国传染病防治法》《医疗废物管理条例》和其他国家有关医疗废物领域的法规，加强医疗废物的安全管理，防止疾病传播，保障人体健康，实现医疗废物无害化处置目标，规范医疗废物集中焚烧处置工程的规划、设计、施工、验收和运行管理，制订本技术规范。

1.2 本技术规范适用于以集中焚烧方法处理医疗废物的新建、改建和扩建工程。对于统筹考虑焚烧医疗废物和其他危险废物的焚烧处置工程，应同时满足《危险废物集中焚烧处置工程建设技术规范》和本技术规范规定，相对应指标技术要求不同的，按从严的要求执行。

1.3 医疗废物集中焚烧处置工程规模的确定和技术路线的选择，应根据服务区域医疗废物的产生量和成分特点、社会经济发展水平、全国危险废物和医疗废物处置设施建设规划和城市总体规划、医疗废物收运体系特点、焚烧技术的适用性等合理确定。

1.4 医疗废物集中焚烧处置工程项目的建设，宜近、远期结合，统筹规划，以近期为主。建设规模、布局和选址应进行技术经济论证，环境影响评价和环境风险评价，进行综合比选。

1.5 医疗废物集中焚烧处置工程建设，应采用成熟可靠的技术、工艺和设备，做到运行稳定、维修方便、经济合理、管理科学、保护环境、安全卫生。医疗废物焚烧可考虑焚烧热能利用，但不宜以热能回收、废物资源化利用为目标。

1.6 医疗废物集中焚烧处置工程项目的建设，应坚持专业化协作和社会化服务的原则，合理确定配套工程项目，提高运营管理水平，降低运营成本。

1.7 采用焚烧技术处理医疗废物的工程建设，除应遵守本规范外，还应符合国家现行的有关强制性标准的规定。

2 编制依据

下列标准和文件所含的条文，通过本技术规范引用而构成本规范的条文。

（1）《中华人民共和国环境保护法》（1989 年）

（2）《中华人民共和国固体废物污染环境防治法》（2005 年）

（3）《中华人民共和国传染病防治法》（1989 年）

（4）《医疗废物管理条例》（国务院令 第 380 号）

（5）《危险废物经营许可证管理办法》（2004 年）

（6）《全国危险废物和医疗废物处置设施建设规划》

（7）《国家危险废物名录》（1998 年）

（8）《医疗废物分类目录》（卫医发[2003]287 号）

（9）《医疗废物集中处置技术要求（试行）》（环发[2003]206 号）

（10）《医疗废物焚烧炉技术要求（试行）》（GB 19128—2003）

（11）《医疗废物转运车技术规范（试行）》（GB 19217—2003）

（12）《危险废物焚烧污染控制标准》（GB 18484—2001）

（13）《危险废物贮存污染控制标准》（GB 18597—2001）

（14）《危险废物填埋污染控制标准》（GB 18598—2001）

（15）《污水综合排放标准》（GB 8978—1996）

（16）《危险废物鉴别标准》（GB 5085—1996）

（17）《环境空气质量标准》（GB 3095—1996）

（18）《地表水环境质量标准》（GB 3838—2002）

（19）《危险废物转移联单管理办法》（1999 年）

当以上标准和文件被修订时，应使用其最新版本。

3 术语

3.1 医疗废物

指各类医疗卫生机构在医疗、预防、保健、教学、科研以及其他相关活动中产生的具有直接或间接感染性、毒性以及其他危害性的废物。具体分类名录依照《国家危险废物名录》、国务院卫生行政主管部门和环境保护行政主管部门共同制定的《医疗废物分类目录》执行。

3.2 包装袋

用于盛装除损伤性废物之外的医疗废物的初级包装，并符合一定防渗和撕裂强度性能要求的软质口袋。

3.3 周转箱（桶）

盛装经密封包装的医疗废物的专用硬质容器。用于医疗废物运输车运输医疗废物，使经包装的医疗废物不直接和车辆厢体接触或直接暴露于外环境，或在发生包装袋破损时起到防止废物污染车厢和外环境的作用。

3.4 焚烧

指焚化燃烧医疗废物使之分解并无害化的过程。

3.5 焚烧炉

指焚烧医疗废物的主体装置。

3.6 焚烧残余物

指焚烧医疗废物后排出的燃烧残渣、飞灰和经尾气净化装置产生的固态物质。

3.7 热灼减率

指焚烧残渣经灼热减少的质量占原焚烧残渣质量的百分数。其计算方法如下：

$$P=(A-B)/A\times 100\%$$

式中：P——热灼减率，%；

A——干燥后原始焚烧残渣在室温下的质量，g；

B——焚烧残渣经600℃（±25℃）3h灼热后冷却至室温的质量，g。

3.8 烟气停留时间

指燃烧所产生的烟气处于高温段（≥850℃）的持续时间。即从最后的助燃空气喷射口到二次燃烧室出口之间的停留时间。

3.9 焚烧炉温度

指焚烧炉燃烧室操作温度。

3.10 燃烧效率（CE）

指烟道排出气体中二氧化碳浓度与二氧化碳和一氧化碳浓度之和的百分比。用以下公式表示：

$$CE=[CO_2]/([CO_2]+[CO])\times 100\%$$

式中：$[CO_2]$和$[CO]$——分别为燃烧后排气中CO_2 和CO 的浓度。

3.11 二噁英类

多氯代二苯并-对-二噁英和多氯代二苯并呋喃的总称。

3.12 二噁英毒性当量（TEQ）

二噁英毒性当量因子（TEF）是二噁英毒性同类物与2,3,7,8-四氯代二苯并-对-二噁英对Ah 受体的亲和性能之比。二噁英毒性当量可以通过下式计算：

$$TEQ=\sum(\text{二噁英毒性同类物浓度}\times TEF)$$

3.13 标准状态

指温度在 273.15 K，压力在 101.325 kPa 时的气体状态。本标准规定的各项污染物的排放限值，均指在标准状态下以 11% O_2（干烟气）作为换算基准换算后的浓度。

3.14 暂时贮存

指医疗废物产生单位和处置单位将运达的医疗废物存放于本单位内符合特定要求的

专门场所或设施内的过程。

3.15 处置

指医疗废物处置单位按照规定的技术措施和要求，对医疗废物进行安全无害和减量处理的过程。

4 医疗废物产生量、特性分析及焚烧处置适用范围

4.1 医疗废物产生量

4.1.1 医疗废物产生量应按实际重量统计与核定。

4.1.2 医疗废物产生量的计算及预测

4.1.2.1 医疗机构产生的医疗废物总量包括固定病床的医疗废物产生量和门诊医疗废物产生量。

（1）病床的医疗废物产生量计算及预测可按以下计算方法：

病床的医疗废物产生量（kg/d）=床位医疗废物产生系数[kg/（床·d）]×床位数（床）×床位使用率（%）

（2）门诊医疗废物产生量计算及预测可按以下计算方法：

门诊医疗废物产生量（kg/d）=门诊医疗废物产生系数[kg/（人次·d）]×门诊人数（人次）

（3）无床位的小型门诊的医疗废物可按就业医务人员数量和单位医务人员医疗废物产生系数计算和预测：

门诊医疗废物产生量（kg/月）=单位医务人员医疗废物产生系数[kg/（人·月）]×医务人员数（人）

4.1.2.2 其他产生源医疗废物的产生量根据各地情况合理估算。

4.2 医疗废物特性分析

4.2.1 医疗废物特性分析应包括下列内容：

4.2.1.1 医疗废物物理性质：容重、尺寸等。

4.2.1.2 工业分析：固定碳、挥发分、水分、低位热值、灰熔点等。

4.2.2 医疗废物组成调查及采样应具有代表性，特性分析结果应具有合理性。

4.2.3 医疗废物采样制样，可参照《工业固体废物采样制样技术规范》（HJ/T 20—1998）中的有关规定，同时应考虑医疗废物的产生特点、危险特性和物化特性。

4.2.4 医疗废物元素分析，可采用经典法或仪器法测定，也可通过废物组成调查结果进行推算。医疗废物元素分析包括：碳（C）、氢（H）、氧（O）、氮（N）、硫（S）、氯（Cl）、汞（Hg）、铅（Pb）。

4.3 医疗废物焚烧处置适用范围

4.3.1 医疗废物焚烧厂接收并处置经分类收集的医疗废物，手术或尸检后能辨认的人体组织、器官及死胎宜送火葬场焚烧处理。

4.3.2 不宜在医疗废物焚烧炉（不包括统筹考虑焚烧医疗废物和其他危险废物的焚烧炉）焚烧处置的医疗废物包括放射性废弃物、高压容器、废弃的细胞毒性药品、剧毒物品、易燃易爆物品、重金属（如铅、镉、汞等）含量高的医疗废物等。

5 医疗废物焚烧厂总体设计

5.1 焚烧厂建设规模

5.1.1 焚烧厂的建设规模，应根据焚烧厂服务区域医疗废物产生量、成分特点以及变化趋势等因素综合考虑确定，并应根据处理规模合理确定生产线数量和单台处理能力。医疗废物集中焚烧厂的建设，应考虑焚烧处置能力的冗余和建冷藏贮存设施。

5.1.2 焚烧厂建设项目构成、建设规模应尽可能满足全年接收并妥善处理服务区域产生的医疗废物。

5.2 焚烧厂项目构成

5.2.1 焚烧厂建设项目由焚烧厂主体工程与设备、配套工程、生产管理与生活服务设施构成。

5.2.2 焚烧厂主体工程与设备主要包括：

（1）受料及供料系统：包括医疗废物计量、卸料、暂时贮存、输送等设施；

（2）焚烧系统：包括医疗废物进料、焚烧、燃烧空气、辅助燃烧等设施；

（3）余热利用系统：包括空气预热器、技术允许条件下可考虑余热锅炉、供热等设施；

（4）烟气净化系统：包括有害气体去除、除尘及排放等设施；

（5）灰渣处理系统：包括炉渣处理系统和飞灰处理系统；

（6）仪表与自动化控制系统；

（7）应急处理、安全防爆系统。

5.2.3 配套工程主要包括：总图运输、供配电、给排水、污水处理、消防、通讯、暖通空调、机械维修、监测化验、计量、清洗、消毒等设施。

5.2.4 生产管理与生活服务设施主要包括：办公用房、食堂、浴室、值班宿舍等设施。

5.3 厂址选择

5.3.1 厂址选择应符合全国危险废物和医疗废物处置设施建设规划及当地城乡总体发展规划，符合当地大气污染防治、水资源保护、自然保护的要求，并应通过环境影响评价和环境风险评价的认定。

5.3.2 厂址选择应符合《危险废物焚烧污染控制标准》（GB 18484—2001）和《医疗废物集中处置技术规范（试行）》中的选址要求。

5.3.3 厂址选择还应符合以下条件：

（1）厂址应满足工程建设的工程地质条件和水文地质条件，不应选在发震断层、滑坡、泥石流、沼泽、流砂及采矿隐落区等地区；

（2）选址应综合考虑交通、运输距离、土地利用现状、基础设施状况等因素，宜进行公众调查；

（3）厂址不应受洪水、潮水或内涝的威胁，必须建在该地区时，应有可靠的防洪、排涝措施；

（4）厂址选择应同时考虑炉渣、飞灰处理与处置的场所；

（5）厂址附近应有满足生产、生活的供水水源和污水排放条件；

（6）厂址附近应保障电力供应。

5.4 总图设计

5.4.1 医疗废物焚烧厂的总图设计，应根据厂址所在地区的自然条件，结合生产、运输、环境保护、职业卫生与劳动安全、职工生活，以及电力、通讯、热力、给水、排水、污水处理、防洪、排涝等设施，经多方案综合比较后确定。

5.4.2 医疗废物焚烧厂的附属生产设施、生活服务设施等辅助设施，应根据社会化服务原则统筹考虑，避免重复建设。

5.4.3 医疗废物焚烧厂人流和物流的出、入口应分开设置，并应方便医疗废物运输车的进出。

5.4.4 焚烧厂应设置高度不低于2.5 m的围墙，防止家畜和无关人员进入。

5.5 总平面布置

5.5.1 医疗废物焚烧厂应以焚烧系统为主体进行布置，其他各项设施应按医疗废物焚烧处理流程合理安排，以确保相关设备联系良好，充分发挥功能，保证设施安全运行。

5.5.2 医疗废物物流出入口、接收、贮存和转运设施、清洗消毒设施、处置场所等主要设施应与办公、生活服务设施隔离，分开建设。隔离措施包括墙体隔离或空间隔离方式。

5.5.3 医疗废物焚烧厂的洗车设施，宜位于焚烧厂出口附近处。医疗废物运输车车厢内部清洗消毒的设施应与医疗废物转运工具、生产工具的清洗消毒设施合并建设。

5.5.4 使用燃料油点火或助燃的医疗废物焚烧厂，采用的燃油系统应符合现行国家标准《汽车加油加气站设计与施工规范》（GB 50156—2002）中的有关规定。

5.5.5 使用城镇燃气点火或助燃的医疗废物焚烧厂，采用的燃气系统应符合现行国家标准《城镇燃气设计规范》（GB 50028—1998）中的有关规定。

5.6 厂区道路

5.6.1 医疗废物焚烧厂区道路的设置，应满足交通运输、消防、绿化及各种管线的敷设要求。

5.6.2 医疗废物焚烧厂的道路需能到达主要构筑物和建筑物。车行道宜布置成环状，以便回车。

5.6.3 医疗废物焚烧厂区主要道路的行车路面宽度不宜小于6.0 m。医疗废物焚烧厂房外应设消防道路，道路的宽度不应小于3.5 m，人行道一般取1.5～2.0 m。路面宜采用水泥混凝土或沥青混凝土，道路的荷载等级应符合现行国家标准《厂矿道路设计规范》（GBJ 22—1987）的有关规定。

5.6.4 临时停车场可设在厂区物流出口或入口附近处。

5.7 绿化

5.7.1 医疗废物焚烧厂的绿化布置，应符合总图设计要求，合理安排绿化用地。

5.7.2 厂区绿化应结合当地的自然条件，选择适宜的植物。

6 医疗废物接收、贮存、输送与设施设备清洗消毒

6.1 一般规定

6.1.1 医疗废物接收、贮存与输送系统包括：计量设施、卸料设施、卸料场地、暂时贮存库和贮存冷库、医疗废物厂内转运设施和其他设施。

6.1.2 医疗废物贮存禁止采用坑式垃圾池。

6.1.3 输送系统不应采用抓斗起重机。

6.2 医疗废物接收

6.2.1 卸料场地应满足医疗废物运输车顺畅作业的要求。

6.2.2 医疗废物焚烧厂应设置计量系统。计量系统应具有称重、记录、传输、打印与数据处理功能。

6.3 医疗废物贮存与输送

6.3.1 医疗废物卸料场地、暂时贮存库、贮存冷库等设施的设计、运行、安全防护等须符合《危险废物贮存污染控制标准》（GB 18597—2001）的有关要求。

6.3.2 医疗废物集中处置厂应配备医疗废物冷藏贮存设施。

6.3.3 贮存冷库可与暂时贮存库合并建设，贮存冷库未启动制冷设备时，可用作暂时贮存库。

6.3.4 医疗废物卸料和贮存设施属感染区，应有隔离设施、报警装置和防风、防晒、防雨设施，按照《环境保护图形标识　固体废物贮存（处置）场》（GB 15562.2—1995）的有关规定设置警示标志。

6.3.5 贮存设施应合理组织气流分布，尽量使操作人员处于洁净空气区。

6.3.6 贮存设施地面和1.0 m高的墙裙须进行防渗处理，地面应具有良好的排水性能，易于清洁和消毒，产生的废水应采用暗沟、管直接排入污水收集消毒处理设施；贮存设施采用全封闭、微负压设计，贮存设施内换出的空气宜进入医疗废物焚烧炉内焚烧处理，并应设置事故排风扇。

6.3.7 贮存设施内要有安全照明设施和观察窗口。

6.3.8 医疗废物贮存设施的设计应方便废弃物处理人员、转运装置的操作和进出。

6.3.9 医疗废物卸料及贮存设施应采取防渗漏、防鼠、防鸟、防蚊蝇、防蟑螂、防盗等措施。

6.3.10 医疗废物搬运应使用专用工具，尽可能采取机械作业，减少人工对其直接操作；如果采用人工搬运，应避免废物容器直接接触身体。

6.3.11 医疗废物焚烧厂接收的医疗废物应尽可能当天焚烧处理。若处置厂对医疗废物进行贮存，贮存温度≥5℃时，贮存不得超过24 h；在5℃以下冷藏，不得超过72 h。

6.3.12 医疗废物贮存设施还应有清洁所需的水源，易获得的清洁设备、防护衣及收集散落废物的包装袋或容器。

6.4 清洗消毒

6.4.1 医疗废物处置厂必须设置医疗废物运输车辆、转运工具、周转箱（桶）的清洗消毒场所和污水收集处理设施。

6.4.2 医疗废物运输车辆应至少两天清洗一次（北方冬季、缺水地区可适当减少清洗次数）；当车厢内壁或（和）外表面被污染后，应立刻进行清洗；运输车辆每次运输完毕后，必须对车厢内壁进行消毒。禁止在社会车辆清洗场所清洗医疗废物运输车辆。

6.4.3 转运工具、周转箱（桶）等每使用周转一次，应进行清洗消毒。应在焚烧厂清洗消毒设施内进行。

6.4.4 医疗废物贮存设施应每天消毒一次；贮存设施内的医疗废物每次清运之后，应及时清洗和消毒。

6.4.5 清洗污水应收集并排入污水消毒处理设施，禁止任意向环境排放清洗污水。

6.4.6 清洗消毒作业还应具有良好的通风条件，采取机械强制通风。

6.4.7 已进行清洗消毒处理的工具、设备、周转箱（桶）等应与未经处理的工具、设备、周转箱（桶）等分开存放。

6.4.8 清洗消毒处理后的工具、设备、周转箱（桶）等晾干后方可再次投入使用。

7 医疗废物焚烧处置

7.1 一般规定

7.1.1 医疗废物焚烧处置系统应包括医疗废物进料系统、医疗废物焚烧系统、燃烧空气系统、辅助燃烧装置、热能利用系统、烟气净化系统、残渣处理系统及其他辅助系统。

7.1.2 处理规模 8 t/d（含 8 t/d）以上的医疗废物焚烧厂设计服务期限不应低于 15 年，处理规模 8 t/d 以下的医疗废物焚烧厂设计服务期限不应低于 10 年。

7.2 焚烧炉进料系统

医疗废物焚烧炉的进料系统由输送设备、进料口及故障排除/监视设备组成，应符合下列要求：

（1）进料系统应安全、简洁实用、具有可靠的机械性能、故障率低、易维护，能实现自动进料；

（2）进料方式应与焚烧工艺相匹配；

（3）进料应保证焚烧炉内燃烧工况的稳定；

（4）进料装置的进料口应配置保持气密性的装置，可采用双闸门密闭连锁控制；

（5）推料器应能根据燃烧要求向炉内供料，并配置可调节供应量的计量装置实现定量投料；

（6）应保持进料通畅，防止废物搭桥堵塞；

（7）进料口的尺寸应与规定的包装袋和利器盒的尺寸相配套，保证医疗废物包装袋和利器盒顺利进入焚烧炉，医疗废物包装袋入炉前应保持完好；

（8）进料系统应处于负压状态，防止有害气体逸出；

（9）有条件的可设置废物料位监测装置；

（10）必要时进料管宜采取冷却措施；

（11）进料系统宜考虑在线消毒设计，以防止细菌生长；设备宜采用不锈钢，方便消毒作业。

7.3 医疗废物焚烧炉

7.3.1 应根据医疗废物特性和焚烧厂处理规模选择合适的焚烧炉炉型，严禁选用不能达到污染物排放标准的焚烧装置。应选择技术成熟、自动化水平高、运行稳定的焚烧炉，严禁采用单燃烧室焚烧炉、没有自控系统和尾气处理系统的焚烧装置。

7.3.2 医疗废物焚烧炉的选择，应符合下列要求：

（1）焚烧炉结构由一燃室和二燃室组成，一燃室是燃烧或热解作用，二燃室是实现完全燃烧；

（2）焚烧炉炉床设计应防止液体或未充分燃烧的废物溢漏，保证未充分燃烧的医疗废物不通过炉床遗漏进炉渣，并能使空气沿炉床底部均匀分配。供风孔应采取免清孔设计，避免因积灰或结垢而堵塞；

（3）焚烧控制条件应符合《危险废物焚烧污染控制标准》（GB 18484—2001）、《医疗废物管理条例》（国务院第 380 号令）和《医疗废物焚烧炉技术要求（试行）》（GB 19128—2003）等相关规定；

（4）应有适当的超负荷处理能力，废物进料量应可调节；

（5）正常运行期间，焚烧炉内应处于微负压燃烧状态；

（6）控制二次燃烧室烟气温度≥850℃，烟气停留时间≥2.0 s；

（7）设备的燃烧效率应≥99.9%，焚烧残渣的热灼减率＜5%；

（8）焚烧炉出口烟气中的氧含量应控制在 6%～10%（干气）；

（9）焚烧炉可以由一个中心控制台进行操作、监控和管理，包括连续显示操作参数和条件（如温度、压力、含氧量、空气量、燃料量等），并能实现反馈控制；

（10）应可实现对热解和燃烧过程的控制，防止燃烧不完全或炉体烧塌；

（11）焚烧炉二燃室应设紧急排放烟囱；热解焚烧炉一燃室应设防爆门或其他防爆排压设计/装置；

（12）焚烧炉的内衬层应具备耐火、防腐和防热负荷冲击功能。

7.3.3 燃烧空气系统、辅助燃烧装置

7.3.3.1 焚烧炉的燃烧空气系统一般由一次风机、二次风机及其他辅助系统组成。可采用一、二次空气加热装置，一、二次风机台数应根据焚烧炉设置要求确定。风量调节宜采用连续调节方式。

7.3.3.2 燃烧空气系统应保证管道系统气密性；管道之间的连接应密封；空气加热器后的管道及管件应保温，并应考虑热膨胀的影响。

7.3.3.3 医疗废物焚烧炉装置的辅助燃料燃烧器采用固定方式，燃烧器应具有良好的燃料分配质量和合理配风的性能。

7.3.3.4 燃烧器的辅助燃料应根据工艺要求和燃料来源等确定。

7.3.3.5 采用油燃料助燃时，储油罐总有效容积，应根据全厂使用情况和运输情况综合确定，但不应小于焚燃炉冷启动点火用油量的 1.5～2.0 倍。

7.3.3.6 供油泵的设置，不宜少于 2 台，且应有 1 台备用。

7.3.3.7 供油、回油管道应单独设置，并应在供、回油管道上设有计量装置和残油放尽装置。

7.3.3.8 采用重油燃料时，应在系统中设置过滤装置，蒸汽吹扫装置。

7.4 热能利用系统

7.4.1 焚烧医疗废物产生的热能可以适当形式加以有效利用。

7.4.2 医疗废物焚烧热能利用方式应根据焚烧厂的规模、医疗废物焚烧特点、用热条件及经济性综合比较确定。

7.4.3 利用医疗废物热能的锅炉，应充分考虑烟气高温和低温腐蚀。

7.4.4 利用医疗废物热能生产饱和蒸汽或热水时，热力系统中的设备与技术条件，应符合现行国家标准《锅炉房设计规范》（GB 50041—1992）的有关规定。

7.4.5 焚烧医疗废物的热能利用应避开 200～500℃温度区间。

7.5 烟气净化系统

7.5.1 一般规定

7.5.1.1 烟气净化技术的选择，应充分考虑医疗废物特性和焚烧污染物产生量的变化及其物理、化学性质的影响，并应注意组合技术间的相互关联作用。

7.5.1.2 烟气净化装置应有可靠的防腐蚀、防磨损和防止飞灰阻塞的措施。

7.5.1.3 烟气净化系统设计的旁路和焚烧系统紧急排放口仅供停电或其他事故状态时应急使用。

7.5.2 酸性污染物去除

7.5.2.1 酸性污染物包括氯化氢、氟化氢和硫氧化物等，应采用适宜的碱性物质作为中和剂，在反应器内进行中和反应。

7.5.2.2 酸性污染物的去除可采用湿法、半干法、干法或多种脱酸工艺的组合。宜优先采用半干法烟气净化方式。半干法脱酸工艺包括：喷中和剂浆液、喷中和剂溶液、烟气加湿后再喷入中和剂干粉等方式。湿法脱酸工艺包括：采用填料塔、喷淋塔、筛板塔、文丘里洗涤器等方式。干法净化工艺包括：干式洗气塔或干粉投加装置、布袋除尘器等处理单元。

7.5.2.3 半干法烟气净化工艺应符合下列要求：

（1）反应器的高度应能满足必要的反应时间；

（2）其反应器出口的烟气温度应保证在后续管路和设备中的烟气不结露；

（3）雾化器的雾化细度应保证反应器内中和剂的含水量完全蒸发。

7.5.2.4 湿法净化工艺应符合下列要求：

（1）必须配备废水处理设施去除重金属和有机物等有害物质；

（2）为了防止风机带水，应采取降低烟气水含量的措施后再经烟囱排放。

7.5.2.5 干法净化工艺应符合下列要求：

（1）反应器内的烟气停留时间应满足烟气与药剂进行充分反应的要求；

（2）应考虑收集下来的飞灰、反应物以及未反应物的循环处理问题；

（3）反应器出口的烟气温度应在 130℃以上，保证在后续管路和设备中的烟气不结露。

7.5.2.6 中和剂采用氧化钙或氢氧化钙时，其有效物质含量不宜低于80%，且质量稳定。

7.5.2.7 可能产生废水的脱酸工艺，必须配备废水处理系统。

7.5.3 除尘

7.5.3.1 烟气净化系统的末端设备应优先选用袋式除尘器，袋式除尘器必须采取保温措施，并应设置除尘器旁路。为防止结露和粉尘板结，袋式除尘器宜设置热风循环系统或其他加热方式。维持除尘器内温度高于烟气露点温度20～30℃。袋式除尘器应考虑滤袋材质的使用温度、力学性能、耐酸碱腐蚀和耐水解能力、阻燃性等性能特点，袋笼材质应考虑使用温度、防酸碱腐蚀等性能特点。

7.5.3.2 禁止采用静电除尘器，不应单独使用机械除尘设备。

7.5.3.3 湿式除尘设备，必须配备完整的废水处理设施。

7.5.4 二噁英类、重金属和氮氧化物去除

7.5.4.1 医疗废物焚烧过程应采取下列二噁英控制措施：

（1）医疗废物应完全焚烧，并严格控制燃烧室烟气的温度、停留时间与湍流工况；

（2）废物燃烧产生的高温烟气应采取快速冷却措施，控制烟气在 200～500℃温度区间的停留时间小于 1 s，快速冷却措施可与脱酸或除尘工艺相结合；

（3）可在中和反应器和袋式除尘器之间的烟道喷入活性炭或多孔性吸附剂，亦可在袋式除尘器后设置活性炭或多孔性吸附剂床体；

（4）活性炭喷射装置应与布袋除尘器同时有效运行。

7.5.4.2 活性炭或多孔性吸附剂及相关设备，应选用兼顾去除重金属功能的设备。

7.5.4.3 应优先考虑通过医疗废物焚烧过程的燃烧控制，抑制氮氧化物有害气体成分的产生。

7.5.5 烟气净化系统设计

7.5.5.1 引风机计算风量应包括下列内容：

（1）在医疗废物焚烧运行中，过剩空气条件下的湿烟气量；

（2）控制烟温用的补充空气量；

（3）炉内喷水降温时蒸发汽量；

（4）烟气净化系统投入药剂或增湿引起的烟气量的附加量；

（5）引风机前漏入系统的空气量。

7.5.5.2 引风机应采用变频调速装置。

7.5.5.3 烟囱设置应符合国家现行标准《危险废物焚烧污染控制标准》（GB 18484—2001）的有关规定。

7.5.5.4 烟气管道应采取吸收热膨胀及防腐、保温措施，并保持管道的气密性；烟气管道易积灰部位，应有清除积灰的措施。

7.5.5.5 烟气净化系统采用半干法方式时，飞灰处理系统应采取机械除灰或气力除灰方式；采用湿法烟气净化方式时，应采取有效的脱水措施。

7.5.5.6 飞灰收集应采用避免飞灰散落的密封设备，并应采取防止灰分板结的措施，排灰口附近宜设置增湿设施。

7.5.5.7 飞灰贮存装置宜采取保温、加热措施。

7.5.5.8 飞灰处理系统宜采用中央控制室控制方式，并可实现就地控制。

7.6 残渣处理系统

7.6.1 残渣处理系统包括炉渣处理系统和飞灰处理系统。炉渣处理系统应包括除渣、冷却、输送、贮存等设施。飞灰处理系统应包括飞灰收集、输送、贮存等设施。

7.6.2 焚烧产生的炉渣可送指定生活垃圾卫生填埋场填埋处置；焚烧飞灰、吸附二噁英和其他有害成分的活性炭等残余物应按照危险废物进行处置，应送危险废物填埋场进行安全填埋处置。

7.6.3 残渣处理系统应具有稳定可靠的机械性能、易维护的特点。

7.6.4 残渣处理系统必须保持密闭状态。

7.6.5 焚烧厂的残渣处理系统应具有较高的机械化、自动化水平。

7.7 自动化控制系统

7.7.1 一般规定

7.7.1.1 焚烧厂的自动化控制，必须适用、可靠。应满足设施安全、经济运行和防止对环境二次污染的要求。

7.7.1.2 焚烧厂的自动化系统，应采用成熟的控制技术和高可靠性、性能价格比适宜的设备和元件。

7.7.2 自动化水平

7.7.2.1 医疗废物焚烧厂的自动化控制系统，包括进料控制系统、焚烧控制系统、烟气净化控制系统、辅助工程控制系统和其他必要的控制系统。

7.7.2.2 医疗废物焚烧处理应具有较高的自动化水平，应能在少量就地仪表和巡回检查配合下，在中央控制室通过计算机监控系统实现对医疗废物焚烧系统、烟气净化系统、热能利用及辅助系统的集中监视和控制。主要设备控制均设计算机自动控制和就地控制两种形式。

7.7.2.3 对不影响整体控制系统的辅助装置，可设就地控制柜，必要时可设就地控制室，但重要信息应送至中央控制室。

7.7.2.4 焚烧线的重要环节，应设置现场工业电视监视系统。

7.7.2.5 对重要参数的报警和显示，除计算机监控外，还可设声光报警器和数字显示仪。

7.7.2.6 应设置独立于计算机控制系统的紧急停车系统。

7.7.3 检测与报警

7.7.3.1 医疗废物焚烧厂的检测，应包括：主体设备和工艺系统在各种工况下运行的参数，辅机的运行状态，必需的环境参数。

7.7.3.2 计算机监视系统的全部测量数据、数据处理结果和设施运行状态，应能在显示器上显示，并具有数据存储和打印功能。

7.7.3.3 焚烧炉排气筒应按《固体污染源排气中颗粒物测定与气态污染物采样方法》（GB/T 16157—1996）的要求，设置永久采样孔，并安装用于采样和测量的设施。

7.7.3.4 焚烧厂应对焚烧烟气中的烟尘、硫氧化物、氮氧化物、氯化氢等污染因子，以及氧、一氧化碳、二氧化碳、一燃室和二燃室温度等工艺指标实行在线监测，并与当地环保部门联网。烟气黑度、氟化氢、氯化氢、重金属及其化合物应每季度至少采样监测 1 次。二噁英采样检测频次不少于 1 次/a。

7.7.3.5 燃气调压间或液化气瓶组间应设置可燃气体检测报警装置。

7.7.3.6 重要检测信号应选用双重化的输入接口。

7.7.3.7 必要时，各工艺系统设备可设置就地显示仪表，但不应使用对人体有危害的仪表。

7.7.3.8 控制室内不应引入油、水、汽的一次仪表。

7.7.3.9 热工报警应包括下列内容：

（1）工艺系统主要工况参数偏离正常运行范围；

（2）保护和主要的连锁项目；

（3）电源、气源发生故障；

（4）热工监控系统故障；

（5）主要辅机设备故障。

7.7.3.10 重要工艺参数报警信号源，应直接引自一次仪表。

7.7.3.11 计算机监视系统功能范围内的全部报警项目应能在显示器上显示并打印输出。

7.7.3.12 当采用常规仪表报警时，其信号不应取自动控制系统。报警器应具有声光报警功能。

8 配套工程

8.1 电气系统

8.1.1 焚烧厂供电方式应根据用电要求，与当地电力部门协商确定。

8.1.2 焚烧厂主要用电负荷为AC 380V /220V，负荷等级为二级，应有备用电源。

8.1.3 焚烧厂应设交流不间断电源系统给厂内需要不间断供电的设备供电。

8.1.4 焚烧厂应设直流配电装置及不间断电源系统供仪表、计算机监控及控制系统的应急电源。

8.1.5 照明设计应符合现行国家标准《工业企业照明设计》（GB 50034—1992）的有关规定。

8.1.6 正常照明与事故照明应采用分开的供电系统，并宜采用下列供电方式：

（1）事故照明宜由蓄电池组供电。

（2）焚烧厂房的主要出入口、通道、楼梯间以及远离焚烧厂房的工作场所的事故照明，宜采用自带蓄电池的应急灯。

（3）厂房内安装高度低于 2.2 m 的照明灯具，宜采用 24 V 电压供电。

（4）手提灯电压不应大于 24 V，在狭窄地点和接触良好金属接地面上工作时，手提灯电压不应大于 12 V。

8.1.7 焚烧厂房及辅助厂房的电缆敷设，应采取有效的阻燃、防火封堵措施。

8.1.8 焚烧厂应设置通讯设备，保证厂区岗位之间和厂内外联系畅通。

8.2 给水、排水和消防

8.2.1 给水

8.2.1.1 厂区室外和室内给水管网宜采用生活、消防联合供水系统。

8.2.1.2 各种设备冷却水和其他生产废水，宜经过处理后再重复利用。

8.2.2 排水

8.2.2.1 焚烧厂区排水应采用雨污分流制。

8.2.2.2 雨水量设计重现期应符合现行国家标准《室外排水设计规范》（GBJ 14—1997）的有关规定。

8.2.2.3 焚烧厂清洗、消毒产生的废水按医疗机构产生污水处理。并按照现行国家标准《污水综合排放标准》（GB 8978—1996）的有关规定执行，产生的污泥属危险废物，可进行焚烧处理。

8.2.2.4 焚烧厂的非医疗废水应经过处理后回用。回用水质应符合国家现行标准《生活杂用水水质标准》（CJ 25.1—1989）的有关规定。当废水直接排入水体时，其排放应符合现行国家标准《污水综合排放标准》（GB 8978—1996）的有关规定。

8.2.3 消防

8.2.3.1 医疗废物焚烧厂房的生产类别应属于丁类，建筑耐火等级不应低于二级。贮存库的生产类别应属于丙类，建筑耐火等级不应低于二级。

8.2.3.2 焚烧炉采用轻柴油燃料辅助燃烧时，日用油箱间、油泵间应为丙类生产厂房，建筑耐火等级不应低于二级。布置在厂房内的上述房间，应设置防火墙与其他房间隔开。

8.2.3.3 焚烧炉采用气体燃料辅助燃烧时，燃气调压间应属于甲类生产厂房，其建筑耐火等级不应低于二级，并应符合现行国家标准《城镇燃气设计规范》（GB 50028—1998）的有关规定。

8.2.3.4 焚烧厂房应设置室内消火栓给水系统，并应符合现行国家标准《建筑设计防火规范》（GBJ 16—2001）的有关规定。

8.2.3.5 焚烧厂房的安全疏散，应符合现行国家标准《建筑设计防火规范》（GBJ 16—2001）的有关规定。

8.2.3.6 焚烧厂房内部的装修设计，应符合现行国家标准《建筑内部装修设计防火规范》（GB 50222—2001）的有关规定。

8.3 采暖通风与空调

8.3.1 焚烧厂建筑物冬、夏季负荷计算的室外计算参数，应符合现行国家标准《采暖通风与空气调节设计规范》（GBJ 19—2001）的有关规定。

8.3.2 建筑物的采暖设计应符合现行国家标准《采暖通风与空气调节设计规范》（GBJ 19—2001）的有关规定。

8.3.3 建筑物的采暖设备宜选用易清扫并具有防腐性能的散热器。

8.3.4 贮存间宜设置事故排风装置。

8.3.5 建筑物的空调设计应符合现行国家标准《采暖通风与空气调节设计规范》（GBJ 19—2001）的有关规定。

8.3.6 中央控制室宜设置空调装置。

8.3.7 当建筑物的机械通风不能满足工艺对室内温度、湿度要求时，该建筑应设空调装置。

8.4 建筑与结构

8.4.1 焚烧厂主要生产设备宜布置在有屋盖的车间内。卸料、贮存、转运、输送和上料系统必须设置在有屋盖的车间内。

8.4.2 医疗废物焚烧处置厂的暂时贮存库房、清洗消毒间应采用全封闭、微负压设计，并保证新风量30 m^3/（人 • h）。室内换出的空气宜进入医疗废物焚烧炉内焚烧处理。

8.4.3 焚烧厂区建筑的造型应简洁、新颖，并与周围环境相协调。厂房的平面布置和空间布局应满足工艺设备布置要求，同时应考虑今后生产发展和技术改造的可能性。生产区与生产管理及生活服务区之间应有隔离设施。

8.4.4 厂房平面设计，应组织好人流和物流线路，避免交叉。

8.4.5 厂房的围护结构应满足基本热工性能和使用的要求。

8.4.6 焚烧厂房楼（地）面的设计，除满足工艺的使用要求外，应符合现行国家标准《建筑地面设计规范》（GB 50037—1996）的有关规定。对腐蚀介质易侵蚀的部位，应根据现行国家标准《工业建筑防腐蚀设计规范》（GB 50046—1995），采取相应的防腐蚀措施。贮存设施墙面应方便进行清洗消毒，中控室地面应采取防静电措施。

8.4.7 厂房采光设计应符合现行国家标准《工业企业采光设计标准》（GB 50033—2001）的有关规定。

8.4.8 焚烧厂房宜采用自然通风，窗户设置应避免排风短路，并有利于组织自然通风。

8.4.9 严寒地区的建筑结构应采取防冻措施。

8.4.10 大面积屋盖系统宜采用钢结构，并应符合现行国家标准《屋面工程技术规范》（GB 50207—2002）的有关规定。屋顶承重结构的结构层及保温（隔热）层，应采用非燃烧体材料；设保温层的屋面，应有防止结露与水汽渗透的措施，并应符合现行国家标准《建筑设计防火规范》（GBJ 16—2001）的有关规定。

8.4.11 中央控制室和其他必需的控制室应设吊顶。

8.4.12 医疗废物卸料、贮存设施应进行防渗处理，按现行国家标准《危险废物贮存污染控制标准》（GB 18597—2001）的有关规定执行。

8.4.13 进行结构设计，应满足《建筑结构可靠度设计统一标准》（GB 50068—2001）的有关规定，并应符合国家现行的有关强制性规范规定。

8.4.14 厂区内应进行地质勘察，以确定地质情况。地质勘察应符合《岩土工程勘察规范》（GB 50021—2001）的有关规定。

8.4.15 楼（地）面活荷载取值应根据设备安装、检修、使用的要求确定，同时应满足现行国家标准《建筑结构荷载规范》（GB 50009 —2001）的有关规定。

8.4.16 焚烧厂的结构构件，应根据承载能力极限状态及正常使用极限状态的要求，按使用工况分别进行承载能力及稳定、疲劳、变形、抗裂及裂缝宽度计算和验算；处于地震地区的结构，还应进行结构构件抗震的承载能力计算。同时应满足《混凝土结构设计规范》（GB 50010 —2002）、《砌体结构设计规范》（GB 50003—2001）、《钢结构设计规范》（GBJ 17—1988）、《建筑抗震设计规范》（GB 50011—2001）的有关规定。

8.4.17 地基基础的设计，应按现行国家标准《建筑地基基础设计规范》（GB 50007—2002）的有关规定进行地基承载力和变形计算，必要时尚应进行稳定性计算。当地下水埋藏较浅，建（构）筑物存在上浮问题时，尚应进行抗浮验算。

8.5 其他辅助设施

8.5.1 医疗废物焚烧厂应定期对医疗废物热值、各类油品、残渣、焚烧炉的汽水、污水、医疗废物物理成分、补给水全分析等项目进行化验和分析，化验和分析可通过协作解决。有条件的应设置化验室，化验分析项目、所用仪器的规格、数量及化验室的面积，应根据焚烧厂的运行参数、规模等条件确定。

8.5.2 焚烧厂应具有全厂设备日常维护、保养与小修任务及工厂设施突发性故障时的应急处理功能。设备的大、中修宜通过社会化协作解决。

8.5.3 焚烧厂应配备必需的机械工具、搬运设备和备用品、消耗品。

8.5.4 金属、非金属材料库以及备品备件，应与油料、燃料库、化学品库房分开设置。

9 环境保护与安全卫生

9.1 一般规定

9.1.1 医疗废物焚烧过程中产生的烟气、残渣、恶臭、废水、噪声及其他污染物的防治与排放，应贯彻执行国家现行的环境保护法规和标准的有关规定。

9.1.2 焚烧厂建设应贯彻执行《中华人民共和国职业病防治法》，应符合国家职业卫生标准的工作环境和条件。

9.1.3 制定医疗废物焚烧厂污染物治理措施前应落实污染源的特性和产生量。

9.2 环境保护

9.2.1 烟气污染物的种类应按表 1 分类。

表 1　烟气中污染物分类

类别	污染物名称	符号
尘	颗粒物	PM
酸性气体	氯化氢	HCl
	硫氧化物	SO_x
	氮氧化物	NO_x
	氟化氢	HF
	一氧化碳	CO
重金属	汞及其化合物	Hg 和 Hg^{2+}
	铅及其化合物	Pb 和 Pb^{2+}
	镉及其化合物	Cd 和 Cd^{2+}
	其他重金属及其化合物	包括 Cu、Mg、Zn、Cr 等和非金属 As 及其化合物
有机类	二噁英	PCDDs（Dioxin）
	呋喃	PCDFs（Furan）
	多氯联苯	PCBs
	多环芳香烃、氯苯和氯酚等其他有机碳	TOC

9.2.2 对焚烧工艺过程应进行严格控制，抑制烟气中各种污染物的产生。对烟气必须采取综合处理措施，并应符合现行国家标准《危险废物焚烧污染控制标准》（GB 18484—2001）的有关规定。

9.2.3 焚烧厂的生活废水、生产废水和清洗消毒产生的废水应经过处理后排放，排放应分别符合现行国家标准《污水综合排放标准》（GB 8978—1996）的有关要求。

9.2.4 残渣处理必须采取有效的防止二次污染的措施。

9.2.5 焚烧厂更换的滤袋、废弃的防护用品等属于危险废物，应进行焚烧处置。

9.2.6 医疗废物焚烧厂的噪声治理应符合现行国家标准《城市区域环境噪声标准》（GB 3096—1993）和《工业企业厂界噪声标准》（GB 12348—1990）的有关规定。对建筑物直达声源的噪声控制，应符合现行国家标准《工业企业噪声控制设计规范》（GBJ 87—1985）的有关规定。

9.2.7 医疗废物焚烧厂的噪声治理，首先应对噪声源采取必要的控制措施。厂区内各类地点的噪声宜采取以隔声为主，辅以消声、隔振、吸声的综合治理措施。

9.3 职业卫生与劳动安全

9.3.1 焚烧厂的劳动卫生，应符合现行国家标准《工业企业设计卫生标准》（TJ 36—2002）的有关规定。

9.3.2 焚烧厂建设应采用有利于职业病防治和保护劳动者健康的措施。应在相关设备的醒目位置设置警示标志，并应有可靠的防护措施。

9.3.3 职业病防护设备、防护用品应确保处于正常工作状态，不得擅自拆除或停止使用。

9.3.4 焚烧厂建设应有职业病危害与控制效果可行性评价。

9.3.5 焚烧厂应采取劳动安全措施。

9.3.5.1 基本的职业健康和安全措施包括以下几个方面：

（1）应对工作人员进行必要的培训；

（2）应提供工作人员所需的防护服。

9.3.5.2 所使用防护用品的类型应依据所涉及的医疗废物的危险度而定，但是对收集和处理医疗废物的所有人员都应达到如下要求：

（1）头盔，有或无面罩，依据所进行的操作而定；

（2）口罩，依操作而定；

（3）护目镜（安全风镜），依操作而定；

（4）工作裤（工作服），必需；

（5）护腿和（或）工业用靴，必需；

（6）一次性手套（一般工作人员用）或耐受力强的手套（废弃物处理工人用），必需。

9.3.5.3 应提供方便工作人员使用的洗涤设施（有热水和肥皂）。

10 工程施工及验收

10.1 建筑、安装工程应符合施工设计文件、设备技术文件的要求。

10.2 对工程的变更应取得设计单位的设计变更文件后再进行施工。

10.3 医疗废物集中焚烧厂的建设对工程质量监督管理应符合国家现行标准《建设工程质量管理条例》的有关规定，项目的竣工验收应按《建设项目（工程）竣工验收办法》执行。

10.4 医疗废物焚烧厂的竣工验收，应有卫生及环境保护专业技术部门参加。

10.5 医疗废物集中焚烧处置工程应按相关专业现行的工程验收规范和本技术规范的有关规定进行验收。对国外引进的专用设备，应按供货商提供的设备技术规范、合同规定及商检文件执行，并应符合我国现行的国家或行业工程施工及验收标准的有关要求。

（1）医疗废物焚烧炉的性能、质量要求及检验方法应符合现行国家标准《医疗废物焚烧炉技术要求》的有关规定；

（2）焚烧厂采用的输送、起重、泵类、风机、压缩机等通用设备应符合现行国家标准《机械设备安装工程施工及验收通用规范》（GB 50231—1998）及相应各类设备安装工程施工及验收标准的有关规定；

（3）袋式除尘器的安装与验收应符合现行国家标准《袋式除尘器安装技术规范与验收规范》（JB/T 8471—1996）的有关规定；

（4）建筑给排水、采暖及卫生设备的安装与验收应符合现行国家标准《建筑给排水及采暖工程施工质量验收规范》（GB 50242—2002）的有关规定；

（5）通风与空调设备的安装与验收应符合现行国家标准《通风与空调工程施工质量验收规范》（GB 50243—2002）的有关规定；

（6）管道工程、绝热工程应分别符合现行国家标准《工业设备及管道绝热工程施工及验收规范》（GBJ 126—1989）的有关规定；

（7）仪表与自动化控制装置按供货商提供的安装、调试、验收规定执行，并应符合现行国家标准的有关规定；

（8）电气装置应符合国家现行有关电气装置安装工程施工及验收标准的相关规定。

10.6 焚烧线及其全部辅助系统与设备、设施试运行合格，具备运行条件时，应及时组织工程验收。

10.7 工程竣工验收前，严禁焚烧线投入使用。

11 运营管理基本要求

11.1 运营管理总则

11.1.1 为实现医疗废物集中焚烧处置科学管理、规范作业、保证安全运行，提高生产效率、降低运行成本、有效防止二次污染，达到医疗废物无害化处置的目的，制定本运营管理要求。

11.1.2 本要求适用于医疗废物集中焚烧处置厂的运行、维护及安全管理。

11.1.3 医疗废物集中焚烧处置厂的运行、维护及安全管理除应执行本要求外，尚应符合国家现行有关强制性标准的规定。

11.2 焚烧处置厂运营条件

11.2.1 医疗废物处置运营单位必须按照《危险废物经营许可证管理办法》获得许可证后方可运营；未取得医疗废物经营许可证的单位不得从事有关医疗废物集中处置活动。

11.2.2 医疗废物处置设施建设应符合本技术规范。

11.2.3 必须具有经过培训的技术人员、管理人员和相应数量的操作人员。

11.2.4 具有完备的保障医疗废物安全处理处置的规章制度。

11.2.5 具有保障医疗废物集中焚烧处置厂正常运行的周转资金和辅助原料。

11.3 机构设置与劳动定岗、定员

11.3.1 焚烧厂运营机构的设置应以精简高效、安全生产、提高劳动生产率为原则，做到分工合理、职责分明。

11.3.2 焚烧厂劳动定员可分为生产人员、辅助生产人员和管理人员。管理人员应包括技术人员和安全管理人员。

11.3.3 焚烧厂医疗废物接收、转运、贮存、焚烧处置、清洗消毒等岗位应按生产和使用有毒物品的生产场所工作性质确定。

11.3.4 焚烧厂的劳动定员应按定岗定量的原则合理确定。

11.4 人员培训

11.4.1 医疗废物集中焚烧厂应对操作人员、技术人员及管理人员进行相关法律法规、专业技术、安全防护、紧急处理等理论知识和操作技能的培训，主要包括：

（1）对焚烧处置厂所有工作人员的培训最低要求应包括以下内容：

① 熟悉有关医疗废物管理的法律和规章制度；

② 了解医疗废物危险性方面的知识；

③ 明确医疗废物安全卫生处理和环境保护的重要意义；

④ 熟悉医疗废物的分类和包装标志；

⑤ 熟悉医疗废物焚烧厂运作的工艺流程；

⑥ 掌握劳动安全防护设施、设备的使用知识和个人卫生措施；

⑦ 熟悉处理泄漏和其他事故的应急操作程序。

（2）医疗废物焚烧处置操作人员和技术人员的培训还应包括：

① 医疗废物接收、转运、贮存和上料的具体操作，以及灰渣处理的安全操作；

② 处置设备的正常运行，包括设备的启动和关闭；

③ 控制、报警和指示系统的运行和检查，以及必要时的纠正操作；

④ 最佳的运行温度、压力、燃烧空气量，以及保持设备良好运行的条件；

⑤ 医疗废物焚烧处置产生的排放物应达到的技术规范；

⑥ 设备运行故障的检查和排除；

⑦ 事故或紧急情况下人工操作和事故处理；

⑧ 设备日常和定期维护；

⑨ 设备运行及维护记录，以及泄漏事故和其他事件的记录及报告。

（3）技术人员应掌握医疗废物焚烧处理的相关理论知识和处理设备的基本工作原理。

11.5 医疗废物接收交接制度

11.5.1 医疗废物交接按照《医疗废物集中处置技术规范（试行）》的有关规定执行，采用《医疗废物运送登记卡》和《危险废物转移联单》（医疗废物专用）进行记录和管理。

11.5.2 医疗废物接收交接分为医疗废物现场交接和《医疗废物运送登记卡》的交接。

11.5.3 医疗废物应现场交接，核对其数量、种类、标志与《医疗废物运送登记卡》是否相符，及包装是否密封。

11.5.4 若现场实物与《医疗废物运送登记卡》不相符，应及时向焚烧厂负责人汇报并通知医疗废物委托人进行核实。

11.5.5 若发现医疗废物包装袋破裂、泄漏或其他事故时，焚烧处置厂应协助运输单位进行处理。

11.5.6 交接双方必须根据交接情况认真填写《医疗废物运送登记卡》，并签字确认。

11.5.7 根据危险废物转移联单制度妥善保存《医疗废物运送登记卡》，并定期向主管部门报送。

11.5.8 焚烧厂应对接收的医疗废物及时登记，并将进厂医疗废物的数量、重量等有关信息输入计算机管理系统。

11.6 焚烧厂运行记录制度

医疗废物集中焚烧厂应建立生产设施运行状况、设施维护和医疗废物焚烧处置生产活动等的登记制度，主要记录内容包括：

（1）《医疗废物运送登记卡》和《危险废物转移联单》（医疗废物专用）的记录和妥善保存；

（2）医疗废物接收登记；

（3）医疗废物进场运输车车牌号、来源、重量、进场日期及时间、离场时间等进行登记。

（4）清洗消毒操作的登记；

（5）生产设施运行工艺控制参数记录；

（6）医疗废物焚烧灰渣处理处置情况的记录；

（7）生产设施维修情况的记录；

（8）环境监测数据的记录；

（9）生产事故及处置情况的记录；

（10）定期检测、评价及评估情况的记录。

11.7 交接班制度

为保证医疗废物集中焚烧处置厂生产活动安全有序进行，必须建立严格的交接班制度，内容包括：

（1）生产设施、设备、工具及生产辅助材料的交接；

（2）医疗废物的交接；

（3）运行记录的交接；

（4）上下班交接人员应在现场进行实物交接；

（5）运行记录交接前，交接班人员应共同巡视现场；

（6）交接班程序未能顺利完成时，应及时向生产管理负责人报告；

（7）交接班人员对实物及运行记录核实确定后，应签字确认。

11.8 劳动保护和安全生产

11.8.1 一般规定

11.8.1.1 焚烧厂在设计、施工和生产过程中，必须高度重视安全卫生问题，采取有效的应对措施和各种预防手段，严格执行以下规范和标准：

（1）《中华人民共和国劳动法》（1995 年）

（2）《建设项目（工程）劳动安全卫生监察规定》（劳动部第 3 号令）

（3）《建设项目（工程）职业安全卫生设施和技术措施验收办法》（劳安字[1992]1 号）

（4）《生产过程安全卫生要求总则》（GB 12801—1991）

（5）《生产设备安全卫生设计总则》（GB 5083—1999）

（6）《建筑设计防火规范》（GBJ 16—2001）

（7）《建筑物防雷设计规范》（GB 50057—1994）

（8）《工业企业设计卫生标准》（GBZ 1—2002）

（9）《电气设备安全设计导则》（GB 4064—1983）

（10）《安全色》（GB 2893—2001）

（11）《安全标志》（GB 2894—1996）

（12）《企业职工劳动安全卫生教育管理规定》（劳部发[1995]405 号）

（13）《劳动防护用品配备标准（试行）》（国经贸安全[2000]189 号）

当上述标准和文件被修订时，应使用其最新版本。

11.8.1.2 建设单位必须在焚烧厂建成运行的同时，保证安全和卫生设施同时投入使用，并制定相应的操作规程。

11.8.2 劳动保护

11.8.2.1 加强员工的安全防护意识和消毒意识，定期对员工进行健康检查。

11.8.2.2 操作人员必须佩戴必要的劳保用品，做好安全防范工作。

11.8.2.3 应提供工作人员防护的设备和衣服，员工上班必须穿工作服，下班后及时更换。工作服应勤洗勤换并定期消毒。

11.8.2.4 工作人员所需防护设备和衣服的购置、发放、回收和报废均应进行登记。报废的防护设备应交由专人处理，不得自行处置。

11.8.2.5 在指定的、有标志的明显位置应配备必要的防护救生用品及药品。防护救生用品和药品要有专人管理，并及时检查和更换。

11.8.2.6 应建立有效的职业健康程序，包括预防免疫、暴露后的预防处理和医疗监护。

11.8.2.7 应定期做好空气和污水的检测工作。

11.8.2.8 应做好防虫、防鼠工作，消灭蚊蝇滋生地。

11.8.2.9 应提供方便工作人员使用的洗涤设施（有热水和肥皂）。

11.8.3 安全生产

11.8.3.1 焚烧厂生产过程中安全卫生管理应符合现行国家标准《生产过程安全卫生要求总则》（GB 12801—1991）的有关规定。各岗位应根据工艺特征和具体要求，制定本岗位安全操作规程。

11.8.3.2 操作人员必须严格执行本岗位安全操作规程。

11.8.3.3 各岗位操作人员和维修人员必须经过岗前培训，经考核合格后持证上岗；并应定期进行教育培训。

11.8.3.4 严禁非本岗位操作人员擅自启、闭本岗位设备。

11.8.3.5 操作人员启、闭电器开关时，应按电工规程进行。

11.8.3.6 检修电器控制柜时，必须先通知变、配电站断掉该系统电源，并验明无电后，方可作业。

11.8.3.7 高温设备、设备高温部位和高温环境下进行操作，应有防止烫伤的措施。

11.8.3.8 检修人员进入焚烧炉检修前应先对炉内强制输送新鲜空气并测定炉内含氧量，待含氧量大于19%后方可进入。检修人员在炉内检修时需佩戴防毒面具，同时炉外应有人监护。

11.8.3.9 风机工作时，操作人员不得贴近联轴器等旋转部件。

11.8.3.10 厂内及生产区内运输管理，应符合《工业企业厂内运输安全规程》（GB 4387—1994）的有关规定。

11.8.3.11 在主要通道处均应设置安全应急灯。

11.8.3.12 建立并严格执行定期和经常的安全检查制度，及时消除事故隐患，严禁违章操作和违章指挥。

11.8.3.13 医疗废物焚烧处置厂应对危害和事故隐患进行识别，采取事故预防措施，编制应急预案并定期进行演练。应急预案内容应包括化学事故应急救援预案、感染性事故应急预案、医疗废物泄漏应急预案等安全事故应急预案，以及设施设备能力不能保证医疗废物正常处置时的应急预案。

11.9 定期检测、评价及评估制度

11.9.1 定期对医疗废物处置效果进行检测和评价，必要时应采取改进措施。

11.9.2 定期对环境污染防治和卫生效果进行检测和评价，对结果整理存档，每半年向地方环保和卫生行政主管部门报告一次。

11.9.3 定期对医疗废物处置厂的设施、设备运行及安全状况进行检测和评估，消除安全隐患。

11.9.4 定期对废物处理程序及人员操作进行安全评估，必要时采取有效的改进措施。

附录

本技术规范用词说明

1 为方便在执行本技术规范条文时区别对待，对于要求严格程度不同的用词说明如下：

（1）表示很严格，非这样做不可的：

正面词采用“必须”；反面词采用“严禁”。

（2）表示严格，在正常情况下均应这样做的：

正面词采用“应”；反面词采用“不应”或“不得”。

（3）表示允许稍有选择，在条件许可时首先这样做的：

正面词采用“宜”；反面词采用“不宜”。

表示有选择，在一定条件下可以这样做的，采用“可”。

2 条文中指明应按其他有关标准执行的写法为：“应按……执行”或“应符合……的规定（或要求）”。

中华人民共和国环境保护行业标准

废弃机电产品集中拆解利用处置区环境保护技术规范（试行）

Environmental protection technical specifications for centralized district of disassembly, utilization and disposition of waste mechanical and electronical equipment

HJ/T 181—2005

前 言

为贯彻《中华人民共和国固体废物污染环境防治法》及相关法律和法规，促进资源的循环利用，节约能源，防止废弃机电产品拆解、利用和处置过程中的环境污染，规范废弃机电产品集中拆解利用处置区的建设，制定本技术规范。

本技术规范由国家环境保护总局科技标准司提出。

本技术规范由中国环境科学研究院固体废物污染控制技术研究所起草。

本技术规范由国家环境保护总局 2005 年 8 月 15 日批准。

本技术规范自 2005 年 9 月 1 日起实施。

本技术规范由国家环境保护总局解释。

1 范围

本技术规范适用于废弃机电产品集中拆解利用处置区的规划、建设及运行的污染防治和环境保护管理。

2 规范性引用文件

下列文件中的条款通过在本规范中被引用而成为本规范的条款，与本规范同效。凡是不注明日期的引用文件，其最新版本适用于本规范。

GB 8978 污水综合排放标准

GB 3095 环境空气质量标准

GB 18484 危险废物焚烧污染控制标准

GB 16297 大气污染物综合排放标准

GB 14554 恶臭污染物排放标准

GB 3096 城市区域环境噪声标准

GB 12348 工业企业厂界噪声标准

GB 5085　危险废物鉴别标准

国家危险废物名录

3　术语

废弃机电产品：本规范中废弃机电产品指废五金电器、废电线电缆、废电机以及其他废弃电子电器产品。

4　废弃机电产品集中拆解利用处置区建设基本原则

4.1 废弃机电产品集中拆解利用处置区（以下简称“集中处置区”）的建设应以循环经济和生态工业理论为指导，以充分回收利用资源、节约能源和保护环境为目的，以政府为主导，以市场为导向，合理规划，逐步推进。

4.2 集中处置区的建设应与当地的城市规划相结合，尽量利用现有工业区及各类开发区。

4.3 集中处置区的建设应与发挥当地的区域优势、提高产业层次和市场竞争力相结合。

4.4 集中处置区的建设应与区域环境综合整治相结合。

5　废弃机电产品集中拆解利用处置区规划、设计及建设环境保护要求

5.1 以循环经济和生态工业理论为指导，以废弃机电产品拆解利用企业为依托，建设以废五金电器、废电线电缆和废电机等废弃机电产品的资源循环利用为核心，污染物集中处置设施相配套的废弃机电产品集中拆解利用处置区。

5.2 集中处置区选址时应选择运输便利的区域，尽量靠近危险废物集中处置设施；集中处置区的规划应符合国家和当地的工业区设置规划和要求，不得混杂在城市密集区；集中处置区的规划应与当地土地利用规划、城市总体规划、环境功能区划等相关规划相协调，并注意相关条件的制约。

5.3 集中处置区的建设规模应考虑其服务范围内的废弃机电产品收集量、未来发展趋势等因素的影响，同时考虑到资源的合理配置，不得重复建设；集中处置区的建设应具有一定规模，面积一般不得低于 80 hm^2。

5.4 集中处置区应设置管理机构（以下称为“集中处置区管理机构”），管理机构可以由当地政府组建，也可以由企业组建。管理机构应设环境管理部门，负责全区和区内企业的污染防治与环境保护管理。

5.5 集中处置区应鼓励下列类型企业入区：

（1）能够形成工业生态链的企业；

（2）生产高附加值产品的企业；

（3）充分利用当地产业资源和优势能源，与当地产业结构充分结合的企业。

5.6 集中处置区管理机构应严格控制集中处置区的污染物排放总量，不得超出当地的环境容量，确保环境安全。

5.7 建设集中处置区应按国家有关要求进行区域环境影响评价，并报省级人民政府环境保护行政主管部门审批；进区企业应按有关要求填写环境影响报告表，并报当地设区的市级人民政府环境保护行政主管部门审批。

5.8 集中处置区采取分区建设原则，分别集中建设管理区、生产加工区、污染处理区等不

同的功能区。

管理区是集中处置区管理机构对进、出集中处置区的原料、产品及废物进行审核、检验、称量、记录等管理，及管理机构和区内的企业进行办公作业和其他管理工作的场所；

生产加工区是集中处置区内的企业对废弃机电产品进行拆解、分类和加工生产的场所；

污染处理区是对集中处置区内产生的污水和不能再利用的残余物进行收集、贮存和集中处置的场所。

5.9 集中处置区内的企业必须具备符合设计规范的厂房和生产设施，并将生产场地的地面硬化，无明显破损现象。

5.10 集中处置区内的企业应建设具有防雨、防风、防渗等功能的专门贮存场地，禁止露天堆放废弃机电产品、拆解部件及残余物。

5.11 集中处置区内的企业应选择对环境无污染的工艺加工废弃机电产品。禁止采用焚烧方式处理废电线电缆。

5.12 集中处置区内的企业如有产生危险废物的拆解加工工艺，必须采用妥善、安全的工艺技术对所产生的危险废物进行无害化处理。

5.13 集中处置区内应建设统一的污水处理厂。

企业拆解加工场地收集的雨水、拆解加工和贮存场地地面的冲洗水和加工过程中产生的废水等要通过管道收集后进入污水处理厂妥善处理。企业拆解利用处置场地不得设置雨水直接排放口。

5.14 集中处置区内应建设专用的废物收集和贮存设施，并适时将产生的生活垃圾、一般废物和危险废物分别进行无害化处理或者送交有资质的专业集中处置设施进行处置。

5.15 集中处置区内企业需要进行供热和采暖，应建设集中供热采暖设施。

6 废弃机电产品集中拆解利用处置区运行环境保护要求

6.1 集中处置区管理机构对区内污染物的排放和污染控制进行统一管理。

6.2 集中处置区管理机构应制定详细的园区环境监测计划，在区内及周边设置环境监测点，对集中处置区及周边的土壤、空气、水质和噪声进行定期监测。每年应向当地环境保护行政主管部门提交集中处置区及周边环境状况报告。

6.3 集中处置区管理机构应建立污染预防机制和处理环境污染事故的应急预案制度。

6.4 当地设区的市级地方人民政府环境保护行政主管部门应对集中处置区和区内企业的污染物排放达标情况进行定期考核，并对企业的环境绩效进行定期评估。

6.5 集中处置区内的企业在拆解过程中禁止采用平地或简易炉、窑等焚烧方式加工废弃机电产品。

6.6 集中处置区内的企业在拆解过程中应按照材料的特性对废弃机电产品进行拆解、分类、加工。

6.7 集中处置区内的企业对废弃机电产品进行拆解时必须采用对环境不造成污染的加工方式，可以使用人工或机械拆解、或二者相结合的方式，鼓励采用资源回收利用率更高、固体废物产生量更少的机械拆解方式。

6.8 集中处置区内的企业应将废弃机电产品和拆解部件、各种材料、产生的废物根据类别分别收集，设立明显的区分标识，分区存放。
6.9 集中处置区内的企业应将在拆解过程产生的废油等液态废物应通过有效的设施进行单独收集，并按照危险废物进行管理。

7 污染控制要求

7.1 申请进入集中处置区的企业应采用节能、节水的技术和措施，提高能源和废水的循环使用率；高能耗、高水耗企业一般不允许进入集中处置区。
7.2 集中处置区内的企业应在入区后两年内申请进行清洁生产审核。
7.3 集中处置区的污水排放应按照《污水综合排放标准》（GB 8978）中新建单位的一级排放标准执行；经处理后排入城市管网的水质必须达到《污水综合排放标准》（GB 8978）中污水排放的三级标准。
7.4 集中处置区的空气质量应按照《环境空气质量标准》（GB 3095）中的二级标准执行；采用焚烧方式加工处理废弃机电产品的设施废气排放应按照《危险废物焚烧污染控制标准》（GB 18484）中危险废物焚烧炉大气污染物排放标准执行；集中处置区内企业的其他废气排放应按照《大气污染物综合排放标准》（GB 16297）中新污染源大气污染物排放限值的二级标准执行。
7.5 集中处置区厂界恶臭污染物浓度应按照《恶臭污染物排放标准》（GB 14554）中新、改、扩建企业的二级标准执行。
7.6 集中处置区的噪声应按照《城市区域环境噪声标准》（GB 3096）中的二类标准执行；集中处置区内企业的噪声应按照《工业企业厂界噪声标准》（GB 12348）中的二类标准执行。

集中处置区内各类地点的噪声控制宜采取以隔音为主的噪声治理措施。
7.7 集中处置区内的企业对废弃机电产品进行拆解、加工后，不得将不可再利用的废物自行运出、丢弃或在区内随意存放，应堆存在集中处置区的废物收集和贮存设施内。
7.8 集中处置区内的企业应将在拆解处理过程中产生的废物根据性质分类，在固定地点存放。
7.9 集中处置区内的企业应将在拆解处理过程中产生的废物按照《国家危险废物名录》和《危险废物鉴别标准》（GB 5085）进行特性鉴别。经鉴别属于危险废物的，按照危险废物进行安全处置；不属于危险废物的，按照一般废物进行处置。

集中处置区内的企业产生的生活垃圾和一般废物应集中送交当地环境卫生机构进行统一处理。

集中处置区内的企业产生的危险废物应按照有关标准进行安全处置或者集中送交有资质的企业进行统一处置。

8 进口废弃机电产品集中拆解利用处置区的要求

8.1 进口废弃机电产品加工企业必须以材料回收为目的对废弃机电产品进行彻底拆解。
8.2 集中处置区在选址时应距离进口口岸较近，以降低运输成本，减少环境污染的风险。
8.3 集中处置区应是一个独立性、封闭性较强的区域。一般要求园区仅设一个进口，一个出口。

8.4 集中处置区管理机构应在集中处置区的进、出口处分别设立专门进出通道、电子地磅系统、电子车牌识别系统、集装箱识别系统、视频监控系统、通道式放射性探测系统，并配备其他查验辅助机械设备。

8.5 集中处置区管理机构对集中处置区的进、出口进行严格监控。防止以下废物入区：没有利用价值的废物；不符合环境保护标准的废物；危险废物；其他禁止进口的废物。出区物质的形态只能为原料状态和无法利用的废物。

8.6 集中处置区管理机构必须对进入集中处置区的废弃机电产品进行检查，以防在运输过程中对其进行拆解、处理。

8.7 集中处置区应建立统一的原料、产品和废物进、出集中处置区的登记和核销制度，采取入区物质集中登记，拆解后分类统计，出区销售核销的办法进行管理。

集中处置区管理机构应记录进、出集中处置区的原料、产品和废物的名称、数量、时间、去向等。

集中处置区内的企业必须建立统一的日常管理台账，记录每批次进、出区的货物的种类、数量、来源、加工拆解后的成分、去向与结存情况，及不可利用的残余物的处置方法和去向等。

集中处置区管理机构及区内企业随时接受当地环保部门的现场检查，并如实提供台账。

8.8 集中处置区应在进口处设置专用监管区，内有查验区域、检验检疫区域、消毒区域、具有防雨、防风、防渗等功能的不合格物品堆存区域。

9 规范监督实施

本技术规范由设区的市级以上地方人民政府环境保护行政主管部门负责监督实施。

中华人民共和国环境保护行业标准

医疗废物化学消毒集中处理工程技术规范（试行）

Technical Specifications for Chemical Disinfection Centralized Treatment Engineering on Medical Waste （On Trial）

HJ/T 228—2006

前 言

为贯彻《中华人民共和国环境保护法》和《中华人民共和国固体废物污染环境防治法》，规范医疗废物化学消毒处理技术的应用行为、工程建设以及设施运行管理，防止医疗废物化学消毒处理对环境的污染，保护环境，保障人体健康，制定本标准。

本标准由国家环境保护总局科技标准司提出。本标准起草单位：沈阳环境科学研究院、国家环境保护危险废物处置工程技术中心。本标准国家环境保护总局 2006 年 2 月 8 日批准。本标准自 2006 年 3 月 15 日起实施。本标准由国家环境保护总局解释。本标准为首次发布。

1 总 则

1.1 为贯彻《中华人民共和国固体废物污染环境防治法》、《中华人民共和国传染病防治法》、《医疗废物管理条例》和其他国家有关医疗废物领域的法规，加强医疗废物的安全管理，保护环境，防止疾病传播，保障人体健康，实现医疗废物无害化、减量化处理目标，规范医疗废物化学消毒处理技术的实际应用、指导医疗废物化学消毒处理工程的规划、设计、施工、验收和运行管理，制定本标准。

1.2 本标准适用于化学消毒处理技术集中处理医疗废物的新建、改建和扩建工程，以及化学消毒处理厂建设后的运行管理。

1.3 化学消毒处理技术适用范围

1.3.1 化学消毒处理技术适用于处理《医疗废物分类目录》中的感染性废物、损伤性废物和病理性废物（人体器官和传染性的动物尸体等除外）。

1.3.2 医疗废物化学消毒处理技术不适用于处理《医疗废物分类目录》中的药物性废物和化学性废物。

1.3.3 不能采用化学消毒处理技术处理的医疗废物，必须采用其他方法进行管理和处置，禁止将没有消毒的医疗废物混入生活垃圾或其他废物进行填埋。

1.4 医疗废物化学消毒处理工程规模的确定和详细技术路线的选择，应根据服务区域医疗废物的产生量和成分特点、社会经济发展水平、全国危险废物和医疗废物处置设施建设规划和城市总体规划、医疗废物收运体系特点、技术的适用性等合理确定。

1.5 医疗废物化学消毒工程项目的建设，宜近、远期结合，统筹规划，以近期为主。建设规模、布局和选址应在充分的技术经济论证，环境影响评价和环境风险评价的基础上进行综合比选后确定。

1.6 医疗废物化学消毒处置工程建设，应采用成熟可靠的技术、工艺和设备，做到运行稳定、维修方便、经济合理、管理科学、保护环境、安全卫生。

1.7 医疗废物化学消毒处置工程项目的建设，应坚持专业化协作和社会化服务的原则，坚持集中处理的原则，合理确定配套工程项目，提高运营管理水平，降低运营成本。

1.8 采用医疗废物化学消毒处理工程的建设除应遵守本标准外，还应符合国家现行的有关强制实施的标准要求。

1.9 建成的医疗废物化学消毒处置工程项目必须由设施所在地设区的市级人民政府环境保护行政主管部门审批，经获许可证后方可运营。

2 规范性引用文件

下列文件中的条款通过本标准的引用而成为本标准的条款。凡是不注日期的引用文件，其最新版本适用于本标准。

GB 5085　危险废物鉴别标准

GB 8978　污水综合排放标准

GB 14554　恶臭污染物排放标准

GB 15981—1995　消毒与消毒效果的评价方法与标准

GB 18466　医疗机构水污染物排放标准

GB 18597　危险废物贮存污染控制标准

GB 18598　危险废物安全填埋污染控制标准

GB 19217—2003　医疗废物转运车技术要求（试行）

国家危险废物名录（环发[1998]089 号）

危险废物转移联单管理办法（国家环境保护总局令第 5 号）

消毒管理办法（卫生部令第 27 号）

医疗废物专用包装物、容器标准和警示标识规定（环发[2003]188 号）

医疗废物集中处置技术规范（试行）（环发[2003]206 号）

全国危险废物和医疗废物处理设施建设规划（环发[2004]16 号）

医疗废物分类目录（卫生部和国家环保局发布 2003 第 287 号）

医疗机构医疗废物管理办法（卫生部第 36 号令）

消毒技术规范（卫生部 2004 年版）

3 术 语

3.1 医疗废物　medical waste

指各类医疗卫生机构在医疗、预防、保健、教学、科研以及其他相关活动中产生的具有直接或间接感染性、毒性以及其他危害性的废物。医疗卫生机构收治的传染病人和疑似病人产生的生活垃圾也按照医疗废物进行管理和处理。具体分类名录依照《国家危险废物名录》、国务院卫生行政主管部门和环境保护行政主管部门共同制定的《医疗废物分类目录》执行。

3.2 包装袋 package

指用于盛装除损伤性废物之外的医疗废物的初级包装，并符合一定防渗和撕裂强度性能要求的软质口袋。

3.3 周转箱（桶） transportation tank

指盛装经密封包装的医疗废物的专用硬质容器。用于医疗废物运输车运输医疗废物，使经包装的医疗废物不直接和车辆厢体接触或直接暴露于外环境，或在发生包装袋破损时起到防止废物污染车厢和外环境的作用。

3.4 利器盒 sharps container

指具有符合规定要求的强度、颜色、标识、尺寸，满足医疗废物中锐利器盛装要求的专用硬质密封容器。

3.5 暂时贮存 temporary store

指医疗废物处理单位将运达的医疗废物存放于本单位内符合特定要求的专门场所或设施内的过程。

3.6 处理 treatment

指通过改变医疗废物的生物特性和组成从而达到消除其潜在的传染危害性的过程，包括各类方法、技术和工艺。

3.7 处置 dispose

指按照规定的技术措施和要求，对经处理后的医疗废物进行安全无害和减量处理的过程。

3.8 消毒 disinfection

指杀灭或消除医疗废物上的病原微生物，使其达到无害化处理。

3.9 化学消毒 chemical disinfection

指利用化学消毒剂杀灭病原微生物的消毒方法。

3.10 化学消毒剂 chemical disinfectants

指用于杀灭医疗废物上的微生物使其达到效果要求的化学药剂。

3.11 消毒效率 efficiency of disinfection

指在消毒处理过程中，以百分数表示的细菌数量减少的值。

3.12 杀灭对数值 treatment efficiency

当微生物数量以对数表示时，消毒前后微生物减少数量的对数值。

3.13 作用时间 disinfecting time

指医疗废物在一定条件下经历消毒处理过程所需的时间。

3.14 残液 residual liquor

指消毒过程中形成的消毒水冷凝液及医疗废物中渗出的液体。

3.15 生物指示剂 biological indicator

指将适当的载体染以一定量的特定微生物，用以评价消毒效果的制品。

3.16 正常使用条件 normal condition

指根据厂家的对设备运行的要求，产品说明书中所规定的使用条件。

3.17 抽样测试 sample testing

指定期或不定期的随机采集经消毒处理的样本，检测其是否达到消毒要求。

3.18 标准状态 standard state

指温度在 0℃，压力在 101.325kPa 时的气体状态。

4 医疗废物产生量计算

4.1 医疗废物产生量应按实际重量统计与核定。

4.2 医疗废物产生量的计算及预测

（1）医疗机构产生的医疗废物总量包括固定病床的医疗废物产生量和门诊医疗废物产生量。

① 病床的医疗废物产生量计算及预测可按以下方法计算：

病床的医疗废物产生量（kg/d）=床位医疗废物产生率（kg/（床·d））×床位数（床）×床位使用率（%）

② 门诊医疗废物产生量计算及预测可按以下方法计算：

门诊医疗废物产生量（kg/d）=门诊医疗废物产生率（kg/（人次·d））×门诊人数（人次/d）

③ 无床位的小型门诊的医疗废物可按就业医务人员数量和单位医务人员医疗废物产生率计算和预测：

门诊医疗废物产生量（kg/月）=单位医务人员医疗废物产生率（kg/人次）×医务人员数（人次/月）

（2）其他产生源医疗废物的产生量根据各地情况合理估算。

5 医疗废物化学消毒处理厂总体设计

5.1 建设规模

5.1.1 化学消毒处理厂的建设规模应根据化学消毒处理厂服务区域内医疗废物产生量、成分特点及变化趋势等因素综合考虑确定，建设规模宜在 10 吨/日以下，并应考虑处理能力的冗余。

5.1.2 化学消毒处理厂建设规模应尽可能满足全年接收并妥善处理服务区域产生的适宜化学消毒处理的医疗废物。

5.2 项目构成

5.2.1 化学消毒处理厂建设项目由化学消毒处理厂主体工程与设备、配套工程、生产管理与生活服务设施构成。

5.2.2 化学消毒处理厂主体工程与设备主要包括：

（1）受料及供料系统：包括医疗废物受料计量、卸料、暂时贮存、输送等设施。

（2）化学消毒处理系统：包括医疗废物化学消毒单元、破碎单元、药剂供给单元、废气及废水处理单元和自动化控制单元等。

5.2.3 配套工程主要包括：总图运输、供配电、给排水、污水处理、消防、通讯、热力、暖通空调、机械维修、监测化验、计量、器具清洗、消毒等，也包括场外配套设施，如厂外路、水、电等。

5.2.4 生产管理与生活服务设施主要包括：办公用房、食堂、浴室、值班宿舍等设施。

5.3 厂址选择

5.3.1 厂址选择应符合《全国危险废物和医疗废物处置设施建设规划》及当地城乡总体发展规划，符合当地大气污染防治、水资源保护、水污染防治、自然环境保护的要求，并应通过环境影响评价和环境风险评价。

5.3.2 化学消毒处理厂不宜选在居民区、学校、医院等公共设施、水源保护区等附近建设，应设置相应的防护距离，防护距离的确定应根据场址条件、处理技术工艺等，结合环境影响评价和环境风险评价结果，并根据专家论证意见确定。

5.3.3 厂址选择还应符合以下条件：

（1）厂址应满足工程建设的工程地质条件、水文地质条件和气象条件，不宜选在地震断层、滑坡、泥石流、沼泽、流砂、采矿陷落区以及居民区、学校、医院等公共设施以及生态环境保护区等主导风向的上风向地区。

（2）选址应综合考虑交通、运输距离、土地利用现状、基础设施状况等因素，应进行公众调查。

（3）厂址不应受洪水、潮水或内涝的威胁，必须建在该地区时，应有可靠的防洪、排涝措施，厂区应达到百年一遇的防洪要求。

（4）厂址选择应同时考虑残渣的处置以及与当地生活垃圾处理场的距离。

（5）厂址附近应有满足生产、生活的供水水源和污水排放条件。

（6）厂址附近应保障电力供应。

5.4 总图设计

5.4.1 化学消毒处理厂的总图设计，应根据厂址所在地区的自然条件，结合生产、运输、环境保护、职业卫生与劳动安全、职工生活，以及电力、通讯、热力、给水、排水、污水处理、防洪、排涝等设施，经多方案综合比较后确定。

5.4.2 化学消毒处理厂的设计和建设，应考虑防止发生事故时或厂区内被污染的雨水造成土壤地下水或地表水污染的措施；设计并建设必要设施，收集和贮存化学消毒处理厂内因医疗废物溢出、泄漏或发生火灾灭火时产生的污水，或被污染的雨水；污水贮存设施容量应确保污水排放前能得到处理。

5.4.3 化学消毒处理厂的附属生产设施、生活服务设施等辅助设施，应根据社会化服务原则统筹考虑，避免重复建设。

5.4.4 化学消毒处理应分为清洁区、微污染区和污染区，厂人流和物流的出、入口宜分开设置，并应方便医疗废物运输车的进出。

5.4.5 化学消毒处理厂应设置高度不低于 2.5 米的围墙、防止家畜和无关人员进入。

5.4.6 总图设计还应满足 5.5、5.6、5.7 的要求。

5.5 总平面布置

5.5.1 化学消毒处理厂应以化学消毒处理系统为主体进行布置，其他各项设施应按医疗废物处理流程合理安排，以确保相关设备联系良好，充分发挥功能，保证设施安全运行。

5.5.2 医疗废物物流出入口、接收、贮存和转运设施、清洗消毒设施、处置场所等主要设施应与办公、生活服务设施隔离，分开建设。隔离措施包括墙体隔离和空间隔离方式。

5.5.3 化学消毒处理厂的车辆消毒设施，宜位于卸料设施附近处，以便于对卸料后的车辆进行及时消毒，防止有传染性物质扩散，并与医疗废物转运工具、生产工具的消毒设施合并建设。

5.5.4 应对与消毒剂发生接触的车辆等金属物品定期用清水进行清洗，以免发生设备车辆腐蚀问题。

5.6 厂区道路

5.6.1 化学消毒处理厂区道路的设置，应满足交通运输、消防、绿化及各种管线的敷设要求。

5.6.2 化学消毒处理厂的道路需能到达主要构筑物和建筑物。车行道宜布置成环状，以便回车。

5.6.3 化学消毒处理厂区主要道路的行车路面宽度不宜小于 6.0 m。化学消毒处理厂房外应设消防道路，道路的宽度不应小于 3.5 m，人行道一般取 1.5～2.0 m。路面宜采用水泥混凝土或沥青混凝土，道路的荷载等级应符合现行国家标准《厂矿道路设计规范》（GBJ 22—1987）的有关规定。

5.6.4 临时停车场可设在厂区物流出口或入口附近处。

5.7 绿化

5.7.1 化学消毒处理厂的绿化布置应符合总图设计要求,合理安排绿化用地。

5.7.2 厂区绿化应结合当地的自然条件，选择适宜的植物。

6 医疗废物收集、贮存、输送及清洗消毒系统

6.1 一般规定

6.1.1 医疗废物接收、贮存与输送系统包括：计量设施、卸料设施、卸料场地、暂时贮存库和贮存冷库、化学消毒处理厂内转运设施和其他设施。

6.1.2 医疗废物贮存禁止采用坑式垃圾池。

6.1.3 医疗废物输送系统不应采用抓斗起重机。

6.1.4 应采用专用封闭式冷藏运输车，将塑料桶及纸箱按照危险废物运输的特殊要求，运送到化学消毒处理厂。

6.1.5 感染性废物随包装封闭进入处理装置同时处理，非感染性医疗废物的塑料包装桶及运输车经清洗消毒后循环使用，产生的清洗消毒废水进行集中无害化处理。

6.2 分类包装和收集

6.2.1 医疗废物收集时应按照《医疗废物分类目录》中的分类标准和《医疗卫生机构医疗废物管理办法》中的要求分类收集，医疗废物运输单位和处置单位有权拒绝接纳不符合分类要求的医疗废物。

6.2.2 医疗废物包装袋、利器盒与周转箱的标准、技术性能、规格等应符合《医疗废物专用包装物、容器标准和警示标识规定》。

6.2.3 感染性医疗废物应采用一次性塑料袋或纸箱（用于干性废物）密封收集保存。

6.2.4 采用化学消毒处理技术的地区，医疗废物的包装袋还应当符合以下要求：即运输车经清洗消毒后循环使用，产生的清洗消毒废水进行集中无害化处理。

（1）包装袋分为黄色和红色两种，黄色袋盛装感染性废物及病理性废物，适用于化学

消毒处理。红色袋盛装药物性和化学性废物，不适用于化学消毒处理，收集时红色袋应单独收集。

（2）包装袋上应有医疗废物的中文标识，标识内容应包括：医疗废物产生单位、产生日期、废物类别、警示标识等。

（3）包装袋在正常使用时应能够防止破损，并不与盛装设备材质发生化学反应。

6.3 接收

6.3.1 卸料场地应满足医疗废物运输车顺畅作业的要求。

6.3.2 化学消毒处理厂应设置计量系统。计量系统应具有称重、记录、传输、打印与数据处理功能。

6.4 贮存与输送

6.4.1 医疗废物卸料场地、暂时贮存库、冷藏库等设施的设计、运行、安全防护等应满足《危险废物贮存污染控制标准》和《医疗机构医疗废物管理办法》的有关要求。

6.4.2 化学消毒处理厂必须设冷藏库，冷藏库的温度应在 3～7℃之间，冷藏库可与暂时贮存库合并建设，冷藏库未启动制冷设备时，可用作暂时贮存库。

6.4.3 化学消毒处理厂接收的医疗废物应尽可能当天处理。若处理厂对医疗废物进行贮存，贮存温度≥5℃时，贮存不得超过 24 小时；在 5℃以下冷藏，不得超过 72 小时。

6.4.4 医疗废物卸料和贮存设施属感染区，应配备隔离设施、报警装置和防风、防晒、防雨设施，并按照《环境保护图形标识——固体废物贮存（处理）场》（GB 15562.2）的有关规定设置警示标志。

6.4.5 贮存设施应合理组织气流分布，尽量使操作人员处于清洁区。

6.4.6 贮存设施应采用全封闭、微负压设计，并应设置事故排风系统或设施。

6.4.7 贮存设施地面和墙裙应进行防渗处理，地面应具有良好的排水性能，产生的废水可采用暗沟、管直接排入污水收集消毒处理设施。

6.4.8 贮存设施内应设置有安全照明设施和观察窗口。

6.4.9 医疗废物贮存设施的设计应方便医疗废物的装卸和转运工具的正常进出。

6.4.10 医疗废物卸料及贮存设施应采取防渗漏、防鼠、防鸟、防蚊蝇、防蟑螂、防盗等措施。

6.4.11 医疗废物搬运应使用专用工具，尽可能采取机械作业，减少人工对其直接操作；如果采用人工搬运，应使用专用转运工具搬运，避免废物和容器直接接触人员的身体。医疗废物的转运车应符合《医疗废物转运车技术要求》（试行）规定。

6.5 清洗消毒

6.5.1 化学消毒处理厂必须设置医疗废物运输车辆、转运工具、周转箱（桶）的清洗消毒场所和废水收集处理设施。

6.5.2 医疗废物运输车辆应在每次使用后进行清洗消毒。禁止在社会车辆清洗场所清洗医疗废物运输车辆。

6.5.3 转运工具和周转箱（桶）等均应进行清洗消毒并晾干后方能再次使用，并在清洗消毒设施内进行。

6.5.4 医疗废物贮存设施应每天消毒一次；贮存设施内的医疗废物每次清运之后，应及时清洗和消毒。

6.5.5 清洗废水应收集并排入废水消毒处理设施，处理后达到医院废水排放标准，禁止任意向环境排放清洗废水。

6.5.6 清洗消毒作业还应具有良好的通风条件，可采取机械强制通风。

6.5.7 已进行清洗消毒处理的工具、设备、周转箱（桶）等应与未经处理的工具、设备、周转箱（桶）等分开存放。清洗消毒处理后的工具、设备、周转箱（桶）等晾干后方可再次投入使用。

7 医疗废物化学消毒处理系统

7.1 一般规定

7.1.1 医疗废物化学消毒处置系统应包括进料单元、破碎单元、药剂供给单元、化学消毒处理单元、出料单元、自动控制单元、废气处理单元、废液处理单元及其他辅助设备。

7.1.2 医疗废物化学消毒处置系统应实现消毒处理、破碎、干燥（压缩）设备一体化，避免医疗废物由系统的入口进入到出口出料之间存在人工接触的可能性。

7.1.3 工艺流程可选用先破碎后消毒或者破碎与消毒同时进行两种方式，对干法处理宜采取破碎与消毒同时进行的方式，对湿法宜选用先破碎后消毒处理的方式。

7.1.4 化学消毒处理技术的消毒效果应能达到：

（1）对繁殖体细菌、真菌、亲脂性/亲水性病毒、寄生虫和分枝杆菌的杀灭对数值≥6；

（2）对枯草杆菌黑色变种芽孢（B.subtilis ATCC 9372 ）的杀灭对数值≥4。

7.1.5 化学消毒处置系统设计服务期限不应低于 10 年。

7.2 进料单元

7.2.1 进料设备应与后续处理工艺相匹配。

7.2.2 采用化学消毒处理和破碎同时进行的处理设备，应保证其进料容器在完成进料后得到相应的消毒处理，禁止采用没有经过消毒处理的进料容器盛装经过消毒处理的废物。

7.2.3 采用先破碎后消毒处理工艺的设备，进料设备的进料口要保持气密性，应配备抽气设备以维持进料设备和破碎设备在负压下运行，以防止破碎时含菌粉尘从进料口逸出。

7.2.4 进料设备应采用自动进料设备，避免操作人员与医疗废物盛装袋直接接触。

7.3 破碎单元

7.3.1 破碎单元应当能够同时破碎硬质物料和软质物料，破碎单元应能达到对医疗废物毁形处理的要求，确保破碎颗粒粒径不大于 5 cm。一级破碎如不能达到以上粒径要求，应设置二级破碎设施。

7.3.2 破碎单元位于化学消毒处理单元之前的，应保证破碎单元处于密闭和负压状态下运行，并保证其内部空气得到消毒处理后排放。同时应保证在人工检修前必须得到充分的消毒处理。

7.3.3 破碎单元的选择，应当遵循安全、可靠、耐用、便于维修、减少二次污染的原则。

7.4 药剂供应单元

7.4.1 化学消毒可以分为干式化学消毒法和湿式化学消毒法两种，化学消毒药剂可采用石灰粉、次氯酸钠、次氯酸钙、二氧化氯等，但必须保障本标准所提出的消毒效果，确保在消毒过程中实现传染性病菌杀灭或失活。优先选用石灰粉等干式化学消毒药剂。

7.4.2 药剂供给必须保证药剂有效浓度和相应的接触反应时间，以及药剂的投加量，禁止采用超过有效期的化学消毒剂。针对不同药剂应符合如下要求：

（1）石灰粉。所采用的石灰粉纯度宜为 88%～95%，接触反应时间应大于 120 min，药剂投加量应大于 0.075 kg 石灰粉/kg 医疗废物，反应控制的强碱性环境 pH 值应在 11.0～12.5 范围内。

（2）次氯酸钠。所采用的消毒剂浓度宜为 8～10 g/L 有效氯，接触反应时间应大于 60 min，药剂投加量应大于 0.05 kg 次氯酸钠消毒液/kg 医疗废物。

（3）次氯酸钙。所采用消毒剂浓度宜为 8～10 g/L 有效氯，接触反应时间应大于 60 min，药剂投加量应大于 0.05 kg 次氯酸钙消毒液/kg 医疗废物。

（4）二氧化氯。所采用消毒剂浓度宜为 4～6 g/L，接触反应时间应大于 50 min，药剂投加量应大于 0.04 kg 二氧化氯消毒液/kg 医疗废物。

7.4.3 化学消毒药剂的贮存应确保环境安全，以免对操作人员和环境带来危害。

7.5 化学消毒处理单元

7.5.1 化学消毒处理单元应满足如下要求：

（1）进料容器材质应具有耐热、耐腐蚀、耐磨、耐震的特点，能够适应医疗废物的具体特点。

（2）化学消毒处理设备应具有构造简单、拆卸方便，便于操作和维护。

（3）应确保医疗废物与化学消毒药剂充分的接触时间和混合程度，确保药剂浓度、温度以及水分等满足工艺要求，确保消毒功效。

（4）消毒处理设备应有防止人为干扰措施，以免医疗废物消毒处理未完毕前人为停止运转。

7.5.2 化学消毒处理设备制造商应提供详细的设备说明手册，内容包括：设备的型号、操作程序、化学消毒剂名称、化学消毒剂浓度、处理时间、处理条件（温度、pH、加药量、压力等）、投加物组成、投加量及投加速率等。

7.5.3 化学消毒处理设备应具备干燥功能，对采用湿法处理产生的残渣进行后续干燥处理，避免在残渣贮存、运输过程中发生泄漏，对环境造成带来不良影响。

7.6 出料单元

7.6.1 出料单元应设置安全连锁装置，在没有达到设定的处理条件并得到总控制台的指令前，不会打开。

7.6.2 在消毒处理完成后，达到消毒要求的医疗废物残渣必须通过自动输送装置直接卸入废物接收容器中，严禁人工手动卸料。

7.6.3 消毒后的废物必须放入标有“已消毒医疗废物”的聚乙烯包装袋中，包装袋上必须标注处理日期。

7.7 自动控制单元

7.7.1 自动控制单元应能实现废物处理的温度、时间、消毒剂浓度等工艺参数的自动控制，以及物料供给、设施启停、废物破碎、废物消毒与干燥，废气、废水处理等过程的自动控制。

7.7.2 自动控制单元应能够实时显示当前运行所处的状态，包括消毒时间、干燥时间，并实时跟踪反馈消毒器的内部温度、pH 等参数。

7.7.3 自动控制单元应能读取并存储所监测的消毒时间、干燥时间、内部温度、pH 等工艺参数，并应能确保防止非法篡改、删除数据。所存储的电子数据至少应保存五年以备环保部门检查。

7.7.4 自动控制单元应具有故障自我检测功能，实现超温、断电、断水、断气以及误操作等异常情况下必要的紧急停车，并且能够实现操作未完成时消毒单元舱门闭锁功能。

7.7.5 自动控制单元应设置权限，对处理时间、温度等参数的修改进行限制，禁止将处理参数降低到标准规定的数值以下对医疗废物进行消毒处理。

7.7.6 自动控制单元应具备自动记录和打印功能，能够自动记录和打印操作员号、处理工艺参数以及设施运行过程中的其他主要参数。

7.7.7 自动控制单元应具备在设备出现异常条件下的自动报警功能，并能够实现报警后适（延）时联锁停车功能。

7.7.8 自动控制单元应具备远程监控功能，并实现主要工况参数与当地环保部门联网显示。

7.8 废气处理单元

7.8.1 化学消毒处理过程中产生的废气主要来自于破碎过程中产生的扬尘、挥发性有机物以及其他有害成分。

7.8.2 化学消毒过程应在封闭的系统中操作，或者是消毒系统处于负压状态，并使排出的气体通过废气净化装置净化后达标排放。

7.8.3 废气净化装置应具有杀菌、消毒功能，确保有效去除废气中的微生物、挥发性有机物（VOC）、重金属等污染物，并根据实际需求设置除臭装置。

7.8.4 废气净化装置过滤器的过滤尺寸不应大于 0.2μm，耐温不低于 140℃。过滤器应设置进出气阀、压力表和排水阀，设计流量应与处理规模相适应，过滤效率应在 99.999%以上。

7.8.5 废气净化装置的过滤材料因使用寿命或其他原因不能使用时应按未处理医疗废物进行处置。

7.9 废水处理单元

7.9.1 化学消毒处理过程中的废水主要来自医疗废物盛装容器清洗消毒废水，以及湿式化学消毒药剂和医疗废物中残留的液体。

7.9.2 废水处理可采用多种切实可行的处理技术，污染物排放指标必须达到《医疗机构水污染物排放标准》要求。

8 配套工程

8.1 电气系统

8.1.1 医疗废物化学消毒处理厂供电方式应根据用电要求，与当地电力部门协商确定。

8.1.2 化学消毒处理厂主要用电负荷为 AC 380/220V，负荷等级为三级，应有备用电源。

8.1.3 化学消毒处理厂应设直流配电装置及不间断电源系统供仪表、计算机监控及控制系统的应急电源。

8.1.4 照明设计应符合《建筑照明设计标准》（GB 50034）中的有关规定。正常照明与事故照明应采用分开的供电系统，并宜采用下列供电方式：

（1）事故照明宜由蓄电池组供电。

（2）化学消毒处理厂房的主要出入口、通道、楼梯间以及远离医疗废物化学消毒厂房的工作场所的事故照明，宜采用自带蓄电池应急灯。

（3）厂房内安装高度低于 2.2 m 的照明灯具，宜采用 24 V 电压供电。

（4）手提灯电压不应大于 24 V，在狭窄地点和接触良好金属接地面上工作时，手提灯电压不应大于 12 V。

8.1.5 化学消毒处理厂房及辅助厂房的电缆敷设，应采取有效的阻燃、防火封堵措施。

8.1.6 化学消毒处理厂应设置通讯设备，保证厂区岗位之间和厂内外联系畅通。

8.2 给水、排水和消防

8.2.1 给水

8.2.1.1 厂区室外和室内给水管网宜采用生产、生活、消防联合供水系统。

8.2.2 排水

8.2.2.1 化学消毒处理厂区排水应采用雨污分流制。

8.2.2.2 雨水量设计重现期应符合《室外排水设计规范》（GBJ 14）中的有关规定。

8.2.2.3 化学消毒处理厂的生活废水排放应符合《污水综合排放标准》，清洗、消毒产生的废水和厂区初期雨水等应收集处理后排放，并符合《医疗机构水污染物排放标准》要求。

8.2.3 消防

8.2.3.1 化学消毒处理厂房的生产类别应属于丁类，建筑耐火等级不应低于二级。贮存库的生产类别应属于丙类，建筑耐火等级不应低于二级。

8.2.3.2 化学消毒处理厂房应设置室内消火栓给水系统，并应符合《建筑设计防火规范》（GBJ 16）中的有关规定。

8.2.3.3 医疗废物化学消毒厂房的安全疏散，应符合《建筑设计防火规范》（GBJ 16）中的有关规定。

8.2.3.4 医疗废物化学消毒厂房内部的装修设计，应符合《建筑内部装修设计防火规范》（GB 50222）中的有关规定。

8.3 采暖通风与空调

8.3.1 建筑物的采暖通风和空调设计应符合《采暖通风与空气调节设计规范》（GBJ 19）中的有关规定。

8.3.2 医疗废物化学消毒厂房宜采用机械强制通风，以保持良好的通风环境。

8.3.3 化学消毒处理车间以及贮存间排出的空气应进行消毒处理后排放,并宜设置事故排风装置，以便提供充足的通风条件。

8.4 建筑与结构

8.4.1 化学消毒处理厂主要生产设备应布置在封闭的车间内。卸料、贮存、转运、输送和上料系统必须设置在有屋盖的车间内。

8.4.2 化学消毒处理厂的暂时贮存库应采取微负压设计，并保证新风量 30 m^3/人 • 小时。

8.4.3 化学消毒处理厂区建筑的造型应简洁、实用，并与周围环境相协调。厂房的平面布置和空间布局应满足工艺设备布置要求，同时应考虑今后生产发展和技术改造的可能性。生产区与生产管理及生活服务区之间应有隔离设施。

8.4.4 厂房平面设计应组织好人流和物流线路，避免交叉。

8.4.5 化学消毒处理厂房楼（地）面的设计，除满足工艺使用要求外，还应符合《建筑地面设计规范》（GB 50037）中的有关规定。贮存设施墙面应方便进行清洗消毒，控制室地面应采取防静电措施。

8.4.6 厂房采光设计应符合《工业企业采光设计标准》（GB 50033）中的有关规定。

8.4.7 严寒地区的建筑结构应采取防冻措施。

8.4.8 大面积屋盖系统宜采用钢结构，并应符合《屋面工程技术规范》（GB 50207）中的有关规定。屋顶承重结构的结构层及保温（隔热）层应采用非燃烧体材料；设保温层的屋面应有防止结露与水汽渗透的措施，并应符合《建筑设计防火规范》（GBJ 16）中的有关规定。

8.4.9 医疗废物卸料、贮存设施应进行地面防渗处理，并符合《危险废物贮存污染控制标准》（GB 18597）中的有关规定。

8.4.10 厂房结构设计应满足《建筑结构可靠度设计统一标准》（GB 50068）中的有关规定，并应符合其他国家现行的有关规范要求。

8.4.11 厂区内应进行地质勘察，地质勘察应符合《岩土工程勘察规范》（GB 50021）中的有关规定。

8.4.12 楼（地）面活荷载取值应根据设备安装、检修和使用要求等确定，同时应满足《建筑结构荷载规范》（GB 50009）中的有关规定。

8.4.13 医疗废物化学消毒处理厂的结构构件，应根据承载能力极限状态及正常使用极限状态要求，按使用工况分别进行承载能力及稳定、疲劳、变形、抗裂及裂缝宽度计算和验算；处于地震地区的结构，还应进行结构构件抗震的承载能力计算。同时应满足《混凝土结构设计规范》（GB 50010）、《砌体结构设计规范》（GB 50003）、《钢结构设计规范》（GBJ 17）、《建筑抗震设计规范》（GB 50011 ）中的有关规定。

8.4.14 地基基础的设计应按《建筑地基基础设计规范》（GB 50007）和《湿陷性黄土地区建筑规范》（GBJ 25）的有关规定进行地基承载力和变形计算，必要时还应进行稳定性计算。

8.5 其他辅助设施

8.5.1 化学消毒处理厂应具有全厂设备日常维护、保养与小修任务及工厂设施突发性故障时的应急处理功能。设备的大、中修宜通过社会化协作解决。

8.5.2 化学消毒处理厂应配备必需的机械工具、搬运设备和备用品、消耗品。

8.5.3 化学消毒处理厂应配备突发事故应急所必需的设备、物品和药品。

9 环境保护与安全卫生

9.1 一般规定

9.1.1 医疗废物化学消毒过程中产生的废气、废水、噪声等的防治与排放，应贯彻执行国家现行的环境保护法规和标准等。

9.1.2 化学消毒处理厂建设应贯彻执行《中华人民共和国职业病防治法》，应符合国家职业卫生标准的工作环境和条件。

9.1.3 制定化学消毒处理厂污染物治理措施前应落实污染源的特性和产生量。

9.1.4 设备提供商及生产商应对设施运行涉及的所有环节，包括运行参数控制、监测仪器仪表的操作，设备故障排除及应急、职业安全防护等方面提供全方位的业务培训，并保证相应售后服务要求。

9.2 环境保护

9.2.1 医疗废物进场后应在规定时间内尽快处理，减少存放时间，避免恶臭产生。

9.2.2 废物的贮存、卸料、进料、破碎和消毒应采用负压操作，控制恶臭和带菌气体扩散。抽出的气体应通过高效空气净化器及除臭装置处理后排放，并应符合《恶臭污染物排放标准》要求。

9.2.3 化学消毒处理厂清洗、消毒产生的废水及废液，以及化学消毒处理厂内初期雨水必须按医疗机构产生废水进行处理，并应符合《医疗机构水污染物排放标准》要求。

9.2.4 主要噪声设备，如破碎机、泵、风机等应采取基础减震和消声及隔声措施，厂界噪声应符合《工业企业厂界噪声标准》（GB 12348—90）要求。

9.2.5 医疗废物化学消毒处理的最终产物是较为干燥的无害医疗废物，可送生活垃圾处理厂处理，具体方式可根据当地生活垃圾的处置方式而定，禁止再利用。

9.2.6 废气处理过程中采用的过滤材料应定期更换，并按照未经消毒处理的医疗废物进行处理。

9.2.7 化学消毒处理厂更换的直接与医疗废物接触的备品备件、废弃的防护用品等应按未处理的医疗废物进行处理。

9.3 职业卫生与劳动安全

9.3.1 化学消毒处理厂的劳动卫生应符合《工业企业设计卫生标准》（GBZ 1）和《工作场所有害因素职业接触限值》（GBZ 2）中的有关规定。

9.3.2 化学消毒处理厂建设应采用有利于职业病防治和保护劳动者健康的措施。应在相关设备的醒目位置设置警示标识，并应有可靠的防护措施。

9.3.3 职业病防护设备、防护用品应确保处于正常工作状态，不得擅自拆除或停止使用。

9.3.4 化学消毒处理厂建设应有职业病危害与控制效果可行性评价。

9.3.5 化学消毒处理厂应采取必要的职业健康和劳动安全措施，主要内容应包括：

（1）应对工作人员进行必要的培训；

（2）应提供工作人员所需的防护用品；

（3）应提供工作人员所使用的防护用品的清洁消毒设施。

9.3.6 所使用防护用品的类型应根据所涉及的医疗废物的危险程度而定，但对医疗废物收集和处理人员应达到如下要求：

（1）头盔，有或无面罩据所进行的操作而定；

（2）口罩，必需；

（3）护目镜，依操作而定；

（4）工作裤（工作服），必需。

9.3.7 应按感染区、过渡区、安全区设置工作人员更衣、洗涤和洗浴设施，并提供工作人员所使用的防护用品的清洗消毒设施。

9.3.8 应提供当设备发生故障停机时维修工人可以安全地进入设备内部进行维修的安全保障措施。

9.3.9 应制定严密的应急和突发事件处理计划，其内容至少应包括：

（1）护腿和工业用靴，必需；

（2）一次性手套（一般工作人员用）或耐受力强的手套（医疗废物处理工人用），必需；

（3）耳罩，依操作而定。

（4）处理技术设备出现问题（如化学消毒剂浓度不够，处理参数不符合规定要求等）

时的应急计划；

（5）机械故障（如破碎设备堵塞等）时的应急计划；

（6）在处理过程中设备突然停机的应急计划；

（7）在发生医疗废物或化学药剂散落、泄漏时的应急计划。

10 医疗废物化学消毒处理技术管理要求

10.1 化学消毒处理技术和产品要求

10.1.1 医疗废物化学消毒处理技术和产品应通过技术验证或环保产品认证。

10.1.2 医疗废物化学消毒处理技术验证或产品认证应通过规定的管理和测试程序。

10.1.3 测试工作应由具备相应检测资格的检测机构承担，并应符合相应的测试标准及规范要求。

10.2 测试标准及方法

10.2.1 测试应采取本标准所提出的微生物指示剂进行测试。

10.2.2 测试过程应严格执行国家关于化学消毒处理效果检测的测试标准及规范，确保检测结果的权威性和真实性。

11 工程施工及验收

11.1 建筑、安装工程应符合施工设计文件、设备技术文件的要求。

11.2 对工程的变更应取得设计单位的设计变更文件后再进行施工。

11.3 医疗废物化学消毒处理厂的建设对工程质量监督管理应符合《建设工程质量管理条例》的有关规定，项目的竣工验收应按《建设项目（工程）竣工验收办法》执行。

11.4 医疗废物化学消毒处理厂的竣工验收应有环境保护及卫生专业技术部门参加。

11.5 医疗废物化学消毒处理工程应按本标准和现行相关专业工程验收有关规定进行验收。对国外引进的专用设备，应按供货商提供的设备技术规范、合同规定及商检文件执行，并应符合我国现行的国家或行业工程施工及验收标准要求。

11.6 工程竣工验收前，严禁化学消毒处理设备投入使用。

12 运行管理

12.1 一般规定

12.1.1 适用于医疗废物化学消毒处理厂的运行、维护及安全管理。

12.1.2 医疗废物化学消毒处理厂的运行、维护及安全管理，除应执行本标准外，还应符合国家现行有关标准要求。

12.2 化学消毒处理厂运行条件

12.2.1 化学消毒处理厂必须获得由设施所在地设区的市级人民政府环境保护行政主管部门审批颁发的经营许可证；未取得经营许可证的单位，不得从事有关医疗废物集中处理活动。

12.2.2 必须具有经过培训的技术人员、管理人员和相应数量的操作人员。

12.2.3 具有完备的保障医疗废物安全处理处置的规章制度。

12.2.4 具有保障医疗废物集中化学消毒处理厂正常运行的周转资金和辅助原料。

12.3 机构设置与劳动定岗、定员

12.3.1 化学消毒处理厂医疗废物接收、转运、贮存、化学消毒、清洗消毒等岗位应按生产和使用有毒物品的生产场所工作性质确定。

12.3.2 化学消毒处理厂劳动定员可分为生产人员、辅助生产人员和管理人员。管理人员应包括技术人员和安全管理人员。劳动定员应按定岗定量的原则合理确定。

12.4 人员培训

医疗废物化学消毒处理厂应对操作人员、技术人员及管理人员进行相关法律法规、专业技术、安全防护、应急处理等理论知识和操作技能培训，主要包括：

12.4.1 对医疗废物化学消毒处理厂所有工作人员的培训最低应满足如下要求：

（1）熟悉有关医疗废物管理的法律和规章制度；

（2）了解医疗废物危险性方面的知识；

（3）明确医疗废物安全卫生处理和环境保护的重要意义；

（4）熟悉医疗废物的分类和包装标识；

（5）熟悉医疗废物化学消毒的工艺流程及处理方法；

（6）掌握职业安全教育和个人保护装置的使用，明确劳动安全防护设施、设备的使用知识和个人卫生措施；

（7）熟悉处理泄漏和其他事故的应急操作程序。

12.4.2 对医疗废物化学消毒处理操作人员和技术人员除了要满足上述要求外，其培训还应满足如下要求：

（1）医疗废物接收、转运、贮存和上料的具体操作，以及医疗废物处理的安全操作程序及标准；

（2）最佳的运行温度以及保持设备良好运行的条件；控制、报警和指示系统的运行和检查以及必要时的纠正操作；

（3）识别医疗废物化学消毒处理设备所不能处理的废物种类；

（4）医疗废物化学消毒处理产生的排放物应达到的技术要求；

（5）处理设备的正常运行，包括设备的启动和关闭；

（6）设备运行故障的检查和排除程序及方法；

（7）事故或紧急情况下人工操作和事故处理程序；

（8）设备日常和定期维护及检查程序；

（9）设备运行和维护记录，以及泄漏事故和其他事件的记录及报告。

12.4.3 技术人员还应掌握医疗废物化学消毒知识和处理设备的基本工作原理。

12.5 医疗废物交接制度

12.5.1 医疗废物交接按照《医疗废物集中处置技术规范》（试行）的有关规定执行，采用《医疗废物运送登记卡》和《危险废物转移联单》（医疗废物专用）进行记录和管理。

12.5.2 医疗废物交接分为医疗废物现场交接和《医疗废物运送登记卡》的交接。

12.5.3 医疗废物应现场交接，核对其数量、种类、标识与《医疗废物运送登记卡》是否相符及包装是否密封。

12.5.4 若现场实物与《医疗废物运送登记卡》不相符，应及时向化学消毒处理厂负责人汇报并通知医疗废物委托人进行核实。

12.5.5 若发现医疗废物包装袋破裂、泄漏或其他事故时，化学消毒处理厂应协助运输单位进行处理。

12.5.6 交接双方必须根据交接情况认真填写《医疗废物运送登记卡》，并签字确认。

12.5.7 根据危险废物转移联单制度妥善保存《医疗废物运送登记卡》,并定期向主管部门报送。

12.5.8 化学消毒处理厂应对接收的医疗废物及时登记，并将进厂医疗废物的数量等有关信息输入计算机管理系统。

12.6 化学消毒处理厂运行记录制度

医疗废物化学消毒集中处理厂应建立生产设施运行状况、设施维护和医疗废物化学消毒处理生产活动等的登记制度，主要记录内容包括：

（1）《医疗废物运送登记卡》和《危险废物转移联单》（医疗废物专用）的记录和妥善保存；

（2）医疗废物接收登记；

（3）医疗废物进场运输车车牌号、来源、重量、进场日期及时间、离场时间等进行登记；

（4）清洗消毒操作登记；

（5）生产设施运行工艺控制参数记录；

（6）医疗废物正常处理情况记录；

（7）生产设施维修情况记录；

（8）环境监测数据记录；

（9）生产事故及处理情况记录；

（10）定期检测、评价及评估情况记录。

12.7 交接班制度

为保证医疗废物集中处理处置厂生产活动安全有序进行，必须建立严格的交接班制度，内容包括：

（1）生产设施、设备、工具及生产辅助材料交接；

（2）医疗废物交接；

（3）运行记录交接；

（4）上下班交接人员应在现场进行实物交接；

（5）运行记录交接前，交接班人员应共同巡视现场；

（6）交接班程序未能顺利完成时，应及时向生产管理负责人报告；

（7）交接班人员对实物及运行记录核实确定后，应签字确认。

12.8 劳动保护和安全生产

12.8.1 一般规定

化学消毒处理厂在设计、施工和生产过程中，必须高度重视安全卫生问题，采取有效的应对措施和各种预防手段，严格执行以下法规和标准：

（1）《中华人民共和国劳动法》

（2）《电气设备安全设计导则》（GB 4064—1983）

（3）《安全色》（GB 2893—1982）

（4）《安全标志》（GB 2894—1996）

（5）《企业职工劳动安全卫生教育管理规定》（劳部发[1995]405 号）

（6）《劳动防护用品配备标准（试行）》（国经贸安全[2000]189 号）

（7）《呼吸防护用品的选择、使用与维护》（GB/T 18664—2002）

（8）《中华人民共和国职业病防治法》

（9）《建设项目（工程）劳动安全卫生监察规定》（劳动部令第 3 号）

（10）《建设项目（工程）职业安全卫生设施和技术措施验收办法》

（11）《生产过程安全卫生要求总则》（GB 12801—1991）

（12）《生产设备安全卫生设计总则》（GB 5083—1985）

（13）《建筑设计防火规范》（GBJ 16—2001）

（14）《建筑物防雷设计规范》（GB 50057—1994）

（15）《工业企业设计卫生标准》（TJ 36—1979）

12.8.2 劳动保护

（1）加强员工的安全防护意识和消毒意识，定期对员工进行健康检查。

（2）操作人员必须佩戴必要的劳保用品，做好安全防范工作。

（3）工作人员所需防护设备和衣服的购置、发放、回收和报废均应进行登记。报废的防护设备应交由专人处理，不得自行处置。

（4）应提供工作人员防护的设备和衣服，满足化学消毒处理所需要的防护性能要求。员工上班必须穿工作服，下班后及时更换。工作服应勤洗勤换并定期消毒。

（5）在指定的、有标志的明显位置应配备必要的防护救生用品及药品。防护救生用品和药品要有专人管理，并及时检查和更换。

（6）应建立有效的职业健康程序，包括预防免疫、暴露后的预防处理和医疗监护等。

（7）应定期做好废气和废水的检测工作。

（8）应做好防虫、防鼠工作，消灭蚊蝇滋生地。

（9）应提供方便工作人员使用的洗涤设施（有热水和洗涤用品）。

（10）设备供应商应具有足够的技术和维修人员，以便能够提供及时的服务。

（11）应安装紧急冲洗水管、花洒、洗眼站和紧急救护包，防止化学物品的意外泄漏。工人需穿戴防化学的护目镜、手套和围裙和其他个人的防护用品。

（12）应提供听力保护装置。

12.8.3 安全生产

（1）化学消毒处理厂生产过程中安全卫生管理应符合《生产过程安全卫生要求总则》（GB 12801—1991）中的有关规定。各岗位应根据工艺特征和具体要求，制定本岗位安全操作规程。

（2）操作人员必须严格执行本岗位安全操作规程，并定期对设备进行技术参数调试、检修及保养。

（3）各岗位操作人员和维修人员必须经过岗前培训，经考核合格后持证上岗，并应定期进行教育培训。

（4）严禁非本岗位操作人员擅自启、闭本岗位设备。

（5）操作人员启、闭电器开关时，应按电工规程进行。

（6）检修电器控制柜时，必须先通知变、配电站断掉该系统电源，并验明无电后方可作业。

（7）厂内及生产区内运输管理应符合《工业企业厂内运输安全规程》（GB 4387—1994）中的有关规定。

（8）在主要通道处均应设置安全应急灯。

12.9 检测、评价及评估制度

12.9.1 设备在安装及检修后必须经国家环境保护总局认可的检测单位，采用生物学方法对处理后残渣进行消毒效果检测合格后方可运行，严禁在未经检测或检验不合格的情况下进行医疗废物化学消毒处理。在运行过程中，应采用同样的方法对消毒效果进行检测，并不定期进行抽样测试，检测频率至少为 2 次/a。医疗废物处理的监督管理工作应由设区市级以上环境保护行政管理部门负责。

12.9.2 医疗废物化学消毒处理效果生物指示剂检测指标可采用枯草杆菌黑色变种芽孢（B.subtilis ATCC 9372 ）作为代表性菌种。

12.9.3 因设备故障造成处理设施停车、检测结果不合格或者评价结果不合格时，必须对医疗废物残渣进行重新消毒处理。

12.9.4 禁止将检测结果不合格的残渣送入生活垃圾填埋场填埋或采用其他方式处理。

12.9.5 应根据化学消毒处理设施工况运行记录及生物检测结果定期对化学消毒处理厂的环境污染防治和消毒效果进行检测和评价，对结果整理存档，并每半年向地方环境保护主管部门报告一次。

12.9.6 应定期对化学消毒处理厂的设施、设备运行及安全状况进行检测和评估，确保其正常的处理效果，消除安全隐患。

12.9.7 应定期对化学消毒处理厂周围的环境空气、地下水、地表水和土壤环境质量等进行监测，确保厂界周围环境质量满足国家相应标准要求。

中华人民共和国环境保护行业标准

医疗废物微波消毒集中处理 工程技术规范（试行）

Technical specifications for microwave disinfection centralized treatment engineering on medical waste （On Trial）

HJ/T 229—2006

前 言

为贯彻《中华人民共和国环境保护法》和《中华人民共和国固体废物污染环境防治法》，规范医疗废物微波消毒处理技术的应用行为、工程建设以及设施运行管理，防止医疗废物微波消毒处理对环境的污染，保护环境，保障人体健康，制定本标准。

本标准由国家环境保护总局科技标准司提出。本标准起草单位：沈阳环境科学研究院、国家环境保护危险废物处置工程技术中心。本标准国家环境保护总局 2006 年 2 月 8 日批准。本标准自 2006 年 3 月 15 日起实施。本标准由国家环境保护总局解释。本标准为首次发布。

1 总 则

1.1 为贯彻《中华人民共和国固体废物污染环境防治法》、《中华人民共和国传染病防治法》、《医疗废物管理条例》和其他国家有关医疗废物领域的法规，加强医疗废物的安全管理，防止疾病传播，保障人体健康，实现医疗废物无害化、减量化的处理目标，规范医疗废物微波消毒处理技术的实际应用，指导医疗废物微波消毒处理工程的规划、设计、施工、验收和运行管理，制定本标准。

1.2 本标准适用于微波消毒处理技术集中处理医疗废物的新建、改建和扩建工程，以及微波消毒处理厂建设后的运行管理。

1.3 微波消毒处理技术适用范围

1.3.1 医疗废物微波消毒技术适用于处理《医疗废物分类目录》中的感染性废物、损伤性废物、病理性废物（人体器官和传染性的动物尸体等除外）。

1.3.2 医疗废物微波消毒技术不适用于处理《医疗废物分类目录》中的药物性废物、化学性废物。

1.3.3 不能采用微波消毒处理技术处理的医疗废物，必须采用其他方法进行管理和处置，禁止将没有消毒的医疗废物混入生活垃圾或其他废物进行填埋。

1.4 医疗废物微波消毒处理工程规模的确定和详细技术路线的选择，应根据服务区域医疗废物的产生量和成分特点、社会经济发展水平、全国危险废物和医疗废物处理设施建设规划和城市总体规划、医疗废物收运体系特点、技术的适用性等合理确定。

1.5 医疗废物微波消毒处理工程项目的建设，宜近、远期结合，统筹规划，以近期为主。建设规模、布局和选址应进行技术经济论证、环境影响评价和环境风险评价，进行综合比选后确定。

1.6 医疗废物微波消毒处理工程建设，应采用成熟可靠的技术、工艺和设备，做到运行稳定、维修方便、经济合理、管理科学、保护环境、安全卫生。

1.7 医疗废物微波消毒处理工程项目的建设，应坚持专业化协作和社会化服务的原则，合理确定配套工程项目，提高运行管理水平，降低运行成本。

1.8 采用医疗废物微波消毒处理工程的建设除应遵守本标准外，还应符合国家现行的有关强制实施的标准要求。

1.9 医疗废物微波消毒处理厂必须由设施所在地设区的市级人民政府环境保护行政主管部门申请危险废物经营许可证，获许可证后方可运行。

2 规范性引用文件

下列文件中的条款通过本标准的引用而成为本规范的条款。凡是不注日期的引用文件，其最新版本适用于本标准。

危险废物鉴别标准　GB 5085
污水综合排放标准　GB 8978
恶臭污染物排放标准　GB 14554
消毒与消毒效果的评价方法与标准　GB 15981—1995
医疗机构水污染物排放标准　GB 18466
危险废物贮存污染控制标准　GB 18597
危险废物填埋污染控制标准　GB 18598
医疗废物转运车技术要求（试行）　GB19217—2003
国家危险废物名录（环发[1998]089 号）
危险废物转移联单管理办法（国家环境保护总局令　第 5 号）
消毒管理办法（卫生部令　第 27 号）
医疗废物专用包装物、容器标准和警示标识规定（环发[2003]188 号）
医疗废物集中处置技术规范（试行）（环发[2003]206 号）
全国危险废物和医疗废物处理设施建设规划（环发[200416 号）
医疗废物分类目录（卫生部和国家环保局发布 2003 第 287 号）
医疗卫生机构医疗废物管理办法（卫生部令　第 36 号）
消毒技术规范（卫生部 2004 年版）

3 术 语

3.1 医疗废物 medical waste

指各类医疗卫生机构在医疗、预防、保健、教学、科研以及其他相关活动中产生的具有直接或间接感染性、毒性以及其他危害性的废物。医疗卫生机构收治的传染病人和疑似病人产生的生活垃圾也按照医疗废物进行管理和处理。具体分类名录依照《国家危险废物名录》、国务院卫生行政主管部门和环境保护行政主管部门共同制定的《医疗废物分类目录》执行。

3.2 包装袋 package

指用于盛装除损伤性废物之外的医疗废物的初级包装，并符合一定防渗和撕裂强度性能要求的软质口袋。

3.3 周转箱（桶）tank

指盛装经密封包装的医疗废物的专用硬质容器。用于医疗废物运输车运输医疗废物，使经包装的医疗废物不直接和车辆厢体接触或直接暴露于外环境，或在发生包装袋破损时起到防止废物污染车厢和外环境的作用。

3.4 利器盒 sharps container

指具有符合规定要求的强度、颜色、标识、尺寸，满足医疗废物中锐利器盛装要求的专用硬质密封容器。

3.5 暂时贮存 temporary store

指医疗废物处理单位将运达的医疗废物存放于本单位内符合特定要求的专门场所或设施内的过程。

3.6 处理 treatment

指通过改变医疗废物的生物特性和组成从而达到消除其潜在的传染危害性的过程，包括各类方法、技术和工艺。

3.7 处置 dispose

指按照规定的技术措施和要求，对经处理后的医疗废物进行安全无害和减量处理的过程。

3.8 消毒 disinfection

指利用物理或者化学的方法杀灭或清除传播媒介上的病原微生物，达到无害化的目的。

3.9 微波消毒 microwave disinfection

指利用微波杀灭病原微生物，达到无害化处理目的。

3.10 消毒效率 efficiency of disinfection

指在消毒处理过程中，以百分数表示的细菌数量减少的值。

3.11 消毒温度 disinfection temperature

指消毒室达到消毒目的所需的稳定温度。

3.12 杀灭对数值 treatment efficiency

指当微生物数量以对数表示时，消毒前后微生物减少数量的对数值。

3.13 作用时间 disinfecting time

指在医疗废物及其污染物品在消毒所需的稳定温度下停留的时间。

3.14 抽样测试 sample testing

指根据特殊设计对一种或几种技术样本进行的随机抽样测试，目的是证明样本符合相应标准要求。

3.15 残液 residual liquor

指消毒过程中形成的消毒冷凝液及医疗废物中渗出的液体。

3.16 生物指示剂 biological indicator

指将适当的载体染以一定量的特定微生物，用以评价消毒效果的制品。

3.17 正常使用条件 normal condition

指根据厂家对设备运行的要求，产品说明书中所规定的使用条件。

3.18 标准状态 standard state

指温度在 0℃，压力在 101.325 kPa 时的气体状态。

4 医疗废物产生量计算

4.1. 医疗废物产生量应按实际重量统计与核定。

4.2 医疗废物产生量的计算及预测

（1）医疗机构产生的医疗废物总量包括固定病床的医疗废物产生量和门诊医疗废物产生量。

① 病床的医疗废物产生量计算及预测可按以下方法计算：

病床的医疗废物产生量（kg/d）=床位医疗废物产生率（kg/（床·d））×床位数（床）×床位使用率（%）

② 门诊医疗废物产生量计算及预测可按以下方法计算：

门诊医疗废物产生量（kg/d）=门诊医疗废物产生率（kg/（人次·d））×门诊人数（人次）

③ 无床位的小型门诊的医疗废物可按就业医务人员数量和单位医务人员医疗废物产生率计算和预测：

门诊医疗废物产生量（kg/月）=单位医务人员医疗废物产生率（kg/人次）×医务人员数（人次/月）

（2）其他产生源医疗废物的产生量根据各地情况合理估算。

5 医疗废物微波消毒处理厂总体设计

5.1 建设规模

5.1.1 微波消毒处理厂的建设规模应根据服务区域内适宜微波处理的医疗废物产生量、成分特点及变化趋势等因素综合考虑确定，建设规模宜为 10 t/d 以下，并应考虑处理能力的冗余。

5.1.2 微波消毒处理厂建设规模应尽可能满足全年接收并妥善处理服务区域产生的适宜微波处理的医疗废物。

5.2 项目构成

5.2.1 微波消毒处理厂建设项目由微波消毒处理厂主体工程与设备、配套工程、生产管理与生活服务设施构成。

5.2.2 微波消毒处理厂主体工程与设备主要包括：

（1）受料及供料系统：包括医疗废物受料计量、卸料、暂时贮存、输送等设施。

（2）微波消毒处理系统：包括医疗废物微波进料单元、破碎单元、微波消毒处理单元、出料单元、自动化控制单元、废气处理单元和废水处理单元等。

5.2.3 配套工程主要包括：总图运输、厂外路、供配电、给排水、消防、通讯、热力、暖通空调、机械维修、监测化验、计量、器具清洗、消毒等，也包括场外配套设施，如场外路、水、电等。

5.2.4 生产管理与生活服务设施主要包括：办公用房、食堂、浴室、值班宿舍等设施。

5.3 厂址选择

5.3.1 厂址选择应符合《全国危险废物和医疗废物处置设施建设规划》及当地城乡总体发展规划，符合当地大气污染防治、水污染的防治、水资源保护、自然环境保护等要求，并应通过环境影响评价和环境风险评价。

5.3.2 微波消毒处理厂不宜选在居民区、学校、医院等公共设施、水源保护区等附近建设，应设置相应的防护距离，防护距离的确定应根据厂址条件、处理技术工艺等，结合环境影响评价和环境风险评价结果，并根据专家论证意见确定。

5.3.3 厂址选择还应符合以下条件：

（1）厂址应满足工程建设的工程地质条件、水文地质条件和气象条件，不应选在地震断层、滑坡、泥石流、沼泽、流砂、采矿隐落区。不宜选在居民区、学校、医院等公益设施以及生态环境保护区等主导风向的上风向地区。

（2）选址应综合考虑交通、运输距离、土地利用现状、基础设施状况等因素，应进行公众调查。

（3）厂址不应受洪水、潮水或内涝的威胁，必须建在该地区时，应有可靠的防洪、排涝措施，厂区应达到百年一遇的防洪要求。

（4）厂址选择应同时考虑残渣的处理以及与当地生活垃圾处理场的距离。

（5）厂址附近应有满足生产、生活的供水水源和污水排放条件。

（6）厂址附近应保障电力供应。

5.4 总图设计

5.4.1 微波消毒处理厂的总图设计，应根据厂址所在地区的自然条件，结合生产、运输、环境保护、职业卫生与劳动安全、职工生活，以及电力、通讯、热力、给水、排水、防洪、排涝等设施，经多方案综合比较后确定。

5.4.2 微波消毒处理厂的设计和建设，应考虑防止发生事故时厂区内被污染的雨水造成土壤、地下水和地表水污染的措施；设计并建设必要设施收集和贮存厂内因医疗废物溢出、泄漏、发生火灾灭火时产生的污水，或被污染的雨水；污水贮存设施容量应确保污水排放前能得到处理。

5.4.3 微波消毒处理厂的附属生产设施、生活服务设施等辅助设施，应根据社会化服务原则统筹考虑，避免重复建设。

5.4.4 微波消毒处理厂应分为清洁区、半（微）污染区和污染区，划出微波辐射区，厂人流和物流的出、入口宜分开设置，并应方便医疗废物运输车的进出。

5.4.5 微波消毒处理厂应设置高度不低于 2.5 m 的围墙、防止家畜和无关人员进入。

5.4.6 总图设计还应满足 5.5、5.6、5.7 的要求。

5.5 总平面布置

5.5.1 微波消毒处理厂应以微波消毒处理系统为主体进行布置，其他各项设施应按医疗废物处理流程合理安排，以确保相关设备联系良好，充分发挥功能，保证设施安全运行。

5.5.2 医疗废物物流出入口、接收、贮存和转运设施、周转箱的清洗消毒设施、处理场所等主要设施应与办公、生活服务设施隔离，分开建设。隔离措施包括墙体隔离和空间隔离。

5.5.3 微波消毒处理厂的车辆消毒设施宜位于出料单元附近，并应与医疗废物转运工具、生产工具的清洗消毒设施合并建设，以便对卸料后的车辆进行及时消毒，防止有传染性物质扩散。车辆消毒在达到作用时间后应用水清洗，以避免车辆等金属物品被残留的消毒剂腐蚀。

5.6 厂区道路

5.6.1 微波消毒处理厂区道路的设置，应满足交通运输、消防、绿化及各种管线的铺设要求。

5.6.2 微波消毒处理厂的道路需能到达主要构筑物和建筑物。车行道宜布置成环状，以便回车。

5.6.3 微波消毒处理厂区主要道路的行车路面宽度不宜小于 6.0 m。微波消毒处理厂房外应设消防道路，道路的宽度不应小于 3.5 m，人行道一般取 1.5～2.0 m。路面宜采用水泥混凝土或沥青混凝土，道路的荷载等级应符合《厂矿道路设计规范》（GBJ 22）的有关规定。

5.6.4 临时停车场可设在厂区物流出口或入口附近处。

5.7 绿化

5.7.1 微波消毒处理厂的绿化布置，应符合总图设计要求，以节约土地为原则合理安排绿化用地。

5.7.2 厂区绿化应结合当地的自然条件，选择适宜的植物。

6 医疗废物收集、贮存、输送及设施清洗消毒

6.1 一般规定

6.1.1 医疗废物接收、贮存与输送系统包括：计量设施、卸料设施、卸料场地、暂时贮存库（贮存冷库）、厂内转运设施和其他设施。

6.1.2 应建设医疗废物接收、贮存、输送及设施清洗消毒设备。禁止采用坑式垃圾池贮存医疗废物。

6.1.3 医疗废物的收集、贮存、运输者应向设区的市级环境保护主管部门申请危险废物经营许可证，获得相应资质后才可进行收集、贮存、运输活动。

6.1.4 应用规定的医疗废物标志清晰的标记容器。

6.1.5 微波消毒处理厂接收的医疗废物应尽可能当天处理。若处理厂对医疗废物进行贮存，贮存温度≥5℃时，贮存不得超过 24 h；在 5℃以下冷藏，不得超过 72 h。

6.1.6 输送系统不应采用抓斗起重机。

6.1.7 应采用专用封闭式冷藏运输车，将盛装医疗废物的塑料箱（桶）按照医疗废物运输的特殊要求运送到微波处理厂。

6.2 分类包装和收集

6.2.1 医疗废物应按照《医疗废物分类目录》（卫生部和国家环保总局发布，[2003]第 287 号）中的分类标准和《医疗卫生机构医疗废物管理办法》（2003 卫生部第 36 号令）中的要求进行分类和收集，医疗废物运输单位和处置单位有权拒绝接纳不符合分类要求的医疗废物。

6.2.2 医疗废物包装袋、利器盒与周转箱的标准、技术性能、规格等应符合《医疗废物专

用包装物、容器标准和警示标识规定》(国家环保总局 2003 年 11 月 20 日)。

6.2.3 采用微波消毒处理技术的地区，医疗废物的包装袋除应符合 6.2.2 要求外，还应符合以下要求：

（1）包装袋分为黄色和红色两种：黄色袋盛装感染性、病理性废物；红色袋盛装药物类和化学性废物。黄色袋适于微波消毒处理，红色袋禁止微波消毒处理。

（2）包装袋上应有医疗废物的中文标识，标识内容应包括：医疗废物产生单位、产生日期、废物类别、警示标识等。

（3）包装袋在正常使用时应能够防止破损，并不与周转箱材质发生化学反应。

6.3 接收

6.3.1 卸料场地应满足医疗废物运输车顺畅作业的要求。

6.3.2 微波消毒处理厂应设置计量系统，计量系统应具备称重、记录、传输、打印与数据处理功能。

6.3.3 医疗废物入场前，应经过专门的检测设施检测是否含有放射性废物，放射性废物禁止进入微波处理厂。

6.4 贮存与输送

6.4.1 医疗废物卸料场地、暂时贮存库、冷藏库等设施的设计、运行、安全防护等应满足《危险废物贮存污染控制标准》和《医疗卫生机构医疗废物管理办法》的有关要求。

6.4.2 微波消毒处理厂必须设冷库，冷藏库的温度要求为 3～7℃，冷藏库可与暂时贮存库合并建设，冷藏库未启动制冷设备时，可用作暂时贮存库。

6.4.3 医疗废物卸料和贮存设施属感染区，应配备隔离设施、报警装置和防风、防晒、防雨设施，并按照《环境保护图形标识——固体废物贮存（处理）场》(GB 15562.2）的有关规定设置警示标志。

6.4.4 贮存设施应合理组织气流分布，尽量使操作人员处于清洁区。

6.4.5 贮存设施应采用全封闭、微负压设计，并应设置事故排风系统或设施。

6.4.6 贮存设施地面和墙裙应进行防渗处理，地面应具有良好的排水性能，产生的废水可采用暗沟、管直接排入污水收集消毒处理设施。

6.4.7 贮存设施内应设置有安全照明设施和观察窗口。

6.4.8 医疗废物贮存设施的设计应方便医疗废物的装卸和转运工具的正常进出。

6.4.9 医疗废物卸料及贮存设施应采取防渗漏、防鼠、防鸟、防蚊蝇、防蟑螂、防盗等措施。

6.4.10 医疗废物应使用专用转运工具搬运，避免废物和容器直接接触人员的身体。医疗废物转运车应符合《医疗废物转运车技术要求》(试行）的规定。

6.5 清洗消毒

6.5.1 微波消毒处理厂应设置医疗废物运输车辆、转运工具、周转箱（桶）的清洗消毒场所和污水收集处理设施。消毒方法应符合《消毒技术规范》(卫生部 2002 年版）规定。

6.5.2 医疗废物运输车辆应在每次使用后进行清洗消毒。当车厢内壁或外表面被污染及运输车辆每次运输完毕后，必须对车厢内壁和外表面进行清洗消毒。禁止在社会车辆清洗场所清洗医疗废物运输车辆。

6.5.3 转运工具、周转箱（桶）等每使用周转一次，应在清洗消毒设施内进行清洗消毒。

6.5.4 医疗废物贮存设施应每天消毒一次；贮存设施内的医疗废物清运后应及时进行清洗消毒。

6.5.5 清洗消毒作业区应具有良好的通风条件，可采取机械强制通风。

6.5.6 已进行清洗消毒处理和未经清洗消毒处理的工具、设备、周转箱（桶）等应分开存放。清洗消毒处理后的工具、设备、周转箱（桶）等晾干后方可再次投入使用。

7 医疗废物微波消毒处理系统

7.1 一般规定

7.1.1 微波消毒处理系统应包括进料单元、破碎单元、微波消毒处理单元、卸料单元、自动化控制单元、废气处理单元、废水处理单元。

7.1.2 微波消毒处理系统应采用破碎、进料、消毒、出渣一体化设备。

7.1.3 微波消毒处理系统必须对废水和废气进行规范化处理，并达标排放。

7.1.4 可根据处理厂与填埋场的距离等实际情况确定是否设置残渣压缩处理单元。

7.1.5 微波消毒处理设备周围必须设置足够数量的微波检测仪,并设报警装置，避免微波照射对操作人员的急性伤害。

7.1.6 微波消毒处理的消毒效果应能达到：

（1）对繁殖体细菌、真菌、亲脂性/亲水性病毒、寄生虫和分枝杆菌的杀灭对数值≥6；

（2）对枯草杆菌黑色变种芽孢（B. Subtilis ATCC9372 ）的杀灭对数值≥4。

7.1.7 微波消毒处理系统服务期不应低于 10 年。

7.2 进料单元

7.2.1 应采取机械化和自动化设备，避免人工进料。

7.2.2 应保持进料通畅，防止废物搭桥堵塞。

7.2.3 进料方式应与消毒工艺相匹配，应采用微波消毒处理和破碎一体化的处理设备。

7.2.4 进料口的尺寸应与规定的包装物尺寸相匹配，保证医疗废物及包装物完好进入单元内。

7.2.5 进料口要保持气密性，应配备抽气设备以维持进料设备和破碎设备在负压下运行，以防止破碎时含菌粉尘从进料口逸出。

7.2.6 应保证进料容器在完成进料后得到相应的消毒处理，以防对操作人员健康造成影响。

7.2.7 禁止采用没有经过消毒处理的进料容器盛装经过消毒处理的废物。

7.3 破碎单元

7.3.1 医疗废物必须经过破碎，严禁经消毒处理后非法回收。

7.3.2 破碎设备的选择，应当遵循可靠、耐用、便于维修、确保无二次污染的原则。

7.3.3 破碎设备应能够同时破碎硬质物料和软质物料，最终破碎颗粒粒径不大于 5 cm。一级破碎如不能达到以上粒径要求，应设置二级破碎设施。

7.3.4 破碎单元应具有消毒功能，必须在每次设备检修之前对破碎设备消毒。

7.3.5 破碎单元应保持密闭及负压状态，破碎过程产生的废气必须经过净化处理后方可排放。

7.4 微波消毒处理单元

7.4.1 微波消毒处理单元应包括反应室、微波发生源、搅拌器、喷雾装置、出料装置等。

7.4.2 医疗废物的微波处理应包括以下 6 个步骤：

（1）将废物装入进料设备，传送至破碎单元；

（2）开启破碎设备，将废物粉碎成碎片；

（3）将破碎后的废物转移至已配备微波发生器的反应室，注入蒸汽，充分搅拌；

（4）开启微波发生源，对废物进行照射，完成消毒过程。同时对整个处理过程产生的废气、废液（几乎没有）进行收集、处理。

（5）将废物送至专用容器内进行压缩（若微波处理厂与最终处置场所距离较近，可省略此步骤）；

（6）将压缩后的废物送去最终处置（填埋、焚烧等）。

7.4.3 在选择具体工艺时，可以选择先加湿、搅拌，后破碎；也可以选择先破碎，后加湿、搅拌。

7.4.4 反应室中应根据医疗废物微波消毒处理厂的处理规模及每个微波发生源的功率安装足够的微波发生源，确保输出功率满足微波处理要求。

7.4.5 微波消毒处理单元应配备处理过程中防止反应室舱门开启设施。

7.4.6 搅拌器设置在反应室内时，搅拌器的材质选择应保证微波照射时不发生爆炸、打火，并有足够的强度。宜选择有足够强度的绝缘体类微波良介质，如陶瓷或不含氯的塑料制品等。

7.4.7 应根据不同工艺流程设置清洁水喷雾装置，含湿率应满足微波处理最佳要求。出料装置应为自动出料装置，禁止人工操作。

7.4.8 微波消毒频率应采用（915±25）MHz 或（2 450±50）MHz。

7.4.9 微波消毒处理的温度应≥95℃，作用时间≥45 min。若加压，应使微波处理的物料温度＜170℃，以避免医疗废物中的塑料等含氯化合物发生分解造成的二次污染。必须确保消毒效果满足本标准所提出的消毒效果要求。

7.5 出料单元

7.5.1 出料装置应设置安全连锁装置，在没有达到设定的处理条件并得到总控制台的指令前，不会打开。

7.5.2 在消毒处理完成后，达到消毒要求的医疗废物残渣必须通过自动输送装置直接卸入废物接收容器中，严禁人工手动卸料。

7.5.3 消毒后的废物必须放入标有“已消毒医疗废物”的聚乙烯包装袋中，包装袋上必须标注处理日期。

7.6 自动控制单元

7.6.1 自动控制单元应能实现废物供给设施自动启停。应能实现破碎、干燥、废气和废水处理等工艺过程以及微波输出功率、温度、时间、含湿率等工况的自动控制。

7.6.2 自动控制单元应能够实时显示当前运行所处的状态，并能读取、存储微波输出功率、消毒时间、干燥时间、物料温度、湿度、压力、烧失率、电磁辐射漏失率等工艺参数；并应确保防止非法篡改、删除数据。所存储电子数据至少应保存五年，以备环保部门检查。

7.6.3 自动控制单元应设置权限，对微波输出功率、处理时间、温度、压力等参数的修改进行限制，禁止将处理参数降低到标准规定的参数以下实施医疗废物消毒处理。

7.6.4 自动控制单元应具备安全互锁功能，确保进料室在与外界隔绝之前粉碎窗口不能打开。确保进料口关闭情况下，消毒室所有操作参数达到设定值才能将出料舱门打开。

7.6.5 自动控制单元的所具备自动记录和打印功能，能够自动记录和打印操作员号、处理工艺参数以及设施运行过程中的其他主要参数。

7.6.6 自动控制单元应当具有自我检测功能，异常情况下（微波泄漏、主要设备工艺参数和正常值偏离、电源气源等主要辅助装置故障等）紧急停车，并能实现操作为完成时消毒单元舱门闭锁功能。

7.6.7 自动控制单元应具备在设备出现异常条件下的自动报警功能，并能实现报警后适（延）时连锁停车功能。

7.6.8 自动控制单元应具备远程监控功能，并实现相应的工况参数与当地环保部门联网显示。

7.7 废气处理单元

7.7.1 微波消毒过程应在封闭的系统中操作，或者是消毒系统处于负压状态。微波处理过程中产生的气体和贮存间产生的气体，必须经过处理后方可排放，排放应符合《恶臭污染物排放标准》的有关要求。

7.7.2 废气处理装置必须能够有效去除废气中的颗粒物、微生物、挥发性有机物（VOC）、重金属等污染物，并能够消除处理过程中产生的恶臭。应设有尾气过滤器、活性炭吸附装置，依据具体情况可考虑增设 VOC 化学氧化装置。可考虑在灭菌工艺过程中喷入药剂进行除臭处理，也可根据实际设置脱臭装置。

7.7.3 尾气过滤器的过滤尺度不得大于 0.2 μm，耐温不低于 140℃。过滤器应设进出气阀、压力仪表和排水阀，设计流量应当与处理规模相适应，过滤效率在 99.999%以上。

7.7.4 废气净化装置的过滤材料因使用寿命或其他原因不能使用时应按未处理医疗废物进行处置。

7.8 废水处理单元

7.8.1 微波消毒处理过程中的废水主要来自医疗废物盛装容器清洗消毒废水、洗车废水、初期雨水以及极少量微波消毒处理过程排出的废液。

7.8.2 可采用多种切实可行的废水处理技术，污染物排放指标必须达到《医疗机构水污染物排放标准》要求。

8 配套工程

8.1 电气系统

8.1.1 医疗废物微波消毒处理厂供电方式应根据用电要求，与当地电力部门协商确定。

8.1.2 微波消毒处理厂主要用电负荷为 AC380/220 V，负荷等级为三级。

8.1.3 微波消毒处理厂应设直流配电装置及不间断电源系统供仪表、计算机监控及控制系统的应急电源。

8.1.4 照明设计应符合《建筑照明设计标准》（GB 50034）中的有关规定。

8.1.5 正常照明与事故照明应采用分开的供电系统，并宜采用下列供电方式：

（1）事故照明宜由蓄电池组供电。

（2）微波消毒处理厂房的主要出入口、通道、楼梯间以及远离厂房的工作场所的事故照明，宜采用自带蓄电池的应急灯。

（3）厂房内安装高度低于 2.2 m 的照明灯具，宜采用 24 V 电压供电。

（4）手提灯电压不应大于 24 V，在狭窄地点和接触良好金属接地面上工作时，手提灯电压不应大于 12 V。

8.1.6 微波消毒处理厂房及辅助厂房的电缆铺设，应采取有效的阻燃、防火封堵措施。

8.1.7 微波消毒处理厂应设置通讯设备，保证厂区岗位之间和厂内外联系畅通。

8.2 给水、排水和消防

8.2.1 厂区室外和室内给水管网宜采用生活、消防联合供水系统。

8.2.2 排水系统

（1）厂区排水应采用雨污分流制。

（2）雨水量设计重现期应符合《室外排水设计规范》（GBJ 14）规定。

（3）微波消毒处理厂的生活污水排放应符合《污水综合排放标准》（GB 8978），清洗、消毒产生的废水和厂区初期雨水应收集处理后排放，并符合《医疗机构水污染物排放标准》（GB 18466）要求。

8.2.3 消防

（1）微波消毒处理厂房的生产类别应属于丁类，建筑耐火等级不应低于二级。贮存库的生产类别应属于丙类，建筑耐火等级不应低于二级。

（2）处理厂房应设置室内消火栓给水系统，并应符合《建筑设计防火规范》（GBJ 16）的有关规定。

（3）医疗废物微波消毒厂房的安全疏散，应符合《建筑设计防火规范》（GBJ 16）的有关规定。

（4）医疗废物微波消毒厂房内部的装修设计，应符合《建筑内部装修设计防火规范》（GB 50222）的有关规定。

8.3 采暖通风与空调

8.3.1 建筑物的采暖通风与空调设计应符合《采暖通风与空气调节设计规范》（GBJ 19）的有关规定。

8.3.2 医疗废物微波消毒厂房，宜采用机械强制通风，以保持良好的通风环境。

8.3.3 微波消毒处理车间以及贮存间排出的空气应进行消毒处理后排放，宜设置事故排风装置，以保持良好的通风条件。

8.4 建筑与结构

8.4.1 微波消毒处理厂主要生产设备宜布置在封闭的车间内。卸料、贮存、转运、输送和上料系统必须设置在封闭的车间内。

8.4.2 微波消毒处理厂的暂时贮存库房采用微负压设计，并保证新风量 30 m^3/（人·h）。

8.4.3 微波消毒处理厂区建筑的造型应简洁、实用，并与周围环境相协调。厂房的平面布置和空间布局应满足工艺设备布置要求，同时应考虑今后生产发展和技术改造的可能性。生产区与生产管理及生活服务区之间应有隔离设施。

8.4.4 厂房平面设计，应组织好人流和物流线路，避免交叉。

8.4.5 厂房楼（地）面的设计，除满足工艺的使用要求外，还应符合《建筑地面设计规范》（GB 50037）的有关规定。贮存设施墙面应方便进行清洗消毒，中控室地面应采取防静电措施。

8.4.6 厂房采光设计应符合《工业企业采光设计标准》（GB 50033）的有关规定。

8.4.7 严寒地区的建筑结构应采取防冻措施。

8.4.8 大面积屋盖系统宜采用钢结构，并应符合《屋面工程技术规范》（GB 50207）的有关规定。屋顶承重结构的结构层及保温（隔热）层，应采用非燃烧体材料；设保温层的屋面，应有防止结露与水汽渗透的措施，并应符合《建筑设计防火规范》（GBJ 16）的有关规定。

8.4.9 进行结构设计，应满足《建筑结构可靠度设计统一标准》（GB 50068）的有关规定，并应符合国家现行的有关强制性规范规定。

8.4.10 厂区内应进行地质勘察，以确定地质情况。地质勘察应符合《岩土工程勘察规范》（GB 50021）的有关规定。

8.4.11 楼（地）面荷载取值应根据设备安装、检修、使用的要求确定，同时应满足《建筑结构荷载规范》（GB 50009）的有关规定。

8.4.12 医疗废物微波消毒厂的结构构件，应根据承载能力极限状态及正常使用极限状态的要求，按使用工况分别进行承载能力及稳定、疲劳、变形、抗裂及裂缝宽度计算和验算；处于地震地区的结构，还应进行结构构件抗震的承载能力计算。同时应满足《混凝土结构设计规范》（GB 50010）、《砌体结构设计规范》（GB 50003）、《钢结构设计规范》（GBJ 17）、《建筑抗震设计规范》（GB 50011）的有关规定。

8.4.13 地基基础的设计，应按《建筑地基基础设计规范》（GB 50007）、《湿陷性黄土地区建筑规范》（GBJ 25）的有关规定进行地基承载力和变形计算，必要时尚应进行稳定性计算。

8.5 其他辅助设施

8.5.1 微波消毒处理厂应具有全厂设备日常维护、保养与小修任务及工厂设施突发性故障时的应急处理功能。设备的大、中修宜通过社会化协作解决。

8.5.2 微波消毒处理厂应配备必需的机械工具、搬运设备和备用品、消耗品。

8.5.3 微波消毒处理厂应配备突发事故应急所必需的设备、物品和药品。

9 环境保护与安全卫生

9.1 一般规定

9.1.1 医疗废物微波消毒过程中产生的废渣、废水、废气、噪声等的防治与排放，应贯彻执行国家现行的环境保护法规和标准的有关规定。

9.1.2 处理厂建设应贯彻执行《中华人民共和国环境保护法》、《中华人民共和国职业病防治法》，应符合国家电磁辐射环境保护管理标准和要求以及国家职业卫生标准的工作环境和条件。

9.1.3 制定处理厂污染物治理措施前应落实污染源的特性和产生量。

9.1.4 设备提供商及生产商应对所有过程控制和过程监测仪器仪表、参数控制和辅助监测的仪器仪表的操作、记录、设备故障及应急、各项参数的设定和调整要求、设备运行所具有的潜在职业安全和健康风险等方面提供全方位的业务培训，并保证相应售后服务要求。

9.2 环境保护

9.2.1 医疗废物微波处理厂的建设与运行，必须贯彻执行《电磁辐射防护规定》（GB 8702）的有关规定和要求。

9.2.2 医疗废物进场后应在规定时间内及时处理，减少存放时间，避免恶臭产生；若不能及时处理的应冷藏储存；废物的贮存、卸料、进料和破碎采用负压操作控制恶臭和带菌气体扩散，抽出的气体应通过处理，达到《恶臭污染物排放标准》要求。

9.2.3 医疗废物微波消毒处理厂的生活废水、生产废水、清洗消毒产生的废水和厂区雨水等应收集处理后排放，排放应符合《医疗机构水污染物排放标准》的有关要求。

9.2.4 对于产生噪声的主要设备如：破碎装置、泵、风机等，要采取基础减震和加装消声器等消声措施，厂界噪声应符合《工业企业厂界噪声标准》（GB 12348）。

9.2.5 医疗废物微波消毒处理的最终产物是较为干燥的无害医疗废物，可送生活垃圾处理厂处理，具体方式可根据当地生活垃圾的处置方式而定，禁止再利用。

9.2.6 废气处理过程中采用的过滤材料应定期更换，并按照未经消毒处理的医疗废物进行处理。

9.2.7 处理厂更换的直接与医疗废物接触的备品备件、废弃的防护用品等应按未处理的医疗废物进行处理。

9.3 职业卫生与劳动安全

9.3.1 微波消毒处理厂的劳动卫生，应符合《工业企业设计卫生标准》（GBZ 1）和《工作场所有害因素职业接触限值》（GBZ 2）的有关规定。

9.3.2 微波消毒处理厂建设应采用有利于职业病防治和保护劳动者健康的措施。应在相关设备的醒目位置设置警示标识，并应有可靠的防护措施。

9.3.3 职业病防护设备、防护用品应确保处于正常工作状态，不得擅自拆除或停止使用。

9.3.4 处理厂建设应有职业病危害与控制效果可行性评价。

9.3.5 处理厂应对工作人员进行必要的培训。

9.3.6 应按感染区、过渡区、安全区设置工作人员更衣、洗涤和洗浴设施，并提供工作人员所使用的防护用品的清洁消毒设施。

9.3.7 所使用的防护用品的类型应根据所涉及的医疗废物的危险程度而定，对医疗废物收集和处理人员应达到如下要求：

（1）头盔，有或无面罩，依据所进行的操作而定；

（2）口罩，必需；

（3）护目镜，依操作而定；

（4）工作裤（工作服），必需；

（5）护腿和/或工业用靴，必需；

（6）一次性手套（一般工作人员用）或耐受力强的手套（废弃物处理工人用），必需。

9.3.8 应采用反射性和吸收性的材料，在微波处理设施周围设置屏蔽阻挡微波扩散。并设置具有自动报警功能的即时监测装置，防止微波泄漏对操作人员造成人身伤害。

9.3.9 严禁工作人员进入屏蔽内进行操作，应用中央控制台远距离控制微波处理设施的开启。

9.3.10 若有突发故障，需要工作人员进入屏蔽内应急作业时，应穿用金属丝织成的屏蔽防护服、帽、手套等，并佩戴涂有二氧化铅层的防护眼镜。

9.3.11 应提供方便工作人员使用的洗涤设施。

9.3.12 应提供当设备发生故障停机时维修工人可以安全地进入设备内部进行维修的安全保障措施。

9.3.13 应制定严密的应急和突发事件处理计划，其内容至少应包括：

（1）处理设备出现机械故障（如破碎设备堵塞、处理过程中设备突然停止等）时的应急计划；

（2）医疗废物泄漏后的应急计划；

（3）发生微波泄漏时的应急计划；

（4）医疗废物消毒效果不符合标准要求时的应急计划。

10 医疗废物微波消毒处理技术管理要求

10.1 微波消毒处理技术和产品要求

10.1.1 医疗废物微波处理技术和产品应通过技术验证或环保产品认证。

10.1.2 医疗废物微波处理技术验证或产品认证应通过规定的管理和测试程序。

10.1.3 测试工作应由具备相应检测资格的测试机构承担，并应符合相应的测试标准及方法要求。

10.2 测试的标准和方法

10.2.1 测试过程应采取本标准所提出的微生物指示剂进行测试。

10.2.2 测试过程应严格执行国家关于微波消毒处理效果的测试标准及规范要求，确保检测结果的权威性和真实性。

11 工程的施工和验收

11.1 建筑、安装工程应符合施工设计文件、设备技术文件的要求。

11.2 对工程的变更应取得设计单位的设计变更文件后再进行施工。

11.3 医疗废物微波消毒处理厂的建设对工程质量监督管理应符合《建设工程质量管理条例》的有关规定，项目的竣工验收应按《建设项目（工程）竣工验收办法》和《建设项目环境保护设施竣工验收管理办法》执行。

11.4 医疗废物处理厂的竣工验收，应有环境保护及卫生专业技术部门参加。

11.5 医疗废物微波消毒处理应按本标准和现行相关专业工程验收有关规定进行验收。对国外引进的专用设备，应按供货商提供的设备技术规范、合同规定及商检文件执行，并应符合我国现行的国家或行业工程施工及验收标准要求。

11.6 工程竣工验收前，严禁微波消毒处理设备投入使用。

12 运行管理

12.1 一般规定

12.1.1 适用于医疗废物微波消毒处理厂的运行、维护及安全管理。

12.1.2 医疗废物微波消毒处理厂的运行、维护及安全管理，除应执行本要求外，还应符合国家现行有关强制执行标准的规定。

12.2 运行条件

12.2.1 医疗废物微波消毒处理厂必须具有设区的市级人民政府环境保护行政主管部门颁发的经营许可证；未取得经营许可证的单位，不得从事有关医疗废物集中处理活动。

12.2.2 必须具有经过培训的技术人员、管理人员和相应数量的操作人员。

12.2.3 具有完备的保障医疗废物安全处理的规章制度。

12.2.4 具有保障医疗废物微波消毒处理厂正常运行的周转资金和辅助原料。

12.3 机构设置与劳动定岗、定员

12.3.1 劳动定员可分为生产人员、辅助生产人员和管理人员。管理人员应包括技术人员和安全管理人员。

12.3.2 厂医疗废物接收、转运、贮存、微波消毒、清洗消毒等岗位应按生产和使用有毒物品的生产场所工作性质确定。

12.3.3 劳动定员应按定岗定量的原则合理确定。

12.4 人员培训

医疗废物微波消毒处理厂应对操作人员、技术人员及管理人员进行相关法律法规、专业技术、安全防护、紧急处理等理论知识和操作技能的培训，主要包括：

12.4.1 对医疗废物微波消毒处理厂所有工作人员的培训最低要求应满足以下内容：

（1）熟悉有关医疗废物管理的法律和规章制度；

（2）了解医疗废物危险性方面的知识；

（3）明确医疗废物安全卫生处理和环境保护的重要意义；

（4）熟悉医疗废物的分类和包装标识；

（5）熟悉医疗废物微波消毒的工艺流程；

（6）掌握劳动安全防护设施、设备的使用知识和个人卫生措施；

（7）熟悉处理泄漏和其他事故的应急操作程序。

12.4.2 医疗废物微波消毒操作人员和技术人员的培训还应包括：

（1）医疗废物接收、转运、贮存和上料的具体操作，以及医疗废物处理的安全操作规程；

（2）识别医疗废物微波消毒处理设备所不能处理的废物种类；

（3）工作人员在生产时的自我安全保护（如何进行防辐射措施）；

（4）处理设备的正常运行，包括设备的启动和关闭；

（5）控制、报警和指示系统的运行和检查，以及必要时的纠正操作；

（6）最佳的运行温度、压力，以及保持设备良好运行的条件；

（7）设备运行故障的检查和排除程序及方法；

（8）事故或紧急情况下人工操作和事故处理；

（9）设备日常和定期维护及检查程序；

（10）设备运行及维护记录，以及泄漏事故和其他事件的记录及报告。

12.4.3 技术人员应掌握医疗废物微波消毒知识和处理设备的基本工作原理。

12.5 医疗废物交接制度

12.5.1 医疗废物交接按照《医疗废物集中处置技术规范》（试行）的有关规定执行，采用《医疗废物运送登记卡》和《危险废物转移联单》（医疗废物专用）进行记录和管理。

12.5.2 医疗废物交接分为医疗废物现场交接和《医疗废物运送登记卡》的交接。

12.5.3 医疗废物应现场交接，核对其数量、种类、标识与《医疗废物运送登记卡》是否相符，及包装是否密封。

12.5.4 若现场实物与《医疗废物运送登记卡》不相符，应及时向处理单位负责人汇报并通知医疗废物委托人进行核实。

12.5.5 若发现医疗废物包装袋破裂、泄漏或其他事故时，处理单位应协助运输单位进行处理。

12.5.6 交接双方必须根据交接情况认真填写《医疗废物运送登记卡》，并签字确认。

12.5.7 根据危险废物转移联单制度妥善保存《医疗废物运送登记卡》，并定期向主管部门报送。

12.5.8 处理单位应对接收的医疗废物及时登记，并将进厂医疗废物的数量、重量等有关信息输入计算机管理系统。

12.6 微波消毒处理厂运行记录制度

医疗废物微波消毒集中处理厂应建立生产设施运行状况、设施维护和微波消毒生产活动等的登记制度，主要记录内容包括：

（1）《医疗废物运送登记卡》和《危险废物转移联单》（医疗废物专用）的记录和妥善保存；

（2）医疗废物接收登记；

（3）医疗废物进场运输车车牌号、来源、重量、进场日期及时间、离场时间等进行登记；

（4）清洗消毒操作登记；

（5）生产设施运行工艺控制参数记录；

（6）医疗废物正常处理情况记录；

（7）生产设施维修情况记录；

（8）环境监测数据记录；

（9）生产事故及处理情况记录；

（10）定期检测、评价及评估情况记录。

12.7 交接班制度

为保证医疗废物微波消毒处理厂生产活动安全有序进行，必须建立严格的交接班制度，内容包括：

（1）生产设施、设备、工具及生产辅助材料的交接；

（2）医疗废物的交接；

（3）运行记录的交接；

（4）上下班交接人员应在现场进行实物交接；

（5）运行记录交接前，交接班人员应共同巡视现场；

（6）交接班程序未能顺利完成时，应及时向生产管理负责人报告；

（7）交接班人员对实物及运行记录核实确定后，应签字确认。

12.8 劳动保护和安全生产

12.8.1 一般规定

处理厂在设计、施工和生产过程中，必须高度重视安全卫生问题，采取有效的应对措施和各种预防手段，严格执行以下法规和标准：

（1）《中华人民共和国劳动法》

（2）《建设项目（工程）劳动安全卫生监察规定》（劳动部令第 3 号）

（3）《建设项目（工程）职业安全卫生设施和技术措施验收办法》

（4）《生产过程安全卫生要求总则》（GB 12801—1991）

（5）《生产设备安全卫生设计总则》（GB 5083—1985）

（6）《建筑设计防火规范》（GBJ 16—1987）

（7）《建筑物防雷设计规范》（GB 50057—1994）

（8）《工业企业设计卫生标准》（TJ 36—1979）

（9）《工作场所有害因素职业接触限值》（GBZ 2—2002）

（10）《电气设备安全设计导则》（GB 4064—1983）

（11）《安全色》（GB 2893—1982）

（12）《安全标志》（GB 2894—1996）

（13）《企业职工劳动安全卫生教育管理规定》（劳部发[1995]405 号）

（14）《劳动防护用品配备标准（试行）》（国经贸安全[2000]189 号）

（15）《呼吸防护用品的选择、使用与维护》（GB/T 18664—2002）

12.8.2 劳动保护

（1）加强员工的安全防护意识和消毒意识，定期对员工进行健康检查。

（2）操作人员必须佩戴必要的劳保用品，做好安全防范工作。

（3）工作人员所需防护设备和衣服的购置、发放、回收和报废均应进行登记。报废的防护设备应交由专人处理，不得自行处理。

（4）应提供工作人员防护的设备和衣服，员工上班必须穿工作服，下班后及时更换。工作服应勤洗勤换并定期消毒。

（5）在指定的、有标志的明显位置应配备必要的防护救生用品及药品。防护救生用品和药品要有专人管理，并及时检查和更换。

（6）应建立有效的职业健康程序，包括预防免疫、暴露后的预防处理和医疗监护等。

（7）应定期做好空气和废水的检测工作。

（8）应做好防虫、防鼠工作，消灭蚊蝇滋生地。

（9）应提供方便工作人员使用的洗涤设施（有热水和肥皂）。

（10）设备供应商应具有足够的技术和维修人员，以便能够提供及时的服务。

（11） 应安装紧急冲洗水管、花洒、洗眼站和紧急救护包。

（12）工作人员佩戴的个人防护用品应能防止化学物质的侵害以及所处理的医疗废物因穿刺或溅射导致污染病毒和细菌对工作人员的暴露。

（13）应提供听力保护装置。

12.8.3 安全生产

（1）微波消毒处理厂生产过程中安全卫生管理应符合《生产过程安全卫生要求总则》（GB 12801）的有关规定。各岗位应根据工艺特征和具体要求，制定本岗位安全操作规程。

（2）操作人员必须严格执行本岗位安全操作规程。

（3）各岗位操作人员和维修人员必须经过岗前培训，经考核合格后持证上岗；并应定期进行教育培训。

（4）严禁非本岗位操作人员擅自启、闭本岗位设备。

（5）操作人员启、闭电器开关时，应按电工规程进行。

（6）检修电器控制柜时，必须先通知变、配电站断掉该系统电源，并验明无电后，方可作业。

（7）在对微波消毒设备操作时，应有防止电磁波辐射的安全措施。

（8）厂内及生产区内运输管理，应符合《工业企业厂内运输安全规程》（GB 4387—1994）的有关规定。

（9）在主要通道处均应设置安全应急灯。

12.9 检测、评价及评估制度

12.9.1 设备在安装及检修后必须经国家环境保护总局认可的检测单位，采用生物学方法对处理后残渣进行消毒效果检测合格后方可运行，严禁在未经检测或检验不合格的情况下进行医疗废物微波消毒处理。在运行过程中，应采用同样的方法对消毒效果进行检测并不定期进行抽样测试，检测频率至少为 2 次/年。医疗废物处理的监督管理工作应由设区的市级以上环境保护行政主管部门负责。

12.9.2 医疗废物微波消毒处理效果生物指示剂检测指标可采用枯草杆菌黑色变种芽孢（B.Subtilis ATCC 9372）作为代表性菌种。

12.9.3 因设备故障造成处理设施停车或检测结果不合格时，必须对医疗废物残渣进行重新消毒处理。

12.9.4 禁止将监测结果不合格的残渣送入生活垃圾填埋场填埋或采用其他方式处理。

12.9.5 应根据微波消毒处理设备运行工况记录以及生物检测结果定期对微波消毒处理厂的环境污染防治和卫生消毒效果进行检测和评价，对结果整理存档，并每半年向地方环境保护主管部门报告一次。

12.9.6 应定期对微波消毒处理厂的设施、设备运行及安全状况进行检测和评估，消除安全隐患。

12.9.7 应对微波消毒处理厂周围的环境空气、地下水、地表水和土壤环境质量等至少半年检测一次，确保厂界周围环境质量满足国家相应标准要求。并将检测、评价结果存入处理厂档案。

中华人民共和国环境保护行业标准

医疗废物高温蒸汽集中处理工程技术规范（试行）

Technical Specifications for Steam-based Centralized Treatment Engineering on Medical Waste（On Trial）

HJ/T 276—2006

前 言

为贯彻《中华人民共和国环境保护法》、《中华人民共和国固体废物污染环境防治法》和《医疗废物管理条例》，规范医疗废物高温蒸汽集中处理工程建设及处理设施的运行管理，制定本标准。

本标准由国家环境保护总局科技标准司提出。

本标准起草单位：国家环境保护总局环境规划院。

本标准由国家环境保护总局 2006 年 6 月 14 日批准。

本标准自 2006 年 8 月 1 日起实施。

本标准由国家环境保护总局解释。

本标准为首次发布。

1 总 则

1.1 为贯彻《中华人民共和国固体废物污染环境防治法》、《中华人民共和国传染病防治法》、《医疗废物管理条例》和其他国家有关医疗废物领域的法律法规，加强医疗废物的安全管理，防止疾病传播，保障人体健康，实现医疗废物无害化处理目标，规范医疗废物高温蒸汽处理技术的应用、指导医疗废物高温蒸汽集中处理工程的规划、设计、施工和运行管理，制定本标准。

1.2 本标准作为医疗废物非焚烧处理技术路线的标准之一，是对我国目前以焚烧技术路线为主的医疗废物集中处理相关技术标准的补充和完善。

1.3 本标准规定了高温蒸汽处理技术集中处理医疗废物的技术要求，适用于以高温蒸汽处理方法集中处理医疗废物的新建、改建和扩建工程。不具备集中处理医疗废物条件的地区，如采用高温蒸汽处理技术自行就地处理医疗废物，其医疗废物高温蒸汽处理可参照本标准执行。

1.4 适用范围

1.4.1 高温蒸汽处理技术适用于处理《医疗废物分类目录》中的感染性废物和损伤性废物。

1.4.2 高温蒸汽处理技术不适用于处理《医疗废物分类目录》中的病理性废物、药物性废物、化学性废物，不适用于处理汞和挥发性有机物含量较高的医疗废物，不适用于可重复使用的医疗器械的消毒或灭菌。对于不适宜采用高温蒸汽处理技术处理的医疗废物应加强监管，严格按照相关的国家规定、标准要求进行管理和处置。

1.5 医疗废物高温蒸汽集中处理工程建设，宜统筹规划，近、远期结合，以近期为主。布局和选址应进行技术经济论证、环境影响评价和环境风险评价，并进行综合比选。

1.6 医疗废物高温蒸汽集中处理工程建设，应采用成熟可靠的技术、工艺和设备，做到运行稳定、维修方便、经济合理、管理科学、保护环境、安全卫生。

1.7 医疗废物高温蒸汽集中处理工程的建设，除应遵守本标准外，还应符合国家现行的有关强制性标准的要求。

2 规范性引用文件

下列文件中的条款通过本标准的引用而成为本标准的条款。凡是不注日期的引用文件，其最新版本适用于本标准。

GB 16297 大气污染物综合排放标准

GB 14554 恶臭污染物排放标准

GB 8978 污水综合排放标准

GB 18466 医疗机构水污染物排放标准

GB 18278 医疗保健产品灭菌确认和常规控制要求工业湿热灭菌

GB 15981 消毒与灭菌效果的评价方法与标准

GB 18597 危险废物贮存污染控制标准

HJ/T 177 医疗废物集中焚烧处置工程建设技术规范

医疗废物管理条例（国务院令第 380 号）

国家危险废物名录（环发[1998]89 号）

医疗废物分类目录（卫生部和国家环保总局发布 2003 年第 287 号）

全国危险废物和医疗废物处置设施建设规划（环发[2004]16 号）

医疗废物专用包装物、容器标准和警示标识规定（环发[2003]188 号）

医疗废物集中处置技术规范（试行）（环发[2003]206 号）

医疗卫生机构医疗废物管理办法（卫生部令[2003]36 号）

危险废物转移联单管理办法（国家环境保护总局令第 5 号）

3 术语和定义

下列术语和定义适用于本标准。

3.1 医疗废物 medical waste

指各类医疗卫生机构在医疗、预防、保健、教学、科研以及其他相关活动中产生的具有直接或间接感染性、毒性以及其他危害性的废物。具体分类名录依照《国家危险废物名录》、国务院卫生行政主管部门和环境保护行政主管部门共同制定的《医疗废物分类目录》执行。

3.2 高温蒸汽 steam

本标准规定高温蒸汽为温度不低于 100℃的水蒸气。

3.3 处理 treatment

指通过改变医疗废物的生物特性和组成从而达到消除其潜在生物危害性的过程。

3.4 高温蒸汽处理 steam treatment

指利用高温蒸汽对医疗废物中所含的病原微生物进行灭活的湿热处理过程。

3.5 处置 disposal

指按照规定的技术措施和要求，对医疗废物进行安全无害和减量处理的过程。

3.6 最终处置 final disposal

指经高温蒸汽处理后的医疗废物进行卫生填埋或焚烧的过程。

3.7 杀菌室 steam treatment chamber

杀菌室是指高温蒸汽处理设备中医疗废物在其内部进行蒸汽处理的腔体。

3.8 处理温度 treatment temperature

指医疗废物高温蒸汽处理设备为达到规定的生物灭活程度而设定的杀菌室内稳定、有效的温度限值。

3.9 处理时间 treatment time

指杀菌室内升温达到指定处理温度后，医疗废物在杀菌室内的持续停留时间，不包括升温时间和干燥时间。

3.10 杀灭对数值 killing log value

当微生物数量以对数表示时，蒸汽处理前后微生物减少的对数值。

3.11 预真空 pre-vacuum

在医疗废物高温蒸汽处理设备对医疗废物进行蒸汽处理前利用抽真空装置将杀菌室一次抽至某一负压值的抽真空过程。

3.12 脉动真空 fractionated-vacuum

在医疗废物高温蒸汽处理设备对医疗废物进行蒸汽处理前利用抽真空装置将杀菌室抽至某一负压值，再充入高温蒸汽至某一正压值，该过程进行两次以上为脉动真空。

3.13 下排气 gravity exhaust

指利用重力置换原理，往杀菌室内通入高温蒸汽，迫使杀菌室内的空气从蒸汽处理设备的下排气孔排出的过程。

3.14 废气 waste gas

指在医疗废物高温蒸汽处理过程中从杀菌室内抽（排）出的气体、贮存设施排出的气体以及破碎等环节产生的气体。

3.15 废液 waste liquid

指医疗废物高温蒸汽处理过程中处理设备内腔中产生的冷凝液、医疗废物的渗滤液及废气处理过程中产生的冷凝液。

3.16 B-D 试验 Bowie-Dick type test

指利用专用测试图检测高温蒸汽处理设备的空气排出性能，通过测试图表面指示剂颜色的变化情况来判断抽真空系统是否正常工作的一种测试。

4 总体设计

4.1 建设规模

4.1.1 医疗废物高温蒸汽集中处理规模适宜在10吨/日以下。

4.1.2 服务区域内的医疗废物产生量应按医疗废物类别以实际重量进行统计与核定。服务区域内的医疗废物产生量计算及预测可参照《医疗废物集中焚烧处置工程建设技术规范》（HJ/T 177）中提供的计算方法进行。

4.1.3 处理厂建设规模应根据处理厂服务区域医疗废物产生量、成分特点、变化趋势、医疗废物收运体系、高温蒸汽处理技术的适用性、《全国危险废物和医疗废物处置设施建设规划》以及城市总体规划等因素综合考虑确定，不应将不适宜采用高温蒸汽处理技术处理的医疗废物的量考虑在内。处理厂设计服务年限不应低于10年。

4.1.4 处理厂每天正常运行时间不应少于 16 h，高温蒸汽处理设备能力应根据处理厂运行时间和处理规模合理确定。处理厂原则上仅宜配备单台处理设备。

处理设备规格应以杀菌室容积（m^3）来表示，并尽可能标准化和规格化。

4.2 厂址选择

4.2.1 处理厂的选址应符合国家及当地有关规划的要求，应符合当地环境保护的要求，并应通过环境影响评价和环境风险评价认定。

4.2.2 医疗废物高温蒸汽集中处理厂不宜在居民区、学校、医院等人口密集区域以及水源保护区附近建设。应设置一定的防护距离，防护距离应根据场址条件、处理技术工艺、污染物排放等，结合环境影响评价和环境风险评价结果，并根据专家论证意见确定。

4.2.3 厂址选择还应符合以下条件：

（1）厂址应满足工程建设的工程地质条件、水文地质条件和气象条件，不应选址在发震断层、滑坡、泥石流、沼泽、流砂、采矿隐落等地区。

（2）选址应综合考虑交通、运输距离、土地利用现状、基础设施状况等因素，宜进行公众调查。

（3）厂址不应受洪水、潮水或内涝的威胁。必须建在该地区时，应有可靠的防洪、排涝措施。

（4）厂址选择应同时考虑残渣的处置以及与当地生活垃圾处理设施的距离。

（5）厂址附近应有满足生产、生活的供水水源、污水排放、电力供应条件。

4.3 项目构成

4.3.1 医疗废物高温蒸汽集中处理工程项目一般由处理厂主体工程、配套工程、生产管理与生活服务设施构成。

4.3.2 医疗废物高温蒸汽集中处理厂主体工程主要包括：

（1）接受贮存系统：一般由医疗废物受料计量、卸料、暂时贮存、厂内输送等设施构成。

（2）高温蒸汽处理系统：一般由进料单元、蒸汽处理单元、破碎单元、压缩单元、废气处理单元、废液处理单元、自动控制单元、蒸汽供给单元及其他辅助单元等构成。

4.3.3 配套工程主要包括：总图运输、供配电、给排水、厂区污水处理、消防、通讯、暖通空调、机械维修、监测化验、车辆器具清洗和消毒等设施。

4.3.4 生产管理与生活服务设施一般包括办公用房、食堂、浴室、值班宿舍等设施。

4.3.5 医疗废物高温蒸汽集中处理工程项目的建设，应坚持专业化协作和社会化服务的原则，合理确定配套工程和服务设施，提高运行管理水平，降低运行成本。

4.4 基本要求

4.4.1 医疗废物高温蒸汽处理工艺推行集中处理，处理过程要确保医疗废物蒸汽处理效果、废水和废气的有效处理以及环境安全。

4.4.2 医疗废物高温蒸汽处理工艺可以采用先蒸汽处理后破碎、先破碎后蒸汽处理或蒸汽处理与破碎同时进行三种工艺形式。宜优先采用先蒸汽处理后破碎或蒸汽处理与破碎同时进行两种工艺形式。

4.4.3 高温蒸汽处理设备应采用工作压力大于常压的压力型设备。

4.4.4 以嗜热性脂肪杆菌芽孢（Bacillus stearothermophilus spores ATCC 7953 或 SSIK31）作为指示菌种衡量医疗废物高温蒸汽处理设备的杀菌效果，要求微生物杀灭对数值大于 4 或微生物灭活效率大于 99.99%。

4.4.5 医疗废物高温蒸汽处理系统尽可能采取措施实现蒸汽处理、破碎、压缩等单元一体化，避免医疗废物由处理系统的入口进料到出口卸料之间操作过程中人工接触的可能性。不应采用没有自动控制单元、没有废气与废液处理单元的处理系统。

4.5 总图设计

4.5.1 处理厂的总图设计，应根据厂址所在地区的自然条件，结合生产、运输、环境保护、职业卫生与劳动安全、职工生活，以及电力、通讯、热力、给水、排水、污水处理、防洪、排涝等因素，经多方案综合比较后确定。

4.5.2 处理厂的设计和建设，应考虑发生事故或被污染的雨水等造成土壤、地下水或地表水污染的防范措施；应设置事故应急池，收集和贮存处理厂内因医疗废物溢出、泄漏或发生火灾灭火时产生的污水，以及被污染的雨水；事故应急池的设计容积应确保容纳预期产生的污水量。

4.5.3 处理厂的附属生产设施、生活服务设施等辅助设施，应根据社会化服务原则统筹考虑，避免重复建设。辅助车间尽可能与主厂房合并建设。

4.5.4 处理厂应按照净污分区、人员防护、单向流程、节约占地的原则进行设计。人流和物流的出、入口宜分开设置，并应方便医疗废物运输车的进出。

4.5.5 处理厂应设置高度不低于 2.5 米的围墙，防止家畜和无关人员进入。

4.6 总平面布置

4.6.1 厂区平面布置应满足生产工艺流程和方便生产、办公、生活的要求，应以高温蒸汽处理系统为主体进行布置，其他各项设施应按医疗废物处理流程合理安排，以确保相关设备联系良好，充分发挥功能，保证设施安全运行。

4.6.2 物流出入口、接收、贮存和转运设施、清洗消毒设施、处置场所等设施可考虑与生活服务设施隔离，分开建设。隔离措施包括墙体隔离或空间隔离方式。

4.6.3 处理厂的车辆消毒设施，宜位于卸料设施附近处，以便于对卸料后的车辆进行及时消毒，防止有传染性物质扩散，并与医疗废物转运工具、生产工具的消毒设施合并建设。

5 分类包装、收集运输、贮存输送

5.1 分类

5.1.1 医疗废物产生单位应按照《医疗废物管理条例》、《医疗卫生机构医疗废物管理办法》及其他相关规定对医疗废物进行管理。

5.1.2 医疗废物产生单位应严格按照《医疗废物分类目录》中的分类标准和本标准的相关规定对医疗废物进行分类收集，各类医疗废物不得混合收集。病理性废物、化学性废物以及药物性废物应单独收集。

5.2 包装

5.2.1 所选择的医疗废物周转箱、包装袋与利器盒的标准、技术性能、规格等应符合《医疗废物专用包装物、容器标准和警示标识规定》的要求。

5.2.2 周转箱上应有医疗废物的警示标识和中文标识，必要时可标注英文标识，标识内容可包括医疗废物产生单位、产生日期、类别及需要的特别说明等。

5.2.3 包装袋材质应具有一定的蒸汽通透性，不能影响蒸汽处理工艺的效果、功能和安全，且在高温蒸汽处理过程中不产生毒性物质。

5.2.4 医疗废物中的利器包装形式和规格应与后续进料、蒸汽处理、破碎等处理工艺环节相适应。

5.3 收集运输

5.3.1 医疗废物集中处理单位一般负责统一收集服务区域内各类医疗卫生机构所产生的医疗废物。

5.3.2 医疗废物集中处理单位运送医疗废物应符合《医疗废物集中处置技术规范（试行）》中的有关规定。

5.3.3 医疗废物集中处理单位应根据服务区域内医疗废物产生量的分布特征、服务区域交通条件等合理制定收集运输方案。

5.4 接收、贮存与厂内输送

5.4.1 医疗废物接收、贮存与厂内输送可参照《医疗废物集中处置技术规范（试行）》和《医疗废物集中焚烧处置工程建设技术规范》（HJ/T 177—2005）中的有关规定执行。

5.4.2 医疗废物接收、贮存与厂内输送还应满足下列要求：

（1）处理单位在接收医疗废物时，应检视包装物或者容器的标识、标签及封口是否符合要求以及是否对应相关转移联单制度，处理单位可拒绝接收不符合要求的医疗废物。

（2）贮存设施应采用全封闭、微负压设计，并应设置气体净化装置和事故排气系统，气体净化后方可排放。

（3）设计贮存设施能力时，应综合考虑医疗废物量、贮存时限、高温蒸汽处理设备检修期间及高温蒸汽处理设备处理效果待验证期间废物存放等因素。

（4）医疗废物厂内输送应使用防渗漏、防遗撒、无锐利边角、易于装卸和清洁的专用运送工具。每天运送工作结束后，应对运送工具及时进行清洁和消毒。

6 处理系统

6.1 进料单元

6.1.1 进料单元应与后续处理工艺单元相匹配。

6.1.2 医疗废物的进料应尽量采取机械化和自动化作业，减少人工对其直接操作。如进料采取人工作业，应尽可能采取措施避免进料容器（或进料车）与人体直接接触。

6.1.3 进料容器（或进料车）材质宜采用不锈钢或铝合金等耐腐蚀性材料，并应具有一定的强度。进料容器（或进料车）应具有防止冷凝液浸泡医疗废物的措施。

6.1.4 如果进料容器（或进料车）兼作为蒸汽处理过程中杀菌室内盛装医疗废物的容器，其设计应便于处理过程中蒸汽均匀穿透和热传导，其材质和结构要能承受蒸汽处理过程中的温度和压力变化，其内壁应作防黏处理。容器中废物装填应松散适度，不宜过满和紧密，最大装载量不宜超过杀菌室容积的 70%，进料容器中的医疗废物顶部应与杀菌室内上壁留有适当距离。

6.1.5 禁止采用没有经过消毒处理的进料容器（或进料车）来盛装经过蒸汽处理后的医疗废物。

6.1.6 采用先破碎后蒸汽处理工艺的设备，进料单元的进料口要保持气密性，同时应配备抽气设备以维持进料单元和破碎单元在一定的负压下运行。

6.2 高温蒸汽处理单元

6.2.1 处理设备应耐久可靠，便于操作和维护。

6.2.2 医疗废物高温蒸汽处理设备杀菌室内部蒸汽喷口布局应尽可能保证杀菌室内温度场均匀。

6.2.3 处理设备应能在其额定电压的±10%范围内维持自身正常的工作状态。

6.2.4 设备内腔及门应采用耐腐蚀、同水和水蒸气接触能保证连续使用的材料，一般宜使用不锈钢材质。

6.2.5 设备设计、制造、监督检验、检测和使用应符合有关压力容器的安全标准要求和国家有关规定。

6.2.6 设备进料口和出料口可以分开设置；进料口和出料口的门应能够满足设备工作压力对密封性能的要求；应设置联锁装置，在门未锁紧时，高温蒸汽处理设备不能升温、升压，在蒸汽处理周期结束前，门不能被打开，在设备进料、出料和维护时应能正常处于开启状态。

6.2.7 抽真空度要求：

6.2.7.1 破碎和蒸汽处理不同时进行的高温蒸汽处理设备抽真空度要求：

（1）该类压力型高温蒸汽处理设备主要指杀菌室内进行蒸汽处理时没有辅以机械装置搅拌、破碎医疗废物的一类设备，4.4.2 款中提到的先蒸汽处理后破碎工艺中的高温蒸汽处理设备通常为此类设备。

（2）此类压力型设备在开始对医疗废物进行蒸汽处理前，应进行预真空或脉动真空将杀菌室内的空气排出，优先使用脉动真空形式，禁止采用下排气式处理设备。

（3）预真空形式抽真空：杀菌室内抽真空度一般不宜低于 0.09 MPa；

脉动真空形式抽真空：杀菌室内抽真空度一般不宜低于 0.08 MPa，抽真空与充蒸汽的循环过程次数不应少于 3 次；或保证脉动真空结束后杀菌室内空气排出率不小于 98%。

（4）预真空或脉动真空型设备应有防止排气孔堵塞的措施和防止设备倒吸水、气的措施。

6.2.7.2 破碎和蒸汽处理同时进行的高温蒸汽处理设备抽真空度要求：

（1）该类压力型高温蒸汽处理设备主要指杀菌室内进行蒸汽处理的同时，辅以机械装置搅拌、破碎医疗废物的一类设备，4.4.2 款中提到的蒸汽处理和破碎同时进行工艺中的高温蒸汽处理设备通常为此类设备。

（2）在此类压力型设备开始对医疗废物进行蒸汽处理前，不强制要求进行预真空或脉动真空排出杀菌室内的空气，但应有相应措施确保杀菌室内的空气不影响蒸汽处理效果。

6.2.8 医疗废物蒸汽处理过程要求在杀菌室内处理温度不低于 134℃、压力不小于 220 kPa（表压）的条件下进行，相应处理时间不应少于 45 分钟。

6.2.9 设备必须安装安全阀，安全阀开启压力不应大于设备安全设计压力，并在达到设定压力时或在设备工作过程中出现故障时应能自动打开进行泄压。

6.2.10 设备管道各焊接处和接头的密闭性应能满足设备加压和抽真空的要求。

6.2.11 高温蒸汽处理设备应具有干燥功能，物料干燥后含水量不应大于总重的 20%。

6.2.12 处理设备外表面应采取隔热措施，操作人员可能接触的设备外表面，其表面温度不宜超过 40℃。对于输送超过 60℃的蒸汽或水的管道，以及输送冷却水的管道，都应做保温处理。

6.3 破碎单元

6.3.1 医疗废物高温蒸汽处理必须经过破碎，严禁只对医疗废物进行高温蒸汽处理，严防医疗废物高温蒸汽处理后回收利用的现象发生。

6.3.2 破碎设备应能够同时破碎硬质物料和软质物料，物料破碎后粒径不应大于 5 厘米，如一级破碎不能满足要求，应设置二级破碎。

6.3.3 破碎单元位于高温蒸汽处理单元之前时，破碎应当在密闭与负压状态下进行，破碎单元内部气体必须得到净化处理后方可排放，同时应具有消毒措施，定期以及在每次检修之前对破碎单元进行安全消毒。消毒措施不应产生二次污染。

6.3.4 破碎设备的选择，应遵循可靠、耐用、维修方便安全、无二次污染的原则进行。

6.4 压缩单元

6.4.1 如果高温蒸汽集中处理厂距离当地生活垃圾处理厂较远，可考虑配备压缩单元。

6.4.2 医疗废物经高温蒸汽处理、破碎后进行压缩的比例应大于 2∶1。

6.5 废气处理单元

6.5.1 废气处理单元必须能够有效去除微生物、挥发性有机物（VOC）、重金属等污染物，并能够消除处理过程中产生的异味。

6.5.2 废气处理单元应能保证微生物、挥发性有机物（VOC）等污染物的去除率在 99.999% 以上。

6.5.3 废气处理单元一般宜设尾气高效过滤、吸附装置等，依据具体情况可考虑增设 VOC 化学氧化装置和在高效过滤装置上游增设中效或低效过滤装置等。可考虑采用药剂去除蒸汽处理过程中的异味，也可根据实际设置脱臭装置。

6.5.4 尾气高效过滤装置应采用疏水性介孔材料，能够满足一定的耐温要求，过滤孔径不得大于 0.2 μm；过滤装置一般应设进出气阀、压力仪表和排水阀，设计流量应与处理规模相适应，过滤效率应在 99.999%以上。

6.5.5 应有技术措施防止过滤、吸附装置中微生物滋生和因湿失效；如过滤、吸附装置的处理效率不能满足要求，应及时进行校正或更换。

6.5.6 应保证废气处理单元管道及管道之间连接的气密性。

6.6 废液处理单元

6.6.1 高温蒸汽处理过程中处理设备内腔中产生的冷凝液，医疗废物的渗滤液及废气处理过程中产生的冷凝液，应首先收集进入废液处理单元作消毒处理，然后才能排入厂区污水处理设施进一步处理。

6.6.2 废液处理单元可采用加热处理方式对废液进行消毒，消毒温度不宜低于 125℃，相应消毒时间不宜少于 30 min。废液处理单元也可采用其他切实可行的消毒处理方式。

6.7 自动控制单元

6.7.1 高温蒸汽处理系统应尽可能实现全过程的自动控制，包括真空预热控制、升温加压、自启停、蒸汽处理、干燥、废液和废气处理控制、破碎、压缩控制等。

6.7.2 系统控制硬件应包括控制面板、传感器件和控制调节阀等部件。

6.7.3 杀菌室内的传感器件设置点位置应能保证所测量点的温度值和压力值能够满足最终实现预定处理效果的要求。传感器设置数量应能满足测试温度分布和保证高温蒸汽处理工艺有序性、均匀性及可重复性的要求。

6.7.4 自控单元应设有数据输出接口和通讯接口，实现参数输出和远程监控功能。

6.7.5 系统控制软件宜采用可编程控制方案实行自动控制，其功能应包括：

（1）测试空气排除效果和设备密封性能（只针对抽真空类型的设备）。

（2）实时显示当前运行所处的状态，包括所处阶段、处理温度、处理时间、杀菌室内压力、干燥时间。

（3）运行过程中的主要参数当前值的显示及打印功能。在运行过程中，实时跟踪反馈杀菌室内的温度、压力。处理过程结束后，应将整个处理过程的参数存储作为备份记录保存 5 年，自控系统应具有一定的独立性和可靠性，防止所存储的参数丢失、被随意修改和删除。

（4）自控系统除能实现蒸汽处理各阶段的自动操作外，还应具有人工操作模式实现蒸汽处理各个阶段的手动操作。在人工操作模式下，不得简化或回避任何处理环节。

（5）自控系统应具有故障自我检测功能，能够实现超温、超压、断电、断水、断汽以及误操作等异常情况下报警和紧急停车，并且能够实现操作未完成时高温蒸汽处理设备进料门（出料门）联锁功能。

6.7.6 控制软件应设置权限对处理时间、处理温度、压力等参数的修改进行限制，禁止将处理参数降低到标准规定的参数以下对医疗废物进行蒸汽处理。

6.7.7 自控单元在蒸汽处理过程中应能根据杀菌室内温度和压力的波动情况及时把处理温度控制在所预置温度的±1℃范围之内。

6.7.8 处理设备所配备的仪器仪表除满足相关专业标准的要求外，还应保证温度控制精度不大于±0.5℃、压力控制精度不大于±1.6%和时间控制精度不大于±1%。

6.7.9 处理设备所配备的仪器仪表每年至少进行一次检查校准，并进行相应的记录，记录结果应作为处理厂运行记录文件的一部分保存 5 年。

6.8 蒸汽供给单元

6.8.1 外接蒸汽：如果处理厂有外接蒸汽源，可以通过调压装置接入高温蒸汽处理系统。

6.8.2 蒸汽发生器：如果处理厂没有外接蒸汽源，需要配备相应的蒸汽发生系统，蒸汽发生系统的选择应本着投资少、运行费用低和与处理系统相匹配的原则进行。

6.8.3 蒸汽源均应符合如下要求：

（1）处理所需蒸汽源压力适宜为 0.3～0.6 MPa，蒸汽压要平稳，波动量不宜大于 10%。

（2）所提供的蒸汽应为饱和蒸汽，其所含的非可凝性气体不应超过 5% （V/V），过热不应超过 2℃。

（3）蒸汽供应量应能满足处理厂满负荷运行的需要。

（4）年供汽保证率不宜低于 350 天。

（5）供产生蒸汽和直接冷却用的水，均不得含有浓度可削弱蒸汽处理效果、损坏高温蒸汽处理设备的杂质，其水质应符合国家有关规定。

6.8.4 蒸汽输送管路应有疏水装置，能有效排出管路内的冷凝水。

6.8.5 蒸汽供应系统应有压力调节装置，减少蒸汽压力扰动对高温蒸汽处理设备工作的影响。

7 配套工程

7.1 电气系统

7.1.1 处理厂供电方式应根据用电要求，与当地电力部门协商确定。

7.1.2 处理厂蒸汽处理设备用电负荷为 AC380/220 V，负荷等级为三级。

7.1.3 处理厂应设直流配电装置及不间断电源系统供仪表、计算机监控及控制系统的应急电源。

7.1.4 照明设计应符合《建筑照明设计标准》（GB 50034）中的有关规定。正常照明与事故照明应采用分开的供电系统，并宜采用下列供电方式：

（1）事故照明宜由蓄电池组供电。

（2）处理厂房的主要出入口、通道、楼梯间以及远离处理厂房的工作场所的事故照明，宜采用自带蓄电池应急灯。

（3）厂房内安装高度低于 2.2 m 的照明灯具，宜采用 24 V 电压供电。

（4）手提灯电压不应大于 24 V，在狭窄地点和接触良好金属接地面上工作时，手提灯电压不应大于 12 V。

7.1.5 处理厂房及辅助厂房的电缆敷设，应采取有效的阻燃、防火封堵措施。

7.1.6 处理厂应设置通讯设备，保证厂区岗位之间和厂内外联系畅通。

7.2 给水、排水和消防

7.2.1 给水

7.2.1.1 厂区室外和室内给水管网宜采用生产、生活、消防联合供水系统。

7.2.2 排水

7.2.2.1 厂区排水应采用雨污分流制。

7.2.2.2 雨水量设计重现期应符合国家《室外排水设计规范》（GBJ 14）中的有关规定。

7.2.2.3 厂区清洗、消毒产生的废水、作业区初期雨水以及本标准第 6.6.1 款中经过消毒处理后的废液等应按医疗机构产生污水处理，并应符合《医疗机构水污染物排放标准》的要求。

7.2.2.4 污水排放前应进行再次消毒，消毒剂应根据技术经济分析选用，消毒工艺设计除应符合《医疗机构水污染物排放标准》中的有关要求外还应符合其他有关规定。

7.2.2.5 厂区生活污水及其他非医疗污水排放应符合《污水综合排放标准》的要求。

7.2.3 消防

7.2.3.1 高温蒸汽处理厂房的生产类别应属于丁类，建筑耐火等级不应低于二级。贮存库的生产类别应属于丙类，建筑耐火等级不应低于二级。

7.2.3.2 高温蒸汽处理厂房应设置室内消火栓给水系统，并应符合国家《建筑设计防火规范》（GBJ 16）中的有关规定。

7.2.3.3 高温蒸汽处理厂房的安全疏散，应符合《建筑设计防火规范》（GBJ 16）中的有关规定。

7.2.3.4 高温蒸汽处理厂房内部的装修设计，应符合《建筑内部装修设计防火规范》（GB 50222）中的有关规定。

7.3 采暖通风与空调

7.3.1 建筑物的采暖通风和空调设计应符合《采暖通风与空气调节设计规范》（GBJ 19）中的有关规定。

7.3.2 高温蒸汽处理厂房宜采用机械强制通风，以保持良好的通风环境。

7.3.3 处理车间以及贮存间排出的空气应进行适当处理后排放，并宜设置事故排气系统，以便提供充足的通风条件。

7.4 建筑与结构

7.4.1 处理厂主要生产设备应布置在封闭的车间内。卸料、贮存、转运、输送和上料系统必须设置在有屋盖的车间内。

7.4.2 处理厂的暂时贮存库应采取微负压设计，并保证新风量 30 m^3/（人・h）。

7.4.3 厂区建筑的造型应简洁、实用，并与周围环境相协调。厂房的平面布置和空间布局应满足工艺设备布置要求，同时宜考虑今后生产发展和技术改造的可能性。生产区与生活服务区之间应有隔离。

7.4.4 厂房平面设计应组织好人流和物流线路，避免交叉。

7.4.5 厂房楼（地）面的设计，除满足工艺使用要求外，还应符合《建筑地面设计规范》（GB 50037）中的有关规定。贮存设施墙面应方便进行清洗消毒，控制室地面应采取防静电措施。

7.4.6 厂房采光设计应符合国家《工业企业采光设计标准》（GB 50033）中的有关规定。

7.4.7 严寒地区的建筑结构应采取防冻措施。

7.4.8 大面积屋盖系统宜采用钢结构，并应符合《屋面工程技术规范》（GB 50207）中的有关规定。屋顶承重结构的结构层及保温（隔热）层应采用非燃烧体材料；设保温层的屋面应有防止结露与水汽渗透的措施，并应符合《建筑设计防火规范》（GBJ 16）中的有关规定。

7.4.9 医疗废物卸料、贮存设施应进行地面防渗处理，并符合《危险废物贮存污染控制标准》中的有关规定。

7.4.10 厂房结构设计应满足《建筑结构可靠度设计统一标准》（GB 50068）中的有关规定，并应符合其他国家现行的有关规范要求。

7.4.11 厂区应进行地质勘察，地质勘察应符合《岩土工程勘察规范》（GB 50021）中的有关规定。

7.4.12 楼（地）面活荷载取值应根据设备安装、检修和使用要求等确定，同时应满足《建筑结构荷载规范》（GB 50009）中的有关规定。

7.4.13 处理厂的结构构件，应根据承载能力极限状态及正常使用极限状态要求，按使用工况分别进行承载能力及稳定、疲劳、变形、抗裂及裂缝宽度计算和验算；处于地震地区的结构，还应进行结构构件抗震的承载能力计算。同时应满足《混凝土结构设计规范》（GB 50010）、《砌体结构设计规范》（GB 50003）、《钢结构设计规范》（GBJ 17）、《建筑抗震设计规范》（GB 50011）中的有关规定。

7.4.14 地基基础的设计应按国家《建筑地基基础设计规范》（GB 50007）和《湿陷性黄土地区建筑规范》（GBJ 25）的有关规定进行地基承载力和变形计算，必要时还应进行稳定性计算。

7.5 厂区道路

7.5.1 厂区道路的设置，应满足交通运输、消防、绿化及各种管线的敷设要求。

7.5.2 处理厂的道路应能到达主要构筑物和建筑物。车行道宜布置成环状，以便回车。

7.5.3 处理厂区主要道路的行车路面宽度不宜小于 6.0 m。主厂房外应设消防道路，道路的宽度不应小于 3.5 m，人行道一般取 1.5～2.0 m。路面宜采用水泥混凝土或沥青混凝土，道路的荷载等级应符合现行国家标准《厂矿道路设计规范》（GBJ 22）的有关规定。

7.5.4 临时停车场可设在厂区物流出口或入口附近处。

7.6 绿化

7.6.1 厂区的绿化布置应符合总图设计要求，合理安排绿化用地。污染区应尽可能减少绿化。

7.6.2 厂区绿化应结合当地的自然条件，选择适宜的植物。

7.7 清洗消毒

7.7.1 处理厂应设置清洗消毒设施用于医疗废物转运车、周转箱及其他医疗废物运送工具的清洗消毒。

7.7.2 清洗消毒可参照《医疗废物集中处置技术规范（试行）》和《医疗废物集中焚烧处置工程建设技术规范》中的有关规定执行。禁止在社会车辆清洗场所清洗医疗废物转运车。

7.7.3 清洗消毒工艺的设计应本着易于操作、经济合理的原则进行。应对与消毒剂发生接触后的车辆等金属物品用清水进行清洗，以免发生设备车辆腐蚀问题。

7.8 其他辅助设施

7.8.1 处理厂应具有全厂设备日常维护、保养与小修任务及工厂设施突发性故障时的应急处理功能。设备的大、中修宜通过社会化协作解决。

7.8.2 处理厂应配备必需的机械工具、搬运设备和备用品、消耗品。

7.8.3 处理厂应配备突发事故应急所必需的设备、物品和药品。

8 环境保护和安全防护

8.1 一般规定

8.1.1 医疗废物高温蒸汽处理过程中产生的废气、废水、噪声以及其他污染物的防治与排放，应贯彻执行国家现行的环境保护法规和标准的有关规定。

8.1.2 处理厂建设应贯彻执行《中华人民共和国职业病防治法》，应符合国家职业卫生标准的工作环境和条件。

8.1.3 制定处理厂污染物治理措施前应落实污染源的特性和产生量。

8.2 环境保护

8.2.1 医疗废物进场后应在规定时间内尽快处理，减少存放时间，避免恶臭产生。

8.2.2 医疗废物处理过程中从杀菌室内抽（排）出的气体、贮存设施排出的气体以及破碎等环节产生的气体，必须经过处理后方可排放，污染物监测和排放应符合《大气污染物综合排放标准》和《恶臭污染物排放标准》的有关要求。

8.2.3 处理厂清洗消毒废水、作业区初期雨水以及本标准第 6.6.1 款中经过消毒处理后的废液应进入处理厂污水处理设施处理后排放，污水排放应符合《医疗机构水污染物排放标准》的规定。污水处理设施的废气排放、污泥控制与处置应按《医疗机构水污染物排放标准》中的有关规定执行。

8.2.4 处理厂生活污水排放应符合《污水综合排放标准》的要求。

8.2.5 污水处理后符合相关标准的，可以进行循环利用。

8.2.6 对于主要噪声设备，应采取基础减震和消声及隔声措施，厂界噪声应符合《工业企业厂界噪声标准》（GB 12348—90）的要求。

8.2.7 废气处理单元中过滤、吸附装置的滤芯和吸附材料因使用寿命或其他原因而不能使用时，应作为危险废物进行安全处置。

8.2.8 医疗废物排放管理

8.2.8.1 医疗废物经过高温蒸汽处理和破碎设备破碎毁形，并且处理效果满足本标准要求后，可作为一般的生活垃圾进行最终处置，具体处置方式应依据当地生活垃圾所采取的符合国家相关规定的处置方式而定，同时应加强与当地垃圾处理规划或环境卫生规划的统筹考虑，严禁回收利用。

8.2.8.2 已安全处理的医疗废物如需在厂内暂存，宜采用容器盛装或包装袋包装后存放，容器或包装袋上应有“无危险”和“已检验”等标识，不得和未处理的医疗废物一起存放。

8.2.8.3 已安全处理的医疗废物外运作最终处置时，不宜和其他废物混合运输，运输车辆的车箱应能防止运输过程中医疗废物撒落，运输车辆应配有工具以便及时清除意外撒落的医疗废物。

8.2.8.4 如对处理后的医疗废物进行卫生填埋处置，当地的卫生填埋场宜划出专区用于医疗废物填埋。医疗废物填埋后其表面应铺有一层生活垃圾或其他覆盖材料，铺设厚度不宜少于 125 厘米，尽可能避免人与填埋的医疗废物直接接触。

8.3 职业卫生与劳动安全

8.3.1 处理厂的劳动卫生应符合国家《工业企业设计卫生标准》（GBZ 1）和《工作场所有害因素职业接触限值》（GBZ 2）中的有关规定。

8.3.2 处理厂建设应采用有利于职业病防治和保护劳动者健康的措施。应在相关设备的醒目位置设置警示标识，并应有可靠的防护措施。
8.3.3 职业病防护设备、防护用品应确保处于正常工作状态，不得擅自拆除或停止使用。
8.3.4 处理厂建设应进行职业病危害与控制效果可行性评价。
8.3.5 处理厂应采取必要的职业健康和劳动安全措施，主要内容应包括：

（1）应对工作人员进行必要的培训。

（2）应提供工作人员所需的防护用品。

（3）应提供工作人员所使用的防护用品的清洁消毒设施。

8.3.6 所使用防护用品的类型应根据所涉及的医疗废物的危险度而定，但对医疗废物收集和处理人员应达到如下要求：

（1）头盔，有或无面罩依据所进行的操作而定。

（2）口罩，必需。

（3）护目镜，依操作而定。

（4）工作裤（工作服），必需。

（5）护腿和工业用靴，必需。

（6）一次性手套（一般工作人员用）或耐受力强的手套（医疗废物处理工人用），必需。

（7）耳罩，依操作而定。

8.3.7 应按感染区、过渡区、清洁区设置工作人员更衣、洗涤和洗浴设施。

9 工程施工及验收

9.1 建筑、安装工程应符合施工设计文件、设备技术文件的要求。
9.2 对工程的变更应取得设计单位的设计变更文件后再进行施工。
9.3 处理厂建设的工程质量监督管理应符合国家现行《建设工程质量管理条例》的有关规定，项目的竣工验收应按《建设项目（工程）竣工验收办法》执行。
9.4 处理厂的竣工验收应有环境保护及卫生专业技术部门参加。
9.5 医疗废物高温蒸汽集中处理工程应按本标准和现行相关专业工程验收规范有关规定进行验收。对国外引进的专用设备，可参照供货商提供的设备技术规范、合同规定及商检文件执行，并应符合我国现行的国家或行业工程施工及验收标准要求。
9.6 工程竣工验收前，严禁处理厂投入运行。

10 运行管理

10.1 运行管理总则
10.1.1 本运行管理要求适用于医疗废物高温蒸汽集中处理厂运行、维护及安全管理。
10.1.2 医疗废物高温蒸汽集中处理厂的运行、维护及安全管理除应执行本要求外，还应符合国家现行有关标准规定。
10.2 运行条件
10.2.1 医疗废物高温蒸汽集中处理单位必须按照《危险废物经营许可证管理办法》获得许可证后方可运行；未取得经营许可证的单位不得从事有关医疗废物集中处置活动。

10.2.2 医疗废物高温蒸汽处理设施建设应符合本标准的要求。
10.2.3 制订完备的保障医疗废物收集、运输和安全处置的规章制度。
10.2.4 必须具有经过培训的技术人员、管理人员和相应数量的操作人员。
10.2.5 应具有负责医疗废物处理效果检测、评价的机构和人员。
10.3 劳动定员和运行班制
10.3.1 处理厂劳动定员可分为生产人员、辅助生产人员、技术人员和安全管理人员。处理厂的劳动定员应按定岗定量的原则合理确定。
10.3.2 处理设备可间歇运行，但运行时间应保证每天不少于 16 小时，处理厂全年运行天数不应少于 330 天。
10.4 人员培训
10.4.1 基本要求

（1）熟悉医疗废物管理的法律、法规、规章和有关规范性文件的规定，以及处理厂内的规章制度和各项工作要求；

（2）了解医疗废物危险性和相应安全防护方面的知识；

（3）明确医疗废物高温蒸汽处理和环境保护的意义；

（4）熟悉医疗废物的分类和包装标识以及安全标识；

（5）熟悉医疗废物高温蒸汽处理厂运作的工艺流程；

（6）掌握劳动安全防护设施、设备使用的知识和个人职业卫生防护措施；

（7）熟悉处理紧急事故的措施或操作程序。

10.4.2 医疗废物高温蒸汽处理操作人员和技术人员的培训应包括

（1）医疗废物接受、厂内输送、贮存、进料、蒸汽处理、破碎、压缩以及运输车和转运箱清洗消毒等环节的具体操作；

（2）符合要求的处理温度、处理时间和压力；

（3）高温蒸汽处理设备抽真空性能和密闭性检测，蒸汽供应系统检测，处理效果的检测和判定，以及检测结果不合格情况下相应的应对措施；

（4）设备运行故障的排除。

10.4.3 技术人员还应掌握医疗废物高温蒸汽处理的相关理论知识和处理设备的工作原理
10.5 医疗废物接收交接制度
10.5.1 医疗废物交接按照《医疗废物集中处置技术规范（试行）》的有关规定执行，采用《医疗废物运送登记卡》和《危险废物转移联单》（医疗废物专用）进行记录和管理。
10.5.2 医疗废物交接分为医疗废物现场交接和《医疗废物运送登记卡》的交接。
10.5.3 医疗废物交接时，应核对其数量、种类、标识与《医疗废物运送登记卡》是否相符，包装是否密封。
10.5.4 若现场实物与《医疗废物运送登记卡》不相符，交接人员可拒绝接收，但应及时通知委托单位进行核实。
10.5.5 若发现医疗废物包装袋破裂、泄漏或其他事故时，相关人员应采取应急预案及时进行处理。
10.5.6 交接双方必须根据交接情况认真填写《医疗废物运送登记卡》，并签字确认。
10.5.7 根据危险废物转移联单制度妥善保存《医疗废物运送登记卡》，并定期报送主管部门。

10.5.8 医疗废物处理厂应每天统计接收医疗废物的数量或重量，并输入计算机信息管理系统。

10.6 处理厂运行记录制度

医疗废物高温蒸汽集中处理厂应建立处理设备运行状况、设施维护和医疗废物处理过程中的登记制度，并保存记录5年。记录内容主要包括：

（1）《医疗废物运送登记卡》和《危险废物转移联单》（医疗废物专用）；

（2）医疗废物接受登记，包括进场运输车车牌号、来源、重量、进场日期及时间、离场时间等进行记录；

（3）高温蒸汽处理设备运行参数记录，具体可包括：高温蒸汽处理设备号、日期、废物类别、预真空度、进入高温蒸汽处理设备时间、处理时间、排出高温蒸汽处理设备时间、处理温度、压力、干燥时间、操作员等；

（4）经蒸汽处理后的医疗废物排放管理记录，具体应包括排放地点、排放日期、排放量、操作人员等内容；

（5）清洗消毒操作记录；

（6）生产设备、设施维修记录；

（7）生产事故及处理情况记录；

（8）处理效果定期检测、评价及评估情况记录。

10.7 劳动保护和安全生产

10.7.1 一般规定

医疗废物高温蒸汽集中处理厂在设计、施工和生产过程中，应高度重视操作人员和环境的安全问题，采取有效的应对措施和各种预防手段，严格执行以下规范和标准，确保安全和卫生设施同时投入使用，并制定相应的操作规程：

（1）《中华人民共和国劳动法》

（2）《中华人民共和国职业病防治法》

（3）《建设项目（工程）劳动安全卫生监察规定》（劳动部令第3号）

（4）《建设项目（工程）职业安全卫生设施和技术措施验收办法》（劳安字[1992]1号）

（5）《生产过程安全卫生要求总则》（GB 12801—1991）

（6）《生产设备安全卫生设计总则》（GB 5083—1985）

（7）《建筑设计防火规范》（GBJ 16—2001）

（8）《建筑物防雷设计规范》（GB 50057—1994）

（9）《工业企业设计卫生标准》（TJ 36—1979）

（10）《电气设备安全设计导则》（GB 4064—1983）

（11）《安全色》（GB 2893—1982）

（12）《安全标志》（GB 2894—1996）

（13）《企业职工劳动安全卫生教育管理规定》（劳部发[1995]405号）

（14）《劳动防护用品配备标准（试行）》（国经贸安全[2000]189号）

（15）《呼吸防护用品的选择、使用与维护》（GB/T 18664—2002）

当上述标准和文件被修订时，应使用其最新版本。

10.7.2 劳动保护

（1）加强员工的安全防护意识和消毒意识，定期对员工进行健康检查。

（2）操作人员必须佩戴必要的劳保用品，做好安全防范工作。

（3）应提供工作人员防护的设备和衣服，员工上班必须穿工作服，下班后及时更换。工作服应勤换勤洗并定期消毒。

（4）工作人员所需防护设备和服装的购置、发放、回收和报废均应进行登记。报废的防护设备应交由专人处理，不得自行处置。

（5）在指定的、有标志的明显位置应配备必要的防护救生用品及药品。防护救生用品和药品要有专人管理，并及时检查和更换。

（6）应建立有效的职业健康程序，包括预防免疫、暴露后的预防处理和医疗监护等。

（7）应定期做好废气和废水的监测工作。

（8）应做好防虫、防鼠以及防止蚊蝇滋生工作。

（9）应提供方便工作人员使用的洗涤设施（有热水和洗涤用品）。

10.7.3 安全生产

（1）处理厂生产过程中安全卫生管理应符合国家《生产过程安全卫生要求总则》（GB 12801）中的有关规定。各岗位应根据工艺特征和具体要求，制定本岗位安全操作规程。

（2）操作人员必须严格执行本岗位安全操作规程。

（3）各岗位操作人员和维修人员必须经过岗前培训，经考核合格后持证上岗，并应定期进行教育培训。

（4）严禁非本岗位操作人员擅自启、闭本岗位设备。

（5）操作人员启、闭电器开关时，应按电工规程进行。

（6）应有防止被设备高温部位和蒸汽系统烫伤的措施。

（7）检修电器控制柜时，必须先通知变、配电站断掉该系统电源，并验明无电后方可作业。

（8）厂内及生产区内运输管理应符合《工业企业厂内运输安全规程》（GB 4387—1994）中的有关规定。

（9）在主要通道处均应设置安全应急灯。

10.7.4 处理厂应建立并严格执行定期和经常的安全检查制度，及时消除事故隐患，严禁违章操作和违章指挥。

10.7.5 处理厂应对危害和事故隐患进行识别，采取事故预防措施，建立应急预案并定期进行演练。应急预案应包括以下内容：

（1）医疗废物运输过程中发生的大量溢出、散落、扩散时的应急预案；

（2）医疗废物在处理厂内暂存时发生病菌扩散事故的应急预案；

（3）清洗消毒设施、设备发生故障时的应急预案；

（4）设备大修或事故期间，所积存的医疗废物量超过处理厂贮存能力时的应急预案；

（5）服务区域发生疫情时，医疗废物处理单位的处理能力无法满足疫情期间医疗废物处理要求时的应急预案。

10.8 检测与评估

10.8.1 检测

10.8.1.1 处理设备使用前需经试运行和认定，应加强设备常规检测和维护，以使设备处于正常状态。

10.8.1.2 处理厂根据实际需要可配备常用的分析化验设备和检测仪器。

10.8.1.3 抽真空性能检测

（1）采用预真空或脉动真空的压力型设备在检修后以及每天第一次处理医疗废物前，需在空载情况下进行 B-D 试验，以检验处理设备空气排出性能。

（2）B-D 试验操作可参照 B-D 试验所使用测试用品的使用说明书执行。

（3）不应在 B-D 试验不合格的情况下进行医疗废物高温蒸汽处理操作。

10.8.1.4 真空密封检测

（1）采用预真空或脉动真空的压力型处理设备在被认为杀菌室有泄漏时或进行与杀菌室密封性能有关的维修后，需进行真空密封检测。

（2）真空密封检测应在杀菌室为空载和干燥的情况下进行，杀菌室和外界的温差不宜大于 20℃。在杀菌室达到最大真空度后，关闭所有阀门和抽真空设备，等待数分钟（一般为 5 分钟）后开始记录时间和真空度下降值，应保证连续测试时间不少于 10 分钟。

（3）若在 10 分钟内杀菌室真空度下降值不大于 1.3 kPa（10 mmHg），可判断真空密封检测合格；否则为真空密封检测不合格。

（4）若检测出杀菌室有泄漏，操作人员及时通知维修人员进行解决，不应在杀菌室有泄漏的情况下进行预真空或脉动真空。

10.8.1.5 处理效果检测

10.8.1.5.1 生物方法检测

（1）处理厂应委托具有相关专业能力的第三方机构对高温蒸汽处理设备处理效果做例行检测，检测频率为每半年不少于一次。

（2）处理厂应具备处理效果生物检测能力，根据高温蒸汽处理设备运行情况自行做不定期的生物检测，一般每周不少于一次；高温蒸汽处理设备检修之后，必须进行相应的处理效果生物检测。

（3）生物检测所用的生物指示剂应选择耐热的嗜热性脂肪杆菌芽孢，检测方法可参照国家关于高温蒸汽处理效果检测的测试标准中的有关规定执行，也可参照处理设备说明书中提供的检测方法执行。处理设备说明书中提供的检测方法要求低于国家相关测试标准要求或与国家相关测试标准相冲突时，应按照国家相关测试标准执行。

（4）进行处理效果生物检测时，应确保在高温蒸汽处理设备的正常工况条件下进行，同时应确保生物指示剂测试包（或测试容器）放置于杀菌室内蒸汽处理效果最难保证的空间位置，以真实反映处理效果。

（5）检测人员应记录检测周期内的处理温度、处理时间、压力、废物装载量、废物类型、生物指示剂测试包（或测试容器）类型、生物指示剂测试包（或测试容器）的装载方式、装载位置等与检测结果相关的内容以及整个检测程序。生物检测结果应与同批次的上述记录内容一同构成处理效果证明的依据，并存档以备环境保护部门检查，不得伪造记录数据和生物检测结果。

10.8.1.5.2 化学方法检测

（1）采用先蒸汽处理后破碎的工艺时，每批医疗废物处理都应采用化学检测方法对处理效果进行检测，可采用化学指示管（卡）检测方法或化学指示胶带检测法。

（2）化学检测方法可参照国家关于高温蒸汽处理效果检测的测试标准中的有关规定执行。

10.8.1.6 若通过上述方法判定处理效果不合格，应评估不合格的原因，及时解决存在的问题并进行记录存档。处理效果验证期间所处理的医疗废物均视为未处理，还需按照规定对其重新处理。

10.8.2 评估

处理厂应委托具备条件的第三方机构定期对医疗废物处理厂的设施、设备安全状况以及处理厂运行管理情况进行监测和评估，一般宜每 2 年做一次评估，评估报告应留存以备所在地环境保护部门检查。

中华人民共和国环境保护行业标准

危险废物鉴别技术规范

Technical specifications on identification for hazardous waste

HJ/T 298—2007

前　言

为贯彻《中华人民共和国固体废物污染环境防治法》及相关法律和法规，加强危险废物管理，保证危险废物鉴别的科学性，制定本标准。

本标准由国家环境保护总局科技标准司提出。

本标准由中国环境科学研究院固体废物污染控制技术研究所起草。

本标准国家环境保护总局 2007 年 5 月 21 日批准。

本标准自 2007 年 7 月 1 日起实施。

本标准由国家环境保护总局解释。

1　适用范围

本标准规定了固体废物的危险特性鉴别中样品的采集和检测，以及检测结果的判断等过程的技术要求。

本标准中的固体废物包括固态、半固态废物和液态废物（排入水体的废水除外）。

本标准适用于固体废物的危险特性鉴别，不适用于突发性环境污染事故产生的危险废物的应急鉴别。

2　规范性引用文件

下列文件中的条款通过在本标准中被引用而成为本标准的条款，与本标准同效。凡是不注明日期的引用文件，其最新版本适用于本标准。

HJ/T 20　工业固体废物采样制样技术规范

GB 5085　危险废物鉴别标准

3　术语和定义

本标准中份样、份样数、份样量的定义参见 HJ/T 20 的规定。下列定义适用于本标准。

固体废物产生量：产生固体废物的装置按设计生产能力满负荷运行时所产生的固体废物量。

4 样品采集

4.1 采样对象的确定

对于正在产生的固体废物，应在确定的工艺环节采取样品。

4.2 份样数的确定

4.2.1 表 1 为需要采集的固体废物的最小份样数。

表 1 固体废物采集最小份样数

固体废物量（以 q 表示）/t	最小份样数/个	固体废物量（以 q 表示）/t	最小份样数/个
$q \leqslant 5$	5	$90 < q \leqslant 150$	32
$5 < q \leqslant 25$	8	$150 < q \leqslant 500$	50
$25 < q \leqslant 50$	13	$500 < q \leqslant 1\,000$	80
$50 < q \leqslant 90$	20	$q > 1\,000$	100

4.2.2 固体废物为历史堆存状态时，应以堆存的固体废物总量为依据，按照表 1 确定需要采集的最小份样数。

4.2.3 固体废物为连续产生时，应以确定的工艺环节一个月内的固体废物产生量为依据，按照表 1 确定需要采集的最小份样数。如果生产周期小于一个月，则以一个生产周期内的固体废物产生量为依据。

样品采集应分次在一个月（或一个生产周期）内等时间间隔完成；每次采样在设备稳定运行的 8h（或一个生产班次）内等时间间隔完成。

4.2.4 固体废物为间歇产生时，应以确定的工艺环节一个月内的固体废物产生量为依据，按照表 1 确定需要采集的最小份样数。如果固体废物产生的时间间隔大于一个月，以每次产生的固体废物总量为依据，按照表 1 确定需要采集的份样数。

每次采集的份样数应满足下式要求：

$$n = \frac{N}{p}$$

式中：n——每次采集的份样数；

N——需要采集的份样数；

p——一个月内固体废物的产生次数。

4.3 份样量的确定

4.3.1 固态废物样品采集的份样量应同时满足下列要求：

（1）满足分析操作的需要；

（2）依据固态废物的原始颗粒最大粒径，不小于表 2 中规定的质量。

表 2 不同颗粒直径的固态废物的一个份样所需采取的最小份样量

原始颗粒最大粒径（以 d 表示）/cm	最小份样量/g	原始颗粒最大粒径（以 d 表示）/cm	最小份样量/g
$d \leqslant 0.50$	500	$d > 1.0$	2 000
$0.50 < d \leqslant 1.0$	1 000		

4.3.2 半固态和液态废物样品采集的份样量应满足分析操作的需要。

4.4 采样方法

4.4.1 固体废物采样工具、采样程序、采样记录和盛样容器参照 HJ/T 20 的要求进行。

4.4.2 在采样过程中应采取必要的个人安全防护措施，同时应采取措施防止造成二次污染。

4.4.3 固态、半固态废物样品应按照下列方法采集：

（1）连续产生

在设备稳定运行时的 8h（或一个生产班次）内等时间间隔用勺式采样器采取样品。每采取一次，作为一个份样。

（2）带卸料口的贮罐（槽）装

应尽可能在卸除废物过程中采取样品；根据固体废物性状分别使用长铲式采样器、套筒式采样器或者探针进行采样。

当只能在卸料口采样时，应预先清洁卸料口，并适当排出废物后再采取样品。采样时，用布袋（桶）接住料口，按所需份样量等时间间隔放出废物。每接取一次废物，作为一个份样。

（3）板框压滤机

将压滤机各板框顺序编号，用 HJ/T 20 中的随机数表法抽取 N 个板框作为采样单元采取样品。采样时，在压滤脱水后取下板框，刮下废物。每个板框采取的样品作为一个份样。

（4）散状堆积

对于堆积高度小于或者等于 0.5m 的散状堆积固态、半固态废物，将废物堆平铺成厚度为 10～15cm 的矩形，划分为 $5N$ 个（N 为份样数，下同）面积相等的网格，顺序编号；用 HJ/T 20 中的随机数表法抽取 N 个网格作为采样单元，在网格中心位置处用采样铲或锹垂直采取全层厚度的废物。每个网格采取的废物作为一个份样。

对于堆积高度小于或者等于 0.5m 的数个散状堆积固体废物，选择堆积时间最近的废物堆，按照散状堆积固体废物的采样方法进行采取。

对于堆积高度大于 0.5m 的散状堆积固态、半固态废物，应分层采取样品；采样层数应不小于 2 层，按照固态、半固态废物堆积高度等间隔布置；每层采取的份样数应相等。分层采样可以用采样钻或者机械钻探的方式进行。

（5）贮存池

将贮存池（包括建筑于地上、地下、半地下的）划分为 $5N$ 个面积相等的网格，顺序编号；用 HJ/T 20 中的随机数表法抽取 N 个网格作为采样单元采取样品。采样时，在网格的中心处用土壤采样器或长铲式采样器垂直插入废物底部，旋转 90°后抽出。每采取一次，作为一个份样。

池内废物厚度大于或等于 2m 时，应分为上部（深度为 0.3m 处）、中部（1/2 深度处）、下部（5/6 深度处）三层分别采取样品；每层等份样数采取。

（6）袋、桶或其他容器装

将各容器顺序编号，用 HJ/T 20 中的随机数表法抽取 $\frac{(N+1)}{3}$（四舍五入取整数）个袋作为采样单元采取样品。根据固体废物性状分别使用长铲式采样器、套筒式采样器或者探针进行采样。打开容器口，将各容器分为上部（1/6 深度处）、中部（1/2 深度处）、下部（5/6

深度处）三层分别采取样品；每层等份样数采取。每采取一次，作为一个份样。

只有一个容器时，将容器按上述方法分为三层，每层采取 2 个样品。

4.4.4 液态废物的样品采集

根据容器的大小采用玻璃采样管或者重瓶采样器进行采样。将容器内液态废物混匀（含易挥发组分的液态废物除外）后打开容器，将玻璃采样管或者重瓶采样器从容器口中心处垂直缓慢插入液面至容器底；待采样管（采样器）内装满液态废物后，缓缓提出，将样品注入采样容器。每采取一次，作为一个份样。

5 制样、样品的保存和预处理

采集的固体废物应按照 HJ/T 20 中的要求进行制样和样品的保存，并按照 GB 5085 中分析方法的要求进行样品的预处理。

6 样品的检测

6.1 固体废物特性鉴别的检测项目应依据固体废物的产生源特性确定。根据固体废物的产生过程可以确定不存在的特性项目或者不存在、不产生的毒性物质，不进行检测。固体废物特性鉴别使用 GB 5085 规定的相应方法和指标限值。

6.2 无法确认固体废物是否存在 GB 5085 规定的危险特性或毒性物质时，按照下列顺序进行检测。

（1）反应性、易燃性、腐蚀性检测；

（2）浸出毒性中无机物质项目的检测；

（3）浸出毒性中有机物质项目的检测；

（4）毒性物质含量鉴别项目中无机物质项目的检测；

（5）毒性物质含量鉴别项目中有机物质项目的检测；

（6）急性毒性鉴别项目的检测。

在进行上述检测时，如果依据第 6.1 条规定确认其中某项特性不存在时，不进行该项目的检测，按照上述顺序进行下一项特性的检测。

6.3 在检测过程中，如果一项检测的结果超过 GB 5085 相应标准值，即可判定该固体废物为具有该种危险特性的危险废物。是否进行其他特性或其余成分的检测，应根据实际需要确定。

6.4 在进行浸出毒性和毒性物质含量的检测时，应根据固体废物的产生源特性首先对可能的主要毒性成分进行相应项目的检测。

6.5 在进行毒性物质含量的检测时，当同一种毒性成分在一种以上毒性物质中存在时，以分子量最高的毒性物质进行计算和结果判断。

6.6 无法确认固体废物的产生源时，应首先对这种固体废物进行全成分元素分析和水分、有机分、灰分三成分分析，根据结果确定检测项目，并按照第 6.2 条规定进行检测。

6.7 根据第 6.1、6.4、6.6 条规定确定固体废物特性鉴别检测项目时，应就固体废物的产生源特性向与该固体废物的鉴别工作无直接利害关系的行业专家咨询。

7 检测结果判断

7.1 在对固体废物样品进行检测后，如果检测结果超过 GB 5085 中相应标准限值的份样数大于或者等于表 3 中的超标份样数下限值，即可判定该固体废物具有该种危险特性。

表 3 分析结果判断方案

份样数	超标份样数下限	份样数	超标份样数下限
5	1	32	8
8	3	50	11
13	4	80	15
20	6	100	22

7.2 如果采取的固体废物份样数与表 3 中的份样数不符，按照表 3 中与实际份样数最接近的较小份样数进行结果的判断。

7.3 如果固体废物份样数大于 100，应按照下列公式确定超标份样数下限值：

$$N_{限} = \frac{N \times 22}{100}$$

式中：$N_{限}$——超标份样数下限值，按照四舍五入法则取整数；

N——份样数。

8 实施

本标准由县级以上人民政府环境保护行政主管部门负责监督实施。

中华人民共和国环境保护行业标准

铬渣污染治理环境保护技术规范（暂行）

Environmental protection technical specifications for pollution treatment of the Chromium residue（on trial）

HJ/T 301—2007

前 言

为贯彻《中华人民共和国环境保护法》、《中华人民共和国固体废物污染环境防治法》、《中华人民共和国清洁生产促进法》等相关法律和法规，落实“国民经济和社会发展第十一个五年规划（2006—2010）”，实施国家发展和改革委员会、国家环境保护总局联合发布的《铬渣污染综合整治行动方案》，确保环境安全、保障人体健康，制定本标准。

本标准为暂行标准，待国家有关固体废物污染控制标准实施后，按有关标准的规定执行。

本标准由国家环境保护总局科技标准司提出。

本标准起草单位：中国环境科学研究院固体废物污染控制技术研究所、中国建筑材料科学研究院水泥科学与新型建筑材料研究所。

本标准国家环境保护总局 2007 年 4 月 13 日批准。

本标准自 2007 年 5 月 1 日起实施。

本标准由国家环境保护总局解释。

1 适用范围

本标准适用于铬渣的解毒、综合利用、最终处置及这些过程中所涉及的铬渣的识别、堆放、挖掘、包装和运输、贮存等环节的环境保护和污染控制，铬渣解毒产物和综合利用产品的安全性评价，以及环境保护监督管理。

本标准适用于有钙焙烧工艺生产铬盐产生的含铬废渣。其他铬盐生产工艺产生的含铬废渣以及其他含六价铬固体废物的处理处置参照本标准执行。

2 原则

2.1 环境安全第一。在铬渣污染治理中，以铬渣无害化处置为第一目标，在铬渣处理处置过程中防止产生二次污染，不提倡使用有毒有害物质。任何解毒工艺必须与综合利用或最终处置工艺结合，保证铬渣污染治理全过程环境安全。

2.2 在确保不产生二次污染的前提下，鼓励对铬渣进行综合利用。

2.3 确保铬渣综合利用产品的长期安全性。

3 规范性引用文件

下列文件中的条款通过本标准的引用而成为本标准的条款。凡是注日期的引用文件，其随后所有的修改单（不包括勘误的内容）或修订版均不适用于本标准，然而，鼓励根据本标准达成协议的各方研究是否可使用这些文件的最新版本。凡是不注日期的引用文件，其最新版本适用于本标准。

GBZ 2 工作场所有害因素职业接触限值

GB 3095 环境空气质量标准

GB 3838 地表水环境质量标准

GB 4915 水泥工业大气污染物排放标准

GB 5085.3 危险废物鉴别标准 浸出毒性鉴别

GB 5750 生活饮用水卫生标准检验方法

GB 6566 建筑材料放射性核素限量

GB 6682 分析实验室用水规格和实验方法

GB 8978 污水综合排放标准

GB 9078 工业炉窑大气污染物排放标准

GB 12463 危险货物运输包装通用技术条件

GB/T 15506 水质 钡的测定 原子吸收分光光度法

GB/T 15555.1～15555.12 固体废物 浸出毒性测定方法

GB 15562.2 环境保护图形标志 固体废物贮存（处置）场

GB/T 16157 固定污染源排气中颗粒物测定和气态污染物采样方法

GB 16889 生活垃圾填埋污染控制标准

GB/T 17137 土壤质量 总铬的测定 火焰原子吸收分光光度法

GB 18484 危险废物焚烧污染控制标准

GB 18597 危险废物贮存污染控制标准

GB 18599 一般工业固体废物贮存、处置场污染控制标准

HJ/T 2 环境影响评价技术规范

HJ/T 19 环境影响评价技术规范 非污染生态影响

HJ/T 20 工业固体废物采样制样技术规范

HJ/T 55 大气污染物无组织排放监测技术规范

HJ/T 91 地表水和污水监测技术规范

HJ/T 164 地下水环境监测技术规范

HJ/T 166 土壤环境监测技术规范

HJ/T 299 固体废物 浸出毒性浸出方法 硫酸硝酸法

HJ/T 300 固体废物 浸出毒性浸出方法 醋酸缓冲溶液法

CJ/T 3039 城市生活垃圾采样和物理分析方法

JT 3130 汽车危险货物运输规则

GSB 08—1337 中国 ISO 标准砂

JC/T 681—1997 行星式水泥胶砂搅拌机

JJG 196—1990 常用玻璃量器检定规程

危险废物经营许可证管理办法（国务院令第 408 号）

道路危险货物运输管理规定（交通部令 2005 年第 9 号）

危险废物转移联单管理办法（国家环境保护总局令第 5 号）

国家危险废物名录（环发[1998]89 号）

4 术语和定义

下列术语和定义适用于本标准。

4.1 铬渣

有钙焙烧工艺生产铬盐过程中产生的含六价铬的废渣。

4.2 铬渣的解毒

将铬渣中的六价铬还原为三价铬并将其固定。

4.3 铬渣的干法解毒

在高温下利用还原性物质将铬渣中的六价铬还原为三价铬并将其固定。

4.4 铬渣的湿法解毒

在液态介质中利用还原性物质将铬渣中的六价铬还原为三价铬并将其固定，或利用沉淀剂使其固定。

4.5 铬渣的综合利用

经过解毒处理的铬渣用作路基材料和混凝土骨料以及用于水泥生产、制砖及砌块、烧结炼铁等。

4.6 铬渣的最终处置

经过解毒处理的铬渣进入生活垃圾填埋场或一般工业固体废物填埋场填埋。

4.7 铬渣的处理处置

铬渣的解毒、综合利用、最终处置及这些过程中所涉及的铬渣的识别、堆放、挖掘、包装、运输、贮存等环节。

4.8 含铬污染物

除铬渣之外的其他沾染铬污染物的固体废物，包括铬污染土壤、渣土混合物、拆解废物、建筑废物、报废设施等。

4.9 铬渣污染场地

铬的污染控制指标超过国家标准要求的土壤与地下水环境，包括铬渣堆放场所下的土地、厂房拆毁场地等及其地下水。

4.10 铬渣的堆放

铬渣在不符合 GB 18597 要求的场地或设施中放置。

4.11 铬渣堆放场所

不符合 GB 18597 要求的铬渣及相关废物放置场地或设施。

4.12 铬渣的贮存

铬渣在符合 GB 18597 要求的场地或设施中放置。

4.13 铬渣贮存场所

符合 GB 18597 要求的铬渣及相关废物放置场地或设施。

5 铬渣的识别

5.1 应根据铬渣堆存状况和环境影响评价结果初步判断铬渣污染场地的范围。

5.2 应根据监测结果确定铬渣污染场地的范围。

5.3 可通过感官判断区分铬渣堆放场所内的铬渣和含铬污染物。

铬渣一般呈松散、无规则的固体粉末状、颗粒状或小块状，总体颜色呈灰色或黑色并夹杂黄色或黄褐色；长时间露天放置后外表明显有黄色物质渗出，渗出液呈黄色。

5.4 感官判断不能确定废物属性时，应按照 HJ/T 20 采集样品，并进行鉴别。铬渣的基本特性如下：

（1）按照 CJ/T 3039 现场测定铬渣的密度，一般在 0.9～1.3 kg/L 之间；

（2）按照 GB/T 15555.12 测定铬渣的腐蚀性，铬渣的浸出液一般呈碱性；

（3）铬渣的主要化学成分和含量范围见表 1。

表 1 铬渣的主要化学成分

成分	SiO_2	Al_2O_3	CaO	MgO	Fe_2O_3	Cr_2O_3	六价铬
含量范围/%	4～11	6～10	23～35	15～33	7～12	2.5～7.5	1～2

6 铬渣的堆放

6.1 本标准中铬渣的堆放仅限于历史遗存的原铬渣堆放场所，禁止将本标准实施后产生的铬渣放置在铬渣堆放场所。

6.2 应尽量按照 GB 18597 的要求对现有铬渣堆放场所进行改造。

6.3 应按照 GB 15562.2 的要求在铬渣堆放场所的出入口或沿渣场道路旁设立警示标志。

6.4 应采取措施防止铬渣流失，包括：

（1）铬渣堆放场所应配备专门的管理人员，禁止无关人员和车辆进入铬渣堆放场所，对出入的人员和车辆进行检查和记录；

（2）铬渣堆放场所内的任何作业应征得管理人员的同意，管理人员应对堆放场所内的所有作业活动进行记录。

6.5 应采取措施防止雨水径流进入铬渣堆放场所，包括：

（1）设立挡水堰；

（2）设立雨水导流沟渠，根据情况布设排水设备。

6.6 应采取措施防止或减少铬渣渗滤液排入地面、土壤和水体，防止或减少铬渣粉尘污染空气环境，包括：

（1）设立收集沟、集液池和集液井；

（2）将渗滤液收集在容器中；

（3）将收集的渗滤液返回生产工艺，或进入工业污水处理厂处理后达标排放；

（4）对堆放场所进行必要的覆盖、遮挡。

7 铬渣的挖掘

7.1 应根据铬渣挖掘后续工作的进度来确定铬渣的挖掘进度和挖掘量，禁止多点任意挖掘。
7.2 挖掘过程中出现硬化的地面、紧密土壤层、岩层与铬渣形成巨大外观反差等情况时可判断为污染场地，不再作为铬渣继续挖掘。
7.3 挖掘时尽量在渣场内对铬渣进行筛分、磨碎等预处理，筛分出的物质应堆放在渣场内。
7.4 以下情况应停止挖掘作业并采取适当防护措施：

（1）恶劣天气情况，如四级风以上，降水（雨、雪、雾）等气候条件；

（2）现场积存大量渗滤液或雨水；

（3）可导致污染扩大的其他情况。

7.5 每天的挖掘作业结束时应打扫现场，保持整洁。
7.6 应对挖掘作业进行详细记录，包括下列内容：

（1）挖掘时间；

（2）挖掘量或车次；

（3）场地特殊情况；

（4）天气情况；

（5）安全记录等。

8 铬渣的包装和运输

8.1 严禁将铬渣与其他危险废物、生活垃圾、一般工业固体废物混合包装与运输。
8.2 需要对铬渣进行包装时，其包装应满足下列要求：

（1）满足 GB 12463 的要求；

（2）包装物表面应有标识，标识应包括“铬渣”字样、重量、危害特性、相关企业的名称、地址、联系人及联系方式、发生意外污染事故时的应急措施等内容；

（3）应保证包装完好，如有破损应重新包装或修理加固；

（4）使用过的包装物应经过处理和检查认定消除污染后方可转作其他用途。

8.3 铬渣的运输应遵守 JT 3130 和《道路危险货物运输管理规定》的相关要求。
8.4 铬渣的运输应执行《危险废物转移联单管理办法》。
8.5 铬渣的运输应采用陆路运输，禁止采用水路运输。运输单位应采用符合国务院交通主管部门有关危险货物运输要求的运输工具。
8.6 铬渣的运输应选择适宜的运输路线，尽可能避开居民聚居点、水源保护区、名胜古迹、风景旅游区等环境敏感区。
8.7 运输过程中严禁将铬渣在厂外进行中转存放或堆放，严禁将铬渣向环境中倾倒、丢弃、遗撒。
8.8 铬渣的运输过程中应采取防水、防扬尘、防泄漏等措施，在运输过程中除车辆发生事故外不得进行中间装卸操作。
8.9 在铬渣的堆放、解毒和综合利用场所内，应保证铬渣的装卸、转运作业场所粉尘浓度满足 GBZ 2 的要求。

8.10 铬渣的装卸作业应遵守操作规程，做好安全防护和检查工作。卸渣后应保持车厢清洁，污染的车辆及工具应及时洗刷干净。洗刷物与残留物应处理后达标排放或安全处置，不得任意排放。

9 铬渣的贮存

9.1 铬渣贮存场所的设计、选址、运营、监测、关闭应符合 GB 18597 的相关要求，并与地区危险废物处理设施建设规划一致。

9.2 铬渣贮存场所应设置防护设施如围墙、栅栏，按照 GB 15562.2 的要求设置警示标志，并配备应急设施和人员防护装备。

9.3 铬渣在集中式贮存设施中应单独隔离存放，禁止与其他生产原料或废物混合存放。

9.4 铬渣的贮存不得超过一年。

9.5 铬盐生产企业和铬渣处理处置及综合利用企业的铬渣周转场地应遵循本章的要求。

10 铬渣的解毒

10.1 铬渣的干法解毒

10.1.1 干法解毒设施应配备自动控制系统和在线监测系统，以控制转速（回转窑）、进料量、风量、温度等运行参数；并在线显示运行工况，包括气体的浓度、风量、温度、设施各位置的气体浓度等。

10.1.2 应根据铬渣成分确定还原剂的用量，铬渣与还原剂应在进入解毒设施之前混合均匀。

10.1.3 采用回转窑进行干法解毒时，为保证还原气氛，应控制进入回转窑的空气量，确保窑气中的 CO 和 O_2 含量有利于高温还原反应的进行。

窑内高温区的温度不应低于 850℃，窑尾的温度尽量控制在 350～450℃之间。

应保证铬渣在窑内充分的停留时间，不应低于 45 min。

10.1.4 出窑的铬渣应在密闭状态下立即使用水淬剂进行降温，使之迅速冷却。水淬剂一般选择 $FeSO_4$ 溶液，质量浓度不宜低于 0.3 g/L。

10.1.5 干法解毒设施应配备脱硫净化装置和除尘装置，并对尾气中的粉尘、SO_2 和 CO 浓度进行在线监测。

10.1.6 铬渣干法解毒设施的大气污染物排放应满足表 2 的要求（该要求亦见附录 D），排放气体的分析方法按照 GB 18484 进行。

表 2 铬渣解毒设施的大气污染控制指标限值

污染控制指标	烟气黑度/（林格曼级）	烟（粉）尘/（mg/m^3）	CO/（mg/m^3）	SO_2/（mg/m^3）	铬及其化合物/（mg/m^3）
限值（级别）	1	65	80	200	4.0

10.2 铬渣的湿法解毒

10.2.1 在选择湿法解毒工艺路线时应确保不引入可能造成新的环境污染的物质。

10.2.2 应根据铬渣的成分确定合适的工艺条件，包括铬渣粒度、还原反应的液固比、pH 值，同时应保证充分的反应时间。

10.2.3 固液混合相还原应满足以下要求：

（1）铬渣和酸液的混合反应后物料的 pH 值应小于 5；

（2）根据铬渣的粒度确定酸液和铬渣的液固比；

（3）根据液固比、pH 值确定单次反应时间，应保证足够的反应时间。

10.2.4 固液分离后对液相进行还原应满足以下要求：

（1）二次溶出时铬渣和酸液的混合反应物料的 pH 值控制在 5～6；

（2）酸液和还原剂的加入量应确保酸溶六价铬得到还原。

10.3 铬渣解毒过程中作业场所的粉尘浓度应满足 GBZ 2 的要求（见附录 D）。

10.4 铬渣解毒产生的废水应尽量返回工艺流程进行循环使用。如需要外排时，应进行处理，满足 GB 8978 的要求（见附录 D）后排放。

10.5 解毒后的铬渣，必须满足其后续处理处置的相应要求。如不满足则应重新进行处理，满足标准后方可进行综合利用或最终处置。

11 铬渣的综合利用

11.1 铬渣的主要综合利用途径包括用作路基材料和混凝土骨料，用于生产水泥、制砖及砌块、烧结炼铁和用作玻璃着色剂。

11.2 铬渣用作路基材料和混凝土骨料

铬渣经过解毒、固化等预处理后，按照 HJ/T 299 制备的浸出液中任何一种危害成分的浓度均低于表 3 中的限值（该要求亦见附录 D），则经过处理的铬渣可以用作路基材料和混凝土骨料。

表 3 铬渣作为路基材料和混凝土骨料的污染控制指标限值

序号	成分	浸出液限值/（mg/L）
1	总铬	1.5
2	六价铬	0.5
3	钡	10

11.3 铬渣用于生产水泥

11.3.1 铬渣用于制备水泥生料时，应根据工艺配料的要求确定铬渣的掺加量。铬渣的掺加量不应超过水泥生料质量的 5%（该要求亦也附录 D）。

11.3.2 铬渣用作水泥混合材料时，必须经过解毒。解毒后的铬渣按照 HJ/T 299 制备的浸出液中的任何一种危害成分的质量浓度均应低于表 3 中的限值（该要求亦见附录 D）。

11.3.3 解毒后的铬渣作为水泥混合材料，其掺加量应符合水泥的相关国家或行业标准要求。

11.3.4 利用铬渣生产的水泥产品除应满足国家或水泥行业的品质标准要求外，还应满足以下要求：

（1）利用铬渣生产的水泥产品经过处理后，按照附录 A 的方法进行检测，其浸出液中的任何一种危害成分的质量浓度均应低于表 4 中的限值（该要求亦见附录 D）。

表 4　利用铬渣生产的水泥产品的污染控制指标限值

序号	成分	浸出液限值/（mg/L）
1	总铬	0.15
2	六价铬	0.05
3	钡	1.0

（2）利用铬渣生产的水泥产品经过处理后，按照附录 B 的方法进行检测，其中水溶性六价铬含量应不超过 0.000 2%（质量分数，该要求亦见附录 D）。

（3）利用铬渣生产的水泥产品中放射性物质的量应满足 GB 6566 的要求（见附录 D）。

11.3.5 利用铬渣生产水泥的企业的大气污染物排放应满足 GB 4915 的要求（见附录 D）。

11.4 铬渣用于制砖及砌块

11.4.1 铬渣替代部分黏土或粉煤灰用于制砖及砌块时，必须经过解毒。解毒后的铬渣按照 HJ/T 299 制备的浸出液中的任何一种危害成分的浓度均应低于表 3 中的限值（该要求亦见附录 D）。

11.4.2 利用铬渣生产的砖及砌块成品经过处理后，按照附录 C 的方法进行检测，其浸出液中的任何一种危害成分的质量浓度均应低于表 5 中的限值（该要求亦见附录 D）。

表 5　利用铬渣生产的砖及砌块产品的污染控制指标限值

序号	成分	浸出液限值/（mg/L）
1	总铬	0.3
2	六价铬	0.1
3	钡	4.0

11.4.3 利用铬渣生产的砖及砌块禁止用于修建水池。

11.5 铬渣用于烧结炼铁

11.5.1 应根据烧结炼铁产品的需要确定铬渣的掺加量，以满足高炉炼铁质量标准为限。

11.5.2 在铬渣的筛分、转运、配料、进仓、出仓等操作处应设置收尘装置。

11.6 铬渣综合利用作业场所的粉尘浓度应满足 GBZ 2 的要求（见附录 D）。

11.7 利用铬渣烧结炼铁、制砖及砌块的企业的炉窑废气排放应满足 GB 9078 的要求（见附录 D）。

11.8 铬渣综合利用过程中产生的废水应尽量返回工艺流程进行循环使用。如需要外排时，应进行处理，满足 GB 8978 的要求（见附录 D）后排放。

11.9 各种元素浓度的测定方法见表 6。

表 6　浸出液中元素浓度的分析方法

编号	元素	分析方法	标准
1	铬	直接吸收火焰原子吸收分光光度法	GB/T 15555.6
2	六价铬	二苯碳酰二肼分光光度法	GB/T 15555.4
3	钡	原子吸收分光光度法	GB/T 15506

12 铬渣的最终处置

12.1 铬渣进入生活垃圾填埋场

12.1.1 铬渣经过解毒、固化等预处理后，按照 HJ/T 300 制备的浸出液中任何一种危害成分的质量浓度均低于表 7 中的限值（该要求亦见附录 D），则经过处理的铬渣可以进入符合 GB 16889 的生活垃圾填埋场进行填埋。

表 7 铬渣进入生活垃圾填埋场的污染控制指标限值

序号	成分	浸出液限值/（mg/L）
1	总铬	4.5
2	六价铬	1.5
3	钡	25

12.1.2 进入生活垃圾填埋场的铬渣质量不得超过当日填埋量的 5%（该要求亦也附录 D）。

12.2 铬渣进入一般工业固体废物填埋场

铬渣经过解毒、固化等预处理后，按照附 HJ/T 299 制备的浸出液中任何一种危害成分的质量浓度均低于表 8 中的限值（该要求亦见附录 D），则经过处理的铬渣可以进入符合 GB 18599 的第二类一般工业固体废物填埋场进行填埋。

表 8 铬渣进入一般工业固体废物填埋场的污染控制指标限值

序号	成分	浸出液限值/（mg/L）
1	总铬	9
2	六价铬	3
3	钡	50

12.3 各种元素浓度的测定方法见表 6。

13 铬渣处理处置的监测与结果判断

13.1 铬渣解毒产物和综合利用产品的监测

13.1.1 铬渣解毒产物和综合利用产品的采样：

（1）在铬渣解毒或综合利用产品生产流水线上采取铬渣的解毒产物或综合利用产品样品；

（2）每 8 小时（或一个生产班次）完成一次监测采样；

（3）每次采样数量不应少于 10 份，在 8 小时（或一个生产班次）内等时间段取样；

（4）每份样品的最低采样量为 0.5 kg。

13.1.2 采取的每份样品应破碎并混合均匀，按照第 11、12 章的要求进行分析。

13.1.3 当铬渣解毒产物或综合利用产品的监测结果同时满足以下两个要求时，方可视为合格：

（1）样品的超标率不超过 20%；

（2）超标样品监测结果的算术平均值不超过控制指标限值的 120%。

13.2 铬渣处理处置场所和设施的监测

13.2.1 应在铬渣处理处置前和处理处置过程中对铬渣处理处置场所的土壤和地下水定期进行监测（监测要求见附录 D），作为评价铬渣的处理处置过程是否对土壤和地下水造成二次污染的依据。

13.2.2 铬渣处理处置场所和设施的监测采样方法如下：

（1）颗粒物和气态污染物的采样按照 GB/T 16157 进行；

（2）污水的采样按照 HJ/T 91 进行；

（3）地下水的采样按照 HJ/T 164 进行；

（4）土壤的采样按照 HJ/T 166 进行。

13.2.3 铬渣处理处置场所和设施的监测方法如下：

（1）污染物排放浓度按照相应排放标准规定的监测方法进行；

（2）地下水中六价铬含量的监测按照 GB 5750 进行；

（3）土壤中总铬含量的监测按照 GB/T 17137 进行。

14 铬渣处理处置的污染控制

14.1 铬渣处理处置应制定实施环境保护的相关管理制度，包括下列内容：

（1）管理责任制度：应设置环境保护监督管理部门或者专（兼）职人员，负责监督铬渣处理处置过程中的环境保护及相关管理工作；

（2）污染预防机制和处理环境污染事故的应急预案制度；

（3）培训制度：应对铬渣处理处置过程的所有作业人员进行培训，内容包括铬渣的危害特性、环境保护要求、应急处理等方面的内容；

（4）记录制度：应建立铬渣处理处置情况记录簿，内容包括每批铬渣的来源，数量，种类，处理处置方式，处理处置时间，处理处置过程中的进料速率，监测结果，解毒产物和综合利用产品去向，运输单位，运输车辆和运输人员信息，事故等特殊情况；

（5）监测制度：应按照第 13 章的要求，对铬渣的处理处置过程和处理处置结果进行监测；

（6）健康保障制度：应按照国家相关规定定期对铬渣处理处置过程的所有作业人员进行体检；

（7）资料保存制度：应保存处理处置的相关资料，包括培训记录、处理处置情况记录、转移联单、环境监测数据等。

14.2 铬渣处理处置设施和场所的建设应符合国家相关标准的要求。禁止在 GB 3095 中的环境空气质量功能区对应的一类区域和 GB 3838 中的地表水环境质量一类、二类功能区内建设铬渣处理处置设施和场所。

14.3 铬渣处理处置过程中因铬渣的装卸、设备故障以及检修等原因造成撒落的铬渣应及时清扫和回收。

14.4 收（除）尘装置收集的含铬粉尘应就近进入处理处置的工艺流程，不得随意处置。

14.5 铬渣处理处置的质量控制

14.5.1 连续解毒处理后的铬渣应分班次堆放，间歇解毒处理后的铬渣应分批次堆存，以便取样进行解毒效果的监测。

14.5.2 铬渣解毒产物应按照 13.1 的要求进行监测。如果铬渣解毒产物不满足 13.1 的要求，应对自上次监测合格后至本次监测的全部铬渣重新进行解毒处理，直至满足要求为止。

14.5.3 铬渣综合利用的产品应按照 13.1 的要求进行监测。如果综合利用的产品不满足 13.1 的要求，应对自上次监测合格后至本次监测的全部产品重新进行加工，直至满足要求为止。

14.6 铬渣处理处置企业应每两个月向当地环境保护行政主管部门提交一次监测报告，监测报告将作为地方环境管理部门对铬渣污染治理工作进行监督管理与验收的依据。

14.6.1 监测数据应由获得国家质量监督检验检疫总局颁发的计量认证合格证书的实验室分析取得。

14.6.2 监测数据应包括下列内容：

（1）按照 14.5 要求测定的质量控制数据；

（2）按照 13.1、13.2 要求测定的环境监测数据。

14.6.3 铬渣处理处置单位自我监测的最小监测频率（该要求亦见附录 D）为：

（1）铬渣处理处置场所的空气和废水的监测频率为每个月一次；土壤和地下水的监测频率为铬渣处理处置活动开始前监测一次，之后每年一次。

（2）铬渣干法解毒设施尾气的监测频率为每 3 个月一次（第 10.1.5 条中规定的在线监测项目应保存在线监测结果以备当地环境保护行政主管部门检查）。

（3）铬渣解毒量大于（含等于）500 t/月的，每解毒 500 t 对解毒产物进行 1 次监测；铬渣解毒量小于 500 t/月的，每个月对解毒产物进行 1 次监测。

（4）铬渣综合利用设施尾气的监测频率为每 2 个月一次（铬及其化合物的监测频率为每 6 个月一次）。

（5）铬渣综合利用产品产量大于（含等于）1 万 t/月的，每生产 1 万 t 对综合利用产品进行 1 次监测；铬渣综合利用产品产量小于 1 万 t/月的，每个月对综合利用产品进行 1 次监测。

利用铬渣生产的水泥产品的放射性物质的量每年监测一次。

14.7 铬渣处理处置过程结束后，应向当地环境保护行政主管部门提交铬渣处理处置总结报告，应包括以下材料：

（1）危险废物转移联单；

（2）处理处置情况记录；

（3）监测报告；

（4）其他相关材料。

15 铬渣污染治理的环境管理

15.1 铬渣污染调查

15.1.1 铬渣污染治理项目实施前，应进行铬渣污染调查。调查前应制定调查方案，内容包括调查方法、调查表格设计、调查步骤和调查内容等。

15.1.2 调查方法包括现场勘察及取样分析、查阅档案资料、走访知情人等。

15.1.3 调查表格应包括调查内容中所要求的相关信息。

15.1.4 调查步骤应包括：

（1）了解铬渣产生企业的背景资料；

（2）现场调查与采样，包括铬渣、土壤、地下水和附近水源地（如饮用水井、池塘、水渠、河流、湖泊等）样品；

（3）走访企业职工，了解铬渣产生情况与去向；

（4）走访企业周围常住居民，了解铬渣产生情况与去向；

（5）查阅地方企业经济统计资料；

（6）完成现场调查表；

（7）分析样品；

（8）调查总结。

15.1.5 调查内容应包括：

（1）铬盐的生产工艺、生产规模、生产年限、历年铬盐生产量、销售量；

（2）铬渣年产生量、历年铬渣产生总量、其他含铬废物量；

（3）铬渣堆存方式、堆存位置、占地面积、堆存量；

（4）铬渣处理处置的方式和数量；

（5）铬渣污染现状；

（6）其他相关记录。

15.1.6 调查结束时应提交调查报告，调查报告应作为铬渣污染治理方案的设计依据。

15.1.7 现场调查过程中应采取必要的安全防护措施。

15.2 铬渣污染治理方案

15.2.1 铬渣污染治理项目实施前，应制定铬渣污染治理方案。并将治理方案报当地环境保护行政主管部门备案，作为对铬渣污染治理工作进行监督管理与验收的依据。

15.2.2 铬渣污染治理方案应包括以下内容：

（1）铬渣的数量；

（2）铬渣污染治理的工艺分析，包括处理方式、处理能力与处理周期；

（3）管理责任制度；

（4）污染预防机制和环境污染事故应急预案；

（5）培训方案；

（6）处理处置情况记录方案；

（7）监测方案；

（8）资料保存方案。

15.3 环境影响评价

15.3.1 在铬渣污染治理项目实施前，应进行环境影响评价。

15.3.2 环境影响评价在满足国家相关法律法规和 HJ/T 2、HJ/T 19 等标准要求的同时，还应包括以下内容：

（1）铬渣处理处置过程中的污染控制要求和具体措施；

（2）铬渣解毒产物和综合利用产品的达标效果评价；

（3）铬渣综合利用产品的长期安全性及其风险评价。

15.3.3 环境影响评价报告的工程分析部分应如实反映铬渣污染治理项目中所使用的原材料、工艺等信息。

15.4 应对处理处置的全过程进行监督管理，监督管理工作报告作为对铬渣污染治理工作进行验收的依据。

15.4.1 铬渣的挖掘、包装与运输过程的监督管理应包括：

（1）挖掘量与识别出的铬渣量的一致性；

（2）挖掘现场的环境监测数据；

（3）危险废物转移联单；

（4）相关记录。

15.4.2 铬渣解毒过程的监督管理应包括：

（1）铬渣解毒设施的运行状况及相关记录；

（2）铬渣解毒过程污染控制设施的运行状况及相关记录；

（3）铬渣解毒产物的监测与企业自我监测数据；

（4）铬渣解毒场所和设施的监测与企业自我监测数据。

15.4.3 铬渣综合利用过程的监督管理应包括：

（1）铬渣综合利用企业设施的运行状况及相关记录；

（2）铬渣综合利用过程污染控制设施的运行状况及相关记录；

（3）铬渣综合利用产品的监测与企业自我监测数据；

（4）铬渣综合利用场所和设施的监测与企业自我监测数据。

15.4.4 环境管理部门的监测频率（该要求亦见附录 D）为：

（1）铬渣处理处置场所的空气和废水的监测频率为每 6 个月一次；土壤和地下水的监测频率为铬渣处理处置活动开始前监测一次，之后每年一次。

（2）铬渣干法解毒设施尾气的监测频率为每 4 个月一次（烟气黑度、铬及其化合物的监测频率为每 6 个月一次）。

（3）铬渣解毒产物的监测频率为每 3 个月一次。

（4）铬渣综合利用设施尾气和产品的监测频率为每 6 个月一次（铬及其化合物的监测频率为每 12 个月一次）。

15.5 铬渣污染治理的验收

15.5.1 铬渣污染治理工作结束后应进行验收。

15.5.2 铬渣污染治理的验收应包括以下内容：

（1）污染治理方案；

（2）环境影响评价报告；

（3）处理处置总结报告；

（4）监督管理工作报告。

附录 A（规范性附录）

利用铬渣生产的水泥产品中重金属浓度的测定方法

A.1 实验目的

将利用铬渣生产的水泥试样、中国 ISO 标准砂和水搅拌成水泥砂浆，成型养护。将养护后的试件破碎，用浸提液进行浸泡，过滤，测定水泥产品浸出液中的重金属浓度。

A.2 试剂和材料

A.2.1 总体要求

所用试剂不低于分析纯。

所用水应符合 GB/T 6682 中规定的三级水要求。

本方法使用的浓液体试剂的密度为 20℃的密度（ρ），单位为 g/cm^3。

A.2.2 盐酸ρ（HCl）=1.18～1.19，36%～38%。

A.2.3 盐酸，1.0 mol/L。

A.2.4 氢氧化钠溶液，1.0 mol/L。

A.2.5 中国 ISO 标准砂，采用 GSB 08—1337 中国 ISO 标准砂。

A.3 仪器装置

A.3.1 天平：精度为±0.01 g。

A.3.2 重金属搅拌浸提器。

A.3.3 过滤器：布氏漏斗、2 000 ml 抽滤瓶。

A.3.4 pH 计：pH 精度为±0.01。

A.3.5 滤纸：中速滤纸。

A.4 试验步骤

样品分为两份，一份用于检验，另一份为备份样品，密封保存。利用铬渣生产的水泥样品抽取时，必须标明利用的铬渣的种类和重量。

A.4.1 样品的制备

A.4.1.1 砂浆的组成

水泥与标准砂的重量比为 1∶3，水灰比为 1∶2。

A.4.1.2 砂浆的混合

使用天平（3.1）称取水泥和水，当水以体积计加入时，精确至 1 ml。

将每份砂浆进行充分搅拌。搅拌步骤如下：

a）将水和水泥放入搅拌锅中，注意避免水和水泥的损失。

b）水与水泥接触后立即打开搅拌机同时开始计时，低速搅拌 30 s，在第二次 30 s 内均匀地加入标准砂，将搅拌机调至高速，再继续搅拌 30 s。

c）停止搅拌 90 s。在停止过程的前 30 s 内，用一个橡胶或塑料棒将黏附于锅壁上或沉在锅底部的砂浆刮到锅中间。

d）继续高速搅拌 60 s。

A.4.1.3 成型

a）将搅拌好的胶砂均匀放入试模，抹平，编号。

b）放入标准养护箱中进行养护，（24±3）h 后取出脱模，模具宜采用聚乙烯和聚丙烯的内衬的模子，避免重金属污染。

c）试体继续在养护箱中养护 28d±8h 后取出。

d）养护温度（20±1）℃，湿度不低于 90%。

A.4.1.4 破碎

将试体用少许去离子水清洗表面。

破碎试体至小碎块状，碎块的直径或任一方向的最大尺寸小于 10 mm 即可。将碎块密封保存。

A.4.2 水分测定

用天平称取破碎好的试体 100 g，精确至 0.01 g，在（105±2）℃条件下干燥至质量恒定，干燥后的试体应放入干燥器中冷却至室温，称量，精确至 0.01 g。

水分计算：

$$H=\frac{m_0-m_1}{m_0}$$

式中：H——试体水分；

m_0——试体干燥前质量，g；

m_1——试体干燥后质量，g。

A.4.3 浸提液制备

A.4.3.1 在去离子水中加入盐酸，调整溶液 pH 值到 5，形成 $1^{\#}$浸提液。

A.4.3.2 在去离子水中加入氢氧化钠，调整溶液 pH 值到 10，形成 $2^{\#}$浸提液。

A.4.4 浸提

A.4.4.1 根据下式计算称样量：

$$G=\frac{100}{1-H}$$

式中：G——称样量，g；

H——试体水分；

100——干燥后的试体质量，g。

A.4.4.2 按照 4.4.1 计算结果称取破碎好的试体，精确至 0.01 g，放入重金属搅拌浸提器中。

A.4.4.3 量取 2 000 ml 的浸提液 $1^{\#}$，放入重金属搅拌浸提器中。

A.4.4.4 以（30±2）r/min 旋转（18±2）h。浸提过程中，室内环境温度控制在（23±2）℃。

A.4.4.5 将浸提液转入抽滤装置进行过滤，过滤后的浸提液应作好标识，密闭待测。

A.4.4.6 用浸提液 $2^{\#}$重复执行 A.4.4.2～A.4.4.5。

A.4.5 空白试验

使用等量的试剂，不加入水泥试体，按照相同的浸提步骤进行浸提，分别制备 1#浸提液和 2#浸提液空白。

A.4.6 测定方法

按照本标准中表 6 所列分析方法测定浸出液和空白中各元素的浓度，浸出液中重金属浓度应扣除空白值。

A.5 检验规则

A.5.1 本方法所列技术要求为型式检验项目。

A.5.2 在正常生产情况下，检验频率按本标准中相关规定执行。

A.5.3 有下列情况之一时，应进行型式检验：

（1）新产品的试制定型时；

（2）产品异地生产时；

（3）利用铬渣品种或掺加量有重大改变时；

（4）生产工艺及原材料有较大改变时；

（5）产品停产 6 个月以上，恢复生产时。

附录 B（规范性附录）

水泥中水溶性六价铬的测定 二苯碳酰二肼分光光度法

B.1 原理

将水泥试样、中国 ISO 标准砂和水搅拌成水泥砂浆，过滤。滤液中加入二苯碳酰二肼，调整酸度、显色，在 540 nm 处测定溶液的吸光度，在工作曲线上查得溶液中六价铬浓度。

B.2 试验的基本要求

B.2.1 试验次数

试验次数规定为两次。

B.2.2 重复性与再现性

重复性——重复条件下的精密度，是指测试结果由同一操作人员在较短的时间间隔内，在同一实验室中采用同一设备对同一试样用相同方法得出的。

再现性——再现条件下的精密度，是指测试结果由不同操作人员在不同实验室中采用不同设备对同一试样用相同方法得出的。

在本方法中，重复性和再现性用重复性标准偏差和再现性标准偏差表示。

B.2.3 质量、体积和结果的表示

溶出阶段质量以克（g）表示，精确至 0.1g。分析阶段的质量也以克（g）表示，精确至 0.000 1 g。除非另有规定，吸管的体积用毫升（ml）表示，精确度按 JJG 196—1990 的规定执行。

测试结果以质量分数计，表示至小数点后五位。

若两个测试结果的差值超过重复性标准偏差的两倍，重复实验取两个相近结果的平均值。

B.2.4 空白试验

使用等量的试剂，不加入水泥试样，按照相同的测定步骤进行试验，对得到的测定结果进行校正。

B.3 试剂和材料

B.3.1 总体要求：

所用试剂不低于分析纯。

所用水应符合 GB/T 6682 中规定的三级水要求。

除非另有说明，“%”均为质量分数。

本方法使用的浓液体试剂的密度为 20℃的密度（ρ），单位为 g/cm^3。

B.3.2 总盐酸，ρ（HCl）=1.18～1.19，36%～38%。

B.3.3 丙酮，ρ（CH_3COCH_3）=0.79。

B.3.4 盐酸，1.0 mol/L。

B.3.5 盐酸，0.04 mol/L。

B.3.6 二苯碳酰二肼［（C_6H_5NHNH）$_2CO$）］溶液：

称取 0.125 g 二苯碳酰二肼，用 25 ml 丙酮（B.3.3）溶解，转移至 50 ml 容量瓶中，用水稀释至标线，摇匀。此溶液的使用期限为一周。

B.3.7 铬酸盐标准溶液：

B.3.7.1 铬酸盐标准溶液

称取 0.141 4 g 已在（140±5）℃烘过 2h 的基准重铬酸钾（$K_2Cr_2O_7$）溶于水，转移至 1 000 ml 容量瓶中，用水稀释至标线，摇匀。

此溶液六价铬的浓度为 50 mg/L。

B.3.7.2 铬酸盐标准溶液

吸取 50.00 ml 上述标准溶液（B.3.7.1）于 500 ml 容量瓶中，用水稀释至标线，摇匀。

此溶液六价铬浓度为 5 mg/L。此标准溶液用时现配。

B.3.8 中国 ISO 标准砂，采用 GSB 08—1337 中国 ISO 标准砂。

B.4 仪器装置

B.4.1 天平：

天平，精度为±1 g。

分析天平，精度为±0.000 1 g。

B.4.2 水泥胶砂搅拌机：按照 JC/T 681—1997 要求。

B.4.3 分光光度计：可测量溶液在 540 nm 处的吸光度。

B.4.4 比色皿：光程 10 mm。

B.4.5 玻璃器具：50 ml、500 ml 和 1 000 ml 容量瓶；1 ml、2 ml、5 ml、10 ml、15 ml 和 50.0 ml 移液管。

B.4.6 pH 计：pH 精度为±0.05。

B.4.7 过滤装置：

过滤装置由一个布氏漏斗（直径 205 mm），安装在一个 2 L 的抽滤瓶上，瓶底装满沙子，瓶内有一个放于沙床上盛接滤液的小烧杯，抽滤瓶与真空泵相连，见图 1。

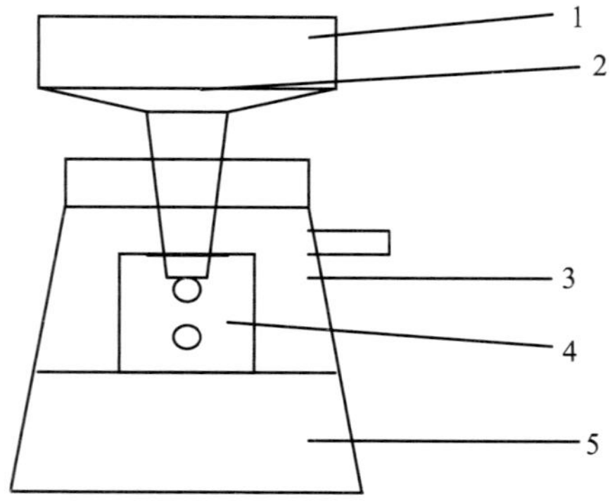

1—布氏漏斗；2—滤纸；3—抽滤瓶；4—盛接滤液的小烧杯；5—沙子

图 1 过滤装置示意图

B.4.8 滤纸：中速滤纸。

注：选择滤纸时需要进行空白试验。

B.5 水泥试样的制备

用缩分器或用四分法缩分至约 1 000 g 待测试样，放入一个密封、洁净、干燥的容器中，充分摇动使样品混合均匀。

所有操作尽可能迅速，以减少试样与周围空气的接触时间。

B.6 试验步骤

B.6.1 砂浆的制备

B.6.1.1 砂浆的组成

质量比例为一份水泥（B.5），三份 ISO 标准砂（B.3.8），和半份水（B.3.1）（即水灰比为 0.50）。

每一组水泥砂浆含有（450±2）g 水泥（m），（1 350±5）g 中国 ISO 标准砂和（225±1）g 水（V_1）。

若待测水泥样品为快凝水泥，水灰比为 0.50 的砂浆在分析时可能不易充分过滤。在这种情况下，允许增加水的用量，从而提高了水灰比，直至充分过滤（B.6.2）。

B.6.1.2 砂浆的混合

使用天平（B.4.1）称取水泥和水，当水以体积计加入时，精确至 1 ml。将每份砂浆用水泥胶砂搅拌机（B.4.2）进行机械搅拌。控制各阶段搅拌时间时，要保证搅拌机开关的时间在±2s 之内。

搅拌步骤如下：

a）将水和水泥放入搅拌锅中，注意避免水和水泥的损失。

b）水与水泥接触后立即打开搅拌机同时开始计时，低速搅拌 30 s，在第二次 30 s 内均匀地加入标准砂，将搅拌机调至高速，再继续搅拌 30 s。

c）停止搅拌 90 s。在停止过程的前 30 s 内，用一个橡胶或塑料棒将黏附于锅壁上或沉在锅底部的砂浆刮到锅中间。

d）继续高速搅拌 60 s。

注：通常这种搅拌操作均采用机械，也允许对操作和时间采用人工控制。

B.6.2 过滤

每次使用时，确保过滤装置（B.4.7）所用的抽滤瓶、布氏漏斗、滤纸和小烧杯是干燥的。安装好布氏漏斗，放好滤纸（B.4.8），不要事先润湿滤纸。打开真空泵，将水泥砂浆倒入过滤装置的布氏漏斗上，以最大功率抽气 10 min 得到至少 15 ml 滤液。如果此时没有 15 ml，继续抽滤直至得到足够量的测试滤液。

注：如果滤液浑浊且不能通过简单的过滤除去，可以采用离心分离机和覆有更致密滤纸的漏斗过滤。如果滤液仍有部分浑浊，测定时用该滤液作为参比溶液，但不加入二苯碳酰二肼溶液（B.3.6）。

B.6.3 工作曲线的绘制

移取 1.00、2.00、5.00、10.00 ml 和 15.00 ml 铬酸盐标准溶液（B.3.7.2）分别放入 50 ml 容量瓶中，各加入 5.00 ml 二苯碳酰二肼溶液（B.3.6）、5 ml 盐酸（B.3.5），用水稀释至标

线，摇匀。

此溶液每升分别含有 0.1、0.2、0.5、1.0、1.5 mg 六价铬。

加入二苯碳酰二肼溶液 15～30 min 后，在 540 nm 处测量吸光度，并扣除空白试验（B.2.4）的吸光度。

根据不同六价铬浓度对应的吸光度，绘制工作曲线。

B.6.4 样品溶液吸光度的测定

在过滤后 8 h 内，吸取 5.00 ml（V_2）滤液（B.6.2）放入 100 ml 烧杯中。加 5.00 ml 二苯碳酰二肼溶液（B.3.6）和 20 ml 水后摇动。立即在 pH 计（B.4.6）指示下用盐酸（B.3.4）调整溶液的 pH 值为 2.1～2.5。将溶液转移至 50 ml（V_3）容量瓶中，用水稀释至标线，摇匀。

加入二苯碳酰二肼溶液 15～30 min 后，在 540 nm 处测量吸光度，并扣除空白试验（B.2.4）的吸光度。

在工作曲线上查出水溶性六价铬的浓度（c），单位为 mg/L。

B.7 结果计算

水泥中水溶性六价铬的含量（K）以质量分数（干基）表示，并按下列公式计算：

$$K = c\times\left(V_3/V_2\right)\times\left(V_1/m\right)\times10^{-4}$$

式中：c——由工作曲线得出的六价铬的浓度，mg/L；

V_1——砂浆的体积（B.6.1.1），ml；

V_2——滤液的体积（B.6.4），ml；

V_3——容量瓶的体积（B.6.4），ml；

m——砂浆（B.6.1.1）中水泥的质量，g。

注 1：V_3/V_2 是待测滤液的稀释倍数。

注 2：V_1/m 是水泥砂浆的水灰比，通常为 0.50，但具体要看 B.6.1.1。

B.8 重复性和再现性

对于水溶性六价铬含量在 0.000 1%～0.000 5%之间的水泥：

重复性标准偏差为 0.000 015%。

再现性标准偏差为 0.000 040%。

B.9 检验规则

B.9.1 本方法所列技术要求为型式检验项目。

B.9.2 在正常生产情况下，检验频率按本规范中相关规定执行。

B.9.3 有下列情况之一时，应进行型式检验：

（1）新产品的试制定型时；

（2）产品异地生产时；

（3）利用铬渣品种或掺加量有重大改变时；

（4）生产工艺及原材料有较大改变时；

（5）产品停产 6 个月以上，恢复生产时。

附录 C （规范性附录）

利用铬渣生产的砖及砌块产品中重金属浓度的测定方法

C.1 原理

将利用铬渣生产的砖或砌块试样进行清洗、破碎后，用浸提液进行浸泡，过滤，测定砖及砌块产品浸出液中的重金属浓度。

C.2 试剂和材料

C.2.1 总体要求：

所用试剂不低于分析纯。

所用水应符合 GB/T 6682 中规定的三级水要求。

本方法使用的浓液体试剂的密度为 20℃的密度（ρ），单位为 g/cm^3。

C.2.2 盐酸，ρ（HCl）=1.18～1.19，36%～38%。

C.2.3 盐酸，1.0 mol/L。

C.2.4 氢氧化钠溶液，1.0 mol/L。

C.3 仪器装置

C.3.1 天平：精度为±0.01g。

C.3.2 重金属搅拌浸提器。

C.3.3 过滤器：布氏漏斗、2 000 ml 抽滤瓶。

C.3.4 pH 计：pH 精度为±0.01。

C.3.5 滤纸：中速滤纸。

C.4 试验步骤

样品分为两份，一份用于检验，另一份为备份样品，密封保存。利用铬渣生产的砖及砌块样品抽取时，必须标明利用的铬渣的种类和质量。

C.4.1 破碎

将试体用少许去离子水清洗表面。

将试体破碎至小碎块状，碎块的直径或任一方向的最大尺寸小于 10 mm 即可。将碎块密封保存。

C.4.2 水分测定

用天平称取破碎好的试体 100 g，精确至 0.01 g，在（105±2）℃条件下干燥至质量恒定，干燥后的试体应放入干燥器中冷却至室温，称量，精确至 0.01 g。

水分计算：

$$H=\frac{m_0-m_1}{m_0}$$

式中：H——试体水分；

m_0——试体干燥前质量，g；

m_1——试体干燥后质量，g。

C.4.3 浸提液制备

C.4.3.1 在去离子水中加入盐酸，调整溶液 pH 值到 5，形成 1#浸提液。

C.4.3.2 在去离子水中加入氢氧化钠，调整溶液 pH 值到 10，形成 2#浸提液。

C.4.4 浸提

C.4.4.1 根据下式计算称样量：

$$G=\frac{100}{1-H}$$

式中：G——称样量，g；

H——试体水分；

100——干燥后的试体质量，g。

C.4.4.2 按照 C.4.4.1 计算结果称取破碎好的试体，精确至 0.01 g，放入重金属搅拌浸提器中。

C.4.4.3 量取 2 000 ml 的浸提液 1#，放入重金属搅拌浸提器中。

C.4.4.4 以（30±2）r/min 旋转（18±2）h。浸提过程中，室内环境温度控制在（23±2）℃。

C.4.4.5 将浸提液转入抽滤装置进行过滤，过滤后的浸提液应作好标识，密闭待测。

C.4.4.6 用浸提液 2#重复执行 C.4.4.2～C.4.4.5。

C.4.5 空白试验

使用等量的试剂，不加入水泥试体，按照相同的浸提步骤进行浸提，分别制备 1#浸提液和 2#浸提液空白。

C.4.6 测定方法

按照本标准中表 6 所列分析方法测定浸出液和空白中各元素的浓度，浸出液中元素浓度应扣除空白值。

C.5 检验规则

C.5.1 本方法所列技术要求为型式检验项目。

C.5.2 在正常生产情况下，检验频率按本规范中相关规定执行。

C.5.3 有下列情况之一时，应进行型式检验：

（1）新产品的试制定型时；

（2）产品异地生产时；

（3）利用铬渣品种或掺加量有重大改变时；

（4）生产工艺及原材料有较大改变时；

（5）产品停产 6 个月以上，恢复生产时。

附录 D（资料性附录）

铬渣处理处置的监测内容汇总表

<table>
<tr><th colspan="2" rowspan="2">处理处置环节</th><th rowspan="2">监测对象</th><th rowspan="2">监测指标</th><th rowspan="2">指标限值</th><th colspan="2">最小监测频率</th></tr>
<tr><th>处理处置单位自我监测</th><th>环境管理部门监督性监测</th></tr>
<tr><td colspan="2" rowspan="5">铬渣处理处置场所</td><td rowspan="2">作业场所空气</td><td rowspan="2">粉尘</td><td>TWA：8 mg/m^3</td><td rowspan="2">每个月 1 次</td><td rowspan="3">每 6 个月 1 次</td></tr>
<tr><td>STEL：10 mg/m^3</td></tr>
<tr><td>废水</td><td>总铬</td><td>1.5 mg/m^3</td><td>每个月 1 次</td></tr>
<tr><td>土壤</td><td>总铬</td><td rowspan="2">监测指标含量在铬渣处理处置后不应增加</td><td rowspan="2">铬渣处理处置活动开始前监测一次，之后每年 1 次</td><td rowspan="2">铬渣处理处置活动开始前监测一次，之后每年 1 次</td></tr>
<tr><td>地下水</td><td>六价铬</td></tr>
<tr><td colspan="2" rowspan="5">铬渣的干法解毒</td><td rowspan="5">设施尾气</td><td>粉尘</td><td>65 mg/m^3</td><td rowspan="3">在线监测，保存监测结果以备当地环境保护行政主管部门检查</td><td rowspan="3">每 4 个月 1 次</td></tr>
<tr><td>SO_2</td><td>200 mg/m^3</td></tr>
<tr><td>CO</td><td>80 mg/m^3</td></tr>
<tr><td>烟气黑度</td><td>1（林格曼级）</td><td rowspan="2">每 3 个月 1 次</td><td rowspan="2">每 6 个月 1 次</td></tr>
<tr><td>铬及其化合物</td><td>4 mg/m^3</td></tr>
<tr><td rowspan="7">铬渣解毒的产物</td><td>用作路基材料和混凝土骨料</td><td rowspan="3">浸出液</td><td>总铬</td><td>1.5 mg/L</td><td rowspan="7">铬渣解毒量大于（含等于）500 t/月的，每解毒 500 t 监测 1 次；铬渣解毒量小于 500 t/月的，每个月监测 1 次</td><td rowspan="7">每 3 个月 1 次</td></tr>
<tr><td>用作生产水泥的混合材料</td><td>六价铬</td><td>0.5 mg/L</td></tr>
<tr><td>用于制砖及砌块</td><td>钡</td><td>10 mg/L</td></tr>
<tr><td rowspan="4">进入生活垃圾填埋场</td><td rowspan="3">浸出液</td><td>总铬</td><td>4.5 mg/L</td></tr>
<tr><td>六价铬</td><td>1.5 mg/L</td></tr>
<tr><td>钡</td><td>25 mg/L</td></tr>
<tr><td>铬渣掺加量</td><td>铬渣</td><td>铬渣质量不得超过当日填埋量的 5%</td></tr>
</table>

处理处置环节		监测对象	监测指标	指标限值	最小监测频率	
					处理处置单位自我监测	环境管理部门监督性监测
铬渣解毒的产物	进入一般工业固体废物填埋场	浸出液	总铬	9 mg/L		
			六价铬	3 mg/L		
			钡	50 mg/L		
铬渣用于生产水泥		设施尾气	颗粒物	50 mg/m^3	每 2 个月 1 次	每 6 个月 1 次
			SO_2	200 mg/m^3		
			氮氧化物（以 NO_2 计）	800 mg/m^3		
			铬及其化合物	4 mg/m^3	每 6 个月 1 次	每 12 个月 1 次
		用于制备水泥生料时的掺加量	铬渣	铬渣的掺加量不得超过水泥生料质量的 5%	产品产量大于（含等于）1 万 t/月的，每生产 1 万 t 产品监测 1 次；产品产量小于 1 万 t/月的，每个月监测 1 次	每 6 个月 1 次
		利用铬渣生产的水泥产品浸出液	总铬	0.15 mg/L		
			六价铬	0.05 mg/L		
			钡	1.0 mg/L		
		利用铬渣生产的水泥产品	水溶性六价铬含量	0.000 2%		
			放射性物质的量	满足 GB 6566 的要求	每年 1 次	—
铬渣用于制砖及砌块		设施尾气	烟（粉尘）	隧道窑： 一级：禁排 二级：200 mg/m^3 三级：300 mg/m^3 其他窑： 一级：禁排 二级：200 mg/m^3 三级：400 mg/m^3	每 2 个月 1 次	每 6 个月 1 次

处理处置环节	监测对象	监测指标	指标限值	最小监测频率	
				处理处置单位自我监测	环境管理部门监督性监测
铬渣用于制砖及砌块		SO_2	一级：禁排 二级：850 mg/m^3 三级：1 200 mg/m^3		
		铬及其化合物	4 mg/m^3	每 6 个月 1 次	每 12 个月 1 次
	利用铬渣生产的砖及砌块产品浸出液	总铬	0.3 mg/L	产品产量大于（含等于）1 万 t/月的，每生产 1 万 t 产品监测 1 次；产品产量小于 1 万 t/月的，每个月监测 1 次	每 6 个月 1 次
		六价铬	0.1 mg/L		
		钡	4.0 mg/L		
铬渣用于烧结炼铁	设施尾气	烟（粉尘）	一级：禁排 二级：100 mg/m^3 三级：150 mg/m^3	每 2 个月 1 次	每 6 个月 1 次
		SO_2	一级：禁排 二级：2 000 mg/m^3 三级：2 860 mg/m^3		
		铬及其化合物	4 mg/m^3	每 6 个月 1 次	每 12 个月 1 次

中华人民共和国环境保护行业标准

废塑料回收与再生利用污染控制技术规范（试行）

Technical specifications for pollution control during collection and recycle of waste plastics

HJ/T 364—2007

前　言

为贯彻《中华人民共和国环境保护法》和《中华人民共和国固体废物污染环境防治法》，在废塑料回收与再生利用过程中保护环境、防治污染，适应管理工作的需要，制定本标准。

本标准就废塑料的回收、贮存、运输、预处理、再生利用等过程中的环境保护相关事项提出了要求，相关企业和管理部门可参照执行。

本标准为首次发布。

本标准为指导性标准。

本标准由国家环境保护总局科技标准司提出。

本标准起草单位：中国环境科学学会、北京化工大学、越谷凯（北京）再生资源科技有限公司。

本标准国家环境保护总局 2007 年 9 月 30 日批准。

本标准自 2007 年 12 月 1 日起实施。

本标准由国家环境保护总局解释。

1 适用范围

本标准规定了废塑料回收、贮存、运输、预处理、再生利用等过程的污染控制和环境保护监督管理的要求。

本标准适用于包括进口废塑料在内的各种废塑料的回收与再生利用，不适用于属于医疗废物和危险废物的废塑料。

2 规范性引用文件

本标准内容引用了下列文件中的条款，凡是不注日期的引用文件，其有效版本适用于本标准。

GB 8978　污水综合排放标准

GB 12348　工业企业厂界噪声标准

GB 14554　恶臭污染物排放标准

GB 16487.12　进口可用作原料的固体废物环境保护控制标准　废塑料

GB 16297　大气污染物综合排放标准

GB 18484　危险废物焚烧污染控制标准

GB 18485　生活垃圾焚烧污染控制标准

GB 18599　一般工业固体废物贮存、处置场污染控制标准

GB/T 2035　塑料术语及其定义

GB/T 16288　塑料包装制品回收标志

GB/T 19466.3　塑料　差示扫描量热法（DSC）　第 3 部分：熔融和结晶温度及热焓的测定

CJ 3082　污水排入城市下水道水质标准

《医疗废物管理条例》（国务院令第 380 号）

《医疗废物分类目录》（医卫发[2003]287 号）

3 术语和定义

下列术语和定义适用于本标准。

3.1 废塑料

是指被废弃的各种塑料制品及塑料材料，包括在塑料及塑料制品生产加工过程中产生的下脚料、边角料和残次品。

3.2 再生塑料制品

是指以废塑料为原料生产的塑料制品及塑料材料。

3.3 废塑料的回收

是指以再生利用为目的，对生活、生产以及其他活动中产生的废塑料进行收集的过程。

3.4 废塑料的贮存

是指将废塑料临时置于特定设施或者场所中的活动。

3.5 废塑料的预处理

是指废塑料在再生利用前经过的分选、清洗、破碎和干燥等处理工序。

3.6 废塑料的再生利用

是指从废塑料中提取或使其转化为可以利用的物质或能源的活动，主要包括材料循环、化学循环和能量回收三类。

3.7 含卤素塑料

是指树脂中含有或在合成和加工过程中加入了卤族元素的塑料。

4 废塑料的回收、运输和贮存要求

4.1 回收要求

4.1.1 废塑料的回收应按原料树脂种类进行分类回收，并严格区分废塑料来源和原用途。不得回收和再生利用属于医疗废物和危险废物的废塑料。

4.1.2 含卤素废塑料的回收和再生利用应与其他废塑料分开进行。

4.1.3 废塑料的分类鉴别采用 GB/T19466.3（熔融和结晶温度及热焓的侧定）与红外光谱相结合的方法。

4.1.4 废塑料的回收中转或贮存场所（企业）必须经过当地人民政府环境保护行政主管部门的环保审批，并有相应的污染防治设施和设备。

4.1.5 废塑料的回收过程中不得进行就地清洗，如需进行减容破碎处理，应使用干法破碎技术，并配备相应的防尘、防噪声设备。

4.1.6 废塑料的回收过程中应避免遗洒。

4.2 包装和运输要求

4.2.1 废塑料运输前应进行包装，或用封闭的交通工具运输，不得裸露运输废塑料。

4.2.2 废塑料的包装应在通过环保审批的回收中转场所内进行。

4.2.3 废塑料包装物应防水、耐压、遮蔽性好，可多次重复使用；在装卸、运输过程中应确保包装完好，无废塑料遗撒。

4.2.4 包装物表面必须有回收标志和废塑料种类标志，标志应清晰、易于识别、不易擦掉，并应标明废塑料的来源、原用途和去向等信息。废塑料回收和种类标志执行 GB/T 16288。

4.2.5 不得超高、超宽、超载运输废塑料，宜采用密闭集装箱或带有压缩装置的箱式货车运输。

4.3 贮存要求

4.3.1 废塑料应贮存在通过环保审批的专门贮存场所内。

4.3.2 贮存场所必须为封闭或半封闭型设施，应有防雨、防晒、防渗、防尘、防扬散和防火措施。

4.3.3 不同种类、不同来源的废塑料，应分开存放。

5 废塑料的预处理和再生利用要求

5.1 预处理工艺要求

5.1.1 废塑料预处理工艺主要包括分选、清洗、破碎和干燥。

5.1.2 废塑料预处理工艺应当遵循先进、稳定、无二次污染的原则，应采用节水、节能、高效、低污染的技术和设备；宜采用机械化和自动化作业，减少手工操作。

5.1.3 废塑料的分选宜采用浮选和光学分选等先进技术：人工分选应采取措施确保操作人员的健康和安全。

5.1.4 废塑料的清洗方法可分为物理清洗和化学清洗，应根据废塑料来源和污染情况选择清洗工艺；宜采用节水的机械清洗技术；化学清洗不得使用有毒有害的化学清洗剂，宜采用无磷清洗剂。

5.1.5 废塑料的破碎宜采用干法破碎技术，并应配有防治粉尘和噪声污染的设备。

5.1.6 废塑料的干燥方法可分为人工干燥和自然干燥。人工干燥宜采用节能、高效的干燥技术，如冷凝干燥、真空干燥等；自然干燥的场所应采取防风措施。

5.2 再生利用技术要求

5.2.1 废塑料应按照直接再生、改性再生、能量回收的优先顺序进行再生利用。

5.2.2 宜开发和应用针对热固性塑料、混合废塑料和质量降低的废塑料的新型环保再生利用技术。

5.2.3 含卤素的废塑料宜采用低温工艺再生，不宜焚烧处理；进行焚烧处理时应配备烟气处理设备，焚烧设施的烟气排放应符合 GB 18484 的要求。

5.2.4 不宜以废塑料为原料炼油。

5.3 项目建设的环境保护要求

5.3.1 废塑料的再生利用项目必须经过县级以上地方人民政府环境保护行政主管部门的环保审批，严格执行环境影响评价和“三同时”制度。未获环保审批的企业或个人不得从事废塑料的处理和加工。

5.3.2 进口废塑料作为生产原料的企业应具有固体废物进口许可证，进口的废塑料应符合 GB 16487.12 的要求。

5.3.3 新建废塑料再生利用项目的选址应符合环境保护要求，不得建在城市居民区、商业区及其他环境敏感区内：现有再生利用企业如在上述区域内，必须按照当地规划和环境保护行政主管部门的要求限期搬迁。

5.3.4 废塑料再生利用项目必须建有围墙并按功能划分厂区，包括管理区、原料区、生产区、产品贮存区、污染控制区（包括不可利用的废物的贮存和处理区）。各功能区应有明显的界线和标志。

5.3.5 所有功能区必须有封闭或半封闭设施（污染控制设施可除外），采取防风、防雨、防渗、防火等措施，并有足够的疏散通道。

5.3.6 各地应根据本地情况，逐步改造或取缔不符合本标准要求的废塑料回收和加工企业，规划建设规范化的废塑料回收站、再生加工厂和循环经济园区。

5.4 污染控制要求

5.4.1 废塑料预处理、再生利用等过程中产生的废水和厂区产生的生活废水应有配套的废水收集设施。废水宜在厂区内处理并循环利用；处理后的废水排放应按企业所在环境功能区类别，应执行 GB 8978；重点控制的污染物指标包括 COD、BOD_5、SS、pH、TN、NH_3-N、TP、色度、油类、可吸附有机卤化物、粪大肠杆菌群数；并入市政污水管网集中处理的废水应符合 CJ 3082 的要求。

5.4.2 预处理、再生利用过程中产生的废气应有集气装置收集。经净化处理的废气排放应按企业所在环境功能区类别，应执行 GB 16297 和 GB 14554；重点控制的污染物包括颗粒物、氟化物、汞、铬、铅、苯、甲苯、酚类、苯胺类、光气、恶臭。

5.4.3 采用焚烧方式对废塑料进行能量回收时，焚烧设施应具有烟气处理设备，烟气排放应执行 GB 18485。重点控制的污染物指标包括烟气黑度、烟尘、一氧化碳、氟化氢、氯化氢、氮氧化物、二噁英类。

5.4.4 能量回收过程中，除尘设备收集的焚烧飞灰应按危险废物管理。其他气体净化装置收集的固体废物和焚烧炉渣，应按国家危险废物鉴别标准进行鉴别，属于危险废物的按照危险废物管理，否则按一般工业固体废物管理。

5.4.5 预处理和再生利用过程中应控制噪声污染，噪声控制应符合 GB 12348 的要求。

5.4.6 不得在无燃烧设备和烟气净化装置的条件下焚烧废塑料或用焚烧方式处理塑料挤出机过滤网片。

5.4.7 废塑料预处理、再生利用过程中产生的固体废物，包括分选出的不宜再生利用的废塑料，应按工业固体废物处置，并执行相关环境保护标准。

6 废塑料再生制品要求

6.1 废塑料再生制品或材料应符合相关产品质量标准，表面应标有再生利用标志，具体要求执行 GB/T 16288。

6.2 不宜使用废塑料制造直接接触食品的包装、制品或材料。原属于食品接触类的塑料包装、制品和材料，经单独回收处理，达到国家食品卫生标准的，可用于制造食品接触类的包装、制品或材料，并应标明为再生塑料制造。

6.3 再生塑料制品或材料在生产过程中不得使用氟氯化碳类化合物做发泡剂；制造人体接触的再生塑料制品或材料时，不得添加有毒有害的化学助剂。

6.4 宜开发可多次循环再生利用的再生塑料制品和材料。

7 管理要求

7.1 废塑料的回收和再生利用企业应建立、健全环境保护管理责任制度，设置环境保护部门或者专（兼）职人员，负责监督废塑料回收和再生利用过程中的环境保护及相关管理工作。

7.2 废塑料的回收和再生利用企业应对所有工作人员进行环境保护培训。

7.3 废塑料的回收和再生利用企业应建立废塑料回收和再生利用情况记录制度，内容包括每批次废塑料的回收时间、地点、来源（包括名称和联系方式）、数量、种类、预处理情况、再生利用时间、再生制品名称、再生制品数量、再生制品流向、再生制品用途，并做好月度和年度汇总工作。

7.4 废塑料的回收和再生利用企业应建立环境保护监测制度，不同污染物的采样监测方法和频次执行相关国家或行业标准，并做好监测记录以及特殊情况记录。

7.5 废塑料的回收和再生利用企业应建立废塑料回收和再生利用企业建设、生产、消防、环保、工商、税务等档案台账，并设专人管理，资料至少应保存 5 年。

7.6 废塑料的回收和再生利用企业应建立污染预防机制和处理环境污染事故的应急预案制度。

7.7 废塑料的回收和再生利用企业应认真执行排污申报制度，按时缴纳排污费。

8 标准的实施

本标准由县级以上地方人民政府环境保护行政主管部门负责监督实施。

国家环境保护总局文件

危险废物安全填埋处置工程建设技术要求

环发[2004]75 号

前 言

为贯彻《中华人民共和国环境保护法》和《中华人民共和国固体废物污染环境防治法》，规范危险废物安全填埋处置工程建设，防止危险废物填埋对环境的污染，保护环境，保障人体健康，制定本技术要求。

本技术要求由国家环境保护总局科技标准司提出。

本技术要求由沈阳环境科学研究院起草完成。

本技术要求由国家环境保护总局负责解释。

1 总 则

1.1 为贯彻《中华人民共和国固体废物污染环境防治法》《危险废物填埋污染控制标准》（GB 18598—2001）等相关法律法规，实现危险废物无害化安全处置目标，规范危险废物安全填埋处置工程规划、设计、施工及验收和运行管理，防止危险废物填埋处置对环境造成污染，制订本技术要求。

1.2 本要求适用于新建、扩建危险废物安全填埋处置工程。

1.3 危险废物安全填埋处置工程建设，应以本地区需填埋的危险废物量、经济发展水平和自然条件为基础，结合城市经济建设与科学技术的发展，确定合理的建设规模，做到安全可靠、技术先进、经济合理。

1.4 危险废物安全填埋处置工程建设，应符合区域性环境保护规划和城市总体规划，严格执行环境影响评价制度。其建设规模、布局和选址应在进行技术、经济和环境论证基础上，进行比选后确定。

1.5 危险废物安全填埋处置工程建设，应采用成熟可靠的技术、工艺、材料和设备；对于采用的新技术和设备，应经充分的技术经济论证后确定。

1.6 危险废物安全填埋处置工程建设，应坚持专业化协作和社会化服务相结合的原则，合理确定配套工程，提高运营管理水平，降低运营成本。

1.7 危险废物安全填埋处置工程建设，除应符合本技术要求外，还必须符合国家现行有关规定。

2 编制依据

下列标准和文件所含的条文，通过本技术要求引用构成本要求的条文。

（1）《中华人民共和国环境保护法》

（2）《中华人民共和国固体废物污染环境防治法》

（3）《危险废物转移联单管理办法》

（4）《危险废物污染防治技术政策》

（5）《国家危险废物名录》

（6）《危险废物填埋污染控制标准》（GB 18598）

（7）《危险废物贮存污染控制标准》（GB 18597）

（8）《危险废物鉴别标准——腐蚀性鉴别》（GB 5085.1）

（9）《危险废物鉴别标准——浸出毒性鉴别》（GB 5085.3）

（10）《固体废物浸出毒性浸出方法》（GB 5086.1～2）

（11）《固体废物浸出毒性测定方法》（GB/T 15555.1～12）

（12）《多氯联苯废物污染控制标准》（GB 13015）

（13）《环境保护图形标志——固体废物贮存（处置）场》（GB 15562.2）

（14）《大气污染物综合排放标准》（GB 16297）

（15）《环境空气质量标准》（GB 3095）

（16）《地表水环境质量标准》（GB 3838）

（17）《地下水水质标准》（GB/T 14848）

（18）《污水综合排放标准》（GB 8978）

（19）《土壤环境质量标准》（GB 15618）

（20）《堤防工程设计规范》（GB 50286）

（21）《碾压式土石坝设计规范》（SL 274）

（22）《水工混凝土结构设计规范》（SL/T 191）

（23）《地基和基础工程施工及验收规范》（GBJ 202）

（24）《土方与爆破工程施工及验收规范》（GBJ 201）

（25）《碾压式土石坝施工技术规范》（SDJ 213）

（26）《堤防工程施工规范》（SL 260）

（27）《城市区域环境噪声标准》（GB 3096）

（28）《工业企业厂界噪声标准》（GB 12348）

（29）《构筑物抗震设计规范》（GB 50191）

（30）《建筑设计防火规范》（CBJ 16）等相关标准

当上述标准和文件被修订时，应使用其最新版本。

3 术 语

3.1 危险废物

列入国家危险废物名录或者根据国家规定的危险废物鉴别标准和鉴别方法认定的具有危险特性的废物。

3.2 填埋场

处置废物的一种陆地处置设施。它由若干个处置单元和构筑物组成，处置场有界限规定，主要包括废物预处理设施、废物填埋设施和渗滤液收集处理设施。

3.3 计划填埋量

在计划填埋年限中危险废物的填埋量与覆盖物量之和。

3.4 相容性

某种危险废物同其他危险废物或填埋场中其他物质接触时不产生气体、热量、有害物质，不会燃烧或爆炸，不发生其他可能对填埋场产生不利影响的反应和变化。

3.5 防渗层

人工构筑的防止渗滤液进入地下水的隔水层。

3.6 双人工衬层

由一层压实的低渗透性土壤和上铺的两层人工合成衬层组成的防渗层。

3.7 稳定化

选用某种适当的添加剂与危险废物混合，发生某种物理或化学变化，将其转变为低溶解性、低迁移性及低毒性物质的过程。

3.8 固化

在危险废物中加入某些添加剂，使其转变为紧密固体的过程。

4 场址选择

4.1 填埋场场址的选择应符合国家及地方城乡建设总体规划要求，场址应处于一个相对稳定的区域，不会因自然或人为的因素而受到破坏。填埋场作为永久性的处置设施，封场后除绿化以外不能作他用。

4.2 填埋场场址的选择应进行环境影响评价，并经环境保护行政主管部门批准。

4.3 填埋场场址不应选在城市工农业发展规划区、农业保护区、自然保护区、风景名胜区、文物（考古）保护区、生活饮用水源保护区、供水远景规划区、矿产资源远景储备区和其他需要特别保护的区域内。

4.4 填埋场距飞机场、军事基地的距离应在 3 000 m 以上。

4.5 填埋场场界应位于居民区 800 m 以外，应保证在当地气象条件下对附近居民区大气环境不产生影响。

4.6 填埋场场址应位于百年一遇的洪水标高线以上，并在长远规划中的水库等人工蓄水设施淹没区和保护区之外。若确难以选到百年一遇洪水标高线以上场址，则必须在填埋场周围已有或建筑可抵挡百年一遇洪水的防洪工程。

4.7 填埋场场址距地表水域的距离应大于 150 m。

4.8 填埋场场址的地质条件应符合下列要求：

（1）能充分满足填埋场基础层的要求；

（2）现场或其附近有充足的黏土资源以满足构筑防渗层的需要；

（3）位于地下水饮用水水源地主要补给区范围之外，且下游无集中供水井；

（4）地下水水位应在不透水层 3 m 以下。如果小于 3 m，则必须提高防渗设计要求，实施人工措施后的地下水水位必须在压实黏土层底部 1 m 以下；

（5）天然地层岩性相对均匀、面积广、厚度大、渗透率低；

（6）地质构造相对简单、稳定，没有活动性断层。非活动性断层应进行工程安全性分析论证，并提出确保工程安全性的处理措施。

4.9 填埋场场址选择应避开下列区域：破坏性地震及活动构造区；海啸及涌浪影响区；湿地和低洼汇水处；地应力高度集中，地面抬升或沉降速率快的地区；石灰岩溶洞发育带；废弃矿区或塌陷区；崩塌、岩堆、滑坡区；山洪、泥石流地区；活动沙丘区；尚未稳定的冲积扇及冲沟地区；高压缩性淤泥、泥炭及软土区以及其他可能危及填埋场安全的区域。

4.10 填埋场场址必须有足够大的可使用容积以保证填埋场建成后具有 10 年或更长的使用期。

4.11 填埋场场址应选在交通方便、运输距离较短，建造和运行费用低，能保证填埋场正常运行的地区。

5 总体设计

5.1 建设规模与建设内容

5.1.1 危险废物安全填埋场的建设规模应根据填埋场服务范围内的危险废物种类、可填埋量、分布情况、发展规划以及变化趋势等因素综合考虑确定。并应满足 4.10 的要求。

5.1.2 危险废物安全填埋场应主要以省为服务区域，根据当地危险废物填埋量的情况，采取一步到位或分期建设的方式集中建设。就避免过于分散建设危险废物填埋场或已建填埋设施长期闲置。

5.1.3 危险废物安全填埋场应包括接收与贮存系统、分析与鉴别系统、预处理系统、防渗系统、渗滤液控制系统、填埋气体控制系统、监测系统、应急系统及其他公用工程等。

5.2 填埋场类型选择

5.2.1 填埋场根据场地特征可分为平地型填埋场和山谷型填埋场，根据填埋坑基底标高又可分为地上填埋场和凹坑填埋场。

5.2.2 填埋场类型的选择应根据当地特点，优先选择渗滤液可以根据天然坡度排出、填埋量足够大的填埋场类型。

5.3 危险废物入场要求

5.3.1 禁止填埋的废物

（1）医疗废物；

（2）与衬层不相容的废物。

5.3.2 可填埋的危险废物

可填埋的危险废物包括《国家危险废物名录》中除 5.3.1 规定以外的所有危险废物。

（1）直接入场填埋的废物

①根据《固体废物浸出毒性浸出方法》（GB 5086）和《固体废物浸出毒性测定方法》（GB/T 15555.1～12）测得的废物浸出液中有害成分浓度低于表 5-1 中的允许进入填埋区控制限值的废物；

②根据《固体废物浸出毒性浸出方法》（GB 5086）和《固体废物浸出毒性测定方法》（GB/T 15555.1～12）测得的废物浸出液 pH 值在 7.0～12.0 之间的废物。

表 5-1 危险废物允许进入填埋区的控制限值

序号	项目	稳定化控制限值/（mg/L）
1	有机汞	0.001
2	汞及其化合物（以总汞计）	0.25
3	铅（以总铅计）	5
4	镉（以总镉计）	0.50
5	总铬	12
6	六价铬	2.50
7	铜及其化合物（以总铜计）	75
8	锌及其化合物（以总锌计）	75
9	铍及其化合物（以总铍计）	0.20
10	钡及其化合物（以总钡计）	150
11	镍及其化合物（以总镍计）	15
12	砷及其化合物（以总砷计）	2.5
13	无机氟化物（不包括氟化钙）	100
14	氰化物（以 CN 计）	5

（2）必须预处理后入场填埋的废物

①根据《固体废物浸出毒性浸出方法》（GB 5086）和《固体废物浸出毒性测定方法》（GB/T 15555.1～12）测得废物浸出液中任何一种有害成分浓度超过表 5-1 中允许进入填埋区的控制限值的废物；

②根据《固体废物浸出毒性浸出方法》（GB 5086）和《固体废物浸出毒性测定方法》（GB/ T 15555.1～12）测得的废物浸出液 pH≤7.0 和 pH≥12.0 的废物；

③本身具有反应性、易燃性的废物；

④含水率高于 85%的废物；

⑤液体废物。

5.4 总图设计

5.4.1 危险废物填埋场的总图设计，应根据厂址所在地区的自然条件，结合生产、运输、环境保护、职业卫生与劳动安全、职工生活，以及电力、通讯、热力、给水、排水、污水处理、防洪等设施，经多方案综合比较后确定。

5.4.2 危险废物填埋场人流和物流的出入口设置，应符合城市交通的有关要求，人流、物流应分开，并应方便危险废物运输车的进出。

5.4.3 危险废物填埋场的附属生产设施、生活服务设施等辅助设施，应根据社会化服务原则统筹考虑，避免重复建设。

5.4.4 危险废物填埋场周围应设置宽度不小于 10 m 的绿化隔离带，及安装防止家畜、野生动物和无关人员进入的必要设施。

5.4.5 危险废物填埋场应以填埋区为重点进行布置，填埋场附属设施占地比例不应超过总面积的 50%。分析监测区、预处理区、贮存区和渗滤液处理区应按危险废物处理流程合理安排。若分期建设，应在作总平面布置时预留分期工程场地。

5.4.6 山谷型填埋场的总平面布置应考虑填埋坑的标高范围、山体稳定性、植被保护、地表水和地下水状况、土石方工程量、物料运输条件等因素。

5.4.7 危险废物物流的出入口、接收、贮存、转运和处置场所等主要设施应与填埋场的办公和生活服务设施相隔离。

5.4.8 填埋场入口处必须设有相应吨位的地磅房，地磅房应有良好的通视条件，与厂界的距离应大于一辆最长车的长度且宜为直通式。

5.4.9 危险废物填埋场必须建有停车场和洗车设施。

5.4.10 场区道路的设置应满足交通运输、消防、绿化及各种管线的铺设要求。道路的荷载等级应根据交通情况确定。

5.4.11 危险废物填埋场区主要道路的行车路面宽度不宜小于 6 m，车行道宜设环形道路。各个处理系统旁都应设消防道路，消防道路的宽度不应小于 3.5 m。宜采用混凝土或沥青路面，道路的荷载等级应按国家《厂矿道路设计规范》（GBJ 22）中三级或三级以上标准设计。

5.4.12 危险废物填埋场的绿化布置应符合全厂总图设计要求合理安排绿化用地。

5.4.13 场区的绿化覆盖率应与城市绿化规定相协调，宜大于 30%。

5.4.14 厂区绿化应结合当地自然条件选择适宜的植物。

5.4.15 封场之后场址应进行绿化，并按封场要求执行。

6 系统设计

6.1 废物接收及贮存系统

6.1.1 填埋场计量设施宜置于填埋场入口附近，并应满足运输废物计量要求。

6.1.2 废物接受区应放置放射性废物快速检测报警系统，避免放射性废物入场。

6.1.3 填埋场应设有初检室，对废物进行物理化学分类。

6.1.4 填埋场应设贮存设施

（1）贮存设施的建设应符合《危险废物贮存污染控制标准》（GB 18597）的要求。

（2）贮存设施的建设应便于废物的存放与回取。

（3）贮存设施内应分区设置，将已经过检测和未经过检测的废物分区存放；经过检测的废物应按物理、化学性质分区存放。不相容危险废物应分区并相互远离存放。

（4）应设包装容器专用的清洗设施。

（5）应单独设置剧毒危险废物贮存设施及酸、碱、表面处理废液等废物的贮罐。

（6）贮存设施应有抗震、消防、防盗、换气、空气净化等措施，并配备相应的应急安全设备。

6.2 分析和鉴别系统

6.2.1 填埋场必须自设分析实验室，对入场的危险废物进行分析和鉴别。建有分析实验室的综合性危险废物处置厂，其分析能力必须同时满足焚烧、填埋及综合利用的分析项目要求。

6.2.2 填埋场自设的分析实验室应按有毒化学品分析实验室的建设标准建设，分析项目应满足填埋场运行要求，至少应具备 Cr、Zn、Hg、Cu、Pb、Ni 等重金属及氰化物等项目的检测能力，及进行废物间相容性实验的能力。超出自设分析实验室检测能力以外的分析项目，可采用社会化协作方式解决。

表 6-1　主要仪器设备

序号	名称	用途
1	原子吸收仪（AA）	金属分析
2	气相色谱仪（GC）	挥发性化合物分析
3	离子交换色谱仪（IC）	阴、阳离子分析
4	HNU 光度计	大气质量监测
5	紫外分光光度计（UV）	有机/无机化合物分析
6	COD 装置	
7	TOC 分析仪	总有机碳分析
8	计算机	数据库维护及其他日常管理
9	打印机	打印输出
10	采样车	采样及材料运输

表 6-2　分析实验室普通仪器设备

序号	名称
1	pH 计
2	电导仪
3	溶氧仪
4	分析天平
5	光电天平
6	电炉/加热板
7	马弗炉
8	消化设备
9	磨碎机和研磨机
10	翻转震动器
11	震动筛
12	各种采样器
13	蒸馏水设备
14	真空泵
15	离心机
16	冰箱
17	热电偶
18	试剂和玻璃器皿

6.2.3 分析试验室不应布置在震动大、多灰尘、高噪声、潮湿和强磁场干扰的地方。

6.2.4 分析实验室配备的主要设备和仪器宜满足表 6-1 和表 6-2 要求，另外还需配备快速定性或半定量的分析手段。

6.2.5 应建立危险废物数据库对有关数据进行系统管理。

6.3 预处理系统

6.3.1 对不能直接入场填埋的危险废物必须在填埋前进行稳定化/固化处理，并建相应设施。

6.3.2 焚烧飞灰可采用重金属稳定剂或水泥进行稳定化/固化处理。

6.3.3 重金属类废物应在确定重金属的种类后，采用硫代硫酸钠、硫化钠或重金属稳定剂进行稳定化处理，并酌情加入一定比例的水泥进行固化。

6.3.4 酸碱污泥可采用中和方法进行稳定化处理。

6.3.5 含氰污泥可采用稳定化剂或氧化剂进行稳定化处理。

6.3.6 散落的石棉废物可采用水泥进行固化；大量的有包装的石棉废物可采用聚合物包裹的方法进行处理。

6.4 防渗系统

6.4.1 填埋场防渗系统应以柔性结构为主，且柔性结构的防渗系统必须采用双人工衬层。其结构由下到上依次为：基础层、地下水排水层、压实的黏土衬层、高密度聚乙烯膜、膜上保护层、渗滤液次级集排水层、高密度聚乙烯膜、膜上保护层、渗滤液初级集排水层、土工布、危险废物。

6.4.2 在填埋场选址不能符合 4.8 要求时，可采用钢筋混凝土外壳与柔性人工衬层组合的刚性结构，以满足 4.8 要求。其结构由下到上依次为：钢筋混凝土底板、地下水排水层、膜下的复合膨润土保护层、高密度聚乙烯防渗膜、土工布、卵石层、土工布、危险废物。四周侧墙防渗系统结构由外向内依次为：钢筋混凝土墙、土工布、高密度聚乙烯防渗膜、土工布、危险废物。

6.4.3 黏土衬层

（1）黏土塑性指数应＞10%，粒径应在 0.075～4.74 mm 之间，至少含有 20%细粉，含砂砾量应＜10%，不应含有直径＞30 mm 的土粒。

（2）若现场缺乏合格黏土，可添加 4%～5%的膨润土。宜选用钙质膨润土或钠质膨润土，若选用钠质膨润土，应防止化学品和渗滤液的侵害。

（3）必须对黏土衬层进行压实，压实系数≥0.94，压实后的厚度应≥0.5 m，且渗透系数≤1.0×10^{-7} cm/s。

（4）在铺设黏土衬层时应设计一定坡度，利于渗滤液收集。

（5）在周边斜坡上可铺设平行于斜坡表面或水平的铺层，但平行铺层不应建在坡度＞1∶2.5 的斜坡上，应使一个铺层中的高渗透区与另一个铺层中的高渗透区不连续。

6.4.4 人工合成衬层

（1）人工衬层材料应选择具有化学兼容性、耐久性、耐热性、高强度、低渗透率、易维护、无二次污染的材料。若采用高密度聚乙烯膜，其渗透系数必须≤1.0×10^{-12} cm/s。

（2）柔性填埋场中，上层高密度聚乙烯膜厚度应≥2.0 mm；下层高密度聚乙烯膜厚度应≥1.0 mm。刚性填埋场底部以及侧面的高密度聚乙烯膜的厚度均应≥2.0 mm。

6.4.5 在铺设人工合成衬层以前必须妥善处理好黏土衬层，除去砖头、瓦块、树根、玻璃、金属等杂物，调配含水量，分层压实，压实度要达到有关标准，最后在压平的黏土衬层上铺设人工合成衬层，以使黏土衬层与下人工合成衬层紧密结合。

6.4.6 刚性结构填埋场钢筋混凝土箱体侧墙和底板作为防渗层，应按抗渗结构进行设计，按裂缝宽度进行验算，其渗透系数应≤1.0×10^{-6} cm/s。

6.5 渗滤液控制系统

6.5.1 渗滤液集排水系统

（1）系统设置

渗滤液集排水系统根据所处衬层系统中的位置可分为初级集排水系统、次级集排水系统和排出水系统。

①初级集排水系统应位于上衬层表面和废物之间，并由排水层、过滤层、集水管组成，用于收集和排除初级衬层上面的渗滤液。

②次级集排水系统应位于上衬层和下衬层之间，用于监测初级衬层的运行状况，并作为初级衬层渗滤液的集排水系统。

③排出水系统应包括集水井、泵、阀、排水管道和带孔的竖井等。集水井用于收集来自集水管道的渗滤液，若集水井设置在场外，管道与衬层之间应注意密封，防止渗漏；泵的材质应与渗滤液的水质相容；分单元填埋时，可在集水管末端连接两个阀门，使未填埋区的雨水排至雨水沟，使填埋区的渗滤液排至污水处理系统。

（2）材料选择

集排水系统所用材料应包括排水材料、过滤层材料和管材。

①底部排水材料的渗透系数应≥0.1 cm/s，可采用有级配的卵石或土工网格。

②过滤层可采用砂或土工织物。

③集排水管道应首先用无纺布包裹，再采用粒径为 30～50 mm 的卵石覆盖，管道材料及无纺布应符合耐腐蚀性和高强度要求。集排水管管道材料应采用高密度聚乙烯。

④次级集排水系统排水层可用卵石或土工网格。如用土工网格可不设集排水管道。次级集排水系统必须设立坡面排水层。

（3）若填埋坑分单元建设，渗滤液排出装置应按不作业单元与作业单元液体分开排放设计。

（4）若渗滤液沉积堵塞管道，应在管道设计环节考虑管道清洗的可能性，保证管道畅通。

6.5.2 雨水集排水系统

（1）柔性填埋场作业单元应用临时衬层覆盖，刚性填埋场作业单元应设置遮雨篷。

（2）山谷型填埋场上游雨水排水沟应根据地形设立，绕过填埋场排入下游；若条件所限难以绕过，可用管道从填埋场下部穿过，应避免管道对底部结构造成破坏。上游可设立防洪调整池，用于接收雨水冲刷下来的泥土和缓冲雨水对系统的压力。应定期清理淤泥，避免沟渠淤积。

（3）周边雨水集排水沟渠可设在填埋场四周、道路外侧、四周斜壁或与上游雨水沟建在一起。截面形状可根据施工材料不同建成梯形、半圆形或矩形。沟渠的材料可选用混凝土或塑料。

（4）填埋区宜设立分区独立排水系统，将填埋区的渗滤液和未填埋区的未污染雨水分别排出。应对贮存区及运输车辆工作区前期雨水进行收集、检测及相应的处理。

（5）在较深的填埋场中，可在坡面上设置排水渠，收集和排放落在坡面上的雨水；当废物填至这一高度时，可填入卵石，使其成为渗滤液排水沟。

（6）封场后的填埋场表面集排水沟应与周边集排水沟结合在一起，便于雨水排放。

6.5.3 地下水集排水系统

（1）地下水集排水系统应由砂石过滤材料包裹穿孔管构成的暗沟组成。在管沟下部应铺设混凝土管基，管道四周应用砾石覆盖。

（2）应按水流方向布置干管，在横向上布置支管。

（3）排水能力设计应有一定富余，管道直径应不小于 200 mm。

（4）地下水集排水系统应进行永久维护。

6.5.4 渗滤液处理系统

（1）渗滤液在排入自然环境前必须经过严格处理，满足废水排放标准后方可排放。

（2）填埋场内必须自设渗滤液处理设施，严禁将危险废物填埋场的渗滤液送至其他污水处理厂处理。

（3）应根据各地危险废物种类不同，设置相应的渗滤液调节池调节水质水量。渗滤液处理前应进行预处理，预处理应包括水质水量的调整、机械过滤和沉砂等。

（4）渗滤液处理应以物理、化学方法处理为主，生物处理方法为辅。可根据不同填埋场的不同特性确定适用的处理方法。

①物理化学方法可采用絮凝沉淀、化学沉淀、砂滤、吸附、氧化还原、反渗透和超滤等，以去除水中的无机物质和难以生物降解的有机物质。

②生物处理法可采用活性污泥、接触氧化、生物滤池、生物转盘和厌氧生物等处理方式去除水中的有机物质。

（5）渗滤液宜在固化处理工艺中循环利用。

6.6 监测系统

6.6.1 填埋场应设置监测系统，以满足运行期和封场期对渗滤液、地下水、地表水和大气的监测要求，并应在封场后连续监测 30 年。

6.6.2 渗滤液监测

（1）主收集管渗滤液监测

①渗滤液监测点位应位于每个渗滤液集水池。

②渗滤液监测指标应包括水位及水质。主要水质指标应根据填埋的危险废物主要有害成分及稳定化处理结果来确定。

③采样频率应根据填埋场的特性、覆盖层和降水等条件确定。渗滤液水质、水位监测频率应最少每月一次。

（2）次级收集管渗滤液监测

①应对次级收集管的水量和污染物浓度进行监测，以检查初级衬层系统的渗漏情况。

②监测指标及频率应与主收集管渗滤液要求相同。

6.6.3 地下水和地表水监测

（1）地下水监测井应尽量接近填埋场，各监测井应沿地下水渗流方向设置。上游设一眼，下游至少设三眼，成扇形分布。监测井深度应足以采取具有代表性的样品。

（2）地下水监测指标应包括水位和水质两部分。水质监测指标应与渗滤液监测指标相同。

（3）在使用期、封场期及封场后的管理期内，应每两个月监测一次，运转初期每月一次，全分析一年一次。发现地下水出现污染现象时，应加大取样频率，并根据实际情况增加监测项目，查出原因以便进行补救。

（4）地表水应从排洪沟和雨水管取样后与地下水同时监测，监测项目应与地下水相同；每年丰水期、平水期、枯水期各监测 1 次。

6.6.4 废气监测

（1）场区内、场区上风向、场区下风向、集水池、导气井应各设一个采样点。污染源下风向为主要监测方位。超标地区、人口密度大地区、距离工业区较近的地区应加大采样密度。

（2）监测项目应根据填埋的危险废物主要有害成分及稳定化处理结果来确定。填埋场运行期间，应每月取样一次，如出现异常，取样频率应适当增加。

6.7 应急系统

6.7.1 应制定完备的事故应急预案，并对相关人员进行培训，使其掌握基本应急技能。

6.7.2 填埋场应设置事故报警装置和紧急情况下的气体、液体快速检测设备。

6.7.3 填埋场应设置渗滤液渗漏应急池等应急预留场所，还应设置危险废物泄漏处置设备。

6.7.4 填埋场应设置全身防护、呼吸道防护等安全防护装备，并配备常见的救护急用物品和中毒急救药品。

7 公用工程

7.1 供电系统

7.1.1 填埋场用电负荷应为 AC380/220V，负荷等级为三级。

7.1.2 高压配电装置、继电保护和安全自动装置、过电压保护和接地的技术要求，应分别符合国家《3～110 kV 高压配电装置设计规范》（GB 50062）、《交流电气装置的过电压保护和绝缘配合》（DL/T 620）和《交流电气装置接地》（DL/T 621）中有关规定。

7.1.3 照明设计应符合国家《工业企业照明设计》（GB 50034）中有关规定，并应满足应急照明要求。

7.2 给水、排水和消防

7.2.1 给水

（1）填埋场应有可靠的供水水源和完善的供水设施。生活用水、锅炉用水及其他生产用水应符合国家现行有关标准规定。

（2）厂区给水管网宜采用生活给水和消防给水联合供水系统。

7.2.2 排水

（1）雨水量设计重现期应符合国家《室外排水设计规范》（GBJ 14）中有关规定。

（2）辅助工程排水应符合国家现行的相关规定。

7.2.3 消防

（1）填埋场消防设施的设置必须满足场区消防要求。

（2）填埋场管理区应符合国家《建筑设计防火规范》（GBJ 16）中有关规定。

（3）危险废物贮存设施应设有火情监测和灭火设施。

（4）消防器材的设置应符合国家《建筑灭火器配制设计规范》（GBJ 140）中有关规定，并定期检查、验核消防器材效用，做到及时更换。

（5）管理区各系统厂房的防火分区面积，应按国家《建筑设计防火规范》（GBJ 16）中有关规定进行划分。

7.3 采暖、通风与空调

7.3.1 填埋场各建筑物冬、夏季负荷计算的室外计算参数，应符合国家《采暖通风与空气调节设计规范》（GBJ 19）中有关规定。

7.3.2 建筑物的采暖、通风设计应符合国家《采暖通风与空气调节设计规范》（GBJ 19）中有关规定。

7.3.3 实验室和贮存间必须设置事故排风装置、正常情况下的换气系统以及其他应急设备，防止人员伤害及有机气体燃爆风险。

7.3.4 当其他建筑物机械通风不能满足工艺对室内温度、湿度要求时应设空调装置。

7.4 建筑与结构

7.4.1 填埋场区建筑的造型应简洁、新颖，并与周围环境相协调。厂房的平面布置和空间布局应满足工艺设备布置要求，同时应考虑今后生产发展和技术改造的可能性。

7.4.2 厂房及办公用房的建筑、防腐、采光、通风、消防等设计应符合现行国家相关标准中有关规定。

7.4.3 填埋场区及管理区用房应按化工企业通风标准设计，并应考虑密封、防腐、地面防渗、地面坡度及地面冲洗水收集沟等。

7.5 其他辅助设施

7.5.1 填埋场宜设置机修间，机修间应负责全厂设备日常维护、保养、小修应急等任务。设备的大、中修宜通过社会化协作解决。

7.5.2 机修间应配备必需的金工设备、机械工具、搬运设备、备用品和消耗品。

7.5.3 锅炉房、供配电室的设计和建设应符合国家现行相关标准的要求。

8 工程施工及验收

8.1 工程施工

8.1.1 施工前应根据设计文件或招标文件编制施工方案和准备施工设备及设施，并合理安排施工场地。

8.1.2 填埋场工程应根据工程设计文件和设备技术文件进行施工和安装。

8.1.3 建设单位应委托具有环境监理经验或有熟悉环境工程专业知识的技术人员的第三方单位，对工程施工进行工程环境监理。

8.1.4 设计单位应将工程环境监理的费用纳入投资概算。

8.1.5 工程施工应严格执行环境保护“三同时”制度。建设单位应依据设计文件中的环境保护要求，在施工招标文件、施工合同和工程监理招标文件、监理合同中明确施工单位和工程监理单位的环境保护责任。施工单位在建设项目施工阶段，应严格按照环境保护法律、法规、政策和项目设计文件中的环境保护要求，落实污染防治和生态保护措施。

8.1.6 填埋场工程施工变更应按设计单位的设计变更文件进行。

8.1.7 施工安装使用的材料应符合相关的国家现行标准及设计要求；对国外引进的专用填埋设备与材料，应按供货商提供的设备技术规范、合同规定及商检文件执行，并应符合我国现行国家或行业标准的相应要求。

8.1.8 填埋场各项建筑、安装工程除应按相应专业现行规范进行施工外，封场系统应符合相应的封场要求，黏土衬层、人工合成衬层、集排水系统的施工还应符合以下要求：

（1）黏土衬层施工

①黏土衬层压实前，应使土料含水量略高于最佳含水量，以超过最佳含水量的 3%以内为宜。

②黏土衬层碾压设备重量及碾压参数应现场试验后确定，宜采用羊足碾。不应采用振

动的辊子作为压实黏土的工具。

（2）人工合成衬层施工

①承担人工合成衬层施工的公司及个人，应具备铺设类似人工合成衬层材料的资质。

②人工合成衬层应保持完好，铺设人工合成衬层前必须完成基床的准备工作。

③按合理位置及顺序放置人工合成衬层，接缝应尽量与斜坡平行，水平接缝应放在填埋单元的底部，至少离斜坡坡脚处 1.5 m 远。每天铺设的人工合成衬层应在当天完成焊接。

④必须用合格的焊接机并采用正确的焊接方法进行焊接，焊接时气温应在 4～40℃之间，严禁将衬层材料暴露于雨中或尘埃中，严禁在大风中焊接。必须用肉眼观察所有接缝，应对所有接缝起点进行自毁测试，每 150 m 长焊缝应进行一次打压试验，严格保证焊接质量。

⑤人工合成衬层应尽快在锚固槽中锚固，防止衬层移动。

（3）集排水系统施工

①若用砂石层作为初级排水材料时，铺设砂石前应对砂石的性状进行核查，不应使用石灰岩类物质，在排水层和过滤层材料中不应含有有机杂质，石块要用卵石。排水层厚度应根据填埋场内一年渗滤液的最高流量来确定。

②若用土工网格作为初级排水材料时，土工网格上下两面均应以复合无纺布作为保护层。并应尽量缩短土工网格和土工织物暴露在阳光下的时间。

③根据坡面的高度，若坡高较小，可以在坡面上只铺集排水管道或只铺设土工网格排水层；若坡高较大，则应在坡面上做土工网格排水层和人工合成衬层的固定工作，以防土工网格与人工合成衬层在坡面上发生滑动。

④禁止铺设设备在衬层上直接行驶。施工过程中，所有操作均应用轻型设备完成，手推车的车脚要用无纺布包裹，避免伤害衬层和集排水设施。

⑤渗滤液集排水管可设在管槽中，也可直接铺在衬层内。管槽应以一定的坡度朝向检修孔或排出孔，以利于渗滤液排出。管槽内应先铺设土工织物保护衬层，后铺设砂过滤保护层。带孔集排水管四周和顶部应铺设粒径为 30～50 mm 的卵石。

⑥穿过衬层的所有集排水管都应加装防渗管套，并将管套焊接在衬层上，也可用法兰连接，管套周围应铺设压实黏土。

⑦在管槽外的集排水管应封闭在厚度≥60 cm 的压实黏土层或装入防渗套管内。

⑧用护笼使集排水竖管直立在填埋区上，竖管应建在底部集排水管之上，保证气体和液体顺畅流动。

⑨管道施工完工后应冲洗管道，清除施工碎片并检查有无破损、漏水。

8.2 工程验收

8.2.1 危险废物填埋场及其全部辅助系统与设备、设施试运行合格，具备运行条件时，应及时组织工程验收。

8.2.2 预处理工艺设施和填埋区设施竣工前，严禁填埋。

8.2.3 未按期完成但不影响填埋场运行的少量土建工程、设备、仪器等，在落实具体解决方案和完成期限后，可办理竣工验收手续。

8.2.4 重要结构部位、隐蔽工程、地下管线，应按工程设计要求和验收规范由工程监理人员及时进行中间验收，并应由建设单位定期向环境保护行政主管部门提交工程环境监理总结报告，作为工程竣工环境保护验收的必备文件。未经中间验收，不得进行覆盖工程和后续工程。

8.2.5 填埋场工程验收除应按《建设项目（工程）竣工验收办法》、《建设工程质量管理条例》和相应专业现行验收规范执行外，还应符合相应的系统设计要求。

9 运营管理基本要求

9.1 运营管理总则

9.1.1 为实现危险废物集中填埋处置的科学管理、规范作业，保证安全运行、提高效率、降低运行成本、有效防止二次污染，达到危险废物无害化处置的目的，制定本运营管理要求。

9.1.2 本运营管理要求适用于危险废物集中填埋处置场的运行、维护和安全管理。

9.1.3 危险废物集中填埋处置场的运行、维护和安全管理除应执行本运营管理要求外，尚应符合国家现行有关标准规定。

9.2 运营条件

9.2.1 应具有省级以上人民政府环境保护行政主管部门颁发的危险废物经营许可证；未取得经营许可证的单位不得从事有关危险废物集中处置活动。

9.2.2 应具有相应数量经过培训的技术人员、管理人员和操作人员。

9.2.3 应具有完备的保障危险废物安全填埋的规章制度。

9.2.4 应具有保证安全填埋场正常运行的周转资金和辅助原料。

9.2.5 应具有合格的废物收集系统。

9.2.6 应具有完备的事故应急系统。

9.3 机构设置与劳动定员

9.3.1 安全填埋场运营机构设置应包括管理职能部门、技术部门、填埋作业部门、后勤保障部门。其中管理职能部门负责日常办公、生产管理、财务管理、动力设备管理、环保管理等。技术部门应负责危险废物的入场接收、贮存、分析与鉴别、预处理、渗沥液处理、监测等。填埋作业部门应负责危险废物的运输中转、废物入场填埋等。后勤保障部门应负责车辆维修保养、物资供给、后勤保障等。

9.3.2 安全填埋场劳动定员应按照定岗定量、精简有效的原则，根据填埋场建设规模、年填埋量、填埋工艺特点、技术水平、自动控制水平、投资体制、当地社会化服务水平和经济管理的要求合理确定。

9.4 人员培训

9.4.1 安全填埋场应对操作人员、技术人员及管理人员进行相关法律法规和专业技术、安全防护、紧急处理等理论知识和操作技能培训。

9.4.2 培训内容应包括以下几个方面：

（1）一般要求

① 熟悉有关危险废物管理的法律和规章制度；

② 了解危险废物危险性方面的知识；

③ 明确危险废物安全填埋和环境保护的重要意义；

④ 熟悉危险废物的分类和包装标志；

⑤ 熟悉危险废物填埋操作流程；

⑥ 掌握劳动安全防护设施、设备使用的知识和个人卫生措施；

⑦ 熟悉处理泄漏和其他事故的应急操作程序；

⑧了解人员急性中毒症状，掌握常见的中毒急救知识。

（2）危险废物安全填埋处置操作人员和技术人员的培训还应包括：

① 危险废物接收、搬运、贮存和填埋的具体操作；

② 设备的正常运行，包括设备的启动和关闭；

③ 保持设备良好运行的条件；

④ 设备运行故障的检查和排除；

⑤ 事故或紧急情况下的应急处置，以及安全防护、紧急疏散；

⑥ 设备日常和定期维护；

⑦ 设备运行及维护记录，事故和其他事件的记录及报告；

⑧ 技术人员应掌握危险废物填埋处置的相关理论知识和处置设备的基本工作原理。

9.5 危险废物接收制度

9.5.1 危险废物接收应认真执行《危险废物转移联单制度》。

9.5.2 安全填埋场有责任培训运输单位对危险废物包装发生破裂、泄漏或其他事故进行处理的能力。

9.5.3 危险废物运输单位必须具有危险废物运输资质，危险废物运输车必须具备采取相应应急措施的能力。

9.5.4 危险废物现场交接时应认真核对危险废物的数量、种类、标志等，并确认与危险废物转移联单是否相符。

9.5.5 安全填埋场应对接收的废物及时登记。

9.6 交接班及运行登记制度

9.6.1 为保证安全填埋场生产活动安全有序进行，必须建立严格的交接班制度，内容包括：

（1）生产设施、设备、工具及生产辅助材料的交接；

（2）危险废物的交接；

（3）运行记录的交接；

（4）上下班交接人员应在现场进行实物交接；

（5）运行记录交接前，交接班人员应共同巡视现场；

（6）交接班程序未能顺利完成时，应及时向生产管理负责人报告；

（7）交接班人员应对实物及运行记录核实确定后签字确认。

9.6.2 安全填埋场应当详细记载每日接收、贮存及填埋的危险废物类别、数量，有无事故或其他异常情况等，并按照危险废物转移联单的有关规定，保管需存档的转移联单。危险废物经营活动记录档案和危险废物经营活动情况报告应与转移联单同期保存。

9.6.3 当地环保行政主管部门和其他有关管理部门应依据这些准确信息建立数据库，为管理和处置危险废物提供可靠的依据。

9.6.4 安全填埋场设施运行状况、设施维护和危险废物填埋处置等记录的主要内容包括：

（1）危险废物转移联单记录；

（2）危险废物接收登记记录；

（3）危险废物进厂运输车车牌号、来源、重量、进场时间、离场时间等记录；

（4）设施运行记录；

（5）每日按时间顺序记录填埋危险废物的种类、数量；

（6）填埋设施维修情况记录；

（7）环境监测数据记录；

（8）生产事故及处置情况记录。

9.7 环保、安全与健康

9.7.1 一般规定

（1）安全填埋场在设计、施工和生产过程中，必须高度重视环保、安全与健康，采取有效措施和各种预防手段，严格执行以下规范和标准：

《中华人民共和国环境保护法》

《中华人民共和国劳动法》

《建设项目（工程）劳动安全监察规定》（劳动部第 3 号令）

《建设项目（工程）职业安全卫生设施和技术措施验收办法》（劳安字[1992]1 号）

《生产过程安全卫生要求总则》（GB 12801）

《生产设备安全卫生设计总则》（GB 5083）

《建筑设计防火规范》（GBJ 16）

《建筑灭火器配置设计规范》（GBJ 140）

《建筑内部装修设计防火规范》（GB 50222）

《建筑物防雷设计规范》（GB 50057）

《工业企业设计卫生标准》（TJ 36）

《电气设备安全设计导则》（GB 4064）

《安全色》（GB 2893）

《安全标志》（GB 2894）

《企业职工劳动安全卫生教育管理规定》（劳部发[1995]405 号）

《劳动防护用品配备标准（试行）》（国经贸安全[2002]89 号）等其他标准

（2）建设单位必须在安全填埋场建成运行的同时，保证安全和卫生设施同时投入使用，并制定相应的操作规程。

9.7.2 应禁止场外无关人员进入。

9.7.3 安全填埋场应安装 24 h 保安系统。

9.7.4 安全填埋场运作场地入口处应设一定数量的光字牌。标明危险字样，牌子必须从 7 m 远处清晰可见。

9.7.5 安全生产

（1）安全填埋场生产过程安全管理应符合国家《生产过程安全卫生要求总则》（GB 12801）中有关规定。

（2）各工种、岗位应根据工艺特征和具体要求制定相应的安全操作规程并严格执行。

（3）各岗位操作人员和维修人员必须定期进行岗位培训并持证上岗。

（4）严禁非本岗位操作管理人员擅自启、闭本岗位设备，管理人员不允许违章指挥。

（5）操作人员应按电工规程进行电器启、闭，维修设备一定要有安全、环保和电气等部门的参加，首先切断电源后方可维修，维修中一定要注意人身与设备的安全。

（6）操作人员不得贴近联轴器等旋转部件。

（7）建立并严格执行定期和经常的安全检查制度，及时消除事故隐患，严禁违章指挥和违章操作。

（8）应对事故隐患或发生的事故进行调查并采取改进措施。重大事故及时向有关部门报告。

（9）凡从事特种设备的安装、维修人员，必须经劳动部门专门培训并取得特种设备安装、维修人员操作证后才能上岗。

（10）厂内及车间内运输管理，应符合《工业企业厂内运输安全规程》（GB 4387）中有关规定。

9.7.6 劳动保护

（1）废物暂存库等应尽量密闭，以减少灰尘和臭气外逸。

（2）尽可能采用噪声小的设备，对于噪声较大的设备，应采用减震消音措施，使噪声符合国家规定标准要求。

（3）接触有毒有害物质的员工应配备防毒面具、防护手套、防护胶靴及防护工作服。

（4）进入高噪声区域人员必须佩戴性能良好的防噪声护耳器。

（5）进行有毒、有害物品操作时必须穿戴相应种类专用防护用品，禁止混用；严格遵守操作规程，用毕后物归原处，发现破损及时更换。

（6）有毒、有害岗位操作完毕，要将防护用品按要求清洁、收管，不得随意丢弃，不得转借他人；做好个人安全卫生（洗手、漱口及必要的沐浴）。

（7）严禁携带或穿戴使用过的防护用品离开工作区。报废的防护用品应交专人处理，不得自行处置。

（8）应配足配齐各作业岗位所需的个人防护用品，并对个人防护用品的购置、发放、回收、报废进行登记。防护用品要由专人管理，并定期检查、更换和处理。

（9）工作区及其他设施应符合国家有关劳动保护的规定，各种设施及防护用品（如防毒面具）要由专人维护保养，保证其完好、有效。

（10）对所有从事生产作业的人员应定期进行体检并建立健康档案卡。

（11）应定期对职工进行职业卫生的教育，加强防范措施。

10 封 场

10.1 封场系统由下至上应依次为气体控制层、表面复合衬层、表面水收集排放层、生物阻挡层以及植被层。

10.1.1 气体控制层

（1）应在封场系统的最底部建设 30 cm 厚的砂石排气层，并在砂石排气层上安装气体导出管。

（2）气体导出管安装应符合如下要求：

①气体导出管应由直径为 15 cm 的高密度聚乙烯制成，竖管下端与安装在砂石排气层中的气体收集横管相接，竖管上端露出地面部分应设成倒 U 型，整个气体导出管成倒 T 型，气体收集横管带孔并用无纺布包裹。导气管与复合衬层交界处应进行袜式套封或法兰

密封。

②必须对排气管进行正确保养，防止地表水通过排气管直接进入安全填埋场。

10.1.2 表面复合衬层

（1）砂石排气层上面应设表面复合衬层，其上层为高密度聚乙烯膜，下层为厚度≥60 cm 的压实黏土层。

（2）表面人工合成衬层材料选择应与底部人工合成衬层材料相同，且厚度≥1 mm、渗透系数≤1.0×10^{-12} cm/s。

10.1.3 表面水收集排放层

（1）复合衬层上面应建表面水收集排放层，其材质应选择小卵石或土工网格。

（2）若选择小卵石，不必另设生物阻挡层。

（3）若选择土工网格，必须另设生物阻挡层并解决土工网格与人工合成衬层之间的防滑问题。

10.1.4 生物阻挡层

当使用土工网格作为地表水收集排放系统材料时，应在表面水收集排放系统上面铺一层≥30 cm 厚的卵石，以防止挖洞动物入侵安全填埋场。

10.1.5 植被层

封场系统的顶层应设厚度≥60 cm 的植被层，以达到阻止风与水的侵蚀、减少地表水渗透到废物层，保持安全填埋场顶部的美观及持续生态系统的作用。

10.2 封场系统的坡度应大于 2%。

10.3 封场后应对渗滤液进行永久的收集和处理，并定期清理渗滤液收集系统。封场后应对提升泵站、气体导出系统、电力系统等做定期维护。

10.4 应预留定期维护与监测的经费，确保在封场后至少持续进行 30 年的维护和监测。

10.5 若因侵蚀、沉降而导致排水控制结构需要修理时，应实行正确的维护方案以防止情况进一步恶化。

附录

本技术要求用词说明

1 为方便在执行本技术要求条文时区别对待，对于要求严格程度不同的用词说明如下：

（1）表示很严格，非这样做不可的：

正面词采用“必须”；反面词采用“严禁”。

（2）表示严格，在正常情况下均应这样做的：

正面词采用“应”；反面词采用“不应”或“不得”。

（3）表示允许稍有选择，在条件许可时首先这样做的：

正面词采用“宜”；反面词采用“不宜”。

表示有选择，在一定条件下可以这样做的，采用“可”。

2 条文中指明应按其他有关标准执行的写法为：“应符合……中规定（或要求）”。

中华人民共和国行业标准

生活垃圾转运站技术规范

Technical code for transfer station of municipal solid waste

CJJ 47—2006

前　言

根据建设部建标[2004] 66 号文的要求，规范编制组经广泛调查研究，认真总结实践经验，参考有关国家标准和国外先进标准，并在广泛征求意见的基础上，对《城市垃圾转运站设计规范》CJJ 47—91 进行了修订。

本规范的主要技术内容是：1. 总则；2. 选址与规模；3. 总体布置；4. 工艺、设备及技术要求；5. 建筑与结构；6. 配套设施；7. 环境保护与劳动卫生；8. 工程施工及验收。

修订的主要内容是：增加和细化了选址条件；重新划分了规模类别；增加了不同规模转运站的用地指标；调整了转运站服务半径；明确了转运站总规模与转运单元的关系；增加、细化了转运站总体布置的内容；增加了转运站关于绿地率的指标；增加、细化了有关工艺技术的要求；新增了“环境保护与劳动卫生”和“工程施工及验收”两个章节。

本规范由建设部负责管理和对强制性条文的解释，由主编单位负责具体技术内容的解释。

本规范主编单位：华中科技大学（地址：武汉市武昌珞喻路 1037 号；邮政编码：430074）

本规范参编单位：城市建设研究院
北京市环境卫生科学研究所
中国市政西南设计研究院
广西壮族自治区南宁专用汽车厂
珠海经济特区联谊机电工程有限公司
上海中荷环保有限公司
长沙中联重工科技发展有限公司
武汉华曦科技发展有限公司
北京航天长峰股份有限公司长峰弘华环保设备分公司

本规范主要起草人员：陈海滨　吴文伟　徐文龙　谭树生　汪立飞　张来辉
周治平　王元刚　王敬民　莫许钚　刘臻树　汪俊时
沈　磊　朱建军　熊　萍　秦建宁　李俊卿　赵树青
魏剑锋　王丽莉

1 总 则

1.0.1 为规范生活垃圾转运站（以下简称“转运站”）的规划、设计、施工和验收，制定本规范。

1.0.2 本规范适用于新建、改建和扩建转运站工程的规划、设计、施工及验收。

1.0.3 转运站的规划、设计和施工、验收除应执行本规范外，尚应符合国家现行有关标准的规定。

2 选址与规模

2.1 选址

2.1.1 转运站选址应符合下列规定：

（1）符合城市总体规划和环境卫生专业规划的要求。

（2）综合考虑服务区域、转运能力、运输距离、污染控制、配套条件等因素的影响。

（3）设在交通便利，易安排清运线路的地方。

（4）满足供水、供电、污水排放的要求。

2.1.2 转运站不应设在下列地区：

（1）立交桥或平交路口旁。

（2）大型商场、影剧院出入口等繁华地段。若必须选址于此类地段时，应对转运站进出通道的结构与形式进行优化或完善。

（3）邻近学校、餐饮店等群众日常生活聚集场所。

2.1.3 在运距较远，且具备铁路运输或水路运输条件时，宜设置铁路或水路运输转运站（码头）。

2.2 规模

2.2.1 转运站的设计日转运垃圾能力，可按其规模划分为大、中、小型三大类，或Ⅰ、Ⅱ、Ⅲ、Ⅳ、Ⅴ五小类。

新建的不同规模转运站的用地指标应符合表 2.2.1 的规定。

表 2.2.1 转运站主要用地指标

类型		设计转运量/（t/d）	用地面积/m^2	与相邻建筑间隔/m	绿化隔离带宽度/m
大型	Ⅰ类	1 000～3 000	≤20 000	≥50	≥20
	Ⅱ类	450～1 000	15 000～20 000	≥30	≥15
中型	Ⅲ类	150～450	4 000～15 000	≥15	≥8
小型	Ⅳ类	50～150	1 000～4 000	≥10	≥5
	Ⅴ类	≤50	≤1 000	≥8	≥3

注：1 表内用地不含垃圾分类、资源回收等其他功能用地。

2 用地面积含转运站周边专门设置的绿化隔离带，但不含兼起绿化隔离作用的市政绿地和园林用地。

3 与相邻建筑间隔自转运站边界起计算。

4 对于邻近江河、湖泊、海洋和大型水面的城市生活垃圾转运码头，其陆上转运站用地指标可适当上浮。

5 以上规模类型Ⅱ、Ⅲ、Ⅳ含下限值不含上限值，Ⅰ类含上下限值。

2.2.2 转运站的设计规模和类型的确定应在一定的时间和一定的服务区域内，以转运站设计接受垃圾量为基础，并综合城市区域特征和社会经济发展中的各种变化因素来确定。

2.2.3 确定转运站的设计接受垃圾量（服务区内垃圾收集量），应考虑垃圾排放季节波动性。

2.2.4 转运站的设计规模可按下式计算：

$$Q_D = K_S \cdot Q_C \tag{2.2.4}$$

式中：Q_D——转运站设计规模（日转运量），t/d；

Q_C——服务区垃圾收集量（年平均值），t/d；

K_S——垃圾排放季节性波动系数，应按当地实测值选用；无实测值时，可取 1.3～1.5。

2.2.5 无实测值时，服务区垃圾收集量可按下式计算：

$$Q_C = \{n \cdot q / 1\,000\} \tag{2.2.5}$$

式中：n——服务区内实际服务人数；

q——服务区内，人均垃圾排放量[kg/（人·d）]，应按当地实测值选用；无实测值时，可取 0.8～1.2。

2.2.6 当转运站由若干转运单元组成时，各单元的设计规模及配套设备应与总规模相匹配。转运站总规模可按下式计算：

$$Q_T = m \cdot Q_U \tag{2.2.6-1}$$

$$m = [Q_D / Q_U] \tag{2.2.6-2}$$

式中：Q_T——由若干转运单元组成的转运站的总设计规模（日转运量），t/d；

Q_U——单个转运单元的转运能力，t/d；

m——转运单元的数量；

[ ]——高斯取整函数符号；

Q_D——转运站设计规模（日转运量），t/d。

2.2.7 转运站服务半径与运距应符合下列规定：

（1）采用人力方式进行垃圾收集时，收集服务半径宜为 0.4 km 以内，最大不应超过 1.0 km。

（2）采用小型机动车进行垃圾收集时，收集服务半径宜为 3.0 km 以内，最大不应超过 5.0 km。

（3）采用中型机动车进行垃圾收集运输时，可根据实际情况扩大服务半径。

（4）当垃圾处理设施距垃圾收集服务区平均运距大于 30 km 且垃圾收集量足够时，应设置大型转运站，必要时宜设置二级转运站（系统）。

3 总体布置

3.0.1 转运站的总体布局应依据其规模、类型，综合工艺要求及技术路线确定。总平面布置应流程合理、布置紧凑，便于转运作业，能有效抑制污染。

3.0.2 对于分期建设的大型转运站，总体布局及平面布置应为后续建设留有发展空间。

3.0.3 转运站应利用地形、地貌等自然条件进行工艺布置。竖向设计应结合原有地形进行雨污水导排。

3.0.4 转运站的主体设施布置应满足下列要求：

（1）转运车间及卸、装料工位宜布置在场区内远离邻近的建筑物的一侧。

（2）转运车间内卸、装料工位应满足车辆回车要求。

3.0.5 转运站配套工程及辅助设施应满足下列要求：

（1）计量设施应设在转运站车辆进出口处，并有良好的通视条件，与进口厂界距离不应小于一辆最大运输车的长度。

（2）按各功能区内通行的最大规格车型确定道路转弯半径与作业场地面积。

（3）站内宜设置车辆循环通道或采用双车道及回车场。

（4）站内垃圾收集车与转运车的行车路线应避免交叉。因条件限制必须交叉时，应有相应的交通管理安全措施。

（5）大型转运站应按转运车辆数设计停车场地，停车场的形式与面积应与回车场地综合平衡；其他转运站可根据实际需求进行设计。

（6）转运站绿地率应为 20%～30%，中型以上（含中型）转运站可取大值；当地处绿化隔离带区域时，绿地率指标可取下限。

3.0.6 转运站行政办公与生活服务设施应满足下列要求：

（1）用地面积宜为总用地面积的 5%～8%。

（2）中小型转运站可根据需要设置附属式公厕，公厕应与转运设施有效隔离，互不干扰。站内单独建造公厕的用地面积应符合现行行业标准《城镇环境卫生设施设置标准》CJJ 27 中的有关规定。

4 工艺、设备及技术要求

4.1 转运工艺

4.1.1 垃圾转运工艺应根据垃圾收集、运输、处理的要求及当地特点确定。

4.1.2 转运站的转运单元数不应小于 2，以保持转运作业的连续性与事故状态下或出现突发事件时的转运能力。

4.1.3 转运站应采用机械填装垃圾的方式进料，并应符合下列要求：

（1）有相应措施将装载容器填满垃圾并压实。压实程度应根据转运站后续环节（垃圾处理、处置）的要求和物料性状确定。

（2）当转运站的后续环节是垃圾填埋场或转运混合垃圾时，应采用较大压实能力的填装/压实机械设备，装载容器内的垃圾密实度不应小于 0.6 t/m^3。

（3）应有联动或限位装置，保持卸料与填装压实动作协调。

（4）应有锁紧或限位装置，保持填装压实机与受料容器结合部密封良好。

4.1.4 转运站在工艺技术上应满足下列要求：

（1）应设置垃圾称重计量装置；大型转运站必须在垃圾收集车进出站口设置计量设施。计量设备宜选用动态汽车衡。

（2）在运输车辆进站处或计量设施处应设置车号自动识别系统，并进行垃圾来源、运输单位及车辆型号、规格登记。

（3）应设置进站垃圾运输车抽样检查停车检查区。

（4）垃圾卸料、转运作业区应配置通风、降尘、除臭系统，并保持该系统与车辆卸料动作联动。

（5）垃圾卸料、转运作业区应设置车辆作业指示标牌和安全警示标志。

（6）垃圾卸料工位应设置倒车限位装置及报警装置。

4.2 机械设备

4.2.1 转运站应依据规模类型配置相应的压实设备。

4.2.2 多个同一工艺类型的转运单元的配套机械设备，应选用同一型号、规格。

4.2.3 转运站机械设备及配套车辆的工作能力应按日有效运行时间和高峰期垃圾量综合考虑，并应与转运站及转运单元的设计规模（t/d）相匹配，保证转运站可靠的转运能力并留有调整余地。

4.2.4 转运站配套运输车数应按下列公式计算：

$$n_V = \left[\frac{\eta \cdot Q}{n_T \cdot q_V} \right] \tag{4.2.4-1}$$

$$Q = m \cdot Q_U \tag{4.2.4-2}$$

式中：n_V——配备的运输车辆数量；

Q_U——单个转运单元的转运能力，t/d；

q_V——运输车实际载运能力，t；

m——转运单元数；

n_T——运输车日转运次数；

η——运输车备用系数，取 η=1.1～1.3。若转运站配置了同型号规格的运输车辆时，η 可取下限值。

4.2.5 对于装载容器与运输车辆可分离的转运单元，装载容器数量可按下式计算：

$$n_C = m + n_V - 1 \tag{4.2.5}$$

式中：n_C——转运容器数量；

m——转运单元数；

n_V——配备的运输车辆数量。

4.3 其他设施设备

4.3.1 大型转运站可设置专用加油站。专用加油站应符合现行国家标准《汽车加油加气站设计与施工规范》GB 50156 的有关规定。

4.3.2 大型转运站宜设置机修车间，其他规模转运站可根据具体情况和实际需求考虑设置机修室。

5 建筑与结构

5.0.1 转运站的建筑风格、色调应与周边建筑和环境协调。

5.0.2 转运站的建筑结构形式应满足垃圾转运工艺及配套设备的安装、拆换与维护的要求。

5.0.3 转运站的建筑结构应符合下列要求：

（1）保证垃圾转运作业对污染实施有效控制或在相对密闭的状态下进行。

（2）垃圾转运车间应安装便于启闭的卷帘闸门，设置非敞开式通风口。

5.0.4 转运站地面（楼面）的设计，除应满足工艺要求外，尚应符合现行国家标准《建筑地面设计规范》GB 50037 的有关规定。
5.0.5 转运站宜采用侧窗天然采光。采光设计应符合现行国家标准《建筑采光设计标准》GB 50033 的有关规定。
5.0.6 转运站消防设计应符合现行国家标准《建筑设计防火规范》GBJ 16 和《建筑灭火器配置设计规范》GB 50140 的有关规定。
5.0.7 转运站防雷设计应符合现行国家标准《建筑物防雷设计规范》GB 50057 的要求。

6 配套设施

6.0.1 转运站站内道路的设计应符合下列要求：

（1）应满足站内各功能区最大规格的垃圾运输车辆的荷载和通行要求。

（2）站内主要通道宽度不应小于 4 m，大型转运站站内主要通道宽度应适当加大。路面宜采用水泥混凝土或沥青混凝土，道路的荷载等级应符合现行国家标准《厂矿道路设计规范》GBJ 22 的有关规定。

（3）进站道路的设计应与其相连的站外市政道路协调。

6.0.2 转运站可依据本站及服务区的具体情况和要求配置备用电源。大型转运站在条件许可时应设置双回路电源或配备发电机；中、小型转运站可配备发电机。
6.0.3 转运站应按生产、生活与消防用水的要求确定供水方式与供水量。
6.0.4 转运站排水及污水处理应符合下列要求：

（1）应按雨污分流原则进行转运站排水设计。

（2）站内场地应平整，不滞留渍水；并设置污水导排沟（管）。

（3）转运车间应设置收集和处理转运作业过程产生的垃圾渗沥液和场地冲洗等生产污水的积污坑（沉沙井）。积污坑的结构和容量必须与污水处理方案及工艺路线相匹配。

（4）应采取有效的污水处理措施。

6.0.5 转运站应配置必要的通信设施。
6.0.6 中型以上规模的转运站应设置相对独立的管理办公设施；小型转运站行政办公设施可与站内主体设施合并建设。
6.0.7 转运站应配备监控设备；大型转运站应配备闭路监视系统、交通信号系统及电话/对讲系统等现场控制系统；有条件的可设置计算机中央控制系统。

7 环境保护与劳动卫生

7.1 环境保护
7.1.1 转运站的环境保护配套设施必须与转运站主体设施同时设计、同时建设、同时启用。
7.1.2 中型以上转运站应通过合理布局建（构）筑物、设置绿化隔离带、配备污染防治设施和设备等措施，对转运过程产生的污染进行有效防治。
7.1.3 转运站应结合垃圾转运单元的工艺设计，强化在卸装垃圾等关键位置的通风、降尘、除臭措施；大型转运站必须设置独立的抽排风/除臭系统。
7.1.4 配套的运输车辆必须有良好的整体密封性能。

7.1.5 转运作业过程产生的噪声控制应符合现行国家标准《城市区域噪声标准》GB 3096的规定。

7.1.6 转运站应根据所在地区水环境质量要求和污水收集、处理系统等具体条件，确定污水排放、处理形式，并应符合国家现行有关标准及当地环境保护部门的要求。

7.1.7 转运站的绿化隔离带应强化其隔声、降噪等环保功能。

7.2 安全与劳动卫生

7.2.1 转运站安全与劳动卫生应符合现行国家标准《生产过程安全卫生要求总则》GB 12801和《工业企业设计卫生标准》GBZ1 的规定。

7.2.2 转运站应在相应位置设置交通管制指示、烟火管制提示等安全标志。

7.2.3 机械设备的旋转件、启闭装置等零部件应设置防护罩或警示标志。

7.2.4 填装、起吊、倒车等工序的相关设施、设备上应设置警示标志、警报装置。

7.2.5 转运作业现场应留有作业人员通道。

7.2.6 装卸料工位应根据转运车辆或装载容器的规格尺寸设置导向定位装置或限位预警装置。

7.2.7 大型转运站应设置专用的卫生设施，中小型转运站可设置综合性卫生设施。

7.2.8 垃圾转运现场作业人员应穿戴必要的劳保用品。

7.2.9 在转运站内应设置消毒、杀虫设施及装置。

8 工程施工及验收

8.1 工程施工

8.1.1 转运站的各项建筑、安装工程施工应符合国家现行有关标准的规定。

8.1.2 在转运站施工前，施工单位应按设计文件和招标文件编制并向业主提交施工方案。

8.1.3 施工单位应按施工方案和设计文件进行施工准备，并结合施工进度计划和场地条件合理安排施工场地。

8.1.4 工程施工应按照施工进度计划和经审核批准的工程设计文件的要求进行。

8.1.5 转运站工程施工变更应按经批准的设计变更文件进行。

8.1.6 工程施工使用的各类材料应符合国家现行有关标准和设计文件的要求。

8.1.7 从国外引进的转运、运输设备及零部件或材料，应符合下列要求：

（1）应与设计文件及有关合同要求一致；

（2）应与供货商提供的供货清单及技术参数一致；

（3）应按商务、商检等部门的规定履行必要的程序与手续；

（4）应符合我国现行政策、法规和技术标准的有关规定。

8.2 工程竣工验收

8.2.1 转运站工程竣工验收应按设计文件和相应的国家现行标准的规定进行。

8.2.2 转运站工程竣工验收除应符合现行国家标准《机械设备安装施工验收通用规范》GB 50231及现行有关标准的规定外，还应符合下列要求：

（1）机械设备验收应符合本规范第 4 章的相关要求。

（2）建筑工程验收应符合本规范第 5 章的相关要求。

（3）配套设施验收应符合本规范第 6 章的相关要求。

（4）环境保护工程验收应符合本规范第 7.1 节的相关要求。

（5）安全与卫生工程验收应符合本规范第 7.2 节的相关要求。

8.2.3 转运站工程竣工验收前应准备下列文件、资料：

（1）竣工验收工作计划；

（2）开工报告、项目批复文件；

（3）工程施工图等技术文件；

（4）工程施工（重点是隐蔽工程、综合管线）记录和工程变更记录；

（5）设备（重点是转运装置）安装、调试与试运行记录；

（6）其他必要的文件、资料。

本规范用词说明

1 为便于在执行本规范条文时区别对待，对于要求严格程度不同的用词说明如下：

1）表示很严格，非这样做不可的：

正面词采用“必须”；反面词采用“严禁”；

2）表示严格，在正常情况下均应这样做的：

正面词采用“应”；反面词采用“不应”或“不得”；

3）表示允许稍有选择，在条件许可时首先应这样做的：

正面词采用“宜”；反面词采用“不宜”；

4）表示有选择，在一定条件下可以这样做的，采用“可”。

2 条文中指明应按其他有关标准执行的写法为：“应符合……的规定”或“应按……执行”。

中华人民共和国行业标准

生活垃圾堆肥技术规范

Technical code for the composting of municipal solid waste

CJJ 52—2014

前言

根据原建设部《关于印发〈2006年工程建设标准规范制定、修订计划（第一批）的通知〉》（建标[2006]77号）的要求，规范编制组经广泛调查研究，认真总结实践经验，参考有关国内外先进标准，并在广泛征求意见的基础上，修订了本规范。

本规范的主要技术内容是：1 总则；2 术语；3 基本规定；4 选址；5 总体设计；6 垃圾接收、输送与预处理；7 堆肥工艺；8 检测；9 辅助与公用设施；10 环境保护和安全生产；11 工程施工及验收。

本规范修订的主要技术内容是：

1 修订了标准名称；

2 对堆肥处理原料的适用范围作了补充；

3 补充和增加了适用于所有高温好氧堆肥工艺的技术内容；

4 新增了基本规定、总体设计、垃圾接收、输送与预处理、检测、辅助与公用设施、环境保护、安全生产和工程施工与验收的章节。

本规范中以黑体字标志的条文为强制性条文，必须严格执行。

本规范由住房和城乡建设部负责管理和对强制性条文的解释，由同济大学负责具体技术内容的解释。执行过程中如有意见和建议，请寄送同济大学环境科学与工程学院固体废物处理与资源化研究所（地址：上海市四平路1239号；邮政编码：200092）。

本规范主编单位：同济大学
中国城市建设研究院有限公司
本规范参编单位：上海市政工程设计研究总院（集团）有限公司
上海市浦东新区固体废弃物管理署
本规范主要起草人员：何品晶　邵立明　吕　凡　徐文龙　方建民　郭祥信　章　骅　屈志云　卢成洪　翟力新　王　沛　王丽莉　付　钟　陈世和　李国建
本规范主要审查人员：陈朱蕾　陶　华　罗启仕　冯其林　陈海滨　史家樑　张東空　常志州　周立祥　张　范

1 总则

1.0.1 为贯彻国家有关生活垃圾处理的技术法规和技术政策，保证生活垃圾堆肥处理工程质量，制定本规范。

1.0.2 本规范适用于新建、扩建、改建的生活垃圾堆肥处理工程的选址、设计、施工及验收。

1.0.3 生活垃圾堆肥处理工程应采用先进、成熟、可靠的技术和设备，做到安全卫生、控制污染、节约用地、维修方便、经济合理和管理科学。

1.0.4 生活垃圾堆肥处理工程的选址、设计、施工及验收除应符合本规范外，尚应符合国家现行有关标准的规定。

2 术语

2.0.1 预处理 pre-treatment

堆肥处理前对原料的分选、破碎和混合等机械处理过程，用于为后续堆肥发酵创造合适的条件。

2.0.2 中间处理 intermediate treatment

主发酵和次级发酵之间进行的机械处理过程，用于为后续次级发酵和最终产品质量保证提供适宜条件。

2.0.3 残余物 residue

堆肥处理各分选单元产生的非堆肥化物质。

2.0.4 翻堆槽 rectangular agitated bed

底部设有通风沟的槽式堆肥反应器及与之配套的物料翻倒装置。

2.0.5 挡板 side wall

安装于带式输送机皮带两侧边缘的直立板，当输送物料层较厚时起防止物料洒落的作用。

2.0.6 挡边 cut edges

通过在带式输送机两侧设置倾斜的辅助辊筒使皮带边缘向上翘起的构造，起防止物料洒落的作用。

2.0.7 一步发酵 one-stage fermentation

主发酵和次发酵一步完成，中间没有明显的时间或空间分隔。

2.0.8 二步发酵 two-stage fermentation

主发酵和次发酵分两步顺序进行，通过时间分隔或空间分段对主发酵和次发酵过程进行分别的控制。

3 基本规定

3.0.1 生活垃圾堆肥处理工程选址、规模和工艺技术路线，应根据当地城市总体规划、环境卫生专业规划、生活垃圾产生量与特性和环境保护要求以及堆肥处理技术的适用性合理确定。

3.0.2 堆肥处理的原料宜为生活垃圾中可生物降解部分。

3.0.3 城镇粪便、城市污水厂污泥和农业废物等可降解物料，宜适量进入生活垃圾堆肥处理系统。

3.0.4 危险废物严禁进入生活垃圾堆肥处理厂。

3.0.5 生活垃圾堆肥处理过程中产生的不可回收利用的残余物应进行无害化处理。

4 选 址

4.0.1 堆肥处理厂的选址应以当地城市总体规划和环境卫生规划为依据，并符合下列规定：

1 工程地质与水文地质条件应满足处理设施建设的要求。

2 宜选择周边人口密度较低、土地利用价值较低和施工较方便的区域。

3 应结合已建或拟建的垃圾处理设施，合理布局，并应利于节约用地和实现综合处理。

4 应利于控制对周围环境的影响及节约工程建设投资、运行和运输成本。

5 应符合环境影响评价的要求。

4.0.2 进行堆肥处理厂选址时，应先收集下列基础资料：

1 城市总体规划、选址区域用地规划和环境卫生专业规划等相关规划。

2 地形、地貌、工程地质和水文地质资料。

3 各季主导风向、风频、风速和降水量等气象背景资料。

4 待堆肥处理的垃圾清运量，垃圾来源、性质、组分。

5 堆肥处理设施服务范围和垃圾收集运输情况。

6 供水、供电、排水和交通等基础设施条件。

4.0.3 堆肥厂选址应按下列程序进行：

1 厂址初选：应按本规范第 4.0.2 条的规定，在全面调查与分析的基础上确定 3 个及以上候选厂址方案。

2 厂址预选：应通过对候选厂址现场踏勘，对厂址的地形、地貌、工程和水文地质条件、气象、交通运输、供电、给水排水及厂址周围人群居住情况等对比分析，推荐 2 个及以上的预选厂址。

3 厂址确定：应对预选厂址进行技术、经济、环境和社会条件的综合比较，推荐拟定厂址，并应对拟定厂址进行地形测量、初步勘探和工艺方案设计，完成可行性研究报告。

5 总体设计

5.1 项目构成和规模

5.1.1 堆肥处理基本工艺应符合下列规定：

1 基本工艺流程可包括：预处理、主发酵、中间处理、次级发酵和后处理等单元。

2 根据原料性质、工艺运行特征、设备适用性能和堆肥产品等要求，可对上述单元进行重复、省略等组合。

5.1.2 生活垃圾堆肥处理厂应由主体工程设施、辅助工程设施、管理和生活服务设施构成，各部分设施的设置应根据进入堆肥处理厂的垃圾特性和堆肥处理工艺确定，并应符合下列规定：

1．主体工程应包括：称重计量、预处理、主发酵、中间处理、次级发酵、后处理、除尘除臭、渗沥液收集与处理等设备和设施。

2. 辅助工程应包括：厂内道路、供配电、给水排水、消防、通信、通风、监测、维修、消毒、绿化等设施。

3. 管理和生活服务设施应包括：行政办公用房、食堂、浴室、采暖、值班宿舍等。

5.1.3 生活垃圾堆肥处理厂的规模宜根据额定日处理能力确定，并应符合表 5.1.3 规定。

表 5.1.3 生活垃圾堆肥处理厂规模

规模	额定日处理能力(t/d)
Ⅰ类	＞300
Ⅱ类	50～300
Ⅲ类	50～150
Ⅳ类	≤50

注：工程规模按最终建设规模分类，不受分期建设规模的影响。

5.1.4 堆肥处理厂生产线的设置应符合以下规定：

1 Ⅰ类和Ⅱ类处理厂，生产线设置不宜少于 2 条。

2 预处理和中间处理生产线的额定处理能力可按 8～16h/d 工作时间计算，设备选择时应根据垃圾容重进行处理能力校核。

3 生产线应按最大月的日平均垃圾进厂量设计，因当日垃圾进厂量超过额定处理能力或设备检修维护造成无法完成垃圾处理量时，可通过延长工作时间满足垃圾处理要求。

5.1.5 堆肥处理厂内宜设置满足（3～6）个月产品储存的场地。

5.2 总图设计

5.2.1 堆肥处理厂总图设计应多方案综合比较后确定，并应满足堆肥处理工艺流程的要求；合理布置主体和辅助工程以及管理和生活服务设施。

5.2.2 堆肥处理厂应以堆肥处理厂房为主体布置，其他各项设施应按垃圾处理流程要求合理布置，并宜按功能分区。

5.2.3 堆肥处理厂平面布置，应减少垃圾运输和处理过程中对厂区其他设施及周围环境的影响。

5.2.4 工类堆肥处理厂宜根据处理需要和建设条件，一次设计、分期建设。

5.2.5 堆肥处理厂竖向空间应按物料处理、气液管线、通风排气管线功能划分，分层布置。

5.2.6 厂区道路应与厂区平面设计和绿化统筹布置。并应符合交通运输和消防的要求。

5.2.7 堆肥处理厂出人口应方便车辆的进出，人流和物流出入宜分开设置。

5.2.8 堆肥处理厂宜设置应急停车场，应急停车场宜设在厂区物流出入口附近。

5.2.9 堆肥处理厂出人口和各道路交叉口，均应设置交通警示和引导标志。

6 垃圾接收、输送与预处理

6.1 卸 料

6.1.1 卸料区的场地布置，应便于进场车辆卸料及与前处理机械设备运行的衔接。

6.1.2 卸料场地应采取防止垃圾散落及垃圾车与垃圾面隔离的措施。

6.1.3 卸料区应设置通风排气及除尘除臭设施，卸料口应设置局部吸风口，并宜采取必要的空间分隔设施；卸料大厅应采用全面通风排气措施，通风换气次数宜为 4 次/h～6 次/h。

排气应处理后达标排放。

6.1.4 卸料区应有地面冲洗和污水导排设施。

6.1.5 卸料区受料设施的存储容量应符合下列规定：

1 平面场地宜大于等于日均处理量。

2 受料槽宜大于等于日均处理量的50%。

3 受料坑宜大于等于日均处理量的2倍。

6.2 给料与预处理

6.2.1 给料和输送设备应符合下列规定：

1 给料机应有匀料装置。

2 当采用料斗方式给料时应有防止垃圾架桥起拱堵塞的措施。

3 输送设备在无人操作处应设置挡板或挡边。

4 输送设备宜进行局部封闭，并应设置集气罩。

5 人工分选输送机，双侧分选时宽度不宜超过 1200mm，皮带移动速度宜为 0.1～0.3m/s，垃圾堆积厚度不宜大于10cm。

6.2.2 混合收集的生活垃圾堆肥处理应设置预处理系统，预处理工艺应根据垃圾成分特点、堆肥工艺要求和资源化回收等因素确定。

6.2.3 堆肥处理厂预处理系统，应包括破袋、分选和破碎处理设备，其设备的选型及配置应满足设计能力和工艺要求。

6.2.4 对于袋装生活垃圾，预处理应设置破袋工序，破袋率应大于90%。

6.2.5 预处理应采用机械和人工相结合的分选工艺；分选工艺应符合下列规定：

1 可堆肥有机物分选效率应大于80%。

2 可回收废品成分较多时，应设置可回收物分选设备。

3 应设置大件垃圾分拣工位。

6.2.6 预处理设备应具有防粘、防缠绕功能，并宜加密封罩；易损部件应易于拆卸和更换，预处理设备的运行参数应具有一定的调节范围。

6.2.7 预处理设备应设有专门的渗沥液收集装置，并宜具有自清洁功能。设备四周应留有维修需要的空间或通道。

6.2.8 预处理分选出的塑料袋、纸类、织物等需远距离运输时，宜对其压缩打包。

6.2.9 当人工分拣工位设置在封闭空间内时，该空间应有送新风和排风措施。新风吸入口应设置在露天空间。新风量不宜小于 $30m_N^3$/（h·人），换气次数不宜少于8次/h。

6.2.10 预处理车间宜采用全面排风和局部排风相结合的方式通风；在物料跌落处、滚筒筛进出口处宜设置局部排风口。

7 堆肥工艺

7.1 工艺类型

7.1.1 堆肥处理工艺应根据物料发酵分段、运动和通风方式及反应器类型进行分类。

7.1.2 堆肥处理工艺类型应根据原料组成、当地经济状况、产品要求和处理场地等条件选择确定，应优先比较确定物料运动和堆肥通风方式，再相应选择反应器的类型。

7.1.3 堆肥处理工艺分类类型宜按表7.1.3规定。

表 7.1.3 堆肥处理工艺分类类型

<table>
<tr><th>分类方式</th><th>发酵分段</th><th>物料运动</th><th>通风方式</th><th>反应器类型</th></tr>
<tr><td rowspan="5">工艺类型</td><td>一步</td><td>静态</td><td>自然</td><td>条垛式</td></tr>
<tr><td rowspan="4">二步</td><td>间歇动态（半动态）</td><td rowspan="4">强制</td><td>槽式（仓式）</td></tr>
<tr><td rowspan="3">动态</td><td>塔式</td></tr>
<tr><td>回转筒式</td></tr>
</table>

7.2 主发酵

7.2.1 进入堆肥处理主发酵单元的物料宜符合下列规定：

1 含水率宜为 40%～60%。

2 总有机物含量（以干基计）不宜小于 25%。

3 碳氮比（C / N，质量比）宜为 20∶1～30∶1。

7.2.2 主发酵的堆层温度控制及发酵时间确定应符合下列规定：

1 堆层各测试点温度均应达到 55℃以上，且持续时间不应少于 5d；或达到 65℃以上，持续时问不应少于 4d。

2 设计主发酵时问不宜小于 5d。

7.2.3 主发酵通风设备和堆层高度的配置应符合下列规定：

1 强制通风的工艺风量以每立方米垃圾为基准，宜为 0.05～0.20 m^3/min。在堆层高度低于 3 m 时，风压司按堆层每升高 1 m 增加 1 000～1 500Pa 选取。原料的有机物含量或含水率低时，风压可取下限，反之取上限。

2 强制机械通风的静态堆肥工艺，堆层高度不应超过 2.5m；当原料含水率较高时，堆层高度不应超过 2.0m。

3 自然通风的静态堆肥工艺，堆层高度宜为 1.2～1.5m；原料的有机物含量或含水率较高时可取下限，反之取上限。

4 配有强制通风设施的机械翻堆间歇动态堆肥，翻堆次数不宜低于 0.5 次/d；无强制通风设施的机械翻堆间歇动态堆肥，翻堆次数宜为 1～3 次/d，气温高时取较大值，气温低时取较小值。

5 主发酵过程中，应测定氧浓度。

6 主发酵堆层各点的氧浓度应大于 5%。

7 通风次数和间隔时间，应根据堆肥过程氧浓度、水分和温度等跟踪测试值及时进行调整。

7.2.4 主发酵设施设备的选用应符合下列规定：

1 发酵仓数量及设计容积，应根据进料量和设计主发酵时间确定，并应留有不小于 10%的富余容量。

2 发酵装置中的实际装填垃圾体积，不宜大于发酵装置总容积的 80%。

3 发酵仓应配置测试温度和氧浓度的装置，并应具有保温、防渗和防腐措施及水分调节、渗沥液和臭气收集功能。

4 发酵车间应配置通风和除臭设施。

7.2.5 主发酵的运行终止指标应符合下列规定：

1 耗氧速率上升至最大后逐步下降，与最大耗氧速率相比应下降 90%并趋于稳定。

2 主发酵产物应符合现行国家标准《粪便无害化卫生要求》GB 7959 的有关规定。

7.3 次级发酵

7.3.1 次级发酵工艺设计应符合下列规定：

1 次级发酵宜采用静态或间歇动态的处理工艺。

2 堆层通风方式和发酵时间，应根据场地条件、经济成本和主发酵时间等因素确定。

3 次级发酵车间或场地布置应物流顺畅，并应合理布置设备、车辆和人员通道。

4 当次级发酵在室内车间进行时，车间应具有良好的通风条件。

5 当次级发酵露天进行时，发酵区应具有雨水截流、导排和收集措施，收集的发酵区内雨水应处理达标后排放。

7.3.2 采用机械翻堆时，宜根据气温调整翻堆次数。

7.3.3 次级发酵的终止指标应符合下列规定：

1 耗氧速率应小于 0.1% O_2/min。

2 种子发芽指数不应小于 60%。

7.4 堆肥后处理

7.4.1 堆肥后处理工艺，应包括堆肥产品加工和残渣处理。堆肥产品加工工艺和成品方案应根据当地市场情况确定。

7.4.2 堆肥产品质量应符合国家现行标准《城镇垃圾农用控制标准》GB 8172 和《粪便无害化卫生要求》GB 7959 等的有关规定。

7.4.3 利用堆肥产品制有机肥时，有机肥产品应符合现行行业标准《有机肥料》NY 525 和《生物有机肥》NY 884 的有关规定。

7.4.4 堆肥后处理各分选工段分选出的不可堆肥物应按物质类别分别存放。

7.5 除臭和渗沥液处理

7.5.1 堆肥主发酵废气及其他部位散发的臭气应进行有效收集，并应除臭和净化处理。

7.5.2 垃圾暴露面大、臭气释放强度高的部位，可喷洒除臭剂辅助除臭。

7.5.3 经处理后的恶臭气体浓度，应符合现行国家标准《恶臭污染物排放标准》GB 14554 的有关规定。

7.5.4 堆肥过程中产生的渗沥液应设收集池蓄存，渗沥液应优先用于垃圾堆体的水分调节。剩余的渗沥液应排人厂内污水管网。

7.5.5 生活垃圾堆肥处理厂渗沥液收集池布置在室内时，应设置强制排风系统，且收集池内的电器设备应选用防爆产品。

8 检　测

8.0.1 堆肥处理厂进出物料都应进行计量，并应按实物量进行生产统计，核定产出。

8.0.2 堆肥处理厂的进厂生活垃圾、选用的添加剂和产品均应进行理化性质检测。检测指标和频率应符合现行行业标准《生活垃圾堆肥处理厂运行维护技术规程》CJJ 86 的有关规定。

8.0.3 堆肥发酵过程中的检测和分析应符合下列规定：

1 堆层温度的检测点不应少于 3 个（含 3 个）；根据发酵装置形式，检测点应在堆体中分层或分区设置。主发酵堆层温度宜进行连续检测；次级发酵可进行定时检测，检测频次可根据需要确定。

2 堆层氧浓度和耗氧速率的检测频率不应小于 1 次/d，条件允许时可进行连续检测。

3 应根据堆肥产品使用的需要进行堆肥产品植物种子发芽试验。

8.0.4 堆肥处理厂的进厂生活垃圾、选用的添加剂和产物等物料的容重、含水率、可燃物、热值等指标的检测应按现行行业标准《生活垃圾采样和分析方法》CJ/T 313 的有关规定执行。

8.0.5 堆肥处理厂的进厂生活垃圾、选用的添加剂和产物等物料的 pH 值、有机质、总铬、汞、镉、铅、砷、全氮、全磷和全钾等指标的检测，应按现行行业标准《生活垃圾采样和分析方法》CJ/T 313 的有关规定执行。

8.0.6 堆层温度的测定，宜符合本规范第 A.0.1 条的规定。

8.0.7 堆层氧浓度、耗氧速率变化分析，宜符合本规范第 A.0.2 条的规定。

8.0.8 植物种子发芽试验宜符合本规范第 A.0.3 条的规定。

8.0.9 生产废水的检测方法，应符合现行国家标准《生活垃圾填埋场污染控制标准》GB 16889 的有关规定。

9 辅助与公用设施

9.1 道路与绿化

9.1.1 厂区道路的路面宽度、道路荷载等级及路面结构，应根据垃圾车的型号、吨位等确定，并应符合现行国家标准《厂矿道路设计规范》GBJ 22 的有关规定。

9.1.2 厂区绿化应按厂内功能分区的要求布置，绿化植物应优先选择具有污染吸附和噪声隔离功能的物种，厂区绿地率不宜大于 30%。

9.2 供配电系统

9.2.1 堆肥处理厂主发酵风机和卸料、预处理场所的照明应为二级负荷，其他生产用电宜为二级负荷。

9.2.2 堆肥处理厂生产用电应优先从当地电网引接，接人电压等级应根据生活垃圾堆肥处理厂的用电负荷及当地电网的具体情况，经技术经济比较后确定。

9.2.3 堆肥厂供配电系统的高压配电装置，应符合现行国家标准《3～110kV 高压配电装置设计规范》GB 50060 的要求；继电保护和安全自动装置及过电压保护，应符合现行国家标准《电力装置的继电保护和自动装置设计规范》GB/T 50062 的要求；防雷和接地，应符合现行国家标准《建筑物防雷设计规范》GB 50057 和现行行业标准《交流电气装置的接地设计规范》GB/T 50065 的要求。

9.2.4 垃圾储存（暂存）间、渗沥液收集池等可燃气体易散发场所的照明灯具、开关和其他电器应采用防爆设计。

9.3 自动化控制

9.3.1 堆肥处理厂应设中央控制室。

9.3.2 堆肥处理厂自动化控制系统宜包括进料系统、垃圾预处理系统、主发酵系统、次发酵系统、通风与除尘除臭系统和其他必要的控制系统。

9.3.3 堆肥处理厂的自动化控制系统，应采用成熟的控制技术和可靠性高的设备和元件，在现场安装的一次控制仪表应考虑防腐。

9.3.4 发酵设施的自动控制应符合下列规定：

1 条垛式与强制通风条垛式静态发酵，宜对垃圾条垛内温度进行在线测量，并宜根据在线测量的温度通过模拟程序进行发酵设施通风控制。

2 槽式翻堆和仓式发酵，宜对垃圾堆体温度进行实时测量，有条件的可对氧浓度进行实时检测，并可根据温度和氧浓度进行翻堆和通风控制。

3 回转筒式发酵，宜同时测量筒内温度和筒内不同位置氧浓度，并宜根据温度、氧浓度进行通风控制。

9.3.5 堆肥处理厂进料和预处理生产环节应设置现场视频监视系统。

9.3.6 堆肥处理厂的报警系统应包括下列内容：

1 发酵工艺系统主要工况参数偏离正常运行范围。

2 电源、气源发生故障。

3 设备故障。

4 监控系统故障。

9.4 给水排水与污水处理

9.4.1 堆肥处理厂厂内给水应符合现行国家标准《室外给水设计规范》GB 50013 和《建筑给水排水设计规范》GB 50015 的规定。

9.4.2 堆肥处理厂生活用水，应符合现行国家标准《生活饮用水卫生标准》GB 5749 的水质要求，用水标准及定额应符合现行国家标准《建筑给水排水设计规范》GB 50015 的规定。

9.4.3 堆肥处理厂生产用水应包括堆体水分调节用水、车辆冲洗用水、地面和道路冲洗用水、设备冷却用水、绿化用水以及消防用水等，各项用水量应根据各工艺要求确定。生产用水水源选择及供水系统设计，应充分考虑节水。

9.4.4 堆肥处理厂排水应符合现行国家标准《室外排水设计规范》GB 50014 和《建筑给水排水设计规范》GB 50015 的规定。垃圾收集车经过的道路和卸料平台的初期雨水，应进行截流并纳入厂区污水管道。

9.4.5 堆肥处理厂生活污水应优先考虑排人城市污水管网；无污水管网的区域，应在厂内建设生活污水处理设施，处理后污水的排放指标应符合项目环境影响评价批复的要求。

9.4.6 堆肥处理厂的剩余垃圾渗沥液、垃圾车清洗水与车间地面冲洗水等生产污水可接人城市污水管网处理。当在厂内设置生产污水处理设施时，排放标准应符合现行行业标准《生活垃圾渗沥液处理技术规范》CJJ 150 的有关规定。

9.5 消　防

9.5.1 堆肥处理厂应设置室内外消防系统，消防系统的设置应符合现行国家标准《建筑设计防火规范》GB 50016 和《建筑灭火器配置设计规范》GB 50140 的有关规定。

9.5.2 堆肥处理厂厂房应按生产的火灾危险性分类划分为丁类，建筑耐火等级不应低于二级。

9.5.3 垃圾卸料间、筛上物储存间、电气设备问和中央控制室等火灾易发部位，应设消防报警设施。报警设施的设置应符合现行国家标准《火灾自动报警系统设计规范》GB 50116 的有关规定。

9.6 采暖与空调工程

9.6.1 堆肥处理厂采暖通风与空调工程设计应符合现行国家标准《采暖通风与空气调节设计规范》GB 50019 的有关规定。

9.6.2 建筑物冬季采暖室内温度，应符合下列规定：

1 垃圾卸料间、垃圾预处理间、发酵间和通风除尘除臭间应为 5℃～10℃。

2 中央控制室、人工分拣室、化验室和食堂应为 18℃。

3 职工宿舍和办公室应为 20℃。

4 有人操作的车间的温度，应根据操作人员劳动强度等级，按照国家现行标准《工业企业设计卫生标准》GBZ 1 的要求确定。

9.6.3 夏季有人操作车间的防暑设计及措施应符合国家现行标准《工业企业设计卫生标准》GBZ 1 的有关规定。

9.7 建筑与结构

9.7.1 堆肥处理厂的建筑风格和整体色调，应与周围环境相协调。厂房的平面布置和空间布局，应满足工艺设备的安装与维修的要求。

9.7.2 厂房各作业区应合理分隔，厂区人流和物流路线应避免交叉，操作人员巡视检查路线、物料水平与竖向传送线路应顺畅，避免重复。

9.7.3 厂房的围护结构应满足基本热工性能和使用要求，并应考虑节能。

9.7.4 建筑抗震设计，应符合现行国家标准《建筑抗震设计规范》GB 50011 的有关规定。

9.7.5 对垃圾卸料间、预处理和主发酵车间等易腐蚀场所，建筑部件应采取相应的防腐蚀措施，防腐设计应符合现行国家标准《工业建筑防腐蚀设计规范》GB 50046 的有关规定。

9.7.6 堆肥车间的地基基础设计，应符合现行国家标准《建筑地基基础设计规范》GB 50007 的有关规定。存在地基条件不良、荷载差异大和建筑结构体形复杂情况时，除应进行地基承载力和变形计算外，必要时还应进行稳定性计算。

10 环境保护和安全生产

10.1 环境保护

10.1.1 堆肥处理厂车间内的空气、噪声和振动应符合国家现行标准《工业企业设计卫生标准》GBZ 1 的要求。

10.1.2 堆肥处理厂厂区和厂界的空气质量指标应符合现行国家标准《环境空气质量标准》GB 3095 和《恶臭污染物排放标准》GB 14554 的有关规定。

10.1.3 生活垃圾不宜在厂区内露天裸卸，厂内场地散落的垃圾应及时清扫。堆肥残余物在厂内堆放时间不应超过 10d。

10.1.4 堆肥处理厂卸料和预处理设备和车间应每天进行清理。

10.1.5 厂区内应采取灭蝇措施，并应设置蝇类密度监测点。

10.2 环境监测

10.2.1 作业区及厂内应设置固定的噪声、恶臭气体和粉尘监测点。

10.2.2 堆肥处理厂环境监测应包含下列项目：

1 作业区监测项目应包括：噪声、粉尘、有害气体（H_2S、SO_2、NH_3）和细菌总数（空气）。

2 厂区和厂界环境质量监测应包括：大气中单项指标（NO_x、总悬浮颗粒物）、地表水水质、噪声、蝇类密度和臭级。

10.2.3 监测频率应符合下列规定：

1 作业区环境监测，应每月一次。

2 厂区和厂界环境质量监测，应每季度一次。

10.3 安全生产和劳动保护

10.3.1 堆肥处理厂的安全和卫生设施的设置，应符合国家现行标准《工业企业设计卫生标准》GBZ 1 和《生产过程安全卫生要求总则》GB/T 12801 的有关规定。

10.3.2 堆肥处理厂应采取有效的安全防护措施。应在有关的设备醒目位置设置警示标识，并应有可靠的防护措施。

10.3.3 堆肥处理厂垃圾卸料间、预处理和发酵车间等场地，应采取换气、除臭、灭蚊蝇和消毒等措施。

10.3.4 卫生防疫设备和防护用品应确保处于正常工作状态，不得擅自拆除或停止使用。

11 工程施工及验收

11.1 工程施工

11.1.1 堆肥处理厂工程应根据工程设计文件和设备技术文件进行施工和安装，并应符合相应的国家现行施工标准的要求。施工过程中遇到无法按设计文件施工的问题时，应待设计方出具设计变更后方能施工。

11.1.2 堆肥处理厂的各隐蔽工程未经验收时，不得进行后续工程施工。

11.1.3 施工中使用的材料和设备均应有技术质量鉴定文件或合格证书。

11.2 工程验收

11.2.1 堆肥处理厂竣工后应及时进行整体工程验收，验收除应符合国家现行相关验收标准外，还应符合下列规定：

1 应有齐全的工艺概述及工艺设计说明、施工设计图纸、竣工图纸、调试报告等工程验收技术资料。

2 堆肥生产线各设备均应分别进行空载和满载联动运行。联动运行持续时间应大于单班作业时间。

附录 A 检测方法

A.0.1 堆层温度测定应符合下列规定：

1 测定仪器可用金属套筒温度计或其他类型测温传感装置。

2 测定点分布应均匀，有代表性。高度应分上、中、下 3 层，堆层高度不足 1m 的，可设置上、下 2 层。上层和下层测试点均应设在离堆层表面或底部 0.3m～0.5m 处，每个层次水平面测试点可按发酵设施的几何形状布置，可分中心部位和边缘部位设置，边缘部位距边缘宜为 0.5m。

A.0.2 堆层氧浓度和耗氧速率分析应符合下列规定：

1 测定仪器可用气体氧测定仪。

2 测定点的位置和数目，应与堆层温度测定点相一致。

3 金属空管插入需测定的位置，抽取堆层中的气体，直接输入气体氧测定仪，仪表上显示的氧浓度百分值应为堆层该位点的氧浓度。

4 耗氧速率可通过不同时间堆层氧浓度的下降得出。具体步骤应为：测定前应先向堆层通风，在堆层氧浓度达到最高值时（O_2 含量 20%左右），记录该测定值；然后停止通风，间隔一定时间测氧浓度下降值，记录每次测定时间；以时间为横坐标，氧浓度为纵坐标，绘制曲线（同一测试点氧浓度的下降开始很快，呈直线下降，然后曲线趋平，渐近于稳定值）；取氧浓度下降呈直线状的两次测试值，按式（A.0.2）计算，耗氧速率就是该时间段氧浓度的下降速率。

$$d_0=\frac{c_0^{\mathrm{i}}-c_0^{\mathrm{e}}}{\Delta t} \tag{A.0.2}$$

式中：d_0——耗氧速率（$\%\cdot min^{-1}$）；

c_0^{i}——起始氧浓度（%）；

c_0^{e}——最终氧浓度（%）；

Δt——两测试值相隔的时间（min）。

A.0.3 植物种子发芽试验应符合下列要求：

1 试验用植物种子：水堇或萝卜种子，在去离子水或蒸馏水的发芽率不小于 80%。

2 试验用浸提容器：500ml。具密封塞聚乙烯瓶。

3 试验用浸提装置：频率可调的往复式水平振荡机。

4 试验用浸提剂：去离子水或蒸馏水。

5 试验用滤膜：0.45μm 微孔滤膜或中速蓝带定量滤纸。

6 试验用过滤装置：加压过滤装置或真空过滤装置，对难过滤的废物也可采用离心分离装置。

7 试验操作应按下列步骤进行：

称取新鲜物料试样 3 个（每个试样干基质量不小于 20.0g），分别置于 500mL 浸提容器中，按固液比 1∶10（W/V，以干重计）加入一定量的去离子水或蒸馏水，盖紧瓶盖后垂直固定于往复式水平振荡机上，调节频率不小于 100 次$\cdot min^{-1}$、振幅不小于 40mm，在室温下振荡浸提 1h，取下静置 0.5h 后，于预先安装好滤膜（或者滤纸）的过滤装置上过滤，收集过滤后的浸出液，摇匀后供分析用。每次测定，做蒸馏水空白 3 个。如浸出液不能马上分析，则应放在（0～4）℃冰箱保存，但保存时间不得超过 48h。

在微生物培养皿内垫上一张滤纸，均匀放人 10 粒水堇（或萝卜）种子，加入浸出液 5.0mL，盖上盖子，在 25℃黑暗的培养箱中培养 48h，测定发芽率和根长。每个样品做 3 个重复，以去离子水或蒸馏水作同样的空白试验。

8 试验结果计算方法

用式（A.0.3）计算每个重复实验的种子的发芽指数：

$$发芽指数=\frac{处理的发芽率(\%)\times 处理的平均根长}{空白的发芽率(\%)\times 空白的平均根长}\times 100\% \qquad (A.0.3)$$

再计算平均值。该指数若小于 100%，则表示该堆肥产品具有植物毒性，该值越小毒性越强；该系数大于 100%，则表示该肥产品对种子的发芽和根伸长有促进作用。

本规范用词说明

1 为便于在执行本规范条文时区别对待，对要求严格程度

不同的用词说明如下：

1）表示很严格，非这样做不可的：

正面词采用“必须”，反面词采用“严禁”。

2）表示严格，在正常情况下均应这样做的：

正面词采用“应”，反面词采用“不应”或“不得”。

3）表示允许稍有选择，在条件许可时首先应这样做的：

正面词采用“宜”，反面词采用“不宜”。

4）表示有选择，在一定条件下可以这样做的，采用“可”。

2 本规范中指明应按其他有关标准执行的写法为“应符合……的规定”或“应按……执行”。

引用标准名录

1 《建筑地基基础设计规范》GB 50007

2 《建筑抗震设计规范》GB 50011

3 《室外给水设计规范》GB 50013

4 《室外排水设计规范》GB 50014

5 《建筑给水排水设计规范》GB 50015

6 《建筑设计防火规范》GB 50016

7 《采暖通风与空气调节设计规范》GB 50019

8 《工业建筑防腐蚀设计规范》GB 50046

9 《建筑物防雷设计规范》GB 50057

10 《3～110kV 高压配电装置设计规范》GB 50060

11 《电力装置的继电保护和自动装置设计规范》GB/T 50062

12 《交流电气装置的接地设计规范》GB/T 50065
13 《火灾自动报警系统设计规范》GB 50116
14 《建筑灭火器配置设计规范》GB 50140
15 《环境空气质量标准》GB 3095
16 《生活饮用水卫生标准》GB 5749
17 《粪便无害化卫生要求》GB 7959
18 《城镇垃圾农用控制标准》GB 8172
19 《生产过程安全卫生要求总则》GB/T 12801
20 《恶臭污染物排放标准》GB 14554
21 《生活垃圾填埋场污染控制标准》GB 16889
22 《厂矿道路设计规范》GBJ 22
23 《工业企业设计卫生标准》GBZ 1
24 《生活垃圾堆肥处理厂运行维护技术规程》CJJ 86
25 《生活垃圾渗沥液处理技术规范》CJJ 150
26 《生活垃圾采样和分析方法》CJ/T 313
27 《有机肥料》NY 525
28 《生物有机肥》NY 884

中华人民共和国行业标准

生活垃圾堆肥处理厂运行维护技术规程

Technical specification for operation and maintenance of municipal solid waste composting plant

CJJ 86—2014

前　言

根据原建设部《关于印发〈2006年工程建设标准规范制订、修订计划（第一批）〉的通知》（建标〔2006〕77号）的要求，规程编制组经广泛调查研究，认真总结实践经验，参考有关国际标准和国外先进标准，并在广泛征求意见的基础上，修订了本规程。

本规程的主要技术内容是：1. 总则；2. 基本规定；3. 地磅；4. 板式给料机；5. 皮带输送机；6. 振动筛选机；7. 滚筒筛选机；8. 主发酵；9. 次级发酵；10. 堆肥产品成品库及腐熟堆场；11. 风机与泵；12. 控制与检测；13. 环境保护与劳动保护；14. 化验与检验；15. 突发事件应急处置。

本规程修订的主要技术内容是：1. 扩大了适用范围；2. 补充、细化、调整了各章节内容；3. 将术语“一级发酵”改为“主发酵”，“二级发酵”改为“次级发酵”；4. 取消了“变配电室”一章，其内容并入第2章“基本规定”；5. 增加了“堆肥产品成品库及腐熟堆场”的规定；6. 增加了“环境保护与劳动保护”的内容；7. 增加了“突发事件应急处置”的内容。

本规程中以黑体字标志的条文为强制性条文，必须严格执行。

本规程由住房和城乡建设部负责管理和对强制性条文的解释，由华中科技大学负责具体技术内容的解释。执行过程中如有意见与建议，请寄送华中科技大学（地址：武汉市武昌珞喻路1037号；邮政编码：430074）。

本规程主编单位：华中科技大学

本规程参编单位：上海市浦东新区固体废弃物管理署
武汉华曦科技发展有限公司
上海市浦东新区环境监测站
上海野马环保设备工程有限公司
惠州市惠阳区环境卫生管理局
上海市环境工程设计科学研究院

本规程主要起草人员：陈海滨 张 黎 夏越青 王祎岚 周靖承 张倚马 汪俊时 杨 禹 左 钢 向坤金 吴标彪 谭 娜 万迎峰 杨新海 陈 军 张 力 王声东 吴 超 魏 炜 姜 维 杨 龑

本规程主要审查人员：郭祥信 冯其林 张 范 张沛君 林 泉 苏昭辉 朱青山 熊 辉 陈爱梅

1 总 则

1.0.1 为了加强和完善生活垃圾堆肥处理厂（以下简称“垃圾堆肥厂”）的科学管理，保证安全运行，提高管理人员与生产人员的技术水平，提高生产效率，实现生活垃圾无害化、减量化、资源化处理，编制本规程。

1.0.2 本规程适用于以生活垃圾为主要原料的垃圾堆肥厂的运行、维护及安全管理。

1.0.3 垃圾堆肥厂的运行、维护及安全管理除应执行本规程外，尚应符合国家现行有关标准的规定。

2 基本规定

2.1 运行管理

2.1.1 垃圾堆肥厂各岗位生产人员应了解有关处理工艺，熟悉本岗位设施、设备的技术性能和安全操作、维修规程。

2.1.2 垃圾堆肥厂运行管理人员应熟悉处理工艺和设施、设备的运行要求和主要技术指标。

2.1.3 各岗位作业人员应经岗位培训后，持证上岗。

2.1.4 垃圾堆肥厂应对进场垃圾进行计量称重并应按批次进行成分抽检，抽检应采取随机方式，抽检范围可根据单一批次的量进行调整。

2.1.5 严禁危险废物、工业废物、建筑垃圾以及其他不适合进行堆肥处理的固体废物进入堆肥处理设施。

2.1.6 机械设备的运料、储料装置应做到垃圾日进日清，严禁滞留过夜。

2.1.7 机械设备必须按主工艺流程，从末端向始端逆方向开机；作业结束时，则必须按主工艺流程，从始端向末端顺方向关机，并最后关闭总开关。

2.1.8 电源电压超出额定电压±10%时，不应启动电机。

2.1.9 开机前，生产人员应按程序检查有关设备，应点动试机正常后再正式启动机械设备。

2.1.10 开机后，生产人员和管理人员应经常巡检所操作或管辖的设施、设备及仪器、仪表的运行状况，并应及时准确地做好设施、设备运转记录及其他必要的记录和报表，如实反映处理厂运行实际情况。

2.1.11 应根据各工序设备的工况条件，分别对其挂出“合格证”或“停运行证”确保安全生产。

2.1.12 生产或管理人员发现设备运行异常时，应采取相应处理措施，并应及时上报。

2.1.13 垃圾堆肥厂内经过各处理工序的筛余物、残留物，应采用卫生填埋或焚烧等方式进行无害化处置。

2.1.14 每月应对全厂的蚊蝇、鼠类等情况进行检查，生产车间及其他蚊蝇密集区应定期进行消杀，并应对其卫生条件、危险程度和消杀效率进行评估，发现问题应及时调整消杀方案。

2.1.15 垃圾堆肥厂内的各种计量设备、仪器、仪表应保持完好、整洁。应定期委托计量部门核定，检定计量系统，调校精度和误差范围，并应出具检验合格证明。

2.1.16 应加强对垃圾原料及主发酵工序中渗沥液的管理，应将集（储）料坑等场所的垃圾渗沥液引入污水井内，并应及时抽至污水池。污水池不应溢出，超过回喷利用量的渗沥液应通过罐车输送等措施及时送至处理设施进行无害化处理。

2.1.17 厂区内排水，应确保雨污分流，并应保证分流管线通畅。

2.1.18 厂区内设施、路面及绿地应进行日常维护并应定期进行卫生检查，保持其清洁整齐。

2.1.19 厂内应制定相应的突发事件应急预案，并应重点制定针对生物性污染特征的事件有效应急预案。

2.2 维护保养

2.2.1 电气控制柜除应在开启和交接班时做常规的检查外，还应定期进行全面检查和系统维护。

2.2.2 各种闸阀、开关、连锁装置应定期做全面检查、调整，并应及时更换损坏件；闸阀应在开启和交接班时做必要的检查。

2.2.3 设备的连接件应经常进行检查和紧固。应定期检查，更换联轴器的易损坏件。

2.2.4 对各种机电设备应定期检查、维护，并应根据其不同要求，添加或更换润滑油（脂）；维护机械设备。更换的废零件、废油（脂）等不得混入堆肥处理设施、设备内。

2.2.5 各种机械设备除进行必要的日常维护保养外，还应按设计要求进行大、中、小修。

2.2.6 应定期对降尘、除臭系统及其设备进行检修、维护，并应及时更换破损零部件。

2.2.7 应定期对配套及辅助设施、设备进行检修、维护，并应重点对接触垃圾或渗沥液的设施设备暴露面进行防腐处理。

2.2.8 建筑物、构筑物等的避雷、防爆装置的测试、检修应符合国家现行相关标准的规定。

2.2.9 垃圾堆肥厂的各种护栏、盖板、爬梯、照明设备等应定期进行检查、维护，并应及时处理或更换损坏件。

2.2.10 厂区内的各种交通指示或安全标志应定期检查、更换。

2.2.11 厂区内道路、排水等设施应定期检查维护，发现异常应及时修复。

2.3 安全操作

2.3.1 垃圾堆肥厂生产过程安全卫生管理应符合现行国家标准《生产过程安全卫生要求总则》GB/T 12801 的有关规定。各岗位应根据工艺特性和具体要求，制定本岗位安全操作规程，并应严格执行。

2.3.2 应按照不同类型的工艺设备安全操作要求，在各作业区设置安全黄线，非本岗位作业人员不得擅自跨越警戒线。

2.3.3 作业人员应佩戴劳保和防护用品上岗作业。

2.3.4 堆肥处理厂内严禁酒后作业，各工作间（作业场所）严禁吸烟。

2.3.5　密闭场所（车间）应保证通风顺畅，必要时应进行换气。

2.3.6　发酵仓进出料时，非作业人员不得进出或停留仓内。

2.3.7　当作业人员在现场工作时不得进行现场消杀作业。

2.3.8　吊装机械应配专人操作，其操作人员应持证上岗。吊装机械运行时，被吊物体下方不得有人。

2.3.9　非本岗位生产人员不得擅自启、闭生产设备、仪器。

2.3.10　生产人员启、闭电气开关时，应按电工操作规程进行。

2.3.11　未停机前，生产人员不得拉、拽卡滞在输送机、筛分机等设备上的异物。

2.3.12　需断电维修的各种设备，进行检修作业前必须断电，并应在开关处悬挂维修标牌。

2.3.13　维修机械设备时，不得随意搭接临时动力线。

2.3.14　检修电气控制柜时，应先通知变、配电站切断该系统电源，在检验无电后，方可实施检修作业。

2.3.15　清理机电设备及周围环境卫生时，严禁擦拭设备的转动部分，不得有冲洗水溅落在电缆接头或电机带电部位及润滑部位。

2.3.16　皮带传动、链传动、联轴器等传动部件应设置机罩，不得裸露运行。

2.3.17　当设备停机检修时，应先关闭相关的前序设备，并将有关信息传至中央控制室及后序工序。现场应有专人负责协调和安全监督。

2.3.18　变配电室设备的安全操作应符合国家有关规定。

2.3.19　垃圾堆肥厂灭火器配置场所的危险等级应按中危险级和轻危险级确定。其中化验室、回收废品储存库应按中危险级确定。

2.3.20　垃圾堆肥厂可按 A、B 类火灾采取消防措施。

2.3.21　消防器材设置应符合现行国家标准《建筑灭火器配置设计规范》GB 50140 的有关规定，并应定期检查、验核。

2.3.22　垃圾堆肥厂的避雷、防爆措施应符合现行国家标准《建筑物防雷设计规范》GB 50057、《生产设备安全卫生设计总则》GB 5083 等标准的有关规定。

2.3.23　应按国家现行标准《工业企业设计卫生标准》GBZ 1、《作业场所空气中粉尘测定方法》GB 5748、《工业企业厂界环境噪声排放标准》GB 12348、《恶臭污染物排放标准》GB 14554 等的有关规定，每月至少一次检测厂区、生产作业区的粉尘、噪声，并应采取相应的防治措施改善厂区及作业区的工作环境。

2.3.24　应配备基本的防护救生用品及药品，将其放置在指定的、设有标志的明显位置，并应定期检查、更换、补充。

2.3.25　应在易发事故点设置醒目的安全标志。安全标志的设置应符合现行国家标准《图形符号　安全色和安全标志》GB/T2893.1 的有关规定。

2.3.26　应按现行国家标准《工业企业厂内铁路、道路运输安全规程》GB 4387 的有关规定，保证厂内及车间或生产区运输管理安全、顺畅。

2.3.27　在车辆经常通行的路口应设置警示标志和减速装置。

2.3.28　垃圾堆肥厂应制定防火、防爆、防洪、防风、防疫等的应急预案和措施。

2.4　技术指标

2.4.1　好氧堆肥原料应符合下列规定：

1 含水率宜为 40%～60%;

2 易腐有机物比例不应少于 45%;

3 碳氮比宜为（20∶1）～（30∶1）;

4 重金属含量指标应符合现行国家标准《城镇垃圾农用控制标准》GB 8172 的有关规定。

2.4.2 堆肥处理产品质量应符合现行国家标准《城镇垃圾农用控制标准》GB 8172、《粪便无害化卫生标准》GB 7959 的有关规定。

2.4.3 垃圾堆肥厂年处理量不应低于设计能力的 90%。

2.4.4 一年中垃圾堆肥厂实际运行天数，南方地区应大于 330d，北方地区应大于 300d。

3 地 磅

3.1 运行管理

3.1.1 应做好称重记录和统计工作，并应建立台账。

3.1.2 地磅及计量设备、仪器出现故障时，应立即启动备用设备或采取替代措施保证计量工作正常进行。当自动计量系统发生故障时，应立即采用手工记录，系统修复后应及时将人工记录数据输入电脑，保持记录完整准确。

3.1.3 在正常运行状态下，地磅计量的误差范围宜为±5%。

3.2 维护保养

3.2.1 应保持地磅磅桥、磅槽及承重台等部位的清洁，并应及时清除地磅承重台周围的异物，以防被卡住。

3.2.2 应保证地磅的防雨顶棚完好并应定期检修维护，便于运输车辆的通行。

3.2.3 应定期校核并记录地磅的计量误差，并应由计量认证部门的专业人员进行误差调整。

3.3 安全操作

3.3.1 地磅前方应设置醒目的减速及限位标志（装置），防止运输车辆撞击地磅及附属设施。

3.3.2 运输车辆上磅时车速不应大于 5km/h。

4 板式给料机

4.1 运行管理

4.1.1 板式给料机给料前进行人工拣选作业时，应及时清出大件物料和易缠绕物料，确保后续给料作业正常。

4.1.2 板式给料机启动前，当班作业人员应先查看上班运行记录，并应做下列检查：

1 电机有无异常;

2 调速装置有无异常;

3 整机及传动部位、受料部位有无卡滞现象。

4.1.3 应监控、调整给料速度，保证后序设备均匀、连续、平稳受料。

4.1.4 板式给料机运行时，应连续监视受料部位及机电设备运转情况。

4.1.5 故障排除后（或确定无故障时），应空转 3～5min 后，方可恢复正常运行。

4.1.6 未经专门论证，不应随意调整板式给料机的安装角度。

4.2 维护保养

4.2.1 板式给料机应定期进行整机检修。

4.2.2 每日应检查电机和调速器运转情况并应做好维护。

4.2.3 链板等易损件应定期检修、维护、更换。

4.3 安全操作

4.3.1 板式给料机出现下列情况之一时，应立即停机检修：

1 出现异常噪声；

2 零部件出现断裂等故障；

3 电机或轴承升温过高；

4 受料口或出料口出现异物卡滞现象。

5 皮带输送机

5.1 运行管理

5.1.1 皮带输送机运转前，操作人员应检查其接头、拉紧装置、托辊情况，并应作必要调整。

5.1.2 运转过程中，当出现皮带跑偏、物料散落等现象，应及时调整，保持连续平稳运行。

5.1.3 运转过程中，当出现接头断裂，尖硬异物卡刺皮带等现象，应立即停机检修。故障排除后或确定无故障时，仍应空转 3～5min 后，再恢复正常运行。

5.1.4 在两旁设置人工分选工位的皮带输送机，应根据运行情况调整皮带移动速度，其移动速度宜控制在 0.5m/s 以内。

5.1.5 手选皮带输送机启动前，应检查并确定手选作业人员已到位并做好开工准备。

5.1.6 应在各工序皮带输送机卸料口处采取有效的降尘、除臭措施。

5.1.7 皮带输送机手选工位上方的抽风系统应保持正常运行。

5.1.8 与悬挂式磁选机配置的皮带输送机位置设定后，应注意调整两者之间的有效空间。

5.1.9 未经专门论证，不应随意调整皮带输送机的安装角度。

5.2 维护保养

5.2.1 皮带输送机的机电设备应定期检修、保养。

5.2.2 电动滚筒、齿轮箱等部位应每日检查，排除渗油、漏油等隐患。

5.2.3 运输带托辊位置应定期检查、调校。

5.2.4 张紧装置应定期检查调整。

5.2.5 与皮带输送机协调配置的磁选机应定期检修、保养。

5.2.6 转动零件应定期加（换）润滑脂（油）。

5.3 安全操作

5.3.1 手选皮带输送机作业人员上岗前必须配置完备的劳动保护用品。

5.3.2 发酵仓或卸料仓底部出料皮带运行时，作业人员不得靠近。

5.3.3 未设置手选工位之处，作业人员不得擅自进行人工手选作业。

5.3.4 板式给料机等前序给料设备运转时，非紧急情况下，不得突然停止或提前停止皮带输送机运行；紧急情况下，应使用应急铃响铃警示，在停止前序工段板式给料机之后方可停止皮带输送机。

6 振动筛选机

6.1 运行管理

6.1.1 振动筛运转前，应符合下列规定：

1 筛面应完好、整洁、无堵塞或损坏；

2 各弹簧应完好、筛分机及筛面应平稳；

3 机电设备及传动装置应完好。

6.1.2 振动筛运行中，应符合下列规定：

1 筛面受料应无过多或过少现象；

2 筛面受料应均匀；

3 筛面应无大块物、尖硬物、缠绕物等异物；

4 整机应无不平稳的晃动；

5 整机与相邻设备应无碰撞、干涉；

6 整机及其各部位应无异常噪声等。

6.1.3 振动筛运行中出现异常情况应及时停机检修；故障排除后，应空转 3～5min，再满负荷运行。

6.1.4 振动筛选机运行中，应保持其平稳连续受料。

6.1.5 结束筛选作业后，应及时清除筛面物料。

6.1.6 振动筛筛选处理量不宜超过设计处理能力的±10%。

6.2 维护保养

6.2.1 振动筛选机整机性能应由专业人员定期检查、调整。

6.2.2 弹簧、曲柄连杆、轴承等装置应定期调整或更换。

6.2.3 各连接件应经常检查、紧固。

6.2.4 卡滞在筛网等部件上的异物应及时清除。

6.3 安全操作

6.3.1 振动筛运行时出现下列情况之一时，应立即停机，并将有关情况通知先行工序及中央控制室：

1 整机出现共振现象；

2 零部件脱落；

3 突然出现异常噪声；

4 振动筛出料口被异物卡住。

7 滚筒筛选机

7.1 运行管理

7.1.1 滚筒筛选机运行前，应符合下列规定：

1 筛筒内应无剩余物料；

2 筛面应无严重堵塞；

3 电机及传动装置应完好；

4 托辊应无损坏、偏离或松动。

7.1.2 滚筒筛运行中，应符合下列规定：

1 应根据物料性状调整转速，确保受料连续平稳；

2 筛筒内应无棒状物、缠绕物等异物；

3 物料含水率过高时应及时停机并采取措施疏通筛孔；

4 传动轴承或托轮偏离中心，应及时调校跑偏托轮；

5 发现电机或轴承有温度过高现象，应降低转速或润滑冷却。

7.1.3 滚筒筛运行中出现异常情况应停机检修；故障排除后，应空转 3～5min，再满负荷运行。

7.1.4 结束筛选作业后，应及时清除筒筛内残留物料。

7.1.5 滚筒筛实际运行时，应及时调整其筛选能力（效率），确保其与配套工序设备处理能力相匹配。

7.1.6 滚筒筛筛选处理量不应超过设计处理能力的±10%。

7.2 维护保养

7.2.1 滚筒筛整机性能应定期检查、调整。

7.2.2 筛筒传动部位（摩擦轮或齿轮）的残余物应及时清除。

7.2.3 滚筒筛面应及时清理、修补、更换。

7.3 安全操作

7.3.1 应保持滚筒筛罩壳完好，筛筒的罩壳开启或损坏时，滚筒筛不应启动运行。

7.3.2 滚筒筛筛筒内出现异物卡滞或出料口出现堵塞时，应立即停机排除故障。

7.3.3 严禁用火烧清理筛面。

8 主发酵

8.1 运行管理

8.1.1 主发酵物料指标应符合下列规定：

1 原料含水率应符合本规程第 2.4.1 条的要求，在环境温度低时宜取规定范围的下限值，反之取其上限值。当含水率超过规定范围时，应采取污水回喷、添加物料、通风散热等措施调整水分；

2 当原料碳氮比超过（20∶1）～（30∶1）时，应通过添加其他物料进行调整。

8.1.2 静态仓式堆肥应根据工艺技术要求及发酵原料条件，适时调整、控制主发酵期各主要技术参数，并应符合下列规定：

1 发酵仓进料应均匀；

2 发酵自然通风物料堆置高度宜为 1.2～1.5m，当在仓底设置通风沟时，自然通风的物料堆置高度可增至 2～3m；

3 发酵强制通风时，每立方米垃圾风量宜取 0.05～0.20m^3/min，进行非连续通风；

4 发酵仓通风风压应按堆层每升高 1m，风压增加 1 000～1 500Pa 计；含水率低时宜取下限，反之取上限；

5 发酵过程中，应定期测试主发酵仓升温情况，测温点应根据升温变化规律分层、分区设置；

6 必要时应进行氧浓度的测定，各测试点的氧浓度应高于 5%；

7 通风次数和时间应保证发酵在最适宜条件下进行，可根据水分、温度、耗氧速率等的跟踪测试值，及时调整通风量。

8.1.3 条形翻堆式堆肥（半动态堆肥）主发酵系统的运行应符合下列规定：

1 各条形料堆的堆置应按设计要求进行，宜采用每日 1 个条堆的方法布置条堆，堆积尺寸应均匀，并应符合翻堆设备的要求；

2 条形料堆的翻堆周期应根据环境温度、垃圾中水分和堆内温度上升速度等情况确定，正常气温下每周宜为 2～3 次，气温较低时可减少翻堆次数；

3 翻堆设备作业时行进速度应均匀；

4 发酵完成的料堆出料时应留有 10%～20%的堆料作为接种底料，新鲜垃圾堆置在接种料上部，用翻堆机翻堆搅拌；

5 可按静态工艺结合试运行情况确定通风量；通风风压应按堆层每升高 1m，风压增加 1 000～1 500Pa 计；灰土含量大，含水率小时宜取下限，反之取上限；

6 露天操作时，雨天应对垃圾条堆进行及时覆盖；

7 温度和氧浓度的测定应符合本规程第 8.1.2 条第 5、6 款的规定。

8.1.4 立式发酵仓堆肥（间歇动态堆肥）主发酵系统的运行应符合下列规定：

1 立式发酵仓物料的堆置应按设计要求进行，宜采用每日进出料各 1 层运行；

2 立式发酵仓各层的物料充满度宜为 50%～70%，堆积厚度应均匀；

3 立式发酵仓料堆上层物料由卸料装置移至下层的移动周期宜为每日 1 次；

4 应保持各层卸料装置正常运行及物料顺畅移至下一层；

5 可按静态工艺并根据试运行情况确定通风量；通风风压应按堆层每升高 1m，风压增加 1 000～1 500Pa 计；灰土含量大，含水率小时宜取下限，反之取上限；

6 发酵温度和氧浓度的测定应符合设计要求。

8.1.5 动态堆肥主发酵系统的运行应符合下列规定：

1 应根据实际垃圾处理量、垃圾特性、发酵温度等因素调整动态发酵设备的物料停留时间和通风量；

2 滚筒式动态发酵装置的物料充满度宜控制在 25%～60%；

3 两条生产线以上的堆肥厂应安排好设备的检修时间，使全厂的年垃圾处理能力达到最大。

8.2 维护保养

8.2.1 主发酵工序的各机械设备应定期检修、维护和保养。

8.2.2 移动式进出料设备运行完毕，应退出发酵仓，并应清除残余垃圾。

8.2.3 仓底水沟及风沟应定期清理、疏通；定期疏通地沟盖板；定期清理、疏通风道、风管等通风设施。

8.2.4 运行结束应及时清扫、整理固定式传送设备及周围环境。

8.3 安全操作

8.3.1 发酵仓的通风、除尘、除臭装置，应保持良好状态。作业或维护人员进入发酵仓或发酵设备前，应先开启通风设备，并应清除仓内或设备内物料。

8.3.2 主发酵工序配备的进出料装载机和翻堆机，应配备有空调净化设备的全封闭式驾驶室。

8.3.3 立式发酵仓出料时，仓底出料口旁不得有人滞留。

8.4 技术指标

8.4.1 静态堆肥工艺的主发酵周期不应少于 7d，动态或间歇动态堆肥工艺主发酵周期视升温及保温情况定，可缩短发酵周期。

8.4.2 发酵过程中，应测定堆体温度变化情况，主发酵过程堆层各测试点温度应在 55℃以上，且持续时间不应少于 5d，或 65℃以上，且持续时间不应少于 3d。

8.4.3 主发酵阶段主要技术指标应符合现行行业标准《生活垃圾堆肥处理技术规范》CJJ 52 的有关规定。

9 次级发酵

9.1 运行管理

9.1.1 应根据主发酵半成品情况调整、控制通风和（或）翻堆作业。

9.1.2 综合性次级发酵场内各作业区应保证设备通道或人员通道的畅通。

9.1.3 次级发酵仓（场）底部风沟应定期清理、疏通。

9.1.4 次级发酵阶段，不应再次向物料中添加污泥、粪便等具有可堆肥性的原料。

9.2 维护保养

9.2.1 应定期检修、保养次级发酵机械设备。

9.2.2 应定期检修、保养综合性次级发酵场内有关机械设备。

9.2.3 机械设备运行完毕时，应退出发酵仓或料堆，并应清除附着的残余物料。

9.3 安全操作

9.3.1 次级发酵仓（场）设置的通风、除臭装置应保持正常运行状态。

9.3.2 装载机进行装卸料作业时，前后方 2m 内不应有人。

9.4 技术指标

9.4.1 次级发酵过程中的物料含水率宜控制在 35%～45%之间。

9.4.2 次级发酵工艺的发酵周期宜为 10～20d，主发酵周期长时宜取下限值，反之取上限值。

9.4.3 次级发酵终止时，堆肥产品应符合现行国家标准《粪便无害化卫生标准》GB 7959 和《城镇垃圾农用控制标准》GB 8172 的有关规定，并应符合下列规定：

1 含水率宜为 20%～35%；

2 碳氮比（C/N）不宜大于 20∶1；

3 pH 值宜为 6.5～8.0；

4 耗氧速率应小于 0.1%O_2/min；

5 种子发芽指数不应小于 90%；

6 发酵后的粗肥应呈棕色或黑棕色，无臭味，有土壤的霉味，手感松软，将手插入堆体，应无大的温差感。

10 堆肥产品成品库及腐熟堆场

10.1 运行管理

10.1.1 堆肥制品出厂前，应存放在有一定规模的、具有良好通风条件和防止淋雨的设施内，在梅雨季节或暴雨天气应加强防雨措施。

10.1.2 应对进出仓库的堆肥产品进行详细的记录。

10.1.3 库存周期宜为30～60d。

10.1.4 应定期对库存设施进行灭鼠灭蝇。

10.2 维护保养

10.2.1 应定期对库存场所进行清扫和整理，以保持库存场所内车辆、人员通行道路的畅通。

10.2.2 应定期对库存设施的顶棚、支架结构进行检修，对排水沟、风沟进行疏通。

10.2.3 应定期检修、保养库存设施内有关机械设备。

10.2.4 机械设备运行完毕后，应退出库存场所，清除残余物料。

10.3 安全操作

10.3.1 堆肥产品堆放高度不宜大于2.5m。

10.3.2 采用封闭式仓库结构存放堆肥产品的，应设置粉尘检测和报警装置。

11 风机与泵

11.1 运行管理

11.1.1 风机及风机房均应保持整洁、干燥。

11.1.2 应根据发酵工艺要求及升温情况，及时调节送风量。

11.1.3 风机运行时，应注意观察、记录风机风量、风压等主要运行参数。

11.1.4 备用风机（泵）应关闭其进、出气闸阀。

11.1.5 污水泵不宜频繁启动。

11.2 维护保养

11.2.1 风机（泵）及电机应定期检修、维护，并应及时给轴承等旋转部件加润滑油（脂）。

11.2.2 应定期检修或更换风机（泵）的滤罩、滤网、滤袋。

11.2.3 长期不使用的螺旋泵，每周应将泵体位置旋转180°，并应至少启动运行1次。

11.2.4 应经常检查电机轴与泵或风机轴使其保持同心；检查设备的防护网罩、地脚螺栓。

11.2.5 应定期启动、检测备用风机与泵，以确保备用设备能及时启用。

11.2.6 应定期检测、维护、疏通各类管道，保持其畅通、不泄漏。

11.3 安全操作

11.3.1 风机、泵工作时，操作人员不得贴近联轴器等旋转部件。

11.3.2 应对除尘、除臭、通风（泵）系统的滤网、滤袋、廊道等定期清扫、整理。

11.3.3 风机、泵工作中出现异常现象时，应立即停机检修。

11.3.4 停电时，应关闭风机进、出气闸阀。

11.3.5 污水泵在运行过程中，轴承温度不宜超过环境温度35℃，最高温度不得超过80℃。

11.3.6 检修工作应在停机状态下进行，不得用手触摸转动部位。

12 控制与检测

12.1 运行管理

12.1.1 工艺设施（设备）运行前，应检查控制与监测仪器设备处于完好状态。

12.1.2 控制室内应保持开阔的视角，以便观察控制有关工序及设备运行状况。

12.1.3 由中央控制室控制的工序应同时具备各工序独立控制功能。

12.1.4 控制室应将事故工序有关情况及时通知其前后有关工序。

12.1.5 控制室宜采用计算机自动控制系统处理主要技术参数并应进行自动化管理。

12.1.6 非中央控制室控制或监测的工序也应达到计算机管理水平。

12.1.7 工艺参数的监测内容与项目应符合现行行业标准《生活垃圾堆肥处理技术规范》CJJ 52 的要求。

12.2 维护保养

12.2.1 控制与监测仪器设备应定期维护和定期检验。

12.2.2 各工序控制监测仪器应定期维护和检验。

12.3 安全操作

12.3.1 非工作人员未经允许不得进入控制室和化验（检验）室内。

12.3.2 控制与监测仪器仪表应在规定的电压、温度下工作。

12.3.3 应保持控制室与各工序联系畅通。

13 环境保护与劳动保护

13.1 作业区环境

13.1.1 垃圾堆肥厂的生活垃圾受（卸）料、分拣、处理等作业区（车间）应保持通风除尘、除臭的设备、设施运转完好，并应连续稳定运行。

13.1.2 作业区的噪声应符合现行国家标准《工业企业厂界环境噪声排放标准》GB 12348 和《工业企业设计卫生标准》GBZ 1 的有关规定。

13.1.3 作业区粉尘浓度应符合现行国家标准《工业企业设计卫生标准》GBZ 1 的有关规定。

13.1.4 作业区恶臭气体（H_2S、NH_3 等）的浓度应符合现行国家标准《工业企业设计卫生标准》GBZ 1、《工作场所有害因素职业接触限值》GBZ 2 和《恶臭污染物排放标准》GB 14554 的有关规定。

13.2 厂区环境

13.2.1 厂区内不应露天堆存生活垃圾，进厂垃圾卸载宜在进料仓内进行。

13.2.2 厂内气体集中排放口与厂界的气体排放浓度均应符合现行国家标准《恶臭污染物排放标准》GB 14554 的有关规定。

13.2.3 垃圾储存、发酵设施必须有收集渗沥液的装置。渗沥液应收集后进入调节池，可作为物料调节用水，多余污水应经处理后达标排放，作业区冲洗污水应进入调节池，不得直接排放。

13.2.4 厂区内应采取灭蝇措施，并应设置蝇类密度监测点。

13.3 环境监测与检测

13.3.1 垃圾堆肥厂环境监测项目及指标应符合国家现行标准的有关规定，并应由具备专业资质的环境机构实施监测并提供结果证明。

13.3.2 垃圾堆肥厂自主进行的环境质量检测项目、指标及方法应符合国家现行标准的有关规定，并应符合下列规定：

1 作业区监测项目应包括：噪声、粉尘、有害气体（H_2S、NH_3）、细菌总数（空气）；

2 厂区环境质量检测内容应包括：有害气体（H_2S、NH_3）、噪声、蝇类密度和臭气等级。

13.3.3 垃圾堆肥厂厂内进行全面检测的频率应符合下列规定：

1 作业区环境质量检测应每月进行 1 次；

2 厂区环境质量检测应每季度进行 1 次。

13.4 劳动保护

13.4.1 垃圾堆肥厂的劳动保护与卫生设施应符合现行国家标准《工业企业设计卫生标准》GBZ 1、《生产过程安全卫生要求总则》GB/T 12801 的有关规定。

13.4.2 垃圾堆肥厂应有保护劳动者健康的措施，应在醒目位置设置警示标识，并应设有可靠的防护措施。在垃圾卸料平台等场所，应采取换气、除臭、灭蚊蝇等必要的消毒措施。

13.4.3 保障劳动健康的防护设备、用品应定期检修或更换，以确保处于正常工作状态，不得擅自对其进行拆除或停止使用。

14 化验与检验

14.1 运行管理

14.1.1 堆肥原料检测项目及频率应符合下列规定：

1 检测项目应包括：组分、密度、含水率、有机物、碳氮比；

2 检测频次均应为每月 1 次。

14.1.2 堆肥产品检测项目及频率应符合表 14.1.2 的规定：

表 14.1.2 堆肥产品检测项目及频率

序号	项 目	频 率	序号	项 目	频 率
1	密度	每月 1～2 次	8	总磷	每季 1 次
2	粒度	每月 1～2 次	9	总钾	每季 1 次
3	含水率	每月 1～2 次	10	镉	每季 1 次
4	pH 值	每月 1～2 次	11	汞	每季 1 次
5	大肠菌值	每季 1 次	12	铅	每季 1 次
6	有机质	每季 1 次	13	铬	每季 1 次
7	总氮	每季 1 次	14	砷	每季 1 次

14.1.3 化验与检测人员应对检测样品编号、登记。化验检测报表应按年、月、日逐一分类整理归档，检验数据结果宜采用计算机处理及管理。

14.1.4 各种仪器、设备、药品及检测样品应分门别类摆放整齐，并应设置明显标志。

14.1.5 堆肥工艺参数的检测内容、频率、方法及堆层检测点的设置均应符合现行行业标准《生活垃圾堆肥处理技术规范》CJJ 52 的有关规定。

14.1.6 物料的化验与检测方法应符合下列规定：

1 物料的采样、制样应符合现行行业标准《生活垃圾采样和分析方法》CJ/T 313 的规定；

2 物料的 pH 值、有机质、总铬、汞、镉、铅、砷、总氮、总磷、总钾等指标的测定方法应符合国家现行城市生活垃圾化学成分测定方法相关标准的规定；

3 物料的蛔虫卵、（粪）大肠菌值等指标的测定方法应符合现行国家标准《粪便无害化卫生标准》GB 7959 的规定；

4 垃圾渗沥液检测方法应符合国家现行水质分析方法相关标准和生活垃圾渗沥水理化分析和细菌学检验方法相关标准的规定。

14.1.7 当进厂生活垃圾性状发生明显改变时，对原料和产品应增加检测频率。

14.1.8 Ⅱ类以上垃圾堆肥厂（含Ⅱ类）应能够自行检测本规程第 14.1.1、14.1.2 条中规定的检测项目。

14.2 维护保养

14.2.1 应按照有关规章、条例对化验室仪器设备进行日常维护和定期检验。

14.2.2 仪器设备出现故障或损坏时，应及时检修并上报。

14.2.3 贵重、精密仪器设备应安装电子稳压器并由专人保管。

14.2.4 仪器的附属设备应妥善保管，并应进行安全检查。

14.3 安全操作

14.3.1 化验室应建立专门安全防护管理条例。

14.3.2 易燃、易爆、有毒物品应由专门部门（或专人）保管，领用时必须按规定办理有关手续。

14.3.3 带刺激性气味的化验检测项目应在通风橱内进行。

14.3.4 化验室检测完毕，应关闭水、电、气、火源。

15 突发事件应急处置

15.0.1 垃圾堆肥厂应急部门应与上级主管部门突发事件应急处置相关机构保持密切联系。

15.0.2 垃圾堆肥厂遇到或出现突发事件时，应按下列程序处理：

1 立即采取施救措施，保护现场工作人员，避免或减少人员伤亡；

2 立即采取必要措施防止事故扩展及次生灾害造成危害扩大；

3 立即向上级部门报告，并通报有关部门、单位，必要时协同处理突发事件；

4 组织厂内外专家会商，制定应急处置对策、措施；

5 实施应急预案，并将处置结果报告上级部门，通报有关部门、单位。

15.0.3 应建立专用设施、设备储备机制，设置（配置）相应的应急场地、容器、动力设备（如柴油发电机）、运输设备等。

15.0.4 当垃圾堆肥厂自有设备不能满足突发事件应急处置的需要时，应由上级部门对行业资源进行统筹。

15.0.5 应根据气象预报或可靠信息，采取积极措施或实施应急预案应对自然灾害。

本规程用词说明

1 为便于在执行本规程条文时区别对待，对要求严格程度不同的用词说明如下：

1）表示很严格，非这样做不可的：

正面词采用“必须”，反面词采用“严禁”；

2）表示严格，在正常情况下均应这样做的：

正面词采用“应”，反面词采用“不应”或“不得”；

3）表示允许稍有选择，在条件许可时首先应这样做的：

正面词采用“宜”，反面词采用“不宜”；

4）表示有选择，在一定条件下可以这样做的，采用“可”。

2　条文中指明应按其他有关标准执行的写法为：“应符合……的规定”或“应按……执行”。

引用标准名录

1　《建筑物防雷设计规范》GB 50057

2　《建筑灭火器配置设计规范》GB 50140

3　《图形符号　安全色和安全标志》GB/T 2893.1

4　《工业企业厂内铁路、道路运输安全规程》GB 4387

5　《生产设备安全卫生设计总则》GB 5083

6　《作业场所空气中粉尘测定方法》GB 5748

7　《粪便无害化卫生标准》GB 7959

8　《城镇垃圾农用控制标准》GB 8172

9　《生产过程安全卫生要求总则》GB/T 12801

10　《工业企业厂界环境噪声排放标准》GB 12348

11　《恶臭污染物排放标准》GB 14554

12　《工业企业设计卫生标准》GBZ 1

13　《工作场所有害因素职业接触限值》GBZ 2

14　《生活垃圾堆肥处理技术规范》CJJ 52

15　《生活垃圾采样和分析方法》CJ/T 313

中华人民共和国行业标准

生活垃圾焚烧处理工程技术规范

Technical code for projects of municipal solid waste incineration

CJJ 90—2009

前　言

根据原建设部“关于印发〈2006 年工程建设标准规范制订、修订计划（第一批）〉的通知”（建标[2006]77 号）的要求，规范编制组在广泛调查研究，认真总结实践经验，参考有关国际标准和国内外先进标准，并在广泛征求意见的基础上，对《生活垃圾焚烧处理工程技术规范》CJJ 90—2002 进行了修订。

本规范的主要技术内容是：1. 总则；2. 术语；3. 垃圾处理量与特性分析；4. 垃圾焚烧厂总体设计；5. 垃圾接收、储存与输送；6. 焚烧系统；7. 烟气净化与排烟系统；8.垃圾热能利用系统；9. 电气系统；10. 仪表与自动化控制；11. 给水排水；12. 消防；13.采暖通风与空调；14. 建筑与结构；15. 其他辅助设施；16. 环境保护与劳动卫生；17. 工程施工及验收。

修订的主要内容包括：

1. 对术语进行了充实和完善；

2. 增加了对厂区道路设计和绿地率的要求；

3. 对垃圾焚烧系统增加了节能减排和安全要求的内容；

4. 对烟气净化系统工艺增加了干法和湿法的内容，并对布袋除尘、活性炭喷射和在线监测等内容进行了规定；

5. 对飞灰的处理增加了可进入生活垃圾卫生填埋场处理的条件；

6. 对电气和仪表控制作了进一步的技术要求；

7. 对给排水和消防增加了技术内容。

本规范由住房和城乡建设部负责管理和对强制性条文的解释，由主编单位负责具体技术内容的解释。

本规范主编单位：城市建设研究院（地址：北京市朝阳区惠新里 3 号；邮政编码：100029）

五洲工程设计研究院（地址：北京市西便门内大街 85 号；邮政编码：100053）

本规范参编单位：上海日技环境技术咨询有限公司

深圳市环卫综合处理厂

上海市环境工程设计科学研究院

本规范主要起草人：徐文龙　孙振安　郭祥信　陈海英　白良成　梁立军　杨宏毅

云　松　陈恩富　朱先年　龙吉生　金福青　吕德彬　陈　峰
蒋旭东　卜亚明　闫　磊　张小慧　龚柏勋　蔡　辉　张　益
张国辉　翟力新　李万修　孙　彦　曹学义　岳优敏　姜宗顺
程义军　骞瑞欢　安　淼　徐振新　杨承休　黄益民　王素英
唐志革　姜鹏运　郭　琦　高　霞　温穗卿　秦　峰　林桂鹏
朱　平

1 总则

1.0.1 为规范生活垃圾（以下简称垃圾）焚烧处理工程建设的技术要求，做到焚烧工艺技术先进、运行可靠、控制污染、安全卫生、节约用地、维修方便、经济合理、管理科学，制定本规范。

1.0.2 本规范适用于以焚烧方法处理垃圾的新建和改扩建工程的规划、设计、施工及验收。

1.0.3 垃圾焚烧工程规模的确定和工艺技术路线的选择，应综合考虑城市社会经济发展、城市总体规划、环境卫生专业规划、垃圾产生量与特性、环境保护要求以及焚烧技术的适用性等方面合理确定。

1.0.4 垃圾焚烧工程建设，应采用先进、成熟、可靠的技术和设备，做到焚烧工艺技术先进、运行可靠、控制污染、安全卫生、节约用地、维修方便、经济合理、管理科学。垃圾焚烧产生的热能应充分加以利用。

1.0.5 垃圾焚烧处理工程的规划、设计、施工及验收，除应符合本规范外，尚应符合国家现行有关标准的规定。

2 术语

2.0.1 垃圾焚烧炉（焚烧炉） waste incinerator

利用高温氧化方法处理垃圾的设备。

2.0.2 垃圾焚烧余热锅炉（余热锅炉） waste incineration boiler

利用垃圾燃烧释放的热能，将水加热到一定温度和压力的换热设备。

2.0.3 垃圾低位热值（低位热值） low heat value（LHV）

单位质量垃圾完全燃烧时，当燃烧产物回复到反应前垃圾所处温度、压力状态，并扣除其中水分汽化吸热后，放出的热量。

2.0.4 设计垃圾低位热值（设计低位热值） low heat value for design

在设计时，为确定焚烧炉的额定处理能力所采用的垃圾低位热值。

2.0.5 最大连续蒸发量 maximum continuous rating（MCR）

余热锅炉在额定蒸汽压力、额定蒸汽温度、额定给水温度和使用设计燃料条件下长期连续运行时所能达到的最大蒸发量。

2.0.6 额定垃圾处理量 rated waste treatment capacity

在额定工况下，焚烧炉的垃圾焚烧量。

2.0.7 焚烧炉上限垃圾低位热值 upper limit LHV of waste for incinerator

能够使焚烧炉正常运行的最大垃圾低位热值。

2.0.8 焚烧炉下限垃圾低位热值 lower limit LHV of waste for incinerator

能够使焚烧炉正常运行的最小垃圾低位热值。

2.0.9 炉膛 combustion chamber

垃圾焚烧炉中的燃烧空间。

2.0.10 二次燃烧室 reburning chamber

使燃烧气体进一步燃烬而设置的燃烧空间。即垃圾焚烧炉内自二次空气供入点所在的断面至余热锅炉第一通道入口断面的空间。

2.0.11 炉排热负荷 grate heat release rate

单位炉排面积、单位时间内的垃圾焚烧释热量。

2.0.12 炉排机械负荷 mass load of grate

单位炉排面积、单位时间内的垃圾焚烧量。

2.0.13 炉膛容积热负荷 combustion chamber volume heat release rate

单位炉膛容积、单位时间内的垃圾焚烧释热量。

2.0.14 连续焚烧方式 continuous incineration

通过送料器连续运动，将垃圾不断投入垃圾焚烧炉内进行焚烧的作业方式。

2.0.15 焚烧线 incineration line

为完成对垃圾的焚烧处理而配置的焚烧、热交换、烟气净化、排渣出渣、飞灰收集输送、控制等全部设备和设施的总称。

2.0.16 炉渣 slag

垃圾焚烧过程中，从排渣口排出的残渣。

2.0.17 锅炉灰 boiler ash

从余热锅炉下部排出的固态物质。

2.0.18 飞灰 fly ash

从烟气净化系统排出的固态物质。

2.0.19 漏渣 fall slag

从焚烧炉炉排间隙漏下的固态物质。

2.0.20 灰渣 residua（ash and slag）

在垃圾焚烧过程中产生的炉渣、漏渣、锅炉灰和飞灰的总称。

2.0.21 飞灰稳定化 fly ash stabilify

使飞灰转化为非危险废物的处理过程。

2.0.22 余热锅炉热效率 thermal efficiency of waste incineration boiler

余热锅炉输出的热量与输入的总热量之比。

2.0.23 炉渣热灼减率 loss of ignition

焚烧垃圾产生的炉渣在（600±25）℃下保持 3h，经冷却至室温后减少的质量占在室温条件下干燥后的原始炉渣质量的百分比。

2.0.24 烟气净化系统 flue gas cleaning system

对烟气进行净化处理所采用的各种处理设施组成的系统。

2.0.25 二噁英类 dioxins

多氯代二苯并-对-二噁英（PCDDs）、多氯代二苯并呋喃（PCDFs）等化学物质的总称。

3 垃圾处理量与特性分析

3.1 垃圾处理量

3.1.1 垃圾处理量应按实际重量统计与核定。

3.1.2 垃圾处理量应按进厂量和入炉量分别进行计量和统计。

3.2 垃圾特性分析

3.2.1 垃圾特性分析应包括下列内容：

（1）物理性质：物理组成、重度、尺寸；

（2）工业分析：固定碳、灰分、挥发分、水分、灰熔点、低位热值；

（3）元素分析和有害物质含量。

3.2.2 垃圾物理组成分析应由下列项目构成：

（1）有机物：厨余、纸类、竹木、橡（胶）塑（料）、纺织物；

（2）无机物：玻璃、金属、砖瓦渣土；

（3）含水率；

（4）其他。

3.2.3 垃圾采样应具有代表性，特性分析结果应具有真实性。

3.2.4 垃圾采样和特性分析，应符合现行行业标准《城市生活垃圾采样和物理分析方法》CJ/T 3039 中的有关规定。

3.2.5 垃圾元素分析与测定，应符合下列要求：

（1）垃圾元素分析应包括：碳（C）、氢（H）、氧（O）、氮（N）、硫（S）、氯（Cl）。

（2）垃圾元素测定的样品粒度应小于 0.2mm。

3.2.6 垃圾元素分析可采用经典法或仪器法测定。采用经典法测定垃圾元素成分值时，可按煤的元素分析方法进行；采用仪器法测定元素分析成分值时，应按各类仪器的使用要求确定样品量。

4 垃圾焚烧厂总体设计

4.1 垃圾焚烧厂规模

4.1.1 垃圾焚烧厂应包括：接收、储存与进料系统、焚烧系统、烟气净化系统、垃圾热能利用系统、灰渣处理系统、仪表及自动化控制系统、电气系统、消防、给排水及污水处理系统、采暖通风及空调系统、物流输送及计量系统，以及启停炉辅助燃烧系统、压缩空气系统和化验、维修等其他辅助系统。

4.1.2 垃圾焚烧厂的处理规模应根据环境卫生专业规划或垃圾处理设施规划、服务区范围的垃圾产生量现状及其预测、经济性、技术可行性和可靠性等因素确定。

4.1.3 焚烧线数量和单条焚烧线规模应根据焚烧厂处理规模、所选炉型的技术成熟度等因素确定，宜设置 2～4 条焚烧线。

4.1.4 垃圾焚烧厂的规模宜按下列规定分类：

（1）特大类垃圾焚烧厂：全厂总焚烧能力 2 000t/d 及以上；

（2）Ⅰ类垃圾焚烧厂：全厂总焚烧能力 1 200～2 000t/d（含 1 200t/d）；

（3）Ⅱ类垃圾焚烧厂：全厂总焚烧能力 600～1 200t/d（含 600t/d）；

（4）Ⅲ类垃圾焚烧厂：全厂总焚烧能力 150～600t/d（含 150t/d）。

4.2 厂址选择

4.2.1 垃圾焚烧厂的厂址选择应符合城乡总体规划和环境卫生专业规划要求，并应通过环境影响评价的认定。

4.2.2 厂址选择应综合考虑垃圾焚烧厂的服务区域、服务区的垃圾转运能力、运输距离、预留发展等因素。

4.2.3 厂址应选择在生态资源、地面水系、机场、文化遗址、风景区等敏感目标少的区域。

4.2.4 厂址条件应符合下列要求：

（1）厂址应满足工程建设的工程地质条件和水文地质条件，不应选在发震断层、滑坡、泥石流、沼泽、流沙及采矿陷落区等地区；

（2）厂址不应受洪水、潮水或内涝的威胁；必须建在该类地区时，应有可靠的防洪、排涝措施，其防洪标准应符合现行国家标准《防洪标准》GB 50201 的有关规定；

（3）厂址与服务区之间应有良好的道路交通条件；

（4）厂址选择时，应同时确定灰渣处理与处置的场所；

（5）厂址应有满足生产、生活的供水水源和污水排放条件；

（6）厂址附近应有必需的电力供应。对于利用垃圾焚烧热能发电的垃圾焚烧厂，其电能应易于接入地区电力网；

（7）对于利用垃圾焚烧热能供热的垃圾焚烧厂，厂址的选择应考虑热用户分布、供热管网的技术可行性和经济性等因素。

4.3 全厂总图设计

4.3.1 垃圾焚烧厂的全厂总图设计，应根据厂址所在地区的自然条件，结合生产、运输、环境保护、职业卫生与劳动安全、职工生活，以及电力、通信、燃气、热力、给水、排水、污水处理、防洪、排涝等设施环境，特别是垃圾热能利用条件，经多方案综合比较后确定。

4.3.2 焚烧厂的各项用地指标应符合国家有关规定及当地土地、规划等行政主管部门的要求。

4.3.3 垃圾焚烧厂人流和物流的出、入口设置，应符合城市交通的有关要求，并应方便车辆的进出。人流、物流应分开，并应做到通畅。

4.3.4 垃圾焚烧厂宜设置必要的生活服务设施，具备社会化条件的生活服务设施应实行社会化服务。

4.4 总平面布置

4.4.1 垃圾焚烧厂应以垃圾焚烧厂房为主体进行布置，其他各项设施应按垃圾处理流程、功能分区，合理布置，并应做到整体效果协调、美观。

4.4.2 油库、油泵房的设置应符合现行国家标准《石油库设计规范》GB 50074 中的有关规定。

4.4.3 燃气系统应符合现行国家标准《城镇燃气设计规范》GB 50028 中的有关规定。

4.4.4 地磅房应设在垃圾焚烧厂内物流出入口处，并应有良好的通视条件，与出入口围墙的距离应大于一辆最长车的长度，且宜为直通式。

4.4.5 总平面布置应有利于减少垃圾运输和处理过程中的恶臭、粉尘、噪声、污水等对周围环境的影响，防止各设施间的交叉污染。

4.4.6 厂区各种管线应合理布置、统筹安排。

4.5 厂区道路

4.5.1 垃圾焚烧厂区道路的设置，应满足交通运输和消防的需求，并应与厂区竖向设计、绿化及管线敷设相协调。

4.5.2 垃圾焚烧厂区主要道路的行车路面宽度不宜小于 6m。垃圾焚烧厂房周围应设宽度不小于 4m 的环形消防车道，厂区主干道路面宜采用水泥混凝土或沥青混凝土，道路的荷载等级应符合现行国家标准《厂矿道路设计规范》GBJ 22 中的有关规定。

4.5.3 通向垃圾卸料平台的坡道应按国家现行标准《公路工程技术标准》JTG B01 的规定执行。为双向通行时，宽度不宜小于 7m；单向通行时，宽度不宜小于 4m。坡道中心圆曲线半径不宜小于 15m，纵坡不应大于 8%。圆曲线处道路的加宽应根据通行车型确定。

4.5.4 垃圾焚烧厂宜设置应急停车场，应急停车场可设在厂区物流出入口附近处。

4.6 绿化

4.6.1 垃圾焚烧厂的绿化布置，应符合全厂总图设计要求，合理安排绿化用地。

4.6.2 厂区的绿地率不宜大于 30%。

4.6.3 厂区绿化应结合当地的自然条件，厂区美化应选择适宜的植物。

5 垃圾接收、储存与输送

5.1 一般规定

5.1.1 垃圾接收、储存与输送系统应包括：垃圾称量设施、垃圾卸料平台、垃圾卸料门、垃圾池、垃圾抓斗起重机、除臭设施和渗沥液导排等垃圾池内的其他必要设施。

5.1.2 大件可燃垃圾较多时，可考虑在场内设置大件垃圾破碎设施。

5.2 垃圾接收

5.2.1 垃圾焚烧厂应设置汽车衡。设置汽车衡的数量应符合下列要求：

（1）特大类垃圾焚烧厂设置 3 台或以上；

（2）Ⅰ类、Ⅱ类垃圾焚烧厂设置 2～3 台；

（3）Ⅲ类垃圾焚烧厂设置 1～2 台。

5.2.2 垃圾称量系统应具有称重、记录、打印与数据处理、传输功能。

5.2.3 汽车衡规格按垃圾车最大满载重量的 1.3～1.7 倍配置，称量精度不大于 20kg。

5.2.4 垃圾卸料平台的设置，应符合下列要求：

（1）卸料平台垂直于卸料门方向的宽度应根据最大垃圾运输车的长度和车流密度确定，不宜小于 18m；

（2）应有必要的安全防护设施；

（3）应有充足的采光；

（4）应有地面冲洗、废水导排设施和卫生防护措施；

（5）应有交通指挥系统。

5.2.5 垃圾池卸料口处应设置垃圾卸料门。垃圾卸料门的设置应符合下列要求：

（1）应满足耐腐蚀、强度高、寿命长、开关灵活的性能要求；

（2）数量应以维持正常卸料作业和垃圾进厂高峰时段不堵车为原则，且不应少于 4 个；

（3）宽度不应小于最大垃圾车宽加 1.2m，高度应满足顺利卸料作业的要求；

（4）垃圾卸料门的开、闭应与垃圾抓斗起重机的作业相协调。

5.2.6 垃圾池卸料口处必须设置车挡和事故报警设施。

5.3 垃圾储存与输送

5.3.1 垃圾池有效容积宜按 5～7d 额定垃圾焚烧量确定。垃圾池净宽度不应小于抓斗最大张角直径的 2.5 倍。

5.3.2 垃圾池应处于负压封闭状态，并应设照明、消防、事故排烟及通风除臭装置。

5.3.3 与垃圾接触的垃圾池内壁和池底，应有防渗、防腐蚀措施，应平滑耐磨、抗冲击。垃圾池底宜有不小于 1%的渗沥液导排坡度。

5.3.4 垃圾池应设置垃圾渗沥液导排收集设施。垃圾渗沥液收集和输送设施应采取防渗、防腐措施，并应配置检修人员防毒装备。

5.3.5 垃圾抓斗起重机设置应符合下列要求：

（1）配置应满足作业要求，且不宜少于 2 台；

（2）应有计量功能；

（3）宜设置备用抓斗；

（4）应有防止碰撞的措施。

5.3.6 垃圾抓斗起重机控制室应有换气措施，相对垃圾池的一面应有密闭、安全防护的观察窗，观察窗的设计应有防反光、防结露及清洁措施。

6 焚烧系统

6.1 一般规定

6.1.1 垃圾焚烧系统应包括垃圾进料装置、焚烧装置、出渣装置、燃烧空气装置、辅助燃烧装置及其他辅助装置。

6.1.2 采用垃圾连续焚烧方式，焚烧线年可利用时间不应小于 8 000h。

6.1.3 焚烧系统各主要设备，应采用单元制配置方式。

6.1.4 焚烧炉设计垃圾低位热值应在对生活垃圾成分和热值的合理预测基础上确定。

6.1.5 焚烧系统设计应提供物料平衡图，物料平衡图应分别标示出下限工况、额定工况和上限工况，焚烧线各组成系统输入、输出物质的量化关系。

6.1.6 焚烧系统设计应提供焚烧炉的燃烧图，燃烧图应能反映该炉正常工作区域、短期超负荷工作区域以及助燃工作区域，并标明各工作区域的参数。

6.1.7 垃圾焚烧系统设计服务期限不应低于 20a。

6.2 垃圾焚烧炉

6.2.1 新建垃圾焚烧厂宜采用相同规格、相同型号的垃圾焚烧炉。

6.2.2 垃圾在焚烧炉内应得到充分燃烧，燃烧后的炉渣热灼减率应控制在 5%以内，二次燃烧室内的烟气在不低于 850℃的条件下滞留时间不应小于 2s。

6.2.3 垃圾焚烧炉的选择，应符合下列要求：

（1）在设计垃圾低位热值与下限低位热值范围内，应保证垃圾设计处理能力，并应适应全年内垃圾特性变化的要求；

（2）应有超负荷处理能力，垃圾进料量应可调节；

（3）正常运行期间，炉内应处于负压燃烧状态；

（4）可设置垃圾渗沥液喷入装置。

6.2.4　垃圾焚烧炉的进料装置，应符合下列要求：

（1）进料斗宜有不小于 0.5～1h 的垃圾储存量，进料口尺寸应按不小于垃圾抓斗最大张角的尺寸确定；

（2）料斗应设有垃圾搭桥破解装置；

（3）应设置垃圾料位监测或监视装置；

（4）料槽下口尺寸应大于上口尺寸，高度应能维持炉内负压，料槽宜采取冷却措施。

6.2.5　垃圾焚烧炉进料斗平台沿垃圾池侧应设置防护设施。

6.3　余热锅炉

6.3.1 余热锅炉的额定出力应根据额定垃圾处理量、设计垃圾低位热值和余热锅炉设计热效率等因素确定。

6.3.2　余热锅炉热力参数应根据热能利用方式、利用设备要求及锅炉安全运行要求确定。

6.3.3　利用余热发电的焚烧厂，余热锅炉蒸汽参数不宜低于 400℃、4MPa。

6.3.4　对于配置余热锅炉的热能利用方式，应选用自然循环余热锅炉，并应有防止烟气对余热锅炉高温和低温腐蚀的措施。

6.3.5　余热锅炉对流受热面应设置有效的清灰设施。

6.4　燃烧空气系统与装置

6.4.1　垃圾焚烧炉的燃烧空气系统应由一次空气和二次空气系统及其他辅助系统组成。

6.4.2　一次空气应从垃圾池上方抽取；进风口处应设置过滤装置。

6.4.3　当入炉垃圾低位热值小于 8 000 kJ/kg 时，应对一、二次空气进行加热，加热温度应根据入炉垃圾低位热值确定。

6.4.4　一、二次空气管道设计应选择合理的管内空气流速，管道及其连接设备的布置应有利于减小管路阻力，并应保证管道系统气密性，管材应耐腐蚀和耐老化。空气预热器后的热空气管道和管件应设热膨胀吸收装置，并应做保温。

6.4.5　一、二次风机和炉墙风机的台数应根据垃圾焚烧炉的设计要求确定。一、二次风机和焚烧炉其他所配风机不应设就地备用风机。

6.4.6　垃圾焚烧炉出口的烟气含氧量应控制在 6%～10%（体积百分数）。

6.4.7　焚烧炉一、二次空气量调节宜采取连续方式。

6.4.8　一、二次风机的最大流量，应为最大计算流量的 110%～120%，风压应有不小于 20% 的余量。

6.5　辅助燃烧系统

6.5.1　垃圾焚烧炉必须配置点火燃烧器和辅助燃烧器。配置的点火燃烧器和辅助燃烧器应能满足炉温控制的要求，且应有良好的负荷调节性能和较高的燃烧效率。燃烧器的数量和安装位置可由焚烧炉设计确定。

6.5.2　燃料的储存、供应设施应配有防爆、防雷、防静电和消防设施。

6.5.3　采用油燃料时，储油罐的数量不宜少于 2 台。储油罐总有效容积，应根据全厂使用情况和运输情况综合确定，但不应小于最大一台垃圾焚烧炉冷启动点火用油量的 1.5～2.0 倍。

6.5.4　供油泵的设置不应少于 2 台，且应有一台备用。

6.5.5 供油、回油管道应单独设置，并应在供、回油管道上没有计量装置和残油放尽装置。

6.5.6 采用气体燃料时，应有可靠的气源，燃气供应和燃烧系统的设计应满足《城镇燃气设计规范》GB 50028 的有关要求。

6.6 炉渣输送处理装置

6.6.1 炉渣处理系统应包括除渣冷却、输送、储存、除铁等设施。

6.6.2 垃圾焚烧过程产生的炉渣与飞灰应分别收集、输送、储存和处理。

6.6.3 在炉渣处理系统的关键设备附近，应设必要的检修设施和场地。

6.6.4 炉渣储存、输送和处理=艺及设备的选择，应符合下列要求：

（1）与垃圾焚烧炉衔接的除渣机，应有可靠的机械性能和保证炉内密封的措施；

（2）炉渣输送设备的输送能力应有足够裕量；

（3）炉渣储存设施的容量，宜按 3～5d 的储存量确定；

（4）应对炉渣进行磁选；

（5）炉渣宜进行综合利用。

6.6.5 漏渣应及时清理和处理。

7 烟气净化与排烟系统

7.1 一般规定

7.1.1 垃圾焚烧线必须配置烟气净化系统，并应采取单元制布置方式。

7.1.2 烟气排放指标限值应满足焚烧厂环境影响评价报告批复的要求。

7.1.3 烟气净化工艺流程的选择，应充分考虑垃圾特性和焚烧污染物产生量的变化及物理、化学性质的影响，并应注意组合工艺间的相互匹配。

7.1.4 烟气净化装置应有防止飞灰阻塞的措施，并有可靠的防腐蚀、防磨损性能。

7.2 酸性污染物的去除

7.2.1 氯化氢、氟化氢、硫氧化物、氮氧化物等酸性污染物，应选用适宜的处理工艺进行去除。

7.2.2 采用半干法工艺时，应符合下列要求：

（1）逆流式和顺流式反应器内的烟气停留时间分别不宜少于 10s 和 20s；

（2）反应器出口的烟气温度应保证在后续管路和设备中的烟气不结露；

（3）雾化器的雾化细度应保证反应器内中和剂的水分完全蒸发；

（4）应配备可靠的中和剂浆液制备和供给系统。制浆用的粉料粒度和纯度应符合设计要求。浆液的浓度应根据烟气中酸性气体浓度和反应效率确定。

7.2.3 中和剂储罐的容量宜按 4～7d 的用量设计，并应满足下列要求：

（1）储罐应设有中和剂的破拱装置和扬尘收集装置；

（2）应有料位检测和计量装置。

7.2.4 中和剂浆液输送设施的设置，应符合下列要求：

（1）中和剂浆液输送泵泵体应易拆卸清洗；泵入口端应设置过滤装置且该装置不得妨碍管路系统的正常工作；

（2）中和剂浆液输送泵应设置 2 台，其中 1 台备用；

（3）浆液输送管路中的阀门宜选择中和剂浆液不易沉积的直通式球阀、隔膜阀，不宜选择闸阀、截止阀；

（4）管道应有坡敷设，并不得出现类似存水弯的管道段；

（5）管道内，中和剂浆液流速不应低于 1.0m/s；

（6）中和剂浆液输送管道应设置便于定期清洗的管道和设备冲洗口；

（7）采用半干法、湿法去除酸性污染物的反应器，应具有防止内壁积垢和清理积垢的装置或措施；

（8）经常拆装和易堵的管段，应采用法兰连接；易堵、易磨的设备、部件宜设置旁通。

7.2.5 采用干法工艺时，应符合下列要求：

（1）中和剂喷入口的上游，应设置烟气降温设施；

（2）中和剂宜采用氢氧化钙，其品质和用量应满足系统安全稳定运行的要求；

（3）应有准确的给料计量装置；

（4）中和剂的喷嘴设计和喷入口位置确定，应保证中和剂与烟气的充分混合。

7.2.6 采用湿法工艺时，应符合下列要求：

（1）湿法脱酸设备应与除尘设备相互匹配，保证除尘效果满足要求；

（2）湿法脱酸设备的设计应使烟气与碱液有足够的接触面积和接触时间；

（3）湿法脱酸设备应具有防腐蚀和防磨损性能；

（4）应具有有效避免处理后烟气在后续管路和设备中结露的措施；

（5）应配备可靠的废水处理处置设施。

7.3 除尘

7.3.1 除尘设备的选择，应根据下列因素确定：

（1）烟气特性：温度、流量和飞灰粒度分布；

（2）除尘器的适用范围和分级效率；

（3）除尘器同其他净化设备的协同作用或反向作用的影响；

（4）维持除尘器内的温度高于烟气露点温度 20～30℃。

7.3.2 烟气净化系统必须设置袋式除尘器。

7.3.3 袋式除尘器宜采用脉冲喷吹清灰方式，并宜设置专用的压缩空气供应系统。

7.3.4 袋式除尘器的灰斗，应设有伴热措施。

7.3.5 袋式除尘器及其附属设施的设计应能保证焚烧系统启动、运行和停炉期间除尘器的安全运行。

7.4 二噁英类和重金属的去除

7.4.1 垃圾焚烧过程应采取下列控制二噁英的措施：

（1）垃圾应完全焚烧，并应严格控制二次燃烧室内焚烧烟气的温度、停留时间和气流扰动工况；

（2）应减少烟气在 200～400℃温度区的滞留时间；

（3）应设置吸附剂喷入装置。

7.4.2 采用活性炭粉作为吸附剂时，应配置活性炭粉输送、计量、防堵塞和喷入装置。活性炭储仓应有防爆措施。

7.5 氮氧化物的去除

7.5.1 应优先考虑通过垃圾焚烧过程的燃烧控制，抑制氮氧化物的产生。

7.5.2 宜设置选择性非催化还原法（SNCR）脱除氮氧化物。

7.6 排烟系统设计

7.6.1 引风机计算风量应包括下列内容：

（1）在垃圾焚烧运行中，过剩空气条件下的湿烟气量；

（2）控制烟温用的补充空气量；

（3）烟气喷水降温时水蒸气增加量；

（4）烟气净化系统投入药剂或增湿引起的烟气量的附加量；

（5）引风机前漏入系统的空气量。

7.6.2 引风机风量宜按最大计算烟气量加 15%～30%的余量确定，引风机风压余量宜为10%～20%。

7.6.3 引风机应设调速装置。

7.6.4 烟囱设置应符合现行国家标准《生活垃圾焚烧污染控制标准》GB 18485 的规定。

7.6.5 烟气管道应符合下列要求：

（1）管道内的烟气流速宜按 10～20m/s 设计。

（2）应采取吸收热膨胀及防腐、保温措施，并保持管道的气密性。

（3）连接焚烧装置与烟气净化装置的烟气管道的低点，应有清除积灰的措施。

7.6.6 排放烟气应进行在线监测。每条焚烧生产线应设置独立的在线监测系统，在线监测点的布置、监测仪表和数据处理及传输应保证监测数据真实可靠。

7.6.7 在线监测设施应能监测以下指标：烟气的流量、温度、压力、湿度、氧浓度、烟尘、氯化氢（HCl）、二氧化硫（SO_2）、氮氧化物（NO_x）和一氧化碳（CO），并宜监测氟化氢（HF）和二氧化碳（CO_2）。

7.6.8 烟气在线监测数据应传送至中央控制室，应根据在线监测结果对烟气净化系统进行控制，宜在焚烧厂显著位置设置排烟主要污染物浓度显示屏。

7.7 飞灰收集、输送与处理系统

7.7.1 飞灰收集、输送与处理系统应包括飞灰收集、输送、储存、排料、受料、处理等设施。

7.7.2 飞灰收集、储存与处理系统各装置应保持密闭状态。

7.7.3 飞灰的生成量，应根据垃圾物理成分、烟气净化系统物料投入量和焚烧垃圾量核定。

7.7.4 烟气净化系统采用干法或半干法方式脱除酸性污染物时，飞灰处理系统应采取机械除灰或气力除灰方式；采用湿法时，应将飞灰从污水中有效分离出来。

7.7.5 气力除灰系统应采取防止空气进入与防止灰分结块的措施。

7.7.6 收集飞灰用的储灰罐容量，以不少于 3d 飞灰额定产生量确定。储灰罐应设有料位指示、除尘、防止灰分板结的设施，并宜在排灰口附近设置增湿设施。

7.7.7 飞灰储存装置宜采取保温、加热措施。

7.7.8 飞灰应按危险废物处理，处理方式应选择下列两种方式之一：

（1）危险废物处理厂处理；

（2）在满足现行国家标准《生活垃圾填埋场污染控制标准》GB 16889 规定的条件下，进入生活垃圾卫生填埋场处理。

7.7.9 飞灰收集和输送系统宜采用中央控制室控制方式，飞灰储存、外运或厂内预处理系统宜采用现场控制方式。

8 垃圾热能利用系统

8.1 一般规定

8.1.1 焚烧垃圾产生的热能应进行有效利用。

8.1.2 垃圾热能利用方式应根据焚烧厂的规模、垃圾焚烧特点、周边用热条件及经济性综合比较确定。

8.1.3 利用垃圾热能发电时，应符合可再生能源电力的并网要求。利用垃圾热能供热时，应符合供热热源和热力管网的有关要求。

8.2 利用垃圾热能发电及热电联产

8.2.1 汽轮发电机组型式的选用，应根据利用垃圾热能发电或热电联产的条件确定。汽轮发电机组的数量不宜大于 2 套；机组年运行时数应与垃圾焚烧炉相匹配。

8.2.2 当设置一套汽轮机组时，汽轮机旁路系统应按汽轮机组 100%额定进汽量设置；当设置 2 套机组时，汽轮机旁路系统宜按较大一套汽轮机组：120%额定进汽量设置。

8.2.3 垃圾焚烧余热锅炉给水温度不宜大于 140℃。

8.2.4 当不设置高压加热器时，除氧器工作压力应根据余热锅炉给水温度确定。

8.2.5 汽轮发电机组的冷却方式，应结合当地水资源利用条件，并进行技术经济比较确定。对水资源贫乏的地区宜采取空冷冷却方式。

8.2.6 焚烧发电厂的热力系统中的设备与技术条件的选用，应符合下列条件：

（1）主蒸汽管道宜采用单母管制系统或分段单母管制系统。

（2）余热锅炉给水管道宜采用单母管制系统。

（3）其他设备与技术条件，应符合现行国家标准《小型火力发电厂设计规范》GB 50049 中的有关规定。

8.3 利用垃圾热能供热

8.3.1 利用垃圾热能供热的垃圾焚烧厂，应有稳定、可靠的热用户。

8.3.2 利用垃圾热能供热的垃圾焚烧厂，其热力系统中的设备与技术条件应符合现行国家标准《锅炉房设计规范》GB 50041 中的有关规定。

9 电气系统

9.1 一般规定

9.1.1 垃圾焚烧处理工程中，电气系统的一、二次接线和运行方式应首先保证垃圾焚烧处理系统的正常运行。

9.1.2 当利用垃圾焚烧热能发电并网、并接入地区电力网时，接入系统应符合电力行业的规定。

9.1.3 垃圾焚烧厂生产的电力应接入地区电力网，其接入电压等级应根据垃圾焚烧厂的建设规模、汽轮发电机的单机容量及地区电力网的具体情况，经技术经济比较后确定。有发电机电压直配线时，发电机额定电压应根据地区电力网的需要，采用 6.3kV 或 10.5kV。

9.1.4 需要由电力系统经主变压器倒送电且电压不满足厂用电条件时，经调压计算论证确有必要且技术经济合理情况下，主变压器可采用有载调压的方式。

9.1.5 发电机电压母线宜采用单母线或单母线分段接线方式。

9.1.6 利用垃圾热能发电时，发电机和励磁系统选型应分别符合现行国家标准《透平型同步电机技术要求》GB/T 7064 和《同步电机励磁系统》GB/T 7409.1～7409.3 中的有关规定。

9.1.7 高压配电装置、继电保护和安全自动装置、过电压保护、防雷和接地的技术要求，应分别符合现行国家标准《3～110kV 高压配电装置设计规范》GB 50060、《电力装置的继电保护和自动装置设计规范》GB 50062、《交流电气装置的过电压保护和绝缘配合》DL/T 620、《建筑物防雷设计规范》GB 50057 和《交流电气装置的接地》DL/T 621 中的有关规定。

9.1.8 垃圾焚烧厂的电气消防设计应符合现行国家标准《火力发电厂与变电所设计防火规范》GB 50229 和《建筑设计防火规范》GB 50016 中的有关规定。

9.1.9 在危险场所装设的电气设备（含现场仪表和控制装置），应符合现行国家标准《爆炸和火灾危险环境电力装置设计规范》GB 50058 的有关规定。

9.2 电气主接线

9.2.1 利用垃圾热能发电时，电气主接线的设计应符合现行国家标准《小型火力发电厂设计规范》GB 50049 的有关规定。

9.2.2 垃圾焚烧发电厂应至少有一条与电网连接的双向受、送电线路。当该线路发生故障时，应有能够保证安全停机和启动的内部电源或其他外部电源。

9.3 厂用电系统

9.3.1 垃圾焚烧厂厂用电接线设计应符合下列要求：

（1）高压厂用电压可采用 6kV 或 10kV。当利用余热发电时，高压厂用电压宜与发电机额定电压相同。

（2）高压厂用母线宜采用单母线接线，接于每段高压母线的垃圾焚烧炉的台数不宜大于 4 台。

（3）低压厂用母线应采用单母线接线。每条焚烧线宜由一段母线供电，并宜设置焚烧线公用段，每段母线宜由一台变压器供电。

（4）当全厂有 2 个及以上相对独立的、可互为备用的高压厂用电源时，不宜设专用高压厂用备用电源。当无发电机母线时，应从高压配电装置母线中电源可靠的低一级电压母线引接，并应保证在全厂停电情况下，能从电力系统取得足够电力。当技术经济合理时，专用备用电源也可从外部电网引接。

（5）按炉分段的低压厂用母线，其工作变压器应由对应的高压厂用母线段供电。

（6）当有发电机电压母线时，与发电机电气上直接连接的 6kV 回路中的单相接地故障电流大于 4A，或 10kV 回路中的单相接地故障电流大于 3A，且要求发电机带内部单相接地故障继续运行时，宜在厂用变压器的中性点经消弧线圈接地，或可在发电机的中性点经消弧线圈接地。

（7）发电机与主变压器为单元连接时，厂用分支上应装设断路器。

（8）接有 I 类负荷的高压和低压厂用母线，应设置备用电源。备用电源采用专用备用方式时应装设自动投入装置。备用电源采用互为备用方式时，宜手动切换。接有Ⅱ类负荷的高压和低压厂用母线，备用电源宜采用手动切换方式。Ⅲ类用电负荷可不设备用电源。

（9）厂用变压器应符合下列规定：

1）厂用变压器接线组别的选择，应使厂用工作电源与备用电源之间相位一致，接线组别宜为 D、ynll 型，低压厂用变压器宜采用干式变压器；

2）厂区高压备用变压器的容量，应根据焚烧线的运行方式或要求确定。厂区低压备用变压器的容量，应与最大一台低压厂用工作变压器容量相同；

3）低压厂用工作变压器数量为 8 台及以上时，低压厂用备用变压器可设置 2 台；

4）当技术经济合理时，应优先采用设置专用厂用备用变压器的备用方式；

5）当采用互为备用的低压厂用变压器时，不应再设置专用的低压厂用备用变压器。

（10）低压厂用电接地形式宜采用 TN-C-S 或 TN-S 系统，室外路灯配电系统的接地形式宜采用 TT 系统。

（11）高低压厂用电源的正常切换宜采用手动并联切换。在确认切换的电源合上后，应尽快手动断开或自动连锁切除被解列的电源。在需要的情况下，高压厂用电源与备用电源的切换操作应设置同期闭锁。

（12）锅炉和汽轮发电机用的电动机，应分别连接到与其相应的高压和低压厂用母线上。互为备用的重要负荷，也可采用交叉供电的方式。对于工艺上有连锁要求的 I 类电动机，应接于同一电源通道上。I 类公用负荷不应接在同一母线段上。

（13）发电厂应设置固定的交流低压检修供电网络，并应在各检修现场装设检修电源箱，检修电源箱应设置漏电保护。

9.3.2 直流系统设计应符合国家现行标准《电力工程直流系统没计技术规程》DL/T 5044 中的有关规定。垃圾焚烧厂宜装设一组蓄电池。蓄电池组的电压宜采用 220V，接线方式宜采用单母线或单母线分段。

9.4 二次接线及电测量仪表装置

9.4.1 二次接线及电测量仪表装置设计应符合国家现行标准《火力发电厂、变电所二次接线设计技术规程》DL/T 5136、《电力装置的继电保护和自动装置设计规范》GB 50062、《电测量及电能计量装置设计技术规程》DL/T 5137 及《电力装置的电气测量仪表装置设计规范》GB 50663 中的有关规定。

9.4.2 电气网络的电气元件控制宜采用计算机监控系统。控制室的电气元件控制，宜采用与工艺自动化控制相同的控制水平及方式。

9.4.3 6kV 或 10kV 室内配电装置到各用户的线路和供辅助车间的厂用变压器，宜采用就地控制方式。

9.4.4 采用强电控制时，控制回路应设事故报警装置。断路器控制回路的监视，宜采用灯光或音响信号。

9.4.5 隔离开关与相应的断路器和接地刀闸应设连锁装置。

9.4.6 备用电源自动投入装置的接线原则应符合下列规定：

（1）宜采用慢速自动切换，应保证工作电源断开后，方可投入备用电源。

（2）厂用母线保护动作及工作分支断路器过电流保护动作发生时，工作电源断路器由手动分闸或 DCS 分闸时，应闭锁备用电源自动投入装置。

（3）工作电源供电侧断路器跳闸时，应联动其负荷侧断路器跳闸。

（4）装设专门的低电压保护，当厂用工作母线电压降低至 25%额定电压以下，备用电源电压在 70%额定电压以上时，应自动断开工作电源负荷侧断路器。

（5）应设有切除备用电源自投功能的选择开关。

（6）备用电源自动投入装置应保证只动作一次。

（7）当高压厂用电系统由 DCS 控制时，事故切换应采用专门的自动切换装置来完成。

9.4.7 与电力网连接的双向受、送电线路的出口处应设置能满足电网要求的四相限关口电度表。

9.5 照明系统

9.5.1 照明设计应符合现行国家标准《建筑照明设计标准》GB 50034 中的有关规定。

9.5.2 正常照明和事故照明应采用分开的供电系统，并宜采用下列供电方式：

（1）当低压厂用电系统的中性点为直接接地系统时，正常照明电源应由动力和照明网络共用的低压厂用变压器供电。事故照明宜由蓄电池组或与直流系统共用蓄电池组的交流不停电电源供电。

（2）垃圾焚烧厂房的主要出入口、通道、楼梯间以及远离垃圾焚烧主厂房的重要工作场所的事故照明，可采用自带蓄电池的应急灯。

（3）生产工房内安装高度低于 2.2m 的照明灯具及热力管沟、电缆通道内的照明灯具，宜采用 24V 电压供电。当采用 220V 供电时，应有防止触电的措施。

（4）手提灯电压不应大于 24V，在狭窄地点和接触良好金属接地面上工作时，手提灯电压不应大于 12V。

9.5.3 烟囱上应装设飞行标志障碍灯，并应符合焚烧厂所在地航管部门的要求。

9.5.4 锅炉钢平台应设置保证疏散用的应急照明，正常照明可采用装设在钢平台顶端的大功率气体放电灯。

9.5.5 照明灯具应采用发光效率较高的灯具，环境温度较高的场所宜采用耐高温的灯具。锅炉房、灰渣间的照明灯具，防护等级不应低于 IP54。渗沥液集中的场所应采用防爆设计，防爆设计应符合现行国家标准《爆炸和火灾危险环境电力装置设计规范》GB 50058、《爆炸性气体环境用电气设备》GB 3836 及《可燃性粉尘环境用电气设备》GB 12476 中的有关规定。有化学腐蚀性物质的环境，应进行防腐设计。

9.6 电缆选择与敷设

9.6.1 电缆选择与敷设，应符合现行国家标准《电力工程电缆设计规范》GB 50217 的有关规定。

9.6.2 垃圾焚烧厂房及辅助厂房电缆敷设，应采取有效的阻燃、防火封堵措施。易受外部着火影响区段的电缆，应采取防火阻燃措施，并宜采用阻燃电缆。

9.6.3 同一路径中，全厂公用重要负荷回路的电缆应采取耐火分隔，或采取分别敷设在互相独立的电缆通道中的措施。

9.6.4 电缆夹层不应有热水管道和蒸汽管道进入。电缆建（构）筑物中，严禁有可燃气、油管穿越。

9.7 通信

9.7.1 厂区通信设备所需电源宜与系统通信装置合用电源。

9.7.2 利用垃圾热能发电并与地区电力网联网时，是否装设为电力调度服务的专用通信设施，应与当地供电部门协调。

10 仪表与自动化控制

10.1 一般规定

10.1.1 垃圾焚烧厂的自动化控制，必须适用、可靠、先进，应根据垃圾焚烧设施特点进行设计。应满足设施安全、经济运行和防止对环境二次污染的要求。

10.1.2 垃圾焚烧厂的自动化控制系统，应采用成熟的控制技术和可靠性高、性能价格比适宜的设备和元件。设计中采用的新产品、新技术，应有在垃圾焚烧厂成功运行的经验。

10.1.3 现场布置的控制设备应根据需要采取必要的防护措施。

10.2 自动化水平

10.2.1 垃圾焚烧处理应有较高的自动化水平，应能在少量就地操作和巡回检查配合下，在中央控制室由分散控制系统实现对垃圾焚烧线、垃圾热能利用及辅助系统的集中监视、分散控制等。

10.2.2 垃圾焚烧厂的自动化控制系统，宜包括焚烧线控制系统、热力与汽轮发电机组控制系统、车辆管制系统、公用工程控制系统和其他必要的控制系统。

10.2.3 对不影响整体控制系统的辅助装置，可设就地控制柜，但重要信息应送至主控系统。

10.2.4 焚烧线的重要环节及焚烧厂的重要场合，应没置现场工业电视监视系统。

10.2.5 垃圾焚烧厂的自动化控制系统应设置独立于主控系统的紧急停车系统。

10.2.6 可建立管理信息系统（MIS）和厂级监控信息系统（SIS）系统。

10.3 分散控制系统

10.3.1 垃圾焚烧厂的热力系统、发电机一变压器组、厂用电源的监视及程序控制，应进行集中监视管理和分散控制。焚烧线的控制系统可由设备供货商提供独立控制系统，但应与中央控制室的分散控制系统通信，实现集中监控。

10.3.2 分散控制系统的功能，应包括数据采集和处理、模拟量控制、顺序控制及热工保护。

10.3.3 分散控制系统的中央处理器、通信总线、电源，应有冗余配置；监控级应具有互为热备的操作员站，控制级应有冗余配置的控制站。

10.3.4 垃圾焚烧厂的自动化控制系统应设置独立于分散控制系统的紧急停车系统。

10.3.5 分散控制系统的响应时间应能满足设施安全运行和事故处理的要求。

10.4 检测与报警

10.4.1 垃圾焚烧厂的检测，应包括下列内容：

（1）主体设备和工艺系统在各种工况下安全、经济运行的参数；

（2）辅机的运行状态；

（3）电动、气动和液动阀门的启闭状态及调节阀的开度；

（4）仪表和控制用电源、气源、液动源及其他必要条件的供给状态和运行参数；

（5）必要的环境参数。

10.4.2 渗沥液池、燃气调压间或液化气瓶组间，应设置可燃气体检测报警装置。

10.4.3 渗沥液池间可燃气体检测宜采用抽取法。

10.4.4 重要检测参数应选用双重化的输入接口。

10.4.5 测量油、水、蒸汽、可燃气体等的一次仪表不应引入控制室。

10.4.6 对于水分、灰尘较大的烟风介质，以接触式检测其参数（流量）的仪表宜设置吹扫装置。

10.4.7 垃圾焚烧厂的报警应包括下列内容：

（1）工艺系统主要工况参数偏离正常运行范围；

（2）保护和重要的连锁项目；

（3）电源、气源发生故障；

（4）监控系统故障；

（5）主要电气设备故障；

（6）辅助系统及主要辅助设备故障。

10.4.8 重要工艺参数报警的信号源，应直接引自一次仪表。

10.4.9 对重要参数的报警可设光字牌报警装置。当设置常规报警系统时，其输入信号不应取自分散控制系统的输出。报警器应具有闪光、音响、人工确认、试灯、试音功能。

10.4.10 分散控制系统功能范围内的全部报警项目应能在显示器上显示并打印输出，在机组启停过程中应抑制虚假报警信号。

10.5 保护和连锁

10.5.1 保护系统应有防误动、拒动措施，并应有必要的后备操作手段。保护系统输出的操作指令应优先于其他任何指令，保护回路中不应设置供运行人员切、投保护的任何操作设备。

10.5.2 主体设备和工艺系统的重要保护动作原因，应设事件顺序记录和事故追忆功能。

10.5.3 主体设备和工艺系统保护范围及内容，应按现行国家标准《小型火力发电厂设计规范》GB 50049 的有关规定确定。

10.5.4 各工艺系统、设备保护用的接点宜单独设置发讯元件，不宜与报警等其他功能合用。重要保护的一次元件应多重化，直接用于停炉、停机保护的信号，宜按“三取二”方式选取。

10.5.5 当采用继电器系统或分散控制系统执行保护功能时，保护动作响应时间应满足设备安全运行和事故处理的要求。保护系统应有独立的输入/输出（I/O）通道和电隔离措施，并宜冗余配置，冗余的 I/O 信号应通过不同的 I/O 模件引入；机组跳闸命令不应通过通信总线传送。

10.6 自动控制

10.6.1 开关量控制的功能应满足机组的启动、停止及正常运行工况的控制要求，并应能实现机组在事故和异常工况下的控制操作。

10.6.2 顺序控制方式应由工艺及运行要求决定，应满足工艺过程控制要求。

10.6.3 顺序控制系统应设有工作状态显示及故障报警信号。顺序控制在自动进行期间，发生任何故障或运行人员中断时，应使工艺系统处于安全状态。

10.6.4 经常运行并设有备用的水泵、油泵、风机，或根据参数控制的水泵、油泵、风机、电动门、电磁阀门，应设有连锁功能。

10.6.5 对于不具备顺序控制条件的设备，应由控制系统的软手操实现远程控制。

10.6.6 模拟量控制的主要内容应根据垃圾焚烧厂的规模、各工艺系统设置情况、自动化水平的要求、主、辅设备的控制特点及机组的可控性等确定。

10.6.7 模拟量控制系统应能满足机组正常运行的控制要求，并应考虑在机组事故及异常工况下与相关连锁保护协同控制的措施。

10.6.8 重要模拟量控制项目的变送器宜双重或三重化设置。

10.6.9 受控对象应设置手动、自动操作手段及相应的状态显示，并应为双向无扰动切换。

10.7 电源、气源与防雷接地

10.7.1 仪表和控制系统用电源应配置不间断电源（UPS）。其供电电源负荷不应超过60%，电压等级不应大于220V，不间断时间宜维持30～60min，应引自互为备用的两路专用的独立电源并能互相自动切换；热力配电箱应设两路380V/220V电源进线。

10.7.2 就地控制盘应设盘外照明，有人值班时还应设盘外事故照明。柜式盘应设盘内检修照明。

10.7.3 采用气动仪表时，气源品质和压力应符合现行国家标准《工业自动化仪表用气源压力范围和质量》GB 4830中的有关规定。

10.7.4 仪表气源应有专用储气罐。储气罐容量应能维持10～15min的耗气量。仪表气源的耗气量应按总仪表额定耗气量的2倍计算。

10.7.5 垃圾焚烧厂仪表与控制系统的防雷应符合现行国家标准《建筑物电子信息系统防雷技术规范》GB 50343中的有关规定。

10.7.6 电气设备外壳、不要求浮空的盘台、金属桥架、铠装电缆的铠装层等应设保护接地，保护接地应牢固可靠，不应串联接地。

各计算机系统内不同性质的接地，应分别通过稳定可靠的总接地板（箱）接地，其接地网按计算机厂家的要求设计。

计算机信号电缆屏蔽层必须接地。

10.7.7 在危险场所装设的电气设备、现场仪表、控制装置，应符合现行国家标准《爆炸和火灾危险环境电力装置设计规范》GB 50058的有关规定。

10.8 中央控制室

10.8.1 垃圾焚烧厂控制室的设计应符合现行国家标准《小型火力发电厂设计规范》GB 50049的有关规定。

10.8.2 全厂宜设一个中央控制室及电子设备间，中央控制室和电子设备间下面可设电缆夹层，其与主厂房相邻部分应封闭；在主厂房内可设仪表检修间。控制室内的通风和空气调节应符合相关标准的要求。

11 给水排水

11.1 给水

11.1.1 垃圾焚烧余热锅炉补给水的水质，可按现行国家有关锅炉给水标准中相应高一等级确定。

11.1.2 厂内给水工程设计应符合现行国家标准《室外给水设计规范》GB 50013和《建筑给水排水设计规范》GB 50015的规定。

11.1.3 生活用水宜采用独立的供水系统，生活饮用水应符合现行国家标准《生活饮用水卫生标准》GB 5749的水质要求，用水标准及定额应符合现行国家标准《建筑给水排水设计规范》GB 50015的规定。

11.2 循环冷却水系统

11.2.1 垃圾焚烧厂设备冷却水系统的设计应符合现行国家标准《工业循环冷却水设计规范》GB/T 50102 和《工业循环冷却水处理设计规范》GB 50050 的有关规定。

11.2.2 垃圾焚烧厂循环冷却水水源宜使用自然水体，条件许可的可使用市政再生水。

11.2.3 水源选择时应对水源地、水质、水量进行勘察。

11.2.4 当水源为地表水时，设计枯水量的保证率不应小于 95%。当采用地下水为水源时，应设备用水源井，备用井的数量宜为取水井数量的 20%；取用水量不应超过枯水年或连续枯水年允许的开采量。

11.2.5 原水处理系统的工艺流程选择应根据原水水质、工艺生产要求与浓缩倍数确定。

11.2.6 原水处理系统过滤部分的处理能力宜包含循环水系统的旁流水量。

11.2.7 原水处理系统出水宜消毒，消毒剂的投加量应满足循环冷却水水质的要求。

11.2.8 循环冷却水补充水水质应根据设备冷却水水质要求确定。循环冷却水水质应符合表 11.2.8 的要求。

表 11.2.8 循环冷却水水质标准

序号	项 目	标准值	备注
1	pH	6.5～9.5	
2	SS（mg/L）	≤20	
3	Ca^{2+}（mg/L）	30～200	
4	Fe^{2+}（mg/L）	≤0.5	
5	铁和锰（总铁量）（mg/L）	0.2～0.5	
6	Cl^-（mg/L）	≤1 000	
7	SO_4^{2-}（mg/L）	≤1 500	$SO_4^{2-}+Cl^-$
8	硅酸（mg/L）	≤175	
	Mg^{2+}与 SiO_2 的乘积（mg/L）	＜15 000	
9	石油类（mg/L）	≤5	
10	含盐量（μS/cm）	≤1 500	
11	总硬度（以碳酸钙计）（mg/L）	≤450	
12	总碱度（以碳酸钙计）（mg/L）	≤500	
13	氨氮（mg/L）	＜1	
14	S^{2-}	≤0.02	
15	溶解氧	＜4	
16	游离余氧	0.5～1	

11.3 排水及废水处理

11.3.1 厂内排水工程设计应符合现行国家标准《室外排水设计规范》GE 50014 和《建筑给水排水设计规范》GB 50015 的规定。

11.3.2 生活垃圾焚烧厂室外排水系统应采用雨污分流制。在缺水或严重缺水地区，宜设置雨水利用系统。

11.3.3 雨水量设计重现期应符合现行国家标准《室外排水设计规范》GB 50014 的有关规定。

11.3.4 垃圾焚烧厂宜设置生产废水复用系统。

11.3.5 应设置渗沥液收集池储存来自垃圾池的渗沥液，渗沥液收集池在室内布置时应设强制排风系统，收集池内的电气设备应选防爆产品。

11.3.6 垃圾焚烧厂所产生的垃圾渗沥液在条件许可时可回喷至焚烧炉焚烧；当不能回喷

焚烧时，焚烧厂应设渗沥液处理系统。

11.3.7 废水处理系统宜设置异味控制和处理系统。

12 消防

12.1 一般规定

12.1.1 垃圾焚烧厂应设置室内、室外消防系统，并应符合现行国家标准《建筑设计防火规范》GB 50016、《火力发电厂与变电站设计防火规范》GB 50229 和《建筑灭火器配置设计规范》GB50140 的有关规定。

12.1.2 油库及油泵房消防设施应符合现行国家标准《石油库设计规范》GB 50074 的有关规定。

12.1.3 焚烧炉进料口附近，宜设置水消防设施。

12.1.4 Ⅱ类及以上垃圾焚烧厂的消防给水系统宜采用独立的消防给水系统。

12.2 消防水炮

12.2.1 垃圾池间的消防设施宜采用固定式消防水炮灭火系统，其设置应符合现行国家标准《固定消防炮灭火系统设计规范》GB 50338 的要求，消防水炮应能实现自动或远距离遥控操作。

12.2.2 垃圾池间固定消防水炮设计消防水量不应小于 60 L/s，延续时间不应小于 1h。

12.2.3 消防水炮室内供水系统宜采用独立的供水管网，其管网应布置成环状。

12.2.4 消防水炮室内供水系统应有不少于 2 条进水管与室外环状管网连接。当管网的 1 条进水管发生事故时，其余的进水管应能供给全部的消防水量。

12.2.5 消防水炮给水系统室内配水管道宜采用内外壁热镀锌钢管，管道连接应采用沟槽式连接件或法兰。

12.2.6 消防水炮的布置要求系统动作时整个垃圾池间内的任意位置均应同时被水柱覆盖；消防水炮的设置不应妨碍垃圾给料装置的运行；消防水炮设置场所应有设施维修通道。

12.2.7 暴露于垃圾池间内的消防水炮及其他消防设施的电机应采用防爆型电机。

12.3 建筑防火

12.3.1 垃圾焚烧厂房的生产类别应为丁类，建筑耐火等级不应低于二级。

12.3.2 垃圾焚烧炉采用轻柴油燃料启动点火及辅助燃料时，日用油箱间、油泵间应为丙类生产厂房，建筑耐火等级不应低于二级。布置在厂房内的上述房间，应设置防火墙与其他房间隔开。

12.3.3 垃圾焚烧炉采用气体燃料作为点火及辅助燃料时，燃气调压间应为甲类生产厂房，其建筑耐火等级不应低于二级，并应符合现行国家标准《城镇燃气设计规范》GB 50028 的有关规定。

12.3.4 垃圾焚烧厂房地上部分的防火分区的允许建筑面积不宜大于 4 条焚烧线的建筑面积，地下部分不应大于一条焚烧线的建筑面积。汽轮发电机组间与焚烧间合并建设时，应采用防火墙分隔。

12.3.5 设置在垃圾焚烧厂房的中央控制室、电缆夹层和长度大于 7m 的配电装置室，应设两个安全出口。

12.3.6 垃圾焚烧厂房的疏散楼梯梯段净宽不应小于 1.1m，疏散走道净宽不应小于 1.4m，疏散门的净宽不应小于 0.9m。

12.3.7 疏散用的门及配电装置室和电缆夹层的门，应向疏散方向开启；当门外为公共走道或其他房间时，应采用丙级防火门。配电装置室的中间门，应采用双向弹簧门。

12.3.8 垃圾焚烧厂房内部的装修设计，应符合现行国家标准《建筑内部装修设计防火规范》GB 50222 的有关规定。

12.3.9 中央控制室、电子设备间、各单元控制室及电缆夹层内，应设消防报警和消防设施，严禁汽水管道、热风道及油管道穿过。

13 采暖通风与空调

13.1 一般规定

13.1.1 垃圾焚烧厂各建筑物冬、夏季负荷计算的室外计算参数，应符合现行国家标准《采暖通风与空气调节设计规范》GB 50019 的有关规定。

13.1.2 设置采暖的各建筑物冬季采暖室内计算温度，应按下列规定确定：

（1）焚烧间、烟气净化间、垃圾卸料平台应为 5～10℃；

（2）渗沥液泵间、灰浆泵间应为 5～10℃；

（3）中央控制室、垃圾抓斗起重机控制室、化验室、试验室应为 18℃；

（4）垃圾制样间、石灰浆制备间应为 16℃。

其他建筑物冬季采暖室内计算温度，应符合现行国家标准《小型火力发电厂设计规范》GB 50049 的有关规定。

13.1.3 当工艺无特殊要求时，车间内经常有人工作地点的夏季空气温度应符合表 13.1.3 的规定。

表 13.1.3 工作地点的夏季空气温度 单位：℃

夏季通风室外计算温度	≤22	23	24	25	26	27	28	29～32	≥33
允许温度	10	9	8	7	6	5	4	3	2
工作地点温度	≤32	32						33～35	35

注：当受条件限制，在采用通风降温措施后仍不能达到本表要求时，允许温差可加大 1～2℃。

13.1.4 采暖热源采用单台汽轮机抽汽时，应设有备用热源。

13.2 采暖

13.2.1 垃圾焚烧厂房的采暖热负荷，宜按室内温度加 5℃计算，但不应计算设备散热量。

13.2.2 建筑物的采暖设计应符合现行国家标准《采暖通风与空气调节设计规范》GB 50019 的有关规定。

13.2.3 建筑物的采暖散热器宜选用易清扫并具有防腐性能的产品。

13.3 通风

13.3.1 建筑物的通风设计应符合现行国家标准《小型火力发电厂设计规范》GB 50049 的有关规定。

13.3.2 垃圾焚烧厂房的通风换气量应按下列要求确定：

（1）焚烧间应只计算排除余热量；

（2）汽机间应同时计算排除余热量和余湿量；

（3）确定焚烧厂房的通风余热，可不计算太阳辐射热。

13.4 空调

13.4.1 建筑物的空调设计应符合现行国家标准《采暖通风与空气调节设计规范》GB 50019的有关规定。

13.4.2 中央控制室、垃圾抓斗起重机控制室宜设置空调装置。

13.4.3 机械通风不能满足工艺对室内温度、湿度要求的房间，应设空调装置。

14 建筑与结构

14.1 建筑

14.1.1 垃圾焚烧厂的建筑风格、整体色调应与周围环境相协调。厂房的建筑造型应简洁大方，经济实用。厂房的平面布置和空间布局应满足工艺设备的安装与维修的要求。

14.1.2 厂房各作业区应合理分隔，应组织好人流和物流线路，避免交叉；操作人员巡视检查路线应组织合理；竖向交通路线顺畅、避免重复。

14.1.3 厂房的围护结构应满足基本热工性能和使用的要求。

14.1.4 建筑抗震设计应符合现行国家标准《建筑抗震设计规范》GB 50011的有关规定。垃圾焚烧厂房楼（地）面的设计，除满足工艺的使用要求外，应符合现行国家标准《建筑地面设计规范》GB 50037的有关规定。对腐蚀介质侵蚀的部位，应根据现行国家标准《工业建筑防腐蚀设计规范》GB 50046，采取相应的防腐蚀措施。

14.1.5 垃圾焚烧厂房宜采用包括屋顶采光和侧面采光在内的混合采光，其他建筑物宜利用侧窗天然采光。厂房采光设计应符合现行国家标准《建筑采光设计标准》GB 50033 的有关规定。

14.1.6 垃圾焚烧厂房宜采用自然通风，窗户设置应避免排风短路，并有利于组织自然风。

14.1.7 严寒地区的建筑结构应采取防冻措施。

14.1.8 大面积屋盖系统宜采用钢结构，并应符合现行国家标准《屋面工程技术规范》GB 50345 的有关规定。屋顶承重结构的结构层及保温（隔热）层应采用非燃烧体材料；设保温层的屋面，应有防止结露与水汽渗透的措施，并应符合现行国家标准《建筑设计防火规范》GB 50016的有关规定。

14.1.9 中央控制室和其他必需的控制室应设吊顶。

14.1.10 垃圾池内壁和池底的饰面材料应满足耐腐蚀、耐冲击荷载、防渗水等要求，外壁及池底应作防水处理。

14.1.11 垃圾池间与其他房间的连通口及屋顶维护结构，应采取密闭处理措施。

14.2 结构

14.2.1 垃圾焚烧厂的结构构件应根据承载能力极限状态及正常使用极限状态的要求，按国家现行有关标准规定的作用（荷载）对结构的整体进行作用（荷载）效应分析，结构或构件按使用工况分别进行承载能力及稳定、疲劳、变形、抗裂及裂缝宽度计算和验算；处于地震区的结构，尚应进行结构构件抗震的承载力计算。

14.2.2 垃圾焚烧厂房框排架柱的允许变形值，应符合下列规定：

（1）吊车梁顶面标高处，由一台最大吊车水平荷载标准值产生的计算横向变形值，当按平面结构图形计算时，不应大于 $H_t/1\ 250$，当按空间结构图形计算时，不应大于 $H_t/2\ 000$。

（2）无吊车厂房柱顶高度大于或等于 30m 时，风荷载作用下柱顶位移不宜大于 H/550，地震作用下柱顶位移不宜大于 H/500；柱顶高度小于 30m 时，风荷载作用下柱顶位移不宜大于 H/500，地震作用下柱顶位移不宜大于 H/450。

14.2.3 垃圾焚烧厂房和垃圾热能利用厂房的钢筋混凝土或预应力混凝土结构构件的裂缝控制等级，应根据现行国家标准《混凝土结构设计规范》GB 50009 中规定的环境类别选用。

14.2.4 柱顶高度大于 30m，且有重级工作制起重机厂房的钢筋混凝土框架结构，和框架-剪力墙结构中的框架部分，其抗震等级宜按照相应的抗震等级规定提高一级。

14.2.5 地基基础的设计，应按现行国家标准《建筑地基基础设计规范》GB 50007 的有关规定进行地基承载力和变形计算，必要时尚应进行稳定性计算。

14.2.6 垃圾焚烧厂的烟囱设计，应符合现行国家标准《烟囱设计规范》GB 50051 的规定。

14.2.7 垃圾抓斗起重机和飞灰抓斗起重机的吊车梁应按重级工作制设计。

14.2.8 垃圾池应采用钢筋混凝土结构，并应进行强度计算和抗裂度或裂缝宽度验算，在地下水位较高的地区应进行抗浮验算。

14.2.9 垃圾焚烧厂厂房应根据建筑物、构筑物的体形、长度、重量及地基的情况设置变形缝，变形缝的设置部位应避开垃圾池、渣池和垃圾焚烧炉体。垃圾池不宜设置变形缝，当平面长度大于相应规范的允许值时，应设置后浇带或采取其他有效措施以消除混凝土收缩变形的影响。

14.2.10 垃圾焚烧厂主厂房、垃圾焚烧锅炉基座、汽轮发电机组基座和烟囱，应设沉降观测点。

14.2.11 卸料平台的室外运输栈桥的主梁设计，应符合国家现行标准《公路钢筋混凝土及预应力混凝土桥涵设计规范》JTGD 62 的有关规定。

14.2.12 楼地面均布活荷载取值应根据设备、安装、检修、使用的工艺要求确定，同时应满足现行国家标准《建筑结构荷载规范》GB 50009 的有关规定。垃圾焚烧厂的一般性生产区域的活荷载也可按表 14.2.12 采用。

表 14.2.12 一般性生产区域的均布活荷载标准值

序号	名 称	标准值/（kN/m^2）
1	烟气净化区平台	8～10
2	垃圾焚烧炉楼面	8～12
3	垃圾焚烧炉地面	10
4	除氧器层楼面	4
5	垃圾卸料平台	15～20
6	汽机间集中检修区域地面	15～20
7	汽机间其他地面	10
8	汽轮发电机检修区域楼板和汽机基础平台	10～15
9	汽轮发电机岛中间平台	4
10	中央控制室	4
11	10kV 及 10kV 以下开关室楼面	4～7

序号	名　称	标准值/（kN/m^2）
12	35kV 开关室楼面	8
13	110kV 开关室楼面	8～10
14	化验室	3

注：1 表中未列的其他活荷载应按现行国家标准《建筑结构荷载规范》GB 50009 的规定采用。

2 表中不包括设备的集中荷载。

3 当设备荷载按静荷载计算时，以安装和检修荷载为主的平台活荷载，对主梁、柱和基础可取折减系数 0.70～0.85，但折减后的活荷载标准值不应小于 $4kN/m^2$，地基沉降计算时，该活荷载的准永久值系数可取 0。

4 垃圾卸料平台的均布荷载值，只适用于初步设计估算。在施工图详细设计时，应根据实际的垃圾运输车辆的最大载荷，按照最不利分布和组合计算。

15 其他辅助设施

15.1 化验

15.1.1 垃圾焚烧厂应设置化验室，并应定期对垃圾热值、各类油品、蒸汽、水以及污水进行化验和分析。

15.1.2 化验室所用仪器的规格、数量及化验室的面积，应根据焚烧厂的运行参数、规模等条件确定。

15.2 维修及库房

15.2.1 维修间应具有全厂设备日常维护、保养与小修任务及工厂设施突发性故障时作为应急措施的功能。

15.2.2 维修间应配备必需的金工设备、机械工具、搬运设备和备用品、消耗品。

15.2.3 金属、非金属材料库以及备品备件，应与油料、燃料库，化学品库房分开设置。危险品库房应有抗震、消防、换气等措施。

15.3 电气设备与自动化试验室

15.3.1 厂区不宜设变压器检修间，但应为变压器就地或附近检修提供必要条件。

15.3.2 电气试验室设计应满足电测量仪表、继电器、二次接线和继电保护回路的调试与电测量仪表、继电器等机件修理的要求。

15.3.3 自动化试验室的设备配置，应满足对工作仪表进行维修与调试的需要。

15.3.4 自动化试验室不应布置在振动大、多灰尘、高噪声、潮湿和强磁场干扰的地方。

16 环境保护与劳动卫生

16.1 一般规定

16.1.1 垃圾焚烧过程中产生的烟气、灰渣、恶臭、废水、噪声及其他污染物的防治与排放，应符合国家现行的环境保护法规和标准的有关规定。

16.1.2 垃圾焚烧厂建设应贯彻执行《中华人民共和国职业病防治法》，焚烧厂工作环境和条件应符合《工业企业设计卫生标准》GBZ 1 和《工作场所有害因素职业接触限值》GBZ 2 的要求。

16.1.3 应根据污染源的特性和污染物产生量制定垃圾焚烧厂的污染物治理措施。

16.2 环境保护

16.2.1 烟气污染物的种类应按表 16.2.1 分类。

表 16.2.1 烟气中污染物分类

类别	污染物名称	符　号
尘	颗粒物	PM
酸性气体	氯化氢	HCl
	硫氧化物	SO_x
	氮氧化物	NO_x
	氟化氢	HF
	一氧化碳	CO
重金属	汞及其化合物	Hg 和 Hg^{2+}
	铅及其化合物	Pb 和 Pb^{2+}
	镉及其化合物	Cd 和 Cd^{2+}
	其他重金属及其化合物	包括 Cu、Mg、Zn、Ca、Cr 等和非金属 As 及其化合物
有机类	二噁英	PCDDs（Dioxin）
	呋喃	PCDFs（Furan）
	多氯联苯	Co-PCB_5
	多环芳香烃、氯苯和氯酚等其他有机碳	TOC

16.2.2　对焚烧工艺过程应进行严格控制，抑制烟气中各种污染物的产生。对烟气必须采取有效处理措施，并应符合现行国家标准《生活垃圾焚烧污染控制标准》GB 18485 的规定。

16.2.3　垃圾焚烧厂的生活废水应经过处理后回用。回用水质应符合国家现行标准《城市污水再生利用　城市杂用水水质》GB/T 18920 的有关规定。当废水需直接排入水体时，其水质应符合现行国家标准《污水综合排放标准》GB 8978 的要求。

16.2.4　垃圾渗沥液排入城市污水管网时，应按排入城市污水管网的标准要求，对垃圾渗沥液进行预处理。

16.2.5　灰渣处理必须采取有效的防止二次污染的措施。

16.2.6　当炉渣具备利用条件时，应采取有效的再利用措施。

16.2.7　垃圾焚烧厂的噪声治理应符合现行国家标准《声环境质量标准》GB 3096 和《工业企业厂界环境噪声排放标准》GB 12348 的有关规定。对建筑物的直达声源噪声控制，应符合现行国家标准《工业企业噪声控制设计规范》GBJ 87 的有关规定。

16.2.8　垃圾焚烧厂的噪声治理，首先应对噪声源采取必要的控制措施。厂区内各类地点的噪声宜采取以隔声为主，辅以消声、隔振、吸声综合治理措施。

16.2.9　垃圾焚烧厂恶臭污染物控制与防治，应符合现行国家标准《恶臭污染物排放标准》GB 14554 的有关规定。

16.2.10　焚烧线运行期间，应采取有效控制和治理恶臭物质的措施。焚烧线停止运行期间，应有防止恶臭扩散到周围环境中的措施。

16.3　职业卫生与劳动安全

16.3.1　垃圾焚烧厂的劳动卫生，应符合现行国家标准《工业企业设计卫生标准》GBZ 1 的有关规定。

16.3.2　垃圾焚烧厂建设应采用有利于职业病防治和保护劳动者健康的措施。应在有关的设备醒目位置设置警示标识，并应有可靠的防护措施。在垃圾卸料平台等场所，应采取换气、除臭、灭蚊蝇及必要的消毒等措施。

16.3.3 职业病防护设备、防护用品应确保处于正常工作状态，不得擅自拆除或停止使用。

16.3.4 垃圾焚烧厂建设应有职业病危害与控制效果可行性评价。

16.3.5 垃圾焚烧厂应采取劳动安全措施。

17 工程施工及验收

17.1 一般规定

17.1.1 建筑、安装工程应符合施工图设计文件、设备技术文件的要求。

17.1.2 施工安装使用的材料、预制构件、器件应符合相关的国家现行标准及设计要求，并取得供货商的合格证明文件。严禁使用不合格产品。

17.1.3 余热锅炉的安装单位，必须持有省级技术质量监督机构颁发的与锅炉级别安装类型相符合的安装许可证。其他设备安装单位应有相应安装资质。

17.1.4 对工程的变更、修改应取得设计单位的设计变更文件后再进行施工。

17.1.5 在余热锅炉安装过程中发现受压部件存在影响安全使用的质量问题时，必须停止安装。

17.2 工程施工及验收

17.2.1 施工准备应符合下列要求：

（1）应具有经审核批准的施工图设计文件和设备技术文件，并有施工图设计交底记录。

（2）施工用临时建筑、交通运输、电源、水源、气（汽）源、照明、消防设施、主要材料、机具、器具等应准备充分。

（3）施工单位应编制施工方案，并应通过审查。

（4）应合理安排施工场地。

（5）设备安装前，除必须交叉安装的设备外，土建工程墙体、屋面、门窗、内部粉刷应基本完工，设备基础地坪、沟道应完工，混凝土强度应达到不低于设计强度的75%。用建筑结构作起吊或搬运设备承力点时，应核算结构承载力，以满足最大起吊或搬运的要求。

（6）应符合设备安装对环境条件的要求，否则应采取相应满足安装条件的措施。

17.2.2 设备材料的验收应包括下列内容：

（1）到货设备、材料应在监理单位监督下开箱验收并作记录：

1）箱号、箱数、包装情况；

2）设备或材料名称、型号、规格、数量；

3）装箱清单、技术文件、专用工具；

4）设备、材料时效期限；

5）产品合格证书。

（2）检查的设备或材料符合供货合同规定的技术要求，应无短缺、损伤、变形、锈蚀。

（3）钢结构构件应有焊缝检查记录及预装检查记录。

17.2.3 设备、材料保管应根据其规格、性能、对环境要求、时效期限及其他要求分类存放。需要露天存放的物品应有防护措施。保管的物品不应使其变形、损坏、锈蚀、错乱和丢失。堆放物品的高度应以安全、方便调运为原则。

17.2.4 设备安装工程施工及验收应符合下列规定，对国外引进的专有设备，应按供货商提供的设备技术说明、合同规定及商检文件执行，并应符合国家现行有关标准的规定。

（1）利用垃圾热能发电的垃圾焚烧炉、汽轮机机组设备，应符合国家现行电力建设施工验收标准的规定。其他生活垃圾焚烧厂的垃圾焚烧炉应符合现行国家标准《工业锅炉安装工程施工及验收规范》GB 50273 的有关规定。

（2）垃圾焚烧厂采用的输送、起重、破碎、泵类、风机、压缩机等通用设备应符合现行国家标准《机械设备安装工程施工及验收通用规范》GB 50231 及相应各类设备安装工程施工及验收标准的有关规定。

（3）袋式除尘器的安装与验收应符合国家现行标准《袋式除尘器安装技术要求与验收规范》JB/T 8471 的有关规定。

（4）采暖与卫生设备的安装与验收应符合现行国家标准《建筑给水排水及采暖工程施工质量验收规范》GB 50242 的有关规定。

（5）通风与空调设备的安装与验收应符合现行国家标准《通风与空调工程施工质量验收规范》GB 50243 的有关规定。

（6）管道工程、绝热工程应分别符合现行国家标准《工业金属管道工程施工及验收规范》GB 50235、《工业设备及管道绝热工程施工规范》GB 50126 的有关规定。

（7）仪表与自动化控制装置按供货商提供的安装、调试、验收规定执行，并应符合国家现行标准的有关规定。

（8）电气装置应符合现行国家有关电气装置安装工程施工及验收标准的有关规定。

17.3 竣工验收

17.3.1 焚烧线及其全部辅助系统与设备、设施试运行合格，具备运行条件时，应及时组织工程验收。

17.3.2 工程竣工验收前，严禁焚烧线投入使用。

17.3.3 工程验收应依据：主管部门的批准文件，批准的设计文件及设计变更文件，设备供货合同及合同附件，设备技术说明书和技术文件，专项设备施工验收规范及其他文件。

17.3.4 竣工验收应具备下列条件：

（1）生产性建设工程和辅助性公用设施、消防、环保工程、职业卫生与劳动安全、环境绿化工程已经按照批准的设计文件建设完成，具备运行、使用条件和验收条件。未按期完成，但不影响焚烧厂运行的少量土建工程、设备、仪器等，在落实具体解决方案和完成期限后，可办理竣工验收手续。

（2）焚烧线、烟气净化及配套垃圾热能利用设施已经安装配套，带负荷试运行合格。垃圾处理量、炉渣热灼减率、炉膛温度、余热锅炉热效率、蒸汽参数、烟气污染物排放指标、设备噪声级、原料消耗指标均达到设计规定。

引进的设备、技术，按合同规定完成负荷调试、设备考核。

（3）焚烧工艺装备、工器具、垃圾与原辅材料、配套件、协作条件及其他生产准备工作已适应焚烧运行要求。

（4）具备独立运行和使用条件的单项工程，可进行单项工程验收。

17.3.5 重要结构部位、隐蔽工程、地下管线，应按工程设计标准与要求及验收标准，及时进行中间验收。未经中间验收，不得进行覆盖工程和后续工程。

17.3.6 初步验收前，施工单位应按国家有关规定整理好文件、技术资料，并向建设单位提出交工报告。建设单位收到报告后，应及时组织施工单位、调试单位、监理单位、设计单位、质量检验单位、主体设备供货商、环保单位、消防单位、劳动卫生单位和使用单位进行初步验收。

17.3.7 竣工验收前应完成下列准备工作：

（1）制定竣工验收工作计划；

（2）认真复查单项工程验收投入运行的文件；

（3）全面评定工程质量和设备安装、运转情况，对遗留问题提出处理意见；

（4）认真进行基本建设物资和财务清理工作，编制竣工决算，分析项目概预算执行情况，对遗留财务问题提出处理意见；

（5）整理审查全部竣工验收资料，包括：

1）开工报告，项目批复文件；

2）各单项工程、隐蔽工程、综合管线工程的竣工图纸以及工程变更记录；

3）工程和设备技术文件及其他必需文件；

4）基础检查记录，各设备、部件安装记录，设备缺损件清单及修复记录；

5）仪表试验记录，安全阀调整试验记录；

6）水压试验记录；

7）烘炉、煮炉及严密性试验记录；

8）试运行记录。

（6）妥善处理、移交厂外工程手续；

（7）编制竣工验收报告，并于竣工验收前一个月报请上级部门批准。

中华人民共和国行业标准

生活垃圾卫生填埋场运行维护技术规程

Technical specification for operation and maintenance of municipal solid waste sanitary landfill

CJJ 93—2011

前　言

根据住房和城乡建设部《关于印发〈2008年工程建设标准规范制订、修订计划（第一批）〉的通知》（建标〔2008〕102号）的要求，规程编制组经广泛调查研究，认真总结《城市生活垃圾卫生填埋场运行维护技术规程》CJJ 93—2003的执行情况和国内外生活垃圾卫生填埋场运行维护的实践经验，并在广泛征求意见的基础上，修订了本规程。

本规程的主要技术内容是：1. 总则；2. 术语；3. 一般规定；4. 垃圾计量与检验；5. 填埋作业及作业区覆盖；6. 填埋气体收集与处理；7. 地表水、地下水、渗沥液收集与处理；8. 填埋作业机械；9. 填埋场监测与检测；10. 劳动安全与职业卫生；11. 突发事件应急处置；12. 资料管理。

本次修订的主要技术内容是：1. 修改了规程的名称；2. 增加了“术语”一章；3. 细化了生活垃圾填埋场填埋作业及阶段性封场要求；4. 补充了渗沥液收集与处置要求；5. 调整了部分章节内容，将生活垃圾填埋场“虫害控制”与“填埋场监测”合并为“填埋场监测与检测”一章，并对原内容进行了细化；6. 增加了“劳动安全与职业卫生”一章；7. 增加了“突发事件应急处置”一章；8. 增加了“资料管理”一章。

本规程中以黑体字标志的条文为强制性条文，必须严格执行。

本规程由住房和城乡建设部负责管理和对强制性条文的解释，由华中科技大学负责具体技术内容的解释。执行过程中如有意见与建议，请寄送华中科技大学（地址：武汉市武昌珞喻路1037号；邮政编码：430074）。

本规程主编单位：华中科技大学
　　　　　　　　杭州市固体废弃物处理有限公司
本规程参编单位：深圳市下坪固体废弃物填埋场
　　　　　　　　城市建设研究院
　　　　　　　　宁波市鄞州区绿州能源利用有限公司
　　　　　　　　上海野马环保设备工程有限公司
　　　　　　　　武汉华曦科技发展有限公司
　　　　　　　　深圳胜义环保有限公司

泰安市泰岳环卫设备制造有限公司

本规程主要起草人员：陈海滨 周靖承 梁顺文 王敬民 夏小洪 俞觊覦
周晓晖 姜 俊 张倚马 汪俊时 卢传功 郑学娟
冯向明 毛乾光 张 黎 宋 军 范唯美 刘晶昊
刘 涛 左 钢 王 辉 刘芳芳 杨 禹 张豪兰
胡 洋 任 莉

本规程主要审查人员：陶 华 张 益 吴文伟 张进锋 朱青山 胡康民
孟繁柱 熊 辉 徐 勤 陈增丰

1 总 则

1.0.1 为加强生活垃圾卫生填埋场（以下简称“填埋场”）的科学管理、规范作业、安全运行，提高效率、降低成本、有效防治污染，达到生活垃圾无害化，制定本规程。

1.0.2 本规程适用于填埋场的运行、维护及安全管理。

1.0.3 填埋场的运行、维护及安全管理除应执行本规程外，尚应符合国家现行有关标准的规定。

2 术 语

2.0.1 填埋场场区 landfill site

指垃圾填埋场（红线以内）的全部范围，不仅包括填埋场区（填埋库区），还包括配套设施、公用设施、其他设施占地范围。

2.0.2 填埋场区 landfill area

指填埋场中用于填埋垃圾的区域，又称填埋库区。填埋场区（库区）可以由一个或几个填埋区构成。

2.0.3 填埋区 landfill operation district

指进行垃圾填埋作业的范围。

3 一般规定

3.1 运行管理

3.1.1 填埋场管理人员应了解有关处理工艺和与之相关的质量、环境、安全规定；作业人员应掌握本岗位工作职责与任务要求，熟悉本岗位设施、设备的技术性能和运行维护、安全操作规程。

3.1.2 填埋场应建立完善的运行管理制度，并应符合下列要求：

1 应按照工艺技术路线设置岗位；

2 各岗位应制定操作规程和建立相应的安全制度；

3 应对各类作业人员进行岗前体检和分岗位培训，经培训考核合格后方可持证上岗。

3.1.3 填埋场管理人员应掌握填埋场主要技术指标及运行管理要求，并具备执行填埋场基本工艺技术要求和使用有关设施设备的技能，明确相关设施设备的主要性能、使用年限和使用条件的限制等。

3.1.4 填埋场作业人员应熟悉本岗位的主要技术指标及运行要求，遵守安全操作规程，并符合以下要求：

1 具备操作本岗位机械、设备、仪器、仪表的技能；

2 应坚守岗位，按操作要求使用各种机械、设备、仪器、仪表，认真做好当班运行记录；

3 应定期检查所管辖的设备、仪器、仪表的运行状况，认真做好检查记录；

4 运行管理中发现异常情况，应采取相应处理措施，登记记录并及时上报。

3.1.5 填埋场场区道路运输应符合现行国家标准《工业企业厂内铁路、道路运输安全规程》GB 4387 的要求，交通标志标识应符合现行国家标准《图形符号 安全色和安全标志 第1部分：工作场所和公共区域中安全标志的设计原则》GB/T 2893.1 和国家现行标准《环境卫生图形符号标准》CJJ/T 125 的规定，确保各类气候条件下全天安全通行条件并保持畅通。

3.1.6 填埋场严禁接纳未经处理的危险废物。

3.1.7 填埋场可根据填埋处理工艺的需要，接收适量的建筑垃圾作为修筑填埋场工作平台和临时道路的建筑材料，但应使其与生活垃圾分开存放。

3.1.8 垃圾作业车辆离场时应保持干净，特殊时期应对车辆进行消毒处理。

3.1.9 填埋场场区应绿化、美化，保持整洁，无积水。场内的各种建筑物、构筑物，凡有可能积存雨水处应加盖板或及时疏通、排干。作业车辆和场地的冲洗水不得随意排放，应单独收集，经预处理后排入填埋场附近的市政污水管网。

3.2 维护保养

3.2.1 填埋场场区内设施、设备维护应符合下列规定：

1 定期检查维护，发现异常应及时修复；

2 供电设施、电器、照明、监控设备、通信管线等应由专业人员定期检查维护；

3 各种处理机械、设备及作业车辆均应进行必要的日常维护保养，并应按有关规定进行大、中、小修；

4 道路、排水设施等应定期检查维护；

5 避雷、防爆等装置应由专业机构进行定期检测维护；

6 各种消防设施、设备应进行定期检查、维护，发现失效或缺失应及时更换或增补。

3.2.2 所有计量设备、仪器、仪表应委托计量部门定期核定，出具检验核定证书。使用过程中，应定期核定计量系统，校对精度和误差范围，确保计量结果准确。

3.2.3 填埋场场区内各种交通、警示标志应定期检查、维护或更换。

3.3 安全操作

3.3.1 填埋场作业过程安全卫生管理应符合现行国家标准《生产过程安全卫生要求总则》GB/T 12801 的有关规定。

3.3.2 各岗位安全作业规章制度应落实到每个岗位的操作人员。

3.3.3 填埋场作业人员应配备和使用有效的劳动保护及卫生防疫用品、用具，填埋场区现场的生产作业人员应着反光背心、佩戴安全帽；填埋场夜间作业时应设置必要的照明设施。

3.3.4 填埋场场区内应设置明显的禁止烟火、防爆标志。填埋区等生产作业区严禁烟火，严禁酒后上岗。

3.3.5 严禁非本岗位人员启、闭机械设备，管理人员不得违章指挥。

3.3.6 场内电器操作、机电及控制设备检修应严格执行电工安全有关规定。电源电压超出额定电压±10%时，不得启动机电设备。

3.3.7 维修机械设备时，不应随意搭接临时动力线。因确实需要，必须在确保安全的前提下，方可临时搭接动力线；使用过程中应有专职电工在现场管理，并设置警示标志。使用完毕应立即拆除临时动力线，移除警示标志。

3.3.8 皮带传动、链传动、联轴器等传动部件必须有防护罩，不得裸露运转。机罩安装应牢固、可靠。

3.3.9 场内的消防设施应分别按中危险级和轻危险级设置，其中填埋区应按中危险级考虑，并应符合国家现行标准《生活垃圾卫生填埋技术规范》CJJ 17 的有关规定。

3.3.10 消防器材设置应符合现行国家标准《建筑灭火器配置设计规范》GB 50140 的有关规定。

3.3.11 填埋场场区内的封闭、半封闭场所，必须保证通风、除尘、除臭设施和设备完好.正常运行。

3.3.12 填埋场场区发生火灾时，应根据火情及时采取相应灭火对策。

3.3.13 当填埋区需动火时，应遵循动火审批制度，采取相应的灭火措施，并监测动火区填埋气体情况。动火作业完成后必须进行场地清理与检查，防止自燃。

3.3.14 场内防火隔离带应定期检查维护，每年不少于 2 次。

3.3.15 场内应配备必要的防护救生用品及药品，存放位置应有明显标志。备用的防护用品及药品应按相关规定应定期检查、更换、补充。

3.3.16 在急弯、陡坎等易发生事故地方和机械、电气设备安装、修理现场必须设置安全警示标志。

3.3.17 应根据实际情况分别制定防火、防爆、防冻、防雪、防汛、防风、防滑坡、防塌方、防溃坝、防运输通道中断等针对应急事件的相关措施。

3.3.18 在进场入口处应对出入填埋场场区的车辆和人员进行登记。

3.3.19 外来人员不得随意出入填埋场区（填埋库区）。参观人员应经安全教育并配备必要的安全防护用品（安全帽、口罩等）后方可进入填埋区（填埋作业区）。

3.3.20 运行维护人员进入存在安全隐患（如有甲烷气体的密闭空间）的场所之前，应采取下列防范措施：

1 通风；

2 测试气体成分、气体温度；

3 测试水深；

4 佩戴防护用具；

5 多人协同作业；

6 其他必要措施。

4 垃圾计量与检验

4.1 运行管理

4.1.1 进场垃圾应称重计量和登记，宜采用计算机控制系统。

4.1.2 垃圾计量、登记应符合下列规定：

1 进场垃圾信息登记内容应包括垃圾运输车车牌号、运输单位、进场日期及时间、垃圾来源、性质、重量等情况；

2 垃圾计量系统应保持完好，计量站房内各种设备应保持使用正常；

3 垃圾计量作业人员应做好每日进场垃圾资料备份和每月统计报表工作；

4 作业人员应做好当班工作记录和交接班记录；

5 计量系统出现故障时，应立即启动备用计量方案，保证计量工作正常进行；当全部计量系统均不能正常工作时，应采用手工记录，待系统修复后及时将人工记录数据输入计算机，保证记录完整准确。

4.1.3 进场垃圾检验应符合下列规定：

1 填埋场入口处操作人员应对进场垃圾适时观察、随机抽查；

2 应定期抽取垃圾来进行理化成分检测；

3 不符合现行国家标准《生活垃圾填埋场污染控制标准》GB 16889 中规定的填埋处置要求的各类固体废物，应禁止进入填埋区，并进行相应处理、处置。

4.1.4 填埋作业现场倾卸垃圾时，一旦发现生活垃圾中混有不符合填埋处置要求的固体废物，应及时阻止倾卸并做相应处置，同时对其做详细记录、备案，按照安全作业制度及时上报。

4.2 维护保养

4.2.1 应及时清除地磅表面、地磅槽内及周围的污水和异物。

4.2.2 应根据使用情况定期对地磅进行维护保养和校核工作。

4.2.3 应定期检查维护计量系统的计算机、仪表、录像、道闸和备用电源等设备。

4.3 安全操作

4.3.1 地磅前后方应设置醒目的限速标志。

4.3.2 地磅前方 5～10m 处应设置减速装置。

5 填埋作业及作业区覆盖

5.1 运行管理

5.1.11 应按设计要求和实际条件制定填埋作业规划，内容应包括：

1 填埋场分期分区作业规划；

2 分单元分层填埋作业规划；

3 分阶段覆盖以及终场覆盖作业规划；

4 填埋场标高、容量和时间控制性规划等。

5.1.2 应按填埋作业规划制定的阶段性填埋作业方案，确定作业通道、作业平台，绘制填埋单元作业顺序图，并实施分区分单元逐层填埋作业。

5.1.3 填埋区作业面（填埋单元）面积不宜过大，可根据填埋场类型按下列要求分类控制作业区面积：

1 Ⅰ、Ⅱ类填埋场作业区面积（m^2）与日填埋量（t）比值为 0.8～1.0，暴露面积与作业面积之比不应大于 1∶3；

2 Ⅲ、Ⅳ类填埋场作业区面积（m^2）与日填埋量（t）比值为 1.0～1.2，暴露面积与作业面积之比不应大于 1∶2。

5.1.4 垃圾卸料平台和填埋作业区域应在每日作业前布置就绪，平台数量和面积应根据垃圾填埋量、垃圾运输车流量及气候条件等实际情况分别确定。

5.1.5 垃圾卸料平台的设置应便于作业并满足下列要求：

1 卸料平台基底填埋层应预先压实；

2 卸料平台的构筑面积应满足垃圾车回转倒车的需要；

3 卸料平台整体应稳定结实，表面应设置防滑带，满足全天候车辆通行要求。

5.1.6 垃圾卸料平台可以是建筑垃圾、石料构筑的一次性卸料平台，也可由特制钢板基箱多段拼接、可延伸并重复使用的专用卸料平台或其他类型的专用平台。

5.1.7 填埋作业现场应有专人负责指挥调度车辆。

5.1.8 填埋作业区周边应设置固定或移动式防飞散网（屏护网）。

5.1.9 填埋机械操作人员应及时摊铺垃圾，压实前每层垃圾的摊铺厚度不宜超过 60cm；单元厚度宜为 2～4m；最厚不得超过 6m。

5.1.10 宜采用填埋场专用垃圾压实机分层连续碾压垃圾，碾压次数不应少于 2 次；当压实机发生故障停止使用时，应使用大型推土机替代碾压垃圾，连续碾压次数不应少于 3 次。压实后应保证层面平整，垃圾压实密度不应小于 600kg/m^3。作业坡度宜为 1∶4～1∶5。

5.1.11 填埋作业区应按照填埋的不同阶段适时覆盖，应做到日覆盖、中间覆盖和终场覆盖，日覆盖或阶段性覆盖层厚度均应符合国家现行标准《生活垃圾卫生填埋技术规范》CJJ 17 的规定。

5.1.12 垃圾填埋区日覆盖可采用土、HDPE 膜、LDPE 膜、浸塑布或防雨布等材料进行覆盖。采用土覆盖，其覆盖厚度宜为 20～25cm；斜面日覆盖宜采用膜或布覆盖。用其他散体材料作覆盖替代物时，宜参照土的覆盖厚度和性能要求确定其覆盖厚度。

5.1.13 中间覆盖宜采用厚度不小于 0.5mm 的 HDPE 膜或 LDPE 膜覆盖为主，也可用黏土，并应符合下列要求：

1 当采用 HDPE 膜、LDPE 膜、防雨布等材料进行中间覆盖时，应采取有效的气体导排措施，检查覆盖物与雨水边沟的有效搭接，并留有雨水沿坡向流向边沟的坡度；

2 当采用黏土进行平面中间覆盖时，其覆盖层应摊平、压实、整形，厚度不宜小于 30cm，不宜使用黏土进行斜面中间覆盖。

5.1.14 膜覆盖材料的选用应符合下列规定：

1 覆盖膜宜选用厚度 0.5mm 及以上、幅宽为 6m 以上的黑色 HDPE 膜或厚度 5mm 以上的膨润土垫（GCL）， 日覆盖亦可用 LDPE 膜；

2 日覆盖时膜裁剪长度宜为 20m 左右，中间覆盖时应根据实际需要裁剪长度，不宜超过 50m。

5.1.15 膜覆盖作业程序应符合下列规定：

1 进行膜覆盖时，膜的外缘应拉出，宜开挖矩形锚固沟并在护道处进行锚固；应通过膜的最大允许拉力计算，确定沟深、沟宽、水平覆盖间距和覆土厚度；

2 日覆盖时应从当日作业面最远处的垃圾堆体逐渐向卸料平台靠近，中间覆盖时宜采取先上坡后下坡顺序覆盖；

3 日覆盖时膜与膜搭接的宽度宜为 0.20m 左右，中间覆盖时为 0.08～0.10m，盖膜方向应顺坡搭接（图 5.1.15-1）；

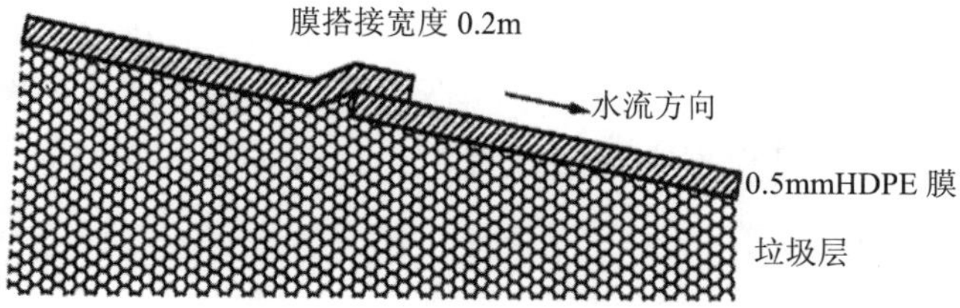

图 5.1.15-1 膜覆盖方向示意图

4 填埋场边坡处的膜覆盖，应使膜与边坡接触并有 0.5～1m 宽度的膜盖住边坡，并铺至其上的锚固沟；

5 中间覆盖时，膜搭接处宜采取有效的固定措施；

6 覆盖后的膜应平直整齐，膜上需压放有整齐稳固的压膜材料；压膜材料应压在膜与膜的搭接处，摆放的直线间距 1m 左右；当日作业气候遇风力比较大时，也可在每张膜的中部摆上压膜袋，直线间距 2～3m（图 5.1.15-2、图 5.1.15-3）。

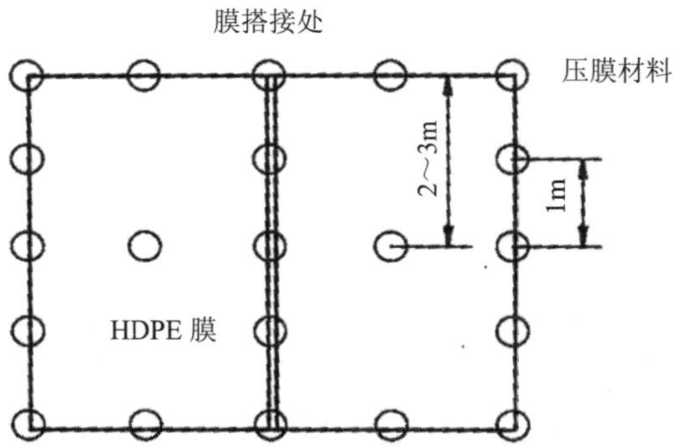

图 5.1.15-2 压膜材料摆放示意

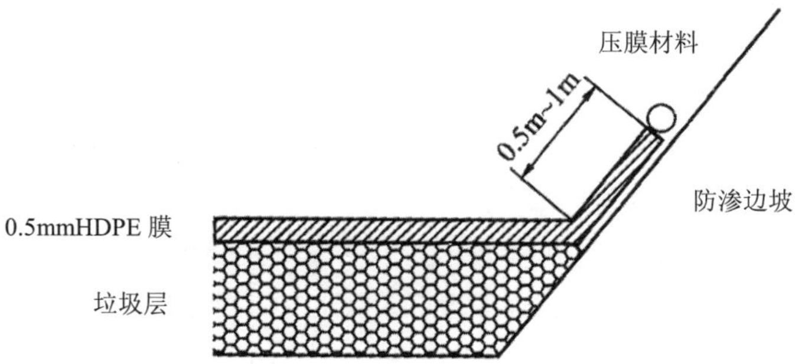

图 5.1.15-3 覆盖膜在防渗边坡上的示意

5.1.16 膜覆盖作业应符合下列规定：

1 裁膜场地应宽敞、平整，不允许有碎石、树枝等尖锐物；

2 覆盖前应先对垃圾堆体进行整平、压实，堆体坡度控制在不大于 1∶3；

3 覆盖结束后，人员不宜在膜上行走；

4　压膜材料应选择软性、不易风化的材料；膜覆盖作业及压膜作业应顺风操作；

5　破损的压膜材料应及时修复或更换，并保持覆盖后的膜表面干净无杂物；

6　垃圾堆体平整时，可根据实际情况开挖垃圾沟或填筑垃圾坝（图 5.1.16-1、图 5.1.16-2）。

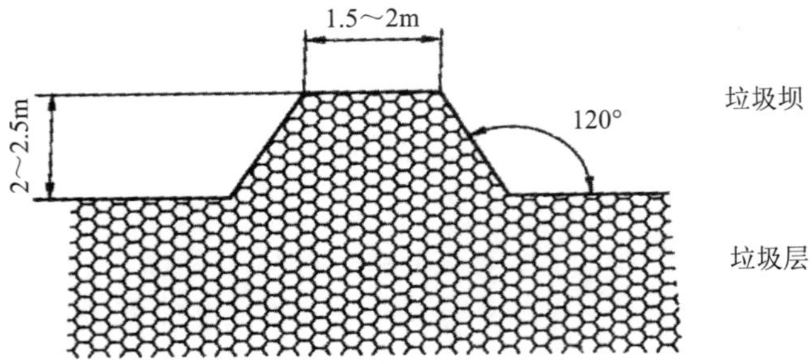

图 5.1.16-1　垃圾坝填筑示意

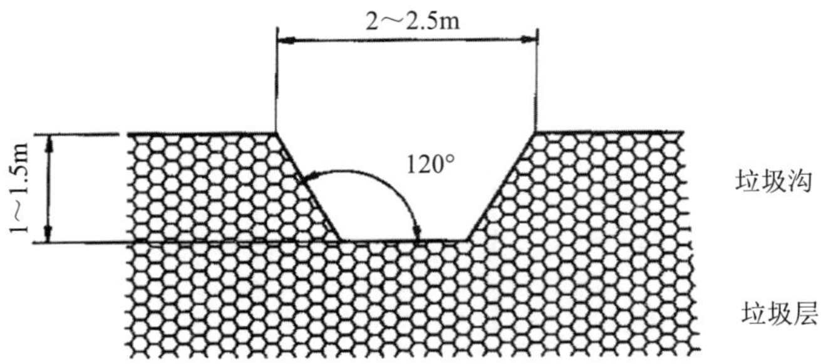

图 5.1.16-2　垃圾沟开挖示意

5.1.17　达到设计终场标高的堆体应按照国家现行标准《生活垃圾卫生填埋场封场技术规程》CJJ 112 的规定及时进行终场覆盖。

5.1.18　单元层垃圾填埋完成后，应保持雨污分流设施完好。

5.1.19　采取土工合成材料防渗的填埋场，填埋作业时应注意对防渗结构及填埋气体收集系统的保护，并符合下列规定：

1　垃圾运输车倾倒垃圾点与压实机压实点的安全距离不应小于 10m；

2　场底填埋作业应在第一层垃圾厚度 3m 以上时方可采用压实机作业；

3　靠近场底边坡作业时，填埋作业机械距边坡的水平距离应大于 1m；

4　压实机不应在填埋气体收集管周边 1m 范围内通过。

5.1.20　填埋场作业区臭气的控制应采取下列措施：

1　减少和控制垃圾暴露面，及时覆盖；

2　对渗沥液调节池进行封闭；

3　提高填埋气体收集率；

4　及时清除场区积水；

5 对作业面及时进行消杀。

5.2 维护保养

5.2.1 填埋场场区内应有专人负责道路、截洪沟、排水渠、截洪坝、垃圾坝、洗车槽等设施的维护、保洁、清淤、除杂草等工作。

5.2.2 对场内边坡保护层、尚未填埋垃圾区域内防渗和排水等设施应定期进行检查、维护。

5.2.3 填埋单元阶段性覆盖乃至填埋场封场后，应对填埋场区（填埋库区）覆盖层及各设施定期进行检查、维护。

5.3 安全操作

5.3.1 填埋场区（填埋库区）内严禁捡拾废品，并严禁畜禽进入。

5.3.2 进场车辆倾倒垃圾时应有专人指挥，车辆后方3m内不得站人。

5.3.3 填埋区内作业车辆应服从调度人员指挥或按照规定路线及相关标识行驶，做到人车分流、车车分流，保证通行顺畅、有序。

5.3.4 当再次进行后续填埋作业、掀开已覆盖膜、布时，作业人员不应直接面对膜掀开处，应穿戴好劳动防护用品（必要时佩戴防护面具），同时依据具体情况采取局部喷洒水雾、除臭或灭虫药剂等处理措施。

5.3.5 填埋场区（填埋库区）应按规定配备消防器材，储备消防沙土，并应保持器材和设施完好。

5.3.6 填埋场区（填埋库区）发现火情应按安全应急预案及时灭火，事后应分析原因并重新评估应急预案，有针对性地改进预防措施。

5.3.7 当气温降至0℃以下并出现冰冻现象时，应在填埋区坡道、弯道等处采取防滑措施。

6 填埋气体收集与处理

6.1 运行管理

6.1.1 单元式填埋作业在垃圾堆体加高过程中，应及时增高填埋气体收集井竖向高度，并应保持垂直。应在垃圾层达到3m以上厚度时，开始建设填埋气体收集井，并确保井内管道位置固定、连接密闭顺畅，避免填埋作业机械对填埋气体收集系统产生损坏。

6.1.2 填埋气体应合理利用；不具备利用条件的，应进行燃烧处理。

6.1.3 对各气体收集井、填埋分区干管及填埋场总管内的气体压力、流量、组分等基础数据应定期进行检测；填埋气体监测应符合现行国家标准《生活垃圾填埋场污染控制标准》GB 16889的规定，所得数据应及时记录和存档。

6.2 维护保养

6.2.1 填埋气体收集井、管、沟应定期进行维护，清除积水、杂物，检查管道沉降，防止冷凝水堵塞，保持设施完好、管道畅通。

6.2.2 填埋气体燃烧和利用设施、设备应定期检查和维护。

6.3 安全操作

6.3.1 应保持填埋气体导排设施完好；应检查气体自然迁移和聚集情况，防止引起火灾和爆炸。

6.3.2 竖向收集管顶部应设顶罩；与填埋区临时道路交叉的表层水平气体收集管应采取加固与防护措施。

6.3.3 填埋气体收集井安装及钻井过程中应采用防爆施工设备。

6.3.4 填埋场区（填埋库区）上方甲烷气体浓度应小于 5%，临近 5%时应立即采取相应的安全措施，及时导排收集甲烷气体，控制填埋区气体含量，预防火灾和爆炸。

6.3.5 填埋场区（填埋库区）及周边 20m 范围内不得搭建封闭式建筑物、构筑物。

7 地表水、地下水、渗沥液收集与处理

7.1 运行管理

7.1.1 填埋场场外积水应及时排导，场内应实行雨污分流，排水设施应定期检查维护，确保完好、畅通。

7.1.2 填埋场区未经污染的地表水应及时通过排水系统排走。

7.1.3 覆盖区域雨水应通过填埋场区内排水沟收集，经沉淀截除泥沙、杂物，水质达到填埋场所在区域水污染物排放要求后，汇入地表水系统排走。排水沟应保持坡度，确保排水畅通。

7.1.4 对非填埋区地表水应定期进行监测，被污染的地表水不得排入自然水体，也不得滞留进入填埋区，应及时排走。

7.1.5 填埋场区地下水收集系统应保持完好，地下水应顺畅排出场外。

7.1.6 填埋场应按照设计要求铺设竖向和水平渗沥液导排收集系统，层间导排收集沟（管）应保持大于 2%的最小坡度，确保渗沥液及时导排。

7.1.7 应及时检查、评估、并疏通渗沥液导排系统。

7.1.8 填埋场渗沥液处理系统的运行管理应按照国家现行标准《城市污水处理厂运行、维护及安全技术规程》CJJ 60 的相关规定执行。

7.1.9 渗沥液处理后出水水质应符合现行国家标准《生活垃圾填埋场污染控制标准》GB 16889 的相关规定。

7.1.10 渗沥液处理系统产生的浓缩液及污泥应按照现行国家标准《生活垃圾填埋场污染控制标准》GB 16889 的相关规定进行处理。

7.1.11 应按照设计要求运行维护污水调节池，污水调节池产生的气体宜集中处理或利用。

7.1.12 大雨和暴雨期间，应有专人值班和巡查排水系统的排水情况，发现设施损坏或堵塞应及时组织人员处理。

7.2 维护保养

7.2.1 应定期全面检查、维护地表水、地下水、渗沥液导排收集系统，保持设施完好。

7.2.2 对场区内管、井、池、沟等难以进入的狭窄场所，应定期进行检查、维护，维护人员应配备必要的维护、检测与防护器具。

7.2.3 冬季场区内的管道所处环境温度降至 0℃以下时，应采取适当的保护措施，防止系统管道堵塞。

7.3 安全操作

7.3.1 填埋场场内贮水和排水设施竖坡、陡坡高差超过 2m 时，应设置安全护栏和警示标志。

7.3.2 在检查井的入口处应设置警示或安全告示牌，设置踏步、扶手。人员进入前应先采取有效措施测试，在满足安全作业和通风条件下，配备有安全帽、救生绳、挂钩、吊带等

安全用具时方可进入作业。

8 填埋作业机械

8.1 运行管理

8.1.1 作业前应对作业机械进行例行检查、保养。

8.1.2 作业机械操作前应观察各仪表指示是否正常；运转过程一旦发现异常，应立刻停机检查。

8.1.3 作业机械在斜面作业时宜使用低速挡，应避免横向行驶。

8.1.4 填埋作业机械应实行定车、定人、定机管理，并应执行交接班制度。

8.1.5 应对作业机械实行油耗定额管理，管理内容包括：

1 根据机具的实际特点制定油耗定额，定期统计全场油料使用情况，并实行油耗考核制度；

2 合理安排作业任务，准确核算机械行驶里程和燃油消耗情况，宜对生产用机械按任务量加油并计算日均作业油耗，非生产用车辆按月行驶里程（以百公里计）计算用油量；

3 对机械或车辆实行定点加油，加油后驾驶人员应如实填写表单记录油料使用情况；

4 提高驾驶人员节油意识，养成良好的驾驶习惯，监控防止高油耗的驾驶行为；

5 各种废、旧油料应在指定的收集地点存放，不得随意倾倒。

8.2 维护保养

8.2.1 填埋作业机械设备应按要求进行日常或定期检查、维护、保养。

8.2.2 填埋作业机械停置期间，应对其定期清洗和保护性处理，履带、压实齿等易腐蚀部件应进行防腐、防锈。

8.2.3 作业机械的压实齿、履带磨损后应及时更换。

8.2.4 冬季填埋场场区环境温度低于0℃时，应采取必要的防冻措施保护作业机械设备。

8.2.5 填埋作业完毕，应及时清理填埋作业机械上卡滞的垃圾杂物。

8.3 安全操作

8.3.1 作业人员应严格遵守填埋作业机械安全操作手册的规定，按照工序熟练进行操作。

8.3.2 失修、失保或有故障的填埋作业机械不得使用。

8.3.3 对填埋作业机械不宜拖、顶启动。

8.3.4 两台填埋作业机械在同一作业单元作业时，机械四周均应保证必要的安全作业间距。

8.3.5 填埋作业机械前、后方2m、侧面1m范围内有人时，不得启动、行驶。

9 填埋场监测与检测

9.1 运行管理

9.1.1 填埋场开始运行前，应进行填埋场的本底监测，包括环境大气、地下水、地表水、噪声；填埋场运行过程中应依据现行国家标准《生活垃圾填埋场污染控制标准》GB 16889进行环境污染、环境质量的监测以及填埋场运行情况的检测。

9.1.2 委托监测应由具备专业资质的环保、环卫监测部门（机构）进行并出具结果报告；委托监测项目应包括地下水、地表水、渗沥液、填埋气体、大气和场界噪声等内容；定期监测可选地表水、渗沥液、填埋气体等单一项目，每年宜进行 1 次全部项目的监测。

9.1.3 填埋场自行检测是以强化日常管理和污染控制为目的。自行检测项目应包括气象条件、填埋气体、臭气、恶臭污染物、降水、渗沥液、垃圾特性、堆体沉降、垃圾堆体内渗沥液水位、防渗衬层完整性、边坡稳定性、苍蝇密度等内容。检测项目与监测项目相同时，以监测为主，检测为辅；填埋场运营单位可根据运行需要选择检测项目和增减检测频次。

9.1.4 填埋场检测采用的采样、测试的内容、方法、仪器设备、标准物质等应符合国家现行相关标准的规定。

9.1.5 检测样品的采样点、样品名称、采样时间、采样人员、天气情况等有关信息应进行翔实记录。环境检测过程中还应有样品的唯一性标识和检测状态标识。

9.1.6 填埋场监测及检测报告宜按照年、季、月、日逐一分类整理归档。

9.1.7 已铺设的防渗衬层在其投入使用前，应对其进行防渗结构防漏探测，其检测方法应符合国家相关标准的规定。

9.1.8 渗沥液处理过程中应按下列要求进行工艺运行参数检测。

1 渗沥液从进入调节池前至处理后外排，应进行流量、色度、pH 值、化学需氧量、生化需氧量、悬浮物、氨氮、大肠菌值的检测；应进行垃圾堆体渗沥液水位和调节池水位的检测；

2 检测项目和方法应按照现行国家标准《生活垃圾卫生填埋场环境监测技术要求》GB/T 18772 的有关规定执行；

3 检测频率每月应不少于 1 次。

9.1.9 封场后渗沥液检测应按现行国家标准《生活垃圾卫生填埋场环境监测技术要求》GB/T 18772 和国家现行标准《生活垃圾卫生填埋场封场技术规程》CJJ 112 及封场设计文件的有关规定执行。

9.1.10 填埋场投入使用后应进行连续监测，直至填埋场封场后产生的渗沥液中水污染物浓度连续 2 年低于现行国家标准《生活垃圾填埋场污染控制标准》GB 16889 中水污染物排放限值时为止。

9.1.11 地下水检测应符合下列规定：

1 采样点的布设：上游本底井（1 个），以及下游污染监视井（2 个）、污染扩散井（2 个）和填埋库区防渗层下地下水导排口（排水井，1 个）；大型填埋场可适当增加监测井的数量；

2 检测方法：应按照现行国家标准《生活垃圾卫生填埋场环境监测技术要求》GB/T 18772 的有关规定执行；

3 检测项目：pH、肉眼可见物、浊度、嗅味、色度、总悬浮物、五日生化需氧量、硫酸盐、硫化物、总硬度、挥发酚、总磷、总氮、铵、硝酸盐、亚硝酸盐、大肠菌群、细菌总数、铅、铬、镉、汞、砷，及地下水水位变化；

填埋场运行过程中对地下水的自行检测，其检测项目则可以结合各地区地下水实际变化或影响情况适当选择；

4 检测频率：每年按照丰水期、枯水期、平水期各至少检测 1 次；地下水检测项目出现异常变化的，应对其增加检测频率，污染扩散井和污染监视井的检测不少于每月 1 次。

9.1.12 地表水检测应符合下列规定：

1 采样点：场界排放口；

2 检测方法：应按照现行国家标准《生活垃圾卫生填埋场环境监测技术要求》GB/T 18772 的有关规定执行；

3 检测项目：pH、总悬浮物、色度、五日生化需氧量、化学需氧量、挥发酚、总氮、硝酸盐氮、亚硝酸盐氮、大肠菌群、硫化物；

填埋场运行过程中对地表水的自行检测，其检测项目则可结合各地区地表水实际变化或影响情况适当选择；

4 检测频率：每季度不少于工次；水处理后若出现连续外排不符合现行国家标准《生活垃圾填埋场污染控制标准》GB 16889 规定时，每 10 日检测 1 次。

9.1.13 甲烷气体检测应符合下列规定：

1 填埋场应每天进行一次填埋区、填埋区构筑物、填埋气体排放口的甲烷浓度检测；

2 对甲烷的每日检测可采用符合现行国家标准《便携式热催化甲烷检测报警仪》GB 13486 要求或具有相同效果的便携式甲烷测定器进行测定，对甲烷的监督性检测应按照国家现行标准《固定污染源排气中非甲烷总烃的测定　气相色谱法》HJ/T 38 中甲烷的测定方法进行测定。

9.1.14 场界恶臭污染物检测应符合下列规定：

1 采样点：在填埋作业上风向设 1 点，下风向至少布 3 点，采样方法应按现行国家标准《生活垃圾卫生填埋场环境监测技术要求》GB/T 18772 和《恶臭污染物排放标准》GB 14554 的有关规定执行；

2 检测项目：臭气浓度、氨气、硫化氢；

3 检测频率：应对场界恶臭污染物浓度每月检测 1 次。

9.1.15 总悬浮颗粒物检测应符合下列规定：

1 采样点：在填埋作业上风向布设 1 点，下风向布设 4 点，填埋场大气检测不应少于 4 点，采样方法应按现行国家标准《生活垃圾卫生填埋场环境监测技术要求》GB/T 18772 的有关规定执行；

2 检测频率：应对场界总悬浮颗粒物浓度每季度检测 1 次。

9.1.16 填埋场应每季度对场界昼间和夜间噪声进行一次噪声检测。

9.1.17 苍蝇密度应符合下列要求：

1 检测点：填埋场内检测点总数不应少于 10 点，在作业面、临时覆土面、封场面设点检测，宜每隔 30～50m 设点；每测面不应少于 3 点；用诱蝇笼采样检测；

2 检测方法：笼应离地 1m，晴天监测，日出放笼，日落收笼，用杀虫剂杀死苍蝇，分类计数；

3 检测频率：应根据气候特征，在苍蝇活跃季节，一般 4—10 月每月测 2 次，其他时间每月 1 次。

9.1.18 垃圾压实密度宜每 2 个月检测 1 次。

9.1.19 填埋作业覆土厚度应每月检测 2 次。取样部位和检测时间宜根据填埋作业实际制定，并注意垃圾沉降速率随填埋时间的非均匀性变化。

9.1.20 填埋作业区暴露面面积大小及其污染危害应每月检测 2 次。

9.1.21 填埋场区（填埋库区）边坡稳定性宜每月检测 1 次。

9.1.22 从填埋作业开始到封场期结束，对垃圾堆体沉降应每6个月检测1次。

9.1.23 降水、气温、气压、风向、风速等宜进行常年监测。

9.1.24 每月应对场区内的蚊蝇、鼠类等情况进行检查，并应对其危险程度和消杀效率进行评估，及时调整消杀方案。

1 鼠洞周围及鼠类必经之处应定期置放捕鼠器或灭鼠药，24h之后应及时回收捕鼠器和清理死鼠。

2 填埋区及其他蚊蝇密集区应定期进行消杀，灭蝇应使用低毒、高效、高针对性药物，且定期调整灭蝇药物和施药方法。

9.2 维护保养

9.2.1 取样、检测仪器设备应按规定进行日常维护和定期检查，应有仪器状态标识。

9.2.2 检测仪器设备出现故障或损坏时，应及时检修。

9.2.3 贵重、精密仪器设备应安装电子稳压器，并由专人保管。

9.2.4 强制检定仪器应按规定要求检定。

9.2.5 仪器的附属设备应妥善保管，并应经常进行检查。

9.2.6 对填埋场区（填埋库区）监测井等设施应定期检查维护，监测井清洗频率不宜少于半年一次。

9.2.7 填埋场场区内设施、路面及绿地应定期进行卫生检查。

9.2.8 消杀机械设备应定期进行维护保养。

9.3 安全操作

9.3.1 填埋场区（填埋库区）各检测点应有可靠的安全措施。

9.3.2 填埋场场区内的易燃、易爆物品应置于通风处，与其他可燃物和易产生火花的设备隔离放置。剧毒物品管理应按有关规定执行。

9.3.3 化验带刺激性气味的项目必须在通风橱内进行，避免检测项目之间干扰。

9.3.4 测试、化验完毕，应及时关闭化验室的水、电、气、火源、门窗。

9.3.5 灭蝇、灭鼠消杀药物应按危险品规定管理。

9.3.6 消杀人员进行药物配备和喷洒作业应穿戴安全卫生防护用品，并应严格按照药物喷洒作业规程作业。

9.3.7 监测或检测人员进行样品采集和检验时应配备安全卫生防护用品。

9.3.8 各检测点以及易燃易爆物、化学品、药品等储放点应设置醒目的安全标示。

10 劳动安全与职业卫生

10.0.1 填埋场劳动安全与职业卫生工作应坚持预防为主的方针和防治结合的原则，应采取有效措施，消除或者减少有害生产人员安全和健康的因素，创造良好的劳动条件。

10.0.2 填埋场应建立健全劳动安全与职业卫生管理机制，确定专（兼）职管理人员，管理填埋场的劳动安全和卫生工作。应对新招收的人员进行健康检查，凡患有职业禁忌症的，不得从事与该禁忌症相关的有害作业；定期组织全场人员进行体检和复查工作；定期组织全场安全隐患的排查工作。

10.0.3 填埋场的劳动安全和职业卫生的防治工作应符合国家现行相关标准的规定。

10.0.4 填埋场管理人员应定期检查各部门的劳动安全与职业卫生的防治工作。

10.0.5 生产过程中有害因素控制应符合国家现行相关标准的规定。出现超过国家安全或卫生标准的，应制定治理规划，限期达标。治理规划及达标状况应按规定履行呈报程序并存档。

10.0.6 填埋场应将有害因素监控数据、生产事故记录情况及时报告当地安全监察部门；应将人员健康检查结果和职业性伤害的发生情况及时报告当地卫生防疫机构。遇有职业性严重伤害、中毒死亡或三人以上急性职业中毒情况的，以及重大安全事故造成严重伤亡情况的，应立即上报，并采取有效应对措施。

10.0.7 作业人员不得独自到存在安全隐患场所进行作业，应佩带安全防护用品、采取有效措施预防或对隐患进行安全处理之后方可进入。

10.0.8 填埋场应做好卫生清洁和免疫预防工作。工作结束后，各类人员应及时更换和清理工作服，将自己的日常服装、工作服装和个人的防护用品、设备分开存放。

10.0.9 填埋场应统一管理和配备工作服装与个人劳动防护用品、设备。各岗位作业人员应根据需要配备不同的劳动保护用品、设备，并按照要求正确使用和保管好劳动保护用品、设备。

11 突发事件应急处置

11.0.1 填埋场应建立健全突发事件应急处置制度，组建相应管理机构，制定应急预案及应急程序，落实专项费用、专职（或兼职）人员。

11.0.2 填埋场应根据其服务区（或所在城市）的社会经济情况与自然条件，对生活垃圾处理与管理系统可能遭遇的突发事件进行预判，根据自然灾害、事故灾难、公共卫生事件和社会安全事件等不同突发事件的性质、规模及可能的影响，制定多套应急预案及处置措施。

11.0.3 填埋场应根据危险分析和应急能力评估的结果，针对可能发生的灾害、事故和突发事件，参照《生产经营单位安全生产事故应急预案编制导则》AQ/T 9002 的要求，划分应急级别，制定应急响应程序，明确参与应急处置的相应职能部门名称，以及在应急工作中的具体职责，编制应急预案。

11.0.4 填埋场应公布与社会相关突发事件报案联系方法，公告社会相关突发事件报告、处置的程序、方法及有关常识。

11.0.5 应定期组织管理和作业人员进行安全教育和应急演习，并进行检查、考核。

11.0.6 填埋场区内应划定一定面积的区域，以便在社会相关突发事件发生时作为接纳特种垃圾的临时堆存区。

填埋场本身出现事故或故障（如防渗层破裂、污水调节池漫坎、失火、爆炸，以及主要设备损毁等）而导致填埋场正常功能失效时，经上级批准后可以暂时关闭填埋场，在进场附近地点设置垃圾应急填埋区。

11.0.7 发生突发事件时，填埋场应立即启动应急预案，积极组织抢救、抢修等活动，防止事态扩大，最大限度减少人员伤亡、财产损失与环境污染，并及时向上级主管部门汇报和向相关部门通报突发事件性质、规模及处置情况。

11.0.8 场内突发事件处置完毕；填埋场应立即组织事故调查和受损程度评估，重新核定产能，积极恢复生产。

11.0.9 填埋场应通过签订协议、联合组队等形式与有关机构或单位建立突发事件协同处置机制。

12 资料管理

12.0.1 填埋场应建立运行维护技术档案，系统地记载填埋场运行期的全过程及主要事件。
12.0.2 填埋场应建立运行维护资料台账，主要内容应包括：

1 垃圾特性、类别及进场垃圾量；
2 填埋作业规划及阶段性作业方案进度实施记录；
3 填埋作业记录（倾卸区域、摊铺厚度、压实情况、覆盖情况等）；
4 污水收集、处理、排放记录；
5 填埋气体收集、处理记录；
6 环境监测与运行检测记录；
7 场区消杀记录；
8 填埋作业设备运行维护记录；
9 机械或车辆油耗定额管理和考核记录；
10 填埋场运行期工程项目建设记录；
11 环境保护处理设施污染治理记录；
12 上级部门与外来单位到访记录；
13 岗位培训、安全教育及应急演习等的记录；
14 劳动安全与职业卫生工作记录；
15 突发事件的应急处理记录；
16 其他必要的资料、数据。

12.0.3 应建立运行管理日报、月报和年报制度，系统、全面、及时进行数据、资料的收集、整理和报送工作。不得虚报、瞒报、迟报或伪造篡改。
12.0.4 归档文件资料保存形式应包括图表、文字数据材料、照片等纸质或电子载体。
12.0.5 工程建设的资料整理和保存应符合现行国家标准《城市建设档案著录规范》GB/T 50323 和《建设工程文件归档整理规范》GB/T 50328 的相关规定。运营管理的资料整理和保存应符合相关档案管理的要求。

本规程用词说明

1 为便于在执行本标准条文时区别对待，对于要求严格程度不同的用词说明如下：
1）表示很严格，非这样做不可的：
正面词采用“必须”；反面词采用“严禁”；
2）表示严格，在正常情况下均应这样做的：
正面词采用“应”；反面词采用“不应”或“不得”；
3）表示允许稍有选择，在条件许可时首先应这样做的：
正面词采用“宜”；反面词采用“不宜”；

表示有选择，在一定条件下可以这样做的，采用“可”。

2 条文中指明应按其他有关标准执行的写法为：“应符合……的规定（要求）”或“应按……执行”。

引用标准名录

1 《建筑灭火器配置设计规范》GB 50140

2 《城市建设档案著录规范》GB/T 50323

3 《建设工程文件归档整理规范》GB/T 50328

4 《图形符号 安全色和安全标志 第 1 部分：工作场所和公共区域中安全标志的设计原则》GB/T 2893.1

5 《工业企业厂内铁路、道路运输安全规程》GB 4387

6 《生产过程安全卫生要求总则》GB/T 12801

7 《便携式热催化甲烷检测报警仪》GB 13486

8 《恶臭污染物排放标准》GB 14554

9 《生活垃圾填埋场污染控制标准》GB 16889

10 《生活垃圾卫生填埋场环境监测技术要求》GB/T 18772

11 《生活垃圾卫生填埋技术规范》CJJ 17

12 《城市污水处理厂运行、维护及安全技术规程》CJJ 60

13 《生活垃圾卫生填埋场封场技术规程》CJJ 112

14 《环境卫生图形符号标准》CJJ/T 125

15 《生产经营单位安全生产事故应急预案编制导则》AQ/T 9002

16 《固定污染源排气中非甲烷总烃的测定 气相色谱法》 HJ/T 38

中华人民共和国行业标准

生活垃圾焚烧厂运行维护与安全技术规程

Technical specification for operation maintenance and safety of municipal solid waste incineration plant

CJJ 128—2009

前　言

根据原建设部《关于印发〈二○○四年度工程建设城建、建工行业标准制订、修订计划〉的通知》（建标[2004]66 号）的要求，规程编写组经过广泛调研，认真总结实践经验，参考国内外相关标准，并在广泛征求意见的基础上，制定本规程。

本规程的主要技术内容是：1．总则；2．一般规定；3．垃圾接收系统；4．垃圾焚烧锅炉系统；5．余热利用系统；6．电气系统；7．热工仪表与自动化系统；8．烟气净化系统；9．残渣收运系统；10．污水处理系统；11．化学监督；12．公用系统；13．劳动安全卫生防疫与消防。

本规程中以黑体字标志的条文为强制性条文，必须严格执行。

本规程由住房和城乡建设部负责管理和对强制性条文的解释，由主编单位负责具体技术内容的解释。

本规程主编单位：深圳市市政环卫综合处理厂（地址：深圳市红岗路 1233 号；邮政编码：518029）。

本规程参编单位：上海浦城热电能源有限公司
宁波枫林绿色能源开发有限公司
深圳市宏发垃圾处理工程技术开发中心
杭州绿能环保发电有限公司
重庆三峰卡万塔环境产业有限公司
城市建设研究院

本规程主要起草人：龚佰勋　曹学义　姜宗顺　崔德斌　郑奕强　雷钦平　沈文泽
徐文龙　吴　立　李兆球　陈红忠　杨海根　潘绍文　汪世伟
沈金健　林桂鹏　任庆玖　易　伟　卢　忠　朱履庆　陈天军
周大伦　王定国　陈跃华　郭祥信

1　总　则

1.0.1　为加强生活垃圾（以下简称垃圾）焚烧厂的科学管理，保障垃圾焚烧处理设施的安全、正常、稳定运行，达到节约能源、减少污染、科学管理的目的，制定本规程。

1.0.2 本规程适用于采用炉排式垃圾焚烧锅炉作为焚烧设备的垃圾焚烧厂的运行维护与安全。

1.0.3 垃圾焚烧厂的运行、维护与安全除应符合本规程外，尚应符合国家现行有关标准的规定。

2 一般规定

2.1 运行管理

2.1.1 垃圾焚烧厂应按本规程和设备技术要求编制本单位运行维护与安全的操作规程。

2.1.2 运行管理人员应掌握垃圾焚烧处理工艺设备的运行管理要求、技术指标和安全操作规程。

2.1.3 运行人员应熟悉本单位垃圾焚烧处理工艺设备的运行要求，掌握本岗位运行维护技术要求，遵守安全操作规程。

2.1.4 **运行人员必须进行上岗前培训，并持证上岗。**

2.1.5 工艺设备系统启、停前应充分做好检查和准备工作，启、停过程应严格执行操作票制度。

2.1.6 运行人员应定时巡视，做好运行记录，认真履行交接班制度。

2.1.7 运行人员应及时报告、记录工艺系统和设备运行中出现的故障、问题和异常现象，采取相应措施处理；运行管理人员应及时分析、报告、通知相关人员进一步处理。涉及安全的紧急情况应果断采取紧急措施，并应及时向上级部门汇报。

2.1.8 垃圾焚烧厂各项环保指标应符合现行国家标准《生活垃圾焚烧污染控制标准》GB 18485 等的要求。

2.1.9 工艺系统和设备的大修、小修作业安排应征求运行管理人员和运行人员的意见。

2.1.10 特种设备的使用和运行管理应按国家和行业对特种设备的相关要求执行。

2.1.11 稳定运行三年期内应通过质量、环境和职业健康安全等相关管理体系的认证。

2.1.12 垃圾焚烧厂生产设施、设备完好率应达到95%以上。

2.1.13 垃圾焚烧厂年垃圾焚烧处理量应达到设计处理能力。

2.2 维护保养

2.2.1 特种设备的维护保养应按国家和行业的有关规定执行，并应建立操作规程。

2.2.2 垃圾焚烧厂各类设施、设备应保持清洁、完好。

2.3 安全

2.3.1 运行人员作业时应遵守安全作业和劳动保护规定，并应采取卫生防疫措施，穿戴劳保用品，做好安全、卫生防疫工作。

2.3.2 作业场所应设置安全警示标志。

2.3.3 **严禁接触正在运行设备的运动部位。**

2.3.4 作业场所应按规定配置和检验消防器材，并保持完好。

2.3.5 应急系统设备应保证完好。

2.3.6 应制定防火、防爆、防洪、防风、防汛、防疫等方面的应急预案。

2.3.7 作业场所应保持通风良好。

3 垃圾接收系统

3.1 运行管理

3.1.1 垃圾接收系统运行管理应符合下列要求：

（1）垃圾接收系统的通道应保持整洁、畅通，交通标志应符合现行国家标准《安全色》GB 2893、《安全标志及其使用导则》GB 2894 的要求。

（2）垃圾接收过程中，应防止垃圾污水、臭气、粉尘污染周边环境。

（3）应监督垃圾运输车车容车貌，并及时对其进行清洗。

（4）垃圾焚烧厂处理特殊垃圾时应采取确保特殊垃圾的安全隔离和焚毁的特殊措施。

3.1.2 称重运行管理应符合下列要求：

（1）进厂垃圾应称重。进厂垃圾量、运输车辆信息等应统计、存档。

（2）垃圾运输车在称重过程中应低于限定速度，匀速通过汽车衡。

3.1.3 **危险垃圾严禁进入垃圾贮坑，大件垃圾应破碎后进入焚烧炉。**

3.1.4 **卸料区严禁堆放垃圾和其他杂物，并应保持清洁。**

3.1.5 卸料运行管理应符合下列要求：

（1）垃圾运输车在卸料区内卸料时应服从指示信号或运行人员的现场指挥。

（2）垃圾卸料门在卸料后应及时关闭。

（3）卸料区应有相关卫生防疫措施。

（4）检修期间卸料区进出口应常关隔臭。

3.1.6 垃圾贮坑运行管理应符合下列要求：

（1）应监控垃圾贮存量和渗沥液积聚状况。

（2）垃圾贮坑新老垃圾应分开堆放，并应形成进料、堆酵、投料的动态过程。

（3）应采取措施避免垃圾渗沥液排泄口堵塞。

3.1.7 垃圾抓斗起重机运行管理应符合下列要求：

（1）运行人员应按操作规程操作垃圾抓斗起重机，并应防止碰撞、惯冲、切换过快、泡水、侧翻等。

（2）运行人员应按垃圾接收设备要求及时清门、堆垛、排水、均匀供料，不得将未拆散的捆包垃圾投送入炉。

（3）配备两台以上垃圾抓斗起重机的应合理分配工作量。

（4）自动计量与记录装置应保持完好。

3.2 维护保养

3.2.1 称重设备应定期检查、维护，应按计量管理部门要求进行校验。

3.2.2 卸料区设施维护保养应符合下列要求：

（1）破损的地面、墙面或损坏的设施应及时修复。

（2）损坏、堵塞的排水设施应及时修复、清理。

3.2.3 垃圾贮坑维护保养应符合下列规定：

（1）设备大修时应清空垃圾贮坑内垃圾，并检查垃圾贮坑构筑物磨损、裂纹、渗沥液排液口堵塞，车挡损坏和卸料门损坏等情况，并应及时保养与修复。

（2）临时停炉期间应密闭卸料门，并应在贮坑内垃圾表面撒石灰控制蚊虫滋生。

3.2.4 垃圾抓斗起重机维护保养应符合下列要求：

（1）应例行检查、保养。

（2）发生运行状况异常时，应停机检查。

（3）配备两台以上起重机时，应合理安排运行和维护保养时间，应保证至少有一台起重机保持良好的运行工况，且单台起重机运行状态仅限于短期。

3.3 安全

3.3.1 汽车衡安全应符合下列要求：

（1）汽车衡前方限速标志应清晰，减速带完好。

（2）汽车衡防雷接地应完好，接地电阻应达标。

3.3.2 垃圾运输车卸料时严禁越过限位装置卸料。

3.3.3 严禁将带有火种的垃圾卸入垃圾贮坑。

3.3.4 卸料区应做好地面、坡道安全防滑措施。

3.3.5 垃圾贮坑安全应符合下列要求：

（1）渗沥液汇集区应通风防爆。

（2）运行人员进入垃圾贮坑和附属构筑物作业前，应进行有毒有害气体检测，检测超标时，不得进入垃圾贮坑。

（3）运行人员进入垃圾贮坑作业时，应采取安全措施，并应佩戴防护用具。

3.3.6 运行人员在操作垃圾抓斗起重机时应严格按操作规程执行，不得违规作业。

4 垃圾焚烧锅炉系统

4.1 运行管理

4.1.1 余热锅炉投入运行前必须取得有效使用登记证。

4.1.2 垃圾焚烧锅炉系统运行管理应符合下列要求：

（1）投入运行前应对汽、水、油、风、电磁、液压、垃圾进料、吹灰、出渣、排灰、保温、密封、点火、热力表计、膨胀指示、视官监督、消声等各子系统进行检查、核定，阀、门、孔、口、挡板调节等应密闭完好。

（2）垃圾焚烧锅炉及安全附件应按要求实施检验。

（3）余热锅炉的给水、蒸汽质量应符合现行国家标准《生活垃圾焚烧锅炉及余热锅炉》GB/T 18750 的要求。

4.1.3 余热锅炉受压元件经重大修理或改造后，必须进行水压试验，并应在合格后投入运行。

4.1.4 垃圾焚烧锅炉点火启炉应符合下列要求：

（1）点火前应进行全面检查。

（2）点火升温过程应符合升温曲线的要求。

4.1.5 垃圾焚烧锅炉运行应符合下列要求：

（1）垃圾料斗应保持料位正常。

（2）应保持炉膛微负压运行工况。

（3）应根据垃圾特性、燃烧状况调整燃烧空气温度及风室风压、风量。

（4）应根据垃圾特性、燃烧状况调整一、二次风量配比。

（5）应根据垃圾特性、燃烧状况调整给料行程和炉排速度。

（6）观察垃圾焚烧床层火焰状况，调整垃圾焚烧工况，防止垃圾焚烧床层前段黑区过长、横向火焰不均、后段火焰距落渣口过近等现象发生。

（7）当垃圾燃烧工况不稳定、垃圾焚烧锅炉炉膛温度无法保持在 850℃以上时，应投入助燃器助燃。

（8）应避免发生料斗架空、落渣井堵塞等运行故障。

（9）炉渣热灼减率应达标。

（10）垃圾焚烧锅炉运行应与烟气净化系统、余热利用系统协调配合，调整优化工况。

（11）应巡查汽、水、油、风等系统及相关工艺设备运行工况。

（12）对余热锅炉，应进行连续排污与定时排污。

（13）垃圾焚烧锅炉应定时吹灰、清灰、除焦。

（14）垃圾焚烧锅炉的运行参数应符合设备技术要求。

（15）余热锅炉出口蒸汽参数应达到额定值，汽水品质经化验合格后应对其他系统供汽。

4.1.6 垃圾焚烧锅炉正常停炉应符合下列要求：

（1）停炉前应进行吹灰。

（2）应按照降温曲线停炉。

（3）应关闭垃圾焚烧炉料斗挡板。

（4）余热锅炉采用湿法保养时，停炉前一天，调节炉水 pH 值应至上限。

4.2 维护保养

4.2.1 余热锅炉的维护保养应按相关标准和规定的要求执行。

4.2.2 日常维护保养应符合下列要求：

（1）应定时巡视，发现问题应及时处理：报告。

（2）应定期检查各运行设备的动作部件，并应按设备技术要求维护。

（3）应保证炉墙和各类管道、阀门保温状况良好。

（4）应检查炉墙门孔、视镜，保证状况良好。

4.2.3 停炉后应及时清灰、除焦、清渣、消缺、保养。

4.3 安全

4.3.1 垃圾焚烧锅炉系统的安全附件应按国家有关规定进行检查。

4.3.2 在生产区域内进行作业，当通过观测孔检查炉内燃烧工况时应注意安全。

4.3.3 垃圾焚烧锅炉系统发生运行事故时，应及时采取防止事故扩大的措施。

5 余热利用系统

5.1 运行管理

5.1.1 垃圾焚烧厂产生的余热用于热力发电时，应结合焚烧厂实际情况，并应按国家电力行业规定，编制本单位管理规程。

5.1.2 汽轮机组启动前，旁路冷凝器系统应调整到备用状态。

5.1.3 汽轮机正常运转和停机过程中，旁路冷凝系统均应处于热备用状态。

5.1.4 汽轮机组完成停机程序后应调整旁路冷凝器，撤出热备用状态。

5.1.5 运行人员应定时巡视旁路冷凝器热备用工况，全面检查每天不得少于一次。

5.1.6　汽机停机时，应确认进入主冷凝器的电动常闭阀关闭严密。

5.1.7　主蒸汽由旁路进入主冷凝器时，应及时投入自动盘车装置。

5.1.8　垃圾焚烧厂产生的余热用于供热时，供热系统运行管理应按国家现行标准《城镇供热系统安全运行技术规程》CJJ/T 88 的有关规定执行。

5.2　维护保养

5.2.1　应严格执行发电设备运行维护保养和事故处理等有关标准的规定。

5.2.2　应按要求做好辅助设备的保养和定期切换工作。

5.2.3　垃圾焚烧厂产生的余热用于供热时，供热系统的设备维护保养应按行业相关标准和设备技术要求执行。

5.3　安全

5.3.1　汽轮发电机组启动前所有保护和主要指示仪表应正常。

5.3.2　应按要求做好透平机油、振动、金属等各项监督工作。

6　电气系统

6.1　运行管理

6.1.1　电气系统的运行管理应按国家现行标准的相关规定执行，并应制定本单位电气设备运行管理规程。

6.1.2　电气设备启动前应确保绝缘合格，对备用的电气设备，应定期测量。

6.1.3　运行人员进行倒闸操作时应严格执行操作票制度，每张操作票应仅填写一个操作任务。

6.1.4　应定期检测接地电阻值，接地应良好，接地电阻值应合格。

6.1.5　应按规定的周期和项目对电气设备进行外部检查。

6.1.6　备用的设备应按要求检查、试验或轮换运行。应能保证及时启动。应急备用发电机应定期运行，间隔周期不应超过 10d。

6.1.7　应定期检验备用电源或备用设备的自动投入装置。

6.1.8　备用电源不得在工作电源被切断前自动投入。

6.1.9　电气设备发生事故、故障或不能正常运行时，应根据现场运行规程的要求采取相应的处理措施。

6.1.10　运行中应密切观察发电机铁芯温度、线圈温度、轴承温度、冷却系统风温、电流、电压及其他电气设备的运行参数，当发现运行参数不正常时，应根据运行规程的规定进行相应操作并及时查明原因。

6.1.11　发电机水灭火装置水压应保持在规定范围内。

6.1.12　对采用空气冷却的发电机，其通风系统应保持严密，空气室和空气道内应清洁无杂物。

6.1.13　室内安装的变压器应有足够的通风。

6.1.14　油浸式变压器储油池排水设施应保持完好状态。

6.1.15　不得将三芯电缆中的一芯接地运行。

6.1.16　对继电保护动作时的掉牌信号、灯光信号，运行人员应准确记录清楚。

6.1.17　未经批准，运行人员不得更改保护装置的整定值，定值通知单应妥善保管。

6.1.18 发现保护装置误动作时，应及时报告，并应及时查明原因。

6.1.19 对应急照明系统应定期进行检查、试验，应保持完好。

6.1.20 电气设备交接、大修或更换线圈后的试验，应按交接和预防性试验的操作规程要求进行。

6.1.21 垃圾焚烧厂余热利用发电，应符合国家的有关规定。

6.2 维护保养

6.2.1 电气系统的维护保养应按国家现行标准的相关规定执行，并应制定和执行本单位电气设备维护操作规程。

6.3 安全

6.3.1 发电机开始转动后，应防止触电。

6.3.2 当发电机着火时，应使用水灭火装置或其他灭火装置扑灭火灾，不得使用泡沫式灭火器或砂子灭火。

6.3.3 变压器着火时应立即切断电源灭火，变压器上部顶盖着火，应先打开下部事故放油门放油至蓄油坑中，变压器油位应低于若火处；变压器内部着火时不得放油。

6.3.4 电动机着火时应先切断电源，进行灭火处理，不得将大股水注入电动机内。

6.3.5 遇有其他电气设备着火时，应立即切断电源，进行灭火。对带电设备应使用干式灭火器、二氧化碳灭火器等灭火，不得使用泡沫灭火器或砂子灭火。

6.3.6 在电气设备上工作时，应有保证安全的措施，应执行操作票制度、工作许可制度、工作监护制度、工作间断、转移和终结制度。

6.3.7 在全部停电或部分停电的电气设备上工作，应完成停电、验电、装设接地线、悬挂标示牌和装设遮栏措施后，方可进行工作。

6.3.8 进入垃圾焚烧炉、烟气脱酸塔、袋式除尘器、渗沥液收集器内部工作时，应使用安全电压照明。

7 热工仪表与自动化系统

7.1 运行管理

7.1.1 应根据焚烧厂实际情况和设备技术要求制定本单位热工仪表与自动化系统的运行维护操作规程。

7.1.2 现场仪表应建立标准操作规程，定时巡检。对于重要参数仪表，应建立巡检、维护记录。

7.1.3 需要定时清洗内部的就地仪表，应按操作规程执行。

7.1.4 对于设置在外界温度可能达冰点以下的仪表或传感器，应有保温防范措施。

7.1.5 热工测量及自动调节、控制、保护系统中的电气仪表与继电器的运行维护，应按照电气仪表及继电保护规程的有关规定进行。

7.2 维护保养

7.2.1 主要热工仪表与自动化装置，应定期进行现场运行质量检查。

7.2.2 应定期维护计算机、网络通信，备份数据库。

7.2.3 仪表及其附件应保持清洁。

7.2.4 应检查管路及阀门接头，保证无腐蚀、裂缝及渗漏等现象。

7.2.5 仪表应定期校准。

7.2.6 应检查和消除仪表的记录故障，保持记录清晰正确。

7.2.7 应定期检查信号报警情况。

7.2.8 应定期进行热工信号与安全保护系统试验。

7.2.9 应每天了解自动调节系统的运行情况，并应定期进行定值扰动试验。

7.3 安全

7.3.1 应按设备技术要求定期检测、标定、校验计量和指示表计，确保热工仪表与自动化系统运行安全。

7.3.2 应保障不间断电源备量符合检测仪表和控制系统的供电要求，并应定期进行充放电试验。

8 烟气净化系统

8.1 运行管理

8.1.1 烟气净化系统运行管理应符合下列要求：

（1）应根据烟气净化系统工艺和设备的技术要求，编制本单位运行操作规程。

（2）运行工况应与垃圾焚烧锅炉运行工况相匹配，并调整优化。

8.1.2 烟气脱酸系统运行管理应符合下列要求：

（1）石灰品质应符合设备技术要求，充装时应避免扬撒。

（2）石灰浆配制用水应满足设备水质性能要求。

（3）应防止石灰堵管和喷嘴堵塞。

（4）应保证中和剂当量用量，根据烟气排放在线检测结果调整中和剂流量或（和）浓度。

8.1.3 袋式除尘器运行管理应符合下列要求：

（1）投运前应按滤袋技术要求进行预喷涂。

（2）检查风室差压，根据运行工况调整、优化反吹频率。

（3）保持排灰正常，防止灰搭桥、挂壁、粘袋。

（4）停止运行前去除滤袋表面的飞灰。

8.1.4 活性炭喷入系统运行管理应符合下列要求：

（1）应严格控制活性炭品质及当量用量。

（2）应防止活性炭仓高温。

8.1.5 应定期检查烟囱和烟囱管，防止腐蚀和泄漏。

8.2 维护保养

8.2.1 烟气净化系统停止运行，应清洗石灰浆贮罐、管路及喷入设备。

8.2.2 反应塔内结垢应及时清理。

8.2.3 临时停运期间，袋式除尘器外壳及灰斗应保持加热状态，内部滤袋应保持与外界隔绝，防止飞灰吸湿受潮。

8.2.4 停运检修时应检查滤袋破损情况，并应及时更换破损滤袋。

8.2.5 应定期检查活性炭喷入系统管道磨损和堵塞情况，并应及时处理。

8.2.6 定期检查、维护在线监测系统，并应保证其正常运行。

8.3 安全

8.3.1 应保持消石灰浆配置区的清洁。

8.3.2 活性炭贮存及输送过程中应采取防爆措施，活性炭输送管线应考虑设置静电消除设备。

9 残渣收运系统

9.1 运行管理

9.1.1 炉渣、飞灰应分开，并应及时收集与清运。

9.1.2 炉灰、炉渣收集与清运场区，应保持卫生、畅通，交通标志规范清晰。

9.1.3 应巡视、检查炉渣收运设备和飞灰收集与贮存设备，确保运行正常。

9.1.4 飞灰输送管道和容器应保持密闭，防止飞灰吸潮堵管。

9.1.5 应做好出厂炉渣量、车辆信息的记录、存档工作。

9.1.6 炉渣运输车辆应密闭带盖，不得沿途撒漏。

9.1.7 自备炉渣填埋场，炉渣填埋作业的运行管理应符合国家现行标准《城市生活垃圾卫生填埋场运行维护技术规程》CJJ 93 规定。

9.1.8 以炉渣为主辅料制作建筑材料，应符合国家现行标准的相关要求。

9.2 维护保养

9.2.1 残渣收集、贮存设施应进行日常维护保养，易磨易损零件应防磨并定期更换。

9.2.2 应定期检查残渣收运设施设备的易结垢部位，并应及时清除。

9.3 安全

9.3.1 运行人员不得直接与飞灰接触，并应有安全防护措施。

9.3.2 飞灰应作安全处理，防止污染。

10 污水处理系统

10.1 运行管理

10.1.1 垃圾渗沥液及其产生的有害气体应及时收集、处理。

10.1.2 污水收集、处理过程中应采取防止泄漏和恶臭污染措施。

10.1.3 生化处理污水应按城市污水处理运行管理的相关规定执行。

10.1.4 出水排放应符合现行国家标准的要求，并应优先循环利用。

10.1.5 污水处理系统的处理量应满足污水量波动的要求。

10.2 维护保养

10.2.1 应定期检查污水处理系统设施设备的易结垢部位，并应及时清除结垢。

10.2.2 应及时更换腐蚀部件，并应定期作防腐处理。

10.3 安全

10.3.1 应定期巡视垃圾渗沥液处理区域的有害气体监测仪，对潮湿环境应做好防范措施，对有害气体的工作环境应采取有效的安全保障措施。

10.3.2 垃圾渗沥液处理区域应有通风防爆措施。

10.3.3 污水处理系统压力管道、容器的安全运行维护应符合有关规定，污水处理设施的安全运行维护应符合国家现行标准《城市污水处理厂运行、维护及其安全技术规程》CJJ 60

的规定。

11 化学监督

11.1 运行管理

11.1.1 化验室运行管理应符合下列要求：

（1）应建立化验室管理规程，并应按规程要求监督、检测。

（2）应建立健全各类分析质量保证体系。

（3）检测数据应准确。

（4）各种仪器、设备、标准试剂及检测样品应按产品的特性及使用要求固定摆放整齐，并应有明显的标志。

（5）化验报表应按日、周、月、年整理、报送和存档。

11.1.2 化学水处理系统运行管理应符合下列要求：

（1）根据化学水水质、蒸汽品质检测及锅炉用水量对系统工况进行调节处理。

（2）当补给水水质不合格时，应立即切换备用设备，并应对失效设施及时进行处理。

（3）热力设备在停（备）用期间，应采取有效的防腐蚀措施。

11.1.3 分析仪器应经过国家法定计量部门认证，并应在有效期内使用。

11.2 维护保养

11.2.1 化验室维护保养应符合下列要求：

（1）垃圾热值分析仪、物料成分分析仪、汽水油分析仪器、环保检测设备等应定期由国家法定计量部门作技术检查、校核合格。

（2）化验室仪器设备应进行维护和检验，保持实验室卫生清洁。化验室仪器的附属设备应妥善保管。

（3）精密仪器的电源应安装电子稳压器。不应随意搬动大型检测分析仪器，必须搬动时应做好记录；搬动后应经过国家法定计量部门签定合格后方能使用。

11.2.2 化学水处理系统维护保养应符合下列要求：

（1）检查泵的运转情况和出入口阀门的开闭状况。

（2）检查过滤器运行情况。

（3）检查各类水处理介质的工作状况，无法恢复的应及时更换。

11.3 安全

11.3.1 化验室安全应符合下列要求：

（1）化验室应配置各种安全防护用具，并应对运行人员进行安全防护教育。

（2）各种精密仪器应专人专管，使用前应认真填写使用登记表，应按规定认真操作。

（3）化验检测完毕，应对仪器开关、水、电、气源等进行关闭检查。

11.3.2 化验过程中的烘干、消解、使用有机溶剂和挥发性强的试剂的操作必须在通风橱内进行。严禁使用明火直接加热有机试剂。

11.3.3 对于易燃、易爆、剧毒试剂应有明显的标志.并应分类专门妥善保管。

11.3.4 化学水处理系统安全应符合下列要求：

（1）危险化学品的贮存、使用和相关操作，应符合国家有关规定。

（2）危险化学品罐应与其他设施应有明显的安全界线，四周应加挂危险化学品标志牌。

（3）运行人员进行危险化学品操作时，应穿戴橡胶手套、防护眼镜和水鞋等，严密谨慎操作。

（4）化学水处理区域应设置防滑地面，运行人员在现场工作时，应注意防滑。

（5）失效设施设备的处理应严格按工艺要求操作。

12 公用系统

12.1 运行管理

12.1.1 压缩空气系统运行管理应按现行国家标准《固定的空气压缩机 安全规则和操作规程》GB 10892 的相关规定执行。

12.1.2 空调与通风系统的运行管理应按现行国家标准《采暖通风与空气调节设计规范》GB 50019 的相关规定执行。并应制订本单位设备运行管理规程。

12.1.3 循环水冷却系统运行管理应符合下列要求：

（1）冷却水泵的运行管理应符合设备操作规程的要求，备用冷却水泵应进行试验和切换。

（2）应根据具体情况建立冷却水塔运行管理规程，并应严格执行。

（3）循环水水质、水温、水量应符合运行要求，各种设备应及时检查。

12.1.4 应定时巡视给水系统设备，确保压力和水位正常。

12.1.5 应建立辅助燃料供应系统运行管理规定，辅助燃料品质、储量应满足运行的要求。

12.1.6 无线通信系统的建立应符合国家的有关规定，确保通信畅通。

12.2 维护保养

12.2.1 空压机系统应制定维护保养规程，并应进行日常维护保养。

12.2.2 空调暖通系统的维护保养应符合现行国家标准的相关要求。

12.2.3 循环水冷却系统维护保养应符合下列要求：

（1）应进行日常维护保养。

（2）应经常检查机械冷却水塔的运转情况，检查淋水填料、过滤填料和通流情况。

（3）应定期清理，保持清洁。

（4）应定期对管道、阀门进行检查，并应活动阀门门杆。

12.2.4 给水系统维护保养应符合下列要求：

（1）给水泵、工业水泵、除氧水泵应进行日常维护保养。

（2）对工业水池、工业水塔应经常检查和卫生清理。

（3）应定期检查通往锅炉汽包、减温器的给水管道上的阀门组和给水泵再循环的管道阀门。

12.2.5 辅助燃料系统维护保养应符合下列要求：

（1）应定期检查、维护辅助燃料储存设施。

（2）应定期检查、维护管道阀门。

（3）应定期检查、维护和试验连锁安全装置。

12.2.6 应定期检查维护通信系统，确保通信畅通。

12.3 安全

12.3.1 压缩空气系统安全应符合下列要求：

（1）不得使用易燃液体清洗阀门、过滤器、冷却器的气道、气腔、空气管道以及正常条件下与压缩空气接触的其他零件。

（2）不得使用四氯化碳、氯化烃类作为清洗剂。

12.3.2 空调暖通系统投入使用前应进行试压、检漏。

12.3.3 循环水冷却系统安全应符合下列要求：

（1）循环水冷却系统运行时运行人员不得进入冷却水塔内部。

（2）冷却水泵切换运行时，应在该切换泵运转正常后，才能停止原运转泵。

（3）冷却系统应设有备用电源。

（4）停用较长时间的水泵投入运转前，应进行试运行。

（5）循环水泵因故障检修时，应关闭出口阀门，并停掉电源，挂上明示警告牌。

12.3.4 给水系统安全应符合下列要求：

（1）工业水泵、除氧器给水泵、锅炉给水泵切换运行时，应在切换泵运转正常后，停止原运转泵。

（2）工业水泵、除氧器给水泵、锅炉给水泵因故障停运检修时，应关闭出入口阀门，并切断电源，挂上明示警告牌。

12.3.5 辅助燃料系统安全应符合现行国家标准的相关要求和国家有关规定。

13 劳动安全卫生防疫与消防

13.0.1 劳动安全卫生防疫运行、维护与安全管理应符合下列要求：

（1）应定期安排运行人员体检，建立运行人员健康档案。

（2）应建立定期灭虫消杀制度。

（3）停炉检修期间应对垃圾贮坑消杀灭虫。

（4）应建立公共卫生事件防疫制度，并应严格执行。

（5）应定期检查和维护卫生防疫设施、消杀机械设备，并应保持完好。

13.0.2 消防运行、维护与安全管理应符合下列要求：

（1）消防运行、维护与安全管理应符合国家现行有关标准的规定。

（2）厂区内重点防火部位和场所应建立岗位防火责任制。

（3）应建立动火票制度。

（4）应建立消防设施设备运行维护管理制度，划分责任区域，专人负责，定期检查维护。

中华人民共和国行业标准

生活垃圾填埋场填埋气体收集处理及利用工程技术规范

Technical code for projects of landfill gas collection treatment and utilization

CJJ 133—2009

前　言

根据原建设部《关于印发〈2007 年工程建设标准规范制订、修改计划（第一批）〉的通知》（建标[2007]125 号）的要求，规范编制组经广泛调查研究，认真总结实践经验，参考有关国际标准和国外先进标准，并在广泛征求意见的基础上，制定本规范。

本规范的主要技术内容是：1.总则；2.术语；3.基本规定；4.填埋气体产气量估算；5.填埋气体导排；6.填埋气体输气管网；7.填埋气体抽气、处理和利用系统；8.电气系统；9.仪表与自动化控制；10.配套工程；11.环境保护与劳动卫生；12.工程施工及验收。

本规范中以黑体字标志的条文为强制性条文，必须严格执行。

本规范由住房和城乡建设部负责管理和对强制性条文的解释，由城市建设研究院负责具体技术内容的解释。执行过程中如有意见或建议，请寄送城市建设研究院（地址：北京市朝阳区惠新里 3 号；邮编：100029）。

本规范主编单位：城市建设研究院
广州工程总承包集团有限公司

本规范参编单位：中国光大集团
杭州市固体废弃物处理有限公司
北京时代桃源环境科技有限公司

本规范主要起草人员：郭祥信　徐文龙　梁湖清　周岳峰　牛志光　俞觊觎
龙吉生　杨军华　吴建虹　钱晓东　吕德斌　夏兴邦
赵树青　欧远洋　自　力　冯　波

本规范主要审查人员：冯其林　倪久成　马人熊　王元达　陈汉明　李湛江
黄晓文　严小亚　万　晓

1 总则

1.0.1 为贯彻国家有关生活垃圾处理的法规和技术政策，保证填埋气体收集、处理及利用工程的质量，确保生活垃圾填埋场（以下简称填埋场）的安全运行，使填埋气体收集、处理及利用工程的设计、施工规范化，制定本规范。

1.0.2　本规范适用于新建、扩建、改建的填埋气体收集、处理及利用工程的设计、施工及验收。

1.0.3　本规范规定了生活垃圾填埋场填埋气体收集、处理及利用的基本技术要求。当本规范与国家法律、行政法规的规定相抵触时，应按国家法律、行政法规的规定执行。

1.0.4　填埋气体收集、处理及利用工程的设计、施工及验收除应符合本规范的规定外，尚应符合国家现行有关标准的规定。

2　术语

2.0.1　被动式导排 passive ventilation

利用填埋气体自身压力和渗透性导排气体的方式。

2.0.2　主动式导排 initiative guide and extraction

利用抽气设备对填埋气体进行导排的方式。

2.0.3　产气速率 gas generation rate

单位时间内的产气量。

2.0.4　产气量 gas generation volume

一定重量的垃圾在一定时间内在填埋场中厌氧发酵产生的气体体积。

2.0.5　产气模型 gas generation model

预测生活垃圾在填埋场中产气量或产气速率的数学公式。

2.0.6　导气井 extraction well

中间为多孔管，周围为过滤材料的竖向圆柱状导气设施。

2.0.7　导气盲沟　extraction trench

中间为多孔管，周围为过滤材料的水平棱柱状导气设施。

2.0.8　排放管 emission pipe

向大气中排放填埋气体的管道。

2.0.9　开孔率 ratio of hole area

管道表面开孔总面积与管道外表总面积之比。

2.0.10　气体收集率 ratio of landfill gas collection

填埋气体抽气流量与填埋气体预测产生速率之比。

2.0.11　气体利用率 ratio of landfill gas utilization

填埋气体利用设备消耗的气体量与填埋气体收集量之比。

3　基本规定

3.0.1　**填埋场必须设置填埋气体导排设施。**

3.0.2　设计总填埋容量大于或等于 100 万吨，垃圾填埋厚度大于或等于 10m 的生活垃圾填埋场，必须设置填埋气体主动导排处理设施。

3.0.3　设计总填埋容量大于或等于 250 万吨，垃圾填埋厚度大于或等于 20m 的生活垃圾填埋场，应配套建设填埋气体利用设施。

3.0.4　设计总填埋容量小于 100 万吨的生活垃圾填埋场宜采用能够有效减少甲烷产生和排

放的填埋工艺。

3.0.5 填埋气体导排设施应与填埋场工程同时设计；垃圾填埋堆体中设置的气体导排设施的施工应与垃圾填埋作业同步进行。

3.0.6 主动导排设施及气体处理（利用）设施的建设应于垃圾填埋场投运3年内实施，并宜分期实施。

3.0.7 **填埋场运行及封场后维护过程中，应保持全部填埋气体导排处理设施的完好和有效。**

4 填埋气体产气量估算

4.0.1 对某一时刻填入填埋场的生活垃圾，其填埋气体产生量宜按下式计算：

$$G=ML_0（1-e^{-kt}） \tag{4.0.1}$$

式中：G——从垃圾填埋开始到第t年的填埋气体产生总量，m^3；

M——所填埋垃圾的重量，t；

L_0——单位重量垃圾的填埋气体最大产气量，m^3/t；

k——垃圾的产气速率常数，l/a；

t——从垃圾进入填埋场时算起的时间，a。

4.0.2 对某一时刻填入填埋场的生活垃圾，其填埋气体产气速率宜按下式计算：

$$Q_t=ML_0ke^{-kt} \tag{4.0.2}$$

式中：Q_t——所填垃圾在时间t时刻（第t年）的产气速率，m^3/a。

4.0.3 垃圾填埋场填埋气体理论产气速率宜按下式逐年叠加计算：

$$\begin{aligned} G_n &= \sum_{t=1}^{n-1} M_t L_0 k e^{-k(n-t)} (n \leqslant \text{填埋场封场时的年数} f) \\ &= \sum_{t=1}^{f} M_t L_0 k e^{-k(n-t)} (n > \text{填埋场封场时的年数} f) \end{aligned} \tag{4.0.3}$$

式中：G_n——填埋场在投运后第扎年的填埋气体产气速率，m^3/a；

n——自填埋场投运年至计算年的年数，a；

M_t——填埋场在第£年填埋的垃圾量，t；

f——填埋场封场时的填埋年数，a。

4.0.4 填埋场单位重量垃圾的填埋气体最大产气量（L_0）宜根据垃圾中可降解有机碳含量按下式估算：

$$L_0=1.867C_0\varphi \tag{4.0.4}$$

式中：C_0——垃圾中有机碳含量，%；

φ——有机碳降解率。

4.0.5 垃圾的产气速率常数（k）的取值应考虑垃圾成分、当地气候、填埋场内的垃圾含水率等因素；有条件的可通过试验确定产气速率常数（k）值。

4.0.6 填埋气体回收利用工程设计，应估算出利用期间每年的填埋气体产气速率。

4.0.7 在填埋气体回收利用工程实施前，宜进行现场抽气试验，验证填埋气体产气速率。

5 填埋气体导排

5.1 一般规定

5.1.1 填埋场垃圾堆体内应设置导气井或导气盲沟；两种气体导排设施的选用，应根据填埋场的具体情况选择或组合。

5.1.2 新建垃圾填埋场，宜从填埋场使用初期铺设导气井或导气盲沟。导气井基础与底部防渗层接触时应做好防护措施。

5.1.3 对于无气体导排设施的在用或停用填埋场，应采用钻孔法设置导气井。

5.1.4 用于填埋气体导排的碎石不应使用石灰石，粒径宜为 10mm～50mm。

5.2 导气井

5.2.1 用钻孔法设置的导气井，钻孔深度不应小于垃圾填埋深度的 2/3，但井底距场底间距不宜小于 5m，且应有保护场底防渗层的措施。

5.2.2 导气井宜采用下列结构：

（1）主动导排导气井结构应按下图（图 5.2.2-1）设计。

（2）被动导排导气井结构应按下图（图 5.2.2-2）设计。

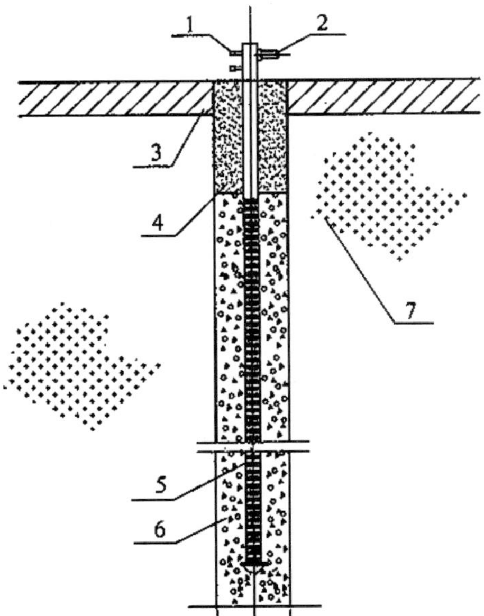

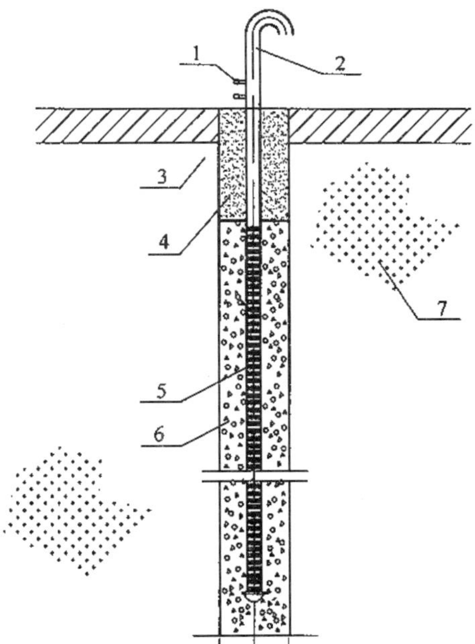

图 5.2.2-1 主动导排导气井结构　　图 5.2.2-2 被动导排导气井结构

1—检测取样口；2—输气管接口；3—具有防渗功能的最终覆盖（具体结构由设计确定）；
4—膨润土或黏土；5—多孔管；6—回填碎石滤料；7—垃圾层

5.2.3 导气井直径（ϕ）不应小于 600mm，垂直度偏差不应大于 1%。

5.2.4 主动导排导气井井口应采用膨润土或黏土等低渗透性材料密封，密封厚度宜为 3～5m。

5.2.5 导气井中心多孔管应采用高密度聚乙烯等高强度耐腐蚀的管材，管内径不应小于100mm，需要排水的导气井管内径不应小于200mm；穿孔宜用长条形孔，在保证多孔管强度的前提下，多孔管开孔率不宜小于2%。

5.2.6 导气井应根据垃圾填埋堆体形状、导气井作用半径等因素合理布置，应使全场导气井作用范围完全覆盖垃圾填埋区域；垃圾堆体中部的主动导排导气井间距不应大于50m，沿堆体边缘布置的导气井间距不宜大于25m；被动导排导气井间距不应大于30m。

5.2.7 被动导排的导气井，其排放管的排放口应高于垃圾堆体表面2m以上。

5.2.8 导气井与垃圾堆体覆盖层交叉处，应采取封闭措施，减少雨水的渗入。

5.2.9 主动导排系统，当导气井内水位过高时，应采取降低井内水位的措施。

5.2.10 导气井降水所用抽水设备应具有防爆功能。

5.3 导气盲沟

5.3.1 填埋气体导气盲沟断面宽、高均不应小于1 000mm。

5.3.2 导气盲沟中心管应采用柔性连接的管道，管内径不应小于150mm；当采用多孔管时，在保证中心管强度的前提下，开孔率不宜小于2%；中心管四周宜用级配碎石填充。

5.3.3 导气盲沟水平间距可按30～50m设置，垂直间距可按10～15m设置。

5.3.4 被动导排的导气盲沟，其排放管的排放口应高于垃圾堆体表面2m以上。

5.3.5 垃圾堆体下部的导气盲沟，应有防止被水淹没的措施。

5.3.6 主动导排导气盲沟外穿垃圾堆体处应采用膨润土或黏土等低渗透性材料密封，密封厚度宜为3～5m。

6 填埋气体输气管网

6.1 管网的布置与敷设

6.1.1 填埋气体输气管应设不小于1%的坡度，管段最低点处应设凝结水排水装置，排水装置应考虑防止空气吸入的措施，并应设抽水装置。

6.1.2 填埋气体收集管道应选用耐腐蚀、柔韧性好的材料及配件，管路应有良好的密封性。

6.1.3 每个导气井或导气盲沟的连接管上应设置调节阀门，调节阀应布置在易于操作的位置。导气井数量较多时宜设置调压站，对同一区域的多个导气井集中调节和控制。

6.1.4 输气管道不得在堆积易燃、易爆材料和具有腐蚀性液体的场地下面或上面通过，不宜与其他管道同沟敷没。

6.1.5 输气管道沿道路敷设时，宜敷设在人行道或绿化带内，不应在道路路面下敷设。

6.1.6 输气管地面或架空敷设时，不应妨碍交通和垃圾填埋的操作，架空管府每隔300m设接地装置，管道支架应采用阻燃材料。

6.1.7 地面与架空附设的塑料管道应设伸缩补偿设施。

6.1.8 输气管与其他管道共架敷设时，输气管道与其他管道的水平净距不应小于0.3m。当管径大于300mm时，水平净距不应小于管道直径。

6.1.9 架空敷设输气管与架空输电线之间的水平和垂直净距不应小于4m，与露天变电站围栅的净距不应小于10m。

6.1.10 寒冷地区，输气管宜采用埋地敷设，管道埋深宜在土壤冰冻线以下，管顶覆土厚度还应满足下列要求：

（1）埋设在车行道下时，不得小于 0.8m；

（2）埋设在非车行道下时，不得小于 0.6m。

6.1.11　地下输气管道与建筑物、构筑物或相邻管道之间的最小水平净距和垂直净距应满足现行国家标准《城镇燃气设计规范》GB 50028 和《输气管道工程设计规范》GB 50251 的有关规定。

6.1.12　**输气管道不得穿过大断面管道或通道。**

6.1.13　输气管道穿越铁路、河流等障碍物时，应符合现行国家标准《输气管道工程设计规范》GB 50251 的有关规定。

6.1.14　在填埋场内敷设的填埋气体管道应做明显的标志。

6.2　管道计算

6.2.1　填埋气体输气总管的计算流量不应小于最大产气年份小时产气量的 80%。

6.2.2　各填埋气体输气支管的计算流量应按各支管所负担的导气井（或导气盲沟）数量和每个导气井（或导气盲沟）的流量确定。

6.2.3　填埋气体输气管道内气体流速宜取（5～10）m/s。

6.2.4　填埋气体输气管道单位长度摩擦阻力损失宜按下式计算：

$$\frac{\Delta P}{l}=6.26\times10^{7}\lambda\rho\frac{Q^{2}}{d^{5}}\frac{T}{T_{0}} \tag{6.2.4}$$

式中：ΔP——输气管道摩擦阻力损失，Pa；

λ——输气管道的摩擦阻力系数；

l——输气管道的计算长度，m；

Q——输气管道的计算流量，m^3/h；

d——管道内径，mm；

ρ——填埋气体的密度，kg/m^3；

T——填埋气体温度，K；

T_0——标准状态的温度，273.16K。

7　填埋气体抽气、处理和利用系统

7.1　一般规定

7.1.1　填埋气体抽气、处理和利用系统应包括抽气设备、气体预处理设备、燃烧设备、气体利用设备、建（构）筑物、电气、输变电系统、给水排水、消防、自动化控制等设施。

7.1.2　抽气、处理和利用设施和设备应布置在垃圾堆体以外。

7.1.3　填埋气体处理和利用设施宜靠近抽气设备布置。

7.1.4　填埋气体抽气、预处理及利用设施应具有良好的通风条件，不得使可燃气体在空气中聚集。

7.1.5　抽气、气体预处理、利用和火炬燃烧系统应统筹设计，从填埋场抽出的气体应优先满足气体利用系统的用气，利用系统用气剩余的气体应能自动分配到火炬系统进行燃烧。

7.2　填埋气体抽气及预处理

7.2.1　填埋气体抽气设备应选用耐腐蚀和防爆型设备。

7.2.2　填埋气体抽气设备应设调速装置，宜采用变频调速装置。

7.2.3 填埋气体抽气设备应至少有 1 台备用。

7.2.4 抽气设备最大流量应为设计流量的 1.2 倍。抽气设备最小升压应满足克服填埋气体输气管路阻力损失和用气设备进气压力的需要。

7.2.5 填埋气体主动导排系统的抽气流量应能随填埋气体产气速率的变化而调节，气体收集率不宜小于 60%。

7.2.6 抽气系统应设置流量计量设备，并可对瞬时流量和累积量进行记录。

7.2.7 抽气系统应设置填埋气体氧（O_2）含量和甲烷（CH_4）含量在线监测装置，并应根据氧（O_2）含量控制抽气设备的转速和启停。

7.2.8 预处理工艺和设备的选择及处理量应根据气体利用方案、用气设备的要求和烟气排放标准来确定。

7.3 火炬燃烧系统

7.3.1 **设置主动导排设施的填埋场，必须设置填埋气体燃烧火炬。**

7.3.2 填埋气体收集量大于 $100m^3/h$ 的填埋场，应设置封闭式火炬。

7.3.3 填埋气体火炬应有较宽的负荷适应范围，应能满足填埋气体产量变化、气体利用设施负荷变化、甲烷浓度变化等情况下填埋气体的稳定燃烧。

7.3.4 火炬应能在设计负荷范围内根据负荷的变化调节供风量，使填埋气体得到充分燃烧，并应使填埋气体中的恶臭气体完全分解。

7.3.5 **填埋气体火炬应具有点火、熄火安全保护功能。**

7.3.6 封闭式火炬距地面 2.5m 以下部分的外表面温度不应高于 50℃。

7.3.7 **火炬的填埋气体进口管道上必须设置与填埋气体燃烧特性相匹配的阻火装置。**

7.4 填埋气体利用

7.4.1 填埋气体利用方式及规模的选择应符合下列规定：

（1）填埋气体利用方式应根据当地的条件，经过技术经济比较确定，宜优先选择效率高的利用方式。

（2）填埋气体利用规模，应根据填埋气体收集量，经过技术经济比较确定，气体利用率不宜小于 70%。

7.4.2 填埋气体用于内燃机发电应符合下列规定：

（1）内燃机发电的总规模应在合理预测各年填埋气体收集量的基础上确定。

（2）内燃机发电机组应选择技术成熟、可靠性好的产品。

（3）有热、冷用户的情况下，宜选择热、电、冷三联供的工艺方案回收内燃机烟气和冷却液带出的热能。

（4）额定负荷下，内燃机发电机组的发电效率不应低于 30%。

（5）内燃机发电机组的技术性能应符合现行行业标准《气体燃料发电机组 通用技术条件》JB/T 9583.1 的规定。

7.4.3 填埋气体用于锅炉燃料应符合下列规定：

（1）应确保填埋气体燃烧系统稳定、安全运行。

（2）锅炉出力的选择应根据用热负荷和填埋气体收集量及热值确定。

（3）锅炉排放烟气各项指标应满足现行国家标准《锅炉大气污染物排放标准》GB 13271 的要求。

（4）锅炉房的设计、施工和运行应符合现行国家标准《锅炉房设计规范》GB 50041的有关规定。

7.4.4 填埋气体制造城镇燃气或汽车燃料应符合下列规定：

（1）填埋气体处理及甲烷提纯工艺应根据城镇燃气或汽车燃料质量标准要求确定。

（2）填埋气体提纯处理设施的设计、施工与运行应符合国家现行有关标准的规定。

8 电气系统

8.1 一般规定

8.1.1 填埋气体发电并网时，接入系统设计应符合电力行业的有关规定。

8.1.2 高压配电装置、继电保护和安全自动装置、过电压保护、防雷和接地的技术要求，应符合国家现行标准《3～110kV 高压配电装置设计规范》GB 50060、《电力装置的继电保护和自动装置设计规范》(3B/T 50062、《交流电气装置的过电压保护和绝缘配合》DL/T 620、《建筑物防雷设计规范》GB 50057 和《交流电气装置的接地》DL/T 621 的有关规定。

8.2 电气主接线

8.2.1 发电机电压母线及厂用高压母线，宜采用单母线或单母线分段接线方式。

8.2.2 发电上网的填埋气体发电厂应至少有一条与电网连接的双向受、送电线路。发电自用的填埋气体发电厂应至少有一条与电网连接的受电线路；当该线路发生故障时，应有能够保证安全停机和启动的内部电源或其他外部电源。

8.3 厂用电系统

8.3.1 填埋气体发电厂厂用电接线设计应符合下列要求：

（1）厂用电电压宜采用 380/220V。

（2）厂用电母线宜采用单母线或单母线分段接线方式。当设有保安柴油发电机组等备用电源时，可设保安公用段。

（3）发电机与变压器为单元连接时，厂用电分支上应装设断路器。

（4）接有 I 类负荷的厂用母线，应设置备用电源。备用电源采用专用备用方式时应装设自动投入装置。备用电源采用互为备用方式时，宜手动切换。接有II类负荷的厂用母线，备用电源宜采用手动切换方式。III类用电负荷可不设备用电源。

（5）厂用变压器接线组别的选择，应使厂用工作电源与备用电源之间相位一致，接线组别宜为 D，ynll，低压厂用变压器宜采用干式变压器。

（6）低压厂用电接地形式宜采用 TN-C-S 或 TN-S 系统，路灯配电系统的接地形式宜采用 TT 系统。

（7）厂用电源正常切换时宜采用手动切换。在确认切换的电源合上后，应尽快手动断开或自动连锁切除被解列的电源。在需要的情况下，厂用电源的切换操作应设置同期闭锁。

8.4 二次接线及电测量仪表装置

8.4.1 电气网络的电气元件控制宜采用计算机监控系统。控制室的电气元件控制宜采用与工艺自动化控制相同的控制水平及方式。填埋气体收集处理及利用厂采用分散控制系统时，电气元件的监控宜进入计算机控制系统。

8.4.2 0.4kV、6kV 或 10kV 室内配电装置到各用户的线路，宜采用就地控制方式。

8.4.3 采用强电控制时，控制回路应设事故报警装置。断路器控制回路的监视宜采用灯光或音响信号。

8.4.4 隔离开关与相应的断路器和接地刀闸应设连锁装置。

8.4.5 电气测量仪表装置的设计应符合现行国家标准《电力装置的电测量仪表装置设计规范》GB/T 50063 中的有关规定。

8.4.6 与电力网连接的线路的出口处应设置能满足电网要求的关口电度表。

8.4.7 备用电源自动投入装置的接线应符合下列规定：

（1）宜采用慢速自动切换，应保证在工作电源断开后，方可投入备用电源。

（2）厂用母线保护动作、工作分支断路器过电流保护动作、工作电源断路器由手动分闸或 DCS 分闸时，应闭锁备用电源自动投入装置。

（3）工作电源供电侧断路器跳闸时，应联动其负荷侧断路器跳闸。

（4）装设专门的低电压保护，当厂用工作母线电压降低至 0.25 倍额定电压以下，而备用电源电压在 0.7 倍额定电压以上时，应自动断开工作电源负荷侧断路器，并应启用备用电源自动投入。

（5）应设有切除备用电源自投功能的选择开关。

（6）备用电源自动投入装置应保证只动作一次。

8.5 照明系统

8.5.1 照明设计应符合现行国家标准《建筑照明设计标准》GB 50034 和《建筑设计防火规范》GB 50016 中的有关规定。

8.5.2 正常照明和事故照明宜采用下列供电方式：

（1）正常照明电源，当发电机输出电压为 400/230V 的低压时，可从发电机母线直接引接。当低压厂用电引自厂用变压器，且中性点为直接接地系统时，应由动力和照明网络共用的厂用变压器供电。事故照明应采用蓄电池供电（或自带蓄电池）的应急灯。

（2）生产工房内安装高度低于 2.2m 的照明灯具及管沟、通道内的照明灯具，宜采用 24V 电压供电。当采用 220V 供电时，应有防止触电的措施。

8.5.3 照明灯具宜采用发光效率较高的灯具。有填埋气泄漏可能的场所，灯具应采用防爆型；环境温度较高的场所，宜采用耐高温的灯具。

8.6 电缆选择与敷设

8.6.1 电缆选择与敷设，应符合现行国家标准《电力工程电缆设计规范》GB 50217 的有关规定。

8.6.2 填埋气体发电厂房及辅助厂房的电缆敷设，应采取有效的阻燃、防火封堵措施。

8.6.3 厂房及厂区电缆应敷设在专用电缆沟内或电缆桥架上，少量电缆可直接埋设。

8.6.4 有化学腐蚀环境的区域应采取防腐措施，防腐等级应根据工艺要求确定。

8.7 通信

8.7.1 利用填埋气体发电并与地区电力网联网时，宜装设专用通信设施。

9 仪表与自动化控制

9.1 一般规定

9.1.1 填埋气体收集、处理及利用工程的自动化控制应适用、可靠、先进，并应根据填埋气体利用设施特点进行设计；应满足设施安全、经济运行和防止对环境二次污染的要求。

9.1.2 填埋气体收集处理及利用工程的自动化控制系统，应采用成熟的控制技术和可靠性高、性能价格比适宜的设备和元件。

9.2 自动化水平

9.2.1 填埋气体利用工程应有较高的自动化水平，应能在少量就地操作和巡回检查配合下，由分散控制系统实现对气体预处理、气体利用及辅助系统的集中监视、分散控制及事故处理等。

9.2.2 抽气系统、预处理系统和气体利用系统应能实现连锁安全控制。

9.2.3 填埋气体利用场站和车间应设置工业电视监视系统。工业电视系统的设置应符合现行国家标准《工业电视系统工程设计规范》GB 50115 中的有关规定。

9.2.4 自动控制系统应设置独立于主控系统的紧急停车系统。

9.3 分散控制系统

9.3.1 填埋气体处理系统、利用系统、变压器组、厂用电气设备及辅助系统，应以操作员站为监视控制中心，对全厂进行集中监视管理。当设备供货商提供独立控制系统时，应与分散控制系统通信，实现集中监控。

9.3.2 分散控制系统的功能，应包括数据采集和处理功能、模拟量控制功能、顺序控制功能、保护与安全监控功能等。

9.3.3 分散控制系统应按监控级、控制级、现场级分层分散设计。分散控制系统的控制级应有冗余配置的控制站，且控制站内的中央处理器、通信总线、电源，应有冗余配置；监控级应具有互为热备的操作员站。

9.3.4 分散控制系统的响应时间应能满足设施安全运行和事故处理的要求。

9.4 检测与报警

9.4.1 填埋气体收集、处理及利用工程的检测仪表和系统应满足安全、经济运行的要求，应能准确地测量、显示工艺系统各设备的技术参数。

9.4.2 填埋气体收集、处理及利用工程的检测应包括下列内容：

（1）工艺系统和主体设备在各种工况下安全、经济运行的参数；

（2）辅机的运行状态；

（3）电动、气动执行机构的状态及调节阀的开度；

（4）仪表和控制用电源、气源及其他必要条件的供给状态和运行参数；

（5）必要的环境参数；

（6）主要电气系统和设备的运行参数和状态。

9.4.3 填埋气体处理和利用车间应设置可燃气体检测报警装置，并应与排风机联动。

9.4.4 重要检测参数应选用双重化的现场检测仪表，应装设供运行人员现场检查和就地操作所必需的就地检测与显示仪表。

9.4.5 测量油、水、蒸汽、可燃气体等的一次仪表不应引入控制室。

9.4.6 填埋气体收集、处理及利用工程的报警应包括下列内容：

（1）填埋气体中氧（O_2）含量超标；

（2）填埋气体中甲烷含量过低；

（3）工艺系统主要工况参数偏离正常运行范围；

（4）保护和重要的连锁项目；

（5）电源，气源发生故障；

（6）监控系统故障；

（7）主要电气设备故障；

（8）辅助系统及主要辅助设备故障。

9.4.7 重要工艺参数报警的信号源应直接引自一次仪表。对重要参数的报警可设光字牌报警装置。当设置常规报警系统时，其输入信号不应取自分散控制系统的输出。

9.4.8 分散控制系统功能范围内的全部报警项目应能在显示器上显示并打印输出。

9.5 保护和连锁

9.5.1 **保护系统应有防误动、拒动措施，并应有必要的后备操作手段。**

9.5.2 保护系统输出的操作指令应优先于其他任何指令。

9.5.3 各工艺系统、设备保护用的接点宜单独设置发讯元件，不宜与报警等其他功能合用。

9.5.4 经常运行并设有备用的水泵、风机或工艺要求根据参数控制的电动门、电磁阀门等设备应设有连锁功能。

9.6 电源与气源

9.6.1 仪表和控制系统用的电源应由不间断电源（UPS）供给。其电压等级不应大于 220V，应引自互为备用的两路专用的独立电源并能互相自动切换。

9.6.2 采用气动仪表时，气源品质和压力应符合现行国家标准《工业自动化仪表气源压力范围和质量》GB/T 4830 中的有关规定。

9.6.3 仪表气源应有专用贮气罐。贮气罐容量应能维持 10～15min 的耗气量。仪表气源的耗气量应按总仪表额定耗气量的 2 倍估算。

9.7 控制室

9.7.1 填埋气体收集处理及利用工程宜设一个中央控制室。

9.7.2 控制室内的设备布置应既紧凑、合理，又方便运行和检修。控制室内宜保持微正压，其温度和湿度应符合仪表控制专业的要求。

9.8 防雷接地与设备安全

9.8.1 电气设备外壳、不要求浮空的盘台、金属桥架、铠装电缆的铠装层等应设保护接地，保护接地应牢固可靠，不应串联接地。

9.8.2 各计算机系统内不同性质的接地应分别通过稳定可靠的总接地板（箱）接地，其接地网按计算机厂家的要求设计。

9.8.3 仪表与控制系统的防雷应符合现行国家标准《建筑物电子信息系统防雷技术规范》GB 50343 中的有关规定。

9.8.4 现场布置的控制设备应根据需要采取必要的防护措施。

9.8.5 在危险场所装设的电气设备（包括现场仪表和控制装置），应符合现行国家标准《爆炸和火灾危险环境电力装置设计规范》GB 50058 的有关规定。

10 配套工程

10.1 工程总体设计

10.1.1 填埋气体收集范围应根据填埋场已填垃圾的范围和填埋操作规划确定。

10.1.2 填埋气体导排系统的设计应结合垃圾填埋堆体设计和实际堆体形状进行。

10.1.3 填埋气体抽气、处理、利用厂区的总图设计，应根据厂址地形条件并结合主体工艺设施、辅助设施以及厂内运输的要求，经多方案综合比较后确定。

10.1.4 厂区道路的设置应满足交通运输、消防、绿化及各种管线的敷设要求。道路设计应符合现行国家标准《厂矿道路设计规范》GBJ 22 的有关规定。

10.1.5 厂区的绿化布置应符合总图设计要求，合理安排绿化用地。绿化设计应根据当地的自然条件选择适宜的植物。

10.2 建筑与结构

10.2.1 填埋气体处理和利用的建筑物高度应符合设备拆装起吊和通风的要求，其净高不宜低于 4m。在炎热地区，机器间跨度大于 9m 时应设天窗。

10.2.2 机器间通向室外的门应保证安全疏散、便于设备出入和操作管理。

10.2.3 机器间宜采用混凝土地面，并宜设置排水沟，表面应抹平压光。噪声大的机器间应根据防噪要求在墙体内部采取吸声措施。

10.2.4 发电机房应采用耐火极限不低于 2h 的隔墙和 1.5h 的楼板与其他部位隔开。

10.2.5 发电机房应有两个出入口，其中一个出口的大小应满足搬运机组的要求，门应采取防火、隔声措施，并应向外开启。

10.2.6 有扩建可能的机器间的发展端，宜预先设置屋架。

10.2.7 隔声值班室应设观察窗，其窗台标高不宜高于 0.8m。

10.2.8 车间的围护结构应满足基本热工性能和使用的要求。

10.2.9 中央控制室应设吊顶。

10.2.10 卫生间、浴室和易积水房间不应布置在发电机房、重要设备间、电气设备间及控制室的上方。

10.2.11 车间的防雷设计应符合现行国家标准《建筑物防雷设计规范》GB 50057 的要求。

10.2.12 地基基础的设计应按现行国家标准《建筑地基基础设计规范》GB 50007 中的有关规定进行地基承载力和变形计算，必要时尚应进行稳定性计算。

10.2.13 发电机组基础的设计应符合设备对减震的要求，基础承载力计算应考虑静、动两种荷载。

10.3 给水排水

10.3.1 厂内给水工程设计应符合现行国家标准《室外给水设计规范》GB 50013 和《建筑给水排水设计规范》GB 50015 的有关规定。

10.3.2 生活饮用水应符合现行国家标准《生活饮用水卫生标准》GB 5749 的水质要求，用水标准及定额应满足现行国家标准《建筑给水排水设计规范》GB 50015 的有关要求。

10.3.3 厂内排水工程设计应符合现行国家标准《室外排水设计规范》GB 50014 和《建筑给水排水设计规范》GB 50015 的规定。

10.3.4 抽气站及气体利用厂区的雨水量设计重现期应符合现行国家标准《室外排水设计规范》GB 50014 的有关规定。

10.3.5 气体导排井排出的污永应排入填埋场渗沥液收集导排系统或渗沥液处理设施。

10.3.6 污水应进行有效处理，不得污染地下水和地表水。

10.4 消防

10.4.1 填埋气体利用厂房应设置室内、室外消防系统，其设计应符合现行国家标准《建筑设计防火规范》GB 50016 和《建筑灭火器配置设计规范》GB 50140 的相关规定和要求。

10.4.2 填埋气体处理和利用厂房应属于甲类生产厂房，其建筑耐火等级不应低于二级，并应符合现行国家标准《城镇燃气设计规范》GB 50028 的有关规定。

10.4.3 设置在厂房内的中央控制室、电缆夹层和长度大于 7m 的配电装置室，应设两个安全出口。

10.4.4 疏散用的门及配电装置室和电缆夹层的门应向疏散方向开启；当门外为公共走道或其他房间时，应采用丙级防火门。配电装置室的中间门应采用双向弹簧门。

10.4.5 厂房内部的装修设计应符合现行国家标准《建筑内部装修设计防火规范》GB 50222 的有关规定。

10.4.6 集装箱式填埋气体发电机组应有良好的通风措施，箱体应使用阻燃材料。

10.5 采暖通风

10.5.1 建筑物冬、夏季热、冷负荷计算用的室外计算参数，应符合现行国家标准《采暖通风与空气调节设计规范》GB 50019 的有关规定。

10.5.2 设置采暖的各建筑物冬季采暖室内计算温度的确定，应符合下列要求：

1 气体处理间、发电机房、库房、工具间、水泵房 5℃～10℃；

2 中央控制室、化验室、试验室、值班室、办公室 16℃～18℃。

10.5.3 当工艺无特殊要求时，车间内经常有人工作地点的夏季空气温度应符合表 10.5.3 的规定。当受条件限制，在采用通风降温措施后仍不能达到表 10.5.3 要求时，允许温差可加大 1℃～2℃。

表 10.5.3 工作地点的夏季空气温度 单位：℃

夏季通风室外计算温度	≤22	23	24	25	26	27	28	29～32	≥33
允许温差	10	9	8	7	6	5	4	3	2
工作地点温度	≤32	32						33～35	35

10.5.4 采暖热源采用发电机余热时，发电供热机组小于两套时应设备用热源。

10.5.5 建筑物的采暖设计应符合现行国家标准《采暖通风与空气调节设计规范》GB 50019 的有关规定。

10.5.6 气体处理车间的通风换气设备应具有防爆功能。

10.5.7 填埋气体发电机房及发电机集装箱的通风方式和通风量应满足发电机组的要求。

10.6 空调

10.6.1 建筑物的空调设计应符合现行国家标准《采暖通风与空气调节设计规范》GB 50019 的有关规定。

10.6.2 中央控制室宜设置空调装置。

10.6.3 当建筑物或车间机械通风不能满足工艺对室内温度、湿度要求时，该建筑物或车间应设空调装置。建筑物的空调设计应符合现行国家标准《采暖通风与空气调节设计规范》GB 50019 的有关规定。

11 环境保护与劳动卫生

11.1 一般规定

11.1.1 填埋气体收集与利用过程中产生的烟气、恶臭、废水、噪声及其他污染物的防治与排放，应执行国家现行的环境保护法规和标准的有关规定。

11.1.2 填埋气体收集、处理及利用场站工作环境和条件应符合国家职业卫生标准的要求。

11.1.3 应根据污染源的特性和合理确定的污染物产生量制定污染物治理措施。

11.2 环境保护

11.2.1 填埋气体燃烧烟气污染物排放限值应符合现行国家标准《锅炉大气污染物排放标准》GB 13271 中有关燃气锅炉的排放限值要求。

11.2.2 填埋气体内燃式发电机组的烟气污染物排放限值应满足项目环境影响评价的批复要求。

11.2.3 填埋气体收集、处理及利用场站的生活污水和工艺污水宜并入垃圾填埋场污水处理站。无污水处理设施的，填埋气体收集、处理及利用工程应考虑设置污水处理设施，污水处理设施的设计排放标准应符合项目环境影响评价报告批复的要求。

11.2.4 厂站噪声治理应符合现行国家标准《工业企业厂界环境噪声排放标准》GB 12348 的有关规定。对建筑物的直达声源噪声控制，应符合现行国家标准《工业企业噪声控制设计规范》GBJ 87 的有关规定。

11.2.5 厂站内各类地点的噪声控制宜采取以隔声为主，辅以消声、隔振、吸声等综合措施。

11.2.6 填埋气体收集、处理及利用工程的恶臭污染物控制与防治，应符合现行国家标准《恶臭污染物排放标准》GB 14554 的有关规定。

11.3 职业卫生与劳动安全

11.3.1 填埋气体收集、处理及利用场站的职业卫生，应符合国家现行标准《工业企业设计卫生标准》GBZ 1 的有关规定。

11.3.2 填埋气体收集、处理及利用工程建设应采取有利于职业病防治和保护劳动者健康的措施。

11.3.3 设备应在醒目位置设置警示标志，并应有可靠的防护措施。

11.3.4 职业病防护设备、防护用品应确保处于正常工作状态，不得擅自拆除或停止使用。

11.3.5 填埋气体收集利用厂站应采取劳动安全措施。

12 工程施工及验收

12.1 一般规定

12.1.1 建筑、安装工程应符合施工图设计文件、设备技术文件的要求。

12.1.2 施工安装使用的材料、预制构件、器件应符合国家现行有关标准及设计要求，并应取得供货商的合格证明文件。

12.2 工程施工及验收

12.2.1 施工准备应符合下列要求：

（1）应具有经审核批准的施工图设计文件和设备技术文件，并有施工图设计交底记录。

（2）施工用临时建筑、交通运输、电源、水源、气（汽）源、照明、消防设施、主要材料、机具、器具等应准备充分。

（3）应编制施工组织设计，并应通过评审。

12.2.2 设备安装前，除必须交叉安装的设备外，土建工程墙体、屋面、门窗、内部粉刷应基本完工，设备基础地坪、沟道应完工，混凝土强度应达到不低于设计强度的75%。用建筑结构作起吊或搬运设备承力点时，应核算结构承载力，以满足最大起吊或搬运的要求。

12.2.3 垃圾堆体上施工前，应制定详细的安全施工方案和应急预案。

12.2.4 在垃圾堆体上进行挖方、导气井钻孔、管道连接等施工时，应有防爆和防止人员中毒的措施。

12.2.5 设备及材料的验收应包括下列内容：

（1）到货设备、材料应在监理单位监督下开箱验收并作记录。

（2）被检查的设备或材料应符合本规范第12.1.2条的规定并满足供货合同规定的技术要求，应无短缺、损伤、变形、锈蚀，必要时应进行现场检验。

（3）钢结构构件应有焊缝检查记录及预装检查记录。

12.2.6 设备、材料保管应根据其规格、性能、对环境要求、时效期限及其他要求分类存放。

12.2.7 竣工验收应具备下列条件：

（1）生产性建设工程和辅助性设施、消防、环保工程、职业卫生与劳动安全、环境绿化工程已经按照批准的设计文件建设完成，具备运行、使用条件和验收条件。

（2）填埋气体收集、处理和利用设施已经安装配套，带负荷试运行合格。填埋气体收集率、气体利用率、发电机组发电效率、锅炉热媒参数和热效率、烟气污染物排放指标、设备噪声级、原料消耗指标等均达到设计规定。

（3）引进的设备、技术，按合同规定完成负荷调试、设备考核。

12.2.8 重要结构部位、隐蔽工程、地下管线，应按工程设计要求和施工验收标准，及时进行中间验收。

中华人民共和国行业标准

建筑垃圾处理技术规范

Technical code for construction and demolition waste treatment

CJJ 134—2009

前言

根据原建设部《关于印发〈2007 年工程建设标准规范制订、修订计划（第一批）〉的通知》（建标[2007]125 号）的要求，规范编制组经广泛调查研究，认真总结实践经验，参考有关国际标准和国外先进标准，并在广泛征求意见的基础上，制定本规范。

本规范的主要技术内容是：1. 总则；2. 术语；3. 基本规定；4. 收集与运输；5. 转运调配；6. 再生利用；7. 回填；8. 填埋；9. 环境保护与安全卫生。

本规范中以黑体字标志的条文为强制性条文，必须严格执行。

本规范由住房和城乡建设部负责管理和对强制性条文的解释，由上海市环境工程设计科学研究院负责具体技术内容的解释。执行过程中如有意见或建议，请寄送上海市环境工程设计科学研究院有限公司（地址：上海市石龙路 345 弄 11 号，邮政编码：200232）。

本规范主编单位：上海市环境工程设计科学研究院有限公司
江苏中兴建设有限公司

本规范参编单位：上海市建筑材料工业设计研究院
中国建筑科学研究院建筑材料研究所
同济大学
广州市环境卫生研究所

本规范主要起草人员：秦　峰　王　雷　张雪梅　张卫东　黄　海　冷发光
赵由才　郭树波　许碧君　杨德志　李　露　倪道仁
何更新　柴晓利　陈伟锋　王新文　徐雄增　周永祥
牛冬杰

本规范审查人员：陶　华　陈朱蕾　冯其林　钱光人　邹　华　陈家珑　陈炜炜
陈钧颐　袁宏伟

1　总　则

1.0.1　为贯彻国家有关建筑垃圾处理的法律法规和技术政策，促进建筑垃圾统一管理、集中处理、综合利用，提升建筑垃圾处理的减量化、资源化和无害化水平，保证建筑垃圾处理全过程的规范化，制定本规范。

1.0.2 本规范适用于建筑垃圾的收集、运输、转运、利用、回填、填埋的规划、设计和管理。

1.0.3 本规范规定了建筑垃圾处理的基本技术要求，当本规范与国家法律、行政法规相抵触时，应按国家的法律、行政法规的规定执行。

1.0.4 建筑垃圾处理除应符合本规范规定外，尚应符合国家现行有关标准的规定。

2 术 语

2.0.1 建筑垃圾 construction and demolition waste

对各类建筑物和构筑物及其辅助设施等进行建设、改造、装修、拆除、铺设等过程中产生的各类固体废物，主要包括渣土、废旧混凝土、碎砖瓦、废沥青、废旧管材、废旧木材等。

2.0.2 转运调配 transfer and distribution

将建筑垃圾集中在特定场所临时分类堆放，待根据需要定向外运的行为。

2.0.3 回填 backfill

利用现有低洼地块或即将开发利用但地坪标高低于使用要求的地块，以符合条件的建筑垃圾替代部分土方，弥补地坪标高的行为。

2.0.4 建筑垃圾处理 construction and demolition waste treatment

对建筑垃圾的收集、运输、转运、调配、处置的全过程。

3 基本规定

3.0.1 建筑垃圾处理设施的设置应纳入当地城镇环境卫生专业规划。

3.0.2 建筑垃圾应按不同的产生源、种类、性质进行分别堆放、分流收运，分别处理。建筑垃圾收运、处置全过程严禁混入生活垃圾与危险废物。

3.0.3 建筑垃圾运输车辆应按核准的路线和时间行驶，并应行驶至核准的地点处理、处置建筑垃圾。

3.0.4 建筑垃圾类型与处置方式宜按表 3.0.4 的规定确定。

表 3.0.4 建筑垃圾类型与处置方式

建筑垃圾类型	处置方式
工程渣土	回填；作为生活垃圾填埋场中间覆盖用土；填埋
其他建筑废物	分类并用于生产再生建筑材料；填埋

注：其他建筑废物包括废旧混凝土、碎砖瓦、废沥青、废旧管材、废旧木材等。

3.0.5 建筑垃圾处理场所均应配备计量设施。

4 收集与运输

4.1 源头减量、收集

4.1.1 建筑垃圾减量应从源头实施，并宜就地利用和回收。

4.1.2 建筑垃圾宜按不同的种类和特性逐步实现分类收集。收集方式应与末端处置方式相适应。

4.2 运输

4.2.1 建筑垃圾运输应采用封闭方式，不得遗洒、不得超载。

4.2.2 建筑垃圾运输车厢盖宜采用机械密闭装置，开启、关闭时动作应平稳灵活，并应符合下列要求：

（1）厢盖与厢盖、厢盖与车厢侧栏板缝隙不应大于 30mm；

（2）厢盖与车厢前、后栏板缝隙不应大于 50mm；

（3）卸料门与车厢栏板、底板结合处缝隙不应大于 10mm。

4.2.3 建筑垃圾运输工具应外观整洁、标志齐全，车辆底盘、车轮应无大块泥沙等附着物。

4.2.4 建筑垃圾水上运输宜采用集装箱运输形式。集装箱的环保措施应符合下列要求：

（1）集装箱后盖门应能够紧密闭合、防止垃圾散落；

（2）集装箱内壁应保持平整，减少垃圾残余量，便于清洁。

4.2.5 建筑垃圾采用散装水上运输形式时，应在运输工具表面有效苫盖，垃圾不得裸露和散落。

4.2.6 建筑垃圾转运码头宜与生活垃圾转运码头合建，并宜根据船舶运输形式选择装卸工艺及配置设备。此外，尚应符合下列要求：

（1）当采用集装箱运输形式时，应配备集装箱桥式起重机、专用叉车和专用运输车等；

（2）当采用散装运输形式时，宜配备卸料平台和散装卸料机构等。

5 转运调配

5.0.1 暂时不具备回填出路，且具有回填利用或资源化再生价值的建筑垃圾可进入转运调配场。

5.0.2 转运调配场的配置应符合城镇环境卫生专业规划的规定，选址应根据当地建筑垃圾产量及资源化利用要求确定。

5.0.3 转运调配场建设规模应根据服务区域内建筑垃圾产生量、场址自然条件、地形地貌特征、服务年限及技术、经济合理性等因素综合确定，并可按设计总调配量与设计日处理能力分为大、中、小型三类。

5.0.4 新建的转运调配场用地应符合表 5.0.4 的规定。

表 5.0.4 转运调配场用地指标

类型	设计总调配量/m^3	设计日处理能力/（t/d）	用地面积/m^2	与相邻建筑间隔/m	绿化隔离带宽度/m
大型	≥20 000	≥2 000	≥18 000	≥50	≥20
中型	≥5 000，＜20 000	≥500，＜2 000	≥6 000，＜18 000	≥30	≥15
小型	≥2 000，＜5 000	＜500	≥3 000，＜6 000	≥20	≥10

注：1 表内用地不应含垃圾分类、资源回收等其他功能用地；

2 用地面积应含转运调配场周边专门设置的绿化隔离带，但不应含兼具绿化隔离作用的市政绿化和园林用地；

3 与相邻建筑间隔应自转运调配场边界起计算。

5.0.5 转运调配场堆放区应符合下列要求：

（1）建筑垃圾可采取露天或室内堆放方式，露天堆放的建筑垃圾应及时苫盖；

（2）建筑垃圾堆放区宜保证 5d 以上的建筑垃圾临时贮存能力，建筑垃圾堆放高度高于周围地坪不宜超过 3m；

（3）建筑垃圾堆放区地坪标高应高于周围地坪标高不小于 15cm，堆放区四周应设置排水沟，并应满足场地雨水导排要求；

（4）堆放区应设置明显的分类堆放标志。

5.0.6 生产管理区应布置在分类堆放区的上风向，并宜设置办公用房等设施。中、大型规模的转运调配场宜设置作业设备与运输车辆的维修车间等设施。

5.0.7 转运调配场应配备装载机、推土机等作业机械，配备机械数量应与作业需求相适应。

5.0.8 转运调配场总平面布置及绿化应符合现行国家标准《工业企业总平面设计规范》GB 50187 的有关规定，中、大型规模的转运调配场可根据需要增设资源化利用设施。

6 再生利用

6.0.1 建筑垃圾作为生产再生建筑材料的原料时，应符合相应的再生建筑材料标准。

6.0.2 分选处理可根据需要选择在施工现场、转运调配场、填埋场或资源化处理厂进行。

6.0.3 分选工艺应根据后续处理功能要求和处理对象特点合理选用不同组合的设备。分选工艺宜以机械分选为主、人工分选为辅。

6.0.4 分选工艺根据原料品质，可采用单级或多级串联方式，也可采用多条生产线并联方式。

6.0.5 废旧建筑混凝土生产混凝土用再生骨料应符合下列要求：

（1）建筑垃圾中的废旧建筑混凝土可用于生产再生骨料，主要产品应包括混凝土用再生细骨料和混凝土用再生粗骨料；

（2）废旧建筑混凝土生产再生混凝土骨料的工艺可包括破碎、分选、清洗等环节；

（3）再生混凝土骨料质量宜符合现行行业标准《普通混凝土用砂、石质量及检验方法标准》JGJ 52 的有关规定。

6.0.6 废旧道路水泥混凝土生产再生骨料应符合下列要求：

（1）废旧道路水泥混凝土块可用于生产公路路面和桥涵工程用再生骨料；

（2）废旧道路水泥混凝土生产再生骨料的工艺宜按照本规范第 6.0.5 条的有关规定选用；

（3）废旧道路水泥混凝土再生骨料用于公路工程时，应预先按照现行行业标准《公路工程集料试验规程》JTG E42 的有关规定进行试验。其性能指标应符合下列要求：

1）用于路面混凝土时，应符合现行行业标准《公路水泥混凝土路面设计规范》JTG D40 和《公路水泥混凝土路面施工技术规范》JTG F30 的规定；

2）用于桥涵混凝土时，应符合现行行业标准《公路桥涵施工技术规范》JTJ 041 的规定。

6.0.7 再生砖和砌块生产应符合下列要求：

（1）建筑垃圾中废砖瓦及混凝土可用于制造再生砖和砌块，基本生产工艺可包括分选、破碎、计量配料、搅拌、振压成型、养护、检验出厂等环节；

（2）生产再生砖和再生砌块的胶凝材料宜选用水泥；

（3）再生砖的性能及用途应符合国家现行标准《非烧结垃圾尾矿砖》JC/T 422、《蒸压灰砂砖》GB 11945、《蒸压灰砂空心砖》JC/T 637 的有关规定；

（4）再生砌块的性能及用途应符合国家现行标准《普通混凝土小型空心砌块》GB 8239、《轻集料混凝土小型空心砌块》GB/T 15229、《蒸压加气混凝土砌块》GB 11968、《装饰混凝土砌块》JC/T 641 的规定。

6.0.8　再生沥青混合料生产应符合下列要求：

（1）建筑垃圾中废沥青可用于生产再生沥青混合料；再生沥青混合料生产过程中，骨料温度应控制在 180～190℃：，沥青温度应控制在 145～155℃，搅拌时间应为 32～37s；生产过程中，应将新旧骨料混合后再加入新沥青拌和至颜色均匀一致后出料，再生沥青混合料出厂温度应为 140～160℃；

（2）沥青路面资源化再生时，应保证再生沥青混合料的稳定，旧沥青的比例应小于 25%；

（3）使用再生沥青铺路时，沥青产品应符合国家现行标准《重交通道路石油沥青》GB/T 15180、《道路石油沥青》SH 0522、《建筑石油沥青》GB/T 494 的规定。

6.0.9　其他建筑垃圾资源化再生应符合下列要求：

（1）建筑垃圾微粉可作为原材料取代石英砂，并可按照相关工艺制备蒸压加气混凝土砌块，其各项性能应符合现行国家标准《蒸压加气混凝土砌块》GB 11968 的相关规定；

（2）废木材再生前应分离附着在木材上的金属、玻璃、塑料等物质；经防腐处理的木材，应视防腐剂毒性及含量进行妥善处理；

（3）废弃的管道应按材质分类，金属（含复合管中金属）应进入金属回收利用途径；化学化合物管道、管件应进入塑料回收利用途径；

（4）钢架、钢梁、钢屋面与钢墙体宜按拆除后的板、型材分类，板类（去除可能混杂的保温夹层）可直接送有关部门处理；

（5）建筑垃圾中碎砖、碎混凝土块、碎石及水泥拌合物等可用作载体桩原材料，载体桩设计、施工应符合现行行业标准《载体桩设计规程》JGJ/T 135 的规定。

7 回　填

7.0.1　局部标高低于规划使用要求的地坪可用建筑垃圾回填，回填宜优先选择开挖土方。

7.0.2　回填地块应根据规划用途选用适宜的回填原料和采用相应的压实措施。

7.0.3　回填前宜对低洼地进行清理，当低洼地含水量大时，宜采取排水、清淤等处理措施以利于加固基底土体。

7.0.4　雨期作业时，应采取措施防止地面水流入回填点内部，并应避免边坡塌方。

7.0.5　在回填现场主要出入口宜设置洗车台，外出车辆宜冲洗干净后进入城市道路。

8 填　埋

8.0.1　建筑垃圾填埋场选址前应收集当地建设规划、周边社会发展情况、地形地貌、水文、地质、气象、道路、交通运输、给水排水及供电条件等基础资料。

8.0.2　建筑垃圾填埋场选址应符合国家有关法律、行政法规和标准规范的要求，并应符合当地城镇环境卫生专项规划要求。建筑垃圾填埋场应选择具有自然低洼地势的山坳、采石场废坑等地点，并应满足交通方便、运距合理的要求。

8.0.3　建筑垃圾填埋场选址严禁设在下列地区：

（1）**地下水集中供水水源地及补给区；**

（2）**洪泛区和泄洪道；**

（3）**活动的坍塌地带，尚未开采的地下蕴矿区、灰岩坑及溶岩洞区。**

8.0.4 建筑垃圾填埋场选址不应设在下列地区：

（1）珍贵动植物保护区和国家、省级自然保护区；

（2）文物古迹区，考古学、历史学、生物学研究考察区；

（3）军事要地、基地，军工基地和国家保密地区。

8.0.5 填埋场主体设施可包括：计量设施、填埋库区设施、防渗系统、雨水污水分流设施、场区道路、垃圾坝、污水处理设施。

8.0.6 填埋场配套设施可包括：进场道路、备料场、供配电设施、给水排水设施、生活和管理设施、设备维修设施、消防和安全卫生设施、车辆冲洗设施、通信及监控设施、停车场等。

8.0.7 建筑垃圾填埋区应根据规划限高、地基承载力、车辆作业要求等因素，合理确定分层厚度、堆高高度、边坡坡度，并应进行整体稳定性核算。

8.0.8 填埋场应配备推铺及降尘洒水设备，作业时宜洒水防止扬尘污染。

8.0.9 工程泥浆经干化后含水率低于40%时方可进入建筑垃圾填埋场填埋。

8.0.10 工程渣土、装修垃圾宜分区填埋。

8.0.11 工程渣土填埋区设计应采取雨水导排、污水收集与处理、封场利用等措施。

8.0.12 装修垃圾填埋区设计宜按照现行行业标准《生活垃圾卫生填埋技术规范》CJJ 17的规定，采取地基与防渗处理、雨水导排、污水收集与处理、封场利用等措施。

8.0.13 **填埋场地应在填埋前、后取得水、气、噪声等环境本底数据。**

8.0.14 填埋场在作业期间应进行环境质量监测，监测要求应按照现行国家标准《生活垃圾填埋场污染控制标准》GB 16889的有关规定执行。

8.0.15 填埋场地在作业期间应进行地质沉降监测。

8.0.16 填埋场封场工程应包括堆体稳定、地表水导排、植被类型选择与分布等内容，并应符合现行行业标准《生活垃圾卫生填埋场封场技术规程》CJJ 112的有关规定。

9 环境保护与安全卫生

9.0.1 **生活垃圾、危险废物不得进入建筑垃圾回填点、建筑垃圾填埋场和建筑垃圾资源化处理厂。**

9.0.2 建筑垃圾转运调配、处理、处置场所应有雨水、污水分流设施，并应采取有效措施防止污染周边环境。

9.0.3 建筑垃圾处理全过程粉尘污染控制应符合下列要求：

（1）建筑垃圾运输、倾倒、填埋、压实等过程产生的灰尘，可通过配备洒水车、在堆体表面覆盖塑料布及绿化等方式来控制粉尘产生量；

（2）建筑垃圾资源化厂处理车间中，宜采用密封设备系统、局部抽吸的方式控制粉尘外泄。

9.0.4 建筑垃圾处理全过程噪声控制应符合下列要求：

（1）建筑垃圾收集、运输、处理系统应选取低噪声运输车辆，车辆在车厢开启、关闭、卸料时产生的噪声不应超过 82dB（A）；

（2）宜通过建立缓冲带、设置噪声屏障控制转运调配场、填埋场和资源化处理厂噪声；

（3）噪声大的建筑垃圾资源化处理车间，宜采取隔声罩、隔声间或者在车间建筑内墙附加吸声材料等方式降低噪声。

9.0.5 从事建筑垃圾收集、运输、处理的单位应对作业人员进行安全卫生专业培训。

9.0.6 建筑垃圾处理场所应按照作业需求配置作业机械，并应配备必要的劳动工具和职业病防护用品。

9.0.7 建筑垃圾处理作业现场应设置劳动防护用品贮存室，并应定期进行盘库和补充；对使用过的劳动防护用品应定期进行清洗和消毒；有破损的劳动防护用品应及时更换。

9.0.8 建筑垃圾处理场所应设道路行车指示、安全标志及环境卫生设施标志。

9.0.9 建筑垃圾收集、运输、处理系统的环境保护与安全卫生除应满足以上规定外，尚应满足国家有关法律、行政法规和标准规范的规定。

中华人民共和国行业标准

生活垃圾渗沥液处理技术规范

Technical code for leachate treatment of municipal solid waste

CJJ 150—2010

前言

根据原建设部《关于印发 2006 年工程建设标准规范制定、修订计划（第一批）的通知》（建标[2006]77 号）的要求，规范编制组经广泛调查研究，认真总结实践经验，参考有关国际标准和国外先进标准，并在广泛征求意见的基础上，制定了本规范。

本规范主要技术内容是：1．总则；2．术语；3．水量与水质；4．渗沥液处理工艺；5．总体布置及配套工程；6．环境保护与劳动卫生；7．工程施工及验收；8．工艺调试与运行管理；9．应急处理措施。

本规范中以黑体字标志的条文为强制性条文，必须严格执行。

本规范由住房和城乡建设部负责管理和对强制性条文的解释，由城市建设研究院负责具体技术内容的解释。执行过程中如有意见或建议，请寄送至城市建设研究院（地址：北京市朝阳区惠新里 3 号，邮政编码：100029）、上海环境卫生工程设计院（地址：上海市石龙路 345 弄 11 号，邮政编码：200232）。

本规范主编单位：城市建设研究院
上海环境卫生工程设计院

本规范参编单位：北京东方同华科技有限公司
维尔利环境工程（常州）有限公司
北京天地人环保科技有限公司
西门子（天津）水技术工程有限公司

本规范参加单位：北京国环莱茵环境工程技术有限公司
北京轩昂环保科技有限公司

本规范主要起草人员：翟力新　徐文龙　陈　刚　熊向阳　蔡　辉　秦　峰
张　益　陈　喆　王敬民　王　晶　王　雷　郭祥信
刘庄泉　姚念民　杨宏毅　王声东　李月中　康振同
骆建明　赵义武

本规范主要审查人员：徐振渠　聂永丰　赵爱华　杨书铭　赵由才　王　琪
梁晓琴　施　阳　程　伟

1 总 则

1.0.1 为贯彻《中华人民共和国固体废物污染环境防治法》和《中华人民共和国水污染防治法》，规范生活垃圾渗沥液处理，做到保护环境、技术可靠、经济合理，制定本规范。

1.0.2 本规范适用于新建、改建及扩建的各类生活垃圾处理设施产生的渗沥液处理工程的建设和运行管理。

1.0.3 渗沥液处理工程的使用年限和处理规模应根据生活垃圾填埋场、焚烧厂、堆肥厂、厌氧消化处理厂、中转站等各类处理设施的使用年限、建设规模等确定。

1.0.4 渗沥液处理工程的建设应在总结生产实践经验和科学试验的基础上，采用新技术、新工艺、新材料和新设备。提高处理效率，优化运行管理，节约能源，降低工程造价和运行成本。

1.0.5 渗沥液处理工程的建设与运行过程应保护好周边的环境，并应采取有效措施防止对土壤、水环境和大气环境的污染。

1.0.6 渗沥液处理工程的建设、运行管理，除应符合本规范外，尚应符合国家现行有关标准的规定。

2 术 语

2.0.1 渗沥液处理系统 the system of treatment of leachate

渗沥液处理从调节池到处理水排放的各个工艺处理单元的总称，包括预处理、生物处理、深度处理和污泥及浓缩液处理。

2.0.2 初期渗沥液 initial leachate

填埋（0～5）年的垃圾产生的渗沥液。

2.0.3 中期渗沥液 medium-term leachate

填埋（5～10）年的垃圾产生的渗沥液。

2.0.4 后期渗沥液 anaphase leachate

填埋 10 年以上的垃圾产生的渗沥液。

2.0.5 封场后渗沥液 closed landfill leachate

垃圾填埋场封场后产生的渗沥液。

3 水量与水质

3.1 水量

3.1.1 填埋场渗沥液的产生量应充分考虑当地降雨量、蒸发量、地面水损失、地下水渗入、垃圾的特性、雨污分流措施、表面覆盖和渗沥液导排设施状况等因素综合确定。

注：新建填埋场渗沥液在没有实测数据的情况下，可参照同地区同类型的垃圾填埋场实际产生量综合确定。

3.1.2 垃圾填埋场渗沥液产生量宜按下式计算：

$$Q=\frac{I\times(C_1A_1+C_2A_2+C_3A_3)}{1000} \tag{3.1.2}$$

式中：Q —— 渗沥液产生量，m^3/d；

I—— 多年平均日降雨量，mm/d；

A_1—— 作业单元汇水面积，m^2；

C_1—— 作业单元渗出系数，宜取 0.5～0.8；

A_2—— 中间覆盖单元汇水面积，m^2；

C_2—— 中间覆盖单元渗出系数，宜取（0.4～0.6）C_1；

A_3—— 终场覆盖单元汇水面积，m^2；

C_3—— 终场覆盖单元渗出系数，宜取 0.1～0.2。

注：I 计算，数据充足时，宜按 20 年的数据计取；数据不足 20 年时，按现有全部年数据计取。

3.1.3 生活垃圾填埋场渗沥液处理规模宜按垃圾填埋场平均日渗沥液产生量计算，并应与调节池容积计算相匹配。

3.1.4 垃圾焚烧厂渗沥液的日产生量应考虑集料坑中垃圾的停留时间、主要成分等因素。垃圾渗沥液的日产生量宜按垃圾量的 10%～40%（重量比）计；降雨量较少地区垃圾渗沥液的日产生量宜按垃圾量的 10%～15%（重量比）计。

3.1.5 垃圾堆肥厂、厌氧消化处理厂渗沥液的日产生量应考虑垃圾生物处理方式、垃圾成分等因素确定。干法厌氧消化处理厂渗沥液日产量宜按垃圾量的 25%～50%（重量比）计；好氧堆肥处理厂渗沥液日产生量宜按垃圾量的 0～25%（重量比）计。

3.1.6 垃圾中转站渗沥液的日产生量应考虑垃圾压缩装置的类型（水平或垂直）、压缩的程度、垃圾的主要组成成分、垃圾的密度等因素。渗沥液日产生量可按垃圾量的 5%～10%（重量比）计；降雨量较少的地区垃圾渗沥液日产生量可按垃圾量的 3%～8%（重量比）计。

3.1.7 垃圾焚烧厂、垃圾堆肥厂、垃圾厌氧消化处理厂、垃圾中转站渗沥液处理规模宜以日产生量确定。

3.2 水 质

3.2.1 垃圾填埋场渗沥液的设计水质应考虑垃圾填埋方法、垃圾成分、压实密度、填埋深度、填埋时间、填埋场区域的降水、防渗系统、渗沥液的收集系统等因素。

3.2.2 按垃圾的填埋年限及渗沥液水质，可将垃圾填埋场渗沥液分为初期渗沥液、中后期渗沥液和封场后渗沥液。填埋渗沥液具体水质确定应以实测数据为准，并应考虑未来水质变化趋势。在无法取得实测数据时，可参考同地区、同类型的垃圾填埋场实际情况确定。

3.2.3 垃圾焚烧厂、垃圾堆肥厂、垃圾厌氧消化处理厂、垃圾中转站等生活垃圾处理设施改建和扩建工程，渗沥液水质应根据实际检测数据确定；新建工程渗沥液水质可参考同地区、同类型的垃圾处理设施实际情况确定。

4 渗沥液处理工艺

4.1 一般规定

4.1.1 渗沥液处理工艺应在对渗沥液处理工程相关数据进行调研和评估后确定。

4.1.2 渗沥液处理工艺应根据渗沥液的日产生量、渗沥液水质和达到的排放标准等因素，通过多方案技术经济比较确定。

4.1.3 渗沥液处理宜采用组合处理工艺，组合处理工艺应以生物处理为主体工艺。

4.1.4 垃圾填埋场渗沥液处理工艺应考虑垃圾填埋时间及渗沥液的水质变化等因素。

4.1.5 渗沥液处理产生的污泥，宜经脱水后进入垃圾填埋场填埋或与城市污水厂污泥一并处理，也可单独处理。膜系统产生的浓缩液宜单独处理，垃圾焚烧厂的浓缩液宜均匀回喷至垃圾贮坑或焚烧炉。

4.1.6 建设在垃圾填埋场附近的垃圾焚烧厂、垃圾堆肥厂、垃圾厌氧消化处理厂产生的渗沥液宜与填埋场渗沥液合并处理。

4.1.7 渗沥液处理系统的主要设备应有备用，且应具有防腐性能。

4.2 工艺流程

4.2.1 渗沥液处理工艺可分为预处理、生物处理和深度处理。渗沥液的处理工艺应根据渗沥液的进水水质、水量及排放要求综合选取。宜选用“预处理+生物处理+深度处理”组合工艺（图 4.2.1）。也可用下列工艺流程：

（1）预处理+深度处理

（2）生物处理+深度处理

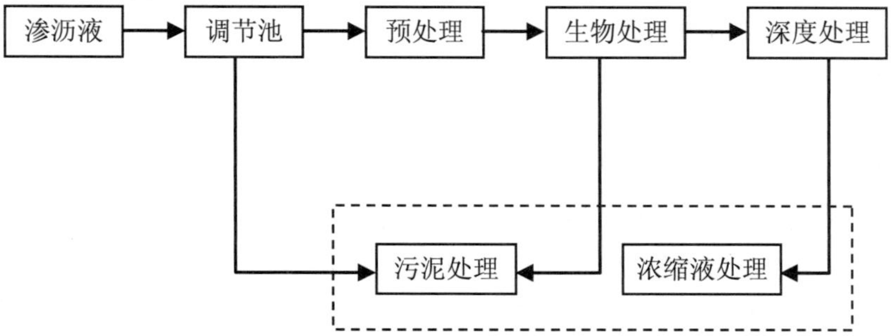

图 4.2.1 常规工艺流程

4.2.2 渗沥液处理工程应设调节池，并宜采取有效措施均化水质、水量。

4.2.3 各处理单元工艺方法应根据进水水质、水量、排放标准、技术可靠性及经济合理性等因素确定。

4.2.4 深度处理应根据渗沥液水质和排放标准选择纳滤、反渗透等膜分离深度处理工艺，或选择吸附过滤、混凝沉淀、高级氧化等深度处理工艺。

4.3 工艺设计

4.3.1 调节池设置应符合下列要求：

（1）垃圾填埋场渗沥液调节池容积确定宜符合现行行业标准《生活垃圾卫生填埋技术规范》（CJJ 17）的有关规定。

（2）垃圾焚烧厂、垃圾堆肥厂、垃圾厌氧消化处理厂、垃圾中转站等生活垃圾处理设施的渗沥液调节池水力停留时间不宜小于 24h；

（3）调节池宜设计为 2 个或分格设置；

（4）渗沥液调节池宜采取加盖导气措施及臭气处理措施。

4.3.2 选择水解酸化技术作为预处理工艺时，应符合下列要求：

（1）水力停留时间宜为 2.5～5.0h；

（2）pH 值宜为 6.5～7.5。

4.3.3 混凝沉淀预处理药剂的种类、投加量和投加方式应根据渗沥液混凝沉淀的工艺情况、实验结果等因素确定。

4.3.4 厌氧生物处理可采用上流式厌氧污泥床法（UASB）及其变形、改良工艺等，并应符合下列要求：

（1）常温范围宜为20～30℃，中温范围宜为33～38℃；

（2）容积负荷宜为5～15kgCOD/（m^3·d）；

（3）pH宜为6.5～7.8。

（4）厌氧处理产生的沼气应利用或安全处置。

4.3.5 好氧生物处理宜选择氧化沟、纯氧曝气反应器、膜生物反应器、序批式生物反应器、生物滤池、接触氧化池、生物转盘等。

4.3.6 氧化沟的设计应符合下列要求：

（1）氧化沟进水化学需氧量（COD）宜为2 000～5 000mg/L；

（2）污泥负荷宜为0.05～0.2kgBOD_5/kgMLSS；

（3）混合液污泥浓度（MLSS）宜为3 000～5 500mg/L；

（4）污泥龄宜为15～30d；

（5）氧化沟池深宜为3.5～5m。

4.3.7 纯氧曝气工艺的设计应符合下列要求：

（1）氧气浓度不宜低于90%；

（2）溶解氧（DO）宜为10～20mg/L；

（3）混合液污泥浓度（MLSS）宜为10 000～20 000mg/L；

（4）进水化学需氧量（COD）宜为1 000～6 000mg/L；

（5）水力停留时间宜为12～24h。

4.3.8 膜生物反应器的设计应符合下列要求：

（1）膜生物反应器分为内置式和外置式两种，内置膜宜选用板式、中空纤维微滤或超滤膜，外置膜宜选用管式超滤膜；

（2）进水化学需氧量（COD）宜为1 000～20 000mg/L；

（3）温度宜为20～35℃；

（4）混合液污泥浓度（MLSS）：内置式宜为8 000～10 000mg/L，外置式宜为10 000～15 000g/L；

（5）污泥负荷：内置式宜为0.08～0.3kg（kgMLSS·d），0.05～0.25kgNO_3-N/（kgMLSS·d）；外置式宜为0.2～0.6kgBOD_5/（kgMLVSS·d），0.05～0.3kgNO_3-N/（kgMLSS·d）；

（6）剩余污泥产泥系数：0.1～0.3kgMLSS/kgCOD。

4.3.9 沉淀池的设计应符合下列要求：

（1）沉淀时间宜为1.5～2.5h；

（2）表面水力负荷不宜大于0.8 m^3/（m^2·h）；

（3）出水堰最大负荷不宜大于1.7L/（m·s）。

4.3.10 深度处理工艺应采用可靠的预处理措施，确保进水符合纳滤和反渗透系统的要求。

4.3.11 纳滤系统的设计应符合下列要求：

（1）进水悬浮物不宜大于100 mg/L；

（2）进水电导率（20℃）不宜大于40 000 μS/cm；

（3）温度宜为 8～30℃；

（4）pH 宜为 5.0～7.0；

（5）纳滤膜通量宜为 15～20L/（m^2 • h）；

（6）水回收率不得低于 80%。

4.3.12 反渗透系统的设计应符合下列要求：

（1）进水悬浮物不宜大于 50mg/L；

（2）进水电导率（20℃）不宜大于 25 000 μS/cm；

（3）温度宜为 8～30℃；

（4）pH 宜为 5.0～7.0；

（5）反渗透膜通量宜为 10～15L/（m^2 • h）；

（6）水回收率不得低于 70%。

4.3.13 吸附过滤工艺的设计应符合下列要求：

（1）吸附剂种类应根据前段处理出水水质、排放要求，吸附剂来源等多种因素综合选择，宜优先选择活性炭作为吸附剂；

（2）选用粒状活性炭吸附处理工艺，宜进行静态选炭及炭柱动态试验，确定用炭量、接触时间、水力负荷与再生周期等。

4.3.14 污泥和浓缩液处理应符合下列要求：

（1）渗沥液处理中产生的污泥宜与城市污水厂污泥一并处理，当进入垃圾填埋场填埋处理或单独处理时，含水率不宜大于 80%；

（2）纳滤和反渗透工艺产生的浓缩液宜单独处理，可采用焚烧、蒸发或其他适宜的处理方式。

5 总体布置及配套工程

5.1 总体布置

5.1.1 生活垃圾渗沥液处理工程总体布置应符合下列原则：

（1）应满足国家现行的消防、卫生、安全等有关标准的规定，综合考虑地形、地貌、周围环境、工艺流程、建构筑物及设施相互间的平面和空间关系，各项设施整体应协调统一。

（2）工程附属生产、生活服务等辅助设施，应与垃圾处理主体工程统筹考虑，避免重复建设。

5.1.2 总平面布置应符合现行国家标准《工业企业总平面设计规范》（GB 50187）的有关要求。

5.1.3 总体布置应充分考虑渗沥液收集与外排条件，符合排水通畅、降低能耗、平衡土方的要求。

5.1.4 渗沥液处理厂（站）宜单独设置在垃圾填埋场管理区的下风向，并满足施工、设备安装、各类管线连接简洁、维修管理方便等要求。

5.1.5 总平面布置应根据功能合理分区，曝气设施、厌氧反应设施、污泥脱水设施等主要恶臭产生源宜集中布置。

5.1.6 渗沥液处理主体设施四周宜采取有效的绿化隔离措施。

5.1.7 渗沥液处理区域内应有必要的通道，应有明显的车辆行驶方向标志，并应符合消防通道要求。

5.2 建筑工程

5.2.1 建筑设计应满足功能要求，并与周围建筑物和环境相协调。

5.2.2 渗沥液处理建筑工程应符合国家现行标准《建筑地面设计规范》(GB 50037)、《建筑设计防火规范》(GB 50016)、《民用建筑设计通则》(GB 50352)、《工业企业设计卫生标准》(GBZ 1)、《办公建筑设计规范》(JGJ 67)、《建筑采光设计标准》(GB/T 50033)、《汽车库建筑设计规范》(JGJ 100) 等的有关规定。

5.2.3 渗沥液处理构筑物的防腐设计可按照现行国家标准《工业建筑防腐蚀设计规范》(GB 50046) 有关规定执行。

5.3 结构工程

5.3.1 渗沥液处理结构工程应符合现行国家标准《建筑地基基础设计规范》(GB 50007)、《建筑结构荷载规范》(GB 50009)、《混凝土结构设计规范》(GB 50010)、《建筑抗震设计规范 (GB 50011)、《给水排水工程构筑物结构设计规范》(GB 50069)、《构筑物抗震设计规范》(GB 50191) 等的有关规定。

5.3.2 处理构筑物采用钢制设备的，其加工、制作宜按现行国家标准《立式圆筒形钢制焊接储罐施工及验收规范》(GB 50128) 执行。

5.4 电气工程

5.4.1 渗沥液处理工程的供电方式应与垃圾处理主体工程相协调，做到统筹规划，合理布局。

5.4.2 渗沥液处理工程用电负荷等级宜为二级。电气工程设计内容应包括用电设备的配电及控制，电缆敷设，设备及构筑物的防雷与接地以及处理车间与厂区道路的照明等。

5.4.3 渗沥液处理电气设计应符合现行国家标准《供配电系统设计规范》(GB 50052)、《10kV 及以下变电所设计规范》(GB 50053)、《低压配电设计规范》(GB 50054)、《建筑照明设计标准》(GB 50034)、《建筑物防雷设计规范》(GB 50057) 等的有关规定。

5.5 检测与控制工程

5.5.1 渗沥液处理厂（站）应配置废水、废气、噪音等环境检测设施。

5.5.2 调节池、厌氧反应设施应设置硫化氢、沼气浓度监测和报警装置；曝气设施应设置氨浓度监测和报警装置。

5.5.3 渗沥液各处理单元应设置生产控制、运行管理所需的检测和监测装置。

5.5.4 渗沥液处理工程根据实际情况，可选用自动控制或现场手动控制，或者几种方式相结合的控制方式。

5.5.5 采用成套设备时，设备本身控制应纳入系统控制。

5.5.6 渗沥液处理自控设计应符合国家现行标准《控制室设计规定》(HG/T 20508)、《信号报警、安全连锁系统设计规定》(HG/T 20511)、《分散型控制系统工程设计规定》(HG/T 20573)、《自动化仪表工程施工及验收规范》(GB 50093)、《仪表供电设计规定》(HG/T 20509) 等的有关规定。

5.6 给水排水和消防工程

5.6.1 渗沥液处理工程的给水和排水工程，应与垃圾处理主体工程相协调，做到统筹规划，合理布局。

5.6.2 给水排水及消防工程设计应符合现行国家标准《室外给水设计规范》（GB 50013）、《室外排水设计规范》（GB 50014）、《建筑给水排水设计规范》（GB 50015）、《建筑设计防火规范》（GB 50016）、《汽车库、修车库、停车场设计防火规范》（GB 50067）、《建筑灭火器配置设计规范》（GB 50140）等的有关规定。

5.7 采暖通风与空气调节工程

5.7.1 渗沥液处理工程的采暖通风与空气调节工程应与垃圾处理主体工程相协调，做到统筹规划、合理布局。

5.7.2 采暖通风与空气调节工程应符合现行国家标准《采暖通风与空气调节设计规范》（GB 50019）、《大气污染物综合排放标准》（GB 16297）、《恶臭污染物排放标准》（GB 14554）、《公共建筑节能设计标准》（GB 50189）等的有关规定。

5.8 辅助工程

5.8.1 渗沥液处理区道路工程设计应符合国家现行标准《厂矿道路设计规范》（GBJ 22）、《公路水泥混凝土路面设计规范》（JTG D40）、《公路沥青路面设计规范》（JTG D50）的有关规定。

5.8.2 渗沥液处理区围墙及挡土墙的设计应按照场地的实际情况确定围墙及挡土墙的结构和形式，并应符合现行国家标准《工业企业总平面设计规范》（GB 50187）的有关规定。

6 环境保护和劳动卫生

6.1 一般规定

6.1.1 渗沥液处理工程的排放标准应按现行国家标准《生活垃圾填埋场污染控制标准》（GB 16889）、《污水综合排放标准》（GB 8978）等国家标准和其他相关排放标准执行。

6.1.2 渗沥液处理过程中产生的臭气、废水、残渣、噪声及其他污染物的防治与控制，应执行环境保护法规和国家现行标准的有关规定。

6.1.3 渗沥液处理应具有符合国家职业卫生标准的工作环境和条件。

6.2 环境监测

6.2.1 渗沥液处理工程进水和出水应设置相关项目的监测设备。

6.2.2 应建立垃圾渗沥液产生量、排出量计量系统，以及水量日报表和年报表制度。

6.2.3 处理后尾水排放的，应按照国家现行标准规定设置规范化排水口。

6.3 环境保护

6.3.1 调节池、污泥脱水设施等主要恶臭产生源应采取密闭、局部隔离及抽吸等措施，臭气应经集中处理后有组织排放；并应符合下列要求：

（1）厌氧反应设施应设置沼气回收或安全燃烧装置。

（2）处理后气体的排放应符合现行国家标准《恶臭污染物排放标准》（GB 14554）和《大气污染物综合排放标准》（GB 16297）的有关规定。

6.3.2 曝气池等好氧生物反应设施宜加盖并配备气体导排设施。

6.3.3 对于各个环节产生的噪声，应按其产生的状况，分别采取有效的控制措施。厂界噪声应符合现行国家标准《工业企业厂界环境噪声排放标准》（GB 12348）的规定。

6.3.4 渗沥液处理曝气过程中产生的泡沫，宜采用喷淋水或消泡剂等方式抑制。

6.3.5 处理区内应优化构造绿化空间格局，提高绿化抗御自然环境和环境污染能力，并应增加通风能力，发挥绿化系统生态调控作用。

6.4 职业卫生与劳动安全

6.4.1 垃圾渗沥液处理的职业安全卫生应符合现行国家标准《生产过程安全卫生要求总则》（GB/T 12801）的有关规定。

6.4.2 渗沥液处理工程的建设和运营应采取有利于职业病防治和保护劳动者健康的措施，职业病防护设备、防护用品应处于正常工作状态，不得擅自拆除或停止使用。

6.4.3 工作人员应强化安全防护意识，工作人员应进行职业卫生、劳动安全培训。

6.4.4 对工作人员应定期进行健康检查并建立健康档案。

6.4.5 在指定的、有标志的明显位置应配备必要的防护救生用品及药品，防护救生用品及药品应有专人管理，并应及时检查和更换。

6.4.6 厂内应设道路行车指示，标识设置应按现行国家标准《道路交通标志和标线　第 2 部分：道路交通标志》（GB 5768.2）和《道路交通标志和标线　第 3 部分：道路交通标志》（GB 5768.3）的有关规定执行。

6.4.7 应在所有存在安全事故隐患的场所设置明显的安全标志及环境卫生设施设置标志，其标志设置应符合现行国家标准《安全色》（GB 2893）、《安全标志及其使用导则》（GB 2894）的相关规定。

6.4.8 沼气和硫化氢等危险气体应采取控制与防护措施。

6.4.9 厌氧处理设施，沼气贮存、利用设施以及输送管道等应采取防火措施。

6.4.10 敞开的构筑物应加设护栏。

7 工程施工及验收

7.1 工程施工

7.1.1 渗沥液处理工程的设计和施工单位应具有国家规定的相应资质。

7.1.2 渗沥液处理工程应按工程设计文件、设备技术文件等组织施工，对工程的变更应在取得设计单位的设计变更文件后实施。

7.1.3 施工前应做好技术准备和临建设施准备。施工准备过程中应进行质量控制。

7.1.4 施工单位在工程施工前应制定切实可行的施工组织设计。

7.1.5 构（建）筑物中使用的材料应有技术质量鉴定文件或合格证书。

7.1.6 钢制设备加工、制作应符合现行国家标准《立式圆筒形钢制焊接储罐施工及验收规范》（GB 50128）的有关规定。钢制设备防腐做法应考虑环境条件和垃圾渗沥液的特点，并符合现行行业标准《工业设备、管道防腐蚀工程施工及验收规范》（HGJ 229）的相关规定。

7.2 工程验收

7.2.1 渗沥液处理工程竣工完成后，应及时对整体工程进行验收，验收工作应按本规范，并应符合现行国家标准《城市污水处理厂工程质量验收规范》（GB 50334）的相关规定。

7.2.2 施工验收时应有齐全的工艺概述及工艺设计说明、设计图纸、竣工图纸、调试报告等工程验收技术资料。

7.2.3 钢制设备验收应符合现行国家标准《立式圆筒形钢制焊接储罐施工及验收规范》

（GB 50128）的有关规定。

8 工艺调试与运行管理

8.1 工艺调试

8.1.1 工艺调试应由水处理专业人员进行，调试前应编制调试报告。

8.1.2 调试应按下列顺序进行：

机电设备调试与测试→生化系统的清水调试→生化系统的污水调试→全系统的串联调试→调试与测试验收。

8.1.3 生物处理系统调试过程中，应进行营养条件的控制与生物环境的控制。

8.1.4 厌氧调试包括上流式厌氧污泥床、动态厌氧反应器、复合厌氧反应器等采用厌氧生物法处理垃圾渗沥液的污泥培养与反应器调试。

8.1.5 厌氧调试应注意沼气的生产安全，应及时监测沼气的产生量，发现漏气现象，应及时排除。

8.1.6 好氧生物法调试包括氧化沟、膜生物反应器、序批式生物反应器、纯氧曝气等用于处理垃圾渗沥液的活性污泥法的运行启动及污泥培养等。

8.1.7 纳滤和反渗透系统调试应按设备调试、清水调试、盐水调试、联动调试的顺序进行。

8.1.8 工艺调试完成后，应在水质达到设计标准后方可进入试运行，应经有关部门验收合格后进入正式运行。

8.2 运行管理

8.2.1 渗沥液处理厂（站）应有工艺概述及工艺说明、设计图纸、竣工图纸、调试报告等工程技术资料。

8.2.2 渗沥液处理厂（站）应有环保部门的验收合格文件，工艺操作说明书及操作规程，工艺、设备使用、维护说明书。

8.2.3 渗沥液处理厂可按现行行业标准《城市污水处理厂运行、维护及其安全技术规程》（CJJ 60）的有关规定建立运行维护安全操作规程。

8.2.4 渗沥液处理厂（站）运行人员作业时应遵守安全作业和劳动保护规定。

8.2.5 渗沥液处理系统的运行操作人员应经过专业培训、持证上岗。

8.2.6 渗沥液处理厂（站）应按本规范和操作技术要求编制人员组织关系图、人员岗位职责说明、各工艺设备操作规程、安全运行管理规定。

8.2.7 渗沥液处理系统操作人员必须熟知渗沥液处理工艺流程、各处理单元的处理要求、确保污泥浓度达到设计指标；工艺技术人员应根据水质条件变化适时调整运行参数使之满足排放标准的要求。

8.2.8 渗沥液处理厂（站）建成运行的同时，应保证安全和卫生设施同时投入使用，并应制定相应的操作规程。

8.2.9 渗沥液处理厂（站）日常运行应建立水质、水量监测制度；监测指标应包括：渗沥液产生量、处理量、色度（稀释倍数）、化学需氧量（COD）、生化需氧量（BOD_5）、悬浮物、总氮、氨氮、总磷以及进出水的总汞、总镉、总铬、六价铁铬、总砷、总铅等重金属浓度和粪大肠菌群数（个/L）等。

8.2.10 膜深度处理阶段，应采用可靠的预处理措施，并应按膜系统运行操作要求进行。

8.2.11 渗沥液处理厂（站）应制定大、中检修计划和主要设备维护和保养规程，并应及时更换损坏设备及部件，提高设备的运行可靠性。

9 应急处理措施

9.0.1 应急处理应贯彻预防和和应急相结合的方针，应制订应急预案，并应配备相应的应急设备或设施。
9.0.2 垃圾渗沥液处理厂（站）应健全管理机制，加强应急能力的建设，并应定期组织应急培训和演练。

本规范用词说明

（1）为便于在执行本规范条文时区别对待，对要求严格程度不同的用词说明如下：

1）表示很严格，非这样做不可的：

正面词采用“必须”，反面词采用“严禁”；

2）表示严格，在正常情况下均应这样做的：

正面词采用“应”，反面词采用“不应”或“不得”；

3）表示允许稍有选择，在条件许可时首先应这样做的：

正面词采用“宜”；反面词采用“不宜”；

4）表示有选择，在一定条件下可以这样做的，采用“可”。

（2）条文中指明应按其他有关标准执行的写法为“应符合……的规定”或“应按……执行”。

引用标准名录

（1）《建筑地基基础设计规范》（GB 50007）

（2）《建筑结构荷载规范》（GB 50009）

（3）《混凝土结构设计规范》（GB 50010）

（4）《建筑抗震设计规范》（GB 50011）

（5）《室外给水设计规范》（GB 50013）

（6）《室外排水设计规范》（GB 50014）

（7）《建筑给水排水设计规范》（GB 50015）

（8）《建筑设计防火规范》（GB 50016）

（9）《采暖通风与空气调节设计规范》（GB 50019）

（10）《厂矿道路设计规范》（GBJ 22）

（11）《建筑采光设计标准》（GB/T50033）

（12）《建筑物照明设计标准》（GB 50034）

（13）《建筑地面设计规范》（GB 50037）

（14）《工业建筑防腐蚀设计规范》（GB 50046）

（15）《供配电系统设计规范》（GB 50052）

（16）《10kV 及以下变电所设计规范》（GB 50053）

（17）《低压配电设计规范》（GB 50054）

（18）《建筑物防雷设计规范》（GB 50057）

(19)《汽车库）修车库、停车场设计防火规范》(GB 50067)
(20)《给排水工程构筑物结构设计规范》(GB 50069)
(21)《自动化仪表工程施工及验收规范》(GB 50093)
(22)《立式圆筒形钢制焊接储罐施工及验收规范》(GB 50128)
(23)《建筑灭火器配置设计规范》(GB 50140)
(24)《工业企业总平面设计规范》(GB 50187)
(25)《公共建筑节能设计标准》(GB 50189)
(26)《构筑物抗震设计规范》(GB 50191)
(27)《城市污水处理厂工程质量验收规范》(GB 50334)
(28)《民用建筑设计通则》(GB 50352)
(29) 工业企业设计卫生标准 GBZ 1)
(30)《安全色》(GB 2893)
(31)《安全标志及其使用导则》(GB 2894)
(32)《道路交通标志和标线　第 2 部分：道路交通标志》(GB 5768.2)
(33《道路交通标志和标线　第 3 部分：道路交通标志》(GB 5768.3)
(34)《污水综合排放标准》(GB 8978)
(35)《工业企业厂界环境噪声排放标准》(GB 12348)
(36)《生产过程安全卫生要求总则》(GB/T 12801)
(37)《恶臭污染物排放标准》(GB 14554)
(38)《大气污染物综合排放标准》(GB 16297)
(39)《生活垃圾填埋场污染控制标准》(GB 16889)
(40)《办公建筑设计规范》(JGJ 67)
(41)《汽车库建筑设计规范》(JGJ 100)
(42)《生活垃圾卫生填埋技术规范》(CJJ 17)
(43)《城市污水处理厂运行、维护及其安全技术规程》(CJJ 60)
(44)《工业设备、管道防腐蚀工程施工及验收规范》(HGJ 229)
(45)《控制室设计规定》(HG/T 20508)
(46)《仪表供电设计规定》(HG 20509)
(47)《信号报警、安全连锁系统设计规定》(HG/T 20511)
(48)《分散型控制系统工程设计规定》(HG/T 20573)
(49)《公路水泥混凝土路面设计规范》(JTG D40)
(50)《公路沥青路面设计规范》(JTG D50)

中华人民共和国行业标准

生活垃圾卫生填埋气体收集处理及利用工程运行维护技术规程

Technical specification for operation and maintenance of landfill gas collection treatment and utilization projects

CJJ 175—2012
备案号 J 1348—2012

前　言

根据住房和城乡建设部《关于印发 2009 年工程建设标准规范制订、修订计划的通知》（建标[2009] 88 号）的要求，规程编制组在广泛调查研究，认真总结实践经验，参考有关国际标准和国外先进标准，并在广泛征求意见的基础上，编制了本规程。

本规程的主要技术内容是：1．总则；2．术语；3．一般规定；4．填埋气体收集系统；5．填埋气体预处理系统；6．填埋气体利用系统；7．自动化控制系统；8．辅助设施。

本规程中以黑体字标志的条文为强制性条文，必须严格执行。

本规程由住房和城乡建设部负责管理和对强制性条文的解释，由中国科学院武汉岩土力学研究所负责技术内容的解释。执行过程中如有意见或建议，请寄送武汉市中国科学院武汉岩土力学研究所固体废弃物安全处置与生态高值化工程技术研究中心（地址：湖北武昌小洪山 2 号；邮编：430071）。

本规程主编单位：中国科学院武汉岩土力学研究所
杭州市环境集团有限公司

本规程参编单位：华中科技大学
深圳市下坪固体废弃物填埋场
上海百川畅银实业有限公司
广州市固体废弃物管理中心
武汉环境投资开发集团有限公司
北京高能时代环境技术股份有限公司
北京时代桃源环境科技有限公司

本规程主要起草人员：薛　强　陈朱蕾　陆海军　刘　磊
戴瑞钢　熊　辉　郑学娟　黄中林
董　毅　杨　桦　张　雄　刘　勇

杨军华 李智勤 冯向明 黄文雄.
本规程主要审查人员：郭祥信 马人熊 冯其林 施 阳
张榕林 陶 华 邓志光 齐长青
张进峰 李先旺 潘四红

1 总. 则

1.0.1 为保证生活垃圾填埋气体收集、处理及利用工程的安全运行，实现运行管理科学化、规范化，提高填埋气体收集、处理及利用效率，降低运营维护成本，保护环境，制定本规程。

1.0.2 本规程适用于生活垃圾填埋气体收集、处理及利用工程的运行、维护及安全管理。

1.0.3 生活垃圾填埋气体收集、处理及利用工程的运行、维护及安全管理除应符合本规程的要求外，尚应符合国家现行有关标准的要求。

2 术 语

2.0.1 填埋气体收集系统 landfill gas collection system

用于收集生活垃圾填埋场填埋气体的系统，主要包括导气井（导气盲沟）、输气管网和抽气设备。

2.0.2 填埋气体预处理系统 landfill gas pre-treatment system

填埋气体利用前对填埋气体进行处理的设施和设备的组合系统，一般包括脱水、稳压、过滤、脱硫化氢等。

2.0.3 填埋气体发电系统 landfill gas-to-energy system

利用填埋气体作为一次能源进行发电的系统。

2.0.4 填埋气体火炬 landfill flare

对填埋气体实施燃烧处理，使其中的可燃气体完全燃烧、恶臭气体有效去除的装置。

2.0.5 清洁发展机制（CDM） clean development mechanism

发达国家通过提供资金和技术的方式，与发展中国家开展项目级的合作，通过项目所实现的“经核证的减排量”，用于发达国家缔约方完成减少本国二氧化碳等温室气体排放的承诺。英文缩写为 CDM。

3 一般规定

3.1 运行管理

3.1.1 场区内甲烷气体浓度允许值应符合现行行业标准《生活垃圾卫生填埋场运行维护技术规程》（CJJ 93）中的相关规定。

3.1.2 生活垃圾填埋气体收集、预处理及利用系统出现填埋气体泄漏，应停用检查，及时排除。

3.1.3 场区内应设置人员疏散标识和指示路线图，并在重要通道处设置应急照明设施。

3.1.4 车间内明显部位应贴有工作图表、工艺系统流程图及相关运行维护的操作规程等。

3.1.5 应定期检查填埋气体收集、处理及利用工程的相关设施、设备、仪器、仪表的运行状况，填写运行记录表；出现异常，应采取相应处理措施并及时上报主管部门。

3.1.6 应掌握填埋气体收集、处理及利用工程的基本工艺流程及相关设施设备的主要技术指标和运行维护管理要求。

3.1.7 应按设备、仪器的使用说明、操作规程及岗位责任制等规定的要求进行操作，应保持机械设备完好、整洁。

3.1.8 填埋气体收集、处理及利用工程运行过程中，应对大气、噪声进行监测。噪声标准应符合现行国家标准《工业企业厂界环境噪声排放标准》（GB 12348）的规定；大气污染物、臭气浓度外排应符合现行国家标准《煤炭工业污染物排放标准》（GB 20426）和《恶臭污染物排放标准》（GB 14554）的相关规定。

3.2 维护保养

3.2.1 设备、仪表应有备品备件，备品备件应按计划进行检查备存。

3.2.2 设备、仪表应进行必要的日常维护保养。日常维护保养及部分小修应由相关操作人员负责；中修及大修应由厂家或专职人员负责。

3.2.3 电气安全、监测报警、防爆、环境监测等设备及仪表的维护、检修周期应分别符合电业、消防和环保等部门的相关要求。

3.2.4 应建立设施设备、仪器仪表的日常维护技术档案。

3.2.5 应制定预防性维护计划和大修计划，并应按计划进行维护和停机大修；维修方案内容应包括设备损坏情况、维修方法评估、人员及工期要求、预期达到的效果、应急处理办法。

3.3 安全操作

3.3.1 启闭电气开关、检修电气控制柜及机电设备时，应严格按操作说明进行。

3.3.2 在使用仪器仪表时，必须采取静电防护措施，严禁徒手接触仪器仪表。

3.3.3 清理机电设备及其周围环境时，严禁擦拭设备运转部位，冲洗水不得溅到电缆头和电机带电与润滑部位。

3.3.4 设备维修时，开关处应悬挂维修标牌。

3.3.5 维修设备时，不得随意搭接临时动力线。

3.3.6 设备设施的维修与维护过程中，应设有固定或临时的通行措施，维护人员应佩戴防护耳罩等劳保用品。

3.3.7 维修设备时，维修人员严禁穿戴化纤类工作服，在密闭室内严禁携带通信设备。

3.3.8 擦洗设备时，应防止烫伤。

3.3.9 应制定防火、防爆、防洪、防风、防震等的应急预案和措施。

3.3.10 应在指定的、有明显标志的位置配备必要的防护用品及药品，并应定期检查、更换、补充。

3.3.11 应根据设备使用要求制定相应的安全操作管理制度、定期维护制度，组织相关人员认真学习，并将其挂于设备周围醒目处。

3.3.12 应加强运行管理与职工培训，并采取有效措施保护环境健康及职工劳动安全。

3.3.13 应具有完整的组织结构，设置完善的岗位，运行维护人员应接受培训，持证上岗。

3.3.14 职工教育和培训的形式与内容应符合下列要求：

（1）作业人员应接受公司、7 项目、班组的三级安全教育，教育内容包括安全生产方针、政策、法规、标准及安全技术知识、设备性能、操作规程、安全制度、严禁事项及本工种的安全操作规程；

（2）特种作业人员还应按国家、地方和企业要求进行本工种的专业培训、资格考核，取得《特种作业人员操作证》后方可上岗；

（3）采用新工艺、新技术、新设备维修施工和调换工作岗位时，应对作业人员进行新技术、新岗位的安全培训。

3.3.15 填埋气体收集、处理及利用工程的劳动卫生应符合现行国家标准《生产过程安全卫生要求总则》（GB/T 12801），《工业企业设计卫生标准》（GBZ 1）的有关规定，并应结合作业特点采取有利于职业病防治和保护作业人员健康的措施。作业人员应每年体检一次，并建立职工健康登记卡。

4 填埋气体收集系统

4.1 运行管理

4.1.1 应根据垃圾填埋场填埋作业进度，及时设置填埋气体收集与输送系统。

4.1.2 应根据填埋气体产气速率调节导气井阀门开度，使导气井的抽气量与导气井作用范围内垃圾的产气量基本相等。

4.1.3 宜采用多参数一体化气体分析仪同时监测导气井中主要气体成分（甲烷、氧气、二氧化碳）浓度，导气井内甲烷浓度明显下降，且氧气浓度明显升高，应减少该导气井的抽气量。

4.1.4 应定期测量导气井内的水位，并记录。导气井中积水过多影响抽气时，应及时排水。

4.1.5 应根据垃圾填埋进度和需要在垃圾填埋区设置水平导气盲沟。

4.1.6 垃圾堆体上铺设的临时输气管道出现下弯造成水堵，应调整管道坡度，消除水堵。

4.1.7 应实时监测填埋气体抽气系统的压力，出现异常，应查明原因并及时处理。

4.1.8 输气管网和导气井正常运行时，出现抽气压力过高，应检查预处理管道滤网是否堵塞。

4.1.9 甲烷浓度及氧气浓度异常时，应及时调整抽气流量，查明原因并及时处理。

4.1.10 垃圾堆体内滞留水过多而影响气体收集时，应采用压缩空气泵对导气井实施抽水；若导气井不具备抽水条件，应打井抽水，抽出的水（渗沥液）应输送至场内渗沥液处理站。

4.1.11 应每天检查导气井和导气盲沟的运行状态，并作好记录。

4.1.12 抽气系统的检测项目应符合现行行业标准《生活垃圾填埋场填埋气体收集处理及利用工程技术规范》（CJJ 133）中的相关规定。

4.1.13 应每天检查或检测输气总管中的气体成分浓度（主要是甲烷和氧气）、填埋气体流量及抽气压力，并与前一日的数据作对比，分析有无异常。

4.1.14 每周至少应检测一次导气井和导气盲沟的气体成分浓度（主要是甲烷和氧气）、填埋气体流量及压力，并对检测数据进行分析，对有问题的导气井或导气盲沟应及时处理。

4.1.15 抽气风机启动前，应进行盘车，并对风机前后管路进行气密性检查，确认管道无泄漏后才能启动抽气风机。

4.1.16 抽气风机启动初期，在保持气体总管中氧气浓度不超过 2%的情况下，应由低到高调整风机转速，直至最大。

4.2 维护保养

4.2.1 应做好导气井和导气盲沟的维护保养，其维护保养应符合下列规定：

（1）应在导气井和导气盲沟处树立警示标志；

（2）应定期检查导气井（导气盲沟）与输气管道之间的连接处，发现损坏及时修复；

（3 ）对失去导气作用的导气井和导气盲沟，应及时关闭其连接支管上的阀门。

4.2.2 应定期对导气井附近覆土层进行检查，出现沉降或裂缝，应及时修补。

4.2.3 应做好填埋气体输气管网的维护和保养，保证输气管网的畅通，其维护和保养应符合下列要求：

（1）定期检查地面敷设的管道，发现弯曲变形、折断或悬空情况，应及时修复；

（2）定期检查管道焊接、法兰连接及丝扣连接处，发现漏气，应及时堵漏；

（3）定期检查管网中设置的排水井，发现排水不畅，应及时疏通。

4.2.4 应定期对凝结水排水装置和控制垃圾堆体水位的排水装置进行维护，维护工作主要包括清除淤积污物、控制元器件检查检测、密封性检查、导线检查等。

4.2.5 风机的维护保养应符合下列要求：

（1）风机使用三个月后，应更换齿轮油，调整皮带张力，检查安全阀，清洗皮带；风机使用超过一年，应更换皮带；风机使用超过三年，应更换油封和轴承；

（2）风机长期不用，每两天应盘车一次；

（3）每天应检查风机的油量、电流值及出口压力；

（4）每三个月应至少更换一次风机的润滑油，润滑油应加注至油镜中央线以上，不应过满；

（5）变频调速风机应按变频器随机手册的要求做好日常维护和定期维护。

4.3 安全操作

4.3.1 导气井井口氧气浓度超过 2%时，应减少阀门开度。当查明存在进氧点时，应视情况关闭导气井阀门直至进氧故障排除。

4.3.2 导气井运行过程中应避免出现过抽现象。

4.3.3 风机启动前，风机正压管段所有管道和设备必须进行氮气冲扫。

4.3.4 风机和变频器检修必须在切断电源的情况下进行。

4.3.5 风机启动前，应检查进出管段上各阀门是否打开。

4.3.6 风机运行时，严禁全部关闭出口阀，操作人员不得贴近风机旋转部件；满载时，禁止突然停机。

5 填埋气体预处理系统

5.1 运行管理

5.1.1 对于填埋气体发电项目，其预处理系统出口处填埋气体应符合表 5.1.1 的要求。

表 5.1.1 预处理系统出口处填埋气体要求

序号	符号	名称	数据
1	P	压力	8～35kPa
2	T	温度	10～60℃
3	O_2	氧气	≤2%
4	H_2S	硫化物总量	$\leqslant 300\times10^{-6}$

序号	符号	名称	数据
5	Cl^-	氯化物	≤48×10^{-6}
6	NH_3	氨水	<33×10^{-6}
7	Tar	残机油和焦油	<$5ng/m^3$
8	Dust	固体粉尘	<5μm
			<$3mg/m^3$
9	ϕ	相对湿度	<60%

5.1.2 预处理系统启动前必须进行氮气冲扫。

5.1.3 预处理系统启动前应检查各设备、仪表是否正常，是否具备启动运行条件。

5.1.4 预处理系统运行中应至少每天检查一次各设备的运行状况。

5.1.5 填埋气体应缓慢进入过滤器，并逐步增大过滤量至正常额定状态。

5.1.6 冷却器启动后，冷凝水放水阀门应间断打开；冷却器临时停机时，冷凝水放水阀门应全开。

5.1.7 冷水机组首次运行应检查电源电压及相数、相序是否符合型号规格；冷冻水喉及冷却循环水喉是否接通管路；阀门是否打开；冷冻水箱是否已加满水或其他冷冻介质；冷却水泵运行方向及水塔风机是否逆转。

5.1.8 冷凝器散热不良，应检查冷却塔循环水是否正常、冷却水温是否过高、冷却塔风扇是否运转、冷却水阀门是否完全打开。

5.1.9 冷媒不足，应检查是否存在冷媒泄漏，并及时补漏；冷媒泄漏处浸于水中，应立即停止运行冷冻机，并排除水箱内积水。

5.1.10 压缩机运行期间出现压差减小，应立即停止运转。

5.1.11 压缩机不能正常启动，应检查开关、过载保护器、电磁继电器线圈是否损坏，水箱内液位是否过低。

5.2 维护保养

5.2.1 冬季温度较低时，填埋气体预处理系统停机检修，应将冷水机组整个水路、冷却器与汽水分离器等设备及预处理系统和发电机组之间的积水排空，伴热装置应持续运行。

5.2.2 应定期清洗冷却器、冷凝器、蒸发器、过滤器、散热器及冷却塔，保持表面洁净。

5.2.3 过滤器的维护保养应符合下列要求：

（1）应定期检查过滤系统，确认气体压力在过滤器设计工作压力范围内；

（2）过滤器前后压差过大时，应停止运行过滤器，并进行排污、清洗或更换滤芯；

（3）过滤器不用时，应打开排污口，排尽残液；长期不用时，应清洗过滤器，取出滤芯，存于阴凉干燥处；

（4）每三个月应拆下过滤器滤芯检修一次，过滤器密封圈、垫片损坏时，应及时更换；

（5）过滤器排水口出现堵塞，应及时冲洗疏通。

5.2.4 冷却器的维护保养应符合下列要求：

（1）冷却器长期停用，应排净冷凝水，封闭各进出口，并保持干燥；

（2）应定期清洗冷却器换热面；

（3）冷却器出现填埋气体泄漏现象，应立即停止使用，并采取防漏措施。

5.2.5 阻火器的维护保养应符合下列要求：

（1）定期清除阻火器内的积水

（2）每六个月应检查和清洗阻火器一次，不得采用坚硬的刷子清洗阻火器芯件，应及时更换变形或腐蚀的阻火层；

（3）重新安装阻火器时，应更新垫片并确认密封面清洁无损伤，保证阻火器的密封性；

（4）阻火器停用时，应存放在干燥、通风处。

5.3 安全操作

5.3.1 预处理系统停机后，应及时排除冷凝水，关闭进气阀门及设备电源。

5.3.2 拆卸清洗或更换过滤器滤芯时，应注意安全。

5.3.3 操作冷水机组时应符合下列要求：

（1）冷冻水泵不得在水箱内无水的情况下运转；

（2）操作开关应避免连续切换；

（3）冷冻水温度应设定在 5℃以上。

6 填埋气体利用系统

6.1 运行管理

6.1.1 填埋气体发动机的润滑油应具有热稳定性、氧化稳定性、抗酸性及抗腐蚀性。

6.1.2 应定期检查发电设备及仪器仪表的运行状况。

6.1.3 填埋气体发电机工作电源、电压及频率偏差允许值应符合国家现行标准《燃气轮发电机通用技术条件》JB/T 7074、《气体燃料发电机组通用技术条件》JB/T 9583.1 中的相关规定。

6.1.4 填埋气体发电机处于额定功率运行时，各部分的温度和温升限值应符合国家现行标准《燃气轮发电机通用技术条件》JB/T 7074 中的相关规定。

6.1.5 机油液面超过允许位置时，严禁启动发动机。

6.1.6 填埋气体发动机应停机至少 5min 后，方可检查机油油位。

6.1.7 填埋气体发动机正常运行时，应检查散热风扇是否运行正常、运转声音是否正常。

6.1.8 填埋气体发动机长时间停机再次启动时，应对散热风扇盘车，并检查轴承是否卡滞。

6.1.9 通过加水装置调整冷却水系统压力时，应避免空气进入冷却水系统。

6.1.10 在寒冷地区的冬季，填埋气体发动机的冷却液中应加入不低于 30%的防冻剂。

6.1.11 启动点火系统前，应关闭发动机并防止违规启动；发动机处于停机状况下方可设置点火系统参数。

6.1.12 填埋气体发电机组启动前应检查下列内容：

（1）空气滤清器、蓄电池、冷却液液位、驱动皮带及排烟系统等的状况；

（2）确定所有机件是否上紧，支架、管夹是否定位；

（3）传动皮带、风扇等转动件的护盖是否盖好；

（4）电压自动调节器和辅助接线柱的连接是否可靠；

（5）整流二极管是否被腐蚀；

（6）主输出接线柱是否松动。

6.1.13 填埋气体发电机组运行时应检查确认以下情况：

（1）运行参数正常；

（2）电压、电流、频率处于允许范围内；

（3）发电机本体各部分无异常声、无异常振动、无异味；

（4）发电机进、出风口滤网保持清洁，无异物堵塞；

（5）发电机外壳接地铜刷辫与接地铜排接触良好，无过热、颤振及放电现象。

6.1.14 出现轴承室温度、发电机振动及轴承噪声异常，应检查发电机轴承是否正常运转。

6.1.15 发电机长时间不用、发电机进水、发电机绕组受灰尘污染或受潮时，应检查绕组绝缘是否正常。

6.1.16 填埋气体成分浓度变化或流量不足导致发电机组临时停机，应立即检查抽气系统，确定发生问题的原因及区段，并采取应急措施。

6.1.17 干式变压器的运行管理应符合国家现行标准《干式电力变压器技术参数和要求》GB/T 10228、《电力变压器运行规程》DL/T 572 的相关规定。

6.1.18 填埋气体用作锅炉与汽车燃料及城镇燃气，应保证填埋气体供给的持续性及甲烷的浓度的稳定性。

6.2 维护保养

6.2.1 应定期检查填埋气体正压管段的气密性，重点排查法兰连接、密封圈、伸缩接头、焊接等关键部位。

6.2.2 应及时更换填埋气体发动机受损或老化的管路、密封圈、软管等配件。

6.2.3 填埋气体发电机组的日常维护保养应符合下列要求：

（1）调节填埋气体供气压力，使其保持在正常范围；

（2）应检查油底壳内机油液面及油质状况，及时补充机油至规定值；

（3）检查散热器水位，及时补充冷却水；

（4）定时放净油水分离器内的残留物，冬季应防止出现冻结现象；

（5）检查并排除发电机组的漏油、漏水、漏气现象，保持机组外观及工作环境清洁；

（6）检查发电机本体各部分有无异常声、异常振动、异味及机组排烟有无异常，有异常现象应及时查找原因并排除；

（7）检查仪表读数是否正确；

（8）检查发电机组各个附件的安装及各处机械连接情况。

6.2.4 填埋气体发电机组每隔一个月应做小保养一次，保养应符合下列要求：

（1）检查发电机内接线是否可靠；

（2）对蓄电池进行保养，并添加补充液，充电；

（3）清洗发电机进、出风口滤网、空气滤清器及冷却水散热器；

（4）更换油底壳中的机油，向发电机组各油嘴加润滑油。

6.2.5 填埋气体发电机组每隔六个月应做中保养一次，保养应符合下列要求：

（1）检查进、排气门及缸套封水圈的密封情况；

（2）检查机油冷却器和冷却水散热器是否存在漏油、漏水情况；

（3）检查电器设备是否存在烧损现象，各电线接头是否牢固；

（4）检查火花塞，清理积炭；

（5）检查气门间隙和点火时间，必要时应作出调整；

（6）清洗机油管路及冷却系统水道。

6.2.6 填埋气体发电机组每隔一年应进行全面保养一次，保养应符合下列要求：

（1）检查气缸盖组件、活塞连杆组件中各零部件的磨损情况；

（2）检查曲轴组件、传动机构和配气相位、机油泵和淡水泵、启动电机、防护罩与安全装置；

（3）校验报警系统；

（4）检查发动机与发电机的连接。

6.2.7 每年应至少更换一次轴承润滑油，并清洗轴承。

6.2.8 严禁采用密封添加剂阻止冷却系统泄漏。

6.2.9 绕组被灰尘、腐蚀性化学物质及发动机排放物严重污染或受潮时，应清洗绕组；不得采用含有腐蚀性物质的洗涤剂清洗铜线绕组。

6.2.10 填埋气体发动机排烟余热利用系统的日常维护保养应符合下列要求：

（1）检查系统有无漏风、漏烟；

（2）检查各主要阀门开关是否灵活，有无泄漏；

（3）检查有无积尘。

6.2.11 可燃气体报警器校验时，探头周围环境应无可燃气体。有可燃气体时，应充入一定量的洁净空气后，再连续通入样气。

6.2.12 每两个月应检查标定一次报警器的零点和量程。

6.3 安全操作

6.3.1 皮带传动、链传动、联轴器等传动部件防护罩应保持完好。

6.3.2 填埋气体发电机组、高低压配电设备应按其操作规程使用。

6.3.3 检查发动机尾气排放系统时，应带隔热手套、穿防护服。

6.3.4 填埋气体发电机的排气输送部件应避免接触可燃性材料，且应保持设备整洁。

6.3.5 处理掺有防腐剂或防冻剂的冷却液时，应穿戴个人防护装备。

6.3.6 不应向热的发动机中添加冷的冷却液；发动机温度低于 50℃时方可拆下散热器盖，加注冷却液。

6.3.7 不应穿戴宽松的衣服或金属饰物靠近转动的机件及电气设备。

6.3.8 填埋气体发电机组运转期间需调整机器时，应远离发烫机件或正在转动的部件。

6.3.9 处理电气故障时，应防止电击。

6.3.10 填埋气体发电机组及机房应保持清洁，不应放置杂物，保持地板清洁干燥。

7 自动化控制系统

7.1 运行管理

7.1.1 应检查设备或系统的控制信号是否正常。

7.1.2 填埋气体预处理控制系统的运行管理应符合下列要求：

（1）应根据冷水机组出入水压力、温度信号，自动启停冷水机组，控制气体出口温度稳定；

（2）根据气体出口压力、出口流量、气体成分浓度信号，自动控制风机转速，开机供气压力不应有较大波动，运行中供气压力波动不应超过 5%，甲烷浓度不应低于 45%，氧气浓度不应高于 2%；

（3）检查阻火器温度信号是否正常，回火现象发生时应自动关闭主气阀；

（4）检查阀门工作压力信号、风机轴承温度信号是否正常，出现异常应报警和停机保护。

7.1.3 填埋气体发电控制系统的运行管理应符合下列要求：

（1）检查预处理系统气体出口压力、温度、甲烷浓度、氧气浓度信号是否正常，出现异常应报警和停机保护；

（2）检查尾气温度信号是否正常，监测分析空燃比，调整预处理系统甲烷浓度和抽取流量。

7.1.4 火炬控制系统应采集预处理系统气体出口压力、温度、气体成分浓度、湿度信号，气体品质达到设备运行要求后方可点火。

7.1.5 综合自动化控制系统的运行管理应符合下列要求：

（1）分析各子系统间相连接的气体压力、温度、甲烷浓度、氧气浓度对总系统的影响，确定停机保护的范围和优先级；

（2）根据甲烷泄漏及现场火灾检测结果启动总停机保护。

7.2 维护保养

7.2.1 应保持中央控制室整洁及微机系统工作正常。

7.2.2 控制屏的维护保养应符合下列要求：

（1）保持控制屏清洁，并及时清扫灰尘；

（2）定期检查继电器的接触点，有损坏应及时更换；

（3）定期检查电缆终端的夹钳；

（4）保持电缆排列整齐，分类清晰。

7.2.3 仪器仪表的维护保养应符合下列要求：

（1）保持各部件完整、清洁、无锈蚀；

（2）定期清洗仪器仪表，仪表表盘标尺刻度应清晰可见；

（3）铭牌、标记、铅封应完好；

（4）定期检查更换防潮剂，仪表电气线路元件应完好无腐蚀；

（5）仪表井应清洁，无积水。

7.2.4 应定期检查、清理控制仪器与显示仪表中的元器件、探头、变送器、转换器、传感器和二次仪表等，发现损坏应及时更换。

7.3 安全操作

7.3.1 仪表出现故障时，不得随意变动检测点及拆卸变送器和转换器。

7.3.2 检修仪器仪表时，应采取防护措施。

7.3.3 在阴雨天气检查现场仪表时，应注意防触电。

8 辅助设施

8.1 运行管理

8.1.1 应每天对泵房、报警阀、排风机房等设施进行检查，发现异常情况，应及时处理并上报。

8.1.2 消火栓箱不应被遮挡、圈占、埋压，应有明显标识；消火栓箱不应上锁，箱内器材应配置齐全，无生锈，衔接口应正常。

8.1.3 水带应卷紧放齐，衔接口应正常，水带箱玻璃应保持清洁。

8.1.4 自动灭火系统、消防排烟设备、防火门和消火栓应定期测试，损坏时，应及时维修或更换。

8.1.5 防雷设施应定期由有资质的专业防雷检测机构进行检测并评估。

8.1.6 每年雷雨季节前应检查接地系统连接处是否紧固、接触是否良好、接地引下线有无锈蚀、接地体附近地面有无异常。

8.1.7 接地网的接地电阻每年应进行一次测量。

8.1.8 应设立防雷电灾害责任人，建立各项防雷减灾管理规章。

8.1.9 应定期检测填埋气体利用工程周围的噪声，每年不应少于一次，并将检测结果归档，噪声发生变化时，应及时检查防噪设施的有效性。

8.1.10 购进新设备时，应根据设备噪声的大小重新调整防噪设施等级。

8.1.11 防噪设施维修后不能达到防噪要求时，应及时更换。

8.1.12 火炬的火焰稳定性、烟气排放和噪声应符合现行国家标准《声环境质量标准》GB 3096 及《煤炭工业污染物排放标准》GB 20426 等的相关规定，不达标应立即熄火整顿，直至符合要求。

8.1.13 填埋气体利用项目正常运行时，火炬燃烧气量不得超过总收集气量的 30%；填埋气体利用项目停运时，填埋气体应全部烧掉。

8.1.14 每月应对升压设备进行一次高压预试、仪表校验、绝缘油气监督；用电高峰期间，应增加检查频率。

8.1.15 外绝缘爬电比距应符合现行国家标准《污秽条件下使用的高压绝缘子的选择和尺寸确定》GB/T 26218 的相关规定。

8.2 维护保养

8.2.1 消防设施的维护保养应符合下列要求：

（1）移动式灭火器应由专人维护，每周应清洁一次；

（2）手动报警按钮、末端放水每月应抽检 10%，一年应全检一次；

（3）喷淋泵、水幕泵、消火栓泵及稳压泵每月应启动调试一次；

（4）每月应对正压送风、排烟系统测试一次；

（5）每三年应对烟（温）感进行一次全面清洗；

（6）每半年应对消防水泵等消防设施进行一次全面维护保养。

8.2.2 火灾报警探测器等消防电子设备应根据产品的技术性能委托具有清洗资质的单位清洗保养；火灾报警探测器在投入运行两年后应首次清洗，以后每三年应清洗一次。

8.2.3 应保持灭火器铭牌完整清晰，保险销和铅封应完好且避免日光曝晒、强辐射热等环境影响。

8.2.4 应保持消防水管外表层油漆、消防提示语和警示语的有效和清晰。

8.2.5 应加强对防雷设施的检查维护，防雷设施损坏，应及时告知所在市（区）的防雷检测所。

8.2.6 应由专人对防噪设备定期进行维护，并应作好记录。

8.2.7 应每年对火炬塔体内外金属表面、塔外管道及火炬进行一次涂漆处理。

8.2.8 火炬零部件的维护保养应符合下列要求：

（1）下雨时不宜点火，雨后点火应断电并擦干点火间隙和高压瓷瓶上的水珠；

（2）电动阀门的工作温度应控制在产品正常使用范围内，超出正常工作范围时，应及时与厂家联系；

（3）每隔一周应检查紫外线探测器连线管，出现破损时，应及时更换；

（4）看火玻璃出现破裂时，应及时更换性能更优的新玻璃；

（5）应实时检查穿线管有无破损，若破损，应及时更换；

（6）每月应检查一次液化气罐、软管是否老化、漏气；出现漏气，应及时熄火并更换；每六个月应更换一次软管。

8.2.9 升压系统设备应逢停必扫，大雾天气时，应巡查设备；表面放电或电晕的瓷瓶和套管，应详细记录；瓷瓶应清扫、涂长效防污涂料、加装（更换）硅橡胶伞裙或更换防污闪瓷瓶：

8.2.10 照明设施的维护保养应符合下列要求：

（1）应急照明设备应设置特殊标志，应定期检查灯泡是否损坏，禁止取用应急照明系统的灯泡；

（2）每周应全面检查一次照明设施的灯头接线盒、控制电路和绝缘情况；

（3）每周应检查室外灯具水密封性、锈蚀情况及其接线盒水密封性，若损坏，应立即更换；

（4）每周应检查照明灯功能、开关、线路是否正常，应急灯是否安全；

（5）每周应对应急照明设施进行一次效能试验，对电源及控制电路应进行一次全面检查，发现故障应立即排除。

8.3 安全操作

8.3.1 火炬维护检修时，人员不得在火炬内壁温度高于 50℃的情况下进入，且现场应有专人监护。

8.3.2 机动车辆不应随意进入升压系统区域，必须进入时，车辆的进出、行驶、操作应有专人监护。

8.3.3 升压系统内严禁使用铝合金等金属梯子。

8.3.4 应避免非专业人员在升压系统内工作；必需进行工作时，应向其交代安全注意事项，落实有关安全措施。

8.3.5 安装灯具时，应注意灯具规格、电压等级；灯泡功率不得超过灯具所允许容量，不应带电更换灯泡及附件。

本规程用词说明

（1）为便于在执行本规程条文时区别对待，对于要求严格程度不同的用词说明如下：

1）表示很严格，非这样做不可的：

正面词采用“必须”，反面词采用“严禁”；

2）表示严格，在正常情况下均应这样做的：

正面词采用“应”，反面词采用“不应”或“不得”；

3）表示允许稍有选择，在条件许可时，首先应这样做的：

正面词采用“宜”，反面词采用“不宜”；

4）表示有选择，在一定条件下可以这样做的，采用“可”。

（2）条文中指明应按其他有关标准执行的写法为：“应符合……的规定（或要求）”或“应按……执行”。

引用标准名录

（1）《声环境质量标准》（GB 3096）

（2）《污秽条件下使用的高压绝缘子的选择和尺寸确定》（GB/T 26218）

（3）《干式电力变压器技术参数和要求》（GB/T 10228）

（4）《工业企业厂界环境噪声排放标准》（GB 12348）

（5）《生产过程安全卫生要求总则》（GB/T 12801）

（6）《恶臭污染物排放标准》（GB 14554）

（7）《煤炭工业污染物排放标准》（GB 20426）

（8）《工业企业设计卫生标准》（GBZ 1）

（9）《生活垃圾卫生填埋场运行维护技术规程》（CJJ 93）

（10）《生活垃圾填埋场填埋气体收集处理及利用工程技术规范》（CJJ 133）

（11）《电力变压器运行规程》（DL/T 572）

（12）《燃气轮发电机通用技术条件》（JB/T 7074）

（13）《气体燃料发电机组通用技术条件》（JB/T 9583.1）

中华人民共和国行业标准

生活垃圾收集站技术规程

Technical specification for municipal solid waste collecting station

CJJ 179—2012

前　言

根据原建设部《关于印发〈2007年工程建设标准制订、修订计划（第一批）〉的通知》（建标[2007]125号）的要求，规程编制组经广泛调查研究，认真总结实践经验，参考有关标准，并在广泛征求意见的基础上，编制本规程。

本规程的主要技术内容是：1．总则；2．基本规定；3．规划选址与设置；4．规模与类型；5．工艺、没备及技术要求；6．建筑、结构与配套设施；7．环境保护、安全与劳动卫生；8．工程验收；9．运行与维护。

本规程中以黑体字标志的条文为强制性条文，必须严格执行。

本规程由住房和城乡建设部负责管理和对强制性条文的解释，由青岛市环境卫牛科研所负责具体技术内容的解释。执行过程中如有意见或建议，请寄送青岛市环境卫生科研所（青岛市市南区岳阳路11号11号楼，邮政编码：266071）。

本规程主编单位：青岛市环境卫生科研所

本规程参编单位：城市建设研究院
北京市环境卫生设计科学研究所
海沃机械（扬州）有限公司
重庆耐德新明和工业有限公司

本规程主要起草人：林　泉　于　铭　宫渤海　宋　霁
刘晶昊　庄　颖　刘　竞　庞立习
张文勇　邓　成　葛亚军　张后亮
杨　冰

本规程主要审查人员：徐文龙　陈海滨　陶　华　赵爱华
吴文伟　张　范　冯其林　朱青山
邓　俊　陈　军　李湛河

1　总则

1.0.1 为规范生活垃圾收集站（以下简称收集站）的规划、建设，提高收集站的运行与维护水平，减少生活垃圾收集过程对环境的影响，制定本规程。

1.0.2 本规程适用于新建、扩建和改建收集站（点）的规划、设计、建设、验收、运行及维护。

1.0.3 收集站的规划、设计、建设、验收、运行及维护除应执行本规程外，尚应符合国家现行有关标准的规定。

2 基本规定

2.0.1 新建、扩建或旧城区域的改建收集站应与其他建筑统一规划、同步建设和同时投入使用，生活垃圾收集点（以下简称收集点）也应一并规划设置。

2.0.2 原有收集站需改建或迁建时，应制定并落实改建或迁建计划后再实施。

2.0.3 收集站的设置、验收应征得当地环境卫生行政主管部部门的同意。

2.0.4 收集站的设计应符合高效、节能、环保、安全、卫生等要求．设备选型应标准化、系列化。

3 规划选址与设置

3.1 规划选址

3.1.1 收集站选址应符合环境卫生专业规划。

3.1.2 环境卫生专业规划应提出收集站的具体要求。

3.1.3 收集站宜设置在交通便利的地方，并应具备供水、供电、污水排放等条件。

3.1.4 有条件的居住区，可设置专门的垃圾运输通道。

3.2 设置

3.2.1 大于 5 000 人的居住区宜单独设置收集站；小于 5 000 人的居住区，可与相邻区域提前规划，联合设置收集站。

3.2.2 大于 1 000 人的学校、企事业等社会单位宜单独设置收集站；小于 1 000 人的学校、企事业等社会单位，可与相邻区域提前规划，联合设置收集站。

3.2.3 成片区域采用收集站模式时，收集站设置数量不应少于 1 座/km^2。

3.2.4 收集点的设置应符合下列规定：

（1）收集点位置应固定，应方便居民投放垃圾，并应便于垃圾清运。人行道内侧或外侧可设置港湾式收集点。

（2）垃圾收集点的服务半径不宜超过 70m。

（3）收集点应根据垃圾量设置收集箱或垃圾桶。每个收集点宜设 2～10 个垃圾桶。塑料垃圾桶应符合现行国家标准《塑料垃圾桶通用技术条件》（CJ/T 280）的要求。

（4）分类垃圾收集点应根据分类收集要求设置垃圾桶，垃圾桶的色彩标志及分类标识应符合现行国家标准《生活垃圾分类标志》（GB/T 19095）的要求。

3.2.5 收集站服务半径应符合下列规定：

（1）采用人力收集，服务半径宜为 0.4km 以内，最大不超过 lkm。

（2）采用小型机动车收集，服务半径不应超过 2km。

4 规模与类型

4.1 规模

4.1.1 收集站的设计规模应考虑远期发展的需要，设计收集能力不宜大于 30t/d。
4.1.2 设计规模和作业能力应满足其服务区域内生活垃圾“日产日清”的要求。采用分类收集的收集站，应满足其分类收运和简单分拣、储存的要求。
4.1.3 收集站的用地指标应符合表 4.1.3 的规定。

表 4.1.3 收集站用地指标

规模/（t/d）	占地面积/m^2	与相邻建筑间隔/m	绿化隔离带宽度/m
20～30	300～400	≥10	≥3
10～20	200～300	≥8	≥2
10 以下	120～200	≥8	≥2

注：1 带有分类收集功能或环卫工人休息功能的收集站，应适当增加占地面积；
2 占地面积含站内设置绿化隔离带用地；
3 表中的绿化隔离带宽度包括收集站外道路的绿化隔离带宽度；
4 与相邻建筑间隔自收集站外墙起计算。

4.1.4 收集站的设计规模可按下式计算：

$$Q=A\cdot n\cdot q/1000 \quad (4.1.4)$$

式中：Q——收集站日收集能力，t/d；
A——生活垃圾产量变化系数，该系数要充分考虑到区域和季节等因素的变化影响。取值时应按当地实际资料采用，无实测值时，一般可采用 1～1.4；
n——服务区内实际服务人数；
q——服务区内人均垃圾排放量，kg/d，应按当地实测值选用；无实测值时，居住区可取 0.5～1，企事业等社会单位可取 0.3～0.5。

4.2 类型
4.2.1 收集站按建筑形式可分为独立式收集站、合建式收集站。
4.2.2 收集站按收集设备可分为压缩式收集站、非压缩式收集站。

5 工艺、设备及技术要求

5.1 工艺
5.1.1 站前垃圾收集系统应密闭，并应与收集站的工艺相匹配。
5.1.2 垃圾进入收集站，应直接倾倒在垃圾收集箱或卸料斗内。
5.1.3 宜采用压缩工艺，以提高收集和运输效率。
5.1.4 分类垃圾收集站，应设置分类收集的收集箱（桶），可回收物可在站内进行简单分拣。
5.2 设备
5.2.1 收集站设备应包括受料装置、收集箱、压缩机、提升装置等，有条件的收集站宜配备垃圾称重系统。
5.2.2 设备焊接应均匀、平直，美观、无缺陷。
5.2.3 所有外露黑色金属表面应作防锈处理。
5.2.4 压缩机、提升装置等应有自动安全保护措施。

5.2.5 受料装置应具备良好的防止垃圾扬尘、遗洒、臭味扩散等性能。

5.2.6 收集箱应符合下列要求：

（1）后门应配备锁紧装置，保证后门锁紧严密；

（2）应防止污水洒漏，可外置或利用自身结构存储污水；

（3）采用高强度钢板，耐磨、耐腐蚀性好，不易变形，表面应采用防腐处理；

（4）收集箱的焊接应无漏焊、裂纹、夹渣、气孔、咬边、飞溅等焊接缺陷。

5.2.7 压缩机应符合下列要求：

（1）关键部件应采取耐磨、防腐等处理工艺；

（2）应有垃圾满载提示装置；

（3）液压、控制部件应运行可靠；

（4）运动部件应设有安全防护罩和明显标志；

（5）电气系统应为防水设计，并应配备紧急停机控制器。

5.2.8 提升装置应符合下列要求：

（1）应具备限速、减速功能，保证运行平稳。

（2）应有安全保护装置。

（3）提升能力应满足收集箱满载后的荷载要求。

5.3 技术要求

5.3.1 受料装置的主要技术参数应符合下列要求：

（1）卸料斗容积不应小于 1.2 m^3；

（2）料斗提升力不应小于 500 kg。

5.3.2 压缩机的主要技术参数应符合下列要求：

（1）压实密度不应小于 0.65 t/m^3；

（2）压填循环时间不应大于 50 s；

（3）宜选用低噪声设备。

5.3.3 收集箱的主要技术参数应：

（1）箱体容积不应小于 5 m^3；

（2）密封性能：密封部位应做水密试验，30 min 内不得有渗漏，且密封条正常使用寿命不应小于 6 个月；

（3）收集箱上下车最大高度不应大于 5.5 m。

5.3.4 提升装置的主要技术参数应符合下列要求：

（1）提升高度距地面不应大于 5. 5m；

（2）升降循环时间不应大于 60s。

6 建筑、结构与配套设施

6.1 建筑与结构

6.1.1 建筑物、构筑物的建筑设计和外部装修应与周边环境相协调。

6.1.2 应满足垃圾收集工艺及配套设备的安装、维护要求。

6.1.3 建筑结构应保证良好的整体密闭性，有利于污染控制。

6.1.4 建筑物室外装修宜采用美观、耐用、易清洁的材料。

6.1.5 室内地面和墙面应便于保洁。地面宜采用防渗性好，易于清洁的材料。墙面宜采用满铺瓷砖或防水涂料。顶棚表面应防水、平整、光滑。

6.1.6 污水收集系统应满足耐腐蚀、防渗等要求。

6.1.7 防雷、抗震、消防、采光等应符合现行国家标准《民用建筑设计通则》（GB 50352）及相关标准的规定。

6.2 配套设施

6. 2.1 应按生产、生活要求确定供水方式与供水量。

6.2.2 应根据设备要求配置电源，有条件的收集站可配置备用电源。

6.2.3 收集作业过程产生的污水，应直接排入市政污水管网。

6.2.4 收集站内主要通道应符合进站车辆最大宽度及荷载要求。

6.2.5 应配置消防、防雷等设施。

6.2.6 有条件的收集站宜配置垃圾桶清洗装置。

6.2.7 宜设管理间及工人更衣、洗手、存放工具的场所，有条件的可设沐浴间。

7 环境保护、安全与劳动卫生

7.1 环境保护

7.1.1 收集站的环境保护配套设施应与收集站主体设施同步实施。

7.1.2 收集站应设置通风、除尘、除臭、隔声等环境保护设施，并应设置消毒、杀虫、灭鼠等装置。

7.1.3 除尘除臭效果应符合现行国家标准《环境空气质量标准》（GB 3095）、《恶臭污染排放标准》（GB 14554）等有关标准规定。收集站除尘除臭标准宜符合表 7.1.3 规定的数值。

表 7.1.3 收集站除尘除臭标准 单位：mg/m^3

污染物项目	限值	
	室外	室内
硫化氢	0.030	10
氨	1.0	20
臭气浓度（无量纲）	20	—
总悬浮颗粒物 TSP	0.30	—
可吸入颗粒物 PM_{10}	0.15	—

7.1.4 收集站作业时站内噪声不应大于 85dB，站外噪声昼间不应大于 60dB，夜间不应大于 50dB。

7.1.5 收集箱应密封可靠，收集、运输过程中应无污水滴漏。

7.1.6 收集站周边应注意环境绿化，并应与周围环境相协调。

7.2 安全与劳动卫生

7.2.1 收集站安全与劳动卫生应符合现行国家标准《生产过程安全卫生要求总则》（GB/T 12801）和《工业企业设计卫生标准》（GBZ 1）的规定。

7.2.2 在收集站的相应位置应设置交通指示、烟火管制指示等安全标志。

7.2.3 机械设备的旋转件、启闭装置等处应设置防护罩或警示标志。

7.2.4 填装、起吊、倒车等工序的相关设施、设备上应设置警示标志、警报装置。

7.2.5 收集站现场作业人员应穿戴必要的劳保用品。

8 工程验收

8.0.1 收集站的各项建筑、安装工程施工应符合国家现行有关标准和设计文件的要求。
8.0.2 从国外引进的设备及零部件或材料，还应符合下列要求：
（1）应按商务、商检等部门的规定履行必要的程序与手续；
（2）应符合我国现行政策、法规和技术标准的有关规定。
8.0.3 应按设计文件和相应国家现行标准的规定进行工程竣工验收。
8.0.4 工程竣工验收除应符合国家现行有关标准的规定外，还应符合下列要求：
（1）机械设备验收应符合本规程第 5 章的相关要求。
（2）建筑工程及配套设施验收应符合本规程第 6 章的相关要求。
（3）环境保护、安全与劳动卫生工程验收应符合本规程第 7 章的相关要求。
8.0.5 收集站工程竣工验收前应做好必要的文件、资料的收集和准备工作，应包括下列文件、资料：
（1）项目批复文件；
（2）工程施工图等技术文件；
（3）工程施工记录和工程变更记录；
（4）设备安装、调试与试运行记录；
（5）收集站环保检测数据；
（6）其他必要的文件、资料。

9 运行与维护

9.0.1 收集站应制定运行、维护、安全操作规程。
9.0.2 应保持整洁的站容、站貌。
9.0.3 运行管理人员和操作人员应进行上岗前的培训。
9.0.4 收集站应按照规定时间作业。
9.0.5 操作人员应随机检查进站垃圾成分，严禁危险废物、易燃易爆等违禁物进站。
9.0.6 垃圾收集容器应无残缺、破损，封闭性好，并应及时清洗。
9.0.7 分类收集容器，应具有明显分类标识，并应保持标识的完整清洁。
9.0.8 设备保护装置失灵或工作状态不正常时，应及时停机检查维修。
9.0.9 收集站内各种设施、设备应进行定期检查维护。

本规程用词说明

（1）为便于在执行本规程条文时区别对待，对于要求严格程度不同的用词说明如下：
1）表示很严格，非这样做不可的：
正面词采用“必须”，反面词采用“严禁”；
2）表示严格，在正常情况下均应这样做的：
正面词采用“应”，反面词采用“不应”或“不得”；

3）表示允许稍有选择，在条件许可时，首先应这样做的：

正面词采用“宜”，反面词采用“不宜”；

4）表示有选择，在一定条件下可以这样做的，采用“可”。

（2）条文中指明应按其他有关标准执行的写法为：“应符合……的规定（要求）”或“应按……执行”。

引用标准名录

（1）《民用建筑设计通则》（GB 50352）

（2）《环境空气质量标准》（GB 3095）

（3）《生产过程安全卫生要求总则》（GB/T 12801）

（4）《恶臭污染排放标准》（GB 14554）

（5）《生活垃圾分类标志》（GB/T 19095）

（6）《工业企业设计卫生标准》（GBZ 1）

（7）《塑料垃圾桶通用技术条件》（CJ/T 280）

中华人民共和国行业标准

餐厨垃圾处理技术规范

Technical code for food waste treatment

CJJ 184—2012

前　言

根据原建设部《关于印发〈2006 年工程建设标准规范制订、修订计划（第一批）〉的通知》（建标〔2006〕77 号）的要求，规范编制组经广泛调查研究，认真总结实践经验，参考有关国内外标准，并在广泛征求意见的基础上，编制了本规范。

本规范的主要内容是：1. 总则；2. 术语；3. 餐厨垃圾的收集与运输；4. 厂址选择；5. 总体设计；6. 餐厨垃圾计量、接受与输送；7. 餐厨垃圾处理工艺；8. 辅助工程；9. 工程施工及验收。

本规范中以黑体字标志的条文为强制性条文，必须严格执行。

本规范由住房和城乡建设部负责管理和对强制性条文的解释，由城市建设研究院负责具体技术内容的解释。执行过程中如有意见和建议，请寄送城市建设研究院（地址：北京市西城区德胜门外大街 36 号；邮政编码：100120）。

本规范主编单位：城市建设研究院

本规范参编单位：清华大学
北京嘉博文生物科技有限公司
青岛天人环境工程有限公司
重庆市环卫控股（集团）有限公司
上海市环境工程设计科学研究院有限公司
青海洁神环境能源产业有限公司
宁波开诚生态技术有限公司
北京弗瑞格林环境资源投资有限公司
北京时代桃源环境科技有限公司

本规范参加单位：中联重科股份有限公司
北京高能时代环境技术股份有限公司

本规范主要起草人员：郭祥信　徐文龙　黄文雄　王敬民　金宜英　于家伊
曹　曼　张　益　张兴庆　周德刚　朱华伦　吴长亮
杨军华　王丽莉　屈志云　刘晶昊　张　波　何永全
梁立宽　蔡　辉　吕德斌　徐长勇　冯幼平　刘　林

杨　韬　罗　博　沈炳国　王云飞　魏小凤　舒春亮
段建国　刘　勇　余昆朋
本规范主要审查人员：聂永丰　陶　华　陈朱蕾　冯其林　林　泉　李国学
汪群慧　黄亚军

1 总　则

1.0.1　为贯彻国家有关餐厨垃圾处理的法规和技术政策，保证餐厨垃圾得到资源化、无害化和减量化处理，使餐厨垃圾处理工程建设规范化，制定本规范。

1.0.2　本规范适用于新建、扩建、改建餐厨垃圾收集和处理工程项目的设计、施工及验收。

1.0.3　餐厨垃圾处理工程建设，应采用先进、成熟、可靠的技术和设备，做到工艺技术先进、运行可靠、消除风险、控制污染、安全卫生、节约资源、经济合理。

1.0.4　餐厨垃圾收集和处理工程的设计、施工及验收除应符合本规范外，尚应符合国家现行有关标准的规定。

2 术　语

2.0.1　餐饮垃圾　restaurant food waste

餐馆、饭店、单位食堂等的饮食剩余物以及后厨的果蔬、肉食、油脂、面点等的加工过程废弃物。

2.0.2　厨余垃圾　food waste from houssehold

家庭日常生活中丢弃的果蔬及食物下脚料、剩菜剩饭、瓜果皮等易腐有机垃圾。

2.0.3　餐厨垃圾　food waste

餐饮垃圾和厨余垃圾的总称。

2.0.4　泔水油　oil in food waste

从餐厨垃圾中分离、提炼出的油脂。

2.0.5　煎炸废油　waste frled oil

餐馆、饭店、单位食堂等做煎炸食品后废弃的煎炸用油。

2.0.6　地沟油　oil made from restaurant drainage sewage

从餐饮单位厨房排水除油设施分离出的油脂和排水管道或检查井清掏污物中提炼出的油脂。

2.0.7　干热处理　dry thermal treatment

将餐厨垃圾预脱水后，利用热能进行干燥处理，同时杀灭细菌的处理过程。

2.0.8　湿热处理　hydrothermal treatment

基于热水解反应，在适当的含水环境中，利用热能对餐厨垃圾进行处理，并改变垃圾后续加工性能的餐厨垃圾处理过程。

2.0.9　含固率　ratio of dry solid to total matcrial（TS）

物料中含有的干物质的重量比率。

2.0.10　反刍动物饲料　ruminant animal feed

用来喂养具有反刍消化方式动物的饲料。反刍动物一般包括牛、羊、骆驼、鹿、长颈鹿、羊驼、羚羊等。

3 餐厨垃圾的收集与运输

3.0.1 餐饮垃圾的产生者应对产生的餐饮垃圾进行单独存放和收集，餐饮垃圾的收运者应对餐饮垃圾实施单独收运，收运中不得混入有害垃圾和其他垃圾。

3.0.2 餐饮垃圾不得随意倾倒、堆放，不得排入雨水管道、污水排水管道、河道、公共厕所和生活垃圾收集设施中。

3.0.3 对餐饮单位的餐饮垃圾应实行产量和成分登记制度，并宜采取定时、定点的收集方式收集。

3.0.4 煎炸废油应单独收集和运输，不宜与餐饮垃圾混合收集。

3.0.5 厨余垃圾宜实施分类收集和分类运输。

3.0.6 餐厨垃圾应采用密闭、防腐专用容器盛装，采用密闭式专用收集车进行收集，专用收集车的装载机构应与餐厨垃圾盛装容器相匹配。

3.0.7 餐厨垃圾应做到日产日清。采用餐厨垃圾饲料化和制生化腐植酸的处理工艺时，其餐厨垃圾在存放、运输过程中应采取防止发生霉变的措施。

3.0.8 餐厨垃圾运输车辆在任何路面条件下不得泄漏和遗洒。

3.0.9 餐厨垃圾宜直接从收集点运输至处理厂。产生量大、集中处理且运距较远时，可设餐厨垃圾转运站，转运站应采用非暴露式转运工艺。

3.0.10 运输路线应避开交通拥挤路段，运输时间应避开交通高峰时段。

3.0.11 在寒冷地区使用的餐厨垃圾运输车，应采取防止餐厨垃圾产生冰冻的措施。

3.0.12 餐厨垃圾运输车装、卸料宜为机械操作。

4 厂址选择

4.0.1 餐厨垃圾处理厂的选址应符合当地城市总体规划，区域环境规划，城市环境卫生专业规划及相关规划的要求。

4.0.2 厂址选择应综合考虑餐厨垃圾处理厂的服务区域、服务单位、垃圾收集运输能力、运输距离、预留发展等因素。

4.0.3 餐厨垃圾处理设施宜与其他固体废物处理设施或污水处理设施同址建设。

4.0.4 厂址选择应符合下列条件：

1 工程地质与水文地质条件应满足处理设施建设和运行的要求。

2 应有良好的交通、电力、给水和排水条件。

3 应避开环境敏感区、洪泛区、重点文物保护区等。

5 总体设计

5.1 一般规定

5.1.1 餐厨垃圾总产生量较大的城市可优先采用集中处理方式处理餐厨垃圾。

5.1.2 餐厨垃圾处理厂的建设宜根据餐厨垃圾收集率预测或收集效果确定是否分期建设以及各期的建设规模。

5.1.3 餐厨垃圾处理生产线的数量及规模应根据所选工艺特点、设备成熟度，经技术经济比较后确定，并应考虑设备和生产线的备用性。

5.2 规模与分类

5.2.1 餐厨垃圾处理厂建设规模应根据该工程服务区域和用户的餐厨垃圾现状产生量及预测产生量确定。

5.2.2 餐饮垃圾产生量应根据实际统计数据确定，也可按人均日产生量进行估算，估算宜按下式计算：

$$M_c=Rmk \tag{5.2.2}$$

式中：M_c——某城市或区域餐饮垃圾日产生量，kg/d；

R——城市或区域常住人口；

m——人均餐饮垃圾产生量基数，kg/（人·d）；人均餐饮垃圾日产生量基数 m 宜取 0.1kg/（人·d）；

k——餐饮垃圾产生量修正系数。经济发达城市、旅游业发达城市或高校多的城区可取 1.05～1.15；经济发达旅游城市、经济发达沿海城市可取 1.15～1.30；普通城市可取 1.00。

5.2.3 餐厨垃圾处理厂分类宜符合下列规定：

1 Ⅰ类餐厨垃圾处理厂：全厂总处理能力应为 300t/d 以上（含 300t/d）；

2 Ⅱ类餐厨垃圾处理厂：全厂总处理能力应为 150～300t/d（含 150t/d）；

3 Ⅲ类餐厨垃圾处理厂：全厂总处理能力应为 50～150t/d（含 50t/d）；

4 Ⅳ类餐厨垃圾处理厂：全厂总处理能力应为 50t/d 以下。

5.3 总体工艺设计

5.3.1 餐厨垃圾处理主体工艺的选择应符合下列规定：

1 应技术成熟、设备可靠；

2 应做到资源化程度高、二次污染及能耗小；

3 应符合无害化处理要求。

5.3.2 生产线工艺流程的设计应满足餐厨垃圾资源化、无害化处理的需要，做到工艺完善、流程合理、环保达标，各中间环节和单体设备应可靠。

5.3.3 餐厨垃圾处理车间设备布置应符合下列规定：

1 物质流顺畅，各工段不应相互干扰；

2 应留有足够的设备检修空间；

3 进料和预处理工段应与主处理工段分开；

4 应有利于车间全面通风的气流组织优化和环境维护。

5.4 总图设计

5.4.1 餐厨垃圾处理厂总图布置应满足餐厨垃圾处理工艺流程的要求，各工序衔接应顺畅，平面和竖向布置合理，建构筑物间距应符合安全要求。

5.4.2 Ⅱ类以上餐厨垃圾处理厂宜分别设置人流和物流出入口，两出入口不得相互影响，且应做到进出车辆畅通。

5.4.3 餐厨垃圾处理厂各项用地指标应符合国家有关规定及当地土地、规划等行政主管部门的要求。

5.4.4 厂区道路的设置，应满足交通运输和消防的需求，并应与厂区竖向设计、绿化及管线敷设相协调。

5.4.5 当处理工艺中有沼气产生时，沼气产生、储存、输送等环节及相关区域的设备、设施应符合国家现行相应防爆标准要求。

6 餐厨垃圾计量、接受与输送

6.0.1 餐厨垃圾处理厂应设置计量设施，计量设施应具有称重、记录、打印与数据处理、传输功能。

6.0.2 餐厨垃圾卸料间应封闭，垃圾车卸料平台尺寸应满足最大餐厨垃圾收集车的卸料作业。

6.0.3 餐厨垃圾处理厂卸料口设置数量应根据总处理规模和餐厨垃圾收集高峰期车流量确定，Ⅰ类餐厨垃圾处理厂卸料口不得少于 3 个。

6.0.4 卸料间受料槽应设置局部排风罩，排风罩设计风量应满足卸料时控制臭味外逸的需要，卸料间的通风换气次数不应小于 3 次/h。

6.0.5 宜设置餐厨垃圾暂存、缓冲容器，缓冲容器的容积应与餐厨垃圾处理工艺和处理规模相协调，且应有防臭气散发的设施。

6.0.6 餐厨垃圾卸料间应设置地面和设备冲洗设施及冲洗水排放系统。

6.0.7 餐厨垃圾输送和卸料倒料过程中应避免飞溅和逸洒。

6.0.8 采用带式输送机输送餐厨垃圾时，应符合下列要求：

1 应有导水措施，防止污水横流。

2 带式输送机上方应设密封罩，并对密封罩实施机械排风。

3 设有人工分拣工位的带式输送机的移动速度宜为 0.1～0.3m/s。

6.0.9 采用螺旋输送机输送餐厨垃圾时，应符合下列要求：

1 螺旋输送机的转速应能调节；

2 螺旋输送机应具有防硬物卡死的功能；

3 应具有自清洗功能。

7 餐厨垃圾处理工艺

7.1 一般规定

7.1.1 单位或居民区设置的小型厨余垃圾处理设备应做到技术可靠、排放达标，处理后的残余物应得到妥善处理。

7.1.2 餐厨垃圾处理残渣做有机肥时，其有机肥产品质量应符合国家现行标准《有机肥料》NY 525 的要求。

7.1.3 餐厨垃圾制肥中重金属、蛔虫卵死亡率和大肠杆菌值指标应符合现行国家标准《城镇垃圾农用控制标准》GB 8172 的要求。

7.2 预处理

7.2.1 餐厨垃圾处理厂应配置餐厨垃圾预处理工序，预处理工艺应根据餐厨垃圾成分和主体工艺要求确定。

7.2.2 餐厨垃圾预处理设施和设备应具有耐腐蚀、耐负荷冲击等性能和良好的预处理效果。

7.2.3 餐厨垃圾的分选应符合下列规定：

1 餐厨垃圾预处理系统应配备分选设备将餐厨垃圾中混杂的不可降解物有效去除。

2 餐厨垃圾分选系统可根据需要选配破袋、大件垃圾分选、风力分选、重力分选、磁选等设施与设备。

3 分选出的不可降解物应进行回收利用或无害化处理。

4 分选后的餐厨垃圾中不可降解杂物含量应小于5%。

7.2.4 餐厨垃圾的破碎应符合下列规定：

1 餐厨垃圾破碎工艺应根据餐厨垃圾输送工艺和处理工艺的要求确定。

2 破碎设备应具有防卡功能，防止坚硬粗大物破坏设备。

3 破碎设备应便于清洗，停止运转后应及时清洗。

7.2.5 泔水油的分离应符合下列规定：

1 应根据餐厨垃圾处理主体工艺的要求确定油脂分离及油脂分离工艺。

2 餐厨垃圾液相油脂分离收集率应大于90%。

3 应对分离出的油脂进行妥善处理和利用。

7.2.6 餐饮单位厨房下水道清掏物可用于提炼地沟油，地沟油的提炼应符合下列规定：

1 地沟油提炼过程中产生的废气应得到妥善处理，并应达标排放。

2 提炼出的地沟油和残渣均不得用于制作饲料或饲料添加剂。

3 提炼后的残渣和废液应进行无害化处理。

7.2.7 严禁将煎炸废油、泔水油和地沟油用于生产食用油或食品加工。

7.2.8 利用湿热处理方法对餐厨垃圾进行预处理时，湿热处理温度宜为120～160℃，处理时间不应小于20min。

7.2.9 利用干热处理方法对餐厨垃圾进行预处理时，物料温度宜为95～120℃，此温度下物料的停留时间不应小于25min。

7.2.10 应根据处理后产品质量的要求确定控制盐分措施。

7.3 厌氧消化工艺

7.3.1 厌氧消化前餐厨垃圾破碎粒度应小于10mm，并应混合均匀。

7.3.2 餐厨垃圾厌氧消化的工艺应根据餐厨垃圾的特性、当地的条件经过技术经济比较后确定。

7.3.3 湿式工艺的消化物料含固率宜为8%～18%，物料消化停留时间不宜低于15d。

7.3.4 干式工艺的消化物含固率宜为18%～30%，物料消化停留时间不宜低于20d。

7.3.5 消化物料碳氮比（C/N）宜控制在（25～30）：1，pH值宜控制在6.5～7.8。

7.3.6 可采用中温厌氧消化或高温厌氧消化，中温温度以35～38℃为宜，高温温度以50～55℃为宜。厌氧消化系统应能对物料温度进行控制，物料温度上下波动不宜大于2℃。

7.3.7 餐厨垃圾中钠离子含量高对厌氧发酵影响较大时，宜采取降低钠离子的措施。

7.3.8 餐厨垃圾厌氧消化器应符合下列规定：

1 应有良好的防渗、防腐、保温和密闭性，在室外布置的，应具有耐老化、抗强风、雪等恶劣天气的性能。

2 容量应根据处理规模、发酵周期、容器强度等因素确定。

3 厌氧消化器的结构应有利于物料的流动，避免产生滞流死角。

4 厌氧消化器应具有良好的物料搅拌、匀化功能，防止物料在消化器中形成沉淀。

5 应有检修孔和观察窗。

6 应配置安全减压装置，安全减压装置应根据安全部门的规定定期检验。

7.3.9 对厌氧产生的沼气应进行有效利用或处理，不得直接排入大气。

7.3.10 工艺中产生的沼液和残渣应得到妥善处理，不得对环境造成污染。

7.3.11 沼液做液体肥料时，其液体肥产品质量应符合国家现行标准《含腐植酸水溶肥料》NY 1106 的要求。

7.4 好氧生物处理

7.4.1 好氧堆肥应符合下列规定：

1 餐厨垃圾采用好氧堆肥方式处理时，应对餐厨垃圾进行水分调节、盐分调节、脱油、碳氮比调节等处理，物料粒径应控制在 50mm 以内，含水率宜为 45%～65%，碳氮比宜为（20～30）：1。

2 餐厨垃圾宜与园林废弃物、秸秆、粪便等有机废弃物混合堆肥。

3 餐厨垃圾好氧堆肥应符合国家现行标准《城市生活垃圾好氧静态堆肥处理技术规程》CJJ/T 52 的有关规定。

4 餐厨垃圾好氧堆肥成品质量应符合现行国家标准《城镇垃圾农用控制标准》GB 8172 的要求。当堆肥成品加工制造有机肥时，制成的有机肥质量应符合国家现行标准《有机肥料》NY525 和《生物有机肥》NY 884 的要求。

5 餐厨垃圾堆肥过程中产生的残余物应进行回收利用，不可回收利用部分应进行无害化处理。

7.4.2 制备生化腐殖酸应符合下列规定：

1 餐厨垃圾制生化腐殖酸时，应加入腐殖酸转化剂和碳源调整材，C/N 比宜控制在（25～30）：1，物料含水率宜控制在 60%±3%，并应经历复合微生物好氧发酵过程，发酵过程中物料温度宜控制在 75℃±3℃，并持续 8～10h。

2 工艺过程使用的微生物菌剂应是国家相关部门允许使用的菌种，且应具有遗传稳定性和环境安全性。

3 发酵完成后，应将物料中大于 5mm 的杂物筛除。

4 餐厨垃圾制生化腐殖酸所使用的生化处理设备应符合国家现行标准《垃圾生化处理机》CJ/T 227 的有关规定。

5 生化腐殖酸成品质量应符合表 7.4.2 的要求。

表 7.4.2 生化腐殖酸成品质量要求

项 目	指 标
有机质含量，%	≥80.0
腐殖酸 HA_t，d%	≥45.0
游离腐殖酸 HA_f，d%	≥40.0
pH 值	5.0～7.5
Na^+的质量分数，%	≤0.6
灰分，%	≤7.5
水分（H_2O）的质量分数，%	≤12.0
粪大肠菌群数，个/g（mL）	≤100

项　目	指　标
蛔虫卵死亡率，%	≥95
沙门氏菌	不得检出
黄曲霉毒素（μg/kg）	≤50

7.5　饲料化处理

7.5.1　饲料化处理的餐厨垃圾在处理前应严格控制存放时间，应确保存放和处理过程中不发生霉变。

7.5.2　应对饲料化处理的餐厨垃圾进行有效地预处理，将混杂其中的塑料、木头、金属、玻璃、陶瓷等非食物垃圾进行去除，去除后的杂物含量应小于5%。

7.5.3　选择饲料化作为主处理工艺的餐厨垃圾处理，应考虑对霉变餐厨垃圾的无害化处理措施。

7.5.4　餐厨垃圾在进入饲料化处理系统前，应对其进行检测，发生霉变的餐厨垃圾及过期变质食品不得进入饲料化处理系统。

7.5.5　餐厨垃圾饲料化处理必须设置病原菌杀灭工艺。

7.5.6　对于含有动物蛋白成分的餐厨垃圾，其饲料化处理工艺应设置生物转化环节，不得生产反刍动物饲料。

7.5.7　用于处理餐厨垃圾的微生物菌应是国家相关部门列表允许使用的菌种，确保菌种的有效性和安全性。

7.5.8　采用加热工艺去除餐厨垃圾水分时，加热温度应得到有效控制，避免产生焦化和生成有毒物质。

7.5.9　生产工艺中任何接触物料的设备，在停运后应及时对残留的物料进行清理，防止残留物料霉变影响产品质量。

7.5.10　饲料成品质量应符合现行国家标准《饲料卫生标准》GB 13078以及国家现行有关饲料产品标准的规定。

7.5.11　饲料化产品包装及标签应符合现行国家标准《饲料标签》GB 10648的规定。

8　辅助工程

8.1　电气与自控

8.1.1　餐厨垃圾处理厂的生产用电应从附近电力网引接，并根据处理工艺需要考虑保安电源，其接入电压等级应根据餐厨垃圾处理厂的总用电负荷及附近电力网的具体情况，经技术经济比较后确定。

8.1.2　餐厨垃圾处理工程的高压配电装置应符合现行国家标准《3～110kV 高压配电装置设计规范》GB 50060 的有关规定；继电保护和安全自动装置应符合现行国家标准《电力装置的继电保护和自动装置设计规范》GB/T 50062 的有关规定；过电压保护、防雷和接地应符合现行国家标准《建筑物防雷设计规范》GB 50057 和《交流电气装置的接地》DL/T 621 的有关规定；爆炸火灾危险环境的电气装置应符合《爆炸和火灾危险环境电力装置设计规范》GB 50058 中的有关规定。

8.1.3　对于餐厨垃圾厌氧发酵沼气发电工程，电气主接线应符合下列规定：

1　发电上网时，应至少有一条与电网连接的双向受、送电线路。

2 发电自用时，应至少有一条与电网连接的受电线路，当该线路发生故障时，应有能够保证安全停机和启动的内部电源或其他外部电源。

8.1.4 厂用电电压应采用380/220V。厂用变压器接线组别的选择，应使厂用工作电源与备用电源之间相位一致，车间内安装的低压厂用变压器宜采用干式变压器。

8.1.5 电测量仪表装置设置应符合国家现行标准《电力装置的继电保护和自动装置设计规范》GB/T 50062、《电力装置的电气测量仪表装置设计规范》GB/T 50063和《电测量及电能计量装置设计技术规程》DL/T 5137有关规定。

8.1.6 照明设计应符合现行国家标准《建筑照明设计标准》GB 50034 中的有关规定。正常照明和事故照明应采用分开的供电系统。

8.1.7 电缆选择与敷设，应符合现行国家标准《电力工程电缆设计规范》GB 50217 的有关规定。

8.1.8 餐厨垃圾处理厂应设置中央控制室对全厂各工艺环节进行集中控制。

8.1.9 餐厨垃圾处理厂的自动化控制系统，宜包括进料系统、预处理系统、处理工艺系统、副产品加工系统、通风除臭系统和其他必要的控制系统。

8.1.10 自动化控制系统应采用成熟的控制技术和可靠性高、性能好的设备和元件。

8.2 给排水工程

8.2.1 厂内给水工程设计应符合现行国家标准《室外给水设计规范》GB.50013 和《建筑给排水设计规范》GB 50015的规定。

8.2.2 厂内排水工程设计应符合现行国家标准《室外排水设计规范》GB 50014 和《建筑给排水设计规范》GB 50015的规定。

8.3 消 防

8.3.1 餐厨垃圾处理厂应设置室内、室外消防系统，并应符合现行国家标准《建筑设计防火规范》GB 50016和《建筑灭火器配置设计规范》GB 50140的有关规定。

8.3.2 油脂储存间、燃料间和中央控制室等火灾易发设施应设消防报警设施。

8.3.3 设有可燃气体管道和储存设施的车间应设置可燃气体和消防报警设施。

8.3.4 餐厨垃圾处理厂的电气消防设计应符合现行国家标准《建筑设计防火规范》GB 50016和《火灾自动报警系统设计规范》GB 50116中的有关规定。

8.4 环境保护与监测

8.4.1 餐厨垃圾的输送、处理各环节应做到密闭，并应设置臭气收集、处理设施，不能密闭的部位应设置局部排风除臭装置。

8.4.2 车间内粉尘及有害气体浓度应符合国家现行有关标准的规定，集中排放气体和厂界大气的恶臭气体浓度应符合现行国家标准《恶臭污染物排放标准》GB 14554的有关规定。

8.4.3 餐厨垃圾处理过程中产生的污水应得到有效收集和妥善处理，不得污染环境。

8.4.4 餐厨垃圾处理过程中产生的废渣应得到无害化处理。

8.4.5 对噪声大的设备应采取隔声、吸声、降噪等措施。作业区的噪声应符合国家有关标准的规定，厂界噪声应符合现行国家标准《工业企业厂界环境噪声排放标准》GB 12348的规定。

8.4.6 餐厨垃圾处理厂应具备常规的监测设施和设备，并应定期对工作场所和厂界进行环境监测。

8.4.7 餐厨垃圾处理厂工作场所环境监测内容应包括：噪声、粉尘、有害气体（H_2S，NH_3等)、空气中细菌总数、苍蝇密度等。排气口监测内容应包括：粉尘、有害气体（H_2S，SO_2，NH_3 等)。厂界环境监测内容应包括：噪声、总悬浮颗粒物（TSP)、有害气体（H_2S，SO_2，NH_3）等、苍蝇密度、排放污水水质指标（BOD_5、COD_{Cr}、氨氮等)。

8.5 安全与劳动保护

8.5.1 餐厨垃圾处理厂的安全生产应符合现行国家标准《生产过程安全卫生要求总则》GB/T 12801 的规定。

8.5.2 餐厨垃圾处理厂的劳动卫生应符合国家现行有关标准的规定。

8.5.3 餐厨垃圾处理厂建设与运行应采取职业病防治、卫生防疫和劳动保护的措施。

8.6 采暖、通风与空调

8.6.1 各建筑物的采暖、空调及通风设计应符合现行国家标准《采暖通风与空气调节设计规范》GB 50019 中的有关规定。

8.6.2 易产生挥发气体和臭味的部位应设置通风除臭设施。散发少量挥发性气体和臭味的部位或房间，可采用全面通风工艺，全面通风换气次数不宜小于 3/h。散发较多挥发性气体和臭味的部位或房间，应采用局部机械排风除臭的通风工艺。

9 工程施工及验收

9.0.1 建筑、安装工程应符合施工图设计文件、设备技术文件的要求.

9.0.2 对工程的变更、修改应取得设计单位的设计变更文件后再进行施工。

9.0.3 餐厨垃圾处理厂涉及的建（构）筑物、道路、设备、管道、电缆等工程的施工及验收均应符合相应的国家现行施工和验收规范或规程的要求。

9.0.4 餐厨垃圾处理专用设备应由设备生产商负责安装或现场指导安装和设备调试，调试不满足设计要求的不得通过设备验收。

9.0.5 餐厨垃圾处理厂竣工验收前，严禁处理生产线投入使用。

9.0.6 餐厨垃圾处理厂工程验收依据应包括（但不限于）下列内容：

1 主管部门的批准文件；

2 批准的设计文件及设计变更文件；

3 设备供货合同及合同附件，设备技术说明书和技术文件；

4 专项设备施工、安装验收规范；

5 施工、安装记录资料；

6 设备调试及试运行记录资料。

9.0.7 餐厨垃圾处理生产线的验收应具备下列条件：

1 进料、储料、输送、预处理、主体处理、后处理、配套环保设施等均安装完毕，并带负荷试运行合格；

2 处理量和各项技术参数均达到设计要求；

3 电气系统和仪表控制系统均安装调试合格。

9.0.8 重要结构部位、隐蔽工程、地下管线，应按工程设计要求及验收标准，及时进行中间验收。未经中间验收，不得作覆盖工程和后续工程。

本规范用词说明

1 为便于在执行本规范条文时区别对待，对于要求严格程度不同的用词说明如下：

1）表示很严格，非这样做不可的：

正面词采用“必须”，反面词采用“严禁”；

2）表示严格，在正常情况下均应这样做的：

正面词采用“应”，反面词采用“不应”或“不得”；

3）表示允许稍有选择，在条件许可时首先应这样做的：

正面词采用“宜”，反面词采用“不宜”；

4）表示有选择，在一定条件下可以这样做的，采用“可”。

2 条文中指明应按其他有关标准执行的写法为“应符合……的规定”或“应按……执行”。

引用标准名录

1 《室外给水设计规范》GB 50013

2 《室外排水设计规范》GB 50014

3 《建筑给排水设计规范》GB 50015

4 《建筑设计防火规范》GB 50016

5 《采暖通风与空气调节设计规范》GB 50019

6 《建筑照明设计标准》GB 50034

7 《建筑物防雷设计规范》GB 50057

8 《爆炸和火灾危险环境电力装置设计规范》GB 50058

9 《3～110kV 高压配电装置设计规范》GB 50060

10 《电力装置的继电保护和自动装置设计规范》GB/T 50062

11 《电力装置的电气测量仪表装置设计规范》GB/T 50063

12 《火灾自动报警系统设计规范》GB 50116

13 《建筑灭火器配置设计规范》GB 50140

14 《电力工程电缆设计规范》GB 50217

15 《城镇垃圾农用控制标准》GB 8172

16 《饲料标签》GB 10648

17 《工业企业厂界环境噪声排放标准》GB 12348

18 《生产过程安全卫生要求总则》GB/T 12801

19 《饲料卫生标准》GB 13078

20 《恶臭污染物排放标准》GB 14554

21 《城市生活垃圾好氧静态堆肥处理技术规程》CJJ/T 52

22 《垃圾生化处理机》CJ/T 227

23　《有机肥料》NY 525

24　《交流电气装置的接地》DL/T 621

25　《生物有机肥》NY 884

26　《含腐植酸水溶肥料》NY 1106

27　《电测量及电能计量装置设计技术规程》DL/T 5137

中华人民共和国行业标准

生活垃圾收集运输技术规程

Technical specification for collection and transportation of municipal solid waste

CJJ 205—2013

前 言

根据住房和城乡建设部《关于印发〈2008年工程建设标准规范制订、修订计划（第一批）〉的通知》（建标〔2008〕102号）的要求，规程编制组经深入调查研究，认真总结实践经验，参考有关国际标准和国外先进标准，并在广泛征求意见的基础上，编制本规程。

本规程的主要技术内容是：1. 总则；2. 术语；3. 基本规定；4. 生活垃圾投放；5. 生活垃圾收集设施；6. 生活垃圾收集运输；7. 生活垃圾收运配套机械设备；8. 污染控制、安全生产与劳动卫生；9. 生活垃圾收运的应急处置。

本规程中以黑体字标志的条文为强制性条文，必须严格执行。

本规程由住房和城乡建设部负责管理和对强制性条文的解释，由华中科技大学负责具体技术内容的解释。执行过程中如有意见与建议，请寄送华中科技大学（地址：武汉市武昌珞喻路1037号；邮政编码：430074）。

本规程主编单位：华中科技大学
城市建设研究院

本规程参编单位：深圳市龙澄高科技环保有限公司
上海野马环保设备工程有限公司
中山市环境卫生管理处
武汉华曦科技发展有限公司
中国市政工程中南设计研究院
海沃机械（扬州）有限公司
厦门市环境卫生管理处
柳州市环境保护局

本规程主要起草人员：陈海滨 杨 禹 张 涉 黄巧洁 屈志云 张倚马
黄艳梅 简德武 张后亮 姜 维 杨 龑 陆卫平
黄文雄 左 钢 陈惜曦 冯铁君 张月亮 魏 炜
彭义林 胡 洋 张豪兰 刘金涛

本规程主要审查人员：陶 华 刘 竟 冯其林 何品晶 梁顺文 赵东平
宫渤海 熊 辉 钟 辉

1 总 则

1.0.1 为规范生活垃圾的收集运输（以下简称“收运”），促进生活垃圾处理的无害化、减量化和资源化，制定本规程。

1.0.2 本规程适用于城市和村镇生活垃圾收运系统的规划、建设与运行。

1.0.3 生活垃圾收运系统的技术选择应以本地区的社会经济发展水平和自然条件为基础，并应考虑其科学技术的发展水平，按服务范围和人口规模合理确定，做到安全卫生、保护环境、技术先进、经济合理。

1.0.4 生活垃圾收运系统的规划、建设与运行除应执行本规程外，尚应符合国家现行有关标准的规定。

2 术 语

2.0.1 收运 collection and transportation

将分散的生活垃圾用机动车或非机动车集中到收集点或收集站，再用专用运输车把生活垃圾从收集点或收集站运输到转运站或直接运往末端处理场（厂）的过程。

2.0.2 巡回收集 itinerant collection

按一定路线到各个收集点循环收集垃圾。

2.0.3 定点收集 refuse collection at appointed place

在指定地点收集垃圾。

2.0.4 站点收集 site collection

将专门指定或设置的垃圾收集站（点）的垃圾进行统一收集。

2.0.5 庭院堆肥 household composting

将日常生活产生的家庭厨余垃圾等有机垃圾单独收集，盛于桶等容器内或在庭院、菜地、苗圃、果园等地挖坑填埋沤腐处理。

2.0.6 袋装收集模式 packaged MSW collection

在垃圾产生源用袋储放垃圾，袋装垃圾需定时投放到指定的垃圾收集点，垃圾收集人员采用密闭式收集容器定时定点收集。

2.0.7 桶装收集模式 collection from containers

用桶类容器储放收集垃圾，并应放置在收集车辆可停靠的路边等位置。

2.0.8 直运模式 direct transportation

收运车辆将生活垃圾从垃圾收集点或收集站收集后运至垃圾处理场所，不需经过垃圾转运站。

3 基本规定

3.0.1 生活垃圾的收运应执行国家现行法律、法规的规定，贯彻环境保护、节约土地、劳动卫生、安全生产和节能减排等有关规定。

3.0.2 生活垃圾收运系统的建设应在区域环境卫生专业规划的指导下，统筹规划、分期实施，远近结合、近期为主。收运设施的数量、规模、布局和选址应通过对技术、经济、社会和环境影响的综合分析确定。收运设施设备应与后续转运系统和处理系统相协调。

3.0.3 生活垃圾收运应坚持专业化协作和社会化服务相结合的原则，合理确定配套项目，提高运行管理水平，降低运行成本。有条件的地区宜建立垃圾收运信息化管理系统。

3.0.4 城市生活垃圾应实行分类收集，垃圾分类收集方式应与后续运输、处理方式相协调。

3.0.5 镇（乡）村生活垃圾宜推行分类收集，统筹运输和处理。农业废物不宜混入生活垃圾收运系统。

3.0.6 垃圾收运设施、设备及容器上的标志应符合国家现行标准《图形符号 安全色和安全标志 第1部分：安全标志和安全标记的设计原则》GB/T 2893.1和《环境卫生图形符号标准》CJJ/T 125的有关规定。

3.0.7 应在垃圾收集、运输车辆（容器）明显位置标明环卫专用车、新能源标志、商标和使用（作业）单位名称等标识；应在垃圾收集设施设备显著位置标明环卫标志和使用单位名称。

3.0.8 建筑垃圾、工业废物、医疗废物、生活垃圾中的危险物及其他类别危险废物严禁混入生活垃圾收运系统；粪便应单独收集、运输及处理处置。

4 生活垃圾投放

4.0.1 生活垃圾应投放到指定垃圾容器或投放点，不得乱丢乱倒。

4.0.2 生活垃圾应定时定点投放、收集。

4.0.3 严禁任何单位和个人向河流、湖泊、沟渠、水库等水体及河道倾倒生活垃圾。

4.0.4 农村地区，应实施有机垃圾庭院堆肥；灰土垃圾应就地就近填埋处置。

5 生活垃圾收集设施

5.1 废物箱

5.1.1 道路两侧，各类交通客运设施、公共设施、广场、社会停车场等的出入口附近应设置废物箱。

5.1.2 实施生活垃圾分类收集的城市、镇（乡）、村庄应按分类方式设置相应的废物箱。分类废物箱应有明显标识并应易于识别和分类投放。

5.1.3 废物箱外观应美观、卫生，并应防雨、防腐、耐用、阻燃、抗老化。

5.1.4 废物箱的设置间距应按现行行业标准《环境卫生设施设置标准》CJJ 27的有关规定执行。

5.1.5 村镇中心区外的其他区域，废物箱宜与收集点合并设置。单独设置的废物箱应保持箱体密闭、整洁，布局合理。

5.2 垃圾收集点

5.2.1 城市、镇（乡）村生活垃圾收集点应符合下列规定：

1 城市生活垃圾收集点的服务半径不宜超过70m，生活垃圾收集点可放置垃圾容器或设垃圾容器间；市场、交通客运枢纽等生活垃圾产生量较大的公共设施附近应单独设置生活垃圾收集点。

2 镇（乡）生活垃圾收集点宜设置在垃圾收集车易于停靠的路边等地，其服务半径不宜大于100m。

3　村庄生活垃圾收集点宜设置在村口或垃圾收集车易于停靠的路边等地，其服务半径不宜大于 200m。

5.2.2　垃圾收集点应满足服务范围内的生活垃圾及时清运的要求。非袋装垃圾不应敞开存放。

5.2.3　实施生活垃圾分类收集的城市、镇（乡）、村庄，生活垃圾收集点设置及运行应满足日常生活垃圾的分类收集要求，并应与后续分类运输、分类处理方式相适应。

5.2.4　生活垃圾收集点[垃圾桶（箱）、固定垃圾池、袋装垃圾投放点]的设置应符合国家现行有关标准的规定，其主要指标应符合表 5.2.4 的规定。

表 5.2.4　生活垃圾收集点主要指标

类型	占地面积（m^2）	与相邻建筑间隔（m）	绿化隔离带宽度（m）
垃圾桶（箱）	5～10	≥3	—
固定垃圾池	5～15	≥10	≥2
袋装垃圾投放点	5～10	≥5	—

注：1　占地面积不含垃圾分类、资源回收等其他功能用地。

2　占地面积含绿化隔离带用地。

3　表中的绿化隔离带宽度包括收集点外道路的绿化隔离带宽度。

4　与相邻建筑间隔自收集容器外壁起计算。

5　袋装垃圾投放点仅用于不适合设置垃圾桶（箱）、垃圾池等的地区；垃圾袋的材质应统一、标准化。

5.2.5　垃圾收集点应合理设置。垃圾收集点位置应固定，应便于分类投放和分类清运，方便居民使用。

5.2.6　垃圾收集点用于集中收集的垃圾容器应根据各服务区实际需求进行购置，其类型、规格的选取应符合国家现行有关标准的规定。农村居民住宅单独收集点的垃圾桶应满足桶体密封、加盖的基本要求。

5.2.7　收集点的各类垃圾收集容器的容量应按其服务人口的数量、垃圾分类的种类、垃圾日排出量及清运周期计算，并宜采用标准容器计量。垃圾收集容器的总容纳量应满足使用需要，垃圾不得超出收集容器的上口平面，垃圾日排放量及垃圾容器设置数量的计算方法应符合下列规定：

1　垃圾容器收集范围内的垃圾日排出重量应按下式计算：

$$Q=RCA_1A_2/1000 \tag{5.2.7-1}$$

式中：Q——垃圾日排出重量（t/d）；

R——收集范围内服务人口数量（人）；

C——预测的人均垃圾日排出重量[kg/（人·d）]，一般取 0.5～1.0，城市可取偏大值，村镇及偏远地区可取偏小值；

A_1——垃圾日排出重量不均匀系数，城市取 1.10～1.30，村镇取 0.80～1.20；

A_2——居住人口变动系数，城市取 1.00～1.15，村镇取 0.90～1.00。

2　垃圾容器收集范围内的垃圾日排出体积应按下式计算：

$$V_{ave}=\frac{Q}{D_{ave}A_3} \tag{5.2.7-2}$$

$$V_{max}=KV_{ave} \tag{5.2.7-3}$$

式中：V_{ave}——垃圾平均日排出体积（m^3/d）；

D_{ave}——垃圾平均密度（t/m^3），混合生活垃圾自然堆积的典型密度为 0.3～$0.6t/m^3$；

A_3——垃圾密度变动系数，A_3=0.7～0.9；

V_{max}——垃圾高峰时日排出最大体积（m^3/d）；

K——垃圾高峰时日排出体积的变动系数，取 1.5～1.8。

3 收集点所需的垃圾容器数量应按下式计算：

$$N_{ave}=\frac{V_{ave}A_4}{EB} \tag{5.2.7-4}$$

$$N_{max}=\frac{V_{max}A_4}{EB} \tag{5.2.7-5}$$

式中：N_{ave}——平均所需设置的垃圾容器数量；

A_4——垃圾清除周期（d/次）；当每日清除 2 次时，A_4=0.5；每日清除 1 次时，A_4=1；每 2 日清除 1 次时，A_4=2，以此类推；

E——单只垃圾容器的容积（m^3/只）；

B——垃圾容器填充系数，取 0.75～0.9；

N_{max}——垃圾高峰时所需设置的垃圾容器数量。

5.2.8 垃圾收集容器的类别标志应符合现行国家标准《生活垃圾分类标志》GB/T 19095 的有关规定。

5.3 垃圾收集站

5.3.1 垃圾收集站应符合下列规定：

1 收集站应考虑与居住区景观和周围环境的协调，有利于保护环境；

2 独立式收集站建筑外墙与相邻建筑物的间距应符合国家现行相关标准的规定，并宜设置绿化隔离带；

3 收集站通道应畅通，应便于安排垃圾收集和运输线路。

5.3.2 改、扩建收集站尚应符合现行行业标准《生活垃圾收集站技术规程》CJJ 179 的有关规定。

5.3.3 人力收集方式的最大服务半径不宜超过 1km；小型机动车收集方式的服务半径不宜超过 2km。镇（乡）和村庄的收集站的服务半径可适当增大。

5.3.4 收集站不应敞开作业。现有的敞开式收集站应规范卫生防护措施，并应通过技术改造或改扩建使其实现密闭收集作业。

5.3.5 收集站的最大接收能力，应根据服务区域内的生活垃圾产生量的最高月平均日产生量来确定。无实际数据时，可按本规程公式（5.2.7-1）计算。

6 生活垃圾收集运输

6.0.1 生活垃圾收集方式可分为袋装收集和散装收集；也可分为桶装收集和车载容器收集。

6.0.2 应结合辖区社会经济条件与收集设施配置情况等选用投放形式与收集容器的不同组合；并应根据当地人口数量、服务半径、经济条件等因素确定收集方式。

6.0.3 垃圾不得裸露，收集运输设备应密闭，防止尘屑洒落和垃圾污水滴漏。

6.0.4 垃圾收集应实施分类收集，餐饮垃圾不得混入生活垃圾收运系统。

6.0.5 垃圾应采用不落地的收集方式，散装垃圾不得投入各类固定容器或堆场作临时存储。

6.0.6 清扫垃圾宜单独收集、运输及处理。农村地区的灰土宜就地填埋处理。

6.0.7 农贸市场宜建垃圾收集站或采用大容积密闭容器收集垃圾，应由收集车定时定点收集，并应日产日清。

6.0.8 垃圾运输模式应根据收集点、收集站的分布及运距、运输量，并应结合地形、路况等因素确定。

6.0.9 当垃圾实际运输距离小于 10km 时，宜采用直接运输模式。

7 生活垃圾收运配套机械设备

7.1 收集车辆配置

7.1.1 生活垃圾宜采用机动车与非机动车相结合的方式收集；应按生活垃圾产生量和收运距离相应配置非机动车或 1t 左右的小型机动收集车，小型机动收集车辆配置数量应按下式计算：

$$N=\frac{Q_{\mathrm{d}}}{q\times m\times\eta} \tag{7.1.1}$$

式中：N——收集车数量（车）；

Q_{d}——日均垃圾清运量（t/d）；

q—单车额定载荷[t/（车·次）]；

m——单车清运频率（次/d）；

η——装载系数，取 0.85～0.95。

7.1.2 非机动车及其他吨位机动车的数量也可按本规程公式（7.1.1）进行相应的换算确定。

7.1.3 垃圾收集车除应满足密闭运输的基本要求外，还应符合节能减排、低噪、防止二次污染等整体性能要求。

7.2 收集站设施设备

7.2.1 生活垃圾收集站设施设备的配置应高效、环保、节能、安全、卫生。

7.2.2 同一行政区域内的垃圾收集站设施宜统筹规划建设，宜选用统一型号、规格的机械设备等。

7.2.3 收集站机械设备的工作能力应按日有效运行时间和高峰时段垃圾量综合确定，并应使其与收集站工艺单元的设计规模（t/d）相匹配，保证其可靠的收集能力并应留有调整余地。

7.3 运输车辆及装载容器

7.3.1 垃圾收集站应按收运工艺要求及特点采用相应的运输方式及装载容器。

7.3.2 应依据垃圾装载容器（箱）的类型和规模选择匹配的运输车辆。将垃圾运往末端处理设施的运输车辆额定载荷不宜小于 5t。

7.3.3 收集站配套运输车辆数的计算方法应符合下列规定：

1 收集站配套运输车辆数应按下列公式计算：

$$n_V = \left[\frac{\eta \cdot Q}{n_T \cdot q_V}\right] \tag{7.3.3-1}$$

$$Q=m \cdot Q_U \tag{7.3.3-2}$$

式中：n_V——配备的运输车辆数量；

η——运输车辆备用系数，取η=1.1～1.3；若同服务区的收集站配置了同型号规格的运输车辆时，η可取下限值；

Q——收集站的收集能力（t/d）；

n_T——运输车日运输次数；

q_V——运输车实际载运能力[t/（车・次）]；

m——收集单元数；

Q_U——单个收集单元的收集能力（t/d）。

2 对于装载容器与运输车辆可分离的收集单元，装载容器数量可按下式计算：

$$n_c=m+n_V-1 \tag{7.3.3-3}$$

式中：n_C——收集容器数量；

m——收集单元数；

n_V——配备的运输车辆数量。

8 污染控制、安全生产与劳动卫生

8.1 污染控制

8.1.1 垃圾收集站设置的绿化隔离带应进行经常性维护、保养。

8.1.2 垃圾收集站设置的通风、降尘、除臭、降噪等装置应进行及时维护、保养。

8.1.3 应保持垃圾收集站地面平整，不得残留垃圾、积水；收集车（容器）应完好，严禁洒落垃圾、滴漏污水。

8.1.4 作业过程中应保持收集运输车辆的整体密闭性能。

8.1.5 应采取合理有效措施，减轻收集车辆作业过程中产生的噪声对周围生活环境的影响。

8.1.6 收集站中产生的污水宜直接排入市政污水管网。对不能排入污水管网的，站内应设置污水收集装置。

8.2 安全生产与劳动卫生

8.2.1 垃圾收集运输设施设备及运行的安全卫生措施应符合现行国家标准《生产过程安全卫生要求总则》GB/T 12801 的有关规定。

8.2.2 垃圾卸料平台等危险位置的安全警示标志应完好、清晰，并应符合现行国家标准《图形符号　安全色和安全标志　第 1 部分：安全标志和安全标记的设计原则》GB/T 2893.1 的规定。

8.2.3 应设置垃圾收集站作业人员更衣、洗手和工具存放的专用场所，并应保持其完好、整洁。

8.2.4 垃圾收集作业人员上岗应穿戴（佩戴）劳动保护用具、用品。

8.2.5 收集站内应做好卫生防疫工作，应定期对蚊、蝇、鼠进行消杀。

9 生活垃圾收运的应急处置

9.0.1 垃圾收运单位应根据区域生活垃圾应急处置预案具备相应的应急处置能力。

9.0.2 垃圾收运单位应对生活垃圾产生源的类别、数量、分布进行调查、评估。

9.0.3 对于洪水、暴雨等灾害产生的特殊垃圾（水面漂浮垃圾等），应结合自然条件、垃圾性状，因地制宜地制定处置对策。

9.0.4 在突发环境、公共卫生事件中，生活垃圾不应按常规程序和方法收集运输，应按危险废物考虑，并应会同环保、卫生防疫部门进行检测、甄别，由专业机构进行适当处置。

9.0.5 生活垃圾应急清扫、收集、存放应符合下列规定：

1 人群滞留和避难等场所的垃圾应及时清扫、清理、收集；应减少生活垃圾暴露，防止蚊蝇和鼠类孳生；应避免雨水直接浇淋生活垃圾。

2 灾民安置点、救援基地、广场、主要街道等人群聚集场地，应设置具备防雨水措施的生活垃圾临时投放点和收集站。临时投放点和收集站应避开易倒塌建筑物等有潜在危险的场所和饮用水源。

3 当采用非专用容器临时收集生活垃圾时，垃圾投放点和收集站应设置应急垃圾收集容器（图 9.0.5-1）。

4 应急垃圾存放地和不准投放垃圾的地点应设置应急垃圾存放地标志（图 9.0.5-2）和不准投放垃圾标志（图 9.0.5-3）。

图 9.0.5-1 垃圾收集容器标志

图 9.0.5-2 应急垃圾存放地标志

图 9.0.5-3 不准投放垃圾标志

9.0.6 生活垃圾应急收集运输过程中应采取卫生防疫消杀、降尘除臭等措施。

9.0.7 生活垃圾应进行密闭运输。采用敞口式运输车辆（容器）时，必须用苫布、网布等进行遮盖。当征用社会车辆运输生活垃圾时，应进行必要的改装、改造、加固，并应采取防护措施，定期清洗消杀。

9.0.8 生活垃圾运输车应有停放场所，不得随处乱停乱放。车辆停放点与临时安置点应保持 100m 以上的卫生防护距离，与过渡居住区宜保持 200m 以上的卫生防护距离。车辆应定期清洗消杀。应急环卫车辆停车场应设置环卫停车场标志（图 9.0.8）。

图 9.0.8 环卫停车场标志

本规程用词说明

1 为便于在执行本规程条文时区别对待，对要求严格程度不同的用词说明如下：

1）表示很严格，非这样做不可的：

正面词采用“必须”，反面词采用“严禁”；

2）表示严格，在正常情况下均应这样做的：

正面词采用/“应”，反面词采用“不应”或“不得”；

3）表示允许稍有选择，在条件许可时首先应这样做的：

正面词采用“宜”，反面词采用“不宜”；

4）表示有选择，在一定条件下可以这样做的，采用“可”。

2 条文中指明应按其他有关标准执行的写法为：“应符合……的规定（要求）”或“应按……执行”。

引用标准名录

1 《图形符号 安全色和安全标志 第 1 部分：安全标志和安全标记的设计原则》GB/T 2893.1

2 《生产过程安全卫生要求总则》GB/T 12801

3 《生活垃圾分类标志》GB/T 19095

4 《环境卫生设施设置标准》CJJ 27

5 《环境卫生图形符号标准》CJJ/T 125

6 《生活垃圾收集站技术规程》CJJ 179

中华人民共和国城镇建设行业标准

生活垃圾采样和分析方法

Sampling and analysis methods for domestic waste

CJ/T 313—2009
代替 CJ/T 3039—1995

前　言

本标准代替 CJ/T 3039—1995《城市生活垃圾采样和物理分析方法》。

本标准与 CJ/T 3039—1995 相比，主要变化如下：

——标准名称改为《生活垃圾采样和分析方法》；

——增加术语和定义；

——扩展生活垃圾采样的范围；

——增加采样方法种类；

——增加化学分析方法；

——增加常见塑料鉴别方法。

本标准的附录 A 和附录 B 为资料性附录。

本标准由住房和城乡建设部标准定额研究所提出。

本标准由住房和城乡建设部城镇环境卫生标准技术归口单位归口。

本标准负责起草单位：北京市环境卫生设计科学研究所。

本标准参加起草单位：杭州市环境卫生科学研究所、牡丹江市环境卫生科学研究所。

本标准主要起草人：余长康、吴文伟 、刘竞、王伟 、苏昭辉、洪国才、栗绍湘、张旭、杨柏树、李春芸。

本标准所代替标准的历次版本发布情况为：

——CJ/T 3039—1995。

1　范围

本标准规定了生活垃圾样品的采集、制备和测定。

本标准适用于生活垃圾调查和测定。

2　规范性引用文件

下列文件中的条款通过本标准的引用而成为本标准的条款。凡是注日期的引用文件，其随后所有的修改单（不包括勘误的内容）或修订版均不适用于本标准，然而，鼓励根据本标准达成协议的各方研究是否使用这些文件的最新版本。凡是不注日期的引用文件，其最新版本适用于本标准。

GB 213 煤的热值测定方法

CJ/T 96 城市生活垃圾 有机质的测定 灼烧法

CJ/T 97 城市生活垃圾 总铬的测定 二苯碳酰二阱比色法

CJ/T 98 城市生活垃圾 汞的测定 冷原子吸收分光光度法

CJ/T 99 城市生活垃圾 pH 的测定 玻璃电极法

CJ/T 100 城市生活垃圾 镉的测定 原子吸收分光光度法

CJ/T 101 城市生活垃圾 铅的测定 原子吸收分光光度法

CJ/T 102 城市生活垃圾 砷的测定 二乙基二硫代氨基甲酸银分光光度法

CJ/T 103 城市生活垃圾 全氮的测定 半微量开氏法

CJ/T 104 城市生活垃圾 全磷的测定 偏钼酸铵分光光度法

CJ/T 105 城市生活垃圾 全钾的测定 火焰光度法

CJ/T 280 塑料垃圾桶通用技术条件

CJJ/T 65 市容环境卫生术语标准

3 术语和定义

CJJ/T 65 确立的以及下列术语和定义适用于本标准。

3.1 生活垃圾流节点 domestic waste logistic nodes

生活垃圾产生、收集、转运、运输和处理物流线路的交汇点。

3.2 采样点 sampling place

在确定的时间内选定的采集生活垃圾样品的地点。

3.3 一次样品 first-degree sample

对生活垃圾进行分选、破碎、缩分后得到的样品。用于物理组分和含水量等分析。

3.4 二次样品 second-degree sample

对已完成生活垃圾物理组分和含水量分析的一次样品的各个物理组分进行缩分、粉碎、研磨、混配后得到的样品。用于生活垃圾可燃物、灰分、热值和化学成分等项目分析。

3.5 混合样 mixed sample

将生活垃圾烘干后的各成分按其干基百分比混合，经粉碎后所制备的二次样品。

3.6 合成样 synthetic sample

将生活垃圾烘干后的各成分粉碎，按其干基百分比混合所制备的二次样品。

3.7 可燃物 combustible

生活垃圾经 800～850℃高温燃烧、灰化冷却里所减少的重量。

3.8 灰分 residue

生活垃圾经 800～850℃高温燃烧、灰化冷却后的残留物。

4 样品的采集

4.1 采样点

4.1.1 采样点选择原则

该点生活垃圾应具有代表性和稳定性。

4.1.2 采样点背景资料

生活垃圾采样点的背景资料包括：区域类型、服务范围、产生量、处理量、收运处理方式等。

采样点背景资料应建档并及时更新。

4.1.3 采样点选择

生活垃圾采样点应按垃圾流节点进行选择，见表 1。

表 1 生活垃圾流节点及分类

序号	生活垃圾流节点	类别
1	产生源	居住区、事业区、商业区、清扫区等
2	收集站	地面收集站、垃圾桶收集站、垃圾房收集站、分类垃圾收集站等
3	收运车	车厢可卸式、压缩式、分类垃圾收集车、餐厨垃圾收集车等
4	转运站	压缩式、筛分、分选等
5	处理场（厂）	填埋场、堆肥厂、焚烧厂、餐厨垃圾处理厂等

注 1：产生源点节是按产生生活垃圾的功能区特性进行分类。其他节点是按设施的用途进行分类。
注 2：在产生源功能区采样，适用于原始生活垃圾成分和理化特性分析。
注 3：在其他生活垃圾流节点采样，适用于生活垃圾动态过程中成分和理化特性分析。

4.1.4 采样点数的确定

4.1.4.1 在生活垃圾产生源设置采样点，应根据所调查区域的人口数量确定最少采样点数（见表 2）。并根据该区域内功能区（表 3）的分布、生活垃圾特性等因素确定采样点分布。

表 2 人口数量与最少采样点数

人口数量/万人	＜50	≥50～＜100	≥100～＜200	≥200
最少采样点数/个	8	16	20	30

表 3 功能区分类

<table>
<tr><th colspan="3">居住区</th><th colspan="2">事业区</th><th colspan="5">商业区</th><th colspan="2">清扫区</th></tr>
<tr><td>燃煤</td><td>半燃煤</td><td>无燃煤</td><td>机关团体</td><td>教育科研</td><td>商场超市</td><td>餐饮</td><td>文体设施</td><td>集贸市场</td><td>交通场（站）</td><td>园林</td><td>道路、广场</td></tr>
</table>

4.1.4.2 在生活垃圾产生源以外的垃圾流节点设置采样点，应由该类节点（设施或容器）的数量确定最少采样点数，见表 4。

表 4 生活垃圾流节点数与最少采样点数 单位：个

生活垃圾流节点（设施或容器）的数量	最少采样点数
1～3	所有
4～64	4～5
65～125	5～6
125～343	6～7
＞344	每增加 300 个容器或设施，增加 1 个采样点

4.1.4.3 在调查周期内，地理位置发生变化的采样点数不宜大于总数的30%。

4.2 采样频率和间隔时间

4.2.1 产生源生活垃圾采样与分析以年为周期，采样频率宜每月1次，同一采样点的采样间隔时间宜大于10d。因环境引起生活垃圾变化时，可调整部分月份的采样频率。调查周期小于一年时，可增加采样频率，同一采样点的采样间隔时间不宜小于7d。

4.2.2 垃圾流节点生活垃圾采样与分析应根据该类节点特性、设施的工艺要求、测定项目的类别确定采样周期和频率。

4.3 最小采样量

根据生活垃圾最大粒径及分类情况，选取的最小采样量应符合表5的规定。

表5 生活垃圾最小采样量

<table>
<tr><th rowspan="2">生活垃圾最大粒径[a]/mm</th><th colspan="2">最小采样量/kg</th><th rowspan="2">主要适用范围</th></tr>
<tr><th>分类生活垃圾</th><th>混合生活垃圾</th></tr>
<tr><td>120</td><td>50</td><td>200</td><td>产生源生活垃圾、生活垃圾筛上物</td></tr>
<tr><td>30</td><td>10</td><td>30</td><td>生活垃圾筛下物、餐厨垃圾等</td></tr>
<tr><td>10</td><td>1</td><td>1.5</td><td rowspan="2">堆肥产品、焚烧灰渣等</td></tr>
<tr><td>3</td><td>0.15</td><td>0.15</td></tr>
<tr><td colspan="4">a 最大粒径指筛余量为10%时的筛孔尺寸。</td></tr>
</table>

4.4 采样

4.4.1 采样的基本要求

①应结合现场环境条件选择不同的采样方法；

②采样应避免在大风、雨、雪等异常天气条件下进行；

③在同一区域有多点采样点时，宜尽可能同时进行；

④采样的全过程应详细记录；

⑤采样应注意现场安全。

4.4.2 设备和工具

采样的设备和工具见表6。

表6 主要采样设备和工具

设备和工具	说明
采样车	人与生活垃圾样品隔离
机械搅拌及取样设备	推土机、挖掘机、抓斗或其他能够搅拌生活垃圾的设备
人工搅拌及取样工具	尖头铁锹、耙子、长柄推把等工具
密闭容器	带盖采样桶或内衬塑料的采样袋
其他工具	锯、锤子、剪刀、夹子等
辅助设备	照明设备、供电设备；标杆、警戒绳、标签、胶带、计算器、皮尺等

4.4.3 采样方法

对呈堆体状态的生活垃圾应根据其体积选择下述方法采样。对非堆体状态的生活垃圾（桶、箱或车内生活垃圾），应先将生活垃圾转化成堆体后再选择下述方法采样。对坑（槽）内生活垃圾（焚烧厂贮料坑和堆肥厂发酵槽等）可参照下述方法d）采样。

（1）四分法

将生活垃圾堆搅拌均匀后堆成圆形或方形，按图 1 所示，将其十字四等分，然后，随机舍弃其中对角的两份，余下部分重复进行前述铺平并分为四等分，舍弃一半，直至达到表 5 所规定的采样量。

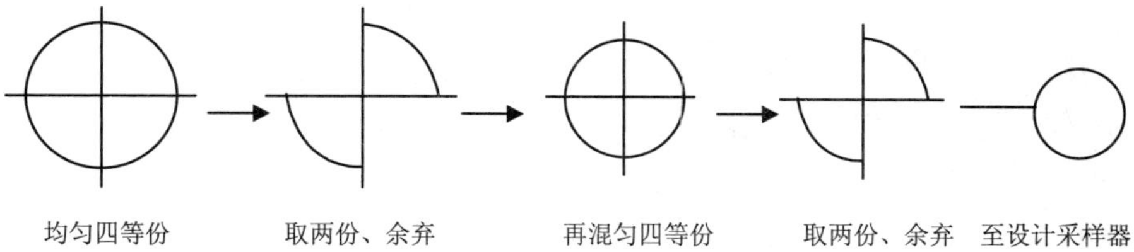

图 1　四分法采样示意图

（2）剖面法

沿生活垃圾堆对角线做一采样立剖面，按图 2 所示确定点位，水平点距不大于 2m，垂直点距不大于 1m。各点位等量采样，直至达到表 5 所规定的采样量

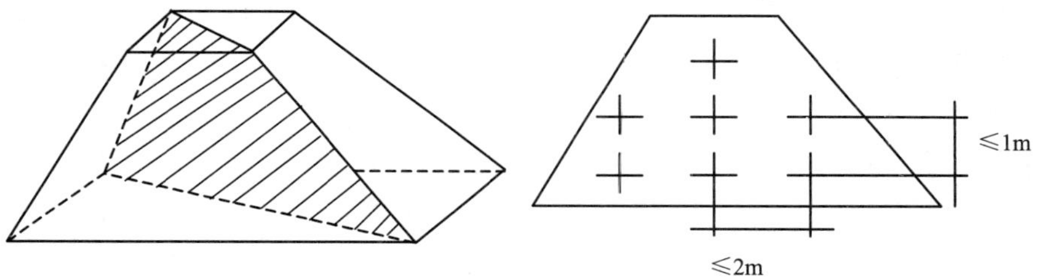

图 2　剖面法采样位置示意图

（3）周边法

在生活垃圾堆四周各边的上、中、下三个位置采集样品，按图 3 所示方式确定点位（总点位数不少于 12 个），各点位等量采样，直至达到表 5 所规定的采样量。

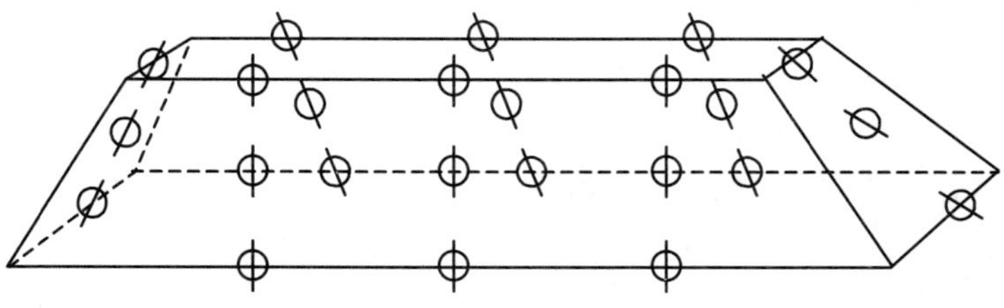

图 3　周边法采样位置示意图

（4）网格法

将生活垃圾堆成一厚度为 40～60cm 的正方形，把每边三等分，将生活垃圾平均分成九个子区域，将每个子区域中心点前后左右周边 50cm 内以及从表面算起垂直向下 40～60cm 深度的所有生活垃圾取出，把从九个子区域内取得的生活垃圾倒在一清洁的地面上，搅拌均匀后，采用四分法（见 4.4.3a）缩分至表 5 所规定的采样量。

5 样品制备

5.1 设备

样品制备设备包括：

①粗粉碎机：可将生活垃圾中各种成分的粒径粉碎至 100mm 以下；

②细粉碎机：可将生活垃圾中各种成分的粒径粉碎至 5mm 以下；

③研磨仪：可将生活垃圾中各种成分的粒径粉碎至 0.5mm 以下；

④天平：感量为 0.000 1g 的分析天平；

⑤药碾、小铲、锤、十字分样板、强力剪刀；

⑥样品瓶：250～500ml 带磨口的广口玻璃瓶。

5.2 制备

5.2.1 一次样品制备

将测定生活垃圾容重（见 6.1.1）后的样品中大粒径物品破碎至 100～200mm，摊铺在水泥地面充分混合搅拌，再用四分法缩分 2（或 3）次，至 25～50kg 样品，置于密闭容器运到分析场地。确实难以全部破碎的可预先剔除，在其余部分破碎缩分后，按缩分比例将剔除生活垃圾部分破碎加入样品中。

5.2.2 二次样品制备

在生活垃圾含水率测定完毕后，应进行二次样品制备。

根据测定项目对样品的要求，将烘干（按 6.3.2 的规定）后的生活垃圾样品中各种成分的粒径分级破碎至 5mm 以下，选择下面两种样品形式之一制备二次样品备用。

（1）混合样

混合样应按下列步骤制备：

1）应严格按照生活垃圾样品物理组成的干基比例（根据式（5）的计算结果），将粒径为 5mm 以下的各种成分混合均匀；

2）按照 5.2.3 的方法缩分至 500g；

3）研磨仪将其粒径研磨至 0.5mm 以下。

（2）合成样

合成样应按下列步骤制备：

1）用研磨仪将烘干后的粒径为 5mm 以下的各种成分的粒径分别研磨至 0.5mm 以下；

2）按照 5.2.3 的方法将各成分分别缩分至 100g 后装瓶备用；

3）按照生活垃圾样品物理组成的干基比例（根据式（5）的计算结果），配制测定用合成样，合成样的重量（$M_{样}$）可根据测定项目所用仪器要求确定，各种成分的重量（M_i）按式（1）计算，称重结果精确至 0.000 5g。

$$M_i' = \frac{M \times C_i'}{100} \tag{1}$$

式中：M_i'——某成分干重，g；

M——样品重量，g；

C_i'——某成分干基含量，%；

i——各成分序数。

5.2.3 缩分

将需要缩分的样品（见 5.2.2 的（1）或（2））放在清洁、平整、不吸水的板面上，堆成圆锥体，用小铲将样品自圆锥顶端落下，使其均匀地沿锥尖散落，不可使圆锥中心错位。反复转堆，至少转三周，使其充分混匀，用十字样板自上压下，将锥体分成四等份，按图 1 所示，取任意两个对角的等份，重复上述操作数次，直到减至 100g 左右为止，并将其保存在瓶中备用。

瓶上应贴有标签，注明样品名称（或编号）、成分名称、采样地点、采样人、制样人、制样时间等信息。

5.2.4 样品制备注意事项

应防止样品产生任何化学变化或受到污染，在粉碎样品时，确实难全部破碎的生活垃圾可预先剔除，在其余部分破碎缩分后，按缩分比例将剔除生活垃圾部分破碎加入样品中，不可随意丢弃难以破碎的成分。

5.3 二次样品保存

二次样品应在阴凉干燥处保存；保存期为 3 个月，保存期内若吸水受潮，则应在 105℃±5℃的条件下烘干至恒重后，才能用于测定。

6 样品测定

6.1 容重

通过称量固定体积容器内生活垃圾重量，计算生活垃圾容重。

6.1.1 容器法

（1）设备

磅秤：最小分度值 100g；

垃圾桶：材质采用高密度聚乙烯，尺寸见表 7。

表 7 生活垃圾桶尺寸

名称	规格	
有效容积/L	120	240
生活垃圾桶宽度（l）/mm	470＜l＜490	570＜l＜610
生活垃圾桶高度（h）/mm	900＜h＜1 000	1 000＜h＜1 100

（2）测定步骤

1）称量空生活垃圾桶重量。

2）将所采集的样品放入生活垃圾桶[见 6.1.1 的（a）]，振动 3 次，不应压实。

3）称量样品重量。

（3）计算

生活垃圾容重应按式（2）计算：

$$d=\frac{1000}{m}\sum_{j=1}^{m}\frac{M_j-M}{V} \quad （2）$$

式中：d——生活垃圾容重，kg/m^3；

m——重复测定次数；

j——重复测定序次；

M——生活垃圾桶重量，kg；

M_j——每次称量重量（包括容器重量），kg；

V——生活垃圾桶容积，L。

计算结果以 3 位有效数字表示。

6.1.2 集装箱法

（1）设备

地磅：满足称重要求；

卷尺：最大测量长度 10m。

（2）步骤

1）分别对满载、空载的集装式生活垃圾车进行称重。

2）测量计算集装箱有效装载容积。

3）对来自同一生活垃圾产生源的集装式生活垃圾车重复上述操作。

（3）计算

生活垃圾容重应按式（3）计算：

$$d=\frac{1}{m}\sum_{i=1}^{m}\frac{M_{i1}-M_{i2}}{V_i} \quad (3)$$

式中：d——容重，kg/m^3；

m——车数；

i——车序次；

M_{i1}——每车满载重量（包括车重），kg；

M_{i2}——每车空载重量，kg；

V_i——集装箱有效装载容积，m^3。

计算结果以 3 位有效数字表示。

6.2 物理组成

采样后应立即进行物理组成分析，否则，必须将样品摊铺在室内避风阴凉干净的铺有防渗塑胶的水泥地面，厚度不超过 50mm，并防止样品损失和其他物质的混入，保存期不超过 24h。

6.2.1 设备

分样筛：孔径为 10mm 的分样筛；

磅秤：最小分度值 50g；

台秤：最小分度值 5g。

6.2.2 步骤

①称量生活垃圾样品总重。

②按照表 8 的类别分捡生活垃圾样品中各成分。

③将粗分捡后剩余的样品充分过筛（孔径 10mm），筛上物细分捡各成分，筛下物按其主要成分分类，确实分类困难的归为混合类。

④对于生活垃圾中由多种材料制成的物品，易判定成分种类并可拆解者，应将其分割

拆解后，依其材质归入表 8 中相应类别；对于不易判定及分割、拆解困难的复合物品可依据下列原则处理：

——直接将复合物品归入与其主要材质相符的类别中。

——按表 8 进行分类，根据物品重量，并目测其各类组成比例，分别计入各自的类别中。

⑤根据测定目的决定是否将上述组分进行细分。像塑类细分参见附录 A。

⑥分别称量各成分重量。

表 8 生活垃圾物理组成分类一览表

序号	类别	说明
1	厨余类	各种动、植物类食品（包括各种水果）的残余物
2	纸类	各种废弃的纸张及纸制品
3	橡塑类	各种废弃的塑料、橡胶、皮革制品
4	纺织类	各种废弃的布类（包括化纤布）、棉花等纺织品
5	木竹类	各种废弃的木竹制品及花木
6	灰土类	炉灰、灰砂、尘土等
7	砖瓦陶瓷类	各种废弃的砖、瓦、瓷、石块、水泥块等块状制品
8	玻璃类	各种废弃的玻璃、玻璃制品
9	金属类	各种废弃的金属、金属制品（不包括各种纽扣电池）
10	其他	各种废弃的电池、油漆、杀虫剂等
11	混合类	粒径小于 10mm 的、按上述分类比较困难的混合物

6.2.3 计算

生活垃圾物理组成按式（4）、式（5）计算：

$$C_i = \frac{M_i}{M} \times 100 \tag{4}$$

$$C_i' = C_i \times \frac{100 - C_{i(w)}}{100 - C_{(w)}} \tag{5}$$

式中：C_i——某成分湿基含量，%；

M_i——某成分湿基重量，kg；

M——样品总重，kg；

C_i'——某成分干基含量（见 6.3.3），%；

$C_{i(w)}$——某成分含水率（见 6.3.3），%；

$C_{(w)}$——样品含水率，%。

计算结果保留两位小数。

6.3 含水率

生活垃圾的含水率测定应在测定物理组成后 24h 内完成。

6.3.1 设备

电热鼓风恒温干燥箱：最高使用温度 200℃，控温精度±1℃；

搪瓷托盘；

塑料容器：可耐 150℃以上，易清洗；

金属容器：耐腐蚀，易清洗；

天平：感量 0.1g；

台秤：最小分度值 5g；

干燥器：干燥剂为变色硅胶。

6.3.2 步骤

①将样品的各种成分分别放在干燥的容器内，置于电热鼓风恒温干燥箱内，在 105℃±5℃的条件下烘 4～8h（厨余类生活垃圾可适当延长烘干时间），待冷却 0.5h 后称重。

②重复烘 1～2h，冷却 0.5h 后再称重，直至两次称量之差小于样品量的百分之一。妥善保存烘干后的各种成分，用于生活垃圾其他项目的测定。

6.3.3 计算

含水率应按式（6）、式（7）计算：

$$C_{i(w)}=\frac{M_i-M_i'}{M_i}\times 100 \tag{6}$$

$$C_{(w)}=\sum_{i=1}^{n}C_{i(w)}\times\frac{C_i}{100} \tag{7}$$

式中：$C_{i(w)}$——某成分含水率，%；

$C_{(w)}$——样品含水率，%；

C_i——某成分湿基含量，%；

M_i——某成分湿重，kg 或 g；

M_i'——某成分干重，kg 或 g；

i——各成分序数；

n——成分数。

计算结果保留两位小数。

6.4 可燃分、灰分

6.4.1 设备

电热鼓风恒温干燥箱：最高使用温度 200℃，控温精度±1℃；

马弗炉：最高使用温度 850℃；

天平：感量为 0.000 1g 的分析天平；

坩埚：容积在 100ml 以上；

坩埚钳、耐热石棉网、干燥器等。

6.4.2 步骤

①准确称取 5g±0.1g（精确至 0.000 1g）二次样品[见 5.2.2 的（1）或（2）]，放入已在 815℃±5℃的条件下烘干至恒重的坩埚中。

②将坩埚放入马弗炉中，在 30min 内将炉温缓慢升到 300℃，保持 30min；再将炉温升到 815℃±10℃，在此温度下灼烧 3h。

③停止灼烧，待温度降至 300℃左右时，将坩埚取出放在石棉网上，盖上盖，在空气中冷却 5min，然后将坩埚放入干燥器，冷却至室温即可称重。

④重复灼烧 20min，冷却至室温后称重，两次称重相差小于 0.000 5g。

6.4.3 计算

①按式（8）计算灰分。

$$C'_{\mathrm{H}} = \frac{M_{\mathrm{H}}}{M} \times 100 \qquad (8)$$

②按式（9）计算可燃物。

$$C'_{\mathrm{K}} = 100 - C'_{\mathrm{H}} \qquad (9)$$

③按式（10）、式（11）换算可燃物（湿基）、灰分（湿基）含量：

$$C_{\mathrm{K}} = C'_{\mathrm{K}} \times \frac{100 - C_{(w)}}{100} \qquad (10)$$

$$C_{\mathrm{H}} = 100 - C_{\mathrm{K}} - C_{(w)} \qquad (11)$$

式中：C'_{H}——干基灰分含量，%；

C'_{K}——干基可燃物含量，%；

M_{H}——样品灰分重量，g；

M——样品重量，g；

C_{K}——可燃物（湿基）含量，%；

C_{H}——灰分（湿基）含量，%。

计算结果保留两位小数。

6.5 热值

6.5.1 仪器

氧弹式量热仪：测温准确度大于 0.002K；

分析天平：感量为 0.000 1g。

6.5.2 步骤

根据生活垃圾的具体情况及测定要求选择二次样品形式[见 5.2.2 的（1）或（2）]。

按照 GB 213 和量热仪操作手册测定样品的热值，根据量热计的测定量程确定样品重量，样品重量精确至 0.000 1g，每个样品重复测定 2～3 次。

6.5.3 计算

氧弹量热仪直接测定的热值可近似作为样品干基高位热值，并按式（12）、式（13）、式（14）换算成湿基高位热值和湿基低位热值：

$$Q_{(\mathrm{h})} = \frac{1}{m} \sum_{j=1}^{m} Q'_{j(\mathrm{h})} \times \frac{100 - C_{(w)}}{100} \qquad (12)$$

$$H' = \sum_{i=1}^{n} \left[H'_i \times \frac{C'_i}{100} \right] \qquad (13)$$

$$Q_{(\mathrm{l})} = Q_{(\mathrm{h})} - 24.4 \times \left[C_{(w)} + 9H' \times \frac{100 - C_{(w)}}{100} \right] \qquad (14)$$

式中：$Q'_{j(\mathrm{h})}$——干基高位热值，kJ/kg;

$Q_{(\mathrm{h})}$——湿基高位热值，kJ/kg;

$Q_{(\mathrm{l})}$——湿基低位热值，kJ/kg;

H'——干基氢元素含量，%；

$C_{(w)}$——样品含水率，%；

C_i'——某成分干基百分含量（见 6.3.3），%；

j——重复测定序数；

m——重复测定次数；

i——各成分序数；

24.4——水的凝缩热常数，kJ/kg。

计算结果保留四位有效数字。

注：在无法测定氢含量时，可参见附录 B 中表 B.1，由各成分氢含量计算出样品氢含量，并参与样品湿基低位热值的计算。

6.6 化学分析

根据测定要求选择二次样品[见 5.2.2 的（1）或（2）]，按表 9 的项目和方法进行测定。

表 9 生活垃圾化学分析项目和方法

序号	项目	分析方法
1	有机质	CJ/T 96 灼烧法
2	总铬	CJ/T 97 二苯碳酰二阱比色法
3	汞	CJ/T 98 冷原子吸收分光光度法
4	pH	CJ/T 99 玻璃电极法
5	镉	CJ/T 100 原子吸收分光光度法
6	铅	CJ/T 101 原子吸收分光光度法
7	砷	CJ/T 102 二乙基二硫代氨基甲酸银分光光度法
8	全氮	CJ/T 103 半微量开氏法
9	全磷	CJ/T 104 偏钼酸铵分光光度法
10	全钾	CJ/T 105 火焰光度法

附录 A（资料性附录）

常见塑料鉴别方法

A.1　表 A.1、表 A.2 中给出了各种塑料品种的鉴别方法。

A.2　表 A.1 所示的各种塑料物理性质及燃烧特征用于鉴别塑料品种。

表 A.1　塑料燃烧特征鉴别表

塑料名称	燃烧难易	离火后情况	火焰状态	样品状态	燃烧气味	能否拉丝	常见制品
聚氯乙烯	难燃	离火即灭	火焰黄白色，根部发绿色，并有浓烟	有软化和膨胀现象但局部呈焦糊状	氯化氢刺激性气味	能	薄膜、床单、雨衣、凉鞋鞋底、文具、电线皮、化工管、建筑材料等
聚乙烯	易燃	继续燃烧	火焰蓝色，上端黄色	融化时有蜡状物质滴落	有石蜡气味	能	育秧薄膜包装袋、化工容器、日用品等
聚丙烯	易燃	继续燃烧	火焰蓝色，上端黄色，并有少量黑烟	膨胀并有油质滴落	有石蜡气味	能	纤维、薄膜、录音带、无线电器材、包装袋、绳等
聚苯乙烯	易燃	继续燃烧	火焰橙黄色，冒浓黑烟，并有絮状物上升	软化，但无油质滴落	有刺激性气味	能	仪表、收音机壳、日用品、玩具等
改性聚苯乙烯 ABS（共聚物）	易燃	继续燃烧	燃烧时冒黑烟	软化，烧焦	有刺激性气味	能	机械零件、各种仪表外壳等
有机玻璃	易燃	继续燃烧	火焰蓝白色，无烟	起泡，并有响声，但无胶质滴落	有水果香味	不能	仪表、仪器元件外壳、汽车、飞机玻璃、一般日用装饰品等
醋酸纤维	不易燃	缓慢熄灭	火焰黄白色，并有浅绿色底边，冒黑烟	燃烧时起泡，软化后有胶质滴落	有辣酸味	能	X 光片、电影片、绘图用具、笔杆、密纹唱片、电筒等
硝酸纤维	急燃	继续燃烧	火焰黄色，冒浓黑烟	很快烧光	有樟脑气味	不能	乒乓球、儿童文具、皂盒、文具等
聚四氟乙烯	在 300℃以下无法燃烧	—	—	在火焰上时冒黄烟	气体有剧毒	不能	阀座、阀叶、轴承等
尼龙（聚酰胺）	缓燃	缓灭	火焰蓝色，上端黄色	有油质滴落	有烧鸡毛气味	能	齿轮、轴承、电讯机件
聚酯塑料（的确良）	可燃	—	火焰黄色，有黑烟	有油质滴落	芳香气甜味	能	纤维、薄膜、绝缘材料等
聚碳酸酯	难燃	不久即灭	火焰黄色，有浓黑烟，火焰发爆有响声	烧后呈炭束，较硬	略带酸味异香味	能	齿轮、涡轮、滑轮、凸轮、叶轮轴承、阀门仪表、仪器零件等
聚甲醛	易燃	继续燃烧	火焰蓝色，似磷火，点燃后不易吹灭	软化，有胶质滴落	有刺激眼睛和呼吸道异臭气味	能	轴承、管材、凸轮、阀门、配电盘等
酚醛塑料	不燃	—	—	与火焰接融部分炭化	有苯酚臭味	不能	绝缘材料等
醛塑料	不燃	—	—	与火焰接融部变黑色	尿臭味	不能	瓶盖、纽扣盘、盒、机电配件等

A.3　表 A.2 所示的塑料物理性质及燃烧现象用于鉴别容易混淆的塑料品种

表 A.2　几组容易混淆的塑料品种鉴别表

组	种类＼特征	相同点	不同点：物理现象	不同点：燃烧现象
1	聚氯乙烯	软聚氯乙烯与聚乙烯制品色泽都很鲜艳，表面硬度低、耐曲挠，拗折不易断，质地柔软，尤其是薄膜制品最易混淆	软聚氯乙烯有伸缩性，用力拉伸后，能恢复原状	不易燃烧，离火即灭，有黑烟，火焰底部有绿色区域，产生刺鼻的氯化氢气味
	聚乙烯		聚乙烯无伸缩性，拉伸后不能恢复原状，有蜡状感	燃烧时火焰呈蓝色，无自灭性，无烟，有胶质滴落，其形状和气味都像石蜡
2	硬聚氯乙烯	制品表面硬度都比较大，断面粗糙，特别以耐酸碱管、槽形式出现的制品和瓶盖零件极易混淆	以蓝、白、灰色居多，体轻	燃烧时与聚氯乙烯相同
	酚醛塑料（电木）		以黑、棕、红等深色居多，体重	火烧不燃，制品仍保持原状，火烤炭化部分有苯酚气味
3	聚苯乙烯	制品色泽一般都比较鲜艳，呈透明到不透明的各种色度，又多见于生活用品中的杯、盘、碗、碟、皂盒、烟盒、玩具、瓶盖、零件等	制品表面硬度大，能断不能弯，断口呈银光，性硬易碎，轻掷有钢声	燃烧时发出浓烟，软化触熔成褐色稀液体，产生刺激性香味，能拉丝
	硝酸纤维塑料（赛璐珞）		制品表面硬度稍次，脆而易裂，轻掷无钢声，断口色暗，日久变黄	燃烧火势大，有黄色火焰，产生樟脑气味，无胶质滴落，只留下炭化网状纤维灰烬
	脲醛塑料（电玉）		制品表面硬度低于聚苯乙烯，性硬稍有韧性，断口较粗，轻掷无钢声	火烧不燃，制品仍保持原状，火烤炭化部分有尿臭味
4	高压聚乙烯	具有相同的蜡状表面，外观及燃烧现象，显示一般聚乙烯的共同特征	具有很好的表面光泽，性柔韧，以薄膜制品居多	在 108～110℃下熔化
	低压聚乙烯		缺乏表面光泽，硬度高于高压聚乙烯，以管状制品居多	在 120～139℃下熔化
5	尼龙刨花	二者同为半透明体状刨花	丝长、柔软、强度大、不易扯断，色泽略带黄色	燃烧现象同尼龙特征
	有机玻璃刨花		丝短、易碎，手搓捏后成粉末状，以白色居多	燃烧现象同有机玻璃特征
6	聚对苯二甲酸乙二酯薄膜（涤纶薄膜）	白色或无色而透明，手捏时发出很响的声音，三者外形特征极易混淆	强度高、牢度大，手撕不易撕烂，吸水率低，遇水后保持原状，不卷缩	燃烧无自灭性，产生金盏花香味，有黑烟，有胶质下滴，周围呈现白圈，冷却后很硬
	粘胶薄膜（玻璃纸）		牢度低，手撕容易撕烂，吸水率高，遇水后立即卷缩	易燃烧，黄火无烟，产生焦纸气味，有少量黑灰
	聚苯乙烯薄膜		牢度低，手撕容易撕烂，吸水率低，遇水后不卷缩	燃烧无自灭性，有浓烟，有胶质滴落，能拉丝，产生金盏花香味

附录 B（资料性附录）

生活垃圾热值的计算

B.1 在无量热仪的条件下可选用公式（B.1）进行近似计算。

$$Q_{(\mathrm{h})}=\sum_{i=1}^{n}\left[Q'_{i(\mathrm{h})}\times\frac{C'_i}{100}\times\frac{100-C_{i(w)}}{100}\right] \qquad (\mathrm{B.1})$$

式中：$Q'_{i(\mathrm{h})}$——生活垃圾中某种成分的干基高位热值，参见表 B.1，kJ/kg。

B.2 根据式（14）计算样品湿基低位热值，参见表 B.1。

表 B.1 生活垃圾热值及氢含量一览表

生活垃圾成分	干基高位热值/（kJ/kg）	干基氢含量/%
塑料	32 570	7.2
橡胶	23 260	10.0
木竹	18 610	6.0
纺织物	17 450	6.6
纸类	16 600	6.0
灰土 砖陶	6 980	3.0
厨余	4 650	6.4
铁金属	700	—
玻璃	140	—

中华人民共和国行业标准

生活垃圾转运站评价标准

Standard for assessment on municipal solid waste transfer station

CJJ/T 156—2010

前言

根据住房和城乡建设部《关于印发〈2008年工程建设标准制订、修订计划（第一批）〉的通知》（建标[2008]102号）的要求，标准编制组经广泛调查研究，认真总结实践经验，并在广泛征求意见的基础上，制订本标准。

本标准的主要技术内容是：1. 总则；2. 评价内容；3. 评价方法；4. 评价等级。

本标准由住房和城乡建设部负责管理，由华中科技大学负责具体技术内容的解释。执行过程中如有意见与建议，请寄送华中科技大学（地址：武汉市武昌珞瑜路1037号，邮政编码：430074）。

本标准主编单位：华中科技大学

本标准参编单位：海沃机械（扬州）有限公司
上海市浦东新区环境监测站
上海中荷环保有限公司
武汉华曦科技发展有限公司
上海环境卫生工程设计院
深圳市龙澄高科技环保有限公司

本标准主要起草人员：陈海滨 谈 浩 周靖承 张来辉 张 涉 夏越青 汪俊时 吴标彪 张后亮 张 黎 陆卫平 谭和平 刘利人 陆晓春 顾庆龙 钟 凯 左 钢 杨新海 张德华

本标准主要审查人员：吴文伟 冯其林 陶 华 朱青山 赵东平 张 范 于 铭 盛金良 戴新征

1 总 则

1.0.1 为规范生活垃圾转运站（以下简称垃圾转运站）的建设和运行管理，评价垃圾转运站的生产运行状况、污染控制和节能减排情况，提高我国生活垃圾（简称垃圾）中转运输环节的技术水平，制定本标准。

1.0.2 本标准适用于新建及改扩建的大、中型（Ⅰ类、Ⅱ类、Ⅲ类）和小型（Ⅳ类、Ⅴ类）

的垃圾转运站评价。

1.0.3 待评价的新建垃圾转运站的正常运行时间：大、中型垃圾转运站不应低于 12 个月；小型垃圾转运站不应低于 6 个月；改扩建的各类垃圾转运站其正常运行时间不应低于 6 个月。

1.0.4 对垃圾转运站进行评价时，除应执行本标准的规定外，尚应符合国家现行有关标准的规定。

2 评价内容

2.0.1 垃圾转运站的评价应包括下列内容。

（1）工程建设评价；

（2）生产运行评价；

（3）污染控制与节能减排评价；

（4）总体印象评价。

2.0.2 垃圾转运站评价内容的权重分配应符合下列规定：

（1）大、中型（含Ⅰ类、Ⅱ类、Ⅲ类）垃圾转运站应对工程建设、生产运行现状、污染控制与节能减排、总体印象按照 30%、30%、30%、10%的分值权重进行评价；

（2）小型（含Ⅳ类、Ⅴ类）垃圾转运站应对工程建设、生产运行现状、污染控制与节能减排、总体印象按照 25%、25%、25%、25%的分值权重进行评价。

2.0.3 垃圾转运站工程建设评价应符合下列规定：

（1）大、中型垃圾转运站评价内容应包括：选址、转运工艺与建设规模、建设用地、主体工程设施、配套工程设施、生产管理与生活服务设施、转运车间作业系统、污染控制设备与设施配置、雨污分流；

（2）小型垃圾转运站评价内容应包括：选址、转运工艺与建设规模、建设用地、主体工程设施、配套工程设施、转运车间作业系统、污染控制设备配置。

2.0.4 垃圾转运站生产运行现状的评价应符合下列规定：

（1）大、中型垃圾转运站评价内容应包括：技术资料及存档、称重计量作业、收集和运输作业、站内卸装料、压实、装车等转运作业、站区清理消杀、运行管理、设备维护、应急处置；

（2）小型垃圾转运站评价内容应包括：收集和运输作业、站内卸装料、压实、装车等转运作业、站区清理消杀、运行管理、应急处置。

2.0.5 垃圾转运站污染控制与节能减排的评价应符合下列规定：

（1）大、中型垃圾转运站的评价内容应包括：通风降尘与除臭、隔声降噪、运输途中二次污染控制、污水处理、节能减排、环境检测；

（2）小型垃圾转运站的评价内容应包括：站内污染控制、运输途中二次污染控制、污水处理、节能减排、环境检测。

2.0.6 垃圾转运站总体印象的评价应符合下列规定：

（1）大、中型垃圾转运站评价内容应包括：劳动安全与卫生管理、信息反馈、主观印象；

（2）小型垃圾转运站评价内容应包括：劳动安全与卫生管理、技术资料及存档、信息反馈、主观印象。

3 评价方法

3.0.1 垃圾转运站的评价应采用资料评价与现场评价相结合的评价方法。

3.0.2 被评价的垃圾转运站应提供下列文件：

（1）环境卫生规划及其批复；

（2）项目建议书及其批复；

（3）可行性研究报告及其批复；

（4）环境影响评价报告及其批复；

（5）工程地质勘察报告；

（6）设计文件、图纸及设计变更资料；

（7）施工记录和竣工验收资料；

（8）运行管理资料（垃圾量日、月、年记录；燃油料消耗记录；车辆和设备运行维护记录；事故及其处理记录；消杀记录；管理手册等）；

（9）环境监测与检测报告；

（10）特许经营协议或委托经营合同；

（11）其他反映建设与运行管理水平的资料。

注：1．大型转运站应至少提供第1～9项文件；

2．中型转运站应至少提供第1～4、6～9项文件；

3．小型转运站应至少提供第1～2、6～9项文件及其相关的主要建设期技术资料。

3.0.3 垃圾转运站的评价指标体系，应划分为关键指标和一般指标二类：

（1）关键指标决定级别，应具有优先否决性，垃圾转运站评价关键指标项目应为：选址、转运工艺与建设规模、运行管理、应急处置、节能减排、环境检测。

其中，环境检测项目与检测频率，应按照本标准附录A的要求执行。

（2）一般指标应为按照内容和权重分配而设置的评分项目。

3.0.4 大、中型垃圾转运站的评分项目、内容和分值应符合表3.0.4的规定。

表3.0.4 大、中型（Ⅰ类、Ⅱ类、Ⅲ类）垃圾转运站评价表

<table>
<tr><th>评价类别</th><th>评价子项序号</th><th>评价子项</th><th>子项权重（%）</th><th>子项评价内容</th><th>子项分值范围</th><th>子项实际得分</th><th>备注</th></tr>
<tr><td rowspan="6">A工程建设
30分</td><td rowspan="2">1</td><td rowspan="2">选址*</td><td rowspan="2">3</td><td>选址符合标准要求，服务范围合理</td><td>2～3</td><td rowspan="2"></td><td rowspan="2"></td></tr>
<tr><td>选址不符合标准要求，服务范围不符实际需求</td><td>0～1</td></tr>
<tr><td rowspan="2">2</td><td rowspan="2">转运工艺与建设规模*</td><td rowspan="2">4</td><td>建设规模合理，垃圾转运为封闭式、压缩工艺、技术选进，满足近中期需求，兼顾长远发展</td><td>3～4</td><td rowspan="2"></td><td rowspan="2"></td></tr>
<tr><td>建设规模不合理，垃圾转运工艺落后，甚至是淘汰工艺</td><td>0～2</td></tr>
<tr><td rowspan="2">3</td><td rowspan="2">建设用地</td><td rowspan="2">4</td><td>转运站建设用地、建筑面积、绿地率、防护距离等指标均满足标准规定；站区布局合理</td><td>3～4</td><td rowspan="2"></td><td rowspan="2">用地面积不应低于工程建设标准值的70%</td></tr>
<tr><td>用地指标未能满足标准规定；站区布局不合理</td><td>0～2</td></tr>
</table>

评价类别	评价子项序号	评价子项	子项权重（%）	子项评价内容	子项分值范围	子项实际得分	备注
A工程建设 30分	4	主体工程设施	5	主体工程设施齐备，工艺技术合理，符合相关标准的要求	3～5		
				主体工程设施不齐备，工艺技术有较大缺陷，不符合相关标准的要求	0～2		
	5	配套工程设施	3	配套工程设施齐备，符合垃圾转运站建设标准的要求	2～3		
				配套工程设施不符合垃圾转运站建设标准的要求	0～1		
	6	生产管理与生活服务设施	2	站内生产管理与生活服务设施完善，符合标准，或方便借用周边条件	1～2		若借用站外设施，需考察其容量及便利性
				站内无生产管理和生活服务设施，周边无借用条件	0～1		
	7	转运车间作业系统	4	设备模块化、自动化水平高；具有封闭卸料、压实（压缩）、装箱启运等功能，各接口连接配合好；液压设备连接牢固、工作可靠；配置2个及以上作业单元	3～4		
				设备通用化程度低、型号、规格混乱，无填装压实；仅有1个作业单元	0～2		
	8	污染控制设备与设施配置	3	污染控制设备、设施配置齐全，符合标准要求	2～3		
				污染控制设备设施配置欠缺，设备、设施利用率低，未达到标准要求	0～1		
	9	雨污分流	2	具有雨污分流设施和功能	1～2		
				无雨污分流设施和功能	0		
B生产运行 30分	10	技术资料及存档	3	转运量、进站车辆、设备运行、维修等技术资料档案齐全、规范	2～3		
				转运量、进站车辆、设备运行、维修等资料不齐全、归档不规范	0～1		
	11	称重计量作业	4	有称重及自动计量记录，进站物料记录资料完整	3～4		
				无称重及自动计量记录，进站物料人工记录资料不完整	0～2		
	12	收集和运输作业	4	转运车辆型号规格统一，底盘和箱体配套，箱体与压缩或压实填装设备对接良好，车型及载重量合理，作业效率高，运输过程中封闭性好，易于维护；收运车辆线路顺畅无误，收集、运输车辆排队等待时间较短	3～4		
				箱体与压缩或压实填装设备对接较差，作业效率低下，运输过程中封闭性差，转运车辆车型及载重量均不合要求；收运车辆线路混乱，排队等待现象严重，无法顺利完成垃圾转运作业	0～2		
	13	站内转运作业	5	垃圾卸车、压实（压缩）、装车过程规范，工作效率高，能够有效应对垃圾转运高峰和紧急状况；仅生活垃圾进入	4～5		
				垃圾卸车、装车过程不规范，现场较混乱，无压实（压缩）功能；无法应对垃圾转运高峰和紧急状况，垃圾易积压、堵塞；有其他垃圾混入，未及时处理	0～3		

评价类别	评价子项序号	评价子项	子项权重(%)	子项评价内容	子项分值范围	子项实际得分	备注
B 生产运行 30分	14	站区清理消杀	4	进站垃圾均当日清运完毕，不堆积过夜；消杀(蚊、蝇、鼠等)措施有效，每日作业完毕及时冲洗站区地面	3～4		
				缺乏或无消杀措施，站内垃圾堆积过夜，未能每日冲洗站区地面	0～2		
	15	运行管理*	5	中控系统管理控制得当、调配有效；有运行作业手册及设备操作维护保养手册，规章制度和岗位职责明确、健全，实施到位；场内标识齐全、规范	4～5		
				未设置中控系统；规章制度、岗位职责不明确、不健全；标识不齐全、不规范	0～3		
	16	设备维护	3	备件充足，定期进行设备维护，无设备损坏事故，有详细点检、维修记录	2～3		
				未能及时有效维护设备，出现设备损坏事故，无点检、维修记录，影响作业	0～1		
	17	应急处置*	2	具备有效的应急预案和应急处置设施设备	1～2		
				无任何应急处置预案或措施	0		
C 污染控制与节能减排 30分	18	通风降尘与除臭	8	通风、降尘、除臭设备连续稳定运行，污染控制效果好；作业车间有全面的污染控制	6～8		检测因子包括：除尘、臭气浓度、TSP(总悬浮颗粒物)、H_2S
				设备闲置未能运行，未采取通风、降尘除臭措施或有措施但实际效果差	0～5		
	19	隔声降噪	3	站区边界按标准设置绿化隔离带；作业区有降噪设备或措施，控制得当；有权威检测报告	2～3		检测因子包括：厂界噪声、作业区噪声
				未设置绿化隔离带；无隔声降噪控制措施	0～1		
	20	运输途中二次污染控制	4	转运车辆在运输垃圾过程中无“跑、冒、滴、漏”现象，无二次污染	3～4		
				未采取措施，转运车辆在运输垃圾过程中存在“跑、冒、滴、漏”现象	0～2		
	21	污水处理	4	污水处理后出水检测数据达标或进入城市污水厂处理，有权威监测报告或环保部门批文	3～4		检测项目包括：pH、化学需氧量、五日生化需氧量、总悬浮物、总磷、总氮和氨氮
				污水处理后出水检测未达标次数点总检测次数的比例占20%以上，或污水未经处理直接外排	0～2		
	22	节能减排*	3	有节能减排要求与措施。垃圾转运作业按垃圾量负荷分班次、时段作业，作业过程中对照明、油泵、冲洗水、机电设备、环保设备等有节约能耗、减少废料排放措施，效果较好，吨垃圾转运能耗指标低于国内平均水平	2～3		
				无节约能耗、减少废料排放措施，存在资源浪费现象	0～1		

评价类别	评价子项序号	评价子项	子项权重（%）	子项评价内容	子项分值范围	子项实际得分	备注
C污染控制与节能减排30分	23	环境检测*	8	环境检测综合评价达标率≥90%，有权威部门检测报告	6～8		环境检测项目详见附录A
				环境检测综合评价达标率60%～90%，有权威部门检测报告	3～5		
				环境检测综合评价达标率＜60%，有权威部门检测报告	0～2		
D总体印象10分	24	劳动安全与卫生管理	3	安全制度完善，劳动防护保障全面有效；达到卫生作业条件，未发生安全、卫生事故	2～3		
				未执行安全制度，无必要的劳动防护保障措施；曾发生过安全、卫生事故	0～1		
	25	信息反馈	3	投诉问题轻微、年度信访现象无	2～3		
				年度信访＞3次，投诉严重	0～1		
	26	主观印象	4	现场感官印象好	3～4		评估专家现场判断
				现场感官印象差	0～2		

注：1. 雨污分流——转运站内汇水面积内的雨水与转运车间垃圾污水液、冲洗水分流的方法和措施。

2. 日产日清——生活垃圾运站内作业应保证垃圾不存留过夜，当天完成实际的垃圾转运量。

3. 站区消杀——垃圾转运站内进行的杀灭蚊虫、苍蝇、老鼠等有害动物和昆虫的过程和措施。

4. 降尘除臭——转运站内主体作业设施（转运车间）出于环境保护目的而进行的作业，包括运用设备来除尘降尘、通风除臭、喷洒药剂等。

5. 二次污染控制——对生活垃圾在转运站内卸料、填装、起运作业过程，以及在站外运输过程中，造成的垃圾撒落、污水溢漏、粉尘、臭气、噪声等污染现象的控制。站内喷洒除臭剂只算简单的二次污染控制措施。

6. 技术资料及存档——包括建设期技术文件和运行期垃圾转运量的日、月、年统计量，水电、油料的水泵量，设备、车辆运行维护记录，环保、安全事故（事件）及其他相关事件记录或资料汇总。

7. 子项实际得分——应参照“子项评价内容”的要求和对应的“子项分值范围”，给予客观的评分、评分值取整数值。

8. 扣分及处罚——发现技术资料存在缺损、涂改甚至作假现象时，应给予总分扣除5分以上直至取消参评资格的处罚。

9. *表示关键指标。

3.0.5　小型垃圾转运站的评分项目、内容和分值应符合表3.0.5的规定。

表3.0.5　小型（Ⅳ类、Ⅴ类）垃圾转运站评价表

评价类别	评价子项序号	评价子项	子项权重（%）	子项评价内容	子项分值范围	子项实际得分	备注
A工程建设25分	1	选址*	3	选址符合标准要求，服务范围合理	2～3		
				选址不符合标准要求，服务范围不符实际需求	0～1		
	2	转运工艺与建设规模*	3	转运工艺适用；建设规模合理，实际转运量误差为±20%以内	2～3		
				建设规模不合理，垃圾实际转运量误差大于±40%	0～1		
	3	建设用地	3	转运站建设用地、建筑面积、绿地率、防护距离等指标均满足标准规定；站区布局合理	2～3		用地面积不应低于工程建设标准值的70%
				用地指标未能满足标准规定；站区布局不合理	0～1		
	4	主体工程设施	4	主体工程设施齐备，工艺技术合理，符合相关标准的要求	3～4		
				主体工程设施不齐备，工艺技术有较大缺陷，不符合相关标准的要求	0～2		

评价类别	评价子项序号	评价子项	子项权重（%）	子项评价内容	子项分值范围	子项实际得分	备注
A工程建设 25分	5	配套工程设施	3	配套工程设施齐备，符合垃圾转运站建设标准的要求	2～3		
				无配套工程设施，或无兼具相关辅助功能的措施	0～1		
	6	转运车间作业系统	5	设备模块化、自动化水平高，互换性好，具有封闭卸料、填装压实（压缩）、装箱启运等功能，各接口连接配合好；液压设备连接牢固、工作可靠；配置2个及以上作业单元	4～5		
				设备通用化程度低、型号混乱、规格落后，严重影响垃圾转运；仅有1个作业单元	0～3		
	7	污染控制设备与设施配置	4	污染控制设备、设施配置齐全，符合标准要求	3～4		
				污染控制设备、设施配置欠缺，设备、设施利用率低，未达到标准要求	0～2		
B生产运行 25分	8	收集和运输作业	8	转运车辆型号和载重量满足转运作业要求，密闭运输，车况良好	6～8		
				转运车辆型号规格混乱，载重量低于功能需求，非密闭运输	0～5		
	9	站内转运作业	5	垃圾卸车、压实（压缩）、装车过程规范，工作效率高，能够有效应对垃圾转运高峰和紧急状况；仅生活垃圾进入	4～5		
				垃圾卸车、装车过程不规范，现场较混乱，无压实（压缩）功能；无法应对垃圾转运高峰和紧急状况，垃圾易积压、堵塞；有其他垃圾混入，未及时处理	0～3		
	10	站区清理消杀	5	进站垃圾均能做到当日清运完毕，不堆积过夜；消杀（蚊、蝇、鼠等）措施有效，每日作业完毕及时冲洗站区地面	4～5		
				缺乏或无消杀措施，站内垃圾堆积过夜，未能每日冲洗站区地面	0～3		
	11	运行管理*	5	专人管理，有运行作业手册及设备操作维护保养手册，规章制度和岗位职责明确、健全，实施到位；场内标识齐全、规范	4～5		
				规章制度、岗位职责不明确、不健全；标识不齐全、不规范	0～3		
	12	应急处置*	2	具备有效的应急处置预案或措施	1～2		
				无任何应急处置预案或措施	0		
C污染控制与节能减排 25分	13	站内污染控制	6	降噪、通风、降尘、除臭等污染控制效果好，站内进行全面污染控制	5～6		
				环保设备无或未运行，污染严重	0～4		
	14	运输途中二次污染控制	6	转运车辆在运输垃圾过程中无“跑、冒、滴、漏”现象，无二次污染	5～6		
				未采取措施，转运车辆在运输垃圾过程中存在“跑、冒、滴、漏”现象	0～4		
	15	污水处理	4	垃圾污水经许可（有批文）接入市政管网或集中外运处理，无污水渗漏现象	3～4		检测项目包括：pH、化学需氧量、五日生化需氧量、总悬浮物、总磷、总氮和氨氮
				垃圾污水未经许可（无批文）或未经处理直接外排	0～2		

评价类别	评价子项序号	评价子项	子项权重（%）	子项评价内容	子项分值范围	子项实际得分	备注
C污染控制与节能减排 25分	16	节能减排*	3	有节能减排要求与措施。垃圾转运作业按垃圾量负荷分班次、时段作业，作业过程中对照明、油泵、冲洗水、机电设备、环保设备等有节约能耗及减少废料排放措施，效果较好；吨垃圾转运能耗指标低于国内平均水平	2～3		
				无节约能耗、减少废料排放措施，存在资源浪费现象	0～1		
	17	环境检测*	6	环境检测综合评价达标率≥90%，有权威部门检测报告	5～6		环境检测项目详见附录A
				环境检测综合评价达标率 60%～90%，有权威部门检测报告	3～4		
				环境检测综合评价达标率＜60%，有权威部门检测报告	0～2		
D总体印象 25分	18	劳动安全与卫生管理	5	安全制度完善，劳动防护保障全面有效；达到卫生作业条件，未发生安全、卫生事故	5～6		
				未执行安全制度，无必要的劳动防护保障措施；曾发生过安全、卫生事故	0～4		
	19	技术资料及存档	2	技术档案齐全、规范	2		
				资料不齐全、不规范	0～1		
	20	信息反馈	3	投诉问题轻微、年度信访现象无	2～3		
				年度信访＞3 次，投诉严重	0～1		
	21	主观印象	15	现场感官印象好	10～15		评估专家现场判断
				现场感官印象一般	5～9		
				现场感官印象差	0～4		

注：1. 雨污分流——转运站内汇水面积内的雨水与转运车间垃圾污水液、冲洗水分流的方法和措施。

2. 日产日清——生活垃圾运站内作业应保证垃圾不存留过夜，当天完成实际的垃圾转运量。

3. 站区消杀——垃圾转运站内进行的杀灭蚊虫、苍蝇、老鼠等有害动物和昆虫的过程和措施。

4. 降尘除臭——转运站内主体作业设施（转运车间）出于环境保护目的而进行的作业，包括运用设备来除尘降尘、通风除臭、喷洒药剂等。

5. 二次污染控制——对生活垃圾在转运站内卸料、填装、起运作业过程，以及在站外运输过程中，造成的垃圾撒落、污水溢漏、粉尘、臭气、噪声等污染现象的控制。站内喷洒除臭剂只算简单的二次污染控制措施。

6. 技术资料及存档——包括建设期技术文件和运行期垃圾转运量的日、月、年统计量，水电、油料的水泵量，设备、车辆运行维护记录，环保、安全事故（事件）及其他相关事件记录或资料汇总。

7. 子项实际得分——应参照“子项评价内容”的要求和对应的“子项分值范围”，给予客观的评分，评分值取整数值。

8. 扣分及处罚——发现技术资料存在缺损、涂改甚至作假现象时，应给予总分扣除 5 分以上直至取消参评资格的处罚。

9. *表示关键指标。

3.0.6 评价分值计算方法应按照下列公式计算：

$$M_G=\sum M_i \quad (3.0.6\text{-}1)$$

$$M_C=\sum M_{i*} \quad (3.0.6\text{-}2)$$

式中：M_G——垃圾转运站评价总分值，为全部子项得分值之和；

M_C——垃圾转运站关键指标综合评分值，为各关键指标的子项得分值之和；

M_i——垃圾转运站评价子项分值；

M_{i*}——垃圾转运站关键指标的子项分值。

3.0.7 垃圾转运站评价应采用实际得分制进行，并应符合下列规定：

（1）大、中型垃圾转运站各子项的实际得分可按本标准表 3.0.4 取值，小型垃圾转运站各子项的实际得分可按本标准表 3.0.5 取值，评分分值均取整数值；

（2）当提供的资料或现场考察无法判断某项的水平时，该子项得分值可为 0 分。

4 评价等级

4.0.1 垃圾转运站评价对应的等级划分应符合下列规定：

（1）大、中型垃圾转运站评价等级划分为 5 个等级：AAA 级、AA 级、A 级、B 级、C 级；

（2）小型垃圾转运站评价等级划分为 3 个等级：A 级、B 级、C 级。

4.0.2 垃圾转运站评价等级应根据评价总分值 M_G 确定，且应符合下列规定：

（1）大、中型垃圾转运站评价总得分及对应等级应符合表 4.0.2-1 的规定；

表 4.0.2-1 大、中型（Ⅰ类、Ⅱ类、Ⅲ类）垃圾转运站评价等级及分值

转运站等级	AAA 级	AA 级	A 级	B 级	C 级
评价总分值 M_G	$M_G \geqslant 95$	$90 \leqslant M_G < 95$	$80 \leqslant M_G < 90$	$60 \leqslant M_G < 80$	$M_G < 60$
关键指标综合评分值 M_C	$M_C \geqslant 22$	$18 \leqslant M_C < 22$	$14 \leqslant M_C < 18$	$10 \leqslant M_C < 14$	$M_C < 10$

（2）小型垃圾转运站评价总得分及对应等级应符合表 4.0.2-2 的规定；

表 4.0.2-2 小型垃圾转运站（Ⅳ类、Ⅴ类）评价等级及分值

转运站等级	A 级	B 级	C 级
评价总分值 M_G	$M_G \geqslant 85$	$60 \leqslant M_G < 85$	$M_G < 60$
关键指标综合评分值 M_C	$M_C > 16$	$10 \leqslant M_C \leqslant 16$	$M_C < 10$

（3）评价总分值 M_G 达到某一等级，关键指标综合评分值 M_C 不低于表 4.0.2-1 或表 4.0.2-2 中该等级对应规定分值的，应按照评价总分值 M_G 所在对应等级确定垃圾转运站的最终评价等级；评价总分值 M_G 达到某一等级，但关键指标综合评分值 M_C 达不到表 4.0.2-1 或表 4.0.2-2 中该等级对应规定分值的，应按照比总分值 M_G 所在对应等级降低一个级别来确定垃圾转运站的最终评价等级。

4.0.3 垃圾转运站评价等级应符合下列规定：

A 级以上（含 A 级）：设施、设备配置齐备，运行正常，环保达标。若评价总分值和关键指标综合评分值符合本标准第 4.0.2 条的规定，可评为 A 级、AA 级或 AAA 级；

B 级：设施、设备基本齐备，运行正常，有一定的污染控制措施且效果明显；

C 级：设施、设备不齐备，不能持续正常运行，无污染控制措施或措施严重不当，污染明显。

4.0.4 垃圾转运系统设施合格率应按照下式计算：

$$a = \frac{m_1 + 0.80 m_2}{m_G} \times 100\% \tag{4.0.4}$$

式中：a——垃圾转运系统设施合格率，%；

m_1——全部被评价垃圾转运站中，A 级及以上级别垃圾转运站的合计垃圾转运量（t/d）；

m_2——全部被评价垃圾转运站中，B 级垃圾转运站的合计垃圾转运量，t/d；

m_G——全部被评价垃圾转运站的垃圾总转运量，t/d。

附录 A

生活垃圾转运站环境检测项目与频率

表 A 生活垃圾转运站环境检测项目与频率

设施类别	检测项目	检测频率
臭气、粉尘	总悬浮颗粒物、可吸入颗粒物、硫化氢、氨、臭气浓度	大型、中型站每季度一次； 小型站每年至少一次，不定期检测
噪声	作业区噪声、厂界噪声	大型、中型站每季度一次； 小型站每年至少一次，不定期检测
污水处理	pH、化学需氧量、五日生化需氧量、总悬浮物、总磷、总氮和氨氮	大型、中型站每季度一次
污水排放	pH、化学需氧量、五日生化需氧量、总悬浮物、总磷、总氮和氨氮	大型、中型站每季度一次； 小型站每年至少一次，不定期检测

注：1 小型站一般只对“污水排放”进行检测，因其主要是垃圾污水和场地冲洗水混合。

2 大型、中型站有污水处理设施则需对垃圾污水进行检测；无污水处理设施，但有接入市政管网或送到城市污水处理厂处理的批文或证明，可免除对垃圾污水的检测，并视作合格。

中华人民共和国行业标准

生活垃圾转运站工程项目建设标准

建标 117—2009

前言

《生活垃圾转运站工程项目建设标准》是根据原建设部《关于印发〈二〇〇四年工程项目建设标准、投资估算指标、建设项目评价方法与参数编制项目计划〉的通知》（建标函[2005]19 号），由华中科技大学等单位负责编制而成。

在编制过程中，编制组对我国生活垃圾转运站建设和运营情况进行了深入调查研究，认真总结了经验，在借鉴国外有关做法和经验，考虑适应国内当前和今后一段时期需要的基础上，遵循艰苦奋斗、勤俭建国的方针，在满足功能和安全的前提下，严格执行我国资源能源节约、生态环境保护的各项法规和政策。征求意见稿完成后，广泛征求有关部门、单位及专家的意见，多次召开讨论座谈会，最后召开审查、复审会，会同有关部门审查定稿。

本建设标准共分九章：总则、建设规模与项目构成、选址与总图布置、主体工程、配套工程、环境保护与劳动保护、建筑标准与建设用地、运营管理与劳动定员、主要技术经济指标。

本建设标准对政府投资的生活垃圾转运站工程必须严格执行。在实施过程中，请各单位注意总结经验，积累资料，如发现需要修改和补充之处，请将意见和有关资料寄华中科技大学环境科学与工程学院（地址：武汉市珞喻路 1037 号华中科技大学东校区；邮政编码：430074），以便今后修订时参考。

主编单位：华中科技大学

参编单位：城市建设研究院
广西玉柴专用汽车有限公司
上海中荷环保有限公司
珠海经济特区联谊机电工程有限公司
海沃机械（扬州）有限公司
中国城市环境卫生协会
上海绿环机械有限公司
武汉华曦科技发展有限公司
五洲工程设计研究院

主要参编人员：陈海滨　陶　华　徐文龙　邓　成　黄　宁　周治荣　张来辉

谈　浩　汪俊时　魏正康　王敬民　秦建宁　沈　磊　朱建军
张后亮　陈恩富　田永汉　章　程　万迎峰

第一章　总　则

第一条　为贯彻落实科学发展观、促进经济社会和环境保护的协调发展，实现生活垃圾处理的减量化、资源化和无害化，提高生活垃圾转运站工程项目（以下简称“转运站”）的决策和规划建设水平，合理确定建设标准，充分发挥投资效益，制定本建设标准。

第二条　本建设标准是项目决策和合理确定项目建设水平的全国统一标准，是审批、核准转运站项目的重要依据，也是有关部门审查工程项目初步设计和监督检查整个建设过程的依据。

第三条　本建设标准适用于新建转运站。改建、扩建项目参照执行。

第四条　转运站的建设必须遵守国家有关的法律、法规，贯彻执行环境保护、节约土地、劳动保护、安全卫生和节能等有关规定。

第五条　转运站的建设水平应以本地区的经济社会发展水平和自然条件为基础，按不同建设规模合理确定，做到技术先进、经济合理、安全卫生、保护环境。

第六条　转运站的建设应在城市（城镇）总体规划和环境卫生专项（专业）规划的指导下，统筹规划，近、远期结合，以近期为主。转运站的建设数量、规模、布局和选址应进行技术、经济、社会和环境保护论证，综合比选。新建项目应与垃圾收运及处理系统相协调，改建、扩建工程应充分利用原有设施。

第七条　转运站的建设应采用成熟、适用的先进技术、工艺、材料和设备，应结合国情，遵照以下原则，并经充分的技术、经济、社会和环境保护论证后合理确定：

一、有利于推进垃圾转运设备的国产化。

二、有利于提高转运站的工艺技术水平，促进我国环境卫生事业的发展。

三、引进国外的技术和装备，必须满足先进、成熟、可靠的基本条件。

四、引进国外先进技术设备必须进行细致的技术经济论证。

第八条　转运站的建设应坚持专业化协作和社会化服务相结合的原则，合理确定配套工程项目，提高运营管理水平，降低运营成本。

第九条　转运站的建设应落实工程建设资金和土地、道路、交通、供电、给排水、通信等建设条件。

第十条　转运站的建设除应执行本建设标准外，尚应符合国家现行有关经济、参数标准和指标及定额的规定。

第二章　建设规模与项目构成

第十一条　转运站的建设应根据城市的规模与特点，结合城市总体规划、市环境卫生专项（专业）规划，合理确定其数量、规模和项目构成。

第十二条　转运站的建设规模和数量应与生活垃圾收集、处理设施相协调。对于生活垃圾处理设施集中建设且远离城市的地区，可建设大型的转运站对垃圾集中转运；对于生活垃圾处理设施分区建设的城市，可建设满足相应服务区域要求的垃圾转运站。

第十三条　转运站建设规模分类宜符合表 1 的规定。

表 1 生活垃圾转运站建设规模分类

单位：t/d

类型		额定日转运能力
大型	Ⅰ类	1 000～3 000
	Ⅱ类	450～1 000
中型	Ⅲ类	150～450
小型	Ⅳ类	50～150
	Ⅴ类	＜50

注：1. 以上规模类型，Ⅱ、Ⅲ、Ⅳ类额定日处理能力不含上限值，Ⅰ类含上下限值；

2. 建设规模大于 3000t/d 的特大型转运站（除建筑面积和建设用地指标外）参照Ⅰ类转运站有关要求。

第十四条 转运站由主体工程设施、配套工程设施以及生产管理和生活服务设施等构成。具体包括下列内容：

一、主体工程设施主要包括：站房，进出站道路，垃圾集装箱，垃圾计量、装卸料/压缩、垃圾渗沥液及污水处理、除臭、通风、灭虫、自动控制等系统。

二、配套工程设施主要包括：供配电、给排水、机械维修、停车、冲洗、消防、通信、检测及化验等设施。

三、生产管理与生活服务设施主要包括：办公室、值班室、休息室、浴室、宿舍、食堂等设施。

第十五条 大、中型转运站应包含主体工程设施、配套工程设施以及生产管理和生活服务设施。小型转运站以主体工程设施为主，生产管理和生活服务设施应借助周边公共设施。

第三章 选址与总图布置

第一节 选 址

第十六条 转运站选址应符合下列要求：

一、应符合城市总体规划、环境卫生专项（专业）规划以及国家现行有关标准的规定和要求。

二、应按区域统筹、城乡统筹等原则，合理布局。

三、交通便利，易于安排垃圾收集和运输线路。

四、有可靠的电力供应、供水水源及污水排放系统。

五、不宜设在公共设施集中区域和人流、车流集中的地段。

第十七条 具备水路运输条件时，宜设置水路转运站（码头）。

第二节 总图布置

第十八条 转运站的总图布置应该符合转运工艺流程要求，功能区应合理布局、人流物流通畅、作业管理方便。

第十九条 转运站内道路应综合考虑转运规模、运输方式、周边交通状况等因素合理确定。站内转运路线和收集路线宜分开，做到线路清晰明确。

第二十条 转运站应充分利用地形、地貌等自然条件进行合理的工艺布置。

第二十一条 兼有其他功能（如含停车场、修理厂、分选车间等设施）的转运站，应以转运设施与设备为中心进行布置，各项辅助设施应根据使用功能、生产流程、地形及安全因素等合理布局。

第四章　主体工程

第二十二条　转运站主体建（构）筑及配套设施应符合下列要求：

一、转运站主体设施及容器应封闭，严禁建设露天转运站。

二、垃圾转运车间应安装便于启闭的出口（如卷帘闸门等），并设置可关闭的通风口。

三、转运站的建（构）筑应简单、实用，其风格、色调应与周边建筑和环境协调。

第二十三条　垃圾转运工艺应根据垃圾收集、运输、处理的方式及建设规模合理确定。应满足提高机械化和自动化水平、保证安全、改善环境卫生和劳动条件、提高劳动生产效率的要求。

第二十四条　为保证转运站工作的连续性，提高使用寿命，转运站的转运单元不应少于 2 个。

第二十五条　大、中型转运站作业区应符合下列要求：

一、应设置进站垃圾计量设施，大型转运站计量设备必须具有自动记录、统计等功能。

二、应在转运站入口或计量设施处设置车号自动识别系统，并进行垃圾来源、运输单位及车辆型号、规格登记。

三、卸料场地应满足垃圾车顺畅作业的要求。

四、垃圾卸料、转运作业区应配置通风、降尘、除臭等系统。

五、垃圾储存容器应具有良好的防渗和防腐性能，应设置渗滤液收集设施。

六、应设置单独的垃圾收集车和运输车辆抽样检查停车等待区。

第二十六条　转运站应根据其规模、类型配置相应的填装、压实设备。

第二十七条　转运站内各转运单元的配套机械设备，应选用同一型号、规格；同一垃圾转运系统的多个转运站的配套机械设备也应选用同一型号、规格。

第二十八条　转运站机械设备、配套车辆以及垃圾容器、设施等应综合考虑日有效运行时间和高峰期垃圾量进行配置。

第二十九条　转运站的道路工程应符合现行国家标准《厂矿道路设计规范》GBJ 22 的有关要求。站内道路设施应保证各种工作车辆的流畅通行，道路宽度、转弯半径与承载能力等应满足最大转运车辆满载通行的要求。

第五章　配套工程

第三十条　转运站的配套工程应与主体工程相适应。其装备标准应满足转运站正常运行、安全作业和保护环境的要求。改建、扩建工程应充分利用原有的设施。

第三十一条　转运站供电电源应由当地电网供给，供电方式应根据工艺设计要求和服务区具体情况决定，按现行国家标准《供配电系统设计规范》GB 50052 和地方有关法规执行。大、中型转运站供电设施应采用二级负荷并自备电源。

第三十二条　转运站应有可靠的供水水源和完善的供水设施。生活用水、生产用水及其他用水应符合国家现行有关标准的规定。

第三十三条　转运站的排水系统必须实行雨污分流，废水排放应符合国家现行有关标准的规定。

第三十四条 转运站消防设施的设置必须满足站内消防要求，并应符合现行国家标准《建筑设计防火规范》（GB 50016）以及《建筑灭火器配置设计规范》（GB 50140）的有关要求。

第三十五条 转运站应配置必要的通信设施，以保证各生产岗位之间的通信联系和对外通信的需要。

第三十六条 大型转运站应设置相对独立的管理办公设施；中、小型转运站行政办公设施可与站内主体设施合并建设。

第三十七条 转运站应配备监控设备；大型转运站应配备闭路监视系统、交通信号系统及现场控制系统；有条件的可设置中央控制系统，其他类型转运站宜根据实际情况配置。

第三十八条 中、小型转运站可根据需要设置附属式公厕，公厕应与转运设施有效隔离，并满足国家现行有关标准的规定。

第三十九条 大型转运站应设置机修设施，中、小型转运站可根据具体需求酌情设置。

第六章 环境保护与劳动保护

第一节 环境保护

第四十条 转运站环境保护配套设施必须与转运站主体工程设施同时设计、同时建设、同时启用。

第四十一条 转运站应通过合理布置建（构）筑物、设置绿化隔离带、配备污染防治设施和设备等措施，对转运过程产生的二次污染进行有效防治。

第四十二条 转运站应结合垃圾转运单元的工艺特点，强化在卸装垃圾等关键位置的通风、降尘、除臭措施；大型转运站必须设置独立的通风、除臭系统。

第四十三条 配套的转运车辆必须有良好的整体密封性能。

第四十四条 转运作业过程产生的噪声控制应符合现行国家标准《城市区域环境噪声标准》GB 3096 的规定。

第四十五条 转运站应根据所在地区水环境质量要求和污水收集、处理系统等具体条件，确定渗沥液及污水排放、处理措施，并应符合国家现行有关标准及当地环境保护部门的要求。中、小型转运站的渗沥液及污水宜直接排入市政污水管网集中处理。

第二节 劳动保护

第四十六条 转运站的安全卫生措施应符合国家现行标准《工业企业设计卫生标准》（GBZ 1）和《生产过程安全卫生要求总则》（GB 12801）及《关于生产性建设工程项目职业安全卫生监察的暂行规定》（劳字[1988]48 号）的要求。

第四十七条 转运站的卸料平台等重要和危险位置应按现行国家标准《安全标志》（GB 2894）、《安全色》（GB 2893）的要求设立醒目的标牌或标志。

第四十八条 转运站内应提供劳动保护用具、用品和专用设施。

第四十九条 转运站内应做好卫生防疫工作，应采取防虫、灭虫等措施。

第七章 建筑标准与建设用地

第五十条 转运站的建筑标准应贯彻安全实用、经济合理、因地制宜的原则，根据转运站规模、建筑物用途、建筑场地条件等需要而确定，应与周围环境相协调，适应城市发展的需要。

第五十一条 转运站的各类建筑物应根据工艺要求合理设置，其建筑面积指标应按表2执行。

表2 生活垃圾转运站建筑面积 单位：m^2

类型		主体设施	配套设施	生产管理与生活服务设施
大型	Ⅰ类	1 500～3 000	400～600	400～900
	Ⅱ类	1 000～2 000	200～400	200～400
中型	Ⅲ类	400～1 200	100～200	100～200
小型	Ⅳ类	150～400	＜100	＜100
	Ⅴ类	50～200	＜50	＜50

注：1. 同类设施中，规模小者取下限，反之取上限，在此区间规模宜采用插入法进行测算；

2. 生产管理和生活服务设施包括办公室、值班室、休息室、浴室、宿舍、食堂等；

3. 配套设施面积未包括站内道路和停车场；

4. 规模大于3 000 t/d的转运站各项设施建筑面积可参照现行有关标准，并结合工艺条件酌情增加；

5. 小城镇的小型（VI、V类）转运站建筑面积指标可取偏大值，大城市则应取偏小值；

6. 其他功能（分选、加油等）设施建筑面积另计。

第五十二条 转运站的建设用地，应遵循科学合理、节约用地的原则，满足生产、生活、办公的需求，并留有发展的余地。转运站建设用地指标应按表3执行。

表3 生活垃圾转运站建设用地指标 单位：m^2

类型		用地指标
大型	Ⅰ类	≤20 000
	Ⅱ类	15 000～20 000
中型	Ⅲ类	4 000～15 000
小型	Ⅳ类	1 000～4 000
	Ⅴ类	≤1 000

注：1. 建设用地指标含上限值，不含下限值。转运能力大于3 000 t/d的转运站，用地指标可酌情增加；

2. 表内用地只含转运站主体工程设施和第十四条所列配套工程设施及生产、生活服务设施的建设用地，不包括其他功能（如停车场、修理厂、分选车间等）所需用地，否则，应按国家现行相关的标准确定其额外用地指标；

3. 建设规模大的取上限，规模小的取下限，中间规模应采用内插法确定；

4. 小城镇的V类转运站建设用地指标可取偏大值，大城市则应取偏小值；

5. 对于邻近江河、湖泊、海洋和大型水面的生活垃圾转运码头，其陆上转运站用地指标可适当上浮。

第五十三条 转运站行政办公及生活服务设施用地不得超过总用地面积的5%～8%。

第五十四条 转运站绿地率应为总用地面积的20%～30%，中型以上（含中型）转运站宜取上限；当地处绿化隔离带区域时，绿地率指标宜取下限。

第八章　运营管理与劳动定员

第五十五条　转运站运营机构的设置应以精干、高效和有利于生产经营为原则，做到分工合理，职责分明。

第五十六条　转运站宜采用一至两班制。

第五十七条　各类转运站的劳动定员应按照定岗定量的原则，根据项目的工艺特点、技术水平、自动控制水平、投资体制、当地社会化服务水平和经营管理的要求，合理确定。各类转运站劳动定员可参照表 4 的标准按需配备。

表 4　转运站劳动定员　单位：人

类型		劳动定员
大型	Ⅰ类	25～60
	Ⅱ类	10～30
中型	Ⅲ类	5～12
小型	Ⅳ类	3～6
	Ⅴ类	2～4

注：1. 劳动定员指主要转运操作和管理人员数量，不含垃圾收集、转运车辆司机；

2. 转运能力大于 3 000t/d 的转运站，劳动定员可酌情增加。

第九章　主要技术经济指标

第五十八条　转运站项目的工程投资应按国家现行的有关规定编制。本章所列技术经济指标，可作为审批、核准项目时的参考依据。若工程建设实际内容随市场价格出现变化，应按照动态管理的原则进行调整、修正。

第五十九条　转运站投资估算指标可按表 5 所列指标控制。

表 5　转运站投资估算指标　单位：万元/（t/d）

类型		投资估算指标
大型	Ⅰ类	4～5
	Ⅱ类	4～5
中型	Ⅲ类	3～5
小型	Ⅳ类	3～4
	Ⅴ类	3～4

注：1. 投资估算含转运车购置费，但不包括收集车购置费；不包括征地费、拆迁费及分选、公厕、景观与厂外工程等其他辅助功能建设投资；

2. 运距远的Ⅲ类转运站投资指标可取偏大值，反之则应取偏小值；

3. 涉及软地基处理、半地下结构等特殊情况的取放大系数 1.10 ~ 1.30；

4. 表中投资估算指标按照 2007 年北京市工料及费率标准计算。

第六十条　转运站建设工期可按表 6 控制。建设工期从破土动工计，至工程竣工验收止，不包括非正常停工。

表 6 转运站建设工期 单位：月

类型		建设工期
大型	Ⅰ类	≤12
	Ⅱ类	≤12
中型	Ⅲ类	≤9
小型	Ⅳ类	≤6
	Ⅴ类	≤3

第六十一条 转运站项目应按国家现行的有关建设项目经济评价方法与参数的规定进行经济评价。

中华人民共和国行业标准

生活垃圾卫生填埋处理工程项目建设标准

建标 124—2009

前 言

《生活垃圾卫生填埋处理工程项目建设标准》是根据原建设部《关于印发〈二○○四年工程项目建设标准、投资估算指标、建设项目评价方法与参数编制项目计划〉的通知》（建标[2005]19 号）的要求，在原《生活垃圾卫生填埋处理工程项目建设标准》（2001 年）的基础上，由城市建设研究院等单位修订而成的。

在修订过程中，编制组贯彻节约土地、环境保护、节约能源、安全生产和国家有关生活垃圾处理行业发展的技术政策，注重推动技术进步和提高投资效益，结合生活垃圾卫生填埋场设备国产化、标准化和系列化的要求，对近几年我国已经完成和正在建设的垃圾卫生填埋处理工程进行了广泛深入的调查研究，总结了生活垃圾卫生填埋处理工程项目建设的实践经验，对收集的资料进行了认真的分析研究；编制组广泛征求了各有关部门、单位及专家的意见，由住房和城乡建设部标准定额研究所组织召开审查会，会同各有关部门审查定稿。

修订后的建设标准共分九章：总则、建设规模与项目构成、选址、填埋场主体工程与设备、配套工程与设备、环境保护与劳动保护、建设用地与建筑标准、运营管理与劳动定员、主要技术经济指标。

本建设标准对政府投资的生活垃圾卫生填埋处理工程项自建设应严格执行。在施行过程中，请各单位注意总结经验，积累资料。如发现需要修改和补充之处，请将意见和有关资料寄城市建设研究院（地址：北京市朝阳区惠新里 3 号，邮政编码：100029），以便今后修订时参考。

主编单位：城市建设研究院

参编单位：华中科技大学

北京市环境卫生设计研究所

青岛市环境卫生科学研究所

北京高能垫衬工程有限公司

上海环境集团

宁波市鄞州区绿州能源有限公司

主要参编人员：徐文龙　王敬民　陈海滨　杨宏毅　刘　涛　吴文伟　徐海云

林　泉　邵　军　翟力新　夏小洪　姚兆祥　甄胜利　康振同

第一章 总 则

第一条 为贯彻落实科学发展观、促进社会经济和环境保护的协调发展，实现生活垃圾处理的无害化、减量化和资源化，加强国家对生活垃圾卫生填埋处理工程项目投资和建设的宏观调控，提高生活垃圾卫生填埋处理工程项目的决策和建设水平，合理确定和正确掌握建设标准，保护环境，推进技术进步，充分发挥投资效益，制定本建设标准。

第二条 本建设标准是为项目决策服务和控制建设水平的全国统一标准，是审批、核准生活垃圾卫生填埋处理工程项目的重要依据；也是监督、检查整个建设过程的尺度。

第三条 本建设标准适用于新建的生活垃圾卫生填埋处理工程项目。改建、扩建工程可参照执行。

第四条 生活垃圾卫生填埋处理工程项目的建设，必须遵守国家有关的法律、法规，贯彻执行环境保护、节约土地、劳动保护、安全卫生和节能等有关规定。

第五条 生活垃圾卫生填埋处理工程项目的建设，应以本地区的经济发展水平和自然条件为基础，并考虑区域经济建设与科学技术的发展，按不同区域、不同建设规模合理确定，做到技术成熟、经济合理、安全可靠。

第六条 生活垃圾卫生填埋处理工程项目的建设，必须遵循城乡统筹、区域统筹的原则，在各省、市（或地区）生活垃圾处理总体规划、环境卫生专业规划、生活垃圾处理专项规划等有关文件的指导下，统筹规划，并应近、远期结合，以近期为主。工程项目的建设规模、布局和选址应进行技术经济和环境论证，综合比选。新建项目应与现有的生活垃圾收运及处理系统相协调，改建、扩建工程应充分利用原有设施。

第七条 生活垃圾卫生填埋处理工程项目的建设，应在不断的总结设计与运行经验和汲取国内外先进技术及科研成果的基础上，充分论证，采用成熟的、适用的、经济合理的技术、工艺、材料和设备，以提高生活垃圾卫生填埋处理工程建设水平。

第八条 生活垃圾卫生填埋处理工程项目的建设，应坚持专业化协作和社会化服务的原则，并考虑合理的配套工程项目，提高运营管理水平，降低运营成本。

第九条 生活垃圾卫生填埋处理工程项目的建设，除执行本建设标准外，尚应符合国家有关经济、参数标准和指标及定额的规定。

第二章 建设规模与项目构成

第十条 生活垃圾卫生填埋处理工程项目的主体工程是生活垃圾卫生填埋场（以下简称“填埋场”）。填埋场的建设应根据各地区的特点，结合环境卫生专业规划，合理确定填埋场建设规模并完善配套工程。中、小城市应进行区域性规划，集中建设填埋场。

第十一条 填埋场的建设规模，应根据服务区域入口、生活垃圾产生量，考虑发展等因素综合确定。填埋场建设规模分类见表 1。

表 1　填埋场建设规模分类

类型	日填埋量（t/d）
Ⅰ类	1 200 以上
Ⅱ类	500～1 200
Ⅲ类	200～500
Ⅳ类	200 以下

注：以上规模分类含下限值不含上限值。

第十二条　填埋场的合理使用年限，应在 10 年以上，特殊情况下不应低于 8 年。填埋库区应一次性规划设计、分期建设，分期建设库容及相应的使用年限应根据填埋量、场址条件综合确定。

第十三条　填埋场建设项目由填埋场主体工程与设备、配套工程和生产管理与辅助设施及生活服务设施等构成。具体包括下列内容：

一、填埋场主体工程与设备包括：场区道路，场地平整，防渗工程，坝体工程，洪雨水及地下水导排，渗沥液收集处理和排放，填埋气体导出及收集处理或利用，水土保持，计量设施，绿化隔离带，防飞散设施，封场工程，环境污染控制与环境监测设施，填埋作业机械设备等。

二、配套工程主要包括：进场道路（码头）、机械维修、供配电、给排水、消防、通信、冲洗和洒水、备料场、应急等设施。

三、生产管理与辅助设施主要包括办公用房、地磅房及门房、锅炉房、仓库等；生活服务设施主要包括职工宿舍、食堂、浴室等。

第三章　选　址

第十四条　填埋场的选址，应符合区域性环境规划、环境卫生设施建设规划和当地的城市规划及相关规划，以及现行国家标准规范的规定。

第十五条　填埋场选址，应综合考虑地理位置、地形、地貌、工程与水文地质、地质灾害等条件对周围环境、工程建设投资、运行成本和运输费用的影响，经过多方案比选后确定。

第十六条　填埋场选址应符合下列要求：

一、环境保护的要求；

二、应充分利用天然地形，以增大填埋库区容量，使用年限应达到相关要求；

三、交通方便，运距合理；

四、征地费用较低，施工较方便；

五、人口密度较低、土地利用价值较低；

六、位于夏季主导风下风向，具体环境保护距离应根据环境影响评价报告结论确定；

七、远离水源，尽量设在地下水流向的下游地区；

八、相关的标准和规范对场址所做出的要求。

选址应按下列步骤进行：

一、场址初选。根据区域总体规划、区域地形和工程与水文地质、实地踏勘确定 3 个或 3 个以上的候选场址。

二、场址推荐。对候选场址进行初勘，并通过对场地的地形、地貌、工程与水文地质、植被、水文、气象、供电、给排水、交通运输、覆盖土源和人口分布等对比分析，并征求当地政府和民众意见，推荐 2 个或 2 个以上的预选场址。

三、场址确定。对预选场址进行技术、经济、社会和环境的综合比较，推荐拟定场址，对拟定场址进行地形图测量、详细勘察和初步工艺方案设计，完成环境影响评价报告、选址报告或可行性研究报告，通过审查确定场址。

第四章　填埋场主体工程与设备

第一节　填埋场主体工程

第十七条　填埋场场底基础应符合国家现行标准《生活垃圾卫生填埋技术规范》（CJJ 17）的要求，并应具有足够的承载能力和一定的纵横坡度。

第十八条　填埋场场底必须进行防渗处理。场址的自然条件符合国家现行标准《生活垃圾卫生填埋技术规范》（CJJ 17）的要求，可采用天然黏土防渗方式；不具备天然防渗条件的，应采用人工防渗措施。防渗系统结构应根据《生活垃圾卫生填埋场防渗系统工程技术规范》（CJJ 113）的要求并结合当地实际情况确定。

第十九条　填埋场底部应铺设渗沥液收集和导排系统，并且宜设置长久有效的疏通设施。渗沥液收集和导排系统包括导流层、导流盲沟、渗沥液收集导排管道、集水井、泵房等，盲沟和管道应以一定坡度坡向集水井。渗沥液收集导排系统必须能耐渗沥液的腐蚀。

第二十条　填埋场应设渗沥液调节池，调节池应有足够容量，其容量应按《生活垃圾卫生填埋技术规范》（CJJ 17）设计，并应作封闭处理。渗沥液处理设施的建设应按照现行国家标准《生活垃圾填埋场污染控制标准》（GB 16889）相关内容执行。

第二十一条　填埋场应设置独立的雨水及地下水导排系统。雨水导排系统应满足雨污分流、场外汇水和场内未作业区域的汇水直接排放的要求，尽量减少雨水侵入垃圾堆体，其排水能力应按照 50 年一遇、100 年校核设计。地下水导排系统应做到及时排导，防止地下水对地基和防渗系统产生不良影响，其排水能力应与地下水产生量相匹配。

第二十二条　填埋场的防洪标准应按照不小于 50 年一遇洪水位考虑，遵循《生活垃圾填埋场污染控制标准》（GB 16889）、《防洪标准》（GB 50201）和《城市防洪工程设计规范》（CJJ 50）以及相关标准的技术要求，并和环境影响评价结论相符。

第二十三条　填埋场场内的运输道路根据其功能、使用年限和交通运输量分为主要道路和辅助道路、临时性道路和永久性道路，均应满足填埋作业、维护、管理、生活和其他辅助工作的要求。

道路设计标准应满足交通量、车载负荷及使用年限要求。场内永久性道路应符合现行国家标准《厂矿道路设计规范》（GBJ 22）的要求，其他道路应根据使用功能符合有关的国家现行的道路设计规范及标准。

第二十四条　填埋气体的导排、处理和利用措施应根据填埋场库容、建设规模、生活垃圾成分、产气速率、产气量和用途等确定。设计填埋量大于 2.5Mt 且垃圾填埋厚度超过 20m 的填埋场，应建设甲烷利用设施或火炬燃烧设施处理含甲烷填埋气体；小于上述规模的填埋

场，应建设甲烷利用设施或火炬燃烧设施处理含甲烷填埋气体；小于上述规模的填埋场。应采用能够有效减少甲烷产生和排放的填埋工艺或采用火炬燃烧设施处理含甲烷填埋气体。

第二十五条 填埋场填埋作业区周围宜设置防轻质垃圾飞散设施。

第二十六条 填埋场应设置环境监测井。监测井的设置应符合现行国家标准《生活垃圾填埋场污染控制标准》（GB 16889）的要求。

第二十七条 填埋场必须设置计量设施和车辆冲洗设施。

第二十八条 填埋场在作业过程中应进行临时覆盖，终场后应进行封场处理、土地再利用和生态环境恢复，具体内容应符合《生活垃圾卫生填埋场封场技术规程》（CJJ 112）的要求。

第二节 卫生填埋作业

第二十九条 卫生填埋应根据作业计划确定工程相关设备，采用单元作业法进行填埋作业，作业工序为卸车、推铺、压实、覆盖。

第三十条 填埋场作业区应设置和道路相连接的卸车平台。道路和卸车平台应满足运输量和车载量的要求。

第三十一条 填埋作业过程中，随着垃圾堆体高程的变化，应根据需要在相应的高程上设置阶段性的填埋气体和边坡渗沥液导排设施。

填埋气体导排设施宜采用垂直导气和水平导气相结合的系统。

渗沥液导排设施应与边坡导排系统相结合。

第三节 卫生填埋工艺设备

第三十二条 填埋场主要工艺设备应根据日处理垃圾量和作业区、卸车平台的分布情况配备，参照表 2 选用。

表 2 填埋场工艺设备选用表 单位：台

建设规模	推土机	压实机	挖掘机	装载机
Ⅰ类	3～4	2～3	2	2～3
Ⅱ类	2～3	2	2	2
Ⅲ类	1～2	1	1	1～2
Ⅳ类	1～2	1	1	1～2

第三十三条 填埋场覆盖应尽可能使用覆盖土的替代材料。运输车需按覆盖方式、覆盖材料种类、运输距离、垃圾填埋量等配备。

第三十四条 垃圾进场后需要进行二次倒运时，应配备足够的作业机械和运输车辆，并应设置倒运场地。

第五章 配套工程与设备

第三十五条 填埋场的配套工程应与主体工程相适应，其配置标准应以满足填埋场安全作业和有利于环境污染控制为原则。

第三十六条 Ⅰ、Ⅱ、Ⅲ类填埋场应设置环境监测室，配备垃圾、渗沥液、填埋气体、填埋场大气、地表水和地下水等常规指标的化验分析仪器和监测设备。Ⅳ类填埋场可不设置监测室。

第三十七条 填埋场内生产管理、生活服务区与填埋区的距离应符合安全防护要求，生产管理、生活服务区与填埋区中间宜用绿化隔离带隔离，绿化隔离带宽度一般不小于8m。

第三十八条 填埋场供电电源应由当地电网供给，负荷等级应采用二级，全场防雷应按照现行国家标准《建筑物防雷设计规范》（GB 50057）等有关规定设置防雷与接地装置。

第三十九条 填埋场应有可靠的供水水源和完善的供水设施。生活用水水质应符合现行国家标准《生活饮用水卫生标准》（GB 5749）的要求。

第四十条 填埋场消防设施的设置应满足场区消防要求，消防设施应符合国家现行的防火规范《建筑设计防火规范》（GBJ 50016）的规定。

第四十一条 填埋场机械设备维修宜实行社会化服务，在不具备条件的地方，可配备相应的设备维修设施。

第四十二条 填埋场的外部道路工程应符合现行国家标准《厂矿道路设计规范》（GBJ 22）的要求。

第四十三条 填埋场通信设施的设置，应满足各生产岗位之间的通信联络和对外通信的需要；填埋场监控设施宜满足垃圾人口及重要作业区域的需要。

第四十四条 填埋场专用道路两侧应绿化，填埋场周围应设置绿化隔离带，其宽度不小于10m。

第六章 环境保护与劳动保护

第四十五条 填埋场的污染控制应符合现行国家标准《生活垃圾卫生填埋污染控制标准》（GB 16889）的要求。

第四十六条 填埋场污水的排放，应符合环境影响评价报告及批复的标准要求。

应对填埋气体进行定期监测，填埋区严禁设置封闭式的建（构）筑物，建（构）筑物内的甲烷含量严禁超过1.25%（体积百分比），而且必须设有排风系统、灭火系统、自动安全报警系统和防爆措施。

填埋场臭气的控制排放应符合现行国家标准《恶臭污染物排放标准》（GB 14554）的规定。

第四十七条 填埋场环境监测应参照现行国家标准《生活垃圾填埋场环境监测技术要求》（GB/T 18772）定期进行监测和评价，并应配置相应测试设备。

第四十八条 填埋场应有灭蝇、灭鼠、防尘和除臭措施。

第四十九条 填埋场的安全、卫生措施应符合《建设项目（工程）劳动安全卫生监察规定》（劳动部令第3号）、《工业企业设计卫生标准》（GBZ 1）和《生产过程安全卫生要求总则》（GB 12801）等文件和标准的要求。

第五十条 填埋场区内应设立醒目的安全标牌或标记。

第五十一条 填埋场内机电设备所产生的噪声超过现行国家标准《工业企业厂界环境噪声排放标准》（GB 12348）规定时，应采取减震措施或隔声、防噪措施。

第七章 建设用地与建筑标准

第五十二条 填埋场建设的总平面应按照功能分区布置；建设用地应遵守科学合理、节约用地的原则，满足生产、办公、生活的需求。填埋场的总库容应满足其使用寿命 10 年以上的垃圾容量；填埋库区每平方米应填埋 $10m^3$ 以上垃圾。

第五十三条 填埋场建筑标准，应贯彻安全实用、经济合理、因地制宜的原则，根据填埋场规模、服务年限、建筑物用途、建筑场地条件等的需要确定。

第五十四条 填埋场构筑物与附属建筑物应按工艺要求与使用年限，结合当地条件选择相应的结构形式。

第五十五条 填埋场的生产管理与辅助设施、生活服务设施在满足使用功能和安全的条件下宜集中布置。各类填埋场建筑面积指标不宜超过表 3 所列指标。

表 3 填埋场建筑面积指标表 单位：m^2

建设规模	生产管理与辅助设施	生活服务设施
Ⅰ类	850～1 200	450～640
Ⅱ类	750～1 100	380～550
Ⅲ类	650～950	250～440
Ⅳ类	600～850	130～260

注：建设规模大的取上限，建设规模小的取下限。

第八章 运营管理与劳动定员

第五十六条 填埋场运营机构的设置应以精干高效和有利于生产经营为原则，做到分工合理、职责分明。

劳动定员应按照定岗定员的原则，根据项目的工艺特点、技术水平、自动控制水平和经营管理的要求，合理确定。

第五十七条 填埋场工作制度，宜采用一班或二班制。

第五十八条 填埋场劳动定员可分为生产人员、辅助生产人员和管理人员。各类填埋场的劳动定员可参照表 4 选用。辅助生产人员可根据当地的社会化协作条件，逐步由社会化服务系统解决。

表 4 填埋场劳动定员 单位：人

建设规模	劳动定员
Ⅰ类	50～70
Ⅱ类	40～50
Ⅲ类	20～40
Ⅳ类	＜20

注，建设规模大的取上限，建设规模小的取下限。

第九章 主要技术经济指标

第五十九条 填埋场的工程投资估算应按国家现行的有关规定执行。评估或审批项目可行性研究报告的投资估算时，应根据工程实际内容及价格变化的情况，按照动态管理的原则进行调整后使用。

第六十条 填埋场每立方米库容投资估算指标可按照15～30元/m^3控制。建设规模大的可取下限；建设规模小的可取上限；采用双层衬里防渗结构的填埋场可取上限。

第六十一条 各类填埋场建设工期可按表5规定选取。

表5 填埋场建设工期 单位：月

建设规模	施工建设工期
Ⅰ类	12～24
Ⅱ类	12～21
Ⅲ类	9～15
Ⅳ类	≤12

注：1 表中所列工期以破土动工统计，不包括非正常停工。
2 填埋场应分期建设，分期建设的工期宜参照本表确定。

第六十二条 生活垃圾卫生填埋处理工程项目应按国家现行的有关建设项目经济评价方法与参数的规定进行经济评价。

中华人民共和国行业标准

生活垃圾堆肥处理工程项目建设标准

建标 141—2010

前 言

《生活垃圾堆肥处理工程项目建设标准》是根据原建设部《关于印发（二〇〇六年工程项目建设标准、投资估算指标、建设项目评价方法与参数编制项目计划）的通知》（建标函[2006]172 号）的安排，由城市建设研究院等单位在《城市生活垃圾堆肥处理工程项目建设标准》（2001 年版）的基础上修订而成。

在修订过程中，编制组认真贯彻艰苦奋斗、勤俭建国的方针，严格执行我国节能减排、保护生态环境等各项法规和政策，对近几年我国已经完成和正在建设的生活垃圾堆肥处理工程项目开展广泛深入的调查研究，认真总结标准贯彻执行过程中的经验和教训，并积极借鉴国外的成功做法和先进经验，在广泛征求了有关部门、单位及专家意见的基础上形成送审稿，经有关部门审查定稿。

修订后的建设标准共分为八章：总则、建设规模与项目构成、选址与总图布置、工艺与装备、配套工程、环境保护与劳动保护、建筑标准、主要技术经济指标。

政府投资的生活垃圾堆肥处理工程项目应严格执行本建设标准。在施行过程中，请各单位注意总结经验，积累资料，如发现需要修改和补充之处，请将意见和有关资料反馈城市建设研究院（地址：北京市朝阳区惠新里 3 号；邮政编码：100029），以便今后修订时参考。

主编单位：城市建设研究院

参编单位：华中科技大学

烟台市环境卫生管理处

青岛环卫科学研究所

百玛士环保科技有限公司

同济大学

主要起草人：徐文龙 王丽莉 陈海滨 刘景岳 杨宏毅 林 泉 刘庆丽

何品晶 岳欣禹 张 波 王敬民 黄文雄

第一章 总 则

第一条 为促进社会经济和环境保护的协调发展，实现生活垃圾处理的无害化、减量化和资源化，保护环境，加强国家对生活垃圾堆肥处理工程项目投资建设的管理，提高生活垃圾堆肥处理工程项目的决策和建设水平，推进技术进步，充分发挥投资效益，制定本建设标准。

第二条 本建设标准是为项目决策服务和控制项目建设水平的全国统一标准，是审批、核准生活垃圾堆肥处理工程项目的重要依据；也是有关部门审查工程项目初步设计和监督检查工程项目整个建设过程的尺度。

第三条 本建设标准适用于新建生活垃圾堆肥处理工程项目。改扩建工程项目可参照执行。

第四条 生活垃圾堆肥处理工程项目应用于可生物降解的有机垃圾的处理。

第五条 生活垃圾堆肥处理工程项目的建设，必须遵守国家有关法律和法规，贯彻执行国家保护环境、节约土地、劳动保护、安全卫生等有关规定。

第六条 生活垃圾堆肥处理工程项目的建设水平应结合本地区的实际情况，合理确定，做到安全可靠、节能环保、技术成熟、经济合理。

第七条 生活垃圾堆肥处理工程项目的建设，应根据城市总体规划和环境卫生专项规划，统筹兼顾，近远期结合，以近期为主。建设规模、布局和选址应进行技术经济论证和环境影响评价等方面的综合比选。新建工程应与现有的垃圾收运及处理系统相协调，改扩建工程应充分利用原有设备和设施。

第八条 生活垃圾堆肥处理工程项目的建设，应采用成熟适用、安全可靠、节能环保的工艺和设备。对于采用的新技术、新工艺，应经充分的技术经济论证。

第九条 生活垃圾堆肥处理工程项目的建设，应坚持专业化协作和社会化服务的原则，合理确定配套工程项目，提高运营管理水平，降低运营成本。

第十条 生活垃圾堆肥处理工程项目的建设，除执行本建设标准外，尚应符合国家现行有关标准和指标的规定。

第二章 建设规模与项目构成

第十一条 生活垃圾堆肥处理工程项目的建设应根据城市的规模和特点、生活垃圾的产生量及构成、产品的目标市场容量，结合城市总体规划和环境卫生专项规划，合理确定建设规模和项目构成。

第十二条 生活垃圾堆肥处理工程项目的建设规模分类宜符合表1的规定。

表1 生活垃圾堆肥处理工程建设规模分类 单位：t/d

类型	额定日处理能力
Ⅰ类	＞300
Ⅱ类	150～300
Ⅲ类	50～150
Ⅳ类	≤50

注：1. 建设规模按进厂垃圾量计。

2. 建设规模分类Ⅰ、Ⅱ、Ⅲ类额定日处理能力含上限值，不含下限值。

第十三条 生活垃圾堆肥处理工程项目由主体工程设施、配套工程设施以及附属设施等构成。各部分具体设施的设置应根据进入堆肥处理工程的垃圾特性、堆肥处理工艺和规模需要确定。具体包括下列内容：

一、主体工程设施主要包括：称重计量设施、预处理设施、发酵设施、后处理设施、成品堆存设施、除尘除臭设施、渗沥液收集与处理设施等。

1. 称重计量设施：汽车衡及其控制与记录等设备及相应建（构）筑物。

2. 预处理设施：受料、给料、破袋、分选、破碎、输送等机械设备及相应建（构）筑物。

3. 发酵设施：与发酵工艺相配套的布料机、翻堆机、装载机等机械设备及相应建（构）筑物。

4. 后处理设施：对堆肥处理后的物料进行进一步处理所需的精分选、输送、破碎等机械设备及相应建（构）筑物。

5. 成品堆存设施：堆肥产品所需的检验设备及相应建（构）筑物。

二、配套工程设施主要包括：厂内道路、维修、供配电、给排水、消防、通信、采暖、通风、环境监测、安全监控、化验及检验、绿化、油料、药物储存设施和卫生防护等设施。

三、附属设施主要包括：生产管理设施和生活服务设施。

生产管理设施主要包括：行政办公用房、机修车间、计量间、化验室、变配电室和监控室等设施。

生活服务设施主要包括：值班宿舍、食堂、浴室等设施。

第三章　选址与总图布置

第十四条　堆肥处理工程项目的选址应符合下列规定：

一、符合城市总体规划、环境卫生专项规划、环境保护规划以及国家现行有关标准、规范的规定。

二、具备满足工程建设的工程地质条件、水文地质条件和气象条件。

三、统筹考虑服务区域，结合已建或拟建的垃圾处理设施，合理布局，并有利于实现综合处理。

四、综合考虑对周围环境及交通运输的影响，充分利用已有基础设施，并有利于减少工程建设投资。

五、堆肥处理工程项目与居民区的卫生防护距离应按环境影响评价批复执行。

第十五条　堆肥处理工程的总图布置应符合下列规定：

一、符合生产工艺技术要求。

二、按功能分区设置，做到分区合理，人流、物流通畅，作业管理方便。

三、主要生产设施与辅助生产设施应综合考虑地形、风向、使用功能及安全等因素，宜采取相对集中布置。生产区宜与管理区分开布置。

第四章　工艺与装备

第一节　一般规定

第十六条　堆肥处理工程项目的工艺与装备，应根据堆肥处理工程的建设规模、所用工艺与装备的技术条件合理确定，并满足适度提高机械化和自动化水平、保证安全、改善环境卫生和劳动条件、提高劳动生产率的要求。

第十七条 堆肥处理工艺根据物料运动方式，可分为静态堆肥和动态堆肥。

第十八条 堆肥处理工程项目应设置称重计量设施，并对进厂垃圾量、垃圾来源以及运出的残渣、堆肥产品等进行计量记录。

第十九条 堆肥处理工程项目应设置有效的除尘除臭设施，堆肥产生的渗沥液宜回喷。

第二节 预处理

第二十条 堆肥处理工程项目应设置预处理工艺，用以分离可生物降解的有机垃圾和可回收物。

第二十一条 预处理工艺宜采用人工分选和机械分选相结合的方式。预处理机械设备包括垃圾给料与输送、人工和（或）机械分选、破碎等处理设备，其设备数量、规格及配置应符合工艺技术要求。

第二十二条 预处理建（构）筑物应包含垃圾受料区（坑）和机械设备作业区等。预处理建（构）筑物整体上应密闭，关键污染点和臭气源应设局部通风，并应保持工作环境良好。垃圾受料区（坑）大小应根据贮存周期确定，其结构形式应便于进厂车辆卸料及预处理机械设备运行。受料区（坑）应防渗和防腐，并应设垃圾渗沥液导排和通风除臭装置。

第三节 发 酵

第二十三条 采用发酵工艺应符合国家现行有关标准的要求。好氧堆肥应保证堆层各测试点的温度达到 55℃以上，且持续时间不得少于 5 天；或保持在 65℃以上，且持续时间不得少于 4 天，确保达到无害化。

第二十四条 发酵工艺设施类型、结构形式应按工艺技术要求配置，应具有适宜的发酵工艺条件与生产作业环境。

第二十五条 发酵设施应按工艺流程要求设有翻堆设备、监测设备、通风设施、除尘除臭设施和渗沥液收集装置。

第二十六条 发酵设施的进、出料装置应按工艺技术要求配置，对金属构件及设备等应采取相应的防腐蚀措施。

第四节 后处理

第二十七条 后处理工艺的选择应根据产品的用途确定，应以保证产品质量符合国家相关标准、规范的要求为原则。堆肥产品质量应符合城镇垃圾农用控制标准和生活垃圾堆肥处理技术规范的有关规定。

第二十八条 后处理设施应根据工艺设计要求合理配置，其建（构）筑物应具有良好的采光、通风条件和必要的工作通道。

第五节 残渣处置

第二十九条 垃圾预处理和后处理过程中产生的残渣应进行无害化处理。

第五章 配套工程

第三十条 堆肥处理工程项目的配套工程应与主体工程相适应。其配置标准应满足堆肥处理工程全天候安全作业和不污染环境的要求。

第三十一条 供电电源应由当地电网供给，供电负荷等级应为三级，供电方式应根据工艺设计要求、环境特征等因素，按供配电系统设计规范和地方有关法规执行。

第三十二条 堆肥处理工程项目应有可靠的供水水源和完善的供水设施。生活用水水质应符合生活饮用水卫生标准的规定。

第三十三条 厂区排水系统应实行雨污分流，生活污水和生产废水的排放应符合污水综合排放标准的规定。

第三十四条 消防设施的设置应满足厂区消防要求，并应符合建筑设计防火规范及建筑灭火器配置设计规范的有关规定。

第三十五条 堆肥处理工程项目应配套设置常规维修和应急故障维修设施。

第三十六条 堆肥处理工程项目应配备产品检验、化验设备和设施以及成品堆放设施。成品堆放设施贮存周期宜为60～90天。

第三十七条 厂区道路工程应符合厂矿道路设计规范的有关规定。厂内道路设施应保证各种工作车辆的顺畅通行。

第三十八条 厂区通信设施的设置，应保证各生产岗位之间的通信联系和对外通信的需要。

第三十九条 厂区的绿化布置应满足总体布局要求，合理安排绿化用地，绿地率应为20%～30%，并应满足规划部门的批复要求。

第六章 环境保护与劳动保护

第四十条 堆肥处理工程项目的环境保护和劳动保护应符合国家现行有关标准的要求。

第四十一条 堆肥处理工程项目应设置固定监测点，宜配置噪声、粉尘等常规监测设备。

第四十二条 堆肥处理工程项目生产区内应设置除尘、除臭、灭蝇、消杀等设施。氨、硫化氢、甲硫醇和臭气（恶臭浓度）排放应符合恶臭污染物排放标准及工业企业设计卫生标准的有关规定。

第四十三条 厂区噪声控制应符合工业企业厂界噪声标准和工业企业设计卫生标准的规定。

第四十四条 厂区的安全、卫生和劳动保护设施应符合工业企业设计卫生标准及生产过程安全卫生要求总则的规定。

第四十五条 生产区内必须设立安全设施及醒目的安全标识。

第七章 建筑标准

第四十六条 堆肥处理工程项目建筑标准应贯彻安全适用、经济合理、因地制宜的原则，根据项目建设规模、建（构）筑物用途、场地条件等区别对待。

第四十七条 生产管理及生活服务设施在满足使用功能和安全的条件下，宜集中布置。堆肥处理工程项目附属建筑面积指标宜按表2执行。

表 2　堆肥处理工程项目附属建筑面积指标　　单位：m^2

类型	生产管理用房	生活服务设施用房
Ⅰ类	1 200～1 500	400～600
Ⅱ类	800～1 200	200～400
Ⅲ类	500～800	100～200
Ⅳ类	200～500	80～100

注：1. 表中劳动定员多的取上限，劳动定员少的取下限。
2. 好氧静态堆肥取上限，好氧动态堆肥取下限。
3. 建设规模大的取上限，建设规模小的取下限，中间规模可采用内插法确定。
4. Ⅰ类厂可根据实际处理规模酌情增加，但单位处理能力的建筑面积不应大于Ⅰ类堆肥处理工程下限的相应面积。

第八章　主要技术经济指标

第四十八条　堆肥处理工程项目的投资估算应按国家现行有关规定执行。评估或审批项目可行性研究报告的投资估算时，应根据工程实际内容及价格变化情况，按照动态管理的原则进行调整后使用。

第四十九条　堆肥处理工程项目投资估算指标可按表 3 所列指标控制。

表 3　堆肥处理工程项目投资估算指标　　单位：万元/（t/d）

堆肥处理工艺形式	投资估算指标
静态堆肥	10～25
动态堆肥	20～35

注：1. 表中指标不包含产品深加工处理设施投资估算费用。
2. 表中指标不包含残渣处置所需设施投资估算费用。
3. 表中指标不包含征地费、场外道路及外部工程费用。
4. 对于封闭式厂房和机械化自动化水平高的项目取上限。
5. 对于开放式或半封闭式厂房和机械化水平低，直接接收分类收集或分选处理后垃圾的项目取下限。
6. 表中指标不含引进设备及附加费用。
7. 规模小的项目取上限，规模大的项目取下限。

第五十条　堆肥处理工程项目建设工期可按表 4 所列指标控制。

表 4　堆肥处理工程项目建设工期　　单位：月

类型	建设工期
Ⅰ类	14～20
Ⅱ类	12～14
Ⅲ类	10～12
Ⅳ类	8～10

注：表中所列工期从破土动工开始，到工程竣工验收为止，不包括非正常停工时间。

第五十一条　堆肥处理工程项目应按国家现行的有关建设项目经济评价方法与参数的规定进行经济评价。

中华人民共和国行业标准

生活垃圾焚烧处理工程项目建设标准

建标 142—2010

前　言

《生活垃圾焚烧处理工程项目建设标准》是根据原建设部《关于印发〈二〇〇六年工程项目建设标准、投资估算指标、建设项目评价方法与参数编制项目计划〉的通知》（建标函[2006]172 号）的安排，由城市建设研究院等单位共同编制完成。

在编制过程中，编制组认真贯彻艰苦奋斗、勤俭建国的方针，严格执行我国节能减排、保护生态环境等各项法规和政策，对近几年我国已经完成和正在建设的生活垃圾焚烧处理工程项目开展广泛深入的调查研究，认真总结实践经验，并积极借鉴国外有关建设情况。征求意见稿完成后，广泛征求了有关部门、单位及专家的意见，经多次修改后完成送审稿，由住房和城乡建设部标准定额研究所组织召开审查会，会同有关部门审查定稿。

本建设标准共分为九章：总则、建设规模与项目构成、选址与总图布置、工艺与装备、配套工程、环境保护与劳动保护、建筑标准与建设用地、运营管理与劳动定员、主要技术经济指标。

本建设标准对政府投资的生活垃圾焚烧处理工程建设应严格执行。在实施过程中，请各单位注意总结经验，积累资料，如发现需要修改和补充之处，请将意见和有关资料寄城市建设研究院（地址：北京市朝阳区惠新里 3 号；邮政编码：100029），以便今后修订时参考。

主编单位：城市建设研究院

参编单位：杭州新世纪能源环保工程股份有限公司
　　　　　中国科学院工程热物理研究所
　　　　　伟明集团有限公司
　　　　　光大环保工程技术有限公司
　　　　　五洲工程设计研究院

主要起草人：徐文龙　徐海云　滕　清　白良成　郑世伟　郭祥信　王敬民
　　　　　　杨宏毅　陈海英　康振同　卜亚明　王　柯　卞　俊　淮秀兰
　　　　　　项光明　陈　革　钱晓东　朱福刚　张志武

第一章 总 则

第一条 为促进社会经济和环境保护的协调发展，实现生活垃圾的无害化、减量化和资源化处理，保护环境，推动技术进步，充分发挥投资效益，加强国家对建设项目投资和建设的管理，提高生活垃圾焚烧处理工程项目的决策和建设水平，制定本建设标准。

第二条 本建设标准是为项目决策服务和控制项目建设水平的全国统一标准，是审批、核准生活垃圾焚烧处理工程项目的重要依据，也是有关部门审查工程项目初步设计和监督检查工程项目整个建设过程建设标准的尺度。

第三条 本建设标准适用于新建生活垃圾焚烧处理工程项目，改、扩建工程项目可参照执行。

第四条 生活垃圾焚烧处理工程项目的建设，必须遵守国家有关的法律、法规，执行国家环境保护、节约土地、节约能源、劳动保护、安全卫生、消防等有关方面的规定。

第五条 生活垃圾焚烧处理工程项目的建设水平，应以本地区的经济水平为基础，并考虑城市经济建设和科学技术的发展，按不同城市合理确定，做到技术先进、经济合理、安全可靠、节能减排。

第六条 生活垃圾焚烧处理工程项目的建设规模，应根据城镇总体规划和环境卫生专项规划，统筹考虑，近、远期结合，以近期为主。建设规模和厂址选址应进行技术经济论证和环境影响评价，综合比选。新建项目应与垃圾收运及处理系统相协调，改、扩建工程应充分利用原有设施。

第七条 生活垃圾焚烧处理工程项目的建设，应采用成熟可靠的技术、工艺和设备；应逐步提高生活垃圾焚烧处理工程项目的技术设备国产化率；对于需要引进的先进技术和关键设备，应以提高项目的综合效益、推动技术进步为原则，在充分的技术经济论证的基础上合理确定。

第八条 生活垃圾焚烧处理工程项目的建设，应坚持专业化协作和社会化服务的原则，合理确定配套工程项目，提高运营管理水平，降低运营成本。

第九条 生活垃圾焚烧处理工程项目的建设，应对焚烧垃圾产生的热能加以有效利用，因地制宜考虑炉渣综合利用。

第十条 生活垃圾焚烧处理工程项目的建设，应落实工程建设资金和土地、道路、供电、给排水、交通、通信等建设条件；并采取有效措施确保工程建成后能及时正常运行。

第十一条 生活垃圾焚烧处理工程项目的建设，除应符合本建设标准外，尚应符合国家现行有关经济、参数标准和指标及定额的规定。

第二章 建设规模与项目构成

第十二条 生活垃圾焚烧处理工程项目的主体是生活垃圾焚烧厂（以下简称“焚烧厂”），焚烧厂的建设，应根据城镇的规模与特点、经济发展水平，合理确定建设规模和建设数量。焚烧厂建设规模及数量应满足城镇总体规划和环境卫生专项规划的要求。中小城镇集中的地区宜进行区域性规划，集中建设焚烧厂。

第十三条 焚烧厂的建设规模，应根据焚烧厂服务范围的垃圾产生量、成分特点以及变化趋势等因素综合确定；应根据处理规模合理确定焚烧线数量和单条焚烧线的处理能力，并应根据服务范围垃圾产生量的变化趋势、城镇环卫规划、资金计划等因素考虑是否分期建设。焚烧厂建设规模分类与焚烧线数量宜符合表 1 的规定

表 1　建设规模分类与焚烧线数量

类型	额定日处理能力/（t/d）	焚烧线数量/条
特大类	2 000 以上	≥3
I 类	1 200～2 000	2～4
II 类	600～1 200	2～3
III类	150～600	1～3

注：1. Ⅰ类中单条焚烧线的处理能力不应小于 400t/d:

2. Ⅱ类中单条焚烧线的处理能力不应小于 200t/d;

3. Ⅲ类中单条焚烧线的处理能力不应小于 100t/d;

4. 额定日处理能力分类中，Ⅰ、Ⅱ、Ⅲ类含下限值，不含上限值;

5. 对于分期建设的项目，应按照项目批准的处理规模来界定焚烧厂类型。

第十四条　焚烧厂建设项目由焚烧厂主体工程、配套工程、生产管理与生活服务设施构成。具体包括下列内容：

一、焚烧主体工程主要包括：

1. 受料及供料系统：包括垃圾计量、卸料、储存、给料、除臭、预处理等设施。

2. 焚烧系统：包括垃圾进料、焚烧、燃烧空气、空气预热器、启动点火及辅助燃烧等设施。

3. 烟气净化系统：包括气态污染物、颗粒物、重金属及残余有机物去除及排放等设施。

4. 余热利用系统：包括余热锅炉、发电或供热等设施。

5. 灰渣处理系统：包括炉渣处理系统与飞灰处理系统。其中：炉渣处理系统主要包括出渣、冷却、输送、储存和除铁等设施。

飞灰处理系统主要包括飞灰收集、输送、稳定化处理等设施。

6. 仪表与自动化控制系统。

二、配套工程主要包括：总图运输、供配电、给排水、污水处理、消防、通信、暖通空调、机械维修、监测化验、计量、车辆冲洗等设施。

三、生产管理与生活服务设施主要包括：办公用房、食堂、浴室、值班宿舍、公众监督与环保教育用房等设施。

第三章　选址与总图布置

第十五条　焚烧厂的厂址选择应符合下列要求：

一、焚烧厂的选址，应符合城镇总体规划、环境卫生专项规划以及国家现行有关标准的规定。

二、应具备满足工程建设的工程地质条件和水文地质条件。

三、不受洪水、潮水或内涝的威胁。受条件限制，必须建在受威胁区时，应有可靠的防洪、排涝措施。

四、宜靠近服务区，运输距离应经济合理。与服务区之间应有良好的交通运输条件。

五、应充分考虑焚烧产生的炉渣及飞灰的处理与处置。

六、应有可靠的电力供应。

七、应有可靠的供水水源。

八、应有完善的污水接纳系统或有适宜的排放环境。

九、对于利用焚烧余热发电的焚烧厂，应考虑易于接入地区电力网。对于利用余热供热的焚烧厂，宜靠近热力用户。

第十六条 焚烧厂应以焚烧厂房为中心进行布置，各项设施应按垃圾处理流程作适当安排，以确保相关设备联系良好，充分发挥功能。主要生产设施与辅助生产设施应综合考虑地形、风向、使用功能及安全等因素，宜采取相对集中布置。生产区宜与管理区分开布置。

第十七条 焚烧厂厂内道路应根据工厂规模、运输要求、管线布置要求等合理确定。焚烧厂房四周宜设环形道路。道路的荷载等级应根据交通运输情况确定。

第十八条 焚烧厂的绿化布置应满足总体规划要求，合理安排绿化用地，绿地率符合现行有关标准规定。

第四章 工艺与装备

第十九条 焚烧厂的工艺与装备，应根据焚烧厂建设规模、垃圾成分特点及本地区的经济、技术发展水平等条件合理确定。应满足适度提高机械化、自动化水平，保证安全、改善环境卫生和劳动条件，提高劳动生产率的要求。

第二十条 焚烧厂工艺和装备的选择，应根据垃圾的物理化学成分，采用成熟的技术，有利于垃圾的稳定焚烧、降低环境二次污染，符合节能减排的要求。入炉垃圾低位热值不宜低于5 000kJ/kg。

第二十一条 焚烧厂年工作日365d，每条焚烧线的年运行时间应在8 000h以上。

第二十二条 焚烧厂垃圾受料和供料系统应符合下列要求：

一、应设进厂垃圾计量设施，并应根据全厂规模及垃圾运输车的规格等合理确定计量设施的数量和规格。

二、卸料场地应满足垃圾车顺畅作业的要求。应减小垃圾、污水以及臭气对环境的影响。

三、应以维持正常卸料作业和垃圾进厂高峰时段不堵车为原则合理确定卸料门数量以及卸料平台的面积。

四、进入焚烧厂的垃圾应储存于垃圾池内。垃圾池应具有良好的防渗、防腐和防撞等性能。垃圾池应处于负压状态。垃圾池应设置渗沥液收集设施，并应保证渗沥液收集设施运行时的安全。

五、应合理组织气流方向以及设置除臭装置，保证臭气排放指标符合环保部门规定的恶臭污染物厂界标准以及当地对恶臭强度级别的具体规定。

六、垃圾抓斗起重机的规格应根据焚烧厂的规模进行选择，并应考虑垃圾的混合、倒堆、给料的时间分配；垃圾抓斗起重机应具有防撞、防晃、防过载和计量功能。

七、垃圾破碎设备的选用应根据垃圾特性和焚烧设备的特点确定。

第二十三条 焚烧厂焚烧系统应符合下列要求：

一、新建焚烧厂宜采用同一种规格型号的焚烧炉。

二、焚烧炉进料设备应符合下列要求：

1. 垃圾进料斗应有适宜的垃圾储存容量和避免产生搭桥或破解搭桥装置。

2. 垃圾推料器应能根据燃烧要求向炉内供应垃圾，并可调节供应量。

三、焚烧厂应根据垃圾特性选择合适的焚烧炉炉型。宜优先选用技术先进、成熟可靠的炉型，严禁选用不能达到污染物排放标准的焚烧炉。

四、焚烧炉选择应符合下列要求：

1. 对垃圾特性适应性强，在确定的垃圾特性范围内，保证额定处理能力。

2. 焚烧炉内烟气温度和停留时间应满足国家有关技术标准的规定。

3. 炉渣热灼减率应满足现行有关标准规定。

五、燃烧空气系统由一次空气系统和二次空气系统组成。一次空气应从垃圾池内抽取，一、二次空气可采用加热装置，一、二次风机台数应根据焚烧炉设置要求确定。

六、点火及辅助燃烧设施的能力应能满足焚烧炉启动、助燃和停炉要求。

第二十四条 焚烧厂余热利用系统应符合下列要求：

一、余热利用方式可根据垃圾特性、工程规模及当地具体情况，经过技术经济比较后确定。

二、利用垃圾焚烧余热发电或热电联产，新建工程的汽轮发电机组不宜超过 2 台（套）。

三、非发电型垃圾焚烧厂，应充分利用余热。

第二十五条 焚烧厂必须设置烟气净化系统。烟气净化系统应符合下列要求：

一、净化后排放的烟气应达到国家现行有关排放标准的规定。

二、应对烟气中不同污染物采用相应治理措施；在选择治理方案时应充分考虑垃圾特性和焚烧后各种污染物的物理、化学性质的变化。

三、应选用袋式除尘器作为烟气净化系统的除尘设备，同时应充分注意对滤袋材质的选择。

四、氯化氢、硫氧化物和氟化氢等酸性气态污染物的去除宜用碱性药剂进行中和反应。

五、应采取相应措施，严格控制残余有机物和重金属对环境的污染。

六、采用控制燃烧方式控制氮氧化物生成的同时，宜设置氮氧化物去除装置。

七、采用控制燃烧方式抑制二噁英类生成的同时，应在烟气净化系统采用适宜技术确保二噁英排放达标。

八、烟气净化系统与焚烧系统应同步运行。

第二十六条 垃圾焚烧产生的炉渣与飞灰必须分别进行处理与处置。焚烧厂灰渣处理系统应根据炉渣与飞灰的产量、特性、当地自然条件、运输条件、综合利用方式，通过技术经济比较后确定。

第二十七条 焚烧厂应有较高的自动化控制水平。应根据工艺装备情况，按适用、可靠的原则，选择合理的仪表及自动化控制系统。

第五章 配套工程

第二十八条 焚烧厂的配套工程应与主体工程相适应。新建焚烧厂的配套设施，应充分利用当地的专业化协作条件，合理确定配套工程项目；改、扩建工程应充分利用原有的设施；分期建设的项目，其配套设施宜一次建成。

第二十九条 焚烧厂供电电源应由当地电力网供给。焚烧厂供电负荷级别、供电方式及上网方式应根据电网要求，并结合焚烧厂工艺要求、余热利用性质及环境特征等因素，按国家现行标准及当地相关规定执行。

第三十条 焚烧厂应有可靠的供水水源和完善的供水设施，并鼓励再生水利用。在水源有限的地已建厂，汽轮机凝汽器优先考虑空气冷却方式。生活用水、锅炉用水及其他生产用水应符合国家现行有关标准的规定。

第三十一条 焚烧厂厂区排水应采用雨污分流制。根据技术经济比较确定渗沥液和其他生产废水、生活污水处理工艺。优先考虑利用当地已经建成的或正在建设的污水处理设施。当不能满足上述条件时，应单独建设污水处理设施，经处理后的水应优先考虑循环再利用，排放应按国家现行有关标准执行。

第三十二条 焚烧厂消防设施的设置必须满足厂区消防要求，消防设施应符合国家现行的防火规范要求；消防等级应符合国家现行的规范要求。

第三十三条 焚烧厂通信设施的设置，应保证各生产岗位之间的通信联系和对外通信的要求。

第三十四条 焚烧厂生产厂房、辅助及附属建筑物以自然通风为主。中央控制室、抓斗起重机控制室、变配电室、分析化验室等应设置通风装置；当通风装置不能满足工艺及卫生要求时，应设置空气调节装置。

第三十五条 焚烧厂应配备常规维护设备和紧急故障维修设施。

第三十六条 焚烧厂应设置分析化验和环保监测设施，应配备垃圾、污水、烟气、灰渣等常规指标的监测和分析仪器设备。焚烧厂必须设置烟气在线监测设备，宜在醒目位置设置烟气排放实时公示牌。

第六章 环境保护与劳动保护

第三十七条 焚烧厂的环境保护应符合下列有关要求。

一、焚烧炉渣按一般固体废物处理，焚烧飞灰应按危险废弃物处理。

二、工艺废水中污染物最高允许排放浓度应按环境影响评价批复限值执行。

三、氨、硫化氢、甲硫醇和臭气浓度厂界排放限制根据焚烧厂所在区域，按照现行国家标准《恶臭污染物排放标准》(GB 14554)和当地的有关规定执行。

四、厂区内空气质量指标应按现行国家标准《工业企业设计卫生标准》(GBZ 1)执行。厂界空气质量指标应按现行国家标准《环境空气质量标准》(GB 3095)执行。

五、噪声控制限值按现行国家标准《工业企业厂界噪声标准》(GB 12348)和当地的有关规定执行。

六、厂房通风除尘按现行国家标准《工业企业设计卫生标准》(GBZ 1)执行。

七、烟气污染物排放应按环境影响评价批复限值执行。

第三十八条 焚烧厂应有效控制焚烧状况，保证系统在额定状况下运行，使污染物原始排放浓度降到最低。

第三十九条 焚烧厂的安全卫生措施应符合现行国家标准《工业企业设计卫生标准》（GBZ 1）和《生产过程安全卫生要求总则》（GB 12801）以及《关于生产性建设工程项目职业安全监察的暂行规定》的要求。

第四十条 焚烧厂应做好卫生防疫工作，应采取防蝇、灭虫、防尘、除臭措施。

第四十一条 焚烧厂内必须设立醒目的标牌或标志。

第七章 建筑标准与建设用地

第四十二条 焚烧厂的建筑标准应贯彻安全实用、经济合理、因地制宜的原则，根据焚烧厂规模、建筑物用途、建筑场地条件等需要而确定。焚烧厂总平面布置及建筑造型应与周围环境相协调，适应城市发展的需要。

第四十三条 焚烧厂的生产管理与生活服务设施建筑在满足使用功能和安全的条件下，宜集中布置。各类焚烧厂生产管理与生活服务建筑面积指标宜按表 2 执行。

表 2 附属建筑面积指标

单位：m^2

类型	生产管理用房	生活服务设施用房
特大类	900～1 300	1 000～1 500
I 类	700～1 100	900～1 300
II 类	600～900	800～1 200
III类	500～800	600～1 000

注：1. 对于大于 2 000t/d 特大型焚烧处理工程项目，应根据生产线及人员的配置适当增加上限值；

2. 生产管理用房包括行政办公用房、传达室、会议室等；

3. 生活服务设施用房主要包括食堂、浴室、绿化用房、值班宿舍、公众监督与环保教育用房等。

第四十四条 焚烧厂的建设用地，应遵循科学合理、节约用地的原则，满足生产、生活、办公的需求，并留有发展的余地。焚烧厂建设用地指标按表 3 执行。

表 3 建设用地指标

单位：m^2

类型	用地指标
I 类	40 000～60 000
II 类	30 000～40 000
III类	20 000～30 000

注：1. 对于大于 2 000t/d 特大型焚烧处理工程项目，其超出部分建设用地面积按 $30m^2/(t \cdot d)$ 递增计算；

2. 建设规模大的取上限，规模小的取下限，中间规模采用内插法确定；

3. 本指标不含绿地面积。

第八章 运营管理与劳动定员

第四十五条 焚烧厂运营机构的设置应以精干高效、提高劳动生产率，有利于生产经营为原则。做到分工合理、职责分明。

第四十六条 焚烧厂工作制度，宜采用四～五班工作制。

第四十七条 焚烧厂劳动定员可分为生产人员、辅助生产人员和管理人员。各类焚烧厂的劳动定员应按照定岗定量的原则，根据项目的工艺特点、生产线配置、自动控制水平、投资体制、当地社会化服务水平和经营管理的要求，合理确定。可参照表 4 选用。

表 4 焚烧厂劳动定员 单位：人

生产线条数	劳动定员
1 条	40～60
2 条	60～80
3 条	80～100
4 条	90～110

第九章 主要技术经济指标

第四十八条 新建焚烧处理工程项目投资，应按国家现行的有关规定编制；评估或审批项目可行性研究报告的投资估算时，可参考本章所列指标，并根据工程实际内容及价格变化的情况，按照动态管理的原则进行调整后使用。

第四十九条 新建炉排炉焚烧厂主体设备和系统以进口为主的投资估算可按不高于 50 万元/（t • d）控制，炉排炉焚烧厂主体设备全部国产化的投资估算可按不高于 40 万元/（t • d）控制；新建流化床炉焚烧厂的投资估算指标可按不高于 35 万元/（t • d）控制。

一、焚烧厂中包括渗沥液处理、飞灰稳定化设施，且污染物控制标准高的估算指标高于不含上述系统且污染物控制标准低的估算指标。

二、有余热利用系统的投资估算指标高于无余热利用系统的投资估算指标。

三、同等规模下，生产线数量少的投资估算指标低于生产线数量多的投资估算指标。

四、估算指标除二噁英排放标准按 0.1ng TEQ/Nm^3 计外，其余均按现行国家烟气污染物排放标准计。

五、估算指标采用北京市 2007 年人工、材料、机械设备预算价格计算。

六、估算指标不包括征地、拆迁、青苗与破路赔偿等费用。

第五十条 各类焚烧厂建设工期可按表 5 所列指标控制。

表 5 焚烧厂建设工期 单位：月

类型	建设工期
特大类	30～36
Ⅰ类	26～34
Ⅱ类	20～28
Ⅲ类	18～24

注：建设工期一般指建设项目中构成固定资产的单项工程、单位工程从正式破土动工到按设计文件全部建成到竣工验收交付使用所需的全部时间。不包括非正常停工的时间。

第五十一条 新建焚烧厂每吨垃圾的电耗指标应小于 90kW • h。

第五十二条 生活垃圾焚烧处理工程项目应按国家现行的建设项目经济评价方法与参数的规定进行经济评价。

四、法律法规

中华人民共和国固体废物污染环境防治法

（2020 年修订）

（1995 年 10 月 30 日第八届全国人民代表大会常务委员会第十六次会议通过　2004 年 12 月 29 日第十届全国人民代表大会常务委员会第十三次会议第一次修订　根据 2013 年 6 月 29 日第十二届全国人民代表大会常务委员会第三次会议《关于修改〈中华人民共和国文物保护法〉等十二部法律的决定》第一次修正　根据 2015 年 4 月 24 日第十二届全国人民代表大会常务委员会第十四次会议《关于修改〈中华人民共和国港口法〉等七部法律的决定》第二次修正　根据 2016 年 11 月 7 日第十二届全国人民代表大会常务委员会第二十四次会议《关于修改〈中华人民共和国对外贸易法〉等十二部法律的决定》第三次修正　2020 年 4 月 29 日第十三届全国人民代表大会常务委员会第十七次会议第二次修订）

目　录

第一章　总　则

第一条　为了保护和改善生态环境，防治固体废物污染环境，保障公众健康，维护生态安全，推进生态文明建设，促进经济社会可持续发展，制定本法。

第二条　固体废物污染环境的防治适用本法。

固体废物污染海洋环境的防治和放射性固体废物污染环境的防治不适用本法。

第三条　国家推行绿色发展方式，促进清洁生产和循环经济发展。

国家倡导简约适度、绿色低碳的生活方式，引导公众积极参与固体废物污染环境防治。

第四条　固体废物污染环境防治坚持减量化、资源化和无害化的原则。

任何单位和个人都应当采取措施，减少固体废物的产生量，促进固体废物的综合利用，降低固体废物的危害性。

第五条　固体废物污染环境防治坚持污染担责的原则。

产生、收集、贮存、运输、利用、处置固体废物的单位和个人，应当采取措施，防止或者减少固体废物对环境的污染，对所造成的环境污染依法承担责任。

第六条 国家推行生活垃圾分类制度。

生活垃圾分类坚持政府推动、全民参与、城乡统筹、因地制宜、简便易行的原则。

第七条 地方各级人民政府对本行政区域固体废物污染环境防治负责。

国家实行固体废物污染环境防治目标责任制和考核评价制度，将固体废物污染环境防治目标完成情况纳入考核评价的内容。

第八条 各级人民政府应当加强对固体废物污染环境防治工作的领导，组织、协调、督促有关部门依法履行固体废物污染环境防治监督管理职责。

省、自治区、直辖市之间可以协商建立跨行政区域固体废物污染环境的联防联控机制，统筹规划制定、设施建设、固体废物转移等工作。

第九条 国务院生态环境主管部门对全国固体废物污染环境防治工作实施统一监督管理。国务院发展改革、工业和信息化、自然资源、住房城乡建设、交通运输、农业农村、商务、卫生健康、海关等主管部门在各自职责范围内负责固体废物污染环境防治的监督管理工作。

地方人民政府生态环境主管部门对本行政区域固体废物污染环境防治工作实施统一监督管理。地方人民政府发展改革、工业和信息化、自然资源、住房城乡建设、交通运输、农业农村、商务、卫生健康等主管部门在各自职责范围内负责固体废物污染环境防治的监督管理工作。

第十条 国家鼓励、支持固体废物污染环境防治的科学研究、技术开发、先进技术推广和科学普及，加强固体废物污染环境防治科技支撑。

第十一条 国家机关、社会团体、企业事业单位、基层群众性自治组织和新闻媒体应当加强固体废物污染环境防治宣传教育和科学普及，增强公众固体废物污染环境防治意识。

学校应当开展生活垃圾分类以及其他固体废物污染环境防治知识普及和教育。

第十二条 各级人民政府对在固体废物污染环境防治工作以及相关的综合利用活动中做出显著成绩的单位和个人，按照国家有关规定给予表彰、奖励。

第二章 监督管理

第十三条 县级以上人民政府应当将固体废物污染环境防治工作纳入国民经济和社会发展规划、生态环境保护规划，并采取有效措施减少固体废物的产生量、促进固体废物的综合利用、降低固体废物的危害性，最大限度降低固体废物填埋量。

第十四条 国务院生态环境主管部门应当会同国务院有关部门根据国家环境质量标准和国家经济、技术条件，制定固体废物鉴别标准、鉴别程序和国家固体废物污染环境防治技术标准。

第十五条 国务院标准化主管部门应当会同国务院发展改革、工业和信息化、生态环境、农业农村等主管部门，制定固体废物综合利用标准。

综合利用固体废物应当遵守生态环境法律法规，符合固体废物污染环境防治技术标准。使用固体废物综合利用产物应当符合国家规定的用途、标准。

第十六条 国务院生态环境主管部门应当会同国务院有关部门建立全国危险废物等固体废物污染环境防治信息平台，推进固体废物收集、转移、处置等全过程监控和信息化追溯。

第十七条 建设产生、贮存、利用、处置固体废物的项目，应当依法进行环境影响评价，并遵守国家有关建设项目环境保护管理的规定。

第十八条 建设项目的环境影响评价文件确定需要配套建设的固体废物污染环境防治设施，应当与主体工程同时设计、同时施工、同时投入使用。建设项目的初步设计，应当按照环境保护设计规范的要求，将固体废物污染环境防治内容纳入环境影响评价文件，落实防治固体废物污染环境和破坏生态的措施以及固体废物污染环境防治设施投资概算。

建设单位应当依照有关法律法规的规定，对配套建设的固体废物污染环境防治设施进行验收，编制验收报告，并向社会公开。

第十九条 收集、贮存、运输、利用、处置固体废物的单位和其他生产经营者，应当加强对相关设施、设备和场所的管理和维护，保证其正常运行和使用。

第二十条 产生、收集、贮存、运输、利用、处置固体废物的单位和其他生产经营者，应当采取防扬散、防流失、防渗漏或者其他防止污染环境的措施，不得擅自倾倒、堆放、丢弃、遗撒固体废物。

禁止任何单位或者个人向江河、湖泊、运河、渠道、水库及其最高水位线以下的滩地和岸坡以及法律法规规定的其他地点倾倒、堆放、贮存固体废物。

第二十一条 在生态保护红线区域、永久基本农田集中区域和其他需要特别保护的区域内，禁止建设工业固体废物、危险废物集中贮存、利用、处置的设施、场所和生活垃圾填埋场。

第二十二条 转移固体废物出省、自治区、直辖市行政区域贮存、处置的，应当向固体废物移出地的省、自治区、直辖市人民政府生态环境主管部门提出申请。移出地的省、自治区、直辖市人民政府生态环境主管部门应当及时商经接受地的省、自治区、直辖市人民政府生态环境主管部门同意后，在规定期限内批准转移该固体废物出省、自治区、直辖市行政区域。未经批准的，不得转移。

转移固体废物出省、自治区、直辖市行政区域利用的，应当报固体废物移出地的省、自治区、直辖市人民政府生态环境主管部门备案。移出地的省、自治区、直辖市人民政府生态环境主管部门应当将备案信息通报接受地的省、自治区、直辖市人民政府生态环境主管部门。

第二十三条 禁止中华人民共和国境外的固体废物进境倾倒、堆放、处置。

第二十四条 国家逐步实现固体废物零进口，由国务院生态环境主管部门会同国务院商务、发展改革、海关等主管部门组织实施。

第二十五条 海关发现进口货物疑似固体废物的，可以委托专业机构开展属性鉴别，并根据鉴别结论依法管理。

第二十六条 生态环境主管部门及其环境执法机构和其他负有固体废物污染环境防治监督管理职责的部门，在各自职责范围内有权对从事产生、收集、贮存、运输、利用、处置固体废物等活动的单位和其他生产经营者进行现场检查。被检查者应当如实反映情况，并提供必要的资料。

实施现场检查，可以采取现场监测、采集样品、查阅或者复制与固体废物污染环境防治相关的资料等措施。检查人员进行现场检查，应当出示证件。对现场检查中知悉的商业秘密应当保密。

第二十七条 有下列情形之一，生态环境主管部门和其他负有固体废物污染环境防治监督管理职责的部门，可以对违法收集、贮存、运输、利用、处置的固体废物及设施、设备、场所、工具、物品予以查封、扣押：

（一）可能造成证据灭失、被隐匿或者非法转移的；

（二）造成或者可能造成严重环境污染的。

第二十八条 生态环境主管部门应当会同有关部门建立产生、收集、贮存、运输、利用、处置固体废物的单位和其他生产经营者信用记录制度，将相关信用记录纳入全国信用信息共享平台。

第二十九条 设区的市级人民政府生态环境主管部门应当会同住房城乡建设、农业农村、卫生健康等主管部门，定期向社会发布固体废物的种类、产生量、处置能力、利用处置状况等信息。

产生、收集、贮存、运输、利用、处置固体废物的单位，应当依法及时公开固体废物污染环境防治信息，主动接受社会监督。

利用、处置固体废物的单位，应当依法向公众开放设施、场所，提高公众环境保护意识和参与程度。

第三十条 县级以上人民政府应当将工业固体废物、生活垃圾、危险废物等固体废物污染环境防治情况纳入环境状况和环境保护目标完成情况年度报告，向本级人民代表大会或者人民代表大会常务委员会报告。

第三十一条 任何单位和个人都有权对造成固体废物污染环境的单位和个人进行举报。

生态环境主管部门和其他负有固体废物污染环境防治监督管理职责的部门应当将固体废物污染环境防治举报方式向社会公布，方便公众举报。

接到举报的部门应当及时处理并对举报人的相关信息予以保密；对实名举报并查证属实的，给予奖励。

举报人举报所在单位的，该单位不得以解除、变更劳动合同或者其他方式对举报人进行打击报复。

第三章 工业固体废物

第三十二条 国务院生态环境主管部门应当会同国务院发展改革、工业和信息化等主管部门对工业固体废物对公众健康、生态环境的危害和影响程度等作出界定，制定防治工业固体废物污染环境的技术政策，组织推广先进的防治工业固体废物污染环境的生产工艺和设备。

第三十三条 国务院工业和信息化主管部门应当会同国务院有关部门组织研究开发、推广减少工业固体废物产生量和降低工业固体废物危害性的生产工艺和设备，公布限期淘汰产生严重污染环境的工业固体废物的落后生产工艺、设备的名录。

生产者、销售者、进口者、使用者应当在国务院工业和信息化主管部门会同国务院有关部门规定的期限内分别停止生产、销售、进口或者使用列入前款规定名录中的设备。生产工艺的采用者应当在国务院工业和信息化主管部门会同国务院有关部门规定的期限内停止采用列入前款规定名录中的工艺。

列入限期淘汰名录被淘汰的设备，不得转让给他人使用。

第三十四条 国务院工业和信息化主管部门应当会同国务院发展改革、生态环境等主管部门，定期发布工业固体废物综合利用技术、工艺、设备和产品导向目录，组织开展工业固体废物资源综合利用评价，推动工业固体废物综合利用。

第三十五条 县级以上地方人民政府应当制定工业固体废物污染环境防治工作规划，组织建设工业固体废物集中处置等设施，推动工业固体废物污染环境防治工作。

第三十六条 产生工业固体废物的单位应当建立健全工业固体废物产生、收集、贮存、运输、利用、处置全过程的污染环境防治责任制度，建立工业固体废物管理台账，如实记录产生工业固体废物的种类、数量、流向、贮存、利用、处置等信息，实现工业固体废物可追溯、可查询，并采取防治工业固体废物污染环境的措施。

禁止向生活垃圾收集设施中投放工业固体废物。

第三十七条 产生工业固体废物的单位委托他人运输、利用、处置工业固体废物的，应当对受托方的主体资格和技术能力进行核实，依法签订书面合同，在合同中约定污染防治要求。

受托方运输、利用、处置工业固体废物，应当依照有关法律法规的规定和合同约定履行污染防治要求，并将运输、利用、处置情况告知产生工业固体废物的单位。

产生工业固体废物的单位违反本条第一款规定的，除依照有关法律法规的规定予以处罚外，还应当与造成环境污染和生态破坏的受托方承担连带责任。

第三十八条 产生工业固体废物的单位应当依法实施清洁生产审核，合理选择和利用原材料、能源和其他资源，采用先进的生产工艺和设备，减少工业固体废物的产生量，降低工业固体废物的危害性。

第三十九条 产生工业固体废物的单位应当取得排污许可证。排污许可的具体办法和实施步骤由国务院规定。

产生工业固体废物的单位应当向所在地生态环境主管部门提供工业固体废物的种类、数量、流向、贮存、利用、处置等有关资料，以及减少工业固体废物产生、促进综合利用的具体措施，并执行排污许可管理制度的相关规定。

第四十条 产生工业固体废物的单位应当根据经济、技术条件对工业固体废物加以利用；对暂时不利用或者不能利用的，应当按照国务院生态环境等主管部门的规定建设贮存设施、场所，安全分类存放，或者采取无害化处置措施。贮存工业固体废物应当采取符合国家环境保护标准的防护措施。

建设工业固体废物贮存、处置的设施、场所，应当符合国家环境保护标准。

第四十一条 产生工业固体废物的单位终止的，应当在终止前对工业固体废物的贮存、处置的设施、场所采取污染防治措施，并对未处置的工业固体废物作出妥善处置，防止污染环境。

产生工业固体废物的单位发生变更的，变更后的单位应当按照国家有关环境保护的规定对未处置的工业固体废物及其贮存、处置的设施、场所进行安全处置或者采取有效措施保证该设施、场所安全运行。变更前当事人对工业固体废物及其贮存、处置的设施、场所的污染防治责任另有约定的，从其约定；但是，不得免除当事人的污染防治义务。

对 2005 年 4 月 1 日前已经终止的单位未处置的工业固体废物及其贮存、处置的设施、场所进行安全处置的费用，由有关人民政府承担；但是，该单位享有的土地使用权依法转让的，应当由土地使用权受让人承担处置费用。当事人另有约定的，从其约定；但是，不得免除当事人的污染防治义务。

第四十二条　矿山企业应当采取科学的开采方法和选矿工艺，减少尾矿、煤矸石、废石等矿业固体废物的产生量和贮存量。

国家鼓励采取先进工艺对尾矿、煤矸石、废石等矿业固体废物进行综合利用。

尾矿、煤矸石、废石等矿业固体废物贮存设施停止使用后，矿山企业应当按照国家有关环境保护等规定进行封场，防止造成环境污染和生态破坏。

第四章　生活垃圾

第四十三条　县级以上地方人民政府应当加快建立分类投放、分类收集、分类运输、分类处理的生活垃圾管理系统，实现生活垃圾分类制度有效覆盖。

县级以上地方人民政府应当建立生活垃圾分类工作协调机制，加强和统筹生活垃圾分类管理能力建设。

各级人民政府及其有关部门应当组织开展生活垃圾分类宣传，教育引导公众养成生活垃圾分类习惯，督促和指导生活垃圾分类工作。

第四十四条　县级以上地方人民政府应当有计划地改进燃料结构，发展清洁能源，减少燃料废渣等固体废物的产生量。

县级以上地方人民政府有关部门应当加强产品生产和流通过程管理，避免过度包装，组织净菜上市，减少生活垃圾的产生量。

第四十五条　县级以上人民政府应当统筹安排建设城乡生活垃圾收集、运输、处理设施，确定设施厂址，提高生活垃圾的综合利用和无害化处置水平，促进生活垃圾收集、处理的产业化发展，逐步建立和完善生活垃圾污染环境防治的社会服务体系。

县级以上地方人民政府有关部门应当统筹规划，合理安排回收、分拣、打包网点，促进生活垃圾的回收利用工作。

第四十六条　地方各级人民政府应当加强农村生活垃圾污染环境的防治，保护和改善农村人居环境。

国家鼓励农村生活垃圾源头减量。城乡结合部、人口密集的农村地区和其他有条件的地方，应当建立城乡一体的生活垃圾管理系统；其他农村地区应当积极探索生活垃圾管理模式，因地制宜，就近就地利用或者妥善处理生活垃圾。

第四十七条　设区的市级以上人民政府环境卫生主管部门应当制定生活垃圾清扫、收集、贮存、运输和处理设施、场所建设运行规范，发布生活垃圾分类指导目录，加强监督管理。

第四十八条　县级以上地方人民政府环境卫生等主管部门应当组织对城乡生活垃圾进行清扫、收集、运输和处理，可以通过招标等方式选择具备条件的单位从事生活垃圾的清扫、收集、运输和处理。

第四十九条　产生生活垃圾的单位、家庭和个人应当依法履行生活垃圾源头减量和分类投放义务，承担生活垃圾产生者责任。

任何单位和个人都应当依法在指定的地点分类投放生活垃圾。禁止随意倾倒、抛撒、堆放或者焚烧生活垃圾。

机关、事业单位等应当在生活垃圾分类工作中起示范带头作用。

已经分类投放的生活垃圾，应当按照规定分类收集、分类运输、分类处理。

第五十条 清扫、收集、运输、处理城乡生活垃圾，应当遵守国家有关环境保护和环境卫生管理的规定，防止污染环境。

从生活垃圾中分类并集中收集的有害垃圾，属于危险废物的，应当按照危险废物管理。

第五十一条 从事公共交通运输的经营单位，应当及时清扫、收集运输过程中产生的生活垃圾。

第五十二条 农贸市场、农产品批发市场等应当加强环境卫生管理，保持环境卫生清洁，对所产生的垃圾及时清扫、分类收集、妥善处理。

第五十三条 从事城市新区开发、旧区改建和住宅小区开发建设、村镇建设的单位，以及机场、码头、车站、公园、商场、体育场馆等公共设施、场所的经营管理单位，应当按照国家有关环境卫生的规定，配套建设生活垃圾收集设施。

县级以上地方人民政府应当统筹生活垃圾公共转运、处理设施与前款规定的收集设施的有效衔接，并加强生活垃圾分类收运体系和再生资源回收体系在规划、建设、运营等方面的融合。

第五十四条 从生活垃圾中回收的物质应当按照国家规定的用途、标准使用，不得用于生产可能危害人体健康的产品。

第五十五条 建设生活垃圾处理设施、场所，应当符合国务院生态环境主管部门和国务院住房城乡建设主管部门规定的环境保护和环境卫生标准。

鼓励相邻地区统筹生活垃圾处理设施建设，促进生活垃圾处理设施跨行政区域共建共享。

禁止擅自关闭、闲置或者拆除生活垃圾处理设施、场所；确有必要关闭、闲置或者拆除的，应当经所在地的市、县级人民政府环境卫生主管部门商所在地生态环境主管部门同意后核准，并采取防止污染环境的措施。

第五十六条 生活垃圾处理单位应当按照国家有关规定，安装使用监测设备，实时监测污染物的排放情况，将污染排放数据实时公开。监测设备应当与所在地生态环境主管部门的监控设备联网。

第五十七条 县级以上地方人民政府环境卫生主管部门负责组织开展厨余垃圾资源化、无害化处理工作。

产生、收集厨余垃圾的单位和其他生产经营者，应当将厨余垃圾交由具备相应资质条件的单位进行无害化处理。

禁止畜禽养殖场、养殖小区利用未经无害化处理的厨余垃圾饲喂畜禽。

第五十八条 县级以上地方人民政府应当按照产生者付费原则，建立生活垃圾处理收费制度。

县级以上地方人民政府制定生活垃圾处理收费标准，应当根据本地实际，结合生活垃圾分类情况，体现分类计价、计量收费等差别化管理，并充分征求公众意见。生活垃圾处理收费标准应当向社会公布。

生活垃圾处理费应当专项用于生活垃圾的收集、运输和处理等，不得挪作他用。

第五十九条 省、自治区、直辖市和设区的市、自治州可以结合实际，制定本地方生活垃圾具体管理办法。

第五章 建筑垃圾、农业固体废物等

第六十条 县级以上地方人民政府应当加强建筑垃圾污染环境的防治，建立建筑垃圾分类处理制度。

县级以上地方人民政府应当制定包括源头减量、分类处理、消纳设施和场所布局及建设等在内的建筑垃圾污染环境防治工作规划。

第六十一条 国家鼓励采用先进技术、工艺、设备和管理措施，推进建筑垃圾源头减量，建立建筑垃圾回收利用体系。

县级以上地方人民政府应当推动建筑垃圾综合利用产品应用。

第六十二条 县级以上地方人民政府环境卫生主管部门负责建筑垃圾污染环境防治工作，建立建筑垃圾全过程管理制度，规范建筑垃圾产生、收集、贮存、运输、利用、处置行为，推进综合利用，加强建筑垃圾处置设施、场所建设，保障处置安全，防止污染环境。

第六十三条 工程施工单位应当编制建筑垃圾处理方案，采取污染防治措施，并报县级以上地方人民政府环境卫生主管部门备案。

工程施工单位应当及时清运工程施工过程中产生的建筑垃圾等固体废物，并按照环境卫生主管部门的规定进行利用或者处置。

工程施工单位不得擅自倾倒、抛撒或者堆放工程施工过程中产生的建筑垃圾。

第六十四条 县级以上人民政府农业农村主管部门负责指导农业固体废物回收利用体系建设，鼓励和引导有关单位和其他生产经营者依法收集、贮存、运输、利用、处置农业固体废物，加强监督管理，防止污染环境。

第六十五条 产生秸秆、废弃农用薄膜、农药包装废弃物等农业固体废物的单位和其他生产经营者，应当采取回收利用和其他防止污染环境的措施。

从事畜禽规模养殖应当及时收集、贮存、利用或者处置养殖过程中产生的畜禽粪污等固体废物，避免造成环境污染。

禁止在人口集中地区、机场周围、交通干线附近以及当地人民政府划定的其他区域露天焚烧秸秆。

国家鼓励研究开发、生产、销售、使用在环境中可降解且无害的农用薄膜。

第六十六条 国家建立电器电子、铅蓄电池、车用动力电池等产品的生产者责任延伸制度。

电器电子、铅蓄电池、车用动力电池等产品的生产者应当按照规定以自建或者委托等方式建立与产品销售量相匹配的废旧产品回收体系，并向社会公开，实现有效回收和利用。

国家鼓励产品的生产者开展生态设计，促进资源回收利用。

第六十七条 国家对废弃电器电子产品等实行多渠道回收和集中处理制度。

禁止将废弃机动车船等交由不符合规定条件的企业或者个人回收、拆解。

拆解、利用、处置废弃电器电子产品、废弃机动车船等，应当遵守有关法律法规的规定，采取防止污染环境的措施。

第六十八条 产品和包装物的设计、制造，应当遵守国家有关清洁生产的规定。国务院标准化主管部门应当根据国家经济和技术条件、固体废物污染环境防治状况以及产品的技术要求，组织制定有关标准，防止过度包装造成环境污染。

生产经营者应当遵守限制商品过度包装的强制性标准，避免过度包装。县级以上地方人民政府市场监督管理部门和有关部门应当按照各自职责，加强对过度包装的监督管理。

生产、销售、进口依法被列入强制回收目录的产品和包装物的企业，应当按照国家有关规定对该产品和包装物进行回收。

电子商务、快递、外卖等行业应当优先采用可重复使用、易回收利用的包装物，优化物品包装，减少包装物的使用，并积极回收利用包装物。县级以上地方人民政府商务、邮政等主管部门应当加强监督管理。

国家鼓励和引导消费者使用绿色包装和减量包装。

第六十九条 国家依法禁止、限制生产、销售和使用不可降解塑料袋等一次性塑料制品。

商品零售场所开办单位、电子商务平台企业和快递企业、外卖企业应当按照国家有关规定向商务、邮政等主管部门报告塑料袋等一次性塑料制品的使用、回收情况。

国家鼓励和引导减少使用、积极回收塑料袋等一次性塑料制品，推广应用可循环、易回收、可降解的替代产品。

第七十条 旅游、住宿等行业应当按照国家有关规定推行不主动提供一次性用品。

机关、企业事业单位等的办公场所应当使用有利于保护环境的产品、设备和设施，减少使用一次性办公用品。

第七十一条 城镇污水处理设施维护运营单位或者污泥处理单位应当安全处理污泥，保证处理后的污泥符合国家有关标准，对污泥的流向、用途、用量等进行跟踪、记录，并报告城镇排水主管部门、生态环境主管部门。

县级以上人民政府城镇排水主管部门应当将污泥处理设施纳入城镇排水与污水处理规划，推动同步建设污泥处理设施与污水处理设施，鼓励协同处理，污水处理费征收标准和补偿范围应当覆盖污泥处理成本和污水处理设施正常运营成本。

第七十二条 禁止擅自倾倒、堆放、丢弃、遗撒城镇污水处理设施产生的污泥和处理后的污泥。

禁止重金属或者其他有毒有害物质含量超标的污泥进入农用地。

从事水体清淤疏浚应当按照国家有关规定处理清淤疏浚过程中产生的底泥，防止污染环境。

第七十三条 各级各类实验室及其设立单位应当加强对实验室产生的固体废物的管理，依法收集、贮存、运输、利用、处置实验室固体废物。实验室固体废物属于危险废物的，应当按照危险废物管理。

第六章　危险废物

第七十四条　危险废物污染环境的防治，适用本章规定；本章未作规定的，适用本法其他有关规定。

第七十五条　国务院生态环境主管部门应当会同国务院有关部门制定国家危险废物名录，规定统一的危险废物鉴别标准、鉴别方法、识别标志和鉴别单位管理要求。国家危险废物名录应当动态调整。

国务院生态环境主管部门根据危险废物的危害特性和产生数量，科学评估其环境风险，实施分级分类管理，建立信息化监管体系，并通过信息化手段管理、共享危险废物转移数据和信息。

第七十六条　省、自治区、直辖市人民政府应当组织有关部门编制危险废物集中处置设施、场所的建设规划，科学评估危险废物处置需求，合理布局危险废物集中处置设施、场所，确保本行政区域的危险废物得到妥善处置。

编制危险废物集中处置设施、场所的建设规划，应当征求有关行业协会、企业事业单位、专家和公众等方面的意见。

相邻省、自治区、直辖市之间可以开展区域合作，统筹建设区域性危险废物集中处置设施、场所。

第七十七条　对危险废物的容器和包装物以及收集、贮存、运输、利用、处置危险废物的设施、场所，应当按照规定设置危险废物识别标志。

第七十八条　产生危险废物的单位，应当按照国家有关规定制定危险废物管理计划；建立危险废物管理台账，如实记录有关信息，并通过国家危险废物信息管理系统向所在地生态环境主管部门申报危险废物的种类、产生量、流向、贮存、处置等有关资料。

前款所称危险废物管理计划应当包括减少危险废物产生量和降低危险废物危害性的措施以及危险废物贮存、利用、处置措施。危险废物管理计划应当报产生危险废物的单位所在地生态环境主管部门备案。

产生危险废物的单位已经取得排污许可证的，执行排污许可管理制度的规定。

第七十九条　产生危险废物的单位，应当按照国家有关规定和环境保护标准要求贮存、利用、处置危险废物，不得擅自倾倒、堆放。

第八十条　从事收集、贮存、利用、处置危险废物经营活动的单位，应当按照国家有关规定申请取得许可证。许可证的具体管理办法由国务院制定。

禁止无许可证或者未按照许可证规定从事危险废物收集、贮存、利用、处置的经营活动。

禁止将危险废物提供或者委托给无许可证的单位或者其他生产经营者从事收集、贮存、利用、处置活动。

第八十一条　收集、贮存危险废物，应当按照危险废物特性分类进行。禁止混合收集、贮存、运输、处置性质不相容而未经安全性处置的危险废物。

贮存危险废物应当采取符合国家环境保护标准的防护措施。禁止将危险废物混入非危险废物中贮存。

从事收集、贮存、利用、处置危险废物经营活动的单位，贮存危险废物不得超过一年；

确需延长期限的，应当报经颁发许可证的生态环境主管部门批准；法律、行政法规另有规定的除外。

第八十二条 转移危险废物的，应当按照国家有关规定填写、运行危险废物电子或者纸质转移联单。

跨省、自治区、直辖市转移危险废物的，应当向危险废物移出地省、自治区、直辖市人民政府生态环境主管部门申请。移出地省、自治区、直辖市人民政府生态环境主管部门应当及时商经接受地省、自治区、直辖市人民政府生态环境主管部门同意后，在规定期限内批准转移该危险废物，并将批准信息通报相关省、自治区、直辖市人民政府生态环境主管部门和交通运输主管部门。未经批准的，不得转移。

危险废物转移管理应当全程管控、提高效率，具体办法由国务院生态环境主管部门会同国务院交通运输主管部门和公安部门制定。

第八十三条 运输危险废物，应当采取防止污染环境的措施，并遵守国家有关危险货物运输管理的规定。

禁止将危险废物与旅客在同一运输工具上载运。

第八十四条 收集、贮存、运输、利用、处置危险废物的场所、设施、设备和容器、包装物及其他物品转作他用时，应当按照国家有关规定经过消除污染处理，方可使用。

第八十五条 产生、收集、贮存、运输、利用、处置危险废物的单位，应当依法制定意外事故的防范措施和应急预案，并向所在地生态环境主管部门和其他负有固体废物污染环境防治监督管理职责的部门备案；生态环境主管部门和其他负有固体废物污染环境防治监督管理职责的部门应当进行检查。

第八十六条 因发生事故或者其他突发性事件，造成危险废物严重污染环境的单位，应当立即采取有效措施消除或者减轻对环境的污染危害，及时通报可能受到污染危害的单位和居民，并向所在地生态环境主管部门和有关部门报告，接受调查处理。

第八十七条 在发生或者有证据证明可能发生危险废物严重污染环境、威胁居民生命财产安全时，生态环境主管部门或者其他负有固体废物污染环境防治监督管理职责的部门应当立即向本级人民政府和上一级人民政府有关部门报告，由人民政府采取防止或者减轻危害的有效措施。有关人民政府可以根据需要责令停止导致或者可能导致环境污染事故的作业。

第八十八条 重点危险废物集中处置设施、场所退役前，运营单位应当按照国家有关规定对设施、场所采取污染防治措施。退役的费用应当预提，列入投资概算或者生产成本，专门用于重点危险废物集中处置设施、场所的退役。具体提取和管理办法，由国务院财政部门、价格主管部门会同国务院生态环境主管部门规定。

第八十九条 禁止经中华人民共和国过境转移危险废物。

第九十条 医疗废物按照国家危险废物名录管理。县级以上地方人民政府应当加强医疗废物集中处置能力建设。

县级以上人民政府卫生健康、生态环境等主管部门应当在各自职责范围内加强对医疗废物收集、贮存、运输、处置的监督管理，防止危害公众健康、污染环境。

医疗卫生机构应当依法分类收集本单位产生的医疗废物，交由医疗废物集中处置单位处置。医疗废物集中处置单位应当及时收集、运输和处置医疗废物。

医疗卫生机构和医疗废物集中处置单位，应当采取有效措施，防止医疗废物流失、泄漏、渗漏、扩散。

第九十一条 重大传染病疫情等突发事件发生时，县级以上人民政府应当统筹协调医疗废物等危险废物收集、贮存、运输、处置等工作，保障所需的车辆、场地、处置设施和防护物资。卫生健康、生态环境、环境卫生、交通运输等主管部门应当协同配合，依法履行应急处置职责。

第七章 保障措施

第九十二条 国务院有关部门、县级以上地方人民政府及其有关部门在编制国土空间规划和相关专项规划时，应当统筹生活垃圾、建筑垃圾、危险废物等固体废物转运、集中处置等设施建设需求，保障转运、集中处置等设施用地。

第九十三条 国家采取有利于固体废物污染环境防治的经济、技术政策和措施，鼓励、支持有关方面采取有利于固体废物污染环境防治的措施，加强对从事固体废物污染环境防治工作人员的培训和指导，促进固体废物污染环境防治产业专业化、规模化发展。

第九十四条 国家鼓励和支持科研单位、固体废物产生单位、固体废物利用单位、固体废物处置单位等联合攻关，研究开发固体废物综合利用、集中处置等的新技术，推动固体废物污染环境防治技术进步。

第九十五条 各级人民政府应当加强固体废物污染环境的防治，按照事权划分的原则安排必要的资金用于下列事项：

（一）固体废物污染环境防治的科学研究、技术开发；

（二）生活垃圾分类；

（三）固体废物集中处置设施建设；

（四）重大传染病疫情等突发事件产生的医疗废物等危险废物应急处置；

（五）涉及固体废物污染环境防治的其他事项。

使用资金应当加强绩效管理和审计监督，确保资金使用效益。

第九十六条 国家鼓励和支持社会力量参与固体废物污染环境防治工作，并按照国家有关规定给予政策扶持。

第九十七条 国家发展绿色金融，鼓励金融机构加大对固体废物污染环境防治项目的信贷投放。

第九十八条 从事固体废物综合利用等固体废物污染环境防治工作的，依照法律、行政法规的规定，享受税收优惠。

国家鼓励并提倡社会各界为防治固体废物污染环境捐赠财产，并依照法律、行政法规的规定，给予税收优惠。

第九十九条 收集、贮存、运输、利用、处置危险废物的单位，应当按照国家有关规定，投保环境污染责任保险。

第一百条 国家鼓励单位和个人购买、使用综合利用产品和可重复使用产品。

县级以上人民政府及其有关部门在政府采购过程中，应当优先采购综合利用产品和可重复使用产品。

第八章　法律责任

第一百零一条　生态环境主管部门或者其他负有固体废物污染环境防治监督管理职责的部门违反本法规定，有下列行为之一，由本级人民政府或者上级人民政府有关部门责令改正，对直接负责的主管人员和其他直接责任人员依法给予处分：

（一）未依法作出行政许可或者办理批准文件的；

（二）对违法行为进行包庇的；

（三）未依法查封、扣押的；

（四）发现违法行为或者接到对违法行为的举报后未予查处的；

（五）有其他滥用职权、玩忽职守、徇私舞弊等违法行为的。

依照本法规定应当作出行政处罚决定而未作出的，上级主管部门可以直接作出行政处罚决定。

第一百零二条　违反本法规定，有下列行为之一，由生态环境主管部门责令改正，处以罚款，没收违法所得；情节严重的，报经有批准权的人民政府批准，可以责令停业或者关闭：

（一）产生、收集、贮存、运输、利用、处置固体废物的单位未依法及时公开固体废物污染环境防治信息的；

（二）生活垃圾处理单位未按照国家有关规定安装使用监测设备、实时监测污染物的排放情况并公开污染排放数据的；

（三）将列入限期淘汰名录被淘汰的设备转让给他人使用的；

（四）在生态保护红线区域、永久基本农田集中区域和其他需要特别保护的区域内，建设工业固体废物、危险废物集中贮存、利用、处置的设施、场所和生活垃圾填埋场的；

（五）转移固体废物出省、自治区、直辖市行政区域贮存、处置未经批准的；

（六）转移固体废物出省、自治区、直辖市行政区域利用未报备案的；

（七）擅自倾倒、堆放、丢弃、遗撒工业固体废物，或者未采取相应防范措施，造成工业固体废物扬散、流失、渗漏或者其他环境污染的；

（八）产生工业固体废物的单位未建立固体废物管理台账并如实记录的；

（九）产生工业固体废物的单位违反本法规定委托他人运输、利用、处置工业固体废物的；

（十）贮存工业固体废物未采取符合国家环境保护标准的防护措施的；

（十一）单位和其他生产经营者违反固体废物管理其他要求，污染环境、破坏生态的。

有前款第一项、第八项行为之一，处五万元以上二十万元以下的罚款；有前款第二项、第三项、第四项、第五项、第六项、第九项、第十项、第十一项行为之一，处十万元以上一百万元以下的罚款；有前款第七项行为，处所需处置费用一倍以上三倍以下的罚款，所需处置费用不足十万元的，按十万元计算。对前款第十一项行为的处罚，有关法律、行政法规另有规定的，适用其规定。

第一百零三条　违反本法规定，以拖延、围堵、滞留执法人员等方式拒绝、阻挠监督检查，或者在接受监督检查时弄虚作假的，由生态环境主管部门或者其他负有固体废物污染环境防治监督管理职责的部门责令改正，处五万元以上二十万元以下的罚款；对直接负责的主管人员和其他直接责任人员，处二万元以上十万元以下的罚款。

第一百零四条 违反本法规定，未依法取得排污许可证产生工业固体废物的，由生态环境主管部门责令改正或者限制生产、停产整治，处十万元以上一百万元以下的罚款；情节严重的，报经有批准权的人民政府批准，责令停业或者关闭。

第一百零五条 违反本法规定，生产经营者未遵守限制商品过度包装的强制性标准的，由县级以上地方人民政府市场监督管理部门或者有关部门责令改正；拒不改正的，处二千元以上二万元以下的罚款；情节严重的，处二万元以上十万元以下的罚款。

第一百零六条 违反本法规定，未遵守国家有关禁止、限制使用不可降解塑料袋等一次性塑料制品的规定，或者未按照国家有关规定报告塑料袋等一次性塑料制品的使用情况的，由县级以上地方人民政府商务、邮政等主管部门责令改正，处一万元以上十万元以下的罚款。

第一百零七条 从事畜禽规模养殖未及时收集、贮存、利用或者处置养殖过程中产生的畜禽粪污等固体废物的，由生态环境主管部门责令改正，可以处十万元以下的罚款；情节严重的，报经有批准权的人民政府批准，责令停业或者关闭。

第一百零八条 违反本法规定，城镇污水处理设施维护运营单位或者污泥处理单位对污泥流向、用途、用量等未进行跟踪、记录，或者处理后的污泥不符合国家有关标准的，由城镇排水主管部门责令改正，给予警告；造成严重后果的，处十万元以上二十万元以下的罚款；拒不改正的，城镇排水主管部门可以指定有治理能力的单位代为治理，所需费用由违法者承担。

违反本法规定，擅自倾倒、堆放、丢弃、遗撒城镇污水处理设施产生的污泥和处理后的污泥的，由城镇排水主管部门责令改正，处二十万元以上二百万元以下的罚款，对直接负责的主管人员和其他直接责任人员处二万元以上十万元以下的罚款；造成严重后果的，处二百万元以上五百万元以下的罚款，对直接负责的主管人员和其他直接责任人员处五万元以上五十万元以下的罚款；拒不改正的，城镇排水主管部门可以指定有治理能力的单位代为治理，所需费用由违法者承担。

第一百零九条 违反本法规定，生产、销售、进口或者使用淘汰的设备，或者采用淘汰的生产工艺的，由县级以上地方人民政府指定的部门责令改正，处十万元以上一百万元以下的罚款，没收违法所得；情节严重的，由县级以上地方人民政府指定的部门提出意见，报经有批准权的人民政府批准，责令停业或者关闭。

第一百一十条 尾矿、煤矸石、废石等矿业固体废物贮存设施停止使用后，未按照国家有关环境保护规定进行封场的，由生态环境主管部门责令改正，处二十万元以上一百万元以下的罚款。

第一百一十一条 违反本法规定，有下列行为之一，由县级以上地方人民政府环境卫生主管部门责令改正，处以罚款，没收违法所得：

（一）随意倾倒、抛撒、堆放或者焚烧生活垃圾的；

（二）擅自关闭、闲置或者拆除生活垃圾处理设施、场所的；

（三）工程施工单位未编制建筑垃圾处理方案报备案，或者未及时清运施工过程中产生的固体废物的；

（四）工程施工单位擅自倾倒、抛撒或者堆放工程施工过程中产生的建筑垃圾，或者未按照规定对施工过程中产生的固体废物进行利用或者处置的；

（五）产生、收集厨余垃圾的单位和其他生产经营者未将厨余垃圾交由具备相应资质条件的单位进行无害化处理的；

（六）畜禽养殖场、养殖小区利用未经无害化处理的厨余垃圾饲喂畜禽的；

（七）在运输过程中沿途丢弃、遗撒生活垃圾的。

单位有前款第一项、第七项行为之一，处五万元以上五十万元以下的罚款；单位有前款第二项、第三项、第四项、第五项、第六项行为之一，处十万元以上一百万元以下的罚款；个人有前款第一项、第五项、第七项行为之一，处一百元以上五百元以下的罚款。

违反本法规定，未在指定的地点分类投放生活垃圾的，由县级以上地方人民政府环境卫生主管部门责令改正；情节严重的，对单位处五万元以上五十万元以下的罚款，对个人依法处以罚款。

第一百一十二条 违反本法规定，有下列行为之一，由生态环境主管部门责令改正，处以罚款，没收违法所得；情节严重的，报经有批准权的人民政府批准，可以责令停业或者关闭：

（一）未按照规定设置危险废物识别标志的；

（二）未按照国家有关规定制定危险废物管理计划或者申报危险废物有关资料的；

（三）擅自倾倒、堆放危险废物的；

（四）将危险废物提供或者委托给无许可证的单位或者其他生产经营者从事经营活动的；

（五）未按照国家有关规定填写、运行危险废物转移联单或者未经批准擅自转移危险废物的；

（六）未按照国家环境保护标准贮存、利用、处置危险废物或者将危险废物混入非危险废物中贮存的；

（七）未经安全性处置，混合收集、贮存、运输、处置具有不相容性质的危险废物的；

（八）将危险废物与旅客在同一运输工具上载运的；

（九）未经消除污染处理，将收集、贮存、运输、处置危险废物的场所、设施、设备和容器、包装物及其他物品转作他用的；

（十）未采取相应防范措施，造成危险废物扬散、流失、渗漏或者其他环境污染的；

（十一）在运输过程中沿途丢弃、遗撒危险废物的；

（十二）未制定危险废物意外事故防范措施和应急预案的；

（十三）未按照国家有关规定建立危险废物管理台账并如实记录的。

有前款第一项、第二项、第五项、第六项、第七项、第八项、第九项、第十二项、第十三项行为之一，处十万元以上一百万元以下的罚款；有前款第三项、第四项、第十项、第十一项行为之一，处所需处置费用三倍以上五倍以下的罚款，所需处置费用不足二十万元的，按二十万元计算。

第一百一十三条 违反本法规定，危险废物产生者未按照规定处置其产生的危险废物被责令改正后拒不改正的，由生态环境主管部门组织代为处置，处置费用由危险废物产生者承担；拒不承担代为处置费用的，处代为处置费用一倍以上三倍以下的罚款。

第一百一十四条 无许可证从事收集、贮存、利用、处置危险废物经营活动的，由生态环境主管部门责令改正，处一百万元以上五百万元以下的罚款，并报经有批准权的人民政府批准，责令停业或者关闭；对法定代表人、主要负责人、直接负责的主管人员和其他责任人员，处十万元以上一百万元以下的罚款。

未按照许可证规定从事收集、贮存、利用、处置危险废物经营活动的，由生态环境主管部门责令改正，限制生产、停产整治，处五十万元以上二百万元以下的罚款；对法定代表人、主要负责人、直接负责的主管人员和其他责任人员，处五万元以上五十万元以下的罚款；情节严重的，报经有批准权的人民政府批准，责令停业或者关闭，还可以由发证机关吊销许可证。

第一百一十五条 违反本法规定，将中华人民共和国境外的固体废物输入境内的，由海关责令退运该固体废物，处五十万元以上五百万元以下的罚款。

承运人对前款规定的固体废物的退运、处置，与进口者承担连带责任。

第一百一十六条 违反本法规定，经中华人民共和国过境转移危险废物的，由海关责令退运该危险废物，处五十万元以上五百万元以下的罚款。

第一百一十七条 对已经非法入境的固体废物，由省级以上人民政府生态环境主管部门依法向海关提出处理意见，海关应当依照本法第一百一十五条的规定作出处罚决定；已经造成环境污染的，由省级以上人民政府生态环境主管部门责令进口者消除污染。

第一百一十八条 违反本法规定，造成固体废物污染环境事故的，除依法承担赔偿责任外，由生态环境主管部门依照本条第二款的规定处以罚款，责令限期采取治理措施；造成重大或者特大固体废物污染环境事故的，还可以报经有批准权的人民政府批准，责令关闭。

造成一般或者较大固体废物污染环境事故的，按照事故造成的直接经济损失的一倍以上三倍以下计算罚款；造成重大或者特大固体废物污染环境事故的，按照事故造成的直接经济损失的三倍以上五倍以下计算罚款，并对法定代表人、主要负责人、直接负责的主管人员和其他责任人员处上一年度从本单位取得的收入百分之五十以下的罚款。

第一百一十九条 单位和其他生产经营者违反本法规定排放固体废物，受到罚款处罚，被责令改正的，依法作出处罚决定的行政机关应当组织复查，发现其继续实施该违法行为的，依照《中华人民共和国环境保护法》的规定按日连续处罚。

第一百二十条 违反本法规定，有下列行为之一，尚不构成犯罪的，由公安机关对法定代表人、主要负责人、直接负责的主管人员和其他责任人员处十日以上十五日以下的拘留；情节较轻的，处五日以上十日以下的拘留：

（一）擅自倾倒、堆放、丢弃、遗撒固体废物，造成严重后果的；

（二）在生态保护红线区域、永久基本农田集中区域和其他需要特别保护的区域内，建设工业固体废物、危险废物集中贮存、利用、处置的设施、场所和生活垃圾填埋场的；

（三）将危险废物提供或者委托给无许可证的单位或者其他生产经营者堆放、利用、处置的；

（四）无许可证或者未按照许可证规定从事收集、贮存、利用、处置危险废物经营活动的；

（五）未经批准擅自转移危险废物的；

（六）未采取防范措施，造成危险废物扬散、流失、渗漏或者其他严重后果的。

第一百二十一条 固体废物污染环境、破坏生态，损害国家利益、社会公共利益的，有关机关和组织可以依照《中华人民共和国环境保护法》、《中华人民共和国民事诉讼法》、《中华人民共和国行政诉讼法》等法律的规定向人民法院提起诉讼。

第一百二十二条 固体废物污染环境、破坏生态给国家造成重大损失的，由设区的市级以上地方人民政府或者其指定的部门、机构组织与造成环境污染和生态破坏的单位和其他生产经营者进行磋商，要求其承担损害赔偿责任；磋商未达成一致的，可以向人民法院提起诉讼。

对于执法过程中查获的无法确定责任人或者无法退运的固体废物，由所在地县级以上地方人民政府组织处理。

第一百二十三条 违反本法规定，构成违反治安管理行为的，由公安机关依法给予治安管理处罚；构成犯罪的，依法追究刑事责任；造成人身、财产损害的，依法承担民事责任。

第九章 附 则

第一百二十四条 本法下列用语的含义：

（一）固体废物，是指在生产、生活和其他活动中产生的丧失原有利用价值或者虽未丧失利用价值但被抛弃或者放弃的固态、半固态和置于容器中的气态的物品、物质以及法律、行政法规规定纳入固体废物管理的物品、物质。经无害化加工处理，并且符合强制性国家产品质量标准，不会危害公众健康和生态安全，或者根据固体废物鉴别标准和鉴别程序认定为不属于固体废物的除外。

（二）工业固体废物，是指在工业生产活动中产生的固体废物。

（三）生活垃圾，是指在日常生活中或者为日常生活提供服务的活动中产生的固体废物，以及法律、行政法规规定视为生活垃圾的固体废物。

（四）建筑垃圾，是指建设单位、施工单位新建、改建、扩建和拆除各类建筑物、构筑物、管网等，以及居民装饰装修房屋过程中产生的弃土、弃料和其他固体废物。

（五）农业固体废物，是指在农业生产活动中产生的固体废物。

（六）危险废物，是指列入国家危险废物名录或者根据国家规定的危险废物鉴别标准和鉴别方法认定的具有危险特性的固体废物。

（七）贮存，是指将固体废物临时置于特定设施或者场所中的活动。

（八）利用，是指从固体废物中提取物质作为原材料或者燃料的活动。

（九）处置，是指将固体废物焚烧和用其他改变固体废物的物理、化学、生物特性的方法，达到减少已产生的固体废物数量、缩小固体废物体积、减少或者消除其危险成分的活动，或者将固体废物最终置于符合环境保护规定要求的填埋场的活动。

第一百二十五条 液态废物的污染防治，适用本法；但是，排入水体的废水的污染防治适用有关法律，不适用本法。

第一百二十六条 本法自 2020 年 9 月 1 日起施行。

医疗废物管理条例

中华人民共和国国务院令　第380号

第一章　总　则

第一条　为了加强医疗废物的安全管理，防止疾病传播，保护环境，保障人体健康，根据《中华人民共和国传染病防治法》和《中华人民共和国固体废物污染环境防治法》，制定本条例。

第二条　本条例所称医疗废物，是指医疗卫生机构在医疗、预防、保健以及其他相关活动中产生的具有直接或者间接感染性、毒性以及其他危害性的废物。

医疗废物分类目录，由国务院卫生行政主管部门和环境保护行政主管部门共同制定、公布。

第三条　本条例适用于医疗废物的收集、运送、贮存、处置以及监督管理等活动。

医疗卫生机构收治的传染病病人或者疑似传染病病人产生的生活垃圾，按照医疗废物进行管理和处置。

医疗卫生机构废弃的麻醉、精神、放射性、毒性等药品及其相关的废物的管理，依照有关法律、行政法规和国家有关规定、标准执行。

第四条　国家推行医疗废物集中无害化处置，鼓励有关医疗废物安全处置技术的研究与开发。

县级以上地方人民政府负责组织建设医疗废物集中处置设施。

国家对边远贫困地区建设医疗废物集中处置设施给予适当的支持。

第五条　县级以上各级人民政府卫生行政主管部门，对医疗废物收集、运送、贮存、处置活动中的疾病防治工作实施统一监督管理；环境保护行政主管部门，对医疗废物收集、运送、贮存、处置活动中的环境污染防治工作实施统一监督管理。

县级以上各级人民政府其他有关部门在各自的职责范围内负责与医疗废物处置有关的监督管理工作。

第六条　任何单位和个人有权对医疗卫生机构、医疗废物集中处置单位和监督管理部门及其工作人员的违法行为进行举报、投诉、检举和控告。

第二章　医疗废物管理的一般规定

第七条　医疗卫生机构和医疗废物集中处置单位，应当建立、健全医疗废物管理责任制，其法定代表人为第一责任人，切实履行职责，防止因医疗废物导致传染病传播和环境污染事故。

第八条　医疗卫生机构和医疗废物集中处置单位，应当制定与医疗废物安全处置有关的规章制度和在发生意外事故时的应急方案；设置监控部门或者专（兼）职人员，负责检查、督促、落实本单位医疗废物的管理工作，防止违反本条例的行为发生。

第九条 医疗卫生机构和医疗废物集中处置单位，应当对本单位从事医疗废物收集、运送、贮存、处置等工作的人员和管理人员，进行相关法律和专业技术、安全防护以及紧急处理等知识的培训。

第十条 医疗卫生机构和医疗废物集中处置单位，应当采取有效的职业卫生防护措施，为从事医疗废物收集、运送、贮存、处置等工作的人员和管理人员，配备必要的防护用品，定期进行健康检查；必要时，对有关人员进行免疫接种，防止其受到健康损害。

第十一条 医疗卫生机构和医疗废物集中处置单位，应当依照《中华人民共和国固体废物污染环境防治法》的规定，执行危险废物转移联单管理制度。

第十二条 医疗卫生机构和医疗废物集中处置单位，应当对医疗废物进行登记，登记内容应当包括医疗废物的来源、种类、重量或者数量、交接时间、处置方法、最终去向以及经办人签名等项目。登记资料至少保存 3 年。

第十三条 医疗卫生机构和医疗废物集中处置单位，应当采取有效措施，防止医疗废物流失、泄漏、扩散。

发生医疗废物流失、泄漏、扩散时，医疗卫生机构和医疗废物集中处置单位应当采取减少危害的紧急处理措施，对致病人员提供医疗救护和现场救援；同时向所在地的县级人民政府卫生行政主管部门、环境保护行政主管部门报告，并向可能受到危害的单位和居民通报。

第十四条 禁止任何单位和个人转让、买卖医疗废物。

禁止在运送过程中丢弃医疗废物；禁止在非贮存地点倾倒、堆放医疗废物或者将医疗废物混入其他废物和生活垃圾。

第十五条 禁止邮寄医疗废物。

禁止通过铁路、航空运输医疗废物。

有陆路通道的，禁止通过水路运输医疗废物；没有陆路通道必需经水路运输医疗废物的，应当经设区的市级以上人民政府环境保护行政主管部门批准，并采取严格的环境保护措施后，方可通过水路运输。

禁止将医疗废物与旅客在同一运输工具上载运。

禁止在饮用水源保护区的水体上运输医疗废物。

第三章 医疗卫生机构对医疗废物的管理

第十六条 医疗卫生机构应当及时收集本单位产生的医疗废物，并按照类别分置于防渗漏、防锐器穿透的专用包装物或者密闭的容器内。

医疗废物专用包装物、容器，应当有明显的警示标识和警示说明。

医疗废物专用包装物、容器的标准和警示标识的规定，由国务院卫生行政主管部门和环境保护行政主管部门共同制定。

第十七条 医疗卫生机构应当建立医疗废物的暂时贮存设施、设备，不得露天存放医疗废物；医疗废物暂时贮存的时间不得超过 2 天。

医疗废物的暂时贮存设施、设备，应当远离医疗区、食品加工区和人员活动区以及生活垃圾存放场所，并设置明显的警示标识和防渗漏、防鼠、防蚊蝇、防蟑螂、防盗以及预防儿童接触等安全措施。

医疗废物的暂时贮存设施、设备应当定期消毒和清洁。

第十八条 医疗卫生机构应当使用防渗漏、防遗撒的专用运送工具，按照本单位确定的内部医疗废物运送时间、路线，将医疗废物收集、运送至暂时贮存地点。

运送工具使用后应当在医疗卫生机构内指定的地点及时消毒和清洁。

第十九条 医疗卫生机构应当根据就近集中处置的原则，及时将医疗废物交由医疗废物集中处置单位处置。

医疗废物中病原体的培养基、标本和菌种、毒种保存液等高危险废物，在交医疗废物集中处置单位处置前应当就地消毒。

第二十条 医疗卫生机构产生的污水、传染病病人或者疑似传染病病人的排泄物，应当按照国家规定严格消毒；达到国家规定的排放标准后，方可排入污水处理系统。

第二十一条 不具备集中处置医疗废物条件的农村，医疗卫生机构应当按照县级人民政府卫生行政主管部门、环境保护行政主管部门的要求，自行就地处置其产生的医疗废物。自行处置医疗废物的，应当符合下列基本要求：

（一）使用后的一次性医疗器具和容易致人损伤的医疗废物，应当消毒并作毁形处理；

（二）能够焚烧的，应当及时焚烧；

（三）不能焚烧的，消毒后集中填埋。

第四章　医疗废物的集中处置

第二十二条 从事医疗废物集中处置活动的单位，应当向县级以上人民政府环境保护行政主管部门申请领取经营许可证；未取得经营许可证的单位，不得从事有关医疗废物集中处置的活动。

第二十三条 医疗废物集中处置单位，应当符合下列条件：

（一）具有符合环境保护和卫生要求的医疗废物贮存、处置设施或者设备；

（二）具有经过培训的技术人员以及相应的技术工人；

（三）具有负责医疗废物处置效果检测、评价工作的机构和人员；

（四）具有保证医疗废物安全处置的规章制度。

第二十四条 医疗废物集中处置单位的贮存、处置设施，应当远离居（村）民居住区、水源保护区和交通干道，与工厂、企业等工作场所有适当的安全防护距离，并符合国务院环境保护行政主管部门的规定。

第二十五条 医疗废物集中处置单位应当至少每 2 天到医疗卫生机构收集、运送一次医疗废物，并负责医疗废物的贮存、处置。

第二十六条 医疗废物集中处置单位运送医疗废物，应当遵守国家有关危险货物运输管理的规定，使用有明显医疗废物标识的专用车辆。医疗废物专用车辆应当达到防渗漏、防遗撒以及其他环境保护和卫生要求。

运送医疗废物的专用车辆使用后，应当在医疗废物集中处置场所内及时进行消毒和清洁。

运送医疗废物的专用车辆不得运送其他物品。

第二十七条 医疗废物集中处置单位在运送医疗废物过程中应当确保安全，不得丢弃、遗撒医疗废物。

第二十八条 医疗废物集中处置单位应当安装污染物排放在线监控装置，并确保监控装置经常处于正常运行状态。

第二十九条 医疗废物集中处置单位处置医疗废物，应当符合国家规定的环境保护、卫生标准、规范。

第三十条 医疗废物集中处置单位应当按照环境保护行政主管部门和卫生行政主管部门的规定，定期对医疗废物处置设施的环境污染防治和卫生学效果进行检测、评价。检测、评价结果存入医疗废物集中处置单位档案，每半年向所在地环境保护行政主管部门和卫生行政主管部门报告一次。

第三十一条 医疗废物集中处置单位处置医疗废物，按照国家有关规定向医疗卫生机构收取医疗废物处置费用。

医疗卫生机构按照规定支付的医疗废物处置费用，可以纳入医疗成本。

第三十二条 各地区应当利用和改造现有固体废物处置设施和其他设施，对医疗废物集中处置，并达到基本的环境保护和卫生要求。

第三十三条 尚无集中处置设施或者处置能力不足的城市，自本条例施行之日起，设区的市级以上城市应当在1年内建成医疗废物集中处置设施；县级市应当在2年内建成医疗废物集中处置设施。县（旗）医疗废物集中处置设施的建设，由省、自治区、直辖市人民政府规定。

在尚未建成医疗废物集中处置设施期间，有关地方人民政府应当组织制定符合环境保护和卫生要求的医疗废物过渡性处置方案，确定医疗废物收集、运送、处置方式和处置单位。

第五章 监督管理

第三十四条 县级以上地方人民政府卫生行政主管部门、环境保护行政主管部门，应当依照本条例的规定，按照职责分工，对医疗卫生机构和医疗废物集中处置单位进行监督检查。

第三十五条 县级以上地方人民政府卫生行政主管部门，应当对医疗卫生机构和医疗废物集中处置单位从事医疗废物的收集、运送、贮存、处置中的疾病防治工作，以及工作人员的卫生防护等情况进行定期监督检查或者不定期的抽查。

第三十六条 县级以上地方人民政府环境保护行政主管部门，应当对医疗卫生机构和医疗废物集中处置单位从事医疗废物收集、运送、贮存、处置中的环境污染防治工作进行定期监督检查或者不定期的抽查。

第三十七条 卫生行政主管部门、环境保护行政主管部门应当定期交换监督检查和抽查结果。在监督检查或者抽查中发现医疗卫生机构和医疗废物集中处置单位存在隐患时，应当责令立即消除隐患。

第三十八条 卫生行政主管部门、环境保护行政主管部门接到对医疗卫生机构、医疗废物集中处置单位和监督管理部门及其工作人员违反本条例行为的举报、投诉、检举和控告后，应当及时核实，依法作出处理，并将处理结果予以公布。

第三十九条 卫生行政主管部门、环境保护行政主管部门履行监督检查职责时，有权采取下列措施：

（一）对有关单位进行实地检查，了解情况，现场监测，调查取证；

（二）查阅或者复制医疗废物管理的有关资料，采集样品；

（三）责令违反本条例规定的单位和个人停止违法行为；

（四）查封或者暂扣涉嫌违反本条例规定的场所、设备、运输工具和物品；

（五）对违反本条例规定的行为进行查处。

第四十条 发生因医疗废物管理不当导致传染病传播或者环境污染事故，或者有证据证明传染病传播或者环境污染的事故有可能发生时，卫生行政主管部门、环境保护行政主管部门应当采取临时控制措施，疏散人员，控制现场，并根据需要责令暂停导致或者可能导致传染病传播或者环境污染事故的作业。

第四十一条 医疗卫生机构和医疗废物集中处置单位，对有关部门的检查、监测、调查取证，应当予以配合，不得拒绝和阻碍，不得提供虚假材料。

第六章 法律责任

第四十二条 县级以上地方人民政府未依照本条例的规定，组织建设医疗废物集中处置设施或者组织制定医疗废物过渡性处置方案的，由上级人民政府通报批评，责令限期建成医疗废物集中处置设施或者组织制定医疗废物过渡性处置方案；并可以对政府主要领导人、负有责任的主管人员，依法给予行政处分。

第四十三条 县级以上各级人民政府卫生行政主管部门、环境保护行政主管部门或者其他有关部门，未按照本条例的规定履行监督检查职责，发现医疗卫生机构和医疗废物集中处置单位的违法行为不及时处理，发生或者可能发生传染病传播或者环境污染事故时未及时采取减少危害措施，以及有其他玩忽职守、失职、渎职行为的，由本级人民政府或者上级人民政府有关部门责令改正，通报批评；造成传染病传播或者环境污染事故的，对主要负责人、负有责任的主管人员和其他直接责任人员依法给予降级、撤职、开除的行政处分；构成犯罪的，依法追究刑事责任。

第四十四条 县级以上人民政府环境保护行政主管部门，违反本条例的规定发给医疗废物集中处置单位经营许可证的，由本级人民政府或者上级人民政府环境保护行政主管部门通报批评，责令收回违法发给的证书；并可以对主要负责人、负有责任的主管人员和其他直接责任人员依法给予行政处分。

第四十五条 医疗卫生机构、医疗废物集中处置单位违反本条例规定，有下列情形之一的，由县级以上地方人民政府卫生行政主管部门或者环境保护行政主管部门按照各自的职责责令限期改正，给予警告；逾期不改正的，处 2 000 元以上 5 000 元以下的罚款：

（一）未建立、健全医疗废物管理制度，或者未设置监控部门或者专（兼）职人员的；

（二）未对有关人员进行相关法律和专业技术、安全防护以及紧急处理等知识的培训的；

（三）未对从事医疗废物收集、运送、贮存、处置等工作的人员和管理人员采取职业卫生防护措施的；

（四）未对医疗废物进行登记或者未保存登记资料的；

（五）对使用后的医疗废物运送工具或者运送车辆未在指定地点及时进行消毒和清洁的；

（六）未及时收集、运送医疗废物的；

（七）未定期对医疗废物处置设施的环境污染防治和卫生学效果进行检测、评价，或者未将检测、评价效果存档、报告的。

第四十六条 医疗卫生机构、医疗废物集中处置单位违反本条例规定，有下列情形之一的，由县级以上地方人民政府卫生行政主管部门或者环境保护行政主管部门按照各自的职责责令限期改正，给予警告，可以并处5 000元以下的罚款；逾期不改正的，处5 000元以上3万元以下的罚款：

（一）贮存设施或者设备不符合环境保护、卫生要求的；

（二）未将医疗废物按照类别分置于专用包装物或者容器的；

（三）未使用符合标准的专用车辆运送医疗废物或者使用运送医疗废物的车辆运送其他物品的；

（四）未安装污染物排放在线监控装置或者监控装置未经常处于正常运行状态的。

第四十七条 医疗卫生机构、医疗废物集中处置单位有下列情形之一的，由县级以上地方人民政府卫生行政主管部门或者环境保护行政主管部门按照各自的职责责令限期改正，给予警告，并处5 000元以上1万元以下的罚款；逾期不改正的，处1万元以上3万元以下的罚款；造成传染病传播或者环境污染事故的，由原发证部门暂扣或者吊销执业许可证件或者经营许可证件；构成犯罪的，依法追究刑事责任：

（一）在运送过程中丢弃医疗废物，在非贮存地点倾倒、堆放医疗废物或者将医疗废物混入其他废物和生活垃圾的；

（二）未执行危险废物转移联单管理制度的；

（三）将医疗废物交给未取得经营许可证的单位或者个人收集、运送、贮存、处置的；

（四）对医疗废物的处置不符合国家规定的环境保护、卫生标准、规范的；

（五）未按照本条例的规定对污水、传染病病人或者疑似传染病病人的排泄物，进行严格消毒，或者未达到国家规定的排放标准，排入污水处理系统的；

（六）对收治的传染病病人或者疑似传染病病人产生的生活垃圾，未按照医疗废物进行管理和处置的。

第四十八条 医疗卫生机构违反本条例规定，将未达到国家规定标准的污水、传染病病人或者疑似传染病病人的排泄物排入城市排水管网的，由县级以上地方人民政府建设行政主管部门责令限期改正，给予警告，并处5 000元以上1万元以下的罚款；逾期不改正的，处1万元以上3万元以下的罚款；造成传染病传播或者环境污染事故的，由原发证部门暂扣或者吊销执业许可证件；构成犯罪的，依法追究刑事责任。

第四十九条 医疗卫生机构、医疗废物集中处置单位发生医疗废物流失、泄漏、扩散时，未采取紧急处理措施，或者未及时向卫生行政主管部门和环境保护行政主管部门报告的，由县级以上地方人民政府卫生行政主管部门或者环境保护行政主管部门按照各自的职责责令改正，给予警告，并处1万元以上3万元以下的罚款；造成传染病传播或者环境污染事故的，由原发证部门暂扣或者吊销执业许可证件或者经营许可证件；构成犯罪的，依法追究刑事责任。

第五十条 医疗卫生机构、医疗废物集中处置单位，无正当理由，阻碍卫生行政主管部门或者环境保护行政主管部门执法人员执行职务，拒绝执法人员进入现场，或者不配合执法部门的检查、监测、调查取证的，由县级以上地方人民政府卫生行政主管部门或者环境保护行政主管部门按照各自的职责责令改正，给予警告；拒不改正的，由原发证部门暂扣或者吊销执业许可证件或者经营许可证件；触犯《中华人民共和国治安管理处罚法》，构成违反治安管理行为的，由公安机关依法予以处罚；构成犯罪的，依法追究刑事责任。

第五十一条 不具备集中处置医疗废物条件的农村，医疗卫生机构未按照本条例的要求处置医疗废物的，由县级人民政府卫生行政主管部门或者环境保护行政主管部门按照各自的职责责令限期改正，给予警告；逾期不改正的，处 1 000 元以上 5 000 元以下的罚款；造成传染病传播或者环境污染事故的，由原发证部门暂扣或者吊销执业许可证件；构成犯罪的，依法追究刑事责任。

第五十二条 未取得经营许可证从事医疗废物的收集、运送、贮存、处置等活动的，由县级以上地方人民政府环境保护行政主管部门责令立即停止违法行为，没收违法所得，可以并处违法所得 1 倍以下的罚款。

第五十三条 转让、买卖医疗废物，邮寄或者通过铁路、航空运输医疗废物，或者违反本条例规定通过水路运输医疗废物的，由县级以上地方人民政府环境保护行政主管部门责令转让、买卖双方、邮寄人、托运人立即停止违法行为，给予警告，没收违法所得；违法所得 5 000 元以上的，并处违法所得 2 倍以上 5 倍以下的罚款；没有违法所得或者违法所得不足 5 000 元的，并处 5 000 元以上 2 万元以下的罚款。

承运人明知托运人违反本条例的规定运输医疗废物，仍予以运输的，或者承运人将医疗废物与旅客在同一工具上载运的，按照前款的规定予以处罚。

第五十四条 医疗卫生机构、医疗废物集中处置单位违反本条例规定，导致传染病传播或者发生环境污染事故，给他人造成损害的，依法承担民事赔偿责任。

第七章 附 则

第五十五条 计划生育技术服务、医学科研、教学、尸体检查和其他相关活动中产生的具有直接或者间接感染性、毒性以及其他危害性废物的管理，依照本条例执行。

第五十六条 军队医疗卫生机构医疗废物的管理由中国人民解放军卫生主管部门参照本条例制定管理办法。

第五十七条 本条例自公布之日起施行。

五、技术政策

煤矸石综合利用技术政策要点

国经贸资源[1999]1005 号

一、煤矸石综合利用是一项长期的技术经济政策

煤矸石是煤炭生产和加工过程中产生的固体废弃物，每年的排放量相当于当年煤炭产量的 10%左右，目前已累计堆存 30 多亿 t，占地约 1.2 万 hm^2，是目前我国排放量最大的工业固体废弃物之一。煤矸石长期堆存，占用大量土地，同时造成自燃，污染大气和地下水质。煤矸石又是可利用的资源，其综合利用是资源综合利用的重要组成部分。“八五”以来煤矸石综合利用有了较大的发展，利用途径不断扩大，技术水平不断提高。但我国煤矸石综合利用技术装备水平还比较落后，产品的技术含量不高，综合利用发展也不平衡。大力开展煤矸石综合利用可以增加企业的经济效益，改善煤矿生产结构，分流煤矿富余人员，同时又可以减少土地压占，改善环境质量。因此，煤矸石综合利用是一项长期的技术政策。

煤矸石综合利用要坚持“因地制宜，积极利用”的指导思想，实行“谁排放、谁治理”、“谁利用、谁受益”的原则。将资源化利用与企业发展相结合，资源化利用与污染治理相结合，实现经济效益、环境效益、社会效益的统一。

煤矸石综合利用技术以巩固、推广为主，完善、开发并举。巩固已有的技术成果，推广技术成熟、经济合理、有市场前景的技术，逐步完善比较成熟的技术，研究开发新技术，积极引进国外先进技术和装备，在消化吸收的基础上努力创新，不断提高煤矸石综合利用的技术装备水平，促进煤矸石的扩大利用。

二、煤矸石综合利用的主要技术原则

煤矸石综合利用以大宗量利用为重点，将煤矸石发电、煤矸石建材及制品、复垦回填以及煤矸石山无害化处理等大宗量利用煤矸石技术作为主攻方向，发展高科技含量、高附加值的煤矸石综合利用技术和产品。

加强煤矸石资源化利用的评价工作，对煤矸石的分布、积存量、矸石类型、特性等进行系统研究和分析，逐步建立煤矸石资料数据库，为合理有效利用煤矸石提供翔实可靠的基础资料。根据煤矸石的矿物特性和理化性能确定综合利用途径。

煤矸石发电应向大型循环流化床燃烧技术方向发展，逐步改造现有的煤矸石电厂，提高燃烧效率，提高废弃物的综合利用率和利用水平，实现污染物达标排放。

煤矸石建材及制品，以发展高掺量煤矸石烧结制品为主，积极发展煤矸石承重、非承重烧结空心砖、轻骨料等新型建材，逐步替代粘土；鼓励煤矸石建材及制品向多功能、多品种、高档次方向发展。

含有用元素的煤矸石，在技术经济合理的前提下，按照先加工提取、后处置的原则，分采分选；对暂时不能利用的要单独存放，不应随废渣一起弃置。

鼓励利用煤矸石复垦塌陷区，发展种植业，改善生态环境。

新建煤矿（厂）应在矿井建设的同时，制定煤矸石利用和处置方案，不宜设立永久性矸石山。老矿井的矸石山，应因地制宜有计划地治理和利用，让出或减少所压占土地。

三、煤矸石作燃料发电

推广利用煤矸石、煤矸石与煤泥、煤矸石与焦炉煤气、矿井瓦斯等低热值燃料发电。低热值燃料综合利用电厂的建设要靠近燃料产地，避免燃料长途运输；凡有稳定热负荷的地方，经技术经济论证，应实行热电联产联供。

推广适合燃烧煤矸石的（其应用基低位发热量不大于 12 550 kJ/kg）75 t/h 及以上循环流化床锅炉。在有条件的地方积极推广热、电、冷联产技术和热、电、煤气联供技术。

推广炉内石灰脱硫和静电除尘技术。对燃用高硫煤矸石的电厂，必须采取脱硫措施实现二氧化硫、烟尘等污染物的达标排放。对灰渣要进行综合利用，不应造成二次污染。

推广煤矸石沸腾炉床下风室点火技术和红渣直接点火技术，推广利用发热量较高的煤矸石生产成型燃料技术。

研究开发煤矸石等低热值燃料电厂锅炉高效除尘、脱硫设备，灰渣干法输送、存储及利用技术和设备；燃煤泥锅炉煤泥输送、给料、成型技术和设备。

研究开发煤矸石电厂锅炉的耐磨材料及制造工艺，解决磨损问题，提高锅炉连续运行时间和可靠性；研究开发高效、可靠的冷渣设备和大容量循环流化床锅炉制造技术。

四、煤矸石生产建筑材料及制品

利用煤矸石生产建筑材料及制品前，应对所用煤矸石的化学成分、矿物成分、发热量、物理性能等指标进行综合评价，并做小试；原料成分复杂、波动大时，应进行半工业性试验。

利用煤矸石为原料生产的建材产品，产品质量应符合国家或行业标准；对用于生产建材产品的煤矸石应进行放射性测量，原料符合 GB 9196—88 标准，制品中放射性元素含量符合 GB 6763—86 标准。

1．煤矸石制砖

积极推广使用新型建筑材料，大力发展煤矸石空心砖等新型建筑材料，在煤矸石贮存、排放的周边地区，鼓励现有粘土（页岩）烧结砖生产企业，通过改进生产工艺与装备提高煤矸石的掺加量，限制和逐步淘汰实心粘土砖。

煤矸石砖生产以烧结砖为主，重点推广全煤矸石承重多孔砖和非承重空心砖，要向高技术方向发展，主要是发展高掺量、多孔洞率、高保温性能、高强度的承重多孔砖，或带有外饰面的清水墙砖。为此要加强原料的均化处理，逐步改造软塑成型、自然干燥工艺，利用砖窑余热干燥砖坯，推广有余热利用系统的节能型轮窑和隧道窑；积极发展硬塑、半硬塑成型和隧道窑干燥与焙烧连续作业的全内燃一次码烧工艺，提高机械化和半自动化水平。

鼓励消化吸收国外先进制砖技术和设备，提高利废建材的技术装备水平。改进原料的中、细碎设备，发展高挤出力、高真空度挤出机，配套完善 3 000～6 000 万块/a 承重多孔砖和非承重空心砖全套设备和工艺；完善开发高质量的外承重装饰砖和广场、道路砖。

煤矸石烧结多孔砖执行 GB 13544—92 标准。煤矸石烧结空心砖和空心砌块执行 GB 13545—92 标准。

2．煤矸石制水泥

推广利用煤矸石为原料，部分或全部代替粘土配制水泥生料，烧制硅酸盐水泥熟料。

推广过火矸等作水泥混合材技术，生产硅酸盐水泥、普通硅酸盐水泥等。用于做水泥混合材的煤矸石应符合有关水泥混合材的标准，水泥应符合有关水泥产品的国家标准。

3．煤种石制其他建材产品

根据煤矸石的矿物组成，可作为硅质原料或铝质原料，应用于许多烧结陶（瓷）类建材产品的生产，并充分利用其所含的发热量。

在建筑陶瓷、建筑卫生陶瓷等陶瓷制品生产中，推广以煤矸石为部分原料替代材料的生产技术。煤矸石排放、贮存地附近的建筑卫生瓷生产企业，在产品质量有保证的前提下，鼓励其通过必要的技术改造利用煤矸石。

推广以煤矸石为主要原料，生产规模大于 3 万 m^3/a 的烧结陶粒生产技术，以煤矸石烧结陶粒为骨料的混凝土空心砌块生产技术。

推广以过火矸、岩巷矸等低热值煤矸石为骨料的砼空心砌块等砼制品生产技术，煤矸石物化性能应满足砼用骨料标准或《自燃煤矸石轻骨料》标准（JC/T 541—94）。

推广以石灰岩为主要矿物的煤矸石生产石灰技术。

研究开发掺加煤矸石陶（瓷）质建材制品的新技术、新装备。

研究开发掺加煤矸石的新型建材产品的新技术装备。

五、积极推广煤矸石复垦及回填矿井采空区技术

推广利用煤矸石充填采煤塌陷区和露天矿坑复垦造地造田，复垦种植技术。对处于开发早期，尚未形成大面积沉陷区或未终止沉降形成塌陷稳定区的矿区，可采用预排矸复垦。推广利用煤矸石充填沟谷等低洼地作建筑工程用地、筑路等工程填筑技术。矸石复垦土地作为建筑用地时，应采用分层回填，分层镇压方法充填矸石，以获得较高的地基承载能力和稳足性。

推广煤矸石矿井充填技术，采用煤矸石不出井的采煤生产工艺，充填采空区，减少矸石排放量和地表下沉量。

推广在道路等工程建设中，以煤歼石代替粘土作基村技术，凡有条件利用的，必须掺用一定量的煤矸石。

完善利用煤矸石充填废弃矿井技术。

研究开发煤矸石回填塌陷区生物复垦、微生物复垦技术；矸石不出井和地面无矸石山综合处置利用技术和工艺。

研究完善煤矸石充填建筑复垦技术、矸石堆（山）防治污染处理及植被绿化技术。

六、回收有益组分及制取化工产品

推广利用煤矸石制取聚合氯化铝、硫酸铝、合成系列分子筛等化工产品技术，生产岩棉及制品技术。

推广以高岭石质煤矸石（煤系高岭土）为原料的煅烧高岭土深加工技术。

开发利用煤矸石制特种硅铝铁合金、铝合金技术，研究开发利用煤矸石生产铝系列、铁系列超细粉体的生产工艺。

完善利用煤矸石提取五氧化二钒及其他稀有元素技术。

七、煤矸石生产复合肥料

鼓励利用煤矸石改良土壤，提高土壤的酸性和疏松度，增加土壤的肥效。使用煤矸石改良土壤，在未制定污染控制标准前，应参照 GB 8193—89 标准执行。

积极推广煤矸石生产生物肥料和有机复合肥料技术，完善利用煤矸石生产农用肥料活化处理技术，生产质量稳定的合格产品。

综合利用煤矸石生产的生物肥料、复合肥料产品，必须符合国家或行业标准。

附件：煤矸石综合利用技术要求（略）

危险废物污染防治技术政策

环发[2001]199 号

1 总则

1.1 为引导危险废物管理和处理处置技术的发展，促进社会和经济的可持续发展，根据《中华人民共和国固体废物污染环境防治法》等有关法规、政策和标准，制定本技术政策。本技术政策将随社会经济、技术水平的发展适时修订。

1.2 本技术政策所称危险废物是指列入国家危险废物名录或根据国家规定的危险废物鉴别标准和鉴别方法认定的具有危险特性的废物。

本技术政策所称特殊危险废物是指毒性大或环境风险大或难以管理或不宜用危险废物的通用方法进行管理和处理处置，而需特别注意的危险废物，如医院临床废物、多氯联苯类废物、生活垃圾焚烧飞灰、单独收集的含汞、镉废电池、废矿物油、含汞废日光灯管等。

1.3 我国危险废物管理的阶段性目标是：

到 2005 年，重点区域和重点城市产生的危险废物得到妥善贮存，有条件的实现安全处置；实现医院临床废物的环境无害化处理处置；将全国危险废物产生量控制在 2000 年年末的水平；在全国实施危险废物申报登记制度、转移联单制度和许可证制度。

到 2010 年，重点区域和重点城市的危险废物基本实现环境无害化处理处置。

到 2015 年，所有城市的危险废物基本实现环境无害化处理处置。

1.4 本技术政策适用于危险废物的产生、收集、运输、分类、检测、包装、综合利用、贮存和处理处置等全过程污染防治的技术选择，并指导相应设施的规划、立项、选址、设计、施工、运营和管理，引导相关产业的发展。

1.5 本技术政策的总原则是危险废物的减量化、资源化和无害化。

1.6 鼓励并支持跨行政区域的综合性危险废物集中处理处置设施的建设和运营。

1.7 危险废物的收集运输单位、处理处置设施的设计、施工和运营单位应具有相应的技术资质。

1.8 各级政府应通过制定鼓励性经济政策等措施加快建立符合环境保护要求的危险废物收集、贮存、处理处置体系，积极推动危险废物的污染防治工作。

2 危险废物的减量化

2.1 危险废物减量化适用于任何产生危险废物的工艺过程。各级政府应通过经济和其他政策措施促进企业清洁生产，防止和减少危险废物的产生。企业应积极采用低废、少废、无废工艺，禁止采用《淘汰落后生产能力、工艺和产品的目录》中明令淘汰的技术工艺和设备。

2.2 对已经产生的危险废物，必须按照国家有关规定申报登记，建设符合标准的专门设施和场所妥善保存并设立危险废物标示牌，按有关规定自行处理处置或交由持有危险废物经营许可证的单位收集、运输、贮存和处理处置。在处理处置过程中，应采取措施减少危险废物的体积、重量和危险程度。

3 危险废物的收集和运输

3.1 危险废物要根据其成分，用符合国家标准的专门容器分类收集。
3.2 装运危险废物的容器应根据危险废物的不同特性而设计，不易破损、变形、老化，能有效地防止渗漏、扩散。装有危险废物的容器必须贴有标签，在标签上详细标明危险废物的名称、重量、成分、特性以及发生泄漏、扩散污染事故时的应急措施和补救方法。
3.3 居民生活、办公和第三产业产生的危险废物（如废电池、废日光灯管等）应与生活垃圾分类收集，通过分类收集提高其回收利用和无害化处理处置，逐步建立和完善社会源危险废物的回收网络。
3.4 鼓励发展安全高效的危险废物运输系统，鼓励发展各种形式的专用车辆，对危险废物的运输要求安全可靠，要严格按照危险废物运输的管理规定进行危险废物的运输，减少运输过程中的二次污染和可能造成的环境风险。
3.5 鼓励成立专业化的危险废物运输公司对危险废物实行专业化运输，运输车辆需有特殊标志。

4 危险废物的转移

4.1 危险废物的越境转移应遵从《控制危险废物越境转移及其处置的巴塞尔公约》的要求，危险废物的国内转移应遵从《危险废物转移联单管理办法》及其他有关规定的要求。
4.2 各级环境保护行政主管部门应按照国家和地方制定的危险废物转移管理办法对危险废物的流向进行有效控制，禁止在转移过程中将危险废物排放至环境中。

5 危险废物的资源化

5.1 已产生的危险废物应首先考虑回收利用，减少后续处理处置的负荷。回收利用过程应达到国家和地方有关规定的要求，避免二次污染。
5.2 生产过程中产生的危险废物，应积极推行生产系统内的回收利用。生产系统内无法回收利用的危险废物，通过系统外的危险废物交换、物质转化、再加工、能量转化等措施实现回收利用。
5.3 各级政府应通过设立专项基金、政府补贴等经济政策和其他政策措施鼓励企业对已经产生的危险废物进行回收利用，实现危险废物的资源化。
5.4 国家鼓励危险废物回收利用技术的研究与开发，逐步提高危险废物回收利用技术和装备水平，积极推广技术成熟、经济可行的危险废物回收利用技术。

6 危险废物的贮存

6.1 对已产生的危险废物，若暂时不能回收利用或进行处理处置的，其产生单位须建设专门的危险废物贮存设施进行贮存，并设立危险废物标志，或委托具有专门危险废物贮存设施的单位进行贮存，贮存期限不得超过国家规定。贮存危险废物的单位需拥有相应的许可证。禁止将危险废物以任何形式转移给无许可证的单位，或转移到非危险废物贮存设施中。

危险废物贮存设施应有相应的配套设施并按有关规定进行管理。

6.2 危险废物的贮存设施应满足以下要求：

6.2.1 应建有堵截泄漏的裙脚，地面与裙脚要用坚固防渗的材料建造。应有隔离设施、报警装置和防风、防晒、防雨设施；

6.2.2 基础防渗层为黏土层的，其厚度应在 1 m 以上，渗透系数应小于 1.0×10^{-7} cm/s；基础防渗层也可用厚度在 2 mm 以上的高密度聚乙烯或其他人工防渗材料组成，渗透系数应小于 1.0×10^{-10} cm/s；

6.2.3 须有泄漏液体收集装置及气体导出口和气体净化装置；

6.2.4 用于存放液体、半固体危险废物的地方，还须有耐腐蚀的硬化地面，地面无裂隙；

6.2.5 不相容的危险废物堆放区必须有隔离间隔断；

6.2.6 衬层上需建有渗滤液收集清除系统、径流疏导系统、雨水收集池；

6.2.7 贮存易燃易爆的危险废物的场所应配备消防设备，贮存剧毒危险废物的场所必须有专人 24 小时看管。

6.3 危险废物的贮存设施的选址与设计、运行与管理、安全防护、环境监测及应急措施以及关闭等须遵循《危险废物贮存污染控制标准》的规定。

7 危险废物的焚烧处置

7.1 危险废物焚烧可实现危险废物的减量化和无害化，并可回收利用其余热。焚烧处置适用于不宜回收利用其有用组分、具有一定热值的危险废物。易爆废物不宜进行焚烧处置。焚烧设施的建设、运营和污染控制管理应遵循《危险废物焚烧污染控制标准》及其他有关规定。

7.2 危险废物焚烧处置应满足以下要求：

7.2.1 危险废物焚烧处置前必须进行前处理或特殊处理，达到进炉的要求，危险废物在炉内燃烧均匀、完全；

7.2.2 焚烧炉温度应达到 1 100℃以上，烟气停留时间应在 2.0 s 以上，燃烧效率大于 99.9%，焚毁去除率大于 99.99%，焚烧残渣的热灼减率小于 5%（医院临床废物和含多氯联苯废物除外）；

7.2.3 焚烧设施必须有前处理系统、尾气净化系统、报警系统和应急处理装置；

7.2.4 危险废物焚烧产生的残渣、烟气处理过程中产生的飞灰，须按危险废物进行安全填埋处置。

7.3 危险废物的焚烧宜采用以旋转窑炉为基础的焚烧技术，可根据危险废物种类和特征选用其他不同炉型，鼓励改造并采用生产水泥的旋转窑炉附烧或专烧危险废物。

7.4 鼓励危险废物焚烧余热利用。对规模较大的危险废物焚烧设施，可实施热电联产。

7.5 医院临床废物、含多氯联苯废物等一些传染性的或毒性大或含持久性有机污染成分的特殊危险废物宜在专门焚烧设施中焚烧。

8 危险废物的安全填埋处置

8.1 危险废物安全填埋处置适用于不能回收利用其组分和能量的危险废物。

8.2 未经处理的危险废物不得混入生活垃圾填埋场，安全填埋为危险废物的最终处置手段。

8.3 危险废物安全填埋场必须按入场要求和经营许可证规定的范围接收危险废物，达不到入场要求的，须进行预处理并达到填埋场入场要求。

8.4 危险废物安全填埋场须满足以下要求：

8.4.1 有满足要求的防渗层，不得产生二次污染。

天然基础层饱和渗透系数小于 1.0×10^{-7} cm/s，且厚度大于 5 m 时，可直接采用天然基础层作为防渗层；天然基础层饱和渗透系数为（1.0×10^{-7}）～（1.0×10^{-6}）cm/s 时，可选用复合衬层作为防渗层，高密度聚乙烯的厚度不得低于 1.5 mm；天然基础层饱和渗透系数大于 1.0×10^{-6} cm/s 时，须采用双人工合成衬层（高密度聚乙烯）作为防渗层，上层厚度在 2.0 mm 以上，下层厚度在 1.0 mm 以上。

8.4.2 要严格按照作业规程进行单元式作业，做好压实和覆盖。

8.4.3 要做好清污水分流，减少渗沥水产生量，设置渗沥水导排设施和处理设施。对易产生气体的危险废物填埋场，应设置一定数量的排气孔、气体收集系统、净化系统和报警系统。

8.4.4 填埋场运行管理单位应自行或委托其他单位对填埋场地下水、地表水、大气要进行定期监测。

8.4.5 填埋场终场后，要进行封场处理，进行有效的覆盖和生态环境恢复。

8.4.6 填埋场封场后，经监测、论证和有关部门审定，才可以对土地进行适宜的非农业开发和利用。

8.5 危险废物填埋须满足《危险废物填埋污染控制标准》的规定。

9 特殊危险废物污染防治

9.1 医院临床废物（不含放射性废物）

9.1.1 鼓励医院临床废物的分类收集，分别进行处理处置。人体组织器官、血液制品、沾染血液、体液的织物、传染病医院的临床废物、病人生活垃圾以及混合收集的医院临床废物宜建设专用焚烧设施进行处置，专用焚烧设施应符合《危险废物焚烧污染控制标准》的要求。

9.1.2 城市应建设集中处置设施，收集处置城市和城市所在区域的医院临床废物。

9.1.3 禁止一次性医疗器具和敷料的回收利用。

9.2 含多氯联苯废物

9.2.1 含多氯联苯废物应尽快集中到专用的焚烧设施中进行处置，不宜采用其他途径进行处置，其专用焚烧设施应符合国家《危险废物焚烧污染控制标准》的要求。

9.2.2 含多氯联苯废物的管理、贮存和处置还需遵循《防止含多氯联苯电力装置及其废物污染环境的规定》的规定。

9.2.3 对集中封存年限超过二十年的或未超过二十年但已造成环境污染的含多氯联苯废物，应限期进行焚烧处置。

9.2.4 对于新退出使用的含多氯联苯电力装置原则上必须进行焚烧处置，确有困难的可进行暂时性封存，但封存年限不应超过三年，暂存库和集中封存库的选址和设计必须符合《含多氯联苯（PCBs）废物的暂存库和集中封存库设计规范》的要求，集中封存库的建设必须进行环境影响评价。

9.2.5 应加强含多氯联苯危险废物的清查及其贮存设施的管理，并对含多氯联苯危险废物的处置过程进行跟踪管理。

9.3 生活垃圾焚烧飞灰

9.3.1 生活垃圾焚烧产生的飞灰必须单独收集，不得与生活垃圾、焚烧残渣等其他废物混合，也不得与其他危险废物混合。

9.3.2 生活垃圾焚烧飞灰不得在产生地长期贮存，不得进行简易处置，不得排放，生活垃圾焚烧飞灰在产生地必须进行必要的固化和稳定化处理之后方可运输，运输需使用专用运输工具，运输工具必须密闭。

9.3.3 生活垃圾焚烧飞灰须进行安全填埋处置。

9.4 废电池

9.4.1 国家和地方各级政府应制定技术、经济政策淘汰含汞、镉的电池。生产企业应按照国家法律和产业政策，调整产品结构，按期淘汰含汞、镉电池。

9.4.2 在含汞、镉的电池被淘汰之前，城市生活垃圾处理单位应建立分类收集、贮存、处理设施，对废电池进行有效的管理。

9.4.3 提倡废电池的分类收集，避免含汞、镉废电池混入生活垃圾焚烧设施。

9.4.4 废铅酸电池必须进行回收利用，不得用其他办法进行处置，其收集、运输环节必须纳入危险废物管理。鼓励发展年处理规模在 2 万 t 以上的废铅酸电池回收利用，淘汰小型的再生铅企业，鼓励采用湿法再生铅生产工艺。

9.5 废矿物油

9.5.1 鼓励建立废矿物油收集体系，禁止将废矿物油任意抛洒、掩埋或倒入下水道以及用作建筑脱模油，禁止继续使用硫酸/白土法再生废矿物油。

9.5.2 废矿物油的管理应遵循《废润滑油回收与再生利用技术导则》等有关规定，鼓励采用无酸废油再生技术，采用新的油水分离设施或活性酶对废油进行回收利用，鼓励重点城市建设区域性的废矿物油回收设施，为所在区域的废矿物油产生者提供服务。

9.6 废日光灯管

9.6.1 各级政府应制定技术、经济政策调整产品结构，淘汰高污染日光灯管，鼓励建立废日光灯管的收集体系和资金机制。

9.6.2 加强废日光灯管产生、收集和处理处置的管理，鼓励重点城市建设区域性的废日光灯管回收处理设施，为该区域的废日光灯管的回收处理提供服务。

10 危险废物处理处置相关的技术和设备

10.1 鼓励研究开发和引进高效危险废物收集运输技术和设备。

10.2 鼓励研究开发和引进高效、实用的危险废物资源化利用技术和设备，包括危险废物分选和破碎设备、热处理设备、大件危险废物处理和利用设备、社会源危险废物处理和利用设备。

10.3 加快危险废物处理专用监测仪器设备的开发和国产化，包括焚烧设施在线烟气测试仪器等。

10.4 鼓励研究开发高效、实用的危险废物焚烧成套技术和设备，包括危险废物焚烧炉技术、危险废物焚烧污染控制技术和危险废物焚烧余热回收利用技术等。

10.5 鼓励研究和开发高效、实用的安全填埋处理关键技术和设备，包括新型填埋防渗衬层和覆盖材料、填埋专用机具、危险废物填埋场渗沥水处理技术以及危险废物填埋场封场技术。

10.6 鼓励研究与开发危险废物鉴别技术及仪器设备，鼓励危险废物管理技术和方法的研究。

10.7 鼓励研究开发废旧电池和废日光灯管的处理处置和回收利用技术。

废弃家用电器与电子产品污染防治技术政策

环发[2006]115 号

一、总则

（一）依据和目的

为了减少家用电器与电子产品的废弃量，提高资源再利用率，控制其在再利用和处置过程中的环境污染，根据《中华人民共和国固体废物污染环境防治法》《中华人民共和国清洁生产促进法》和国家有关环境保护法律、法规，制定本技术政策。

（二）适用范围

本技术政策所称的家用电器是指家用电器及类似用途产品，包括电视机、电冰箱、空调、洗衣机、吸尘器等；电子产品是指信息技术（IT）和通讯产品、办公设备，包括计算机、打印机、传真机、复印机、电话机等。

本技术政策适用于家用电器与电子产品的环境设计、废弃产品的收集、运输与贮存、再利用和处置全过程的环境污染防治，为废弃家用电器与电子产品再利用和处置设施的规划、立项、设计、建设、运行和管理提供技术指导，引导相关产业的发展。

（三）定义

1．废弃家用电器与电子产品：是指已经失去使用价值或因使用价值不能满足要求而被丢弃的家用电器与电子产品，以及其元（器）件、零（部）件和耗材，包括：

（1）消费者（用户）废弃的家用电器与电子产品；

（2）生产过程中产生的不合格产品及其元（器）件、零（部）件；

（3）维修、维护过程中废弃的元（器）件、零（部）件和耗材；

（4）根据有关法律法规，视为电子废物的。

2．有毒有害物质：指家用电器与电子产品中含有的铅、汞、镉、六价铬、多溴联苯（PBB）和多溴二苯醚（PBDE）以及国家规定的其他有毒有害物质。

3．生产者：家用电器与电子产品或元（器）件、零（部）件等品牌（商标）的所有者，包括：

（1）使用自己的品牌（商标），制造和销售家用电器与电子产品或元（器）件、零（部）件；

（2）使用自己的品牌（商标），转售由其他供应商生产的家用电器与电子产品或元（器）件、零（部）件；

（3）家用电器与电子产品进口商。

4．再使用：指废弃家用电器与电子产品或其中的元（器）件、零（部）件，经简单维修后用于原来用途的任何行为，但不包括废旧家用电器与电子产品转由他人的直接再使用。

5．再利用：指对废弃家用电器与电子产品或废弃材料的再加工，加工后材料的用途可与以前相同或不同，但不包括对废弃材料直接焚烧进行的热能回收。

6．处理：指对废弃家用电器与电子产品清除污染、拆解、破碎、再利用的活动。

7．处置：废弃家用电器与电子产品经处理后，产生的无法进一步再使用、再利用的残余物，采用焚烧、填埋或其他方式，以达到减容、减少或消除其危害性的活动。

（四）指导思想

1．推行“三化”原则

（1）减量化：通过对家用电器与电子产品的环境友好设计，减少产品中有毒有害物质和材料的使用，延长产品的使用寿命，改善产品再利用特性，从而减少电子废物的产生量和危害性。

（2）资源化：通过对家用电器与电子产品及其元（器）件、零（部）件等的再使用和再利用，提高废弃家用电器与电子产品的再利用率。

（3）无害化：通过采用先进、适用的处理和处置工艺技术，控制废弃家用电器与电子产品再利用和处理处置过程中的环境污染。

2．实行污染者负责的原则

国家对废弃家用电器与电子产品污染环境防治实行污染者负责的原则。

家用电器与电子产品的生产者（包括进口者）、销售者、消费者对其产生的废弃家用电器与电子产品依法承担污染防治的责任。

（五）目标

1．国家适时发布、更新产品中禁止、限制使用的有毒有害物质名录，实施产品市场准入制度，推行环境友好产品的政府绿色采购政策，从源头减少和控制产品中有毒有害物质的使用。

2．建立相对完善的废弃家用电器与电子产品回收体系，采用有利于回收和再利用的方案，逐步提高废弃家用电器与电子产品的环境无害化回收率和再利用率；

3．规范废弃家用电器与电子产品再利用过程的环境行为，控制污染物排放；再利用过程中产生的危险废物纳入到危险废物处置体系，基本得到安全无害处置。

（六）公众参与

开展公众环境宣传和教育，提高公众的环境保护和资源节约意识，采取措施激励生产者、销售者、消费者和再利用者等各相关方参与废弃家用电器与电子产品的回收和再利用的积极性。

二、环境友好设计

（一）减少有毒有害物质的使用

1．鼓励家用电器与电子产品中不使用或减少使用有毒有害物质，开发使用安全无毒害、低毒害的替代物质。

2．国家按家用电器与电子产品种类，分时段逐步限制和禁止有毒有害物质的使用。

（二）延长产品使用寿命

鼓励通过采用模块化设计，元（器）件和零（部）件的寿命趋同设计，易维修、易升级设计等，延长产品的使用寿命。

（三）提高产品的再使用和再利用特性

生产者不应通过特殊设计或者加工工艺故意阻止产品废弃后的再使用，但若该设计或者加工工艺更有利于环境保护和安全的要求时，则不在此限。

鼓励减少使用材料的种类，多使用易回收利用材料，采用国际通行的标识标准对零（部）件（材料）进行标识，采取有利于废弃产品拆解的设计和工艺，提高废弃产品的再利用率。

（四）提高产品零（部）件的互换性

通过标准化使产品的通用零（部）件，在不同品牌或同一品牌的不同型号之间实现互换。

（五）合理使用包装材料

采取易于回收和再利用或易处理的包装材料，提高包装材料的回收和再利用率，限制过度包装，减少废弃包装物的产生量。

三、有毒有害物质的信息标识

（一）在有毒有害物质完全禁止使用之前，逐步推行有毒有害物质的信息标识制度。

生产者应在其产品的元（器）件、零（部）件上按照国际通行的或国家有关的信息标识标准，标明产品中含有毒有害物质的名称或代码，由于体积或功能的限制不能在产品上注明的，应在说明书中予以注明。

（二）生产者宜向家用电器与电子产品再使用者和处理处置者提供相关资料和信息，尤其是含有毒有害物质元（器）件名称和元（器）件装配部位等信息。

四、收集、运输及贮存

（一）鼓励建立多方参与的、符合不同种类和来源的废弃家用电器与电子产品回收系统。在建立回收体系时，应考虑来自政府机构、企事业单位和来自居民家庭的废弃家用电器与电子产品回收的不同特点。

（二）国家鼓励行业协会等非政府组织建立废弃家用电器与电子产品信息系统，为废弃产品的回收提供信息服务。

（三）废弃家用电器与电子产品的回收可采用付费、互换、无偿交易等市场手段，鼓励消费者（用户）将废弃产品交到指定的回收站点或与回收者预约上门收集。

（四）回收者收集的废弃家用电器与电子产品应送往具有相关资质的企业进行专业化、无害化地集中处理处置。

（五）废弃家用电器与电子产品在运输过程中应采取适当的包装措施，避免在运输过程中一些易碎产品或零部件破碎或有毒有害物质的泄漏、释出。

（六）废弃家用电器与电子产品的贮存应使用专门的存放场地，地面防渗漏处理，有防雨淋的遮盖物。

五、再使用

国家鼓励废弃家用电器与电子产品的再使用，但应遵循以下基本要求：

1．从事废弃家用电器与电子产品再使用的厂商应具备必要的污染防治设施，在再使用过程中应采取必要的污染防治措施。

2．家用电器与电子产品的再使用不宜采用一些破坏性的操作，导致大量废元（器）件、零（部）件产生，或者一些有毒有害物质的释出。

六、处理处置

（一）处理处置厂的要求

1．处理处置厂的选址应符合国家及地方的相关规划要求。处理处置厂不应选在自然保护区、风景名胜区、生活饮用水水源保护区和人口密集的居住区，以及其他需要特殊保护的地区。

2．废弃产品中含有毒有害物质元（器）件、零（部）件的破碎、分选都应当在封闭设施中进行，产生的废气、粉尘应收集净化，达标后排放。

3．处理处置厂应设置废液收集设备与容器，作业场所的地面应采取防渗漏处理，清洗废水进行预处理，达标后排放。

4．处理处置过程中产生的残渣，以及废水处理过程中产生的污泥，应按照《危险废物鉴别标准》（GB 5085.1～3—1996）进行危险特性鉴别。属于危险废物的，应按照危险废物处置，不得混入生活垃圾。

（二）拆解

1．废弃家用电器与电子产品无法维修或升级再使用时，应以手工或机械的方式进行拆解，分别进行处理。

对于拆解下的有使用价值的元（器）件、零（部）件，应首先考虑再使用；对于那些无法继续再使用的元（器）件、零（部）件等，应送往专业的再利用厂，回收利用其中的金属、玻璃和塑料等材料。

2．含下述物质的元（器）件、零（部）件应单独拆除，分类收集：

（1）显示器、电视机中的阴极射线管（CRT）；

（2）表面积大于 100 cm^2 的液晶显示屏（LCD）及气体放电灯泡；

（3）表面积大于 10 cm^2 的印刷线路板；

（4）含多溴联苯或多溴二苯醚阻燃剂的塑料电线电缆、机壳等；

（5）多氯联苯电容器及含汞零（部）件；

（6）镉镍充电电池、锂电池等；

（7）废电冰箱、空调器及其他制冷器具压缩机中的制冷剂与润滑油。

（三）含危险物质的零（部）件的处理

1．阴极射线管（CRT）

（1）彩色阴极射线管含铅玻锥与无铅玻屏应分类收集。含铅玻锥可作为阴极射线管玻壳制造厂的制造原料，或以其他的方式再利用和安全处置。

（2）玻屏上的含荧光粉涂层可采用干法或湿法两种工艺进行清除：

① 采用干法工艺清除玻屏上的荧光粉涂层时，应安装粉尘抽取和过滤装置，并妥善收集荧光粉；

② 采用湿法工艺洗涤玻屏上的荧光粉涂层时，产生的洗涤废水需经处理达标后排放，含荧光粉的污泥应进行无害化处置。

2．液晶显示器（LCD）

（1）便携式电脑及其他表面积大于 100 cm^2 的液晶显示屏应以非破坏方式分离，将其中的液晶面板（其包覆的液晶不得泄漏）、背光模组及驱动集成电路拆除。

（2）液晶物质的无害化处理可采用加热析出，催化分解技术。

（3）从背光模组中拆下的冷阴极荧光管可送往专业的汞回收厂回收汞，或者连同其他含汞荧光灯管一起按照危险废物处置。

3．线路板

（1）加热熔化锡铅焊料拆除线路板上元（器）件、零（部）件时，应使用抽风罩抽取焊料熔化时产生的铅烟（尘），处理达标后排放。

（2）线路板上拆下的芯片、含金连接器及其他含贵金属的废料可通过溶蚀、酸洗、电解及精炼等工艺方法回收其中的金、银、钯等贵金属，并且回收处理装置应有相配套的环保设施。

禁止采用无环保措施的简易酸浸工艺提取金、银、钯等贵重金属，禁止随意倾倒废酸液和残渣。

（3）线路板上拆下的多氯联苯电容器等危险废物须送危险废物处置厂处置。

（4）被拆除芯片、电容器及其他元（器）件的线路板，可采用破碎、分选的方法回收铜、玻璃纤维和树脂，破碎应在封闭的设施中进行，并配备相应的粉尘处理装置。

4．含多溴联苯或多溴二苯醚阻燃剂的电线电缆、塑料机壳

（1）含多溴联苯（PBB）和多溴二苯醚（PBDE）的电线电缆、塑料机壳与其他普通的电线电缆和塑料分类收集。

（2）含多溴联苯（PBB）和多溴二苯醚（PBDE）电线电缆中铜、铝等金属的回收宜采用物理方法，且粉碎和分选工艺应在封闭的设施中进行，分离出的电线电缆覆层应进行无害化处置。

禁止露天或使用无环保措施的简易焚烧炉焚烧电线电缆，回收其中的铜、铝等金属。

（3）含多溴联苯（PBB）和多溴二苯醚（PBDE）的塑料机壳，应进行无害化处置。

5．电池

废弃家用电器与电子产品拆解下的各类电池（蓄电池、充电电池和纽扣电池）的处理处置遵循《废电池污染防治技术政策》及相关规定和标准要求。

（四）处置

1．为了提高废弃家用电器与电子产品的再利用率，节约资源，在经济合理、技术可行的情况下，优先考虑再使用和再利用，其次再考虑焚烧或填埋处置。

2．禁止含阴极射线管的计算机显示器和电视机直接进入生活垃圾填埋场和生活垃圾焚烧厂处置。

3．废弃家用电器与电子产品处理过程中产生的各类危险废物或残余物应采用焚烧、填埋或其他适当的方式进行处置，废水、废气的排放应满足相关的环境保护标准要求。

七、鼓励发展的技术和装备

（一）鼓励研究、开发替代锡/铅焊接生产工艺、替代含溴阻燃剂技术等。

（二）鼓励研究、开发阴极射线管和液晶显示器的拆解、再利用和处置的成套技术和

装备。

（三）鼓励研究、开发各类废弃家用电器与电子产品的破碎、分选及无害化处置的技术和装备。

（四）鼓励开发、利用家用电器与电子产品无害化或低害化的生产原材料和生产技术。

（五）鼓励电冰箱、空调器中的 CFCs 制冷剂和发泡剂替代技术推广应用，采用零臭氧损耗、低温室效应，具备高效能的物质替代 CFCs。

（六）鼓励研究开发废弃电冰箱、空调器及其他致冷器具压缩机中 CFCs 制冷剂的回收技术与装备。

八、鼓励性政策法规及标准

（一）国家制定产品中禁止、限制使用的有毒有害物质名录，分批、分期禁止含有毒有害物质的家用电器与电子产品的销售。

（二）国家建立和完善政府绿色采购政策和相关的采购标准，优先采购环境友好的产品，引导家用电器与电子产品的生产向绿色化方向发展。

政府采取分阶段、逐步推进的方式实施家用电器与电子产品的绿色采购政策，具体实施阶段包括：

——优先采购阶段：分类优先采购符合绿色采购标准的家用电器与电子产品；

——禁止采购阶段：分类禁止采购不符合绿色采购标准的家用电器与电子产品；

（三）政府加强有关技术法规、标准的研究和制定，制订废弃产品拆解、再利用和处置的环保技术规范，产品中有毒有害物质含量限值等标准。

（四）国家研究废弃家用电器与电子产品污染防治有关的技术标准体系，制订产品生态设计标准、再使用产品标准、产品或部件回收利用的标识标准、回收利用率和再利用率计算方法标准等。

工业企业场地环境调查评估与修复工作指南

（试行）

环境保护部公告　2014 年第 78 号

第一部分　工业企业场地环境调查评估与修复工作框架

1　编制目的和背景

通过构建工业企业场地（以下简称“场地”）环境调查评估和修复全过程工作框架，详细阐述场地环境调查评估及污染场地修复的工作流程、基本要求和技术方法，为从业单位进行场地环境调查、风险评估、治理修复、修复环境监理、修复验收、后期管理等工作提供技术指导，为管理部门监管工作提供技术支撑，减少污染场地环境风险。

本指南由环境保护部污染防治司组织制定。北京市环境保护科学研究院、环境保护部固体废物与化学品管理技术中心、中国环境科学研究院、国家环境保护工业污染场地及地下水修复工程技术中心、环境保护部环境保护对外合作中心共同编写。

本指南为试行版，将根据实际管理需求，适时修订。

2　适用范围

本指南适用于工业企业场地的环境调查、风险评估、治理修复、修复环境监理、修复验收和后期管理工作。本技术指南不适用于涉及放射性污染的场地。

本指南的使用对象包括进行场地环境调查、风险评估、治理修复、修复环境监理、修复验收和后期管理工作的技术人员、场地所有者、进行污染场地监督管理的环境保护行政主管部门的工作人员以及其他相关人员等。

本指南在使用时，以环境保护部发布的《场地环境调查技术导则》（HJ 25.1）、《场地环境监测技术导则》（HJ 25.2）、《污染场地风险评估技术导则》（HJ 25.3）、《污染场地土壤修复技术导则》（HJ 25.4）、《污染场地术语》（HJ 682）为基础。为避免赘述，对于与上述导则完全一致的内容进行了适当简化，着重体现对导则扩充和细化的内容。

3　指导思想和编制原则

指导思想：以保护人体健康和生态环境为出发点，以建立和健全场地管理工作方法、提高环境管理能力为目标，以现有的研究和实践经验为支撑，借鉴国外经验，并基于中国的实际情况，提出技术可行、便捷实用、完整全面的工作指南，防范场地环境风险，保障环境安全。

编制主要遵从以下原则：

实用性原则：充分考虑国内技术条件和实践经验，细化各项工作方法，规范环境调查方法、风险评估方法、技术管理程序，增加可操作性，便于实施与推广。

统筹性原则：在场地环境调查、风险评估、治理修复、修复环境监理、修复验收、后期管理等方面，吸收国内外先进的经验，统筹考虑土壤和地下水，并根据污染场地全过程管理原则，完善管理框架和技术体系，便于逐步推进我国污染场地管理工作。

协调性原则：在环境保护部发布的《场地环境调查技术导则》、《场地环境监测技术导则》、《污染场地风险评估技术导则》、《污染场地土壤修复技术导则》、《污染场地术语》的基础上，借鉴北京市发布的《场地环境评价导则》（DB11/T 656）和《污染场地修复验收技术规范》（DB11/T 783），统一并细化相关技术内容，做到整体协调一致。

4 工作框架

4.1 基本工作程序

场地环境调查评估与修复全过程管理是在场地污染调查的基础上，分析场地内污染物对未来受体的潜在风险，并采取一定的管理或工程措施避免、降低、缓和潜在风险的过程，因此整个过程也可称为场地风险管理。场地环境调查评估与修复管理全过程可划分为两个部分：一是场地环境调查评估，二是污染场地修复管理。工业企业场地环境调查评估与修复管理技术框架见图 1.1。

场地责任主体承担场地环境调查评估与修复治理工作。按照以下情形确认场地责任主体：

（1）按照“谁污染、谁治理”的原则，造成场地污染的单位和个人承担场地环境调查评估和治理修复的责任。

（2）造成场地污染的单位因改制或者合并、分立等原因发生变更的，依法由继承其债权、债务的单位承担场地环境调查评估和治理修复责任。

（3）若造成场地污染的单位已将土地使用权依法转让的，由土地使用权受让人承担场地环境调查评估和治理修复责任。

（4）造成场地污染的单位因破产、解散等原因已经终止，或者无法确定权利义务承受人的，由所在地县级以上地方人民政府依法承担场地环境调查评估和治理修复责任。

对于拟关停搬迁和正在关停搬迁的工业企业场地，关停搬迁的工业企业应组织开展原址场地的环境调查评估工作，并及时公布场地的土壤和地下水环境质量状况。经场地环境调查评估认定为污染场地的，场地责任主体应落实治理修复责任并编制治理修复方案，将场地环境调查、风险评估和治理修复等所需费用列入搬迁成本。

对于拟开发利用的关停搬迁的工业企业场地，未按有关规定开展场地环境调查及风险评估的、未明确治理修复责任主体的，禁止进行土地流转；污染场地未经治理修复的，禁止开工建设与治理修复无关的任何项目。

对暂不开发利用的关停搬迁的工业企业场地，责任主体应组织开展场地环境调查评估，基于场地环境调查评估情况及现实情况，暂不治理修复的，应采取必要的隔离等风险防控措施，防止污染扩散，控制环境风险。

场地责任主体应委托专业机构开展场地环境调查评估，并将场地环境调查评估报告报所在地设区的市级以上地方环保部门备案。

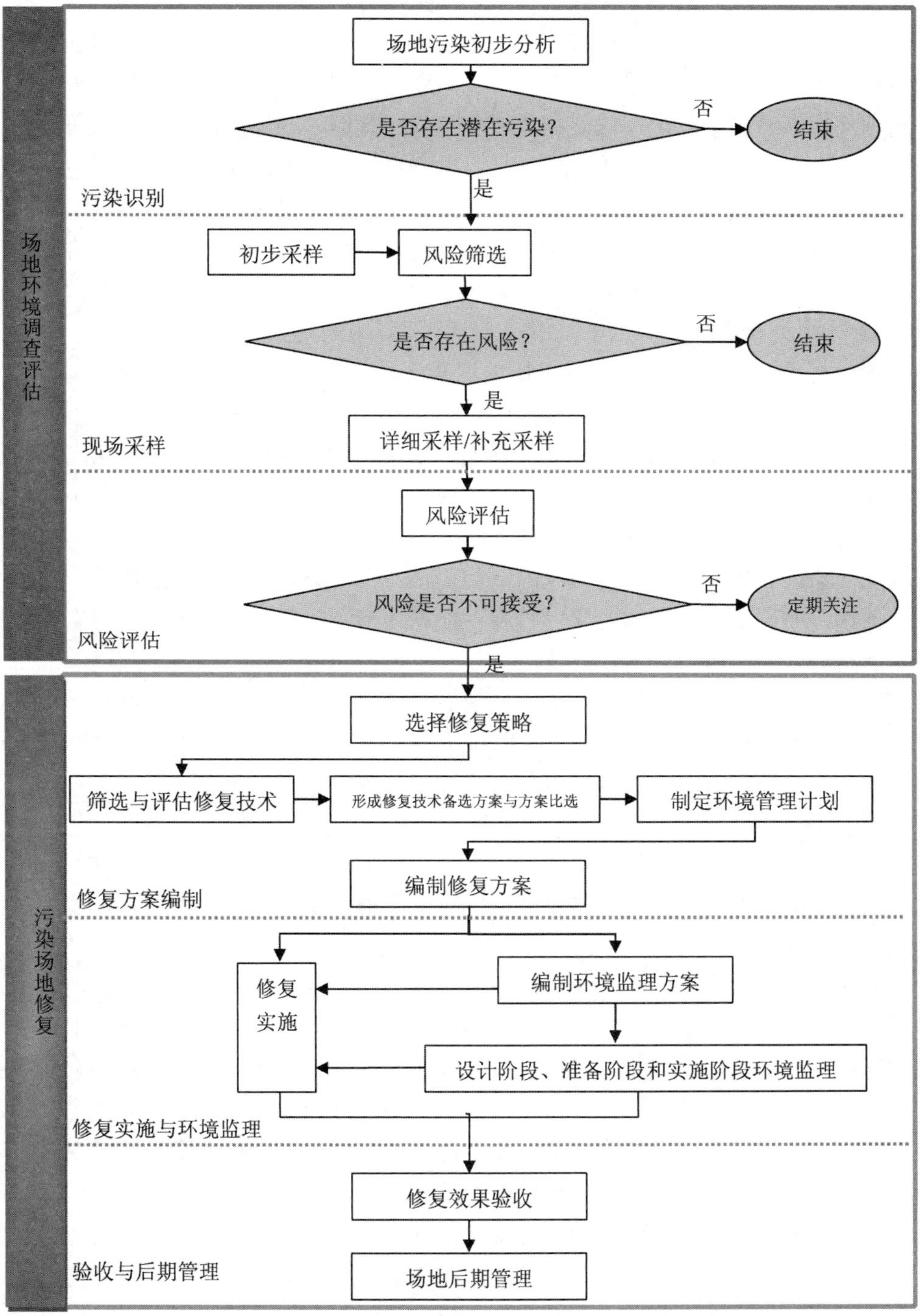

图 1.1　场地环境调查评估和修复工作流程

场地环境调查评估确定场地需修复时，场地责任主体应委托专业机构实施治理修复，并委托专业机构编制场地修复方案报所在地设区的市级以上地方环保部门备案。

对于开展治理修复的场地，场地责任主体应委托专业机构对治理修复工程实施环境监理。

在治理修复工作完成后，场地责任主体应组织开展场地修复验收工作，必要时应开展后期管理工作，委托专业机构进行第三方验收和后期管理，将相关材料和结果报所在地设区的市级以上地方环保部门备案，并在实施过程中接受当地环保部门的监督和检查。

场地环境调查评估、治理修复相关从业单位应按照《场地环境调查技术导则》、《场地环境监测技术导则》、《污染场地风险评估技术导则》、《污染场地土壤修复技术导则》及本指南等环保标准、规范开展场地环境调查、风险评估及治理修复工作。

场地使用权人等相关责任主体应当将场地环境调查评估情况及相应的治理修复工作进展情况等信息，通过门户网站、有关媒体予以公开，或者印制专门的资料供公众查阅。

4.2 场地环境调查评估

场地环境调查评估包括第一阶段场地调查（污染识别）、第二阶段场地调查（现场采样）、风险评估三个阶段。第一阶段场地调查为场地环境污染初步识别与分析，当认为场地可能存在污染或无法判断时，应进入场地开始第二阶段场地调查工作。第二阶段场地调查分初步采样和详细采样。初步采样是通过现场初步采样和实验室检测进行风险筛选。若确定场地已经受到污染或存在健康风险时，则需进行详细采样，必要时进行补充采样分析，确认场地污染的程度与范围，并为风险评估提供数据支撑，进入第三阶段工作。第三阶段为风险评估，明确场地风险的可接受程度。根据场地污染状况，场地环境调查评估工作可以终止于上述任一阶段。

责任主体应委托专业机构编制场地环境调查评估报告，并报所在地设区的市级以上地方环保部门备案。必要时，所在地设区的市级以上地方环保部门应当组织专家对工业企业场地环境调查评估报告的科学性、合理性进行论证评审。

4.3 污染场地修复

经过环境调查评估确定场地存在污染的，场地责任主体应组织开展场地修复工作。

4.3.1 修复方案编制污染场地修复方案编制也称可行性研究，包括以下几个步骤：一是根据场地

环境调查与风险评估结果，细化场地概念模型并确定场地修复总体目标，通过初步分析修复模式、修复技术类型与应用条件、场地污染特征、水文地质条件、技术经济发展水平，制定相应修复策略；二是通过修复技术筛选，找出适用于目标场地的潜在可行技术，并根据需要进行相应的技术可行性试验与评估，确定目标场地的可行修复技术；三是通过各种可行技术合理组合，形成能够实现修复总体目标的潜在可行的修复技术备选方案；在综合考虑经济、技术、环境、社会等指标进行方案比选基础上，确定适合于目标场地的最佳修复技术方案；四是制定配套的环境管理计划，防止场地修复过程的二次污染，为目标场地的修复工程实施提供指导，并为场地修复环境监管提供技术支持；五是基于上述选择修复策略、筛选与评估修复技术、形成修复技术备选方案与方案比选、制定环境管理计划的工作，编制修复方案。

责任主体应委托专业机构编制污染场地修复方案，并报所在地设区的市级以上地方环保部门备案。必要时，所在地设区的市级以上地方环保部门应当组织专家对污染场地治理修复方案等文件的科学性、合理性进行论证评审。

4.3.2 修复实施与环境监理

修复实施是指修复实施单位受污染场地责任主体委托，依据有关环境保护法律法规、

场地环境调查评估备案文件、场地修复方案备案文件等，制定污染场地修复工程施工方案，进行施工准备，并组织现场施工的过程。

修复环境监理是指环境监理单位受污染场地责任主体委托，依据有关环境保护法律法规、场地环境调查评估备案文件、场地修复方案备案文件等，对场地修复过程实施专业化的环境保护咨询和技术服务，协助、指导和监督施工单位全面落实场地修复过程中的各项环保措施。

责任主体应委托专业机构实施治理修复工程，并委托专业机构对修复工程实施环境监理。

4.3.3　修复验收与后期管理

污染场地修复验收是在污染场地修复完成后，对场地内土壤和地下水、以及修复后的土壤和地下水进行调查和评估的过程，主要是确认场地修复效果是否达到验收标准，若需开展后期管理，还应评估后期管理计划合理性及落实程度。场地修复验收的工作内容包括：文件审核与现场勘察、采样布点方案制定、现场采样与实验室检测、修复效果评价、验收报告编制。

根据场地情况，必要时需评估场地修复后的长期风险，提出场地长期监测和风险管理要求。后期管理是按照后期管理计划开展包括设备及工程的长期运行与维护、长期监测、长期存档与报告等制度、定期和不定期的回顾性检查等活动的过程。

责任主体应在污染场地修复工程完成后，开展场地修复验收工作，必要时还应开展场地后期管理。责任主体应委托专业机构进行场地修复验收和后期管理工作评估，将相关材料和结果报所在地设区的市级以上地方环保部门备案，并在实施过程中接受当地环保部门的监督和检查。必要时，所在地设区的市级以上地方环保部门应当组织专家对工业企业场地修复验收报告和后期管理评估报告的科学性、合理性进行论证评审。

第二部分　场地环境调查评估与修复

1　第一阶段调查——污染识别

1.1　目的和工作内容

第一阶段的目的是识别可能存在的污染源和污染物，初步排查场地是否存在污染可能性，必要情况下需要首先进行应急清理。主要工作内容是通过资料收集与分析、现场踏勘、人员访谈等方式开展调查，初步分析场地环境污染状况，编制第一阶段调查报告。本阶段原则上不进行现场采样分析。

1.2　场地污染识别方法

1.2.1　资料收集与分析

场地环境调查技术人员应通过信息检索、部门走访、电话咨询等途径，广泛收集场地及周边区域的自然环境状况、环境污染历史、地质、水文地质等信息。被调查单位应积极配合，力所能及地为调查人员提供所需的资料信息。通过对工艺、原材料及储存和生产设施等相关资料的审核，调查人员应根据专业知识和经验判断资料的有效性，并分析场地可能涉及的危险物质，以及这些危险物质的使用、存储区域。资料收集的主要内容依据《场地环境调查技术导则》（HJ 25.1）。

1.2.2 现场踏勘

现场踏勘的目的是通过对场地及其周边环境设施的现场调查，观察场地污染痕迹，核实资料收集的准确性，获取与场地污染有关的线索。场地环境调查人员应采用专业调查表格、GPS定位仪、摄/录像设备等手段，仔细观察、辨别、记录场地及其周边重要环境状况及其疑似污染痕迹，并可采用X射线荧光分析仪（XRF）、光离子检测仪（PID）等野外便携式筛查仪器进行现场快速测量，辅助识别和判断场地污染状况。现场工作人员应遵守安全法规，按照规定的程序和要求进行调查工作。必要时应在进入场地前进行专门的培训，并在企业有关工作人员带领下进行场地环境调查。现场踏勘的范围、内容、方法执行《场地环境调查技术导则》（HJ 25.1）。现场踏勘的重点一般包括：

1.2.2.1 场地可疑污染源

观察所有可见污染源的位置、类型、规模和控制设施（例如防渗材料、结构、老化程度）；观察分析可疑污染物的污染区域、潜在污染途径（如输油管道、油渠、灌溉渠道）及发生污染的可能。

1.2.2.2 场地污染痕迹

调查场地污染痕迹，如植被损害、各种容器及排污设施损坏和腐蚀痕迹，场地内的气味、地面、屋顶及墙壁的污渍和腐蚀痕迹等。不同行业的场地污染特征不同，污染物种类和造成污染的环节都不同，需结合各行业的污染特征，有针对性开展现场踏勘工作。

1.2.2.3 涉及危险物质的场所

危险物质的使用与存储的踏勘包括：

（1）使用的危险物质的种类和数量，涉及的容器和储存条件，包括没有封闭或发生损坏的储存容器的数量和容器类型。

（2）地上、地下储存设施及其配套的输送管线情况，记录储藏池（库）数量、储存物质、容量、建设年代、监测数据、周边管线等内容。

（3）各类集水池，考察其是否含危险物质或与其有关。

（4）盛装未知物质的容器不管是否发生泄漏均应调查，包括储存容器的数量、容器类型和储存条件。

（5）电力及液压设备的场地是否使用含多氯联苯的设备。

（6）场地内道路、停车设施及与场地紧邻的市政道路情况，重点识别并察看可能运输危险物质的进场路线。

（7）上述现场是否有强烈的、刺鼻的气味。

（8）询问熟悉生产线情况的人员关于物料是否已从生产线完全卸载，反应釜、塔、容器、管道中的物料是否已基本清除。在确保健康与安全的条件下可进行适当的直接观察。

（9）建筑物内是否有明显的固体废物堆积，观察其存放情况；是否有固体废物存放在容器内，以及容器的密封状况。

（10）设备保温层的完整性，了解保温材料的类型和使用时间。

1.2.2.4 建（构）筑物

建（构）筑物调查包括：

（1）建（构）筑物的现状及完善情况，如建筑物的数量、层数、大致年代等。

（2）生产装置区、储存区、废物处置场所等区域的地面铺装情况，是否存在由于生产装置的腐蚀和跑冒滴漏造成的地面、屋顶、墙壁的污渍和腐蚀痕迹。

（3）采暖和制冷系统所用冷热媒介质的类型及储存情况。

（4）建（构）筑物及各种管线保温情况，重点关注石棉的使用、贮存等情况。

（5）生产装置区、储存区、废物处置场所等以外区域的室外地面铺装情况，地面污渍痕迹，以及室外可能因污染引起的植被生长不正常情况。

（6）生产排放的污水水质，相关的处理构筑物（如排水管、排水沟、水池等）的使用情况，污水处理系统的建设年代和处理工艺等。

（7）明显堆积或填充废弃的建筑垃圾或其他固体废物形成的土堆、洼地等。

（8）场地内所有的水井，是否存在颜色、气味等水质异常情况。

1.2.2.5　周边相邻区域

现场踏勘应包括场地的周围区域，踏勘范围应由现场调查人员根据污染迁移情况来判断。周边相邻区域调查包括：

（1）场地四周相邻企业，包括企业污染物排放源、污染物排放种类等，并分析其是否与评价场地污染存在关联。

（2）场地附近已确定的污染场地，重点调查已确认污染场地的污染物，以及对本场地的环境影响和污染途径。

（3）观察和记录场地及周围是否有可能受污染物影响的居民区、学校、医院、饮用水源保护区以及其他公共场所等地点，并在报告中明确其与场地的位置关系。

1.2.3　人员访谈

对场地知情人员采取咨询、发放调查表等形式进行访谈，包括场地管理机构和地方政府官员、环境保护主管部门官员、场地过去和现在各阶段的使用者、相邻场地的工作人员和居民等。访谈内容、对象、方法、内容整理及分析依据《场地环境调查技术导则》（HJ 25.1）。

1.3　场地污染应急清理

在进行场地踏勘时，若发现场地及周边有危险物质泄漏时，应迅速对泄漏情况及危害程度进行快速评估，并确定是否需要立即采取措施清除泄漏源。一旦确认需要进行紧急清除，则应立即通知有关部门，采取应急处理措施。

快速评估一般分为四个步骤。步骤一是搜集事故与污染物信息、场地水文资料等基本信息；步骤二是采用经验判断和简单的数学模型判断事故的危害和紧迫程度、以及对附近敏感点的影响，快速获取所需信息；步骤三是综合前两阶段获取的信息进行分析与决策，制定场地应急控制措施。步骤四为应急措施的实施及效果评估，并确定是否需要采取进一步的行动。

1.4　分析判断

污染识别阶段分析判断的目的是确定是否可能污染。若场地发现污染痕迹、或被认为存在潜在污染以及无法判断污染可能性时，例如未发现污染痕迹，但生产中使用危险化学品及石油产品、或排放有毒有害物质的场地，因历史状况不清等原因无法判断场地是否受到污染时，应作为潜在污染场地。

若判断结果为可能污染，应进一步建立场地初步概念模型。场地概念模型是综合描述场地污染源释放的污染物通过土壤、水、空气等环境介质进入人体，并对场地周边及场地未来居住、工作人群的健康产生影响的关系模型。场地概念模型包括污染源、污染物的迁移途径、人体接触污染的介质和方式等，一般随着调查和评估的深入逐步完善和细化。场地污染概念模型应包括：

（1）场地应关注的污染物种类：根据生产工艺、原辅材料、产品种类、“三废”等情况，以及残留的原生污染物受物理化学过程影响产生的次生污染物，分析场地可能存在的污染物种类。钢铁和杀虫剂类农药行业场地的关注污染物可参考附录 1 和 2。

（2）场地潜在污染区域：根据场地生产装置、各种管线、危险化学品及石油产品储存设施、污染物排放方式、现场污染痕迹、污染物的迁移特性等，分析场地潜在污染区域。

（3）水文地质条件分析：结合污染物特征，分析场地地层分布情况、地下水分布特征等影响污染物在环境介质中迁移转化的水文地质条件。

（4）污染物特征及其在环境介质中的迁移分析：①原辅材料和产品运输过程中，由于泄漏、挥发和事故进入周边环境；②生产过程中产生的废气和烟（粉）尘通过大气扩散至生产设施周边甚至厂房以外；③废水排放沟渠破裂时进入土壤和地下水；④废物堆存点污染物经雨水淋洗并随地表径流扩散进入附近河流；⑤废物堆存点污染物或污染土壤经降雨淋滤进入地下水，并随地下径流在地下水流方向迁移。

（5）受体分析：根据污染场地未来用地规划，分析确定未来受污染场地影响的人群。

（6）暴露途径分析：根据未来人群的活动规律和污染在环境介质的迁移规律，分析和确定未来人群接触污染物的暴露点，分析和建立暴露途径。

（7）危害识别：在前述分析的基础上，初步进行场地污染物危害识别。

若第一阶段场地环境调查认为场地未受到污染，则场地环境调查结束，并编制第一阶段调查报告。

1.5 第一阶段调查报告编制

第一阶段调查报告应包括场地基本情况、场地环境调查的主要工作内容、场地污染的初步分析结论及依据。其中主要工作内容应突出说明使用和排放的危险物质及使用量、污染痕迹、污染概念模型等。另外，需要针对场地环境调查过程中的不确定因素对评价结论的影响进行分析，并应将判断场地污染与否的关键佐证材料作为报告附件。

第一阶段调查报告可参照参考附录 3 编制。

2 第二阶段调查——现场采样

2.1 目的和工作内容

第二阶段调查以采样分析为主，确定场地的污染物种类、污染分布及污染程度。主要工作内容为初步采样、场地风险筛选、详细采样和第二阶段报告编制。初步采样又称为确认采样，主要是通过与场地筛选值比较，分析和确认场地是否存潜在风险及关注污染物；详细采样目的是确定污染物具体分布及污染程度。

2.2 初步采样

2.2.1 制定采样计划

开展现场采样前，应先制定现场采样计划。采样计划内容包括：核查已有信息、判断潜在污染情况、制定采样方案（包括采样目的、采样布点、采样方法、样品保存与流转、样品分析等）、确定质量标准与质量控制程序、制定场地调查安全与健康计划等。

2.2.2 初步采样分析项目

采样分析项目应包括第一阶段调查识别的污染物；对于不能确定的项目，可选取少量潜在典型污染样品进行筛选分析。一般工业场地可选择的检测项目有：重金属、挥发性有机物（VOCs）、半挥发性有机物（SVOCs）、氰化物、石棉和其他有毒有害物质。如遇土壤和地下水明显异常而常规检测项目无法识别时，可采用生物毒性测试方法进行筛选判断；如遇有明显异臭或刺激性气味，而项目无法检测时，应考虑通过恶臭指标等进行筛选判断。

场地环境调查涉及地表水和残余废弃物监测，按照《场地环境监测技术导则》（HJ 25.2）执行。

2.2.3 初步采样布点要求

2.2.3.1 采样位置

初步采样时，一般不进行大面积和高密度的采样，只是对疑似污染的地块进行少量布点与采样分析。采用判断布点方法，在场地污染识别的基础上选择潜在污染区域进行布点，重点是场地内的储罐储槽、污水管线、污染处理设施区域、危险物质储存库、物料储存及装卸区域、历史上可能的废渣地下填埋区、“跑冒滴漏”严重的生产装置区、物料输送管廊区域、发生过污染事故所涉及到的区域、受大气无组织排放影响严重的区域、受污染的地下水污染区域、道路两侧区域、相邻企业等区域。

对于污染源较为分散的场地和地貌严重破坏的场地，以及无法确定场地历史生产活动和各类污染装置位置时，可采用系统布点法（也称网格布点法）。布点数量可参考《场地环境评价导则》（DB11/T 656）中的相关推荐数目。

无法在疑似污染地块，特别是罐槽、污染设施等底部采样时，则应尽可能接近疑似污染地块且在污染物迁移的下游方向布置采样点。采样点和可能污染点相差距离较大时，应在设施拆除后，在设施底部补充采样。

监测点位的数量与采样深度应根据场地面积、污染类型及不同使用功能区域等确定。

2.2.3.2 采样数量

采样点数目应足以判别可疑点是否被污染，在每个疑似污染地块内或设施底部布置不少于三个土壤或地下水采样点。地下水采样可不只局限在厂界内，对场地内地下水上游、下游及污染区域内至少各设置一个监测井，地下水监测井设点与土壤采样点可并点考虑。

在其他非疑似污染地块内，可采用随机布点方法，少量布设采样点，以防止污染识别过程中的遗漏。

2.2.3.3 采样深度

采样深度应综合考虑场地地层结构、污染物迁移途径和迁移规律、地面扰动深度等因素。若对场地信息了解不足，难以合理判断采样深度，可依据《场地环境调查技术导则》（HJ 25.1）的要求设置采样点；在实际调查过程中可结合现场实际情况进行确定。

（1）当土层特性垂直变异较大时，应保证在不同性质土层至少有一个土壤样品，采样点一般布置在各土层交界面（如弱透水层顶部等）；当同一性质土层厚度较大或同一性质土层中出现明显污染痕迹时，应根据实际情况在同一土层增加采样点。

（2）地下水采样一般以最易受污染的第一层含水层为主；当第二层含水层作为主要保护对象且可能会受到污染时，应设置地下水监测组井，同时采集第一层和第二层地下水样品；当有地下储存设施时，应在储存设施以下至含水层底板，最少选取二至三个不同的深度进行取样；当隔水层相对较差或两层含水层之间存在水力联系、场地内存在透镜体或互层等地质条件时，可考虑设置组井并进行深层采样。

（3）当第一层含水层为非承压类型，土壤钻孔或地下水监测井深度应至含水层底板顶部。采样点的具体设置如下：

①表层：根据土层性质变化、是否有回填土等情况确定表层采样点的深度，表层采样点深度一般为 0.5 m 以内；

②表层与第一层弱透水层之间：应至少保证一个采样点。当表层与弱透水层的厚度较大时，可考虑增加采样点。各采样点的具体位置可根据便携式现场测试仪器、土壤污染目视判断（如异常气味和颜色等）来确定；

③地下水位线：地下水位线附近至少设置一个土壤采样点；

④含水层：当地下水可能受污染时，应增加含水层采样点；

⑤含水层底板（弱透水层）：含水层底板顶部应设置一个土壤采样点。

（4）当第一层含水层为承压水时，若不设置地下水监测井，土壤采样深度应不超过第一层弱透水层顶板；若设置地下水监测井，则应达到第一层含水层底板（当第一层含水层厚度大于 5 m 时，建井深度应至少为地下水水面以下 5 m）。采样点的具体设置如下：

①表层：根据土层性质变化，是否有回填土等情况确定表层采样点的深度，表层采样点深度一般为 0.5 m 以内；

②表层与第一层弱透水层之间：至少保证一个采样点。当表层与弱透水层的厚度较大时，可考虑增加采样点；各采样点具体位置可根据便携式现场测试仪器、土壤污染目视判断来确定；

③地下水位线：设置监测井时，地下水位线附近至少设置一个土壤采样点；

④含水层及含水层底板：在地下水可能受污染情况下，应增加含水层内及含水层底板采样点。对于不需建井的钻孔，钻孔深度不应打穿弱透水层。

2.2.4 现场采样

2.2.4.1 采样准备

根据采样计划，制定采样计划表，准备各种记录表单、必需的监控器材、足够的取样器材并进行消毒或预先清洗。

2.2.4.2 现场定位

根据采样计划，对采样点进行现场定位测量（高程、坐标）。可采用地物法和仪器测量法，可选择的仪器主要有经纬仪、水准仪、全站仪和高精度的全球定位仪。定位测量完成后，可用钉桩、旗帜等器材标志采样点。

2.2.4.3 计划调整

场地采样过程可能受地下管网（如煤气管、电缆）、建筑物等影响而无法按采样计划实施，场地评价人员应分析其对采样的影响，可根据现场的实际情况适当调整采样计划，或提出在场地障碍物清除后，是否需要开展场地的补充评价。

当出现下列情况可调整采样计划：

（1）当现场条件受限无法实施采样时，采样点位置可根据现场情况进行适当调整。

（2）现场状况和预期之间差异较大时，如现场水文地质条件与布点时的预期相差较大时，应根据现场水文地质勘测结果，调整布点或开展必要的补充采样。

2.2.4.4 样品采集

根据采样计划，现场采集土壤及地下水样品，同时采集现场质量控制样。在采样时，应做好现场记录。土壤和地下水样品的采集要求见附录 1。

2.2.4.5 样品运输与保存

针对不同检测项目，选择不同的样品保存方式。目标污染物为无机物的样品通常用塑料瓶（袋）收集；目标污染物为挥发性和半挥发性有机物的样品宜使用具有聚四氟乙烯密封垫的直口螺口瓶收集。具体的土壤样品收集器和样品的保存要求见附录 2。

运输样品时，应填写实验室准备的采样送检单，并尽快将样品与采样送检单一同送往分析检测实验室。采样送检单应保证填写正确无误并保存完整。

2.2.4.6 注意事项

（1）防止采样过程的交叉污染

在两次钻孔之间，钻探设备应该进行清洗；当同一钻孔在不同深度采样时，应对钻探设备、取样装置进行清洗；当与土壤接触的其他采样工具重复使用时，应清洗后使用。

采样过程中要佩戴手套。为避免不同样品之间的交叉污染，每采集一个样品须更换一次手套。每采完一次样，都须将采样工具用自来水洗净后再用蒸馏水淋洗一遍。液体汲取器则为一次性使用。

（2）防止采样的二次污染

每个采样点钻探结束后，应将所有剩余的废弃土装入垃圾袋内，统一运往指定地点储存；洗井及设备清洗废水应使用塑料容器进行收集，不得随意排放。

（3）现场质量控制

规范采样操作：采样前组织操作培训，采样中一律按规程操作，设置第三方监理。

采集质量控制样：现场采样质量控制样一般包括现场平行样、现场空白样、运输空白样、清洗空白样等，且质量控制样的总数应不少于总样品数的 10%。

规范采样记录：将所有必需的记录项制成表格，并逐一填写。采样送检单必须注明填写人和核对人。

（4）个人防护

根据国家有关危险物质使用及健康安全等相关法规制订现场人员安全防护计划，并对相关人员进行必要的培训。现场人员须按有关规定，使用个人防护装备。严格执行现场设备操作规范，防止因设备使用不当造成的各类工伤事故。对现场危险区域，如深井、水池等应进行标识。

（5）应急处理

当现场评价过程中发现存在危险物质泄漏时，应对泄漏情况及危害程度进行快速评估，并确定是否需要立即采取措施清除泄漏源。一旦确认需要进行紧急清除，则应立即通知场地业主和当地环保部门。

2.2.5 样品分析

2.2.5.1 现场样品分析

现场可采用便携式分析仪器设备进行样品的定性和半定量分析。

水样的温度须在现场进行分析测试，溶解氧、pH、电导率、色度、浊度等监测项目亦可在现场进行分析测试，并应保持监测时间一致性。

岩心样品采集后，用取样铲从每段岩心中采集少量土样置于自封塑料袋内并密封，一般应在有明显污染痕迹或地层发生明显变化的位置采样。之后适当对土样进行揉捏以确保土样松散，使其稳定 5～10 min 后将相应仪器或设备（如 PID 检测器等）探头伸入自封袋内并读取样品的读数。

2.2.5.2 实验室样品分析

（1）土壤样品分析

土壤的常规理化特征，如土壤 pH、粒径分布、容重、孔隙度、有机质含量、渗透系数、阳离子交换量等的分析测试应按照《岩土工程勘察规范》（GB 50021）执行。土壤样品关注污染物的分析测试应按照《土壤环境质量标准》（GB 15618）和《土壤环境监测技术规范》（HJ/T 166）中的指定方法执行。污染土壤的危险废物特征鉴别分析，应按照《危险废物鉴别标准》（GB 5085）和《危险废物鉴别技术规范》（HJ/T 298）中的指定方法执行。

（2）其他样品分析

地下水样品、地表水样品、环境空气样品、残余废弃物样品的分析应分别按照《地下水环境监测技术规范》（HJ/T 164）、《地表水和污水监测技术规范》（HJ/T 91）、《环境空气质量手工监测技术规范》（HJ/T 194）、《恶臭污染物排放标准》（GB 14554）、《危险废物鉴别标准》（GB 5085）和《危险废物鉴别技术规范》（HJ/T 298）中的指定方法执行。

2.2.5.3 其他要求

样品分析方法首选国家标准和规范中规定的分析方法。对国内没有标准分析方法的项目，可以参照国外的方法。

2.2.5.4 实验室质量控制

设置实验室质量控制样。主要包括：空白样品加标样、样品加标样和平行重复样。要求每 20 个样品或者至少每一批样品作一个系列的实验室质量控制样，也可根据情况适当调整。质量控制样品，包括土壤和地下水，应不少于总检测样品的 10%。

2.2.6 检测结果分析

实验室检测结果和数据质量进行分析主要包括：（1）分析数据是否满足相应的实验室质量保证要求。（2）通过采样过程中了解的地下水埋深和流向、土壤特性和土壤厚度等情况，分析数据的代表性。（3）分析数据的有效性和充分性，确定是否需要进行补充采样。（4）根据场地内土壤和地下水样品检测结果，分析场地污染物种类、浓度水平和空间分布。

2.3 场地风险筛选

通过将污染初步采样结果与国家和地方等相关标准以及清洁对照点浓度比较，排查场地是否存在风险。相关标准可采用国家相关土壤和地下水标准、国家以及地区制定的场地污染筛选值，国内没有的可参照国际上常用的筛选值，或者应用场地参数计算适用于该场地的特征筛选值。若污染物筛选值低于当地背景值，采用背景值作为筛选值。

一般在确定了开发场地土地利用功能的情况下：

若污染物检测值低于相关标准或场地污染筛选值，并且经过不确定性分析表明场地未受污染或健康风险较低，可结束场地调查工作并编制第二阶段场地调查报告。

若检测值超过相关标准或场地污染筛选值，则认为场地存在潜在人体健康风险，应开展详细采样，并进行第三阶段风险评估。

2.4 详细采样

2.4.1 制定采样计划

同 2.2.1 中的采样计划要求。

2.4.2 土壤采样点位布设

污染场地土壤采样常用的点位布设方法包括判断布点法、随机布点法、分区布点法及系统布点法等，其适用条件见表 2.1。

表 2.1 常见的布点方法及适用条件

布点方法	适用条件
判断布点法	适用于潜在污染明确的场地
随机布点法	适用于污染分布均匀的场地
分区布点法	适用于污染分布不均匀，并获得污染分布情况的场地
系统布点法	适用于各类场地情况，特别是污染分布不明确或污染分布范围大的情况。 可以获得污染分布，但其精度受到网格间距大小影响

判断布点法适用于潜在污染明确的场地。

随机布点法适用于场地内土壤特征相近、土地使用功能相同的区域。具体方法是将监测区域分成面积相等的若干地块，从中随机（随机数的获得可以利用掷骰子、抽签、查随机数表的方法）抽取一定数量的地块，在每个地块内布设一个监测点位。抽取的样本数要根据场地面积、监测目的及场地使用状况确定。

分区布点法适用于场地内土地使用功能不同及污染特征明显差异的场地。具体方法是将场地划分成不同的小区，根据小区的面积或污染特征确定布点的方法。场地内土地使用功能的划分一般分为生产区、办公区、生活区。

系统布点法适用于场地土壤污染特征不明确或场地原始状况严重破坏的情形。具体方法是将监测区域分成面积相等的若干地块（网格），每个地块内布设一个监测点位。网格点位数应视所评价场地的面积及潜在污染源的数目、污染物迁移情况等确定，原则上网格大小不应超过 1600 m2，也可参考《场地环境评价导则》（DB11/T656）中的相关推荐数目。

土壤采样布点中需要注意以下情形：

当场地污染为局部污染，且热点地区（第一阶段及第二阶段初步采样所确认的污染地块）分布明确时，应采用判断布点法在污染热点地区及周边进行密集取样，布点范围应略大于判断的污染范围。当确定的热点区域范围较大时，也可采用更小的网格单元，在热点区域内及周边采用网格加密的方法布点。在非热点地区，应随机布置少量采样点，以尽量减少判断失误。随机布点数目不应低于总布点数的 5%。

如需采集土壤混合样，可根据每个监测地块的污染程度和地块面积，将其分成 1～9 个均等面积的网格，在每个网格中心进行采样，将同层的土样制成混合样（挥发性有机物污染的场地除外）。

深层采样点的布置应根据初步采样所揭示的污染物垂直分布规律来确定，符合污染初步采样阶段的相关要求及《场地环境监测技术导则》（HJ 25.2）的相关要求。

当详细采样不能满足风险评估要求，或划定场地污染修复范围的要求时，应该采用判断布点法进行一次或多次补充采样，直至有足够数据划定污染修复范围为止。必要时，可开展土壤气、场地人群和动植物调查等，以进行更深层次的风险评估。

2.4.3 地下水监测点位布设

地下水监测点点位按《场地环境监测技术导则》（HJ 25.2）布设。当场地地质条件比较复杂时，应设置组井（丛式监测井）。

2.4.4 采样的技术要求

详细采样阶段的现场采样、样品分析、检测结果分析同 2.2 初步采样中 2.2.4、2.2.5、2.2.6 技术要求。

2.4.5 物理样的采集与土工试验

物理样的采集与土工试验是在详细采样阶段为风险评估提供数据支撑，以模拟污染物在环境介质中的迁移过程。主要包括以下参数的测试获取：土壤粒径分布、土壤容重、含水量、天然密度、饱和度、孔隙比、孔隙率、塑限、塑性指数、液性指数、实验室垂直渗透系数和水平渗透系数以及粒径分布曲线等物理参数。具体参数根据风险评估需要确定。

2.4.6 其他调查方法

除了进行土壤和地下水采样之外，目前在场地污染调查实践中常采用便携式仪器、地球物理勘查技术等进行调查。

2.4.6.1 便携式仪器调查

常用的便携式仪器包括检测挥发性气体的光离子化检测仪（PID）、检测重金属的 X 射线荧光分析仪（XRF）等。实际操作时，可根据便携仪器的测量值，确定具体的采样位置。一般可用洛阳铲、手动螺旋钻等在采样点处凿孔，并使用便携仪器测定污染物组分的浓度；在初步采样和详细采样认定的污染较重的区域，可采用便携仪器进行加密检测。常用的便携仪器功能及优缺点见表 2.2。

表 2.2 便携式仪器的功能及优缺点

仪器名称	主要功能	优缺点
X 射线荧光分析仪（XRF）	检测土壤中的重金属	优点：快速进行现场分析。缺点：需要前期训练操作人员；可能受到基质干扰；检测限较高
火焰离子检测仪（FID）	半定量检测土壤中 VOCs 组分的含量	优点：迅速获得结果。缺点：只能检测到 VOCs 组分
光离子检测仪（PID）	检测土壤中 VOCs、部分 SVOCs 和无机物的浓度	优点：迅速获得结果；容易使用。缺点：测试结果受环境湿度等影响；不能确定特定的有机组分浓度

2.4.6.2 地球物理勘查技术

污染场地调查中涉及的地球物理方法包括地质雷达法、高密度电阻率法、综合测井技术等。在实际工作中，往往需要多种物探方法开展场地调查，常用物探方法应用范围及特点见表 2.3。

2.5 第二阶段报告编制

第二阶段场地调查报告应至少包括以下内容：

（1）场地污染情况，包括场地基本信息、主要污染物种类和来源及可能污染的重点区域。

（2）现场采样与实验室分析，包括采样计划、采样与分析方法、检测数据、质量控制、检测结果分析。

（3）场地污染风险筛选及场地环境污染评价的结论和建议。

第二阶段场地环境调查报告可参照参考附录 4 编制。当第二阶段风险筛选结果表明场地确实已经受到污染或存在潜在的人体健康风险时，应启动第三阶段工作。

表 2.3 常用物探方法的应用范围及特点

地球物理方法	应用范围及特点	适用调查阶段
地质雷达法	石油类污染场地、垃圾场、城市污水等，勘测污染源、污染范围和深度，可进行一维、二维、三维地面原位测试	初步采样和详细采样
高密度电阻率法	石油类污染场地、垃圾场、城市污水等，勘测污染源、污染范围和深度，可进行二维、地面原位测试	详细采样
声波及千层地震勘探	城市污水渠、核废料处理和垃圾填埋场等领域勘探，确定地下水埋深、垃圾场边界、核废料处理井结构等	详细采样
跨孔电磁波/超声波 CT 成像法	适用各类污染场地勘测空间污染源、污染边界和污染通道的精细测量	详细采样
综合物探探井技术	可针对所有场地污染调查钻孔实施多参数综合物探测井，原位测定污染介质的属性和异常特征	详细采样

3 第三阶段调查——风险评估

3.1 目的和工作内容

第三阶段的目的是通过风险评估，确定场地污染带来的健康风险是否可接受，依据场地初步修复目标值划定修复范围。

主要工作内容包括：（1）场地健康风险评估；（2）确定修复目标和修复范围；（3）编制第三阶段报告。

3.2 风险评估程序和方法

场地健康风险评估是在分析污染场地土壤和地下水中污染物通过不同暴露途径进入人体的基础上，定量估算致癌污染物对人体健康产生危害的概率，或非致癌污染物的危害水平与程度（危害熵）。主要内容为危害识别、暴露评估、毒性评估和风险表征，工作程序见图 3.1。

3.2.1 危害识别

场地危害识别的主要任务是根据第一阶段和第二阶段的调查、采样和分析获取的资料，结合场地的规划用地性质，确定关注污染物及其空间分布，识别敏感受体类型，进一步完善场地概念模型，指导场地风险评价。场地危害识别的工作内容包括：

（1）确定场地主要污染源、污染物浓度及其向环境释放的方式。场地污染物浓度计算方法见附录 3。

（2）根据污染场地未来用地规划，分析和确定未来受污染场地影响的人群。

（3）根据污染物及环境介质的特性，分析污染物在环境介质中的迁移和转化。

（4）根据未来人群的活动规律和污染在环境介质中的迁移规律，分析和确定未来人群接触或摄入污染物的方式，确定暴露方式。

（5）在污染源、污染物在环境中的迁移转化、暴露方式和受体分析的基础上，分析和建立暴露途径。

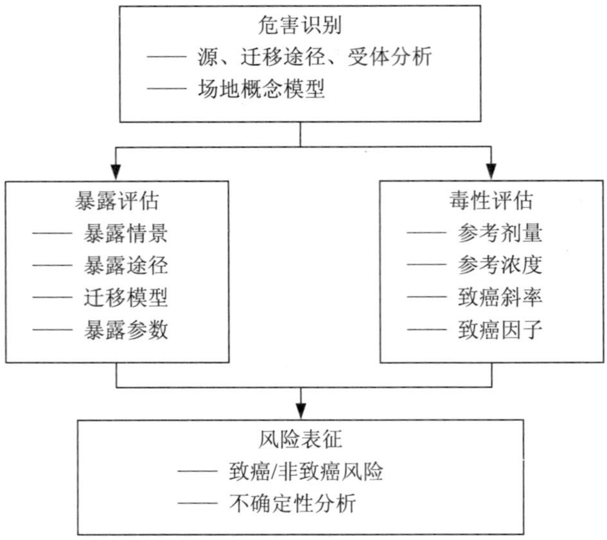

图 3.1 污染场地风险评估工作程序

（6）综合各种暴露途径，建立场地污染概念模型。场地概念模型需在随后的暴露评估和风险评估中进一步完善和修订。

在场地风险评估中，如果污染源和受体之间未形成完整的“源-迁移途径-受体”暴露风险链条，则认为不存在风险，风险评估将停止进行。

3.2.2 暴露评估

暴露评估是在危害识别的基础上，分析场地土壤和地下水中关注污染物进入并危害敏感受体的情景，确定场地土壤和地下水中的污染物对敏感人群的暴露途径，确定污染物在环境介质中的迁移模型和敏感人群的暴露模型，确定与场地污染状况、土壤性质、地下水特征、敏感人群和关注污染物性质等相关的模型参数值，计算敏感人群摄入来自土壤和地下水的污染物所对应的暴露量。暴露评估的主要工作内容包括分析暴露情景、识别暴露途径、选择迁移模型和确定暴露参数。

3.2.2.1 暴露情景

暴露情景是特定土地利用方式下，场地污染物经由不同方式迁移并到达受体的一种假设性场景描述，即关于场地污染暴露如何发生的一系列事实、推定和假设。根据场地用地规划，确定场地的未来用地情景。根据受体特征，分析受体人群与场地污染物的接触方式。可将用地情景分为敏感用地（包括住宅、文化设施、教育用地等）和非敏感用地（包括工业用地、商业用地、物流仓储用地等），由于绿地情景的暴露途径和暴露参数较为特殊，因此一般将用地情景分为居住、工商业和公园三类用地进行计算和分析。

（1）居住情景

普通住宅、公寓、别墅等用地方式，可作为居住情景进行暴露情景分析。受体分为儿童、青少年和成人，接触方式一般包括：①直接摄入污染土壤；②经皮肤接触污染土壤而吸收污染物；③通过呼吸系统吸入污染的土壤尘；④吸入土壤及地下水中的挥发性有机污染物；⑤饮用受污染的地下水和地表水。

对于污染物的致癌效应，应考虑人群的终身暴露危害；对于污染物的非致癌效应，应以儿童为敏感受体，一般以儿童期暴露来评估污染物的非致癌危害。

（2）工商业情景

办公楼、展览馆、交通设施等用地方式，可视为工商业情景进行暴露情景分析。受体为成人，接触方式包括：①直接摄入污染土壤；②经皮肤接触污染土壤而吸收污染物；③通过呼吸系统吸入污染的土壤尘；④吸入土壤及地下水中的挥发性有机污染物；⑤饮用受污染的地下水和地表水。

对于污染物的致癌效应和非致癌效应，一般以成人期的暴露来进行评估。

（3）公园情景

游乐场、公园、绿地等用地方式，可视为公园情景进行暴露情景分析。公园情景下的接触方式参照居住情景进行分析，但一般不考虑室内呼吸途径的风险。

不能确定土地利用方式的场地，建议按照居住情景进行分析。另外，还需要考虑施工期建筑工人的风险影响，施工人员的接触方式包括：①直接摄入污染土壤；②经皮肤接触污染土壤而吸收污染物；③通过呼吸系统吸入污染的土壤尘；④吸入土壤及地下水中的挥发性有机污染物；⑤饮用受污染的地下水和地表水。

上面列出了不同用地情况下可能的暴露接触方式和途径，实际工作中，应根据具体情况来确定。

暴露情景分析时，可结合未来场地风险控制措施的应用（如暴露途径阻断措施等），分析不同风险控制情景下的风险水平。

3.2.2.2 暴露途径

场地污染土壤的暴露途径包括：经口摄入污染土壤、皮肤直接接触污染土壤、吸入土壤颗粒物、吸入室外土壤挥发气体、吸入室内土壤挥发气体。场地污染地下水的途径包括：吸入室外地下水挥发气体、吸入室内地下水挥发气体、饮用地下水。

在分析污染物进入人体的暴露途径时，未考虑蔬菜摄入途径。因为本技术指南中所指场地主要为工业污染场地，通常情况下在工业场地上，一般不会种植食用植物。当确实存在这种情况时，建议采用国内外的相关标准进行判断，以确定是否存在健康危害。

场地土壤和地下水中污染物的暴露途径汇总见图 3.2。在风险评估时，应根据场地污染和未来受体具体情况进行选择和分析。

3.2.2.3 迁移模型

场地污染源和暴露点不在同一位置时，应采用相关迁移模型确定暴露点污染物浓度。场地污染物迁移模型一般包括：表层土壤中污染物挥发（VFss）、表层土壤扬尘（PEF）、深层土壤中污染物挥发至室外（VFsamb）、深层土壤中污染物挥发至室内（VFsesp）、地下水中污染物挥发至室外（VFwamb）、地下水中污染物挥发至室内（VFwesp）、土壤中污染物淋溶到地下水（LF）。常用的迁移模型见《污染场地风险评估技术导则》（HJ 25.3）。

3.2.2.4 暴露参数

暴露参数包括暴露频率、暴露时间、土壤摄入量、人体相关参数等，推荐的暴露参数默认值见《污染场地风险评估技术导则》（HJ 25.3）、《场地环境评价导则》（DB11/T656）。

各种暴露途径涉及的土壤和水文地质参数可根据现场调查获得。作为计算场地风险筛选值时，也可采用一定区域范围内的土壤和地质水文参数。

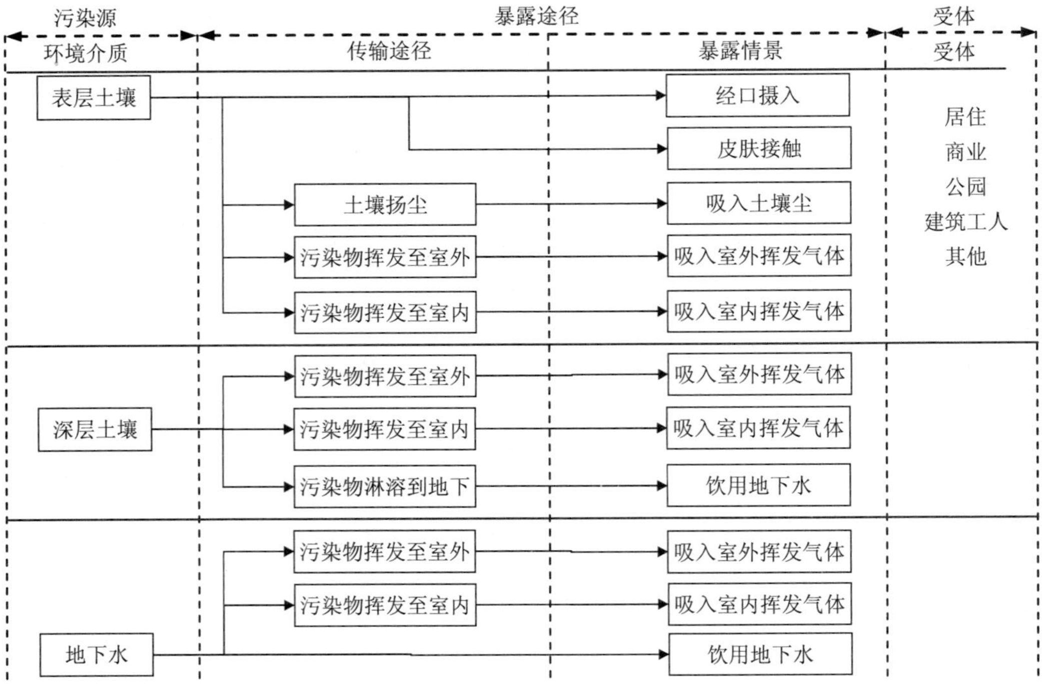

图 3.2 污染场地暴露途径汇总示意图

3.2.3 毒性评估

污染物毒性常用污染物质对人体产生的不良效应以剂量～反应关系表示。对于非致癌物质如具有神经毒性、免疫毒性和发育毒性等物质，通常认为存在阈值现象，即低于该值就不会产生可观察到的不良效应。对于致癌和致突变物质，一般认为无阈值现象，即任意剂量的暴露均可能产生负面健康效应。

污染物毒性参数包括计算非致癌危害熵的慢性参考剂量（非挥发性有机物）和参考浓度（挥发性有机物）；计算致癌风险的致癌斜率（非挥发性有机物）和单位致癌系数（挥发性有机物）。常见的污染物毒性参数见《污染场地风险评估技术导则》（HJ 25.3）。污染物毒性参数也可根据国际上认可的毒性数据库适时进行更新。

3.2.4 风险表征

3.2.4.1 致癌/非致癌

风险计算风险表征是以场地危害识别、暴露评估和毒性评估的结果为依据，把风险发生概率和/或危害程度以一定的量化指标表示出来，从而确定人群暴露的危害度。主要工作内容包括：计算单一污染物某种暴露途径的致癌和非致癌危害熵、单一污染物所有暴露途径的致癌和非致癌危害熵、所有关注污染物的累积致癌和非致癌危害熵计算。风险表征计算公式见《污染场地风险评估技术导则》（HJ 25.3）。

3.2.4.2 不确定性分析

对风险评估过程的不确定性因素进行综合分析评价，称为不确定性分析。场地风险评估结果的不确定性分析，主要是对场地风险评估过程中由输入参数误差和模型本身不确定性所引起的模型模拟结果的不确定性进行定性或定量分析，包括风险贡献率分析和参数敏感性分析等。具体不确定性分析方法见《污染场地风险评估技术导则》（HJ 25.3）。

3.3 确定场地风险控制值和初步修复范围

3.3.1 确定风险可接受水平

风险可接受水平是指一定条件下人们可以接受的健康风险水平。致癌风险水平以场地土壤、地下水中污染物可能引起的癌症发生概率来衡量，非致癌危害熵以场地土壤和地下水中污染物浓度超过污染容许接受浓度的倍数来衡量。

通常情况下，将单一污染物的致癌风险可接受水平设定为 10^{-6}、非致癌危害熵可接受水平设定为 1。风险可接受水平直接影响到污染场地的修复成本，在具体风险评估时，可以根据各地区社会与经济发展水平选择合适的风险水平。

3.3.2 计算场地风险控制值

场地风险控制值也常称作初步修复目标值，是根据场地可接受污染水平、场地背景值或本底值、经济技术条件和修复方式（修复和工程控制）、当地社会经济发展水平等因素综合确定的、场地土壤和地下水中的污染物修复后需要达到的限值。

计算修复目标值分为计算单个暴露途径土壤和地下水中污染物致癌风险和非致癌危害熵的修复目标值，以及计算所有暴露途径土壤和地下水中污染物致癌风险和非致癌危害熵的修复目标值两种情况。当场地污染物存在多种暴露途径时，一般采取第二种方法，即先计算所有暴露途径的累积风险，再计算修复目标值。

计算单个暴露途径以及综合暴露途径风险控制值的方法可参考《污染场地风险评估技术导则》（HJ 25.3），也可采用如下方法推导。

3.3.2.1 污染物单个暴露途径风险控制值

分别根据每个污染物单个暴露途径的致癌风险和非致癌危害熵计算修复目标值。例如：

计算经口摄入途径土壤中污染物致癌风险的修复目标值采用下式计算：

$$\mathrm{RBSL}_{\mathrm{ingest}} = \frac{CS \times TR}{R_{\mathrm{ingest}}} \tag{1}$$

计算经口摄入途径土壤中污染物非致癌危害熵的修复目标值采用下式计算：

$$\mathrm{HBSL}_{\mathrm{ingest}} = \frac{CS \times \mathrm{THQ}}{HQ_{\mathrm{ingest}}} \tag{2}$$

式中：$\mathrm{RBSL}_{\mathrm{ingest}}$ —— 基于经口摄入途径致癌风险的土壤中污染物修复目标值，mg/kg；

$\mathrm{HBSL}_{\mathrm{ingest}}$ —— 基于经口摄入途径非致癌危害熵的土壤中污染物修复目标值，mg/kg；

CS —— 污染物浓度，mg/kg；

TR —— 致癌风险可接受水平；

THQ —— 非致癌危害熵可接受水平；

R_{ingest} —— 经口摄入途径污染物致癌风险；

HQ_{ingest} —— 经口摄入途径污染物非致癌危害熵。

其他途径的污染物修复目标值同上。比较基于致癌风险和非致癌危害熵计算得出的修复目标值，选择较小值作为场地污染物修复目标值。

3.3.2.2 污染物所有暴露途径风险控制值

计算单一污染物所有途径致癌风险的污染物修复目标值，采用下式计算：

$$\mathrm{RBSL} = \frac{CS \times TR}{R_i} \tag{3}$$

计算单一污染物所有途径非致癌危害熵的污染物修复目标值，采用下式计算：

$$\mathrm{HBSL}_n = \frac{CS \times \mathrm{THQ}}{HQ_i} \tag{4}$$

式中：RBSL_n —— 所有途径致癌风险的污染物修复目标值，mg/kg；

HBSL_n —— 所有途径非致癌危害熵的污染物修复目标值，mg/kg；

R_i —— 所有途径污染物致癌风险；

HQ_i——所有途径污染物非致癌危害熵。

比较基于致癌风险和非致癌危害熵计算得到的修复目标值，选择较小值作为场地污染物修复目标值。

场地初步污染物修复目标值是基于风险评估模型的计算值，是确定污染场地修复目标的重要参考值。污染场地最终修复目标的确定，还应综合考虑修复后土壤的最终去向和使用方式、修复技术的选择、修复时间、修复成本以及法律法规、社会经济等因素。

3.3.3 确定初步修复范围

采用浓度插值等方法将第二阶段和第三阶段的采样检测分析结果绘制成等值线图，与场地修复目标值相对照，可以初步确定出修复区域。

若等值线图不能完全反映场地实际情况，可结合监测点位置、生产设施分布情况及污染物的迁移转化规律对修复范围进行修正。

修复范围应根据不同深度的污染程度分别划定。

3.4 第三阶段报告编制

第三阶段场地环境风险评估报告应至少包括以下内容：场地基本信息、场地污染识别与场地污染概念模型、现场采样与实验室分析、风险评估与修复目标和修复范围、需要环境无害化处理的生产设施和废物、场地环境评估的结论和建议。

第三阶段场地环境调查报告可参照参考附录 5 编制。

4 修复方案编制

4.1 目的和编制程序

4.1.1 目的

污染场地修复方案编制（也称可行性研究）的目的是根据场地调查与风险评估结果，确定适合于目标场地的最佳修复技术方案，并制定配套的环境管理计划，做为目标场地的修复工程实施依据，支撑该场地相关的环境管理决策。

4.1.2 编制程序

污染场地修复方案编制有选择修复策略、筛选和评估修复技术、形成修复技术备选方案与方案比选、制定环境管理计划、编制修复方案等 5 个阶段，具体程序和内容如图 4.1 所示。

4.1.2.1 选择修复策略

根据场地调查与风险评估结果，细化场地概念模型并确认场地修复总体目标，通过初步分析修复模式、修复技术类型与应用条件、场地污染特征、水文地质条件、技术经济发展水平，确定相应修复策略。选择修复策略阶段主要包括细化场地概念模型、确认场地修复总体目标、确定修复策略 3 个过程。

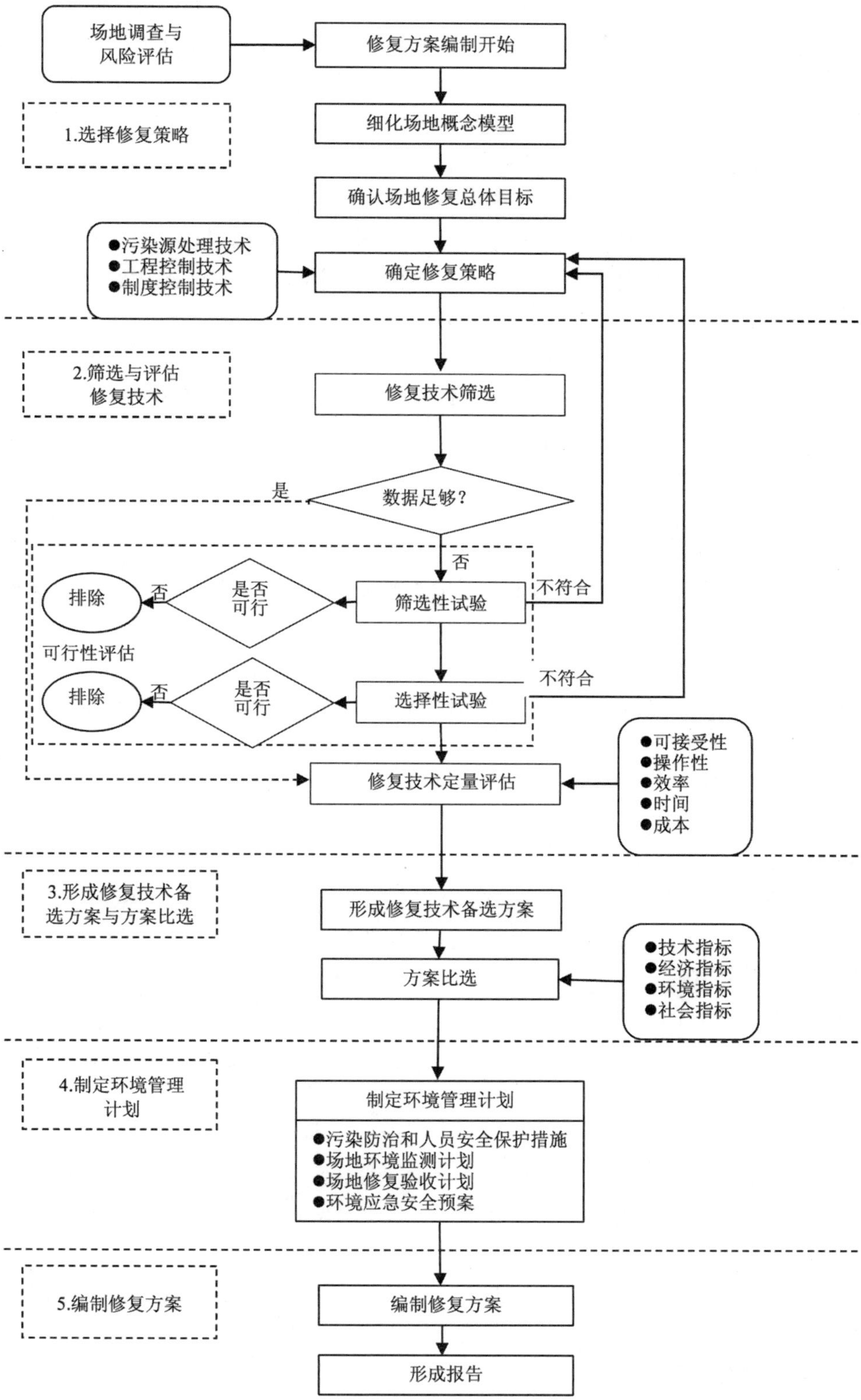

图 4.1　污染场地修复方案编制的工作程序和同容

4.1.2.2 筛选与评估修复技术

以场地总体修复目标与修复策略为核心，调研常用的修复技术，综合考虑修复效果、可实施性及其成本等因素进行技术筛选，找出适用于目标场地的潜在可行技术，并根据需要开展相应的技术可行性试验与评估，确定目标场地的可行修复技术。筛选与评估修复技术阶段主要包括修复技术筛选、技术可行性评估、修复技术定量评估3个过程。其中，技术可行性评估根据试验目的和手段的不同，又分为筛选性试验和选择性试验。

4.1.2.3 形成修复技术备选方案与方案比选

形成修复技术备选方案就是进一步综合考虑场地总体修复目标、修复策略、环境管理要求、污染现状、场地特征条件、水文地质条件、修复技术筛选与评估结果，对各种可行技术进行合理组合，形成若干能够实现修复总体目标、潜在可行的修复技术备选方案。方案比选则是针对形成的各潜在可行修复技术备选方案，从技术、经济、环境、社会指标等方面进行比较，确定适合于目标场地的最佳修复技术方案。形成修复技术备选方案与方案比选阶段主要包括形成修复技术备选方案和方案比选2个过程。

4.1.2.4 制定环境管理计划

环境管理计划为目标场地的修复工程实施提供指导，防止场地修复过程的二次污染，并为场地修复过程的环境监管提供技术支持。制定环境管理计划阶段主要包括提出污染防治和人员安全保护措施、制定场地环境监测计划、制定场地修复验收计划、制定环境应急安全预案4个过程。

4.1.2.5 编制修复方案

根据上述选择修复策略、筛选与评估修复技术、形成修复技术备选方案与方案比选、制定环境管理计划的流程，进行修复方案的编制，形成报告。

4.2 选择修复策略

4.2.1 细化场地概念模型

修复方案编制阶段的细化场地概念模型，应进一步结合场地水文地质条件、污染物的理化参数、空间分布及其潜在运移途径、风险评估结果等因素，以文字、图、表等方式概化场地地层分布、地下水埋深、流向、描述污染物的空间分布特征、污染物的迁移过程、迁移途径、污染介质与受体的相对位置关系、受体的关键暴露途径以及未来建筑物结构特征等，用以指导修复策略制定、筛选合适的修复技术并提出潜在可行的修复技术备选方案。在修复方案制定的过程中，应根据所制定的修复方案，动态的更新场地概念模型，以评估不同修复方案的实施效果。

4.2.2 确认场地修复总体目标

场地修复总体目标是使场地土壤和地下水质量满足某种使用功能目标。由于地下水的修复周期较长，必要时可将地下水修复总体目标划分为近期、中期和长期不同阶段的修复目标。地下水的近、中和长期目标一般可按下列方式划分：

（1）近期目标：切断和控制污染地下水的污染源，防止对地下水的进一步污染。如通过挖掘去除地下水上部存在自由相的污染土壤；通过水力控制防止地下水污染扩散等。

（2）中期目标：消除场地直接的健康风险。如通过空气注射等降低地下水挥发性有机污染物浓度，使其达到场地居住和工业使用的安全水平。

（3）长期目标：恢复地下水使用功能。如为饮用水，将地下水恢复到饮用水功能。

应明确实施各个时期目标的时间要求。考虑近期、中期、长期不同阶段的目标选择及实施的时间要求，这对修复模式的选择具有重要影响。

4.2.3 确定修复策略

场地修复策略是指以风险管理为核心，将污染造成的健康和生态风险控制在可接受范围内的场地总体修复思路，包括采用污染源处理技术、切断暴露途径的工程控制技术以及限制受体暴露行为的制度控制技术 3 种修复模式中的任意一种或其组合。

4.2.3.1 确定修复策略应遵循的原则

（1）应与场地未来的用地发展规划、开发方式、时间进度相结合。应与场地相关利益方进行充分交流和沟通，确认场地未来的用地发展规划、场地开发方式、时间进度、是否允许原位修复、修复后土壤的再利用或处置方式等。

（2）应充分考虑场地修复过程中土壤和地下水的整体协调性，并综合考虑近期、中期和长期目标的要求，以及修复技术的可行性、成本、周期、民众可接受程度等因素。

（3）污染场地风险评估可作为评估采取不同修复策略是否可以达到修复目标的评估工具。

（4）应选择绿色的、可持续的修复策略，使修复行为的净环境效益最大化。

（5）针对污染源处理技术、工程控制技术、制度控制技术中的某一修复模式，提出该修复模式下各个修复单元内各类介质的具体修复指标或工程控制指标。

4.2.3.2 修复策略制定的具体过程

（1）采用污染源处理技术时，针对各种技术类型，应根据污染介质确定目标污染物、明确具体的处理目标值和待处理的介质（土壤或地下水）范围。具体的处理技术类型有原位生物、原位物理、原位化学、异位生物、异位物理、异位化学等。

①对于污染土壤而言，处理目标值应根据风险评估结果、处理技术的特点以及土壤的最终去向或使用方式来综合确定。当采用降低土壤中目标污染物浓度的源处理技术时，处理目标值一般是将土壤中的目标污染物浓度降低到符合土壤再利用用途的风险可接受水平；当采用化学氧化等降低污染物浓度的技术时，还应考虑可能产生的中间产物及控制指标。当采用降低土壤中目标污染物的活性和迁移性控制其风险的固化/稳定化技术时，应根据固化体最终处置地的环境保护要求，确定其浸出浓度限值。待处理介质范围描述应包括需处理的污染土壤的深度、面积与边界、土方量。

②对于污染地下水而言，需明确不同阶段的处理目标值，地下水的处理目标值与其将要达到的功能密切相关；待处理介质范围的描述应包括需处理的污染地下水的边界、深度与出水量。

（2）采用工程控制技术时，应根据污染介质，确定目标污染物、修复范围、暴露途径，选择合适的阻止污染扩散或切断暴露途径方式，如覆盖清洁土、建立阻截工程等，从而降低和消除场地污染物对人体健康和环境的风险。从修复成本、修复周期等因素考虑，工程控制技术可为一种合理有效的选择。由于工程控制并不彻底去除场地中的污染物，因此工程控制往往需要和制度控制相结合，如定期监测和评估制度等。工程控制技术可以与污染源处理技术联合起来使用，降低修复成本，或用于场地修复过程中的二次污染防治。

（3）采用制度控制技术时，应通过制定和实施各项条例、准则、规章或制度，减少或阻止人群对场地污染物的暴露，从制度上杜绝和防范场地污染可能带来的风险和危害，从而达到利用行政管理手段对污染场地的潜在风险进行管理与控制的目的。制度控制技术常与工程控制技术或与污染源处理技术联合采用。

4.3 筛选与评估修复技术

4.3.1 修复技术筛选

针对确认的污染物类型和污染物特性，根据上一阶段确定的修复策略，依据修复技术类型（污染源处理技术范畴的原位生物、原位物理、原位化学、异位生物、异位物理、异位化学、工程控制技术等）和具体技术工艺（例如异位生物技术类型按工艺又可细分为异位生物堆技术、异位堆肥法技术、异位泥浆态生物处理技术等），利用文献调研、应用案例分析或相关筛选工具（附录 4），从技术的修复效果、可实施性以及管理部门的接受性、成本等角度进行考虑，筛选出潜在可行的修复技术。

4.3.2 修复技术可行性试验

修复技术可行性试验是确定各潜在可行技术是否适用于特定的目标场地。当效率、时间、成本等数据量充足，例如，大量研究和案例证明该技术对某种污染物处理有效，如热脱附处理多环芳烃污染土壤，或要研究的特定目标场地与已有案例的场地特征条件、水文地质条件、目标污染物完全相符且能够证明或确定技术可行时，可跳过可行性试验过程直接进入修复技术综合评估阶段；当数据量不够证明各潜在可行技术能够用于特定的目标场地或缺少前期基础、文献或应用案例时，则首先需要开展可行性试验。修复技术可行性试验分为筛选性试验和选择性试验，具体流程见图 4.2。

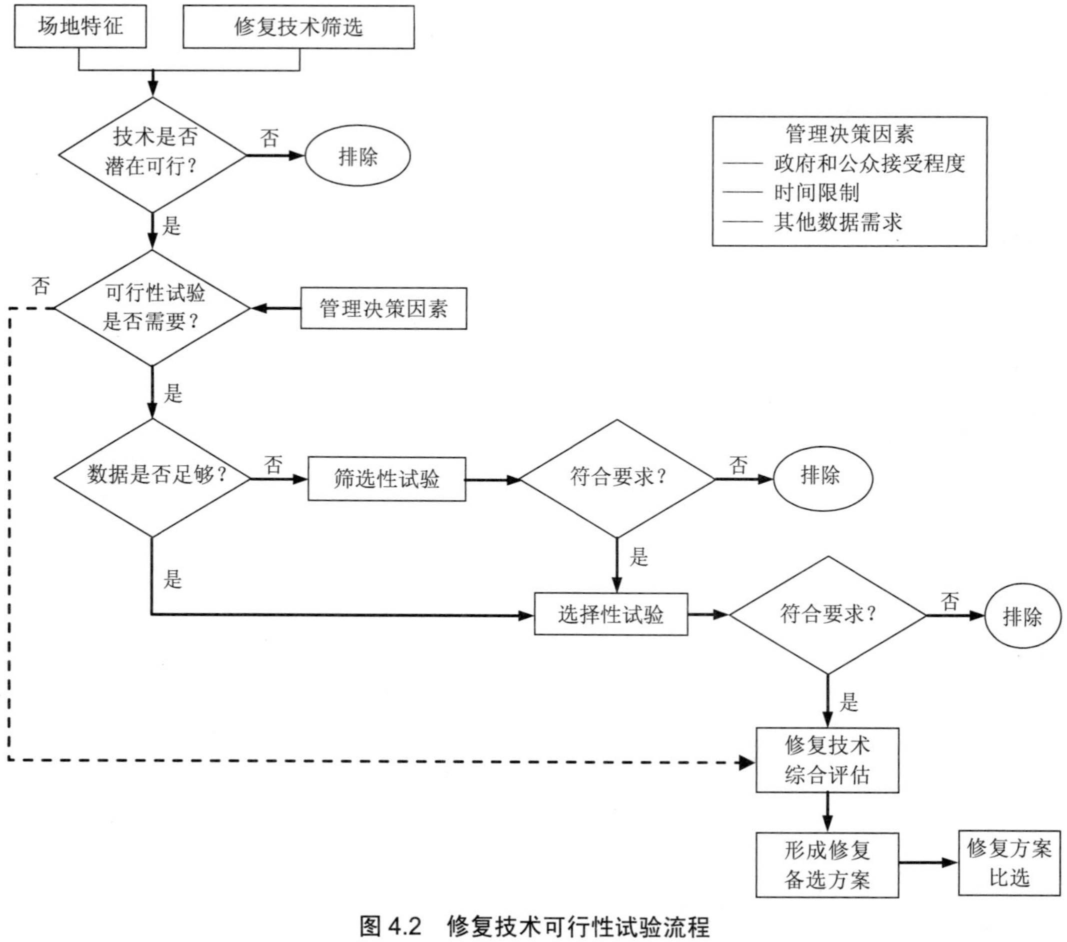

图 4.2 修复技术可行性试验流程

4.3.2.1 筛选性试验

筛选性试验的目的是通过实验室小试规模的试验，判断技术是否适用于特定目标场地，即评估技术是否有效，能否达到修复目标。

筛选性试验中的试验规模与类型、数据需求、试验结果的重现性、试验周期等具体技术要求如下：

（1）试验规模与类型：筛选性试验通常采集实际场地的污染介质，利用实验室常规的仪器设备开展实验室规模的批次试验。

（2）数据需求：可用定性数据来评估技术对于污染物处理能力。筛选性测试的数据若能达到修复目标的要求，则认为该技术是潜在可行的，进一步开展选择性试验过程。

（3）试验结果的重现性：试验至少需要重复 1 次或 2 次。试验过程需有质量保证和质量控制措施。

（4）试验周期：所需的试验周期主要取决于该技术的类型和需考察的参数数量。

通过筛选性试验能够获得的设计方面参数很少，因此不能作为修复技术选择的唯一依据。如果所有进行筛选性试验的技术均难以达到试验目标（均不符合目标），应考虑回到制定修复策略阶段对其进行适当调整。

对于经过大量应用案例证明可以处理某种污染物的技术，可跳过筛选性试验。本指南附录 5 列出了推荐的“场地修复常用技术”。当目标场地的污染物、污染介质特性与附录 5 所列出的某项技术相符时，该技术可跳过筛选性试验。

4.3.2.2 选择性试验

选择性试验的目的是对筛选性试验结果所得出的潜在可行技术开展进一步试验，确定工艺参数、成本、周期等。通过选择性试验的技术，可进入修复技术综合评估过程。

选择性试验中的试验规模与类型、数据需求、试验结果的重现性、试验周期等具体技术要求如下：

（1）试验规模与类型：选择性试验在实验室或现场完成，可以是小试或中试。小试应采集实际场地的污染介质，采用不同的工艺组合来试验效果，从而确定最佳工艺参数，并以此估算成本和周期等；中试应根据修复模式、修复技术类型的特点，在现场选择具有代表性的区域进行试验，来验证修复技术的实际效果，以确定合理的工艺参数、成本和周期。选择具有代表性的区域时应尽量兼顾不同区域、不同浓度、不同介质类型。中试所利用的设备通常是基于现场实际应用而按比例加工制造的。

（2）数据需求：需用定量数据，以确定技术能否满足操作单元的修复目标以及确定操作工艺参数、成本、周期。

（3）试验结果的重现性：至少需要重复 2 次或 3 次。试验过程需有严格的质量保证和质量控制。

（4）试验周期：选择性试验所需的试验周期估算主要取决于该技术的类型、污染物的监测种类以及质量保证和质量控制所需达到的水平。

当选择性试验过程难于选择出合适技术时（均不符合要求），应考虑回到制定修复策略阶段对其进行适当调整。

筛选性试验和选择性试验在试验规模和类型、数据需求、试验结果的重现性、试验周期估算方面的比较如表 4.1 所示。

表 4.1 技术筛选性试验与选择性试验比较

过程	试验规模和类型	数据需求	试验结果重现性	试验周期
筛选性试验	小试，实验室批次试验	定性	至少 1 次或 2 次	数天
选择性试验	小试或中试，实验室或现场的批次或连续试验	定量	至少 2 次或 3 次	数天、数周至数月

4.3.3 修复技术可行评估

对通过选择性试验的修复技术，可进一步采用列举法定性描述各技术的原理、适用性、限制性、成本等方面来综合评估，或利用修复技术评估工具表（附录 6）以可接受性、操作性、效率、时间、成本为指标来定量评估得到目标场地实际工程切实可行的修复技术。

表 4.2 列举了筛选与评估修复技术阶段各个过程在方法和目的之间的差异比较。

表 4.2 筛选与评估修复技术阶段各个过程的差异比较

过程	方法	目的
修复技术筛选	文献、应用案例分析	从修复技术的修复效果、可实施性、成本等角度，对潜在可行的修复技术进行定性比较
筛选性试验	小试	判断技术是否适用于特定目标场地，即评估技术是否有效，能否达到修复目标
选择性试验	小试或中试	对筛选性试验结果所得出的潜在可行技术开展进一步试验，确定工艺参数、成本、周期等
技术综合评估	多准则评估方法	列举各技术的原理、适用性、限制性、成本等方面来综合评估，或以可接受性、操作性、效率、时间、成本为指标，定量评估得到目标场地实际工程切实可行的修复技术

附录 7 列举了生物修复技术可行性试验具体案例，其他技术的可行性试验可参照案例进行。

4.4 形成修复技术备选方案与方案比选

4.4.1 形成修复技术备选方案

修复技术备选方案形成时，需进一步综合考虑场地总体修复目标、修复策略、环境管理要求、污染现状、场地特征条件、水文地质条件、修复技术筛选与评估结果，对各种可行技术进行合理组合，进而形成若干能够实现修复总体目标、潜在可行的修复技术备选方案。流程示意图见附录 8。

修复技术备选方案需包括详细的修复目标/指标、修复技术方案设计、总费用估算、周期估算等内容。其中：

（1）详细的修复目标/指标需根据不同的污染介质，按未来使用功能的差异，分区域、分层次制定。

（2）修复技术方案设计包括制定修复技术方案的技术路线、确定各修复技术的应用规模、确定涵盖工艺流程与相关工艺参数和周期成本在内的具体的土壤修复技术方案和地下水修复技术方案。修复技术方案的总体技术路线应反映污染场地修复总体思路和修复模式、修复工艺流程；各修复技术的应用规模应涵盖污染土壤需要修复的面积、深度、土方量，污染地下水需修复的面积、深度、出水量，同时应考虑修复过程中开挖、围堵等工程辅助措施的工程量；工艺参数应包括设备处理能力、或每批次处理所需时间、处理条件、能耗、设备占地面积或作业区面积等。

（3）总费用估算包括直接费用和间接费用，其中直接费用包括所选择的各种修复技术的修复工程主体设备、场地准备、污染场地土壤和地下水处理等费用总和；间接费用包括修复工程环境监理、二次污染监测、修复验收、人员安全防护费用，以及不可预见费用等。

（4）周期估算包括各种技术的修复工期及所需的其他时间估算。

需要说明的是，大型污染场地修复技术方案中的可行技术一般不止一种，可能是多种技术的组合。修复技术方案可以是多个可行技术的“串联”，也可以是多个可行技术的“并行”；可行技术的“串联”中，每个可行技术的应用具有先后顺序，而可行技术的“并行”则没有先后顺序，可行技术可以同时在污染场地上开展修复工程。可行技术的组合集成有多种方式，相应的可形成多个修复技术备选方案。

4.4.2 方案比选

方案比选的主要作用是选择经济效益、社会效益、环境效益综合表现最佳的技术方案，作为场地最终推荐的修复技术方案，为环境管理决策提供依据。

4.4.2.1 建立修复方案比选指标体系

方案的比选需要建立比选指标体系，必须充分考虑技术、经济、环境、社会等层面的诸多因素。

（1）技术指标

可操作性：修复技术的可靠性；管理人员经验的丰富程度；必要的设备和资源的可获得性；异位修复过程中污染介质的贮存、运输、安全处置方面的可操作性；以及与场地再利用方式或后续建设工程匹配性相关的可操作性指标，包括修复后场地的建设方案及其时间要求、土方平衡方面的可操作性等。

污染物去除效率：目标污染物的有效去除数量。

修复时间：达到修复目标/指标所需要的时间。

（2）经济指标

基本建设费用：包括直接费用和间接费用。其中直接费用包括原材料、设备、设施费用等；间接费用包括工程设计、许可、启动、意外事故费用等间接投资。

运行费用：人员工资、培训、防护等费用；水电费；采样、检测费用；剩余物处置费用；维修和应急等费用；以及保险、税务、执照等费用。

后期费用：日常管理、周期性监测等后期费用。

（3）环境指标

残余风险：剩余污染物或二次产物的类型、数量、特征、风险，以及风险处理处置的难度和不确定性。

长期效果：修复工程达到修复目标后的污染物毒性、迁移性或数量的减少程度；预期环境影响（占地、气味、外观等）是否达到了长期保护环境健康的目标；是否存在潜在的其他污染问题；需要修复后长期管理的类型和程度；长期操作和维护可能面临的困难；技术更新的潜在需要性。

健康影响：修复期间和修复工程达到修复目标后需要应对的健康风险（如异位修复期

间的清挖工程中污染物可能对工作人员的健康造成危害）以及减少风险的措施。

（4）社会指标

管理可接受程度：区域适宜性；与现行法律法规、相关标准和规范的符合性；需要与政府部门配合的必要性（如异位修复）。

公众可接受程度：施工期对周围居民可能造成的影响（气味、噪声等）。

4.4.2.2 比选确定修复技术方案

利用所建立的比选指标体系，对各潜在可行修复技术方案进行详细分析，对于修复技术方案的最终选择，可以采用 2 种方式：

一是利用详细分析结果，通过不同指标的对比、综合判断后，选择更为合适的修复技术方案作为场地修复技术方案；

二是利用专家评分的方式，选择得分最高的方案作为场地修复技术方案。

专家评分方式必须首先建立各指标权重，由专家对各修复技术方案分别进行评分，根据专家评分值，以及部分定量数据（如已经获取的方案费用等数据），进行标准化处理，加权求和，得出每个潜在可行修复技术方案的分值（本指南已通过专家打分方式得到的参考权重分配见附录 9）。分值越高，表示该修复技术方案越可行。根据上述程序，最终确定针对该目标污染场地修复的一种修复技术或多种技术的组合方案。

4.5 制定环境管理计划

4.5.1 提出修复过程中的污染防治和人员安全保护措施

在场地修复过程中，要严格避免有毒有害气体、废水、噪声、废渣对周围环境和人员造成危害和二次污染，提出修复过程中的污染防治和人员安全保护措施，编制场地安全与健康保障计划。污染防治措施要包括土壤污染防治、大气污染防治、废水污染防治和噪声污染防治措施；人员安全保护措施要包括一般的安全防护要求和接触环境污染物的防护措施，还应坚持预防为主、防治结合，控制和消除危险源，积极为从业者创造良好的工作环境和工作条件，使施工人员获得职业卫生保护。

4.5.2 制定场地环境监测计划

场地环境监测计划应根据修复方案，结合场地污染特征和场地所处环境条件，有针对性制定。制定场地环境监测计划前首先必须明确污染场地内部或外围的环境敏感目标，对环境敏感目标，要重点关注修复工程对其可能的影响。场地环境监测计划需明确监测的目的和类型、采样点布设、监测项目和标准、监测进度安排。场地环境监测计划包括修复工程环境监测计划、二次污染监测计划。

4.5.2.1 修复工程环境监测计划

应重点关注修复区域的污染源情况，污染土壤、污染地下水修复处理后的效果，以及修复工程对环境敏感目标可能的影响。

4.5.2.2 二次污染监测计划

应重点关注修复区域土壤挖掘清理、运输过程、临时堆放、土壤处理过程中产生的废水、废气和固体废弃物，处理后土壤去向等方面可能发生的环境污染问题，以及环境敏感目标可能的二次污染问题。

4.5.3 制定场地修复验收计划

修复验收计划一方面要关注目标污染物修复效果，同时也要关注政府主管部门和利益相关方公众所关心的其他环境问题。修复验收计划包括验收的程序、时段、范围、验收项目和标准、采样点布设、验收费用估算等，必要时应包括场地修复后长期监测井的设置、长期监测及维护等后期管理计划。

4.5.4 制定环境应急安全预案

为确保场地修复过程中施工人员与周边居民的安全，应制定周密的场地修复工程环境应急安全预案，以保证迅速、有序、有效地开展环境应急救援行动、降低环境污染事故损失。在危险分析和应急能力评估结果的基础上，针对危险目标可能发生的环境污染事故类型和影响范围，对应急机构职责、人员、技术、装备、设施（备）、物资、救援行动及其指挥与协调等方面预先做出具体安排。

4.6 编制修复方案

4.6.1 总体要求

污染场地修复方案报告必须全面准确地反映出场地土壤和地下水修复方案编制（可行性研究）全过程的所有工作内容。报告中的文字须简洁、准确，并尽量采用图、表和照片等形式表示出各种关键技术信息，以利于施工方制定污染场地修复工程的施工方案。

4.6.2 方案主要内容

修复方案原则上应包括场地问题识别、场地修复技术筛选与评估、修复备选方案与方案比选、场地修复方案设计、环境管理计划制定、成本效益分析等几部分，编制大纲可见参考附录 6。污染场地修复方案报告须根据污染场地所在地的区域环境特征、当地环境保护要求和该污染场地修复工程的实际特点。污染场地修复方案报告可酌情选择参考附录 6 部分内容编制。

5 修复实施与环境监理

5.1 修复实施

修复实施包括编制修复施工方案、施工现场准备和现场施工三个环节。

5.1.1 修复施工方案

修复施工方案包括：工程管理目标，项目组织机构，污染土壤分布范围、主要工程量及施工分区，总体施工顺序，施工机械和试验检测仪器配置，劳动力需求计划，施工准备等。此外还需明确施工质量的控制要点、施工工序与步骤，各修复技术方案中所需的设备型号、设备安装和调试过程等。

修复施工方案应根据施工现场条件和具体施工工艺，更新和细化场地环境管理计划，包括二次污染防治措施及环境事故应急预案、环境监测计划、安全文明施工及个人健康与安全保护等内容。

施工方案应明确施工进度、施工管理保障体系等内容。

5.1.2 施工现场准备

为保证整个工程的顺利进行，治理施工开始前需要进行一系列准备工作，包括：

（1）成立施工管理组织机构；

（2）清理施工场地内杂物，并进行施工场地平整；

（3）根据施工现场平面布置图进行测量放线；

（4）材料机械准备，包括大型器械、修复设备、工程防护用具、个人安全防护用具和应急用具等；

（5）处理场地防渗，应根据施工方案和环境管理要求，对处理场地等易受二次污染区域进行防渗和导排的设置；

（6）水电准备，施工用电用水的接入，水管路及用水设施、用电线路及设置应符合国家的相关规定；

（7）防火准备，应健全消防组织机构，配备足够消防器材，并派专人值班检查，加强消防知识的宣传和对现场易燃易爆物品的管理，消除一切可能造成火灾、爆炸事故的根源，严格控制火源、易燃、易爆和助燃物，生活区及工地重要电器设施周围，设置接地或避雷装置，防止雷击起火造成安全事故；

（8）入场前，应对相关施工人员开展施工安全和环境保护培训。

5.1.3 现场施工

施工方在污染土壤修复过程中，需严格按照业主和当地环保部门对该项目的管理要求，建立健全污染土壤修复工程质量监控体系，明确各级质量管理职责，通过增加技术保障措施、加强设备的运行管理、人员配置和污染土壤进出场管理等措施，确保该工程的污染土壤修复质量达到标准。施工过程如发现修复效果不能达到修复要求，应及时分析原因，并采取相应补救措施。如需进行修复技术路线和工艺调整，应报环保主管部门重新论证和审核。

在确保污染防治措施实施的基础上，施工过程中应加强与当地环保部门和周边居民的沟通，做好宣传解释，确保周边居民的利益不受影响。修复过程中产生严重环境污染问题时，施工单位应根据环保部门、业主和监理单位的要求进行纠正和整改，保证修复过程不对周边居民和环境产生影响。

5.2 环境监理和工程监理

5.2.1 工作目的

工程监理是受项目法人的委托，依据国家批准的工程项目建设文件、有关工程建设的法律、法规和工程建设监理合同及其他工程建设合同，对工程建设实施监督管理，控制工程建设的投资、建设工期和工程质量，以实现项目的经济和社会效益。

环境监理是受污染场地责任主体委托，依据有关环境保护法律法规、场地环境调查评估备案文件、场地修复方案备案文件、环境监理合同等，对场地修复过程实施专业化的环境保护咨询和技术服务，协助和指导建设单位全面落实场地修复过程中的各项环保措施，以实现修复过程中对环境最低程度的破坏、最大限度的保护。

5.2.2 工作对象

工程监理的对象主要是修复工程本身及与工程质量、进度、投资等相关的事项。环境监理的对象主要是工程中的环境保护措施、风险防范措施以及受工程影响的外部环境保护等相关的事项。

5.2.3 工作内容

工程监理工作内容包括“三控制、二管理、一协调”，即质量、进度、投资控制；合同管理和信息收集、分类、处理、反馈的管理；对业主、修复施工单位等各方之间的协调组织。

环境监理工作内容是监督修复工程是否满足环境保护的要求等，协调好工程与环境保护、以及业主与各方的关系。主要内容见 5.4。

5.2.4 工作模式

工程监理和环境监理一般包括三种工作模式：

模式 1：包容式监理模式。工程监理完全负责环境监理，其优点是充分利用

工程监理体制，环保工作与质量进度费用直接挂钩，执行力强；缺点是业务人员环保知识不足、针对性不强。

模式 2：独立式监理模式。环境监理与工程监理相互独立，呈并列关系。其优点是环保知识专业化、与环保主管部门协调能力强、环保要求把握准确；缺点是环境监理人员对工程实施相关知识情况了解不足、对施工单位的约束和指导、执行力不足。

模式 3：组合式环境监理。监理单位内设置环保监理部门，由环保人员担任监理工作。其优点是利于资源共享，实时跟进、较好发挥专业性；缺点是受制于工程监理，独立性难以得到保证。

由于修复工程属于环保工程，对实施监理工作人员的环境保护知识要求较高，所以无论采取哪种工作模式，都应以实现环境监理的内容为主导，以保证修复工程按实施方案展开。

5.3 环境监理工作程序

污染场地修复环境监理工作主要分为三个阶段：修复工程设计阶段、修复工程施工准备阶段和修复工程施工阶段。具体工作程序见图 5.1。

5.4 环境监理工作内容

5.4.1 修复工程设计阶段

设计阶段环境监理内容包括：收集场地调查评估、场地污染修复方案、修复工程施工设计、施工组织方案等基础资料，对修复工程中的环保措施和环保设施设计文件进行审核，关注修复工程的施工位置和异位修复外运土壤去向，审核修复过程中水、大气、噪声、固体废物等二次污染处理措施的全面性和处理设施的合理性，必要的后期管理措施的考虑。

5.4.2 修复工程施工准备阶段

施工准备阶段环境监理内容包括：了解具体施工程序及各阶段的环境保护目标，参与修复工程设计方案的技术审核，确定环境监理工作重点，协助业主监理完善的环保责任体系，建立有效的沟通方式等，并编制场地修复环境监理细则。

5.4.3 修复工程施工阶段

修复工程施工阶段环境监理内容包括：

核实修复工程是否与修复实施方案符合，环保设施是否落实，是否建立事故应急体系和环境管理制度；监督环境保护工程和措施，监督环保工程进度；检查和监测施工过程中产生的水、气、声、渣排放，施工影响区域应达到规定的环境质量标准；对场内运输污染土壤、污水车辆的密闭性、运输过程进行环境监理；对场内修复工程相关措施（如止水帷幕与施工降水措施等）、抽提装置和废水处理进行监督管理；施工过程中基坑开挖和支护等是否按有关建筑施工要求进行；对异位处置过程，包括储存库及处理现场地面防渗措施的落实和监控；检查污染土储存场地、处置设施的尾气排放设施和监测设施是否完备，确认各项条件是否符合环境要求；检查必要的后期管理长期监测井设置；根据施工环境影响情况，组织环境监测，行使环境监理监督权；向施工单位发出环境监理工作指示，并检查环境监理指令的执行情况；协助建设单位处理环境突发事故及环境重大隐患；编写环境监

理月报、半年报、年报和专项报告。

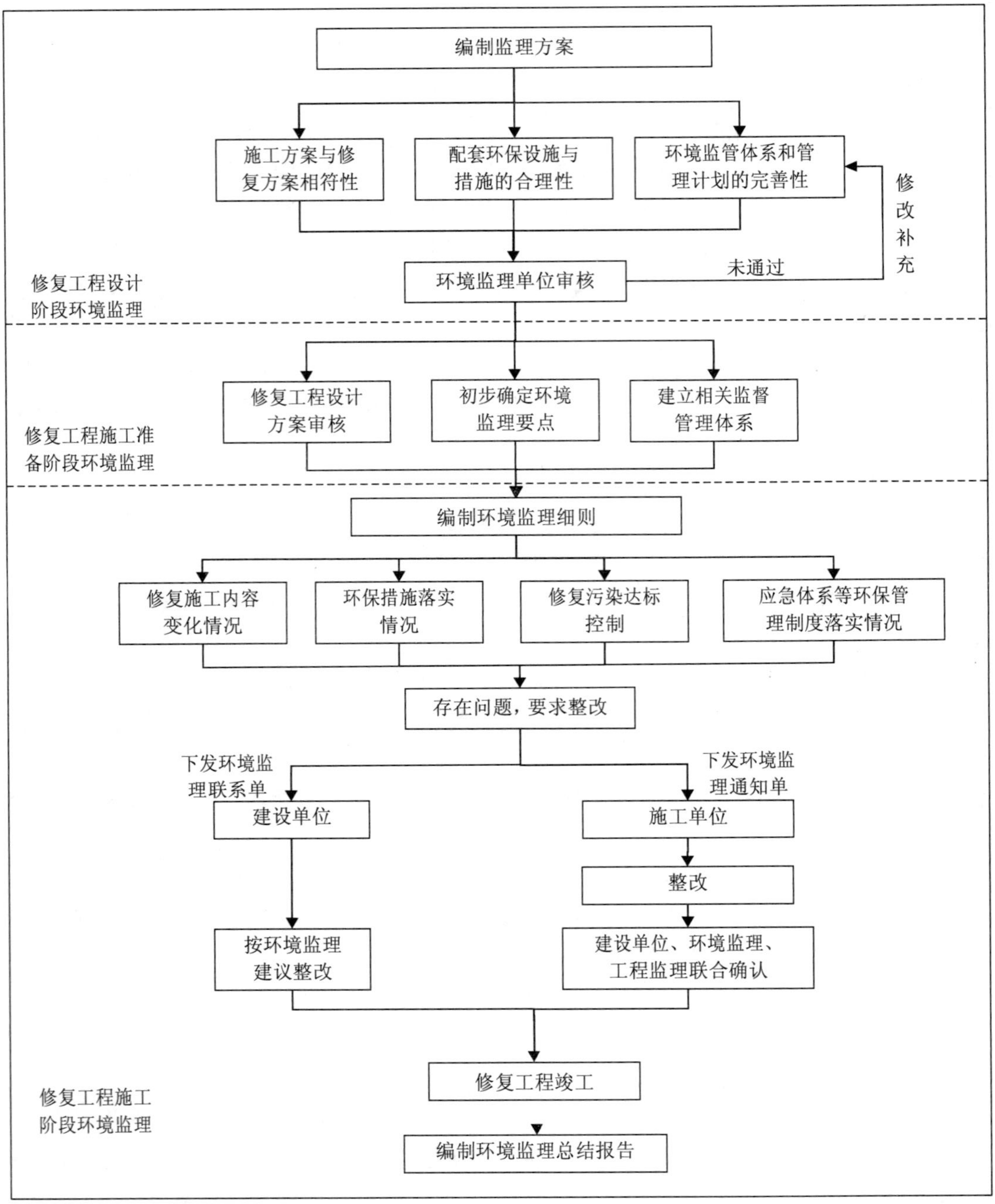

图 5.1 污染场地修复环境监理工作程序

修复工程施工阶段具体工作程序如图 5.2。

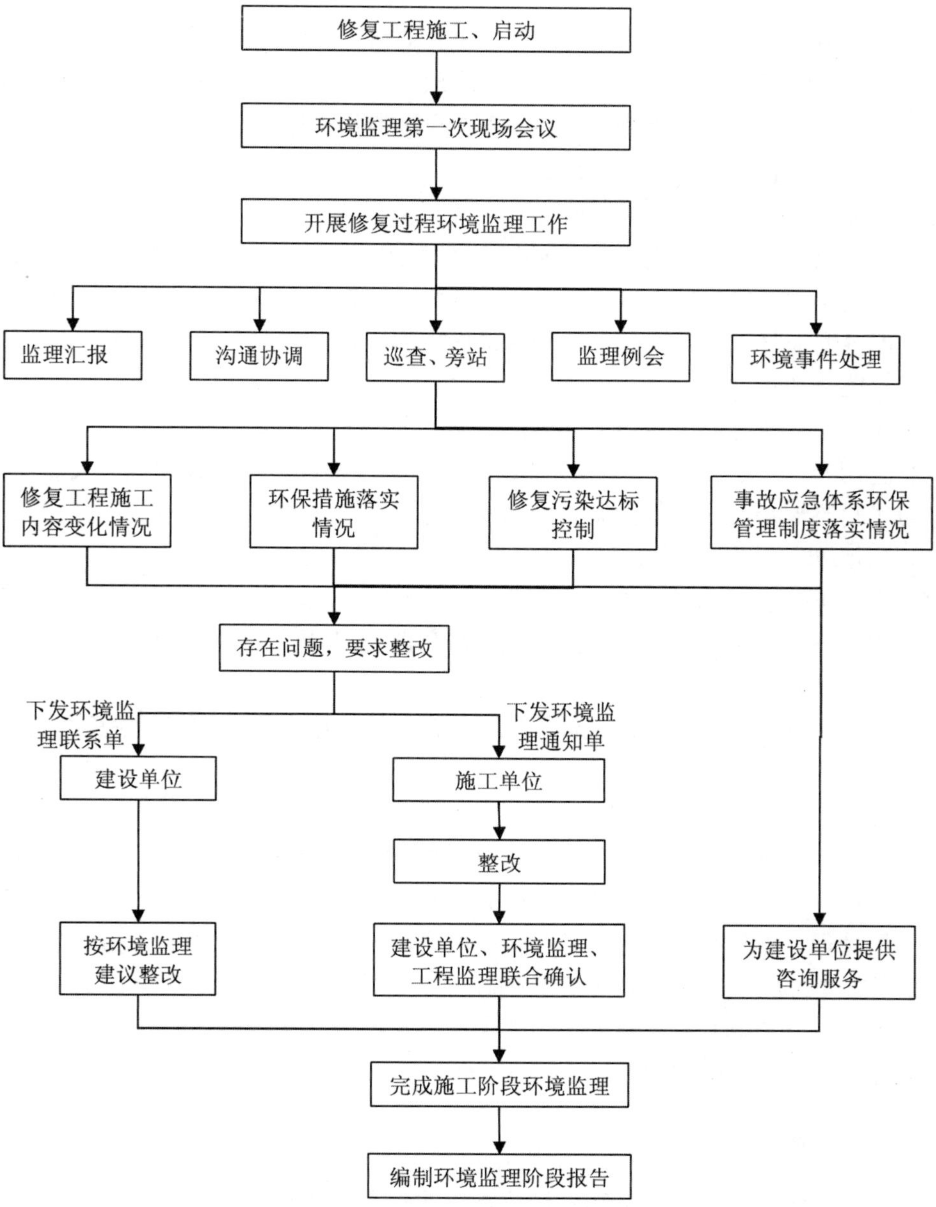

图 5.2　污染场地修复工程施工阶段环境监理工作程序

5.5　环境监理要点

5.5.1　修复工程主体环境监理要点

5.5.1.1　土壤异位修复工程

对于土壤异位修复工程，可以分为清挖环节、修复环节、回填/外运环节环境监理，具体如下：

（1）清挖环节

可在污染区域边界、侧壁、坑底采样，根据检测数据确定清挖是否达到边界，以避免修复验收阶段发现问题后再次返工，监测点布置可参照异位修复验收技术要求布点；严格控制开挖过程中有机物气味扩散，采取喷洒气味抑制剂等措施避免污染土壤对周边环境产生影响，并在清挖区域周边设置大气监测点进行监测；监督污染土壤外运过程中的封闭措施，避免遗撒等情况产生；监督清挖后土壤堆放地面的防渗情况，对于具有异味的有机物污染物，应检查存储设施密闭情况，并在存储设施周边进行布点监测，监测布点方式具体见《场地环境监测技术导则》（HJ 25.2）。

（2）修复环节

重金属污染土壤修复：监督场地地面防渗设施和措施；监督修复工程是否按照实施方案技术参数实施；对修复后土壤进行采样，初步确定修复效果，监督修复后土壤的堆存以备验收，可根据修复工程批次处理量进行采样检测；修复过程中对添加的药剂等可能的二次污染进行监督和管理。

有机污染与复合污染土壤修复：包括上述重金属土壤修复监理要点，并需要对处理设施密闭情况、尾气收集处理情况等进行监理，在修复工程周边及场界设置大气环境监测点，周边环境影响监测布点方式具体见《场地环境监测技术导则》（HJ 25.2）。

（3）回填/外运环节

对修复后土壤的回填过程进行监督管理，监督回填土壤是否根据土地利用规划合理回填；监督固化稳定化技术处理土壤的基坑防渗和地表阻隔措施是否完善。

5.5.1.2 土壤原位修复工程

须对修复区域边界进行严格监督管理，并在周边区域设置采样点，避免修复工程对周边土壤和地下水产生影响。

5.5.1.3 地下水修复工程

对于地下水修复工程或在长期风险控制过程中，应对污染源修复效果或地下水中污染物衰减效果进行定期监测，并且针对不同的修复措施应采取不同的监督措施。例如若进行地下水抽出处理，需要在外排之前进行采样检测，以确保符合相关排放标准要求；若进行空气注射等原位修复措施，需要对空气注射周边及下游地下水监测井、土壤气监测设施等进行采样监测，避免修复工程对周边土壤和地下水造成二次污染。

5.5.2 修复工程环境影响监测

5.5.2.1 总体要求

需要针对场地土壤中挥发性及半挥发性有机污染物可能带来的环境影响进行有效监控，监测和评价施工过程中污染物的排放是否达到有关规定。

在治理修复过程中，若向水体和大气中排放污染物，应进行布点监测。监测点位应按照修复工程技术设计的要求布设。例如热脱附、土壤气提、化学氧化、生物通风、自然生物降解法等应在废气排放口布点；热脱附、淋洗法等应在废水排放口布点。

5.5.2.2 大气环境监测

大气环境监测内容一般包括污染土壤清挖、修复区修复施工过程中污染物无组织排放空气样品的采集、分析及质量评价，污染土壤修复设施（车间）污染物排放尾气样品的采集、分析及污染物排放评价。一般根据场区污染土壤修复作业功能区域规划及修复作业进度，依照《大气污染物无组织排放监测技术导则》（HJ/T 55）中相关规定，分别在场地边界及环境敏感点设置大气监测点。

无组织排放大气污染物的采集根据《大气污染物综合排放标准》（GB 16297）执行，

采用连续监测1小时采集1个样品的方法。尾气排放大气污染物的采集参照《固定污染源排气中颗粒物测定与气态污染物采样方法》（GB /T16157）执行。

采样频次参照《环境监理工作制度（试行）》（环监[1996]888 号）中第 3 条款现场环境监理规定“对重点污染源及其污染防治设施的现场监理每月不少于1次；对建设项目、限期治理项目现场监理每月不少于1次”，污染场地修复现场监测频次按每月1次执行。

5.5.2.3　水污染排放监测

对修复工程施工和运行期产生的工业废水和生活污水的来源、排放量、水质指标及处理设施的建设过程、沉淀池的定期清理和处理效果等进行检查、监督，并根据水质监测结果，检查工业废水和生活污水是否达到了排放标准要求。具体监测方法和标准参考地表水和污水监测技术规范（HJ/T 91），排放标准参考污水综合排放标准（GB 8978）。

5.5.2.4　噪声污染源监测

噪声污染源环境监理主要监督检查工程施工和修复过程中的主要噪声源的名称、数量、运行状况；检查修复工程影响区域内声环境敏感目标的功能、规模、与工程的相对位置关系及受影响的人数；检查项目采取的降噪措施和实际降噪效果，并附图表或照片加以说明。噪声监测方法与评价标准参考《建筑施工场界噪声测量方法》（GB 12524）和《建筑施工场界环境噪声排放标准》（GB 12523）。

5.5.2.5　固体废物污染源监测

固体废物污染源环境监理应调查固体废物利用或处置相关政策、规定和要求；核查工程产生的固体废物的种类、属性、主要来源及产生量；调查固体废物的处置方式。对固体废物的利用或处置是否符合实施方案的要求进行核查，对不符合环保要求的行为进行现场处理并要求限期整改，使施工区达到环境安全和现场清洁整齐的要求。施工阶段垃圾应由各施工单位负责处理，不得随意抛弃或填埋，保证工程所在现场清洁整齐，对环境无污染。固体废物排放参考《一般工业固体废物贮存、处置场污染控制标准》（GB 18599）和《危险废物贮存污染控制标准》（GB 18597）。

5.6　环境监理工作方法

环境监理的工作方法主要包括核查、监督、报告、咨询、宣传培训等。

5.6.1　核查

在修复工程实施之前，修复方案中的修复技术、修复地点、相关环保措施等内容可能会出现调整变化。环境监理应根据相关法规仔细审核修复方案与相关文件的符合性，对调整的内容及其可能产生的环境影响进行初步判断，并及时反馈业主，建议业主完善相关环保手续或要求修复单位对修复方案进行补充完善。

修复方案实施过程中，环境监理应审查各承包商报送的分项施工组织设计、施工工艺等涉及环境保护的内容，做好对施工方案的审核，在环境监理审核通过后方可进行相关施工工序。若因其他原因调整修复方案，环境监理应通过资料核对和现场调查的方式，全程持续调查修复项目实际的工程内容、污染防治措施等是否按照设计文件施工。

重点核查以下内容：核查修复工程与修复技术方案的变化情况，如发生重大变化，应尽快督促业主履行相关手续。重点关注修复工程与相关敏感区位置关系的变化、施工方案的变化可能带来的对环境敏感区影响的变化。重点关注针对环境敏感区采取的环保措施等是否落实到修复方案及实施过程中。

5.6.2 巡视

修复环境监理单位在及时与修复工程实施单位沟通的前提下，按照一定频次对项目现场开展巡视检查，掌握修复工程实际情况和进度，对修复工程方案符合性、环保达标等方面现场查找问题、提出建议，并做好现场巡视记录。

5.6.3 旁站

在关键工程开始前到场旁站，重点检查要求的污染防治措施和生态保护措施是否落实到位、环保设备是否按照设计要求进行施工及安装等，在关键工序和环保设备安装结束后方可离开，离开前应检查评估施工可能造成的污染是否控制在既定目标内。在旁站过程中，环境监理单位应做好定时记录，并将评估结果整理上报建设单位。

5.6.4 跟踪检查

在巡视和旁站过程中发现的问题，以环境监理联系单建议修复工程实施单位进行整改，在相关环保问题的整改完成后，环境监理应对相应问题的整改情况进行跟踪检查。

5.6.5 环境监测

为掌握修复工程实施情况及日常施工造成的环境污染情况，环境监理单位通过便携式环境监测仪器进行简单的现场环境监测，辅助环境监理工作；复杂的环境监测内容可以建议修复工程实施单位另行委托有资质的单位开展。

5.6.6 环境监理会议

环境监理工作会议主要包括第一次环境监理工作会议、环境监理例会、环境监理专题会议等形式。其中环境监理例会应在开工后的施工期间内定期举行，一般每月召开一次，具体时间间隔根据工程实际情况由环境监理技术负责人确定，在会议上承包商需提交环保工作月报，定期汇报当月环保工作情况。

5.6.7 信息反馈

环境监理人员现场巡视检查发现施工引起的环境污染问题时，应立即通知施工单位的现场负责人员纠正和整改。一般性或操作性的问题，采取口头通知形式。口头通知无效或有污染隐患时，监理人员应将情况报告总环境监理技术负责人，总环境监理技术负责人签发《环境监理整改通知单》，要求施工单位限期整改，并同时抄送建设单位。整改完成后，由环境监理会同建设单位、工程监理单位对整改结果是否满足要求进行检查。对于一般性问题，环境监理单位下发环境监理业务联系单。

5.6.8 记录和报告

记录包括现场记录和事后总结记录。现场记录包括环境监理人员日常填写的监理日志、现场巡视和旁站记录等；事后总结记录包括环境监理会议记录、主体工程施工大事记录、环保污染事故记录等。

报告包括定期报告、专题报告、阶段报告、总结报告。

定期报告：根据工程进度，编制工作月报、季报、年报等定期报告提交至建设单位，对当前阶段环保工作的重点和取得的成果、现存的主要环境保护问题、建议解决的方案、下阶段工作计划等进行及时总结。应包括以下内容：工程概况、环境保护执行情况、主体工程环保工程进展、施工营地和工程环保措施落实情况、环保事故隐患或环保事故、环境监理现存问题及建议。

专题报告：在项目出现方案不符、环保措施落实不到位或其他重大环保问题时，需形成环境监理专题报告报建设单位。工程施工涉及环境敏感目标时，编制专题报告，反映环保重点关注对象，提出环保要求。

阶段报告：项目完成施工后、运行之前，应就修复工程设计、施工过程中的环境监理工作进行总结。

总结报告：就修复过程中环保设计、实施、运行情况进行总结，反映存在的问题并提出建议，是竣工验收的必备材料。

5.7 环境监理工作制度

环境监理单位应建立一系列工作制度，以保证环境监理工作规范有序地进行。常用的工作制度包括以下九项：

5.7.1 工作记录制度

环境监理记录是信息汇总的重要来源，是环境监理人员作出行为判断的重要基础资料。环境监理人员应根据场地修复、环境监理工作情况作出工作记录，重点描述对项目现场环境保护工作的检查监督情况，描述当时发现的主要环境问题，问题发生的责任单位，分析产生问题的主要原因，提出对问题的处理意见。工作记录主要包括监理日志、现场巡视和旁站记录、会议记录、气象及灾害记录、工程建设大事记录、监测记录等。

5.7.2 文件审核制度

文件审核制度是指环境监理单位对项目承建单位编制的，与场地修复工程相关的环境保护措施和环境保护设施的施工组织设计，进行审核的规定。

施工单位编制的施工组织设计和施工措施计划中的环境保护措施、环境保护设施的施工计划等，均应经环境监理单位审核。环境监理单位对上述文件的审核意见，是场地修复工程监管单位批准上述文件的重要参考之一。

5.7.3 报告制度

环境监理报告是项目建设中环境保护工作的一项重要内容，监理报告制度是环境监理单位对现场环境监理情况定期报告的规定，包括环境监理月报、季报、半年报、环境监理专题报告、设计阶段和施工阶段环境监理报告、环境监理总报告。

5.7.4 函件来往制度

环境监理人员在现场检查过程中发现的环境问题，应通过下发环境监理通知单形式，通知修复工程实施单位需要采取的纠正或处理措施；对修复工程实施单位某些方面的规定或要求，必须通过书面形式通知。情况紧急需口头通知时，随后必须以书面函件形式予以确认。同样，修复工程实施单位对环境问题处理结果的答复以及其他方面的问题，也应致函环境监理人员。

5.7.5 会议制度

会议制度是指环境监理单位确定的必须参加或组织的各种会议的规定。环境监理机构应建立环境保护会议制度，在会议期间，施工单位对近一段时间的环境保护工作进行回顾性总结，环境监理人员对该阶段环境保护工作进行全面评议，肯定工作中的成绩，提出存在的问题及整改要求。每次会议都要形成会议纪要，如有重大事故发生，可随时召开会议。

5.7.6 应急报告及处理制度

应急报告与处理制度是环境监理单位在现场发生环境紧急事件应采取的报告和处理的规定。环境监理单位针对环境监理范围内可能出现的环境风险，制定环境紧急事件报告和处理措施应急预案。应急预案中应明确需要及时报告项目建设单位以及环境保护、公安、卫生等行政主管部门的事项，并应明确需要采取的应急措施。

5.7.7 人员培训和宣传教育制度

对相关现场人员进行培训和宣传教育，统一环保认识、提高环保意识。

5.7.8 档案管理制度

环境监理应结合工程实际建立环保信息管理体系，制定文件管理制度，对文件分类、归档等方面予以规定，对环保信息进行及时梳理和分析，指导和规范现场工作。

5.7.9 质量保证制度

为保证和控制环境监理的工作质量，环境监理应严格按照国家与地方有关规定开展工作，环境监理应严格按照监理方案和实施细则进行。

5.8 环境监理重要文件资料的编制

环境监理报告主要包括环境监理方案、环境监理细则、环境监理定期报告、环境监理总结报告。各报告可酌情选择参考附录 7-11 的内容编写。

6 修复验收与后期管理

6.1 目的和工作内容

污染场地修复验收是在污染场地修复完成后，对场地内土壤和地下水进行调查和评价的过程，主要是通过文件审核、现场勘察、现场采样和检测分析等，进行场地修复效果评价，主要判断是否达到验收标准，若需开展后期管理，还应评估后期管理计划合理性及落实程度。在场地修复验收合格后，场地方可进入再利用开发程序，必要时需按后期管理计划进行长期监测和后期风险管理。

修复验收工作内容包括场地土壤和地下水清理情况验收、场地土壤和地下水修复情况验收，必要时还包括后期管理计划合理性及落实程度评估。后期管理是按照后期管理计划开展包括设备及工程的长期运行与维护、长期监测、长期存档与报告等制度、定期和不定期的回顾性检查等活动的过程。

6.2 场地修复验收

6.2.1 工作程序

污染场地修复验收工作程序包括文件审核与现场勘察、确定验收对象和标准、采样布点方案制定、现场采样与实验室检测、修复效果评价、验收报告编制六步，工作程序流程见图 6.1。

6.2.2 文件审核与现场勘察

6.2.2.1 文件审核

（1）审核资料范围

在验收工作开展之前，应收集与场地环境污染和修复相关的资料，主要包括：

①场地环境调查评估及修复方案相关文件：场地环境调查评估报告书及其备案意见、场地修复方案及其备案意见、其他相关资料。

②场地修复工程资料：修复过程的原始记录、修复实施过程的记录文件（如污染土壤清挖和运输记录）、回填土运输记录、修复设施运行记录、二次污染物排放记录、修复工程竣工报告等。

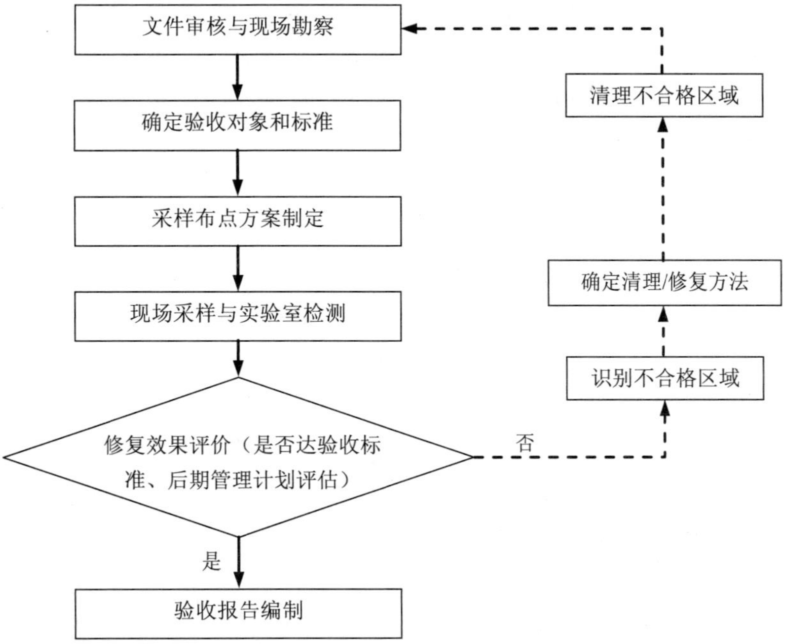

图 6.1　污染场地修复验收工作程序

③工程及环境监理文件：工程及环境监理记录和监理报告。

④其他文件：环境管理组织机构、相关合同协议（如委托处理污染土壤的相关文件和合同）等。

⑤相关图件：场地地理位置示意图、总平面布置图、修复范围图、污染修复工艺流程图、修复过程照片和影像记录等。

（2）审核内容

对收集的资料进行整理和分析，并通过与现场负责人、修复实施人员、监理人员等相关人员进行访谈，明确以下内容：

①根据场地环境调查评估报告、修复方案及相关行政文件，确定场地的目标污染物、修复范围和修复目标，作为验收依据。

②通过审查场地修复过程监理记录和监测数据，核实修复方案和环保措施的落实情况。

③通过审查相关运输清单和接收函件，结合修复过程监理记录，核实污染土壤的数量和去向。

④通过审查相关文件和检测数据，核实异位修复完成后的回填土的数量和质量，回填土土壤质量应达到修复目标值。

6.2.2.2　现场勘察

现场勘察是验收的重要工作程序之一，污染场地修复验收现场勘察主要包括核定修复范围和识别现场遗留污染痕迹。

（1）核定修复范围

根据场地环境调查评估报告中的钉桩资料或地理坐标等，结合修复过程工程监理与环境监理出具的相关报告，确定场地修复范围和深度，核实修复范围是否符合场地修复方案的要求。

（2）识别现场遗留污染

对场地表层土壤及侧面裸露土壤状况、遗留物品等进行观察和判断，可使用便携式测试仪器进行现场测试，辅以目视、嗅觉等方法，识别现场遗留污染痕迹。

6.2.3 确定验收对象和标准

污染场地修复验收的对象主要包括以下几项内容，针对不同的验收对象应监理可测的验收标准。

（1）场地内部清挖污染土壤后遗留的基坑

验收时须对基坑遗留土壤进行采样检测，分析修复区域是否还存在污染，验收指标为场地修复的目标污染物，验收标准为场地土壤修复目标值。

（2）原位修复后的土壤和地下水

验收指标为场地修复的目标污染物，验收标准为场地污染物修复目标值。

（3）异位修复治理后的土壤和地下水

应针对不同类型的修复技术开展验收。

对于以消除或降低污染物浓度为目的的修复技术（土壤淋洗、土壤气相抽提、热脱附、空气注射等），验收指标为修复介质中目标污染物的浓度；对于化学氧化、生物降解等还应考虑可能产生的有毒有害中间产物；对于降低迁移性或毒性的修复技术（例如固化稳定化），验收指标为目标污染物的浸出限值。

异位修复的验收标准根据土壤的最终去向和未来用途确定：①若回填到本场地，验收标准为场地土壤修复目标值；②若外运到其他地方，以土壤中污染物浓度不对未来受体和周围环境产生风险影响为验收标准。必要时需根据目的地实际情况进行风险评估确定外运土壤的验收标准。

抽出处理的地下水，若修复后排放到市政管道，应符合相关的排放标准；若修复后回灌到本场地，应达到本场地地下水修复目标值。

（4）修复过程可能产生的二次污染区域

二次污染区域包括污染土临时储存和处理区域，设施拆除过程的遗撒区域，修复技术应用过程造成可能的污染扩散区域。验收指标为场地调查及二次污染的特征污染物，验收标准为场地污染物修复目标值。

（5）工程控制设施

对于切断污染途径的工程控制技术，验收指标一般为各种工程指标，如阻隔层厚度和渗透系数等。

6.2.4 采样布点方案制定

采样布点方案应包括采样介质、采样区域、采样点位、采样深度、采样数量、检测项目等内容。应根据目标污染物、修复目标值的不同情况在场地修复范围内进行分区采样；采样点的位置和深度应覆盖场地修复范围及其边缘；场地环境调查评估确定的污染最重区域，必须进行采样。

6.2.4.1 土壤采样布点要求

（1）场地内基坑

对于异位修复场地，应对修复范围内部和边缘的原址土进行采样，采样点位于坑底和侧壁，以表层样为主，不排除深层采样，挥发性有机物土壤样品的采集深度一般为表层以下 0.2 m。

坑底表层采用系统布点的方法，一般随机布置第一个采样点，构建通过此点的网格，在每个网格交叉点采样。网格大小根据采样面积和采样数量确定，采样数量可参考表 6.1 中所规定数量，原则上网格大小不超过 20 m×20 m。

表 6.1 土壤采样布点——底部采样数量

采样区域面积/m^2	土壤采样点数目/个
小于 100	3
100～500	4
500～1 000	5
1 000～1 500	6
1 500～2 500	7
2 500～3 500	8
3 500～5 000	9
大于 5 000	≥10

修复范围侧壁采用等距离布点方法，根据边长确定采样点数量。当修复深度小于等于 1 m 时，侧壁不进行垂向分层采样，横向采样点数量可参考表 6.2 中规定的数量确定。当修复深度大于 1 m 时，侧壁应进行垂向分层采样，第一层为表层土（0～0.2 m），0.2 m 以下每 1～3 m 分一层，不足 1 m 时与上一层合并。各层采样点之间垂向距离不小于 1 m，采样点位置可依据土壤异常气味和颜色，并结合场地污染状况确定。

表 6.2 土壤采样布点——侧壁采样数量

采样区域周长/m	土壤采样点数目/个
50	4
50～100	5
100～200	6
200～300	7
300 以上	≥8

（2）原位修复后的土壤

对于原位修复场地，水平方向布点方案与异位修复后的基坑布点方法相同。修复范围内部应钻孔分层采样，采样点深度要求与异位修复采样要求相同。应根据场地的土壤与水文地质条件的非均质性，结合污染物的迁移特性、修复技术特点等，根据修复效果空间差异，在修复效果的薄弱点增加采样点。

（3）异位修复治理后的土壤

对于异位修复后的土壤，采用随机布点法布设采样点，原则上每个样品代表的土壤体积不应超过 500 m^3，布点数量应根据修复技术修复效果、土壤的均匀性等实际情况进行调整。

（4）修复过程可能产生的二次污染区域

对于场地内修复范围外可能产生二次污染的区域，可采用判断布点的方法，结合实际情况进行布点。

（5）工程控制措施

对于工程措施（如隔离、防迁移扩散等）效果的监测，应依据工程设计相关要求进行监测点位的布设。

6.2.4.2 地下水采样布点要求

应依据地下水流向及污染区域地理位置设置地下水监测井，修复范围上游地下水采样点不少于 1 个，修复范围内采样点不少于 3 个，修复范围下游采样点不少于 2 个。原则上监测井布设在地下水环境调查确定的污染最严重的区域，或者根据不同类型的修复（防控）工程进行合理的布设。

由于地下水监测井建井较为繁琐，并有可能对地下水造成扰动，因此规定原则上可以利用场地环境调查评估和修复时的监测井，但原监测井的使用数量不应超过验收时总监测井数的 60%。未通过验收前，被验收方应尽量保持场地环境调查评估和修复过程中使用的地下水监测井完好。监测井的设置技术要求与第二阶段现场采样相同。

6.2.5 现场采样与实验室检测

土壤样品和地下水样品的采样方法、现场质量控制、现场质量保证、样品的保存与运输方法、样品分析方法、实验室质量控制，现场人员防护和现场污染应急处理等参见第二阶段现场采样。对于非挥发性有机物，可采集少量土壤混合样，混合样采样方法和要求按照《土壤环境监测技术规范》（HJ/T 166）的规定执行。

验收项目检测方法的检测限应低于修复目标值。实验室检测报告内容应包括检测条件、检测仪器、检测方法、检测结果、检测限、质量控制结果等。

6.2.6 修复效果评价

修复验收时，除了进行严密的采样和实验室检测之外，还需要对检测数据进行科学合理的分析，确定场地污染物是否达到验收标准，以判定场地是否达到修复效果要求。若达不到修复效果要求，需要给出继续清理或修复建议。场地若需开展后期管理，还应评估后期管理计划合理性及落实程度。

6.2.6.1 评价方法

当某场地或堆土采样数量少于 8 个时，采用逐个对比法判断整个场地是否达到修复效果；当某场地或堆土采样数量大于或等于 8 个时，可运用整体均值的 95%置信上限法判断整个场地的修复效果；若采样数量大于或等于 8 个，同时样品中同一污染物平行样数量累积大于或等于 4 组时，还可用 t 检验评估法来判断整个场地的修复效果。各评价方法具体使用如下：

（1）逐个对比法

①当样本点检测值低于或等于修复目标值时，达到验收标准；

②当样本点检测值高于修复目标值时，未达到验收标准；

采用逐个对比法时，只有所有样品的污染物检测值均达到验收标准，方可判定场地达到修复效果。

（2）95%置信上限评估方法

当某场地或堆土采样数量大于等于 8 个时，可运用整体均值的 95%置信上限与修复目标比较，分析整个场地的修复效果：

①当样本点检测值整体均值的 95%置信上限大于修复目标，则认为场地未达到修复效果。

②当场地样本点同时符合下述情况，则认为场地达到修复效果。a）样本点检测值整体均值的 95%置信上限小于或等于修复目标；b）样本点检测值最大值不超过修复目标的两倍；c）样本超标点不相对集中在某一区域。

（3）*t* 检验评估方法

t 检验评估方法首先要确定采样点的检测结果与修复目标的差异，然后评估场地是否达到修复效果：

①当样本点的检测结果显著低于修复目标值或与修复目标差异不显著，则认为达到验收标准；

②若某样本点的检测结果显著高于修复目标值，则认为未达到验收标准。

采用 *t* 检验评估方法时，只有所有样品的污染物检测值均达到验收标准，方可判定场地达到修复效果。平行样的 *t* 检验方法见附录 10。

6.2.6.2 继续清理/修复建议

对于基坑，若某处验收采样检测不合格，则根据网格对局部污染土壤进行再次清理和验收，必要时可在局部进行详细采样，详细采样布点采用网格布点方法。

对于修复后的土壤堆体，若某堆体验收采样检测不合格，则将污染土运至处置设施处，重新运行修复设施进行修复后，再次进行采样验收。

6.2.7 编制验收报告

验收报告内容应真实、全面，至少包括以下内容：场地环境调查评估结论概述、修复方案实施情况、验收工作程序与方法、文件审核与现场勘察、采样布点计划、现场采样与实验室检测、修复效果评价、验收结论和建议、修复环境监理报告和检测报告。验收报告内容可酌情选择参考附录 12 编制。

6.3 场地后期管理

6.3.1 后期管理对象

为确保场地采取修复活动的长期有效性、确保场地不再对周边环境和人体健康产生危害，一般来讲，如果选择的修复技术方案没有彻底消除污染，依赖于对土壤、地下水等的使用限制、或者使用了物理和工程控制措施的场地，需要进行后期管理，主要包括以下三种类型：

（1）场地污染没有完全清除，或者场地修复行动可能在场地遗留危害物质，导致场地的用途受到限制；

（2）修复工程时间较长如原位监测型自然衰减，或采取工程控制措施的场地；

（3）采取限制用地方式等制度控制措施的场地。

6.3.2 后期管理内容

后期管理是按照科学合理的后期管理计划，根据场地的实际情况采取包括设备及工程的长期运行与维护、进行长期监测、长期存档、报告等制度、定期和不定期的回顾性检查等工作内容的过程，目标是评估场地修复活动的长期有效性、确保场地不再对周边环境和人体健康产生危害。

后期管理必须与制度建设相结合才能发挥实效，即需要建立一套长期监测、跟踪、回顾性检查与评估及后期风险管理制度，做好制度的设计、构建，明确技术要求及各相关方责任。

回顾性检查与评估是场地后期管理中非常核心的一个内容，包括场地资料回顾与现场踏勘、场地潜在风险识别与诊断、后期管理优化措施及建议、回顾性报告编制四个步骤，工作程序流程见图 6.2。

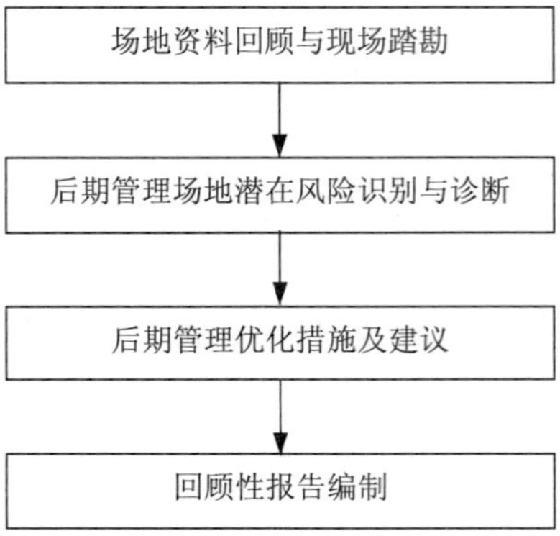

图 6.2　场地后期管理回顾性检查与评估工作程序

回顾性检查与评估每一步具体主要工作内容如下：

（1）场地资料回顾与现场踏勘：开展回顾性检查的人员首先要进行场地资料回顾与现场踏勘，包括场地基本资料收集查阅、场地数据回顾与分析、场地踏勘、人员访谈等工作。

（2）场地潜在风险识别与诊断：通过场地资料回顾与现场调查，识别判断可能现有修复方式或措施可能存在的问题，例如不完善的制度控制措施、修复目标难以达到、修复目标不准确、场地修复行动未按照设计运行、暴露途径是否变化、场地使用方式是否变化等问题，从而判断场地修复行动是否可达到保护人体和环境的目的。

（3）后期管理优化措施及建议：根据场地潜在风险识别与诊断，若判断场地修复行动不能或难以达到保护目的，则需提出并采取进一步的措施和建议对修复实施方案进行优化，包括长期响应行动、操作与维护、实施制度控制、修复方案优化、补充调查等方式。

（4）回顾性报告编制：根据上述调查与诊断，给出回顾性结论，决定是否需要采取进一步措施、是否要持续进行回顾性检查及时间跨度等，编制回顾性报告。

对于一些较为复杂的场地，由于回顾性检查时间跨度较大使得场地监管较为困难时，可同时采取制度控制等方式进行后期管理。

场地回顾性检查与评估由场地修复责任方依据场地情况委托具有相应能力的机构组织开展。场地回顾性报告应报当地环保部门备案并在回顾性检查与评估实施过程中接受环保部门的监督指导。

6.3.3　后期管理时间

后期管理一般在修复完成后场地开发建设阶段介入，采取多种修复技术长期修复的场地也可在修复启动时介入，具体可根据政策要求、场地修复方案等因素确定。

场地回顾性检查与评估在场地修复验收后五年开展第一次，贯穿于场地全过程、直至场地不再对周边环境和人体健康产生影响，后续的场地回顾性检查与评估时间根据前一次回顾检查的结论确定，根据实际情况可提前回顾或增加回顾的频率。

附录

附录 1 现场采样要求

1.1 土壤样品的采集

1.1.1 采样器的选择

对需要检测挥发性有机物的土壤样品，应选择非扰动采样器采样。土工试验样品采集，取土器的选择执行《岩土工程勘察规范》（GB 50021）中的规定。

1.1.2 表层土采样

表层土采样可采用手工采样或螺旋钻采样。手工采样是先用铁锹、铲子和泥铲等工具将地表物质去除，并挖掘到指定深度，然后用不锈钢或塑料铲子等进行样本采集，不应使用铬合金或其他相似质地的工具；螺旋钻采样是先钻孔达到所需深度后，获得一定高度的土柱，然后用不锈钢或塑料铲子去除土柱外围的土壤，获取土芯作为土壤样品。收集土壤样时，应把表层硬化地和大的砾石、树枝剔除。

1.1.3 深层土钻孔与采样技术

进行深层土壤采样和地下水采样时，应根据现场所在地区的地层条件、现场作业条件和采样要求选择钻探技术。用于场地环境风险评估的钻探技术需结合场地所在地区的地层条件、场地钻探的作业条件和场地勘察的方案要求来选择经济有效的钻探方法。场地环境风险评估中常用的钻探方法及其优缺点见附表 1.1。钻探方法示例照片见附图 1.1。

附表 1.1 常用的场地钻探方法

钻探方法	优点	缺点
探坑法：采用人工挖掘（深度一般不宜超过 1.2 m，除非有足够安全的支护措施）或采用轮式/履带式的挖掘机（最大深度约为 4.5 m）	①可从平面（x，y）和深度（d）三维的角度来描述地层条件； ②易于取得大试样； ③成效快且造价低； ④可采集未经扰动的试样； ⑤适用于多种地面条件： 通过挖掘可以观察到土壤的新鲜面，记录颜色和岩性等基本信息，还可以给开挖出来的土样拍照，并记录照片信息	①挖掘深度会受挖掘机械规格的限制； ②污染物存在和运移的媒介暴露于空气中，会造成污染物变质及挥发性物质的挥发； ③不适合在地下水位以下取样； ④对场地的破坏程度较大，需要特别注意，防止挖掘出来的污染土壤再次污染周围区域的土壤，因此挖出的污染土壤需要进行处理，减少污染物质暴露带来的二次污染； ⑤与钻孔勘探方法相比，这种方法产生的弃土较多； ⑥污染物更易于传播到大气或水体当中。还需要回填清洁材料（以达到地面恢复目的）
手工钻探法：采用人工操作，最大钻进深度一般不超过 10 m	①可用于地层校验和采集设计深度的土样； ②适用于松散的人工堆积层和第四纪沉积的粉土、黏性土地层，即不含大块碎石等障碍物的地层； ③对于难以进入的场地，本法比较方便有效	①受地层的坚硬程度和人为因素影响较大，当有碎石等障碍物存在时，则很难继续钻进； ②由于会有杂物掉进钻探孔中，可能导致土样交叉污染； ③只能获得体积较小的土样

钻探方法	优点	缺点
钢索冲击钻探法	①与探坑或手工钻探法相比，此种方法能够达到的钻进深度更深； ②可建成永久的取水样/水位监测井； ③可穿透多种地层； ④对健康安全和地面环境的负面影响较小； ⑤可以采集未经扰动的试样； ⑥可采集到完整的试样，包括污染物分析试样、岩土工程勘察试样、气体/地下水试样，还可用于地下水和地下气体监测井建井	①与探坑或手用螺旋钻探法相比，此种方法成本高，耗时长； ②不如探坑法获得地层的感性认识直观； ③需要处置从钻孔中钻探出来的废弃物； ④没有探坑法采集的试样体积大； ⑤这种技术会扰动土样，并使污染物质流失
液压动力锤干式旋转冲击钻探法	①干式旋转冲击钻进技术适用于多种岩性的地层，包括岩层； ②冲击与旋转钻进相结合可以减小土芯热效应的影响； ③可以获得长度大于 1 m 的原状岩芯样； ④如果土层中不含卵石，也可以使用空心螺旋钻杆和劈式勺钻取样器	①旋转钻进会产生土芯热效应； ②干式钻进对钻头的磨损比较大，由此产生的成本相对较高

附图 1.1　常用的钻探方法示例照片（探坑法钢索冲击钻探法）

在采样时，做好现场记录，现场采样记录单样式参见附表 1.2。

附表 1.2　钻探采样记录单

项目名称：

层底标高/m	钻进深度/m	变层深度/m	外观描述						钻进强度	套管长度及钻头种类	土壤采样			PID/$\times10^{-6}$
			岩性名称	颜色气味	密度	湿度	稠度	断面状态及含有物			样品编号及类型	样品深度/m	测试项目	

钻探孔编号采样位置移位：　　　　（m）；高差：　　　　（m）

地下水位初见：　　　　（m）　静止：　　　　（m）时间：

开孔日期：　　年　　月　　日　　午　　天气：　　温度：　　℃

结孔日期：　　年　　月　　日　　午　　天气：　　温度：　　℃

取水样深度：　　　　（m）

量尺：　　　　司钻：　　　　记录：　　　　采样：　　　　检查：

1.1.4 剩余土的留存

钻探过程中，除按深度采集土样外，建议选择部分可以代表某一深度土层岩性和颜色的土装入岩芯箱留存，在条件有限情况下可考虑装入塑料袋中留存。当钻探结束后，若发现地层情况有任何异常，可以方便复查。留存的土应根据工程要求保存一定期限或长期保存。

一般情况下，建议岩芯箱的规格为 1 m（长）×0.5 m（宽）×0.1 m（高），箱体上部开放、下部密封，中间用木板等间距分隔成五排，见附图 1.2。野外钻探时，将钻探出剩余的土按对应的深度放入岩芯箱内，在取土的位置，用标签纸插入箱内相应的位置处进行标识，箱外用防水笔标识岩芯箱的有关信息（采样点号及深度范围）。每个岩芯箱装满后，需在现场对其进行拍照，拍照时注意在箱边放置带有明显文字信息（采样点号及深度范围）的标识牌，并记录照片编号。最后采用适当方式封存岩芯箱，以防止水分漏失或侵入。

如果现场不具备岩芯箱，也可以选择塑料袋留存剩余的土，同样选择部分有代表性的土放入塑料袋内，并在每个塑料袋中放入防水标签，标签上记录相应的采样点编号及土的深度。

附图 1.2 岩芯箱示例照片

1.1.5 封孔

如果钻孔深度穿过弱透水层，建议用膨润土进行钻孔回填，以恢复地层的隔水性。膨润土至少应在弱透水层上、下各余出 30 cm 的厚度。每向孔中投入 10 cm 的膨润土颗粒就要添加水润湿。

1.1.6 废弃土、水处理及钻孔回填

每个采样点钻探结束后，应将所有剩余的废弃土装入垃圾袋内，统一运往指定地点储存，废水同样需要用塑料桶进行收集，不得任意排放，防止造成二次污染。最后，每个钻孔均应采用无污染土料进行回填，必要时，还需进行地面恢复。

1.1.7 挥发性有机污染物采样方法

用非扰动采样器将土样直接推入顶空瓶中，见附图 1.3。现场采样时，可采用手持式实时分析仪器进行顶空法测试，见附图 1.4。

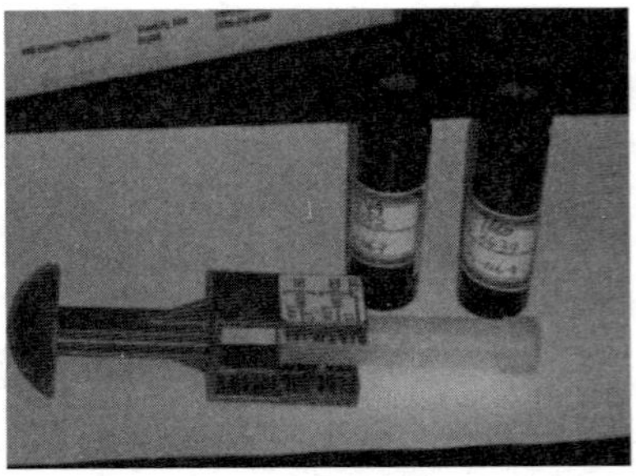

附图 1.3　非扰动土壤采样器和顶空瓶

附图 1.4　光离子化 VOC 检测仪（PID）

1.2　地下水样品的采集

1.2.1　建井

监测井的设置包括钻孔、下管、填砾及止水、井台构筑等步骤。监测井所采用的构筑材料不应改变地下水的化学成分。不应采用裸井作为地下水水质监测井。建井的具体技术要求及针对不同检测物质应选用的构筑材料如下所述，建井记录单参见附表 1.3。

附表 1.3　建井记录单

监测井编号：　　　　　　　　　　　　　　钻探深度：　　　　　（m）

项目名称					
周边情况					
钻机类型		井管直径/mm		井管材料	
井管总长/m		孔口距地面高度/m		滤水管类型	
滤水管长度/m		建孔日期	自　年　月　日开始		
沉淀管长度/m			至　年　月　日结束		
实管数量/根	3 m	2 m	1 m	0.5 m	0.3 m
砾料起始深度/m					
砾料终止深度/m					
砾料（填充物）规格					
止水起始深度/m			止水厚度/m		
止水材料说明					
孔位略图			封孔厚度/m		
			封孔材料		
			护台高度/m		
			现场工程师		
			总工程师		
			日期	年　月　日	

（1）井管

①井管结构井

管应由井壁管、过滤管和沉淀管三部分组成。井壁管位于过滤管上，过滤管下为沉淀管。过滤管位于监测的含水层中，长度范围为从含水层底板或沉淀管顶到地下水位以上的部分，水位以上的部分要在地下水位动态变化范围内；沉淀管的长度一般为 50～60 cm，视弱透水层的厚度而定，沉淀管底部须放置在弱透水层内。地下水监测井示意图见附图 1.5。

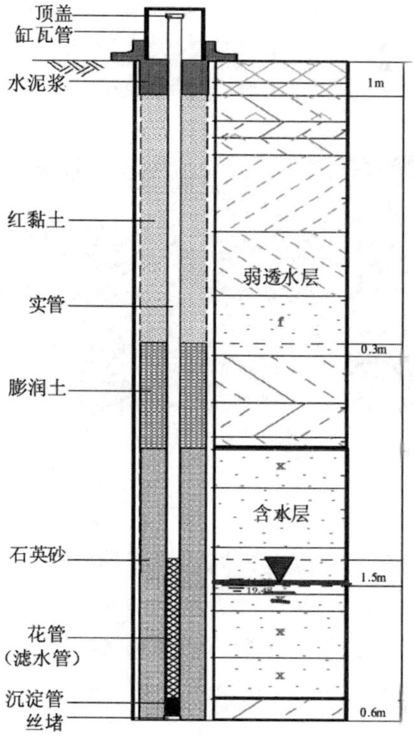

附图 1.5 地下水监测井结构示意图

②口径及材质

井管的内径要求不小于 50 mm，以能够满足洗井和取水要求的口径为准。

井管全部采用螺纹式连接，各接头连接时不能用任何黏合剂或涂料，推荐采用螺纹式连接井管。

井管材质因检测项目的不同而有所差异，各类检测项目的材质选择见附表 1.4。

附表 1.4 井管材质选择要求

检测项目类别	第一选择	第二选择	禁用材质
金属	聚四氟乙烯（PTFE）	聚氯乙烯（PVC）	304 和 316 不锈钢
有机物	304 和 316 不锈钢	PVC	镀锌钢和 PTFE
金属和有机物	无	PVC 和 PTFE	304 和 316 不锈钢

如果井深超过 20 m 时，需改用受压强度更高的井管。如果地下水监测井仅用来测定地下水位的情况，可以使用热镀锌管作为井管。

③过滤管参数选择

过滤管上的空隙大小应足以防止 90%的滤料进入井内，即其孔隙直径要小于 90%以上的滤料直径。过滤管可采用 0.3～0.5 mm 宽的激光割缝管，见附图 1.6。

（2）地下水监测井钻孔

钻孔的直径应至少大于井管外壁 75 mm，以适合砾料和封孔黏土或膨润土的就位。钻孔的深度依监测井所在场区地下水埋深、水文地质特征及含水层类型和分布而定，一般宜达到含水层底板以下 50 cm 或至少地下水含水层水位线下 5 m，但不应穿透弱透水层。监测井钻孔达到要求深度后，宜进行钻孔掏洗，清除钻孔中的泥浆、泥沙等，然后才能开始下管。

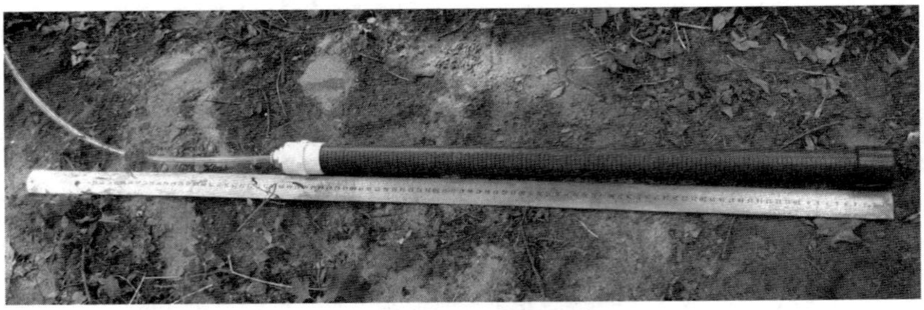

附图 1.6 激光割缝管

（3）地下水监测井下管

下管前应校正孔深，确定下管深度、滤水管长度和安装位置，按下管先后次序将井管逐根丈量、排列、编号、试扣，确保下管深度和滤水管安装位置准确无误。下管作业应统一指挥，互相配合，操作要稳要准，井管下放速度不宜太快，中途遇阻时不准猛墩硬提，可适当地上下提动和缓慢地转动井管，仍下不去时，应将井管提出，扫除孔内障碍后再下。井管下完后，要用升降机将管柱吊直，并在孔口将其扶正、固定，与钻孔同心。

（4）填砾及止水

填砾：砾料选择质地坚硬、密度大、浑圆度好的白色石英砂砾为宜，易溶于盐酸和含铁、锰的砾石以及片状或多棱角碎石，不宜用做砾料。砾料的砾径，根据含水层颗粒筛分数据确定，可参照附表 1.5 选用。

附表 1.5 填砾的粒径选择

含水层类型	砂土类含水层	碎石土类含水层	
	$\eta_1<10$	$d_{20}<2$	$d_{20}\geqslant 2$
砾径（D）的尺寸/mm	$D_{50}=（6～8）d_{50}$	$D_{50}=（6～8）d_{20}$	$D=10～20$
砾料的η_2要求	$\eta_2<10$		

注 1：表中η_1为含水层的不均匀系数；η_2为砾料的不均匀系数。即$\eta_1=d_{60}/d_{10}$；$\eta_2=D_{60}/D_{10}$。注 2：d_{10}，d_{20}，d_{50}，d_{60}和D_{10}，D_{20}，D_{50}，D_{60}分别为含水层试样和砾料试样在筛分中能通过筛眼的颗粒，其累计重量占筛样全重依次为 10%，20%，50%，60%时的筛眼直径。

填砾的厚度宜大于 25 mm，当观测孔用于抽水试验时，填砾厚度宜大于 50 mm。填砾的高度，自井底向上直至与实管的交接处，即含水层顶板。

避免滤料填充时形成架桥或卡锁现象，可以使用导砂管将滤料缓慢输入管壁与井壁中的环形空隙内。滤料在回填前冲洗干净（由清水或蒸馏水清洗），清洗后使其沥干。

止水：止水材料必须具备隔水性好、无毒、无嗅、无污染水质等条件。建议选用球状膨润土回填。止水部位根据场地内含水层分布的情况确定，选择在良好的隔水层或弱透水层处。止水厚度至少从滤料往上 50 cm 和滤料下部 50 cm；如果场地内存在多个含水层，每个弱透水层及以上 30 cm 至弱透水层以下 30 cm 范围内必须用膨润土回填。

膨润土回填时要求每回填 10 cm 用水管向钻孔中均匀注入少量的水，注意防止在膨润土回填和注水稳定化的过程中膨润土、井管和套管粘连。

（5）井台构筑

井口处使用混凝土固定井管，混凝土浇筑一直从地面到膨润土回填上部。

井台构筑有两种形式：一种是明显式井台，井管地上部分 30～50 cm，超出地面的部分采用红白相间的管套保护，管套建议选择强度较大且不宜损坏的材质，如果在管套与井管之间有孔隙，则注以水泥固定，监测井井口用与井管同材质的丝堵或管帽封存。另一种是隐蔽式井台，原则上不超过自然地面 10 cm，为方便监测时能够打开井盖，建议在地面以下的部分设置直径比井管略大的井套套在井管外，井套外再用水泥固定并筑成土坡状，井套内与井管之间的环形空隙不填充任何物质，以便于井口开启和不妨碍道路通行。

（6）井位高程及坐标测量

建井完成后，必须进行井位坐标测量及井管顶的高程测量。测量精度能满足一般工程测量的精度即可。

（7）设置标识牌

监测井需设置标识牌。标识牌上需注明监测井编号、井的管理单位和联系电话等信息。

1.2.2 洗井

洗井一般分两次，即建井后的洗井和采样前的洗井。在洗井前后及洗井过程中需要监测 pH 值、电导率、浊度、水温并记录水的颜色、气味等，条件许可时，建议监测氧化还原电位、溶解氧和总溶解盐含量。建井后的洗井首先要求直观判断水质基本上达到水清砂净，同时 pH 值、电导率、浊度、水温等监测参数值达到稳定，即浊度等参数测试结果连续三次浮动在±10%以内，或浊度小于 50 个浊度单位。取样前的洗井在第一次洗井 24 小时后开始，其洗出的水量要达到井中储水体积的三倍之上，同时要求 pH 值、电导率、氧化还原电位、溶解氧、浊度、水温等水质参数值稳定，但原则上洗出的水量不高于井中储水体积的五倍。洗井一般可采用贝勒管、地面泵和潜水泵。

1.2.3 样品采集方法

地下水采样在采样前的洗井完成后两小时内完成。取水使用一次性贝勒管，要求一井一管，并做到一井一根提水用的尼龙绳。取水位置建议为井中储水的中部，如果在监测井中遇见重油（DNAPL）或轻油（LNAPL）时，对 DNAPL 采样设置在含水层底部和不透水层的顶部，对 LNAPL 采样设置在油层的顶板处，以保证水样能代表地下水水质。如条件许可，也可采用电动潜水泵进行采样。

用于测定 VOC 的水样可用带塑料螺纹盖的 40 mL 小玻璃瓶（VOA vail）取样，加 HCl 至 pH＜2 使其稳定。在测试 VOC 水样的取样小瓶中不允许存在顶空或者是大于 6 mm 的气泡。溶解氧、五日生化需氧量和半挥发性有机污染物项目采样时，水样也必须注满容器，上部不留空隙。

用于测定可溶解金属物质的水样在野外取样后需先过滤再将其装入聚乙烯容器内，加 HNO_3 至 pH＜2 使其稳定。用于测定总金属含量的水样不需要过滤，也不用加稳定剂。

1.2.4 地下水样品的保存

用于测定总烃、杀虫剂及多环芳烃的水样用带塑料螺纹盖的棕色玻璃瓶保存。用于测定氰化物的水样存放于聚乙烯容器中，加 NaOH 至 pH＞12 使其稳定。地下水样品的采集、保存、样品运输和质量保证等参照《地下水环境监测技术规范》（HJ/T 164）的要求。

1.2.5 取水位置

一般在井中储水的中部，但当水中含有重质非水相液体时，取水位置在含水层底部和不透水层顶部；水中含有轻质非水相液体时，取水位置在油层顶部。

附表 1.6 洗井记录单

项目名称： 时间：

地点： PID 钻孔孔口读数：

井号： 洗井体积： （L）

井深： （m） （三倍井中储水体积）： （L）

时间	水位埋深/m	流量计读数/（L/min）	洗井体积/L	温度/℃	pH	电导率/（μS/cm）	浊度/NTU	备注

注释：井的状况描述开始时和最后一次读数之间都需校准 pH 值。

取样人： 观测者：

附录 2 土壤样品保存要求

针对不同检测项目选择不同样品保存方式，无机物通常用塑料瓶（袋）收集样品，挥发性和半挥发性有机物宜使用具有聚四氟乙烯密封垫的直口螺口瓶收集样品，具体的土壤样品收集器和样品的保存要求参见附表 2.1，样品保存容器见附图 2.1。

附表 2.1 容器、保存技术、样品体积以及保存时间的要求

监测项目	容器[①]	保存条件[②]	样品最小体积或重量	样本最大保留时间
金属				
六价铬	P，G，T	4℃低温保存	500 mL（水）；227 g（土壤）	24 小时（水）；萃取前 30 天，萃取后 4 天（土壤）
汞	P，G，T	加 HNO_3 使 pH＜2，4℃低温保存	500 mL（水）；227 g（土壤）	28 天（水和土壤）
其他金属（除六价铬和汞）	P，G，T	加 HNO_3 使 pH＜2，4℃低温保存	500 mL（水）；227 g（土壤）	180 天（水和土壤）
有机化合物				
总石油烃（TPH）：可挥发	G，用聚四氟乙烯薄膜密封瓶盖	4℃低温保存，加 HCl 使 pH＜2	2×40 mL（水）；113 g（土壤）	14 天（水或土壤）；无酸保护则为 7 天

监测项目	容器[①]	保存条件[②]	样品最小体积或重量	样本最大保留时间
总石油烃(TPH)：可萃取	G，用琥珀密封瓶盖	4℃低温保存	1L（水）；227 g（土壤）	萃取前 7 天，萃取后 40 天（水）；萃取前 14 天，萃取后 40 天（土壤）
可挥发性芳香卤代烃	G，用聚四氟乙烯薄膜密封瓶盖	4℃低温保存，加 HCl 使 pH＜2，0.008%$Na_2S_2O_3$[③]	2×40 mL（水）；113 g（土壤）	14 天（水和土壤）；无酸保护则为 7 天
亚硝胺	G，用聚四氟乙烯密封瓶盖	4℃低温保存	1L（水）；227 g（土壤）	萃取前 7 天，萃取后 40 天（水）；萃取前 14 天，萃取后 40 天（土壤）
除草剂	G，用聚四氟乙烯密封瓶盖	4℃低温保存	1L（水）；227 g（土壤）	萃取前 7 天，萃取后 40 天（水）；萃取前 14 天，萃取后 40 天（土壤）
有机氯杀虫剂	G，用聚四氟乙烯密封瓶盖	4℃低温保存	1L（水）；227 g（土壤）	萃取前 7 天，萃取后 40 天（水）；萃取前 14 天，萃取后 40 天（土壤）
PCBs	G，用聚四氟乙烯密封瓶盖	4℃低温保存	1L（水）；227 g（土壤）	萃取前 7 天，萃取后 40 天（水）；萃取前 14 天，萃取后 40 天（土壤）
有机磷杀虫剂/化合物	G，用聚四氟乙烯密封瓶盖	4℃低温保存	1L（水）；227g（土壤）	萃取前 7 天，萃取后 40 天（水）；萃取前 14 天，萃取后 40 天（土壤）
半挥发性有机物	G，用聚四氟乙烯密封瓶盖	4℃低温保存，0.008%$Na_2S_2O_3$	1L（水）；227g（土壤）	萃取前 7 天，萃取后 40 天（水）；萃取前 14 天，萃取后 40 天（土壤）
挥发性有机物	G，用聚四氟乙烯薄膜密封瓶盖	4℃低温保存，0.008% $Na_2S_2O_3$（对挥发性芳香烃加 HCl 使 pH＜2）	2×40 mL（水）；113g（土壤）	14 天（水和土壤）；无酸保护则为 7 天

注：①聚乙烯（P）；玻璃（G）；聚乙烯复合气泡垫（T）。

②土壤样品一般“直接避光保存密封于 4℃条件下即可；而对于需要测定重金属的水样，则需在保存前加 HCl 调 pH 小于 2”。

③只有当出现余氯时才需要保存 0.008%的 $Na_2S_2O_3$。

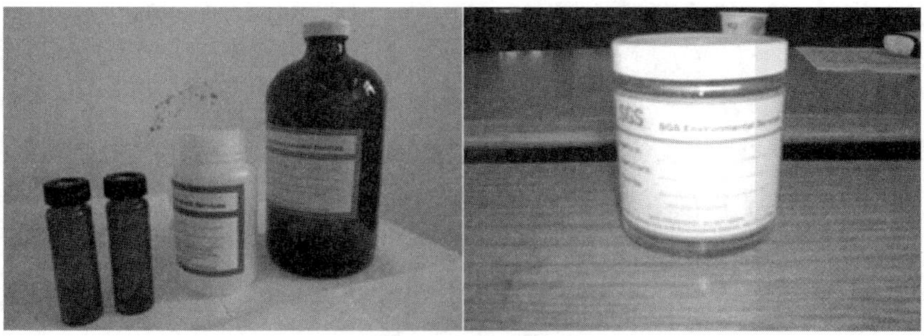

附图 2.1　样品保存容器

选择牢固、保温效果好的保温箱（见附图 2.2）；用发泡塑料包裹样品瓶防止直接碰撞；

放置足量的冰块确保保温箱冷藏温度低于 4℃，实验室接样后要求测量保温箱内的温度；选择安全快捷的运输方式，保证不超过样品保留时间的最长限值。由于靠少量的冰块难以长时间地保证冷藏温度低于 4℃，一般运输时间夏季最长不超过 3 天。

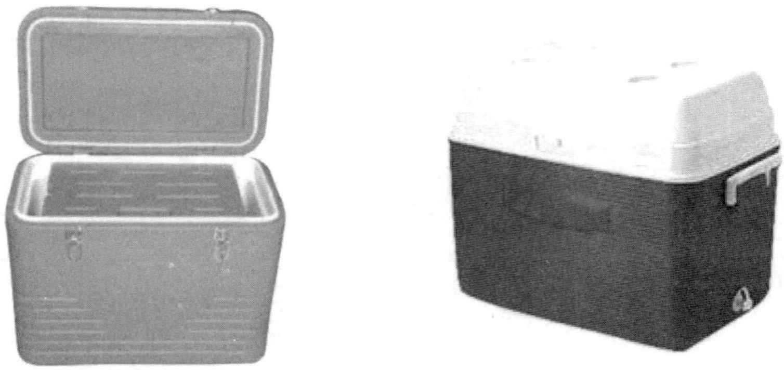

附图 2.2　保温箱

附录 3　场地污染源浓度计算方法

当场地污染的空间分布相对均匀或分析数据呈正态分布时，可将整个场地作为污染源（土壤或地下水），其浓度可采用污染介质所有采样点浓度的 95%置信水平上限值（UCL）作为污染源浓度进行风险计算；当场地为局部污染时，可采用局部区域的采样点浓度 95%置信水平上限值，或最大值作为污染源浓度。

95%置信水平上限值的数学含义是场地污染浓度的真实平均值等于或低于该值的概率为 95%。因此，采用 95%置信水平上限值作为污染源浓度进行风险计算，实质上是采用一种比较保守的方式来估计场地污染总体风险水平。

采用最大值作为整个场地的场地污染浓度来计算场地的总体风险，要比 95%置信水平上限值作为场地平均浓度的计算结果更为保守，最大值比较适用于风险筛选或局部污染区域的风险计算，对于大型污染场地，采用最大值计算分析风险可能过于保守。

如果场地土壤和地下水的采样样本浓度分布均匀且呈正态分布，总体的正态均值即场地污染真实平均值 CS 在置信水平为 $1-\alpha$ 下的置信上限可由下式计算：

$$CS=\overline{X}+t_{\alpha}(n-1)\frac{s}{\sqrt{n}}$$

式中：$\overline{X}$ —— 样本平均值；

t_{α}（n−1） —— t 分布函数；

n —— 样本容量；

α —— 总体均值大于置信上限的概率，当置信水平为 95%时，α取 0.05；

s —— 样本标准差，可由下式计算：

$$s=\sqrt{\frac{\sum\left(x-\overline{X}\right)^2}{n-1}}$$

式中：x—— 样品检测值；

其他参数意义同上。

附录 4　修复技术筛选矩阵

附表 4.1　土壤和地下水修复技术筛选矩阵

符号定义（具体含义见最后）： ●平均值以上； ◎平均值； ○平均值以下； ◇技术的有效性取决于污染物种类和技术的应用/设计	技术成熟度	运行维护投入	资金投入	系统的可靠性和维护需求	其他相关成本	修复时间	目标污染物				
							VOCs	SVOCs	石油烃	POPs	重金属
土壤、底泥和淤泥											
原位生物处理											
1 生物通风	●	●	●	●	●	◎	●	●	●	●	○
2 增强生物修复	●	○	◎	◎	●	◎	●	●	●	●	◎
3 植物修复	●	●	●	○	●	○	○	◎	◎	◎	●
原位物理/化学处理											
4 化学氧化/还原	●	○	◎	◎	◎	●	○	●	●	●	●
5 土壤淋洗	●	○	◎	◎	◎	◎	○	●	●	●	●
6 土壤气相抽提	●	○	◎	●	●	◎	●	●	○	○	○
7 固化/稳定化	●	◎	○	●	●	●	○	●	●	●	●
8 热处理（热蒸汽或热脱附）	●	○	○	●	◎	●	○	●	●	●	◎
异位生物处理（假设基坑开挖）											
9 生物堆	●	●	●	●	●	◎	●	●	●	◎	○
10 堆肥法	●	●	●	●	●	◎	●	●	●	◎	○
11 泥浆态生物处理	●	○	○	◎	◎	◎	●	●	●	◎	○
异位物理/化学处理（假设基坑开挖）											
12 土壤洗脱	●	○	○	◎	◎	◎	○	●	●	●	●
13 化学氧化/还原	●	◎	○	●	◎	●	○	●	●	●	●
14 固化/稳定化	●	◎	○	●	●	●	○	●	●	●	●
异位热处理法（假设基坑开挖）											
15 工业炉窑共处置	○	○	○	●	●	●	●	●	●	●	○
16 焚烧	●	○	○	◎	○	●	●	●	●	●	○

17 热脱附	●	○	○	◎	◎	●	●	●	●	●	●
其他技术											
18 填埋场冒封技术	●	◎	○	●	●	○	●	●	◎	◎	○
19 填埋场增强型冒封	●	◎	○	●	●	○	●	●	◎	◎	○
20 开挖、运出、安全填埋	●	●	●	●	◇	●	●	●	●	●	●
地下水（包括填埋场渗滤液）											
原位生物处理											
21 增强型生物修复	●	○	◎	◎	●	◇	●	●	●	●	◎
22 监测型自然衰减	●	○	◎	◎	●	◇	●	●	○	○	◎
23 植物修复	●	●	●	○	●	○	○	◎	○	○	◎
原位物理/化学处理											
24 空气注入法	●	●	●	●	●	●	●	●	●	●	○
25 生物通风+自由相抽提	●	●	●	◎	●	◎	○	●	●	●	○
26 化学氧化/还原	●	○	◎	◎	◎	●	○	●	●	●	●
27 多相抽提法	●	○	○	◎	◎	◎	●	●	●	●	○
28 热处理法	●	○	○	◎	◎	●	●	●	●	●	○
29 井内曝气吹脱	●	◎	○	◎	◎	○	●	◎	○	◎	○
30 主动/被动反应墙（例如 PRB）	●	◎	○	●	◎	○	●	●	●	●	●
其他方法											
31 阻隔法（例如止水帷幕、水力控制法等）	●	◎	○	●	●	○	○	○	●	●	●
异位处理（抽出处理）抽出后处理技术同工业废水处理											

附表 4.2　矩阵中所用符号具体说明

考虑因素	●平均值以上	◎平均值	○平均值以下	其他
技术成熟度——所选取的技术的应用规模和成熟程度	该技术已被多个污染场地所采用，并作为最终修复技术的一部分；有良好的文献记录、已被技术人员理解	已满足投入工程应用或全尺寸中试的需求，但仍需要改进和更多测试	没有实际应用过，但已经做了小试和中试等试验，有应用前景	◇技术的有效性取决于场地情况、污染物种类及技术的应用设计/应用
运行维护投入——全套技术运行维护期间的投入	运行维护投入较低	运行维护投入一般	运行维护投入较高	
资金投入——全套技术的设备、人力等投入	资金投入一般	资金投入平均等级	资金投入较高	
系统可靠性和维护需求——相对其他有效技术而言，该技术的可靠性和维护需求	可靠性高和维护需求少	可靠性一般，维修需求一般	可靠性低、维护需求多	

<table>
<tr><th colspan="2">考虑因素</th><th>●平均值以上</th><th>◎平均值</th><th>○平均值以下</th><th>其他</th></tr>
<tr><td colspan="2">其他相关成本——处置前、处置后、处置过程中核心过程的设计、建造、操作和维护成本</td><td>相对于其他选择总体费用较低</td><td>相对于其他选择总体费用一般</td><td>相对于其他选择总体费用较高</td><td>N/A 表示不适用</td></tr>
<tr><td rowspan="3">修复时间——采用该技术处理单位面积场地所花费的时间</td><td>原位土壤</td><td>少于 1 年</td><td>1～3 年</td><td>多于 3 年</td><td rowspan="3">I/D 表示无法收集到足够的数据</td></tr>
<tr><td>异位土壤</td><td>少于 0.5 年</td><td>0.5～1 年</td><td>多于 1 年</td></tr>
<tr><td>原位地下水</td><td>少于 3 年</td><td>3～10 年</td><td>多于 10 年</td></tr>
</table>

注：①本筛选矩阵参考美国 FRTR 矩阵，并根据中国实际工作修订得出。

②地域性特征项由各地根据实际情况确定。

附录 5　场地修复常用技术

在针对污染源处理的修复技术筛选时，当目标场地的污染物、污染介质特性与下表（附表 5.1）中相符时，可跳过修复技术筛选性试验。附表 5.1 中的“常用技术”已经过大量案例验证。

附表 5.1　常用技术列表

<table>
<tr><th>目标污染物</th><th>污染介质</th><th>常用技术</th></tr>
<tr><td rowspan="11">VOCs
（包括石油烃）</td><td rowspan="6">土壤</td><td>土壤气相抽提（需符合质地松散、水分含量低于 50%的土壤特性）</td></tr>
<tr><td>热脱附（需符合水分含量低于 30%的土壤特性）</td></tr>
<tr><td>焚烧</td></tr>
<tr><td>生物修复（仅针对石油烃）</td></tr>
<tr><td>开挖/异位处理</td></tr>
<tr><td>常温脱附</td></tr>
<tr><td rowspan="5">地下水</td><td>抽提-处理（或者后续联合颗粒活性炭净化系统）</td></tr>
<tr><td>曝气吹脱</td></tr>
<tr><td>化学/紫外氧化</td></tr>
<tr><td>空气注射（针对地下水位以下 15.2 m 以内的地下水）</td></tr>
<tr><td>生物修复（仅针对石油烃）</td></tr>
<tr><td rowspan="5">SVOCs</td><td rowspan="3">土壤</td><td>焚烧</td></tr>
<tr><td>热脱附</td></tr>
<tr><td>开挖/异位处理</td></tr>
<tr><td rowspan="2">地下水</td><td>抽提-处理（或者后续联合液相吸附方法）</td></tr>
<tr><td>化学/紫外氧化</td></tr>
<tr><td rowspan="4">PCBs 和农药</td><td rowspan="3">土壤</td><td>热脱附（浓度小于 500 ppm）</td></tr>
<tr><td>焚烧（浓度大于 500 ppm）</td></tr>
<tr><td>开挖/异位处理（浓度在 50～100 ppm 之间无需处理可直接填埋）</td></tr>
<tr><td>地下水</td><td>抽提-处理（或者后续联合颗粒活性炭净化系统）</td></tr>
</table>

目标污染物	污染介质	常用技术
重金属	土壤	固化/稳定化
		开挖/异位处理
	地下水	抽提-处理（或者后续联合化学沉淀，或者联合离子交换/吸附方法）

附录6　修复技术评估工具

污染场地修复技术综合评估阶段的评分工具如附表6.1所示。每个修复技术都分5个指标分别进行评分，每个指标可评分赋值1～4分；分数越高，表明该技术越有利于在场地修复中被应用。总分区间为5～20分。

附表6.1　修复技术评估工具表

技术名称	可接受性		操作性		效率		修复时间		修复成本		总分	结果
	评述	评分	评述	评分	评述	评分	评述	评分	评述	评分		
技术1												
技术2												
技术3												
…												
技术n												

评分标准：

可接受性：修复技术与污染场地目前（或未来规划）的使用功能、社会接受程度以及其他需要接受的标准之间的相互兼容性。

4——完全可接受；3——可接受；2——勉强可接受；1——局部可接受。

操作性：修复技术的可操作性、场地设施影响以及技术是否在同类场地应用过。

4——操作性强；3——可操作；2——勉强可操作；1——局部可操作。

效率：修复技术在类似场地的修复效率高低。

4——非常高效；3——高效；2——一般有效；1——效率很低。

修复时间：所预期的修复时间。

4——短；3——中等；2——长；1——非常长。

修复成本：所预期的总成本。

4——低；3——中等；2——高；1——非常高。

附录 7 技术可行性试验具体案例

不同技术的可行性试验工作在成本、规模、时间上存在明显差别，以使用频次高、较为成熟的土壤生物修复技术为例，介绍该技术在可行性试验过程中的流程和主要特点。其他技术的可行性试验可参照本案例进行。

7.1 生物修复技术筛选性试验

技术筛选性试验是可行性试验的第一步，主要用来判断生物修复技术能否应用于该目标场地污染物的修复，即判断技术是否有效。生物修复技术筛选性试验所需成本较低，通常需要数天的时间就能够完成。试验结果能够表明该技术的潜在可行性，但是由于数据量较少，因此一般不单独作为技术选择的主要依据。筛选性试验在实验室条件下开展，其规模较小，根据试验类型的不同，大致需要数天时间完成。筛选性试验需要从现场采集将要处理的污染介质（土壤、沉积物、地下水等）；由于试验规模较小，运行参数较易控制，但难以模拟实际运行条件，尤其是针对原位生物修复技术的试验。

通常情况下，好氧生物降解技术筛选试验常采用将土壤、泥浆或者水溶液放入反应器进行，反应器可使用振荡瓶，土罐以及泥浆反应器等。pH、污染物输入速率、氧气以及营养元素的有效性等参数需要设置到最佳状态以提高试验成功的可能性。生物修复技术筛选试验一般需要判断生物降解过程是否存在，如果经过 3～6 周的反应周期后，目标污染物的净降解率能够大于 20%，那么该技术被认为是有效的，即潜在可行的。

附表 7.1 中列举了技术筛选性试验过程中，判断该技术是否有效的基本标准，可作为生物修复技术可行性试验的主要参考。

该案例中技术筛选性试验不针对厌氧生物修复技术。

7.2 生物修复技术选择性试验

技术选择性试验是可行性试验的第二步，对筛选性试验结果所得出的潜在可行技术开展进一步试验，确定工艺参数、成本、周期等。这一阶段的生物修复技术试验必须模拟目标场地实际条件，以确定在特定操作单元条件下，该技术的运行情况，其研究成本中等，一般需要数天、数周至数月的时间。试验结果不仅能够判断该技术是否能够达到修复目标，同时也能够为修复方案的详细评估提供足够数据。此外，残留物以及中间产物的毒性试验同样必不可少。一般情况下，采用泥浆反应器、土罐、封闭反应器等进行的试验主要针对异位生物修复，而现场试验点试验以及土柱实验往往针对原位生物修复。

选择性试验通常使用现场试验点试验和封闭土壤系统，一般在现场开展，所需时间大致从数周至数月之间。选择性试验一般在现场某一小块需要修复的代表性污染区域进行，而大型土柱试验则一般在实验室开展，在现场利用大型土柱来进行试验目前正在发展中。这些埋于地下的土柱，需要能够测定不同土层的生物活性，一般情况下，往往需要测定不同介质的基本性质，为此需防止污染物在不同介质之间的转移。尽管需要根据不同技术的特点设计可行性试验的试验研究，但总体上所采用的技术、设备与实际修复过程中的技术、设备相似，以确保这些研究能够与实际情况更为接近，试验结果能够提供为下一阶段的方案设计与方案实施提供详细的信息，也可以被用来支持实际修复过程中的系统设计。

附表 7.1 中同时列举了生物修复技术选择性试验过程中，判断该技术是否有效的基本标准，可作为生物修复技术可行性试验的主要参考。

附表 7.1 不同试验阶段生物修复技术可行性试验的标准

标准	筛选性试验	选择性试验
关注污染物的生物降解率（以最难降解的污染物作为标准）	净降解率必须大于＞20%	在试验条件下，能够达到修复目标
污染物初始浓度	适用于技术应用条件	修复过程中的最高浓度
环境条件	适用于技术应用条件（包括可能的场地条件）	模拟场地修复环境条件
生物降解程度	定性估计*	定量估计
生物降解效率	粗略估算*	保守估算
修复时间估计	不涉及	需要估算
质量守衡	粗略说明*	需计算说明
有毒副产物	对可能出现的有毒副产物，检测即可*	需要有具体的检测过程（如果有条件的情况下）*
过程控制和可靠性	不涉及	需潜在评估
微生物活性	粗略测定*	检验/定量检验*
过程优化	不涉及	评估*
实地全规模应用的成本估计	不涉及	需大致估算，−30%至 50%
试验规模	通常是实验室批试验研究	实验室批试验或中试试验研究

*表示并非必需，尽管在某些情况下非常重要。

可行性评估中，不同试验研究的基本特征如附表 7.2 所示。

附表 7.2 生物修复技术可行性试验研究的基本特征

试验方法	适用性	规模	尺寸	时间
现场选择一小块需要修复的区域进行试验	原位生物修复	现场	0.8～929.0 m^{2*}	2 个月～2 年
土柱实验	原位生物修复	实验室和现场	0.0003～90.6 m^3 的土壤、砂、沉积物、石块等	1 周～6 个月
土罐实验	固相处理	实验室	0.9～45.4 kg 的土壤	1～6 个月
泥浆反应器	液相和固相处理	现场	超过 75.7 L 的泥浆	2～3 个月
		实验室	0.03～75.7 L	1～8 周
封闭系统	堆肥、生物堆、固相处理	实验室和现场	0.2～2981.8 m^3 的土壤	10 天～10 个月

*表示现场试验区域的深度需根据实际情况确定。

附录 8 修复方案形成过程

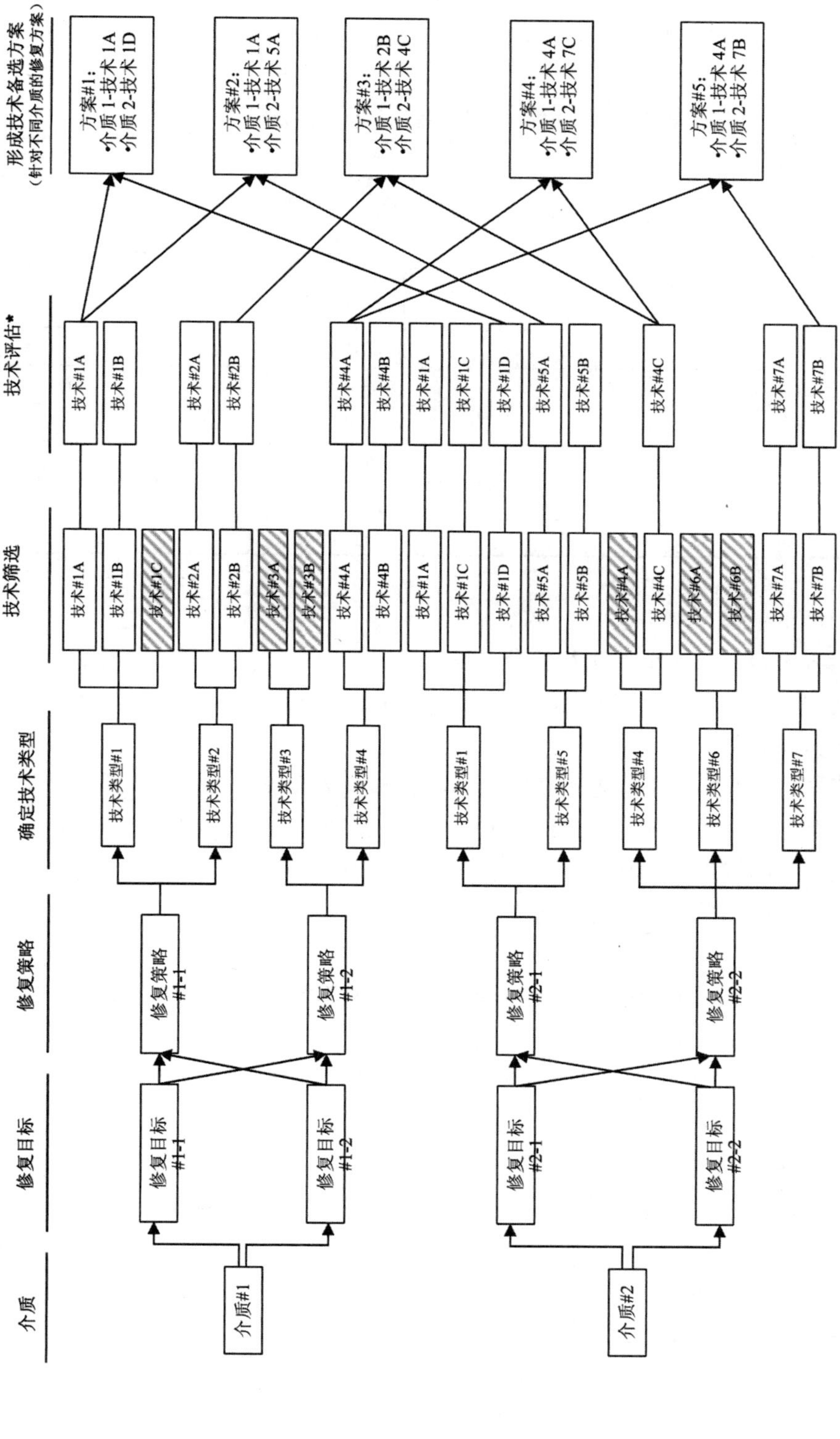

注：被排除的技术；确定的可行技术；*可行性试验和综合评估的具体过程没有体现在本图中

附图 8.1 修复方案形成过程图

附录 9　修复方案比选指标权重分配表及计算过程

专家评分方式必须首先建立各指标权重，通过专家打分的方式计算得到初步的权重分配表，详见附表 9.1，这些指标权重可根据场地修复技术的成熟进行优化和更新。

附表 9.1　修复方案比选指标初步权重分配

技术指标	0.297	可操作性	0.109
		污染物去除效率	0.112
		修复时间	0.076
经济指标	0.246	设备投资	0.098
		运行费用	0.092
		后期费用	0.056
环境指标	0.259	残余风险	0.077
		长期效果	0.090
		健康影响	0.092
社会指标	0.198	管理可接受程度	0.085
		公众可接受程度	0.113

计算过程如下。

由专家对各个修复方案分别进行评分，根据专家评分值，及部分定量数据（如已经获取的成本等数据），进行标准化处理，加权求和，得出每个方案的分值。具体过程如下。

（1）评价方法

——专家打分；其中经济指标为实际值，其他指标为专家打分值；

——将每个指标实际值或打分值进行归一化处理，得到[0，1]区间内的一个数；

——乘以各自的权重，并加和，得到各个方案的总得分；

——根据每个方案总得分，进行方案排序和优选。

（2）归一化方法

——对于经济指标，值越小越优：归一化值=各方案本指标的最小值/原值

$$B_{1i} = y_{1\min} / y_{1i} \tag{9.1}$$

式中：B_{1i}—— 本指标方案 i 归一化后的值；

$y_{1\min}$—— 本指标各个方案的最小值；

y_{1i}—— 本指标方案 i 的值；

——对于其他指标，值越大越优：归一化值=原值/各方案本指标的最大值

$$B_{1i} = y_{1i} / y_{1\max} \tag{9.2}$$

（3）修复方案总排序

——对各个修复方案比选指标的标准化分值进行加权求和，公式如下：

$$C_i = \sum_{i=1}^{n} A_i \cdot B_i \tag{9.3}$$

式中：Ci—— 方案分数最终计算结果；

Ai—— 指标 i 的权重；

Bi—— 方案指标 i 的归一化值。

附录 10　t 检验方法

10.1　t 检验

t 检验是判定给定的常数是否与变量均值之间存在显著差异的最常用的方法。

假设一组样本，样本数为 n，样本均值为 $\bar{x}$，样本标准差为 S，利用 t 检验判定某一给定值 μ_0 是否与样本均值 $\bar{x}$ 存在显著差异，步骤为：

确定显著水平 α，常用 $\alpha = 0.05$，$\alpha = 0.01$；

计算检验统计量 $t = \dfrac{\bar{x} - \mu_0}{S / \sqrt{n}}$；

根据自由度 $df = n-1$ 和 α 查 t 分布临界值表，确定临界值 $C = t_{\frac{\alpha}{2}}(n-1)$，例如 $n = 8$，$\alpha = 0.05$，则 $t = 2.365$；

统计推断：若 $|t| > C$，即 $\mu_0 > \bar{x} + C \cdot S / \sqrt{n}$ 或 $\mu_0 < \bar{x} - C \cdot S / \sqrt{n}$，则与均值存在显著差异，且前者为显著大于均值，后者为显著小于均值；若 $|t| \leqslant C$，即 $\bar{x} - C \cdot S / \sqrt{n} \leqslant \mu_0 \leqslant \bar{x} + C \cdot S / \sqrt{n}$，则与均值不存在显著差异。下文中将 $C \cdot S / \sqrt{n}$ 简记为 u。

10.2　案例

假设一组样本数据，且平行样数量满足要求，将样本中的平行样检测数据列表如附表 10.1 所示。

附表 10.1　样本检测值

样本	浓度/（mg/kg）		
	砷	铜	铅
A1	71	215	183
A2	72	206	182
平均值	71.5	210.5	182.5
B1	52	180	181
B2	59	174	204
平均值	55.5	177	192.5
C1	17	43	70.1
C2	20	49	73.6
平均值	18.5	46	71.85
D1	42	127	84.2
D2	48	137	96.1
平均值	45	132	90.15

计算各平行样样本值占均值的百分比以反映测量分析的精度，如附表 10.2 所示。

附表 10.2 样本精度数据

样本	占均值的比例/%		
	砷	铜	铅
A1	99.30	102.14	100.27
A2	100.70	97.86	99.73
B1	93.69	101.69	94.03
B2	106.31	98.31	105.97
C1	91.89	93.48	97.56
C2	108.11	106.52	102.44
D1	93.33	96.21	93.40
D2	106.67	103.79	106.60
均值/%	100	100	100
S/%	6.6	4.3	4.9
C（α=0.05）	2.365	2.365	2.365
u/%	5.5	3.6	4.1
修复目标值/（mg/kg）	30	370	300
显著小于修复目标值/（mg/kg）	<28.4	<356.7	<287
与修复目标值不存在显著差异/（mg/kg）	[28.4，31.6]	[356.7，383.8]	[287，312]
显著大于修复目标值/（mg/kg）	>31.6	>383.8	>312

注：28.4=30×（100%−5.5%）；31.6=30×（100%+5.5%）。

以砷为例说明：

若某点检测值小于 28.4，则认为该点检测值明显低于修复目标值，达到验收标准；

若某点检测值位于 28.4 和 31.6 之间，则认为该点检测值与修复目标无显著差异，达到验收标准；

若某点检测值大于 31.6，则认为该点检测值明显大于修复目标值，未达到验收标准。

参考附录

参考附录 1 钢铁生产不同功能区及重点关注污染物清单

附表 1.1 钢铁生产不同功能区土壤重点关注污染物清单

功能区	重点污染区域	重点关注污染物
焦化厂	整个生产区，包括：备煤、装煤、破碎、筛分、转运、煤气净化及化学品回收、粗苯管式炉、半焦烘干、氨分解炉、各类焦油贮槽、焦油渣和酸焦油等固废堆场	苯并[a]芘等 PAHs、重金属、氰化物、硫化物、酚类、石油烃、VOC（含BTEX）、杂环
	焦化废水处理、洗煤和熄焦及高炉冲渣废水等废水处理及排放处、生化污泥堆场等各类固体堆场	+硫氰化物

<table>
<tr><th colspan="2">功能区</th><th>重点污染区域</th><th>重点关注污染物</th></tr>
<tr><td colspan="2">烧结厂</td><td>整个生产区，包括：配料、混料、烧结、电除尘、烧结矿筛分转运、烧结机球团焙烧。
烧结机球团焙烧、烧结机头、机尾及烟囱周边、烧结机头电除尘灰堆场
湿式除尘排水、煤气水封阀排水区域</td><td>重金属、氟化物、NO_x、PAHs、VOC（含 BTEX）
+二噁英/呋喃
+氰化物、酚类、硫化物</td></tr>
<tr><td colspan="2">炼铁厂</td><td>整个生产区，包括：原料系统、煤粉系统、高炉、高炉出铁场、沉渣池、热风炉
铸铁机冷却和高炉冲渣废水处理、（荒）高炉煤气洗涤与净化等炼铁废水沉淀池与处理池、瓦斯泥（灰）及装运、高炉渣堆场等区域</td><td>重金属、NO_x、PAHs、氟化物、石油烃
+酚类、氰化物、硫化物</td></tr>
<tr><td colspan="2">炼钢厂</td><td>生产区，包括：原料准备系统、混铁炉及铁水预处理（包括倒罐、扒渣等）、转炉、电炉、精炼炉、出钢、连铸切割、石灰窑、白云石窑焙烧、钢渣处理
烟气净化、连铸钢坯冷却、炼钢（连铸、转炉）废水处理、污泥堆场。含塑料的废钢预热、电炉炼钢、钢渣堆场、电渣冶金</td><td>重金属、PAHs、氟化物、PCB
+酚类、氰化物、硫化物、石油烃
+二噁英/呋喃</td></tr>
<tr><td rowspan="3">轧钢厂</td><td>热轧厂</td><td>生产区，包括：热轧精轧机、热处理炉、拉矫、精整、抛丸、修磨、焊接等，轧制、轧辊冷却、废水处理及其污泥堆场</td><td>重金属、石油烃、VOC（含 BTEX）、PCB</td></tr>
<tr><td rowspan="2">冷轧厂</td><td>生产区，包括：热处理、酸洗、冷轧、调质、剪切、废酸再生</td><td>重金属、石油烃、氟化物、VOC（含 BTEX）</td></tr>
<tr><td>冷轧废液和废水处理及其污泥堆场</td><td>+氰化物</td></tr>
</table>

备注：重金属含：镉 Cd、铬 Cr、铅 Pb、锌 Zn、汞 Hg、砷 As、铜 Cu、银 Ag、镍 Ni、锰 Mn、锑 Sb、锡 Sn、铊 Tl；16 种 PAHs 含：萘、苊烯、苊、芴、菲、蒽、荧蒽、芘、苯并[a]蒽、屈、苯并[b]荧蒽、苯并[k]荧蒽、苯并[a]芘、茚并[1,2,3-cd]芘、二苯并[a,h]蒽、苯并[g,h,i]苝；54 种 VOC 含：5 种苯系物（苯、甲苯、乙苯、间&对-二甲苯、苯乙烯）、1,2,4-三甲苯、异戊烷、1-丁烯、三氯乙烯、四氯化碳、氯苯、溴化甲烷等。

参考附录 2　杀虫剂类农药场地各工序及重点关注污染物清单

本表包括滴滴涕、六氯苯、氯丹、灭蚁灵、毒杀芬、七氯、艾氏剂、狄氏剂、三氯杀螨醇、五氯酚钠、五氯酚的生产工艺流程和重点关注污染物清单。

附表 2.1　杀虫剂类农药场地各工序及重点关注污染物清单

产品	工序	重点关注污染物
滴滴涕	缩合工序	一氯苯、三氯乙醛、硫酸
	分层工序	废红酸、滴滴涕、氯苯
	蒸馏工序	滴滴涕、氯苯
	结晶工序	滴滴涕
	废水处理	滴滴涕、氯苯
六氯苯	热解工序	六六六、氯化氢、三氯苯
	氯化工序	三氯苯、氯气、六氯苯
	洗涤压滤	六氯苯
	废水处理	六六六、六氯苯

产品	工序	重点关注污染物
氯丹	氯啶工序	六氯环戊二烯、四氯化碳、氯啶
	合成工序	氯丹
	四氯化碳回收	四氯化碳
灭蚁灵	合成工序	六氯环戊二烯、四氯化碳
	过滤洗涤	灭蚁灵
	干燥工序	灭蚁灵
毒杀芬	蒸馏工序	—
	氯化工序	四氯化碳、氯气
	脱酸工序	—
	水洗工序	—
	乳化工序	四氯化碳、毒杀芬
七氯	氯啶工序	六氯环戊二烯、环戊二烯、四氯化碳
	合成工序	七氯、氯气、四氯化碳
	蒸馏工序	四氯化碳、七氯
艾氏剂	合成工序	环戊二烯
	缩合工序	六氯环戊二烯、环戊二烯、艾氏剂
	脱除工序	艾氏剂
狄氏剂	混合工序	艾氏剂、甲苯
	过滤工序	—
	氧化工序	废酸
	提取工序	—
	脱除工序	狄氏剂、甲苯
三氯杀螨醇	氯化工序	滴滴涕
	水解工序	废酸、滴滴涕
	萃取工序	滴滴涕、三氯杀螨醇、废酸
五氯酚钠	水解工序	六氯苯
	结晶工序	六氯苯
	过滤工序	六氯苯、五氯酚钠
五氯酚	酸化工序	五氯酚钠、废酸
	洗涤工序	
	脱水工序	五氯酚钠、五氯酚
	干燥工序	五氯酚

参考附录 3　第一阶段调查报告编制提纲

1　概述（引言）

2　地理位置及场地自然环境状况

3　场地及周边土地业主及土地利用状况

3.1　现状及历史场地业主状况

3.2　场地使用历史回顾

3.3　场地土地利用现状

3.4 用地未来规划
3.5 周边地区历史、现状的业主及土地利用状况概述
4 场地环境调查
4.1 场地主要活动调查
4.1.1 场地一般环境描述
4.1.2 场地现状建筑
4.1.3 生产工艺及规模
4.1.4 生产设施及污染物排放
4.1.5 罐、槽等储存设施、污水管线分布及污染情况
4.1.6 实验室操作、使用和仪器
4.1.7 主要设施记录表
4.1.8 其他信息
4.2 场地环境污染调查
4.2.1 废水
4.2.2 固体废物
4.2.3 有毒有害化学物质
4.2.4 污染事故调查
5 场地环境状况的分析与判断
6 结论和建议
附件：场地图件（包括平面布置图、工艺流程图、现场照片等，也可为报告插图）、场地业主变更记录、照片、化学物品的使用及设施清单、以往的土壤和地下水监测数据、以往的污染物排放监测数据、场地过去治理的有关记录。

参考附录 4 第二阶段调查报告编制提纲

1 总论
2 第一阶段调查——污染识别（参考第一阶段调查）
3 第二阶段调查——现场采样
3.1 采样计划
3.1.1 采样目的
3.1.2 采样类型及布点情况
3.1.3 分析项目
3.1.4 现场质量保证与质量控制程序
3.2 污染初步采样及结果分析
3.2.1 现场采样及质量保证
3.2.2 实验室分析及质量保证
3.2.3 检测结果分析
3.3 详细采样及结果分析
3.2.1 现场采样及质量保证

3.2.2 实验室分析及质量保证
3.2.3 检测结果分析
3.4 场地水文地质勘察及土工实验
4 场地风险筛选
5 结论和建议
附件
采样点位置和深度分布图（必备）
现场采样钻井记录实验室检测数据报告（必备）
水文地质勘察报告及附图（必备）
实验室检测资质（必备）
采样及水文地质勘察资质

参考附录 5 第三阶段调查报告编制提纲

1 总论
2 第一阶段调查——污染识别（参考第一阶段）
3 第二阶段调查——现场采样（参考第二阶段）
4 第三阶段调查——风险评估
4.1 场地概念模型的建立
4.1.1 规划情景下暴露途径和关注污染物的确定
4.1.2 暴露点浓度的确定
4.1.3 场地概念模型的建立
4.2 健康风险计算
4.2.1 风险计算模型的选择
4.2.2 风险计算参数的选择
4.2.3 规划情景下的风险计算
4.3 修复目标和修复范围的确定
4.3.1 修复目标
4.3.2 修复范围估计
4.4 需要环境无害化处理的生产设施和废物
4.5 补充采样（可选）
4.5.1 补充采样计划
4.5.2 现场采样及实验室分析
4.5.3 检测结果分析
4.6 风险评估的基本结论
5 修复建议（可选）
6 结论与建议
附件
场地地形及位置

采样位置及设计
场地安全与健康保障计划
现场调查与钻井记录
采样与数据分析质量保障/控制程序
实验分析结果
污染分布图

参考附录 6 修复方案编制大纲

1 总论
1.1 场地基本信息
1.2 任务由来
1.3 编制目的
1.4 编制依据
1.4.1 法律法规
1.4.2 技术导则、标准及规范
1.4.3 其他文件
1.5 编制原则
1.6 编制内容
1.7 技术路线
2 场地污染现状与风险评估
2.1 场地污染现状
2.1.1 土壤污染现状
2.1.2 地下水污染现状
2.2 风险评估
3 选择修复策略
3.1 细化场地概念模型
3.2 确认场地总体修复目标
3.3 确定修复策略
3.3.1 土壤修复目标值和修复范围
3.3.2 地下水修复目标值和修复范围
3.3.3 工程量估算
3.3.4 确定修复策略
4 筛选与评估场地修复技术
4.1 技术筛选过程
4.2 技术评估过程
4.2.1 可行性评估的必要性
4.2.2 筛选性试验过程
4.2.3 选择性试验过程

4.2.4 修复技术定量评估
4.3 确定修复可行技术
5 形成修复备选方案与方案比选
5.1 形成潜在可行的修复备选方案
5.1.1 土壤修复方案
5.1.1.1 技术路线
5.1.1.2 应用规模
5.1.1.3 工艺参数
5.1.1.4 成本与周期估算
5.1.2 地下水修复方案
5.1.2.1 技术路线
5.1.2.2 应用规模
5.1.2.3 工艺参数
5.1.2.4 成本与周期估算
5.2 方案比选
5.2.1 比选方法与指标
5.2.2 比选指标比较（技术、经济、环境、社会）
5.2.3 比选结果与方案选择
6 场地修复方案设计
6.1 修复方案的总体技术路线
6.2 各修复技术应用规模
6.3 土壤修复方案
6.3.1 工艺流程
6.3.2 修复方案
6.3.3 周期与成本
6.4 地下水修复方案
6.4.1 工艺流程
6.4.2 修复方案
6.4.3 周期与成本
7 制定环境管理计划
7.1 修复过程中的污染防治和人员安全保护措施
7.1.1 土壤污染防治
7.1.2 地下水（污水）污染防治
7.1.3 大气污染防治
7.1.4 噪声污染防治
7.1.5 人员安全保护措施
7.2 场地环境监测计划
7.2.1 监测目的和类型
7.2.2 采样点布设

7.2.3　监测项目和标准
7.2.4　监测进度安排
7.3　场地修复验收计划
7.3.1　验收程序
7.3.2　验收时段和范围
7.3.3　验收项目和标准
7.3.4　采样点布设
7.3.5　费用估算
7.4　环境应急安全预案
8　成本效益分析
8.1　修复费用
8.2　环境效益、经济效益、社会效益
9　施工进度安排
10　结论与建议
10.1　修复方案编制的结论
10.2　问题与建议

参考附录 7　修复环境监理方案编制提纲

环境监理单位根据场地环境调查评估备案文件、修复方案备案文件等，通过现场查看编制环境监理方案。一般包括以下内容：

1　总则

包括工作由来、依据、场地调查评估、修复方案及其备案要求等。

2　修复工程概况

介绍修复工程主要内容及概况，检查实施方案是否满足要求，与修复方案是否有变化。

3　环境保护目标

必要时对修复实施前周边环境状况进行监测，明确修复实施对周边环境是否存在影响。

4　环境监理工作目标和范围

5　工作内容和程序

6　主要环境影响及污染防治措施

根据项目特点、场地调查评估及修复方案，说明本监理过程的关注点及监理要求。

7　工作方法

8　工作制度

9　组织机构及职责

明确项目环境监理工作参与人员，并说明各自履行的工作职责。

10　主要成果

明确修复各个阶段环境监理单位要提交的工作成果。

附图

附件

参考附录 8　修复环境监理细则编制提纲

在监理方案的基础上，环境监理对方案中宏观的工作内容和程序进行细节上的规定，同时根据修复过程中具体事项对监理内容进行明确，以指导具体工作的开展。包括以下内容：

1　总则

包括工作由来、依据、场地环境调查评估、修复方案及其他要求等。

2　环境监理工作目标和范围

3　工作程序

4　工作内容

5　工作方式

6　环境监理对问题的处理

7　环境监理工作制度及细则

8　组织机构及职责

明确项目环境监理工作参与人员，并说明各自的工作职责。

9　各阶段环境监理实施细则

根据实施方案，说明修复实施具体各阶段、各工序环境监理的关注点及监理要求。

参考附录 9　修复环境监理定期报告编制提纲

环境监理单位根据工作进度，定期编制监理工作月报、季报、年报等定期报告提交至建设单位。主要内容包括：

1　工程概况

2　环境保护执行情况

3　修复进展

4　环保措施落实情况

5　环境事故隐患或环境事故

6　存在的主要问题及建议

参考附录 10　修复环境监理总结编制提纲

1　项目概况

1.1　项目背景

介绍修复背景，场地环境调查评估和修复方案编制时间、备案部门、备案时间及报告书备案文号等。

1.2　场地修复基本情况

介绍修复规模、修复方案、修复地点、时间安排、施工单位、工程监理单位，修复过程、验收过程情况说明和结论等。

1.3　施工区环境概况

介绍项目周边环境敏感点情况。

2　工程主要环境影响

2.1　水环境影响

2.2　环境空气影响

2.3　声环境影响

2.4　固废影响

2.5　生态影响

2.6　其他影响

3　环境监理工作开展情况

3.1　工作依据

3.2　组织机构

3.3　范围和工作内容

3.4　工作程序

3.5　管理体系

3.6　工作方法

3.7　大事记

4　环境监理工作成果

4.1　环保措施落实情况

4.2　环境污染事故的处理

4.3　其他成果

5　结论及建议

6　影像资料附件

参考附录 11　环境监理用表

附表 11.1　环境监理日志

项目名称：　　　　　　　　　　编号：

施工单位：			
分部工程：			
监理方式	日期	到达时间	离开时间
□巡视□旁站			
天气现象	气温	风向	风速
	℃		
监理内容			

环保问题及处理结果	

环境监理员：

日期：

接班人员在交接班时核实交接情况，对核实后的情况负责。

附表 11.2 环境监理业务联系单

项目名称：　　　　　　合同编号：

致　　　　　　　　××××××××部门：

事由：

环境监理单位（章）：

签署人：

日期：

主受文单位签署意见：

承包单位（章）：

项目经理：

日期

主送：　　　　　　　　　　　　　　　　　　抄送：

附表 11.3　环保问题通知单

项目名称：　　　　　　　　　　　　　　　　合同编号：

致建设单位（或代表）：

　　年　月　日，施工单位

由于本通知单所述原因造成环保问题，属违反环保条款作业，环境监理人员已口头警告并签发《环境监理整改通知单》。为保证环保措施落到实处，请贵处协助环境监理单位立即责成施工单位认真整改，并避免类似情况再次发生。

环境监理部（章）：

签发人：

日期：

《环境监理整改通知单》编号	

违规情况描述：

违规原因：

建设单位（或代表）签署意见：

建设单位（章）：

法人代表（签字）：

日期：

主送：　　　　　　　　　　　　抄送：

附表 11.4 环境监理整改通知单

项目名称：　　　　　　　　　　合同编号：

致项目经理：

年　　月　　日，贵单位

由于本通知单所述原因造成环保问题，属违反环保条款作业，环境监理工程师已当场提出口头警告。为保证环保措施落到实处，请立即责成施工单位在年月日前完成整改，并避免类似情况再次发生。

环境监理部（章）：

签发人：

日期：

违规情况描述：

违规原因：

施工单位签署意见：

施工单位（章）：

项目经理（签字）：

日期：

主送：　　　　　　　　　　抄送：

附表 11.5　环境问题处理意见单

项目名称：　　　　　　　　　　　合同编号：

<table>
<tr><td colspan="4">工程名称</td></tr>
<tr><td colspan="2"></td><td colspan="2"></td></tr>
<tr><td colspan="4">环境问题及情况说明：</td></tr>
<tr><td>拟采取的补救措施</td><td colspan="3"></td></tr>
<tr><td>有关措施附件</td><td colspan="3"></td></tr>
<tr><td rowspan="2">施工单位申报记录</td><td rowspan="2">项目总工：

日期：</td><td rowspan="2">环境监理审批意见</td><td>□按报送措施计划执行
□其他意见

监理工程师：　　　日期：</td></tr>
<tr><td>监理总工：日期：</td></tr>
</table>

本表单由施工单位接到《环境监理整改通知单》后向监理单位回复时填报。

附表 11.6 重大环境问题报告单

项目名称： 合同编号：

致环境监理单位：

年 月 日，在发生

重大环境问题，现将现场发生情况结果报告如下，待调查结果出来后，再另作详情报告。

施工单位： 项目经理： 日期：

简要过程：

环境影响情况：

应急措施：

初步处理意见		环境监理单位记录	环境监理人员： 日期：
			环境监理技术负责人： 日期：

本表单由施工单位在接到盖有“重大”字样的《环境监理整改通知单》后填报。

附表 11.7　环境问题返工指令单

项目名称：　　　　　　　　　　　　合同编号：

致工程项目经理：

由于本指令单所述原因，通知贵部对

按照返工要求予以返工，并确保本返工工程项目达到环保条款合格标准要求。

环境监理单位（章）：

签发人：

日期：

返工原因：

返工要求：

施工单位签署意见：

施工单位（章）：

项目经理：

日期：

主送：　　　　　　　　　　　　抄送：

附表 11.8 环境问题停工指令单

项目名称： 合同编号：

致工程项目经理：

由于本指令单所述原因，通知贵部于年月日时对工程项目暂停施工。

环境监理单位（章）：

签发人：

日期：

工程暂停原因：

施工单位签署意见：

施工单位（章）：

项目经理：

日期：

主送： 抄送：

附表 11.9　环境问题复工指令单

项目名称：　　　　　　　　　　　　合同编号：

致工程项目经理：

鉴于环境监理单位停工指令中所述环保问题已经解决，请贵单位于

年　　月　　日时对工程项目恢复施工。

环境监理单位（章）：

签发人：

日期：

施工单位签署意见：

施工单位（章）：

项目经理：

日期：

主送：　　　　　　　　　　　　　　抄送：

附表 11.10 环境污染/生态破坏事故报告单

项目名称： 事故单编号：

施工单位： 环境监理单位：

致环境监理单位：

年 月 日 时在

部位（详见设计图纸），发生环境污染/生态破坏事故，报告如下：

问题（事故）经过及原因初步分析：

环境污染/生态破坏情况：

补救措施及初步处理意见：

待进一步调查后，再另作详细报告，并提出处理方案上报审查。

施工单位（章）：

项目经理（签字）： 日期：

环境监理单位审查意见：

环境监理技术负责人： 日期：

建设单位意见：

建设单位负责人（或代表）： 日期：

抄报：	

本表由施工单位填报，一式四份，建设单位、环境监理、施工和设计单位各一份，参照《报告环境污染与破坏事故的暂行办法》（1987 年 9 月 10 日）、《关于及时上报环境污染与生态破坏情况的通知》（环办〔1994〕275 号）中要求报当地环境行政主管部门。

参考附录 12　污染场地修复验收报告编写提纲

1　前言
2　验收依据
3　场地概况
3.1　场地环境调查评估结论
3.2　场地修复方案
3.3　修复实施情况
4　验收内容与方法
4.1　工作范围和验收重点
4.2　验收程序与方法
5　文件审核与现场勘察
5.1　文件审核
5.2　现场勘察
6　采样布点方案制定
6.1　分析项目
6.2　布点原则
6.3　布点方案
7　现场采样与实验室检测
7.1　现场采样
7.2　分析方法
7.3　检测结果
7.4　质量控制
8　修复效果评价
9　结论和建议
附件
监理报告
检测报告

水泥窑协同处置固体废物污染防治技术政策

环境保护部公告 2016年第72号

一、总则

（一）为贯彻《中华人民共和国环境保护法》等法律法规，防治环境污染，保障生态安全和人体健康，规范污染治理和管理行为，推动水泥窑协同处置固体废物技术装备和污染防治技术进步，促进水泥行业的绿色循环低碳发展，制定本技术政策。

（二）本技术政策所称水泥窑协同处置固体废物是指将满足或经过预处理后满足入窑要求的固体废物投入水泥窑，在进行水泥熟料生产的同时实现对固体废物的无害化处置过程。处置固体废物的类型主要包括危险废物、生活垃圾、城市和工业污水处理污泥、动植物加工废物、受污染土壤、应急事件废物等。

（三）本技术政策为指导性文件，主要包括源头控制、清洁生产、末端治理、二次污染防治以及鼓励研发的新技术等内容，为环境保护相关规划、污染物排放标准、环境影响评价、总量控制、排污许可等环境管理和企业污染防治工作提供指导。

（四）利用水泥窑协同处置固体废物，应根据产业结构发展要求、城市总体规划、环境保护规划和环境卫生规划等，结合现有水泥生产设施，合理规划、有序布局。水泥窑协同处置固体废物应作为城市固体废物处置的重要补充形式。

（五）水泥窑协同处置固体废物污染防治应遵循源头控制、清洁生产与末端治理相结合的全过程污染控制原则，鼓励采用先进可靠、能源利用效率高的生产工艺和装备及成熟有效的污染防治技术，加强技术引导和精细化管理。水泥窑协同处置固体废物应保证固体废物的安全处置，满足污染物达标排放的要求，不影响水泥的产品质量和水泥窑的稳定运行。

（六）开展协同处置固体废物的水泥企业应强化企业环保主体责任，建立健全环保监测体系和环境管理制度，确保协同处置废物全过程污染物稳定达标排放；完善环境风险防控体系和环境应急管理制度，编制可行的应急预案，积极防范和提高应对突发环境事件的能力。

二、源头控制

（一）协同处置固体废物应利用现有新型干法水泥窑，并采用窑磨一体化运行方式。处置固体废物应采用单线设计熟料生产规模2000吨/日及以上的水泥窑。本技术政策发布之后新建、改建或扩建处置危险废物的水泥企业，应选择单线设计熟料生产规模4000吨/日及以上水泥窑；新建、改建或扩建处置其他固体废物的水泥企业，应选择单线设计熟料生产规模3000吨/日及以上水泥窑。鼓励利用符合《水泥行业规范条件（2015年本）》的水泥窑协同处置固体废物，拟改造前应符合《水泥窑协同处置固体废物污染控制标准》（GB 30485—2013）的要求。

（二）应根据生产工艺与技术装备，合理确定水泥窑协同处置固体废物的种类及处置规模。严禁利用水泥窑协同处置具有放射性、爆炸性和反应性废物，未经拆解的废家用电器、废电池和电子产品，含汞的温度计、血压计、荧光灯管和开关，铬渣，以及未知特性和未经过检测的不明性质废物。

（三）新建水泥窑协同处置危险废物的企业在试生产期间，应按照《水泥窑协同处置固体废物环境保护技术规范》（HJ 662—2013）要求对水泥窑协同处置设施进行性能测试，以检验和评价水泥窑在协同处置危险废物的过程中对有机化合物的焚毁去除能力以及对污染物排放的控制效果。利用水泥窑协同处置医疗废物，必须满足《水泥窑协同处置固体废物环境保护技术规范》（HJ 662—2013）的相关要求。

（四）处置应急事件废物，应选择具有同类型危险废物经营许可证的水泥窑进行协同处置。如无法满足条件时，应按照当地省级环境保护主管部门批准的应急处置方案，选择适宜的水泥窑进行协同处置。

三、清洁生产

（一）水泥窑协同处置固体废物，其清洁生产水平应按照《水泥行业清洁生产评价指标体系》（发展改革委公告　2014 年第 3 号）的要求，定期实施清洁生产审核。

（二）水泥窑协同处置固体废物，应对进场接收、贮存与输送、预处理和入窑处置等场所或设施采取密闭、负压或其他防漏散、防飞扬、防恶臭的有效措施。

（三）固体废物在水泥企业应分类贮存，贮存设施应单独建设，不应与水泥生产原燃料或产品混合贮存。危险废物贮存还应满足《危险废物贮存污染控制标准》（GB 18597—2001）和《危险废物收集、贮存、运输技术规范》（HJ 2025—2012）的要求。对不明性质废物应按危险废物贮存要求设置隔离贮存的暂存区，并设置专门的存取通道。

（四）根据协同处置固体废物特性及入窑要求，合理确定预处理工艺。鼓励污水处理厂进行污泥干化，干化后污泥宜满足直接入窑处置的要求。水泥厂内进行污泥干化时，宜单独设置污泥干化系统，干化热源宜利用水泥窑废气余热。原生生活垃圾不可直接入水泥窑，必须进行预处理后入窑。生活垃圾在预处理过程中严禁混入危险废物。

（五）严格控制水泥窑协同处置入窑废物中重金属含量及投加量；水泥熟料中可浸出重金属含量限值应满足《水泥窑协同处置固体废物技术规范》（GB 30760—2014）的相关要求。水泥窑协同处置重金属类危险废物时，应提高对水泥熟料重金属浸出浓度的检测频次。严格控制入窑废物中氯元素的含量，保证水泥窑能稳定运行和水泥熟料质量，同时遏制二噁英类污染物的产生。

（六）固体废物入窑投加位置及投加方式应根据水泥窑运行条件及预处理情况在满足《水泥窑协同处置固体废物环境保护技术规范》（HJ 662—2013）要求的同时，根据固体废物的成分、热值等参数进行合理配伍，保障固体废物投加后水泥窑能稳定运行。含有机挥发性物质的废物、含恶臭废物及含氰废物不能投入生料制备系统，应从高温段投入水泥窑。

（七）水泥窑协同处置固体废物应按照废物特性和水泥生产要求配置相应的投加计量和自动控制进料装置。

（八）应逐步提高协同处置固体废物的水泥窑与生料磨的同步运转率。强化生料磨停运期间二氧化硫、汞等挥发性重金属的排放控制措施，不应采用简易氨法脱硫措施（不回收脱硫副产物）。

四、末端治理

（一）水泥窑协同处置固体废物设施，窑尾烟气除尘应采用高效袋式除尘器；2014 年 3 月 1 日前已建成投产或环境影响评价文件已通过审批的协同处置固体废物设施，如窑尾采用电除尘器应持续提升其运行的稳定性，提高除尘效率，确保污染物连续稳定达标排放，鼓励将电除尘器改造为高效袋式除尘器。加强对协同处置固体废物水泥窑除尘器的运行与维护管理，确保除尘器与水泥窑生产百分之百同步运转。

（二）水泥窑协同处置过程中的氮氧化物、二氧化硫等污染物排放控制应执行《水泥工业污染防治技术政策》（环境保护部公告　2013 年第 31 号）的相关要求。

（三）水泥窑协同处置固体废物产生的渗滤液、车辆清洗废水及协同处置废物过程产生的其他废水，可经适当预处理后送入城市污水处理厂处理，或单独设置污水处理装置处理达标后回用，如果废水产生量小可直接喷入水泥窑内焚烧处置。严禁将未经处理的渗滤液及废水以任何形式直接排放。

（四）水泥企业应对协同处置固体废物操作过程和环保设施运行情况进行记录，其中有条件的项目应纳入企业运行中控系统，具备即时数据查询和历史数据查询的功能。处置危险废物的数据记录应保留五年以上，处置一般固体废物的数据记录应保留一年以上。

（五）水泥企业应建立监测制度，定期开展自行监测。重点加强对窑尾废气中氯化氢、氟化氢、重金属和二噁英类污染物的监测。水泥窑排气筒必须安装大气污染物自动在线监测装置，监测数据信息应按照《国家重点监控企业污染源监督性监测及信息公开办法（试行）》的要求进行公开。

（六）水泥窑旁路放风系统排出的废气不能直接排放，应与窑尾烟气混合处理或单独处理。旁路放风排气筒污染物排放限值和监测方法应执行《水泥窑协同处置固体废物污染控制标准》（GB 30485—2013）的相关要求。对标准中未包含的特征污染物应符合环境影响评价提出的相关排放限值的要求。

五、二次污染防治

（一）协同处置固体废物水泥窑的窑尾除尘灰宜返回原料系统，但为避免汞等挥发性重金属在窑内过度积累而排出的窑尾除尘灰和旁路放风粉尘不应返回原料系统。如果窑灰和旁路放风粉尘需要送至厂外进行处理处置，应按危险废物进行管理。

（二）生活垃圾和城市污水处理污泥的贮存设施应有良好的防渗性能并设置污水收集装置。贮存设施中有生活垃圾或污泥时应处于负压状态运行。

（三）污泥干化系统、生活垃圾贮存及预处理产生的废气应送入水泥窑高温区焚烧处理或在干化系统中安装废气除臭设施，采用生物、化学等除臭技术处理后达标排放。在水泥窑停窑期间，固体废物贮存及预处理产生的废气、污泥干化系统产生的废气须经废气治理设施处理后达标排放。

六、鼓励研发的新技术

（一）协同处置固体废物的水泥窑在生产过程中的污染物减排技术。

（二）提高协同处置固体废物量的水泥窑高效利用技术，如大投加量固废离线燃烧系统。

（三）协同处置固体废物的高效预处理技术，如高质量垃圾衍生燃料（RDF）制备技术；降低水泥窑协同处置危险废物环境风险的预处理技术。

（四）粉尘、二氧化硫、氮氧化物、汞等多种污染物高效协同脱除技术。

铅蓄电池生产及再生污染防治技术政策

环境保护部公告 2016年第82号

一、总则

（一）为贯彻《中华人民共和国环境保护法》等法律法规，防治环境污染，保障生态安全和人体健康，规范污染治理和管理行为，引领铅蓄电池行业污染防治技术进步，促进行业的绿色循环低碳发展，制定本技术政策。

（二）本技术政策适用于铅蓄电池生产及再生过程，其中铅蓄电池生产包括铅粉制造、极板制造、涂板、化成、组装等工艺过程，铅蓄电池再生包括破碎分选、脱硫、熔炼等工艺过程。铅蓄电池在收集、运输和贮存等环节的技术管理要求由《废电池污染防治技术政策》规定。

（三）本技术政策为指导性文件，主要包括源头控制和生产过程污染防控、大气污染防治、水污染防治、固体废物利用与处置、鼓励研发的新技术等内容，为铅蓄电池行业环境保护相关规划、环境影响评价等环境管理和企业污染防治工作提供技术指导。

（四）铅蓄电池生产及再生应加大产业结构调整和产品优化升级力度，合理规划产业布局，进一步提高产业集中度和规模化水平。

（五）铅蓄电池生产及再生应遵循全过程污染控制原则，以重金属污染物减排为核心，以污染预防为重点，积极推进源头减量替代，突出生产过程控制，规范资源再生利用，健全环境风险防控体系，强制清洁生产审核，推进环境信息公开。

（六）铅蓄电池行业应对含铅废气、含铅废水、含铅废渣及硫酸雾等进行重点防治，防止累积性污染，鼓励铅蓄电池企业达到一级清洁生产水平。

二、源头控制与生产过程污染防控

（一）铅蓄电池企业原料的运输、贮存和备料等过程应采取措施，防止物料扬撒，不应露天堆放原料及中间产品。

（二）优化铅蓄电池产品的生态设计，逐步减少或淘汰铅蓄电池中镉、砷等有毒有害物质的使用。

（三）铅蓄电池生产过程中的熔铅、铸板及铅零件工序应在封闭车间内进行，产生烟尘的部位应设局部负压设施，收集的废气进入废气处理设施。根据产品类型的不同，应采用连铸连轧、连冲、拉网、压铸或者集中供铅（指采用一台熔铅炉为两台以上铸板机供铅）的重力浇铸板栅制造技术。铅合金配制与熔铅过程鼓励使用铅减渣剂，以减少铅渣的产生量。

（四）铅粉制造工序应采用全自动密封式铅粉机；和膏工序（包括加料）应使用自动化设备，在密闭状态下生产；涂板及极板传送工序应配备废液自动收集系统；生产管式极板应使用自动挤膏机或封闭式全自动负压灌粉机。

（五）分板、刷板（耳）工序应设在封闭的车间内，采用机械化分板、刷板（耳）设备，保持在局部负压条件下生产；包板、称板、装配、焊接工序鼓励采用自动化设备，并保持在局部负压条件下生产，鼓励采用无铅焊料。

（六）供酸工序应采用自动配酸、密闭式酸液输送和自动灌酸；应配备废液自动收集系统并进行回收或处置。

（七）化成工序鼓励采用内化成工艺，该工序应设在封闭车间内，并配备硫酸雾收集处理装置。新建企业应采用内化成工艺。

（八）废铅蓄电池拆解应采用机械破碎分选的工艺、技术和设备，鼓励采用全自动破碎分选技术与装备，加强对原料场及各生产工序无组织排放的控制。分选出的塑料、橡胶等应清洗和分离干净，减少对环境的污染。

（九）再生铅企业应对带壳废铅蓄电池进行预处理，废铅膏与铅栅应分别熔炼；对分选出的铅膏应进行脱硫处理；熔炼工序应采用密闭熔炼、低温连续熔炼、多室熔炼炉熔炼等技术，并在负压条件下生产，防止废气逸出；铸锭工序应采用机械化铸锭技术。

（十）废铅蓄电池的废酸应回收利用，鼓励采用离子交换或离子膜反渗透等处理技术；废塑料、废隔板纸和废橡胶的分选、清洗、破碎和干燥等工艺应遵循先进、稳定、无二次污染的原则，采用节水、节能、高效、低污染的技术和设备，鼓励采用自动化作业。

三、大气污染防治

（一）鼓励采用袋式除尘、静电除尘或袋式除尘与湿式除尘（如水幕除尘、旋风除尘）等组合工艺处理铅烟；鼓励采用袋式除尘、静电除尘、滤筒除尘等组合工艺技术处理铅尘。鼓励采用高密度小孔径滤袋、微孔膜复合滤料等新型滤料的袋式除尘器及其他高效除尘设备。应采取严格措施控制废气无组织排放。

（二）再生铅熔炼过程中，应控制原料中氯含量，鼓励采用烟气急冷、功能材料吸附、催化氧化等技术控制二噁英等污染物的排放。

（三）再生铅熔炼过程产生的硫酸雾应采用冷凝回流或物理捕捉加逆流碱液洗涤等技术进行处理。

四、水污染防治

（一）废水收集输送应雨污分流，生产区内的初期雨水应进行单独收集并处理。生产区地面冲洗水、厂区内洗衣废水和淋浴水应按含铅废水处理，收集后汇入含铅废水处理设施，处理后达标排放或循环利用，不得与生活污水混合处理。

（二）含重金属（铅、镉、砷等）生产废水，应在其产生车间或生产设施进行分质处理或回用，经处理后实现车间、处理设施和总排口的一类污染物的稳定达标；其他污染物在厂区总排放口应达到法定要求排放；鼓励生产废水全部循环利用。

（三）含重金属（铅、镉、砷等）废水，按照其水质及排放要求，可采用化学沉淀法、生物制剂法、吸附法、电化学法、膜分离法、离子交换法等组合工艺进行处理。

五、固体废物利用与处置

（一）再生铅熔炼产生的熔炼浮渣、合金配制过程中产生的合金渣应返回熔炼工序；除尘工艺收集的不含砷、镉的烟（粉）尘应密闭返回熔炼配料系统或直接采用湿法提取有价金属。

（二）鼓励废铅蓄电池再生企业推进技术升级，提高再生铅熔炼各工序中铅、锑、砷、镉等元素的回收率，严格控制重金属排放量。

（三）废铅蓄电池再生过程中产生的铅尘、废活性炭、废水处理污泥、含铅废旧劳保用品（废口罩、手套、工作服等）、带铅尘包装物等含铅废物应送有危险废物经营许可证的单位进行处理。

六、鼓励研发的新技术

（一）减铅、无镉、无砷铅蓄电池生产技术。

（二）自动化电池组装、快速内化成等铅蓄电池生产技术。

（三）卷绕式、管式等新型结构密封动力电池、新型大容量密封铅蓄电池等生产技术。

（四）新型板栅材料、电解沉积板栅制造技术及铅膏配方。

（五）干、湿法熔炼回收铅膏、直接制备氧化铅技术及熔炼渣无害化综合利用技术。

（六）废气、废水及废渣中重金属高效去除及回收技术。

（七）废气、废水中铅、镉、砷等污染物快速检测与在线监测技术。

废电池污染防治技术政策

环境保护部公告　2016 年第 82 号

一、总则

（一）为贯彻《中华人民共和国环境保护法》《中华人民共和国固体废物污染环境防治法》等有关法律法规，防治环境污染，保障生态安全和人体健康，指导环境管理与科学治污，引领污染防治技术进步，促进废电池利用，制定本技术政策。

（二）本技术政策适用于各种电池在生产、运输、销售、贮存、使用、维修、利用、再制造等过程中产生的混合废料、不合格产品、报废产品和过期产品的污染防治。重点控制的废电池包括废的铅蓄电池、锂离子电池、氢镍电池、镉镍电池和含汞扣式电池。

（三）本技术政策为指导性文件，主要包括废电池收集、运输、贮存、利用与处置过程的污染防治技术和鼓励研发的新技术等内容，为废电池的环境管理与污染防治提供技术指导。

（四）废电池污染防治应遵循闭环与绿色回收、资源利用优先、合理安全处置的综合防治原则。

（五）逐步建立废铅蓄电池、废新能源汽车动力蓄电池等的收集、运输、贮存、利用、处置过程的信息化监管体系，鼓励采用信息化技术建设废电池的全过程监管体系。

（六）列入国家危险废物名录或者根据国家规定的危险废物鉴别标准和鉴别方法认定为危险废物的废电池按照危险废物管理。

二、收集

（一）在具备资源化利用条件的地区，鼓励分类收集废原电池。

（二）鼓励电池生产企业、废电池收集企业及利用企业等建设废电池收集体系。鼓励电池生产企业履行生产者延伸责任。

（三）鼓励废电池收集企业应用“物联网+”等信息化技术建立废电池收集体系，并通过信息公开等手段促进废电池的高效回收。

（四）废电池收集企业应设立具有显著标识的废电池分类收集设施。鼓励消费者将废电池送到相应的废电池收集网点装置中。

（五）收集过程中应保持废电池的结构和外形完整，严禁私自破损废电池，已破损的废电池应单独存放。

三、运输

（一）废电池应采取有效的包装措施，防止运输过程中有毒有害物质泄漏造成污染。

（二）废锂离子电池运输前应采取预放电、独立包装等措施，防止因撞击或短路发生爆炸等引起的环境风险。

（三）禁止在运输过程中擅自倾倒和丢弃废电池。

四、贮存

（一）废电池应分类贮存，禁止露天堆放。破损的废电池应单独贮存。贮存场所应定期清理、清运。

（二）废铅蓄电池的贮存场所应防止电解液泄漏。废铅蓄电池的贮存应避免遭受雨淋水浸。

（三）废锂离子电池贮存前应进行安全性检测，避光贮存，应控制贮存场所的环境温度，避免因高温自燃等引起的环境风险。

五、利用

（一）禁止人工、露天拆解和破碎废电池。

（二）应根据废电池特性选择干法冶炼、湿法冶金等技术利用废电池。干法冶炼应在负压设施中进行，严格控制处理工序中的废气无组织排放。

（三）废锂离子电池利用前应进行放电处理，宜在低温条件下拆解以防止电解液挥发。鼓励采用酸碱溶解-沉淀、高效萃取、分步沉淀等技术回收有价金属。对利用过程中产生的高浓度氨氮废水，鼓励采用精馏、膜处理等技术处理并回用。

（四）废含汞电池利用时，鼓励采用分段控制的真空蒸馏等技术回收汞。

（五）废锌锰电池和废镉镍电池应在密闭装置中破碎。

（六）干法冶炼应采用吸附、布袋除尘等技术处理废气。

（七）湿法冶金提取有价金属产生的废水宜采用膜分离法、功能材料吸附法等处理技术。

（八）废铅蓄电池利用企业的废水、废气排放应执行《再生铜、铝、铅、锌工业污染物排放标准》（GB 31574）。其他废电池干法利用企业的废气排放应参照执行《危险废物焚烧污染控制标准》（GB 18484），废水排放应当满足《污水综合排放标准》（GB 8978）和其他相应标准的要求。

（九）废铅蓄电池利用的污染防治技术政策由《铅蓄电池生产及再生污染防治技术政策》规定。

六、处置

（一）应避免废电池进入生活垃圾焚烧装置或堆肥发酵装置。

（二）对于已经收集的、目前还没有经济有效手段进行利用的废电池，宜分区分类填埋，以便于将来利用。

（三）在对废电池进行填埋处置前和处置过程中，不应将废电池进行拆解、碾压及其他破碎操作，保证废电池的外壳完整，减少并防止有害物质渗出。

七、鼓励研发的新技术

（一）废电池高附加值和全组分利用技术。

（二）智能化的废电池拆解、破碎、分选等技术。

（三）自动化、高效率和高安全性的废新能源汽车动力蓄电池的模组分离、定向循环利用和逆向拆解技术。

（四）废锂离子电池隔膜、电极材料的利用技术和电解液的膜分离技术。